T0281675

CHEMISCH-TECHNISCHE VORSCHRIFTEN

EIN HANDBUCH
DER SPEZIELLEN CHEMISCHEN TECHNOLOGIE
INSBESONDERE FÜR
CHEMISCHE FABRIKEN
UND VERWANDTE TECHNISCHE BETRIEBE
ENTHALTEND
VORSCHRIFTEN AUS ALLEN GEBIETEN DER
CHEMISCHEN TECHNOLOGIE MIT
UMFASSENDEN LITERATURNACHWEISEN

VON

DR. OTTO LANGE
VORSTANDSMITGLIED DER METALLYTWERKE A.-G. FÜR METALLVEREDELUNG, MÜNCHEN
DOZENT AN DER TECHNISCHEN HOCHSCHULE, MÜNCHEN

DRITTE, ERWEITERTE UND VÖLLIG
NEUBEARBEITETE AUFLAGE

II. BAND:
FASERN, MASSEN UND SCHICHTEN

Springer-Verlag Berlin Heidelberg GmbH 1923

Copyright 1923 by Springer-Verlag Berlin Heidelberg
Ursprünglich erschienen bei Otto Spamer, Leipzig 1923
Softcover reprint of the hardcover 3rd edition 1923

ISBN 978-3-662-31454-8 ISBN 978-3-662-31661-0 (eBook)
DOI 10.1007/978-3-662-31661-0

II. Band.

Fasern, Massen und Schichten.

Während im ersten Bande das Einteilungsprinzip durch die natürliche Gruppierung der elementaren Stoffe metallischer und teilweise auch metalloidischer Art gegeben war, umfaßt die Materie des zweiten Bandes die chemisch-technische Gewinnung und Verwertung natürlicher und künstlicher Fasern und Massen, ihrer Verarbeitungs-, Umwandelungs- und Ersatzprodukte.

Der erste Abschnitt des zweiten Bandes enthält somit die chemische Technologie der stickstofffreien Cellulose und der Naturprodukte, wie Holz, Baumwolle usw., denen sie entstammt, daneben die wenigen stickstoffhaltigen natürlichen Ausgangsmaterialien, wie Wolle, Seide, Tierhaare usw. und die ihnen ähnlichen Kunststoffe von Art der Nitro- und Vanduraseide. Sie sind sämtlich durch den vorwiegend nach einer Dimension entwickelten Faseraufbau gekennzeichnet, bzw. durch die zweidimensionale Flächenstruktur der aus ihnen erzeugten Bahnen (Papier, Gewebe).

Der zweite Abschnitt umfaßt die stickstoffhaltige tierische Haut und ihr Umwandlungsprodukt, das nicht nur in Länge und Breite, sondern auch der Dicke nach ausgebildete Leder. Dem Vorschriftenmaterial dieses Abschnittes schließt sich die Abhandlung über die durch den Leimgehalt mit dem tierischen Hautstoff verwandten Knochen und über die ebenfalls stickstoffhaltigen Naturprodukte, wie Bein, Horn, Schildpatt usw. an. Dieser Teil des Werkes enthält natürlich auch das Heer der Ersatzprodukte von Art des Kunstleders und Linoleums einerseits und des Zellhornes (Celluloids) und der plastischen und Kunstmassen andererseits.

Ein dritter Abschnitt behandelt die lichtempfindlichen Schichten. Diese stehen durch die stickstoffhaltigen Träger der Silbersalze (Gelatine, Eiweiß oder Kollodium) mit dem zweiten Abschnitt in Verbindung und bilden den Übergang zu den Harz-, Lack- und Firnisschichten des dritten Bandes.

Kurz zusammengefaßt enthält der zweite Band demnach Vorschriften aus folgenden chemisch-technischen Industrien:

Holz, Oberflächen- und Tiefenbehandlung. Ersatz und Aufschließung.
Celluloseabtrennung, -zerlegung und -verfilzung (Papier).
Celluloselösung (Celluloseester, Kunstseide).
Pflanzliche und tierische Gewebefasern.
Haare, Borsten, Federn, Schuppen.
Ledererzeugung und Zurichtung, Kunstleder und Linoleum.
Knochen, Bein, Horn, Schildpatt, Fischbein, Schwamm, Perlen.
Celluloid.
Leim und Klebstoffmassen.
Kunst-, Isolier- und Reproduktionsmassen.
Lichtempfindliche und lichtzerlegende Schichten.

Inhaltsübersicht.

Inhalt.

Fasern.

Holz (Kork), Cellulose.

Oberflächenbehandlung des Holzes.

Tiefenbehandlung des Holzes.

Allgemeines über Holzkonservierung. — Metallsalzimprägnierung.

Holztränkung mit organischen Stoffen.

Holzimprägnierung zu anderen Zwecken.

Kunstholz und Kork.

Kunstholz.

Kork (-ersatz).

Holzaufschließung, Celluloseabtrennung.

Cellulose-(Papierstoff-)gewinnung (und -rückgewinnung). — Zellstoffbleiche.

Nebenprodukte der Holzaufschließung.

Holz-(Torf-)extraktion (-destillation). — Cellulosezerlegung.

Holzsprit und Holzextraktion.

Holzdestillation und -(Torf-)trockendestillation.

Papier, Celluloseverfilzung.

Allgemeines und Fabrikation.

Papier (-garn, -gewebe); Papiersorten.

Kunstseide, (Films, Platten) Celluloselösung (-esterifizierung).

Oxy- und Hydrocellulose.

Vulkanfiber.

Pergamentpapier.

Celluloseester.

Nitroseide (Cellulosenitrat).

Kupferseide.

Viscoseseide (Cellulose-Xanthogenat).

Acetatseide (Acetylcellulose).

Gerbprozeß, Lederarten.

Vorbereitende Arbeiten.

Gerbarten.

Lederzurichtung.

Schmieren (Imprägnieren), Konservieren.

Kunstleder und Linoleum.

Kunstleder und Ledernachahmung.

Linoleum.

Knochen, Bein, Horn (Schildpatt, Schwamm, Perlen) und Ersatz.

Knochen, Elfenbein, Steinnuß.

Kapitel Nr. Seite

Andere Pflanzenleime.

Kitte.

Kunst-, Isolier-, Reproduktionsmassen.

Kunst- und Isoliermassen.

Ausgangsmaterialgruppen.

Verwendungsgruppen.

Schichten.

Mechanische Reproduktion.

Lichtempfindliche Schichten.

Allgemeiner Teil, Schichtträger und Schichten.

Negativprozeß.

Entwickeln und Fixieren.

Verstärken und Abschwächen.

Positivprozeß.

Kopierpapiere.

Tonungsverfahren.

Druckverfahren und Drucke.

Lichtquellen, Vollendungsarbeiten, Hilfsmittel der Photographie.

Lichtzerlegende Schichten.

Filter und Raster.

Farbenphotographie.

Die fettgedruckten Zahlen des Textes in eckiger Klammer sind ohne weiteren Zusatz Hinweise auf Kapitelnummern des jeweils vorliegenden Bandes, für andere Bände ist auch die Bandzahl angegeben.

Fasern.

HOLZ (Kork), CELLULOSE.

Oberflächenbehandlung des Holzes.

Allgemeines über Holz und seine Behandlung.

1. Literatur über Holz, Holzarten, Holzverwendung, Statistik.

Sykytka, Das Holz, dessen Benennungen, Eigenschaften, Krankheiten und Fehler. Prag 1882. — Möller, Rohstoffe des Tischler- und Drechslergewerbes, Bd 1 (in der „Allgemeinen Warenkunde und Rohstofflehre"). Kassel 1883. — Burkart, Sammlung der wichtigsten europäischen Nutzhölzer. Brünn 1880. — Printz, Die Bau- und Nutzhölzer. Leipzig 1908. — Wiesner, Die Rohstoffe des Pflanzenreiches. Leipzig 1906. — Hanausek, T. F., Lehrbuch der Materialienkunde. Wien 1891. — Möller, J., Das Holz. Kassel 1883. — Krais, P., Gewerbliche Materialienkunde, 1. Bd., Die Hölzer. Stuttgart 1911 (und zwar vor allem Kap. 5—7, 9 und 10). — Wilda, H., Das Holz, Aufbau usw. Leipzig 1909. — Bersch, J., Die Verwertung des Holzes. Wien und Leipzig 1912. — Hubbard, E., Die Verwertung der Holzabfälle. Wien und Leipzig. — Wislicenus, H., Die Hölzer, I. Bd., der gewerblichen Materialkunde. Herausgegeben vom Deutschen Werkbund. Stuttgart 1910. — Exner, Mechanische Technologie des Holzes. Wien 1871. — Mayer, Chemische Technologie des Holzes als Baumaterial. Braunschweig 1872. — Stübling, Technischer Ratgeber auf dem Gebiete der Holzindustrie. Leipzig 1901.

Über die Bedeutung des Waldes als Rohstofferzeuger siehe **B. Waeser, Angew. Chem. 33, 85.**

Über exotische Nutzhölzer berichtet **E. O. Rasser in Bayr. Ind. u. Gew. Blatt 102, 171.**

Über die Kolloidchemie des Holzes, seiner Bestandteile und seiner Entstehung siehe **H. Wislicenus, Kolloid-Z. 1920, 209.**

Die wichtigsten europäischen Holzarten sind etwa: Tannen (Weißtanne, Silbertanne, Edeltanne,), Fichten, Kiefern (Föhre), Zirbelkiefern, Lärchen, Roteibe, Eichen (Stiel- oder Sommereiche, Stein-, Winter-, Trauben- oder Haseleiche, österreichische Zerreiche oder Kohleiche), Ulmen (Rüster), Buchen (Rot-, Weißbuche), Hainbuchen, Ahorne (Berg-, Spitz-, Feldahorn), Eschen, Pappeln (Schwarz-, Weiß-, Zitter-, Pyramidenpappel), Erlen, (Schwarz- und Weißerle), Birken, Linden (Winter- und Sommerlinde), Nußbaum, Roßkastanie, Edelkastanie, Akazie (falsche Akazie, Robinie), Weiden-, Apfel-, Birn-, Pflaumen-, Kirsch-, Buchs- und Ölbaum, Platane.

Von den außereuropäischen Hölzern werden am häufigsten benutzt: Amerikanische Terpentinkiefer, Thujamaser, Wellingtonie (Redwood), Mahagoni, Jakaranda (Palisander), Teakholz, Cedernholz, Ebenholz, Grenadilleholz (rotes und braunes Ebenholz, Kongoholz), Koromandelebenholz, Hickory (weißer Nußbaum), Guajak- oder Peckholz, Rotholz, Blauholz, Gelbholz, Amaranthholz (violettes Ebenholz), Atlas- (Seiden-, Satin-), Rosen-, Sandel-, Königsholz, Cocoboloholz (Blutholz, Fox), amerikanisches Pappelholz, Schlangenholz.

Verwendet wird Holz zu den verschiedenartigsten Bauzwecken, zur Möbelschreinerei, Böttcher- und Drechslerarbeiten.

Besonders während des Krieges wurde mehr wie früher das Holz zum Bau von Gefäßen für chemische Zwecke an Stelle der Metalle eingeführt. Es zeigte sich, daß in vielen Fällen z. B. bei der Erzeugung von Beizgefäßen für saure Flüssigkeiten aber auch zur Lagerung und zum Transport von Salzsäure oder Essigsäure und ferner zur Konstruktion von Fettverseifungsapparaten das Holz andern, besonders metallischen Materialien gegenüber Vorteile zeigt. Am geeignetsten erwies sich das Cypressenholz, doch waren auch Nadelhölzer gut verwendbar. **(A. W. Schorger, Zentralbl. 1919, IV, 174.)**

Die Verwendung des Holzes als Material für den chemischen Apparatebau bespricht **C. S. Robinson** in **Journ. Ind. Eng. Chem. 1922, 607.**

Über Rohrleitungen aus Holz berichtet **A. Lidun** in **Zeitschr. f. Wasserwirtsch. 1921, 53.**

Holz dient ferner zur Anfertigung musikalischer Instrumente, Schnitz- und Bildhauerarbeiten, als Material für Maschinenteile (Guajakholz), Zündhölzer, Holzwolle, Holzschliff, Natron- und Sulfitzellstoff, Brennmaterial; verkohlt als Holzkohle, bei der Verkohlung von Nadelhölzern werden auch Terpentinöl und Harz gewonnen. Holz wird auch der trockenen Destillation unterworfen, wobei Holzessig, Aceton, Methylalkohol, Holzteer, Leuchtgas und Holzkohle gewonnen werden. Zur Spirituserzeugung wird das Holz zuerst mit Schwefelsäure behandelt, wodurch aus einem Teil der Holzsubstanz Zucker entsteht, der sodann durch Gärung in Alkohol verwandelt wird. Durch Behandlung von Holz mit Alkalien wird Oxalsäure dargestellt, durch Behandeln mit Alkalien und Schwefel gewinnt man Farbstoffe. Farbhölzer, Arzneihölzer usw. werden ihrer wertvollen Bestandteile halber ausgenutzt. Aus dem Coniferin der Nadelhölzer wurde Vanillin dargestellt.

Nach **B. Waeser**, Ref. in **Chem.-Ztg. Rep. 1921, 219** fallen in Deutschland jährlich 500 000 bis 1 000 000 t Sägespäne ab, die zum Teil als Heizmaterial Verwendung finden, zum Teil mit Ätzalkali auf Oxalsäure verschmolzen werden.

In **Österr. Chem.-Ztg. 1918, 148** befürwortet **M. Mangold** die restlose Aufarbeitung des sogenannten Waldrücklasses, also der Rinden, Äste, Gipfel, Wurzelstöcke, des Reisigs und Laubes. Es soll nach diesem Vorschlag das Bau- und Werkholz zur Gewinnung von Harzen und Pflanzensaft entsprechend vorbereitet werden, ferner soll die Harzgewinnung systematischer ausgestaltet, die völlige Rindenausnutzung, besonders die Gewinnung der neben den Gerbsäuren in der Rinde vorhandenen Zuckerarten in die Wege geleitet werden und man müßte die Sulfitablauge nicht nur auf Spiritus, sondern auch auf Ligninsubstanzen verarbeiten. Weiter wäre es nötig, den Zellstoff zwecks Herstellung von Futtermitteln weiter abzubauen, soweit es sich um sonst unverwendbare Abfälle handelt, das faserreiche reine Holz jedoch mehr wie es bisher geschah zu veredeln, um so Rohmaterial für die Gewinnung von Sprengstoffen, Cellulosefilms und -lacken zu gewinnen. Jedenfalls sollte kein Holz mehr verbrannt und, was namentlich für österreichische Verhältnisse gilt, kein Holz in rohem Zustande ausgeführt werden, sondern man müßte die veredelten Produkte zu einem Hauptausfuhrartikel machen.

Der Verbrauch an Brennholz beträgt in Europa	rund	175	Millionen	cbm
darunter Deutschland	„	20	„	„
Gesamter Holzverbrauch in Europa	„	400	„	„
Im Deutschen Reiche, vor dem Kriege, lagen	„	10	„	„ als Holz auf den Schienen.

Ein- und Ausführziffern nach dem Statistischen Jahrbuch:

Eichenholz, unbearbeitet oder lediglich quer bearbeitet:

1911:	Einfuhr	143 101 t	im Werte von	9 302 000 ℳ
	Ausfuhr	10 386 t	„ „ „	383 000 „
1912:	Einfuhr	179 049 t	„ „ „	12 175 000 „
	Ausfuhr	10 458 t	„ „ „	577 000 „

Buchen- und anderes hartes Holz, unbearbeitet, weder gedämpft, noch getränkt usw.:

1911:	Einfuhr	98 876 t	im Werte von	6 649 000 ℳ
	Ausfuhr	26 451 t	„ „ „	1 000 000 „
1912:	Einfuhr	12 129 t	„ „ „	8 186 000 „
	Ausfuhr	25 488 t	„ „ „	890 000 „

Einschließlich Nußbaumholz.

Weiches Laubholz, unbearbeitet oder lediglich quer bearbeitet:

1911:	Einfuhr	261 051 t	im Werte von	11 866 000 ℳ
	Ausfuhr	4 505 t	„ „ „	150 000 „
1912:	Einfuhr	264 198 t	„ „ „	13 337 000 „
	Ausfuhr	5 362 t	„ „ „	165 000 „

Einschließlich des längs beschlagenen.

Deutschl. Holz (für Cellulose) $^1/_2$ 1914 E.: 4840096: A.: 233796 dz. (Siehe **Bd. I.** Einführungskapitel.)

2. Aufbau des Holzes und seine chemische Zusammensetzung.

N. J. C. Müller, Atlas der Holzstruktur in Mikrophotographien. Halle 1888.

Holz, die Hauptsubstanz der Bäume und Sträucher ist kein in sich gleichartiger Stoff von einfachem Gefüge, sondern ein Zellengewebe, das sich aus ganz verschiedenen Elementen zusammensetzt. Es besteht aus dem vom unter der Rinde oder Borke liegenden feuchten Cambium oder Bildungsgewebe (Cambiumring, Bildungsring, Zuwachszone) nach innen zu abgeschiedenen Gewebe, dessen Zellwände zum größten Teil verholzt, d. h. zum größten Teil durch Einlagerung von Lignin chemisch verändert sind. Die größere Zahl der Zellen des Holzes bilden bei den Laubhölzern die Libriform- oder Holzfasern. Diese haben eine langgestreckte, an den Enden verjüngte, ungefähr nadelförmige Gestalt von durchschnittlich $^1/_2$—$1^1/_2$ mm Länge, und sind parallel der Längsrichtung des Stammes angeordnet, auf welchem Umstande auch die Spaltbarkeit des Holzes in der Längsrichtung beruht. Diese Fasern bewirken die mechanische Festigkeit des Holzes. — Andere, röhrenförmige Zellen, die sogenannten Gefäße oder Tracheen, die jedoch ebenso wie die Libriformfasern nur bei den Laubhölzern vorkommen, dienen zur Weiterleitung des von den Wurzeln aufgenommene Wassers und der in ihm gelösten Stoffe nach der Krone des Baumes. Je nach der Lagerung dieser Gefäße spricht man von ringporigen, zerstreutporigen usw. Hölzern. Einige der Nadelhölzer, wie z. B. Fichte, Kiefer, Lärche, besitzen den Gefäßen ähnliche, mit Harz angefüllte Hohlräume, die sogenannten Harzkanäle. Eine weitere Zellgruppe schließlich, das Holzsparenchym, zu dem auch die sogenannten Markstrahlen (Spiegelfasern) zählen, dienen zur Aufspeicherung der Pflanzennährstoffe, sowie dem Stoffwechsel im Holze, vertreten also sozusagen das Leben im Holzkörper.

Die Nadelhölzer sind nur aus Tracheiden (den Tracheen ähnlichen Zellen) und Markstrahlenparenchym aufgebaut.

Ein Querschnitt durch den Stamm zeigt meist in der Mitte eine kleine Höhlung oder auch eine weiche, poröse Masse, die Markröhre oder das Mark. Liegt die Markröhre in der Mitte des Stammes, so spricht man von konzentrischem, andernfalls von exzentrischem Wuchs. In unserem gemäßigten Klima erfolgt der Zuwachs des Holzes nur in der wärmeren Zeit, während er im Winter einhält. So entstehen die auch dem unbewaffneten Auge erkennbaren Jahresringe des Holzes, die dadurch sichtbar werden, daß auf die Bildung des Spätholzes, das aus lauter engen und dickwandigen Zellen besteht, die Frühholzbildung aus großen, saftreichen und dünnwandigen Zellen folgt. Da in den Tropen das Wachstum der meisten Bäume das ganze Jahr hindurch andauert, zeigen die meisten derselben, wie z. B., Ebenholz, Grenadilleholz, Palisander, Pockholz usw., keine Jahresringe. Frühholz (Frühlingsholz) ist heller gefärbt, poröser und weniger dicht als das Spätholz (Herbstholz). Holz mit breiten Jahresringen, das weniger dicht und fest ist als solches mit schmalen Ringen, wird grobjährig genannt, das mit schmalen Ringen dagegen feinjährig. Am schärfsten treten die Jahresringe bei den Nadelhölzern hervor. Auf einer Längsschnittfläche erscheinen die Jahresringe nicht mehr als geradlaufende, sondern als halben Ellipsen ähnliche Linien. Es entsteht dadurch die „Flader" genannte eigenartige Zeichnung.

Bei Splintholzbäumen, wie z. B. Ahorn, Rot- und Weißbuche, Linde usw., ist das Holz in durchgehend gleicher Beschaffenheit und von gleichmäßiger heller Farbe zum Unterschied von jenen Bäumen, bei denen sich durch die sogenannte Verkernung ein vom Splintholz umgebener innerer Kern gebildet hat.

Die Verkernung besteht in einer Verstopfung der Wasserleitungsbahnen, wodurch diese funktionslos werden. Damit ist auch ein Absterben der Markstrahl- und Holzparenchymzellen verbunden. Die sogenannten Reifholzbäume, wie z. B. Tanne, Fichte, Buche usw., haben einen Kern von derselben Farbe wie der Splint. Der Kern ist jedoch dichter und saftstoffärmer. Bei den Kernholzbäumen (Eiche, Esche, Kiefer, Lärche) ist der Kern bedeutend dunkler als der Splint. Diese Erscheinung ist auf die Einlagerung harziger oder gummiartiger Stoffe zurückzuführen. Bei den sogenannten Farbhölzern lagern sich im Kernholz Farbstoffe ab.

Das Kernholz ist im allgemeinen der wertvollste Teil eines Stammes. Splint ist von manchen Bäumen, wie z. B. Eiche und Lärche, ganz unbrauchbar und wertlos.

Im **Papierfabrikant 17, 981 u. 1013** bringen **J. König** und **E. Becker** Untersuchungsergebnisse über Bestandteile des Holzes und deren wirtschaftliche Verwertung mit Tabellen über den Gehalt der einzelnen Hölzer an Protein, Harz, Asche, Cellulose, Lignin, Hemicellulosen.

Über die chemische Zusammensetzung von Fichte, Kiefer, Buche, Birke und Pappel, ferner des nahezu gerbstofffreien Erlenholzes, siehe die tabellarisch zusammengestellten Untersuchungsergebnisse von **C. G. Schwalbe** und **E. Becker** in **Angew. Chem. 32, 229** und **33, 14.**

Aschefrei gedachtes, vollkommen trockenes Holz enthält: 49,00—56,90% Kohlenstoff, 6,00—6,60% Wasserstoff, 0,90—1,50% Stickstoff, 37,40—43,10% Sauerstoff. Im allgemeinen ist Nadelholz reicher an Kohlen- und Wasserstoff als Laubholz.

Die gebräuchlichsten Hölzer enthalten ungefähr 47—62% ihres Trockengewichtes an Cellulose und 38—53% Lignin.

Das Holz besteht der Hauptsache nach aus der nur zu Dextrose hydrolysierbaren, gegen verdünnte Mineralsäuren, stark erhitztes Alkali und oxydierende Agentien relativ widerstandsfähigen Dextrosecellulose, während in der Zellwand noch mehrere nahestehende Kohlehydrate (Hemicellulosen) enthalten sind, die schon durch Kochen mit stark verdünnten Mineralsäuren hydrolysiert und zum Teil auch durch kalte, verdünnte Alkalilaugen in Lösung gebracht werden können. Die inkrustierende Substanz wird Lignin genannt. Es ist anzunehmen, daß die Ligninstoffe mit den Cellulosen zu ätherartigen Verbindungen, den Lignincellulosen vereinigt sind. Durch die Ligninsubstanz werden mit mehreren Reagenzien Farbenreaktionen hervorgerufen, die man beispielsweise zum Nachweisen von Holzstoff in Papier benützt. Am häufigsten wird die Reaktion mit Phloroglucin angewendet, die eine violettrote Färbung ergibt.

Der Inhalt der Holzzellen besteht aus Wasser, Luft, Zucker, Stärke, Holzgummi, Gerbstoffen, Harzen, Farbstoffen, Fetten, organischen Stickstoffverbindungen, Mineralstoffen (die die Asche beim Verbrennen bilden). Die Gerbstoffe wirken konservierend auf die Cellulosefaser, andrerseits schädigen sie mit dem Holze in Berührung gebrachte Farben, Gewebe und sogar Metalle. So darf z. B. Zinkblech ebensowenig wie Blei auf Eichenholz verlegt werden, es wird durch die Gerbstoffe noch schneller zerstört als Bleitafeln. **(Dingl. Journ. 172, 278.)**

3. Physikalische Eigenschaften des Holzes.

Die Färbung der meisten Hölzer ist anfänglich hellgelblich bis bräunlich, manchmal auch etwas rötlich, und dunkelt bei manchen Hölzern später stark nach. Ungleiche Färbung des Holzes, Flecken, Streifen usw., deuten meist auf Fehler des Holzes, bzw. auf beginnende oder schon vorhandene Zersetzung.

Viele Hölzer besitzen einen ihnen eigentümlichen Geruch (Nadelhölzer, Nußholz, Rosenholz). Der Geruch des Holzes ist übrigens auch ein untrügliches Zeichen für seine Gesundheit. — Geschmack wird nur bei etlichen Hölzern wahrgenommen. So schmeckt Cedrelaholz bitter, Blauholz und rotes Santelholz süßlich usw.

Unter Härte des Holzes versteht man den Widerstand, den es dem Eindringen eines Werkzeuges entgegensetzt. Zu weichem Holz zählt man im allgemeinen unsere Nadelhölzer, ferner Pappeln, Erlen, Roßkastanien, Linden, Birken; die übrigen Hölzer zu den harten. Die tropischen Hölzer sind im allgemeinen die härtesten.

Eine wesentliche Eigenschaft des Holzes ist seine Spaltbarkeit, die recht verschieden sein kann. Ebenso verschieden ist die Biegsamkeit der Hölzer. Während manche Hölzer kaum gebogen werden können, ist dies bei anderen, insbesondere bei geeigneter Behandlung mit Wasser oder Dampf in erhöhtem Maße möglich. Sehr biegsames Holz wird zähe, wenig biegsames Holz spröde und brüchig genannt.

Weitere wesentliche Eigenschaften des Holzes sind seine Elastizität und Festigkeit (Zugfestigkeit, Druckfestigkeit, Zerknickungsfestigkeit, Tragfestigkeit, Schubfestigkeit, Drehungsfestigkeit)

Das spezifische Gewicht der reinen Holzfaser (Wandsubstanz) beträgt 1,5. Durch die in den Poren eingeschlossene Luft ist Holz jedoch meist spezifisch leichter als Wasser und schwimmt daher.

Grünes, frisch gefälltes Holz ist wegen seines Wassergehaltes immer schwerer als getrocknetes Holz. Das spezifische Gewicht von grünem Holz schwankt durchschnittlich zwischen 0,38—1,28, das spezifische Gewicht von bei ca. 60° gut getrocknetem Holz ist durchschnittlich 0,39—1,03. Das geringste spezifische Gewicht haben die exotischen Korkhölzer (0,25), zu den schwersten Hölzern zählen Pockholz (1,39), Ebenholz (1,259), Kokoboloholz (1,12).

Frisch gefälltes Holz enthält durchschnittlich ungefähr 45% Wasser und zwar der Kern ungefähr 15%, der Splint ungefähr 50%. Der Gehalt an Wasser ist in den Monaten Dezember, Januar und Februar am größten, im März und April am kleinsten. Gefälltes Holz verliert bei der Lagerung an der Luft einen großen Teil dieses Feuchtigkeitsgehaltes. Holz, das eine weitergehende Bearbeitung erfahren soll, muß stets ein bis mehrere Jahre in einem luftigen Schuppen oder mehrere Monate in einer gut ventilierten Trockenkammer trocknen. Eichenholz, das im Schiffbau verwendet wird, wird erst nach sechs- bis siebenjähriger Trocknung benützt.

Holz muß, wenn es den höchsten Grad von Festigkeit, Elastizität, Unveränderlichkeit in seinem Volumen und Widerstandsfähigkeit gegenüber atmosphärischen Einflüssen erlangen soll, ganz langsam trocknen. Zu rasch getrocknetes Holz hat das Bestreben, aus der Luft wieder Wasser aufzunehmen und wirft sich. Zur künstlichen Trocknung, dem sogenannten „Darren" des Holzes dienen besondere Trockenvorrichtungen (z. B. von **Napier**), bei denen die Feuergase direkt das Holz umspülen, oder Trockenapparate **(Guippert)**, bei denen die Rauch- und Feuergase mit dem Holz nicht in Berührung kommen; ferner die Trockenanlagen nach **Ungar, Guillaume** usw.

Mit dem Ausdruck „Arbeiten" des Holzes bezeichnet man das Schwinden, d. h. sein Zusammenziehen beim Trocknen und das Quellen, d. h., die Volumsvergrößerung durch Wasseraufnahme aus feuchter Umgebung. Wird das Holz irgendwie an dieser Volumsveränderung gehindert, so wirft es sich, es zieht und reißt. Das saftreichere Splintholz schwindet mehr als das trockene Kernholz. Auch geht das Schwinden innerhalb des Stammes nicht in jeder Richtung gleichmäßig vor sich. Das Schwinden in der Längsrichtung ist fast unmerklich, während es in der Breite- und Stärkerichtung 3—10% betragen kann.

Durch den Einfluß von Mikroorganismen, Pilzen, Schmarotzerpflanzen, Insekten ist das Holz schädigenden Veränderungen, wenn nicht völliger Zersetzung unterworfen. Es ist insbesondere beim gefällten Holz mit großer Sorgfalt und durch geeignete Lagerung darauf zu sehen, daß es nicht mit Substanzen in Berührung kommt, die den Keim der Zersetzung in sich tragen können. Sorgfältige Behandlung des gefällten Holzes schützt vor großem Schaden.

Man unterscheidet beim Faulen des Holzes die Trockenfäule (Vermoderung, weiße Fäule) und die nasse Fäule. Bei der ersteren wird das Holz weiß und zerreiblich und zeigt häufig Phosphoreszenz. Sie tritt meist dort ein, wo das Holz nicht völlig zu trocknen vermag oder wo es unter günstigen Wärmeverhältnissen häufig befeuchtet wird, ohne daraufhin völlig trocknen zu können. Bei der nassen Fäulnis entsteht ein rötliches, braunes oder schwarzes Produkt. Diese Fäulnis verläuft ohne Zutritt von Sauerstoff. Sie erfordert eine dauernde Befeuchtung des Holzes und eine gewisse Höhe der Temperatur, und tritt daher hauptsächlich in stehenden Gewässern und in feuchter Erde auf.

Die Dauerhaftigkeit der Holzarten ist verschieden. Im allgemeinen sind Hölzer aus Ländern mit trockenem Klima dauerhafter. Von den einheimischen Hölzern bilden Eiche und Birke die obere und untere Grenze der Dauerhaftigkeit.

Beispielsweise beträgt die Dauerhaftigkeit von Eisenbahnschwellen

Eiche	14—16	Jahre
Lärche	9—10	„
Kiefer	7—8	„
Tanne und Fichte	4—5	„
Buche	$2^1/_2$—3	„

Im allgemeinen hält sich Holz in nassem Ton-, Lehm- oder Sandboden am besten, weniger gut in trockenem Sandboden und am schlechtesten in Kalkboden.

Um lebendes junges Holz gegen Wildschaden zu schützen, werden die Stämmchen entweder eingebunden, oder mit Kalk, Teer oder dgl. bestrichen. Gegen Käfer und Raupen schützt man sie durch Anbringung von Gürteln, die mit einer Klebmasse bestrichen sind. **Bd. III [661].**

4. Literatur über Holz-Oberflächenbehandlung, Oberflächenfehler; Bleichen.

Außer den eingangs genannten Werken seien noch folgende Schriften hervorgehoben: Zimmermann und Mäder, Das Beizen und Färben und die gesamte Oberflächenbehandlung des Holzes. — Schultz, F., Technik der Färbe- und Vollendungsarbeiten. Hannover 1909; vgl. die Bücher von Stübing (Beiz- und Färbekunst). — Andés, L. E., Die technischen Vollendungsarbeiten der Holzindustrie. Wien und Leipzig 1904. — Haubold, Das Färben, Imitieren des Holzes usw. Berlin 1888. — Zimmermann, W., Wasserfeste und waschechte Holzbeizen. Zürich u. Leipzig 1907. — Beizrezepte für Holz (anon.). Graz 1905. — Zimmermann, W., Das Beizen und Färben des Holzes. Zürich u. Leipzig 1906. — Pfister, J., Das Färben des Holzes durch Imprägnierung. Wien u. Leipzig 1908. — Freitag, Die Kunst der Öl-, Aquarell-, Holz- und Steinmalerei. Wien 1885. — Horn, Anleitung zum Abputzen, Härten, Kitten, Schleifen, Porenfüllen usw. des Holzes. Hamburg 1905. — Schmidt, Das Beizen, Schleifen und Polieren des Holzes usw. Weimar 1878. —Das Färben und Imitieren des Holzes usw. Berlin 1888. — Die Beiz- und Färbekunst in ihrer Anwendung auf Holz usw. Berlin 1898. — Otto, Über das Beizen, Bleichen und Färben des Holzes in „Technischer Ratgeber auf dem Gebiete der Holzindustrie". Leipzig 1901. — Soxhlet, Die Kunst des Färbens und Beizens. Wien 1899. — Siddon, G. A., Ratgeber in der Kunst des Schleifens, Polierens, Färbens usw. 5. Auflage von Ernst Möthling. Weimar 1697. — Mellmann, Chemisch-Technisches Lehrbuch des Beizens usw. Berlin 1899. — Wahlburg, Die Schleif-, Polier- und Putzmittel usw. 3. Aufl. Wien-Leipzig. — Andés, Praktisches Rezeptbuch f. d. ges. Lack- und Farbenindustrie. Wien-Leipzig 1904. — Schramm, Das Färben des Holzes in alter und neuer Zeit. Graz 1904.

Über gesundheitsschädliche Hölzer siehe **J. Großmann, Bayer. Ind.- u. Gew.-Bl. 1910, 51.**

Eine übersichtliche Abhandlung über das Beizen und Färben des Holzes findet sich in **Zeitschr. f. angew. Chem. 1910, Nr. 31.**

Über die Weiterbehandlung gebeizter Hölzer mit Wasserbeizen oder mit gefärbten Präparaten siehe **H. Mäder, D. Tischl.-Ztg. 1910, 310.**

In **Leipz. Drechsl.-Ztg. 1911, 319** wird über wasserlösliche Holzbeizen in Pulverform und ihre Anwendung berichtet.

Über die wichtigsten Rohprodukte und Chemikalien für das Beizen und Polieren des Holzes (Schellack, Mastix, Sandarak, Benzoe- und Kopalharz, Ricinusöl, Terpentin, die Xanthorroeaharze, Spirituslacke usw.), siehe die Artikelserie von **H. Mäder, D. Tischl.-Ztg. 1910, 356ff. u. 1911, 2 ff.**

Über die Holzbeizmittel: Arti-Paracidolbeize und Arti-Paracidolammonbeize siehe **D. Tischl.-Ztg. 1911, 49 u. 58.**

Über das Beizen und Lackieren von Holzkugeln siehe **Techn. Rundsch. 1909, 273.**

J. Großmann, Das Beizen des Holzes und seine Bedeutung für das heutige Kunstgewerbe, **Bayr. Ind. u. Gew.-Bl. 1913, 491.** Die Arbeit (nach einem Vortrag des Verfassers) bietet ein klares Bild über den heutigen Stand des genannten Gebietes; besonders betont ist die Notwendigkeit für den Gewerbetreibenden sich vor allem die Kenntnis chemischer Grundregeln und der Eigenschaften der wichtigsten Chemikalien anzueignen.

Eine Anzahl älterer Färbevorschriften auf verschiedenen Beizen findet sich in **D. Gewerbeztg. 1869, Nr. 49.**

Die Oberflächen- und Innenbehandlung des Holzes erfolgt zur Verschönerung und zum Schutze der Gebrauchs- und Werkhölzer gegen Witterungs- und mechanische Einflüsse, bezw. zur Füllung oder Auskleidung der Zellen mit färbenden, fäulniswidrigen (konservierenden), härtenden, oder die Entflammbarkeit herabsetzenden Stoffen oder zum Zwecke der Veränderung der Eigenschaften des Holzes.

Eine scharfe Grenze zwischen Oberflächenbehandlung des Holzes und seiner Imprägnierung läßt sich nicht ziehen, da sogar beim bloßen Anstrich Teile des Bindemittels der Anstrichfarbe bis zu einer gewissen Tiefe in das Holz eindringen. In erhöhtem Maße ist dies natürlich beim Färben oder Beizen der Fall.

Holz ist auch in normal verarbeitetem Zustande nur scheintot, d. h. die in ihm vorhandene Feuchtigkeit macht sich auch späterhin noch bei den Gebrauchsgegenständen dadurch bemerkbar, daß die Holzplatten sich biegen oder reißen. Es wäre verfehlt, wenn man Risse oder gequollene Aststellen u. dgl. vor gründlicher Beseitigung des Schadens durch einen Anstrich verdecken würde, ebenso wie auch nicht völlig trockenes Holz durch Aufbringung von Polituren oder Anstrichen nicht am Werfen und Quellen verhindert werden kann. Vgl. **Krais, S. 349.**

Um Äste aus Nutzhölzern zu entfernen, werden die Stellen bis zu einer gewissen Tiefe ausgebohrt, worauf man die Vertiefungen mit gestanzten Holzscheiben ausfüllt. Ein Kitt aus 1 Tl. pulverisiertem, gelöschtem Kalk, 2 Tl. Roggenmehl, 1 Tl. Leinöl und etwas Umbra kann dieses radikale Verfahren bei kleineren Astfehlern ersetzen, evtl. genügt es auch, einen feinen Brei von Holzmehl und Schellacklösung aufzutragen. **(D. Tischl.-Ztg. 1911, 79.)**

Über Fehler in den Holzoberflächen und deren Beseitigung vor und nach dem Beizen und Polieren siehe **H. Mäder, D. Tischl.-Ztg. 134 u. 142.**

Zur Verhütung von Harzausschwitzungen aus gestrichenem Tannenholz überstreicht man die Flächen mit einer 25proz. alkoholischen Schellacklösung, läßt trocknen und bringt einen Schleifgrund auf, der sehr mager gehalten wird, und den man vollkommen erhärten läßt. Die Wirkung beruht auf der Unlöslichkeit des Schellacks in Terpentin, das seinerseits die Fette der auf ihm liegenden Ölfarbe allmählich erweicht und auflößt, so daß das Harz weiter überquellen kann. Es wird auch empfohlen die Knoten vor dem Anstrich mit einer Mischung von gleichen Teilen gelöschtem Kalk und Mennige zu überziehen, die das Terpentin aufsaugen, ähnlich, wie man Öl mittels Pfeifenerde aus einem Parkettboden entfernt **(J. Werner, Badisch. Gewerbe-Ztg. 1886, 211.)**

Holz, das nicht ganz weiß ist, kann durch Chlorkalk und kristallisierte Soda (500 g, 62,5 g, 8 l Wasser, $^1/_2$ Stunde behandeln) gebleicht werden. Um das Chlor zu entfernen, legt man dann das Holz in eine Auflösung von schwefliger Säure und wäscht es sodann mit reinem Wassernach. Etwaige Reste von schwefliger Säure schaden nicht.

Zum Bleichen des Holzes eignet sich am besten 3proz. Wasserstoffsuperoxydlösung, die im Liter 1,20 g Salmiakgeist 0,910 enthält. Man arbeitet am besten bei 34°, gießt von 6 zu 6 Stunden Ammoniak nach und erhält so die alkalische Reaktion des Bleichbades aufrecht. Wenn man von frisch gefälltem Holze ausging, nimmt das in der Struktur unveränderte Material beim folgenden Beizen oder Polieren bedeutend größere Mengen der nötigen Stoffe auf. **(C. Markgraf, Kunst 1917, 165.)**

Zur Bleichung von Holz besonders zum Aufhellen von Holzfußböden verwendet man ein etwa 50° warmes Bad aus 40 Tl. Wasser, 8 Tl. 8 vol.-% Wasserstoffsuperoxyd und 1 Tl. im Verhältnis 1 : 3 verdünntem Wasserglas, dem man soviel einer dünnen Kaliumpermanganatlösung zusetzt, daß das Bad nicht gefärbt wird, daß aber doch eine fortlaufende Gasentwicklung stattfindet. Die fertigen Holzwaren oder Fußböden werden mit dieser Flüssigkeit mittels eines Pinsels 2—3 mal bestrichen und rein weiß gebleicht. Das Verfahren eignet sich besonders für Ahorn- und Eschengegenstände. **(D. R. P. 292 267.)**

Das Bestreben, dem Holze durch Glätten, Verzieren, Bemalen oder sonstige Ausschmückung ein gefälligeres Aussehen zu verleihen, geht bis auf die Naturvölker zurück (Indianer, Neger, Buschmänner usw.). Auf besonders hoher Stufe standen, was künstlerische Holzverschönerung betrifft, die Asiaten, erwähnt seien z. B. die Lackarbeiten der Chinesen und Japaner, die Holzarbeiten der Indier, Perser usw.

In der modernen Technik wird das vollkommen glatte Holz zwecks Verschönerung entweder lasiert, lackiert, mattiert, gebeizt, poliert, mit Farben angestrichen, gebrannt, gesätzt usw.

Das Firnissen des Holzes bezweckt den Schutz desselben vor Feuchtigkeit, Schmutzansatz usw. und verleiht der Oberfläche gleichzeitig schönen Glanz. Der gebräuchlichste Firnis ist der durch längeres Erhitzen von Leinöl unter Zusatz von Metalloxyden gewonnene Leinölfirnis.

Die zum Lasieren verwendeten Lasurfarben bestehen in der Regel aus feinst gemahlenen Körperfarben, die mit Wasser, Leinöl oder Terpentinöl angerieben auf die Holzfläche aufgetragen werden. Zum Lackieren des Holzes verwendet man sogenannte Öllacke, das sind Lösungen von Harzen in Terpentinöl u. dgl. oder Spirituslacke, das sind Lösungen von Harzen in Alkohol. Lackfirnisse sind Verbindungen von Firnissen mit Öllacken. Das Holz kann ferner auch mit heißem, klarem Leinöl eingelassen werden. Undurchsichtige Ölfarbenanstriche verwendet man meist boi minderwertigem Holze, dessen Maserung eine schlechte ist, um so seine Textur zu verdecken.

5. Schleifen und Porenfüllen.

Um dem durch eine der soeben erwähnten Behandlungen zu verschönerndem Holze den höchstmöglichsten Grad von Glätte und Reinheit zu verleihen, wird es zunächst geschliffen. Zum Schleifen werden künstlicher Bimsstein, bzw. künstliche Holzschleifsteine verwandt, die aus feingemahlenem Bimsstein, Feuerstein oder dgl. und einem Bindemittel bestehen. Ferner verwendet man Glas-, Sand- und Flintsteinpapier, seltener Fischhaut, Schachtelhalm (Zinnkraut), Wiener Kalk, Sepia, Stahlspäne und Stahlwolle, Tripel, Kreide, Holzkohle, gebranntes Hirschhorn usw.

Das Schleifen hat in erster Linie den Zweck einen Untergrund zu glätten, doch kann der Vorgang zu gleicher Zeit bei Wahl geeigneter Schleifmittel auch das Ausfüllen der Poren bewirken. Tränkt man z. B. das zu schleifende Holz mit Leinöl und schleift nachträglich mit Bimsstein, so wird eine glatte und zugleich porenfreie Holzoberfläche erzielt; in ähnlicher Weise kann man auch ein Gemenge von Leinöl, Bimssteinpulver und Talg verwenden. Im allgemeinen erzielt man durch die üblichen Schleifmittel, die naturgemäß nur auf völlig trockener Oberfläche angewendet werden können, stets matte Flächen, doch kann man bei Anwendung feinster Knochen- oder Hirschhornasche oder Sepia in Gegenwart von Wasser durch Verreiben mit dem Handballen auf einer Lackschicht auch glänzende Schleifflächen erhalten; dieser Glanz tritt besonders hervor, wenn man nachträglich die Fläche mit etwas Baumöl verreibt.

Das Schleifen soll stets in der Richtung der Holzfaser erfolgen, oder kann auch kreisförmig, darf jedoch nie senkrecht zur Faserrichtung geführt werden. Zum Nachschleifen, das hauptsächlich bei harten Hölzern, namentlich bei Eichenholz angewendet wird, verwendet man ebenfalls Bimsstein und Wasser bzw. für feinere Arbeiten Bimsstein und Firnis oder Schleiföl.

Das Naßschleifen ist besonders bei jenen Holzflächen zu empfehlen, die später mit Wasserbeizen behandelt werden sollen. In großen Fabriken wird das Holz mittels eigener Schleifmaschinen geschliffen.

Nach **Andés** teilt man die zum Schleifen des Holzes bestimmten natürlichen oder aus Bimssteinpulver, Ton, Quarzsand, Kalk, Wasserglaslösung usw. hergestellten künstlichen Steine zum Trockenschleifen des Holzes mit den Nummern der Einheitsgrade 3—0 für weiches bis hartes Holz in verschiedene Sorten ein. Näheres in Lehner, „Die Kunststeine", Wien und Leipzig. S. a. **Bd. I [676]**.

Zur Herstellung eines Politurschleifgrundes vermischt man nach **D. R. P. 114 811** fein zerriebenen, mit Wasser angerührten dünnflüssigen Caseinkalk mit etwas Äther und trägt das Mittel auf das vorgebeizte Holz auf. Es soll nur eine einmalige Politur nötig sein.

Die einfache Lösung von Casein in Ammoniak bietet als Politurgrundbeize viele Vorteile. In die Holzoberfläche eingerieben füllt der Käsestoff die Poren, glättet das Holz ohne die Maserung zu verdecken und bildet namentlich auf Weichhölzern einen gut schleifbaren Grund für den folgenden Lackaufstrich. **(Gewerbefleiß 1922, Heft 2.)**

Eine Einschleifpaste zur Grundierung von Holzplatten wird nach **D. R. P. 216 776** hergestellt durch Vermischen von gleichen Teilen Staubschmirgel, Glasmehl und Bimssteinpulver mit einem Brei von Wiener Kalk und 28proz. Glycerin. Schließlich setzt man noch unter starker Knetung wasserlösliches Öl hinzu.

Ein das Durchschlagen des Öles durch die Politur verhinderndes Schleiföl wird nach **D. R. P. 74 568** hergestellt durch Verschmelzen von 250 g Firnis, 75 g Bernsteinlack, 50 g Terpentin, 25 g Sikkativ und etwas Alkannawurzel.

In **Farbe und Lack 1912, 281** ist eine größere Zahl von Vorschriften zum Abschleifen, Verkitten und Grundieren von Holzgegenständen angegeben, ebenso finden sich Vorschriften zur Herstellung von Spachtelkitt und die Schilderung aller Vorarbeiten, die als Grundierung für den späteren Lackaufstrich zu erfolgen haben.

Die Porenfüller (nur graduell verschieden von den Spachtelmassen, s. u. **[10]** u. **Bd. III [160]**) dürfen die Maserung des Holzes nicht verdecken und müssen möglichst wenig Eigenfarbe besitzen, es kommen demnach vor allem Stärkemehl, Glas-, Holz-, Bimssteinpulver oder auch Speckstein und Schwerspat als Grundlage der Massen in Betracht, wobei als Bindemittel entweder Terpentinöl oder für schnell trocknende Massen Schellack- und Schellackharzseifenlösungen oder Zaponlack oder Leimlösung Verwendung finden. Im allgemeinen verfährt man beim Auftrag dieser Massen, welche die Konsistenz der Ölfarbe haben sollen, in der Weise, daß man sie nach dem Auflegen etwa 1 Stunde trocknen läßt und ihren Überschuß von der feuchten Oberfläche mit Holzwolle abwischt. Dabei ist vor allem darauf zu sehen, daß die Masse aus den Poren nicht herausgewischt wird, man führt daher zweckmäßig mit der Holzwolle nicht gradlinige, sondern kreisförmige Bewegungen aus.

Eine tabellarische Übersicht über die gebräuchlichen Holzporenfüllmittel und ihre Herstellung nach patentierten Verfahren bringt **M. Schall** in **Kins-Kunstst. 9, 48.**

Nach **A. P. 972 801** wird ein Porenfüller zum Glätten poröser Stoffe (Holz usw.) hergestellt durch Schmelzen von 20% Mineralwachs, 5% Mineralöl, 5% Specksteinpulver und 70% Naphtha.

Ein rasch trocknender, die Grundfarbe ersetzender Holz-, Stein- und Metall-Spachtelkitt wird nach **D. R. P. 141 797** hergestellt aus 25% Bleiweiß, 12,5% Silberglätte, 3,75% Schleiflack, 7,5% Knochenleim, 2,5% Terpentinöl, 2,5% Wasserglas, 10% Sikkativ, 15% Bergkreide und 21,25% Wasser. Der Schleiflack besteht aus Bernstein, Leinöl und Terpentinöl.

Nach **D. R. P. 152 910** werden die Holzporen mit einem Gemenge von Gips, Ton, Ziegelmehl usw. als Füll-, Dextrin, Leimpulver und ähnlichen Stoffen als Bindemittel unter Zusatz einer dünnen alkoholischen Schellacklösung ausgefüllt. Dabei soll es durch weiteren Zusatz einer geringen Menge Kaliumbichromatlösung möglich sein, diese Porenfüllung in der nachträglich anzuwendenden Politurflüssigkeit unlöslich zu machen.

Zur Herstellung einer Porenfüllmasse zwecks Vorbereitung für die Politur verreibt man auf dem Holze ein Gemenge von indifferenten Pulvern (Schwerspat, Bolus oder Speckstein) mit einem pulverförmigen Bindemittel (harzsaure Verbindungen des Kalks, Magnesiums oder der Tonerde) und Spiritus in Form eines mäßig dünnen Breies. Wegen der Schwerlöslichkeit der Resinate im Alkohol tritt beim Verreiben erst innerhalb der Holzporen langsames Abbinden der Masse ein, so daß der Arbeiter Zeit gewinnt die Porenfüllung sorgfältig auszuführen (**D. R. P. 206 882.**)

Für Eichenholz soll man nach **D. Tischl.-Ztg. 1911, 31** entweder feinen Gips oder Reisstärke als Porenfüller verwenden, die man mit schwacher Politur zu einem Brei anrührt. Die in das Holz eingestrichene Masse trocknet zum Unterschied von den mit Öl angeriebenen Porenfüllern, die zwei Tage zum Trocknen brauchen, sofort und kann gleich geschliffen werden.

Nach **Seifens.-Ztg. 1911, 630** werden zum Polieren von Holzflächen fast ausschließlich Schellackporenfüller verwendet; mit Öllacken behandelte Flächen erfordern die Verwendung von Ölporenfüllern, während Filling-up oder auch Spachtelkitt nur für gröbere Arbeiten, zum Glätten des Kalkputzes an Wänden usw. zur Anwendung gelangen. Schellackporenfüller: 50 Tl. Dextrin, 50 Tl. feinst geschlemmter Bimsstein, 100 Tl. Leichtspat, 100 Tl. Spiritus, 200 Tl. Schellacklösung evtl. Teerfarben. Ölporenfüller: 200 Tl. Leichtspat, 100 Tl. Terpentinöl (oder Ersatz), 200 Tl. Schleiflack (s. o.). Spachtelgrund: 1200 Tl. Bleiweiß, 1200 Tl. Schwerspat, 300 Tl. Ölschwarz, 400 Tl. Leinölfirnis, 100 Tl. Sikkativ.

In **Farbenztg. 1908, 832** beschreibt **Andés** die Matteine, das sind zur Klasse der Lacke zählende Präparate, die zum Verschließen der Poren von hartem Holz dienen und hauptsächlich aus alkoholischen Harzlösungen bestehen.

Nach **E. P. 1937/12** besteht eine Farbmasse, die sich besonders als Porenfüller eignet aus Schwermetallsulfaten (Eisen, Kupfer, Zink und Aluminium), Dextrin, Bariumsulfat und Porzellanmasse.

Als Porenfüller eignet sich nach **D. R. P. 13 864** auch ein Gemisch von 4—5 Tl. Stärke, 1,5 Tl. Leinölfirnis, 1 Tl. Sikkativ, 1 Tl. Terpentinöl und 0,5 Tl. fettem Lack.

Als Porenfüller eignet sich ferner eine flüssige oder breiige Spachtelmasse, bestehend aus feingeschliffenem Holzmehl derselben Holzart, Bimssteinpulver, Gelatine, Dextrin, Gummiarabicum Terpentin, Lack, Natronlauge und Wasser. (**D. R. P. 310 402.**)

Als Porenfüll- bzw. Politurmasse für Holz verwendet man eine bei gewöhnlicher Temperatur noch nicht gelatinierende Tierleimlösung im Gemenge mit derselben Menge Schleiföl und mit etwa 5% eines aus Dextrin, Gips und etwas Eisenoxyd gemischten Pulvers. Die zugleich mit ätherischem Öl und Wachs verwendete Masse schließt die Holzporen und erzeugt glatte mattglänzende Flächen, die mit wenig Schellackpolitur nachpoliert, Hochglanz annehmen. (**D. R. P. 315 841**).

Ein Porenfüller oder Grundiermittel besteht aus eingedickter Sulfitablauge, die sich vermöge ihres Harzgehaltes innig mit den Bestandteilen der Politur verbindet. (**D. R. P. 323 468.**)

Zum Ausfüllen kleiner Risse in der Holzoberfläche verwendet man nach **Farbe und Lack 1912, 302** den Inkrustationskitt, d. i. ein Gemenge von Körperfarben, Füllmitteln (Gips, Kreide, Kieselgur), Schellack, Galipot und Lärchenterpentin.

Zur Ausfüllung der Holzporen und zur Verhütung des Reißens und Werfens der Hölzer tränkt man sie mit einer dünnflüssigen konzentrierten Lösung solcher leichtlöslicher Salze oder Chemikalien, die bei höherer Temperatur in größeren Mengen in Lösung gehen als in kaltem Zustande, wobei durch langsame Abkühlung der Hölzer zuerst eine teilweise Ausfüllung, und bei der nachfolgenden Austrocknung infolge Verdunstung des Lösungsmittels eine weitere gleichmäßige Ausfüllung der Holzzellen erreicht wird, die ihr Zusammenschrumpfen verhindert. (**D. R. P. 117 150.**)

Über Herstellung von Spachtelfarbenpräparaten zur Beseitigung von Oberflächenfehlern und zum Ausfüllen von Rissen siehe **D. R. P. 243 384.**

Für Herstellung eines Spachtelkittpräparates für Holz (auch Eisen) erhitzt man pulverisierten Ton in offenen Blechkästen 2—3 Stunden auf 100° und rührt ihn sodann mit kaltem Wasser, dem man 2% Essig zugesetzt hat, zu einem dicken Brei an. (**D. R. P. 295 255.**)

Vgl. **Bd. III [160]** woselbst sich weitere Vorschriften auch zur Bereitung von Spachtelkitten finden.

Polieren des Holzes.

6. Technik des Polierens. Politurglanzpräparate.

Zahlreiche Vorschriften zur Herstellung von Polituren auch für Holz finden sich in den Bänden **Nr. 87, 128 u. 271** der **Chem.-techn. Bibliothek** von **A. Hartleben, Wien u. Leipzig.** Einige Vorschriften zur Herstellung von Möbelpolituremassen bringt ferner **F. Daum** in **Seifens.-Ztg. 1912, 1045.** Vgl. **Leipz. Drechsl.-Ztg. 1911, 8 u. 34**: Allgemeine Angaben über Politur von Holz.

Über Grundierungspräparate und Holzpolituren siehe **H. Mäder, D. Tischl.-Ztg. 1910, 101 u. 109.**

Über Lackieren und Polieren von Holzarbeiten siehe auch **J. Miller, Dingl. Journ. 132, 305.**

Man bezweckt mit dem „Polieren" des Holzes seine Oberfläche glatt und eben zu gestalten und ihr nachträglich Glanz zu verleihen. Die Glätte erzielt man durch Abschleifen der vorher mit Porenfüllmassen behandelten Fläche, den Matt- oder Spiegelglanz durch Überstreichen mit Harzlösungen.

Man überzieht die Fläche mit einer Auflösung von Schellack in Spiritus, so daß sich während des Verdunstens des Lösungsmittels eine dichte Schellackschicht auf dem Holze ablagert, die die Poren verschließt und eine ebene, glatte und spiegelnde Fläche hinterläßt. Um dieser Fläche noch größere Gleichmäßigkeit und Glätte zu verleihen, kann man sie noch mit feinen Schleifmitteln, wie Knochenasche, Tripel, Sepia, abschleifen.

Als Politurpräparat verwendet man Lösungen von gewöhnlichem oder gebleichtem Schellack. Die Arbeit muß im erwärmten, staubfreien Raum vorgenommen werden. Das Holz wird zunächst vorpoliert, d. h. mittels in Leinwand gewickelter wollener Lappen oder Watte mit schwacher Politur und unter Ausstäuben von feingemahlenem Bimsstein solange verrieben, bis die Poren des Holzes verschlossen sind. Nach zwei bis drei Tagen werden die Flächen nochmals gut abgeschliffen, mit Politur unter Anwendung von etwa Polieröl behandelt, nach weiteren 2—3 Tagen fertigpoliert und schließlich noch mit einigen Tropfen absolutem Alkohol abpoliert. Wenn die Holzfläche zum Auspolieren mit Schellackpolitur fertig ist, empfiehlt es sich zur Erzielung höheren Glanzes einige Tropfen verdünnter Schwefelsäure in das Holz zu verreiben und nunmehr mit Tripel oder zerfallenem Wiener Kalk auf Spiegelglanz zu polieren. **(Dingl. Journ. 186, 336.)**

Das Mattschleifen glanzpolierter Flächen geschieht in der Weise, daß die gut polierte Fläche mit Terpentinöl eingerieben, unter Zusatz von aufgestäubtem Bimsstein mattgebürstet und schließlich mit einem weichen Lappen abgerieben wird.

Das Wachsen des Holzes bezweckt die Erzeugung eines schützenden, matt glänzenden Überzuges. Zerkleinertes Wachs wird im warmen Wasserbade in Terpentinöl gelöst und die Lösung nach dem Erkalten auf das Holz aufgetragen. Nach etwa 12stündigem Trocknen wird mit einer Bürste oder einem wollenen Lappen nachbehandelt.

Im Handel versteht man unter Tischlerpolitur allgemein eine Lösung von Schellack in Spiritus, andere Produkte, die Schellackersatzmaterialien an Stelle des reinen Naturharzes enthalten, sollten anders bezeichnet werden. Alle Schellackpolituren sind trübe Flüssigkeiten, da das Schellackwachs in dem als Lösungsmittel verwendeten Alkohol nicht löslich ist, das Wachs erhöht aber die Politurfähigkeit der Masse, so daß man ihr häufig noch etwas Wachs zusetzt; filtrierte Politurmassen (Russische Polierlacke) besitzen daher geringere Politurfähigkeit, erzeugen jedoch einen lackartigen Glanz. Der gebleichte Schellack soll nicht längere Zeit lagern, da er sonst spröde wird, vergilbt und sich schwer löst. Vgl. **Seifens.-Ztg. 1912, 1118 u. Bd. III. [82].**

Der Ölausschlag von Holzpolituren rührt nach **D. R. P. 99 500** von dem im Schellack enthaltenen Pflanzenwachs her. Um dieses zu entfernen, ehe man den Schellack als Poliermittel verwendet, wird in dem Patent vorgeschlagen 20 kg Schellack und 4 kg Benzoeharz unter Zusatz von 1 kg Rosmarinöl in möglichst wenig 95—96proz. Spiritus zu lösen und die erhaltene konzentrierte Lösung so oft über frischen Stocklack zu filtrieren bis die Lösung ganz klar ist. Der Stocklack soll das Pflanzenwachs vollkommen aufnehmen.

Nach **Chem. Drog. 1890, 875** wird eine völlig klare Schellackpolitur erhalten, wenn man der üblichen Lösung z. B. von 30 g Schellack in der nötigen Alkoholmenge 15 g Quarzsand und 1 g Ätzkalk zusetzt, durchschüttelt und nach einiger Zeit vom Sand abgießt.

Ein billiger Hochglanzfirnis für die Kunsttischlerei besteht nach **Dingl. Journ. 149, 468** aus einer Lösung bzw. Suspension von 16,5 Tl. Schellack und 125 g Weizenkleber in 1000 g Alkohol.

Eine Politur, mit der man den glatt geschliffenen Holzgegenstand mit einem Male fertig polieren kann, besteht nach **D. R. P. 71 534** aus einer Lösung von 30 g Rubinschellack, 125 g Sumatrabenzoeharz, 125 g Guajakharz und 150 g Leinöl in 3 l Spiritus und 30 g Benzin. Man streicht auf, läßt etwa $^1/_2$ Stunde stehen und reibt mit einem Leinenlappen ab.

Nach **A. P. 983 783** besteht eine Poliermasse aus Schellack, Alkohol, Äther, Leinöl, Tannenbalsam und venezianischem Terpentin.

Nach **R. Böttger, Polyt. Notizbl. 1867, 209** stellt man einen für die verschiedensten Politurzwecke sehr gut verwendbaren Weingeist-Kopalfirnis in folgender Weise her: Man löst 1 Tl. Campher in 12 Tl. Äther, fügt 4 Tl. fein gepulverten Kopal hinzu, schüttelt bis zur völligen Aufquellung des Kopals durch, versetzt sodann mit 4 Tl. absolutem Alkohol und $^1/_4$ Tl. reinem Terpentinöl und erhält nach abermaligem gründlichen Durchschütteln den auch in diesem Zustande ohne weiteres verwendbaren dickflüssigen Firnis. Läßt man ihn einige Tage stehen, so trennt er sich in zwei Schichten, von denen die untere kopalreicher ist als die obere, letztere enthält aber trotzdem soviel Harz, daß sie ausgegossen sofort erstarrt, und eine glasartig durchsichtige, harte und dennoch genügend elastische Lackschicht bildet. Die untere Schicht wird abermals mit Äther und Campher behandelt wie oben beschrieben wurde.

Eine Holzpolitur, die, auf vorpolierte Flächen aufgebracht, ein späteres Ausschlagen der Politur verhindern soll, setzt sich nach **D. R. P. 75 740** zusammen aus 300 Tl. Spiritus, 700 Tl. Benzin, 8 Tl. Benzoegummi und 16 Tl. Sandarak.

Eine der Feuchtigkeit besonders gut widerstehende, schellackfreie Holzpolitur wird nach **Techn. Rundsch. 1913, 353** gewonnen durch Auflösen von 16 Tl. Benzoeharz, 4 Tl. Sandarak und 4 Tl. Animeharz in 76 Tl. warmem 95proz. Spiritus.

Zur Herstellung von **Kopalharzpolituren** mahlt man den Kopal nach **D. R. P. 112 856** auf nassem Wege möglichst fein und trocknet ihn fein ausgebreitet bei höchstens 60°. Nach 3 bis 4 Wochen ist das Kopalpulver geruchlos geworden, zeigt eine weißlichgraue Farbe und ist in alkoholischer Lösung zum Polieren bedeutend geeigneter als der nicht vorbehandelte Kopal.

Zur Herstellung einer Politur unter Verwendung des **Tung- oder Holzöles** verseift man nach **D. R. P. 178 894** 56 Tl. Kopal oder Sandarak oder, wenn es sich um farbige Polituren handelt, Akaraoidharz mit einer kochenden Lösung von 9 Tl. festem Kaliumhydroxyd in 140 Tl. Wasser, setzt etwa 5% der Harzmenge Holz- oder Leinölsäure zu, läßt erkalten, verdünnt und fällt mit verdünnter Schwefelsäure ein Gemenge von Harz- und Ölsäure aus, das man wäscht, trocknet und zum Gebrauch in Alkohol auflöst.

Zur Herstellung eines Poliermittels mischt man, um den teuren Schellack zu ersparen, nach **D. R. P. 198 845** Manilakopal oder Sandarak u. dgl. als Pulver mit 1—5% fettem Öl, erhitzt bis zur Dickflüssigkeit und dann noch ½—1 Stunde weiter. Während das unbehandelte Harz sich zusammen mit dem Polieröl auf der Fläche nicht fein verteilen läßt, stößt das neue Produkt das Öl ab und läßt sich demnach ebenso wie Schellack verarbeiten. Die alkoholunlöslichen Kauri- und Sansibarkopale sind **nicht** verwendbar.

Zur Herstellung einer **polierfähigen** Fläche auf minderwertigem **Kiefern- oder Tannenholz** und damit zur Ersparung der Fourniere überzieht man die Unterlage zweimal mit derselben Grundfarbe aus Lithopon und Ocker, wobei jedoch beim ersten Anstrich eine schwache Sprit-Schellacklösung und beim zweiten nach dem Trocknen und Abschleifen aufzubringenden Anstrich eine Harzlösung in Leinölfirnis oder Terpentinöl, die den ersten Anstrich nicht angreift, als Bindemittel dient. **(Ö. P. 54 871.)**

Ein Politurpräparat nach Art des „**Peerless gloss**" wird nach einem Ref. in **Seifen.-Ztg. 1912, 1092** hergestellt durch Vereinigen einer Lösung von 3½ kg wasserlöslichem Nigrosin und 1½ kg Gummi arabicum in 100 l weichem Wasser mit einer Lösung von 6,75 kg krystallisiertem Borax, 10 kg Glycerin, 1 kg Salmiakgeist und 22½ kg Rubinschellack ebenfalls in 100 l weichem Wasser, dann wird filtriert, worauf man der kalten Lösung noch 250 g Formaldehyd zugibt.

Um Holz **hochglänzend zu polieren** streicht man die Oberfläche nach **Farbe und Lack 1912, 68** zunächst 1—2 mal mit hellem **Kopallack** an, läßt vollständig erhärten, schleift und poliert mit dem sog. **Varglos-Polierwasser**, d. i. eine Emulsion von 1 Tl. reinem Petroleum und 2 Tl. verdünnter Salzsäure, nach.

7. Politur- und Hartmattlacke. Kautschukhaltige Politur. Wachspolitur.

Unter **Politurlack** versteht man (wenn es sich nicht um alkoholische Harzlösungen handelt) stets einen **Kopalöllack**. Die Gegenstände werden zweckmäßig zunächst mit einem Porenfüller bestrichen und dann mit einem Grundlack überzogen, worauf man schleift und mit einem, in der Regel etwas ölreicheren Decklack, der ebenfalls aus einer Lösung von Kopal in Leinöl besteht, überstreicht. Nach dem Trocknen poliert man entweder mit einer wässerigen Mischung von Wienerkalk oder mit dem Gemenge einer wässerigen Zuckerlösung und einer Ölemulsion oder Glycerin. Diese Art der Politurherstellung eignet sich nur für **biilligere Gegenstände**, erfüllt aber dann ihren Zweck in genügender Weise.

Zum Schließen der Holzporen und gleichzeitig als Poliermittel verwendet man nach **R. D. P. 13 864** eine aus 1 kg Terpentinöl, 1,5 kg Leinölfirnis, 1 kg Sikkativ, 4—5 kg Stärke und 0,5 kg fettem Lack bereitete Masse. Vgl. **D. R. P. 165 141.**

Die **Hartmattlacke** bestehen nach **Farbe und Lack 1912, 146** entweder aus einer Suspension von Wachs, Ceresin, Paraffin, Ozokerit oder anderen festen Kohlenwasserstoffen in einem fetten Öllack oder sie sind ein mechanisches Gemenge eines solchen Lackes mit Stärke, Speckstein, Kreide und ähnlichen indifferenten Körpern. In ersterem Falle gelangt man wegen der stets erfolgenden Wachsabscheidung zu schlecht trocknenden, stets klebenden Mattlacken, während die zweite Art der Lacke den Nachteil hat, wasserunbeständig zu sein, besonders wenn sie mit Stärke angesetzt sind, sie werden aber auch rissig, wenn man ihnen statt der Stärke andere Füllstoffe zusetzt, da sich diese Materialien im Verhalten gegen Wasser doch stets von dem Öllack unterscheiden. Diese Übelstände lassen sich beseitigen, wenn man den Öllacken nach **D. R. P. 180 148** 4—10% irgend einer **basischen Tonerdeverbindung** beigibt. Man kann jedoch die Hartmattlacke, die zur zweiten Gruppe gehören, also kein Wachs enthalten, wesentlich widerstandsfähiger machen, wenn man ihnen **nicht** wie das so häufig geschieht, anorganische, besonders Erdalkalisalze beigibt, die auf die Lacke verseifend einwirken, und es sind deshalb die Mattlacke, denen man als Mattierungsmittel wirklich **indifferente** Körper, wie z. B. **Kieselgur** zusetzt, die verwendbarsten Produkte.

Um Holz zu polieren wird es nach **D. R. P. 207 739** mit dem Gemisch eines **trocknenden Öles** (oder eines fetten, trocknenden Öllackes) mit gefällter **Tonerde** gespachtelt, worauf man den nach dem Trocknen entstehenden matten Überzug mit Lein- oder Paraffinöl und etwas Bimsstein abreibt bis er glänzend und durchsichtig geworden ist. (Vgl. **D. R. P. 180 148.)**

Nach **Techn. Mitt. f. Mal. 28, 212** kann man eine einfache Möbelpolitur **selbst herstellen** durch Vermischen von 1 Tl. Citronenöl und 2 Tl. gekochtem Leinöl. Das innige Gemenge wird mittels eines Leinenlappens auf das Möbel **aufgestrichen** und man erzielt so gleichmäßig und dauerhaft aufgefrischte Möbellacküberzüge, die nicht zur Bildung von Haarrissen neigen wie dies häufig bei Anwendung käuflicher sog. Polituren geschieht, da dieses Mittel nicht lösend auf das Harz der Politur einwirkt.

Als ein wirksames Mittel, geschnitzte Holzarbeiten vor äußeren Einflüssen zu schützen, erwies sich ein wiederholter Anstrich mit einer gesättigten Kautschukauflösung. Das Holz nimmt dadurch einen eigentümlichen Farbenton und Hornglanz an. Zur Härtung der Schicht behandelt man mit Schwefelchlorür oder einer anderen vulkanisierenden Substanz nach. (**D. Gewerbeztg. 1868, Nr. 51.**)

Nach **Seifens.-Ztg. 1911, 1011** wird ein Lack zum Mattieren der Möbel hergestellt aus 500 Tl. einer 50proz. Schellacklösung und 12 Tl. einer mit 25 Tl. Terpentinöl erhaltenen Kautschuklösung; schließlich setzt man bei 80° 75 Tl. eines schnell trocknenden Leinölfirnisses zu.

Eine sofort erhärtende und wetterbeständige Politur erhält man nach **D. R. P. 93 311** durch Einschmelzen von Kautschuk oder trockenen Harzen in die Oberfläche der hölzernen Gegenstände.

Zur Herstellung wasserechter Mattierung auf Holz quellt man nach **D. R. P. 64 474** rohen Kautschuk in der 10fachen Menge Terpentinöl, löst ihn dann unter Zusatz derselben Terpentinölmenge in mäßiger Wärme auf und erhitzt diese Lösung mit gleichen Teilen eines gut trocknenden Leinölfirnisses und 1/2 Tl. harzsauren Mangans solange auf 120° bis eine klare Flüssigkeit entstanden ist. Die Lösung erhält sodann einen Zusatz der 7fachen Menge einer mit 1% Oxalsäure versetzten 40—45proz. alkoholischen Schellacklösung, die auf etwa 80° erhitzt wird und 1/3 ihres Gewichtes von einem Gemisch von 1/6 gebleichtem Leinöl und 1/6 Kopaivabalsam enthält. Das Präparat wird 1—2 mal aufgetragen und verleiht dem rohen, gebeizten oder mit Öl geschliffenen Holz einen schönen, wasserbeständigen Mattglanz.

Über Fehler und Mißerfolge beim Mattieren von Holzarbeiten siehe **H. Mäder, D. Tischl.-Ztg. 1910, 253.**

Von den Wachslasuren und von den Wachslacken, die matten, mit Ölfarbe gestrichenen Holzoberflächen einen zarten Glanz verleihen, verlangt man nach **Farbe und Lack 1912, 302** nicht nur genügend schnelles Trocknen, sondern auch eine leichte Verarbeitungsfähigkeit, da das Wachs das Trocknen der Anstrichfarben und Lacke verzögert oder ganz verhindert und eine derartige Verdickung der übrigen Anstrichmittel hervorruft, daß die Präparate sich nur in der Wärme verarbeiten lassen. Je nach den Bedingungen muß die Zusammensetzung dieser Wachsfarben von Fall zu Fall entsprechend geändert werden.

Eine flüssige Wachspolitur wird nach **D. R. P. 132 218** hergestellt durch Zusammenschmelzen gleicher Teile Karnaubawachs, Paraffin und Japanwachs oder Ceresin oder Stearin. Das Gemisch wird pulverisiert und in kaltem Spiritus oder Terpentinöl gelöst.

Um matte Flächen zu erhalten, werden nach **D. Tischl.-Ztg. 1911, 46** die Poren durch 2 maliges Polieren gedeckt, dann wird mit Bimssteinpulver bestreut und unter Zusatz von etwas Terpentinöl abgeschliffen.

Einen braunen Mattlack erhält man nach **D. Tischl.-Ztg. 1910, 178** durch Lösen von 100 g lichtem Körnerlack, 20 g Drachenblut und 3 g Sandarak in 1 l 90proz. Alkohol. Der dekantierten, klaren Lacklösung wird ein Gemenge von 30 g Schlemmkreide und 300 g rotem Ocker oder Englischrot zugesetzt. Einen schwarzen Mattlack erhält man aus 140 g braunem Schellack, den man mit 70 g dickem Terpentin verschmilzt, worauf man in der Wärme 70 g schwarz gebrannte Buchdruckerseife einrührt. Nach einer weiteren Vorschrift verwendet man Eisenchlorid und Blauholzextrakt als Zusatz zur Harzlösung.

Eine zum Mattieren von Holz dienende Wachspolitur kann nach **Farbe und Lack 1912, 78** auch erhalten werden aus 10 Tl. Bienenwachs oder einem Gemenge von 40 Tl. Wachs und 8 Tl. Kolophonium mit Terpentinöl, Benzol oder Naphtha oder man verschmilzt 10 Tl. Kopallack und 40 Tl. Wachs und verdünnt mit 70 Tl. Terpentinöl oder man verseift schließlich 40 Tl. Wachs mit einer Lösung von 20 Tl. Pottasche in 2000 Tl. Wasser. Die Massen werden mit dem Pinsel aufgetragen und nach dem Trocknen zur Erzielung des matten Glanzes gebürstet.

Ein einfacher Mattlack für Wandtäfelung läßt sich nach **Farbe und Lack, 8** herstellen durch Lösen von Kautschuk in Terpentinöl unter Zusatz von Leinölfirnis, auch kann man das Gemenge eines gewöhnlichen Spiritusmattlackes mit einer Wachs-Terpentinlösung verwenden.

Weitere Vorschriften zur Herstellung von Schellack-, Wachs- und kombinierten Möbelpolituren finden sich ferner in einem Ref. in **Seifens.-Ztg. 1912, 1118.**

Zur Herstellung einer Politur schmilzt man nach **D. R. P. 142 513** gleiche Teile Karnaubawachs, Paraffin und Japanwachs, behandelt 1 Tl. des gepulverten Gemenges mit 2 oder mehr Teilen kaltem Spiritus etwa 14 Tage lang, verreibt die erweichte Masse sodann möglichst fein in einer Reibmühle und setzt diese Wachsemulsion einer Borwachsseifenlösung zu, die aus einer wässerigen boraxhaltigen Lösung von 5—6% Casein unter Zusatz von Karnaubawachs und Stearin hergestellt wird. Dann werden der Mischung die nötigen Farben zugesetzt.

Ein Verfahren zur Herstellung von flüssigen Wachspolituren auf kaltem Wege, bei dem man das zu lösende Wachs auf einer besonderen Schneidemaschine in äußerst dünnen Plättchen zerschneidet, die dann in besonderer Vorrichtung gelöst werden, ist in **D. R. P. 293 274** beschrieben.

Als Möbelpolitur, Fußbodenwichse und Holzpolierpräparat eignet sich eine warm bereitete teigige Mischung aus 2 Tl. Stearinsäure und 1 Tl. Terpentinöl oder eine Lösung von 2 Tl. Wachs in 1 Tl. Äther. **(D. Gewerbeztg. 1871, Nr. 16.)**

8. Celluloseester-, Eiweiß-, Gerbstoff-, Fettsäure-, Erdölpolituren.

Zur Oberflächenbehandlung von Holzgegenständen wird nach **D. R. P. 66 199** eine Lösung von Pyroxylin oder ihr Gemenge mit Harzen verwendet.

Über Herstellung einer farblosen Holzpolitur, die aus einer alkoholischen Lösung von Schellack mit einer Lösung von Kollodiumwolle und Campher besteht, siehe **D. R. P. 17 089.** Zur Weiterbehandlung reibt man die polierte Fläche zuerst mit einer Lösung von Campher in Rosmarinöl ein und poliert mit einer Mischung von Benzol und Spiritus fertig.

Zur Ausführung eines haltbaren Kollodiumanstriches auf Holz verrührt man nach **Techn. Rundsch. 1907, 180** 750 g reines Kollodium in nicht zu dünner Lösung, und Kremserweiß, das man vorher dick mit Leinöl angerieben hat, mit 50 g klarem abgelagerten Leinöl. Die Masse trocknet auf dem Holze sofort. Man muß den Anstrich, ehe man ihn mit feinem Sandpapier abschleifen kann, noch etwa 10 mal wiederholen, worauf man noch 3—5 mal mit reinem Kollodium und schließlich noch 10 mal mit dem kremserweißhaltigen Kollodium überstreicht. Es bildet sich nach Wiederholung dieser Anstriche und nach einem schließlichen Auftrag einer Schicht reinen Kollodiums, das einige Tropfen Leinöl enthält, nach wiederholtem Schleifen mit Glaspapier eine papierdicke, glasartige Schicht, die schließlich mittels des Handballens mit Seife und Wienerkalk poliert werden kann. Vgl. **D. R. P. 170 059.**

Um die Poren des Holzes beim Grundpolieren mit einem durchsichtigen Stoff zu füllen, der den Ölausschlag verhindert, bestreut man die zu polierende Oberfläche nach **D. R. P. 176 040** mit Schellackstaub und poliert mit einer alkoholischen Celluloidlösung, wodurch der Schellack aufgelöst und in den Poren des Holzes niedergeschlagen wird.

Zur Herstellung einer Beizflüssigkeit, die zugleich die Poren des Holzes ausfüllt, wodurch ein Aufrauhen der Holzfläche vermieden wird, verwendet man nach **D. R. P. 220 322** eine Mischung aus gleichen Teilen Kollodium und Spritbeize mit einer Lösung von Fett oder Harz in Äther. Die erhaltene Beize dringt tief ein, ist dauerhaft, wasserundurchlässig und die Oberfläche bleibt glatt.

Zur Herstellung eines Möbelpoliturpräparates löst man 25 Tl. glashelles Celluloid in 110 Tl. Aceton und verdünnt die Lösung mit 890 Tl. Spiritus. In dieser Zusammensetzung hat das Präparat eine Konsistens, die es sofort gebrauchsfertig macht und einen Überzug liefert, der schnell, hart, aber doch elastisch auftrocknet, ölundurchlässig und widerstandsfähig gegen Temperatur- und Witterungsänderungen ist und der Politurschicht Hochglanz und festen Stand verleiht. Das Präparat kann wie üblich mit Teerfarbstoffen gefärbt werden. **(D. R. P. 279 127.)**

Zur Herstellung eines Holzpoliturpräparates verwendet man die Lösung eines Celluloseesters der im Molekül oder im Lösungsmittel eine oder mehrere Acetylgruppen enthält. Die im Gegensatz zu Öl völlig wasser- und fettdichte widerstandsfähige Politurmasse, deren Anwendung von der Holzart unabhängig ist, da sie keinen Füllstoff enthält, wird in der Weise verwendet, daß man die geschliffene Holzfläche mit der Lösung von 7 Tl. Celluloseacetat in 52 Tl. Methyl- und 48 Tl. Äthylacetat bestreicht, nach dem Trocknen der Flächen mit Glaspapier abzieht und dann mit Hilfe eines mit der Politur oder deren Lösungsmittel angefeuchteten Ballens bis zum Erscheinen des gewünschten Hochglanzes poliert. In ähnlicher Weise lassen sich auch Holzersatzstoffe, Papier oder Pappe behandeln. **(D. R. P. 296 206.)**

Um Holzgegenstände vor der durch das Waschen mit Wasser, Seife oder Sand bedingten schädlichen Einwirkung zu schützen, um ferner das Einnisten von Mikroorganismen zu verhindern, kann man Lösungen von Cellon in leicht flüchtigen Lösungsnitteln wiederholt auf die Holzgegenstände aufstreichen, bis die Poren verschlossen sind. Dadurch bleibt die Oberfläche unempfindlich gegen Feuchtigkeit, quillt und schrumpft nicht, ist glatt, läßt sich sehr leicht waschen und sofort wieder trocknen. **(Kunststoffe 1917, 103.)**

Eine Holzpolitur, die härter als Schellack ist, nicht schmilzt, unverbrennlich ist, weniger Öl erfordert als die bisherigen Schellackersatzmittel und beim Polieren nicht klebt, wird nach **D. R. P. 220 772** hergestellt aus neutralen **(D. R. P. 202 418)**, sauren oder alkalischen Eiweißspaltungsprodukten. Die saure oder alkalische Reaktion muß jedoch durch flüchtige Verbindungen hervorgebracht sein, damit das Holz eine neutrale Politurdecke erhalte, man bringt also einfach salzsaure oder ammoniakalische Spirituslösungen von Caseinalbumosen in gleicher Weise wie eine Schellacklösung auf das Holz. Man löst z. B. 1—3 Tl. Albumose in 6—15 Tl. Sprit, filtriert die Lösung und säuert sie mit Salzsäure schwach an, bezw. versetzt sie mit Ammoniak und erhält so ein Politurmittel, das im Gegensatz zu den sogenannten Schellackersatzstoffen nicht mehr Öl braucht als der Schellack selbst. Die Decke schmilzt übrigens nicht, ist härter als Schellack und unverbrennbar.

Zum Grundieren, Polieren oder Lackieren von Holzflächen löst man nach **D. R. P. 202 418** 120 g Protalbin oder andere Eiweißspaltungsprodukte mit 60 g Baumwollscharlach in 1 l Wasser und reibt die geschliffene Holzfläche mit diesem Mittel ein. Die gleichmäßige harte, getrocknete Fläche kann direkt weiter lackiert, mattiert oder poliert werden; wenn man den Aufstrich wiederholt, so erhält man feine politurartige Glanzabzüge.

Zur Herstellung einer Politur für Holzwaren setzt man den bekannten alkalischen Politurflüssigkeiten nach **D. R. P. 142 514** eine Lösung von Sumach in Aceton zu.

Eine flüssige Politurmasse für Automobile oder Möbel besteht nach **A. P. 1411 353** aus einer wässerigen Anteigung von Essigsäure, Glanzöl, Terpentin, Farbstoff, Akaziengummi, Wismutoxychlorid und Flockenweiß.

Eine Poliermasse wird nach **Dän. P. 16 552** hergestellt durch Erhitzen von 15—28 Tl. einer Fettsäure mit einem kleinen Natronlaugenüberschuß auf 80°, wobei die Masse erstarrt und nach etwa einer Stunde unter Temperatursteigerung wieder flüssig wird. Man erwärmt dann weiter auf 100°, fügt 1 Tl. Spiritus, 70 Tl. Kohlenwasserstoffe und schließlich nach einigem Abkühlen Farbe, Füllstoffe und einen Riechstoff zu und gießt in Formen.

Nach **H. Hillig, Techn. Anstr. Hannover 1908, 78** besteht das sogenannte amerikanische Polierwasser aus einer haltbaren Emulsion von 1 Tl. raffiniertem Petroleum und verdünnter Salzsäure.

9. Polieren verschiedener Holzarten und -waren.

Über Palisander- und Eschenholz und ihre Herrichtung siehe **D. Tischl.-Ztg. 1910, 395.**

Zur Behandlung von Satinnußbaumholz empfiehlt es sich, nicht mit Öl zu schleifen, sondern mit weißer Politur zu tränken und diese Grundierung matt zu bürsten, da das Öl leicht Flecke erzeugt und der feine gelblichgraue Holzton verloren geht. Espen- und Pappelholz wird nach dem Beizen leicht geölt, mit Politur getränkt, mit Glaspapier abgeschliffen und poliert oder man imprägniert die Hölzer nach dem Beizen mit einer Mischung aus 1 Tl. Firnis, 1 Tl. Sikkativ und 1 Tl. Terpentinöl, läßt 48 Stunden trocknen, schleift leicht und poliert (**D. Tischl.-Ztg. 1910, 34**).

Zum Mattieren von Lärchenholz werden farblose Präparate (weiße Politur oder weiße Mattierung) nach vorherigem Wachsen mit gebleichtem Wachs empfohlen. (**D. Tischl.-Ztg. 1910, 334.**)

Teakholz, das außerordentlich hart und dauerhaft, aber auch sehr harzreich ist, darf nach **Techn. Rundsch. 1908, 378** nur mit harzigen Polituren behandelt werden. So erhält man beispielsweise eine gelbe Politur für diese Holzart durch Auflösen von 200 g gelbem Schellack in 800 g 90proz. Spiritus; eine Lösung von 200 g feinstem Blauholzextrakt und 40 g chromsaurem Kali in 1000 g Wasser gibt nach 14 Tagen abgegossen und verwendet, einen sehr schönen blauschwarzen Ton.

Um die Naturfarbe des Eschenholzes rein zu erhalten, werden nach **D. Tischl.-Ztg. 1910, 131** die Poren zunächst mit einem Porenfüller aus Gips oder Reisstärke und schwacher Politur gefüllt. Dann wird geölt, abgeschliffen und mit weißer Politur grundiert. Zum weiteren Polieren wird, wenn das Holz einen gelben Stich erhalten darf, eine blonde Politur verwendet.

Nach **Südd. Apoth.-Ztg. 1890, 150** poliert man Mahagoniartikel zweckmäßig durch aufeinanderfolgende Behandlung der Holzoberfläche mit den alkoholischen Lösungen von Chinoidin (vgl. **v. Richter, Org. Chem. 1891, 1077**), Guajakharz, Schellack und Campecheholzextrakt.

Ein Politurpräparat für Mahagoniholz erhält man durch Eingießen einer wässerischen Lösung von venetianischer Seife in die Lösung von Wachs in Terpentinöl. (**D. Gewerbeztg. 1869, Nr. 18.**)

Um dem Eichenholze einen schönen orangegelben Ton zu geben, läßt man es mit einer geschmolzenen Mischung von $^1/_2$ l Terpentinöl, 80 g Talg und 20 g Wachs ein und bestreicht die matte Oberfläche mit dünner Politur. (**Polyt. Zentr.-Bl. 1873, 1375.**)

Die gebräuchlichsten Möbelpoliturmassen sind, wie aus vorstehenden Kap. ersichtlich ist, entweder flüssige Schellackpolituren (mit Zusatz von Kreide, Talkum evt. auch von etwas Wachs) oder cremartige Wachspolituren (z. B. **D. R. P. 132 218) [7]**) oder kombinierte Möbelpolituren, z. B. 14 Tl. gebleichter Schellack, 14 Tl. Manilakopal, 1 Tl. Bienenwachs, 5 Tl. venezianischer Terpentin, 66 Tl. 96proz. Spiritus. (Weitere Vorschriften für alle 3 Arten von Politurmassen finden sich z. B. in **Seifens.-Ztg. 1911, 630 u. 1178.**)

Auch ein Gemenge von 92 Tl. Schwefelkohlenstoff, 2 Tl. Lavendelöl und 1 Tl. Alkannin eignet sich zum Aufpolieren alter Möbel. (**D. R. P. 25 145.**)

Die Politurmittel für Kutschen und Automobile, die sich von jenen, die für lackierte Möbel dienen zum Teil wesentlich unterscheiden, bespricht **Lüdecke** in **Seifens.-Ztg. 1912, 1043.**

Nach **R. König, Seifens.-Ztg. 1913, 1238** erhält man ein Auto- und Kutschenpolierwasser durch Vermischen von 79 Tl. Wasser, 4 Tl. 66grädiger Schwefelsäure, 2 Tl. Bimssteinpulver, 7,5 Tl. Leinöl und 7,5 Tl. dickflüssiges Campheröl in einem Ton- oder Holzgefäß. Die auf Flaschen gezogene Emulsion ist vor dem Gebrauch zu schütteln.

Das Polieren von Stühlen in 5 einzelnen Operationen ohne Verwendung von Schellackpolitur beschreibt ausführlich **P. Tabbert** in **D. Mal.-Ztg. (Mappe) 31, 339.**

Die neuerdings wieder in Aufnahme kommenden Tabak- und Zigarettendosen aus Birkenrinde werden nach **Württemb. Gew.-Bl. 1854, Nr. 33** in der Weise poliert, daß man sie zuerst mit einer lauwarmen Hausenblasenlösung überstreicht und die Oberfläche dann, wenn sie trocken ist, mit Bimsstein und Wasser leicht abschleift. Dieses Verfahren wird wiederholt bis die Hausenblasendecke entfernt ist, worauf man die Dose mit Öl und Bimsstein abschleift und poliert.

Zur Erzeugung polierbarer Flächen auf minderwertigen Holzarten bestreicht man die Oberfläche nach **D. R. P. 245 034** mit einer mit Deckfarben verriebenen Lösung von Schellack in Spiritus, läßt trocknen und bringt einen zweiten Anstrich auf, der aus Kopal gelöst in Öl, Deckfarben und geeigneten Trockenstoffen in Terpentinöl (dieses Gemenge hat den Namen „Klasolin") besteht. Zwischen dem ersten und zweiten Anstrich wird abgeschliffen.

Imitierte Politur für Holzwaren: Das zu lackierende Holz wird mit Leimwasser bestrichen, dem bei hellen Hölzern feingeschlämmte Kreide, bei dunklen geschlämmter Rötel zugesetzt ist. Dann werden die Gegenstände mit 3% Leinölfirnis enthaltender Leim- oder Kopallacklösung lackiert und mit in Äther gelöstem Wachs abgerieben. **(Polyt. Zentr.-Bl. 1869, 619.)**

Lackieren und Anstreichen des Holzes.

10. Literatur und Allgemeines. — Grundierfarben, Vergilben des Lackes.

Über das Lackieren von Naturhölzern siehe **H. Mäder, D. Tischl.-Ztg. 1911, 178.**

Über ein neues Lackierverfahren siehe **D. Tischl.-Ztg. 1911, 345** und **355.**

Eine eingehende Beschreibung der Ausführung von Lackierung auf Holzarbeiten von **J. Miller** findet sich im **Württemb. Gew.-Bl. 1854, Nr. 17,** Verfasser bespricht das Lackieren von naturfarbenen oder gebeizten Hölzern, das Lackieren mit gefärbtem Firnis und sämtliche notwendigen Vor- und Nacharbeiten.

Man unterscheidet Holzanstriche, die nur auf der Oberfläche des Holzes ohne nennenswert in die Tiefe zu dringen eine zusammenhängende Schicht bilden, von den Überzügen, die als fertighergestellte dicke und feste Massen auf das Holz aufgetragen werden, ihr Hauptanwendungsgebiet im Wasserbau finden und auch beispielsweise als Fußschutz von Masten verwendet werden. Im allgemeinen dienen als Anstrichmassen die das Holz nur gegen Feuchtigkeitsaufnahme und gegen das Eindringen von Pilzen schützen sollen, Gemische von Teer, Leinöl, Kautschuk, Lack, Harz, Salzen, Kalk, Zement oder Erdöl in wechselnden Kombinationen. **(E. Moll, Kunstst. 5, 169, 182, 210** und **219.)**

Nach **W. Lippert, Chem. Rev. 1910, 126** trägt jedoch ein mineralölhaltiger Untergrundanstrich in den meisten Fällen die Schuld an dem Zusammenlaufen und Nichttrocknen des Lackes.

Der Wert der Holzanstrichfarbe wird durch ihre Deckkraft, dem Glanz, Beständigkeit des Farbtones, Streichfähigkeit und überdies auch durch die Form der zugesetzten Pigmente bedingt, die im krystallinischen Zustande als Spat, Quarz oder auch Ocker konservierende Wirkung ausüben und den Holzschutz der übrigen Bestandteile der Anstrichmasse unterstützen. **(Farben-Ztg. 17, 1387.)**

Über Grundierfarben, besonders für Holz, aber auch für Eisen und andere Materialien siehe den Aufsatz in **Farbe und Lack 1912, 281** und **289.** Das Grundieren, das den Zweck hat, die hölzerne oder metallische Oberfläche für die eigentliche Lackierung bzw. für den Anstrich vorzubereiten, ist ein dem Verkitten analoger Vorgang, der bezweckt, die Oberfläche zu glätten, Risse auszufüllen und nach dem Abschleifen eine völlig ebene Fläche zu schaffen. Die grundierte Oberfläche erhält dann nach dem Abschleifen zweckmäßig noch einen, in der Farbe dem schließlichen Lackanstrich ähnlichen Grundfarbenanstrich. Die Spachtelfarben [5], die als Grundierungsmittel dienen (auch Filling-up genannt), bestehen in der Regel aus einer Mischung von weißen bis grauen Mineralien (Schiefermehl, Bleiweiß, Bergkreide, Schwerspat, Bleiglätte oder Bleigelb) und werden mit Leinölfirnis, Sikkativ und Terpentinöl als Bindemittel aufgetragen. In der Arbeit finden sich verschiedene Vorschriften zur Herstellung von Ahorn-, Nußbaum-, Mahagoni- und verschiedenfarbigem Eichengrund, die meistens aus Gemengen von Lithopon (Rotsiegel), Ocker, Englisch- oder Chromgelb, Schwerspat, Umbra u. dgl. bestehen.

Zum Grundieren von Holz tränkt man die Stücke mit wässerigen, höchstens schwach alkalischen Alkalinaphthenatlösungen und fällt aus ihnen mit einem Schwermetall-, Aluminium- oder Zinksalz die unlöslichen Verbindungen aus. Anstriche haften auf solchen Hölzern sehr fest und bleiben witterungsbeständig. **(D. R. P. 332 908.)**

Ein Grundierfirnis für Nußbaumholzanstrich wird nach **E. Winkler, Polyt. Zentr.-Bl. 1858, 762,** hergestellt durch Auflösen des Destillationsrückstandes von braunem amerikanischem Harz in 4 Tl. des bei der Destillation des Holzes erhaltenen gereinigten, leichten Harzöles (Pinolin). Die filtrierte Lösung, die im auffallenden Lichte dunkelbraun erscheint und sonst eine schwarze, dünne Flüssigkeit darstellt, gibt auf Holz einen warmen Nußbaumton, der in 15 Minuten trocken ist und sich dann schleifen läßt.

Eine schleifbare Grundmasse für Lackierzwecke enthält nach **D. R. P. 165 446** als wesentlichen Bestandteil fein gesiebte und gemahlene Braunkohlenasche. Die als Ersatz für Schiefermehl dienende, jedoch billigere Masse dient zur Herstellung von Filling-up-Präparaten und wird zu diesem Zweck einfach mit Firnis oder Terpentin angerührt. Holzasche übt nicht dieselbe Wirkung aus. Vgl. **Bd. III [160].**

Nach einer Notiz in **Techn. Rundsch. 1909, 602** ist es unmöglich, Hölzer, die mit wasseranziehenden Metallsalzen oder Teerölen imprägniert wurden, nachträglich mit einem Lack- oder Ölfarbeanstrich zu versehen, da dieser in keinem Falle haltbar ist. Hölzer, die imprägniert und nachträglich lackiert werden sollen, muß man daher mit einem anderen Mittel, z. B. mit nicht hygroskopischen Metall salzen, Salziylsäure, Gerbsäure und Eisen usw. tränken.

Das Lackieren von Gegenständen, die mit Leimfarbe bestrichen sind, bietet insofern Schwierigkeiten, als die meisten Lacke das Nachdunkeln des Farbtones verursachen. Nach **D. Mal.-Ztg. (Mappe) 31, 310** hat jedoch eine alkoholische Lösung von Sandarak diese unwillkommene Eigenschaft nicht und Gegenstände, wie z. B. Modelle, behalten nach dem Lackieren mit dieser Harzlösung unverändert den Ton, den sie ursprünglich durch die starke Leimfarbe erhalten hatten.

Das Nachgilben der Lack-, besonders der Emaillackanstriche, beruht nach **W. Lippert, Farbe und Lack 1912, 224,** in erster Linie auf ihrem großen Gehalt an fettem Öl. Besonders bei Verwendung solcher Anstrichmassen in Innenräumen wird das Vergilben der Oberflächen begünstigt, während an der Luft und im Sonnenlicht die Verbindungen, die den gelblichen Farbton bedingen, durch Oxydation zerstört werden. Es empfiehlt sich daher für Innenanstrich dünn aufgestrichenen mageren Emaillack zu verwenden oder noch besser, weiße Türen überhaupt ohne Verwendung fetter Lacke zu streichen, sondern von einem Dammarlack-Zinkweißfirnis auszugehen. Man kann allerdings das Vergilben der erwähnten Lacke dadurch für das Auge unsichtbar machen, daß man ihnen aus demselben Grunde, aus dem man die Wäsche bläut, etwas Ultramarin zusetzt, die Höhe des Zusatzes ist Erfahrungssache.

Die lästigen Terpentinausschwitzungen aus gestrichenem Tannenholz lassen sich nach **J. Werner, Bad. Gew-Ztg. 1886, 211** dadurch verhüten, daß man die ganze Fläche mit einer 25proz. alkoholischen Schellacklösung überstreicht, dann, nicht wie üblich, einen fetten, sondern einen sehr mageren, matten Schleifgrund aufträgt, den man vollkommen erhärten läßt und dann erst die weiteren Anstriche aufbringt. Nach einer anderen, in der **D. Tischl.-Ztg.** angegebenen Methode werden die Knoten zu demselben Zweck mit einem Brei, der aus gleichen Teilen gelöschtem Kalk und Mennige besteht, überstrichen, so daß besonders bei öfterer Wiederholung des Verfahrens das ausschwitzende Terpentin von dieser Masse, die man nachträglich abschleift, aufgenommen wird.

11. Weißlacke, Geigenlacke.

Zur Herstellung eines weißen, haltbaren Überzuges auf Holz wird die geglättete Oberfläche, um ein Quellen des Holzes zu verhindern, mit Ammoniak eingerieben und in trockenem Zustande mit Eiweiß behandelt, dann reibt man eine Politur ein, die aus weißem Schellack, Spiritus und einigen Tropfen Öl besteht und trägt sodann die Farbe auf. Zu diesem Zwecke nimmt man Kremserweiß auf einen Wollballen, tröpfelt Politur auf, bedeckt den Wollballen mit einem Leinentuch und bearbeitet die Fläche bis sie nach einiger Zeit eine mattweiße, glänzende Farbe annimmt. Auf denselben, mit Kremserweiß durchsetzten Wollballen bringt man sodann Eiweiß und Ammoniak und arbeitet weiter, damit der Untergrund immer wieder zur Annahme der Politur geeignet werde. Nach ungefähr 8maliger abwechselnder Behandlung erhält die polierte Fläche einen weißen Glanz, der durch Behandlung mit einer Kopalpolitur fixiert und erhöht wird. **(D. R. P. 109 392.)**

Zum Weißlackieren von Holz oder Möbeln (Küchenmöbeln) geht man nach **D. Tischl.-Ztg. 1910, 20** folgendermaßen vor: Das gut abgeschliffene evtl. mit Leimkitt ausgekittete Holz wird mit einer nicht zu fetten Ölfarbe grundiert, die entweder mit in Öl verriebenem Bleiweiß oder mit Lithopon (Schwefelzink und Schwerspat), $^2/_3$ Firnis, $^1/_3$ Terpentinöl und etwas Sikkativ angesetzt wird. Der erste Anstrich wird sauber abgeschliffen und abermals dicke Farbe dünn aufgetragen. Der letzte Überzug besteht aus Zinkweiß in Öl oder weißem Lack mit einigen Körnchen Ultramarinblau. Schließlich wird mit weißem, wasserhellen Kopallack ein oder zweimal lackiert. Die Anstriche müssen vor dem Auftrag des nächsten, bzw. vor der Lackierung sorgfältig abgeschliffen werden und vollkommen trocken sein. Der Lackierraum muß staubfrei, gut ventiliert und auf 20—25° erwärmt sein. Für feine Arbeiten wird mit Spachtelgrund grundiert und man verwendet feinere Lacke. Billige Möbel werden einfach mit Schlemmkreide, Wasser und etwas Leim grundiert und es genügt ein einmaliger Anstrich mit gut deckendem weißen Emaillack.

Über Lackieren, speziell Weißlackieren von Massenartikeln siehe ferner **D. Tischl.-Ztg. 1910, 60, 194 und 204.**

Zur Herstellung billiger, heller Anstriche gibt man dem Holze nach **D. Tischl.-Ztg. 1910, 75** einen Untergrund, der aus 1 Tl. Leim, 3—6 Tl. Gips und Wasser bis zur streichfähigen Konsistenz besteht. Dieser festhaftende Untergrund wird zunächst geölt und nachträglich mit Ölfarbe überstrichen.

Nach **D. R. P. 235 495** werden weiße Anstriche von großer Haltbarkeit, Leucht- und Deckkraft erhalten, durch Verwendung von Zirkonsalzen (Oxyd, Silicat, Phosphat und basisches Sulfit), an Stelle der Zink- und Bleisalze. Die erhaltenen Lacke sind auch bei hohen Temperaturen beständig, unempfindlich gegen Schwefelwasserstoff, ungiftig und, wenn nicht Zirkoncarbonat verwendet wird, auch beständig gegen Säuren und Laugen.

Glänzend weiße Anstrichfarbe: 1 Tl. zerkleinertes Dammarharz wird in einem Glaskolben in 2 Teilen Terpentinöl bei gelinder Wärme aufgelöst; mit der erhaltenen Lösung wird Bleiweiß auf dem Präparierstein angerieben, worauf man die dicke Masse mit 90% Alkohol verdünnt, und dreimal auf das vorher geölte Holz aufstreicht. Der Anstrich trocknet sehr rasch, bleibt weiß und läßt sich mit Wasser und Seife leicht reinigen. **(Polyt. Zentr.-Bl. 1852, 528.)**

Auf Holz gestrichen reiben reine Bleiweißfarben stark ab, während sich Anstriche, die neben Bleiweiß nicht zu große Beimengungen von kohlensaurem Kalk, Blanc fixe oder Schwerspat enthalten, bedeutend widerstandsfähiger erweisen. Lithopon liefert die schlechtesten Resultate.

Über das Geheimnis des gelben Grundes beim Geigenbau, die sog. Altgrundierung, wird in **Farbe und Lack 1912, 308** berichtet. Diese Unterlage für den eigentlichen Geigenlack, die das mitschwingende Verbindungsmittel zwischen Holz und Lack darstellt, soll nach Kapellmeister **Göpfard** in der Zusammensetzung wieder aufgefunden worden sein und es wird auch eine geeignete Bezugsquelle für diese Grundierung angegeben. Der eigentliche Decklack selbst, der von den größten Instrumentenfabriken verwendet wird, besteht z. B. aus einer Lösung von 96 g Sandarak, 48 g bestem Schellack, 24 g Mastix, 24 g Elemi, 48 g venezianischem Terpentin, 12 g Drachenblut und 3 g Farbstoff (z. B. Orlean) in 768 g Weingeist. Diese Spirituslacke unterscheiden sich vorteilhaft von den Öllacken, von denen man lange Zeit glaubte, daß sie zur Lackierung der alten Saiteninstrumente gedient hätten, weil sie nicht in das Holz dringen, sondern an der Oberfläche bleiben und daselbst elastisch, aber nicht zäh eintrocknen. Wenn die alten Geigenbauer Öllacke verwendet haben, so mußten sie jedenfalls vorher das Holz mit einer hellen Leimlösung grundieren.

Die Geigenbauer früherer Zeit haben es außerdem verstanden, das Holz zu entharzen und zu verhindern, daß der Lack in die Poren des Holzes eindringt, da natürlich ein lackgefülltes Holz nicht mehr in der Weise mitschwingen kann wie ein nur oberflächlich lackierter Boden. Ob die Lackierung übrigens die hohe Bedeutung für den Klang der Instrumente besitzt, ist einwandfrei nicht festgestellt. Jedenfalls kann man mit den heute hergestellten alkoholischen Lösungen verschiedener Harze und Teerfarbstoffe denselben Effekt erzielen wie die alten Geigenbauer, die nachgewiesenermaßen ebenfalls Harzlösungen verwendeten. Den bekannten braunen Ton erhalten die Geigen entweder durch Färbung des Holzes selbst mit Lösungen von Kaliumbichromat oder Pikrinsäure oder durch Färbung des Lackes, z. B. mit Drachenblut. **(Techn. Rundsch. 1911, 163;** vgl. **1909, 438.)**

In **Techn. Rundsch. 1909, 730** wird empfohlen, zur Auflackierung alter Geigen die vom Lack entblößten Stellen neu zu lackieren und diese dann nach dem Trocknen zusammen mit der alten Lackierung mittels eines Breies von Zigarrenasche oder Hirschhornasche und Speichel zu polieren. Das Ablösen des alten Lackes mit Alkohol oder Amylacetat und das Neulackieren mit einem hellen Kopallack soll der Laie nicht selbst vornehmen.

Vgl. E. Mailand, Das wiederentdeckte Geheimnis des altitalienischen Geigenlackes. Leipzig 1913.

12. Lacke für verschiedene Holzwaren.

Zum Lackieren feiner Möbel verfährt man im allgemeinen nach H. Hillig, Techn. Anstr. Hannover 1908, 88, ähnlich, wenn auch nicht nach so komplizierter Arbeitsweise wie beim Lakkieren der Wagen: Man bringt also zur Erzielung dieser japanlackartigen Oberflächen zunächst 4—5 möglichst dünne, magere Anstriche von Ocker, Lithopon, Ölschwarz, Firnis, Terpentinöl und Sikkativ auf, läßt nach jedem Anstrich 48 Stunden trocknen und überstreicht dann unter Zusatz von Schleiflack mit den dick mit Halböl angeriebenen eigentlichen Anstrichlacken („Couleur"). Dann schleift man, lackiert mit gesiebtem Schleiflack in staubfreier, warmer Atmosphäre, läßt 48 Stunden trocknen, überstreicht mit reinem Schleiflack, dem evtl. Lasierfarben zugesetzt sind (die man mit Terpentinöl angerieben dem Schleiflack zusetzt), lackiert schließlich mit farblosem und mit Kutschenlack und läßt 2 Tage langsam trocknen. Für Tischplatten verwendet man in erster Linie den sog. Tischplattenfirnis, d. i. ein harter Kopallack.

Über Erzeugung von Seidenglanzeffekten auf weißlackierten Möbeln und über Lackierung von Gegenständen oder Möbeln aus Pappelholz siehe **D. Mal.-Ztg. (Mappe), 31, 1** bzw. **192.** Auf **S. 169** dess. Jahrg. wird über Behandlung eichener Haustüren berichtet. Man grundiert neue Türen, um der durch den Gerbstoffgehalt des Holzes bedingten Nachdunkelung bei Behandlung mit Beizen vorzubeugen, mit einem hellen mit Terpentinöl verdünntem Kopallack, füllt evtl. die Poren des Holzes, lackiert noch einmal mit Schleiflack, den man nach völligem Erhärten mit Bimssteinpulver abzieht und lackiert schließlich, und zwar auf Glanz mit Luftlack oder matt mit Wachslack. Völlig falsch ist es, irgend welche Objekte aus Eichenholz heiß zu ölen, da es dadurch stark nachdunkelt und der aufgebrachte Anstrich nachträglich häufig zum Reißen neigt. Zur Herrichtung alter Türen trägt man zunächst in einer Dicke von 3—4 mm einen erkalteten Brei aus 500 g Schmierseife, 500 g gelöschtem Kalk und einer konzentrierten Lösung von 250 g Soda in kochendem Wasser auf, hält den Aufstrich stets feucht, wäscht nach 1—2 Stunden ab, überstreicht 2—3 mal mit einer 10proz. Oxalsäurelösung, wäscht abermals, läßt trocknen und lackiert in der angegebenen Weise.

Zur Herstellung eines schwarzen Möbel- und Rahmenlackes vereinigt man nach **F. Daum, Seifens.-Ztg. 1912, 902** die Lösung von 12 Tl. Rubinschellack und 2 Tl. Salmiak in 12 Tl. Ammoniakflüssigkeit mit einer Lösung bzw. Suspension von 2 Tl. Blauholzextrakt, je 1 Tl. Ruß, Pottasche und Borsäure und $^1/_2$ Tl. Kupfervitriol in 80 Tl. Wasser.

Zur Herstellung eines bewährten Kutschenlackes schmilzt man 25 Tl. bestes helles Kopalharz bis es „singt", d. h. bis nach Aufhören der Schaumbildung ruhiges Sieden eingetreten ist, fügt dann allmählich etwas vorgewärmtes Dick- oder Leinöl hinzu und verkocht weiter, bis sich ein dichter Schaum bildet. Man fügt nun weiter Öl bei bis die Gesamtmenge von 50—100 Tl. erreicht ist, gibt noch 1—2% Kobaltsikkativ hinzu und verdünnt nach dem Erkalten mit Terpentinöl. Je nach der Kopalsorte und der Art des Leinöles, das zweckmäßig längere Lagerzeit bestanden hat, erhält man verschiedene Sorten dieses Kutschenlackes. Weitere Vorschriften in **Farbe und Lack 1920, 109 ff.**

Zum Lackieren von Bleistiften oder ähnlichen kleinen Holzgegenständen nach dem Tauch verfahren, bringt man die Gegenstände nach **F. Daum, Seifens.-Ztg. 1912, 878,** zuerst in eine Lösung von Schellack in Alkohol (1 : 3), gemischt mit 8 Tl. Zaponlack, dem man zur Vermeidung des Rissigwerdens der Lackschicht etwa 1% Ricinusöl zusetzt, läßt trocknen und taucht in eine zweite Lösung, die aus 4 Tl. Zaponlack und 2 Tl. Schellack in 6 Tl. Alkohol besteht.

Über Herstellung von Bambusimitation in Lackfarbe auf Stöcken oder Rohren, siehe **D. R. P. 323 281.**

Einen Lack für Spazierstöcke erhält man nach **F. Daum, Seifens.-Ztg. 1912, 901** durch Lösen von 125 Tl. weißem, klar löslichen Schellack, 20 Tl. Benzoeharz und 50 Tl. venezianischem Terpentin in 1000 Tl. Alkohol.

In **Techn. Rundsch. 1907, 516** ist die Herstellung einer Politur für Telephonkästen und ähnliche, viel in Anspruch genommene Holzapparate beschrieben, besonders auch die Herstellung der polierten Lackierungen, die zwar nicht in dem Maße widerstandsfähig sind, wie unpolierte Lackierungen, die sich jedoch bei richtiger Ausführung kaum von Polituriiberzügen unterscheiden. Im Prinzip handelt es sich um die Herstellung eines einfachen, wiederholt aufzutragenden und jedesmal mit Bimssteinpulver abzuschleifenden Schleiflacküberzuges.

Zur Lackierung der Metermaßstäbe grundiert man die Hölzer nach **Techn. Rundsch. 1910, 147** zunächst mit einer stark geleimten, schwach gefärbten Grundfarbe, worauf man eine Lackfarbe aus Terpentinöl, dünnem Lack, Chromgelb und etwas dickerem Lack aufstreicht, die einzelnen Glieder des Maßstabes im Ofen bei 70—80° trocknet und dann erst die Maßeinteilung einprägt.

Zur Herstellung eines emailartigen, polierten Überzuges auf Holzflächen überstreicht man diese nach **D. R. P. 170 059** mit einem Gemenge von Leim, Kollodium und Pigmentfarbstoff und poliert nach dem Trocknen mit Wachs nach.

Nach **Ö. P. Anmeldung 715/10** wird ein emailartiger Anstrich auf kaltem Wege wie folgt hergestellt: Man sättigt Wasserglaslösung mit Schwefelwasserstoff oder Chlor bis der größte Teil des Alkalis neutralisiert ist und verreibt in dieser Lösung ein feingepulvertes Gemenge von Kaolin, Speckstein, Bimsstein und Farbstoff.

Über die Herstellung von Bootlacken siehe **Farbenztg. 1915, 470.**

13. Fußbodenlacke, -anstriche, -öle; Holzböden konservieren, reparieren.

Über Fußbodenlackfarben siehe **Farbenztg. 1909, 612.**

In **Farbe und Lack, 1912, 219** wird darauf hingewiesen, daß die Herstellung der Fußbodenlacke, trotz der Einfachheit der Vorschriften, im Kleinbetrieb nicht geringe Schwierigkeiten bietet, da das wesentliche Moment zur Gewinnung tadelloser Produkte der Mischungsprozeß von Farbe und Lack ist, der nur unter Mithilfe besonderer Spezialmaschinen ausführbar ist. Ebenso spielen bei diesen Produkten, die sehr billig in den Handel kommen, die genaue Kenntnis und der Preis der Rohmaterialien eine bedeutende Rolle.

Fußbodenöle **Bd. III [589]** unterscheiden sich von Fußbodenlacken durch ihren Verwendungszweck: Erstere haben den Staub aufzusaugen, müssen längere Zeit feucht bleiben und dürfen demnach keinen Zusatz eines Trockenmittels erhalten. Zum Färben von Fußbodenölen kann man daher öllösliche Teerfarbstoffe verwenden, während die Fußbodenlacke, wie aus den folgenden Vorschriften zu ersehen ist, Mineralfarbstoffe in Leinölsuspension oder ähnliche Gemenge enthalten.

In **Farbenztg. 1912, 1882** berichtet **W. Flatt** über die Herstellung festhaftender Fußbodenanstriche und gibt Vorschriften über die Art der Vorbehandlung des Holzbodens an, die genügendes Haften der aufzubringenden Lackfarben bewirken soll. Nach dem Verfasser muß das Holz in gut gereinigtem Zustande zunächst mit einer Mischung von rohem Leinöl, 10 Tl. Sikkativ und 10 Tl. Terpentinölersatz vorgestrichen werden, worauf man erst, wenn dieser Auftrag getrocknet ist, die eigentliche Farbe aufbringt. Man kann übrigens auch das Voröl zur Vereinigung der Operationen mit der trockenen Farbe verrühren. Hoher Glanz wird am besten durch Bernsteinlack oder Harttrockenöl erzielt, während man sich einer Lösung von Schellack in Alkohol (1 : 2) bedient, wenn man den Fußboden später bohnern will oder wenn ein durch unsachgemäße Vorbehandlung klebrig gewordener Anstrich gehärtet werden soll.

Zur Herstellung eines Fußbodenanstriches löst man nach **F. Mareck, Dingl. Journ. 239, 401** 60 g gequellten Leim in einer aus 0,5 kg Ätzkalk bereiteten, kochenden Kalkmilch, fügt soviel Leinöl zu, als durch Verseifung gebunden wird und versetzt diese weiße Farbe evtl. mit den geeigneten gelb- bis braunroten Farben unter Zusatz von $^1/_4$ des Gesamtvolums einer durch Kochen von Schellack, Borax und Wasser erhaltenen Emulsion.

Eine Bodenlackfarbe von großer Widerstandsfähigkeit wird nach **D. R. P. 41 509** erhalten durch Einrühren eines Gemenges von 30 Tl. Glasstaubpulver und 10 Tl. Natronwasserglas in 50 Tl. einer mit Farbstoff versetzten alkoholischen Schellacklösung. Zum Gebrauch wird die Masse mit 5% 95proz. Spiritus verdünnt.

Email-Glanzfußbodenlack erhält man nach **Seifens.-Ztg. 1911, 486** aus einem Gemenge von je 8 Tl. venetianischem Terpentin und Orange-Schellack, gelöst in 36 Tl. Spiritus.

Zur Gewinnung einer schnelltrocknenden roten Fußbodenfarbe verkocht man nach **Seifens.-Ztg. 1912, 8** in einem 100 l-Kessel 20 kg Harz mit 1 kg Kalkhydrat, versetzt nach dem Aufhören des Schäumens die klare Masse mit 2 kg Leinölfirnis, kühlt auf 40° ab, verrührt mit 12 kg Rohbenzol und einem Gemenge von 6 kg roter Erdfarbe und 3 kg Leinöl und fügt schließlich zur Verdünnung 18 kg Schwerbenzin hinzu.

Die Vorschrift zur Herstellung einer billigen Farbe für hölzerne Fußböden durch Aufbringung eines dreimaligen Anstriches von heißem Leinölfirnis und einer Deckschicht aus alkoholischer Schellacklösung ist in **Dingl. Journ. 1851, II, 78** zu finden.

Die Hartglanzöle, die zum Streichen von Fußböden bestimmt sind, enthalten meistens chinesisches Holzöl. Man stellt diese Produkte z. B. nach **Techn. Rundsch. 1908, 329** her durch Verkochen von 6 Tl. Holzöl mit 15 Tl. Manganfirnis bei 200°, worauf man die erkaltete Masse mit 28 Tl. Benzin oder Benzol verdünnt und mit etwas Mirbanöl parfümiert.

Zur Herstellung von rasch trocknenden Fußbodenölen verwendet man anstatt des Leinöles rohes Holzöl als Lösungsmittel für Harz und Terpentinöl, doch ist es nötig, das Öl um schon nach 5—6 Stunden auf den ersten Anstrich einen zweiten folgen lassen zu können, 2 Stunden im Emailkessel auf 170° zu erhitzen, das klare Öl nach einigen Tagen der Ruhe abermals zur Verdickung eine Stunde auf 180° zu erwärmen, und nach der Abkühlung auf 130° allmählich 2% gemahlene Bleiglätte oder 1% Manganborat einzurühren. Wenn gezogene Proben die richtige Konsistenz des Öles ergeben, verdünnt man mit Terpentinöl, läßt das Produkt zur weiteren Klärung lagern und verwendet es dann erst zur Lösung des Harzes. Diese Fußbodenöle trocknen auf dem reinen, fettfreien, trockenen Fußboden, mager aufgestrichen, in etwa 20 bis 30 Minuten und sind haltbarer als die noch schneller trocknenden spiritushaltigen Präparate. **(L. E. Andés, Chem. Rev. 8, 252 u. Jahrg. 1912, 244.)**

Zur Herstellung eines schnelltrocknenden Lackes löst man nach **R. D. P. 109 052** 3 g Harz in 10 ccm Benzin und fügt etwas Eucalyptusöl zu, filtriert evtl. nach längerem Stehen und trägt den nahezu wasserhellen Lack mittels eines weichen Leders aus. Wenn man das Harz vor der Auflösung in Benzin erhitzt und dann kalt werden läßt, erhält man mit dem so bereiteten Lack auf den Gegenständen, aber auch auf Wachstuch, Fußböden usw. einen politurähnlichen Glanz, das Produkt wird härter und weniger klebrig.

Nach **Seifens.-Ztg. 1911, 120** erhält man ein schnelltrocknendes Fußbodenöl aus 7 Tl. Leinölfirnis, 2 Tl. Bernsteinlack und 1 Tl. Terpentinöl.

Ein zusammenhängender Aufsatz über Fabrikation der Fußbodenfarben und Fußbodenlackfarben findet sich in **Farbe und Lack 1912, 256 ff.** Nach einem allgemeinen Teil, der die keimtötende Wirkung der Fußbodenlackfarben im Gegensatz zu den gewöhnlichen Ölfarben und Leimfarben schildert, bespricht der Verfasser die Eigenschaften, die eine Fußbodenfarbe haben muß, im weiteren die maschinellen Einrichtungen der Fabrikation, die wesentlichsten Ausgangsmaterialien, die Färbung der Produkte, die Füllmaterialien, Bindemittel, schließlich die Anfertigung nach Muster und die Herstellung der Farben auf trockenem Wege.

Die naß abwischbaren Parkettbodenwichsmassen weichen insofern von den üblichen Produkten dieser Art ab, als sie Schellack und Paraffin enthalten. Nach einem Ref. in **Seifens.-Ztg. 1912, 986** verkocht man zur Gewinnung eines derartigen Produktes eine Lösung von 5 Tl. Schellackpulver und 4 Tl. calcinierter Soda in 50 Tl. Wasser, mit je 5 Tl. Japan- und Karnaubawachs, setzt 15 Tl. Paraffin zu, verrührt und verkocht die erhaltene Emulsion mit einer Lösung des gewünschten Farbstoffes in 50 Tl. Wasser, läßt auf 55—60° abkühlen und gießt in Dosen. Bei Verwendung der Masse für Linoleum setzt man etwas mehr Wasser zu.

Um Holzfußböden zu konservieren, überstreicht man die Dielen nach Ausfüllung der Fugen (mit Wasserglas-Gipsbrei) mit Wasserglas, dem man mit Milch und Wasser angerührte Mineralfarben zusetzt. Dem glatten Überzug kann man durch Anwendung von etwas Öl ein poliertes Ansehen geben. Ein so präparierter hölzerner Fußboden ist bei weitem dauerhafter als ein mit Ölfarbe gestrichener Boden, überdies ist er schwerer entflammbar. **(Polyt. Zentr.-Bl. 1867, 340.)**

Zur Wiederherstellung der ursprünglichen Holzfarbe alter Parkettböden verkocht man nach **Dingl. Journ. 121, 287** je 1 Tl. calcinierte Soda und gelöschten Kalk 45 Minuten mit 15 Tl. Wasser, verreibt die erhaltene Ätznatronlauge mittels eines Tuches auf dem Boden und zieht das alte Wachs und die Unreinlichkeiten nach einiger Zeit mit feinem Sande ab. Dann folgt eine Nachbehandlung mit einer Mischung von 1 Tl. konzentrierter Schwefelsäure und 8 Tl. Wasser, worauf man nach dem Trocknen mit Wasser abspült und schließlich, wenn auch dieses verdunstet ist, wie üblich bohnt.

14. Bohnermassen. — Skiwachs.

Zahlreiche Vorschriften zur Herstellung von Bohnermassen finden sich in dem Buche von C. Lüdecke, Schuhcremes und Bohnermassen. Verl. f. Chem. Ind. Augsburg. Vgl. ferner L. Sedna, Das Wachs und seine techn. Verwendung. Wien u. Leipzig 1902; die genannten Werke von Andés, Gregorius u. a. Siehe auch **D. Ind.-Ztg. 1877, Nr. 2.**

Über Bohnermassen siehe den zusammenhängenden Aufsatz in **Chem. Techn. Ind. 1916, Nr. 9, 7.**

Unter Bodenwichse (Bohnerwachs), versteht man Mischungen von Wachsarten und wachsähnlichen Präparaten mit Terpentinöl und dessen Petroleum-, Benzol- oder Benzinersatzprodukten, obwohl speziell letztere ihrer Feuergefährlichkeit wegen zum mindesten allein nicht verwendet werden soll. Gute Bodenwichse soll ohne vorhergehende Verdünnung leicht streichbar sein, soll kein Lösungsmittel enthalten, das unter 21° entflammbar ist und keine Harze oder Stoffe, die harzähnliche Krusten auf dem Boden hinterlassen. Schließlich soll kein gesundheitsschädliches Parfümierungsmittel, wie z. B. Nitrobenzol, vorhanden sein. In **Chem.-Ztg. 38, 1141, 1178** und **1182** beschreiben **A. A. Besson** und **R. Jungkunz** die üblichen Untersuchungsmethoden dieser Präparate. Sie unterscheiden sich von den in **[18]** beschriebenen Fußbodenlacken und Anstrichen durch ihren Gehalt an Wachsarten: Sie sind Wachsseifen in flüssiger, salbenförmiger oder teigig-fester Form, die mit Erd- oder Teerfarben gefärbt werden und dem Hart- oder Weichholzfußboden beim nachfolgenden Reiben Glanz verleihen, ohne die Holzstruktur zu verdecken. Die Bohnermassen konservieren das Holz, nützen sich jedoch leicht ab. Der Gehalt der Bohnermassen an Lösungsmittel bedingt naturgemäß ihre Konsistenz und man hat es in der Hand, durch Zusatz entsprechender Mengen von Benzin oder Petroläther zu den noch nicht völlig erstarrten Massen gallertartig weiche, butterartige oder feste Produkte zu erzielen. Die in den folgenden Vorschriften angegebenen Mengenverhältnisse können daher in diesem Sinne entsprechend variiert werden.

Nach **Nessler, Dingl. Journ. 205, 391** läßt sich eine billige Fußbodenfarbe oder Glanzwichse auf einfachste Weise herstellen durch Verkochen von 200 ccm Wasser, 250 g Wachs 15 Tl. Leim und 50 g Pottasche. Die dickflüssige, homogene Masse wird noch heiß mit der nötigen Menge (4 l) kochenden Wassers verdünnt und kann so direkt verwendet werden.

Die Herstellung einer heute wohl der Kosten wegen kaum mehr fabrizierbaren Bohnermasse aus Bienenwachs und Pottasche ohne weiteren Zusatz ist in **Pharm. Zentrh. 1869, Nr. 6** beschrieben.

Eine Bohnermasse erhält man ferner nach **D. R. P. 328 212** aus 1 Tl. Bienenwachs, 4 Tl. Ceresin und 20 Tl. Tetralin.

Ein billiges Fußbodenglanzmittel erhält man nach **C. Puscher, D. Ind.-Ztg. 1873, 366** durch Verkochen von 1 Tl. gelber Kernseife und 3 Tl. japanischem Wachs mit 21 Tl. Wasser. Nach dem Erkalten ist die homogene, salbenartige Masse direkt verwendbar.

Ein Fußbodenglanzwachs wird nach **D. R. P. 14 585** hergestellt durch Verschmelzen von 1 kg Paraffin, 25 g gelbem Palmöl und 5 g Nitrobenzol.

Ein Fußbodenpoliermittel wird nach **D. R. P. 27 316** erhalten durch Verschmelzen von gereinigtem Ozokerit mit 3—20% Schwefelblüte und 10—100% Harz, Paraffin oder gewöhnlichem Wachs.

Die Herstellung einer Möbel-, Fußboden- und Lederwichsmasse aus Stearin, Terpentinöl und Farbstoff wurde schon in **Polyt. Notizbl. 1857, 75** beschrieben.

Über die Bereitung von fetten, dauerhaften Lasurfarben für Holz, siehe **D. Gewerbeztg. 1872, Nr. 41.**

Über die Gewinnung verschiedener Bohnermassen mit Kandelillawachs als Grundlage siehe **S. Ljubowski, Seifens.-Ztg. 1912, 617.** So verschmilzt man beispielsweise 10 Tl. braunes, wasserfreies Kandelillawachs, 4 Tl. raffiniertes helles Montanwachs und 20 Tl. Paraffin und nimmt mit 66 Tl. Terpentinöl auf.

Eine andere Masse, die sich als flüssige Fußbodenfarbe ohne Farbzusatz auch für Polierzwecke im allgemeinen eignet, erhält man nach **Seifens.-Ztg. 1912, 57** durch Verrühren einer durch halbstündiges Kochen erhaltenen Wachsemulsion aus 10 kg Karnaubawachs und 3 kg Schmierseife in 80 l Wasser mit 3 kg Borax und 10 kg Casein. Wenn die Masse nahezu erkaltet ist, setzt man noch 25% einer Erdfarbe zu und verreibt das Ganze auf einer Farbmühle.

In **Seifens.-Ztg. 1911, 1175** berichtet **G. Schneemann** über die technische Herstellung der Bohnermassen und bringt eine große Zahl von Vorschriften zur Bereitung dieser Produkte. Man erhält z. B. ein sehr billiges Bohnerwachs aus 6 Tl. naturfarbigem Ceresin, 4 Tl. Japanwachs, 50 Tl. schottischen Paraffinschuppen und 40 Tl. amerikanischem Harz. Eine Mittelqualität wird z. B. erhalten aus 20 Tl. hellem, raffiniertem Montanwachs, 30 Tl. Ceresin, 5 Tl. Schellackwachs, 40 Tl. schottischen Paraffinschuppen und 5 Tl. amerikanischem Harz. Zugleich als Möbelpolitur verwendbar ist eine Masse aus 40 Tl. Montanwachs, 15 Tl. Ceresin, 5 Tl. Japanwachs und 40 Tl. schottischem Paraffin (48—50°). Siehe auch die Vorschriften zur Herstellung weißer Bohnermassen und flüssiger Produkte **Seite 1238** dess. Jahrgs.

Nach **Kunststoffe 1911, 119** erhält man eine unentzündbare flüssige Bohnermasse aus 550 Tl. Tetrachlorkohlenstoff, 225 Tl. Terpentinöl, 125 Tl. Bienenwachs, 10 Tl. hartem Kopal, 90 Tl. Methylalkohol. Das Wachs wird in dem auf 70° erwärmten Tetrachlorkohlenstoff gelöst und das Terpentinöl hinzugefügt, worauf man der zu einer homogenen Paste gerührten Masse die Lösung des Kopals in Methylalkohol beigibt. Man kann schließlich beliebig färben oder parfümieren.

Weitere Vorschriften, die der **Pharm. Ztg.** entnommen wurden, lauten: 1. 250 Tl. gelbes oder weißes Mofettiwachs, 525 Tl. amerikanisches Terpentinöl. 2. 3 Tl. Wachs, 3,5 Tl. Terpentinöl, 3,5 Tl. Kiefernadelöl. 3. 1 Tl. Ceresin (orange), 1 Tl. Terpentinöl, 1 Tl. Benzin. 4. 1850 Tl. Ceresin, 4500 Tl. Terpentinöl, etwas Lavendelöl. 5. 350 Tl. Ceresin, 75 Tl. Karnaubawachs, 575 Tl. Terpentinöl. 6. (Für Linoleum) 100 Tl. Karnaubawachs, 50 Tl. Paraffin, 850 Tl. Terpentinöl (im Sommer weniger des letzteren). 7. (Flüssig) 1000 Tl. Ceresin, 8000 Tl. Terpentinöl. Die Massen werden geschmolzen und bis zum Erkalten gerührt.

Ein Wachsseifenpräparat gewinnt man wie folgt: 2,5 Tl. gelbes Wachs, 4,0 Tl. Wasser und eine Lösung von 1,0 Tl. Pottasche in 2,0 Tl. Wasser werden gekocht, bis zum Erkalten gerührt, dann wird der mit wenig Wasser fein angeriebene Farbstoff (Ocker, Orleans, Umbra) hinzugefügt.

Die unter dem Namen „Cirine“ im Handel befindliche flüssige Bohnermasse wird nach **D. R. P. 182 216** in der Weise hergestellt, daß man Wachsmischungen erzeugt, die in kaltem Terpentinöl oder Spiritus löslich sind. Man verschmilzt gleiche Teile Karnaubawachs, Paraffin, Ceresin und Stearin, pulverisiert die erkaltete Schmelze, verrührt sie mit einer beliebigen Menge Terpentinöl oder Spiritus, gibt die Masse durch ein Sieb und setzt ihr schließlich noch Schellack oder ein anderes spirituslösliches Harz zu. In manchen Fällen kann man Ceresin und Stearin auch durch Japanwachs ersetzen.

Alle diese Produkte dringen in das Holz ein, soll jedoch eine Bohnermasse durch Spänen leicht wieder entfernbar sein, aber dennoch so fest haften, daß der Boden täglich mit Wasser gereinigt werden kann, so kann man nur einen alkoholischen Fußbodenlack verwenden, der allerdings nicht so haltbar ist wie ein guter Öllack, aber nasses Aufwischen verträgt. Man verwendet dann also z. B. eine Lösung von 20 Tl. Schellack und 6 Tl. venezianischem Terpentin in 74 Tl. 96proz. Spiritus. **[18].**

Zur Herstellung einer naßwischbaren Bohnermasse schmilzt man 30 Tl. Ceresin und 10 Tl. Japanwachs, verdünnt die Schmelze mit 120 Tl. Terpentinöl, läßt die Wachslösung mäßig warm werden und rührt sodann eine Lösung von 2 Tl. Borax in 38 Tl. Wasser ein. Das Ganze muß so lange gerührt werden bis es dickflüssig geworden ist, dann erst soll die Abfüllung vorgenommen werden. **(R. König, Seifens.-Ztg. 41, 1116.)**

In **Seifens.-Ztg. 1912, 168** wird empfohlen, zum luftdichten Verschluß von Bohnermassendosen entweder einen elastischen Spritlack oder einen elastischen Asphaltlack oder für fettfreie Dosen einen Leimkitt zu verwenden. Letzteren erhält man aus einer Lösung von 3 Tl. Leim in 9 Tl. Wasser mit 2 Tl. Glycerin. Im Original finden sich auch Vorschriften für die beiden erstgenannten Lackarten.

Nach **D. R. P. 168 858** wird ein Skiwachs aus Talg, Terpentin, Wachs und Stärkemehl erhalten. Das Stärkemehl bewirkt durch Verkleisterung gutes Haften an den Skihölzern und ermöglicht auch das Auftragen des Wachses auf nasse Skis. Man trägt es kalt mit einem Pinsel auf und bügelt es zweckmäßig mit einem heißen Eisen in das Holz ein. Eine Zusammensetzung für heiß aufzutragendes Skiwachs ist folgende: 60 Tl. Paraffin, 16 Tl. Ceresin, 14 Tl. Palmöl, 10 Tl. Talkum. Kalt aufgetragen wird ein Gemenge von 60 Tl. Paraffin, 12 Tl. Harz, 6 Tl. Wollfett, 4 Tl. Karnaubawachs, 18 Tl. Montanwachs. Man verwendet auch andere Kompositionen, die Terpentinöl, venezianischen Terpentin, Mineralöl, Asphalt, Farbstoffe usw. enthalten. Es empfiehlt sich, die Hölzer vor dem Bestreichen mit diesen Mischungen gut zu trocknen.

Nach **Seifens.-Ztg. 1918, 479** erhält man die Sohmsche Skiglätte durch Verschmelzen von 55 Tl. schwarzem Ozokerit, 30 Tl. Harz und 15 Tl. Talg.

15. Schul-(Wand-)tafellack, Faßfarben, Holzmodellacke.

Jede Wandtafelfarbe muß hart und rauh sein, damit die Kreide an ihr haftet. Es ist daher besser, als Grundmasse statt einer Ölfarbe hart und schnell eintrocknenden Öl- oder Spirituslack zu verarbeiten. Neue Anstriche werden in alte am besten mit Bimsstein eingeschliffen bis dieser nicht mehr über die Fläche gleitet, worauf man die Oberfläche mit einem kurzborstigen breiten Flachpinsel lasierend überstreicht. Als färbende Substanz dient im allgemeinen gebrannter Kienruß. Der erste und zweite Anstrich wird wie gewöhnlich mit fetter Farbe gemacht. Der dritte Anstrich wird mit einer Farbe, bestehend zur Hälfte aus Leinöl und zur Hälfte aus Terpentinöl, unter Zusatz von Bimssteinmehl, gegeben. Sollte der Anstrich nach dem Trocknen noch zu glänzend ausfallen, so muß die Menge des Terpentinöls vermehrt werden. **(Polyt. Zentr.-Bl. 1867, 350.)**

Nach **Dingl. Journ. 285, 324** wird der Anstrich für neue Schultafeln mit Ölfarbe und Öllack hergestellt, während man zur Erneuerung alter Anstriche ausschließlich Lösungen von Schellack allein oder im Gemenge mit Acaroidharz in 95proz. Spiritus verwendet, denen man zur Erhöhung der Elastizität ein Weichharz, zur Erzielung der matten Färbung feines Rebschwarz und schließlich zum Zwecke der leichteren Kreideaufnahme etwas fein gemahlenen Schmirgel zusetzt. Man löst z. B. 200 g harten Kopal in 400 g Äther, ferner 1 kg Schellack und 500 g Sandarak in 4 l 90proz. Alkohol, vermischt die Lösungen, fügt 30 g venezianischen Terpentin zu und verreibt mit einem Gemenge von 150 g geglühtem Kienruß, 50 g Ultramarinblau und 1 kg feinem Naxosschmirgel. Das geschliffene Holz wird mit dem Lack grundiert, worauf man den ersten Lackanstrich abbrennt und dann erst den eigentlichen Lacküberzug aufbringt; schließlich schleift man die völlig trockene Oberfläche mit feinem Sandpapier ab. Die roten Linien zieht man mit Zinnober oder Chromrotlack, weiße Linien werden mit Zinksulfidweiß erzeugt. (Vgl. **Farbe und Lack 1912, 108.)** Es sei erwähnt, daß die weißen Linien 3mal, die roten 2mal mit so fettem Lack gezogen werden müssen, damit die Linien glänzend stehenbleiben, ohne jedoch pastös einzutrocknen, da sie dann ein Hindernis für die Kreide bilden würden.

Die Herstellung von Schultafellacken ist ferner im **D. R. P. 4557** beschrieben. Vgl. **Dingl. Journ. 189, 183.**

Ein anderer Überzug auf Pappe, Stein, Holz u. dgl. zur Herstellung abwaschbarer Schreibflächen besteht nach **D. R. P. 67 779** und **69 129** aus einem ein- oder mehrmaligen Anstrich von verdünntem Wasserglas (1 : 3), dessen Sprödigkeit man durch Beimengung von 1—2% getrockneter Kernseife aufhebt. Statt der Kernseife kann man auch eine 2—3proz. Kleisterlösung, eine 2—5proz. Gelatinelösung, eine ammoniakalische Schellacklösung oder eine Lösung von Schellack in Borax verwenden.

Zur Herstellung abwaschbarer Schreibflächen überzieht man nach **D. R. P. 91 338** Blech-, Holz- oder Papptafeln usw. mit einer Lösung von Rohkautschuk in Terpentinöl, die man mit füllenden und färbenden Stoffen (Zinkweiß, Schwerspat, Kreide) und der zum Vulkanisieren nötigen Menge Schwefel vermischt, worauf man die überzogenen Flächen vulkanisiert. Die passenden Mengenverhältnisse sind beispielsweise 1 Tl. Kautschuk, 1 Tl. Füll- und Farbstoff, $^1/_5$ Tl. Schwefel; man vulkanisiert 30—45 Minuten bei etwa 175°.

Eine ähnliche künstliche Schiefertafelmasse erhält man nach **Ber. d. d. chem. Ges. 1879, 2108** durch Überstreichen von Holz, Zinkblech, Papier usw. in abwechselnden Lagen mit einer Masse aus 16 Tl. Bimssteinpulver, 21 Tl. gemahlener Knochenkohle, 10 Tl. Kautschuk und 5 Tl. Schwefel. Die Masse wird gepreßt, bei etwa 135° vulkanisiert und mit Bimsstein abgeschliffen.

Einen Anstrich für hölzerne Schultafeln erhält man nach **D. Tischl.-Ztg. 1910, 172** durch Verreiben einer Lösung von 8 Tl. Schellack in 70 Tl. absolutem Alkohol mit 8 Tl. Pariserschwarz, $^1/_2$ Tl. Pariserblau, 4 Tl. gebrannter Umbra, 10 Tl. Sikkativ und etwas Schlemmkreide oder man mischt 15 g Kienruß und 10 g gepulverter Kreide mit einer Lösung von 70 g Schellack in $^1/_2$ l absolutem Alkohol.

Eine Überzugsmasse für Wandtafeln, Fußböden, Wände u. dgl. wird nach **D. R. P. 26 692** durch Auftragen eines Gemenges von Sägespänen, Glaspulver, Zinkweiß, Farbe und Leinölfirnis auf die mit Firnis eingeriebene Fläche erhalten. Die geglättete Masse kann nach dem Trocknen mit Seife abgewaschen und ebenso gebohnert werden wie Holzfußböden.

Zur Herstellung von Wandtafellack verreibt man mit Terpentinöl verdünnten, halbfetten Kopallack mit feinstem Quarzmehl oder Schmirgelpulver, gebeuteltem Schiefermehl und etwas Kienruß, überstreicht die Tafel 4—5mal, nachdem jeder trockene Anstrich mit Glaspapier abgeschliffen worden war und überzieht schließlich mit reinem Terpentinöl. **(O. Ward, Seifens.-Ztg. 41, 350.)**

Bei Herstellung von Schultafelanstrichfarben verwendet man als Bindemittel eine Flüssigkeit, die man durch Erwärmen der beiden Lösungen von Ölen oder Fetten einerseits und Acetylcellulose andererseits in flüchtigen Lösungsmitteln unter Druck erhält. Die, je nach anderen Verwendungszwecken auch statt mit zerkleinertem Steinmaterial, mit anderen Füllstoffen und anderen, als schwarzen Farbstoffen, bereitete Masse, kann auch allgemein zur Veredelung geringwertiger Unterlagen, zur Erzeugung von Schreib-, Zeichen- und Malflächen auf Wänden als Boot- und Schiffanstrichfarbe als isolierende Schicht usw. verwendet werden. **(D. R. P. 279 638.)**

Nach H. Hillig, Techn. Anstr. Hannover 1908, 156, werden die billigen äußeren Anstriche für Petroleumfässer, die nur den Zweck haben sie zu kennzeichnen, entweder aus einer Emulsion von Kalkmilch, Knochenleim, Leinöl und Ultramarin bzw. Englischrot hergestellt oder man geht von einer Harz-Benzin-Lackfarbe aus, die man durch Vermischen von 105 Tl. Kolophonium (mit 5—6 Tl. trockenem Kalkpulver in der Hitze gehärtet), 3 Tl. Rohpinolin, 8 Tl. Harzöl, 98 Tl. Rohbenzol, 130 Tl. Benzin, 25 Tl. Lithopon und 10 Tl. eines kalkfesten Farbstoffes (Ultramarin, Englischrot usw.) erhält. Einen dauerhaften, hochglänzenden Anstrich erzeugt man durch Zusatz von Leinöllackfirnis zu einem Gemenge von 100 Tl. Harz, 100 Tl. Lackbenzin, 17 Tl. Sojabohnenöl, 17 Tl. Mineralöl (0,885) und je 10 Tl. Kienöl und Kalkhydrat. Ein rasch trocknender Faßfarbenkunstfirnis wird einfach aus 40% Harz und 60% Rohbenzol hergestellt.

In **Seifens.-Ztg. 1913, 897 (vgl. Jahrg. 1911, 1212)** wird empfohlen als Faßbodenfarbe ein verschmolzenes Gemenge von 100 kg hellem, mit Kalk gehärtetem Harz, 20 kg Leinölfirnis und 5 kg Sikkativ zu verwenden, dem man nach dem Abkühlen und Entfernen vom Feuer 50 kg Rohbenzol, 100 kg Benzin und 30 kg einer mit Leinölfirnis verriebenen hellen Erdfarbe zugibt. Wesentlich billiger stellt sich eine Farbe aus Kalkmilch und dünner Leimlösung, die man wiederholt aufstreicht.

Weitere Vorschriften zur Herstellung von Faßfarben veröffentlicht **F. C. Krist** in **Seifens.-Ztg. 1913, 478.**

In **Farbe und Lack 1912, 299** findet sich eine Abhandlung über Modellacke und Modellfarben. Sie dienen in erster Linie dazu, die Holzmodelle für Gußstücke zu konservieren und zu glätten, um ein Herausnehmen des Modelles aus dem Formsand zu erleichtern. Die Farben und Lacke müssen rasch, vollständig und glashart eintrocknen; man verwendet daher wenn möglich nur Schellack und überhaupt Spritlacke, die diese Bedingung erfüllen. Der Schellack wird für billigere Anstriche teilweise oder ganz durch andere Harze ersetzt, auch deshalb, weil die Modelllacke recht dickflüssig sein müssen. Man schmilzt z. B. 15 Tl. Sandarak, 20 Tl. Kaurikopal, 15 Tl. Acaroidharz, 2 Tl. Elemi und nimmt mit 70 Tl. Spiritus auf. Die meisten gewünschten orange, roten und schwarzen Farbtöne werden durch spritlösliche Teerfarbenlacke erzeugt, die dem Farblack in alkoholischer Lösung zugesetzt werden, z. B. ein Gemenge des Farblackes aus Orange II mit etwas Rhodamin B extra (zur Erhöhung des Feuers), oder man vermahlt Pigmentfarben, z. B. Ruß, Chromgelb, Ultramarinblau usw. auf der Farbmühle mit dem Spritiuslack. Zur Erhöhung der Deckkraft setzt man schließlich mehlfein gepulverte Füllstoffe, vor allem Kieselgur oder Kieselkreide, kohlensaure Magnesia u. dgl. zu.

Einige Vorschriften zur Herstellung von Modellacken mit Acaroidharz finden sich ferner in **Seifens.-Ztg. 1912, 901.**

16. Konservierende, wasser-(fäulnis-)feste Holzschutzüberzüge.

Die wetterfesten und auch sonst gegen Säure und Temperaturerhöhung beständigen Anstrichfarben stellt man zweckmäßig nach **Farbe und Lack 1912, 75** unter Verwendung von Talkum und je nach dem Verwendungszweck mit Wasserglas, Casein, Leim oder trocknenden Ölen als Bindemittel her. Man verfährt am besten in der Weise, daß man das Holz zunächst zweimal mit verdünntem Wasserglas grundiert, dann einen oder zwei Anstriche mit einem durch Kleister oder Casein gebundenen Farbkörper aufbringt und schließlich noch zweimal mit verdünntem Wasserglas überdeckt.

Die Verwendung von Wasserglas zum Schutze hölzerner Dachkonstruktionen empfahl schon **A. Pütsch** in **Zeitschr. d. Ver. d. Ing. 1865, 548.**

Ein säurefester Anstrich für Holz setzt sich nach H. Hillig, Techn. Anstr., Hannover 1908, 102 zusammen aus 2 Tl. gebranntem Gips, 1 Tl. Asbestpulver und der entsprechenden Menge Ochsenblut. Nach dem Trocknen bewirkt man durch Aufblasen eines Dampfstrahles die Gerinnung des Eiweißes und dadurch ein Zusammenkitten der übrigen Bestandteile.

Eine wasserdichte Holzanstrichmasse erhält man nach **v. Scherzer, D. Ind.-Ztg. 1871, 8,** durch Verrühren von 3 Tl. frischem defibriniertem Blut mit 4 Tl. staubförmig gelöschtem Kalk und etwas Alaun.

Zum Konservieren von Hölzern bestreicht man sie nach **D. R. P. 158 080** mit einem aus Kreide oder gelöschtem Kalk und Gerbstoff bestehenden Brei. Die während des Trocknens durch einen dünnen Blechmantel im Anhaften unterstützte Masse hält nach dem Erhärten so fest am Holze, daß sie vom Regen nicht abgespült wird.

Zum Schutze des Holzes gegen Feuchtigkeit bestreicht man es nach **D. R. P. 16 727** mit einer heißen Mischung von 10 Tl. Harz, 5 Tl. Terpentin und 1 Tl. Sägemehl.

Nach **Techn. Rundsch. 1910, 241** und **787** werden Kiefernlatten nach einem bewährten Verfahren mit einem wetterbeständigen Anstrich in der Weise versehen, daß man sie zuerst mit einer entsprechend gefärbten Suspension von fein gemahlenem, calciniertem Gips in Leimwasser grundiert (1 Tl. Leim auf 3—6 Tl. Gips) und diesen gut getrockneten Anstrich mit einem Öl- oder Firnisüberzug versieht. Es kann nach diesem Verfahren keine Rißbildung auftreten und der Grund bleibt außerordentlich hart und fest. Es empfiehlt sich die gewöhnliche Ölfarbe durch Zusatz von Standöl oder von Kutschenlack elastischer zu machen.

Nach **E. Wimmer**, Ref. in **Techn. Rundsch. 1906, 211,** ist ein besonders wetterfester Anstrich für Holz herstellbar durch inniges Verreiben eines Gemenges von je 1 Tl. Romanzement, Quark und Buttermilch mit 2 Tl. geschlämmtem Scheuersand. Dieser Anstrich schützt das Holz vor äußeren chemischen Einwirkungen und ist bis zu einem gewissen Grad, auch geeignet der Schwindung oder Schrumpfung frischer Hölzer zu folgen. In dem Referat ist eine anschauliche Tabelle wiedergegeben, welche die Schwindungsprozente als Mittel aus Schwindung in der Richtung des Radius und der Tangente für verschiedene Holzarten angibt.

Ein gegen Nässe sehr beständiger Holzanstrich, z. B. für Latten, Staketenzäune, Bretterverschläge, Mistbeetkästen und Glashausläden, besteht aus einem innig verriebenen Gemenge von Zement und Milch **(Pharm. Zentrh. 1866, Nr. 44.)**

Hölzer werden vor den zerstörenden Einflüssen der Witterung durch einen ersten Anstrich mit frischem Zement und folgende Behandlung mit Leinölfirnis sehr gut geschützt. **(Dingl. Journ. 121, 486.)**

Nach **E. P. 12 185/12** schützt man Fußböden, Schiffsverdecke usw. durch Aufbringung einer ersten Schicht aus Alkali- oder Erdalkalisilicat (Wasserglas) unter Zusatz von Calcium- oder Aluminiumhydroxyd, worauf man diese Schicht mit einem Gemenge von Magnesiumoxyd, Magnesiumchlorid, Wasser und Füllstoffen überstreicht. Auf diese Weise wird die direkte Einwirkung des Magnesiazements auf die zu schützende Oberfläche vermieden.

Ein sehr gutes Mittel, um feine Holzarbeiten gegen die Einwirkung der Feuchtigkeit zu schützen und das Holz daher auch vor dem Schwinden oder Quellen zu bewahren, besteht nach **Dingl. Journ. 1851, III, 818** darin, daß man die Holzgegenstände einfach mit Graphit einreibt.

Um das Quellen von mit Harzlösungen imprägnierten und mit Grundierfarbstoffen gebeizten Hölzern zu verhindern, werden die Stücke nach **Ö. P. Anmeldung 6414/06** mit einer Celluloidlösung überzogen.

Die Erzeugung nahtloser Celluloidüberzüge auf Holz- oder Metallgegenständen ist in **Kunststoffe 1915, 214,** die Herstellung von Cellonüberzügen auf Holzwaren in **Umschau 1917, 120** beschrieben.

Um auch die weichsten Holzarten, wie Pappel, Linden- und Kiefernholz, vollkommen wasserdicht zu machen, überstreicht man das völlig trockene Holz mehrere Male nacheinander mit heißem Leinölfirnis und trägt zuletzt noch eine Lage starker Politur auf. **(Berlin. Gew.-Bl. 1848, 228.)**

Eine Anstrichmasse für Metalldächer und alle Arten von Holzkonstruktionen, die den Einflüssen des Wassers ausgesetzt sind, besteht aus einer mit Graphit zu einer dicklichen, leicht streichbaren Mischung verriebenen Lösung von Kautschuk in Leinöl. **(Polyt. Notizbl. 1874, Nr. 12.)**

Um Holz, z. B. Messergriffe oder Stöcke, gegen Feuchtigkeit zu schützen, überzieht man sie mit dem zur Herstellung von Hartgummi dienenden Gemenge und erhitzt auf Vulkanisationstemperatur. **(D. R. P. 35 832.)**

Eine Anstrichmasse für Holz- und Mauerwerk wird aus 100 Tl. Wasser, 10—12 Tl. Lederleim und einer Emulsion von 10—15 Tl. Leinölfirnis oder Kopallack mit heißem Seifenwasser unter Zusatz von Trockenfarbe bereitet, **(D. R. P. 323 154.)**

Zur Erzeugung dauerhafter durch Nachbehandlung mit Formaldehyd oder Eisenchlorid auch wasserbeständiger Anstriche auf Holz fällt man alkalische Strohaufschließungslaugen mit Säure, erhitzt die Flüssigkeit auf 70—80°, suspendiert den abfiltrierten Niederschlag im Wasser und bringt ihn mit Ammoniak in Lösung. Die Fixierung des braunen Anstriches kann auch durch Erwärmen der Holzgegenstände auf 50—60° bewirkt werden. **(D. R. P. 320 011.)** Nach dem Zusatzpatent fällt man die alkalischen Strohaufschließungslaugen oder deren durch Säure fällbaren Anteile mit solchen Schwermetallsalzen, die wie Eisenchlorid oder Kupfervitriol mit dem sauer fällbaren Ablaugeanteil Verbindungen geben, die durch Ammoniak oder Basen in wasserlösliche Komplexsalze übergeführt werden. Die erzeugten braunen Farbtöne werden im Sonnenlicht oder bei 50° unlöslich. **(D. R. P. 325 731.)**

17. Konservierende Holzanstriche mit fäulniswidrigen Zusätzen.

Als Konservierungsmittel, besonders für Bretter und Dielen, eignet sich eine etwa 2½grädige Lösung von Zink in Holzessig, die man aufstreicht und eintrocknen läßt. **(Polyt. Zentr.-Bl. 1861, 1150.)**

Eine von **Sorel** angegebene Komposition, die das Holz gegen Fäulnis schützen sollte, enthielt als wirksamen Bestandteil basisch salzsaures Zinkoxyd und bestand aus 30 Tl. Chlorzinklösung von 55° Bé, 1 Tl. Weinstein, 1 Tl. Salzsäure, 4 Tl. Kartoffelstärke, 64 Tl. Wasser. Die Salzsäure wird hinzugesetzt, um den sich bildenden Niederschlag aufzulösen. Die Ingredienzien werden in einem Kessel, der von Salzsäure nicht angegriffen wird, erwärmt, worauf man nach Zusatz der Kartoffelstärke so lange mit der Erhitzung der Masse fortfährt, bis die anfänglich dickliche Flüssigkeit dünn geworden ist; an dem Beauméschen Aräometer soll die fertige Flüssigkeit etwa 20° zeigen. Soll der Anstrich glatt und glänzend erscheinen, so setzt man der Masse unter Umrühren etwas Leinölfirnis hinzu; durch Reiben mit einer Bürste oder einem Ballen von Wollentuch wird er glatt und glänzend wie ein gefirnißter Ölanstrich. **(Polyt. Zentr.-Bl. 1858, 672.)**

Der eigentliche schwedische oder finnische Anstrich für Holzwerk wird wie folgt bereitet: Man löst 3 Tl. Geigenharz in 20 Tl. Tran in der Hitze, teigt ferner 10 Tl. Roggenmehl mit 30 Tl. kaltem Wasser an, so daß ein gleichförmiger Brei entsteht, und löst schließlich 4 Tl. Zinkvitriol in 90 Tl. heißem Wasser auf. Der Mehlbrei wird in die heiße Zinkvitriollösung eingegossen, worauf man umrührt, die Lösung von Geigenharz und Tran beimischt und das Ganze gleichförmig durcheinanderrührt. Der fertige Anstrich wird mit Eisenrot, gelbem Ocker, Umbra usw. gefärbt nnd auf das Holz aufgetragen, das er vor den Einwirkungen des Windes und des Wetters sehr gut schützt. Vgl. **Bd. III, [211.]**

Zum Wasserdichtmachen von mit Zinkchlorid oder anderen geeigneten Salzen völlig durchtränkten Hölzern überzieht man sie in trockenem Zustande, evtl. nach der Oberflächenbearbeitung, mit einer Schutzschicht aus Paraffin, Wachs oder Stearinsäure, bzw. schaltet nach dem Zusatzpatent vor dieser Verrichtung eine Behandlung zu dem Zwecke ein, um die im Holze vorhandenen Chloride des Zinks oder Magnesiums durch doppelte Umsetzung von Sulfaten mit Barythydrat usw. in Oxychloride oder Hydroxyde umzuwandeln. Der Überzug haftet dann sogar, wenn die Holzoberfläche vorher poliert wurde, sehr fest und verhindert den Zutritt von Feuchtigkeit. **(D. R. P. 189 265 und 193 075.)**

Eine auf Holz festhaftende, wetterfeste Anstrichmasse wird nach **D. R. P. 147 303** aus einem nassen Gemenge gleicher Teile Gips und Sägemehl mit einem Gemisch gleicher Teile Mennige und Alaun erhalten.

Nach **Ö. P. Anmeldung 8219/09** wird ein Anstrich, der Holz (evtl. auch Metall) konservieren soll, aus 2 Grundbestandteilen hergestellt, von denen der erste aus einem Gemenge von 12 Tl. Wasserglas, 13 Tl. Ammoniakalaunlösung, 3 Tl. mit Glycerin oder Petroleum vermengtem Arsenik, 6 Tl. harzhaltigem Talgfirnis und 30 Tl. Pfeifentonerdeteig besteht, während der zweite Grundbestandteil des Anstriches statt der Tonerde Kalk enthält, der mit Leinöl vermengt wurde.

Einen wasserdichten Anstrich für Holz erhält man nach **Leipz. Drechsl.-Ztg. 1911, 253** aus 375 g Kolophonium, 500 g Schwefel, 85 g Lebertran, nebst etwas gelbem oder rotem Ocker. Der Anstrich muß nach dem Trocknen wiederholt werden.

Eine Holzanstrichmasse, die aus einem verkochten Gemenge von 200 g Schwefelblumen, 135 g Leinöl und 30 g mit Braunstein gekochtem Leinöl besteht und ausgezeichnet konservierende Eigenschaften haben soll, wurde von **de Lapparent** angegeben (siehe **Dingl. Journ. 167, 312.)**

Konservierender Anstrich für Holz: 2 Tl. Steinkohlenteer, 2 Tl. Pech und 1 Tl. einer Mischung aus gebranntem Kalk und Harz werden zusammen geschmolzen und erwärmt auf das trockene Holz mehrmals aufgetragen; bevor der letzte Anstrich trocken ist, wird er mit feinem Sand beworfen, wodurch eine steinartige Oberfläche erhalten wird, die das Holz vollständig konserviert. **(Polyt. Zentr.-Bl. 1851, 859.)**

Ein fäulniswidriger, feuersicherer, konservierender Holzanstrich wird nach **E. P. 15 997/88** erhalten aus 50% gemahlenem Schiefer, 40% Teeröl, 4% Sikkativ und je 3% Salmiak und Wasserglas.

Nach **D. R. P. 63 318** ist es vorteilhaft, die zur Konservierung von Holz dienenden Holz- oder Steinkohlenteeröle vor ihrer Verarbeitung zu Anstrichmassen mit ozonisierter Luft oder ozonisiertem Sauerstoff zu behandeln.

Zum Konservieren von in die Erde eingebauten Holzteilen werden die evtl. vorher nach den üblichen Methoden imprägnierten Stangen nach **D. R. P. 197 972** mit heißem, carbolsäurehaltigem Schweröl angestrichen und sodann mit einem Schutzmantel versehen, der aus Steinkohlenteerasphalt und Magnesiazement besteht. Auf die heiß aufgetragene Masse wird eine Lage imprägnierter Dachpappe gelegt und die Fuge mit Asphaltmasse verschlossen.

Nach **F. P. 416 177** erhält man eine Holzanstrichmasse von konservierenden Eigenschaften durch Emulgieren von Teer, Ton und Wasser.

Nach **Ö. P. Anmeldung 1732/10** wird ein Holzanstrich- und Konservierungsmittel hergestellt durch Verkochen von Kienholzöl (aus Kienholzteer) mit einem Pflanzen- oder Harzöl und mit Harz unter Zusatz eines Sikkativs.

Auch **J. Wollmann** wendet sich in **D. Bauztg. 47, 881** gegen die Anwendung der desinfizierenden Holzanstriche, z. B. mit Mykanthin (Dinitrophenolnatrium), als Ersatz für imprägniertes Holz namentlich deshalb, weil auch Hölzer, die bereits angesteckt sind, durch die Tränkung noch für den Hochbau verwendbar werden, was jedoch mit angestrichenen Hölzern nicht der Fall ist.

Weitere Vorschriften über diese Art von Anstrichmassen finden sich in **Bd. III, [210], [211].**

18. Sog. feuerfeste Holzanstriche.

Einen feuerfesten Holzanstrich gibt es schon aus dem Grunde nicht, weil alle künstlich aufgebrachten Oberflächen, wenn sie auch aus völlig unverbrennlichen Materialien bestehen, in der Hitze reißen und den brennbaren Grund bloßlegen. Immerhin sind, wie aus folgenden Vorschriften zu ersehen ist, zahlreiche Kombinationen zur Herstellung flammen- und funkensicherer Anstriche bekannt, deren Wirkung jedoch in vielen Fällen problematisch ist.

Nach älteren Methoden (**Sieburger, D. Ind.-Ztg. 1872, 225**) verwendete man heiß gesättigte Salzlösungen, z. B. eine Lösung von 3 Tl. Alaun und 1 Tl. Eisenvitriol, die man mehrere Male aufstrich, worauf nach dem Trocknen eine schützende Schicht, bestehend aus weißem Töpferton und Eisenvitriollösung aufgebracht wurde. Auch durch öftere Behandlung des Holzes mit Leim und Überstreichen mit einem Gemenge von 1 Tl. Schwefel, 1 Tl. Ocker und 6 Tl. Eisenvitriol versuchte man die Entflammbarkeit des Holzes herabzusetzen. Vgl. auch **A. Patera, Dingl. Journ. 203, 481.**

Die Vorteile der Verwendung von Wasserglasfarben in Anstrichen, besonders zur Herabminderung der Feuersgefahr, also auf Holz, Korbwaren, Theaterdekorationen usf., beschreibt **C. Puscher** in **Hess. Gew.-Bl. 1870, 269.**

Über Herstellung eines feuerfesten Anstriches auf Holz aus 30 Tl. Asbestpulver, 20 Tl. Tonpulver, 2 Tl. 33proz. Wasserglas und 4 l Wasser siehe auch das Ref. in **Seifens.-Ztg. 1912, 1238.**

Ein das Holz bei Feuersgefahr schützender Anstrich wird nach **D. R. P. 137 971** hergestellt aus einem Grundanstrich, der aus Kieselgur, Glaspulver und Wasserglaslösung besteht, einem folgenden Deckanstrich aus gemahlenem Porzellan, Steingut, Kieselgur und Wasserglas und schließlich aus einem Chlorcalciumüberzug. Zwischen den einzelnen Anstrichen wird getrocknet. Nach der Erklärung soll dieser feuersichere Anstrich in der Weise wirken, daß der die Wärme schlecht leitende, aus Kieselgur und Glaspulver bestehende Grundüberzug, bei Steigerung der Temperatur zunächst beständig ist, während die aus Wasserglas und Chlorcalcium zusammengesetzte Decke sich in der Hitze ausdehnt und, wie die Beschreibung sagt, die Luft einsaugt, wodurch die Bildung eines wärmeisolierenden Luftpolsters zwischen den beiden Schichten erzeugt wird. Bei weiterer Steigerung der Temperatur soll dann der Untergrund schmelzen und in die Poren des verkohlten Holzes eindringend seine Entflammung verhindern.

Nach **D. R. P. 332 632** überzieht man verbrennliche Stoffe, um sie gegen Hitzewirkung zu isolieren und um z. B. im Holz Rissebildung zu verhindern, zuerst mit einem Asbest enthaltendem Kalk-Caseinkitt, trocknet, bringt eine Glasurmasse auf und brennt diese, z. B. mit der Lötlampe, ein.

Auch ein 2—3maliger Wasserglasanstrich soll nach **D. Tischl.-Ztg. 1910, 299** einen genügenden Schutz gewähren, besonders wenn man den Anstrich nach vollständigem Trocknen mit Kalkmilch überlegt, um schließlich noch einmal mit Wasserglas zu überstreichen.

Zur Herstellung eines fäulniswidrigen, feuerfesten Anstriches für Holz vermischt man Asbest mit einer konzentrierten Chlormagnesiumlösung und setzt dem homogenen Brei Magnesiumoxyd und Sand zu. Die Masse, die direkt aufgestrichen wird, ist nach 24 Stunden hart und gibt den Hölzern solche Feuersicherheit, daß sie z. B. bei der Hitze eines Kesselfeuers wohl verkohlen aber nicht flammen. (**D. R. P. 206 626.**)

Unter allen Ammoniumsalzen, die man den sog. feuersicheren Anstrichmassen aus dem Grunde zusetzt, weil jene in der Hitze Ammoniak entwickeln, eignet sich in erster Linie das Ammoniummagnesiumphosphat seiner Unlöslichkeit wegen als Zusatz zu einer wirklich feuersicheren Ölfarbe, insbesondere weil das Ammoniak erst bei einer Temperatur von 150° entwickelt wird. (**Chem.-Ztg. 1909, 625.**) Man löst z. B. 4 Tl. leinölsaures Blei in 6 Tl. Terpentinöl und verreibt damit ein Gemisch von 3 Tl. Asbest, 4 Tl. Bleiweiß und 3 Tl. Ammoniummagnesiumphosphat. (**Seifens.-Ztg. 1911, 682.**)

Eine feuerfeste Holzanstrichmasse wird nach **D. Tischl.-Ztg. 1910, 66** hergestellt aus je 25 Tl. Wasserglas und gemahlenem Schwerspat, 1 Tl. trockenem Zinkweiß und 20 Tl. Wasser. Die fast weiße Masse wird zweimal hintereinander aufgestrichen; sie kann für besondere Verwendungszwecke mit Mineralfarbstoffen gefärbt werden.

Um Holz schwer verbrennlich zu machen, löst man 2 Tl. Salmiak und 1 Tl. Zinkvitriol in 6 Tl. gekochtem Tischlerleim und rührt so lange Zinkweiß hinzu, bis das Ganze die Konsistenz von Ölfarbe angenommen hat; mit dieser Mischung werden die Holzflächen 2—3 mal mittels eines Pinsels überstrichen; soll der Anstrich auch der Feuchtigkeit widerstehen, so überstreicht man die Fläche schließlich noch mit Ölfirnis oder Steinkohlenteer. **(D. Ind.-Ztg. 1864, 388.)**

Über feuerfeste Holzanstrichfarben siehe auch **Farbe und Lack 1912, 294.**

Zur Herstellung einer unverbrennbaren Schicht auf hölzernen Pfeifenköpfen mischt man nach **Techn. Rundsch. 1911, 388** Kieselgur, Wasserglas, faserigen Asbest und zum leichteren Anrauchen etwas Zucker mit den nötigen Farbstoffen zu einem Brei (z. B. 5 Tl. Schwerspat, 10 Tl. Asbest, 52 Tl. Kieselgur, 3 Tl. Borax, 30 Tl. Natronwasserglas von 40° Bé) und streicht die Pfeifenköpfe mit dieser Masse an, nachdem man sie, um das Haften des Kittes an dem Holze zu erleichtern, mit einer Chlorcalciumlösung ausgespült hat. Nach dem Trocknen wird die Kittmasse mit verdünntem Kaliwasserglas überstrichen. Weitere Vorschriften finden sich im Original.

Nach **Leipz. Drechsl.-Ztg. 1911, 490** werden Maserholzgegenstände, z. B. Pfeifenköpfe, nach folgendem Verfahren mit einer feuerfesten Politur versehen: Die mit Sandpapier abgeschliffenen Köpfe werden 1—2 Minuten mit kochendem Leinöl getränkt und sodann in einem Blechkasten 4—5 Stunden einer geringen gleichmäßigen Hitze ausgesetzt. Dann schleift man mit Glaspapier ab und lackiert 1—2 mal mit Bernsteinlack. Das Erwärmen und Lackieren wird evtl. wiederholt, schließlich wird mit Lindenkohle und Wasser abgeschliffen und mit Schmierseife und Wiener Kalk poliert.

Weitere Vorschriften zur Herstellung feuerbeständiger Lacke für Holzpfeifenköpfe finden sich in **Techn. Rundsch. 1912, 252.** Im allgemeinen werden die mit Glaspapier und dann mit Bimsstein und Leinöl abgeschliffenen bzw. glattpolierten und mit Benzin abgewaschenen Köpfe nach evtl. Spachtelung mit einem Porenfüller mit Harzlösungen in Alkohol oder Terpentinöl überstrichen. Auch Zaponlacke sollen sich gut eignen.

Nach **Weidner, Chem.-Ztg. 1912, 361** ist der Gips ein sehr wirksames Schutzmittel gegen Feuer, was sich schon dadurch dokumentiert, daß Holzbretter, die 17 Tage lang mit Gipswasser getränkt werden, schwer entflammbar sind. Zur Verhütung von Dachstuhlbränden empfiehlt es sich alle Holzteile mit etwa 1 cm starken Gipsplatten, die leicht nagelbar sind, zu bekleiden. **(Weidner, Tonind.-Ztg. 36, 1180.)**

19. Holz bronzieren, Bilderrahmenfabrikation.

Alles Wissenswerte über Bilderrahmenfabrikation findet sich in den **Bänden 151** u. **179** der Chemisch-technischen Bibliothek von A. Hartleben, Wien und Leipzig.

Vor dem Vergolden von Eichenholzrahmen ist es nach **D. Mal.-Ztg. (Mappe) 31, 143** unerläßlich, das Holz durch Überbürsten und Waschen mit Essig zunächst aufzurauhen, nach dem Trocknen zweimal mit dünnem Schellack zu überstreichen, dann den Firnis oder das Poliment (das Mixtion) aufzulegen ohne es in die Poren zu verreiben und schließlich, wie in **[20]** geschildert ist, zu vergolden. Nachträglich wird beim Abreiben des Holzes das Gold möglichst wieder aus den Poren entfernt.

Unter Poliment versteht man die Untergrundmasse für Glanzvergoldung, die aus einem temperaartigen Gemenge von Bolus, Eiweiß und Waschseife besteht. Es wird in verschiedenen Farben hergestellt und hat die Eigenschaft, durch bloßes Befeuchten mit Alkohol das aufgelegte Gold festzuhalten. Ein anderer Grund für Vergoldung besteht aus einem Ölfarben- oder Schellackanstrich, der auf die sorgfältigst gespachtelte und geglättete Unterlage aufgestrichen wird. Eine besondere Abart dieses Goldgrundes ist das Mixtion, das aus einem mit Animeharz versetzten, mit Mangantrockner verkochten und eingedickten Firnis besteht.

Die Grundierung für Vergoldungen auf Holz spielt insofern eine bedeutende Rolle, als der feine Goldüberzug porös ist und Gase, insbesondere Schwefelwasserstoffgas, von dem Untergrund nicht abzuhalten vermag; enthält nun dieser letztere Mineralfarben, die durch Schwefelwasserstoff angegriffen werden, also z. B. Bleiweiß oder Chromgelb, so färben sich Grund und damit auch die Vergoldung bald dunkel und letztere haftet dann nicht mehr, da sie durch die dünne Schwefelmetallschicht leicht abgestoßen wird.

Nach einem Referat in **Seifens.-Ztg. 1911, 606** grundiert man Bilderrahmen vor der eigentlichen Vergoldung mit einem Schellackspirituslack, dem man etwas spritlöslichen gelben Teerfarbstoff, z. B. Pikrinsäure, zusetzt. Oder man löst in 100 Tl. Weingeist, 20 Tl. Schellack, 4 Tl. Sandarak, 4 Tl. Mastix und fügt als Färbemittel hinzu: 1 Tl. Safran, 3 Tl. Gummigutt und 1,5 Tl. Drachenblut; man verwendet besser schwach färbenden Lack und lackiert mehrmals, da stark färbender Lack leicht Flecken gibt. Das Lackieren muß in warmen Räumen geschehen, da der Lack sonst nicht klar trocknet. Dann wird das Gold aufgetragen, worauf man die völlig trockenen vergoldeten Rahmen nach **Techn. Rundsch. 1912, 507** am besten mit einem feinen, durch Seidenstoff gebeutelten Gemenge von je 45 Tl. Magnesiumcarbonat und Talkum und 10 Tl. geschlämmtem Englischrot auf Hochglanz poliert. Vgl. **Leipz. Drechs.-Ztg. 1911, 397.**

Zur Herstellung der für Bilderrahmen vielfach gebrauchten sog. gegipsten Leisten versieht man das Holz nach **Farbe und Lack 1912, 116** zunächst mit einem Gips- oder Kreidegrund und tränkt die Auflage, um das Eintrocknen der nachträglich aufgebrachten Spiritusdecklackschicht zu verhindern, mit einer dünnen Leimlösung. Der Spirituslack kann bei billigen Arbeiten durch einen Caseinfirnis ersetzt werden, den man durch Auflösen von Casein in Salmiakgeist oder Boraxlösung selbst bereitet. Im allgemeinen empfiehlt es sich jedoch, zum Lackieren dieses Gipsgrundes einen hellen Politurlack zu verwenden, den man, um das Einschlagen der Maserfarben zu verhüten, auf einen direkt auf den Holzleisten aufgebrachten Schellacküberzug aufträgt. Die gemaserte Fläche erhält dann 3—4 Überzüge mit dickem Politurlack. Dann läßt man trocknen und poliert erst am anderen Tage am besten mit einer Lösung von 40 g Schellack in 1 l Spiritus unter Verwendung einiger Tropfen Polieröl.

Um auf Schnitzereien altsilberne Töne nachzuahmen, werden die Hölzer nach **D. Tischl.-Ztg. 1910, 251** öfter mit stark gebleichter oder gewöhnlicher Politur überstrichen, bis eine starke Schellacklage entstanden ist, die man nach ihrer Erhärtung mit Anlegeöl verstreicht. Auf die schwachklebrige Anlage wird Blattsilber aufgelegt, dann werden die Ecken mit Silberbronze ausgestaubt und man überzieht mit einem farblosen Lack. Wenn dieser erhärtet ist, wird mit einer aus Schwarz und Braun gemischten und mit Öl und Wachs angeriebenen Farbe leicht überstrichen, wobei die Tiefen besonders gedeckt werden müssen. Schließlich überzieht man mit farblosem Lack.

Nach **D. Mal.-Ztg. (Mappe) 31, 400** stellt man Polierweiß auf Kreide- oder Gipsgrund her, indem man die wie zur Polimentvergoldung fertig gestellte und geschliffene Arbeit schwach leimt, 2—3 mal mit einem wässerigen Brei von Kremserweiß überstreicht und nach dem Trocknen mit dem Achat poliert. Dem Leim setzt man eine Lösung von soviel fein geschnittener Kernseife und weißem Wachs zu, daß sich der Anstrich polieren läßt.

Ch. Jles empfiehlt in **Dingl. Journ. 1850, I, 239** zur Verzierung von Bilderrahmen u. dgl. eine mit gefärbten Seidenfäden versetzte plastische Masse aus 4 Tl. Harz, 1 Tl. Wachs, 6 Tl. Leim, 4 Tl. Alaun und 12 Tl. Gips zu verwenden.

Vorschriften zur Herstellung des plastischen Materiales für Formen und Ornamente auf Goldrahmen finden sich von **C. Henkel** zusammengestellt in **Techn. Rundsch. 1906, 688.**

Über ein eigenartiges Verfahren der Marmorierung metallischer Überzüge, z. B. einer Goldleiste, durch Überspringenlassen von elektrischen Funken, die die dünne Metallschicht teilweise in äderiger Form zerstören, siehe **D. R. P. 15 800.**

Die zu bronzierenden Gegenstände aus Holz, Steingut, Porzellan, Bilderrahmen usw. werden mittels eines Pinsels ganz dünn mit Wasserglaslösung bestrichen und hierauf mit Bronzepulver bestäubt. Der Überschuß des Pulvers wird durch schwaches Klopfen entfernt, und der Gegenstand, falls er aus Porzellan oder Steingut besteht, schwach erwärmt. Diese Bronzierung hält das Polieren mit einem Achatsteine aus, und ist besonders zur Ausbesserung schadhaft gewordener Bilder- oder Spiegelrahmen zu empfehlen. **(Böttger, Dingl. Journ. 191, 426.)**

Zum Ausfüllen der Eichenholzporen mit Bronzen oder Deckfarben wird in die fertigen, matt polierten Oberflächen Silber- oder Aluminiumbronze in Terpentinölsuspension eingerieben. Dann wird der Überschuß der Bronze entfernt und die Fläche nochmals leicht mit Mattierung oder Politur überstrichen. **(Tischl.-Ztg. 1910, 60;** vgl. **Leipz. Drechsl.-Ztg. 1911, 346.)**

Die Imitation altgoldener Schnitzereien durch Bronzierung der Holzteile ist in **Farbe und Lack 1912, 390** beschrieben.

Zur Herstellung einer Patinaoberfläche auf Holz kann man nach **Techn. Rundsch. 1906, 718** die Holzoberfläche mit einer dünnen Leimlösung tränken, Bronzepulver darüber stäuben und die Oberfläche nach dem Trocknen möglichst dünn mit Essig überstreichen, worauf sich die Bronze grün färbt, oder man legt das Holz nach einem komplizierten Verfahren während einiger Tage in eine etwa 80° warme alkoholhaltige Lösung von calcinierter Soda, bringt es dann sofort in ein Calciumhydrosulfidbad, dem man nach 24—36 Stunden eine gesättigte Lösung von Schwefel in Ätzalkali zusetzt, und läßt das Holz in dieser Flüssigkeit, deren Temperatur man auf 35—50° hält, 48 Stunden liegen. Dann wird getrocknet und zur Erzielung metallischen Glanzes mit einem Glätteisen oder auch mit einem Stück Blei, Zink oder Zinn poliert.

Über das Bronzieren von Holzrahmen und Leisten durch Aufblasen der mit einem Klebmittel versetzten Bronzemasse mittels Druckluft siehe **D. R. P. 176 121.**

Über die Art der Ausführung von Metallbronzeanstrichen auf Holz siehe ferner **D. ill. Gewerbeztg. 1874, Nr. 20.**

20. Holz metallisieren. — Wismutmalerei.

Poppinghausen, S. B. v., Fabrikation der Goldleisten. 1872, Neuauflage 1914.

In **Leipz. Drechsl.-Ztg. 1911, 129** findet sich ein Bericht über Verzierung von Rahmenleisten durch galvanische Niederschläge.

Um poröse Gegenstände aus Gips oder Holz für die galvanische Metallisierung leitend zu machen, genügt es nicht, zur vorbereitenden Porenschließung Harzlösungen aufzupinseln, sondern es ist vielmehr eine vollständige Durchtränkung mit geschmolzenem Paraffin oder Wachs nötig. Die so imprägnierten Gegenstände werden dann mit Guttaperchalack überzogen und durch Aufpinseln von reiner Kupferbronze leitend gemacht. **(G. Buchner, Elektrochem. Zeitschr. 1906, 1.)**

Um Holz zu vernickeln verfährt man nach **Leipz. Drechsl.-Ztg. 1911, 224** folgendermaßen: Man löst 1. $^1/_2$ g Kautschuk und 4 g Wachs in 10 g Schwefelkohlenstoff, fügt eine Lösung von 5 g Phosphor in 60 g Schwefelkohlenstoff, ferner 5 g Terpentinöl und 4 g pulverisiertem Asphalt hinzu und schüttelt durch; man löst 2. 2 g salpetersaures Silber in 600 ccm Wasser und 3. 10 g Chlorgold in derselben Wassermenge. Die zu vernickelnden Gegenstände werden mit Leitungsdrähten versehen, in Lösung 1 getaucht, dann nach dem Trocknen in Lösung 2 bis sie einen dunklen Glanz zeigen, dann werden sie gespült und in Lösung 3 gebracht. (Siehe außer diesem Verfahren von **Parkes**, das an derselben Stelle beschriebene Verfahren von **Langbein** und noch ein drittes Verfahren.) Der vorbereitete Holzgegenstand wird nun in einem der für die Kupfergalvanoplastik üblichen Bäder, bestehend z. B. aus 30 l 18proz. Kupfervitriollösung und $^1/_4$ l 66grädiger reiner Schwefelsäure mit einer Kupferhaut versehen und dann in einem gewöhnlichen Nickelbade vernickelt. Dieses besteht aus 500 g schwefelsaurem Nickeloxydulammoniak, 50 g schwefelsaurem Ammon und 10 l destilliertem Wasser. Nachträglich wird poliert.

Holz, Knochen, Elfenbein, Leder können in der Weise versilbert werden, daß man sie zuerst $^1/_4$ Stunde lang bei 80° in eine Campecheholz-Abkochung einlegt, abspült und hierauf 10 Minuten lang in eine Lösung von salpetersaurem Silberoxyd bringt. Das salpetersaure Silberoxyd wird durch den Campecheholzextrakt reduziert. Papier und Gewebe werden ebenfalls zuerst mit der Campecheholz-Abkochung, hierauf mit einer Lösung von salpetersaurem Silberoxyd behandelt und schließlich in einer Ammoniakatmosphäre getrocknet, wodurch das Silber reduziert wird. Durch Mischungen von salpetersaurem Silberoxyd und essigsaurem Bleioxyd können den Metallüberzügen verschiedene Farbtöne erteilt werden. **(Polyt. Zentrh. 1854, 245.)**

Metallüberzüge auf Holz usw. werden nach **M. U. Schoop, Elektrochem. Zeitschr. 1910, 53** nach dem Spritzverfahren hergestellt durch Aufblasen des hoch erhitzten flüssigen Metalles in äußerst feinverteilter Form auf die zu überziehende Fläche. Die Metallteilchen gelangen mit außerordentlicher Geschwindigkeit auf den zu überziehenden Körper und die Überzüge werden so dicht wie gewalztes oder gehämmertes Metall. Verwendbar wäre das Verfahren z. B. zum Überziehen von Telegraphenstangenholz, von Propellern, zur Herstellung von Flaschenverschlüssen usw.

Zur Herstellung eigenartiger Zierstücke legt man einen Krystall von Silbernitrat auf das Hirnende eines Stückes Holzkohle und richtet die Lötrohrflamme auf der Kohle nahe neben den Krystall, um die Reaktion einzuleiten. Sobald die Verbrennung im Gange ist, kann man Krystall auf Krystall hinzufügen. Das Silbersalz gerät in Fluß und zieht sich durch das bereits reduzierte poröse Metall hindurch, bis es die glühende Kohle erreicht, wo es reduziert wird. Man kann in dieser Weise Silberstücke darstellen, die die Jahresringe des Holzes in der schönsten Weise zeigen. **(Polyt. Notizbl. 1871, Nr. 12.)**

Über Wismutmalerei siehe **G. Buchner, Bayer. Ind.- u. Gew.-Bl. 1908, 121.** Das Verfahren wird wie folgt ausgeführt: Man löst 100 g Wismutsubnitrat in 200 g Wasser und etwa 300 ccm Salzsäure bis eine klare Lösung entstanden ist, verdünnt auf 1 l, stellt einen Zinkblechstreifen im Gewichte von etwa 50 g in die Lösung und läßt einige Tage stehen. Das ausgeschiedene graue, fein verteilte Wismut wäscht man wiederholt bis zur völligen Neutralität aus und erhält so etwa 140 g Wismutschwamm, der etwa 70 g Metall enthält. Zur Aufbewahrung wird er mit verdünntem Alkohol überschichtet, um das Austrocknen und seine Oxydation zu verhindern. Der harte oder weiche Holzgegenstand wird sodann zunächst mit einem Leim-Kreidegrunde überzogen (Schlämmkreide und heiße 10proz. Leimlösung), worauf man den Wismutbrei nach vollständiger Trocknung des Untergrundes aufpinselt. Nach völligem Eintrocknen wird der Grund mit dem Achat glänzend und zusammenhängend poliert und man erhält einen silberweißen Wismutbelag, der wie üblich bemalt werden kann. **(Münchn. kunsttechn. Bl. 1909, 26.)**

Siehe auch den geschichtlichen Rückblick über das Gebiet der Wismutmalerei von **Wiebel** in **Zeitschr. f. Angew. Chem. 1898, 502.**

21. Holzflächen verzieren, mustern, färben.

Zur Verzierung von Holzflächen überzieht man sie mit mäßig konzentrierter Leimlösung und trocknet möglichst rasch, so daß die Leimschicht zahlreiche feine, dekorativ wirkende Risse erhält, deren Zahl um so größer ist, je konzentrierter die Lösung und je kürzer die Trockenzeit war. **(D. R. P. 88 597.)**

Zum Färben und Schattieren von Hölzern bestreut man die aufgeschichteten Bretter nach **D. R. P. 72 488** mit Sägespänen, die mit Farbstoffen (Blau-, Gelb-, Rotholz) und mit Farbbeizmitteln (Eisensulfat, Kupfersulfat, Gerbsäure, Soda u. dgl.) vermengt sind, und leitet nun 14 Tage lang vorsichtig Dampf ein, so daß die Temperatur des Raumes erst am zweiten Tage 50° erreicht und nicht überschreitet. Durch allmähliches Auflösen der Färbe- und Beizmittel dringt der betreffende Farbstoff in die Holzporen und färbt das Holz in unregelmäßigen, ineinanderfließenden Streifen und Flächen.

Zur Herstellung von Dekorationseffekten auf Holz (oder auch Metall, Pappe u. dgl.) bestreicht man nach **D. R. P. 105 854** glatte oder geprägte, farblose oder gefärbte Gelatine einseitig mit einer organischen oder anorganischen Säure, so daß sich die Gelatine auf dieser Seite teilweise löst und nach dem Aufdrücken auf die zu verzierende Fläche fest auf letzterer haftet.

Zur Herstellung farbiger Muster z. B. auf Holz verrührt man geschmolzenes Harz nach **D. R. P. 133 817** mit irgendeinem Farbpulver, zerkleinert die Masse nach dem Erkalten und schmilzt sie auf dem Holze auf.

Um Verzierungen auf Holz anzubringen überstreicht man es nach **D. R. P. 108 807** zur Herstellung einfacher Fladern ohne bestimmte Zeichnung mit konzentrierter Schwefelsäure und laugt nach genügender Einwirkung mit Wasser aus, so daß die von der Säure nicht angegriffenen härteren Holzteile reliefartig hervortreten, während das Frühlingsholz weggeätzt wird. Will man bestimmte Zeichnungen erhalten, so deckt man die nicht zu ätzenden Stellen mit Wachs oder Asphalt ab und erhält nach Einwirkung der Säure nur diese Stellen reliefartig; natürlich kann man auch umgekehrt verfahren und so vertiefte Zeichnungen erzeugen. Man kann das Verfahren auch in der Weise ausführen, daß man die Papier-Zeichnung mit einer Mischung von Leim und Glycerin auf das Holz aufklebt und das Papier an jenen Stellen ablöst, die der Einwirkung der Säure ausgesetzt werden sollen.

Helle Verzierungen bringt man nach **Leipz. Drechsl.-Ztg. 1911, 229** auf Holzgegenständen in der Weise an, daß man diese mit einer 5proz. wässerigen Kaliumpermanganatlösung braun beizt und nach dem Trocknen mittels 3proz. Citronensäurelösung die gewünschten Muster herausätzt, die dann hell auf dunklem Grunde erscheinen. Nach dem Trocknen lackiert man mit hellem Spirituslack und poliert.

Nach **Leipz. Drechsl.-Ztg. 1911, 491** wird Naturholz dunkel gemustert, wenn man das rohe Eichenholz mit weißer Kalkfarbe schabloniert und sodann abbürstet, worauf die Muster in schönem dunkelbraunen Tone auf dem Eichenholz erscheinen. Nach der Beizung tränkt man das Holz mit einer Mischung von 2 Tl. Firnis, 1 Tl. Terpentinöl und 1/2 Tl. Terebine. Nach dem Trocknen wird zweimal mit hellem Bernsteinlack überzogen. Vgl. auch an derselben Stelle die Vorschriften über Bemalung von Tannenholz.

Nach **D. R. P. 141 827** bestreicht man die Oberfläche von Hölzern, die geprägt werden sollen, mit einem Brei von 10 Tl. Borax, 5 Tl. Asbest, 10 Tl. Wasserglas und 100 Tl. süßer Milch, läßt trocknen und erhält so eine sehr harte Oberfläche, die durch die heißen Prägestempel nicht angegriffen wird; die Masse verhindert auch Verkohlung des Holzes in der Umgebung der Prägestelle.

Um dem Holze ein steinartiges Aussehen zu verleihen, ätzt man die Oberfläche der Hölzer nach **D. R. P. 105 204** mit Chromsäure oder unterchloriger Säure und inkrustiert die bis zu einiger Tiefe ausgehöhlten Partien mit Mineralstoffen, die man mittels eines Bindemittels (Wasserglas oder Harz) dauernd befestigt. Die mineralische Schicht kann dann gehärtet und nach dem Trocknen z. B. mit Stearin getränkt werden.

Die Herstellung von Perlmutterimitationen auf Holz, Papier usw. ist in **D. R. P. 59 513** und **63 848** beschrieben.

Über Herstellung von Mustern auf mit Farbe bestrichenen Gegenständen durch Aufdrücken elastischer Gummibälle auf die nasse Fläche, wodurch geflammte, korallenartige oder fein verästelte Muster resultieren, siehe **D. R. P. 101 994.**

Um Ahornholz ein elfenbeinartiges Aussehen zu verleihen wird es nach **D. Tischl.-Ztg. 1910, 235** in rohem Zustande mit einem feingeriebenen Gemenge von Kremserweiß und weißer Politur behandelt. Dann wird abgeschliffen und poliert bis alles Holz mit Farbe gut gedeckt ist. Der Farbbelag bekommt nach einigen Wochen dieselbe feine Äderung wie sie Elfenbein aufweist.

Rotbraune Beizeffekte auf Holz, Bretter- und Lattenzäunen, Pflaster usw., bestehend aus Ferrocyankupfer, erhält man durch Wechselwirkung der nacheinander aufgestrichenen Lösungen von Kupfervitriol und gelbem Blutlaugensalz. Durch stärker oder schwächer bereitete Lösungen kann man dunklere oder hellere Beiztöne erzielen. Durch nachträgliches Überstreichen mit Leinölfirnis wird der Anstrich noch dauerhafter und gewinnt etwas Glanz. **(D. Ind.-Ztg. 1878, Nr. 30.)**

22. Maserung (imitieren), Druck- und Umdruckverzierungen.

Zur Herstellung von Maserabdruckblättern verfertigt man nach **D. R. P. 89 241** zunächst eine Zeichnung mit Lack oder Ölfirnis auf Papier oder Stoff, bestreut die Zeichnung noch naß mit einem feinen Streupulver aus Wolle, Papier oder Filz und überstreicht das Blatt mit Maserfarbe. Dabei nehmen nur die rauhen Linien der Zeichnung Farbe an, die sich durch Auflegen des Blattes auf die Holzfläche mit einer Bürste übertragen läßt. Ein solches Blatt kann für mehrere Hundert Abdrücke benützt werden.

Die Nachahmung der Holzmaserung auf Zigarrenkistchen erfolgt nach **Papierztg. 1912, 951** auf photolithographischem Wege: Man photographiert ein besonders schön gemasertes Naturholz, überträgt die Photographie auf Stein, stellt Abzüge auf Abziehpapier her und klebt diese auf das gewöhnliche Holz auf.

Nach **D. R. P. 197 277** wird Nußbaumholz dadurch imitiert, daß man in weiches Holz zunächst die Grundfarbe einbeizt und nachträglich durch Auftragen von Maserabziehblättern die Maserung edler Hölzer täuschend nachahmt. Die Imitation läßt sich schleifen und polieren.

Zur Herstellung von Elfenbeinmaserung auf Holz bringt man nach **Kunststoffe 1912, 160** auf dem nötigenfalls mit einem Porenfüller vorbehandelten, dichten Holze zunächst mittels eines weichen Haarpinsels die entsprechende zarte, weiß und gelblich gestreifte Maserung mit Patinalack auf und überzieht nachträglich mit Zaponlack.

Über Herstellung von Elfenbeinmaserung auf Holz siehe auch **Techn. Rundsch. 1912, 114.**

Zur Herstellung des Druckmusters von Holzmaserungen auf Tiefdruckformen, die im Offsetdruck gedruckt werden sollen, färbt man ein möglichst glattes Brett zwecks scharfer Hervorhebung der wiederzugebenden Holzmaserung ein, photographiert die Platte dann und benützt das Positiv zur Herstellung der Tiefdruckstahlplatte. **(D. R. P. 320 369.)**

Ein Holzmaserungsverfahren ist dadurch gekennzeichnet, daß man die Holzgegenstände mit Grundmasse versieht, die Poren mit Wasserfarbe aufträgt und mit einer Mischung aus Mattlack, Terpentin- und Trockenlasurfarben masert. **(D. R. P. 324 068.)**

Auch in **D. R. P. 261 197** ist ein Verfahren der Herstellung von Holzmaser-Imitation beschrieben.

Über Abziehbilder als Dekoration für Holzarbeiten siehe **D. Tischl.-Ztg 1910, 182.**

Nach **D. R. P. 59 831** stellt man, um Holz lokal zu beizen, auf Abziehpapier eine Harzschablone her, die man auf das mit Leimlösung gestrichene Holz überträgt, so daß der unbedeckt bleibende Leim durch den feuchten Kleister des Abziehpapieres entfernt wird, worauf man beizt und die Holzplatten mittels der Schabklinge abzieht.

Zur Übertragung von Abziehbildern auf Holzmöbel überstreicht man die Bilder nach **D. Mal.-Ztg. (Mappe) 31, 118** mit einem schnell trocknenden Lack, drückt sie, damit keine Luftblasen entstehen, solange die Lackschicht noch klebend ist, mittels einer Gummiwalze an, zieht das Papier nach dem völligen Trocknen ab, nachdem man es mit einem Gemenge von gleichen Teilen Petroleum, Wasser und Terpentinöl bestrichen hat, wäscht ab und läßt trocknen. Ein Überlackieren der Bilder ist nicht nötig, wenn die Gegenstände nicht zu oft gewaschen werden. Statt des Lackes verwendet man nach **S. 127** besser Gelatine, da man in dem Falle, als die Bilder mißlingen sollten, die Schicht mit warmem Wasser einfach wieder abwaschen kann, allerdings ist in diesem Falle eine Überlackierung des Bildes nötig.

Zur Übertragung von Bildern oder Zeichnungen auf Holz geht man nach **D. Tischl.-Ztg. 1910, 275** folgendermaßen vor: Die gut geputzte Fläche wird zwei- bis dreimal mit einem Firnis überzogen, der aus 50 g Alkohol, 15 g Sandarak und 50 g weißer Politur besteht. Auf den letzten Überzug legt man, wenn er trocken ist, das mit kochsalz- oder pottaschehaltigem Wasser befeuchtete Bild und drückt es mit einem Brett fest an die lackierte Fläche an. Nach 3 Stunden wird das Brett losgeschraubt und das Papier befeuchtet, so daß man es nach einiger Zeit abziehen kann. Dann wäscht man vorsichtig die letzten Papierreste ab, überzieht mit einer Firnisschicht, lackiert mit Kutschenlack und schleift ab. Eine weitere Vorschrift im Original.

Über das **de Rooy**sche Verfahren der Übertragung von Photographien auf Holz, Glas, Porzellan und Metall siehe **Chem.-Ztg. Rep. 1910, 428.**

Unter Photoxylographie versteht man die Übertragung photographischer Bilder direkt auf den Holzblock zwecks Herstellung von Vorlagen für den Schnitt. Zur Ausführung des Verfahrens überstäubt man die mit Eiweiß unter Zusatz von etwas Salmiak überzogene Holzfläche mit Bleiweißpulver, poliert, wenn sie völlig trocken ist, übergießt sie mit einer Silbernitratlösung 1 : 8, trocknet, räuchert während 20 Minuten über wässerigem Ammoniak, kopiert unter dem Negativ, wäscht etwa 30 Sekunden und tont im etwas Soda und Chlorgold enthaltenden Fixiernatronbad 1 : 6. Die Beschreibung der galvanischen Vervielfältigung von den auf diesem Wege gewonnenen Holzschnitten findet sich im Auszuge im **Polyt. Zentr.-Bl. 1858, 1447.**

Zur Verzierung von Holz preßt man die Holzplatte, auf der, mit der Bildseite nach unten, ein Papier mit ablösbaren Farben aufgeklebt ist, nach **D. R. P. 241 084** ohne weitere Vorbereitung heiß mit der Unterlage zusammen.

Das Auf- und Überdruckverfahren zur Holzwarenverzierung ist in **Leipz. Drechsl.-Ztg. 1911, 152** und **176** beschrieben; auf **S. 247** und **271** desselben Jahrganges findet sich ferner ein Bericht über Vorzeichnungs- und Vordruckverfahren auf Holz.

Nach **D. R. P. 229 566** werden Holzflächen für das Bedrucken mit fetten Farben dadurch vorbereitet, daß man sie mit einem durchsichtigen, fettansaugenden Überzug versieht, den man aus einer Mischung von Kautschuk (evtl. unter Zusatz von Wachs und Kanadabalsam) in Terpentinöl, Leinöl und Benzin herstellt. Die Schicht ist nicht abwaschbar und verhindert das Eindringen des Fettes der Farbe in das Holz.

Um Holzimitationen durch Abdruck herzustellen, bestreicht man die eben gehobelte Fläche eines Brettes der zu imitierenden Holzart mit Farbe und streicht diese dann mit der Kante eines eisernen oder hölzernen Lineals wieder ganz glatt ab; die Farbe wird zwischen den Holzfasern sitzenbleiben, auf den Fasern selbst aber fast ganz verschwinden. Führt man hierauf eine elastische Walze über die gefärbte Holzfläche, so setzt sich die Farbe an diese an und kann nunmehr von der Walze auf jede beliebige andere Fläche übertragen werden; das aufgetragene Dessin wird genau die Faserung der ursprünglichen Holzfläche annehmen. Diese Operation läßt sich mit demselben Holzbrette ziemlich oft wiederholen. **(Dingl. Journ. 221, 485.)**

Zur Herstellung von farbigen Mustern oder Bildern auf Gewebe oder Holzflächen bindet man Farbstoffe an Dextrin oder Gelatine, gießt die Massen auf Papier oder zu Platten, schneidet dann Patronen und läßt aus diesen den Farbstoff in die Gewebe oder Hölzer ausbluten. **(D. R. P. 317 719.)** Nach einer Abänderung des Verfahrens kann man auch in der Weise vorgehen, daß man, besonders wenn es sich um Ausführung feiner schattierter Zeichnungen handelt, ausblutende

Farbstoffe mit den entsprechenden Zusätzen zusammen eintrocknet, pulvert, mit Sprit anteigt und auf Druckformen aufträgt, um mit ihnen Farbenpatronen zum Ausbluten in Gewebe und Holz zu drucken. **(D. R. P. 318 090.)**

23. Abbeizen, Reinigen polierter, lackierter, gebeizter Holzwaren.

Abgesehen von den mechanischen Verfahren (Abziehen mit der Ziehklinge oder Abbrennen mit einer Spiritus- oder Benzinflamme) bedient man sich zur Entfernung alter Lack-, Politur- usw. -reste von Hölzern verschieden starker Alkalien oder wässeriger Lösungen von Ammoniak, Wasserglas oder Schmierseife, allein oder in wechselnden Gemengen, läßt die Abbeizmittel je nach der Dicke der zu entfernenden Schicht mehrere Stunden oder Tage einwirken und wäscht schließlich mit reichlichen Wassermengen nach. Gerbstoffreiche Hölzer werden durch Behandlung mit Alkalien gebräunt und müssen nach dem Abbeizen (wobei jedoch in diesem Falle jeder Seifenzusatz zu unterbleiben hat) mit einer 10proz. heißen, wässerigen Oxalsäurelösung aufgehellt werden. 10proz. kalte Salzsäure wirkt ebenso, erzeugt jedoch leicht Flecken auf dem Holze. Metallbeschläge und Schlösser müssen vor dem Abbeizen und Aufhellen entfernt werden. (Siehe auch **Bd. III [172]**: Lack- und Farbenentfernungsmittel.)

Das beste Mittel zur Entfernung alter Farb- und Lackschichten von antiken Truhen oder Schränken ist nach **Techn. Rundsch. 1909, 423** Amylacetat, das man mit Speckstein- oder Magnesiapulver oder feinem Holzmehl gemischt aufstreicht, sodann ein dichtes nasses Tuch über die Möbel deckt und die Schicht nach wenigen Minuten mit Amylacetat, Terpentinöl oder Spiritus abwäscht. Trotz seines durchdringenden Geruches bürgert sich dieses Mittel wegen der Schnelligkeit seiner Wirkung immer mehr ein.

Zur Entfernung alter Lack- und Öllasuren von Holzgegenständen bedient man sich einer starken Natronlaugelösung, die man zweckmäßig heiß anwendet, um nachher sofort mit Wasser nachzubürsten. Eichenholz färbt sich bei dieser Behandlung rot, doch genügt das Bestreichen mit verdünnter Salzsäure, um die Rotfärbung wieder zu zerstören. Die Salzsäure wird dann mit schwacher Sodalösung unschädlich gemacht. Schellackpolituren kann man evtl. auch mit Ammoniak entfernen, wenn die Möbel neu sind, alte Schichten können jedenfalls ohne Anwendung von Lauge nicht abgelöst werden. **(D. Tischl.-Ztg. 1910, 59.)**

Nach **Techn. Rundsch. 1908, 40** kann man Möbel, die mit Nußbaumkörnerbeize und Chromkali dunkel gebeizt sind, nach Entfernung der oberflächlichen Schellackpolitur am besten aufhellen, wenn man die Oberfläche des Holzes mit 5—30proz. Schwefelsäure bestreicht. Es wird empfohlen, die Möbel vorher in einem gut geheizten Raume genügend zu trocknen, damit die Schwefelsäure möglichst tief eindringen kann. Das Neupolieren muß dann auf dem rohen, nicht geölten Holz erfolgen. **(D. Tischl.-Ztg. 1910, 28.)**

Um gewachste Möbel abzubeizen wird nach **D. Tischl.-Ztg. 1910, 308** das alte Wachs mit einer heißen Lösung von 1 Tl. Fettlaugenmehl in 2 Tl. Wasser abgewaschen, worauf man das Holz mit einer Antik- oder Räucherbeize dunkel beizt und nachträglich wachst.

Zur Entfernung alter Politur von Weichhölzern wird nach **D. Tischl.-Ztg. 1911, 63** u. **341** Salmiakgeist oder besser eine Lösung von 25—30 g Ätzkali in 1 l Brennspiritus verwendet, da diese das Holz nicht aufrauht und den Schellack besser entfernt, dann schleift man mit Glaspapier ab und beizt neu ein. Vgl. **Techn. Rundsch. 1905, 829.**

Beim Auspolieren mit Schwefelsäure und Wiener Kalk verfährt man nach **D. Tischl.-Ztg. 1911, 151** folgendermaßen: Man poliert die Fläche bis die Politur klar ist und poliert etwas Benzoeharzlösung auf, die die richtige Stärke haben muß, reibt die Fläche sodann mit 10—15proz. Schwefelsäure ab, bestreut mit Wiener Kalk und verreibt ihn mittels eines mit Schwefelsäure befeuchteten Handballens. Der Hauptfehler wurde bei diesem Verfahren immer dadurch begangen, daß zu große Mengen Schwefelsäure und Wiener Kalk angewendet wurden, um geringe Mengen Öl von der Holzfläche zu entfernen.

Zur Entfernung von Tintenflecken aus ungebeiztem hellen Eichenholz lassen sich allgemein gültige Vorschriften nicht geben, da es ebensosehr auf die Art des Holzes und seiner Oberfläche als auch vor allem auf die Zusammensetzung der Tinte ankommt. Es empfiehlt sich daher, nach Entfernung des oberflächlichen Lack-, Wachs- oder Politurüberzuges mit verschiedenen Lösungsmitteln (absolutem Alkohol und Terpentinöl oder reinem Alkohol und schließlich Benzin) die Flecken mit gepulverter Oxalsäure zu bestreuen und nach einer Stunde abzuwaschen oder mit verdünnter Salz- oder Schwefelsäure zu behandeln. Evtl. führen auch die Anwendung von Chlorwasser oder Radierwasser oder das mechanische Abschaben mit scharfem Glase zum Ziele. **(Techn. Rundsch. 1907, 233.)**

Über Entfernung grauer Flecke aus Polituren siehe **D. Tischl.-Ztg. 1910, 219.**

Zur Entfernung von Kalkspritzern auf Eichenholz verwendet man eine Lösung von 50—75 g Kleesalz in 1 l Wasser oder man wäscht die Stellen mit Wasser ab, dem man etwas eisenfreie Salzsäure zugesetzt hat. **(D. Tischl.-Ztg. 1911, 159.)**

Zur Entfernung von Ölflecken in Parkettböden wird nach **D. Tischl.-Ztg. 1910, 67** die Bohnermasse an den betreffenden Stellen zuerst mit Benzin abgerieben, dann legt man einen Brei von gebrannter Magnesia und Benzin auf und bürstet nach dem Trocknen ab.

Zum Reinigen von Parkettboden verwendet man eine Lösung von 100 g Fettlaugenmehl in 1 l kochendem Wasser. **(D. Tischl.-Ztg. 1911, 288.)** Siehe auch **S. 293.**

Als Parkettreinigungsmasse eignet sich nach **D. R. P. 329 365** ein Gemisch von Soda, p-Dichlorbenzol und Terpentin, dem man Natronlauge, Fußbodenöl und Amylacetat und schließlich Trichloräthylen und Ammoniak zusetzt.

Nach **Schwed. Pat. 28 979/09** werden lackierte Gegenstände gereinigt mit einem Gemenge von 100 Tl. gekochtem Leinöl, 5 Tl. Kerotin, 10 Tl. Ammoniak und 15 Tl. Terpentin.

Zur Reinigung und Wiederherstellung von Politur verwendet man nach **D. R. P. 102 361** eine Lösung von 200 g Krystallsoda in 450 g kochendem Wasser, der man 35 g Petroleum, 30 g Paraffinöl, 5 g feinsten Resonanzbodenlack, 125 g Schlämmkreide oder Wiener Kalk und etwas rote Teerfarbe zusetzt. Das Produkt muß vor dem Gebrauch geschüttelt werden und wird mittels eines wollenen Lappens auf die zu reinigende Fläche dünn aufgetragen.

Zum Auffrischen blind gewordener Nußbaumpolitur verwendet man nach **Techn. Rundsch. 1912, 158** am einfachsten eine gute wasserfreie Terpentinöl-Bohnermasse, die man aufstreicht, worauf mit weichen Tüchern oder Bürsten bis zur Erzielung des Hochglanzes nachpoliert wird. Wenn die Politur an einzelnen Stellen stark gelitten hat, so müssen die Flecke zunächst mit Bimssteinmehl, Kreide und Leinöl, mittels Filzscheiben, die man kreisförmig bewegt, abgeschliffen werden, dann imprägniert man den Grund, der so bloß gelegt wurde, mit Nußholzbeize oder 20proz. Schellacklösung, ölt mit Leinöl und poliert mit einem guten Politurlack nach.

Zum Aufpolieren alter Möbel verwendet man nach **D. R. P. 25 145** ein Gemenge von 92 Tl. Schwefelkohlenstoff, 2 Tl. Lavendelöl und 1 Tl. Alkannin.

Eine große Zahl von Möbelpoliturmassen zum Auffrischen schlecht gewordener polierter Möbel ist in einem Referat der **Techn. Rundsch. 1907, 360** (nach **Farbenztg.**) zusammengestellt.

Leimen (Kitten) des Holzes.

24. Holzeinlagearbeiten (imitieren), Holzfliesen verlegen.

Roth, Clara, Die Intarsia und ihre Imitationen, Anleitung zur Ausführung der Intarsiaarbeiten. Leipzig-R.

Über die Technik der Einlegearbeit in Holz siehe **D. Tischl.-Ztg. 1911, 89** und **97.**

Zur fabrikmäßigen Herstellung von Intarsien wird in **D. R. P. 101 780** vorgeschlagen, die Furnierblätter vor dem Ausschneiden mit der Schablonenmaschine zunächst mit einer Alaunlösung zu härten um so die gleichzeitige Herstellung einer größeren Anzahl von Furnieren zu ermöglichen.

Zum Beizen von Möbeln mit Einlegearbeiten werden die Einlagen vor dem Beizen sorgfältig mit starker weißer Politur ausgefüllt oder mit Gelatine überzogen, so daß die Umrisse scharf abgegrenzt bleiben, dann beizt man und wäscht die Decke mit Sprit und Wasser von den Einlagen ab, so daß diese nunmehr beliebig gewachst und mattiert werden können. (**D. Tischl.-Ztg. 1910, 181.**)

Über Schildpatteinlagen in Holz siehe **D. Tischl.-Ztg. 1910, 248.** Vgl. **1911, 366** und **375:** „Einlegearbeiten".

Zur Imitation von Holzeinlegearbeiten bestreicht man die Oberfläche des Holzes nach **D. R. P. 103 439** zunächst mit hellem Spirituslack und dann zur Erzeugung der gewünschtes Holzfarbe mit geleimter Wasserlasur. Auf diesen Grund paust man die Zeichnung auf, bemalt den Hintergrund oder das Ornament mit schnell und hart eintrocknendem gewöhnlichem Kopallack und wäscht die Fläche nach dem Trocknen ab, wobei die ungeschützte Wasserlasur entfernt wird und die Zeichnung klar und scharf umrandet hervortritt. Das Ornament oder der Grund können nachträglich mit bunten Öllasuren gefärbt, schattiert oder verziert werden.

Zur Nachahmung eingelegter Holzarbeiten präpariert man die Holzfläche nach **D. R. P. 52 807** mit Alaun, trägt die Zeichnung auf und überstreicht die Ornamente mit einem Deckmittel, das aus einer Lösung von Kautschuk in Chloroform besteht. Dann tränkt man die freigelassenen Stellen der Holzoberfläche, ohne daß man besonders genau auf die Zeichnungsumrisse zu achten hat, mit einer Lösung von doppeltchromsaurem Kupferoxyd, läßt diese teilweise eintrocknen und imprägniert mit einer wässerigen Lösung von Pyrogallussäure. Am Tageslicht bildet sich durch die Wechselwirkung von Kupfersalz und organischer Säure eine tiefbraune Verbindung, die in den geätzten Holzstellen durch ihren Gegensatz zu den ungefärbten Stellen den Anschein eingelegter Arbeiten erweckt.

Nach Zimmermann, Beizen und Färben des Holzes **1906, S. 58** beizt man die Holzoberfläche zur Herstellung von Intarsiaimitationen zunächst gleichmäßig mit einer filtrierten 2,5—5proz. wässerigen Kaliumpermanganatlösung (Wollappen oder Schwamm, da Pinsel zerstört werden), überklebt die getrocknete Oberfläche mit einer Schablone und überstreicht die freibleibenden Stellen mit wässeriger Natriumbisulfitlösung, der man zur Verdickung etwas Dextrin beigegeben hat. Nach genügender Entfärbung spült man mit Wasser ab, entfernt die Schablone, trocknet, schleift und poliert oder lackiert mit farblosen Mitteln. Am besten geeignet ist Ahornholz.

Zum Ausfüllen der Reliefschnitzereien in Holz kann man nach **Techn. Rundsch. 1910, 517** ein verschmolzenes Gemenge von Wachs und Schellack (1 : 4) unter Zusatz von rotem Bolus oder Ocker verwenden, oder man geht von einer Mischung von Kolophonium, Wachs und roter Erde aus, die man durch Stearin oder Zinnober härtet. Es eignen sich übrigens zu demselben Zweck nach **Jahrg. 1906, 201** auch die verschiedenartigen, zumeist aus Chlormagnesium, gebrannter Magnesia und feuchten Sägespänen unter Zusatz verschiedener Farbstoffe (Ocker, Ruß oder Caput mortuum) hergestellten Kunstholzmassen.

In **Leipz. Drechsl.-Ztg. 1911, 59** u. **79** wird über Imitation von Holz- und Elfenbeinschnitzereien durch Linkrusta berichtet.

Zum Verlegen von Holzmosaikfliesen verbindet man die aus Kunststeinen bestehende Unterlagsschicht mit einer zweiten wasserdichten Kunststeinschicht, die das Eindringen von Feuchtigkeit aus der Mauer in den Fliesenkörper verhindert. **(D. R. P. 230 034.)**

25. Tischlerleim, Holz-Holzverleimung.

Über Holzkitte schreibt Martell in **Seifens.-Ztg. 1921, 703**

Vorschriften zur Bereitung von Holzkitten bringt **P. Martell** in **Farbenztg. 1922, 3113.**

Nach **D. Tischl.-Ztg. 1910, 66** wird ein wasserunempfindlicher Schwefelleim hergestellt durch Aufkochen von 1 kg gewöhnlichem Tischlerleim in 3 l Wasser und Vermengen der abgekühlten Lösung mit 50 g feingepulvertem, gelöschten Kalk und 100 ccm Schwefelkohlenstoff.

Über Herstellung des Vergolderleims siehe **Dingl. Journ. 194, 516.**

Nach **D. Tischl.-Ztg. 1910, 315** verliert ein Tischlerleim, dem man etwas Chlorcalcium zusetzt, seine Neigung, bei großer Hitze spröde zu werden. In feuchten Gegenden muß man ihm andererseits 2% Carbolsäure oder 5% Kreosotnatron zusetzen, um ihn vor Fäulnis zu bewahren.

In **Dingl. Journ. 126, 122** beschreibt **Dumoulin** das Verfahren der Herstellung eines flüssig bleibenden Tischlerleimes durch Verrühren einer wässerigen Leimlösung (1 : 1) mit 20% 36grädiger Salpetersäure. Der Leim hält sich auch in offenen Gefäßen über zwei Jahre unverändert.

In **Techn. Rundsch. 1906, 200** wird empfohlen, zur wasserbeständigen Verleimung von Holzgegenständen ein Klebmittel zu verwenden, das man durch Kochen von 33 g mit wenig Wasser, gequelltem und geschmolzenem Leim mit 17 g stark eingekochtem Leinölfirnis und 12 g venezianischem Terpentin erhält. Oder man verarbeitet die Leimgallerte, die man nach Entfernung des Aufquellwassers erhält, schmilzt diese mit 30% ihres Gewichtes Vaselin zusammen und setzt der Masse bis zur Erzielung der nötigen Konsistenz Petroleum zu.

Um das Durchschlagen des Leimes bei Eichenfournier zu verhüten setzt man dem Leim etwas Schlämmkreide zu oder, besser noch, man bestreicht die Unterseite der Furniere mit Mehl, da die Schlämmkreide die Verbindung zwischen Holz und Furnier lockert. **(D. Tischl.-Ztg. 1910, 30, 39.)**

Um zu verhüten, daß die Leimung von Hartholzzapfen abspringt, was häufig trotz eines Zusatzes von Glycerin oder Chlorcalcium zur Leimmasse erfolgt, überstreicht man die zu verleimenden Stellen vor dem Leimauftrag mit 20grädiger Natronlauge, entfernt nach dem Einziehen den Überschuß mit einem feuchten Lappen, läßt die Stellen vollständig trocknen und streicht dann erst den Leim auf. **(Techn. Rundsch. 1913, 34.)**

Bei Leimungsversuchen von Flugzeug-Holzteilen wurde festgestellt, daß die geeignetste Leimmischung von 1 Tl. Leim und 2 Tl. Wasser durch Zusatz von 5% Phenol ebenso feste Verbindung der Holzteile bewirkt wie ein Zusatz von Ammoniak. Der im deutschen Luftfahrzeugbau benutzte Caseinleim aus 66% Casein, 33% Mineralstoffen (Natronsalze, Kieselsäure, Kalk und Tonerde) und 1% Erdöl gab ebenfalls hohe Verleimungswerte. **(P. A. Houseman,** Ref. in **Zeitschr. f. angew. Chem. 1918, 142.)**

Zur Verleimung von Hölzern bestreicht man die Trennungsfläche mit einer schleimigen Masse aus 100 Tl. Casein, 8 Tl. Kalkhydrat und 20—35 Tl. Wasserglas, läßt trocknen und kann nun die feste Verbindung der Leimstellen auch nach monatelangem Stehen der Holzplatten herbeiführen, wenn man die eingetrockneten bestrichenen Seiten aufeinanderlegt und unter Druck bei 100° zusammenpreßt, so daß das Gerinnen der Masse herbeigeführt wird. **(D. R. P. 60 156.)**

Beim Leimen mit ammoniakalischem Caseinleim läßt man die bestrichenen Flächen trocknen, überstreicht sie hierauf mit Kalkmilch oder Kalkbrei und preßt sie dann aneinander. **(D. R. P. 66 202.)**

Zur Herstellung eines zum Verleimen von Holzteilen geeigneten Klebstoffes läßt man eine Mischung von Blut oder Blutalbumin mit Kalk und Wasser so lange stehen, bis das Produkt seine Klebrigkeit verloren hat und in eine Gallerte umgewandelt ist. Diese Masse ist dann zur Holzleimung gut verwendbar, doch darf sie nicht zu lange stehen bleiben, da sie sonst ihre Leimungsfähigkeit verliert. Ein geringer Zusatz von Ätzkali verzögert diese Umwandlung, ein Zusatz von Holzmehl ist anzuempfehlen. Die Verleimung wird in einer geheizten hydraulischen Presse vollzogen. **(D. R. P. 198 182.)**

Über die Furnierleimung (Sperrholzindustrie) mit Blutalbumin siehe auch **Holzmarkt 36, Nr. 141.**

Zur Verleimung mit Casein oder Albumin und gebranntem Kalk bringt man diese feingemahlenen unaufgeschlossenen Stoffe auf die zu verleimenden Holzflächen und schließt sie daselbst erst mit Wasser auf, worauf man wie üblich unter Hitze und Druck die Verleimung bewirkt. **(D. R. P. 342 539.)**

Über vegetabilische Holzleime siehe **E. Stern, Chem.-Ztg. 1920, 693.**

Zur Herstellung von Holzleim behandelt man gewöhnliche oder abgebaute Stärke verschiedener Art mit Alkali in besonderer Arbeitsweise bis das Produkt die für das Leimen von Holz nötige Streichfähigkeit annimmt. Man streut z. B. 100 Tl. rohes Kassawamehl oder Stärke unter stetigem Rühren in 275 Tl. Wasser ein, setzt äußerst langsam unter fortgesetztem Rühren innerhalb 18 Stunden eine Lösung von 10 Tl. Ätznatron in 30 Tl. Wasser zu und erhält dann in dieser einen einfachen Operation das gebrauchsfertige Produkt. **(D. R. P. 282 609.)** Nach dem Zusatzpatent wählt man als Ausgangsmaterial zur Herstellung von Holzleim für die Alkalibehandlung Mischungen von zu weit und zu wenig oder gar nicht abgebauten Stärkeprodukten, mischt also z. B. 70 Tl. frische, gereinigte Kassawastärke und 30 Tl. Handelsdextrin als trockene Pulver und verarbeitet dieses Gemenge wie im Hauptpatent beschrieben mit Alkalien. **(D. R. P. 290 850.)**

Zur Erzielung einer wasserfesten Verleimung von Holzgegenständen legt man sie unmittelbar nach der Verleimung bis zur völligen Durchtränkung in ein Formaldehydbad, läßt sie etwa 12 Stunden bis zur vollzogenen Durchgerbung liegen und trocknet sie dann. **(D. R. P. 293 365.)**

Zum Kleben mittels Leimlösungen, die mit gerbenden oder fällenden Stoffen versetzt sind, bestreicht oder imprägniert man die zu vereinigenden Holzplatten, vor dem Aufbringen des Klebmittels, mit gleichwirkenden gerbenden oder fällenden Stoffen und erzielt so eine Leimung, die auch nach tagelangem Liegenlassen der Stücke in Wasser weder quillt noch sich lockert. **(D. R. P. 294 688.)**

Um mit Formaldehyd imprägnierte Holzgegenstände mittels Caseinleimes verleimbar zu machen, zerstört man den Formaldehyd auf den Leimstellen durch eine Lösung von Ammoniak und Wasserstoffsuperoxyd. **(D. R. P. 309 423.)**

Zur Erreichung wasserfreier Holzverleimung mischt man Formaldehyd mit Albumin und setzt dann erst tierischen Leim zu, worauf die Verleimung erfolgt. Unter Anwendung von Hitze und Druck wird die Verbindung dann völlig wasserunlöslich. **(D. R. P. 317 963.)**

Ein Holzleim von hoher Bindekraft und guter Streichbarkeit besteht aus den xanthogensauren Verbindungen von durch Hydrolyse oder Oxydation schwach abgebauter Stärke, Cellulose oder anderen Kohlenhydraten mit einem die Haltbarkeit der Leimschicht erhöhenden Zusatz an ungebundener Stärke. **(D. R. P. 319 012.)**

26. Holz-(Spezialholz-), Metall-, Stein-, Faserverleimung.

Zum Verleimen von Ebenholz mit gewöhnlichem Holz verwendet man nach **Techn. Rundsch. 1907, 167** einen Klebstoff, den man in der Weise herstellt, daß man kalt gequellten Kölner Leim auf dem Wasserbade in Essig löst und 30% des Leimgewichtes Terpentinöl zugießt. Das Klebmittel wird auf die gerauhten angewärmten Klebstellen der beiden Hölzer aufgestrichen. In diesem Falle, wie überhaupt beim Leimen zweier Holzarten von so verschiedener Struktur, ist darauf zu sehen, daß die Faserrichtungen der beiden Hölzer parallel laufen und daß die Klebstellen, wie erwähnt, vorher gut gerauht bzw. (dies gilt für das Ebenholz) mit Natronlauge entfettet werden. Der Natronlaugeüberschuß wird durch Waschen mit Essig entfernt. Vgl. **D. Tischl.-Ztg. 1910, 299.**

Zum Leimen von Teakholz quellt man 60 g zerkleinerten Kölner Leim 3 Stunden in 40 g einer klaren Lösung von 25 g Zucker und 6,5 g gelöschtem Kalk in 75 ccm Wasser, die man durch dreitägiges Erwärmen der Mischung auf 70° (bei öfterem Umschütteln) erhält. Nach genügender Quellung wird die Masse 10 Stunden in geschlossenem Gefäß auf dem Dampfbad erhitzt, worauf man zur Neutralisation 20 g Oxalsäure, ferner 0,1 g gelöste Carbolsäure hinzufügt und den Leim in dieser Form oder mit Essigsäure verdünnt verwendet. **(Techn. Rundsch. 1908, 378.)**

Zum Zusammenkleben verschiedenartiger hölzerner Einlegesohlen verwendet man nach **Techn. Rundsch. 1907, 426** eine starke Lösung aus tierischem Leim und Hausenblase zu gleichen Teilen, in die man in der Siedehitze je 60 g Sandarak, Mastix und Terpentinöl gelöst in 1 l Alkohol einträgt. Der filtrierte Brei wird vor dem Gebrauch im Wasserbade geschmolzen und verleiht den mit ihm geklebten Furnieren Widerstandsfähigkeit gegen Feuchtigkeit und Wärme. Nach einem einfacheren Verfahren kann man ein geschmolzenes Gemenge von 5 Tl. Kolophonium, 10 Tl. gelbem Wachs und 10 Tl. feingepulvertem Ocker in heißem Zustande aufstreichen und die Holzplatten fest aneinander pressen.

Zur Erhöhung der Widerstandsfähigkeit von Quetschwalzen, die einen elastischen Überzug aus gepreßter Holzwolle tragen, bringt man das im Holze befindliche Harz durch Spiritus oder andere Lösungsmittel vorübergehend in Lösung, so daß der Harzklebstoff einzelne Holzfasern miteinander verkittet. **(D. R. P. 330 808.)**

Zum Bekleben von Aluminiumrohren mit Holzfurnier verwendet man nach **Techn. Rundsch. 1911, 318** entweder ein verschmolzenes Gemenge von 38 Tl. feingeschnittener Guttapercha, 20 Tl. Hartparaffin, 2 Tl. Leinölfirnis und 40 Tl. Schellack oder eine Lösung von 50 Tl. Asphalt und 42 Tl. Guttapercha mit 8 Tl. Terpentinöl oder eine billigere Schmelze aus 70 Tl. Kolophonium und 30 Tl. Guttapercha. Die Kitte werden heißflüssig auf die erwärmten, gereinigten, gerauhten und zweckmäßig mit einem fetten Kopallack grundierten Aluminiumrohre aufgetragen. Die Holzfurniere werden vor dem Auflegen mit Benzin abgewaschen und bis zum Eintrocknen der Klebmasse mittels Schraubenzwingen auf die Rohre aufgepreßt.

Holzrohre mit einem schmiedeeisernen Mantel sind unter dem Namen Crotogino-Rohre bekannt und zeichnen sich durch ihre gute Wärmeisolierfähigkeit, große Elastizität und geringes Leitvermögen für elektrische Ströme aus. **(H. Winkelmann, Chem. Apparat. 3, 87.)**

Nach **Seifens.-Ztg. 1911, 210** verwendet man zum Aufkleben von Zinkplatten auf Holz einen Kitt, der aus 12% Ölfirnis, 30% Bleiweiß und 58% Kreide besteht.

Zum Befestigen von Messerklingen in Holzheften gießt man den Zwischenraum zwischen beiden nach **Techn. Rundsch. 1907, 347** entweder mit geschmolzenem Blei oder Schwefel aus oder verwendet zu demselben Zweck einen Harzkitt, dessen Empfindlichkeit gegen Hitze man durch Zusatz von Schwerspat und Specksteinpulver herabmindert. Glaserkitt kommt nur in Betracht, wenn die vereinigten Bestandteile längere Zeit mit dem Kitt zusammen trocknen können, da er erst nach 4—5 Wochen vollkommen erhärtet. Auch hier ist wie bei allen Vorkehrungen, die man trifft, um Metalle fest mit anderen Stoffen zu verbinden, erste Bedingung völlige Fettfreiheit der metallenen Bestandteile.

Kitt zum Befestigen von Messern und Gabeln in ihren Heften: 1 Tl. Kolophonium, 0,5 Tl. Schwefel werden zusammengeschmolzen und mit Eisenfeile und Sand oder Ziegelmehl gemischt. **(D. Gewerbeztg. 1869, Nr. 9.)**

Zur Herstellung von Drechslerpech, das dazu dient, Holz- und Metallscheiben zu verkitten, mischt man nach **Techn. Rundschau 1913, 358** 80 Tl. Harzpech, 12 Tl. Kolophonium und 8 Tl. Harzöl, wobei man die einzelnen Zusätze je nach der gewünschten Härte und Klebkraft des Pechs abändern kann. Im übrigen lassen sich auch andere Mischungen aus mittelhartem Steinkohlenpech, destilliertem Teer, Harz u. dgl. verwenden.

Ein sehr guter Kitt zur untrennbaren Verbindung von Holz mit Gegenständen anderer Art, Metalle, Glas, Stein usw., besteht aus einem warm aufzustreichenden Brei von Leimlösung und Holzasche. **(Elsners Chem. techn. Mitt. 62, 91.)**

Zur Befestigung von Kachelplatten auf Serviertischen bestreicht man diese mit einem Brei von Schlämmkreide und Leim und drückt die erwärmten Kacheln ein, so daß der warme Brei durch die Kachelfugen empordringt, dann wird der Überschuß abgewischt. **(D. Tischl.-Ztg. 1910, 20.)**

Zwecks Herstellung eines Kittes zur Verbindung von Steinen oder Hölzern mischt man nach **D. R. P. 221 434** 12,5 Tl. Alaun, 35 Tl. Schwefel und 125 Tl. Borax und trägt das Gemisch warm auf.

Nach **Seifens.-Ztg. 1911, 1374** kann man Alaunstein wasserfest auf Holz befestigen durch gewöhnlichen Leim, dessen Wasserlöslichkeit durch Alaunzusatz oder durch Nachbehandlung mit 20—40proz. Formaldehyd aufgehoben wird. Die gerauhten Flächen von Alaun und Holz können evtl. auch durch eine Lösung von 28 Tl. Blätterschellack und 2 Tl. venezianischem Terpentin in 70 Tl. 95proz. Spiritus aufeinander befestigt werden.

Zum Aufleimen von Marmorplatten auf Holztische verwendet man nach **D. Tischl.-Ztg. 1910, 172** einen frisch bereiteten Kitt aus Leim und Gips, den man auf das Holz aufstreicht. Man legt die gleichmäßig durchwärmte Platte auf und läßt trocknen.

Zum Einkitten von Glasröhrchen in Eichenholz verwendet man einen Kitt, der aus 1 Tl. Glycerin und 3 Tl. Bleiglätte besteht. Er ist wasserfest, wird steinhart und eignet sich auch zum Befestigen von Metallen auf Holz, zum Aufkitten von Kacheln und Fliesen, zum Abdichten undicht gewordener Leimapparate usw. **(Tischl.-Ztg. 1911, 256.)**

Um Holz auf Glas zu kitten, um also beispielsweise Schnitzereien oder Buchstaben auf Glas zu kleben, setzt man nach einem Referat in **Seifens.-Ztg. 1912, 902** einer dünnflüssigen, kochenden Leimlösung entweder gesiebte Holzasche oder ein Gemenge gleicher Teile Bimsstein und Schellack zu und streicht die sirupöse Masse noch heiß auf. Das in kurzer Zeit erhärtende Produkt hat sich praktisch, auch was seine Wasserbeständigkeit anbetrifft, bewährt.

Zur Befestigung von Leder auf Holz verwendet man entweder guten Tischlerleim oder man löst nach **D. Tischl.-Ztg. 1910, 179** 250 g Lederleim in 4 l Wasser und erhitzt die Lösung mit einem Gemenge von 10 g Bariumsuperoxyd, 5 g 66grädiger Schwefelsäure und 15 g Wasser 48 Stunden lang auf 80°. Ein anderer Holzlederkitt von großer Klebkraft wird aus 40 Tl. geschlagenem Schweineblut, 56 Tl. feinem Staubkalk und 6 Tl. pulverisiertem Alaun hergestellt. Die geschmeidige Salbe, der man evtl. etwas Ammoniak zusetzt, wird mit Blutserum verdünnt. Es ist zu beachten, daß der Lederleim bei Herstellung seiner Lösung nicht kochen, sondern höchstens auf eine Temperatur von 80° erwärmt werden darf.

Zum Verkleben von Seide mit Bambusstäben verwendet man nach **Techn. Rundsch. 1912, 506** entweder eine billige Klebmasse aus 55 Tl. Harz, 8 Tl. Leinölfirnis und 47 Tl. Benzin oder eine besser haftende Mischung von 1 Tl. Guttapercha, 54 Tl. Harz, 18 Tl. Leinölfirnis und 27 Tl. venezianischem Terpentin.

27. Holzbehälter- (-fugen-) und Holzspezialkitte. — Holzschmiermittel.

Die Methoden zur Abdichtung der Fässer stellt **K. Micksch** in **Zeitschr. f. Kohlensäureind. 1921, 103** zusammen.

Zum Verpichen von Versandgefäßen spritzt man kochende Leimlösung in einem Strom hocherhitzter Druckluft in die getrockneten und angewärmten Gefäße ein, worauf nach Ablassen des überschüssigen Leimes der nun leimfreie heiße Druckluftstrom den Leim noch fester in die Poren einpreßt und zugleich eine schnellere Trocknung der Holzwände bewirkt. **(D. R. P. 257 840.)**

Ein Verfahren, um hölzerne Fässer durch Einpressen von Leimlösung mittels Druckluft luftdicht und für flüchtige Flüssigkeiten undurchdringlich zu machen, ist schon in **Dingl. Journ. 187, 438** beschrieben.

Zum Dichten hölzerner Behälter preßt man nach **D. R. P. 202 188** eine mit Chromaten versetzte konzentrierte Leim- oder Gelatinelösung unter Dampfdruck in die Poren der Innenwandung des Gefäßes, belichtet sodann die Innenwände künstlich und entfernt einen evtl. Überschuß an Bichromat durch Einleiten von schwefliger Säure.

Zum Abdichten der Ölfässer empfiehlt schon **Böttger in Polyt. Notizbl. 1851, Nr. 22** ein Klebmittel aus gequelltem Leim und Sirup (3 : 1), die man auf dem Wasserbade bei etwa 60° verflüssigt. Vgl. **J. L. Kleinschmidt, Berg- u. Hüttenm. Ztg. 1867, 62.**

Zum Dichten hölzerner Gefäße verwendet man nach **Schwed. P. 24 253/07** ein Gemenge von 1 kg Hornleim, der unter Erwärmen in Wasser gelöst wird, 1 kg Kaolin, 1 kg Sand, $^1/_2$ kg Erdfarbe und 300 g Naphthalin. In die abgekühlte Masse werden noch 3 g Lysol eingerührt.

Zum Abdichten von Petroleumfässern sowie anderen Behältern für Öl, Tran, Benzin und Kohlenwasserstoffe gießt man die Fässer mit einer Masse aus, die man nach **D. R. P. 73 718** erhält, wenn man 70 Tl. einer auf 25° Bé eingedampften Sulfitcelluloseablauge mit 5 Tl. kochender Leim- oder Eiweißkörperlösung und 25 Tl. Zement oder Kalk versetzt.

Ein Kitt zum Dichten von Holzgefäßen wird nach **Farbe und Lack 1912, 246** hergestellt aus 20 Tl. Asphalt, 60 Tl. Kolophonium und 40 Tl. Ziegelmehl.

Oder man verwendet ein verschmolzenes Gemenge von 2 Tl. Kolophonium und 2 Tl. gelbem Wachs mit 2 Tl. feingepulvertem, calcinierten Ocker. Die noch einige Zeit in Fluß erhaltene Mischung wird in die Fugen und Spalten eingegossen. Der Kitt wird steinhart, läßt sich abdrehen und widersteht der Nässe vollständig. **(Dingl. Journ. 147, 80.)**

Bei Herstellung wasser- und säuredichter Holzkästen wird an der Stelle, wo zwei Bretter aneinanderstoßen, in beide Teile eine Nute eingefräst, die beim Zusammensetzen des Stückes dann im Ganzen verläuft und mit einem chemisch widerstandsfähigen Stoff wie Harz oder Paraffin ausgegossen wird. Die Nägel oder Schrauben werden unterhalb dieser Nute eingesetzt. **(D. R. P. 47 036.)**

Nach einem Referat in **Seifens.-Ztg. 1911, 542** wird ein Treibkitt, das ist ein Kitt, der zwischen die Dauben bei Fässern oder Bottichen eingetrieben wird, aus Hammeltalg, Paraffin, Faßpech oder weichem Harz, mit Gips, Kalk, Ziegel- oder Holzmehl u. dgl. erhalten. Man kann auch gleiche Teile Roggenmehl und Leinölfirnis mit der doppelten Menge staubig zerfallenen Kalkhydrates zusammenkneten und diesen Kitt mit Wergfasern in die Fugen pressen. Einen geeigneten Gärbottichkitt stellt man aus 88 Tl. Blätterschellack und 12 Tl. venezianischem Terpentin her oder aus 50 Tl. Granatschellack, 35 Tl. Harzpech, 10 Tl. doppelt raffiniertem Paraffin und 5 Tl. raffiniertem Harzöl. Eine sehr billige Komposition besteht aus 96 Tl. Kolophonium und 4 Tl. Talg. Zur Ausfüllung kleinerer Risse werden flüssige Faßglasuren benützt, so z. B. eine Auflösung von 30 Tl. Kolophonium, 10 Tl. Schellack, 2 Tl. Paraffin und 4 Tl. venezianischem Terpentin in einer Lösung von 4 Tl. Terpentinöl und 50 Tl. 95proz. Spiritus. **Bd. III [88].**

Wasserkasten, Färbekufen usw. werden dadurch dicht gemacht, daß man in die Fugen einen mit Talg getränkten Streifen Kattun einlegt. **(D. Musterztg. 1852, Nr. 7.)**

Über die Anwendung des Paraffins zum Dichtmachen von Fässern siehe **D. Gewerbeztg. 1869, Nr. 23.**

Über das Wasserdichtmachen von Bierfässern mit Paraffin siehe **D. Ind.-Ztg. 1869, 55.** Vgl. **Chem. Zentr.-Bl. 1909, 548.**

Zum Dichten von Bierfässern eignet sich ein Kitt aus 50 Tl. ungelöschtem Kalk, 60 g weißem Käse und 10 g Wasser oder man verwendet andere Kompositionen aus frischem Blut und Kalk, Schwefel und Wachs, Holzasche, Schweinefett, Wachs und Kochsalz. **(K. Micksch, Allg. Brau.- u. Hopf.-Ztg. 1921, 297.)**

Zum Ausfüllen rinnender Faßrisse verwendet man nach einem Referat in **Seifens.-Ztg. 1912, 11** bei größeren Schäden zunächst einen rasch zusammengerührten Brei von Zement und Wasserglas und verschmiert dann mit einer an trockenem Orte lang haltbaren Masse, die aus einem verschmolzenen Gemenge von 42 g Unschlitt, 34 g Wachs, 67 g Schweinefett und 42 g fein gesiebter Holzasche besteht.

Ein Kitt, der sich zum Abdichten von Gefäßen eignet, die zur Aufnahme von Benzol oder ätherischen Ölen dienen, wird nach **H. Hirzel, Dingl. Journ. 191, 58** hergestellt durch Verreiben von feingemahlener Bleiglätte mit Glycerin.

Die Imprägnierung neuer Holzgefäße, die zur Aufnahme von Öl, Petroleum, Terpentinöl usw., nicht aber feuchter und alkoholischer Stoffe bestimmt sind, mit Glycerin, hat sich nach **J. Fuchs** vollständig bewährt. Dieses verändert sich an der Luft gar nicht und scheint, wie dies bei Butter beobachtet wurde, sogar konservierend auf die in den Fässern aufbewahrten Fettstoffe zu wirken. Ein aus frischem, weichem Holz angefertigtes neues Faß wurde mehrere Stunden lang in heißes Glycerin eingelegt und dann 6 Monate im Freien liegen gelassen. Das Faß war dicht geblieben, die eisernen Bänder saßen noch vollkommen fest und das Holz war nicht im geringsten geschwunden. **(Pharm. Zentrh. 1867, Nr. 30.)** Vgl. **Dingl. Journ. 184, 541.**

Zur Dichtung der Fugen in Spritfässern soll sich eine verdünnte Abkochung von Lederabfällen mit Oxalsäure eignen, mit der man das Innere des Fasses ausstreicht. Die trockene Masse färbt sich durch Oxydation braun, ist unlöslich in Alkohol, verschließt alle Poren des Holzes, springt nicht ab und ist leicht zu handhaben; die Sorte des anzuwendenden Leders ist gleichgültig, nur darf der Lederlösungsprozeß nicht zu sehr verlangsamt werden, um Zersetzungen zu verhindern. **(Polyt. Notizbl. 1865, Nr. 7.)**

Nach **Techn. Rundsch. 1908, 379** kann man Holz dauernd und widerstandsfähig gegen Öl, Säuren und heißes Wasser von 90—100° mit einem Brei aus 1 Tl. Asbestpulver, 3 Tl. 30grädiges Natronwasserglas und 1 Tl. feinem Sand verkitten. Nachträglich wird die Kittstelle mit konzentrierten Mineralsäuren behandelt, wodurch sich aus dem Wasserglas Kieselsäure abscheidet, die die Poren gegen Wasser verschließt.

Zur Abdichtung der Fugen bei Schleusen eignen sich ebensowohl Chromleder- wie auch Gummidichtungen am besten in Kombination, da die Gummistreifen die gute Abdichtung ebensowohl gegen Eisen wie auch gegen Beton bewirken und das Leder durch die Tränkung mit Wasser an Dehnbarkeit und Festigkeit zunimmt, wenn seine Festigkeit auch im Gegensatz zum Kautschuk nach mehrfachem Gefrieren und Wiederauftauen etwas leidet. **(B. Stock, Mitt. v. Materialprüfungsamt 32, 408.)**

Ein elastisch bleibender Schellackkitt, der sich besonders zum Einkitten der Windleitungsröhren in Orgelpfeifen eignet, besteht nach einem Referat in **Seifens.-Ztg. 1912, 1008** aus einer Lösung von 10 Tl. Orangeschellack in 6 Tl. raffiniertem Petroleum unter Zusatz von 2 Tl. venezianischem Terpentin.

Ein Fußbodenkittpulver für abgenützte Fußböden, das man vor dem Gebrauch mit etwas Wasser zu einer Paste reibt, die man dann in die trockenen Fugen einstreicht, wird nach **Seifens.-Ztg. 1912, 248** hergestellt durch inniges Vermahlen von 5 Tl. alkalilöslichem Casein, 1 Tl. frisch gelöschtem Ätzkalkstaub, 1 Tl. feinen Sägespänen und 1—2 Tl. Caput mortuum.

Ein Fußbodenkitt für gespundeten Fußboden besteht nach **D. Tischl.-Ztg. 1911, 312** aus 70 g Petroleumwachs, 30 g Karnaubawachs und 20 g hydraulischem Kalk. Man vermischt die Bestandteile bei 85° und gießt die heiße Flüssigkeit in die Fugen. Dieser Kitt ist elastisch genug, um bei leichten Durchbiegungen und Erschütterungen des Fußbodens nicht zu brechen.

Ein luftdicht aufzubewahrender und warm zu verwendender Fugenkitt für Schiffböden wird nach einem Referat in **Seifens.-Ztg. 1912, 902** gewonnen durch Vermischen von 15 Tl. Leinölfirnis, 150 Tl. Kreide und 10 Tl. Graphit mit einem verseiften warmen Gemenge von 120 Tl. Leinöl, 45 Tl. Bleiglätte und 30 Tl. Bleimennige.

Ein nicht schwindender Fugenkitt wird nach **Farbe und Lack 1912, 68** hergestellt durch Ersatz der Kreide in einer gewöhnlichen Kittmasse durch Gips und Zusatz von Balata oder ähnlichen Materialien. Man kocht z. B. Leinölfirnis sehr stark ein, vermengt mit gleichen Teilen gemahlener, nicht geschlämmter, sondern gestäubter Kreide und fügt schließlich der heiß zu knetenden Masse bis zur Erzielung der gewünschten Elastizität Kautschuk bei.

Über Schiffskitte siehe die Abhandlung in **Farbenztg. 1913, 2703.**

Als Holzbekleidungs- und Dichtungsmasse eignet sich nach **F. P. 455 504** ein Gemenge von 3 l 22grädiger Chlormagnesiumlauge, 2,4 kg Magnosia, 0,5 kg Holzmehl und 0,4 kg Mineralfarbe.

Das Dichtungsmittel des **D. R. P. 333 215** erhält man durch Erwärmen einer wässerigen Tragantlösung mit einer ätherischen Kautschuklösung, denen man Mehl oder Gelatine oder Hausenblase zusetzt, auf etwa 30°.

Nach **Seifens.-Ztg. 1911, 904** erhält man einen Faßtürchentalg für Brauereien ohne Verwendung animalischer Fette durch Zusammenschmelzen von 16 Tl. Palmöl, 2 Tl. amerikanischem Harz G, 1 Tl. Paraffin, 50/52 und 4 Tl. Talkum.

Zum Schmieren hölzerner Spurlatten, also zur Verminderung der Reibung und Herabsetzung der Entzündbarkeit des Holzes verwendet man nach **D. R. P. 260 554** ein Gemisch aus 1 Tl. Stärke und 4 Tl. Chlormagnesiumlauge. Sonst verwendete man zu demselben Zweck einen wässerigen Seife-Graphitbrei, der jedoch schnell austrocknet, hart und spröde wird, vermöge des Laugengehaltes das Holz zermürbt und im Trockenrückstand nicht vollkommen feuersicher ist. Der Stärkekleister-Magnesiumchloridbrei zeichnet sich dagegen durch seine besondere Klebkraft und seine Feuersicherheit aus.

Beizen des Holzes.

28. Allgemeines, Geschichte, Einteilung der Beizen.

Über das Beizen des Holzes und die Bedeutung der Holzbeizvorgang für das heutige Kunstgewerbe siehe **Grosmann, Bayer. Ind.- u. Gew.-Bl. 99, 491.**

Der Beizprozeß bildet den Übergang von den Verrichtungen des Polierens und Lackierens zu den Methoden der Holzimprägnierung, da die Holzbeizen zum Teil in die Holzoberfläche eindringen.

Holzbeizen sind Lösungen von Farbstoffen oder chemische, auf das Holz einwirkende Substanzen, die zur Oberflächenbehandlung gehobelter, geschliffener, aber sonst nicht weiter bearbeiteter Hölzer dienen. Im Gegensatz zum Beizvorgang, bei dem klare Lösungen mehr oder weniger tief in die Holzoberfläche eindringen, steht das Lasieren, die Färbung geölten oder vorlackierten Holzes mit Körperfarben. Die Lasierung verdeckt die Maserung, das Beizen läßt sie im Gegenteil besonders hervortreten.

Man beizt Hölzer mit ungefärbten oder gefärbten Beizflüssigkeiten nicht nur, um die Maserung schärfer zu betonen, sondern auch um höherwertige, namentlich ausländische Edelhölzer nachzuahmen. oder dem Splintholz den Anschein von Kernholz oder schließlich jungem Holz das Aussehen von altem zu geben.

Es ist mit Wahrscheinlichkeit anzunehmen, daß den alten Ägyptern, Medern und Persern die Kunst des Holzbeizens bereits bekannt war. Sicher kannten die Römer diese Art der Holzveredelung, da in verschiedenen römischen Schriftquellen die Färbung des Holzes durch Abkochen in einer Farbbrühe erwähnt wird. (H. Blümner, Das Kunstgewerbe im Altertum. 1885.) Während der Völkerwanderung ging die Kunst des Holzbeizens verloren und jahrhundertelang beließ man das Holz roh bzw. verzierte es mit Metallen, bemalte es mit deckenden Farben, schnitzte es oder legte es ein. Erst im 15. Jahrhundert tritt die Holzfärberei wieder auf. Es werden verschiedene Erfinder derselben genannt, so z. B. der Maler **Giuliano**, ein Zeitgenosse Raffaels, dann der Tischler **Jean** aus Verona, ferner später **J. Marc de Blois** und **David**, die jedoch nur die bereits erfundenen Verfahren verbessert haben dürften. Nach **Schramm** ist das älteste, Beizrezepte enthaltende Buch 1532 in Mainz erschienen und führt den Titel: Allerley Flecken aus Kleidern zu bringen, wie Garne und Leinwand, Holz und Bein mit Mancherlei Farben zu färben. Weiter nennt **Schramm P. Plumier,** L'art de tourner, Lyon 1701, der u. a. bereits das Schwarzbeizen mit essigsaurem Eisen und Galläpfeln kennt. **Plumier** gibt ferner ein Rezept an, in dem Indigo vorkommt, er kannte auch bereits das Blauholzschwarz, das Rotfärben mit Rotholz und das Braunfärben mit Eisenchlorid. Ein 1720 erschienenes Buch nennt ferner das Braunfärben mit Walnußschalen oder mit Rotholz und Alaun und bringt ein Rezept zum Gelbfärben des Holzes mit einer Abkochung von Apfelbaumrinde und Alaun. 1781 erwähnt **Jakobson** in seinem „Technologischen Wörterbuch" zwei neue Beizmethoden, die Anwendung der Salpetersäure oder einer Auflösung von Aloe in Salpetersäure zum Braunfärben. 1790 bringt die „Deutsche Enzyklopädie" (Frankfurt a. M.) eine Anzahl neuer Beizen, so u. a. das Färben mit Indigo, Krapp und Cochenille-Scharlach, ferner das Blaubeizen mit Campescheholz und Kupfersalzen, das Grünbeizen mit Grünspan oder Kreuzbeeren, das Gelbfärben mit Gummigutt. Ferner wird zum Gelbfärben die Anwendung von Zinnsalz und Silbernitrat empfohlen, auch werden Körperfarben wie Kienruß (Ölfirnis), Ocker, Auripigment und Chromgelb angeführt. Sehr deutlich ist der Fortschritt, welche die Holzbeizerei in den Jahren 1780—1820 machte, in den Angaben der Ökonomischen Enzyklopädie von J. G. Krünitz, Berlin, zu erkennen. Das erste, alle bis dahin erschienenen Literaturstellen über das Färben des Holzes zusammenfassende Buch ist das grundlegende Werk von C. E. G. Thon, „Die Holzbeizkunst", Ilmenau 1822, das in einer Reihe von Auflagen, zuletzt bearbeitet von Schmidt, erschienen ist. Nach **Schramm** findet sich ein auch heute noch recht brauchbarer Artikel über das Holzfärben von **J. J. Prechtl** in Technische Enzyklopädie, Stuttgart 1830. Im 19. Jahrhundert erschien eine Unzahl neuer Beizrezepte, von denen jedoch nur wenig wirkliche Brauchbarkeit für die Praxis aufwiesen. Zu nennen wären u. a. die Braunbeize mit Kaliumpermanganat, die Anwendung der Rungeschen Tinte, das Kasselerbraun, das Brunolin usw. Die Anwendung der Anilinfarbstoffe fand in der Holzfärberei erst etwa 10 Jahre später statt als in der Textilfärberei. Der erste, der auf die Idee kam, die Anilinfarben auch in der Holzfärberei zu verwenden, dürfte **Stubenrauch** gewesen sein, der in der **„Fürther Gewerbezeitung"** die ersten Färberezepte mit Anilinfarben brachte.

Die Färbung des Holzes geschieht entweder in der Weise, daß das gelöste Färbematerial mit dem Lösungsmittel in die Holzmasse eindringend, sich nach Verdunstung des Lösungsmittels in der Holzmasse ablagert oder die Färbung wird erst in der Holzfaser durch Aufeinanderwirkung bestimmter Chemikalien bzw. durch Einwirkung von Chemikalien auf den Gerbstoff des Holzes erzeugt.

Die Färbung findet in einer Dicke von $\frac{1}{4}$—$\frac{1}{2}$ mm des Holzes statt. Weicheres Holz ist aufnahmefähiger für die Beizlösungen als hartes Holz. Die weicheren Holzpartien erscheinen daher nach dem Beizen dunkler gefärbt als die härteren, weil sie mehr Farbstoff aufgenommen haben.

Man unterscheidet: 1. Wasserbeizen, 2. Spiritusbeizen, 3. Terpentin- und Terpentinwachsbeizen. Wasserbeizen bestehen aus wässerigen Lösungen von Metallsalzen, aromatischen Hydroxylverbindungen oder natürlichen oder künstlichen Farbstoffen, sie sind meistens gut lichtecht, billig, ziehen bei richtiger Arbeit gleichmäßig auf und sind leicht zu handhaben, doch haben sie den Nachteil auf das trockene, nicht vorpräparierte Holz aufgestrichen, die Oberfläche aufzurauhen. Spiritusbeizen sind wenig lichtecht, teuer, ziehen ungleichmäßig auf und sollten nur zum Anfärben von Harz- oder Wachspolituren verwendet werden. Die

Terpentin- und Terpentinwachsbeizen, die ebenso wie die Spiritusbeizen ausschließlich aus den entsprechend löslichen Teerfarbstoffen hergestellt werden, ziehen sehr langsam und darum gleichmäßig auf und rauhen die Oberfläche nicht, dagegen sind sie wenig licht- und luftecht, teuer und dringen am wenigsten tief ein.

Über Herstellung von Wasserbeizen siehe **Farbe und Lack 1912, 383.** Vgl. auch **1912, 59, 113** und **122,** woselbst auch über Gewinnung öllöslicher Beizen berichtet wird. Über Spritzbeizen siehe **Zimmermann, D. Tischl.-Ztg. 1911, 234.**

29. Technik des Beizens.

Als **Beizmaterialien** verwendet man:

1. An sich farblose chemische Stoffe, wie z. B. Salpetersäure, Pyrogallussäure, Tannin usw., die erst durch eigene chemische oder durch die Einwirkung von Wärme oder von Alkalien wie Ammoniak, Ätzkali u. dgl. die Farbe des Holzes verändern.

2. Wasserlösliche Salze, die durch die Gerbsäure des Holzes oder die Kohlensäure der Luft zersetzt werden und dadurch die Verfärbung bewirken, wie z. B. die verschiedenen Kupfersalze, Eisensalze, Eisenoxydsalze, Chromsalze usw.

3. Natürliche Farbstoffe wie z. B. Kasselerbraun, Nußbeize, Catechubeize usw.

4. Künstliche Farbstoffe (Teerfarben, Anilin-, Alizarinfarbstoffe).

Eine gute Holzbeize muß lichtecht, leicht und klar löslich sein und bleiben, soll möglichst tief in das Holz eindringen, die natürliche Maserung hervorheben und beim Beizen großer Flächen gleichmäßige Beizungen ergeben. Bei gemischten Beizen verwende man nur Farben von gleicher Lichtechtheit, da solche von ungleicher Lichtechtheit das sog. „Verschießen" zur Folge haben.

Die Beizflüssigkeiten, besonders die Wasserbeizen, **rauhen** das Holz, wie oben erwähnt wurde, ziemlich stark auf, dieses muß daher nachgeschliffen werden. Um ein Durchschleifen der gebeizten Flächen zu vermeiden, wird das zu beizende Holz in der Weise vorgeschliffen, daß man es mit einem sehr nassen Schwamm anfeuchtet und ohne Druck oder Scheuerung erst dann schleift, wenn das Holz aufgerauht ist. Zum Nachschleifen gebeizter Flächen verwende man nur Roßhaare oder harten Wollfilz.

Man ist noch nicht imstande die Oberflächenbeizung bis zu einer befriedigenden **Tiefe** durchzuführen. Die Spiritusbeizen färben noch am tiefsten. Die spirituslöslichen Farbstoffe sind aber nicht die echtesten. Wasserbeizen dringen auf den meist in der Längsrichtung der Faser geschnittenen Holzflächen nur auf geringe Bruchteile eines Millimeters ein. Terpentin- und Wachsbeizen färben nur die äußerste Oberflächenschicht des Holzes. Um das Holz mit Farbbeizen durch seine ganze **Masse zu färben** sind größere Drucke und die gleichen umfangreichen Apparate erforderlich, wie sie für die Imprägnierung mit Teer und anderen Konservierungsmitteln zum Schutz des Holzes gegen Fäulnis in Gebrauch sind. Besonders bekannt sind die Pfister-v. Brennerschen Verfahren (**Ö. P. 5588, 6504, 7489, 10 821**), die in der Versuchsholzfärberei des Freiherrn **v. Brenner** in Niederösterreich aufgenommen wurden, aber nicht zu vollem Erfolge geführt haben. Abgesehen von erheblichen technischen Hemmnissen haftet dieser Farbstoffimprägnation ein Grundfehler an: Da nur unzerlegtes Holz imprägniert wird, so wird auch **die** Holzmasse durchtränkt, die beim Verarbeiten mit Säge, Messer und Hobel wertlosen Abfall ergibt. Teurer Farbstoff wird so verschwendet.

Um möglichst tiefgehende Beizung des Holzes zu erzielen, stellt man es einige Tage vor dem Beizen in einen warmen Raum, damit sich die Poren des Holzes öffnen. Bei harten Holzarten trage man die Beizflüssigkeiten möglichst heiß auf.

Harzhaltige Holzarten werden vor dem Schleifen und Beizen zwecks **Entharzung** mit einer Lösung von 50 g calcinierter Soda (Pulversoda) in 1 l heißem Wasser oder bei sehr harzreichen Holzarten mit einer Soda-Acetonlösung (50 g calcinierte Soda in 1 l heißem Wasser lösen, erkalten lassen, unmittelbar vor dem Gebrauch mit $^1/_4$ l Aceton vermischen) behandelt. Dieses Verfahren wendet man auch an, wenn **geöltes Holz** gebeizt werden soll. Die präparierten Hölzer bleiben dann etwa zwei Tage in sorgfältig abgeschliffenem Zustande bei 35—40° liegen, worauf man je nach der gewünschten Tiefe des Tones mit kalten oder heißen Beizflüssigkeiten behandelt.

Alle nicht vollkommen klaren Beizlösungen sollen durch ein Baumwolltuch **filtriert** werden bzw. zwecks neuerlicher Lösung der abgeschiedenen Teilchen erwärmt werden. Es soll stets möglichst naß gebeizt werden, da die Beizung desto gleichmäßiger ausfällt, je mehr Beizlösung auf die Holzfläche aufgetragen wird. Zu diesem Zwecke soll der Pinsel stets ganz gesättigt sein. Für größere Flächen verwendet man einen Schwamm oder Wollappen. Sofort nach dem Auftragen der Beizlösung wischt man mit einem, in die Beizlösung eingetauchten und gut ausgedrückten Schwamm oder Wollappen nach.

Die Aufnahme der Beize erfolgt in dem Maße schwerer, je dichter die Holzstruktur ist und um so gleichmäßiger, je feiner die Fasern verlaufen. Dementsprechend präpariert man harzreiche Holzarten (Kiefer, Pitch-Pine) vor dem Beizen entweder mit gekochtem Leinöl, mit dem man die Oberfläche einreibt, worauf man 12—24 Stunden trocknen läßt, oder mit Wasser, um den Unterschied der Farbenaufnahmefähigkeit der harten und weichen Teile auszugleichen und langsameres und gleichmäßigeres Aufsaugen zu bewirken.

Hirnholzflächen, die infolge der Kapillarwirkung der Holzfasern die Beizlösung stark aufsaugen und infolgedessen zu dunkle Töne ergeben, werden zur Vermeidung dieses Übelstandes vor dem Beizen mit sehr dünnen Leimlösungen oder stark verdünnter Politur bestrichen, abgeschliffen und dann erst gebeizt. Auch die Beizlösungen für Hirnholzflächen werden bis zu $^1/_3$—$^1/_5$ ihrer ursprünglichen Stärke verdünnt.

Eine große Rolle beim Beizen des Holzes spielt sein mehr oder weniger großer Gerbstoffgehalt insofern, als der verschiedene Gerbstoffgehalt einzelner Holzpartien oft desselben Stammes die Erzielung eines gleichmäßigen Tones sehr erschwert.

Für weiche Holzarten verwendet man für einen bestimmten Farbton stets schwächere, für härteres Holz stärkere Beizlösungen. Gebeiztes Holz muß stets 24—48 Stunden bei gewöhnlicher Temperatur trocknen, ehe man es mit einer Lack-, Politur- oder Wachsschicht überziehen darf. Ebenso muß man bei Anwendung mehrerer Beizlösungen stets mindestens 24 Stunden Wartezeit zwischenschalten.

Basische Farbstoffe dürfen nicht mit sauren Farbstoffen vermischt werden, da sonst Zersetzung eintritt. Übrigens wird gerade dieser Umstand manchmal im Kunstgewerbe dazu benutzt, um sozusagen durch eine „Ätzung“ sehr eigenartige Zeichnungen hervorzurufen.

Das wichtigste Lösungsmittel für die Farbstoffe und Chemikalien ist das Wasser. Man verwende zum Beizen stets vorher abgekochtes Wasser bzw. Kondenswasser.

30. Stammlösungen und Beizarten.

Stammlösungen werden in der Weise hergestellt, daß man für Wasserbeizen von jedem Farbstoff 250 g in 5 l kochend heißem Wasser unter Rühren löst, durch ein Baumwolltuch filtriert und in gutverschlossenen Flaschen oder Tonkrügen aufbewahrt. Die wässerigen filtrierten Lösungen sind bei Anwendung destillierten oder abgekochten Wassers unbegrenzt haltbar und brauchen dann nur entsprechend verdünnt zu werden, wenn sie zur Verwendung gelangen sollen.

Für Terpentinbeizen (Olesolfarben) löst man 500 g Farbstoff in 5 l Terpentinöl heiß auf und filtriert. Diese Beizen besitzen den Vorteil, das Holz nicht aufzurauhen, so daß das Nachschleifen vermieden werden kann, dem stehen jedoch die Nachteile geringer Beständigkeit sowie teurer Herstellungskosten gegenüber. Das Auflösen der Olesolfarben im Terpentinöl soll auf einem heißen Wasserbade, nicht direkt über Feuer erfolgen.

Jede Stammlösung für Wasserbeizen enthält:

per	1 l	(1000 ccm)	50	g Farbstoff gelöst,
„	$^1/_2$ „	(500 „)	25	„ „ „
„	$^1/_4$ „	(250 „)	$12^1/_2$	„ „ „
„	$^1/_{10}$ „	(100 „)	5	„ „ „
„	$^1/_{50}$ „	(20 „)	1	„ „ „

Die Stammlösungen der Terpentinbeizen enthalten in denselben Volumen stets die doppelten Gewichtsmengen des betreffenden terpentinöllöslichen Farbstoffes gelöst, als bei den Wasserbeizen angegeben wurden, also in 1 l 100 g und in 10 ccm 1 g Farbstoff.

Zwei Beispiele mögen die Verwendung der Stammlösungen veranschaulichen:

Nr. 1. A. Rezept mit Gewichtsangaben für ein mittleres Olivgrün mit Wasserbeizen: 20 g Azingrün, 6 g Krystallorange und 4 g Nigrosin, wasserlöslich, werden in 1 l heißem Wasser gelöst und filtriert.

B. Herstellung derselben Beizlösung mit Stammlösungen: 400 ccm Azingrün-Stammlösung, 120 ccm Krystallorange-Stammlösung und 80 ccm Nigrosin- wasserlöslich-Stammlösung, werden zusammen vermischt und mit 400 ccm Wasser verdünnt. Es resultieren 1000 ccm Beizlösung, direkt gebrauchsfertig.

Nr. 2. A. Rezept mit Gewichtsangaben für ein Dunkelolivgrün mit Terpentinbeizen: 25 g Olesolgrün und 15 g Olesolblau werden in 1 l Terpentinöl heiß gelöst, die Lösung wird durch ein Baumwolltuch gegossen und ist gebrauchsfertig.

B. Herstellung derselben Beizlösung mit Stammlösungen: 250 ccm Olesolgrün-Stammlösung und 150 ccm Olesolblau-Stammlösung werden mit 600 ccm Terpentinöl verdünnt. 1000 ccm Beizlösung, direkt gebrauchsfertig.

Bei Anwendung der beschriebenen Stammlösungen fällt das für den Tischler und Maler ungewohnte und manche Fehler bedingende Abwägen kleiner Quantitäten von Farbstoffen gänzlich fort und man ist in der Lage, jede gewünschte, für einen bestimmten Zweck eben erforderliche Menge der Beizlösung schnell fertig zu stellen.

Folgende Farbstoffe für Wasserbeizen eignen sich vermöge ihrer leichten Löslichkeit und Beständigkeit zur Herstellung von Stammlösungen: Räucherbeize, Helleichenbraun, Alteichenbraun, Nußbraun, Mahagonibraun H, Mahagonibraun D, Eichenbeize, Nigrosin, Indulin W, Azingrün, Indolblaugrün, Echtgelb G, Krystallorange, Tartrazin, Croceinscharlach, Pyrotinrot 10 B, Persiorot, Azinblau, Azinviolett.

Alle diese Farbstoffe gehören der sauren Farbstoffgruppe an und können in jedem Verhältnis als Stammlösung miteinander vermischt werden, behufs Erzielung der verschiedenartigsten Zwischenfarben.

Wasserbeizen dürfen mit Spiritusbeizen oder Terpentinbeizen nicht vermischt werden.

Die Terpentin-Wachsbeizen sind wie die Terpentinbeizen Auflösungen von fettlöslichen Olesolfarben in Terpentinöl, enthalten aber außerdem noch geringere oder größere Mengen Bienenwachs. Letzteres bringt den Vorteil, daß die Flächen beim Beizen gleichzeitig mit einer dünnen Wachsschicht überzogen werden, wodurch das Bronzieren der Beizung ganz vermieden und durch nachträgliches Bürsten der wieder trockenen Flächen direkt ein Mattglanz erzeugt wird.

Sehr gute Effekte erzielt man mit den sog. Niederschlags- oder Räucherbeizen. Diese behalten aber ihre volle Schönheit nur, wenn sie nicht mit Politur, Ölen oder Lacken bedeckt sind. Das Prinzip der Niederschlags-Räucherbeizen besteht darin, daß gerbstoffarmes Holz (s. u.) zunächst mit Pyrogallussäure, Katechu sowie mit einer Anzahl von Metallsalzen vorbehandelt wird, worauf man es in einen gut abdichtbaren Raum bringt, in dem Gefäße mit starkem Ammoniak aufgestellt sind. In 12—24 Stunden kann unter normalen Verhältnissen der sog. Räucherprozeß beendet sein. Die Ammoniakdämpfe bräunen unter Mitwirkung des Sauerstoffes der Luft den im Holz enthaltenen Gerbstoff, je höher der Gerbstoffgehalt des Holzes ist, desto dunkler wird die Färbung. Diese Art der Beizen wird daher besonders zur Herstellung imitierten alten Holzes verwandt.

Räucherbeizen besitzen den Vorteil, daß sie licht- und luftecht sind, daß die Beizung bis zu ziemlicher Tiefe stattfindet, gleichmäßige Beizungen erzielt werden, ein Nachschleifen nicht erforderlich ist. Schließlich sind die Räucherbeizen verhältnismäßig billig. Zu dunkel ausgefallene Räucherbeizen können durch Abwaschen mit einer Lösung von 1 Tl. käuflicher Salzsäure und 3 Tl. kaltem Wasser etwas aufgehellt werden.

Um graubraunen Ton zu erzielen wird das geräucherte und gut gelüftete Eichenholz mit einer kalten Lösung von 4 g Eisenvitriol in 1 l Wasser gebeizt.

Bei den Niederschlagsbeizen, zu denen übrigens auch die Räucherbeizen gehören, wird die Farbe durch verschiedene Chemikalien im Holze selbst gebildet. So gebeiztes Holz hat jedoch den Nachteil, daß es einerseits durch schützende Überzüge beträchtlich an Schönheit einbüßt, andrerseits aber ohne diese Überzüge durch Wassertropfen usw. leicht fleckig wird.

Über die Art und Weise des Beizens geben die verschiedenen, im folgenden zusammengestellten Vorschriften Aufschluß, ebenso wird eine Anzahl der wichtigsten, für diesen Zweck verwendeten Teerfarbstoffe weiter unten aufgezählt. Nach dem Beizen wird das durch diese Behandlung stets etwas gerauhte Holz vorsichtig, um den Holzgrund nicht bloßzulegen, mit Roßhaar oder hartem Wollfilz ohne Druck und übermäßige Reibung abgeschliffen; schließlich überzieht man, da die Beizen nur in seltenen Fällen genügend wasserecht sind, mit einem Lacküberzug. Dieser Lack- oder auch Politurwachs- oder Mattinüberzug überdeckt bis zu einem gewissen Grade auch den durchdringenden Geruch, den gebeizte Hölzer im allgemeinen aufweisen.

31. Ammoniakräucherbeize. Humusfärbungen.

Die alkalische Räucherung bezweckt in erster Linie die Erzeugung von Altersfärbung und beruht auf der chemischen Veränderung gerbstoffreicher Hölzer unter der Einwirkung von Ammoniakgas. Gerbstoffarmes Holz muß daher, ehe man es in geschlossenem Raum mit Ammoniakgas behandelt, mit einer heißen Lösung von 50 g Pyrogallussäure oder Tannin in 1 l Wasser bestrichen werden, worauf man trocknet, abschleift und räuchert. Diese Beizungsart ist zwar billig und ohne Nachteil für die Holzoberfläche, doch dringt die Pyrogallusbeize nicht in die tieferen Schichten des Holzes ein, und der wesentliche Vorteil der Ammoniakgaswirkung wird dadurch ausgeschaltet. Diese Mängel haften auch den Salmiakräucherverfahren an, bei denen man gerbstofffreie Hölzer mit Metallsalzen imprägniert, die beim Räuchern mit Ammoniak oder mit Schwefelwasserstoff gefärbte Metallverbindungen in der Holzschicht bilden. Die verschiedensten erzielbaren Farbtöne haften dann ebenfalls nur an der Oberfläche. Überdies sind derart gefärbte Holzgeräte sehr empfindlich sogar gegen die Berührung mit unsauberen Händen und es entstehen leicht Flecken, wenn Lack oder Politur die Oberfläche nicht schützen, so daß jeder Tropfen Wasser seine Spuren hinterläßt. Anders ist es bei der Braunfärbung des Holzes durch seine ganze Masse als Folge einer Art Humifizierungszersetzung der gegen hohe Temperatur wie gegen Alkali und Wasserdampf empfindlichen Ligninbestandteile. Diese Methode, die ihre Parallele in den natürlichen Vorgängen der Verbräunung und Vergrauung des Holzes freistehender bzw. eingegrabener Holzbauten hat, führt zu einer durchgehenden Beizung des Holzes und färbt die Hölzer unvergänglich. **(H. Wislicenus, Zeitschr. f. angew. Chem. 1910, 1444.)**

Eichenholzmöbel und -hölzer können durch 24—48stündiges Einstellen in einen Raum, in dem Ammoniak vom spez. Gewicht 0,91 bei gewöhnlicher Temperatur verdampft, gleichmäßig tiefbraun gefärbt werden. Dieses Verfahren stammt von **W. Kolitsch** und wurde erstmalig in den **Mitt. d. Techn. Gew.-Mus. in Wien 11, 79** veröffentlicht. Schon damals wies **Kolitsch** darauf hin, daß der Behälter, in dem die Eichenmöbel oder deren Teile durch Ammoniak gebräunt werden sollen, völlig luftdicht verschließbar und in den Öffnungen mit Ölkitt abgedichtet sein muß, um einer Verdünnung des Ammoniakgases, das übrigens auch von außen in den Raum eingeleitet werden kann, vorzubeugen.

In **D. Maler-Ztg. (Mappe) 31, 29** sind die gegen Ammoniak beständigen und unbeständigen Farben zusammengestellt, so daß man sich beim Räuchern des Holzes durch geeignete Wahl der Farbstoffe vor Schaden bewahren kann. Angegriffen werden alle Kupfer- und Zinkfarben, Pariserblau, die hellen Chromgelbsorten, zahlreiche Pflanzen- und Teerfarbstofflacke, ebenso wie die aus Kasselerbraun gewonnene Nußholzbeize. Die Zerstörung bzw. vorübergehende Veränderung der Farbstoffe ist natürlich von der Stärke und Dauer der Einwirkung, von der Höhe der Temperatur und von der Art des Bindemittels abhängig.

In **D. R. P. 259 075** ist ein Verfahren der künstlichen Verfärbung von Werkhölzern für die Kunsttischlerei beschrieben, nach welchem die rohen Hölzer im feuchten Zustande unter Druck und Erhitzung bei Gegenwart von ungelöschtem Kalk oder anderen wasseraufnehmenden Stoffen mit Ammoniakgas oder Dämpfen von Pyrrol oder anderen färbend wirkenden Stoffen bzw. Dämpfen imprägniert werden. Der Kalk wirkt physikalisch dadurch, daß er Wasser aufnimmt und die Hölzer trocknet, wobei gleichzeitig durch die freiwerdenden Wärmemengen des sich löschenden Kalkes die Heizwirkung der Gase im Kesselinnern unterstützt wird. Er wirkt aber auch chemisch dadurch, daß er die bei dem Schmoren des Holzes gebildeten flüchtigen Säuren, vornehmlich Kohlen-, Ameisen- und Essigsäure aufnimmt und so verursacht, daß die Wirksamkeit des Ammoniaks nicht herabgesetzt wird. **(D. R. P. 259 057.)**

Um dem Holze eine künstliche Humifizierungsfärbung zu verleihen, bedient man sich nach **H. Wislicenus, Zeitschr. f. angew. Chem. 1908, 508** entweder der bekannten Holzbeizen, oder man gräbt das Holz in Erde ein, der man Kalk und andere Stoffe zusetzt. In lockeren Böden wo die Bodengase Gelegenheit haben in genügender Menge an das Holz heranzukommen, dürfte es gelingen, auf diese Weise ganze Stämme durchzufärben. Als Alkali kann außer Kalkmilch auch Pferdestalljauche verwendet werden, besonders auf Redwoodholz werden so schöne, durchgehende, dunkle Färbungen erzielt. Das Verfahren war durch **D. R. P. 206 997** geschützt.

Dieses Boden-Holz-Verbräunungsverfahren, eine echte Humifizierungsmethode, wird in der Weise ausgeführt, daß man die Bretter hochkantig auf den wasserdurchlässigen Boden einer 50 cm tiefen Grube aufstellt und sie mit grobkörnigem, nicht rein sandigem, vor allem aber nicht tonigem Bodenmaterial bedeckt, dem man etwas Humus oder besser noch Ammoniakbildner, also z. B. 1—2% Kalkstickstoff oder Ammoniumsalz-Kalkgemenge zusetzt. Im letzteren Falle nimmt man am einfachsten das als Düngemittel leicht erhaltbare Ammoniumsulfat im Gemenge mit Rohkalksteinmehl, aus dem sich unter dem Einflusse des eindringenden Wassers Gips und das wirksame Ammoniumcarbonat bilden. Die dauernd langsame Neubildung dieses Salzes bewirkt dann rascher als das teuere reine Ammoniumcarbonat die Bräunung des Holzes, besonders wenn man das zu rasche Entweichen des Ammoniaks, z. B. durch Bedecken der Grube mit alten Lumpen, hemmt. Diese eigenartige Wirkung des Bodens auf Holz ist durch andere Mittel nicht ersetzbar. **(H. Wislicenus, Zeitschr. f. angew. Chem. 1910, 1440.)**

Die Veränderung der Holzoberfläche durch Räuchern kann durch vorherige oder gleichzeitige Behandlung mit Metallsalzen verschiedenartig beeinflußt werden. So erhält man z. B. eine dauerhafte Holzanstrichfarbe nach **D. R. P. 336 024, Zusatz** zu **D. R. P. 320 011,** in folgender Weise: Man läßt etwa 5 l 2proz. Eisenchloridlösung in die kochende Lösung von 1 kg Kasselerbraun in der 30—40fachen Menge Wassers einfließen, dekantiert die Flüssigkeit, koliert den Niederschlag und trocknet ihn im Vakuum oder auf porösen Tonplatten. Die Paste wird in ammoniakalischer Lösung auf Holz aufgestrichen, woselbst der Ammoniaküberschuß verdunstet und die komplexe huminsauere Eisenammoniumverbindung zersetzt und unlöslich wird.

32. Andere Methoden des künstlichen Holzalterns.

Zum künstlichen Altern von Werkholz behandelt man die Hölzer nach ihrer Austrocknung im Vakuum mit einem aus Sauerstoff, Ozon oder Luft bestehenden warmen Gasgemisch das basische Katalysatoren wie Ammoniak (evtl. zuzammen mit Formaldehyd, also Hexamethylentetramin), Methylamin oder Dimethylamin enthält. **(D. R. P. 323 973.)** Nach einem andern Verfahren behandelt man die Hölzer mit gasförmigen Aldehyden oder Ketonen zusammen mit kondensierend oder katalytisch wirkenden Mitteln, besonders flüchtigen Aminen, wie sie aus Ammoniak und Formaldehyd entstehen. **(D. R. P. 323 973 und 324 159.)** Nach dem Zusatzpatent kann man, um das Holz gleichzeitig zu färben, neben dem Hexamethylentetramin Ammoniak im Überschuerwenden und kann so in ein und demselben Arbeitsgange ohne wesentliche Mehrkosten die Alterung des Holzes und zugleich eine kräftige Verfärbung erzielen. **(D. R. P. 325 657.)**

Um Tannenholz künstlich alt zu machen, beizt man es nach **D. Tischl.-Ztg. 1910, 106 u. 147** am besten mit einer schwachen Lösung (10 g auf 1 l) von Kaliumbichromat in Wasser. Die anfangs strohgelbe Farbe bräunt sich besonders am Sonnenlicht sehr bald, so daß man eine täuschende Imitation von altem Holz erhält. Eine Lösung von etwas Catechu in Wasser oder die Anwendung der Räucherung oder schwache Wasserbeizen führen ebenfalls zum Ziel. Stets muß evtl. vorhandene Politurmasse, je nach ihrem Alter, mit Spiritus und Terpentinöl oder mit Wasser und Ammoniak oder mit einem Brei von Schmierseife, Kalk und Soda entfernt werden, ehe man das helle Holz mit irgendeinem Mittel dunkler beizt.

Über Dunkelbeizen von hellem Eichenholz siehe auch die Anilinschwarzmethode von **A. Schoen, D. Ind.-Ztg. 1879, 265.**

Zur Herstellung künstlicher Altersfarbe auf hellem Eichenholz bedient man sich nach **Farbe und Lack 1912, 254** am besten einer dünnen Lösung von syrischem Asphalt in Benzol oder Terpentinöl.

Es sei hervorgehoben, daß helles Eichenholz mit reinem Wasserglas bestrichen nach **Farbe und Lack 1912, 381** ebenfalls einen bleibenden dunklen Alterston annimmt.

Um dem Holze die Farbe natürlichen Alters zu geben, behandelt man es nach **D. R. P. 164 892** mit einer Mischung von Wasserstoffsuperoxyd und einer anorganischen Säure. Die Behandlung wird evtl. zur Vertiefung des Tones wiederholt, worauf man durch Nachbehandlung mit Ammoniak die Säuren neutralisiert. Zugesetzte Metalle oder -oxyde (gerbsaure Metallniederschläge) führen zur Änderung des Farbtones.

Über antike Möbel, ihre Kopien und die Art der Oberflächenbearbeitung, um den fertigen Stücken ein altes Aussehen zu geben (Bestreichen mit Kalkmilch, Ölfarbe, verschiedenen Farbstofflösungen usw.) siehe **H. Mäder, D. Tischl.-Ztg. 1910, 213, 221.**

Um hellem Holze einen dunklen Farbton zu geben, behandelt man es nach **D. R. P. 170 565** in frischem oder getrocknetem Zustande mit flüssigen, hochsiedenden Kohlenwasserstoffen und mit Mineral-, Pflanzen- oder Tierölen und erhitzt so lange und so hoch, bis der gewünschte Farbton erreicht ist. Man kann nach diesem Verfahren Eiche und Nußbaum innerhalb weniger Stunden Farbtöne verleihen, die sonst nur durch Beizen oder jahrelanges Lagern erzielt werden können, wobei das Resultat ausschließlich dem Vorgang einer allmählichen Verkohlung des Holzes zuzuschreiben ist, da die Tränkungsflüssigkeit nur als Heizbad dient. Dementsprechend wird bei höherer Temperatur von 300 oder mehr Grad die Bildung des tiefschwarzen Farbtones bewirkt.

Ein einfaches Verfahren der Braunbeizung von Holz besteht nach **Techn. Rundsch. 1909, 650** darin, daß man die Holzstücke in eine 5proz. Pottaschelösung taucht, der man evtl. etwas Leim oder auch etwas Kasselerbraun zusetzt, worauf man die Gegenstände der Luft aussetzt.

Nach **D. R. P. 256 880** setzt man Holzflächen, die gefirnißt werden sollen, den Dämpfen der aus Salpetersäure und Kupferspänen erzeugten Untersalpetersäure aus und erhält so bei einer Einwirkung von 1—20 Minuten nach dem Firnissen eine Goldfärbung in verschiedenen Tönungen und mit schönen Reflexen.

33. Metallsalz- und Beizen aus aromatischen Hydroxylverbindungen.

Um dem Nußholz eine dunkle Färbung zu erteilen, überstreicht man es mit einer Lösung von 5—6 Tl. doppeltchromsaurem Kali in 8 Tl. Wasser. Das gebeizte Stück wird nach dem Trocknen geschliffen und poliert; schlägt die Politur etwa aus, so wird die Operation nach einigen Wochen wiederholt. **(Dingl. Journ. 136, 468.)**

Nach **D. R. P. 220 022** wird eine braune Beize für Holz erhalten durch Mischen von 4 Tl. einer wässerigen, 4proz. Lösung von Kaliumbichromat und 1 Tl. einer konzentrierten Kupferoxydammoniaklösung. Eichenholz erhält einen schönen, alten Ton, und die Struktur des Holzes bleibt klar sichtbar.

Auch die sog. Chromtinte von **Runge Bd. III [186]** ist sehr geeignet, um Ahorn-, Kirschbaum-, Linden-, Pappel-, Tannenholz nach mehrmaligem Überstreichen tief schwarz zu färben. Die Farbe tritt nach Überziehen der gebeizten Stücke mit Politur oder einem Firnis tief und schön hervor. **(Dingl. Journ. 135, 399.)**

Über Dunklerbeizen von Möbeln mit Kaliumbichromat und Kupfervitriol oder mit Hilfe von Teerfarbstoffen siehe ferner **D. Tischl.-Ztg. 1911, 326.**

Auch durch Beizen mit einer verdünnten Permanganatlösung kann man Hölzern, besonders Birnbaum- und Kirschbaumholz das Aussehen von Palisander- oder Nußbaumholz erteilen. Die Stücke werden nach erfolgter Tönung gewaschen, getrocknet, geölt und poliert. **(Chem. Zentr.-Bl. 1864, Nr. 13.)**

Der Vorschlag zur Anwendung von Kaliumpermanganat zum Beizen von Holz, um ihm das Aussehen von Palisander und Nußbaum zu verleihen, stammt von **Wiederhold, Dingl. Journ. 169, 316.** Man läßt eine starke Lösung des Salzes etwa 5 Minuten lang einwirken und erzielt nach dem Abwaschen und Trocknen der behandelten Oberfläche, besonders bei Kirschholz, einen schönen rötlichen Ton, der licht- und luftbeständig ist. Über die Ausführung siehe **Zimmermann, S. 57.**

Oder man löst gleiche Gewichtsteile von mangansaurem Natron und krystallisiertem Bittersalz in der 20—30fachen Menge Wasser von etwa 50° und bestreicht damit das abgehobelte Holz. Je weniger Wasser man verwendet, desto intensiver braun wird das Holz; je heißer die Lösung, desto tiefer dringt die Färbung ein. Nach dem vollständigen Trocknen und der etwa erforderlichen Wiederholung des Verfahrens schleift man die Möbel oder Fußböden mit Öl ab und poliert sie schließlich. Gut ist es, vor dem Abschleifen mit heißem Wasser abzuwaschen, um ein späteres Auswittern des durch die Reaktion gebildeten Glaubersalzes zu vermeiden. **(Dingl. Journ. 217, 336.)**

Um Eichenholz dauerhaft braun zu färben überstreicht man es mit 2grädiger Eisenvitriollösung allein oder zur Erzielung dunklerer Töne folgend mit einer zirka $^1/_2$—$^3/_4$proz. Lösung von übermangansaurem Kali und schließlich mit Leinölfirnis, wodurch die Farbe noch schöner und glänzend wird. Auch andere Holzarten, z. B. Ahorn-, Föhren-, Fichtenholz usw. können mit schwefelsaurer Eisenoxydlösung rötlichbraun und mit übermangansaurer Kalilösung dunkelbraun gefärbt werden. **(Bayer. Ind.- u. Gew.-Bl. 1874, 209.)**

Über Anwendung der Kupferchloridbeize Z des Handels mit nachfolgendem Räuchern siehe **Zimmermann, S. 75.**

Zur dauernden Rosafärbung von Holz imprägniert man es nach **E. Monier, Jahr.-Ber. f. chem. Techn. 1862, 656** zunächst einige Stunden mit einer 8proz. Jodkaliumlösung und dann mit einer 2,5proz. wässerigen Lösung von Quecksilberchlorid. Die gefärbten Hölzer werden nach dem Trocknen gefirnißt.

Über das Schwarzfärben von Holz mit Hilfe von Ammoniumvanadat siehe **R. v. Wagner, Dingl. Journ. 223, 631.** Das mehrere Male mit Tanninlösung behandelte Holz wird nach dem Trocknen mit der 20proz. wässerigen Lösung von vanadinsaurem Ammon überstrichen, worauf man abermals trocknen läßt und durch Reiben mit einem groben Tuch den Glanz hervorruft.

Nach **Godeffroy** erzeugt man blutrote Farben auf Holz durch Tränkung der Gegenstände mit Rhodankaliumlösung und Überstreichen der getrockneten Oberfläche mit der Lösung eines Eisenoxydsalzes. Ebenso geben gelbes Blutlaugensalz und Kupfersulfat oder Blutlaugensalz und essigsaures Uran braunrote Färbungen. **(Mitt. d. techn. Gew.-Mus. 1883, 53.)**

Zur Erzeugung echter dunkler Töne auf Holz taucht man die Stücke nach **E. P. 153 619** in die siedende wässerige Lösung gleicher Teile Kupfer- und Eisensulfat.

Nach **Stockmeyer, Seifens.-Ztg. 1911, 58, 85 u. 121,** kann man auch mit aromatischen Hydroxylverbindungen mit oder ohne Metallsalzzusatz und evtl. folgender Räucherung haltbare Holztöne erzielen, und zwar (mit Lösungen von je 50 g in 1 l Wasser): Rötlichbraun: durch Brenzcatechin. Olivfarbig: durch Hydrochinon. Bläulichgrün: durch Resorcin. (Letztere Färbung ist auch bei nachfolgender Räucherung nicht lichtbeständig.) Ockergelb bis Orange: mit salzsaurem Orthoaminophenol (jedoch nur mit nachfolgender Räucherung).

Gerbstoffarme Hölzer werden vorteilhaft mit einer Lösung von 35 g Gallussäure in 350 ccm Spiritus vorgebeizt. Man erhält dann nach dem Räuchern eine olivbraune Färbung, die verschieden nuancierbar ist, wenn man der Gallussäure Mangansulfat oder Eisen- oder Nickelvitriol zusetzt. Sämtliche Lösungen müssen stets filtriert werden, besonders dann, wenn die mit diesen aromatischen Hydroxylverbindungen erzielten Färbungen mittels einer Lösung von Kaliumbichromat nachgebeizt werden.

Blau kann man Hölzer färben mit dem angesäuerten Gemenge der Lösungen von 100 g Eisenalaun in 1 l Wasser und von 50 g rotem Blutlaugensalz in 1 l Wasser. Die Färbung ist zuerst grün, wird aber dann, besonders schnell bei Eschenholz, langsamer bei Nadelhölzern, blau. Eine sofortige Blaufärbung erzielt man durch Beizen des Holzes mit einer Lösung von 5 g Hydrochinon in 1 l Wasser und Nachbehandeln mit obiger Blaubeize. Diese Hydrochinonlösung oder eine Lösung von 7 g Gallussäure in 1 l Wasser können auch dazu dienen, um Stellen, die bei obigem Berlinerblau-Beizprozeß grün bleiben, blau zu überfärben. In gewissen Fällen empfiehlt es sich, vor Anwendung der Metallsalze mit einer Lösung von Nitroso-2-Naphthol vorzubeizen. Man löst diese Substanz entweder in Spiritus oder in 100 Tl. 0,35proz. wässeriger Ätznatronlauge, streicht die Lösung auf die Holzoberfläche auf und beizt nach dem Trocknen mit Metallsalzlösungen nach. Man braucht pro Liter Wasser: Für Gelbrot: 10 g krystallisiertes Kobaltvitriol; für Laub- bis Russischgrün: 10 g Eisenvitriol; für Orangebraun: 10 g Nickelvitriol (oder Nickelchlorid); für Gelbbraun: 10 g Kupfervitriol (oder Kupferchlorid); für Gelbrotbraun: 20 g Kaliumbichromat; für Olivbraun: 20 g essigsaures Eisenoxyd (in Lösung vor dem Licht geschützt aufzubewahren).

Die dunklen Töne (Purpurrot, Dunkelgrün usw.) werden durch mehrmaliges Auftragen von Vor- und Nachbeize hergestellt. Bei Verwendung der Spirituslösung des Nitroso-2-Naphthols muß man der Lösung der Metallsalze 20% Ammoniak hinzufügen.

Zum Beizen von Holz behandelt man die Gegenstände **(D. R. P. 69 051)** nacheinander mit Alaun, doppelt chromsaurem Kupfer und Pyrogallussäure und belichtet, wodurch die Holzfaser eine tiefreichende, braune Färbung annimmt. Oder man beizt nach **Mäder, D. Tischl.-Ztg. 1910, 74** mit einer frischbereiteten Lösung von 25 g Pyrogallussäure in 1 l Wasser und übersetzt mit einer Beizlösung, die aus 330 g Kupferchloridbeize, verdünnt mit 670 g kaltem Wasser, besteht. Nach dem Trocknen wird mit gasförmigem Ammoniak geräuchert. Vgl. **Ö. P. Anmeldung 3520/1909.** Wendet man hingegen von vornherein ammoniakalische Metallsalzlösungen an, so bedarf es keiner nachträglichen Räucherung und man erhält direkt, beispielsweise mit Kupferchlorid, ein Gelblichbraun, mit Nickelchlorid ein Hellgelblichbraun und mit Kobaltchlorid eine dunkle Eichenfarbe.

Um Parkettboden dunkeleichenfarbig zu beizen, tränkt man das gereinigte Holz nach **Techn. Rundsch. 1907, 502** mit einer Lösung von 25—50 g Pyrogallussäure in 1 l Wasser oder behandelt den Boden mit Kalkbrei, um eine tief in das Holz gehende Färbung zu erzielen. Die einfachen Farbstoffbeizen oder gar die eichenfarbig gefärbten Öllasuren (mit Essig und Umbra oder Kasselerbraun bzw. mit denselben Farbstoffen und Terpentinöl und etwas Firnis) dringen entweder gar nicht oder nicht tief genug in das Holz ein.

Als schwarze Beize für Holzwerk eignet sich eine Mischung von 1 Tl. Kupfervitriol, 1 Tl. Galläpfel, 1/4 Tl. Ammoniakflüssigkeit und 10 Tl. Essig, die man unter zeitweiligem Umrühren einige Stunden lang stehen läßt. Das Holzwerk muß rein und glatt, die Sprünge müssen mit schwarzem, vollkommen trockenen Kitt ausgefüllt sein. Die Beize wird 2—3mal aufgetragen, worauf man das Holz nach 2—3tägigem Trocknen so lange mit gekochtem Leinöl abreibt, bis es den erforderlichen Glanz erhält. **(D. Ind.-Ztg. 1867, 58.)**

34. Farbholz- und Teerfarbstoffbeizen.

Um Holz tiefschwarz zu beizen, übergießt man 8 Tl. feingepulverten Blauholzextrakt mit 500 Tl. kochendem Wasser, setzt nach erfolgter Auflösung 1 Tl. gelbes chromsaures Kali zu und schüttelt gut durch. Die Flüssigkeit, die sich beliebig lange aufbewahren läßt, wird kalt 3—4 mal auf das Holz aufgestrichen. **(D. Ind.-Ztg. 1869, Nr. 17.)**

Zum Schwärzen kleiner Holzgegenstände (Nähgarnspulen) beizt man die Gegenstände nach **Techn. Rundsch. 1905, 467** zuerst in einer Lösung von 50 g Blauholzextrakt in 200 ccm warmem Wasser, nimmt sie nach kurzer Zeit aus der Beizflüssigkeit, läßt trocknen, imprägniert die Spulen mit einer käuflichen Lösung von holzessigsaurem Eisen und reibt sie nach dem Trocknen mit etwas Leinöl ab.

Auch durch Nachbehandlung der mit 3—5 proz., soda-alkalischer, heißer Catechulösung imprägnierten Hölzer mit (je nach dem gewünschten Ton) 1—3 proz. Bichromatlösung lassen sich sehr echte braune Färbungen herstellen. **(Stölzel, D. Ind.-Ztg. 1867, Nr. 8.)**

Eine Holzbeize, die die Hölzer durch einmaliges Einlegen tiefschwarz färbt, wurde wie in **Dingl. Journ. 196, 485** beschrieben, aus Holzessig, Kampescheholz- und Galläpfelextrakt und holzessigsaurem Eisen hergestellt.

Über Braunfärbung des Holzes, besonders seiner Jahresringe, mit oxydierter Kampescheholzlösung siehe das Kapitel Elfenbeinfärbungen. **[455.]**

Die Verwendbarkeit der Teerfarbstoffe in der Holzfärberei erörtert **E. Rotter** in **Färberztg. 1896, 410.**

Über das Beizen des Holzes mit drei Farbstoffen nach **Klaudy** (Dreilösungssystem „Trilyse") siehe **D. Tischl.-Ztg. 1910, 266.** Die Methode hat sich der Unbeständigkeit der Färbungen wegen nicht eingeführt.

Zum Beizen des Holzes mit Teerfarbstoffen streicht man entweder eine kalte oder heiße Farbstofflösung auf oder man legt das zu färbende Material in die Farbflotte. Zur Herstellung lebhafter Töne, an die keine besonderen Ansprüche an Lichtechtheit gestellt werden kommen in erster Linie basische Farbstoffe, bei Erfordernis besserer Lichtechtheit besonders lichtechte Säurefarbstoffe und in einzelnen Fällen auch Diaminfarben in Betracht. Außerdem finden für gewisse Zwecke alkohollösliche Farbstoffe Anwendung. Es sollen immer nur die zu einer Gruppe gehörigen Farbstoffe untereinandergemischt werden, also saure mit sauren und basische mit basischen Teerfarbstoffen, doch wird im Kunstgewerbe gerade der Umstand häufig benutzt, daß sich Mischungen von Teerfarbstoffen verschiedenen Charakters zersetzen, um sehr schöne Zeichnungen hervorzurufen.

Zum Färben mit Aufstrichfarben löst man heiß 10—25 g Farbstoff pro Liter Wasser und trägt die warme oder erkaltete Lösung mittels eines Pinsels ein- oder mehreremal auf; bei basischen Farbstoffen ist zum Lösen die gleiche Menge Essigsäure wie Farbstoff zuzugeben.

Die spritlöslichen Farbstoffe werden in etwa 96 proz. Alkohol gelöst und mit oder ohne Zusatz von Lack verwendet; bei den Cerasinfarben ist der Alkohol zum Lösen auf ca. 35° C zu erwärmen.

Zum Färben durch Einlegen in das Färbebad löst man 2—5 g Farbstoff pro Liter Flotte und legt das zu färbende Material 1—6 Stunden in das kalte oder heiße Färbebad ein. Je länger und je heißer gefärbt wird, um so besser dringt die Farbe in das Holz ein. Bei Diaminfarben gibt man pro Liter Flotte noch 5—10 g Glaubersalz zu.

Für Zündhölzer werden speziell die basischen Farbstoffe, auch Rhodamin- und Orangesorten viel verwendet.

Das Grünbeizen von Holzfaserstoffen und Flechtmaterial mit Teerfarbstoffen beschreibt **E. Beutel** in **Erf. u. Erf. 46, 291.**

Zur Erzielung einer dunkelbraunroten, echten Holzfarbe beizt man das Holz kalt mit einer Lösung von 0,75 kg Naphtholsulfosäure NW, 0,25 kg Soda und 0,1 kg Nigrosin in 50 l Wasser und taucht die präparierten Hölzer sodann in die zu einer geeigneten Diazolösung verarbeitete Lösung von 2 kg Azophorrot in 50 l kaltem Wasser. Nach etwa einstündigem Trocknen entwickelt sich auf dem Holz eine schöne, tief dunkelbraunrote Färbung. **(D. R. P. 257 458.)**

Über das Beizen des Holzes mit verschiedenen Teerfarbstoffen siehe auch **Leipz. Drechsl.-Ztg. 1911, 419.** Die Hölzer werden, um sie aufnahmefähiger für basische oder sauere Teerfarben zu machen, zunächst mit einer 20 proz. wässerigen Lösung von Marseiller Seife abgewaschen, bzw. mit Tanninlösung vorgebeizt, worauf man nach dem Trocknen z. B. zur Erzielung einer grünen Färbung mit einer warmen wässerigen Lösung von Indigoblau und Pikrinsäure, für Rot mit einer Lösung von Brillant-Chromrot überstreicht. In letzterem Falle bedarf man keiner Vorbeize, in ersterem Falle kann mit Bismarckbraun nuanciert werden.

Eine dunkelolivgefärbte Holzbeize erhält man nach **Techn. Rundsch. 1907, 360** aus einer Abkochung von 100 g Kasselerbraun und 25 g reiner Pottasche in 1 l Wasser. Man streicht die Flüssigkeit auf das Eichenholz, läßt trocknen und bringt einen zweiten Auftrag mit einer Lösung von 24 g Azingrün und 6 g Tartrazin in 1 l heißem Wasser auf. Bezüglich der weiteren Vorschriften zur Herstellung hellgrauer oder grüner Beizen siehe **Zimmermann, S. 79** bzw. **101.** Vgl. **Pharm. Zentrh. 1860, 180.**

Zur Herstellung lichtechter Färbungen auf Holz imprägniert man die Stücke mit einer Lösung, die eine freie Säure, einen löslichen Alizarinfarbstoff (zweckmäßig als Bisulfitverbindung) und ein Metallsalz enthält und bewerkstelligt durch nachfolgende Einwirkung eines Alkalis (z. B. Ammoniakgas) die Lackbildung zwischen dem Farbstoff und dem Metallsalz. **(D. R. P. 183 004.)**

Über das Färben von Holz mit Alizarinfarbstoffen unter Zuhilfenahme verschiedener Beizen siehe auch die Arbeit von **F. Berger** in **Mitt. d. techn. Gew.-Mus. 1886, 1.**

Zum Schwarzbeizen von Holz schlägt man nach **A. Schoen, D. Ind.-Ztg. 1879, 265** Anilinschwarz innerhalb der Faser auf folgende Weise nieder: Man löst 100 g salzsaures Anilin in 1500 ccm heißem Wasser und beizt das Holz mit dieser Lösung, trocknet und imprägniert mit einer heißen Lösung von 50 g Kaliumbichromat und 2 g Kupferchlorid in 1000 ccm Wasser; beim Trocknen des Holzes in heißem Raume entsteht ein tiefes Schwarz. Zweckmäßig behandelt man die so gebeizten Hölzer nach dem Trocknen mit Leinöl nach, das als kräftiger Sauerstoffüberträger wirkt, die Oxydation evtl. noch vorhandenen Anilinsalzes vollzieht und den Ton der Beizung verstärkt. Die Methode der Anilinsalzbeizung stammt von **R. Godeffroy**, der das Holz zuerst mit einer Lösung von salzsaurem Anilin und Kupferchlorid und nach dem Trocknen mit einer Lösung von Kaliumbichromat behandelte. Die lichtbeständige Beize soll selbst durch Chlorkalk nicht angegriffen werden. Vgl. **Dingl. Journ. 235, 408.**

Um die Farbstoffe bloß oberflächlich zu fixieren, beizt man die Hölzer mit Seifen- oder Tanninlösung vor (für saure oder basische Farbstoffe) und überstreicht 3 mal mit 0,5 bis 2 proz. heißer Farblösung. Schwarze Oberflächenfarben erhält man auf dem mit heißer Natronlauge vorgebeizten Holz durch aufeinanderfolgende Anstriche mit Blauholzabkochung, holzessigsaurem Eisen und Nigrosin, für Grau verwendet man mit Blau abgetönte, sehr verdünnte holzessigsaure Eisenlösungen. Nach jedem Anstrich läßt man mäßig warm trocknen und schleift mit Glaspapier ab. **(W. Sonne, Zeitschr. f. angew. Chem. 1903, 242.)**

Zum Durchfärben harter Materialien (Holz, Stein, Horn, schwer durchzufärbende Filze, Kopse, Bobinen usw.) tränkt man das zu färbende Material zuerst mit einer leicht flüchtigen Verbindung (Benzin, Äther, Tetrachlorkohlenstoff, Dichloräthylen), gießt nach mehreren Stunden dieses Durchtränkungsmittel ab und übergießt mit der kochenden Farbstofflösung, z. B. Echtbraun O. Aus der aufschäumenden Flotte entweicht das in dem Material noch vorhandene Lösungsmittel, man erwärmt noch 1 Stunde, bis die Gasentwicklung aufhört und erhält so den betreffenden Gegenstand nach dem Erkalten vollkommen gleichmäßig durchgefärbt. **(D. R. P. 266 708.)**

Zum An- oder Ausfärben und zum Imprägnieren schwer färbbaren Stoffen aller Art (z. B. Hartholz) setzt man den Bädern Saponin zu, und zwar bedarf es zur Verbesserung der Bäder und leichten Benetzbarkeit der Stoffe nur sehr geringer Mengen, z. B. 0,01% reinen Quillajasaponins. **(D. R. P. 261 227.)**

35. Ausführungsbeispiele zur Beizung verschiedener Holzsorten. Nachbehandlung.

Eine Beschreibung der praktischen Herstellung von Nußholzbeize findet sich in **Farbenztg. 1922, 1370.**

Zum Beizen von Eichenholz verwendet man nach **D. Tischl.-Ztg. 1910, 83** eine filtrierte Lösung von 1 Tl. käuflicher Nußbeize (in Körnern) in 6 l Wasser. Zweckmäßig löst man in der klaren Lösung etwas Nigrosin G und setzt nach dem Erkalten etwas Salmiakgeist zu. Die Beize läßt sich auch mit anderen Teerfarbstoffen färben und wird durch Zusatz von 10 g Natriumbichromat pro Liter schärfer. Vor dem Beizen ist das Holz sauber abzuputzen, mit heißem Wasser einzureiben und nach dem Trocknen gründlich zu schleifen.

Zur Herstellung von silbergrauen Tönen auf Eiche verwendet man nach **D. Tischl.-Ztg. 1910, 154** eine Lösung von 5—10 g wasserlöslichem Nigrosin in 1 l heißem Wasser. Wenn der Farbton zu blau ist, fügt man eine Lösung von Nußbeize in Wasser bei, wodurch die Färbung mehr mausgrau wird. Nach dem Trocknen läßt man das Holz mit einer Wachssalbe ein (50 g gebleichtes Wachs in 1 l Terpentin) und mattiert mit einem Mattpräparat oder mit weißer Politur. Kupfernitrat- und Kaliumbichromatlösungen erzeugen übrigens ebenfalls graue Töne auf Eiche.

Um Eichen- oder Nußbaumholz tiefschwarz zu beizen, bürstet man die abgeschliffene Oberfläche nach **D. Mal.-Ztg. (Mappe) 31, 221** mit heißer Blauholzextraktlösung ein, bestreicht ferner den noch feuchten Anstrich mit einer wässerigen Lösung von Kaliumbichromat, läßt trocknen und reibt das tiefschwarz gebeizte Stück schließlich mit Leinöl ein.

Alteichenbeizung wird nach **Zimmermann, S. 51** auch mit einer Lösung von 4 g Eisenvitriol in 1 l Wasser ausgeführt. Über Beizung des Eichenholzes mit Pyrogallussäure und durch Räuchern siehe **[31]** bzw. **[33]**.

Linden- und Ulmenholz wird nach **Zimmermann** mit saurer Bichromatlösung perlgrau gebeizt, Erlenholz mit Eisenvitriollösung, Akazie mit Bichromat, Apfel- und Birnbaumholz mit holzessigsaurer Eisenlösung. Salpetersäure 1 : 4 erzeugt auf den meisten Holzarten braune Töne.

Um Birkenholz den bekannten antiken gelben Ton zu verleihen, beizt man es mit einer Lösung, die je nach dem gewünschten Ton 25—250 g Scheidewasser im Liter Wasser enthält; zweckmäßig wird das Holz während des Beizens mit einer Stichflamme erwärmt. Schließlich wird das stark gerauhte Holz im heißen Ofen getrocknet, dann wird die Oberfläche geölt, geschliffen und poliert. Auch 5 proz. Bichromatlösung beizt gelb oder man färbt mit Teerfarbstoffen, löst also z. B. 2 g Tartrazin, 5 g Krystallorange und 2 g Nigrosin in 1 l Wasser. **(D. Tischl.-Ztg. 1910, 91.)** Mausgrau beizt man Birkenholz mit Chromalaunlösung.

Zum Beizen von Tannenholz — soll das Holz nicht aufgerauht werden, so empfiehlt sich statt des Beizens das Lasieren — in grüner Farbe verwendet man sauere Teerfarbstoffe oder ihre Gemenge (Indigocarmin und Pikrinsäure oder Krystallorange) oder man beizt das Holz je nach der Tiefe der Färbung mit einer Auflösung von 20—50 g Pyrogallussäure in 1 l heißem

Wasser vor und beizt mit einer Räucher- oder Salmiakbeize nach, der man 5—10 g Azin- oder Neuechtgrün zugesetzt hat. Näheres in **D. Tischl.-Ztg. 1910, 418.**

Um Kirschbaumholz mahagoniartig zu beizen, kann man sich außer der fertigen Mahagonibeizen des Handels auch einer Lösung von Kaliumbichromat in destilliertem Wasser bedienen. (**D. Tischl.-Ztg. 1910, 308.**) Siehe auch **D. Tischl.-Ztg. 1910, 314.** Eisenvitriol erzeugt auf Kirschholz perlgraue Töne.

Um rohes Ahornholz schwarz zu beizen, verwendet man entweder eine Lösung von 50 g Nigrosin T in 1000 l Wasser oder man löst nach **D. Tischl.-Ztg. 1911, 256** 100 g Blauholzextrakt in kochendem Wasser, dem man 10 g calcinierte Soda zusetzt. Nach dem Trocknen des heiß gebeizten Holzes behandelt man mit einer Auflösung von 50 g Kaliumbichromat oder mit einer Lösung von holzessigsaurem Eisen in Wasser nach. Wenn das Holz schon geölt und lackiert ist, verwendet man zum Schwarzfärben 30—50 g Nigrosin spritlöslich, das man in 1 l Spiritus löst und auf das Holz aufstreicht. 10grädige Chromalaunlösung erzeugt auf Ahornholz ähnliche rötlich-hellgraue Töne wie eine gleichstarke Eisenvitriollösung.

Um Amarantholz einen violetten Farbton zu verleihen, beizt man es nach **D. Tischl.-Ztg. 1911, 232** mit einer Auflösung von 15—20 g Kaliumbichromat in 1000 l Wasser und ölt nach dem Trocknen leicht ein. Der gewünschte tiefviolette Ton läßt sich durch diese Behandlung sofort erzielen, während das früher geübte Räuchern mit Salzsäuredämpfen nur unschöne Färbungen ergab, die wochenlang zu ihrer Entwicklung brauchten, allerdings dafür auch dauerhafter waren. Zum Polieren soll nur wenig Bimsstein und nur gebleichte, weiße Politur benützt werden, da gelbe Politur den violetten Farbton ungünstig beeinflußt.

Zur Haltbarmachung und Verschönerung der inneren und äußeren Färbung gebeizter oder gefärbter Hölzer kocht man sie nach der Beizung mit einer Mischung von gelöschtem Kalk, Rüböl oder anderen Ölen oder Fetten und Wasser. Diese Holzwaren behalten dauernden Glanz, während beim bloßen Einreiben mit Öl und folgendem Spülen mit Kalkwasser Glanz und Farbe verloren gehen. (**D. R. P. 166 388.**)

36. Imitieren edler Holzarten.

Nach **D. R. P. 234 063** werden zur Färbung minderwertigen Holzes, um ihm das Aussehen wertvolleren Holzes zu geben, Farblösungen, die aus Rinden- und Holzextrakten hergestellt sind, verwendet. Diese Farbflüssigkeiten müssen Bestandteile verschiedener Löslichkeit und verschiedener capillarer oder osmotischer Eigenschaften besitzen, so daß sie bei der Imprägnierung der Hölzer im Vakuum die Zellen je nach ihrer Weite verschieden stark ausfüllen. Man gewinnt so durch Tränkung billiger aber fester Holzarten (Birke oder Ahorn) mit Farbflüssigkeiten der genannten Art und folgende Nachbehandlung des Holzes während mehrerer Stunden mit kochendem Wasser oder Dampf von 100° ohne Druck Hölzer, die die Maserung von Nußbaum, Mahagoni und anderen Edelhölzern zeigen, wenn man je nach dem gewünschten Effekt z. B. Mischungen aus Extrakten der kanadischen Hemlocktanne, der Pechtanne oder des Mahagoniholzes mit Teerfarbstoffen getont zur Anwendung bringt.

Um Eichenholz in vollkommener Weise zu imitieren, geht man nach **Farbe und Lack 1912, 262** am besten vom Holz der Rotbuche aus; Nadelhölzer kommen schon wegen der Sichtbarkeit der Jahresringe gar nicht in Betracht und Eschen- und Ulmenholz sind zu teuer. Die Beizung selbst, die mit den verschiedensten anorganischen oder organischen Beizmitteln erfolgen kann, läßt sich nicht nach bestimmten Vorschriften ausführen, da das Alter und die Art des zu beizenden Holzes ebenfalls eine bedeutende Rolle spielen und da ein und dasselbe Beizmittel auf Holz derselben Gattung verschieden einwirken kann. Es empfiehlt sich daher, nach den folgenden Beizvorschriften zunächst Versuchshölzer zu imprägnieren.

Zur Imitierung von Eichenholz beizt man Weichholz nach **D. Tischl.-Ztg. 1911, 71 u. 91** mit einer Lösung von Pyrogallussäure in heißem Wasser vor und übersetzt nach dem Trocknen mit einer Lösung von 25 g Kaliumbichromat in 1 l Wasser.

Über Herstellung von Eichenstruktur auf der Oberfläche von Weichhölzern auf mechanischem Wege siehe **D. R. P. 260 264.**

Zur Imitierung von Nußbaumholz verwendet man eine Lösung von Nußbaumkörnerbeize (**Zimmermann, S. 55**) evtl. unter Zusatz von Mahagonirot, Drachenblut oder Alkaninrot in Wasser. Von Teerfarbstoffen eignen sich besonders die tief in das Holz eindringenden Anthracenfarbstoffe, z. B. Anthracenchrombraun, von dem man 25—50 g unter Zusatz von 25 ccm Salmiakgeist in 1 l kochendem Wasser löst; die Farbe wird naß aufgetragen, mit einem Schwamm nachgewischt, dann kann man nach Belieben lackieren oder auch mattieren. (**D. Tischl.-Ztg. 1911, 71.**) Vgl. **Dingl. Journ. 214, 426.**

Ein Verfahren zur Nachahmung von Nußbaumholz auf einem mit Bimsstein abgeschliffenen Grund von gleichen Teilen Ölfirnis und Terpentinöl mit 3 Tl. hellem Ocker und 1 Tl. Bleiweiß mit Kasseler Erde und mehr oder weniger Essig, je nach der gewünschten Dunkelheit, ist in **D. Ind.-Ztg. 1867, Nr. 4** beschrieben.

Zum Imitieren edler Holzarten (Eiche, Nußbaum, Palisander) verwendet man nach **Farbe und Lack 1912, 73** als billigste Beize eine Lösung von syrischem Asphalt in Terpentinöl unter Zusatz von öllöslichen Farben. Diese Lösung, zu der auch ein Terpentinölersatzprodukt verwendet werden kann, wird, wenn zugleich matter Glanz erzielt werden soll, mit einer konzentrierten Wachs-Terpentinlösung vermischt.

Auch mit einer salpetersäurehaltigen Gelbholz-Eisenchloridbeize kann man gewöhnlichem Holze das täuschende Aussehen von Nußbaumholz verleihen. **(D. Ind.-Ztg. 1868, Nr. 46.)** Vgl. die Permanganatmethode im **Polyt. Zentr.-Bl. 1870, 1519.**

Zur Imitation von Palisanderholz aus Eichenholz legt man nach **D. R. P. 214 192** frisches Eichenholz so lange in eine mit Teerfarbstoffen und Eisensalzen versetzte hochprozentige alkoholische Ammoniaklösung, bis die Eisensalze mit der vorhandenen Gerbsäure blauschwarze Streifen gebildet haben und das Holz vollständig durchgefärbt erscheint. Es ist dann auch härter und dichter und zugleich schwer entflammbar geworden.

Um Birnbaumholz tiefschwarz zu beizen, behandelt man es mit einem Galläpfel-Spritextrakt vor und überstreicht die Stücke dann mit einer wässerigen Eisenvitriollösung. Ein Überzug von in Terpentinöl gelöstem Wachs und sorgfältiges Bürsten verleiht dem Holz das Aussehen von Ebenholz. Rascher wird ein mattglänzender Überzug hergestellt durch Aufstreichen einer dünnen Schellacklösung in Spiritus. **(Industrieblätter 1872, Nr. 48.)**

Nach einem Referat in **Jahr.-Ber. f. chem. Techn. 1881, 946** wird eine schwarze Ebenholzbeize für Birn- oder Nußbaumholz hergestellt durch Verkochen von 40 g Galläpfeln, 4 g geraspeltem Campescheholz, 5 g Eisenvitriol und 5 g Grünspan mit Wasser. Man filtriert, bestreicht das Holz mit der warmen Lösung und behandelt nach jedesmaligem Trocknen dreimal mit der warmen Lösung von 10 g Eisenspänen in 75 ccm Essig nach. Siehe ferner **Zimmermann, S. 72.** Vgl. **Polyt. Zentr.-Bl. 1864, 1100.**

Um dem Eichenholz eine dem Ebenholz ähnliche tiefschwarze Färbung zu erteilen, verfährt man auf folgende Art: Das zu färbende Eichenholz wird 2—3 Tage in eine mit warmem Wasser bereitete Alaunlösung eingelegt, mit einer Abkochung von Campescheholz, unter Zusatz von etwas Indigokarmin, bestrichen, getrocknet und mit einer heißen Lösung von Grünspan in Essigsäure kräftig eingerieben. Die Behandlung wird so oft wiederholt, bis die gewünschte Tiefe des Farbtones erreicht ist, worauf man das Stück mit Öl einläßt. **(Polyt. Zentrh. 1861, Nr. 12.)**

Über Ebenholzimitation aus Eiche siehe auch **Dingl. Journ. 164, 238.**

Eine Vorschrift zur Herstellung von gegen Säuren und Alkalien beständig ebenholzschwarz gefärbten Tischplatten bringt die **Schweiz. Apoth.-Ztg. 1917, 594.**

Nach **E. P. 6538/1908** werden gewöhnliche Holzsorten in ebonitähnliche, politurfähige Massen umgewandelt, wenn man sie unter Druck mit Campescheextrakt und dann mit Eisenacetat behandelt. Die Behandlung wird wiederholt und dazwischen jedesmal getrocknet. Um auch die letzten Essigsäurespuren zu entfernen, wird das gefärbte Holz mit warmer 15proz. Seifenlösung nachbehandelt.

Nußbaum- und Ulmholz lassen sich mit einem eingekochten Absud von Mahagonispänen schön und dauerhaft mahagoniähnlich beizen und färben; jedoch muß die Abkochung mit Regen- oder Flußwasser und nicht mit Brunnenwasser angesetzt werden. Die Farbe bleicht nicht aus, sondern wird mit der Zeit noch dunkler. **(Elsner, chem. techn. Mitt. 53, 1.)**

Über Mahagoniholzimitationen und das Dunklerbeizen natürlichen Mahagoniholzes mit einer 5proz. wässerigen Kaliumbichromatlösung oder mit einer Lösung von 50 g Alkanawurzel, 100 g Aloe und 100 g Drachenblut in 1 l 95proz. Spiritus siehe **Elsners Chem.-techn. Mitt. 1863/64, S. 91.** Siehe auch das komplizierte Verfahren in **Dingl. Journ. 170, 315** und **ebd. 205, 578.**

Zur Herstellung eines Cedernholzersatzes tränkt man Holz, um es leichter bearbeiten zu können, nach **D. R. P. 126 618** mit Paraffin, Stearin oder dgl. und entfernt das Imprägnierungsmittel nach erfolgter Bearbeitung durch Erhitzen oder mit Lösungsmitteln.

Zur Herstellung eines Cedernholzersatzes für die Bleistiftfabrikation werden nach **D. R. P. 224 775** Stäbe aus billigen Holzarten, die durch Ätzen eine rötliche Färbung erhalten haben (Birke, Linde, Ahorn, Erle, Weide) mit einer zur völligen Ausfüllung der Poren nicht zureichenden Menge von porenfüllenden Stoffen (Paraffin) imprägniert und dann erhitzt, bis der Porenfüller schmilzt und völlig eintrocknet; die Weiterverarbeitung des Holzes, das Einschneiden der Rillen usw. erfolgt wie gewöhnlich. Man kocht z. B. Stäbe von Erle, Birke, Linde, Ahorn, Weide, Sykomore mit 1 proz. Schwefelsäure bis der gewünschte Farbton erreicht ist, und erhitzt nach Entfernung der Flüssigkeit die Hölzer so lange in dem 110° heißen Paraffinbad, bis das Wasser aus den Stäben verdampft und eine genügende Paraffinmenge eingedrungen ist. Durch das folgende Trocknen der Hölzer über dem Schmelzpunkt des Paraffins bewirkt man die Verdampfung der letzten Wasserreste und zugleich die gleichmäßige Verteilung des Paraffins.

Zur Imitierung von Cedernholz aus Erle bedient man sich nach **D. Tischl.-Ztg. 1910, 282** einer filtrierten Lösung von Catechu in der 20fachen Menge seines Gewichtes an kochendem Wasser, der man unter Umrühren eine konzentrierte Lösung von Kaliumbichromat zusetzt. Das Holz muß vor der Behandlung ganz trocken sein.

Tiefenbehandlung des Holzes.

Allgemeines über Holzkonservierung. — Metallsalzimprägnierung.

37. Durchfärben der Holzmasse und lebenden Holzes.

Alle färbenden Beizflüssigkeiten dringen nur bis zu einer gewissen Tiefe in das Holz ein und wenn, wie es häufig den Anschein hat, die Farblösung auf der anderen Seite eines bestrichenen Furnieres wieder hervortritt, so bleiben doch, wie man beim Zerschneiden des Holzes leicht feststellen kann, die großen Zellen des Inneren ungefärbt. Ein völliges Durchdringen ist nur möglich, wenn man den Beizauftrag sehr oft und auf völlig trockenem Holze vornimmt oder wenn man das Holz in geschlossenem Gefäß zuerst der Einwirkung von Alkoholdämpfen aussetzt und die Farbflüssigkeit, nachdem der Kessel leergepumpt ist, etwa 12 Stunden unter Druck auf das Furnier einwirken läßt.

Schwer durchfärbbare Materialien wie Holz, Stein, Horn oder auch Textilwaren (Filz) behandelt man nach **D. R. P. 266 708** mit einer das betreffende Material durchdringenden, leicht flüchtigen Verbindung, wie z. B. Äther, Benzin oder Tetrachlorkohlenstoff und bringt die Stoffe dann in die heiße Farblösung. Auch hierbei spielt die Beschaffenheit des Holzes, die dichte oder lockere Struktur, der Harzgehalt eine ebenso große Rolle wie die Zusammensetzung der gewählten Teerfarbstoffe, da diese natürlich hitzebeständig sein müssen. Man bedient sich entweder geschlossener Apparate, in denen das Holz erst mit Wasser unter Druck ausgelaugt und dann mit obengenannten, leicht löslichen sauren Teerfarbstoffen ebenfalls unter Druck während 2 bis 12 Stunden kochend gefärbt wird, oder man verwendet nach dem Vakuumsystem arbeitende Maschinen, in denen das Holz in seiner ganzen Masse luftleer gemacht wird, worauf man die Farbflotte einläßt, die dann das Holz gleichmäßig durchdringt. Für diese Färbemethode sind ebenfalls die Säurefarbstoffe am besten geeignet. (Vgl. Andés, Vollendungsarbeiten, Wien und Leipzig.)

Zur Durchfärbung von Holzfurnieren kocht man sie im Drucktopf unter 0,5 Atm. Überdruck mit einer Lösung von 2—5 g Farbstoff in 2500 ccm Wasser je nach der Holzart 2—6 Stunden, wäscht die Platten, trocknet, zieht sie ab und poliert. Etwa vorhandene Ungleichmäßigkeiten lassen sich durch Nachmalen mit derselben, etwas stärkeren Farbstofflösung beseitigen. Ganz reine Färbungen erzielt man, wenn man die Furniere vor dem Färben 24 Stunden in eine ammoniakalische 3proz. Wasserstoffsuperoxydlösung einlegt. Dickere Platten werden zweckmäßig unter 4 Atm. Druck zuerst mit Wasser gekocht und dann erst nach Entfernung der dunklen Brühe unter 2—3 Atm. Druck gefärbt. Schwarz durchgefärbte Hölzer erhält man durch Kochen des mit 10proz. Natronlauge vorgebeizten Materiales während 12 Stunden unter schwachem Druck in einem Farbbade, das Blauholzabkochung, holzessigsaures Eisen und Nigrosin enthält; graue Färbungen der Furniere erzielt man durch mehrtägiges Einlegen in eine kalte verdünnte Lösung von holzessigsaurem Eisen. **(W. Sonne, Zeitschr. f. angew. Chem. 1903, 242.)**

In Anwendung kolloidaler Reaktionen auf die Holzfärberei treibt man aus den zu färbenden Hölzern mit 3proz. Seifenlösung in einem besonderen Apparat unter hydraulischem Druck den Holzsaft aus, läßt die Hölzer zwei Tage ruhen und färbt nun mit der homogenen kolloidalen Lösung, die man erhält, wenn man den Niederschlag, der durch Vereinigung der Lösungen basischer und saurer Farbstoffe entsteht, in einem Überschuß der einen Komponente löst. Diese Lösung z. B. von Brillantgrün und Naphtholschwarz wird dann in ihrer kolloidalen Form mittels desselben Apparates in das Holz injiziert und im Holze durch die Seifenlösung ausgefällt. Die zur Imitierung edler Holzarten aus gewöhnlichem Holze in dem gewünschten Tone gefärbten Hölzer werden dann naß zersägt und unter sorgfältiger Berücksichtigung der Bretterdicke, Art und Härte des Holzes im warmen Luftstrom getrocknet. **(M. de Keghel,** Ref. in **Zeitschr. f. angew. Chem. 25, 1264.)**

Zum Buntfärben von Holzstämmen befestigt man auf der Farbstoffeintritts-Hirnfläche des Stammes nacheinander verschiedene Leder- oder Kautschukschablonen und preßt nunmehr bei jeder Schablone eine anders gefärbte Flüssigkeit durch, so daß die später angewendeten Schablonen immer neue vorher verdeckt gewesene Flächen freilassen. **(D. R. P. 146 133.)**

Zum Färben von Holzstämmen bringt man den Farbstoffbrei in gewünschter Zeichnung auf die Hirnfläche des Stammes und preßt in den Umrissen derselben Zeichnung Imprägnierflüssigkeit oder Gas durch die Stammlänge, wobei zur Verhinderung des Verwischens der Konturen innerhalb der Zuleitungskammer diese durch Moos oder Sägespänen ausgefüllt werden kann. Beim Zerschneiden des Stammes in Bretter erhält man diese in natürlicher Färbung mit je nach der Wahl und Zahl der auf die Stirnfläche aufgetragenen Farbarten. **(D. R. P. 247 651.)**

Eine Vorrichtung zum Imprägnieren und Durchfärben von Holzstämmen ist ferner in **D. R. P. 240 126** beschrieben.

Um lebendes Holz zu färben umgibt man nach Angaben von **Zimmer, Polyt. Zentr.-Bl. 1859, 552,** die freigelegten Wurzeln des Baumes schüsselförmig mit einer Tonschicht, so daß auch die Sohle mit einer Tonlage bedeckt ist, gießt in diese schüsselförmige Vorrichtung 8 bis

10 proz. Alaunlösung ein und sorgt dafür, daß das Holz stets mit der Alaunlösung bedeckt bleibt. Bei diesen Versuchen war die Alaunlösung nach einigen Tagen bis in die Gipfel der Stämme gedrungen, sie wurden gefällt und blieben unabgewipfelt einige Tage liegen. Diese Versuche wurden im Jahre 1850 angestellt. Aus den imprägnierten Stämmen wurden Dachsparren angefertigt und damit ein Gebäude eingedacht; nach 9 Jahren fanden sich bei der Untersuchung die aus imprägnierten Stämmen geschnittenen Sparren noch frei von Wurmfraß, während gleichzeitig mitaufgelegte Sparren von nicht imprägniertem Kiefernholz gänzlich vom Wurmfraß zerstört waren.

Das Verfahren, das seine Vorläufer in einem englischen Patent aus dem Jahre 1839, ferner in den Arbeiten von **Strasburger** und **Boucherie** hat, wird in der Weise ausgeführt, daß man Malachitgrün oder Methylenblau in 1 proz. Lösung dem über der Wurzel durchbohrten Stamme aus einem Vorratsbehälter mittels eines Zuleitungsrohres mit Hahnverschluß langsam zuführt, nachdem man den das Bohrloch einseitig verschließenden Kork entfernt, den Bohrkanal vollständig mit Flüssigkeit gefüllt und das Bohrloch wieder geschlossen hat.

Statt der Teerfarbstoffe (Eosin eignet sich weniger, da es das Holz nur rotgeadert erscheinen läßt) kann man auch Stoffe verwenden, die, wie z. B. salzsaures Anilin oder andere Basen, mit dem Lignin des Holzes typische Farbreaktionen geben. Mit ersterem Salz kann man bei einem Verbrauch von 10 l der 1 proz. Lösung in zwei Tagen Birke bis in das Laub so dunkel färben, daß die Blätter die Farbe von jenen der Blutbuche annehmen, doch werden gleichmäßige Färbungen nur erzielt, wenn man ohne Überdruck arbeitet. Schließlich kann man auch Stoffe verwenden, die dem Holze durch seine nachfolgende Behandlung im geschnittenen Zustande einen bestimmten Farbton geben, in erster Linie Tannin, das, wie bekannt, gerbstofffreie Hölzer so vorbereitet, daß sie durch folgende Behandlung mit Ammoniak einen tiefdunklen Farbton annehmen. **(M. Kleinstück, Zeitschr. f. angew. Chem. 26, I, 239.)**

Lebendes, wachsendes Holz läßt sich nach einem Referat über eine Arbeit von **L. Ottinger, Chem.-Ztg. Rep. 1910, 271,** imprägnieren durch Anschneiden des Stammes und Einfließenlassen einer Farbstofflösung in die Bastfaser. Man verwendet Oxydationsmittel und Rindenextrakte, seltener Teerfarben. Ebenso können auch Gemenge von Farblösungen und Konservierungsflüssigkeiten Anwendung finden. Der zirkulierende Saft der Pflanze führt die Farbstofflösung bis in die äußersten Spitzen, sogar bis in die Blätter, und man erhält nuancenreiche Färbungen im Gegensatz zu jenen, die man durch Druck im toten Holze erzeugt.

38. Literatur über Holzkonservierung, Einteilung der Methoden.

Scheden, Rationell praktische Anleitung zur Konservierung des Holzes. Leipzig 1860. — Buresch, Der Schutz des Holzes gegen Fäulnis und sonstiges Verderben. Dresden 1880. — Andés, L. E., Das Konservieren des Holzes. Wien und Leipzig 1895. — Heinzerling, G., Die Konservierung des Holzes. Halle a. S. 1885 und die betreffenden Kapitel in den genannten Handbüchern über Holz. — Troschel, E., Handbuch der Holzkonservierung. Berlin 1916. Bub Bodmar, F., und B. Tilger, Die Konservierung des Holzes in Theorie und Praxis. Berlin 1922.

Über eine große Zahl der seit dem Jahre 1700—1875 vorgeschlagenen Holzkonservierungsmittel berichtet **Armengaud.** Ein Auszug dieser wertvollen Publikation findet sich in **Polyt. Zentr.-Bl. 1875, 285.**

Eine ähnliche Tabelle der von 1657—1850 verwendeten Holzkonservierungsmittel stellte überdies schon **I. A. Stöckhardt** in **Jahr.-Ber. f. chem. Techn. 1857, 446** zusammen.

Eine umfassende Zusammenstellung aller Verfahren zur Behandlung des Holzes mit Chemikalien zu dem Zwecke, um Produkte zu erzielen, die gegen die verschiedensten Einflüsse beständig sind, bringt **S. Halen** in **Kunststoffe 1912, 424, 449 u. 461.** Die Tabellen enthalten, mit dem Jahre 1855 beginnend, alle Verfahren, die zur Konservierung des Holzes mit Metallsalzen und Säuren, mit organischen Verbindungen und mit einem Gemenge organischer und anorganischer Verbindungen dienten.

In **D. Ind.-Ztg. 1868, 203** veröffentlicht **J. Rütgers** eine umfassende gründliche Arbeit über die Konservierung des Holzes durch Imprägnierung mit Salzen, Steinkohlenteeröl usw., die heute noch viel interessante Einzelheiten bietet. Vgl. dazu **M. Rösler, Polyt. Notizbl. 1868, 257.**

In **Kunststoffe 5, 86, 98** u. **111** bespricht **Th. Wolff** die einzelnen Konservierungsmethoden, die künstliche Trocknung, das Austrocknungsverfahren von **René,** das Auslaugen des Holzes und das Imprägnieren mit Metallsalzen und öligen Stoffen nach **Kyan, Payne, Boucherie, Burnett, Bethel, Rütgers, Rüping, Wolmann** und **Powell.** Vgl. die Aufsätze in **Glückauf 1904, Nr. 15; Chem.-Ztg. 1909, 701; Rep. 1912, 334; Braunkohle 11, 717; Kunststoffe 1913, 224, 267** u. v. a.

Über Bestimmung des Handelswertes von Holzkonservierungsmitteln siehe das Referat über eine Arbeit von **H. F. Weiß** in **Kunststoffe 1913, 310.**

Den Wert von Laboratoriumsversuchen für die Holzimprägnierung und ihre Ergebnisse, besonders was die Feststellung der pilzwidrigen Eigenschaften neuer Imprägniermittel betrifft, bespricht **R. Novotny** in **Zeitschr. f. angew. Chem. 1911, 923.**

Über die Holzkonservierung und die Art ihrer Anwendung, mit Zahlenangaben über die Arbeitsweise in Amerika siehe **Zeitschr. f. angew. Chem. 28, III, 181.**

Eine Zusammenstellung der Verfahren zur Behandlung des Holzes mit Chemikalien, um gegen die verschiedenen Einflüsse beständige Produkte zu erhalten, bringt **Marschalk** in **Kunststoffe 1917, 60** u. **77.**

Über Holzimprägnierung siehe auch die Angaben von **W. Kimberg, Zeitschr. f. angew. Chem. 1921, 183.**

Über die seit Kriegsbeginn in Deutschland bekannt gewordenen patentierten Verfahren zur chemischen Holzveredelung und Imprägniernng siehe **S. Halen, Kunststoffe 9, 45,** vgl. **E. O. Rasser** in **Bayer. Ind.- u. Gew.-Bl. 102, 81.**

Holz ist in trockener Luft von unbegrenzter Haltbarkeit, wie dies beispielsweise die ägyptischen Mumiensärge aus Zypressenholz beweisen. Auch ständig unter Wasser gehalten ist es von sehr langer Dauer (Pfahlbauten).

Die Zerstörungen, denen das Holz unterliegt, werden durch Bakterien, Pilzsporen und ferner durch bestimmte Insekten hervorgerufen. Die Konservierungsmethoden unterscheiden sich dementsprechend nach der Art des zerstörenden Einflusses, sind aber auch, je nach der Hölzergattung, von verschiedener Art. Der Dauerhaftigkeit nach folgen hintereinander von dem widerstandsfähigen Cedern- und Cypressenholz, Eiche, Ulme, Lärche, Kiefer, Fichte, Buche, Weide, Erle, Pappel, Espe und Birke, wobei allerdings äußere Umstände und Behandlung des Holzes von großem Einfluß sind. So beträgt z. B. die Lebensdauer von Holzröhren aus Kiefernholz in festem Boden 20 Jahre, in losem Sande 4—7 Jahre, nach sorgfältiger Imprägnierung jedoch ebenfalls 15—20 Jahre, wobei Bedingung ist, daß die Rohre stets unter Wasser gehalten werden. **(Zeitschr. f. angew. Chem. 29, 300.)**

Da die Protoplasma und Eiweiß enthaltenden Zellsäfte die Nahrung für die holzzerstörenden Pilze bilden, sucht man dieselben zwecks Dauerhaftmachung des Holzes mittels fließenden und bei kleineren Stücken durch kochendes Wasser auszulaugen bzw. durch Dämpfen zu entfernen. Die letztere Methode wirkt nur unvollkommen, überdies wird auch die Farbe mancher Hölzer stark beeinträchtigt.

Im allgemeinen besteht die Konservierung des Holzes in seiner Behandlung mit Substanzen, die geeignet erscheinen seine Gebrauchsdauer zu verlängern oder in der eigenartigen Behandlung des Holzes, wodurch ihm bestimmte Bestandteile entzogen werden. Insbesondere die Eisenbahn- und Telegraphenverwaltungen, ferner die Grubenbetriebe, die zu den größten Holzkonsumenten zählen, trachten ihre Schwellen, Telegraphenstangen, Grubenhölzer usw. länger zu erhalten; vor allem ist es wünschenswert, die wenig dauerhaften (2—3 Jahre) Buchenschwellen widerstandsfähiger zu machen, um im Interesse der Eichenwaldungen, aber auch vom Kostenstandpunkt aus Eichenschwellen möglichst zu vermeiden. Tatsächlich zeigten imprägnierte Buchenschwellen eine Durchschnittslebensdauer von 13—17 Jahren.

Nach **Heinzerling** werden die Konservierungsmethoden für Holz wie folgt eingeteilt:

1. Konservieren durch Austrocknen:
   a) Trocknen im Dörrofen;
   b) Trocknen mit überhitztem Wasserdampf bzw. Dämpfen des Holzes;
   c) Ankohlen des Holzes.

Das Carbonisieren oder Ankohlen des Holzes, das übrigens schon den Römern bekannt war, bezweckt den im Holz enthaltenen schädlichen organischen Stoffen ihre Wirksamkeit zu nehmen, wodurch tatsächlich, soweit unter der Verkohlung nicht die Festigkeit des Holzes gelitten hat, erhöhte Dauerhaftigkeit erzielt wird. So werden beispielsweise manchmal Eisenbahnschwellen mittels eines Leuchtgasgebläses angekohlt.

2. Konservierung durch Luftabschluß:
   a) Durch Überziehen mit einer undurchdringlichen Schicht;
   b) Imprägnieren der Hölzer mit Flüssigkeiten, die nach dem Verdampfen die Poren verstopfen;
   c) Luftabschluß durch Erzeugung von unlöslichen Verbindungen im Holze.

Die Verfahren dieser Reihe umfassen die Ausführung aller Holzanstriche, Lacke, Polituren usw., ebenso wie die Methoden, die durch Wechselwirkung verschiedener Stoffe innerhalb der, der Oberfläche zunächst liegenden Holzteile zur Bildung unlöslicher Schutzschichten führen. Diese Art der Holzkonservierung führt nur dann zum Erfolg, wenn auch hier getrocknete und womöglich ausgelaugte Hölzer verwendet werden. **[43.]**

3. Imprägnierung des Holzes mit antiseptisch wirkenden Substanzen.

Diese zerfallen in die zwei Klassen der wasserlöslichen und öligen Holzkonservierungsmittel. Die wichtigsten Vertreter der ersteren sind Zinkchlorid, Quecksilberchlorid, Kochsalz und Kupfersulfat, zur zweiten Klasse gehören Kreosotöl und rohes Erdöl.

   a) Imprägnierung mit Metallsalzen.
   b) Imprägnierung mit Teeröl und ähnlichen Produkten:
      1. Ein- oder mehrmaliges Anstreichen.
      2. Einlegen der Hölzer in die kalte oder erwärmte Imprägnierflüssigkeit.
      3. Kochen der Hölzer in der Imprägnierflüssigkeit.

4. Einpressen der zur Konservierung dienenden Flüssigkeit unter Druck:
   a) bei vorhergehender Evakuierung;
   b) bei vorhergehendem Dämpfen des Holzes;
   c) bei vorhergehendem künstlichen Trocknen des Holzes mit oder ohne Evakuierung.
5. Einpressen der Imprägnierflüssigkeit durch hydraulischen Druck:
   a) bei noch auf den Wurzeln stehenden Stämmen [37];
   b) bei bereits gefällten, behauenen Stämmen.
6. Aufsaugung der in die Nähe der Wurzeln gebrachten Imprägnierflüssigkeit durch die gewöhnliche Lebenstätigkeit der Pflanze.
7. Das Holz wird den Dämpfen der konservierend wirkenden Substanz ausgesetzt.

4. Konservierung durch Entfernung der leicht zersetzlichen Saftbestandteile aus dem Holze:
   a) durch Auslaugen des Holzes mit Wasser;
   b) durch Auskochen des Holzes;
   c) durch Verdrängen des Saftes unter hydrostatischem Druck;
   d) Verdrängung des Saftes durch Komprimierung des Holzes.

Unter den 4 Konservierungsarten ist die wirksamste die Imprägnierung des Holzes mit den Lösungen chemischer Stoffe.

39. Imprägnierungsmethoden.

Die erste Anregung zum Imprägnieren mit Salzen ging 1705 von **Homberg** aus, der das Holz durch Eintauchen in eine Quecksilberchloridlösung konservieren wollte; vom Jahre 1770 an wurden fast ununterbrochen Vorschläge gemacht, die in einer gewaltigen Zahl von Patentschriften und einer umfangreichen Spezialliteratur niedergelegt sind.

Unter diesen Verfahren sind nennenswert:

Burnettisieren: Im Jahre 1838 schlug **Burnett** das Imprägnieren mit 1proz. Zinkchloridlösung vor.

Das Imprägnieren geschieht in ähnlicher Weise wie bei dem später beschriebenen Bethellisieren. Da das Verfahren billig ist, wird es trotz vieler Nachteile doch zum Imprägnieren von Eisenbahnschwellen, seltener von Telegraphenstangen benutzt. Solche Schwellen dauern durchschnittlich 10 Jahre.

Boucherisieren: Dieses 1840 von **Boucherie**, einem französischen Arzt, vorgeschlagene Verfahren besteht in der Imprägnierung frisch gefällter, unentrindeter Stämme mit 1proz. Kupfervitriollösung, wobei die frisch geschlagenen, nicht entrindeten Bäume horizontal nebeneinander gelegt und die Zopfenden in eine geeignete Rinne eingeführt werden, welche dazu bestimmt ist, die etwa ausfließende Flüssigkeit zu sammeln; auf die Schnittfläche eines jeden Stammendes wird ein starkes Brett aufgeschraubt und zwischen diesem und der Schnittfläche durch Anziehen der Muttern ein starker Kautschukring eingeklemmt, wodurch eine hinreichend wasserdichte Kammer hergestellt wird. In diese Kammer gelangt die Tränkflüssigkeit durch eine an dem Brett angebrachte hölzerne Rohrleitung, die durch eine Kautschukröhre von geringem Durchmesser, aber hinreichender Wandstärke mit einem langen Kupferrohre in Verbindung steht. Letzteres ist mit einer erforderlichen Anzahl Rohrstützen versehen und an einen höher gelegenen, geräumigen Behälter angeschlossen, dessen Höhe über den zu imprägnierenden Stämmen mit dem Widerstand wechselt, den das Holz dem Eindringen der Kupfervitriollösung entgegensetzt.

Das Verfahren hatte sich damals gut bewährt, besitzt jedoch auch Nachteile. So wird z. B. das Kupfersulfat durch Wasser ausgelaugt, zersetzt sich unter gewissen Umständen im Holz und ist verhältnismäßig teuer, wozu u. a. auch der Umstand beiträgt, daß die Stämme nur in frisch gefälltem Zustande imprägniert werden können, so daß bei der Verarbeitung viel imprägniertes Holz abfällt. Auf diese Weise imprägnierte Telegraphenstangen dauern durchschnittlich 13 Jahre. Das Tränkungsverfahren mit Kupfervitriol ist heute verlassen, da das Steinkohlenteeröl dem Kupfervitriol als Imprägnierungsmittel weit überlegen ist.

Kyanisieren: Dieses Verfahren wurde 1832 von dem Engländer **Kyan** vorgeschlagen. Es besteht in der Imprägnierung mit einer 2—3proz. Lösung von Quecksilberchlorid (Sublimat); kyanisiertes Holz ist hauptsächlich für Telegraphenstangen geeignet. Für menschliche Behausungen, Ställe, Treibhäuser u. dgl. darf es wegen der Giftigkeit des Sublimates nicht verwandt werden. Eine geschichtliche Zusammenstellung über den künstlichen Schutz des Holzes durch Ätzsublimat (Kyanisierung) bringt **Moll** in **Zeitschr. f. angew. Chem. 26, 459.**

Metallisieren, Paynesieren: Von **Payne** zuerst vorgeschlagen, bezweckt dieses Verfahren dem Holze zwei Salze zuzuführen, die bei ihrem Zusammentreffen eine unlösliche Verbindung eingehen. Beispielsweise hat man Eisenvitriol und Kalklösung, Schwefelnatrium oder -barium als Imprägniersalze vorgeschlagen; das Verfahren hat sich nicht bewährt.

Bethellisieren: 1838 von **Bethell** vorgeschlagen. Dieses Verfahren, das in dem Imprägnieren des Holzes unter Druck mit Teeröl oder Kreosot besteht, ist als das beste und vorteilhafteste zu bezeichnen. Das imprägnierte Holz ist jahrzehntelang haltbar.

Das Imprägnieren geschieht in der Weise, daß man das Holz in große, eiserne, luftdicht verschließbare Zylinder bringt, kurze Zeit dämpft oder nur gut anwärmt, sodann die im Holz wie im Kessel befindliche Luft auspumpt, die Imprägnierflüssigkeit in den Kessel einläßt und schließlich unter einem Druck von 6—9 Atm. in das Holz hineinpreßt. Nach **A. P. 1 396 899** empfiehlt es sich das Holz vor der Behandlung mit einem Konservierungsmittel bei 100° im Dampfstrom zu durchfeuchten.

Diesen Verfahren reihen sich noch andere, wenig bekannte an, die jedoch für Massenarbeit (Schwellen, Grubenholz usw.) keine und für Zwecke der Möbel- und Parkettholzindustrie auch nur zum Teil praktische Bedeutung erlangt haben. So kann man das Holz z. B. durch Imprägnieren mit Talg, Talg und Wachs, Paraffin, Leinöl oder Lösungen von Harz ausgezeichnet konservieren, doch sind diese Methoden naturgemäß zu teuer, um in größerem Maße Anwendung finden zu können.

Erwähnt sei auch die (übrigens ganz unvollkommene) Methode des Anbohrens des zu schützenden Holzes mit folgendem Ausfüllen der Bohrlöcher mit fäulniswidrigen Stoffen. So soll nach Plinius (Nucianus) das Standbild der Diana zu Ephesus durch eine große Zahl feiner Löcher aus einem hochliegenden Gefäße andauernd mit Nardenöl getränkt worden sein. Heute noch benutzt die australische Telegraphenverwaltung ein ähnliches Mittel, nicht gegen den Schwamm, wohl aber gegen die Termiten, und zwar werden die Telegraphenstangen dicht über dem Boden angebohrt und die Löcher mit Arsenik gefüllt. Andere Verfahren nach dieser Methode, die Fäulnisschutz des Holzes bezwecken, sind erfolglos geblieben.

Über die Imprägnierung des Holzes zuerst mit Gerbsäure und dann mit einer Lösung von holzessigsaurem Eisensalz siehe **Hatzfeld, Dingl. Journ. 210, 78.** Dieses Verfahren der Imprägnierung von Holz mit gerbsaurem Eisenoxydul ist natürlich zu verwerfen, da die Eisensalze das Holz in kürzester Zeit zerstören. **(M. Boucherie, Berg- u. Hüttenm. Ztg. 1874, 311.)**

Über Konservierung von Holz mit einer 16—26proz. Ammoniaklösung, die 0,5—1% Salicylsäure enthält, siehe **E. P. 8468/1911.**

Unter den neueren Holzkonservierungsverfahren sei das von **Powell** erwähnt, der das Holz mit einer kochenden schwachen Zuckerlösung imprägniert; zum Schutz gegen Insekten werden evtl. noch giftige Substanzen beigesetzt. **(Vgl. Chem.-Ztg. Rep. 1911, 455.)**

Nach dem Verfahren von **Giussani** bringt man die Hölzer zuerst in 140° heißes Kreosot, dann sofort in kaltes Kreosot von geringerer Dichte und sodann in Zinkchloridlösung; nach **Beaumartin** wird eine Zink- und Kupfervitriollösung durch Diffusion, die durch den elektrischen Strom beschleunigt wird, in die Hölzer eingeführt. Vgl. auch das Verfahren von **Nordon,** nach dem durch eine etwa zehnstündige Einwirkung des elektrischen Stromes sowohl die Cellulose, wie der im Holz enthaltene Saft gegenüber allen Fäulniserregern immun gemacht werden soll. **Dehnst** spricht jedoch der Methode jede praktische Bedeutung ab.

Nach dem Verfahren von **Luther** taucht man das Material (nur in Form dünner Bretter) in flüssigen, 140° heißen Schwefel, dessen Temperatur man dann auf 110° erniedrigt. Ferner werden nach neueren Verfahren auch naphthalinsulfosaures Zink, Kieselfluornatrium, schwefelsaures Eisen und schwefelsaure Tonerde oder auch ammoniakalische Kupferlauge von bestimmter Stärke als Holzimprägnierungsmittel empfohlen.

40. Holzimprägnierungseinrichtungen.

Ein Holzimprägnierungsverfahren ist dadurch gekennzeichnet, daß man mit einer Luftverdünnung arbeitet (0,01 Atm.), die die völlige Öffnung der Poren und das Entweichen der Feuchtigkeit bewirkt, so daß die Imprägnierungsflüssigkeit dann durch den Atmosphärendruck allein gleichmäßig in die Holzporen eingedrückt wird. **(D. R. P. 129 003.)**

Nach einer besonderen Form der Holzimprägnierung läßt man die tränkende Flüssigkeit das Holz in der Faserrichtung durchlaufen, bis es an der Hirnfläche in ursprünglicher Beschaffenheit wieder austritt, und verhindert dieses Austreten, um die Flüssigkeit zu zwingen, das Holz Färben nunmehr radial zu durchdringen. **(D. R. P. 141 174.)**

In **D. R. P. 162 784** und **167 114,** sind Abdichtungseinrichtungen zum Imprägnieren und einzelner Holzstämme angegeben.

Verschiedene Vorrichtungen zum Imprägnieren oder Färben von Langhölzern mittels einer das Holzende umschließenden, evtl. aus Teilen bestehenden Kappe oder mittels eines um den Stamm herumgegossenen Metallringes oder Imprägnierbehälters sind in **D. R. P. 169 182, 169 343, 172 965, 175 881** und **176 527** beschrieben.

Ein Verfahren zum Imprägnieren von Hölzern in einem mit Siebboden versehenen Zylinder mit Ausfüllung der zwischen Holz und Zylinderwand vorhandenen leeren Räume durch einen Sand-, Kohle- oder Ziegelmehlbrei ist in **D. R. P. 208 504** beschrieben.

Ein ähnliches Verfahren zum Imprägnieren, Auslaugen oder Färben von Holzstämmen in einem druckfesten Rohr, wobei statt des Sandbreies ein gasförmiges Druckmittel das Austreten des Imprägnierungsmittels aus den Seitenflächen des Holzes verhindert, war in **D. R. P. 208 661** geschützt.

Über ein Holzimprägnierungsverfahren unter besonderen Druckverhältnissen siehe **D. R. P. 212 911.**

Ein Holzimprägnierungsverfahren, bei dem unter spezieller Druckregelung das Tränkungsmittel ruckweise unter Druck in das Holz gepreßt wird, so daß das Imprägnierungsmaterial nicht nur oberflächlich, sondern bis in die innersten Teile des Holzes eingeführt wird, ist in **D. R. P. 238 347** beschrieben.

Ein Imprägnierungsverfahren für Langhölzer, das mit Druck und seiner plötzlichen Entspannung arbeitet, ist dadurch gekennzeichnet, daß die Imprägnierungslösung bei bestimmter, stark geneigter oder fast aufrechter Stellung des Imprägnierzylinders schrittweise das in den Hölzern befindliche Saft- und Gaspolster nach dem oberen Ende der Stämme treibt, so daß auch die inneren Teile der Hölzer völlig durchtränkt werden. **(D. R. P. 231 238.)**

Siehe ferner:

Verfahren zur Imprägnierung von Langholz unter Beförderung des Eindringens der Tränkungsflüssigkeit durch Anbringen von Öffnungen an der Mantelfläche des Holzes. **(D. R. P. 244 659.)**

Vorrichtung zum Imprägnieren von Holz, bestehend aus homogen verbleiten eisernen Gefäßen und einem, die Innenwandung des Kessels ganz oder teilweise auskleidenden Mantel aus Holz zum Schutz der Bleischicht. **(D. R. P. 257 147.)**

Verfahren und Vorrichtung, um Holz durch Einstechen von Öffnungen für die Aufnahme der Imprägnierflüssigkeit besser geeignet zu machen. **(D. R. P. 281 798 und 282 359.)**

Bei den Tauchverfahren von **Kruskopf, Ott, Giussani** wird das Holz in eigenen Tauchvorrichtungen in Teeröl getaucht. So läßt man z. B. nach **D. R. P. 295 644** zur Verhütung des Verblauens von Schnitthölzern den nach dem Verlassen des Gatters durch Klammern zusammengehaltenen aufgeschnittenen Block im Ganzen in eine möglichst heiße Lösung eines geeigneten Antiseptikums gleiten und bewahrt so vornehmlich kieferne Schnitthölzer vor dem Blaufäulepilz.

41. Ausführung dreier Tränkungsverfahren.

Heute wird das Holz zur Konservierung ausschließlich nach folgenden Methoden konserviert:

1. Tränkung mit Chlorzinklösung allein:

Das im luftdicht verschlossenen Tränkungskessel befindliche Holz wird zuerst durch Dampf erhitzt. Der Dampfzustrom wird so geleitet, daß der mit dem Tränkungskessel verbundene Druckmesser nach mindestens 30 Minuten eine Spannung von $1^1/_2$ Atmosphären Überdruck anzeigt. Dieser Dampfspannung bleibt das Holz weitere 30 Minuten ausgesetzt. Bei etwa vorkommendem frischen Holz, das voraussichtlich die vertragsmäßige Aufnahme an Tränkungsflüssigkeit nicht erreicht, wird die Einwirkung des Dampfes derartig verlängert, daß die Spannung von $1^1/_2$ Atm. 60 Minuten lang erhalten bleibt. Bei dem Einlassen des Dampfes wird die in dem Tränkungskessel befindliche Luft durch einen am unteren Teil des Tränkungskessels befindlichen Verschluß herausgetrieben, bis Dampf ausströmt; in gleicher Weise wird das Dampfwasser entfernt.

Obige Vorschrift gilt für Eichen- und Kiefernholz. Da Buchenholz größere Mengen eines sehr leicht in Gärung übergehenden Holzsaftes enthält, so muß die Einwirkung des Dampfes so lange fortgesetzt werden, bis der Holzsaft im innersten Kern den Siedepunkt erreicht hat.

Das Buchenholz, gleichgültig ob es trocken oder frisch ist, wird zunächst vier Stunden lang der Einwirkung des Dampfes ausgesetzt, wobei die 30 Minuten, die zur Herstellung der Spannung von $1^1/_2$ Atmosphären erforderlich sind, mit eingerechnet werden.

Nach Entfernung des Dampfes wird in dem mit dem Holze gefüllten Tränkungskessel eine Luftverdünnung von mindestens 60 cm Quecksilbersäule erzeugt, welche Luftverdünnung 10 Minuten lang erhalten werden soll. Darnach beginnt die Füllung des Tränkungskessels ohne Verminderung der Luftverdünnung mit Chlorzinklösung, die vorher auf wenigstens 65° erhitzt wurde.

Nach erfolgter Füllung wird mittels Pumpen weiter Chlorzinklösung in das Holz gedrückt und der Druck bis auf mindestens 7 Atm. Überdruck gesteigert. Um die Sättigung des Holzes möglichst vollkommen zu erreichen, soll dieser Druck bei Kiefern- und Buchenholz wenigstens 30 Minuten, bei Eichenholz aber 60 Minuten erhalten bleiben; nach Bedürfnis muß länger gedrückt werden, bis die vorschriftsmäßige Aufnahme an Chlorzinklösung mindestens erreicht wird. Damit ist die Tränkung des Holzes vollendet, und man läßt die Lauge abfließen.

Es wird gewährleistet, daß die durchschnittliche, für jede Kesselfüllung in Betracht zu ziehende Aufnahme an Chlorzinklösung beträgt:

a) für eine Kiefern- oder Buchenschwelle von 2,70 m Länge und 16/26 cm Stärke 35 bzw. 36 kg, für eine dgl. Eichenschwelle 11 kg;

b) für eine Kiefern- oder Buchenschwelle von 2,50 cm Länge und 16/26 cm Stärke 32 bzw. 34 kg, für eine dgl. Eichenschwelle 10 kg;

c) für ein Kubikmeter Kiefern- oder Buchenholz in verschiedenen Abmessungen 310 bzw. 325 kg und für ein dgl. Eichenholz 100 kg.

Diese gewährleistete Aufnahme setzt voraus, daß das Holz gesund und außerdem derartig trocken ist, daß das Kubikmeter Kiefernholz nicht über 630 kg, Buchenholz nicht über 725 kg und Eichenholz nicht über 800 kg wiegt.

Wenn wegen ungenügender Trockenheit oder besonders kerniger Beschaffenheit des Holzes die gewährleistete Aufnahme an Chlorzinklösung nicht erreicht werden kann, so soll die Lösung entsprechend verstärkt werden.

Nimmt z. B. das Kubikmeter Kiefernholz nur 200 statt 310 kg Chlorzinklösung auf, so muß deren Stärke 5,43° Bé betragen, damit die auf die Tränkung verwendete Lösung, auf reines, trockenes Chlorzink berechnet, der gewährleisteten Aufnahme gleich ist.

Die zur Prüfung der Chlorzinklösung erforderlichen Proben werden durch ein mit dem Tränkungskessel unmittelbar in Verbindung stehendes Rohr entnommen. Wenn gemäß einer entnommenen Probe eine Verstärkung der Lösung durch gehaltreichere Chlorzinklösung nötig geworden sein sollte, so muß durch Nachprüfung festgestellt werden, daß die vorschriftsmäßige Lösung während einer halben Stunde im Tränkungskessel vorhanden gewesen ist.

Zur Feststellung der vom Holz bei dem oben beschriebenen Tränkungsverfahren aufgenommenen Menge Chlorzinklösung wird das Holz zunächst vor dem Einfahren in die Tränkungskessel und zum zweiten Male nach geschehener Tränkung, und zwar beim Ausziehen aus den Tränkungskesseln gewogen. Der Gewichtsunterschied ergibt die aufgenommene Menge Tränkungsflüssigkeit.

2. Tränkung mit Chlorzinklösung unter Zusatz von carbolsäurehaltigem Teeröl.

Die Tränkung zerfällt in drei Verrichtungen:

1. Das Dämpfen des Holzes.
2. Die Herstellung der Luftverdünnung und das Einlassen der Tränkungsflüssigkeit.
3. Die Anwendung der Druckpumpe.

Die Tränkung wird ebenso ausgeführt, wie es das unter 1 beschriebene Verfahren mit Chlorzink allein vorschreibt. Ebenso bleiben die Bedingungen für die Gewährleistung der Aufnahme an Tränkungsflüssigkeit bestehen. Das Teeröl wird während der Erwärmung der Chlorzinklösung zugesetzt, und zwar für jede Schwelle von 2,50 m Länge oder mehr 2 kg bzw. für jedes Kubikmeter Holz 20 kg. Um eine möglichst vollkommene Mischung der Chlorzinklösung mit dem Teeröl zu erreichen, muß eine gute Mischvorrichtung unter Zuströmung von Dampf und Luft angewendet werden.

3. Tränkung mit erhitztem Steinkohlenteeröl (Spartränkung Kap. [50]).

Die Tränkung zerfällt in zwei Abschnitte:

1. Das Trocknen des Holzes bzw. das Entziehen des Wassers aus dem Holze durch das erhitzte Teeröl unter Mitwirkung der Luftpumpe.
2. Das Einpressen des Teeröles in das Holz vermittelst der Druckpumpe.

Das zur Tränkung bestimmte Holz wird in den Tränkungskessel eingebracht, den man luftdicht verschließt. Hierauf wird in dem Tränkungskessel eine Luftverdünnung von mindestens 60 cm Quecksilberstand hergestellt und 10 Minuten erhalten und alsdann das vorgewärmte Teeröl unter anhaltender Luftverdünnung so hoch in den Kessel eingelassen, daß es nicht durch die Luftpumpe übergesaugt werden kann. Dieses Einlassen des erwärmten Teeröles erfolgt je nach dem Trockenzustande des Holzes mit Unterbrechungen oder mit einem Male.

Während und nach der Füllung wird das im Tränkungskessel befindliche Teeröl durch ein entweder im unteren Teil des Kessels liegendes Schlangenrohr oder einen unter demselben angebrachten Röhrenkessel mittels Dampfes auf wenigstens 105° C, höchstens 115° C erhitzt. Diese Erhitzung soll während eines Zeitraumes von mindestens 3 Stunden vor sich gehen. Ist der Hitzegrad im Tränkungskessel erreicht, so soll er mindestens 60 weitere Minuten ohne oder unter Luftverdünnung erhalten bleiben, je nachdem dies notwendig erscheint, damit das Holz die erforderliche Menge Teeröl aufnimmt.

Von dem Augenblicke an, in welchem die Füllung des Tränkungskessels mit erhitztem Teeröl beginnt, wird er mit einem Röhrenkühler in Verbindung gesetzt, der alle aus dem Holz entweichenden Wasserdämpfe verdichtet und das gebildete Wasser in ein Auffanggefäß leitet. Dieses Gefäß ist mit einem Wasserstandszeiger versehen, an dem die Menge des aus dem Holze verdampften Wassers ablesbar ist. Nachdem das Trocknen des Holzes bzw. das Entziehen des Wassers aus dem Holze beendigt ist, wird der Tränkungskessel vollends gefüllt und die Druckpumpe in Anwendung gebracht, die einen Druck von mindestens 7 Atm. erzeugt. Dieser Druck wird wenigstens 30 Minuten für Buchenholz und 60 Minuten für Eichenholz unterhalten, wenn nicht eine Verlängerung dieser Dauer zur Erreichung der vorschriftsmäßigen Aufnahme an Teeröl erforderlich ist.

Zur Verhütung der Entzündungsgefahr beim Imprägnieren von Holz in geschlossenen Gefäßen mittels Teeröles oder anderer entzündbare Stoffe enthaltender oder entwickelnder Flüssigkeiten unter Druck, befreit man die in das Holz einzupressende Druckluft dadurch von ihrem Sauerstoffgehalt, daß man sie in besonderer Vorrichtung durch einen brennenden Koksofen führt. **(D. R. P. 185 531.)**

Damit ist die Tränkung des Holzes vollendet, worauf das Teeröl abgelassen wird.

Die Bedingungen für die Gewährleistung der Aufnahme an Teeröl sind ähnliche wie bei der Tränkung mit Chlorzink.

42. Anwendung (Grubenholz, Schwellen usw.), Wirkung und Vergleich.

Die zur Behandlung des Holzes dienenden Imprägnier-, Anstrich- und Überzugsmassen müssen chemisch widerstandsfähig sein, sollen sich an der Luft nicht verflüchtigen, dürfen durch Wasser nicht ab- oder ausgewaschen werden, sollen die überzogenen Gegenstände nicht schädlich beeinflussen und leicht verarbeitbar sein, ohne daß während der Anstreicharbeit oder später Einflüsse auf die menschliche Gesundheit ausgeübt werden. Zu den Imprägniermitteln zählen in erster Linie die Metallsalze und neuerdings, besonders für die Bautechnik, auch die Fluate, weiter Teer und Teeröle und als reine Überzugsmassen Kautschuk-, Celluloid- und Kollodiumlacke. **(Farbenztg. 21, 1171.)**

Was Durchdringungsfähigkeit des Holzes anbetrifft, gaben Kohlenteerkreosot, Carbolineum, Kupfervitriol, Zinkchlorid, Zinksulfat, Kresol, Calcium- und Natriumfluorid, im Gegensatz zu Hartholzteer, Holzasphalt und Natriumsilicat gute Resultate, wogegen die wasserlöslichen Holzimprägnierungsmittel im Gegensatz zu Hartholzteer, Kohlenteerkreosot, Holzkreosot, aber auch Kupfervitriol eine geringe Schwächung des mit diesen Mitteln imprägnierten trockenen Holzes nachweisen ließen. Unter allen Metallsalzen ist Zinkchlorid dasjenige, das sich am leichtesten auslaugen läßt. **(H. F. Weiß**, Ref. in **Zeitschr. f. angew. Chem. 26, 600.)**

In ihrer Giftwirkung folgen einander zwischen Quecksilber als dem stärksten und Fluor als dem schwächsten Element: Silber, Cadmium (Cyan), Kupfer, Zink, Eisen, Kobalt und Chrom; Magnesium und Aluminium ebenso wie die Alkali- und Erdalkalimetalle und die meisten Säureionen sind unwirksam. Auf Grund der weiteren Ausführungen von **F. Moll** in **Zentralbl. f. Bakteriolog.** bietet sich dadurch für die Imprägnierung von Holz mit Salzgemischen eine neue wissenschaftliche Grundlage.

Über die Zukunft der Holzkonservierung mit wasserlöslichen Stoffen siehe **B. Malenkovic, Zeitschr. f. angew. Chem. 1914, I, 132—135.** Nach Ansicht des Verf. werden Fluoride und Dinitrophenol in Zukunft neben den Teerölsparverfahren allein verwendet werden. Zinkchlorid, Kupfervitriol und Sublimat gelten als unzureichend.

Die Entwicklung und den gegenwärtigen Stand der Holzimprägnierung mit Salzen schildert ferner **F. Moll** in **Zeitschr. f. angew. Chem. 28, I, 317 u. 328.**

Vgl. den Aufsatz in **Techn. Rundsch. 1910, 498 u. 515** über den heutigen Stand der **Holzkonservierung** im Hochbau. Der Verfasser kommt nach genauer Prüfung der zahlenmäßigen Angaben über die Wirkungsweise der einzelnen Konservierungsmittel zu dem Schlusse, daß Hölzer für Wasserbau und andere Gebiete nach dem heutigen Stande der Forschung am zweckmäßigsten mit einem Gemisch von Teer und Teeröl imprägniert werden, während für Hochbau in erster Linie die **kieselflußsauren Salze** zur Verwendung gelangen sollen und für Telegraphenstangen und Eisenbahnschwellen ein Teeröl-Sublimatgemenge und das saure Zinkfluorid annähernd gleichwertige Resultate ergaben.

Über die Holzschwellenimprägnierung zum Schutze gegen Fäulnis berichtet **Igel** in **Techn. Rundsch. 1913, Nr. 30 u. 33.**

Über Vergleichsversuche mit verschiedenen Imprägnierungsverfahren (Basilit, Bayer, Quecksilbersilicat, Glückauf, Viczsal, Rüping, ferner von Tauchverfahren die Kyanisierung, das Cruscophenol, Teeröltauchung, Imprägnierung mit Mykantin, Wasserglas sowie Wasserglas und Kalkmilch) für Grubenhölzer siehe **O. Dobbelstein, Glückauf 50, 611.**

Praktische Erfahrungen mit dem genannten Holzimprägnierungsmittel Basilit veröffentlicht **R. Nowotny** in **Österr. Chem.-Ztg. 1921, 84.**

Die verschiedenen Verfahren der Grubenholzimprägnierung mit Quecksilber- oder Zinkchlorid, Kupfer-, Ferro-, Aluminiumsulfat, Teeröl usw., ferner die den einzelnen Verfahren eigenen Vorzüge und Nachteile erörtert **Steens** in **Braunkohlenind. 1908, 2 u. 27.**

Zur Imprägnierung von Grubenhölzern sind die Verfahren der Metallsalztränkung gegenüber jenen mit Teerölen vorzuziehen, da diese wegen ihres durchdringenden Geruches zu Belästigungen der Belegschaft führen. Dabei dürfen jedoch diese Imprägnierlösungen nach **M. Landau** mit dem Holze keine chemische Verbindung eingehen, da unter deren Einfluß z. B. beim Arbeiten mit dem Aczol des Handels (Kupferoxydammoniak) Biege- und Knickfestigkeit des Holzes ungünstig beeinflußt werden. **(Braunkohle 11, 717.)**

Die Bedeutung der Grubenholzimprägnierung geht aus der Tatsache hervor, daß man pro Tonne geförderter Steinkohle mit einem Holzverbrauch von 0,03—0,05 cbm (für Braunkohle nur 0,01 cbm) rechnen muß. Die gangbarsten Imprägnierverfahren der Hölzer stellt **Th. Wolff** in **Braunkohle 18, 207 u. 219** zusammen.

Eine zusammenfassende Darstellung der Entwicklung der Verfahren zur Haltbarmachung hölzerner Leitungsmaste mittels Kreosotöles durch Vollimprägnierung und nach dem Sparverfahren, ferner die Entwicklung der Doppelverfahren, bei denen (besonders in Amerika) neben Teeröl auch wässerige Metallsalzlösungen Verwendung finden, bringt in kritischer Zusammenstellung der Vor- und Nachteile der einzelnen Verfahren **E. F. Petritsch,** in **Z. f. Post u. Telegr. 16, Nr. 15—18.**

Bei der Imprägnierung hölzerner Leitungsmaste mit Bellitlösung, saurem Zinkfluorid und Ätzsublimat stellte **R. Nowotny** fest, daß Fichte weniger als Kiefer und am wenigsten die Rotlärche Imprägnierungsstoff aufnimmt und weiter, daß die größte Aufnahme während des ersten Tages erfolgt und die aufgenommene Menge des Imprägnierungsmittels nach 7 Tagen fast genau das Doppelte jener des ersten Tages beträgt. Kiefer und Fichte saugen den Hauptanteil der Flüssigkeit von der Mantelfläche des Langholzes auf und es gilt daher, daß Tränkungsaufnahmen als Funktionen der Stangenoberflächen anzusehen sind. Diese und weitere Resultate sind in Form von Tabellen und Diagrammen in einem Sonderabdruck der **Zeitschr. f. Elektr. u. Maschinenbau 1914** niedergelegt.

In den Vereinigten Staaten wurden um 1915 alljährlich etwa 4,3 Millionen cbm Holz konserviert, und zwar 80% der Menge, bestehend aus Eisenbahnschwellen, zu 70% mit Kreosot und zu 24% mit Chlorzink. Von ersterem wurden etwa 410 Millionen Liter, vom Chlorzink etwa

11 Millionen kg im Gesamtwert von 9—10 Millionen Dollars verbraucht. Die Lebensdauer der imprägnierten Hölzer ist jedoch wesentlich von ihrer Behandlung vor der Tränkung abhängig, und zwar trocknet man das geschälte Holz am besten an der Luft oder durch Kochen mit Öl oder Dampf bei höchstens 127°. (**H. F. Weiß** und **C. T. Teesdale, Zeitschr. f. angew. Chem. 29, III, 45.**)

43. Holzentsaftung, -schnellreifung, -trocknung (-vulkanisation).

Die Ursache der Zerstörung des Holzes liegt ausschließlich in den Stickstoffverbindungen des Holzsaftes, die die Nährstoffe für die zerstörenden Mikroorganismen abgeben. Ein Beweis ist in der Tatsache zu erblicken, daß auch reine Cellulose, mit Pflanzensaft imprägniert, bei geeigneter Temperatur stehengelassen, völlig der Zerstörung anheimfällt. Diesem Zerfall vermag man bei frisch gefälltem Holze am besten dadurch entgegenzuwirken, daß man ihm den Saft möglichst vollständig entzieht, oder daß man die Hölzer in bekannter Weise mit chemischen Mitteln behandelt. Die Konservierung nicht vorbehandelten Holzes mit chemischen Mitteln ist auch wenn sie wirkungsvoll ist, eine Verschwendung an Material, da die Chemikalien in erster Linie mit dem Holzsaft und seinen Bestandteilen in Reaktion treten und dadurch einen Teil ihrer Wirkung einbüßen. Man arbeitet daher am besten in der Weise, daß man den Hölzern mit geeigneten Flüssigkeiten die im Saft gelösten Stoffe entzieht, das erschöpfend extrahierte Holz nach 24stündiger Lagerung zur Entfernung der letzten Reste der ersten Lösung mit Aceton behandelt, dieses entfernt und das Holz trocknet. Man erhält so bei richtiger Wahl der Extraktionsmittel ein für Bau- und Pflasterungszwecke sehr geeignetes Material, das den elektrischen Strom nicht leitet. (**M. de Keghel**, Ref. in **Zeitschr. f. angew. Chem. 25, 1935.**)

Die Auslaugung des Holzes durch fließendes Wasser äußert ihre günstige Wirkung in der Tatsache, daß geflößtes Holz seiner technischen Eigenschaften wegen für gewerbliche Zwecke bevorzugt wird, und daß in Japan für gewisse Lieferungen Holz verlangt wird, das mindestens ein Jahr im Wasser lag. Nach **G. Janka** beruht auch die Güte der weichen schwedischen Schnitthölzer auf der Einlagerung des gefällten Holzes bis zum Verschnitt im Wasser bzw. seines Floßtransportes durch die Ostsee. Über die sonst unter dem Einflusse der auslaugbaren Stoffe entstehenden Holzverfärbungen siehe **E. O. Rasser, Prometheus 26, 374** u. **392.**

Schon in **Dingl. Journ. 167, 312** gibt **F. Liesching** an, daß die erste Bedingung zur Konservierung des Holzes seine Befreiung vom Safte sei, die man dadurch bewerkstelligt, daß man die Stämme etwa 1 Jahr im fließenden Wasser liegen läßt. Nach künstlicher Trocknung werden die Stämme dann oberflächlich verkohlt. Heute bewirkt man dieses Auslaugen als Vorbereitung für den eigentlichen Imprägnierungsprozeß schneller durch Behandlung der Hölzer mit heißem Wasserdampf, wobei zweckmäßig nach dem 60—70 Stunden dauernden Dämpfprozesse noch ein 14tägiges Wasserbad folgt. Dann wird das Holz im luftverdünnten Raum oder in Trockenkammern bei 50—60° getrocknet, wobei in letzterem Falle die feuchten Dämpfe möglichst vollständig entfernt werden müssen. Soll das Holz jedoch nachfolgend mit Salzlösungen getränkt werden so muß man es lufttrocken oder gedörrt in die Laugen bringen und darf es nicht vorher dämpfen, da hierdurch seine Aufnahmefähigkeit für die Salzlaugen stark herabgesetzt wird.

Nach **A. P. 1 413 716** laugt man Stammholz zur Abscheidung der inkrustierenden und harzigen Substanzen zuerst in geschlossenen Behältern mit Wasser aus, das zur leichteren Aufnahme von in der Kälte wasserunlöslichen Stoffen heiß angewandt wird, entharzt das Holz dann mittels organischer Lösungsmittel und wäscht es schließlich mit Wasser unter Druck. (**A. P. 1 413 716.**)

Eine Vorrichtung zum Auslaugen von Langhölzern mittels überhitzten Wasserdampfes in Röhren mit säurebeständiger Auskleidung ist in **D. R. P. 213 864** beschrieben.

Vgl. Verfahren und Vorrichtung zum Entsaften und Konservieren des Holzes unter aufeinanderfolgender Anwendung von Dampf und Vakuum und schließlicher Trocknung in heißer Luft, Kohlensäure oder Stickstoff. (**D. R. P. 276 211.**)

Vgl. auch das Verfahren der Holztrocknung durch Wechselstrom, den man durch die Längsrichtung des Stammes leitet, nach **D. R. P. 256 633.**

Zur Vermeidung der Verfärbung frischen gefrorenen Ahornholzes beim Trocknen muß man nach **R. C. Judd** bei niedrigen Temperaturen, höchstens 50—55° und in Luft trocknen, die höchstens 60% Feuchtigkeitsgehalt besitzt. (**Ref. in Zeitschr. f. angew. Chem. 29, 260.**)

Grünes Holz kann man auch dadurch in 10—14 Tagen in völlig trockenen und rissefrei bearbeitbaren Zustand überführen, daß man es unter Ausschluß des Luftzutrittes in saugende Substanzen, wie Knochenkohle oder Torfstreu einbettet. (**D. R. P. 27 855.**)

Auch die sog. Schnellreifungsverfahren sind Auslauge- und Trocknungsmethoden. Man behandelt die Hölzer entweder mit Alkohol und Benzin oder anderen flüchtigen Kohlenwasserstoffen und verdrängt so das Wasser aus den Zellen, während die Lösungsmittel einen Teil der Eiweiß- und Zuckerstoffe des Holzes an sich reißen. Alkohol und Benzin werden dann durch Erwärmen ausgetrieben und wiedergewonnen. Oder man behandelt das Holz nach **D. R. P. 228 268** in einem Bade wasserabstoßender Substanzen (Paraffin oder Teeröl), in denen es allmählich angewärmt wird bis keine Dämpfe mehr entweichen und entfernt diese Stoffe dann durch Nachbehandlung der Hölzer mit geeigneten Lösungsmitteln für diese Stoffe. (Benzol, Schwefel- oder Tetrachlorkohlenstoff usw.)

Zur Entwässerung und Schnellreifung des Holzes mit gleichzeitiger Entfernung und Gewinnung des Harzes setzt man das Material evtl. auch in Bretterform sogar in waldfeuchtem Zustande in besonderem Apparat der Einwirkung von Trichloräthylendämpfen oder von strömenden Dämpfen anderer nicht mit Wasser mischbarer Flüssigkeiten aus und führt das Dampf-Wassergemenge aus den Trockenapparaten ab. Man vermag so nicht nur das Holz in kürzester Zeit mit Erhaltung seiner wertvollen Eigenschaften völlig zu trocknen, sondern man gewinnt auch durch das Trocknungs-, das zugleich Extraktionsverfahren ist, einen Teil der im Holze enthaltenen Harze, wobei jede Oxydation des Holzes oder des zu trocknenden Stoffes durch den allseitigen Luftabschluß vermieden wird. **(D. R. P. 261 240.)**

Die Beschreibung des Verfahrens und Rentabilitätsziffern finden sich in **Wochenbl. f. Papierfabr. 1917, 241.**

Siehe auch die weiteren Publikationen über Holzschnellreifnng und Harz- und Terpentingewinnung von **E. R. Besemfelder** in **Papierztg. 44, 1.**

Um das Reifen des Holzes zu beschleunigen, erhitzt man es nach **D. R. P. 83 973** in einer Lösung von 1 Tl. Chlorcalcium in $^2/_3$ Tl. Wasser, $^3/_4$ bis 3 Stunden auf 120—170°. Dem Holze wird durch die konzentrierte Salzlösung Wasser entzogen, wobei es nur oberflächlich, in einer später leicht entfernbaren Schicht imprägniert wird. Das eingedrungene Salz läßt sich übrigens auch durch kaltes oder warmes Wasser entfernen.

Nach einer Angabe in **Chem.-Ztg. 1922, 631** kann man frisches Holz durch etwa 14tägige Behandlung mit ozonhaltiger Luft zur Schnellreife bringen. Das Material verändert weder Farbe noch Struktur und ist nach der Behandlung so trocken wie mehrere Jahre gelagertes Holz.

Zum Entsaften, Entlüften und gleichzeitigen Bräunen des Holzes bis zum tiefen Ebenholzschwarz bringt man das Material in ein geschmolzenes Metallbad von niedrigem Schmelzpunkt (Zinn, Blei, Antimon, Wismut oder deren Legierungen) und tränkt nachträglich mit einem beliebigen Imprägnierungsmittel oder mit Öl (Lein- oder Baumöl), in welchem Falle ein wertvoller Isolier- und Ersatzstoff für Hartgummi erhalten wird. **(D. R. P. 158 103.)**

Um zu verhindern, daß die bei der sog. Vulkanisation des Holzes in hoher, trockener Hitze erhaltenen Hölzer nachträglich Risse erhalten, behandelt man das Material im Vulkanisierbehälter nachträglich unter einem Druck von 2—3 Atm. mit Dampf zu dem Zweck, dem Holze, ehe es mit der feuchten Luft in Berührung kommt, allmählich einige Feuchtigkeit zuzuführen. **(D. R. P. 132 435.)**

Da völlig ausgetrocknetes Holz hygroskopisch ist und beim späteren Verleimen ungleichmäßig saugend wirkt, wodurch die Leimung eine unvollkommene wird, treibt man die Trocknung nach vorliegenden Verfahren nur bis zu einer gewissen Grenze bzw. sorgt durch Verdampfen geringer Wassermengen im Trockenraum, z. B. durch Aufträufeln des Wassers auf erhitzte Ziegelsteine, für einen gewissen leicht regelbaren Feuchtigkeitsgehalt. **(D. R. P. 220 454.)**

44. Imprägnierung mit Quecksilbersalz allein oder in Gemengen.

Unter Kyanisieren von Hölzern (von **Kyan** eingeführt) versteht man die Imprägnierung der Stämme speziell mit einer Lösung von Sublimat und nicht die Imprägnierung mit anderen Metallsalzen oder Teerprodukten. Über die Art der Imprägnierung und die Ausführung des Verfahrens siehe **Techn. Rundsch. 1908, 538.** Vgl. ferner **R. Nowotny** in **Elektrotechn. 1916, Heft 39, 1.**

Einzelheiten über die Ausführung der Holztränkung mit Quecksilbersublimat bringt ferner **R. Nowotny** in **Techn. Versuchsamt 1918, 59.** Vgl.: Der künstliche Schutz des Holzes durch Sublimat (Kyanisieren) von **(F. Moll, Zeitschr. f. angew. Chem. 26, 459.)**

Beim Kyanisieren des Holzes soll die Konzentration der Quecksilberchloridlösung stets möglichst genau auf 0,67% gehalten werden, eine Bedingung, die den Betrieb durch die Notwendigkeit, stets neues Quecksilber zusetzen zu müssen, sehr erschwert. Nach **R. Nowotny** gelangt man jedoch zu denselben Betriebsergebnissen, wenn man die Hölzer gleich anfangs in etwas konzentrierte Lösung (0,7%) einlegt, und sie ohne weitere Nachfüllung während der Tränkungszeit in ihr beläßt. **(Elektrotechn. u. Maschinenbau 1915, Heft 47.)**

Nach Feststellungen von **R. Nowotny** läßt sich die Hg-Salzmenge bei der Kyanisierung von Hölzern bei verkürzter Tränkungszeit auf 50% (Fichte) bzw. 60% (Kiefer) der sonst nötigen Menge des Sublimates herabsetzen. Das Holz nimmt nach der etwa viertägigen Einlagerung doch so viel des Salzes auf, daß seine Haltbarkeit auf 15 bzw. 13 Jahre geschätzt werden kann. **(Österr. Chem.-Ztg. 1918, 215.)**

Nach **D. R. P. 240 988** werden zur Holzkonservierung Verbindungen von Quecksilber, Arsen oder Antimon verwendet. Man löst beispielsweise diese geruchlosen, nicht flüchtigen und nicht feuergefährlichen Verbindungen, die auch kein Eiweiß fällen und demnach durch die Bestandteile des Holzes nicht verändert werden können, in Alkalien und läßt diese alkalischen Lösungen mit einem Gehalt von 0,01—1% an wirksamer Substanz auf das Holz einwirken. Durch Nachbehandlung mit verdünnten Säuren oder langsamer auch durch die Kohlensäure der Luft werden die Alkalisalze zerstört und die Verbindungen in unlöslicher Form niedergeschlagen. Es eignen sich z. B. Oxymercuriessigsäure- oder -benzoesäureanhydrid, Oxyphenylen- und -o-nitrophenylenquecksilberoxyd, mercurierte in verdünntem Ammoniak lösliche Toluidine, mercuriertes o-Acetylaminophenol ferner auch Arsenobenzole oder Phenylarsinsäuren, die sämtlich geruchlos, nicht flüchtig sind und in der Wirksamkeit noch erhöht werden, wenn man zum Unlöslichmachen der Verbindung Metallsalzlösungen, z. B. Kupfersulfat, Bleiacetat, Zinkchlorid oder Bariumchlorid verwendet. **(D. R. P. 240 988.)**

Eine 0,01—1 proz. Lösung einer Alkaliverbindung von Oxymercuriessigsäureanhydrid soll nach einer Angabe in **Chem.-Ztg. 1922, 135** für Zwecke der Holzimprägnierung völlig genügen. Die Verbindung wird durch Luftkohlensäure, schneller durch andere Säuren zersetzt, und der wirksame Bestandteil schlägt sich in den Holzfasern nieder.

Zur Konservierung von Holz imprägniert man es mit einer Lösung von Bleichlorid, dann mit einer solchen von Mercurichlorid oder einem Gemisch beider Lösungen und erreicht so, daß das sonst in Wasser kaum lösliche Bleichlorid, das bei Gegenwart gelöster Sulfate oder Carbonate leicht unlösliche Salze bildet, an einen Körper gebunden wird, der, wie das Mercurichlorid schon bei geringem Zusatze befähigt ist mit Bleichlorid sehr fäulniswidrig wirkende Doppelsalze oder komplexe Salze zu bilden. **(D. R. P. 274 662.)**

Zum Konservieren von Holz tränkt man die Hölzer gleichzeitig oder aufeinanderfolgend mit den Lösungen von Kupfersulfat oder Kupfersulfat-Zinkchlorid und mindestens 10% Mercurichlorid, derart, daß das in den Poren abgelagerte Salzgemisch mindestens 10% Mercurichlorid enthält. Man erhält so eine besonders hohe antiseptische Wirkung, die sich z. B. darin äußert, das Agar-Rohrzuckernährboden gegen Polyporus von reinem Kupfersulfat bei einem Zusatz von 1,20%, in der Mischung von 90 Tl. Kupfersulfat und 10% Mercurichlorid dagegen schon bei 0,02% mycelfrei gemacht werden. Nach dem Zusatzpatent wendet man die Lösung eines Gemisches aus Zinkchlorid oder Zinkchlorid-Bleichlorid mit mindestens 10% Mercurichlorid an und vermag durch diesen letzteren Zusatz ebenfalls die antiseptische Kraft des leichtlöslichen Zinkchlorides wesentlich zu erhöhen. **(D. R. P. 289 504 und 289 505.)**

Zur Herstellung eines Holzimprägnierungs- oder Desinfektionsmittels, das sich u. a. auch zum Beizen des Getreides eignet, setzt man einer 0,1—0,2 proz. Quecksilberchloridlösung, um ihre angreifende Wirkung auf Metalle zu verhindern, zwei oder mehr Prozent Alkalinitrit zu und erhält so eine vollkommen neutrale Lösung, die alle Reaktionen der Sublimatlösung zeigt. **(D. R. P. 281 842.)**

Nach **Norw. P. 32 348** imprägniert man Holz mit dem Lösungsgemisch von Blei- oder Quecksilbersalzen und Salzen der Kieselfluorwasserstoffsäure in einem Vorgang oder in 2 Stufen.

Als Holzkonservierungsmittel verwendet man Mischungen von 900 Tl. Wasser, 900 Tl. Wasserglas und 1 Tl. Sublimat und erzielt so nicht nur einen beträchtlichen Feuerschutz des Holzes, sondern auch gegenüber dem kyanisierten Holz den Vorteil, daß es die Quecksilbersalze in nichtflüchtiger Form enthält, so daß man das Holz auch in geschlossenen Räumen verwenden kann. Man kann in eisernen Apparaten arbeiten, da sich in Berührung mit Eisen kein Quecksilber abscheidet, überdies werden seine Verbindungen durch das Wasserglas unauswaschbar festgehalten. Letzteres geht beim Lagern des konservierten Holzes zum Teil in unlösliche alkaliarmen Verbindungen über, die die Holzporen verstopfen und das Eindringen der Feuchtigkeit erschweren. **(D. R. P. 289 990.)**

Auch eine wässerige Lösung von arseniger Säure, unter evtl. Zusatz von Quecksilberchlorid, in hochprozentiger Salzsäure eignet sich zur Holzimprägnierung. Zur Verhinderung von Ausscheidungen setzt man der Lösung etwas Buchenholzteer zu. **(D. R. P. 310 875.)**

45. Imprägnierung mit Zink-, Kupfer- (Arsen-) und anderen Schwermetallsalzen.

Über ein Holzkonservierungsverfahren mit einer Auflösung von Zink in rohem Holzessig **D. Ind.-Ztg. 1868, Nr. 38.**

Unter den Mitteln zur Imprägnierung und Konservierung der Telegraphenstangen (Anbrennen der Stangen am unteren Ende, Anbrennen und Überstreichen mit Asphalt, Imprägnieren mit Zinkchlorid) hat sich nach älteren Angaben die Imprägnierung mit einer Zinkchloridlösung von 1,8 spez. Gewicht und einem Gehalt von 30% metallischem Zink am besten bewährt. Ein Raumteil dieser Metallsalzlösung wurde mit 30 Raumteilen Wasser verdünnt. Zuerst werden die Hölzer bei hochgespanntem Dampf ausgelaugt, dann werden sie dem Vakuumprozeß unterworfen, schließlich wird die Imprägnierungsflüssigkeit in die Kessel geleitet und unter einem Druck von 8—10 Atmosphären in die Poren der Hölzer hineingepreßt; bei Nadelhölzern wird dieser Druckprozeß 3 Stunden lang unterhalten. **(Polyt. Zentr.-Bl. 1857, 1345.)**

Zur Herstellung von Zinkchloridlaugen behandelt man oxydische, carbonatische oder sulfidische Zinkerze oder -abfälle mit Eisenchlorürlauge unter gleichzeitigem Einblasen von Luft und erhält so eine eisenfreie, zum Imprägnieren von Holzschwellen besonders geeignete Flüssigkeit. **(D. R. P. 136 521.)**

Wertvolle Angaben über Holzkonservierung, namentlich mit Zinkchlorid, finden sich in **Zeitschr. f. angew. Chem. 1915, III, 209.** Es wurde z. B. festgestellt, daß derartig imprägnierte Schwellen nach 9 Jahren zu 98% unverändert waren und im Kubikmeter noch 3,68 kg des Salzes enthielten, ein Beweis, wie zähe das Holz das sonst so leicht lösliche Zinksalz festhält. Nach **A. Grittner** kommt das Zinkchlorid jedoch für die Schwellenimprägnierung deshalb nicht in Frage, weil die die Befestigung der Schienen bewirkenden Eisennägel zur Bildung von Salzsäure aus dem Zinkchlorid und damit zur raschen Zerstörung der Nägel und des Holzes Anlaß geben. **(Zeitschr. f. angew. Chem. 1891, 415.)**

Zur Imprägnierung von Holz schlägt man nach **D. R. P. 181 677** in die für das Eingraben bestimmten Teile z. B. der Telegraphenstangen Zink- und Kupfernägel ein, die sich im Laufe der Zeit lösen und das Holz durch die gebildeten Zink- bzw. Kupfersalze vor der Fäulnis schützen.

Das Verfahren ist jenem von **Hubert (Dingl. Journ. 212, 529)** nachgebildet, der durch Einschlagen von Eisennägeln oder Umwickeln der Schwellen oder Stangen mit Eisendraht Hölzer, die er in die feuchte Erde versenkt hatte, fast 15 Jahre lang unversehrt erhielt.

Über das Imprägnieren der Eisenbahnschwellen mit Metallsalzen siehe auch die Ergebnisse in **Dingl. Journ. 147, 136.**

Nach **Ö. P. Anmeldung 7485/1908** wird Holz konserviert mit Hilfe einer ammoniakalischen Kupfer-Zinklösung.

Eine zum Konservieren von Holz geeignete Imprägnierflüssigkeit besteht nach **D. R. P. 241 707** aus 1—2% Kupfersulfat, ½—1% Chlorzink und 3—6% Ammoniak, also etwa 1% Ammoniak mehr als zur Auflösung der Zink- und Kupfersalze nötig wäre.

Über Imprägnierung von Hölzern mit einer Lösung von Zinkoxychlorid in Aluminiumsulfatlösung siehe **D. R. P. 257 002.** Man verbindet so die verschiedene Wirkung der Aluminium- und jene der Zinkverbindungen, wobei letztere als Basen die aus dem Aluminiumsulfat abgeschiedene Säure aufnehmen und andererseits der Übelstand der schwierigen, unter Ausscheidung basischer Zinkverbindungen erfolgenden Lösung des Zinkchlorides ebenfalls wegfällt.

Nach **F. P. 425 838** wird eine zur Imprägnierung von Holz geeignete Emulsion erhalten aus Chlorzink, einem fäulniswidrigen Öl, Leim und anderen durch Salze nicht fällbaren Substanzen.

Eine ähnliche Imprägnierflüssigkeit, die auch für Pappe oder Papier anwendbar ist, besteht in einer ammoniakalischen Lösung der Fluoride, Chromate, Arsenate, Arsenite und Antimonite von Magnesium, Cadmium, Zink, Kupfer, Nickel, Kobalt mit oder ohne Zusatz anderer wasserlöslicher oder mit Wasser emulgierbarer Stoffe. **(D. R. P. 226 975.)** Nach dem Zusatzpatent behandelt man die zu imprägnierenden Gegenstände mit ammoniakalischen Lösungen von Schwefelarsen, Arsen- oder arseniger Säure, Antimon- oder antimoniger Säure, Chromsäure oder mit Gemengen der genannten Verbindungen, die soviel Ammoniak enthalten, daß ein sich bildender Niederschlag im Überschuß wieder in Lösung geht. Nach der Imprägnierung entweicht dann der Ammoniaküberschuß und die wirksamen Substanzen bleiben unlöslich zurück. **(D. R. P. 282 380.)**

Über die Imprägnierung des Holzes mit Kupfervitriol nach **Boucherie** und die Gründe, warum man dieses Verfahren verlassen hat, siehe **F. Moll, Chem. Apparat. 2, 49 u. 68.** So stellte z. B. auch **R. Nowotny (Chem.-Ztg. 1911, 546)** fest, daß Telegraphenstangen, die mit Kupfervitriol imprägniert wurden, nach 3—4 Jahren zu 35—52% verfault waren, während die mit saurer Zinkfluoridlösung getränkten Stangen nach derselben Zeit keine Spur von Holzfäule zeigten.

Zur Imprägnierung und Konservierung von Holz eignet sich nach **E. P. 737/1883** eine Lösung von 20—25 g Kupfersalz in 1 l Wasser, das etwa 100—150 g Ammoniak enthält.

Nach **A. P. 1 054 756** imprägniert man Holz zu seiner Konservierung mit einer viscosen Lösung einer Asphaltsubstanz, der man Kupfersalze zusetzt.

Nach **A. P. 1 374 806** verdrängt man in dem zu konservierenden Holz das zuerst zur Lösung der Harze angewandte Lösungsmittel durch eine wässerige Arsen- oder Kupfersalzlösung, trocknet das Holz mittels eines Entwässerungsmittels durch das die giftigen Stoffe im Holze niedergeschlagen werden, preßt Paraffinlösung nach und verdrängt auch diese schließlich durch verflüssigtes Paraffin.

Zum Imprägnieren von Holz tränkt man es mit einer Lösung von Kupferoxydul in Ammoniak und dämpft nachträglich. Gegenüber der Kupferoxydammoniaklösung hat man so den Vorteil, den Hölzern entsprechend dem Kupfergehalt des Kupferoxyduls von 89% mehr Kupfer zuführen zu können als wenn man Kupferoxyd mit einem Gehalt von 79,7% Kupfer verwendet. Kupferoxydul ist außerdem stärker basisch und wirkt daher stärker bakterien- und pilztötend. **(D. R. P. 274 303.)**

46. Imprägnierung mit Chrom-, Aluminium-, Eisensalzen (-verbindungen) mit Zusätzen.

Über Imprägnier- und Anstrichmittel aus Chromverbindungen und Ölen siehe **Eberhard, Zeitschr. f. angew. Chem. 1914, 372 u. 402.**

Zum Imprägnieren von Holz verwendet man ein Gemenge der Lösung zweier Salze, z. B. Chromoxydsalz und schwefligsaures oder unterschwefligsaures Natrium bzw. eines Salzes und einer Säure, die sich bei gewöhnlicher Temperatur nicht verändern und erst bei höherer Temperatur, in vorliegendem Fall unter Bildung von unlöslichen Chromhydroxyd, in Reaktion treten. Man preßt das Salzgemenge kalt in das Holz ein und leitet dann Dampf in den Raum, um die Bildung der konservierend wirkenden Verbindung zu bewirken. **(D. R. P. 130 944.)**

Im **Bayer. Ind. u. Gew.-Bl. 1903, 91** empfiehlt **Lewin** das Buchnersche Verfahren der Holzimprägnation mit Chromsalzen.

Über Chloraluminium als Holzkonservierungsmittel, angewendet auf die verschiedenen Hart- und Weichholzarten, siehe **F. Filsinger, Jahr.-Ber. f. chem. Techn. 1887, 1228.**

Zum Imprägnieren von Holz wird in **D. R. P. 96 385** vorgeschlagen, zuerst eine siedende, etwa 3proz. wässerige Lösung von Eisenvitriol und schwefelsaurer Tonerde und sodann eine siedende Lösung zu verwenden, die in 50 Tl. Wasser 1 Tl. Chlorcalcium und Kalkmilch 1 : 40 enthält.

Zur Imprägnierung von Holz behandelt man es nach **D. R. P. 184 178** mit einer siedenden Lösung von schwefelsaurer Tonerde, Eisenvitriol (1 : 30) und Kainit (1 : 40), während mehrerer Stunden bei 135° unter einem Druck von $2^1/_2$—3 Atmosphären.

Zur Imprägnierung von Holz tränkt man es unter hydraulischem Druck von 2,5—3 Atm. mit einer 100—115° warmen Lösung von Tonerdesulfat, Eisenvitriol und Kainit in Wasser und läßt die Hölzer vor der Verwendung 8—12 Wochen lagern. **(D. R. P. 168 689.)**

Gegenüber diesem alten Hasselmannschen Verfahren der Holzimprägnierung durch Evakuierung des Holzes und darauffolgende Erhitzung mit einer Lauge aus Kainit, Eisenvitriol und schwefelsaurer Tonerde unter 2—4 Atm. Druck ist ein anderes von **A. Bürklein** in **Braunkohle 11, 765** beschriebenes Verfahren der bloßen Kochung mit einer Lösung von Ferrichlorid, Chlormagnesium und Ammoniakalaun vorzuziehen, da die Evakuierung ebenso wie das Kochen unter Druck in Wegfall kommen. Bedingung ist, daß das Holz in der Lauge erkaltet und daß diese während der Kochung konzentriert erhalten und nicht durch eingeblasenen Dampf verdünnt wird.

Nach **Thelu, Österr. Zeitschr. f. Berg- u. Hüttenw. 1881, 328** werden bei Eichenholz, Kiefer und Hainbuche die besten Resultate durch Imprägnierung mit Eisenvitriol, bei Buche aber durch Behandlung mit Kalkmilch erzielt.

Nach **D. R. P. 110 967** imprägniert man Holz mit einer wässerigen Lösung von Borsäure und Borax, in der man Eisenfeilspäne oder metallisches Zink aufkocht.

Nach **F. P. 455 561** imprägniert man Holz zu seiner Konservierung mit einem Gemenge der Lösungen von Phosphorbronze mit Metallen (Kupfer, Zinn, Zink usw.), Thymol, Campher und Ammoniumphosphat.

Auf Grund der Tatsache, daß man im Jahre 1830 in Rouen Eichenpiloten ausgegraben hatte, welche, nachweislich im Jahre 1150 gesetzt, nicht nur schwarz wie Ebenholz, sondern auch von einer ganz erstaunlichen Härte waren, schlug **Hatzfeld** vor, diese offensichtliche Wirkung der Gerbsäure auf die Holzfaser auszunützen und das Holz mit Gerbsäure und dann mit einer Lösung von holzessigsaurem Eisensalze zu imprägnieren, und so gewissermaßen die Hölzer gleich in dem Zustande in die Erde zu setzen, in dem sie anderenorts nach jahrhundertelangem Aufenthalte in der Erde ausgegraben wurden. **(Polyt. Zentr.-Bl. 1874, 198.)**

Nach **D. P. Anm. G 35 660 v. 9. 12. 1911** verhindert man das Auslaugen der in das Holz zu seiner Konservierung eingeführten Metallsalze dadurch, daß man der Imprägnierungslösung etwa 1% Kaliumbichromat zusetzt.

Die zur Holzkonservierung verwendeten Schwermetallsalzlösungen spalten beim Erwärmen leicht Säuren ab, wobei basische Salze entstehen, die Niederschläge geben, wodurch der beabsichtigte Zweck nicht erreicht wird. Man setzt daher diesen Metallsalzlösungen mit überschüssiger Soda oder Kalk und Soda versetzte und filtrierte Sulfitablauge zu und erhält so niederschlagfreie Lösungen, die leicht in das Holz eindringen. Man verdünnt z. B. Sulfitcelluloseabfalllauge mit heißem Wasser auf 4—5° Bé, neutralisiert mit Ätzkalk und alkalisiert mit einer 12proz. Ätznatronlösung. 20 l dieser Brühe vermischt man mit 100 l einer Lösung von 6 Tl. Eisenoxydulsulfat, 1 Tl. Aluminiumsulfat und 1 Tl. Fluornatrium in 100 Tl. Wasser. Die Lösungen scheiden beim Erhitzen und Eindampfen keine schwerlöslichen basischen Salze ab und die Trockenrückstände lösen sich wieder klar in Wasser auf. **(D. R. P. 216 798.)** Nach dem Zusatzpatent kann man die Sulfitablauge durch Natronzellstoffablauge oder eine andere die Extraktstoffe des Holzes enthaltende Brühe verwenden. Nach einer Ausführungsform preßt man die Schwermetallsalze zu Briketts und tränkt sie dann mit Celluloseablauge oder brikettiert ein Gemenge der letzteren mit den Salzen und erhält in jedem Falle neutralisierte niederschlagfreie Metallsalzlösungen. **(D. R. P. 222 193.)**

Um die schädliche Wirkung der Säuren, die sich bei der Imprägnierung des Holzes mit Eisenvitriol, Kupfervitriol oder Zinkchlorid abspalten, zu paralysieren, setzt man der Tränkungsflüssigkeit Ammoniumacetat oder -formiat oder andere organisch gebundene Basen zu, die die freiwerdenden Mineralsäuren an sich binden. Man erhält ein geeignetes Ammoniumacetat durch Neutralisierung von rohem Holzessig mit rohem Ammoniak. **(D. R. P. 163 817.)**

47. Imprägnierung mit Fluorverbindungen (mit Zusätzen).

Erfahrungen aus der Praxis der Holzimprägnierung mit Fluoriden veröffentlicht **R. Nowotny** in **Zeitschr. f. angew. Chem. 26, 694.**

Über die Bedeutung der Fluorverbindungen für die Holzerhaltung siehe **I. Netzsch,** Ref. in **Chem.-Ztg. Rep. 1910, 540.**

Die konservierende Wirkung der Fluoride reicht zwar nicht an jene des Teeröles oder Quecksilberchlorides heran, übertrifft jedoch bedeutend die Wirkung des Kupfervitriols, allerdings nur dann, wenn die genügend fluoridhaltigen Hölzer nicht in stark kalkhaltigen Boden kommen, da sonst unwirksames Calciumfluorid entsteht. **(R. Nowotny, Österr. Chem.-Ztg. 1917, 173.)**

Bei der Holzimprägnierung mit sauerem Zinkfluorid nach der Tränkungsmethode wird der Salzlösung durch das Holz weder das Salz noch die freie Säure entzogen, und das Holz erleidet darum keine Schädigung. Anders ist es bei der Imprägnierung nach **Boucherie** unter Anwendung von hydrostatischem Druck, da hier das Fluor im Verhältnis zum Zink bedeutend stärker zurückgehalten, die freie Säure in höherem Maße aufgenommen und infolgedessen der Zellsaft wesentlich verändert wird. Man arbeitet daher besser mit Zinkchlorid und Natriumfluorid in neutraler Lösung und erhält so eine Imprägnierungsflüssigkeit, die das Holz nach keinem der beiden Verfahren verändert, wenn auch eine stärkere Aufnahme der Fluorverbindungen als Folge der besonderen Bindung der flußsauren Salze im Holze beobachtet wurde. **(R. Nowotny, Österr. Chem.-Ztg. 1910, 82.)**

Von den mit saurem Zinkfluorid (bei Gegenwart von freier Flußsäure) imprägnierten Hölzern waren 80—100% nach zwei Jahren noch völlig tadellos, während die mit Kupfersulfat imprägnierten Stäbe zu 10% stark angefault und zu 50% von Pilzen befallen waren. Bei der Imprägnierung mit Zinkfluorid unter hydrostatischem Druck wurde festgestellt, daß freie Flußsäure vollständig und von der halbgebundenen ein bedeutender Anteil vom Holz aufgenommen war **(R. Nowotny, Österr. Chem.-Ztg. 11, 164.)**

Zum Konservieren von Holz wird es nach **D. R. P. 176 057** mit heiß gesättigten, etwa 1,8 proz. Lösungen von Kieselfluornatrium bei 65° getränkt. Beim Abkühlen scheiden sich Krystalle des stark antiseptisch wirkenden Salzes (Montanin) im Holze aus, wodurch dieses zugleich schwer entflammbar gemacht wird. **(D. R. P. 176 057.)**

Nähere Angaben über gelungene Versuche mit Montanin, die ergaben, daß diese Hölzer nach 2¼jähriger Lagerung in der Erde noch völlig gesund, die nicht imprägnierten Kontrollproben jedoch zerstört waren, finden sich in **Zeitschr. f. Spirit.-Ind. 34, 265.**

Eine Imprägnierungsflüssigkeit für Holz, Papier, Pappe u. dgl. wird nach **D. R. P. 226 975** hergestellt durch Lösen von 20 kg Kupfervitriol in 50 kg Wasser und 6 kg Fluorammonium in 5 kg Wasser, Vermischen der Lösungen und Behandlung des entstandenen Niederschlages von Kupferfluorid mit 45 kg 22 proz. Ammoniak. Die Lösung wird auf 500 kg eingestellt und kalt oder warm, ohne oder mit Überdruck, in offenen oder in geschlossenen Gefäßen verwendet. Das imprägnierte Holz wird an der Luft oder bei 65° getrocknet, so daß das Ammoniak entweicht und die unlöslichen Oxydhydrate oder Fluoride des Kupfers zurückbleiben.

Die Sulfate der Schwermetalle besitzen, wenn man sie zum Imprägnieren von Holz verwendet, den Nachteil, daß sie Schwefelsäure abspalten, die das Holz schädigt; man stellt diese Imprägnierungsflüssigkeit daher nach **D. R. P. 241 863** unter Zusatz von Fluornatrium her, da die abgespaltene Flußsäure auch bei höheren Temperaturen auf Holz nicht so schädlich einwirkt wie Schwefelsäure. Man löst z. B. Eisen- und Aluminiumsulfat in einer kleinen Wassermenge, fügt eine konzentrierte Lösung von Fluornatrium hinzu, verdünnt mit einer zur völligen Imprägnierung noch nicht ausreichenden Wassermenge, erwärmt die Salzlösung unter Zusatz von Eisendreh- oder -hobelspänen, um eine teilweise Neutralisierung der abgespaltenen Schwefelsäure zu bewirken und imprägniert im Kessel, wobei die sich bildende Flußsäure durch geeignete Vorrichtungen entweicht. Die überschüssige Schwefelsäure setzt sich mit dem Fluornatrium zu Flußsäure um, während der Überschuß des Fluornatriums die antiseptische Wirkung des Eisens und Aluminiumsulfates erhöht und zugleich als Neutralisierungsmittel für die sich etwa noch später durch Hydrolyse ausscheidende Schwefelsäure dient. **(D. R. P. 241 863.)**

Zum Konservieren von Holz imprägniert man es nach **Ö. P. Anmeldung 266/08** in beliebiger Reihenfolge mit der neutralen Lösung eines Schwermetallsalzes und einer ebensolchen Lösung eines Alkalifluorides in geschlossenen Gefäßen. Vgl. **Ö. P. Anmeldung 5388/07** und **Zusatz 321/08.**

Zum Konservieren von Holz stellt man z. B. eine Mischung von 9 Tl. einer 0,6 proz. Fluornatriumlösung mit 6,5 Tl. einer 0,6 proz. Mercurilösung her und erhält so eine Flüssigkeit, die im Gegensatz zur reinen Quecksilbersalzlösung Milcheiweiß auch nach längerem Kochen nicht zu koagulieren vermag, so daß tiefes Eindringen des Flüssigkeitsgemisches, in dem man auch statt der Fluorsalze ihre Mischung mit Salzen der Kieselfluorwasserstoffsäure anwenden kann, in das Holz gewährleistet ist. **(D. R. P. 290 186.)**

Zum Konservieren poröser Stoffe, namentlich zur Holzimprägnierung, kann man auch Lösungen fluorsulfosaurer Salze oder der freien Fluorsulfosäure in Teeröl oder anderen Lösungsmitteln verwenden. Schon 1,5 proz. Lösungen genügen, wobei es gleichgültig ist, ob man zuerst die Base in das Holz einführt und dann die freie Säure, oder umgekehrt. Besonders geeignet ist das Zinksalz, das in Wasser klar löslich ist und im Gegensatz zum Chlorzink nicht unter Bildung basischer Salze ausflockt. **(D. R. P. 299 761.)**

48. Imprägnierung mit anderen anorganischen Salzen und Verbindungen.

In weitabliegenden Gegenden, besonders Rußlands, ist bei Seenähe die Holzimprägnierung durch Salzsole noch im Gebrauch. Man vermag in der Tat die Lebensdauer von Eisenbahnschwellen und Telegraphenmasten, allerdings nur in trockenen Gegenden, um 30% zu verlängern, wenn man die Hölzer in 10,2—14grädiger Meersalzsole einlegt. Von dieser Lösung, die 16,4% Trockenrückstand enthält, nimmt jede Fichtenholzschwelle innerhalb 3—4 Monaten 70—100% ihres Gewichtes auf. **(Charitschkoff, Chem.-Ztg. 34, 1159.)**

Auch eine frischbereitete Lösung von 100 Tl. geschmolzenem Calciumchlorid in 350 Tl. Wasser mit 50—100 Tl. gelöschtem Kalk eignet sich zur Imprägnierung des Holzes. Es bildet sich ein basisches Calciumchloridsalz, das unhygroskopisch ist, so daß man das Holz völlig trocknen kann, ohne befürchten zu müssen, daß es nachträglich Feuchtigkeit anzieht. **(D. R. P. 113 419.)**

Zum Imprägnieren und Wasserdichtmachen von Hölzern behandelt man sie nach **D. R. P. 189 265** mit Salzlösungen und schützt die Hölzer vor dem Auslaugen durch eine Deckschicht von Wachs, Paraffin und Stearinsäure. Dieses Verfahren wird nach **D. R. P. 193 057** dadurch verbessert, daß man die auf der Oberfläche der Hölzer befindlichen Salzschichten durch Behandeln der feuchten Hölzer mit Magnesium- oder Zinkoxyd, Alkalilaugen, Kalkmilch u. dgl. in unlösliche Verbindungen überführt.

Die sonst zum Feuerschutz verwandten Ammoniumsalze und -verbindungen wurden auch vielfach allein oder in Gemengen zur bloßen Konservierung des Holzes empfohlen. Sie werden in 100 Patentschriften vierzigmal als Konservierungssalze genannt. Siehe die Zusammenstellung von **F. Moll in Zeitschr. f. angew. Chem. 29, I, 339.**

Die Imprägnierung von Holz mit einer siedenden wässerigen Boraxlösung zur Konservierung und seine folgende Durchtränkung mit einer Borax-Harzlösung, um das Holz auch wasserdicht zu machen, ist von **S. Beer** in **Dingl. Journ. 189, 184** beschrieben.

Nach einem älteren Verfahren kocht man die Hölzer, um sie auszulaugen und gleichzeitig ihre Zellen mit Kalksalzen zu füllen, während 8—10 Stunden unter Luftabschluß mit frisch bereiteter, überschüssiges Kalkhydrat enthaltender Kalkmilch, kocht dann weiter nach Ablassen der Brühe mit Sodalösung und läßt evtl. zur Vertiefung des Holzfarbtones eine dritte Kochung mit Urin folgen. **(D. R. P. 33 700.)**

Über die Konservierung von Holz durch Bariumphosphat, das man innerhalb der Faser aus einer 7proz. Natriumphosphat- und einer 13proz. Bariumchloridlösung erhält, siehe **A. Müller, Chem. Zentr.-Bl. 1871, 590.** Das so behandelte Material zeigt ebenso wie Holz, das mit Kupferseife getränkt wurde, nach einjähriger Einlagerung in feuchte Erde kaum irgendeine Veränderung. Diese wenig bekannte Methode ist vor allem auf Eichenholz anwendbar. **(Zentr.-Bl. 1871, Nr. 37.)**

Die Imprägnierung der vom Harz befreiten Hölzer mit geschmolzenem Schwefel ist in **E. P. 1076/1912** beschrieben.

Nach **D. R. P. 237 033** wird Holz gegen Fäulnis und Insektenfraß geschützt durch Imprägnieren mit einer Lösung von Calciumpentasulfid. Man löst, um dieses herzustellen, 4 Tl. Schwefel in kochender Kalkmilch, hergestellt aus 1 Tl. ungelöschtem Kalk. Wenn die Flüssigkeit dunkel-weinrot ist, wird sie vom Schlamm abgehoben und verwendet. Man überzieht das Holz außerdem, wenn es sich z. B. um Brückenpfeiler handelt, mit einem Überzug, der durch Zusammenschmelzen von 1 Tl. ungelöschtem Kalk und 4 Tl. Schwefel erhalten wird. Durch die Imprägnierung bei Siedetemperatur bewirkt man die Ausfüllung der Holzporen mit Calciumsulfid und Schwefel, die in fester Form zur Abscheidung gelangen und besonders das saftreiche Splintholz, von dem der Fäulnisvorgang ausgeht, in wirksamer Weise schützen.

In **Ber. d. d. chem. Ges. 1875, 179** wird vorgeschlagen, das Holz unter hohem Druck mit einer Lösung von unterschwefligsaurem Kalk in wässeriger schwefliger Säure zu imprägnieren und so die Poren des Holzes mit Gips zu füllen. Vgl. **Chem. Zentralbl. 1875, 233.**

Zum Schutze der hölzernen Scheidewände für Akkumulatoren taucht man die Platten nach **A. P. 1 052 851** in eine etwa 150° heiße, wässerige Lösung von neutralem Natriumbisulfit, wäscht und trocknet unter Druck. Vgl. **A. P. 1 051 580.**

Bertram empfiehlt, in die Schwellen verdünnte Wasserglaslösung mittels hydraulischen Drucks einzupressen und auf diese Weise gleichsam durch und durch zu verkieseln. **(Dingl. Journ. 145, 76.)**

Zur Verkieselung des Holzes kocht man es zuerst in Kalkmilch, trocknet und tränkt die Hölzer dann unter Druck mit Kieselflußsäurelösung, der man, um die Hölzer feuchtigkeitsbeständig zu machen, harzige, fettige oder ölige Stoffe zusetzt. Auch durch Behandlung des Holzes mit verdünntem Wasserglas oder auch Alaun und folgend mit Kieselflußsäure unter Druck erzeugt man in der Holzfaser Kieselsäure und Kryolith, die die Versteinerung der Holzsubstanz bewirken. **(D. R. P. 33 846.)**

Nach **E. P. 6179/1913** imprägniert man das erhitzte Holz im Vakuum mit Kali- oder Natronsilicat, trocknet und behandelt es mit Kohlensäure unter Druck, um im Holz Bildung von Kieselsäure neben Bicarbonat hervorzurufen. Schließlich wird das Holz gewaschen und bei 40° C getrocknet. Soll es zu Leitungsmasten dienen, so wird es mit Umbra, die mit Eisen- oder Mangansilicaten nebst etwas Kali- oder Natronsilicat versetzt ist, bestrichen und geteert.

Nach **A. P. 1 068 580** durchtränkt man die Holzmasse zur Extraktion der Holzsäfte und zur gleichzeitigen Bleichung mit einer Flüssigkeit, die aus 40 Tl. Wasser, 8 Tl. Wasserstoffsuperoxyd und 1 Tl. verdünntem Wasserglas (1 : 3) besteht. Die Bleichwirkung wird durch Zusatz von Kaliumpermanganatlösung unterstützt. Vgl. **F. P. 455 556.**

Die Wasserglasimprägnierung des Holzes wird wirksamer, wenn man das Wasserglas zur Beförderung seines Eindringens in das Holz mit Ätzalkalien vermischt. **(D. R. P. 328 759 und 336 425.)**

Holztränkung mit organischen Stoffen.

49. Teerölimprägnierung. Art, Wirkung, Vorbehandlung der Öle.

Über die Imprägnierung von Holz mit Teeröl siehe **F. Seidenschnur, Zeitschr. f. angew. Chem. 1901, 437.** Die Versuche ergaben, daß die desinfizierende Kraft des Teeröles dreimal so groß ist, als die des Chlorzinks, von dem man für eine Kiefernholzschwelle 0,85 kg in 25 l Wasser gelöst benötigt. Das Teeröl hat auch den Vorteil, aus dem Holze kaum wieder entfernbar zu sein.

Über die physikalischen und chemischen Eigenschaften der zur Holzkonservierung angewandten Teere und Teerprodukte siehe **F. Moll, Zeitschr. f. angew. Chem. 26, 792.**

Hölzer für den Schiffbau (besonders Kiefer und Rotbuche) werden am besten nach dem Teeröltränkungsverfahren imprägniert, wobei man, um das Holz bis zum Kern zu durchdringen, Drucke bis zu 7 Atm. anwendet. Solches Holz ist hinsichtlich der Lebensdauer Eiche, Pitchpine und Teak völlig gleichwertig. **(E. Lindos, Ver. d. Ing. 68, 406.)**

Die zur Holzimprägnierung verwendeten Teeröle dürfen keine unter 175° und über 350° siedenden Anteile enthalten, wobei die ungesättigten, neutralen Kohlenwasserstoffe überwiegen, Pech, feste Rückstände und freier Kohlenstoff überhaupt nicht vorhanden sein sollen. Darum eignet sich auch rohes Steinkohlenteeröl trotz seiner keimtötenden Wirkung nicht zur Holzimprägnierung und auch das Mittelöl ist wegen seiner leichten Flüchtigkeit kaum verwendbar, wogegen das Schweröl die wirksamsten Stoffe enthält und darum wegen seines Gehaltes an Teersäuren, Benzol-, Naphthalin-, Naphthen- und Naphthylenderivaten die bedeutende Rolle als Holzimprägnierungsmittel spielt. Dem Steinkohlenteer überlegen ist der Braunkohlenteer wegen der geringen Menge fester Rückstände, die er enthält, doch kommt Braunkohlenkreosot seiner Feuergefährlichkeit wegen, speziell für die Grubenholzimprägnierung, nicht in Betracht, wohl aber das Kreosotnatron, das ist das Reaktionsprodukt des Teers mit Natronlauge. Eine ähnlich gute Wirkung äußert auch das allerdings teuere aus Kresol und Kalk hergestellte Kresolcalcium. Besonders geeignet ist der Teer aus bitumenarmen Braunkohlen und der ebenfalls zu teuere Holzteer, während von den Erdölprodukten nur das Masut zu brauchen ist, da das Erdöl selbst, wie auch seine destillierbaren Bestandteile, zu flüchtig sind und auch keine bedeutende keimtötende Wirkung besitzen. Das aus dem Steinkohlenteer gewonnene Carbolineum ist im Gegensatz zu den üblichen Anschauungen für vorliegenden Zweck wenig wertvoll, da ihm die wirksamen Bestandteile, nämlich die Phenole, entzogen sind. **(F. Moll, Braunkohle 11, 601.)**

Als Resultat einer großen Versuchsreihe über die keimtötende Wirkung verschiedener Kreosotöle und anderer Teerölpräparate mit Zuhilfenahme verschiedener Bacillenreinkulturen kommt **J. M. Weiß** zu dem Schluß, daß die Mittelfraktion (235—270°) dieser Öle gegenüber den höheren und niederen Fraktionen das wirksamste Antiseptikum darstellt, und zwar verhalten sich die keimtötenden Wirkungen von Steinkohlenteerkreosot zu jenen des Kreosots aus Wassergasteer (roh oder destilliert) wie 6 : 1. Ebenso sind die Teerölbasen starke Antiseptika, desgleichen die Teersäuren, deren Wirkung mit dem Siedepunkte wächst. Steinkohlenteerkreosot übertrifft in seiner konservierenden Wirkung alle anderen ähnlichen Produkte, z. B. außer dem Wassergasteer auch die Erdölrückstände, die beide überhaupt nur sehr schwache Wirkung ausüben. Nach **A. L. Dean** und **C. R. Downs** sind jedoch die vom Wassergasteer abdestillierten Öle als Holzpräservemittel sehr gut verwendbar und geeignet, die Kohlenteerkreosote, die immer teurer werden, zu ersetzen. Naphthalin, Anthrazen und die Paraffine kommen als Holzkonservierungsmittel überhaupt nicht in Betracht. (Ref. in **Zeitschr. f. angew. Chem. 25, 800 und 26, 600.)**

Über die Verwendung von Kohlenteerkreosot und Naphthalin zur Konservierung von Holz siehe die deutsche Bearbeitung des Aufsatzes von **S. H. Collins** und **A. A. Hall** durch **Boerner in Kunststoffe 4, 340.**

Steinkohlenteerkreosote sind ebenso wie jene anderer Teerarten die in ihnen enthaltenen, mehr oder weniger gereinigten Gemenge von Phenolkörpern. Kreosot ohne nähere Bezeichnung ist Buchenholzteer.

Um das Ausscheiden fester Körper aus den Imprägnierölen in der Kälte oder während des Transportes zu verhindern, extrahiert man sie nach **D. R. P. 240 919** mit Benzol, löst den nach Verdunsten der Benzollösung erhaltenen Rückstand in Steinkohlenteerölen auf und erhält so ein Produkt, das auch in der Kälte keine Stoffe mehr ausscheidet.

Die zur Imprägnierung oder für Anstrichzwecke dienenden Holz- oder Steinkohlenteeröle werden zweckmäßig vorher mit ozonisiertem Sauerstoff oder ozonisierter Luft behandelt. **(D. R. P. 63 318.)**

Zum Tränken von Eisenbahnschwellen soll man nach einem eigenartigen Verfahren auf der Mitte der Schwelle eine eiserne, mit Teeröl gefüllte Büchse anschrauben, aus der ein Docht die allmähliche Überführung des Öles in das Holz vermittelt. **(D. R. P. 53 854.)** Ein ähnliches, das sog. **Geminische** Verfahren des Durchpressens von Tees durch das zu konservierende Holz mittels Druck- oder Saugpumpen, wurde schon im Jahre 1847 angewandt.

Nach **D. R. P. 189 232** setzt man das Holz in einem Behälter den oberflächlich entteerten Gasen der Leuchtgasfabrikation, Verkokung oder Teerdestillation evtl. unter gleichzeitiger Anwendung von Druck oder Vakuum aus.

50. Teer-(öl-) und Spartränkungsverfahren. Zusätze, Emulsionen.

Eine eingehende Beschreibung der Methoden zur wirtschaftlichen Tränkung von Holz mit Teeröl bringt **Fr. Seidenschnur in Zeitschr. f. angew. Chem. 1901, 437.**

Zur Holzimprägnierung setzt man das Holz zuerst einem starken Luftdruck aus, den man auch während der nun folgenden Imprägnierung aufrecht erhält oder noch steigert, so daß sämtliche Zellen und Poren des Holzes stetig mit stark gespanntem Gas durchsetzt sind, im allgemeinen aber leer bleiben, weil die Imprägnierungsflüssigkeit nicht eindringen kann und nur die Wandungen der Zellen überzieht. Hebt man dann den Druck auf, so werden die Reste der Imprägnierflüssigkeit aus dem Innern des Holzes herausgeschleudert, und man erhält ein Produkt, das gegen Fäulnis geschützt ist und leicht getrocknet werden kann. **(D. R. P. 138 933.)** Nach dem Zusatzpatent hebt man den auf dem Holze lastenden Druck vor der Einführung der Imprägnierflüssigkeit in das Holz ganz oder teilweise wieder auf, da sich gezeigt hat, daß der Druck nur aus dem Splint rasch verschwindet, im Kern jedoch nur allmählich aufgehoben wird. Man kann daher die Flüssigkeit in das Splintholz, das nunmehr keinen hindernden Druck enthält, unter einem Druck einpressen, der dem vorher verwendeten gleich ist oder niedriger sein kann. **(D. R. P. 211 042.)**

Diese beiden Patente bilden die Grundlage des **Rüping**schen Spartränkverfahrens, mit dessen Hilfe es gelingt die Teerölmenge wesentlich einzuschränken, ohne schlechtere Konservierungsresultate zu erhalten. Die Ersparnis gegenüber dem alten Verfahren wird dadurch erzielt, daß nach dieser Verbesserung nur die Zellenwandungen mit Teeröl durchtränkt werden, während die Zellenhohlräume leer bleiben. Siehe das Referat in **Chem. Ztg. Rep. 1909, 100.** Vgl. **Elektrotechn. Zeitschr. 1910, 913.** — Man arbeitet praktisch in der Weise, daß man das in dem Imprägnierkessel befindliche Holz zuerst einem Luftdruck von 1,5—4 Atm. aussetzt, das Kreosot (gemeint ist jedenfalls Teeröl) unter 5,5—7 Atm. Druck während 30 Minuten bei 70—100° einwirken läßt, das Öl abzieht und im Kessel einen Unterdruck von etwa 600 mm herstellt. Durch den ursprünglichen Druck werden die Holzzellen gespannt und die Luftbläschen zusammengedrückt, so daß der Weg für die Imprägnierflüssigkeit vorbereitet ist. Beim Nachlassen des Druckes treiben dann die sich ausdehnenden Luftbläschen das Kreosot heraus, und es werden demnach die Zellen wieder entleert, und nur die Zellwände erscheinen imprägniert und sterilisiert. Das Verfahren arbeitet insofern wesentlich wirtschaftlicher als die alten Methoden, als man für die Eichenschwelle nicht mehr 6—8, sondern nur 4—5 kg und für die Buchenschwelle nicht 26—30, sondern höchstens 12—16 kg Kreosot verbraucht. **(M. Wischmann, Génie civil 61, 420.)**

Zur Imprägnierung des Holzes mit einer beschränkten Quantität Teeröl drückt man die gewünschte Menge des Öles unter der Einwirkung einer anderen, weder das Holz noch das Öl verändernden Flüssigkeit, z. B. mittels heißen Wassers, in das Holz ein, spart so an Teeröl und erreicht völlige Durchdringung des Holzes. **(D. R. P. 154 901.)**

Zur gleichmäßigen Imprägnierung von Holz führt man das Teeröl oder andere Imprägnierungsflüssigkeiten in beschränkter, die gewünschte Menge nicht überschreitender Quantität unter Druck in das Holz ein und behandelt dieses dann mit gespanntem Dampf. Es wird an Imprägnierungsmittel gespart und das spätere Ausschwitzen der Tränkungsflüssigkeit vermieden. **(D. R. P. 174 678 und 182 408.)**

Oder man unterwirft das Holz nach vorausgegangener Evakuierung der Behandlung mit Wasserdampf, füllt es dann in bekannter Weise mit Druckluft, tränkt es mit der Imprägnierflüssigkeit und evakuiert. Durch die schiebende Wirkung der Druckluft wird besseres Eindringen und Verteilen der Imprägnierflüssigkeit erreicht und zugleich an Teeröl gespart. **(D. R. P. Anm. H. 62 356, Kl. 38 h.)**

Um auch frisch geschlagenes oder genügend getrocknetes Holz nach einem Sparverfahren imprägnieren zu können, läßt man das in der Imprägnierungsflüssigkeit erhitzte Holz auch während des Ablassens der Erhitzungsflüssigkeit unter Wirkung des Vakuums und imprägniert dann erst wie üblich mit beschränkten Mengen Teeröl nach einem der gebräuchlichen Verfahren. **(D. R. P. 282 777.)**

Die Konservierung von frischem Holz ohne vorherige Lufttrocknung mittels der Schwelabhitze der verschiedenartigsten Holzabfälle und mit dem Teer, den man bei dieser Verschwelung als Nebenprodukt erhält, siehe **D. R. P. 325 543.**

Zur Ersparnis an Teeröl verwendet man dessen Emulsion mit einer Seifenlösung und viel Wasser. Diese Emulsionen scheiden das Teeröl nur sehr langsam in Tropfen aus und gestatten das Öl in sehr feiner Verteilung zugleich mit der ebenfalls Fäulnisschutz bewirkenden Seife in das Holz einzuführen. **(D. R. P. 117 263.)**

Zum Imprägnieren von Holz verwendet man nach **D. R. P. 117 565** eine Lösung von Teeröl in harzesterschwefelsaurem Alkali, die mit Wasser in jedem Verhältnis emulsionsartig mischbar oder darin löslich ist. Mit Hilfe dieser Lösung spart man in erster Linie an dem nur in beschränkten Mengen zur Verfügung stehenden Teeröl und erreicht zugleich durch den Harzölesterzusatz weitgehende Emulgierbarkeit des Produktes, so daß die Imprägnierflüssigkeit tiefer in das Holz eindringt, als das unvermischte Teeröl. Überdies besitzt die alkalische Lösung des schwefelsauren Harzesters antiseptische Eigenschaften.

Zur Herstellung einer Holzimprägnierungsflüssigkeit bereitet man aus schwerem Steinkohlenteeröl, 33% Harz und der für dieses berechneten Mengen Ammoniak eine Teeröl-Harzseifenemulsion, die man vor der Benutzung im Imprägnierkessel mit Wasser verdünnt. **(D. R. P. 151 020.)**

Nach **D. R. P. 139 843** befreit man zur Herstellung eines Holzimprägnierungsmittels Steinkohlenteeröl, das über 200° siedet, durch Natronlauge von den phenolartigen Stoffen und erhitzt es mit 5% Schwefel so lange auf 220°, bis die Schwefelwasserstoffentwicklung aufhört. Dieses Produkt ist mit Benzol mischbar, emulgiert sich mit Seife und wird durch Druck oder Luftleere in die Holzporen eingeführt.

Die Konservierung von Holz mit schwefelhaltigem Teeröl wurde schon von **Lyttle** in **Ber. d. d. chem. Ges. 1875, 173** vorgeschlagen.

Zur Herstellung eines Konservierungs-, Imprägnierungs- und Anstrichmittels für Holz, trägt man Körperfarben gleichzeitig mit geeigneten Ölen mit oder ohne Zusatz von Harzen in kleinen Anteilen unter kräftiger Bewegung in ein Emulsionsmittel ein und erhält so Stoffe, die bei genügender Verdünnung mit Wasser zusammen mit den Ölen (es können auch saure, mit Aldehyden verharzte Teeröle verwendet werden) tief in das Holz eindringen. Die mit den Aldehyden verharzten Teeröle neigen dann auch nicht zur Verflüchtigung und erhalten größere Viscosität, so daß sie in dem imprägnierten Holze fester haften und neben größerer Beständigkeit gegen atmosphärische, chemische und mechanische Einwirkung eine erhöhte Giftwirkung äußern. **(D. R. P. 281 387.)**

Nach **Norw. P. 32 567** imprägniert man das Holz mit einem Gemisch von Teeröl und Sulfitablauge und kondensiert die Phenole des ersteren mit den Ligninverbindungen der letzteren zu unlöslichen Stoffen innerhalb der Holzsubstanz durch Erhitzen des Holzes mit Säuren, Basen oder Salzen unter 2—3 Atm. Druck auf 110—130°.

Um schwere Teeröle zur Holzimprägnation geeignet zu machen, werden sie nach **D. R. P. 129 167** mit wässerigen oder alkoholischen Kupfersalzlösungen behandelt, worauf die etwa gebildete wässerige Schicht abgeschieden wird. Viscosität und antiseptische Wirkung der Teeröle sollen so erhöht und Geruch und Farbe der Produkte verbessert werden.

Über Konservierung von saftfreiem Holz mit filtriertem Teer, der unter Druck in die Poren eingepreßt wird, unter evtl. Zusatz von Chlorzink, Kreosotöl u. dgl. siehe auch **A. P. 901 557.** Vgl. **Ö. P. Anmeldung 6932/1906.**

Zur Herstellung einer längere Zeit haltbaren Emulsion aus Teeröl und wässeriger Chlorzinklösung zur Holzkonservierung setzt man dem Gemenge nach **D. R. P. 139 441** je nach der Teerölsorte 5—50% Holzteer zu und leitet bei Kochhitze länger Zeit Luft durch die Masse.

Zur Herstellung eines Holzimprägnierungsmittels läßt man calciniertes Zinkchlorid oder Tachhydrit, der aus Calcium- und Magnesiumchlorid besteht und mit 12 aq krystallisiert, ebenfalls in calciniertem Zustande mit der entsprechenden Menge einer Wasser enthaltenden Emulsion eines zur Holzimprägnierung geeigneten Öles erstarren. Der Wassergehalt der Emulsion soll das Wasserbindungsvermögen des calcinierten Salzes nicht übersteigen. **(D. R. P. 254 263.)**

Zum Imprägnieren von Holz oder anderen porösen Körpern eignen sich auch wässerige Emulsionen von Teeröl oder Mineralöl, denen man evtl. die Emulgierung fördernde Stoffe wie Seifenlösungen, Lösungen der Salze von sulfonierten Fettsäuren oder von Benzolsulfosäuren und weiter noch antiseptische oder die Entflammbarkeit herabsetzende Stoffe wie Zinkchlorid, Nitrophenol oder Ammoniumverbindungen zusetzt. **(D. R. P. 323 648.)**

Auch die Verfahren der **Ö. P. 32 265, 33 751** und **Ö. P. Anmeldung 3326/1908** gehen von einem Gemisch von Steinkohlenteerölen und neutralem Mineralöl aus.

51. Naphthalin-, Anthracenteeröl-(Carbolineum-)Holzimprägnierung.

Rohes Naphthalin eignet sich nach **H. Boerner** vorzüglich als Konservierungsmittel für Holz, aus dem es sich nur langsam von der Oberfläche aus verflüchtigt, doch ist es wegen der erforderlichen großen Mengen zu teuer und steht auch in jener Verflüchtigungseigenschaft dem Kreosot insofern nach, als dieses sich nur vom Bodenende und von der Spitze aus verflüchtigt, während es sich in der Mitte des Stammes, wo also ein Bruch am leichtesten zu befürchten ist, recht gut hält. **(Kunststoffe 4, 340.)**

Um Holz gegen Insekten und Pilze zu konservieren, taucht man es in ein 110—115° heißes Bad aus Paraffinwachs, Naphthalin oder seinen Homologen und einer feinen, festen Substanz wie Kieselgur, Bimsstein, Feldspat, Carborund oder setzt weiter noch Parisergrün zu. Man läßt das Holz in diesem Bade abkühlen, oder man bringt es in ein zweites, niedriger temperiertes Bad. **(E. P. 2084/1914.)**

Zur Imprägnierung von Holzpflaster behandelt man die Klötze mit einer 90° warmen Imprägnierflüssigkeit, bestehend aus Teer, Kreosot, Schieferöl u. dgl., mit Naphthalin unter Druck. **(F. P. 467 926.)**

Zur Konservierung von Holz für Wasserbauten und zu seinem Schutz gegen den Bohrwurm erhitzt man die Hölzer mit bei gewöhnlicher Temperatur festen Steinkohlenteerdestillaten nach ihrer Verflüssigung und Teeröl in der Wärme längere Zeit im Vakuum, wobei man zweckmäßig noch Naphthol oder Naphthylamin oder ein Gemenge beider zusetzt, und bringt dann plötzlich starken Druck zur Anwendung, mit dem man den Imprägnierstoff in das Holz einpreßt. Bei diesem Verfahren vermag das noch flüssige Teeröl sich nicht wie sonst aus den senkrecht oder schräg stehenden Langhölzern wieder auszuscheiden, und die Imprägnierung ist eine vollständige und haltbare, wobei überdies Stoffe, die sonst nur zu geringem Teil ausgenützt werden können, Verwertung finden. **(D. R. P. Anm. R. 23 875, Kl. 38 h.)**

Da das zum Imprägnieren von Holz verwendete Chlorzink durch Regen leicht ausgewaschen wird, imprägniert man die Hölzer nach **D. R. P. 118 101** mit einer heißen Lösung von 2-naphthalinsulfosaurem Zink, das nur in der Hitze leicht, in der Kälte hingegen schwer löslich ist. Nach dem Zusatzpatent ersetzt man das 2-naphthalinsulfosaure Zink durch das Magnesiumsalz oder das Produkt, das man durch Absättigung der Naphthalinsulfierung mit Magnesiumcarbonat, folgenden Zusatz von Kieserit (zur Erhöhung der Feuerbeständigkeit) und Verdünnung der Masse erhält. Die Sulfierung wird aus 1 Tl. Naphthalin und 1,5 Tl. Schwefelsäure angesetzt. **(D. R. P. 150 100.)** Nach einer weiteren Ausführungsform **(D. R. P. 248 065)** ist es vorteilhafter, statt der naphthalinsulfosauren Salze ihre Mononitrosubstitutionsprodukte zu verwenden, da die Lösungen zur Imprägnierung stärker abgekühlt werden können als jene der nicht nitrierten Produkte, und weil sie auch eine stärkere konservierende Wirkung als diese besitzen. Eine derartige Lösung setzt sich zusammen aus 100 Tl. Wasser, 20 Tl. Magnesium- und 10 Tl. Ammoniumsulfat und 2 Tl. nitronaphthalinmono- oder -disulfosaurem Zink.

Die aufeinanderfolgende Imprägnierung des Holzes mit einer Lösung von naphthalin- oder anthracensulfosauren Calciumsalzen und einer Lösung von Metallfluoriden ist in **D. R. P. 254 212** beschrieben. Man verfährt z. B. in der Weise, daß man die im Imprägnierzylinder befindlichen, nassen oder trockenen Hölzer nach etwa ½stündiger Evakuierung des Zylinders mit einer 70—80° heißen, 5—10 proz. Lösung von naphthalinsulfosaurem Calcium behandelt, die man etwa 1 Stunde unter 6—7 Atm. Druck in das Holz einpreßt. Nach Ablassen der Flüssigkeit und evtl. viertelstündigem Evakuieren drückt man eine ebenso heiße 1—2 proz. Fluornatriumlösung in den Kessel, preßt auch sie unter dem gleichen Druck in das Holz und erhält so, evtl. auch in umgekehrter Reihenfolge der Imprägnierung, nach abermaliger viertelstündiger Evakuierung Bauholz, das stark verminderte Brennbarkeit, große Festigkeit und sauberes Aussehen zeigt.

Carbolineum ist höchst siedendes Steinkohlenteer-Anthracenöl, das durch Ausfrieren von seinen festen Bestandteilen (Anthracen, Carbazol usw.) befreit ist. Je nach dem Zweck (Anstrich- oder Imprägnierungsmittel) verwendet man schweres oder leichtes Carbolineum, da es in letzterem Falle in die Zellen und Poren des Holzinnern eindringen, daselbst das Wasser verdrängen und seine konservierende Wirkung ausüben soll. Durch Behandlung mit Chlor (Avenarius-Carbolineum), Chlorzink usw. wird das Carbolineum in seiner Konservierungswirkung verbessert. Ebenso werden ihm zur Verbesserung der Farbe und zur Erhöhung seines spezifischen Gewichtes verschiedene Zusätze beigegeben, z. B. Holzteer (5—6% färben das Öl kastanienbraun), Steinkohlenteer (schwarzbraun), Fichtenharz (bis zu 10%), Kautschuklösung und Carbolsäure (1—2 bzw. 5%) usw. Zur Verbesserung des Carbolineums wurde auch anempfohlen, es mit Abfallschwefelsäure zu vermischen und das von der Säure getrennte und gewaschene Öl zu verwenden. Verfälscht wird es mit leichtem Steinkohlenteer, Holzteer und Harzölen, ebenso mit Wassergasteer und Braunkohlenteer. Vgl. **Chem. Rev. 1909, 143.**

Carbolineum ist neben dem Holzteer das beste Holzkonservierungsmittel, dessen Wert weniger in dem Schutz besteht, den es als Anstrich gegen Witterungseinflüsse gewährt, als vielmehr in seiner Eigenschaft als fäulniswidriges Mittel für Holz, das in die Erde eingebettet ist. Es verhindert die Fäulnis dadurch, daß es die Feuchtigkeit abhält, ebenso auch die Pilz- und Schwammbildung nicht aufkommen läßt, außerdem bietet es völligen Schutz gegen Wurmfraß.

Nach **D. R. P. 46 021** kann man die Wirksamkeit des Carbolineums wesentlich erhöhen, wenn man es chloriert, bequemer ist es, den Imprägnierungsmassen Chlorzink beizugeben. Man schmilzt z. B. 30 kg Harz in 20 kg erhitztem schweren Steinkohlenteeröl und verrührt damit 5 kg Chlorzink und 50 kg Rohkreosotöl (Eisenbahnschwellen). Eine billigere Mischung besteht aus 200 kg Paraffinblauöl, 50 kg dunklem, amerikanischem Harz und 50 kg Rohkreosotöl. Für Anstrichzwecke werden 600 kg schweres Steinkohlenteeröl, 200 kg raffiniertes Harzöl und 200 kg Rohkreosotöl gemischt. Ein in Wasser klar lösliches Carbolineum besteht aus 100 kg Rohkreosotöl, 100 kg amerikanischem Harz, 10 kg denaturiertem Sprit und Natronlauge, während die Mischung 760 kg Rohkreosotöl, 80 kg amerikanisches Harz, 60 kg Destillatolein, 50 kg Natronlauge von 30° Bé und 50 kg denaturierter Sprit sich in Wasser nicht klar löst, sondern mit ihm milchige Emulsionen gibt. **(Seifens.-Ztg. 1911, 540.)**

Auf einfachste Weise kann man Carbolineum nach **Seifens.-Ztg. 1913, 52** in der Weise wasserlösliche machen, daß man das Produkt mit der gleichen Menge Schmierseife versetzt und nach dem Erkalten soviel denaturierten Spiritus zugibt, bis sich die Masse klar löst. Vgl. **D. R. P. 150 100.**

Die mit Carbolineum behandelten Hölzer besitzen nicht nur einen anhaftenden, auf Kleider und Wäsche übertragbaren Geruch, sondern erscheinen auch gegenüber dem natürlichen Material gefärbt und lassen sich nicht bemalen, da das Carbolineum die Farbe durchdringt und braune Flecken erzeugt. Diese Nachteile soll nach **E. Lemaire,** Ref. in **Zeitschr. f. angew. Chem. 1909, 417,** das sonst dem Carbolineum gleichwertige Holzimprägnierungspräparat Mikrosol nicht besitzen.

Zur Gewinnung eines geruchschwachen viscosen Öles für Desinfektions- und Imprägnierzwecke, neben einem schwefelfreien leichten Öl für Brenn- und Motorzwecke löst man nach **D. R. P. 153 585** 100 kg Bleiacetat in 450 kg Wasser, fügt 100 kg Anthracenöl zu und leitet bei 180° so lange überhitzten Dampf durch, bis 22% des Öles übergegangen sind.

Um Carbolineum bis zu einem gewissen Grade zu entfärben und um ihm den starken anhaftenden Geruch zum Teil zu nehmen, verwendet man nach **Farbe und Lack 1912, 434** am besten Chlorzink, doch muß betont werden, daß alle Carbolineumpräparate in dem Maße, als sie heller gefärbt sind, geringere Wirksamkeit besitzen.

Zum Färben von Carbolineum bedient man sich nach **Seifens.-Ztg. 1907, 881,** wie oben erwähnt wurde, eines Zusatzes von Teer oder Pech, wodurch zu gleicher Zeit die Haftfähigkeit des Mittels an den zu konservierenden Gegenständen begünstigt wird.

In **Seifens.-Ztg. 1910, 887** finden sich die Herstellungsvorschriften für farbiges Carbolineum in sieben verschiedenen Farben; auf die ausführliche Abhandlung kann hier nur verwiesen werden.

Nach **Drogenhändler 1911, 488** wird ein Ersatz für farbiges Carbolineum hergestellt durch Kochen einer Lösung von 50 Tl. Ätznatron und 100 Tl. Natriumbiborat in 400 Tl. Wasser mit 450 Tl. Schellack, 50 Tl. Nußbaumbeize und 200 Tl. roher 100proz. Carbolsäure. Als eine Art Ersatzmittel, das natürlich mit Carbolineum nichts zu tun hat, wird zur Holzkonservierung eine Lösung von je 10 Tl. Kupfervitriol, Eisenvitriol, Alaun und 15 Tl. Salz in 200 Tl. Wasser empfohlen.

52. Phenole (Kresol) und ihre Nitroprodukte zur Holzimprägnierung.

Über den Wert der höheren Phenole in Holzkonservierungsölen siehe **S. Cabot,** Ref. in **Zeitschr. f. angew. Chem. 25, 1935.**

Zur Verbesserung der antiseptischen, insekticiden und fungiciden Eigenschaften von Teerölen löst man Phenole der Naphthalin- oder Anthracenreihe oder deren Halogenderivate nach evtl. Entziehung der leichtverdunstenden niederen Phenole in geeigneten Steinkohlen- oder Holzteerölen. Man kann auch in der Weise verfahren, daß man die Teeröle mit den Lösungen der Alkalisalze der höheren Phenole behandelt, um sodann die durch Umsetzung entstehenden Alkalisalze der niederen Phenole durch Auswaschen zu entfernen. In jedem Falle gehen die niederen Phenole aus dem Öl in die Lauge und die höheren aus der Lauge in das Öl. Der Vorzug des Verfahrens beruht darin, daß man den Teerölen die Phenole der Benzolreihe, die nur geringe desinfizierende und konservierende Eigenschaften haben und sich an der Luft bald verflüchtigen bzw. mit Wasser leicht auswaschbar sind, vorher entzieht. **(D. R. P. 259 665.)**

Zur Imprägnierung von Holz verwendet man nach **A. P. 937 802** statt des freien Kresols sein Calciumsalz, das sich in Wasser gut löst, leicht in die Poren des Holzes eindringt und durch Kohlensäure spaltbar ist, so daß sich das imprägnierte, der Luft ausgesetzte Holz äußerlich mit einer Schicht von kohlensaurem Kalk umgibt.

Nach **E. P. 23 139/1911** konserviert man Holz oder andere organische Stoffe durch Behandlung mit einem Gemenge von Phenol und der ammoniakalischen Lösung eines Schwermetallsalzes (Kupfer oder Zink).

Über Holzkonservierung mit Dinitro-o-Kresolkalium (Antinonnin) ebenso wie über Verwendung dieses Mittels als Hausschwammvertilgungsmittel siehe **D. R. P. 72 991.**

Nach **D. R. P. 219 893** wird ein Holzkonservierungsmittel hergestellt aus Dinitrophenolen, deren Hydroxylgruppen durch organische Basen (Anilin, Toluidin, Pyridin) abgesättigt sind. Die labilen Salze zerfallen im Holz in die Base und das Dinitrophenol; sie werden in Teer- oder Minerallösung mit oder ohne Zusatz anderer Holzkonservierungsmittel verwendet. Nach dem Zusatzpatent üben auch aromatische Kohlenwasserstoffe, die zwei Nitrogruppen im Molekül enthalten (Dinitrobenzol, -toluol, Chlordinitrobenzol), besonders in Teer- oder Mineralöllösung gut konservierende Wirkung aus. **(D. R. P. 219 942.)**

Über „Mykanthin" (2, 4 Dinitrophenolnatrium) zur Konservierung der Bauhölzer und zur Hausschwammbekämpfung siehe **R. Falck, D. Bauztg. 1913, 542** und **J. Wolfmann, ebd. S. 881.**

Das Holzkonservierungsmittel Bellit besteht nach **R. Nowotný, Österr. Chem.-Ztg. 1912, 100,** aus Fluornatrium und Dinitrophenolanilin. Zweckmäßig imprägniert man die noch saftfrischen Holzmaste vom dickeren, unteren Ende aus durch hydrostatischen Druck oder im Kessel. Man braucht pro Kubikmeter Kiefernholz 1,4, für Fichtenholz nur 0,5 kg Bellit und kann beobachten, daß der Nitrokörper, dessen Hauptmenge sich in den unteren Stammteilen aufgespeichert, überhaupt beim Durchgange durch den Holzstamm wesentllich stärker zurückgehalten wird als die Fluoridlösung.

Zur Gewinnung nicht explosibler Präparate zur Holzkonservierung vermischt man Di- und Trinitrophenolsalze oder auch andere Nitroverbindungen mit Sulfitablauge und vermag so durch Zusatz verschiedener Mengen die Explosivität der Nitroverbindungen beliebig herabzusetzen. Die Flüssigkeiten werden schließlich bei nicht zu hoher Temperatur im Vakuum eingedampft. **(D. R. P. 281 331.)** An Stelle der Sulfitablauge kann man nach dem Zusatzpatent den Nitrokörpern zur Herabsetzung ihrer Sprengstoffeigenschaften anorganische Salze, namentlich solche zusetzen, die an und für sich die Entzündlichkeit von Holz herabsetzen. **(D. R. P. 281 332.)** Nach dem weiteren Zusatzpatent ersetzt man die ligninsulfosauren Salze des Sulfitpechs durch Phenole, Phenolsalze oder ähnliche Körper und verarbeitet dann z. B. 2, 4 Dinitrophenol mit 50% seines Gewichtes Rohkresolgemisch oder Kreosot oder Carbolineum u. dgl. und verwendet diese gelbrote Flüssigkeit zur Imprägnierung oder verarbeitet eine Mischung des 2, 4 Dinitrophenols mit der doppelten Menge Rohkresol unter Kühlung mit der dreifachen Menge 40grädiger Natronlauge und erhält eine gelbliche, gleichmäßige, nicht absetzende Paste, die in Form ihrer wässerigen Lösung ebenfalls zur Imprägnierung oder Oberflächenbehandlung von Holz dienen kann. **(D. R. P. 281 876.)**

Zur Holzkonservierung kann man auch Acetyldinitrophenol verwenden, das man erhält, wenn man Dinitrophenol mit der vierfachen Menge Essigsäureanhydrid und einem Viertel geschmolzenem Natriumacetat längere Zeit am Rückflußkühler kocht, die Schmelze in Eiswasser gießt und das krystallinisch erstarrende Produkt absaugt. Man kann das Produkt durch Lösen in Benzol und Fällen mit Ligroin reinigen. **(D. R. P. 281 694.)**

Nicht explosive Holztränkungsstoffe erhält man aus Sulfosäuresalzen aromatischer Kohlenwasserstoffe gemischt mit Nitro- und Polynitrophenolen, die mit anorganischen Basen gesättigt sind. **(Norw. P. 33 159.)**

Zur Holzkonservierung unter Verwendung negativ substituierter Phenole mischt man sie einerseits mit wässerigen, soda- oder ätzalkalischen Lösungen, andererseits mit Aluminiumsulfat, in einem solchen Verhältnis, daß in der Wärme eine klare Lösung entsteht, die Tonerdehydrat im Solzustande enthält, das sich nach Einführung der Lösung in das Holz beim Abkühlen als Gel abscheidet. Man kocht z. B. 70 Tl. Dinitro-o-Kresol, 20 Tl. Ätznatron oder 55 Tl. Soda mit einer Lösung von 10 Tl. Aluminiumsulfat und verwendet diese Mischung heiß, so daß bei völliger Durchdringung des Holzes ein späteres Auslaugen verhindert wird. **(D. R. P. 288 659.)**

Zur Herstellung nicht explosibler, für die Zwecke der Holzkonservierung geeigneter Präparate mischt man die mit anorganischen Basen abgesättigten Mono- und Polynitroverbindungen des Phenols und seiner Homologen mit sulfosauren Salzen aromatischer Kohlenwasserstoffe oder ihrer Substitutionsprodukte. In Betracht kommen die Alkali-, Erdalkali-, Zink- oder Magnesiumsalze der Phenol- oder Naphthalinsulfosäuren sowie die durch Absättigen mit Natronlauge, Zinkoxyd usw. aus dem rohen Teeröl erhaltenen Verbindungen des Carbazols, Phenanthrens, Phenols, Kresols usw. **(D. R. P. 289 243.)**

Da die freien Dinitrophenole Eisen stark angreifen und demnach zur Holzimprägnierung in eisernen Gefäßen nicht Verwendung finden können, setzt man ihnen oder ihren Salzen in einer 10% der Trockensubstanz nicht übersteigenden Menge Alkalichromate, -bichromate, -jodate, -chlorate, Borax oder Dialkaliphosphate einzeln oder in Mischung zu. Dadurch wird die fungicide Kraft des Dinitrophenols nicht herabgesetzt und die Lösungen behalten ihre Wirksamkeit auch in Gegenwart anderer Salze in eisernen Gefäßen bei. **(D. R. P. 299 411.)** Nach einer weiteren Ausbildung des Verfahrens setzt man den Dinitrophenollösungen als völligen oder teilweisen Ersatz der im Hauptpatent genannten Salze arsensaure Alkalien, und zwar in Form normaler oder saurer Arseniate zu, die die gewünschte Schutzwirkung gegen den Angriff des Eisens ebenfalls herbeiführen und überdies stark giftige Eigenschaften gegenüber den Holzpilzen besitzen. **(D. R. P. 300 955.)**

Über das Holzkonservierungsmittel Injektol siehe **Zeitschr. f. angew. Chem. 1908, 508.**

Das in **D. R. P. 247 694** und **248 065** beschriebene Verfahren zum Konservieren und Schwerentflammbarmachen von Holz durch Tränken mit Lösungen von Ammonium- und Magnesiumsalzen und einem Antiseptikum ist in einer Abänderung dadurch gekennzeichnet, daß Salze von Nitrooxykohlenwasserstoff-Sulfonsäuren als konservierende Stoffe dienen. **(D. R. P. 271 797.)**

53. Holzteer-(Kreosot-)Holzimprägnierung.

Über die Wirksamkeit des Kreosotöles in imprägnierten Hölzern siehe **R. Nowotný** in **Österr. Chem.-Ztg. 16, 91.**

Nach **Cabot, Chem.-Ztg. Rep. 1912, 376** bleiben die höher siedenden Phenole in den mit Kreosot getränkten Hölzern auch nach langer Lagerung erhalten, da sie in nicht flüchtige, unlösliche, oxydierte Verbindungen übergehen, die gute antiseptische Eigenschaften besitzen.

Buchenholzkreosot steht bezüglich der Giftwirkung auf holzzerstörende Pilze an der Spitze und wird in der Wirkung nur von gewissen Steinkohlenteerölen der Fraktionen zwischen 215 und 305° erreicht.

In einer Besprechung der verschiedenen teerigen Holzimprägnierungsmittel **(Braunkohle 1912, 601)** gelangt **F. Moll** zu dem Resultat, daß auch das Braunkohlenkreosot eines der besten Imprägnierungsmittel für Holz ist, da die in ihm enthaltenen Phenole, was Konservierungskraft anbetrifft, jenen des Steinkohlenteers gleichwertig sind.

Über das Konservieren des Bauholzes durch Kreosot siehe **Dingl. Journ. 123, 146.**

Vgl. **Krug,** Das Imprägnieren mit Kreosot und Kreosotnatrium, **Chem. Zentr.-Bl. 1875, 15.**

Der Vorschlag, Holz mit Kreosot zu imprägnieren, stammt von **H. Vohl;** die Methode der Imprägnierung wurde beschrieben in **Dingl. Journ. 144, 448.**

Nach genauen, in **Dingl. Journ. 185, 408** veröffentlichten Untersuchungen gewährt das Kreosot den besten Schutz gegen die Zerstörung des Holzes durch Bohrmuscheln, während anorganische, besonders Kupfersalze, die im Meeresboden versenkten Hölzer wohl vor der Fäulnis, nicht aber gegen die Bohrwürmer schützen. Sogar weiches mit Kreosot imprägniertes Pappelholz blieb nach dreijähriger Einlagerung in die Brutstätten der Pholaden vollkommen unverändert.

Die dem Holze zugeführten Kreosotöle verändern sich im Laufe der Jahre, namentlich verschwinden die sauren phenolartigen Körper, teils durch Auslaugung, teils wegen Entstehung harzartiger Kondensationsprodukte, die sie mit Basen oder ungesättigten Kohlenwasserstoffen bilden. Es erscheint daher zweckmäßig schon während der Imprägnierung nur Öle zu verwenden, die reich an hochsiedenden Phenolen sind, da diese die antiseptische Kraft des Kreosotöles steigern und bei hoher Flüchtigkeit auch genügend lange im Material verbleiben. **(R. Nowotný, Österr. Chem.-Ztg. 16, 91.)**

Zum Tränken von Schiffshölzern verwendet man, da Metallsalze wegen ihrer Auslaugbarkeit ausgeschlossen sind, ausschließlich Holzteerkreosotöl, das man durch trockene Destillation des Holzes herstellt. Man erhält bei diesem Prozeß ein leichtes Öl vom spez. Gewicht 0,875 bis 0,975 und ein schweres Öl (zusammen mit Holzessig) vom spez. Gewicht bis 1,045. Das Leichtöl wird nach Abtrennung des Wassers unter Zusatz von Natronlauge auf Terpentinölersatzmittel verarbeitet, während der Rückstand zusammen mit den Schwerölen nach Entfernung des holzessigsauren Natrons das Imprägnieröl darstellt. Das mit diesem Öl bei 50° unter Druck getränkte, vorher möglichst von Luft befreite Holz soll dem Angriff der Bormuscheln 5—6 Jahre lang Widerstand entgegensetzen. (**F. S. Clark,** Ref. in **Zeitschr. f. angew. Chem. 1891, 405.**)

Zum Imprägnieren von Holz taucht man es nach seiner Evakuierung in einer Flüssigkeit mit hohem Siedepunkt nacheinander in in einem offenen Behälter übereinandergeschichtete, nicht mischbare Imprägnierflüssigkeiten, z. B. eine 12grädige Kreosot- und eine 4grädige Zinkchloridlösung. **(D. R. P. 132 202.)**

Man kann auch nach einem anderen Vorschlage das Holz zuerst mit Zink- oder Eisensalzen tränken und diese innerhalb der Faser dadurch in unlöslicher Form niederschlagen, daß man das Holz mit einer Harzkreosotseife, die durch Verseifung von Harz und Buchenholzkreosotöl mit Lauge gewonnen wird, nachbehandelt. **(D. R. P. 53 691.)**

Ein antiseptisches, namentlich Zwecken der Holzimprägnierung dienendes Mittel besteht nach **E. P. 176 339** aus Kohlenteerkreosot und Zinkchlorid, das man vorher schmilzt und mit Phenol verrührt, um den Bedarf an zuzusetzendem Kreosot herabzumindern.

Nach **E. P. 5411/1912** imprägniert man das Holz, um es zu konservieren und zugleich schwer entflammbar zu machen, mit einer Emulsion von Sulfitablauge und Kreosot oder Rohöl unter Zusatz eines giftigen Schwermetallsalzes (Zink, Kupfer, Quecksilber). Man verwendet z. B. ein Gemenge von 10 Tl. der Ablauge mit 3 Tl. Chlorzinklösung zur Imprägnierung. Vgl. **A. P. 1 057 211** und **1 057 319.**

Nach **E. P. 15 713/1910** wird Holz konserviert und gehärtet in einer Masse, die aus Holz- oder Pflanzenteer und einem Bindemittel besteht; letzteres setzt sich zusammen aus einer wässerigen Lösung bzw. Suspension von Natrium- und Kaliumcarbonat, Natriumsilicat, Sägemehl und etwas Salpetersäure.

Nach **Schwed. P. 29 010/1908** erhält man ein Imprägnierungsmittel für Holz durch Verkochen von (Vol.-%) 45—65 Holzteer, 15—27 Paraffin, 10—22 Bienenwachs, 4—15 Talg, unter evtl. Zusatz von je 1 Vol.-% gekochtem Leinöl, Tannenharz oder gewöhnlichem Harz und 1,5 bis 5 Vol.-% Fischfett.

Zum Konservieren von Holz vulkanisiert man es zunächst nach **D. R. P. 136 621** durch Erhitzen auf höhere Temperatur unter Druck, imprägniert mit einer Mischung von Kreosot, Harz und Formaldehyd und läßt unter allmählicher Druckabnahme langsam erkalten.

Nach **D. R. P. 236 199** wird ein Holzimprägnierungsmittel erhalten durch Verwendung eines Holzteeres, der 40—70% Kreosot enthält, zugleich wird ein schweres, hochsiedendes Mineralöldestillat als Lösungsmittel hinzugefügt. Letzteres darf weder zu leichte noch zu schwere Bestandteile (Benzin bzw. Asphalt) enthalten, da sein Entflammungspunkt über 100° liegen soll, und da es andererseits bei gewöhnlicher Temperatur noch flüssig sein muß.

Über Herstellung von Holzimprägnierungsflüssigkeiten siehe **Ö. P. Anmeldung 283/09.** Über das Verfahren zur Kreosotierung hölzerner Leitungsmaste siehe **E. P. Petritsch,** Ref. in **Chem.-Ztg. Rep. 1909, 428.**

Durch Auflösen der durch Verblasen von erhitzten Holzteeren mit Luft nach **D. R. P. 163 446** und **171 379** erhaltenen Erzeugnisse in Alkalien erhält man nach dem Eintrocknen, evtl. im Vakuum, bei Wasserbadtemperatur nicht explosive, trockene oder teigige Desinfektions- und Konservierungsmittel, deren Wirksamkeit durch Zusatz von Nitroverbindungen wesentlich erhöht werden kann. **(D. R. P. 304 127.)**

Zum Konservieren rohen Holzes ohne vorherige Lufttrocknung behandelt man die Hölzer mit den aus ihren Abfällen erhaltenen Generator-Verschwelungsprodukten, unter denen sich besonders der auf diese Weise gewonnene Holzteer durch hohe Konservierungskraft auszeichnet. Die Abhitze des Schwelprozesses wird zum Trocknen der Hölzer verwandt. **(D. R. P. 325 543.)**

54. Holzimprägnierung mit Erdöl, Leinöl, Acetonöl, Formaldehydverbindungen, Humusextrakt, Seife.

Über die Verwendung von Roherdöl zur Imprägnation von Hölzern siehe **Chem.-Ztg. 1910, 230.**

Seidenschnur stellte fest, daß das aus neutralen und hochsiedenden Bestandteilen bestehende Anthracenöl dem sauren Imprägnieröl überlegen ist, ferner daß die neutralen Erdölbestandteile keine holzkonservierenden Eigenschaften besitzen. Behandelt man sie jedoch mit Schwefel in der Weise, daß man z. B. 150° heißes Roherdöl mit 2% Schwefel weiter auf 280° erhitzt, so erhält man Holzimprägnierungsöle, die, der antiseptischen Wirkung nach, dem Anthracenöl um 15—20% überlegen sind. Ein solches Präparat eignet sich darum besonders in erdölreichen Ländern, denen nicht genügende Mengen Teeröl zur Verfügung stehen. **(Zeitschr. f. angew. Chem. 1909, 2445; Chem.-Ztg. 1909, 701.)**

Zum Imprägnieren von Holz verwendet man an Stelle des gewöhnlichen Roherdöles, das als solches zu leicht verdunstet, während seine schwerflüchtigen, nach Abdestillieren der niedrigsiedenden Bestandteile verbleibenden Rückstände zu zähflüssig sind, das durch Destillation des Roherdöles über Schwefel erhaltene, von den leichtsiedenden Bestandteilen getrennte Destillat. **(D. R. P. 188 613.)**

Zur Imprägnierung von Holz und anderen porösen Gegenständen setzt man sie den heißen Dämpfen hochsiedender, wasserunlöslicher Destillationsprodukte von Art des Pechs aus und überzieht so die Wände der Poren mit einer feinen Haut, die die Saugfähigkeit des Stoffes aufhebt, ohne das Gewicht der Gegenstände wesentlich zu erhöhen oder ihre Porosität zu vermindern. **(D. R. P. 220 059.)**

Nach **A. P. 1 404 128** eignet sich als Holzkonservierungsmittel ein Gemisch von gekochtem Leinöl, gepulverter Holzkohle und Terpentinöl.

Nach **D. R. P. 237 150** imprägniert man das Holz, um es gegen die Aufnahme von Luftfeuchtigkeit zu schützen, mit einer Auflösung von Harz in Acetonöl. Die Wirkung ist jener des Chlorzinks um das Dreifache überlegen. Das Acetonöl ist als Nebenprodukt der Acetongewinnung durch seinen Gehalt an Mesityloxyd und Phoron ausgezeichnet, besitzt stark konservierende Eigenschaften und schädigt doch die Pflanzen nicht, so daß die so imprägnierten Hölzer, um so mehr als sie dann auch gegen Insektenfraß geschützt sind, bei der Anlage von Gewächshäusern und Mistbeeten Anwendung finden. Durch den Harzzusatz wird die Verflüchtigung des Öles verzögert, wodurch die Lebensdauer des Holzes gegenüber jener der nicht oder mit Chlorzink vorbehandelten Hölzer um das Dreifache verlängert wird. **(D. R. P. 237 150.)** Nach dem Zusatzpatent ersetzt man das Acetonöl-Harzgemisch durch Aceton allein besonders dann, wenn das Holz keine besondere Erwärmung (Sonnenbestrahlung) auszuhalten hat. **(D. R. P. 239 697.)**

Zur Konservierung von Holz sättigt man es unter gewöhnlichem Druck mit einer Lösung von Acetylengas und evtl. auch Harzen in Acetonöl. Man läßt die Flüssigkeit, durch die ein stark konservierend wirkendes Gas durch die ganze Masse des Holzes gleichmäßig verteilt und dauernd in ihm zurückgehalten wird (während Leuchtgas sehr bald aus den Holzporen entweicht), nach einer Ausführungsform des Verfahrens unter Druck in das Holz einströmen, nach dessen Aufhebung dann infolge der Ausdehnung des Gases ein Teil der Imprägnierungsflüssigkeit wieder aus dem Holze herausbefördert wird. **(D. R. P. 243 227.)**

Zum Konservieren des Holzes tränkt man es nach **D. R. P. 144 294** in getrocknetem Zustande mit einer Mischung von Agar-Agar und Formaldehyd; dann trocknet man unvollständig, so daß ein Überschuß an löslichem Formaldehyd in dem Holze verbleibt, der später an das Erdreich abgegeben wird und so eine das Holz schützende Schicht bildet.

Zum Imprägnieren von Holz behandelt man das Material mit einer Mischung von Phenolen und Formaldehyd oder mit dem flüssigen Kondensationsprodukt der beiden Stoffe und führt die Kondensation im Holze selbst evtl. unter Anwendung von Hitze und Druck bis zur Unschmelzbarkeit und Unlöslichkeit des Kondensationsproduktes durch. Wasserhaltige Ausgangsmaterialien müssen in jedem Falle vorher durch Zusatz wasserentziehender Salze entwässert werden. Zugleich mit Formaldehyd und Phenol können auch geruchverbessernde oder färbende Stoffe miteingeführt werden und man erhält dann je nach dem Zeitpunkt der Unterbrechung der Reaktion verschiedene Hölzer, die je nach dem Grade der Festigkeit des Bakelitproduktes zur Herstellung von künstlichem Holz oder Isoliermaterialien dienen können oder auch nur beständige, den Atmosphärilien und der Fäulnis widerstehende Produkte darstellen. **(D. R. P. 231 148.)** Vgl. **D. R. P. 231 238.**

Zur Konservierung von Holz imprägniert man es mit holzkonservierenden Salzen (Fluoride, Phenolate, Schwermetallsalze) oder feuerfestmachenden Salzen, denen man zur Erhöhung der Wasserlöslichkeit und konservierenden Wirkung Trioxymethylen zusetzt. **(D. R. P. 298 890.)**

Zur Holzimprägnierung bedient man sich der aus Torf gewonnenen, konservierend wirkenden Huminsäurelösung allein oder zusammen mit anderen Imprägniermitteln, die dann im Holze die Humuslösung fällen und selbst zur Ablagerung gelangen, so daß die zugefügten Imprägniersalze durch die lederartige Umhüllung mit gefällter Huminsubstanz vor dem Auswaschen geschützt sind. **(D. R. P. 119 574.)**

Zum Konservieren und Wasserdichtmachen von Holz imprägniert man es mit alkalischen Extrakten der Braunkohle, mit oder ohne Zusatz von Wasserglas, behandelt mit Säuren oder Oxydationsmitteln von Art der Chromsäure oder Superoxyden nach und setzt das so behandelte Holz schließlich der Einwirkung überhitzter Luft aus. **(D. R. P. 295 053.)**

Über ein Holzkonservierungsverfahren durch Imprägnation mit Seife und Schwefelsäure siehe **D. R. P. 9680.**

Über Imprägnierung des Holzes zuerst mit einer Seifenlösung und dann (zwecks Abscheidung unlöslicher Fettsäuren oder ihrer Salze innerhalb des Holzes) mit einer Säure oder einer Kalksalzlösung siehe **P. Jaques, D. Ind.-Ztg. 1879, 299.**

55. Hausschwamm- und Trockenfäulebekämpfung.

Wehmer, C., Experimentelle Hausschwammstudien. Jena 1915. — Möller, A., Hausschwammforschungen. Jena 1912. — Mez, C., Der Hausschwamm und die übrigen holzzerstörenden Pilze der menschlichen Wohnung. Dresden 1908. — Langenberger, S., Der Hausschwamm. München 1908.

Eine übersichtliche Zusammenstellung der Literatur über den Hausschwamm und seine Bekämpfung findet sich ebenso wie ein kurzer Auszug über die wichtigsten bei der Hausschwammbekämpfung zu treffenden Maßregeln in **Techn. Rundsch. 1910, 640.** Vgl. ebd. **1907, 478.**

Über Schwammreparaturen in älteren und in neuen Wohnhäusern bei Auftreten von echtem Hausschwamm und von Trockenfäule siehe die Ausführungen von **J. Wolfmann in Techn. Rundsch. 1912, 142.**

Über Beurteilung und Bekämpfung des Hausschwammes und der Trockenfäule siehe **E. Schaffnit, Chem.-Ztg. 1911, 253.**

Über die Bekämpfung des Hausschwammes mittels der Fluoride siehe ferner **R. Nowotný, Chem.-Ztg. 1918, 374.**

Eine Patentzusammenstellung über die gegen Schwamm und Fäulnis dienenden Holzschutz-Salzgemische von **F. Moll** findet sich in **Zeitschr. f. angew. Chem. 33, 39.**

Vergleichende Untersuchungen über einige Desinfektionsmittel, die in den Gärungsbetrieben und zur Bekämpfung des Hausschwammes Verwendung finden (Antigermim, Mikrosol, Afral, Mycelicid, Antiformin, Antinonnin), zum Teil Kupfersalze organischer Säuren, zum Teil der Pikrinsäure nahestehende Phenolnitrierungsprodukte veröffentlicht **G. Wesenberg** in **Centralbl. f. Bakt. 1902, 627.**

Der Hausschwamm ist eine Infektionskrankheit des Hauses und wird nicht vom Bauholz aus dem Walde verschleppt, sondern wie eine Seuche von Haus zu Haus übertragen. Die Übertragung des Hausschwammes erfolgt vor allem durch vorerkrankte Nadelhölzer und wenige Laubholzarten, seine Ausbreitung auf rein vegetativem Wege, besonders bei großem Gehalt der Hölzer an Feuchtigkeit und wasserlöslichen Nährstoffen. Bei der Zersetzung des Holzes durch Hausschwamm (Merulius lacrymans) verwandelt der Pilz das nichtverbrauchte Material in Huminstoffe; diese verschiedenen Humuskörper, die **C. Wehmer** näher untersuchte, sind die Ursache der sauren Reaktion jedes pilzkranken Holzes. **(Ber. 48, 130.)**

Man kann sich dadurch in einfachster Weise von der Infektionsfreiheit des Bauholzes überzeugen, daß man eine Platte des Stammendes mit Wasser, Fruchtsaft und schließlich verdünnter Ammoniaksalzlösung tränkt, in verschlossenen Gefäßen an dunklen, mäßig warmen Orten aufbewahrt und nach einiger Zeit beobachtet, ob sich Hausschwammkulturen entwickeln. **(Baumat.-Kunde 7, 320.)**

Der vorhandene Hausschwamm kann erfolgreich nur durch Hitze bekämpft werden, da er bei 40° abstirbt. Seine Sporen, die bei 40° nicht getötet werden, müssen durch einen wirksamen Desinfektionsanstrich in der Keimung verhindert werden. Trockenfaule Hölzer müssen, da sie einen günstigen Nährboden für Hausschwamm abgeben, entfernt werden und man muß durch Austrocknen des Holzes, Lüftung, Sterilisierung der Oberflächen usw. die Ausbreitung der Trockenfäule verhindern. Besser als alle Mittel gegen die Vernichtung dieser Schädlinge ist die rationelle Vorbeugung, die sich im wesentlichen auf Maßnahmen bautechnischer Art erstreckt; siehe hierüber die Originalarbeit.

Über Hausschwamm und Trockenfäule siehe auch den Artikel in **Techn. Mitt. f. Mal. 28, 176.** Auch hier wird der Schluß gezogen, daß trockenfaules Holz leicht ersetzt werden kann, ohne daß eine Wiederkehr der Pilzerkrankung zu befürchten ist, während sich auch nach Entfernung der vom Hausschwamm befallenen Hölzer eine Garantie für das Nichtwiederauftreten des Hausschwammes nicht bieten läßt.

In **D. R. P. 76 877** wird empfohlen, zur Vertilgung des Hausschwammes Chlorgas zu verwenden, das man in die angebohrten Dielen und Balken einleitet.

Nach **D. R. P. 228 513** wird Hausschwamm vernichtet durch Natriumzinkatlösung, die man erhält durch Lösen von 300 g Chlorzink in 1 l Wasser und Hinzufügen einer Lauge, bestehend aus 900 g Ätznatron in 4 l Wasser. Das Verfahren hat den Vorzug vor anderen, daß es bei gewöhnlicher Temperatur zur Anwendung gelangt und daß die zu behandelnden Gegenstände in keiner Weise beschädigt werden.

Nach **F. P. 454 670** soll sich ein Mittel, das man durch Zusatz von Alkali zu einem Gemenge von Tonerdesalz und Zinksalz bis zur Wiederauflösung des Zinkaluminates im Überschuß des Alkalialuminats erhält, als Mittel gegen den Hausschwamm eignen.

Nach **Pharm. Ztg., Berlin 1912** besteht „Forchin", ein Mittel gegen Pilze, aus einer Lösung, die als wesentliche Bestandteile 40,8% Kupfersulfat, 2,8% Ammoniak, 2% Schwefel und 9,5% Kalk neben 57,9% Melasse enthält.

Das wichtigste Hausschwammbekämpfungsmittel ist hinsichtlich Haltbarkeit, Neutralität gegen die Holzfaser, Geruchlosigkeit und geringer Giftigkeit das Fluornatrium unter den anorganischen und Dinitro-o-Kresol und 2, 4-Dinitrophenol unter den organischen Stoffen. Dementsprechend besteht auch das Schwammschutzpräparat **Rütgers** aus 85—95% Fluornatrium und 5—15% Dinitrophenol, während das Präparat Basilit statt des letzteren Dinitrophenolanilin enthält. **(R. Falck, Pharm. Ztg. 1919, 844, 855.)**

Zur Vertilgung des Hausschwammes eignet sich ein Präparat mit Namen Raco, das als wirksamen Bestandteil ein Salz des Dinitrokreosols enthält und dem Sublimat in seiner Leistungsfähigkeit überlegen sein soll. **(C. Wehmer, Apoth.-Ztg. 28, 1008.)**

Zur Herstellung eines Desinfektions- und Reinigungsmittels für Holz, Stein, Metall usw., z. B. in den Gärungsgewerben, mischt man 35proz. Kieselfluorwasserstoffsäure mit

3 proz. reinem Wasserstoffsuperoxyd zu gleichen Teilen. Die Mischung dient auch als Vorbeugungsmittel gegen Hausschwamm und Schimmelbildung. **(D. R. P. Anm. G. 40 165, Kl. 6 f.)**

Zur Verhinderung der Trockenfäule des Holzes behandelt man es nacheinander mit der Lösung eines Blei- oder Mercurisalzes und einer Kieselfluorverbindung oder mit einem Gemisch dieser Lösungen. Die an und für sich schwer auslaugbaren Metallsalze werden in Berührung mit löslichen Kieselfluorsalzen völlig unlöslich, da sich Doppelsalze oder komplexe Salze bilden, so daß die Imprägnierung in dem Holze beständig erhalten bleibt. **(D. R. P. 278 441.)**

Holzimprägnierung zu anderen Zwecken.

56. Holzveredelung, -härtung, -verdichtung mit anorganischen Stoffen und elektrolytisch.

Nach einem scheinbar vergessenen Verfahren, das aus dem Jahre 1857 stammt, wurden die zuerst evakuierten und dann mit Teer oder Metallsalzen (Zinkchlorid, Sublimat, Kupfervitriol) imprägnierten Hölzer (Bauholz, Streckenholz, Balken, Bretter usw.) unter starkem Druck zwischen Walzen erst schwächer, dann stark zusammengepreßt, wodurch dem Holz nicht nur eine bestimmte Form, sondern auch bedeutende Härte, Dichte und Widerstandsfähigkeit erteilt wurde. **(London Journ. 1857, 167.)**

In **D. R. P. 111 323** wird vorgeschlagen, Holz, um es zu härten, mit Chromoxydsalzen, z. B. Chromsulfat oder Chromalaun zu imprägnieren.

Zum Zementieren von Holz tränkt man es nach **D. R. P. 80 426** im Vakuum während etwa 2 Stunden unter einem Druck von 6—8 Atm. mit einer Lösung von phosphorsaurem Kalk oder Thomasschlacke und schwefliger Säure.

Zum Tränken und Veredeln harzreicher Hölzer, speziell zur Umwandlung von Fichtenholz in ein Produkt von eichenholzartigem Charakter behandelt man die Hölzer in einer 80—100° heißen, ständig bewegten, wässerigen Lösung, die 1,5% Eisenchlorid, 2% Ammoniakalaun und 1,5—2% Magnesiumchlorid enthält, und läßt sodann in der unbewegten Lauge erkalten. **(D. R. P. 286 115.)**

Zum Härten kleiner Holzgegenstände, wie z. B. der Harkenzähne aus Akazienholz, wird in **Techn. Rundsch. 1910, 274** empfohlen, die Hölzer mit Lösungen von Kupfer- oder Eisenvitriol oder schwefelsaurer Tonerde, besonders aber mit starker Chlorcalciumlösung zu tränken und nach Einziehen des Salzes und Verdunsten des Wassers in einer 20grädigen Kaliwasserglaslösung nachzubehandeln. Die auf diese Weise durch den gebildeten kieselsauren Kalk gefestigten Holzmassen müssen allerdings vor dem Anstreichen mit Ölfarbe gründlich mit einer Leimspachtelmasse grundiert werden, da das noch vorhandene ungebundene Wasserglas sonst verseifend auf die Ölfarbe wirken würde.

Zur Erhöhung der Zähigkeit von Akazien- und Zerreichenholz und zur Beseitigung der Neigung dieser Hölzer zur Sprungbildung legt man das Holz während etwa 5 Stunden in eine kochende Lösung bzw. Suspension von 1,5 kg Holzasche, 0,5 kg Alaun und 0,5 kg Kupfersulfat in 100 l Wasser und bearbeitet das ausgekühlte, getrocknete Holz wie üblich. Man vermeidet so das Arbeiten unter Überdruck und erhält dennoch, auch aus minderwertigen Holzarten, ein Werkzeugholz, das sich zur Herstellung von Werkzeugstielen oder Radspeichen ebensogut eignet wie Hickoryholz oder andere wertvolle Hartholzarten, besonders da sich die Werkzeuge in der Hand nicht erwärmen. Ein weiterer Vorteil des Verfahrens besteht in der Verwendbarkeit auch frischen waldgrünen Materiales, das ohne vorhergehende Trocknung behandelt werden kann. **(D. R. P. 296 660.)**

Nach einem sonderbaren Verfahren bettet man das Holz in ungelöschten Kalk und begießt ihn nach und nach mit Wasser, bis er gelöscht ist. Je nach der Größe und Stärke der einzelnen Stücke läßt man das Holz liegen, bis das Kalkwasser genügend eingedrungen ist; für Hölzer, die beim Bergbau verwendet werden sollen, genügt eine Woche. Das so behandelte Holz wird angeblich sehr hart und widersteht lange der Fäulnis. **(Dingl. Journ. 218, 527.)**

Nach **D. R. P. 71 839** kann man durch eine besondere Behandlung abgelagertes, altes Holz zur Herstellung von Musikinstrumenten ersetzen. Man imprägniert nach diesem Verfahren das Holz in Vakuumbehältern mit Salzsäure, die für kalte Behandlung mit 2 Tl. für heiße Durchtränkung mit 15—30 Tl. Wasser verdünnt ist oder mit Schwefelsäure 1 : 3 bzw. 1 : 30 oder mit Salpetersäure 1 : 10—20 bzw. 1 : 30—60 oder mit schwefliger Säure, die in starker Lösung oder schließlich mit Chlor- und Chromsäure, die nur stark verdünnt und kalt angewendet werden dürfen. Vorteilhaft läßt man eine Behandlung des Holzes mit kalten oder höchstens 100° warmen, alkalischen, maximal 3,5grädigen Ätzlaugen vorangehen. Dem so gelockerten Holze werden durch die Behandlung mit Säure die unelastischen inkrustierenden Substanzen entzogen, wodurch sich die Schwingungsfähigkeit des Holzes erhöht und die aus ihm hergestellten Musikinstrumente an Klangfülle und leichter Ansprache gewinnen.

Zur Konservierung des Holzes und um Hölzer zu verhindern sich zu werfen oder zu reißen, behandelt man das Material nach **D. R. P. 117 150** mit heißen Lösungen gewisser Salze, die die Eigenschaft haben, in heißem Wasser bedeutend leichter löslich zu sein als in kaltem; beim Abkühlen und Verdunsten des Lösungsmittels werden die Holzzellen auf diese Weise mit Salzkrystallen angefüllt, die ein Zusammenschrumpfen des Holzes verhindern. Die Art der verwendbaren Salze ist im Patent beschrieben, es kommen zahlreiche Sulfate, Nitrate, Chloride, Alaune der Erdalkali- und Schwermetalle in Betracht, soweit sie nicht hygroskopisch sind.

Zur Füllung der Poren von als Stromsammler-Scheidermaterial dienendem Holze verwendet man Salzkrystalle, die man durch Eintauchen der ausgelaugten Hölzer in konzentrierte Salzlösung und folgendes Trocknen in den Poren bildet, woselbst sie das Schrumpfen des Holzes im trockenen Zustande verhindern. Die Salzkrystalle werden beim Zusammenbringen mit der Akkumulatorensäure ganz oder teilweise wieder ausgeschieden oder gehen unschädliche Verbindungen ein. Da die Holzporen weder verstopft noch verengt werden ist die Leitfähigkeit der Scheider eine sehr bedeutende. **(D. R. P. 314 723.)**

Um zu vermeiden, daß bei der gleichzeitigen Holzimprägnierung und -färbung zwecks Veredelung des Holzes ein Teil der zersetzungsfähigen Holzbestandteile unverändert bleibt, kocht man das Holz in einer mit überschüssigem Tonerdehydrat versetzten, 15—20grädigen Natriumaluminatlösung bei 130—150° unter Druck, so daß die Harze in Harzseifen und die Stärkearten in lösliche, nicht dextrinartige Stoffe übergeführt werden. Diese werden so auslaugbar, während Tonerde sich in den Holzzellen ablagert, das Holz härtet, unentflammbar macht und mit den zugeführten Farbstoffen unlösliche Tonerdelacke bildet. Man kann so nach dem Auswaschen des Holzes (besonders zur Entfernung der auswitternden Soda) Imitationen edler Holzarten, z. B. aus hellen Hölzern auch ohne Hinzufügung eines Farbstoffes nußbaumartiges Holz erhalten. **(D. R. P. 134 939.)**

Zur Erhöhung der Widerstandsfähigkeit von Pflasterhölzern imprägniert man sie im allgemeinen mit Teer, der einen Zusatz von Soda mit oder ohne Wasserglas erhält. Nach Versuchen von **B. Ritter** spielt jedoch die Art des Imprägniergemenges eine wesentlich geringere Rolle als die Imprägnierungstemperatur. So wurde z. B. die Festigkeit der Hölzer von 323 kg/qcm des unbehandelten Materiales auf 536 kg/qcm erhöht, wenn man sie mit Wasserglas allein während 3 Stunden allmählich auf 200° erhitzte. Oberhalb dieser Temperatur besteht die Gefahr des Rissigwerdens der Klötze. **(Bitumen 1917, 148.)**

Über das Härten von Holz bei gleichzeitiger Erhaltung der Maserung siehe **Erf. u. Erf. 43, 404.**

Zum Konservieren und zur Steigerung der mechanischen Festigkeit von Holz und Cellulose tränkt man das Material oberflächlich mit Wasser oder einer wässerigen Lösung von Kochsalz, Zinkchlorid oder Natriumsulfat, legt es dann auf eine auf nichtleitender Bodenplatte liegende Bleifolie, überdeckt es mit Tüchern und auf ihnen liegend mit einer zweiten Bleifolie und leitet längere Zeit den elektrischen Strom durch das Material. Auch bei feuchtem Holz werden dadurch die zerstörenden Keime vernichtet und man erhält ein mechanisch stark gefestigtes Material, das auch den stärksten äußeren Zerstörungseinflüssen wiedersteht und der Fäulnis nicht mehr unterwofen ist. **(D. R. P. 251 258.)**

Um faserigem Gut, z. B. Holz, seine absorbierenden Eigenschaften und die elektrische Leitfähigkeit zu nehmen, bringt man das Stück zuerst in eine heiße Sodalösung und trocknet, dann in einen heißen flüssigen Kohlenwasserstoff und trocknet abermals und schließlich in eine HarzSchwefelschmelze aus der man die Platte herausnimmt und schnell abkühlt. **(A. P. 1 375 125.)**

Zur Härtung und Veredelung von Holz, Textilpflanzen, Kunstseide oder Papier taucht man das cellulosehaltige Material kurze Zeit in die Lösung von Zinkchlorid, Kochsalz oder eines anderen leitenden Salzes und setzt das Holz usw. dann der Einwirkung eines Wechselstromes von niedriger Frequenz aus. **(A. P. 1 198 867.)**

Ein Verfahren der Holzkonservierung durch Elektrizität, die die verharzten Bestandteile des Holzes oxydieren, die Keime vernichten, die Widerstandskraft der Cellulose gegen das Faulen erhöhen und den Trocknungsvorgang beschleunigen soll, beschreibt **K. Micksch in Elektrotechn. Rundsch. 1920, 11.**

Um Holz gegen plötzliche Temperaturveränderungen widerstandsfähig zu machen, wird es nach **René** mit Ozon behandelt. Vgl. **Dingl. Journ. 240, 445**: Entharzung des Holzes mit ozonisiertem Sauerstoff.

57. Holzimprägnierung mit Harz-, Öl-, Zuckerlösungen.

Die für Zwecke der Gärungsindustrie dienenden Klärspäne erhält man durch Kochen von Hobelspänen in einer Baumharzlösung und folgende Behandlung der Späne mit trockenem Dampf, wodurch das überschüssige Harz entfernt wird. **(D. R. P. 55 937.)**

Zur Herstellung von Resonanzholz für Musikinstrumente entharzt man die zugeschnittenen Bretter aus Abies pectinata nach **D. R. P. 12 422** 24 Stunden mit Petroläther, trocknet im Schatten und imprägniert das Holz in einer Lösung, die in 10 kg 95proz. Spiritus 1 kg hellen, einmal geschmolzenen Glaskopal, 600 g Sandarak und 200 g Aloe enthält. Zur mechanischen Beschleunigung der Lösung setzt man 300 g Glaspulver zu, mischt noch 30 g Campher oder Cajeputöl in die Lösung, nimmt nach 2 Tagen die Bretter heraus, trocknet und arbeitet weiter auf.

Zur Herstellung von Mosaikplatten aus Buchenkopfholz tränkt man die fertigen Mosaikplatten in einem Bade aus Harz, Leinöl und Spiritus, trocknet 36 Stunden bei 30°, imprägniert hierauf in einem Bade aus Borax, Borsäure, Kupfervitriol, Wasser, Schellack und Spiritus und trocknet wieder. **(D. R. P. 82 866.)**

Zum Verdichten von Holz und um ihm größere Härte und bessere Polierfähigkeit zu verleihen, setzt man es in geschmolzenem Pech, Harz, Leim oder besonders Asphalt bei 90—150° einem allseitig wirkenden Drucke aus. Trockenes Nadelbaumholz (Dichte 0,62) 2 Stunden unter 230 kg/qcm Druck in 150° heissem Asphalt behandelt zeigt hohe Politurfähigkeit und eine Dichte von 1,45. **(D. R. P. 291 945.)**

Zur Imprägnierung von Holzrollen an Waschmaschinen oder von Holzbereifungen für Wagenräder tränkt man die fertigen Holzteile mit einer Mischung von Ozokerit- oder anderen Harzen und Teerölen unter hohem Druck und schützt die Stücke so gegen das Eindringen von Feuchtigkeit und gegen Formveränderungen. **(D. R. P. 319 414.)**

Holz, Baumwolle, Asbest, Holzstoff usw. werden, um sie zu härten, mit einer Mischung von Phenol und Formaldehyd zweckmäßig unter Zusatz von Chlorzink oder einer Säure in geschlossenen Gefäßen unter Druck bei 135° (Holz) bis 200° (Asbest) behandelt. Das unlösliche Kondensationsprodukt der beiden Körper erteilt dem Material große Härte und Widerstandsfähigkeit. **(A. P. 949 671.)**

Ein anderes Verfahren zur Härtung solcher Hölzer besteht in der Imprägnierung mit Zucker oder mit Resinit; in beiden Fällen wird das Holz nachträglich zur Herstellung der die Härte bedingenden Verbindung von Zucker bzw. Resinit mit der Holzsubstanz auf etwa 70—80° erhitzt.

Ein Imprägnierungsmittel für Stanzklötze und Zuschneidebretter setzt sich zusammen aus 30 Tl. Albertol-Kunstharz und 10 Tl. zähflüssigem Cumaronharz, die unter Zusatz von 5 Tl. Teeröl in 55 Tl. Aceton gelöst werden. Das Präparat kann mit Methylalkohol oder nicht zu großen Mengen Schwerbenzol verdünnt werden. Ein billigeres Präparat erhält man durch Verdünnen einer Schmelze von 20 Tl. Fichtenharz und 20 Tl. Weichparaffin (oder Ceresin) mit ca. 60 Tl. Schwerbenzin oder Schwerbenzol. **(R. König, Seifens.-Ztg. 1919, 741.)**

Nach einem Referat in **Chem.-Ztg. Rep. 1912, 334** kann man Holz künstlich härten und konservieren, wenn man aus frischem Holz den Saft mit einer Lösung von 0,6 kg Tetrachlorkohlenstoff und 0,25 kg 26grädigem Ammoniak in 100 l Wasser verdrängt, worauf diese Lösung mit Aceton entfernt wird. Zur Herstellung harten, undurchlässigen, nicht leitenden Holzes verdrängt man dann das Aceton entweder bei 35—70° durch Leinöl oder durch feuchte heiße Luft; in letzterem Falle sinkt der ursprünglich ca. 45—60% hohe Feuchtigkeitsgehalt bei etwa 12tägigem Lagern auf 8%. Im weiteren sind noch spezielle Imprägnierungsvorschriften angegeben für Eisenbahnschwellen (Formaldehyd und Ferrocyanür), für Eisenbahnwagen- und Bauholz (Formaldehyd, Kupfer- und Zinksalze und Carbolsäure) und für Straßenholzpflaster (Calciumsulfat und Ammoniumsulfat).

Zum Härten des Holzes und zur Erhöhung seiner Dichtigkeit taucht man es 12 Stunden in 14—16° warme Birkenöllösung und sodann in ein zweites Bad, das aus einer sodaalkalischen 40—45grädigen Pectinsäurelösung besteht, deren Alkaligehalt 30% der Pectinsäure beträgt, nimmt das Holz nach 12 Stunden heraus, preßt es hydraulisch mit einem Druck von 20 kg pro qcm und läßt es dann 14 Tage bis 3 Wochen trocknen. Die Pectinsäure bewirkt die Dichtung und Härtung des Holzes, die Alkalien beschleunigen diese Wirkung, das Birkenöl macht das Holz wasserundurchlässig und schützt es vor Fäulnis. **(D. R. P. 129 463.)**

Ein Imprägnierungsmittel wird nach **Schwed. P. 26 956/1907** hergestellt aus einem nicht schmelzbaren, jedoch sublimierbaren Ammoniumsalz (Carbonat), einem nichtlöslichen Carbonat (Kreide) und Leinöl oder einem anderen wasserunlöslichen Bindemittel.

Nach **Techn. Rundsch. 1911, 66** imprägniert man Hölzer, um sie zu verhindern, sich zu werfen, in etwa 90° warmem Zustande mit geschmolzenem Naphthalin. Das so präparierte Holz läßt sich allerdings dann nicht mehr lackieren.

Nach **D. R. P. 239 142** werden Resonanzböden für Musikinstrumente mit einer Zucker- und einer Alaunlösung imprägniert.

Über Erhöhung der Resonanzfähigkeit von Holz durch ein mechanisches Verfahren siehe **Ö. P. 59 898.**

Oder man tränkt das Holz nach **D. R. P. 163 667** zuerst mit einer Zuckerlösung, bringt den Zucker dann durch teilweises Caramelisieren zum Erstarren und entfernt das in dem Holz enthaltene Wasser durch Erwärmen in einem heißen Luftstrom. Man kocht das Holz z. B. in der Lösung von 50—250 Tl. braunem Rohrzucker in 450 Tl. Wasser, läßt dann auf etwa 35° abkühlen, zieht die Zuckerlösung für die nächste Operation ab und trocknet das Holz erst bei 15°, dann in heißer Luft bei 100° und mehr, so daß die Zuckersubstanz karamelisiert und eine gleichmäßige, harte, dauerhafte Masse entsteht. Nach etwa 24 Stunden ist das Holz starr, wirft sich nicht mehr, schrumpft nicht und quillt auch unter dem Einfluß starker Temperaturunterschiede oder Dämpfe nicht auf. Vgl. **D. Zuck.-Ind. 1905, 354.**

58. Holz-Paraffintränkung. — Poröses, plastisches, biegsames, hitze- und säurebeständiges Holz.

Die Ausführung der oberflächlichen Holzimprägnierung mit heißem Paraffin zum Schutz gegen alkalische Laugen beschreibt **Bodmar** in **Chem.-Ztg. 1922, 902.**

Die Paraffinimprägnierung des Holzes wurde zuerst von **C. Winkler** als Schutz der hölzernen Horden vorgeschlagen, die in den Bleichkammern der Einwirkung des Chlors ausgesetzt sind. **(Polyt. Notizbl. 1868, Nr. 6.)**

Die Imprägnierung des Holzes mit Paraffin im Großbetriebe (Eisenbahnschwellen) mit einer Paraffin-Petrolätherlösung beschreibt **M. Hock** in **Polyt. Notizbl. 1878, Nr. 21.**

Um das Springen hölzerner Faßhähne zu verhüten, erhitzt man sie, in schmelzendes Paraffin eingelegt, so lange über 100°, bis aus dem Holz keine Luftbläschen mehr entweichen, läßt sie unter dem geschmolzenen Paraffin bis nahe zu seinem Erstarrungspunkte abkühlen und entfernt den Paraffinüberschuß durch starkes Reiben. **(Polyt. Zentr.-Bl. 1870, 1139.)**

Vor der Paraffinimprägnierung kocht man das Holz zweckmäßig bis zur völligen Durchdringung und Entfernung aller Luftblasen mit Wasser aus, behandelt es dann so lange in dem 100° warmen Paraffinbad bis alles Wasser verdampft ist und keine Blasen mehr aufsteigen und läßt schließlich im Paraffin erkalten. So behandeltes Holz nimmt kein Wasser auf und quellt kaum, so daß es zur Herstellung von Gebrauchsgegenständen dienen kann, die starken Feuchtigkeitsschwankungen ausgesetzt sind. **(D. R. P. 303 064.)**

Um Holzstücke wasserdicht zu machen, werden sie nach **A. P. 721 958** in der gewünschten Form in einem Kessel gekocht, bis alle flüssigen Extraktionsstoffe entfernt sind, getrocknet und in einen luftdichten, mit Paraffin u. dgl. gefüllten Kessel gebracht, den man sodann evakuiert. Durch nachträgliches Einpressen von Luft in den Arbeitskessel wird völlige Wasserdichte der Masse erzielt.

Ein Konservierungsmittel für Holz besteht nach **A. P. 1 203 577** aus einer flüssigen Mischung von Paraffin und Bitumen, mit der man das Holz und dessen Hohlräume überzieht und die man darauf hart werden läßt, worauf man abschleift.

Zur Konservierung und Restaurierung wurmstichiger Holzgegenstände erwärmt man sie nach **F. P. 455 751** in einem bei 100° schmelzenden Gemisch von 100 Tl. Paraffin vom Schmelzpunkt 40°, 5—20 Tl. Paraffin vom Schmelzpunkt 74° und 5—10 Tl. Japanwachs, läßt dann im Bade erkalten und reinigt die Oberfläche des Holzgegenstandes mit Tetrachlorkohlenstoff.

Zur Herstellung sehr porösen Holzes für Behälter und Diaphragmen für Primär- und Sekundärbatterien oder elektrolytische Apparate behandelt man das weiche, leichte Material zur Auflösung der Cellulose zuerst mit ammoniakalischer Kupferlösung, dann zur Entfernung der inkrustierenden Substanzen mit der Lösung eines Alkalis, schließlich zur Auflösung der Xylose und Paraxylose mit Salzsäure, worauf man das Holz zuerst in heißem Wasser, das zwecks Entfernung der Salzsäure Holzkohle enthält, und sodann in kaltem Wasser wäscht, und schließlich noch mit Alkohol auskocht, um die Harzsubstanzen auszulaugen (!) **(D. R. P. 143 938.)**

Im **Polyt. Notizbl. 1865, 223** ist ein Verfahren beschrieben, um Holz durch Behandlung mit verdünnter Salzsäure unter einem Druck von 2 Atm. für Bildhauerzwecke plastisch und weich zu machen. Ebenso finden sich Angaben zur Imprägnierung des so vorbehandelten Holzes mit Farbstofflösungen und mit Wasserglas, um seine Entflammbarkeit herabzusetzen.

Nach **D. R. P. 233 236** werden Hölzer, die gebogen werden sollen, in einer Imprägnierungsflüssigkeit, die Kieselfluornatron enthält, weich gemacht. Nach dem Zusatzpatent ersetzt man die Lösung der Metallsalze ganz oder teilweise durch heiße Teeröle (Phenole oder Kresole) bzw. behandelt die zu biegenden Hölzer mit den Dämpfen der genannten Stoffe. **(D. R. P. 238 889.)**

Vgl. Das Biegen des Holzes, ein für Möbel-, Wagen- und Schiffbauer wichtiges Verfahren, mit besonderer Rücksichtnahme auf die Thonetsche Industrie. Weimar 1876.

Über das Biegen des Holzes siehe ferner die ausführliche Arbeit in **Industrieblättern 1871, Nr. 31.**

Ein Verfahren der Holzaufbereitung durch Stauchen oder Pressen der geformten Werkstücke in der Richtung der Faser, so daß die Platten dauernd weich-biegsam bleiben, ist in **D. R. P. 318 197** beschrieben. Nach dem Zusatzpatent wird das Holz außer in der Richtung der Faser auch quer zu ihrer Richtung gestaucht. **(D. R. P. 321 629.)**

Um hölzerne, metallische oder keramische Gegenstände gegen die Einwirkung hoher Hitzegrade und gegen chemische Agenzien widerstandsfähig zu machen, bestreicht oder durchtränkt man sie mit Holzöl und erhitzt die Gegenstände dann bis zur Polymerisation des Öles auf Temperaturen über 100°. Die so gebildete Masse haftet sehr fest und gestattet die mit ihr überzogenen Zellstoff- oder Holzschliffgefäße der Einwirkung von Säuren (sogar Flußsäure und 40 proz. Schwefelsäure), verdünnter Alkalien und organischer Lösungsmittel auszusetzen. Auch Metall- oder Tongefäße können so gegen die Einwirkung von Säuren geschützt werden. **(D. R. P. 170 788.)**

Die genannte Härtungsmethode kann auch zur Imprägnierung von Pfeifenköpfen aus Holz dienen, um sie gegen Tabaksaft undurchdringlich zu machen. Nachträglich wird das Innere des Kopfes oder Pfeifenrohres, um einen glatten Überzug zu schaffen, mit einer Lösung von 8 Tl. Casein und 2 Tl. Salmiakgeist in 90 Tl. Wasser behandelt, worauf man schließlich die Caseinhaut nach völligem Trocknen mit 10 proz. Formaldehyd härtet und dadurch zugleich fest mit dem kieselsauren Kalk verbindet. Nachträglich werden dann erst die Holzteile gebeizt und lackiert.

59. Sog. feuerfeste Imprägnierung des Holzes: Ammon- und Zinksalze.

Der Vorschlag, Holz und andere Substanzen durch Imprägnieren mit Ammonsulfat unverbrennlich zu machen, stammt von **R. Smith;** siehe hierüber **Dingl. Journ. 111, 382.**

Außer dem am häufigsten verwandten Ammoniumsulfat (auch -phosphat) kommen als Holzschutzsalze zur Verhütung leichter Entflammbarkeit noch häufig das Chlorid, Carbonat, Ammoniak selbst, seltener das Borat und nur in einzelnen Fällen komplexe Verbindungen von Art des Ammonium-Natriumwolframates oder Natriumammoniumphosphates zur Anwendung. Ein nach der Häufigkeit des Vorkommens dieser Salze in den Verfahren der Patentschriften angeordnete Zusammenstellung bringt **F. Moll** in **Zeitschr. f. angew. Chem. 29, I, 339.**

Nach **D. R. P. 124 409** empfiehlt es sich, das Ammonsulfat in Form eines Doppelsalzes z. B. als schwefelsaure Ammoniakmagnesia zu verwenden, da dieses Salz nicht hygroskopisch ist. Nach einer Ausführungsform des Verfahrens verwendet man das Doppelsalz in Verbindung mit Borsäure.

Zum Feuersichermachen von Holz, Stroh oder Geweben tränkt man es nach **D. R. P. 138 807** mit einer Lösung von 10 Tl. Kaliumcarbonat und 4 Tl. Ammoniumborat in 100 Tl. Wasser. Beim Erhitzen bildet sich dann leicht schmelzbares Kaliumborat neben Kohlensäure und Ammoniak.

Zum feuersicheren Imprägnieren von Holz wird es nach **D. R. P. 152 006** bei etwa 60° mit einer ammoniakhaltigen Lösung von Ammonsulfat und Ammonborat behandelt. Der Ammoniakzusatz erhöht nicht nur die Durchdringbarkeit des Holzes, so daß die Imprägnierung unter 50° vorgenommen werden kann, wodurch der Zersetzung des Ammoniumborates vorgebeugt und die porenverstopfende Koagulation des Eiweißes vermieden wird, sondern das Ammoniak löst auch die Fette und Harze des Holzes, beseitigt seine hygroskopische Eigenschaft und setzt schließlich die Viscosität der Lösung so weit herab, daß die Boratmenge bis zum Mehrfachen der Sulfatmenge gesteigert werden kann.

Zur Herstellung einer feuersicheren Holzpräparierung tränkt (oder bestreicht) man die Holzteile nach **Tischl.-Ztg. 1910, 163** mit einer Lösung von 2 Tl. Chlorzink, 80 Tl. Salmiak, 57 Tl. Borax und 5 Tl. Leim in 700 Tl. Wasser.

Zur Erhöhung der Feuersicherheit von Holz, Geweben und Papier imprägniert man diese Stoffe mit Ammonium- und Magnesiumsulfat bei Gegenwart von Alkalisalzen, die den Schmelzpunkt des Magnesiumsulfates erniedrigen, so daß dieses in der Hitze schmilzt und den brennenden Gegenstand überzieht. Man verwendet von dem Zusatzsalz soviel, daß mit dem Magnesiumsulfat eutektische Mischungen entstehen. **(D. R. P. 306 600).**

Um Holz oder Textilmaterial schwer entflammbar zu machen imprägniert man sie mit einer wässerigen Lösung von 20% Magnesiumsulfat und 5% Ammoniumsulfat. **(D. R. P. 287 744.)**

Über ein Verfahren, Holz oder Gewebe durch Imprägnierung mit einer Lösung feuersicher zu machen, die 16 Tl. 16grädige Phosphorsäurelösung, 2$^1/_2$ Tl. kohlensaures Ammoniak, 6 Tl. Salmiak und 1 Tl. arabischen Gummi enthält, siehe **Polyt. Zentr.-Bl. 1858, 1307.**

Zum feuersicheren Imprägnieren von Holz behandelt man es nach **D. R. P. 109 324** mit einer 15proz. Lösung eines Gemisches von 4 Tl. phosphorsaurem Ammoniak, 5 Tl. schwefelsaurem Ammoniak und 2—3 Tl. eines wasserlöslichen Zinksalzes. Eine Abscheidung von phosphorsaurem Zink findet bei diesen Mengenverhältnissen nicht statt.

Zur Ausführung der Tränkung des Holzes mit feuerfesten Stoffen setzt man die Hölzer zuerst unter Vakuum und behandelt sie dann mit der wässrigen Lösung von Phosphorsäure und Ammoniak nebst etwas Borsäure (z. B. 100 Tl. Ammoniumphosphat und 10 Tl. Borsäure in 1000 l Wasser) unter sorgsam geregeltem Druck, damit die mechanischen Eigenschaften des Holzes nicht durch Strukturveränderung des Holzgewebes verschlechtert werden. Die Wirkung der Salzlösung soll nur die sein, daß sich die feuerfestmachenden Stoffe im krystallisierten Zustand in den Zellen ablagern, ohne daß deren Sprengung erfolgt. Aus diesem Grunde darf die Trockentemperatur auch 30° nie übersteigen, um das feuerfeste Holz nicht spröde zu machen. **(B. Lewes,** Ref. in **Zeitschr. f. angew. Chem. 1907, 2094.)**

Nach **D. R. P. 247 694** ist eine Imprägnierungsflüssigkeit, bestehend aus einer Lösung von 200 kg Magnesium- und 100 kg Ammoniumsulfat und 25 kg 1-naphthalinsulfosaurem Zink oder Magnesium in 1000 l Wasser besonders geeignet, das Holz schwer entflammbar zu machen. Die 1-naphthalinsulfosauren Zinksalze bewähren sich insofern besser als die 2-Salze, weil sie nicht ausgesalzen werden. Vgl. **Chem.-Ztg. Rep. 1913, 323.** Nach dem Zusatzpatent verwendet man die Nitroverbindungen der Naphthalinsulfosäuren, die den Vorteil haben bessere konservierende Wirkung zu äußern und tiefer abkühlbar zu sein, ohne daß sie die feuerschützende Wirkung der Mischung irgendwie nachteilig beeinflussen. **(D. R. P. 248 065.)** Nach einer weiteren Abänderung arbeitet man mit 20 kg dinitrokresolsulfonsaurem Magnesium oder 20 kg einer solchen Mischung von mono- und dinitrophenolsulfonsauren Salzen, die man erhält, wenn man 100proz. rohe Carbolsäure sulfiert, nitriert und das Erzeugnis mit Zinkoxyd, Magnesia, Magnesium- oder Calciumcarbonat usw. neutralisiert. Man tränkt das Holz z. B. unter Anwendung von Druck und Vakuum mit der heißen Lösung von 200 g Magnesiumsulfat, 100 kg Ammonsulfat und 20 kg nitrophenolsulfosaurem Zink in 1000 l Wasser. **(D. R. P. 271 797.)**

Ein auch als Rostschutzmittel verwendbares Präparat, das als Anstrich Holz unverbrennlich machen soll, besteht nach **D. R. P. 333 021** aus einem salzsauer gestellten Teig von Zinkstaub und Leinölfirnis.

60. Andere Flammenschutzstoffe.

Die Größe der Hitze- und Flammenbeständigkeit einzelner Baumaterialien und der Drahtgläser ist geschildert in **Heft 18 der Deutschen Feuerwehrbücher** (Verlag Ph. L. Jung, München, S. 55), woselbst auch über das Ergebnis der Imprägnierung mit bewährten Imprägnierungsmitteln (Legnolith, Gautschin, Spanazol usw.) berichtet wird.

Über die wichtigsten feuersicheren Imprägnierungsmittel, die unter mannigfaltigen Namen im Handel sind und vielfach Borax, Borsäure, Chlormagnesium, Kieselsäure, Kalk- und Ammonsalze enthalten, siehe **Gesundheitsing. 1909, 282.**

Nach **D. R. P. 162 043** versetzt man zur Herstellung eines Imprägnierungsmittels für Holz, das dessen Feuersicherheit erhöhen soll, 45—50grädiges Wasserglas mit 24grädiger Kochsalzlösung bis Gerinnung eintritt und löst die erhaltene Gallerte in 26grädiger Natronlauge zu einer klaren Flüssigkeit vom spez. Gewicht etwa 30° Bé, die besonders durch Zusatz von etwas Molken an Wirksamkeit gewinnt und, auf etwa 20° Bé verdünnt, vom Holze gut aufgenommen wird. Dieses soll sich nach dieser Behandlung gut lackieren lassen, ohne daß die Lackoberfläche durch das Imprägnierungsmittel leidet. Die erhaltene klare Flüssigkeit enthält 4 Tl. der Wasserglaslösung und je 1 Tl. der Kochsalz- und Ätznatronlösung, sie kann für gewisse Zwecke noch verdünnt werden. **(D. R. P. 162 043.)**

Verfahren und Einrichtung zum Wetterbeständig- und Unentzündlichmachen von Hölzern mittels die Feuchtigkeit aufsaugender kieselsäurehaltiger Stoffe, evtl. unter Zusatz von färbenden Stoffen in einem für das Arbeiten unter Luftabschluß eingerichteten Apparat, sind in **D. R. P. 171 319** beschrieben.

Über feuerfeste Holzimprägnierung mit Silicatlösungen von steigender Konzentration unter Druck in einem geeigneten Apparat, der in der Originalvorschrift beschrieben ist, siehe **F. P. 455 556.**

Über feuersichere Imprägnierung von Holz für Kriegsschiffe durch aufeinanderfolgende Behandlung mit Wasserglas und Chlorammonium zur Ablagerung von gelatinöser Kieselsäure in den Holzporen siehe **C. J. Hexamer,** Ref. in **Jahr.-Ber. f. chem. Techn. 1899, 1177.** Man erhitzt das zugeschnittene Holz im luftdicht verschlossenen Gefäß über den Siedepunkt des Wassers, läßt dann auf 60° abkühlen, evakuiert die Kammer, läßt eine vorgewärmte Wasserglaslösung einfließen und preßt diese unter einem Druck von 10 Atm. in das Holz ein. Durch folgende gleiche Behandlung mit Salmiaklösung fällt man im Holze gelatinöse Kieselsäure aus und wäscht schließlich mit Wasser das gebildete Kochsalz erschöpfend aus.

Zum feuersicheren Imprägnieren von Holz behandelt man es nach **D. R. P. 113 419** mit einer Lösung von Chlorcalcium und Kalkhydrat in Wasser.

Das Feuerschutzanstrichmittel Mineralit besteht aus Kalk, Alaun, Pottasche, Kochsalz und je nach der Fabrikationsmarke Wasser oder Milch. Es verzögert wohl das vollständige Anbrennen des Holzes jedoch nur wenige Minuten, in Brand geratenes Holz vermag es aber in keiner Weise zu schützen. **(M. Grempe, Seifens.-Ztg. 43, 1030;** vgl. **Chem. Techn. Ind. 1918, Nr. 22, 2.)**

Nach **A. P. 1 062 286** imprägniert man Holz, um es schwer entflammbar zu machen, mit einer konzentrierten Salzlösung, trocknet, überzieht den Gegenstand mit einem unentzündbaren Stoff, zündet das Holz an, bis oberflächliche Verbrennung eingetreten ist und bestreicht die Oberfläche schließlich mit einem Gemenge von Asche, Teer und Kalk.

Zum Unentflammbarmachen von Holz verwendet man nach einem Referat in **Jahr.-Ber. f. chem. Techn. 1885, 1336** eine Lösung von 12 Tl. Alaun, 2,5 Tl. Natriumhyposulfit, 5 Tl. Borax und 10 Tl. schwefelsaurem Kali in 70,5 Tl. Wasser.

Um Holz feuersicher zu machen, tränkt man es nach **D. R. P. 144 500** mit einer Lösung von basisch schwefelsaurer Tonerde, die man durch Sättigen einer schwefelsauren Tonerdelösung mit einem geeigneten Carbonat unter Vermeidung eines bleibenden Niederschlages erhält.

Um Holz schwer entzündlich zu machen, imprägniert man es nach **D. R. P. 162 212** mit einer mit Oxalsäure versetzten Lösung von schwefelsaurer Tonerde. Die Oxalsäure greift im Gegensatz zu anderen Säuren die eisernen Imprägnierbehälter nicht an, wodurch Flecken und Mißfärbungen im Holz vermieden werden, da sich das gerbsaure Eisen in Oxalsäure löst. Sie übt keinen schädlichen Einfluß auf die Holzfaser aus.

Um Holzwolle feuersicher zu imprägnieren und ihr doch die Struktur zu erhalten, überzieht man das Material in der Weise mit Sorelzement, daß man es mit Chlormagnesium befeuchtet und mit einem Pulver bestreut, das aus 30—60 Tl. gebrannter Magnesia, 6—12 Tl. Asbestpulver, 3—5 Tl. Kieselgur und 10—20 Tl. trockenem, entwässertem Chlormagnesium besteht. Die mit der Masse überzogenen Fasern werden getrocknet. **(D. R. P. 238 329.)**

Nach Versuchen von **Th. H. Norton** eignet sich unter den feuerbeständigen Holzanstrichmassen in erster Linie eine Wasserglas - Natriumalbuminat-Asbestmischung, die in dreimaligem Anstrich aufgebracht wird. [18] Zum Imprägnieren kocht man das Holz in einer 16proz. Ammoniumphosphatlösung, wobei pro Kubikmeter des Holzes 75 kg des Salzes verbraucht werden. (Ref. in **Zeitschr. f. angew. Chem. 1896, 27.)**

Holz oder cellulosehaltige Materialien können zur Erhöhung ihrer Feuerfestigkeit, zur Färbung oder Konservierung mit Lösungen von Estern, Estersäuren und Salzen der Estersäuren der Di- oder Trithiokohlensäure mit oder ohne Beimischung anderer Konservierungs- oder Färbemittel durch Anstreichen oder durch Tränken behandelt werden. Die eingeführte Schwefelkohlenstoffverbindung bleibt nach Verdunsten des Wassers in unlöslicher, nicht mehr auslaugbarer Form in dem Material liegen und überdies sind dessen Poren ganz oder teilweise mit der in Form einer harten Masse eingetrockneten Cellulose ausgefüllt, so daß das Holz verstärkt und überdies schwer entflammbar wird, da als erstes Verbrennungsprodukt schwefelige Säure entsteht, die eine weitere Verbrennung verhindert. Man löst z. B. 30 g äthylxanthogensaures Natron in 1 l Wasser oder schüttelt 10 g Kartoffelstärke mit 25 g Schwefelkohlenstoff, fügt eine Lösung von 80 g Ätznatron in 500 ccm Wasser zu und erhält nach mehrstündigem Stehen eine dicke, gelbe, fadenziehende Masse, die sich beim Verkneten mit 5 l kaltem Wasser viscos auflöst und als Natriumstärkexanthogenat oder kurz Stärkeviscose wie jene Lösung zur Imprägnierung oder Oberflächenbehandlung von Holz dient. **(D. R. P. 273 481.)**

Über weitere Verfahren zum Schutze des Holzes und der Gewebe gegen Feuer siehe schließlich **F. Moll, Kunststoffe 5, 1, 15, 39** und **52.**

Kunstholz und Kork.

Kunstholz.

61. Allgemeines, steinholzartige Bauteile mit vorwiegend anorganischem Bindemittel.

In vorliegendem Kapitel fanden nur jene Massen Aufnahme, die größere Mengen organischer Substanz enthalten und die in den betreffenden Patenten usw. direkt als Ersatzprodukte für Holz, Fußbodenbelag, Wandverkleidung usw. bezeichnet werden. Siehe dann auch Kunstmassen, Steinholz usw. **Bd. I [666].**

Über Verfahren zur Herstellung von Kunstholz oder Holzersatzmassen siehe die tabellarische Zusammenstellung von **O. Kausch** in **Kunststoffe 3, 349.**

Die ausführliche Beschreibung der Herstellung von Kunstholz findet sich in dem im Jahre 1907 erschienenen, von Scherer verfaßten Buche: Die künstlichen Fußböden und Wandbeläge.

Über die Herstellung von fugenlosen Fußböden aus Kunstholzmassen siehe die Vorschriften in **Techn. Rundsch. 1912, 113.**

Xylolith und ähnliche Produkte bestehen aus Holz, Sägespänen oder Sägemehl als Füllmittel und aus Chlormagnesiumlauge oder einem Magnesiazement, den man durch Mischung von 1 Tl. wasserfreiem Chlormagnesium mit 3—4 Tl. Magnesiumoxyd erhält. Zweckmäßig wird der Mischung Bleiglätte beigefügt, die Wasserundurchlässigkeit des fertigen Produktes erhöht man durch einen Leinölanstrich.

Das Tekton besteht aus Sorelzement in Verbindung mit Holzeinlagen und eignet sich als feuersicheres, schalldämpfendes Baumaterial, das jede Zugspannung aufzunehmen vermag, zur Herstellung von Dachschalungen, äußeren Wandbekleidungen und vollständigen Umfassungswänden, zu welchen Zwecken es in verschiedenen Formen und Dimensionen geliefert wird. **(Z. f. Dampfk. Betr. 37, 537.)**

Stein- und Kunstholz wird mit natürlichen und künstlichen Lackfarben gefärbt.

Zur Herstellung künstlicher Holzmassen vermischt man cellulosehaltige Abfälle nach **Ö. P. v. 17. Juli 1884, Kl. 39** mit einer Chlorzinklösung vom spez. Gewicht 1,028, trocknet und preßt nach Vermengen mit einer basischen Chlormagnesiumlösung vom spez. Gewicht 1,725—1,793 in Formen. Nach 10—12 Stunden hebt man den Druck auf, läßt die Stücke mehrere Tage an einem warmen Ort trocknen, imprägniert sie abermals, jedoch diesmal mit einer Chlorzinklösung vom spez. Gewicht 1,205 und erhält so ein feuerbeständiges Produkt, das sich ebenso bearbeiten läßt, wie das Holz selbst. Die geformten Gegenstände haben den Vorzug, die einmal gegebene Form zu behalten und sich nicht wie das Holz zu bewegen.

Eine Kunstholzmasse zur Herstellung von Riemenscheibenrädern besteht nach **D. R. P. 55 805** aus Kork, Holz oder Leder und Sorelzement.

Zur Herstellung künstlicher Holzsteine vermischt man nach **D. R. P. 56 057** 100 Tl. frisch gefälltes Casein, 50 Tl. Kalkhydrat-Magnesiamischung, 10 Tl. Glycerin, 10 Tl. Wasserglas und 5 Tl. trocknendes Öl, verarbeitet mit Hobelspänen zu einem Teig, preßt in Formen, trocknet bei 20—30°, schleift und poliert.

Nach **D. R. P. 178 013** wird die Wasserlöslichkeit des Chlormagnesiums in Kunstholzmassen durch Zusatz des allerdings giftigen essigsauren Bleies wesentlich eingeschränkt.

In **D. Tischl.-Ztg. 1911, 311** sind einige Vorschriften zur Herstellung von Kunstholz angegeben. Eine Mischung von 10 Tl. Magnesit, 10 Tl. 20grädiger Chlormagnesiumlauge und 5 Tl. Holzmehl erhärtet in 16 Stunden. Eine Mischung aus je 8,3 Tl. Magnesit und Chlormagnesiumlauge, 1,12 Tl. Holzmehl, 1,12 Tl. Terpentinharzlösung und 0,6 Tl. Oxydgelb erhärtet in 30 Stunden. Weitere Vorschriften siehe im Original. Vgl. auch **D. R. P. 199 280**: Herstellung von Kunstholzmassen, die nicht stauben, aus Linoleumabfällen.

Ein Holzersatz wird nach **D. R. P. 211 849** wie folgt hergestellt: Man tränkt Stroh- und Holzmehl mit einer Lösung von Borsäure und Salmiak, trocknet und vermischt je einen Teil dieses Stoffes mit 2 Tl. Asphalt, 1 Tl. gebranntem Magnesit und 1/2 Tl. Kolophonium. Schließlich wird mit einer 30grädigen Chlormagnesiumlösung eine plastische, leicht preßbare Masse hergestellt, die nach ihrer Fertigstellung bei Temperaturveränderungen nicht schwindet und gegen Feuchtigkeit sehr widerstandsfähig ist.

Nach **F. P. 427 709** wird ein unverbrennlicher Holzersatz erhalten durch Pressen einer Asbestpaste, die man während des Trocknens mit einer Lösung von Formalin, Alaun und Salmiak besprengt.

Nach **D. R. P. 222 584** setzt man einer bekannten Kunstholz- oder Steinholzmischung vor ihrer Behandlung mit Chlormagnesium ein Imprägnierungs- und Desinfektionsmittel zu, das man durch Sättigen eines schweren Teeröles (Saprol) mit gelöschtem Kalk herstellt. Man trocknet und mahlt das Produkt dann, um es schließlich einer bekannten Kunstholz- oder Steinholzmischung vor dem Anrühren mit Magnesiumchloridlauge zuzusetzen und es so dauernd gegen Fäulnis beständig zu machen.

Zur Herstellung gepreßter Kunstholzplatten aus Zementen verwendet man als Füllstoff drucklos abgebundene, zu Grießgröße zermahlene Kunstholzmasse, die das Holz in seinem ursprünglichen, unverdichteten, aber in elastisch unwirksamem Zustande enthält. Man vermischt diesen Füllstoff wie üblich, je nach der gewünschten Härte, mit mehr oder weniger Magnesit, feuchtet das Gemenge mit Chlormagnesium an, preßt dann in Platten und erhält so unelastische, wenig Wasser enthaltende Massen, die leichter sind als gewöhnliche gleichgroße Zementplatten und doch wie diese in wenig Kraft erfordernden Formpressen (es genügen schon kleine Kniehebelpressen) fabriziert werden können. **(D. R. P. 273 520.)**

Als Bindemittel für Steinholzmassen kann man auch ein an sich bekanntes Erzeugnis verwenden, das durch chemische Umsetzung von Magnesiumsulfat mit gebranntem Kalk oder mit anderen Oxyden gewonnen wurde, die unlösliche Sulfate bilden. Die so erzeugten Steinholzmassen vertragen größere Mengen von Beimischungen wie z. B. Sägemehl oder Asbest. **(D. R. P. 306 539.)**

Zur Herstellung einer nicht treibenden Steinholzmasse setzt man der üblichen Mischung 1—2% Holzasche zu. **(D. R. P. 317 493.)**

Nach **E. P. 162 514** besteht eine holzartige plastische Masse für fugenlose Fußböden aus Sägemehl, Magnesiumchlorid, Magnesit, Kalk und Farbe.

Eine Vorrichtung zur Herstellung von Körpern aus Kunstholz durch Pressen einer aus einem Füllstoff, einer geringen Menge eines feuerfesten Bindemittels und Wasser bestehenden plastischen Masse ist in **D. R. P. 280 500** beschrieben.

62. Leimige, harzige, ölige Bindemittel.

Die unter dem Namen Similibois früher viel verwendete holzartige Kunstmasse, die besonders zur Herstellung von Sklupturgegenständen diente, bestand nach **Württemb. Gew.-Bl. 1859, 474** aus je 30% Sägespänen, phosphorsaurem Kalk und harzigen oder schleimigen Bindemitteln.

Auch durch Formen und Pressen einer Verkochung von 100 Tl. Holzmehl und 100 Tl. Tonerdesulfat in wässeriger Lösung mit der Lösung von 50 Tl. Leim in 100 Tl. Wasser erhält man Kunstholzmassen. Die gepreßten Gegenstände sind anfangs zerbrechlich, werden aber beim Austrocknen an der Luft sehr fest, besonders wenn man sie öfter mit einer verdünnten Lösung von Pottasche befeuchtet und dann trocknet. Durch Zusatz von beliebigen Farbstoffen oder von Farbholzmehl können auch farbige Holzplatten erzeugt werden. Ein grobes Gemisch verschiedenfarbiger Holzmehle dient zur Erzeugung bunter Mosaikplatten für Parkette usw. **(Elsners Chem.-techn. Mitt. 1865/66, S. 99.)**

Eine ähnliche als Holzmarmor bezeichnete Kunstholzmasse erhält man aus Sägespänen von feinem und hartem Holz, Elfenbeinstaub und anderen Abgängen, durch Zusatz von irgendeinem Farbstoff gefärbt und durch Leimlösung, Wasserglas usw. gebunden. Man kann aus der Masse sehr dünne polierbare Furniere schneiden. **(Polyt. Zentr.-Bl. 1857, 756.)**

Nach **Sauerwein, Bayer. Kunst- u. Gew.-Bl. 1861, 300** erhält man eine für die verschiedenartigsten Zwecke verwendbare Kunstholzmasse durch inniges Vermahlen von 50—60 Tl. Papierhalbstoff mit einem Gemenge von 32 Tl. Mehl, 9 Tl. Alaun und 1 Tl. Eisenvitriol in 80 Tl. Wasser unter Hinzufügung von 15 Tl. Harz und 1 Tl. Bleiglätte, gelöst in 10 Tl. Leinöl. Der gut verknetete Teig wird ausgewalzt, worauf man die getrockneten gepreßten Platten zur Erhöhung ihrer Wasserundurchdringlichkeit bei hoher Temperatur mit Leinöl behandelt.

Eine Kunstholzmasse wird nach **W. Isaac, D. Ind.-Ztg. 1879, 391** erhalten aus einem Gemenge von 70% Lumpen, 10% Jute, 15% Papierabfall und 5% Cellulose, das man mahlt, trocknet, mit 40—50% der Gesamtmenge gekochtem Leinöl vermischt und in auf 270° erhitzte Formen preßt. Die leicht bearbeitbare Masse läßt sich am offenen Feuer biegen, ist polierbar und gegen Witterungseinflüsse unempfindlich.

Eine künstliche Holzmasse erhält man nach **D. R. P. 38 936** durch Behandlung eines Teiges von Cellulose und ammoniakalischer Schellacklösung mit heißem Wasserdampf, dem Ammoniakgas beigemengt ist.

Künstliche Furniere erhält man nach **D. R. P. 78 692** durch abwechselndes Auflegen gefärbter Schichten aus Leim, Glycerin, Kieselgur und Leinöl, entsprechend der Anordnung der Jahresringe um einen gemeinschaftlichen Innenkern.

Künstliche Furniere werden ferner nach **D. R. P. 91 895**, vgl. **92 539** und **92 540** hergestellt aus einem Gemenge von 11 Tl. Holzmehl, 14 Tl. Zinkweiß, 1 Tl. Harzleim, 12 Tl. gekochtem Leinöl, 10 Tl. Traubenzucker, 2 Tl. Farbe, 40 Tl. aus 4 Tl. Mehl und 36 Tl. Wasser bestehendem Mehlkleister und 50 Tl. Wasser. Die in passende Form gepreßte Masse soll sich durch große Festigkeit und Elastizität auszeichnen und auch für Fußbodenbelagplatten verwendbar sein.

Nach **A. P. 937 869** wird ein zur Herstellung von Fußbodenbelag geeignetes, leichtes und haltbares Material durch Mischen von gebranntem Gips, geschrotenen Getreidekörnern, Leim und Alaun erhalten.

Nach **D. R. P. 239 698** wird Kunstholz erhalten, wenn man das Eiweiß und die Stärke der Getreidehülsen durch Wasser, Dampf oder Chemikalien lockert und dieses Material in Formen preßt.

Nach **Leipz. Drechsl.-Ztg. 1911, 125** werden Holzabfälle nach dem Tränken mit verschiedenen Klebmitteln, mit oder ohne Zusatz von Kaolin u. dgl., zur Erzeugung von Kunstholz in Formen gepreßt; die Masse kann nachträglich poliert und geschliffen werden wie üblich. Man mischt beispielsweise scharf getrocknete und gesiebte Sägespäne mit einem heißen Leim, den man mit 20% Hausenblase versetzt hat.

Nach **E. P. 21 535/1909** stellt man künstliche Platten her durch Vermischen von Holzmehl mit Farbstoffen und einem Bindemittel (Harz, Wachs u. dgl.). Die Masse wird getrocknet und bei höherer oder niederer Temperatur in Formen gepreßt.

Nach **D. R. P. 202 129** vulkanisiert man zur Herstellung eines Holzersatzes ein Gemenge von Faserstoffen mit Ölen, Teeren, Fetten und Harzen.

Zur Herstellung fugenloser Fußböden verschmilzt man nach **D. R. P. 204 842** 55—65 Tl. Holzmehl mit 35—45 Tl. Kolophonium bei 100°, läßt erstarren, mahlt, vermengt mit fein gepulverten Mineralfarbstoffen und Erdfarben, erhitzt bis zur Dünnflüssigkeit, trägt heiß auf die Holz-, Beton- oder Eisenunterlage auf und glättet.

Eine weiße, von Eisen und Salzen freie, kornlose, harte und dichte Kunstmasse erhält man durch Vermischen gefällter und geglühter Magnesia mit einer Flüssigkeit, die aus 3 Vol.-Tl. Magnesiumchlorid und 1 Vol.-Tl. einer alkoholischen Lösung besteht, die Elemi, Sandarak oder ein anderes geeignetes Harz gelöst enthält und mit Cellulose vermischt wurde. **(D. R. P. 174 123.)**

Zur Herstellung einer Kunstholzmasse, geeignet für Furniere, Möbel, Schulwandtafeln, Kameras u. dgl., imprägniert man Cellulose beliebiger Form mit Kolophonium und Perubalsam, färbt die Masse in entsprechender Weise und preßt. Das Kunstholz ist unempfindlich gegen Witterungseinflüsse, Temperaturwechsel und Feuchtigkeit. **(D. R. P. 279 506.)**

Eine zur Verarbeitung auf Furniere, Schulwandtafeln, Kameras und andere ähnliche Erzeugnisse, zu denen Holz verwendet wurde, brauchbare Masse erhält man durch Tränkung von Cellulose während 3 Stunden bei 120° mit einem Gemisch von 6 Tl. Montanpitsch, 11 Tl. Montanwachs und 1 Tl. Ozokerit. Man preßt dann die Masse unter einem Druck von etwa 35 kg/qcm und beläßt sie unter diesem Druck einige Zeit bei 120°. Das Material ist hart und gut polierbar. **(D. R. P. 300 870.)** Andere Holzsurrogate, meist aus Sägespänen mit Bindemitteln und Füllstoffen, beschreibt **K. Micksch** in **Kunststoffe 1917, 85.**

Weitere Vorschriften zur Herstellung von Kunstholz aus Sägemehl und ähnlichen cellulosehaltigen Abfällen finden sich in **Techn. Rundsch. 1907, 383.** Vgl. **[522 ff.]**.

63. Stärke, Blut, Casein, Cellulosederivate, Sulfitablauge u. a. Bindemittel.

Eine Kunstholzmasse wird nach **D. R. P. 17 408** erhalten durch Verkochen von Holzstoff mit Stärkemehl und Sägemehl in wässeriger Suspension.

Einen Ersatz für Parkettboden erhält man nach **D. R. P. 33 339** aus Sägespänen, Fettseife, Casein, gelöschtem und gebranntem, in Staub zerfallenem Kalk.

Über Herstellung von Fußbodenplatten oder anderen Gegenständen aus Holzmasse, Schellacklösung und Caseinkitt siehe **D. R. P. 73 072** und **74 025.**

Nach **Schweiz. P. 47 674** wird zur Herstellung einer holzähnlichen Masse ein Brei aus Holzstoff, Talk und Casein in Formen gegossen.

Zur Herstellung von Kunstholz ordnet man nach **D. R. P. 203 367** das mit Alkali vorbehandelte und gebleichte Holzmaterial in gleicher Faserrichtung an und verbindet mit einem Bindemittel, das aus Casein und feingemahlenem Holzmehl besteht. Als Fasermaterial verwendet man Alfagras, Jute, Flachs oder Palmengewebe, die man der Länge nach im Röstkasten aufgeschichtet mit Ätzalkali behandelt, dann bleicht und mit der ammoniakalischen, mit Leinöl, Harz und Holzteer vermischten Caseinlösung zu Platten verklebt. Diese Platten werden dann in horizontale Schichten zerschnitten und liefern in Verleimung mit dem Casein-Holzmehlbrei ein Produkt, das härter als natürliches Holz, sich doch ebenso wie dieses bearbeiten läßt.

Zur Herstellung von Kunststeinen bzw. von Kunstholz aus evtl. mit Eiseneinlagen versehenen Kunstmassen (Sand, Kalk, Schlacke), die mit überhitztem, hochgespanntem Dampf und Verbrennungsgasen behandelt werden, setzt man der Masse organische Bindemittel (Milch, Zucker, Melasse, Viscose, Eiweiß) zu, die den Erhärtungsprozeß unter der Einwirkung des Dampfgasgemisches beschleunigen und die Zähigkeit der Masse soweit erhöhen, daß so hergestelltes Kunstholz sich bequem nageln läßt. **(D. R. P. 154 625.)**

Auch durch Erhitzen von Viscose in geschlossenen Formen kann man nach **D. R. P. 188 823** eine Holzersatzmasse erhalten.

Nach **D. R. P. 228 888** wird ein Fußbodenbelag erhalten durch Mischen von 1 Tl. Füllstoff und 10—20 Tl. Stärkemehl mit einer 8—12 proz. Viscoselösung. Man verbindet die in Platten ausgewalzte Masse mit der Unterlage mit Hilfe einer 2—3 proz., mit Getreidemehl gemischten Viscoselösung.

Nach **D. R. P. 236 337, Zusatz** zu **228 888** erhält man einen Fußbodenbelag aus Stärkemehl, Glycerin, Terpentinöl und Korkmehl unter Zusatz von 8—10 proz. Viscoselösung.

Nach **D. R. P. 109 738** kann man Ebenholz imitieren, indem man einer Celluloidmasse grobkörnige, schwarze oder schwarzgefärbte Fremdkörper, z. B. grobes Asbestmehl oder Glasstaub einverleibt.

Zur Darstellung von weißen und farbigen harten Massen aus Kautschuk oder Guttapercha, als Ersatz für Elfenbein, Knochen, Horn, Ebenholz usw., leitet man Chlorgas in eine Kautschukchloroformlösung, bis eine gleichmäßig helle Färbung eingetreten ist, wäscht die Masse mit Alkohol aus, quellt sie in wenig Chloroform und verknetet sie mit Kalk, Kreide, Permanentweiß, Zinkoxyd, Marmor usw. **(Dingl. Journ. 176, 482.)**

Zur Herstellung von Kunstholz preßt man nach **L. Palmer D. Ind.-Ztg. 1878, 456,** Blut mit etwa 20% Leim und 10% Knochenmehl in feingesiebtem und getrocknetem Zustande etwa 5—10 Minuten unter sehr hohem Druck in 95—150° heiße Formen. Das Knochenmehl gibt dem Fabrikate eine hellere Farbe; im übrigen kann es natürlich beliebig gefärbt werden. Die Fabrikation künstlicher Holzmassen (Bois durci) aus Sägespänen und Blutalbumin wurde schon in **Dingl. Journ. 174, 55** beschrieben. Vgl. **Polyt. Notizbl. 1863, Nr. 7.**

Zur Anfertigung von Kunstholz werden 30 Tl. Holzasche mit 60 Tl. hartem Sägemehl und konserviertem Blut zu einer teigartigen Masse angerührt, in Formen gepreßt und der Wärme ausgesetzt. Das Produkt wird sehr hart und läßt sich drehen und polieren wie hartes Holz. **(Pufahl, Kunststoffe 6, 7.)**

Zur Herstellung von Kunstholz vermischt man Holzstoff nach **D. R. P. 86 542** mit eingedampfter, evtl. mit Leim versetzter Sulfitcelluloseablauge und preßt aus dem Gemisch Gegenstände.

Zur Herstellung eines Ersatzstoffes für Holz (oder auch Ebonit) erhitzt man nach **D. R. P. 112 685** einen Aldehyd der Fettreihe (Acet- oder polymerisierten Formaldehyd) mit Methylalkohol und Phenol sowie mit mit Salzsäure bzw. mit schwefliger Säure gesättigtem Fuselöl oder Methylalkohol. Die Masse wird schließlich mit Paraffin verschmolzen.

Zur Herstellung künstlicher drechselbarer Massen preßt man ein verknetetes Gemenge von 40 Tl. Getreidemehl in wässeriger Teigform mit derselben Menge Holzmehl, 2 Tl. Tierhaaren und 18 Tl. Wasserglas. Diese Holzersatzmasse soll besonders zur Anfertigung von Nähgarnspulen dienen. **(D. R. P. 186 997.)**

64. Kunstholz aus Holzstoff (-schliff), Laub, Stroh, Nadelholznadeln.

Holzartige Massen werden nach **D. R. P. 130 314** hergestellt durch Kochen von Holzspänen oder Stroh, zunächst mit einer Boraxlösung, dann nach Abpressen des Überschusses mit einer Lösung von Eisenchlorür, Tonerdeacetat und Borsäure, Vermischen mit dem Bindematerial (Gips, Zement) und Pressen der mit Aluminiumsulfatlösung getränkten Masse. — Zum Ersatz steinharter eichener Täfelung tränkt man Gipsfußböden mit Eisenvitriollösung und überstreicht nach dem Trocknen mit Leinölfirnis.

Zur Herstellung einer plastischen Holzmasse verknetet man 100 Tl. mit verdünnter Natronlauge vorbehandelten Holzschliffes mit 30 Tl. Leim, der zuvor in der nötigen Menge Wasser aufgelöst worden war, ferner mit einer Abkochung von 5 Tl. Eichenrinde und mit 5 Tl. 15grädigem Wasserglas. **(D. Ind.-Ztg. 1868, Nr. 3.)**

Vgl. auch die Herstellung holzartiger Platten oder geformter Gegenstände aus mit Kupferoxydammoniaklösung behandelten aufeinandergelegten Papier- oder Gewebebahnen nach **Dingl. Journ. 204, 514.**

Bei Herstellung eines Bau- und Isoliermateriales aus Holzstoff entzieht man der geformten Masse, die sich in einem entsprechend geformten Drahtgeflecht befindet, einen Teil des Wassergehaltes durch Pressung und den Rest durch künstliche Verdunstung und erhält so ein schwammartiges, schallsicheres Produkt mit harter Oberfläche. **(D. R. P. 259 691.)** Nach dem Zusatzpatent überzieht man die Holzstoffgegenstände vor dem gänzlichen Austrocknen zur Verhütung des Verziehens oder Rauhwerdens ganz oder teilweise mit schnell erhärtenden Substanzen wie z. B. Gips oder bettet sie in diese Stoffe ein, wobei zur Verhinderung einer dauernden Verbindung dieser Gipsschicht mit dem Holzstoffgegenstand dieser vorher mit Fett oder Schellack überzogen wird. **(D. R. P. 283 199.)**

Nach einem anderen Verfahren zur Herstellung von Formlingen mit glatter Oberfläche aus wasserhaltigem Holzstoff oder Holzstoffkompositionen wird die Masse portionsweise durch Beklopfen geglättet und sodann gegen die Form geworfen. **(D. R. P. 279 622.)**

Zur Beschleunigung des Austrocknens geformter Holzstoffmassen bettet man in diese beliebig geformte poröse Körper ein oder füllt etwa vorhandene Hohlräume mit wasseraufsaugenden Stoffen aus. **(D. R. P. 280 317.)**

Verfahren und Vorrichtung zur Herstellung von Bau- und Isoliermaterial und Gegenständen aller Art aus Holzstoff und Holzstoffkompositionen sind dadurch gekennzeichnet, daß die erste teilweise Entwässerung der in Formen gebrachten nassen Stoffmasse durch Zentrifugalkraft erfolgt, während der Rest des Wassergehaltes z. B. durch Einführung heißer Luft in oder außerhalb der Form verdampft wird. **(D. R. P. 288 320.)**

Zur Herstellung von künstlichem Holz bringt man Pappe in 180° heißen geschmolzenen Schwefel und kühlt die Schmelze innerhalb 30 Minuten auf 115° ab, worauf man den nicht aufgenommenen Schwefel ablaufen und die Pappe vollends erkalten läßt. Besonders dichte und harte Stücke werden erhalten, wenn man die Imprägnierung unter Druck oder im Vakuum vornimmt, oder die fertigen Platten ein Walzenpaar passieren läßt. **(D. R. P. 116 593.)**

Als Ersatz für Zigarrenkistenholz kann Wellpappe mit widerstandsfähigen Einlagen (Draht usw.) verwendet werden. Die so verfertigten Kistchen werden zur Ermöglichung des Luftaustausches mit Ritzen versehen und mit Cedernöl parfümiert. **(Kunststoffe U. Haase, 6, 10.)**

Unter Compoboards versteht man eine Kunstpappe, die man in dünneren Sorten aus den Abfällen der Papier- und Cellulosefabrikation, aus Ästen der Sulfitkochung, Raffineurstoffen oder Knotenfängermassen herstellt und in dickeren Sorten durch Aufkleben von Braunschriftpappe auf etwa 5 mm starke Bretter gewinnt. Das Material eignet sich als Ersatz der teueren und wesentlich schwereren Bretterpackung. **(Pap.-Fabr. 13, 283.)**

Ein künstliches Holz, das den aus Sägespänen oder Holzmehl erzeugten Kunsthölzern an Güte gleichkommen und in der Herstellung billiger sein soll, kann nach folgendem Verfahren hergestellt werden: Zermahlenes dürres Eichen- oder Buchenlaub wird nach vorangegangenem Kochen in Natronlauge mit einer Viscoselösung, evtl. mit einem geringen Zusatz von Leim, Wasserglas oder dgl. innig vermischt, die Masse in Preßformen gebracht und einem Drucke bis zu 350 Atm. ausgesetzt. Die Preßlinge werden nach dem Trocknen einer warmen Nachpressung unterworfen. **(Erf. u. Erf. 43, 154.)**

Oder: Das Laub wird getrocknet, gewaschen, in Wasser oder Lauge gekocht, mit einem Bindemittel (Leim, Harz, Wasserglas oder mit dem aus dem Laub selbst gewonnenen Klebmittel) vermengt und unter einem Druck von 300—400 Atm. zu Blöcken gepreßt. Das Produkt läßt sich auch färben und wie Naturholz behandeln. **(Kunststoffe 1917, 116.)**

Über Herstellung einer künstlichen Holzmasse, die vorzügliche Eigenschaften haben soll, aus Stroh, siehe das Referat in **Kunststoffe 1912, 279.**

Nach einer Notiz in **Chem.-Ztg. 1922, 523** erhält man ein wie Naturholz bearbeitbares Kunstholz durch Pressen und Trocknen der gekochten und gewaschenen Bagasse, das ist der Rückstand der Zuckerrohrverarbeitung.

Zur Herstellung von Wandplatten verarbeitet man durch Einstampfen in Formen ein Gemisch von 1 Tl. Zement, 4 Tl. Koksasche mit 10 Tl. natürlich belassener Nadelholznadeln. Nach dem Zusatzpatent setzt man dem Gemisch noch aufgeschlämmten Lehm hinzu. **(D. R. P. 324 490 und 325 933.)**

65. Kunstholz aus Torf (Algen).

Zur Herstellung von Kunstholz aus Torf laugt man das Rohmaterial nach **D. R. P. 77 178** völlig aus, bis es neutral reagiert, schüttelt die völlig zerfaserte Masse bis zur Verfilzung, vermischt mit Gipswasser und preßt unter hohem Druck.

Eine Ersatzmasse für Holz wird nach **D. R. P. 116 981** hergestellt durch Pressen eines auf 115—120° erhitzten Gemenges von trockenem Torfpulver mit Schwefelblumen. Das glänzende, tiefschwarze, ebenholzartige Produkt läßt sich wie Holz drehen, hobeln, sägen und polieren.

Oder man preßt ein Gemenge von Sägespänen, Altpapier mit Ätzkalklösung getränkten, mineralischen Füllstoffen und Torfmull mit aus Torffasern erzeugten Vliesen unter kräftigem Druck zusammen. **(D. R. P. 117 512.)**

Zur Herstellung von künstlichem Holz nach **D. R. P. 128 728** wäscht man Torfmasse aus, mischt die zurückgebliebenen Fasern mit Kalkhydrat und schwefelsaurer Tonerde, preßt und läßt die Platten an der Luft erhärten. Nach dem Zusatzpatent preßt man ein inniges Gemenge von 8 kg gewaschener, vom Sand befreiter Torfmasse mit 200—400 g Strontium-, Barium- oder Kalkhydrat und 8 l 2grädiger schwefelsaurer Tonerdelösung in Formen. **(D. R. P. 165 582.)**

Zur Herstellung eines kunstholzartigen Produktes werden frische, vegetabilische Materialien wie Holzschliff, -späne, Strohhäckerling u. dgl. in einer Metallsalzlösung unter Anwendung eines Rührwerkes ca. $^1/_2$ Stunde gekocht, worauf man dem Gemenge ein gleiches Quantum gepulverter Braunkohle und Torf und eine Lösung von schwefelsaurer Tonerde zusetzt und ca. $1^1/_2$ Stunde kochen läßt. Nun wird die Masse durch Ausschleudern getrocknet, auf 24 Stunden in ein Bad von borsaurem Natron gebracht, nach erneuter Trocknung mit Zement in beliebigen Zusatzverhältnissen vermengt und durch Pressen in beliebige Form gebracht. Die so hergestellten Formstücke sind wie Holz bearbeitbar. **(D. R. P. 133 253.)**

Zur Überführung von Torf oder Holzabfällen in eine dichte Form befeuchtet und erhitzt man das Material mit so verdünnter Mineralsäure, daß in dem feuchten Gemenge keine durchgreifende chemische Veränderung vor sich gehen kann, und laugt die erhaltene Masse mit Wasser aus. Das Material liefert dann Briketts, die gemeilert zu einer lockeren Holzkohle führen, und überdies läßt sich auch das Produkt selbst durch Zusammenpressen zu einer schweren Masse verarbeiten, die beliebig mechanisch bearbeitbar ist. **(D. R. P. 142 432.)**

Nach **D. P. Anmeldung W. 30 564, Kl. 39 b** kann man plastische Massen, die als Holzersatz dienen sollen, herstellen aus Torffasermaterial durch Behandlung mit einer kochenden Kochsalz-Chlorzinklösung. Das Produkt wird mit Harzen oder Ölen gefüllt und in Formen gepreßt.

Nach **D. R. P. 227 344** kann ein als Bodenbelag oder als Isoliermaterial verwendbarer Kunststoff aus einem Gemenge von Torfmehl mit Asbestpulver unter Zusatz klebender Stoffe hergestellt werden. Vgl. **D. R. P. 213 468.**

Nach **Ö. P. 47 601** werden Baukonstruktionsteile erhalten durch Vermischen des mit Säuren und wässerigen Salzlösungen präparierten Torfes mit pflanzlichen oder tierischen Faserstoffen und Ölen, die reich sind an Linolein und Linolsäure, oder man fügt die abgeschiedenen Fettsäuren aus diesen Ölen hinzu, die vorher durch Behandlung mit Schwefel oder Sauerstoff oxydiert wurden. Schließlich werden basische Metallcarbonate, evtl. auch bituminöse Kohle, zugesetzt worauf man das Ganze erhitzt und unter starkem Druck erkalten läßt.

Über Herstellung einer harten Masse aus Torf durch zweistündige Behandlung mit 20proz. Natronlauge bei 148° siehe **Dän. P. 17 888.** Die Masse kann gefärbt, in Blöcke und Platten geformt und nach dem Trocknen wie Holz verarbeitet werden.

Zur Herstellung von Formstücken, Röhren u. dgl. aus naturfeuchtem Torfmoor wird dem nassen, möglichst feingeschlämmten Torf Zement in solcher Menge zugesetzt, daß beim Erhärten der Masse die in dem Torf enthaltene Feuchtigkeit durch den Zement gebunden wird. Die Torfkörper sollen zäh und durchaus widerstandsfähig gegen Witterungseinflüsse sein. Bei Herstellung von Drainröhren, Bausteinen und -platten aus diesem Material ist eine Beimischung von Teer oder Asphalt zu empfehlen. Zur Fabrikation eines ebenholz- oder hartgummiähnlichen, polierbaren Stoffes wird Teer auf höchstens 150° erhitzt und ein Gemisch von Torf und Sägemehl zugefügt, worauf man weiter auf 160—190° erhitzt, bis eine entnommene Probe in heißem Zustande nicht mehr abfärbt. Das heiße Material wird nun in Formen gefüllt und gepreßt. **(Z. f. Dampfk. Betr. 1905, 420.)**

Die Herstellung weiterer Holzersatzprodukte aus Torf ist ferner z. B. in **D. R. P. 114 414, 115 145** beschrieben. Siehe auch **[521].**

Über Herstellung von künstlichem Ebenholz durch Erhitzen von 60 Gewichtsteilen der durch zweistündiges Behandeln einer Alge mit verdünnter Schwefelsäure, Trocknen und Mahlen bereiteten Algenkohle, 10 Tl. flüssigem Leim, 5 Tl. Guttapercha und 2,5 Tl. Kautschuk (letztere beide in Steinöl aufgelöst), dann 10 Tl. Steinkohlenteer, 5 Tl. Schwefel, 2 Tl. Alaun und 5 Tl. Harzpulver auf 150°, siehe **D. Gewerbeztg. 1869, Nr. 2.** Nach **D. Ind.-Ztg. 1871, Nr. 28** kann man statt der Algen auch Seegras verwenden.

Kork(-ersatz).

66. Literatur, Allgemeines, Gewinnung.

Vgl. Stephan, A., Fabrikation der Kautschuk- und Leimmassentypen, Fabrikation des Korkes und der Korkabfälle. Wien und Leipzig 1899. — Wiesner, Die Rohstoffe des Pflanzenreichs. Leipzig 1903. — Höhnel, Über den Kork und verkorkte Gewebe. Wien 1878. — Müller, E. A., Über die Korkeiche. (In den „Abhandlungen der Geographischen Gesellschaft in Wien, 1900.) — Tschirsch, Angewandte Pflanzenanatomie. Wien 1889, S. 272. — Hanausek, T. F., Lehrbuch der technischen Mikroskopie. Stuttgart 1901, S. 256.

Über Kork siehe **Schneider in Realencyklopädie der gesamten Pharmazie, Wien 1889, Bd. 6, S. 89; Möller in Botan. Ztg. 1879, 719; Möller in Realencyklopädie usw. Bd. 10, 115; Möller in Pharm. Zentralhalle 1886, 240.**

Über die Korkindustrie, die Gewinnung des Korkes, die Herstellung der Flaschenkorke und die Verwendung der Korkabfälle siehe auch **O. Koch in Techn. Rundsch. 1906, 598.**

Die Gewinnung, Zusammensetzung und Verwertung des Korkes, besonders als schalldämpfendes und wärmeisolierendes Material, als Füllmittel für Matratzen, ferner für Gummibälle, Kühlräume, als Verpackungsmaterial für Glas, Eier, zur Herstellung von Polierkohle, als Aufsaugungsmaterial für flüssige Luft, in der Linoleumfabrikation und zur Herstellung des Korksteines siehe die ausführliche Arbeit von **Fr. Nafzger in Zeitschr. f. angew. Chem. 1900, 516 u. 536.**

In **Seifens.-Ztg. 1911, 1034** finden sich Angaben über die Behandlung von Flaschenkorken.

Die Verwendung der Korkabfälle wird in einer Notiz in **Kunststoffe 1913, 459** besprochen.

Über die Verwertung alter Korke in den Apotheken siehe **H. Freund, Pharm. Ztg. 61, 157.**

Kork ist ein Dauergewebe der Pflanzen. Man bezeichnet im allgemeinen damit jenes pflanzliche Gebilde, das durch eine Umwandlung (Verkorkung) der Zellmembranen zustandekommt. Das Korkgewebe findet sich bei den verschiedensten Pflanzen und Pflanzenteilen, insbesondere an Rinden und Schalen als Schutz gegen zu große Wasserverdunstung und gegen mechaniche Beschädigungen der darunterliegenden Gewebe vor, wozu es sich infolge seiner hohen Elastizität und großen Widerstandsfähigkeit besonders eignet.

Die Korkschicht entsteht aus einem Bildungsgewebe (Korkcambium, Phellogen), das entweder in der Epidermis selbst oder in tiefer gelegenen Rindenschichten liegt, aus dem sich der Kork durch Zellteilung bildet.

Verkorkte Zellwände findet man ferner überall dort, wo Zellen oder Gewebe an dem osmotischen Saftaustausch miteinander verhindert werden sollen. Auch bei Verletzungen der Pflanzen bilden sich Korkschichten.

Kork (Korkrinde, Pantoffelholz, lat. Suber) im engeren Sinne wird die Korkschicht der Korkeichen genannt, die schon im Altertum verwandt wurde.

So empfehlen schon **Varro** und **Columella** den Kork (cortex) seiner geringen Wärmeleitfähigkeit wegen zu Bienenstöcken und **Plinius** berichtet über verschiedene Verwendungszwecke des Korkes, bespielsweise als Ankerholz usw. **Paracelsus** wußte bereits, daß die Rinde der Korkeiche nach der Schälung rasch nachwächst. In Danzig wurden bereits im 15. Jahrhundert aus Kork Pantoffeln hergestellt, daher auch der Name Pantoffelholz. Die erste Verwendung des Korkes zu Flaschenstöpseln wird dem Pater Kellermeister der Abtei von Haut Villers, Dom Perignon (17. Jahrhundert) zugeschrieben. Um das Jahr 1780—1790 erfand der römische Architekt **Agostino Rosa** die sog. Korkbildnerei, die durch **May** in Deutschland eingeführt wurde.

Kork wird hauptsächlich von der immergrünen Quercus suber L. und der sommergrünen Quercus occidentalis Gray gewonnen, die in den westlichen Mittelmeerländern heimisch sind.

Der Kork des ersteren Baumes ist Handelsware, während der von Quercus occidentalis, der etwas härter ist und hauptsächlich der Gascogne entstammt, nicht ausgeführt wird. Die Bäume kommen in Europa selten als ganze Waldbestände vor, bilden dagegen in Algerien oft ausgedehnte Wälder. Die 10—20 m hohen, 100—130 cm starken Bäume gedeihen am besten auf trockenen Anhöhen, in lichtem Sandboden. Sie lieben Südabhänge und sind gegen Kälte äußerst empfindlich.

Die Oberhaut der Rinde erhält sich bis ins dritte Lebensjahr des Baumes, dann löst sie sich vom Stamm in dünnen Blättern ab und es zeigt sich bereits die erste Korkschicht, die durch das Korkcambium immer neu ergänzt wird. Diese Schicht, die bei der ersten, je nach Standort des Baumes im 8. bis 20. Lebensjahr stattfindenden Schälung abgehoben wird, heißt männlicher Kork (le Male). Der männliche Kork ist hart, spröde, rissig und brüchig und kann nur zur Herstellung von Korksteinen, als Isoliermaterial, Schwimmkork u. dgl. verwendet werden. Nach Entfernung dieser äußeren Schicht beginnt der Baum erst die eigentliche Korkschicht, den wertvollen weiblichen Kork (femelle) zu bilden, die etwa 7—8 Jahre nach der ersten Schälung geerntet werden kann. Bis zur nächsten Ernte muß der Baum wieder 6—7 Jahre ruhen. Solche Schälungen können 10—12 an einem Baum vorgenommen werden, wobei jedesmal sorgfältig zu beachten ist, daß die am Holz aufliegende junge Zellgewebschicht, der sog Mutterkork, nicht verletzt wird. Manche Bäume erreichen ein Alter bis zu 150 Jahren und darüber. Im allgemeinen liefern öfters geschälte Bäume feineren Kork als jüngere, und zwar am besten im Alter von 50—100 Jahren, doch wird die Qualität des Korkes im hohen Alter der Bäume wieder schlechter. Geschält werden sowohl Stämme als auch Äste. Die Schälungen werden in den Sommermonaten vorgenommen, und zwar in der Weise, daß mittels eines eigens geformten, scharf geschliffenen Beiles kreisrunde Schnitte in den Stamm geschlagen werden, die man durch senkrechte Schnitte miteinander verbindet, worauf man die einzelnen Stücke ablöst. Die von Moos, Flechten und Gewebresten befreiten Korkstücke werden zwecks Erweichung einige Minuten in siedendes Wasser gelegt, wodurch sie um etwa ein Fünftel dicker werden, und sodann beschwert der Lufttrocknung überlassen. Auf diese Weise wird der hellbräunliche, sog. weiße Kork gewonnen, wie ihn hauptsächlich Frankreich und Algerien produzieren. Auf der Pyrenäenhalbinsel dagegen werden die Korktafeln auf Spieße gesteckt durch Flammenfeuer geschwenkt, wodurch sie ihre schwarze Farbe erhalten.

Die Güte des Korkes ist vom Klima, vom Standort des Baumes, von seinem Alter sowie von der Art der Gewinnung abhängig. Im allgemeinen liefern die südlicheren Standorte besseren Kork als nördlichere.

Die getrockneten Korkschwarten, deren Dicke 5—20 cm beträgt und die auf dem Querschnitte deutlich 8—15 Jahresringe zeigen, gelangen in Packete gepackt in den Handel. Der beste Kork wird in Katalonien gewonnen. Sein Hauptstapelplatz ist Sevilla. Der schlechteste Kork kommt aus Dalmatien und Istrien. In Portugal sind die wichtigsten korkproduzierenden Provinzen Alementejo und Algarvien, in Frankreich das Departement Lot et Garonne. Die ergiebigste Produktion weist Algerien (Provinzen Algier, Oran, Constantine) auf.

67. Eigenschaften, Verarbeitung, Verwendung des Korkes.

In chemischer Beziehung ist Kork noch ungenügend erforscht. Er besteht aus 70—80% Suberin, ferner aus Cellulose, 1,8—2,5% einer eigenartigen, wachsähnlichen, durch kochenden Alkohol extrahierbaren Substanz. Die aus der alkoholischen Lösung gewonnene weiße, neutrale, krystallinische Substanz schmilzt bei 100° C.

Kork brennt nicht sehr lebhaft und mit rußender Flamme. Bei der trockenen Destillation erhält man Benzol, Toluol, Naphthalin, Anthracen, Phenole, Ammoniak usw.

Der Kork besteht aus prismatischen Zellen, die mit ihren Achsen horizontal liegen und auf dem Halbmesser des Stammquerschnittes senkrecht stehen. Die Längendimension überwiegt die Dimensionen des Zellenquerschnittes bei weitem nicht so bedeutend, wie z. B. bei den Holzzellen. Die Zellwandungen des Korkes sind auch viel elastischer.

Für Kork ist bisher noch kein vollwertiger Ersatz gefunden worden, der alle seine technisch so wertvollen Eigenschaften besitzt. Kork ist außerordentlich elastisch, geschmeidig, undurchdringlich für Gase und Flüssigkeiten selbst bei hohem Druck, äußerst widerstandsfähig gegen äußere Einflüsse, ein schlechter Wärmeleiter und besitzt eine sehr geringe Dichte. Sein spez. Gewicht ist 0,24. Bei längerem Liegen, insbesondere in der Kälte, wird Kork hart, kann aber durch Erwärmen bzw. Einlegen in kochendes Wasser oder kurze Einwirkung von Wasserdampf wieder elastisch und geschmeidig gemacht werden. Kork ist fast vollständig unverweslich.

Konzentrierte Schwefelsäure, Salzsäure, Salpetersäure, Königswasser, chlor-, brom- und jodhaltige Körper, sowie Salmiakgeist, Terpentinöl und andere ätherische Öle zerstören den Kork.

Gefäße, in denen solche Flüssigkeiten aufbewahrt werden, dürfen daher nicht mit Korkstopfen verschlossen werden.

Die Korkindustrie zerfällt hauptsächlich in zwei Teile:

1. In die Verarbeitung und Verwendung des Korkes in Platten und
2. in die Verarbeitung der Abfälle und der gebrauchten Korke.

Korkplatten dienen hauptsächlich zur Herstellung von Flaschenpfropfen. Diese wurden früher von der Hand mittels scharfer Messer geschnitten, jetzt verwendet man hierzu eigene Korkschneidemaschinen. Hierbei werden die Korke so geschnitten, daß ihre Achsen in der Ebene der Korkplatten liegen, daß also die Durchmesser der Korke der Dicke des Materiales entsprechen und daß die Höhlungen, die andernfalls den Kork durchlässig machen würden, quer durch den Pfropfen laufen.

Die Pfropfen werden nach dem Beschneiden von Hand noch einer Behandlung mit schwefligsauren Dämpfen, erzeugt durch Verbrennen von Schwefel, unterworfen, wodurch sie ihre ursprüngliche helle Farbe wieder erhalten.

Korke erhalten eine Art Appretur und rötliche Färbung durch Waschen oder Kochen mit Oxalsäure. Sie können auch in Wachs oder Paraffin gekocht werden, wodurch die Poren verschlossen werden und chemische Agenzien weniger einwirken.

Außer zu Pfropfen findet Kork noch Anwendung als Fußbodenbelag, Dachdeckung, zu Kunstarbeiten, sog. Korkbildnerei, Korksohlen, Hutfutter, Korkkleidungsstücken, Schwimmern für Fischernetze, Schwimmgürtel, Ankerbojen, Isoliermaterial für Dampfleitungen, zum Überziehen von Mühlsteinen, die zum Entschälen von Hirse dienen, als Einlagen für Insekten- und Käferkasten.

Korkabfall bzw. daraus bereiteten künstlichen Kork verwendet man zu Polster- und Packmaterial, in der Schnellessigfabrikation statt der Buchenholzspäne. Korkabfall wird ferner auf Kamptulikon, Linoleum und Korkstein verarbeitet. Man stellt ferner aus Korkabfall her: Korkisoliermassen, Korkformstücke für Dampf- und Wasserleitungen, Korkleder, Korkpapier, Turner- und sonstige Matratzen, Anstoßkörbe für Schiffe usw. Schwimmer für Nachtlichte werden aus nicht gemahlenem Korkabfall erzeugt. Korksteine werden aus gemahlenem Kork mittels eines Bindemittels hergestellt. Korkkohle wird als Poliermittel und schwarzer Farbstoff verwendet. In der Stadt Nerac in der Gascogne wird nach **Stefan** aus Kork Leuchtgas erzeugt. Bei dieser Fabrikation wird auch Korkteer gewonnen.

Als Surrogate für Korkpfropfen werden verwendet: Gefilzte oder gewobene Wolle oder ähnliche elastische Faserstoffe, die mit einem Überzug von Kautschuk versehen sind, das Mark verschiedener Pflanzen (Agaven, Holundermark, Maismark), ferner die sog. Korkhölzer [Ochroma Lagopus Sw. (Bombaceae, Westindien, Aeschynomene aspera Willd.)], [Papilionaceae, Ostindien, Nyssa Aquatica L. (Tupeloholz aus Nordamerika)] usw.

Unter Korkholz versteht man nach **Wiesner** mehrere ausländische Holzarten, die in den physikalischen Eigenschaften dem echten Korke gleich- oder nahekommen.

Nach **Meyer** wird die Weltproduktion an Kork auf ca. 1 Million dz geschätzt.

Deutschlands Handel:

Korkholz, unbearbeitet, Zierkorkholz:

1911:	Einfuhr 20 061 t	im Werte von	10 031 000 M.;	Ausfuhr 936 t	im Werte von	514 000 M.
1912:	„ 20 688 t	„ „ „	11 378 000 „	„ 1460 t	„ „ „	576 000 „

1912 auch Korkabfälle.

Korkstopfen:

1911:	Einfuhr 1 474 t	im Werte von	4 913 000 M.;	Ausfuhr 474 t	im Werte von	1 137 000 M.
1912:	„ 1 384 t	„ „ „	4 915 000 „	„ 501 t	„ „ „	1 259 000 „

68. Korkveredelung, Preßplatten. — Rindenmöbel.

Über Expansit, eine veredelte Korkmasse, die 2/3 weniger wiegt als der rohe Kork und doch einen um 60% höheren Isoliereffekt aufweist, siehe **Chem.-Ztg. 1910, 1119.**

Zur Volumvergrößerung von Kork kocht man die Stücke 25—50 Minuten, bis sie zu knistern beginnen und beim Einstecken einer Nadel genügende Auflockerung erkennen lassen, in einem Bade aus 4 Tl. Leinöl und 1 Tl. Kolophonium, brennt dann das anhaftende Gemisch ab und entfernt die zurückbleibende Asche durch Abbürsten. Diese Korkmasse hat geringes spezifisches Gewicht, ist nicht hygroskopisch und kann längere Zeit im Wasser liegen, ehe sie sich vollsaugt, so daß sie besonders zur Füllung von Rettungsringen geeignet ist. **(D. R. P. 161 987.)**

Nach **D. R. P. 267 733** behandelt man Kork, um ihn chemisch umzuwandeln, sein Volumen zu vergrößern und um gleichzeitig die losen Korkteilchen zu einer festen Masse zu verbinden, mit überhitztem Dampf oder heißem Pech bei Temperaturen unter 200°, wobei man der Masse die Gelegenheit sich frei ausdehnen zu können beläßt. Das Verfahren bezweckt nicht nur eine chemische Umwandlung des Korkes, deren Folge eine Verkittung der losen Korkteilchen zu einer festen Masse ist, sondern auch Kork von erheblich geringerem spezifischen

Gewicht zu erhalten. Man kann darum nach der Methode durch Erhitzung des Korkes in einer geschlossenen Form sehr leichte Platten erhalten, deren Einzelteilchen durch das eigene Harz, das bei der Erhitzung aus dem Korke entweicht, also ohne Anwendung eines Bindemittels, fest zusammengehalten werden. Nach dem Zusatzpatent vollzieht man die Erhitzung des Korkes auf Temperaturen über 200° in einem Luft-Gasgemisch, dessen Zusammensetzung (z. B. 1% Kohlensäure) die Selbstentzündung des Korkes verhindert. Zweckmäßig verwendet man sauerstoffhaltige heiße Verbrennungsgase, z. B. ein Gemenge von 79% Stickstoff, 1—20% Sauerstoff und 1—20% Kohlensäure, zur Erhitzung des Korkes (auf eine Temperatur von über 260°, weil sich erst dann der Kork erheblich auszudehnen beginnt) und kühlt auch in diesem Gase ab. **(D. R. P. 273 722.)** Nach dem weiteren Zusatzpatent verfährt man in der Weise, daß man ihn in einer drehbaren Trommel im Gasstrom so lange auf 350—400° erhitzt, bis sich etwa 30—50% der flüchtigen Bestandteile verflüchtigt haben. Diese Behandlung bewirkt eine erhebliche Steigerung aller günstigen Eigenschaften des Korkes und verleiht seinen Zellen die größte Ausdehnung, deren sie überhaupt fähig sind. **(D. R. P. 276 799.)** Schließlich vollzieht man nach der schließlichen Abänderung, Erhitzung und Pressung der Korkkleinmasse in zwei Verfahrensstufen und hält das Korkklein während der Erhitzung unter Luftabschluß unter Bewegung. **(D. R. P. 285 106.)**

Zur Vorbehandlung des zum Zwecke der Ausdehnung in wasserfreier Atmosphäre auf über 100° zu erhitzenden Korkes befeuchtet man ihn mit Wasser. **(D. R. P. 292 305.)**

Eine Vorrichtung zum Trocknen von Kork auf in einem Raume etagenförmig übereinander angeordneten Horden ist in **D. R. P. 292 410** beschrieben.

Zur Herstellung von Korkplatten mit Metalleinlagen bestreicht man die Metallstreifen mit einem Gemenge von 5 Tl. Steinkohlenteerdestillationsrückstand, 2 Tl. Harz und 1 Tl. Schweröl und preßt die Korkmasse, die evtl. mit der zum Anstrich dienenden Masse als Bindemittel verrührt ist, so heiß mit den angestrichenen Metalleinlagen zusammen, daß diese Anstrichschicht oberflächlich schmilzt und sich mit dem Bindemittel der Korkschicht vereinigt. Diese durch Imprägnierung mit Phosphorsäure oder Natriumbicarbonat feuersicher gemachten Platten eignen sich besonders als Fußbodenbelag. **(D. R. P. 266 176.)**

Um die von eisernen Rahmen umschlossenen Korkzwischenlagen dauernd in der Umrahmung festzuhalten, legt man die erhitzten, im Volumen verkleinerten Korkplatten in die Rahmen ein und überzieht sie mit einem Asphaltanstrich. **(D. R. P. 258 150.)**

Zur Herstellung absolut formbeständiger, wärme- und schalldichter, billiger Preßkorkplatten für Fußboden- und Wandbelag preßt man dünne Preßkorkfurniere evtl. unter Zusatz eines Bindemittels, in mehreren Schichten, unter höherem Druck, als jener war, der bei der Herstellung des Ausgangsblockes verwendet wurde. Nach weiteren Ausführungsformen des Verfahrens kann man alle oder nur die oberste Schicht des Paketes vor dem Pressen dämpfen oder durchfeuchten und ferner als Deckschichten besseres Korkmaterial verwenden. Arbeitet man bei höheren Temperaturen, so ist ein Bindemittel nicht nötig, da dann die entweichenden Destillationsprodukte des Korkes die Verkittung der Schichten bewirken. **(D. R. P. 288 319.)**

Über Herstellung der Eichenholzrindenmöbel, die Befestigung der Rinde auf den Rundhölzern nach ihrer Imprägnierung mit Naphthalin oder Paraffin, die Lackierung der Ware usw. siehe **Techn. Rundsch. 1908, 702.**

69. Kork bleichen, reinigen, sterilisieren, färben.

Zum Bleichen von Korken verwendet man nach **H. Rordorf,** Ref. in **Pharm. Zentrh. 1912, 724** verdünnte Oxalsäurelösung, der man eine bestimmte, durch Vorversuche zu ermittelnde Chlorkalkmenge beigibt. Man läßt die Flüssigkeit einige Zeit einwirken, nimmt die Korke dann heraus, wäscht sie in reinem Wasser, trocknet sie sehr gut und bringt sie 12 Stunden in einen verschlossenen Raum, in dem man Schwefel verbrennt. Die so behandelten Korke sind sehr hell und bleiben etwa 3 Wochen lang weich, sie schaden dem Weine nicht und werden von Insekten- und Schimmelpilzen kaum angegriffen. Durch Waschen in kaltem Wasser kann man ihnen die Oxalsäure und schweflige Säure wieder entziehen, doch tritt dann zugleich mit Entfernung des ihre Verwendbarkeit sehr herabsetzenden Geruches die ursprüngliche Farbe wieder auf und es verschwindet die Weichheit des Materials.

Zum Bleichen von Kork verwendet man am besten 5proz. Chlorkalklösung oder Alkali- oder Magnesiumhypochloritlösung, behandelt das Material dann kurze Zeit mit 2proz. kalter Salzsäure nach, wäscht sorgfältig mit Wasser und trocknet bei 50°. Ebenso gut verwendbar, jedoch teuerer, sind als Bleichmittel Persil oder Wasserstoffsuperoxyd oder Ozon. **(J. F. Sacher, D. Parfüm.-Ztg. 2, 350.)**

Zur Reinigung gebrauchter Korke kocht man sie mit einem Siebblech bedeckt mit 5proz. Schwefelsäure, dann mit reinem Wasser aus, legt sie in eine schwache Alaunlösung und dann 2—3 Tage in die Sonne. Die so behandelten Korke haben nichts an Elastizität eingebüßt. **(D. Essig-Ind. 23, 91.)**

Das Verfahren zur Reinigung gebrauchter Korke mit 5proz. Schwefelsäure ist übrigens schon in **D. Ind.-Ztg. 1873, Nr. 43** beschrieben.

Zur Reinigung von Kork läßt man ihn nach **D. R. P. 192 623** in geschrotetem oder gemahlenem Zustande durch ein Schwefelsäurebad von unten herauf an die Oberfläche steigen.

Zur Reinigung fettiger gebrauchter Korke werden diese (15 l Korke) 4 Tage lang im Steintopf von 40 l Inhalt täglich mit frischem Wasser eingeweicht und beschwert. Dann werden die

Korke im gleichen Topf im Freien mit einer Mischung aus 4 kg technischer Natriumsulfitlauge 38° Bé und 12 l Wasser übergossen, worauf man allmählich 1,2 kg rohe Salzsäure zusetzt, einen Holzdeckel auflegt und diesen beschwert. Nach 24stündigem Stehen werden die Korke im Freien auf einem sauberen Seihtuch mit 10 l warmem Wasser gespült, in kleinen Mengen in lauwarmem Wasser sorgfältig gewaschen und nach dem Abtropfen 2 Stunden in fließendes Wasser gelegt. Wenn die feuchten Korke, in blaues Lackmuspapier gewickelt, dieses nicht mehr röten, sind sie als gut gereinigt anzusehen, anderenfalls sind sie nochmals zu waschen. Man läßt zwei Tage abtropfen und trocknet dann im Trockenschrank oder an der Sonne. **(E. Richter, Apotheker-Ztg. 1918, 324.)**

Alte Korke werden durch Behandlung mit Bisulfat oder Natriumpyrosulfat und folgende Behandlung mit Formaldehyd oder Essigsäure wieder brauchbar.

Nach **D. R. P. 264 305** behandelt man Korke, um sie dauernd geruchlos und bleibend elastisch zu machen, mit einem Produkt, das man erhält, wenn man Glycerin oder andere mehrwertige Alkohole bis zu ihrer Zersetzungstemperatur vorsichtig erhitzt und die konzentrierte Masse bei Luftabschluß in molekularen Mengen mit Formaldehyd mischt. Das Präparat wird unter Luftabschluß aufbewahrt und vor dem Gebrauch mit 95% Wasser verdünnt.

Über Korkbehandlung und Korkimprägnierung siehe auch **D. R. P. 268 329.**

Das Sterilisieren der Korkstopfen soll nach **Techn. Rundsch. 1908, 223** in der Weise erfolgen, daß man sie zunächst 10 Minuten auf 120° erwärmt und sie dann in einem evakuierten Raume der Einwirkung überhitzten Dampfes von 130° aussetzt. Eine höhere Temperatur ist zu vermeiden, da sonst infolge Zerstörung der harzigen Korkbestandteile Schrumpfung der Masse eintritt.

Während der Desinfektion von Korken, z. B. mit Formaldehyddampf, erwärmt man das Material zweckmäßig gleichzeitig bis zu 100°, um zu verhindern, daß sich Wasserdampf in den Korken festsetzt, und um zugleich zu bewirken, daß nach der Verdrängung des Formaldehyds die Korken warm und trocken in das Paraffin-Nachbehandlungsbad gelangen. **(D. R. P. 162 836.)** Nach ein er weiteren Ausbildung des Verfahrens schleudert man die Korke während der Einwirkung des Desinfektionsgases und ersetzt die dadurch aus dem Material entfernte Feuchtigkeit durch Zufuhr von Wasserdampf, der überdies die Desinfektionswirkung unterstützt. **(D. R. P. 176 526.)**

Eine Vorrichtung zur Ausführung der Sterilisierung mit gasförmigem Formaldehyd-Äthylalkohol und zur folgenden Imprägnierung der Korke mit Imprägnol ist in **Z. f. Chem. App.-Kunde 1906, 403** beschrieben.

Zum Färben von Kork sind die basischen Teerfarbstoffe gut geeignet. Hauptsächlich kommen in Betracht z. B.: Thioflavin T, Diamantphosphin GG, Methylenblau BB, Neumethylenblau N, Irisamin G, Rhodamin 6 G, Safranin GGS, Brillantgrün Kryst. extra, Solidgrün Kryst. O. Das Färben erfolgt ohne jeden Säurezusatz.

Um Kork zu färben kann man die Masse nach **Techn. Rundsch. 1906, 646** auch gleichmäßig mit einer verdünnten Tanninlösung bestreichen und die Korkstücke in einem geschlossenen Raum der Einwirkung von Ammoniakgas aussetzen. Man erhält so je nach der Konzentration der Tanninlösung verschieden tiefe, graue Färbungen, die lichtecht und wasserfest sind und das Korn der Masse nicht verdecken.

70. Kork imprägnieren, kleben.

Eine Vorrichtung zum Imprägnieren von Kork in einer Trommel besonderer Konstruktion, die eine ständige Bewegung des zu imprägnierenden Materiales ermöglicht, ist in **D. R. P. 268 329** beschrieben.

Die Imprägnierung des Korkes, der in der Nahrungsmittelindustrie als Flaschenverschluß- oder Dichtungsmaterial dienen soll, muß sich nach diesem Verwendungszweck richten. Die Imprägnierungsmasse darf daher, wenn sie für Bierflaschenkorke dient, bei der Pasteurisierungstemperatur nicht schmelzen, für Branntweinflaschenkorke muß sie alkoholunlöslich und für Mineralwasserkorke kohlensäureunempfindlich sein bzw. darf die Kohlensäure des Mineralwassers nicht neutralisieren. **(Z. f. Kohlens.-Ind. 18, 737.)**

Um Korkstöpsel gegen die Einwirkung der Dämpfe von kochender Salpetersäure u. dgl. zu schützen, kocht man sie 2—3 Stunden in einer Lösung von 1 Tl. konzentrierter käuflicher Natronwasserglaslösung in 3 Tl. Wasser, überzieht sie nach dem Trocknen mit einer Mischung von Wasserglas und Glaspulver (etwa von der Konsistenz von Glaserkitt) auf der den Dämpfen ausgesetzten Seite und härtet diesen Überzug dann mit einer Lösung von Chlorcalcium. **(D. Ind.-Ztg. 1869, Nr. 30.)**

In **Techn. Rundsch. 1907, 85** wird empfohlen, Schwimmkörper aus reinem Kork, um sie undurchlässig auch gegen etwa 65° warmes Wasser zu machen, mit chinesischem Holzöl oder echtem japanischen Lack zu überstreichen. Besonders letzterer zeichnet sich (siehe **Bd. III [84]** durch seine große Hitzebeständigkeit aus; man weiß z. B., daß die Japaner in den mit diesem Lack bestrichenen Gefäßen sogar kochende Flüssigkeiten aufbewahren. Genügende Geschmeidigkeit, wenn auch nicht die hohe Wärmebeständigkeit, besitzen auch die nach **D. R. P. 102 749** hergestellten kautschukhaltigen Lacke oder eine einfache Kautschuklösung, und schließlich dürfte auch ein guter Email- oder Spirituslack, der außerordentlich wasserbeständig ist, seine Dienste tun, wenn man seine Geschmeidigkeit durch Zusatz von etwas Ricinusöl erhöht.

Nach **F. P. 420 156** wird Kork durch Imprägnierung mit einer Mischung von 70% Kohlenwasserstoff, 20% Ozokerit, 5% Mineralöl und 5% Steatitpulver völlig undurchdringlich gemacht. Vgl. **Polyt. Zentr.-Bl. 1872, 1301**: Tränkung mit geschmolzenem Paraffin.

Nach **Ö. P. 44 585** werden die Poren des Korkes, um ihn undurchlässig zu machen, mit einem Gemisch von Magnesiumsilicat, Schellack und Harz ausgefüllt.

Um Korke mit einer widerstandsfähigen neutralen Schicht zu versehen, werden sie nach **D. R. P. 227 918** und **Zusatz 240 563** mit Kupferoxydammoniakcelluloselösung oder mit einer Lösung von Celluloid in Amylacetat oder mit einer Kollodiumlösung überzogen. Man trocknet und bringt die präparierten Korke in ein Schwefelsäurebad, um den Überzug zu pergamentieren, im ersteren Fall auch, um das Kupferoxyd herauszulösen. Der Überzug ist so elastisch, daß er beim Brühen der Korke und beim Einbringen in den Flaschenhals nicht zerstört wird. Überdies sind diese celluloseimprägnierten Korke widerstandsfähig gegen mechanische Einflüsse und verhindern nicht wie die paraffingetränkten Korke das Quellen des Materiales vor dem Gebrauch in heißem Wasser. Vgl. **Ö. P. 57 971.**

Nach **Papierztg. 1912, 32** klebt man dünne Korkblätter am besten mit irgendeinem Leim tierischer oder pflanzlicher Herkunft, dem man etwas venezianischen Terpentin und Erd- oder Japanwachs hinzufügt. Pflanzenklebstoffe erhalten einen geringeren Zusatz von venezianischem Terpentin als wenn man tierischen Leim als Grundlage wählt. Der Klebstoff ist warm zu verwenden.

Man kann nach **Techn. Rundsch. 1909, 811** durch Anwendung einer dicken alkoholischen Lösung von Mastix und Sandarak mit einigen Tropfen Terpentinöl, der man im warmen Zustande eine konzentrierte Lösung von Hausenblase oder Gelatine zusetzt, innige Verbindung von **Kork** mit Porzellan erzielen.

Das beste Bindemittel zwischen Kork und Eisen ist nach **Techn. Rundsch. 1908, 539** geschmolzener Schwefel, doch kann man auch einen Harzkitt verwenden, wie man ihn zum Befestigen von Metallbuchstaben auf Glas herstellt, z. B. durch Verschmelzen von 35 Tl. Fichtenharz, 7 Tl. Kolophonium, 4 Tl. venezianischem Terpentin und 5 Tl. gebranntem Gips.

Zum Befestigen von Korkstreifen auf Glas bestreicht man erstere nach **Sprechsaal 1912, 757** mit einer warmen Galläpfelabkochung und verbindet die Streifen mit dem Glase mittels eines Kittes, den man durch Erwärmen eines Gemenges von 2 Tl. Fischleim, 16 Tl. Branntwein, 1 Tl. Mastix, 16 Tl. Alkohol und $^1/_2$ Tl. Gummi arabicum erhält. Außerdem kann man aber auch einen Kitt aus gleichen Teilen Pech und Guttapercha oder einen Bleiglätte-Glycerinkitt oder ein Klebmittel aus Casein und Kalk verwenden.

Ein Kitt zum Dichten von Korkstopfen besteht aus einer in der Wärme bereiteten sirupdicken Lösung von Schellack und einer Lösung von Kautschuk in Benzin, die man einzeln darstellt und dann mischt. **(D. ill. Gewerbeztg. 1874, Nr. 19.)**

71. Korksteine, -isoliermassen.

S. a. den Abschnitt „Kunstmassen" besonders [541].

Zur Herstellung von Korkstein werden die auf magnetischem Wege von Eisenteilen befreiten Korkstücke nach ihrer Zerkleinerung in Schlagmühlen und nach der Sichtung des Materiales in Korkschrot verschiedener Größe mittels Ventilatoren entstaubt, worauf man das Materal von der gewünschten Korngröße in Mischmaschinen mit der dünnen Schicht eines Bindemittels umgibt und zugleich durch Erwärmung dafür sorgt, daß die Korkstückchen aufquellen und so an Volumen zunehmen. Dieses Gemenge wird dann getrocknet, gepreßt, getrocknet und in Plattenform in geschmolzenen und erhitzten Asphalt eingetaucht und abermals gepreßt. Eine besondere Art von Platten erhält man, wenn man die mit Wasser gekochten Korkstückchen heiß unter dem Druck von 2—3 Atm. preßt und die Temperatur auf 200—250° steigert. Diese, evtl. auch unter Zusatz von Eiweißkörpern oder Harzen hergestellten Platten sind zwar schwerer wie jene Leichtsteine, eignen sich dagegen zur mechanischen Bearbeitung besonders auf der Drehbank. Das Material ist jedoch in dieser Form gegen Wärme und Feuchtigkeit nicht genügend beständig und wird es erst, wenn man Bindemittel zusetzt, die den Feuchtigkeitszutritt einschränken oder abhalten, wie z. B. Viscose oder Acetylcellulose. **(Fr. Nafzger, Zeitschr. f. angew. Chem. 1900, 536.)**

Siehe auch die Ausführungen von **C. Grünzweig** über seine ersten Korksteinpatente **D. R. P. 18 107** und **68 532** in **Zeitschr. f. angew. Chem. 1900, 764.**

Über die Herstellung von Korksteinen aus Kork oder Pflanzenmark mit einer wässerigen Emulsion von Ton mit Teer, Mineralöl, fetten Ölen oder Harzseifen siehe **D. R. P. 68 532.**

Ein Korkisoliermaterial besteht aus einer porösen Masse aus locker verbundenem grobem Korkklein mit einer luft- und wasserdichten Hülle aus feinen, durch ein Bindemittel verbundenen Korkteilchen, die entweder jedes Korkkleinteil umgibt oder nur an den Stellen, die sonst im Gebrauch freiliegen würden, als Deckschicht vorhanden ist. **(D. R. P. 122 803.)**

Nach **E. P. 9858/1910** wird ein Isoliermittel aus 40—60 Tl. fein gemahlenem Kork durch Kochen mit 40—60 Tl. Leinöl erhalten, bis die Masse dickflüssig ist. Die geformten Gegenstände werden bei 37° gehärtet und in geschmolzenes Wachs getaucht.

Korksteine werden nach **D. R. P. 133 034** durch Eintragen eines Gemenges von Korkschrot mit heißem Tonbrei in 200° heißes Pech erhalten. (Vgl. Hauptpatent **D. R. P. 128 281.)**

Zur Herstellung von Korksteinen mischt man den heißen Tonbrei nach **D. R. P. 137 270** mit Pechmehl, fügt dann erst das Korkmehl zu und verknetet die Masse. Siehe auch Zusatz **D. R. P. 137 526.**

Vgl. auch das Verfahren zur Herstellung von Korkisoliersteinen aus Kork und Pech in besonderer Vorrichtung oder in der Weise, daß man die Korksteinelemente z. B. für Barackenbauten in den leeren Räumen erzeugt, die aus den Barackenwänden gebildet sind. Man erhält so entweder einzelne Formlinge oder fugenlose, feste, mit dem Rahmen innig verbundene Korksteinisolierplatten, die evtl. entsprechend versteift werden können. **(D. R. P. 277 638.)**

Korksteine werden nach **Ziegel, Kalk u. Zement 1908, 65** aus Korkabfällen, Zement, Ton, Kalkhydrat, Wasserglas, Haaren oder Pflanzenfasern mit Stärkemehl oder Teer als Bindemittel erhalten.

Nach **Dän. P. 10 323/1907** wird eine Isoliermasse aus Kork, Säge- oder Holzmehl, Barythydrat und Wasserglas hergestellt.

Eine poröse, feuerfeste, widerstandsfähige Isolierschicht erhält man nach **Norw. P. 21 918/1911** durch Imprägnierung einer porösen Korkmasse mit einer leichtflüssigen Mischung von 10—35grädigem Wasserglas und Kreide. Das Bad soll nur feine Häutchen auf den einzelnen Korkteilchen hinterlassen.

Über ein Verfahren zur Herstellung von Bauteilen aus einer tragenden und einer schallwellendämpfenden Schicht, die mit ersterer abgebunden ist und wobei die letztere z. B. aus Gips oder Korkschrot besteht, siehe **D. R. P. 261 198.**

Nach **Techn. Rundsch. 1905, 176** wird der bituminöse Geruch, der mit Steinkohlenpech und Teer aus Korkschrot hergestellten Korksteine behoben oder zum mindesten herabgemindert, zugleich wird rasches Erhärten der geformten Masse erzielt und ihre Hitzebeständigkeit erhöht, wenn man dem Gemenge vor der Pressung eine genau bemessene Menge Kreidepulver beigibt.

Ein warm anzuwendender Kitt für Korksteine besteht nach einem Ref. in **Seifens.-Ztg. 1912, 1070** aus einem verschmolzenen Gemenge von 12 Tl. wasserfreiem Steinkohlenteer, 5 Tl. Schwefelpulver und 3 Tl. Asphalt.

Nach **D. Kolon.-Ztg. 1912, 508** ist eine richtig ausgeführte, 5 cm starke Korksteinwand in der jedes Korkteilchen mit einer Schicht mineralischen Bindemittels umgeben ist (Algostat-Korkplatten), nicht nur feuerfest und spezifisch leicht, sondern bietet auch einen größeren Schutz gegen Kälte und Wärme als eine 50 cm starke Backsteinmauer.

72. Korkersatz mit Verwendung von Korkabfall.

Über Korkersatz und Ersatzstopfen in der Kriegszeit siehe **H. Freund, Pharm. Zentrh. 64, 215.**

Über die Herstellung von Korkplatten aus Korkklein siehe die Abhandlung von **H. Ost** in **Zeitschr. f. angew. Chem. 1918, I, 105.**

Die Fabrikation des Kunstkorkes beschreibt **O. Kausch** in **Kunststoffe 3, 328** und **O. Ward** in **Seifens.-Ztg. 42, 519.**

Man unterscheidet Korkersatzmittel, die aus natürlichen Pflanzenteilen, Hölzern oder Rinden bestehen, von den Ersatzmassen aus Korkabfällen und einem Bindemittel, ferner von jenen, die aus präparierter Holzfaser bestehen oder Gewebefaserstoffe bzw. Filz enthalten, und schließlich die Massen aus künstlich hergestellter Grundsubstanz, zu denen das Cupren gehört.

Die Schwierigkeit bei Herstellung der Kunstkorke beruht auf der Wahl des Bindemittels, da dieses speziell bei Flaschenkorken so gewählt sein muß, daß es den Geschmack des Flascheninhaltes nicht ungünstig beeinflußt. Man erhält z. B. einen alkoholbeständigen Kunstkork durch inniges Vermengen einer Grundmasse von 100 Tl. Korkschrot, 100 Tl. 4proz. Viscoselösung, 6 Tl. Mineralöl und 15 Tl. Glycerin mit 6 Tl. Zinkoxyd oder anderen Schwermetalloxyden. Man läßt diese Masse nach evtl. Säurezusatz 1—2 Tage bei Zimmertemperatur stehen, und preßt sie dann in Formen, worauf das Produkt unter allmählicher Temperaturerhöhung langsam getrocknet wird. **(Max Schall, Kunststoffe 1911, 141.)**

Nach **D. R. P. 23 765** wird ein Gemenge von zerkleinerten Korkabfällen und Kleister in Formen gepreßt, worauf man die Formlinge trocknet.

Zur Herstellung von Korkplatten, z. B. für Kofferwandungen, verfährt man nach **D. R. P. 43 214** wie folgt: Gleiche Teile Korkmehl und ein Gemisch von Quark und gelöschtem Kalk werden innig vermischt, das Gemenge wird sodann mit Wasser zu einem Brei angerührt, mehrere Millimeter hoch zwischen grobfaserige Gewebeflächen gebracht und mit diesen zwischen Walzen gepreßt. Die so erhaltenen Platten sollen große Festigkeit, Härte und Leichtigkeit besitzen, ohne dabei spröde zu sein. Nach **E. P. 112/1900** soll die Masse noch größere Festigkeit erhalten, wenn man die Platten einem sehr hohen Druck unterwirft und alsdann auf 100—200° erhitzt.

Über die Herstellung von Suberit, eines Korkersatzmittels aus Korkabfällen und einer Lösung von Nitrocellulose in Äther und Alkohol unter Zusatz von 3% Ricinusöl siehe **D. R. P. 66 240.** Vgl. **D. R. P. 70 159.** Nach **D. R. P. 80 437** setzt man dem Suberit während seiner Herstellung zur Erhöhung der Festigkeit dieser Korkmassen Fasern, Haare oder mineralische Stoffe zu.

Das Bindemittel für Korkschrot zur Herstellung des Korkersatzmittels Suberit ist nach einem Referat in **Kunststoffe 1912, 398** tierischer oder Caseinleim, der durch nachträgliche Behandlung der Formstücke mit Formaldehyd gehärtet und wasserfest gemacht wird.

Nach **Seifens.-Ztg. 1911, 144** verwendet man als Bindemittel für Korkabfälle entweder Wasserglas oder eine Harz-Kautschuklösung oder eine Mischung von 60 Tl. Roggenmehl in 600 Tl. Wasser mit 100 Tl. venezianischem Terpentin.

Nach **D. R. P. 185 714** wird Eiweißlösung als Bindemittel verwendet, die man durch Einwirkung von Dampf koaguliert, so daß die einzelnen Korkteilchen fest miteinander verkittet werden. Während Casein, das mittels alkalischer Lösungen oder Säuren unlöslich gemacht ist, im Kork zum Teil unlöslich zurückbleibt, und nicht geschmacklos, und Schießbaumwolle für Ölflaschenkorke als Dichtungsmittel ebenfalls unverwendbar ist, bildet der in der Wärme koagulierte Eiweißstoff ein Korkschrotbindemittel, das die genannten Nachteile nicht besitzt.

Außer den genannten Bindemitteln kommen noch Leim und Calciumchlorid, mit Schwefel versetzte Gummilösungen, Paragummi, Melasse, pulverisiertes Pech, Pflanzenleim, Rohkautschuk, Gelatine, Glycerin usw. in Betracht.

Völlig wasserundurchlässige Korkmassen erhält man nach **Techn. Rundsch. 1908, 111** durch Vermischen von gepulvertem Kork mit altem Leinöl oder Leinölfirnis, worauf man die Masse in eine Schmelze gleicher Teile von Wachs und Talg taucht und das Produkt bei gelinder Wärme trocknet.

Zur Herstellung einer Korkmasse verfährt man nach **F. P. 449 083** in folgender Weise: Man körnt 11,25 kg Korkabfälle, so daß 4—10 Teilchen auf 1 cm kommen, überzieht die Körner mit einem warmen Gemisch (2,8 l) von 1 Tl. Leim, 2 Tl. Glycerin und 2 Tl. Wasser, läßt die Masse 24 Stunden unter Luftabschluß lagern, stampft sie schließlich, nachdem sich die Klebrigkeit des Überzuges verloren hat, mit geringen Mengen Formaldehyd ohne Anwendung größeren Druckes in die Form und erhitzt diese, wodurch das Bindemittel schmilzt und durch die Formaldehyddämpfe koaguliert wird.

Zur Herstellung von Kunstkork preßt man nach **D. R. P. 203 971** 100 Tl. 4proz. Viscose, 6 Tl. Zinkoxyd, 6 Tl. Mineralöl, 15 Tl. Glycerin und 100 Tl. Korkschrot in Formen, läßt 1—2 Tage bei gewöhnlicher Temperatur stehen und trocknet unter allmählicher Steigerung der Temperatur. Siehe auch **A. P. 903 865.**

Nach **Kunststoffe 1911, 119** wird eine korkähnliche Masse in der Weise erhalten, daß man zerkleinerten Kork mit einer Lösung nitrierter Cellulose in Ätheralkohol tränkt und die Masse in Formen preßt, die durchlocht und mit Drahtgewebe ausgekleidet sind, so daß das Lösungsmittel verdunsten kann (4—6 Tage).

Vor Pressung der mit Kollodiumlösung oder mit einer Lösung von Kautschuk in Schwefelkohlenstoff oder Benzol vermischten Korksteinmasse empfiehlt es sich, das Lösungsmittel zum größten Teil verdunsten zu lassen, so daß die Korkteilchen nur noch schwach kleben. Die Formen selbst werden im Innern mit Glycerin ausgestrichen; zur Erhöhung der Haltbarkeit der Steine mischt man der Masse irgend welchen Abfall von Faserstoffen zu. Die mit Kautschuklösung verbundenen Formlinge werden zweckmäßig nachträglich vulkanisiert, ebenso wie man die Massen mit Formaldehyd härtet, wenn man Leim oder Caseinleim als Bindemittel verwendet hat. Vgl. **Seifens.-Ztg. 1912, 1218.**

Zur Herstellung eines künstlichen Materiales aus Korkklein kocht man 10 Tl. Korkschrot mit Wasser, wässert sodann 24 Stunden nach und bereitet inzwischen aus 5 Tl. Korkmehl und 1,5 Tl. Natronlauge (1 Tl. Ätzlauge von 38° Bé und 2 Tl. Wasser) nach mehrtägiger Quellung an einem kühlen Ort und 0,4 Tl. Schwefelkohlenstoff ein Gemisch, das man während zweier Tage im verschlossenen Behälter der Ruhe überläßt. Man mengt dann den gekochten Korkschrot mit 2 Tl. feinem, trockenen Korkmehl und 5 Tl. des viscosierten Korkkleines innig bei Luftzutritt, preßt die Masse und erhält so Platten, die sich für die verschiedensten Zwecke, z. B. als Bodenbelag, eignen. **(D. R. P. 278 036.)**

Zur Herstellung spezifisch leichter Kunstkorkkörper erhitzt man die aus Korkschrot und wasserlöslichen Bindemitteln erhaltenen Formlinge zu ihrer Volumvergrößerung im möglichst hohen Vakuum ganz allmählich auf 70°. **(D. R. P. 317 945.)**

Zur Herstellung von Formlingen aus Korkklein versieht man die Stückchen oder die Korkformstücke mit einem feuerfesten Anstrich oder Überzug, gegebenenfalls unter Zusatz von Ton und Wasser, trocknet und erhitzt die Formlinge auf Temperaturen über 200°. Das die Bindung der Einzelteilchen vermittelnde Mittel kann mineralischer, pflanzlicher oder tierischer Art sein, während man den Anstrich aus Wasserglas, Aluminiumsulfat, Kalk oder einem Gemisch dieser oder anderer feuerfester Stoffe bereitet. Nach 20—30 Minuten währender Erhitzung auf mehr als 200° haben sich die flüchtigen Korkbestandteile, besonders die Harze, mit den Bindemitteln vereinigt oder sind zum Teil ausgetrieben und man erhält, da der feuerfeste Überzug die Ausdehnung der Masse und den Luftzutritt zu ihr während des Erkaltens verhindert, ein völlig dunkelgefärbtes, jedoch feuer- und wasserbeständiges Material. **(D. R. P. 294 072.)**

Zur Bildung von Korkformstücken von geringem spez. Gewicht bringt man in Formen gepreßtes Korkklein in einen 350—360° heißen Raum, in dem die Formlinge eine Innentemperatur von 250° erreichen und durch die in der Hitze entweichenden natürlichen Bindemittel verkittet werden. **(D. R. P. 326 882.)**

Über die Herstellung von Formstücken aus erhitztem Korkklein durch Pressen in Formen und Erhitzen siehe **D. R. P. 353 504.**

73. Korkersatz und Flaschenverschluß aus anderen Stoffen.

Durch Behandlung von Formaldehyd-, Phenol-, Tannin- oder Oxybenzoesäuregemischen mit organischen oder anorganischen Säuren erhält man Kondensationsprodukte, die sich sehr ähnlich verhalten wie die Korksubstanz, besonders was ihre Unlöslichkeit in ammoniakalischer Kupferlösung und ihre Löslichkeit in Kalilauge betrifft. Vermutlich werden auch in der Pflanze solche Kondensationsprodukte von Formaldehyd mit Tannin- und Oxybenzoesäure gebildet, und gelangen dann an den Wandungen der Korkzellen zur Abladung. Ein Beweis für diese Anschauung ist darin zu erblicken, daß man durch Reduktion des Gallussäure-Formaldehydkondensationsproduktes ebenso, wie aus einem ähnlichen, aus dem Kork isolierbaren Stoff mit Zinkstaub in beiden Fällen Diphenylmethan erhält. **(E. Drabble und M. Nierenstein, Kollegium 1907, 149.)**

Nach **A. P. 726 582** und **F. P. 364 641** geht man zur Herstellung verwendbarer Korkersatzprodukte von Holzbrei bzw. zerkleinerter amorpher Cellulose oder Oxycellulose **(A. P. 663 234)** aus, nach **A. P. 721 958** kocht man Holzstücke von der Form der Flaschenkorke vollständig weich und durchtränkt sie nachträglich mit Paraffin, um das Produkt wasserundurchlässig zu machen.

Als Korkersatz haben sich während des Krieges Holzstopfen aus Roßkastanien-, Pappel- oder Lindenholz bewährt. **(A. Gawalowski, Chem. Techn. Ind. 1919, Heft IV, 3.)**

In **D. R. P. 315 294** ist die Verwendung des an den Meeresküsten antreibenden weißgrauen bis gelblichen, weichen, leicht quellbaren Seeholzes als Korkersatz geschützt. Für Arzneiflaschen oder Gebrauchsflaschen kann der entsprechend zugeschnittene Grundstoff direkt verwendet werden, für Lagerflaschen imprägniert man ihn mit einer Harzlösung oder überzieht ihn mit Wachs u. dgl.

Zum Imitieren von Korkrinde und zur Herstellung künstlicher Korke verwendet man nach **E. P. 14 650/1912** eine durch Tannin oder Kaliumbichromat unlöslich gemachte Leimmasse, die man entweder mit Füllmitteln mischt oder mit der man Linoleum, Öltuch usw. bespritzt. Auch zur Herstellung von Pillen, hauptsächlich aber zur Erzeugung eines Korkersatzes, verarbeitet man Sägemehl nach dem Leim-Chromatverfahren. Sägemehl kann auch das Süßholzpulver bei der Pillenherstellung ersetzen.

Als Ersatz für Korkschrot verwendet man geschrotete Maiskolben, ein bis dahin wertloses Material. Der Kunstkork zeigt dieselben Eigenschaften wie Kork, besonders was seine isolierende Wirkung anbetrifft. **(D. R. P. 291 145.)**

Korkähnliche Massen, die nicht Korkabfälle als Grundmaterial enthalten, erhält man nach **D. R. P. 40 643** aus dem Mark von Maisstengeln mit heißem Kleister oder Wasserglas bei Gegenwart oder Abwesenheit von wolframsaurem Kali. Vgl. **D. R. P. 43 906.**

Auch mit lockerer, nach Art von Papier geleimter und gefüllter Zellstoffmasse läßt sich ein Flaschenverschluß herstellen. **(D. R. P. 304 625.)**

Zum Ersatz der Korkstopfen legt man ein Stück Pergamentpapier auf die Öffnung der gewählten Flasche und drückt mit ihm einen Zellstoffwattepfropfen in die Öffnung, dreht die Flasche zur Durchfeuchtung des Papieres einmal um, stopft mit einem passenden Kork fest nach und überbindet das Ganze mit einem zweiten Stück Pergamentpapier, um schließlich die Fadenenden auf dem Flaschenkopf mit einer Siegelmarke zu verschließen. **(Jung, Pharm. Ztg. 1917, 328.)**

Ebenso erhält man aus Papierfilz oder gequollenen Holzfasern und einem wasserdichtenden Bindemittel einen Kork- bzw. Ledererersatz. **(A. P. 1 218 982.)**

Als Korkersatz eignen sich einzelne Torfstücke, die durch Tauchen, Übergießen oder Kochen mit entsprechenden Bindemitteln getränkt und dadurch so verändert werden, daß sie keine Saugfähigkeit mehr besitzen. **(D. R. P. 315 201.)**

Um die aus getrocknetem Baumschwamm zugeschnittenen Korkersatzstopfen am Austrocknen zu verhindern und so den Verlust der Elastizität zu verhüten, imprägniert man sie im angewärmten Zustande mit Paraffin. **(D. R. P. 318 745.)**

Einen elastischen Stoff erhält man durch ein- bis zweistündige Behandlung von Nadelholznadeln in 0,5—1 proz. (in Summe 5—10% auf das Nadelgewicht bezogen) Ätznatron enthaltender Natronlauge unter 3 Atm. Druck. Die Umhüllungshaut der Nadeln darf nicht zerstört werden. **(D. R. P. 334 527.)** Siehe auch **[447].**

Zur Herstellung eines Korkersatzes dämpft man beliebige Pflanzenfasern zur Entfernung der wasserlöslichen und gährungsfähigen Bestandteile, erhitzt sie dann mit einer Emulsion von Seife und leichtschmelzenden Kohlenwasserstoffen, formt die Masse, trocknet sie und erhitzt sie auf 130°, so daß die vorhandenen Bitumenteile schmelzen und die heißwasserbeständige Bindung der Fasern bewirken. **(D. R. P. 323 913.)**

Zur Herstellung einer elastischen, plastischen Masse läßt man Acetylen in Gemenge mit Luft oder sauerstoffabgebenden Körpern, die das Acetylen nicht zersetzen, auf eine Mischung von Kupfer und Nickel oder anderen Metallen oder deren Verbindungen bzw. Legierungen einwirken und erhält so in besonderer Vorrichtung ein stets einheitliches und in der Ausbeute gleichmäßiges korkartiges Produkt. **(D. R. P. 205 705.)**

Über die Herstellung dieses Cuprens durch Destillation des Einwirkungsproduktes von Acetylen auf Kupfer, Nickel und deren Oxyde bei 200—250° unter einem Druck von 15 cm Quecksilbersäule siehe **D. R. P. 167 780.** Man erhitzt z. B. Kupfer- oder Nickeloxyd oder die Metalle in Pulverform in einer Trommel auf 230° und leitet unter einem Druck von etwa 15 cm Quecksilbersäule Acetylengas ein. Die erhaltene hellbraune Masse läßt sich schneiden, in jede Form bringen und entspricht den Anforderungen, die man an ein Material stellt, das als korkartiger Stoff zur Füllung von Radreifen, Rettungsringen, Schwimmanzügen, als Schalldämpfer, Wärmeschutzmittel und Einlagematerial in Wänden und Dielen dient. Die Dichte der Masse ist halb so groß wie jene des Korkes bei gleicher Elastizität.

Nach **D. R. P. 175 448** werden diese Massen als elektrisches Isoliermittel verwandt.

Holzaufschließung. Celluloseabtrennung.

Cellulose (-Papierstoff-) gewinnung (und -rückgewinnung). — Zellstoffbleiche.

74. Literatur, Allgemeines, Eigenschaften der Cellulose.

Deutschl. Holz (für Cellulose) $^1/_2$ 1914 E.: 4340096, A.: 233796 dz.
Deutschl. Holzstoff $^1/_2$ 1914 E.: 15681, A.: 54580 dz.
Deutschl. Zellstoff $^1/_2$ 1914 E.: 212172. A.: 1035634 dz.

Schwalbe, G., Die Chemie der Cellulose unter besonderer Berücksichtigung der Textil- und Zellstoffindustrien. Berlin 1911. — Schubert, M., Die Cellulosefabrikation. Berlin 1906. — Schulz, W., Zur Kenntnis der Cellulosearten. Dissertation, Darmstadt 1910. — Piest, C., Die Cellulose. Stuttgart 1910. — Bersch, J., Cellulose, Celluloseprodukte und Kautschuksurrogate. Wien und Leipzig 1904. — Christiansen, Christ., Über Natronzellstoff, seine Herstellung usw. Berlin 1913. — Heuser, E., Lehrbuch der Cellulosechemie. Berlin 1921. — Schwalbe, V., und Sieber, Die chemische Betriebskontrolle in der Zellstoff- und Papierindustrie. Berlin 1922.

Über Holzcellulose siehe **A. Klein, Zeitschr. f. angew. Chem. 26, I, 692.**

Über die deutsche Zellstoff- und Papierindustrie im Kriege siehe **E. Heuser, Chem.-Ztg. 39, 141.**

Die Fortschritte der Cellulosechemie ab 1915 bespricht **E. Heuser** in **Papierfabr. 18, Beiblatt 1—11.**

Zur Kenntnis der Holzzellstoffe bringt **C. G. Schwalbe** Beiträge in **Zeitschr. f. angew. Chem. 1918, I, 50 u. 57.**

Cellulose (Zellstoff) ist das Gerüstmaterial des pflanzlichen Körpers, entsteht durch ständiges Wachstum und steht daher in sich stets erneuernden, bei regelrechter Bewirtschaftung unerschöpflichen Mengen zur Verfügung. Nahezu die gesamte Papierindustrie und ein großer Teil der Textilindustrie ist auf die Verarbeitung und Veredelung der Cellulose angewiesen. Sie bildet ferner das Rohmaterial für die Celluloseester (Nitro-, Acetyl-, Formylcellulose Kunstseide, Viscose usw.), für das Celluloid, Celloidin und die Vulkanfiber.

Die Entstehung der Cellulose kann man sich nach **Liebig** (W. Volhard, Justus v. Liebig, II. Bd., S. 11, Joh. Ambr. Barth, Leipzig 1909) so vorstellen, daß der nach Abscheidung allen Sauerstoffs aus der von der Pflanze gleichzeitig mit Wasser aufgenommenen Kohlensäure zurückbleibende Kohlenstoff mit dem Wasser in Verbindung tritt, oder, was wahrscheinlicher ist, daß Wasser zerlegt und sein Wasserstoff mit der Kohlensäure assimiliert wird. In beiden Fällen muß, da die Holzfaser (Cellulose) ihrer Zusammensetzung nach als Verbindung von Kohlenstoff mit Wasser erscheint, eine dem Gehalt der Kohlensäure genau gleiche Menge von Sauerstoff in der Form von Sauerstoffgas abgeschieden werden.

Die Cellulose, deren Molekularformel ein Vielfaches der Analysenformel $C_6H_{10}O_5$ [nach **Eder** $(C_6H_{10}O_5)_2$, nach **Vieille** $(C_6H_{10}O_5)_4$] ist, gehört wie die Zuckerarten und die Stärke (letztere von derselben Zusammensetzung $C_6H_{10}O_5$) zu den Kohlenhydraten. Diese sind gärungsfähig, d. h. sie werden unter dem Einfluß von Spaltpilzen in Äthylalkohol und Kohlensäure zerlegt. Stärke und Cellulose müssen zur Bildung von vergärbarem Traubenzucker einer Vorbehandlung mit Säure unterworfen werden.

Die Pflanzenzelle, aus der sich alle pflanzlichen Gebilde aufbauen, besteht der Regel nach aus einer mehr oder weniger festen Haut, der Zellwandung, die die Zellflüssigkeit, den wässerigen Zellsaft, das zähflüssige Protoplasma und den Zellkern einschließt. Die Zellwandung, die von dem Inhalt der Zelle chemisch verschieden ist, besteht aus Cellulose. Diese kommt in der Natur nicht in reinem Zustande vor, am reinsten in der jungen Pflanzenzelle und in gewissen Samenhaaren, wie in der Baumwolle. Gewöhnlich ist die Cellulose in Verbindung mit anderen Stoffen, mit diesen inkrustiert. So sind beispielsweise manche Algenarten von Kieselsäure derart durchsetzt, daß wahreKieselpanzer entstehen. Auch in vielen Grasarten (Stroh) und in Rohren sind große Kieselsäuremengen abgelagert. [76.]

Nach Art der inkrustierenden Stoffe unterscheidet man:

1. Verholzte Cellulose oder Lignocellulose, den Rohstoff der Papierfabrikation, der neben Cellulose Lignin, die Holzsubstanz, enthält. Sie bildet den Hauptbestandteil des Holzes und gehört auch zu den wesentlichen Bestandteilen der Jute und des Strohes. Nach **Witt** ist Lignin vielleicht die Muttersubstanz der Gerbstoffe, mit denen sie in charakteristischen Reaktionen übereinstimmt.

2. Cellulose mit Pektinstoffen oder Pflanzenschleim (Pecto- und Muccocellulose), in allen wichtigen verspinnbaren Pflanzenfasern, wie Baumwolle, Hanf, Flachs, Ramie usw.

3. Fett- und wachshaltige Cellulose (Adipo- und Cutocellulose) im Kork u. a. und in den Membranen der Stärkekörner.

Eigenschaften der reinen Cellulose. Reine Cellulose wird erhalten durch sorgfältige Reinigung der Baumwollfaser. Bestes Filtrierpapier besteht aus nahezu reiner Cellulose. Die Cellulose ist rein weiß, nicht krystallisierbar, besitzt das spez. Gewicht 1,5 und enthält in lufttrockenem Zustande bei normaler Luftfeuchtigkeit durchschnittlich 6,66% Wasser; sie ist im übrigen völlig unlöslich in den üblichen Lösungsmitteln und nur in wenigen Mitteln löslich, so in Cuproammonium (Kupferoxydammoniak), 40proz. Chlorzinklauge, höchst konzentrierter Salzsäure u. A. [187]; aus jener Lösung wird sie durch Säuren in amorphem Zustande wieder ausgefällt. Nach **Cross** und **Bevan** durchtränkt man zur Herstellung einer derartigen Lösung die Cellulose mit einer aus 4—6 Tl. Zinkchlorid und 6—10 Tl. Wasser gewonnenen Chlorzinklauge und digeriert auf dem Wasserbade bei gelinder Wärme unter Ersatz des verdampfenden Wassers bis zur Bildung eines homogenen Sirups.

Mit Essigsäureanhydrid wird eine Triacetylcellulose erhalten, aus der durch Behandlung mit Kalihydrat wieder Cellulose zurückgebildet wird. Da es nicht gelingt eine höher acetylierte Cellulose herzustellen, wird diese als ein dreiatomiger Alkohol angesehen. Durch Wasser wird Cellulose auch bei längerem Kochen nicht merklich verändert. Dagegen wurde in der Technik des Zeugdruckes bei der Einwirkung von Wasserdampf eine Veränderung der Cellulose beobachtet, die nach **J. Müller (Färberztg. 1905, 138)** auf der Umwandlung der Faser in den kolloidalen Zustand zurückzuführen ist. Das Gelbwerden der Cellulose, wie es bei alten Geweben und Papier eintritt, ist nach **Schwalbe** der vereinten Wirkung von Luft und Licht unter der Einwirkung von Katalysatoren zuzuschreiben; als solche wirken Metallsalze, harzsaures Eisen und Bleichrückstände. Im übrigen bleibt Cellulose, wenn sie vor Feuchtigkeit und Schimmelbildung behütet wird, unbegrenzte Zeit unverändert. Verdünnte Alkalilaugen wirken auf Cellulose nicht ein. Dagegen wird die Struktur der Baumwollfaser von starker Alkalilauge (16—25%) in der Kälte erheblich verändert. Die Faser wird unter entsprechender Verdickung der Zellmembran verkürzt und zeigt eine viel größere Adsorptionsfähigkeit für Metallsalze (Beizen) und Farbstoffe. Die Baumwollfaser erhält dabei, wenn die Behandlung mit Lauge unter einer die Schrumpfung verhindernden Streckung der Faser erfolgte sehr erhöhten Glanz, doch tritt dieser nicht bei jeder Baumwollart, vielmehr vornehmlich bei der ägyptischen, Maco-, See-Island- oder einer anderen an sich glänzenden langstapeligen Baumwolle ein. Bekanntlich hat dieses als Mercerisieren nach dem Erfinder **Mercer** benannte Verfahren, das Seidenglanz auf Baumwolle erzeugt, eine ganz besondere Industrie ins Leben gerufen, worauf später noch ausführlich einzugehen sein wird. [274 ff.]

Starke Wasserstoffsuperoxydlösungen (Perhydrol, 30proz.) zerstören die Cellulose bei längerer Einwirkungsdauer (10 Tage bis 2 Monate) allmählich vollständig und bauen sie zu Glucose ab. Näheres in Text. Forsch. 1920, 79.

75. Einwirkung von Säuren und Salzen auf Cellulose.

So widerstandsfähig die Cellulose gegen Alkalien ist, so empfindlich ist sie gegen Säuren. Bekannt ist die Verwertung dieser Tatsache bei der sog. Carbonisation von Wollstoffen, die angeblich bereits 1852 von **Gustav Köber** ausgeführt wurde. In der Wolle bleiben während des Verspinnens und Webens hartnäckig gewisse pflanzliche Teile „Noppen" haften, die sich bei der Weide der Schafe in der Wolle festsetzen. Diese Noppen mußten früher mühsam mit kleinen Zangen (Pincetten) mechanisch entfernt werden, weil sie andernfalls bei dem Färben der Wollstoffe ungefärbt bleiben. Durch Tränken der Stoffe mit verdünnten Säuren, Schwefelsäure oder Salzsäure, auch durch Behandlung mit Aluminiumchlorid und nachheriges Trocknen bei etwa 90° C wird die Struktur der Pflanzenteile zerstört, diese werden in zerreibliche Form übergeführt und können leicht entfernt werden. [290.] **Girard (Compt. rend. 1875, 1105)** untersuchte den Vorgang näher, stellte fest, daß die Cellulose Wasser aufnimmt und gab dem neuen Produkt die Formel $C_{12}H_{11}O_{11}$ (nach **Schwalbe** $C_6H_{15}O_6 + H_2O$) und den Namen Hydrocellulose. Seine Annahme, daß die Hydrocellulose nur physikalisch in zwei Modifikationen derselben Zusammensetzung, in einer gelatinösen, wie sie z. B. bei der Pergamentierung des Papieres entsteht und in einer zerreiblichen (Carbonisation) vorkommt, ist nicht zutreffend; beide Formen sind auch chemisch verschieden. Zur Darstellung von Hydrocellulose wird nach **Girard** Baumwolle in Schwefelsäure von 45° Bé ($55^1/_2$%), **Tollens** empfiehlt 50° Bé ($61^1/_2$%), bei gewöhnlicher Temperatur eingetragen und 12 Stunden darin belassen. Die Baumwolle quillt etwas auf und ist nach dem Auswaschen leicht zerreiblich.

Verdünnte Salpetersäure verhält sich ähnlich wie die anderen Mineralsäuren. Sehr konzentrierte Salpetersäure führt Cellulose in Salpetersäureäther über (Schießbaumwolle **Schönbein** 1846). Von organischen Säuren bewirkt nach den Untersuchungen **Alb. Scheurers** besonders die Oxalsäure eine starke Schwächung der Baumwollfaser, dagegen konnte bei der häufigen Einwirkung von flüchtigen organischen Säuren, im besonderen der Essigsäure, eine Faserschwächung nicht festgestellt werden. Auffallend ist das beim Färben mit sog. basischen Farbstoffen bemerkte Verhalten der Cellulose gegen Gerbstofflösungen; die Baumwolle entnimmt einer Tanninlösung bis zu 10% ihres Gewichtes an Tannin. Die Annahme, daß dieses chemisch gebunden wird, ist aber nicht haltbar, da das Tannin durch längeres Auswaschen entfernt werden kann.

Auch das Verhalten der Cellulose gegen Salze ist im Hinblick auf die in der Textilindustrie, im besonderen im Zeugdruck sehr ausgedehnte Verwendung von Metallsalzen näher untersucht worden. Einige technisch bedeutsame Angaben mögen folgen:

Neutrale Salzlösungen werden durch reine Cellulose nach neueren Untersuchungen nicht zersetzt; wo solche Zersetzung eintritt, ist sie wohl immer auf Reste von Pektinstoffen, die große Mengen von Metallsalzen zu fixieren vermögen, zurückzuführen. Auffällig ist das Verhalten von Bleisalzen, diese werden von der Baumwollfaser quantitativ zurückgehalten. Das Verhalten wird unter anderem zum Nachweis kleinster Mengen von Bleisalz in Trinkwasser verwertet. Wenn Baumwollcellulose mit schwachen Salzlösungen, wie Tonerdesulfat, getränkt und dann bei etwa 50° C getrocknet wird, werden die Lösungen unter Abscheidung von basischen Salzen und Freiwerden von Säure zerlegt. Da die freie Säure, besonders bei längerem Liegen von Baumwollgespinsten oder -geweben diese unter Bildung von Hydrocellulose mürbe machen kann, so ist Vorsicht bei der Anwendung auch neutraler Salze zum Beizen angezeigt. Es werden deshalb zum Beizen der Pflanzenfasern meistens die basischen Salze des Aluminiums, Eisens, Chroms usw. benützt, wobei eine Schädigung der Faser nicht zu befürchten ist. Die basischen Salze werden gewöhnlich durch Absättigung eines Teiles der Säure mit Ammoniak oder einem anderen Alkali dargestellt. Sie dissoziieren viel leichter und ermöglichen ein stärkeres Beizen der Faser.

Manche konzentrierte Salzlösungen, im besonderen Chlorzinklösung von etwa 40% verursachen starkes Quellen der Cellulose, die bei längerem Erwärmen sogar gelöst wird (s. o.). Aluminiumchlorid wird in der Wärme unter Freiwerden von Salzsäure zersetzt, doch wirkt dieses Salz (siehe Carbonisation) viel milder wie die freien Säuren, Salzsäure oder Schwefelsäure. Im besonderen werden, wenn man gefärbte Wollstoffe carbonisiert, die Farben weit weniger verändert. Dies soll auf eine Umhüllung der Wollhaare mit abgeschiedenen basischen Aluminiumsalzen zurückzuführen sein.

Eine Lösung von Kupferoxydammoniak (Cuprammonium) verändert die Baumwollfaser in so eigentümlicher Weise, daß diese Reaktion zum sicheren mikroskopischen Nachweis der Baumwollfaser und ihrer Unterscheidung von allen anderen Gespinstfasern dienen kann. Kupferoxydammoniak wird zweckmäßig in der Weise bereitet, daß man eine Kupfersulfatlösung mit verdünntem Ammoniak versetzt, das ausgeschiedene Kupferoxydhydrat abfiltriert, auswäscht, zwischen Filtrierpapier abpreßt und in möglichst wenig starkem Ammoniak (etwa 22%) auflöst.

Wenn man einen Tropfen dieser Lösung auf eine unter dem Mikroskop (Vergrößerung etwa 275-fach) befindliche Baumwollfaser einwirken läßt, so bemerkt man bald ein starkes Anschwellen der Cellulose, das ursprünglich bandartige Haar erscheint durch runde Anschwellungen wie eine Perlenschnur. Das äußere Häutchen des Samenhaares, die Anticula, die nach **Witt** vielleicht aus Oxycellulose besteht, quillt nicht auf wie die Cellulose, es zerreißt und schiebt sich zu die aufquellende Cellulose einschnürenden Ringen zusammen. Der Zellinhalt hat sich zu einem zusammenhängenden Gebilde zusammengezogen. Durch längere Einwirkung des Kupferoxydammoniaks wird eine Lösung der Celluose erhalten, die zur Bereitung von Kunstseide (Glanzstoff) dient. S. a. [187.]

76. Celluloseabscheidung. [Literatur und Allgemeines.

Schubert, M., Die Cellulosefabrikation. Praktisches Handbuch für Papier- und Cellulosetechniker, kaufmännische Direktoren, Werkführer sowie zum Unterricht in Fachschulen. Bearbeitet von Th. Knösel. Berlin 1906.

Über die Entwicklung der Sulfit- und Natronzellstoffindustrie siehe **A. Klein, Kunststoffe 3, 153.**

Die Gewinnung von Cellulose aus Holz und Gespinstfasern sowie die Beseitigung der hierbei abfallenden Laugen besprechen **J. Hasenbäumer, M. Braun** und **J. König** in **Zeitschr. f. angew. Chem. 26, I, 481.**

Über die chemische Aufschließung des Holzes an Stelle der üblichen Kochung siehe **Papierfabr. 1908, 11.**

Die Literatur über Kochung und allgemein über Aufschließung von Fasermaterialien für Zwecke der Papierfabrikation ist in übersichtlicher Weise zusammengestellt von **Schwalbe** in **Wochenbl. f. Papierfabr. 1912, 4590.**

Über die Entwicklung der Sulfit- und Natronzellstoffindustrie siehe das Referat nach einem Vortrag von **A. Klein** in **Kunststoffe 1913, 101 ff.**

Die Cellulose wird zwar von der Natur in fertigem Zustande geliefert, doch ist sie nur in sehr jungen Pflanzen so rein, daß man sie direkt gewinnen könnte, im Holze ist sie durchsetzt mit zahlreichen Stoffen, die der Cellulose selbst nahe stehen, ferner Zuckerarten, Harzen, Eiweißstoffen usw., von denen die Faser befreit werden muß. Diese Verrichtung bildet die Grundlage der Zellstoffindustrie, die einen Lösungsvorgang umfaßt, d. h. die Entfernung jener Inkrusten mittels chemischer Mittel wie Ätzlaugen, Salze oder Säuren. Praktisch eng mit der Cellulosegewinnung verbunden, dem Einteilungsprinzip nach jedoch streng unterschieden ist die Holzschleiferei, das ist ein rein mechanisches Verfahren der Zermahlung des rohen Holzes unter möglichster Schonung der Faser. Der durch Dämpfen, Naßmahlen und Bleichen gewonnene Holzschlamm enthält noch den größten Teil der inkrustierenden Substanzen und liefert daher einen vergilbenden, wenig festen Papierstoff (Holzpapier). Jede andere Art von Papieren erfordert je nach der verlangten Güte die Reinigung der Cellulose, die durch einen Kochprozeß des Holzes mit Chemikalien unter Druck bewirkt wird. Je nach dem die Loslösung der Inkrusten von der Faser bewirkenden Agens unterscheidet man Natroncellulose und Sulfitcellulose, erstere als Produkt der Holzdruckkochung mit Natronlauge oder Schwefelnatrium (Natron- und Sulfatzellstoff), letztere, das weitaus wichtigere Erzeugnis, als Ergebnis der Behandlung des Holzes mit Calciumbisulfit.

Über die besonders für die Papiergarnherstellung wichtige Unterscheidung von Sulfit- und Natronpapieren (letztere liefern z. B. eine weiße, Sulfitpapiere eine graue Asche) siehe **E. O. Rasser, Z. f. Text.-Ind. 22, 193.**

Cellulose nach dem Natronverfahren gewonnen, ähnelt der Wollfaser, Sulfatzellstoff der Baumwolle und Sulfitzellstoff besonders, wenn das Holz indirekt gekocht wurde, der Leinenfaser. Durch Nachbehandlung dieser Cellulosesorten mit Chemikalien kann man den Charakter der Fasern ändern und erhält dann Edelzellstoffe, z. B. durch Kochen von Sulfitzellstoff mit Natronlauge wollähnliches, mit Sulfid ein im Baumwollcharakter verstärktes Material, während langsame Einwirkung starker Bisulfitlauge den Leinencharakter der Cellulose hervortreten läßt. **(A. Klein, Papierfabr. 17, 1049.)**

Die durchschnittliche Faserlänge unzerrissener Fasern beträgt bei amerikanischem Zellstoff 2,45, bei skandinavischem 2,50 und bei deutschem Zellstoff 2,33 mm, die mittlere Faserlänge aller, also der zerrissenen und der unzerrissenen Fasern 1,05—1,88 mm. **(E. Richter, Wochenbl. f. Papierfabr. 46, 2021.)**

Zur Herstellung langfaseriger Cellulose unterwirft man die entrindeten Holzstämme einem Schälprozeß, der ähnlich wie bei der Zündholzschachtelfabrikation vor sich geht, d. h. die Stämme werden wagerecht, also in der Faserrichtung gegen ein Messer gedreht, das sich selbsttätig immer weiter einstellt und einen beliebig starken Holzspan von der Länge des Stammes in der Richtung seiner Faser bis zur Erschöpfung des Stammes abschält. Die so erhaltenen Bänder, die zusammengerollter Pappe gleichen, werden in diesem Zustande der Kochung mit ätzenden oder schwefligsauren Alkalien oder Erdalkalien ausgesetzt. Man erhält so eine Cellulose von der Form des ursprünglichen Holzstammes, der beim Waschen in einzelne lange Fasern zerfällt. **(D. R. P. 299 267.)**

Man gewinnt im allgemeinen aus dem Festmeter Holz unter Berücksichtigung der Erträge aus Ästen, aus Fangstoff und Schälspänen (letztere liefern den sehr zähen Stoff: imitiert Bastpack) eine Ausbeute von 268 kg trockener Cellulose, sonst auf das Holz allein bezogen nur 240 kg. Für Krafterzeugung, Kochung und Trocknung braucht man für 100 kg Cellulose rund 500 kg Dampf, sodaß also bei 6,25facher Verdampfung 110—120 kg Kohle erforderlich sind. **(A. Klein, Papierfabr. 17, 133.)**

Über die chemische Aufschließung des Holzes an Stelle der üblichen Kochung siehe **Papierfabr. 1908, 11.** In immer steigendem Maße trachtet man die schroffe Behandlung der Rohstoffe auszuschalten und durch mildere Behandlung die nach ersteren Methoden notwendigerweise erfolgende Schädigung des Wertmateriales zu verhindern. Auf dem Gebiet der Cellulosegewinnung hat in dieser Hinsicht das Kaltverfahren der Strohaufschließung bahnbrechend gewirkt, und es ist wohl nur eine Frage der Zeit, daß die Trennung der Cellulosefaser von der verkittenden Substanz durch reine Kaltlösungsprozesse bewirkt werden wird.

Deutschland stellte 1913 aus 5 Millionen cbm Holz und 0,12 Millionen t Stroh 1 Million t Holzschliff und 0,8 Millionen t Cellulose im Werte von 160 Millionen Mark her.

An Holz zu Holzmasse, Holzschliff, Zellstoff wurden im Jahre 1912 eingeführt 112 707 t im Werte von 32 268 000 M., ausgeführt 44 036 t im Werte von 1 056 000 M. Im Jahre 1911 wurden eingeführt 771 890 t, im Werte von 20 069 000 M., ausgeführt 44 934 t im Werte von 1 101 000 M.

77. Holzschliff. Literatur und Allgemeines.

Schubert, Max, Die Holzstoff- oder Holzschliffabrikation. Berlin 1898. — Bersch, Dr. Josef, Die Verwertung des Holzes auf chemischem Wege. (3. gänzlich neu bearbeitete Auflage von Dr. Wilhelm Bersch.) Wien und Leipzig 1912.

Mit der Zunahme des Papierverbrauches stieg das Bedürfnis nach einem Ersatz für die nicht in hinreichendem Maße vorhandenen Lumpen. Ein solcher fand sich u. a. in dem Holzstoff oder Holzschliff, einem Produkt, das erhalten wird, wenn Holz durch Andrücken an einen schnell rotierenden Schleifstein in feine Fasern zerrissen, diese durch Schlämmen und Mahlen von den gröberen Bestandteilen befreit und in Pressen entwässert werden. Das so zerfaserte Holzmaterial ist jedoch von der inkrustierenden Ligninsubstanz noch nicht befreit und kommt daher nur zur Herstellung ordinären Papieres (Zeitungspapier) oder als Beimischung zu anderem Zellstoff für die Papierfabrikation in Betracht.

Der Erfinder des Holzstoffes ist der Weber **F. G. Keller** aus Groß-Hainichen (Sachsen), der den ersten Holzschliff und aus diesem Papier herstellte; auf diesen Verfahren beruht die Holzschlifffabrikation heute noch.

Zur Darstellung von Holzschliff eignen sich besonders die Nadelhölzer, und zwar wird dieses Holz entweder im Walde selbst zu 1 m langen Stücken zerschnitten oder die Zerschneidung erfolgt in der Fabrik. Die Holzstücke sollen entrindet und möglichst frei von Aststücken sein. Starke Hölzer werden noch durch eine Spaltmaschine zerkleinert.

Man arbeitete früher mit Ketten- und Gewichtsschleifern sowie mit hydraulischen Schleifern. Jetzt werden hauptsächlich sog. Großkraftschleifer verwendet. Dieser Apparat besteht aus einem großen und breiten (1 m) in einem Gehäuse rotierenden Schleifstein und aus drei gegen den oberen Teil des Steines gerichteten Preßkästen, in denen das Holz durch hohen hydraulischen Druck gegen den Schleifstein angepreßt wird. Das Schleifwasser wird durch oberhalb der Pressen befindliche Spritzrohre auf den Stein gespritzt. Am Apparat ist ferner noch eine Schärfrolle angebracht, die den Stein während des Arbeitens wieder rauh macht.

Durch „Magazinschleifer" **(D. R. P. 236 143, 243 738, 213 897, 222 577, 229 728)** wird das stete Nachfüllen der Preßkästen mit Holz vermieden.

Man versuchte auch das Schleifverfahren, bei dem großer Kraftaufwand nötig ist, durch Quetschverfahren zu ersetzen (siehe hierüber **D. R. P. 152 354** und **227 064, 231 817)**.

Von dem auf kaltem Wege gewonnenen Holzschliff wesentlich verschieden ist das durch vorhergehendes Kochen oder Dämpfen und folgendes Schleifen gewonnene Material der Braunholzschliff. Er ist viel weicher und langfaseriger, jedoch dunkel gefärbt, da der 4—5stündige Druck-Dämpfprozeß wohl die teilweise Herauslösung der inkrustirenden Stoffe, zugleich aber auch die Bräunung des Schleifstoffes bewirkt. Braunholzschliff ebenso wie Heißschliff, der dadurch entsteht, daß die Fasermasse während des Schleifprozesses durch den Druck der Holzstücke gegen den Stein heiß wird, eignen sich daher nur zur Herstellung brauner Packpapiere.

Nach dem Dämpfen des Holzes finden sich, wenn auch nicht genügend zur wirtschaftlichen Ausbeutung, in der Lauge gelöst organische Säuren (Ameisen- und Essigsäuren), Zucker, Harz, Salze, Lignin und Furfurol, wobei die organischen Säuren, die meisten Zucker und das Furfurol erst durch die Einwirkung des Dampfes auf Holz und Lauge entstehen. Gleichzeitig quillt das Holz, nimmt an Gewicht und Volumen zu und färbt sich schließlich als Zeichen beginnender Verkohlung braun. Diese Stoffe, vor allem Harz, Lignin und reduzierende Substanzen, vielleicht auch Asche, müssen als verkittende Stoffe dem Holze entzogen werden, damit es als Braunholz zum Verschleifen geeignet wird, und darum ist es nötig, den Dampf 5—6 Stunden, für einige Stoffe nur 2—4 Stunden, einwirken zu lassen. **(E. Heuser, Wochenbl. f. Papierfabr. 45, 1030.)**

Betrachtungen über den Braunholzstoff, seine Bereitung und Aufarbeitung zu hellgefärbtem Schliff finden sich in **Papierfabr. 1906, 1289.**

Eine ausführliche Arbeit von **F. A. Zacharias** über den Koch- und Dämpfprozeß bei der Braunholzschleiferei und den Einfluß dieser Prozesse auf die Pappen findet sich in **Papierfabr. 10, 65 ff.**

Über die rationelle Holzschleiferei mit 50—60° warmem Wasser und die günstigen Resultate, die man hinsichtlich der Stoffbeschaffenheit und der Schonung der Steine erzielt, siehe **R. Hesse, Wochenbl. f. Papierfabr. 50, 368.**

Über die Lagerung und Konservierung von Weißschliff, am besten in Trockenräumen, deren Böden und Wände mit Chlorkalklösung oder Antinonnin getränkt sind, siehe **B. Haas, Papierfabr. 9, 1213.**

Mit Rücksicht auf die teilweise chemische Aufschließung des Holzschliffes beim Heißschleifen und bei der Braunholzstoffbereitung, schlägt **W. Ebert** folgende Einteilung der Holzzellstoffe und Holzfaserhalbstoffe vor: A. Durch Schleifen werden gewonnen: a) weißer Holzschliff, und zwar 1. Kaltschliff, 2. Heißschliff; b) brauner Holzstoff, erhalten 3. durch Vordämpfen des Holzes mit Wasserdampf, 4. durch Vorkochen mit Wasser und 5. durch Vorkochen mit Lauge. B. Durch Kochen werden gewonnen: c) Cellulosen, und zwar 6. durch Vorkochen des Holzes mit Natronlauge, 7. mit Sulfatlauge und 8. mit Sulfitlauge. **(Papierfabr. 1906, 2099.)**

78. Holzschliff-Herstellungsverfahren, Holzvorbehandlung, NG-Verfahren.

Über die praktische Durchführung des Holzschleifprozesses, besonders was die Behandlung der Schleifsteine aus Sandstein oder Beton betrifft, siehe **Wochenbl. f. Papierfabr. 1919, 3460.**

Über das Schleifen des Holzes nach der Warm- oder Heiß- und Kaltschleifmethode berichtet **E. Kirchner** in **Wochenbl. f. Papierfabr. 1917, 611.**

Ein Holzschleifverfahren der Verarbeitung schmaler Scheiben durch diagonalen Schliff, wodurch eine feinere und längere Faser erzielt wird, ist in **D. R. P. 153 776** beschrieben.

Zur Herstellung eines lang- und zähfaserigen Holzschliffes behandelt man das geschälte, zerkleinerte Material während 10 Stunden unter 5 Atm. Druck mit einer kalten aus Portlandzement, Holzasche und Kochsalz bereiteten Lauge, schleift das Holz dann und verarbeitet den Schliff wie üblich auf Papier oder Pappe. **(D. R. P. 56 107.)**

In **D. R. P. 284 420** und **285 123** wird empfohlen, dem Holz während des Schleifvorganges Bolus, Kaolin, weiße Erde oder dgl. zuzusetzen. Nach **Schaaf** wurden tatsächlich insofern günstige Ergebnisse erzielt, als eine bessere Vereinigung von Füllstoff und Faser erreicht wurde, doch ist nach einer anderen Anschauung ein Nachteil des Verfahrens, daß der weiße Ton des aus diesem Schliff bereiteten Papieres durch den Füllstoff getrübt werden könnte. **(Wochenbl. f. Papierfabr. 47, 1096** bzw. **1450.)**

Zur Herstellung von weißem Holzschliff aus gedämpftem oder gekochtem Holz vollzieht man den Dämpf- und Kochprozeß des Schleifholzes unter Ausschluß von Luftsauerstoff, also nach Entlüftung des Holzes im Vakuum oder im luftfreien Dampf oder man dämpft nach Tränkung des Holzes mit schwachen Lösungen von Natriumsulfit oder Natriumsulfid und wäscht im letzteren Falle nach dem Dämpfen mit Wasser aus. **(D. R. P. 203 230.)**

Zur Herstellung von Zeitungspapierholzschliff kocht man die Holzblöcke nur so lange in einer Kochsalzlösung, bis sie nicht völlig, sondern allseitig nur bis zu einer gewissen Tiefe aufgeweicht werden, worauf man die Hölzer wie üblich schleift. **(D. R. P. 233 085.)**

Zur Herstellung von weißem Holzstoff auf rein mechanischem Wege, ohne Anwendung von Chemikalien und ohne Kochen des Holzes vermahlt man das maschinell gleichmäßig vorzerkleinerte Holz nach der Vorbehandlung mit Dampf oder heißem Wasser von höchstens 100° in einem Holzreißer oder in einer Feinmühle. **(D. R. P. 277 628.)**

Zur Erzeugung des sog. NG-Stoffes, der sich direkt zur Gewinnung von Druckpapier eignet, erhitzt man Holz vor dem Schleifen mit Wasser im Druckgefäß auf 80—125° und preßt dann zur Erhöhung des Druckes im Druckgefäß bis auf den Druck von 15 Atm. Wasser ein. Nach 5 bis 10stündiger Behandlungsdauer erhält man einen hellen Stoff, der keiner Leimung bedarf und für Zeitungspapier auf rasch laufenden Rotationsdruckmaschinen einen Zusatz von Zellstoff erhält, der jedoch nur 10%, also die Hälfte des bisher üblichen, beträgt. **(D. R. P. 288 717.)** Vgl. **L. Enge, Papierztg. 40, 1584.** Nach einer Verbesserung des Verfahrens (siehe auch **D. R. P. 301 857**) erhält man durch Behandlung des Schleifholzes in einem geschlossenen Gefäß bei teilweiser Luftleere mit evtl. Aufschließungsmittel enthaltendem Wasser bei etwa 100° einen besonders hellen Holzstoff. **(D. R. P. 315 679.)**

Über dieses Holzstoffherstellungsverfahren von **Enge** (NG) und die geringen Ersparnisse, die sich nach vorläufiger Berechnung durch Anwendung der Methode bei Erzeugung von Druckpapier ergeben, siehe **Kirchner** in **Wochenbl. f. Papierfabr. 46, 1974** und **ebd. S. 1762**, ferner **2120, 2254** u. **2339.** Nach **P. Ebbinghaus** kann jedoch der NG - Schliff, da er den Papierstoff schmierig macht, besonders zur Herstellung von Spinnpapier dienen, er eignet sich aber auch für helle, bruchfeste Pappen. Der Stoff kann durch die Verbesserung des **D. R. P. 301 857** auch für alle Zwecke, für die heller, zäher Holzschliff gebraucht wird, dienen und in jedem Braunholzschliffkocher erzeugt werden. **(Wochenbl. f. Papierfabr. 1918, 2067.)**

Die bei Verarbeitung des Tannenholzes noch bedeutender als beim Fichtenholz auftretende Schaumbildung läßt sich vermeiden, wenn man das kocherwarme Holz erkalten läßt, unter nicht zu hohem Druck und nicht zu großer Umfangsgeschwindigkeit schleift, nicht allzu fein gekörnte Steine verwendet und schließlich im Schleifer mit wenig Spritzwasser arbeitet. **(Wochenbl. f. Papierfabr. 46, 1138.)**

79. Halbstoffgewinnung.

Über Halbzellstoffe, das sind diejenigen Zellstoffarten, die in ihrem Cellulose- bzw. Ligningehalt zwischen reinem Zellstoff und Holz stehen, berichtet **C. G. Schwalbe** in **Chem.-Ztg. 1912 1223.**

In **Papierfabr. 12, 305** beschreibt **B. Haas** die bekannten Verfahren zur Herstellung von Strohhalbstoff mit näheren Angaben über den Einfluß verschiedener Kalksorten, der Dämpfzeit, des Dampfdruckes, der Menge des Kalkes und des Wassers, erörtert die Ergebnisse von Kochversuchen und bringt zahlreiche wirtschaftliche Angaben.

Ähnlich wie Getreidestroh, jedoch wegen des höheren Ligningehaltes in etwas schärferer Behandlung, schließt man zur Gewinnung eines für die Pappenfabrikation verwendbaren Halbzellstoffes auch das Rapsstroh auf und gewinnt neben der Cellulose ebenso wie beim Stroh auch ein Futtermittel. **(E. Heuser und Th. Blasweiler, Papierztg. 1918, 593 u. 613.)**

Die Aufschließung von Hanfstroh, Bagasse, Tabakstengeln, Bambus usw. nach dem Sulfitverfahren und folgend nach einem alkalischen Prozeß zwecks Gewinnung eines Halbstoffes für Papier und Kunstseide ist in **D. R. P. 325 918** beschrieben.

Verfahren und Vorrichtung zur Herstellung von Cellulose aus Holz, bei denen die Aufschließung der Holzspäne durch eine chemische Lösung in der Wärme erfolgt und die Späne gleichzeitig mit der Behandlung durch die aufschließende Lauge einem Zerkleinerungsprozeß unterworfen werden, sind in **D. R. P. 226 912** beschrieben.

Zur Herstellung von Papierstoff schließt man das zerkleinerte Holz unter Druck mit Wasser allein bzw. mit zum Kochen bereits gebrauchtem Kochwasser auf. Man erhält so bei einer Kochdauer von 6—8 Stunden unter 5 Atm. Druck bei 125° aus Kiefer- oder Fichtenholz einen hellen Stoff, aus dem direkt helle Holzpapiere hergestellt werden können. **(D. R. P. 163 070.)**

In **D. R. P. 351 978** wird empfohlen, das Holz vor der Behandlung mit den chemischen Aufschließungsflüssigkeiten zwischen Quetschwalzen zu dünnen Fasertafeln auszuwalzen, um den Angriff der chemischen Reagenzien zu erleichtern.

Zur Herstellung von Halbcellulose und gleichzeitig zur Verwertung der Sulfitablauge verwendet man diese, evtl. unter Beigabe frischer Sulfitlauge, als Kochlauge für zerkleinertes Holz und schließt dieses soweit auf, daß es nachträglich in einem Kollergang zu Halbstoff zerfasert werden kann. Es bildet ein direktes Ausgangsmaterial zu Packpapier von hoher Festigkeit auch dann, wenn minderwertige Holzabfälle verarbeitet wurden. (**D. R. P. 160 651.**)

Zur Herstellung von Halbzellstoff aus Holz in 30% höherer Stoffausbeute als sonst, bei gleichzeitiger Gewinnung einer Lauge, die nach günstiger Ausnützung der Abfallstoffe in die Flüsse geleitet werden kann, kocht man das Holz mit Sulfitlauge nur soweit an, daß die Holzstückchen in ihrer ursprünglichen Form erhalten, zwar noch ziemlich hart sind, aber im Kollergang leicht zerfasert werden können. Die Mengenverhältnisse der Sulfitlaugebestandteile sollen so gewählt werden, daß die Ablauge für eine weitere Kochung noch genügende Mengen schwefliger Säure enthält. (**D. R. P. 279 411.**)

Oder: Man behandelt das Material nur kurze Zeit mit Lauge von geringem Gehalt an schwefliger Säure und Erdalkali bzw. Alkali bei höherer Temperatur und erhält so eine an Zucker und anderen organischen Stoffen reiche, für sich verarbeitbare Lauge, neben halbaufgeschlossenem Zellstoff, der nach Entfernung der Lauge wie üblich weiteraufgeschlossen werden kann. (**D. R. P. 258 180.**)

Bei der Papierstoffherstellung aus Stroh mit überschüssigem Alkali entfernt man einen Teil der Lauge vor der Weiterbehandlung, um eine bestimmte Alkalität der Masse zu erreichen. (**A. P. 1 347 979.**)

Bei der Gewinnung von Cellulose kocht man die zerkleinerten Rohmaterialien in dünnen Schichten und stehender Lauge nur bis zur Quellung oder teilweisen Lösung der Inkrusten, lagert das Kochgut bis zur völligen Quellung der Begleitbestandteile mit Lauge und entfernt die Fremdkörper schließlich durch Abschwemmen von der Faser. Die letzten Reste der Inkrusten beseitigt man mit so verdünnter Permanganatlösung, daß nur jene, nicht aber die Cellulose oxydiert werden, worauf man die oxydierten Stoffe mit Schwefeldioxyd löst und von der Faser abspült. (**D. R. P. 244 669.**) Vgl. **Ö. P. 5301** und **D. R. P. 252 411.**

Zur Herstellung eines Halbstoffes für Papier, Cellulose oder Kunstseide kocht man entstaubtes Leinstroh, wie es vom Drusch kommt oder lang gehäckselt bei etwa 130° unter höchstens 6 Atm. Druck mit Sulfitlauge, deren Gehalt an Kalk oder Magnesia 3—4 mal so groß ist als bei der bekannten Sulfitlauge. Die erhaltene Leinstrohcellulose wird gewaschen, gekollert, mit einer zuerst etwa 10 proz. und allmählich schwächer werdenden Natronlauge bei höchstens 90° im Holländer aufgeschlossen, worauf man wieder wäscht, den Stoff entwässert und im Holländer wie üblich mahlt und leimt. Der Stoff kann unmittelbar zur Maschine fließen und zu feinsten Schreib- und Dokumentenpapieren verarbeitet werden. (**D. R. P. 297 559.**) Nach dem Zusatzpatent erfolgt die Aufschließung der Rohstoffe stufenweise durch wechselnde ein- oder mehrmalige Behandlung mit schwachsauren, nahezu mit Basen gesättigten Sulfitlaugen und folgende alkalische Aufschließung bei erhöhter Temperatur unter normalem oder Überdruck. Man vermag so außer dem Leinstroh auch Hanfstroh, Bagasse, Bambus oder andere schwer angreifbare Stoffe aufzuschließen, aus denen man überdies, besonders aus Bagasse, als Nebenprodukt wertvolle Futtermittel erhält. (**D. R. P. 319 540.**)

Zur Herstellung eines Halbstoffes für Papier, Cellulose oder Kunstseide schließt man reife Hanfstroh-, Bambus-, Bagassefasern usw. mit einer Sulfitlauge auf, deren Basengehalt den üblichen Grad um das 3—4fache überschreitet. Folgend wird dann eine alkalische Aufschließung angeschlossen. (**D. R. P. 325 918.**)

Nach **D. R. P. 248 275** kocht man die Schnitzel harzreichen Kiefernholzes zur Gewinnung von Halbzellstoff unter einem Druck von mehreren Atmosphären bei einer unter 100° liegenden Temperatur mit verdünnten Alkalien und zentrifugiert nach dem Erkalten des Kocherinhaltes die abgelassene Lauge zur Gewinnung der Harzseife, filtriert und setzt nunmehr diese filtrierte Alkalilauge mit dem entharzten Holz im Kocher wie üblich zur Aufschließung unter einem Druck von 5—6 Atm. bei entsprechender Temperatur an.

Zur Herstellung von Halbcellulose aus Holz behandelt man die Stücke im Kocher mit abgeklärter Schwarzlauge ohne Dampfzufuhr, dann mit einer Mischung von Starklauge und geklärter Schwarzlauge unter Kochdruck und wäscht die Masse zum Schleifen aus. (**D. R. P. 324 053.**)

Nach **E. P. 137 831** behandelt man rohe Faserstoffe wie Wolle, Jute, Hanf usw. zur Herstellung von Halbstoff unter Druck mit kochender Soda- und Seifenlösung, die Alkalisulfite und Alkalisulfide enthält. Da der so erhaltene Halbstoff durch das Chlorophyll der Pflanzen grün gefärbt ist, setzt man der Lösung, die z. B. 25 Tl. Sulfit und 5 Tl. Sulfid enthält, noch $2^1/_2$ Tl. Ätznatron zu. (**E. P. 139 171.**)

80. Sulfitcellulosegewinnung. Literatur und Allgemeines.

Harpf, A., Beiträge zur Kenntnis der chemischen Vorgänge beim Sulfitverfahren. Leipzig 1894. — Bernheimer, N., Beiträge zur Kenntnis des Zellstoffkochverfahrens nach System Mitcherlich. Karlsruhe 1913.

Einige Mitteilungen über Zellstoffabkochung bringt **A. Müntzing, Papierfabr. 14, 178 u. 195.**

Beobachtungen aus der Praxis über die Vorgänge beim Zellstoffkochen veröffentlicht **A. R. Voraberger** in **Papierfabr. 10, 705.**

Über die Fortschritte in der Sulfitzellstoffabrikation des Jahrzehntes 1900—1910 unterrichtet eine Arbeit von **W. Sembritzki** in **Zeitschr. f. angew. Chem. 1910, 1069.**

Die ursprünglichen Patente von **Mitscherlich (D. R. P. 4178** und **4179)** bezogen sich auf die Extraktion des Gerbstoffes aus Holz mittels einer 115° warmen Calciumsulfitlösung und erst später modifizierte er sein Verfahren dahin, daß er neben dem Gerbstoff auch Cellulose, Gummi und Essigsäure erzeugen wollte. In den ausführlichen Patentschriften findet sich die Beschreibung der Extraktgewinnung, der Herstellung von Klebstoffen, der Gewinnung von Essigsäure und von Alkohol durch Vergärung der Ablauge und schließlich der Aufarbeitung der zurückbleibenden Cellulose.

Eingehende Angaben über den Patentstreit, der sich um das Mitscherliche Sulfitcelluloseverfahren entspann, finden sich nebst Literaturangaben in **Jahr.-Ber. f. chem. Techn. 1884, 1141.**

Zur Gewinnung des Sulfitzellstoffes behandelt man die entrindeten, zu Nußgröße zerkleinerten astfreien Holzstücke in den Kochern, das sind große, heute meist stehende, mit Steinen ausgemauerte Druckkessel mit Calciumsulfitlösung bei Gegenwart überschüssiger schwefliger Säure mehrere Stunden unter direktem **(Ritter-Kellner)** oder indirektem **(Mitscherlich)** Dampfdruck bei 140—150° bzw. 115—130° (8—15 bzw. 24—48 Stunden) so, daß ein Druck von 4—6, nach der Mitscherlichmethode von 2,5—4 Atm. entsteht. Letztere Art der Kochung führt zu besseren Ausbeuten an festerem Zellstoff, das Ritter-Kellnerverfahren arbeitet schneller und liefert ein geschmeidigeres Produkt.

Ein Verfahren zum Einstampfen des Holzes in Zellstoffkochern durch **Preßluftstampfer** ist in **D. R. P. 261 986** beschrieben.

Eine Kocheranlage zur Herstellung von Zellstoff nach dem indirekten Kochverfahren ist z. B. in **D. R. P. 273 860** beschrieben.

Die Anwendung des überhitzten Dampfes zum Zellstoffkochen bietet vor allem den Vorteil, daß die Verdünnung der Lauge stets die gleiche bleibt, und daß man deshalb ein weit gleichmäßigeres Celluloseprodukt erhält. Die Lauge selbst bleibt der Menge nach dieselbe, doch fällt sie im allgemeinen stärker aus, ohne daß ein Unterschied im Brennmaterialverbrauch besteht. **(D. C. Andrews, Papierfabr. 1918, 497.)**

Verfahren und Vorrichtung zum Kochen von Holz bei beständiger Zirkulation der Kochlauge und Abfuhr der freigemachten Fasern sind in **D. R. P. 189 735** beschrieben. Eine andere *Kocherausführung*, bei der die erhitzte Lauge durch ein Rohr zentral dem Kocher zugeführt wird, findet sich in **D. R. P. 188 934.**

Über Verfahren und Vorrichtung zur Cellulosegewinnung mit Erhitzung der Kochlauge außerhalb des Kochers s. **D. R. P. 287 387.**

Wenn der Gehalt der Kochlauge im Verlauf der Arbeit abnimmt, wohl infolge der Bildung von ligninsulfosaurem Kalk, so bläst man ab, leitet das Schwefeldioxyd zur Absorption in Rieseltürme, läßt die Lauge ab und wäscht den breiigen Stoff im Kocher einmal aus. Die unreine Cellulose wird in Holländern heiß gewaschen und nach dem Absetzen der Verunreinigungen auf der Papiermaschine in Pappenform (Halbstoff) gebracht bzw. wenn er für feine Papiere bestimmt ist, im Bleichholländer gebleicht. 1 cbm Fichtenholz (30% Wasser) liefert 40—45%, ein großer, 80 cbm Holz fassender Kocher jährlich 1000 t Zellstoff, alle übrigen Holzbestandteile sind in der „Sulfitablauge" **[101]** vorhanden.

In **Papierfabr. 13, 245** zeigt **A. D. J. Kuhn,** daß die sog. tote Zeit beim Sulfitkochen, nämlich die Differenz, die zwischen der Umgangszeit einer Kochung und der eigentlichen Kochzeit besteht, sich durch geeignete, maschinelle Einrichtungen, also flottes Füllen der Kocher, rasches Ein- und Ablassen der Laugen, schnelles Entgasen, Waschen und Entleeren wesentlich abkürzen läßt, so daß sich nicht nur Ersparnisse an Wärme und Säure, sondern auch um 16% höhere Tagesproduktionen erzielen lassen.

Zur Herstellung der Frischlauge werden in der Fabrik selbst in Pyritröstöfen Kiese geröstet.

Den Feinkiesofenbetrieb in Sulfitzellstoffabriken beschreibt **L. J. Dorenfeldt** in **Zeitschr. f. angew. Chem. 1910, 591.**

Die Reinheit der verwandten Kiese ist für den richtigen Verlauf der Cellulosekochung von großer Bedeutung. Vor allem ist es das besonders in den spanischen Kiesen in größeren Mengen vorkommende Selen, das die kritische Temperatur der Kochlauge herabsetzt, so daß Störungen in der Cellulosekochung auftreten. Jedenfalls wirkt das Selen während der Kochung als Katalysator und bewirkt die Umwandlung der schwefligen Säure in Schwefelsäure, die dann ihrerseits die Cellulose braungelb färbt; die Entfernung des Selens vor der Kochung ist demnach dringend erforderlich. Vgl. **Klason, Zeitschr. f. angew. Chem. 1910, 117.**

Über den Wettbewerb zwischen flüssiger schwefliger Säure und Schwefeldioxyd aus dem Kiesofenbetrieb zur Cellulosegewinnung siehe **Matheus** bzw. **v. Possanner, Papierfabr. 1910, 606** bzw. **661.**

Bei der Bereitung der Sulfitlauge ist zu beachten, daß der Schwefelofen nicht unter 250° heiß gehen darf, da sonst Schwefelabsatz entsteht und andererseits bei Gegenwart von Eisenverbindungen im Schwefel 500° nicht überschritten werden dürfen, da unter dem Einfluß jener

Kontaktstoffe Schwefelsäureanhydrid entsteht. Schließlich dürfen auch die Ofengase nicht zuviel Sauerstoff führen und müssen mindestens 15% SO_2 enthalten, da sonst im Absorptionsbottich Gips entsteht. **(C. Solbrig, Papierfabr. 1907, 443 u. 577.)**

Man leitet die Gase in hohe, mit wasserberieselten Kalkstücken gefüllte Türme oder durch mehrere mit Kalkmilch beschickte Kammern (Gegenstrom) und verwendet die erhaltene gipshaltige Lauge, die im Liter 30—40 g SO_2 zu 0,25—0,33% an Kalk gebunden enthält.

Über die Bereitung der Calcium- und Magnesiumsulfitlösungen, deren Zusammensetzung beim Cellulose-Schnellkochprozeß (etwa 0,98% Kalk, 2,65% freies und 1,15% gebundenes Schwefeldioxyd), ferner über die verschiedenen Kochprozesse siehe **F. M. Williams** in **J. Soc. Chem. Ind. 32, 457.**

Über die Herstellung der Sulfitlauge zur Holzaufschließung unterrichtet die im Verlag der Papierztg. als Band 8 der Schriften des Vereins der Zellstoff- und Papierchemiker erschienene gleichnamige Publikation von **H. Remmler.**

Der Festmeter Holz braucht, entgegen den zu niedrig angesetzten Mengen in dem ursprünglichen Mitscherlichverfahren 1,43 cbm Aufschließlösung, das ist für 100 kg Cellulose 0,6 cbm Lösungsflüssigkeit und 9,6 kg Schwefel; die Sulfitlauge soll nach Feststellungen von **A. Frank** in Summe 3,118% schweflige Säure, darunter 2,262% freies Schwefeldioxyd enthalten. **(Papierztg. 1889, 1091.)**

Eine Einrichtung zum Wiedergewinnen der in den Cellulosekocherabstoßgasen enthaltenen Säure zum Verstärken der Laugen ist in **D. R. P. 283 577** beschrieben.

Vgl.: Verfahren zur Wiedergewinnung der beim Sulfitkochen abgeblasenen schwefligen Säure und zu ihrer Nutzbarmachung für eine hochhaltige Sulfitlauge. **(D. R. P. 291 854.)**

Eine Vorrichtung zum Entwässern von aus dem Kocher kommendem **Holzzellstoff** mit Hilfe von Sieben und Quetschwalzen ist in **D. R. P. 279 167** beschrieben.

Über die Zuckerbildung und Entstehung von Schwarzkochen beim Sulfitzellstoffprozeß, wobei die Dunklerfärbung der Lauge oder des Stoffes, ohne Rücksicht auf den Kalkgehalt, in direktem Verhältnis zur Menge der schwefligen Säure über Bisulfit hinaus steht, siehe **E. Oeman, Papierfabr. 14, 257, 273, 291 u. 306.**

81. Kocher- und Laugenbehälterauskleidung, Heizflächenbelagentfernung.

Die aggressive Wirkung der schwefligsauren Zellstoffkochlaugen auf die Druckgefäßwandungen erfordert besondere Vorkehrungen zum Schutze der Eisenkessel. **Mitscherlich** wandte zur Kocherauskleidung Blei an, heute mauert man die Druckkessel mit abgeschliffenen säurefesten Steinen aus, deren Fugen **Bd. I [690]** mit Bleiglätte-Glycerinkitt (100 : 12) oder mit einem Brei aus Schamottemehl, Zement und Wasserglas abgedichtet werden. Die Festigkeit der Kocherausmauerung ist stetig zu überwachen, da die bis zum Eisenmantel durchsickernde Lauge das Eisen rasch zerstört.

Die Bleiverkleidung von Sulfitkochern mit einer die bleibende Ausdehnung des Bleies bei wiederholtem Erwärmen und Abkühlen aufhebenden Zwischenschicht aus härterem und weniger ausdehnungsfähigem Material, z. B. Eisenblech, ist in **D. R. P. 33 381** beschrieben.

Zur Auskleidung von Sulfitkochern überzieht man die Wände des Eisenkessels zuerst mit einer unter 170° schmelzenden Legierung, dann mit Bleiblech, das man an den Rändern anlötet, schließt das Gefäß und füllt es mit überhitztem Dampf von derartiger Spannung, daß seine Temperatur genügt, um die feste Verbindung des Bleies mit dem Eisen mittels der Zwischenlegierung zu bewirken. **(D. R. P. 34 074.)**

Über die Auskleidung von Sulfitzellstoffkochern mit Mauerwerk statt der nicht genügenden Schutz bietenden Bleiplattierungen aus säurebeständiger Schamotte, Quarzsand und Zement bzw. mit einem säurebeständigen Beton, dessen aufgerauhte Oberfläche mit säurebeständigen Platten bekleidet wird, siehe **W. Bergs, Chem. Apparat. 3, 108.**

Eine Schutzdecke für die mit der Sulfitlauge in Berührung kommenden Kocherbestandteile wird aus Calciumeisensilicat und Calciumsilicat mit oder ohne gleichzeitiger Anwendung eines Calciumsulfit-Wasserglaszementes gebildet. Man bestreicht die mit Lauge und dann mit verdünnten Säuren gebeizten Gefäßteile zur Bildung des Calciumeisensulfites mit schwefligsaurem Kalk, gelöst in wässeriger schwefliger Säure, läßt trocknen, bestreicht mit Wasserglas, trägt dann den mit Schamottemehl versetzten Zement auf und kocht nun, wenn der Überzug erhärtet ist, in dem Apparat Calciumbisulfit, so daß sich Natriumsulfit löst und in der Schicht selbst der den Schutz bewirkende kieselsaure Kalk entsteht. **(D. R. P. 47 976.)**

Eine Betonmasse, die sich besonders zur Auskleidung von Cellulosekochern eignet, wird nach **D. R. P. 128 830** aus einer Mischung von Faserasbest, Asbestmehl, Hochofenschlacke und Portlandzement hergestellt, die man durch Einlagen von Asbestschnüren verstärkt, die mit einem Brei von Glasmehl, Asbestmehl und Wasserglas getränkt sind.

Die Auskleidung der Sulfitkocher mit Steinen, die mittels Zementes auf dem Kesselblech befestigt und mit Blei und Zement abgedichtet werden, ist schon in **Jahr.-Ber. f. chem. Techn. 1883, 1128** beschrieben. Vgl. die Anwendung kupferner Kocher nach **F. P. 152 425.**

Die Sulfitkocherauskleidung kann auch aus Holzblöcken gebildet werden, deren Hirnflächen die Innenwandung des Turmes bilden. **(D. R. P. 316 086.)**

Nach **D. R. P. 341 765** gewährt eine Gipsschicht genügenden Schutz der Betonbehälter gegen den Angriff von Sulfat- und Sulfitablauge.

Die Bauart einer säurefesten, mit Metalldrahtspiralen armierten Betonauskleidung für Zellstoffkocher ist in **D. R. P. 349 396** beschrieben.

Zum Entfernen des auf der Heizfläche von indirekt geheizten Zellstoffkochern sich bildenden Belages leitet man nach Entleeren des Kessels zuerst Dampf durch die Heizröhren und sodann kaltes Wasser, wodurch der trocken, heiß und brüchig gewordene Belag der Salze abspringt. **(D. R. P. 278 827.)**

Nach einem anderen Verfahren bewirkt man die Loslösung des sich bei der Erwärmung der Zellstoffkochlauge auf den Heizflächen bildenden, aus harz- oder pechartigen oder Kalk-Ligninstoffen bestehenden Belages dadurch, daß man die Heizfläche, bevor die den Belag bildende Kochlauge eingeführt wird, mit einer löslichen oder allmählich verkohlenden Schicht überzieht, die dann bei einer Erhitzung auf 140—150° abspringt bzw. verkohlt und die abgesetzte anorganische Auflage mit sich nimmt. **(D. R. P. 287 730.)**

82. Abänderungen des Sulfitprozesses.

Abänderungen des Sulfit-Celluloseverfahrens finden sich z. B. in **E. P. 5365—5368/1882,** ferner in **D. R. P. 26 331, F. P. 157 754, D. R. P. 27 639, 30 072, A. P. 307 972** usw. — Vgl. **Papierztg. 1884, 1436,** ferner **ebd. S. 822** u. **1162,** ferner **S. 664, 1357, 1633, 1669** u. **938.**

Nach **A. P. 274 250** schließt man das Holz zuerst mit 1 proz. Kalkmilch unter evtl. Zusatz von 1% Calciumnitrat auf und läßt dann zur Bildung von Calciumsulfit schweflige Säure einströmen, mit der man unter 4—5 Atm. Druck weiterarbeitet.

In **A. P. 319 295** wurde empfohlen, als Kochflüssigkeit ein seltsames Gemenge von schwefliger Säure, Fluorwasserstoff, Borsäure und Kalkmilch zu verwenden.

Zur Herstellung von Zellstoff soll man gedämpftes und so erweichtes Fichtenholz bei Abwesenheit von Luft unter Druck, der stoßweise 20—40 mal zwischen 8 und 16 Atm. variiert wird, in einer kalten Lösung von schwefliger Säure behandeln, worauf man unter Vermeidung des Luftzutrittes mit Dampf die Lauge auspreßt, das Material im Dampf weiterbehandelt, dann stampft und schließlich mit heißem Wasser von 2—5 Atm. Druck auskocht. **(D. R. P. 62 376.)**

Zur Herstellung von Zellstoff aus Stroh, Holz, Schilf oder Esparto sowie zur Behandlung schwer bleichbarer Faserstoffe, wie Jute oder Manilahanf für Zwecke der Papierfabrikation bringt man die Stoffe in eine mit Ammoniakgas völlig neutralisierte, 1—3 proz. wässerige Schwefeldioxydlösung und kocht 10—24 Stunden unter 4—10 Atm. Druck. Man erhält bei der üblichen Weiterverarbeitung sehr helle und überdies leicht bleichbare Cellulose. **(D. R. P. 151 285.)**

Zur Cellulosegewinnung kocht man das Material zwecks Entfernung der Luft und führt dann soviel Ammoniakgas in den Kocher ein, daß ein Sechstel jener Menge vorhanden ist, die ausreichen würde, um Ammoniumsulfit in der Menge von 2—5% des Flüssigkeitsgewichtes zu bilden. Man kocht dann indirekt $^1/_2$—1 Stunde unter 2—4 Atm. Druck, fällt Gerbstoffe und Harze mittels schwefliger Säure aus, filtriert die Lauge vom Niederschlag, versetzt sie mit 66% der nötigen Gesamtmenge Schwefeldioxyd, kocht abermals 2 Stunden unter 2—4 Atm. Druck, setzt die noch vorhandenen fünf Sechstel der Gesamtammoniakmenge und nach einer Stunde auch den Rest der Schwefeldioxydgesamtmenge zu und vollendet die Kochung in 4—6 Stunden unter 6—8 Atm. Druck. Die zur Wiedergewinnung der Reagenzien aufgearbeiteten Ablaugen können auch auf Düngemittel verarbeitet werden. **(F. P. 477 895.)**

Zur Herstellung von Cellulose aus Holz, Stroh, Gräsern oder Hanf behandelt man das Material in besondere Einrichtung mit Ammoniumsulfitlaugen bei Gegenwart von freiem Ammoniak, dessen Anwesenheit erhebliche Druckerhöhung bei niedriger Kochtemperatur gestattet, treibt nach Beendigung des Kochprozesses das freie Ammoniak ab, führt schweflige Säure in die verbrauchte Kochlauge ein, filtriert und benützt die Flüssigkeit nach abermaliger Zugabe des Ammoniaks zu einer neuen Kochung. **(D. R. P. 252 321.)** Nach dem Zusatzpatent dämpft man das Rohmaterial (Holz, Stroh, Gräser, Hanf) bei 160 bis 170° mit konzentrierter, ammoniakhaltiger Ammoniumsulfitlauge. **(D. R. P. 257 544.)** Man braucht nach dieser Vorbehandlung für die Aufschließung erheblich weniger Flüssigkeit als für die nicht vorbehandelten Gräser.

Nach **A. P. 1 016 178** soll es vorteilhafter sein, die aufzuschließenden Stoffe statt mit ätzender Lauge zu kochen, mit Dämpfen und Gasen zu behandeln (schweflige Säure, Ammoniak, Wasserdampf), die unter einem Druck von 2—8 Atm. und bei einer Temperatur von 125—160° aufschließende Wirkung auszuüben vermögen.

Zur Herstellung von Sulfitcellulose imprägniert man das Holz zuerst mit schwefliger Säure, die in getrocknetem und gekühltem Zustande als Gas zur Anwendung gelangt, schließt dann das Material wie üblich mit Sulfitlauge auf und erzielt so die Aufschließung mit schwächeren Laugen, bei kürzerer Kochdauer und unter Schonung der Fasern auch saftreichen, frischen Holzes, das bei diesem Verfahren als Ausgangsmaterial dienen kann. **(D. R. P. 184 991.)**

Zur Aufschließung pflanzlicher Fasern setzt man der Lösung des neutralen Sulfits soviel Säure in wässeriger Lösung oder als Gas oder als saures Salz zu oder verdünnt während des Kochungsprozesses allmählich mit Wasser, so daß bei Beendigung des Aufschließungsvorganges nicht mehr Säure angewendet worden ist, als dem halben Äquivalent der angewendeten Sulfitmenge entspricht. Man erhält so, da kein Überschuß an freier schwefliger Säure vorhanden ist, hohe Celluloseausbeute, weißen und geruchlosen Stoff und schont ihn während der Entstehung, da keine scharfen Alkalien oder Säuren vorhanden sind, die die Hydrolyse bzw. Hydratisierung der Cellulose bewirken könnten. **(D. R. P. 231 078.)**

Zur Herstellung von Sulfitcellulose zieht man während des Kochens, wenn die Harzstoffe des Holzes frei werden und die Lauge sich zu verfärben beginnt, einen großen Teil der Kochlauge ab, leitet sie gekühlt und mit frischer Lauge gemischt (wodurch die Harzabscheidung unterstützt und die Schwefeldioxydverdampfung verhindert wird) in einen Sammelbehälter, aus dem das schwefligsaure Gas nach Absorbierung in Kalkwasser wieder dem Behälter zugeführt wird und in dem die Harzstoffe von der Oberfläche der Lauge abgehoben werden. Der Holzstoff wird dadurch reiner und man gewinnt unter Beobachtung der zahlreichen, in der Patentschrift genannten Einzelheiten einen großen Tel der verwendeten Lauge und des Gases zu neuer Verwendung zurück. **(D. R. P. 214 000.)**

Zur Aufschließung von Holz mit Erdalkalibisulfiten tränkt man das Fasermaterial heiß oder kalt, evtl. im Vakuum, mit der Lösung, entfernt dann die Tränkflüssigkeit und dämpft nunmehr in einer Wasserdampfatmosphäre mit oder ohne Zufuhr von schwefliger Säure. Bei richtiger Wahl der Konzentration der Bisulfitlauge, Dämpfdauer und Temperatur erhält man nicht nur höhere Ausbeuten, sondern auch weniger Ablauge als beim Laugenkochverfahren, bei dem die äußeren Schichten der Faserbündel auch dann noch von der Kochlauge umspült und daher geschwächt werden, wenn sie auch schon völlig von Inkrusten befreit sind, während nach vorliegendem Verfahren die schädliche Tränkflüssigkeit vor dem Dämpfen entfernt wird. **(D. R. P. 282 050.)**

Vgl. das Verfahren zur Herstellung von Zellstoff aus Holz unter Erwärmung des Rohmateriales vor dem eigentlichen Kochprozeß mittels einer außerhalb des Kochers erwärmten Flüssigkeit nach **D. R. P. 288 018.**

Über die Gewinnung von Zellstoff durch Behandlung des Rohmateriales mit die Holzbestandteile lösenden Chemikalien unter einem Druck, der höher ist als der der jeweiligen Temperatur entsprechende Dampfdruck siehe **Norw. P. 34 321.**

Ein Verfahren zur Darstellung von Cellulose durch Kochen von Holz unter Anwendung zwangläufigen Umlaufs der Lauge ist dadurch gekennzeichnet, daß man während des Kochens nach dem Sulfitverfahren zur Entfärbung der Lauge Kalk oder eine andere Base einführen kann, die sich wegen des zwangläufigen Umlaufs der Laugen rasch und vollständig in der Flüssigkeit verteilen. **(D. R. P. 286 074.)**

83. Natron-(Sulfat-)Cellulosegewinnung. Literatur, Allgemeines, Geruchsbeseitigung.

Christiansen, Ch., Über Natronzellstoff, seine Herstellung und chemischen Eigenschaften.

Eine ausführliche Schilderung der Holzaufbereitung, Kocherei, Laugenbereitung und Sortierung des Zellstoffes zur Gewinnung der Sulfatcellulose findet sich in einer Aufsatzfolge im **Papierfabr. 14,** beginnend **S. 595.** Vgl. das Referat über einen Vortrag von **Schwalbe** in **Papier-ztg. 1912, 451.**

Die Natronzellstoffe erhält man durch Behandlung des Holzes — in Deutschland wird ausschließlich das nach dem Sulfitverfahren schwer aufschließbare kieselsäurereiche Stroh so gekocht — mit Natronlauge (1000 kg Strohhäcksel, 2,5 cbm Lauge aus 150 kg Ätznatron), während etwa 7 Stunden unter 7—8 Atm. Druck, oder zur Gewinnung des Sulfatzellstoffes mit Natriumsulfat ebenfalls unter Druck.

V. E. Keegan tränkte das Holz unter Druck mit 20grädiger Natronlauge und erhitzte es nach Entfernung ihres Überschusses in rotierenden Kochern auf 170°. Nach zweistündiger Behandlung wurde der Papierstoff direkt im Holländer weiterverarbeitet. **(Dingl. Journ. 208, 316.)**

Auch Kalkmilch, Schwefelnatrium, Polysulfide, ferner hydroxylhaltige organische Verbindungen wurden als Aufschließagentien vorgeschlagen (siehe nächstes Kapitel).

Nach **F. Paschke** kann man bei günstigen Bedingungen der Konzentration und Temperatur auch mit Soda allein einen genügenden Aufschluß, und zwar aus Roggenstroh 50%, an bleichfähigem Strohstoff erzielen. Die Methode hat überdies den Vorteil, daß die Cellulosefaser nicht wie beim Arbeiten mit kaustischen Laugen angegriffen wird, und daß überdies bei der Aufarbeitung der Ablaugen die durch ihren Silicatgehalt besonders ungünstig verlaufende Kaustifizierung der Laugenrückstände wegfällt. **(Wochenbl. f. Papierfabr. 51, 1139.)**

Über ein Verfahren, Stroh und andere Faserstoffe durch Behandlung mit 80—100° heißer Sodalauge zur Papierfabrikation vorzubereiten, wird schon in **Polyt. Zentr.-Bl. 1859, 222** berichtet.

Bei der Strohaufschließung bereitet die Anwendung des billiger als das Laugeverfahren arbeitenden Sulfatverfahrens insofern Schwierigkeiten, als Natriumsilicat entsteht, das dann beim Kaustizieren den Kalk zersetzt, aber den Kalkschlamm wegen der gallertigen Ausscheidung der Kieselsäure unfiltrierbar macht. Man verfährt daher nach **G. Lunge** und **W. Lohöfer** in der Weise, daß man die Lauge unter Überdruck von etwa $1/_2$ Atm., also bei mäßiger Erhöhung des Siedepunktes mit Kohlensäure behandelt. Man erhält dann weniger wasserhaltige Kieselsäuren, die leicht wie körnige Niederschläge aus der Lauge entfernt werden können. **(Zeitschr. f. angew. Chem. 1901, 1102.)**

Nach beendeter Aufschließung trennt man den Zellstoff von der Lauge ab, wäscht jenen aus und bringt die Ablaugen in die Regenerationsanlage.

Ein Verfahren zum Auswaschen des nach dem Natron- und Sulfitverfahren gewonnenen Zellstoffes ist dadurch gekennzeichnet, daß die Entfernung der Kochlauge aus der fertig gekochten Holzmasse durch Ausschleudern und Decken mit Wasser in der Schleudertrommel erfolgt. **(D. R. P. 233 492.)**

Die Regenerierung der Lauge ist, da es sich um Aufarbeitung auf Feststoffe handelt, wesentlich komplizierter als jene der Sulfitlauge, deren für die Celluloseindustrie wertvollen Bestandteil, das Schwefeldioxyd, man durch Abblasen leicht wiedergewinnen kann. Durch Calcinieren der Laugeneindampfrückstände erhält man ein Gemenge von Sulfat, Sulfid und Carbonat, man laugt mit Wasser aus, kaustiziert die Soda mit Ätzkalk und ersetzt die Salzverluste, die bei jeder Kochung 10—20% betragen, durch Zusatz von frischem Sulfat.

Zur Aufarbeitung der bei der Cellulosedarstellung erhaltenen Laugen auf Schwefelnatrium verschmilzt man das zum Sirup angewandte Produkt mit 100 Tl. Kalkstein und 25 Tl. Kohlenklein auf je 100 Tl. fester Laugenbestandteile, worauf man calciniert und die Masse mit Wasser oder dünner Waschlauge unter einem Druck von etwa 3 Atm. auslaugt. Die erhaltene Lauge kann nach der Klärung sofort wieder zur Holzaufschließung nach dem Schwefelnatriumverfahren verwendet werden. **(D. R. P. 31 747.)**

Die Natronverfahren führen zu geringen Ausbeuten an wenig festem Zellstoff (30—35%), da die Lauge die Faser zum Teil zerstört, beim Sulfatverfahren tritt ferner als sehr lästige Begleiterscheinung die Bildung höchst übel riechender mercaptanhaltiger Gase auf, so daß die Fabriken fern von Siedelungen angelegt werden müssen. Dagegen ist die Sulfatstoffaser zäher und liefert ein hadernpapierähnliches, harz- und säurefreies Produkt von geschmeidiger, baumwollartiger Struktur. Der Natronzellstoff eignet sich daher besonders für Hüll- und Isolierpapiere. Die abfallende Natronzellstoffablauge ist wie die Sulfitablauge reich an wertvollen Bestandteilen bzw. an Rückständen von hohem Heizwert. **[105.]**

Untersuchungen über die Art der bei der Sulfatzellstoffabrikation entstehenden übelriechenden Stoffe (Mercaptane, andere organische Schwefelverbindungen, Methylaminbasen), die Möglichkeit, deren Bildung vorzubeugen und die Stoffe unschädlich zu machen, führte **P. Klason** aus; Bericht in **Papierfabr. 1909, 156, 182 u. 208.**

Zur Geruchlosmachung der Abgase der Natron- und Sulfitcellulosefabrikation mischt man den Abgasen gasförmige Oxyde des Stickstoffes bei, die selbst oxydierend wirken oder in Gegenwart des Wasserdampfes mit freiem Sauerstoff die Oxydation vermitteln. **(D. R. P. 218 344.)**

Zur Verhütung der bei der Natroncellulosefabrikation auftretenden üblen Gerüche kann man auch so verfahren, daß man die Fabrikationsapparate mit Kohlensäure oder Stickstoff füllt und während des ganzen Fabrikationsganges den Luftsauerstoff ausschaltet. **(D. R. P. 201 259.)**

Verfahren und Vorrichtung zum Kochen von Zellstoff nach dem Sulfatverfahren sind durch Anwendung vorgewärmter Kochflüssigkeit gekennzeichnet, wodurch sich die Bildung übelriechender Körper sehr stark herabmindern läßt und eine bessere Schwarzlauge resultiert, aus der die Soda wirtschaftlicher rückgewonnen werden kann. **(D. R. P. 284 628.)**

Eine Methode zur Beseitigung der bei der Sulfatzellstoffabrikation durch den Ofenprozeß entstehenden Gerüche ist ferner im **D. R. P. 226 658** beschrieben.

Vgl. das Verfahren zur Beseitigung von Gerüchen aus den Abdämpfen und Abgasen der Sulfatzellstoffabrikation durch Waschen der Gase mit Wasser, dem man in besonderen Fällen Säuren oder Alkalien zusetzen kann. **(D. R. P. 285 976.)**

Zur Beseitigung der riechenden Stoffe aus Natroncelluloseabgasen schaltet man in deren Strom nach evtl. Beimischung von Stickoxyd, Chlor oder Ozon (die man auch nachträglich zur Einwirkung bringen kann), als Filter zerkleinertes Holz, Sägemehl oder andere holzartige Abfälle ein. **(D. R. P. 319 594.)**

Zur Desodorsierung der aus den Sulfatcellulosekochern entweichenden Gase leitet man sie durch den sog. Grünkalk, ein Abfallprodukt der eigenen Fabrikation. **(D. R. P. 333 031.)**

Nach **Norw. P. 32 024** leitet man die übelriechenden Abdämpfe der Sulfatcellulose zur Abgabe des Geruches, ferner zur gleichzeitigen Ausnutzung ihrer Wärme und zur Abgabe wertvoller Stoffe, die sie mitführen, im Gegenstrom eingedampfter heißer Schwarzlauge entgegen.

Die Beseitigung der Abgase von Zellstoffabriken durch Verbrennung in Generatoren ist in **D. R. P. 304 999** und **353 832** beschrieben.

84. Natron-(Sulfat-)Cellulosegewinnungs-Einzelverfahren und Abänderungen.

Ein Holzkochungsverfahren mittels eines Gemenges von Natriumsulfat, -carbonat, -sulfid und -hydroxyd ist in **Ö. P. vom 19. 10. 1884** beschrieben. Die Kochlauge sollte durchschnittlich 37,8, 28 bzw. 24% der genannten Salze in obiger Reihenfolge enthalten. Demselben Zweck sollte nach **D. R. P. 37 218** eine Lösung dienen, die 2,27% Kalkhydrat und 3,37% Seesalz enthielt.

Zur Umwandlung von Stroh in Zellstoff für die Papierfabrikation schließt man es nach **D. R. P. 73 466** unter Dampfdruck mit einer Mischung von Ätznatron, Kalk, schwefelsaurer und gewöhnlicher Tonerde auf.

Ein Verfahren zur Herstellung von Zellstoff aus Holz ist dadurch gekennzeichnet, daß man das zerkleinerte Holz in einem offenen Bottich mit erhitzter Natronlauge einweicht und dann mit dieser Lauge in einem Kocher unter Druck kocht, worauf die so erhaltene Holzmasse zusammen mit der Kochlauge abgekühlt wird. Es trennen sich so leichter die faserigen von den nichtfaserigen Bestandteilen; durch das Abkühlen in der Lauge bleiben die gelatinösen Produkte an den Fasern haften und wirken dann im fertigen Papier als Leim. Augenscheinlich tritt zugleich eine Art Mercerisierung der Holzfaser auf, wodurch sie zäher und glänzender wird. **(D. R. P. 240 896.)**

Zur Gewinnung von Cellulose aus Stroh und anderen Faserpflanzen nach dem Natron- oder Sulfatverfahren in besonders hoher Ausbeute kocht man das Material mit der 5—10fachen Menge einer Lauge, die berechnet auf den Gesamtgehalt der Alkalien mindestens 25% Soda enthält, bei etwa 100° einige Stunden und behandelt den fertig gebleichten oder halbgebleichten Stoff zur Entfernung der letzten Inkrusten mit sehr schwacher Sodalösung nach. Das Verfahren ist billig, führt zu etwa 50% höheren Ausbeuten und liefert langfaseriges, geschmeidiges, gut bleichbares Cellulosematerial, das sich auf festes, nicht vergilbendes Papier verarbeiten läßt. **(D. R. P. 252 411.)**

Nach dem **Ungerer**verfahren der Natroncellulosefabrikation wird dem zu kochenden frischen Holz die Kochlauge in einer Kocherbatterie in beständiger Bewegung nach dem Gegenstromprinzip entgegengedrückt, so daß die schon mit Inkrusten angereicherte Lauge aus dem Frischholz die leichtlösbaren Stoffe, die Frischlauge dagegen in den vorhergehenden Kocherfüllungen die Farbstoffe und die schwerlöslichen Inkrusten aufnimmt. Man erhält so mit geringstem Chemikalien- und Kohlenverbrauch eine rein weiße, geschonte Faser und erhält Waschwässer, die als Frischlauge verwendbar sind, da sie der Harzlauge nicht beigemengt waren. Die unverdünnt bleibende Schwarzlauge ist dementsprechend auch leichter verarbeitbar. **(C. Ziegelmeyer, Papierztg. 1918, 1855.)**

Bei der Aufschließung cellulosehaltiger Stoffe behandelt man das Material vor der eigentlichen Ätzkalibehandlung mit schwächeren Basen, z. B. mit der 4—6fachen Menge 1—2 proz. wässeriger Ätzkalklösung vor und dann erst nach Zusatz von Ätznatron weiter. Nach dem Zusatzpatent braucht man das Fasermaterial mit den schwächeren und dann stärkeren Alkalien nicht zu kochen, sondern kann auch bei niederer Temperatur denselben Aufschließungsgrad des Materials erzielen. **(D. R. P. 306 325 und 309 259.)**

Zur Herstellung von Natronzellstoff schließt man die pflanzlichen Rohstoffe mit Soda- oder Sulfatkochlaugen auf, denen man Alkali- oder Erdalkalisalze niederer aliphatischer Säuren zusetzt. Besonders geeignet ist der rohe Graukalk, der aus Calciumacetat mit geringen Mengen Calciumphenolat besteht. Man kann den Kochlaugen auch noch Teeröle zufügen, wie sie beispielsweise bei der Trockendestillation von Schwarzlauge entstehen. **(D. R. P. 323 743.)**

Zur Aufschließung von Stroh oder anderen pflanzlichen Rohstoffen von geringem Verholzungsgrade arbeitet man in 2 Stufen zuerst bei gelinder Kochlaugeneinwirkung bis zur Bildung einer ligninsäurereichen Ablauge, aus der man 10% des Strohgewichtes als Formpuder oder Harzersatz verwendbare Ligninsäure abscheiden kann, und führt dann den Kochprozeß mit frischer Lauge zu Ende. **(D. R. P. 324 894.)**

Nach einem besonderen Aufschließverfahren bringt man die Kochlauge während des Kochens mit Quecksilber oder einer anderen, die Reduktion befördernden Kontaktsubstanz in Berührung. Zweckmäßig geschieht das in der Weise, daß man durch Zugabe von Quecksilberchloridlösung etwa alle 14 Tage auf dem Innenmantel des Kochers eine dünne Quecksilberschicht erzeugt. Man arbeitet im übrigen wie gewöhnlich mit einer Natronlauge, die etwa 60 g Na_2O pro Liter enthält und im übrigen aus Ablauge oder in geeigneter Weise vom Lignin befreiter Ablauge besteht, bei 140—170° mit durch Druckluft erzeugtem Überdruck. **(D. R. P. 317 907.)**

Bei Herstellung von Papiergarn-Spinnpapieren nach dem Natronverfahren soll man das Ausgangsmaterial mit 12grädiger Lauge, die 6,2% Ätznatron, 2,4% Schwefelnatrium, 0,7% Soda, 0,4% Natriumsulfit und 0,3% Glaubersalz enthält, 1 Stunde bei etwa 7 Atm. kochen. Durch Zusatz von Tau-Zwillichabfallstoff zur Cellulose werden die Garne geschmeidiger und fester. **(Papierfabr. 1917, 1.)**

Zur Aufschließung des Holzes erhitzt man es mit Bisulfatlösung unter Druck und zerfasert und vermahlt den erhaltenen Zellstoff, während die Lauge, wie ausdrücklich hervorgehoben wird, zur Herstellung von Zucker und Alkohol benutzt werden soll. **(D. R. P. 49 641.)**

Zur Herstellung hochalkalischer Kochlaugen zwecks Aufschließung von Fasermaterialien, wie Holz, Stroh oder Esparto setzt man den üblichen Aufschließlaugen Strontiumsulfat zu bzw. erzeugt die Natronlauge aus Natriumsulfat mittels Strontiumhydrats und verarbeitet den dabei entstehenden Strontiumsulfatschlamm zur Regulierung des Schwefelnatriumgehaltes der Kochlauge bzw. zur Beseitigung der beim Sulfatverfahren entstehenden Gerüche. **(D. R. P. 221 366.)**

Ein Cellulosegewinnungsverfahren, das auf der Behandlung der Pflanzenstoffe mit sodahaltigem Calciumcarbonat, einem Bleichmittel, Ammoniak und schließlich Mineralsäure beruht, ist in **E. P. 175 330** beschrieben.

Zur Aufschließung des Holzes kann man das Rohmaterial auch mit Ätznatron kochen, dem man so viel Schwefel zusetzt, daß der Gehalt an Natriumsulfid weniger als 0,5% beträgt. Diese Menge schaltet die Wirkung des vorhandenen Luftsauerstoffes aus und verhütet so die Bildung von Oxycellulose, andererseits genügt sie nicht, um aufschließende Wirkung auszuüben. **(A. P. 1 212 158.)**

Mit einer Lauge, deren Analyse einen Gehalt von 5% Ätznatron, 3,4% Schwefelnatrium und 0,8% Soda ergab, sind die günstigsten Aufschließbedingungen: 5—6 Stunden Kochzeit. 1—1½ Stunden Hochdruckzeit und 8—9 Atm. Druck. **(Papierfabr. 1910, 1042.)**

Die Aufschließung des Holzes mit Schwefelnatrium (100 kg Holz, 30 kg Natriumsulfid, 6 bis 10 Stunden unter 5—10 Atm. Druck gekocht) ist in **D. R. P. 25 485** beschrieben, der Zusatz von vanadinsaurem Ammon als Kontaktstoff zu einer ähnlichen, noch Ätznatron enthaltenden Kochlauge wurde in **F. P. 155 014** empfohlen.

Nach **D. R. P. 255 659** sollen sich zum Aufschließen des Holzes auch Polysulfidlösungen, z. B. Calciumpentasulfid, eignen, das man in wässeriger Lösung während 5—6 Stunden bei einem Druck von 6—7 Atm. auf die Holzspäne einwirken läßt. Man arbeitet in der Weise, daß man Ätzkalk in einer Menge von etwa 50% der zu behandelnden Holzspäne in eine Wassermenge von etwa 500% des Gewichtes der Holzspäne bringt und 10—20% des Holzspänegewichtes an feinverteiltem Schwefel hinzufügt. Die geschwefelte Faser ist trotz ihrer braunen Färbung gegenüber der ursprünglichen Zellstoffaser nicht weniger fest und direkt zur Verarbeitung auf Packpapier, Pappe usw. geeignet.

85. Holzaufschließung mit Salpetersäure, Chlor oder anderen Oxydationsmitteln.

Die Papierstoffgewinnung durch Holzaufschließung mit Salpetersäure wurde von **Barne** und **Blondel** schon in **Polyt. Zentr.-Bl. 1862, 622** beschrieben.

Über Gewinnung von Zellstoff mit Hilfe oxydierender Gase oder Dämpfe (Stickstoffoxyd, salpetrige Säure, chlorige Säure usw.) siehe **D. R. P. 76 578.** Vgl. **D. R. P. 73 924**: Aufschließung mit alkalischen Nitratlösungen.

Zur Zellstoffgewinnung aus Holz oder Stroh kocht man das Material, z. B. Fichtenholz, etwa 40 Minuten mit Salpetersäure oder einer Lösung von salpetriger Säure vom spez. Gewicht 1,1, wäscht den Stoff aus und kocht abermals mit 5% des Holzgewichtes Alkalien. Diese ebenso wie die salpetrigen Gase werden wieder verwendet. **(A. P. 322 822.)**

Über Herstellung von Zellstoff neben Oxalsäure aus zerkleinertem Holz durch Behandlung mit einem Gemenge von 1 Tl. konzentrierter Schwefelsäure und 3 Tl. Salpetersäure vom spez. Gewicht 1,18—1,15 siehe **D. R. P. 60 233.** Es entwickeln sich braune Dämpfe, nach deren Entfernung ein Zwischenprodukt erhalten wird, aus dem man die nichtgelösten Bestandteile durch Extraktion mit Wasser abtrennen kann. Der Rückstand wird dann zwecks Cellulosegewinnung bis zur Zerfaserung alkalisch gekocht, während die vorher gewonnene saure Flüssigkeit weiter zur Aufschließung benutzt wird, bis sie keine Salpetersäure mehr enthält und die Oxalsäure rein auskrystallisiert. Die verbleibende Schwefelsäure geht wieder in den Betrieb zurück. **(D. R. P. 60 233.)** Das erhaltene Zwischenprodukt wird nach einer Abänderung des Verfahrens nur bis zur Entfernung der Mineralsäure und bis das Waschwasser mit Säuren einen gelben, flokkigen Niederschlag gibt, mit kaltem Wasser ausgelaugt, worauf man es trocknet, um es in der erhaltenen spröden Form leicht pulvern zu können. Das Pulver wird dann kurze Zeit mit Natronlauge unter Druck gekocht, worauf man die braune Lauge abfiltriert und die zerkleinerte Cellulose gut auswäscht. **(D. R. P. 69 807.)**

Zur Herstellung von Holzzellstoff behandelt man zerkleinertes Holz nach **D. R. P. 204 460** so lange mit Stickoxydgasen, als diese aufgenommen werden, läßt sodann 3 Stunden liegen und kocht das Holz mit 2proz. Natronlauge. Die Masse schäumt und zerfällt bei anhaltendem Kochen rasch zu einem Faserbrei. Man erhält so auch ohne Verwendung von direktem Dampf (wie bei der Aufschließung von Maisstengeln mit Stickstoffdioxyd) und ohne Druck eine Lauge, aus der sich die umgewandelten Ligninstoffe größtenteils als Oxalsäure gewinnen lassen, und schwachgelbliche, mit Chlorkalk leicht bleichbare Fasern. Die Lauge wird mit Kalkmilch gefällt; sie kann nach Abfiltrierung des oxalsauren Kalkes bis zu ihrer Erschöpfung weiter verwendet und schließlich regeneriert werden.

Nach einem ähnlichen Verfahren der Gewinnung von Cellulose leitet man Stickoxyde einerseits und Wasser bzw. dünne Salpetersäure andererseits in entgegengesetzter Richtung durch den das Holz enthaltenden Behälter im kontinuierlichen Betrieb und gewinnt so an Nebenprodukten Oxalsäure und Pikrinsäure, die durch Abdestillieren der Salpetersäure gewonnen und zur Krystallisation gebracht werden. **(D. R. P. 212 838.)**

Zur Veredelung der Cellulose behandelt man sie zuerst mit Stickoxydgasen oder mit Salpeter- oder salpetriger Säure und digeriert die oxydierte Cellulose dann mit Alkalien, um ein wie Baumwollcellulose verwendbares Produkt zu erhalten. Nach dem Zusatzpatent kann man auch andere Oxydationsmittel (Perverbindungen von Art des Permanganates oder Wasserstoffsuperoxydes) verwenden und folgend alkalisch nachbehandeln. **(D. R. P. 220 645** und **221 149.)**

Oder man schließt das Holz zur Entfernung der inkrustierenden Substanzen mit dem oxydierend wirkenden schwefel- und salpetersäurehaltigem Waschwasser der Schießbaumwollefabrikation auf. Läßt man z. B. Kiefernholz 14 Tage lang bei 20° in einer 3% Salpetersäure und 10% Schwefelsäure enthaltenden Abfallsäure liegen, so kann man aus der veränderten Holzmasse durch bloßes Behandeln mit 0,5proz. Natronlauge gut bleichbaren Zellstoff in 52% Ausbeute gewinnen. Bei 60° erhält man schon mit 0,5—1proz. Salpetersäure nach 2 Tagen ähnliche Resultate. **(D. R. P. 339 303.)**

Zum Aufschließen von Stroh, Heu oder Holz behandelt man das Material in einem Kocher bei Gegenwart von Luft oder Sauerstoff oder Wasserstoffsuperoxyd mit den sonstigen chemisch wirksamen Aufschließungsmitteln. **(D. R. P. 298 863.)**

Über die Einwirkung von Chlor auf Fichtenholz siehe **E. Heuser und R. Sieber, Zeitschr. f. angew. Chem. 26, I, 801.**

Sehr dünne Hobelspäne lassen sich nach Vorbehandlung mit Natronlauge (0,1 proz., siedend 1 Stunde) durch mehrstündige Einwirkung von Chlorgas aufschließen. Maschinen- oder Hackspäne erfordern dagegen Druckanwendung. **P. Waentig** und **W. Gierichs** gelang es durch die Chlormethode auch Getreidekörner und Flachs, auch Hanf, weniger gut Nessel zu entholzen. **(Text. Forsch. 1920, 69.)**

Ein Verfahren der Zellstoff- und Zellstoffuttermittelherstellung aus Holz, durch dessen Behandlung mit Chlorgas nach dem Gegenstromprinzip ist in **D. R. P. 341 673** beschrieben.

Die industrielle Herstellung der Cellulose mit Chlor wird in Italien bereits ausgeübt, und zwar vor allem aus dem Grunde, um das in großen Mengen elektrolytisch hergestellte Chlorgas zu verwenden. Siehe hierüber das kurze Referat in **Chem.-Ztg. 1922, 130.**

In **D. R. P. 88 299** wird empfohlen, zur Herstellung von Zellstoff das Ausgangsmaterial, Holz oder Stroh, zuerst mit einer Chlorkalklösung zu behandeln, die Masse zu waschen und dann erst mit der alkalischen Lauge aufzuschließen.

Nach **D. R. P. 229 390** wird durch Behandlung von Holzabfällen, Rinde, Stroh u. dgl. mit einer Lösung von Chlorkalk, Salzsäure und Soda oder Pottasche der Zellstoff gelockert und von den ihn begleitenden Substanzen befreit. Man schleudert die Chlorlauge ab, neutralisiert die Holzmasse mit Kalkwasser und verarbeitet direkt zu Papier, wobei die kolloidartig aufgequollenen Begleitstoffe als Leim dienen.

Nach **Norw. P. 32 625** behandelt man die Rohstoffe in alkalischer Lauge oder bei Gegenwart von Sulfiten nur so lange mit dem oxydierend wirkenden Hypochlorit, bis die inkrustierenden Stoffe eben alkalilöslich geworden sind, und schleudert die Cellulose dann ab.

Bei der Holzaufschließung mit Chlor ist Vorbehandlung des Materiales mit etwa 0,1 proz. Natronlauge und Verwendung dünnster Hobelspäne ebenso Bedingung, wie mehrstündige Chlorierung ohne Anwendung von Wärme und Nachbehandlung der von der gebildeten Salzsäure befreiten Späne mit 1 proz. Lauge. Dicke Hobelspäne oder gehacktes Material können nur durch Chlorierung unter etwa 6 Atm. Druck aufgeschlossen werden. **(P. Waentig und W. Gierisch, Text.-Forsch. 2, 69.)**

Nach **D. R. P. 323 936** behandelt man 100 Tl. mit 300 Tl. Tetrachlorkohlenstoff übergossene Holzbrocken so lange, als das Chlor noch verschwindet, mit Chlorgas, entfernt das Lösungsmittel und extrahiert das chlorierte Holz dreimal mit 2 proz. wässeriger Natronlauge. Beim Arbeiten unter Druck oder nach Zusatz von 0,1% Jod oder durch gelinde Temperatursteigerung läßt sich die Chloreinwirkungsdauer auf die Hälfte verkürzen.

Nach **D. R. P. 331 907** schließt man Holz mit wässeriger Chlordioxydlösung auf, wäscht die Masse aus, kocht sie mit Natronlauge, geht abermals in die gesättigte Chlordioxydlösung und wäscht die besonders reine Cellulose schließlich neutral.

Nach **D. R. P. 328 730** schließt man die Zellstoffrohstoffe mit Säurechloriden organischer und anorganischer Säuren auf, behandelt also z. B. 1 Tl. Holzmehl während 2 Stunden unter Rückfluß bei 50° mit der 20 fachen Menge Sulfurylchlorid, saugt die Masse ab, wäscht mit 1 proz. Natronlauge nach und soll so, auch wenn man in Gegenwart von Benzol oder Tetrachlorkohlenstoff arbeitet, Celluloseausbeuten bis zu 56% erzielen können.

86. Kombinierte und andere Holzaufschließungsverfahren.

Nach einem kombinierten Verfahren behandelt man das zerkleinerte Holz aufeinanderfolgend mit verdünntem Ammoniak und mit verdünnter Schwefelsäure unter Druck und erhält so eine Cellulose, die nur noch durch wiederholte Behandlung mit Bleichflüssigkeiten von den Ligninstoffen zu befreien ist. Aus den sauren und alkalischen Laugen kann man die Harze und Gerbstoffe restlos gewinnen und die übrigbleibenden organischen Stoffe auf Viehfutter verarbeiten, so daß die zurückbleibende Flüssigkeit ohne Gefahr in die Wasserläufe abgeleitet werden kann. **(J. Königs, Zeitschr. f. angew. Chem. 26, 481.)**

Als Baumwollersatz eignet sich ein auch zur Herstellung von Sonderpapieren dienendes Material, das man erhält, wenn man Alkalicellulose zur Entfernung der in ihr enthaltenen Schleimstoffe durch Kochen mit einer Sulfitlösung weiter aufschließt. Das Produkt eignet sich auch als chemisch reine Cellulose für die Kunstseideindustrie. **(D. R. P. 306 366.)**

Zur Veredelung von Handelscellulose, die zur Herstellung baumwollähnlicher Faserstoffe und chemischer Umwandlungsprodukte dienen soll, behandelt man das Material in einem mercerisationsähnlichen Nachaufschließungsprozeß unter Luftabschluß dicht gepackt unter Druck bei gleichzeitiger mechanischer Bearbeitung mit Ätz- oder Schwefelalkali. **(Norw. P. 24 122.)**

Zur Herstellung von Cellulose auf chemischem Wege behandelt man das Holz bei relativ niedriger Temperatur und hohem Druck, den man vorwiegend durch Einpressen von Gasen oder Flüssigkeiten und daneben durch Erhitzen der Chemikalien erzeugt, erzielt so durchgreifendere Wirkung der chemischen Stoffe bei größerer Faserschonung und gewinnt eine Lauge, die reich an wertvollen Bestandteilen ist. Das Verfahren kann auch bei der Verzuckerung angewendet werden. **(D. R. P. 304 214.)**

Man gewinnt eine besonders feste, zähe und elastische Cellulose durch Behandlung des Holzes oder faserigen Pflanzenmateriales in einem geschlossenen Behälter mit einer wässerigen Lösung von Fettsäuren, wobei die heiße Fettsäurelösung die flüchtigen Öle, harzigen und gummiartigen

Stoffe löst; schließlich zieht man die Behandlungsflüssigkeit ab und führt dem nunmehr harz- und vor allem gerbsäurefreien Material schließlich frisches Wasser und Alkalien zu. Nach einer besonderen Ausführungsform des Verfahrens wird das Holz während seiner Behandlung in dem geschlossenen Behälter einem Mahlprozeß unterworfen. **(D. R. P. 270 458.)**

Zur Herstellung von Holzcellulose kocht man das Material mit wässerigen Lösungen von Alkalimetall-Harzseifen, z. B. einer 10—15proz. derartigen Lösung, zwecks Lösung der inkrustierenden Substanzen, unter Druck. **(D. R. P. 310 861.)**

Zur Herstellung von Zellstoff aus pflanzlichen Rohstoffen aller Art kocht man diese unter Atmosphärendruck mit einer wässerigen, gesättigten Zinkchloridlösung, die 74—79% Zinkchlorid, 20—25 Vol.-% Glycerin und 1 Vol.-% Gerbsäure enthält. Man erhält so ein mit Pflanzenfasern durchsetztes Papier, in dessen Masse die nichtfaserigen und stärkemehlhaltigen Substanzen zugleich als Füll- und Leimmaterial dienen. **(D. R. P. 263 315.)**

Ein gutes Holzaufschließungsmittel ist besonders bei erhöhter Temperatur und erhöhtem Druck nach **D. R. P. 329 566** das Glykol mit oder ohne Zusatz von Katalysatoren. Ferner eignen sich zu demselben Zweck die Mineralsäureester auch anderer mehrwertiger Alkohole, wie z. B. die Chlorhydrine oder die Schwefelsäureester.

Es wurde auch vorgeschlagen, das Holz zur Zellstoffgewinnung mit Teerölen bzw. den Phenolen und Äthern der Phenole bei erhöhter Temperatur zu behandeln. **(D. R. P. 94 467.)**

Zum Aufschließen von Holz, Stroh und anderen pflanzlichen Rohstoffen für die Papierfabrikation verwendet man Kreosotalkali oder ähnliche bei der Teerverarbeitung durch Alkalilauge extrahierbare Phenolprodukte, die die Ligninkrusten auch nach Verdünnung mit Wasser lösen, ohne die Cellulose anzugreifen und die Bleichbarkeit des Stoffes herabzusetzen, letzteres deshalb, weil bei der Verdünnung die neutralen Kreosote, die die Bleichung verhindern würden, abgeschieden werden. Man arbeitet mit der vierfachen Menge der alkalischen Lösungen von Phenol bzw. von phenolhaltigem Teeröl bei Temperaturen von etwa 200° ohne Anwendung von Überdruck. **(D. R. P. 166 411.)** Vgl. **F. A. Bühler, Chem. Ind. 1903, 138.**

Nach **D. R. P. 326 705** erhitzt man zur gleichzeitigen Gewinnung von Cellulose und Kunstharz den cellulosehaltigen Stoff mit Phenol oder seiner Lösung in Wasser oder organischen Lösungsmitteln unter Zusatz eines Katalysators. Nach dem Zusatzpatent wählt man als Katalysatoren bei der Einwirkung von Phenolen auf cellulosehaltige Stoffe Säuren, saure Salze oder saure Verbindungen von Art der Nitro- oder Chlorphenole. **(D. R. P. 328 783.)**

Rein weißen Zellstoff erhält man nach **D. R. P. 328 729** durch Behandlung des Rohstoffes mit primären oder sekundären aliphatischen oder aromatischen Aminen bei Gegenwart oder Abwesenheit von Lösungsmitteln und zweckmäßig bei Gegenwart von Kondensationsmitteln, wie Salzsäure oder Zinnchlorid.

Nach **D. R. P. 345 314** breitet man zur Zellstoffgewinnung auf kaltem Wege ohne Druckanwendung die zerkleinerten Pflanzenstoffe auf wasserfreiem Ätzkalk aus, berieselt das Ganze mit einer 2—4grädigen Sodalösung, dann mit einer schwachen Ammoniaklösung, stumpft das Alkali nach einiger Zeit mit schwacher Salzsäure ab, säuert mit Schwefelsäure schwach an, wäscht die Masse mit kaltem Wasser und kollert sie.

Es wurde ferner vorgeschlagen, das zerkleinerte Holz mit Kochsalzlösung unter Druck zu erhitzen und gleichzeitig einen elektrischen Strom durchzuleiten. Dabei sollte sich Ätznatron und Chlor bzw. unterchlorige Säure bilden, die bei Zersetzung der inkrustierenden Holzbestandteile Salzsäure geben und dadurch wieder Kochsalz regenerieren sollten. Angeblich war auch der erhaltene Zellstoff schneeweiß und für die Papiererzeugung gut geeignet. **(D. R. P. 46 032.)**

Zur Gewinnung von Zellstoff werden die mit schwach angesäuertem Wasser vermischten zerkleinerten Pflanzenteile nach **D. R. P. 128 831** während des Kochens unter Druck der Einwirkung eines elektrischen Stromes ausgesetzt.

Zur Herstellung von Cellulose elektrolysiert man das gleichzeitig mit einem Alkalisalz unter Hitze und Druck behandelte Holzmaterial. Die harzigen und inkrustierenden Substanzen gehen infolge der Aufrechterhaltung des für diesen Zweck geeigneten, durch den elektrischen Strom konstant erhaltenen Stärkegrades der Ätzlauge in Lösung. Die Lauge kann zu Beginn des Prozesses wesentlich schwächer gehalten werden als sonst, wodurch die Fasern weniger angegriffen werden. Überdies wird ein Teil der harzigen Substanzen niedergeschlagen und kann in dieser Form gewonnen werden, und auch das während der Elektrolyse freiwerdende Chlor wird der Verwendung zu Bleichzwecken zugeführt. **(D. R. P. 188 077.)**

Über Aufschließung von Holz und holzhaltigen Abfallmaterialien durch Vergärung der kurze Zeit mit schwacher Lauge oder schwachem Sulfit behandelten Masse siehe **D. R. P. 258 180.**

Zur Gewinnung von Cellulose aus den gebräuchlichen Materialien Hanf, Flachs, Stroharten, Baumwolle, Jute, Pflanzenabfällen, aber auch aus Farbhölzern und stark harzhaltigem Holze, setzt man das Material vor dem üblichen Kochen mit Alkalien der Einwirkung anärober Bakterien aus, zieht die Gärflüssigkeit ab und behandelt das zurückbleibende Material unter Luftabschluß mit überhitztem Dampf. **(D. R. P. 235 852.)**

87. Aufschließung besonderer cellulosehaltiger Stoffe: Spezialhölzer.

Der vor dem Kriege ins ungemessene gestiegene Verbrauch an Papierholz (in den Vereinigten Staaten von 1900—1909 um rund 100%) machte es nötig, sich nach neuen Cellulosequellen umzusehen, um so mehr, als bei dem fortgesetzt steigenden Verbrauch an einheimischer

Fichte (um 35%) und an eingeführter Fichte, (Einfuhrsteigerung 162%) nach einfacher Rechnung in 30 Jahren überhaupt kein Papierholz mehr zur Verfügung stehen kann. Als Ersatz kommen in Betracht: das Holz der Balsamfichte als Ersatz für die amerikanische Fichte, die Hölzer Jackpine und Hemlock für Holzschliff, ferner das nach dem Sulfatverfahren ein gutes Kraftpapier liefernde Gelbkieferabfallholz oder andere Hölzer und Sägemühlabfälle, die bisher nur zur Gewinnung von Kohle und Extraktivstoffen Verwendung fanden. Auch aus der Zuckerrohrfaser gewinnt man nach dem Natronverfahren von **Simmons** nach **A. Little** 45% bleichbaren Stoff, der die Verfilzung des Papieres befördert, und ebenso sind auch Baumwollstengel, Reisstroh, Maisstroh, Baumwollsamenschalen und Flachsstroh, ferner Sisalhanfabfälle geeignet, die allerdings nicht besonders bedeutende Quantitäten Cellulose liefern. Es gilt für diese Verhältnisse, was auch in anderen Ländern Geltung hat, daß nämlich alle diese Abfallprodukte und Rohstoffe in viel zu geringen Mengen zur Verfügung stehen, als daß sie jemals das Holz zu ersetzen und den durch seinen hohen Verbrauch bedingten Ausfall zu decken vermöchten. **(V. E. Nunez, Papierfabr. 12, 44.)**

Sehr vernachlässigt ist als Ausgangsmaterial für Holzstoff noch die deutsche Kiefer, die zähere Fasern als Fichte besitzt und ein festeres und dauerhafteres Papier liefert, das wegen des hohen Harzgehaltes der Fasern auch mit geringeren Leimmengen hergestellt werden kann. Die gelbliche, durch Bleichung schwer entfernbare Färbung der Faser bedingt allerdings die Verarbeitung des aus ihr gewonnenen Stoffes, in erster Linie für Braunholz und Lederpappe. **(Wochenbl. f. Papierfabr. 46, 1355.)**

Das Holz der Balsamfichte eignet sich sehr gut zur Zellstofferzeugung, es setzt, in der Menge von 10—52% dem Holzschliff beigegeben, die Güte des aus ihm erzeugten Papieres nicht herab. Das in dem Holze vorhandene Harz erfordert zwar andere Arbeitsbedingungen beim Schleifen des Holzes, doch ergibt sich kein weiterer Mißstand, da der gesamte Harzgehalt beim Kochen des Zellstoffes aufgelöst wird, so daß er nicht in das Papier gelangen kann. (Ref. in **Zeitschr. f. angew. Chem. 28, 46.)**

Zur Herstellung von Papierrohcellulose aus Longleaf - Pine kocht man das Holz nach dem Natron-Sulfatverfahren und erzielt so bei Gegenwart inaktiver Salze (Natriumsulfat und -carbonat) eine gut schmierig mahlbare Cellulose in 61% Ausbeute, wenn man Kraftpapier mittlerer Festigkeit und in 48—49% Ausbeute, wenn man erstklassigen Kraftzellstoff herstellen will. Die Kochung mit Ätznatron allein liefert nur mäßig gute Papiere. **(H. E. Surface** und **R. E. Couper,** Ref. in **Zeitschr. f. angew. Chem. 28, 243.)**

Versuche zur Umwandlung des Holzes der langblättrigen Fichte (Long leave pine) zu Papiermasse mittels des Soda- und Sulfatprozesses ergaben: Je mehr Ätznatron oder Natriumsulfid benützt werden, je länger und bei je höherer Temperatur in größeren Konzentrationen gekocht wird, desto niedriger ist die Ausbeute, aber desto leichter läßt sich auch die Masse bleichen. In 19 halbtechnischen Versuchen erhielt man 49% des Trockengewichtes des Holzes an Ausbeute und aus der Masse ein dem gewöhnlichen importierten Kraftpapier überlegenes Material. Wesentlich niedrigere Ausbeuten, jedoch ebenso festes, wenn auch nicht gleich zähes Papier wurde nach dem Sodaprozeß erhalten, während das Natriumsulfid sich für den Zweck der Holzaufschließung nur halb so gut eignete wie Ätznatron. **(Sidney D. Wells,** Ref. in **Zeitschr. f. angew. Chem. 27, 231.)**

Durch Aufschließen von Lärchenholz mit Sulfitlauge erhält man neben normaler Sulfitcellulose Ablaugen, die sämtliche löslichen Bestandteile des Lärchenholzes enthalten. **(A. P. 1 364 418.)**

Über Herstellung der Espenholzcellulose durch dreistündige Kochung mit 10—15grädiger Lauge bei einem Druck von 7 Atm. und die günstige Kalkulation dieses Stoffes gegenüber der Nadelholzcellulose siehe **Wochenbl. f. Papierfabr. 1912, 105.**

Über die Herstellung von Natronzellstoff aus Espenholz unter verschiedenen Kochbedingungen siehe **H. E. Surface,** Ref. in **Zeitschr. f. angew. Chem. 28, 224.** Vgl. **Papierztg. 1906, 949.**

Über Herstellung von Cellulose aus den harz-, wachs- und fettarmen Laubhölzern nach dem Ritter-Kellnerschen Verfahren, die Bleichung des Stoffes im Kollergang mit 1—2 proz. Chlorkalklösung und die Verwendung dieses Zellstoffes zu Löschpapier und zu Papieren für den Chromo- und Mehrfarbendruck beschreibt **J. P. Korschilgen** in **Papierfabr. 1906, 343** u. **454.**

Zum Aufschließen von Rotbuche zwecks Herstellung von Papierstoff behandelt man die dünnen Späne bei 60—100° mit oder ohne Druck mit 8—12grädiger Schwefelsäure, dann 6—20 Stunden bei 40—60° mit 14—20grädiger Schwefelsäure und dann evtl. unter Druck bei 60—80° bis zur Zermürbung der Späne in einem dritten 20—30grädigen Schwefelsäurebade, wäscht die Masse aus und kocht sie 6—10 Stunden bei 80—100° evtl. unter Druck mit Ätzkalklösung. **(D. R. P. 180 847.)**

Nach dem Natronverfahren kocht man Rotbuchenholz mit 12 l Lauge (0,477% Soda und 3,0% Ätznatron) für 1,85 kg lufttrockenes Holz während 4 Stunden bei 6,6—7,5 Atm. und erhält mit 5% Chlor bleichbaren Zellstoff in 45% bzw. höherer Ausbeute, wenn man vor dem Kochen mit Lauge 1 Stunde im Kocher dämpft. Helleren Stoff und festere Faser gewinnt man nach dem Sulfatverfahren, wenn man dieselbe Menge Holz mit derselben Menge Lauge, enthaltend 2,81% Schwefelnatrium, 2,8% Ätznatron und 0,424% Soda während 4 Stunden unter 6—7 Atm. Druck kocht, wobei der Stoff heller wird, wenn man das Holz vor dem Kochen dämpft. Die Ausbeute beträgt dann 40% und die Bleiche läßt sich mit 3—5% Chlor durchführen.

Der auf beide Arten gewonnene Zellstoff ist gegen Hypochlorite sehr empfindlich, auch eignet er sich für Papier als einziger Rohstoff wegen der Kürze seiner Fasern nicht. **(E. Heuser, Wochenbl. f. Papierfabr. 44, 2209.)**

Zur Gewinnung eines holzschliffähnlichen Materiales kocht man Rotbuchenholz bei 150° unter Druck mit frischbereiteten oder bis zu 30% mit gebrauchter Kochlauge vermischten Laugen von saurem Calciumsulfit, wobei der Gehalt an freier schwefliger Säure nur so groß gewählt wird, daß durch die sich bildende Schwefelsäure die Zersetzung des Calciummonosulfits eingeleitet und bis zu völligem Verbrauch der schwefligen Säure, zuletzt unter vermindertem Druck, fortgeführt werden kann. **(D. R. P. 261 848.)**

Zur Erzeugung von hellfarbigem und leicht bleichbarem Zellstoff aus Rotbuchenholz kocht man die nicht mehr als 40—50 mm langen und 2—5 mm dicken Holzstückchen im Kocher unter Druck mit einem Gemisch von Calciumbisulfit und Alkali- oder Magnesiumsulfit, das nur 40—50% freie schweflige Säure enthält, und wäscht das erhaltene Material nach dem Entfernen der Ablaugen unter Ausschluß von Luft zuerst mit heißem und darauf mit kaltem Wasser, das in letzterem Falle etwas schweflige Säure enthält. Der erhaltene Zellstoff ist splitterfrei, färbt sich an der Luft nicht grau, entsteht in etwa 43—45% Ausbeute, bezogen auf lufttrockenes Holz, und kann seiner hellen Färbung wegen ungebleicht verwendet oder zur Erzielung hoher Weiße nach weiterem gründlichen Waschen mit 8—9% Chlorkalk gebleicht werden. **(D. R. P. 279 517.)** Nach dem Zusatzpatent kocht man das zerkleinerte Holz im Kocher unter Druck bei bis zu 150° ansteigenden Temperaturen, mit Calcium-, Magnesium- oder Alkalibisulfitlaugen, die je nach Alter und Trockenheit des Holzes zwischen 40 und 60% gebundene SO_2 enthalten und deren Alkaligehalt so groß gewählt wird, daß die entstehenden sauren Abbauprodukte gebunden werden. Nach erfolgtem Ablassen der Laugen entfernt man die dem Holze noch anhaftenden Mengen der Ablauge rasch, unter Ausschluß von atmosphärischer Luft, und erhält so Rotbuchenzellstoff, der mit Calciumbisulfit aufgeschlossen, mit 12% Chlorkalk, nach Magnesium- oder Alkalibisulfitaufschluß schon mit 8—9% Chlorkalk hochweiß gebleicht werden kann. **(D. R. P. 283 290.)**

88. Holz- und Faserstoffabfälle.

Hubbard, E., Die Verwertung der Holzabfälle. Wien und Leipzig 1911.

Über Holzabfallverwertung siehe **M. Bottler** in **Techn. Rundsch. 22, 329** und **23, 9**; vgl. **J. E. Teeple, Chem.-Ztg. 1913, 992.**

Durch Verbesserung der Apparatur, insbesondere durch Einführung neuer Kraftreißer, ist man heute in der Lage, alle Arten von Holzabfällen, sogar auch Hanfabfälle erfolgreich auf Pappe, Zeitungsdruck- und sogar Seidenpapier zu verarbeiten. Näheres über das hierzu dienende Laugall-Densosche Verfahren bringt **E. Dank** in **Wochenbl. f. Papierfabr. 50, 1758.**

Über die Bewertung des aus Flachs- und Hanfspinnabfällen (bestehend aus Bastfasern und Schäben, das sind Holzteilchen) bereiteten Halbstoffes siehe **W. Herzberg, Mitt. v. Materialprüfungsamt 1916, 77.**

In **Leipz. Drechsl.-Ztg. 1911, 345** findet sich eine Arbeit über die vielfache Verwendbarkeit der Sägespäne. Man erhält z. B. aus 3 Tl. Sägespänen und 1 Tl. Zement, trocken gemischt, dann stark angefeuchtet und gepreßt, künstliche Bretter, die gesägt und genagelt werden können. Sägespäne, heißer Steinkohlenteer und Harz geben brikettiert einen künstlichen Brennstoff. Aus Sägespänen und Blut werden durch starke Pressung künstliche Holzmassen erzeugt, während ein dauerhafter Mauerputz erhalten wird aus 1 Tl. Zement, je 2 Tl. Kalkbrei und Sägespänen mit 5 Tl. reinem Sand. Ein Dachbedeckungsmaterial oder eine Substanz, die sich zur Trockenlegung feuchter Räume eignet, wird hergestellt durch Vermischen von Sägemehl mit einer Masse aus 25 kg Steinkohlenteer, $2^1/_2$ kg Schwefelblumen und so viel Ätzkalk, bis eine Probe nicht mehr klebrig ist, zu einem formbaren Teig. Zur Herstellung von Bilderrahmen oder Verzierungen verrührt man eine Lösung von 5 Tl. Leim und 1 Tl. Hausenblase mit Sägespänen zu einem plastischen Teig, der dann in Formen gepreßt wird. Die Verwertung dieses billigen Abfallproduktes in der Sprengstoffindustrie, als Entfärbungs-, Futter-, Düngemittel als Reinigungs- und Füllstoff usw. ist in den Vorschriften der betreffenden Kapitel beschrieben. (Siehe die Register.)

Über die Verarbeitung von Sägemehl auf Cellulose bzw. Papier durch Vorbehandlung mit Soda bei 70—75° und Weiterverarbeitung wie gewöhnlich mit Säure oder Alkali unter hohem Druck siehe **Norw. P. 21 853/1909.**

Zur Herstellung von Cellulose aus Holzabfällen, Rinde oder Stroh behandelt man das Material mit einer Lösung von Chlorkalk, Salzsäure und Soda oder Pottasche, entfernt die Lauge und verarbeitet die Masse ohne Leimung direkt zu Pappe oder Papier, wobei die kolloidartig gequollene Nichtcellulosemasse als Leimsubstanz dient. Die Lauge kann bis zur Erschöpfung aufgebraucht werden. **(D. R. P. 229 390.)**

Zur Cellulosegewinnung aus Sägespänen oder zerstückeltem Holz behandelt man das Material vor dem Kochen im offenen Behälter so lange mit Sodalösung oder schwefliger Säure, bis die Masse etwa die Hälfte ihres Gewichtes verloren hat. Der so dargestellte Zellstoff eignet sich besonders zur Herstellung von Zeitungsdruckpapier. **(D. R. P. 237 081.)**

A. Kirchner empfiehlt in **Wochenbl. f. Papierfabr. 47, 1587** die Verarbeitung der Schwarten und Säumlinge des Nadelholzstammes auf Sulfitzellstoff und Kraftstoff, da dieses Material neben den geringsten Mengen inkrustierender Stoffe die meisten, feinsten und längsten Fasern enthält. Solange ein rationelles Schleifverfahren nicht gefunden ist, zerkleinert man dieses wertvolle Material, das bisher ausschließlich Brennzwecken diente, dämpft es in rotierenden Kochern oder kocht es mit Wasser und verwandelt den gemahlenen Stoff schließlich in Pappen.

Ein Verfahren zum schnellen Aufschließen pflanzlicher Abfallstoffe für die Papier- und Pappenfabrikation durch Dämpfen und Kochen des Rohmateriales unter Druck ist dadurch gekennzeichnet, daß man der Kochflüssigkeit nur so viel alkalische Stoffe, z. B. Schwarz- oder alkalisch gestellte Sulfitablauge zusetzt, daß die beim Kochprozeß sich bildenden Säuren eben neutralisiert werden, wobei nur so viel Flüssigkeit vorhanden sein soll, daß das Kochgut infolge der Kocherdrehung stets abwechselnd mit Dampf und Flüssigkeit in Berührung kommt. **(D. R. P. 309 542.)**

Zur Verwertung geteerter oder graphitierter Manilaseilabfälle für die Papierfabrikation braucht man das Material nach **Techn. Rundsch. 1910, 241** nur etwas länger unter höherem Druck zu kochen als die meisten anderen Lumpenarten. Man kocht z. B. pro 1000 kg Rohmaterial 10 Stunden bei 5 Atm. Druck mit 200 kg Kalk und 30 kg Ätznatron. Allerdings werden in dem Maße als die Taue stark geteert waren, und in dem Maße als daher auch stärkere Brühen zur Verwendung gelangen müssen, auch die Fasern mehr angegriffen, weshalb man diese Art des Rohmaterials am besten zur Herstellung von Packpapier verwendet.

Die Verwendung der Jute und des Juteabfalles in der Feinpapierfabrikation ist beschrieben in **Wochenbl. f. Papierfabr. 1912, 370.** Vgl. **D. R. P. 89 585:** Aufschließung der Jutefaser mit Ätzkalk oder Soda für Zwecke der Papierfabrikation.

Über die Verwendung von Jute in der Feinpapierfabrikation siehe auch das Referat über einen Vortrag von **Heigis** in **Papierztg. 1912, 260.**

Zur Abscheidung der Cellulose aus stark verholzten Pflanzen (Jute, Manila, Schilf, Bambus, Esparto) kocht man z. B. die Juteabfälle unter 3 bis höchstens 6 Atm. Druck mit einer fast neutralen Lösung von schwefligsauerem und essigsauerem Natron im Verhältnis von 2 : 1 (wobei die Mischlauge jedoch stets nahezu neutral und eher schwach alkalisch sein muß), bis eine Probe die Beendigung der Kochung anzeigt. Der Zellstoff ist sehr leicht bleichbar und schäbenfrei. **(D. R. P. 284 681.)**

Man kann Jute, Manilahanf, Typha, Nessel, Flachs, Hanf oder gewöhnliches Stroh auch durch Aufschließung mit schwach sauren, bis zu 90% gebundene schweflige Säure enthaltenden Magnesiumsulfitlaugen beim Kochen unter Druck unter völliger Schonung der wertvollen Bastfasern in hochwertige Cellulose verwandeln. **(D. R. P. 301 716.)**

Nach **D. R. P. 309 181** und **309 236** werden die stark verholzten Pflanzen, wie z. B. Holz oder schwach verholzte Pflanzen, wie Jute, Nesseln, Schilf usw., auf Halb- bzw. Ganzstoff in der Weise verarbeitet, daß man das Material mit einem Gemisch von Soda oder Alkaliseife und schwefligsaueren und Schwefelalkalien mit oder ohne Anwendung von Druck kocht. Um die Grünfärbung mancher dieser Rohstoffe während des Kochprozesses zu verhindern, setzt man den Laugen überdies geringe Mengen Ätznatron zu.

89. Baumwollpflanzenabfall, Bambus, Bagasse.

Über die Virgofasern, das sind die den Baumwollsamenschalen anhaftenden Faserteilchen, die trotz ihrer Kürze als vollkommener Hadernersatz Bedeutung für die Papierfabrikation und auch für die Landwirtschaft insofern erlangt haben, als die Schale nach Absonderung der Faser ein wertvolles Futtermittel darstellt, siehe **Papierfabr. 1909, 312 und Festheft S. 41.**

Um aus den Schalen des Baumwollsamens Zellstoff herzustellen, entzieht man dem Material nach **D. R. P. 134 263** mit Kohlenwasserstoffdämpfen zunächst Wachs, Gummiarten, Öle und Fette und behandelt die entfetteten Fasern mit schwacher Ätzalkalilauge unter Druck.

Zur Herstellung eines Zellstoffersatzes kocht man Baumwollsamenschalen mit Alkalilauge, oxydiert sie dann mit einer Permanganatlösung, behandelt in einem Schwefligsäurebade nach und setzt das Material schließlich einem Chlor enthaltenden Bade aus. Nach der Alkalikochung kann man auch noch eine abwechselnde Behandlung mit Chlorbädern verschiedener Stärke einschalten. Die Alkalilauge löst aus den Schalen neben einem roten Farbstoff harz- und wachsähnliche Stoffe heraus, die beim Neutralisieren einen als farbigen Lack verwendbaren Niederschlag liefern. Die erhaltenen Überzüge haften auf Glas sehr fest und greifen auch Metalle nicht an. **(D. R. P. 192 690.)** Nach einer Ausführungsform des Verfahrens werden alle nach der chemischen Behandlung der Samenschalen der Schalensubstanz noch anhaftenden Fasern im Holländer entfernt und von der Schalensubstanz durch Siebböden getrennt. **(D. R. P. 208 675.)**

Baumwollstengel werden zur Erzeugung von Papierstoff unter hohem Dampfdruck alkalisch gekocht, worauf man mit Permanganat bleicht, mit Soda nachbehandelt und zur weiteren Farbaufhellung in anderen Bädern mit schwefliger oder Schwefelsäure nachbleicht. **(W. B. Nanson,** Ref. in **Zeitschr. f. angew. Chem. 1918, 252.)**

Über den günstigen Ausfall der Verarbeitung von Bambus zur Papierfabrikation, das Bleichen des Stoffes mit schwefliger Säure, statistische Daten und Vorschläge zur Aufschließung des Rohmateriales an Ort und Stelle nach europäischem Muster siehe **W. Raitt, Nachr. f. Hand. u. Ind. 1912, 124.**

Weitere Angaben über die Verwendung speziell von fünf Bambusarten zur Erzeugung von Papierstoff macht **W. Raitt** in **Papierfabr. 10, 715.** Ebd. **Heft 23 a, 60** finden sich die Untersuchungsergebnisse von **v. Posanner** über Fasern aus den ehemals deutschen Kolonien für die Papierfabrikation. Besonders geeignet Papierrohstoff zu liefern ist die Faserpflanze Ponzolzia hypoleuca, die wie Bast aussieht und ein Material liefert, das in seinen Eigenschaften an Lumpenhalbstoff erinnert; es ist mit einem Verlust von 4—8% mit 2—3% Chlor leicht bleichbar.

Zur Aufschließung von Pflanzenmaterial, das wenig Lignin und viel Pektinstoffe enthält, z. B. Bambus, verwendet man Magnesiumsulfitlösungen, die man durch Einwirkung von Schwefeldioxyd auf wässerige Magnesiumoxydsuspension erhält. Die Menge der gelösten Base soll im Verhältnis zur Säure mit der Herstellungstemperatur der Lösung wachsen. **(E. P. 2509/1915.)** Man arbeitet mit der fünffachen Menge einer Lösung von Magnesium- oder Natriumbisulfit oder von Calciumbisulfit mit freier schwefliger Säure, während 3—4 Stunden bei 5 Atm. und weiteren 7—10 Stunden unter 7—8 Atm. Druck, und erzielt eine Ausbeute von 50% grauweißem, mit 12% Chlorkalk rein weiß bleichbarem Stoff. **(Papierztg. 39, 2839.)**

Über die Herstellung von dem eingeführten Kraftstoff gleichwertigen Einschlagpapieren aus Zuckerrohrabfällen auf Kuba siehe **Papierztg. 41, 967.**

Die Bagasse wird zur Herstellung des Papierstoffes nach sorgfältigem Eintrocknen 2—5 Stunden unter 0,7—1,7 Atm. Druck zur Entfernung aller löslichen, in den Zuckerrohrpreßlingen enthaltenen Stoffe gewaschen und dann mit alkalischer oder Sulfitlösung 2—5 Stunden unter 2—4 Atm. Druck aufgeschlossen. **(A. P. 1 170 487.)**

Über die Herstellung von (1 t) Packpapier aus (2 t) Bagasse (Zuckerrohrabfall), die man mit Dampf aufweicht und unter Zugabe von Chlorkalk kollert, siehe **Papierfabr. 14, 31.**

Bagasse allein gibt nach **J. St. Remingten** stets ein steifes hartes Papier, mit Holzzellstoff jedoch, je nach den Mengenverhältnissen, sehr brauchbare Sorten verschiedener Eigenschaften. **(Papierfabr. 1909, 1185.)**

90. Wasserpflanzen, Torf.

In **E. P. 1445/1882** ist vorgeschlagen, Seepflanzen zur Gewinnung von Zellstoff gären zu lassen, das Material dann auszuwaschen, warm mit einer 1—5% Alkali und 1—2% Seife enthaltenden Lösung zu behandeln und schließlich mit Chlor zu bleichen.

Zur Verarbeitung von Tang, Wassermoos, Seegras oder anderen Meerespflanzen auf gebleichten oder weißen Papierstoff trocknet man die Pflanzen an der Sonne, weicht sie dann in kalter, alkalischer Lauge, entwässert und arbeitet schließlich wie üblich weiter. Es ist vorteilhaft, gegen Ende der Luftbleiche etwas Schwefelsäure zuzusetzen, die der Cellulose eine größere Widerstandsfähigkeit gibt und in genügender Menge zu einem Halbstoff führt, aus dem man japanpapierähnliche Produkte von sehr feinfaseriger Form erhalten kann. Man behandelt z. B. 100 kg an der Luft und Sonne getrockneten Tang unter vorsichtigem Rühren, um die Fasern nicht zu zerstören, in einer Lösung von 1,5 kg Natriumbisulfit in 250 l Wasser, läßt nach einigen Stunden die aus der Lösung herausgenommene Tangmasse abtropfen, bringt sie in ein relativ starkes Chlorbad (das Chlor greift Seegras schwer an) und bleicht während etwa 12 Stunden, wobei man gegen Ende des Bleichprozesses 200 g Schwefelsäure zusetzt. Schließlich wird die abgetropfte gewaschene Masse, wie üblich, auf Mühlen zerkleinert. **(D. R. P. 272 886.)**

Zur Verarbeitung von Tang auf Papiermasse behandelt man ihn frisch und noch feucht mit 8% Chlorkalk, 2% ungelöschtem Kalk und 0,4 Vol.-% Salzsäure. Man geht dann in ein Oxalsäurebad, spült und holländert den Stoff unter Sodazusatz. **(Norw. P. 31 416.)**

Der Fasergehalt des Tangs ist jedoch so gering und das Sammeln und der Transport des Materials so schwierig, daß an eine Massenfabrikation, wie sie doch speziell der Artikel Cellulose und Papier darstellt, nicht zu denken ist. Sogar der für die doch relativ kleine Industrie der Klebstoff-(Norgine-)Fabrikation nötige Tang kann nur schwer beschafft werden. **(Papierztg. 1917, 1165 u. 1201.)**

Über die Verarbeitung von Schilf auf Papier mit einer Ausbeute von 66% des Rohmateriales siehe **Papierztg. 40, 733.**

Siehe auch die Abhandlung von **F. R. Herig** über die Verarbeitung des Schilfrohres auf Zellstoff und Papiermasse in **Cellulosechemie 1920, 65 ff.**

Die Kochung des besonders im Mündungsgebiet der Donau in großen Massen gewonnenen Schilfes zu Zellstoff muß, da die Faser stark verkieselt ist, durchgreifend und mit stark alkalischer Lauge erfolgen. Die Schilfcellulose wird wegen der Kürze und Dicke der Fasern nur als Zusatzstoff verwendet. **(E. Belani, Papierfabr. 1908, 604.)**

Um Schilf, Binsen und andere Halme auf spinnbare Langfasern und auf kurze, für die Papierfabrikation geeignete Fasern verarbeiten zu können, behandelt man das Fasermaterial nach **D. R. P. 163 659** 8 Stunden mit einer Flüssigkeit, die im Hektoliter Wasser 17,5 kg gebrannten, zu 75% gelöschten Kalk und 3 kg Steinkohlenteer vom Siedepunkt 230—270° enthält bei 100°. Man befreit die Faser dann durch Waschen mit Wasser oder geeigneten Lösungsmitteln vom überschüssigen Teer und Ätzkalk, behandelt sie in glycerinhaltigem Wasser, trocknet und arbeitet die beiden Faserarten gesondert auf. Ätzkalk greift die Faser nicht in dem Maße an wie die kaustischen Alkalien **(D. R. P. 136 100)** und ist billiger als Natriumphenolat **(D. R. P. 64 809)**; auch die gebildeten Kalksilicate sind unschädlich, da sie durch den Teer mechanisch entfernt werden.

Zur Verarbeitung von Schilf, Rohr und anderen Halmfasern auf spinnbares Material und einen für die Papierfabrikation geeigneten Halbstoff verfährt man nach **D. R. P. 285 539** in der

Weise, daß man das im reifen Zustande geschnittene, geschlitzte und getrocknete Material in Röstkufen während 2—5 Wochen bei 20—30° in Wasser einlegt, dieses öfter wechselt, das Schilf sodann wäscht, trocknet und in eine Erdölemulsion einlegt, die einen Zusatz von Natronlauge erhält. Hier bleibt das Material $2^1/_2$—$3^1/_2$ Stunden; wenn man unter Druck von 1—$1^1/_2$ Atm. arbeitet, kann man schon nach 1—$1^1/_2$ Stunden zur Weiterbehandlung schreiten, die darin besteht, daß man das Fasermaterial unter gleichzeitiger Trennung der Lang- von den Kurzfasern wäscht und wie üblich weiterverarbeitet. Die erhaltenen Spinnfasern sollen sich durch besonders große Zugfähigkeit, hohen Glanz und Weichheit auszeichnen.

Die Aufschließung des Kolbenschilfes nach einem mechanischen Verfahren bei Gegenwart von Seife ist ferner in **D. R. P. 339 270** beschrieben.

Die Anregung der Verarbeitung des Wasser- oder Rohrkolbens (Typha lati und angustifolia L.) auf Papier stammt von **C. Schinz,** der schon in **Dingl. Journ. 169, 312** auf die gewaltigen Mengen der an den Ufern der Donau, des Bug, des Dnieprs wachsenden Pflanzen genannter Art aufmerksam machte und auf die direkte Verwendbarkeit der mit warmer Lauge vorbehandelten Typha als Papierstoff hinwies.

Zur Herstellung des antiken Papyruspapieres legt man die der Länge nach in 1—2 mm starke Streifen zerschnittenen entrindeten Papyrusstengel mit den Rändern übergreifend nebeneinander, bedeckt die Lage kreuzweis mit einer zweiten Schicht Streifen und preßt das Ganze zwischen Wasser aufsaugenden Geweben. Wenn man die unteren Stengelenden verwendet, die genügend Dextrin und Klebestoffe enthalten, bedarf man keines Leimes. Weiße Papierbogen werden nur erhalten, wenn man die Stengel frisch verarbeitet. **(J. Wiede, Papierfabr. 1906, 1294.)**

Die echten Papyrusstauden liefern bei der modernen Verarbeitung ein Papier von großer Festigkeit, das sich besonders zum Bedrucken eignet und feiner und geschmeidiger ist als Espartopapier. **(Papierfabr. 1907, 2852, 1927, 2262 u. 2770.)**

Nach einem eigenartigen Verfahren gelingt es, die Pflanzengewebe der Hydrophytgewächse (Rohr, Binsen, Schilf) durch Ansiedlung des Bacillus fibro genes Branco derart zu verändern, daß die Fasern des Materials direkt zur Papierfabrikation Verwendung finden können. **(Buchner, Seifens.-Ztg. 1921, 952.)**

Eine Patentzusammenstellung über die Verarbeitung von Torf auf Papier und Pappenfabrikate findet sich in **Papierfabr. 18, 663 u. 683.**

Zur Herstellung von Papierstoff aus Torf behandelt man ihn unter möglichst hohem hydrostatischem Druck nach **D. R. P. 102 616** zuerst mit 2proz. Alkalilösung und laugt die Masse dann unter Herabminderung der Konzentration weiter aus. Dann entfernt man die Lauge, wäscht unter gleichzeitiger Bleichung mit 1—2grädiger Natriumhypochloritlösung, schließt die Torffaser auf und wäscht schließlich mit 1proz. Alkalilösung.

Zum Aufschließen roher Torffasern bedient man sich nach **D. R. P. 96 540** zunächst alkalischer, hierauf saurer Lösungen, um die in den Fasern enthaltene Stärke in Zucker zu verwandeln und die Eiweißstoffe zu zerstören, geht dann, um den Zucker in Alkohol und Kohlensäure zu zerlegen, in ein Gärungsbad, wäscht aus, behandelt mit einem Entfettungsmittel, wäscht, kocht mit verdünnten Säuren und Alkalien und bleicht schließlich.

Zur Aufschließung und Bleichung von Torffaser bedient man sich nach **D. R. P. 180 397** verdünnter Flußsäure, um die mineralischen Bestandteile herauszulösen, wäscht sodann in einem Säurebad und bleicht schließlich mit Wasserstoffsuperoxyd.

Zur Herstellung von Papier aus Torf behandelt man die Fasern mit in der Konzentration durch allmählichen Wasserzusatz ständig reduzierter, höchstens 20grädiger Alkalilauge bei 20 bis 24°, jedoch unter hohem Druck, läßt dann eine Behandlung mit Hypochloritlösung von höchstens 2° Bé, ebenfalls bei gewöhnlicher Temperatur, jedoch unter noch stärkerem Druck, folgen und behandelt die Masse schließlich abermals mit 1grädiger Lauge bei gewöhnlicher Temperatur unter abermals gesteigertem Druck. Man wäscht schließlich gründlich aus und bringt das lockere Fasermaterial direkt in den Holländer. Ein anderes Verfahren, das von sortiertem Torffasermaterial ausgeht, beruht ebenfalls auf der Einwirkung 2,5grädiger Ätznatronlauge unter 5 Atm. Druck in kontinuierlich arbeitender Apparatur. Der Stoff wird dann, wie üblich, gebleicht. **(L. Fabre, Zentralbl. 1919, IV, 157.)**

Über die Verarbeitung von Torf und die Trennung des Materiales in Papierstoffasern, als Preßtorf verwendbaren Schlamm und sonstige Pflanzenteile siehe **D. R. P. 83 332.**

Zur Cellulosegewinnung schließt man Moos oder Torf bei Normaldruck mit verdünnter Säure allein und ohne Nachbehandlung mit alkalischen Laugen unter 100° auf, unterbricht den Prozeß ehe die Zuckerbildung beginnt und gewinnt so ein Material, das zur Herstellung von Papier und Nitrocellulose oder auch als Futtermittel Verwendung finden soll. **(D. R. P. 314 712.)**

Nach **D. R. P. 348 636** kocht man den von den groben Bestandteilen befreiten starkfaserigen Torf in einem Kessel mit Siebboden 2 Stunden mit etwa 2proz. Ätznatronlösung, wäscht die abgeschleuderte Masse mit kaltem Wasser, behandelt sie mit 2proz. Chlorkalklösung, der man nach 1 Stunde etwas Sodalösung zufügt, wäscht die Masse aus, säuert mit verdünnter Schwefelsäure an, wäscht neutral und verwendet die in der Filterpresse abgepreßten Kuchen als Holländerzusatz für hellbraune Pappe oder Kunstleder.

91. Gräser, Alfa, Ginster, Flachs usw.

Zur Kochung und Aufschließung von harten Gräsern und anderen Faserpflanzen kocht man sie in einer Milch, die man durch Verrühren von humushaltigen Erden, wie Ton, Lehm, Pfeifenerde, Löß oder Ackerkrume, mit Wasser erhält. Die durch die Humuskörper entwickelte geringe Säuremenge bewirkt vollkommener und weniger agressiv als Säuren, Kalkmilch oder ätzende Alkalien es tun, die Aufweichung der Intercellularsubstanz und die Umwandlung der Fasern in Papierstoff oder Spinnmaterial. **(D. R. P. 217 371.)**

Zur Herstellung von Papier aus Zacatongras schließt man diese mexikanische, dem Espartogras verwandte Pflanze mit 23% Ätznatron in 6—7 Stunden oder mit 16% Ätznatron entsprechend länger unter Druck auf und erhält so 35—37% bzw. im zweiten Fall 55% leicht bleichbare Faser. **(C. J. Brand und J. L. Merrill, Papierztg. 40, 1958.)**

Nach **Papierztg. 45, 2841** ergibt auch das auf den westindischen Inseln massenhaft wachsende Sägegras ein Zeitungspapier, das ohne Leimung und Füllung Druckerschwärze besser annimmt als das überdies weniger zähe Fichtencellulosepapier.

Das Espartogras als Surrogat in der Papierfabrikation und seine Aufschließung mit Natronlauge ist das erste Mal erwähnt in **Journ. f. prakt. Chem. 101, 447,** bearbeitet nach einem englischen Patent von **Macadam.**

Über die Verarbeitung von Esparto auf Cellulose und der Ablauge auf ihre organische Substanz, die einen Heizwert von 4500 Cal. besitzt, siehe **H. Schröder, Papierfabr. 13, 66, 81 u. 101.**

Das im Jahre 1909 schon in der Menge von rund 200 000 t aus Algier, Spanien, Tripolis und Tunis nach England importierte Espartogras, das rund 46% Cellulose enthält, wird am besten in Sturzkochern mit 6proz. Natronlauge während $2^1/_2$—5 Stunden unter einem Druck von 20 bis 40 Pfund auf den Quadratzoll aufgeschlossen und man erhält so zwischen 41 und 45% Cellulose, die der Strohcellulose nahe verwandt ist. Durch Regenerierung der Lauge kann man 85% des Alkalis zurückgewinnen. **(C. Beadle u. H. P. Stevens, Papierfabr. 1910, Festheft, 63.)**

Nach **F. P. 505 001** kocht man das Espartogras nicht in langen Stücken, sondern zerfasert es in 3—4 cm langen Teilchen im Kollergang, wäscht den Stoff mit kaltem Wasser, erwärmt ihn mit 8—10proz. Sodalösung, wäscht und bleicht und erhält so einen dem Holzzellstoff ähnlichen, nicht krümelnden Papierstoff in 55% Faserausbeute.

Der bei der Verarbeitung von Espartogras abfallende Staub enthält 25—50% eines harten, bei 74° schmelzenden Wachses und bildet nach dessen Extraktion ein hauptsächlich aus Kieselsäure bestehendes, als Metallschleif-, -polier- und -putzmittel verwendbares Pulver. Die bei der Aufschließung des Grases selbst mit Ätznatronlauge erhaltene Schwarzlauge gibt bei Behandlung mit Säure Produkte, die für sich zum Färben von Wolle oder Seide dienen können, und weiter ein Harz, das zur Firnis- oder Beizenherstellung, als Imprägniermittel, zur Papierleimung und wegen seiner Löslichkeit in Boraxlösung auch als Schellackersatz bzw. Wasserfirnis dienen kann. Dieses Harz läßt sich mit Formaldehyd härten, zusammen mit Schwefel vulkanisieren und liefert, mit Polysulfid verschmolzen, ebenso wie die Schwarzlauge selbst, bei niederer Temperatur als sonst üblich ist, Schwefelfarbstoffe. Schließlich kann die Endlauge auf Furfurol und essigsaure Salze verarbeitet werden oder man kann die Schwarzlauge im ganzen mit Natriumbisulfat destillieren, die genannten beiden Stoffe und weiter auch Ammoniak und Phenole erhalten und im Rückstand das Natron abscheiden. **(C. Budde, Ref. in Zeitschr. f. angew. Chem. 29, 475.)**

Näheres über die Faser der Ginstercellulose, die sich durch besondere Feinheit und Länge auszeichnet, wie auch über den aus Binsen und Schilfrohr gewonnenen Zellstoff siehe in **Wochenbl. f. Papierfabr. 1912, 3497.** Man gewinnt aus 100 kg grünen Ginsterstengeln, die 44% der Pflanze ausmachen, durch Aufschließen mit Ätznatron Cellulose in der Menge von 9,7 kg, aus 100 kg Stacheln und Nadeln der Pflanze 7,1 kg Zellstoff; das Material eignet sich zur Darstellung künstlicher Seide.

Aus den die Früchte tragenden faserigen Bananenzweigen gewinnt man bei Ätznatronkochung unter Druck 67% gebleichte gute Fasern, die fett- und wasserdichtes pergamentartiges Papier liefern. **(Papierfabr. 1907, 2852 ff.)**

Ein Verfahren zur Erzeugung von Zellstoffasern aus Bastpflanzenteilen ist in **Schweiz. P. 75 760** beschrieben.

Über die Aufschließung der Alfafaser (für Zwecke der Papierfabrikation) mit alkalischen Flüssigkeiten siehe **Ber. 1873.**

Zur Aufschließung der Alfafaser oder ähnlicher Pflanzen für die Papierfabrikation behandelt man das unter Wasser befindliche Material bei mindestens 18° mit der Reinzucht einer auf gerotteter Alfa erzeugten Bakterienart, ersetzt nach vollendeter Gärung die abgelassene Flüssigkeit durch klares, evtl. mit Kochsalz gesättigtes Wasser, entfernt den in der Flüssigkeit schwebenden, die Pektinverbindungen enthaltenden Niederschlag durch Filtration und wäscht die Faser aus. Die Stäbchenbakterien entwickeln sich am besten im Meerwasser bei einer Temperatur von 35—38°. Man kann die Alfa auch in Haufen bringen und diese mit der die Reinkultur enthaltenden Nährbouillon und nach vollendeter Gärung mit einer alkalischen Lösung übergießen. **(D. R. P. 150 353.)**

Zur Herstellung von Papierstoff aus Flachs-, Hanf- oder Ramiefasern behandelt man das gequetschte, von Bindemitteln und inkrustierenden Stoffen befreite Gemisch von Pectocellulose und Lignocellulose mit einem Oxydationsmittel, das nur die letztere oxydiert, behandelt dann in einem alkalischen Bade, um die Lignocellulose zu zerkleinern oder aufzulösen, und wäscht methodisch die angegriffene und zerlegte Holzsubstanz von dem Fasermaterial ab. Letzteres bildet den Papierstoff, die Holzsubstanz kann bei Herstellung von Pappe oder Packpapier mitverarbeitet werden. **(D. R. P. 193 817.)**

Bei der Verarbeitung verschiedener Gräser und Faserstoffe auf Halbcellulose bewirkt man den Aufschluß mit Alkalien oder alkalischen Erden in Kollergängen oder ähnlichen Apparaten, die die Anwendung höchst konzentrierter Laugen gestatten. **(D. R. P. 349 880.)**

92. Andere Pflanzen.

Zur Herstellung von Zellstoff für die Papierfabrikation aus markreichen Pflanzenstämmen behandelt man das Material (Maisstiele oder Zuckerrohr) nach **D. R. P. 170 009** durch einmaliges Kochen mit einer einzigen Aufschlußflüssigkeit (Ätzalkali) in einer Stärke, die für die Aufschließung sowohl des Markes als der Stengelrinde genügt. Nach evtl. Entfernung der bei der Kochung nicht angegriffenen Teile erfolgt dann die Trennung der Rinden- von den Markzellen in bekannter Weise. Das Verfahren beruht auf der Tatsache, daß im Gegensatz zu früheren Anschauungen das Stengelmark dieselbe kräftige Behandlung verträgt wie die Rinde.

Über Gewinnung von Cellulose aus gereiftem Maisstroh mit gleichzeitiger Herstellung eines Futtermittels siehe **D. R. P. 257 993.**

Maiscellulose verleiht einem Zellstoff, der sich nur schlecht schmierig mahlen läßt, schmierigen Charakter und eignet sich zur Herstellung fettdichter Papiere ohne jeden Zusatz von Leim, da der Maiszellstoff selbst klebende und fettdichtende Eigenschaften zeigt. Es soll möglich sein, die Maisblätter so auf Cellulose zu verarbeiten, daß der Wert des cellulosefreien Materiales als Düngemittel nicht herabgesetzt wird. (Ref. in **Zeitschr. f. angew. Chem. 28, 47.)**

Über die Gewinnung von Papier aus Maisstroh und Maisstauden, ferner über die mangelnde Eignung der harten und brüchigen Sonnenblumenfasern zur Papierstoffgewinnung berichten **H. Schulte** bzw. **E. Kirchner** im **Wochenblatt f. Papierfabr. 47, 2236** bzw. **1861** u. **2320.**

Zur Zellstoffgewinnung aus Stroh und Maiskolben mit 10—11% Ligninsäure als Nebenprodukt arbeitet man nach **D. R. P. 324 894** zunächst kochend mit Lauge unter gewöhnlichem Druck, zieht diese ligninsäurereiche Lauge ab und führt den Cellulosekochprozeß dann mit frischer Lauge zu Ende.

Nach **Reinke** erhält man eine weiße, langfaserige Cellulose, die sich nicht nur für die Papierfabrikation, sondern ihrer Feinheit und Haltbarkeit wegen auch zur Herstellung von Geweben eignet, aus Spargelkraut, das bisher, um die Spargelpflanzungen vor der Brut der Spargelschädlinge zu bewahren, verbrannt werden mußte. **(Wochenbl. f. Papierfabr. 1912, 4709.)**

Man behandelt die mit schwefliger Säure oder besser mit 8—12 proz. Natronlauge bei 4 bis 6 Atm. während 1—3 Stunden aufgeschlossene Cellulose des Spargelkrautes während 24 Stunden in einer Oxydationsbrühe, die 1% Kaliumpermanganat und 1% Schwefelsäure enthält, und reduziert sodann mittels 0,5 proz. schwefliger Säure. Aus feuchten Schalen des Spargels enthält man 1,8%, aus Spargelkraut 9% Cellulose. **(D. R. P. Anm. R. 36 808, Kl. 55 c.)**

O. Reinke befürwortet außerdem die Verarbeitung des Erbsen- und Bohnenstrohes auf reine besonders für die Kunstseideindustrie geeignete Cellulose in Gegenden, wo viel Konservengemüse gebaut wird, und beschreibt das Aufschließen dieses Materiales mit 7 proz. Natronlauge unter etwa 6 Atm. Druck und seine Bleichung in **Chem.-Ztg. 1913, 601.**

Nach **D. R. P. 263 315** gewinnt man Zellstoff aus pflanzlichen Rohstoffen aller Art in der Weise, daß man das Rohmaterial (z. B. Bananenblätter) in zerkleinertem Zustande während 30 Minuten mit Chlorzinklösung kocht, der man Glycerin und Gerbsäure zusetzt. Der Faserstoff wird nach dem Abschleudern der Brühe auf Papier verarbeitet, die Brühe dient als Bindemittel bei der Herstellung des Papiers an Stelle der Harzleimung.

Über die Gewinnung von 20% guter Faser neben Rot- und Braunpulverkohle aus Hopfenreben (Deutschlands jährliche Verarbeitung beträgt 500 000 Ztr. Hopfenzapfen) durch Behandlung des Materiales mit 0,5% Mineralsäure s. **O. Reinke, Chem. Ztg. 39, 597.**

Die Cellulosegewinnung in einer Ausbeute von 30% (also etwa ebensoviel wie Pappel, Espe, Buche oder Birke) aus verholzten Abfällen der Weinrebe und deren Aufschließung mit warmer verdünnter Salpeter- und Salzsäure oder noch besser mit Alkalien, die Bleichung der Masse mit Chlor usw., beschreibt **F. Marre,** Ref. in **Zeitschr. f. angew. Chem. 26, 291.**

Über die Eignung der Mohrenhirsepflanze zur Gewinnung der Cellulose siehe die Arbeit von **B. Haas** in **Zeitschrift f. angew. Chem. 1918, I, 84.**

Zur Gewinnung stark saugender Cellulose von feiner Faserbeschaffenheit rottet man grüne Stengel von Hibiscus cannabinus (Malvaceenart) 30—40 Tage in fließendem Wasser, verarbeitet dann weiter wie Flachs, bleicht 30—40 Stunden und trocknet im Sonnenlicht. **(E. P. 17 348/1914.)**

Das Verfahren des **D. R. P. 261 931** zur Vorbereitung von Faserstoffen für den Spinnprozeß (Flachs, Hanf, Jute, Phormium, Ramie, Alfa oder Pflanzenhaar) ist auch für die Herstellung von Papierstoff aus Rinde vom Maulbeerbaum oder von der Linde, aus Stroh, Holz, Bambus, Schilfrohr, Binsen, Weinranken, Cocosfasern, Abfällen von Lumpen, Säcken oder Tauen anwendbar. Das in einen Druckkessel verpackte, mit Wasser völlig bedeckte Rohmaterial wird mit 5% des Fasergewichtes Erdöl versetzt; man kocht während 2—6 Stunden bei 120—160°, je nach der Art des zu verarbeitenden Materiales. Nach der Behandlung ist das Produkt direkt verwendbar und befindet sich in leicht bleichfähigem Zustande.

Als Ausgangsstoff zur Herstellung von Pappen und Papier kann man auch entgerbte, entharzte und entschuppte Baumrinde verwenden, wie sie in Form der bisher nur zu Heizzwecken verwendeten Lohe vorliegt. Das Material besitzt genügende Klebkraft, so daß der Zusatz eines Bindemittels nicht nötig ist. **(D. R. P. 301 858.)**

In **Ö. P. 51 409** ist ein Verfahren beschrieben, um Abfälle von Weidenrutenrinde auf Filz, Pappe oder Wärmeisolierungsmaterial zu verarbeiten. Die Rinde wird zuerst während einiger Stunden bei einem Druck von 1—3 Atm. gedämpft, worauf man die Masse im Holländer mahlt und dann in die entsprechenden Formen preßt bzw., wenn es sich um die Herstellung von Pappe oder Filz handelt, in üblicher Weise auf Bahnen verarbeitet.

Über die Anwendung von Kartoffel- und Rübenabfällen zur Papiererzeugung siehe **Papierztg. 1876, Nr. 17.**

Über die Eignung verschiedener, wenig bekannter Faserarten zur Papierfabrikation, so z. B. der feinen und biegsamen Ananasfaser für Seidenpapiere, der Agavefaser (Neuseeländischer Flachs) zu sehr festen, jedoch schwer bleichbaren Papierstoffen, der Adansionafaser für Packpapier und Schleifpapier und der Cocosfaser für Pappe berichtet **E. L. Seleger** in **Wochenbl. f. Papierfabr. 1906, 2786** u. **3018.**

Die Literatur über die Gewinnung dieser und ähnlicher neuer Fasern für die Papierfabrikation ist in übersichtlicher Weise von **Schwalbe** zusammengestellt in **Wochenbl. f. Papierfabr. 1912, 4511.**

93. Altpapieraufarbeitung. Literatur, Allgemeines. Mechanische Verfahren.

Über Wiederverarbeitung von gedrucktem und beschriebenem Papier siehe **O. Albertus, Umschau 19, 392.**

Siehe auch zu diesem Thema die Mitteilungen von **P. Biergart** in **Chem.-Ztg. 1922, 41.**

Über die Verwertung der Papierabfälle aus den Wohnungen der Städte siehe **Wochenbl. f. Papierfabr. 46, 1355.**

Die Wiedergewinnung von Papierstoff aus Papier- und Pergamentabfällen ist in **Papierfabr. 14, 137** beschrieben. Nach **C. Bartsch** ist die Umwandlung des Zellstoffes in Amyloid bei der Papierpergamentierung mit Schwefelsäure nur eine ganz oberflächliche, so daß die Aufarbeitung der Pergamentpapierabfälle nach Entfernung der äußeren Schichten mit Leichtigkeit vonstatten geht. **(Papierfabr. 14, 241.)**

Über Regenerierung von Altpapier siehe auch die Patentzusammenstellung in **Papierfabr. 18, 759** u. **783.**

Eine Einrichtung zum Entfärben und Aufschließen von Altpapier ist z. B. in **D. R. P. 305 343. 328 671** und **328 731** beschrieben.

Von dem in Deutschland erzeugten Druckpapier gelangen nur 10% zur Wiederverarbeitung in die Papierfabrik zurück, 90% gehen völlig verloren. Es existiert daher eine große Zahl von Verfahren, um diese geringe wiederverwendbare Papiermenge möglichst ohne die Faser zu schädigen wiederverarbeiten zu können, also die im Altpapier vorhandenen Farbstoffe, Tinte, Druckerschwärze usw. zu entfernen. In **Chem. Apparat. 2, 21** ist ein Apparat beschrieben, in dem das bedruckte Material mit einer bestimmten Bleichsodalösung, die 3% Natriumsuperoxyd enthält, behandelt wird. Die bestimmte, von **H. Wangner** angegebene Lauge ist deshalb besonders wirksam, weil sie während des Prozesses durch Aufnahme der öligen und fettigen Bestandteile seifenhaltig wird und so alle Verunreinigungen aufzunehmen vermag ohne den Zellstoff zu gilben. Allerdings beträgt der Stoffverlust an Cellulose bzw. Holzstoff und Füllstoffen etwa 21%, so daß es bis heute, auch in Hinblick auf die hohen Kosten der chemischen Verfahren immer noch rentabler ist Altpapier im ganzen auf eigengefärbte Schrenzpackpapiere zu verarbeiten.

Im übrigen ist bei der Entfernung der Druckerschwärze vom Altpapier einzig und allein die Wirtschaftlichkeit ausschlaggebend und nur die genaue Kalkulation in jedem Spezialfall gibt Aufschluß darüber, ob die Aufwendungen an Chemikalien, Apparatur und Arbeitszeit zuzüglich der durch die Faserabgänge entstehenden Verluste die Aufnahme der Altpapierreinigung in den Betrieb lohnt. Es wird sich stets zeigen, daß die Verfahren zu teuer sind, überdies haben sie den schwerwiegenden Nachteil, daß unter dem Einflusse der alkalischen Mittel mit der Druckerschwärze und den sonstigen Verunreinigungen zugleich die ursprünglich in dem Altpapier vorhandene Leimung mit entfernt wird, so daß sich bei der Aufbereitung des Stoffes ein großer Mehrbedarf an frischer Leimung ergibt.

Eine völlige Entfernung der feinen Rußteilchen, die in der Druckerschwärze enthalten sind, läßt sich übrigens niemals erzielen, so daß das Problem der Verwertung von bedrucktem Altpapier nur dadurch restlos lösbar ist, daß man die Druckerschwärze durch andere Farbstoffe ersetzt, die sich durch einfache Mittel und auf billige Art zerstören und entfernen lassen.

Über die Herstellung einer leicht entfernbaren Druckerschwärze siehe **D. Ind.-Ztg. 1875, 206.**

Die Wichtigkeit der Aufgabe aus Altpapier wieder Neupapier zu gewinnen erkannte schon **Goethe,** der dem Großherzog über ein Verfahren des Jenaer Universitätsprofessors **Göttling** berichtete, das zum Zwecke hatte bedrucktes Papier wieder zu Brei zu machen und ihm mit dephlogistisierter Salzsäure (Chlor) die Druckerschwärze zu entziehen. Allerdings wurde schon 1775 nach einem Vorschlage **Klaproths,** wovon **Goethe** wohl keine Kenntnis hatte, das Verfahren im Großen ausgeübt. **(Wochenbl. f. Papierfabr. 48, 62.)**

Über die mechanische Entfernung der Druckerschwärze aus Altpapier in einem besonderen Turbinenapparat, der die während 30 Minuten bei 70° behandelte Masse vermöge seiner hochgesteigerten Rührkraft ohne Qualitätsveränderung der Faser zu reinigen vermag, siehe **Papierfabr. 13, 807.**

Zum Wiedergewinnen der Papierfasern aus bedrucktem Altpapier behandelt man das zerkleinerte, alkalisch vorbehandelte Material in besonderer Siebvorrichtung mit Wasserstrahlen, die die Verunreinigungen Farbstoff, Leim und Füllstoff durch das Sieb treiben, während die reinen Fasern, die nicht mehr gebleicht zu werden brauchen, oben abschwimmen. **(D. R. P. 233 665.)**

Verfahren und Vorrichtung zum Waschen von Ganzzeug, insbesondere zum Entfernen von gelöster Druckerschwärze sind in **D. R. P. 324 242** beschrieben.

Ein Regenerierverfahren für Altpapier, bei dem die Entfärbungs- und Aufschließungsflüssigkeit durch einen oxydierend oder bleichend wirkenden Gasstrom (Sauerstoff, Wasserstoff, Ammoniak, Schwefeldioxyd, Chlor) kreisförmig durch die ruhende Altpapiermasse geschickt wird, ist in **D. R. P. 335 268** beschrieben.

Die Entfernung von Farbe und Druckerschwärze aus Druckpapier unter Verwendung von Bentonit, einer entfärbend wirkenden Tonart, ist in **D. R. P. 353 024** geschützt.

94. Druckerschwärzeentfernung.

Zur Entfernung der Druckerschwärze von bedrucktem Papier behandelt man es mit Peroxyden der Alkalien oder Erdalkalien und gallertartiger Kieselsäure und verwandelt so das Fett der Druckerschwärze in eine von ihr und der Faser leicht entfernbare und auswaschbare Emulsion. **(D. R. P. 215 312.)**

Zur Entfernung von Druckerschwärze aus Altpapier, ferner zum Auflösen des Altpapieres zu Papierstoff und zum Aufschließen von Textilfasern aller Art behandelt man das Material auf kaltem Wege kurze Zeit mit einer ammoniakhaltigen Lösung von Ätznatron, wäscht die Masse dann aus und bleicht sie evtl. nach. **(D. R. P. 220 424.)**

Mit nur geringem Aufwand von Chemikalien und sonstigen Spesen vermag man die Druckerschwärze in der Weise zu entfernen, daß man das Zeitungs- oder Druckpapier mit verdünnter Lauge einweicht, diese durch leichtes Abpressen wiedergewinnt und die Masse sodann unter Wasserzusatz durch Rühren oder Quirlen fasert, um sie schließlich auf endlos umlaufenden Sieben durch überbrausendes Wasser reinzuwaschen. **(D. R. P. 254 554.)** In einer Zusatzpatentanmeldung ist eine Vorrichtung zur Ausübung des Verfahrens angegeben. **(D. R. P. Anm. K. 55 109, Kl. 55 b.)**

Zur Aufarbeitung von Altpapier behandelt man das Material am besten während seiner Überführung in den breiartigen Zustand in einer höchstens 0,2 proz., 40—65° warmen Ätznatronlauge oder mit der äquivalenten Menge Alkalibicarbonat, und dann zwischen 65—100° oder schließlich bei Siedehitze mit der entsprechenden Menge Boraxlösung. Es wird dadurch nur die Druckfarbe gelöst, während der Holzschliff unangegriffen bleibt. Man rührt die im Holländer zerkleinerte Masse mit der heißen Lösung, bringt sie dann auf Siebe, läßt die alkalische Lösung ablaufen und wäscht den Rückstand mit reinem Wasser nach. **(D. R. P. 312 618.)** Vgl. **Th. Schopper, Wochenbl. f. Papierfabr. 47, 543** und **ebd. S. 720.**

Zur Beseitigung von Tinte oder Farbstoff aus Papier behandelt man den Altpapierbrei mit Sulfitablauge, schleudert ab und wäscht aus. **(A. P. 1 175 853.)**

Zur Wiedergewinnung von reinem Papierstoff aus bedrucktem oder beschriebenem Altpapier behandelt man den Stoff in einer Kollermühle nach **D. R. P. 31 171** mit einer Mischung von Terpentinöl, Seifenwasser und Javellscher Lauge.

Nach **D. R. P. 71 012** kann man bedrucktes Papier auch von der Druckerschwärze befreien, wenn man das Material mit Erdöl aufweicht, um es sodann mit Natronlauge zu kochen.

Zur Entfernung der Druckerschwärze verrührt man die mit alkalischen Lösungen vorbehandelten Zeitungen oder Druckschriften gleichzeitig mit Wasser und Benzin oder einer anderen mit Wasser nicht mischbaren Flüssigkeit, läßt dann absitzen und erhält so, nach evtl. Wiederholung des Verfahrens, eine reine Faser. Die Benzinlösung wird natürlich regeneriert. **(D. R. P. 265 488.)** Nach dem Zusatzpatent arbeitet man in besonderer Apparatur durch vorsichtiges, örtliches Bewegen der Mischungsteilchen während des Absetzens der mit Faserstoffen durchsetzten Wasser-Benzinflüssigkeit. **(D. R. P. 279 101.)**

Um Papier von der Druckerschwärze zu befreien, behandelt man das zerkleinerte Material nach **D. R. P. 76 017** mit einer Mischung, die in 100 Tl. Wasser 10 Tl. Wasserglas und 10 Tl. Schwefelkohlenstoff oder Paraffinöl enthält.

Nach **D. R. P. 75 447** imprägniert man Druckpapier zu demselben Zweck im Kollergang mit flüssiger Ölsäure, erwärmt 1—2 Stunden auf etwa 100° und behandelt die Masse im Kocher während 2—3 Stunden bei etwa 2 Atm. mit soviel Ätznatronlauge, als zur Verseifung der Ölsäure nötig ist, dann preßt man aus und wäscht mit heißem Wasser nach.

Um grobe oder schmutzige Papiermassen für die Herstellung weißen Papieres verwenden zu können, behandelt man den zerkleinerten Rohstoff nach **D. R. P. 88 563** mit einer alkalischen Lauge, die Knoblauch, Allylsulfid oder eine andere Cruciferenessenz enthält.

Nach **F. P. 432 744** entfernt man die Druckerschwärze aus Altpapier in einem besonderen Rührapparat mittels einer Lösung, die in 50 l Wasser 50 g kohlensaures Ammonium oder 50 g

Kaliseife enthält. Häufig ist es nötig, nachträglich noch mit einer kochenden Lösung von 12—15 g Oxalsäure in 55 l Wasser nachzubehandeln. In beiden Fällen braucht der Halbstoff dann nur noch gewaschen zu werden.

Zur Gewinnung von reinem Papierstoff aus Altpapier wird es nach **D. R. P. 127 820** in feuchtem Zustande aufgefasert und zur Entfernung der Druckerschwärze u. dgl. mit Seifenlösungen oder Seifenemulsionen behandelt.

Zur Aufarbeitung von Altpapier mahlt man es vor dem Kochen mit Seifenlösung in einem Holländer, aus dem das verunreinigte Wasser von unten abgeführt wird, und wäscht die gekochte Fasermasse nach dem Kochen mit Seifenlösung im Kochgefäß selbst in der Weise, daß man dem Kochgefäß am Boden temporär Waschwasser zuführt, das oben abfließt. **(D. R. P. 316 469.)**

In **D. R. P. 258 240** wird empfohlen, beschriebenes oder bedrucktes Papier zur Entfernung der Druckerschwärze zuerst mit Ätznatron und unterchlorigsaurem Natron mit oder ohne Zusatz von Benzinseifen zu behandeln und sodann die Trennung von Lauge und Papiermasse durch Auspressen zu bewirken. Zur Vorbehandlung arbeitet man mit Soda unter Zusatz von Boraxseife und Tetrachlorkohlenstoff. Durch das Pressen wird die, die Chemikalien enthaltende Lauge so gründlich abgetrennt, daß beim folgenden Waschen fast nur noch Fett, Leim, Schmutz und Farbe als Produkte der Aufschließung entfernt werden. Demzufolge wird die Auswaschzeit verkürzt und der Chemikalien- und Stoffverlust auf ein Mindestmaß herabgesetzt.

Nach **D. R. P. 263 220** behandelt man das Altpapier zur Entfernung der Druckerschwärze zuerst mit Schwefelkohlenstoff, Benzin oder einem anderen fettlösenden Mittel und kocht die Masse dann mit festem Petroleum oder einer Petroleumseife, die aus Erdöl, Ölsäure, Karnaubawachs oder mittels der fettsauren Salze des Aluminiums hergestellt wird.

Nach einem Referat in **Chem.-Ztg. Rep. 1922. 163** ist allen anderen Mitteln, die zur Entfernung der Druckerschwärze vorgeschlagen wurden, alkalische kolloidale Fullererde vorzuziehen, von der 4,7%, auf das Papiergewicht bezogen, genügen. Durch diese Behandlung werden das Öl des Bindemittels und der Kohlenstoff entfernt, am besten dann, wenn bei einer Temperatur von etwa 50° die Masse stark verdünnt wird. Die auf dem Sieb zurückbleibende weiße Pülpe wird dann mit 0,9% schwefliger Säure, auf das Altpapiergewicht bezogen, in 15 Minuten weiß gebleicht. Zur Verarbeitung dieser Pülpe und zur Bildung von Neupapier aus diesem Altpapier wird dann nach **A. P. 1 351 092** verfahren.

Nach einem anderen patentierten Verfahren (Ref. in **Papierztg. 1912, 450**) werden die bedruckten oder beschriebenen Altpapierabfälle in einem geeigneten Apparat der Einwirkung einer heißen Lösung von Ätznatron und Antiformin mit oder ohne Zusatz von Benzinseife, Soda, Borax, Seife, Tetrachlorkohlenstoff oder anderen emulgierenden Mitteln ausgesetzt. Die Abbildung und Beschreibung der Wirkungsweise des Apparates finden sich in dem genannten Referat.

Zur Aufarbeitung von Altpapier behandelt man es in wässerigen Lösungen mit den Enzymen der Bauchspeicheldrüse, die die Druckerschwärze leicht von der Faser lösen und ein leichtes Zerfallen des Papieres bewirken, das hierbei nicht wie bei Einwirkung alkalischer Flüssigkeiten gelb wird. Statt der Bauchspeicheldrüse können auch Ricinusferment oder Papayotin Verwendung finden. **(D. R. P. 287 884.)**

Zur Wiedergewinnung von Papierfasern aus gedrucktem Papier kocht man die Abfälle in einer bei der Bereitung eines Sojanahrungsmittels hinterbleibenden Flüssigkeit, der man zur Unterstützung der Druckerschwärzeauflösung Seife und Thiosulfat zusetzt. **(D. R. P. 356 742.)**

Um mit Tinte beschriebenes Schreibpapier wieder benutzbar zu machen, zieht man es durch ein erstes Oxalsäurebad, ein zweites Permanganatbad, ein drittes Oxalsäurebad und eine vierte Lösung, die Aluminiumsulfat enthält, worauf man das Papier zwischen heißen Walzen glättet. **(D. R. P. 321 545.) [Bd. III, 198.]**

95. Zellstoffbleiche. Literatur und Allgemeines.

Die Literatur über Zellstoffbleiche hat **Schwalbe** zusammengestellt in **Wochenbl. f. Papierfabr. 1912, 4705.** Vor allem sei auf den Vortrag von **Schwalbe** über Zellstoffbleiche, die Vorgänge während des Bleichens und die Ausführung des Bleichprozesses verwiesen; Referat in **Wochenbl. f. Papierfabr. 1912, 190 u. 274.**

Weitere Angaben über Cellulose- und Holzstoffbleiche und deren Kalkulation finden sich in **Papierfabr. 1907, 1046 u. 1102.**

Theoretische und praktische Erörterungen zur Lumpen- und Zellstoffbleicherei bringt **A. R. Voraberger** in **Papierfabr. 10, 976 u. 995.**

Über die Bestimmung des Bleichgrades von gebleichter Baumwolle oder Cellulose siehe **C. G. Schwalbe, Zeitschr. f. angew. Chem. 1910, 924.**

Zur Kenntnis der alkalischen und sauren Cellulosebleiche brachte **V. Hottenroth** einen Beitrag auf der Hauptversammlung des Vereins der Zellstoff- und Papierchemiker (Berlin 1921), über den in **Chem.-Ztg. 1922, 104** referiert ist.

Papierstoff für alle feineren Papiersorten muß gebleicht werden, da die natürliche Färbung des Zellstoffes der Gesamtmasse eine gelbliche bis bräunliche Eigenfarbe erteilt. Die Bleichmittel der Praxis sind Chlorkalk oder (elektrolytisch hergestellte) Hypochloritbleichlauge, alle anderen in Vorschlag gebrachten Bleichmittel sind entweder zu teuer oder weniger wirksam.

Der Bleichprozeß der Baumwolle [252 ff.] unterscheidet sich wesentlich von jenem der Cellulose dadurch, daß man in ersterem Falle mit sehr geringen Chlor- (0,2—0,05%) oder Chlorkalkkonzentrationen (0,07—0,0017% Chlor) arbeitet, während die Zellstoffbleiche mit einer Bleichlösungskonzentration von 0,5% ausgeführt wird. **(C. G. Schwalbe, Zeitschr. f. angew. Chem. 1908, 1842.).**

Auf Grund eingehender Untersuchungen kommen **A. Raker** und **J. Jennison** zu dem Resultat, daß die schon einmal zum Bleichen von Zellstoff gebrauchte Bleichlauge, da sie die Farbe des gebleichten Zellstoffes ungünstig beeinflußt, nur noch zur ersten Waschung der gekochten Lumpen mitverwendet, dann aber durch Auswaschen entfernt und beseitigt werden soll. Ferner ist die Vorbehandlung des Zellstoffes mit verdünnter Säure nur bei schwerbleichbarem Zellstoff von Wert. Der Bleichprozeß arbeitet um so wirtschaftlicher, je konzentrierter der Zellstoff im Bleichbade angehäuft ist, und schließlich ist bezüglich der Bleichtemperatur zu sagen, daß gute Resultate schon bei 37,7° erzielt werden und daß man 48,8° nicht überschreiten soll. Bei der Ausführung der Bleiche ist es gut, wenn man den Zellstoffbrei vor der Zugabe der Bleichlösung erwärmt und den Stoff während der Bleichung in guter Bewegung erhält. Zum Schluß empfehlen die Vff. ein Einheitsbleichverfahren, das in der Weise ausgeführt werden soll, daß man 10 g lufttrockenen Zellstoff (mit 10% Wassergehalt) mit 100 ccm Wasser, das 12% (vom Zellstoff) 35proz. Chlorkalk enthält, bei 37,7° 2 Stunden lang bleicht, den gebleichten Zellstoff absaugt, das Filtrat mit Wasser auf ein bestimmtes Volumen auffüllt und einen Teil des unverbrauchten Chlors zurücktitriert. Zur Festlegung des Bleichgrades wird empfohlen Porzellanproben gewisse Färbungen zu geben, wie sie den verschiedenen Arten gebleichten Zellstoffes eigen sind.

Diese Angaben werden von **C. Beadle** und **H. P. Stevens** in einigem verbessert bzw. ergänzt. Vff. stellten fest, daß sich die Bleiche bei 23° in einem Achtel der Zeit durchführen läßt, die bei gewöhnlicher Temperatur nötig gewesen wäre, daß ferner 38° die kritische Temperatur ist, die auch nur wenig, etwa auf 43° erhöht, zu höherem Chlorverbrauch, Schwächung und Zerfall des Materiales führt. Gute Mahlung im Bleichholländer begünstigt die Bleichwirkung; es werden dann nur 40% des Chlors verbraucht, das ein nicht gemahlener, ruhig liegender Halbstoff beanspruchen würde. Im Gegensatz zu **B.** und **J.** finden Vff., daß gebrauchte Bleichflüssigkeit sich, als Verdünnungsmittel zugesetzt, beim Aufschlagen des zu bleichenden Zellstoffes gut eignet, wenn man die dann völlig chlorfreie, alte Lauge auswäscht und frische Bleichlösung zusetzt. Einleiten von Kohlendioxyd in den Holländer während der Bleichung befördert den Vorgang. Gasförmiges Chlor wird besonders dann erfolgreich angewendet, wenn eisengebeizte Hadern gebleicht werden sollen, da Chlorkalk in diesem Falle das Eisen in unlöslicher Form auf der Faser niederschlagen würde; die Hadern müssen daher vor der Chlorkalkbleiche mit Säure enteisnet werden. 1 Tl. des bleichenden Sauerstoffes von Kaliumpermanganat übt die gleiche Bleichwirkung aus wie 5,5 Tl. des Chlorkalksauerstoffes, auch ist die Schnelligkeit des Angriffes beim Permanganat wesentlich höher. Zum Schluß befürworten die Vff. die Anwendung der von **B.** und **J.** vorgeschlagenen Porzellanmusterplatten, empfehlen jedoch als Standard für den Bleichgrad jenen zu wählen, der zwischen zwei Standards fällt, um einen gewissen kleinen Spielraum zu lassen. (Ref. in **Zeitschr. f. angew. Chem. 28, 225 u. 352.)**

In einer Abhandlung über kaltes und heißes Bleichen kommt **C. G. Schwalbe** auf Grund seiner Untersuchungen zu dem Schluß, daß die alkalische Heißbleiche für den Stoff völlig unschädlich ist, wobei es dahingestellt bleibt, ob die bessere Beschaffenheit des Stoffes gegenüber dem sauergebleichten die Chlorverluste aufwiegt. **(Zeitschr. f. angew. Chem. 1908, 1356.)**

Die in alkalischer Lösung sehr geringe Bleichgeschwindigkeit steigt in saurer Lösung proportional dem Quadrat der Acidität der Bleichlauge und weiter auf den doppelten Grad für jede Temperaturerhöhung von etwa 7°. Die Bleichwirkung ist in weiten Grenzen von der Hypochloritkonzentration unabhängig. Ferner gilt allgemein, daß bei gleichem Chlorverbrauch der Bleicheffekt bei höherer Temperatur und bei stärkerer Acidität der Lauge steigt, daß aber zugleich in diesem Maße auch die Faser angegriffen wird und damit Faserverluste entstehen. Schließlich vergilbt der Stoff um so leichter, je kälter und je stärker alkalisch bzw. weniger sauer die Bleichlauge war. **(J. Nußbaum** und **W. Ebert, Papierfabr. 1907, 1342 u. 1566.)** Vgl. **ebd. S. 583** die Angaben von **J. P. Korschilgen** über die Verluste der Sulfitcellulose beim Vollbleichen, die etwa 5—8% betragen.

Schwache Bleichung des Stoffes kann unter Umständen die Festigkeit des aus ihm hergestellten Papieres erhöhen, während diese durch starke Bleichung verringert wird. Die Resultate von Versuchen des Bleichens eines Pappelnatronstoffes und eines normal bleichbaren Sulfitstoffes mit Chlorkalk in verschiedenen Mengen bei verschiedenen Temperaturen, ferner mit Permanganat, ergaben Resultate, die ebenso wie Angaben über Bleichverluste und Faserverluste beim Kochen des Stoffes mit verdünnter Natronlauge in **Papierfabr. 12, 900** mitgeteilt sind.

96. Zellstoffbleichverfahren.

Nach **A. Klein, Wochenbl. f. Papierfabr. 1906, 1197,** braucht man zum Bleichen von Sulfitzellstoff 12½—16% Chlorkalk bei einem Stoffverlust von 9—15%; bei Natroncellulosen stellen sich die Zahlen auf 14—18 bzw. 9—12%, bei Sulfatcellulose 10—15 bzw. 8—10%. Stark alkalische Reaktion der Bleichlauge verlängert die Bleichdauer.

Nach **Frank, Papierztg. 1889, 337** erzielt man durch Zusatz von 7—18 l Öl zur Chlorkalkbleichflüssigkeit eine große Ersparnis an Chlorkalk deshalb, weil diese Öle die Inkrustationen der Pflanzenfaser aufweichen und sie in Lösung bringen oder emulgieren, so daß die Kochlaugen kräftiger einzuwirken vermögen. Vgl. **C. Friedrich Otto, Seifens.-Ztg. 1912, 415.**

Nach **Papierztg. 1889, 333** u. **406** setzt man dem Stoff, um ihn zu bleichen, im Kocher pro Tonne etwa 7—9 l hoch siedendes Schieferöl zu; man soll mit diesem Bleichverfahren zu überraschenden Erfolgen gelangt sein.

Die ungünstigen Wirkungen des Chlorkalks auf die Papierfaser sollen sich nach **D. R. P. 34 704** vermeiden lassen, wenn man statt 100 Tl. reinen Chlorkalk zu verwenden, ein Gemenge von 85 bis 50 Tl. Kochsalz und 15—50 Tl. Chlorkalk zum Bleichen benützt.

Zum Bleichen von Strohstoff für die Papierfabrikation ersetzt man den sonst verwendeten Bleichkalk, der Calciumoxyd in der Masse hinterläßt, wodurch das Papier später nachgilbt, durch unterchlorigsaures Magnesium, das im Holländer zusammen mit verdünnter Oxalsäure verwendet wird. Die geringen Magnesiumoxalatmengen schädigen den Stoff nicht. **(D. R. P. 187 062.)**

Auch im Kollergang kann man den Stoff wirksam bleichen, wenn man der Masse äquivalente Mengen Bisulfit und Schwefelsäure zusetzt. **(Wochenbl. f. Papierfabr. 51, 2392 ff.)**

Bei der Zellstoffbleiche mit Chlorkalk kann man zur Ersparung von Dampf und Kohlen die Erwärmung des Stoffes durch tropfenweise Zugabe von auf den Chlorkalk berechnet 4—6% mit dem 10—20fachen Volum Wasser verdünnter Schwefelsäure, die man sofort direkt dem Bleichholländer zuführt, ersetzen. Eine Kalkulation über die Vorteile dieser Abänderung findet sich in **Papierfabr. 1917, 235.**

Zum Entchloren und Reinigen von Papierbrei leitet man durch die angesäuerte gechlorte Masse einen elektrischen Strom, der freies Chlor erzeugt und mit ihm zusammen organische und anorganische Unreinigkeiten, auch vorhandene Metallteilchen entfernt. Das Chlor geht in Chlorsäure über, die später durch Alkalien neutralisiert wird und in Form von Chloraten mit dem Siebwasser die Papiermaschine verläßt. **(D. R. P. 157 763.)**

Zur Vereinigung des Cellulosebleichprozesses mit der Papierleimung **[133]** setzt man der durch etwa $1^1/_2$stündiges Holländern mit der Bleichflüssigkeit gebleichten Papiermasse, nach einer Notiz in **Zeitschr. f. angew. Chem. 1916, III, 594,** unter allmählichem Anwärmen mit Dampf auf höchstens 38° eine Salpeterlösung zu, so daß der Papierstoff durch Zusatz der Leimsubstanz wieder alkalisch wird. Das freiwerdende Harz bleibt so emulgiert und es genügt nun eine wesentlich geringere Aluminiumsulfatmenge als sonst, um die Masse deutlich lackmussauer zu stellen.

Um Textil-, Papier- und andere Faserstoffe zu bleichen verteilt man das Material durch Aufschlämmen in einer geeigneten Flüssigkeit und zerstäubt die Masse dann, um sie in stetige Berührung mit dem zugeführten gasförmigen Bleichmittel (Chlor, Ozon oder schweflige Säure) zu bringen und so auch die inneren Teile des Bleichgutes in Reaktion zu führen. **(D. R. P. Anm. E. 18 727, Kl. 8 i.)**

Über das Bleichen von Cellulose in trockenen oder halbtrockenen Tafeln mit so konzentrierter Bleichlösung, daß sie von dem Cellulosematerial aufgesaugt wird, siehe **D. R. P. 260 306.**

Vergleichende Bleichversuche ergaben, daß die Bleichwirkung von Natriumsuperoxyd auf Hadernhalbstoff im Vergleich zu jener mit Chlorkalklösung sehr gering ist und bisweilen überhaupt nicht auftritt. **(v. Possaner, Wochenbl. f. Papierfabr. 44, 3161.)** Als selbständiges und Nachbleichmittel kommt das Natriumsuperoxyd vor allem deshalb nicht in Frage, weil Kosten und Bleichwirkung in keinem Verhältnis zueinander stehen.

Über die Herstellung des Ozonins, eines Bleichmittels für Holz, Stroh, Kork, Papier siehe **Bd. III [370].**

Zur Bleichung des Braunholzschliffes, der fester ist als Weißholzschliff, entlüftet man das Holz nach **D. R. P. 203 230** im Vakuum, dämpft mit luftfreiem Dampf oder behandelt das Holz mit schwachen Lösungen von Natriumsulfit oder Schwefelnatrium und dämpft sodann.

Zum Bleichen von Fasermaterial (Stroh, Papier) verwendet man nach **A. P. 1 032 229** ein Gemenge von Schwefelalkalien (Kalium- oder Calciumsulfid), das die farbigen Bestandteile zerstören soll. Nach üblicher Aufarbeitung (Waschen, Neutralisieren mit Oxalsäure, Weiterbleichen mit unterschwefliger Säure) soll ein Produkt resultieren, das zur Herstellung weißer Papiersorten dienen kann.

97. Elektrolytische Zellstoffbleiche.

Palmaer, W., Elektrolyse von Kochsalzlösungen in Verbindung mit der Celluloseindustrie. Stuttgart 1916.

Über die Vorteile der Verwendung von Elektrolytlauge zum Bleichen von Hadern (im Gegensatz zur Chlorkalkbleiche eine Ersparnis von 25—40% aktivem Chlor und 10—33% Säure) siehe **B. Fraas, Papierfabr. 1910, Festheft, S. 62.**

Ebenso wie für die Baumwollbleiche empfiehlt sich auch zum Bleichen des Zellstoffes die Anwendung der elektrolytisch gewonnenen Bleichlaugen, da sie sich im Gegensatz zu Chlorkalklösungen ohne jeden Verlust bereiten lassen, keine Kalkabsätze in der Faser liefern, tief in sie eindringen und sich auch leicht wieder auswaschen lassen. Die Chlorersparnisse sollen sich bei der Bleichung von Sulfitcellulose auf etwa 20% belaufen. Schließlich hat die elektrolytische Bleichlauge noch den Vorteil, nach ihrer Verwendung als harmlose Salzlösung keinen Schaden zu stiften, während die Ableitung der Chlorkalkabwässer Schwierigkeiten bereitet. **(W. Ebert, Papierfabr. 1906, 787, 843 u. 900.)**

Bei der Bleichung des Sulfitzellstoffes ergaben Versuche, die mit einem Stoff in der Konzentration 1 : 20 ohne Bewegung ausgeführt wurden, das bei gleichem Chlorverbrauch Elektrolytlauge ohne Rücksicht auf Alkalität und Acidität ein besseres Weiß gibt, als Chlorkalklauge, und daß man zur Erzielung desselben Weißegrades auch dann, wenn die Lauge alkalisch ist, Chlorersparnisse bis zu 5% erzielen kann, wobei ein Überschuß an Bleichmitteln keine Änderung des Resultates herbeiführt. Steigert man die Alkalität so wird die Bleichgeschwindigkeit verlangsamt, der Bleicheffekt jedoch bei beiden Laugen erhöht, während schwache Säuerung neutraler oder schwach alkalischer Laugen ebenfalls in beiden Fällen ein besseres Weiß gibt. Noch stärkere Säuerung vermindert den Bleicheffekt, und während neutrale oder schwach alkalische Lauge ein geringeres Weiß gibt als sauere, kehrt sich das Verhältnis bei einer Alkalität von 0,03—0,04 um. Es ist zu berücksichtigen, daß Elektrolytlauge eine viel dunklere Brühe gibt als Chlorkalklauge. (**B. Fraas, Papierfabr. 1909, 132 u. 257.**)

Ein Elektrolyt für die elektrolytische Bleiche von Faserstoffen aller Art besteht nach **D. R. P. 49 851** aus einer Lösung von 1 Tl. Chlormagnesium und 4 Tl. Kochsalz (spez. Gewicht 1,03) (oder aus einer 5—6 proz. Carnallitlösung) mit Zusatz von etwas Magnesia, um das Bad stets alkalisch zu halten.

Ein Bleichverfahren für Faserstoffe, bei dem die elektrolytische Zersetzung der Lösungen in Berührung mit dem zu bleichenden Faserstoff vorgenommen wird, ist mit der zugehörigen Apparatur in **D. R. P. 57 619** beschrieben.

Ein elektrisches Bleichverfahren beruht ferner auf der Beobachtung, daß eine elektrolytisch aus Kochsalzlösung erhaltene Hypochloritlauge bei 54—72° etwa zehnmal schneller bleichend, wirkt als in der Kälte, wobei allerdings Chloridbildung stattfindet und somit ein Verlust entsteht, der jedoch durch die Schnelligkeit des Bleichvorganges reichlich aufgehoben wird. Die abfallende Kochsalzlauge wird dann abgekühlt, wieder elektrolysiert und im stetigen Betrieb der Papiermasse im Bleichholländer zugeführt. (**D. R. P. 90 678.**)

Zur Herstellung weißer Druckpapiere bleicht man braunen Holzschliff elektrolytisch oder mit elektrolytisch aus einer Salzlösung hergestellter Bleichflüssigkeit und verändert dadurch den braunen Stoff in seiner Festigkeit und Verfilzungsfähigkeit derart, daß man auch ohne Zusatz von Cellulose völlig undurchsichtiges und auch in dünnen Sorten genügend festes Papier erhält. (**D. R. P. 189 882.**) Vgl. **C. G. Schwalbe, Zeitschr. f. angew. Chem. 1907, 1682.**

Zur Herstellung von Bleichlauge für Papierfabrikationszwecke in der mit 1200 Amp. getriebenen Allen - Mooreschen Zelle elektrolysiert man gereinigte, namentlich von Calcium- und Magnesiumverbindungen befreite Salzsole, dampft die entstehende, 120 g Ätznatron im Liter enthaltende Natronlauge auf 46° Bé ein und verwendet die konzentrierte Lauge nach Absonderung von den ausgeschiedenen, wieder zur Soleneinstellung dienenden Salzen zur Holzaufschließung, während das gebildete Chlor durch magnesiumfreie, überschüssige Kalkmilch absorbiert und so in Bleichlauge übergeführt wird. Der bei der Elektrolyse entstehende Wasserstoff wird in dem von **F. H. Mitschell** in **Chem. Met. Eng. 21, 370** beschriebenen Falle in die Atmosphäre entlassen.

Über elektrolytische Bleichmethoden, ferner über Zell- und Faserstoffbleiche mit sauerstoffabgebenden und chemischen Oxydationsmitteln siehe die Kapitel im Abschnitt „Textilfasern". **[259.]**

Nebenprodukte der Holzaufschließung.

98. Beschaffenheit, Wirkung und Gewinnung der Nebenprodukte allgemein.

Die inkrustierenden Begleitstoffe der Holzcellulose enthalten neben dem Lignin Zucker-, Stärke-, Fett- und Harzstoffe, die einerseits den Papierstoff verunreinigen, andererseits große Werte repräsentieren, so daß ihre Entfernung bzw. Gewinnung geboten erscheint. Die genannten Stoffe sind zum Teil in rohem Holze vorhanden, zum Teil bilden sie sich während der Kochung bzw. sie sind Ausgangsstoffe für weitere Umsetzungen; die Celluloseindustrie der Zukunft wird daher mehr noch als bisher eine Industrie sämtlicher Cellulosebegleitstoffe und deren Umwandlungsprodukte sein.

Das Harz aus gut gelagertem Holz enthält 50% Fett, im wesentlichen aus dem Glycerid der Ölsäure oder Linolensäure bestehend. Und noch höher ist naturgemäß der Harz- und damit auch der Fettgehalt des frischen Holzes, auch aus dem Grunde, weil sich im Lagerprozeß Harz und Fett verändern und letzteres an Schmierkraft verliert. Beim Kochen des Holzes geht die eine Hälfte des Harzes in die Lauge und die andere Hälfte bleibt im Zellstoff, der nicht 0,5, wie es bisher hieß, sondern 1% Harz enthält.

Nach **C. G. Schwalbe** beruht die Ursache der Harzflecke in Papier auf diesem Fettgehalt des Harzes, das nach dem Kochprozeß bei dem Zellstoff verbleibt, denn nur das Fett macht das sonst spröde und harte Harz weich und plastisch, so daß es Flecken erzeugen kann.

Es empfiehlt sich aus wirtschaftlichen Gründen nicht, das Harz vorher mit organischen Mitteln oder während des Kochens mit Alkalien zu entfernen, sondern man entharzt am besten den Zellstoff selbst mit Ätznatron, Soda, Borax oder Tetrapol. Sehr geeignet wäre zur Schonung der Cellulose das in saurer Lösung wirksame Twitchellreaktiv als Harzentfernungsmittel, doch hat dieses den Nachteil, daß es nur 41% des Harz-Fettgemisches emulgiert und so entfernbar macht. **(Wochenbl. f. Papierfabr. 45, 2926.)**

Übereinstimmend mit dem Ergebnis der Untersuchungen von **Schwalbe** fand auch **Sieber,** daß durch die Kochung nur 4,2%, durch gute Aufbereitung 51,8% und durch die Bleichung abermals 15% des Harzes aus dem Holze bzw. der Cellulose entfernt werden. Auch er fand, daß dieses Harz zur Hälfte aus Fett und zur Hälfte aus wirklichem Harz besteht. **(Papierfabr. 13, 389.)** Vgl. **Bd. 9** der Schriften des Ver. d. Zellstoff- u. Papierchem. (Papierztg.-Verlag), in dem sich alles Wissenswerte über die Entharzung des Zellstoffes und die Veränderungen des Harzes auf dem Wege vom Nadelholz über die Cellulose zum Papier findet.

Zur Beseitigung des Harzgehaltes der Sulfitcellulose ist es nötig, vorbeugend zu wirken also die Lauge heiß so vollständig wie möglich vom Zellstoff zu trennen und diesen heiß auszuwaschen. Auch durch Lagern des Holzes vor dem Kochen wird die Verdunstung und Verharzung des schädlichen Terpentins befördert. Das Ausdämpfen des Holzes vor dem Kochen zur Entfernung des Terpentinöles ist nur bei feinen Zellstoffqualitäten durchführbar, ebenso wie sich auch nur bei diesen die Extraktion mit Erdöl oder Benzin günstig kalkuliert. Von Einfluß auf den Harzgehalt der Cellulose ist sicherlich auch die Beschaffenheit des Wassers, da harte Wässer zur Bildung von Kalkseifen führen. **(E. Ahlfors und H. Helin, Papierfabr. 1909, 287.)**

Sägemühlabfälle, die etwa 70% Kiefer und 30% Fichte enthalten, geben pro Tonne Zellstoff 5 kg und überdies nach der Bergströmschen Methode der Zellstoffkocher-Kondensatverarbeitung (s. d.) auf Methylalkohol noch einmal 0,54 kg reines Terpentinöl. Die erhaltenen Terpentinöle, die sich in der Kolonne leicht vom Methylalkohol und vom Methylsulfid befreien lassen, können durch Destillation von den verharzten Bestandteilen getrennt und dann mit Schwefelsäure vollständig rein erhalten werden. Man gewinnt so Harz für die Papierleimung, Harzöl- und Konsistenzfettfabrikation, das sich auch zur Seifen- und Glaserkittbereitung eignet, ferner ein Öl, das sich hydrieren oder härten läßt, und schließlich ein Pech für elektrische Isolierzwecke. Jedenfalls besitzt das im Öl enthaltene Fett einen doppelt so hohen Wert als im Jahre 1914 das Harz besaß. **(A. Hellström, Papierfabr. 12, 1025.)** Vgl. dagegen **A. Luttringer, ebd. S. 67,** der sich aus der kombinierten Gewinnung von Harz und Cellulose nur bei sehr harzreichen Hölzern Erfolg verspricht.

Bei der Zellstoffherstellung nach dem Natronverfahren erhält man für 1 t Cellulose 13 kg Methylalkohol, der zwar 0,5% Aceton enthält, sonst aber reiner ist als der Holzgeist aus Holzessig. Beim Kochen nach dem Sulfitverfahren gewinnt man pro Tonne des Stoffes 8—10 kg Methylalkohol und überdies 3 kg aus dem Abgasungskondensat, das daneben noch Acetaldehyd, Aceton, Öle, Schwefeldioxyd und kleine Mengen Ameisensäure und Essigsäure enthält und bei der Rektifikation reinen Methylalkohol liefert. Der Holzgeist ist jedoch schwer aus den abgeblasenen Kondensaten zu gewinnen, da während der Zurückleitung der Dämpfe in die Fabrikation so große Verluste entstehen, daß eine Anreicherung an Methylalkohol nicht stattfindet. Entsprechend der größeren entstehenden Menge läßt sich daher nur bei der Sulfatcelluloseherstellung Holzgeist gewinnen, der übrigens auch schon durch Erhitzen von Holz mit Wasser unter Druck oder auch, und dann neben Aceton, Acetaldehyd und Ammoniak beim Kochen von Holz mit Natronlauge unter gewöhnlichem Druck entsteht. Die Rektifikation des Abgangskondensates liefert Terpenalkohole, und zwar entsteht aus Kiefernholz beim Sulfatkochen flüssiges Terpineol, aus Fichtenholz beim Sulfitkochen fester Terpenalkohol. **(H. Bergström, Papierfabr. 10, 677.)** Vgl. **ebd. 1910, 506.**

Hinsichtlich der Ausbeuten bei den einzelnen Holzgattungen gilt, daß man beim Kochen von Holz mit Natronlauge bei 10 Atm. Druck (auf Trockensubstanz des Holzes berechnet) aus den Fichten- und Kiefernarten etwa 0,67%, aus Birke 0,81% und aus Eucalyptus 0,83% Methylalkohol erhält. Diese und andere auch zunächst nur in kleinem Maßstabe ausgeführten Versuche ergaben für Laubholz stets höhere Ausbeuten als für Nadelholz. Die Natronlauge kann vermutlich beim Kochen durch Wasser ersetzt werden. **(Papierfabr. 11, 427.)**

Im Abblasewasser eines Sulfatkochers findet sich neben Ammoniak, Schwefelwasserstoff- und Methylmercaptangas und Ammoniumsesquicarbonat als festem Körper, schweres Öl vom Siedepunkt 110°, Aceton, Methylsulfid, Methylalkohol und Terpentinöl. Die Tonne Fichtenholzstoff liefert 10—13 kg Methylalkohol, in dem 1—2% Aceton enthalten sind, und weiter als wertvollen Bestandteil 0,15 kg Ammoniak, ferner 1,5 kg rohes Öl, das 1 kg Terpentinöl und 0,4 kg Methylsulfid enthält, während aus Kiefernholz wesentlich mehr, nämlich 11 kg rohes Öl, davon 8 kg rohes Terpentinöl und 2 kg Methylsulfid entstehen. Weitere zahlenmäßige Angaben die dartun, wie wertvoll die Nebenprodukte der Natronzellstoffablaugen sind, bringen **H. Bergström** und **O. Fagerlind** in **Papierfabr. 1909, 27, 78, 104 u. 129.**

Über Gewinnung der Nebenprodukte bei der Herstellung von Natroncellulose siehe ferner das Referat in **Chem.-Ztg. Rep. 1908, 513.**

In **Papierztg. 1912, 1,** beginnt **E. L. Rienman** die Veröffentlichung einer Arbeit über sein Natronzellstoff-Verfahren mit gleichzeitiger Gewinnung der übrigen Bestandteile des Holzes in Form wertvoller Nebenprodukte und beschreibt nach Aufzählung der in einem Kilogramm Kiefernholz nach Abzug von 37% Zellstoffertrag zurückbleibenden verwertbaren Stoffe, wie z. B. Terpentin, Holzsprit, Harze, Humussäure, Essig- und Ameisensäure, den Gang des Verfahrens zur Gewinnung der einzelnen Produkte.

S. a. **Bd. III [71].**

99. Nebenproduktegewinnung vor und während der Aufschließung.

Zur Herstellung von braunem Holzstoff kocht und dämpft man die Hölzer mit der Rinde und den Bastteilen und entrindet und putzt erst nachträglich, so daß während des Vorganges sämtliche Harze verseift werden und dann nicht mehr als Natronseifen mit dem Holz in Verbindung treten können, wenn man den Kochinhalt nachträglich abkühlen läßt. **(D. R. P. 280 476.)** Dieses Verfahren ist nach **P. Ebbinghaus** schon lange vor der Patentierung, besonders bei Herstellung von Wandpappen, in Skandinavien ausgeführt worden.

Nach anderen Angaben ist es jedoch nötig das aufzuschließende Holz vor seiner Einführung in den Kocher zu entrinden, nicht nur, weil die rindenhaltige Sulfatlauge schwer verarbeitbar ist, und das aus diesem Stoffe erzeugte Papier Eigenfärbung zeigt, sondern auch aus dem Grunde, weil Holz mit nur 4% Rinde einen erheblichen Mehrbedarf an Ätznatron bzw. Natriumsulfit zur Aufschließung erfordert. **(Zentralbl. 1919, IV, 839.)**

Zum Entharzen des Holzes oder von Holzschliff vor der Zellstoffgewinnung kocht man das Material in geschlossenen Gefäßen 1—5 Stunden mit Wasser und einem sich mit ihm emulgierenden Harzlösungsmittel, von dem nur geringe Mengen (etwa $^1/_2$—2%) nötig sind. Die nach Öffnung des Kochers abblasenden Dämpfe von Harz, Harzlösungsmittel und gelösten Harzen werden wie üblich auf Harz und Terpentinöl aufgearbeitet; man erhält neben diesen Produkten auch aus nassem Holz einen sehr hellen Schliff bzw. sehr reine Cellulose. **(D. R. P. 252 322.)**

Zur Vorbehandlung von Holz, Holzschliff, Stroh oder anderen Lignocellulosen führt man die Nichtharze durch Naturbleiche oder Auslaugung mit Kalkwasser in wasserlöslichen Zustand über, entfernt sie und vermag nun mit einem wesentlich geringeren Aufwand von Alkalien als es ohne diese Vorbehandlung möglich ist, die alkalische Extraktion der Harzstoffe zu bewirken. Mit dieser Methode, die sich besonders für das Natronverfahren eignet, wird auch eine nachteilige Einwirkung auf die Faser vermieden. **(D. R. P. 279 102.)**

Zur Aufschließung harzreicher Hölzer behandelt man sie zwecks Ausschmelzung der Harze und Terpentine im Vakuum eines geschlossenen Kessels bei Gegenwart geringer Ätzalkalimengen in der Wärme und beendet die Holzaufschließung nach Entfernung der Harze durch weiteren Zusatz der nötigen Ätzalkalimenge und weitere Erhitzung auf übliche Weise. **(D. R. P. 248 225.)** Vgl. **A. P. 1 025 356.**

Zur Herstellung einer braunen Holzmasse (Halbcellulose) aus harzigen Holzarten erhitzt man das zerkleinerte Holz zunächst mit verdünnter Alkalilauge bei niedriger Temperatur unter Druck zur Abscheidung des Harzes und kocht dann die ausgepreßte Holzmasse mit der von dem emulgierten Harz abfiltrierten Lauge zur Auflösung der inkrustierenden Substanzen unter Erhöhung der Temperatur und des Druckes. Es tritt demnach in der ersten Phase des Prozesses ausschließlich Verseifung des Harzes und Abscheidung einer Harzemulsion auf, so daß man nach dem Erkalten Harzseife und Kolophonium als wertvolle Nebenprodukte von der Alkalilauge befreien kann. Andererseits gewinnt man bei der folgenden Weiterkochung harzfreie Cellulose und nützt demnach das gesamte Alkali zur Gewinnung eines braunen Halbstoffes und der Harze völlig aus. **(D. R. P. 248 275.)**

Zur Gewinnung von Faserstoff aus Holz unter gleichzeitiger Abdestillierung der flüchtigen Stoffe behandelt man das Material in besonderer Anlage zuerst 2 Stunden mit einer Sodalösung vom spez. Gewicht 1,014, dann mit einer alkalischen Lösung vom spez. Gewicht 1,074 ebenfalls 2 Stunden, und dann während derselben Zeit mit einer reinigenden und bleichenden Lösung aus Salz oder Soda, in Gegenwart von Wasserstoff unter Druck. **(D. R. P. 288 019.)**

Zur Gewinnung von Cellulose, Alkoholen, Aldehyden und anderen Nebenprodukten aus cellulosehaltigem Material kocht man es mit Kalkhydrat bei Gegenwart milchsaurer Salze, die die Löslichkeit der Zucker-, Stärke-, Lignin-, Fett- und Harzstoffe im Kalkhydrat erhöhen. Die gebildeten Kalksalze können dann zur Herstellung der betreffenden organischen Säuren zerlegt oder auch bei Gegenwart starken Basen zur Gewinnung von Aceton, Alkohol, Holzgeist usw. trocken destilliert werden. **(D. R. P. 301 587.)**

Nach **D. R. P. 226 802** vollzieht man den Sulfitkochprozeß mit hochgespanntem Dampf (5—6 Atm.) und zieht die die Terpenkohlenwasserstoffe und andere extrahierbare Substanzen enthaltende Lauge, noch ehe sie sich dunkel zu färben beginnt, bei etwa 143° Kocherinnentemperatur ab. Die Extraktivstoffe werden dann wie üblich von der Flüssigkeit getrennt und aufgearbeitet.

Zur Gewinnung des beim Kochen von Sulfitcellulose abgespaltenem Cymols bedient man sich einer besonderen scheidetrichterartigen Vorrichtung, mit der man das auf der Säure schwimmende Cymol von ihr abtrennen kann. **(Norw. P. 31 339.)**

100. Cellulose-(Holzschliff-)entharzung.

Fertige Sulfitcellulose enthält rund 0,5%, Natroncellulose 0,05% Harz, ganz im Zusammenhang mit der Art der verwandten Agentien insofern, als die alkalischen Verfahren zur Bildung von löslichen, in der Ablauge verbleibenden Harzseifen führen. Die Herstellungsabänderungen üben, speziell beim Sulfitzellstoff, keinen ausgesprochenen Einfluß auf seinen Harzgehalt aus. **(W. Herzberg, Papierfabr. 1906, 738.)**

Über die Aufbereitung der Sulfitcellulose, die Entharzung des Zellstoffes mit warmem Waschwasser, Kontrolle der Aufarbeitung usw., siehe **A. Kuhn, Papierfabr. 12, 53.**

Über Zusammensetzung und Verwendung des bei der Behandlung von Holzschliff mit Sulfitlauge erhaltbaren Sulfitterpentins, eines ätherischen Öles, das vor allem Cymol enthält, siehe das kurze Referat in **Zentralbl. 1920, IV, 410.**

In **Papierfabr. 12, 281** wird empfohlen den gekochten Sulfitstoff zur Entfernung des Harzes von unten herauf mit Wasser von 10—20° zu waschen und von oben den Stoff mit etwa 40° warmem Wasser zu spülen, wobei die Temperatur der Wässer Sommer und Winter möglichst stabil gehalten werden soll. Vgl. **Zeitschr. f. angew. Chem. 20, 452.**

Über die Entharzung von fertigem Zellstoff durch Waschen mit heißem Wasser außerhalb des Kochers im Stoffbehälter unter kräftiger Durchrührung mittels eingeblasener großer Luftmengen im besonderen Apparat siehe **A. D. J. Kuhn, Papierfabr. 13, 725 u. 744.**

Ein mechanisches Verfahren zum Ausscheiden von Harzen, Fetten und Ölen aus Zellstoff, Holzstoff und Papierstoff ist in **D. R. P. 310 554** beschrieben.

Zum Entharzen von ungebleichtem Sulfitzellstoff wird das wie üblich fertiggekochte Nadelholz von der Lauge befreit, mit heißem Wasser ausgewaschen und bei geschlossenem Kessel mit einer Aufschlämmung verrührt, die mit oder ohne Zusatz von Erdöl (je nach dem Harzreichtum des Holzes) in 1 l Wasser 100 g Talkum oder Asbestmehl enthält. Man kocht nun unter schwachem Druck, bis entnommene Proben genügende Entharzung des Materiales anzeigen, worauf man die Masse ausschwemmt, eindickt und wie üblich auf Papier oder Pappe verarbeitet. **(D. R. P. 265 260.)**

Zum Entharzen und Bleichen von Holzschliff, Strohstoff u. dgl. behandelt man die Rohstoffe auf kaltem Wege mit fein verteiltem Talkum, das auch ohne Erhitzen oder Kochen nahezu völlige Entharzung bewirkt und die Masse zugleich heller tönt. Der so entharzte Holzschliff läßt sich leichter mahlen und die aus ihm gearbeiteten Papiere sind leicht entwässerbar. Die bei der Behandlung sich abscheidenden Harzteile werden mit Vorteil bei der Packpapiererzeugung verwendet. **(D. R. P. 277 385.)**

Zum Unschädlichmachen des Harzes der für die Papierfabrikation bestimmten Holzcellulose mit Hilfe eines Füllstoffes (Talkum, Kaolin oder Schwerspat) setzt man ihn, z. B. Talkum in der Menge von etwa 8% der Cellulosemasse erst dann zu, wenn sie den Kocher verlassen hat, abgelaugt und ausgewaschen ist, aber noch nicht im Verdünnungswasser angesetzt wurde. In diesem Zustande vermag das trocken beigegebene Talkum die Harzteilchen besonders fest zu umhüllen. **(D. R. P. 291 379.)**

Nach **P. Ebbinghaus** läßt sich der zur Herstellung von Seidenpapier bestimmte Zellstoff einer Anregung durch **Schwalbe-Sieber** folgend auch im Ganz- oder Halbstoffholländer mittels Talkums mit bestem Erfolg völlig entharzen. **(Papierfabr. 14, 59.)**

Nach einer Notiz in **Wochenbl. f. Papierfabr. 51, 2392** setzt man dem ungebleichten zu entharzenden Zellstoff das Talkum im Kollergang zu.

Zur Abscheidung von Harz aus Zellstoff und Holzschliff setzt man ihnen im Holländer Calcium- oder Magnesiumchlorid und die entsprechende Menge Natriumoxalat zu, so daß neben Kochsalz Magnesium- bzw. Calciumoxalat entsteht und die Harzsäure in der Flüssigkeit suspensiert bleibt. Man kann sie durch Alaun auf die Papierfaser niederschlagen und so zur Leimung nutzbar machen. **(D. R. P. 309 630.)**

Bei der Herstellung von reinem Natronzellstoff aus Holz, Stroh und anderen Faserstoffen behandelt man den durch alkalischen oder neutralen Aufschluß gewonnenen Zellstoff mit anorganischen oder organischen Säuren oder deren Salzen nach und erhält so zugleich aus den Mutterlaugen durch Fällung Kleb- oder Appreturmittel. **(D. R. P. 323 744.)**

Zur Gewinnung der bei der Behandlung von Holzstoff mit Alkalien gelösten Harze, die in Form einer Alkaliverbindung vorliegen und daher unmittelbar als Seife benutzt werden können, schlägt man die aufgelösten Harzstoffe vor oder nach Entfernung der Cellulose durch längeres Stehenlassen nieder oder fällt sie in bekannter Art aus, wodurch freies Harz erzeugt wird. Man kann aber auch die alkalischen Harzstoffe trocken destillieren und so neben dem mit ihnen verbundenen Alkali wertvolle Öle gewinnen. **(D. R. P. 234 223.)**

101. Sulfitcelluloseablauge. Unschädlichmachung und Verwertung allgemein.

Müller, W. H. M., Literatur der Sulfitablauge. Verlag der Papierztg. Berlin 1911.

Eine wertvolle Arbeit über die Cellulosesulfitablauge von **Lindsey** und **Tollens** findet sich im Auszug in **Zeitschr. f. angew. Chem. 1892, 154.**

Eine ältere Arbeit über die Verwertung der Zellstoffablaugen, enthaltend die zahlreichen Vorschläge, die zu Ende des vorigen Jahrhunderts gemacht wurden, um die wertvollen Stoffe der Kochlaugen zu gewinnen, von **A. Harpf** findet sich in **Zeitschr. f. angew. Chem. 1898, 875 u. 925.**

Eine neuere Arbeit über die verschiedenen Methoden der Sulfitablaugeverwertung von **A. Klein** findet sich in **Wochenbl. f. Papierfabr. 51, 1704 u. 1840.**

Die neuere Literatur über die Aufarbeitung von Ablaugen der Papierfabrikation, besonders über Sulfitablaugen, stellte ferner **Schwalbe** in **Wochenbl. f. Papierfabr. 1912, 4705** zusammen.

Ein Patentbericht über die Verwendung der Zellstoffablaugen von **L. Andés** findet sich schließlich in **Kunststoffe 1921, 83.**

Die deutschen Sulfitzellstoffabriken erzeugten vor dem Kriege 680 000 t Ablauge gleich 05% der verarbeiteten Holzmenge. **(Wochenbl. f. Papierfabr. 1918, 1758.)**

Ursprünglich war die Sulfitcelluloseablauge ein wertloses und überdies schädliches Nebenprodukt, das nicht direkt in die Flußläufe abgelassen werden konnte, da die in ihr enthaltenen Stoffe den Fischbestand der Gewässer gefährdeten. Auf den Fischbestand des Meeres, besonders auf das Plankton, sollen die Bestandteile der Sulfitablauge hingegen günstig, wachstumfördernd wirken, so daß der Ableitung der Laugen in die See in den seltenen möglichen Fällen nichts im Wege steht. Für die Binnenlandfabriken mußten Mittel und Wege gefunden werden, um die schädlichen Bestandteile der Lauge vor ihrer Ableitung in die Flußläufe zu binden oder zu beseitigen, ein Problem, das den älteren Arbeiten zufolge restlos nie, oder doch nur mit großen Kosten gelöst werden konnte.

Die Reinigung der Sulfitablauge bloß vom Standpunkt ihrer Beseitigung schildert **P. Klason** in **Papierfabr. 1909, 627, 671** u. **701;** vgl. ferner **Fest- u. Auslandsheft, S. 26.**

Um die Sulfitablauge nur unschädlich zu machen, wird eine ausgiebige Lüftung und Oxydation empfohlen, die man zugleich mit der Entfernung der schwefligen Säure dadurch erreicht, daß man die Ablauge nach der Neutralisation mit Kalk über verzinkte Drahtnetze oder Kalkstein- oder Backsteinbrocken rieseln läßt, die mit Mangansuperoxyd überzogen sind. **(J. König, Zeitschr. f. Unters. d. Nahr.- u. Genußm. 31, 171.)**

Zur Entfärbung von Celluloseablauge versetzt man sie mit Zinnsalz oder Chromsäure und Aluminiumbisulfat oder anderen Stoffen, die mit dem Farbstoff der Ablauge unlösliche Farblacke geben. **(D. R. P. 324 787.)**

Über das Unschädlichmachen der Sulfitcelluloseablaugen durch Behandlung mit Metallen und den zur Neutralisation der freien Säure genügenden Mengen von Basen siehe **D. R. P. 266 112.**

Ein großes Hindernis zur Beseitigung der Ablaugen bildeten stets die großen zu bewältigenden Flüssigkeitsmengen, die durch teilweises oder völliges Eindampfen der Lauge entfernt werden mußten. Die Konzentrierung der heißen, unter Druck aus den Kochern entlassenen Sulfitablauge ist z. B. in **D. R. P. 282 950** beschrieben. Es wurde auch vorgeschlagen ein Konzentrat dadurch zu gewinnen, daß man das aus dem Kocher kommende Celluloseprodukt nicht sofort auswusch, sondern vorher und vor dem Zerfasern der Masse auspreßte, um die schädlichen Bestandteile in einem geringeren Flüssigkeitsvolumen anzureichern. **(D. R. P. Anm. L. 36 157, Kl. 55 b.)**

Rationelle Arbeit wurde jedoch erst möglich als man daran ging die Einzelstoffe der Laugen zu verwerten. Es enthält nämlich die Abfallauge von 1 t trockenem Zellstoff 600 kg Lignin, an dieses gebunden 200 kg schweflige Säure, ferner an Ligninsulfosäure gebunden 90 kg Ätzkalk, 325 kg Kohlenhydrate, 15 kg Proteinkörper und 30 kg Harz und Fett, zusammen also 1260 kg. Als Verlust rechnet man bei einer Ausbeute von 45% Zellstoff 8% des Holzgewichtes, da Fichte etwa 53% Zellstoff enthält, und zwar werden 4% im Kochprozeß gelöst, 3% werden bei der Reinigung aussortiert und 1% geht im Auswaschcylinder und auf dem Sieb der Papiermaschine verloren. Als Faserverlust rechnet man 2% des Zellstoffes oder 1% des absolut trockenen Holzes, wobei jedoch nur etwa ein Drittel wirkliche Fasern sind, während zwei Drittel als schwebende Parenchymzellen im Abwasser abgehen.

Die Verwertungsmöglichkeiten der Zellstoffablaugen bzw. ihrer Abdampfrückstände sind daher sehr mannigfaltig. **Lassar-Cohn** schätzt die in den deutschen Fabriken allein gewinnbare Harzmenge p. a. auf mehr als 2 Mill. kg, auch die anderen Stoffe repräsentieren hohe Werte, wenn man berücksichtigt, daß allein das Abgaskondensat der Sulfitkochung im Liter etwa 5 g Methylalkohol und 100 g schweflige Säure und für die Tonne Zellstoff 1,5 kg Öl, Furfurol und ähnliche Stoffe enthält. Ein Drittel des gesamten bei der Zellstoffkochung pro Tonne gebildeten Methylalkohols (etwa 7 kg) befindet sich demnach im Kondensat und es lohnt die Gewinnung des Holzgeistes vor allem auch aus dem Grunde, weil dann die gleichzeitig entstehenden Öle nicht einen Kreislauf in der Fabrikation vollführen und die frische Kochlauge verunreinigen können. Durch fortgesetztes Eindampfen der Lauge könnte man pro Tonne Zellstoff neben 40 kg Äthylalkohol noch 3 kg Holzgeist und Öl (entsprechend 4% des Holztrockengewichtes) und überdies Essigsäure und Ameisensäure gewinnen. **(H. Bergström, Papierfabr. 12, 1040.)**

Zur Vorbereitung der Sulfitablauge für die Weiterverarbeitung auf Gerbleim, Klebstoff, Futtermittel usw. filtriert man sie in heißem Zustande vor der Neutralisation oder statt zu neutralisieren durch Holzschnitzel, die in einer nächsten Operation aufgeschlossen werden sollen. **(D. R. P. 345 774.)**

Über weitere flüchtige organische Bestandteile der Sulfitzellstoffabrikation, insbesondere ätherische Öle, die aus dem Sulfitsprit oder aus der Lauge selbst gewonnen wurden, berichtet **Z. Kertesz** in **Chem.-Ztg. 40, 945.** Vgl. hinsichtlich der Verwertung der Sulfitcelluloseablauge auch **C. D. Eckmann, Papierztg. 1896, 2218.**

Die Ergebnisse ausgedehnter Untersuchungen über die Einwirkung von Kalk, gebundenem Sauerstoff und Formaldehyd auf Sulfitcelluloseablauge, deren Wärmewert und die Mittel, die zur Entfernung der schwefligen Säure aus der Lauge in Betracht kommen, und die ihren Geschmack verbessern können, veröffentlicht **A. Stutzer** in **Zeitschr. f. angew. Chem. 1909, 1999.**

Siehe auch die Versuche zur Aufarbeitung der Sulfitablaugen mit Tonerde, durch trockene Destillation, auf osmotischem und elektrolytischem Wege von **F. B. Ahrends, Zeitschr. f. angew. Chem. 1895, 41.**

Über die Gewinnung anderer Stoffe siehe die nächsten Kapitel, vgl. auch Bd. IV, Abschnitt Futtermittel, und die Register unter „Sulfitablauge".

102. Wiedergewinnung des Schwefels (Schwefeldioxydes).

Zur Nutzbarmachung des in der Sulfitablauge enthaltenen Schwefels fällt man sie mit Kalk, gießt die Lösung von dem abgesetzten Calciummonosulfitniederschlag ab und wäscht letzteren mit sehr verdünnter Schwefeldioxydlösung, um die noch vorhandenen organischen Stoffe wieder zu lösen, worauf das Calciumsulfit direkt wieder zur Verwendung bereit ist. **(D. R. P. 40 308.)**

Um aus Sulfitablauge nur die in ihr enthaltenen 5—15% Schwefel (auf den Zellstoff berechnet) zu gewinnen behandelt man den mit Soda zur Trockne gedampften, zur Wiedergewinnung der Soda mit Calciumcarbonat versetzten und ausgelaugten Laugenverbrennungsrückstand zur Bildung von verwertbarem Schwefelwasserstoff in Gegenwart von Wasser mit Kohlensäure. **(D. R. P. 113 435.)**

Bei der Verarbeitung von Sulfitcelluloseablauge behandelt man die aus dem Verbrennungsrückstand der Ablaugen erhaltene Lösung bis zur Bicarbonatbildung und Austreibung des Schwefels mit Kohlensäure und erzeugt aus dem Bicarbonat mit Bisulfit wieder verwendbare hochkonzentrierte Kohlensäure und durch schweflige Säure in Bisulfit umsetzbares Monosulfit, wobei man das erhaltene Bisulfit zum Teil zur Holzaufschließung und zum anderen Teil für das beschriebene Verfahren anwendet. Nach einer Ausführungsform verbrennt man die Ablaugen unter Zusatz von Calciumcarbonat und erhält dann bei der Kohlensäurebehandlung bis zur Umwandlung des vorhandenen Natriummonocarbonates und Natriumsulfites unter Austreibung des Sulfitschwefels Bicarbonat, das wie oben weiterbehandelt wird. **(D. R. P. 129 227.)**

Zur Nutzbarmachung der Sulfitablauge kann man die nach ihrer Vergärung und nach Entfernung des Alkohols ausgefällten festen Stoffe auch calcinieren und die hierbei erzeugten Gase über die Asche früherer Calcinationen leiten zum Zwecke der Erzeugung von Calciumbisulfit. **(A. P. 1 218 638.)**

Zur Verwertung der Sulfitcelluloseablaugen mit gleichzeitiger Gewinnung von Schwefel oder dessen Verbindungen versetzt man die Lauge, nachdem man sie zur Sirupdicke eingedampft hat, nach **D. R. P. 133 312** mit Harzen, Eiweißstoffen, Teerprodukten, organischen Säuren oder dgl. in Form von Lösungen (Benzin, Petroleum), wodurch die Zersetzungstemperatur der Schwefelverbindungen herabgesetzt wird, so daß sie in noch verwertbarer Form abdestillieren, ehe die Verkohlung der Masse beginnt. Wenn die Masse nur noch etwa 20% Wasser enthält, reagieren diese Stoffe mit den in der Lauge vorhandenen Schwefelverbindungen, so daß sich hauptsächlich schweflige Säure und flüchtige Schwefelverbindungen bilden, die beliebiger Verwendung zugeführt werden.

Oder man behandelt die heiße, schweflige Säure enthaltende Ablauge mit Eisen, Zink oder ähnlichen Metallen und setzt zur Neutralisation Ätzkalk oder kohlensauren Kalk zu, wodurch die schweflige Säure zu Schwefelwasserstoff reduziert wird, der sich seinerseits mit dem Eisen zu Schwefeleisen verbindet, das als Nebenprodukt gewonnen werden kann. **(D. R. P. 266 112.)**

Auf einfachem Wege läßt sich die schweflige Säure aus Sulfitablauge in der Weise wiedergewinnen, daß man sie mit Aluminium oder Ammoniumsulfat mischt, so daß unter Abscheidung von Kaliumsulfat und unter Zerfall des entstehenden Aluminiumsulfates bzw. Ammoniumsulfates amorphes basisches Aluminiumsulfat und gasförmiges Schwefeldioxyd bzw. Ammoniumsulfit entsteht, die beide wie üblich mit Kalkmilch aufgearbeitet werden. **(B. Haas, Chem. Techn. Wochenschr. 3, 169.)**

Zur Verwertung von Sulfitzellstoffablauge behandelt man ihr Gemenge mit Natriumbisulfat ohne Druck reduzierend in der Hitze und erhält so aus der freien Schwefelsäure des Bisulfates schweflige Säure, die zusammen mit dem Schwefelgehalt der Lauge zur Frischlaugenbereitung der Sulfitzellstoffabrik nutzbar gemacht werden kann. **(D. R. P. 297 374.)**

Aus der schwefligen Säure kann man auch nach anderen Angaben, um sie restlos und wirtschaftlich zu verwerten, durch Umsetzung mit Kalkstein (1 mm Korngröße) Bisulfitlauge erzeugen, die dann erneut mit Schwefligsäuregas behandelt wird. **(A. V. Bergöö, Papierfabr. 1918, 165.)** Oder man setzt ihr Gemenge mit Luft, um das Schwefeldioxydgas direkt unschädlich zu machen, der Einwirkung ultravioletter Strahlen aus und zerstäubt gleichzeitig zur Anreicherung der Flüssigkeit Wasser oder die schon gebildete Schwefelsäure in denselben Raum. **(D. R. P. 203 541.)** Letztere Methode ist auch bei anderen chemischen oder metallurgischen Prozessen anwendbar, bei denen Schwefeldioxyd entsteht.

Zum Wiedergewinnen der schwefligen Säure aus Sulfitablauge bewirkt man ihre Zerstäubung während des Abfließens aus dem Kocher in einem geschlossenen Behälter durch ihren eigenen Druck und fängt die freiwerdende schweflige Säure auf. **(D. R. P. 252 412 u. 286 601.)**

Nach anderen Verfahren zerstäubt man die Sulfitablauge zusammen mit Rauchgasen und erhitzt auf 110—120°, so daß die Ausfällung der an die Lauge gebundenen Ligninsubstanz unter Freiwerden der gebundenen schwefligen Säure schon bei mäßig fortgeschrittener Einwirkung der Ablauge herbeigeführt wird. **(D. R. P. 293 394 und 297 440.)**

Ein Verfahren zur Nutzbarmachung des beim Abblasen der Sulfitkocher freiwerdenden Dampfes und der in ihm enthaltenen sowie der an Lignin gebundenen schwefligen Säure durch Zerstäuben der Ablauge ist ferner in **D. R. P. 344 955** beschrieben. Nach dem Zusatzpatent setzt man der Ablauge in zerstäubter Form ein die Abscheidung begünstigendes Reagens, z. B. Natriumbisulfat zu. **(D. R. P. 347 658.)**

Nach **D. R. P. 350 471** schlägt man die Cellulosekochergase und -dämpfe sofort nach ihrem Austritt mit Frischlauge nieder, die die schweflige Säure an sich nimmt.

Zur Reinigung von Sulfitablauge bringt man sie nach evtl. Zerstäubungsvorreinigung ohne weitere Abkühlung wie sie vom Kocher kommt im Rieselturm unter Luftabschluß mit entgegenströmenden Feuergasen in Berührung. Apparat und Verfahren sind in **D. R. P. 306 898** näher beschrieben. Nach einem Zusatzpatent läßt man die chemisch vorbehandelte oder teilweise verarbeitete Sulfitablauge im Gegenstrom unter Luftabschluß mit Feuergasen zur Berührung gelangen und wiederholt diese Rieselarbeit, um nicht nur die Ablaugen für die weitere Verarbeitung vorzuwärmen, sondern auch um die sulfosauren Verbindungen unter Abscheidung von schwefliger Säure zu zersetzen. **(D. R. P. 309 563.)**

Um Zellstoffablaugen zur Verwertung durch Verbrennung in Zerstäuberdüsen geeigneter zu machen, soll man sie, um höhere Heizwerte des Materiales zu erzielen, vorher soweit eindampfen, daß sie in filtriertem Zustande erwärmt werden müssen, um zerstäubt werden zu können. **(D. R. P. 122 489.)**

Zur Verwertung von Sulfitcelluloseablauge leitet man in diese Kohlenoxydgas ein, wodurch das Calciumbisulfit zu Calciumsulfhydrat reduziert wird, aus dem man Schwefelwasserstoff austreibt, der dann weiter auf Schwefel oder schweflige Säure verarbeitet werden kann.

$$CaH_2(SO_3)_2 + 6\,CO = Ca(SH)_2 + 6\,CO_2;$$
$$Ca(SH)_2 + CO_2 + H_2O = CaCO_3 + 2\,H_2S;$$
$$2\,H_2S + 6\,O = 2\,SO_2 + 2\,H_2O,$$

Durch die Kohlenoxydbehandlung werden auch die Ligninsulfinsäuren reduktiv gespalten. Die ausgeschiedenen Holzbestandteile sind direkt vergärbar. **(D. R. P. 325 756.)**

In Norw. P. 30 939 von 1918 wird empfohlen die Sulfite der Sulfitablauge vor der Vergärung mit Bariumsulfid unter gleichzeitiger Oxydation auszufällen, um so gleichzeitig Bariumsulfat zu erhalten. Vgl. **Norw. P. 30 706.**

Eine möglichst salzarme, kalkfreie konzentrierte Sulfitablauge erhält man nach völliger Entkalkung durch Zusatz von Schwefelsäure, um die noch vorhandenen Basen in Sulfate überzuführen, die dann aus der konzentrierten kalten Lauge auskrystallisieren. **(Norw. P. 30 733.)**

103. Ausfällung der Laugenbestandteile, Sulfitkohle.

Verfahren und Vorrichtung zur Reinigung von Sulfitcelluloseablauge, bei dem die Lauge nach Abscheidung der Stoffasern in ununterbrochenem Strom nacheinander mit Ätzkalk, Luft und Kohlensäure behandelt wird, wobei die gewonnenen Stoffe entwässert ausgeschieden werden, sind in **D. R. P. Anm. Sch. 36 744, Kl. 55 b** beschrieben.

Auf Grund der Feststellung, daß der in der Celluloseablauge enthaltene Farbstoff ein Beizenfarbstoff ist, der unlösliche Metallfarblacke zu bilden vermag, erwärmt man die von Schwefeldioxyd und Kalk befreite Sulfitablauge entweder mit Zinnchlorür oder nach Salzsäurezusatz mit metallischem Chrompulver zweckmäßig unter Luftabschluß und filtriert von dem abgeschiedenen dunkel gefärbten Produkt. **(D. R. P. 324 787.)**

Die Sulfitablauge enthält die schweflige Säure gebunden als Calciumbisulfit, ferner als Ligninsulfonsäure und schließlich in Verbindung mit der Aldehydgruppe von Kohlenhydraten. Um daher das Schwefeldioxyd zu beseitigen ist es nötig, diese letzteren Verbindungen und das Bisulfit zu zerstören, was weder durch starke Alkalien, noch durch starke Säuren geschehen kann, da beide die Ligninsulfonsäure in um so höherem Maße angreifen, je konzentrierter die Lösungen sind. Man versetzt daher die heiße Ablauge bis zur Alkalität mit kohlensaurem oder Ätzammoniak, filtriert, engt das Filtrat ein, filtriert abermals und erhält durch weiteres Eindunsten eine von Calciumcarbonat freie, dickflüssige und feste Masse. **(D. R. P. 236 035.)**

Zur Gewinnung der organischen und anorganischen Bestandteile aus Sulfitablauge oxydiert man die in der Lauge befindliche schweflige Säure durch Kochen bei Gegenwart von Luftsauerstoff bei hoher Temperatur und entsprechendem Druck zu Schwefelsäure, die die in der Lauge befindlichen Ligninsubstanzen ausfällt. Diese Ausfällung wird vervollständigt, wenn man der Lauge vor Beginn des Oxydationsprozesses Natriumbisulfat oder ein anderes wasserlösliches saures Salz zusetzt. **(D. R. P. 266 096.)** Vgl. **D. R. P. 341 857**: Zerlegung von Sulfitablauge unter Abspaltung der chemisch gebundenen schwefligen Säure bei hohem Druck und hoher Temperatur.

Man erhält nach diesem „Strehlenertverfahren" bei Verarbeitung einer Sulfitlauge von 16 bis 17% Trockengehalt in Summe 80—90% der in der Lauge enthaltenen organischen und anorganischen Stoffe, ferner auf die Tonne Stoff 385—412 kg Kohle, dementsprechend aus 1 cbm Lauge von 11% Trockensubstanz 77—82,5% Kohle, deren Brennwert auf wasser- und aschenfreie Substanz berechnet 6800 Cal. beträgt. Als Nebenprodukte gewinnt man überdies Gips, Schwefel und Schwefeldioxyd, wahrscheinlich wird auch die Gewinnung von Alkohol, Essig- und Ameisensäure ermöglicht werden. Die übrigbleibende dunkle Mutterlauge kann ohne Schaden in die Flüsse geleitet werden bzw. sie soll dazu dienen, um bei 180° und 8 Atm. Druck Torf zu hydrolisieren und so pro Tonne Sulfitkohle überdies 1550 kg Torfkohle zu erhalten. **(Papierfabr. 1917, 257 ff.)**

Nach Angaben, die von **R. W. Strehlenert** selbst herrühren, erhält man nach dem völlig ausgearbeiteten Verfahren aus der 30grädigen Lauge, die direkt von den Kolonnen der Spritfabrik kommt, durch Ausfällung 100% Ausbeute, so daß also alle in der Lauge befindliche anorganische und organische Substanz in den Schlamm gelangt. **(Zentralbl. 1920, II, 674.)**

Ein Hindernis für die glatte Durchführung des Strehlenertverfahrens der Gewinnung von Sulfitkohle bildet der Eisengehalt der Laugen, da schon die Anwesenheit von 0,004% Eisen infolge katalytischer Bildung von Wasserstoff genügt, um die normale Oxydationsreaktion zu verhindern. Man oxydiert daher bei hoher Temperatur (etwa bei 190°), bei der die Luftoxydation so rasch verläuft, daß der Einfluß des Eisens ausgeschaltet wird. Oder man leitet zur Herstellung von Brennstoff aus Sulfitablauge oxydierende Gase in die Ablauge dann ein, wenn diese so weit erhitzt worden ist, daß die Oxydationswärme genügt, um die Ausscheidung der Ligninsubstanz zu bewirken. **(D. R. P. 324 503.)**

Nähere Angaben, besonders über Einzelheiten der Sulfitkohlefabrikation (Eindampfen bzw. Trocknen der mit Natriumbisulfat entkalkten Sulfitablauge unter besonderen wärmetechnisch festgestellten Bedingungen) nach den Verfahren von **R. W. Strehlenert** finden sich in **Papierfabr. 1917, 143, 157 u. 917.**

Ein Verfahren der Zersetzung von Sulfitablauge durch Erhitzen unter höherem Druck ist in **D. R. P. 324 241**, mit oxydierenden Gasen in **D. R. P. 324 503** beschrieben.

Zur Fällung der in der Sulfitablauge enthaltenen organischen Stoffe (Ligninsulfosäuren) oxydiert man die in der Lauge enthaltene schweflige Säure mit im Fällungskessel mittels elektrischer Entladungen erzeugtem aktivem Sauerstoff zu Schwefelsäure, die eine äquivalente Menge Ligninsulfosäure abspaltet und dabei selbst zu Schwefeldioxyd reduziert wird, das wieder oxydiert in dem genannten Sinne abermals tätig wird. Da die Abspaltung der Ligninsulfosäuren schon unter dem Druck von 6—7 Atm. erfolgt, genügt dieser Druck auch, falls genügend Schwefelsäure vorhanden ist, zur völligen Ausfällung der organischen Stoffe. **(D. R. P. 299 499.)** Vgl. **A. P. 1 236 948.**

Bei diesem Verfahren von **Landmark,** bei dem man die Oxydation der schwefligen Säure zu Schwefelsäure durch ozonosierten Sauerstoff bewirkt, der durch elektrische Entladung in dem mit Sauerstoff gefüllten, die Sulfitablauge enthaltenden Druckgefäß erzeugt wird **(Papierfabr. 1917, 195),** soll man mit den genannten Drucken denselben Erfolg erzielen wie beim Strehlenertverfahren, dessen Durchführung Drucke von 20 Atm. erfordert.

Zur Gewinnung organischer Stoffe aus Sulfitablauge behandelt man sie mit Röstgasen, die man zur Oxydation des Schwefeldioxydes und zur Ozonisation des vorhandenen Sauerstoffes vorher elektrischen Funkenentladungen aussetzt. **(Norw. P. 34 835.)**

Zur Gewinnung der wertvollen organischen und unorganischen Stoffe aus Sulfitablauge behandelt man diese unter einem Druck, der höher ist als der die Innentemperaturen des Autoklaven hervorbringende Dampfdruck mit den Schwefeldioxydabgasen aus Sulfitcellulosekochern in Mischung mit Luft, wodurch bei 190° entsprechend einem Druck von 20 Atm. nach der Gleichung

$$SO_2 + O = SO_3$$

innerhalb kurzer Zeit die Bildung von Schwefelsäure vollendet ist, die dann fällend auf die Bestandteile der Sulfitablauge wirkt. **(D. R. P. 308 144.)**

Bei der Gewinnung der organischen und unorganischen Stoffe aus Sulfitablaugen durch Erhitzen unter hohem Druck unter gleichzeitiger Überführung der schwefligen in Schwefelsäure dampft man die Laugen zwecks Ausfällung eines Teiles der Kalksalze und zwecks Abgabe von schwefliger Säure vor dem Zersetzungsvorgang teilweise ein. Man erhält eine erhöhte Ausbeute an Ligninsubstanz. **(D. R. P. 310 819.)**

Zur Überführung des Calciumbisulfits der Sulfitablauge in Calciumsilicat und zur Abscheidung des gelösten Harzes setzt man der Lauge Silicate bzw. Schwermetallverbindungen zu. **(D. R. P. 320 508.)**

Zur Gewinnung der organischen und anorganischen Bestandteile der Sulfitablauge fällt man sie evtl. unter Mitwirkung von schwefliger Säure mit den organischen Säuren, die in den Abgasen der Cellulosekocher enthalten sind. **(Norw. P. 28 955** und **30 817.)**

Die Gewinnung organischer Verbindungen aus Sulfitablaugen, in die man Chlor einleitet, ist in **Norw. P. 29 070** beschrieben.

104. Zellpech. Lignin- und Humusstoffabscheidung. Andere Sulfitablaugeprodukte. Ausfrieren.

Ein Verfahren zum Eindampfen von Celluloseabfallaugen unter Ausnutzung der Verbrennungswärme ihrer Abdampfrückstände ist in **D. R. P. 293 394** und **347 865** beschrieben.

Zur Gewinnung von Zellpech erwärmt man die mit Kalkmilch neutralisierte und durch Koksfilter gedrückte Ablauge in einem Vorwärmer auf 97°, dampft sie dann im Vakuum bis zur Dicke von 35° Bé. ein und bewirkt die weitere Eindickung bis zum Endprodukt von 90% Trockengehalt durch dampfgeheizte Trommeln, die sich drehend in die Ablauge eintauchen und die feste Masse am Abstreifer zurücklassen. Ein derartiges Vakuum-Abdampfprodukt neutralisierter Sulfitablauge, das aus den Kalk- oder Magnesiasalzen der Lignosulfosäuren besteht, und als Gerbmaterial, zur Brikett- und Formsandbindung und zusammen mit Lehm als Zementkitt Verwendung findet, ist unter dem Namen Glutrin im Handel.

Zur Reinigung dieser eingedickten Celluloseablauge dampft man sie zur Sirupkonsistenz ein, verrührt den Sirup mit der seinem Kalkgehalt entsprechenden Menge Schwefelsäure in der Kälte, entfernt den Gips und sättigt die letzten Reste der Schwefelsäure mit Bariumcarbonat ab. Man erhält so ein nahezu aschefreies Erzeugnis. **(D. R. P. Anm. P. 26 960, Kl. 55 b.)**

Nach **Aufhäuser, Zeitschr. f. angew. Chem. 25, 74** ist das Zellpech, das man auch durch Eindicken der Sulfitablauge in kupfernen Gefäßen ohne Zusatz, oder in eisernen Gefäßen nach Neutralisation der schwefligen Säure mit Kalkmilch erhält, der Zusammensetzung und dem Heizwert nach dem Holze annähernd gleich. Es ist demnach, vom Standpunkt der Brennstoffindustrie betrachtet, ein holzähnlicher Körper, der jedoch die Eigenschaft besitzt, in Wasser löslich zu sein. Man kann bei 500 cbm Ablauge mit einer Ausbeute von 50 t Zellpech rechnen, das gelblich rot bis schwarz gefärbt im Wasser leicht löslich ist, 86,24% Extrakt, davon 31% für Gerbzwecke tauglich enthält und nicht nur als Gerb-, Füll- und Streckmittel, sondern auch als billige schwarze Farbe zum Färben von Baumwolle dienen kann. Das Zellpech wird ferner außer zur Brikettierung von Kohlenstaub an Stelle des Steinkohlenteerpechs auch zur Brikettierung von Gichtstaub, also zur Herstellung von Metallbriketts, und als Zusatz zu Staubbekämpfungsmitteln und Formsandgemischen verwendet.

Über die technische Verwertung der Celluloselauge, besonders über die Gewinnung des Zellpechs, siehe auch **Wochenbl. f. Papierfabr. 1912, 3679.** Vgl. **Seifens.-Ztg. 1912, 142** und **A. D. J. Kuhn, Papierztg. 1917, 383.**

Die Verwendung der Sulfitablauge als Gerbmittel oder für die Papierleimung ist in **Norw. P. 21 848/1911** beschrieben. Die Lauge wird mit einer Säure im Überschuß eingedampft, die mit Kalk ein unlösliches Salz bildet, sodann mit einem unlöslichen Salz neutralisiert, worauf man nach Absitzen des Niederschlages die Flüssigkeit abzieht und auf 30° Bé eindampft. Die auf 30° Bé eingedampfte Sulfitablauge wurde übrigens auch als Lignorosin an Stelle der Wein- und Milchsäure als Wollbeizmittel für Chromflotten in Vorschlag gebracht.

Ein Appretur-, Binde- oder Lackierungsmittel erhält man nach **D. R. P. 353 129** aus Sulfitablauge und Natriumthiosulfat, aus denen man mittels Mineralsäure fein verteilten Schwefel ausscheidet, der in der Masse verbleibt.

Nach **D. R. P. 246 658** kann man den größten Teil der in der Sulfitcelluloseablauge enthaltenen gefärbten und färbenden Bestandteile (etwa 10—12%) nach teilweiser Neutralisation der stärkeren Säuren dadurch entfernen, daß man dem noch sauer reagierenden Filtrate pro 100 l etwa 100 g Phosphorsäure zusetzt, worauf man die Flüssigkeit konzentriert, von dem abgeschiedenen Farbstoff trennt, weiter eindampft und den Rest der überschüssigen Phosphorsäure mit Kalk neutralisiert. Die gereinigte Lauge wird für Appreturzwecke verwendet, die Phosphorsäure kann aus dem Gemenge mit den organischen Calciumverbindungen wiedergewonnen werden. Vgl. **A. Stutzer, Papierztg. 1911, 3450.**

Zur Gewinnung stickstoffhaltiger Stoffe aus Sulfitkohle behandelt man diese aus der Sulfitablauge ausgefällten Ligninstoffe mit Salpetersäure. Andere verwertbare Produkte erhält man durch Chlorierung jener Ligninsubstanzen. **(Norw. P. 33 642 und 33 644.)**

Zur Gewinnung der humusartigen Stoffe aus Sulfitablauge fällt man aus der vom Alkohol befreiten vergorenen Lauge mit 1% Ätzkalk 40% der organischen Laugenbestandteile als körnige, bräunliche Masse aus, die sich leicht filtrieren läßt und an der Luft getrocknet wasserfrei erhalten werden kann. Das Produkt ist brennbar, enthält nur 15% Asche und eignet sich daher u. a. auch als Brennmaterial. **(D. R. P. 256 964.)**

Zur Abscheidung der für Farb- und Sprengstoffzwecke verwertbaren ligninsulfosauren Salze der Sulfitablauge in leicht trockenbarer Form wäscht man sie nach der Ausfällung mit soda- oder ätzalkalischer gesättigter Kochsalzlösung oder mit freies Alkali enthaltendem Alkohol und entfernt so die eingeschlossenen freien Säuren, die das schlechte Trocknen der ligninsulfosauren Salze bewirken. **(D. R. P. 305 307.)**

Nach **D. R. P. 347 201** elektrolysiert man die vom Alkohol befreite vergorene neutralisierte Sulfitablauge mit Anwendung eines Pergament- oder Tondiaphragmas und gewinnt so am negativen Pol Ätzkalk und am positiven Pol freie Ligninsulfosäure. Bei Anwendung einer Stromstärke von 2 Amp. und 15—20 Volt Spannung erhält man so im Anodenraum eine kalkfreie unmittelbar oder nach dem Eindicken verwendbare Gerbflüssigkeit.

Zur Ausscheidung der ligninsauren Salze aus Sulfitablauge salzt man sie z. B. mit Kochsalz aus u. z. verfährt in der Weise, daß man fraktioniert arbeitet, um eine Fällung von ligninsulfosaueren Salzen und eine Lösung solcher Salze zu erhalten. **(Norw. P. 28 888.)**

Über die Gewinnung von Lignin aus Sulfitablauge unter Verwendung von hohem Druck und hoher Temperatur in zwei Erhitzungsstufen siehe Verfahren und Vorrichtung des **D. R. P. 321 619.**

Zur künstlichen Gewinnung der ligninbildenden Stoffe kocht man feinzerteilte Holzmasse mit Ameisen- oder Essigsäure unter Zusatz von 0,5—0,7% Schwefelsäure und erhält so etwa 40% des Holzgewichtes an Ligninstoffen, besonders, wenn man unter Druck kocht und die mechanisch gutzerkleinerte Faser im Vakuum mit den Säuren vorimprägniert. Man dampft dann die Lösung der hochmolekularen Phenole, evtl. nach vorheriger Verdünnung im Vakuum ein und erhält pulverförmige, in organischen Lösungsmitteln zum Teil, in Fettsäuren völlig lösliche Pulver, die entsprechend ihrem Phenolcharakter als Desinfektions- oder Arzneistoffe Verwendung finden können. Aus den Mutterlaugen sind die in Lösung gegangenen Kohlenhydrate gewinnbar. **(D. R. P. 309 551.)**

Zur Gewinnung von Lignin behandelt man gehäckseltes Winterroggenstroh während zweier Tage bei gewöhnlicher Temperatur mit der achtfachen Menge 1,5proz. Natronlauge, preßt ab, neutralisiert die Masse mit Salzsäure und kocht nun etwa 5—10 Minuten oder behandelt sie mit Alkohol und fällt dann mit Salzsäure aus, um in beiden Fällen etwa 10% Lignin zu erhalten, das nach der zweiten Aufarbeitungsweise heller gefärbt ist. **(E. Beckmann u. Mitarb., Zeitschr. f. angew. Chem. 1921, 285.)**

Zur Entfernung hydroxylhaltiger, besonders der Zuckerstoffe und Gerbsäuren aus Sulfitablauge, verrührt man sie in schwach alkalischem Zustande mit 1% Benzoylchlorid, filtriert und verwendet die ausgeschiedenen weißen Benzoylverbindungen nach dem Waschen und Trocknen ihrer leichten Verdaulichkeit wegen als Nähr- und Futtermittel. **(D. R. P. 97 935.)**

Die Celluloseablaugen lassen sich auch zur Oxalsäuregewinnung in der Weise verwenden, daß man sie bis fast zur Trockne eindampft, den Trockenrückstand mit der dreifachen Menge konzentrierter Salpetersäure bis zur Beendigung der Oxydation auf 95° erhitzt, den Säureüberschuß und das Wasser in der Wärme abtreibt und die Oxalsäure durch Krystallisation reinigt. **(A. P. 1 217 218.)**

Zum Veraschen organischer Abfallaugen, Sulfitablauge oder Melasseschlempe vermischt man die Flüssigkeiten mit Sägespänen, Torf, gebrauchter Lohe oder anderen leicht brennbaren, saugfähigen Stoffen und zwar, um ein rascheres Entzünden der flüssigen Abfallstoffe zu bewirken, im Verbrennungsofen selbst. **(D. R. P. 130 665.)**

Schon **V. Drewsen** und **Dorenfeldt** wiesen darauf hin, daß man durch Eindampfen der statt des Calciumbisulfits zur Holzkochung verwendeten Natriumbisulfitlauge einen hochwertigen Brennstoff erhält, dessen Heizwirkung nicht nur zur Verdampfung des Wassers aus der Ablauge genügt, sondern auch noch einen Brennstoffgewinn erübrigen läßt.

Nach einem Vorschlage von **E. Oeman** soll man die Sulfitablauge statt sie einzudampfen zur Gewinnung der festen Bestandteile vor oder nach der Gärung durch Ausfrieren konzentrieren. Die Lauge wird bei 0,5° schon fest, kann dann durch Schleudern von den Eiskrystallen befreit werden und läßt sich bei mehrfacher Wiederholung des Verfahrens auf einen Trockengehalt von 35% bringen, wobei der weitere Vorteil erwächst, daß die vergärbaren Zuckerarten nicht wie beim Eindampfprozeß leiden. Die Gefrierkosten betragen überdies nur den zehnten Teil der Verdampfungskosten und lassen sich, da man zur Erzeugung der Kälte Wasserkräfte benützen kann, weiter herabmindern. **(D. R. P. 316 592.)** Vgl. **Papierfabr. 1918, 605.**

105. Aufarbeitung der Natron-(Sulfat-)Zellstoffablaugen.

In **Chem. Apparat. 1, 161** schildert **H. Schroeder** das reine Natronverfahren zur Gewinnung von Zellstoff aus Esparto und die Wiedergewinnung von Soda aus der Zellstofflauge bei einer Tagesproduktion von **40 000 kg** Esparto gleich **18 000 kg** lufttrockener Cellulose, vom Standpunkt des Wärmeverbrauches für die verschiedenen Operationen und der Betriebskosten bei Verarbeitung von 220 000 l Endlauge in besonderer Apparatur, die eine Wiedergewinnung von 90% der angewandten Soda ermöglicht. Die Verbrennung der Dicklauge in den Öfen wird ausschließlich durch die in ihr enthaltenen organischen Stoffe unterhalten.

Zur Regenerierung der Alkalien aus den Ablaugen der Zellstoffabrikation behandelt man sie mit Bauxit oder anderen tonerdehaltigen Stoffen und laugt die Alkalialuminate sodann aus. Zugleich mit dem Bauxit wird der dicken Ablauge die ihrem Schwefelgehalt entsprechende Menge Ätzkalk oder Kalkstein in grober Körnung zugesetzt. Die klare Alkalialuminatlösung kann nun entweder durch Einleiten von Kohlensäure, zwecks Ausscheidung von Tonerdehydrat und Gewinnung von kohlensaurem Alkali behandelt werden, oder man leitet, was besonders für Sulfitablaugen in Betracht kommt, schweflige Säure in die Aluminatlösung und gewinnt so neben dem reinen, mit Schwefelsäure von 60° Bé leicht in Aluminiumsulfat umwandelbaren Tonerdehydrat schwefligsaures Alkali, das in den Prozeß zurückgeht. **(D. R. P. 96 467.)**

Zur rationellen Gewinnung von Schwefel aus Sulfatzellstoffablaugen fällt man diese zur Entfernung der durch trockene Destillation verarbeitbaren Humussäuren mit Bisulfat, filtriert, dampft das im wesentlichen aus Natriumsulfat bestehende Filtrat im Vakuum ein und calciniert den Rückstand nach Zusatz der berechneten Kalk- und Kohlenmenge im Drehofen, wobei man je nach der Höhe des Kalkzusatzes durch Auslaugen der Schmelze reine Sodalösung bzw. eine solche mit Schwefelnatriumgehalt gewinnen kann. Man erhält dann als Auslaugerückstand Schwefelcalcium, das das Ausgangsmaterial für die Schwefelgewinnung bildet. **(W. Lenz, Wochenbl. f. Papierfabr. 1918, 962.)**

Zur Aufarbeitung von Natroncelluloseablaugen dickt man sie nach **D. R. P. 322 771** zuerst mit Hilfe von Feuergasen in einem Rieselturm auf etwa 10° Bé ein, regelt dann den Zulauf von Frischlauge und das Abzapfen von eingedickter Lauge derart, daß die genannte Dichte erhalten bleibt, und erhält so eine nichtschäumende Flüssigkeit, die die meisten flüchtigen Stoffe abgegeben hat und sich durch Berieselungsfähigkeit auszeichnet, so daß die folgende eigentliche Eindickung sich glatt vollziehen läßt.

Zur Aufarbeitung der Cellulosefabrikationsablaugen verbrennt man die Rückstände durch strahlende Wärme unter Vermeidung jeder Oxydation zur Gewinnung der Alkalibestandteile, die man entweder durch Ausschmelzen oder durch Herauslösen von der Kohle trennt. Beim Sulfitverfahren vermeidet man so durch Anwendung vorliegender Methode die unerwünschte Oxydation des Kalk- und Magnesiarückstandes zu wertlosem Gips oder Sulfat und gewinnt den

Mineralrückstand als Sulfit, während beim Sulfatverfahren der Mineralrückstand und das zugefügte schwefelsaure Natron zu Schwefelnatrium reduziert werden. Das Verfahren bietet daher besondere Vorteile für die Wiedergewinnung der Mineralbestandteile bei der Sulfatkochung. **(D. R. P. 289 601.)**

Zum Fällen der Humusstoffe aus Natroncelluloseablaugen benützt man Kohlensäure als Fällungsmittel, die man in die konzentrierte Lauge bei Gegenwart von Kochsalz einleitet. Oder man fällt mit Ammoniumcarbonat, ebenfalls unter Verwendung konzentrierter Lauge, und regelt die Temperatur der Lösung derart, daß die Humusstoffe schwer löslich werden. **(D. R. P. 222 302.)**

Nach **D. R. P. 244 941** befreit man die Schwarzlaugen der Natronzellstoffabrikation zur Gewinnung von Bicarbonat aus den in ihnen enthaltenen Natriumsalzen zunächst durch Fällung mit Kohlensäure von fällbaren organischen Stoffen und behandelt die Lauge dann in der Hitze mit Ammoniak und Kohlensäure. Die Beschreibung der technischen Ausführung des Verfahrens findet sich in **Papierztg. 1912, 1067.**

Zur Regenerierung der Kochlaugen von der Natronzellstoffabrikation fällt man die in den Laugen enthaltenen humusartigen Stoffe mit Calciumhydroxyd unter Zusatz entsprechender Mengen Eisen- oder Magnesiumhydroxyd, überhaupt mit Oxyden von Metallen, die mit Wasser schwer lösliche Hydroxyde geben. Man kann diese Ausfällungsagentien auch trocken und ferner in Form der gepulverten, in der Natur vorkommenden, vorher gebrannten Mineralien zusetzen. **(D. R. P. 257 124.)**

Durch etwa zweistündiges Erhitzen der Natronzellstoffablauge unter Druck auf 200—300° kann man die organischen Laugenbestandteile in Form eines kohligen Produktes ausscheiden. Um während des Prozesses den Überdruck von etwa 50 Atm. nicht weiter zu steigern, bläst man die entstehende, das vorhandene Alkali carbonisierende Kohlensäure zeitweise ab. **(D. R. P. 311 933.)**

Zur Reinigung der Celluloseablaugen dickt man sie unter gleichzeitiger Oxydation z. B. durch Einblasen von Luft im offenen Gefäß bis zur Verkohlung der organischen Substanz ein, wobei man zweckmäßig stärker wirkende Oxydationsmittel wie Salpeter zusetzt. Man kann auch in der Weise verfahren, daß man die Lauge unter Zusatz von festem Ätznatron auf 50° Bé. konzentriert, dann oxydiert und nunmehr erst zur Ausscheidung der Kohle erhitzt. Die Lauge wird dann abgegossen oder filtriert, verdünnt und von den Verunreinigungen getrennt. Die Methode eignet sich auch zur Aufarbeitung von Mercerisations- und Viscosefabrikationsablaugen. **(D. R. P. 322 461.)**

Nach **D. R. P. 340 338** schmilzt man nach Art des Leblancprozesses die sodahaltige Celluloseablaugekohle oder die eingedampfte Ablauge mit soviel Soda und Glaubersalz als der Kohlenmenge entspricht und erhält so neue Sodamengen und ferner aus ihr gewinnbare neue Lauge, die etwas Ätznatron und Kalk enthält und daher mit Vorteil zum Aufschließen von Stroh dienen kann.

Zur Ausscheidung des größeren Teiles der gelösten organischen Stoffe aus den Schwarzlaugen der Natroncellulosefabriken fällt man die organischen Stoffe elektrolytisch aus der warmen Lauge, deren Salzkonzentration man vor oder nach dem Kochen erhöht, und erhält so an der Anode neben Säure und etwas Kohlensäure jene organischen Stoffe in filtrierbarer Form. **(D. R. P. 224 411.)**

Zur Verwertung der bei der Strohaufschließung erhaltenen Kocherlaugen elektrolysiert man sie und gewinnt so Ätznatron in einer für die weitere Aufschließung von Stroh verwendbaren Konzentration, während an der Anode je nach der Stromdichte Sauerstoffentwicklung oder Oxydation organischer Substanzen unter Bildung von zum Teil gasförmig entweichenden Stoffen stattfindet. **(D. R. P. 319 068.)** Eine Abänderung des Verfahrens ist dadurch gekennzeichnet, daß man die schwach sauer gestellte, etwa 70° warme Kocherlauge nach Abfiltrieren der verwertbaren ausgefällten Ligninsäure elektrolysiert und so bei Anwendung von Kochsalzlösung als anodischen Elektrolyten freies Chlor erhält, das man in mit Kalkmilch vorbehandeltes Häcksel einleitet, um dessen Aufschließung zu befördern. **(D. R. P. 321 453.)**

Die Herstellung eines Düngemittels aus Stroh- oder Holzaufschließungsschwarzlauge durch Eindicken auf dem Verdunstungswege in einem aus sperrigem Rückstandsmaterial der Land- und Forstwirtschaft gebildeten Gradierwerk ist in **D. R. P. 316 147** beschrieben.

Zur Reinigung der kolloidal gelöste Stoffe enthaltenden Natroncelluloseablauge und zur Wiederverwendbarmachung der Natronlauge dialysiert man die Brühe gegen Wasser oder verdünnte reine Lauge, die man nach dem Gegenstromprinzip an der zu reinigenden Lauge vorüberfließen läßt, mit Verwendung von Pergamentpapiermembranen in geschlossenen Gefäßen, um die Kohlensäureaufnahme der Lauge aus der Luft zu verhindern. Man erhält schließlich eine Natronlauge die fast so stark ist, wie die zu reinigende Lauge. **(D. R. P. 287 092.)**

Auch aus dem alkalisch oder neutral aufgeschlossenen Zellstoff lassen sich noch Nebenprodukte gewinnen. Behandelt man ihn mit Säuren oder deren Salzen nach, so entstehen dabei Mutterlaugen, aus denen man Füll- und Leimmittel für Appretur- oder Klebezwecke gewinnen kann. **(D. R. P. 323 744).**

106. Celluloseablaugedestillation und -rückstandstrockendestillation.

Sulfitablauge enthält im Liter 2,151—9,078 g Ameisen- und Essigsäure, in dem sehr schwankenden Verhältnis der beiden Säuren von 1 : 5,6 bis 1 : 13,6, so daß bei einer täglichen Erzeugung von 500 cbm Ablauge aus 500 dz Cellulose 1,075—4,539 dz Ameisen- und Essigsäure erhalten werden können. Zur Gewinnung der Säuren destilliert man die Ablauge im Vakuum oder mit Wasserdampf und reinigt die durch Auffangen in Kalk gebildeten Salze durch Destillation mit Mineralsäure. Zur Entfernung von Aldehyden und Schwefeldioxyd leitet man die Dämpfe, ehe sie in den Kühler gelangen, durch aufgeschlämmtes Barium- oder Calciumcarbonat und erhält ein Filtrat, das nach Zerstörung der letzten Schwefeldioxydreste durch Wasserstoffsuperoxyd nur Essig- und Ameisensäure enthält, deren Gesamtmenge im ganzen abhängig ist von dem Grade der hydrolytischen Holzspaltung, also von der Kochdauer des Holzes. (**M. Hönig, Chem.-Ztg. 36, 898.**)

Da Baumwolle und Filtrierpapier bei der hydrolytischen Spaltung weder Essig- noch Ameisensäure ergeben, wohl aber aus Holz bei der Hydrolyse bei 110° diese beiden Säuren in der Menge von 1,2—2,8% im Verhältnis von 4 Tl. Essigsäure zu 1 Tl. Ameisensäure entstehen, können sie nur aus dem Lignin stammen, das demnach Acetyl- und Formylgruppen enthält. (**W. E. Cross, Ber. 1910, 1526.**)

Nach **Norw. P. 33 458** kocht man die Sulfitablauge vor der Trockendestillation zwecks Veränderung der organischen Verbindungen mit überschüssigem Alkali, um so die Ausbeute an Aceton zu steigern.

Nach **D. R. P. 244 816** befreit man die Natronzellstoffablaugen zur Gewinnung von Essig- und Ameisensäure zunächst von der Soda und den Humusstoffen und destilliert das Filtrat nach Zusatz von Oxal-, Salz- oder Phosphorsäure oder nach Hinzufügung einer anderen Säure, die stärker ist als Kohlensäure.

Je nachdem ob man das Filtrat zuerst mit schwächerer Säure sauer stellt, so daß die Essigsäure frei wird und abdestilliert werden kann, während die stärkere Ameisensäure an Natron gebunden zurückbleibt oder ob man gleich mit der stärkeren Säure arbeitet, kann man Essig- und Ameisensäure getrennt oder vereint abscheiden. Die dann zurückbleibenden harzartigen Säuren bleiben, wenn man sie nicht vorher entfernt, nebst anderen Stoffen im Destillationsrückstand zurück, den man trocken oder mit Wasserdampf destillieren kann, wobei im letzteren Fall noch Milchsäure gewonnen wird. (**D. R. P. 244 816.**)

Die Calciumsalze niederer organischer Säuren erhält man aus der Schwarzlauge der Natronzellstoffabrikation, wenn man in dem Verfahren des **D. R. P. 244 941** (vorst. Kap.) zum Austreiben des Ammoniaks Kalk verwendet.

S. a. [113].

Ein Verfahren zur Gewinnung von essigsaurem Natron durch Erhitzen des Eindampfrückstandes alkalischer Celluloseabwässer auf 400° war schon in dem alten **D. R. P. 69 786** geschützt.

Nach **Rienman, Wochenbl. f. Papierfabr. 1911, 4493** ist die Frage der Aufarbeitung von Natroncelluloseablaugen insofern praktisch gelöst, als man nach einem vereinfachten Verfahren aus 1 t Ablauge 500 kg reines Kohlenpulver, 100 kg Sprit und Aceton und 100 kg Motoröl als Nebenprodukt gewinnen kann.

Nach **Mathéus, Papierfabr. 1911, 1435** dickt man Sulfitablauge zur Gewinnung einer äußerst porösen Kohle, die statt der Knochenkohle benutzt werden kann, nach Neutralisation mit Kalkmilch zu einem dicken Sirup ein und destilliert das gepulverte Produkt. Die Destillate werden ähnlich wie jene der Holzdestillation nutzbar gemacht.

Ein Verfahren zur Gas- und Koksbereitung aus Sulfitcelluloseablauge durch trockene Destillation der ziegelförmigen Stücke, die man durch Brikettieren des Abdampfrückstandes der Lauge mit Alkali- oder Erdalkaliverbindungen erhält, ist in **D. R. P. 181 126** beschrieben.

Zur Verwendung der bei der Cellulosefabrikation abfallenden Humusstoffe destilliert man sie entweder in isoliertem Zustande oder in Form der Ablaugen bei Gegenwart starker Basen trocken und gewinnt so, wenn die trockene Destillation in dünn ausgebreiteten Schichten der Laugen erfolgt, aus 1000 kg Tannenholz 50 kg eines Gemenges von Alkoholen, Aldehyden und Ketonen, in dem Aceton und Holzgeist vorwalten. (**D. R. P. 270 929.**)

Zur Aufarbeitung von eingedampften Celluloseablaugen aller Art destilliert man die Abdampfrückstände auf trockenem Wege bis zur Entfernung der leichtest flüchtigen Stoffe (Alkohole, Acetone, Öle) und leitet nunmehr Luft oder Sauerstoff in den Apparat, so daß die Retortenmasse nicht zusammensintern kann wodurch der weitere Austritt der bei höherer Temperatur flüchtigen Stoffe verhindert wird. Man erhält so unter geringerem Wärmeaufwand als sonst gut weiter verarbeitbare Retortenrückstände. (**D. R. P. 299 584.**)

Zur Aufbereitung von Sulfitablauge erhitzt man sie nach Entfernung des Schwefeldioxyds bzw. nach ihrer Vergärung und Gewinnung des Alkohols mit Kalkhydrat unter Druck bis die Laugenbestandteile in eine Fällung aus Lignin und Calciumsulfit und eine Lösung von organischen Kalksalzen übergeführt sind. Zweckmäßig setzt man dieser Kochung Sägemehl, Rinden- oder Waldabfälle zu. Das erhaltene unlösliche Produkt wird nach Entfernung des Calciumsulfits mit oder ohne Zusatz von anderen vegetabilischen Stoffen brikettiert und mit Kalkhydrat unter evtl. Anwendung von überhitztem Wasserdampf trocken destilliert. Man erhält so ein Destillat, das insbesondere Aceton, Holzgeist, gewöhnlichen Sprit, ölartige Flüssigkeiten und Ammoniak enthält und einen Rückstand, der so heiß wie er ist (etwa 500°) unmittelbar verbrannt wird, wobei man den Kalk ohne Zufuhr eines besonderen Brennstoffes als Oxyd wiedergewinnt. Dieser Calciumoxyd ist, wenn man bei reichlicher Luftzufuhr arbeitet, schwefelcalciumfrei und kann direkt wieder verwendet werden; auch die Wärme wird zur Durchführung der Trockendestillation nutzbar gemacht. Überdies werden während der Kochung schon Terpentin, Holzgeist, Ammoniak und Harze in bekannter Weise gewonnen. Es empfiehlt sich, dieselbe Menge Ablauge zusammen mit neuen Mengen von Abfällen mehrmals zu kochen, wodurch die Ablauge bei höherer Konzentration als sonst verkocht werden kann. **(D. R. P. 285 752.)** Nach dem Zusatzpatent führt man die gewonnenen organischen Calciumsalze vor der trockenen Destillation, um ihre Gärung zu verhindern, durch Zusatz von Natronlauge oder Soda in Natrium- oder Kaliumsalze über, deren Verbindungen mit der Ablauge dünnflüssig sind und nicht gären, wenn sie bis zu einem Trockengehalt von 70—80% eingedickt wurden. Man dickt also z. B. die aus den Ablaugen mit Kalkhydrat erhaltene Kalksalzlösung auf 35° Bé. ein, fügt so viel Kalkschlamm und Soda zu, daß auf 1 cbm der Sulfitablauge 17 kg CaO, 20 kg Soda und 50 kg Wasser kommen, dampft auf 25% Wassergehalt ein und destilliert nunmehr trocken. Der Destillationsrückstand wird wie üblich auf Ätznatron verarbeitet, wobei die abfiltrierte, sämtlichen Schwefel enthaltende Kalkfällung umgebrannt und zur Kochung neuer Sulfitablauge verwendet wird. **(D. R. P. 298 734.)** Nach dem weiteren Zusatzpatent regeneriert man die Ablauge vor dem Kochen mit Kalkhydrat zu neuer Sulfitsäure, mit der man dann neue Holzmengen kocht, bzw. regeneriert die wässerige Lösung der organischen Kalksalze zu demselben Zweck, ehe man sie trocken destilliert, zu neuer Sulfitsäure. Man arbeitet in der Weise, daß man die zur Kühlung zerstäubte Lauge mit Schwefeldioxyd behandelt und gleichzeitig einen Luftstrom zuleitet. Die Lauge kann vorher auf Alkohol vergärt werden. **(D. R. P. 313 007.)**

Zur Verarbeitung von eingedampften Zellstoffablaugen durch trockene Destillation arbeitet man evtl. mit alkalischen Stoffen, indifferenten Gasen oder Wasserdampf (auch in überhitztem Zustande) unter Überdruck und erhält so aus 100 Tl. Ablaugepech von der Dichte 1,5 50 l wässeriges Destillat mit Ammoniak, Sprit und Ölen und von letzteren weiter 2—4 kg Öl von der Dichte etwa 0,930. Die Rohöle enthalten bis zu 25% benzolartige, leicht abdestillierbare Brennöle von der Dichte 0,800—0,815, weiter auch Pyridinbasen und andere wertvolle Stoffe. **(D. R. P. 301 684.)**

Zur trockenen Destillation von Ablaugen der Natron- oder Sulfatcellulosefabrikation dickt man diese Brühen zunächst auf 30° Bé ein, setzt dann so viel Kalkmilch hinzu, daß auf 1000 kg Holz 400 kg Calciumoxyd kommen, dickt weiter auf 55° Bé ein und destilliert die Massen in Schachtöfen, bei Gegenwart überhitzten Wasserdampfes trocken bei schließlich 500°. Die gegen die sonstige Arbeitsweise um mindestens 30% erhöhte Ausbeute an Acetonspiritus beträgt dann für die genannte Holzmenge 4% und überdies werden 5% Öle gewonnen. **(D. R. P. 313 607.)** Vgl. **D. R. P. 134 977:** Die Verwendung trockenen Kalkes.

Nach **D. R. P. 344 706** vollzieht man die trockene Destillation eingedampfter Zellstoffablaugen in Gegenwart starker Basen mit überhitztem Wasserdampf. Man destilliert zunächst unter 200°, um die Hauptmenge des Wassers zu entfernen, dann zwischen 2 und 300°, bis der Methylalkohol abdestilliert ist, und schließlich zwischen 300 und 500° so lange als Aceton übergeht.

Nach **H. Falk** gewinnt man beim Sulfatverfahren auf 1 t Zellstoff berechnet 9,4 kg Terpentin und 5 kg Methylalkohol, neben beträchtlichen Mengen Methylsulfid, das als Lösungsmittel für Nitrocellulose den Äther ersetzen könnte. **(Papierfabr. 1909, 469.)**

Zur Verarbeitung der Strohpapierfabrikations-Kalkablaugen dickt man sie ein, trocknet den Rückstand und unterwirft ihn zur Gewinnung von Aceton und Methylalkohol der trockenen Destillation. **(D. R. P. 314 054.)**

Zur Gewinnung von Methylalkohol und ähnlichen Verbindungen aus Natronzellstoffablaugen unterwirft man diese einer Art Erdöl-Crackprozeß in der Weise, daß man die konzentrierte Flüssigkeit in eine auf 230—270° heiße Retorte einspritzt und die in dünner Schicht zur Ausbreitung gelangende entwässerte Masse der trockenen Destillation unterwirft. **(A. P. 1 197 983.)**

Ein Verfahren zur Trockendestillation von unverarbeiteten oder vorbehandelten eingedampften Zellstofflaugen in besonderer Vorrichtung, die eine Steigerung der Ausbeute an Aceton, Ölen und Stickstoffverbindungen dadurch ermöglicht, daß sich die Destillation auf auswechselbaren Unterlagen vollzieht, ist in **D. R. P. 303 053** beschrieben.

Über die trockene Destillation des Lignins berichten **E. Häuser** und **C. Sklöldebrand** in **Zeitschr. f. angew. Chem. 1919, 41.** Das bei etwa 400—450° in großen Mengen entweichende Gas, das wenig Kohlensäure, hingegen viel Kohlenoxyd und Methan enthält, zeigt einen wesentlich höheren Heizwert als jenes des Holzes, auch entstehen wesentlich mehr Kohle und Teer als aus Holz, wogegen die erhaltenen Aceton- und Methylalkoholmengen etwa gleich groß sind. Essigsäure entsteht nur in der Menge von 33% jener, die bei der Fichtenholzdestillation erhalten wird.

107. Sulfitsprit.

Hägglund, E., Die Sulfitablauge und ihre Verarbeitung auf Alkohol. Braunschweig 1921.

Schon **Mitscherlich** schlug in seinem Sulfatablaugeverwertungspatent vor, den diffundierten Teil der Flüssigkeit zur Entfernung der schwefligen Säure mit Kalk zu versetzen und das auf ein spez. Gewicht von 1,1 eingedampfte Filtrat unter Zusatz von Hefe zu vergären. **(D. R. P. 72 161.)**

Man erhält bei der Aufschließung cellulosehaltiger Materialien pro Tonne Zellstoff 10 cbm Ablauge mit 1% vergärbarem Zucker, d. h. 1 cbm Lauge liefert 5—6 l 100proz. Äthylalkohol. Deutschland, durch steuertechnische Maßnahmen behindert, nahm die Sulfitspriterzeugung erst während des Krieges auf, Schweden fabrizierte auf diesem Wege schon 1913 in drei Betrieben jährlich etwa 20 000 l Sprit.

Die Verarbeitung von Sulfitablauge auf Spiritus stehen außer steuerlichen Schwierigkeiten auch noch andere ungünstige Faktoren entgegen. So ist vor allem mit der Konkurrenz der Melasse- und Spiritusbereitung aus Holzabfällen zu rechnen, besonders da es nach dem Verfahren von **Gentzen** und **Roth** gelingt, auch die Ligninstoffe zu invertieren und so die Holzabfälle völlig zu verarbeiten. Es wird darum eine allgemeine Verwendung der Sulfitablauge zur Spritbereitung erst dann möglich sein, wenn es gelingt Gärungserreger ausfindig zu machen, die auch die Pentosane und Körper mit noch weniger Kohlenstoffatome vergären und so in technisch verwertbare Körper überzuführen. **(Papierztg. 1910, 2044.)**

Immerhin ist die Gewinnung von Alkohol aus Sulfitablauge so lange eine wertvolle Ausnützung der in ihr enthaltenen vergärbaren Zucker bis es gelingt, das Holz auf einfachem Wege in Zucker oder Stärke überzuführen, die dann als Nahrungs- oder zumindest Futtermittel Verwendung finden können. **(R. Cohn, Pharm. Ztg. 59, 62.)**

Nach **W. Kiby** stammt der Cellulosesprit bei der saueren Hydrolyse des Holzes aus jenem Zucker, der aus dem Celluloseanteil des Holzes gebildet ist, während der Sulfitsprit aus jenen geringen Zuckermengen stammt, die aus dem Nichtcelluloseanteil des Holzes herrühren. Die Ablauge enthält nur darum so wenig (etwa 1—1,5%) Zucker, weil während der langandauernden Erwärmung unter Druck ein Teil des gebildeten Zuckers wieder zerstört wird. Dieser geringe Zuckergehalt der Sulfitablauge macht es nötig, daß die Ablauge nach Vertreibung der schwefligen Säure unbedingt eingedickt wird. Jedenfalls ist die Menge des vergärbaren Zuckers in der Sulfitlauge in hohem Maße von der Kochung abhängig, die dann am besten verläuft, wenn die freie schweflige Säure 70% der Schwefeldioxydgesamtmenge ausmacht. In **Chem.-Ztg. 39, 212, 261, 284, 307** u. **350** beschreibt **Kiby** die Apparate, die sich zu dieser Eindampfung eignen, ebenso wie die Destillierapparate, deren hohe Leistungsfähigkeit es gestattet, 100 l Lauge bei gleichzeitiger Reinigung des Rohspiritus mit nur 14—15 kg Dampfverbrauch zu destillieren und überdies direkt 96—97 volumproz. Feinsprit neben etwas Fuselöl, Aldehyd und Methylalkohol zu gewinnen. Weitere Angaben über die Kosten der Anlagen und die von seiten des Staates bezüglich der Besteuerung zu treffenden Maßnahmen finden sich in der zitierten Arbeit.

Über das Vorkommen von Methylalkohol im Sulfitsprit, und zwar in einer Menge von 7 kg, pro 1 t Zellstoff bzw. 10 l auf 1 cbm Lauge, so daß 100 l des gewonnenen Äthylalkohols 8,7 l Methylalkohol enthalten, siehe **Papierfabr. 12, 947.**

Über die Sulfitspritfuselöle und ihre Hauptbestandteile siehe **R. Sieber, Wochenbl. f. Papierfabr. 51, 2457.**

Das wesentlichste Moment bei der Gärung der Sulfitablauge ist ihr Säuregrad, da der Gärvorgang an das Maximum von 0,03 n.-Wasserstoffion gebunden ist. Die Neutralisation der Sulfitablauge mit kohlensaurem Kalk gestattet nun nur die Entfernung einer gewissen Säuremenge, so daß etwa $^1/_{20}$ n. unangegriffen bleibt, und mit Ätzkalk werden nur 40—50% der theoretischen Neutralisation erreicht, vermutlich weil der Kalk zur Ausfällung organischer Verbindungen verbraucht wird.

Nach **R. Sieber** ist es zweckmäßig zur Erzielung blanker Flüssigkeiten zuerst mit Ätzkalk anzuneutralisieren und die Vollendung der Neutralisation mit kohlensauren Kalk zu bewirken, da auch ein geringer Kalküberschuß bis zu 10% der vergärbaren Zucker zerstört. Bei der Destillation des in der Ausbeute von etwa 1 Vol.-% erhaltenen Holzsprits muß, da er organische Säuren enthält, die Kolonne mit Sodalaugen beschickt werden; man erhält dann säurefreien Sprit mit 0,25% Fuselöl und 3% Methylalkohol, einen Vorlauf der Acetaldehyd, Aceton und Äther und einen Nachlauf der Butyl- und Amylalkohol enthält. **(Österr. Chem.-Ztg. 1917, 96.)**

Jedenfalls muß die Sulfitablauge, die der Gärung unterworfen werden soll, in erster Linie auf den Säuregrad geprüft werden, und es erübrigt sich dann bei Erzielung der nötigen Neutralisation die Anwendung besonders kultivierter Hefe und auch die Lüftung ist nur insofern von Einfluß, als sie den Säuregrad der Lauge verändert. **(E. Oemann, Papierfabr. 13, 534 u. 553.)**

Zur Vorbehandlung der Sulfitablauge für Gärzwecke verdampft man sie zum Teil, um ihren Säuregrad herabzumindern und stumpft sie dann bis zur Erreichung des für die Gärung geeigneten Säuregrades mit Sodalösung ab. **(Norw. P. 33 014.)**

Zur Vergärung der Sulfitablauge und zur Gewinnung des Äthylalkohols entfernt man die freie schweflige Säure der Lauge vor dem Hefezusatz nur zum Teil, wodurch die normale Gärung verhindert werden würde, setzt dann Hefe zu und bläst nun reichlich Luft ein, um den Gärungsvorgang trotz der Anwesenheit der schwefligen Säure durchzuführen. **(Norw. P. 34 393.)**

Zur Entgiftung der Celluloseablauge (nach Beseitigung der schwefligen Säure und Neutralisation der Lauge) zwecks Abtötung der Hefe und Milchsäurebacillen, so daß die Lauge direkt vergoren werden kann, setzt man dem Produkt Kaolin, Humin oder ähnliche, die schädigenden Stoffe adsorbierende Mittel zu, wobei zweckmäßig, wenn man mit Humin arbeitet, zu dessen völliger Ausflockung geringe Mengen Schwermetallsalze zugefügt werden. **(D. R. P. 307 383.)** Nach einer Abänderung des Verfahrens behandelt man die zu entgiftende Lauge zuerst mit Kaolin, Humin oder einem anderen adsorbierenden Stoff und nötigenfalls mit Lösungen von Schwermetallsalzen, neutralisiert dann erst und filtriert. Die Lauge braucht bei dieser Arbeitsweise nicht entlüftet zu werden und gibt bei der Vergärung 1,15 Vol.-% Sprit, während nicht behandelte Lauge nur 0,95 Vol.-% Sprit liefert. **(D. R. P. 310 318.)**

Als Hefennährstoff setzt man der zu vergärenden, von der freien schwefligen Säure im Vakuum befreiten Sulfitablauge unter gleichzeitigem Einleiten von Kohlensäure während der Neutralisation oder nachträglich den ebenfalls als Neutralisationsmittel wirkenden Kalkstickstoff zu. (**D. R. P. 319 929.**) Oder man vergärt unter Zusatz von Bauerschem Nährextrakt während 3—4 Tagen mit den Heferassen XII und M des Instituts für Gärungsgewerbe in Berlin und erhält eine Ausbeute von 0,4—0,5 Vol.-% rohem, durch Methylalkohol verunreinigtem Sprit. (**K. Leschly-Hansen, Papierfabr. 1918, 25 u. 37.**)

Über die alkoholische Vergärung von Sulfitablauge mit Hefe, die in einer Nährlösung aus Tang- oder Algenauszug bereitet wird, siehe **Norw. P. 31 106.** Vgl. **Bd. IV [600].**

Zahlenmäßige Angaben über die Spritausbeute bei der Vergärung von Sulfitablauge finden sich in **Zeitschr. f. angew. Chem. 1915, III, 39.**

Über Herstellung von Alkohol aus Sulfitablauge mit Hilfe von Milchzuckerlösung siehe **Norw. P. 23 673/1912,** ferner **Papierztg. 38, 181** u. a.

Über Herstellung von Äthylalkohol aus Sulfitcelluloseablaugen siehe **F. P. 446 717** und **446 718;** vgl. **Schwed. P. 31 956/1909.** Siehe auch das Referat über einen Vortrag von **E. J. Ljungberg** in **Papierztg. 1912, 337 u. 490.**

Holz- (Torf-) extraktion (-destillation). — Cellulosezerlegung.

Holzsprit und Holzextraktion.

108. Spiritusgewinnung aus Holz. Literatur und Allgemeines.

Eine geschichtliche Übersicht über die Industrie der Alkoholgewinnung aus Holz, besonders nach dem Verfahren von **Simonsen** (1889) und **A. Classen** (z. B. **D. R. P. 130 980,** 1. Patent **111 868**) bringt **Reiferscheidt** in **Zeitschr. f. angew. Chem. 1905, 45.**

Die vom Polyt. Ver. zu Kristiania mit der goldenen Medaille ausgezeichnete Arbeit von **E. Simonsen** über die Gewinnung von Spiritus aus Cellulose und Holz findet sich (im Auszuge) in **Zeitschr. f. angew. Chem. 1898, 195 u. 219.** Wertvoll sind besonders die bis in das Jahr 1819 zurückreichenden Literaturangaben aus dem Gebiet. Ausführliche tabellarisch angeordnete Daten über die fabrikatorische Herstellung von Spiritus aus Sägespänen bringt derselbe Autor **ebd. S. 962 u. 1007.**

Über Herstellung von Äthylalkohol aus Holzabfällen und vorläufige Versuche über die Hydrolyse von Fichtenholz siehe **F. W. Kreßmann,** Ref. in **Zeitschr. f. angew. Chem. 28, 47.**

Über Gewinnung von Spiritus aus Holz siehe die Abhandlung von **G. Foth, Chem.-Ztg. 1913, 1145, 1221 u. 1297.** Vgl. **C. G. Schwalbe, Zeitschr. f. angew. Chem. 1910, 1537.**

Siehe auch die Arbeit von **R. v. Demuth, Zeitschr. f. angew. Chem. 1913, 786.**

Eine ausführliche Abhandlung über die verschiedenen Methoden zur Celluloseverzuckerung von **A. Wohl** und **H. Krull** findet sich in **Cell.-Chem. 1921, 1.**

Ältere Arbeiten über Alkoholgewinnung aus Holz durch Behandlung von Sägemehl mit 60 grädiger bzw. konzentrierter Schwefelsäure finden sich z. B. in **Dingl. Journ. 136, 387** und **134, 219.**

Über die Verzuckerung der verschiedenartigsten Pflanzenstoffe und Fabrikationsrückstände, wie Baumzweige, Blätter, Stroh, Stoppeln, Pilze, Heidekraut usw., erschöpfte Gerberlohe, Hölzer der Färbereien, Krapprückstände, Rückstände der Runkelrübenfabriken, Rückstände vom Flachsbrechen, Reste der Tapetenfabrikation, Lumpen, Makulatur usw. mittels 2—5 proz. Schwefelsäure siehe die Angaben in **Dingl. Journ. 138, 426.**

Über den Gehalt des Fichtenholzes an löslichen Kohlenhydraten siehe das Referat über eine Arbeit von **S. Schmidt-Nielsen** in **Chem.-Ztg. Rep. 1921, 32.**

Die Beschreibung der technischen Methode zur Holzaufschließung mittels Salzsäure zur gleichzeitigen Gewinnung von Cellulose und Traubenzucker und dessen Vergärung, findet sich nach dem Stande des Verfahrens in den sechziger Jahren des vorigen Jahrhunderts dargestellt in **Dingl. Journ. 185, 308.**

C. G. Zetterlund erhielt schon Anfang der siebziger Jahre aus 450 kg sehr feuchter Sägespäne (Tanne oder Fichte), 35 kg Salzsäure (1,18) und 1500 l Wasser nach elfstündigem Kochen 4,38% Traubenzucker, also im ganzen 88,5 kg Traubenzucker, was 19,67% vom Gewicht der Sägespäne ausmachte. Die mit Kalk neutralisierte, vergorene Maische gab 26,5 l 50 proz. Alkohol. (**Dingl. Journ. 203, 421.**)

Wie schon in **[74]** erwähnt wurde, zeigen die Mole der Cellulose und der Stärke ähnlichen Bau: beide bestehen aus Dextrose-(Traubenzucker-)resten, verhalten sich jedoch beim Versuch, sie durch Spaltung abzubauen, verschieden: Stärke gibt unter dem Einfluß verdünnter Säuren, hydrolytisch gespalten, in glatter Reaktion über die Maltose den Traubenzucker, Cellulose liefert jedoch, ebenso behandelt, bei Kochtemperatur nur wenig Dextrose, unter geringem Druck jedoch, schon bei 120°, deren weitere Zerlegungsprodukte wie Lävulin-, Ameisensäure und Huminstoffe. Bei geeigneter Verdünnung erhält man jedoch mit 0,5 proz. Schwefelsäure in 2 Stunden bei 175° (8 Atm. Druck) wenn folgend vergoren wird 45% der theoretischen Menge an reinem Traubenzucker, entsprechend einer Ausbeute von 15—18% Alkohol (auf das Holz berechnet). Mit konzentrierter Schwefelsäure (65—75%) kann man das Holz bzw. Cellulose allerdings klar in Lösung bringen, und aus ihr nach Verdünnung auf 1—2% beim folgenden Erhitzen auf 110° über den zunächst entstehenden Dextrose-Schwefelsäureester 95% der theoretischen Traubenzuckerausbeute gewinnen, doch ist dieses Verfahren bei Anwendung starker Säure der Kosten wegen ausgeschlossen; auch beim Arbeiten mit verdünnter Säure ist das Verfahren gegenüber den anderen Spritgewinnungsmethoden vorläufig noch unwirtschaftlich. Anders als beim Holz oder der fertigen Cellulose liegen die Verhältnisse bei der Celluloseablauge, für die die Aufarbeitung nach diesem Zwischenverfahren der Spritgewinnung darum besonders aussichtsreich erscheint, wei die sonstigen wertvollen Stoffe der Ablauge weiter verwertbar bleiben. S. dagegen auch [107].

Aus Versuchen, die **T. Koerner** zum Studium der Alkoholbildung aus cellulosehaltigen Stoffen ausführte, geht hervor, daß auch bei genauester Laboratoriumsarbeit die Ausbeute an Alkohol nicht mehr als 25% der berechneten Menge von 56,91% (bezogen auf reine Cellulose) beträgt, so daß mit den üblichen Methoden der Hydrolyse und Oxydation nur ein Teil des Cellulosekomplexes in vergärbaren Zucker überführbar ist. Es wurde weiter festgestellt, daß Sulfitcellulose mit durchschnittlich 12,83% Ausbeute für vorliegenden Zweck am geeignetsten ist, die Anwesenheit von schwefliger Säure hindert jedoch die Zuckerbildung. Unter den Oxydationsmitteln eignete sich Wasserstoffsuperoxyd am besten, Ozon, Persalze oder Bichromate oxydieren zu stark. **(Zeitschr. f. angew. Chem. 1908, 1353.)**

Bei den neuesten Verfahren der Holzzerlegung unter Druck mit verdünnter, hydrolysierender Säure werden 25—80% des wasserfreien Holzes löslich gemacht und hiervon 80% als gärungsfähiger Zucker erhalten. Praktisch erreicht man in Apparaten, die **G. H. Tomlinson** in **Chem. Trade Journ. 1918, 103** beschreibt, bei Anwendung von Salzsäure oder Schwefeldioxyd eine Höchstausbeute von etwa 23% gärbarer Substanz.

F. W. Kreßmann erhielt bei der Verarbeitung des Holzes der weißen Sprossenfichte bzw. der Lärche aus 100 Tl. des trockenen Holzes mit 2,5% Schwefelsäure und 125 Tl. Wasser bei $^{1}/_{2}$ stündigem Erhitzen auf $7^{1}/_{2}$ Atm. Druck 22% bzw. bei der Lärche 29,7% Gesamtzucker; letzterer enthielt allerdings nur 37,9 % vergärbares Material gegen 60—65 % des Fichtenzuckers. Zusammenfassend ergab sich, daß die Ausbeute an vergärbarem Zucker proportional dem Cellulosegehalt des Holzes ist. (Ref. in **Zeitschr. f. angew. Chem. 29, 167.)**

Bei der praktischen Ausführung der Holzverzuckerungsverfahren werden die Abfälle, da das Material aus wirtschaftlichen Gründen nicht verfrachtet werden kann, an Ort und Stelle verarbeitet, wobei man zweckmäßig die Zuckerlösung, die zunächst nur 10—12 prozentig ist, weiter einengt und sie dann erst zwecks Vergärung an die nächstgelegene Brennerei befördert. **(Zentralbl. 1919, IV, 542.)**

109. Ältere Holzverzuckerungsverfahren. Iwen-Tomlinson- und Bakterienabbauverfahren.

Über Traubenzuckergewinnung s. **Bd. IV [483].**

Um Zuckerlösungen, die aus cellulosehaltigem Material oder gerbstoffhaltigen Hölzern gewonnen wurden, leicht vergärbar zu machen, bindet man die aus der Gerbsäure des Rohmaterials gebildete Gallussäure in der Lösung an ein Metall und neutralisiert die Flüssigkeit mit einem Carbonat, unter Zusatz von Calciumhydroxyd, bis zur alkalischen Reaktion, wodurch die schädliche Gerbsäure entfernt wird. **(D. R. P. 161 644.)**

Es wurde auch vorgeschlagen zur Gewinnung von Zellstoff und Traubenzucker das Holz zuerst mit Fuselöl zu behandeln und dann mit verdünnter Schwefelsäure zu kochen. **(D. R. P. 28 219.)** Vgl. **Dingl. Journ. 255, 111.**

Zur Überführung der Holzfaser in Dextrose preßt man ein Gemenge von 1 Tl. lufttrockenen Sägespänen mit 15% Wassergehalt mit 0,75 Tl. 55—60grädiger Schwefelsäure, zerkleinert die 30 Minuten unter Druck belassene harte, dunkle Masse, kocht sie 30 Minuten mit der vierfachen Menge Wasser aus und verarbeitet die erhaltene Lösung wie üblich auf Glykose. Man erhält so 60% und mehr Traubenzucker in Form eines süßschmeckenden Rohsirups. **(D. R. P. 111 868.)**

Die Classenschen Verfahren zur Überführung von Holz in Dextrose sind in **D. R. P. 118 540, 118 542—544** beschrieben. Nach den Ansprüchen erhitzt man das Material mit 0,2 proz. Schwefelsäure, die man evtl. im Apparat selbst zwischen 120—145° bildet, und wässeriger schwefliger Säure im Druckgefäß je nach der Holzart (Birke, Tanne) auf 130—145°, oxydiert dann den Autoklaveninhalt mit Luft oder sauerstoffabgebenden Stoffen und erhält so auf trockenes Holz berechnet 30% Zuckerarten, von denen 80% vergärbar sind, so daß man die Hälfte des Zuckers an absolutem Alkohol gewinnt. Nach einem anderen Anspruch ersetzt man die schweflige Säure durch Chlor oder Hypochlorite, z. B. 0,5—1 proz. Chlorwasser, und invertiert dann durch Zufuhr von schwefliger Säure, die mit Chlor unter Bildung von Schwefelsäure reagiert, wobei man bei niedrigerer Temperatur arbeitet als während der Chloraufschließung. Nach weiteren Abänderungen arbeitet man mit schwefliger Säure bei 145°, kühlt auf etwa 125° ab, und führt nun die Luftoxydation durch, bzw. führt statt Luft Chlor oder Hypochlorite zu und invertiert nach Ab kühlung auf 125—120°. Nach einem weiteren Zusatz mischt man die Sägespäne mit 75% ihres Gewichtes Schwefelsäure von 57° Bé. und bringt die Reaktion durch Druck zustande oder man läßt zur Umgehung der Druckarbeit Schwefelsäureanhydriddämpfe auf die feuchten Sägespäne einwirken, wodurch infolge der bei der Schwefelsäurebildung freiwerdenden Reaktionswärme und unter dem Einfluß der im Anhydrid enthaltenen Schwefeldioxydgasmengen Invertierung der Holzcellulose eintritt. **(D. R. P. 121 869.)** Oder man erhitzt schließlich die mit Schwefelsäureanhydrid behandelte Masse in geschlossenen Gefäßen auf 125—135° und laugt das Reaktionsprodukt aus. **(D. R. P. 123 911.)**

Zur Verzuckerung von Holz- oder Sägespänen erhitzt man das Holz mit 25—30% Feuchtigkeit unter Druck mit nur 30—35% wässeriger schwefliger Säure von etwa 9% Schwefligsäureanhydridgehalt, so daß das Holz nur schwach angefeuchtet ist, wodurch sich die Entfernung der schwefligen Säure, die sonst in gelöstem Zustande kaum austreibbar ist, einfacher gestaltet. **(D. R. P. 130 980.)**

Diese Verfahren von **A. Classen** sind als technische Fehlschläge zu bezeichnen und erst **Iwen und Tomlinson** ist es gelungen, die Schwierigkeiten zu überwinden und auf fabrikatorischem Wege Alkohol aus Holz zu erzeugen. Nach deren Verfahren wird das etwa 50% Wasser enthaltende Holz mit wenig Schwefelsäure besprengt in einen drehbaren Digestor eingebracht. Parallel zur Zylinderachse läuft ein perforiertes Rohr, durch das man 1% schweflige Säure (auf das Holz bezogen) und soviel Dampf einbläst, bis der Druck 7 Atm. erreicht hat. Man erhitzt nun möglichst rasch auf die Verzuckerungstemperatur, worauf man sofort den Druck verringert und die Masse, von der 25% in reduzierende, jedoch nur zum Teil gärungsfähige Zucker verwandelt sind, möglichst schnell entleert. Den mit Terpenen, schwefliger Säure, Essigsäure usw. gesättigten Dampf leitet man in Absorptionsgefäße, während man die kaffeebraunen Späne systematisch mit heißem Wasser auslaugt, die Flüssigkeit mit Kalk neutralisiert, filtriert, vergärt und destilliert. Der Spiritus ist 94prozentig, farb- und geruchlos, frei von Methylalkohol, enthält jedoch Spuren von Aldehyd und Furfurol. Der Extraktionsrückstand (65% des Rohmaterials) dient als Brennmaterial. Die Retortenrückstände geben eine Art Melassefutter. **(D. Little, Zeitschr. f. angew. Chem. 29, III, 212.)** Vgl. **J. Horbaczewski, Techn. Versuchsamt 1917, Nr. 3, 82.**

Verfahren und Vorrichtung zur Ausübung dieses Verfahrens mittels Säure unter Druck sind in **D. R. P. 326 314** beschrieben.

Zur Überführung von Cellulose in einfachere, zu Alkohol vergärbare Kohlenhydrate impft man das cellulosehaltige Ausgangsmaterial mit einer Bakterienart, die von faulendem Rettich abkultiviert wurde, oder mit Micrococcus cytophagus oder melanocyclus, die von zerstörten Blattzähnen von Elodea canadensis abgenommen, auf Papier und Watte kultiviert und mit Omelianskischer Lösung genährt werden. Der so erhaltene Schleim wird dann unter dem Einfluß von gespanntem Dampf, Alkalien oder Säuren oder durch Wirkung von Fermenten, z. B. Cytasen, in eine durch Hefe vergärbare Maische übergeführt. **(D. R. P. 292 482.)**

110. Weitere, namentlich Druck-Holzverzuckerungsverfahren.

Nach einem Referat in **Chem.-Ztg. Rep. 1908, 671** werden befeuchtete Sägespäne zur Verarbeitung auf Alkohol nach **Simonsens** Verfahren mit $^1/_3$ Tl. 3proz. Schwefelsäure 1 Stunde im Autoklaven auf 150° erhitzt. Die Lösung wird mit Kalk neutralisiert und vergoren, doch müssen größere Mengen Gerbstoffe, die mit extrahiert wurden, vor der Gärung mit Eisensalzen und Kalk ausgefällt werden. Innerhalb 8 Stunden soll man auf diese Weise aus 1 t Rohmaterial 110 l Alkohol gewinnen können.

Zur Herstellung von Traubenzucker bzw. Alkohol aus Holzabfall, Sägemehl, Torf, Moos, Stroh usw. rührt man das feinverteilte cellulosehaltige Material bei Zimmertemperatur etwa 20 Minuten mit 70proz. Schwefelsäure, gießt die verflüssigte gelbliche Masse in Wasser, zieht die etwa 30proz. gewordene Schwefelsäure ab und verdünnt die zurückbleibende Acidcellulosemasse mit soviel Wasser, daß die Flüssigkeit etwa 1% Schwefelsäure enthält. Kocht man nun das Ganze unter einem Druck von 3—8 Atm. bis zu 5 Stunden und neutralisiert dann mit Kalk oder Kreide, so gewinnt man nach der Filtration bzw. Konzentration 55—75 % (bis dahin höchstens 45 %) einer 20proz. Traubenzuckerlösung, die durch Eindampfen oder Vergärung weiter verarbeitet wird. **(D. R. P. 193 112.)** Nach einer Abänderung des Verfahrens wird die abgeschiedene Acidcellulose mit konzentrierter Mineralsäure auf Temperaturen unter 100° erhitzt, worauf man mit Wasser verdünnt und unter gewöhnlichem Druck kocht. Man erhält so im Gegensatz zum Verfahren des Hauptpatentes wasserlösliche Cellulose, die dann ohne Anwendung von Druck leicht in Traubenzucker übergeführt werden kann. **(D. R. P. 207 354.)** Vgl. das Torfaufschließungsverfahren des **D. R. P. 204 058.**

In **Cellulosechemie (Beilage zu Papierfabr. 1, 41)** beschreibt **E. Heuser** die Verzuckerung des Holzes mit verdünnter schwefliger Säure, Salzsäure und Schwefelsäure unter einem Druck von 7—8 Atm., wobei aus 100 kg trockenem Holz 6—8 l Alkohol erzielt wurden.

Nach einem Beispiel in **A. P. 938 308** erhitzt man zur Erzeugung von vergärbarem Zucker aus Holzcellulose 1814,4 kg Sägemehl mit 30% Wassergehalt und 22,6 kg 60grädiger Schwefelsäure, die mit 200 Tl. Wasser verdünnt wurde, durch Dampf unter Druck (45,4 kg) auf 154°, stellt dann den Dampf ab, dreht den Digestor noch 30 Minuten, bläst die Gase und Dämpfe ab und erhält ein dem Aussehen nach feuchtem Sägemehl gleichendes Material, das sich zur Vergärung eignet.

Zur Herstellung von glucoseartigen Produkten erhitzt man Sägespäne zuerst für sich allein unter Druck und bei höherer Temperatur so lange mit Dampf, bis die entstehende Essigsäure abgeblasen ist, und erhitzt dann weiter mit Salzsäure unter Druck zur Ausführung der Hydrolysierung. Bei dieser Arbeitsweise wird die Bildung der Rückwandlungsprodukte stark herabgesetzt und die Ausbeute an Zuckerarten vergrößert, wobei überdies noch die Essigsäure als Nebenprodukt resultiert. **(D. R. P. 253 219.)**

Zur Verzuckerung der Cellulose kann man auch die bei der Aufschließung der Phosphate durch einen geringen Mehraufwand von Schwefelsäure statt Superphosphat erhaltene Phosphorsäure verwenden, wobei man auch von geringwertigen Phosphaten ausgehen kann. Durch Fällen des Produktes mit Ätzkalk oder Kreide erhält man direkt ein hochwertiges Düngemittel. **(D. R. P. 304 400.)**

Zum Verzuckern cellulosehaltiger Stoffe unter gleichzeitiger Gewinnung von citratlöslichem Phosphat benützt man die Verzuckerungssäuren zur Rohphosphataufschließung, verknetet also z. B. 100 kg Holzabfälle mit 200 l 70proz. kalter Schwefelsäure, verdünnt nach 24 Stunden auf 2000 l, trägt 300 kg Phosphatpulver ein und erhitzt 2 Stunden auf 120°, so daß sich unter Zersetzung des zuerst gebildeten Celluloseschwefelsäureesters unter Abscheidung von Zucker und freier Schwefelsäure wasserlösliches primäres Phosphat und Gips bilden, von dem man abfiltriert, worauf aus der mit etwas Kalkmilch versetzten Lauge mit weiteren 300 kg Rohphosphat sekundäres citratlösliches Phosphat gefällt wird. Die vom Niederschlag getrennte Zuckerlösung kann ohne weiteres vergoren werden. **(D. R. P. 305 120.)** Nach dem Zusatzpatent kann man auch in der Weise verfahren, daß man die Spaltung des Celluloseesters und den Aufschluß des Phosphates durch kurzes Kochen in so konzentrierter Lösung bewirkt, daß man bei Gegenwart der auf das Holzgewicht bezogenen 2—4fachen Wassermenge arbeitet. Man erhält so unmittelbar eine 10proz. Zuckerlösung. **(D. R. P. 316 696.)**

Auch mittels gasförmiger Säuren läßt sich die Verzuckerung der Holzcellulose bewirken, wobei man den Wassergehalt des angefeuchteten Materials so einstellt, daß er geringer ist als das Holzgewicht, worauf man das Salzsäuregas unter Kühlung zur Einwirkung gelangen läßt, so daß die Cellulose nur quillt, aber nicht gelöst wird. Nach Entfernung des Säuregases wird die schleimige Masse abgesaugt und mit verdünnter Säure bei gewöhnlichem oder erhöhtem Druck verzuckert. Man erhält so bei einem Feuchtigkeitsgehalt des Holzes von 50%, 100 Tl. Wasser und 66 Tl. Salzsäure aus 100 Tl. der Holzsubstanz trocken gedacht, 70 Tl. gelöst und in dieser Lösung die Zucker in nahezu theoretischer Ausbeute. **(D. R. P. 305 690.)**

Nach einem anderen Verfahren befeuchtet man das Holz oder das cellulosehaltige Material vor der Behandlung mit gasförmiger Salzsäure mit kalter, hochkonzentrierter, etwa 40proz. Salzsäure im gleichen Gewicht des angewendeten Sägemehls und spart so bei der nun folgenden Sättigung mit Salzsäuregas 30% Chlorwasserstoff. Nach etwa sechsstündiger Einwirkung, bei der die Temperatur höchstens um 40° steigt, saugt man die Säure ab und neutralisiert die Säurereste des Produktes durch Kalk oder Soda. Das Material enthält sämtliche Cellulose des Holzes als Zucker, zum kleineren Teile als Dextrin, das man dadurch ebenfalls in gärfähigen Zucker überführen kann, daß man das Produkt auslaugt und die Lösung 2 Stunden auf 120° erhitzt. **(D. R. P. 304 399.)**

Nach **E. P. 146 860** braucht man für 1 Tl. Holzmasse nur 1,5 Tl. 75proz. Schwefelsäure oder 40proz. Salzsäure, wenn man die Masse kräftig durchmischt und sodann starkem Druck aussetzt. — Vgl. **Norw. Pat. 33 711.**

Zur Verzuckerung von Holz unter Wiedergewinnung der verwendeten Schwefelsäure als Ammonsulfat stumpft man die mit Schwefelsäure angerührte Cellulosepaste mit Ammoniak soweit ab, daß die nötige Verzuckerungssäuremenge verbleibt, neutralisiert nach der Verzuckerung völlig mit Ammoniak und gewinnt durch Eindampfen das Ammonsulfat. Das in der Mutterlauge verbleibende Sulfat dient bei der folgenden Vergärung des Zuckers der Hefe als Nährstoff oder nach der Vergärung zusammen mit den organischen Rückständen als wertvolles Düngemittel. Zweckmäßig wird das cellulosehaltige Material mit weniger als 3 Tl. höchstens 85proz. Schwefelsäure angeteigt, sich selbst überlassen, worauf man zum Zwecke der Verzuckerung mit Wasser verrührt und kocht. Am besten bildet man die Paste aus 1 kg Sägemehl und 1 l 75proz. Schwefelsäure unter Kühlung, setzt nach einigen Stunden 14 l Wasser zu, rührt gut durch, filtriert vom ungelösten Lignin und kocht das dextrinhaltige Filtrat dann um. Zwei weitere Patente beschreiben die Rückgewinnung der Schwefelsäure durch Dialysierung mittels einer Niederschlagsmembrane, bestehend aus Ferrocyankupfer, die für Zucker undurchlässig ist, und nach der Verzuckerung der Dextrine eine Trennung der Säure von Zucker gestattet. **(D. R. P. 305 180, 309 150, 310 149 und 310 150.)**

Die Trennung des gebildeten Zuckers von den Verzuckerungssäuren geschieht auch nach **Norw. P. 35 106** zweckmäßig durch Diffusion.

Über die Herstellung von vergärbarem Zucker oder Nahrungsmitteln und gleichzeitige Gewinnung von Terpentinöl und Alkohol aus Holzcellulose siehe schließlich auch die **A. P. 1 032 392, 1 032 440** bis **1 032 450.**

Die Verarbeitung von Holz auf Zucker mit Salz- oder Schwefelsäure unter Zusatz eines Katalysators ist in **Norw. P. 34 116**, eine Vorrichtung zur Gewinnung von Traubenzucker aus Holz in **E. P. 143 212** beschrieben.

111. Allgemeines über Holzextraktion und -destillation.

Für die Holzverarbeitung sind in erster Linie maßgebend Wuchs und Standort der Hölzer insofern, als leicht aus dem Walde abtransportierbares gerades Langholz stets als Bauholz verwendet wird, das man unter tunlichster Erhaltung der Form und die Struktur des Holzes nicht verändernder chemischer Behandlung (Entsaftung, Trocknung, Imprägnierung) nur soweit von Harzen befreit, als es z. B. bei der Schnellreifung nötig ist. Hölzer, die nicht als Bauholz gehen, werden dann auf Schliff und Cellulose verarbeitet, wobei die im Holze vorhandenen Begleitstoffe zum Teil während der Fabrikation gewonnen werden und zum Teil in den Ablaugen bleiben, und schließlich wird die Gewinnung jener Begleitstoffe zum Selbstzweck bei Abfallholz, Sägemehl und harzreichen, sonst nicht verwendbaren Wurzelstöcken oder dann, wenn das Holz nicht abtransportierbar ist. Die für diese Vorrichtungen der Harz- und Terpentingewinnung in holzreichen Gegenden etablierten Betriebe der Holzdestillation und Holzextraktion bilden auf dem Gebiete der Holzverwertung den Übergang zur Holzverkohlungsindustrie oder sind mit ihr vereinigt, sie stehen ferner im Zusammenhang mit dem Gewerbe der Fichtenharz- und Terpentinölgewinnung aus lebendem Holze, aus dem man die Harzsekrete durch Einschneiden der Stämme gewinnt, und sollten daher in den Abschnitten über Harze, Bd. III, behandelt werden. Zweckmäßiger ist es jedoch, zur Wahrung des Zusammenhanges Holzextraktion und -destillation als Zwischenglied zwischen Holzkochung und Holzverkohlung einzuschalten und nur die Aufarbeitung der Produkte, ihre Reinigung und Verwendung in den Harzabschnitt hinüberzunehmen.

Von den Methoden zur Verwertung harzartiger Kiefernholzabfälle mit Verwendung von überhitztem Wasser, Destillation mit Wasserdampf oder heißen Gasen, Extraktion mit Harz-, Teer- und Pechbädern oder mit Soda, ferner der Vakuumdestillation, der Trockendestillation und der Extraktion mit flüchtigen Lösungsmitteln ist nach **J. E. Teeple** nur die letzte Methode wirtschaftlich aussichtsreich, da man nur nach ihr Harze erhalten kann, die dem natürlichen Balsam oder Terpentin der lebenden Bäume gleichwertig ist. Neben Harz, Terpentin und Kiefernöl gewinnt man überdies eine für Zwecke der Zellstoffabrikation sehr geeignete Faser, die allerdings noch Rinde und kleine Mengen von Kohle und angebranntem Holz enthält. Andererseits haben **H. K. Benson** und **H. M. Crites** bei einem Holz mit 20—30% Harzgehalt durch Extraktion mit einer 5proz. wässerigen Ammoniaklösung bei 70° und fünfstündiger Einwirkungsdauer günstige Resultate erzielt, insofern als nach Abdestillierung des Ammoniaks eine schwarze teerige Masse erhalten wurde, die durch Behandlung mit Gasolin eine klare goldgelbe Harzlösung und einen dunklen humusartigen Rückstand ergab. (Ref. in **Zeitschr. f. angew. Chem. 29, 181.**)

Durch Extraktion von frischem und gealtertem Fichten- und Kiefernholz mittels Äthers und Alkohols erhielt **C. D. Schwalbe** verschiedene Harzkörper, die sich durch ihren Fettreichtum auszeichneten. Aus diesen Harzen ließ sich durch Destillation mit Wasserdampf kein Terpentinöl gewinnen, sondern erst dann, wenn man frisches oder auch das extrahierte Holz mit Natronlauge unter Druck auf 170° erhitzte. Das Terpentinöl ist demnach nicht fertig vorgebildet im Holze, sondern entsteht erst durch einen Spaltungsvorgang, was sich vollständig mit den Erfahrungen der Zellstofftechnik deckt. Weiter bespricht Verf. in **Z. f. Forst- u. Jagdw. 1916, 92** u. **99** die Harz- und Terpentingewinnung aus deutschen Wäldern, ferner durch Entharzung des Zellstoffes und bringt zahlenmäßige Angaben, die erweisen, daß ein großer Teil des Bedarfes an Harz im Inlande gedeckt werden könnte.

In **Chem.-Ztg. 40, 997** beschreibt **E. R. Besemfelder** die Gewinnung von Harz und Terpentinöl nach seinem Extraktionsverfahren, das in der Trocknung des Gutes der Holzabfälle oder des Nadelholzes durch ein Gemisch von Feuchtigkeits- und Lösemitteldampf, ferner in der Auflösung durch warme Waschung mit dem Lösungsmittel und schließlich in der vollkommenen Befreiung des extrahierten Gutes vom Lösemittel ohne Anwendung von Wasserdampf, unter völliger Rückgewinnung des Lösemittels besteht. Nach Dafürhalten des Verf. wäre das Verfahren geeignet, Deutschland in seinem Bedarf an 1,1 Mill. dz Harz und Terpentinöl, auch ohne Berücksichtigung der Verarbeitung des Holzabfalles, bei bloßer Entharzung des gesamten verarbeiteten Nadelholzes, vom Auslande unabhängig zu machen. Überdies würden bei Anwendung des Verfahrens jährlich gleichzeitig 1,2 Mill. dz Fett gewonnen, das wesentlich aus Ölsäure besteht.

Schließlich kann man auch das für Kohle ausgearbeitete neuzeitliche Druckextraktionsverfahren mit organischen Lösungsmitteln mit Erfolg auf Holz, Torf und andere cellulosehaltige Stoffe übertragen. (**Bd. III [259]**). Man erhält so mit Benzol bei Temperaturen über 250° z. B. aus Fichtenholz statt wie bei der Extraktion im Soxhletapparat nur 0,24% unter Druck 16,2% eines braunschwarzen, glänzenden, bei Handwärme zähflüssig werdenden Produktes, das in Chloroform, Aceton, Pyridin, Essigsäure und deren Anhydrid leicht, in anderen organischen Lösungsmitteln und in Alkalilaugen schwer löslich ist. Die Extrakte werden mit Wasser matt, geben sehr stark die Ligninreaktion, enthalten Mangan und fluorescieren in Benzollösung grün. Die Extrakte des Torfes, der Kiefernnadeln, des Strohes und Blattlaubes sind wachsartig und fast völlig in Äther und Tetrachlorkohlenstoff löslich. Bei Gegenwart von Wasser läßt sich die Dauer der Druckextraktion erheblich abkürzen und in manchen Fällen bewirkt die Wassergegenwart auch eine Steigerung der Ausbeute. Mit Wasser allein konnten z. B. bei 250° 83—85% des Pappel- bzw. Buchenholzes in Lösung gebracht werden. (**F. Fischer** und **Mitarbeiter, Abhandl. z. Kohlekenntnis 3, 301.**)

Über die Gewinnung von Zellstoff aus amerikanischem Zirbelfichtenholz und dessen vorherige Extraktion mit Gasolin zur Gewinnung von Terpentinöl, Kienöl und Harz siehe auch das Ref. in **Zentralbl. 1920, IV, 416.**

Über die Gewinnung von ätherischem Öl als Nebenprodukt der Holzzellstoffabrikation siehe **Faudell, Papierztg. 1, Nr. 18.**

112. Harz- und Terpentinextraktion aus Holz.

Durch Extraktion von Holz bei gewöhnlicher oder 100° nicht übersteigender Temperatur, jedoch unter einem Druck von mindestens 10 Atm., den man ganz oder teilweise durch Einpressen von Gasen oder Flüssigkeiten hervorruft, soll man Gerbstoffe, aber auch Harze und andere lösliche Substanzen gewinnen können. **(Norw. P. 31 523.)**

Durch Extraktion von Holz mit Anilin oder seinen Homologen gewinnt man nach **D. R. P. 114 403** eine Lösung, die man teilweise eindampft und aus deren harzigem Rückstand man durch Ausfällen mit Petroläther u. dgl. einen verwendbaren Lack herstellen kann.

Nach **Schwed. P. 25 899/1907** werden harz- und terpentinreiche Holzsorten extrahiert unter Verwendung von Lösungsmitteln, die bei niederer Temperatur sieden, aber eine hohe Dampfspannung besitzen, wie z. B. Holzgeist, Petroläther, Schwefelkohlenstoff, Aceton, Äther usw. Vgl. **A. P. 881 787.**

Man extrahiert Holz nach **A. P. 947 420** durch Einlegen in ein 200° heißes Gemenge von 45 Tl. Hartpech, ebensoviel Weichpech und 10 Tl. Kienöl mit oder ohne Zusatz von 10 Tl. Teer. Die Pechsorten gewinnt man aus den Rückständen der Harzdestillationen, den Teer durch Destillation des Fichtenholzteeres nicht über 220°. Der Rückstand dieser Destillation wird mit Kalkmilch und mit Dampf behandelt und kann dann in diesem gereinigten Zustande direkt oder auch im Gemenge mit 20 Tl. Weichpech und 10 Tl. Kienöl als Extraktionsmittel verwendet werden. Die flüchtigen Bestandteile des Holzes gehen in das Extraktionsbad über und werden aus diesem mit Hilfe von Wasserdampf abgeschieden.

Über Extraktion von Holz in eigens konstruierten Apparaten bei 160—190° mit Hilfe von flüssigem Harz siehe **A. P. 959 599.**

Zur Entfernung der flüchtigen Bestandteile aus Hölzern, z. B. der Juniperusarten, setzt man das Holz in trockenem Zustande der Einwirkung überhitzter Benzol- oder Alkoholdämpfe aus und erhält so ein zur Herstellung von Bleistiften vorzüglich geeignetes Material. Die in dem Holz vorhandenen ätherischen Öle und Harze würden bei seiner Verwendung zur Herstellung von Bleistiften das Polieren der Hölzer erschweren und sie zur Verarbeitung auf Musikinstrumente überhaupt ungeeignet machen. **(D. R. P. 263 055.)**

Zur Gewinnung von Kolophonium aus harzhaltigen Holzarten und zur gleichzeitigen Herstellung einer Kolophoniumseife extrahiert man das Holz nach **D. R. P. 257 015** mit 4- bis 7grädiger Natronlauge bei 90° unter 2—3 Atm. Druck während 4—6 Stunden bei Gegenwart von 3% Hydrosulfit oder anderen Salzen der hydroschwefligen Säure. Die bisherigen Verfahren zur Extraktion harzhaltiger Holzarten mit Alkalien oder auch mit indifferenten Lösungsmitteln führten zu Produkten, die durch Oxydation stark verändert waren. Nach vorliegender Methode wird diese Oxydation des Kolophoniums und der Kolophoniumseife durch Zusatz der Reduktionsmittel verhindert und zugleich das Lignin in den unlöslichen Zustand übergeführt, so daß auch die Laugen weiter verwendet werden können. **(D. R. P. 257 015.)**

Zur Entharzung harzreichen Holzes kocht man es unter Druck bis zur völligen Lösung und Überführung des Harzes in harzsaures Alkali bei Gegenwart von Kochsalz mit starker Alkalilösung und gewinnt so nicht nur das gesamte Harz, sondern auch in Alkohol lösliche und in gewissen Eigenschaften mit dem Harz übereinstimmende Öl- und Fettsäuren und zum Teil auch Lignine. Aus alten Kiefernstumpfen kann man so, während gleichzeitig im Prozeß die in ihm enthaltenen 5% Terpentinöl abgeblasen werden, 20% des direkt zur Papierleimung verwendbaren Harzes und ein wässeriges, Methylalkohol und Basen enthaltendes Kondensat gewinnen. **(D. R. P. 315 731.)**

Nach einem Referat in **Chem.-Ztg. 1922, 290** kann man 94,5% des Gesamtharzes aus zerkleinertem harzhaltigen Holz durch zehnstündiges Extrahieren mit 8 Tl. 5proz. Ammoniaklösung gewinnen. Beim Verdunsten des Ammoniaks, schneller beim Erhitzen auf 90—100° hinterbleibt das Harz im Gemisch mit Humusstoffen und kann von diesen durch Extraktion mit einem organischen Lösungsmittel getrennt werden.

Zur Gewinnung von fett- und harzartigen Körpern aus Coniferennadeln behandelt man das Material vor der Extraktion mit siedendem Wasser und erhält, da das Extraktionsmittel dann besser in die Nadeln eindringt, bis zu 10% Ausbeute an den gewünschten Stoffen. **(D. R. P. 311 291.)**

Zur Entharzung von Pflanzenteilen taucht man diese, in durchlässiges Material gehüllt, in siedende Calciumchloridlösung, wobei sich das Harz an der Oberfläche der heißen Flüssigkeit abscheidet und abgeschöpft werden kann. **(D. R. P. 310 504.)**

Als Extraktionsmittel für Harze, aber auch Fettstoffe, ätherische Öle, Kohlenwasserstoffe, Kautschuk, Schwefel und Farbstoff eignen sich auch die hydrierten Naphthaline, z. B. Tetra- bis Dekahydronaphthalin bei erhöhter Temperatur evtl. unter Anwendung des Vakuums. **(D. R. P. 320 807.)**

Oder man erhitzt das harzhaltige Holz mit einem kochenden Gemisch von Wasser und Terpentinöl, gewinnt aus den Flüssigkeiten die harzigen Stoffe und behandelt das Holz zur Abscheidung des anhaftenden Lösungsmittels mit Dampf nach. **(A. R. P. 1 252 058.)**

Über Holzextraktion mit einem Gemisch von Terpentinöl und entfärbtem Benzin siehe **A. P. 1 059 261.**

Ein Apparat zum Extrahieren von Terpentin und Harz aus Holz ist z. B. in **A. P. 1 081 276** angegeben.

Über die Gewinnung von Terpentin und Harz aus Holz siehe ferner **A. P. 1 144 171, 1 149 027** und **1 358 129.** — Vgl. **Zeitschr. f. angew. Chem. 26, 709.**

113. Tallöl, Fettsäureextraktion aus Holz.

Der Holzaufschließungsprozeß ist zum Teil ein Extraktionsvorgang, bei dem die neben der Cellulose im Holze enthaltenen Inkrusten, Zucker-, Harz-, Fettstoffe usw. gelockert und entweder gelöst werden oder in der Ablauge suspendiert bleiben und dann als Schaum an die Oberfläche der Flüssigkeit steigen.

Beim Natronzellstoffkochen des Kiefernholzes erhält man als Oberflächenschaum der Schwarzlauge das sog. Tallöl, das nach Untersuchungen von **Bergström** aus einer Seife besteht, aus der man durch Behandlung mit Säuren oder sauerem Sulfat flüssiges Harz gewinnen kann, das sich durch Vakuumdestillation in ein hellgelbes Öl und eine weiße Harzsäure-Krystallmasse trennen läßt, die geschmolzen ein gelbes bis braungefärbtes Harz gibt. Dieses Harz läßt sich wie Kolophonium zur Papierleimung verwenden. Das flüssige Harz wird als direktes Zersetzungsprodukt der Seife in den Handel gebracht, doch dürfte es rentabler sein es vorher zu reinigen. **(Papierfabr. 11, 730.)** Vgl. **ebd. S. 9, Festheft S. 76.**

Dieses Tallöl (von Tall, die Kiefer), das bei der trockenen Destillation ähnliche Produkte liefert wie Kolophonium, auch flüssiges, schwedisches Harz genannt, galt früher als wertloses Abfallprodukt, gewann jedoch während des Krieges an Bedeutung und wird nunmehr, soweit es vom Sulfatverfahren herrührt, wegen seines Gehaltes an Fettsäuren und Harzen in der Seifenfabrikation verwendet. Das Harz des Sulfitverfahrens unterscheidet sich von jenem durch seinen großen Schwefelgehalt, seine Zähflüssigkeit, die trocknenden Eigenschaften und die Wasserlöslichkeit, so daß es wahrscheinlich in der Lack- oder Leimfabrikation Anwendung finden kann. Zur Reinigung kann man diese Harze entweder destillieren oder mit Schwefelsäure kochen oder mit starkem Salzwasser und gleichzeitig mit Kalkmilch behandeln oder verseifen. Gebleicht werden die Harze mit Chlorkalk. Die flüssigen Produkte werden zu Wagenschmieren, Treibriemenwachs und Fliegenleim verarbeitet. **(K. Lorentz, Seifens.-Ztg. 48, 501.)**

Zur Gewinnung des Terpentinöles aus Holz beim Sulfitkochprozeß zieht man die während des Kochens unter dem Einfluß des hochgespannten Dampfes entstehende, die Extraktionsstoffe und die Terpenkohlenwasserstoffe des Holzes enthaltende Flüssigkeit ab, wenn die Temperatur von 143° erreicht ist und die Flüssigkeit eine dunkle Farbe anzunehmen beginnt. Dadurch wird eine Veränderung der Extraktivstoffe verhindert und man erhält sie nach Abtrennung von der abgezogenen Flüssigkeit und üblicher Aufarbeitung in besonders reiner Form. **(D. R. P. 226 802.)**

Zur Gewinnung von Essigsäure mit einem Gehalt von 1—3% Ameisensäure und Spuren von Buttersäure laugt man zerkleinertes Holz mit Kalkwasser oder anderen alkalischen Lösungen bei gewöhnlicher Temperatur oder bei mäßiger Erwärmung unter gewöhnlichem Druck und zur Vermeidung der Zerstörung des Rohmaterials mit Hilfe einer Diffusionsbatterie bis zur Sättigung der Lauge mit Salzen niederer Fettsäuren aus und dampft die Lösung ab. Man erhält so aus Fichtenholz zwischen 1 und 2%, aus Buchenholz zwischen 5 und 6% des Gewichtes vom lufttrockenen Holz an niederen Fettsäuren. **(D. R. P. 272 036.)** Nach dem Zusatzpatent verarbeitet man an Stelle von Holz andere Pflanzenteile, z. B. herbsttrockene Blätter oder Schalen mit verdünnten alkalischen Lösungen bei gewöhnlicher Temperatur oder mäßiger Erwärmung unter gewöhnlichem Druck mit Hilfe einer Diffusionsbatterie, um das Rohmaterial nicht zu zerstören, und dampft dann die mit Salzen niederer Fettsäuren gesättigte Lösung zur Trockne. Man erhält aus lufttrockenen Buchenblättern oder Heu etwa 4% Ausbeute. **(D. R. P. 273 271.)**

In **Kollegium 1913, 33** weist **J. Jedlička** darauf hin, daß ein Eichenholzextrakt von etwa 25° Bé. so viel freie Essigsäure und Oxalsäure enthält, daß man aus den Diffusionsbrühen von 100 kg Eichenholz etwa 20—25 kg Essigsäure als Calciumsalz und 3—4 kg Oxalsäure, jedoch nur etwa 1 Tl. Ameisensäure gewinnen kann.

S. a. **[106].**

Holzdestillation und -(Torf-)trockendestillation.

114. Holz-Dampfdestillation.

Über Holzterpentinöl, seine Eigenschaften und Verwendbarkeit besonders zur Herstellung von Wagen- und Möbel- bzw. Klavierlack siehe den Bericht von **Schimmel & Co., Seifens.-Ztg. 1912 642 u. 665.**

Über die Holzterpentinindustrie (Wood-terpentine) in Amerika, die Art der Destillation der grünen, entrindeten, harzreichen Nadelholzstümpfe, die Gewinnung des Terpentinöles, des Kolophoniums und wertvoller Nebenprodukte berichtet **W. Storandt** in **Seifens.-Ztg. 41, 870.**

In Amerika gewinnt man das Holzterpentin entweder durch destruktive Destillation, bei der Holzkohle, Gase und Teer und aus letzterem durch erneute Destillation leichte und schwere Öle, Pech und Säurewasser abgeschieden werden, oder durch Dampfdestillation in Drehretorten, bei der man Öle erhält, die durch Fraktionierung in 60—80% Dampfterpentin und 20—40% Fichtenöle getrennt werden, und schließlich durch Extraktion mit flüchtigen oder nichtflüchtigen Lösungsmitteln oder auch mit Alkalien (s. o.). Das durch Dampfdestillation weiter gereinigte Holzterpentin, das sich durch seinen ausgesprochenen, nur schwer entfernbaren Geruch auszeichnet, unterscheidet sich vom Harzterpentin durch den Gehalt an Terpenen und dient ebenso wie das Harzprodukt zur Firnisfabrikation, während man die schweren Öle zur Erzeugung von Schmiermitteln oder Druckerschwärzen benützt und die Teere auf Desinfektions- oder Konservierungsmittel aufarbeitet. **(F. P. Veitch** und **M. G. Donk, Farbenztg. 17, 1440.)**

Die Ausnutzung von Holzabfällen kann außer nach den üblichen Extraktionsverfahren mit flüchtigen Stoffen auch nach den Badprozessen erfolgen, die als Extraktionsverfahren bereits in den vorstehenden Kapiteln erwähnt wurden. Man bringt die Abfälle z. B. in etwa 190° heißes Harz, Teer, Teeröl, Kreosotöl, Kienöl oder Pech und erreicht so, daß die im Holz vorhandenen Öle und das Terpentinwasser, die gesondert aufgefangen werden, verdampfen, während das Harzbad selbst durch Einblasen von Dampf von den aufgenommenen flüchtigen Teilen befreit wird. Bei richtiger Anwendung und günstigen Bedingungen sind solche Anlagen lebensfähig, allerdings ist der Betrieb nicht einfach, da die häufig vorkommenden Verstopfungen der Apparate durch erstarrendes Harz und auftretende Undichtigkeiten die Fabrikation erschweren. **(J. E. Teeple,** Ref. in **Zeitschr. f. angew. Chem. 28, 415.)**

Die Aufarbeitung des Nadelholzes durch Destillation zur Gewinnung flüchtiger Öle (Terpentin, Fichtenöl) und des nichtflüchtigen Harzes könnte eine gewinnbringende Tätigkeit auch für kleinere Industrien werden, die sich mit der Verarbeitung der Sägemühlabfälle beschäftigen, wenn die Anlage an einen bestehenden Betrieb angeschlossen werden könnte, da das Rohterpentin das einzige wertvolle Produkt ist und seine oft recht schwankende Ausbeute die Rentabilität der Arbeit bedingt. Es wäre darum nach **L. F. Hawley** und **R. C. Palmer** zweckmäßig, wenn zugleich mit der Destillation eine Extraktionsanlage zur Verarbeitung der Schnitzel mit flüchtigen Lösungsmitteln angegliedert würde. Die Destillation selbst wird mittels gesättigten Dampfes unter normalem Druck bei etwa 95° bis schließlich nicht ganz 100° ausgeführt, solange als noch Terpentin oder Fichtenöl überdestillieren. Im Verlauf der Destillation steigt das Verhältnis vom Wasser zum Öl im Destillat, wobei die Schwierigkeit in der Aufrechterhaltung des völligen Gleichgewichtes zwischen Ölharz und Dampf besteht, da ersteres das Holz umhüllt und den Dampf am weiteren Eindringen verhindert. Dieser so verbleibende Holzrückstand wäre dann das Rohmaterial für die folgende Extraktion und Harzgewinnung. **(Zeitschr. f. angew. Chem. 26, 556;** vgl. auch **ebd. S. 102.)**

Nach Angaben von **Walker, Wiggins** und **Smith** geben 2700 kg Holz bei der Dampfdestillation rund 94 l Terpentin (3%), 17 l gelbes Öl (0,56%) und 144 kg Harz (5,3%), während bei der Trockendestillation derselben Holzmenge neben 21 kg Graukalk 70 l (2,34%) helles Öl, 476 kg (17,5%) Holzkohle, 552 kg (20,28%) Holzteer und 2% Gas resultieren. Durch Destillation des Harzes von der Dampfdestillation gewinnt man 9,46 l Harzgeist, 41 l Harzöl, 26 l Blauöl, 21 l Grünöl und 5 kg Pech, während der Holzteer destilliert 139 kg 15proz. Kreosotöl liefert, aus dem 21 kg Kreosot resultieren und 234 kg Holzpech als Destillationsrückstand zurückbleiben. Es ist ersichtlich, daß die Dampfdestillation mit anfänglich 175°, dann mit 200° überhitztem Dampf ausgeführt, die wertvollsten Produkte liefert. Durch Destillation des Fichtenholzes im Vakuum soll man nach **Lorenz** wasserhelles Terpentin und Harz von feinster Qualität erhalten. **(Zeitschr. f. angew. Chem. 1906, 1727.)**

Über das aus harzreichem Kienholz von Pinus palustris durch Dampfdestillation gewonnene, angenehm riechende Öl, das als billiges Seifenparfüm, ferner als Lösungsmittel für Lacke, Kautschuk, Harze und auch als Zusatz zu amylalkoholischen Lösungen von Nitrocellulose in Betracht kommt, da es diese nicht ausfällt, siehe **J. E. Teeple** in **J. Am. Chem. Soc. 1908, 412.**

Die Apparate zur Gewinnung von Terpentinöl aus Nadelholzabfällen, Holzpflaster und Bauholz, die Vorrichtungen zum Austreiben des Terpentinöles mittels überhitzten Dampfes und die Aufarbeitung des Blasenrückstandes des Kolophoniums beschreibt **G. Barnick** in **Chem. Apparat. 2, 137;** vgl. **J. E. Teeple, Zeitschr. f. angew. Chem. 27, 182.**

Verfahren und Vorrichtung zur Gewinnung von Terpentinöl und anderen Produkten aus Holz sind in **D. R. P. 200 157** beschrieben.

Zur Verwertung des sog. Leuchtholzes (Light-wood), eines Holzabfalles, der entsteht, wenn die Überreste der von den Terpentinextrakteuren der Rinde und Bastschicht entkleideten Bäume teilweise bis auf einen zentralen harzreichen Kern verfaulen, destilliert man das Material fraktioniert mit Dampf und erhält so ein kohlenstoffreiches Gas von hoher Leuchtkraft, ferner Terpentin- und andere Öle, sowie etwas Holzgeist und Essigsäure. Nach **C. Walker** ist es zweckmäßiger, das Terpentinöl allein mit Dampf abzutreiben und aus dem Holzrückstand mit Lösungsmitteln das gesamte Harz des Leuchtholzes zu gewinnen. **(Ref. in Zeitschr. f. angew. Chem. 1911, 2280.)**

Zur Destillation von Holz, Torf, Moos oder Stroh behandelt man das Destilliergut mit einem Gemenge von 300—600° am besten 350° hoch überhitztem Wasserdampf und den

Dämpfen eines Extraktionsmittels (Alkohole, Naphtha, Benzol, Terpentinöl, Fette oder Öle). Man erzielt so neben der Destillation auch eine Extraktion und damit zugleich eine höhere Ausbeute an niedrig siedenden Kohlenwasserstoffen, wobei fast gar keine Bildung von Gasen erfolgt. Bei Gegenwart katalytisch wirkender Salze (Chloride, Carbonate, Sulfate und Chlorate) erhöht sich die Ausbeute an leicht siedenden Flüssigkeiten abermals. **(D. R. P. 276 811.)**

Nach **Norw. P. 34 123** leitet man dem Destilliergut zur Erhöhung der Ausbeute an Holzessig oder Holzgeist während der exothermischen Reaktion 180—270° heißen Dampf zu.

115. Literatur und Allgemeines über Holzverkohlung (Trockendestillation).

Thenius, G., Das Holz und seine Destillationsprodukte. Wien und Leipzig 1921. — Harper, W., Die Destillation industrieller und forstwirtschaftlicher Holzabfälle. Erweiterte deutsche Bearbeitung von R. Linde. Berlin 1909. — Klar, M., Technologie der Holzverkohlung unter besonderer Berücksichtigung der Herstellung von sämtlichen Halb- und Ganzfabrikaten aus den Erstlingsdestillaten. Berlin 1921.

Eine ausführliche Arbeit über die Ausbeute an verschiedenen Stoffen bei der trockenen Destillation verschiedener Holzarten von **M. Senff** findet sich in **Ber. 1885, 60.**

S. a. die eingehende, mit Abbildungen versehene Arbeit über Holzdestillationsanlagen von **F. A. Bühler** in **Zeitschr. f. angew. Chem. 1900, 155** und **1901, 610.**

Die zur Verkohlung von Holzabfällen dienenden Apparate beschreibt **H. Fischer** in **Zeitschr. f. angew. Chem. 1900, 192.**

Siehe auch die Zusammenstellung der Produkte der Holzverkohlungsindustrie von **H. Fischer** in **Zeitschr. f. angew. Chem. 1904, 831.**

Über Fortschritte auf dem Gebiete der Holzdestillation siehe **T. W. Pritchard,** Ref. in **Zeitschr. f. angew. Chem. 26, 28,** über die Entwicklung der Holzverkohlungsindustrie **K. Kietaibl** in **Österr. Chem.-Ztg. 1920, 49.**

Eine durch zahlenmäßige Angaben und graphische Tafeln gestützte Arbeit über Untersuchungen der Holzverkohlungsprodukte bringen **P. Klason, G. v. Heidenstam** und **E. Norlin** in **Zeitschr. f. angew. Chem. 1909, 1205.**

Über die Industrie der Hartholzdestillation und die Trockendestillation westamerikanischer Nadelhölzer, besonders der Douglaskiefer, bei hoher Temperatur siehe die Referate in **Zeitschr. f. angew. Chem. 29, 167;** vgl. **ebd. 28, 395.**

Vgl.: Versuch einer Theorie der Trockendestillation von Holz mit ausführlichen Angaben über die verwendete Apparatur und Untersuchungsverfahren. **(Von P. Klason, Journ. f. prakt. Chem. 90, 413.)**

Über die Möglichkeit der Hartholzdestillation an der pazifischen Küste aus der Gerbrindeneiche und aus der Schwarzeiche, die Ausbeuteziffern an Holzkohle, Acetat und Holzgeist, Kostenanschläge über eine Destillationsanlage, Ausbeute und Wert der erzielbaren Produkte und über Marktverhältnisse siehe **R. C. Palmer, Metallurg. Chem. Eng. 12, 623.**

Über das Verhalten der Kastanie bei der trockenen Destillation siehe **G. Borghesani Chem.-Ztg. 1910, 609.**

Den Entwurf einer Versuchsanlage zur Holzdestillation, bei der die Retorte von innen geheizt wird und die Destillationsdämpfe vom Boden der Retorte aus abgeleitet werden, bringen **H. K. Benson** und **M. Darrin** in **J. Ind. Eng. Chem. 5, 935.**

Die Verwertung des Holzes und anderer cellulosehaltiger Stoffe, besonders des Torfes, auf dem Wege der Verkokung oder Trockendestillation ist insofern ein Zweig der chemischen Technik, als bei diesem Vorgang der Schwelung Wechselwirkungen zwischen der Cellulose und ihren Begleitstoffen stattfinden, deren Endergebnis Stoffe sind, die sich größtenteils erst auf diesen pyrogenetischen Wege bilden. Im übrigen ist der Prozeß eine Fortsetzung der physikalischen Vorgänge der Kochung und Extraktion bzw. Destillation, eine reine Apparaturfrage (siehe Einleitung, **Bd. I**), ähnlich wie die Kohlenverkokung und Teerdestillation und kann daher hier nur kurz behandelt werden.

Ein praktisch bedeutungsvoller chemischer Prozeß ist die Verkokung des Holzes und des Torfes erst in der Neuzeit geworden, als man das Hauptaugenmerk auf die sog. Nebenprodukte, in Wirklichkeit Hauptprodukte der Destillation, bei hoher oder in neuester Zeit bei niederer Temperatur richtete; ursprünglich lieferten die Begleitstoffe der Cellulose d. h. Sauerstoff und Wasserstoff ihres Moleküles nur die im Gang des Verfahrens nötige Verbrennungsenergie zur Gewinnung der Holzkohle. Der alte Meilerprozeß, der nur zur Erzeugung der für viele metallurgische Prozesse an Stelle anderen Heizmateriales vorgezogenen reinen, aschearmen und vor allem völlig schwefelfreien Holzkohle diente und in abgelegenen holzreichen Gegenden heute noch dient, war demnach der denkbar unwirtschaftlichste Vorgang. Er gab als Endprodukt von 100 Tl. Holz mit 40% Kohlenstoff nur 22—28% anthrazitartige Holzkohle von 90% Reinheitsgrad, bestehend aus 89 bis 93% C, 2—3% H, 3—6% O + N und 1—2% Asche.

Ein Meilerofen besteht z. B. aus mehreren nebeneinanderliegenden Kammern, deren Trennungswände verschließbare Öffnungen enthalten, wodurch der Ofen zum Dauerbetrieb geeignet ist. **(D. R. P. 265 041.)** Vgl. die Konstruktion eines Meilerofens mit abnehmbarem Deckel, trichterförmigem Boden und in den Seitenwandungen etagenweise angebrachten Schiebern zur Zufuhr der Verbrennungsluft und zum Austritt der verbrannten Gase (Holzentzündung von unten) nach **D. R. P. 260 095.**

Kohlenstoffärmer und gasreicher ist die Retortenkohle, das Produkt der modernen Holzverkohlung, deren Werkzeug aus eisernen, von außen geheizten Retorten besteht. Als Nebenprodukte gewinnt man hier je nach der Holzart (Fichte, Eiche, Birke, Buche) und je nachdem, ob man schnell oder langsam erhitzt, aus 100 Tl. lufttrockenen Holzes: 30, (35), (29), (27) Tl. Kohle (rasch erhitzt: 25, 28, 21, 22); 4, (5), (5), (6) Tl. Teer (rasch erhitzt: 10, 3, 3, 5); 41, (45), (45), (46) Tl. Rohessig (rasch erhitzt: 40—42) mit 3, (4), (6), (5) Tl. 100proz. Essigsäure und schließlich 24, (17), (20), (22) Tl. Gas (rasch erhitzt: 24, 27, 36, 34). Holz- und Erhitzungsart, Größe der Retorte und andere wahlweise zu treffenden Abänderungen, besonders die Anbringung von Saugvorrichtungen zur Erhöhung der Säureausbeute beeinflussen demnach das Endergebnis sehr erheblich.

Über die Wirkung des Druckes auf die Ausbeuten bei der Trockendestillation von Hartholz, die Steigerung der Alkoholausbeute besonders bei Hackspänen (gegenüber Sägemehl) bei höherem Druck, ebenso der Holzkohle, dagegen die Abnahme der Essigsäure und des Teeres siehe **R. C. Palmer**, Ref. in **Zeitschr. f. angew. Chem. 29, 128.**

Durchschnittlich kann man mit einer Ausbeute von 120 kg Holzkohle, 160 kg Rohessig, 24 kg Holzteer und 96 kg Gas, bezogen auf 400 kg = 1 cbm 20% Wasser enthaltendes Rotbuchenholz rechnen; zur Heizung der Retorten werden pro Kubikmeter Holz 45,5 kg Steinkohle benötigt. 1 cbm Birkenholz = 370 kg ergab: 114 kg Holzkohle, 200 kg Rohessig mit 11,3% Säure- und 3 kg Holzgeistgehalt und 20 kg Teer.

Untersuchungen zur Holzverkohlung veröffentlichen **P. Klason, G. v. Heidenstam** und **E. Norlin** in **Zeitschr. f. angew. Chem. 1910, 1205** mit folgenden Hauptresultaten: Die Holzverkohlung vollzieht sich bei etwa 270° beginnend, gegen 300° mit großer Schnelligkeit einsetzend, bei einer Maximaltemperatur von 400° nach der etwa formulierbarem Gleichung

$$\underset{\text{Cellulose}}{8\,C_6H_{10}O_5} = \underset{\text{Holzkohle}}{C_{30}H_{18}O_4} + \underbrace{23\,H_2O + 4\,CO_2 + 2\,CO + C_{12}H_{16}O_3}_{\text{übrige Produkte}}$$

wobei sich Methylalkohol nur aus den Methoxylgruppen des Holzlignins, Essigsäure jedoch ebensowohl aus diesem, als auch auch aus der Cellulose bilden. Als praktisch wichtigstes Ergebnis ist hervorzuheben, daß Birke und Buche etwa doppelt so viel Holzgeist und Essigsäure geben als Kiefer und Fichte.

In manchen Gegenden Rußlands und Schwedens wird die Holzverkohlung zum Zwecke der Gewinnung des Holzteeres und seines leichtflüchtigen Bestandteiles, des Kienöles, in sehr großen gemauerten Retorten (stellenweise auch in Meilern mit im Boden angebrachten Teersammelvertiefungen) ausgeführt, wobei man vorzugsweise von den harzreichen Wurzelstöcken der Schwarzkiefer ausgeht.

Das Roden der Wurzelstöcke erfolgt am besten unter Zuhilfenahme handhabungssicherer Sprengstoffe. Es spricht für die Güte und Ökonomie dieses Rodungsverfahrens, daß nach einer Abhandlung von **Konrad** in **Z. f. Sprengst. 8, 365** der Verfasser mit nur einem Arbeiter in 5 Stunden 30 Stöcke wegsprengen und gleichzeitig zerkleinern konnte. Die Art der Sprengausrüstung, ihre Technik und die Wirkung einzelner Sprengstoffe auf verschiedene Baumsorten in verschiedenen Bodenarten sind in der Arbeit eingehend beschrieben. Vgl. **Bd. IV [251].**

Die Schwarzkiefer liefert vor allem Kienöl, während das Hauptprodukt des an niedrig siedenden Teilen armen Buchenholzteeres Phenolabkömmlinge siud besonders Kreosot, das man durch Extraktion der Holzteerschweröle mit Alkalilauge gewinnt. Birkenholzteer gibt destilliert im Teerölgemenge, das nur für Arzneimittelzwecke weiter aufgearbeitet, der Hauptmenge nach jedoch zum Appretieren des Juftenleders verwendet wird.

Über die Gewinnung des Kienöles in Polen und Rußland und die Art der primitiven Apparate, die zur Destillation der Schwarzkieferwurzelstöcke dienen, siehe die Arbeit von **O. Lange** in **D. Parfüm.-Ztg. 2, 256.**

Die Gewinnung von Kienöl aus Wurzelstöcken, besonders nach amerikanischen Patenten ist in **Farbe und Lack 1919, 12, 20, 28, 35, 44, 52, 61, 68** beschrieben.

Über den Vorlauf des finnländischen Kienöles sowie Theoretisches über die Holzdestillation siehe **O. Aschan, Zeitschr. f. angew. Chem. 26, I, 709.**

Die Industrie der Verkohlung des Holzes und seiner Abfälle mit Gewinnung sämtlicher Produkte dürfte späterhin noch dazu berufen sein, an Rentabilität und Wertergebnissen im ganzen erfolgreich mit landwirtschaftlichen Großbetrieben, besonders der Rübenindustrie, in Wettbewerb zu treten. Schon im Jahre 1908 wurden in Frankreich 0,6 Mill. Raummeter Holz, stammend aus 0,2 Mill. ha Wald, im Werte von rund 4,8 Mill. Franks verkohlt; sie lieferten fast die Hälfte des Erträgnisses der rübenverarbeitenden Brennereien, die zu der Zeit jährlich 50 Mill. Franks einbrachten. Damals verarbeitete Frankreich eine um 50% größere Holzmenge als Deutschland und erzielte aus 100 kg Holz im Mittel: 25 kg Holzkohle, 25 kg Gase und 50 kg Holzessig, der 60% Wasser, 16—20% Essigsäure, 4% Methylalkohol und Aceton und 16% Teer enthält. **(R. Duchemin, Génie civ. 1908, 290 u. 301.)**

116. Holzverkohlung, Einzelverfahren und Abänderungen.

Nach **D. R. P. 65 447** und **74 511** werden Sägespäne vor der Verkohlung durch Pressen entwässert bzw. erwärmt und dann ohne Zusatz eines Bindemittels brikettiert. Nach einer Abänderung des Verfahrens wird das an der Luft getrocknete Holz vor der Verkohlung unter einem Druck von 100—1500 Atm. von den letzten Wasserresten befreit und zugleich zu Briketts geformt, so daß eine gesteigerte Konzentration der Destillationsprodukte erreicht und eine außerordentlich feste Kohle gewonnen wird. **(D. R. P. 88 014.)**

Um hochgrädige Essigsäure zu erhalten, brikettiert man die Sägespäne nach vorheriger Trockung bei 120—130° und verkohlt diese Formlinge wie üblich. **(D. R. P. 80 624.)**

Die Verwertung von Holzabfällen durch Brikettierung nach vorausgegangener Trocknung und die Verarbeitung der Holzbriketts, deren Heizwert etwa 3800—4000 WE beträgt, auf Tannenholzteer, der als Schmiermittel viel verwendet wird, nach dem System **Arnold,** beschreibt **Brauer-Tuchorze** in **Erf. u. Erf. 23, 433.**

Bei der trockenen Destillation des Holzes empfiehlt es sich, nicht große Holzstücke, sondern kleinstückiges Holz zu verkohlen, wodurch nicht nur die Destillationsdauer stark verkürzt wird, sondern auch die Ausbeute an wertvollen Destillationserzeugnissen steigt, so daß die Kosten für Spaltung und Zerkleinerung des Holzes reichlich gedeckt werden. **(D. R. P. Anm. H. 57 945, Kl. 12 r.)**

Über die Verkohlung des Holzes in großen Chargen mit Vorwärmung des Materials, Auswaschung der unkondensierbaren Gase während des Absaugens in erwärmtem Zustande, Gewinnung eines teerfreien Holzessigs in konzentrierter Form direkt aus dem Verkohlungsprozeß unter Abscheidung des Teers, kontinuierliche Roh-Holzgeistgewinnung und Eindampfung bzw. Eintrocknung der Calciumacetatlauge siehe **M. Klar, Zeitschr. f. angew. Chem. 1906, 1319.**

Verfahren und Vorrichtung zur trockenen Destillation von Holz mittels eines heißen, inerten Gases, das evtl. außer Berührung mit dem Holz erhitzt wird, sind in **A. P. 1 179 616** beschrieben.

Nach **Norw. P. 32 199** bewirkt man die Verkohlung des Holzes in einem Strome der Auspuffgase von Verbrennungsmotoren.

Ein Holzverkohlungsverfahren, das auch zur Ausführung anderer chemischer Reaktionen dienen kann, ist nach **E. P. 176 438** dadurch gekennzeichnet, daß man das Sägemehl oder die zu verkohlende Cellulosesubstanz durch geschmolzenes Metall durchführt, dessen Temperatur so hoch gehalten wird, daß die Destillationsprodukte nicht leiden.

Zur Erhöhung der Ausbeute an essigsaurem Kalk bei der trockenen Destillation des Holzes erhitzt man zuerst langsam auf 100°, dann schneller auf 280°, stellt die Heizung ein, da die Reaktion nunmehr ohne äußere Wärmezufuhr weitergeht und kürzt nun die eigentliche Verkohlungsperiode dadurch möglichst ab, daß man die Innentemperatur der Retorte auf 400° und mehr steigert, wenn sich Anzeichen einer exothermischen Reaktion bemerkbar machen. **(A. P. 1 241 789.)** Die Hauptreaktion verläuft nämlich bei der Holzdestillation bei 275° beginnend unter Zerstörung der wertvollen Bestandteile durch Bildung von Kohlensäure, Kohlenoxyd und Wasserdampf unter Wärmeabgabe, später treten dann endotherme Reaktionen auf, die zur Bildung von Kohlenwasserstoffen und schließlich Teer führen. Vgl, **J. Sawrence, J. Loc. Chem. Ind. 1911, 728.**

Nach einem ähnlichen Verfahren der trockenen Destillation cellulosehaltiger Materialien wird zur Erhöhung der Ausbeute an Essigsäure der an und für sich exotherm verlaufende eigentliche Verkohlungsprozeß durch stärkere Wärmezufuhr abgekürzt, wodurch die vergasbaren Anteile ohne schädliche Überhitzung in wesentlich kürzerer Zeit als bisher abgetrieben werden können. **(D. R. P. Anm. H. 57 917, Kl. 12 r.)**

Zur Erhöhung der Ausbeute an Essigsäure und anderen Holzdestillationsprodukten destilliert man das Holz aus einer von außen beheizbaren Retorte und bläst, wenn die Temperatur 100° überschritten hat, Dampf ein, während gleichzeitig auf 180—270° geheizt wird. **(E. P. 152 741.)**

Durch Destillation der in Italien und Amerika in großen Massen abfallenden entkornten Maiskolben erhielten **E. Molinari** und **E. Griffini** neben 41,3—44,6% wässeriger Flüssigkeit und 23,9—25,9% Gasen, die mit einem Heizwert von 3000 WE den Holzdestillationsgasen ähnlich sind, 25—25,7% sehr wenig Schwefel enthaltenden Koks von 6800 WE und 6,5—8,1% Teer, der zwischen 90 und 120° 2,55, von 120—170° 17,65, von 170—200° 11,39 und über 200° 17% Öle ergab. (Ref. in **Zeitschr. f. angew. Chem. 25, 1655.)**

Zur Verwertung kleinstückiger holziger Fabrikationsabfälle (Öltrester, Erdnußschalen, Sägespäne) verbrennt man sie in einem rotglühenden Ofenraum verteilt, wobei die durch die eigene Verbrennung geschaffene Wärme zur Erzeugung von Holzkohle dient, während die abziehenden Gase für anderweitige Zwecke Verwendung finden. **(D. R. P. 247 449.)**

117. Holzverkohlung unter besonderen Bedingungen.

Versuche zur trockenen Destillation des Holzes mit überhitztem Dampf, die sich allerdings wegen des Zurückganges der Ausbeuten gegenüber den Laboratoriumsversuchen nicht in den Großbetrieb übertragen lassen, beschreiben **G. Büttner** und **H. Wislicenus** in **Journ. f. prakt. Chem. 1909, 177.**

Zur vollen Auswertung des Holzes, aber auch des Torfes oder der Lignitbraunkohle oder überhaupt geringwertiger Brennstoffe, soll nur die Tieftemperaturverkohlung, d. h. die

Destillation bei gleichbleibender, so niedriger Temperatur, als erfolgreichste Arbeitsweise brauchbar sein, daß nur Wasser und heizlose Gase, also Ballaststoffe, abgespalten werden, während hochwertige Kohle zurückbleibt. **(K. Theller, Braunkohle 18, 419.)**

Nach **R. C. Palmer** erzielt man im Laboratorium und jedenfalls auch im Großbetriebe durch Herabminderung der Reaktionstemperatur und Destillationsgeschwindigkeit bei der Trockendestillation von Hartholz eine Vermehrung der Methylalkoholausbeute um 30—45% und jener an essigsaurem Kalk um mindestens 15%, bei kleineren Versuchen um 40%. (Ref. in **Zeitschr. f. angew. Chem. 29, 386.)**

Zur Verkohlung von Holzspänen oder Sägemehl mischt man das Holzmaterial mit Mineralsäure oder Salzen (Metalloxyden-, Hydroxyden), wobei die Säure stets in Überschuß vorhanden sein muß, und destilliert die Masse zur Gewinnung von Holzgeist, teerfreier Essigsäure, Holzöl und Knochenkohleersatz im Vakuum. Leitet man die Dämpfe vor dem Eintritt in den Kühler durch ein glühendes Metallrohr, so kann man, da die Essigsäure teerfrei ist, direkt Aceton gewinnen. **(D. R. P. 185 934.)**

Über den Verlauf der Trockendestillation von Birkenholz im Vakuum von 6—8 mm die Erzielung einer um 36% höheren Holzkohlenausbeute und die Bildung eines milden Teeres siehe das kurze Referat in **Zentralbl. 1919, II, 199.**

Über Holzdestillation unter vermindertem Druck und die Steigerung der Terpentinausbeute um 10—20% bei dieser Art der Destillation siehe **Adams** und **Hilton,** Ref. in **Zeitschr. f. angew. Chem. 28, 299.**

Nach einer anderen Methode erhitzt man das Holz in einer im Ölbad stehenden Retorte, zu dessen Füllung man schwer zersetzlichen Petroleumrückstand verwendet, der unter Luftabschluß ohne Zersetzung auf 315—370° erhitzt werden kann. Man treibt dann alles Terpentin- und Kienöl über, erhöht allmählich die Temperatur auf 320° und gewinnt so neben allen flüchtigen Produkten nach diesem Verfahren, das sich durch Feuerungefährlichkeit auszeichnet, auch Holzkohle von vorzüglicher Beschaffenheit. **(Pritchard,** Ref. in **Zeitschr. f. angew. Chem. 25, 2583.)**

Nach **F. P. Snyder** empfiehlt sich an Orten, wo elektrische Kraft billig zur Verfügung steht, die Terpentindestillation aus Fichtenholzabfällen mittels des elektrischen Stromes. Man erhält so bei Anwendung einer Spannung von 110 Volt in eisernen gemauerten Retorten, in die die Holzabfälle in eisernen Behältnissen eingelegt werden (Stromzufuhr erfolgt durch Eisenstäbe, die die Retortenmauer durchbrechen), 90—95% der theoretischen Terpentinölausbeute, und zwar aus 450 Tl. Holz rund 25 Tl. Terpentinöl, 76 Tl. Harz, 19 Tl. Teeröl, 31 Tl. Teer und 146 Tl. Holzkohle bei einem Verbrauch von 90 Kilowattstunden für die genannte Holzmenge. (Ref. in **Zeitschr. f. angew. Chem. 1908, 2184.)**

Durch Ausführung der trockenen Destillation des Holzes oder anderer cellulosehaltiger Stoffe im Chlorstrom bei 150—350° erhält man nicht nur 70% des Chlors als Salzsäure wieder, sondern gewinnt zugleich die Destillationsprodukte frei von emyreumatischen Substanzen. **(D. R. P. 158 086.)**

Während Cellulose für sich destilliert 5,5% Teer, 20% Kohlenrückstand und 19 Volumenprozente Gas liefert, steigen diese Mengen, wenn man bei Gegenwart von Alkali destilliert, unter Anwendung von 200 ccm 5n.-Natronlauge für 100 g Cellulose, auf 15% Teer, 15% Kohle und 20 l Gas. Ähnliche Verhältnisse liegen auch bei der Destillation des Sägemehls unter Alkalizusatz vor, doch steigt hier vor allem die Teerausbeute, die andererseits herabgesetzt wird, wenn man zwecks rascherer Entfernung der Destillationsprodukte Leuchtgas oder Wasserdampf einbläst. Die erhaltenen Alkaliteere riechen mit wachsenden Alkalimengen steigend pfefferminzartig, der Geruch tritt besonders stark auf, wenn man den Teer mit Natronlauge kocht. Diese Teere sind zum Teil in Petroläther löslich; **F. Fischer** und **H. Niggemann** stellten ferner fest, daß sie keine Paraffinkohlenwasserstoffe enthalten. **(Zentralbl. 1919, II, 521.)**

Zur Inkohlung von Holz oder Torf behandelt man sie mit dickflüssigen Massen, z. B. auf das Torfgewicht bezogen, mit 10% Teer, dickem Erdöl, Naphthalin oder gesättigter Kochsalzlösung unter Druck bei 360°, bläst die Gase ab und vermag dann die festen und flüssigen Erzeugnisse auf einfachem Wege voneinander zu trennen. **(D. R. P. 323 595.)**

118. Torf. Literatur, Bildung, Arten.

Förster und Gürke, Über Torfwolle. Leipzig 1899. — Schreiber, Neues über Moorkultur und Torfverwertung. Verlag des österreichischen Moorvereines seit 1900. — Danger, Torfstreu und Torfmull. Lübeck 1901. — Fränkel, Mustergültige Einführung des Torfstuhlverfahrens. Berlin 1902. — Thenius, G., Die technische Verwertung des Torfes usw. Wien 1904. — Wislicenius, H., Neue Fortschritte in der chemischen Verwertung der Walderzeugnisse und des Torfes. Vortrag. 1904. — Löbel, R., Beiträge zur Kenntnis des Torfteeres. 1911. — Bartel, F., Torfkraft. Berlin 1913. — Bernstein, F., Die Phenole des Torfteeres. Berlin 1913. — Hoering, P., Moornutzung und Torfverwertung. Berlin 1915. — **Hausding, A.,** Handbuch der Torfgewinnung und -verwertung, 4. Aufl. Berlin 1917. Sauer, A., Die Ausnutzung der Torfmoore. Stuttgart 1920.

Über die Gewinnung und Verwertung minderwertiger Brennstoffe siehe die Angaben von **A. Wirth in Z. Ver. d. Ing. 1920, 125 ff.**

Torf gehört zu der Gruppe der Kaustobiolithen, d. s. brennbare aus tierischen und pflanzlichen Resten gebildete organogene Gesteine.

Der Vertorfung sind vor allem die als „Moore" (Möser, Veene, Venne, Fenne, Filze) bekannten sumpfigen, unkultivierten Gelände unterworfen. Neue Pflanzen sprießen auf den in beginnender Verwesung befindlichen abgestorbenen auf, schließen die Luft immer mehr von den darunterliegenden Pflanzenteilen ab, bis diese schließlich ganz unter stagnierendes Wasser gelangen und völlig von der Luft abgeschlossen werden. Daher steht für weitere chemische Prozesse der der Vertorfung anheimfallenden Substanz nur der Eigensauerstoff zur Verfügung.

Eine Definition für Torf gibt **C. A. Weber** in seiner Schrift über „Torf, Humus und Moor", Bremen 1903: „Torf ist ein aus abgestorbenen, cellulosereichen Pflanzen durch einen eigentümlichen Vorgang, nämlich d urch die Ulmifikation oder Vertorfung entstandenes, in Berührung mit Luft braun oder schwarz g färbtes, mehr und minder weiches, sehr wasserreiches Mineral, dessen eigentümliche Färbung auf seinem Gehalt an Ulmin beruht. Der Torf besteht hauptsächlich aus Kohlenstoff, Wasserstoff u d Sauerstoff, daneben enthält er noch wechselnde Mengen von Stickstoff, Schwefel und Asche. Tierische Reste sind ihm, namentlich in Gestalt von Kot und Chitin, in mehr oder weniger größeren Mengen beigemischt. Beim Trocknen schrumpft der Torf stark zusammen und liefert mehr oder minder zusammenhängende oder in scharfkantige Stücke zerbröckelnde harte, zuweilen faserige oder filzige Massen. Die lufttrockene Substanz quillt je nach der Stärke des Druckes, dem sie ausgesetzt gewesen ist, bei längerem Liegen in Wasser mehr oder minder auf, liefert aber auch bei vollkommenem Aufweichen niemals eine erdig-krümelige Masse. Je nach dem Grade der Ulmifikation und nach der Art wie der Torf sich bildet, sind die Pflanzenreste, aus denen er entstanden ist, mit bewaffnetem oder unbewaffnetem Auge noch erkennbar oder zerkleinert und völlig zerfallen.

Die älteste Nachricht über die Verwendung von Torf finden wir im Plinius, der von den Bewohnern Ostfrieslands, den Chaucen, sagt, daß sie „ihre Speisen kochen und ihre Glieder wärmen mit Erde, die sie durch Schöpfen von Schlamm und Trocknen desselben mehr im Wind als an der Sonne erhalten".

Torf wurde bis ins 18. Jahrhundert hinein für eine eigenartige Erde gehalten; manche Autoren gaben an, er bestehe aus Resten der durch die Sündflut untergegangenen Flora, andere wieder behaupteten kühn, er sei ein Gewächs, daß nur Wurzeln habe, die sich fortwährend verzweigten und vermehrten; auch noch andere phantastische Erklärungen für die Entstehung des Torfes wurden gegeben.

Der erste, der den Torf einer kritisch-wissenschaftlichen Beleuchtung unterzog, war **J. H. Degner** (Nymwegen 1729).

Zu den „Torfbildner" genannten Pflanzen gehören fast alle Moose, der größte Teil der Kryptogamen und mehrere der Phanerogamenarten, insbesondere die Shagnen, Hypnen, Conferven, Algen, zu denen sich je nach dem Orte der Entstehung Sumpfpflanzen (Sparganium, Nymphaea alba, Calla usw.), oder Heidepflanzen (verschiedene Arten der Erika, Vacciunium, Celluma), Meerpflanzen (Binsen, Gräser und alle Tangarten), oder Baumstämme (Pinus pumilio), Wurzeln, Blätter usw. gesellen.

Die Bildung des Torfes geht wie folgt vor sich: Die eiweißhaltigen Körper, Kohlenhydrate und anderen löslichen Bestandteile der abgestorbenen Pflanzen zersetzen sich zunächst unter dem Einflusse fermentartig wirkender Organismen unter Bildung von Kohlensäure, Schwefelwasserstoff, Phosphorwasserstoff, Ammoniak und Humussäuren. Die Holzfasern der Pflanzen zersetzen sich langsamer zu einer erst gelben (Ulmin), später braunen Masse (Humin). Der Gehalt der Pflanzen an unlöslichen Mineralsalzen und Kieselsäure geht unverändert in das Zersetzungsprodukt über. Die abgestorbenen Pflanzen sinken nieder, verdichten sich und unterliegen einer stetig fortschreitenden Umsetzung.

Torf ist bald schlammartig, bald dicht, hellgelb, dunkelbraun oder pechschwarz. Man teilt die Torfarten botanisch-chemisch ein nach dem Nährstoffgehalt (**Weber**) oder nach dem Grade der Zersetzung in Moos- oder Fasertorf (locker, hellbraun, jüngste Schichten der Hochmoore, brennt getrocknet schnell weg ohne viel Hitze); Sumpf-, Schlief- oder Bruchtorf, auch Modertorf, Molltorf genannt (dunkel, breiig, dicht, älterer Torf) und Pech- oder Specktorf (schwarz, erdig, wenn frisch geschnitten wachsglänzend, aus den untersten Schichten, besitzt den höchsten Brennwert). Im Papiertorf ist die unvollkommen zersetzte Pflanzenmasse in dünne, leicht voneinander abzuhebende Lagen geteilt. Bagger- oder Schlammtorf ist ein Brei, der beim Trocknen fest wird.

119. Zusammensetzung, Eigenschaften, Verwendung.

Wiegmann fand auf 100 Tl. eines Hochmoortorfes: Humussäure 27,60, Wachs 6,20, Harz 4,80, Erdharz 9,00, Humuskohle 45,20, Wasser 5,30, salzsaure Kalkerde 0,515, schwefelsaure Kalkerde 0,280, Kieselerde und Sand 0,720, Alaunerde 0,080, kohlensauren Kalk 0,440, Eisenoxyd und phosphorsauren Kalk je 0,265.

Die chemische Zusammensetzung der reinen, aschenfreien, trockenen Torfmasse kann man duschschnittlich annehmen mit 60% Kohlenstoff, 5% Wasserstoff und 34% Sauerstoff oder, wenn man sich allen Sauerstoff mit Wasserstoff zu Wasser verbunden denkt, mit rund 60% Kohlenstoff, 2% Wasserstoff und 38% chemisch gebundenem Wasser, während sich die des lufttrockenen, aschefreien (Stich-)Torfes (mit durchschnittlich 25% Feuchtigkeit) annehmen läßt mit 45% Kohlenstoff, 1,5% Wasserstoff, 28,5% chemisch gebundenem Wasser und 25% Feuchtigkeitswasser.

Der Aschegehalt schwankt von 1/2—50% vom Gewicht des vollständig getrockneten Torfes. Bei mehr als 25% ist der Torf als Brennmaterial unbrauchbar.

Das Gewicht eines Festmeters Moor mit 85—90% Wassergehalt kann man durchschnittlich auf 1000 kg angeben.

Das spezifische Gewicht des rohen getrockneten Torfes hängt sehr von seinem Alter, Aschen gehalt usw. ab.

Es beträgt bei:

Moos-, Faser- oder Rasentorf	0,213—0,263
Jungem, braunem Torf	0,240—0,676
Erdtorf, Sumpftorf, Schlieftorf	0,410—0,902
Pechtorf, Specktorf	0,639—1,039

Oberflächlich getrocknet kann Torf 50—90% Wasser aufnehmen und gibt es in trockener Luft nur sehr allmählich ab. Diese Eigenschaft verliert der Torf jedoch sobald er vollkommen trocken ist. Unter Luftabschluß erhitzt gibt Torf Kohlensäure, Kohlenoxyd, Kohlenwasserstoffe, Ammoniak, Teer und Wasser.

Nach **Karsten** leisten bei Siedeprozessen 2,5 Gewichtsteile Torf so viel wie 1 Gewichtsteil Steinkohle. Nach **Vogel** ist die Verdampfungskraft von lufttrockenem Fasertorf mit 10% Wasser 5,5 kg, von Maschinentorf mit 12—15% Wasser 5—5,5 kg und von Preßtorf mit 10—15% Wasser 5,8—6,0 kg.

Torf wird als Brennmaterial hauptsächlich zur Hausfeuerung verwendet, seltener für industrielle Anlagen, doch sind in verschiedenen Industriezweigen mit Torffeuerungen, namentlich mit Halbgas- und Gasfeuerungen für Dampfkessel, ebenso für Glashütten sowie für Kalköfen und Tonwarenfabriken durchaus befriedigende Resultate erzielt worden.

Den Stand der Brenntorfgewinnung Ende 1920 beschreibt **C. Löser** in **Chem.-Ztg. 1921, 73.**

Torf kann auch in Meilern, Öfen, Muffeln oder Retorten verkohlt werden. Die gewonnene Torfkohle ist der Holzkohle gleichwertig und meist billiger herzustellen. Zur Herstellung von Torfkohle soll nur möglichst dichter, fester Maschinentorf verwendet werden.

In **Zeitschr. f. angew. Chem. 32, II, 276,** beschreibt **Birk** ein Verfahren der Torfveredelung, das Bertzitverfahren, bei dem der auf 50% Feuchtigkeitsgehalt vorgetrocknete Torf entweder in periodisch arbeitenden Kammern oder kontinuierlichen Schachtöfen bis zur beginnenden Teerbildung erhitzt wird. Das erhaltene Produkt hat einen hohen Heizwert, doch erfordert andererseits die künstliche Trocknung einen großen Energie- und Kostenaufwand. Das Bertzitverfahren wird auch zur Veredelung der Braunkohle angewandt.

Durch Verkokung erhält man nach dem **Zieglerschen** Verfahren aus gutem, aschearmem Preßtorf sehr reinen und festen Koks neben Ammoniak und anderen Destillationsprodukten. Bei der Vergasung des Torfes in einem Gemisch von Luft und erhitztem Wasserdampf gewinnt man ein zum Betrieb von Gaskraftmaschinen und zur Erzeugung von Elektrizität verwendbares Gas. 100 kg wasserfreie Torfmasse mit etwas mehr als 1% Stickstoff lieferten dabei 2,8 kg schwefelsaures Ammoniak und 250 cbm Kraftgas mit einem Heizwert von 1300 Kalorien. Torf wird auch der trockenen Destillation unterworfen, um daraus Leuchtgas, Photogen, Solaröl, Paraffin, ferner Asphalt, Kohle, Ammoniak, Essigsäure, Holzgeist usw. zu gewinnen.

Weitere Anwendung findet Torf zur Pappenerzeugung, als Düngemittel, zur Herstellung von Torfstreu, Torfwolle, als Pack- und Isoliermaterial, als Dachdeckung, zu Schutzwänden usw. Torfstreu, die meist als Ersatz des Strohes in Ställen verwendet wird, besitzt ein großes Aufsaugungsvermögen für Jauche, bindet Ammoniakdämpfe und Riechstoffe und dient ferner zur Eindichtung der sog. Elutionslaugen von Zuckerfabriken, die mit Torfmull gebunden ein wertvolles Düngemittel geben, ferner zur Bindung der flüssigen Abgangsstoffe aus Schlachthäusern und Gerbereien, als Austrocknungs-, Füll- und Wärmeschutzmittel, als Verpackungsmaterial für leichtverderbliche Gegenstände, als Futtermittel (Torfmehlmelassefutter), als Verbandstoff und zur Füllung von Polsterungen.

Über neue Arten der Torfverwertung und Torfveredlung sprach **Steinert** auf der **Vers. d. Ver. d. Chem., Hamburg 1922.**

Torfwolle ist aus Torf gewonnene spinnbare Faser. Nach **Geige (D. R. P. 96 540)** wird die Rohtorffaser mit Alkalien ausgelaugt, getrocknet und zerfasert, worauf man die Fasern in einem sauren Bade zwecks Umwandlung der in den Fasern enthaltenen Stärke in Zucker und zur Zerstörung der Eiweißstoffe, sodann in einem Gärungsbade behandelt, um den Zucker in Kohlensäure und Alkohol zu zersetzen, mit einem Entfettungsmittel behandelt, wieder auswäscht, mit verdünnten Säuren oder Alkalien auskocht, abermals wäscht und dann bleicht. Weitere Patente auf diesem Gebiete sind **D. R. P. 102 616, 123 785, 144 830** usw. Vgl. **[249].**

Die so behandelten Torfwollfasern sind chemisch rein, völlig indifferent, weich, schmiegsam, bleichbar, auch in hellen Tönen färbbar und lassen sich zu den feinsten Garnen verspinnen.

Torfwolle kann sowohl als Kleider- oder Verbandwatte für sich allein verwendet oder mit anderen Fasern zu Geweben der verschiedensten Art verwendet werden.

Torfstreu besitzt durchschnittlich ein Aufsaugevermögen von 800—2000%, also das 8—20-fache ihres Gewichtes. Das Ammoniakbindevermögen beträgt nach **Neßler** 1,6—2,5 Tl. Ammoniak auf 100 Tl. Torf (Roggenstroh nur 0,26 Tl.).

Über Torfmull als Desinfektionsmittel von Fäkalien siehe **Gärtner, Zeitschr. f. Hygiene, Bd. 18.**

Birk hält die junge Industrie der Torfbaustoffe für sehr aussichtsreich und für geeignet, die Baustoffe aus Korkabfällen zu ersetzen. Torfbaustoffe sind als Isoliermaterialien durch ihr schlechtes Wärmeleitungs- und ihr Schalldämpfungsvermögen ausgezeichnet. Versuche zur Herstellung von Kunstholz u. dgl. aus Torf sind erfolglos geblieben.

120. Torfentwässerung.

Wesentlich weniger einfach als die Verwertung der Holzabfälle durch Extraktion und Destillation und auch weniger ertragreich gestaltet sich die Verarbeitung des nur geringe Mengen fertiggebildeter Nebenstoffe (Torfwachs) enthaltenden, als Heizmaterial geringwertigen Torfes wegen seines hohen Gehaltes an Wasser, das von der schwammigen, kolloidalen, humosen Masse festgehalten wird.

In den **D. R. P. 257 558, 258 331, 258 064, 267 687, 263 722** findet sich die Beschreibung von Preßbandwalzen und von Verfahren zur mechanischen Entwässerung des Moormateriales unter Verwendung poröser Zusatzkörper wie z. B. Koks oder harttrockener Preßtorfprodukte. In **D. R. P. 263 722** ist ein Verfahren beschrieben, nach dem der Torf unter abwechselnder oder gleichzeitiger Anwendung von Preßdruck und Vakuum entwässert wird.

In **D. R. P. 324 081** ist ein Verfahren beschrieben, um Torf durch Erhitzen unter Druck leichter entwässerbar zu machen.

Das hohe Erhitzen des Torfes im Druckgefäß bewirkt Koagulation der kolloiden Torfbestandteile, so daß sich die Masse filtrieren und direkt als hochwertiges Heizmittel verwenden läßt. **(E. P. 183 180.)**

Zur Verbesserung minderwertiger Brennstoffe behandelt man z. B. den Torf oder die Braunkohle, die möglichst wenig Schwefelkies und Kieselsäure enthalten sollen, mit Mineralsäure, wäscht die Masse aus und bringt sie getrocknet zur Verkohlung. **(D. R. P. 310 191.)**

Nach **D. R. P. 325 556** behandelt man Torf, um ihn leichter entwässerbar zu machen, mit Mineralsäure vor, erhitzt die Masse dann auf höchstens 100° (beim Arbeiten mit Schwefeldioxyd genügen sogar 60°) und erzielt so die gleich leichte Entwässerbarkeit, wie nach dem Verfahren von **Ekenberg**, demzufolge man den Torf auf mehr wie 180° erhitzen muß, wenn man nicht mit Säuren vorbehandelt. Vgl. **D. R. P. 325 555, 325 557** und **325 558.**

Nach **D. R. P. 346 291** entwässert man Braunkohle oder Torf mit Alkohol, Aceton oder Acetonölen in Gegenstromauslaugevorrichtungen kontinuierlich und verdrängt so mit diesen niedrig siedenden Lösungsmitteln, die durch eigenen Abdampf wiedergewonnen werden können, das Wasser. **(D. R. P. 346 291.)**

Über seine elektroosmotischen Verfahren der Torfentwässerung berichtete Graf **Schwerin** das erstemal auf dem 5. Kongreß f angew. Chemie 1903.

Verfahren und Vorrichtung zur elektroosmotischen Entwässerung des Torfes, der sich zwischen den Elektroden befindet, die entsprechend dem Fortgange der Entwässerung genähert oder entfernt werden können, unter gleichzeitiger Anwendung von Druck (vgl. **D. R. P. 124 509)** sind in **D. R. P. 155 453** beschrieben.

Weitere zugehörige Patente tragen z. B. die Nummern **124 510, 128 085, 131 932, 150 069, 163 549, 239 649.**

Die Beschreibung einer Elektroosmosemaschine entsprechend dem Verfahren des **D. R. P. 252 370** findet sich in **D. R. P. 263 454.**

Zur elektroosmotischen Entwässerung organischer Stoffe zerkleinert man z. B. den Torf vor der Behandlung möglichst fein, wodurch die Schnelligkeit der osmotischen Entwässerung in dem Maße der weitgehenden Zerkleinerung steigt. **(D. R. P. 277 900.)** Nach dem Zusatzpatent setzt man dem Torf oder der anderen elektroosmotisch zu entwässernden Masse zur Erhöhung der Wirkung des Elektrolyten kolloidale Stoffe (Kieselsäure, Huminsubstanz) zu. Früher schon wurden dem Torf alkalische Stoffe oder Salze zugesetzt, die bei der Elektrolyse am negativen Pol sekundär alkalische Reaktionen hervorrufen. **(D. R. P. 150 069.)**

Verfahren und Vorrichtungen zur elektroosmotischen Entwässerung von Torf und Ton unter Vorbehandlung der zu entwässernden Substanzen mit den bei der Entwässerung abfließenden elektrolythaltigem Wasser sind in **D. R. P. 311 052** und **311 053** beschrieben.

Um Torf, nasse Braunkohlen oder Rückstände von der Abwasserreinigung leicht entwässerbar zu machen, elektrolysiert man die 100—120° heißen Massen, die zur Verhinderung der Wasserdampfbildung unter dem Druck von etwa 10 Atm. stehen. **(D. R. P. 327 282.)**

Die elektroosmotischen Torfentwässerungsverfahren sind jedoch nur mit Erfolg durchführbar, wenn das im nassen Torf enthaltene Wasser salzfrei ist und bewähren sich darum nicht, da stets Salze vorhanden sind. Das sog. Naßpreßverfahren, bei dem man den Torfschlamm mit trockenem Torfstaub oder Koksklein gemischt preßt, befindet sich noch im Versuchsstadium.

Ein Verfahren der Torfentwässerung nach der Naßverkohlung unter Hitzewiedergewinnung durch Austausch und Abpressen des Wassers von dem behandelten Torf ist in **D. R. P. 325 554** beschrieben. Zur Verringerung des Stickstoffverlustes bei der Verkohlung mischt man nach dem Zusatzpatent das heiße, vor Beendigung des Wärmeaustausches von den Filterpressen abfließende Wasser mit dem kalten, naß zu verkohlenden Rohtorf. **(D. R. P. 326 684.)**

Ein Verfahren zur Herstellung stapelfähiger Torfsoden, gekennzeichnet durch die Beimischung von frischgewonnenem Fasertorf zu mit Dampf gelockertem und zwecks Wasserentfernung mechanisch zerteiltem Specktorf ist in **D. R. P. 323 243** beschrieben.

121. Literatur und Allgemeines über Torfverkohlung (-destillation, -vergasung).

Jabs, Über Torfdestillation und Torfverwertung. Berlin 1907. — Hoering, P., Moornutzung und Torfverwertung mit besonderer Berücksichtigung der Trockendestillation. Berlin 1915.

Über Torfverkohlung siehe ferner die nach dem damaligen Stand der Arbeiten zusammengefaßte Mitteilung von **Holtz** in **Zeitschr. f. angew. Chem. 1897, 772.**

Die Torfverkokung mit Gewinnung der Nebenprodukte, die Ofensysteme, die Abscheidung von Teer und Teerwasser und deren Verarbeitung, die Gewinnung von Essigsäure, Methylalkohol usw. nach den M. Zieglerschen Verfahren beschreibt **M. Gutzeit** in **Zeitschr. f. Dampfk. Betr. 1907, 269 u. 421. — S. a. Bd. IV [203 u. 204].**

Über die Gewinnung des Torfes in England und Irland und seine Verkokung mit gleichzeitiger Gewinnung von Nebenproduktion und Kraftgas berichtet **F. M. Perkin** in **Journ. Soc. Chem. Ind. 33, 395.**

Über Gewinnung und Verwendung von Torf zu Heizzwecken und zur direkten Krafterzeugung (Frank-Carosches Verfahren) siehe die ersten Angaben von **A. Frank** in **Zeitschr. f. angew. Chem. 1907, 1592.**

Eine übersichtliche kurze Darlegung des Torfverwertungsverfahrens durch Vergasung nach dem Caro-Frank-Verfahren, nach dem man auch 60% Wasser enthaltenden, also lufttrockenen und ferner auch grusigen Torf verarbeiten kann, findet sich in **Zeitschr. f. angew. Chem. 1910, 1844.**

Über die industrielle Torfverwertung, besonders über das Naßvergasungsverfahren von **Frank** und **Caro** unterrichtet ein Aufsatz von **F. Heber** in **Braunkohle 1910, 744.**

Das Vergasungsverfahren von **Frank** und **Caro,** dessen größter Vorzug darin besteht, daß man Torf mit 60% Feuchtigkeit vergasen kann, führt dann nicht zum Ziele, wenn man zugleich eine möglichst große Menge von Nebenprodukten bei völliger Ausnützung der Energie gewinnen will, da sonst möglichst trockener Torf verarbeitet werden müßte. Nach **A. Jabs** hat in diesem Sinne die große Osnabrücker Anlage zur Erzeugung von Kraftgas aus Torf noch nicht die erhofften Ergebnisse gezeitigt. **(Naturwiss. 7, 191.)**

Die Lösung der Frage würde für Länder, die wie Rußland, Schweden und auch Deutschland große Torfvorräte besitzen (in Deutschland 5% der Gesamtoberfläche) einen großen wirtschaftlichen Erfolg bedeuten, vorläufig werden die meisten Hochmoore nur in der alten Form des Torfstechens nutzbar gemacht. Seit einigen Jahren sind an verschiedenen Orten Deutschlands, z. B. in Wiesmoor bei Aurich, Kraftzentralen errichtet, die zum Teil, so die Schwegermooranlage bei Osnabrück, Kraftgas erzeugen und zugleich den Stickstoffgehalt des Torfes (1—1,5% auf wasserfreien Torf berechnet) zur Gewinnung von Ammonsulfat nutzbar machen. 100 kg Torf mit 25% Wasser geben bei der Verkokung nach **Ost:** 33 kg Koks, 4 kg Teer, 0,6 kg Ammonsulfat, 0,5 kg Graukalk (essigsaures Calcium) und 0,3 kg Holzgeist, doch ist der holzkohlenartige Koks bei weitem nicht so wertvoll wie Stein- oder Braunkohlenkoks, so daß nur die übrigen, in geringen Mengen anfallenden Produkte, vor allem der dem Holzteer ähnliche Teer, die Ausübung des Verfahrens wirtschaftlich ermöglichen.

Wenn man bei der Verschwelung oder Vergasung des Torfes oder anderer krümeliger oder mulmiger Brennstoffe Sodalösung oder Wasserglas als Bindemittel zur Brikettierung verwendet und dann auf Temperaturen erhitzt, bei denen die Alkaliverbindung zersetzt wird, kann man wertvolle stickstoffhaltige Nebenerzeugnisse gewinnen. **(D. R. P. 332 507.)**

In **Feuerungstechnik 1, 409** beschreibt **A. Wihtol** die Torfverkokungsanlage in Oldenburg.

122. Torf-, Lignit-, Braunkohlenveredlung.

Nach dem sog. Naßcarbonisierungsverfahren wird der Torf in nassem Zustande zur Zerstörung der Hydrocellulose auf 150° erhitzt, worauf sich das Wasser durch Auspressen sehr leicht entfernen läßt und ein Material erhalten wird, das ohne Rücksicht auf den Ausgangsstoff stets den gleichen Heizwert besitzt. **(M. Ekenberg, Zeitschr. f. angew. Chem. 1909, 1338.)**

Torf mit überhitztem Wasserdampf zu verkohlen wurde schon im **D. R. P. 29 888** vorgeschlagen.

Die Beschreibung eines Verfahrens nasser Torfverkohlung, nach dem man die wertvollen Torfbestandteile in Kohlenpulverform gewinnt, wenn man den Rohtorf mit Wasser unter Druck über 300° erhitzt, wodurch sich automatisch eine Trennung der festen und flüssigen Anteile vollzieht, findet sich in **D. R. P. 260 800** (s. u.). Vgl. **D. R. P. 264 002.**

Um Torf, Lignit oder andere wegen ihres großen Wassergehaltes nicht meilerbare Stoffe auf Holzkohle verarbeiten zu können, behandelt man die Stücke mit Sulfitablauge, die bis zu einem gewissen Grade eingedickt, gebundene Feuchtigkeit an sich zieht und dabei dünnflüssig wird. Man kann so den Wassergehalt von Schlammtorf von 80,34% auf 7,62%, jenen von märkischer Braunkohle von 56,43% auf 6% herabsetzen. **(D. R. P. 148 275.)**

Zur Hydrolysierung des Torfes, besonders geeignet als Vorbehandlung für das Naßverkohlungsverfahren, verwendet man die sauren Lösungen, die man durch Zersetzung von Sulfitcelluloseablauge unter hohem Druck und Ausfällung der gelösten Stoffe erhält. **(Norw. P. 33 451.)**

Über die Herstellung eines der Steinkohle nahekommenden Brennstoffes aus Torf, den man unter Luftabschluß mehrere Stunden auf Temperaturen bis 250° erhitzt, so daß die austretenden Teerstoffe beim folgenden Erkalten im Material zum Niederschlag kommen und es verkitten, siehe **D. R. P. 63 409.**

Die Gewinnung von Torfkohle mittels elektrischer Heizkörper in mit Asbest isolierter Retorte ist im **D. R. P. 88 947** beschrieben.

Zur Gewinnung eines Brennstoffes aus Torf mischt man ihn unter Erhitzen und Umrühren gleichzeitig mit Öl, Torfdestillaten und Mineralöl, leitet Wasserdampf zu, füllt die Masse in Formen, preßt und läßt erkalten. **(D. R. P. 103 509.)**

Zur Herstellung eines kohleähnlichen, festen Brennstoffes, der rauchlos brennt und hohe Heizkraft besitzt, verschwelt man Torf in geschlossener Retorte unter Druck ohne Abführung der durch Destillation entwickelten Kohlenwasserstoffdämpfe, wobei durch die frisch gefüllte Schwelretorte zunächst die heißen Gase einer von außen geheizten Retorte hindurchgeleitet werden, bis das Wasser und andere wertlose Bestandteile entwichen sind, worauf man die Schwelretorte abschließt und ihren Inhalt eine Zeitlang in Eigenwärme (250—300°) beläßt. **(D. R. P. 241 386.)**

Zur unmittelbaren Gewinnung von Kohle in Pulverform aus Torf erhitzt man das frisch gestochene Material 8—10 Stunden im Druckgefäß auf ca. 340°, worauf man die Flüssigkeit, die Kohlenwasserstoffe, fettsäureartige Verbindungen usw. in gelöster oder emulgierter Form enthält, abzieht. Es bleibt ein fester, poröser Kuchen zurück, der beim leichtesten Druck zu einem feinen Pulver zerfällt. Daneben entstehen CO_2, CO, auch Methylalkohol, Ammoniak u. dgl. **(D. R. P. 260 800.)**

Ein leicht verbrennliches, nicht hygroskopisches Brennstoffpulver gewinnt man nach **Schwed. P. 46 957** aus Stein- oder Holzkohlenmehl und Torfpulver, dem man vorher durch künstliche Trocknung die Eigenschaft, Wasser anzuziehen, genommen hat.

Ein Verfahren zur Gewinnung hochwertiger künstlicher Brennstoffe aus Torf oder schlechten Braunkohlen ist dadurch gekennzeichnet, daß man das vorgetrocknete Material unter Luftabschluß solange auf 180—250° erhitzt, als unnötige Ballaststoffe, wie Wasser, Kohlensäure und stickstoffhaltige Gase, nicht aber heizkräftige Bestandteile abgespalten und entfernt werden. Die gleichzeitig freiwerdenden Bitumenstoffe bleiben im Material, füllen dessen Poren aus und verhindern so den Zutritt von Feuchtigkeit. **(D. R. P. 306 880.)**

Ein Verfahren zur Gewinnung hochwertiger dichter Kohle aus wasserreichen Brennstoffen durch Erhitzen der Rohstoffe in feuchter Luft und folgende Destillation ist in **Norw. P. 31 290** beschrieben.

Zur Verkohlung von cellulosehaltigen Substanzen, wie Torf usw., arbeitet man unter Druck in Gegenwart großer Flüssigkeitsmengen von hohem Siedepunkt, wie Quecksilber, Salzlösungen, Schmelzen, Teerölen usw., bei Temperaturen über 360° und erhält so anthracitähnliche Stoffe, die sich zur Herstellung von Elektroden eignen, und als Nebenprodukte große Mengen Teer und Gas. **(D. R. P. 323 595.)**

Über ein Verfahren der Nutzbarmachung von Torf durch Naßverkohlung, Entwässerung und Brikettierung, bei dem die Nebenprodukte gewonnen werden, ohne daß der Brennstoff an Wärmewert einbüßt, gekennzeichnet durch die Mitvergasung des Eindampfrückstandes der möglichst stickstoffreichen Naßverkohlungsabwässer, siehe **D. R. P. 325 555.**

Zur Anreicherung des Kohlenstoffgehaltes im Torf bei gewöhnlicher Temperatur und unter Entwicklung brennbarer Gase läßt man die Torfmasse unter Licht- und Luftabschluß unter dem Einfluß der aus Abwasserklärbecken gewonnenen Bakterien vergären. **(D. R. P. 347 813.)**

Ein elektroosmotisches Verfahren zur Gewinnung höherwertiger Brennstoffe aus Abfällen der Kohlengewinnung durch Abtrennung der tonigen Beimengungen ist in **D. R. P. 301 278** beschrieben.

Zur Umwandlung des nur 3500 Cal. Heizkraft besitzenden Lignits in ein hochwertiges Brennmaterial verrührt man das Pulver mit Erdölrückständen im Verhältnis 95 : 5 bzw. zur Gewinnung eines Brennmateriales, das höherwertig ist als sehr gute Kohle im Verhältnis 80 : 20, und erhält so ein Produkt, das in letzterem Falle neben 9,13% Asche 3—5% Schwefel enthält und 4200—4500 Cal. Heizwert besitzt. Durch vorheriges Verkoken des Lignits erhält man ein Material, das, mit Erdölrückständen brikettiert, 2,8—3,5% Asche und 1—2% Schwefel enthält und 6700 bis 7500 Cal. entwickelt. **(St. Cerkez, Zeitschr. f. angew. Chem. 1905, 171.)**

Nach einem anderen Verfahren unterwirft man minderwertige, sonst nicht verpreßbare, namentlich österreichische Braunkohlen partieller Verkokung, bis der Rückstand noch 3% Wasserstoff, entsprechend 20% flüchtigen Anteilen, enthält, brikettiert den erhaltenen Staub mit 10% Petrolpech, das nach Herbing besser durch das billigere Zellpech ersetzt werden könnte, und erhält so Formlinge mit einem Heizwert von 7200 Einheiten. **(E. Köhler, Mont. Rundsch. 6, Heft 10;** vgl. **Feuerungstechnik 3, 190.)**

Zur Erhöhung des Heizwertes von Braunkohlen und zur Vereinfachung ihrer Verschwelung rührt man das Braunkohlenpulver mit Wasser im Druckgefäß im überhitzten Dampf, verdünnt, filtriert von den unlöslichen Teilen und fällt aus dem Filtrat mit Mineralsäure die ganze gelöste Kohlensubstanz aus, die dann filtriert, gewaschen und getrocknet wird. Falls in der Kohle keine wasserlöslichen Mineralsalze vorhanden waren, setzt man der kolloidalen Lösung vor dem Säurezusatz 0,75—3% Alkalisalze zu. Man erhält so aus 100 Tl. Braunkohle 50—75 Tl. des Raffinates, das bei der Verschwelung gegenüber nicht behandelter Braunkohle eine 3—4fach höhere Ausbeute an Schwelprodukten liefert, und Rückstände, die für gewöhnliche Brikettierung verwendet werden können. **(D. R. P. 295 296.)**

Zur Gewinnung von Kohlenwasserstoffen und reiner Kohle erhitzt man die so (nach **D. R. P. 295 296**) erhaltene filtrierte kolloidale Lösung in geschlossenen Gefäßen mit Wasserdampf auf 500°. In diesem Schwelprozeß, der unter Einwirkung des überhitzten Wasserdampfes vor sich geht, erhält man 18—30% überdestillierter teils flüssiger, teils gasförmiger und fester Kohlenwasserstoffe und als Rückstand eine fast chemisch reine Kohle. An Stelle von Wasserdampf kann man auch andere Gase oder Kohlenwasserstoffe ebenfalls bei 500° entsprechend einem Überdruck von 50 Atm. verwenden. (**D. R. P. 296 539.**)

Zur Vorbehandlung mulmiger Braunkohle für die Vergasung mischt man sie mit 25% einer konzentrierten Magnesiumsulfatlösung, deren Schwefelgehalt als Schwefelwasserstoff in das Gas übergeht, das durch Wechselwirkung mit Schwefeldioxyd unter Schwefelabscheidung zerlegt wird. Arbeitet man mit Gips, so wird dieser zu Calciumsulfit reduziert, das, mit Wasser ausgelaugt, durch Kohlensäure ebenfalls in Schwefelwasserstoff übergeführt werden kann. (**D. R. P. 323 588.**)

Nach **D. R. P. 310 191** befreit man minderwertige Braunkohlen durch Behandlung mit Salz- oder Salpetersäure von den mineralischen Bestandteilen, schleudert das Produkt ab, wäscht und verkokt es.

Über Fortschritte auf dem Gebiete der Kohlenveredlung schreibt **A. Sander** in **Chem.-Ztg. 1922, 825 ff.**

PAPIER, CELLULOSEVERFILZUNG.

Allgemeines und Fabrikation.

Papier (-garn, -gewebe), Papiersorten.

123. Literatur und Allgemeines über Papier. Statistik.

Kirchner, E., Technologie der Papierfabrikation. Biberach 1897—1914. — Hoyer, E., Die Fabrikation des Papieres. Braunschweig 1887. — Hoffmann, C., Praktisches Handbuch der Papierfabrikation. Berlin 1891—1897. — Schubert, M., Die Papierverarbeitung. Berlin 1900. — Mierzinski, St., Handbuch der praktischen Papierfabrikation. Wien und Leipzig 1886. — Müller, L., Die Papierfabrikation. — Klemm, F., Handbuch der Papierkunde. Leipzig 1904. — Müller, E., und A. Haußner, Die Herstellung und Prüfung des Papieres. Berlin 1905. — Andés, L. E., Die Fabrikation der Papiermaché- und Papierwaren. Wien und Leipzig 1900. — Derselbe, Papierspezialitäten. Wien und Leipzig 1896. — Dahlheim, Taschenbuch für den praktischen Papierfabrikanten. Leipzig 1896. — Akesson, Everling und Flükkiger, Lexikon der Papierindustrie. Leipzig 1905. — Haußner, Der Holländer. Stuttgart 1901. — Valenta, Die Rohstoffe der graphischen Druckgewerbe, Bd. 1: Das Papier. Halle a. d. S. 1904. — Hohnel, v., Mikroskopie der Farbstoffe. Wien 1905. — Herzberg, Papierprüfung. Berlin 1902. — Wiesner, Mikroskopische Untersuchungen des Papiers. Wien 1887. — Dahlén, Chemische Technologie des Papiers. Leipzig 1921. — Schaefer, F., Die wirtschaftliche Bedeutung der technischen Entwicklung in der Papierfabrikation. 9. Band der von L. Sinzheimer herausgegebenen technisch-volkswirtschaftlichen Monographien. Leipzig 1909. — Schubert, M., Die Praxis der Papierfabrikation. Berlin 1919. — Schwalbe, C. G., und R. Sieber, Die chemische Betriebskontrolle in der Zellstoff- und Papierindustrie und anderen Zellstoff verarbeitenden Industrien. Berlin 1919. — Korschilgen, J. P., und E. L. Selleger, Technik und Praxis der Papierfabrikation. Berlin 1921.

Über die Holzschliff- und Papierindustrie der Vereinigten Staaten siehe **Zeitschr. f. angew. Chem. 1915, III, 339.**

Über Papierindustrie und Ersatzstoffe siehe **U. Haase, Kunststoffe 6, 10 u. 21.**

Eine kurze, aber inhaltreiche Übersicht über die Geschichte der Hadernersatzstoffe für die Papierfabrikation von **H. Hofmann** findet sich in **Zeitschr. f. angew. Chem. 1910, 164.**

Über die Lebensdauer der Schreib- und Druckpapiere und die in dieser Hinsicht sehr ungünstige Prognose für die Zukunft bezüglich der mit heutigem Papiermaterial hergestellten Urkunden siehe **E. Kirchner, Wochenbl. f. Papierfabr. 1908, 2016.**

Papier ist ein Produkt, das aus kleinen, unregelmäßig durcheinanderliegenden, in der Hauptsache durch Adhäsion miteinander zusammenhängenden, verfilzten Fäserchen besteht, flächenartig in Blättern ausgedehnt und biegsam ist. Es wird hergestellt durch mechanisches Zerkleinern des Ausgangsmaterials (Zeug, Papierzeug), Vermengen mit Wasser und Ausbreiten des Faserbreies zu einer dünnen, gleichförmigen Schicht, aus der das Wasser durch eine Art Filtern teils durch Druck, teils durch Verdunstung weggeschafft wird.

Die dünnen, biegsamen Faserfilzblätter, bis zur Dicke von 0,02—0,3 mm und in den verschiedensten Formaten hergestellt, werden im engeren Sinne Papier, die dickeren Pappe oder Karton genannt. Schließlich unterscheidet man noch Papiermassen ohne bestimmte Form.

Die **Papiererzeugung** ist ein mechanischer Vorgang der **Verfilzung** von Fasern und deren Verleimung mit oder ohne Ausfüllung der Poren durch Füllmittel. Als Fasermaterial dienten ursprünglich und dienen noch heute für feinste, feste Papiere leinene und Baumwolllumpen, die sortiert, gereinigt, im Holländer zerkleinert, in Breiform gebleicht, geleimt und auf der Papiermaschine (früher durch Schöpfen, „Büttenpapier") in die Form der Papierbahn gebracht werden. Seit 1840 wurde das immer knapper werdende Lumpenmaterial in stetig steigendem Maße durch Holz und Stroh bzw. die aus ihnen gefertigten Erzeugnisse Holzschliff und Cellulose ersetzt, die in derselben Weise auf Papier verarbeitet werden wie die Lumpen. Der eigentlichen Papiererzeugung liegen demnach rein **mechanische** Vorrichtungen zugrunde, **chemisch** ist nur der Teil der Fabrikation, der sich mit der Leimung, Füllung und Oberflächenbehandlung des Papiers bzw. seiner Imprägnierung zur Erzeugung verschiedener Spezialpapiere beschäftigt. Dazu kommen die chemischen Behandlungsmethoden der neuzeitlichen Papiergarne und Papiergewebe, die als Appreturmethoden im Anschluß an die Papieroberflächenbehandlung besprochen werden.

Die vielfache Verwendung des Papiers als Packmaterial und Bratumhüllung für Nahrungsmittel, zur Hautpflege, Kleidung, Krankenpflege usw. bespricht **S. Ferenczi** in **Zeitschr. f. angew. Chem. 1911, 2240.**

Die Anlage einer Papierfabrik mittlerer Leistung mit Anordnung der Einrichtungsgegenstände nach neuzeitlichen Prinzipien beschreibt ein Praktiker im **Wochenbl. f. Papierfabr. 50, 79.**

In der folgenden Übersicht finden sich Deutschlands Ein- und Ausfuhr-(Wert-)ziffern für die wichtigsten Papierrohstoffe und -erzeugnisse im Jahre 1912:

Cellulose (Zellstoff), Stroh- und anderer Faserstoff: E. 48 700 t im Werte von 8 486 000 M.; A. 175 762 t (32 335 000 M.) Pappen aus Holzstoff, Stroh-, Schrenz-, Torfpappe u. a. nicht gerade grobe Pappen: E. 16 554 t (2 400 000 M.); A. 22 244 t (4 667 000 M.). Packpapier, in der Masse gefärbt: E. 1967 t (492 000 M.); A. 77 767 t (25 488 000 M.). Druckpapier, ungefärbt oder in der Masse gefärbt: E. 990 t (347 000 M.); A. 55 227 t (15 869 000 M.). Karton-(Karten-)papier mit Ausnahme von Zeichenkartenpapier: E. 69 t (45 000 M.); A. 12 728 t (7 656 000 M.). Löschpapier, weißes usw., Filtrier-, Seidenpapier: E. 2117 t (1 800 000 M.); A. 5295 t (4 404 000 M.). Schreib-, Brief-, Bütten-, Notenpapier: E. 460 t (424 000 M.); A. 16 179 t (11 339 000 M.). Photographisches Rohpapier, nicht barytiert, Filz-, Tapeten- und anderes Papier: E. 281 t (224 000 M.); A. 10 261 t (6 328 000 M.). Buntpapier usw.: E. 127 t (152 000 M.); A. 18 756 t (15 543 000 M.). Papier und Pappe ausgestanzt: E. 203 t (457 000 M.; A. 1724 t (4 252 000 M.). Lichtempfindliches photographisches Papier; Lichtpauspapier: E. 96 t (958 000 M.); A. 1270 t (4 662 000 M.). Papierwäsche: E. 0 t (1000 M.); A. 1227 t (3 205 000 M.).

Deutschl. Papierindustrie 1/2 1914 E.: 529 905; A.: 2 969 427 dz.
Deutschl. Packpapier (auch schweres Seidenpapier) 1/2 1914 E.: 27 684; A.: 474 951 dz.
Deutschl. Druckpapier 1/2 1914 E.: 4684; A.: 362 490 dz.
Deutschl. Kartonpapier 1/2 1914 E.: 308; A.: 77 343 dz.
Deutschl. Spezialpapier (s. d.) 1/2 1914 E.: 20 378; A.: 364 829 dz.

124. Geschichte des Papiers.

Über Papierstoffbereitung und die Vorgeschichte des Papiers aus Pflanzenstoffen siehe **C. v. Klinckowstroem, Wochenbl. f. Papierfabr. 47, 815** bzw. **1144.**

Über einige echte gefilzte Papiere des frühen Mittelalters unterrichtet eine interessante Arbeit von **R. Kobert** in **Zeitschr. f. angew. Chem. 1910, 1249.**

Der Name **Papier** ist ein übertragener und stammt von dem Worte papyrus der Römer. Es soll diese Bezeichnung auf das syrische Wort babeer zurückzuführen sein. **Papyrus**, außer Steinplatten, ungebrannten und gebrannten Ziegeln, Elfenbein, Tierhäuten usw., eines der wichtigsten Schreibmaterialien der alten Völker, bestand aus einem zusammenrollbaren Blatte, das durch kreuzweises Aufeinanderkleben von Streifen, gewonnen aus dem Marke des Cyperus papyrus (Cypergras), einer an den sumpfigen Flußufern Ägyptens und Syriens wachsenden, bis 4 m hohen Pflanze erzeugt wurde. Die Griechen nannten dieses Erzeugnis Biblos oder Chartos, die Römer Charta. Hervorhebenswert ist, daß seit Ende des 18. Jahrhunderts in Syrakus eine Familie Politi und deren Nachkommen nach **Plinius'** Angaben Papyrus erzeugen. Papyrus hatte also nichts mit dem heutigen verfilzten Papier gemein. **[90.]**

Dieses wurde zweifellos bereits ein Jahrhundert vor unserer Zeitrechnung von den Chinesen hergestellt, und zwar aus den Fasern des Papiermaulbeerbaumes (Broussonetia papyrifera, Kodsu), des chinesischen Grases (Boehmeria) und des Bambusrohres. Um das Jahr 610 wurde die Papiermacherkunst von Priestern nach Korea und Japan gebracht.

Etwa sieben Jahrhunderte später gelangte die Kunst des Papiermachens in den Händen der **Araber** zu hoher Entwicklung. Sie bauten bereits im 8. Jahrhundert Fabriken. Als Rohstoff verwandten sie abgetragene Gewebe. Der Betrieb war naturgemäß Handbetrieb, sie benutzten jedoch schon Mahlsteine und später Stampfwerke. Nach weiteren fünf Jahrhunderten tauchte die Papiererzeugung in **Spanien** auf und verbreitete sich von hier aus rasch über ganz Europa.

In **Frankreich** wurde das erste Papier wahrscheinlich schon 1248 gemacht. Die erste Papiermühle daselbst wurde um 1350 in Troyes gegründet. In **England** fand eine solche Gründung 1460 bei Steveange statt, die Fabrik ging jedoch ein. 1558 wurde eine Papiermühle in Dartford gegründet. In Italien gab es auch um diese Zeit Papiermühlen, und zwar in Savoyen, in der Lombardei, Toskana und der Romagna (Fabriano und Ancona 1293).

Wie die Papiermacherkunst nach Deutschland gekommen ist, ist nicht ganz sicher festgestellt, jedenfalls sollen schon um 1320 mehrere Papiermühlen zwischen Mainz und Köln gearbeitet haben. Urkundlich wurde die erste Papiermühle 1389 zu Nürnberg von Ullman Stromer erbaut, der auch der Vater der deutschen Papiermacherei genannt wird.

Die Herstellung des Papiers blieb jahrhundertelang im wesentlichen dieselbe. Lumpen oder Hadern wurden trocken sortiert, zerschnitten, in Wasser eingeweicht, darauf gefault (maceriert), zu Stoff gestampft, zu Brei verdünnt und mittels Drahtgittern oder Drahtsieben mit aufgenähten Drahtfiguren (welche die Wasserzeichen ergaben) zu Bogen geschöpft. Diese Bogen wurden zwischen Filzen gepreßt, an der Luft getrocknet, mit tierischer Gallerte geleimt, darauf nochmals getrocknet und mittels Falzbeines oder durch Pressen zwischen glatten Platten geglättet: Hand-, Bütten- oder Schöpfpapier.

Erst 1803 kam es zur Aufstellung der ersten Langsiebpapiermaschine, an deren Erfindung **Louis Robert, Donkin** und die Brüder **Foudrinier** beteiligt waren. Schon vorher soll um die Mitte des 17. Jahrhunderts eine Cylindermühle mit Handbetrieb in Deutschland erfunden worden sein; diese wurde von den Holländern und Engländern verbessert; die ersten Maschinen dieser Art, die Holländer, wurden um das Jahr 1720 in Glauchau in Sachsen und in Cröllwitz bei Halle aufgestellt.

Die erste Idee zur Ausführung der Cylindermaschine (Rundsiebpapiermaschine) gab 1797 **Michael Leistenschneider** in Saarlouis, die Maschine wurde 1805 vom Mechaniker **Josef Bramah** in London entworfen und etwa 1810 von **Dickinson** in England gebaut.

Mit den Maschinen von Robert und Brahma konnte man zunächst nur feuchte, endlose Bogen erzeugen, die wie Handpapier weiterbehandelt werden mußten. Das Papier in der Masse zu leimen wurde von dem Uhrmacher und Papiermacher **Illig** in Erbach gelehrt, der auch als erster die Harzleimung vorschlug. Um das Jahr 1825 wurde in England das Trocknen an mit Dampf geheizten, geschliffenen Cylindern erfunden.

Der immer mehr auftretende Mangel an Lumpen und Hadern brachte es mit sich, daß nach Ersatzstoffen für diese gesucht wurde. Schon Réaumur machte Vorschläge zur Verwendung neuer pflanzlicher Faserstoffe; um die Mitte des 18. Jahrhunderts regte der Superintendent **J. Ch. Schäffer** (Klemm nennt ihn Schäffers) in Regensburg an, Holz, Getreidestroh, Gras, Hopfenreben, Moos usw. durch Stampfen für die Zwecke der Papierfabrikation brauchbar zu machen. Aufgenommen wurde jedoch von den Papiermachern jener Zeit nur die Erzeugung von gelbem Strohpackpapier. Um das Jahr 1800 erzeugte der Engländer **Krops** aus Stroh weißen Zellstoff, doch war sein Verfahren unrationell und erst in den 50er Jahren des 19. Jahrhunderts erfand der Pariser **Mellier** ein Verfahren, das geeignet war, diesen wertvollen Halbstoff in größeren Mengen herzustellen. In das Jahr 1840 fällt die Erfindung des Webers **F. Keller**, Holz in Holzschliff überzuführen, welches Verfahren sich vom Jahre 1860 ab rasch über die ganze Welt verbreitete. 1857 wurde die Natronzellstoff-, 1863 die Sulfitzellstofffabrikation erfunden.

In stetig steigendem Maße wurden von da an auch die Maschinen der Papierfabrikation verbessert und vervollkommnet.

125. Papierrohstoffe.

Über Begriffsbestimmungen von Papierrohstoffen und die Kennzeichnung der verschiedenen Zellstoffe, Schliffe, Papier-Ganz- und -Halbstoffe siehe **Papierztg. 45, 2235** und das vom Verein der Zellstoff- und Papierchemiker herausgegebene Merkblatt in **Wochenbl. f. Papierfabr. 51, 1697.**

Das Fasermaterial unserer Papiere ist fast ausschließlich pflanzlichen Ursprunges, tierische und mineralische Fasern werden nur für besondere Verwendungszwecke verarbeitet (Tierhäute, Asbestgewebe, -platten).

Diese Ausgangsstoffe sind vor allem Überbleibsel abgenutzter Gewebe (Leinen-, Hanf-, Baumwoll-, Wollumpen, -hadern, -stratzen), die um so geeigneter sind, je abgetragener das Material ist, da sie sich in diesem Falle um so leichter mechanisch zerkleinern lassen. Am besten eignen sich die leinenen Lumpen, da diese das festeste, feinste, glatteste und dichteste Papier liefern. Baumwollene Lumpen geben ein rauheres, schwammiges, weiches, lockeres Papier. Sie werden seltener für sich allein verarbeitet, sondern meistens mit Leinenlumpen gemischt. Baumwollpapier läßt sich sehr gut bedrucken. Wollene Lumpen geben ein rauhes, lockeres und schwammiges Papier. Sie werden nur noch selten zu ordinärem Papier verwandt (Löschpapier, geringes Packpapier, grobe Pappe). — Ebensowenig werden seidene Lumpen verwandt, da diese ein zu kurzfaseriges, wenig haltbares Zeug liefern.

Andere Rohstoffe sind ferner alte Stricke, Seile, Taue, Schnüre aus Hanf. Sie geben zwar ein sehr festes, nie aber sehr feines Zeug. Auch Manilahanf gibt ein sehr festes, hellbraunes Papier, wird jedoch wegen seines hohen Preises jetzt meist durch Jute ersetzt. Hanfpapier ist außerordentlich dauerhaft und eignet sich besonders zur Herstellung von Banknotenpapieren.

Werg (Hede) und gehechelter Flachs werden nicht selten zur Herstellung von Papier verwendet, ihre Vorbereitung zur Papierfabrikation ist etwas umständlich. Diese Ausgangsmaterialien eignen sich besonders zur Herstellung des dünnen, festen, durchscheinenden Kalkierpapieres (Kopierpapier). Abfälle der Spinnereien werden wie Baumwolle verarbeitet.

Holz gelangt in Form von Holzschliff, Natron- und Sulfitzellstoff sowie als sog. **Halb-** oder Kraftzellstoff zur Verwendung.

Der Strohstoff (über dessen Gewinnung siehe den Abschnitt Cellulose) ist für die Papierfabrikation sehr verwendbar. Er wird teils allein und ungebleicht, teils gebleicht und mit Hadern und Holzstoff gemengt verarbeitet. Der Strohzellstoff, ausgezeichnet durch hohe Weiße und andere gute Eigenschaften, füllt vermöge seiner feinen Fasern die Zwischenräume des Papiers gut aus, dieses wird daher geschlossener, dichter und feiner und erhält Klang und harten Griff Er eignet sich daher als veredelnder Zusatz für feines Brief-, Schreib- oder Notendruckpapier Der Stoff zeichnet sich durch natürliche Schmierigkeit aus und braucht deshalb nicht geholländert zu werden, die aus geholländertem Strohstoff erzeugten Papiere neigen sogar zum Runzeln. Die schleimigen Eigenschaften geben dem Papier auch gute Festigkeit und Dehnung und unterstützen die Leimung. Nach Aufhören der Kriegs-Kraftfuttererzeugung aus Stroh wurde den beschäftigungslos gewordenen Kraftfutterfabriken die Aufnahme der Fabrikation empfohlen. **(Wochenbl. f. Papierfabr. 50, 77.)**

Über Darstellung von gebleichtem Strohpapier (Kalkmilch-, Natronlaugekochung, Chlorbleiche) siehe **Reissig, Dingl. Journ. 154, 309.**

Heu, das auf ähnliche Weise wie Stroh aufgeschlossen wird, gibt ein dunkelgrünes, festes Packpapier, wird aber sehr wenig verwendet.

Espartogras, spanischer Ginster (Stipa oder Macrochloa tenacissima), Alfa oder Halfa wurde in bedeutenden Mengen in der Papierfabrikation, und zwar hauptsächlich in England. verwendet, verliert jedoch infolge der wachsenden Verwendung von Holzstoff an Bedeutung Als weitere Rohstoffe wurden vorgeschlagen: Ramie, Jute (z. B. in Japan), Bambus, die Papierpflanze der Zukunft genannt, und der Papiermaulbeerbaum (Broussonetia papyrifera, Kodsu). sowie der Bast von Gampi (Wickströmia canescens) und Mitsumata oder Disuiko (Edgeworthia papyrifera), in Siam auch Trophis aspera und Chinagras (Boehmeria nivea), in Indien das sog. Sabaigras (Bhaber, Baib), das nach einer Art Natronverfahren behandelt wird und dem Esparto ziemlich ähnlich ist, in Vorderindien die Jute (Corchorus capsularis), die Agave, der Sunhanf (Crotalaria juncea), ferner Pisang, Daphne, Astralagus, Borassus usw. In Brasilien und Cuba findet Bagasse, der Faserrückstand bei der Rohrzuckerfabrikation (aus Sorghum saccharatum) Verwendung zur Darstellung ganz ordinärer Packpapiere.

Man verwendet ferner zur Papierfabrikation die sog. Virgofasern, das sind die an den Baumwollsamenschalen hängenden kurzen Fasern, die durch Mahlen der Schalen und mechanische Reinigung gewonnen werden.

Die Versuche, Leinstroh, Kapok, Nesselfasern usw. den Zwecken der Papierfabrikation zugänglich zu machen, haben bisher noch nicht zu positiven Resultaten geführt.

Torf kommt gegenwärtig für die Papierfabrikation noch nicht in Betracht, da seine Aufschließung noch zu kostspielig ist.

Zur Verarbeitung auf Papier wurden ferner die im folgenden Absatz aufgezählten Rohstoffe vorgeschlagen. Sie finden aber kaum Verwendung, weil sie entweder nicht in großen Mengen vorhanden oder zu teuer oder zu schwierig verarbeitbar sind, oder weil sie schließlich nur schlechtes Papier liefern:

Schilf (Arundo arenaria, Phragmites communis), italienisches Pfahlrohr (Arundo donax), verschiedene Arten der Binsen, Rohrkolbe (Typha latifolia und angustifolia), Lindenbast, Lederabfälle, gebrauchte Gerberlohe, Pfriemengras (Spartium junceum), Besenginster (Sarothamnus scoparius, Spartium scoparium), Schwingel (Festuca patula), Aloefaser, Pita, der Bast des Affenbrotbaumes (Adamsonia digitata, Baobab in Westafrika, Wibuju in Ostafrika), Bananenstroh, Baumblätter, Disteln, Kartoffelkraut, Ranken des Hopfens, Fasern der Tabakstengel, Preßrückstände der Runkelrüben, Kartoffelrückstand von der Stärkebereitung, Süßholz nach Ausziehen des Saftes, Abfälle der Seidenkokons, Fleisch von Fischen, Wanstinhalt von geschlachtetem Vieh, Pferde- und Rinderdärme, ausgesiebter Kehrricht usw.

Asbest (Amianth) wird ebenfalls nur wenig verwendet, da er ein zwar feuerfestes, jedoch wenig haltbares Papier liefert.

Bedruckte Papierabfälle, Makulatur, können wieder zu dunklem Papier verarbeitet werden. Weiße Papierarten erfordern die vorherige Entfernung der Druckerschwärze [94], worauf die Zerkleinerung meist auf dem Kollergang erfolgt. Stark holzschliffig- und erdhaltige Papiere können jedoch höchstens noch zur Pappenherstellung verwendet werden.

126. Gang der Papiererzeugung: Halbstoff.

Die Herstellung des Papiers erfolgt in folgenden Abschnitten des Vorganges:

1. Die stufenweise Zerkleinerung a) in trockenem Zustande durch Zerschneiden mit Messern aus freier Hand und auf Maschinen (den Lumpenschneidern); b) nach Vermengung mit Wasser durch Zerstampfen mit Hämmern und Zermalmen mittels eines schnell umlaufenden, mit messerartigen Metallschienen versehenen Drehkörpers, meist einer Walze, zu sog. Halbzeug, in dem die Spuren des Rohstoffes fast ganz vertilgt sind, aber noch kenntliche Reste der Fäden vorkommen; endlich c) wieder mit Wasser gemengt zu Ganzzeug, Feinzeug, d. h. bis zur gänzlichen Auflösung der Fäden in zarte, kurze Fäserchen, wozu eine ähnliche Walze oder ein aus gefurchten Scheiben zusammengesetzter Apparat dient.

2. Die Bildung des Papierbogens aus dem dünnen, breiartigen Ganzzeug mittels eines siebartigen Drahtgeflechtes (der Papierform).

3. Vollendung des Papiers, hauptsächlich durch Auspressen und Trocknen.

Über Papiertrocknung ohne Filze siehe **O. Marr, Papierfabr. 13, 213.** Vgl. **ebd. S. 51.**

F. W. Flaskämpfer weist im **Wochenbl. f. Papierfabr. 46, 425** darauf hin, daß Hadernpapier bei 125°, Holz- und Cellulosepapier schon bei etwas mehr als 100° eine erhebliche Festigkeitsverminderung erleidet, worauf während der Fabrikation Rücksicht zu nehmen ist, da die Trockenzylinder der Papiermaschine häufig 125° heiß sind.

Die chemischen Vorgänge konzentrieren sich auf den ersten Teil des Gesamtprozesses und beginnen mit der Kochung der sortierten und mechanisch gereinigten Lumpen. Zu diesem Zwecke werden die Lumpen in Kochern von meist kugeliger, seltener zylindrischen Form, die ca. 1500 kg Lumpen fassen, unter steter Drehung und einem Druck von 3—5 Atm. (bis 152° C) mit Ätzkalklauge (seltener kaustischer Soda) 4—12 Stunden lang behandelt. Hierzu wird guter, frisch gebrannter Kalk verwendet. Man braucht für 100 kg Lumpen

	Kalk, kg	Kochdauer, Stunden
Weißleinen	8,5—9,5	8
Weißbaumwollen	9—11	8—9
Halbweiß	10—11	10
Sacklumpen	11	11—12
Bast	12	12
Blauleinen	12—14	10
Halbwolle	15—17	12

Durchschnittlich: Auf 100 kg Hadern gewöhnliche Kalklauge aus 4 kg frisch gelöschtem Kalk — Innendruck 2—3 Atm.

Nach dem Kochen wird die dunkelbraune Lauge abgelassen, worauf die Lumpen nochmals in eigenen Waschholländern oder in Halbzeugholländern mit reinem Wasser gewaschen werden. Hierbei sollen die gekochten Lumpen nicht gemahlen werden, weil sonst der noch anhaftende Schmutz in die Faser gewaltsam eingepreßt (hineingemahlen) wird, so daß der folgende Bleichprozeß große Schwierigkeiten bereitet.

Das so gewonnene Halbzeug wird nun, wenn es ungebleicht zur Verwendung gelangen soll, unmittelbar in den Abtropfkästen des Stoffkellers durch Abtropfenlassen halbwegs entwässert, oder die Masse wird zur Herstellung weißer, reinfarbiger Papiere durch einen Oxydationsprozeß im Bleichholländer gebleicht. Zum Bleichen verwendet man im allgemeinen Chlorkalklösung unter langsamem Zusatz von Schwefelsäure, oder elektrolytisch erzeugte Hypochloritbleichlauge. Andere Bleichmittel, wie z. B. Chlorgas, Chlorwasser, Wasserstoffsuperoxyd, Bariumsuperoxyd usw., finden kaum Anwendung. Das Bleichen wird in besonderen großen Bleichholländern vorgenommen, das sind betonierte, oft auch mit glasierten Kacheln ausgelegte Trogholländer mit einem Fassungsraum von 3000—10 000 kg trocken gedachtem Halbstoff, in denen man das Halbzeug durch ein Schaufelrad oder einen Propeller ständig in drehender Bewegung hält. Für 100 kg feine Lumpen verwendet man 1 kg, für 100 kg grobe oder bunte Lumpen bis 12 kg Chlorkalk. Als oberste Grenze für die Erwärmung beim Bleichen gilt 40° C.

Nach erfolgtem Bleichen muß der Halbstoff im Holländer zwecks völliger Entfernung von Säure und Chlor mit Wasser gründlich ausgewaschen werden. Um den Waschprozeß abzukürzen, fügt man zur Neutralisierung der Säure Basen (kohlensaures Natron oder kohlensaures Kali), zum Binden des Chlors sog. Antichlor (unterschwefligsaures Natron), schwefligsaures Natron, Schwefligsäure, Zinnchlorür oder andere Reduktionsmittel zu. Auch Leuchtgas wurde als Chlorbindungsmittel vorgeschlagen.

Über Lumpenpapiere und Halbstoffherstellung, ferner über die Notwendigkeit eines Säurezusatzes zur Beseitigung des im Bleichkalk enthaltenen überschüssigen Ätzkalks und schließlich über die Erfolge des Cellulosekoch- und Bleichverfahrens nach **D. R. P. 252 411** siehe **Th. Knösel, Papierfabr. 13, 262.**

In neuerer Zeit verschafft sich immer mehr und mehr die Elektrolytbleiche Eingang in die Papierindustrie. **[259.]**

Der Halbstoff, zu dem auch Holzschliff und Holzcellulose zählen, gelangt sodann zwecks Entwässerung in Behälter, die meist aus Sandstein gebaut sind und durch deren durchlöcherte Böden das Wasser absickern kann.

Über die Reinigung von Papierstoffbrei durch Schlämmen bzw. Absetzenlassen siehe **A. P. 1 173 748.**

127. Ganzstoffherstellung.

Die ehemals im Stampfgeschirr vollzogene Verwandlung des Halbzeuges in Ganzzeug, d. h. in den Papierbrei, der nur noch der Formung auf der Papiermaschine bedarf, geschieht jetzt, nach evtl. Vorzerkleinerung im Stoffreißer, in Ganzholländern (Feinzeug-, Ganzstoffholländern), in dem die verschiedenen Halbstoffe fein gemahlen und gleichzeitig mit in Wasser aufgeschlämmten mineralischen Füllstoffen, Leim, Stärke, Ultramarin (zum Bläuen der weißen Papiere) und Farben versetzt werden.

Altes Papier wird in sog. Kollergängen bzw. in Knetmaschinen wieder zum Faserbrei aufgelöst.

Je nach der Dauer des Mahlens und der Handhabung der Werkzeuge lassen sich aus ein und demselben Halbzeug Papiere von verschiedenem Aussehen und verschiedenen Eigenschaften herstellen. Man unterscheidet zwei Arten der Ganzstoffbeschaffenheit — rösch und schmierig. Röschen Stoff erhält man mit scharfen Messern und größerem Quetschdruck. Er ist ein kurz abgeschnittenes Material, das das Wasser auf der Maschine leicht fahren läßt, sich jedoch weniger gut verfilzt. Wird das Röschmahlen übertrieben, so wird der Stoff „totgemahlen", d. h. in so kurze Fäserchen zerteilt, daß eine Verfilzung nicht mehr zustande kommen kann. Die schmierige Beschaffenheit des Ganzstoffes erhält man mit stumpferen Messern und geringerem Quetschdruck; hierbei werden die Fasern in die sog. Fibrillen aufgelöst. Der langaufgefaserte, vielfach gespaltene schmierige Stoff hält Wasser, Füllstoffe, Leim gut fest, verfilzt sich gut und liefert gutes, klangvolles Papier, braucht aber natürlich mehr Zeit zur Verarbeitung. Der Typus schmieriger Papiere ist das glasige, durchscheinende sog. Pergamentpapier. Auch Schreibpapiere erhalten mehr oder weniger schmierige Mahlung. Der Typus röschgemahlener Papiere sind die Saugpapiere (Lösch-, Filtrierpapiere). Auch Druckpapiere werden im allgemeinen ziemlich rösch gemahlen.

Schmierige Mahlung des Halbstoffes wird durch Säurezusatz begünstigt, während Alkalibehandlung und heiße Nachmahlung einen schmierigen Stoff rösch machen kann. Diese Umwandlungen gelingen bei reiner Baumwolle nur, wenn man von Natur aus schmierige Stoffe, z. B. Moosabkochungen, zusetzt, ebenso wie auch Hydro-, Oxy- und Hydratcellulosen die schmierige Mahlung begünstigen. Durch alkalische Behandlung werden die harzartigen Stoffe sauren Charakters und die Inkrustierungen der Rohfasern zum Teil in unlösliche Seifen verwandelt, die dann der Faser den röschen Charakter verleihen. Es erklärt sich so, warum verlängerte Mahlung die Röschheit besonders dann entfernt, wenn man bei sehr hoher Stoffdichte mahlt, weil dann dieser Seifenüberzug abgerieben wird, die ursprüngliche saure Substanz wieder auf die Faseroberfläche kommt und diese demnach wieder schmierig wird. Über ein Verfahren zur Bestimmung des Stoffmahlungsgrades (Durchziehen eines Stabes durch den Stoffbrei) siehe **L. Stark, Papierfabr. 12, 87.**

Die Mahldauer ist verschieden. Stroh und Holzschliff, die ohnedies schon sehr kurze Fasern haben, werden nur ca. 1 Stunde behandelt, während längere Fasern einer Mahldauer von 10 bis 20 Stunden bedürfen.

Nach dem Feinmahlen im Ganzholländer erfolgt das Fertigmahlen, Bürsten des Ganzzeuges, das ein Glattlegen und Ausstrecken der Fasern bezweckt. Diese Arbeit geschieht entweder im Ganzholländer oder in Stoffmühlen.

Die Füllstoffe werden zugegeben, um dem Papier weiße Farbe, Weichheit, eigenen Griff und durch Ausfüllen der feinen Poren erhöhte Fähigkeit zu geben, beim Satinieren hohen Glanz anzunehmen. Ebenso wird der Füllstoff zum Beschweren zugegeben. Bessere Papiersorten erhalten keine Füllung. Als Füllstoffe kommen feingemahlene und geschlämmte weiße oder gelbliche Mineralstoffe in Betracht, und zwar Porzellanerde, kieselsaure Tonerde (Chinaclay), Talkum oder kieselsaure Magnesia und Asbestine, eine kieselsaure Magnesium-Aluminium-Calcium-Verbindung, ferner schwefelsaurer Baryt, (Blancfixe), Permanentweiß, Schwerspat, Gips, Kaolin, schließlich für weniger leimfestes Papier schwefelsaurer Kalk (Lonzin oder Annalin des Handels) usw. Die Zusätze an mineralischen Füllstoffen werden oft sehr hochgehalten, besonders bei Druckpapieren manchmal bis zu 30% und mehr.

Leim verwendet man im Holländer nur für Maschinenpapiere. Man gewinnt ihn durch Kochen von Harz mit Sodalauge und schlägt ihn während des Mahlens durch Alaunlösung auf die Faser nieder. Die für den Gebrauch hergestellten Lösungen der vorrätig gehaltenen konzentrierten Seifen enthalten 20—40 g, selten mehr Harz im Liter. Leimfestes Papier ist Papier, das gegen das Durchdringen von Tinte widerstandsfähig gemacht wurde. Zur vollen Leimfestigkeit braucht man Mengen von 5—2% Harzleim vom Trockengewicht des Papiers. Neuerdings verwendet man außer reinen Harzleimen auch sog. Kolloidleime, das sind Harzleime, die einen Zusatz eines anorganischen oder organischen Kolloids erhalten. Als Leimzusatz dient in heißem Wasser verkleisterte Stärke.

Nach einer Angabe im **Wochenbl. f. Papierfabr. 47, 779** gelingt es durch richtige Mischung der Druckerschwärze und Abänderung des Druckverfahrens bei Dünndruckpapier von 25 g/qm ohne Leimung auszukommen. Überdies wird weniger Druckerschwärze verbraucht.

Gefärbt wird hauptsächlich mit Teerfarbstoffen, und zwar entweder mit solchen, die unmittelbar von der Faser selbst und vom Füllstoff gespeichert werden, oder mit Farben, die mit der zur Leimfällung benutzten schwefelsauren Tonerde einen Lack bilden. **[148.]**

128. Verschiedene Papiersorten-Stoffmischungen: Schreib-, Zeichen-, Druckpapier.

Über die verschiedenen Papiersorten (Zellstoffpapiere mit oder ohne Hadern- bzw. Holzschliffzusatz, Kunstdruckpapiere), ihre Herstellung aus Hadern, Holzschliff, Stroh- oder Holzzellstoff, ferner über die Prüfung dieser Papiere siehe **C. Fritzsche, Zeitschr. f. angew. Chem. 1908, 1184.**

Zur Herstellung von meliertem, holzfreiem Konzeptpapier wird gebleichter Sulfitzellstoff I verwendet, der im Mischholländer nachgebleicht und später mit Antichlor behandelt wurde. Geleimt wird mit etwa 5% Leim und schwefelsaurer Tonerde getönt mit 3% blau Kattun (kurz ausgemahlen) ohne Farbe.

Blaumeliertes Postpapier wird hergestellt aus 75% Sulfitzellstoff, 20% blauem Kattun, 5% Leim und schwefelsaurer Tonerde, nuanciert mit Diamantgrün. **(H. Postel, Papierfabr. 10, 649.)**

Vorschriften zur Herstellung glatten Schreibmaschinenpapieres finden sich in **Papierztg. 39, 2839.**

Der Zusatz des aus Roggen- oder Haferstroh in der Ausbeute von 42—38% erhaltbaren Strohzellstoffes zu feinen Schreibpapieren bringt eine Ersparnis von mindestens 25% Harz und der entsprechenden Menge schwefelsaurer Tonerde, er verleiht den Schreibpapieren Klang und Härte, gestattet wegen seiner schmierigen Beschaffenheit Zusatz größerer Mengen Füllstoff, der fest gebunden wird, braucht allerdings längere Zeit zum Trocknen und ist häufig die Ursache des Welligwerdens mancher Papiere. **(Wochenbl. f. Papierfabr. 50, 429.)**

Über Herstellung des Whatman-Zeichenpapiers aus Hadern bzw. Holzzellstoff und die Leimung mit freiharzhaltigem Stärke- und Caseinleim siehe **Papierfabr. 13, 453.**

Zur Herstellung billiger weißsatinierter Druckpapiere verwendet man Sulfitzellstoff, Holzschliff, Altpapier und Füllstoffe. Fichtenholzschliff erhält zur Erzielung weicherer Papierqualitäten einen Zusatz von Pappelholzschliff; er wird vor der Verarbeitung gut, am besten mit Natriumbisulfit, in der Entwässerungsmaschine oder im Kollergang oder im Betonkasten gebleicht. Die Verwendbarkeit der Füllstoffe in dem zu 25% geleimten Papierstoff muß nach der Menge beurteilt werden, die im Zellstoff zurückgehalten bleibt. Der Stoff selbst soll unter Verwendung von nicht zu hartem Wasser in Holländern mit Bronzegeschirr, unter Verwendung von kupfernen Rohrleitungen schmierig gemahlen sein und einen Knotenfänger mit 0,4—0,5 mm Schlitzweite passieren. Zum Abtönen verwendet man Farbstoffe, die durch das im Stoff verbleibende Bisulfit nicht verändert werden, also z. B. Nuancierblau RE, Viktoriablau B, Rhodamin G, Auramin O, Papiergelb A und Safranin T. **(Papierfabr. 10, 680.)**

Als Ausgangsmaterial für das sog. „Federleicht Druckpapier" dient gebleichter Natronzellstoff unter Zusatz von Laubcellulose. Das äußerst voluminöse Papier ist leicht bedruckbar, zwar nicht glatt, jedoch sehr elastisch, so daß saubere und scharfe Schriftzeichen entstehen. Über die Fabrikation siehe Einzelheiten im **Wochenbl. f. Papierfabr. 50, 672.**

Für Druckpapier ist gute Einhaltung der Mahlgrenze von größter Bedeutung, da zu kurz gemahlene Fasern pergamentartiges Papier von sehr geringer Dehnbarkeit geben und anderseits dieser für Rotationspapiere stark holzschliffhaltige Papierstoff leicht totgemahlen wird, was sich in der geringen Festigkeit des Papiers und in Störungen namentlich im Stauben während dessen Verarbeitung äußert. **(Papierfabr. 12, 1127.)**

Zur Herstellung von Bibeldruckpapier (Indian Oxford paper) mahlt man neue Hanfspinnabfälle der Webereien im Ganzzeugholländer etwa 24 Stunden kurz und schmierig und füllt zur Erzielung der Undurchsichtigkeit mit 18% feinstem Chinaclay bzw. mit 30% eines weniger feinen Füllstoffes. Ein ähnliches, undurchsichtiges Bücherdruckpapier wird aus 10% holzfreiem, gekollertem Ausschuß, 30% hellgebleichtem Natronzellstoff, 30% ebenfalls hellgebleichtem Sulfitzellstoff, 10% Baumwolle und 20% Füllstoff, der sich zu gleichen Teilen aus Talkum, Lencin, Harzleim und Stärke zusammensetzt, gewonnen. Die Stoffe werden schmierig gemahlen und auf dem Sandfang angewärmt. **(H. Postl, Papierfabr. 10, 125.)**

Der Papierbrei für Kupferdruckpapier besteht aus Baumwollfasern, die überhaupt nicht geleimt werden, während gewöhnliche Druckpapiere nur eine schwache Leimung besitzen. Die sog. gestrichenen Kunstdruckpapiere dagegen sind, je nach der Beschaffenheit des Rohstoffes bzw. der Festigkeit der Fasern, mehr oder weniger geleimt und gefüllt. Durch diesen Prozeß werden die Poren der Papieroberfläche ausgefüllt und das Papier geglättet, so daß dieses ein samtartiges Aussehen erhält. **[155.]**

Illustrationsdruckpapier besteht aus 20% neuen holzfreien Papierspänen, 30% Fichten- und 30% Espenzellstoff, 7% Kaolin und 3% Harzleim; der Zusatz gekollerter holzfreier Papierspäne von geringem Aschengehalt erhöht die Griffigkeit des Papieres und verringert seine Dehnung. **(H. Postl, Papierfabr. 10, 125.)**

Zur Herstellung von Chromoersatzkarton geht man von einem Gemenge von Sulfit- und Natroncellulose aus, dem man 20—25% Strohstoff (40proz.) oder gebleichte Laubholzcellulose zusetzt. Zur Füllung des Deckstoffes wird bei holzfreier Kartondecke äußerst fein gesiebtes Talkum und bester Chinaclay genommen, die man vor der Zugabe zum Holländer mit Wasser anrührt. Da der Karton bedruckt wird, genügt $^{1}/_{2}$ oder $^{3}/_{4}$ Leimung; man erhält bei richtiger Arbeit ein Produkt, das sich nicht einrollt oder wellig wird, sich gut rillen läßt und beim nachherigen Biegen nicht platzt. Weitere ausführliche Angaben über die Behandlung des Stoffbreies auf der Papiermaschine finden sich im **Wochenbl. f. Papierfabr. 47, 1631, 1814 u. 1883.**

Bei der Herstellung von Tiefdruckpapier mit ruhiger Oberfläche und chrompapierartiger Bedruckbarkeit ist schwache Leimung besonders angebracht. Qualität 1 wird hergestellt aus 50% Zellstoff (gebleichte Hadern, Sulfatzellstoff usw.), 40% Fichtenholzschliff (Warmverfahren) 10% Ausschuß, Mineral, Leim, Farbe; Qualität II: 8% starker Mitscherlich-Zellstoff, 12% weiße, reine Papierspäne, 70% Fichtenholzwarmschliff, 10% Ausschuß, Mineral, Leim, Farbe. **(Papierfabr. 13, 405.)**

Die allerdings ziemlich kurze Birkenholzcellulosefaser, die in 35—40% höherer Ausbeute gewonnen wird als der Zellstoff anderer Holzarten, eignet sich zusammen mit 30% gebleichtem Fichtenholzzellstoff, 20% Ausschuß und Talkum zur Fabrikation von Illustrationsdruckpapier. **(P. Ebbinghaus, Papierfabr. 1919, 1236.)**

129. Kraft-, Pack-, Tapeten-, Spezialpapierstoffmischungen.

Der Rohstoff für die sog. Kraftpapiere wird aus verschiedenen Nadelholzarten durch Aufschließung mit 15—18 kg Ätznatron für 100 kg Holz, bei 6—8 Atm. Druck während 15 bis 18 Stunden erhalten. Die Fasern zeigen dann noch leichte Verholzung und besitzen natürliche Zähigkeit wie der Manilahanf, der ein sehr zähes, allerdings teueres Papier gibt. Besser noch arbeitet man nach dem Sulfatverfahren und erhält dann, je nach dem Vorwiegen des Aufschließmittels und der Kochdauer, aus dem erschöpfend gekollerten Stoff baumwoll- oder leinenartige Produkte. Man kann ein sehr festes Papier, das allerdings den Vergleich mit den genannten Sorten nicht aushält, auch aus Stroh erhalten, wenn man es mit 10% Kalk und 5% Ätznatron bei einem Druck von 5 Atm. aufschließt. **(J. P. Korschilgen, Papierfabr. 1906, 740.)**

Das schwedische Kraftpapier verdankt seine Güte der Holzqualität, da die Fichte in dem kalten Klima langsamer wächst und der schwedische Holzstoff daher schwammiger ist. **(C. Eichhorn, Papierfabr. 1907, 2755;** vgl. **ebd. S. 2311.)**

Über Herstellung von Kraftpapier siehe **Papierfabr. 9, 1213.**

Siehe auch die Herstellung von Kraftpapier und Gewinnung und Bleichung von Papier aus Sisalhanf nach **H. Postl, Papierfabr. 9, 62 ff.**

Besonders gutes Packpapier, das durch Kalandern den Charakter von Tauenpapier erhält, gewinnt man aus 50% Spinn- und Packpapierspänen, 20% Braunschliff, 20% Zellstoffästen oder Tertiacellulose und 10% Papiermaschinenausschuß. **(P. Ebbinghaus, Papierztg. 1919, 1311.)**

Einige Rezepte für die Herstellung dünnen braunen Zellstoffpapiers (Halbsealing), das vorwiegend aus ungebleichtem Sulfatzellstoff besteht: Qualität Ia: 50% brauner Sulfatkraftstoff, 20% secunda Mitscherlichsulfit, 20% gut gekollerte braune Kraftpapierspäne, 10% Ausschuß. Qualität IIa: 30% braune Kraftcellulose, 20% secunda Mitscherlichsulfit, 20% vorgemahlener Stoff von Bast oder Spinnabfällen, 20% gutgekollerte Packpapierspäne, 10% Ausschuß. Qualität Ib: 30% secunda Kraftcellulose, vorgekollert, 30% tertia Mitscherlichstoff, vorgekollert, 30% Packpapierspäne, vorgekollert, 10% Ausschuß. Qualität IIb: 60% secunda Kraftcellulose, 30% tertia Kraftcellulose, 10% Ausschuß. Papiere, die ein möglichst hadernpapierartiges Aussehen haben sollen, werden statt mit Anilin- vorwiegend mit Erdfarben gefärbt. **(Papierfabr. 1914, 1125.)**

Holländisches Tabakpapier, frei von Löchern und dünnen Stellen, damit der Tabak sein Aroma nicht verliert, wird aus Baumwollen- und Leinenhadern nebst holzfreien Akten hergestellt und tierisch geleimt. Festes, lichtechtes, nicht abfärbendes und auch bei Abendbeleuchtung die Farbe nicht änderndes Papier zum Einschlagen von Leinenwaren erhält man aus dem Ansatz: 30% ungebleicht Leinen, 20% holzfreie Akten, 40% ungebleichter Sulfitzellstoff, 5% rötliches Ultramarin, 0,5% Pariserblau und 4,5% Leimung. **(Papierfabr. 9, 62, 853.)**

Tapetenpapier fabriziert man aus Braunholzschliff oder 80% Holzschliff und 20% Holzzellstoff oder aus gleichen Teilen Baumwolle und Leinen, wenn man von Hadern als Grundmaterial ausgeht. Die Leimung muß schwach sein, damit sich das Papier leicht kleben läßt, aber stark genug, daß der Kleister nicht durchdringt. Zum Festhalten der Beschwerung setzt man dem Leim noch etwa 1% Kartoffelmehl und 0,5% Casein zu. **(Papierfabr. 1909, 206.)**

Zur Herstellung melierter Tapetenpapiere setzt man dem aus ungebleichtem Sulfitzellstoff und Altpapier hergestellten Stoff ungefärbtes Holzmehl in solcher Menge zu, daß dieses vom gefärbten Papier sich abhebende Material ein Durchschimmern der Tapete verhindert, man kann diese ohne weiteres auf Zwischenschichten, z. B. Zeitungspapier, aufkleben. In **Papierfabr. 10, 1192** finden sich Vorschriften zur Herstellung des Papierstoffes und zu seiner Färbung mit Diaminfarben.

Über Herstellung von Kriegstapeten aus 50% Herkuleswarmschliff, 30% alten Zeitungen und 20% Zellstoff als starke Faser mit einer rauhen, gut beklebbaren und mit einer glatten, feuchtigkeitabstoßenden und für scharfe Linien und Farbwirkungen empfänglichen Oberfläche siehe **Wochenbl. f. Papierfabr. 47, 592.**

Zur Herstellung von braunem Ringhülsenpapier für Spinnereien verwendet man 20% Sulfitcellulose, 30% Jutestoff, 47% braune Pappenabfälle, 3% Leim und schwefelsaure Tonerde und 0,3% Vesuvin extra als Farbe.

Gelbbraunes Draphülsenpapier wird hergestellt aus einer Zusammensetzung von 20% Basthadern, 20% Altpapier, 17% weißen Pappenabfällen, 40% Kaolin, 3% Leim und schwefelsaurer Tonerde, 0,18% Metanilgelb und 0,06% Vesuvin extra. Weißes Draphülsenpapier wird hergestellt aus 20% Sulfitzellstoff, 20% Altpapier, 17% weißen Pappenabfällen, 40% Kaolin, 3% Leim und schwefelsaurer Tonerde, nuanciert mit Wasserblau. **(H. Postl, Papierfabr. 10, 649.)**

Pergamyn und Pergamentersatz bereitet man aus gebleichter und ungebleichter, gut gekochter Sulfitcellulose, leimt mit Harzmilch und schwefelsaurer Tonerde und setzt evtl., um das Papier weich und geschmeidig zu machen, Magnesiumchlorid zu. [172.] **(H. Postl, Papierfabr. 9,62** u. **853** bzw. **1494.)**

130. Literatur über Papier-(Cellulose-)garn und -gewebe.

Die Industrie der Papierstoffgarne und Papiergewebe ist älter als man gewöhnlich anzunehmen pflegt. Papierfäden wurden zuerst vor 100 Jahren in Japan zum Binden und als Gewebeeinschlag verwendet. 1862 wurde **A. Robinson** in Amerika das Falzen und Drehen von Papiergarn patentiert, 1887 erfolgte die erste Herstellung von Papiergarn durch **Clavies** und 1890 erzeugte **Mitscherlich** Papierfäden aus gedrehten Streifen. (**E. O. Rasser, Neue Faserst. 1, 119.**)

Über **A. Mitscherlich,** den Erfinder des Holzcellulosegewebes, und die ersten Patente **(39 620, 60 653, 68 600, 69 217),** die schon das Prinzip der heutigen Papiergarnherstellung enthalten, siehe **G. Reuter, Monatsschr. f. Text.-Ind. 1918, 58.**

Die Verwendung gefilzten Papieres als Surrogat für Gewebe wird in **D. Gewerbeztg. 1871, Nr. 42** erwähnt.

Eine Abhandlung über Einzelheiten der Natronzellstoffabrikation in Verbindung mit einem Sägewerksbetrieb zwecks Herstellung von Spinnpapier findet sich in **Papierfabr. 17, 69 u. 89.**

Die Herstellung der Papiergarne aus schmalen Papierstreifen, die nach Anfeuchtung zu Fäden gedreht werden, die Imprägnierung der Garne für die verschiedenen Verwendungszwecke, vor allem, um sie wasserdicht zu machen, die Umspinnung von Metalldrähten mit Papierstoffdrahtfaden für elektrische Kabel, ferner die Herstellung der Textilosegarne durch Verzwirnung von Papierstoffbändern mit Textilfäden, ferner jene der Textilingarne, bei deren Fabrikation die Papierbänder nicht gedreht, sondern zwei- bis vierfach durch einen Trichter mit anschließenden Preßwalzen gefaltet werden, beschreibt **W. Heinke** in **Papierztg. 41, 215, 217, 368, 410 u. 466.** — Vgl. **Z. Ver. d. Ing. 60, 21, Chem. Ztg, 1906, 1158.**

Über Papier- und Zellstoffgarne siehe die Patentzusammenstellung von **K. Süvern** in **Kunstst. 5, 37 u. 65.** — Vgl. **Wochenbl. f. Papierfabr. 46, 474** und **Kunststoffe 4, 21.**

Über Papierstoff- oder Zellstoffgarne berichtet ferner **J. Sponar** in **Kunststoffe 2, 421, 446 u. 466.**

Die einzelnen Verfahren der Erzeugung von Papiergarnen stellt **E. O. Rasser** in **Bayer. Ind.- u. Gew.-Bl. 105, 131** zusammen.

Über Garne und Gewebe aus Papierstoff und Torffasern berichtet **W. Heinke** in **Wochenschr. f. Papierfabr. 47, 370** bzw. **Erf. u. Erf. 43, 243;** vgl. die gemeinverständliche Darstellung in **Z. f. Text.-Ind. 19, 292.**

Über Textilersatzstoffe aus Papier, das am besten der Cellulose-Sulfitaufschließung entstammt, ferner über Papier- und Zellstoffgarne in der Textilindustrie siehe **Z. f. Text.-Ind. 19, 532 u. 597;** vgl. **K. Süvern, Kunststoffe 6, 285.**

Die mechanische Herstellung des sog. Rotationsgarnes aus Cellulosefäden auf nassem Wege beschreibt **E. O. Rasser,** in **Kunststoffe 1918, 281.**

Über die Herstellung der Zellstoffmischgarne, ihre Haltbarkeit und die Zukunftsaussichten der Fabrikation siehe **Kunststoffe 1918, 233.** — Vgl. **O. Rasser** in **Papierfabr. 1918, 579.**

Über die hygienischen Eigenschaften der reinen Papierstoffe, die im allgemeinen zwischen den glattgewebten Baumwoll- und Leinenstoffen und den trikotartig gewebten Baumwollstoffen stehen, siehe **Spitta** und **Förster, Gesundheitsamt 1919, 460.**

Den Einfluß der Kälte auf Papiergarn und -gewebe, ferner die Wirkung von Desinfektionsmitteln gegen das Verschimmeln der Papiergarne untersuchte **M. Lummerzheim** i. (**Monatsschr. f. Text.-Ind. 1917, 144** bzw. **Z. f. Text.-Ind. 1917, 535.**)

Über Cellulongarn, seine Herstellung direkt aus Cellulose ohne den Umweg über das Papier und seine Anwendung für Dekorations-, Ausstattungs- und Kostümherstellung siehe **W. Frenzel, Monatsschr. f. Text.-Ind. 35, 15.**

Weitere Literatur z. B. in **Monatsschr. f. Text.-Ind. 1917, 80; Kunststoffe 5, 37 u. 65., ebd. 6, 200** usw.

131. Papiergarnrohstoff, Textilose, Zellgarn. (Stapelfaser).

Zur Herstellung von Papiergarn wird Kraftpapier, aus Sulfatzellstoff gewonnen, mit einer Reißlänge von 9000 m verwendet. Vorschriften zur Herstellung dieser Tauenpapiere bzw. Sealingpapiere mit Reißlängen zwischen 3000 und 6000 m, Einzelheiten über die Kochung des Sulfatzellstoffes und über die Holländerarbeit zur Erzeugung der Kraftpapiere finden sich in **Papierztg. 12, 1051.**

Nach **P. Ebbinghaus** gibt Dreiviertelkraftzellstoff, der durch milde Behandlung des Holzes nach dem schwedischen Kraftcellulosekochverfahren bereitet wird, das weitaus beste Material zur Herstellung von Spinnpapier, wobei weniger die Holzbeschaffenheit, sondern in erster Linie die Art des Kochens, Kollerns und Holländerns der Masse ausschlaggebend ist. (**Wochenbl. f. Papierfabr. 1918, 1282.**)

Nach **A. Klein** wird jedoch bei der Papiergarnherstellung auf das Ausgangsmaterial noch zu wenig Rücksicht genommen, besonders die geeignete Auswahl des Holzes nach dem Standort der Bäume, die, am Nordhang gewachsen, festere Zellstoffe geben als jene, deren Standort der Südhang ist, wird noch zu wenig ins Auge gefaßt. Auch im einzelnen Baum selbst nehmen die Zellenlängen von außen nach innen ab, und es wäre wichtig, die Holzauswahl dementsprechend zu treffen, da ohnedies während der Holzvorbereitung weiter auch im Holländer und beim

Streifenschneiden des fertigen Papierblattes sehr viele Fasern zerschnitten werden. Die Zukunft dürfte auch nach Einführung weiter verbesserter Fabrikationsmethoden nicht dem reinen Papiergarn gehören, da die Gewebe mangels hervorstehender, isolierend wirkender Härchen kalten Griff besitzen, wohl aber werden die gemischten Gewebe sich für billigere Ware unbeschadet der kommenden steigenden Baum wollzufuhr Geltung verschaffen. **(Kunststoffe 1918, 169 u. 183.)**

Den besten Kraftstoff, speziell für Spinnpapiere, liefert das auf dürftigem Boden in kalter Zone gewachsene Holz, besonders wenn man bei der Verarbeitung hohe Drucke und Temperaturen vermeidet und nicht mit Chlor bleicht; eine Bleichung ist überhaupt unnötig, wenn man nach neueren Verfahren hergestellte Sulfit- und Sulfatstoffe verarbeitet. **(P. Ebbinghaus, Wochenbl. f. Papierfabr. 1918, 2067.)**

Sulfitcellulosepapier setzt dem Spinnen oder Drehen des Fadens Widerstand entgegen, ist dagegen in gewissem Grade wasserabstoßend, während Natronzellstoffpapier in feuchtem Zustande geringe Reißfestigkeit besitzt. Man mischt daher zur Erzeugung von Spinnpapier beide Stoffarten, die man auch gemeinsam im Holländer mit stumpfen, breiten Messern bei starker Stoffdichte mahlt, zu gleichen Teilen. Weitere Angaben über den mechanischen Teil der Aufarbeitung des Papieres für den genannten Zweck finden sich im **Wochenbl. f. Papierfabr. 1918, 2068.** Es wäre noch hervorzuheben, daß möglichst gering geleimt werden soll, die Spinnarbeit wird dadurch erleichtert und es resultieren gut gedrehte Fäden.

Bei der Verarbeitung von Cellulose aus Holz auf Papierspinngarn ist zu berücksichtigen, daß die Faserlänge der Holzcellulose nur einen Bruchteil jener der Spinnfaserstoffe beträgt und daß gleichzeitig die Fasern fast doppelt so dick sind wie die Textilfasern. Dementsprechend muß wegen dieses ungünstigen Verhältnisses durch günstige Faserlagerung dafür gesorgt werden, daß die größte Festigkeit in der Laufrichtung des Papierbandes liegt.

Die Herstellung eines zum Verspinnen geeigneten Stoffes aus im Holländer behandelten und in üblicher Weise weiter gearbeiteten Papierabfällen ist in **D. R. P. 353 402** geschützt.

Die Erzeugung von Papiergarn aus Altpapier ist in **D. R. P. 355 792** beschrieben.

Neuerdings ist es dem Karlsruher Forschungsinstitut für Textilstoffe gelungen, Zellstoff so zu behandeln, daß er im mikroskopischen Bilde die korkzieherartig gewundenen Formen der Baumwollfaser zeigt, wodurch sich die Möglichkeit ergibt, wenn auch vorläufig noch nicht einen völligen Baumwollersatz, so doch Mischgarne aus diesem Zellstoff und Baumwolle oder Wolle von besonders guten Eigenschaften herzustellen. **(Monatsschr. f. Text.-Ind. 34, 95.)**

Die Papierstoffgarne sind während des Krieges derart verbessert worden, daß sie heute schon zu Säcken als Ersatz für Jute Verwendung finden, die ebenso leicht und geschmeidig und durch besondere Imprägnierung des Fadens auch wasserdicht gemacht werden können wie pflanzliche Gewebefaser. Die durch ihre Dichte ausgezeichneten Textilosesäcke werden aus Garnen gewebt, die man erhält, wenn man Papierstreifen beiderseitig mit Textilfasern beklebt und diese Streifen dann zu Garn verspinnt.

Zur Herstellung von Textilose preßt man ein Kunstbaumwollefließ auf eine mit heißem Leim bestrichene Papierbahn, zerschneidet diese dann in Streifen und verspinnt das Material. Die erhaltenen Gewebe haben bei Verwendung langstapeliger Kunstbaumwolle tuchartigen Griff, zeigen nach dem Kalandern gut verfilzte Oberflächen und nehmen Tonerdehydratniederschläge gut auf, so daß die Gewebe wasserabstoßend werden. **(Papierztg. 44, 108.)**

Für gewisse technische Zwecke, Gewebe für Pack- und Einhüllzwecke, Bindfaden, Dichtungs-, Wachstuch- und Linoleumeinlagematerial, für Riemen und Gurte, zum Umflechten von Leitungsdrähten, Kabeln, Wärmeschutzschnuren, Walzen usw., wird das Papiergarn sicher seinen Platz behaupten, auch wenn ausländische Hartfasern wieder zur Verfügung stehen. **(G. Rohn, Monatsschrift f. Text.-Ind. 34, 73.)** Vgl. **B. Heinke, Z. f. Text.-Ind. 18, 585.**

Unter Zellgarn versteht man ein Papierstofferzeugnis, das unmittelbar aus der in Wasser aufgeschwemmten Cellulose ohne Umweg über die Papierbahn durch einen Spinnprozeß erzeugt wird. Die Fasern liegen in diesen Produkten nicht wie in den aus Papierstreifen erzeugten regellos miteinander verfilzt, sondern sind hauptsächlich in der Längsrichtung des Streifens angeordnet, wodurch die Schmiegsamkeit und Festigkeit der waschbaren und bleichbaren Gewebe gesteigert wird.

Über Herstellung von Zellstoffgarn durch Verspinnen von streifenförmig zerschnittener Zellstoffwatte siehe **D. R. P. 341 226.**

Unter Stapelfaser versteht man Kunstfasern begrenzter Länge, die durch Auspressen von Celluloselösungen durch ein feinporiges Gewebe in ein Fällbad gewonnen werden. Als Ausgangsmaterial kommt ausschließlich die Viscose in Betracht. Produkte dieser Art werden z. B. nach **D. R. P. 266 140** und **Ö. P. 55 749** erhalten. **(A. Leinveber** bzw. **K. Süvern, Kunststoffe 1918, 234** bzw. **237.)**

Über Herstellung wolleartiger Stapelfaser siehe **D. R. P. 333 174.**

132. Papiergarnwaren, Mischgarne.

Eine alphabetische Liste der aus Papiergarn hergestellten Stoffe und Waren, auch unter Mitverarbeitung von Wolle, die sich aus gemischten Papiergeweben leicht durch Carbonisieren entfernen läßt, bringt **E. O. Rasser** in **Bayer. Ind.- u. Gew.-Bl. 1918, 171.**

Die Beschreibung der Herstellung des Papierstoffes und des Papiers für **Papiersäcke**, die als Ersatz für Jutesäcke dienen, findet sich in **Papierfabr. 13 1 u. 18.**

Bei Herstellung **staubdicht** haltender **Säcke** webt man in den Sackstoff einen aus **Papiergarn** bestehenden Schuß ein, der zweckmäßig auf der Innenseite des Sackstoffes angebracht wird und zur Aufnahme und zum Festhalten der bekannten Imprägnierungsmasse aus Leim, Dextrin, Fettstoff und Wasser bestimmt ist. Da das Papiergarn selbst fettfrei ist, besitzt es eine große Aufnahmefähigkeit für die Imprägnierungsflüssigkeit und hält ihre Bestandteile sehr fest. (**D. R. P. 286 739.**)

Über Herstellung von **Trockenfilzen** aus Papiergarn siehe **Papierztg. 44, 707.**

Die Fabrikation von Teppichen, Decken und Matten aus Papier und die Verwendung der Erzeugnisse ist in **Monatsschr. f. Text.-Ind. 1917, 133** beschrieben.

Feste, biegsame und wasserdichte **Papiergewebeplatten** erhält man durch Gerbung mehrerer, mittels eines Klebstoffes aufeinandergeleimter und dann beiderseitig mit Papier überzogener Papiergewebe, z. B. mit **Ameisensäure.** (**D. R. P. 309 516.**)

Über die Verwendbarkeit von **Papiergarntreibriemen** aus gestricktem bzw. gewebtem Garn und aus Papiergarn als Schuß und Stahldraht als Kette berichtet **Bock** in **Wochenbl. f. Papierfabr. 1917, 791.**

Über Treibriemen aus Papiergarn, am besten in gestrickter Form und in Kombination mit Stahldraht, und über die Vereinigung der Verbindungsstellen siehe **E. O. Rasser, Papierfabr. 1918, 857.**

Zur Verhinderung des Rostens von Papiergarndrahtkernen umwickelt man diese mit einem wasserabstoßend und mit Rostschutzmitteln getränkten Papierstreifen und anschließend darauf mit dem normalen Spinnstreifen. (**D. R. P. 301 209.**)

Die Herstellung von durch Fäden oder Drähte verstärkten Papieren (Fadenpapier) und ihre Verwendung als Verpackungs- und Belagsstoffe, Fensterersatz, Kabel- und Seilanlagen, Isolierungen, Beutel und Säcke ist in **Z. f. Text.-Ind. 23, 171 u. 187, 195** beschrieben; vgl. **Kunststoffe 10, 86.**

Zur Herstellung eines Papiermischgarnes verarbeitet man Bastfasern, deren natürlichen Klebstoff man nicht oder nur teilweise entfernt hat, zusammen mit Textilfasern oder angefeuchteten Papierstreifen und erhält so einen dauernd elastisch bleibenden Faden, da der Klebstoff als natürlicher Pflanzenleim auch bei längerem Lagern nicht erhärtet. (**D. R. P. 309 209.**)

Zur Herstellung **melierter** Spinnpapiere verklebt man eine evtl. auf der Maschine mit Farben bespritzte Papierbahn mit einem Textilfaservließ. (**D. R. P. 310 738.**)

Zur Herstellung eines Gewebes bildet man die Kette aus Papiergarnfäden und den Schuß durch flache Streifen aus Zellstoffwatte und erhält so einen Stoff, der den Vorteil hat, weicher zu sein als die aus Papiergarn allein hergestellten Gewebe. (**D. R. P. 313 839.**)

Papierstoff-Leimung (Papierklebstoffe).

133. Literatur, Theorie der Papierleimung.

Über die Leimung des Papiers mit fein verteiltem Harz, harzsaurer Tonerde und Tonerdesalz in verschiedenen Mengen je nach der Natur der zu leimenden Stoffe siehe **M. Bock, Papierztg. 1881, 243** u. **498.** Vgl. **Papierztg. 1881, 556;** über Harzleimauflösung siehe **Papierfabr. 1910, 221.**

Auf die umfangreiche Arbeit von **C. Wurster** über Leimung der Papiermasse in **Dingl. Journ. 226, 75, 310, 381** sei hier besonders verwiesen.

Alles Wissenswerte über die Harzleimung ist in einer Aufsatzfolge von **E. Heuser, Wochenbl. f. Papierfabr. 1913, 1312 ff.** enthalten.

Über die Verwendung von Nadelbaumharz zum Leimen von Papier siehe **B. Haas, Papierfabr. 14, 155.**

Die Untersuchung des Harzleimes beschreibt **J. Marcusson,** in **Mitt. v. Materialprüfungsamt 31, 455.**

Über die Harzleimung ebensowohl vom wissenschaftlich-technischen, als auch vom wirtschaftlichen Standpunkt siehe ferner **C. G. Schwalbe, Zeitschr. f. angew. Chem. 1911, 1918.**

Über die Beziehungen zwischen Farbstoffen, Füllstoff und Leimung unterrichtet eine eingehende Arbeit von **L. Kollmann** in **Papierfabr. 9, 845.**

Der Papierleimungsprozeß (zuerst angewendet von **M. Illig** 1806) beruht auf der Bildung eines voluminösen Niederschlages von basisch schwefelsaurer Tonerde aus Aluminiumsulfatlösung und kalkhaltigem Wasser, der sich mit harzsaurem Natron umsetzt zu basisch harzsaurer Tonerde, die 33—40% freies Harz enthält. Man braucht demnach schwefelsaure Tonerde ($Al_2(SO_4)_3 + 18\,H_2O$): für 1 kg gebundenes Harz 0,33 kg, für jeden deutschen Härtegrad eines Kubikmeters Wasser 0,05 kg, außerdem noch einen Überschuß von 0,15 kg und für je 1 kg des in der Papiermasse enthaltenen Kalkes 2,8 kg. (**E. L. Neugebauer, Zeitschr. f. angew. Chem. 1912, 2155.**)

Bei der Berechnung des Tonerdesulfat- oder Alaunbedarfs für die Harzleimung ist auch der Gehalt der Faserstoffe an mineralischen Salzen, besonders an Gips, Calciumchlorid und Kalksalzen zu berücksichtigen. Diese meist von der Bleichung herrührenden Salze vergrößern die nötige Alaunmenge ganz beträchtlich; zieht man weiter den durch das Fabrikationswasser bedingten Alaunbedarf in Rechnung, der das Dreifache der Alaunmenge ausmacht, deren Schwefelsäuregehalt zur Bindung der vorher an Kohlensäure gebundenen Erdalkalioxyde beträgt, so kommt man zu erheblich anderen Zahlen als die Theorie der Harzeimbereitung sie erfordert.

Der Alaunüberschuß ist aber auch nötig, um die Bildung der schädlichen Nebenprodukte der Harzleimung, nämlich der harzsauren Tonerde und des basischen Aluminiumsulfates zu verhindern. Es müßte demnach der Ersatz des Tonerdesulfates durch freie Schwefelsäure vorteilhaft sein, da dann kein basisches Aluminiumsulfat entstehen kann. Der völlige Ersatz führt allerdings nicht zum Ziele, da das Harz flockig ausfällt und die Tonerde als chemisches Bindeglied fehlt, wohl aber bewährte sich der teilweise Ersatz in der Praxis, doch darf die Schwefelsäure erst dann zum Stoff gelangen, wenn die Fasern mit Leimlösung gefüllt sind. **(Wochenbl. f. Papierfabr. 1906, 14, 738, 959, 2557 u. 3015.)**

Schon **Wurster** nahm an, daß die Leimung des Papiers nicht auf einer Fällung von harzsaurer Tonerde, sondern von freiem Harz beruht, und **Conradin** schloß dann weiter, daß man ebensogut wie mit schwefelsaurer Tonerde auch mit freier Säure leimen könne. Er wies aber auch darauf hin, daß nur ein Teil des Aluminiumsulfates durch freie Säure ersetzt werden darf, um die Zerstörung der Maschinenteile und die Überführung vorhandener Stärke in lösliche Produkte zu verhindern. Der Überschuß an Tonerdesulfat war aber auch nötig, da man in der Praxis früher mit kalkhaltigem Wasser arbeitete, wobei harzsaurer Kalk entsteht, der durch die schwefelsaure Tonerde zersetzt werden muß. In dieser Arbeit von **G. Lunge** wird auch zum ersten Male auf die Bedeutung der Wasserfrage für die Papierfabrikation hingewiesen. **(Dingl. Journ. 231, 458,** daselbst weitere Literatur.)

Nach Versuchen, die **Schwalbe** auf Grund theoretischer Erwägungen im Zusammenhang mit den Angaben **Wursters, Remingtons** u. a. (siehe Originalarbeit) ausführte, schließt der Verf., daß das Leimende im Papierbrei ein Gemenge von Tonerdehydrat und freiem Harz ist, wobei ersteres in kolloidalem Zustande das freie Harz umhüllt und es so vor Oxydation schützt. Die Leimung des Papiers geht daher auch zurück, wenn man an Stelle von Alaun Schwefelsäure verwendet, da nun die schützende Hülle fehlt. Ein weiterer Beweis ist in der Tatsache zu erblicken, daß andere Kolloide (Stärkekleister, tierischer Leim) die Schutzwirkung des Tonerdehydrates erhöhen. **(Papierfabr. 10, Heft 23 a, 62.)**

Jedenfalls sind auch die Fasern selbst an dem Leimungsvorgang insofern stark beteiligt, als sie je nach ihrer Abstammung in verschiedenem Grade adsorbierend bzw. chemisch bindend auf den Schwefelsäurerest des Tonerdesulfates wirken. Die Versuche, die **Schwalbe** und **Robsahm** mit je 25 g 10 Stunden bei 90° getrockneter Cellulose und 500 ccm Schwefelsäure (1,192 g SO_4) in 1 l Wasser ausführten, wobei die Proben unter öfterem Durchschütteln je 4 Stunden behandelt wurden, ergaben, daß reinste Cellulose (Verbandwatte) die geringste, ungebleichte Sulfitcellulose eine schon bessere Bindungsfähigkeit ergaben, während Strohstoff die ganze Schwefelsäuremenge zu binden vermochte und sich so leimen ließ. Im wesentlichen wird jedoch die Schwefelsäure durch die in großen Mengen vorhandenen Kalksalze aufgenommen, während die Fasern sich vor allem mit Tonerde beladen. Diese dient daher als recht teueres Füllmittel, da 666 Tl. Tonerdesulfat nur 102 Tl. Tonerde entsprechen. In vielen Fabriken arbeitet man daher heute schon mit Schwefelsäure und nur wenig Tonerdesulfat und erhält auf diese Weise ebenfalls dauernd leimfeste Papiere (sog. Freiharzleimung). Näheres in **Papierfabr. 12, 963 u. 975.**

Als feststehend gilt jedenfalls, daß das Tonerdesulfat niemals vollständig, wohl aber zum Teil durch Schwefelsäure ersetzt werden kann, die Freiharzleimung muß also immer mit der Harz-Tonerdeleimung verbunden sein. **(G. Schumann, Wochenbl. f. Papierfabr. 51, 575.)**

134. Ausführung der Harzleimung. Vergilben des Papieres.

Über Gewinnung des Harzes, die Bereitung und Auflösung des Harzleimes zur Papierleimung, ferner über die Leimung mit Wasserglas siehe **Wochenbl. f. Papierfabr. 1908, 986.**

Nach **F. W. Andreas**, Ref. in **Jahr.-Ber. f. chem. Techn. 1888, 1122,** verwendet man zur Papierleimung ein verseiftes Gemenge von 75 kg Soda und 500 kg Harz in 1000 l Wasser, dem man nachträglich noch 100 kg Harz zufügt. Von dieser Seife löst man 180 l in 3000 l Wasser, so daß im Liter 30 g trockenes Harz enthalten sind, und leimt feucht zu satinierendes Papier mit etwa 4%, weniger scharf zu satinierendes Papier mit 2—2,5% Harz, in Form dieser Harzlösung.

Zur praktischen Herstellung des Harzleimes schmilzt man 4000 kg des Harzes in einem feststehenden Kugelkocher mit indirekter Heizung, läßt in die 180° heiße Masse die heiße wässerige Lösung von 400 kg Soda einfließen, fügt dasselbe Quantum heißes Wasser zu, kocht unter einem Druck von 10 Atm. = 180° und erhält so eine Harzseife mit 40—45% Freiharzgehalt bei 70% Gesamtharz, während bei 5—6 Atm. Druck höchstens 25—28% Freiharz vorhanden sind. Tabellen zur Berechnung der für den gegebenen Alkaligehalt des Harzleimes erforderlichen Alaunmenge finden sich, von **P. Klemm** zusammengestellt, in **Wochenbl. f. Papierfabr. 1906, 1770;** vgl. **ebd. S. 2642.**

Nachstehende Vorschrift soll ein allen Anforderungen entsprechendes Präparat liefern: 300 Tl. Harz werden mit 200 Tl. Wasser 8 Stunden gekocht, bis das Harz vollständig geschmolzen ist. Man setzt dann eine Lösung von 45 Tl. krystallisierter Soda hinzu, kocht weiter, bis alles

Harz gelöst ist, fügt nach und nach noch 20—45 Tl. krystallisierter Soda, je nach Beschaffenheit des Harzes, in Lösung hinzu und erhält so nahe an 550—600 Tl. Harzseife. Bei der Anfertigung von geleimten Papieren werden nun 180 Tl. dieser Harzseife in heißem Wasser aufgelöst, man äßt die Unreinigkeiten sich absetzen, mischt die abgezogene Seifenauflösung mit 120 Tl. in lauem Wasser verteilter Stärke und füllt auf 600 Tl. auf. **(Polyt. Zentrh. 1859, 608.)**

Weitere Vorschriften zur Herstellung von Harzleimseifen sind in **Seifens.-Ztg. 1912, 1043, 1216** u. **1286** angegeben.

Zum Leimen von Streich- und Schreibpapier bewährt sich stark freiharzhaltige Harzleimmilch (10—12 g auf 1 l Wasser) am besten, vorausgesetzt, daß man die Harzmilch nicht in den Holländer gießt, solange sein Inhalt noch warm ist. Im allgemeinen wirkt die Erwärmung des Ganzstoffes für dünne Holzschliffpapiere ungünstig auf die Leimfestigkeit, wogegen die durch verlängerte Mahldauer des Ganzstoffes im Holländer erzeugte Wärme hohe Leimfestigkeit erzeugt. Auch zu langes Verweilen der Harzmilch im Holländer ist von Schaden, und ferner üben die Mahlung und die Füllstoffe insofern einen bedeutenden Einfluß aus, als röschgemahlenem Stoff tierischer Leim oder Casein zugesetzt werden muß, bzw. als man Kaolin zum Füllen vermeiden soll, da die Anschauung, als würde aus Leim und Kaolin auf dem Trockenzylinder ein widerstandsfähiger Kitt entstehen, sich als irrig erwiesen hat. Bei schmierig gemahlenem Holzschliff bedarf es größerer Leimmengen, wenn man 30 g schweres Streichpapier erzeugen will, während Druckpapier unter denselben Bedingungen keines Leimes, sondern nur schwefelsaurer Tonerde bedarf. Von größter Bedeutung ist die Art des Fabrikationswassers insofern, als ein gewisser Salzgehalt des Wassers nötig ist, um eine bessere Verkittung der Papierbestandteile zu bewirken. Dabei dürfen jedoch keine Salze vorhanden sein, die, wie z. B. jene der Erdalkalien, grobe Ausscheidungen erzeugen, die für die Leimfestigkeit des Papiers sehr schädlich sind und überdies einen Mehrverbrauch an Harz und Alaun um das Dreifache des normalen bedingen. Ein zu hoher Salzgehalt des Fabrikationswassers kann durch Verringerung des Sodaverbrauches und Arbeiten mit überschüssiger Säure zum Teil ausgeglichen werden. Nicht nur in der Leimung, sondern auch in der Färbbarkeit des Papiers äußern jene Salze ihre schädliche Wirkung, die sich fortlaufend steigert, da die Naßfilze sich mit Salzen anreichern und diese auf das Papier übertragen, das dann hygroskopisch und lappig wird. **(F. Arledter, Papierztg. 37, 300** bzw. **Papierfabr. 10, 73.)** Vgl. **P. Ebbinghaus, Wochenbl. f. Papierfabr. 50, 862.**

Nach **Fr. Liesching** ist es durchaus nicht gleichgültig, in welcher Reihenfolge man Harzleim und Alaun der zu leimenden Papiermasse zusetzt. Es soll nach seinen Angaben in **Dingl. Journ. 163, 319** am zweckmäßigsten sein, die Papiermasse zunächst mit Alaunlösung zu mischen und dann erst die Harzseife beizusetzen.

Exakt ausgeführte Versuche über die Selbstoxydation des Kolophoniums von **W. Fahrion** ergaben, daß diese Selbstoxydation die Qualität mit Harzleim geleimten Papiers ungünstig beeinflußt; die Vergilbung des Papiers ist zum Teil auf die Selbstoxydation des Harzes zurückzuführen.

Nach **Zschokke** ist das Vergilben des Papiers weder die Folge der oxydierenden Wirkung des Luftsauerstoffes, noch steht es mit dem Eisengehalt des Papiers in Zusammenhang, sondern nur die chemische Veränderung des Harzes, das von der Leimung im Papier verbleibt, bewirkt dieses Vergilben, da nach quantitativen Feststellungen Papiere mit weniger als 1% Harzgehalt beständig sind. **(Wochenbl. f. Papierfabr. 44, 2976 u. 3165.)**

In **D. R. P. 257 158** wird zur Vermeidung des Papiervergilbens empfohlen, das Harz zu bleichen, es also zunächst mit Natronlauge zu verseifen und die Lösung der erhaltenen Harzseife in kochendem Wasser mit Salzsäure auszufällen, worauf das ausgefällte Harz filtriert und in die zehnfache Menge einer 10grädigen Chlorkalklösung eingetragen wird. Nach einigen Tagen wird das Harz wie üblich auf Harzleim verarbeitet.

Nach **B. Haas** ist schließlich das Vergilben gebleichter und geleimter Cellulosefasern nicht allein auf die Anwendung eisenhaltiger schwefelsaurer Tonerde oder ungebleichter Harzsäure zurückzuführen, obwohl natürlich reine Leimungspräparate eine bedeutende Rolle spielen, sondern es dürfte eine der hauptsächlichsten Vergilbungsursachen in den zahlreichen organischen Verunreinigungen zu suchen sein, die während der Leimung Verbindung mit dem freiwerdenden SO_4-Ion suchen. Ebenso ist es wichtig, die geleimten Fasern oder Papiere trocken und kühl aufzubewahren, da der öftere Wechsel zwischen Wärme und Feuchtigkeit zu Abbaureaktionen führt, die im Vergilben des Materials in Erscheinung treten. Neben der Verwendung von eisenfreiem Aluminiumsulfat und gebleichtem Harz (am besten mit anderen Bleichmitteln als mit Chlorlauge) ist also auf die Art der Durchführung der geleimten Papiere durch die Trockenpartie der Papiermaschine und auf die nachherige Staplung besonderes Augenmerk zu richten. **(Papierfabr. 12, 891 u. 919.)**

Je nach der Art, wie man den Harzleim, z. B. aus 40% Freiharz und 9% Soda, löst, ob mit dem Dampfstrahlapparat oder auf gewöhnlichem Wege, erhält man völlig verschiedene Harzleimlösungen. Man kann in ersterem Falle je nach der Größe der Düsenöffnung, dem Dampf- und Wasserdruck Harzkügelchen von nur 0,002 mm Größe erzeugen, die, im Mikroskop gesehen, in lebhafter Bewegung sind, bzw. bewegungslose Körnchen von 0,01 mm Größe. Die ersteren geben eine braune, die letzteren eine weiße Emulsion und dementsprechend erscheint dann auch das fertige Papier in erstem Falle leicht angetönt. Der Dampfstrahlapparat ist jedenfalls in jeder Hinsicht vorzuziehen, da man mit seiner Hilfe Harzleim verarbeiten kann, der nur mit 8% Soda gekocht ist. Beim Lösen freiharzarmer Sorten soll das Emulsionswasser 70—90° warm sein und die weitere Verdünnnng von 30—40 g im Liter auf 15—20 g soll mit kaltem Wasser geschehen **(v. Posanner, Papierfabr. 1910, 221.)**

Zur Umwandlung der Harzseife in für die Papierleimung besonders günstige Form zerstäubt man wässerige Harzseife oder Harzseife allein unter Druck in kaltes Wasser. Durch die erfolgte Abkühlung werden Nebenreaktionen und Zersetzungen der die Leimung bewirkenden Abietinsäure vermieden, so daß diese als Säure erhalten bleibt und sich demzufolge in Soda und mit weiterer Harzsäure emulgiert. **(D. R. P. Anm. B. 59 898, Kl. 55 c.)**

Verfahren und Vorrichtung zur Herstellung schwacher, nur 2% feste Bestandteile enthaltender Lösungen von Harzseife sind dadurch gekennzeichnet, daß man die Seife auf mehr als 100° erhitzt, unter dem so entstehenden Druck durch ein engmaschiges Sieb in Wasser spritzt und dadurch emulgiert. **(D. R. P. 322 145.)**

135. Harzseifen und -zusätze. Tonerdesulfatersatz. Anorganokolloidleimung.

Zum Leimen von Papier verwendet man nach **D. R. P. 118 807** eine Tonerdealkali-Harzseife, die man durch Vermengen von gepulvertem Harz und festem Alkalialuminat erhält. In offenen Gefäßen erhitzt sich das Gemenge von selbst und schmilzt, um nach Verlauf einiger Stunden vollständig zu erstarren. Seine wässerige Lösung wird dem Papierbrei im Holländer zugesetzt.

Zur Herstellung einer sauren Harzseife zur Papierleimung, die zulässige Mengen freien Harzes enthält, werden 100 Tl. Harz mit 3 Tl. Soda in 15 Tl. Wasser verrührt, dann erwärmt man auf 80—100° und setzt weitere 7 Tl. wasserfreier Soda trocken zu, um die unvollkommen verseifte Harzseife wasserlöslich zu machen. Während neutrale weiße Harzseife für sich zur Papierleimung ungeeignet ist, da sie zu stark gleitet und schlüpfrig ist, erhält man durch Zusatz von wenig Soda eine bräunliche, schwarze, nach dem Erkalten seidige Fäden ziehende Seife, die eine hochweiße vollwertige Holländerleimmilch liefert. **(D. R. P. 120 324.)** Vgl. **Wochenbl. f. Papierfabr. 51, 575.**

Eine Harzseife, die unverseiftes Harz enthält und zur Papierleimung verwendet werden kann, wird nach **D. R. P. 95 416** durch Kochen von Harz mit einer zur vollständigen Verseifung unzureichenden Alkalimenge unter Druck erhalten. Ein geeigneter Harzleim wird z. B. durch Verseifen von 90 Tl. Kolophonium mit 10 Tl. einer 5proz. Ätznatronlösung bereitet. Nachdem man die nach mehrtägigem Lagern aus der Seife abgeschiedene Lauge entfernt hat, wird die Harzseife durch Erhitzen in der 40—50fachen Menge Wasser gelöst und dem Papierbrei zugesetzt. Der in der Papiermasse feinst verteilten Harzseife setzt man dann bis zur völligen Ausfällung der harzsauren Tonerde eine 5proz. wässerige Lösung von schwefelsaurer Tonerde zu.

Zur Herstellung von Harzleim wird nach **D. R. P. 203 713** eine Seife verwendet, die durch Verseifung von Harz mit Ammoniak erhalten wird. Die Seife dissoziiert schon bei gewöhnlicher Temperatur, das Ammoniak entweicht und wird zurückgewonnen, während das Harz in Form einer sehr feinen Suspension zurückbleibt.

Zur Herstellung des leimfesten, sog. chinesischen Streichpapiers, auf dem aufgestrichene rote Farbflüssigkeit nicht durchschlägt, verwendet man nach einem Referat in **Papierztg. 1912, 258** einen gut geschliffenen, gleichmäßig verfilzten Holzstoff, der mit stark harzhaltiger Harzseife unter Vermeidung jedes Zusatzes von Erde geleimt ist. Besonders der Ausschluß von Erde ist sehr wichtig, da der Erdgehalt des Stoffes das Durchschlagen der Farbe (im Gegensatz zu früheren Annahmen) wesentlich begünstigt.

Zur Herstellung einer zum Leimen von Papier geeigneten Leimmilch behandelt man die mit Stärke, Casein, Leim, Pflanzenprotein, Wasserglas oder verseiften oder unverseiften Ölen oder Fetten versetzte Harzseife, ehe man sie mit dem Papierstoff zusetzt, mit Säuren oder sauren Salzen, gegebenenfalls unter Mitwirkung eines Luftstromes, und zersetzt so die Harzseife. Man gewinnt so neben bedeutender Ersparnis an Harz und schwefelsaurer Tonerde eine Leimmilch, deren physikalische Beschaffenheit sie für feste und sparsamste Leimung aller Papiersorten verwendbar macht. **(D. R. P. Anm. Sch. 42 993, Kl. 55 c.)**

Über den Ersatz von schwefelsaurer Tonerde bei der Leimung durch andere Stoffe siehe **R. Sieber, Papierfabr. 14, 133 u. 178.**

Nach **D. R. P. 59 485** läßt sich in dem Gemenge von Harzseife und Tonerdesulfat letzteres zum Teil durch Chromalaun ersetzen. Das erhaltene Papier ist wasserdicht.

Nach **D. R. P. 51 782** bringt man, um Papier in der Masse zu leimen, Kieselfluorwasserstoffsäure zugleich mit der Harzseifenlösung in den Holländer. Es bildet sich freie Harzsäure, die sich auf der Faser niederschlägt, während das kieselfluorwasserstoffsaure Alkali wegen seiner Unlöslichkeit in Wasser von der Papiermasse festgehalten wird. Diese Art der Leimung hat den Vorteil, daß keinerlei schädliche Substanzen in die Abwässer gelangen, zugleich dient das ausgefällte Salz der Papiermasse als Füllung.

Nach **D. R. P. 245 975** erhält man eine zur Papierleimung geeignete Harzseife durch gleichmäßiges Vermischen von 41 Tl. zerkleinertem Harz mit 10 Tl. Wasser, 15 Tl. 30grädiger Sodalösung und 34 Tl. 41grädigem Wasserglas in einer Walzenmühle; der zähe Leim wird in warmem Wasser gelöst, der Masse im Holländer zugegeben und mit so viel Alaun oder schwefelsaurer Tonerde ausgefällt, daß das Alkali des Wasserglases zum mindesten völlig neutralisiert wird. Statt des Harzes kann man auch Casein verwenden.

Nach **D. R. P. 257 816** verwendet man zum Leimen von Papierstoff eine Lösung von pulverisiertem oder zu einer Emulsion verriebenem Harz in stark verdünnten Lösungen von Basen oder basischen Salzen. Bei gleichzeitiger Verwendung von Wasserglas wird aus dieser Harzlösung beim Zusatz von schwefelsaurer Tonerde zum Papierbrei der gewünschte Niederschlag von Harz-Aluminiumsilicat gebildet.

Eine zur Papierleimung oder für Appreturzwecke dienende Silicatseife erhält man z. B. aus 5 kg Harz oder Fettsäure und einem solchen Überschuß (120—150 kg) an Wasserglas von 38° Bé, daß Kieselsäure nicht ausfällt. **(D. R. P. 320 829.)** — Vgl. **Bd. III [461].**

Zur Papierleimung besonders bei Herstellung von Wertpapieren bewirkt man die Ausfällung der leimenden Substanzen des Gemisches von Lösungen kolloidaler Stoffe mit Wasserglaslösung durch Zusatz von Tonerdeverbindungen teilweise oder ganz vor dem Zugeben zur Stoffmasse, wobei man dem Leimungsmittel gleichzeitig während seiner Bereitung füllende oder die Leimkraft erhöhende Substanzen beisetzen kann. Durch diese Methode werden die Verluste durch Abfließen der Leimsubstanz in das Siebwasser bedeutend vermindert, und Glanz, Griffigkeit und Fülle des Papieres erhöht. **(D. R. P. 317 948.)**

Nach **D. R. P. 352 289** neutralisiert man das Einwirkungsprodukt von Schwefelsäure auf tonerdehaltige Stoffe mit Magnesia oder einem Aluminat und setzt diese flüssige Masse, ehe sie eintrocknet oder erstarrt, der Papiermasse im Holländer zu.

Nach **D. R. P. 217 257** wird zum Leimen des Papiers ein Gemenge der bisher verwendeten schwefelsauren Tonerde und der billigen schwefelsauren Magnesia verwendet. Die Leimfähigkeit des je zur Hälfte aus den beiden Komponenten bestehenden Klebmittels ist dieselbe wie jene der schwefelsauren Tonerde allein. Nach dem Zusatzpatent setzt man dem Harzleim statt Aluminiumsulfat bzw. statt des billigen Magnesiumsulfates, das jedoch Farbstoffe nicht fixiert, das von der Färberei her als Teerfarbstoffixiermittel bekannte Natriumbisulfat zu. Diese bisulfathaltige Aluminium-Magnesiumsulfat-Harzleimmischung bildet dann ein vorzügliches Leim- und Farbfixierungsmittel. **(D. R. P. 231 256.)**

Bei Anwendung von 2,5—3,5% Harz kann man die Hälfte, bei 5—6% Harz 75—100% des Tonerdesulfates durch Bisulfat ersetzen. Bei gewöhnlichen Papieren empfiehlt es sich, mit mehr Harz zu leimen (das überdies ein gutes Beschwerungsmittel ist), um so an Tonerdesulfat zu sparen. **(C. Wurster, N. Kongreß f. angew. Chem. 1903.)** Man arbeitet in der Weise, daß man dem Stoff die übliche Menge Leimmilch, dann die Hälfte oder 60% der gewöhnlichen Menge Tonerdesulfat zugibt und den Rest durch Natriumbisulfat, gelöst zu 20—25 g im Liter, ersetzt. **(Papierztg. 40, 890.)**

Es empfiehlt sich, nach **B. Haas**, da das technische Natriumbisulfat stets eisenhaltig ist, ein eisenfreies Präparat aus Natriumsulfat und Schwefelsäure herzustellen und den zu leimenden Stoff vorher mit ihm zu behandeln, um die im Wasser und im Stoff vorhandenen Alkalien abzusättigen und so die erwünschte saure Reaktion des Stoffes zu erhalten. **(Chem.-Ztg. 40, 571.)** Das als Nebenprodukt der Salpetersäurefabrikation billig erhaltbare, rohe Bisulfat (im Verhältnis 1 Tl. statt 2,2 Tl. Alaun) ist für Feinpapiere keinesfalls zu gebrauchen. **(P. Klemm, Wochenbl. f. Papierfabr. 46, 373.**

Statt des Harzleimes verwendet man nach **D. R. P. 202 812** zum Leimen von Papier ebenso als Füll-, Beschwer- und Appretiermittel Fluorsilicate von Zink, Eisen, Chrom, Magnesia, Tonerde usw. und schlägt diese mit Calciumoxyd oder kohlensaurem Kalk in unlöslicher Form auf der Faser nieder. Der Überzug wirkt zugleich als Feuerschutz. Nach **Zusatz D. R. P. 208 676** erhält man durch Vereinigung von Wasserglas mit Kieselfluorwasserstoffverbindungen ebenfalls, auch ohne die Kalksalze des Hauptpatentes zuzusetzen, für diesen Zweck verwendbare, unlösliche und neutral reagierende Niederschläge.

R. Wagner empfiehlt in seinem Handbuch der Technologie, Leipzig 1861, Bd. IV, S. 359 Bittersalz oder chlormagnesiumhaltige Ablaugen zum Leimen der Papiermasse zu verwenden.

Nach einem besonderen Papierleimungsverfahren setzt man dem Stoff im Holländer Kaliumaluminat und darauffolgend Magnesiumsulfat zu. Es bildet sich ein Niederschlag von Magnesiumaluminat $MgO \cdot Al_2O_3$, das im Fasermaterial zur Ablagerung gelangt und die Bindung bewirkt. **(D. R. P. 312 594.)**

Zum Leimen und Wasserdichtmachen von Pappen, Papier, Papiergarn und -gewebe verwendet man als Klebstoff die evtl. dialysierten Lösungen von Hydroxyden des Eisens und Chroms für sich, untereinander gemischt oder im Gemenge mit organischen Kolloiden. **(D. R. P. 318 923.)**

Auch nach Untersuchungen, die **Aschan** über Papierleimung anstellte, läßt sich vermuten, daß Eisen- und Chromsalze ebenso wie mit Eisen verunreinigtes Alaun an Stelle des Alauns zum Leimen verwendet werden können. Ein derartiges Produkt, der sog. Tagleim, ist eine Emulsion von Talkum, Alaun und anderen Stoffen. Er soll die Harzleimung nicht voll ersetzen, sondern vielmehr nur für Zeitungsdruck-, Pack- und Tütenpapier dienen. Der in ihm enthaltene Alaun scheidet (wohl in Verbindung mit dem Talkum) eine gallertartige kieselsäurehydratartige Masse aus, die das Papier wasserfest macht. Nach anderen Angaben sind diese Talkumleime wertlos, da die nicht fixierbaren kolloidalen Körper beim Auspressen des Papierblattes verlorengehen. **(E. Altmann, Papierztg. 40, 1729, 1891, 1800).**

136. Harzersatz durch andere Natur- und Kunstharze. Teer-, Cumaronharz-, Montanwachsleim.

Über die Klebestoffe in der Papierfabrikation, besonders über die Harzersatzmittel, siehe **C. G. Schwalbe, Chem.-Ztg. 1909, 1267.**

Über das Problem des Harzersatzes für die Papierleimung siehe die Referate über Äußerungen von **P. Klemm** und **Schwalbe** in **Zeitschr. f. angew. Chem. 1910, 116.** Nach **Schwalbe** liegt die einzig richtige Lösung der Harzfrage bei der Holz- bzw. Celluloseindustrie selbst, da diese Mittel und Wege finden müssen, um das von ihnen verarbeitete Rohmaterial zur Harzgewinnung mehr heranzuziehen, bisher verwertet man nur 50% des verwendeten Rohmaterials. Jedenfalls gibt es unter den zahlreichen Ersatzprodukten des Harzleimes nur eine verschwindend geringe Anzahl von Präparaten, die auch nur den Namen eines Harzleimersatzes verdienen. **(E. Altmann, Papierztg. 40, 1781** bzw. **1729, 1891** u. **1800.)**

Unter den brauchbaren Ersatzstoffen ist das weiche sog. Baumharz (Fichtenharz) nach Entfernung der Verunreinigungen, besonders der Rindenbestandteile zu 45—50%, das ist die Menge seiner verseifbaren Bestandteile, zur Papierleimung recht gut geeignet. Das Rohharz wird verseift, in Form der Emulsion durch Kochen vom Terpentinöl befreit, durch ein Sieb gegossen und direkt verwendet. Da dieses Harz wie auch das aus Baumstümpfen gewonnene Produkt mit 60% Harzsäure dunkler gefärbt ist, eignet sich das Material nur für gefärbte Papiersorten, es stellt überhaupt nur einen Notbehelf dar, da die Leimungen wegen der schwächeren Klebfähigkeit der in dem flüssigen Harz enthaltenen Fettsäuren weniger leimen als die Hartharze. Nach **B. Haas** führt allerdings die Verwendung des Scharrharzes bei geeigneter Behandlung, besonders bei Verseifung, unter Zusatz kleiner Mengen von Ätznatron zu besseren Ergebnissen als die Kolophoniumleimung, wobei man die besten Wirkungen erzielt, wenn man Kaolin im gequollenen Zustande als Füllmittel allmählich und erst dann zusetzt, wenn die Umsetzung zwischen Leim und Beizmittel bereits ziemlich weit vorgeschritten ist. **(Fr. Grewin, Papierfabr. 1918, 471** u. **485;** vgl. **Chem.-Ztg. 1918, 25.)**

Zum Leimen des Papieres kann man auch das natürliche Harz des Holzzellstoffes in der Weise nutzbar machen, daß man dem Stoff während des Mahlens zwecks Bildung harzsaurer Salze alkalisch wirkende Substanzen zusetzt und sodann durch Zugabe von Aluminiumsulfat Fällung bewirkt. **(D. R. P. 314 146.)**

Zum Leimen von Papier eignen sich nach **D. R. P. 337 656** auch hydrierte Harzsäuren. Man trägt z. B. ein Gemisch von 100 Tl. Kolophonium und hydrierten Harzsäuren allmählich in eine heiße Lösung von 15 Tl. Soda in 200 Tl. Wasser ein, kocht bis die Masse Faden zieht, verdünnt auf 600 Tl. und setzt 15—20 Tl. des Leimes für je 100 kg Ganzstoff im Holländer zu. Die Ausfällung des Harzes erfolgt wie üblich mit Alaun oder Tonerdesulfat.

Kocht man das Acaroidgummi- oder Botanibaiharz mit Sodalösung oder Natronlauge, so erhält man unter Entwicklung von nach Rosenöl riechenden Dämpfen die dunkelbraune Auflösung einer Harzseife, die zum Leimen feinster Papiersorten sehr geeignet ist, denen sie angenehmen Geruch, einen schönen gelben Farbenton und große Zähigkeit verleiht. **(Elsners Chem.-techn. Mitt. 1865/66, S. 1.)**

Nach einem älteren Verfahren, das in **Zentr.-Bl. f. d. Papierfabr. 1862, 131** beschrieben ist, verwendet man zur Herstellung wasserdichten, festen Papiers als Füllmaterial ein Gemenge von je 100 kg Soda und Kalk, 270 kg Harz und 30 kg Gummigutt. Letztere beiden Bestandteile werden verschmolzen und in die gebildete Ätzlauge eingetragen. Man löst 10 kg dieser Masse in 100 l kochendem Wasser und setzt die Lösung dem Stoffbrei zu, oder taucht das Papier ein, oder behandelt es auf der Bahn mit dieser Lösung und läßt eine zweite Behandlung in einer Lösung von 10 kg Alaun in 100 l Wasser folgen. Für weißes Papier muß das Gummigutt natürlich weggelassen werden. Im Prinzip ist dieses Verfahren nichts anderes als eine **verstärkte Leimung** des Papiers.

Nach **D. R. P. 283 111** verwendet man zur Harzleimung die fast wertlosen, bei der Reinigung von Kautschukharzen entstehenden Abfälle in der Weise, daß man 50 Tl. Pontianac, 5 Tl. Guayule und 50 Tl. gewöhnliches Harz mit einer heißen Lösung aus 50 Tl. Wasser und 10 Tl. Ätzkali verrührt. Durch Erhöhung des Guayulezusatzes auf 7 Tl. erhält man eine wesentlich härtere Seife, die ebenso wie die andere bei starker Verdünnung nicht ausfällt und vom Alaun vollständig auf der Faser niedergeschlagen wird. Ein derartiger Leim, der in fester Form hergestellt und verschickt werden kann und zu seiner Verwendung nur in Wasser gelöst zu werden braucht, besteht aus 2 Tl. tierischem Leim, 1 Tl. Stärke, 4 Tl. Jelutong und 10 Tl. Wasser. **(Papierfabr. 10, 106.)** Vgl. **Seifens.-Ztg. 1912, 926.**

Nach **A. P. 1 203 857** besteht eine Harzleimmischung aus Harzmilch, in der ungefähr 1% Kautschuk gelöst ist.

Auch Kunstharze, wie Cumaron- und Indenharze, sowie aus Fichtenharz mit Hilfe von Alkalien hergestellte Emulsionsprodukte wurden ebenso wie die alkalischen Lösungen von Phenolharzen, die man der alkalischen Papiermasse zusetzt, worauf mit Säure die Abscheidung der Harze bewirkt wird, zur Papierleimung herangezogen. Die ersteren Produkte finden überdies Verwendung in der Kosmetik und zur Herstellung medizinischer Präparate. Das mit Phenolharzen geleimte Papier wird nachträglich eine Stunde bei 120° nachbehandelt. **(D. R. P. 304 226** und **307 694.)** Vgl. **[139].**

Papiere hoher Leimfestigkeit erhält man durch Wechselwirkung einer Alaun- oder Tonerdesulfatlösung mit Phenolharz in alkalischer Lösung innerhalb der Papiermasse. Statt des Phenolharzes können auch die Kondensationsprodukte von Naphtholen mit Formaldehyd verwandt werden und schließlich sind diese Kunstharzmassen auch geeignet zusammen mit Wasserglas nach Fällung mit Tonerdesulfat die Papierleimung zu bewirken. **(D. R. P. 338 394—396.)** Nach dem Zusatzpatent setzt man den alkalischen Harzlösungen etwa 0,5% Natriumsulfit in konzentrierter wässeriger Lösung zu, um die sonst eintretende rötliche Färbung, die den Leim für weiße Papiere ungeeignet macht, zu vermeiden. **(D. R. P. 342 255.)**

Nach **D. R. P. 301 926** kann man auch Emulsionen von fertigen Harz- oder Fettseifen mit Cumaron- oder Indenharzen zur Papierleimung verwenden. Nach dem Zusatzpatent emulgiert man die Cumaron- und Indenharze mit Albuminen, Caseinen, Tier- oder Pflanzenleimen und trägt diese Emulsionen in fertig gebildete Harz- oder Fettseifen ein. **(D. R. P. 316 617.)** Man verschmilzt z. B. das Cumaronharz mit 10—20% Kolophonium, Fett oder Öl und verseift das Schmelzprodukt mit Alkali, Ammoniak oder Wasserglaslösung. **(E. Heuser** bzw. **G. Muth, Papierztg. 41, 1365** bzw. **1606.**

Auch Emulsionen von Cumaronharzen mit wässerigen Lösungen pflanzlicher oder tierischer Leime eignen sich zur Papierleimung. Bei Verwendung von Casein muß man es vor der Emulgierung zuerst in wasserlösliche Form bringen. Die Nachbehandlung der Emulsionen mit Tonerdesalzlösungen ist in allen Fällen zu empfehlen. **(D. R. P. 316 345.)**

Das Cumaronharz läßt sich zur Papierleimung zusammen mit Tierleim nur dann verwenden, wenn man Lösungen gleicher Dichte mechanisch miteinander emulgiert, aber auch dann erhält man keine völlig leimfesten Papiere, zu deren Erzeugung das Harz unentbehrlich ist.

Zur Papierleimung dient nach **D. R. P. 349 595** ein Präparat, erhalten aus dem bis zur Schaumfreiheit verschmolzenen Gemenge von 10 Tl. Harz und 100 Tl. Cumaronharz. Zur Erhöhung der Wasserlöslichkeit des Produktes emulgiert man es mit Alkalien, Ammoniak oder Wasserglaslösung.

Als Papierleim- und zugleich -füllmittel eignet sich auch mit stark eingedickter Sulfitablauge verknetetes Cumaronharz. Man löst die Masse in Wasser, setzt die Lösung dem zu leimenden Stoff zu und fällt wie üblich mit Tonerdesulfat. **(D. R. P. 355 813.)**

Unter den zahlreichen im Kriege auf den Markt gekommenen Harzleimersatzprodukten für die Papierleimung ist der Teerleim zu erwähnen, der durch Verseifen von Holzteer (Nebenprodukt der Buchenholzverkohlung) gewonnen wird und mit Beigabe einer geringen Harzmenge eine genügend tintenfeste Leimung der Papierfaser bewirkt, allerdings wegen seiner braunen Farbe nur für Pack-, Leder- und Kunstpapier, sowie für Pappen in Betracht kommt, und nur für die Oberflächenleimung, nicht aber im Holländer anwendbar ist. Ausgefällt wird er nach **E. Heuser** und **W. Schmidt** mittels schwefelsaurer Tonerde, die evtl. mit Bisulfat gestreckt werden kann. **(Papierztg. 40, 1800.)**

Nach **D. R. P. 296 124** versetzt man den Papierbrei bzw. behandelt wasserfest zu machende Gewebe mit feinverteiltem Holzteer oder einer Holzteerseife, aus der man den Teer durch Zusatz einer Säure oder von Formaldehyd auf die Fasern niederschlägt. Nach dem Zusatzpatent versetzt man den Papierbrei bzw. bestreicht man das Gewebe mit einer Teerseifenlösung, die man durch Verseifen der mit Wasser ausgelaugten Teerbestandteile nach evtl. vorhergehender Abdestillierung der schädlichen sauren Stoffe aus dem Teer erhält. **(D. R. P. 321 232.)**

Zum Leimen von Papier behandelt man den Stoff mit alkalischen Lösungen oder Suspensionen, die in alkalischer Lösung erzeugte Kondensationsprodukte von Buchenholzteer mit zur Bindung aller teerigen Bestandteile nicht ausreichenden Formaldehydmengen enthalten, wobei man evtl. alkalilösliches Bakelitharz zusetzen kann, und fällt die leimend wirkenden Stoffe mit sauer reagierenden Substanzen aus. **(D. R. P. 303 925.)**

Bei der Papierleimung soll man das Harz nach **D. R. P. 303 341** durch alkalisch verseiftes Montanwachs ersetzen können.

Man kann auch Rohmantanwachs, das durch Kolophonium oder Naphthensäureseife in haltbare alkalische Lösung gebracht wird, zur Papierleimung verwenden, wobei man als Vermittlungssubstanz auch Tallöl [113] in verseifter Form zur Erhöhung der Leimfestigkeit zusetzen kann. **(D. R. P. 305 678 und 310 076.)**

137. Tierleim-, Casein-, Eiweiß-Papierleimung.

Über Ersatzleimung, besonders die Papierleimung mit Tierleim, der im Verhältnis 2 : 1 mit Harz gemischt vorzügliche Resultate gibt, siehe die Ausführungen von **R. Siebert,** in der vom **Österr. Ver. d. Zellstoff- u. Papierchemiker** herausgegebenen gleichnamigen Schrift.

Nach **W. Herzberg** unterscheiden sich Harzleim und tierische Leime im Hinblick auf die Papierleimung dadurch, daß letztere auf den Außenflächen des Papierblattes sitzen, zwischen denen sich eine leimlose Zwischenschicht befindet, während Harzleim durch die ganze Masse des Blattes gleichmäßig verteilt ist. Wenn demnach Schriftzüge auf zerknittertem und geriebenem Papier durchschlagen, so ist die Leimung des Papiers rein mit tierischem Leim erfolgt. Nach demselben Autor wird die Leimfestigkeit harzgeleimten Papiers durch Sonnenlicht zerstört. **(Mitt. d. Techn. Vers.-Anst. Berlin 1889, 107.)**

Die Leimfestigkeit harzgeleimter Papiere steigt durch Erhitzen, geht aber allmählich unter den ursprünglichen Grad zurück, während tierisch geleimtes Papier keine Veränderung der Leimfestigkeit erleidet. Aus Versuchen, die **E. Rechenberger** anstellte, geht hervor, daß die Festigkeit des Papiers durch Tierleimung erhöht wird, ebenso wie auch Haderngehalt die Festigkeitseigenschaften verbessert. Beide Leimungsarten halten die Füllstoffe in ungefähr gleichem Maße zurück, erhöhen den Aschengehalt ebenso wie übrigens auch der Haderngehalt der Papiere es tut, und vermindern in gleichem Sinne die Wasseraufnahmefähigkeit des Papiers. **(Wochenbl. f. Papierfabr. 46, 659.)**

Zur Fällung des tierischen Leimes, der die Harzleimung des Papiers ersetzen soll, kann man Chromsäure und Chromalaun nur beschränkt verwenden, da gefärbte Fällungsprodukte entstehen, ebenso Gerbsäure auch nur bis zu einem gewissen Grade, da die so mit Tierleim-Gerbsäure geleimten Papiere gegen Tinte nicht widerstandsfähig sind. Auch schwefelsaure Tonerde bewirkt die Fällung und Fixierung des Tierleimes nur teilweise, so daß keine leimfesten, sondern im Gegenteil saugfähige Papiere entstehen. Immerhin erfüllen so geleimte Papiere als Druckpapiere alle Ansprüche, auch was die Anforderungen der Fabrikation betrifft, da Leimverluste völlig ausgeschlossen sind, wenn man Talkum mit verwendet. Schließlich läßt sich der tierische Leim auch durch starke Salzlösungen aussalzen oder mit Metallsalzen (Zinnchlorür oder basisches Bleiacetat) fällen, vor allem aber mit bestimmten Sorten halbflüssiger technischer Cumaronharze, die mit dem Leim eine äußert feine, gut leimende Emulsion geben. **(E. Heuser, Papierzeitung 41, 1365.)**

Beim Leimen von Papier mit tierischem Leim oder Eiweißstoffen fixiert man diese mit Hilfe künstlicher Gerbstoffe, die man aus den Sulfosäuren ungesättigter Kohlenwasserstoffe des Steinkohlenteers oder aus ihren Kondensationsprodukten mit Formaldehyd erhält. Die reinweißen Fällungen werden durch Eisensalze nicht ausgefärbt. **(D. R. P. 331 350.)** Nach dem Zusatzpatent ersetzt man die Sulfosäuren der ungesättigten Kohlenwasserstoffe durch die künstlichen Gerbstoffe der **D. R. P. 262 558, 280 233, 290 965** und **292 531** unter gleichzeitigem Zusatz von Harzleim, Harzseife, Harzemulsion oder Kunstharzemulsionen des **D. R. P. 307 123. (D. R. P. 349 881.)**

Um Papier tierisch zu leimen und dadurch, im Gegensatz zur Harzleimung, die Papierfestigkeit zu erhöhen, behandelt man die Leimlösung in Gegenwart von Säuren oder Salzen in entsprechender Verdünnung mit Wasserglas. Die Säuren oder Salze, z. B. Aluminiumsulfat, schlagen dann den Leim (ebenso auch Dextrin, Stärke oder Gummiarabicum) zusammen mit dem Wasserglas auf der Faser nieder, wodurch die Leimung bewirkt wird. Ein Überschuß an Säure oder Salz ist zu vermeiden. Durch verschiedene Kombinationen der Kolloide, Zusätze, Säuren oder Salze kann man nach diesem Verfahren auch plastische Massen herstellen. **(D. R. P. Anm. F. 31 462, Kl. 55 c.)**

Zum Leimen oder Imprägnieren von Papier oder Geweben mittels Tierleimes setzt man der Leimlösung, um ihr Eindringen in die Stoffe zu fördern, auf das Gewicht der Flüssigkeit bezogen, etwa 2% Natriumhydroxyd und auf das Gewicht des trockenen Leimes bezogen Milchsäure bis zu 30% zu oder arbeitet nach einer Abänderung des Verfahrens unter Zusatz von 2% Methylolformamid, bezogen auf das Gewicht des trockenen Leimes. Mit größeren Mengen, z. B. 20%, des Amides (bezogen auf das Papiergewicht) erhält man auch bei Anwendung von Casein als Leimungsmittel ein geschmeidiges lederartiges Erzeugnis. **(D. R. P. 291 228** und **291 229.)**

Zur Leimung von Papier vermahlt man den Stoff im Kollergang oder Holländer mit warm gequollenem, mit Härtungsmitteln versetztem Tierleim, nachdem er erstarrt ist und arbeitet dann auf der Papiermaschine weiter. **(D. R. P. 306 688.)** Nach dem Zusatzpatent emulgiert man mit der Leimlösung vor dem Gelatinieren Füllstoffe, Farben oder sonstige Stoffe. **(D. R. P. 311 390.)**

Ein anderer Harzleimersatz wird aus Knochen- oder Lederleim und Porzellanerde, sog. Kieselkreide, mit geringen Mengen von schwefelsaurem Baryt erhalten. **(D. R. P. 316 324.)**

Zur Papierleimung mit tierischem Leim verwendet man diesen unter Beigabe von Seife (am besten Marseillerseife) und leimt das Papier mit Harz vor. **(Papierfabr. 5, 2192 ff.)**

Zur Herstellung von Papierleim befreit man harzfreien Gerbleim von einem beigemengten schwarzen Körper durch Zusatz von Wasserglas und folgende Filtration. **(D. R. P. 314 652.)**

Die Anwendung einer Lösung von Casein in Natriumbicarbonat als Ersatz für Harzleim schlug schon **R. Wagner** in **Jahr.-Ber. f. chem. Techn. 1856, 304** vor.

Nach **D. R. P. 25 757** wird zur Papierleimung statt des Harzleimes besser eine Lösung von Casein in Ammoniak verwendet, die man durch inniges Verreiben von 100 kg trockenem Milchcasein mit 10 kg gepulvertem Ammoniumcarbonat und 1 kg Ammoniumphophat erhält. Nach etwa 15—20 Stunden, wenn sämtliche vorhandene Milchsäure gebunden ist, wird das Produkt entweder als solches oder in Verbindung mit Tonerdesalzen zur Papierleimung im Holländer verwendet. Soll das so erhaltene „Ammoniumalbumin" zur Oberflächenleimung des Papiers dienen, so entfettet man es durch Erhitzen seiner verdünnten Lösung mit etwa 5% Paraffin auf 50°, wodurch das gesamte Fett sich an der Oberfläche der Flüssigkeit ausscheidet und abgehoben werden kann. Bei dieser Oberflächenleimung muß das Papier auf wenigstens 130° erwärmt werden, es besitzt aber dann auch wasserdichte Eigenschaften. Vgl. **M. Zillibiller, Dingl. Journ. 279, 298.**

Nach **C. Levi, Zeitschr. f. angew. Chem. 1905, 435** verwendet man zur Leimung von 1000 Tl. Papier etwa 14 Tl. Casein und erzielt bessere Erfolge als bei Verwendung von Gelatine oder Kolophonium. Den besseren Eigenschaften des so geleimten Papiers steht allerdings der hohe Preis des Caseins im Wege. Lohnender erscheint es, feine Papiersorten mit 1,4% Casein nachzuleimen.

Nach **Wochenbl. f. Papierfabr. 1912, 476** ist Casein für sich allein als Leimungsmateria nicht verwendbar, sondern nur als Zusatz, und zwar löst man es als präpariertes, wasserlösliches Handelspräparat in der nötigen Menge kalten Wassers oder als Rohcasein in Natronlauge oder Ammoniak, setzt die Lösung der Harzleimmasse zu und fällt Casein und Harz zusammen durch die schwefelsaure Tonerde aus. Nach **S. 3225** kann man bei Verwendung von Casein zur Papierleimung die Menge der Harzmilch ebenso wie jene der Beizen für die Farbstoffe um etwa 50% verringern und erzielt ein sehr festes Papier, das besonders hohe Leimfestigkeit zeigt, wenn man dem Casein außerdem noch etwas Stärke zusetzt. Man kann die Caseinlösung, wie erwähnt, der Harzleimmasse zusetzen und verfährt im übrigen nach der im Briefkasten auf **S. 3320** gegebenen genauen Anweisung.

Nach **Norw. P. 20 344/1909** verrührt man zur Gewinnung eines Präparates für Papierleimung, das auch zur Imprägnierung und Oberflächenbehandlung von Holz dienen kann, Harz oder Casein mit Wasserglas. Durch Neutralisation des Alkalis im Wasserglas erhält man eine Harz- bzw. Caseinsiliciumverbindung, die als Klebmittel verwendet wird.

Einen Klebstoff, der sich zur Papierleimung und als Appreturmittel eignet, erhält man durch Verlabung von bis zu einem Säuregehalt von 3,6% n.-Lauge milchsäurevergorener Magermilch bei 40°. Dieses ammoniaklösliche Casein liefert in alkalischer Lösung mit Kalkmilch keinen Niederschlag, sondern eine Lösung, die sich in der Hitze wie Albuminlösung verhält, und bedeutende Klebkraft besitzt. **(D. R. P. 325 123.)**

Über das Leimen von Papier mit Pflanzeneiweißstoffen (Globuline), die man in Alkali löst, siehe **D. R. P. 268 857.** Die Fällung der Eiweißstoffe erfolgt entweder durch Tonerdesalze oder durch ein Säurebad oder besser noch durch Erwärmen auf so hohe Temperatur, daß das Eiweiß gerinnt.

138. Stärke-(Dextrin-)Papierleimung.

Zum Ersatz von Tier- und Harzleim zur Papierleimung kann man teilweise Stärke, und zwar am besten in halbgequollenem Zustande verwenden. Die Stärke trägt bei der Harzleimung zur feineren Verteilung der sich niederschlagenden Harzbestandteile bei und dient überdies als Fixiermittel für Chinaclay, besonders wenn sie der Papiermasse in halbgequollenem Zustande zugesetzt wird. Bei der Oberflächenleimung des Papiers ersetzt sie in Form ihrer Ester (Fäkulose) die teuere Gelatine und bildet mit Gelatine zusammen im Verhältnis 2 : 1 gelöst ein geeignetes Leimbad für Schreib- und Druckpapiere. Nach einem besonderen von **J. Traquair** ausgearbeiteten Verfahren kann die Stärke auch an Stelle von Hautleim oder Casein als Bindemittel bei der Fabrikation von Überzugspapieren dienen. **(J. Chem. Soc. Ind. 29, 323.)**

Gequollene Stärke wird besser aufgenommen als unverkleisterte, lösliche Stärke geht zum größten Teil verloren. Bei Anwendung gleicher Teile Stärke und Harz hüllen die Harzteilchen die Kleisterteilchen ein, wodurch dem Zerreißen des harzigen Leimniederschlages während der Trocknung vorgebeugt wird. **(P. Klemm, Wochenbl. f. Papierfabr. 1908, 2035.)**

Besser noch als die Kartoffelstärke eignet sich jene der Maniokwurzeln zur Verarbeitung auf Papierleimungsmittel, da diese Stärkeart sich wegen des wesentlich höheren Stärkegehaltes (25 bis 50% mehr als in der Kartoffel) billiger stellt. **(F. Virneisel, Papierfabr. 1909, 745.)**

Eine andere die Harzleimung ersetzende Papierleimungsart geht von der sog. Viscosestärke (Kollodin), einem alkalisch aufgeschlossenen Stärkeprodukt, aus. Dieses ist durch Alaun ebenso wie Harzleim fällbar, besonders wenn man mit dem Abwasser der Papiermaschine eine konzentrierte Alaunlösung ansetzt und diese in Rücksicht auf die Farbstoffe langsam und gleichmäßig im Holländer verteilt. Auch gewöhnliche Stärke gibt in der Menge von 6% zusammen mit 1,5% schwefelsaurer Tonerde leimfestes Papier, während normaler Stärkekleister keine leimenden Eigenschaften besitzt, da er ausgewaschen wird. **(Papierfabr. 1907, 2193, 2249 u. 2308 und Wochenbl. f. Papierfabr. 1907, 3721.)**

In **E. P. 7904/1886** wird empfohlen, dem Harzleim zur Herstellung wasserdichten Papiers vor der Leimung des Ganzzeuges eine Lösung von Stärke und Natriumbichromat in Ätznatronlauge zuzugeben.

Über das Leimen des Papiers siehe die ältere aber immer noch lesenswerte Arbeit von **A. Tedesco in Chem. Zentr.-Bl. 1878, 206.** Es sei hier nur eine allgemein verwendbare Vorschrift zitiert: Man leimt gut und sicher für 100 Tl. Papier mit 1,5—2,5 Tl. Harz, 0,5—1 Tl. krystallisierter Soda, 1,5—3 Tl. Alaun und 3—1 Tl. Stärke. Es empfiehlt sich überhaupt, wenn zur Erzielung einer möglichst geringen Saugfähigkeit und hohen Festigkeit (Griff) ein erheblicher Zusatz an Harzseife gemacht werden muß, die Harzseifenlösung noch mit 2—4% Stärkemehl zu versetzen, um eine stumpfe Oberfläche zu erhalten.

Zum Leimen des Ganzzeuges für die Papierfabrikation bedient man sich nach **D. R. P. 120 662** einer Lösung von 4 Tl. Stärke, 1 Tl. calcinierter Soda und 4 Tl. Harz in 80° warmem Wasser. Die Mischung wird dann gekocht und dem Stoff im Holländer zugesetzt. Ein weiterer Zusatz von Alaunwasser schlägt die festen Teile in feinster Form auf den Fasern nieder.

Nach **H. Wrede, Papierztg. 1912, 1004** bildet die Maisstärke in Form eines halb verkleisterten Gemenges ein sehr gutes Zusatzmittel zur Harzleimung, besonders in Verbindung mit wasserlöslichen Silicaten. Diese fällen, wenn sie durch das Aluminiumsulfat später niedergeschlagen werden, die Stärke mit aus, wodurch das Papier erhöhte Festigkeit und besseren Griff und Klang erhält; durch den Maisstärkezusatz kann man in manchen Fällen bis zu 50% der sonst nötigen

Harzmenge ersparen, außerdem erhält man ein sehr gut radierbares Papier. Man versetzt **(S. 1033)** zur Herstellung der Klebmasse eine wässerige Lösung von Wasserglas mit Stärke, erhitzt die Flüssigkeit auf etwa 70° und schreckt nach teilweiser Aufquellung der Stärkekörner mit kaltem Wasser ab, um so ein Gemenge zu erhalten, das völlig verkleisterte neben unangegriffenen Stärkekörnern enthält. Letztere haften auf dem Papier, werden dann bei der Trocknung der Bahn auf dem Zylinder verkleistert und bewirken so eine weitere Verklebung und dadurch eine Erhöhung der Zähigkeit des Papiers. Dadurch, daß man dem Stoff vorher schon schwefelsaure Tonerde im Überschuß zugesetzt hat, wird das verkleisterte Papier auch nicht klebrig, weil die durch die Tonerde niedergeschlagene Stärke ihre Klebrigkeit eingebüßt hat. Diese Leimung mit Stärkekleister soll auch ohne Harzzusatz die Festigkeit des Papiers bedeutend erhöhen.

Die Papierharzleimung wird verbessert und zugleich wird Ersparnis an Alaun und Harz (letzteres bis zur Hälfte) erzielt, wenn man der Harzleimmilch acetylierte Stärke, sog. Fekuloid, zusetzt, wobei allerdings nicht zu hartes Wasser verwendet werden darf. **(J. Traquair, Papierfabr. 18, 529.)** Besonders bei der Oberflächenleimung sowie bei der Herstellung von Druck- und Chromostreichpapieren wird der übliche Leim am besten teilweise durch Fekulose, ebenfalls ein Stärkeacetat, ersetzt.

Zur Herstellung einer Papierleimmasse erhitzt man Stärke mit konzentrierter wässeriger Oxalsäurelösung so lange, bis 100 g der Masse mit überschüssigem Ammoniakwasser bis zum Stärkekornzerfall erhitzt und auf 970 ccm verdünnt bei 38° so flüssig sind, daß 40—45 ccm in einer halben Minute aus einer Bürette ausfließen, aus der in derselben Zeit 58 ccm Wasser zum Ausfluß gelangen. **(D. R. P. 322 936.)**

Über die kombinierte Mineralstärkeleimung für Druckpapier mit Verwendung bestimmter Silicate unter besonderen Bedingungen nach dem Verfahren von **P. Klemm** berichtet **H. Wrede** in **Zeitschr. f. angew. Chem. 25, 2451.** Im Prinzip beruht diese Leimungsart auf der Auffällung der Stärke, wenn man sie in wässeriger Lösung mit Silicaten aufkocht und nachträglich Alaun zusetzt. Es fällt ein Kolloid aus, das als Bindemittel, ferner als Träger für die suspendierten Teilchen wirkt und die Fasern überdies härtet und festigt. Diese Stärkesilicatleimung bewirkt, daß das so geleimte Papier fette Druckfarbe gut aufnimmt und überdies nicht zum Vergilben neigt, während Harzleim beim Ausfällen mit sogar nur schwach eisenhaltigem Wasser lichtempfindliches, harzsaures Eisen in das Papier bringt.

Zum Leimen von Papier wird nach **D. R. P. 208 202** eine in warmem Wasser lösliche Seife verwendet, die man durch Mischen von zähflüssigem Dextrin mit einer gewöhnlichen Kali- oder Natronseife herstellt. Man setzt schwefelsaure Tonerde hinzu und erhält so eine direkt an Stelle des Harzleims verwendbare, niederschlagfreie, milchweiße Flüssigkeit. Vgl. **D. R. P. 208 090.**

139. Sulfitablauge-(Lignin-, Humin-, Torf-), Gerbstoff-Papierleimung.

Schon **Mitscherlich,** der Erfinder des Sulfitcelluloseverfahrens, empfiehlt in seinem Patent **D. R. P. 44 206** die Sulfitablauge zum Leimen von Papier zu verwenden. Siehe auch die **D. R. P. 34 420, 32 498** und **36 651.**

Über Herstellung von Klebstoffen zur Papierleimung aus Sulfitcelluloseablauge und tierischem Leim oder eiweißartigen Körpern siehe auch **D. R. P. 54 206.**

Zur Herstellung von Klebstoffen aus Sulfitcelluloseablauge versetzt man diese nach **D. R. P. 93 944** zunächst mit Kalk und Soda nach besonderem Verfahren derart, daß man eine Flüssigkeit erhält, die Horn unter 100° reichlich zu lösen vermag. Durch weiteres Vermischen einer so erhaltenen Keratingerbstofflösung mit Harz **(D. R. P. 93 945)** werden Klebmittel erzeugt, die an Stelle des gewöhnlichen Harzleimes in der Papierfabrikation Verwendung finden sollen. Vgl. **Papierztg. 1897, 770 u. 3647.**

Nach **D. R. P. 94 628** erhält man einen für die Papierleimung geeigneten Klebstoff durch Auflösen von Harz in einer alkalischen Lösung von Horn in Sulfitcelluloseablauge.

Zur Herstellung eines Gerbleimes für die Papierleimung vermengt man Sulfitablauge, der man zur Unschädlichmachung des Kalkes Glaubersalz zugesetzt hat, nach **D. R. P. 169 408** mit einer Lösung von Harz und Horn, die man herstellt durch Lösen von Hornabfällen in mit überschüssiger Soda vermischtem Harzleim bei Wasserbadtemperatur. Nach **Zusatz D. R. P. 169 409** setzt man den Lösungen zur Erzielung einer helleren Färbung 0,05% Zinkstaub zu.

Eine zur Leimung von Papier geeignete Seife erhält man durch Verkochen von Harz, Öl, Fett, Blut oder Seetang, einzeln oder gemengt mit Natron- oder Sulfatcelluloseablauge. Die Leime sind für sich oder im Gemenge mit Harzleim anwendbar, geben dem Papier große Zähigkeit und Wasserdichtigkeit und lassen eine hochglänzende Satinierung zu. **(D. R. P. 114 819.)**

Bewährt hat sich auch ein Papierleimungsmittel, das durch Fällung einer Wasserglaslösung mit roher Sulfitablauge anstatt mit schwefelsaurer Tonerde erhalten wird, wodurch die kieselsaure Tonerde, die dem Papier Glanz und Klang nimmt, durch kieselsauren Kalk ersetzt wird. **(P. Klasen, Papierfabr. 1909, 445.)**

Zur Herstellung einer Papierleimungsemulsion verrührt man durch Glaubersalz vom schädlichen Kalk befreite Sulfitablauge mit Gerb- oder Harzleim und Soda unter Zusatz von dickflüssigen Körpern zwischen 30 und 60°. **(D. R. P. 220 066.)** Nach dem Zusatzpatent **D. R. P. 235 965** wird ein fester Gerbleim hergestellt durch Ausfällen einer Mischung von roher Sulfitzellstoffablauge und Hornlösung mit Salzsäure, worauf man den von der Lösung getrennten Niederschlag in einer wässerigen Lösung von borsauren Salzen auflöst und die erhaltene Lösung, mit einer alkalischen Harzlösung versetzt. Diese Lösung gibt den festen eisenfreien oder eisenarmen Gerbleim, wenn man sie mit einem stark hygroskopischen, trockenen Salze verrührt.

Zur Vorbehandlung der als Papierleimungsmittel dienenden, mit Alaun zu fixierenden Sulfitablauge zentrifugiert man sie nach kurzer Belüftung, um eine konzentrierte Emulsion der Harzteile von beliebiger Dichte zu erhalten. Die Fixierung der Leimemulsion auf dem Stoff erfolgt in üblicher Weise durch Alaun. **(D. R. P. 323 865.)**

Zur Leimung von Papier- und Faserstoffen verwendet man eingedickte Sulfitcelluloseablauge, deren ursprünglichen Gehalt an Basen man unvermindert läßt, bzw. wenn nötig erhöht, da die Abscheidung des Kalkes die Klebkraft der Lauge vermindert. **(D. R. P. 323 627.)**

Nach **D. R. P. 331 742** leimt und tränkt man Papier oder Papierwaren mit Sulfitablauge einerseits und Emulsionen von Cumaronharz mit Tierleim oder mit Montanwachs andererseits, setzt zur Unterstützung der fällenden Wirkung der Sulfitablauge noch Salze oder Säuren zu und fällt die Imprägnierungsflüssigkeit mit Tonerdeacetat oder -formiat unlöslich in der Fasermasse aus.

Nach **Wochenbl. f. Papierfabr. 1912, 13** ist die Sulfitablauge in rohem Zustande für die Papierleimung keinesfalls verwendbar und auch die zahlreichen (von **Mitscherlich** begonnenen) Arbeiten zur Veredlung der Ablauge für diesen Zweck haben das gewünschte Resultat bisher noch nicht gezeitigt.

Zur Papierleimung kann man sich auch der durch Behandlung mit Alkalien aus Sulfitablauge fällbar gemachten Lignine bedienen, die man evtl. in Verbindung mit anderen Leimsubstanzen durch Zugabe von Säuren oder Salzen auf und in der Faser niederschlägt. Die Alkalibehandlung bewirkt, daß aus den Ligninsulfosäuren die Sulfogruppen abgespalten werden und Ligninsäuren entstehen, die aus den rotbraunen alkalischen Lösungen durch Säuren oder Salze als gelbbraune, voluminöse Niederschläge ausfallen. Man kann nach der Behandlung mit 10—20% Ätznatron (auf die Trockensubstanz der Ablauge berechnet) auch die mit Säuren neutralisierte Ablauge mit Alaun oder Kieserit ausfällen und den Leim in der Menge von 2% als trockenes Pulver verwenden. **(D. R. P. 307 087.)** Die Umsetzung findet rascher und sicherer statt, wenn man die Ablauge in die heiße konzentrierte Alkalilösung einfließen läßt, und nicht wie nach dem Hauptpatent umgekehrt verfährt. Man kocht dann weiter, bis die Umsetzung beendet ist, scheidet die Ligninstoffe aus der wässerigen Lösung der Schmelze durch Ansäuern ab und löst sie für die Papierleimung in Alkalien oder Ammoniak. **(D. R P. 307 663.)**

Für Druckpapier ist eine eigentliche Leimung nicht nötig. Es genügt, außer Zusatz von Kaolin auch noch die Beigabe entsprechender Mengen von Talkum und Alaun. Für bessere, aber immer noch billige Leimungen, die auch für Spinnpapier anwendbar sind, eignet sich eine Mischung von Humin, Papyrusalaun und Talkum, der man evtl. noch etwas Fischleim oder Wasserglas zusetzt. Diese Leimung wird durch Feuchten geschmeidig und dehnbar und bleibt doch ausreichend wasserfest. **(Wochenbl. f. Papierfabr. 50, 1892.)**

Zum Leimen und Imprägnieren von Papier im Holländer oder auf der Bahn verwendet man Humussäure oder ihre Salze, gemischt mit geringen Mengen Wasserglas, Harz, Harzleim, Teerleim, tierischem Leim oder Pflanzenschleim und fällt zur Ausführung des Leimungsvorganges mit Ferrisulfat. Aus Humusstoff kann direkt die alkalische Torf- oder Braunkohlenextraktlösung verwandt werden, die man zur Aufhellung vor der Verwendung evtl. bleicht. **(D. R. P. 303 324, 305 006—010 und 307 098.)**

Leimfestes Papier erhält man dadurch, daß man der Papiermasse im Holländer, auf trockenen Stoff berechnet, etwa 10—20% Torfpulver oder eines Pflanzenschleim erzeugenden Stoffes zusetzt und das Papier nach der Verarbeitung etwa 2 Stunden auf 120° erhitzt. **(D. R. P. 313 142.)**

Nach **D. R. P. 331 549** leimt man Papier durch abwechselnden Zusatz von schwefelsaurer Tonerde und künstlichem Gerbstoff zum Papierbrei. Den künstlichen Gerbstoff erhält man durch Behandlung des mit 75 Tl. Naphthalin und 20 Tl. Wasser gemischten, bei 100° gebildeten Sulfierungsproduktes von 50 Tl. Schwefelsäure und 50 Tl. Naphthalin mit 40 Tl. Formaldehyd. Aus dem bei 100° gebildeten Kondensationsprodukt wird das überschüssige Naphthalin mit Wasserdampf abgetrieben.

140. Andere Papierleimungspräparate, -verfahren, -zusätze.

Der Erfinder der Papierfettleimung ist **Ganson,** der 1815 ein Patent auf die Anwendung von Wachsseifen nahm und damit gegen die von der Société d'Encouragement zu derselben Zeit vorgeschlagenen Harzseifen in Wettbewerb trat. Er empfahl zur Anfertigung dieser Seifen folgendes Verfahren: Man kocht $^1/_2$ kg weißes Wachs in 1 l Natronlösung von 5° Bé (was etwa 32 g englischer kaustischer Soda von 62° entspricht) bis es gelöst ist, gießt diese Seife in 30—40 l kochendes Wasser und fügt 3 kg vorher aufgerührter Stärke zu. Die Mischung wird lebhaft umgerührt und verdickt sich zu einem Teig, den man in den Holländer gießt. Diese Zahlenverhältnisse gelten für 30 kg Papier. Das Rezept ist bemerkenswert, weil es als Leitfaden für die Verseifung aller Fettstoffe, besonders des Stearins, gelten kann. **Ganson** verwendete die Wachsseife für feine Papiere und weiße Marseiller Seife für geringere Sorten.

1858 nahm **M. J. Brown** ein Patent in England auf den Zusatz von Glycerin zur Papiermasse und **Corput** wollte weiter das Glycerin durch direkte Verseifung der Öle oder Fette mit Ätzkalk im Holländer direkt erzeugen. Bei der Vereinigung der Fettsäuren mit Kalk entsteht Glycerin, das mit dem Papierstoff vermischt bleibt, durch nachherigen Zusatz von Alaun wird Alaunseife gebildet und gleichzeitig entsteht Gips, der als Füllstoff dient. Schließlich kamen 1867 speziell zur Papierleimung Stearinsäureseifen in den Handel. Näheres über ihre Herstellung und Verwendung findet sich in **Papierztg. 1876, Nr. 9.**

Über die günstigen Erfahrungen, die man mit Glycerinersatzprodukten bei der Papierleimung gemacht hat, siehe **Papierztg. 1912, 345.**

Nach **K. Lieber** empfiehlt es sich zur Papierleimung Aluminiumpalmitat zu verwenden. **(Papierztg. 1871, 78.)**

Zur Leimung von Papier verwendet man nach **Müller-Jacobs, Zeitschr. f. angew. Chem. 1905, 1141,** auf 100 Tl. trockene Masse 2 Tl. reines Stearinamid in einer kochenden Lösung von 0,8—1,2 Tl. guter Kernseife und 0,2 Tl. krystallisierter Soda in 10—20 Tl. kochenden Wassers. Man fügt die Lösung dem Stoff im Holländer zu und versetzt die Masse sodann mit einer verdünnten Lösung von 1—2 Tl. Alaun oder schwefelsaurer Tonerde. Als weiterer Zusatz kommen zur gewöhnlichen Leimung außerdem auf je 100 Tl. trockene Papiermasse, 5 Tl. in Seife übergeführtes Harz (zur Halbleimung die Hälfte) und ferner für bestes Papier etwa 2% vom Gewichte der Papiermasse weißes Bienenwachs.

Nach **Papierztg. 1905, 2343** u. **1908, 1487** kommt das Stearinsäureamid, nachdem es nun billiger herstellbar ist, als Leimstoff für Feinpapier besonders in Frage, da es kein nachträgliches Vergilben des Papiers hervorruft. Man verwendet es aber auch in wässeriger Lösung mit dem gleichen Gewicht Seife und $^1/_{10}$ seines Gewichtes Soda mit besonderem Vorteil zur Leimung von Druckpapier. **(Papierztg. 1910, 3016 u. 3051.)** Diese für gewöhnliche Papiere zu teuere Leimungsart wird namentlich für photographische oder lithographische Papiere empfohlen, wo es auf die Neutralität und chemische Inaktivität der abgelagerten Leimstoffe ankommt. **(A. P. 757 948.)**

Durch Zusatz von 10—60% Seeschlick (Sapropel) zur gewöhnlichen Papiermasse aus Holzschliff, Stroh, Gräsern oder Lumpen erhält man wegen des Gehaltes der Zusatzmasse an wachsartigen Stoffen auch ohne Zusatz anderer leimender Substanzen ein festes und glattes Papier. **(D. R. P. 311 828.)**

Zum Leimen von Papier im Holländer verwendet man die durch Wechselwirkung von Tonerdesulfat oder Alaun z. B. mit ameisensaurem Barium oder anderen Salzen organischer Säuren erhaltbaren, leicht dissoziierenden organischen Tonerdesalze von Art des Aluminiumacetats oder -formiats, die mit Zusatz von Seife Volleimung des Stoffes bewirken, so daß sich die Verwendung von Harzen erübrigt. **(D. R. P. 303 828.)**

Bei Herstellung einer Harzseife zur Papierleimung löst man die Harze nach **D. R. P. 112 614** in Phenolen auf und verseift nachträglich oder man stellt zuerst eine neutrale Harzseife her und trägt diese in geschmolzenem Zustande in die Harzcarbollösung ein. Man erhält so ein Produkt, das wegen seines großen Gehaltes an freiem, unverseiftem Harz besonders feste Leimung der Papiermasse bewirkt, da die wässerige Harzseifenlösung das freie Harz gleichmäßig und fein suspendiert enthält. Vgl. **D. R. P. 52 129.**

Nach **D. R. P. 34 420** setzt man dem im Holländer befindlichen Papierbrei zur Leimung für 100 kg Stoff 12 l gerbstoffhaltiger Flüssigkeit zu, die 6,5% Tannin enthält, und fällt den Gerbstoff während des Ganges mit etwa 24 l neutraler, klarer, 20 proz. Harzseifenlösung auf der Faser aus. Dieser Gerbleim ist nach **Papierfabr. 1906, 400** u. **791** zur Papierleimung wenig geeignet.

Um zu verhüten, daß bei der Herstellung von Harzseife durch Verkochen von Harz mit Ätznatron- oder Sodalösung ein Teil des unverseiften Harzes in der Emulsion verbleibt, vergrößert man das Lösungsvermögen der Harzseife für das freie Harz durch Zusatz von Gerbsäure oder Tanninextrakt und bewirkt so gleichzeitig, daß das Harz in der Emulsion fein verteilt wird **(A. P. 1 099 168.)**

Zur Herstellung einer viel freies Harz enthaltenden Harzseife setzt man in einem Doppelkessel 100 Tl. zerkleinertes Harz und 20 Tl. zerkleinertes Phenanthren in einer kochenden Lösung von 7,5 Tl. Ätznatron in 25 Tl. Wasser an, kocht unter Rühren etwa 1 Stunde, jedenfalls so lange, bis eine Probe sich in 80—90° warmem Wasser milchigweiß löst und verwendet diese Emulsion, die 35% emulgierbares freies Harz enthält, direkt zur Papierleimung. Das Phenanthren setzt nicht nur den Schmelzpunkt des Harzes von 152 auf 80° herab, sondern es besitzt auch selbst die gleiche Leimkraft wie freies Harz. **(D. R. P. 118 233.)**

Die Verwendung von Phenanthren bei der Harzleimung scheint sich nicht bewährt zu haben, weil Phenanthren kein verseifbarer Körper ist und nicht in den kolloidalen Zustand, wie er für die Leimung erforderlich ist, übergeführt werden kann. **(Wochenbl. f. Papierfabr. 1912, 13.)**

Nach **Wochenbl. f. Papierfabr. 1908, 1557** ist die Viscose als Papierleimungsmittel sehr geeignet, da sie dem Papier größere Festigkeit und besseren Klang verleiht, doch fehlt es an einem passenden Fällungsmittel. Die Viscose wird, abgesehen von dem hohen Preise, auch aus dem Grunde wenig verwendet, weil ihre gelbliche Färbung auch nach ihrer Spaltung bestehen bleibt. **(C. Levi, Zeitschr. f. angew. Chem. 1905. 435.)**

Zum Leimen des Papiers mit Viscose kommt es darauf an, die Viscose so zu zersetzen, daß sie einen flockigen, anhaftenden Niederschlag bildet. Dies geschieht, da die Masse neutral bleiben muß, nicht durch Säuren, sondern durch Zusatz von Magnesium- oder Zinksulfat, wodurch gleichzeitig unlösliches Magnesium- bzw. Zinkhydrat auf und in der Faser niedergeschlagen wird. (**C. Beadle,** Ref. in **Zeitschr. f. angew. Chem. 1907, 456.**)

Man verwendet nach **S. Ferenczi, Zeitschr. f. angew. Chem. 1899, 11,** vorteilhaft auf 100 Tl. 10proz. Viscose, die etwa 5 Tl. Ätznatron enthält, 18 Tl. krystallisiertes Zinksulfat oder 15 Tl. krystallisiertes Magnesiumsulfat oder 9 Tl. Ammoniumsulfat. Die Salze bewirken ebenfalls die Zersetzung der Viscose, begünstigen die Abscheidung von Schwefelkohlenstoff und daher auch die Entfernung von Schwefel aus der Papiermasse, so daß sich reiner Zellstoff unlöslich innerhalb des Fasermaterials niederschlägt und die Leimung bewirkt. Zur Gewinnung der Viscose geht man für vorliegenden Zweck natürlich nicht vom reinen Zellstoff aus, sondern von Natronholzzellstoff oder holzschlifffreien Papierabfällen, die man zerkleinert und durch eine Natronlauge in Alkalizellstoff verwandelt, die 12,5—16 Tl. Ätznatron in 62 bzw. 55 Tl. Wasser gelöst enthält (und zwar für 25 bzw. 33 Tl. lufttrockenen Zellstoff). Über die weitere Verarbeitung siehe [214].

Nach **Ö. P. 4987/1911** verwendet man zur Papierleimung die aus Seetang hergestellten, wasserlöslichen, mit schwefelsaurer Tonerde fällbaren Kolloide, allein oder in Verbindung mit Leim, Harzseife usw. und schlägt sie mit schwefelsaurer Tonerde auf dem Papierstoffe nieder. Man verkocht z. B. den Seetang zur Gewinnung seiner löslichen Bestandteile mit einer Lösung von 2 kg Soda, 1 kg Pottasche und 500 g Ätznatron in 100 l Wasser bei 125—130°.

Zur Herstellung eines Klebstoffes für Papierleimung löst man nach **D. R. P. 257 948** 75 kg Seetang in 100—150 l Wasser unter Zusatz von Soda oder Alkaliphosphat und fügt 40 kg Leimgallerte, 10 kg Pflanzenleim und 2 kg Seife zu. 100 kg der trockenen Papiermasse brauchen 1—3 kg dieses Leimes, den man verdünnt und dem Gemenge von Papierstoff und Füllstoff zufügt, um schließlich mit einer Lösung von schwefelsaurer Tonerde niederzuschlagen.

Zur Herstellung von leimfestem Papier läßt man Zellstoff unter Zugabe von etwas gefaulter Papiermasse 14 Tage bei 30—40° stehen, erzeugt aus diesem in Gärung übergegangenen Produkt wie üblich Papier, führt es über einen mit 2,5 Atm. Druck geheizten Trockenzylinder und rollt das 110—120° heiß werdende Papier zu einer dichten Rolle. Nach etwa 2 Stunden wird das nunmehr äußerst leimfeste Papier unter gleichzeitiger Befeuchtung umgerollt. (**D. R. P. 309 999.**)

Vgl. auch den Zusatz schleimig vermahlbarer Stoffe zum Papierbrei (eine Art Leimung mit Kolloiden) nach **D. R. P. 304 498, 319 826** und **323 745. [146.]**

Über Papiergarnleimung siehe Papiergarnappretur **[174].**

141. Papierklebstoffe, Buchbinder-, Tapetenkleister.

Junge, K. G., Die Klebstoffe, ihre Beschaffenheit und ihre Verarbeitung in den papierverarbeitenden Industrien. Dresden-Niedersedlitz 1912.

Über Kalt- und Pflanzenleime aus Stärkemehl, die zum Kleben der verschiedenen Papiersorten dienen, siehe **Papierztg. 1908, 3340, 3386 u. 3424.**

Über Papierklebmittel und den Ersatz des Gummiarabicums durch Dextrin, Stärke, Casein, Wasserglas und Klebstoffe aus Algen, Celluloseablauge oder Brauereiabfällen siehe **L. E. Andés, Kunststoffe 9, 269.**

Die Behandlung gummierter Papiere im Buch- und Steindruck ist in **Papierztg. 1917, 602** beschrieben.

S. a. **[488 ff.].**

Als Klebmittel für Papier auf Papier in technischen und kaufmännischen Betrieben ist am vorteilhaftesten weißes Gummiarabicum zu verwenden, da dieser fast ganz farblos und vollständig wasserlöslich ist. Das Gummi wird mit der erforderlichen Menge Wasser angerührt und unter öfterem Rühren 24 Stunden stehen gelassen. Die Lösung wird durch feinen, vorher angefeuchteten Mull geseiht und mit $^1/_{400}$ Carbolsäure und 15% technisch reinem konzentriertem Glycerin versetzt. Zur Herstellung einer konsistenten Lösung werden 3—5% weiße, in Wasser gequollene Gelatine unter schwachem Erwärmen in der Lösung verflüssigt. (**Farbenztg. 1917, 603 u. 627.**)

Als Klebstoffe für Briefmarken, Etiketten, Briefumschläge usw. kommen neben arabischem Gummi als Ersatzmittel Leim, lösliche Stärke, Dextrin und unlösliche Gummiarten von Art des Tragants und schließlich einheimische Gummiarten der Amygdaleen und Rosazeen in Betracht. In einem Referat der **Zeitschr. f. angew. Chem. 27, 487** finden sich Angaben über den Nachweis dieser einzelnen Stoffe nach einer Arbeit von **G. Armani** und **J. Barboni.**

Nach **Zeitschr. f. Reprodukt.-Techn. 1913, 27** eignet sich zum Gummieren von Papier am besten eine Klebflüssigkeit, wie sie auch für die deutschen Briefmarken verwendet wird, die aus einer Lösung von 100 kg Gummiarabicum, 2,5 kg Kochsalz, 2 kg Glycerin und 2 kg Stärke als Kleister in 130 l Wasser besteht. Dieser Klebstoff verhindert auch das Rollen der Bogen.

Nach **Seifens.-Ztg. 1911, 1432** wird ein billiges, nicht schmierendes Klebmittel speziell für Papier hergestellt durch Verrühren von 80 Tl. einer konzentrierten, warmen, wässerigen Leimlösung mit 10 Tl. Buchweizenmehl, 4 Tl. Terpentin und 6 Tl. Brennspiritus. Ein Klebmittel von hoher Klebkraft wird ferner erhalten, wenn man 100 g Gummiarabicum in 500 ccm Wasser löst und eine Lösung von 5—6 g krystallisiertem Aluminiumsulfat in 50 ccm Wasser hinzufügt. (**Seifens.-Ztg. 1911, 210.**)

Nach **Seifens.-Ztg. 1911, 880** erhält man einen guten Kuvertleim durch Lösen von 200 kg weißem Dextrin in 240 kg Wasser bei 90°. Man rührt dann eine Lösung von 2 kg reiner Borsäure oder von 5 kg Borax in 20 kg Wasser ein und setzt 5 kg Glycerin (28° Bé) zu. Durch weiteren Zusatz von $^1/_2$ kg einer 10proz. alkoholischen Thymollösung wird der Leim haltbar. Ein dünnflüssiger Kuvertleim wird erhalten durch Auflösen von 150 kg Dextrin und 20 kg Zucker in 280 kg Wasser. Der Lösung werden 10 kg Kalkwasser und 40 kg Weinessig beigegeben.

Zur Leimung der Klebränder für Sicherheitsbriefkuverts wurde der zähe, dicke Saft verwendet, der sich in beträchtlicher Menge in den Blättern des neuseeländischen Flaches (Phormium tenax) findet und der die besondere Eigenschaft besitzt, daß er im flüssigen Zustande wie gewöhnlicher Gummi verwendet werden kann, einmal trocken geworden aber der Einwirkung der üblichen Lösungsmittel widersteht. (**D. Ind.-Ztg. 1869, Nr. 1.**)

Zur Bereitung von Buchbinderkleister rührt man 500 g Kartoffelmehl dünn mit lauwarmem Wasser an, fügt die Lösung von einer Tafel Leim und 10—20 g Borax hinzu und überbrüht das Gemenge mit kochendem Wasser. In Summe sind etwa 4 l Wasser erforderlich. (Ref. in **Papierztg. 1918, 665.**)

Oder man verrührt zur Herstellung eines guten Buchbinderleimes 60 Tl. Buchweizenmehl nach **Seifens.-Ztg. 1912, 222** mit heißem Wasser zu einer klumpenfreien dicken Masse, setzt 10 Tl. venezianischen Terpentin hinzu, kocht auf dem Wasserbade einmal auf und vermischt den Kleister mit einer Leimlösung aus 4 Tl. Tischlerleim und 16 Tl. Wasser. Der Zusatz einer geringen Carbolsäuremenge verhindert die Zersetzung der Masse.

Das Grundmaterial für Tapeziererkleister bilden Stärkearten verschiedener Herkunft sowie Cerealienmehle (auch Kartoffelmehl). Zur Herstellung des Kleisters wird die Stärke mit Wasser zu einem dicken Brei vermischt, der im Duplikatordampfkochkessel befindlichen Wassermenge zugesetzt (auf 1 kg Stärke 10 kg Wasser) und auf ca. 62,5° erhitzt. Fällt eine nun genommene Probe zu steif aus, so setzt man 10—15% heißes Wasser zu und erhitzt weiter bis 80°. Bei zu starker Verdünnung läßt man in Wasser verrührte Stärke in dünnem Strahle unter Rühren zulaufen und erhält die Masse ca. $^1/_2$ Stunde auf 80°. Bei der Verarbeitung von Mehl zu Kleister wird in gleicher Weise verfahren, jedoch wird das Mehl 12—36 Stunden vor dem Verkochen zu einem Teige angerührt. Der fertige Kleister muß gallertig dick, homogen und durchscheinend weiß sein und in dünner Schicht rasch trocknen. Zur Erhöhung seiner Klebkraft kann dem Kleister auch bis zu 10% tierischer Leim beigemischt werden. (**Andés, Farbenztg. 1916, 273.**)

Ein billiger Kleister zum Aufziehen von Tapeten, namentlich zum Aufziehen der Papierunterlagen für Tapeten, besteht aus 18 Tl. Bolus, 1,25 Tl. Leim als Lösung und 2 Tl. Gips. Die gesiebte Masse neigt im Gegensatz zum Mehl- oder Stärkekleister nicht zum Abspringen und Rissigwerden. (**Dingl. Journ. 159, 319.**)

Nach **Seifens.-Ztg. 1913, 341** erhält man ein pulveriges Klebmittel für Tapezierer oder für Buchbindereien durch inniges Mischen von 92 Tl. Kartoffelmehl, 8 Tl. gepulvertem gelöschtem Kalk und 5 Tl. Borsäure.

Über die Bereitung von Tapetenkleister schreibt ferner **A. Christ in Farbenztg. 1922, 1260.**

142. Etikettenleime.

Zur Herstellung eines haltbaren Etikettenleims wird in einem Holz- oder Emailgefäß 1 Tl. Kartoffelmehl in 10 Tl. Wasser eingerührt. Sobald das Mehl durchtränkt ist, werden unter fortgesetztem Rühren 0,3 Tl. Natronlauge 30° Bé beigemischt. Nach einigen Minuten bildet sich ein Leim von Sirupkonsistenz, den man 2—3 Stunden unter öfterem Durchkneten stehen läßt. Dieser Leim wird zum Gebrauch mit 4—5 Tl. Wasser verdünnt. Ein Zusatz von 0,02 Tl. Formaldehyd macht ihn dauernd haltbar.

Zur Fabrikation eines billigen und nahezu neutralen Etikettenleims aus Kartoffelmehl werden in einem indirekt heizbaren Kessel 50 Tl. Kartoffelmehl, mit 250 Tl. Wasser kalt angerührt und dann 60 Tl. Chlorcalcium beigegeben. Dann wird das Ganze unter Rühren erwärmt und 2—3 Stunden auf einer Temperatur von 65—70° gehalten, bis Klärung eintritt. Während des Abkühlens gibt man 1 Tl. Formaldehyd und so viel Wasser hinzu, daß der Leim gute versand- und verarbeitungsfähige Konsistenz hat.

Zur Herstellung eines besonders haltbaren Etikettenleims für Champagner-, Likörflaschen usw., der sich auch bei längerem Stehen in Wasser nicht ablöst, werden 20 Tl. Casein mit 50 Tl. Wasser in einem indirekt heizbaren Kessel kalt angerührt und 4 Tl. Borsäure zugegeben. Nun löst man 4 Tl. Borax in 50 Tl. auf 70° erhitztem Wasser auf, fügt diese Lösung bei und rührt 2—3 Stunden bei einer Temperatur von 65—68°. Dann deckt man gut zu, läßt die Mischung über Nacht warm stehen, schäumt ab und läßt unter Rühren abkühlen, wobei der Leim eine gelatinöse Konsistenz annimmt. Der Leim wird am besten in Blechdosen verpackt; zum Gebrauch wird das jeweils benötigte Quantum in 1—5 Tl. heißem Wasser gelöst. (**Farbenztg. 1912/13, 551.**)

Um zu verhindern, daß gummierte Etiketten während des Lagerns aneinanderkleben, überzieht man die Bildseite nach **D. R. P. 158 911** mit einer Lösung von 5 Tl. Stearinsäure und 28 Tl. palmitinsaurem Aluminium in 240 Tl. Benzin und 230 Tl. Terpentinöl.

Auf Vorrat zu arbeitende Papieretiketten werden mit einer Kleblösung aus 5 Tl. Leim (in 20 Tl. Wasser gequellt), 9 Tl. Kandiszucker, 3 Tl. Gummiarabicum, 3% Leinölfirnis und 3% Magnesia bestrichen. **(D. Ind.-Ztg. 1869, Nr. 12.)**

Ein auch in feuchten Kellern festhaftender Etikettenleim wird aus Mehlkleister, Leim, 3% Leinölfirnis und 3% Terpentin erzeugt. **(Dingl. Journ. 192, 263.)**

Einen zum Aufkleben von Flaschenetiketten geeigneten Kleister erhält man, wenn man Tischlerleim in starkem Essig aufweicht, erhitzt und diese Masse während des Kochens mit feinem Mehle verdickt. Er haftet sehr gut und kann in einem weithalsigen Glase mit eingeschliffenem Stöpsel in weichem Zustande ohne zu faulen aufbewahrt werden, so daß man ihn stets zum Gebrauche vorrätig halten kann. Man streicht ihn warm auf. **(Pharm. Zentrh. 1866, Nr. 49.)**

Nach **Seifens.-Ztg. 1910, 1074** erhält man einen Klebstoff für Etiketten, die auf Lager gearbeitet werden sollen und sich nicht rollen dürfen, durch Lösen von 250 Tl. gequellter Gelatine, 50 Tl. Zucker und 10 Tl. Glycerin in 125 Tl. einer konzentrierten, kalten, wässerigen Lösung von Gummiarabicum. Man verdünnt auf 1000 Tl. Wasser und trägt den Klebstoff auf, solange er noch warm ist.

Nach **Seifens.-Ztg. 1911, 658** erhält man einen Etikettenleim aus 150 g in kaltem Wasser eingeweichtem weißen Dextrin, 250 g kochendem Wasser, 30 g verdünnter Essigsäure, 30 g Glycerin und etwas Nelkenöl; oder man löst 200 g weißes Dextrin, 150 g arabisches Gummi, jedes für sich in Wasser und fügt den vereinigten Lösungen 5 g Glycerin, 10 g Zucker und 1/2 g Salicylsäure, zusammen gelöst in 85 g Wasser, hinzu. Statt des Zuckers kann man auch Glucose verwenden.

Zum Ankleben von Etiketten auf Glas, Holz und Papier dient nach **Polyt. Notizbl. 1851, Nr. 6** ein verkochtes Gemenge von 1 1/2 Tl. Leim (als Gallerte), 0,75 Tl. Gummiarabicum und 3 Tl. Zucker.

Als Klebmittel für Papierschilder auf Standgefäßen in Apotheken eignet sich ein verkochtes Gemenge von in kaltem Wasser gequellter Gelatine mit Dextrin. Die Etiketten werden dann mit einer sehr dünnen Gummi- oder Gelatinelösung, und nach dem Trocknen mit Dammarlack überzogen. **(Polyt. Notizbl. 1871, Nr. 12.)**

Zum Aufkleben von Ansichtskarten auf Glas kann man nach **Papierztg. 1912, 1366** entweder eine Lösung von 1 Tl. Eiweiß in 2 Tl. Wasser verwenden oder einen mit einigen Tropfen Essig versetzten Spirituslack. Auch bei Anwendung anderer Klebmittel (Gummiarabicum oder Schellack) muß die Glasfläche vollständig eben sein und man muß Sorge tragen, daß die etwa gebildeten Luftblasen durch Streichen mit dem Gummiquetscher entfernt werden. Man trocknet die Glasplatten mit der Karte nach oben an der Luft bei gewöhnlicher Temperatur und nicht in künstlicher Wärme oder an der Sonne.

Um Shirting auf Papier zu kleben, verwendet man nach **Papierztg. 1912, 220** ein Gemenge irgendeines Stärkekleisters mit neutralem Pflanzenleim.

Ein vorzügliches Klebemittel für Papier auf Leder, Metall oder Papier erhält man nach **R. Kayser, Bayer. Ind.- u. Gew.-Bl. 1888, 285** durch Auflösen von 30 g Kandiszuckerpulver in 100 g Natronwasserglas.

Nach einem Referat in **Seifens.-Ztg. 1913, 644** wird ein durchsichtiger Kitt, der sich besonders zum Aufkleben von Bildern auf Glas eignet, erhalten durch Verschmelzen von 34 Tl. Mastix mit einer Lösung von 1 Tl Kautschuk in 60 Tl. Chloroform auf dem Wasserbade. Nach mehrtägigem Stehen in der Wärme ist die Mischung gebrauchsfertig und wird mit einem Pinsel aufgetragen.

143. Papier-Metallklebstoffe.

Zur Befestigung von Etiketten auf Weißblech verwendet man nach **M. Schuster, D. Ind.-Ztg. 1878, 141** ein Gemenge der wässerigen Lösung von Antimonoxydhydrat in Weinsäure mit wässerigem Kleister; es entsteht ein unlösliches, basisches, weinsaures Salz, das die Verbindung vermittelt.

Um Papierschilder auf Blech zu kleben, muß letzteres nach **Seifens.-Ztg. 1911, 1283** zunächst mit Schmirgelpapier oder durch leichtes Anätzen gerauht werden. Es haftet dann jedes Klebmittel, besonders wenn man ihm einen Zusatz von 10% einer gesättigten Chlorcalcium- oder Aluminiumsulfatlösung beigibt, um den tierischen, Stärke-, Dextrin- oder Weizenmehlleim elastischer zu machen. Man kann sich auch einer mit Essigsäure versetzten Leimlösung oder einer Lösung von 50 Tl. Gummiarabicum in 70 Tl. kaltem Wasser bedienen, der man 5 Tl. Glycerin, 10 Tl. Essigsäure und 3 Tl. schwefelsaure Tonerde beigegeben hat, oder man stellt eine Lösung her aus Leim, Essigsäure und 5% Glycerin, der man das halbe Gewicht einer 10proz. Kaliumbichromatlösung beifügt.

Nach **Seifens.-Ztg. 1911, 55** erhält man einen guten Blechdosenkleister aus 40 g Alaun, 40 g Boraxpulver, 2400 g Weizenmehl und 3600 ccm Wasser. Man erwärmt bis die Verkleisterung eintritt und setzt langsam 220 g Salzsäure hinzu.

Diese sauren Klebmittel haben den Nachteil, daß sie zerstörend auf das Papier einwirken. Man ersetzt daher die Säure zweckmäßig durch geringe Glycerinmengen, wodurch ein vollständiges Austrocknen des Klebstoffes und damit ein Abfallen der Etiketten vermieden wird. Man versetzt z. B. eine Lösung von 6 Tl. Gummiarabicum und 2 Tl. Tragantgummi, jedes für sich in der gleichen Menge Wasser gelöst, nach dem Filtrieren mit 6 Tl. Glycerin, dem man etwas Thymol beifügt, und verdünnt das Ganze mit Wasser zur gewünschten Konsistenz. Weitere Vorschriften über Klebstoffe, die, ohne diese Zusätze zu enthalten, dennoch ein gutes Haften der Papieretiketten auf Blech bewirken sollen und die als wirksame Bestandteile Dextrin, Stärkezucker, Roggenmehl, Tragant usw. enthalten, sind in **Seifens.-Ztg. 1908, Nr. 8** u. **9** angegeben.

Eine gute Vorschrift zur Herstellung eines Klebmittels für Papier auf Blech veröffentlicht ferner **F. Münchow** in der **Pharm.-Ztg. Berlin,** Ref. in **Seifens.-Ztg. 1912, 698.** Die Grundmasse des Klebmittels besteht wie auch in einigen der folgenden Vorschriften aus Tischlerleim, Essigsäure, Weizenstärke und Gummilösung.

Zur Befestigung von Papierschildern auf Blechdosen wird nach **Seifens.-Ztg. 1911, 32** ein Leim aus 20 kg weißem Dextrin, 50 kg Wasser und 3 kg Glycerin verwendet. Nach dem Erkalten setzt man 3 kg denaturierten Spiritus hinzu und läßt die Masse 2 Tage stehen.

Um Papier dauernd auf Blech zu befestigen, mischt man nach **Seifens.-Ztg. 1910, 1074** eine Lösung von 2 Tl. Gummitragant in 16 Tl. kochendem Wasser und gesondert 6 Tl. Mehl und 1 Tl. Dextrin in 4 Tl. kaltem Wasser, gießt beide Lösungen in 24 Tl. kochendes Wasser, fügt schließlich 1 Tl. Glycerin und 1 Tl. Salicylsäure zu und läßt 4 Minuten kochen.

Nach **Seifens.-Ztg. 1911, 144** wird ein Klebmittel für Papierschilder auf Blech erhalten durch Lösen von 5 Tl. Gummiarabicum in 10 Tl. kochendem Wasser. Man verkocht dann weiter mit 15 Tl. Stärkezuckersirup und setzt der erkalteten Mischung 1 Tl. Essigsäure zu.

Zum Aufkleben von Papier, Holz und Leder, besonders auf blanke Blechdosen, verwendet man einen Brei von 100 Tl. Preßhefe mit einer Lösung von 1 Tl. Ätznatron in 2,5 Tl. Wasser. Für Anstrichzwecke wird die Masse gefärbt oder ungefärbt mit Leinöl emulgiert oder mit Wasserglas usw. vermischt. **(D. R. P. 224 443.)**

In **Techn. Rundsch. 1906, 228** wird außerdem empfohlen, die auf Blech befestigten Etiketten nachträglich mit einem farblosen alkoholischen Harzlack zu überziehen und diesen besonders an den aufliegenden Kanten in dickerer Schicht aufzutragen, um so zu verhüten, daß die Etiketten abfallen. Eine Spiritus-, Schellack- oder Dammarlösung soll in richtiger Weise aufgebracht, sogar das Einstellen der Blechflaschen in heißes Wasser ermöglichen, ohne daß die Papierblätter sich ablösen.

Die Herstellung von Klebstoffen zum Aufkleben von Papierpausen auf Zinkblech, ebenso wie zum Befestigen von Papier auf Stahlblech, ist in **Techn. Rundsch. 1911, 82** u. **83** beschrieben. Im allgemeinen dienen zur Herstellung dieser Klebstoffe alle Materialien, die man auch sonst verwendet, doch ist natürlich Bedingung, daß die betreffenden Harz-, Stärke-, Dextrinlösungen usw. nicht sauer sind und auch während des Lagerns nicht zur Säurebildung neigen.

Über die Befestigung von Pigmentpapier auf Metallflächen mittels einer Gelatineschicht siehe **D. R. P. 267 501.**

Nach **Techn. Rundschau 1909, 712** eignet sich zum Aufkleben von Papier auf Blei entweder ein Asphaltkitt, dem man zur Erhöhung der Geschmeidigkeit etwas Kautschuklösung und zur schnelleren Erhärtung eine alkoholische Schellacklösung zusetzt oder ein Marineleim, dessen Zusammensetzung im Abschnitt „Pflanzenleime“ **[496 ff.]** beschrieben ist. Die völlig vom Oxyd befreite Bleifläche soll vor dem Kleben erwärmt werden, auch soll der Prozeß sich in einem warmen Raume vollziehen, worauf man die völlig untrennbare Vereinigung der beiden Materialien durch warmes Pressen bewirkt.

Einen gegen heißes Öl widerstandsfähigen Kitt zwischen Eisen und Papier erhält man nach **Seifens.-Ztg. 1913, 16** durch Anwendung eines dünnen Teiges aus 4 Tl. 30grädiger Natronwasserglaslösung, 1 Tl. Stärkesirup und der nötigen Menge feinstgepulverter, trockener Schlämmkreide.

Zum wasserdichten Aufkitten von Papier, Pappe, Gewebematerial oder anderen porösen Stoffen auf Metalle verwendet man ein Gemenge von Kaolin, Schlämmkreide oder anderen Füllstoffen mit künstlichem Harz, z. B. aus Phenol und Formaldehyd oder aus Cumaronharz gelöst in Alkohol, Benzol usw. Diese Klebmittel sind zäher und elastischer als die sonst verwendeten Naturharzkitte. **(D. R. P. 304 752.)**

144. Spezialpapierklebstoffe. Besondere Vorkehrungen.

Zum Kleben von paraffiniertem, mit Aluminiumpulver metallisiertem Papier verwendet man nach **Papier-Ztg. 1912, 656** am besten eine Lösung von 30 g venezianischem Terpentin in 100 g Spiritus und eine Lösung von 1 kg blondem Schellack in 1 l 95proz. Spiritus. Die Lösungen werden vereinigt, worauf man den langsam trocknenden Lack ohne weiteres als Klebstoff verwendet. Durch Hinweglassung des Terpentins trocknet der Klebstoff zwar schneller, doch wird seine Klebkraft etwas verringert. Am besten ist es, die Verpackung, z. B. von Schokolade, in dieses Papier so einzurichten, daß Metallseite auf Metallseite kommt.

Zum Kleben von paraffiniertem Papier wird am besten eine Lösung von kaltgequelltem Lederleim mit Bichromat verwendet. **(Seifens.-Ztg. 1912, 926.)**

Zum Befestigen von gefettetem Papier (Paraffinpapier) auf anderen Körpern bedient man sich nach **Seifens.-Ztg. 1908, Nr. 8** u. **9** der sog. überfetteten Klebmittel oder der bekannten Kautschuklösungen oder einer Kombination beider. Ein überfettetes Klebmittel erhält man beispielsweise aus einem mit heißem Wasser erhaltenen klumpenfreien Roggenmehlbrei, dem man so viel einer Leimlösung 1 : 9 beifügt, daß eine dickliche Flüssigkeit entsteht. 3 Tl. dieser Mischung versetzt man mit einer Lösung von 1 Tl. Terpentin in 10 Tl. Leinöl, der man noch 1 Tl. Terpentinöl und evtl. noch Kautschuklösung zufügt.

Zum Verkleben von Ölpapier mit Eisen eignet sich nach **Techn. Rundsch. 1913, 255** am besten ein magerer, schnell trocknender Öl- oder Spritlack, doch kann man mit demselben Erfolg auch Bindemittel, z. B. aus 50 Tl. amerikanischem Harz, 10 Tl. Manilakopal, 4 Tl. Guttaperchaabfall und 6 Tl. Leinölfirnis verwenden. Die abgekühlte Mischung wird mit 30 Tl. Benzin oder Tetrachlorkohlenstoff verdünnt.

Verschiedene Vorschriften zum Befestigen von gefirnißtem Seidenpapier auf Metall, z. B. mit einer Lösung von 20 Tl. Schellack, 3 Tl. Elemiharz und 3 Tl. venezianischem Terpentin in 74 Tl. 96proz. Spiritus sind in **Techn. Rundsch. 1913, 239** angegeben.

Zum Kleben von Etiketten aus Papier, das mit Asphalt oder Teer bestrichen ist, verwendet man nach **Papierztg. 1912, 1469** einen mit Terpentinöl verdünnten Kopal- oder Dammarlack. Oder man mischt nach **S. 1537** gleiche Teile von syrischem Asphaltlack, venezianischem Terpentin und Kopallack, bestreicht die Etiketten mit diesem warmen Klebstoff und drückt sie noch warm auf das Teerpapier auf.

Zur Herstellung von mit Fettstoffen imprägnierten bedruckbaren und klebefähigen Papieren, Pappen und Geweben behandelt man die Stoffe einseitig mit fettabstoßenden Flüssigkeiten, um das Durchschlagen des Tränkungsmittels auf diese Papierseite zu verhindern. Man kann so eine einseitig getränkte und anderseitig mit Klebstoff versehene Bahn mit einer anderen vereinigen, wobei zweckmäßig die Tränkung nach der Vereinigung beider Bahnen vor dem Trocknen des Klebstoffes stattfindet. **(D. R. P. 324 705.)**

Halbwegs durchscheinende Stoffe, wie Papier, Gewebe, dünnes Leder oder Holzfurniere lassen sich durch Bestreichen mit Chromatleim und folgende intensive Durchlichtung wasserfest und untrennbar vereinigen. **(D. Ind.-Ztg. 1871, Nr. 18.)**

Zum Kleben bronzierter Papieretiketten ist es nach **Techn. Rundsch. 1912, 655** anzuempfehlen, statt der leicht sauer werdenden organischen Leime eine 15grädige Kaliwasserglaslösung oder eine Lösung von 10 Tl. Gummi arabicum in 50 Tl. Wasser gemischt mit einer Auflösung von 4 Tl. Aluminiumsulfat in 36 Tl. Wasser zu verwenden.

Ein wasserfester Leim, der zur Verbindung von Zigarettenpapier und Korkpapier dient, wird nach **Techn. Rundsch. 1911, 514** hergestellt aus einer Lösung von 26 Tl. weißer, in 66 Tl. Wasser gequellter Gelatine und 8 Tl. einer konzentrierten Alaunlösung. Das Klebemittel muß sofort verarbeitet werden, da ein mit Alaun versetzter Leim bei längerem Stehen seine Klebefähigkeit verliert. Weitere Vorschriften finden sich im Original.

Nach **Papierztg. 1912, 331** muß ein Klebstoff für Seidenpapier möglichst rasch verdunsten, da diese dünnen Papiere häufig fast nicht geleimt sind, so daß sie einen wässerig gelösten Klebstoff rasch aufsaugen, der dann durchschlägt. Es wird daher empfohlen, Dextrin oder Gummi arabicum in breiartig wässeriger Anschlämmung mit Alkohol als Klebmittel zu verwenden und außerdem durch Zusatz einer geeigneten Teerfarbe den immerhin an einigen Stellen durchtretenden Klebstoff an den geklebten Stellen zu verdecken.

Um ein Klebemittel für Kartons zu erhalten, löst man nach **Seifens.-Ztg. 1911, 144** 2 Tl. Borax in 100 Tl. kaltem Wasser, verrührt mit 30 Tl. Casein, läßt 1 Stunde quellen, erhitzt unter Rühren im Wasserbade auf 60—70°, gibt nach dem Erkalten langsam 12 Tl. Salmiakgeist (0,91) und schließlich 10 Tl. denaturierten Spiritus und Wasser bis zur gewünschten Konsistenz hinzu.

Um nasse Pappen zu kleben, empfiehlt es sich nach **Techn. Rundsch. 1910, 516** einen Kitt aus Casein und Weißkalk zu verwenden, dem man evtl. etwas geschlagenes Schweineblut und eine kleine Menge venezianischen Terpentin zusetzt. Die Erhärtung dieses Kittes muß durch langsames Trocknen in der Weise erfolgen, daß sich die Pappe nicht zieht und durch diese Spannung die Kittung zerreißt. Am besten preßt man die mit dem Kitt bestrichene nasse Pappe mit gelindem Druck auf die Unterlage an.

Die Härte und Sprödigkeit geklebter Papiertüten läßt sich nach **Th. Knösel, Techn. Rundsch. 1907, 551** dadurch beseitigen, daß man die fertigen Tüten oder Beutel nach dem Trocknen über eine scharfe Stahlkante zieht oder sie ein geriffeltes Walzenpaar in zwei Richtungen passieren läßt, wodurch die Klebschicht feine, kaum sichtbare Risse erhält, die genügen, um das Produkt weicher zu machen. Nach **F. Hansen, Techn. Rundsch. 1908, 409** ist dieses Verfahren des vielfachen Brechens der Gummischicht zur Verhütung des Rollens von Etiketten auch bei den deutschen Postmarken in Verwendung, doch kann man auch durch Zusätze zum Klebstoff die physikalischen Eigenschaften der aufgestrichenen Schicht in dem gewünschten Sinne verändern. So soll sich z. B. ein geringer Zusatz der Lösung einer neutralen Natronkernseife, die völlig frei von Mutterlauge sein muß, zum Klebstoff sehr gut eignen; der Seifengeschmack und -geruch werden durch Zusatz von Rohrzucker bzw. durch leichtes Parfümieren behoben.

Um zu verhüten, daß gummierte Briefumschläge durch Befeuchtung geöffnet oder Briefmarken abgelöst werden, wird in **A. P. 191 420** empfohlen, 2 Lösungen zu verwenden, und zwar bestreicht man die Umschlagsklappe bzw. die Briefmarke mit einer Lösung von 1 Tl. Essigsäure und der nötigen Hausenblasenmenge in 7 Tl. Wasser und die zugehörigen zu klebenden Stellen des Umschlages selbst, mit einer Lösung von 2,5 g krystallisierter Chromsäure und 15 g Ammoniak in 15 g Wasser, der man 10 Tropfen Schwefelsäure, 30 g schwefelsaures Kupferoxydammoniak und 4 g feinen, weißen Papierbrei zusetzt. Durch Vereinigung der beiden eingetrockneten Substanzen in feuchtem Zustande wird ein in Säuren, Alkalien usw. unlöslicher Kitt geschaffen.

Eine Anstrichmasse für die Bildseite von Brief-, Stempel- oder anderen gummierten Marken, die das Zusammenkleben der Marken durch die Körperwärme verhindern soll, besteht aus der Lösung von 5 g Stearinsäure und 28 g palmitinsaurem Aluminium in 240 ccm Benzin und 240 ccm Terpentinöl oder auch in 450 ccm Benzin und 30 ccm Terpentinöl. In letzterem Falle entsteht eine zähere Masse, die sich zum Überziehen ganzer Bogen mittels Walzen eignet. **(D. R. P. 158 911.)**

Papierfüllung und -färbung.

145. Allgemeines über Papierfüllung und -beschwerung.

Wertvolle Angaben für die Prüfung und den Kauf von Papierfüllstoffen (Talkum, Asbestin, Gips, Kreide, Schwerspat, Glanzweiß aus Kalkmilch und schwefelsaurer Tonerde, Satinweiß, das ist ein Gips-Calciumaluminatgemenge, kohlensaure Magnesia und Barit, Stärke, Protamol und Gelatine) macht **E. Belani** in **Papierfabr. 1908, 2826, 2881, 2941.**

Gewisse Stoffe wie z. B. Kaolin, Schwerspat, Gips, Stärke, Asbest haben die Eigenschaft, sich in feinverteilter Form zwischen den Papierfasern abzulagern und sich durch die Leimung untrennbar mit dem Papier verbinden zu lassen. Man setzt die genannten Stoffe als solche zu, oder erzeugt sie durch chemische Wechselwirkung von Salzlösungen innerhalb der Fasermasse. Je nach der Wahl des Füllmaterials gelangt man so zu Papiersorten, die sich durch besondere Glätte oder durch rauhe Oberfläche usw. auszeichnen. Manche dieser Papiere, die für den Illustrationsdruck bestimmt sind, enthalten bis zu 30% Füllstoff.

Die Füllstoffe des Papiers dienen nicht, wie bei der Seife, zur Täuschung des Käufers bzw. zur Verbilligung der Ware, sondern sie sind für viele Papiersorten ein wesentlicher Bestandteil insofern, als Druckpapiere ohne Füllstoffzusatz durchschlagen würden und ihre beiderseitige Bedruckbarkeit überhaupt nur dem Füllmaterial verdanken. Auch Schreibpapiere werden durch die Füllung elastischer und im ganzen günstig beeinflußt, nur Packpapiere sollen ungefüllt bleiben, da der Zusatz der mineralischen Stoffe die Reißfestigkeit des Papiers herabsetzt. Von Bedeutung ist auch die Mahlungsart des Papierstoffes, da schleimiger Stoff als Folge von Adsorptionserscheinungen, die Füllstoffe fester hält als röscher Stoff. Letzterer erhält für vorliegenden Zweck die gleiche Eigenschaft wie schmieriger Stoff, wenn man Stärkekleister oder andere Substanzen zusetzt, die die Verwandtschaft zwischen Füll- und Faserstoff erhöhen. Normale Druckpapiere werden daher durchschnittlich 15%, Schreibpapiere 20%, Autotypiepapiere 35% und mehr und Papiere für Spezialzwecke bis zu 85% Asche enthalten. Diese letzteren Sorten zeigen äußerlich kaum ein verändertes Aussehen, brechen jedoch leicht beim Knicken und sind besonders als Tütenpapiere für den Kleinverkauf von Kanditen und Schokoladen beliebt, da sie sehr schwer wiegen. **(Wochenbl. f. Papierfabr. 50, 981.)**

Von den einzelnen Papierfüllstoffen wird Kreide ebenso wie Glanz- und Satinweiß als Holländerzusatz kaum mehr verwendet, da sie die Leimung durch Bildung von Kalkseifen stören. Die kohlensaure Magnesia gelangt nicht als Magnesit zur Anwendung, sondern wird im Holländer durch Fällung von Magnesiumsalzlösung mit Soda erzeugt und befördert, in den richtigen Mengenverhältnissen angewendet, das Fortglimmen des Zigarettenpapiers bzw. vergrößert die Saughöhe des Löschpapiers. Ebenso gelangt auch Bariumcarbonat nicht als Witherit zur Anwendung, sondern wird durch Fällung von Bariumchlorid und Soda erzeugt und darf dann nur für Papiere angewendet werden, bei denen es auf Leimfestigkeit nicht ankommt. Auch Schwerspat wird als Pulver gar nicht, häufiger in Teigform zugesetzt, am besten jedoch ebenfalls durch Wechselzersetzung von Bariumchlorid und Glaubersalz erzeugt. Gefälltes Bariumsulfat, also Blanc fixe, hat als Füllmittel überdies den Vorteil, den Weißton von Druckpapieren zu heben. Bei der Verarbeitung von Kaolin ist es wichtig, festzustellen, ob er keine Kalksalze enthält, die dann ebenfalls wie Kreide die Leimung stören. **(E. Belani, Papierfabr. 1908, 2826, 2881 u. 2941.)**

Über den Zusatz von Ton zur Papiermasse bei Herstellung ungeleimter Papiere siehe **L. Müller** in **Dingl. Journ. 123, 437.**

Unter den Papierfüllstoffen eignet sich Asbestin, obwohl seine Verwendung die geringsten Verluste bedingt, des hohen Preises wegen nur für bessere Marken und kann ohne Schaden durch die wesentlich billigeren Bariumpräparate ersetzt werden. Schwerspat, Blancfixe und Talkum werden vorteilhaft nur für dicke Papiere oder Kartons, Annalin und Gips im Gemisch mit Kaolin für billige Druckpapiere verwendet. Auch verschiedene Tonarten und Gipssorten getrennt eignen sich für die spezielle Verwendung. Gips schadet der Papierleimung nicht und der Füllstoffverlust ist bei Gips nicht größer als bei Kaolin. (Ref. in **Zeitschr. f. angew. Chem. 28, 86.)**

Unter den Papierfüllstoffen ist Talkum seiner schmierigen Beschaffenheit wegen den meisten anderen Stoffen, vor allem dem Gips und Kaolin, aber auch dem Asbestin gegenüber überlegen, da speziell der letztere Füllstoff wegen seiner Langfaserigkeit die Verfilzungsinnigkeit des Talkums nicht erreicht. Schon in den ältesten ägyptischen Papyri ist Talkum nachgewiesen worden und auch die arabischen Papiere des 8. Jahrhunderts verdanken ihre hohe Leimfestigkeit der Mitverwendung dieses Silicates. **(P. Ebbinghaus, Wochenbl. f. Papierfabr. 1918, 2235, 2447, 2612, 2680.)** Vgl. **A. Grohmann, Chem.-Ztg. 43, 51.**

Die Bedeutung des Talkums als Papierfüllmittel geht auch daraus hervor, daß man mit hochwertigen kalk- und glimmerfreien Sorten des Silicates Cellulosepapieren den Charakter von Hadernpapier oder Alfapapier zu verleihen vermag.

In **Papierztg. 45, 811** bringt **P. Ebbinghaus** eine Vorschrift zur Herstellung eines dem Leinenlumpenpapier ähnlichen, zum Bedrucken und Beschreiben geeigneten Papiers mit Talkum als Füllstoff. Ausführliche Angaben in: Rosenberg, H., Talkumbrevier für Papiermacher. Frankfurt a. Main 1914.

Allgemein gilt, daß die Fällung des Füllstoffes im Stoff selbst die beste Art der Füllung ist, da die dadurch bedingte feine Verteilung der Füllstoffe ihr langsameres Absetzen und dadurch geringere Verluste bewirkt. Faserige Füllstoffe werden bis zu 90% vom Stoff festgehalten und sind daher den staubartigen vorzuziehen. Zur Bindung der Mineralstoffe verwendet man zuweilen Stärke, die zwar teuer ist, jedoch Füllstoffverlusten vorbeugt; ihre Anwendung ist Kalkulationsfrage. Von letzterem Standpunkte aus sind Anlagen zur Wiedergewinnung von Fasern und Füllstoffen stets anzuempfehlen, da sie sich in kurzer Zeit bezahlt machen. **(Papierfabr. 1907, 1048, 2088.)**

Bei Herstellung von Papier für Illustrationsdruck aus schmierigem Feinschliff kann man die Ganggeschwindigkeit der Papiermaschine um 80% erhöhen, wenn man der Masse im Holländer statt wie üblich 15%, 30% Füllstoff zusetzt. Dadurch läßt sich auch die Harzleimung ausschalten und die Siebe und Filze erfahren eine Verlängerung ihrer Lebensdauer um etwa 25%. **(Wochenbl. f. Papierfabr. 46, 1043.)**

Zeitungspapier wird fast gar nicht beschwert, da die der großen Produktion wegen schnell laufende dünne Papierbahn nicht viel Füllstoff verträgt und größere Mengen des Füllstoffes ohne großen Verlust überhaupt nicht aufzunehmen vermag. Die Aufnahmefähigkeit für Füllstoff erscheint besonders ausgeprägt bei Fasern von Hedychium coronarium, deren gelatinöse, in reicher Zahl vorhandene Parenchymzellen große Mengen Füllstoff aufzunehmen vermögen. Das auf diese Weise mit 40, sogar 50% Füllstoff hergestellte Hedychiumpapier zeigt, was Festigkeitseigenschaften anbetrifft, Ähnlichkeit mit stark beschwertem Indiapapier. In **J. Dyers a. Col. 33, 89** bringen **Cl. Beadle** und **H. P. Stevens** genaue Angaben über die Festigkeiten dieses und anderer Papiere mit hohem Füllstoffgehalt.

Charakteristisch für das Verhalten eines Papierfüllstoffes ist die Sedimentierprobe, aus der sich ergibt, daß durchaus nicht stets der feinstverteilte Füllstoff, z. B. Tonerde, die beste Ausbeute gibt. Der Zellstoff adsorbiert allerdings den Füllstoff kräftig, wenn aber das Adsorptionsvermögen erschöpft ist, so bleiben auch die feinsten Teilchen nicht mehr haften, sondern gehen ins Siebwasser. **(J. Westergren, Papierfabr. 1911, 217.)**

146. Papierfüllung, Ausführungsbeispiele.

Zur Herstellung von undurchsichtigem, gut bedruckbarem, hochgefülltem Papier bringt man zwischen zwei noch feuchte Bahnen aus nichtbeschwertem Papier Kaolin, Schwerspat oder ein ähnliches Füllmaterial durch Zerstäubung einer feinen Aufschlämmung auf und gautscht die beiden Bahnen zusammen. **(D. R. P. 256 093.)**

Über die Verwendung des phosphorsauren Kalkes als Beschwerungsmittel bei der Papierfabrikation siehe **Richardson, Polyt. Zentr.-Bl. 1862, 558.**

Ein weißes, als Füllstoff für Papier verwendbares Pulver erhält man nach **E. P. 5155/1881** durch Versetzen einer Lösung von schwefelsaurer Magnesia mit Kalkmilch.

Zur Herstellung eines Füllstoffes für die Papierfabrikation behandelt man nach **D. R. P. 151 385** eine Lösung von Magnesiumsulfat mit Kalkmilch oder Ätzbarytlösung und leitet Kohlensäure im Überschuß ein. Das gebildete Magnesiumbicarbonat wird durch Erhitzen auf 160—170° unter hohem Druck in neutrale kohlensaure Magnesia umgewandelt, die sich in der körnigen Form, in der sie ausfällt, besonders gut mit der Papiermasse vereinigt.

Als Füllmasse für den Papierbrei verwendet man nach **D. R. P. 184 465** ein Gemenge von fein gepulvertem, rohem Naturgips mit gebranntem Naturgipspulver.

Zur Herstellnng von höchst feinverteiltem Gips, als Papierfüllmittel früher unter dem Namen Annalin bekannt, rührt man gebrannten gepulverten Gips mit der zwölffachen Wassermenge bis zur rahmartigen Konsistenz, schleudert das Wasser ab und verwendet die nassen Kuchen. Das Präparat setzt, mit Wasser angeschlämmt, auch bei 24stündigem Stehen nicht ab. **(Varrentrapp, Polyt. Zentr.-Bl. 1863, 273.)**

Nach **D. R. P. 231 256, Zusatz** zu **D. R. P. 217 257** wird die Aufnahmefähigkeit der Papierfaser für Farbstoffe erhöht, wenn man der Papiermasse im Holländer neben der teueren schwefelsauren Tonerde, schwefelsaure Magnesia und Natriumbisulfat zusetzt.

In **A. P. 1 029 131** wird empfohlen als Füllmaterial für Papier ein nicht poröses, festes, das Papier zugleich glättendes und leimendes Material zuzusetzen, das man durch Vermischen von säurefreiem Aluminiumsulfat (aus Schwefelsäure und Bauxit), überschüssigem Magnesiumsulfat und etwa 30% Wasser herstellt. Der aus diesem Gemisch erhaltene feste Kuchen soll die den harzigen Leim niederschlagenden Metalloxyde in der Menge von etwa 22% enthalten.

Um das bei der normalen Papierleimung entstehende Natriumsulfat, dessen Lösung bisher ungenutzt abfloß, nutzbar zu machen, setzt man dem geleimten Stoff im Holländer eine äquivalente Menge Calciumchlorid zu, wodurch Gips ausgefällt wird, der mit der Faser fest verbunden als Papierfüllmittel dient. **(D. R. P. 354 544.)**

Da der als Füllmittel für Papier vielfach verwendete schwefelsaure Kalk in gebranntem Zustande häufig Schwefelcalcium enthält, das die Faser nachteilig beeinflußt, reinigt man ihn nach **D. R. P. 252 413** durch Verrühren mit je 2—3 Tl. chemisch reiner Schwefelsäure und schwefelsaurer Tonerde.

Als Füllmaterial für Papier eignet sich nach **D. R. P. 258 866** reiner Kalk in Form von Kalkmilch, der beim Lagern des Papiers allmählich in Calciumcarbonat übergeht und dadurch seine ätzenden Eigenschaften verliert, so daß die Festigkeit der Papiere nicht leidet. Im allgemeinen bedarf ein solches Papier keiner weiteren Leimung.

Nach **D. R. P. 269 054** füllt man die Papiermasse mit Kalkspatpulver und soll so erreichen, daß sich das Carbonat mit der beim Leimungsprozeß frei werdenden Schwefelsäure zu Gips umsetzt, während die freiwerdende Kohlensäure auf die Harzseife einwirkt und ihre Leimkraft verbessert.

Über das Talkum als Ersatz für andere Binde- und Füllmittel (Stärke, Casein, Wasserglas) in der Papierfabrikation, besonders bei Herstellung der Lithographie- und Kunstdruckpapiere, siehe **H. Rosenberg,** Festnummer des **Wochenbl. f. Papierfabr. 1912.**

Zur Erhöhung der Füllstoffausbeute setzt man dem üblichen Gemenge von 30 Tl. Baryt und 120 Tl. Wasser eine Lösung von 8 Tl. Wasserglas in 10 Tl. Wasser zu, fügt dann noch langsam 1,04 Tl. 60grädige Schwefelsäure bei und setzt die Mischung im Kollergang oder vor dem Leimen im Holländer zu. **(Papierfabr. 10, 1456.)**

Auf die Möglichkeit der Erzeugung des Blancfixe im Holländer selbst durch Ausfällung von zugesetztem Bariumchlorid mit Glaubersalz wies zum ersten Male **Varrentrapp (Jahr.-Ber. f. chem. Techn. 1865, 671)** hin.

Ein völlig neutrales, zugesetzte Farben nicht beeinflussendes Papierfüllmittel erhält man nach **D. R. P. 10 397** durch Lösen von Zinkoxyd in einer Lösung von Tonerdesulfat unter Erwärmung.

In **D. R. P. 257 853** wird empfohlen, statt der üblichen, durch das Wasser leicht wegschwemmbaren Papierfüllmittel, handelsübliche Schlackenwolle zu benützen, die man durch Zerstäuben der Hochofenschlacken gewinnt.

Als Füllmaterial für Papiermasse verwendet man nach **D. R. P. 349 882** suspendierte kolloidale Kieselsäure, die man aus Wasserglas und feinen wässerigen Suspensionen von Mineralsalzen erhält. Durch weiteren Zusatz von Magnesiumchloridlauge, Säuren oder Salzen wird die Schwebefähigkeit des Kieselsäuresols noch gesteigert.

Zur Herstellung einer papierartigen Masse verarbeitet man Zuckerrübenbrei oder -schnitzel, aus denen die nicht in Form von Cellulose vorhandenen Stoffe ausgeschieden wurden, in der Wärme mit einer alkalischen oder erdalkalischen Base und dann mit einer Sodalösung. Die Masse wird am besten als Zusatz zum Papierbrei verwendet. **(D. R. P. 154 754.)**

Über Herstellung einer schleimigen, als Zusatzstoff bei der Papier- oder Pappefabrikation geeigneten Masse aus Sägespänen siehe **D. R. P. 153 869.**

Nach **D. R. P. 193 909** wird dem Papier während der Herstellung statt der üblichen Füllstoffe (Holzschliff, Tonerde, Kreide usw.) strukturlose Hydro- und Oxy-Cellulose zugesetzt. Diese kann auch in gefärbtem oder ungefärbtem Zustande, mittels eines Bindemittels als Deckschicht, auf das Papier aufgetragen werden. Zur Herstellung besonders fester Papiere vermahlt man den Stoff unter Zusatz von Altpapier, Celluloseabfällen oder anderen schleimig vermahlbaren Materialien kurze Zeit im Holländer. **(D. R. P. 304 498.)** Nach dem Zusatzpatent setzt man dem Papierbrei zur Erzeugung besonders dichter und fester Papiere schleimige oder schleimbildende Stoffe zu, die aus mit Chlor und Wasser unter Erwärmung vorbehandeltem Altpapier, Holz- oder Zellstoffabfall durch kurze Mahlung in Gegenwart von Wasser erhalten werden. **(D. R. P. 319 826.)** Nach dem weiteren Zusatzpatent erzeugt man die dem Papierbrei zuzusetzenden schleimigen oder schleimbildenden Stoffe aus sauer vorbehandeltem Altpapier oder Zellstoffabfall durch mechanische Bearbeitung im Kollergang. **(D. R. P. 323 745.)**

Über Behandlung von Stärke mit Oxalsäurelösung für die Papierfüllung siehe **F. P. 454 546.**

Zur Herstellung von Druckpapieren setzt man der Masse nach **D. R. P. 150 866** Saponin oder Äsculin zu, um die Oberfläche des Papiers zur Aufnahme von Farben geeignet zu machen und seine Geschmeidigkeit zu erhöhen.

147. Beziehungen zwischen Füllung und Färbung.

Über die Adsorptionsfähigkeit der Talke und Kaoline siehe **P. Rohland, Zeitschr. f. Kolloide 15, 180.**

Von den Füllstoffen für Papier werden die Silicate (Asbestin, Talkum, Kaolin, Chinaclay und böhmische Erde) von basischen und substantiven Farbstoffen am besten angefärbt und die Färbungen sind beim Waschen der gefärbten Füllstoffe beständig, während saure Farbstoffe nur in geringem Maße aufziehen und dann fast völlig wieder auswaschbar sind. Da Blancfixe andererseits nur wenig Farbstoff aufnimmt, und die aufgenommenen basischen und substantiven Farbstoffe sich leicht wieder auswaschen lassen, kann als allgemein geltend angenommen werden, daß der zum Färben von Papierstoff am besten geeignete Farbstoff sich auch am besten als Farbe für den Füllstoff verwenden läßt, besonders dann, wenn man kolloidreiche Silicate als Füllstoffe zusetzt, da der ganze Vorgang im Sinne **P. Rohlands** ein kolloidchemischer ist. Derselbe Grundsatz der Auswahl von Farbstoff und Füllstoff gilt ebenso für die Papierstreicherei, wohl noch in erhöhtem Maße, da Füllstoffe und Farbstoffe hier mit dem kolloidalen Leim zusammen verwendet werden. **(E. Heuser, Wochenbl. f. Papierfabr. 45, 2288 u. 2470.)**

Je höher das Adsorptionsvermögen der betreffenden Kaolinsorte ist, also je höheren Kolloidgehalt das Kaolin zeigt, desto geeigneter ist es zum Füllen von Papier, da nur die kolloidale Form es befähigt mit anderen Kolloiden (Casein, Stärke, Dextrin, Leim, vielleicht auch Gips und gewisse Farbstoffe) zu kolloidalen Aggregaten zusammentreten. Einen Maßstab für den Grad der Verwendbarkeit des Kaolins als Papierfüllmittel gewinnt man durch die Feststellung seines Farbenadsorptionsvermögens. Man schüttelt zu diesem Zweck 10 g des zu untersuchenden Kaolins mit 200 ccm einer Teerfarbstofflösung von bekanntem Gehalt, bestimmt nach dem Absetzen die vom Kaolin nicht adsorbierte Farbstoffmenge colorimetrisch und erhält so den Gehalt des Kaolins an Kolloiden. Nach **P. Rohland** eignet sich besonders das Produkt des Kaolinwerkes Hohburg bei Wurzen. **(Papierfabr. 11, 1153.)**

Possaner v. Ehrenthal veröffentlicht als Resultat von Versuchsergebnissen: Die Papierfüllstoffe nehmen ganz allgemein am schlechtesten Eosinfarbstoffe auf. Basische Farbstoffe werden gut adsorbiert von Talkum, Kaolin, Chinaclay und Asbestin, schlechter von Blancfixe. Umgekehrt verhalten sich saure Farbstoffe. Substantive Farbstoffe werden von allen Füllstoffen gleichmäßig, von Blancfixe jedoch am besten aufgenommen. Aus der Adsorption läßt sich jedoch vor Anstellung weiterer Versuche nicht ohne weiteres auf die Eigenschaften der Füllstoffe schließen. **(Wochenbl. f. Papierfabr. 45, 3010 u. 3153.)** Vgl. hierzu die Arbeit von **A. Beckh** in **Papierfabr. 12, 209,** der die auf die Füllstoffe aufziehenden basischen Farbstoffe in ihrer Wirkung vergleicht und dementsprechend die Füllstoffe in basophile (Silicate) und oxyphile (Blancfixe) einteilt. Er empfiehlt als besonders geeignet Auramin O und von sauren Farbstoffen z. B. Wasserblau, Säuregrün, Amidoblau usw. oder auch Gemische von sauren und basischen Farbstoffen (Azosäurerot und Methylenblau), die von den basophilen Silicaten am stärksten Kaolin (schön blau), dagegen Blancfixe rosa und Gips schmutzig violett färben.

Erdfarben haben die Neigung in ungeleimtem und rösch gemahlenem Stoff auf dem Sieb abzusinken, so daß die Unterseite dunkler gefärbt wird, während Leim und schmierig gemahlene Teilchen die Farbe filterartig zurückhalten und der Stoff dann, da von unten Farbe weggesaugt wird, auf der oberen Seite dunkler gefärbt erscheint. Ähnlich verhalten sich die mineralischen Füllstoffe, die ja zugleich Farbstoffe sein können, und nur Teerfarbstoffe oder überhaupt Farbstofflösungen zeigen diese Erscheinung nicht, die man demnach durch passende Mischung von Erd- und Teerfarbstoffen beheben kann. **(J. P. Korschilgen, Papierfabr. 1908, 116.)**

Nach **P. Ebbinghaus** verursacht die große Beschwerung von Zuckerpapieren und Tapetenpapier (Kaolin und Gips) sehr hohen Verbrauch an Teerfarben, während Berlinerblau etwa in gleicher Menge verbraucht wurde, ob man beschwertes oder unbeschwertes Papier verwendete. **(Wochenbl. f. Papierfabr. 46, 660.)**

148. Papierfärberei. Literatur und Allgemeines.

Deutschl. Buntpapier 1/2 1914 E.: 854; A.: 127 606 dz.

Heuser, E., Das Färben des Papiers auf der Papiermaschine. Berlin 1913. — Erfurt, J., Färben des Papierstoffes. Berlin 1912. — Weichelt, Buntpapierfabrikation. Berlin 1909. — Siehe auch die betreffenden Kapitel in den Handbüchern der Papierfabrikation.

Über die Färbung von Papierfasermaterial siehe **A. Richter** in **Zeitschr. ges. Textilind. 1916, Bd. 19, S. 448 u. 459.**

Man färbt Papier auf drei Arten: 1. im Stoff, 2. auf der Bahn, 3. durch Überstreichen des fertigen Papiers mit Farbstofflösungen.

Über das Färben der Papiere im Holländer mit sauren und basischen Farben für geleimten und mit basischen und substantiven, evtl. auch mit den teueren Küpenfarbstoffen für den ungeleimten Stoff, siehe **E. Ristenpart, Wochenbl. f. Papierfabr. 1918, 1178.** Beim Färben des Papierbreies ist zu beachten, daß schmierig gemahlener Stoff, der an und für sich transparenter ist, sich wesentlich tiefer anfärbt und auch wegen der glatten Oberflächenschicht der aus ihm erzeugten Papiere eine dunklere Färbung zeigt. Erdfarben werden dann am besten ausgenützt, wenn man sie mit dem Stoff zusammen bis zum Schmierigwerden des letzteren mahlt, als Folge der Eigenschaft kolloidaler Massen Farben in höherem Maße zu adsorbieren als krystalloide oder, wie in vorliegendem Falle, weniger fein verteilte Materie. **(Wochenbl. f. Papierfabr. 1919, 796.)**

Zum Färben des Papiers auf der Papiermaschine läßt man die fertige Bahn durch ein Farbbad wandern oder überträgt die Farbe mittels der unteren Gautschwalze auf die Bahn oder läßt schließlich die Farbe auf die fertige Papiermasse auffließen. Leuchtende Farbeffekte, besonders behandelte Flächen (Velour-, Samt-, Damastpapier usw.) vermag man nur durch Oberflächenbehandlung des fertigen Papiers zu erzeugen, sie ist Sache einer besonderen, mit dem nicht ganz zutreffenden Namen Buntpapierfabrikation bezeichneten Industrie, die vorwiegend feine Papiere verarbeitet, die wenig Füllstoff und Holzschliff enthalten (Velinpapier). Je nach der Präparierung der Papieroberfläche mit Pigment-, Lasur-, Lack- oder Brokat- (Glimmer-), Farben, Wollstaub, satinierfähigen Anstrichen (Mineralpapier) usw. gelangt man so zu den verschiedenartigsten Handelsprodukten, denen auch die auf mechanischem Wege erzeugten Relief-, Krepp-, Blumen-, Spitzenpapiere usw. zuzuzählen sind. Die Buntpapierfabrikation umfaßt demnach sämtliche Veredlungsprozesse des fertigen, gefärbten oder ungefärbten Rohpapiers.

Zur Herstellung der sog. Buntpapiere werden allgemein Pigmentfarben oder Farblacke **Bd. III [148 ff.]** verwendet, die mit verschiedenen Bindemitteln gemischt und auf das

Papier aufgetragen oder aufgedruckt werden. Als Bindemittel dienen namentlich Stärke, Dextrin, Gummi, Gummi-Tragant, Leim, Gelatine, Casein, Schellack, Albumin usw. Die Pigmentfarben werden durch Fällung von Farbstoffen auf geeignete Substrate hergestellt. Die wichtigsten Substrate für diesen Zweck sind Schwerspat, Tonerdehydrat, Kaolin, Chinaclay, weißer Fixierton und Grünerde. Als Fällungsmittel dienen namentlich Chlorbarium, Bleisalze, Tannin und Harzseife. Zum Färben von Papier nach dem Tauchverfahren bzw. auf der Bahn werden heute fast aus schließlich Teerfarbstoffe angewandt.

Die gestrichenen Papiere werden ein- oder beiderseitig mit einer Schicht meist mineralischer oder farblackartiger Produkte überzogen. Zu ihnen gehört das Kunstdruckpapier, das mit einer z. B. aus Blancfixe bestehenden oder ihm ähnlichen Masse überzogen wird, die geschmeidig genug ist, um alle Feinheiten des Druckes wiederzugeben. Über die Herstellung gemusterter, gestrichener und getauchter Papiere, auch der Phidias-, Trachyt-, Marmor- und Reliefpapiere siehe auch die Arbeit von **E. Ristenpart** in **Wochenbl. f. Papierfabr. 1918, 1173;** vgl. **H. Pool, Farbenztg. 17, 2739:** Über Farben für Buntpapier und die verschiedenen Zusätze, die, wie z. B. Schwerspat, Türkischrotöl, Harzseife oder Leim, wohl die Ausbeute erhöhen, gleichzeitig aber die Farbqualität verringern.

Eine Aufzählung der verschiedenen für Buntpapierfabrikation in Betracht kommenden Teerfarbstoffe findet sich in **Papierfabr. 18, 363.**

Über das Färben von Papier mit Teerfarbstoffen siehe auch die kurzen Angaben von **W. Meisel** in **Zeitschr. f. angew. Chem. 1914, III, 111.**

Über die allgemeinen Grundsätze der Papierfärberei mit Teerfarbstoffen unterrichtet der gemeinverständliche Aufsatz von **V. Prokosch** in **Wochenbl. f. Papierfabr. 47, 916 u. 1054.**

Es sind nicht alle organischen Farbstoffe verwendbar, sondern vorwiegend die wasserlöslichen. Anwendung finden drei Farbstoffgruppen: Die basischen, sauren und substantiven Farbstoffe. Die ersteren ziehen direkt auf der Faser auf, geben leuchtende intensive Färbungen und sind verhältnismäßig billig, haben aber sehr schlechte Echtheitseigenschaften, die durch Beizen (z. B. mit Tannin) etwas verbessert werden können. Die sauren Farben müssen fixiert werden. Die als Beize dienenden Metallsalze, wie Tonerdeverbindungen, sind im geleimten Papier schon vorhanden. Die Färbungen sind nicht so leuchtend wie jene der basischen Farbstoffe, besitzen jedoch bedeutend bessere Echtheitseigenschaften. Die substantiven Farbstoffe sind wasserlösliche Farben, die auch ohne Beize die Faser gut anfärben. Selten wird mit unlöslichen Farbstoffen (Schwefelfarbstoffen, Alizarinfarben) in Pigmentform gefärbt.

Zum Färben werden ferner Körperfarben in feiner Aufschlämmung benutzt, wie z. B. Ultramarin, Ocker, Rötel, Mennige und andere Erdfarben, oder die Farbtöne werden durch Zumischung aufeinander reagierender Körper, in feiner Verteilung erzeugte Fällungen, dargestellt (Bleizucker, chromsaures Kali — gelb, Blutlaugensalz und Eisensalz — blau). Jene, ihrer Billigkeit und ihrer anderen guten Eigenschaften wegen heute noch besonders geschätzten Erdfarben (Bolus, Ocker, Umbra, Eisenoxydrot, Erdschwarz usw.) dienen, wenn sie weich und völlig sandfrei sind und sich mit Wasser leicht und vollkommen verteilen, zu gleicher Zeit auch als Füllmaterial für die Papiermasse. Strebt man bloß Färbung an, so verwendet man natürlich Teerfarbstoffe und -lacke, die im einzelnen ebenso wie die patentierten Verfahren, nach denen man die Papiermasse mit ihnen färbt, in **Farbenztg. 1918, 1652** besprochen werden.

Vgl. den zusammenfassenden Aufsatz von **R. Bickerstaffe** in **Zeitschr. f. angew. Chem. 1912, 507.** Verfasser bringt zunächst eine Übersicht über die bekannteren Tatsachen: Verschiedenes Färbevermögen, den Einfluß der Bleiche, die Verwendung von Harzleim und Tonerdesulfat als Beizen, die Farbstoffklassen und ihre Verwendung, zweiseitig gefärbte Papiere, Einfluß der Mahlart und Mahldauer auf die Art der Färbung. Heiß gebleichter Stoff gibt lebhaftere Färbungen als kalt gebleichter; die Färbungen verblassen aber rascher. Beim Färben mit Berlinerblau sollte man erst Tonerdesulfat, dann die Farbe, endlich den Leim hinzugeben. Berlinerblau ist empfindlich nicht nur gegen Stoffe, die das Papier berühren (Seife z. B.), sondern auch gegen ammoniakalische Dämpfe (Stalluft) und schweflige Säure (Gasbeleuchtung). Indanthren ist stumpfer als Ultramarin; wird es in reduzierter Form verwendet, so ist die Farbe lebhafter, aber 2,5 mal so teuer. Bei Pigmentfarben wird die Oberseite heller, das Pigment wird von den Saugern abgesogen, bei Teerfarbstoffen ist die Oberseite dunkler, von der Unterseite wird Farbstoff weggesogen.

Zum sog. Weißfärben der Papiermasse (das ist das Überdecken gelblicher Töne) muß man, um mit den möglichst geringsten Mengen nuancierender Farbstoffe auszukommen, von gut gebleichtem Stoff ausgehen, da sich die geringe Eigengelbfärbung des letzteren sonst mit dem zur Deckung verwendeten Indanthrenblau, Eglantin, Wasserblau bzw. Neubordeaux oder Rhodamin (für Rot) zu einem mißfarbigen, trüben Weiß vereinigt. Die genannten Farbstoffe eignen sich besser zum Nuancieren als die basischen Teerfarben, die zwar lebhafter, aber weniger echt sind und dazu neigen, nicht nur auf die Cellulose, sondern auch auf die verholzte Faser zu ziehen, wenn man den Stoff nicht mit Tonerdesulfat anbeizt oder die Farblösung sehr stark verdünnt verwendet. Holzschliffhaltige Stoffe werden am besten mit Methylviolett getont, das allerdings bei künstlichem Licht rot erscheint, so daß die Papiere bei Gaslicht trübrötliches Aussehen zeigen. Ungebleichte Sulfitcellulose läßt sich wegen ihrer großen Transparenz überhaupt nicht gut weiß färben, so daß man für Schreib- und Druckpapiere von ihrer Verwendung besser absieht. **(Wochenbl. f. Papierfabr. 50, 796 u. 1437.)**

149. Färben des Papieres in der Masse. Schwarzes Papier.

Im allgemeinen setzt man dem Papierstoff im Holländer zuerst den Harzleim, dann die Farbstofflösung und schließlich, besonders wenn der Stoff durch längere Mahlung warm geworden ist, erst kurz vor Entleerung, die Tonerdesulfatlösung zu. Färbt man mit basischen Farben, so empfiehlt es sich, zur Vermeidung der Wolkenbildung vor Zugabe des Farbstoffes schwach zu alaunisieren, beim Färben mit substantiven Farbstoffen fügt man nach der Leimung bis zu schwach alkalischer Reaktion calcinierte Soda zu, setzt dann die Farbstofflösung und, zur Fixierung vor dem Zusatz des Tonerdesulfates, auf die Stoffmenge bezogen, 5—10% calciniertes Glaubersalz oder Kochsalz hinzu. Die Menge dieser fällenden Salze bedingt die tiefere Färbung, die weiter verstärkt werden kann, wenn man den Stoff auf 50° anwärmt. Ungeleimte Stoffe erhalten beim Färben mit substantiven Farben einen Zusatz von 0,5—1% calcinierter Soda und 5—10% Glaubersalz. Vorschriften für das Färben mit einzelnen geeigneten Farbstoffen, auch über das Färben von fertigem Papiergarn, besonders im Schaum, bringt **E. Püschel** in **Papierztg. 44, 1742** u. **1774.**

Zum Färben von Papier in der Masse mit unlöslichen künstlichen Farbstoffen mischt man den Stoff im Kollergang oder in Knetmaschinen, nicht im Holländer, mit den löslich gemachten Farbstoffen bzw. mit den löslichen Farbstoffkomponenten in Gegenwart von wenig Wasser. **(D. R. P. 316 259.)**

Das chinesische Affichenpapier wird im Holländer, nach Beizen des Stoffes mit schwefelsaurer Tonerde, mit basischen Farben in stark verdünnter Lösung gefärbt. Bei Mitverarbeitung von Schliff trägt man diesen zuerst ein und färbt später erst. Geleimt wird erst, wenn der Mahlprozeß zu 75% vollzogen ist. Als Füllstoff dient am besten Talkum. **(Papierfabr. 13, 455.)**

Über das Ultramarin in der Papierfärberei und seinen Ersatz durch Indanthren, das jedoch bei Anwendung größerer Mengen, besonders bei feinen Papieren, trübere Töne gibt als sorgfältig hergestelltes und vor der Anwendung geprüftes Ultramarin, siehe **L. Skark, Papierfabr. 1909, 1288.**

Um Papier weiß zu färben, soll es nach einem Referat in **Jahr.-Ber. f. chem. Techn. 1884, 1154** nach der Leimung mit Aluminiumsulfat und Harzseife mit Chlorbariumlösung getränkt werden, um auf diese Weise innerhalb der Faser Bariumsulfat niederzuschlagen.

Um Packpapier rostgelb zu färben, setzt man dem im Holländer befindlichen Stoff nach **Papierztg. 1892, 407** für je 50 kg 1—2 kg Eisenvitriolkrystalle und nach eingetretener Lösung (in etwa $^1/_2$ Stunde) 2 kg Kalk zu, den man in ungelöschtem, mit etwas Wasser übersprühtem Zustande in einem Filzbeutel in den Holländer einhängt. Nach einer weiteren halben Stunde fügt man etwa 20 l Chlorkalklösung bei; die anfänglich rötliche Farbe geht nach einiger Zeit in rostgelb über.

Als Farbkörper, der sich zur Färbung von Papier oder Leder eignet, soll nach **A. P. 1 367 862** eine kochend gewonnene Lösung von Leder in verdünnter Natronlauge verwendbar sein.

Über das Färben von Papier in der Masse, und zwar vorzugsweise mit Erdfarben, evtl. mit nachfolgender Übersetzung mit Teerfarbstoffen, siehe **H. Falke, Färberztg. 5, 98.** Es werden die verschiedenen Ocker-, Chrom-, Eisenfarben usw. besprochen, ebenso die Bildung der Farbstoffe im Holländer, z. B. in der Art, daß man beispielsweise dem mit 29,5 Tl. Kaliumbichromat versetzten Zeug im Holländer nach und nach 38 Tl. krystallisierten Bleizucker beigibt, um so zu einem außerordentlich lichtechten, durch rote Farbstoffe beliebig nuancierbaren Chromgelb zu gelangen.

Dieses Bleichromat gehört zu den wichtigsten Papierfarbstoffen. Kaum verwandt wird das teuerere Bariumchromat und noch seltener das Chromgrün, letzteres als Pigment, das fertig gebildet zugegeben wird. Nähere Angaben über die Reaktionen des so gefärbten Papiers bringt **L. Skark** in **Papierfabr. 1909, 647.**

Nach **E. Prior, Papierztg. 1884, 1477,** sind folgende Mineralfarben als gefährlich zu betrachten und dürfen bei der Herstellung von Einpackpapieren für Nahrungsmittel nicht verwendet werden: Natürliches und künstliches Bergblau, Neugelb, Mennige, Hellorange, Bleioxychlorid, Kasseler-, Turners-, Pariser-, Neapel-, Chrom- und Kölnergelb, Bleiweiß, Silberweiß, Bleivitriol, chromsaurer Baryt, Zinnober und alle arsenhaltigen Farben.

Um Papier in der Masse schwarz zu färben, setzt man dem Harzleim, wenn es sich um billige Qualitäten handelt, nach **Farbe und Lack 1912, 278** u. **285** eine genügende Menge von Ruß zu, den man mit etwas Spiritus oder Essig anteigt, und nuanciert den Graustich durch weiteren Zusatz von etwas Ultramarin oder Pariserblau, der jedoch bei Herstellung photographischer Packpapiere wegfallen muß. Oder man verarbeitet in dem Ganzzeug eine Blauholzextraktlösung, setzt dann holzessigsaures Eisen und schließlich den Papierleim zu. Immerhin ist es zu empfehlen, da man nur mit sehr großen Rußmengen wirklich genügend schwarze Papiere erhält, Teerfarbstoffe oder wenigstens ein Gemenge von Ruß- und Teerfarben zu verwenden.

Gleichmäßig und lichtechtgrau bis schwarz gefärbtes griffiges und geschmeidiges Papier erhält man durch Zusatz von Graphitpulver zu dem betreffenden Füllstoff. **(D. R. P. 282 592.)**

In **Wochenbl. f. Papierfabr. 1912, 1373, 2953, 3049** u. **3319** ist die Herstellung von lochfreiem, schwarzem Papier und die Färbung des Papiers zur Herstellung von Emballagen für photographische Zwecke beschrieben. Die wesentliche Bedingung zur Herstellung völlig homogenen lochfreien Papiers ist absolute Reinheit des verwendeten Cellulosematerials, namentlich müssen Sandteilchen oder auch Stoffe, die, wie z. B. Kirschkerne, im Verlauf des Mahlprozesses feste Partikel abzulagern vermögen, entfernt werden. Man färbt entweder mit Blauholz, Eisenvitriol und chromsaurem Kali oder mit Ölruß und übersetzt in beiden Fällen mit Anilinschwarz unter Zusatz von etwas Auramin, oder man bereitet für tiefschwarze Nuancen eine Farbe, die 4% Ruß, 1% Kohlschwarz, 0,4% Methylviolett und 0,3% Diamantgrün oder Fuchsin (berechnet auf die Stoffmenge) enthält. Färbt man mit Ruß allein oder will man ihn einem Gemisch von Teerfarben (es kommen auch Vesuvin oder Malachitgrün in Betracht) zusetzen, so gibt man ihn vorteilhaft mit Leimmilch angerührt der Harzleimmasse zu, wenn man es nicht vorzieht, ihn zuerst mit Spiritus anzuteigen oder das nötige Rußquantum in einem Gefäß mit kaltem Wasser anzurühren und durch direkten Dampf aufzukochen. Neuerdings werden fast ausschließlich Teerfarbstoffe, z. B. Diaminechtschwarz CB oder Oxydiaminschwarz AT, extra konzentriert verwendet, die schon bei Zusatz von 3—4% tiefschwarze Nuancen geben.

Zum Schwarzfärben des Papiers kann man sich auch einer Mischung von basischen Farben wie Fuchsin, Diamantgrün mit Metanilgelb oder Diamantgrün, Methylviolett und Orange oder auch direkt färbender, schwarzer, basischer Farben wie Kohlschwarz oder schwarzer saurer Farbstoffe wie Naphtholschwarz bedienen. Sie sind jedoch teuerer als jene Mischungen, allerdings auch lichtechter. Eine besonders hohe Echtheit kann man durch Anwendung der nicht einfach färbbaren Schwefelfarben und des in der Verwendung noch umständlicheren Blauholzextraktes erzielen. Zur Ersparnis an Teerfarbstoffen färbt man bei 50—60° unter Zusatz von 8—10% Kochsalz oder Glaubersalz oder besser noch unter Zusatz von 4—5% Ruß, den man mit etwas Sodalösung anrührt, um so einen tiefen Grund für Schwarz zu erzeugen. **(Wochenbl. f. Papierfabr. 1919, 2465.)**

Oberflächenappretur des Papieres.

150. Schwarz gestrichenes Papier. — Teerfarbstofflacke.

Eine Vorschrift zur Erzeugung tiefschwarzen Papiers mit Blauholzabkochung, Beizmitteln und Ruß findet sich in **D. Gewerbeztg. 1870, Nr. 5.**

Die schwarze Zuckerhutpapierglanzfarbe wurde nach **Kielmeyer (Dingl. Journ. 199, 233)** durch Verkochen und Kaltrühren von 8 Tl. Leim, 16 Tl. Wasser, 1 Tl. Kartoffelstärke, $5^1/_2$ Tl. Wasser, $5^1/_4$ Tl. Campecheextrakt von 6° Bé, 1 Tl. Eisenvitriol, 4 Tl. Wasser und $8^3/_4$ Tl. Glycerin erzeugt. Die mit der Masse bestrichenen Packpapiere wurden zur Entwicklung der Farbe und zur Erzielung eines weichen Griffes bei etwa 30° getrocknet.

Zur Herstellung einer schwarzen Streichfarbe für Trauerränder mischt man 500 Tl. Gummi arabicumlösung mit 20 Tl. gepulvertem Kaliumbichromat, evtl. unter Zusatz von etwas Pariserblau und ein wenig Glycerin und gibt so viel Elfenbeinschwarz oder auch Acetylen- oder besten Lampenruß, nicht aber Kienruß zu, daß eine streichbare Masse entsteht. **(Papierztg. 40, 1768.)**

Eine Streichfarbe zur Herstellung von Trauerrändern auf Papier erhält man nach **Papierztg. 1912, 657** auf folgende Weise: Man löst in 24 l kochendem Wasser 400 g Borax, dann 800 g geschnittene Kernseife und schließlich 6—8 kg Schellack, setzt der klaren Lösung 4 kg Ruß zu, den man mit 2 l Spiritus gedämpft hat, verrührt die Masse und treibt sie durch ein feines Haar- oder Messingsieb und wiederholt diesen Siebprozeß bis die Farbe völlig homogen und kornfrei ist.

Eine Anzahl älterer Vorschriften zur Herstellung schwarzer Papiere bringt **J. Erfurt** in **Papierztg. 1877, 328.**

Über die Methoden zur Herstellung von Teerfarbstofflacken siehe **Bd. III [148 ff.]** speziell für Zwecke de- Buntpapierindustrie seien folgende Vorschriften zitiert:

Gelber Auramin-Teerfarblack: In einem mit Rührwerk und Dampfzuleitung versehenen Bottich werden 50 kg Fixierton mit Wasser durch ein feines Haarsieb geschlämmt, worauf man unter Rühren aufkocht und eine Lösung von 50 kg trockenem Tonerdesulfat und 500 kg heißem Wasser zusetzt. Das Gemenge wird nun im Ansatzbottich mit einer Mischung aus 25 kg calcinierter Soda in 250 l kochendem Wasser gefällt und so lange gekocht, bis keine Schaumbildung mehr stattfindet, worauf das neben dem Tonerdehydrat durch Umsetzen des Tonerdesulfats mit der Soda entstandene Natriumsulfat mit einer Lösung von 60 kg krystallisiertem Chlorbarium in ca. 700 l heißem Wasser zu Bariumsulfat (Blancfixe) umgesetzt wird. Man füllt nun mit kaltem Wasser auf, rührt 30 Minuten, läßt absetzen, zieht die klare Flüssigkeit ab, füllt frisches Wasser nach und wiederholt den Vorgang. Nun läßt man schnell nacheinander eine Lösung aus 4 kg Auramin O in ca. 400 l heißem Wasser und eine Lösung aus 15 kg Kolophoniumölseife in 150 l kochendem Wasser unter Rühren in den Bottich fließen und vervollständigt die Fällung des Auramins durch Hinzufügen von 4 kg Tannin in 40—50 l heißem Wasser. Man fügt schließlich noch eine Auflösung von 4—5 kg Tonerdesulfat in 40 l Wasser zu, rührt 1—2 Stunden, läßt absetzen, zieht die über dem Niederschlag stehende Flüssigkeit ab, filtriert und preßt. Je mehr Tannin zur Fällung des Auramins verwendet wird, um so rötlicher fällt der Lack aus.

Orange-Teerfarblack für Tapeten: 100 kg feinstgemahlener Schwerspat werden mit Wasser angeteigt und durch ein Metallsieb unter Rühren in den zu $^1/_4$ mit heißem Wasser gefüllten Fällbottich geschlämmt. Dann werden nacheinander 50 kg Tonerdesulfat in der 10—15fachen und 24 kg Orange II in der 30fachen Menge kochenden Wassers und 70 kg Chlorbarium in 700 l heißem Wasser in dünnem Strahl langsam zugefügt. Nach zweistündigem Rühren wird mit 22 bis 23 kg calcinierter Soda in 500 l heißem Wasser ausgefällt, wieder 3 Stunden gerührt und dann ca. 30 Minuten auf Siedetemperatur erhalten. Man läßt nun absitzen, filtriert und preßt. Die Ausbeute beträgt im Teig ca. 500 kg.

Feurigroter Eosinlack: 50 kg Tonerdesulfat werden in 1000 l heißem Wasser gelöst und mit 25 kg calcinierter Soda in 500 l Wasser gefällt. Nachdem die Schaumbildung beendet ist, wird durch Einleiten von Dampf die Kohlensäure verjagt. Danach wird das durch Entstehung des Tonerdehydrats freigewordene Natriumsulfat mit einer Lösung von 60—65 kg Chlorbarium in 600 l heißem Wasser als Blancfix niedergeschlagen, nach längerem Rühren der Niederschlag 2—3 mal mit lauem Wasser nachgewaschen, 30 kg Weizenstärke zugeschlämmt, worauf 7,5—10 kg einer gelblichen oder bläulichen Eosinmarke in viel heißem Wasser gelöst und nach entsprechender Abkühlung zugesetzt werden. Die Fällung des Farbstoffes geschieht mit ca. 8—10 kg salpetersaurem Blei in der 10fachen Menge heißen Wassers. Die fertige Farbe wird nach erfolgtem Absetzen ohne weiteres Auswaschen filtriert und abgepreßt.

Violetter Teerfarblack für Tapeten: 100 kg Schwerspat werden in den Ansatzbottich geschlämmt, worauf man die vereinigten Lösungen von 37 kg Tonerdesulfat und 8 kg krystallisiertem Zinnsalz zufügt und mit einer Lösung von 23,5 kg calcinierter Soda in 250 l Wasser unter fortgesetztem Rühren ausfällt. Nach einstündigem Rühren wird dreimal frisch ausgewässert, dann dem Substrat eine Lösung aus 3—5 kg Methylviolett R in 300—500 l heißem Wasser zugesetzt und mit 5,5—8 kg Tannin Ia, gelöst in 50—80 l heißem Wasser, ausgefällt. Man läßt absetzen, filtriert und preßt. Ähnlich bereitet man einen blauen und grünen Teerfarblack.

Tiefschwarzer Teerfarblack für Buntpapier: 50 kg Tonerdesulfat, gelöst in 1000 l heißem Wasser, werden bei 70° mit 25 kg calcinierter Soda, gelöst in 500 l heißem Wasser, gefällt, worauf man $^1/_2$ Stunde rührt und nacheinander zusetzt: 7 kg Naphtholgelb S, gelöst in 350 l heißem Wasser, 7 kg Orange, gelöst in 350 l heißem Wasser, 9,75 kg Brillantgrün, gelöst in 500 l heißem Wasser, 4,25 kg Methylviolett RR extra, gelöst in 350 l heißem Wasser. Es wird mit 65—70 kg krystallisiertem Chlorbarium in 700 l Wasser gefällt, gerührt, bis die Temperatur auf ca. 20° gefallen ist. Man läßt absetzen, filtriert und preßt. **(Farbenztg. 17, 788 ff.)**

Für die Papierfärberei werden mit Erfolg die sehr lebhaften, voluminösen und deckkräftigen Lacke aus Ferrocyannatrium, einem basischen Farbstoff, und der auf das Farbstoffgewicht bezogenen doppelten Gewichtsmenge krystallisierten Zinksulfats verwendet. **(E. Justin-Mueller, Zentralbl. 1920, IV, 748.)**

151. Streichfarbenbindemittel. (Schaumbildung verhüten). Marmor- und Ätzeffekte.

Bei Herstellung einer mit Benzol verdünnten Aufstrichmasse für Mundstückbelagbobinen verwendet man Casein als schnelltrocknendes Bindemittel für Farben und Bronzen auf Seidenpapier. Das Casein wird dadurch dünnflüssig und streichfertig, daß man es anfeuchtet, nach Zusatz von Lösungsmitteln erwärmt, weiter zur Verhinderung der Papierschrumpfung nach dem Trocknen Glycerin beimischt und die Masse schließlich mit Benzol verdünnt. **(D. R. P. 309 746.)**

Das Casein als Bindemittel für Streichfarben in der Papierstreicherei soll hinsichtlich der folgenden Egenschaften näher untersucht werden: Zähflüssigkeit und Quellfähigkeit, die die Absitzgeschwindigkeit der mineralischen Füllmittel beeinflussen, ferner die Löslichkeit des Caseins in Wasser und Alkalien (auch Ammoniak und Borax) und schließlich die Gärfähigkeit. die von Einfluß auf die Haltbarkeit ist und das spätere Verhalten des Caseins bedingt. Die Löslichkeit des Käsestoffes in Ammoniak oder Alkalien wird durch seine mehrstündige Quellung in Wasser günstig beeinflußt, doch führt zu langes Wässern zum Verlust eines Teiles seiner Klebe- und Bindekraft, da neben den anorganischen Salzen auch Eiweißstoffe, die an der Bindefähigkeit, wenn auch in geringem Maße, mit teilnehmen, in Lösung gehen und man schließlich durch fortgesetztes Wässern einen Abbau des Caseins bewirkt. Die so entstehenden Verluste betragen nach 14 Stunden etwa 6%, darunter weniger als 1% Milchzucker. Der Milchzucker scheint für das Schäumen der Caseinstreichfarbe von Bedeutung zu sein, da er Nährstoff für die eindringenden Mikroorganismen ist, deren Lebenstätigkeit sich im Gasentwickeln, also im Schäumen äußert. Das Wässern des Caseins ist also immerhin von Vorteil, da das Auswaschen des Milchzuckers wichtiger ist als der Verlust an Eiweißstoffen, die, wie gesagt, nicht die hohe Bindefähigkeit des Caseins selbst erreichen. **(E. Heuser, Papierztg. 39, 2095.)**

Um das lästige Schäumen der Streichfarben, Farb- oder Leimlösungen zu verhindern, verwendet man am besten von vornherein destilliertes oder gut abgekochtes Wasser oder setzt den Lösungen geringe Mengen Fuselöl oder Milch oder eine aus Cocosfett und Marseillerseife zusammengesetzte Seifenmischung zu. Auch ein unter dem Namen „Kilok IV" im Handel befindliches Präparat soll sich gut eignen und die fünffache Wirkung jener von Milch hervorrufen. **(Papierztg. 40, 1959.)**

Zur Verhinderung des Schäumens von Farbbrühen, die jedoch keine emulsionsfällenden Stoffe enthalten dürfen, setzt man ihnen künstlich hergestellte Emulsionen aus Fetten oder Ölen zu, die besser als die bisher verwendete Milch jenen Zweck erfüllen und überdies keine Verdünnung der Farbbrühen bewirken wie die Magermilch. **(D. R. P. 242 082.)**

Die in der Buchbinderei zur Herstellung der sog. Buchschnitte benützten Körperfarben, wie Pariserblau, Carmin, Krapplack, Gelblack usw. sind mit dem Bindemittel außerordentlich fein zu vermahlen. Am besten reibt man die Farben mit einer Mischung aus 10 Tl. trockenem Carrageenmoos in 100 Tl. Wasser, die 2—3 Stunden gekocht wird, auf einer glatten Steinplatte mit dem steinernen Läufer so lange und sorgfältig an, bis die Masse durch ein Papierfilter als gefärbte Flüssigkeit hindurchgeht. Damit ist die größtmöglichste kolloidale Feinheit erreicht. (**Farbenztg. 1916, 635.**)

Zur Darstellung des sog. ostindischen Pflanzenpapiers bestreicht man Seidenpapier auf weicher Unterlage mit einer Agar enthaltenden wässerigen Gummiarabicumlösung, trocknet, wiederholt den Anstrich und trocknet schließlich zwischen Filtrierpapier. (**Bayer. Kunst- u. Gew.-Bl. 1864, 298.**)

Über Herstellung einer besonders für diesen Zweck geeigneten, haltbaren Leimgallerte siehe **D. R. P. 71 488.**

Nach **D. R. P. 80 537** löst man zur Gewinnung eines Aufstreichfarben-Bindemittels Leim in der doppelten Wassermenge, versetzt die Lösung mit einigen Prozenten Cocos- oder Stearinöl, verrührt die Masse mit Sago- oder Kartoffelmehl, gießt das Produkt in Formen und trocknet die Formlinge. Vor dem Gebrauch löst man diesen Formleim in etwa der achtfachen Wassermenge und erwärmt bis zur Kleisterbildung der Mehlarten.

Als Bindemittel für Papieranstrichfarben wird in **D. R. P. 93 439** eine Emulsion von Wollfett in alkalischer Lauge empfohlen.

Als Bindemittel für Papieraufstreichfarben soll sich nach **D. R. P. 96 155** besser als der sonst verwendete tierische Leim eine Lösung eignen, die man aus 100 kg Stärke oder Pflanzenschleim mit 2 Tl. festem Ätzkali und 300—500 Tl. Wasser durch Kochen unter Druck bei 110 bis 200° erhält. Dieser Masse werden die Farben oder für Glacépapiere auch noch die glanzgebenden Mittel beigegeben.

Zur Herstellung eines Ersatzmittels für tierischen Leim löst man nach **D. R. P. 130 730** Stärkemehl in alkalischer Keratin- und Wasserglaslösung und fällt aus ihr ein Gemenge von Keratin und Kieselsäurehydrat durch Zusatz von Essig- oder Oxalsäure aus. Das Klebmittel dient vorzugsweise zum Befestigen von Farben auf Papier.

Nach **D. R. P. 219 651** wird ein für Maler- und Buchbinderzwecke, für den Tapetendruck und zum Kleben von Glas, Blech und Metall geeignetes, pulverförmiges Bindemittel hergestellt aus 50 Tl. arabischem Gummi, 2 Tl. Tragant, 25 Tl. Dextrin, 15 Tl. Zucker, 3 Tl. Magnesiumsulfat und 5 Tl. Weizenmehl.

Als Überzug mittel für gestrichene Papiere eignet sich der beim Kaustizieren von Sodalösung abfallende Kalkschlamm im Gemenge mit Casein oder anderen Bindemitteln. (**D. R. P. 336 694.**)

Die Fabrikation der marmorierten Papiere auf der Maschine (Eintropfen von Farbstofflösungen auf die Siebbahn) ist in **Papierfabr. 12, 1097** beschrieben. Vgl. J. Ph. Böck, Die Marmorierkunst. Wien und Leipzig 1896.

Eine ältere Methode der Herstellung marmorierten Papiers mit Verwendung eines Farbenfirnisses aus 1 Tl. Dammarharz, 3½ Tl. Terpentinöl und 2 Tl. Leinölfirnis beschreibt **Sauerwein** in **Dingl. Journ. 170, 238.**

Zur einseitigen Marmorierung von Papier benützt man nach **D. R. P. 102 145** und **102 448** als Farbstoffe die üblichen in der Papierfabrikation angewendeten Harzseifen, Albuminate oder Fettseifen, die man im Gemenge mit dem Farbstoff mit Alaun oder schwefelsaurer Tonerde ausfällt, worauf diese Niederschläge auf die Papierbahn aufgebracht werden.

Über Herstellung marmorierten Papiers und wolkenähnlich gemusterter, handgeschöpfter Papiere auf mechanischem Wege siehe auch **D. R. P. 166 895 bzw. 174 582.**

Zur ein- oder mehrfarbigen Marmorierung von Papier (oder auch Holz, Glas u. dgl.) mischt man nach **D. R. P. 111 545** ein oder mehrere Farbstofflösungen mit Flüssigkeiten, die mit jenen eine Emulsion erzeugen, also z. B. eine Spirituslacklösung, die spritlöslichen, roten Safraninfarbstoff enthält, und Benzin, in dem Citronengelb gelöst ist; durch einfaches Ausgießen dieser Emulsion erhält man ein rot und gelb marmoriertes Farbenmuster, wie man es bisher nur durch aufeinanderfolgendes Auftragen der Farben erzielen konnte.

Um auf einer Grundfarbe, mit der Papier gefärbt ist, dunkle Farbtöne hervorzurufen, besprengt oder imprägniert man die gefärbte Bahn nach **D. R. P. 185 836** mit Harzlösungen in Benzin, Spiritus, Tetrachlorkohlenstoff u. dgl., wobei die Wahl des Lösungsmittels, was seine Verdunstbarkeit anbetrifft, von Einfluß auf die Tiefe und Wärme des erreichten Tones ist. Eine erprobte Mischung besteht z. B. aus 30 Tl. Kolophonium, 80 Tl. Spiritus und 30 Tl. Glycerin. Das Glycerin hat den Zweck, die Entstehung von Glanz zu verhüten. Gegenüber der Verwendung von Pflanzenleim als Bindemittel hat vorliegendes Verfahren den Vorteil, daß man auf allen in der Tapetenfabrikation verwendeten Stoffen arbeiten kann, und daß beliebige Flecken von voller Papierbreite bis zum kleinsten örtlichen Effekt hergestellt werden können, ohne daß der Ton unrein wird und bei größeren Flächen Glanz zeigt.

Zur Herstellung von geaderten und verschiedenartig farbig gemusterten Papieren knüllt man die Papierbahn zunächst, ohne sie weiter vorzubereiten, und streicht die so mit unregelmäßig verlaufenden tiefgehenden Rissen durchzogene Bahn mit durchscheinender Farbe, so daß durch intensive Anfärbung der Risse eine kräftige Aderung erzielt wird. Im weiteren spritzt man dann andere sich bindende oder sich nicht vereinigende Farben auf und überzieht schließlich die Oberfläche des Papiers mit einem Leimüberzug. (**D. R. P. 312 261.**)

Zur Erzeugung von farbigem geäderten Papier knüllt man die Bahn vor und nach dem Färben in noch nassem Zustande. (**D. R. P. 356 471.**)

Farbig geädertes Papier kann man nach **D. R. P. 357 640** auch in der Weise erhalten, daß man die eben gefärbte noch nasse Bahn knüllt und dann wieder glättet, so daß die Farbe in die Knüllbrüche tiefer eindringt als in die anderen Papierstellen.

Zur Herstellung von Ätzeffekten auf Papier wird dieses nach **D. R. P. 175 959** in gefärbtem, feuchtem Zustande mit einer Lösung von Hyraldit (Hydrosulfit-Formaldehyd) [264] und zugleich mit schwachen Säuren oder mit sauer reagierenden Salzen an beliebigen Stellen getränkt oder besprengt, worauf das Papier auf heißen Cylindern getrocknet wird.

152. Metallisierte Papiere.

Über die Anwendung des Schoopschen Metallspritzverfahrens in der Papierindustrie siehe die Arbeit von **A. Lutz, Chem.-Ztg. 1914, 125.**

Die Herstellung und Verwendbarkeit der auf mechanischem, chemischem und galvanischem Wege erzeugten Metallpapiere ist in **Techn. Mitt. f. Mal. 28, 143** beschrieben.

Über ein Verfahren der Versilberung von Papier siehe **Becker** in **Dingl. Journ. 147, 214.**

Verfahren und Einrichtung zur Herstellung von Metallpapier in Bahnen durch Übertragung des Blattmetalles von einer Rolle auf eine bewegte Papierbahn sind in **D. R. P. 276 100** und **289 202** beschrieben.

Vgl. die Verfahren Metallblätter mit Hilfe von Saug- und Druckluft auf mit Klebstoff überzogene Flächen zu übertragen nach **D. R. P. 290 276** und **292 236.**

Über andere mechanische Vorrichtungen bei Herstellung von Farb- bzw. Bronzefolienpapier siehe ferner z. B. **D. R. P. 271 746.**

Über Herstellung von Gold- und Silberpapier auf elektrolytischem Wege siehe **D. R. P. 43 351** und **68 561.**

Bei der elektrolytischen Herstellung von Metallpapier werden die als Kathoden dienenden Metallplatten, auf denen eine ablösbare Metallhaut niedergeschlagen werden soll, vorher als Kathoden zuerst in einer wässerigen Schwefelnatrium- und dann in einer Ätzalkalilösung kurze Zeit elektrolysiert. (**D. R. P. 82 664.**)

Nach **D. R. P. 218 938** tränkt man Papierbogen zur Herstellung von Metallpapier mit Lack oder Firnis, um sie wasserunempfindlich zu machen, überzieht die Bogen mit einer Graphit- oder Bronzeschicht und hängt sie in das galvanische Bad ein. Man erhält so stärkere metallische Niederschläge, die als Stanniolersatz oder für lithographische Zwecke verwendet werden sollen.

Im **D. R. P. 248 811** ist ein Verfahren der galvanischen Metallisierung (Versilberung) von Papier für kinematographische Bildstreifen beschrieben, das im Prinzip darauf beruht, daß man einen fast unwägbaren Silberniederschlag, der auf einer Nickelkathode erzeugt wurde, mit Celluloid überstreicht, ihn mit der erhärteten Celluloidunterlage abzieht und auf das, mit einem Gummilack als Klebstoff bestrichene Papier aufpreßt.

Nach **D. R. P. 51 643** wird Gold- und Silberpapier auf folgende Weise bereitet: Man stellt ein etwa 60° warmes Bad, das im Liter Wasser 5 g Silber bzw. Gold, 15 g Cyankalium und 5 g doppeltkohlensaures Kali enthält, mit Salzsäure schwach sauer, ohne daß eine Trübung entsteht, taucht eine mit Fett oder Öl überzogene Metallplatte ein, trocknet die vergoldete bzw. versilberte Platte, klebt Papier auf das Metallhäutchen und löst beide zusammen ab. Die Ablösung erfolgt wegen des auf der Platte befindlichen Fettüberzuges sehr leicht.

Zur Herstellung von Silberpapier stellt man nach **D. R. P. 128 075** auf glatter Unterlage durch Reduktion einer mit Ammoniak versetzten Silbernitratlösung mit einigen Tropfen des reduzierend wirkenden Cajeputöles ein dünnes Silberhäutchen her, das man in bekannter Weise auf dem Papier befestigt.

Über Herstellung von Gold- und Silberpapier durch Bekleben des Papiers mit elektrolytisch gewonnenen Metallhäutchen, die auf einer Harz- oder Oxydschicht niedergeschlagen und abgezogen werden oder nach einem chemischen Verfahren, das nach Art der Spiegelfabrikation Metallniederschläge durch Reduktion erzeugt, siehe **Papierfabr. 1907, 179.**

Zum Aufkleben von Metallfolien auf Papier wird am besten eine konzentrierte Lösung von Harz in Brennspiritus verwendet, und zwar liefert Kolophonium einen billigen, Gallipot einen elastischen und Schellack den teuersten, aber auch den festesten Klebstoff. Oder man verwendet ein warmes Gemisch von syrischem Asphaltlack mit mindestens je 30% Bienenwachs (oder Erd- oder Japanwachs) und venezianischem Terpentin. Dieses Klebmittel hat den Vorteil, daß die geklebten Blätter fest und biegsam bleiben, und die Schichten beim Biegen nicht abspringen. (**Papierztg. 1912, 32 u. 108.**)

Zum Befestigen von Aluminiumbronzepulver auf Papier muß man sich nach **H. Stöcker** eines völlig neutralen Klebstoffes bedienen, da Pflanzenleim ebenso wie Schellacklösung nur dann verwendet werden dürfen, wenn sie derart präpariert sind, daß später während des Lagerns des bronzierten Papiers nicht Alkalität auftritt, die den Ton des Aluminiumpulvers sofort ändern würde. Immerhin kann man nach **Papierztg. 1912, 462** eine mit etwas Essigsäure angerührte Mischung von 4 kg Goldleim (verdünnter Pflanzenleim) und 2 kg Aluminiumbronzepulver verwenden, oder man verkocht eine Lösung von 430 g Borax in 12 l heißem Wasser mit 2 kg blondem Schellack, trägt 3 kg Aluminiumbronzepulver ein, kocht eine halbe Stunde weiter und verwendet die Mischung zweckmäßig ebenfalls erst nach ihrer Prüfung auf Alkalität.

Über Herstellung von Metallpapieren mit Hochglanz durch Befestigung von Metallfolien auf der mit erwärmtem Schellack oder Wachs bestrichenen Bahn und Polierung der Metalloberfläche mit gekühlten Reibungswalzen siehe **D. R. P. 248 471.**

Ein Klebstoff, der beim Erwärmen nicht klebrig wird und sich daher besonders dazu eignet, um Erdfarben oder Bronzepulver auf Papier zu befestigen, der ebenso bei Herstellung der Matrizen in den Buchdruckereien, ferner zu Prägepappen und Prägekartons als Kaolinbindemittel dienen kann, ist der Pektinleim, den man nach **Seifens.-Ztg. 1912, 305** durch Aufkochen mechanisch gereinigten isländischen Mooses (Carragheenmoos) oder zerkleinerter Quittenkerne mit viel Wasser gewinnt. Die etwa 4 Stunden gekochte Masse wird nachträglich entweder direkt oder in gesiebtem Zustande mit den nötigen Farben verrührt und kann so unmittelbar verwendet werden.

Das beste Bindemittel für Gold auf Papier ist eine gequirlte Mischung von Eigelb und Glycerin. (Hillig, Technische Anstriche. Hannover 1908, S. 201.)

Zum Bronzieren von Papier bedient man sich nach **D. R. P. 83 312** eines Gemenges von gewöhnlicher Goldbronze und gepulvertem Glimmer, das man unter Zuhilfenahme von Leim als Bindemittel mit Teerfarben färbt. Beim Aufbringen der Bronzefarbe auf Papier färbt die Farbe das Papier intensiv an, während zu gleicher Zeit die Bronzemischung fest haften bleibt.

Zur Herstellung eines luft- und wasserunempfindlichen, fettundurchlässigen Metallpapiers überzieht man Pergamynpapier nach **D. R. P. 136 333** mit einer Lösung von Harz in Äther oder Spiritus, verdunstet das Lösungsmittel durch Aufblasen eines Luftstromes und bestreut die Harzschicht, nachdem man das Papier erwärmt hat, in diesem klebrigen Zustande mit Metallpulver.

Zum Metallisieren von Geweben oder Papier zu Dekorationszwecken wird das Metallpulver nach **D. R. P. 198 463** mit einer dickflüssigen Kupferoxydammoniakcelluloselösung, wie sie zur Herstellung von Glanzstoffkunstseide dient, angerieben und auf das Gewebe aufgetragen.

Nach **D. R. P. 227 966** überzieht man zur Herstellung von Metallpapier das Papier mit einer Kollodiumlösung, die als Lösungsmittel mit Wasser mischbare Stoffe, z. B. Alkohol oder Eisessig enthält und mit Metallpulvern oder Farbstoffen versetzt ist. Das überzogene Papier wird dann durch ein Wasserbad gezogen, um so durch Entfernung des Lösungsmittels den Überzug auf der Unterlage zu fixieren.

Zur Herstellung von Bronzepapier bestreicht oder bespritzt man Glanzpapier mit einer Suspension von Bronzepulver in einer möglichst farblosen Lösung von Schießbaumwolle in Amylacetat, Spiritus und Benzin. **(D. R. P. 337 973.)**

Zur Erzeugung von die Elektrizität leitenden Drucken trägt man auf Gewebe oder Papier die Pulver niedrig schmelzender Metalle oder Legierungen mit einem Bindemittel auf und bewirkt die Leitfähigkeit des Druckbildes durch den Druck des Druckstempels. **(D. R. P. 332 338.)**

153. Gemusterte, bedruckte Metallpapiere. Iriseffekte auf Papier.

Zur Herstellung von Goldtapeten druckt man das Muster nach **D. R. P. 28 744** mit einem Lack auf, der aus einer Lösung von Kautschuk, Guttapercha und Kolophonium in Benzol besteht, bestreut sodann mit Goldpulver, entfernt seinen Überschuß und trocknet die Tapeten auf heißen Zylindern.

Über das Metallisieren von Tapeten und die hierzu geeigneten Vorrichtungen siehe auch **A. P. 838 846.**

Karton, der mit Golddruck versehen werden soll, muß nach **Papierztg. 1912, 1591** vorher ausgiebig mit Talkum eingerieben und nachher abgestaubt werden. Auch wird empfohlen, die Kartons völlig auszutrocknen, um ein Hängenbleiben der Bronze an den Glacéanstrichen zu verhindern.

Über die Ausführung des Bronzedruckes auf Papier und über die Wahl passender Untergrundfarben siehe **Papierztg. 1912, 1571.**

Zur Herstellung gemusterter Metallpapiere erzeugt man nach **D. R. P. 63 319** zunächst auf einer polierten Metallplatte auf photographischem Wege ein Bild, dessen Zeichnung oder Grund aus einem säurefesten, nicht leitenden Überzug besteht, während Grund bzw. Zeichnung durch das blanke Metall gebildet werden. Dann ätzt man die blanken Stellen, entfernt die photographisch erzeugte Schutzschicht und legt die Platte, wenn man das Papier nachträglich z. B. mit einer in Silber hergestellten Zeichnung versehen haben will, in ein Bad, das in 1000 Tl. Wasser, 1 Tl. Kaliumbichromat, 2 Tl. Ätzkali und 2 Tl. Magnesiumsulfat enthält. Man schlägt nunmehr auf der so vorbereiteten Platte auf elektrolytischem Wege eine sehr dünne Silberschicht nieder, klebt sodann das Papier mit Kleister auf die Platte auf und zieht es samt der Silberschicht, die sehr fest haftet und das Muster der Platte zeigt, ab.

Zum Mattieren des Goldbelages aus Papier wird in **Techn. Rundsch. 1912, 145** empfohlen, die Anwendung des Sandstrahlgebläses vorsichtig und mit Verwendung feinsten Staubes zu versuchen.

Zum Färben von Metallpapier auf der Zylinderfärbemaschine verwendet man nach **D. R. P. 105 663** eine mit Teerfarbstoffen versetzte wässerige Borax-Schellacklösung als Färbemittel.

Über die Ausführung von Schwarz- und Farbendruck auf Bronzeflächen findet sich eine kurze Mitteilung in **Papierztg. 1912, 1144.** Es sei hier nur erwähnt, daß Untergrundfarbe, Bronze und Druckfarbe besondere Zusätze erhalten müssen, um ein Durchschlagen der Bronze durch den Schwarz- oder Farbendruck zu verhüten bzw. um der aufzudruckenden Farbe die nötige

Deckkraft zu verleihen. Als Untergrund wird zweckmäßig reine Terra di Siena mit Firnis, flüssigem Drucksikkativ und etwas venezianischem Terpentin verwendet. Ferner wird empfohlen, die Hochglanzbronze mit etwas Bologneserkreide zu vermischen, um die Bronzefläche zur Aufnahme der Deckfarbe geeigneter zu machen und ihr Haften und Trocknen zu begünstigen. Schließlich erhält die Deckfarbe einen Zusatz von etwas Kremserweiß und evtl. auch Miloriblau, um ihre Durchsichtigkeit zu beseitigen bzw. um ihr einen grauen Stich zu nehmen. Vorteilhaft ist es, den Druckfarben etwas Wachs, Sikkativ und zur Verdünnung Terpentinöl oder Petroleum zuzusetzen.

Zur Erzeugung mannigfaltiger Muster und Zeichnungen auf Tapeten, Leder und anderen Unterlagen mischt man eine Aufschwemmung von Metallbronzen oder Erdfarben und Acetylcellulose oder Schellack als Bindemittel mit Kolloiden (Stärke, Casein, Leim, Harze, Kautschuk usw.) und trägt diese Masse auf die Unterlage auf, woselbst man sie in dünner Schicht erstarren läßt. Nach dem Zusatzpatent setzt man dem Gemenge noch Eisenstaub zu und läßt unter dem Einflusse der Kraftlinien feststehender oder bewegter Magneten erstarren, so daß bestimmte den Kraftlinienverlauf zeigende Zeichnungen und im Verein mit den gefärbten oder ungefärbten Metallteilchen und sonstigen Zusätzen besondere Effekte entstehen. **(D. R. P. Anm. F. 24 367 und 29 366, Kl. 75 c.)**

Zur Herstellung beiderseitig gemusterter Papiere druckt man mittels einer Musterwalze auf das Papier einseitig wasserlösliche Fettlösungsmittel auf und zieht dann das Papier durch eine Farbstofflösung. An den präparierten Stellen nimmt das Papier Farbe auf und es erscheinen dann auf der Vorder- und Rückseite Spiegelbild und Bild im gleichen Farbton, ohne daß das Papier durchgefärbt ist. **(D. R. P. Anm. F. 36 100, Kl. 55 f.)**

Ein besonders bereitetes farbiges oder bronziertes Papier besteht aus zwei durchscheinenden oder durchscheinend gemachten Papierbahnen, zwischen denen sich Farbstoff oder Bronzepulver und ein wasser- oder alkohollöslicher Klebstoff befindet, der zu gleicher Zeit dazu dienen kann, die Papierbahnen durchscheinend zu machen. Durch verschiedenartiges Bedrucken oder Färben einer oder beider Bahnen lassen sich so verschiedene Effekte erzielen. **(D. R. P. 284 656.)**

Um Papier mit einer irisierenden Haut zu überziehen, taucht man es unter Wasser, auf dessen Oberfläche man die Lösung eines Harzes in Alkohol oder Äther tröpfelt; durch die verschiedene Dicke der sich ausscheidenden Harzschicht entsteht das Farbenspiel. Das Papier wird alsdann aus der Flüssigkeit herausgenommen und zeigt nach dem Antrocknen der Harzschicht die Irisringe. **(Dingl. Journ. 113, 121.)**

Zur Erzeugung irisierender Farbringe und -muster auf Papier (auch Holz, Glas oder andere glatte Flächen sind geeignet) legt man dieses auf den Boden eines rechteckigen, mit tief angebrachten Ablaßhähnen versehenen Gefäßes, übergießt es mit Wasser und erzeugt auf dessen Oberflächenspiegel durch Auftropfen der Lösungen von Asphalt, das im Lichte unlöslich abgeschieden wird **[603]** die bekannten, regenbogenfarbig schillernden Häutchen. Als beste ölige Mischungen zur Erzeugung der Interferenzringe, die dann nach Ablassen des Wassers auf dem Papier aufgefangen werden, soll sich eine dunkle Lösung von Asphalt und Dammarharz in Benzin (Dichte 0,920) eignen, während sich für helle Mischungen von der mittleren Dichtigkeit 0,935 ein Gemenge von 50 Tl. einer Lösung von Dammarharz in Benzin mit 50 Tl. einer Lösung von Kolophonium in Benzin bewährt hat. Man kann die Farbringe in ihrer Form belassen oder sie durch Erzeugung von Lufterschütterungen (Blasen, Pfeifen) beliebig verändern. Wenn das Lösungsmittel verdunstet ist und die Häutchen zu schrumpfen beginnen, läßt man das Wasser durch Öffnen der Hähne langsam abfließen, so daß sich die Farbhäutchen auf dem Papier absetzen, das dann nur getrocknet zu werden braucht. Man kann auch die in dem Wasser untergebrachte Unterlage durch eine auf ihm schwimmende Ölschicht nach außen hindurchziehen bzw., um den von den Farben des Häutchens gebildeten Figuren eine andere Form zu geben, die Wasseroberfläche schwach bewegen. Nach einer weiteren Abänderung wird die Unterlage mit Schablonen bedeckt, so daß sich das Häutchen nur auf den unbedeckten Stellen absetzen kann. Statt des gewöhnlichen geleimten Papiers verwendet man, um besseres Haften der farbigen Schicht zu erzielen, Bogen, die mit ammoniakalischer Zinkchloridlösung imprägniert, mit einem Klebstoff bestrichen und getrocknet wurden. Die so hergestellten Moirepapiere sollen sich für Buchbinderei- und Kartonnagewaren eignen, da die Irishäutchen große Beständigkeit zeigen. **(D. R. P. 99 952.)**

Nach einem anderen Verfahren überzieht man das Papier mit einer Abkochung von 1 Tl. Indigo, 8 Tl. Galläpfeln, 5 Tl. Eisenvitriol und 1 Tl. Salmiak, 1 Tl. schwefelsaurem Indigo und $^1/_8$ arabischem Gummi und setzt es rasch der Einwirkung von Ammoniakdämpfen aus, wobei sich die Oberfläche mit Farben überzieht, die denen ähnlich sind, die der Stahl beim Erwärmen annimmt. **(Polyt. Notizbl. 1850, Nr. 1.)**

Um auf Papier metallischen Bronzeglanz zu erzeugen, färbt man es nach **D. R. P. 162 649** mit basischen Farbstoffen und behandelt in noch feuchtem Zustande mit der Lösung eines Sulfosäurefarbstoffes oder man verfährt umgekehrt.

154. Perlmutter-, Buntglaspapier. Tapeten-, Mattfarbenpapier.

Deutschl. Tapetenpapier $^1/_2$ 1914 E.: 2509; A.: 70 683 dz.

Zur Herstellung von Perlmutterpapier (Eispapier oder papier de nacre) überstreicht man die Bahn nach **C. Puscher, Dingl. Journ. 183, 475,** mit einer Lösung von 12 Tl. Bleizucker in 12 Tl. siedendem Wasser, dem man etwas Gummiarabicum zugefügt hat, und trocknet möglichst rasch, so daß sich auf dem Papier ein feiner weißer Krystallbrei abscheidet. Man legt nun die einzelnen Papiere kurze Zeit auf mindestens 100° warme Metallplatten, wodurch der Überzug schmilzt, und breitet die Tafeln in einem warmen Raume zur Krystallisation aus. Das giftige Papier zeigt, besonders wenn man der Bleizuckerlösung Farbstoffe zugesetzt hat, schöne dekorative, allerdings nur unter Glas oder unter einer Schutzschicht (1 Tl. Dammar-Petroläther) haltbare Effekte.

Trotz seiner Giftigkeit war dieses Papier früher sehr beliebt und verschwand später erst vollständig aus dem Handel, nachdem es **Puscher** gelungen war, ähnliche Perlmuttereffekte mit einem Anstrich zu erzielen, den er aus gleichen Teilen Magnesiumsulfat, Wasser und Dextrin unter Zusatz von etwas Glycerin erhielt. Das Papier wird zunächst mit einer dünnen Leimlösung und dann mit der kalten Salzlösung überzogen, die je nach Bedarf vorher auch einen Zusatz von Farbstoff erhalten kann. In **Dingl. Journ. 187, 258** ist außer der detaillierten Vorschrift zur Herstellung solcher Papiere auch ein Überblick über ihre Verwendbarkeit gegeben. Ebenso ist auf die Möglichkeit hingewiesen, durch Auftropfen der Bittersalzlösung auf farbig grundierte Papiere schneeflockenartige Effekte zu erhalten. Setzt man der Bittersalzlösung nur 30% der Dextrinlösung zu und läßt man das Glycerin ganz weg, so lassen sich die mit dieser Lösung erhaltenen Krystallisationen auf lithographischem Wege beliebig vervielfältigen. Über die Verwendung des so präparierten Papiers als Sicherheitspapier für Dokumente oder Banknoten siehe **Pill, Jahr.-Ber. f. chem. Techn. 1865, 435.**

Oder man stellt zur Bereitung von Perlmutterpapier nach **Papierztg. 1912, 1316** eine Streichmasse her aus 250 g Rohkollodium, 250 ccm Alkohol, 6 ccm Glycerin, 10 g destilliertem Wasser, 7,5 g Citronensäure, 5 g Lithium- und 3 g Strontiumchlorid; das mit der Streichmasse versehene Papier läßt man zur Erhöhung des Glanzes auf einer glatten Glasplatte trocknen.

Irisierendes Perlmutterpapier wird nach **D. R. P. 148 488** dadurch hergestellt, daß man auf dem Sieb die Stoffbahn mit Perlmutterblättchen bestreut, die durch die Gautsche eingepreßt werden.

Die Herstellung einer rauhen Oberfläche auf Papier für Pastellmalerei durch Aufstreichen einer Bimssteinpulversuspension in Leimwasser ist in **Dingl. Journ. 1851, III, 237** beschrieben.

Buntglaspapier wird hergestellt durch Aufbringen eines innigen Gemenges von Glasmehl mit Lack auf die Papierbahn. **(D. R. P. 243 308.)**

Zur Herstellung von Naturelltapeten bedruckt man weißes oder in der Masse gefärbtes Papier mit Leimfarbe, für Fondstapeten bestreicht man weißes oder buntes Papier zuerst mit einem Leimfarbengrund und druckt dann erst nach der Trocknung des Grundes, für die Ingraintapeten vereinigt man auf der Duplexmaschine eine gewöhnliche und eine mit feinen Wollfasern bedeckte Papierbahn, von denen die letztere, wie es jetzt allgemein üblich ist, auf einer sog. Grundiermaschine gefärbt wird; das so grundierte Ingrainpapier wird dann mit Glasurfarben bedruckt. Glanztapeten werden vor dem Druck maschinell gebürstet und so poliert und schließlich erhält man die verschiedenen weiteren Handelsmarken durch Einpressen von Reliefprägungen, Moiré- oder Damastfiguren mittels Gauffriermaschinen, deren harte, das Muster tragende Metallwalzen die zu bedruckende Tapete gegen eine weiche Walze aus gepreßtem Papier drückt. Statt der für diese Tapetensorten verwendeten wässerigen, mit Leim, Casein oder anderen Bindemitteln versetzten Farb-, Gold- oder Bronzepasten, die wie im Gewebedruck (für jede Farbe eine besondere Walze) aufgedruckt werden, dienen zur Herstellung der Salubra-, Linkrusta- oder Ledertapeten Ölfarben und Firnisse, die auf Pergamentpapier aufgetragen die Grundierung bilden und auf die man dann ebenfalls sehr echte Ölfarben aufdruckt, worauf das Ganze unter einem Druck von 230 Atm. gewalzt und zugleich mit Reliefmustern geprägt wird. Diese Tapeten dienen dann als abwaschbare Wandbekleidungen. Die Tekkotapeten bestehen entweder aus Webstoffen oder auch aus mit lichtecht gefärbten Metallpulvern bedrucktem und geprägtem Pergamentpapier. Velour-, Samt- oder Castortapeten, die heute kaum mehr hergestellt werden, erhalten als Grund eine mit einem Klebmittel befeuchtete Papierbahn, auf der sich das Muster oder der ganze Grund in feinen gefärbten Wollhärchen befindet. **(P. Krais** in **Zeitschr. f. angew. Chem. 24, 481.)**

In der Tapetenindustrie bedient man sich zur Erzeugung von Lüsterfarben des Blauholzextrakts, der in Zusammenstellung mit Metallsalzen die verschiedensten bronzierenden Farbtöne erzeugt. Der durch Fällung von Campecheholzabkochung mit Zinnsalz, Alaun oder Bichromatlösung erhaltene Lack ist unter dem Namen „vegetabilische Kupferbronze" bekannt. Vgl. **Farbenztg. 1912, 2585.**

Als Brokatfarbe für Tapeten wurde auch Musivgold **Bd. I [394]** mit kautschukhaltigem Terpentin-Schwefelbalsam als Bindemittel verwendet. Man erhitzte zu seiner Herstellung 100 Tl. Terpentin- oder auch Steinkohlenteeröl mit 3% Schwefel zum Kochen und löste in der Masse nach der in **D. Gewerbeztg. 1872, Nr. 2** beschriebenen Weise 1% Kautschuk.

Das zum Veloutieren von Tapeten dienende, die Rauhung hervorrufende Material ist entweder Wollscherstaub oder man verwendet nach **D. R. P. 143 475** ein aus verholzten Fasern mittels Schwefelsäure erhaltenes Pulver. Nach dem Zusatzpatent werden die groben, verholzten Pflanzenfasern vor oder nach dem Färben gepulvert, so daß die von der Behandlung zurückgebliebenen Säurespuren leicht entfernbar sind. **(D. R. P. 150 441.)**

Zur Herstellung von Farbvelourtapeten als Ersatz für Wollvelourtapeten mischt man stark mit basischen Anilinfarbstoffen gefärbten Bolus mit Pflanzenleim und druckt diese Masse auf das Papier auf. **(D. R. P. 331 859.)**

Mattglänzende, samtartig glatte Oberflächen auf Papier erhält man in der Weise, daß man auf die angefeuchteten Bahnen wässerige Farblösungen aufstreicht, die noch feuchten Buntpapiere mit Wasser abwäscht und sie zum Trocknen aufhängt. (D. R. P. 331 663.)

Zur Herstellung von Farbfolien, die sonst auch schon mittels Staubfarbe und Bronze hergestellt wurden, bestreut man eine mit Farbzusatz versehene Klebmittelschicht mit kurzen Fasern beliebiger Herkunft und benützt die Folie zur Herstellung stoffartiger Prägungen auf beliebigem Untergrunde. (D. R. P. 221 894.)

155. Glanz- und Lackpapiere: Harzbindemittel.

Die einfachste Glättung des Papieres, das dabei zugleich mehr oder weniger Glanz erhält, erzielt man durch Satinierung der Bahnen unter dem hohen Druck massiver Kalanderwalzen. Zur Gewinnung besonders glatter und glänzender Papiere befeuchtet man die Bahnen vor ihrem Durchgang durch die Satinierwalzen mit einer 10—20proz. Lösung von Soda, Pottasche oder Ätznatron. **(D. R. P. 352 213.)**

Eine große Zahl von Vorschriften zur Herstellung bunt gefärbter, glänzender oder matter Papiere findet sich in einer Arbeit von **Eratho, Papierztg. 1892, 706.** In der Abhandlung finden sich auch Rezepte zur Herstellung der erforderlichen Leim-, Wachs-, Stärke- und Schellacklösungen.

Eine Wachspolitur für Papierbilder erhält man durch Verkochen von gleichen Teilen Wachs und Marseiller Seife, beide fein geschabt, mit ein wenig Wasser. **(Industrieblätter 1870, 415.)**

Zur Herstellung eines wässerigen Firnisses, der sich dazu eignet, Papier glänzend zu machen, verkocht man nach **J. M. Eder, Dingl. Journ. 237, 242,** eine Abkochung von 3—5 Tl. zerkleinerter Eibischwurzeln in 300 Tl. Wasser mit 24 Tl. Boraxpulver, 4 Tl. wasserfreier Soda und 100 Tl. gebleichtem Schellackpulver. Die trübe, gelbliche Flüssigkeit wird kalt durch Baumwolle filtriert und dann direkt zum Imprägnieren des Papiers verwendet. Nach **E. Geißler, Pharm. Zentrh. 1880, 466** genügt es, zu demselben Zweck 1 Tl. Schellack in 2 Tl. einer gesättigten Boraxlösung zu lösen.

Ein Lackfirnis für Papieraufstrich wird nach **D. R. P. 95 067** erhalten, wenn man 1 l gesättigter Spiritusharzlösung mit 1 l Wasser und etwa $^1/_4$—$^1/_2$ l Essig fällt und den abfiltrierten Niederschlag in 1 l Benzin löst. Der Lack, der eine matte Oberfläche hinterläßt, soll sich besonders zur Herstellung waschechter Tapeten eignen.

Ein anderer farbloser, nicht durchschlagender Lack für Etiketten, Plakate usw. besteht nach einem Referat in **Seifens.-Ztg. 1912, 1070** aus einer Lösung von 2 kg Dammar und 1,5 kg hellem Kolophonium in 2,8 kg Terpentinöl. Der Lack trocknet sehr schnell und verändert die darunter befindliche Druckfarbe in keiner Weise.

Um Papierschilder zu lackieren überpinselt man die Etiketten nach **Pharm. Ztg. 1913, 697** zunächst ein- bis zweimal mit Kollodium und überzieht dann mit einem Lack, der aus einer Lösung von 2 Tl. Dammarharz in 2 Tl. Benzol und 1 Tl. Terpentinöl besteht.

Zum Lackieren von Papierbildern kann man eine Lösung von 2 Tl. Dammarharz in 5 Tl. Terpentinöl oder einen Firnis aus 8 Tl. Gelatineleim, 1 Tl. Alaun und $^1/_2$ Tl. Marseiller Seife oder eine 3% Ricinusöl enthaltende Kollodiumlösung verwenden. **(Polyt. Notizbl. 1869, Nr. 22.)** Nach **Pharm. Zentrh. 1876, 173** vereinigt man zu demselben Zwecke die Lösung von 35 g Dammarharz in 180 g Aceton mit 80% (der Lösung) Kollodium. Die 2—3mal aufgetragene, erhärtete Lackschicht bleibt auch beim Rollen der Etiketten, Zeichnungen, Karten oder Photographien elastisch.

Über die Herstellung weißer und farbiger Glacéfarben unter Verwendung von Blancfixe und Schellacklösung, mit Zusatz schleimiger Substanzen (Althaeadekokt und Aluminiumhydroxyd), um das Käsigwerden des Farbbreies beim Mischen mit der Schellacklösung zu vermeiden, siehe **D. R. P. 71 305.**

Um das Durchschlagen von Lack auf Papier zu verhüten, bestreicht man es nach **Farbe und Lack 1912, 189** zuerst mit einer verdünnten Gelatine- oder Leimlösung, läßt trocknen und lackiert dann, oder man verwendet von vornherein einen relativ dickflüssigen Spirituslack, der nicht durchschlägt. Ein solcher Lack besteht z. B. aus 2 Tl. Campher, 2 Tl. Mastix, 5 Tl. Sandarak, 5 Tl. Schellack und 80 Tl. Spiritus. Zum Grundieren des Papiers kann, wenn es überhaupt notwendig ist, statt der Gelatinelösung auch eine Kollodium- oder eine dünne Casein-Boraxlösung benützt werden. Die Grundierung des Papieres vergrößert natürlich die Kosten, Öl- oder Terpentinöl-(Dammar-)Lacke werden daher zum Lackieren des Papieres kaum mehr verwendet, auch aus dem Grunde, weil die so behandelten Papiere zu lange Zeit zum Trocknen brauchen; es ist daher stets das beste, Spirituslacke von der richtigen Konzentration zu verarbeiten.

Zur Herstellung eines Spielkartenlackes verkocht man nach **Techn. Rundsch. 1909, 454** je 2 Tl. Borax und Schellack mit der nötigen Wassermenge, seiht durch und bestreicht die Karten zwei- oder dreimal mit der Lösung. Auf diese Grundierung kann dann noch ein Zaponlack aufgebracht werden, worauf schließlich die getrocknete Oberfläche mit bestem Federweiß, evtl. auch mit Kartoffelstärke oder Glimmermehl eingestäubt und poliert wird.

Zur Herstellung lackierten Papiers trägt man den Lack auf die noch auf der Papiermaschine befindliche warme Papierbahn auf. Der Lackaufstrich haftet so besonders fest und bildet eine glänzende Schicht. Zum Leimen des Papierbreies eignen sich die bekannten Lösungen von Kartoffelmehl oder Casein oder auch Wasserglas, die zum Vorstreichen billiger Lackpapiere benutzt werden, weil sie die Aufnahme des Lackes begünstigen. Als Überzug verwendet man einen ungefärbten oder gefärbten Spiritus-Schellack- oder Kopallack. **(D. R. P. 264 331.)**

Um Gegenstände, Plakate, Zeichnungen oder Kalenderrückwände mit einem hochglänzenden Überzug zu versehen, überklebt man sie mit einem durchsichtigen oder durch Tränkung mit Öl durchsichtig gemachten Papierblatt und überzieht dieses nun mit einer dünnen, glänzenden Lackschicht, die glasartig wirkt, da sie in das eigentliche Material nicht einzudringen vermag. **(D. R. P. 284 527.)**

Zur Herstellung von auch in der Hitze nicht rollendem Prägepapier, bei dem der durch Harz gebundene Farbstoff auf dünnem Pergamynpapier aufgebracht ist, verwendet man als Bindemittel des Farbenaufstriches in einem organischen Lösungsmittel gelöstes, mit einer geringen Menge nicht trocknenden Öles versetztes Kolophonium. Der Aufdruck hält auch auf nicht grundiertem Velourpapier, Celluloid oder anderen Stoffen wie Samt oder Seide. **(D. R. P. 318 867.)**

156. Barythaltige Streichmassen.

Für den Dreifarbendruck, für die Chromolithographie und zum Druck von Autotypin bedarf man gestrichener Papiere, deren Poren durch eine Masse ausgefüllt sind, die nach dem mechanischen Glätten eine völlig gleichmäßig flachglatte Oberfläche darbietet. Diese Kunstdruckpapiermassen erhält man durch Mischen von Blancfixe oder Satinweiß (Calciumaluminat + Calciumsulfat) mit Casein oder Gelatine als Bindemittel, evtl. unter Zusatz einer Emulsion von Carnaubawachs. In **Mon. Scient. 57, 203** bringt **R. Namias** Rezepte, nach denen er selbst gute Resultate bei Herstellung dieser Barytpapiere erhalten hat.

Zur Herstellung des Kunstdruck- oder Streichpapiers eignet sich besonders Espartorohpapier, das mit Zuhilfenahme von Casein oder Leim als Bindemittel, mit einer Schicht von Blancfixe und Satinweiß überzogen wird. Die Caseinfarbe wird mit Formaldehyd, die Leimfarbe mit Chromalaun gehärtet. Als anderes Bindemittel kämen auch noch Schellackleim oder Schellackcasein in Betracht. Widerstandsfähigere glatte Oberflächen erhält man durch Überziehen des Papieres mit Kupferoxydammoniakcellulose, Viscose oder Acetylcellulose. **R. W. Sindall, Wochenbl. f. Papierfabr. 1906, 3030.)**

Nach **D. R. P. 41 342** mischt man zur Herstellung eines seidenartigen Überzuges auf Papier Bariumhyposulfit (BaS_2O_3) mit oder ohne Farbstoffen mit Gelatine und druckt die Masse auf Papier auf.

Zur Herstellung der Streichmasse für die Druckfläche des Kunstdruckpapiers kocht man 7—8 Tl. Stärke mit 1—2 Tl. Wasserglas in wässeriger Lösung auf, mischt etwa 20 Tl. Kaolin oder Ton, Blancfixe oder Satinweiß bei und setzt nun Alaun oder schwefelsaures Aluminium zu, um das wasserlösliche Silicat zugleich mit der Stärke und dem Pigment ganz oder teilweise auf der Papierfläche niederzuschlagen. Bei teilweisem Ausfällen bleibt noch alkalisches, wasserlösliches Silicat in der Lösung zurück. Man erreicht so eine bessere Bindung des Pigmentes, gleichmäßigere Verteilung der Druckfarbe und Erhöhung der Aufsaugfähigkeit des Kunstdruckpapieres für die Farbe. **(D. R. P. 258 181.)**

Zum Überziehen von Papier mit einer Gelatineschicht überstreicht man eine Glasplatte mit Gelatinelösung, legt den Bogen auf und zieht ihn nach dem Trocknen mit der anhaftenden Gelatineschicht von dem Glase ab. Nach **F. P 433 470** empfehlt es sich, da das so hergestellte Papier einen schlüpfrigen Griff hat und sich schwer bedrucken läßt, zunächst die Bogen mit zwei Schichten von schwefelsaurem Baryt zu versehen und auf die zweite Barytschicht eine reine, etwa 1% Bromkalium enthaltende wässerige Gelatinelösung aufzustreichen. Man legt dann die gelatinierte Papierfläche, um ihr höheren Glanz zu verleihen, auf eine glatte Glas- oder Hartgummiunterlage und läßt sie in dieser Verbindung trocknen.

Zur Herstellung von weißem Glanzpapier versetzt man einen gut verkneteten Teig von 50 kg Blancfixe und 24 l warmem Wasser mit einer Lösung von 4 kg Leim in 8 l Wasser, setzt 5 kg Stearin und, wenn die Masse schäumen sollte, etwas ungekochte Milch oder Spiritus zu und korrigiert einen gelblichen Schein durch Hinzufügung von etwas Ultramarin. Wenn nur mit Steinglätte geglättet wird, so muß man noch 5 kg Wachs und 2,5 kg Talkum zusetzen. Dieser Masse können die verschiedensten Farbstoffe für Blau, Rot, Grün usw. beigegeben werden. Für ordinäres Buntpapier nimmt man statt Blancfixe auch Chinaclay oder Ton u. dgl. **(Reinicke, Papierztg. 1892, 321.)**

Nach **Papierztg. 1912, 1491** ist es zweckmäßig, einer Streichfarbe für 10 kg Blancfixe 1,5—2 kg Chlorcalcium oder auch etwas Glycerin zuzusetzen, um die Farbe geschmeidig zu erhalten, ihr völliges Austrocknen und dadurch zugleich das Abspringen der Farbe zu verhindern.

In **Papierztg. 1912, 1207** wird darauf hingewiesen, daß das zur Herstellung von Streichpapieren verwendete Blancfixe seine große Deckkraft und die feine Verteilbarkeit auf dem Papier der Art seiner Herstellung zu verdanken hat, da es nicht durch einen Mahlprozeß gewonnen wird, der niemals zu absolut feinen Pulvern führen kann, sondern durch einen Fällungsprozeß. Das Blancfixe, das als Teig in den Handel kommt, darf daher nie völlig austrocknen, weil es sonst zu einer hornartigen Masse wird, die man durch Mahlen nicht mehr in den gewünschten Zustand größter Feinheit überführen kann. Vgl. **Bd. I [706]**.

Nach **Techn. Rundsch. 1907, 656** besteht der Barytüberzug auf photographischen Papieren aus einer Lösung bzw. Suspension von 0,175 kg Citronensäure in 1 l und 3,5 kg Gelatine in 12 kg Wasser, etwas Alkohol, den evtl. nötigen bunten Farbstoffen und 50 kg Blancfixe.

Nach **W. Reinicke, Techn. Rundsch. 1908, 570,** stellt man einen gut lackierfähigen Chromestrich auf Papier her durch Aufstreichen eines Gemenges von je 6,5 kg Chinaclay und Wasser, 50 kg Blancfixe, einer Lösung von 175 g Chromalaun in 1 l Wasser, 5 kg Leim, 1,5 kg eines Wachspräparates aus Wachs, Seife und Soda, 15 kg Wasser und $^1/_2$ kg Glycerin. Das so vorbereitete Chromopapier ist ungrundiert, also ohne Firnisvordruck gut druckfähig, ebensowohl für zwölf und mehr Farben als auch für Bronze.

157. Barytfreie Kunstdruck- und Glanzpapierstreichmassen.

Als Streichmasse zur Anfertigung von Kreidepapier (Glacépapier zu Adreß- und Visitenkarten) eignet sich ein verkochtes Gemenge von 4 Tl. Pergamentschnitzel, 1 Tl. Hausenblase und 1 Tl. arabischem Gummi mit 236 Tl. Wasser. Man teilt die auf die Hälfte eingedickte Masse in drei gleiche Teile, vermischt diese der Reihe nach mit 39, 32, 25 Tl. des feinsten Bleiweißes, trägt hiervon auf glattes Schreibpapier vermittels einer weichen Bürste von jeder Mischung einmal auf, indem man sie jedesmal 24 Stunden gut trocknen läßt und glättet mittels polierter Kupfer- oder Stahlwalzen. **(D. Ind.-Ztg. 1868, Nr. 42.)**

Über die Darstellung von Kreidepapier mit Zinkweiß statt Bleiweiß siehe ferner **Polyt. Zentrh. 1854, 59.**

Papier, dem man in der Masse 1—2% Kreide zusetzt oder das man mit Kreidemilch überstreicht, erhält die Eigenschaft, daß mit blasser Tinte darauf geschriebene Schriftzüge schnell nachdunkeln, leserlich und gut kopierbar werden. **(Polyt. Zentr.-Bl. 1858, 1594.)**

Das Satinweiß **Bd. I [710]** besteht aus einer Mischung von Calciumsulfat und Calciumaluminat und soll bei richtiger Bereitung eine schleimige, glänzende, fast fadenziehende Masse bilden, wenn der Lack locker und der Glanzpapieraufstrich feurig und glänzend sein soll. Klumpige und griesartige Abscheidungen lassen auf ein ungeeignetes Tonerdesulfat oder auf unrichtige Mengenverhältnisse der Rohstoffe schließen. **(A. Cobenzl, Farbenztg. 21, 392.)**

Über Satinweiß siehe ferner **A. Cobenzl, Farbenztg. 1921, 2018.**

Über die Herstellung von Chromopapier für den lithographischen Druck, also von Papieren, die mit einem Kreideaufstrich versehen sind, um sie zur Aufnahme einer größeren Zahl von Farben in der Schnellpresse geeignet zu machen, siehe **W. Hess, Techn. Rundsch. 1907, 623.**

Zur Herstellung einer Grundierung für Kunstdruck bestreicht man das Papier mit der Mischung einer wässerigen Eiweißlösung, die geringe Mengen eines ätherischen Öles enthält, und einer Emulsion, die man herstellt durch Lösen von Campher in absolutem Alkohol oder Eisessig und Versetzen mit Wasser bis zur bleibenden Trübung. **(D. R. P. 130 682.)**

Um die Oberfläche von Papier für den Aufdruck geeigneter zu machen, behandelt man den Stoff oder das fertige Fabrikat mit einer Lösung von konserviertem Eiweiß, das man durch Konzentrieren einer dialysierten Lösung bzw. Aufschwemmung von mit einem alkalischen Fluorid behandeltem Blutserum oder pflanzlichem Eiweiß (Kleie) erhält. **(D. R. P. 118 333.)**

In **Papierztg. 1912, 1503** wird empfohlen, die Papierbogen vor dem Druck zur Erzielung unverwischbarer Abdrücke mit einem Firnisgrund zu versehen, der aus etwa gleichen Teilen eines schwachen und mittelstarken Firnisses, etwas Drucksikkativ und einer Spur Miloriblau besteht, um den gelblichen Firniston zu paralysieren. Natürlich ist die Zusammensetzung der Farbe ebenfalls von Bedeutung für die Gewinnung klarer Drucke.

Die Präparierung des Papiers für Kupferdruck kann man nach **Techn. Rundsch. 1909, 437** für feinere Abzüge (für einfarbige Bilder und gröbere Strichzeichnungen benützt man käufliches, mit einer Gummischicht überzogenes Kreidepapier) in folgender Weise vornehmen: Photographisches Rohpapier (auch Seiden- oder Fließpapiere eignen sich) erhält einen ersten Überzug aus 3,5 g in 30 ccm destilliertem Wasser zuerst gequellter, und dann gelöster Gelatine mit Zusatz von 0,5 ccm Glycerin. Nach dem Trocknen dieser Schicht wird ein zweiter Überzug aufgetragen, der aus einem verkochten Gemenge von 1,05 g Tragant und 3,5 g Weizenstärke in 50 ccm Wasser besteht. Zum Schluß wird eine Eiweißschicht aufgebracht, die entweder aus einer Lösung von 1 ccm Eieralbumin oder aus derselben Menge Blutalbumin in 3 bzw. 7 ccm Wasser besteht und in beiden Fällen einen Zusatz von einigen Tropfen Ammoniak erhält. Das getrocknete und satinierte Papier ist dann gebrauchsfähig.

Zur Erzeugung seidenähnlicher, glänzender Effekte auf Gewebe, Papier u. dgl. behandelt man z. B. das Papier vor dem Aufbringen des Celluloseüberzuges nach **D. R. P. 175 664** mit einer Lösung, die in 8 Tl. Benzin (Aceton, Schwefelkohlenstoff) 1 Tl. Wachs und 1 Tl. Paraffin enthält. Um das Mittel geschmeidig zu machen, setzt man etwas Ricinusöl zu. Nach dem Trocknen wird mit Viscose überzogen. Nach **Zusatz D. R. P. 195 456** wird statt der Viscose selbst besser ihr Zinksalz verwendet.

Eine sehr einfach zusammengesetzte, billige Glanzappreturmasse, besonders für Papier und Spielkartenkartons erhält man nach **C. Puscher, Bayer. Ind.- u. Gew.-Bl. 1871, 60** durch Verkochen von 500 g Weizenmehl mit 3 l Wasser und 30 g Salmiakgeist. Die schwach gelblich gefärbte, gequellte Stärke wird dann mit weiteren 2,5 l Wasser verkocht und ist nach Verflüchtigung des überschüssigen Ammoniaks direkt verwendbar.

Nach **H. Vohl, D. Ind.-Ztg. 1874, 285** bestreicht man Papier, um es glänzend zu machen, mit dem wässerigen Brei eines verschmolzenen und gepulverten Gemenges von 24 Tl. Paraffin und 100 Tl. Porzellanton. Man kann zur Erzielung glänzender Farben auch dem Gemenge von farbigen Appreturmitteln, 4—6% dieser Mischung zusetzen, die sich besser als reines Paraffin in die Poren des Papiers einlegt. Nach **F. Matthey, D. Ind.-Ztg. 1877, 7** wird ein ähnliches Präparat erhalten durch 3—4 stündiges Erhitzen von fettem Tonschlamm mit Paraffin in einem Rührkessel auf 100—120°. Wenn eine Probe mit viel heißem Wasser kein Paraffin mehr ausscheidet, kann der nach dem Erkalten zähe, noch etwa 70% Wasser enthaltende Brei direkt verwendet werden.

Ein Anstrich für Pappe und Papier, der nach dem Trocknen satinierfähig ist, wird nach **D. R. P. 14 964** hergestellt durch Verkochen von 1,5 kg unterschwefligsaurem Natron, 50 g Ultramarin, 150 kg Gips, 100 l siedendem Wasser und 120 l eines aus 10 kg Weizenstärke bereiteten Kleisters. Durch Zusatz von Glycerin wird die Masse weicher, während ihr Stearin oder Wachs einen höheren Glanz verleihen.

Über die Herstellung einseitig glatter Papiere mit glimmerfreien Talkumsorten siehe **Wochenbl. f. Papierfabr. 51, 2326.**

Das Überziehen von Karten oder Bildern mit einer mittels essigsaurer Tonerde unlöslich gemachten Haut aus Tierleim und Ochsengalle ist im **Polyt. Notizbl. 1874, Nr. 10** beschrieben.

Als glanzerzeugendes Mittel für die Tapetenstreichfärberei und als Verdickungspräparat für Färberei- und Druckereizwecke eignet sich nach **G. Bering, Chem. Ind. 1879, 239,** ein als Glutine bezeichnetes Präparat, das man erhält, wenn man gleiche Teile trockenes Casein und wolframsaures Natron mit Wasser verreibt und eintrocknet. Zur Vermeidung der Zersetzung setzt man der Masse evtl. etwas Phenol oder Nelkenöl zu. Das Präparat löst sich in Glycerin und liefert in dieser Form einen biegsamen Überzug, der durch eine Alaunpassage lederartig wird. Dadurch, daß die Masse Wolframsäure enthält, kann man auch verschiedenartige Farbeffekte erzielen, wenn man die gefärbten Gewebe- oder Papierbahnen behufs Lackbildung durch Farblösungen zieht. **Sonnenschein** benützte die Verbindung des wolframsauren Salzes mit Proteinkörpern zum Animalisieren der Baumwolle. **[280.] (Jahr.-Ber. f. chem. Techn. 1870, 685.)**

158. Abziehpapiere und -bilder. Schablonen-(Spinnereihülsen-)papier.

Vgl. Langer, W., Herstellung der Abziehbilder. Wien und Leipzig 1888.

Zur Herstellung von Abziehbildern überstreicht man Papier, das man vorher durch Imprägnierung mit einem Gemenge von 8 Tl. Gelatine, 80 Tl. Wasser, 2 Tl. Kalialaun, 1 Tl. Kaliumbichromat und 4 Tl. Glycerin wasserundurchlässig gemacht hat, mit einem verschmolzenen Gemenge von 2 Tl. Wachs, 2 Tl. Gummi arabicum, 1 Tl. weißem Schellack und 20 Tl. Naphtha. Man läßt trocknen, druckt nun vorsichtig das Bild auf diese Wachsschicht und überträgt es in der Art auf die Unterlage, daß man das Papier mit dem Bilde abwärts auflegt und mit einem warmen Eisen rückseitig überstreicht. Das Wachs schmilzt und das Bild wird auf diese Weise auf die Unterlage übertragen. Evtl. versieht man die Bildschicht vorher noch mit einem Firnis, den man mit Harz überpudert, um das Haften des abgezogenen Bildes auf der Unterlage zu unterstützen. **(Papierztg. 1912, 421.)**

Nach **D. R. P. 323 468** eignet sich auch ein Gemisch von eingedickter Sulfitablauge und Bimssteinpulver als Porenfüller für Holz oder als Grundiermittel für Papier unterhalb der sog. Abziehbilder.

Zur Herstellung von Abziehbildern für Glasmalereiimitation bedruckt man das mit einer Klebschicht versehene Papier nach **D. R. P. 82 200** in der beim gewöhnlichen Farbendruck üblichen Reihenfolge mit einer sehr schnell trocknenden Steindruckfarbe, die aus lasierenden Farben, Wasserglas und Sikkativ besteht, dergestalt, daß ein sog. tot gedrucktes Bild entsteht, das ist ein Bild, das auf dem Papier matt und tief dunkel erscheint; dann verstärkt man diesen ersten Farbenaufdruck durch einen farblosen, aus reinem Firnis, Wasserglas und Sikkativ bestehenden Auftrag, überträgt die Bilder auf Glas und gibt ihnen schließlich einen wetterfesten Überzug.

Zur Herstellung von prägbaren Abziehbildern vermischt man die Druckfirnisfarbe mit einer alkoholischen Lösung von Paraffin und Seife, druckt das Bild auf und pudert den Deckgrund, bestehend aus Kremserweiß, geschlämmtem Kaolin, Paraffin und Wachspulver, auf das Bild auf. Das Ganze überdruckt man mit einer Lösung von Paraffin, Seife und etwas Schellack in Spiritus. **(D. R. P. 293 251.)**

Zur Herstellung des für photokeramische Zwecke bestimmten einbrennbaren Pigmentpapiers beklebt man eine während 12 Stunden in 10 proz. Schwefelsäure behandelte Glasplatte mit einem etwas größeren, entleimten und mit 25 proz. Zuckerlösung bestrichenen Schreibpapier. Auf die so erhaltene Papierfläche siebt man nun ein Gemenge von Emailfarben, die vorher mit Sprit angeteigt, getrocknet und feinzerrieben wurden, und übergießt die eingetrocknete Emailfarbenschicht mit einem lichtempfindlichen Überzug, der aus 105 Tl. Wasser, 7 Tl. Ammoniak, 15 Tl. Gummi arabicum, 5 Tl. weißem Zucker, 3 Tl. Kalium- und 2 Tl. Ammoniumbichromat besteht. Nach dem nunmehr folgenden Trocknen bei 50° und nach dem Abkühlen wird schließlich eine letzte Kollodiumschicht, bestehend aus der Lösung von 7 Tl. Schießbaumwolle und 0,5 Tl. Ricinusöl in je 100 Tl. Alkohol und Äther aufgetragen; die Platte wird dann unter Lichtabschluß getrocknet und man kann das Papier abziehen. **(C. Fleck, Keram. Rundsch. 20, 380.)**

Nach **D. R. P. 237 793** werden Abziehpapiere mit Wasserfarben hergestellt, indem man statt der bisher verwendeten wässerigen Klebstoffe (Dextrin, Tragant) die Salze der durch Verseifung von Ölen, Fetten, Wachsen usw. gewonnenen Säuren als Bindemittel für die Farben zusetzt. Die auf diese Weise gefestigte Lackschrift reißt nicht und man kann mehrere Abzüge von einem Abziehpapier machen. Zur Herstellung der Druckfarbe für die Abziehpapiere vermischt man daher starke, wässerige Lösungen der genannten Salze mit Erd- oder Mineralfarben, Farblacken, Teerfarben u. dgl., und erhält so ein sehr verwendbares Hilfsmittel der Anstreichtechnik, das die Übertragung von Zeichnungen (z. B. Holzmaserung) auf Ölfarbengrund ohne Anwendung von Schablonenbogen gestattet.

Das zur Übertragung farbiger Bilder feiner Ausführung auf andere Gegenstände aus Glas oder Porzellan dienende Chromopapier (Abziehpapier) wird in der Weise verwendet, daß man den auf diesem Papier ausgeführten Druck mit der Bildseite auf den, mit schnelltrocknendem Bilderlack überzogenen, zu dekorierenden Gegenstand aufpreßt und nach dem völligen Trocknen durch Befeuchtung der Rückseite des Papieres seine Lösung von der Bildschicht bewirkt, worauf sich das Papier, wenn das Bild durchzuscheinen beginnt, leicht abziehen läßt. Statt des schnelltrocknenden Bilderlackes, der vor allem für Holzgegenstände Anwendung findet, werden für gläserne oder keramische Waren besonders Wasserglas oder Kittöl als Bindemittel empfohlen. Vgl. **Bd. I [600].**

Zur Herstellung von Papierschablonen geht man von vornherein nach **Techn. Rundsch. 1911, 732** von langfaserigem, schmierig vermahlenem, nicht beschwertem Rohstoff aus und härtet die aus diesem Papier gewonnenen Schablonen entweder durch Imprägnierung mit einem warmen gelösten Gemenge von je 8 Tl. Dammarharz und gehärtetem Kolophonium mit 60 Tl. Terpentinöl und 24 Tl. Mohnöl oder man taucht die Schablonen in eine Schmelze von 20 Tl. Kolophonium, 4 Tl. doppelt raffiniertem Paraffin (46—48°) und 12 Tl. rohem Leinöl unter Hinzufügung einer Lösung von 2 Tl. Guttapercha und 4 Tl. Leinölfettsäure, worauf man schließlich nach dem Abkühlen auf etwa 80° noch 55 Tl. Schwerbenzin und 3 Tl. Mangansikkativ beigibt. Die so behandelten Schablonen werden auf diese Weise nicht nur gehärtet, sondern, wenn die Masse nicht viel Harz enthält, auch transparent gemacht.

Zur Herstellung von glattem, elastischem Schablonenpapier, das wasserabstoßende Eigenschaften hat, präpariert man das Papier nach **Papierztg. 1912, 1523** zuerst mit Knochenöl und überzieht nach dem Trocknen mit einem mit Terpentinöl verdünnten Kopallack. Auf **S. 1571** derselben Zeitschrift wird darauf hingewiesen, daß es zweckmäßig ist, diese Tränkung des Papieres vor dem Ausstanzen der Schablone vorzunehmen, am besten nach Perforierung der angedeuteten Linien in etwa 3—5 mm voneinander entfernten Durchschlägen; man erreicht so, daß sich die Ränder und Kanten der Schablonen besser vollsaugen und nach dem Stanzprozeß ebenfalls imprägniert sind.

Über Herstellung von Schablonenbogen für Vervielfältigungszwecke durch Belegen einer Papierbahn mit Gelatine, die man durch Kaliumbichromat härtet, siehe **D. R. P. 251 538.**

Die poröse Schreibfläche eines Schablonenblattes zur Vervielfältigung von Schreibmaschinenschrift ist mit einer entfernbaren Schicht bedeckt, die die Schrift deutlich hervortreten läßt. Der Überzug des mit koaguliertem Protein imprägnierten Schablonenblattes besteht aus einer Farbe, die sich von jener der Imprägnierung abhebt. Es bleiben dann die aus den Eindrücken der Typen entstehenden Schriftzeichen, während das Blatt in der Maschine verbleibt, völlig leserlich, so daß man direkt die nötigen Korrekturen anbringen kann. **(D. R. P. 262 098.)**

Um Schablonenblätter zur Vervielfältigung von Schreibmaschinen- oder anderer Schrift ohne vorherige Befeuchtung dauernd verwendbar zu machen, überzieht man das Papier mit einem Absud bzw. einer Aufkochung von 2 Tl. isländischem Moos, 2 Tl. Gelatine und 2 Tl weicher Seife, die vorzugsweise aus sulforicinolsaurem Alkali bzw. den Anhydriden von Ricinol und Sulforicinolsäure besteht, in 60 Tl. Wasser und 15 Tl. Glycerin. Die so hergestellten Schablonenblätter sollen ohne vorhergehende Befeuchtung monatelang dauernd verwendbar bleiben. **(D. R. P. 280 208.)**

Zur Herstellung eines Schablonenstoffes behandelt man langfaseriges Gewebe mit einem Gemenge von 450 g Gelatine, 510—620 g Glycerin, 42,5 g Natronsalpeter und 9—13,6 g Kaliumbichromat, und überstreicht den Stoff nach dem Trocknen mit Glycerin allein oder einer Lösung von 5 Tl. Glycerin, 1 Tl. Aluminiumchlorid und 1 Tl. Alkohol. Dieser Schablonenstoff gibt zum Unterschied von anderen Schablonen, bei denen erst nach einer größeren Anzahl von Drucken brauchbare Abzüge erhalten werden, gleich nach dem ersten, der Entwicklung dienenden Druck, klare Reproduktionen und zugleich wird das Ausschlagen ganzer Buchstaben verhütet. **(D. R. P. 282 433.)**

Zur Herstellung von Schablonenpapier für Sandstrahlgebläse tränkt man gewöhnliches Zeitungspapier unter Vermeidung des sonst nötigen Glycerinzusatzes mit einer heißen Mischung von Leimlösung, Melasse, Kartoffelmehl und Maschinenschmieröl und bestreicht es nach dem Trocknen auf einer Seite mit wässeriger Schlämmkreidepaste. **(D. R. P. 307 919.)**

Angaben über Ausbessern der Jacquardschablonen, besonders die Wiederverwendung noch brauchbarer Helfen an nicht mehr gebrauchsfähigen Harnischen finden sich in **Z. f. Text.-Ind. 1918, 92.**

Über Herstellung der Papierhülsen für Spinnereien siehe **Papierfabr. 1909, 597**: Man klebt die aus besonders gut gemahlenem und geleimtem Papierstoff hergestellten Hülsen mit einem Stärkekleister und härtet sie nachträglich durch Eintauchen in eine Lösung von wenig pulverisiertem Kolophonium in kochendem Leinöl. Neuerdings kommt als Klebstoff in immer größerem Maße das Cellon (Cellulosetriacetat) zur Verwendung.

Spezialpapiere.

159. Durchschlag-, Kopier-, Kohlepapier.

Andés, L. E., Papierspezialitäten, Wien und Leipzig.

Die Beschreibung zur Herstellung von Lichtpaus- und Kohlepapier, Schreibmaschinen- und Ölpapier findet sich in **Papierztg. 1903, Nr. 69, 72, 74, 75** u. **78.** Vgl. **B. Walter, Chem.-Ztg. 1921, 287.**

Die Herstellung des Stoffes für diese Kopierpapiere ist in **Wochenbl. f. Papierfabr. 1912, 1712** beschrieben.

Durchschlagpapiere, von denen das schwarze speziell als Kohle- oder Carbonpapier bezeichnet wird, werden aus dünnen und sehr zähen Papieren hergestellt, die aus Hanf-, Leinen- und Baumwollfaser oder in den besseren Sorten aus Natronzellstoff bestehen, da diese letzteren Papiere sehr dicht sind und den aufgestrichenen Farbstoff nicht durchdringen lassen. Gutes Durchschlagpapier darf erst bei kräftigem Druck abfärben und dementsprechend verarbeitet man die wasserlöslichen Teerfarbstoffe (Reinblau, Eosin, Azorot, Methylviolett und Nigrosin evtl. unter Rußzusatz) mit etwa 100° heißem Glyzerin auf einer Farbreibmühle und streicht die Papiere auf ei er Streichmaschine **(Papierztg. 40, 635).** Eine solche Streichmaschine zur Herstellung von Kohle- und Durchschreibpapier ist hinsichtlich einiger Konstruktionsdetails, z. B. in **D. R. P. 284572** beschrieben.

Über die Herstellung eines Durchschreibpapieres, dessen Farbschicht von Fasern durchzogen ist, siehe **D. R. P. 263688.**

Besondere Kopierpapierstreifen sind durch Anbringung geschwächter Trennstellen und besonderer Verstärkungen neben den Trennstellen zwecks Abtrennung einzelner Kopien gekennzeichnet. **(D. R. P. 256693.)**

J. Hoy empfiehlt in **Dingl. Journ. 150, 432** der Papiermasse zur Herstellung von Kopierpapier Eisenvitriol zuzusetzen oder das fertige Papier mit diesem Salz in wässeriger Lösung zu imprägnieren. Dieses Papier liefert von Schriftstücken, die mit gewöhnlicher Galläpfeltinte geschrieben sind, in der Presse gute Kopien, man kann mit ihm aber auch ohne Kopierpresse durch bloßes Überstreichen des feuchten Blattes, das man auf das Schriftstück auflegt, gute Kopien erzielen, wenn man es mit einer Tinte beschrieben hat, die einen Zusatz von etwas Pyrogallussäure und Zucker erhielt.

Nach **J. Shol, Dingl. Journ. 151, 399** lassen sich Schriftzüge auf einem Papier, das man unter Zusatz von etwa 5% Kreide zur Masse oder zur Leimflüssigkeit hergestellt hat oder das man nachträglich im fertigen Zustande mit Schlämmkreide bestreicht, noch lange Zeit nach ihrer Aufbringung kopieren, da der Kreidegrund den Tintenfarbstoff auf sich fixiert und leichter an das Kopierpapier abgibt.

Zur Herstellung von Trockenkopierpapieren imprägniert man Papierbogen nach **D. R. P. 201735** mit 2% Wachsseife (statt des Wachses Ceresin oder Stearin) und 15% Honig (Zucker, Melasse, Glucose); das Papier ist beim Anfühlen trocken, erlangt durch die Behandlung eine größere Festigkeit und gibt nicht verwischbare Kopien, da die Tinte infolge der Trockenheit des Papieres nicht verfließt.

Man muß zur Herstellung von Durchschreibpapieren dem Farbstoff weniger oder mehr fettige Stoffe zusetzen, um zu harten bzw. weichen Fabrikaten zu gelangen, die dann zum Kopieren oder Pausen mittels eines Achatstiftes, der harte Ware erfordert, oder mittels eines Bleistiftes, für den ein weiches Fabrikat besser ist, geeignet sind. Beide Arten von Kohlepapieren werden nach **Papierztg. 1912, 816** entweder nach dem Tränkungs- oder nach dem Aufstreichverfahren erzeugt.

Zur Herstellung von Durchschreibe- oder Durchschlagpapier, das nicht abschmutzt, bedruckt man die Bogen nach **D. R. P. 268533** mit Druckfarben, die, um ihre Durchschlagfähigkeit zu vergrößern, mit Petroleum angerieben sind.

Über Herstellung von Kohlepapier für Schreibmaschinen, das sich durch große Reißfestigkeit auszeichnet, einen durchschnittlichen Farbengehalt (Berlinerblau, Lampenruß und Teerfarbstoffe) von 50—55% besitzt und mit wachsartigen Massen oder hochschmelzenden Paraffinen als Grundlage der Imprägnierungsmasse angefertigt wird, siehe **A. M. Doyle,** Ref. in **Chem. Ztg. Rep. 1908, 594.**

Nach **Lüdecke, Seifens.-Ztg. 1912, 415** überzieht man dünnes, jedoch zähes Seidenpapier zur Herstellung von Kohlepapier für Schreibmaschinen auf maschinellem Wege mit einem Gemenge von 20 Tl. Preßtalg, 12 Tl. raffiniertem Stearin, 24 Tl. Paraffin, 3 Tl. Nigrosin (in Stücken an Stearin gebunden) und 36 Tl. Gasruß. Die so hergestellten Papiere schmieren nicht, zum Unterschiede von jenen, die einen Zusatz von Türkischrotöl oder Seife erhalten.

Um Trockenkopierpapiere lange Zeit haltbar zu machen und ihnen die Kopierfähigkeit auch nach längerem Lagern zu erhalten, setzt man den Farbstoffen und sonstigen Imprägnierungsmitteln zweckmäßig Chlorcalcium oder Chlormagnesium oder Glycerin zu, kurz Stoffe, die auch nach schärfster Trocknung des Papiers immer noch Wasser aus der Umgebung anziehen und das Papier daher in einem Zustande geschmeidiger Feuchtigkeit erhalten. Trotzdem empfiehlt es sich, die Papierrollen für längere Lagerung durch Umhüllung mit Wachspapier vor dem Austrocknen zu schützen. **(Papierztg. 1912, 608.)**

In **Techn. Rundsch. 1907, 289** empfiehlt **Th. Knösel** für Kopierzwecke ein Löschpapier, das aus Blättern ungebleichten Sulfatzellstoffes besteht. Diese Blätter sind zwar glatt, aber trotzdem sehr saugfähig und lassen sich auch scharf umbiegen, ohne zu brechen, wenn man die Biegestelle nicht starkem Druck, z. B. in der Kopierpresse, aussetzt. Verfasser benützt diesen Sulfatzellstofflöschkarton in zwei Stärken seit 30 Jahren zum Kopieren in der Weise, daß er zunächst ein ganz dünnes Blatt einlegt, dieses mit einem stärkeren bedeckt, dann das gründlich durchnäßte Kopierblatt auflegt, mit einem anderen dünnen Löschkarton abtrocknet, kopiert, den dicken stark angefeuchteten Löschkarton entfernt und die dünnen Blätter zwischen den einzelnen Kopien so lange liegen läßt, bis diese trocken geworden sind.

Feucht bleibende Kopierblätter, die 3—4 Wochen ihre Gebrauchsfertigkeit bewahren, erhält man durch 5 Minuten dauerndes Eintauchen von Lederpappe in die Lösung von 125 ccm Glycerin in 1 l 65proz. Spiritus. **(D. R. P. 340 295.)**

160. Durchsichtiges, Paus-(Lichtpaus-)papier und -leinen.

Die Fabrikation von Paus-, Farben- und Durchschlagpapieren beschreibt **B. Walther in Chem.-Ztg. 1921, 287.**

Die Herstellung eines Pauspapiers durch Imprägnierung von dünnem ungeleimtem Seidenpapier mit einer Lösung von Leinölfirnis, Kolophonium, Wachs und venetianischem Terpentin in Terpentinöl beschreibt schon **Klemm im Württemb. Gew.-Bl. 1849, Nr. 26.** Vgl. **Polyt. Zentr.-Bl. 1859, 1168 u. 1860, 926.**

Zur Herstellung von Pauspapier taucht man die Bogen nach **H. E. Wagner, Ber. d. d. chem. Ges. 1874, 1031** zuerst, um sie transparent zu machen, in Benzin und dann in ein besonders zubereitetes Sikkativ, das man folgendermaßen erhält: Man kocht 1 Tl. Bleispäne, 5 Tl. Zinkoxyd und $^1/_2$ Tl. harten venezianischen Terpentin etwa 8 Stunden mit 20 Tl. Leinölfirnis, gießt nach einigen Tagen vom Bodensatz ab und versetzt die klare Flüssigkeit mit 5 Tl. Kopallack und der alkoholischen oder ätherischen Lösung von $^1/_2$—1 Tl. Sandarak.

Über Herstellung von blauem Pauspapier durch Behandlung der Bogen mit einem Gemenge von 10 kg Wasser, 20 kg unlöslichem Pariserblau, 20 kg Olivenöl und 0,25 kg Glycerin siehe **E. Dieterich, D. Ind.-Ztg. 1878, 427.**

Zur Herstellung von Pauspapier und Pausleinen behandelt man das Papier nach **D. R. P. 17 789** mit gekochtem Leinöl, entfernt den Ölüberschuß mit Benzin, wäscht in einem Chlorbade und behandelt mit Wasserstoffsuperoxyd nach. Leinen muß vor der Behandlung mit Leinöl mit einem Stärkeüberzug versehen werden. Schließlich wird zwischen polierten Walzen geglättet.

Ein Verfahren der Pauspapierherstellung durch Bestreichen der Bahnen mit einer Mischung aus 1 Tl. gekochtem Leinöl und 7 Tl. 20proz. Kautschuk-Benzinlösung ist in **N. Erf. 1863, N. 41** beschrieben.

Zur Herstellung von Paus-, Umdruck- und Überdruckpapier legt man ungeleimtes Fließ- oder Seidenpapier abwechselnd mit beiden Seiten auf einen mit gekochtem Leinöl eingewalzten Stein, zieht durch die Presse, bestreicht das halbtrockene Papier beiderseitig mit einem Gemisch aus 2 Tl. einer Lösung von Kopalharz oder Bernstein in Leinölfirnis (Kutschenlack) und 1 Tl. reinem Terpentin, läßt trocknen, schwemmt es mit Seifenwasser und folgend mit kaltem Wasser ab und zieht das Papier schließlich auf reinem Stein durch die Presse und dann durch die Satiniermaschine. **(D. R. P. 38 479.)**

Oder: Eine Mischung aus 8 Tl. Terpentinöl, 8 Tl. Ricinusöl, 2 Tl. Canadabalsam und 1 Tl. Copaivabalsam wird mittels eines Schwammes gleichmäßig auf Musselin aufgetragen; der so mit der Ölmischung behandelte Musselin wird zusammengerollt und 36 Stunden lang hingestellt, dann wieder eben gelegt, worauf man den Überschuß der Mischung mit einem Kattun- oder Tuchlappen entfernt; die Operation des Zusammenrollens und Abwischens des geölten Musselins wird so oft wiederholt, bis die Oberfläche trocken erscheint. **(Dingl. Journ. 147, 396.)**

Schreib- oder Zeichenpapier mit Erdöl angestrichen und mit gewöhnlichem Zeitungspapier so lange abgerieben, bis es trocken ist, gibt ebenfalls ein sehr gutes Durchzeichenpapier, auf dem sich mit Tinte, Tusche und Farben arbeiten läßt, wie auf gewöhnlichem Papier. **(Polyt. Zentr.-Bl. 1869, 619.)**

Um Zeichenpapier durchsichtig und nach dem Zeichnen wieder undurchsichtig zu machen, tränkt man es nach **C. Puscher** mit der Lösung von Ricinusöl in 1,2 oder 3 Volumen absolutem Alkohol, je nach der Dicke des Papiers. Wenn der Alkohol verdunstet, ist das Papier trocken und durchsichtig und als Pauspapier verwendbar. Durch Eintauchen in absoluten Alkohol kann das Öl entfernt und das Papier wieder undurchsichtig gemacht werden. **(D. ill. Gewerbeztg. 1873, Nr. 40.)** Nach **Dingl. Journ. 210, 320** kann man auch gewöhnlichem Pauspapier die seine Durchsichtigkeit bedingenden Fett- oder Wachsstoffe durch längere Behandlung mit Alkohol entziehen.

Nach **A. P. 1 419 750** kann man Papier auch mit einer Lösung von Balsam (venet. Terpentin) und Harz in Terpentinöl und Tetrachlorkohlenstoff odet ähnlichen Lösungsgemischen durchsichtig machen.

Um Papier durchscheinend zu machen, streicht man eine Mischung von Ricinusöl und Terpentinöl auf, die zugleich Bleistiftstriche beseitigt, ohne mit Tusche ausgezogene Linien zu beschädigen. **(D. R. P. 338 987.)**

Um Papier durchsichtig zu machen wie Pauspapier, ohne daß die Durchsichtigkeit jedoch dauernd erhalten bleibt, so daß das so präparierte Papier nach einigen Tagen wieder das alte Aussehen erhält, bestreicht man es je nach der Dicke ein- oder beiderseitig mit einem Gemenge von Leuchtöl I (150—200°) und Putzöl (Schwerbenzin 120—150°), oder man verwendet andere Destillationsprodukte des Erdöles oder Braunkohlenteers, deren Siedepunkte zwischen 100 und 170 bzw. 160 und 195° liegen. Die Öle sind flüchtig und verschwinden, wenn sie rein waren, nach einigen Tagen vollständig, so daß man es in der Hand hat, durch Mischen leichter und schwerer flüchtiger Öle die Zeitdauer des Verschwindens zu regulieren. **(Techn. Rundsch. 1913, 62.)**

Über Herstellung von Transparentplakaten durch Aufdrucken eines letzten Ölfarbenüberzuges auf den gefärbten Fond, wobei jener das Papier durchtränkt und transparent macht, siehe **Techn. Rundsch. 1909, 665**; vgl. **Jahrg. 1911, 388.**

Nach einer Notiz in **Dingl. Journ. 131, 467** erhält man ein durchsichtiges Papier, das dem geölten Papier bei weitem vorzuziehen ist, wenn man zwischen zwei trockene Blätter feinsten weißen Papiers ein Blatt aus demselben Material einlegt, das vorher mit einer dicken Auflösung von arabischem Gummi imprägniert wurde. Dieses Mittelblatt soll alle drei Papiere völlig durchsichtig machen.

Zur Herstellung von durchsichtigem Papier schmilzt man nach **Pharm. Zentrh. 1910, 788** 5 g Paraffin, 10 g Kanadabalsam, 50 g Terpentinöl und eine zweite Mischung bestehend aus 7 g Paraffin, 20 g Kolophonium und 20 g Elemi, vereinigt die Mischungen, verdünnt mit 120 ccm Terpentinöl, bestreicht das Papier 1—2 mal mit der Lösung und läßt gut trocknen. Nach dem Buche von L. E. Andés, Papierspezialitäten, Hartlebens Verlag, stellt man die neuerdings viel verwendeten Fensterkuverts durch Aufstreichen bzw. Imprägnieren des Papiers an den betreffenden Stellen mit Harzlösungen in Terpentinöl oder Leinölfirnis her. So löst man z. B. 37 g fein gepulvertes Dammarharz in 200 g Terpentinöl durch Umschütteln und verdünnt die durch Absitzen oder Filtrieren geklärte Lösung mit 130 g feinem Mohnöl oder man verwendet nach **Esslinger** eine Lösung von 15 Tl. gebleichtem Schellack und 5 Tl. Mastix in 100 Tl. stärkstem Alkohol oder eine Lösung von 10 Tl. gebleichtem Bienenwachs in 30 Tl. stärkstem Alkohol und 5 Tl. Äther. Besonders das letztere Gemenge hat den Vorteil, klar durchsichtige, nicht brüchige Fenster zu liefern und rasch zu trocknen.

Über Herstellung des Papiers für Fensterbriefumschläge siehe **D. R. P. 260 968.**

Um Papier durchsichtig, luft- und wasserdicht zu machen, überzieht man das mit einer alkoholischen Lösung von geschmolzenem Harz, Wachs und Öl, nach dem Zusatzpatent unter Beimischung von Fuselöl, imprägnierte Papier mit einer kolloidalen Lösung von gequollener Gelatine oder Agar in Sprit und härtet gegebenenfalls den Überzug, wenn leimige Lösungen verwendet wurden, mit Formaldehyd oder Alaun. Der Imprägniermasse oder dem Fixiermittel, die auch beide zusammen in verschmolzenem Zustande verwendet werden können, kann man Teerfarbstoffe zusetzen. Die so in langen Bahnen in einem einzigen Arbeitsvorgang durchsichtig gemachten, dünnen Papiere können dann durch zwischengelegte Farb- oder Bronzepulver bzw. -folien in Metallpapiere verwandelt werden; sie eignen sich besonders zur Herstellung von Zigarettenbobinen. **(D. R. P. 285 978 und 291 198.)**

Ein wasserdichtes und zugleich durchsichtiges Papier, das sich als Ersatz für Gelatine oder Marienglas als Überzug für Karten, Wandtafeln oder Zeichnungen eignet, die gegen das Verstauben geschützt werden sollen, erhält man durch Überstreichen von Pergamynpapierstreifen mit einer dünnen Schicht einer durch Benzin sehr verdünnten Lackfarbe. **(D. R. P. 305 712.)**

Häufig überstreicht man das fertige Pauspapier nachträglich mit einer Gummiarabicum- oder Dextrinlösung, der man nach **Papierztg. 1912, 179** zweckmäßig einige Tropfen etwa 30grädiger Chlorcalciumlösung zusetzt, um so ein Abspringen der getrockneten, dann stets etwas feucht und daher elastisch bleibenden Klebstoffschichte zu verhindern.

Um Ölpauspapier und Pausleinen aufnahmefähiger für Bleistift- oder farbige Tuschschrift zu machen, prägt oder rauht man es auf einer oder beiden Oberflächen. **(D. R. P. 279 930.)**

Um Pauspapier vor dem Vergilben zu schützen, wird es nach **D. R. P. 124 639** zuerst transparent gemacht und nachträglich mit animalischem oder vegetabilischem Leim geleimt.

Zur Herstellung von durchsichtigem Zeichenleinen tränkt man das appretierte Leinen mit der in der Ölpauspapierfabrikation verwendeten Flüssigkeit, trocknet und erhält so ein Material, das bei genügender Wasserfestigkeit seines Appret einen geeigneten Rohstoff für die verschiedenen Lichtpausverfahren abgibt, so daß man Kopien darauf wieder als Originale für weitere Lichtpausen verwenden kann, wozu bisher nur durchsichtige Papiere benutzt werden konnten. **(D. R. P. 277 278.)**

Nach **D. R. P. 241 157** behandelt man das Rohpapier, das zur Herstellung der Papiere für Cyaneisen- und Silbereisen-Lichtpausverfahren dienen soll, in der Masse mit verdünnten Chromsäurelösungen oder Kaliumbichromat, um die reduzierende Wirkung, die die Papierfaser ausübt, herabzusetzen.

Zur Herstellung von rauhem oder gekörntem Lichtpauspapier prägt oder preßt man die Papieroberfläche erst nach der Präparation mit den lichtempfindlichen Substanzen, wodurch der Nachteil vermieden wird, daß die Papiere schwer ausgelichtet werden können, weil die Vertiefungen der schon vorher rauhen Oberfläche des Rohpapieres zu viel Präparation aufgenommen haben. **(D. R. P. 277 703.)**

Zur Herstellung von durchsichtigem Lichtpausleinen behandelt man mit Stärke, Leim oder Gelatine appretiertes Rohleinen auf einer Seite mit Ölfirnis und nach dem Trocknen auf der anderen Seite mit einer gelatinehaltigen Lichtpausmasse und entwickelt die hergestellten Kopien in mit Chromalaun, Formaldehyd oder anderen Gelatinehärtungsmitteln versetztem Wasser. Die Lichtpausmasse besteht z. B. aus Ferriammoniumcitrat und rotem Blutlaugensalz. **(D. R. P. 294 201.)** Vgl. **[593]**.

Um Lichtpauspapier die Lichtdurchlässigkeit zu nehmen, wird es vor, während oder nach der Präparation, aber vor der Belichtung, in Rollenform auf der anderen als derjenigen Seite des Rohpapieres, die mit dem lichtempfindlichen Präparat bestrichen wird, mit einem Aufdruck oder einem Anstrich versehen oder mit einem anderen Papier beklebt, am besten in einer aktinisches Licht stark absorbierenden Farbe, also rot, orange oder gelb. **(D. R. P. 262 353.)**

In **D. R. P. 262 353** sind die Vorkehrungen angegeben, die man trifft, um die Herstellung weiterer brauchbarer Lichtpausen von den auf Lichtpauspapieren hergestellten Kopien von Originalzeichnungen zu erschweren. Man überzieht die nicht lichtempfindliche Seite des Papieres mit einer undurchsichtigen Schicht. Auf diese Weise werden die wegen der Portoersparnis dünn angefertigten Lichtpauspapiere undurchsichtig, was für den Versand von Zeichnungen sehr erwünscht ist.

Über Photopapiere s. **[586]**.

Zur Zurückgewinnung des Leinens aus Pausleinen, Zeichnungsmaterial oder Aufziehleinwand befreit man die Stoffe durch Extraktion von allen Zusatzsubstanzen, gewinnt so Gelatine und Glycerin jedes für sich zurück und erhält einen Faserstoff, der als medizinisches Verbandsmaterial zur Herstellung von Bekleidungsstücken u. dgl. verwendet werden kann. **(D. R. P. 317 625.)**

161. Wasser- (fett-)dichte, (abwaschbare) Papiere: Öl, Harz, Teer.

Über das Wasserdichtmachen von Papier siehe **H. Wandrowsky, Papierztg. 40, 500, 524, 579, 597, 615 u. 653.**

Die Herstellung der japanischen Öl- und Lederpapiere beschreibt **B. Setlik** in **Kunststoffe 1911, 184.**

Über Wasserdichtmachen von Papier usw. mittels Harzlösungen siehe ferner **D. Ind.-Ztg. 1868, Nr. 39 u. 42.**

Ein Verfahren, Papier, Gewebe usw. wasserdicht zu machen und zugleich zu festigen, beruhend auf einer verstärkten Papierleimung mit Harzseife und Tonerdesulfat **[133]**; beschrieb **A. Brooman in Polyt. Zentr.-Bl. 1862, 695.**

Um Papier gegen Lösungen undurchlässig zu machen appretiert man die Masse zugleich mit der Leimung nach **D. R. P. 122 886** und **Zusatz 123 297** mit einer Harzseife, die freies Harz und Paraffin, Leinöl, Wachs und Ceresin enthält, und zu deren Herstellung Phenanthren, Naphthalin oder Rohanthracen verwendet wird. Über die Herstellung dieser Seife aus 3 Tl. Harz und 1 Tl. Phenanthren siehe **D. R. P. 118 233.** Die Verwendung des Phenanthrens als Zusatz zur Papierleimung hat sich nicht bewährt **[140]**.

Nach **D. R. P. 281 302** vermag man nach dem Verfahren des **D. R. P. 276 553 (409)**, also durch Erhitzung der Stoffe im Vakuum, folgende Tränkung mit Harzlösungen und Behandlung mit Formaldehyddämpfen im Vakuum auch andere Stoffe als Kunstleder, besonders Papier, Gewebe u. dgl. wasserdicht, kernig und widerstandsfähig zu machen.

Nach **F. P. 435 815** und **435 816** stellt man ein wasser- und luftdichtes, zähes Papier auf folgende Weise her: Man löst in 4 l Wasser 200 g japanischen Kolokasiagummi, fügt 10 g Glycerin, 2 g Chlorcalcium und 100 g einer 10proz. wässerigen Gummiarabicumlösung zu, tränkt langfaseriges Papier mit dieser Lösung und läßt bei gewöhnlicher Temperatur trocknen. Dann wiederholt man die Imprägnierung, trocknet aber nunmehr bei 50—80°, legt die Bogen sodann in 100° heiße 3proz. Sodalösung, trocknet abermals bei etwa 65° und befeuchtet das Papier schließlich mit einem Gemenge gleicher Teile Wasser und Glycerin.

Anstrich für mit Seife abwaschbare Tapeten: 2 Tl. Borax und 2 Tl. Schellack werden in 12 Tl. heißem Wasser gelöst; die Lösung wird filtriert und direkt verwendet. Nach dem völligen Trocknen des Überzuges wiederholt man den Anstrich und bürstet die getrocknete Schicht bis sie glänzt. **(Frauend. Bl. 1867, Nr. 11.)**

Wasserdichtes Papier von großer Härte, das sich als Dachdeckmaterial eignet, erhält man durch Imprägnierung der Pappe mit einer warmen Schmelze von 50% Harz, 45% Paraffin und 5% Wasserglas, ein zum Verpacken geeignetes wasserdichtes Material durch Imprägnierung der Bahn mit der Mischung einer 25proz. wässerigen Leimlösung und einer 10proz. wässerigen Bichromatlösung, die zum Anrühren der gleichen Gewichtsmenge Seife dient. **(Zentralbl. 1920, II, 255.)**

Eine Streichmasse aus 50 Tl. Kalk, 2 Tl. weicher Seife, die mit 8 Tl. Terpentinöl gekocht wurde, 25 Tl. Bleiweiß oder Zinkweiß in 12 Tl. Leinöl mit der entsprechenden Menge von Trockenmitteln und 1/2 Tl. Elfenbeinschwarz, eignet sich, soweit als nötig mit Terpentinöl verdünnt, als grauer Grund für abwaschbares Papier. **(Dingl. Journ. 198, 542.)** Vgl. die Herstellung von wasserdichtem Papier durch Überstreichen der mit evtl. gefärbtem Stärke-Glycerinkleister vorbehandelten Bahnen mit einer Lösung von 1 Tl. Japanwachs in 6 Tl. Alkohol nach **Polyt. Notizbl. 1870, Nr. 24.)**

Nach **D. R. P. 86 812** verwendet man bei der Herstellung abwaschbarer Tapeten als Farbenbindemittel ein Gemenge von 20 kg Leinöl, 1 kg chlorsaurem Kali und 1 kg Borsäure. Man versetzt die Masse nach 8tägigem Stehen um eine Oxydation des Leinöles und seine Emulgierung mit dem entstandenen borsauren Kali herbeizuführen, mit einer Lösung von Harz in Terpentinöl, fügt eine Leimlösung zu und verreibt schließlich mit den nötigen Farben.

Zur Herstellung von wasserdichtem Papier imprägniert man es nach **A. P. 342 175** mit 140° heißem Leinöl, entfernt den Überschuß von der Oberfläche und härtet das Öl im Innern des Papieres durch Kalandrieren zwischen 100° heißen Walzen.

Zur Herstellung von Firnispapier überstreicht man am besten Seiden- oder Zigarettenpapier mit einem unter Zusatz von Trockenmitteln, z. B. aus 100 Tl. Leinöl, $3^1/_3$ Tl. Bleioxyd und $1^2/_3$ Tl. schwefelsaurem Zinkoxyd oder 100 Tl. Leinöl und 4 Tl. Mennige oder 100 Tl. Leinöl, 5 Tl. basisch-essigsaurem Bleioxyd, 5 Tl. Bleioxyd usw. (siehe die weiteren Vorschriften in **Dingl. Journ. 214, 427**) gekochten Firnis und hängt die Blätter bei gewöhnlicher Temperatur zum Trocknen (24—92 Stunden) auf. Die allmählich gelb werdenden Papiere neigen zur Selbstentzündung.

Zum Wasserdichtmachen von Papier oder Pappe tränkt man das Material zunächst mit einer warmen Mischung von Benzol, Talkum und Lanolin, bedeckt sodann die ganze Oberfläche mit trockenem Talkpulver, preßt, trocknet und überzieht eine oder beide Seiten mit einer warmen Lösung von Kautschuk in Benzol, dann preßt und trocknet man von neuem. **(D. R. P. 129 450.)** Vgl. **D. R. P. 132 872.**

Geschmeidiges, wasserfestes und luftundurchlässiges Papier erhält man durch Imprägnierung von Japanpapier mit einer Lösung, die in 100 Tl. heißem Wasser, 3 Tl. Ammoniumcarbonat, 3 Tl. Glycerin oder Calciumchlorid, 2 Tl. Gelatine, 1 Tl. Agar und 0,5 Tl. Kaliumbichromat enthält. Nach dem Trocknen behandelt man das imprägnierte Papier mit nichttrocknendem Öl oder Tran nach. **(D. R. P. 303 829.)**

Nach einem Referat in **Kunststoffe 1911, 280** wird Papier, um es gegen Luft und Feuchtigkeit unempfindlich zu machen, ohne daß es seine Geschmeidigkeit verliert, mit gleichen Teilen Stearin, Talg und Ceresin getränkt.

Zum Wasserdichtmachen von Papier und Pappe tränkt man sie mit irgendwelchen nichttrocknenden Ölen, denen man Graphit, Ruß, Talkum oder Lycopodium oder andere wasserabstoßende Körper zusetzt, die nach dem Eindringen des Öles in den Papierfasern zur Ablagerung gelangen und die Poren verstopfen. **(D. R. P. 309 565.)**

Nach **Th. Knösel, Techn. Rundsch. 1907, 41** trocknet man die Ölpapiere nach der Imprägnierung zweckmäßig in der Weise, daß man die getränkte Bahn einem heißen Luftstrom entgegenführt, dessen Temperatur so bemessen sein muß, daß eine Zersetzung des Öles nicht erfolgen kann.

Man färbt diese mit öligen, fettigen und wachsartigen Stoffen getränkten Papiersorten durch Zusatz fettlöslicher oder spritlöslicher Teerfarbstoffe **Bd. III [136], [412]** zur Imprägnierungsflüssigkeit.

Zur Imprägnierung von Papier mit Teer verwendet man nach **Dingl. Journ. 165, 78** ein Gemenge von kochendem Teer, Papierleim (bestehend aus Harz und kohlensaurem Natron), Wasser und Kartoffelmehl, mit dem man die Papiermasse im Verhältnis 12 : 10 verarbeitet. Auch andere Fasermaterialien können auf diese Weise mit Teer imprägniert werden.

Eine Imprägnierungsmasse erhält man ferner nach **Norw. P. 33 449** aus Teer oder Pech durch Erhitzen mit pflanzlichen oder tierischen Ölen und Schwefel.

Zum Leimen, Wasserfestmachen oder Appretieren von Papier oder Geweben behandelt man den Papierbrei oder das Gewebe mit Braunkohlen- oder Steinkohlenteer, den man auf der Faser durch Säurewirkung, Wechselzersetzung oder mittels Formaldehyds in unlöslicher Form niederschlägt. Das Haften des Teers oder der Teerseife kann durch Zusatz von Casein, unverseiftem Harz oder Tierleim erhöht werden. **(D. R. P. 305 525.)**

162. Wachs, Paraffin, Asphalt.

Die maschinelle Herstellung von Wachspapier durch Imprägnierung von Seidenpapier mit weißem Wachs allein oder in wechselnden Gemengen mit venezianischem Terpentin und etwas gebleichtem hellen Kautschuk ist in **Techn. Rundsch. 1909, 729** beschrieben. Vgl. **D. R. P. 33 506, A. P. 318 911** und **326 688.**

Über Herstellung einer billigen wasserdichten Imprägnierung von Tapetenpapier durch Bestreichen der Bahn mit einer Lösung von 1 Tl. japanischem Wachs in 6 Tl. Spiritus siehe **C. Puscher in Dingl. Journ. 184, 532.** Die Bögen werden vorher mit einem glycerin- und ruß- oder farbstoffhaltigem Stärkekleister grundiert, der Wachsüberzug wird nachträglich mit einer Bürste glänzend gemacht.

Tapeten, die mit einem aus Stärke, Glycerin und einem Farbkörper bestehenden Kleister grundiert wurden, werden durch Überstreichen mit Wachsmilch (**Bd. III [335]**) und folgendes Glanzbürsten völlig wasserdicht. **(Dingl. Journ. 184, 532.)**

Zum Leimen und Wasserfestmachen kann man Papier, Pappe oder Papiergewebe auch mit einem nachträglich mittels Alaunlösung zu fixierendem Gemenge von verseiftem Bienenwachs, wasserlöslichen Ölen und Talkum tränken. **(D. R. P. 304 205.)**

Zur Herstellung von undurchlässigem Wachspapier setzt man dem Papierstoff im Holländer die unter Druck im Wasser zerstäubte emulgierte Verbindung von Harzseife mit mehr als 15% Wachs, bezogen auf das Harzgewicht, zu und bewirkt so zugleich mit diesem Zusatz von weniger als 5% des Papiergewichtes an Wachs-Harzmischung vollkommene Leimung des Papiers. **(D. R. P. 320 357.)**

Zum Linieren von Wachspapier bedient man sich nach **Papierztg. 1912, 1424** einer Farbe, die man mit soviel Spiritus (etwa 25% Brennspiritus) versetzt, daß sie gut auf dem Papier haftet. Die Höhe des Spirituszusatzes muß ausprobiert werden.

Über **le Grays** Verfahren zur Darstellung von Lichtbildern auf Wachspapier siehe **Dingl. Journ. 130, 201** u. **288; 136, 109.**

Verfahren und Vorrichtung zur Erzeugung von abziehbaren photographischen Schichten auf Wachspapier unter Verwendung einer Zwischenschicht aus Nitrocellulose zwischen Wachspapier und Emulsionsschicht sind in **D. R. P. 327 439** beschrieben. Man überzieht das Wachspapier mit der sog. Vogelschen Lösung, die in 200 Tl. Eisessig je 10 g Schießbaumwolle und Gelatine enthält und evtl. mit Alkohol verdünnt werden kann, und bringt dann als lichtempfindliche Schicht eine gewöhnliche Gelatine-Silberhaloidschicht auf. Die sodann abgezogene oder entwickelte Photographie wird nun noch getönt oder gefärbt. **(D. R. P. 327 440.)**

Das reine Paraffin schmilzt bei 35—40°, Wachs erst bei 61°, jenes durchdringt das Papier weit leichter und ist billiger als Wachs; das Paraffinpapier hat alle guten Eigenschaften des Wachspapiers, es widersteht der Feuchtigkeit und selbst sauren und alkalischen Stoffen, wird auch durch starke Erhitzung nicht braun wie das Wachspapier und nimmt niemals einen ranzigen Geruch an. Letzteres gibt daher seit Jahrzehnten nur den Namen für die Ware.. **(Pharm. Zentrh. 1863, Nr. 45.)**

Um Papierhülsen, die zu Isolationszwecken dienen sollen, unempfindlich gegen Feuchtigkeit zu machen, tränkt man sie nach **Techn. Rundsch. 1912, 237** besser als mit dem teueren Bienenwachs mit Paraffin (50—54°), das man auf 80° erwärmt und direkt alsTauchbad für die Papierröhren benützt.

Zum wasserdichten Imprägnieren von Faserstoffen, Papier oder Pappe genügt es nach **D. R. P. 250 081** ein leicht schmelzendes Material (Paraffin, Wachs, Ceresin) auf das erwärmte Fasergut aufzutragen und zur gleichmäßigen Verteilung des Imprägnierungsmittels mit gespannten Wasserdämpfen zu behandeln.

Nach **D. R. P. 332 473** imprägniert man Papier oder Papiergewebe, um sie wasserfest zu machen, mit einer mit Wasser auf den Gehalt von 4% Erdwachs verdünnten 50° warmen Emulsion, die man durch Verkochen von 30 Tl. Erdwachs, 1,5—6 Tl. hochkonzentrierter Alkalilauge und 70 Tl. Wasser unter Druck erhält. Man passiert das getränkte Gut dann durch eine 6grädige Formiatlösung, quetscht ab und kalandriert heiß.

Über Herstellung undurchlässiger Papiere siehe auch **F. P. 455 871.**

Ein Papier zum Verpacken von Schmierseifen und ähnlichen Waren wird nach **D. R. P. 167 692** durch Bestreichen der Papieraußenseite mit Kleister, der Innenseite mit Paraffin-, Stearin- u. dgl. Lösungen gewonnen.

Zur Herstellung von Paraffinpapier bringt man das Paraffin nach **D. R. P. 269 963** nicht wie üblich gelöst oder in geschmolzenem Zustande, sondern als wässerige Emulsion auf das Papier. Man setzt die wässerige Emulsion von Paraffin entweder dem zum Feuchten des Papiers verwendeten Wasser zu oder versprüht sie in leicht regulierbarer Stärke während der Herstellung oder Fertigstellung des Papieres auf die Bahn. Die Emulsion kann durch einfaches Verdünnen der meist schmierseifenartigen Paraffinemulsionen hergestellt werden; es entscheidet die Menge der angewandten Flüssigkeit über die Art des Spezialpapieres, das dann durch Satinieren oder sonstige Behandlung weiterverarbeitet wird. **(D. R. P. 269 963.)**

Zur Verarbeitung paraffinierter oder gewachster Papierabfälle schlägt **W. Strackbein** vor, die in großen Mengen anfallenden, zwischen 5 und 25% Paraffin enthaltenden Abfälle in einer Zentrifuge durch Lösungsmittel (z. B. Gasolin vom Siedep. 90—140°) vom Paraffin zu befreien und so nicht nur dieses, sondern auch ein hervorragendes Weißpapier zu gewinnen, da diese Abfälle meistens von sehr guten, in der Nahrungsmittel- und Sprengstoffindustrie verwendeten Papieren stammen. **(Wochenbl. f. Papierfabr. 47, 16.)**

Zur Wiedergewinnung von Paraffin und Papierstoff aus Paraffinpapierabfällen verwandelt man das Material im stehenden Kocher mit Abdampf in einen Brei, der sich in obenschwimmendes abziehbares Paraffinwachs und zu Boden sinkenden Papierstoff scheidet; letzteren behandelt man im Holländer mit Wasser, mit Seife oder Türkischrotöl oder je nach dem Tintengehalt der Masse auch mit Ätznatron. Das Türkischrotöl bringt die letzten Reste des Paraffins zur Abscheidung, die man durch gekühlte, in den Holländer eintauchende Metallzylinder abhebt; der Papierstoff wird wie üblich weiterverarbeitet. **(W. H. Smith,** Ref. in **Zeitschr. f. angew. Chem. 1918, 68.)**

In **Papierztg. 1912, 1315** wird empfohlen, dem Asphalt, den man als Anstrich zur Herstellung von Asphaltpapier verwendet, zur Verhinderung des Klebrigwerdens der Masse Terpentinöl zuzusetzen.

163. Metall-(Kabel-)Umhüllungspapier. Fettdichte, anorganisch gedichtete Papiere.

Rostschutzpapiere werden nach **D. R. P. 74 180** hergestellt durch Tränken des Papieres mit geruchlosen, hellen oder dunklen Mineralölen, in denen man 10—15% leichtflüssige Kohlenwasserstoffe (Naphtha, Petroläther) auflöst. Vgl. **Polyt. Zentr.-Bl. 1857, 973.**

Die zum Einhüllen blanker Metalle dienenden Papiere müssen je nach dem Metall verschieden präpariert werden, da die im Papier enthaltenen Sulfide, z. B. blanke Eisen- und Stahlwaren nur bei Gegenwart von Chloriden und Alaun angreifen, während der Schwefelgehalt allein genügt, um den Glanz eingepackter Gold- und Silbergegenstände zu schädigen. Die Empfindlichkeit der Hochpolitur auf Edelmetallwaren geht soweit, daß die geringe Schwefelwasserstoffmenge schädlich wirken kann, die durch Verarbeitung von angefaultem Holzstoff in das Papier gelangt. **(Wochenbl. f. Papierfabr. 1918, 146.)**

Zur Herstellung von Kabelpapieren, die entweder imprägnierte Isolationspapiere oder mit Nichtleitern imprägnierte Papiere sein können, geht man in letzterem Falle von Manila oder Holzstoff bester Qualität aus. Da die Isolierfähigkeit mit Zunahme des Feuchtigkeitsgehaltes beträchtlich abnimmt, ist es nötig, die z. B. mit stark harzsäurehaltigem Harzöl zu imprägnierenden Papiere vollständig zu trocknen und möglichsten Luftabschluß zu bewirken, um einerseits die Aufnahme der Luftfeuchtigkeit zu verhindern und andererseits die lösende Wirkung des Harzöles auf dem Kupferdraht auszuschalten, da ein Angriff auf das Kupfer nur bei Gegenwart von Feuchtigkeit stattfindet. **(C. Beadle und P. Stevens, Papierfabr. 1909, 698.)**

Nach **D. R. P. 218 196** tränkt man die Papierstoffumhüllung elektrischer Freileitungen mit einem sauerstoffaufnehmenden Öl, das man mit neutralem oder basischem Bleichromat mischt. Die Imprägnierung findet im Vakuum statt, dann setzt man die Masse der Lufttrocknung aus, um sie vollständig zu oxydieren.

Oder man isoliert elektrische Leitungsdrähte mit faserigen Umhüllungen, die man nach **D. R. P. 193 837** und **200 012** mit einem Gemenge von Wachs oder Paraffin, einem trocknenden Öl und Antimonoxysulfid imprägniert.

Zur Herstellung eines säure und wetterbeständigen Papieres setzt man dem Papierbrei Mennige oder ein anderes Oxydationsmittel zu und tränkt das fertige lufttrockene Papier mit trocknendem Öl, das dann oxydiert die rissefreie Schutzschicht bildet. Das Papier eignet sich besonders als Kabelumhüllungsstoff. **(D. R. P. 307 867.)**

Zur Herstellung eines elektrischen Isoliermaterials bestreicht man eine Papier- oder Papiergewebebahn mit einer Emulsion aus Tangsäuresalz, Seife und wasserabstoßenden Körpern (Paraffin, Ceresin) mit Wasser und fixiert die löslichen Tang- und Fettsäuresalze in Form unlöslicher Metallverbindungen durch Passage der Bahn durch ein Fixierbad. Das getrocknete und heiß kalandrierte Material dient als Ersatz für gummiertes Gewebe zur Isolierung des Eisenkerns der elektrischen Maschinen von der stromführenden Drahtwickelung. **(D. R. P. 312 703.)**

Zur Herstellung von wasser- und fettdichtem Papier tränkt man Pergamentpapier gewöhnlicher Dicke nach **D. R. P. 86 938** mit einer Lösung von Schießbaumwolle in Essigäther, Ätheralkohol u. dgl., während sehr starkes Papier vorher mit einer 3—5proz. Lösung von Kupferoxydammoniak behandelt wird, um die Wirkung der Pyroxylinlösung zu unterstützen. Das so behandelte Papier soll sich besonders zum Verpacken von Butter, Margarine und gefetteter Munition eignen.

Zur Herstellung von luft- und fettdichtem Papier tränkt man gewöhnliches Papier nach **D. R. P. 94 230** mit einer Lösung, die man erhält, wenn man 1 Tl. Kollodiumwolle in 8 Tl. Holzgeist löst und 0,3—1 Tl. Ricinusöl zusetzt.

Fett- und wasserdichtes Papier, sog. Butterpapier, wird nach **Norw. P. 19 169/1909** hergestellt durch Aufstreichen einer Lösung von Chlormagnesium und Traubenzucker (28—30° Bé) im Verhältnis $^2/_3$ zu $^1/_3$; dann wird das Papier mit großer Vorsicht getrocknet.

Um Kartons fettundurchlässig zu machen, wird nach **Seifens.-Ztg. 1911, 144** ein geschmolzenes Gemenge von 90 Tl. Harz und 10 Tl. Wollfett zur Imprägnierung verwendet.

Zur Herstellung von fettdichtem Kartonpapier vereinigt man Karton- und Pergaminpapier in noch unfertigem feuchten Zustande zwischen den Gautschwalzen und erhält so ein sehr billiges, völlig fettdichtes Kartonmaterial, das sich nicht aufrollt und keine Neigung zur Faltenbildung zeigt. **(D. R. P. 259 705.)**

Als Ersatz für Wachspapier eignet sich „Wasserglaspapier", das man in folgender Weise herstellt: Mäßig starkes Schreibpapier wird zweimal nacheinander mit einer Wasserglaslösung von 1,12—1,15 spez. Gewicht oder 16—20° Bé überstrichen, wobei jedoch der zweite Anstrich erst nach völligem Trocknen des ersteren aufgetragen werden darf. Auch darf die Wasserglaslösung nicht konzentrierter sein, weil sonst der Überzug beim Rollen des Papiers leicht Brüche erhält. Das so bereitete Wasserglaspapier ist weit billiger als Wachspapier und doch wie dieses verwendbar. **(Dingl. Journ. 146, 155.)**

Zum Wasserdichtmachen von Papier eignet sich nach **A. P. 326 088** eine Lösung von basischem Aluminiumsulfat, die man durch Versetzen von Alaunlösung mit Soda erhält und der man zur Erhöhung der Haltbarkeit etwas Weinsäure zusetzt. Das mit der Lösung getränkte Papier wird ausgewaschen und zwischen heißen Walzen getrocknet. Vgl. **A. P. 327 714** und **327 813.**

164. Celluloseester (Amyloid), Leim, Eiweiß, Stärke als Dichtungsmittel.

Nach einem Referat in **Kunststoffe 1911, 300** werden Papierschilder mit Cellit lackiert, um sie wasserundurchlässig zu machen. Zusammensetzung: 18 Tl. Cellit, 20 Tl. Aceton, 13 Tl. Alkohol, 49 Tl. Essigäther. Vgl. die Anwendung der Celluloseacetatlacke zu demselben Zweck nach einem Referat in **Kunststoffe 1912, 239.**

Ein geschmeidiger und durchsichtiger, glänzender, feuchtigkeitsundurchlässiger Überzug auf Papier wird nach **D. R. P. 193 146** mit einem Lack erhalten, der Nitrocellulose, aromatische Sulfosäurederivate (Plastol) und Glycerinchlorhydrine enthält.

Zur Herstellung eines wasserdichten Papiers als Untergrund für Tapeten bestreicht man es mit einer Lösung von Kautschuk in Schwerbenzin und hierauf mit einer Kollodiumcampherlösung. **(D. R. P. 121 865.)**

Zur Herstellung von wasserdichtem Papier setzt man dem Papierzeug in Wasser unlösliche und in anderen Lösungsmitteln noch nicht gelöste Zellstoffester zu, entwässert das Papier und behandelt es mit je nach dem Celluluseester fallweise verschiedenen Lösungsmitteln für die verwendeten Zellstoffester, so daß nach dem abermaligen Trocknen die Stoffasern zusammengekittet erscheinen. In ähnlicher Weise behandelt man Papiergarn oder Papiergewebe. Man bewirkt so nach Verdampfen des Lösungsmittels eine Verkittung der Papierfasern und erhält wasserdichtes und festeres Papier. **(D. R. P. 323 816.)**

Um Papier wasserdicht zu machen schlug schon **Scoffern** in **Dingl. Journ. 195, 95** vor, das Papier oberflächlich durch Behandlung mit ammoniakalischer Kupferoxydlösung in eine wasserundurchlässige Masse zu verwandeln.

Über Wasserdichtmachen von Papier mit einer Lösung von 3 Tl. krystallisiertem Zinksulfat oder 3 Tl. Zinkchlorürlösung und 2 Tl. Ammoniak vom spez. Gewicht 0,875 siehe **D. R. P. 3467.**

Zur Herstellung gas- und flüssigkeitsdichten Papieres behandelt man Pergamentpapier oder Pappen mit einer Amyloidlösung. **(D. R. P. 186 289.)**

Zeichen- und Schreibpapier, das man wiederholt abwaschen kann, wird nach **D. R. P. 35 310** durch Einlegen des mit Leim und etwas Zinkweiß, Kreide oder Talkum grundierten Papieres in Wasserglas hergestellt, dem kleine Mengen Magnesia zugegeben sind. Man trocknet dann 10 Tage bei etwa 25° und erhält ein Papier, von dem sich die mit schwarzem oder farbigem Stift, Tusche, lithographischer oder gewöhnlicher Kreide hergestellten Schriftzeichen leicht abwaschen lassen.

Nach **D. R. P. 60 106** werden Papier- oder Papiermachégegenstände mit einer pergamentartigen Schicht versehen durch Behandlung mit einer chromathaltigen, klebenden Flüssigkeit, der man ein Reduktionsmittel (Ammoniumsulfit) zusetzt, um einen Überzug zu erhalten, der nach dem Trocknen unlöslich und fast farblos ist. Man mischt also beispielsweise Stärke, Glycerin, Ammoniak, Natriumbichromat, tierischen Leim und reduziert mit schwefligsaurem Ammoniak.

Nach **D. R. P. 78 918** imprägniert man zum Wasserdichtmachen von Papier die Bahn mit einer in Wasser unlöslichen, elastischen, kautschukähnlichen Masse, die man durch Fällen einer Leimlösung mit Gerbsäure oder Alaun oder essigsaurer Tonerde und Vermischen des Niederschlages mit Glycerin, Sirup, Melasse, Fetten oder Ölen, Kautschuk usw. herstellt. Vgl. auch **D. R. P. 80 231.**

Nach **Blackburn** (Andés, Papierspezialitäten, S. 262) verkocht man zur Herstellung einer dem Papier wasserdichtende Eigenschaften verleihenden Masse 0,75 kg Leim, 0,5 kg Schmierseife, 1 kg Mehl und 0,25 kg Salz in 18 l Wasser, füllt die homogene Mischung warm auf Flaschen und trägt das vor dem Gebrauch durch Erwärmen zu verflüssigende Präparat, wenn es den genügenden Grad der Dünnflüssigkeit erreicht hat, mittels eines Pinsels beiderseitig auf das zweckmäßig vorher mit Alaunlösung präparierte Papier auf.

Zur wasserdichten Imprägnation von Papier oder Geweben tränkt man das Material nach **D. R. P. 88 114** mit Leim- oder Gelatinelösung und härtet mit Formaldehyd; so hergestelltes Papier eignet sich als Ersatz des Guttaperchapapieres für medizinische Verbände. Vgl. **Bd. III [552].**

Zur Herstellung von wasserdichtem Papier behandelt man die Bogen (am besten schwach geleimtes Hanfpapier) nach **D. R. P. 129 525** zuerst in einem 10proz. Leimbad, trocknet, setzt sie der Einwirkung von Dampf aus, trocknet wieder und imprägniert das so vollständig mit Leim durchdrungene Material zur Härtung mit Formaldehyd. Das erhaltene zähe und feste Papier wird zur Beseitigung des unangenehmen Geruches und Geschmackes in einem Bade von heißem Wasser weiterbehandelt, wodurch es aufquillt und weich und biegsam wird. Man kann das Papier schließlich noch in eine schwache Ammoniaklösung tauchen, um die Säuren abzustumpfen und das Papier für hygienische Zwecke brauchbar zu machen. Vgl. **D. R. P. 122 886.** — So präpariertes Papier kann übrigens, wie es in Amerika geschieht, auch zur Herstellung von Milchflaschen dienen, die sich nach Tränkung mit Paraffin zu diesem Zweck ihrer Festigkeit und Leichtigkeit wegen ausgezeichnet eignen sollen und auch die Temperatur von 100°, die zum Sterilisieren nötig ist, aushalten. Näheres siehe in **Techn. Rundsch. 1906, 644** und **H. Postl, Papierfabr. 10, 125.**

Zur Herstellung von wasserdichtem Papier bestreicht man die Blätter nach **D. R. P. 198 711** beiderseitig mit einer Lösung von 1 Tl. Gelatine und 0,25 Tl. Polyglycerin in 4 Tl. Wasser und trocknet. Das Papier behält die Schicht auch nach 48stündigem Einlegen in kaltes Wasser.

Nach **D. R. P. 229 204** werden Papier oder andere Faserstoffe dadurch wasserdicht gemacht, daß man sie in einem Bade, das aus gleichen Teilen Leim, Gelatine, Casein und Glycerin besteht, tränkt, dann auspreßt und noch feucht durch ein Formaldehydbad nimmt. Die Zusammensetzung der Bäder kann in weiten Grenzen schwanken: 15—50% Glycerin, 42—65% Wasser, 8—20% Gelatine.

Um die Belichtung der chromathaltigen Leim - Glycerinkunstmassen zu vermeiden, behandelt man den Gegenstand mit einer Lösung von Chromnitrat und führt so die Masse ohne

Lichteinwirkung in einen unlöslichen Körper über, der die Oberfläche des Materials überzieht und zum Teil auch in ihre Poren eindringt. So behandeltes Papier oder aus ihm verfertigte Gefäße können zum Einwickeln von Fettwaren bzw. zum Aufbewahren von Terpentin verwendet werden, da sie völlig wasserfest und fettundurchlässig sind. **(D. R. P. 273 361.)**

Ein Dichtungsmaterial erhält man aus Papier oder Pappe durch deren Tränkung mit nachträglich zu härtenden Eiweißstoffen. **(D. R. P. 308 548.)**

Eine wasserdichte Appreturmasse für Papier besteht nach **Mills, Ber. d. d. chem. Ges. 1874, 132** aus einem Gemenge von Tonbrei, harter Seife, Stärke, unterschwefligsaurem Natron, Walratöl, etwas Ultramarin und Alaun, das man dem gebleichten Lumpenpapierbrei zusetzt, um dann wie üblich aufzuarbeiten.

Zur Herstellung abwaschbarer Tapeten überstreicht man die Flächen nach **D. R. P. 99 222** mit einer Lösung von Barium- oder Calciumnitrat und bedruckt mit einem Gemisch, das Farbe, Alkalien, Stärke und Alaun enthält, wobei der Farbstoff durch das sich bildende Tonerdehydroxyd unlöslich an der Unterlage befestigt wird, so daß man die Tapeten mit $^1/_{10}$proz. Sublimatlösung abwaschen kann, ohne daß die darunter befindlichen Farben oder das Papier leiden.

Zur Herstellung abwaschbarer Tapeten bedruckt man das Papier nach **D. R. P. 141 043** auf der Tapetendruckmaschine mit einer Masse, die man durch Anrühren einer verkleisterten Masse aus 4 Tl. Kartoffelmehl und 0,4 Tl. Borax mit 100 Tl. kaltem Wasser erhält. Vor dem Gebrauch rührt man das Gemenge nach Zusatz von etwas Teer- oder Lasurfarben im Verhältnis 1 : 6 mit Spiritus an, der das tiefere Eindringen der Druckfarbe in das Papier bewirkt.

Um Papier wasserdicht zu machen imprägniert man es nach **D. R. P. 90 798** in ungeleimtem Zustande mit Sulfitablauge, die einen Zusatz von Eisensalz, Eisen- oder Bleioxyd erhält. Dann wird zwischen 70—120° getrocknet.

165. Seiden-, Zigaretten-, Blumen-(Reis-)papier. Japanpapierersatz.

Deutschl. Seidenpapier (dünn) $^1/_2$ 1914 E.: 7163; A.: 24 079 dz.

Seidenpapier kann nur aus bestem, faserkräftigstem Material hergestellt werden, da wegen der Dünne des Produktes in der Raumeinheit naturgemäß nur sehr wenig Fasern vorhanden sind. Es ist daher nötig, die Fasern, um sie vor Schwächungen zu bewahren, besonders wenn es sich um Herstellung des Zigarettenpapiers handelt, sorgfältigst auszuwählen und zu behandeln. Kreppapier erhält man durch einen Stauchungsprozeß noch nassen und weichen Seidenpapieres auf der Walze mittels eines Schabers, so daß es faltig wird.

Zur Fabrikation von Sulfitzellstoffseidenpapier wählt man geflößtes Fichtenholz bzw. möglichst harzfreien Stoff. Gekocht wird mit 2,7—3,2% schwefliger Säure, davon gebunden 0,8—1,2% und frei 1,9—2% und 0,8—0,9% Kalk als CaO während 18—20 Stunden bei 4—5 Atm. Überdruck. Man bleicht (5—6% Stoffdichte) mit 15—18% Chlorkalk bei 40° ohne Säurezusatz, da das Weiß sonst auf dem Trockenzylinder wieder zurückgeht und das Papier pergamentartig wird. Zum Färben dienen Teerfarbstoffe, doch ist Kasseler Braun dem Vesuvin und Bismarckbraun vorzuziehen, oder auch, bei besonderen Ansprüchen an Lichtechtheit Ultramarin und Cochenille. **(Papierfabr. 1909, 284 u. 309.)**

Über die Herstellung schwedischer Seidenpapiere aus einem Gemisch von Sulfit- mit Sulfatstoff, wobei die Behandlung des Faserstoffes im Kollergange mit besonderer Sorgfalt geleitet werden muß, siehe **Papierfabr. 1910, 709.**

Zur Herstellung dauerhafter, geschmeidiger und lichtbeständiger Seidenpapiere für die Fabrikation von Papierblumen wird gebleichte Natroncellulose oder Sulfitzellstoff verwendet. Um das Papier flammensicher zu machen, wird etwas Asbestin oder Egesit zugesetzt. Zum Färben des Papieres verwendet man auf 100 kg Stoff für Scharlachrot: 2500 g Diaminscharlach DFF pat., 1000 g Brillant Crocein KCP; Hellorange: 1500 g Orange R, 500 g Diamingelb KCP; Tiefgrün: 1100 g Diamingrün. Das Seidenpapier Qualität a wird hergestellt aus 50% gebleichtem Sulfatstoff, 30% gebleichtem Sulfitstoff, 10% gebleichter weißer Baumwolle, 10% Ausschuß, Leim, Farbe, Asbestin. Qualität b wird hergestellt aus: 20% gebleichtem Sulfatstoff, 20% ungebleichtem Sulfitstoff, 20% gebleichtem bunten Baumwollstoff, 10% reinen holzfreien Papierspänen, 10% Kopierpapier (alte holzfreie Akten), 10% Aspenholzzellstoff, gebleicht, 10% Ausschuß, Leim, Farbe und etwas Asbestin. **(Papierfabr. 14, 104.)** Vgl. **Papierfabr. 9, 1245.**

Für die Fabrikation der Caps (chinesische Seidenpapiere) wurde früher nur Sulfatstoff verwendet, während jetzt mit dem nach Spezialrezepten angefertigten Sulfitstoff dieselben Resultate erzielt werden sollen. Der Sulfitzellstoff wird mit ca. 3% SO_2 bei 5 Atm. Druck unter Anwendung indirekter Kochung und rotierender Kocher in 15—20 Stunden Kochzeit erzeugt, Sulfatzellstoff wird mit 20—22° Bé starker Kochlauge und einer Kochzeit von 6 Stunden hergestellt, der Hochdruck von 8 Atm. wird während 2 Stunden eingehalten. Näheres über die maschinellen Anlagen usw. in **Papierfabr. 1914, 896.**

Zur Festigung von Seidenpapier verwendet man nach **Papierztg. 1912, 1063** zweckmäßig eine Lösung von 1 kg Casein in 12 l lauwarmen Wassers, das 100 g Borax enthält, und verrührt nach etwa 12 Stunden mit 50 g Formaldehyd.

Um Seidenpapier durchsichtig zu machen, überstreicht man es nach einem Referat in **Seifens.-Ztg. 1912, 878** mit einer klaren Lösung von 30—40 g bei gelinder Temperatur geschmolzenem Schellack in einer Lösung von 15—20 g reinem Borax und 5 l eisenfreiem Wasser. Die bestrichenen Papiere werden an der Luft und nicht in heißen Räumen getrocknet, worauf man die Bogen entweder satiniert oder manuell bügelt.

Um die fremden Bestandteile im Zigarettenpapier zu oxydieren, so daß dieses geruchlos verbrennt, setzt man dem Stoff im Holländer nach **D. R. P. 211 902** Magnesiumsuperoxyd oder die Superoxyde der Erdalkalien oder des Zinks zu.

Zur Herstellung von Zigarettenpapier, das in besonders guter Qualität in Böhmen und Galizien erzeugt wird, geht man nach **Th. Knösel, Techn. Rundsch. 1907, 317,** von Zellstoff im Gemenge mit Hanf-, Flachs-, Taufasern usw. aus und mahlt die Masse zur Erzielung möglichst langer Fasern mit stumpfem Geschirr längere Zeit, da das Zigarettenpapier nicht geleimt werden darf. Die spanischen Zigarettenpapiere bestehen aus einem gut gekochten und gebleichten Stoff, den man aus 30 Tl. Strickabfall, 40 Tl. heller Baumwolle, 20 Tl. blauem und 10 Tl. grauem starken Leinen erhält, während das russische Zigarettenpapier aus etwa gleichen Teilen Leinen und Sulfitzellstoff erzeugt wird, die man durch langes warmes Mahlen in eine schleimige gallertartige Masse verwandelt. Zur Bewirkung des gleichmäßigen Fortglimmens von Papier und Tabak setzt man der Masse eine geringe Menge gefällter kohlensaurer Magnesia zu, nicht aber Salpeter oder andere die Verbrennung unterstützende Zusätze, da diese während des Glimmens unangenehmen Geruch verbreiten. Es ist übrigens durchaus nicht nötig, daß Zigarettenpapier völlig aschefrei verbrennt, man setzt dem Stoff im Gegenteil meist recht erhebliche Zusätze mineralischer Substanzen (Magnesia, Kalk usw.) zu. Das Prinzip der Zigarettenpapierherstellung ist stets die abnorm lange Mahldauer im Holländer, die bis zu 60 Stunden beträgt, wodurch die feine Verfilzung der Masse bewirkt wird.

An Stelle der Hadern verwendet man in neuerer Zeit zur Herstellung des Zigarettenpapiers vor allem zum Zwecke der Abkürzung der Stoffmahldauer auf 33% der sonst nötigen Zeit Holzzellstoff, den man in kleinen Holländern mahlt und mit Magnesiumcarbonat und Talkum füllt. **(Papierztg. 17, 532.)**

Nach **D. R. P. 327 735** kann man auch Sulfitstoff, der bisher seines unangenehmen Geschmackes wegen kaum Verwendung fand, auf Zigarettenpapier verarbeiten, wenn man ihn vor oder nach dem Bleichen mit alkalisch reagierenden Lösungen behandelt.

Zur Präparierung des für künstliche Blumen besonders geeigneten Reispapiers, das wegen seines Gehaltes an fettem Öl etwas zu steif ist und leicht bricht, behandelt man es während 2 bis 3 Stunden in 25—30° warmer, schwacher, alkoholischer Kalilauge, legt es dann nach Verseifung der Palmfette auf Glasplatten und trocknet es. Das Papier ist nach der Behandlung etwas matter und durchscheinender, färbt sich jedoch sehr gut an. Es eignet sich dann in jeder Hinsicht für Blumenmacherzwecke; um sein Gefüge fester zu gestalten, taucht man es einige Augenblicke in Salpetersäure, wäscht gut mit Wasser aus und trocknet. **(F. M. Horn, Zeitschr. f. angew. Chem. 1887, 268.)**

Zur Nachahmung von Japanpapier versieht man eine Papierunterlage, die mit verschieden gefärbter Reliefmusterung versehen ist, mit einem das Papier wasserempfindlich machenden Überzuge, druckt auf diesen ein entsprechendes Bildmuster auf und überzieht die erhabenen Stellen mit einer ihnen Glanz gebenden Schicht. **(D. R. P. 304 561.)**

Das in **D. R. P. 308 089** beschriebene Kunstlederherstellungsverfahren läßt sich auch zur Nachahmung von Japanpapier verwenden, wenn man das mit Celluloselösung verwalzte, gebleichte Fasermaterial nachträglich zum Wasserdichtmachen zuerst in einem 50—60grädigen kalten Schwefelsäurebad pergamentiert und nach dem Auswaschen und Abpressen durch ein Laugebad hindurchführt.

Über Herstellung von japanischen und chinesischen Papieren von außerordentlicher Festigkeit aus Fasern, deren Verwendung in Europa unwirtschaftlich wäre, siehe **H. Postl, Papierfabr. 9, 62, 853, 1494.)**

166. Lösch- und Reagenspapier (Tintenlöscher).

Deutschl. Lösch-(Filtrier-)papier 1/2 1914 E.: 1480; A.: 3706 dz.

Zur Herstellung von Löschpapieren muß schon das Ausgangsmaterial aus saugfähigen Fasern bestehen, wie sie z. B. in baumwollenen Lumpen vorliegen. Als Rohstoff für Löschpapiere eignet sich ferner weiche Baumwolle **(Papierfabr. 1906, Nr. 35),** die in angefaultem Zustande verwendet wird. Der möglichst rösche Stoff wird dünn in den Holländer eingetragen; Nadelholzcellulose macht das Papier fester, es verliert aber an Saugfähigkeit. Am besten geht man zur Herstellung farbigen Löschpapiers von nach der Farbe sortierten farbigen Lumpen aus, da das nachträgliche Färben ebenso wie das Leimen der Papiermasse die Poren verstopft.

Nach **V. Possanner, Wochenbl. f. Papierfabr. 1913, 278,** werden zum Färben von Löschpapieren vorzugsweise substantive evtl. auch basische und nur in seltenen Fällen saure Teerfarbstoffe verwendet, da letztere die Saugfähigkeit des Papiers in ungünstigem Maße beeinflussen. Vgl. die Tabellen der Originalarbeit.

Tierische Leimung, das sog. Planieren, übt auf die Festigkeit von Löschpapieren insofern Einfluß aus, als bei dickeren Papieren das Maximum der Festigkeitszunahme mit steigender Konzentration der Leimlösung eher erreicht wird als bei dünnerem Papier, umgekehrt wird das Knitterfestigkeitsmaximum unter denselben Bedingungen bei dünnen Papieren schneller erreicht als bei dickeren. Nach den Versuchen von **S. Lovenskiold** und **M. Schrader** hat eine 4- bis 5proz. tierische Leimlösung die günstigste Konzentration für das Planieren. **(Wochenbl. f. Papierfabr. 46, 235.)**

Die bei Tintenflecken im Löschpapier beobachtbare, nicht absorbierende Zone wird durch die Kalksalze des Papiers hervorgerufen, die die Eisensalze der Tinte zersetzen und unlöslich machen, wodurch sich die Poren des Papiers füllen und das Weitergehen der Saugung verhindern. **(Cl. Beadle und H. P. Stevens, Papierfabr. 1908, 2945 u. 2997.)**

Bei Herstellung von Löschpapier muß daher nach **W. Herzberg, Papierfabr. 1906, 681,** für völlige Abwesenheit von Kalksalzen gesorgt werden; man soll mit Soda statt mit Kalk kochen und auch statt des Chlorkalkes unterchlorigsaures Natron und stets nur weiches Wasser verwenden. Hartes Gebrauchswasser muß zur Verhinderung der Bildung porenverstopfender Kalksalze vorher entkalkt werden.

Die Herstellung von Löschpapier und Löschkarton durch Vereinigung ungeleimter trockener Faservließe in einem Prägewerk ist in **D. R. P. 355 270** beschrieben.

Über Löschpapiere und deren Herstellung siehe auch die Angaben in **Papierfabr. 1907, 2086.**

Über Lösch-, Krepp-, Servietten-, Tischtücher-, Textil- und Seidenpapiere siehe ferner die kurzen Notizen in **Papierfabr. 17, 788.**

In **A. P. 296 463** wird empfohlen, dem Papierbrei zur Herstellung von Löschpapier Infusorienerde zuzusetzen.

Zur Herstellung von Löschpapier wird der Halbstoff nach **D. R. P. 149 928** einer 8—20tägigen Behandlung mit Weinhefe unterworfen (Lumpen unter einem Überdruck von 1,3 Atm.); die so saugfähig gewordenen Fasern werden, um sie weicher zu machen, schließlich 10—20 Tage mit Milchsäure behandelt.

Saugfähige Papiere erhält man nach **D. R. P. 328 788** durch Trocknung des evtl. mit Paraffin oder Schellacklösung vorbehandelten Zellstoffbreies im gefrorenen Zustande.

Als Grundmaterial für saugfähige Stoffe (Papier, Gewebe) eignet sich nach **D. R. P. 328 789** das Mark der Sonnenblume, das man mit Gips, Klebstoffen oder anderen Bindemitteln, Füll- und Farbstoffen vermischt und auf Unterlagen oder in Formen preßt.

Zur Herstellung eines Tintenlöschers formt man 70—80 Tl. geschlämmter Kieselgur und 30—20 Tl. Steingutton, Kaolin oder eines anderen keramischen Bindemittels, dem man noch Flußspat, Traß, Bims oder ein anderes Flußmittel zusetzt, und brennt die Masse. **(D. R. P. 314 579.)**

Zur Herstellung eines empfindlichen Lackmuspapiers erhitzt man 100 g Lackmus mit 700 g Wasser zum Kochen, gießt ab, kocht den Rückstand nochmals mit 300 g Wasser auf, läßt die vereinigten Flüssigkeiten 1—2 Tage absetzen, säuert dann mit Salzsäure an und dialysiert gegen strömendes Wasser. Nach 3—4 Tagen ist die Flüssigkeit zwar schon neutral, doch empfiehlt es sich länger, etwa 8 Tage, zu dialysieren. **(K. Mays, Jahr.-Ber. f. chem. Techn. 1886, 422.)**

Zur Herstellung eines sehr empfindlichen Lackmuspapiers entsäuert und trocknet man bestes Filtrierpapier und bereitet andererseits einen Extrakt von 100 g Lackmuspulver in der Weise, daß man es zuerst mit 500 und dann mit je 250 g 95proz. Sprit je 30 Minuten unter Rückfluß extrahiert. Nach Beseitigung der alkoholischen Auszüge zieht man den Rückstand während 24 Stunden mit 1 l destilliertem Wasser aus, filtriert, teilt das Filtrat in 2 Teile, versetzt den einen Teil bis zur deutlichen Rötung mit verdünnter Phosphorsäure, halbiert den andern Teil abermals, versetzt die eine Hälfte ebenfalls bis zur beginnenden Rötung mit verdünnter Phosphorsäure und fügt die andere Hälfte zu. Nach eintägigem Absetzenlassen tränkt man das Papier mit der durch Watte filtrierten Lösung, trocknet es und erhält so Indikatoren, die Ammoniak bzw. Salzsäure in der Verdünnung 1 : 100 000 anzeigen. **(W. Wobbe, Apoth.-Ztg. 20, 126.)**

Um Papier derart zu präparieren, daß es beim Befeuchten die Farbe verändert, überzieht man die Bahnen bzw. bestreicht man bei Briefumschlägen den Klebeverschluß mit einem dünnen Teig von 140 Tl. völlig trockenem, krystallisiertem Ferrosulfat, 600 Tl. Tannin, etwas Kautschuk, gelöst in Schwefelkohlenstoff und Ligroin. Die Masse kann auch aufgestempelt oder aufgedruckt werden und liefert dann beim Feuchtwerden der Unterlage gefärbte Drucke, sie kann ferner gelöst als sympathetische Schreibflüssigkeit **(Bd. III [191])** dienen. **(D. R. P. 3148.)**

Ein Reagenspapier zum Nachweis geringer Mengen freier schwefliger Säure erhält man durch Tränkung saugenden Papiers mit einer verkochten, mit 0,2 g jodsaurem Kali in 15 ccm Wasser versetzten Lösung von 2 g Weizenstärke in 100 ccm Wasser. **(A. Frank, Papierztg. 1888, 178.)**

Zur Herstellung eines sehr empfindlichen, haltbaren Reagenspapiers schafft man durch Behandlung des Papiers mit einem schwarzen, substantiven, neutralen Farbstoff zunächst einen dunklen Untergrund und trägt dann die Emulsion einer Fluoresceinlösung mit einer neutralen Spirituslackflüssigkeit auf. **(D. R. P. 124 922.)** Vgl. auch **D. R. P. 123 666**: Herstellung von Reagenspapier, das gegen zwei oder mehrere chemische Stoffe gleichzeitig empfindlich ist.

Über die Herstellung von Farbenindikatorpapieren aus Filtrierpapier oder besser durch Streichen von geleimtem Papier, das deutlichere Reaktionen zeigt, da keine Capillarerscheinungen auftreten, und über die Empfindlichkeit des Kongo-, Methylviolett-, Lackmus-, Azolithmin-Phenolphthaleinpapiers usw. siehe **M. Kolthoff, Zentralbl. 1919, II, 716.**

167. Filterpapier (-tabletten).

Deutschl. Filtrier-(Lösch-)papier 1/2 1914 E.: 1480; A.: 3706 dz.

Die Fabrikation von chemischem Filterpapier beschreiben **E. J. Bevan** und **W. Bacon** in **Analyst 41, 159.**

Filtrierpapier ist ein mit besonderer Sorgfalt hergestelltes, stark saugfähiges, aber trotzdem sehr festes Löschpapier, das, um rückstandfrei zu verbrennen, keine aschelief ernden Chemikalien enthalten darf. Man verwendet als Ausgangsmaterial baumwollene weiße Lumpen, die man weder kocht noch bleicht, da ungebleichte Baumwolle stärker saugend wirkt als das gebleichte Material. Wenn die Masse zu Dreiviertel gemahlen und in der Zentrifuge entwässert ist, verarbeitet man die völlig entfetteten und entharzten Fasern, stets unter Anwendung von destilliertem Wasser zwecks Lösung der Mineralstoffe während 6—8 Stunden mit 3proz. Salzsäure, wäscht sie dann (stets in Glas- oder Porzellanbehältern arbeitend) völlig neutral, wäscht auch weiter noch, bis einige auf Platinblech verdampfte Tropfen des Waschwassers keinen Rückstand mehr hinterlassen, und verarbeitet sie dann im geholländerten Zustande wie üblich auf Bahnen. Um die Saugfähigkeit der Faser weiter zu steigern, behandelt man sie vor dem Mahlen häufig noch mit 2proz. Salpetersäure, wodurch sie aufquellen und voluminös werden. Das beste Filtrierpapier wird heute noch durch Handschöpfen erzeugt, da der Preßdruck, wie er auf der Maschine erfolgt, möglichst vermieden werden soll. **(Papierztg. 1891, 2210.)**

Zur Herstellung von Filtrierpapier trocknet man einen nicht abgepreßten, auf einem Sieb ausgebreiteten Cellulosebrei, am besten im Vakuum, bei erhöhter Temperatur und setzt den erhaltenen Faserfilz je nach der gewünschten Saugfähigkeit des Materials einem stärkeren oder schwächeren Kalanderdruck aus. **(D. R. P. 95 961.)**

Schweden liefert darum Filtrierpapier von besonders guter Qualität, weil sein Klima es gestattet, die nassen Bogen dem Frost auszusetzen, wodurch die Fasern in dem Eisbildungsprozeß auseinandergetrieben werden. **(H. Hofmann, Zeitschr. f. angew. Chem. 1911, 313.)**

Zur Entkieselung nicht aber Entkalkung des Filtrierpapiers verwendet man nach **A. Gawalowski** Flußsäure, und zwar um die Filtrierfähigkeit des Papiers nicht herabzusetzen, in verdünnter Lösung und wäscht nachher gründlich aus. Die Entfernung des Ferrioxydes aus vergilbtem Filtrierpapier geht mit Flußsäure nur langsam vor sich, da schwer auswaschbares Ferrifluorid entsteht. **(Zeitschr. f. anal. Chem. 54, 503.)**

Zur leichteren Veraschbarkeit von Filtrierpapier verwendet man bei seiner Bereitung ein Gemisch von Cellulose und Nitrocellulose, die überdies, weil sie keine Neigung zum Verfilzen hat, ein Papier liefert, das sich durch besondere Filtrierfähigkeit auszeichnet. **(E. Cramer, Zeitschr. f. angew. Chem. 1894, 269.)**

Zur Herstellung einer Masse von starker Filtrier- und Aufsaugefähigkeit setzt man dem Stoff im Holländer nach **D. R. P. 90 497** feingemahlene Kieselgur in gebranntem oder ungebranntem Zustande zu und arbeitet wie üblich auf Papier auf.

Über Verwendung und Eignung der im Handel befindlichen Tabletten aus reinem Filterstoff siehe **O. Hackl, Chem.-Ztg. 48, 70.** Auch aus gewöhnlichem Papier oder geringwertigem Papierabfall, besonders Löschpapier, kann man einen Brei herstellen, der sich sehr gut zu Filtrationszwecken, sogar für analytische Arbeiten, eignet.

Es sei erwähnt, daß ein doppeltes Filter fast doppelt so schnell filtriert wie ein einfaches, und ein dreifaches wieder schneller als ein doppeltes. **Fleitmann** benutzte für quantitative Analysen ein oberes dünnes Filter aus schwedischem Papier mit darunterliegendem dickeren Filter von Wollpapier oder anderem losen Papier. **(Zeitschr. f. anal. Chem. 14, 77.)**

Ein Papier, das lichtundurchlässig ist, den elektrischen Strom gut leitet und sich zum Filtrieren von Flüssigkeiten eignet, die zersetzte, organische Substanzen enthalten oder ihrer ätzenden Eigenschaften wegen durch gewöhnliches Filtrierpapier nicht filtriert werden können, wird nach **D. R. P. 212 228** erhalten, wenn man dem Papier im Holländer Kohlepulver beliebiger Herkunft beimischt.

Zur Herstellung von gehärtetem Filtrierpapier taucht man gutes Filtrierpapier nach **Techn. Rundsch. 1909, 387** in Salpetersäure vom spez. Gewicht 1,42 und erzielt so durch eine Art Pergamentierung nach dem sorgfältigen Auswaschen und Trocknen des Papiers eine um etwa das 10fache erhöhte Festigkeit, ohne daß das Papier wesentlich an Durchlässigkeit verliert.

Zum Härten von Filtrierpapier taucht man es sehr rasch in Salpetersäure vom spez. Gewicht 1,42, preßt schnell aus, spült in fließendem Wasser, bringt das Papier so lange in 0,5proz. Ammoniaklösung bis die Säure neutralisiert ist, wäscht abermals, trocknet im Wasserbade bei etwa 100° und erhält so durch diese Art der Nitrierung und Pergamentierung ein etwa geschrumpftes, jedoch etwa zehnmal härteres Papier, das an Durchlässigkeit nicht verloren hat und über 100° erhitzt zur sofortigen Verkohlung neigt. **(W. R. Rankin, Papierztg. 40, 1497.)**

Um Filtrierpapier zu härten bringt man das Filter in einen trockenen Glastrichter, läßt einige Tropfen Salpetersäure vom spez. Gewicht 1,42 in die Spitze des Filters fallen, neigt den Trichter, tränkt die ganze Schicht des Papierkegels unter Drehen mit der Säure und spült sofort mit Wasser aus. Das so behandelte Papier filtriert gut und ist auch an einer kräftigen Saugpumpe verwendbar. (Ref. in **Zeitschr. f. angew. Chem. 29, 290.)**

Auch durch einseitige und lokale Behandlung des Filtrierpapiers mit einer eiskalten Mischung von 2 Tl. Schwefelsäure und 1 Tl. Wasser kann man es ganz oder die betreffenden Stellen, z. B. die Spitze, pergamentieren und dadurch härten. **(D. Ind.-Ztg. 1873, Nr. 6.)**

Man kann gewöhnliches Filtrierpapier auch ohne seine Filtrierfähigkeit zu stören, mittels ammoniakalischer Zinkchloridlösung pergamentartig härten und erhält so nach völligem Auswaschen ein gutes Filtriermaterial. **(F. H. Alcock.)**

168. Karton, Duplex-(Papyrolin-)papier. Papierspaltung.

Deutschl. Kartonpapier ½ 1914 E.: 308; A.: 77 343 dz.

Will, I., Die Herstellung von Elfenbeinkarton. Berlin 1912.

Über die Herstellung von Elfenbeinkarton siehe **Papierztg. 1911, 3808** u. **1912, 491, 843;** ferner **Wochenbl. f. Papierfabr. 1912, 4227.**

Über Herstellung des alten englischen Ivory-Papers durch Verkleben mehrerer Velinpapierbogen mit Leim siehe **Polyt. Zentr.-Bl. 1851, 238.**

Zur Herstellung von Spielkarten verfährt man nach **Techn. Rundsch. 1911, 206** in der Weise, daß man zwischen zwei Lagen Papier zur Erzeugung der Undurchsichtigkeit der Kartons ein schwarzes Papier einklebt oder besser noch die zu verklebenden Blätter auf der dem Klebstoff zugewendeten Seite mit Nigrosin oder in dem Ton der Komplementärfarben färbt, so daß z. B. die eine Klebseite gelb oder grün, die andere blauviolett bzw. rot gefärbt wird. Jedenfalls muß man Vorsorge treffen, daß die Farbstoffe (zur Verwendung kommen Teer- oder auch Pflanzenfarbstoffe) nicht durchschlagen.

Vegetabilische Gewebe und Papier lösen sich, angemessen lange in einer hinreichend konzentrierten Auflösung von Kupferoxydammoniak behandelt, darin auf, hingegen weichen nur die Oberflächen auf, wenn man die Stoffe etwa eine halbe Minute in dem Bade läßt. Werden in diesem Zustande zwei solcher Flächen aufeinandergelegt und durch Walzen zusammengepreßt, so findet eine innige Vereinigung der beiden Bahnen zu einem feuchtigkeitsbeständigen Blatt statt. **(Dingl. Journ. 195, 95.)**

Papyrolinpapier besteht aus zwei Papierschichten, die zwischen sich eine Schicht Baumwollgewebe enthalten, während im Leinenpapier eine Schicht Gewebe und eine Schicht Papier miteinander verbunden sind. Das Papier wird aus holzfreiem Rohstoff mit möglichst rauher Oberfläche und etwas rösch gearbeitet, damit es bei etwa drei Viertel Leimung genügende Saugkraft für den Kleister behält. Als Bindemittel verwendet man Kartoffelmehlkleister, dem man, wenn die Papiere wasserdicht sein sollen, Aluminiumacetat oder Gelatine-Formaldehydmischung zusetzt. Das Gewebe besteht aus Baumwolle mit Maschenweiten von $^5/_4$—$^{18}/_7$ qmm. Zur Herstellung spezieller, z. B. wasserdichter Gewebepapiere, werden die Leinenpapiere zuerst mit gewöhnlichem Stärkekleister vorgeklebt, kurz in eine abgestandene Mischung von 600 g Alaun, 780 g Bleizucker, 20 l Wasser und 60 g gelöster Gelatine getaucht und an der Luft getrocknet. **(Papierfabr. 1915, 197.)**

Je nach der Art des Papyrolins vereinigt man Papier einseitig oder beiderseitig einfach oder doppelt mit Baumwollgewebe (Musselin oder Nessel) und erhält weiter verschiedene Produkte, wenn man z. B. oben Papierstoff, dann Musselin, dann wieder Papierstoff und nochmals Musselin anordnet. Über die Bereitung des Papyrolins auf der Papiermaschine, wodurch es haltbarer wird, als durch bloßes Verkleben des Papiers mit der Baumwolle, finden sich Mitteilungen in **Papierfabr. 13, 358.**

Zur Herstellung von Abzieh- oder Doppelpapier kann man entweder die beiden Bahnen vor der Gautschpresse vereinigen, wobei man mit oder ohne Zusatz von Wachsseife oder einem anderen zu starke Adhäsion verhindernden Mittel arbeitet. In beiden Fällen eignet sich dieses Doppelpapier jedoch nicht für photographische Zwecke, besonders weil ein zu großer Zusatz von Seifenlösung in ersterem Falle die Sensibilisierungszusätze schädlich beeinflußt. Man arbeitet daher in der Weise, daß man auf das geleimte noch feuchte Unterlagspapier nach dem Gautschen ein Seifenmittel aufträgt und dann erst unter der zweiten oder dritten Presse das Seidenpapier aufpreßt. **(D. R. P. 254 632.)**

Zur Herstellung leicht spaltbaren Doppelpapieres verarbeitet man nicht wie bisher ein dickes Unterlags- mit einem dünnen ungeleimten Seidenpapier, sondern zwei gleich dicke, geleimte oder ungeleimte Papiere, die nach dem Zusammengautschen beiderseitig gestrichen und bedruckt werden können und nach dem Bedrucken sich leicht in zwei Papiere spalten lassen. **(D. R. P. 254 845.)**

Herstellung von Doppelpapier: Man bringt zwischen zwei auf der Maschine laufende unfertige Bahnen Lösungen, Suspensionen oder Emulsionen von Farbstoffen bzw. Seife, Wachs, Paraffin usw., die an und für sich eine dauernde Vereinigung der im weiteren Verlauf zusammengegautschten oder zusammengepreßten zwei Bahnen nicht bewirken, wohl aber dem Papier besondere Eigenschaften verleihen. So vermag man z. B. undurchsichtige, wasserdichte, leicht spaltbare oder auch mit eigenartigen Farbeffekten ausgestattete Papiere zu erzielen, u. a. auch Papiere, die sich zur Herstellung von Briefumschlägen eignen, innen einen nichtsichtbaren Farbanstrich enthalten und dabei undurchsichtig sind. **(D. R. P. 268 365.)**

Die Bereitung von Mehrfachpapieren und Pappen durch Zusatz von Asche und Lehm zum Faserstoff ist in **D. R. P. 328 735** beschrieben.

Zur Herstellung eines **Wachsleinwand-, Leder- oder Maschinenriemenersatzmaterials**, das auch zur Herstellung von Säcken oder als Packmaterial dienen kann, verklebt man Papierblätter evtl. mit parallel oder kreuzweise eingelegten Metalldrähten oder Gewebestreifen mit einer Mischung von Tierleim, Glycerin, Leinöl, Campher und Schwefel. (D. R. P. 287 631.)

Zur Herstellung eines **wasserdichten** Stoffes für Verpackungs- und Isolierzwecke führt man eine mit einer alkoholischen Schellacklösung oder einer Benzin-Kautschuklösung (denen man Klebstoffe zusetzt) imprägnierte Gewebebahn zwischen zwei Papierbahnen ein und vereinigt das System unter Walzendruck zu haltbarem, wasserdichtem und gegen das Durchfetten gesichertem Verbundpapier. (D. R. P. 290 969.)

Mit Fettstoffen imprägnierte, bedruckbare und klebefähige Papiere oder Gewebe erhält man durch Vereinigen der betreffenden einseitig getränkten und anderseitig mit Klebstoff versehenen Bahn. (D. R. P. 324 705.)

Vgl. das Verfahren zum Verbinden einer Papier- oder Gewebebahn mit einer Guttaperchabahn zwecks Herstellung eines Packmateriales für Films oder für andere Verwendungszwecke, für die es bis jetzt an einem brauchbaren Klebmittel gefehlt hat, nach **D. R. P. 293 572.**

Als Ersatz für Kartenblätter zum pharmazeutischen Gebrauch vereinigt man nach **R. J. Zink** zwei Lagen starkes, trockenes Pergamentpapier und eine Lage zwischengelegtes Guttaperchapapier durch heißes Überplätten oder leichtes Anpressen an einen heißen Körper. (**Pharm. Ztg. 58, 810.**)

Wasser- und luftdichte Sicherheitspapiere, Pappen und Textilgewebe von hohem **elektrischem Widerstand** erhält man durch Vereinigung mehrerer Bahnen des Papiers oder des Gewebes mittels **springharter Peche**, denen man die üblichen, geschmeidig machenden Mittel zusetzt. (D. R. P. 338 334.)

Um **Papier zu spalten** verfährt man nach **Achtelstätter** folgendermaßen: Man überklebt beide Seiten des zu spaltenden Papiers (die Methode ist, wie eine Prüfung des Verfahrens ergab, auch auf dünne Papiere und Zeitungspapier anwendbar) mit je einem Blatt reinen Schreibpapiers unter Anwendung von Stärkekleister als Klebmittel, läßt völlig trocknen, schneidet einen Rand sauber ab, legt das Blatt auf eine harte Unterlage und reibt nun mittels des Falzbeines auf der gerade geschnittenen Masse so lange, bis sich das Blatt an einer Stelle etwas spaltet. Beide Teile lassen sich nun, da der Kleister besser haftet als die Leimung der Papiermasse, leicht voneinander trennen. Man legt dann die beiden Spaltstücke mit den noch fest mit ihnen verbundenen Schreibpapierblättern in reines Wasser, läßt den Kleister aufweichen und zieht das Spaltstück ab. (**Dingl. Journ. 150, 237;** vgl. **125, 136.**)

Dieses Spaltungsverfahren des Papiers wurde eine Zeitlang auch dazu benützt, um Bilder ohne ihre Unterlage seitenrichtig auf andere Gegenstände zu übertragen, doch scheint sich die Methode, die in **Techn. Rundsch. 1911, 275** kurz beschrieben ist, nicht bewährt zu haben.

Man kann nach diesem Verfahren der Spaltung mit Hilfe der sog. **Durchlichtungsverfahren** innerhalb kurzer Zeit die druckfähige Platte herstellen, von welcher man auf der Steindruckpresse die Abzüge nimmt, während sich die beiden Hälften des gespaltenen Originals später wieder zusammenkleben lassen, so daß keine erhebliche Beschädigung des Originals eintritt. (**Techn. Rundsch. 1912, 201.**)

169. Sicherheits-(Banknoten-)papier: Einlagen. — Wasserzeichen.

Ältere Vorschriften zur Herstellung von Sicherheitspapieren finden sich u. a. in **Dingl. Journ. 1851, IV, 238.**

Über den Druck von **Wertpapieren** berichtet **R. Rübencamp** in **Farbenztg. 21, 110.**

Die Art der für **Wertpapiere** verwendeten **Druckfarben** ist in **N. Erf. u. Erf. 42, 448** beschrieben.

Über die Herstellung von Wertpapieren im Kupferdruck mittels Platten, die natürliche Salzkrystallreliefs zeigen [154], siehe **Polyt. Zentr.-Bl. 1868, 1249.**

Über Darstellung von Papier zu Dokumenten sowie über Bereitung einer Tinte zum Druck für Dokumente siehe ferner **Moth, London. Journ. 1859, 219.**

Eine ebensowenig wie der Ruß der Druckerschwärze aus dem Papier auf chemischem Wege entfernbare Farbe ist das geglühte **Chromoxyd**, das früher unter dem Namen Canada-Druckfarbe für Banknoten in Amerika angewendet wurde. Bei der Anfertigung solcher Banknoten, die gegen die photographische Nachahmung gesichert werden sollen, wird auf das Papier zuerst irgendeine geometrische Zeichnung oder Schrfft mit dem erwähnten Chromoxyd und dann erst das bestimmte Dessin mit der gewöhnlichen Schwärze aufgedruckt. (**Dingl. Journ. 150, 116.**)

Die Herstellung von Papier für Geldscheine aus Leinenflecken ist beschrieben in **Wochenbl. f. Papierfabr. 1912, 471.**

Über Herstellung von Papiergeld, das nach einer Erfindung von **J. M. Willcox** durch Aufstreuen mit rotem Stoff gemischter Fasern auf das Papier kaum fälschbar ist, siehe den kurzen Bericht von **H. Hofmann** in **Zeitschr. f. angew. Chem. 1910, 313.**

Ein anderes zur Herstellung von Wertpapieren geeignetes, gelbgefasertes Material wird nach **D. R. P. 22 573** erhalten durch Behandlung des fast fertig gemahlenen Papierstoffs mit **Salpetersäure**. Die in dem Stoff vorhandenen oder zugesetzten, eiweißhaltigen Stoffe, wie beispielsweise Wolle, Seide oder Federn, werden durch diese Behandlung gelb gefärbt und erscheinen dann bei der Aufarbeitung der Papiermasse deutlich sichtbar auf weißem bzw. gefärbtem Grunde. Vgl. **F. P. 152 738**: Herstellung eines Sicherheitspapiers durch Einlage eines besonders vorbereiteten, z. B. mit Ultramarin und Carmin gefärbten Sicherheitsstoffes.

Über Erzeugung von Banknoten- und Wertpapier unter Verwendung der entblätterten, in alkalischer Lösung von der Bastscheide befreiten Hopfenranken siehe **D. R. P. 259 093.** Die entblätterten Hopfenranken werden in Stücken von 3—5 cm Länge in einem Bade aus Wasser mit 10% Schmierseife, 10% calcinierter Soda und $^1/_2$% Ätznatron gekocht, worauf sich die unter der Rinde liegende Bastscheide aus ihrem Verbande löst, abgezogen und gebleicht wird. In dieser Form kann die Faser direkt auf Papier verarbeitet werden.

Ein anderes Sicherheitspapier besteht aus einer mit zwei nicht oder nur schwach gefärbten, saugfähigen Deckschichten zusammengegautschten Mittelschicht, die z. B. mit Tannin und Ferrisalzen oder sonst irgendwie gefärbt wird, so daß die Färbung Zerstörung erleidet, wenn die auf einer Oberflächenschicht befindliche Schrift durch chemische Mittel zerstört wird. Da die Oberflächenschicht nur schwach geleimt ist, dringt die Tinte bis in die Mittelschicht durch, so daß beim chemischen Radieren die gefärbte Mittelschicht bloßgelegt würde. **(D. R. P. 303 989.)**

Nach einem neueren Verfahren versieht man das Papier mit einem Überzug von stark lichtausstrahlenden Metallfarben, die bei geeigneter Notenzeichnung als Untergrund das Licht derart zerstreuen, daß der Fälscher kein brauchbares Negativ abnehmen kann. **(D. R. P. 320 596.)**

Zur unauffälligen Kennzeichnung von Banknoten oder Wertpapieren bedruckt man sie mit farblosen, Röntgenstrahlen stark absorbierenden Schwermetallsalzen in Form von Mustern oder Schriftzügen, die beim Durchleuchten der Dokumente auf der Photoplatte nachgewiesen werden können. **(D. R. P. 337 818.)**

Zur Herstellung von Wasserzeichen im Papier überzieht man es mit mittels Tusche gefärbter 20proz. Chromatgelatinelösung, belichtet unter einem Negativ, überträgt das erhaltene Bild auf eine Zinkplatte oder auf Papier, das auf der einen Seite mit Schellacklösung, auf der anderen mit einer etwas Chromalaun enthaltenden wässrigen Gelatine-Boraxlösung überzogen ist, wäscht dann die unlöslich gewordene Schicht sowie das erste Papier ab, trocknet die Reliefplatte durch Eintauchen in Alkohol und verwendet sie zur Ausführung der Wasserzeichen in der Weise, daß man sie mit dem zu zeichnenden Papier durch den Kalander zieht. **(D. R. P. 7120.)**

Die Erzeugung von Wasserzeichenpapieren ist in **Wochenbl. f. Papierfabr. 1917, 1842** beschrieben.

170. Sicherheitspapier: Chemische Umsetzungen.

Die ersten Sicherheitspapiere waren mit einer Abkochung von Kampescheholz und einer Lösung von Blutlaugensalz gefärbt. **(Dingl. Journ. 109, 348.)**

Zur Herstellung von Sicherheitspapier für Wechselformulare u. dgl. setzt man der Masse nach **Papierztg. 1880, 103** grünes Ultramarin zu. Die Vorschrift des Wechsels wird lithographiert, die Zahlen sind mit verdünnter Säure oder Alaunlösung geschrieben und es erscheint dann die Schrift weiß auf grünem Grunde und ist durch kein Mittel spurlos entfernbar oder veränderbar. Die Papiermasse selbst muß, damit das Ultramarin nicht verändert werde, schwefelsaure Tonerde enthalten, in der man nach **D. R. P. 10 397** unter Erwärmen Zinkoxyd bis zur völligen Neutralisation löst.

Auf Papier, das unter Zusatz von Jodkalium, Blutlaugensalz und Stärke hergestellt wird, entsteht mit Chlor oder Säuren stets ein mehr oder weniger ausgeprägter blauer Fleck, entweder durch Jodstärke oder Berlinerblau, je nachdem das eine oder das andere der genannten Reagentien in Anwendung gebracht wird. **(Dingl. Journ. 122, 238.)**

Nach **E. P. 2029/1880** empfiehlt es sich Sicherheitspapiere zur Herstellung von Wertpapieren mit einer Lösung von 75 Tl. Jodkalium, 75 Tl. jodsaurem Kalium, 100 Tl. Stärke, 200 Tl. schwefelsaurem Mangan und 200 Tl. schwefelsaurem Blei zu überziehen.

Über Herstellung von Sicherheitspapieren siehe auch **D. R. P. 28 224.**

Nach **D. R. P. 32 403** und **32 453** versetzt man die Papiermasse oder behandelt das fertige Papier zur Herstellung von Sicherheitspapieren mit Eisenoxydsalzen (Eisenoxydsaccharat) und mit Ferrocyaniden, die in Wasser unlöslich und in Säuren löslich sind (Ferrocyanblei) und färbt mit Indigo oder Säurefuchsin nach. Solches Papier wird mit Säuren blau, da sich Berlinerblau bildet, mit Chlor wird es durch Zerstörung der organischen Farbstoffe entfärbt und ebenso bleichen es Alkalien, da die blaue Grundfarbe entfernt wird. Man kann den Papierstoff auch, nachdem man ihn mit Indigoblau gefärbt hat, mit chromsauren Salzen versetzen, die in Wasser unlöslich und in Säuren löslich sind; Säuren und Chlor zerstören in einem solchen Papier den Indigo, so daß ein gelber Unterton vortritt.

Zur Herstellung von Sicherheitspapier für Schecks mischt man 0,5% Ferriphosphat, 2% Manganferrocyanid, 0,5% Ferrocyannatrium und 1% Anilinchlorhydrat in Form von Lösungen dem Papierstoff im Holländer zu. **(A. P. 1 172 414.)**

Ein anderes Sicherheitspapier, das die Änderung der mit Tinte geschriebenen Schriftzeichen mittels Säuren u. dgl. nicht gestattet, wird nach **D. R. P. 17 014** dadurch hergestellt, daß man entweder dem Stoff ein Gemenge von Schwefelzink und kohlensaurem Blei zusetzt oder das fertige Papier damit bedruckt.

Eine Änderung an Schriftstücken läßt sich nach **Ö. P. vom 12. Juli 1880** auch dadurch verhüten, daß man dem zum Leimen der Papiermasse dienenden Leimwasser 5% Cyankalium und Schwefelammonium zusetzt und das Papier durch eine dünne Lösung von schwefelsaurem Mangan oder Kupfer gehen läßt. Schreibt man auf solches Papier mit gewöhnlicher Eisengallustinte, so werden schriftvertilgende, saure Mittel die Tinte je nach dem Metallsalz sofort in Blau oder Rot verwandeln, alkalische Mittel färben das Papier braun, während schließlich Radiermittel die Farbschicht abheben, so daß der weiße Kern des Papiers zum Vorschein kommt. Vgl. **D. R. P. 16 595.**

Nach **D. R. P. 259 850** setzt man dem Papierstoff oder dem fertigen Papier zur Herstellung von Sicherheitspapieren Rhodanammonium und ein lösliches Bleisalz zu, und zwar in Mengen, daß das entstandene unlösliche Rhodanblei etwa 5—20% vom Papiergewicht beträgt. Von dem so vorbehandelten Material lassen sich Schriftzüge oder Zahlen ohne Zerstörung des Papiers nicht entfernen.

Ein Sicherheitspapier zur Herstellung nicht veränderbarer Schriftstücke wird nach **Ballande, Polyt. Zentr.-Bl. 1861, 78** hergestellt durch Imprägnierung oder Bestreichung des Papiers mit einer wässerigen Auflösung von Quecksilberchlorür (Kalomel) mit Leim oder Gummi arabicum. Man schreibt mit einer Tinte, die aus unterschwefligsaurem Natron und Alaun besteht (25—50 bzw. 40—60 Tl. auf 1000 Tl. Gummiwasser). Soll die Tinte als Kopiertinte dienen, so fügt man noch 50—70 Tl. phosphorsauren Kalk hinzu. Die Schrift kommt in schwarzer Farbe sofort zum Vorschein und wird durch den Alaun so vollständig fixiert, daß man sie nicht wieder zerstören kann ohne zugleich eine Änderung des Papiertextur hervorzurufen.

Nach **H. Glyen** und **R. Appel** präpariert man das Papier, um die auf ihm hergestellten Schriftstücke nicht reproduzieren zu können, in der Masse oder auf der Bahn mit einer gesättigten wässerigen Kupfervitriollösung, läßt trocknen, behandelt zur Erzeugung eines unlöslichen Kupfersalzes mit der äquivalenten Menge von phosphorsaurem Natron ebenfalls in wässeriger Lösung nach, wäscht das Papier und imprägniert es schließlich mit einer Lösung von weißer Seife in altem Palmöl, um so die Möglichkeit der Herstellung von Umdrucken auf Zink- oder Steinplatten auszuschalten. Das Verfahren fand keinen Eingang in die Praxis, da es keine Schwierigkeiten bereitet, die Tränkungsstoffe aus dem Papier zu entfernen. **(Dingl. Journ. 124, 141; 127, 303.)**

Über Herstellung eines Banknotenpapiers siehe **J. S. Lewis, Ber. d. d. chem. Ges. 1872, 441.** Man taucht nach den Angaben des englischen Patentes das Papier in eine schwache Silbernitratlösung, bedeckt es zur Erzielung der gewünschten Musterung mit einer Schablone, belichtet, wäscht es in einer Lösung von unterschwefligsaurem Natron aus, spült mit reinem Wasser und trocknet.

Zur Herstellung von Sicherheitspapier versieht man das Papier nach **D. R. P. 42 260** mit einem Aufdruck, der aus 3 Farben besteht: 2 Farben sind sichtbar, die eine jedoch echt, die andere unecht, die dritte Farbe ist unsichtbar. Eine Radierflüssigkeit nimmt die unechte Farbe auf und läßt ein darunter gedrucktes Zeichen zum Vorschein kommen, während zugleich die unsichtbare Färbung erscheint. Zur Herstellung des unsichtbaren Aufdruckes verwendet man eine Lösung von Ferrocyankalium und schwefelsaurem Mangan oder von fertigem Ferrocyanmangan.

171. Feuersicheres Papier. — Nahrungsmitteleinhüll- (antiseptisches) Papier.

Zur Herstellung von feuersicherem Papier eignen sich als Imprägniermittel dieselben Stoffe, wie sie zur feuersicheren Durchtränkung von Geweben verwendet werden, und die meisten in dem betreffenden Kap. [328] zitierten Vorschriften gelten auch für Papier.

Schon in **Dingl. Journ. 227, 586** ist die Herstellung von unverbrennlichem Papier durch Imprägnierung mit Ammonsulfat, Bittersalz und Borax beschrieben.

Papier für feuerbeständige Urkunden und Manuskripte wird nach **D. R. P. 13 707** und **14 942** hergestellt aus 95 Tl. mit übermangansaurem Kali und schwefliger Säure gebleichter Asbestfasern und 5 Tl. Faserstoff. Der zu verwendenden Tinte oder Druckerschwärze setzt man Platinchlorid zu, während sich für farbige Schriftzeichen eine Mischung empfiehlt, die aus 68 Tl. Metallglasurfarbe, 25 Tl. Aquarellfarbe, 2 Tl. trockenem Platinchlorid und 5 Tl. Gummi arabicum besteht.

Ebenso erhält man ein feuerbeständiges Papier nach **D. R. P. 28 133** aus Asbest als Grundmaterial, das man mit Natrium- oder Kaliumsilicat leimt. Als feuerfeste Tinte oder Druckfarbe wird eine Mischung von Mineralfarben mit flüssigen Silicaten angewendet.

Ein völlig feuersicheres Schreibpapier erzeugt man aus Asbestfaserstoff, dem man weiß- oder hellgefärbte Niederschläge von Metallverbindungen, besonders größere Mengen von Magnesiumarsenit in alkalischer Mischung zusetzt. So hergestelltes Papier, das völlig frei ist von chemisch gebundenem Wasser, kann man 1 Stunde lang auf Dunkelrotglut erhitzen, ohne daß es Schaden leidet und ohne daß die Schriftzüge, die man mit einer Metallchlorid- oder nitrattinte (Eisen, Chrom oder Kobalt) erzeugt, verschwinden würden. **(R. G. Myers,** Ref. in **Zeitschr. f. angew. Chem. 1918, 67.)**

Nach **D. R. P. 28 139** erhält man ein feuerfestes, gegen atmosphärische Einflüsse widerstandsfähiges Papier, wenn man dem Stoff im Holländer Salzlösungen zusetzt, die im Liter 15—80 g schwefelsaures Zink oder Chlorzink oder ebensoviel Schwefelsäure und 250 g salzsauren oder essigsauren Kalk enthalten. Je 100 kg der so vorbereiteten Papiermasse versetzt man dann mit 1—5 kg Talgseife, 1—5 kg Leim und 4—16 kg Alaun, verarbeitet die Masse zu Pappe oder Papier, imprägniert nochmals mit einer der obengenannten Salzlösungen, trocknet und tränkt schließlich die fertige Bahn mit einer Catechulösung.

Über Darstellung eines feuersicheren Imprägnierungsmittels aus Alkaliphosphat und -wolframat siehe **Norw. P. 17 803/06.**

Hitzebeständiges Hartpapier erhält man durch Tränkung der mit Borax-, Alaunlösung oder anderen die Entflammbarkeit herabsetzenden Salzen vorbehandelten Bahnen mit Lösungen synthetischer Harze. **(D. R. P. 328 782.)**

Antiseptisches Papier erhält man nach **E. P. 12 217/1886** durch Vermahlen des Papierbreies mit Resorcin.

Ein zum Verpacken von Nahrungsmitteln geeignetes antiseptisches Papier wird in der Weise hergestellt, daß man dem Papierbrei im Verhältnis 2 : 1000 Borsäure oder im Verhältnis 0,2 : 1000 Salicylsäure zusetzt, und ihn dann in geschlossenen Kammern bei 50—60° mit einem Thymol tragenden Luftstrom imprägniert. In dem fertigen Papier soll das Aroma des Thymols erkennbar bleiben. **(D. R. P. 149 839.)**

Durch Imprägnierung von Papier mit löslichen Salzen der Salicyl- oder Benzoesäure vermeidet man gegenüber den sonst verwendeten freien Säuren das sichtbare Ausblühen der Krystalle des Konservierungsmittels. **(D. R. P. 305 956.)**

Zur Herstellung von Konservierungszwecken dienendem Einwickel- oder Marmeladenabdeckpapier tränkt man Papier oder auch Watte oder Cellulose mit einer Lösung von neutralem ameisensaurem Kalk, Strontium oder Magnesium, die bei Gegenwart von Feuchtigkeit unter Ameisensäureentwicklung dissoziieren. **(D. R. P. 312 063.)**

Angaben über Herstellung von Hüllpapier für Brot finden sich in **Papierfabr. 1917, 146.**

Das zum Einwickeln von Opium dienende Papier wird aus altem Druckmaterial mit mäßigen Zusätzen von Sekundasulfitcellulose bereitet und nicht mehr wie früher nur rehbraun, blaßblau oder matteosinfarbig gefärbt, sondern in allen Farben geliefert. Gegen die Opiumeinlage am widerstandsfähigsten erwiesen sich die Diaminfarben, die dem Papierstoff, noch wenn er im Holländer handwarm mahlt, zugesetzt werden. **(Papierfabr. 13, 392.)**

Ein Einhüllpapier zu Reklamezwecken erhält man durch Mischung von schwach gefärbtem oder getöntem Papierbrei mit braunen oder gefärbten Cocosfasern. **(Papierfabr. 5, 2852).**

172. Sonstige Papierspezialitäten.

Deutschl. Schreibpapier ½ **1914 E.: 2878 ; A.: 93941 dz.**
Deutschl. Chem. Papiere ½ **1914 E.: 1801 ; A.: 9831 dz.**

Zur Herstellung eines Papiers, auf dem man mit Metallstiften schreiben kann, reibt man die Oberfläche nach **Polyt. Notizbl. 1854, Nr. 17** mittels eines Baumwollappens mit Kreide ein. Als Schreibkomposition verwendet man eine Legierung von 2 Tl. Zinn, 3 Tl. Blei und 5 Tl. Wismut. Die Schrift ist unverlöschlich und fast so haltbar wie Tintenschrift.

Unter dem Namen Metallic paper kam ein Papier in den Handel, auf dem mit Stiften von weichem Metall (Messing und Bronze), schwarz geschrieben und die Schrift mit Gummi leicht wieder entfernt werden konnte, so daß es mehrere Male benutzbar war. Das Papier war vegetabilisch geleimt und mit einer Zinkweiß-Leimstreichfarbe bestrichen. An der rauhen Oberfläche blieben die Metallteilchen beim Schreiben hängen. **(Polyt. Zentr.-Bl. 1869, 416.)**

Ein Papier, das mit Metallstiften beschrieben werden kann, wird nach **D. R. P. 94 231** erhalten, wenn man dem Stoff im Holländer Zinkoxyd in der nötigen Menge zusetzt.

Ein Verfahren zur Herstellung von Zeichen- bzw. Druckblättern ist dadurch gekennzeichnet, daß die Blätter zunächst gauffriert und dann mittels des Sandgebläses gerauht werden, so daß eine auch für die feinsten Linien aufnahmefähige, samtartige Fläche entsteht. **(D. R. P. 271 347.)**

Nach **Papierztg. 1912, 222** setzte man der Papiermasse während der Herstellung möglichst dünnes menschliches oder tierisches Haar zu, um das Papier nach der Fertigstellung stets in einem gewissen Grade geringer Feuchtigkeit zu erhalten, da das Haar von Natur aus hygroskopisch ist und daher stets Feuchtigkeit aus der Umgebung anzieht. **(D. R. P. 124 721.)** Einfacher gibt man zu demselben Zweck einen Chlorcalciumzusatz, da das mit Haaren verfilzte Papier nicht gut aussieht.

Zur Befeuchtung von Papier verwendet man gesättigte Magnesiumchloridlösung, deren Benetzungsvermögen durch Zusatz geringer Mengen ätherischer Öle wie Terpentinöl wesentlich gesteigert wird, so daß die hygroskopischen Salze leicht in die Papieroberfläche eindringen können. **(D. R. P. 312 355.)** Vgl. die Aufzählung der Befeuchtungsmethoden mit Salzlösungen oder auch Seifenwurzelschaum in **Papierfabr. 17, 273.**

Ein Papier, das beim Befeuchten seine Farbe ändert, so daß mit gewöhnlichem Wasser eine leserliche Schrift erzeugt werden kann und auf dem umgekehrt die mit einer besonderen Tinte erzeugte Schrift erst durch Wasser hervorgerufen wird, erhält man nach **D. R. P. 3148** durch Bestreichen des Papiers mit einem Gemenge von 140 Tl. vom Krystallwasser befreitem krystallisiertem Ferrosulfat, 600 Tl. Tannin, wasserfreiem Ligroin, etwas Firnis und einer Lösung von Kautschuk in Schwefelkohlenstoff.

Nach **J. Brown, Polyt. Zentr.-Bl. 1859, 78** erhält man besonders weiches und biegsames Papier, wenn man der Masse im Holländer 5% (auf Trockengewicht des Stoffes berechnet) Glycerin zusetzt. Das Verfahren, das auch so ausgeführt werden kann, daß man der Masse eine Glycerinleimlösung zusetzt oder das fertige Papier mit Glycerin überzieht, dürfte schon der Kosten wegen kaum jemals Anwendung gefunden haben.

Zum Geschmeidigmachen von Papier soll sich statt des Glycerins nach **D. R. P. 11 008** eine Lösung von Chlorcalcium oder Chlormagnesium eignen.

Nach **D. R. P. 224 699** werden Papier, Pappe, dünne Kork- oder Holztafeln geschmeidig gemacht, wenn man sie, statt das teuere Glycerin zu verwenden, mit einer Flüssigkeit tränkt, die in 25 kg einer wässerigen Lösung von 2,5 kg Kochsalz oder Chlorcalcium, 75 kg Invertzucker enthält.

Zur Herstellung von dehnbarem Papier leimt man den Halbstoff oder den Papierstoff nach **D. R. P. 86 688** mit einem alaunfreien Fettharzleim, der aus Wachs, Terpentin, tierischem Fett, Soda, Kalk, Öl, Silberglätte und Wasser besteht.

In **D. R. P. 89 276** wird empfohlen das Papier, um es geschmeidig zu machen, in eine Lösung zu tauchen, die man durch Verseifen von Ricinusöl oder seinem Gemenge mit anderen Fetten und Ölen und einer kleinen Menge Harz erhält.

Geschmeidige, nicht knitternde Papiere, die sich für Theater- und Konzertprogrammzettel eignen, erhält man aus schwach oder gar nicht geleimter Baumwolle oder auf billigerem Wege aus Laubholzcellulose, Holzstoff, Manila usw. mit wenig Baumwolle, in letzterem Falle jedoch nur dann, wenn man etwa 60° heiß auf der Maschine arbeitet. **(Papierfabr. 1907, 2583.)**

Zur Erzeugung lederartigen Papiers wird das Rohmaterial nach **D. R. P. 74 730** vor dem Passieren der letzten Naßpresse mit Glycerin oder einer 7grädigen Auflösung von Glycerin in Wasser oder mit einer alkoholischen Lösung eines nicht trocknenden Öles (Ricinusöl) imprägniert

Ein wasserdichtes, im Dunklen leuchtendes Papier wird nach **Papierztg. 1882, 1312** erhalten aus 40 Tl. Papierganzzeug, 10 Tl. Wasser, 10 Tl. phosphorescierendem Pulver **(Bd. I [422])**, 1 Tl. Gelatine und 1 Tl. Kaliumbichromat.

Ein phosphorescierender Lack für Papier wird nach **F. Daum, Seifens.-Ztg. 1912, 902** hergestellt durch Verrühren von 5 g Ultramarinviolett, 25 g Bariumsulfat, 20 g kobalthaltigem Arseniat und 70 g leuchtendem Calciumsulfid mit einer Lösung von 50 Tl. Rubinschellack in 100 Tl. Alkohol.

Zur Herstellung der sog. Pyrobanknoten, das sind Scherzartikel aus Papier, die, ohne Asche zu hinterlassen, beim Entzünden blitzschnell verbrennen, taucht man reines Baumwollpapier entweder in eine kalte Mischung von 2 Tl. konzentrierter Schwefelsäure und 1 Tl. rauchender Salpetersäure, läßt einige Minuten einwirken und wäscht sehr gut aus oder man imprägniert Seidenpapier, um die Gefährlichkeit der Handhabung dieser imitierten Banknoten herabzusetzen, mit einer 2 proz. wässerigen Lösung von chlorsaurem Natrium oder chlorsaurem Baryt. Letzterer verleiht der Flamme des verbrennenden Papiers außerdem eine schöne grüne Farbe. **(Polyt. Zentr.-Bl. 1865, 680.)**

Um Papier wohlriechend zu machen imprägniert man es im Holländer oder in der Naßpartie nach **D. R. P. 198 792** mit einer Mischung von 1 kg Kakaofett, 100 g Karnaubawachs und 30 g Veilchenöl.

Papiergarn-(gewebe-)ausrüstung.

173. Allgemeines über Papiergarn-(gewebe-)behandlung.

Wandrowsky, H., Wasserdichtmachen von Papiergeweben. Verlag der Papierzeitung.

Über Herstellung feuchtigkeitsbeständiger Papiergarne von Art des Silvalins und der Textilose durch besondere Präparierung des aus Kiefernholzzellstoff gewonnenen Papiers siehe **A. Brune, Papierfabr. 11, 704;** vgl. **T. F. Hanausek, ebd. S. 484.**

Eine Zusammenstellung der zum Appretieren, Weich- und Wasserdichtmachen von Papiergeweben und Papiergarnen dienenden Mittel bringt **E. O. Rasser in Papierfabr. 1918, 621** u. **645.**

In **Forsch.-Inst. f. Textilstoffe 1918, 84** berichtet **W. Roederer** über verschiedene Sparstoffe bei der Ausrüstung von Papiergeweben, so z. B. über die günstige Wirkung von neutral reagierendem Buchenholzteer (Steinkohlenteer schwächt das Gewebe), gewissen zähflüssigen Cumaronharzpräparaten, Kondensationsprodukten aus Holzteerdestillaten, Leinöl-, Firnis-, Kunstharz- und Montanwachsprodukten, ferner der Acetylcellulose und ähnlicher Celluloseester. Genannt sind die Handelspräparate Pregnol und das Kunstharz Mowilith.

Über die Einwirkung von essigsaurer Tonerde mit Soda, Leimlösung, Formaldehyd oder 1 proz. Tanninlösung auf Papiergarne in trockenem und nassem Zustande, siehe **Z. f. Text.-Ind. 19, 561.** Vgl. die Abhandlung von **W. Massot in Techn. Rundsch. 23, 25** u. **34.**

Nachbehandlung der Papiergarne mit zum Teil neutralisiertem essigsaurem Aluminium bewirkt Härtung und Aufrauhung der Oberfläche, ohne jedoch den Zusammenhalt der Fäden zu verstärken; durch nachfolgende Behandlung mit Seifenlösung wird das Garn zwar schmiegsam, in der Stärke jedoch nicht erhöht. Ein Gemisch von Aluminiumacetat und Gelatinelösung verringert sogar die Stärke der trockenen Garne, und ebenso führt die Mischung von Gelatine mit Formaldehyd zu einem Festigkeitsverlust von 8%. Wesentlich günstiger wirkt 1 proz. Tanninlösung, die das Papiergarn weich und geschmeidig macht und seine Stärke um 49% erhöht, während ein Zusatz von Gelatine zwar einen zarten, kräftigen Griff des Garnes hervorruft, jene Festigkeitserhöhung jedoch auf 25% beim Feuchtwerden sogar auf 15% herabsetzt. Günstig wirkt auch ein Gemenge von Tanninlösung und neutralisierter essigsaurer Tonerde in dem Sinne, als die Stärke der trockenen Garne, die durch die Behandlung einen kräftigen elastischen Griff erhalten, um 44% erhöht wird. **(Papierfabr. 1918, 134.)**

Ein vorwiegend mechanisches Verfahren des Weich- und Geschmeidigmachens von Papiergeweben ist in **D. R. P. 342 502** beschrieben.

Um die Poren von Papiergeweben zu verengen und so auch ohne direkten Porenverschluß zu dichten und doch weichen wasserbeständigen Stoffen zu gelangen, kann man auch die Einzelfäden quellen, so daß sie enger aneinanderschließen. Man läßt die Papiergarngewebe zu diesem Zweck längere Zeit bis zur Überführung der einzelnen Drähte in einem dauernden Quellzustand, der zwar die Festigkeit des Einzelgarnes herabsetzt, wogegen jene des ganzen Gewebes dadurch eine Steigerung erfährt, weil das Gewebe viel dichter wird und die einzelnen Fäden in innigere Berührung miteinander gelangen. Soll das Papiergarn nur gedichtet, nicht aber gleichzeitig saugfähig gemacht werden, so kann man mit einem wasserabstoßenden Stoff nachimprägnieren. **(D. R. P. 301 361.)**

Zu den wichtigsten Fortschritten auf dem Gebiet der Papiergarnindustrie zählt die Auffindung der Tatsache, daß man dazu gelangt, auch ohne Imprägnierung waschbare und weiche Papiergarngewebe herzustellen, die entleimt zwar weich werden, jedoch an Reißfestigkeit nicht verlieren, porös bleiben und sich gut färben lassen. Es gelingt, dies auf rein mechanischem Wege durch Drehung des nassen Papiergarnes, bis zum sog. optimalen Drall, der den Punkt bezeichnet, bei dem die Wicklung des Fadens das Maximum der Widerstandsfähigkeit gegen Zerreißen auch in nassem Zustande erreicht hat. **(Spohr, Kunststoffe 1918, 265.)**

Nur Papiergarne mit hoher Drehung (optimalen Drall) eignen sich, dann aber auch in hervorragender Weise, zur Veredlung und Weiterbehandlung im nassen Zustande. Durch Entleimung solcher Garne erhält man wasserfeste, gut waschbare und dabei doch weiche und poröse Gespinste, wobei die Wasserfestigkeit besonders hoch ist, wenn man von schmierig gemahlenen Papieren ausging. Zu erwähnen ist noch, daß bei dem Mahlgrad des Ausgangsstoffes ein gewisses Maß innegehalten werden muß, da in dem Maße als die Schmierigkeit des Stoffes bedeutend war, das fertige Produkt immer härter wird. Dies erklären **L. Ubbelohde und Mitarbeiter** dadurch, daß schmierig gemahlenes Papier natürliche Leimung, d. h. hohe Verfilzung zeigt, die sich natürlich durch chemische Mittel nicht mehr entfernen läßt. **(Forsch.-Inst. f. Textilstoffe 1918, 23, 1, 69 u. 61.)**

Die Entleimung, die in verschiedener Weise in vorhandenen Maschinen ausgeführt werden kann, macht die Gewebe nicht nur weich, sondern auch saugfähig und gut rauhbar, ohne daß ihre Festigkeit herabgesetzt wird. Man weicht die Ware z. B. in warmem Wasser zur Lockerung des im Papiergespinst enthaltenen Klebstoffes und trocknet sodann, so daß die Klebmasse sich auch dem Textilgewebe mitteilt und dieses verklebt, wodurch wegen der Ausbreitung der Klebmasse ein weiches und geschmeidiges Produkt resultiert. **(D. R. P. 313 616.)** Oder man entleimt das Vorgarn, das auch dann fest genug ist, um auf der Feinspinnmaschine bis zum gewünschten Drall fertig gesponnen zu werden. **(D. R. P. 317 700.)**

Keinesfalls ist jedoch die Wasserfestigkeit der Papiergespinste so weit erhöhbar, daß man sie z. B. zur Herstellung von Segeln oder anderen Geweben verwenden könnte, die häufig mit Wasser in Berührung kommen, da die Wasserfestigkeit des Papiergarnes in nassem Zustande ganz außerordentlich gering ist und dann nur ein Drittel jener der Bastfaser beträgt. **(Färber, Neue Faserst. 1, 39.)**

174. Papiergarn (-gewebe) leimen, bleichen, Schimmel verhüten, reinigen.

Über das Bleichen, Imprägnieren und ferner das Färben der Papiergarne und Papiergewebe mit substantiven, basischen, Schwefel- und Küpenfarbstoffen unter Zusatz von Türkischrotöl und die Nachbehandlung der gefärbten Garne mit Stärke, Leim und etwas Seife, Fett oder Wachs bzw. zum Wasserfestmachen mit Tonerdeacetat oder -formiat siehe **Chem.-techn. Wochenschr. 1917, 262.**

Der als Ausgangsmaterial für Spinnpapier und Papiergarn dienende weiche und feine durch Aufschließung des Holzes gewonnene Natron- und Sulfatzellstoff besitzt zwar genügende Geschlossenheit und Verfilzungsfähigkeit und hohe Aufnahmefähigkeit für Farbstoffe, ist jedoch schwer bleichbar, während andererseits Sulfitzellstoff dem Natronzellstoff in Weichheit der Fasern nachsteht. Der Bleichvorgang vermindert die Faserhärte, überdies liegt speziell für vorliegenden Zweck, wo es auf Festigkeit ankommt, stets die Gefahr vor, daß die Faserfestigkeit Einbuße erleidet. Um sie möglichst hoch zu erhalten, wird auch von Füllstoffen abgesehen und man begnügt sich mit schwacher Leimung, die den geschlossenen Zusammenhalt der verfilzten Fasern nicht stört.

Als Leimmaterial für Spinnpapiere, die man durch Sturzkochung und Steingeschirr-Holländermahlung der Leinen-, Hanf- oder Nadelholzcellulose unter Zusatz von 15% eigens gemahlener langfaseriger Materialien (Baumwolle, Ramie oder Hanf) gewinnt, hat sich am besten Viscose bewährt, aber auch die Harzleimung unter Zusatz von Wasserglas erwies sich als zweckmäßig. **(Wochenbl. f. Papierfabr. 1916, 2324 und 1917, 1953.)**

Eine solche zur Stoffleimung für Spinngarnpapier besonders geeignete 10proz. Viscoselösung, die sich in luftdicht schließenden Gefäßen bei Temperaturen bis zu 10° 12—14 Tage, zwischen 20 und 25° 6—10 Tage ohne Zersetzung hält, bereitet man nach Angaben von **R. Voraberger** in **Papierfabr. 1917, 221.** Zur Ausfällung der Viscose eignet sich besser als Magnesium- und Ammoniumsulfat Zinksulfat.

Bei der Herstellung von Spinnpapier aus Kraftcellulose erreicht man die unumgänglich nötige Schaumfreiheit der Papierbahn dadurch, daß man den Leim durch eine Art Viscosierung des Stoffes bei der Mahlung ersetzt. Nur auf diese Weise ist es möglich, Spinnpapierröllchen von 1 mm Breite zu erzeugen, da die Papierbahn dann durch Entschäumung und sorgfältigste Entsandung in der ganzen Breite völlig gleiches Gewicht zeigt. Für den Spinnprozeß des Papieres selbst ist bei der Herstellung des Garnes der Zusatz von Talkum empfehlenswert. **(P. Ebbinghaus, Wochenbl. f. Papierfabr. 1918, 2447.)**

Zum Bleichen von Papiergarn kocht man das Bleichgut etwa 7 Stunden in einer mit Dampf im Kreislauf geführten Hydrosulfitlösung, spült, chlort 6 Stunden, entchlort mittels verdünnter Mineralsäure, spült abermals, entsäuert in lauwarmer, allmählich immer heißer werdender Sodalösung, spült abermals, wiederholt das ganze Verfahren und trocknet. Das nach wie vor haltbare reinweiße Material zeigt nach dieser Behandlung die Geschmeidigkeit und Art der Baumwolle. **(D. R. P. 299 651.)**

Zum Bleichen von Papiergeweben kocht man sie zuerst 30 Minuten im Jigger, bringt die Ware, während höchstens 20—35 Minuten in ein 90° warmes, 1½grädiges mit konzentrierter Salzsäure angesäuertes Natriumhypochloritbad, das zur Vermeidung der Entwicklung von Chlordämpfen durch Zugießen der Hypochloritlösung zum heißen Bade bereitet wird, und blaut die Ware schließlich erforderlichenfalls mit etwas Alizarinirisol R. In ähnlicher Weise können auch Papiergarne gebleicht werden, doch bereiten diese, da sie an Geschmeidigkeit verlieren, einige Schwierigkeiten in der Weberei. **(K. Wagner, Färber-Ztg. 1917, 199.)**

Zur Vermeidung der Schimmelbildung auf Papiergarn imprägniert man es oder die Gewebe mit Zellstoffextrakt am besten mit vergorenem Zellstoff, der eine klebfreie griffige Appretur liefert. **(D. R. P. 318 307.)**

Zur Reinigung gebrauchter Papiergewebe befreit man sie zuerst mechanisch von groben Fremdstoffen, wäscht sie dann mit reinem Wasser und einer wässerigen Chlorkalklösung, wobei die Behandlung in den Bädern zur Schonung des Gewebegefüges möglichst kurz währen soll, und unterwirft die Stoffe einer mechanischen Schlußbehandlung auf Kalandern oder Trockenmaschinen. **(D. R. P. 305 427.)** Nach einer Abänderung des Verfahrens tränkt man die mit Chlorkalklösung oder Chlorwasser behandelten Papiergewebe vor der mechanischen Nachbehandlung zur Festigung des durch das Chlor gelockerten Gewebegefüges mit einer Mischung von wässeriger Gelatinelösung und Glykol als Glycerinersatz. **(D. R. P. 306 000.)**

175. Papiergarn (-gewebe) färben, metallisieren, glätten, weich machen. Wollartiges Papiergarn.

Eine der besten Eigenschaften des Papiergarnmaterials ist seine leichte Färbbarkeit, so daß man mit den üblichen substantiven Farbstoffen durch 1—2stündiges Färben bei 90° völlige Durchfärbung erzielt, wobei man selbst für satte Töne weniger Farbstoff braucht als für Baumwolle. Das Färben der meist mit Baumwollkette hergestellten Stückwaren vollzieht sich ebenso einfach. **(R. Richter, Z. f. Text.-Ind. 19, 448 u. 459.)**

Gefärbtes Papiergarn gewinnt man am besten durch Färben des Stoffes im Holländer, braucht so allerdings mehr Farbstoff als bei der Färbung des fertigen Garnes und muß auch auf Lager arbeiten, erhält jedoch ein völlig durchgefärbtes Material. Beim Färben des Stoffes, der zur Herstellung von Papiergarn dienen soll, ist es wichtig zu beachten, daß die Stoffdichte im Mischholländer nur 1—2% gegen 8% im Mahlholländer beträgt, so daß sich bei Verwendung des ersteren ein Mehrverbrauch an Farbe und schwefelsaurer Tonerde ergibt. Man färbt daher vorteilhafter unter evtl. Vorfärbung im Kollergang im Mahlholländer, wobei sorgfältigste Prüfung des Abwassers auf Farbaufnahme bzw. Farbfortführung nötig ist. **(Wochenbl. f. Papierfabr. 50, 254.)**

Über das Färben des Papiergarns aus Sulfat-, Kraft-, Mitscherlichstoff mit Diaminfarben, die dem Stoffbrei vor dem Leimen zugesetzt werden, siehe **Papierfabr. 1910, 1063.**

Das Färben und Imprägnieren von Papiergeweben beschreibt ferner **A. Kertesz in Kunststoffe 1917, 17.**

Zum Färben von Papiergarnen und Papiergeweben mittels substantiver Farbstoffe setzt man dem Färbebade außer aktiven Sauerstoffverbindungen auch noch Borsäure, Essigsäure, andere schwache organische Säuren, Salmiak, phosphorsaures Ammon oder andere Stoffe zu, die das Aufziehen des Farbstoffes erleichtern. **(D. R. P. 310 965.)**

Ein Verfahren der Färbung von Papiergeweben in lebhaftem Ton mit Anwendung einer Farbflotte, die Sauerstoff abgebende Salze enthält, ist in **D. R. P. 315 311** beschrieben.

Eine das Feuchten und Färben von Spinnpapierstreifen in einer Operation ermöglichende Schneid- und Aufwickelmaschine ist in **D. R. P. 310 177** beschrieben.

Ein mechanisches Verfahren zur Herstellung von durchfärbbaren, rauhfähigen Bind- und Webefäden aus Zellstoff ist in **D. R. P. 310 068** geschützt. Nach einer Abänderung des Verfahrens verwendet man als Ausgangsstoff vielschichtige kurzfaserige Pappe, der man bei der Herstellung in der Längenausdehnung nach gelagerte Textilfasern zusetzt und die Schnitte dann in besonderer Richtung bewirkt. **(D. R. P. 310 198.)**

Vorschriften zur Herstellung seltener Farbtöne (Silbergrau, Erbsenfarbe, Meergrün, Orangegrün) auf Papiergarngeweben finden sich in **Z. f. Text.-Ind. 23, 281.**

Ein Verfahren zur Herstellung gedruckten Papiergarnes durch Verarbeitung einseitig bedruckter Papierbänder mit der bedruckten Seite des Papiers nach außen ist in **D. R. P. 309 189** beschrieben.

Besonders haltbare Schnüre, Seile oder sonstige Gespinste aus Papiergarn erhält man dadurch, daß man die Fäden oder die efrtigen Gespinste nach dem Spritzverfahren mit einem Metallüberzug versieht. **(D. R. P. 313 520.)**

Zum Appretieren von gefärbtem Papierstoffgarn bringt man es in aufgehaspeltem Zustande in eine beliebige Klebstoffmasse, die Zusätze von Fett enthält, bürstet das Garn dann nach der Tränkung unter Spannung mit Bürsten, denen Paraffin, Wachs oder Fette zugeführt werden, verleiht so dem Material die erforderliche Glätte und erhöht gleichzeitig die Festigkeit des Fadens. **(Zeitschr. f. angew. Chem. 1906, 235.)**

Zum Weichmachen von Spinnpapier oder Papiergeweben behandelt man das Material längere Zeit mit einer Calciumchloridlösung und läßt dann die Ware lagern bzw. wäscht einen Teil des überschüssigen Salzes aus, so daß noch genügend Calciumchlorid in der Faser verbleibt und ihr Weichwerden bewirkt. Zum Unterschied von den mit Glycerin behandelten Fäden behält diese Ware ihre Reißfestigkeit. **(D. R. P. 300 695.)**

Um das Hartwerden des Papierbindfadens zu verhindern, tränkt man ihn mit einer aus Leim, Wasser, Leinöl, Mennige und Schmieröl oder Glycerin bestehenden Masse. **(D. R. P. 326 240.)**

Nach **D. R. P. 326 806** erhält man wollartige Papiergarne durch Behandlung des Rohstoffes in 2—8grädiger Schwefelnatriumlösung während 30 Minuten bei Kochtemperatur. Man spült die Garne dann, säuert ab, wäscht und trocknet.

176. Papiergarn-(gewebe-)veredelung: Öl- (seife-), leim-, schleimhaltige Stoffe.

Um Papiergarne zu veredeln und wasserfest zu machen, umhüllt man die Fäserchen mit einer wasserabstoßenden Masse. Diesem Zweck können basisches Aluminiumacetat, Kautschuk, Paraffin, Stearin, Fette oder durch Härtungsmittel unlöslich gemachter Leim und Casein oder schließlich Lösungen von Cellulose und gewisse Metalloxyde dienen. **(B. Heinke, Z. f. Text.-Ind. 19, 252.)**

Das Imprägnieren und Wasserdichtmachen erfolgt am besten bei der Garnbildung in der Weise, daß man Seifenlösung als Spinnöl verwendet und den fertigen Faden zwecks Bildung einer unlöslichen Seife mit essigsaurer Tonerde nachbehandelt. Bessere Wasserfestigkeit erzielt man jedoch durch erstmalige Tränkung der Garne oder Gewebe mit Tannin oder Leim und Wasserglas und folgende Imprägnierung mit basisch ameisensaurer Tonerde. **(W. Prokosch, Wochenbl. f. Papierfabr. 1917, 702 u. 741.)**

Die Imprägnierung von Papiergarn und Papiergewebe mit fettsaurer Tonerde und Seife oder mit Tonerdesalzen, Tannin und Leim beschreibt ausführlich **R. Hagel** in **Z. f. Text.-Ind. 1917, 199.**

Um den unter der Bezeichnung Xylolin- oder Textilosefäden im Handel befindlichen, aus Cellulosepapieren hergestellten Produkten größere Weichheit und ein helleres Aussehen zu geben, behandelt man sie nach **F. P. 458 054** pro 100 m in einem Bade, das aus einer wässerigen Lösung von 2 kg calcinierter Soda oder $^1/_2$ kg Bariumsulfat, $^1/_2$ kg Marseiller Seife und 200 g calcinierter Soda besteht, spült hierauf, quetscht ab, trocknet, kalandert noch feucht und trocknet vollständig. Durch diese Behandlung soll den Papiergespinsten die aus dem Vorhandensein des Leimes sich ergebende Steifigkeit genommen werden; die Alkalien lösen den Leim, ohne daß bei der gleichzeitig eintretenden Bleichung die Festigkeit des Stoffes leidet. Das Bariumsulfat kann auch durch die doppelte Menge Chinaclay ersetzt werden.

Zur wasserdichten Imprägnierung von Papiergeweben oder ähnlichen Erzeugnissen weicht man sie, bürstet sie im halbfeuchten oder angetrockneten Zustande und streicht dann eine Imprägniermasse aus Kreide, Lithopon, einem Bindemittel aus fetthaltigem Öllack und einem Verdünnungsmittel aus Terpentinöl auf. **(D. R. P. 305 024.)**

Zur Herstellung zugfester, in doppelter Lage auch reißfester Näh- und Heftfäden aus Papier behandelt man entsprechend dünne Papiergarne mit einer Mischung aus Paraffin oder Stearin, Leinöl, Mineralöl und Firnis. **(D. R. P. 314 490.)**

Um Papiergarne oder -gewebe wasserfest zu machen behandelt man das Material mit einer Emulsion von Öl mit Wasser und schlägt die öligen Stoffe mittels verdünnter Säuren oder saurer Salze unter gleichzeitiger Anwendung von Leimungsmitteln zweckmäßig im Holländer auf der Faser nieder. **(D. R. P. 315 412.)**

Ein Verfahren zur Tränkung gewebter Faserstoffriemen in fortlaufendem Arbeitsgang im gleichen Behälter mit Leinöl, Asphalt oder Kautschuk, Befreiung von überflüssiger Lösungsflüssigkeit, Erhitzen im Wasserdampf bis zur völligen Durchtränkung der Riemen und deren Trocknung im Vakuum ist in **D. R. P. 316 614** beschrieben.

Zur Verbesserung von Papierbindfaden tränkt man das versponnene Material mit einer Masse aus Leim, Wasser, Leinöl, Mennige, Schmieröl oder statt des letzteren Glycerin. **(D. R. P. 326 240.)**

Nach **D. R. P. 332 473** und **346 061** tränkt man Papiergarn und Papiergewebe, um sie wasserfest zu machen, mit einer schwach alkalischen Emulsion von Montanwachs und fällt es in der Faser mit einer Schwermetallsalzlösung bzw. mit einer schwachen Säure oder mit der Lösung eines saueren Alkalisalzes aus.

Um Papier oder Papiergarn oder Papiergewebe wasserdicht zu machen behandelt man es mit einem Gemenge von Zement, einem Bindemittel (Leim, Casein, Albumin) und Formaldehyd als Härtungsmittel und unterwirft das so vorbehandelte Material weiter einem der üblichen Verfahren des Wasserdichtmachens von Geweben. **(D. R. P. 297 861.)**

Zum Wasserdichtmachen der Papiergarngewebe für Sandsackstoffe eignet sich die Imprägnierung des trockenen Gewebes mit einer Leim-Tannin-Wasserglaslösung und folgende Fixierung der Stoffe durch Einbringen des nichtgetrockneten Gewebes in eine kalte Lösung von basisch ameisensauerer Tonerde. **(Wochenbl. f. Papierfabr. 1916, 2324** und **1917, 1953.)**

Zur Verbesserung der Wasserfestigkeit von Papiergarn und Papiergewebe unterwirft man die Masse oder den verarbeiteten Stoff einem Gärungsprozeß, den man rechtzeitig unterbricht, worauf man den schleimhaltigen Zellstoff längere Zeit auf etwa 120° erhitzt, so daß er seine Saugfähigkeit verliert und Wasserfestigkeit bekommt, die jeden weiteren Zusatz an Leimungsmitteln überflüssig macht. **(D. R. P. 311 772.)** Nach dem Zusatzpatent setzt man der Papiermasse Pflanzenschleim oder andere Stoffe zu, die sich aus Cellulose durch Fäulnis oder Gärung entwickeln und die entweder in natürlicher Form vorliegen (Torf, Leinsamen, Carraghen) oder aus Zellstoff und Säuren künstlich erhalten werden können, und behandelt die aus dem Stoff erzeugten Garne oder Gewebe durch einen Erhitzungsprozeß nach. **(D. R. P. 312 179.)** Vgl. **[140]** u. **[146]**.

177. Eiweiß, Celluloseester, Harz, Teer, Lack zur Papiergarn-(gewebe-)behandlung.

Zur Veredelung von Papier- oder Cellulosegeweben walkt man sie naß oder feucht bei Gegenwart bekannter Quellungsmittel (Natronlauge, Milchsäure, Kupferoxydammoniak) und zur gleichzeitigen Appretierung bei Gegenwart härtbarer Eiweißstoffe, denen man zwecks besseren Eindringens Alkalien oder Säuren zusetzen kann. Man kann auch bei Gegenwart hygroskopischer Stoffe arbeiten, die auch nach der Härtung der Eiweißkörper zugesetzt werden können, und in beiden Fällen die Härte des nach der schließlichen Wollfettbehandlung völlig regendichten Gewebes mindern. **(D. R. P. 303 861.)**

Zum Weichmachen von Papiergespinsten und zum besseren Aufziehen der Farben setzt man dem Material bzw. den Farbbädern Lösungen der Protalbin- und Lysalbinsäure oder ihrer Salze zu. **(D. R. P. 315 834.)**

Wasserdichte Papier- oder Cellulosegewebe, die zum Teil aus Textilfasern bestehen, erhält man durch gemeinsame Härtung dieser mit zwei oder mehreren Papierbahnen vereinigten Bahnen nach Tränkung mit Eiweißstoffen. **(D. R. P. 318 700.)**

Nach einer Verbesserung des Verfahrens zum Überziehen von Papiergeweben mit Nitrocelluloselösungen reibt man zur Vorbehandlung in das Gewebe eine Paste ein, die aus einem indifferenten Pulver und Xylol, Schwerbenzin, Toluol oder auch Wasser oder anderen Flüssigkeiten besteht, die in kleinen Mengen mit dem Zaponlack mischbar sind, in größeren aber ausfällend auf die Nitrocellulose wirken. Das Gewebe wird dann mit Nitrocelluloselösung bestrichen, getrocknet und durch Bürsten von dem eingetrockneten Pulver befreit; es bleibt weich und geschmeidig, ohne daß die Schicht deshalb weniger fest haftet. **(D. R. P. 308 615.)**

Zur Herstellung von Papiergeweben, die als Stoff für Tränkeimer, Geschoßkappen, Zeltplane, Unterstand- und Eisenbahndecken, wasserdichte Flächen an Wagen, Autos und Flugzeugen dienen sollen, imprägniert man das Gewebe mit Gemischen von Holzteer oder Holzteerölen mit Acetylcellulose oder anderen Celluloseestern, gelöst in Amylacetat. **(D. R. P. 307 771.)**

Zur Papiergewebeimprägnierung eignen sich besonders die sog. wasserlöslichen Teeröle, die man mit einem Emulsionsträger (Harz, Fett, Naphthensäuren, organische Basen, Zinkchlorid, Sulfitablauge, Schwefelsäure, Ton) und andererseits mit Alkalilauge, Seife, Soda oder Ätzkalk anrührt. Zur Erhöhung der Haltbarkeit der erhaltenen Emulsionen setzt man den Massen noch Stärke oder Leim zu. **(Farbenztg. 1918, 522.)**

Zur Imprägnierung von Textil- und Papiergarngeweben oder -geflechten tränkt man das Material mit unverdünntem oder verdünntem Holzteer und pudert dann mit Zinkoxyd ein, das die Umwandlung des Teers in eine trockene wachsartige Masse bewirkt, so daß die behandelten Gewebe oder Taue u. dgl. sofort nach dem Einpudern aufgewickelt werden können. **(D. R. P. 312 686.)**

Zur Verstärkung von Papiergarn tränkt man das zu verspinnende Papier mit einer wässerigen vorerhitzten Lösung von Rohkresol, Formaldehyd und etwas Alkali, verspinnt dann und erhitzt das erzeugte Garn oder auch das fertige Gewebe zwecks Bildung des Kresolharzes auf 80—140°. Geht man von Sulfitzellstoff aus, so muß der Alkalizusatz erhöht werden. Das zur Vermeidung an Formaldehydverlusten während des Trocknens nötige Vorerhitzen darf nicht so weit getrieben werden, daß sich schon vorher das Phenolharz ausscheidet. **(D. R. P. 302 551.)**

Zum Tränken von Spinnpapier oder Papiergarnen behandelt man das Material mit Lösungen von Phenolen, Formaldehyd und Alkali, die vorerhitzt wurden, ohne daß jedoch Bildung des Kondensationsproduktes stattfand, und bewirkt diese Bildung dann erst durch Erhitzen der imprägnierten Ware. Zur Erhöhung der Festigkeit wird der behandelte Stoff nochmals mit Formaldehyd behandelt und darauffolgend getrocknet. **(D. R. P. 303 926.)**

Zum Färben von mit Phenolformaldehydkondensationsprodukten getränkten und hierauf erhitzten Papieren oder Papiergarnen setzt man die Lösung z. B. des Schwefelfarbstoffes in Natriumsulfid und Natronlauge direkt der Kondensationslösung aus Rohkresol, Formaldehyd und 8 proz. Natronlauge zu. Statt der Schwefelfarbstoffe lassen sich auch basische und substantive Farben verwenden. **(D. R. P. 306 447.)**

Zur Herstellung harzartiger, zum Imprägnieren von Spinnpapieren dienender Substanzen oxydiert man die aus Celluloseablaugen gewonnenen Ligninsäuren durch Chlor und erhält Produkte, die sich in Aceton, Amylacetat und anderen organischen Lösungsmitteln gut lösen und aus diesen nach Verdunsten des Lösungsmittels in zusammenhängenden, harten, lackglänzenden Schichten zurückbleiben. **(D. R. P. 314 418.)**

Um Spinnpapier wasser- und säurefest zu machen, behandelt man den Stoff oder das Papier mit einer sehr verdünnten Lösung eines Farblackes in Benzin. **(D. R. P. 304 772.)**

Papiermassen.

Pappe, Hartpapier, Papiermaché.

178. Literatur und Allgemeines über Pappeerzeugung.

Pappe ist dickes Papier, unterscheidet sich jedoch von diesem durch die Güte der Rohstoffe. Die Fabrikationsart ist dieselbe: Die gedämpfte und gekollerte Faser und Füllmasse wird auf einer Art Papiermaschine ohne Trockenpartie in Bahnform gebracht; die Bahnen werden noch naß zum Format geschnitten, worauf man die Tafeln nach Entfernung des Wasserüberschusses in hydraulischen Pressen in eigenen Trockenanlagen langsam trocknet. Die Rohstoffe für ordinäre Pappe, meist Altmaterial, enthalten so viel Klebstoffe, daß eine besondere Leimung sich erübrigt, im übrigen werden auch sog. geleimte Pappen zum Teil durch Leimung der Masse, zum Teil durch Aufeinanderkleben von Papierbahnen hergestellt (Karton).

Zur Herstellung von feineren Pappen in jeder Dicke mit gleichmäßigem und festem Gefüge verarbeitet man den entwässerten Stoff mit Binde- und Tränkungsmitteln zu einem dicken Brei und rollt diesen zu Platten aus. **(D. R. P. 314 732.)**

Die Herstellung von Rohpappe für Dach- oder Unterlagspappen oder Wärmeschutzhüllen durch Dämpfen und Mahlen von Holz unter Ausschluß von Chemikalien ist in **D. R. P. 344 665** beschrieben.

Zu den Papperohstoffen gehört auch das für die Papierfabrikation völlig unverwendbare Sägemehl, das in vorher geweichter und gemahlener Form dem cellulosehaltigen Altmaterial zu 30—40% zugesetzt als wertvoller Füllstoff dient. **(Th. Oertel, Wochenbl. f. Papierfabr. 50, 1308.)**

Als Ausgangsmaterial für spezifisch leichte Pappen dient ferner Baumrinde, die man in einer Art Knochenmühle zerkleinert, holländert und sortiert mit Wasser angerührt als Mittelschicht in die fertige Pappe einführt. **(D. R. P. 305 697.)**

Nach den für Rohdachpappe vom Verein deutscher Dachpappenfabrikanten zusammen mit dem Materialprüfungsamt aufgestellten Normen dürfen jedoch nur Lumpen, faserige Textilabfälle und Altpapier ohne direkten Zusatz von Holzschliff, Torf, Sägemehl und mineralischen Füllstoffen verarbeitet werden. Aschengehalt und Feuchtigkeitsgehalt der lufttrockenen Pappe soll nicht mehr als je 12 vom 100 betragen und alle Pappen müssen bei Zimmertemperatur mehr als 120% gewöhnliches Anthracenöl aufzunehmen imstande sein. **(Baumat.-Markt 11, 1020.)**

Auch nach Angaben in **Papierfabr. 1918, 781** soll der Rohstoff zur Dachpappenherstellung Stroh, Lohe, Holzmehl, Kalk oder Ton nicht enthalten und möglichst aus 40% Lumpen bestehen, wobei ein Zusatz von Wollumpen dadurch günstig wirkt, daß die fertigen Pappen dem heißen, destillierten Steinkohlenteer gegenüber ein besseres Aufsaugevermögen zeigen. Dadurch wird wieder die Wetterbeständigkeit und Wasserundurchlässigkeit der Dachpappe erhöht, ebenso wie ihre mechanische Festigkeit überhaupt ausschließlich durch den Gehalt an Hadern bedingt ist.

Über Herstellung von Dachpappen aus Lumpenmaterial mit Zusatz von 30% ausgelaugter Gerbrinde siehe **Lederind. 1917, 137.**

Über Fabrikation, besonders Kalkulation des Pappenfabriksbetriebes, siehe **Wochenbl. f. Papierfabr. 1918, 2185;** vgl. **Papierfabr. 1915, 119** und die Aufsatzfolge im **Wochenbl. f. Papierfabr. 46, 61 ff.**

Eine erschöpfende Arbeit über den neuesten Stand der Pappenfabrikation findet sich in **Wochenschr. f. Papierfabr. 1916, 500 ff.** und **1917, 100 ff.**

Eine tabellarische Übersicht über die Patentliteratur, betreffend die Erzeugung von Dachpappe und Dachpappenanstrichen, von **Marschalk** findet sich in **Kunststoffe 10, 5 u. 27.**

Über Einteilung der Pappen nach dem Ausgangsmaterial in sieben Gruppen und über die Begriffe: Schrenz-, Teppich-, Rohdach-, Saug- und Hartpappen siehe **Wochenbl. f. Papierfabr. 50, 734, 860 u. 2027.**

Weitaus die meisten Rohpappen werden zur Dachbedeckung (Teer- oder Steinpappe) verwandt. Dachpappen dienen auch in besonders imprägniertem Zustande als Zwischenlagen in Grundmauern, um das Aufsteigen der Bodenfeuchtigkeit zu verhindern oder zum Schutze von Röhren, die in alkalischen Böden, z. B. der californischen Ölfelder, in wenigen Jahren zerstört werden. Die Art dieser besonders hergestellten Dachpappe ist in **Eng. Min. Journ. 99, 367** beschrieben.

179. Teerhaltige Pappenanstrich- und -tränkungsmassen. Teerdachplatten.

Zahlreiche Vorschriften für Dachpappenlacke und Imprägnierungsmassen finden sich in Luhmann, „Fabrikation der Dachpappe und Anstrichmassen", Wien und Leipzig 1902. Man verwendet wechselnde Mengen von destilliertem Teer, Schmieröl, Kolophonium mit evtl. Zusatz von Asphalt, Kienteer, Harzöl, Ton, Leinölfirnis, Braunstein.

Zur Herstellung eines Dachpappenanstriches verrührt man nach **D. R. P. 64 680** 25 Tl. Steinkohlenteer, 18 Tl. Holzteer, 15 Tl. Kieselsäure, 10 Tl. Magnesia, 6 Tl. Leinöl, 6 Tl. Anthracenöl, je 8 Tl. Eisen- und Bleioxyd und 4 Tl. kieselsaures Natron bei etwa 100° zu einer sirupartigen Masse, die sich, dünn aufgetragen, innerhalb 12 Stunden in einen plastischen, sehr wetterbeständigen, guttaperchaartigen Zement verwandelt. Es verbindet sich das Bleioxyd mit dem Glycerin des Leinöles zu $Pb(C_{18}H_{32}O_2)_2$ und andererseits Eisenoxyd, Magnesia und Kieselsäure zu dem Doppelsilicat $(FeMg)_2SiO_4$, die zusammen den plastischen, guttaperchaartigen, wetterbeständigen Zement geben sollen.

Auch ein Gemisch aus 1000 Tl. Steinkohlenteer, 125 Tl. Kalk, 20 Tl. Zement, 12,5 Tl. Casein und 20 Tl. des bei Herstellung von schwefliger Säure aus Schwefelsäure und Holzkohle erhaltenen Rückstandes soll sich als Anstrichmasse für Pappdächer eignen. **(D. R. P. 38 221.)**

Ein heller Dachpappenanstrich, der im Winter nicht spröde wird, im Sommer nicht abläuft und die unter dem Dach befindlichen Räume kühl erhalten soll, wird nach **D. R. P. 70 852** hergestellt aus Harz, fettem Öl, Steinkohlenteeröl und einem Gemisch von Schwefelverbindungen des Bariums und des Zinks (12—16% ZnS), wie es bei der Herstellung von Blancfixe als Nebenprodukt resultiert („Dachpix").

Zur Herstellung eines Teeranstriches für Dächer dampft man Teer nach **D. R. P. 73 122** bis auf 20° Bé ein, um ihm die leicht brennbaren Öle zu entziehen, und vermischt den erhaltenen dicken Sirup mit harzsaurer Tonerde, bis die Masse die Konsistenz von weichem Pech erreicht hat. Der Anstrich sich soll durch große Klebekraft, Wetterbeständigkeit und Feuersicherheit auszeichnen.

Nach **D. R. P. 115 859** wird ein Anstrich für Pappdächer hergestellt wie folgt: Man vermischt 50 kg warmen Steinkohlenteer mit 10 kg Weißkalkbrei und setzt dem Gemenge einen Kleister aus 2—4 kg Roggenmehl und 14 kg Wasser, ferner in der Siedehitze 6 kg Schlämmkreide und eine Lösung von 2 kg Eisen- oder Zinkvitriol in 14 kg Wasser zu. Diese Masse, die einfacher auch aus 11 kg Teer und 9 kg Kalkbrei bereitet werden kann, hat gegenüber den sonstigen Dachpappen den Vorteil, daß sie hellgrau ist und ebenso wie die sog. Dachpixe (s. o.), die unter dem Dach befindlichen Räume kühlt hält.

Zur Herstellung einer Dachpappenanstrichmasse, die sich auch als Kitt oder Anstrichmittel überhaupt eignet, setzt man einem Gemenge von 1,2 Tl. wasserfreiem Teer und 1 Tl. Mineralölfirnis 2,3 Tl. Eisenglimmer, Eisenglanz oder Eisenrahm in feinblättriger Form zu, wodurch die Feuersicherheit der Massen erhöht und das Abfließen des Teeranstriches verhindert wird. **(D. R. P. 163 002.)**

Nach **D. R. P. 222 768** werden Dachpappenanstrichmassen, die aus Teer bestehen, etwa 2% Montanwachs beigefügt, wodurch das Abfließen der Anstrichmassen, ihr Rissigwerden und das Tropfen bei großer Sonnenhitze vermieden wird.

Nach **D. R. P. 229 181** werden wetterfeste, evtl. gefärbte, durch Teerpech nicht zerstörbare Anstriche auf Dachpappe in der Weise erzeugt, daß man diese zunächst mit einem Gemenge von Harz und Zement bestreicht und nachträglich erst den weißen oder farbigen Anstrich aufträgt.

Zur Herstellung haltbarer Dachpappen imprägniert man nach **D. R. P. 221 931** rohe Pappe mit einer 5—20proz. Cuprisulfat- oder Ferrosulfatlösung, preßt, trocknet und bringt die so behandelte Pappe in ein Teer- oder Teerölbad.

Andere Anstrichmassen für Pappdächer, die vorwiegend Teer, metallische und mineralische Fällmittel enthalten, sind in **D. R. P. 6215, 18 987, 38 221** und **E. P. 9332/1902** angegeben. Vgl. auch **D. R. P. 120 785, Schwed. P. 5718/94** und **A. P. 691 822.**

Eine Dachpappen- oder Holzzementmasse, die sich kalt verarbeiten läßt, besteht nach **D. R. P. 61 555** aus rohem Steinkohlen- und Braunkohlenteer, Steinkohlenpech, Harz, Schwefel, Melasse, Hartgummilösung, Firnis, Holzteer und rohem Harzöl.

Zur Herstellung von Isoliermaterialien für Grundmauern tränkt man Pappen wie üblich mit Teer, Teerölen, Erdölen, Carbolineum oder Asphaltlösung und bestreut sie mit Korkschrot oder Holzspänen, die man vor dem Aufbringen auf das Isoliermaterial mit feuchtigkeits- und fäulnisschützenden Substanzen imprägniert. **(Ö. P. 55 347.)**

Zur Herstellung von Dachpappe mit glatter, blanker Oberfläche und von zäher und geschmeidiger Beschaffenheit, tränkt man Rohpappe mit einem Gemisch von Kokereiteer, mexikanischem Asphalt, Holzkohlenpech und Braunkohlenteer. **(D. R. P. 284 886.)**

Über Ersatzanstriche zur Erhaltung der Dachpappendeckungen siehe **Bitumen 1918, 72.**

Eine Vorrichtung zum Einpressen der Sandkörner in imprägnierte Dachpappe ist in **D. R. P. 322 986** beschrieben.

Zur Herstellung von Dachplatten erhitzt man nach **D. R. P. 189 069** ein Gemenge von Teer oder Asphalt mit Kalkmehl und Häcksel in Formen zwischen Drahtgeflecht- oder Juteeinlagen, bestreut mit Sand und preßt.

Eine Dachbedeckung von dem Aussehen eines Schindel- oder Schieferdaches besteht aus einem biegsamen Träger, dessen Oberfläche mit Bitumen überzogen und getränkt ist, wobei ein zweiter Überzug über dem ersten liegt der von diesem verschieden mittels Schablonen aufgebracht wird. **(D. R. P. 288 749.)**

180. Asphalt- (Bitumen-, Harz-, Pech- usw.) Papp- und Teerpappeanstriche. Metallisierte Dachpappe.

Zum Anstreichen von Steinpappedächern eignet sich ein inniges Gemenge von 2 Tl. geschlämmtem Graphit, 2 Tl. Eisenmennige, 16 Tl. Zement, 16 Tl. schwefelsaurem Baryt, 4 Tl. Bleioxyd und 2 Tl. Silberglätte, verrieben mit einem Ölfirnis, den man aus 100 Tl., 8 Stunden mit 5% Braunstein gekochtem Leinöl, Schwefelblüte und Kolophonium erhält. Für 100 qm Dachfläche braucht man zum zweimaligen Anstrich 19 kg dieses Ölfarbe-Zementgemisches, die mit 6 Tl. Leinölfirnis verdünnt werden. **(Bayer. Ind.- u. Gew.-Bl. 1874, 305.)**

Litholid, eine Masse zum Anstreichen von Pappdächern, bestand aus einer Benzolasphaltlösung. **(D. Ind.-Ztg. 1869, Nr. 49.)**

Der zum Anstrich für Dächer aus Metall, Holz oder Pappe dienende „Phonolithlack" besteht nach **D. R. P. 14 958** aus 40 Tl. Harz, 20 Tl. Paraffinöl und 40 Tl. Bolus. Dieser rot gefärbte Lack soll weder riechen noch tropfen, sondern gummiartig werden und auch zum Abdichten schadhafter Stellen geeignet sein.

Zur Herstellung einer Anstrichmasse für Dachpappen behandelt man die Rückstände der Fettdestillation nach **D. R. P. 81 729** mit 4—12% Schwefel- oder Salpetersäure bei 240—250° und erhält so einen gummiartigen Körper, der in der Hitze zähflüssig ist, in der Kälte jedoch fest wird (Motardscher Pechgummi).

Zur Herstellung von Dachpappe tränkt man Pappe nach **D. R. P. 121 436** und **122 893** mit einer Mischung von 20 Tl. Paraffinöl, 30 Tl. Harz und 50 Tl. Stearinpech. Zur Bekleidung von Innenwänden verwendet man eine Pappe, die mit einem Gemenge von 24 Tl. Leinöl, 1 Tl. Paraffin, 40 Tl. Harz, 25 Tl. Stearinpech imprägniert ist. Diese Imprägnationen ermöglichen im Gegensatz zu den mit Steinkohlenteer imprägnierten Pappen das Aufbringen farbiger Anstriche, die nicht nachdunkeln. Die Pappen eignen sich auch als Bedachungsmaterial für Baulichkeiten in warmen Ländern, Pulvermagazine und Petroleumlager.

Zur Herstellung von Dachpappe imprägniert man das Grundmaterial nach **D. R. P. 81 565** mit Kautschukfirnis, überzieht mit einer Mischung von Schlämmkreide, Silberglätte und Firnis und bestreut mit gemahlenem Sandstein.

Zum Überziehen von Dachpappe mit einer dünnen, elastischen, auch beim Rollen der Pappen haltbaren Haut verwendet man eine evtl. mit Erd- oder Teerfarben versetzte Lösung aus einem in Benzin oder Benzol unlöslichen spritlöslichen Harz (Akaroid, spritlöslicher Manilakopal) und einem Lösungsmittel, das wie Alkohol oder Aceton seinerseits Steinkohlen- oder Erdölpech nicht löst. **(D. R. P. 160 660.)**

Zur Herstellung eines haltbaren Tropenanstriches für Teerpappdächer auf kaltem Wege vermischt man ein Gemenge von Kolophonium und Zementweiß und verdünnt die Mischung bis zur Streichfähigkeit mit Alkohol. **(D. R. P. 160 865.)**

Zur Herstellung weißer oder farbiger wetterfester, durch Teerpech nicht zerstörbarer Anstriche auf Dachpappe bestreicht man diese zunächst mit einer Schicht aus Harz und wasserunlöslichen Silicaten und bringt dann den farbigen oder weißen Anstrich auf. **(D. R. P. 229 181.)**

Zur Herstellung kautschukartiger Imprägnierstoffe für Dachpappen u. dgl. geht man nach **D. R. P. 208 378** von den pechartigen Rückständen der Steinkohlenteer- und Petroleumdestillation aus, die man mit Stearinpech usw. und mit mineralischen Produkten wie Erdwachs, Ozokerit usw. mischt. In die heiße Masse wird zunächst kalte Luft eingedrückt und zugleich fügt man Braunstein, Schwefelsäure oder andere oxydierende Mittel bei. Schließlich setzt man noch Formaldehyd hinzu.

Zur Herstellung nicht brüchig werdender Dachpappe setzt man der üblichen Kautschukfirnisimprägniermasse Stearinpech zu. Das erhaltene Tränkungsmittel ist wegen seiner Schwerflüchtigkeit dauerhaft, widersteht auch höheren Temperaturen und ist wesetlich billiger als der für diese Zwecke evtl. noch in Betracht kommende Kautschuk, den es ersetzen soll. **(Ö. P. 56 296.)**

Zur Herstellung einer Anstrichmasse für Dachpappe, Jute, Gewebe u. dgl. schmilzt man unter Luftdurchleitung während 1½—2 Stunden im Rührkessel 50 Tl. Montanwachs oder die Rückstände seiner Fabrikation, 100 Tl. Stearinpech und 100 Tl. einer geeigneten Erdfarbe und verwendet das homogene Gemenge entweder in heißem Zustande oder läßt das Produkt erstarren, um es später nach erfolgtem Aufschmelzen als Anstrichmasse zu verwenden. Der erhaltene Anstrich ist witterungsbeständig und schmilzt wegen seines hohen Schmelzpunktes auch bei stärkster Sonnenbestrahlung nicht aus. **(D. R. P. 277 643.)**

Zur Herstellung von Dach- und Schutzpappe führt man das die Pappenmaschine verlassende Rohmaterial vom letzten Trockenzylinder direkt durch erhitzte Asphaltmasse oder andere Imprägnierbäder, weiter durch Besandungsvorrichtungen und erhält so in kontinuierlichem Betrieb ein besonders gleichmäßiges Material. **(D. R. P. 316 540.)**

Zur Herstellung eines metallischen Überzuges auf Dachpappe überstreicht man die teerhaltige oder teerfreie Pappe zuerst mit Benzol, läßt trocknen und bringt dann einen zweiten Anstrich aus mit in Benzol aufgeschwemmten Metallflittern (Bronzepulver) auf. Der an und für sich widerstandsfähige dichte Überzug kann durch Einwalzen weiter befestigt werden. **(D. R. P. 290 366.)**

181. Dachpappeklebemittel. Feuerfeste Pappen.

Zur Befestigung von Dachpappen benützt man nach **D. R. P. 96 094** möglichst wasserfreien Steinkohlenteer, dem man das gleiche Gewicht oder mehr Schlämmkreide zusetzt, worauf die Mischung auf 110—140° erhitzt wird. Die Klebmasse hat die Eigenschaft, weder bei großer Hitze dünnflüssig, noch bei starker Kälte spröde zu werden. Vgl. **D. R. P. 59 244, 90 094** und **98 071.**

Als gutklebenden Zwischenanstrich für Doppelpappdächer ist es zweckmäßig nach **Techn. Rundsch. 1907, 441** eine Klebmasse zu verwenden, die aus kochendem, wasserfreiem Steinkohlenteer mit einem Zusatz von 15% Asphalt hergestellt wird und diese Masse nicht zu häufig und nur bei trockenem warmen Wetter aufzutragen, da sich sonst leicht abspringende Krusten bilden. Es wird neuerdings empfohlen diese Dächer nicht mit Sand zu bestreuen, da die Krusten- und Rißbildung durch diesen Sandbelag begünstigt wird.

Zum Kleben von Dachpappen muß man sich eines wasserdichten, bei großer Wärme nicht ablaufenden Klebmittels bedienen. Man verwendet zu diesem Zwecke Weißpech oder Holzzement, dessen Klebkraft man durch Harzzusatz erhöht. Eine solche Komposition wird in einem Referat in **Seifens.-Ztg. 1911, 210** angegeben: 200 Steinkohlenpech (mittel), 20 dunkles amerikanisches Harz, 10 dickes Harzöl, 700 destillierter Teer, 20—30% Füllmaterial (Kaolin, Ton, Asphaltmehl) werden (vorteilhaft unter Zusatz von einigen Prozenten schwarzem Montanwachs) mit 70 Tl. Schwefel bei Temperaturen bis zu ca. 400—500° vulkanisiert.

Die Herstellung dieser Klebemassen für Dachpappen erfolgt nach **Techn. Rundsch. 1911, 50** in der Weise, daß man z. B. in geschlossenen, liegenden, mit Abzugsrohr versehenen eisernen Zylindern 680 kg destillierten Steinkohlenteer, den man von den unter 270° siedenden Bestandteil befreit hat, erhitzt, 50 kg amerikanisches Harz einträgt und eine gesondert bereitete heißflüssige Mischung von 200 kg schwerem Teeröl und 70 kg Schwefel zufließen läßt. Man erhöht sodann die Temperatur auf 200° und leitet bis zur Beendigung des Schäumens der Teermasse Luft ein. Wenn das Produkt bei weiterem Kochen glatt und blank wird (spiegelt), läßt man es noch warm durch ein Sieb in Fässer ablaufen und verändert die Konsistenz der Masse nach Wunsch durch Zusatz von Pech bzw. sog. schwerem Terpentinöl.

Zum Verkleben von Dachpappe mit Ziegeln eignet sich nach **Techn. Rundsch. 1913, 255** ein Kitt aus je 5 Tl. Naturasphalt und Kunstasphalt, 15 Tl. Mittelpech oder Goudron, 6 Tl. Paraffinöl und 70 Tl. gemahlenem Asphaltstein. Ein kalt anzuwendendes Klebemittel wäre durch Auflösen von 40 Tl. Kolophonium und 6 Tl. Leinölfirnis in 4 Tl. Mineralöl und 50 Tl. Schwerbenzin herzustellen.

Zur Erzielung einer festen Verbindung des Zementes wasserdichter Zementwaren mit in Asphaltteer getränkter Dachpappeneinlage, bestreut man diese mit Gips oder Kalk, um die Abbindung zwischen Zement und Pappe zu begünstigen. **(D. R. P. 156 702.)**

Ein unter Luftabschluß aufzubewahrendes bis zum Erkalten gerührtes Gemenge von z. B. 45 Tl. Holzteer, 20 Tl. Anthracenschlamm, 15 Tl. Sulfitablauge, 10 Tl. Rohgipsmehl (Anhydrit), 5 Tl. Kalilauge und 5 Tl. Kalkhydratpulver soll sich zum Kleben von Dachpappe eignen. **(D. R. P. 321 213.)**

Eine Dachbedeckungsmasse, die im Gegensatz zu dem ähnlichen unter dem Namen Tectorium im Handel befindlichen Material nicht entflammbar sein soll, wird nach **D. R. P. 74 009** aus einem feinmaschigen Drahtgewebe hergestellt, das man zweimal mit einer Lösung von 10 Tl. Gelatine in 10 Tl. warmem Wasser unter Zusatz einer gesättigten Lösung von 1 Tl. Kaliumbichromat überstreicht. Nach Erhärtung der Chromgelatine am Lichte, entfernt man die gelbe Farbe durch Einlegen in eine 5proz. Lösung von Calciumbisulfit, trocknet und überdeckt beiderseitig mit Leinölfirnis.

Über Herstellung einer Dachbedeckungsmasse aus Geweben, die man mit glycerinhaltiger Gelatinelösung, Ammoniak und saurem chromsauren Ammon imprägniert, um das Ganze hierauf durch Belichtung unlöslich zu machen, siehe auch **D. R. P. 95 833.**

Zur Herstellung schwer brennbarer Dachpappen taucht man die Bogen nach **D. R. P. 196 322** zunächst in heiße Asphaltmasse, dann in eine konzentrierte Lösung von Ammoniumsulfat und läßt trocknen. Durch Imprägnierung der trockenen Pappe mit konzentrierter Natriumammoniumphosphatlösung und folgendes Eintauchen in eine Magnesiumsulfatlösung wird auf der Faser und in ihr direkt unlösliches Ammoniummagnesiumphosphat niedergeschlagen, das die schwere Entflammbarkeit bewirkt.

Zur Herstellung einer wetter- und feuerbeständigen Dachpappe wird das Material unmittelbar nach dem Imprägnierungsprozeß nach **Ö. P. Anm. 6371/07** mit zerkleinertem Graphit bestreut.

Nach **Ö. P. 47 413** wird die Feuersicherheit, Tragfähigkeit und die Dauerhaftigkeit der Dachpappe erhöht durch Einpressen von Eisenfeilspänen in die sonst wie üblich präparierte Pappenoberfläche.

Zur Herstellung feuersicherer Gegenstände oder feuerfester Überzüge auf Gegenständen walzt man eine durch Wasserglas gebundene plastische Masse auf eine Papierbahn in dünner Schicht auf, überträgt diese mit der Masseseite auf die zu belegende Fläche und zieht das angefeuchtete Papier ab. Man erhält so nach dem Abbinden der Masse feuerfeste Bauteile, Wände, Fußböden, Blöcke, Dielen oder auch Röhren, und vermag mit ihr Korkplatten oder Pappscheiben zur Herstellung von Fußboden- oder Dachbelagmaterial herzustellen. **(D. R. P. 244 528.)**

Zur Herstellung unverbrennbarer Dachpappe setzt man dem zu ihrer Bereitung dienenden Material Phosphorsäureverbindungen des Phenols, z. B. Triphenylphosphat zu. Diese Verbindungen haben die Eigenschaft, in den üblichen teerigen Imprägnierungsmassen klar löslich zu sein und die Biegsamkeit der erhaltenen Dachpappe nicht zu vermindern. Der Vorteil der Verwendung der Phenolphosphorsäureester besteht darin, daß die die Verbrennung verhindernde Substanz möglichst ähnliche physikalische Eigenschaften, also Schmelzpunkt, Wärmeausdehnungskoeffizient usw. besitzt wie die Imprägnierungsmasse, so daß auch bei der höheren Temperatur Zusatz und Imprägnierungsmasse nicht getrennt ausschmelzen, sondern vereint und daher nach wie vor unbrennbar bleiben. **(D. R. P. 267 407.)**

Eine feuersichere, abwaschbare, harte Pappe, deren Wärmeisolierungsfähigkeit größer ist als jene des Asbestes, erhält man durch Verkleben mehrerer Papier- oder Papplagen mit einem Kitt aus Kaliwasserglas, Kreide und Kalilauge. Letztere bewirkt, daß die sonst dickflüssige Masse dünnflüssig und streichbar wird. **(D. R. P. 298 129.)**

Zur Erzeugung feuersicherer und isolierender Pappe wie auch zur Erhöhung ihrer Härte und Festigkeit tränkt man die Bahnen mit einer Mischung von Wasserglas und Ätzalkali. **(D. R. P. 328 759.)**

Über Herstellung von Asphaltdachfilz mit Metalldrahteinlage siehe **D. R. P. 91 809.** Vgl. **D. R. P. 92 309.**

Zur Herstellung einer Asbestdachpappe verklebt man eine wasserundurchlässig gemachte Asbestschicht mittels einer krystallinischen, wasserunlöslichen Klebmasse aus Erdharzen, Kautschuklösung und Leinöltrockenfirnis mit gewöhnlicher Teerpappe bzw. preßt diese Kombination zur Erzeugung von Dachdeckmaterial in Form einzelner Platten zu Falzziegeln. **(D. R. P. 141 760.)**

182. Wasser- und fettdichte, Leder-, Buchbinder-, Belagpappen. Pappenglanz- und Emailanstriche.

Zur Gewinnung wasserdichter Pappen, die als Verpackungsmaterial für Nahrungsmittel dienen sollen, kann man nach **Papierztg. 1912, 991** der ganzen Arbeitsweise nach, die einen Zusatz von wasserdichtenden Mitteln während der Verarbeitung des Holzschliffes nur unter erheblicher Verteuerung des Verfahrens ermöglicht, ausschließlich Paraffin, Asphalt und ähnliche Stoffe verwenden, mit denen man die fertige trockene Pappe nach ihrer Fertigstellung bestreicht.

In **Techn. Rundsch. 1913, 358** wird empfohlen zur Herstellung wasser- und fettdichter Pappe 100 Gewichtsteile Papierbrei (auf trockenes Zeug berechnet) mit 5 Tl. Harzseife und 4 Tl. schwefelsaurer Tonerde zu vermahlen oder nach einem erloschenen Patent für 100 Tl. Papierzeug 1—2 Tl. Chromalaun neben einer Tonerdeseife zuzusetzen. Auch eine Imprägnierung mit tierischem Leim und folgende Härtung mit Formaldehyd oder das bloße Überstreichen mit Zapon- oder einem Spiritusharzlack dürfte zum Ziele führen.

Um Pappschachteln für Nahrungsmittel fettdicht zu machen kommt auch Bienenwachs in Betracht, dem man zur Verbilligung Erd- oder Japanwachs oder Ceresin in verschiedenen Mengen zusetzen kann. Weniger geeignet ist ein Innenanstrich von geschmolzenem Talg, Stearin u. dgl., da diese Stoffe den Geschmack der eingelegten Ware leicht beeinflussen können. Sollen keine Nahrungsmittel in die Pappschachteln verpackt werden, so bringt man einen ebenfalls fettdichten Innenanstrich von Leinölfirnis, verdünntem Schellack, Baumöl usw. an. **(Papierztg. 1912, 852.)**

Zum Fett- und Wasserdichtmachen von Pappe bestreicht man sie gleichzeitig oder nacheinander mit der Mischung eines Leimniederschlages mit Federweiß und einem Gemisch von Formaldehyd nebst einem Absud von isländischem Moos. Man gießt die Überzugsmasse in die Pappschachtel ein, entfernt nach wenigen Minuten den Überschuß des Imprägniergemenges und läßt trocknen. Das Federweiß schließt zusammen mit dem Gerbleim die Poren der Pappe völlig ab, wodurch deren Saugfähigkeit aufgehoben und verläßliche Wasserdichtheit erzielt wird. Die Überzugsschicht wird schließlich noch mit Wasserglas glasiert, wenn die zu verpackenden Massen Mineralöle enthalten. **(D. R. P. 306 028.)** Nach dem Zusatzpatent überstreicht man die mit einer einen Füllstoff enthaltenden Leimfällung überzogene Pappe nach dem Trocknen mit einer mit Zinkweiß und Formaldehyd versetzten Mischung einer gesättigten Lösung von Tannin und Harz in Spiritus mit einem ein Trockenmittel enthaltenden Firnis. **(D. R. P. 316 527.)**

Über die Herstellung eines wasserdichten Papiertuches durch Einkleben eines canevasartigen, lockeren Gewebes zwischen zwei feste Papierbahnen und Überstreichen dieser kombinierten Fasermaterialbahn mit Ölfarbe siehe **Dingl. Journ. 158, 441.**

Zum Überziehen von Gewehrpatronenpapphülsen mit einer feuchtigkeitsbeständigen Schicht überzieht man die Pappe zuerst mit Balata oder Guttapercha, dann mit die Luft abhaltender Acetylcellulose und erhitzt den Gegenstand bis zur Erweichung der Gummischicht. **(D. R. P. 302 542.)**

Zur Herstellung wetterfester Pappen überleimt man den Pappfaserstoffbrei mit weit über das gewöhnliche Maß der Papierleimung hinausgehenden Leimmengen, schlägt die zur Tränkung verwandten Stoffe (Teer, Pech, Harz usw.), die in kolloidaler Lösung oder in wässeriger Emulsion angewandt werden, mit Kochsalz oder Glaubersalz nieder und fixiert die Imprägnierungsmasse innerhalb der Pappbahnen mittels verdünnter Säuren. **(D. R. P. 337 769.)**

Um Behältnisse aus Pappe flüssigkeitsdicht, säurefest und hitzebeständig zu machen, streicht man die Fugen mit einer Benzin-Guttaperchalösung aus und tränkt die Kartons dann mit einer warmen Lösung von 3 Tl. Schellack, 2 Tl. Kolophonium und 1 Tl. Erdpech in 5 Tl. Spiritus. **(D. R. P. 338 047.)**

Zum Imprägnieren von Gegenständen aus Papier oder Pappe verwendet man nach **A. P. 1 401 524** eine Schmelze von 150 Tl. Harz, 15 Tl. Stearin, 15 Tl. Paraffin und 1 Tl. Schwefel.

Wasserdichte Pappen erhält man nach **D. R. P. 328 788** durch Mahlen von Spinnpapierabfällen, Asphalt, Teerleim und einer teerähnlichen Anstrichmasse unter Zusatz von Tonerdesulfat.

Über Herstellung wasserdichter Pappe aus nach Art des imitierten Pergamentes im Holländer viscoseartig gemahlenem Zellstoff siehe **Wochenbl. f. Papierfabr. 1917, 185.**

Zur Herstellung von Blumentöpfen tränkt man eine Pappform mit einer Imprägnierung, die zugleich als Bindemittel für das folgend aufzubringende wetterfeste Material aus einer Mischung von Weißkalk, Gips und Zement dient. Das Imprägnierungsmittel ist entweder Steinkohlenteer oder Wasserglas oder Asphalt; es vermag die Pflanzen nicht zu schädigen, da das mineralische Material als Zwischenschicht dient. Die Töpfe sind in 48 Stunden gebrauchsfertig. **(D. R. P. 313 186.)**

Über das unter dem Namen Wedepappe als Dachpappenmaterial für Barackenbauten viel verwendete Erzeugnis, das als hartgeleimte Lederpappe gegen Feuchtigkeit unempfindlich ist und auch ein vortreffliches Dichtungsmaterial liefert, siehe **J. Baudisch, Wochenbl. f. Papierfabr. 47, 593.**

Widerstandsfähige und elastische Pappe von Art der Lederpappe erhält man durch Einpressen feuchter glatter Pappe in die Hohlräume gekreppten Papieres. **(D. R. P. 301 889.)**

Nach **D. Mal.-Ztg. (Mappe) 31, 304** werden Buchdeckel abwaschbar präpariert durch zweimaliges Überstreichen mit einer starken Gelatinelösung, die man nach dem Trocknen mit Kopallack überzieht.

Besonders harte Buchbinderpappe erhält man nach **Wochenbl. f. Papierfabr. 1912, 300,** wenn man dem Stoff für je 100 kg neben der gewöhnlichen Freiharzleimung etwa 1 l Wasserglas zusetzt.

Um Bekleidungsplatten für Wände und Decken herzustellen taucht man starke Pappe nach **D. R. P. 49 261** in eine Lösung von Wasserglas und Kupfervitriol, wellt sie, bringt die nötigen Versteifungen an und überdeckt beiderseitig mit einem Gemenge von 1 Tl. Sägespänen, 3 Tl. Kieselgur und Wasserglas. Die gepreßten Platten können schließlich ein- oder beiderseitig mit Rohpapier oder Asbestpapier überzogen werden.

Die Herstellung von Wandbekleidungsplatten durch Aufbringung von Körnern oder Sägemehl auf die Oberfläche von Papierbogen ist in **D. R. P. 258 103** beschrieben.

Zur Herstellung eines Fußbodenbelages aus Pappe bestreicht man die im Holländer gefärbte in der Dicke von Linoleum gearbeitete Kartonpappe beiderseitig mit einem Gemisch gleicher Teile gekochten und ungekochten Leinöles, trocknet und prägt sodann in die Vorderseite die Muster ein. **(D. R. P. 320 661.)** Vgl. **E. P. 12 633/1904.**

Um Wandpappe zum Bedrucken geeignet zu machen und ihr die Feuchtigkeitsaufnahmefähigkeit zu nehmen, verarbeitet man den Stoff mit einer Lösung von Harz und Paraffin in einem organischen Lösungsmittel und setzt zum Abstumpfen etwa vorhandener Säure Kalk zu. **(Papierztg. 1920, 35.)**

Als Anstrichmittel für Pappe verwendet man nach **Farbe und Lack 1912, 277** entweder einen guten Caseinfirnis (eine Lösung von Casein in Borax) mit Ruß und etwa 5% Leinölfirnis oder eine Lösung von 10 kg Rubinschellack in einer kochenden Lösung von 10 kg Krystallsoda in 100 l Wasser, der man 3—5% alkalibeständiges Nigrosin oder 5% Ruß beimengt. Sollte die Pappe zu stark saugen, so muß sie zunächst mit einer Gelatine- oder Leimlösung grundiert werden.

Zur Herstellung eines geschmeidigen, nicht klebenden Glanzlackes für grün gefärbte Pappe verwendet man nach **Farbe und Lack 1912, 285** eine filtrierte Lösung von 150 Tl. Sandarak, 50 Tl. Mastix und 15 Tl. venezianischem Terpentin in 800 Tl. 95proz. Alkohol.

Nach **Papierztg. 1883, 772** versieht man Pappe mit einem Emailanstrich durch Imprägnierung mit einer Lösung von 10 Tl. Schellack und 10 Tl. Leinöl in Alkohol unter Zusatz von

5—10 g Chlorzink pro Liter der Flüssigkeit. Die so vorbereitete Pappe wird evtl. künstlich bei Ofenwärme getrocknet, worauf man die Oberfläche mit Sandpapier oder Bimsstein glättet und mit einem geeigneten Lacküberzug versieht.

183. Schultafel- und andere Spezialpappen.

Billige und dauerhafte Signaturtafeln für Pflanzen im Freien erhält man durch Imprägnieren der mit Schriftzeichen versehenen Pappschilder mit Leinöl. Nach dem Trocknen werden sie wie Horn und sind dauerhafter wie alle Signaturen von Metall. **(Frauendorfer Blätter 1870, Nr. 2.)**

Oder: Gutes Schreibpapier wird mit Leinöl getränkt, worauf man mehrere Male nacheinander eine Mischung von: 1 Tl. Kopallack, 2 Tl. Terpentinöl, 1 Tl. Streusand, 1 Tl. gepulvertem Glas, 2 Tl. gepulvertem Schiefer und 1 Tl. Kienruß aufträgt. **(Pharm. Zentrh. 1862, Nr. 30.)**

Zur Imprägnierung von Pappen taucht man die geformten Platten nach **F. P. 454 481** in ein kochendes Gemisch von je 1,5 Tl. Ölfirnis und Asphalt und 0,3 Tl. Trockenmittel und trocknet 24 Stunden bei etwa 120°. Die Platten werden nunmehr nochmals heiß gepreßt und dienen dann in emailliertem Zustande als Ersatz für steinerne Wandtafeln.

Glatte Pappe, mit in Leimwasser verteiltem Zinkweiß überstrichen und nach dem Trocknen des Anstrichs mit einer Lösung von Chlorzink von 30° überpinselt, liefert nach dem Trocknen eine Art Pergament, auf dem sich mit Bleistift schreiben läßt. Die Schriftzüge lassen sich durch Wasser leicht entfernen. **(Polyt. Notizbl. 1856, 1.)**

Zur Herstellung von sog. Leder- und Papierpergament präparierte man nach **K. Weinmann, Dingl. Journ. 136, 159,** die mit einem Kopallack überstrichenen Pappen nach dem Trocknen dieser Schicht durch Aufstreichen einer Suspension von Bleiweiß, Bleizucker, Bimssteinsand und Leinölfirnis in Terpentinöl. Nach dem Trocknen der beiderseitig anzubringenden Anstriche wurden die Bögen mit Bimsstein und Wasser naß abgeschliffen, dann mit einem Leinenlappen abgeputzt und abgetrocknet, und dienten dann als recht giftiger Schreibtafelersatz.

Einen Schiefertafelersatz, der unzerbrechlich ist, den Griffel gut annimmt und vor allen Dingen ein geringeres Gewicht besitzt als die steinernen Schiefertafeln, wird nach **Kugler, D. Ind.-Ztg. 1875, 287,** hergestellt durch Bestreichen eines passenden Grundmaterials (Pappe) mit einem Gemenge von Farbstoff (Mineralschwarz, Blauholzbeize und Ultramarin), Blutserum und Schmirgelstaub.

Eine Anstrichmasse für Rechentafeln aus Pappe wird nach **Seifens.-Ztg. 1911, 928** erhalten wie folgt: Man löst 5 kg pulverisierten Blauholzextrakt in 75 l kochenden Wassers, fügt 50 g Kaliumbichromat gelöst in 1 l Wasser hinzu und läßt erkalten. Man löst ferner 1,8 kg Casein in 24,4 l Wasser und 0,8 kg Salmiakgeist (0,96). Kurz vor der Verwendung vereinigt man die Lösungen, fügt eine Mischung von 4 kg Elfenbeinschwarz und 6 kg Schmirgel 00 hinzu, streicht auf und läßt gut trocknen. Ein der Feuchtigkeit besser Widerstand leistender Überzug wird hergestellt durch Lösen von 12 Tl. Schellack, 4 Tl. Manilakopal, 6 Tl. Sandarak in 6 Tl. Terpentinöl, 58 Tl. 96 proz. Spiritus und 0,5 Tl. verflüssigtem, venezianischem Terpentin. Vor dem Gebrauch wird dem Lack eine Mischung von 1 Tl. Lampenruß, 0,5 Tl. Ultramarinblau, 8 Tl. Schmirgel und 1% Nigrosin (spritlöslich) zugesetzt. Ein einmaliger Anstrich genügt meistens, evtl. auftretende Glanzstellen werden durch einen zweiten Anstrich mit einer Farbe, die noch etwas Ruß enthält, behoben.

Nach **H. Brand, Farbe und Lack 1912, 285,** vermischt man zur Herstellung eines schwarzen, matten, wasserfesten, nicht abfärbenden billigen Anstriches für Pappe gleiche Teile Natron- und Kaliwasserglas (verdünnt mit heißem Wasser bis zum spez. Gewicht 1,25) mit $^7/_8$ Tl. Schiefermehl und $^1/_8$ Tl. Kienruß zu einer streichbaren Farbe, die man 2—3 mal aufträgt.

Zur Herstellung einer Streichmasse für Schieferpappe verrührt man nach **Papierztg. 1912, 1504** $^1/_2$ kg Ruß, den man vorher mit $^1/_2$ l Spiritus gedämpft hat, mit einer Lösung von 2 kg Schellack und $^1/_2$ kg Borax in 5 l Wasser, fügt 1250 g feinstes Bimssteinmehl zu, treibt die Masse durch ein Sieb und streicht sie auf. Der getrocknete Anstrich, auf den man mit Schiefer oder Kreide schreiben kann, ist genügend wasserbeständig, so daß man das Geschriebene öfter mit feuchtem Schwamm abwaschen kann. An Stelle des Bimssteins kann man auch feinst gepulverten Schiefer verwenden, den man (nach **S. 1570**) in einem Bindemittel, bestehend aus je 200 g Bienenwachs und venezianischem Terpentin mit 30 g Asphaltlack, auf die mit einem nicht völlig getrockneten Terpentinüberzug versehenen Pappen aufstreicht. Vgl. **Polyt. Notizbl. 1851, Nr. 19.**

Zur Herstellung einer abwaschbaren Schreibtafel bestreicht man die liniierte Seite eines Papieres nach **D. R. P. 62 488** mit einer Masse, die aus 80 Tl. weißem Leinölfirnis, 10 Tl. gereinigtem Terpentinöl, 3 Tl. Benzin, 4 Tl. reinem Glycerin und 3 Tl. Petroleum besteht, läßt 5 Tage trocknen und überstreicht dann dieselbe Seite mit einem Brei, der aus 70 Tl. Firnis, 10 Tl. Terpentin und der nötigen Menge Zinkweiß bereitet wird. Nunmehr scheinen nur die Linien durch das Papier hindurch und man überzieht mit den so gewonnenen Bogen 2 Papptafeln, die derartig zusammengeklebt werden, daß nirgends Papierkanten zutage liegen, wodurch das Aufstülpen der Kanten und das Verwischen der Linien beim Abwaschen vermieden wird. Schließlich wird die Tafel, um auf ihr schreiben zu können, auf der Papierseite mit einer Mischung von weißem Schellack, absolutem Alkohol, Petroleum und Benzin überstrichen.

Militärscheibenpappen ebenso wie andere Erzeugnisse der Pappenindustrie, die im Freien der Einwirkung des Wetters ausgesetzt sind, werden nach **Wochenbl. f. Papierfabr. 1912, 2322** am besten mit Zaponlack überstrichen oder mit ihm getränkt, um die Pappen wasserdicht und wasserabstoßend zu machen. Es ist gut Pappen für solche Zwecke schon vorher durch nicht zu schmierige Mahlung des Stoffes und Arbeiten in recht dünnen und vielen Lagen leimfest und wenig hygroskopisch herzustellen.

Nach einem Referat in **Seifens.-Ztg. 1911, 1074** werden Pappen, besonders für Imkereizwecke, gehärtet, wenn man ihnen entweder einen Firnisanstrich gibt, der aus 40 Tl. Hartharz, 10 Tl. Leinölfirnis und 40 Tl. Lackbenzin besteht, oder wenn man die Pappe mit einer leinölhaltigen Emulsion grundiert oder wenn man sie schließlich mit Leim oder Casein überstreicht und diesen Überzug nachher mit 40proz. Formaldehyd härtet. Ein solches Klebmittel wird z. B. hergestellt aus 100 Tl. gequollenem Leim in 100 Tl. Wasser und 5 g Glycerin, evtl. unter Zusatz von 30 Tl. Essigsäure, um eine Gallertbildung zu verhüten und den Leim auch kalt anwenden zu können. Auch aus 25 Tl. Casein, 50 Tl. Wasser und einer Lösung von 10 Tl. Borax in 25 Tl. Wasser kann man einen Leim erhalten, mit dem man ebenso wie mit dem vorigen die Pappen tränkt und nach völligem Trocknen 5—10 Minuten in einem Formalinbade (1 : 10) härtet.

Eine bildsame Pappe, die üble Gerüche aufzusaugen vermag, erhält man durch separates Kollern und gemeinsames Holländern von Torf und Altpapier. **(D. R. P. 353 977.)**

184. Isolier-, Dichtungspappen. — Papprohre, Hartpapier, Preßspan.

Harte und klingende Papiermassen, die ein hohes elektrisches Isoliervermögen besitzen und sich schneiden, drehen, bohren und nageln lassen, erhält man nach **D. R. P. 244 818** durch Behandlung der Papiermasse im Holländer mit Schwefelmilch und Weiterverarbeitung des Materials auf Pappe. Das erhaltene poröse, mit fein verteiltem Schwefel durchsetzte Produkt wird, um es undurchlässig zu machen, auf etwa 120° erhitzt, wobei der Schwefel schmilzt und die Poren ausfüllt. Die Schwefelmilch kann im Holländer selbst erzeugt werden, wenn man der Papiermasse eine wässerige Natriumpolysulfidlösung beigibt und den Schwefel unter den (der Schwefelwasserstoffentwicklung wegen) notwendigen Vorsichtsmaßregeln mit verdünnter Schwefelsäure ausfällt. Durch Vereinigen solcher imprägnierten Papierbahnen und folgendes Pressen erhält man mit oder ohne Zusatz geeigneter Füllstoffe und Farben wasser-, öl-, säure- und laugendichte, harte und klingende, sehr feste und elastische, mechanisch gut bearbeitbare Körper, die evtl. noch mit geeigneten Ölen getränkt sowie lackiert werden und besonders als Hartgummiersatz aber auch für andere Zwecke der Elektrotechnik vielseitige Verwendung finden können.

Von Papiererzeugnissen zeigt das echte Pergamentpapier die höchste Wärmeisolierfähigkeit. Es folgen dann Urkundenpapier, Tauenpapier und Preßspan. Die Isolierfähigkeit dieser Papiere läßt sich durch Behandlung mit einer benzolischen Fettlösung erhöhen, doch lockert sich dann auch das Gefüge des Papiers. **(Papierztg. 1917, 26.)**

Ein Dichtungs- und Isoliermaterial erhält man auch aus einem auf der Papiermaschine verarbeiteten Gemenge von Abfallpapier-Faserbrei mit langen ungemahlenen Strohhalmen. **(A. P. 1 198 028.)**

Zur Herstellung von Dichtungsringen für Flaschenverschlüsse imprägniert man Papierbogen nach **Techn. Rundsch. 1913, 270** mit Rüb- oder Ricinusöl und behandelt sie mit Chlorschwefel nach, um so innerhalb der Faser Faktis niederzuschlagen. In einfacherer Weise kann man scharf trocknenden Leinölfirnis verwenden oder die Papierbahnen mit einer nachträglich mit Formaldehyd zu härtenden 20proz. Leim- oder Gelatinelösung imprägnieren.

Über die Vorzüge des auf ähnlichem Wege erzeugten Spiralit - Papierdichtungsringes zum Gebrauch bei Wasserleitungen und Leitungen für überhitzten Dampf siehe **H. Wandrowsky, Papierztg. 1918, 969.**

Zur Imprägnierung von als Dichtungsmaterial dienender Rohpappe oder Rohfilzpappe verwendet man unter gleichzeitiger Durchwalkung des dann auch gegen überhitzten Dampf beständigen Materials mit Graphit, teerfreie, bituminöse Stoffe. Für Konservenglasdichtung wird das Material dann zur Entfernung der Geschmacksstoffe ausgekocht. **(D. R. P. 314 690.)**

Eine Erfindung des Krieges waren die Papierrohre, die als Ersatz für Schläuche, sogar für Metallröhren in einer Qualität erzeugt wurden, die sogar in der Folgezeit die Aufnahme des neuen Artikels gewährleistet. So ergaben die Prüfungsergebnisse der von **A. v. Valois** erzeugten Papierrohre, daß sie Bleiröhren an Festigkeit um etwa das drei- bis vierfache übertreffen und dabei doch nur $^1/_6$ bis $^1/_{10}$ vom Bleirohrgewicht wiegen. Ebenso sind auch die Pertinaxröhren von **Meirowsky,** die durch Imprägnierung von Papierschläuchen mit synthetischen Harzen erzeugt werden, unempfindlich gegen Leuchtgas, vertragen Hitzegrade bis 200° und sind ebenso fest wie Kupferrohre von dem gleichen Gewicht. Der einzige Nachteil dieser Papierröhren ist ihre Unbeständigkeit gegen Wasser und die bedeutende Abnahme der Festigkeit, wenn die Rohre auch nur kurze Zeit durchfeuchtet werden. **(M. Rudeloff, Mitt. v. Materialprüfungsamt 1916, 61.)**

Über die Eignung von Papierrohren aus Preßzellstoff als Wasser- und Gasleitungsröhren siehe die Angaben von **M. Rudeloff, Mitt. v. Materialprüfungsamt 1917, 61;** vgl. **Chem. Apparat. 1917, 45.**

Zur Erzeugung wasserdichter Papierrohre behandelt man die Pappe vor der Formung mit polymerisierbaren Ölen, z. B. chinesischem Holzöl, unter evtl. Zusatz eines geschmeidig machenden Mittels, worauf man das polymerisierbare Öl entweder durch Erhitzen oder durch Eintauchen in ein Bad von geschmolzenem Wachs zum Gelatinieren bringt. Im ersteren Falle müssen die Rohre, um wasserbeständig zu werden, schließlich noch mit Paraffin getränkt werden. **(E. P. 6286/1915.**

Die Herstellung von Papierfässern ist in **D. R. P. 9036** und **10 146** beschrieben.

Zur Herstellung von Pertinax - Hartpapier für Isolationszwecke preßt man harzgetränkte Papiere lagenweise aufeinandergeschichtet zu einer festen Masse. Das mit einem synthetischen Harz erhaltene Material erträgt Temperaturen von 180—200°, ist chemisch unempfindlich wie Porzellan, nicht hygroskopisch und zeigt eine Zugfestigkeit von 10 000 kg/qcm und einen Elastizitätsmodul von 120 000 kg/qcm. **(K. Fischer, Kunststoffe 1917, 82.)**

Unter Preßspan versteht man Pappen aus einer Stoffmischung von gleichen Teilen Hadern und ungebleichter Cellulose, evtl. unter Zusatz von Leinenhadern. Die mit möglichst wenig Wassergehalt, also etwa mit 40—50%, die hydraulische Presse verlassenden Pappen werden in einer Kanaltrockenanlage sehr langsam, um ihr Welligwerden zu verhüten, getrocknet, worauf man die Tafeln leicht anfeuchtet und nach der Vorglättung mit Zuhilfenahme von Paraffin, Speckstein und Talk mittels des Achatsteines fertig poliert. Der erzielte Glanz ist nur in letzterem Fall echt, während ohne Achatsteinarbeit feuchtigkeits- und wasserunbeständiger Glanz resultiert. Preßspanplatten dienen zur Glattpressung von Geweben oder, wenn sie mit tierischem oder Harzleim geleimt sind, auch als elektrotechnisches Isoliermaterial. **(K. A. Weniger, Papierfabr. 17, 949.)**

185. Papiermaché. Papierfußbodenbelag.

Winzer, Bereitung und Benutzung des Papiermaché. Weimar 1884. — Andés, L. E., Die Fabrikation des Papiermaché- und Papierstoffwaren. Wien und Leipzig 1900. — Derselbe, Papierspezialitäten. Wien und Leipzig 1896.

Über Papiermaché siehe **Dingl. Journ. 111, 400; 117, 158; 127, 157.**

Eine Beschreibung der verschiedenen Verfahren zur Herstellung von Preßspan-, Machéteig-, Guß- oder Elfenbeinmachéwaren von **O. Parkert** findet sich in **Kunststoffe 1918, 207.**

Das Papiermaché wird im allgemeinen aus möglichst feinem Papierstoff, am besten aus dem sog. Fangstoff der Papierfabriken mittels geeigneter Bindemittel (Leim, Kleister, Harzlösungen usw.) hergestellt. Für größere geformte Objekte empfiehlt es sich, mehrere Lagen nassen Papierstoffes mit geeigneten Füll- und Bindemitteln in die Formen zu pressen oder diese mit der oben beschriebenen Masse auszukleiden und sie dann in ihnen trocknen zu lassen. Die so hergestellten Papiermachéerzeugnisse, die nachträglich mit einer Harzlösung in Öl getränkt und entsprechend lackiert werden, zeichnen sich als Hohlformen durch ihr geringes Gewicht aus. **(Techn. Rundsch. 1908, 571.)**

Über Anfertigung von Holzpapier und Anwendung des Holzes für Papiermaché wurde von den Brüdern **Montgolfier** in **Polyt. Zentr.-Bl. 1848, 1332**, wie folgt berichtet: Das fein geschnittene Holz, am besten Lindenholz, wird 5—8 Tage in Kalkmilch gelegt, hierauf in einer Zerfaserungsmaschine vollständig zerkleinert und dann in bedeckten Gefäßen etwa 10 Stunden mit Ätzkalilauge gekocht; soll das Holz zu weißem Papier verarbeitet werden, so wird es nachher nochmals mit Kalilauge und Chlorgas behandelt, um die Masse zu bleichen. Das so gebleichte Material wird nun entweder für sich allein oder mit Ganzzeug vermischt, mit Harzseife und Alaun geleimt und zu Papier verarbeitet. Aus der Masse lassen sich nun Gegenstände der verschiedensten Art, en haut- oder bas-relief, durch Pressen darstellen. Vorzugsweise soll diese präparierte Holzfaser geeignet sein zur Anfertigung von wasserdichten Pappen, die man erhält, wenn man die Holzmasse mit Holz- oder Steinkohlenteer und Kalksteinpulver gemengt, durch Walzen passieren läßt. Vgl. auch die Mitteilung über Darstellung von Steinpappe (carton papier) in **Dingl. Journ. 41, 360.**

Die Mischung zu Steinpappe besteht aus Kreide, Tischlerleim, Leinöl und Papierzeug oder Abfällen von Buchbinderabschnitzeln, die 24 Stunden lang gekocht worden sind, so daß sie einen Brei bilden. Die Mischung wird in Formen gegossen. Der Leim wird in heißem Wasser gelöst und die Lösung mit der Schlämmkreide, dem Papierbrei und dem Leinöl gemischt. Für Schieferpappen wird der Mischung noch außerdem feiner Sand hinzugesetzt.

Die aus Papierhalbstoff oder Holzstoff mit Bindemitteln geformten Körper werden langsam in der Wärme getrocknet, die Papiermachéwaren aus naß, unter starkem Druck gepreßten Pappen werden dagegen mit Leinöl getränkt einem Backprozeß bei etwa 120° unterworfen. Dieser Backprozeß bei der Herstellung von Papiermaché ist übrigens nach **W. Fahrion** kein Polymerisations-, sondern ein Autoxydationsvorgang des Leinöles. Vgl. **Bd. III [107].**

Zu den Produkten dieser Art zählt auch der Papierstuck, den man aus breiiger Papiermasse über einen Kern aus roher Leinwand herstellt, weiter die Steinpappe, Preßspan und sonstige Erzeugnisse, namentlich zu Abdichtungszwecken, als Isoliermaterial usw. Vgl. auch Schablonenpapier, Jaquardpappe, Asbestpappe, Korkpappe usw.

Die Beschreibung eines einfachen Verfahrens der Abformung vertiefter oder wenig erhabener Skulpturen und Inschriften mittels feuchter Papierbogen findet sich in **Dingl. Journ. 1851, III, 390.**

Papierstuck, das ist eine Ersatzmasse für Gipsverzierungen, wird nach **D. R. P. 35 309** aus Papierlagen hergestellt, die man unter Verwendung eines aus flüssigem Leim, Gips, Schlämmkreide, Sikkativ und einigen Tropfen Schwefelsäure erhaltenen Bindemittels aufeinander befestigt. Die fertigen bis zu 100 mm dicken, harten, leicht bearbeitbaren Preßstücke werden nachträglich mit Schlämmkreide überstrichen, um ihnen ein gipsartiges Aussehen zu geben oder anderweitig verziert oder bemalt.

Eine Papierstuck- oder Holzersatzmasse zur Herstellung von Bilderrahmen und Flachreliefs erhält man nach **D. R. P. 64 350** durch Einpressen einer mit Caseinkalk und Mehlkleister vermengten, befeuchteten Fließpapiermasse in eine Form, deren Vertiefungen mit einem Brei aus Sägespänen, Kleister und Terpentin ausgefüllt sind.

Zur Herstellung von papiernen Fußbodenbekleidungen beklebt man die sorgfältig gewaschenen und in den Fugen mit einer Masse aus Zeitungspapier, Weizenmehl und Alaunlösung abgedichteten Dielenbretter mit ein oder zwei Lagen kräftigen Hanfpapieres, bedeckt diese Schicht nach dem Trocknen mit einer Schicht Tapetenpapier, überstreicht ein- oder zweimal mit einer wässerigen Leimlösung und beendet die Arbeit mit einem Anstrich von gut erhärtendem Ölfirnis (**Papierztg. 1881, 916.**)

Die Herstellung eines Fußbodenbelages aus Pappe, die man beiderseitig mit einem Gemisch gleicher Teile gekochten und eingekochten Leinöles überstreicht, ist in **D. R. P. 320 661** beschrieben.

Zur Herstellung eines billigen, gut verwendbaren Machématerials müssen in erster Linie die Papierabfälle längere Zeit gekocht werden. Der erhaltene Brei wird in einem Quetschsack vom überschüssigen Wasser befreit, mit 20proz. Sodalösung ausgewaschen, zur völligen Entwässerung in ein warmes Alkoholbad gebracht und getrocknet. Nun wird das Material in einer Farbreibmühle unter Zusatz von Zinkweiß und Wiener Kalk zu feinstem Staub zermahlen, mit billigen Harzstoffen vermischt, mit Weingeist befeuchtet und geknetet. Zum Schluß setzt man es nacheinander spiritushaltigen Beizbädern und Alkoholdämpfen aus und preßt es in gefettete oder geölte Formen. Eine brauchbare Mischung für gewöhnliche Machésachen enthält: 60 Tl. Papiermasse, 20 Tl. Kolophoniumpulver, 5 Tl. Ricinusöl, 5 Tl. Glycerin, 10 Tl. Farbstoff und Füllmaterial, 4 Tl. Kopallack.

Es lassen sich auch andere Füllstoffe verwenden, z. B. in folgender Zusammenstellung: 50 Tl. Papiermasse, 20 Tl. Kaolin, 20 Tl. Harzstoff, 10 Tl. Gummitran (aus 10 Tl. gelöster Gummiabfälle, 4 Tl. Schwefel und 10 Tl. Leinölfirnis hergestellt). Machéwaren dieser Zusammensetzung zeigen besondere Festigkeit. Zur Fabrikation von Maché elfenbein wird eine Mischung aus 100 Tl. mit Chlorkalk und Terpentingeist gebleichter Papiermasse, 75 Tl. Zinkweiß und 25 Tl. Baryt mit einer 20proz. Cellit- oder Resinitlacklösung angerührt und in Formen gepreßt. Ein ähnliches Material erhält man durch Mischung von 90 Tl. gebleichtem Papiermehl mit 20 Tl. Kaolin, 10 Tl. Zinkweiß und 50 Tl. mit gerbstoffsauren Salzen versetztem Casein. (**O. Parkert, Kunststoffe 1917, 147.**)

Zur Lackierung von Papiermachéwaren grundiert man die Gegenstände mit Leim, Caseinleim oder Stärkemasse, bemalt die getrocknete Schicht mit Leimfarben und lackiert mit Cellonlack oder Spritlacken aus gebleichten oder ungebleichten Harzen. Wesentlich verschieden von diesen Erzeugnissen sind die Hartpapierwaren, die dadurch, daß man sie mit Lacken oder Firnissen nicht bestreicht, sondern imprägniert, die Festigkeit hölzerner Gegenstände erreichen. Man arbeitet zu diesem Zweck in der Weise, daß man die geformten, trockenen Gegenstände mit warmem Bernsteinlack überzieht, bei 100—125° röstet, und den Vorgang wiederholt, bis die Oberfläche genügend hart geworden ist. Man schleift dann mit Bimsstein und Schachtelhalm ab, bringt einen dünnen Ölfarbenanstrich auf, trocknet bei 70—80°, streicht nochmals und überzieht die nun glatten Waren vor oder nach der Bemalung mit farblosem Öllack. Nähere Angaben über die Rohstoffe für die Hartpapierlacke, über die Ausführung der schwarzen Lackierungen mit Asphaltlacken und mit den in der Lackfabrikation gebräuchlichen Blaulacken bringt **Andés** in **Farbenztg. 24, 999.**

Zur Herstellung eines widerstandsfähigen Papiermachéersatzes löst man nach **Ö. P. Anm. 4244/08** Chlorzink in Wasser, rührt mit Leinöl zu einem Brei, setzt nach einigem Trocknen mit Terpentinöl verdünnten Bernsteinlack zu und trocknet schließlich die Masse in der Hitze.

KUNSTSEIDE, (FILMS, PLATTEN). CELLULOSELÖSUNG (-ESTERIFICIERUNG).

Oxy- und Hydrocellulose.

Vulkanfiber.

186. Allgemeines über Hydrat-, Hydro-, Oxycellulose.

Über Cellulose und ihre Derivate (Hydro- und Hydratcellulose) siehe **Schwalbe, Zeitschr. f. angew. Chem. 1907, 2166; E. Grandmougin, Zeitschr. f. Farb.-Ind. 1907, 2** und **Chem.-Ztg. 1908, 240.** Vgl. **F. J. G. Beltzer, Kunststoffe 1912, 201 u. 223;** ferner **H. Jentgen, Zeitschr. f. angew. Chem. 1910, 1541.**

In den vorstehenden Kapiteln war der Bau des Cellulosemoleküles nur im Zusammenhang mit den Produkten der pyrogenen Zersetzung des Zellstoffes kurz erwähnt worden, im übrigen enthalten die Abschnitte Angaben über die Verarbeitung der unveränderten Cellulose. Beim Übergang zu den chemischen Abkömmlingen des Zellstoffes wie sie uns in der Kunstseide, Vulkanfiber, im Pergamentpapier, Celluloid usw. vorliegen, erscheint es geboten die Chemie der Cellulose kurz zu berühren. Mit Sicherheit ist ihr Bau noch nicht bekannt, doch erscheint es nach **Green, Zeitschr. f. Farb.-Ind. 1904, 97 u. 309,** wahrscheinlich, daß das Molekül ($C_6H_{10}O_5$) aus Bausteinen der Konfiguration

```
      OH H  \
       ·  ·  >O
  H · C — C—CHOH
       |   \
       |    >O
  H · C — C—CH₂
       ·  ·
      OH H
```

zusammengesetzt ist. **Schwalbe** unterscheidet neben den widerstandsfähigen eigentlichen Celluloseearten und ihren Hydraten die *Hydro-* und *Oxycellulosen* nach ihrem Reduktionsvermögen und dementsprechend ihrer Färbbarkeit durch basische Farbstoffe: Cellulosen und Oxycellulosen bilden die Extreme, erstere reduzieren kaum und sind kaum anfärbbar.

Eigenschaften der Cellulose, Hydro-, Hydrat- und Oxycellulose.

Zellstoff löst sich unverändert in keinem Lösungsmittel, sondern dieses bewirkt zunächst Hydratisierung, und die gebildete Hydratcellulose geht dann in gelöste Form über, aus der sich durch Fällungsmittel wieder das unveränderte Hydrat ausscheiden läßt. Ursprünglich galt als einziges *Lösungsmittel* für Cellulose das Schweizersche Reagens, eine Lösung von Kupferoxyd in Ammoniak **[204]**, durch die Forschungen von **P. v. Weimarn** erscheint es jedoch erwiesen, daß sich die Cellulose in den Lösungen zahlreicher anorganischer Salze löst, wenn man gewisse Wärmegrade und Konzentrationen anwendet.

Durch Einwirkung starker *Säuren* wird die Cellulose zunächst hydratisiert und gelöst, später hydrolysiert, also gespalten, bis schließlich bei totaler Hydrolyse Traubenzucker entsteht **[197]**. Salpetersäure wirkt jedoch nur im verdünnten Zustande hydrolysierend, konzentriert führt sie zu Nitroverbindungen (**Bd. IV [483]**). Unter dem Einfluß starker Alkalilauge wird der Zellstoff mercerisiert **[274]**, Baumwollfäden schrumpfen, quellen auf und werden aufnahmefähiger für Farbstoffe, die Masse erscheint chemisch und physikalisch verändert, sie ist in *Hydratcellulose* übergegangen.

Diese liegt stets vor, wenn Cellulose aus Lösungen abgeschieden wird; sie kann auch durch Behandlung des Zellstoffes mit Salzlösungen hergestellt werden. Verdünnte Metallsalzlösungen werden durch die Cellulose, die hierbei die Base des Salzes aufnimmt, gespalten, der verbleibende Säurerest kann dann, wenn nicht sorgfältig gewaschen wird, zur Bildung von Hydrocellulose und damit zur Zerstörung z. B. der mit Magnesiumsalzen appretierten Baumwolle führen. *Konzentrierte* Salzlösungen lösen, besonders in der Wärme, die Cellulose auf oder bringen sie zum starken Quellen (Vulkanfiber und gehärtete Zellstoffpappe **[184]**, **[191]**, vgl. **F. Ahrens, Papierfabr. 1913, 1414**) und es entsteht reine Hydratcellulose. Ebenso wie Zinkchlorid wirken bei evtl. zu steigernder Temperatur und unter Druck zahlreiche Metallsalze, besonders Halogenide und Rhodanide.

Während konzentrierte Säuren zu den Hydratcellulosen führen, bewirken verdünnte seltsamerweise die Bildung der *Hydrocellulose*, die schon in der Form des sandigen Pulvers, in der man sie erhält, das Abbauprodukt erkennen läßt. Bei vorsichtiger Behandlung unter Vermeidung jeder Berührung kann man die Struktur der Cellulose zwar erhalten, doch zerfällt das Produkt beim bloßen Zerreiben zu einer lockeren amorphen Masse. Die Bildung der Hydrocellulose erklärt den jähen Zerfall der mit verdünnter Schwefelsäure eingetrockneten Baumwolle; aber auch organische Säuren, besonders Oxalsäure, zerstören die vegetabilische Gewebefaser, unter Druck entsteht sogar, wenn auch in geringeren Mengen, Traubenzucker. Als Zwischenprodukt zwischen Hydrat- und Hydrocellulose dürfte das *Amyloid* anzusehen sein, das man durch Quellung reiner Cellulose in starken Mineralsäuren unter Festhaltung gewisser Konzentrations- und Temperaturgrade bei bestimmter Dauer der Einwirkung erhält. Oberflächlich in Amyloid verwandelte vegetabilische Filze oder Gewebe bilden das künstliche Pergament.

Oxydationsmittel verschiedener Art, z. B. Ozon, Wasserstoffsuperoxyd, Halogene, Salpetersäure, Persalze usw. führen besonders bei Gegenwart metallischer Katalysatoren Cellulose in *Oxycellulose* über. Ähnlich wirkt das Schweizersche Reagens, wenn man es warm anwendet. Das Produkt, das sauerstoffreicher ist als die Cellulose, übertrifft sie auch an Reaktionsfähigkeit, es löst sich in Alkalien leicht mit goldgelber Farbe, ist unlöslich in organischen Lösungsmitteln und leicht durch basische Farbstoffe anfärbbar. Durch Weiteroxydation geht auch die Oxycellulose in Traubenzucker über.

187. Celluloseabbau mit Säuren. Lösungsmittel für Cellulose.

Für die normale Cellulose existieren nach **G. Deming (Chem.-Ztg. Rep. 1912, 87)** keine Lösungsmittel, nur hydrolysierte Cellulose löst sich in Metallsalzen bei Gegenwart von Mineral säuren, in ammoniakalischer Kupferoxydlösung und in starken Säuren wie Schwefel- und Salpeter säure. **(C. Noyer, Kunststoffe 4, 207 u. 227.)** Als Lösungsmittel kommen ferner in erster Linie die Halogenverbindungen des Antimons, Zinns und Zinks oder jene der Alkalien und Erdalkalien in halogenwasserstoffsaurer Lösung in Betracht. Normale und durch Behandlung mit Säure modifizierte Cellulose löst sich aber auch in Phosphor-, Schwefel-, Salpeter-, Arsen-, Selen- und Chlorsulfonsäure, in letzterer bei Gegenwart von Chloroform. Alle diese Lösungen werden durch Wasser wieder ausgefällt und man erhält modifizierte Cellulosen, die sich durch ihre reduzierenden Eigenschaften und durch die hornähnliche, zum Teil sehr harte Struktur vom Ausgangsmaterial wesentlich unterscheiden.

In **Kunststoffe 1912, 201 u. 223** veröffentlicht **F. J. G. Beltzer** eine Arbeit über neue Celluloselösungen und ihre Anwendung. Verfasser bespricht zunächst die Herrichtung des Sägemehls, seine Reinigung, Bleichung usw. mit Natronlauge, Natriumbisulfit, unterchlorigsaurem Kalk u. dgl. und schildert dann die Auflösung der so gewonnenen Holzstoffcellulose in Natronlauge zur Gewinnung von Alkalicellulose sowie die zugehörige Apparatur. (Siehe auch die folgenden Kapitel.)

Zur Überführung von Cellulose in den plastischen, gallertartigen oder kolloidalen Zustand, behandelt man Papier oder Watte mit siedenden Lösungen von Lithiumhalogenid, Natriumjodid, Calciumbromid, Strontiumbromid oder Calciumrhodanid, die in höchster Konzentration evtl. unter Druck und mit verschieden langer Dauer der Einwirkung Anwendung finden. **(D. R. P. 275 882.)**

Über Herstellung künstlicher Seide durch Verspinnen einer Cellulose - Chlorzinklösung in einem Fällbad von Alkohol oder Aceton siehe **E. P. 17 901/1897.**

Die unmittelbare Herstellung farbiger Cellulosegebilde aus Baumwollsamenschalencelluloselösungen durch Ausfällen in einer Fällflüssigkeit ist in **D. R. P. 178 308** beschrieben.

Über Verarbeitung von Hopfenranken (Lösen in Chlorzink, Einspritzen der Lösung in Chlorcalciumlösung) zu Glühstrumpfgeweben siehe **D. R. P. 256 351.**

Nach **F. P. 424 428** werden künstliche Haare durch Auflösen von Baumwollabfall, Chinagras, Holzstoff, Ramie, Hanf, Jute und ähnlichen Fasermaterialien in Säuren und Fällen der Flüssigkeiten mit Wasser erhalten. Man löst die gewaschene, trockene Masse in geeigneten organischen Lösungsmitteln und formt aus dieser Lösung das künstliche Haar. Vgl. **F. P. 426 967.**

Nach **D. R. P. 82 857** erhält man eine gelatinöse, in Natronlauge lösliche Cellulose durch Behandlung des Holzstoffes mit Phosphor- oder verdünnter Schwefelsäure unter 0°. Die Lösung in Lauge läßt sich normal verspinnen. Zur Erhöhung der Haltbarkeit wird der so gewonnene Sirup mit den Äthyl- bzw. Glycerinestern der Phosphor-, Schwefel- oder Salpetersäure oder mit den Alkoholen selbst behandelt.

Nach **A. P. 1 055 513** erhält man eine verspinnbare, beständige, viscose Celluloselösung durch Einwirkung von konzentrierter Phosphorsäure und Ameisensäure auf Cellulose.

Die Gewinnung von Celluloseverbindungen aus Cellulose und Chloressigsäure in alkalischer Lösung ist in **Norw. P. 31 018 von 1918** beschrieben.

Nach **D. R. P. 259 248** gewinnt man Lösungen, die sich zur Herstellung von Kunstseide und Kunsttüll eignen, wenn man 1 kg gekühlter, getrockneter und feinst zerfaserter Baumwolle in einem geeigneten Knetapparat mit 12 kg Schwefelsäure (60—77 proz.) bei minus 15° verknetet, worauf man die Masse einige Zeit der Ruhe überläßt, ihr sodann im Vakuum die eingeschlossene Luft entzieht und wie üblich aufarbeitet. Nach dem Filtrieren koaguliert man durch Eintragen in 50 proz. Alkohol, der auf minus 20° abgekühlt ist.

Durch Behandlung von fein gemahlenem Tannenholz mit Zinkchlorid, Salzsäure und Salpetersäure gewinnt man eine Paste, die sich ähnlich wie gelöste Cellulose zum Verspinnen in einer schwachen Sodalösung eignen soll. Diese sog. künstliche Baumwolle wird dann gewaschen und getrocknet. **(Ref. in Zeitschr. f. angew. Chem. 1906, 196.)**

Über die Herstellung spinnbarer Fäden aus einer Lösung von Holzabfall in Schwefelsäure siehe **Norw. P. 17 634/07.**

Über die Zwischenprodukte beim Abbau der Baumwollcellulose mittels Schwefelsäure siehe **G. Schwalbe** und **W. Schulz, Zeitschr. f. angew. Chem. 26, I, 499.**

Zur Herstellung von Celluloselösungen verwendet man als Lösungsmittel Salzsäure von mehr als 39% Chlorwasserstoffgehalt, die rasch und reichlich bei niedriger und bei gewöhnlicher Temperatur die Lösung der Cellulose und ihrer Abarten bewirkt. Die Lösung kann durch Verdünnung mit Alkohol, Wasser oder Salzlösungen gefällt werden und man erhält so elastische Massen, die sich zur Herstellung von Films oder kunstseideartigen Produkten eignen. Man verknetet beispielsweise 1 Tl. Baumwolle mit 12—15 Tl. Salzsäure (Dichte 1,209) bei 15° während kurzer Zeit, worauf man das gebildete Chlorwasserstoffgas zum größten Teile absaugt, um es wieder zu gewinnen und die viscose Lösung durch geeignete Düsen in Wasser als Koagulationsflüssigkeit ausspritzt. In ähnlicher Weise lassen sich auch Zellstoff und feines Holzmehl verarbeiten. **(D. R. P. 278 800.)**

Als Lösungsmittel für Cellulose eignet sich bei einer Temperatur unterhalb 50° ein Gemisch von nicht weniger als 25 proz. Salzsäure und Phosphorsäure oder einer anderen konzentrierten anorganischen Säure, die nicht mit Salzsäure reagiert. **(A. P. 1 218 954.)**

Cellulose löst sich auch in hochkonzentrierter Salzsäure, in der man vorher unter 50° einen Teil des Chlorwasserstoffes durch die 1,5fache Menge konzentrierter Schwefelsäure ersetzt. **(A. P. 1 348 781.)**

Zur Bereitung von Celluloselösungen verwendet man ein Gemisch von Salzsäure und Schwefelsäure, das weniger als 39% Chlorwasserstoff enthält. Eine Säure mit einem Gehalt von etwa

34,7% HCl, 5,5% H_2SO_4 und 59,8% Wasser löst Cellulose leicht und schnell auf, während Schwefelsäure allein erst bei einer Konzentration von etwa 68% und Salzsäure nur bei einer solchen von 39,5% lösend wirken. Man spart so die kostspielige und unbequeme Herstellung der höher konzentrierten Salzsäure; die Schwefelsäure läßt sich nach erfolgter Lösung der Cellulose durch Ausfällung leicht entfernen. **(D. R. P. 306 818.)**

Nach **A. P. 1 355 415** bildet auch eine Mischung von Calciumchlorid und mehr als 60proz. Schwefelsäure ein Lösungsmittel für Cellulose.

Zur Herstellung in Lösungsmitteln leicht löslicher und leicht lösliche Derivate liefernder Cellulose behandelt man trockene Baumwolle drei Stunden mit Glycerin bei 120° oder vier Stunden mit Öl bei 140° und erhält je nach der Behandlungsdauer nach der Entfernung des Behandlungsmittels Cellulose, die ihre ursprüngliche Struktur noch zeigt, jedoch in evtl. noch gebleichtem und getrocknetem Zustande zu ihrer vollständigen Lösung nur etwa die Hälfte des sonst nötigen Lösungsmittels braucht, um die Xanthogenat-, Kupferoxydammoniak- oder Nitrolösungen gleicher Konsistenz wie sonst zu geben. **(D. R. P. 217 316.)** S. a. **[74.]**

188. Oxy- und Hydrocellulose.

Über Hydrocellulose siehe z. B. **C. G. Schwalbe, Jentgen** u. a., z. B. in **Zeitschr. f. angew. Chem. 1911, 1216; 25, 944** usf. Vgl. auch die älteren Vorschriften von **A. Girard** in **Jahr.-Ber. f. chem. Techn. 1879, 1099** und **1882, 1009.**

Über die Bildung von Hydrocellulose aus reiner Verbandwatte und Schwefelsäure vom spez. Gewicht 1,45 siehe auch **G. Büttler** und **J. Neumann, Zeitschr. f. angew. Chem. 1908, 2609.**

Zur Herstellung von Hydrocellulose setzt man der zur Behandlung der Cellulose bei 60—70° dienenden Salzsäure eine zur Bildung von Oxycellulose unzureichende äußerst geringe Menge von chlorsaurem Kali zu. Ein von der so erhaltenen Hydrocellulose völlig verschiedenes Produkt gewinnt man durch Erhitzen der rohen Cellulose mit freies Chlor enthaltendem Eisessig auf 60—70°. Die Unterschiede der beiden Körper zeigen sich besonders im Verhalten ihrer Acetylderivate: jene aus dem Chloratprodukt sind völlig wasser- bzw. alkoholunlöslich. Dementsprechend kann nur die Eisessig-Chlorhydrocellulose zur Darstellung von Acetyl- und Nitrocellulosen Anwendung finden, das Chloratprodukt dient hingegen zur Herstellung von gegen Säuren und Laugen widerstandsfähigen Platten, Films, Bändern u. dgl. **(D. R. P. 123 121 und 123 122.)**

Zur Herstellung von Hydrocellulose behandelt man Baumwolle oder Cellulose in Gegenwart von Salzen mit höchstens 5% freie Säure enthaltenden, verdünnten Mineralsäuren und wählt die Imprägniersäure, was den Salzgehalt betrifft, so stark, daß nach dem Einbringen der zur Carbonisierung vorbereiteten, aus baumwoll- und wollgemischten Geweben bestehenden geschleuderten Ware die Kochsalzlösung etwa 1% Säure (100proz.) enthält. Außer zur Entfernung der vegetabilischen Fasern aus gemischten Lumpen dient das Verfahren auch zum Ausbrennen vegetabilischer Gaze bei Herstellung von Wollstickereien, besonders wenn die Färbung und die Eigenschaften der zu isolierenden animalischen Faser möglichst erhalten bleiben soll. **(D. R. P. Anm. H. 53 315, Kl. 12o.)**

Nach **D. R. P. 77 826** wird a-Oxycellulose in folgender Weise hergestellt: Man kocht lose Baumwolle mehrere Stunden in 2½proz. Natronlauge, wäscht mit Wasser und sehr verdünnter Salzsäure aus, oxydiert die Masse mit Chlorkalklösung vom spez. Gewicht 1,03—1,1, wäscht erschöpfend mit schwach salzsaurem Wasser und kocht etwa 40 Minuten mit 20proz. Schwefelsäure oder läßt das Material 12 Stunden mit kalter 50proz. Schwefelsäure stehen, wäscht schließlich die am Boden des Gefäßes als staubfeines Pulver abgeschiedene Oxycellulose völlig neutral und trocknet sie.

Zur Kenntnis der Oxycellulose und ihrer Darstellung auf elektrolytischem Wege durch Elektrolysierung von fein gemahlener Baumwolle, in neutralem Kaliumchloridbade, des Verhaltens der Oxycellulose, ihrer Verzuckerung und Acetylierung veröffentlicht **R. Oertel** ausführliche Untersuchungsergebnisse in **Zeitschr. f. angew. Chem. 26, I, 246.**

Legt man ein mit Salpeter-, Kochsalz- oder Chloratlösung getränktes Stück Baumwoll- oder Leinenzeug auf ein als Kathode dienendes Platinblech und berührt den getränkten Stoff mit der ebenfalls aus Platin gebildeten Anode, so kann man auf färberischem Wege ebenfalls die weitgehende Bildung von Oxycellulose feststellen. **(F. Goppelsröder, Dingl. Journ. 254, 42.)**

Zur Herstellung löslicher oder gelöster Celluloseabkömmlinge oxydiert man Cellulose wie üblich mit Salpetersäure, verdünnt noch heiß mit derselben Menge Wasser und verrührt das dünnflüssige, genügend abgekühlte Gemenge mit einer verdünnten, dem Gehalte nach genau bestimmten Lösung von Bariumhydroxyd bis zur möglichst genauen Neutralität. Man filtriert nun, wäscht die Bariumverbindung bariumsalzfrei, setzt die dem Bariumgehalt entsprechende Menge Schwefelsäure zu, fügt die zur Lösung der Cellulose nötige Menge Ammoniak oder Natronlauge bei, filtriert noch warm vom Bariumsulfat und dampft das nahezu farblose Filtrat evtl. bis zur Trockne ein. Das erhaltene Produkt kann dann entsprechend geformt, durch Behandlung mit Säure oder Erhitzen auf höhere Temperatur unlöslich gemacht werden. An Stelle von Bariumhydroxyd kann man auch die Verbindungen des Calciums oder Strontiums oder z. B. Bleicarbonat verwenden, das im Überschuß zugesetzt werden kann, da das unlösliche Schwermetallcarbonat im Gegensatz zum Bariumhydroxyd die Cellulosesalze nicht beeinflußt. Das Bleisalz der Oxycellulose wird dann mit heißem Wasser bleinitratfrei gewaschen, man entfernt das Blei mit der berechneten Menge Säure oder mit Schwefelwasserstoff und löst die freie Oxycellulose wie oben. **(D. R. P. 283 304.)**

Zur Gewinnung salzfreier Oxycellulose mischt man Oxycellulosesalze mit indifferenten, keine quellende Wirkung ausübenden Lösungsmitteln (Alkohol, Aceton), fügt dann eine Säure zu, deren entsprechendes Metallsalz in dem betreffenden Lösungsmittel leicht löslich ist, wäscht mit dem Lösungsmittel salzfrei und trocknet die freie Oxycellulose bei niederer Temperatur. Verwendbar sind Methylalkohol, der Ammoniumnitrat und Kupfersulfat, Äthylalkohol, der Strontium-Magnesiumchlorid, Kupferchlorid und Metallacetate in reichlicher Menge löst, während für die Nitrate und Chloride der Schwermetalle Aceton und für jene der Eisengruppe, besonders für Eisenchlorid, Amylacetat und Äthylacetat als Lösungsmittel gewählt werden. Die glasklar lösliche und fällbare Oxycellulose dient zur Herstellung von Fäden und Gegenständen aus reiner Cellulose. **(D. R. P. 314 311.)**

189. Literatur und Allgemeines über Vulkanfiber.

Die ersten ausführlicheren Berichte über die Vulkanfiber finden sich in **Polyt. Zentr.-Bl. 1860, 207.** Vgl. **Jahr.-Ber. f. chem. Techn. 1856, 152 und 1859, 567.**

Ältere Verfahren zur Herstellung von Vulkanfiber und zur Ausnützung der Waschwässer sind in den **A. P. 113 454, 120 380, 196 895** und **114 880** beschrieben.

Über Vulkanfiber siehe den zusammenfassenden, unter Zugrundelegung der Literatur abgefaßten Bericht von **Halle** in **Kunststoffe 1917, 1, 19 u. 32.**

Eine Übersicht über neuere Patente und Arbeiten über Vulkanfiber bringt **Halle** in **Kunststoffe 9, 1.**

Die Unterschiede zwischen Vulkan- und Hornfiber und die Gewinnung und Eigenschaften der beiden Kunststoffarten sind in **India Rubb. Journ. 58, III, 7** beschrieben.

Über Herstellung der Vulkanfiber aus reinen Baumwollfasern, ihre chemische Vorbehandlung, ihre Verwendung siehe **Zeitschr. f. Text.-Ind. 1909, 721.**

Die Vulkanfiber, auch Vulcanizes fibre, Fibrit genannt, ist ein vor ca. 60 Jahren in den Handel gekommener, von dem Amerikaner **Taylor** erfundener Kunststoff, der insbesondere als Ersatz für Horn, Hartgummi, Leder usw. dient, und durch Behandlung von Cellulose mit wasserentziehenden Mitteln, wie Schwefelsäure (konz.) oder Chlorzink gewonnen wird. Die Cellulose wird hierbei teilweise in den gelösten Zustand übergeführt, also pergamentiert, und gibt nach dem Waschen und Pressen unter hohem Druck die Kunstmasse. Bei durchgehender Behandlung der Cellulose z. B. des Tannenholzes mit Zinkchlorid, Salz- und Salpetersäure entsteht schließlich eine verspinnbare Paste (siehe Kunstseide u. **[187]**).

Die Vulkanfiber wird in zwei Arten hergestellt und zwar biegsam (flexible) oder hart. Die harte, nicht nur in Platten, sondern auch in Form von Röhren oder Stangen in den Handel kommende, rot, grau oder schwarz gefärbte Vulkanfiber ist eine hornartige, homogene, sehr harte Masse vom spez. Gewicht 1,3. Sie springt oder bricht nicht, hält hohen Hitzegrad und hohen Druck aus. Die Vulkanfiber ist ein schlechter Wärme- und Elektrizitätsleiter, darf jedoch als Elektrizitätsisoliermaterial nur unter Öl, bei Starkstrom nur bedingungsweise angewendet werden. Harte Vulkanfiber kann gesägt, gebohrt, gestanzt, gedreht, beliebig gefärbt und poliert werden, sie wird in der Wärme nicht plastisch. Starke Säure zerstören sie oberflächlich; gegen starke Laugen ist sie empfindlich und wird von ihnen in den Quellungszustand versetzt. Sie ist stark hygroskopisch und nimmt beim Liegen in Wasser unter starkem Aufquellen innerhalb $1^1/_2$ Stunden bis zu 10% Wasser auf. — Die Vulkanfiber läßt sich nur schwer entzünden. —

Die harte Sorte findet Verwendung zu Isolierkörpern, Achsenringen, Rollen für Druckerpressen usw., die weiche zu Pumpenklappen, Ventil- und anderen Dichtungen für Leitungen saurer oder alkalischer Flüssigkeiten, Gase usw.

Der Wert der hauptsächlich in Amerika fabrizierten, zu etwa 40% ausgeführten Vulkanfiber soll 1905 etwa 400 000 Dollars betragen haben. Der Produktionswert ist demnach auf rund 1 Mill. Dollar zu veranschlagen.

190. Herstellungsverfahren der Vulkanfiber.

Zur Herstellung der harten Vulkanfiber behandelt man 1 kg Zellstoff mit 9 kg Chlorzinklösung (65—75° Bé) und wäscht das Material so lange mit reinem Wasser aus, bis es frei von überschüssigem Chlorid ist. Die Waschwässer werden so lange verwendet, bis sie eine Konzentration von 30—40° Bé haben, worauf man aus ihnen durch Sodazusatz das Zinkcarbonat ausfällt, das auf Chlorzink zurückverarbeitet wird. Die Zellstoffmasse wird sodann 1—2 Tage mit einem Gemisch von konzentrierter Salpetersäure und konzentrierter Schwefelsäure behandelt und gründlich gewaschen. **(Ind. Blätter 1879, 345.)** Vgl. **E. Fischer** in **Kunststoffe 1913, 412.**

Nach einem zweiten Verfahren wird die Cellulose in Form dünner Papierbogen durch ein Gemisch von Chlorzink mit Schwefelsäure gezogen, schichtenweise aufeinandergelegt und zusammengepreßt, worauf man die Tafeln in fließendem Wasser wäscht, langsam trocknet und schließlich zwischen geheizten Walzen nochmals preßt. Bei Anwendung von Schwefelsäure allein würde das Aneinanderleimen vieler Lagen unmöglich sein, da die zum Zusammenkleben nötige Zeit genügen würde, um die Masse durch die Schwefelsäure zu zerstören. Man verwendet daher, um solche mehrfach aufeinandergeklebte vulkanisierte Papierlagen zu erzeugen, ein Bad, das man erhält, wenn man eine Lösung von 1 Tl. Zink in 32 Tl. Schwefelsäure mit $^{1}/_{4}$ der Flüssigkeitsmenge Dextrin versetzt. Man leimt dann aneinander, bringt die künstliche, nunmehr pergamentierte Masse, die sich zur Herstellung der verschiedensten Erzeugnisse (Scheiben, Koffer, Dachbedeckung, Figuren, Ornamente) eignet, in ein Kochsalzbad und macht die Erzeugnisse nachträglich noch widerstandsfähiger in der Weise, daß man abermals in Schwefelsäure, die einen geringen Zusatz von Kalisalpeter enthält, behandelt. **(D. Ind. Ztg. 1879, 95.)**

Nach einem dritten Verfahren arbeitet man mit Zinkchloridlösung allein. Man verwendet am besten aus reinem Baumwollstoff hergestelltes ungeleimtes weiches und saugfähiges Papier, das man ungeglättet über erhitzte Zylinder durch das 40° warme Zinkchloridbad von 70° Bé laufen läßt, rollt die durchtränkte Bahn bis zur gewünschten Dicke auf geheizte Trommeln auf, wäscht die Cellulose nach genügender Gelatinierung in immer dünneren Zinkchloridlösungen bis zum Chlorgehalt von 0,15% aus, trocknet die völlig ausgewaschene Faser bei 40—60°, preßt und kalandriert. **(Ch. Almy, Angew. Chem. 29, 261.)**

Zur Herstellung von vulkanisierter Stanzpappe pergamentiert man dicke Papierbogen mit 10° warmer 60grädiger Schwefelsäure, quetscht die Bahnen zwischen Glaswalzen aus und entsäuert sie in einem Wasserbade mit entsprechenden Mengen Ammoniak oder Soda. Die gewaschenen noch klebrigen Bogen werden dann durch Pressen zu einer Pappe vereinigt. Statt der Schwefelsäure können auch Salpetersäure, Zinkchlorid, Aluminiumchlorid- oder Calciumchloridlösung zur Anwendung gelangen, doch ist es in jedem Falle nötig, die Papierbahnen vor dem Pergamentierungsprozeß vollständig zu trocknen. **(Papierfabr. 1906, 1722.)**

Zur Entfernung des Zinkchlorids wäscht man die Vulkanfiber vorteilhaft mit einer Glycerin- oder Traubenzuckerlösung, wodurch die Zinkchloridkonzentration in dem Waschwasser niedrig gehalten wird, so daß es in reichlicher Menge in die Waschflüssigkeit abdiffundiert. **(A. P. 923 227.)**

Um zu vermeiden, daß beim Waschen der mehrlagigen Papierbahn das eindringende Wasser im Innern der Tafeln Blasen erzeugt, bringt man zwei der zu wässernden Bahnen aufeinandergelegt in das Bad, so daß das Wasser nur von einer Seite Zutritt hat. **(A. P. 897 758 und 897 759.)**

Nach der ersten Wäsche wird die Pappe mehrere Wochen, vor Regen geschützt, der freien Luft ausgesetzt, wodurch erst die gewünschte Umwandlung des Zellstoffes in Hydratcellulose stattfindet. Man wäscht dann abermals, und zwar gründlicher als das erste Mal, schweißt beliebig viele der erhaltenen Pappen zu Blöcken zusammen und erhält so die Vulkanfiber des Handels, die sich wegen ihrer ausgezeichneten Eigenschaften, besonders was mechanische Bearbeitbarkeit anbetrifft und weil sie zu den schlechtesten Elektricitätsleitern gehört, auf zahlreichen technischen Gebieten eingeführt hat. Das so erhaltene, bis zur Hälfte seiner ursprünglichen Dicke geschrumpfte Material ist zwar nicht wasserfest, nimmt jedoch nach Behandlung mit heißem oder kaltem Wasser beim Trocknen wieder die ursprünglichen Eigenschaften und Dimensionen an. Je nach der in Einzelheiten geheim gehaltenen Behandlungsweise und je nach Art der Papierbeschaffenheit erhält man verschiedenartige Produkte, die gegen neutrale Salze völlig unempfindlich sind und auch von den meisten Mineralsäuren erst bei längerer Einwirkung angegriffen werden. Die Zähigkeit und Elastizität des Produktes ermöglichen auch seine Verwendung zur Herstellung von Zahnrädern für stoßfreien und fast geräuschlosen Gang. **(S. Ferenczi, Zeitschr. f. angew. Chem. 1899, 52.)** Vgl. **C. Allmy, ebd. 29, 261.**

Zur Herstellung von Vulkanfibermassen tränkt man ein mit 20% Füllstoff im Holländer gemahlenes Cellulosematerial in 50° warmer, 85proz. Zinkchloridlösung, preßt dann die Bahnen zwischen 90° warmen Walzen, entfernt das Zinkchlorid durch Auswaschen, trocknet die Platten und glättet sie. **(D. R. P. 324 281.)**

Hartes faseriges Cellulosematerial erhält man nach **Norw. P. 31 968** durch Zusammenpressen mehrerer Lagen von mit übersättigter Zinkchloridlösung imprägniertem Papier.

191. Gebleichte wasserfeste, lederartige, biegsame, gehärtete Fiber. Vulkanfiberersatz.

Zur Bleichung von Vulkanfiber behandelt man das Material nach **Norw. P. 32 198** zuerst mit angesäuerter und dann mit alkalischer Hypochloridlösung.

Nach **Techn. Rundsch. 1910, 691** bewirkt man die Wasserfestigkeit der Vulkanfiber durch Tränkung der Platten mit Leim- oder Gelatinelösung, die man nach dem Eintrocknen mit gasförmigem oder wässerig gelöstem Formaldehyd härtet.

Die Herstellung einer glasartig durchsichtigen Vulkanfiber ist in **D. R. P. 216 629** beschrieben.

Nach **D. R. P. 241 775** bestreicht man Vulkanfiberplatten, um sie geeignet zu machen, Lederpolitur anzunehmen, in erwärmtem Zustande mit einer alkoholischen Lösung von Lederbraun oder ähnlichen Farbstoffen in Spiritus in möglichst dünnem Aufstrich und reibt zur Trockne. Dann wird die Platte erhitzt, mit Wachs eingerieben und kann nun beliebig weiter verarbeitet werden.

Zur Herstellung von Ledersohlenersatz weicht man die lufttrockene Vulkanfiberpappe in einer wässerigen Emulsion von 5 Tl. Öl und 50proz. Ätzkalilauge, trocknet in einem geheizten Raum und legt die Pappe dann in ein zweites Bad aus 50 Tl. Ölemulsion (45 Tl. wasserfreie Öle enthaltend) und 5 Tl. Guttaperchaharz. Schließlich taucht man die so vorbehandelte getrocknete Fiber in ein Bad aus Gummilösung und Solventnaphtha und versieht sie so mit einem luftdichten Überzug. **(D. R. P. 262 946.)**

Nach einem Referat in **Kunststoffe 1915, 60** überzieht man Vulkanfiber und Lederpappe in der Weise mit Celluloid, daß man sie mit einer Lösung von Celluloidabfällen in Aceton, Amylacetat, Essigsäure, Äthyläther usw., die mit etwa 2—3% Ricinusöl versetzt wurde, mehrmals bestreicht. Statt der Lösung von Celluloidabfällen kann man auch eine dickflüssige Zaponlacklösung verwenden.

Um Vulkanfiberplatten wasserdicht zu machen, legt man sie 24—48 Stunden in starke Salpetersäure und wäscht sie dann gründlich aus. **(D. R. P. 196 894.)**

Wasserundurchlässiges Plattenmaterial, das sich zur Herstellung steifer Gefäße oder Behälter eignet, erhält man in der Weise, daß man eine Form aus Pappe, Preßspan oder Vulkanfiber beiderseitig mit einer oder mehreren zweckentsprechend getränkten Lagen aus Papier oder Geweben mit oder ohne Drahteinlage versieht. **(D. R. P. 311 887.)**

Zur Herstellung einer gegen Feuchtigkeit und erhöhte Temperatur beständigen Masse preßt man mit Guttaperchalösung überzogene Vulkanfiberplatten auf Holztafeln und setzt das Ganze einem starken Druck aus. **(F. P. 455 004.)**

Zum Härten von Pappen behandelt man sie mit Celluloselösungsmitteln, und zwar besonders mit Chlorzinklösung, welche die Pappe oberflächlich durch Umwandlung der Cellulose in Hydrocellulose in den gallertartigen Zustand überführt, der auch die Grundlage der Vulkanfiberfabrikation bildet. In **Papierfabr. 11, 1414** beschreibt **F. Ahrens** die in der Technik üblichen Verfahren dieser Cellulose-Pappenhärtung, sowie die Verarbeitung des als Nebenprodukt entstehenden Zellstoffschleimes und die Wiedergewinnung des Chlorzinks aus den Laugen.

Um Werkstücken aus Vulkanfiber eine dauernde Biegung zu geben und so Platten zu erzeugen, die zur Herstellung von Koffern u. dgl. dienen können, setzt man die Stücke an den zu biegenden Stellen der Wirkung heißen Wasserdampfes aus, biegt sie über erhitzten trockenen Körpern und schreckt durch plötzliche Abkühlung ab. **(D. R. P. 122 703.)**

Um harte Vulkanfiber geschmeidig zu machen quellt man sie in Emulsionen von Calcium- und Magnesiumchloridlaugen mitHolzteer oder Birkenholzteer, quetscht die Bahnen dann ab und bestreicht sie zur Erzielung von Glanz mit Teer oder Vaselin. **(D. R. P. 329 891.)**

Biegsame Vulkanfiber erhält man ferner durch Versetzen der behandelten Masse mit Fett, Fettsäuren oder Glycerin und folgendes Auslaugen der Masse durch Einlegen in Wasser.

Ein Verfahren zur Herstellung hohler Artikel aus Vulkanfiber ist in **A. P. 193 322** beschrieben.

Zur Herstellung eines der Vulkanfiber ähnlichen Stoffes belegt man durch Zinkchlorid gelatinös gemachtes Papier oder Pflanzenmaterial mit Blattmetall, Graphit oder Sand, preßt die Masse und trocknet sie. **(E. P. 405/1872.)**

Eine sog. Vulkanfiber bestand nach **E. Müller** aus einem Preßprodukt von Jute und Eisenoxyd. Er zeigte zum Unterschied von der echten Vulkanfiber nur außerordentlich geringe elektrische Isolierfähigkeit. **(Elektrotechn. Zeitschr. 1892, 72.)**

Pergamentpapier.

192. Allgemeines, Eigenschaften des Pergamentpapieres.

Deutschl. Pergamentpapier ½1914 E.: 3481; A.: 26 754 dz.

Pergamentpapier ist ein Kunststoff, den man durch Behandlung von Cellulose mit Schwefelsäure von bestimmter Konzentration erhält. Ungeleimtes Papier geht mit 60grädiger Schwefelsäure bei einer Temperatur von etwa 16° oberflächlich oder in der ganzen Substanz in Amyloid, eine hornartige Masse, über, welche die Wasser- und Fettundurchlässigkeit des Produktes bedingt. Pergamin ist imitiertes Pergamentpapier, das durch Präparierung von Cellulose mit Leim, Glycerin und Traubenzucker erhalten wird. Pergamoid ist Papier, das man mit einer ricinusölhaltigen Campherspiritus-Celluloidlösung imprägniert hat. Cellulith ist ein Celluloidersatz, den man durch Eintrocknen der Cellulithmilch, eines völlig totgemahlenen Gemenges von Sulfitcellulose mit 2% Stearin herstellt.

Echtes Pergamentpapier gleicht gewöhnlichem Papier, dessen Poren mit kolloidaler Cellulose ausgefüllt sind. Diese letztere ist zum Teil wasserlöslich, wird jedoch durch Zusatz geringer Säure- und Salzmengen gefällt; sie geht auch in den unlöslichen Zustand über, wenn man bei der Herstellung mit Schwefelsäure von mehr als 50° arbeitet. Die von vornherein mit stärkerer Schwefelsäure erzeugten Pergamentpapiere enthalten daher keine kolloidale Cellulose.

Zur Pergamentierung des Papieres leitet man die Bahn ungeleimten, ungefüllten Sulfitstoffpapieres durch einen mit 10° warmer 60grädiger Schwefelsäure gefüllten Bleibottich unter Festhaltung einer genau zu bemessenden Eintauchzeit von 3—12 Sekunden, führt die Bahn dann zwischen Abquetschwalzen in mehrere Waschgefäße, von da zu Trockenzylindern, deren Oberfläche mit einem säurefesten Überzug versehen sein muß, und schließlich zwecks Glättung in den Kalander. Während der eigentlichen Pergamentierung zeigen die schwefelsäurefeuchten Bahnen Klebefähigkeit, so daß man mehrere Bahnen ohne ein anderes Bindemittel verwenden zu müssen untrennbar und nach dem Zusammenpressen auch in der Schichtung nicht mehr erkennbar vereinigen kann.

Zur Herstellung eines festen, säure- und hitzebeständigen Überzuges für Trockenzylinder der Pergamentpapierfabrikation bestreicht man die gut von Rost befreite, mit einer Mischung von 1 Tl. Benzin und 3 Tl. Campheröl vorbehandelte Zylinderoberfläche mit einem Gemenge von 30 Tl. Japanlack (Saft von Rhus vernicifera), 30 Tl. Lampenruß, 20 Tl. Aluminiumpulver, 10 Tl. Terpentin und 10 Tl. Alkohol, läßt die Masse unter der Einwirkung strömender, feuchter Luft erhärten, überstreicht mit reinem Camphersprit, wiederholt das Verfahren nochmals unter Verwendung eines dünneren Gemenges der Bestandteile und erhält so einen nicht abspringenden, fest mit dem Zylinder verbundenen Überzug. **(D. R. P. 283 210.)**

Das hornartig durchscheinende Produkt übertrifft gewöhnliches Papier hinsichtlich der Festigkeit um das 3—4fache, wird befeuchtet ohne sich zu verändern weich, ähnlich wie Schweinsblase, und ist wie diese verwendbar, es neigt nicht zur Fäulnis, wird von Insekten nicht angegriffen und widersteht kochenden Ätzlaugen. In heißen konzentrierten Säuren löst es sich auf, gewinnt jedoch in kalter konzentrierter Salpetersäure an Festigkeit und Widerstandsfähigkeit gegen Säuren und wird nach dieser Bedandlung kurze Zeit in konzentrierte Schwefelsäure getaucht durchsichtig wie Glas.

Echtes Pergamentpapier wird bei dreitägigem Erwärmen auf 60° in seiner Festigkeit stark geschwächt, durch ebenso lange Erwärmung auf 100° völlig zerstört. Papiere mit geringerem Säuregehalt, ebenso auch die neutralen Pergamentersatz- und Pergamynpapiere sind gegen Erwärmung widerstandsfähiger. Besonders Magnesiumchlorid greift Pergamentpapier sehr stark an, und zwar vor allem in der Wärme. Magnesiumchloridhaltiges Pergamentpapier wird durch dreitägiges Erwärmen auf 60° erheblich angegriffen, bei 100° jedoch völlig zerstört. Auch 15tägige Erwärmung auf 30° bedingt eine Festigkeitsabnahme, die jedoch nicht so groß ist wie die vierjährige Lagerung bei gewöhnlicher Temperatur und einer Luftfeuchtigkeit von 60%. **(C. Bartsch, Mitt. v. Materialprüfungsamt 30, 400.)**

Pergamentpapier wird daher am besten bei gleichmäßiger Temperatur in Kellern gelagert, da wechselnde Temperatur und Luftfeuchtigkeit echte Pergamentpapiere im Gegensatz zu Pergamyn- und Pergamentersatzpapieren um so ungünstiger beeinflussen, je stärker der Säuregehalt war. Längeres Lagern wirkt wie kurzes Erwärmen, so daß dieser Versuch Rückschlüsse auf die Lagerfestigkeit des Papieres gestattet. **(C. Bartsch, Papierfabr. 13, 149 u. 165.)**

Das Pergamentpapier ist in der Masse oder auf der Bahn färbbar, eignet sich als fett- und wasserdichtes [171] Material zum Einhüllen von Nahrungsmitteln, als Surrogat für Guttaperchapapier in der Medizin an Stelle des echten Pergamentes (d. i. besonders präpariertes Schafleder; vgl. Wiener, Die Weißgerberei und Pergamentfabrikation, Wien 1877) für Urkunden, als Durchzeichenpapier, für Kochzwecke usw. Wichtig ist seine Verwendung zur Dialyse, um Krystalloide und Kolloide aus wässerigen Lösungen zu trennen **(Bd. I [378])**.

193. Herstellungsverfahren. Amyloid.

Die Herstellung des Pergamentpapiers wurde von **Poumarède** und **Figuiér** im Jahre 1847 erfunden, sie ist in **Journ. f. prakt. Chem. 42, 28** beschrieben. Siehe dann weiter die Mitteilungen von **W. Hofmann** in **Dingl. Journ. 152, 380.**

In England wurde das Pergamentpapier zuerst 1853 von **E. Gaine,** in Deutschland zehn Jahre später von **C. Brandegger** hergestellt.

Über Herstellung von Pergamentpapier siehe die ausführliche Arbeit in **Papierztg. 1893, 2717.** Die Anordnung der Apparate ist z. B. aus den Angaben des **D. R. P. 64 412** zu ersehen.

Gaine erhielt ein pergamentartiges Produkt durch Eintauchen der Bogen in die Mischung von 2 Tl. konzentrierter Schwefelsäure und 1 Tl. Wasser und sofortiges Auswaschen. Er unterwarf auch Kupferstiche, Karten und Lithographien, um sie zu glätten und leicht reinigbar zu machen, demselben Verfahren. **Crockes** verwendete solches Pergamentpapier zu Photozwecken (als Kopierpapier). Näheres in **Dingl. Journ. 144, 357; vgl. Polyt. Zentr.-Bl. 1857, 892.**

Über die ursprüngliche Herstellung des sog. vegetabilischen Pergamentes durch Tränkung von Papier mit Schwefelsäure siehe **Kletzinsky, Pharm. Zentrh. 1860, Nr. 3** u. **48;** vgl. auch **S. 377.** Das Produkt kam auch unter dem Namen Papyrin in den Handel.

Nach **D. R. P. 185 344** und **186 485** erhält man ein lederartiges Papier durch Pergamentieren gewöhnlichen, gelben oder gefärbten Strohpapieres in einem aus Schwefelsäure bestehenden Pergamentierbad.

Man kann aber auch wie gewöhnlich mit **Harz** geleimtes Papier (Schreib-, Druckpapier, Landkarten) in einem 54grädigen Schwefelsäurebad pergamentieren, wodurch das Papier fester wird, während zugleich die Schriftzeichen bzw. der Druck fixiert werden. **(D. R. P. 165 467).**

Nach einer Anregung von **C. Campbell** soll das zu pergamentierende Papier vor der Schwefelsäurebehandlung zum Schutze gegen die Säureeinwirkung in eine starke Alaunlösung getaucht und dann vollkommen getrocknet werden. **(Dingl. Journ. 200, 506.)**

Zum Leimen von Papier, das später durch Behandlung mit Schwefelsäure in Pergamentpapier übergeführt werden soll, wird nach **R. Böttger** am besten eine Lösung von Cellulose in Kupferoxydammoniak verwendet.

Nach einer Beobachtung von **H. Kämmerer, Journ. f. prakt. Chem. 85, 454,** entsteht ein ausgezeichnetes Pergamentpapier durch Behandlung des Rohpapieres mit Jodsäurehydrat.

Eine Vorrichtung zur Herstellung von Pergamentpapier ist dadurch gekennzeichnet, daß das Papier nach einseitiger Anfeuchtung mit der Pergamentierungsflüssigkeit auf einer besonderen verstellbaren Walze durch das Bad der Pergamentierungsflüssigkeit geführt wird, wodurch man ein sehr gleichförmiges, fleckenloses Produkt erhält. **(D. R. P. 270 248.)**

Zur Herstellung von Zeugriemen aus mehreren miteinander verbundenen Lagen von pergamentierten Gewebestoffen behandelt man die Pflanzenfasergewebe kurze Zeit mit konzentrierter Schwefelsäure und vereinigt die noch feuchten Bahnen ohne besonderes Klebemittel direkt durch Pressen miteinander, wäscht dann die freie Säure im fließenden Wasser aus, entlaugt weiter die Säurereste im ruhigen Wasser und trocknet schließlich. Man kann der Schwefelsäure auch Braunstein, Silicate, Sulfate oder sonstige unlösliche feinverteilte Stoffe zusetzen, die in die Poren eindringen und den Zusammenhalt erhöhen. Die Riemen sind sehr widerstandsfähig und dauerhaft, auch in hochtemperierten Räumen, die Wasserdampf oder chemische Dämpfe enthalten. Das Verfahren eignet sich auch zur Herstellung von Booten, Schiffskörperbekleidungen, Eimern, Bottichen, Transportgurten und -bändern sowie für Zelt-, Wagen-, Automobilschutzdecken usw. **(D. R. P. 294 797.)**

Zur Herstellung undurchsichtigen, wenig ausdehnungsfähigen, wasser- und gasdichten Papieres behandelt man Fließpapier kurze Zeit mit kalter 52grädiger verdünnter Schwefelsäure, entsäuert und preßt mehrere solche Papierbahnen zusammen. Je nach der Dicke des Erzeugnisses erhält man so geschmack- und geruchlose Dichtungsringe und -platten, die sich statt der Kautschukdichtungen zum Verschließen von Gefäßen mit schäumenden Flüssigkeiten eignen. **(D. R. P. 297 515.)**

Zur Gewinnung von pergamentartigem Papier führt man die Bahn durch ein wässeriges, Schwefelsäure und schweflige Säure enthaltendes Bad, quetscht ab, geht durch ein gleiches Bad geringerer Stärke, preßt abermals, wäscht, passiert ein Alkalibad und wäscht schließlich mit Wasser aus. **(Norw. P. 30 964.)**

Zur Herstellung von Amyloid behandelt man Holzabfälle nach **D. R. P. 220 634** mehrere Stunden mit einem Gemenge von 2 Tl. Schwefelsäure und 1,5 Tl. einer 20proz. Natriumsulfatlösung bei 28—32°. Man setzt Wasser zu, entfernt schnell die an der Oberfläche schwimmenden Holzteile und wäscht das abgeschiedene Amyloid mit Wasser, um es nachträglich im Vakuum zu trocknen. Die Mehrausbeute gegenüber dem üblichen Verfahren soll 20% betragen. Durch den Zusatz des Salzes wird das Verkohlen des Ausgangsmaterials vermieden, es werden ferner unter Mitwirkung des Natriumsulfates, das den stürmischen Verlauf der Reaktion mildert und die Wirkung der Schwefelsäure unterstützt, wenig oder keine Dextrine gebildet und man erhält ein sehr reines Amyloid, das nach seiner Umwandlung in Zucker bei der Vergärung fast fuselfreien Alkohol liefert.

194. Färben, Oberflächenbehandlung, Kleben des Pergamentpapieres. Schläuche und Beutel.

Pergamentpapier, Vulkanfiber, Amyloid usw. werden mit Teerfarbstoffen, namentlich mit Diaminfarben, und zwar in der Masse oder durch Zusatz des Farbstoffes zur Pergamentiersäure gefärbt oder man taucht die fertigen Bahnen in die Farbstofflösung.

Um Pergamentpapier undurchsichtig zu machen, so daß man es beschreiben und bedrucken kann, zieht man das von der Schwefelsäurebehandlung noch nicht ausgewaschene Material durch eine Lösung von Chlorbarium und schlägt so innerhalb der Faser Baritweiß nieder. **(D. R. P. 11 008.)** Nach **Zusatz D. R. P. 13 258** kann man mit demselben Erfolge statt der Halogenerdalkalimetalle oder des Chlormagnesiums auch essigsaures Kalium oder Natrium, essigsaures Aluminium, Phosphorsalz oder ein Gemisch von Kali- und Glycerinseife verwenden.

Um Pergamentpapier undurchsichtig zu machen und um es zu verhindern, Feuchtigkeit aufzunehmen, setzt man die nötigen Stoffe (Bariumsulfat bzw. Metallseifen) in feiner Verteilung dem Pergamentierbade zu, so daß der Stoff mit den Körpern durchsetzt wird. **(D. R. P. 171 133.)**

Um pflanzliches Pergament zum Beschreiben und für Zeichenzwecke geeignet zu machen, wird es nach **D. R. P. 124 638** mit einer Mischung von Leim und Glycerin (oder Chlormagnesium) behandelt.

Zum Verkleben von Pergamentpapier mit Pergamentpapier verwendet man nach **L. Stoll, D. Ind.-Ztg. 1869, 508** am besten einen Streifen ungeleimten, gewöhnlichen Papieres, den man zwischen die beiden Pergamentpapierbahnen einlegt, nachdem man ihn beiderseitig mit einem Klebmittel überstrichen hat.

Nach **C. Brandegger, Dingl. Journ. 175, 86** läßt sich Pergamentpapier untrennbar mit der mit starkem Leim überstrichenen Unterlage vereinigen, wenn man es auf der zu leimenden Seite zuerst mit Alkohol tränkt.

Nach **Seifens.-Ztg. 1911, 282** erhält man ein Klebemittel für Pergamentpapier aus einer mit 2% einer konzentrierten wässerigen Boraxlösung versetzten Lösung von säurefreiem Kölner Leim.

Zum Kleben von Papierbeuteln, die fettdicht sein sollen, deren Klebstellen also durch heißes Fett nicht aufgelöst werden dürfen, verwendet man nach **Papierztg. 1911, Nr. 56** am besten eine Caseinlösung.

Zum Kleben von Pergament- oder Pergamynpapier, das mit heißem Fett in Berührung gebracht wird, eignet sich, soweit ein Klebstoff diese Behandlung überhaupt verträgt, am ehesten noch ein konzentrierter Zaponlack, der nach dem Trocknen in Fett oder Öl unlöslich, ferner auch geruch- und geschmacklos ist und von fettigem Papier nicht abgestoßen wird. **(Techn. Rundsch. 1910, 37.)**

Man kann z. B. auch in der Weise verfahren, daß man 1 kg Kölnerleim 12 Stunden in kaltem Wasser und ebenso 150 g Hausenblase in einer Mischung gleicher Teile Wasser und Brennspiritus zum Quellen bringt und die beiden geweichten Substanzen nach Entfernung der Flüssigkeiten zusammenschmilzt, worauf man noch 100 g Leinöl hinzufügt und das Ganze heiß durch Leinwand filtriert. In ähnlicher Weise soll sich auch eine Lösung von Casein in gesättigtem Boraxwasser oder ein heiß zu verwendendes Gemenge von Eiweiß und etwas Kalkbrei zum Kleben von Pergamentpapier eignen. **(Techn. Rundsch. 1907, 85 u. 107.)** Besser noch als diese Klebmittel verwendet man zum Kleben von Pergamentpapier Gemenge von Leim mit schwefelsaurer Tonerde oder von Leim mit 4% seines Gewichtes Natriumbichromat. Dieses Gemenge muß man im Dunkeln aufstreichen, worauf man die geleimten Stellen nach dem Trocknen dem Sonnenlichte aussetzt. Dieses Klebemittel hat den besonderen Vorteil, auch gegen warmes Öl undurchlässig zu sein. Der Chromzusatz beeinträchtigt die Verwendung des Papiers zum Einhüllen von Nahrungsmitteln in keiner Weise, was schon daraus hervorgeht, daß die Verpackung der Erbswürste im deutsch-französischen Krieg mit derart geklebten Umhüllungen vollzogen wurde; das Chromsalz geht eben durch Belichtung in völlig unlösliche und daher unschädliche Form über.

Dieses Klebmittel (Chromatlein, aus 1 l Leimlösung und 25 g Bichromat) verwendete auch **J. Stinde, Phot. Archiv 1873, Nr. 2,** zum Verleimen von Pergamentpapier mit Darmhäuten oder zum Verkleben von Häuten aus echtem Pergament.

Es sei erwähnt, daß sich Pergamentpapier in heißer, konzentrierter Schwefel- oder Salzsäure löst. Man benützt diese Eigenschaft nach **Techn. Rundsch. 1911, 334** zum Verkleben mehrerer dünner Papiere zu einem kartonartigen dicken Pergamentblatt.

Zur Herstellung von Pergamentschläuchen macht man das Pergamentpapier zunächst geschmeidig, führt es dann in einer entsprechenden Zahl von Bahnen durch eine Pergamentierflüssigkeit, preßt die Bahnen sodann zusammen und leitet sie durch ein Wasserbad. **(D. R. P. 284 470.)**

In **Papierztg. 1912, 1004** veröffentlicht **H. Wrede** ausführliche Mitteilungen über die in Nordamerika im Handel befindlichen Papierbeutel, die sich als Umhüllung beim Kochen und Braten von Nahrungsmitteln eignen. Am besten nimmt man nach dem Verfasser das gewöhnliche fett- und wasserdichte Pergamentpapier, das man in kreisrunde Scheiben schneidet, vor dem Gebrauch in Wasser taucht und nach dem Einlegen des zu bratenden oder zu kochenden Fleisches über diesem zusammenschlägt und zubindet. Zweckmäßig legt man unter das Fleischstück in den Beutel noch eine kleinere feuchte Pergamentscheibe und bedeckt es auch mit einer ebensolchen Scheibe, um besonders beim Braten ein Anbrennen zu verhüten. Ehe man zubindet, bringt man noch etwas Wasser in den Beutel und bläst ihn des gefälligen Aussehens wegen mittels eines Glasrohres mit Luft auf. Nach Beendigung des Koch- oder Bratprozesses schneidet man am besten den oberen Teil der Düte ab. Vgl. ferner zu demselben Thema **Papierztg. 1911, Nr. 47, 50, 54 u. 60.**

Die Erzeugnisse kommen unter dem Namen Papakuk-Kochbeutel bzw. Sanogreshüllen in den Handel und bestehen im ersteren Falle aus Pergamentersatz-, im letzteren Falle aus echtem Pergamentpapier. Beim Zubereiten der Speisen setzt man z. B. dem Fleisch in der Hülle die nötigen Fett-, Nähr- oder Gewürzstoffe zu (in den Sanogreshüllen sollen Fett und Butter nicht mitverwendet werden) und kocht das Ganze bei 100° bzw. brät es bei 125° in geheizten Bratröhren oder besonderen Öfen und erhält so Speisen, die sämtliche wertvollen Bestandteile enthalten. **(F. Ferenczi, Zeitschr. f. angew. Chem. 1911, 2241.)**

Zur Beseitigung des Salzgeschmackes von mit Kochsalzlösung behandeltem Pergamentpapier ersetzt man die bisher verwendeten Lösungen von Glycerin, Sirup oder Zucker, die dem Papier seine konservierenden Eigenschaften wieder nahmen, so daß es zur Schimmelbildung neigte, durch Saccharin, das man in Form einer gesättigten, wässerigen Lösung von 0,25—3 g je einem Liter 10—25grädiger Kochsalzlösung zusetzt. Das Papier wird nach Entfernung aus dem Saccharinbade wie üblich auf dem Trockenzylinder getrocknet. **(D. R. P. 283 506.)**

Besonders geeignet zum Verpacken von Butter ist nach einer gelegentlichen Mitteilung von **O. v. Boltenstern** mit Stärkesirup geschmeidig gemachtes Pergamentpapier.

Über die Anbringung unauslöschbarer Zeichen, Muster oder Fabrikmarken auf Pergamentpapier oder Vulkanfiber siehe **D. R. P. 354 288.**

195. Pergamentpapierersatz. Nitriertes Papier.

Pergamynpapier gewinnt man dadurch, daß man gewisse Fasern, namentlich Sulfitstoff, im Holländer nicht mahlt, sondern nur mit stumpfen Messern quetscht, so daß sie gallertartige Beschaffenheit annehmen. Es ähnelt dem Pergamentpapier nur äußerlich, ist jedoch im Gegensatz zu diesem gegen Fett und Wasser teilweise durchlässig. Trotzdem ist es bei Einhaltung des richtigen Mahlgrades nicht nötig, imitiertem Pergament zur Erzielung von Fettdichte Harzleim zuzusetzen, im Gegenteil, der Zusatz von Harz verringert den Widerstand des Ersatzstoffes gegen fette Substanzen. **(P. Ebbinghaus, Wochenbl. f. Papierfabr. 50, 2101.)** Vgl. **H. Hofmann, Zeitschr. f. angew. Chem. 1907, 746.**

Pergament- und Pergamynpapier unterscheiden sich durch die Kauprobe: Ersteres läßt sich zu einer zähen Masse zerkauen, Pergamynpapier gibt beim Zerbeißen einen kurzfaserigen Brei. **(S. Ferenczi, Zeitschr. f. angew. Chem. 1899, 51.)**

Wenn sich auch im totgemahlenen Sulfitzellstoff chemisch gebundenes Wasser nicht nachweisen läßt, muß man doch eine Hydratisierung der Cellulose annehmen, da man mit Alkohol oder Erdöl statt des Wassers keine schmierig gemahlene Cellulose erhält. Man kann dieser Hydratisierung des Stoffes durch Erwärmen vorbeugen und dadurch einen fein gemahlenen Brei erhalten, der normale und nicht pergamentartige Papiere liefert. **(J. F. Briggs, Papierfabr. 1910, Festheft, 46.)**

Zur Herstellung von Pergamyn, Pergamentersatz und imitiert Pergament soll der Zellstoff nicht unter zu hohem Druck, nicht über 125° und nicht mit zu starker Lauge, jedoch dafür in längerer Kochdauer gekocht werden. Es empfiehlt sich ferner, den gekollerten und im Mahlholländer richtig behandelten Zellstoff mit Zusatz von Glycerin und Fett zu verarbeiten. Gute fettdichte Papiere erhält man durch Mischen von Zellstoff direkter, mit solchem indirekter Kochung, während imitierte Pergamente aus möglichst fein- und warmgeschliffenem, splitterfreiem Holzstoff bereitet werden. In jedem Falle bedarf der schwer entwässerbare Stoff kräftiger Saugvorrichtungen an der Maschine und intensiver Trocknung auf zahlreichen Zylindern mit zwischenliegenden Lufttrocknern. **(Papierztg. 40, 1204.)**

Nach **D. R. P. 251 159** wird Pergamentpapier, zu dessen Herstellung man wie beschrieben sonst etwa 60grädige Schwefelsäure oder konzentrierte Chlorzinklauge und ein vorzugsweise aus Baumwollfasern bestehendes Papier verwendete, in ähnlich guter Qualität erhalten, wenn man von hart gekochter Sulfitcellulose oder besser noch von Pergamentersatzpapier ausgeht, diese sehr schmierig mahlt und nun mit verdünnten anorganischen (z. B. 0,1 n-H_2SO_4) oder auch organischen Säuren oder mit Lösungen saurer Salze evtl. unter Zusatz von Formaldehyd behandelt. Das imprägnierte Papier wird bei etwa 100° auf Trockenzylindern getrocknet.

Zur Herstellung von schneeweißem imitierten Pergament wird so stark gekochter Zellstoff verwendet, daß kalte Bleichung mit wenig Chlorkalk genügt. Man mahlt den Stoff erst nach genügender Kollerarbeit und setzt etwa 25% holzschlifffreie Papierspäne und überdies bestes Asbestmehl zu. **(Papierztg. 45, 1326.)**

Nach **Papierztg. 1912, 32** klebt man Pergamynpapiere am besten und haltbarsten mit einer Mischung von Stärkekleister und Pflanzenleim, der jedoch besonders beim Kleben gefärbter Papiere neutral sein muß. Nach **S. 121** setzt man dem Klebstoff eine kleine Menge Chlorcalcium in fester Form oder in Form einer wässerigen Lösung zu und klebt die Papiere in halbfeuchtem Zustande, da sie dann den Klebstoff besser aufnehmen. Nach dem Kleben muß jedoch gut getrocknet werden.

Mahlt man den Pergamynstoff naß noch weiter, so daß auch jede Spur der Faserstruktur verschwindet, so erhält man nach Verdunstung des Wassers aus der formlosen Masse das Cellulith des **D. R. P. 98 201.** Der Holländerbrei wird zur Aufarbeitung auf ein dichtes Metallgewebe gegossen, auf dem die Masse zusammensinkt und einen honigartigen Sirup liefert, der nach der weiteren Entwässerung zu einer hornartigen Masse vom spez. Gewicht 1,5 eintrockenbar ist. Dieses Cellulith dient wie Horn oder Hartgummi zur Herstellung von Dichtungsringen oder als Bindemittel für Schleifscheiben für Carborund oder Schmirgel. **(S. Ferenczi, Zeitschr. f. angew. Chem. 1899, 51.)**

Durchscheinendes, fettdichtes, relativ tintenfestes Pergamynersatzpapier von bräunlichgelber Farbe erhält man aus Blättern und Stengeln des Rohrkolbenschilfes durch alkalische Druckbehandlung und Verarbeitung des gewaschenen, nicht gemahlenen und nicht geleimten Materials als Papierganzstoff. Man kocht etwa 3 cm lange Stücke der Blätter und Stengel des Rohrkolbenschilfes in zusammengepreßtem Zustande etwa 3 Stunden unter 8 Atm. Druck mit 2 proz. Natronlauge, wäscht die Masse aus und schöpft aus ihr Bogen, die ohne Zusatz irgendwelchen Leimstoffes eine geschlossene, durchscheinende, fettdichte, tintenfeste Papierart darstellt. Zur Entfernung des bräunlichen Tones der Bogen empfiehlt es sich, die Masse vor dem Schöpfen mit Chlorkalk zu bleichen **(D. R. P. 303 266.)**

In **Papierztg. 1890, 2412** finden sich zahlreiche Vorschriften zur Herstellung von nachgeahmtem Pergamentpapier. Man erhält beispielsweise aus 60% Sulfitzellstoff, 25% Natronzellstoff, 15% Holzschliff, ganz geleimt mit 5 kg Leim und 5 kg schwefelsaurer Tonerde (für 100 kg trockenen Stoff) ein recht gutes Ersatzmaterial. Das übliche Produkt wird aus 100% Sulfitzellstoff, allein ohne Holzschliff und Natronzellstoff mit derselben Leimung erhalten Auf die weiteren Vorschriften sei hier nur verwiesen, erwähnenswert ist, daß man aus 100% Sulfitzellstoff 5 kg Leim, 5 kg schwefelsaurer Tonerde und 2 kg Stearin (alles für 100 kg trockenen Stoff) ein sehr gutes, fettglänzendes Pergamentersatzpapier erhält.

Zur Herstellung pergamentartiger, fester, dichter und leimfester Papiere behandelt man den Zellstoff im Holländer mit Oxydationsmitteln, z. B. 2% Natriumnitrit oder Permanganat, Superoxyd usw., säuert mit Mineralsäure an und beginnt zu mahlen. Der Mahlprozeß führt in kurzer Zeit zu einer schleimigen Stoffmasse. **(D. R. P. 303 305.)**

Ein wasserdichtes, dem Pergamentpapier äußerlich ähnliches Papier, das angefeuchtet werden kann, ohne daß der Überzug leidet, und das sich auch als Pauspapier eignet, erhält man durch Schwimmenlassen von Seidenpapier auf einer wässerigen Lösung von Schellack in Borax. Das Papier wird durch diese Behandlung durchsichtig und für Wasser sowohl wie für Fette undurchlässig. Nach dem Trocknen des Papiers in freier Luft kann man es mittels eines warmen Plätteisens glätten. **(Dingl. Journ. 210, 400.)**

Nach **J. G. Kugler, Chem. Zentr.-Bl. 1875, 831,** erhält man künstliches Pergamentpapier durch Überziehen guter Papiere mit Eiweiß oder mit Blutserum, die dann in der Wärme koaguliert werden. Zweckmäßig erfährt das Papier vorher eine Behandlung mit Stärkemilch, um es weich zu machen, wodurch zugleich der spätere Überzug durch diesen Stärkegrund isoliert wird.

Die Koagulierung des Eiweißes erfolgt am besten mit Dampf von etwa 130°. Weitere Imprägnierungen von Papier zur Erzielung von Fett- und Öldichte durch Eintauchen in eine glycerinhaltige Gelatine- oder in eine gesättigte Boraxschellacklösung oder in eine Lösung von Harz, Leinöl und Paraffinöl in Petroleum (auch eine Lösung von Kautschuk, Leinöl und Schwefelkohlenstoff wurde verwendet) sind an anderer Stelle beschrieben.

Zur Herstellung von dickem, zur Erzeugung von Lagerschalen oder Treibriemen verwendbarem Pergament zieht man Rollenpapier bis zur oberflächlichen Verkleisterung durch ein Salpetersäurebad und wickelt es noch feucht auf einen erwärmten Zylinder, wo die einzelnen Lagen evtl. unter gleichzeitiger Wirkung einer Preßwalze miteinander verklebt werden. Der erhaltene Hohlzylinder wird dann aufgeschnitten, in alkalischem Wasser ausgewaschen und liefert so, besonders nach Aufbringung verschiedener Überzüge, ein hartes, hornartiges oder biegsames lederartiges Material. **(A. P. 322 629.)**

Um Papier gegen mechanische Einflüsse widerstandsfähiger zu machen, bringt man es nach **D. R. P. 180 270** in ein Bad aus Schwefelsäure und Salz- oder Salpetersäure oder getrennt zunächst in ein Salzsäure- bzw. Salpetersäurebad.

Zur Erzeugung von nitriertem Papier bleicht man ein Gemenge von Esparto und Holzzellstoff wie üblich, setzt es im feuchten Zustande der Einwirkung von freiem Chlor aus, wäscht es abermals im Holländer, formt zu Papier und imprägniert wie bei der Herstellung von echtem Pergamentpapier mit Nitriersäure. Die Chlorvorbehandlung bewirkt, daß das Nitropapier größere Beständigkeit erhält, nicht dunkler wird und bei niederer Temperatursteigerung als sonst nitriert werden kann. **(C. Budde, Papierztg. 41, 894.)** Vgl. **Bd. IV [289].**

Celluloseester.

Nitroseide (Cellulosenitrat).

196. Literatur und Allgemeines über Kunstseide und Celluloseester (Stapelfaser).

Süvern, K., Die künstliche Seide, ihre Herstellung, Eigenschaften und Verwendung. Berlin 1921. — Becker, F., Die Kunstseide. Halle a. S. 1912. — Silbermann, Die Seide. Dresden 1897.

Über Probleme der Zellstoff- und Kunstseideindustrie berichtet **C. D. Schwalbe in Zeitschr. f. angew. Chem. 1908, 2401.**

Aus der Praxis der Kunstseideindustrie siehe die Angaben von **H. Jentgen, Kunststoffe 3, 86, 145, 249** u. **327.**

Über die Anwendung der Kunstseide in der Textilindustrie berichtet **B. Kozlik in Kunststoffe 1911, 103.**

Über den Stand der Kunstseideindustrie im Jahre 1908 unterrichtet eine heute noch sehr lesenswerte Arbeit von **F. J. G. Beltzer** in **Zeitschr. f. angew. Chem. 1908, 1731;** vgl. **Derselbe,** in **Kunststoffe 1912, 201** u. **223.**

Die Patente der Jahre 1915—1919 auf dem Gebiet der Kunstseideindustrie stellte **K. Süvern** in **Faserstoffe 2, 153** zusammen.

Die ausländische Patentliteratur über die Herstellung von Celluloseestern behandelt **Wedorf** in **Kunststoffe 10, 113.**

Die analytischen Untersuchungsmethoden in der Kunstseideindustrie bespricht **H. Jentgen** in **Kunststoffe 1911, 161.**

Über die Verwendung der Kunstseide verschiedener Abstammung siehe das Referat über einen Vortrag von **R. Schwarz** in **Kunststoffe 1913, 458.**

Über die wissenschaftlichen Grundlagen der Kunstseidefabrikation schreibt **K. Hess** in **Textilber. 1922, 41.**

Das Prinzip der Kunstseidefabrikation beruht auf der Eigenschaft von Lösungen der Cellulose (bzw. ihrer Abkömmlinge) oder der Gelatine, des Leimes usw., durch geeignete Mittel ausgefällt zu werden. Je nach der Art der Austrittöffnung für die Celluloselösung erhält man so Fäden von verschiedenem Querschnitt und verschiedener Dicke, oder Blätter (Films), Platten, Röhren u. dgl. Kunstprodukte, die sich durch relativ hohe Festigkeit und hohen Glanz auszeichnen. Man unterscheidet: I. Produkte aus Cellulose (Baumwolle) und ihren Abkömmlingen, II. Produkte aus Lösungen, die keine Cellulose enthalten. Die Cellulose selbst ist, wie oben **[186]** ausgeführt wurde, nicht löslich, sondern in Lösung gehen nur ihre Abkömmlinge, die Hydrat-, Hydro- und Oxycellulosen. Von den Ausfällprodukten solcher Lösungen in Salzlaugen, Säuren oder Kupferoxydammoniak hat nur das letztere als Glanzstoff (Paulyseide, im folgenden kurz Kupferseide genannt) technische Bedeutung erlangt. Viel wichtiger sind die Lösungen der Ester der Cellulose mit Salpeter-, Essig- und Xanthogensäure, deren Ausfällungsprodukte die Nitro-, Acetat- und Xanthogenat-(Viscose-)seide ergeben.

Ester entstehen aus je einem Molekül eines Alkohols und einer Säure durch Wasseraustritt. Da die Cellulose Alkoholhydroxylgruppen enthält, vermag sie demnach ebenfalls mit anorganischen und organischen Säuren unter Esterbildung zu reagieren. Technische Wichtigkeit besitzen wie gesagt die Ester der Salpetersäure, Essigsäure und Xanthogensäure, die als Nitro- und Acetylcellulose bzw. Viscose große Bedeutung für die Sprengstoff- und Kunstseideindustrie erlangt haben, sie bilden auch die Grundlage zur Erzeugung der wichtigsten Kunstmassen und Häutchen oder Schichten für die photographische und Filmindustrie.

Für die Esterbildung gilt, was **[186]** bereits über das Lösen der Cellulose gesagt wurde, auch hier ist das primäre Produkt Hydrat- oder Hydrocellulose, also eine Zwischenphase, deren Entstehung einerseits vorteilhaft ist, da sich diese primären Abbauprodukte leichter esterifizieren lassen, andererseits jedoch die Arbeit erschweren, da bei zu weit gegangener Hydrolyse Produkte geringer Festigkeit entstehen. Während die Esterbildung mit Mineralsäuren rasch und gleichmäßig erfolgt, reagieren die organischen Säuren viel träger, häufig überhaupt erst dann, wenn man die Cellulose vorher oder gleichzeitig durch Zusatz von Mineralsäuren oder Alkalien hydrolysiert. Die Arbeitsbedingungen, Einwirkungsdauer und -temperatur, Mengenverhältnisse usw. sind maßgebend für die Zahl der in die Cellulose eintretenden Säurereste, so daß man es in der Hand hat, durch geeignete Arbeitsbedingungen verschiedene, in Einzelfällen, besonders bei der Nitro- und Acetylcellulose, genau charakterisierbare Mono-, Di- usw. acetate zu erhalten, die sich wie alle Ester wieder verseifen lassen. Näheres in den einzelnen Kapiteln.

Die Kunstseide verdanken wir, wie viele andere Erfindungen der letzten Jahrzehnte des vorigen Jahrhunderts, dem Bestreben, kostbare Naturprodukte durch billigere, gleichwertige, mit chemischen und mechanischen Mitteln hergestellte Produkte zu ersetzen. In vielen Fällen gelang es, die wirksamen Stoffe der Naturprodukte, nachdem man ihre chemische Konstitution erforscht hatte, durch Synthese mit allen ihren Eigenschaften aufzubauen, so Alizarin, Indigo und viele andere Stoffe. Wenn man von künstlichem Alizarin oder künstlichem Indigo spricht, so ist damit nur der Weg der Gewinnung dieser Farbstoffe gekennzeichnet, diese selbst sind identisch mit den Farbstoffen, die aus den Pflanzen in reinem Zustande hergestellt sind. — Anders liegt die Sache bei der Kunstseide. Die Aufgabe, einen vollwertigen Ersatz der echten Seide zu schaffen, ist noch nicht gelöst. Die bisher nach den verschiedenen Verfahren gewonnene künstliche Seide, so bestechend schön ihr Äußeres ist, hat eine geringe Festigkeit, die sich schon bei ihrem Verweben, besonders aber bei der Verwendung von Stoffen mit Kunstseidefäden und vor allem beim Waschen unliebsam bemerklich macht. Trotz dieser großen Schwäche der Kunstseide hat ihr hoher Glanz, der den der Seide noch überstrahlt, ihr eine immer steigende Verwendung verschafft, im besonderen für Stickereien, in Verbindung mit Wolle und Baumwolle für Glanzeffekte, für Plüsch-, Pelzimitationen, für kurzlebige Modewaren, Bänder, Litzen u. dgl. Sie dient in diesen Fällen stets als Schuß, während für die Kettfäden haltbarere Gespinstfasern gewählt werden. Man darf wohl hoffen, daß es den unermüdlichen Bemühungen gelingen wird eine haltbarere, gegen Wasser unempfindliche Kunstseide herzustellen. Dann wird die natürliche Seide dem Kunstprodukt den Platz zum größten Teile räumen müssen.

Die Aufgabe, die Seide zu ersetzen, war chemisch eine viel schwierigere, als sie zunächst erschien. Es handelt sich dabei um einen vollwertigen Ersatz des Fibroins der echten Seide in allen seinen physikalischen und chemischen Eigenschaften und um eine genaue Nachahmung des Spinnprozesses der Raupen von Bombyx mori. Bekanntlich verspinnt diese für den Cocon etwa 2000 m Faden äußerster Feinheit von etwa 0,02 mm Dicke. Das Problem ist in seinem zweiten, mechanischen Teil, soweit das Verspinnen in Betracht kommt, nach Überwindung großer Schwierigkeiten von verschiedenen Seiten in glänzendster Weise gelöst worden.

Réaumur warf bereits 1734 die Frage auf, ob es nicht gelingen könnte mit einem Firnis oder Gummi oder mit einem Präparate aus solchen, Seide, die ja nur aus eingedicktem Gummi bestehe, nachzubilden. Im Jahre 1855 griff **Audemars** (Lausanne) diesen Gedanken auf und nahm das britische Patent **283/1855** auf ein Verfahren zur Herstellung von Fäden, die als Seideersatz dienen sollten. Er mischte Kollodiumlösung mit erweichtem und in Äther aufgequollenem Kautschuk. Aus diesem viscosen Gemisch zog er mittels einer Stahlspitze Fäden hoch, die aufgehaspelt wurden.

Auf ähnlichem Wege stellte **Swan 1883** künstliche Glühlampenfäden her. Erst den Bemühungen des **Grafen Hilaire de Chardonnet** gelang es jedoch durch Verwendung nitrierter Cellulose ein brauchbares Verfahren zur Gewinnung künstlicher Seide auszuarbeiten, die allerdings wegen ihrer Zugehörigkeit zur Klasse der rauchlosen Pulver **(Bd. IV, [280])** durch ihre leichte Entflammbarkeit in dieser Form unverwendbar schien. Es gelang zwar diese Nitroseide durch Behandlung mit reduzierenden Mitteln zu denitrieren und so reine Cellulosegespinste zu erhalten, die kaum mehr Stickstoff enthielten, doch war dieser Umweg ebenso wie das ganze Verfahren zu teuer, eine allgemeine Verwendung des Produktes daher ausgeschlossen.

Der Wunsch direkt, also ohne kostspielige Denitrierungsnachbehandlung, unentflammbare Fäden zu erzeugen, führte zur Auffindung der Viscose- und Acetatseide, ferner zum Glanzstoff, dem Ausfällungsprodukt der Kupferoxydammoniak-Celluloselösung (siehe hierüber die folgenden Kapitel). Die Versuche, statt der Cellulose andere Ausgangsstoffe, im besonderen Eiweißstoffe, zu verwenden, können als gescheitert gelten. Die hierher gehörige stark glänzende, aber gegen Feuchtigkeit sehr unbeständige Kunstseide, die Vanduraseide, wurde nach dem Verfahren von **Adam Millar** in Glasgow (**D. R. P. 88 225**) durch Verspinnen von mit Erhärtungsmitteln, wie Formaldehyd u. dgl., versetzter Gelatinelösung hergestellt. Sie wird heute kaum noch fabriziert.

Ein neues Produkt der Kunstseideindustrie ist die Stapelfaser. Sie unterscheidet sich von der auf irgendeinem Wege erhaltenen, in einem einzigen fortlaufenden Faden gesponnenen Kunstseide durch ihre Kürze, die sie der natürlichen Cellulosefaser ähnlich macht, so daß man sie wie Baumwolle verarbeiten kann. Über die während des Krieges in großem Maßstabe aufgenommene Fabrikation sind Einzelheiten noch nicht bekannt geworden. Man verfährt zur Herstellung dieser künstlichen Baumwolle dem Prinzip nach in der Weise, daß man den aus der Spritzdüse austretenden Faden nach einer gewissen erreichten Länge abreißt bzw. den Spritzvorgang in bestimmten Intervallen unterbricht, so daß in beiden Fällen spitzenförmig auslaufende Fasern entstehen, die die Stückchen der Naturfaser ähnlicher machen. (**D. R. P. 319 079 und 319 280.**) Die Herstellung der Stapelfaser ist ferner in **E. P. 178 151** beschrieben.

Aus Stapelfaser lassen sich zusammen mit Wolle durchaus der Naturwolle gleichende tuchartige Kleiderstoffe und mit Baumwolle sehr gute Wäschestoffe erzeugen. Das Material ist, wenn man es in nassem Zustande mechanisch nicht zu stark beansprucht, für alle Zweige der Bekleidungsindustrie verwendbar und dürfte auch nach Eintritt normaler Zustände seinen Platz behaupten. (**E. O. Rasser, Papierfabr. 17, 329.**)

Statistisches: Vor dem Kriege wurde in Deutschland am meisten Kunstseide verbraucht und etwa ein Drittel der gesamten Weltproduktion, die **Beltzer** im Jahre 1907 auf 5 Millionen kg geschätzt hat, erzeugt. Eingeführt wurde hauptsächlich aus Belgien, Österreich und der Schweiz. Ausgeführt nach den Vereinigten Staaten von Nordamerika, Italien und Japan.

Die Zahlen für den deutschen Handel sind (1912):

	Einfuhr	2251 t	Wert 27 047 000 M.
	Ausfuhr	648 t	„ 7 892 000 „
1911:			
	Einfuhr	1711 t	„ 20 586 000 „
	Ausfuhr	615 t	„ 7 524 000 „

Deutschl. Kunstseide ungefärbt ½ **1914 E.: 8690, A.:** } **5229 dz.**
Deutschl. Kunstseide gefärbt ½ **1914 E.: 57, A.:** }

Die Selbstkosten für 1 kg Kunstseide wurden von **Becker** für das Nitrocelluloseverfahren auf 12—13 M. geschätzt, für das Kupferoxydammoniak-Celluloseverfahren (Glanzstoff) auf 9 bis 10 M. und für das Viscoseverfahren auf 8—9 M. Das letztere Verfahren erscheint demnach als das konkurrenzfähigste, was auch die Entwicklung der nach den verschiedenartigen Verfahren arbeitenden Fabriken bestätigt.

Wie bedeutend sich die Werte chemischer Produkte durch Veredlungsprozesse steigern, geht aus folgender Zusammenstellung hervor, bei der die Preise von 1903 zugrunde gelegt sind: Ein Raummeter, das ist 400—500 kg, Holz hatte einen Wert von 7 M. Die aus dieser Holzmenge erhaltene Cellulose kostete 30 M., als Papier war das Holz 40—60 M., als Zellstoffgarn 50—100 M., als Viscoseroßhaar 1500 M., auf Kupferoxydammoniakseide verarbeitet 3000 M. und als Acetatseide 5000 M. wert. Bekannt ist auch die Wertsteigerung bei der Umwandlung des Roheisens in Uhrfedern, und wenn demnach obige Zahlen natürlich heute wesentlich verändert sind, so geben sie doch ein Bild über die Umwertung der chemischen Produkte, hervorgerufen durch Veredelung.

197. Literatur und Allgemeines über Nitroseide. Chardonnets Verfahren.

Deutschl. Kollodium (Celloidin) ½ 1914 E.: 1, A.: 363 dz.

Häussermann, C., Die Nitrocellulosen. Braunschweig 1913.

Über Cellulosenitrate und Celluloseacetonitrate siehe die Abhandlung von **E. Berl und W. Smith** in **Ber. 1908, 1837.**

Über die Nitrierung der Baumwolle und überhaupt cellulosehaltiger Stoffe wird im IV. Band, Abschnitt „Sprengstoffe" berichtet werden, hier sei nur erwähnt, daß die in Äther-Alkohol lösliche Kollodiumwolle (Cellulosetetranitrat) mit etwa 12% Stickstoffgehalt nach **Becker** bzw. **Ichenhäuser** mit Mischsäuren aus 31,5 (38)% HNO_3, 53,8 (44)% H_2SO_4 und 14,7 (18)% H_2O bei einer Nitrierdauer von 10 Minuten bei 50 bzw. 40° erhalten wird.

Über praktische Berechnung der Nitrierbäder zur Herstellung der Nitrocelluloseprodukte, also zur Gewinnung der Nitroester der Cellulose, siehe **L. Clément, Kunststoffe 1912, 384.**

Unter dem Namen Kollodiumwolle versteht man nach Übereinkunft Nitrocellulose von der Zusammensetzung, daß sie sich vollständig oder fast vollständig in einem Gemisch von 2 Vol.-Tl. Äther und 1 Vol.-Tl. Alkohol löst. Man erhält dieses Produkt nach Angaben von **G. Lunge** durch Nitrieren ganz trockener Baumwolle mit gleichen Teilen Salpeter- und Schwefelsäure, die zwischen 17 und 18% Wasser enthalten, während 2 Stunden bei 40° oder in 20 Minuten bei 60°. Der Stickstoffgehalt dieser Nitrocellulose liegt zwischen 12,5 und 11% und sinkt weiter mit steigendem Wassergehalt des Nitriergemisches; er steht zwar in keiner direkten Beziehung zur Viscosität der Lösungen, doch erreicht sie bei seinem Maximum die größte Höhe. Die Abhängigkeit der Viscosität von der Nitrierungstemperatur, der Konzentration der Lösungen, der Dauer der Nitrierung usw. erörtert Verfasser in **Zeitschr. f. angew. Chem. 1906, 2051.**

Über die Viscosität von Kollodiumlösungen siehe auch die eingehende Arbeit von **Th. Chandelon in Bll. Soc. Chim. Belg. 28, 24**; Ref. in **Zeitschr. f. angew. Chem. 27, 503** und Kapitel **Celluloid.**

Ausführliche Mitteilungen über die Fabrikation der Chardonnetseide finden sich in **Zeitschr. f. angew. Chem. 1895, 62.**

In **Kunststoffe 1912, 261 ff.** berichtet **W. Mitscherling** ausführlich über die Herstellung der Nitroseide, u. z.: das Entwässern, Zerreißen und Trocknen der Baumwolle, den Nitrierprozeß, das Waschen, Trocknen und Lösen, ferner das Verspinnen des nitrierten Produktes, die Denitrierung. das Bleichen (vgl. **E. Erban, ebd. 1911, 167)** der Kunstseide, die Wiedergewinnung der Lösungsmittel und die Konstruktion der Spinnapparate, und bringt die Skizze einer Kunstseideanlage nach dem Chardonnetverfahren. Vgl. jedoch **A. Bernstein, Kunststoffe 1912, 358.**

Eine Filtriervorrichtung, insbesondere für Kunstseide-Spinnlösung, ist in **D. R. P. 246 780** beschrieben.

Zur Herstellung von Kollodiumwolle, deren Lösungen auf Nitrokunstseide verarbeitet werden, wird ausschließlich Baumwolle oder Watte benützt. Sie muß gut entfettet und gebleicht werden und wird gewöhnlich bei 100° getrocknet. Die aus Holzzellstoff gewonnene Seide ist weicher, aber weniger weiß und bricht leichter. Zur Reinigung wird der Holzzellstoff mit Lösungen von kohlensauren Alkalien 3—6 Stunden bei einem Druck von 2—3 Atm. gekocht. Ein geringer Zusatz von ätzenden oder Schwefelalkalien erhöht die Weichheit des Produktes ohne seine Festigkeit zu verringern.

Siehe auch das Verfahren zur Herstellung einer nitrierfähigen und verspinnbaren Masse aus Holzzellstoff nach **D. R. P. 300 703.**

Chardonnet verfuhr in seinem ersten Verfahren **(D. R. P. 38 368 vom 20. 12. 1885)** in der Weise, daß er die Cellulose in einem Schwefelsäure-Salpetersäuregemenge nitrierte, das 15 Tl. Salpetersäure (spez. Gewicht 1,52) und 85% 66grädige Schwefelsäure enthielt. Nach der in 5 bis 6 Stunden beendeten Nitrierung wurde das durch Abschleudern möglichst von den Säuren befreite Pyroxylin unter Vermeidung jeder Temperaturerhöhung mit genügenden Wassermengen gewaschen und ursprünglich direkt, später nach der Bleichung mit verdünnter angesäuerter Chlorkalklösung (**Chardonnet** hatte erkannt, daß vor der Nitrierung gebleichte Cellulose kein genügend zähes Pyroxylin liefert) mit einem Feuchtigkeitsgehalt von etwa 36% oder in getrocknetem Zustande in der vierfachen Gewichtsmenge Äther-Alkohol gelöst. Die dicke Lösung wurde dann evtl. nach Verdünnung mit konzentrierter Schwefel- und Salzsäure versponnen. Zur Denitrierung verwendete **Chardonnet** lauwarme Salpetersäure, ferner auch die Sulfurete der Alkalien oder Kaliumsulfocarbonat, das in Form einer 36grädigen Lösung in 12 Stunden bei 35° eine völlig denitrierte nicht mehr verbrennliche Substanz erzeugt. Schließlich erkannte er auch, daß man die meisten Denitrierungsverfahren dadurch abkürzen kann, daß man das Pyroxylin zur Einleitung der Reaktion vorher mit einer Mineralsäure imprägniert. Im Zusatzpatent findet sich dann eine Beschreibung der Maschine, die zum Ausspritzen der Kollodiumlösung diente. **(D. R. P. 56 655** und **56 331.)**

Die Ausführung des Chardonnetschen Verfahrens zur Herstellung künstlicher Seide mit Anwendung eines nicht völlig trockenen, sondern 25—30% Wasser enthaltenden Pyroxylins, das in Alkoholäther wesentlich leichter löslich ist als das Trockenprodukt, ist in **D. R. P. 81 599** beschrieben.

198. Löslichkeitserhöhung der Nitrocellulose.

Die Nitroseideindustrie ist in erster Linie eine Frage der Lösungsmittel, deren Unlösbarkeit 1913 zur Einstellung einer großen Zahl der Betriebe führte, da die Bestrebungen das teuere, schwer völlig wiedergewinnbare Alkohol-Äthergemenge auszuschalten oder die Löslichkeit der Nitrocellulose in diesem Gemenge zu erhöhen, nur geringen Erfolg brachten. Neuerdings scheint es, als würde durch Ersatz des Äthers durch das billige Benzol ein Wiederaufleben der Fabrikation dieses wertvollen Kunstseideproduktes zu erwarten sein.

In einer umfassenden Arbeit über die Löslichkeit der Nitrocellulosen in Äthylalkohol erörtert **H. Schwarz** den Zusammenhang zwischen Alkohollöslichkeit und Bleichgrad, ihre Steigerung durch hohen Wassergehalt und hohe Temperatur der Nitriersäure, den Einfluß der Nitrierdauer auf die spätere Alkohollöslichkeit, den Einfluß der durch zu starke und lange Trocknung der Cellulose bedingten Bildung von Hydro- und Oxycellulosen, die in nitriertem Zustande bedeutend löslicher sind als normale Nitrocellulose, ferner die Bedeutung geringer Verunreinigungen oder Zusätze zum Alkohol, für dessen Lösevermögen und schließlich die Lösefähigkeit von Gemischen, deren Komponenten an sich nicht Lösungsmittel sind. **(Kunststoffe 3, 341 u. 370.)**

Ursprünglich löste **Chardonnet** 100 Tl. Pyroxylin bei Gegenwart von 10—20 Tl. eines reduzierenden Metallchlorürs (Eisen, Chrom, Mangan oder Zink) und von 0,2 Tl. einer oxydierbaren organischen Base (Chinin, Anilin) in 2—5 l eines Gemisches von 40 Tl. Äther und 60 Tl. Alkohol unter Zusatz eines löslichen Farbstoffes in der Wärme und preßte den Faden durch eine gekühlte Spinndüse auf eine Fläche in Wasser, wo er vor dem Erstarren dünn ausgezogen wurde. **(D. R. P. 38 368.)** Es soll nach anderen Angaben besser sein, bei der Kollodiumherstellung auf die

Nitrocellulose zuerst den reinen Äther zu gießen und dann erst nach vollständiger Durchfeuchtung den Spiritus zuzufügen.

Zur Herstellung von Nitrocelluloselösungen verwendet man einen großen Überschuß von Ätheralkohol mit überschüssigem Äther, filtriert und destilliert aus dem Filtrate das Lösungsmittel ab, wobei zugleich die eingeschlossene Luft entweicht, bis die zur Fadenerzeugung nötige Dichte erreicht ist. Nach einer Ausführungsform des Verfahrens löst man z. B. 300 kg trockener Nitrocellulose in 200 l Methylalkohol, 200 l Äthylalkohol und 1600 l Äther. Man filtriert unter schwachem Druck, destilliert 10 hl Äther ab und erhält nach der Abkühlung, wenn man in einem von der Luft völlig abgeschlossenen Raum gearbeitet hat, eine Vorratslösung, die völlig luftfrei ist und sich zur Erzeugung von Fäden besonders gut eignet. (**D. R. P. 171 752.**)

Nach einer Abänderung des Verfahrens des **D. R. P. 38 368** (siehe oben) löst man die Nitrocellulose statt in Ätheralkohol in Eisessig (nach **A. P. 767 944** durch Einwirkung von Essigsäuredämpfen), fügt dann eine Eisessiglösung von Fischleim oder eine Lösung von Ricinusöl oder Guttapercha in Schwefelkohlenstoff zu und behandelt die Kunstfäden in einem neutralisierenden und bleichenden Bad aus Ätznatron, Soda oder Natriumbisulfit, dann in einer Albuminlösung, ferner in einem sog. Koagulierungsbade, das ist eine Lösung von Carbolsäure oder einem Quecksilbersalz, weiter zur Herabsetzung der Verbrennlichkeit in einem Aluminiumsalzbad und schließlich in einer die Oberfläche des Fadens glättenden Albuminlösung. (**D. R. P. 52 977.**)

Nach **Schweiz. P. 22 680** wird die Löslichkeit der Nitrocellulose (100 Tl.) in 500 Tl. Äther-Alkohol erhöht, wenn man 15 Tl. einer 25proz. Kautschuklösung und 7 Tl. Zinnchlorür hinzufügt. Man verspinnt dann wie üblich, ohne zu denitrieren.

Nach **F. P. 344 845** löst man zur Herstellung künstlicher Seide Nitrocellulose in einer Mischung von Alkohol, Eisessig, Albumin und Ricinusöl nach **F. P. 344 660** in einem Gemisch von Aceton, Äthyl- oder Methylalkohol und Ammoniumnitrit, evtl. unter Zusatz von Eisessig.

Über Lösung von Kollodiumwolle (Tetranitrocellulose) in der halben Menge starken Weingeistes, in dem man die Hälfte seines Gewichtes essigsaures Ammonium oder Chlorcalcium oder Rhodanammon gelöst hat, zur Herstellung seidenähnlicher Fäden siehe **D. R. P. 93 009.**

Nach **D. R. P. 55 949** soll man die Cellulose zuerst in Kupferoxydammoniak lösen, dann ausfällen, nitrieren, die Nitrocellulose in Methylalkohol lösen und eine verdünnte alkoholische Lösung von Natrium- oder Ammoniumacetat und eine ätherische, leinölhaltige Harzlösung zusetzen. Vgl. **F. P. 315 052.**

Nach **D. R. P. 135 316** löst man zur Herstellung von Kunstseide Nitrocellulose in einem Gemisch von Aceton, Essigsäure und Amylalkohol. Man verarbeitet die Lösung in bekannter Weise auf Fäden und denitriert wie üblich.

Zur Herstellung künstlicher Seide verspinnt man eine Pyroxylin-Acetonlösung, um einen haltbareren Faden zu gewinnen, nach **D. R. P. 171 639** bei Gegenwart von schwefliger Säure.

Über einen gegenüber dem Aceton nur halb so teuren Acetonersatz, der wie Aceton selbst zur Herstellung von Nitroseide, Schießbaumwolle, Nitrokohlenwasserstoffen, ferner zur Herstellung von Celluloid und seinen Ersatzstoffen aus Acetylcellulose geeignet ist, berichtet **C. Piest** in **Chem.-Ztg. 37, 299.**

Auch Acetylglykolsäureamylester liefert mit Nitrocellulose ebenso wie Acetyloxyessigsäureäthylester mit Acetylcellulose weiche biegsame Films. (**D. R. P. 324 786.**)

Nach **E. P. 182 166** löst man den Celluloseester zur Herstellung der Spinnlösung in einem Gemisch von niedrig und von hochsiedendem Lösungsmittel (Aceton, Acetylaceton, Cyclobutan usw.). Das hochsiedende Lösungsmittel, das auf das Cellulosegewicht bezogen, in der Menge von etwa 50% angewandt werden soll, verzögert das Starrwerden der Fäden und erleichtert ihr Ausziehen auch aus größeren Spinndüsen. (**E. P. 182 166.**)

Nach **D. R. P. 199 885** erhitzt man die Cellulose vor ihrer Nitrierung, um die Löslichkeit der Nitrocellulose in Alkohol-Äther zu steigern, in Gegenwart indifferenter sauerstofffreier Gase wie z. B. Kohlensäure und Stickstoff auf höhere Temperaturen. Nach **D. R. P. 211 385** soll die Erhitzung der Cellulose mit Glycerin oder Öl während verschieden langer Zeit auf Temperaturen von etwa 130° denselben Erfolg haben.

Durch Erhitzen der Nitrocellulose mit geringen Mengen verdünnter Säure unter Druck von $1^1/_2$—3 Atm. steigt ihre Löslichkeit um etwa die Hälfte, ohne daß die aus ihr gewonnene Kunstseide an Elastizität oder Festigkeit, die eher noch gesteigert wird, verliert. Man arbeitet z. B. in der Weise, daß man die Schießbaumwolle während 1—3 Stunden bei 104—140° unter einem Druck von 1,2—3,7 Atm. mit einer 1,5—3proz. Lösung von Schwefel-, Salz-, Salpeter- oder Phosphorsäure erhitzt; das in der molekularen Zusammensetzung veränderte Produkt zeigt eine um 30 bis 40% bessere Löslichkeit, als die nicht vorbehandelte Nitrocellulose. (**D. R. P. 255 067.**) Das Verfahren ist auch für Nitrocellulose als Sprengstoff oder Schießpulver verwendbar. **Th. Chandelon, Kunststoffe 1913, 104.**)

Über Lösungsmittel der Nitrocellulose zur Lackbereitung siehe **Bd. III [139].** Vgl. auch **Bd. IV [285].**

199. Ausfäll- und Spinnprozeß.

Man unterscheidet das Chardonnetsche Trockenspinnverfahren, bei dem 25proz. filtrierte Nitrocelluloselösungen in Äther-Alkohol unter 50—60 Atm. Druck durch 0,08—0,1 mm weite Öffnungen in einen Strom warmer Luft ausgepreßt werden, von dem verlassenen Naßspinnverfahren von **Lehner**, der eine dünnflüssige Kollodiumlösung in heißem Zustande durch feine Röhrchen in eine kalte Erstarrungsflüssigkeit austreten läßt und den erst äußerlich erstarrten Faden außerhalb der Erstarrungsflüssigkeit noch dünner auszieht, worauf die vollständige Gerinnung und Trocknung eintritt. Die Öffnung, durch welche die kollodiumähnliche Flüssigkeit austritt, braucht nicht so fein wie der zu bildende Kunstfaden zu sein, weil dieser vor seiner völligen Gerinnung und Trocknung außerhalb des Erstarrungsbades noch erheblich gestreckt wird. — Der hohe Glanz des Kunstfadens ist von seiner Gestalt unmittelbar abhängig. Diesen Umstand erklärt auch die Tatsache, daß bei den verschiedenartigen Kunstseiden der Glanz nicht gleichartig ist. Wichtige, die Arbeitsweise und die zugehörigen Vorrichtungen betreffende Verbesserungen sind in den **D. R. P. 55 994, 58 508, 82 555** u. a. beschrieben. Einer der größten Übelstände des Trockenspinnverfahrens war das leichte Abreißen des unter dem hohen Druck ausgepreßten Fadens auf dem Wege zwischen Preßmundstück und Aufwickelbobine und die Notwendigkeit die Enden dann wieder von Hand anknüpfen zu müssen. Nach **D. R. P. 96 208** arbeitet man daher mit einer Anzahl von Preßmundstücken, die mit einem oder mehreren Löchern versehen sind. Das Anlegen eines gerissenen Fadens an die anderen Fäden geschieht dadurch selbsttätig, daß die Preßköpfe neben einer rotierenden Bewegung noch eine solche im Kreise herum erhalten, um erst die Fäden eines jeden Preßkopfes (bei mehreren Mundstücken) und darauf die Fäden sämtlicher Preßköpfe zu vereinigen. Durch die Drehung der Spindeldüsen wird eine leichte Zwirnung erreicht und ein weit haltbarerer Faden erhalten, welcher der Grège aus echter Seide entspricht.

Ein Verfahren zum Auspressen von Kollodiumlösungen bei der Herstellung künstlicher Seide ist durch die Verwendung von Amylacetat oder eines beliebigen Lösungsmittels für Nitrocellulose als Druckmittel an Stelle des Wassers gekennzeichnet. **(D. R. P. 168 173.)**

Nach einem besonderen Verfahren wählt man eines der bekannten Lösungsmittel für Nitrocellulose, nachdem man ihm soviel Wasser oder andere geeignete Stoffe zugesetzt hat, daß dadurch sein Lösungsvermögen für Nitrocellulose gerade aufgehoben ist, als Fällmittel. **(D. R. P. 177 957.)**

Um zu verhüten, daß die aus den Spinndüsen tretenden Kollodiumfäden vorzeitig trocknen, läßt man sie vor Eintritt in die Koagulationsflüssigkeit ein langes Rohr passieren, in dem hochprozentiger Alkohol verdampft wird. **(D. R. P. 200 265.)**

Trotz der entschiedenen Vorteile der Naßspinnmethode (Wegfallen des Druckes, leichte Filtrierbarkeit der Lösung usw.) konnte sie sich wegen der schwierigen Wiedergewinnung der Lösungsmittel (die wichtigste Frage des Chardonnetverfahrens) nicht einführen.

Zur Erzeugung von Glanzfäden nach dem Trockenspinnverfahren verarbeitet man eine Nitrocellulose von 15—20% Wassergehalt in ätheralkoholischer Lösung. Bei geringerem Wassergehalt löst sich die Nitrocellulose nicht genügend leicht und die Fadenbildung wird wegen der langsamen Ätherverdampfung beim Verspinnen mangelhaft, bei mehr als 27% Wassergehalt wird der Faden glanzlos und trübe. **(D. R. P. 169 931.)**

Zur Erzielung größerer Geschwindigkeit beim Verspinnen und zur leichteren Rückgewinnung des Lösungsmittels bringt man Kollodien, die mit Nitrocellulose von 20—30% Wassergehalt in bekannter Weise hergestellt sind, durch wässerige Alkohollösungen von 25—50 Vol.-% und bei einer die Siedetemperatur des Äthers nicht übersteigenden Temperatur zum Erstarren. Man hat so den Vorteil auch feuchte Nitrocellulose verarbeiten zu können und eine weiche, nicht klebende Seide zu erhalten. **(D. R. P. 278 936.)**

Zur Herstellung künstlicher Seide, die man in der Luft spinnen kann, stellt man eine Spinnlösung aus 10 kg Nitrocelluloselösung, 300 g wasserfreiem Aluminiumchlorid, 100 g gereinigtem Aluminiumchlorid, 80 g Natriumformiat, 200 g Aluminiumphosphat und 80 g Aluminiumnitrat mit den je nach der gewünschten Flüssigkeit der Lösung nötigen Mengen Wasser, Alkohol oder Äther her. In dem im Zusatzpatent beschriebenen Spinnapparat erhält man dann ohne Fällflüssigkeit seidenähnliche Fäden, die sich auf einem rotierenden Tisch in Form eines senkrechten, zur Denitrierung geeigneten Kokons zusammenzwirnen und eine bemerkenswerte Widerstandsfähigkeit gegen Feuchtigkeit besitzen. **(F. P. 478 461 und 478 815.)**

Zur Verbesserung der Nitrokunstseidefäden führt man sie freihängend an einer Wärmequelle vorbei und setzt sie so strahlender Wärme aus. **(D. R. P. 210 867.)**

200. Nitrocellulosedenitrierung allgemein, Säurefraß.

Über die Denitrierung von Nitrocellulosefäden bei der Herstellung von Kunstseide siehe **A. Dulitz, Chem.-Ztg. 1910, 989.**

Über Denitrierung der Pyroxyline mit Alkalimonosulfiden, -polysulfiden, -sulfhydraten, Eisenchlorür, Ammoniak usw. siehe **C. Haeussermann, Chem.-Ztg. 1905, 420.**

Die unveränderte ausgesponnene Nitroseide ist ein wegen seiner großen faserigen Oberfläche besonders gefährlicher Sprengstoff, so daß das Produkt nur dadurch als Textilstoff Anwendung finden konnte, daß man es von den Salpetersäureresten befreite. **Chardonnet** denitrierte die Seide durch Behandlung mit Sulfhydraten der Alkalien und Erdalkalien, eine Methode, die trotz der inzwischen versuchten zahlreichen Abänderungen heute noch geübt wird. Die Salpetersäurereste der Seide werden durch das Sulfhydrat unter Bildung von Nitrit und Ammoniak abgespalten und man erhält ein ungefährliches Gemisch von Hydrat-, Hydro- und Oxycellulosen, allerdings unter erheblicher Herabminderung der Fadenfestigkeit und Widerstandsfähigkeit gegen Feuchtigkeit und alkalische Einflüsse. Die Denitrierung, die durch Abhaspeln des Fadens in ein 5—10proz.

40—50° warmes Natriumsulfhydratbad ausgeführt wird, führt zu einem Gewichtsverlust der Seide um 30—40% und zu einem fast stickstofffreien Produkt.

Der Verlauf des Prozesses ist in hohem Grade abhängig von Temperatur, Wassergehalt und Konzentration der Natrium- oder Calciumsulfhydratbäder und ebenso beeinträchtigt das zulange Verweilen der Fäden im Bade, besonders wenn es nicht mehr frisch ist, die Festigkeit des Fadens. In allen Fällen leidet das zu denitrierende Produkt, wenn die Kollodiummasse freie Säuren enthält, die ebenso wie die bei der Denitrierung austretende Nitrogruppe die Cellulose zu Oxycellulose, also zu einem wenig festen Gebilde oxydieren. Dadurch entstehen dann weiter Streifen beim Ausfärben der Seide, deren Bildung sich bei Anwendung hochkonzentrierter Denitrierlaugen und gewisser in der Abhandlung nicht genannter Zusätze vermeiden läßt. **(A. Dulitz, Chem.-Ztg. 34, 989.)**

Das so erhaltene Produkt ist zwar ungefährlich wie gewöhnliche Baumwolle, enthält jedoch noch während der Nitrierung entstandene labile Cellulose-Schwefelsäureester, die während der Nachbehandlung der fertigen Seide in Färbebädern oder beim späteren Lagern katalytisch zerfallen, so daß freie Schwefelsäure entsteht, die den Faden zerstört (Säurefraß). Er läßt sich nach **Weyrich** durch Nachbehandlung der Ware mit Natriumacetatlösung oder besser noch verhindern, wenn man die Nitrobaumwolle durch längeres Kochen mit saurem Wasser stabilisiert. Hierbei wird nämlich der saure Schwefelsäureester langsam hydrolysiert, wobei die gebundene Schwefelsäure schließlich eliminiert wird und ein stabiles Cellulosenitrat zurückbleibt. Wäscht man jedoch die den Schwefelsäureester enthaltende Nitrobaumwolle längere Zeit mit einer wässerigen Lösung von basischem Calciumcarbonat, so wird der saure Schwefelsäureester zwar mit Calcium abgesättigt, doch er verbleibt, da er bei dem folgenden Kochen mit Wasser in Form dieses beständigen Calciumsalzes nicht hydrolysiert zu werden vermag, in der Seide, das Calciumsalz wird bei der folgenden Denitrierung nicht verseift und die Kunstseide wird, wenn sie in irgendeinem Behandlungsstadium später gesäuert wird, durch Verdrängung der Base (des Calciums oder Magnesiums) wieder den unstabilen Ester enthalten und dadurch dem Säurefraß zugänglich werden. **(J. F. Briggs** und **P. Herrmann, Färberztg. 24, 73** bzw. **6.)**

Auch neutrale Nitrokunstseide kann beim Lagern Schwefelsäure abspalten, wenn sie einen übermäßigen Gehalt an Celluloseschwefelsäureestern enthält und dadurch brüchig wird. Da diese Schwefelsäureabspaltung besonders in der Wärme leicht erfolgt, überzeugt man sich von der Güte einer Nitroseide durch Erhitzung auf 120°, eine Temperatur, die die Seide während einer halben Stunde aushalten muß ohne an Festigkeit einzubüßen. **(H. Stadlinger, Kunststoffe 2, 401 u. 428.)**

201. Denitrierungsverfahren. Nitrocellulose reinigen, ausfällen.

S. a. **Bd. IV [287].**

Die Denitrierung der Nitroseide wird nach **D. R. P. 38 368** bewirkt durch Behandlung des Materiales mit Schwermetall- (Eisen-, Mangan-, Zink-) Chlorüren, oder nach **D. R. P. 55 655** durch Ammoniumsulfhydrat. Die Sulfhydrate besonders des Magnesiums und Ammoniums haben sich am besten bewährt, während sich die Methoden der Denitrierung nach **D. R. P. 125 392** und **139 446** (Nachbehandlung mit Kupfersalzen, Alkalichloriden, Ammoniak bei Gegenwart oder Abwesenheit von Kupfer, **D. R. P. 139 899)** nicht einführen konnten.

Nach **D. R. P. 82 555** denitriert man den aus schwefelsäurefeuchter Tri- und Tetranitrocellulose im Gemisch mit einem vulkanisierten trocknenden Öl durch Ausfällung in kochendem Wasser erzeugten Faden nach Entfernung der Säure und des Lösungsmittels und nach Verharzung des vulkanisierten Öles mittels Alkalisulfhydrats und eines Magnesiumsalzes unter evtl. Zusatz eines Ammoniumsalzes. **(D. R. P. 82 555.)**

Zur Festigung von Kollodiumseidefäden denitriert man sie bis sie die Löslichkeit in Ätheralkohol verloren haben und imprägniert sie dann mit einer Aluminiumchloridlösung. **(F. P. 369 170.)**

Verfahren und Vorrichtung zum Denitrieren von Kunstseide vor dem Zwirnen der Fäden, so daß sie in noch feuchtem Zustande von der denitrierenden Flüssigkeit leicht durchtränkt werden können, sind in **D. R. P. 217 128** beschrieben.

Zur Erhöhung der Haltbarkeit und Homogenität und und zur Verbesserung der Färbbarkeit und des Griffes von Nitrokunstseide erhitzt man sie in nicht denitriertem Zustande mit Wasser, dem man, ohne jedoch Denitrierung herbeizuführen, anorganische oder organische Säuren oder saure Salze, vorteilhaft auch ein Oxydationsmittel, wie Wasserstoffsuperoxyd zusetzt, ungefähr 6 Stunden auf 70°. As Säuren kommen in Betracht: Schwefel-, Salz-, Ameisen-, Essig- oder Oxalsäure, an Salzen: Natriumbisulfat oder -acetat oder Aluminiumchlorid. Man erhitzt z. B. die nicht denitrierte, fertige Seide ungefähr 6 Stunden in einer 70° warmen Lösung von 5—100 g Schwefelsäure in 1 l Wasser, evtl. unter Zusatz von 0,5—10 g Kaliumchlorat und wäscht dann aus. Die so behandelte und schließlich denitrierte Seide bleibt bei der Wärmeprobe unverändert, entwickelt demnach auch bei einstündigem Erhitzen auf 140—150° keine Säure und behält ihren Glanz und ihre Struktur. **(D. R. P. 247 095.)**

Zur Erhöhung der Beständigkeit des Nitrocellulose - Kunstseidefadens und zur Verringerung seiner Entzündlichkeit setzt man der Nitrocellulose vor der Lösung nach **D. R. P. 271 747** 20% Zink- oder Magnesiumresinat zu, die man aus ätherischen Harzlösungen und dem betreffenden Metalloxyd oder Hydroxyd erhält. Ein größerer Zusatz an Metallresinat führt zu harten celluloidartigen Produkten. Nach einer weiteren Ausführungsform setzt man dem Gemenge von Nitrocellulose und Zink- oder Magnesiumresinat zur Erhöhung der Beständigkeit der Nitroseide gegen kochendes Wasser stark oxydierte, trocknende Öle, ferner Stearin oder Elaidin oder ein Gemisch dieser Körper zu, um so eine Erhöhung des Resinatzusatzes zu ermöglichen und trotzdem ein schmiegsames Produkt zu erhalten. Die nach diesem Verfahren gar nicht oder unvollständig denitrierte Seide ist trotz ihres geringeren Gehaltes an Cellulose doch, widerstandsfähiger gegen Seife, Soda und heißes Wasser, weil die Nitrocellulose, aus der sie besteht, zäher ist als das Denitrierungsprodukt.

Zur Denitrierung von Nitroseidefäden setzt man den dabei verwendeten warmen Schwefelalkalibädern in Gegenwart alkalisch reagierender Substanzen Glucose in dem Maße zu, als freier Schwefel in dem Bade vorhanden ist. Den Umwandlungsprozeß vermag man durch Titration mittels Jodlösung leicht zu kontrollieren, da nach der Gleichung

$$Na_2S_3 + J_2 = 2\,NaJ + 3\,S$$

142 g Natriumtrisulfid (Na_2S_3) 254 g Jod, nach der Rückbildung zum Sulfid jedoch nach der Gleichung

$$3\,Na_2S + 3\,J_2 = 6\,NaJ + 3\,S$$

die dreifache Menge, nämlich 762 g Jod, verbrauchen. Das Verfahren kann auch allgemein dazu dienen, die Bildung von Polysulfiden in Sulfidlösungen zu verhindern oder diese von vorhandenen Polysulfiden zu befreien, also ganz allgemein Entschwefelungsprozesse, z. B. die Entschwefelung der Viscoseseide, vorzunehmen. **(D. R. P. 279 310.)**

Zur völligen oder teilweisen Denitrierung trägt man 12% Stickstoff enthaltende reine Nitrocellulose, die mit dem doppelten bis dreifachen Gewicht konzentrierter Schwefelsäure durchfeuchtet oder in ihr gelöst ist, in die doppelte Menge (bezogen auf das Nitrocellulosegewicht) 30—50° warmes Benzol ein. Wenn die Reaktion beendet ist, arbeitet man das Nitrobenzol-Benzolgemisch und die Schwefelsäure-Celluloselösung einzeln auf. **(D. R. P. 333 708.)**

Über Reinigung der Nitrocellulose durch Dialyse mit Verwendung von Cellulosemembranen, die nur die Verunreinigungen passieren lassen, siehe **F. P. 461 785.**

Zur Reinigung und Veredelung der verschiedenen Celluloseester, z. B. auch der Schießbaumwolle zwecks Erhöhung ihrer Lagerbeständigkeit, behandelt man das gequollene Gut zwischen Diaphragmen, zwischen denen man das Material hindurchführt, mit dem elektrischen Strom und entfernt so zurückgebliebene Katalysatorreste, die die Unbeständigkeit der Kunstseideprodukte bedingen. **(D. R. P. 296 053.)** Nach einer Abänderung des Verfahrens führt man die elektroosmotische Reinigung der Cellulosepräparate, z. B. der Nitrocellulose bei Gegenwart geringer Mengen Ammoniak oder Natriumhydroxyd aus, die durch den elektrischen Strom selbst ebenfalls entfernt werden. **(D. R. P. 305 118.)**

Zur Ausfällung von in Alkohol oder im Aceton-Wassergemisch gelöster Nitrocellulose versetzt man die verdünnte Lösung mit Alaun und dann mit Benzol, Toluol, aromatischen Basen, Tetrachlorkohlenstoff, Kiefernnadelöl, Chloroform, Schwefelkohlenstoff oder anderen schwach gelatinierend wirkenden Körpern. Man erhält so besonders wenn man nach dem Alaunzusatz kocht, einen dichten, gut verarbeiteten Niederschlag, der leicht von der überstehenden klaren Flüssigkeit getrennt werden kann und bei stärkeren Verdünnungen in einer Ausbeute von mehr als 90% der gelöst gewesenen Nitrocellulose entsteht. **(D. R. P. 314 817 und 314 318.)**

202. Wiedergewinnung und Reinigung der Lösungsmittel. Abwässeraufarbeitung.

Die Patente, die die Wiedergewinnung von Lösungsmitteln in der Kunstseidefabrikation behandeln, bespricht **G. Hegel** in **Kunststoffe 10, 25 u. 43.**

Die Wiedergewinnung der flüchtigen Lösungsmittel bei der Sprengstoff-, Kunstseide-, Kunstlederindustrie und bei der Fettextraktion nach den Verfahren und mit Apparaten, die in den letzten Jahren zur Aufnahme gelangt sind, beschreibt **P. Razous** in **Ind. chim. 6, 169.**

Zum Wiedergewinnen von Aceton aus seinem Gemisch mit Luft leitet man diese durch eine Lösung von Bisulfit und scheidet das Lösungsmittel durch unmittelbare Destillation der Keton-Bisulfitverbindung ab. Das Aceton wird schließlich nach Entfernung der geringen Menge vorhandener schwefliger Säure, die durch Beigabe von Alkali wiedergewonnen wird, endgültig rektifiziert. **(D. R. P. 154 124.)**

Nach **A. P. 1 376 069** entfernt man den Alkohol aus den Dämpfen durch Wasserabsorption und aus dem verbleibenden Luft-Äthergemisch den letzteren mittels konzentrierter Schwefelsäure.

Zur Wiedergewinnung von Äther oder Alkohol aus mit ihnen gesättigter Luft leitet man diese in einem Kammerapparat zuletzt durch alkoholhaltiges Wasser, das besser wie reines Wasser absorbierend wirkt, und führt es, dem durchziehenden Luftstrom entgegen, dem jeweilig nächsten Apparat in feinverteiltem Zustande zu. Aus den angereicherten Wässern werden die Lösungsmittel dann durch fraktionierte Destillation gewonnen. **(F. P. 376 785.)**

Nach einem anderen Verfahren wählt man ein flüssiges Fett oder Ölsäure allein oder gemischt mit einem Öl von niedrigem Erstarrungspunkt als absorbierende Mittel, die den Vorteil haben, beim Abdestillieren des Alkohols oder Äthers nicht mit überzugehen. **(D. R. P. 196 699.)**

Zur Wiedergewinnung des Alkohols und Äthers, das in den Kunstseidegespinsten selbst enthalten ist, wäscht man die Fäden mit Wasser, in dem gewisse Mengen eines Kalium-, Magnesium- oder anderen Metallsalzes gelöst sind. Der Auswaschvorgang führt so zu einer etwa 15 proz. Alkoholätherlösung und überdies verhindern die auf der Faser abgelagerten Salze die Entzündung der Fäden beim Drehen und Zwirnen. **(D. R. P. 203 649.)**

Zur Wiedergewinnung von Alkohol, Äther und Aceton aus ihren mit Luft gemischten Dämpfen leitet man diese in die fuselölhaltigen Nachläufe der Spritdestillation zweckmäßig durch Räume, in denen diese Absorptionsölflüssigkeiten zerstäubt werden, und unterwirft die erhaltenen Gemenge dann der Destillation. **(D. R. P. 207 554.)**

Zum Ausscheiden und Wiedergewinnen von Alkoholdämpfen aus Luft oder Gasen führt man dem mit einem Lösungsmittel getränkten Filz oder Gewebe nur soviel Lösungsmittel zu, als der Faserstoff aufzusaugen vermag, und preßt das Gewebe zur Gewinnung des aufgenommenen Alkohols nachträglich aus. Die in geeigneter Vorrichtung ausgeführte Methode ist darum gewinnbringend, weil die Mengen des Lösungsmittels sehr gering sind und der absorbierte Alkohol oder die zu gewinnenden flüchtigen Stoffe nur sehr wenig verdünnt werden. **(D. R. P. Anm. M. 46 153, Kl. 6 b.)**

Zur Wiedergewinnung flüchtiger Lösungsmittel eignet sich die nach **D. R. P. 290 656** erzeugte poröse Holzkohle, die unter günstigen Bedingungen 60, sogar 100% ihres Gewichtes an Äther, Alkohol, Aceton, Benzol oder Benzin zu absorbieren vermag. Da schwerer flüchtige Lösungsmittel die leichter flüchtigen verdrängen, kann man durch Hintereinanderschalten mehrerer Kohlebatterien zugleich eine Trennung der Lösungsmittel bewirken. Zu ihrer Austreibung genügt die Behandlung der Kohle mit trockenem Wasserdampf. **(A. Engelhardt, Kunststoffe 1920, 195.)**

Zur Wiedergewinnung der flüchtigen Celluloseester-Lösungsmittel aus mit den Dämpfen dieser Lösungsmittel beladenen Gasen leitet man sie über frische Mengen Celluloseester, die in mehreren hintereinandergeschalteten Gefäßen verteilt sind, u. z. arbeitet man nach dem Gegenstromprinzip mit stark komprimierten Gasen und Unterkühlung. **(D. R. P. 241 973.)**

Zur Wiedergewinnung der in der Luft enthaltenen Alkohol- und Ätherdämpfe leitet man die Luft durch aliphatische oder aromatische Halogen- oder Nitroderivate von Kohlenwasserstoffen, die oberhalb 100° sieden, so daß sie infolge ihrer schwachen Dampfspannung von dem Luftstrom nicht mitgerissen werden. Bei der folgenden Destillation geben diese Kohlenwasserstoffabkömmlinge dann, ohne mit überzugehen, die absorbierten Lösungsmittel leicht wieder ab und können im Kreislauf zur weiteren Absorption verwendet werden. **(D. R. P. 254 913.)**

Nach **A. P. 1 355 401** leitet man das Gemisch der Lösungsmitteldämpfe mit Luft durch Aceton oder Anilinöl, aus denen man jene Lösungsmittel durch Destillation wiedergewinnt. Nach **A. P. 1 367 009** und **1 368 601** benützt man zu demselben Zweck zuerst Phenole, dann eine alkalische Lösung, die mitgerissenes Phenol zurückhält und schließlich konzentrierte Schwefelsäure.

Zur Wiedergewinnung von Äther und Alkohol aus Luft kann man nach einer Angabe von **J. Masson** und **T. L. Mc Ewan** (Ref. in **Chem.-Ztg. Rep. 1922, 3**) auch Kresol und Schwefelsäure verwenden, die jene Dämpfe, auch wenn sie nur in geringen Mengen vorhanden sind, vollständig absorbieren.

Die Prüfung dieses Verfahrens der Wiedergewinnung von Alkoholdämpfen aus Luft mit Kresol als Absorptionsmittel durch **A. Drummond** ergab keinen wesentlichen Vorteil gegenüber der bekannten Methode mit Wasser als Absorptionsmittel. Salzhaltiges Wasser zeigt ferner gegenüber reinem Wasser nur unwesentlich schwächere Aufnahmefähigkeit für Alkohol. **(Chem.-Ztg. Rep. 1922, 230.)**

Eine Vorrichtung zur Wiedergewinnung der Nitrocellulose-Lösungsmittel in Maschinen zum Spinnen von Nitroseide ist in **D. R. P. 165 331** beschrieben.

Siehe auch die Vorrichtung zur Wiedergewinnung flüssiger flüchtiger Lösungsmittel von **B. Müller in Chem.-Ztg. 1922, 1061.**

Eine Vorrichtung zur Wiedergewinnung von Alkohol und Äther durch Abkühlung der mit den Dämpfen erfüllten Luft für Maschinen zum Spinnen von künstlicher Seide aus Nitrocellulose ist in **D. R. P. 267 509** beschrieben.

Ein Verfahren zur verseifenden Reinigung des bei der Herstellung von Kunstseide, Nitrocellulose oder Celluloid erhaltenen Abfallsprites mit Alkalilauge ist dadurch gekennzeichnet, daß man den Prozeß in evtl. heizbare Pumpen verlegt. **(D. R. P. 300 595.)**

Zur Reinigung und Entwässerung des Äthers kann man nach **D. R. P. 124 230** in der Weise verfahren, daß man ihn mit 30—50 proz. Schwefelsäure bei gewöhnlicher Temperatur schüttelt. Man erhält so auch ohne Destillation absoluten Äther.

Zur Wiedergewinnung des Ameisensäuremethyl- und äthylesters aus der Luft bei der Herstellung von Nitroseide leitet man die Luft durch Kalkmilch oder Natronlauge und destilliert die erhaltene verdünnte Formiatlösung nach Zusatz der theoretischen Menge starker Säure mit überschüssigem Methyl- oder Äthylalkohol. **(D. R. P. 256 857.)**

Zur Reinigung der bei der Herstellung der Nitroseide zurückbleibenden Abwässer, die zum Teil sauer, zum Teil alkalisch sind, bläst man in ihr Gemenge komprimierte Luft ein und fängt die entwickelten nitrosen Gase in einer Kondensationsanlage auf, während die zurückbleibende Flüssigkeit nacheinander mit Kalk, Aluminiumsulfat und schließlich Chlorkalk behandelt und sodann filtriert wird. Man erhält als Filterrückstand eine kompakte verkäufliche Masse, die 50% Wasser und mindestens 40% Schwefel enthält, während das schwach alkalische durchsichtige Filtrat völlig unschädlich ist und in die Flüsse entlassen werden kann. **(D. R. P. 234 672.)**

Kupferseide.

203. Allgemeines über Kupferseide, Cellulosevorbehandlung.

Schweizer hat als erster die Beobachtung gemacht, daß das Kupferoxyd-Ammoniak die Eigenschaft besitzt, die Pflanzenfaser gänzlich aufzulösen. Er wendete zuerst zu seinen Versuchen das von **Heeren** beschriebene basisch-unterschwefelsaure Kupferoxyd, gelöst in konzentrierter Ammoniakflüssigkeit, an. Zu diesem Behuf wurde eine Lösung des bezeichneten Kupfersalzes mit verdünntem Ammoniak versetzt und der entstandene hellgrüne, ausgewaschene Niederschlag in starker Ammoniakflüssigkeit gelöst. Aus der erkalteten Lösung hatten sich Krystalle von unterschwefelsaurem Kupferoxyd-Ammoniak ausgeschieden, die filtriert wurden.

Gereinigte Baumwolle, in einem Glase mit dem dunkelblauen Filtrat übergossen, wird anfangs schleimig, gallertartig und löst sich in einem Überschuß der blauen Flüssigkeit vollständig auf. Wird diese blaue Flüssigkeit, die Pflanzenfaser aufgelöst enthält, mit Salzsäure übersättigt, so entsteht ein voluminöser, weißer Niederschlag, ähnlich wie Tonerdehydrat. **(Dingl. Journ. 146, 361.)**

Ursprünglich diente die Kupferoxydammoniak-Celluloselösung als Kollodiumersatz bei der Herstellung von Photoplatten. **(Dingl. Journ. 152, 302.)**

Die ammoniakalische Kupferlösung, die bei niedriger Temperatur hergestellt ist, enthält im Verhältnis zu dem der Cellulose gegenüber nur eine untergeordnete Rolle spielenden Kupferhydroxyd einen großen Überschuß an kolloidalem Kupferoxydammoniak; die Lösung der Cellulose wird demnach hervorgerufen durch die Fixierung wachsender Mengen des Kolloids Kupferammoniak und Wasser bis zu der Grenze, bei der zwischen fester und flüssiger Phase Gleichgewicht eintritt. Außerdem fixiert der stark hydratisierte, kolloidale Komplex Ammoniak proportional zu seiner Konzentration und dies trägt zur Erhöhung der Beständigkeit bei. **(E. Connerade,** Ref. in **Zeitschr. f. angew. Chem. 27, 661.)**

Die gallertige Flüssigkeit in passenden Fällbädern ausgefällt und versponnen liefert dann die sog. Pauly- oder Kupferseide, auch Glanzstoff genannt. Er ist billiger herstellbar und widerstandsfähiger als die Nitroseide, erreicht jedoch weder ihren Glanz noch ihr bedeutendes Anfärbevermögen. Die Paulyseide ist kein Ester, sondern Hydrocellulose bzw. Hydratcellulose, eine ausgefällte Lösung von Zellstoff in Schweizerschem Reagens.

Die Schwierigkeiten der Kupferseideverfahren sind recht zahlreich, da die Löslichkeit der Cellulose in Kupferoxydammoniak mit steigender Temperatur abnimmt und man daher bei niedriger Temperatur arbeiten muß, ferner auch deshalb, weil die Cellulose als solche unlöslich ist und vorher oder im Laufe der Auflösung in Oxy- oder Hydroxycellulose umgewandelt werden muß. Zu diesem Zwecke wird die entfettete, gebleichte Baumwolle durch Erhitzen mit Soda und Ätznatron im geschlossenen Gefäß behandelt, worauf man 7—8 Tl. der Hydratcellulose mit 100 Tl. einer Kupferoxydammoniaklösung, die durch Einwirkung von 4—6grädigem Ammoniak auf Kupferdrehspäne in Gegenwart von Milchsäure und Luft hergestellt wird, bis zur Lösung verrührt. Das Auspressen der Lösung durch Spinnöffnungen erfolgt unter einem Druck von 2 bis 4 Atm. in ein Fällbad, das aus Schwefelsäure mit 50% Monohydrat besteht. Nach diesem von **Dupassis 1890** aufgefundenen und von **Frémery** und **Urban** sowie von **Pauly** und **Bronnert** ausgebauten Verfahren **(F. P. 203 741)** wird im allgemeinen heute noch gearbeitet, wobei Abänderungen, wie sie in den folgenden Patenten enthalten sind, die stetige Ausbildung der Methode bewirkt haben. **(Ref. in Zeitschr. f. angew. Chem. 1910, 143.)**

Die zur Herstellung von Kupferoxydammoniakseide benützte Baumwolle muß gut gerissen, ohne Knotenbildung, sehr rein, nicht zu stark gebleicht sein und eine Kupferzahl von nicht über 1,0 haben.

Nach **D. R. P. 111 313** wird Cellulose, die zwecks Herstellung von Kunstseide in Kupferoxydammoniak gelöst werden soll, vorteilhaft vorher mit Chlor behandelt. Siehe auch **F. P. 286 925** und **F. P. 286 692.**

Nach **F. P. 345 687** behandelt man Cellulose (100 kg), um sie zur Lösung in kaltem Kupferammoniak oder in Chlorzinklösung vorzubereiten, mit einer Lösung von 30 kg Soda und 50 kg Ätznatron in 10 hl Wasser unter $^1/_2$ Atm. Druck bei 119° vor. Nach vierstündiger Einwirkungsdauer, während welcher die Temperatur konstant gehalten werden muß, erhält man eine Cellulose, die sich innerhalb 24 Stunden bis zu 8—10% in Zinkchloridlösung oder in kaltem Kupferammonium löst, wenn man für einen Wassergehalt der Cellulose von 12—15% sorgt. Die Lösungen lassen sich unter höchstens 2 Atm. Druck glatt verspinnen.

Zur Herstellung von Celluloseestern mischt man mercerisierte Cellulose in Natronlauge mit festem Ätznatron, preßt die Flüssigkeit ab und verestert nunmehr die Cellulose wie üblich. **(A. P. 1 415 023.)**

Zur Vorbereitung der Baumwolle für ihre Lösung in Kupferoxydammoniak ozonisiert man sie nach **D. R. P. 187 263** in sodaalkalischer Lösung während 30 Minuten, unterbricht dann die Ozonzuführung und kocht $^1/_2$ Stunde. Die so vorbereitete Baumwolle wird gewaschen, getrocknet und weiter verarbeitet.

Zur Verbilligung der Kunstseide setzt man z. B. der Kupferoxydammoniakcelluloselösung Sulfitcellulose zu, die man im gewöhnlichen Mahlholländer auf 0,3—0,5 mm Faserlänge zerkleinert. Man spart so, da Zusätze bis zu 50% möglich sind, vor allem an Lösungsmitteln. **(D. R. P. 229 711.)**

Über die Fabrikation der Kunstseide nach dem Kupferoxyd-Ammoniakverfahren berichtet ferner auch **J. Foltzer** in **Kunststoffe 1, 372, 390, 403** und **427.**

204. Herstellung der Kupferoxydammoniaklösung und haltbarer Kupfersalze.

E. Schweizer fällte zur Darstellung des Kupferoxydammoniaks eine Lösung von Kupfervitriol durch kohlensaures Natron und löste den gewaschenen und getrockneten Niederschlag in gut verschlossenem Gefäß in Ammoniak von spez. Gewicht 0,945. **(Journ. f. prakt. Chem. 72, 109** und **76, 344.) Péligot** preßte das Ammoniak wiederholt durch Kupferdrehspäne, **Schweizer** ersetzte diese Späne durch Zementkupfer und setzte außerdem der Ammoniakflüssigkeit einige Tropfen Salmiaklösung hinzu.

Nach **E. P. 737/1883** übergießt man zu demselben Zweck Kupferschnitzel mit starker Ammoniaklösung und leitet Luft ein, neuerdings läßt man Ammoniak bei 4—6° C bei Gegenwart von Milchsäure auf Kupferspäne einwirken und verwendet die Lösung nach etwa 8 Tagen. Vgl. **Sedlaczek, Kunststoffe 1911, 143.**

Zur Herstellung von Kupferoxydammoniaklösungen, die 4—5% Kupfer enthalten, bewirkt man die Lösung des Kupfers unter dem Einfluß der Luft derart, daß die Temperatur der Flüssigkeit zwischen 0 und 5° gehalten wird, so daß sich kein Kupferhydroxyd auszuscheiden vermag. **(D. R. P. 115 989.)**

Ein Verfahren und die Vorrichtung zur Herstellung von Kupferoxydammoniak in möglichst konzentrierter Lösung ist in **A. P. 850 695** beschrieben.

Eine ausführliche Beschreibung über Herstellung der ammoniakalischen Kupferhydroxydlösung als Lösungsmittel für Cellulose bei der Kunstseidefabrikation findet sich nebst Angaben über die Apparatur in **A. P. 884 298.** Nach diesem Verfahren soll durch periodische Veränderung der Lösungstemperatur zwischen — 4° und + 8° die Aufnahmefähigkeit der Ammoniaklösung für Kupfer im Luftstrom gesteigert werden. Man erhält so Lösungen, die im Liter 8—12% Ammoniak und 40—50 g Kupfer enthalten und befähigt sind, in der Menge von 8—8,5 Tl. in 7—9 Stunden bei einer Temperatur, die ständig unter 1° gehalten wird, 1 Tl. Cellulose klar tiefdunkelblau zu lösen.

Eine Einrichtung zur Herstellung von Metallammoniumverbindungen, besonders von Kupferoxydammoniak, mittels der die mit Luft gemischte Ammoniakflüssigkeit in beständig wechselnde Berührung mit dem Metall gebracht wird, ist in **D. R. P. 186 880** beschrieben.

Zur Herstellung von Kupferoxydammoniak berieselt man das Kupfer in einer besonderen Vorrichtung, um äußere Kühlung zu ersparen und eine möglichst ammoniakarme Kupferlösung zu erzielen, auf großer Fläche in einer mit Ammoniakgas gesättigten Atmosphäre von oben herab mit Ammoniakflüssigkeit. **(D. R. P. 229 677.)**

Zur Erhöhung der Löslichkeit von Kupferoxyd in Ammoniak leitet man während der Laugung der gerösteten Erze freien Stickstoff in die Lösung. **(D. R. P. 139 714.)** Vgl. **Bd. I [209].**

Zur Herstellung und Aufbewahrung von Kupferoxydammoniaklösung wäscht man den durch Fällen einer Kupfersulfatlösung mit verdünntem Ammoniak erhaltenen Niederschlag durch 8—10 maliges Dekantieren mit kaltem destillierten Wasser, saugt durch ein Gewebefilter ab, entwässert das Produkt und trocknet es bei 100°. Das erhaltene grünliche Pulver hält sich in verschlossenen Flaschen aufbewahrt lange Zeit und braucht zur Herstellung der Lösung nur in 25 proz. Ammoniak gelöst zu werden. Die fertige Lösung wird in besonderen Fläschchen unter Paraffinöl aufbewahrt und dient dann als haltbares Reagens bei Faseruntersuchungen. **(G. Herzog, Monatsschr. f. Text.-Ind. 1911, 155.)**

Nach **D. R. P. 185 294** dialysiert man die ammoniakalische Kupferhydroxydlösung zur Entfernung der verunreinigenden Krystalloide. Das erhaltene kolloidale Kupferoxydammoniak ist beliebig lange Zeit haltbar.

Zur Herstellung haltbarer Kupfersalze für Kupferoxydammoniakcelluloselösungen versetzt man die Kupfersulfatlösung zunächst mit einer zur vollständigen Fällung des Kupferhydroxyds ungenügenden Menge Natronlauge und fügt sodann Alkalicarbonat zu, um schließlich durch weiteren Natronlaugezusatz die Fällung der Kupfersalze zu beenden. Bei dieser Art der Ausfällung wird das Bicarbonat nicht in Carbonat übergeführt; es fällt daher auch ein eigenartiges Kupfersalz aus, vermutlich eine lose Verbindung von basischem Sulfat, basischem Carbonat und Hydroxyd. Diese Kupferlösung ist geeignet zur Herstellung 15 proz. Spinnlösungen, die wegen des niedrigen Ammoniak- und hohen Zellstoffgehaltes sehr viscos und fadenziehend sind und schon mit bedeutend schwächeren Fällmitteln als sonst unmittelbar Gebilde ergeben. Das neue Kupfersalz löst auch Zellstoff, der andere Pflanzenstoffe enthält, und gestattet die Beibehaltung der Temperatur, d. h. der Reaktionswärme, während der Lösung des Zellstoffes und bei der Fällung des Kupfersalzes. **(D. R. P. 269 787.)**

Zur Herstellung viscoser, verspinnbarer Celluloselösungen kühlt man die alkalische Kupfersalzlösung vorher ab, filtriert sie von den ausgeschiedenen Krystallen, deren Substanz den späteren Spinnprozeß durch Niederreißen eines Teiles der gelösten Cellulose stören würde, und löst dann erst im Filtrat die Cellulose bei gewöhnlicher Temperatur. **(D. R. P. 231 652.)**

Zur Herstellung einer Lösungsflüssigkeit für Cellulose löst man pulverförmiges Kupferoxydul unter Zusatz von Salmiak bei niedriger Temperatur in Ammoniak und setzt dann solange Alkalilauge zu, bis sich ein hellblauer Niederschlag bildet, der sich in der Kälte rasch und vollständig absetzt. Die überstehende Lösung zeichnet sich durch hohe Lösungsfähigkeit der Cellulose aus. Man löst z. B. 25 g Kupferoxydul in der kühl bereiteten Lösung von 25 Tl. Chlorammonium in 100 Tl. Ammoniak vom spez. Gewicht 0,91 und vermischt diese vollkommene Lösung ebenfalls bei niedriger Temperatur mit 25 Tl. Kalilauge von 28% oder der entsprechenden Menge Natronlauge, filtriert nach 2—3 Stunden die kalt aufbewahrte Flüssigkeit von dem hellblauen Niederschlag und löst in ihr die Cellulose auf. **(D. R. P. 274 658.)**

Auch chromsaures Kupferoxyd, dessen Herstellung in **Polyt. Zentr.-Bl. 1866, 954** beschrieben ist, löst sich mit großer Leichtigkeit in Ammoniak. Die resultierende, schön dunkelgrüne Lösung von chromsaurem Kupferoxydammoniak wird rasch durch Flanell filtriert, auf 25° Bé gebracht und in gut zu verkorkende Flaschen gefüllt. Das Präparat diente Färbereizwecken, vielleicht wäre es auch zur Bereitung von Celluloselösungen anwendbar.

205. Bereitung der Spinnlösung ohne organische Zusätze.

Über Kupferalkalicellulose und ihre Unterschiede von der Kupferammoniakcellulose, ferner über ihre Anwendung in der Industrie der Kunstseide siehe die Abhandlung von **W. Normann** in **Chem.-Ztg. 1906, 584.**

Zur Herstellung einer haltbaren, in Ammoniak leicht löslichen Kupferhydroxydcellulose mischt man nach **D. R. P. 162 866** 2 g Zementkupfer, 2 g Kupfervitriol und 2 g Kochsalz mit 10—15 ccm Wasser und verknetet den Brei mit 6 g zerschnittener, abgekochter, 25% Wasser enthaltender Baumwolle. Nach einigen Stunden ist die braune Masse unter Bildung von basischem Kupfersalz vollständig grün geworden (durch Besprengen mit Kupferchlorid läßt sich der Vorgang beschleunigen) und man versetzt mit 20 ccm 5grädiger Natronlauge, wobei die Masse blau wird (Bildung von Kupferhydrat) und sich glatt in Ammoniak löst. Innerhalb weniger Stunden kann man so zu Lösungen gelangen, die 300 g Cellulose im Liter enthalten. Vgl. **Ö. P. 18 454.** Nach dem Zusatzpatent mischt man die Cellulose statt mit Kupfermetall mit Kupferhydroxyd und setzt sie dann der Einwirkung von Ammoniak, Luft und einer geringen, die Lösung der Cellulose noch nicht herbeiführenden Menge Wasser aus. **(D. R. P. 174 508.)**

Zur Beförderung der Auflösung von Cellulose in Kupferoxydammoniak legt man 7 Tl. entfettete Baumwolle 2—3 Stunden in 150—180 Tl. Kupferoxydammoniak, das 12 g Kupfer und 90 g Ammoniak im Liter enthält, und dem vorher 6 ccm 45grädige Natronlauge zugesetzt wurden, worauf man das gequollene, von abgelagertem Kupfer tiefblaue Fasermaterial abpreßt und in 100 Tl. Kupferoxydammoniak, das im Liter 200 g Ammoniak und 16—18 g Kupfer gelöst enthält, bei etwa 10° löst. Die dickflüssige Lösung läßt sich filtrieren und kann direkt weiterverarbeitet werden. Der Vorteil des Verfahrens beruht auf der Wiedergewinnung des gasförmigen Ammoniaks durch bloßes Absaugen im Vakuum oder durch Abblasen mittels eines Luftstromes; er ist besonders schwerwiegend, da zur Lösung von 1 kg Cellulose 3—3,5 kg Ammoniak erforderlich sind. **(D. R. P. 183 153.)**

Zur Bereitung ammoniakarmer Kupferoxydammoniakcellulose löst man die mit basischem Kupfersulfat nach der Formel

$$3\,C_6H_{10}O_5 + 4\,(CuSO_4 + 5\,H_2O)\cdot 6\,KOH$$

behandelte Cellulose absatzweise, also z. B. zunächst zu $^1/_4$ in verdünnter Ammoniakflüssigkeit und fügt zu dieser Lösung nach und nach die drei anderen Teile und zugleich abermals Ammoniak, wobei dieses fortschreitend mit Wasser soweit verdünnt wird, daß beim letzten Anteil die Verdünnung des 18—20grädigen Ammoniaks etwa mit dem dem Ammoniakvolumen gleichen Volumen Wasser erfolgt, wobei jedoch die Verdünnung nicht bis zur Ausfällung getrieben werden darf. Die Lösung wird schließlich durch ein Metalltuch gegossen und ist direkt verspinnbar. **(D. R. P. 189 359.)**

Zur Herstellung einer Kupferoxydammoniakcelluloselösung, die sehr wenig Ammoniak, aber viel Kupferoxyd enthält, fügt man einer Kupferoxydammoniaklösung die wässerige Lösung von Kupfersulfat und Alkali zu und trägt dann erst die Cellulose ein. **(E. P. 24 996/1912.)**

Zur Herabsetzung der beim Lösen der Cellulose nötigen Ammoniakmenge um 60% vermischt man durch einstündiges Rühren 100 kg Baumwolle, 40 kg Kupferoxydhydrat, 400 l 25proz. Ammoniak und 500 kg Eis und erzielt in einer Kugelmühle mit den Eisstücken als Kugeln in der angegebenen Zeit eine klare Lösung, da sich das Kupferoxyd in steigendem Maße in Ammoniak löst, wenn die Temperatur sinkt. **(D. R. P. 260 650.)**

Nach **E. P. 28 779/1910** erhält man konzentrierte Celluloselösungen durch Eintragen von Ammoniak und etwas Natronlauge in eine Paste aus Cellulose und reinem Kupferoxydhydrat.

Zur Herstellung der Kupferoxydammoniakcelluloselösung tränkt man die Cellulose zuerst mit Ammoniaklösung und setzt dann Kupferhydroxyd zu. Gegenüber der Ausführungsart, nach der man wie üblich Kupferhydroxyd zuerst so lange mit der zehnfachen Menge von 25proz. wässerigem Ammoniak behandelt, als sich noch etwas löst, und dann erst die Cellulose einträgt, bedeutet vorliegendes Verfahren eine Vereinfachung der Arbeitsweise und eine Verkürzung der Arbeitsdauer. **(D. R. P. 231 693.)**

Nach **A. P. 1 000 827** stellt man ammoniakarme, kupferreiche Lösungen, die 15% Cellulose zu lösen vermögen, folgendermaßen her: Man löst 370 g krystallisiertes Kupfervitriol in 2 l Wasser, fügt 130 ccm 40grädige, mit 1500 ccm Wasser verdünnte Natronlauge, ferner 25 g Natriumbicarbonat in wässeriger Lösung und nochmals 45 ccm 40grädige, mit 500 ccm Wasser verdünnte Natronlauge zu, filtriert vom Kupferniederschlag, fügt 200 g zerschnittener Cellulose bei, preßt stark ab, verreibt den Kuchen mit 600 ccm Ammoniakflüssigkeit (spez. Gewicht 0,888) und versetzt schließlich, bis völlige Lösung eintritt, mit 43 ccm 40grädiger Natronlauge.

Zur Herstellung konzentrierter Celluloselösungen preßt man ein Gemenge von Cellulose und Kupferhydroxyd in Körnerform, feuchtet die Körner mit Ammoniak an, verknetet die Masse und versetzt sie mit etwas Ätzlauge. **(A. P. 1 062 222.)**

Zur Herstellung konzentrierter Lösungen von Cellulose und Seide in Kupferoxyd- bzw. Nickeloxydulammoniak setzt man dem Lösungsmittel nach **D. R. P. 140 347** freies Kupferhydroxyd bzw. Nickelhydroxydul zu.

Nach **Ö. P. 49 170** wird zur Lösung von Cellulose Kupferoxychlorid mit wässerigem Ammoniak benutzt. Die Lösung geht schneller und vollkommener vonstatten, als nach den üblichen Methoden. Man braucht beispielsweise zur Lösung von 100 g entfetteter Watte 90 g Kupferoxychlorid und 850—900 ccm Ammoniak vom spez. Gewicht 0,93.

Nach **D. R. P. 235 219** wird die Kupferoxydammoniaklösung, um sie wärmebeständiger zu machen, unter Verwendung von basischem Kupfersulfat hergestellt. Dieses erhält man durch Fällen heißer Kupfervitriollösung mit Ammoniak oder Soda in der Weise, daß man 5 Mol. Cellulose und 7 Mol. des genannten Sulfates ($7 CuO \cdot 2 SO_3 \cdot 6 H_2O$) mit soviel Ammoniak versetzt, daß das Kupfersulfat allein nicht gelöst wird.

Nach **D. R. P. 230 941** werden hochprozentige Celluloselösungen hergestellt durch Lösen von z. B. 100 g Kupferchlorür in 900 g wässeriger Ammoniaklösung vom spez. Gewicht 0,90 und folgende Auflösung von 50 g Cellulose; es wird dann wie üblich versponnen, wobei man sich zur Ausfällung der Fäden, Films, künstlichen Roßhaare usw. starker warmer Natronlauge bedient. Die Gegenwart des stark reduzierend wirkenden Kupferchlorürs hindert die Lösung der Cellulose in Ammoniak nicht, sie wirkt sogar insofern günstig, als die Cellulose während des Lösungsprozesses vor Oxydationswirkungen bewahrt wird, die beim Auflösen in Kupferoxydammoniak auch bei gekühlten Lösungen zum Teil eintreten. Kupferchlorür kann daher auch zum Beständigmachen der Cellulose-Kupferoxydammoniaklösungen und zu ihrer Anreicherung dienen.

Nach **F. P. 429 841** erhält man klumpenfreie Lösungen von Kupferoxydammoniak, die bis zu 15% Cellulose enthalten, wenn man ein besonders hergestelltes, gelatinöses Kupferoxydhydrat verwendet und dieses mit geeignet vorbehandelter Cellulose und Ammoniak unter besonderen Bedingungen vereinigt.

Nach **D. R. P. 240 082** werden Kupferoxydammoniakcelluloselösungen haltbarer, wenn man ihnen Kupferoxydulammoniak zusetzt; man fällt zu diesem Zwecke Kupfervitriollösung mit Natronlauge und reduziert das gewaschene, ausgefallene Kupferoxydhydrat mit Hydrosulfit (NF konzentriert, Höchst). Statt des Hydrosulfits kann man auch Bisulfit oder Ammoniumsulfit verwenden. Man bereitet z. B. aus 40 Tl. Kupfervitriol mit Natronlauge Kupferoxydhydrat, wäscht zweimal, stellt es mit Wasser und Eis auf 266 Tl. ein, gießt zwischen 6—10° zur Reduktion eine Lösung von 1,8 Tl. Hydrosulfit NF konz. in 16 Tl. Wasser hinzu, rührt 15 Minuten und läßt die gelbgrüne dünne Paste in einen luftdicht verschlossenen Kessel fließen, in dem sich 18 Tl. gefettete, gebleichte Baumwolle befinden. Nach 15 Minuten währendem Rotieren des verschlossenen Kessels fügt man 230 Tl. 6—10° kaltes Ammoniak (0,910) zu und erhält nach sechsstündigem Rotieren eine klare, von ungelösten Teilchen völlig freie Celluloselösung.

Nach **D. R. P. 250 596** kann man der Lösung von Kupferoxyd in Ammoniak außer den üblichen, nicht reduzierend wirkenden organischen Zusätzen von Art des Glycerins, der Citronensäure, Weinsäure usw. auch in größeren Mengen (3—10fache Menge der Säuren) Körper beigeben, die langsam Sauerstoff abspalten. Auf diese Weise wird nicht nur eine größere Kupfermenge vom Ammoniak aufgelöst, sondern die Kupferoxydammoniaklösung bleibt auch monatelang bei Zimmertemperatur haltbar. Solche Körper sind z. B. die Salze der Persäuren des Schwefels, des Bors und besonders das Ammoniumpersulfat und Ammoniumperborat.

Zur Herstellung eines Gemenges von Cellulose und Kupfer tränkt man die fein verteilte Cellulosemasse mit einer Lösung von Kupfersulfat und schlägt durch Hinzufügung einer genügend starken Lösung von Titansesquioxydsulfat durch die ganze Cellulosemasse gleichmäßig und fein verteilt metallisches Kupfer aus, filtriert nun, wäscht und löst das z. B. aus 600 Tl. Baumwolle und 700 Tl. Kupfersulfat erhaltene Gemenge unter Luftzutritt in wässeriger Ammoniaklösung. Es lassen sich so 11—12proz. Celluloselösungen herstellen. **(D. R. P. 264 951.)** Oder man fällt eine 20proz. Kupfersulfatlösung mit überschüssiger, ebenfalls 20proz. Titansesquioxydsulfatlösung, filtriert das feinst verteilte, ausgeschiedene metallische Kupfer, wäscht es, setzt es bei Gegenwart von Luft einer starken Ammoniaklösung aus und verwendet diese so erhaltene Kupferoxydammoniaklösung zum Lösen der Cellulose. **(D. R. P. 264 952.)**

Zur Verbesserung der Qualität von Kupferoxydammoniakseide vollzieht man sämtliche Operationen von der Auflösung der Cellulose an, bis zur Fällung, unter Ausschluß der Luft, z. B. im Vakuum oder in einer neutralen Atmosphäre z. B. von Stickstoff oder unter einer isolierenden Flüssigkeitsschicht. Die auf diese Weise gewonnenen Celluloselösungen lassen sich ohne Veränderung lange Zeit aufbewahren. **(D. R. P. 244 510.)**

206. Bereitung der Spinnlösung mit organischen Zusätzen.

An Stelle der Kupferoxydammoniaklösungen kann man auch Kupferoxydalkylaminlösungen verwenden, verreibt also z. B. eine filtrierte Lösung von 320 Tl. mit 3400 Tl. 30grädiger Natronlauge mercerisierter Cellulose und 250 Tl. Kupfersulfat unter Vermeidung von Temperaturerhöhungen mit einer 33proz. wässerigen Monomethylaminlösung. Die zuerst gelatinierte Masse verflüssigt sich allmählich und ist dann in üblicher Weise verspinnbar. **(F. P. 357 171.)**

Nach **D. R. P. 240 242** werden die zur Herstellung von Kunstseide oder künstlichem Roßhaar benützten Kupferoxydammoniakcelluloselösungen durch Zusatz von Kupfertetraminsulfat haltbarer und widerstandsfähiger gegen Erwärmung, da der Zusatz die Bildung von Oxycellulose einschränkt. Man muß jedoch die vor oder während der Bearbeitung erwärmte kupfertetraminsulfathaltige Celluloselösung stets unter 40—50° halten, da sonst wegen des zu reichlichen Entweichens von Ammoniak vorzeitige Celluloseabscheidung stattfindet.

Nach **D. R. P. 245 575** ist eine Lösung von 2,5 Tl. Kupferhydroxyd in 100 Tl. einer 4proz. wässerigen Äthylendiaminlösung geeignet, 5 Tl. Cellulose zu einer dicken homogenen klaren Celluloselösung zu lösen. Nach **Zusatz D. R. P. 252 661** wird die lösende Wirkung des Äthylendiamins noch erhöht, wenn man ihm 50—60% Ammoniak zusetzt. Eine Lösung, die 5—6% Äthylendiamin, 3% Ammoniak und Kupferhydroxyd bis zur Sättigung enthält, vermag 5—6 Tl. Cellulose zu lösen. Nach **D. R. P. Anm. T. 16 544 v. 5. Aug. 1911** ist es zweckmäßig, das Verhältnis von Kupfer zu Äthylendiamin unabhängig von der Konzentration gleich 1 : 2 zu wählen. Man verwendet zur Herstellung der Kupferlösung demnach 5 Tl. Äthylendiamin, 5—6 Tl. Cellulose, 100 Tl. Wasser und 4—5 Tl. Kupferhydroxyd.

Nach **D. R. P. Anm. E. 18 037 v. 3. Mai 1912** stellt man haltbare Kupferoxydammoniakcelluloselösungen, die frei sind von ungelösten Kupferverbindungen in der Weise her, daß man die Cellulose in Kupferoxydammoniak bei gewöhnlicher oder erhöhter Temperatur in Gegenwart von Acetin oder Diformin löst.

Dach **D. R. P. 236 537** und **Zusatz 237 816** werden der Spinnflüssigkeit organische Säuren wie Weinsäure oder ihre Salze (Weinstein, Seignettesalz usw.) zugefügt. Es kommen auf 1—3 Tl. Kupfervitriol 10% der angewendeten Cellulose an Weinstein. Man fügt dann noch 5—15 Tl. 25grädiges wässeriges Ammoniak und 2—4 Tl. 21grädige Natronlauge hinzu. Die organischen Säuren machen das fertige Lösungsmittel wie auch die Spinnlösung haltbar, so daß man sie auf Vorrat anfertigen und ohne Kühlung verarbeiten kann. Überdies löst sich die Cellulose in einer solchen Lösung rascher und man erhält gallertartige Kunstseidefäden, die unter dem Schutze des in ihnen enthaltenen Kupfersalzes nicht oxydiert werden. Das Kupfer wird zugleich bei Anwesenheit der organischen Säuren im alkalischen Fällbad in eine leicht abscheidbare reduzierte Form übergeführt. Bei der Anwendung der Alkalisalze der Citronen-, Oxal- oder Weinsäure können die Salzzusätze höher gehalten werden als die Säurezusätze des Hauptpatentes.

Zur Herstellung von Kupferhydroxydcellulose mengt man nach **D. R. P. 174 508** 10 Tl. feuchtes Halbzeug (auf Trockengewicht berechnet) mit einer Lösung von 17 Tl. Kupfervitriol, so daß ungefähr 1 l Gemisch entsteht, dann fügt man Traubenzucker und Natronlauge zu, wäscht die mit Kupferhydroxydul imprägnierte Cellulose aus und preßt sie auf 40 Tl. ab, dann zerteilt man die Masse in erbsengroße Stücke, bringt sie in einen 5000 Raumteile großen, geschlossenen Raum und läßt auf dessen Boden 60 Raumteile 80proz. Ammoniak verdunsten. Die braune Masse wird unter schwacher Erwärmung schließlich himmelblau, und nach etwa fünfstündiger Behandlung ist das Produkt in Ammoniak leicht löslich.

Der Zucker wirkt in der Kupferoxydammoniakcelluloselösung rein chemisch in der Weise, daß er Kupfersalz und Zellstoff, die beide während der Bereitung der Spinnlösungen zur Oxydation neigen, reduziert, wodurch die Lösung des Oxydes und der Cellulose beschleunigt wird. Es eignen sich daher für vorliegenden Zweck vor allem die Traubenzuckerarten der Formel $C_6H_{12}O_6$, aber auch Stärkezucker und Invertzucker, von denen schon, auf das Cellulosegewicht berechnet, 0,25% genügen, um jene Oxydationsneigung des Kupfersalzes und des Zellstoffes zu unterbinden. Jedenfalls darf die Zuckermenge nur so groß gewählt werden, daß die Spinnbarkeit der Lösungen nicht beeinträchtigt wird. **(D. R. P. 306 107.)**

Zur Herstellung haltbarer Spinnlösungen versetzt man die Kupferoxydammoniakcellulose in üblicher Lösung mit Kohlenhydraten, besonders Hexosen, Hexobiosen oder Polysacchariden in der Menge von etwa 25% vom Gewicht der Cellulose, und kann die Gemenge dann ohne Schädigung Temperaturen von 30—40° aussetzen und sie dementsprechend auch ohne Kühlung aufbewahren. Auch die so erhaltenen Fäden sind sehr wasserfest, elastisch, kleben nicht aneinander und zeigen Seidenglanz, sie können ohne vorherige Entkupferung getrocknet werden ohne ihre Durchsichtigkeit zu verlieren und man kann die Rohfäden auch nach dem Trocknen aufarbeiten. **(D. R. P. 228 872.)**

Nach dem Zusatzpatent **D. R. P. 230 141** erfüllt die Beigabe eines Produktes, das man durch Bleichen eines alkalischen Reisschalenbreies gewinnt, denselben Zweck, ebenso nach **D. R. P. 237 716** ein Zusatz von Mono- und Polysacchariden, Mannit, Dulcit usw., oder nach **D. R. P. 237 717** eine geringe Beimengung von Formaldehyd. Die so erhaltenen Kupferoxydammoniakcelluloselösungen sind wesentlich haltbarer, sie ertragen höhere Temperaturen und können daher ohne Kühlung aufbewahrt werden. Nach dem weiteren Zus.-Pat. **D. R. P. 241 921**, werden die Kohlenhydrate vorteilhafter nicht der fertigen Kupferoxydammoniakcelluloselösung zugesetzt, sondern man bereitet ein Bad, das z. B. 400 g Kupfersulfat und 240 ccm 38grädiger Natronlauge in 2500 ccm Wasser gelöst enthält, fügt 28 g Dextrin in wässeriger Lösung zu, vermischt mit 200 g zerschnittener Baumwollfaser und trennt den dextrinhaltigen Faserbrei von der Flüssigkeit, um ihn dann wie üblich in etwa 1000 ccm Ammoniak vom spez. Gewicht 0,91 zu lösen.

Zur Herstellung von Kupferoxydammoniaklösungen verwendet man nach **D. R. P. 248 308** eine Auflösung von Melasse in etwa 20proz. Ammoniakwasser, die man nach weiterem Zusatz von Ammoniak und Wasser mit metallischem Kupfer versetzt. Man leitet dann Preßluft durch und erhält so nach 6—8 Stunden eine Kupferoxydammoniaklösung, die mit etwa 5% Kupfergehalt und bei gewöhnlicher Temperatur etwa 8% Cellulose zu lösen vermag.

Haltbare Spinnlösungen erhält man nach **D. R. P. 251 244** aus einer mit 45 kg 21grädiger Alkalilauge versetzten Lösung von 25 kg Kupfersulfat in 90—95 kg Ammoniak. Die Lauge wird, ehe man sie zusetzt, während etwa $^1/_2$ Stunde mit Strohabfall, Zucker, Dextrin u. dgl. stehen gelassen, wodurch man eine erheblich größere Haltbarkeit der mittels dieser Lauge bereiteten Celluloselösungen erreicht.

207. Kupferseidefällung und -streckung: Alkalische Fällbäder.

Die in ammoniakalischen Lösungen von Kupferhydroxyd und von basischen Kupfersalzen gelöste Cellulose wird mittels Druckluft von ca. 1 Atm. Überdruck durch Metallgewebe und schließlich durch Asbesttuch filtriert (wobei man die entweichenden Ammoniakdämpfe auffängt), im Vakuum entlüftet, in die Spinnkessel eingeführt und durch Glasdüsen in saure oder alkalische Bäder getrieben, in denen die Lösung sich zersetzt und dünne Seidenfäden aus Cellulose gewonnen werden.

Zur Förderung des Spinnprozesses von Kupferoxydammoniakseide befreit man die viscose Spinnlösung vor Eintritt in die Düsen durch Evakuieren oder Erwärmen von den in ihr enthaltenen Gasen und Luftblasen, deren Bildung den Spinnprozeß sonst stören würde. **(D. R. P. 303 047.)**

Zur Herstellung naturseideähnlicher Kunstseidefäden läßt man hochprozentige Kupferoxydammoniaklösung mit möglichst niedrigem Ammoniakgehalt in ein langsam härtendes Fällbad eintreten, zieht in ihm den dicken Faden dünn aus und führt ihn dann erst zur Koagulation in das normal wirkende Fällbad. **(Schweiz. Pat. 40 164.)**

Ein mechanisches Verfahren zur Erzeugung künstlicher Fasern aus Celluloselösungen durch nachträgliches Ausstrecken von aus weiten Spinnöffnungen austretenden, dicken, z. B. Kupferseidefäden bei Anwendung langsam wirkender gasförmiger Fällmittel ist in **D. R. P. 322 538** beschrieben.

Zur Herstellung von Blättern, Bändern oder Häutchen aus Kupferoxydammoniakcelluloselösungen koaguliert man diese nach **D. R. P. 201 915** nicht unmittelbar nach dem Austritt aus den Spinndüsen, sondern läßt sie zunächst an der Luft austrocknen, entzieht dem Rückstand sodann das Kupfer durch verdünnte Salzsäure, entfernt die Säure durch Waschen und fällt die Fadensubstanz aus.

Nach **D. R. P. 183 557** erhält man eine zum Verspinnen besonders geeignete Lösung dadurch, daß man ihr unter ständigem Kneten im Vakuum Ammoniak entzieht. Man muß Sorge tragen, daß die Temperatur hierbei nicht zu tief sinkt. Nach einer Abänderung entzieht man der Kupferoxydammoniakcelluloselösung das Ammoniak durch Einblasen von Luft und gewinnt die Lösung so in einer zur Seidefabrikation besonders geeigneten Form. **(D. R. P. 187 313.)**

Um zu verhindern, daß die Fäden aneinanderkleben und zur Gewinnung eines weichen, glänzenden Fadens läßt man die Fäden durch verhältnismäßig weite Spinndüsen in reines oder schwach alkalisches oder schwachsaures Wasser austreten und streckt die gebildeten Fäden durch schnelles Aufwickeln auf eine Walze, um sie schließlich durch kalte 33grädige Natronlauge oder durch etwas verdünntere heiße Lauge zu ziehen und abzusäuern. **(Ö. P. 37 119.)**

Ein Verfahren zur Herstellung von Cellulosefäden und Films durch Aufwickeln der ausgepreßten Kupferoxydcelluloseammoniaklösung auf eine in konzentrierter Natronlauge rotierenden Walze folgendes Absäuern und Trocknen unter Spannung ist in **D. R. P. 169 567** beschrieben.

Glänzende Kupferseidefäden oder roßhaarartige dicke Fäden oder Films erhält man je nach der Art der Ausspritzöffnung durch Ausfällung der Kupfer-Celluloselösung mit konzentrierter Ätzalkalilauge und folgende Behandlung des kupferhaltigen Materials mit Säuren und Wasser. Das Kunstroßhaar wird während des Trocknens zur Erhaltung der Form gespannt. **(D. R. P. 186 766 und 186 387.)**

Zum Ausfällen der Kupferoxydammoniakcelluloselösung verwendet man nach **D. R. P. 190 217** verdünnte, weniger als 5% Alkali enthaltende Alkalilaugen. Zur Entfernung des Kupfers wird der Faden nachträglich durch 10proz. Schwefel- oder 12proz. Essigsäure geführt.

Zur Herstellung von künstlichem Roßhaar läßt man Kupferoxydammoniakcelluloselösung unter Druck aus entsprechenden Öffnungen in starke Ätzalkalilösung eintreten, die 2—6% Ammoniak enthält, behandelt die Fäden vor dem Waschen 30—60 Minuten in starker Kalilauge von nicht unter 20% Ätzkaligehalt, spült mit Säure und trocknet unter Spannung. **(E. P. 1745/1905.)**

Zur Herstellung von Celluloseprodukten aus in Kupferoxydammoniak gelöster Cellulose leitet man die Fäden in 30grädige, 40° warme Alkalilauge, nimmt das innen noch flüssige Gebilde aus dem Bade, läßt es an der Luft erstarren, bringt es nun zur Wiederherstellung des bei der Koagulation an der Luft zum Teil verloren gegangenen Glanzes abermals in ein Natronlaugebad und entfärbt es schließlich in angesäuertem Wasser. Die erhaltenen Fäden sind glashell und sehr fest. **(D. R. P. 187 696.)**

Über Herstellung von Kunstseide aus Kupferoxydammoniakcellulose mit Verwendung von Ätzkalilauge als Fällmittel, wobei letztere kalt oder auch warm angewendet wird, während die Celluloselösung warm einfließt, siehe **D. R. P. 255 549.**

208. Sauere, salz- und metallsalzhaltige Fällbäder.

Zur Herstellung künstlicher Fäden verknetet man eine 7% Cellulose enthaltende Kupferoxydammoniaklösung nach dem Filtrieren zur Entfernung des Ammoniaks im hohen Vakuum bis eine Probe in angesäuerter Luft schnell erstarrt, filtriert die Lösung und preßt sie durch Düsen erwärmten Salzsäuredämpfen entgegen, wobei die Fäden gleichzeitig fein ausgezogen werden. **(D. R. P. 175 296.)** Nach einer Abänderung des Verfahrens läßt man die Fadenbildung in einer Gasatmosphäre erfolgen, die von einem Erstarrungsmittel in sehr feiner Verteilung nebelartig durchsetzt ist. **(D. R. P. 185 139.)**

Über die Erzeugung künstlicher Fasern aus konzentrierten Kupferoxydammoniakcelluloselösungen als Spinnflüssigkeit und langsam wirkenden gasförmigen Fällungsmitteln siehe auch **D. R. P. 322 538.**

Der Gedanke, physikalisch und chemisch wirkende Dämpfe zum Fällen künstlicher Fäden zu benützen, wurde schon in dem alten Kunstseidepatent **E. P. 2695/1887** ausgesprochen.

Nach **D. R. P. 228 504** wird der Fällungsprozeß der Kupferoxydammoniakcellulose mit verdünnter Säure wesentlich beschleunigt, wenn man zugleich einen elektrischen Strom durchleitet.

Zum Fällen und Reinigen von Kunstseidelösungen aller Art spritzt man sie zwischen zwei Elektroden, die in dem Fällbade angeordnet sind aus, so daß der Faden durch den Strom gehärtet und gereinigt wird. **(D. R. P. 324 334.)**

Zur Streckung der Kupferseide wäscht man die Fäden mit Wasser oder behandelt sie mit Natriumsulfatlösung und dehnt sie dann in einem Säurebad bis auf das Doppelte ihrer ursprünglichen Länge, worauf sie wie üblich weiter verarbeitet werden. **(D. R. P. 179 772.)**

Nach **F. P. 383 413** verwendet man zur Ausfällung der Fäden von künstlichem Roßhaar aus Celluloselösungen statt der konzentrierten Natronlauge ein Bad, das 30 kg Kochsalz und 3 kg Ätznatron in 100 l Wasser enthält, oder eine Lösung, die man durch Filtrieren einer kochenden Lösung von 100 l Wasser, 6 kg Soda und 3 kg Kalk nach Hinzufügung von 30 kg Chlorcalcium herstellt.

Als Fällungsbad für Kupferoxydammoniakcelluloselösungen verwendet man nach **D. R. P. 241 683** gesättigte, etwa 34 proz. filtrierte Lösungen von Chlorcalcium, wodurch vermieden wird, daß die Fäden, wie dies beim Ausfällen mit verdünnten Erdalkalilösungen der Fall ist, aneinander kleben. Die gefällten Fäden werden gewaschen und mit 2 proz. Salzsäurelösung entkupfert.

Über die Ausfällung von Kupferoxydammoniakcelluloselösungen mit wässerigen Alkalialuminatlösungen, die man beim Spinnen zweckmäßig erhitzt und durch Zusatz von etwas Alkalihydroxyd genügend alkalisch stellt, um den Einfluß der Luftkohlensäure zu paralysieren, siehe **D. R. P. 248 172.** Man braucht die Kunstseide, die so behandelt wurde, nur kurz abzuspülen, ehe man sie zur Entkupferung mit Säure behandelt, und erspart so große Wassermengen und das vorherige Waschen mit Magnesiumsulfat, was wieder auf die Vereinfachung der Arbeitsweise, namentlich in Hinblick auf das Transportieren der zahlreichen Kunstseidewalzen innerhalb der Fabrik von günstigem Einfluß ist.

In **D. R. P. 252 180** wird empfohlen eine Lösung von 6% Cellulose in einer 6—7% Ammoniak enthaltenden Kupferoxydammoniaklösung in ein Fällungsbad auszupressen, das aus 30 proz. Natronlauge besteht und pro Liter 10 g arsenige Säure enthält; dann wird das Bad auf 60—65° erwärmt, worauf man den Faden wie üblich aufhaspelt, neutral wäscht und in 5 proz. Schwefelsäure entkupfert. Die Fäden sollen sich durch Haltbarkeit, Glanz, Weichheit und Elastizität auszeichnen.

Nach einem Referat in **Chem.-Ztg. Rep. 1913, 425** setzt man den alkalischen Bädern vor dem Verspinnen der Kupfercelluloselösung salpetrigsaure oder andere reduzierend wirkende anorganische oder organische Salze zu.

Matte, glanzlose Kunstfäden erhält man nach **D. R. P. 262 253** durch Verspinnen der wie üblich bereiteten Kupferoxydammoniakcelluloselösung in einem 30—40° warmen Natronlaugebad, das sich in einem mit Bleiblech ausgelegten Gefäß befindet. Das Blei oder auch andere beigegebene Metalle, deren Oxyde oder Salze bewirken, daß der Faden nach der üblichen Entkupferung und Nachbehandlung ein glanzloses, dem Naturprodukte ähnliches Gebilde darstellt. Oder man behandelt den kupferhaltigen Faden im Strang während 10—20 Minuten mit einer Lösung von 100 g Bleihydroxyd in 10 l 30grädiger Kali- oder Natronlauge, spült, befreit mit Säure von Kupfer, wäscht und trocknet. **(D. R. P. 262 253.)**

Zur Herstellung krystallklarer, hochglänzender Cellulosefäden, die in ihren Einzelteilen geschmeidig bleiben und nicht verkleben, benützt man ein Fällbad, das neben Ätzalkalien, Kupfercarbonat enthält, das man in dem aus 10 000 l Wasser, 400 kg Ätznatron und 100 kg Soda bestehenden Bade durch Zusatz von 50 kg Kupferhydroxyd erzeugt. Während des Spinnens setzt man dem Bade unter Belassung des beim Spinnen mit dem Faden in das Bad gelangenden Kupferhydroxydes von Zeit zu Zeit die nötige Sodamenge zu, wodurch der Kupfercarbonatgehalt des Bades konstant bleibt. Zur Auffrischung der Bäder dampft man unter Rückgewinnung des Ammoniaks ein, wobei man das in der Siedehitze leicht zersetzliche Kupfercarbonat, ohne daß die sonst üblichen Reduktionsmittel nötig wären, als körniges, wasserfreies Salz gewinnt. **(D. R. P. 286 297.)**

209. Fällbäder mit organischen Zusätzen.

Die Ausfällung von Kupferoxydammoniakcelluloselösung mittels Essigsäure ist in **D. R. P. 98 642** beschrieben. **(H. Pauly.)**

Ein Verfahren zur Herstellung von Kunstseide durch nachträgliches Ausstrecken von aus weiten Spinnöffnungen austretenden dickeren Fäden ist durch die Anwendung einer konzentrierten Kupferoxydammoniak-Cellulosespinnflüssigkeit und bis zu 50° warmem Wasser, Äther, Benzol, Chloroform oder Kohlenstofftetrachlorid als langsam wirkende Fällflüssigkeit gekennzeichnet. **(D. R. P. 154 507.)** S. a. die Vorrichtung des Zusatzpatentes **D. R. P. 157 157.**

Zur Herstellung glänzender Kunstseidefäden fällt man Kupferoxydammoniakcelluloselösung in einem Fällbade, das aus einer mit Glycerin gemischten wässerigen Lösung von Glycerinmonoschwefelsäure besteht, behandelt sie dann in Kochsalzlösung, entkupfert in verdünnter Natriumbisulfatlösung und wäscht schließlich in glycerinhaltigem Wasser. **(A. P. 836 620.)**

Nach dem Verfahren **D. R. P. 208 472** bedient man sich konzentrierter Natronlauge unter Zusatz von Glucose, Saccharose, Lactose oder Glycerin als Fällungsmittel für Kupferoxydammoniakcelluloselösungen. Nach Zusatz **D. R. P. 229 863** wird der Fällungsprozeß wesentlich beschleunigt, wenn man das alkalische, zuckerhaltige Bad auf 45—75° anwärmt. Das Kupfer wird rascher ausgeschieden und kann als Oxydulschlamm abgelassen werden, während das ausgetriebene Ammoniak kondensiert in den Kreislauf der Fabrikation zurückgeht. Überdies ermöglicht das Verfahren infolge der energischeren Koagulation, ähnlich wie bei der Verwendung zuckerfreier, warmer, konzentrierter Lauge, eine doppelt so hohe Abzugsgeschwindigkeit des Fadens, ohne daß er reißt. Schließlich bewirkt der Zucker, daß die nach dem Trocknen entkupferten Fäden ebenso glänzend ausfallen, wie jene, die ohne vorheriges Trocknen vom Kupfer befreit werden, so daß man die Fabrikation ohne Nachteil für das Endprodukt vor der Entkupferung unterbrechen kann. Als geeignetes Bad für die Koagulation der Fäden wird eine Mischung von 32 Tl. Ätznatron, 8 Tl. Glykose und 100 Tl. 60—70° warmen Wassers empfohlen. **(E. P. 27 707/1907.)** Nach einem anderen Zusatzpatent behandelt man die koagulierten kupferhaltigen Gebilde vor dem Trocknen in einem Bade, das Magnesiumsulfat, Tonerdesulfat oder ein ähnliches die Cellulose beim Trocknen nicht schädigendes Salz enthält, zu dem Zwecke, um auch die letzten Spuren von Natron, die das Gebilde beim Trockenprozeß schädigen könnten, zu entfernen. Man vermag dann auch die völlige Entkupferung der Fäden erst nach der Verzwirnung und evtl. weiteren Verarbeitung zu bewirken, wodurch die Fabrikation beschleunigt und die Wiedergewinnung des Kupfers vereinfacht wird. **(D. R. P. 218 490.)**

Oder man fällt Kupferoxydammoniakcelluloselösungen mittels zuckerhaltiger Natronlauge, spritzt die Fäden mit warmem Wasser ab, bis sie eben klar hellgrün, aber noch nicht trübe türkisblau sind, netzt den Faden evtl. mit Seifenwasser und führt ihn über eine geheizte Fläche der Spulvorrichtung zu. Die Entkupferung wird dann erst in Strangform vorgenommen. **(D. R. P. 259 816.)**

Nach **F. P. 422 565** werden glänzende Celluloseprodukte erhalten durch Fällung der Kupferoxydammoniakcelluloselösungen mit einer bei 60° hergestellten Calciumsaccharatlösung und der 5—10fachen Menge 30proz. Natronlauge.

Nach **D. R. P. 250 357** setzt man dem ätzalkalischen Fällungsbade für kupferoxydammoniakalische Celluloselösungen bei einem Gehalt von 19% Ätznatron zweckmäßig 3,7% Diastase zu und fällt bei einer Temperatur der Flüssigkeit von höchstens 45°, da sich die Diastase über 50° zersetzt, und nicht unter 40°, da ihre reduzierende Wirkung erst bei dieser Temperatur beginnt. Zugleich kann man durch diesen Zusatz die sonst nötige Alkalität des Bades von 35—40% auf 19—20% herabmindern und die zunehmende Blaufärbung des Fällungsbades verhindern. Der aus diesen Bädern erhaltene grünliche Faden ist sehr gleichmäßig und besitzt nach dem Entkupfern hohe Transparenz und einen lebhaften Glanz.

Nach **D. R. P. 268 261** (vgl. **F. P. 454 011**) erreicht man durch Zusatz von milch-, wein- oder citronensauren Natriumsalzen zu einem 2,5proz. Natronlaugebade, daß sich der Faden bei 50—70° Badtemperatur ebensogut verspinnen läßt, wie wenn man die üblichen 5- und mehrprozentigen Natronlaugefällbäder anwendet. Man preßt die Fäden z. B. in eine 50° warme konzentrierte Lösung von 2,5 Ätznatron in 100 ccm milchsaurem Natron. Die Wirkung des milchsauren Natrons äußert sich darin, daß die Milchsäure ebenso wie Zucker und Glycerin wegen der in ihnen enthaltenen alkoholischen Oxygruppen imstande ist, das Kupfer zum Teil von der Faser weg zu lösen, so daß man klare, kupferarme, grüne Fäden erhält, die nach der Entkupferung mit Säure hochglänzend, sehr fest und elastisch sind.

Nach **D. R. P. 235 366** werden der alkalischen Fällflüssigkeit für Kupferoxydammoniakcelluloselösungen mit Bauchspeicheldrüsenpräparat abgebaute Kolloide beigefügt (Eiweißstoffe oder Leim), die selbst fällende Eigenschaften haben und der erzeugten Kunstseide einen besonders weichen Griff verleihen.

Nach **D. R. P. 236 297** wird die Festigkeit des Kunstseidefadens erhöht, wenn man die Kupferoxydammoniakcelluloselösungen durch Alkali bei Gegenwart von 5—10% Methylalkohol fällt. Nach dem Absäuern und Waschen der Fäden wird evtl. nochmals mit konzentrierter Lauge, die mit Kochsalz gesättigt ist, nachbehandelt. Der Methylalkohol wirkt in der Menge von $1^1/_2$—2 Tl., 10 Tl. konzentrierter Lauge hinzugesetzt, als wasserentziehendes Mittel. Durch den Zusatz des Methylalkohols wird dem Cellulosehydrat gleich bei der Koagulation in einem Fällungsbad bestimmter Alkalität das Hydratwasser entzogen, so daß der Faden nicht quillt und dadurch besonders in nassem Zustande an Festigkeit gewinnt. Der Methylalkohol kann nicht völlig durch gewöhnlichen Sprit ersetzt werden, wohl aber zum Teil oder auch überhaupt durch Formaldehyd, der ebenfalls wasserentziehende Wirkung äußert.

210. Abwässeraufarbeitung. Verschiedene Vorkehrungen.

Die restlose Wiedergewinnung der Badbestandteile Kupfer und Ammoniak bedeutet für die Kupferseideindustrie dasselbe wie die Lösungsmittelrückgewinnung für die Nitroseidefabrikation. Die sauren Fällbäder und Waschwässer werden elektrolytisch oder durch Zementation (Abscheidung mit Eisen) aufgearbeitet. Für die Rückgewinnung des Ammoniaks sorgt man durch Absaugen der Dämpfe und Einleiten in Schwefelsäure; in gut geleiteten Betrieben wird übrigens unter so genauer Kontrolle und Berechnung der Mengen gearbeitet, daß sich besondere Vorkehrungen zur Rückgewinnung des Ammoniaks erübrigen.

Zur Wiedergewinnung des Kupferoxyds aus den benützten Kupferoxydammoniakcelluloselösungen legt man in diese Fällflüssigkeiten nach **D. R. P. 184 150** Cellulosefasern ein, auf denen sich das Kupfer niederschlägt. Man erhält so ein Produkt, das sich nach dem Auswaschen mit Wasser sehr schnell wieder in Ammoniak löst.

Zur Fällung des Kupfers aus Kupfersalzbädern, die zur Kunstseideherstellung dienten, verwendet man nach **F. P. 383 412** statt der teuren Cellulose Palmkernmehl, oder die Mehle verschiedenartiger Cerealien.

Nach **D. R. P. 235 476** wird das Kupfer aus alkalischen Kupferoxydammoniaklösungen wiedergewonnen durch Fällung der vom Ammoniak befreiten, das Kupferoxydul enthaltenden Lösungen mit Stärke. Man leitet die mit der Stärke versetzte Flüssigkeit durch mehrere in Kaskaden angeordnete Gruben und bewirkt so die Absetzung des Schlammes, während die Flüssigkeit schließlich klar abläuft. Vgl. **E. P. 27 539/1910.**

Zur Aufarbeitung der Kupferseide-Waschflüssigkeiten führt man sie der ammoniakhaltigen Luft entgegen, die nach dem Ausfällungsprozeß von der Entstehungsstelle abgesaugt wird, wobei man ursprünglich sauere kupferhaltige Waschflüssigkeiten vorher mit Calciumchlorid oder anderen ammoniakbindenden Stoffen versetzt. Man verwertet das Ammoniak so besser, als wenn man es, wie bisher gebräuchlich, in Schwefelsäure auffängt. **(D. R. P. 239 214.)**

Nach **D. R. P. 252 179** regeneriert man Natronabfallaugen, die Cellulosederivate gelöst enthalten, in der Weise, daß man sie mit Kupferverbindungen verrührt und die entstandenen unlöslichen Niederschläge abtrennt. Besonders leicht, schon in der Kälte filtrieren die Niederschläge, die man mit Nickel-, Kobalt- oder Eisenhydroxyd erhält, doch muß man diese Lösungen, damit die Fällung vollständig werde, längere Zeit an der Luft rühren.

Zur Entschleimung der durch Hemicellulose verunreinigten Kunstseidespinnerei-Alkalilaugen behandelt man sie in einem Kupfer- oder Bleigefäß mit 0,5 Vol.-% 30proz. Wasserstoffsuperoxydlösung oder der zehnfachen Menge des gewöhnlichen Handelsproduktes, bis sich die organische Substanz an der Kesselwand ausscheidet. Nach einigen Stunden kann man die reine Alkalilauge vom Bodensatze abziehen. Das Wasserstoffsuperoxyd kann durch Ozon ersetzt werden. **(D. R. P. 355 836.)**

Nach **E. P. 22 413/1909** wird die Blaufärbung der Kupferoxydammoniakcelluloselösungen, die ein Erkennen des Fadens während des Spinnprozesses erschwert, durch Zusatz von Formaldehyd in alkalischem Bade behoben. Der 5proz. Zusatz verbessert außerdem die Qualität des Fadens.

Nach **D. R. P. 225 161, Zusatz zu 154 507, 157 157, 173 628** wird das Verkleben der aus konzentrierten Kupferoxydammoniaklösungen in langsam wirkenden Fällbädern erhaltenen Kunstseidefäden dadurch vermieden, daß man sie zunächst in schwach alkalischen Bädern feinstreckt, sodann durch 39grädige Natronlauge zieht und sie sofort oder nach einiger Zeit ansäuert.

Wenn man das zur Fällung zu benutzende Wasser durch teilweise Entfernung des Kalkes reinigt und die nachteilige Wirkung des noch vorhandenen Kalkes durch Zusatz von Zucker, Glycerin, löslicher Stärke oder ähnlichen organischen Verbindungen behebt, so vermag man das Kupfer schneller und vollständiger aus dem Fadenkörper zu entfernen und gleichmäßiger färbbare Fäden zu erzielen. **(D. R. P. 322 141.)**

Viscoseseide (Cellulose-Xanthogenat).

211. Literatur, Allgemeines. Herstellung im Kleinen.

Über Viscose und Viscoid siehe die Arbeit von **S. Ferenczi, Zeitschr. f. angew. Chem. 1899, 11.**

In einer ausgedehnten Aufsatzfolge, die auch in Buchform erschienen ist, berichtet **B. M. Margosches** über die Viscose, ihre Herstellung, Eigenschaften und Anwendung mit besonderer Berücksichtigung ihrer Verwertung für textilindustrielle Zwecke, und bringt in zwei Teilen eine Übersicht über die Rohmaterialien und Zwischenprodukte der Viscosefabrikation, Herstellung, Eigenschaften und Untersuchungsmethoden der Viscose, bespricht weiter das Viscoid und andere Viscoseprodukte nebst deren Anwendung und beschließt mit einer Zusammenstellung über die bis 1905 auf dem Gebiet erschienenen Veröffentlichungen. **(Zeitschr. f. Text.-Ind. 1904, 601 ff. und 1905, 71 ff.)**

Die Herstellung von Kunstfäden und plastischen Stoffen aus Viscose ist in allen Einzelheiten beschrieben von **F. J. G. Beltzer** in einer Aufsatzfolge in **Kunststoffe 1912, 41 ff.**

In **Kunststoffe 1912, 444** und **1913, 147** bringt **H. Süvern** die patentierten Verfahren zur Herstellung der Fällbäder für Viscoseseide in tabellarischer Form angeordnet. Vgl. **Margosches, Zeitschr. f. d. ges. Textilind. 7, 601 und 8, 71.**

Neben Chardonnetseide und Glanzstoff ist die jetzt wohl wichtigste Kunstseide die Viscoseseide, die sich billiger wie jene anderen herstellen läßt, da ihre Ausgangsstoffe weniger kostspielig sind.

Das Natriumsalz des Cellulose-Xanthogensäureesters und seine wässerige Lösung, die Viscose, von **Cross, Bevan** und **Beadle** 1891 zum ersten Male dargestellt, untersucht und verwertet **(D. R. P. 70 999** und **E. P. 8700/1892)**, entsteht aus der Alkalicellulose (das ist das Einwirkungsprodukt starker Lauge auf Cellulose) mit Schwefelkohlenstoff, besonders leicht, wenn man sie vor der Laugebehandlung mit verdünnten Säuren hydrolysiert.

Cellulose löst sich auch in alkalischen Lösungen von Sulfocyanverbindungen der Alkalien, Erdalkalien und sogar des Eisens in der Hitze und man erhält eine siruartige, charakteristisch riechende, farblose Masse, die das Aussehen des Kollodiums besitzt und, wie dieses behandelt, eine Kunstseide liefert, aus der sich das Sulfocyanid auswaschen läßt. **(Leipz. Färberztg. 1905, 19.)**

Die Reaktion mit Schwefelkohlenstoff erfolgt nach dem Schema:

$$\text{Alkohol} - \text{OH} + \text{NaOH} + \text{CS}_2 = \text{C}{\begin{matrix} \diagup \text{O} \cdot \text{Alkohol} \\ = \text{S} \\ \diagdown \text{SNa} \end{matrix}} + \text{H}_2\text{O}\,,$$

wobei intermediär die Alkohol-(Cellulose-)alkaliverbindung: Alkohol-O-Na gebildet wird. Die wässerige Lösung des Xanthogenats ist von Natur aus unbeständig, und zwar wird das Molekül nach mehrstündigem oder mehrtägigem Stehen immer ärmer an $\text{C}{\begin{matrix} = \text{S} \\ \diagdown \text{SNa} \end{matrix}}$-Resten und immer reicher an Cellulose, so daß allmählich über die Verbindungen

$$\text{C}{\begin{matrix} \diagup \text{O} \cdot \text{C}_6\text{H}_9\text{O}_4 \\ = \text{S} \\ \diagdown \text{SNa} \end{matrix}} \rightarrow \text{C}{\begin{matrix} \diagup \text{O} \cdot (\text{C}_6\text{H}_9\text{O}_4)_2 \\ = \text{S} \\ \diagdown \text{SNa} \end{matrix}} \rightarrow \text{C}{\begin{matrix} \diagup \text{O} \cdot (\text{C}_6\text{H}_9\text{O}_4)_4 \\ = \text{S} \\ \diagdown \text{SNa} \end{matrix}} \quad \textbf{(nur noch in Lauge löslich)}$$

wasserunlösliche Hydratcellulose, eine hornartige geschrumpfte Masse, das Viscoid, entsteht. Besonders rasch erfolgt seine Bildung beim Erwärmen der Lösung, langsam in der Kälte, so daß man die Viscoselösung bei Kellertemperatur (5—10°), zweckmäßig unter Zusatz die Zersetzung verzögernder Stoffe wie Natriumamalgam, aufbewahren muß. Dieser Prozeß der Umwandlung bis zum Molekül mit vier Celluloseresten, dem technisch wichtigen Produkt, das die Spinnlösung liefert, wird als Reifung bezeichnet.

Über die Bestimmung des Reifegrades der Viscose mittels 10proz. Salmiaklösung, deren Verbrauch in dem Maße höher ist, als die Viscose noch der Reifung bedarf, siehe **V. Hoettenroth, Chem.-Ztg. 39, 119.**

Als Fällmittel für die Lösung dienen Kochsalz, Alkohol, Salmiak oder Schwermetallsalze, die ja nach ihrer Art auch gefärbte Niederschläge geben. Durch die Nachbehandlung mit Säuren und folgend mit entschwefelnd wirkenden Agentien wird aus der Viscose das ursprünglich benutzte Cellulosehydrat regeneriert. Auch die Viscoseseide besteht wie die denitrierte Chardonnetseide und der Glanzstoff im wesentlichen aus Cellulose.

Jede Art der Verwendung des Zellstoffsulfocarbonates (das ist Viscose) beruht demnach auf der Wiedergewinnung der Cellulose aus ihrer Lösung, wobei durch Zersetzung Schwefelkohlenstoff frei wird, der evtl. durch Wechselwirkung mit dem vorhandenen Alkali weiter reagiert und andere Körper bildet; je nach der Temperatur und nach der Schichtdicke ist diese Zersetzung verschieden groß.

Ursprünglich waren die Films und Platten aus Viscose so feucht, daß sie sich beim Trocknen stark zusammenzogen und unbrauchbare Produkte ergaben, bis es gelang durch besondere Trocknungsverfahren **(E. Brandenberger** bzw. **O. Eberhard)** die beständigen Celluloseglashäute „Cellophan" bzw. die Massen „Monit" als brauchbare Kunststoffe in den Handel zu bringen.

Zur Herstellung der Viscose im Kleinen legt man 100 g Sulfitcellulose mehrere Stunden in 1proz. Salzsäure, quetscht aus, spült, verrührt mit einer Lösung von 40 g Ätznatron in 200 ccm Wasser, läßt drei Tage im geschlossenen Gefäß stehen, rührt sodann 100 g Schwefelkohlenstoff zu und kann die nach 12 Stunden erhaltene honiggelbe Lösung der Viscose mit Alkohol oder Kochsalzlösung ausfällen. **(H. Seidel, Wiener Gew.-Mus. 1900, 35.)**

212. Fabrikationsgang, Behandlung des Rohstoffes, Alkalicellulose, Reifung.

Die Fabrikation zerfällt in zwei Abschnitte: 1. Die Herstellung der Alkali- (Natron-) cellulose. Man geht gewöhnlich vom Holzzellstoff aus, der zur Entfernung der Verunreinigungen in einem Holzbottich mit doppeltem Boden und Wasserumlauf 2—3 Stunden mit 20proz. Flußsäure gekocht, mit heißem Wasser gewaschen und in Zentrifugen geschleudert wird. **(C. Piest, Papierfabr. 1914, 860.)**

Die so gereinigte Cellulose wird nunmehr dem Mercerisationsprozeß unterworfen, der zur Bildung der Verbindung NaOH · $C_6H_9O_4$ · ONa führt. Man behandelt den Zellstoff zu diesem Zweck in großen eisernen Behältern mit reiner aluminium-, eisen- und kalkfreier Natronlauge von 18,4—18,6% Gehalt bei höheren Temperaturen, oder, was viel zweckmäßiger ist, bei Temperaturen von +5° bei denen eine Natronlauge von 17,5—17,7% genügt, um die Cellulosefasern schon nach 10 Minuten genügend zu verändern. In der Praxis arbeitet man allerdings wegen der Dichtigkeit der Zellstoffblätter $1^1/_2$ Stunden bei niederen Temperaturen und 2 Stunden bei höheren Temperaturen, schleudert dann den Zellstoff auf das 3.2—1,5fache seines früheren Gewichtes ab und vermahlt ihn in diesem fast trockenen Zustand so lange, bis 1 l des losen Materiales 230 g wiegt und bis eine mit Phenolphthalein stark angefärbte Probe beim raschen Zufließenlassen von $^1/_1$ normal-Schwefelsäure in 7—8 Minuten völlig entfärbt ist. Man überläßt nun die Masse in dicht schließenden Eisenbehältern bei 18—25° während 60—75 Stunden der Reife, wobei als Richtschnur dient, daß die Viscose um so dünnflüssiger wird, je länger die Reifung dauerte und bei je höherer Temperatur sie sich vollzog. **(H. E. Eggert, Kunststoffe 3, 381.)**

Zur Bereitung der Alkalicellulose kann man den Zellstoff auch entweder mit der berechneten Natronlaugemenge mischen oder einen Überschuß von 15—18proz. Natronlauge anwenden und das Gemisch pressen, bis die rückständige Masse aus 1 Tl. trockener Cellulose und 3 Tl. Lauge besteht. Man arbeitet zu diesem Zweck im Kollergang und erhält nach genügender Mahlung eine brotkrumenartige Masse, die durch ein 6 mm-Maschensieb gedrückt wird, um Klumpen zu entfernen. Das fertige Produkt ist sehr wenig beständig, da es an der Luft begierig Kohlensäure anzieht, und muß daher, wenn es aufbewahrt werden soll, in dicht verschlossene Fässer gepackt werden.

Zur Herstellung von Alkalicellulose führt man Zellstoffpappe in Rollenform zwischen Drahtnetzbändern durch starke Natronlauge, deren Überschuß man nach dem Herausnehmen der Rolle aus dem Bade durch geeignete Vorrichtungen abstreift, worauf die getränkte Pappe zerfasert wird. **(D. R. P. 335 563.)**

Eine Vorrichtung zur Herstellung von Alkalicellulose ist in **D. R. P. 270 618** beschrieben.

Statt von der z. B. nach **D. R. P. 92 590** durch Behandlung cellulosehaltiger, mit verdünnter Salzsäure aufgeschlossener Materialien (Papier oder Lumpen) mit etwa 17,7proz. Natronlauge während 24 Stunden erhaltenen Alkalicellulose auszugehen, kann man, um zu einer alkaliarmen Viscose zu gelangen, auch gewöhnliche oder ungereifte oder weniger als 24 Stunden gereifte Alkalicellulose verwenden, die man mit 36proz. Ätznatron behandelt. Die so bereitete Viscose von niedrigem Alkaligehalt eignet sich besonders zur Imprägnierung von Geweben, Papier oder Holz, da die so behandelten Stoffe weniger schrumpfen und weniger Falten geben als mit gewöhnlicher Viscose.

Bei der Herstellung von Viscose arbeitet man nach **E. P. 178 152** mit minus 2° kalter Ätzkalilösung, die man auf die Cellulose unter Luftabschluß oder bei Gegenwart eines Gases einwirken läßt, das wie Ammoniak oder Schwefeldioxyd mit der Alkalilösung reagiert.

Nach einem neuen Reifungsverfahren behandelt man die Alkalicellulose vorher mit Peroxyden oder Hypochloriten oder anderen Oxydationsmitteln vorzugsweise mit Luft bei Temperaturen über 30° zweckmäßig in Gegenwart eines Oxydes oder Hydroxydes des Eisens, Nickels, Kobalts, Cers oder Vanadins als Katalysator, wobei ein in Natronlauge unlösliches Produkt von der Zusammensetzung der Cellulose entsteht, das man dann wie üblich mit Schwefelkohlenstoff weiter verarbeitet. **(D. R. P. 323 784—785.)** (Siehe auch das nächste Kapitel.)

Die Reifung führt nach etwa 75 Stunden zu einem Celluloseabbauprodukt, das 26—27% Zellstoff, 15—16% NaOH und 0,3—1% Na_2CO_3 (aus der trotz des Luftabschlusses zutretenden Kohlensäure entstanden) enthält. Neuerdings wird der ganze Vorgang, auch die Bildung des Xanthogenats im Vakuum vollzogen. **(D. R. P. 322 047.)**

2. Die Bereitung des Xanthogenats und der Spinnlösung. Man verknetet zu diesem Zweck die gereifte Alkalicellulose unter Luftabschluß mit 10—30% CS_2 (nach **Becker** pro 100 kg Zellstoff 60 kg Schwefelkohlenstoff) unter Kühlung auf 5—15° während 3 Stunden, läßt den Überschuß des CS_2 aus der orange gefärbten Masse verdunsten und löst sie zur Bereitung der Spinnlösung in (auf 100 kg Zellstoff berechnet) der dreifachen Wassermenge unter Zusatz von 54 kg Ätznatron. Diese Lösung läßt man zur Reifung der Viscose und bis zur Erzielung einer bestimmten Zähflüssigkeit mehrere Tage stehen, filtriert sie unter gleichzeitiger Ent-

lüftung durch Filterpressen mit Watteeinlagen und verspinnt in Salmiak- oder Schwefelsäurebädern mit Traubenzucker- oder Alkalizusatz. Der Faden, der zunächst noch aus Xanthogenat besteht, wird dann zu dessen Zersetzung durch verdünnte Schwefelsäure geleitet, wobei wiederverwertbarer Schwefelwasserstoff abgespalten wird und schwefelhaltige Hydratcellulose entsteht. Zur Entschweflung führt man den Faden schließlich 10—15 Minuten durch ein 50° warmes 0,8—1 proz. Schwefelnatriumbad, wäscht, bleicht und färbt ähnlich wie Glanzstoff mit substantiven oder Schwefelfarbstoffen.

Den Fabrikationsgang zur Herstellung von Kunststoffen aus Viscose und Formylcellulose beschreibt **G. Bonwitt** in **Zeitschr. f. Angew. Chem. 26, I, 89.** Das in der Arbeit als geheim bezeichnete Verfahren zur Koagulierung von Viscose in offenen Formen in einem heizbaren Druckgefäß ist in **D. R. P. 256 753** beschrieben.

Zur Erzeugung eines wolle-, baumwolle- oder chappeähnlichen Gespinstes taucht man zu viscosierende Cellulose nur einige Stunden in höchstens 20° warme Natronlauge, um die Baumwolle zu hydratisieren, defibriert, geht dann sofort in das Schwefelkohlenstoffbad und spinnt anschließend gleich in einer Mineralsäurelösung aus. **(Norw. P. 32 408.)**

Die Herstellung künstlicher Fäden aus Viscose mit Wiedergewinnung der Rohstoffe (Ätznatron, Salzsäure, Kochsalz) im Kreislauf ist in **E. P. 153 444/1919** beschrieben.

Zur Wiedergewinnung des Schwefelkohlenstoffes bei der Viscoseverarbeitung verdampft man ihn aus dem fertigen Kunststoff durch dessen Erwärmung in einem etwas über den Siedepunkt des Schwefelkohlenstoffes erwärmten, also etwa 45° warmen Wasserbade, dessen Säuregehalt ebenfalls nur so hoch bemessen sein darf, daß die Viscose keinen Schaden erleidet. **(Norw. P. 34 294.)**

213. Viscoselösungen reinigen, haltbar machen, Reifung beschleunigen, entschwefeln.

Zur Reinigung von Cellulose-Xanthogenat behandelt man die Viscose zwecks Entfernung verschiedener Nebenprodukte mit überschüssiger Essig-, Milch- oder Ameisensäure, die das Natriumsalz bei gewöhnlicher Temperatur nicht zersetzen, wohl aber besonders, wenn man ein neutrales, wasserentziehendes Mittel zusetzt, die alkalischen Verunreinigungen. **(D. R. P. 133 144.)**

Rohe Viscoselösungen lassen sich nach **D. R. P. 187 396** reinigen und in eine zur Ausfällung geeignetere Form bringen, wenn man sie auf etwa 50° erwärmt, sodann in dünnem Strahle in eine Salzlösung einfließen läßt und das so erhaltene, von den Verunreinigungen befreite Xanthogenat mit Wasser auswäscht. Man löst dann wie üblich in Alkali, bringt in schwefelsaurem Ammoniak zum Gerinnen und zersetzt, um Cellulosefäden zu erhalten, mit einer Säure.

Zur Reinigung von Rohviscose werden 100 g des Einwirkungsproduktes von Schwefelkohlenstoff und Alkalicellulose nach **D. R. P. 197 086** ohne vorherige Lösung in Wasser 5 bis 6 Stunden mit 1 l einer 25grädigen Natriumbisulfitlösung der Ruhe überlassen. Man wäscht dann die hart gewordene Cellulose nach dem Abpressen mit einer 1 proz. Bisulfitlösung, bis sie völlig weiß geworden ist. Das Produkt quillt in Wasser nur auf, löst sich jedoch bei Zusatz von Natronlauge vollständig.

Bei Herstellung von Viscosefäden führt man sie nach ihrer Regenerierung zu Cellulose unter Spannung und nachfolgender Wäsche im Vakuum abermals in Xanthat über und befreit sie sodann von den während der Regenerierung niedergeschlagenen Verunreinigungen, z. B. zur Entfernung der Sulfide mit Lösungen mineralischer oder organischer Säuren. Die erhaltenen Fäden werden durch diese doppelte Behandlung glänzender, durchsichtiger und farbstoffaufnahmefähiger. **(D. R. P. 322 047.)**

Nach **D. R. P. 234 861** wird Viscose in unreifem, hochprozentischen Zustand durch Dialyse gegen Wasser oder verdünnte Alkalilauge gereinigt. Man kann einen Osmoseapparat, wie er in der Zuckerindustrie zur Reinigung der Melasse üblich ist, benutzen. Die krystalloiden Schwefelverbindungen werden auf diese Weise vollständig entfernt.

Durch Zusatz von Natriumamalgam zur Viscose wird ihre Haltbarkeit (z. B. für die Verwendung von Zeugdruck) um die dreifache Zeit erhöht. **(R. Haller, Zeitschr. f. Text.-Chem. 1904, 81.)**

Um die Lösung von Viscose in 5proz. Natronlauge während mehrerer Tage haltbar zu machen, setzt man ihr Essigsäure, Natriumbisulfit, schweflige Säure, Milch- oder Oxalsäure zu. **(A. P. 896 715.)**

Zur Verhinderung der Zersetzung von Viscoselösungen fügt man ihnen nach **A. P. 1 415 040** 1% des Cellulosegewichtes Natriumthiosulfat zu.

Zur Darstellung von im trockenen Zustande haltbaren, in warmen Alkalien evtl. auch in Wasser löslichen Viscoseprodukten, die für die verschiedenartigsten Appretur- und Leimungszwecke, besonders für Papier, aber auch zur Herstellung von Malerfarben, künstlichen Fasern und Films allein oder im Gemenge mit Eiweiß, Leim oder Kohlenhydraten dienen können, die außerdem mit Schwermetallen wasserunlösliche, für manche Zwecke verwendbare Verbindungen eingehen, behandelt man gelöste Cellulose-Xanthogenate mit Kaliumpermanganat oder anderen Oxydationsmitteln und fällt das Reaktionsprodukt durch Säuren, Salze, Dampf, trockene Hitze oder Ablagern, d. h. längere Berührung mit der Luft für sich oder auf bestimmten Trägern oder in anderen Medien aus. **(D. R. P. 228 836.)**

Zur Herstellung von Alkalicellulose-Xanthogenat in pulverförmiger, wasserlöslicher, haltbarer Form verknetet man die rohe Xanthogenatlösung ohne Wasserzusatz mit Sprit, dem man geringe Mengen Säure zusetzt. Man erhält so die Verbindung in chemisch unveränderter, leicht pulverisierbarer Form und vermag sie in Wasser mit oder ohne Zusatz von 5% Natronlauge leicht in Lösung zu bringen. **(D. R. P. 237 261.)**

Zur Herstellung besonders haltbarer Viscoselösungen setzt man ihnen Harnstoff, Cyanamid, Säureamide, Senföle oder deren Abkömmlinge und Kondensationsprodukte mit Aldosen zu und erhält so Lösungen, die noch nach Wochen gute starke Fäden liefern, gegen Wasser und formaldehydhaltige Fällungsbäder jedoch hoch empfindlich sind. **(D. R. P. 312 392.)**

Zur Herstellung von haltbaren Cellulose-Xanthogenatlösungen löst man das durch Erhitzen von Rohviscose erhaltene, gut gewaschene, wasserunlösliche Xanthogenat in Alkalilauge und erhält so, wenn man die Ausfällung des wasserunlöslichen Produktes bei 60—80° bewirkt und von der nicht mehr als 5% Cellulose enthaltenden alkaliarmen Rohviscose des **D. R. P. 262 868** ausgeht, Lösungen, die, ohne zu gerinnen, wochenlang bei 18—22° stehen können. **(D. R. P. 323 891.)**

Zur Beschleunigung des Reifungsprozesses von Viscoselösungen löst man nach **D. R. P. 183 623** 100 Tl. auf Viscose verarbeitete Cellulose in 1800 Tl. Kali- oder Natronlauge (spez. Gewicht 1,22) und erhitzt die alkalische, gallertige Lösung unter stetem Rühren auf 60—80°. Die Umsetzung, die bei 50—60° mehrere Stunden, bei 70—90° nur kurze Zeit dauert, ist beendet, wenn ein auf einer Glasplatte erstarrter Tropfen der Lösung mit konzentrierter Salmiaklösung ein farbloses, nicht milchig trübes Häutchen gibt. Siehe dagegen **Cross, Zeitschr. f. Farb.-Ind. 1904, 26.**

Zur Anreicherung der Viscoselösungen, zur Beschleunigung des Reifungsprozesses und zur Entfernung von flüchtigen schwefelhaltigen Nebenprodukten erwärmt man sie im Vakuum auf 32—35°. **(Ö. P. 35 267.)**

Nach **D. R. P. 270 051** kann man den Reifungsprozeß der Cellulose-Xanthogenatlösungen umgehen, wenn man diese Lösungen, die etwa 8% Natronlauge enthalten, sofort nach ihrer Bereitung mit 3% Ammoniumsulfat versetzt. Man arbeitet im Vakuum und erreicht so, daß sich die Lösungen sofort blasenfrei verspinnen lassen.

Zur Herstellung von reifem Xanthogenat in einem Arbeitsgange vermahlt man Cellulose mit 25grädiger Alkalilösung im Vakuum unter gleichzeitiger teilweiser Verdampfung des Wassers und setzt der nunmehr schon den nötigen Reifegrad besitzenden Alkalicellulose in demselben Vakuum ebenfalls bei 35—40° Schwefelkohlenstoff zu. Das Xanthogenat braucht dann nur noch in verdünntem Alkali gelöst zu werden. **(D. R. P. 328 035.)**

Zur Gewinnung von in Mineralsäurelösung zu glänzenden Fäden oder Häutchen verarbeitbaren, von Sulfitverbindungen freien Celluloselösungen behandelt man nicht koagulierte, 1% Cellulose enthaltende Viscoselösung mit möglichst geringem Ätznatrongehalt nach dessen Abstumpfung mittels Schwefelsäure bis auf 0,1% Ätzkali mit soviel Aluminium- oder Chromsalz (z. B. Alaun) als zur Zersetzung des vorhandenen Schwefelalkalis nötig ist, erwärmt dann auf 40—50° und erhält so nach 24, in der Wärme nach 3—6 Stunden die reine Celluloseverbindung, die in Wasser unlöslich ist, sich jedoch in Natronlauge glatt löst und nicht einschrumpfende Fäden liefert, was den Vorteil bringt, daß das Material beim Trocknen im gespannten Zustande nicht reißt. **(D. R. P. 200 023.)** Vgl. **F. P. 389 284.**

214. Anorganische Fäll- und Nachbehandlungsbäder.

Die Zusammensetzung der Fällbäder für die Herstellung der Viscoseseide beschreibt **K. Süvern** in **Kunststoffe 2, 244; 3, 447 und 6, 165.**

Nach **D. R. P. 331 513** wird die Viscose-Spinnlösung nicht wie üblich gespritzt, sondern durch eine Ziehplatte aus Molybdän gezogen.

Zur Herstellung glänzender Fäden aus frischer, nicht gereinigter Viscose passiert man das höchstens 10proz. Säurebad auf möglichst kurzem, etwa 3 cm langem Wege mit einer Abzugsgeschwindigkeit von 40 m und arbeitet bei Zimmertemperatur. Nach einigem Stehen wird das durchkoagulierte Material wie üblich gewaschen, unter Vermeidung des Einlaufens getrocknet und entschwefelt. **(D. R. P. 282 789.)**

Bei Herstellung künstlicher Fäden aus Viscose koaguliert man das Cellulosexanthogenat wie üblich in verdünnter Schwefelsäure und führt den Faden dann nach Beendigung seiner Bildung durch eine auf der Koagulationsflüssigkeit schwimmende, indifferente, mit ersterer nicht mischbare Flüssigkeit, die auf dem Einzelfaden eine isolierende, die Nachwirkung der Fällflüssigkeit ausschließende Hülle erzeugt, so daß das Zusammenkleben der Fäden vermieden wird. **(D. R. P. 237 744.)**

Zur Herstellung glänzender Fäden verwendet man nach **D. R. P. 187 947** ein Fällungsbad für die Viscose, das bei einer Säurekonzentration von etwa 20% neben 7 kg 66grädiger Schwefelsäure eine Lösung von 40 kg Natriumbisulfat in 60 kg Wasser enthält. Das Verfahren ist nicht nur billiger als jenes, das sich des Ammoniumsulfates [213] bedient, sondern man erhält auch bessere Produkte.

Nach **D. R. P. 267 731** erhält man hochglänzende Fäden, Films u. dgl. aus Viscose bei Verwendung eines Spinnbades, das in 100 Tl. Wasser 10 Tl. neutrales, schwefelsaures Natron und 1—5 Tl. Schwefelsäure enthält. Der Zusatz der Schwefelsäure (spez. Gewicht 1,84) bewirkt nicht nur rasches Ausfällen des Xanthogenats, sondern es erfolgt auch keine Schwefelabscheidung auf der Oberfläche des Produktes. Zu seiner Umsetzung in in Wasser unlösliches Cellulosehydrat behandelt man es wie üblich durch Erwärmen, Behandlung in einem Kochsalz-Sulfhydratbad usw. nach und erhält so ein hochglänzendes, festes und elastisches Kunstprodukt.

Ein Spinnbad für Viscoseseide besteht aus einer mindestens 7 proz. wässerigen Schwefelsäure, die zwei oder mehr gut lösliche Sulfate enthält. Ein Spinnbad für eine während 7—8 Tagen gelagerte Viscose enthält z. B. in 45 Tl. Wasser, 16 Tl. Natriumsulfat, 30 Tl. Magnesiumsulfat (krystallisiert) und 9 Tl. Schwefelsäure. **(D. R. P. 324 433.)**

Auch nach **D. R. P. 287 955** verwendet man ein aus Schwefelsäure bestehendes Fällbad, das überschüssiges neutrales Sulfat enthält. Man läßt also z. B. 4 Tage bei 18—20° gereifte Rohviscose in ein wässeriges Fällbad eintreten, das 40—50° warm ist und im Liter 160 g Schwefelsäuremonohydrat und mindestens 240, zweckentsprechend 320 g Glaubersalz enthält. Die aus dem Bade tretenden Fäden werden auf einer Strecke von etwa 1 m mit großer Geschwindigkeit von einer Spule aufgenommen und auf dieser nach evtl. Behandlung in einem Nachbehandlungsbad, das 3—4% Schwefelsäure und neutrales Natriumsulfat enthält, getrocknet, um schließlich wie üblich aufgearbeitet zu werden.

Vgl. das Verfahren zum raschen Verspinnbarmachen roher Cellulosexanthogenatlösungen durch chemische Bindung der überschüssigen Base mittels neutraler Salze nach **D. R. P. 270 051.**

Zur Herstellung beliebig langer Viscosefilms läßt man die wässerigen Lösungen in dünner Schicht in eine Koagulationsflüssigkeit, z. B. in Ammoniumsalzlösung, eintreten und führt die Häutchen im fortlaufenden Arbeitsgange in besonders eingerichtetem Apparat durch mehrere mit Reinigungsflüssigkeit und Säure beschickte Behälter, worauf man die Films aufwickelt, faltet oder in Färbebädern, Trockenkammern oder mit Schneideapparaten weiterbehandelt. **(D. R. P. 237 152.)**

Nach **F. P. 454 061** fällt man Viscose in einem Bade, das aus 9 l konzentrierter Kochsalzlösung und 1 l konzentrierter Salzsäure besteht. Man wendet dieses Fällbad, um die mitausgefällten gefärbten Nebenprodukte zu zerstören, zweimal unmittelbar hintereinander an.

Zur Herstellung von künstlichen Fäden aus Viscose läßt man die aus dem Ammoniumsalzbade kommenden Fäden nach **D. R. P. 152 743** vor dem Verspinnen eine Metallsalzlösung, z. B. eine 10 proz. Lösung von schwefelsaurem Eisenoxydul passieren, wodurch der in dem Faden als Sulfid vorhandene Schwefel als Eisensulfid ausgefällt wird, so daß ein isolierendes Häutchen aus nicht klebender Substanz entsteht. Nach völliger Erstarrung der Fäden entfernt man diese Metallsulfidniederschläge durch verdünnte Säure. Das Metallsalz kann nach **Zusatz D. R. P. 153 817** dem Ammoniumsalzbade selbst beigegeben werden. Wendet man z. B. Eisensulfat an, das man in der Menge von 10% der gesättigten Ammoniumsalzlösung zusetzen kann so kommen die Fäden ebenso schwarz aus dem Fällungsbade heraus, wie bei Anwendung getrennter Bäder. Vgl. **D. R. P. 108 511.**

Zur Bereitung eines Fällbades für Viscose verwendet man eine konzentrierte Kochsalzlösung, die 10% Ammonsulfat enthält, wobei das in der Viscose enthaltene freie Alkali mit dem Säurerest des Ammonsalzes neutralisiert wird und das ebenfalls in ihr vorhandene Schwefelalkali Schwefelammon liefert, so daß das Bad (auch durch das freie, im Bade gelöste Ammoniak) alkalisch wird. Das Fällbad kann auch mit anderen koagulierenden Neutralsalzen und wie die sauren Fällbäder zweckmäßig noch mit einem reduzierenden Salz oder einem oxydierenden Körper versetzt werden, um den Glanz des Fadens zu erhöhen. **(D. R. P. 290 832.)**

Nach **E. P. 162 759** benützt man bei Herstellung von Fäden oder Films aus Viscose ein 45—50° warmes Fäll- oder Tauchbad aus Aluminiumsulfat, Natriumsulfat und einer anorganischen Säure, die durch Natriumthiosulfat oder Natriumbisulfit ersetzt werden kann.

Über Koagulierung von Viscoselösungen mit Lösungen von Alkalithiosulfat siehe **E. P. 24 045/1911.**

Ein Fällungsbad für Viscose besteht nach **F. P. 474 727** aus technischem Natriumbisulfit, das mit Ammoniak neutralisiert wird, worauf man das Doppelsalz krystallisieren läßt. Dieses Salz vermag außerdem Schwefel und Polysulfide aufzulösen.

Zur Gewinnung der bei der Viscosefabrikation in den Sulfatfällbädern entstehenden Salze laugt man die Fäden zwecks Überführung der Sulfate in Bisulfate in schwefelsaurer Lösung aus. **(A. P. 1 376 671.)**

Die Gewinnung von Salzen, die sich beim Spinnen der Viscose in Schwefelsäure bei Gegenwart löslicher Sulfate bilden, ist in **Norw. P. 35 076** beschrieben.

215. Organische Zusätze zu Viscosefäll- und Nachbehandlungsbädern. (Zinkviscose.)

Zur Herstellung künstlicher glänzender Fäden oder Films verwendet man nach **D. R. P. 254 525** als Spinnbad eine kaltgesättigte Kochsalzlösung, die im Liter bis zu 200 g Ameisensäure enthält. Es wird so im Gegensatz zur Ausfällung mit Mineralsäuren erreicht, daß der langsam entstehende Kunstseidefaden kaum mehr einer Nachbehandlung bedarf.

Nach **D. R. P. 274 550** benützt man als Fällbad für Viscose 1 l einer gesättigten Lösung von milchsauren oder glykolsauren Salzen, denen man die betreffenden Säuren (Milch- bzw. Glykolsäure) in der Menge von 140 g beifügt. Statt Milch- oder Glykolsäure verwendet man nach dem Zusatzpatent Citronen- oder Weinsäure und erhält so Fäden, Films oder Platten von besonderer Klarheit und Festigkeit, auch wenn eine Viscose verwendet wird, die im Reifegrad nicht so gleichmäßig ist, wie es bei normaler Fällung mit Mineralsäuren nötig wäre. Man fällt also die Lösung der etwa 100 Stunden bei 15° gereiften Viscose in einer 50° warmen Lösung von je 300 Tl. Citronensäure und ihrem Natronsalz in 1000 Tl. Wasser in bekannter Weise und führt den wasserlöslichen, rasch weißlich werdenden Faden zur völligen Zersetzung durch ein zweites Bad, das aus dem ersten durch Verdünnung mit der fünffachen Menge Wasser erhalten wird. Schließlich wird der Faden wie üblich gewaschen, unter Spannung getrocknet, entschwefelt und gebleicht. **(D. R. P. 283 286.)**

Nach **D. R. P. 240 846** werden Viscoselösungen durch organische Stoffe gefällt, die in wässeriger Lösung Viscose wohl koagulieren, aber nicht zersetzen. Es sind dies beispielsweise Zuckerarten, Glycerin oder andere Alkohole, auch Fettsäuren, wie z. B. Essigsäure. Ein solches Fällungsbad enthält beispielsweise 10 Tl. Schwefelsäure und 30 Tl. Glycose oder 8 Tl. Schwefelsäure, 6 Tl. Magnesiumsulfat und 7,5 Tl. Glykose in 100 Tl. Wasser.

Zur Fällung von Viscoselösungen bedient man sich gewisser Bäder, die Aldehydbisulfite (Oxymethylester der schwefligen Säure), deren Reduktionsprodukte (Sulfoxylate), Ketonbisulfite oder auch die Kondensationsprodukte aus Phenolen oder Naphtholen einerseits und Aldehyden und Sulfiten andererseits enthalten ohne oder mit Zusatz von Salzen oder Zuckerarten. Z. B.: Ein 60° warmes Bad von 300 Tl. Glykose in 1000 Tl. 35—36grädiger Natriumbisulfitlösung oder ein 50° warmes Bad von 300 Tl. Formaldehyd und 1000 Tl. 36grädiger Natriumbisulfitlösung oder ein 50° warmes Bad aus 186 Tl. Aceton, 200 Tl. Wasser und 1000 Tl. 36grädiger Natriumbisulfitlösung oder ein 50° warmes Bad von 377 Tl. Benzaldehyd und 36grädiger Natriumbisulfitlösung oder eine 55° warme Lösung von 400 Tl. Rongalit in 1000 Tl. Wasser oder eine 55—60° warme Lösung des aus 94 Tl. Phenol, 250 Tl. Natriumsulfit und 76 Tl. Formaldehyd gewonnenen Produktes in 500 Tl. Wasser. Die Bäder bleiben während des Fällens völlig klar, reinigen den entstehenden Faden und wirken sehr langsam ausfällend, was den Vorteil hat, daß der Faden geschmeidig, dehnbar und durchsichtig wird. Ein bestimmter Reifezustand der Viscose ist nicht nötig. Schwefelwasserstoff tritt nicht auf, so daß auch keine Schwefelabscheidung stattfindet. Durch Nachbehandlung des Fadens mit verdünnter Säure, durch Erhitzen oder Dämpfen wird er wasserlöslich. Der Hauptvorteil des Verfahrens ist darin zu erblicken, daß man sich nicht in der sonst nötigen exakten Weise an den Reifezustand der Viscose zu halten braucht. **(D. R. P. 307 811.)**

Nach **A. P. 1 367 603** erhält man weiche offene Fäden durch Ausfällen von Viscose in einer wässerigen Lösung von Bisulfat und Melasse.

Zur Herstellung künstlicher Gebilde aus Viscose verwendet man nach **D. R. P. Anm. B. 69 990 v. 26. Nov. 1912** als Fällbad eine Lösung von 15 Tl. Kochsalz, 10 Tl. Ammoniumsulfat und 0,5 Tl. p-Nitrosodimethylanilin in 100 Tl. Wasser, und spult den erstarrten Faden auf einer Spule auf, die sich in einer 60—70° warmen Lösung von 10 Tl. Ammoniumsulfat und 0,5 Tl. Schwefelnatrium in 100 Tl. Wasser dreht. Auch andere Nitrosokörper verhindern in geringen Mengen dem kalten oder warmen Fällbad zugesetzt den zur Abscheidung des Schwefels führenden Abbau des Cellulose-Xanthogenates, dadurch, daß sie die Oxydation verhüten, indem sie selbst zu Aminobasen reduziert werden, die dann eine Schutzschicht auf dem Faden bilden. Beim Einlaufen des Fadens in ein Schwefelnatriumbad wird daher nicht nur die Entschwefelung glatt vollzogen, wobei zugleich ein Zusammenkleben der Fäden verhindert wird, sondern es scheiden sich auch p-Aminodimethyl- oder -diäthylanilin aus, die bei der folgenden Nachbehandlung des Gespinstes mit verdünnter Säure in Lösung gehen und als wertvolle Nebenprodukte gewonnen werden können.

Zur Ausfällung und zum Unlöslichmachen der Viscose verwendet man organische Basen wie z. B. Anilin, Naphthylamin oder Pyridin. **(Belg. P. 186 556.)**

In **E. P. 178 121** wird empfohlen, die Viscosekoagulationsbäder zur Erzielung besonders guter Fäden und Films in mit den während des Prozesses entstehenden organischen Nebenprodukten stark angereichertem Zustande zu verwenden.

Nach **D. R. P. 237 744** verhindert man die in reiner verdünnter Schwefelsäure koagulierten Viscosefäden am Zusammenkleben, wenn man sie durch Ölsäure hindurchführt. Das überschüssige Öl kann nach der vollständigen Fixation durch dünne Sodalösung oder Benzol entfernt werden.

Um Schichten, Massen oder Fäden weich und geschmeidig zu machen verknetet man 100 Tl. Rohviscose (10—20proz.) mit 10—60 Tl. Polyricinolsäure für sich oder in Form ihrer Seifen, setzt weichmachende Mittel von Art des Glycerins und ferner Farb- und Füllstoffe zu, formt die Masse und bringt die Gebilde feucht oder getrocknet in Säure oder Salzbäder oder macht sie durch Dampf, trockene Hitze oder Ablagerung unlöslich. Jedenfalls müssen die Produkte vor der Auswaschung mittels Säure neutralisiert werden, damit die durch das Alkali der Viscose gebundene Polyfettsäure in Freiheit gesetzt wird. **(D. R. P. 250 736.)**

Nach **F. P. 417 568** erhalten die Kunstfäden aus Cellulosexanthogenatlösungen größere Weichheit und Elastizität durch Zugabe von Glycerin oder ähnlichen Körpern. Man mischt z. B. 98 Tl. reine trockene Cellulose mit 162 Tl. Glycerin und behandelt das Gemenge mit 120 Tl.

Ätznatron und 156 Tl. Schwefelkohlenstoff. Das Glycerin kann aber auch dem fertigen Xanthogenat zugesetzt werden. Das Ruhen, Ausreifen und Verspinnen erfolgt wie gewöhnlich.

Viscosekunstseide von großer Fadenfeinheit (etwa 1 Denier) erhält man nach **A. P. 1 374 718** durch Verspinnen von Alkaliphenolharz enthaltender Rohviscose in einem Bisulfitbade, das um so konzentrierter sein muß, je feiner der Faden werden soll. **(A. P. 1 374 718.)**

In **A. P. 1 407 696** wird vorgeschlagen, den Viscoselösungen zur Verbesserung Naphthensäuren zuzusetzen.

Nach **D. R. P. 260 479** setzt sich ein Fällbad für Viscose zusammen aus 8 Tl. Schwefelsäure, 10 Tl. Glykose, 12 Tl. Natriumsulfat, 1 Tl. Zinksulfat und 65 Tl. Wasser, das bei etwas anderer Zusammensetzung noch einen Zusatz von 4 Tl. Ammonsulfat erhält. Bei Benützung dieses zinkhaltigen Fällbades resultiert ein Faden, der wenig abgerissene Enden enthält und im nassen Zustande fester ist als ein ohne Zinksalzzusatz hergestellter Faden.

Über Herstellung von Viscose- und Nitrocellulosekunstseide unter Zusatz von Zink- oder Magnesiumresinat siehe **F. P. 453 652.** Der Zusatz dieser Resinate (z. B. Kolophonium mit 4—8% Zinkoxyd) macht die Seiden wasserundurchdringlich, verleiht ihnen größere Festigkeit und gestattet das Waschen der betreffenden Seide mit Seife oder Soda, doch darf der Resinatzusatz, um die Weichheit des Produktes nicht zu schädigen, nicht mehr wie 20% betragen, größere Mengen führen zu celluloidartigen Körpern.

In **Kunststoffe 1912, 201** u. **223** findet sich in einer zusammenfassenden Arbeit von **Beltzer** die Vorschrift zur Herstellung der Zinkviscose. Man löst ein innig verriebenes Gemenge von 162 g trockener Cellulose und 99 g reinem Zinkoxydhydrat in 26grädiger Natronlauge, fügt nach 24stündigem Stehen 80 g Schwefelkohlenstoff hinzu und erhält so eine Viscose, die in alkalischem Wasser löslich ist, und deren Lösung, die etwa 7% Cellulose und etwa 8% Ätznatron enthält, wie üblich versponnen werden kann.

Acetatseide (Acetylcellulose).

216. Literatur und Allgemeines über Herstellung und Verwendung der Acetylcellulose.

Über die Acetylierung der Baumwollcellulose siehe die umfassende, durch wertvolles experimentelles Material gestützte Arbeit von **Schwalbe in Zeitschr. f. angew. Chem. 1910, 432.**

Über die geschichtliche Entwicklung der Celluloseacetatindustrie siehe **H. Ost** in **Zeitschr. f. angew. Chem. 1911, 1304;** vgl. die Erwiderung von **A. Eichengrün, ebd. S. 1306.**

Über die Acetylierung der Baumwollcellulose siehe die theoretische Arbeit von **C. G. Schwalbe** in **Zeitschr. f. angew. Chem. 1911, 1256.**

Siehe auch die Studien über Celluloseacetate von **H. Ost** in **Zeitschr. f. angew. Chem. 1906, 993** und **1912, 1476: H. Ost** und **T. Katayama,** über vergleichende Acetylierung von Cellulose, Hydrocellulose und Alkalicellulose.

Über Celluloseacetate und andere organische Säureester der Cellulose siehe **E. J. Fischer, Kunststoffe 11, 21.**

Über Darstellung und Verwendung von Acetyl- und Formylcellulosen siehe die Patentzusammenstellungen von **H. C. Rauch** in **Chem.-techn. Wochenschr. 1919, 81.**

Über die Verwendung und Verarbeitung von Acetylcellulosen schreibt **G. Bonwitt** in **Chem.-Ztg. 1920, 973.**

In **Kunststoffe 1912, 21** beginnt eine Artikelserie von **E. J. Fischer** über die Herstellung der Celluloseacetate und anderer organischer Säureester der Cellulose. Die Arbeit bringt an Hand der Patentliteratur eine erschöpfende Beschreibung der Methoden zur Gewinnung der Acetat- und Formylseide.

Über Herstellung von Acetylcellulose siehe auch **F. Klein** in **Zeitschr. f. angew. Chem. 1912, 1409.**

Eine zusammenfassende Besprechung der Patente über Darstellung und Lösung von Acetylcellulose und daraus hergestellter Massen und Lacke von **J. Reitstötter** findet sich in **Kunststoffe 1919, 185.**

Durch Behandlung von Baumwolle mit einem Gemisch etwa gleicher Teile Eisessig und Essigsäureanhydrid unter Zusatz wechselnder Schwefelsäuremengen entstehen je nach den Mengenverhältnissen und der Einwirkungsdauer verschieden zusammengesetzte Schwefelsäureester der Acetylcellulose, die weiße Pulver darstellen und in heißen organischen Lösungsmitteln löslich sind. Nach Verdunstung des Lösungsmittels hinterbleibt die Acetylcellulose in Form von Fäden, Bändern, Films oder Platten, je nach der Art der Austrittsöffnung, durch welche man das Material passieren ließ. **(Cross, Bevan und Briggs, Ber. d. d. chem. Ges. 38, 1859 u. 3531.)** Siehe auch die ursprünglichen Patente von **Cross** und **Bevan (D. R. P. 85 329 und 86 363),** in denen die Behandlung der Cellulose mit Chloracetyl und Zink- oder Magnesiumacetat geschützt war.

In der neuzeitlichen Celluloseacetatindustrie verwendet man als flüchtige Lösungsmittel Aceton, Alkylacetate und -formiate, Acetylentetrachlorid-Spritgemenge, Eisessig und ein Gemisch von Methylalkohol mit Benzol. Als Gelatinierflüssigkeiten nicht flüchtiger Art dienen Benzylalkohol, Triacetin, Eugenol und Furfurol. Als Ausgangsstoffe werden Baumwollcellulose für Schießpulverfabrikation und Leinenpapier, wie es sonst von der Celluloidindustrie gebraucht wird, verwendet. **(Clément und Rivière, Zentralbl. 1919, II, 511.)**

Die Acetylierung der Cellulose gelang zum ersten Male **Schützenberger** (1868), der durch Erhitzen von Baumwolle mit der 6—8fachen Menge Essigsäureanhydrid unter Druck bei 180° Acetylcellulose erhielt. Der Beginn der technischen Verwertung des Produktes wurde durch ein Patent von **Cross** und **Bevan** eingeleitet, die Einführung des Produktes ist jedoch **L. Lederer** zu verdanken, der als erster erkannte, daß unzersetzte Produkte nur erhalten werden, wenn man bei niedriger Temperatur (50—70°) arbeitet, was dadurch ermöglicht wird, daß man nicht von der Cellulose, sondern von einem Abbauprodukt, der Hydrocellulose, ausgeht und diese bei Gegenwart eines Hydrolysierungsmittels mit Essigsäureanhydrid verestert.

Nach **E. C. Worden** war **Dreyfuß** der erste, der Celluloseacetate von wertvollen technischen Eigenschaften beschrieb. **(Kunststoffe 1921, 42.)**

Nach **Lederers** grundlegendem **D. R. P. 163 316** wird auch heute noch in der Weise gearbeitet, daß man Cellulose durch Erwärmen mit 4—5 Tl. Essigsäure unter Zusatz von 0,5% Schwefelsäure bei 60—70° hydrolysiert, dem dünnen Brei nach dem Erkalten die 4—5fache Menge Essigsäureanhydrid zusetzt und die unter Kühlung zu vollendende Acetylierung in Wasser gießt. Statt des Eisessigs können auch andere Lösungs- und Verdünnungsmittel zugesetzt werden, ferner kann man die Hydrolysierung der Cellulose auch mit Neutralsalzen, die säureabspaltend wirken, oder mit Salzsäure, Oxyfettsäuren, aromatischen Sulfosäuren usw. herbeiführen. Je nach den Arbeitsbedingungen erhält man bei gemäßigter oder gesteigerter Einwirkung des Essigsäureanhydrids ohne oder mit Verwendung hydrolysierender Zusätze Mono-, Di- und Triacetate, letztere als die technisch wichtigen Produkte, weiter auch ein Tetraacetat mit vier Essigsäureresten im Cellulosemolekül, das jedoch schon das Acetylderivat eines Celluloseabbauproduktes darstellt.

Die einzelnen Produkte werden nach ihrer Löslichkeit in organischen Lösungsmitteln unterschieden, speziell die Triacetate als alkohol-, aceton-, chloroformlösliche oder -unlösliche Produkte von verschiedenem technischen Wert. **Eichengrün** gelang es in den aceton- und essigesterlöslichen „Cellulosehydroacetaten" besonders wertvolle Triacetate aufzufinden, die sich als vollkommener Ersatz für Nitrocellulose eignen und plastische, glasklare und dabei völlig feuerungefährliche Films oder celluloidartige Massen liefern. Die in Chloroform löslichen, in Alkohol und Aceton unlöslichen Triacetate entstehen durch Acetylierung der Cellulose oder ihrer Derivate mit Essigsäureanhydrid in Eisessig als Lösungsmittel unter Zusatz von Schwefelsäure oder Zinkchlorid bei einer Temperatur von 15°, die acetonlöslichen Produkte dann, wenn man die so erhaltene sirupöse Triacetatlösung mit Wasser, verdünnten Säuren oder Salzlösungen verdünnt, höher erhitzt oder die fertige Acetylcellulose durch Kochen mit denselben Mitteln verseift. Vgl. die Herstellung des Produktes nach **Knoevenagel, Zeitschr. f. angew. Chem. 1914, 505,** der die unlöslichen Acetate, um sie in Aceton löslich zu machen, mit indifferenten Flüssigkeiten wie Essigester, Benzol, Aceton, Cyclohexanon usw. auf Temperaturen über 100° erhitzte. Besonders bei Gegenwart von Katalysatoren erhält man bei diesem „acetolytischen" Abbau der Cellulose, der nicht ein Verseifungsvorgang ist, besonders mit organischen Basen schon bei gelinder Erwärmung technisch besonders wertvolle Produkte, die sich von wenig oder gar nicht abgebauter Cellulose ableiten.

Das ideale Endprodukt der Celluloseacetylierung ist nach **Ost** das chloroformlösliche, sog. Triacetat, nach **Dreyfuß** sind es hingegen die in Chloroform unlöslichen primären Acetate.

Als Kunstseide findet die Acetylcellulose bisher nur in beschränktem Maße Verwendung, teils weil sie wegen der Herstellung, die die teueren Essigsäurepräparate erfordert, mit den billigen anderen Produkten nicht in Wettbewerb treten kann, teils weil auch die Lösungsflüssigkeiten wie Acetylentetrachlorid, Chloroform, Aceton usw. teuer und teilweise giftig sind oder doch das Arbeiten erschweren. Die Naßspinnverfahren benötigen ebenfalls teuere organische Lösungsmittel als Fällbäder, obwohl auch, jedoch ohne besonderen Erfolg, versucht wurde die Acetonlösungen der Acetylcellulose mit Wasser zu fällen. Erfolgreich waren hingegen die Bestrebungen zur Erzeugung des Acetatroßhaares, vor allem aber des Baykogarnes, das aus einem mit Metallbronze versetzter Acetylcellulose überzogenen Baumwoll- oder Seidenfaden besteht. **(D. R. P. 224 842, 227 238 und 243 068.)**

Auch **Bonwitt** betont in **Chem.-Ztg. 1921, 194,** daß es bisher nicht gelungen ist aus Acetylcellulose wirtschaftlich zufriedenstellend Kunstseide herzustellen. Acetatkunstseide kann überdies mit der Viscosekunstseide, auch was Färbbarkeit betrifft, nicht konkurrieren.

Das Hauptverwendungsgebiet der Acetylcellulose ist jedoch, durch die unermüdlichen Forschungen von **Eichengrün, Becker** und **Guntrum** gefördert, in der Filmindustrie (Cellitfilm aus Cellulosetriacetat und lösend wirkenden Camphersatzmitteln) gelegen, ferner dient es zur Fabrikation plastischer Massen (Cellon) als Glasersatz **Bd. I [506]** für Automobilfenster, Kabinenscheiben, als Wandschutz der Luftschiffe, Schutzscheiben für Aeroplane usw. Es wurden auch Versuche gemacht, Tragflächen ganz aus Cellon herzustellen. Wohl am meisten Cellon wird jedoch von der Lackindustrie verbraucht. Cellonlacke hatten während des Krieges besondere Bedeutung für den Flugzeugbau. **(Bd. III [141].) (A. Rost, Kunststoffe 3, 232.)** Siehe auch **Rathgen** in **Zeitschr. f. Museumskunde, Januar 1913** und **Kaiser, Kunststoffe 1912, 173**: Kinofilms aus Acetylcellulose.

Über neue Anwendungsgebiete des Cellons wird ferner in **Kunststoffe 3, 232** berichtet.

Über den ungünstigen Einfluß trockener Hitze auf Gebilde aus Acetylcellulose, die schon bei 100° deutlich Gelbfärbung bewirkt, während in feuchter Wärme erst bei 150° Braunfärbung eintritt, siehe **A. Herzog, Kunststoffe 3, 148.**

217. Herstellung mit Schwefelsäure als Kontaktsubstanz.

Nach dem von **H. S. Mark** in **Chem.-Ztg. 1912, 1223** geschilderten allgemeinen Arbeitsvorgange, wird die sorgfältig gereinigte Baumwollcellulose zunächst mit Essigsäure, einer genau bestimmten Menge Wasser (1 Mol. für je 36 Atome Cellulose) und einem Kondensationsmittel (z. B. Schwefelsäure) hydrolysiert, worauf man nach Entfernung der überschüssigen Reagentien die eigentliche Acetylierung mit Essigsäureanhydrid und einem Abschwächer (Benzol) vornimmt. Nach 8—18 Stunden erhält man dann nach normaler Aufarbeitung aus 100 Tl. trockener Cellulose, 178 Tl. Triacetat und nicht ein höheres Acetylprodukt, wie man früher irrtümlich annahm.

Nach **A. P. 1 379 699** unterwirft man die Cellulose vor der Acetylierung einer Vorbehandlung mit ätzalkalisch gestelltem Wasserstoffsuperoxyd.

Ein Verfahren zur Darstellung organischer Celluloseester ist dadurch gekennzeichnet, daß man das flüssige Esterifizierungsgemisch in besonderem Apparat durch die zu esterifizierende Cellulose hindurch bewegt, so daß die bereits abgeschwächten Acidylierungsgemische systematisch jedesmal wieder auf stets frischeres Gut einwirken. **(D. R. P. 275 692.)**

Als Ausgangsstoff zur Erzeugung der Acetylcellulose dient reine Cellulose, namentlich in Form von gereinigter Baumwolle; während des Krieges wurde jedoch mit bestem Erfolg auch Holzzellstoff verarbeitet. Man kann nach amerikanischen Verfahren auch von faseriger, nicht gelöster Cellulose ausgehen, wenn man diese vor der eigentlichen Acetylierung mit einem Gemisch von Essigsäureanhydrid und Benzol mit Essigsäure und Chlorzink vorbehandelt. Es erübrigt sich dann auch die Anwendung von Schwefelsäure, Sulfosäuren und ähnlichen sonst üblichen Zusatzmitteln. **(A. P. 1 236 578 und 1 236 579.)**

Zur Vorbereitung der Cellulose für die Herstellung von Spinnlösungen tränkt man sie entsprechend den Angaben von **W. Zänker** und **K. Schnabel, Färberztg. 24, 280,** bei niederer Temperatur mit $^1/_{100}$- bis höchstens $^1/_5$ proz. Schwefelsäure und trocknet dann. Mit Säure dieser Konzentration tritt nicht nur keine Bildung von Oxy- oder Hydrocellulose ein, sondern die Cellulose gewinnt eher an Festigkeit (Zunahme 10—30%) und ist nun, ebenso wie die mercerisierte Baumwolle sich zur Viscosebereitung besser eignet, auch hier zur Herstellung von Celluloseestern erheblich verwendbarer und leichter löslich. Man erhält so z. B. bei der Herstellung von Acetylcellulose Spinnlösungen von stets gleicher Viscosität und damit stets gleichen Fäden, die sich durch ihre hohe Festigkeit auszeichnen. **(D. R. P. 290 131.)**

Zur Herstellung alkohollöslicher Acetylcellulose trägt man nach **D. R. P. 153 350** 125 g Hydrocellulose in ein Gemisch von 500 g Eisessig, 500 g Essigsäureanhydrid und 25 g Schwefelsäure von 66° Bé ein. Nach einigen Stunden ist die Hydrocellulose in Lösung gegangen, man gießt in Wasser, preßt die erhaltenen weißen Flocken ab, löst in der fünffachen Menge warmen Alkohols und filtriert, worauf die klare Lösung beim Erkalten zu einer gelatineartigen Masse erstarrt.

Oder man übergießt nach **D. R. P. 118 538** Hydrocellulose (die man durch Behandlung von Cellulose mit 3proz. Schwefelsäure, Auspressen, Trocknen und dreistündiges Erhitzen auf 70° erhält) mit der vierfachen Menge Essigsäureanhydrid; unter heftiger Reaktion, die durch Abkühlung (auf ca. 40°) gemildert werden muß, geht die Hydrocellulose allmählich in Lösung; man fällt mit Wasser aus und erhält nach dem Waschen und Trocknen ein in Chloroform und Nitrobenzol lösliches griesartiges Pulver. Als Gallerte gewinnt man das Produkt, wenn man während der Behandlung mit Essigsäureanhydrid Sorge trägt, daß die Temperatur 30° nicht übersteigt. **(D. R. P. 120 713.)**

Zur Herstellung acetylierter Cellulose löst man nach **D. R. P. 163 316** z. B. 1 Tl. Sägespäne in 4 Tl. Eisessig unter Zusatz von $^1/_2$% (bezogen auf den Eisessig) konzentrierter Schwefelsäure, erwärmt etwa 2 Stunden auf 60—70° und versetzt unter künstlicher Kühlung mit 2—3 Tl. Essigsäureanhydrid. Nach Beendigung der Reaktion gießt man in Wasser, wäscht aus und extrahiert die Acetylcellulose mit Chloroform. Das so erhaltene acetonunlösliche sirupöse Acetat aus 10 Tl. Baumwolle und 15proz. Eisessiglösung (zusammen 100 Tl. Reaktionsgemisch) wird zur Gewinnung neutraler Celluloseacetatlösungen mit der 5—6fachen Menge Aceton verdünnt, worauf man so viel gebrannten Kalk einrührt, bis die saure Reaktion verschwunden ist. Man saugt nun vom Kalk ab, deckt diesen wiederholt mit Aceton und kann nun im Filtrat das Lösungsmittel ganz oder zum Teil, wie es der Verwendungszweck erfordert, abdestillieren. **(D. R. P. 260 984.)**

Zur Herstellung von Triacetylcellulose behandelt man 200 Tl. Cellulose, 800 Tl. Essigsäureanhydrid und 20 Tl. Schwefelsäure 12—24 Stunden bei Zimmertemperatur. Das Produkt ist verschieden von dem bekannten Tetraacetat, löst sich leicht in Chloroform, Nitrobenzol, Eisessig, weniger leicht in Aceton und Pyridin und ist unlöslich in Alkohol und Äther. Beim Verdunsten der Lösung hinterbleiben farblose, durchsichtige, biegsame Häutchen, die auch in der Dicke von $^1/_2$ mm nicht brüchig werden. **(D. R. P. 159 524.)** Nach einer Abänderung unterbricht man das in zwei Phasen verlaufende Verfahren des Hauptpatentes nach Erreichung der ersten, also dann, wenn eine mit Wasser versetzte Probe des nach 10 Stunden bei Zimmertemperatur erhaltenen sirupösen Acetylierungsgemisches aus 2 Tl. Baumwollstrang, je 8 Tl. Eisessig und

Essigsäureanhydrid und 0,4 Tl. konzentrierter Schwefelsäure kaum mehr unveränderte Cellulose enthält, sich jedoch noch leicht in warmem Sprit löst, durch Fällung der ganzen Masse mit Wasser und Abpressen des Niederschlages. In dieser Form ist das gelblich-weiße, voluminöse Produkt zur Herstellung von Lacken oder Alkoholverbänden sehr geeignet. **(D. R. P. 185 837.)**

Zur Herstellung von Acetylverbindungen aus Cellulose löst man nach 10 Tl. entfetteter, bis auf einen Wassergehalt von etwa 20% mit Wasser durchfeuchteter Baumwolle in 60 Tl. Essigsäureanhydrid bei Gegenwart von 0,5% konzentrierter Schwefelsäure. Man kühlt und digeriert bei 60—70°, bis eine gleichförmige, zähe Flüssigkeit entsteht, aus der die Acetylcellulose wie üblich isoliert wird. Weitere Modifikationen der Vorschrift im **D. R. P. 184 145.**

Über Herstellung von Acetylcellulose oder anderer Cellulose- oder Hydrocelluloseester organischer Säuren aus Cellulose, dem betreffenden Säureanhydrid und weniger als 0,2% Schwefelsäure oberhalb 100° siehe **D. R. P. 243 581.** Die Einwirkungsdauer beträgt etwa 1—2 Stunden.

Nach **E. P. 20 977—20 979/1911** erhält man Celluloseacetat, das sich in Chloroform kaum, leicht dagegen in alkoholischem Chloroform löst, durch Behandeln von 1 Tl. Cellulose mit 10proz. Schwefelsäure und 3—3 1/2 Tl. Essigsäureanhydrid.

Zur Gewinnung von Celluloseacetaten imprägniert man 100 Tl. Baumwolle mit 20 Tl. 3proz. Schwefelsäure und behandelt sie dann unter gewöhnlichem oder vermindertem Druck während 3 Stunden mit den Dämpfen siedenden Essigsäureanhydrids bei 40°. Das Produkt unterscheidet sich von der ursprünglichen Baumwolle im Aussehen und Festigkeit gar nicht, löst sich jedoch in Chloroform, Aceton, Tetrachloräthan und Eisessig; die Lösungen sind fadenziehend und geben haltbare elastische Films. Mit 1proz. Schwefelsäure erhält man nach 50stündiger Acetylierung ein ebenfalls festes, stärker fadenziehendes, jedoch in Eisessig unlösliches Produkt. **(D. R. P. 258 879.)**

Zur Gewinnung von in Chloroform unlöslichen Celluloseestern verrührt man z. B. 100 Tl. Baumwolle oder Papier von 3—6% Feuchtigkeitsgehalt in ein auf —3° abgekühltes Gemenge von 3—400 Tl. Eisessig, 250 Tl. Essigsäureanhydrid und 10—15 Tl. konzentrierter Schwefelsäure, wartet die nach einiger Zeit einsetzende Temperatursteigerung auf 5—15° und die folgende Temperaturminderung auf 5—10° ab und läßt nun die Temperatur auf etwa 25°, höchstens 35° steigen. Man kühlt nun von neuem bis die Temperatur unter ständigem Rühren wieder zu fallen beginnt, läßt das Gemisch stehen, bis eine völlig homogene Masse entstanden ist, und fällt die so bereitete Acetylcellulose in bekannter Weise aus. **(F. P. 478 023; vgl. F. P. 432 046.)**

Nach **D. R. P. 339 824** läßt man Cellulose, Essigsäureanhydrid und Eisessig oder ein anderes Verdünnungsmittel einige Tage bei gewöhnlicher Temperatur oder 10 Stunden bei 50° aufeinander einwirken oder kocht einmal auf, ehe man den Veresterungskatalysator zufügt.

Die Herstellung von Acetylcellulose in Gegenwart von Katalysatoren ohne Verdünnungsmittel bei Temperaturen unter 20° ist in **D. R. P. 335 359** beschrieben.

218. Acetylierung bei Gegenwart von anderen Säuren.

Zur Herstellung acetylierter Derivate der Cellulose wird nach **F. P. 385 180** statt der Schwefelsäure Sulfoessigsäure $CH_2 \cdot SO_3H \cdot COOH$ verwendet, in der Weise, daß man gleiche Teile Essigsäureanhydrid und Eisessig mit 5% Sulfoessigsäuregemisch im Verhältnis 10 : 1 mit 1 Tl. Cellulose mischt, auf 70° anwärmt und die klare, durchsichtige Lösung mit Wasser fällt. Das Sulfoessigsäuregemisch erhält man direkt durch Erhitzen von 204 g Essigsäureanhydrid und 98 g 66grädiger Schwefelsäure auf 130°.

Nach **D. R. P. 180 666—67** stellt man sehr reine Acetylcellulose her aus 1 Tl. Baumwolle, 8 Tl. Eisessig, 3 Tl. Essigsäureanhydrid und 4—8 Tl. Benzolsulfinsäure bei 50—60°. Nach 1 1/2 Stunden gießt man in Wasser oder in ein anderes Fällungsmittel.

Zur direkten Umwandlung von Baumwolle in Celluloseacetate erwärmt man 30 Tl. Watte mit 70 Tl. Essigsäureanhydrid, 120 Tl. Eisessig und 3 Tl. Dimethylsulfat im Wasserbade, gießt die Lösung in Wasser und filtriert das nur in Alkohol oder Äther unlösliche Tetraacetat. **(F. P. 345 764.)**

Oder man behandelt die Cellulose bei Gegenwart oder Abwesenheit von Verdünnungsmitteln wie üblich z. B. mit Essigsäureanhydrid bei Gegenwart von Sulfurylchlorid, das den Vorteil hat, Cellulose und Acetylcellulose nicht so stark anzugreifen wie Schwefelsäure und Phosphoroxychloride. Überdies erhält man schon mit der Hälfte des sonst nötigen Acetanhydrides dieselben brauchbaren Acetylcelluloselösungen wie beim Acetylieren mit Schwefelsäure bei gewöhnlicher Temperatur. **(D. R. P. 269 193.)** Nach dem Zusatzpatent trocknet man die Baumwolle vor der Acetylierung (mit Essigsäureanhydrid bei Gegenwart von Schwefelsäurechloriden) zur Vermeidung größerer Temperaturerhöhungen und erhält dann beim Arbeiten bei gewöhnlicher Temperatur wasserhelle, vollständig farblose Acetylcellulose, die je nach der Einwirkungsdauer in reinem Chloroform und seinen Gemischen mit Alkohol, in Eisessig usw., nicht aber in Alkohol klar löslich ist, nach der Verdunstung des Lösungsmittels als sehr elastisches Häutchen zurückbleibt und direkt zum Verspinnen geeignet ist. **(D. R. P. 273 029.)**

Zur Herstellung von chloroform- und acetonlöslicher oder -unlöslicher Acetylcellulose verarbeitet man die Cellulose wie üblich mit Essigsäureanhydrid in Gegenwart von esterschwefelsauren Salzen statt der Schwefelsäure. Je schwächer die Base in dem Katalysator ist, desto stärker äußert sie ihre Wirkung. **(D. R. P. 272 121.)**

Zur Herstellung von Celluloseestern der Essigsäure (Buttersäure) setzt man zur Beförderung der Reaktion Mono-, Di- oder Trichlorfettsäuren zu, erwärmt also z. B. 3 Tl. Cellulose mit 16 Tl. Essigsäureanhydrid und 8 Tl. Monochloressigsäure unter evtl. weiterem Zusatz von Eisessig oder Essigäther im Wasserbade auf 50—55° und fällt die kaum gefärbte klare Lösung nach 6 Stunden mit 70° heißem Wasser. Bei der Ausfällung mit kaltem, verdünntem Alkohol gewinnt man durchsichtige, seidenglänzende Fäden. Die Produkte ebenso wie die Buttersäure- und andere Fettsäureester dienen zur Herstellung von Films oder Kunstseide. **(D. R. P. 198 482.)**

Die Bildung der Acetylcellulose läßt sich auch bei Gegenwart von Salz- oder Salpetersäure als Kontaktsubstanzen ausführen. Man erhält z. B. aus 5 Tl. Essigsäureanhydrid und 4 Tl. Eisessig mit 0,1—0,2 Tl. Salzsäuregas oder der entsprechenden Menge wässeriger Salzsäure oder 96proz. Salpetersäure nach Zufügung von 1 Tl. Watte bei etwa 70° in 12—24 Stunden (mit Salpetersäure nach 4—8 Tagen) eine farblose, sehr viscose Lösung, in der die Mineralsäuren keine zerstörende Nachwirkung ausüben. **(D. R. P. 201 233.)**

Zur Herstellung von Acetylcellulose wird in **F. P. 445 798** empfohlen 10 Tl. Cellulose mit einem Gemenge von 30—40 Tl. Essigsäureanhydrid, 40 Tl. Essigsäure und 2 Tl. einer Mischung von 65 Tl. 40grädiger Salpetersäure und 35 Tl. 66grädiger Schwefelsäure zu acetylieren. Nach einigen Stunden erhält man, wenn man bei etwa 45° arbeitet, eine transparente, viscose Flüssigkeit, die wie üblich aufgearbeitet wird.

Über Acetylierung der Cellulose mit Essigsäureanhydrid, Schwefelsäure als Katalysator und Eisessig zur Verdünnung bei Gegenwart geringer Mengen Salpetersäure zur Gewinnung stickstoffhaltiger Ester, siehe **E. P. 8046/1915** und **F. P. Zusatz 20 072/473 399.)** — Siehe auch Acetylnitrocellulose **[223].**

Über die Vorteile, die sich durch Ersatz der Schwefelsäure gegen Phosphorsäure bei Bildung der Acetylcellulose ergeben, siehe **F. Ulzer, Mitt. v. Materialprüfungsamt 1905, 219.**

Siehe auch **F. Ulzer, Mitt. d. Techn. Gew.-Mus. Wien 1905, 241**: Herstellung der Hydrocellulose und ihre Acetylierung mit Essigsäureanhydrid unter Zusatz von Pyrophosphorsäure.

219. Acetylierung bei Gegenwart von Salzen und organischen Mitteln.

Zur Herstellung haltbarer Cellulosederivate verrührt man eine aus 1 Tl. Cellulose in 4 Tl. Essigsäureanhydrid und 4 Tl. Eisessig unter Zusatz von 0,1 Tl. Schwefelsäure bei Zimmertemperatur erhaltene Lösung mit der zur Abstumpfung der Schwefelsäure nötigen Menge feingepulverten Natriumacetates (etwa 0,2 Tl.) oder eines anderen Neutralisationsmittels (Ammoniak, aber auch Stärke) in wenig Eisessig gelöst, filtriert die Lösung und kann sie ohne Waschung und Umlösung direkt weiterverarbeiten. Diese Lösung liefert nach Verdunstung des Lösungsmittels Häute oder Films, die sich durch besondere Biegsamkeit auszeichnen. Nach dem Zusatzpatent werden zur Beseitigung der schädlichen Säurenachwirkung Salze der Salpetersäure, z. B. Ammoniumnitrat (ebenfalls 0,2 Tl.) verwendet. **(D. R. P. 196 730 und 201 910.)**

Nach dem verbesserten Verfahren des **F. P. 458 263** stellt man Celluloseacetat in folgender Weise her: Man löst 200 kg Cellulose in einer Lösung von 5 kg wasserfreiem Kupfersulfat in einem Gemenge von 1300 kg einer Mischung, die 70% Eisessig und 30% Essigsäureanhydrid enthält. Nach Beendigung der in einem verkupfertem Eisengefäß bei 70° auszuführenden Reaktion verdünnt man die viscose Flüssigkeit mit 600 kg 80—90proz. Essigsäure und leitet in einem Steingutgefäß Chlor ein, bis das Acetat in Aceton löslich geworden ist. Wenn etwa 4 kg Chlor aufgenommen sind, fügt man langsam Wasser oder Tetrachlorkohlenstoff zu und verarbeitet die flockig ausgefällte Masse in üblicher Weise.

Über Acetylierung der Cellulose bei Gegenwart von Schwefelsäure und anorganischen oder organischen Salzen (z. B. Eisensulfat, Chlorzink, Dialkylanilinchlorhydrat usw.) und die Vorbereitung der Acetylcellulose zum Spinnen und Färben durch Quellen in Alkohol usw. siehe **D. R. P. 203 178**: Man verrührt z. B. 5 Tl. Essigsäureanhydrid, 4 Tl. Eisessig, 0,1—0,2 Tl. feingepulvertes Eisenvitriol und 1 Tl. Cellulose (Baumwolle). In einem etwa 70° warmen Bade erfolgt die Acetylierung in 15—24 Stunden und man erhält die Acetylcellulose direkt als dickflüssiges Produkt. Durch Verwendung der Salze starker Säuren mit verhältnismäßig schwächeren Basen ergibt sich der Vorteil, daß die gebildete Acetylcellulose nicht wie bei dem bis dahin üblichen Zusatz stark saurer Körper geschädigt wird. Nach dem Zusatzpatent kann man das Essigsäureanhydrid zur Herstellung anderer Celluloseester auch durch andere organische Säureanhydride ersetzen. **(D. R. P. 206 950.)** Vgl. **E. Knoevenagel, Chem.-Ztg. 1908, 810.**

Zur Herstellung eines in Chloroform mit oder ohne Alkohol, ferner in Aceton auch bei Gegenwart von Wasser löslichen Celluloseacetates unterkühlt man das mit Schwefelsäure als Katalysator bereitete Acetylierungsgemisch vor Einführung der Cellulose stark, acetyliert unterhalb 20—30° und bricht die Reaktion ab, wenn der gewünschte Grad der Unlöslichkeit erreicht ist. Die erste Kühlung kann auch wegfallen, wenn man die Cellulose bei Anwendung schwächerer Kondensationsmittel, z. B. Bisulfat, in Gegenwart von wenig Schwefelsäure vor der Acetylierung bei niederer Temperatur hydratisiert. **(E. P. 6463/1915.)**

Zur Gewinnung von Acetylcellulose und ihren haltbaren Lösungen setzt man bei der Kondensation der Cellulose mit dem Essigsäureanhydrid, in einem indifferenten Lösungs- und Verdünnungsmittel, bei Ausschluß freier Schwefelsäure nicht mehr als 0,5 Tl. der Cellulose Kaliumbisulfat zu, das man durch Eindampfen von aufeinander eingestellter n-Kalilauge und n-Schwefelsäure herstellt, so daß das Bisulfat weder Schwefelsäure noch Kaliumsulfat enthält. Geht man von Handelsprodukten aus so korrigiert man, ohne auf den Wassergehalt von 0,5—14% Rücksicht zu nehmen, einen evtl. vorhandenen Gehalt von Kaliumsulfat durch Schwefelsäure, im entgegengestzten Falle durch Kaliumacetat. Man erhitzt also z. B. ein Gemenge von 1 Tl. Cellulose, 4 Tl. Eisessig und 5 Tl. Essigsäureanhydrid mit 0,1 Tl. Kaliumbisulfat bis zur Lösung auf etwa 100° unter Vermeidung der Bildung acetonlöslichen Produktes, wobei man sich des Benzols oder Toluols als indifferentes Lösungsmittel und evtl. verschiedener Katalysatoren (Schwefelsäure und Kupferacetat, Dimethylanilinbisulfat usw.) zur Beschleunigung der Reaktion bedienen kann. Man erhält so in wesentlich leichterer Arbeitsweise und kürzerer Zeit viscose Lösungen der Acetylcellulose, die über einen Monat, und zwar um so länger haltbar sind, wenn sie durch längeres Erhitzen, als bis zur Auflösung nötig war, und bei höherer Temperatur bereitet wurden. **(D. R. P. 284 762.)**

Da man wertvolle, in Aceton viscos lösliche Acetylcellulosen nur dann erhält, wenn bei der Überführung acetonunlöslicher Produkte in solche, die in Aceton löslich sind, keine hydrolytische Spaltung des Celluloseacetates stattfindet, verfährt man in der Weise, daß man eine frisch bereitete Lösung von Acetylcellulose (mittels Schwefelsäure z. B. nach **D. R. P. 159 524)** sofort mit Kaliumacetat versetzt, so daß genau Kaliumbisulfat entsteht oder eine organische Base von Art des o-Toluidins, wobei sich neutrales o-Toluidinsulfat bildet und sodann 0,2—1 Tl. Wasser (vom Cellulosegewicht) so zugibt, daß keine Ausfällung erfolgt. Man erhitzt nun auf 70°, bis eine mit Wasser ausgefällte, gewaschene und getrocknete Probe in Aceton leicht und viscos löslich ist. Da die Sulfate und Bisulfate Acetylierungskatalysatoren sind, so kann man die Bildung der acetonlöslichen Produkte auch mit der Darstellung der Acetylcellulose vereinigen oder später anreihen, wobei man nur Wasser hinzuzufügen braucht, während der Katalysator unverändert bleibt. **(D. R. P. 297 504.)** Statt des schwefelsauren kann man auch ein salz- oder salpetersaures oder Metallsalz anwenden. Man erhitzt z. B. 1 Tl. Cellulose nach **D. R. P. 203 178** mit 4 Tl. Eisessig, 5 Tl. Essigsäureanhydrid und 0,05 Tl. Zinnchlorür (Zinnsalz des Handels) bis zur Auflösung der Cellulose auf 100° und erwärmt dann nach Zusatz von 0,8 Tl. Wasser auf 60—70° weiter, bis eine herausgenommene Probe Acetonlöslichkeit zeigt. **(D. R. P. 303 530.)** Nach einer weiteren Ausbildungsform des Verfahrens bewirkt man die Umwandlung von in Aceton schwer löslichen Acetylcellulosen in leicht lösliche bei Abwesenheit eines Katalysators in Gegenwart geringer Mengen Wasser. **(D. R. P. 305 348.)** Nach Abänderungen des Verfahrens kann man auch durch allmählichen Wasserzusatz das überschüssige Säureanhydrid langsam in die betreffende Säure überführen und ohne wesentlichen Abbau des Cellulosemoleküls zu den wertvollen acetonlöslichen Acetylcellulosen gelangen. Nach einer weiteren Abänderung gewinnt man diese aus den acetonunlöslichen Produkten durch Erwärmen mit oder ohne Zusatz von Katalysatoren (Eisessig, Alkohol, Glycerin, Acetin) in Abwesenheit von Säureanhydriden und von Wasser bzw. bei Gegenwart der ersteren dadurch, daß man sie statt durch Wasser durch Stoffe verdrängt, die wie Alkohol oder Glycerin mit den Säureanhydriden reagieren. **(D. R. P. 305 884 und 306 131.)** Nach dem schließlichen Zusatzpatent erhitzt man die wasserhaltigen Lösungen der in leichtlösliche Ester umzuwandelnden Celluloseester so lange auf höhere Temperatur, bis sich eine Probe in Alkohol oder in seiner Mischung mit Chloroform klar löst. **(D. R. P. 347 817.)**

Nach einem anderen Verfahren bewirkt man die Umwandlung der reinen mercerisierten oder hydrierten Cellulose in Acetylcellulose unter dem Einfluß von Schwefelsäure oder Phosphorsäure in Gegenwart von Benzol, Äther, Monochlorbenzol, Benzylchlorid oder anderen indifferenten organischen Mitteln, in denen die Acetylcellulose unlöslich ist, so daß man ihre Abscheidung nicht mit Wasser zu bewirken braucht, wodurch das nicht in Reaktion getretene Essigsäureanhydrid erhalten bleibt. **(D. R. P. 184 201.)**

Nach einer Abänderung des Verfahrens des **D. R. P. 163 316 [217]** setzt man der Acetylierungsmasse, bestehend z. B. aus je 10 Tl. Cellulose und Eisessig und 2,5% Schwefelsäure, 25 Tl. Tetrachlorkohlenstoff zu und acetyliert weiter bei etwa 30° mit einem Gemisch von je 35 Tl. Essigsäureanhydrid und 35 Tl. Tetrachlorkohlenstoff. Letzterer löst die acetylierte Cellulose nicht, so dan man nach beendeter Einwirkung das Reaktionsprodukt durch Abschleudern von den Flüssigkeiten trennen kann. **(D. R. P. 200 916.)**

Zur Herstellung von Acetylcellulose tränkt man nach **D. R. P. 139 669** 10 kg geschnittene Papiermasse mit einer Lösung von 20 l Pyridin (Chinolin oder anderen tertiären Basen) in 60 l Nitrobenzol und läßt bei einer Temperatur, die 100° (mit überschüssiger Base 150°) nicht übersteigen darf, 20 l Acetylchlorid langsam zufließen. Nach 2 Stunden gießt man die Lösung in überschüssigen Alkohol, wäscht den Rückstand und trocknet ihn. Weitere Vorschriften im Original.

Zur Darstellung wasserlöslicher Ester hydrolysierter Cellulose läßt man Fettsäureanhydride, z. B. Essigsäureanhydrid, bei Gegenwart von saurem Pyridinsulfat oder von Chinolinsulfat auf Cellulose einwirken. Andere Basen, z. B. Anilin, wirken zwar ebenfalls als Kontaktsubstanzen, geben jedoch keine wasserlöslichen Produkte. **(D. R. P. 222 450.)**

Nach **E. P. 16 000/1911** erhält man Celluloseacetat, das sich zur Herstellung unentzündlicher Films eignet, durch Erhitzen von Cellulose mit einem Dichlorhydrin oder Epichlorhydrin und Palmitinsäure, Erdöl oder Glycerin. Nachträglich wird die von dem anhaftenden Hydrin befreite Masse mit einer Lösung von Ameisensäuremethyläther unter evtl. Zusatz von Palmitinsäure behandelt, worauf man acetyliert und die acetylierte Masse mit Ammoniumcarbonat neutralisiert.

220. Weiterbehandlung, (Umwandelung) und Ausfällung der Acetylcellulose.

Zur Herstellung hydratisierter Celluloseester behandelt man die aus nicht hydratisierter Cellulose und einbasischen Fettsäuren erhaltenen Ester solange mit hydrolytisch wirkenden Mitteln, bis eine Probe des Produktes in Aceton löslich ist. **(D. R. P. 252 706.)**

Zur Herstellung von in Essigsäure und in Chloroform unlöslicher Acetylcellulose versetzt man eine fertige Lösung der Acetylcellulose in Eisessig mit Schwefelsäure, Sulfoessigsäure Chlorzink oder einem anderen Katalysator oder behandelt eine Suspension der fertigen Acetylcellulose z. B. in Benzol ebenso. Man läßt diese Katalysatoren so lange einwirken, bis eine Probe in Chloroform unlöslich ist, ohne daß ihre Löslichkeit in anderen Lösungsmitteln (Ameisensäure, Oxysäuren, ihre Ester und Säurederivate, Weinsäureester, Diacetylweinsäureester, Chlorhydrine Acetine, Nitromethan, Acetylentetrachlorid usw.) aufgehoben wird. Die neuen Produkte werden zur Herstellung von Fäden. Films, Lacken, Celluloidersatz usf. verwendet. **(D. R. P. 273 706.)**

Zur Herstellung von Celluloseestern, z. B. von Acetylcellulose, die etwa 61% Essigsäure, enthält, acetyliert man die durch Einwirkung von Essigsäure auf Cellulose gewonnene niedrig acetylierte Cellulose mit weniger Essigsäureanhydrid als das doppelte Gewicht der zu acetylierenden Cellulose beträgt. Man erhält so Produkte, die ohne besondere Nachbehandlung direkt in Aceton löslich sind. **(D. R. P. 299 181.)**

Um Acetylcellulose in Gemischen von Benzol oder Toluol und Äthyl- bzw. Methylalkohol löslich zu machen, behandelt man 20 Tl. acetonunlösliche, jedoch in Chloroform lösliche Acetylcellulose mit einem Gehalt von 55—59% Essigsäure nach **F. P. 452 374** mit 200 Tl. Anilin oder ähnlichen Basen unter evtl. Zusatz von 1 Tl. Anilinsulfat oder 0,2 Tl. Anilinphosphat während 3 Stunden bei 190°. Nach 2 Stunden wird die Acetylcellulose acetonlöslich, die Löslichkeit vermindert sich mit der Dauer des Erhitzens. Die Fällung der so erhaltenen Acetylcellulose erfolgt nicht durch Wasser, sondern durch Salzlösungen oder Säuren.

Nach **D. R. P. 256 922** und **Zusatz 268 627** löst sich acetonlösliche Acetylcellulose (z. B. 100 Tl.) bei Gegenwart von 300 Tl. wasserfreiem Zinkchlorid oder 400 Tl. Zinntetrachlorid (oder Rhodansalzen) in 600 Tl. Äthylalkohol. Nach dem weiteren Zusatzpatent verarbeitet man die Acetylcellulose statt mit alkoholischen Lösungen von Chlorzink und Rhodansalzen mit konzentrierten, wässerigen Metallsalzlösungen in der Weise, daß man gleichzeitig niedrig oder hochsiedende Lösungsmittel jedoch nicht in Mengen anwendet, die ausreichen würden, die Acetylcellulose bereits in der Kälte zu lösen. Man fällt dann die erhaltenen Lösungen gegebenenfalls nach Auftrag auf glatte oder gemusterte Flächen und erhält so die in Form der Unterlage oder des umhüllten Gegenstandes erstarrte Acetatschicht oder auch Platten, Folien, Hohlkörper, Reliefs, Gewebe- oder Tüllimitation. **(D. R. P. 281 374.)**

Nach **F. P. 442 512** kann man Acetylcellulose durch längere Behandlung mit gewissen Katalysatoren in eine in Essigsäure und Chloroform unlösliche Modifikation überführen.

Über Herstellung von Celluloseestern, die sich in Essigester zu klaren viscosen Flüssigkeiten lösen, siehe **F. P. 455 117.**

Nach **A. P. 1 406 224** gelingt es mit Chlorhydrin unter Zusatz von Alkohol und wenig Benzol oder einem anderen aromatischen Kohlenwasserstoff Acetylcellulose in Lösung zu bringen.

Zur Gewinnung leicht löslicher Celluloseester erhitzt man die wasserhaltige Lösung von in Chloroform oder Aceton löslicher Acetylcellulose bei Abwesenheit von Katalysatoren so lange auf 90—110°, bis eine Probe in Essigester löslich ist. **(D. R. P. 346 672.)**

Nach **A. P. 1 408 035** mischt man zur Herstellung einer Celluloselösung Acetylcellulose mit einem zwischen 80 und 227° siedendem Keton.

Nach **D. R. P. 246 651** stellt man viscose Lösungen von Acetylcellulose am besten unter Verwendung von Ameisensäuremethylester her.

Zur kontinuierlichen Herstellung von Celluloseacetatfilms, die völlig durchscheinen und nicht wie sonst häufig milchig und trüb sind, bringt man die auf endlose Bänder gegossene Acetylcelluloselösung mit Fällungsflüssigkeiten in Berührung. **(D. R. P. 237 151.)**

Nach **D. R. P. Anm. C. 19 868** und **20 522, Kl. 29 b** läßt man Essigsäureester der Cellulose oder Celluloseester anderer Säuren in Fällflüssigkeiten eintreten, die schon einen Zusatz von Fällflüssigkeit erhalten haben, so daß sie sich nahe dem Ausfällungs- bzw. Gerinnungspunkte befinden.

Zur Herstellung von Kunstseide läßt man die Acetylcelluloselösungen in mit Kochsalz gesättigte Natronlauge eintreten, wobei die Natronlauge auf die Oberfläche der gebildeten Fäden allein verseifend wirkt und klare, seidenglänzende Fäden erhalten werden. Die aussalzende kann ebenso wie die verseifende Wirkung mit anderen Kombinationen von Salz und Laugen erzielt werden. **(D. R. P. 287 073.)**

Zur Herstellung von Fäden oder Gebilden fällt man eine primäre Acetylcelluloselösung (Eisessig) in einem Bade höchstkonzentrierter, wässeriger Natriumacetatlösung. **(D. R. P. 274 260.)**

Zur Gewinnung fester Acetylcellulose aus flüssigen Acetylierungsgemischen verrührt man diese nach **D. R. P. 185 151** mit Tetrachlorkohlenstoff zu einem gleichmäßigen, dicken Brei, preßt ab und wiederholt das Verfahren noch einmal in der angegebenen Weise. Nach **D. R. P. 188 542** kann man zu demselben Zweck Acetylentetrachlorid verwenden und mit Hilfe dieses Mittels auch geformte Celluloseverbindungen herstellen, wenn man beispielsweise 10 Tl. Celluloseacetat, 3 Tl. Alkohol und 16 Tl. Acetylentetrachlorid in Formen preßt und diese an der Luft oder in einem warmen Raume trocknet. Letzteres wurde schon in **D. R. P. 175 379** allein oder in Mischung mit anderen Lösungsmitteln als lösendes Agens für Acetylcellulose vorgeschlagen.

Bei der Abscheidung von Acetylcellulose und andere Celluloseestern aus rohen Esterifizierungsgemischen bewährt sich besonders der gewöhnliche, mit dem Esterifizierungsmittel leicht mischbare Äthyläther, der leicht wiedergewinnbar ist und überdies auch die kleinen Reste von Schwefelsäure aufnimmt, die von der Acetylierung in Gegenwart von Schwefelsäure im Faden noch zurückgeblieben waren. Man erhält so aus Baumwolle als Ausgangsmaterial auch in dicker Schicht fast farblose Lösungen des mit Äther gefällten Celluloseacetats in Acetylentetrachlorid und vermeidet vor allem das bisher als Fällungsmittel verwendete Wasser, unter dessen Einfluß sich die Acetylentetrachloridlacke gelblich bis bräunlich färbten oder getrübt wurden. **(D. R. P. 242 289.)**

Zur Herstellung neuer Celluloseester und ihrer Umwandlungsprodukte, die in den verschiedenartigsten Lösungsmitteln löslich sind, verwendet man nach **F. P. 432 046** und **Zusatz Nr. 15 894** gereinigte Cellulose, deren Molekül durch Behandlung mit Soda oder Boraxlösung oder auch mit Säuren vorher gelockert wurde. Auch fällt man die Celluloseester in der Weise, daß man das primäre Acetylierungsgemisch langsam mit Benzol versetzt und die so erhaltenen klaren Lösungen immer weiter ausfällt, bis die Viscosität und Klarheit der Masse ihren Höhepunkt erreicht hat. Dann spritzt man die Lösung wie üblich in Wasser oder Benzol. Vgl. **F. P. 432 046** und die **Zusätze Nr. 15 933, 16 316** und **16 494.**

Haltbare, elastische und wie Naturseide verspinnbare Fäden erhält man durch Koagulation von Aceton-Celluloseacetatlösungen in Alkali- oder Erdalkali-Thiocyanaten. Zweckmäßig fügt man der Celluloseacetatlösung Benzylalkohol oder andere plastisch machende Zusätze bei. **(E. P. 177 868.)**

Zur Erhöhung der Haltbarkeit von Fäden oder Films aus Acetylcellulose setzt man den wässerigen Koagulationsbädern Aceton, Ameisen- oder Essigsäure, Alkohol, Zinkchlorid oder andere wasserlösliche Acetat lösende Flüssigkeiten hinzu. **(E. P. 179 234.)**

Nach **D. R. P. 237 599** werden künstliche Fäden aus Celluloseacetat in haltbarster Form erhalten, wenn man sie in höchst konzentrierter Ameisensäure zu ca. 6% auflöst und die Lösung durch reines eiskaltes Wasser ausfällt.

Als Fällungsbad für künstliche Fäden verwendet man nach **Norw. P. 33 734** die Schwefelsäure, Kohlenhydrate, Salze und andere Nebenprodukte enthaltende, von der hydrolytischen Spaltung des Holzes herrührende Lauge.

Nach **F. P. 412 503** verwendet man zu demselben Zweck eine Lösung von Acetylcellulose in Eisessig und taucht die dünnen Häutchen in Wasser ein, um die Acetylcellulose zu fällen.

Ein Verfahren zum Ausfällen und Reinigen von Kunstseidelösungen auf elektrolytischem Wege ist in **D. R. P. 324 334** beschrieben.

221. Acetylcelluloseverarbeitung (Plastifizierung).

Die Weiterverarbeitung der fertigen Acetylcellulose zu Lacken **Bd. III [141]**, Films Glasersatz **Bd. I [506]**, Voll- und Hohlkörpern, plastischen und Kunstmassen **[523]**, Celluloidersatzstoffen **[477]** usw. erfolgt durch Lösung bzw. Gelatinierung, evtl. unter Zusatz anderer, die Produkte geschmeidig und weich machender oder ihre Entflammbarkeit vollständig verhindernder Substanzen.

Als Lösungsmittel der Acetylcellulose kommen Ameisen- und Essigsäure, Pyridin, Anilin, Methylformiat und -laktat sowie Methyl- und Äthylacetat in Betracht. Aceton löst das Produkt nur dann in reichlichen Mengen, wenn letzteres mit größeren Schwefelsäuremengen als Kondensationsprodukt hergestellt wurde. Je nach der Bereitungsweise **(L. Clement und C. Rivière, Chem.-Ztg. 1912, 1271)** zerfallen die Celluloseacetate, wie oben erwähnt, nach ihrer Löslichkeit in solche, die nur in Chloroform, Tetrachloräthan, Di- oder Epichlorhydrin löslich sind, und solche, für die auch außerdem Aceton, Methyl- und Äthylacetat als Lösungsmittel in Betracht kommen, und zwar sinkt die Löslichkeit der Acetylcellulose in Chloroform mit der Länge der Einwirkungsdauer des Acetylierungsgemisches, während zugleich ihre Löslichkeit in Aceton steigt.

Echte und bleibende Acetonlöslichkeit besitzt nur die durch teilweise Verseifung essigsäure- und schwefelsäurereicher Primäracetate mit wenig säurehaltigem Wasser nach **D. R. P. 252 706** erhaltene Acetylcellulose und ferner das Produkt des **D. R. P. 297 504 [219].**

Gute Löslichkeit zeigen auch durch längere Zeit mit 95 proz. Essigsäure oder mit Anilin oder Phenol erhitzte Acetate. **(H. Ost, Zeitschr. f. angew. Chem. 32, 66, 76 u. 82.)**

Zur Gelatinierung der Acetylcellulose verwendet man entweder Chlorverbindungen (Chloroform oder noch besser Tetrachloracetylen) bei Gegenwart von Methyl- oder Äthylalkohol, oder Phenole (Phenol, Kresol, Thymol, Resorcin u. a.), die sich durch höchste Lösungskraft auszeichnen.

Zur Herstellung von Cellonkörpern verarbeitet man ein festes Lösungsmittel (Plastifiant), das aus einem Gemisch eines feuerbeständigmachenden Körpers (Triphenyl- oder Trikresylphosphat) und einem wirklich plastifizierenden Stoff (Triacetin) besteht. 25 kg von diesem Plastifianten vermischt man beispielsweise mit 100 kg Celluloseacetat, 300 kg Tetrachloräthan und 30 kg Methylalkohol, knetet die Masse bei 70° zu einem kornfreien homogenen Kollodium und walzt sie unter evtl. Zusatz einer methylalkoholischen Farbstofflösung zwischen

65—70° heißen Walzen, um das Produkt schließlich 8 Stunden lang bei einer Endtemperatur von 90° und unter einem Druck von 200 kg pro qcm zu pressen. Dann taucht man die Blöcke in kaltes Wasser, schneidet sie in Blättchen oder Stäbe, trocknet bei 40°, preßt noch einmal bei 90° mit 150 kg Druck, glättet unter einem Druck von 500 kg, formt wieder bei 90° und bearbeitet schließlich mechanisch durch Polieren, Lackieren, Verzieren usw. **(H. Monk, Chem.-Ztg. 1912, 1223.)**

Das Triphenylphosphat spielt nicht wie in der Celluloidfabrikation die Rolle eines Camphterersatzmittels, sondern es wirkt ausschließlich schmelzpunkterniedrigend. Durch Wahl geeigneter Mengenverhältnisse verhindert man, daß die Schmelzbarkeit des Produktes die Verwendbarkeit des Films aufhebt, andererseits aber kann man genügend tiefschmelzende, bei unerwünschter Erwärmung ohne Flammenbildung abschmelzende Films erzeugen. **(D. R. P. 303 018.)**

Nach **E. P. 28 848/1910** wird Celluloseacetat völlig unentzündlich gemacht, wenn man es in borsäure-, borat-, natriumwolframat- oder ammoniumphosphathaltigen Bädern wäscht.

Um photographische Films aus Acetylcellulose weich und geschmeidig zu machen, behandelt man sie mit höchstens 5% des Gewichtes der Acetylcellulose an Resorcindiacetat, das in Wasser kaum löslich ist, so daß es aus dem geformten Gebilde nicht ausgewaschen werden kann. **(D. R. P. 277 529.)**

Zur Herstellung biegsamer Häutchen setzt man einer Lösung z. B. von 10 Tl. Acetyl- oder Nitrocellulose in 75 Tl. Aceton bzw. Alkoholäther 2 Tl. Acetyloxyessigsäureäthylester zu, der als acyliertes Derivat der Oxyfettsäureester diesen durch seine Nichtflüchtigkeit überlegen ist, so daß er campherartig in dem Celluloseester gelöst bleibt. **(D. R. P. 324 786.)**

Um aufgehaspelte Acetylcellulosefäden zwecks weiterer Verzwirnung leichter abwickeln zu können, passiert man mit dem getrockneten Material durch ein Bad von Seife oder wasserlöslichem Öl und vermeidet so das Elektrischwerden der Fäden und ihr ballonartiges Auseinanderspreitzen. **(D. R. P. 286 173.)**

Um aus primärer Acetylcelluloselösung gefällte Gebilde haltbar weiß zu färben, setzt man der Lösung vor der Fällung oder vor der Acetylierung geeignete aromatische Säuren, Ester oder Äther zu, fügt weiter den Lösungen, wenn undurchsichtige, farbige Gebilde erzielt werden sollen, Farbstoffe bei und außerdem evtl. noch Mittel zum Geschmeidigmachen und zur Erhöhung der Elastizität. **(D. R. P. 276 013.)**

Der Übelstand, daß Gegenstände aus Acetylcellulose (Films, Tülle, geformte Massen) nach längerem Lagern brüchig werden, läßt sich nach **D. R. P. 255 704** vermeiden, wenn man die Acetylcellulose langsam erhärten läßt. Zu diesem Zweck gießt man die Films aus einem Gemenge von 100 g primärer Acetylcelluloselösung, 5 g Chlorzink und 1 g Kollodiumwolle, läßt sie 3 Monate bei 30° lagern und wäscht dann erst mit Wasser die basischen Stoffe aus.

Formiatseide, gemischte Ester, Eiweißseide.

222. Formylcellulose, Herstellung und Verarbeitung.

Eine Zusammenstellung über die zahlreichen patentierten Verfahren der Herstellung von Formylcellulose veröffentlichen **E. C. Worden** und **L. Rutstein** in **Kunststoffe 1912, 325.**

Über Formylcellulosen berichtete **Rassow** auf der **Hundertjahrf. d. Naturforsch. u. Ärzte, Leipzig 1922.**

Die etwa 95proz. Ameisensäure des Handels hat dieselben Anwendungsgebiete wie der Eisessig als Lösungsmittel, übertrifft ihn jedoch durch ihr häufig größeres Lösungsvermögen, ferner durch ihre größere Flüchtigkeit im Wasserbade und bei gewöhnlicher Temperatur, sowie durch ihre Fähigkeit, zuweilen größere Krystalle zu erzeugen. Dem steht allerdings der Nachteil der Ameisensäure gegenüber durch leicht reduzierbare Körper (Chlorsäure, Salpetersäure oder Chromsäure) leichter oxydierbar zu sein als der Eisessig. In **Chem.-Ztg. 37, 1117** bringt **O. Aschan** Tabellen über die Löslichkeit einer Reihe anorganischer und organischer Körper in Ameisensäure. — Als stärkste organische Säure greift sie auch bei Anwendung von Vorsichtsmaßregeln nicht nur die Hydroxylgruppen, sondern auch den Kern der Cellulose an und depolymerisiert sie. So ist es zu erklären, daß 90 proz. Ameisensäure in Gegenwart von Salzsäuregas oder einem anderen Wasser entziehenden Mittel alle Cellulosearten in viel kürzerer Zeit und bei viel niederer Temperatur zu verestern vermag als die Essigsäure und höhere Säuren der Reihe; diese Reaktion wird weiter beschleunigt, wenn man für die gebildete Formylcellulose ein Lösungsmittel, am besten Pyridin, zusetzt. Man arbeitet daher, um die Veresterungsgeschwindigkeit bei erhöhter Temperatur zu mäßigen, in Benzol, Tetrachlorkohlenstoff, Chloroform oder Essigsäure als Verdünnungsmittel, vermeidet die Verseifung des gebildeten Esters seitens der wasserentziehenden Mineralsäure (auch Schwefelsäure ist anwendbar) durch Zusatz der entsprechenden mineralsauren Salze und begegnet zu weit vorgeschrittener Veresterung durch Zusatz von Formaldehyd, das sich als starkes Polymerisationsmittel erwiesen hat. Als Entwässerungsmittel können außer den genannten Säuren auch entwässerte Formiate dienen (bei höherer Temperatur ist nur das Bariumformiat anwendbar) und es entsteht dann soviel Kohlenoxyd als Ameisensäure verschwindet. Die Formylcellulose unterscheidet sich dementsprechend von der Acetylcellulose dadurch, daß jene nicht mehr die Cellulosestruktur zeigt und damit im Zusammenhang auch leichter löslich ist. In **Kunststoffe**

4, 207 u. **227** beschreibt **C. Noyer** ausführlich die verschiedenen Verfahren zur Herstellung von Formylcellulose aus Baumwolle, Papier und Holzzellstoff und die Lösungsmittel für Cellulose zur Bereitung von Hydrocellulose.

Zur Herstellung von Formylcellulose mischt man nach **D. R. P. 189 836** 100 Tl. 98proz. Ameisensäure mit 3—10 Tl. 66grädiger Schwefelsäure und trägt 15—20 Tl. trockener Baumwolle ein. Nach einigen Stunden fällt man die farblose, sirupöse Lösung mit Wasser aus. Statt Cellulose kann man auch Hydrocellulose und ähnliche Körper verwenden, oder man leitet nach dem Zusatzpatent **D. R. P. 189 837** 2—4 Tl. trockenes Salzsäuregas bei gewöhnlicher Temperatur in 100 Tl. 98proz. Ameisensäure ein und setzt der Lösung 20—30 Tl. Cellulose zu. Nach dem weiteren Zusatzpatent löst man die Cellulose in Ameisensäure bei Gegenwart von Sulfurylchlorid bzw. Chlorsulfonsäure mit oder ohne Zusatz von Zinkchlorid und erhält so in wesentlich kürzerer Zeit farblose, von Nebenprodukten freie, hochviscose Celluloseformiatlösungen in guter Ausbeute. Die Formiatcellulosen entstehen zwar analog wie die Acetylprodukte, zeigen jedoch gegen alkoholische Natronlauge und auch sonst wesentlich anderes Verhalten. **(D. R. P. 237 765** und **237 766.)**

Zur Darstellung von Celluloseformiatgemischen löst man Cellulose in 55grädiger Schwefelsäure, fällt das veränderte Produkt mit Wasser wieder aus und löst es in gewaschenem und getrocknetem Zustande in Ameisensäure bzw. nach dem Zusatzpatent zur leichteren Wiedergewinnung der Ameisensäure und zur besseren Verwendbarkeit des Produktes als Spinnlösung in einer Lösung von 15—30 Tl. Zinkchlorid in 100 Tl. konzentrierter Ameisensäure. In dieser Lösung löst sich auch Baumwolle oder Cellulose langsam in der Kälte, rascher beim Erwärmen unter Bildung eines Celluloseformiatgemenges, in dem das Triformiat als Bestandteil überwiegt. **(D. R. P. 219 162** und **219 163.)**

Ebenso wie Acetylcellulose bei Acetylierung in Gegenwart von Wasser vermutlich wegen der hydrolytischen Spaltung ihre Löslichkeit in Chloroform verliert, dafür jedoch zu 99% in Aceton und anderen Lösungsmitteln löslich wird, in denen sich normal acetylierte Cellulose nicht löst, steigt auch bei der Formylcellulose, wenn man sie hydrolytisch spaltet, die Löslichkeit in Tetrachloräthan, Chloroform und Aceton mit steigendem Zusatz von Wasser. Die Ähnlichkeit, die sich so zwischen den beiden Celluloseestern ausprägt, ist auch in den aus ihnen erzeugten Produkten erkennbar und es dürften darum die Formylcellulosen, weil sie wesentlich billiger herstellbar sind als die anderen Ester, eine große Zukunft haben. **(C. Worden,** Ref. in **Zeitschr. f. angew. Chem. 26, 302.)** Vgl. **E. C. Worden** und **L. Rutstein, Kunststoffe 2, 325.**

Zur Herstellung glänzender Fäden oder Films löst man Celluloseformiat in etwa 98proz. Ameisensäure zu einer 20proz. Lösung, die man zur Herstellung von Films von den Walzen in ein Fällgemenge von 1 Tl. Aceton und 3 Tl. Amylacetat einfließen läßt. **(D. R. P. Anm. S. 37 509, Kl. 29 b.)**

Über Herstellung von Celluloseformiatlösungen mit ein- oder mehrwertigen Phenolen (Resorcin) oder Chloralhydrat, Halogenalkalien oder -erdalkalien, Nitraten, Anilinsalzen usw. siehe **D. R. P. 265 852, 265 911, 266 600** und **267 557.** Diese Mittel sind den bekannten Lösungsmitteln (organische oder Mineralsäuren, Pyridin, Chlorzinklösung) insofern überlegen, als sie die Maschinenteile nicht angreifen und das Celluloseformiat nicht nachteilig verändern. Aus den gewonnenen Lösungen wird das feste Formiat dann wie üblich in beliebiger Form als Film, Faden, Lackschicht usw. ausgeschieden. Man löst z. B. 2 Tl. Celluloseformiat in einer Lösung von 10 Tl. Jodkalium in 10 Tl. Wasser oder in einer warmen Lösung von 5 Tl. naphthalindisulfosaurem Natron in 20 Tl. Wasser. Letztere Lösung, die heiß filtriert wird, erstarrt beim Erkalten zu einer, durch Erwärmen jederzeit wieder verflüssigbaren Gallerte. Nach dem Zusatzpatent verwendet man zur Lösung von 20 Tl. Celluloseformiat eine Lösung von 30 Tl. Ammoniumbichromat in 100 Tl. Wasser oder man löst schließlich z. B. 10 Tl. Celluloseformiat in einer Lösung von 30 Tl. Resorcin in 45 Tl. Wasser oder 80 Tl. Chloralhydrat in 100 Tl. Wasser. In allen Fällen erhält man Lösungen, die sich durch Verstreichen auf beliebige Gegenstände als Lack, durch Einspinnen in ein Fällbad als Faden, durch Vergießen auf Unterlagen als Film und durch geeignete Füllung als plastische Massen verwenden lassen.

223. Nitro-Acetylcellulose.

Wissenschaftliche Abhandlungen über Nitroacetylcellulose, z. B. über eine Tetraacetyloctonitrocellulose, finden sich in **Ber. 41, 1837** und **Zentralbl. 1920, I, 323.**

Acetylnitrocellulose erhält man entweder durch Nitrieren der Acetylcellulose oder durch Acetylieren der Nitrocellulose oder nach der Einbadmethode durch gleichzeitige Acetylierung und Nitrierung des Cellulosemoleküls, wobei man in einem Bade, das 98 Volumenteil konzentrierte Schwefelsäure (66°), 52,5 Volementeile konzentrierte Salpetersäure (48°) und 50 Volumenteile Essigsäureanhydrid erhält, ein Produkt gewinnt, das wie gewöhnliche Nitrocellulose aussieht, wie diese behandelt werden kann und nicht nur in Chloroform, sondern auch in Campherspirituslösung leicht, unter Bildung einer stark klebrigen Flüssigkeit löslich ist. Das so erhaltene Celluloid ist nie durch bloßes Erwärmen, sondern nur in der Flamme entzündbar und kann daher für viele Artikel, namentlich für elektrische Zwecke, verwendet werden. **(H. Nishida, Kunststoffe 4, 141.)**

Zur Darstellung acetylierter Nitrocellulosen übergießt man beispielsweise nach **D. R. P. 179 947** 1 Tl. Kollodiumwolle mit 2—3 Tl. Acetylchlorid und wäscht die klebrige zusammengesunkene Masse nach einiger Zeit mit Wasser neutral. Man kann die Acetylierung auch bei Gegenwart von 0,5% Schwefelsäure, indifferenten Lösungsmitteln usw. ausführen. Nach einer Abänderung des Verfahrens fügt man weiter ein Kondensationsmittel zu und erhält so bei 50° aus 1 Tl. Kollodiumwolle, 6—7 Tl. Eisessig und 5% (bei gewöhnlicher Temperatur 10%) Schwefelsäure das acetylierte Nitrocelluloseprodukt schon in einer Stunde. Es löst sich nicht in Ätheralkohol, wohl aber in Aceton. Die Schwefelsäure kann durch Phosphorsäure, Dimethylsulfat, Benzolsulfon- oder -sulfinsäure ersetzt werden und es resultiert stets ein leicht denitrierbares, ruhig abbrennendes Produkt. **(D. R. P. 200 149.)**

Nach **D. R. P. 240 751** verarbeitet man zur Erzeugung künstlicher Fäden und ähnlicher Gebilde ein Gemenge von 6 Tl. Nitrocellulose und 2 Tl. Acetylcellulose in einem Lösungsmittel, das aus 27 Tl. Aceton und 16 Tl. Acetylentetrachlorid besteht. Man kann in dieser Kombination auch von Acetylcellulose ausgehen, die in Aceton unlöslich ist, und erhält trotzdem eine homogene Spinnflüssigkeit. Nach **Zusatz D. R. P. 248 559** kann man mit demselben Resultat das Acetylentetrachlorid durch Chloroform und das Aceton durch Essigester ersetzen, um Nitro- und Acetylcellulose gleichzeitig zu lösen.

Als gemeinsames Lösungsmittel für Acetyl- und Nitrocellulose eignet sich besser noch als Eisessig als Säure und Epichlorhydrin, das mit Feuchtigkeit leicht Säure abspaltet, das beständige, indifferente, niedrig siedende und kaum brennbare Nitromethan. **(D. R. P. 201 907.)**

Nach **E. P. 10 706/1912** behandelt man zur Herstellung eines Ausgangsmateriales für photographische Films Cellulose mit stark wasserhaltiger Schwefel- und Salpetersäure und erhält so ein stickstoffarmes Produkt, das sich mit Essigsäureanhydrid oder -chlorid in Gegenwart eines Katalysators in eine neue Acetylcellulose umwandeln läßt.

Zur Darstellung von Celluloseestern führt man Cellulose, die durch Vorbehandlung mit einem Schwefelsäure-Salpetersäuregemisch von großem Wassergehalt vollkommen verändert wurde, ohne jedoch die typischen Eigenschaften einer Nitrocellulose zu zeigen, nach einer der üblichen Methoden in Celluloseester über. Man behandelt also z. B. 10 kg einer Cellulose, die während 10—20 Minuten bei gewöhnlicher oder etwas erhöhter Temperatur mit einer Mischsäure von 25% Schwefelsäure, 41% Salpetersäure und 34% Wasser vorbehandelt wurde, bei 50° bis zu völliger Lösung, während einer oder mehrerer Stunden mit einer Mischung von 40 kg Eisessig, 30 kg Essigsäureanhydrid und 2% Brom. Der gewonnene Ester wird dann wie üblich durch Verdünnung der Lösung mit Wasser ausgeschieden oder evtl. hydrolysiert. **(D. R. P. 295 889.)** Nach einer Abänderung des Verfahrens esterifiziert man die durch Behandlung von Cellulose mit Salpetersäure ohne Schwefelsäure bei gewöhnlicher Temperatur erhaltenen Derivate, die sich von echter Nitrocellulose durch ihren geringen Stickstoffgehalt unterscheiden, in üblicher Weise, z. B. mittels Essigsäureanhydrides. Die Salpetersäure wird zweckmäßig in der Stärke von 63—78% gewählt und je nach diesem Gehalt 30 Minuten bei 45° bzw. 7 Minuten bei 16° zur Einwirkung gebracht, um den Stickstoffgehalt von 0,5 bis höchstens 5% zu erreichen. **(D. R. P. 299 036.)** Zur Erzielung eines gleichmäßigeren Endproduktes behandelt man die Cellulose nach dem weiteren Zusatzpatent mit einem Gemisch von Salpetersäure und dem indifferenten Nitrobenzol vor und führt dieses Produkt, das nicht die charakteristischen Eigenschaften des Nitrocellulose besitzt, in üblicher Weise in die in Aceton oder Ameisensäureester löslichen Celluloseester über. **(D. R. P. 301 449.)**

Zur Herstellung eines gemischten, im Stück mehrfarbig färbbaren Gewebes verspinnt man Celluloseacetatfäden, die evtl. noch mit Nitrocellulose überzogen werden, in unzersetztem Zustande des Celluloseacetates, das beim Färben keinen Farbstoff aufnimmt und sich daher als Zier- und Effektfaden aus dem mehrfarbig gefärbten Gewebe heraushebt. **(D. R. P. 152 432.)**

Zur Ausfällung von Acetylnitrocellulose leitet man die Spinnfäden nach der Denitrierung in überhitzte Räume oder in Fällungsmittel und spaltet die Acetylgruppen mittels Alkali oder Säure ganz oder zum Teil ab. Die gemischten Fäden brennen viel ruhiger ab und sind viel farbstoffaufnahmefädiger. **(D. R. P. 210 778.)**

224. Andere (gemischte) Celluloseester. — Celluloseäther. Stärkeacetat.

Zur Herstellung von Celluloseacetat mischt man nach **D. R. P. 105 347** 720 g Cellulose zweckmäßig in der Form von Cellulosesulfocarbonat (also als Viscose) mit 630 g Magnesiumacetat und verknetet das Gemenge in einer heizbaren Knetmaschine mit einer Mischung vou 810 g Acetylchlorid und 450 g Essigsäureanhydrid. Nach Beginn der Reaktion fügt man in kleinen Mengen 4,5 l Nitrobenzol zu, derart, daß die letzte Zugabe annähernd in dem Zeitpunkte erfolgt, wenn die Mischung etwa 65° warm ist. Nach ca. 3 Stunden gießt man die warme Acetatlösnng in 22,5 l Alkohol, trennt das ausgeschiedene weißflockige Produkt durch Filtration, wäscht mit warmem Alkohol, preßt ab, rührt zur Entfernung des organischen Lösungsmittels mit Wasser zu einem dünnen Brei, den man zum Kochen erhitzt, und wäscht schließlich, zunächst mit salzsäurehaltigem Wasser, dann mit reinem warmen Wasser bis zur Neutralität nach. Vgl. auch **C. O. Weber, Zeitschr. f. angew. Chem. 1899, 5.** Nach dem Zusatzpatent ersetzt man die Salzz, das Chlorid und das Anhydrid der Essigsäure durch die entsprechenden Verbindungen der höheren oder der fettaromatischen Säuren, die man ebenfalls in der Weise anwendet, daß man die Cellulose mit der konzentrierten Salzlösung zur Trockne dampft, 2 Mol. des betreffenden Säurechlorides und etwa 10% des Säureanhydrides, evtl. auch anderer Säuren, zusetzt, die Mischung im Wasserbade eindickt, Nitrobenzol hinzufügt und aus der erhaltenen Lösung mittels Alkohols die voluminösen Flocken des Esters abscheidet.

Die Herstellung eines Kunstseideproduktes aus Viscose und Nitrocellulose ist in **F. P. 453 652** beschrieben.

Zur Herstellung gemischter Xanthogenester der Cellulose und gewisser Eiweißkörper, deren Lösung zur Verarbeitung auf Kunstfäden geeignet ist, behandelt man die Eiweißstoffe zunächst mit Alkalien und die erhaltenen Alkalialbuminate für sich oder im Gemenge mit Alkalicellulose mit Schwefelkohlenstoff und erhält so ein Gemenge von Eiweiß- und Cellulosexanthogenat, das wie üblich geformt und durch Ammoniumsalze zum Gerinnen gebracht wird. Man erhält künstliche Fäden oder Gewebe von großer Elastizität, Festigkeit und Widerstandsfähigkeit gegen Wasser. **(D. R. P. 238 843.)**

Auch durch Ausfällung eines aus dünner Öffnung austretenden Gemenges von Nitrocellulose-Äther-Holzgeistlösungen und gelöster natürlicher Seide in Terpentinöl, Wachholderöl, Erdöl, Benzin oder Benzol als Fällungsflüssigkeit wurden verspinnbare Fäden dargestellt. **(D. R. P. 58 508.)** Siehe auch Abschnitt Kunstmassen z. B. **D. R. P. 55 949** in **[524]**.

Zur Herstellung von Cellulosederivaten verestert man die Cellulose in Gegenwart von Trioxymethylen mit Säuren und Anhydriden der Fettsäuren bei Gegenwart eines Katalysators, fällt das Produkt durch Wasser und verseift es. **(E. P. P. 7773/1915.)**

Zur Herstellung von Celluloselösungen setzt man einem Gemenge von Cellulose oder ihren Abkömmlingen mit Essigsäure Phosphorsäure, beide in konzentrierter Form, zu und erhitzt auf 220°, wobei letztere zum Teil in Pyrophosphorsäure umgewandelt wird. Man kann diese letztere auch anfänglich der Phosphorsäure zusetzen. Durch Beigabe wasserbindender Mittel (Essigsäureanhydrid oder Natriumacetat) läßt sich der Wassergehalt der Mischung auf ein Mindestmaß herabsetzen. Man erhält so nicht Acetylcellulose, wohl aber ebenfalls ein Material, daß sich zur Herstellung von Fäden, Films oder künstlichem Roßhaar eignet. **(D. R. P. 227 198.)**

Von geringer technischer Bedeutung sind vorläufig noch die Ester der Cellulose mit anderen organischen Säuren. Die Propion- und Buttersäureester, hergestellt nach **D. R. P. 118 538** und **159 524** bzw. **198 482** und **206 950**, gleichen in ihren Eigenschaften den Acetaten. Ebenfalls nur wissenschaftliches Interesse besitzen die Oxalsäureester und die genauer erforschten Benzoate (vgl. **Cross und Bevan, Zeitschr. f. angew. Chem. 1913, 255 und Ber. 34, 1514)**, die Filme von geringer Haltbarkeit liefern, allerdings zum Teil (z. B. das Dibenzoat) schon Anwendung in der photographischen Technik fanden.

Über die Benzoylester der Cellulose berichten **H. Ost und F. Klein** in **Zeitschr. f. angew. Chem. 26, I, 437.**

Über Oxalsäure- und Benzoesäureester der Cellulose, erstere hergestellt durch Erhitzen gebleichter Leinenfasern mit Oxalsäure, siehe **F. Briggs** bzw. **O. Hauser** und **H. Muschner, Zeitschr. f. angew. Chem. 26, I, 137.**

Zur Herstellung von Celluloseverbindungen behandelt man mercerisierte Baumwolle in Gegenwart von Ätzalkalien mit Chloressigsäure oder ihren Abkömmlingen. **(D. R. P. 322 203.)**

Zur Bereitung von Sulfonsäureestern der Cellulose führt man 10 Tl. gebleichte Baumwolle mit Zinkchlorid und Salzsäure bei gewöhnlicher Temperatur, Fällen mit Wasser und sorgfältiges Auswaschen in alkalilösliche Cellulose über, stellt das noch feuchte Produkt mit 10proz. Natronlauge auf eine 5proz. Celluloselösung ein, fügt 25% der Lösung p-Toluolsulfochlorid zu, rührt etwa 20 Stunden bei Zimmertemperatur, verdünnt, stellt salzsauer, saugt das Produkt ab und erhält es nach völligem Auswaschen als weißes, amorphes, in Eisessig, Chloroform oder Essigäther lösliches Produkt, das beim Verdunsten des Lösungsmittels als klar durchsichtiges Häutchen zurückbleibt. **(D. R. P. 200 334.)**

Über die Herstellung von Celluloseisocyanaten aus Baumwolle und einer Phenylisocyanatlösung in Pyridin siehe **F. P. 496 526.**

Zur Darstellung von Cellulosederivaten (Äthern) behandelt man die aus Cellulose und Alkalien Erdalkalien, Alkalizinkat oder -aluminat auch bei Gegenwart von Metalloxyden und Cellulose erhaltener Alkaliverbindungen mit Halogenalkylen. Man erhält so z. B. Äthylcellulose in kolloider Form unlöslich in Wasser, Alkalilauge und Säure und löslich in den meisten organischen Lösungsmitteln, so daß diese Produkte zur Herstellung von Films, Kunstseide oder von beim Erhitzen ohne Entflammung schmelzenden celluloidartigen Massen verarbeitet werden können. **(D. R. P. 322 586.)**

Zur Erzeugung von Celluloseestern für Films, Kunstmassen oder Lacke verknetet man 1 Mol. Cellulose in der 0,5—1,5fachen Wassermenge gequellt, 12—16 Mol. Ätzalkali und 6—7 Mol. Dialkylsulfat oder Halogenalkyl bei 40—55° zweckmäßig in Gegenwart von Benzin oder einem anderen Verdünnungsmittel während 7—8 Stunden. Es empfiehlt sich Kupferpulver oder einen anderen Katalysator zuzugeben und den Zusatz des Alkalis und des Alkylierungsmittels allmählich innerhalb 4—5 Stunden vorzunehmen. Man kann auch von einer Cellulose ausgehen, in der Hydroxyl-Wasserstoffatome z. B. durch Benzylgruppen ersetzt sind. Statt des Alkylierungsmittels verwendet man in diesem Falle Benzylchlorid und arbeitet bei 50—100°. Nach diesem Verfahren kann man auch gemischte Celluloseester herstellen, wenn man gleichzeitig Benzylchlorid und Dimethylsulfat als Veresterungsmittel verwendet. **(E. P. 164 374—375** und **164 377.)**

Zur Erhöhung der Weichheit und Geschmeidigkeit geformter Gebilde aus Celluloseäthern behandelt man diese z. B. 10 Tl. Äthylcellulose, gelöst in 100 Tl. Aceton, mit 5 Tl. des wasserunlöslichen, bei etwa 300° siedenden Resorcindikohlensäureäthylesters, gießt die Lösung auf eine Glasplatte und erhält so nach Verdunsten des Lösungsmittels eine geschmeidige, weiße, biegsame Platte. Man kann auch andere Celluloseäther, z. B. Benzylcellulose, und statt des Acetons andere Lösungsmittel, z. B. Essigäther, verwenden. **(D. R. P. 322 619.)**

Zum Verkleben geformter Gebilde aus Cellulosederivaten miteinander oder mit anderen Stoffen verwendet man Ester oder Äther von Phenolen oder Naphtholen, z. B. speziell den 2 - Naphtholamyläther zum Verkleben von Äthylcelluloseplättchen. **(D. R. P. 322 648.)**

Über Stärkeacetat siehe **C. Worden, Kunststoffe 3, 61.**

Zur Erzeugung künstlicher Fäden verwendet man nach **D. R. P. 334 857** als Spinnmasse ein Gemisch von aufgeschlossener Cellulose mit aufgeschlossener Stärke und glänzendem Glaspulver.

Durch Behandlung von Stärke mit Wasser oder verdünnter Schwefelsäure unter mäßiger Erwärmung zur Vermeidung der Kleisterbildung und folgenden Zusatz von konzentrierter Schwefelsäure soll man nach **E. P. 181 197—198** eine zur Herstellung von künstlichen Fäden geeignete Lösung erhalten können.

225. Gelatine-(Glutin-), Albumin-, Casein-Kunstfäden.

Eine der ursprünglichsten Formen der Herstellung künstlicher Gespinstfasern ist in **D. R. P. 88 225** beschrieben. Nach diesem Verfahren wird eine mit Kaliumbichromat oder Formaldehyd versetzte Gelatinelösung aus Spinnöffnungen ausgepreßt. Die Wasserunlöslichkeit des Produktes kann auch durch Nachbehandlung der fertigen Fäden mit einem Härtungsmittel erzielt werden. Man stellt z. B. aus 1 Tl. Gelatine und 2 Tl. kaltem Wasser zuerst eine Quellung her, die man durch einstündiges Erwärmen auf 50° in eine dicke, 66 proz. Lösung verwandelt, die direkt als Spinnlösung dient. Die in etwa 1 Minute trocknenden Fäden werden dann, um sie wasserunlöslich zu machen, in Formaldehyddampf gehärtet. Diese früher unter dem Namen „Vandraseide" gehandelte Kunstseide aus Leim oder Gelatine konnte trotz des billigen Ausgangsmateriales nie eine besondere Bedeutung erlangen, da die erhaltenen Fäden ebenso wie jene aus Albumin oder Casein besonders im feuchten Zustande bei weitem nicht die genügende Festigkeit besitzen. **(A. Millar,** Ref. in **Jahr.-Ber. f. chem. Techn. 1899, 943.)** — S. a. **[493].**

Zur Gewinnung wasserheller, stark glänzender, wasserunlöslicher Films löst man nach **F. P. 446 349** 65 g entfettetes Gluten in 2 l 2,5 proz. Natronlauge, filtriert die Flüssigkeit, säuert sie an, wäscht den Niederschlag aus, löst ihn in 10 proz. Ameisensäure und verspinnt diese Lösung wie üblich. Durch Zusatz von Formaldehyd wird die Sprödigkeit dieser aus pflanzlichem Eiweiß hergestellten Kunstfäden wesentlich herabgemindert. **(F. P. 446 348.)**

Zur Herstellung elastischer Häutchen dampft man nach **D. R. P. 250 281** ein Gemenge von 2 g einer 10 proz. Lösung von Eiereiweiß in Ameisensäure vom spez. Gewicht 1,22 mit einem Tropfen Phenol und einem Tropfen einer kalt gesättigten Lösung von Oxalsäure in Ameisensäure auf dem Wasserbade zur Trockne, legt das Häutchen zuerst 3 Minuten bei gewöhnlicher Temperatur in Formaldehyd, erhitzt dann 5 Minuten auf dem Wasserbade und wäscht schließlich mit kaltem Wasser aus. Man kann auch obige Albuminlösung mit einem Tropfen Anilin und 2 Tropfen Phenol in derselben Weise aufarbeiten.

Zur Erhöhung der Elastizität der aus Lösungen von Albumin in Ameisensäure gewonnenen Körper löst man 10 Tl. Albumin in 90 Tl. 90—100 proz. Ameisensäure, fügt etwa 10 Tl. Formaldehyd zu, vergießt auf eine Glasplatte, erhitzt auf dem Wasserbade, neutralisiert mit wenig Ammoniak und läßt das gebildete Häutchen an der Luft trocknen. Der Formaldehydzusatz bewirkt, daß diese aus ameisensauren Albuminlösungen hergestellten Körper oder Fäden zähe, fest und in trockener Hitze wasserfrei sind, während ihre Hygroskopizität im Normalzustande sehr bedeutend ist, so daß sie in dieser und auch in der Eigenschaft ihrer elektrischen Isolierfähigkeit völlig der echten Seide gleichen. **(D. R. P. 258 855.)**

Um Pflanzeneiweiß in Ameisensäure zu lösen, digeriert man 65 g gewöhnlichen oder entfetteten Weizenkleber in 2 l $2^1/_2$ proz. Natronlauge, dekantiert, stellt schwach sauer, wäscht den entstandenen Niederschlag aus und löst ihn in abgepreßtem Zustande in der zehnfachen Menge konzentrierter Ameisensäure mit oder ohne Zusatz von Formaldehyd. Die erhaltenen Häutchen sind klar, hochglänzend, wasserunlöslich und bei Zusatz von Formaldehyd sehr elastisch. **(D. R. P. 260 245.)**

Zur Erzeugung von Kunstfäden aus Alginsäure bedient man sich beim Verspinnen der wässerigen 10 proz. Lösungen von alginsauren Alkalien, fällt in 70—80° warmen Bädern von Kalk-, Strontium- oder Bariumsalzen und trocknet unter Spannung. Die erhöhte Temperatur des Koagulationsbades begünstigt die Verspinnbarkeit, die Trocknung unter Spannung eine Herabsetzung des Quellungsvermögens des Fadens. Nach dem Zusatzpatent setzt man der Alginlösung 20% des Trockengewichtes der Alginsäure molybdänsaures Ammonium zu, wodurch die Masse viscoser, nach dem Trocknen fester und elastischer wird und die Leichtigkeit der Verspinnbarkeit sich steigert. **(D. R. P. 258 810 und 260 812.)**

Zur Herstellung künstlicher Fäden preßt man eine alkalische Caseinlösung in ein Säurebad. **(Belg. P. 185 997.)**

Zur Herstellung künstlicher Fäden löst man nach **D. R. P. 170 051** 100 g klar in Alkali lösliches Handelscasein auf dem Dampfbad in 320 ccm Wasser und 20 g 10proz. Ammoniaklösung und fällt in einem Bade, das aus 100 g roher Salzsäure, 100 g Formaldehydlösung und 400—600 g Spiritus besteht. Man kann auch von Casein ausgehen, das sich in Alkali trüb löst, oder von Magermilch, die man ausfällt. Nach **Zusatz D. R. P. 178 985** bewirkt eine Beigabe von 5 bis 10% trockener Cellulose oder Viscose (auf das Casein berechnet) in basischen Lösungsmitteln größere Festigkeit, Elastizität und leichtere Auswaschbarkeit des erzeugten Fadens. Oder man löst nach **D. R. P. 203 820** das Casein in der $1^1/_2$fachen Menge eines Gemisches von 80 Tl. Alkohol und 20 Tl. Wasser bei Gegenwart von Basen oder basischen Salzen. Durch Anwendung von wässerig alkoholischer Caseinlösung vermeidet man den Mißstand, daß die erhaltenen Fäden wasserhaltig werden und beim Trocknen aneinanderkleben.

Zur Herstellung künstlicher Seide und künstlicher Haare aus Casein löst man nach **D. R. P. 183 317** 10 Tl. trockenes Casein und 5—8 Tl. Chlorzink in 10—20 Tl. Wasser. Als Fällbad benützt man reines Wasser oder verdünnte Säuren, Basen, Salzlösungen oder Alkohol. Die Härtung mit Formaldehyd geschieht entweder im Fällbade selbst oder nachträglich.

Zur Herstellung von Kunstseide und plastischen Massen aus Casein zersetzt man die Eiweißstoffe der Milch nach **D. R. P. 236 908** durch Zusatz eines Pyrophosphates, entfernt den Niederschlag, fällt die in Lösung gebliebene Eiweißverbindung durch Säure aus und verknetet die Masse mit Ammoniak oder Alkali. Die Härtung der Fäden erfolgt wie üblich durch Behandlung mit Formaldehyd.

Zur Herstellung einer plastischen Masse, die auch zu Kunstseidefäden versponnen werden kann, zersetzt man Magermilch durch Zusatz von etwa 2% Alkali, filtriert, fällt aus dem Filtrat das Eiweiß mittels verdünnter Säuren, wäscht es und verwandelt es durch andauernde Behandlung (etwa 8 Stunden) mit 3proz. Natronlauge bei 18—20° in eine zähe, fadenziehende Masse, die zur Erhöhung der Zähigkeit mit etwa 0,25% einer Wasserstoffsuperoxydlösung nachbehandelt wird, worauf man die alkalische Lösung mit verdünnten Säuren fällt. Das zusammenhängende, feste Produkt wird beim Erhitzen zähe und läßt sich zu langen, feinen Fäden ausziehen, die durch Formaldehyd, Chromsalze und ähnlich wirkende Körper unlöslich gemacht werden. **(D. R. P. 275 016.)**

Nach **D. R. P. 238 843** erhält man Kunstseidefäden aus Fibrincellulosexanthogenat, das ist ein Gemenge der mit Schwefelkohlenstoff behandelten Lösungen von verschiedenen Eiweißarten (besonders Casein) in Lauge einerseits und Cellulose andererseits. Man digeriert die Eiweißstoffe (Fibrin, Casein, Wollabfälle, Seidenabfälle, Haare, Horn usw.) zunächst mit 10proz. Alkalilösung und erhält aus den so gebildeten Alkalialbuminaten allein, oder schon gemengt mit der Alkalicellulose durch Schwefelkohlenstoff die Xanthogenate. Das für sich gewonnene Fibrin-(Casein-)xanthogenat wird mit gewöhnlicher Viscose gemischt, in Form gebracht, in neutralem Ammoniumsulfat koaguliert und in einem 2—5proz. Chinonbade nachbehandelt.

Siehe auch die Abschnitte Kunstmassen **[527]** und Lacke **Bd. III [145]**.

226. Fibroin-(Seide-), Horn- (Wolle-, Lederabfall-)Kunstfäden.

Schon in **Dingl. Journ. 167, 399** empfahl **Ozanam** die eingedampfte Lösung von Seide in Kupferoxydammoniaklösung, „um mittels derselben Stoffe zu gießen, statt sie, wie bisher, zu weben; ferner um daraus Fäden auf ähnliche Weise, in beliebiger Länge und Dicke zu spinnen, wie der Seidenwurm; nach diesem Verfahren würden sich alte und gebrauchte seidene Gewebe sowie die von dem Schmetterlinge durchbohrten Kokons wieder verwerten lassen".

Zur Lösung der Seide wurde von **Schloßberger** das Nickeloxydulammoniak, von **Persoz** das Chlorzink und von **Spiller** die konzentrierte Salzsäure vorgeschlagen. Ein Lösungsmittel für Seide, das den genannten nicht nachsteht, sie an Wirkung bei größerer Verdünnung sogar übertrifft, ist nach **J. Löwe** die kalte alkalische Glycerin-Kupferlösung (erhalten durch Mischen einer alkalischen Kupferoxydhydratlösung mit Glycerin). In sehr schwachen Lösungen erfolgt die Verflüssigung der Seide zwar langsamer, in mäßig konzentrierten hingegen quillt sie schon nach kurzer Benetzung auf und löst sich bald bei größerer Menge zu einer dicklichen Flüssigkeit, die jedoch, wenn auch langsam, filtrierbar ist. Durch Zusatz von Salzsäure u. dgl. scheidet das Filtrat eine weißliche Gallerte aus; manchmal verzögert sich die Ausscheidung und die Lösung erstarrt wie eine erkaltete Gelatinelösung. Wolle, Baumwolle und Leinen werden auch nach Stunden von der Flüssigkeit nicht angegriffen. **(Dingl. Journ. 222, 274.)**

Zur Herstellung eines dem Kollodium ähnlichen Produktes dialysiert man nach **Persoz, Polyt. Zentr.-Bl. 1867, 617,** eine Lösung von Seide in Chlorzinklösung (letztere wird vorher zur Neutralisation mit etwas Zinkoxyd erwärmt und dann filtriert) durch Pergament gegen Wasser, wodurch das Chlorzink bis auf einen geringen unschädlichen Teil entfernt wird.

Nach **F. P. 435 156** kann man künstliche Fäden, Haare, Gewebe, Spitzen usw. aus Abfällen roher oder gebrauchter natürlicher Seide herstellen durch Lösen des Materiales in ammoniakalischer Zink-, Nickel- oder Kupferlösung, die in verschiedener Weise auf den äußeren Teil der Seidenfaser, das Sericin oder oxydierte Fibroin einwirken. Je nach der Anwendung dieser Lösungen der Carbonate genannter Schwermetalle vermag man die Seide zu entbasten, zum Quellen oder vollständig in Lösung zu bringen und so die Aufarbeitung der Abfälle in verschiedener Weise bewirken. Ausgefällt werden die Lösungen mit verdünnten Säuren, z. B. Salzsäure, bei Gegenwart von freiem Chlor oder in Schwefel- oder Essigsäure bei Gegenwart von Wasserstoffsuperoxyd.

Zur Herstellung von Fäden aus reinem Fibroin löst man dieses Degummierungsprodukt der reinen Seide oder der Seideabfälle in einem Lösungsmittel, das man in der Weise gewinnt, daß man Ammoniakgas in eine 20proz. wässerige Nickelsulfatlösung einleitet, die abgeschiedenen violetten Krystalle (aus 20 g Nickelsulfat) in 100 g Wasser löst und 3—4 g Natronhydrat zufügt. In dieser Lösung löst sich das Fibroin in der Menge von 25—30% und liefert nach Zusatz von 3—4 g Glycerin und folgender Filtration eine Spinnmasse, aus der durch Fällen in verdünnter Schwefelsäure die Fäden erzeugt werden. Der Wert des Verfahrens beruht vor allem auf der Möglichkeit wesentlich konzentriertere Lösungen des Fibroins bereiten zu können, als wenn man Nickeloxydulammoniak als Lösungsmittel verwendet. **(D. R. P. 211 871.)**

Zur Erhöhung der Elastizität der aus Lösungen von Fibroin, Albumin und eiweißähnlichen Stoffen in Ameisensäure gewonnenen Körper setzt man ihnen entweder eine Lösung von Pentamethylendiamindisulfin in Ameisensäure oder eine Lösung des Körpers $(CH_2) N_2S_6$ zu oder verarbeitet diese Körper oder ihre Komponenten direkt mit in die Eiweißmasse. Je nach der Menge des Zusatzes läßt sich die Elastizität des Fadens erhöhen oder erniedrigen. **(D. R. P. 236 302** und **236 303.)**

Zur Gewinnung von Seidenfibroin behandelt man Rohseide, Seidenabfälle oder die der Seidenraupe entnommenen Spinndrüsen mit Ameisensäure, die nicht wie die Essigsäure zerstörend auf das Fibroin einwirkt, sondern bloß dessen Lösung bewirkt. Man kann auch fertige Seidengewebe mit Ameisensäure behandeln, dadurch oberflächlich das Fibroin lösen und so die Zwischenräume zwischen Ketten- und Schußfäden mit festem Fibroin ausfüllen. **(D. R. P. 230 394.)** Nach dem Zusatzpatent behandelt man tierische Därme oder andere fibroinhaltige Teile des tierischen Körpers oder auch Albumin bei Gegenwart geringer Mengen von Glycerin, Campher, Schellack, Agar, Gelatine oder anderer Körper, die die schädigende Wirkung freier Säure bei höherer Temperatur mildern, mit Ameisensäure und bringt die Masse nach vorheriger Quellung unter Zusatz neuer Ameisensäuremengen zur Lösung. Man kann so ohne Mitbenutzung von Formaldehyd aus Eiweiß- oder Fibroinstoffen unmittelbar Kunstseide oder geformte Kunstmassen herstellen. Um die entstehenden farblosen Häute, die bei längerer Einwirkung der Ameisensäure spröde werden, geschmeidig zu machen, behandelt man sie mit ameisensauren Lösungen von Glycerin, Campher, Schellack, Gelatine oder auch Tannin nach. **(D. R. P. 236 907.)**

Über die Herstellung von Fäden aus natürlicher Hornsubstanz siehe **Techn. Rundsch. 1909, 242,** woselbst sich auch weitere Literaturangaben über Hornbearbeitung vorfinden.

Zur Erzeugung wollartiger Kunstfasern schneidet man Films aus feinst gemahlenen Woll-, Haar-, Horn- oder Lederabfällen, die gelatiniert mit geeigneten Bindemitteln, wie in der Kunstseideindustrie üblich, durch Düsen ausgepreßt werden, in Faser- oder Streifenform und verspinnt die erhaltenen Fäden. Wenn Gelatine oder Leim die Bindemittel sind, setzt man der Mischung Chromat zu und härtet die Films dann mit Formaldehyd, Tannin oder Tonerdesalzen. Überdies kann man der Masse zur Erhöhung der Geschmeidigkeit Glycerin oder leicht emulgierbare Öle und ferner auch Campherersatzmittel zusetzen. **(D. R. P. 302 611.)** Nach dem Zusatzpatent wählt man als Bindemittel pergamentierten Papierstoff und kann auf diese Weise Pergamentpapiere mit einem Wollgehalt von 50% und mehr herstellen, die sehr fest sind, wasserdicht gemacht werden können und ähnlichen Zwecken dienen wie die nach dem Hauptverfahren erhaltenen Produkte. **(D. R. P. 303 731.)**

227. Kunst-(seide-)tüll-(luft-)spitzen, -röhren. Kunstseide-(Film-)abfallverwertung.

Nach **Ö. P. 138/1899** stellt man künstlichen gegossenen Tüll in der Weise her, daß man eine flüssige oder bildsame Masse (Guttapercha, Kautschuk, Gelatine usw.) aus einem beweglichen Mundstück auf ein Gewebe fallen läßt und die entstandenen Muster zwischen Druckwalzen hindurchführt. Man entfernt dann diese künstlichen Muster von der Unterlage und verleiht ihnen durch geeignete Nachbehandlung, die sich der Natur des Rohmateriales anpaßt, größere Widerstandsfähigkeit.

Zur Herstellung von tüllartigen Geweben, die gegen Luftfeuchtigkeit beständig sind, verrührt man eine 5—6 proz. Lösung von Lichenin, Pektin, Carraghenmoos oder Agar in 70° warmem Wasser mit 3—4% Borax, 1,5% Gluten, 1% Glycerin und 1% Gelatine, zieht aus der erhaltenen Gallerte Fäden, denen man mit kaltem Wasser die löslichen Bestandteile entzieht bzw. die man, falls sie nicht die richtige Konsistenz besitzen, wiederholt mit kochendem Wasser behandelt, worauf man schließlich das Material zwischen gefirnißten Leinwandlagen aufbewahrt. **(D. R. P. 148 587.)**

In neuerer Zeit verarbeitet man fast ausschließlich Viscose, Acetyl- oder Kupferoxydammoniakcellulose. Über die mechanischen Vorrichtungen bei der Herstellung des Kunsttülls siehe die Arbeit von **K. Süvern** in **Kunststoffe 1911, 61.** Vgl. **ebd. S. 200.**

Weiter erhält man künstlichen Tüll durch Aufgießen von Celluloselösung auf eine gravierte Walze, Abstreichen des Überschusses, Ausfällen und Festigen der Cellulose und Abziehen der in den Vertiefungen der Walzen zurückgebliebenen dünnen Hautmuster auf eine Unterlage. Beim Arbeiten mit Kupferoxydammoniakcelluloselösung ist hoher Cellulosegehalt und höchste Viscosität zum raschen Festwerden der Masse Bedingung. Nach der Regenerierung, also Ausfällung der Cellulose färbt man das Produkt wie üblich in Pflatsch- oder Jiggermaschinen. **(A. M. Auty,** Ref. in **Zeitschr. f. angew. Chem. 25, 1035.)**

Zur Herstellung von künstlichen Stoffen, Spitzen, Tüll usw. aus Kunstseidefäden läßt man einen aus einer Schlitzöffnung austretenden Film über einen hin- und herbewegten, mit Zähnen versehenen Verschluß gehen, wodurch ein durchbrochener Stoff entsteht. Man kann auch nach einem anderen Verfahren in der Weise vorgehen, daß man Nitroseidefäden zickzackförmig auf ein Transportband ablegt, so daß die Fäden an den Berührungsstellen verkleben und ein netzartiges Gebilde ergeben. Schließlich kann man auch ein Viscose- oder Nitrocellulosehäutchen mittels eines gravierten Zylinders mit feinen Einschnitten versehen und dann stark in die Länge ziehen. **(A. P. 368 393.)**

Die zur Luftspitzenfabrikation verwendete Nitroseide muß hitzebeständig sein und eine halbstündige Erwärmung auf 120° ertragen ohne an Festigkeit oder Glanz zu verlieren. Ebenso ist es nötig durch sachgemäße Denitrierung sämtliche Säuren zu entfernen und carbonisierechte Farbstoffe zum Färben zu wählen. Die Zerstörung des Baumwollstickuntergrundes, **[330]**, der nicht mit Stickstoffsauerstoffverbindungen, Magnesiumchlorid oder anderen in der Hitze flüchtigen korrodierenden Stoffen imprägniert sein darf, muß sich bei einer 120° nicht überschreitenden Temperatur bewirken lassen, zu welchem Zwecke sich die Anbringung von Temperaturreglern empfiehlt. **(H. Stadlinger, Kunststoffe 2, 281.)**

Verfahren und Vorrichtung zur Herstellung von Kunsthohlfäden mit einem oder mehreren Kernen sind dadurch gekennzeichnet, daß Außen- und Innenwand des Hohlfadens nebst dem Kern oder den Kernen mit der Gerinnungsflüssigkeit in Berührung kommen, wodurch Wände und Kern koaguliert werden und ein Zusammenkleben des Kernes mit der Innenwand des Fadens verhindert wird. **(D. R. P. 247 418.)**

Hohle Kunstfäden erhält man nach **D. R. P. 328 050** durch Einleiten von Gas in die Fadenhöhlung während der Fadenbildung.

Zur Verstärkung von Glanzstoff oder sog. Eklatine breitet man die Schaufläche der Glanzstoffhaut auf einer polierten Auftragsfläche aus, ätzt die Rückseite unter Zuhilfenahme von Lösungsmitteln an und preßt nunmehr das verstärkende Gewebe (Mull oder Tüll) in die oberflächlich erweichte Glanzstofffläche ein. Dieser verstärkte Eklatinestoff ist haltbar, läßt sich mit der Nadel nähen und eignet sich für viele Zwecke der Weberei und Posamentiertechnik. **(D. R. P. 239 071.)**

Die Kunstseideabfälle finden Verwendung für Posamentierzwecke oder man verspinnt sie zusammen mit Wolle zu Garnen, die dann durch Auswahl von Farbstoffen in besonderen Effekten gefärbt werden können. Abfallseide kann auch für sich allein zu Chappekunstseide versponnen werden, doch ist das Garn sehr haarig und verliert beim Zwirnen den Glanz. Dasselbe tritt ein, wenn man Kunstseide auf Papier verarbeitet. Neuerdings löst man die Abfälle in konzentrierter Ameisensäure und verarbeitet die Lösung der Formylcellulose auf Filz- und Kunstseidefäden. **(A. Dulitz, Kunststoffe 1911, 107.)**

Zur Herstellung von Kunstseide aus Abfällen löst man 100 Tl. Kunstseideabfall nach **D. R. P. 155 745** in 1200 Tl. Natronlauge (spez. Gewicht 1,12) und fällt die Lösung mit Bisulfat oder Ammoniaksalzen. Ebenso kann man auch von Hydrocellulose ausgehen, die man beispielsweise durch Behandlung von 10 Tl. Baumwolle mit 100 Tl. 60grädiger Schwefelsäure erhält oder von der Viscose, die man durch längeres Erhitzen auf 90° oder durch Behandlung mit verdünnten Mineralsäuren in Cellulosehydrat verwandelt. Zur Erhöhung des Glanzes und der Festigkeit des Fadens setzt man mit Vorteil Stoffe wie natürliche Seide, Casein, Albumin u. dgl. in alkalischer Lösung hinzu. Mit derartigen Lösungen kann man auch Baumwollgewebe imprägnieren, so daß sich das ausscheidende Cellulosehydrat in Form eines unlöslichen Apprets in den Gewebefasern niederschlägt.

In **E. P. 8313/1911** wird als Lösungsmittel für Celluloseformiat, das man aus Kunstseiderückständen und Ameisensäure erhält, Milchsäure vorgeschlagen. Vgl. **E. P. 6241/1911.**

Nach **D. R. P. 233 589** können die Abfälle, die sich bei der Herstellung denitrierter Cellulosefäden oder der Viscose usw. ergeben, zur Herstellung von Formylcellulose verwendet werden, indem man sie in 95—100 proz. Ameisensäure auflöst. Vorteilhaft stellt man Lösungen von 6% Abfallgehalt bei etwa 25° her und konzentriert bei mäßiger Wärme im Vakuum, bis Lösungen von gewünschter Konzentration erhalten werden; diese kann man dann direkt zu Fäden, Films usw. verarbeiten. Nach **Zusatz D. R. P. 254 093** geht man statt von Abfällen von den reinen Cellulosehydratlösungen aus, die man mit konzentrierter Ameisensäure behandelt. Vgl. **E. P. 15 700/1910.** Nach dem Zusatzpatent verwendet man an Stelle der bei der Kunstseidefabrikation abfallenden Nebenprodukte jene Cellulosehydrate, die durch Fällung oder Zersetzung der in der Kunstseideindustrie verwendeten Celluloselösungen entstehen. Man verarbeitet also z. B. 100 Tl. Baumwolle mit 250 Tl. Kupfersulfat und 1100 Tl. konzentriertem Ammoniak nach weiterem Zusatz von 100 Tl. desselben Ammoniaks, durch Einfließenlassen der dicken Baumwollösung in 10 proz. Schwefelsäure zu Cellulosehydrat, das man abfiltriert, wäscht, trocknet und mit der zehnfachen Menge konzentrierter Ameisensäure bei 40—60° in Formiat überführt. Die erhaltene Lösung kann als solche verwendet oder mit Wasser ausgefällt werden. In analoger Weise kann man auch Nitroseide nach energischer Denitrierung (da in diesem Falle die Fäden nicht geschont zu werden brauchen) verarbeiten. **(D. R. P. 254 093.)**

Nach **Ö. P. 49 177** und **Zusatz 60 447** verarbeitet man Kunstseidefäden oder Kunstseideabfälle in der Weise auf Formylcellulose, daß man 100 kg des Rohmaterials mit 700 kg

18proz. Natronlauge und 60 kg Schwefelkohlenstoff in Cellulosexanthogenatlösung überführt, die Lösung bis zur Reife in einem 30—40° warmen Raume aufbewahrt und zur Ausfällung in verdünnte Schwefelsäure oder 40proz. Natriumbisulfitlösung einfließen läßt. Das ausgeschiedene Cellulosehydrat wird gewaschen, getrocknet und in der zehnfachen Menge 40—60° warmer Ameisensäure gelöst, worauf man wie üblich aufarbeitet.

Angaben über die Verwertung alter Films und die Wiedergewinnung ihrer Bestandteile finden sich in **Kunststoffe 1920, 209.**

Über die Verwertung alter Films durch Aufarbeiten der einzelnen Bestandteile oder durch Wiederbenützung der von der Emulsionsschicht befreiten Streifen siehe auch **G. Bonwitt, Chem.-Ztg. 1921, 412.**

Kunstseide-Vollendungsarbeiten.

228. Bleichen und Färben der Kunstseide.

Über die Veredelung kunstseidehaltiger Woll-, Baumwoll- oder Halbwollgewebe siehe die Arbeit von **O. Hampel** in **Kunststoffe 1913, 264.** Vgl. **F. Erban,** Bleicherei, Reinigung und Mercerisation in der Kunstseidefabrikation, **Kunststoffe 1911.**

Eine Beschreibung des Bleichens und Färbens der verschiedenen Kunstseidearten des künstlichen Roßhaars, Strohs und der Kunstwolle, (sämtlich Celluloseprodukte), von **V. Clement** findet sich in **Färberztg. 1909, 1.**

Über Bleicherei, Reinigung und Mercerisation in der Kunstseidenfabrikation berichtet **F. R. Erban** in **Kunststoffe 1911, 167.**

Die rohe, gelblichweiße Kunstseide wird nach **M. Schneider, Leipz. Färberztg. 1908, 171,** bei etwa 30° 20—30 Minuten lang in einem 1—$1^1/_2$grädigem Chlorkalkbade gebleicht, dann abgesäuert, gespült und in einem Bade, das 3% Natriumthiosulfat oder 50 ccm Wasserstoffsuperoxyd pro Liter Flotte enthält, bei derselben Temperatur nachbehandelt. Dies gilt für Glanzstoff, die schwerer bleichbare Nitrocellulosekunstseide wird zunächst in 10proz. Salzsäure vorbehandelt, gespült, im obigen Bade gebleicht, gespült, wieder mit Salzsäure behandelt, abermals gespült und wie oben nachbehandelt. Man bläut evtl. in einem Bade, das 2—3% Essigsäure und Säure- oder Alkaliviolett enthält, da basische Farbstoffe zu schnell aufziehen.

Zum Bleichen der Nitrokunstseide verwendet man entweder die teueren Superoxyd- und Perboratpräparate, die der Seide überdies einen härteren Griff verleihen, als die Chlorkalkbleiche, die ihrerseits die Fäden sehr stark angreift und sie unter Bildung von Oxycellulose gelbstichig macht. Zur Vermeidung dieser Übelstände wird darum mit elektrolytisch aus Kochsalz hergestellter Natriumhypochloritlösung gebleicht, die billig ist, ein rein bläulichweißes Produkt erzeugt und die Fäden nicht angreift. Vorteilhaft setzt man den Bleichbädern zur Schutzwirkung für den Faden neutrale Seifen oder wasserlösliche Öle zu. Dieselbe Wichtigkeit wie der Bleichprozeß besitzt für die Kunstseide auch die Art der Trocknung, die heute zur Erhaltung der Griffigkeit, Festigkeit und Dauerhaftigkeit fast ausschließlich im Luftstrom bei 30—40° bewirkt wird. **(A. Dulitz, Chem.-Ztg. 1911, 189.)**

Zum Bleichen von Kunstseide eignen sich Chlor, Chlorsoda, Chlorkalk oder auch Wasserstoff- oder Natriumsuperoxyd, nicht aber alkalische mit Türkischrotöl oder Seife versetzte Bleichlösungen. Man bringt die Fäden z. B. in angefeuchtetem Zustande in eine 40° warme, neutrale, 5proz. Lösung von Türkischrotöl, entfernt das Öl durch Waschen mit warmem Wasser, bringt die Fäden dann in ein essigsaures schwaches Hypochloritbad, wäscht sorgfältig und trocknet. **(A. P. 805 456.)**

Über das Bleichen von zu färbender Kunstseide mit Superoxyden oder Natriumhypochlorit und das Färben mit substantiven, basischen Schwefel- und Küpenfarbstoffen, die sämtlich säureecht sein müssen, da man nachträglich stets im sauren Bade aviviert, siehe **A. Busch, Zeitschr. f. Textilind. 16, 455.**

Verfahren und Vorrichtung zum Denitrieren, Bleichen, Färben oder Waschen von Kunstseidefäden mit Hilfe der Zentrifugalkraft sind in **D. R. P. 327 323** beschrieben.

Über das Färben der Kunstseide schreibt **R. Löwenthal,** in **Kunststoffe 1911, 204.** Vgl. **Jahrg. 1912, 442.**

Über die Behandlung und das Verhalten der Kunstseide in der Färberei veröffentlicht **O. Merz** eine übersichtliche Arbeit in **Kunststoffe 1913, 41.**

Über das verschiedene färberische Verhalten von Nitro-, Kupfer- und Viscoseseide bringt **O. Berthold** neben Vorschriften für die einzelnen Farben auf den im Handel vorkommenden Fasergemischen nähere Angaben in **Zeitschr. f. Textilind. 16, 222.**

Das Färben der Kunstseide als Garn oder im Stück muß mit großer Vorsicht erfolgen. Gegenüber den Färbebädern ist die Chardonnetseide, die schon bei 35° zu erweichen beginnt, am empfindlichsten, während man Glanzstoff bei 50—60° und Viscose mitunter sogar kochend färben kann. Einzelheiten über die Art des Umziehens, des Aufschlagens und Trocknens der gefärbten Seiden, von denen die Chardonnetseide besondere Affinität für basische, Glanzstoff für substantive und die der Baumwolle ähnlichste Viscoseseide für beide Farbstoffarten besitzt, bringt **F. Riesenfeld in Färberztg. 27, 353.** Am geeignetsten zum Färben haben sich die substantiven Baumwollfarbstoffe erwiesen, wie die Kongo-, Benzo-, Diamin-, Oxaminfarbstoffe u. dgl., unter welchen auch sehr viele ausreichend lebhafte und echte Farbstoffe sind. Man färbt z. B. unter Zusatz von 10% Glaubersalz und 3% Monopolseife, evtl. 3% Krystallsoda, in $^3/_4$ Stunde. Für basische Farbstoffe wird die Kunstseide in üblicher Weise mit Tannin und Brechweinstein gebeizt und unter Zusatz von etwa 5% Essigsäure (8° Bé) ausgefärbt. Schwefelfarbstoffe können in Fällen, wo besonders lichtechte Farbstoffe verlangt werden, bei 50° C unter Zusatz von etwa 3% Krystallsoda, 3% Monopolseife und 10% Glaubersalz gefärbt werden. Von dem mehrfach vorgeschlagenen Färben der Celluloselösungen vor dem Verspinnen dürfte kaum Gebrauch gemacht werden.

Wenn keine besonderen Anforderungen an Echtheit gestellt werden, färbt man die Kunstseide mit basischen Farbstoffen aus 50—60° warmem, essigsaurem Bade, Modefarben und dunkle Töne werden mit substantiven Farbstoffen, waschechte Farben mit Thioindigo gefärbt. **(F. Schaab, Zeitschr. f. Textilind. 23, 262.)**

In **Zeitschr. f. Farbenind. 11, 1** berichtet **W. Frank** über das Färben der Kunstseide mit basischen, sauren und substantiven Farben, ferner über die Anwendung der Küpenfarbstoffe, die sich für Glanzstoff und Viscoseseiden besser eignen als für Nitroseiden.

Nach **Beltzer (Färberztg. 1908, 31)** gelingt es, mit Anilinoxydationsschwarz Kunstseide in der Weise zu färben, daß diese zunächst $^1/_4$—$^1/_2$ Stunde in das Anilinbad eingelegt und dann geschleudert wird, worauf man das Garn in einer auf höchstens 30—35° C geheizten Oxydationskammer ausbreitet. Nach genügender Vergrünung beläßt man die Stränge $^1/_2$ Stunde in einem kalten Kaliumbichromatbad, spült dann, schleudert und trocknet. Die so gefärbte Kunstseide zeigt ein ebenso volles, tiefes Oxydationsschwarz wie es auf Baumwolle erreicht werden kann. Nach **Beltzer** hat die Zerreißfestigkeit durch das Färben nicht, die Elastizität nur etwas abgenommen. Jedenfalls ist aber äußerste Vorsicht bei Anwendung dieses Färbeverfahrens angezeigt.

Nach dem Färben erfolgt gutes Spülen und Avivieren mit etwa 1% Essigsäure. Zur Vermeidung der beim Färben von Kunstseide durch Säurefraß entstehenden Fehler, die von labilen Schwefelsäureverbindungen der Nitroseiden herrühren, setzt man dem letzten Bade nach einem Vorschlage von **P. Weyerich** 8—12% essigsaures, milchsaures oder ameisensaures Natron oder auch Borax zu oder zieht nach dem Färben die Kunstseide stockweise durch eine entsprechend starke Lösung eines dieser Salze, schleudert nicht allzu stark aus und trocknet, so daß die auf der Faser verbleibenden Salze die frei werdende Schwefelsäure neutralisieren. Farbenglanz und Griff der Seide werden nicht beeinträchtigt. **(Färberztg. 25, 114.)**

Über die Behandlung der Kunstseide in Wollwebwaren, die Färbung, das Vorfärben der Wolle und das Nachdecken der Kunstseide usw. siehe **F. Hansen, Zeitschr. f. Textilind. 16, 614.**

Über das Färben gemischter Gewebe aus Kunstseide und Baumwolle veröffentlicht **E. Wendel** praktische Erfahrungen und Ratschläge in **Zeitschr. f. Textilind. 18, 225.**

Zur Erzielung mehrfarbiger Effekte in Kunstseidegespinsten oder -geweben schlägt man auf die gefärbten oder ungefärbten Fasern oxydierend wirkende Cersauerstoffverbindungen nieder, schleudert den Überschuß der Lösung ab, bringt die so imprägnierten, künstlichen Fasern ohne vorheriges Trocknen evtl. in ein Bad, das 10—20 ccm Natronlauge von 40° Bé im Liter enthält, und verarbeitet die so vorbehandelten Fasern mit unbehandelten zusammen in der Weise, daß man die Gespinste vorfärbt und schließlich mit Mitteln nachbehandelt, die aus den Cerverbindungen Sauerstoff frei machen. Das Verfahren eignet sich für Kunstseide noch in höherem Maße als für pflanzliche, natürliche Fäden, die übrigens, wenn sie mit Kunstseide zusammen dem Verfahren unterworfen werden sollen, besonders vorbehandelt werden müssen, mit Rücksicht auf die immerhin durch das Verfahren recht beanspruchte Kunstseide. Die Kunstfäden werden am Schluß der Behandlung mit Gelatine oder dgl. appretiert. **(D. R. P. 277 497.)** Um der Kunstseide nach der sie stark beanspruchenden Behandlung genügend große Haltbarkeit zu verleihen, und um sie mit Baumwollgarn zusammen verarbeiten zu können, vermeidet man nach dem Zusatzpatent das Oxydationsmittel (Chlorsoda) in dem alkalischen Bade und oxydiert die Cerverbindungen nachträglich, also erst im fertigen Gespinst oder Gewebe, nachdem man die cerpräparierten, künstlichen Fasern mit einer Gelatine-, Alkali-, Fett- oder Ölemulsion appretiert hat, mittels des Luftsauerstoffes oder eines anderen Oxydationsmittels. Eine nunmehr eintretende evtl. Schwächung der Kunstseide ist dann ohne Nachteil, da die Beanspruchungen in erster Linie von dem pflanzlichen Grundgewebe getragen werden. Einer weiteren Schwächung der Faser wird ferner in der Weise vorgebeugt, daß man die Gespinste oder Gewebe nicht über 20° Badtemperatur färbt. **(D. R. P. 280 369.)**

Da die Acetylcellulose sich wegen ihrer Schwerbenetzbarkeit in wässerigen Farbstofflösungen nur schwach anfärbt, verändert man die Oberfläche der Fäden durch Einlegen in 50proz. wässerigen Alkohol oder in verdünnten Eisessig oder auch Anilin oder Äther während 12 Stunden bei Zimmertemperatur. Die so behandelte Acetylcellulose nimmt dann sogar in Wasser schwerlösliche Anthracenfarbstoffe oder unlösliche Küpenfarbstoffe gut auf. **(D. R. P. 199 559.)**

Über das Färben von Acetylcellulose dadurch, daß man sie in der wässerigen Lösung eines freien Amines oder Phenoles in Gegenwart von solchen Stoffen zusammenbringt, die diese Amine oder Phenole in Freiheit setzen, worauf auf der Faser der gewünschte Farbstoff (Anilingelb, Anilinschwarz, Nitraanilinrot usw.) erzeugt wird, siehe **D. R. P. 198 008.**

Nach **D. R. P. 234 028** erfährt die geformte Acetylcellulose durch Behandlung mit anorganischen Säuren eine besonders starke Erhöhung ihres Adsorptionsvermögens, nicht nur für Farbstoffe, sondern auch für Amine und Phenole, aus denen dann auf der Faser Farbstoffe gebildet werden können. Die Elastizität der Fäden wird durch diese Behandlung ebenfalls wesentlich erhöht.

Nach **A. P. 981 574** wird die Aufnahmefähigkeit der Acetylcellulose für Farbstoffe und ihre Elastizität erhöht, wenn man sie mit Salzsäure behandelt, den Überschuß der Säure entfernt und in wässerigen Farbstofflösungen färbt.

Nach **D. R. P. 228 867** läßt sich Kunstseide leichter färben, wenn man der zur Verwendung kommenden Cellulosefettsäureesterlösung Acetin zusetzt. Mischt sich letzteres mit dem Lösungsmittel nicht, so kann man einen Lösungsüberträger wählen. An Stelle von Acetin kann man auch die wasserlöslichen Ester des Glycerins oder Glykols verwenden. Man erhält je nach der Menge des zugesetzten Acetins auf Kunstseide aus Acetylcellulose verschiedene starkgetönte Nuancen, während die bekannten Zusatzmittel (Alkohol, Eisessig, Aceton, Dichlorhydrin, Phenol) den Fäden kaum größere Aufnahmefähigkeit für Farbstoffe verleihen. Zur Herstellung mehrfarbiger Effekte verwebt man behandelte mit unbehandelten Fäden. **(D. R. P. 228 867.)**

Als Ersatz des Acetins (für Druckereizwecke) und der Ameisensäure eignet sich das durch Erhitzen von Glycerin mit hochprozentiger Ameisensäure leicht erhaltbare Diformin (Ameisensäureglycerinester). **(D. R. P. 199 873.)**

Nach **A. P. 1 366 023** behandelt man Celluloseacetat vor dem Färben mit freies Alkali enthaltenden stark konzentrierten, wässerigen Alkalisalzlösungen.

Nach **D. R. P. 350 921** behandelt man die zu färbende Acetylcellulose mit einer Alkali enthaltenden Salzlösung vor.

Nach **E. P. 175 485—486** färbt man Acetylcellulose in alkalischer Lösung, die Kochsalz, Natriumsulfat, Wasserglas, Alkalialuminat oder Alkaliborat in der Menge von bis zu 5% enthält.

Zur Erhöhung der Färbefähigkeit der Acetylcellulose taucht man sie während 2—60 Minuten in zimmerwarme 5—25proz. Alkali- oder Erdalkalithiocyanatlösung. **(E. P. 158 340.)**

Nach **D. R. P. 355 533** färbt man Celluloseacetat mit Teerfarbstoffen irgendeiner Art in Bädern, die ein Alkalichlorid, Erdalkali-, Magnesium-, Zinn- oder Zinkchlorid, ferner Ameisen- oder Essigsäure und ein Schutzkolloid wie Gelatine, Seife, Gerbstofflösung, Eiweiß oder sulfonierte Fettsäure enthalten.

Nach **E. P. 179 384** erfolgt das Färben von Celluloseacetat mit kolloidalen Farblösungen unter Zusatz eines Schutzkolloides wie Gelatine oder Casein und dgl. und eines Fällungsmittels, das je nach der Farbstoffart verschieden, die Eigenschaft haben muß, mit der Acetylcellulose eine Adsorptionsverbindung zu geben.

Leicht und gleichmäßig anfärbbare Kunstseide oder Stapelfaser erhält man bei besonderer Bereitung des zum Ansetzen der Fäll- und Farbbäder verwandten Wassers. Man entzieht ihm zunächst einen Teil des Kalkes und paralysiert die nachteilige Wirkung des noch verbleibenden Kalkes durch Zusatz von Zucker, Glycerin oder löslicher Stärke und erhält so Fäden, die sich durch größere Gleichmäßigkeit beim Färben auszeichnen. **(D. R. P. 322 141.)**

229. Appretur der Kunstseide (Griff, Weichheit usw.). — Wollersatz.

Über das Veredeln kunstseidener Gewebe siehe **O. Hampel, Kunststoffe 3, 264.**

Über Färberei und Appretur (Kartoffelmehl und Leim, Diastaphorverkleisterung, Carraghenmoos) von reiner Stapelfaser oder von gemischten Waren aus ihr und Wolle siehe **A. Kramer, Monatsschr. f. Textilind. 1920, 7.**

Die Ausrüstung der ganz oder zum Teil aus Kunstseide bestehenden Gewebe, das Entschlichten der vor dem Verweben geschlichteten Kettengarne in einer 60—65° warmen Diastaforlösung, die Weiterbehandlung der gefärbten Ware durch kaltes Kalandern zwischen gekühlten Stahlwalzen zur Erhöhung des Glanzes und weitere Einzelheiten sind in **Färberztg. 1917, 25** beschrieben.

Nach **Zeitschr. f. d. ges. Textilind. 1914, 434** löst man in kurzer Flotte ca. 20% vom Gewicht der Kunstseide Diastafor, zieht die Seide durch, schleudert mäßig und trocknet kalt.

Um die mit Diamin- und Immedialfarbstoffen gefärbte Kunstseide glänzender und griffiger zu machen, wird sie nach „Kleines Handbuch der Färberei" von **L. Cassella & Co. G. m. b. H.,** Frankfurt a. M., 2. Aufl., I, 290, in einer Öl-Sodaemulsion behandelt. Will man härteren Griff erreichen, oder nach dem Färben mit basischen Farbstoffen verwendet man eine verkochte Emulsion von etwa 3% Olivenöl, 3—5% Leim und 10—15% Essigsäure. Man aviviert bei 30—40° und trocknet kalt ohne zu spülen.

Nach **Österr. Wollen- und Leinenindustrie 1912, 151** verwendet man zum Appretieren von Kunstseide, die als Kette verarbeitet werden soll, eine Gelatinelösung, die mit 2—3% Glycerin und 1—2% Monopolseife versetzt wurde. Siehe auch **Monatsschr. f. Textilind. 1914, 170.**

Für eine 5—10proz. Beschwerung von Kunstseide wird nach **Zeitschr. f. d. ges. Textilind. 1914, 368** 12 kg Bittersalz in 100 l Wasser gelöst; diese Lösung wird mit 6 l Türkenöl versetzt, worauf man das Ganze auf 35° erwärmt und schließlich noch 250 g Gelatine zusetzt. Die gefärbte, gespülte und gut geschleuderte Kunstseide wird in der Mischung dockenweise einige Male umgezogen, geschleudert und bei geringer Wärme getrocknet. Vgl. **K. Schneider,** Das Appretieren der Kunstseide, **Kunststoffe 4, 373.**

Zur Beschwerung von Kunstseide schlägt man in der Faser nach Art der Imprägnierung von Auerglühstrümpfen mit Leuchtsalzerden Schwermetalloxydhydrate durch evtl. mit indifferenten Gasen verdünnte alkalisch wirkende Gase unauswaschbar nieder. **(D. R. P. 338 653.)**

Zur Herabminderung des Glanzes künstlicher Haare wird in **D. R. P. 137 461** empfohlen, den Faden mit einem nicht trocknenden Öl und Talkum zu behandeln.

Nach **E. P. 19 166/1910** verleiht man der Kunstseide den Griff und die Elastizität natürlicher Seide durch Behandlung in einem essigsäure- oder weinsäurehaltigem Bade, das Glycerin, Glucose u. dgl. enthält. Dann trocknet man ohne zu waschen.

Das Verfahren der Behandlung von Seidenfäden mit einer Leinölseife ist nach **D. R. P. 263 645** und **263 646** auch auf Kunstseide anwendbar, die auf diese Weise für Zwecke der Weberei widerstandsfähiger wird.

Zur Erhöhung der Elastizität sowie der Festigkeit von künstlichen Fäden, Gespinsten und Geweben aus künstlichen Fäden in feuchtem Zustande spinnt man die Fäden aus kautschukhaltigen Lösungen oder führt sie beim Spinnen durch Kautschuklösungen hindurch bzw. behandelt sie in fertigem Zustande mit Kautschuklösungen nach und vulkanisiert dann wie üblich. Man kann auch die Vulkanisiermittel den Kautschuklösungen schon im vorhinein zusetzen und erhält in beiden Fällen sehr elastische, besonders feuchtigkeitsunempfindliche Materialien. **(D. R. P. 232 605).** Nach dem Zusatzpatent behandelt man die kautschukhaltigen Gebilde vor dem Vulkanisieren mit Albuminlösungen und koaguliert das Albumin in ihnen gleichzeitig mit der Vulkanisation. Man vermeidet so die Gefahr der Faserverhärtung durch Hartgummibildung und vermag die Produkte, da die Farben besser fixiert werden, intensiver anzufärben als jene des Hauptpatents. **(D. R. P. 235 220.)**

Zum Schlichten oder Appretieren von Fäden, die einen Überzug aus Celluloseestern tragen, behandelt man sie mit einer Masse aus 300 Tl. Reisstärke, 3000 Tl. Wasser, 50 Tl. Senegalgummi, 75 Tl. Acetin und 150 Tl. Alkohol während weniger Minuten, ringt aus und poliert oder lüstriert das Material, das vermöge der zugesetzten alkoholischen Quellungsmittel besonders hohen Glanz besitzt. **(D. R. P. 240 188.)**

Zur Erhöhung der Weichheit von Estern der Cellulose mit Essig- oder Salpetersäure behandelt man die Gebilde mit dem in Wasser unlöslichen hochsiedenden und lichtbeständigen β-Naphtholamyläther. **(D. R. P. 307 125.)**

Zur Erhöhung der Weichheit und Geschmeidigkeit geformter Gebilde aus Celluloseäthern setzt man ihnen, z. B. der Äthylcellulose, bis zu 50% ihres Gewichtes Resorcindikohlensäureäthylester (s. **O. Lange,** Zwischenprodukte der Teerfarbenfabrikation Nr. 658) vom Siedepunkt 298—302° zu. **(D. R. P. 322 619.)**

Zur Erzeugung eines weichen voluminösen Strickgarnes, das Wollgarn insofern an Güte übertrifft, als es nicht zum Verfilzen neigt (Wollersatz), aus Celluloselösungen befreit man die künstlichen Fäden von den Spinnbadchemikalien unter einer Spannung, die durch die lebendige Kraft von auf sie einwirkenden Traufenbädern erzeugt wird. **(D. R. P. 312 304.)**

Zur Verdichtung von nach Kunstseideverfahren hergestellten Fasern und zur Verminderung der Wasseraufnahmefähigkeit preßt man sie in dünner Lage unter hohem Druck zwischen Walzen und bewirkt so eine Verminderung der Luft- oder Hohlräume. **(D. R. P. 316 045.)**

230. Stenosage, Verdicken, Verkleben, Kräuseln des Kunstfadens (Filmüberzüge).

Über die Einwirkung von Formaldehyd auf künstliche Seide, Cellulose und Stärke siehe **J. G. Beltzer, Kunststoffe 2, 442.**

Unter „Stenosage" versteht man die Einwirkung von Formaldehyd namentlich auf künstliche Seide, aber auch auf andere Cellulose- und Stärkeabkömmlinge. Diese Formaldehydbehandlung hat den Zweck, die besonders im feuchten Zustande sehr brüchigen Kunstseidefäden verschiedener Abstammung in eine biegsame, alkalibeständige Form überzuführen.

Den Veröffentlichungen von **R. W. Strehlenert (Chem.-Ztg. 1900, 1100)** über die absolute Festigkeit in kg pro qmm der verschiedenen Kunstseiden im Vergleich mit beschwerter und unbeschwerter echter Seide und Baumwolle sind die folgenden Angaben entnommen:

	trocken	naß
Chinesische, nicht avivierte Rohseide	53,2	46,7
Französische Rohseide	50,4	40,9
Französische Seide, blauschwarz gefärbt, 110% Beschwerung	12,1	8
Französische Seide, blauschwarz gefärbt, 500% Beschwerung	2,2	—
Chardonnetseide, ungefärbt	14,7	1,7
Glanzstoff, ungefärbt	19,1	3,2
Neueste Viscoseseide	21,5	—
Baumwollgarn	11,5	18,6

Die Stenosage läßt sich am besten dadurch bewerkstelligen, daß man die Fäden oder Gewebe bei Gegenwart wasserentziehender Mittel und bei verschiedenen Temperaturen entweder im Vakuum oder bei gewöhnlichem Atmosphärendruck mit Formaldehyd im Gemenge mit verschiedenen Substanzen behandelt. So imprägniert man beispielsweise unter gewöhnlichem Atmosphärendruck mit einer Lösung von 4 kg Kalialaun, 5 kg Milchsäure und 20—25 kg 40proz. Formaldehyd in 75—70 l destilliertem Wasser, zweckmäßig in Zentrifugaltrockenmaschinen, die mit Ebonit ausgekleidet sind, entfernt dadurch soviel von der Imprägnierungsflüssigkeit, daß das Gespinst das Doppelte seines Trockengewichtes wiegt und trocknet schließlich zuerst über Schwefelsäure und dann unter mechanischer Bewegung der Garnwinden im geschlossenen Gefäß 6—8 Stunden bei 60°. Zweckmäßig folgt noch eine Nachbehandlung zuerst in einem Bade, das 5 g Seife im Liter weichem Wasser enthält und dann in einem Bade von 10 g Milchsäure in 1 l Wasser. Die so erhaltenen Fäden erhalten außer der erwähnten Beständigkeit auch gegen kochende alkalische Lösungen zugleich die Fähigkeit, Farbstoffe leichter aufzunehmen.

Zur Erhöhung der Festigkeit der Kunstseidefäden tränkt man sie nach **D. R. P. 197 965** zunächst mit einer Lösung von 5—25 Tl. gewöhnlicher 40proz. Formaldehydlösung, 5—15 Tl. käuflicher 80proz. Milchsäure und 60—90 Tl. Wasser unter Zusatz von etwas Chrom- oder Aluminiumalaun (die zweiten Zahlen beziehen sich auf Fäden aus wässerigen Celluloselösungen, die geringeren Mengen werden bei nitrierter Cellulose angewendet). Man trocknet die so vorbehandelten Fäden über Chlorcalcium oder Schwefelsäure im Vakuum 4—5 Stunden bei 40—50°, wäscht die Fäden sodann und trocknet. Die Festigkeit steigt im trockenen Zustande von 148 auf 208 g, im feuchten von 38 auf 140 g, auch werden die Fäden weicher und glänzender.

Zur Erhöhung der Festigkeit von Kunstfäden oder Kunstseidegeweben tränkt man sie mit einem Gemenge von Formaldehyd und einer Säure oder einem sauer reagierenden Salz, trocknet und spült mit angesäuertem Wasser. **(Ö. P. 6973/1906.)**

Speziell bei der Behandlung von Viscose wird der Vorgang der Stenosage durch die Fähigkeit des Formaldehyds erklärt, die Polymerisation der durch den Viscoseprozeß abgebauten Cellulosemoleküle zu vermitteln. Im übrigen ist die Behandlung mit Formaldehyd in ähnlicher Form bereits früher auch für Nitroseide angewandt worden.

Zur Erhöhung der Festigkeit von Cellulosefäden werden sie nach **D. R. P. 134 312** mit wasserentziehenden Mitteln (Alkohol, Chlorcalciumlauge) von dem chemisch gebundenen Wasser befreit.

Zur Verdickung von Natur- oder Kunstseidefäden ohne Beschwerung behandelt man die Seide im Druckgefäß mit Kohlensäure oder während etwa 30 Minuten in einer Suspension von 30—50 g Kreide im Liter Wasser, drückt oder schleudert ab und geht in ein 10proz. Salzsäurebad, in dem man von Zeit zu Zeit umzieht, bis die Gasentwicklung aufgehört hat. Man spült nun gut ab und wiederholt das Verfahren, bis die Faser an Volumen entsprechend zugenommen hat, wäscht dann neutral und erhält so Fäden, die beim Weben oder Flechten mit feineren Titers gleichwertige Fabrikate geben, wie unpräparierte Fasern. Wenn man das Kreidebad 60—75° heiß wählt, so braucht die Behandlung nicht wiederholt zu werden, doch ist stets darauf zu achten, daß die Wassermenge dieses Bades höchstens das 30fache der Gewichtsmenge der Seide beträgt. **(D. R. P. 274 044.)**

Zum Überziehen künstlicher Seide eignet sich nach **E. P. 145 511** die 4proz. Lösung von Acetylcellulose in Cyclohexan.

Über Metallisierung von mit Kupfersalzen imprägnierten Kunstfäden durch Behandlung mit Titanosulfat, das als Reduktionsmittel wirkt und in und auf den Fäden metallisches Kupfer ausfällt, siehe **D. R. P. 265 220.** Die so erhaltenen metallisierten Gewebe können nach evtl. teilweiser Entfernung des Kupfers noch im Edelmetallbade nachbehandelt werden, worauf man das Gewebe unter starkem Druck preßt. Vgl. **[331].**

Über die Herstellung einer Schutzmasse für Filmbänder gegen Feuersgefahr siehe **D. R. P. 345 323.**

Zum Verkleben geformter Gebilde aus Cellulosederivaten miteinander oder mit anderen Stoffen verwendet man Adipinsäureester oder deren Derivate als Klebmittel. **(D. R. P. 317 412.)**

Zum Verkleben geformter Gebilde aus Cellulosederivaten miteinander oder mit anderen Stoffen eignen sich die Ester oder Äther von Phenolen oder Naphtholen, so z. B. 2-Naphtholamyläther für Äthylcellulose. **(D. R. P. 322 648.)**

Nach einem besonderen Verfahren der Herstellung dicker Kunstfäden richtet man zwei oder mehrere Spritzdüsen derart gegeneinander, daß sich die einzelnen Flüssigkeitsstrahlen direkt vor der Mündung, auf gläserne oder metallische Prellflächen aufstoßend treffen und so zu schlierenartigen Gebilden verteilt werden. **(D. R. P. 317 181.)**

Zum Kräuseln der Stapelfaser bringt man sie in kochendes, evtl. Calciumchlorid oder Aluminiumsulfat enthaltendes Wasser, wodurch sie schnell erhitzt und durchnäßt wird und kühlt sie dann rasch ab. **(D. R. P. 319 839.)**

Die neuerdings geübte Nachbehandlung der Kunstseidefäden mit Tonerdesalzen bewirkt zwar eine durch Beschwerung nicht in so hohem Maße erzielbare, starke Aufquellung des Fadens, doch leidet dadurch seine Festigkeit so bedeutend, daß es sich empfiehlt, diese Nachbehandlung zu unterlassen. **(A. Busch, Zeitschr. f. Textilind. 1919, 408.)**

GEWEBEFASERN.

Pflanzenfasern.

Allgemeiner Teil.

231. Literatur, heimische Faserpflanzen, Kleidungshygiene.

Bottler, M., Die animalischen und vegetabilischen Faserstoffe. Wien und Leipzig 1902 bzw. 1900. — Bolley, P., Die chemische Technik der Gespinstfasern. Braunschweig 1862. — Wiesner, J., Die Rohstoffe des Pflanzenreiches. Leipzig 1903. — Witt, O. N., Chemische Technologie der Gespinstfasern, ihre Geschichte, Gewinnung, Verarbeitung und Veredelung. Braunschweig. Begonnen wurde das Werk 1888, beendet 1909. Die letzte Auflage „Witt-Lehmann" erschien Braunschweig 1916. — Georgievics, G. v., Lehrbuch der chemischen Technologie der Gespinstfasern. Herausgegeben von E. Grandmougin. Leipzig und Wien 1912. — Schick, O., Der Textilchemiker. Kleines Handbuch für Textilfabrikslaboranten. Gera-Reuß 1910. — Zipser, J., Die textilen Rohmaterialien und ihre Verarbeitung zu Gespinsten. Wien 1919. — Ganswind, A., Die Bastfasern und ihre technische Verarbeitung. Wien und Leipzig 1922. Stirm, K., Chemische Technologie der Gespinstfasern. Berlin 1915. — Wuth, B., Das Färben und Bleichen von Baumwolle, Wolle, Seide, Jute, Leinen usw. im unversponnenen Zustande als Garn und als Stückware. Berlin 1916. — Tobler, F., Textilersatzstoffe. Dresden und Leipzig 1917. — Arndt, P., Alte und neue Faserstoffe. Berlin 1918. — Kertesz, A., Die Textilindustrie Deutschlands im Welthandel. Braunschweig 1915.

Über die chemisch-technische Gewinnung von Faserstoffen und die zugehörigen Patente, weiter über Carbonisierverfahren und Fasertrennung auf chemischem Wege siehe **E. O. Rasser, Zeitschr. f. Textilind. 22, 357, 378, 445 ff.**

Die wichtigsten Faserstoffe tropischer Gegenden und auch der ehemals deutsch-afrikanischen Kolonien besprechen **J. P. Korschilgen** und **E. L. Selleger in Papierfabr. 1907, 1356 ff.** und **1908, 5.**

Die Textilindustrie im Zusammenhang mit dem Kriege schildert **A. Kertesz in Chem.-Ztg. 39, 357 u. 374.**

Über alte und neue Textilpflanzen siehe die Aufsatzfolge von **O. Richter in Ernähr. d. Pflanze 11, 141 ff.**

Eine Patentübersicht über die Textilersatzfasern und ihre Gewinnung stellt **E. Ristenpart** in **Zeitschr. f. Textilind. 1918, 383 u. 396** zusammen.

Über einheimischen Ersatz der Jute- und Baumwollfasern für die Zuckerindustrie siehe **Reinke** in **Die Zuckerindustrie 1917, 115.**

Bei dem einheimischen Pflanzenmaterial, das für die Gewinnung spinnbarer Fasern als Ersatz für ausländische Faserstoffe in Betracht käme, liegen nicht, wie bei der Baumwolle, Samenhaare vor, sondern man hat es mit Stranggeweben zu tun, also mit Gefäßbündeln, die als solche oder als Bastfaser verwendet werden können. Es handelt sich darum, die Faser in der Längsrichtung zu spalten und einen großen Teil des Lignins herauszulösen. Verwendbar bleibt jedes Material, das 10—30% Fasern enthält und dementsprechend würde sich auch der Anbau der faserreichsten Pflanzen lohnen. Unter den zahlreichen einheimischen Pflanzen (Kolbenrohrblätter, Besenginster, Weidenröschen, Binsen, Weiden, Kartoffel- und Spargelkraut, Erbsen- und Bohnenstroh, Lupinen, Weinreben, Hopfen, Sonnenblumen, Mais, Seegras, Seetang, Malven, Brombeerranken, Wollgrashaar, Silberpappel und Distelblüten) zur Gewinnung spinnbarer Fasern wären nach **Reinke** in erster Linie Binsen und Urtica cannabina zu ziehen. **(Zeitschr. f. Textilind. 1917, 135 u. 146.)** Von **S. Marschik** wurde außerdem noch der weißblühende Melilotenklee als Ersatz für die fehlenden Gespinstfasern empfohlen, da er bis zu 3 m hoch wird, nach 2 Jahren eine größere Ernte gibt als der Flachs innerhalb zweier Jahre und nach der ähnlich wie beim Flachs und Hanf erfolgenden Aufschließung eine sehr feste baumwollartige Faser liefert. **(Kunststoffe 5, 258 bzw. Monatsschr. f. Textilind. 31, 1.)**

Dagegen ist nach **E. Ulbrich** unter diesen zahlreichen heimischen Faserpflanzen die Rohrkolbenfaser weitaus die wichtigste, eine nicht unbedeutende Zukunft dürfte auch die Torffaser und das Holz haben, dessen Zellelemente der Länge nach mechanisch getrennt oder bis zur Einzelzelle auf chemischem Wege aus dem Verbande gelöst heute schon eine bedeutende Rolle bei Herstellung der Spinnpapiere spielten. **(Kunststoffe 1918, 229, 267, 235; vgl. H. Schürhoff, ebd. S. 230 und P. Hoering, ebd. S. 258.)**

Einen vollwertigen Baumwollersatz liefert von den heimischen Gespinstfasern nur die Nessel, die demnach in hinreichender Menge angebaut werden sollte; einen teilweisen Ersatz bietet die Flachsfaser, deren Anbau ebenfalls gefördert werden müßte. Als Juteersatz eignet sich ein Gemenge von Papiergarn und Hanfwerg, ferner würde die Faser des Besenstrauches einen großen Teil des Bedarfes decken. Wolle und Seide müssen soweit nicht in dem in Deutschland nur beschränkt möglichen Maße die Zucht gefördert wird, nach wie vor eingeführt werden. **(K. Mikolaschek, Techn. Versuchsamt 1917, 92.)**

Probleme der Faserforschung, besonders die anzustrebenden Vorteile, die sich durch gewählten Anbau und zweckmäßige Aufarbeitung heimischer Pflanzen, besonders aber durch Gewinnung von Fasern aus Holz ergeben, bespricht **H. Schürhoff** in **Neue Faserstoffe 1, 157.**

Eine Zusammenstellung über die in den Jahren 1917 und 1918 über Faserstoffe aller Art erschienenen Veröffentlichungen bringt **K. Süvern** in **Zeitschr. f. angew. Chem. 1919, 115.**

Über neue Spinnfaserstoffe und das Färben derselben siehe **Otto Berthold, Monatsschr. f. Textilind. 39, 16.**

Eine Zusammenstellung der leicht ausführbaren Methoden zur Unterscheidung von Baumwolle, Wolle und Seide findet sich in **Zeitschr. f. angew. Chem. 1887, 101.**

Zur Unterscheidung von Baumwolle- und Leinenfaser legt man eine mit 10proz. Kupfersulfat vorbehandelte Probe in eine 10proz. Ferrocyankaliumlösung, wobei sich Leinenfaser kupferrot färbt und Baumwollfaser ungefärbt bleibt. Zur Unterscheidung von Flachs und Hanf legt man einige Fasern in die verdünnte Lösung von Kaliumbichromat und überschüssiger Schwefelsäure und kann an der völligen Verschiedenheit der sich darbietenden Auflösungserscheinungen unter dem Mikroskop die beiden Faserarten voneinander unterscheiden. **(H. Herzog** bzw. **K. Hanauseck, Zeitschr. f. Farbenind. 1908, 163** bzw. **106.)**

Über die Unterscheidung echter und imitierter Makobaumwolle schreibt **A. Herzog** in **Kunststoffe 3, 181.**

Die Ergebnisse seiner Untersuchungen über Netz-, Filtrierfähigkeit und Durchlässigkeitsvermögen verschiedenartig gereinigter Baumwollwaren veröffentlichte **M. Freiberger** in **Färberztg. 27, 321.**

Für das Jahr 1919 schätzte **P. Krais** die deutsche Erzeugung an Textilfasern auf höchstens 16% des Friedensverbrauches, der 88 000 t betrug. **(Zeitschr. f. angew. Chem. 32, 1.)**

Als Gespinstmaterial sind nur jene Bestandteile des pflanzlichen und tierischen Organismus verwendbar, deren Längenwachstum ihre Dicke bedeutend übertrifft. Die Pflanzenfasern und tierischen Haare müssen außerdem genügend zugfest und biegsam sein, um nicht zu zerreißen oder zu brechen, wenn sie den zahlreichen Prozessen des Waschens, Bleichens, Färbens, Appretierens usw. unterworfen werden. Außer Baumwolle, Wolle, Seide, Hanf und Lein erfüllen diese Bedingungen noch eine größere Zahl faseriger Naturprodukte (Jute, Ramie, Bast- und Nesselarten usw.), die in neuerer Zeit in stetig steigendem Maße Verwendung finden. Die pflanzlichen Fasern bestehen nur aus Kohlenstoff, Wasserstoff und Sauerstoff, ihr Hauptbestandteil ist die Cellulose, während die tierischen Haare außer den genannten Elementen auch noch Stickstoff enthalten. Durch diese verschiedene Zusammensetzung ist das verschiedene Verhalten der beiden Faserstoffarten bedingt: Wolle und tierische Fasern sind unempfindlich gegen verdünnte Säuren und werden durch Alkalien zerstört, gerade im Gegensatz zur Baumwolle, der wichtigsten pflanzlichen Faserart.

Die chemische Zusammensetzung zeigt aber auch ihren Einfluß hinsichtlich der Verwendbarkeit des betreffenden Gespinstfasermateriales als Bekleidungsstoff, denn das besondere Wachstum der Woll- oder Baumwollfaser ist letzten Endes auf ihren Aufbau zurückzuführen. Alle Faserstoffe sind mehr oder weniger schlechte Wärmeleiter, wobei jedoch zu betonen ist, daß die in der Bekleidung eingeschlossene Luft, der schlechteste Wärmeleiter den eigentlichen Kälteschutz bewirkt, so daß auch die Art des Verspinnens und Verwebens von erheblichem Einfluß ist.

Nach Untersuchungen von **R. Rubner** sind es durchaus nicht die dichten Stoffe, die warm halten, sondern der Wärmeschutz hängt vielmehr von den Zuständen der Luftzirkulation zwischen Haut und Kleidung ab. Sehr bedeutungsvoll ist auch der Trockenheitszustand der Kleidung, was daraus hervorgeht, daß, wenn man die Wärmeabgabe des unbekleideten Körpers gleich 100 setzt, jene bei trockenem Wollflanell 81, bei feuchter Bekleidung jedoch 132 beträgt. In ähnlichen Unterschieden bewegen sich auch die abgegebenen Wärmemengen bei Seidentrikot (83 bzw. 135) und glatter Baumwolle mit 83 im trockenen und 157 im nassen Zustande. Jedenfalls verhält sich das Flanellgewebe wegen seines geringen spezifischen Gewichtes als Unterzeugstoff am günstigsten. Eine Hauptaufgabe der Textiltechnik ist darum darin gelegen, die Darstellungsweise von Seide oder Leinentrikots soweit zu verbessern, daß die spezifischen Gewichte der Stoffe sich jenem der Wolle mehr nähern. Diese Gewichtszahlen von Wolle über Baumwolle und Seide zum Leinen sind: 0,179; 0,199; 0,219 und 0,348. **(Arch. f. Hyg. 15, 29; 25, 1, 252 u. 300.)**

Für die Frage des Lichtbedarfes des menschlichen Körpers ist die Farbe des Kleidungsstückes von großer Bedeutung. Gefärbte Stoffe halten 15—20mal soviel chemisch wirkende Strahlen zurück als ungefärbte, von denen weißer Shirting am durchlässigsten ist und hierin die ungefärbte Leinwand noch übertrifft. Er eignet sich daher auch am besten als Stoff für Hochsommerkleidung. Die höchste Durchlässigkeit für Feuchtigkeit, Luft und Licht besitzt Wolle, die nur den beiden Prozessen des Waschens und Carbonisierens unterworfen wurde, da durch diese Vorgänge die Fremdkörper und Verunreinigungen bzw. die die Poren schließenden pflanzlichen Beimengungen entfernt werden. Die geringste Durchlässigkeit für alle Medien zeigt dementsprechend die gewalkte Ware wegen der porenschließenden Verfilzung als Folge des Walkvorganges. Den höchsten Wert für Wärmedurchlässigkeit besitzt dekatiertes Gewebe, was auf die geringe Dicke und die die Strahlung begünstigende Oberflächenbeschaffenheit des dekatierten Stoffes zurückzuführen ist. **(W. Schulze, Monatsschr. f. Textilind. 25, 315, 341.)** Vgl. Jolles, A., Einiges über die chemische Technologie der Bekleidung. Berlin und Wien 1918.

232. Samenhaare, besonders Baumwolle, Faserabtrennung.

Deutschl. Rohbaumwolle 1/2 1914 E.: 2 961 334; A.: 332 487 dz.
Deutschl. Linters (Abfälle) 1/2 1914 E.: 290 427; A.: 19 671 dz.

Heine, C., Die Baumwolle. 1908. — Oppele, A., Geschichte, Verarbeitung und Handel der Baumwolle. 1902. — Kuhn, A., Über Baumwolle. Wien 1892.

Über die Bedeutung der Struktur der Baumwollfaser für die Bleicherei, Mercerisation und Färberei handelt eine ausführliche Arbeit von **R. Haller** in **Zeitschr. f. Farbenind. 1907, 128.**

Über die chemische Behandlung der Baumwolle in Form von Zwischenprodukten des Spinnprozesses bringt **F. Erban** eine ausführliche Übersicht und beschreibt die einschlägigen Verfahren mit besonderer Berücksichtigung der Literatur und Patentliteratur in **Monatsschr. f. Textilind. 26, 44.**

Die verspinnbaren Pflanzenfasern sind Samenhaare oder Bastfasern (Sklerenchymgebilde). Die wichtigsten Samenhaare sind:

Kapok, feine, seidenglänzende Haare, welche die Frucht von Ceilpa pentandra, eines in Indien, in Afrika und in Südamerika wachsenden Baumes umgeben. Kapok kommt als Pflanzendaune seit langer Zeit in den Handel und findet unter anderem als Polstermaterial, als Verbandwatte usw. Verwendung und wird auch als Zusatz zu Baumwolle, der sie aber an Haltbarkeit weit nachsteht, versponnen. Sehr ähnlich ist die Bombaxwolle, die aus verschiedenen Bombaxarten gewonnen und in gleicher Weise verarbeitet wird.

Vegetabilische Seide (Asclepiaswolle) besteht aus den nahezu 3 cm langen, stark verholzten Samenhaaren von Asclepias cornuti (Schwalbenwurz), einer in Nordamerika vorkommenden Staude. Die vegetabilische Seide findet bisher lediglich als Polstermaterial Verwendung, für die Textilindustrie ist sie nicht von Bedeutung. Das gleiche gilt von den Samenhaaren der Pappel, der Rohrkolben, Weidenröschen usw.

Unter dem Namen Jatawolle wird ein Kapokersatz als Füllstoff u. dgl. in den Handel gebracht, der aus den Samenhaaren des in Deutschland oft vorkommenden Kolbenschilfs (Typha latifolia und angustifolia) besteht. Diese Samenhaare werden auch zu Steppzwecken von den Deutschen Kolonial-Kopakwerken in Potsdam verwendet. — Aus den Blättern des Kolbenschilfs wird eine wertvolle Gespinstfaser, die Typhafaser, gewonnen.

Die Baumwolle ist eine sehr wertvolle und die meist benutzte Gespinstfaser. Sie ist das Samenhaar verschiedener, teils strauch-, teils baumartiger Gossypiumarten. Nach **Kertesz** (Die Textilindustrie sämtlicher Staaten, Braunschweig 1917, Bd. XVII) ist die Gesamtwelternte der Rohbaumwolle auf 5 583 238 t zu veranschlagen. Davon entfallen allein auf Amerika 3 236 420 t, auf Asien (ohne die asiatischen Gebiete Rußlands und die Türkei) 1 765 815 t, auf Europa (mit diesen Gebieten) 238 950 t, auf Afrika 341 875 t und auf Australien 175 t. Demgegenüber beträgt die Gewinnung an Wolle in der gesamten Welt nur 1 428 901 t, an Seide 41 402 t, an Flachs 577 451 t und an Jute 1 815 350 t. Die von den verschiedenen Gossypiumarten stammenden Baumwollsorten stimmen in ihren Eigenschaften nicht völlig überein. Als edelste Baumwollsorte gilt die Sea-Islandbaumwolle von den südamerikanischen Küstenstaaten, von Gossypium barbadense, einem 2—4 m hohen Baumwollstrauch. Sie ist sehr langstapelig und glänzend, ebenso die in Ägypten angebaute, aus Sea-Islandsamen gezogene Maco- oder Jumelbaumwolle, die durch Mercerisieren hohen Seidenglanz annimmt. Bräunlichgelbe sog. Nankingbaumwolle liefert die in China und Ostindien viel angebaute Baumwollpflanze Gossypium religiosa.

Die Güte einer Baumwolle wird nach der Länge, der Feinheit, dem Glanz und der Gleichmäßigkeit der einzelnen Faser beurteilt. Eine feine Sea-Islandbaumwolle hat bis 40 mm, eine geringwertigere, kurzstapelige ostindische Baumwolle nur etwa 16 mm Faserlänge. Die Faser besteht aus einer geschlossenen Zelle, deren Wandung relativ dick ist, öfters bis zwei Drittel des Durchmessers der Zelle beträgt. Von besonderer Bedeutung ist die rechtzeitige Ernte der Baumwolle nach völliger Reife der Samen. Die Haare unreifer oder überreifer Samen eignen sich nicht zum Färben, besonders gilt dies von unreifer oder toter Baumwolle, die sich chemisch und physikalisch von der reifen Baumwolle erheblich unterscheidet.

Bei der Analyse roher Baumwolle fand **H. Müller** 91,35% Cellulose, 7% Hydratwasser, 0,40% Wachs und Fett, 0,50% stickstoffhaltige Bestandteile, 0,75% Cuticularsubstanz und 0,12% Asche. Das Fett stimmt mit dem aus den Samen gewonnenen Baumwollsamenöl überein, das Wachs ist gewöhnliches Pflanzenwachs. Die Cuticularsubstanz, die nach **Witt** vielleicht aus Oxycellulose besteht, wird durch wiederholte Behandlung mit Bromwasser und Ammoniak von der aus Cellulose bestehenden Zellwand abgelöst. Nach diesem ausgezeichneten Verfahren gelingt es aus den Rohfasern die Cellulose in reinem Zustande abzuscheiden. **H. Müller** beschreibt seine Methode in seinem Werk: Die Pflanzenfaser, Braunschweig 1877 wie folgt:

„2 g des zu untersuchenden Materiales werden bei 110—115° getrocknet und im Falle sie erhebliche Mengen von Harz, Wachs u. dgl. enthalten, vorher mit einem Gemisch von starkem Alkohol und Benzol ausgezogen und hierauf einigemal mit Wasser oder sehr verdünntem Ammoniak ausgekocht. Die erweichte Masse wird dann, wenn nicht schon fein genug zerteilt, im Mörser mit einem aus Buchsbaumholz gefertigten Pistill gehörig zerquetscht. Bei der Behandlung von Holzarten sind feine Hobelspäne die geeignetste Form, sie bedürfen keiner weiteren Zerteilung. Das so vorbereitete, von Wasser gänzlich durchdrungene Material wird nun in einem weithalsigen geräumigen Stöpselglase mit 100 ccm Wasser übergossen worauf man von einer Bromlösung, die 2 ccm Brom in 500 ccm Wasser enthält, je nach der Natur des Materiales 5 oder 10 ccm zugesetzt. Die gelbe Farbe der Flüssigkeit verschwindet bei Behandlung der reineren Bastfasern, wie Flachs oder Hanf, allmählich, aber schon nach wenigen Minuten bei strohartigen Substanzen oder bei den Holzarten. Ist die Farbe verschwunden, so setzt man eine neue Menge der Bromlösung zu und fährt so fort, bis endlich ein Zeitpunkt eintritt, in welchem die Absorption so träge wird, daß selbst nach Ablauf von 12—24 Stunden die Flüssigkeit noch gelb bleibt und die Gegenwart von freiem Brom wahrgenommen werden kann. Die nun von der Flüssigkeit abfiltrierte Substanz wird mit Wasser gewaschen und mit ca. 500 ccm Wasser, dem 2 ccm Ammoniakflüssigkeit zugesetzt sind, bis nahe zum Siedepunkt erhitzt. Alle rohen Pflanzenfasern und Holzarten ohne Ausnahme nehmen bei dieser Behandlung mit verdünntem Ammoniak eine mehr oder weniger intensiv dunkelbraune Farbe an und ebenso die Flüssigkeit, dadurch, daß sie eine entsprechende Menge eines braunen Körpers löst. Die durch Filtrieren getrennte und gehörig gewaschene Masse wird in das Stöpselglas zurückgebracht, abermals mit Wasser übergossen und von neuem Bromlösung zugesetzt. Gewöhnlich wird dieser erstere Zusatz ziemlich leicht absorbiert, wobei die dunkle Farbe der Substanz in eine hellere übergeht. Die reineren Bastfasern, denen man bei dieser zweiten Behandlung nur Quantitäten von 5 ccm zusetzt, werden bald farblos und weiter zugesetzte Mengen von Brom bleiben tagelang unabsorbiert. Die verholzten Gewebe dagegen absorbieren nach der vorhergegangenen Behandlung mit verdünntem Ammoniak das Brom wieder mit erneuter Leichtigkeit, und man fährt daher fort, Mengen von 10 ccm Bromlösung zuzusetzen, bis abermals eine Stockung in der Absorption eintritt. Ist dieser Zeitpunkt eingetreten, so wird, wie vorher, mit verdünntem Ammoniak behandelt. Bei den reineren Bastfasern reicht dieses zweimalige Behandeln meistens aus, die stärker verholzten Gewebe aber verlangen eine dritte und zuweilen vierte Behandlung mit Bromlösung in allmählich kleiner werdenden Mengen.

Bei jeder neuen Behandlung mit verdünntem Ammoniak macht sich der Fortschritt in der Isolierung des Celluloseskelettes in recht instruktiver Weise bemerkbar. Die vorher starren Gewebe werden weicher und bei der letzten Behandlung endlich zerfallen selbst so feste Gewebe wie Strohsubstanz oder Hobelspäne zu einer papierbreiähnlichen Masse isolierter Zellen, die durch Auswaschen mit Wasser und dann mit kochendem Alkohol die Cellulose als blendend weiße Masse im reinen Zustande erhalten wird.

Als ein Zeichen der Reinheit mag es angesehen werden, daß nach weiterer Berührung mit sehr verdünnter Bromlösung während 24 Stunden und nachheriger Behandlung mit warmem, verdünntem Ammoniak keine Färbung der Flüssigkeit mehr auftritt."

Einen anderen Vorteil bietet die Methode insofern, als der Gang der Reaktion durch das Verschwinden der gelben Farbe der Flüssigkeit verfolgt werden kann. Die Cellulose wird in Form isolierter, farbloser Zellen erhalten, was ihre Reinheit verbürgt.

233. Bastfasern: Flachs und Hanf.

Deutschl. Flachs roh, geröstet 1/2 1914 E.: 14 177; A.: 84 925 dz.
Deutschl. Flachs gereinigt 1/2 1914 E.: 472 726; A.: 81 140 dz.
Deutschl. Flachswerg 1/2 1914 E.: 101 450; A.: 20 660 dz.
Deutschl. Hanf 1/2 1914 E.: 211 876; A.: 34 489 dz.
Deutschl. Hanfwerg 1/2 1914 E.: 64 185; A.: 7599 dz.

Ernst, Anleitung zum Bleichen und Drucken der Jutestoffe. 1886. — Hassak, Die Ramiefaser. Wien 1890. — Pfuhl, Die Jute und ihre Verwendung. Berlin 1888—1891. — Schulte im Hofe, Die Ramiefaser usw. Berlin 1898. — Wolff, R., Die Jute, ihre Industrie usw. Berlin 1913.

Beiträge zur Kenntnis der Flachsfaser brachte **A. Herzog** in **Österr. Chem.-Ztg. 1898, 310** u. **335.**

Der Pflanzenbast gehört zu den im Inneren der Pflanze liegenden Zellen des sog. Hartgewebes, die gewissermaßen das Knochengerüst der Pflanzen bilden und denen diese ihre Festigkeit verdanken. Die meist zu Bündeln vereinigen Bastzellen kommen als verzweigte und unverzweigte längliche, spindelförmige Zellen vor. Nur die letzteren sind für die gewerbliche Verwertung von Bedeutung. Ihre Zugfestigkeit kommt der des Schmiedeeisens gleich, die Bastfaser ist aber bei gleichem Querschnitt dehnbarer als Metalldraht.

Der Flachs ist die edelste Bastfaser, die schon von den alten Ägyptern verarbeitet wurde. Er wird aus der Leinpflanze, meistens aus Linum usitatissimum, aus deren Samen man das Leinöl schlägt, gewonnen. Für die Fasergewinnung eignen sich besonders die im gemäßigten, feuchten Klima kultivierten Pflanzen. Die besten Sorten kommen aus Irland und den russischen Ostseeprovinzen.

Die Stengel werden nach der Reife mit der Wurzel herausgezogen, auf dem Felde ausgebreitet und getrocknet, mit einer eisernen, kammartigen Riffel von den Samenkapseln befreit und dann durch einen Gärungsprozeß, die Röste oder Rotte, behufs Zerstörung der die Fasern verklebenden Pektinstoffe, in einzelne Fasern aufgelöst. Die vielfach geübte natürliche Wasserröste besteht darin, daß die gebündelten Stengel in Teiche oder in Wassergruben eingelegt und der durch anaerobe Bakterien eingeleiteten, anfänglich sauren, später alkalischen Gärung so lange überlassen werden, bis der Bast nach etwa drei Tagen sich gut ablösen läßt. Bei der künstlichen

Warmwasserröste erfolgt in heizbaren Holzgefäßen die Gärung bei 35° C, wobei zuletzt die Stengel durch Quetschwalzen von dem größten Teile der verklebenden Pektinstoffe befreit werden. Um die Gärung in der gewünschten Weise zu leiten, werden neuerdings aus dem durch seine vorzügliche Röstwirkung berühmtem Wasser der Lys in Belgien bereitete, reingezüchtete Bakterien zugesetzt.

Die nach der Länge sortierten Stengel werden nunmehr, um die holzigen Teile zu knicken und zu brechen, mit schweren Holzhämmern geklopft und in Brechmaschinen, die in verschiedenen Ausführungen gebaut werden, mechanisch bearbeitet. Zur völligen Trennung und Beseitigung der Holzteile von der Faser erfolgt dann das Schwingen, das entweder im Handbetrieb mittels eines hölzernen langen Messers durch kräftiges Abstreifen der aufgehängten Fasern oder mittels geeigneter Apparate vorgenommen wird. Die noch in Bandform befindlichen Fasern werden hierauf im Plattenvorrichtungen, die mit spitzen, etwa 1 cm langen Nadeln besetzt sind, gehechelt. Zunächst werden die Fasern durch Hecheln, bei denen die Nadeln ziemlich weit auseinanderstehen, dann durch dichterständige Hecheln durchgezogen. Der so erhaltene Hechelflachs hat Fasern von 30—70 cm Länge.

Man schätzt die Flachsproduktion Europas auf 700 000 t, wovon 500 000 t auf Rußland, 100 000 t auf Deutschland und Österreich entfallen.

Die Flachszelle hat eine gleichmäßige, zylindrische, an den Enden spindelartige Form. Reiner Flachs besitzt eine blaßgelbe bis hellstahlgraue, bisweilen eine von der Röste herrührende rötlichgraue Färbung und eine noch größere Festigkeit wie Baumwolle. Er zeichnet sich durch Glanz und geschmeidigen Griff aus, was nach **Schwalbe** wahrscheinlich durch geringe Mengen fett- oder wachsartiger Stoffe bedingt ist, denn nach dem Ausziehen mit organischen Lösungsmitteln wird die Faser baumwollartig, glanzlos und spröde. Gegen chemische Reagenzien verhält sich die reine Flachsfaser ähnlich wie die Baumwollcellulose.

Das spez. Gewicht ist 1,5. In lufttrockenem Zustande enthält die Faser 6—7,2% Wasser, doch werden auch weit höhere Zahlen (11—12%) angegeben. Nach **Witt** steigt im mit Wasserdampf gesättigten Raum der Feuchtigkeitsgehalt auf 23,6%. Für die Zusammensetzung ermittelte **Tassel** folgende Zahlen: Reine Cellulose 75—70%, Pektinstoffe 20—25%, Holz und Oberhautreste 4—5%, Kalk und Kieselsäureasche 1%. Für den Aschengehalt wurden sehr verschiedene Werte ermittelt (1—6%).

In Kupferoxydammoniak quillt die Faser wie Baumwolle auf und löst sich zuletzt, doch zeigen sich nicht die für Baumwolle charakteristischen kugeligen Anschwellungen. Ammoniak färbt die gebleichte Leinenfaser gelb, Jod und Schwefelsäure wie die Baumwolle blau. Gegen Alkalien ist die Flachsfaser weniger widerstandsfähig wie die Baumwolle. Sie büßt dadurch an Glanz und Geschmeidigkeit ein. Zum Mercerisieren eignet sie sich wenig, da konzentrierte Natronlauge die Faser aufrauht. Verdünnte Alkalien entziehen der Flachsfaser noch erhebliche Mengen pektinartiger Stoffe. Sie verliert nach **Schwalbe** beim Bleichen noch etwa 20%, zuweilen bis 42% an Gewicht. Gegen Oxydationsmittel, im besonderen Chlorkalklösung, ist die Faser empfindlicher wie Baumwolle. **Cross, Bevan** und **Briggs** haben festgestellt, daß die der Faser noch anhaftenden geringen Mengen von Proteinstoffen mit Chlor Chloramine bilden, die kochendem Wasser und den üblichen Antichlorpräparaten nicht widerstehen. Ihre Gegenwart kann daher nach **Schwalbe** besonders beim Erhitzen der Faser und bei der Einwirkung von Alkalien die Festigkeit erheblich herabsetzen.

Der Neuseelandflachs, der aus den Blättern der Flachslilie (Phormium tenax) gewonnen wird, kommt seit Ende des 18. Jahrhunderts in den Handel. Die blaßgelbe, verholzte Rohfaser, die eine Länge bis zu 1 m erreicht, wird in Neuseeland und Australien durch kalte Wasserröste gewonnen. Diese Rohfaser hat nach **Church** folgende Zusammensetzung: Wasser 11,61%, Cellulose 63%, Gummi und andere bei 150° in Wasser lösliche Stoffe 21,99%, Pektinkörper 1,69%, Asche 0,63%. Nach **Schwalbe** dürften die gummiartigen Stoffe den Pektinstoffen sehr nahe stehen. Die gereinigte Faser ist gegen die Einwirkung von Wasser wenig beständig, wodurch ihre Verwendung als Gespinstfaser auf bestimmte Gebiete beschränkt ist.

Hanf. Der Hanf wird aus dem Baste von Cannabis sativa, einer krautartigen Pflanze, die eine Höhe von 2—4 m erreicht, gewonnen. Die Pflanze stammt aus Persien und Ostindien und gelangte von da schon im Altertum nach Europa, wo sie im gemäßigten Klima angebaut wird. Der Stengel der männlichen Pflanze, der eine feinere Faser als die weibliche Pflanze liefert, wird nach **Witt** zuweilen auch für Textilzwecke benutzt. Im übrigen wird der Hanf nur zu Seilerwaren, Tauen, Netzen u. dgl. verarbeitet. Die Gewinnung der Faser durch Kaltwasserröste, Brechen, Klopfen usw. erfolgt in ähnlicher Weise wie bei Flachs angegeben. Die Membran der Hanfzelle ist dickwandig und glatt. Das mikroskopische Bild hat große Ähnlichkeit mit dem des Flaches. Die Hanffaser ist aber, wie der Querschnitt zeigt, meistens flachelliptisch und ihr Lumen spaltenförmig. Infolgedessen erscheint das Lumen der Hanffaser zum Unterschied der Flachsfaser je nach der Lage der Faser unter dem Mikroskop verhältnismäßig sehr breit oder schmal. Ihre Enden sind nicht spitz zulaufend wie bei Flachs, sondern abgerundet. Gegen Alkalien, Säuren und Bleichmittel verhält sich Hanf ähnlich wie Flachs und Baumwolle. Kupferoxydammoniak färbt die Faser blau bis blaugrün, die Membran quillt blasig auf und zeigt zarte Längsstreifen. Die innere Zellhaut bleibt ungelöst als spiralisch gewundener Schlauch im Inneren der gequollenen Masse erhalten (**Witt**).

Bester italienischer Hanf zeigt nach **Hugo Müller** folgende Zusammensetzung: Wasser 8,88%, wässeriger Extrakt 3,48%, Cellulose 77,77%, Fett und Wachs 0,56%, Asche 0,82%, Intercellularsubstanz und pektoseartige Körper, aus dem Verlust bestimmt, 9,31%.

Schwefelsaures Anilin zusammen mit freier Schwefelsäure färben die Hanffaser infolge der Verholzung der Zellen gelb.

Die Produktion an Hanf in ganz Europa schätzte **Witt** im Jahre 1888 auf 500 Mill. kg, wovon auf Rußland 100, auf Italien, Ungarn und Holland etwa je 90 Mill. kg entfallen; doch sind diese Schätzungen mit Vorsicht aufzunehmen. Die Produktion von Hanf in Deutschland ist von **Witt** (abgesehen von den Vereinigten Staaten von Amerika) nicht berücksichtigt. Diese ist bei Schätzung der gesamten Weltproduktion von 500 Mill. kg mit je 70 Mill. kg und die russische Produktion mit 150 Mill. kg veranschlagt, die starke holländische Produktion ist leider nicht berücksichtigt.

Technisch wichtige Fasern, die die Reißfestigkeit des Hanfes erreichen, erhält man nach **D. R. P. 331 718** aus den krautigen Arten der Pflanzengattung Sophora.

234. Ramie, Nessel, Jute.

Deutschl. Jute(-werg) 1/2 1914 E.: 840 563; A.: 32 933 dz.

Die Ramiefaser wird aus dem Bast einer in Ostasien wild vorkommenden, in großen Mengen in Indien, China, Japan kultivierten perennierenden, strauchartigen Nesselpflanze (Boehmeria nivea und tenacissima) gewonnen. Ihre Bastzellen erreichen oft eine Länge von über 20 cm; man kann daher die Faser in Form von Zellbündeln oder als isolierte Zellen verarbeiten. Die so verarbeitete, der Baumwolle sehr ähnliche „kotonisierte" Ramiefaser **[280]** unterscheidet sich so wesentlich von der in Form von Zellbündeln verarbeiteten, daß sie längere Zeit für eine andere Faser unbekannter Art gehalten wurde **(Witt)**.

Die Gewinnung der Ramie erfolgt nicht in der sonst für Bastfasern üblichen Weise durch Rösten usw., der Bast muß vielmehr durch Handarbeit von den frischen Stengeln entfernt werden. Er wird durch Einlegen in Wasser gereinigt, zum Bleichen und Trocknen ausgebreitet und so in den Handel gebracht. Nach Behandeln der Rohfaser mit einer Seifen- und Pottaschelösung oder auch mit einer Emulsion aus Öl und Sodalösung ist die Faser stark seideglänzend, weich und sehr fest. **Witt** bezeichnet sie als die vollkommenste aller Pflanzenfasern, die dazu bestimmt ist, eine der hauptsächlichsten Gewebefasern der Zukunft zu werden. Sie übertrifft bei weitem die Baumwolle an Glanz, Länge, Festigkeit und Gleichmäßigkeit der einzelnen Zellen, den Flachs an Weiße, Festigkeit und Geschmeidigkeit. Im Preise wird sie sich, wenn erst ihre Gewinnung und Aufbereitung richtig organisiert sein werden, der Baumwolle an die Seite stellen. Die Ramiefaser findet ihres Glanzes wegen vielfach Anwendung für Möbelplüsche, Bänder u. dgl.

1905 wurden in Deutschland 1 390 400 kg Ramie eingeführt.

Hugo Müller fand bei der Analyse folgende Zahlen für die Rohfaser (Rhea) und für die möglichst isolierte Bastzelle (Chinagras):

	Chinagras	Rhea
Asche	2,87%	5,63%
Wasser	9,05%	10,15%
Wasserextrakt	6,47%	10,34%
Fett und Wachs	0,21%	0,59%
Cellulose	78,07%	66,12%
Intracellularsubstanz und pektoseartige Körper, aus dem Verlust berechnet	6,10%	12,70%

Die die einzelnen Zellen verklebenden pektoseartigen Stoffe lösen sich in Wasser sehr leicht ab, jene zerfallen dabei in ihre einzelnen Gewebeteile. Deshalb ist eine reinliche Isolierung der Gespinstfaser nach dem üblichen Röstverfahren, wie erwähnt, nicht anwendbar.

Unter dem Mikroskop erscheint die Ramiefaser unregelmäßig gebaut, ungleichmäßig gestreift, gefaltet und teilweise bandförmig. Das Lumen ist breit und enthält häufig eine gelbe Masse. Die Enden sind ausgezogen, abgerundet, manchmal quer abgeschnitten oder gabelförmig geteilt. Die Querschnitte sind oval abgeplattet oder sogar mit einspringenden Wandungen versehen **(v. Höhnel)**.

Die reine Faser, deren spez. Gewicht 1,51 ist, zeigt dieselben Reaktionen wie die Baumwolle, gibt jedoch nicht die Ligninreaktion mit schwefelsaurem Anilin und Schwefelsäure. Kupferoxydammoniak färbt die Faser blau, sie schwillt sehr stark auf und löst sich schließlich.

Vgl. die Arbeiten von **J. Möller**, Die Nesselfaser in **Polyt. Ztg. 1883, Nr. 34** u. **35.**

Die Nesselfaser, aus dem Baste der gewöhnlichen Brennessel (Urtica dioica oder urens), wird im wesentlichen nach dem für Hanf üblichen Röstverfahren gewonnen und wurde schon in alter Zeit, auch in Deutschland, vielfach verarbeitet. Der Name Nessel, heute noch für billige Baumwollgewebe angewendet, ist aus jenen Zeiten übernommen. Der Baumwollmangel während des Weltkrieges lenkte wieder die Aufmerksamkeit auf diese Pflanze und nach vielen Bemühungen ist es anscheinend gelungen, die vornehmlich beim Verspinnen der an sich sehr wertvollen Faser auftretenden Schwierigkeiten zu beseitigen. **P. Krais** (Die Qualitätsfrage auf dem Gebiete der Textilersatzstoffe, **Prometheus 1918, 92**) urteilt nicht allzu optimistisch über die Nessel, doch erwähnt er, daß es gelungen ist, reines Nesselgarn im regelmäßigen Großbetrieb auf Baumwollspinnmaschinen in feinen Nummern herzustellen. Damit ist die Nesselfaser als vollwertiger Baumwollersatz gesichert. Die Zukunft wird zeigen, inwieweit die Fragen der Mengenbeschaffung und des Preises sich lösen lassen.

Die Jute wird aus dem stark verholzten Baste von Corchorus capsularis und olitorius und anderen Corchorusarten, bis 4 m hohen Pflanzen, in Indien in größten Massen gewonnen, und zwar in einfachster Weise durch Kaltwasserröste der von Seitentrieben und Blättern befreiten Pflanzen. Nach einigen Tagen löst sich der Bast ab, wird gespült und geschwungen. Die so erhaltene, blaßgelbe Faser ist bereits ziemlich rein und hat eine Länge von 1—2 m und darüber. Sie enthält nahezu ausschließlich stark verholzte Bastzellen von 1½—2 mm Länge, die unter dem Mikroskop als sehr charakteristisches Bild erscheinen. Das Lumen zeigt an vielen Stellen starke Verengerungen, die bei anderen Bastfasern in dieser Weise niemals vorkommen.

H. Müller hat für verschiedene Jutesorten folgende Zusammenstellung ermittelt:

	fast farblos	rehfarbig	braune untere Stengelteile, Jute — cuttings oder — butts
Asche	0,68%	—	—
Wasser	9,93%	9,64%	12,58%
Wasserextrakt	1,03%	1,63%	3,94%
Fett und Wachs	0,39%	0,32%	0,45%
Cellulose	64,24%	63,05%	61,74%
Inkrustierende Substanzen und pektoseartige Körper, aus dem Verluste bestimmt	24,41%	25,36%	21,29%

Die Jute als typische Lignocellulose ist im Vergleich mit reiner Cellulose weit weniger widerstandsfähig gegen Luft, Licht und Feuchtigkeit. Sie färbt sich unter deren Einwirkung dunkler, verliert an Festigkeit, sie verrottet. Die Jutefaser enthält gerbstoffartige Stoffe in ziemlicher Menge, die sie befähigen, ohne weiteres basische Teerfarbstoffe zu fixieren. In ihrem Verhalten gegen Farbstoffe steht sie zwischen Baumwolle und Wolle.

Sie hat durchschnittlich einen Feuchtigkeitsgehalt von 10%, doch soll dieser in feuchten Räumen bis auf 34% steigen können. Bei einem Wassergehalt von 10% ist ihr spez. Gewicht 1,5. Gegen Alkalien ist Jute empfindlich. Durch konzentrierte Natronlauge (Mercerisierlauge von 15—30%) wird sie rot gefärbt, sie schrumpft nach **Schwalbe** um 15—20% ein, die Faserbündel werden teilweise gelöst und kräuseln sich wie Wolle. Säurebehandlung verträgt Jute nicht; verdünnte Säure, wie 5proz. Schwefelsäure, verursachen bei längerer Einwirkung in der Kälte bis 30% Gewichtsverlust. Beim Bleichen mit Chlorkalklösung von ½° Bé usw., ebenso beim Färben ist daher besondere Vorsicht erforderlich. Überschuß von Säuren oder Alkalien sowie Kochen sind zu vermeiden. Man färbt bei etwa 80° C.

Jute wird für Sackstoffe, billige Teppiche, Wandbekleidungsstoffe u. dgl. in sehr großer Menge verarbeitet. Ihre schon erwähnte Unbeständigkeit gegen Atmosphärilien beschränkt ihre Verwendung.

Die Ausfuhr aus Indien betrug 1900 574 300 t; dabei verarbeiten große indische Fabriken an Ort und Stelle bereits 200 000 t.

Während des Weltkriegs wurde die damals nicht mehr zugängliche Jute mit bestem Erfolg auf verschiedenen Verwendungsgebieten durch Papiergarn, auf den angepaßten Baumwollspinnmaschinen aus schmalen Papierstreifen gesponnen, ersetzt. Es ist nicht zu bezweifeln, daß diese sehr bedeutende Papiergarnindustrie der Verwendung der Jute bei Herstellung von Sackstoffen, billigen Bekleidungsstoffen u. dgl. starken Abbruch tun wird.

Über die Aufarbeitung zahlreicher anderer Pflanzenfasern siehe die einzelnen folgenden Kapitel.

Aufschließprozesse.

235. Flachs- und Hanfanbau. — Chemikalienfreie, Wasser-(Gärungs-), Rasenröste. Quetschaufschließung.

Über Mißstände bei der Behandlung der Flachspflanze besonders in neuen Anbaugebieten, siehe **Kuhnert, Neue Faserstoffe 1, 109.**

Für den Flachs eignen sich als Stickstoffdünger vor allem Ammoniumsalze, Stallmist ist nur bei gleichzeitiger starker Kaliphosphatdüngung verwendbar. 40proz. Kalisalz steigert den Ertrag, Kainit muß in trockenen Jahren so früh wie möglich gegeben werden, da er den Boden dichtet und so den Pflanzenbestand gefährdet. **(Zentr.-Bl. f. Agrikultur-Chem. 48, 193.)**

Zu beachten ist die hohe Kalkempfindlichkeit der jungen Leinpflanze. Durch erhöhte Kaligaben gelingt es, die schädigende Einwirkung des Kalkes ganz oder teilweise aufzuheben. **(W. Fischer, Landw. Presse 46, 436.)**

Ein Bericht von **Kleberger** und **Mitarbeitern** über Forschungen auf dem Gebiete des Hanfbaues (Bodenauswahl, Saatgut, Saatweise und Düngung) im Jahre 1918 findet sich in **Neue Faserstoffe 1, 255 u. 271.**

Über den Wert des Hanfanbaues in Deutschland siehe **H. Maas, Ernähr. d. Pflanzen 1918, 65.**

Die alten und neuen Aufschließungsverfahren von Flachs, Hanf und Jute sind unter Zugrundelegung der Patentliteratur in **Zeitschr. f. Textilind. 22, 295 ff.** zusammengestellt.

Siehe auch die Patentübersicht über Fasergewinnung und Aufschließung von **E. O. Rasser** in **Neue Faserstoffe 2, 129.**

Auf die eingehende Arbeit von **J. Kolb** über die Flachsfaser, ihre Behandlung und Bleichung, die im Auszuge in **Jahr.-Ber. f. chem. Techn. 1869, 517** wiedergegeben ist, kann hier nur verwiesen werden. Ebenso auf die Beiträge zur Technologie der Jute von **J. Wiesner, ebd. S. 535**; ferner **Cross, Jahr.-Ber. d. chem. Techn. 1881, 866** und **1882, 963.**

Die neuzeitliche Flachsverarbeitung beschrieben nebst den zugehörigen Maschinen **F. Tobler** und **W. Müller** in **Z. Ver. d. Ing. 1922, 981.**

Die Trennung der verwendbaren Fasern der Bastpflanzen von den wertlosen Stoffen vollzieht sich nicht so einfach wie die Gewinnung der Baumwolle, die aus nicht inkrustierten, frei liegenden Samenhaaren besteht, sondesn man ist gezwungen den rohen Flachs oder Hanf, die Ramie usw. durch eine Zahl von Operationen von der Intracellularsubstanz zu befreien. Dies geschieht z. B. beim Flachs durch die sog. Röste, die entweder ein natürlicher Gärungsvorgang ist, den man einleitet, oder eine Folge chemischer Reaktionen, denen man das Rohmaterial unterwirft. Auch die übrigen genannten Fasergattungen bedürfen einer häufig recht komplizierten Behandlung, um sie zu veredeln.

Der Vorgang der Flachs-Wasserröste ist ein unter Mitwirkung bestimmter anaerober Organismen zustandekommender biologischer Prozeß, in dessen Verlauf die Bakterien die die Zellen verbindenden Pektinstoffe der Röstpflanzen vergären, wodurch die Ablösung der Bastfasern aus dem Pflanzengewebe ermöglicht wird. Der für diesen Vorgang unbedingt nötige Sauerstoffabschluß wird durch andere, und zwar sauerstoffbedürftige Bakterien bewirkt, die als solche die Röste nicht herbeiführen, aber durch Sauerstoffaufnahme die Gärung unterstützen. Bei dieser entstehen Säuren, die auf jene Organismen giftig wirken und den Röstprozeß verzögern, so daß ein Zusatz von Alkali günstig wirkt, da es die Säuren, besonders die schädliche Buttersäure, neutralisiert. Es empfiehlt sich die Impfung der ursprünglichen Röstbrühe durch Reinkulturbakterien. **(K. Störmer, Zentralbl. f. Bakt. 1904, 35, 171 u. 306.)**

Zur Beschleunigung der bakteriellen Fermentation bei der Wasserröste des Flachses arbeitet man zweckmäßig in zwei Stufen derart, daß man das Material während 8—24 Stunden in 37° warmes und sodann in demselben Behälter in 20—25° warmes Wasser taucht. **(D. R. P. 321 521.)**

Die im Großbetrieb z. B. in der in **D. R. P. 250 051** beschriebenen Vorrichtung oder in Zementkanälen unter dauerndem Zustrom frischen Wassers je nach dessen Menge und Wärme bis zur Dauer von 120 Stunden gerösteten und nach dem Herausnehmen im Luftstrom bei 45—100° getrockneten Flachsbündel erfordern zuweilen wegen der mangelhaften Röstung der weiter im Innern des Bündels gelegenen Stengel eine Nachbearbeitung. Bei diesem Nachröstvorgang arbeitet man zur Abkürzung der Röstzeit und zur Vereinfachung des Verfahrens zweckmäßig mit künstlichen Röstverfahren, da die aufgeschlossenen Rispen nicht wie der Rohflachs behandelt werden können. Zu diesen künstlichen Röstverfahren zählt z. B. auch die einfache Wasserröste in bedeckten Behältern, da sie nicht wie die natürlichen Rösten von Tau und Regen abhängig ist. **(Z. f. Textilind. 1909, 771.)**

Nach einer Modifikation des Flachs- oder Hanfstroh-Wasserröstungsverfahren spült man das aus der Röste kommende Material mit Wasser von 30°, um die Fasern beim folgenden Abquetschprozeß möglichst vollständig von der zähflüssigen Röstflüssigkeit zu befreien. Höher temperiertes Wasser schädigt die Faser, kälteres führt nicht zur beabsichtigten Wirkung. **(D. R. P. 305 682.)**

Vorschläge zur Verbesserung der Warmwasserröste des Flachses mit besonderer Berücksichtigung der Geruchs- und Abwässerfrage bringt **A. Herzog** in **Textilforsch. 1921, 71.**

Zur Aufschließung roher oder gerösteter Flachs- oder Hanfstengel behandelt man sie mehrere Stunden mit durchschnittlich 70—80% relative Feuchtigkeit enthaltender 50—90° heißer Luft, passiert die Bündel unmittelbar durch eine Knickmaschine und erhält so unter völliger staubloser Abtrennung der holzigen Bestandteile unmittelbar hechelfähigen, des Schwingens nicht mehr bedürfenden Flachs, der keine Knoten oder Knötchen bildet. **(D. R. P. 300 819.)**

Die beste Flachsröste bleibt die Rasenröste, da nur sie zum Unterschied von den chemischen und Wasserröstverfahren glatte und geschmeidige knötchenfreie, leicht teilbare und spinnbare Faser liefert. Genaue Vorschriften zum Ausbreiten des Flachses (pro Morgen sollen nicht mehr als 500—600 kg Strohflachs gelegt werden) im zeitigen Frühjahr bzw. Spätherbst bringt **Haase** in **Mitt. d. Landesst. f. Spinnpfl. 1, 6.**

Zur Gewinnung unmittelbar verspinnbarer Fasern aus Vegetabilien (Flachs, Hanf, Holz, Schilf, Stroh, Binsen, Bambus) bearbeitet man das Gut senkrecht zur Faserrichtung unter Vermeidung jeder Knickung oder Kürzung der Faser, so daß diese zwischen den zur Verwendung gelangenden Walzen in der Faserrichtung auseinandergebreitet wird. **(D. R. P. 304 252.)**

Die Trennung der Bastfasern von Holzrindenteilen, Pflanzengummi u. dgl. kann auch nach dem mechanischen Verfahren des **D. R. P. 328 170** erfolgen.

Zur Gewinnung spinnbarer Fasern aus Flachs und Hanf und um die Halme von den Holzbestandteilen zu befreien, werden die Pflanzen nach **D. R. P. 197 659** zwischen 20 und 200 Stunden einer Kälte von 4—18° unter Null ausgesetzt und in gefrorenem Zustande entholzt.

236. Einzelne Gärungsröstverfahren. Bakterienzucht.

Das aus Amerika stammende Gärungs-Flachsröstverfahren ist erstmalig in **Polyt. Zentr.-Bl. 1850, 1012** beschrieben. Vgl. **Dingl. Journ. 119, 445.**

Über die Beeinflussung der pflanzlichen Faserstoffe durch Gärung, die bei genügender Vorsicht den Hadernkochprozeß, besonders bei der Aufschließung tropischer Grasarten, ersetzen und ferner dazu dienen könnte, die Rohfasern in den Tropen einer gewissen Vorreinigung zu unterziehen, siehe **E. L. Selleger** in **Papierfabr. 1907, 809 u. 868.**

Über das Rösten des Flachses mit Reinkulturen des Bacillus Comesii und die Abkürzung des in den gewöhnlichen Röstbädern 8 Tage dauernden Vorganges auf 3 Tage siehe **Österr. Woll- u. Leim-Ind. 1908, 641.** Der etwa 40 Minuten gekochte Flachs wird mit den von **Rossi** in den Handel gebrachten Reinkulturen bei 30—32° angesetzt, etwa 36—40 Stunden vergoren, worauf man die kaum riechende Brühe entfernt und das gewaschene Material im Sommer an der Luft, sonst in warmen Heizgängen trocknet. Vgl. **R. Löser, Umschau 1918, 685.**

Nach **Faserforschung Bd. II, Heft 3** bewirkt der von **D. Carbone** isolierte Bacillus felsineus den Aufschluß der Flachs- und Hanffaser, der in der warmen Wasserröste innerhalb 5—10 Tagen bei 20—30° erfolgt, bei 37° schon in 2—4 Tagen. Versuche mit Reinkulturen jener Bakterienart, die als Felsinozimapräparat in den Handel kommen, innerhalb Deutschlands sind im Gange.

Über die Flachsröste und die Vorteile der Verwendung von Reinkulturen der Bakterien siehe **E. Kayser** und **H. Delaval, Zentr.-Bl. 1920, IV, 483.**

Nach einem früher geübten Verfahren (**Dingl. Journ. 136, 78**) ließ man den Flachs zu seiner Aufschließung in einer Flüssigkeit vergären, die in 100 l Wasser 1 kg Harnstoff enthielt. Man soll mit dieser Methode besondere Vorteile erzielt haben; wesentlich war nur, daß man sofort mit Beginn der sich durch den Geruch anzeigenden fauligen Gärung, also gleich nach Beendigung der sauren Gärung die Flachsbündel aus der Flüssigkeit entfernen mußte, um die Zerstörung der Faser selbst zu verhüten.

Ein anderes Gärbad, das zur Behandlung roher Jute (50—60 kg) dient, besteht nach **D. R. P. 247 504** aus einer Lösung von 2,5 kg Zucker, 1,5 kg bester Branntweinhefe und 0,25 bis 0,5 kg Glycerin in 100 l weichem Wasser. Das Gärungsverfahren wird zur völligen Lösung der gummiartigen Stoffe und Lockerung der Zellenbündel wiederholt, wobei zur Verstärkung der Wirkung dieselbe Zucker- und Glycerinmenge zugesetzt wird. Es empfiehlt sich dann, wenn die Jutefaser besonders weit geteilt werden soll, das Material nach dieser Behandlung 3 Tage lang in eine höchstens 3proz. wässerige Lösung von Natriumsuperoxyd einzulegen, um der Faser seidenartigen Glanz zu verleihen. Die Auflockerung der Zellenbündel erfolgt jedoch in diesem Falle nur nach der vorangegangenen Behandlung in dem Gärbade, da das Natriumsuperoxyd zwar bleichende, aber keine lockernde Wirkung auszuüben vermag. Dieser Gärprozeß unterscheidet sich von den sonst bekannten Gärungsverfahren durch die Beigabe des Glycerins als Nährmittel für den hier zu erzeugenden Gärpilz, der die gummiartigen Stoffe der Faser auflöst und die Zellenbündel lockert, den Zellenkern aber unbeschädigt läßt. Die Fasern gleichen darum auch der besten Seide und das Verfahren eignet sich zur Gewinnung billiger seidenartiger Produkte aus Jutefasern.

Zum Rotten von Flachsstroh mit Hilfe von Mikroorganismen behandelt man den Flachs bei 35—40°, bei Anwesenheit geringer Mengen von Pepsin, Ammoniumphosphat u. dgl., innerhalb 48—70 Stunden mit gezüchteten Rottebakterien, die man erhält, wenn man gut gereinigte gesunde Kartoffeln, zum Brei verrieben, mit der $4^1/_2$fachen Menge vorher gekochten auf 35—40° ausgekühlten Wassers vermischt und nach Zusatz einer geringen Menge von Pepsin oder Ammoniumphosphat das Ganze bei der genannten Temperatur 12 Stunden sich selbst überläßt. (**D. R. P. 265 057.**)

Nach **D. R. P. 36 781** wird das Rohmaterial (Hanf oder Flachs) zur Gewinnung von reinem Gespinstfasermaterial etwa 24 Stunden in ein Bad gelegt, das man durch Stehenlassen von 1,5 kg zerkleinertem Ochsenmagen in 50 l Wasser und Zusatz von etwas Salzsäure oder Soda herstellt. Dieses pepsin- oder pankreashaltige Wasser soll die Gummi- und Harzstoffe lösen, die dann beim schließlichen Abwässern entfernt werden.

Zur Erzeugung spinnbarer Fasern aus frischem Flachs oder Abfall bringt man das Material nach **D. R. P. 243 636** (vgl. **D. R. P. 198 064**) in ein Bad, das einige Prozent Schwefelnatrium, etwa 1% Seife und 3% Rosulfon (ein dem Türkischrotöl ähnliches Präparat) enthält, brüht kurze Zeit und überläßt das Ganze in zugedeckten Gefäßen einer Gärung, bei der der Pflanzenleim gelöst und ausgeschieden wird, während die Faser eine wollähnliche Struktur und einen weichen, seidenartigen Glanz erhält.

Nach **D. R. P. 264 557** verhindert man die Verschlechterung von Flachs oder anderen Faserstoffen, die mit Hilfe aerobischer Mikroorganismen hergestellt wurden, in der Weise, daß man das gerottete Material in einem 0,1proz. Kupfersulfat- oder in einem 0,2proz. wässerigen Salicylsäurebad nachbehandelt. Dasselbe Ziel erreicht man, wenn man das Material in einer geschlossenen

Kammer Ammoniakdämpfen aussetzt und nach 24 Stunden Formaldehyd einleitet, den man ebenfalls 24 Stunden einwirken läßt. Dadurch wird der zweite Rotteprozeß, der in dem fertigen, mit anaerobischen Nitroorganismen bzw. deren Sporen beladenen Flachs beim Lagern eintritt und zur Verschlechterung der Ware führt, verhindert. **(D. R. P. 264 557.)**

Zur Fasergewinnung behandelt man die Pflanzen vor dem Kochen mit diastatischen Fermenten, unterbricht deren Wirkung dann im geeigneten Zeitpunkt durch Einbringen des Materials in kochendes Wasser, dem man evtl. Alkali zusetzt, und entfernt damit zugleich die Stärke-, Eiweiß- und Gummistoffe. **(D. R. P. 325 887.)**

237. Primär alkalische Aufschließbäder ohne Fettstoffzusatz.

Um den nicht gerösteten Leinstengel für die Brech- und Schwingarbeit vorzubereiten, werden die von den Samenkapseln durch Riffeln befreiten rohen Leinstengel mehrere Stunden lang in eine 60° warme 1grädige Ätznatronlauge, dann in einem sauren Bade etwa 2 Stunden lang eingeweicht und zuletzt mit Wasser gewaschen. Nach diesem Verfahren läßt sich der rohe Flachs in einem einzigen Tage für das Schwingen vorbereiten. **(Dingl. Journ. 119, 445; 123, 319.)**

Ein Verfahren zur Aufarbeitung verschiedener Faserpflanzen mit 1grädiger Natronlauge unter Druck ist ferner in **D. R. P. 8106** beschrieben.

Nach **D. R. P. 356 752** schließt man die Pflanzenteile (Schilffaser, auch Binsen oder Weidenrinden) mit einer schwachen Sodalösung auf, die man dauernd mit Ätzkalk gesättigt erhält, so daß sich Ätznatron bildet, das man sonst als wesentlich teueres Reagens direkt zusetzen mußte.

Zur Vorbereitung von Pflanzenfasern verschiedener Art für Spinnerei- und Webereizwecke kocht man das Material so lange noch Lösung erfolgt in Wasser, dann während 12—18 Stunden in 1proz. Soda- oder Pottaschelösung und entfernt die in der Faser verbliebenen Reste mit Seifenlösung. **(D. R. P. 286 270.)**

Ein Verfahren zur Behandlung von Pflanzenteilen zwecks Gewinnung von Fasern, Zellstoff oder Zellinhalt, dadurch gekennzeichnet, daß das Material nach der Aufquellung in verdünnten, vor Gärung geschützten Alkalilösungen unter Luftabschluß in Gruben gelagert wird bis die löslichen Stoffe sich auswaschen lassen, ist in **D. R. P. 303 730** beschrieben. Das Verfahren arbeitet nicht wie jenes der Grubengärung unter Mitwirkung von Bakterien, sondern sein Prinzip liegt in der bloßen Erweichung der inkrustierenden Stoffe mittels der nur zur Faserquellung nötigen Wassermengen.

Zur Herstellung von kurzfaserigem Flachs, der gefilzt, gekratzt und auf der Baumwollenspinnmaschine versponnen werden kann, bringt man ihn einige Stunden in ein Bad, das aus einer starken Lösung von doppeltkohlensaurem Natron besteht; hierauf wird der Flachs in ein saures Bad (1 Tl. Schwefelsäure, 200 Tl. Wasser) eingelegt. Durch diese Operationen erhält der Flachs ein baumwollenähnliches Ansehen und läßt sich färben und verspinnen wie Baumwolle oder Wolle. **(Dingl. Journ. 119, 445;** vgl. **ebd. 123, 319.)**

Um Textilfasern aufzubereiten kocht man die Rohfaser 20 Minuten mit 1proz. Natriumbicarbonatlösung und entfernt die aufgelockerten, in schleimigen Zustand übergeführten Inkrustationsstoffe auf mechanischem Wege. **(D. R. P. 263 026.)**

P. Krais empfiehlt auf Grund eigener Versuche folgende Methode der Aufschließung einheimischer Bastfaserpflanzen: Man bringt die lufttrockenen Stengel während dreier Tage in die 20fache Menge 35° warmen Wassers, das 0,5—1% Bicarbonat (neben Kreide) enthält, übergießt die herausgenommenen Stengel, wenn man sieht, daß sich die Fasern völlig ablösen, mit 80° heißem Wasser, entfernt dann die Holzstengel und wäscht die auf ein Sieb gebrachte Fasermasse aus. Noch in dem Faserbrei enthaltene klebende Bestandteile entfernt man durch Kochen mit 1—2proz. Sodalösung oder durch Verkneten der Masse mit einem dünnen Brei von Lehm oder Kieselgur. **(Zeitschr. f. angew. Chem. 1919, 25 u. 104 u. 1920, 277.)**

Der Zusatz kleiner Mengen von Bicarbonat neben etwas Kreide oder anderen unlöslichen Carbonaten zur Röstflüssigkeit für Bastfaserpflanzen ist in **D. R. P. 332 097** geschützt.

Nach **D. R. P. 332 514** überläßt man mit Bicarbonatlösung oder einem anderen milde wirkenden Alkali geweichten Flachs im Dunkeln bei 35—40° während 3—5 Tagen der Ruhe und trocknet das geröstete Material bei 75—80°.

Zum Entschälen von Hanf, Flachs oder Chinagras setzt man den alkalischen Bädern nach **D. R. P. 60 433** Alaun zu, der koagulierend auf die gallertartigen Stoffe und das Tannin einwirken soll.

Nach **D. R. P. 324 520** kann man die holzhaltigen Pflanzen wie Nessel, Schilf, Ginster oder Ramie auch mit Alkalialuminat behandeln, das die Faser nicht angreift.

Zur Erleichterung der Trennung der Holzteile von den Fasern der Gespinstpflanzen beim Brechen und Pochen behandelt man die alkalisch vorbehandelten Fasern mit einer Tonerde- oder Magnesiasalzlösung zur Umwandlung der im alkalischen Bad gebildeten löslichen Seifen in unlösliche Tonerde- oder Magnesiaseifen. Diese setzen sich dann körnig zwischen Faser und holzigen Bestandteil und bewirken das leichtere Abtrennen der letzteren durch einfaches Schlagen. **(D. R. P. 167 712.)**

Zur Überführung roher, grüner oder getrockneter Ramie- oder Chinagrasfaser in verspinnbare Form erhitzt man das Material nach **D. R. P. 130 745** zunächst in einem alkalischen Bade, schleudert sodann ab und tränkt das Material mit einer alkalischen Mischung gepulverter mehl-

oder stärkehaltiger Substanzen unter Zusatz gepulverter, indifferenter Stoffe, dann trocknet man und befreit die Fasern mechanisch von den fremden Bestandteilen.

Zum Aufschließen von Pflanzenfasern soll man der alkalischen Lösung nach **D. R. P. 78 051** und **78 052** Zinkstaub beisetzen, um zu verhindern, daß die Faser durch das Kochen mit Alkali, allein eine schlechte Farbe annimmt. Der Kalk wird aus der holzigen Umhüllung der Pflanzenfasern mit einer kalten Lösung von Natriumthiosulfat oder Natriumsulfit entfernt.

Zur Aufschließung von Pflanzenteilen für Spinnereizwecke behandelt man sie in einem alkalischen Wasserglasbade, setzt unter Erwärmen des Bades einen Elektrolyten zu, und erhält so ein schlüpfriges Material, dessen Bearbeitung dadurch erleichtert wird; die gefällte Kieselsäure wirkt mechanisch mit. Sie wird dann zugleich mit den Verunreinigungen durch einen Waschprozeß entfernt. **(D. R. P. 324 333.)**

Durch Behandlung von Ramie und ähnlichen Fasern mit etwa 10% basischer Manganate, Silicate, Stannate usw. in der Kälte oder in der Wärme unter Druck soll die Faser sehr weich, geschmeidig und zugleich zäh werden und einen starken Seidenglanz erhalten. **(D. R. P. 68 115.)**

Ein Verfahren der gleichzeitigen Färbung und Aufschließung von rohen Bastfaserpflanzen ist dadurch gekennzeichnet, daß man der alkalischen Aufschließungsflotte reduzierbare, z. B. Schwefel- oder Küpenfarbstoffe zusetzt, die den Faserstoff unter Mitwirkung der während des Kochens entstehenden zuckerartigen Peptinkörper kräftig anfärben. **(D. R. P. 318 271.)**

238. Alkalische Seifen-, Zucker- usw. Bäder. Organische Lösungsmittelemulsionen.

Nach **D. R. P. 61 709** durchtränkt man das Fasermaterial, um es aufzuschließen, zuerst mit Seifenlauge, dann mit Salmiaklösung, beseitigt die freigewordenen Fettsäuren mit einer Alkalilösung und kocht schließlich mit einer Boraxlösung.

Die Veredelung der Flachsfaser zur Erleichterung der Verspinnbarkeit durch Behandlung des Materials mit einer alkalischen Seifenlauge wurde von **Jennings** schon im Jahre 1855 vorgeschlagen. **(Dingl. Journ. 135, 72.)** Vg. **ebd. 148, 320:** Hanfröste mit warmer Schmierseifenlösung; ferner **ebd. 170, 266.**

Über Veredlung der Jutefaser durch Behandlung zuerst in einer 30—35grädigen Ätzkalilauge und dann in einem konzentrierten Emulsionsbade von Baumöl und Kalilauge siehe **D. R. P. 113 637.**

Die Wirkung von Seife, Soda und Petroleum beim Aufschließen der Ramiefaser wird nach **D. R. P. 96 542** unterstützt durch Beigabe kohlensäureentwickelnder Stoffe, die eine Auflockerung der gummi- oder harzartigen Bestandteile der Faser bewirken.

Um pflanzliche Gespinstfasern zu rotten und zu entbasten, bringt man sie nach **D. R. P. 146 956** zunächst in ein alkalisches Bad (Kalkwasser, Ätzkali und Soda), spült, behandelt in einem warmen Seifenbade und spült abermals. Durch dieses Verfahren verwandelt sich die aus den holzartigen Faserumhüllungen gebildete, unlösliche Harzkalkseife in eine zerreibliche, leicht entfernbare Masse.

Zum Aufschließen der Jutefaser kocht man sie nach **D. R. P. 184 736** 5—6 Stunden bei 2—3 Atm. Druck in einem 2—4 proz. Pottaschebad und behandelt sodann längere Zeit mit einer Emulsion, die im Hektoliter Wasser 250—750 g Palmfett oder Cocosöl und 250—500 ccm Alkohol enthält.

Um Ramie-, Holzfasern u. dgl. für das Verspinnen geeignet zu machen, dämpft man den Rohstoff nach **D. R. P. 193 499** zunächst 6 Stunden mit 1 proz. Alkalilauge, behandelt weiter zur durchgreifenden Zerstörung der Faserbegleitstoffe und zur Beseitigung der Rauheit der Faser mit einer verdünnten Lösung von weicher Seife, Ätzalkali und Leinöl oder mit einer 2 proz. Kochsalzlösung abermals unter Druck, wäscht, trocknet und setzt das Material schließlich der Einwirkung von Ozon und Dampf aus. Um die nunmehr noch mechanisch zu bearbeitende Faser, wenn sie zu matt ist, glänzend zu machen, bringt man sie abermals in eine 40—50° warme Lösung von weicher Seife und Leinöl.

Zur Gewinnung und Aufschließung von Faserstoffen behandelt man das Gut mit der in der Seifenfabrikation als Nebenprodukt gewonnenen, evtl. durch entsprechende Zusätze verstärkten Seifenunterlauge, die die Pektine löst ohne die Fasern anzugreifen. Um besonders weiches Material zu erhalten, entfernt man die noch anhaftenden Laugenreste durch ein schwaches Säurebad. Die Unterlauge kann auch zum Aufschließen von Seidenkokkonresten und zum Veredeln von Spinnfasern und ihren Abfällen dienen. **(D. R. P. 314 176.)**

Um die Fasern zu schonen und an Alkali zu sparen setzt man der zur Gewinnung des Bastes und der Faser aus Pflanzen angesetzten wässerigen Kochalkalilauge Glycerin oder Glycerinersatzstoffe wie Milchsäureester zu. **(D. R. P. 325 888.)**

Durch Behandlung von Jute mit Türkischrotöl oder einer ammoniakalischen Emulsion von Fettstoffen während 1—2 Stunden, bei gewöhnlicher Temperatur, unter einem Druck von 5—6 Atm. wird das Rohmaterial nach **D. R. P. 40 723** in kurzer Zeit ebenfalls in eine verspinnbare Faser übergeführt.

Zur Gewinnung von spinnbaren Fasern aus Rohpflanzen und zur Herstellung von Papierstoff behandelt man das Ausgangsmaterial mit Emulsionen von mineralischen Ölen oder mit Halogenkohlenwasserstoffen in emulgierter Form, also z. B. mit Produkten aus Ölen mit Seife, aufgeschlossenem Leim, gelöstem Casein oder Ricinusölsulfosäuren. Unter der Einwirkung des gleichzeitig vorhandenen Wassers wird die Wirkung der Öle und Halogenkohlenwasserstoffe beschleunigt. **(D. R. P. 318 203.)**

Zur Gewinnung verarbeitbarer Fasern aus Flachs und Hanf kocht man das Material nach **D. R. P. 52 048** während 3 Stunden mit einer Lösung von mit Soda, Kalk oder Sodarückstand alkalisch gemachtem Säurerückstand der Naphthaverarbeitung in 9 Tl. Wasser, preßt ab, wäscht, trocknet und behandelt wie üblich mechanisch weiter.

Zur Überführung von Flachs und anderen Pflanzenfasern in verspinnbares Material behandelt man die Ware nach **Ö. P. v. 24. Juli 1883** (z. B. 500 kg Ramie) zuerst in einem Bade, das in 250 l Wasser 40 kg Ätznatron und 15 kg Schwefelblüte gelöst enthält, bei einem Dampfdruck von 2 Atm. im Innern des Kessels und dann in einem Bade, das in 2500 l Wasser 15 kg Glycerin 30 kg Ätzkali, 5 kg Traubenzucker und 40 kg Ölsäure enthält bei einem Dampfdruck von 4 Atm. Der Behandlung soll eine vorbereitende Wäsche mit Ammoniakgas oder alkalischen Lösungen vorausgehen.

Man kann auch das Stroh oder anderes Halm- und Bastfasermaterial zuerst mit einer Lösung von 4—15% Alkali- oder Erdalkalisulfid unter Zusatz von Ätznatron im Verhältnis von 1 : 4 kochen, bis die Pektin- und Ligninstoffe sowie die Kieselsäure gelöst sind und dann die Zerlegung der Masse in einzelne Fasern und die Entfernung der Chemikalien durch wasserfallartig aufgegossenes kochendes Wasser bewirken, worauf man das Material nach dem Waschen sofort mit verdünnter wässeriger Salzsäure nachwäscht. **(D. R. P. 316 109.)**

Die Vorbereitung und weitere Verarbeitung des so behandelten Flachses zur Herstellung des durch seine guten Eigenschaften ausgezeichneten „Linofilgespinstes" beschreibt **Sponar** in **Kunststoffe 1912, 419.**

Zur Lockerung des Bastes von Faserpflanzen oder zu seiner Zerlegung in Einzelfasern (Nessel, Ramie, Ginster, Hopfen, Schilf, Flachs) behandelt man die Pflanzen oder Teile davon oder den Bast trocken oder frisch, evtl. nach vorhergehender Weichung, mit Lösungen von Zuckerarten, bei gewöhnlichem, vermindertem oder verstärktem Druck. **(D. R. P. 307 144.)**

Zur Lockerung des Bastes von Faserpflanzen bedient man sich nach **D. R. P. 331 896** einer Zuckerlösung, die den Bast weniger angreift als sonst verwandte Flüssigkeiten.

Nach **D. R. P. 64 809** werden Flachs oder Hanf durch Einlegen in eine kalte, 0,5proz. Lösung von Natriumphenolat nach 1—2 Tagen in verarbeitbare Form übergeführt. Die Behandlung muß bei widerstandsfähigerem Material wiederholt werden, evtl. muß man auch kochen.

Zur Vorbereitung von Ramie, Flachs, Hanf, Jute usw. für den Spinnprozeß behandelt man das Material nach **D. R. P. 261 931** 2—6 Stunden unter Druck bei 120—160° mit Wasser, dem man 5% des Fasergewichtes Leucht- oder Rohpetroleum zusetzt.

Die nähere Beschreibung dieses durch besondere Vorzüge ausgezeichneten Petroleumröstverfahrens, findet sich in den **Mitt. d. Forsch.-Instit. Sorau 1921, 136.**

Zum Aufschließen von Pflanzenfasern für die Textil- und Papierindustrie behandelt man das Material bei hoher Temperatur mit einer evtl. mit Seifenlösung emulgierten und gegebenenfalls mit 3% Petroleum versetzten Flüssigkeit, die Di- und Trichloräthylen, Perchloräthylen, Tetra- oder Pentachloräthan allein oder im Gemisch mit Wasser enthält. **(D. R. P. 323 668.)**

Zur gleichzeitigen Gewinnung von Spinnfasern und Papierstoff behandelt man das Material in alkalischen Lösungen in Gegenwart von gelösten oder emulgierten Ölen oder Fetten oder Halogenkohlenwasserstoffen, spült die abgeschleuderte Fasermasse, neutralisiert evtl. mit Säuren oder sauren Salzen und trennt die Spinnfaser von der auf Papier zu verarbeitenden Cellulosefaser ab. **(D. R. P. 328 596.)** Man setzt nach dem Zusatzpatent so viel Halogenkohlenwasserstoff zu, daß eine Flüssigkeit vom spez. Gewicht der als Lockerungsmittel zugesetzten Natronlauge entsteht. **(D. R. P. 332 170.)**

239. Primär sauere, Chlor-, kombinierte und Salz-Aufschließbäder.

Über Herstellung wollartiger Fasern aus Jute, Hanf, Flachs u. dgl. durch Behandlung des Fasermaterials mit Säure bei folgender Einleitung eines Gärungsprozesses siehe **D. R. P. 103 864.**

Zur Herstellung spinnbarer Fasern aus Jute, Chinagras, Hanf und Flachs soll man das Rohmaterial nach **Ö. P. v. 14. Okt. 1880** mit einer 1—5proz. Lösung von Oxal-, Phosphor-, Essig- oder Weinsäure behandeln, auswaschen, in eine 10—20proz. Alkalilauge einlegen, die etwas Borax, Ammoniak oder Wasserglas enthält, mit verdünnten Säuren nachbehandeln und mit Wasser spülen. Um diese Fasern zu bleichen, werden sie mit Salpetersäure behandelt, dann mit alkalischen Laugen gekocht und schließlich mit Wasser gewaschen.

Nach **D. R. P. 126 611** wird der Stengelflachs, um ihn zu rösten, zuerst mit einer Oxalsäurelösung und dann mit einer Lösung von Soda und Seife gekocht.

Leicht bleichbare Zellstoffasern erhält man ferner aus den verschiedenartigsten Faserpflanzen durch primäre Behandlung mit 0,5—2% verdünnter Säure oder leicht dissoziierenden Salzen bei 40—50° und folgendes Aufschließen der nun gelockerten Stoffe mit Basen wie Kalkmilch, Ätznatron, Soda oder Ammoniak. Durch folgendes Behandeln des Materials mit Ölemulsionen oder Fettsäuren werden die weichen und geschmeidigen Einzelzellen freigelegt. **(D. R. P. 331 802.)**

Um pflanzliche Fasern zu degummieren und ihnen ein glänzendes, seidenartiges Aussehen zu verleihen, behandelt man sie (Ramie) mit einer gesättigten Chlornatriumlösung bei

105—110°. Die Verunreinigungen, ebenso wie Pflanzengummi, Harze usw., steigen an die Oberfläche des Bades, von wo man sie entfernt. Die Fasern selbst werden mit kaltem Wasser gewaschen, sodann in 10proz. Seifenlösung 2 Stunden gekocht, abermals gewaschen und in eine wässrige Schwefelsäurelösung 1 : 1000 getaucht, wodurch die Zellen durch Zerstörung der Seife mit Fettsäure angefüllt werden, die sie während des folgenden Bleichprozesses in unterchlorigsaurem Natron schützt und ihr ein glänzendes, seidenartiges Aussehen verleiht. **(D. R. P. 113 637.)**

Über ein Röstverfahren für Flachs, Hanf oder Chinagras, bei dem die Haltbarkeit der Faser nicht leidet, durch Befeuchtung des Materials mit verdünnter Schwefelsäure und Erwärmen auf Temperaturen unter 100° siehe **D. R. P. 68 807.** Diese „Baur-Flachsröste" soll nach Angaben, die **Baur** auf dem 78. Naturforschertag Stuttgart 1906 machte, was leichte Ausführbarkeit betrifft, allen Ansprüchen, auch des Kleinbetriebes genügen, und zu einem hervorragend feinen seideartigen Gewebematerial führen, das für die zartesten Gewebe, sogar zur Anfertigung Brüsseler Spitzen, verwendbar ist. Das Material gleicht, was Weichheit und Zartheit der Zwirnung und Fadenanordnung betrifft, einem in einem ägyptischen Grabe gefundenen etwa 4000 Jahre alten Leinengewebe.

Zur Entfernung holziger Bestandteile aus Pflanzenfasern spült man das mit verdünnter Schwefelsäure getränkte Material mit kaltem Wasser, so daß die Säure nur oberflächlich entfernt wird, und in den holzigen Bestandteilen haften bleibt. Beim folgenden Carbonisieren wird dann die Holzsubstanz unter dem Einflusse der Säure zerstört und kann ausgelaugt werden. **(D. R. P. 325 885.)**

Vgl. auch **E. P. 2924/1866** und **F. P. 116 996:** Aufschließung von Holz, Flachs oder anderen schwer angreifbaren Faserpflanzen mit schwefliger Säure in wässeriger Lösung unter Druck.

Zur Aufschließung des Flachses kann man auch ähnlich wie bei der Holzaufschließung das Material mit einer 2proz. Magnesiumsulfitlösung etwa 3—5 Stunden unter 3,5—5 Atm. Druck erhitzen und erhält je nach den Bedingungen, besonders bei Steigerung der Sulfitlösungskonzentration, sehr feine, helle, geschmeidige und hochglänzende Fasern; das Brechen und Hecheln kann wegfallen, da man durch bloßes Waschen die holzigen Teile zu entfernen vermag. In ähnlicher Weise kann man auch Espartogras direkt auf Papierstoff verarbeiten. **(D. R. P. 21 943.)**

Nach einem anderen Verfahren werden die pflanzlichen Rohstoffe zuerst mit einer 2proz. oder stärkeren Natriumsulfitlösung und dann mit einer 2—4grädigen Alaun- oder Natriumthiosulfatlösung behandelt, wodurch Abtrennung der Fasern und Beseitigung der nach der Sulfitbehandlung verbleibenden schleimigen Stoffe und schließlich, wenn man im zweiten Bad bei Gegenwart von Säure arbeitet, eine Bleichung des Materials erreicht wird. **(D. R. P. 313 344.)**

Nach **D. R. P. 336 535** und **337 768** behandelt man Faserpflanzen mit Sulfitablauge, der man organische oder anorganische Säuren zusetzt, in zwei oder mehreren Stufen und fällt die bei diesem mehrstufigen Aufschluß in Lösung gehenden Stoffe aus. Man erhält so reinste Cellulose von baumwoll- oder wollartiger Beschaffenheit und daneben jene Niederschläge, die auf Kunstmassen verarbeitet werden könnten.

Zur Herstellung von Spinnfasern aus Pflanzenteilen behandelt man diese zuerst mit Dämpfen, die man aus Lösungen von Schwefelnatrium, Superoxyden, Hypochloriten, Bisulfaten oder nichtflüchtigen Säuren erhält, wäscht das gekochte Gut sodann und behandelt in alkalischen fett-, öl- oder seifenhaltigen Lösungen. Beim schließlichen Waschen werden die feinen Faserteilchen abgespült und aufgefangen und die gröberen abermals in obenbeschriebener Weise behandelt. **(D. R. P. 322 167.)**

Die Überführung von Nessel-, Flachs-, Hanf-, Jutefasern in spinnfähige Form mit „Chloräther" ist in **D. R. P. 11 729** beschrieben.

Zur Aufbereitung von Jute- und Ramiefasern behandelt man das Rohmaterial nach **D. R. P. 104 504** in der Kälte mit Ätznatronlauge vom spez. Gewicht 1,035, darauf mit gasförmigem Chlor, wäscht aus und behandelt nochmals mit Ätznatronlauge nach.

Das zur Aufschließung von Holz zwecks Cellulosegewinnung verwendbare Chlorverfahren eignet sich zur Spinnfasergewinnung nur für Hanf, Flachs, Ramie und Nessel, nicht aber für verholzte Fasern wie Jute und für Typha. **(P. Waentig** und **W. Gierisch, Text.-Forsch. 2, 69.)**

Zur Aufschließung der Blätter bzw. Rohfasern von Palmen, Hanf, Flachs, Jute, Sisal, Ramie behandelt man das Material in der Wärme unter Druck mit einem Gemisch von Palmitin- oder Stearinsäure, Soda, Oxalsäure und Chlorcalcium, nach dem Zusatzpatent unter Hinzufügung von Chlorkalk und Natriumsulfat, entfernt dann durch Zusatz von Schwefelsäure die gelockerten natürlichen Farbstoffschüppchen der Faser und die Chemikalien, trocknet das aus dem Bade genommene Material an der Luft, zerreißt es in diesem 10—15% Wasser enthaltenem Zustande, und verarbeitet es allein oder im Gemisch mit anderen Fasern wie üblich. **(D. R. P. 301 085** und **301 557.)**

Oder das Fasermaterial wird je nach seiner Beschaffenheit 10 Minuten bis 4 Stunden in einem Bade, das aus einer Mischung von 1 Volumenteil Ätzkali- oder Ätznatronlauge von 36° Bé und 1 Volumenteil Kalium- oder Natriumhypochloritlösung von 20° Bé besteht, behandelt, worauf man preßt und trocknet. **(D. R. P. 1 112 873.)**

Zur Aufschließung des Kaliuihanfes und ähnlicher Faserstoffe behandelt man das Material nacheinander mit kochender Natronlauge, verdünnter Salzsäure, abermals kochender Natronlauge, einer Permanganatlösung, einer mit Salzsäure angesäuerten Thiosulfatlösung, verdünnter Salzsäure und wässerigem Thiosulfat, wäscht aus und behandelt mit einer Seifenlösung nach. Zwischen den die Chemikalien enthaltenden heizbaren Kesseln sind Quetschwalzen angeordnet. **(D. R. P. 84 670.)**

Nach **D. R. P. 350 638** behandelt man Fasergut, das in seine Bestandteile zerlegt werden soll, mit einem Gemisch zweier Flüssigkeiten, von denen jede eine Faserart löst.

Zur Gewinnung von Textilfasern behandelt man die Pflanzenteile bis zur Lockerung der inkrustierenden Substanzen mit einer Zinksalzlösung. **(A. P. 1 362 723.)**

Zur Gewinnung leicht bleichbarer, als Baumwoll- oder Papierstoffersatz dienender Zellstofffasern weicht man eines der üblichen Pflanzenrohmaterialien (z. B. Stroh) 3—6 Tage bis zur beginnenden Gärung bei 30—50°, unterwirft die Masse der hydrolytischen Spaltung, behandelt mit einem organischen Lösungsmittel nach und läßt das Stroh nunmehr mit verdünntem Alkali evtl. unter Zusatz geringer Mengen organischer Lösungsmittel ein oder mehrere Tage bei gewöhnlicher Temperatur stehen. **(D. R. P. 331 802 und 336 637.)**

240. Kunsthanf. — Flachs-, Hanf-, Juteabfallverwertung; Werg.

Künstlicher Hanfbast wird nach **D. R. P. 184 510** durch Verkleben glanzreicher Kunstseidefäden mit einem Klebmittel, unter Zusatz von Kreide, Zinkweiß, Schwerspat, Schwefel oder dgl. als Deckmittel hergestellt, um eine Abglänzung des Produktes zu erzielen.

Zur Herstellung von Fäden, die in der Hutindustrie den geknüpften Hanf ersetzen sollen, überzieht man gesponnene Fäden aus Seide oder anderen tierischen oder auch pflanzlichen Faserstoffen oder auch Papier mit einer, dem kochenden Wasser widerstehenden Appretur, die durch Gerbung von Leim, Gelatine, Albumin oder Casein mit Formaldehyd auf der Faser erhalten wird. Dieses Material besitzt die elastische Steifheit und die Leichtigkeit des geknüpften Hanfes und übertrifft ihn darin, daß es keine Knöpfe bildet. Die Fäden lassen sich, gleich wie der Hanf, am fertigen Geflecht oder am fertigen Hute färben, ohne daß der Faden sich aufdreht oder erweicht wird. **(D. R. P. 292 214.)**

Zur Herstellung von Packstricken kocht man die aus roher Manilafaser zusammengedrehten Stricke in einer alkalischen oder Chlorkalklösung, spült und glättet das Material ähnlich wie Hanffasern unter Zusatz von Leimstoffen. **(D. R. P. 286 651.)**

Um Jutefasern wollig und glänzend zu machen, weicht man das Material nach **D. R. P. 271 731** in einem Bade, das gleiche Mengen 36grädiger Kali- oder Natronlauge und unterchlorigsauren Alkalis (mit 70 g aktivem Chlor im Liter) enthält. Das ausgepreßte Material wird dann in einer warmen wässerigen Lösung von ungefähr 1% Glycerin, Seife oder Seifenöl gewaschen.

Zur Überführung von Flachs- und Juteabfällen in weiche, gekräuselte, wollige Fasern kocht man das Material unter Überdruck während 3—4 Stunden in einer Lauge, die aus Urin, Soda, Türkischrotölseife und Wasser besteht. Die auf diese Weise vom Pflanzenleim befreiten Fasern können besonders in der Tuchfabrikation Verwendung finden. **(D. R. P. 273 881.)** Nach dem ersten Zusatzpatent behandelt man die rohen oder entsprechend dem Hauptpatent bearbeiteten Fasern in einem mit Oxydationsmitteln versetzten, jedoch alkalisch wirkenden, warmen Seifen- oder Türkischrotölbade vor und bringt dann erst während 20 Minuten in das Verwollungsbad, das aus gleichen Teilen 36grädiger Natronlauge und 20grädiger Natriumhypochloritlösung besteht. **(D. R. P. 274 644.)** Nach dem zweiten Zusatzpatent behandelt man die Stoffe, ehe sie dem Verfahren des Hauptpatentes ausgesetzt werden, in einem schwach alkalischen Hypochloritbade vor und fördert so die Wirkung des gemischten Verwollungs- und Bleichbades. **(D. R. P. 274 645.)**

Das unter dem Namen Linolana im Handel befindliche Garn wird aus Flachsabfällen durch Erweichen und wollfaserartiges Kräuseln hergestellt. **(Zeitschr. f. Textilind. 22, 205.)**

Zur Technik der Flachsbereitung und über die Verwertung von Flachsabfällen siehe **Schneider** in **Zeitschr. f. Textilind. 19, 280** und **H. Wieber, ebd. S. 303** bzw. **Monatsschr. f. Textilind. 31, 278.**

Über die Verwertung der bei der Flachs- und Hedespinnerei abfallenden kurzen Fasern und Schäbenteilchen als ausgezeichnetes Rohmaterial für die Papierfabrikation, ferner auch zur Erzeugung von Garnen und Verbandwatte siehe **E. Pfuhl, Monatsschr. f. Textilind. 24, 4.**

Die Methoden, um Flachs- oder Hanfabfällen das Aussehen von Baumwollmaterial zu geben stellte **P. Waentig** in **Z. Ver. d. Ing. 1922, 687** zusammen.

Zur Zurichtung von Hede (Werg), das auf der Kardenmaschine soweit als möglich von den Schäben befreit wurde, behandelt man das Material zur Zerteilung der Schäbenreste unter Schonung der eigentlichen Pflanzenfaser mit alkalischen Lösungen von abnehmender Konzentration bzw. nach einer Ausführungsform mit einem Lösungsmittel für das Bindemittel der Schäbenfasern und unterwirft es dann einem kombinierten Bleich- und Lösungsprozeß in sodaalkalischer Lösung (3 Tl. Chlorkalk, 2 Tl. Magnesiumsulfat und 1 Tl. Soda als wässerige Lauge vom spez. Gewicht 1,025), wobei Bleichlösungen von abnehmender Konzentration Verwendung finden, säuert nach dem Waschen ab, wäscht abermals und kocht schließlich in Sodalösung unter geringem Druck während einer Stunde. Man erhält so ein schäbenfreies, feines, weißes Faserprodukt, das zur Papierfabrikation ebenso wie zum Verspinnen und Verweben geeignet ist. Einzelheiten finden sich in der ausführlichen Patentschrift. **(D. R. P. 163 660.)**

Zur Entfernung holziger Bestandteile in Pflanzenfasern, insbesondere in Kardenabgängen von Flachs oder Hanf, carbonisiert man das Material mit 1grädiger Schwefelsäure, spült in kaltem Wasser und unterwirft es dann erst der üblichen Wärmebehandlung. Das Verfahren beruht auf der Beobachtung, daß die Bastfaser die wässerige Säure leichter aufnimmt als die Holzteile es tun, sie aber auch beim Spülen leichter wieder abgibt. **(D. R. P. 325 885.)**

Über die Verwertung der Hanf- und Leinbrechlinge durch trockene Destillation und ihre Verarbeitung auf Holzessig, Essigsäurehydrat und andere Destillationsprodukte siehe **J. Csókás, Chem.-Ztg. 1908, 985.**

Über die Verwendung von Hanf als Dünger und Kalisalzquelle siehe das kurze Referat im **Zentr.-Bl. 1920, IV, 484.**

Das Verwendunggebiet für Flachswerg bespricht **J. Sponar** in **Kunststoffe 1913, 317.**

241. Nesselfaser. Allgemeines. Mechanische Aufschließmethoden.

Über die Brennessel, ihre Zucht, Aufbereitung und Verwendung als Spinnfaser siehe **A. Axmacher** und **F. Mahler** in **Färberztg. 27, 161** bzw. **Zeitschr. f. Textilind. 19, 352 u. 366.**

Die Anlage von Nesselfeldern und die Wachstumsbedingungen der Nessel besprechen **H. Schürhoff** bzw. **Th. H. Engelbrecht** in **Zeitschr. f. Textilind. 19, 211** bzw. **Monatsschr. f. Textilind. 31, 182.**

Über Anbau und Vermehrung, Aussaat und Behandlung von Nesselkulturen, Düngung, Ernte und Sortenauswahl siehe die Angaben von **G. Bredemann** in **Faserst. u. Spinnpfl. 1919, 231 u. 243.**

Über den Wert der Nesselfaser als Textilmaterial siehe **R. Schwarz** in **Zeitschr. f. angew. Chem. 1910, 212.**

Die grundlegenden Patente zur Gewinnung spinnbarer Fasern aus einheimischen Pflanzen namentlich der Nessel nach dem Verfahren von **O. Richter** sind **D. R. P. 284 704** und **Ö. P. 67 922.**

Auf die vielfache Verwendbarkeit der Nesselfaser, bereitet nach dem Verfahren von **E. Besenbrück**, ist in **Zeitschr. f. Textilind. 16, 173** hingewiesen. Die zwischen 250—300 mm langen Fasern mit einer Festigkeit von 45 kg pro qmm und einer Ausspinnbarkeit bis zur metrischen Nummer 160 steht in ihren guten Eigenschaften hinter keinem Rohstoff der Textilindustrie zurück und ist besonders wegen ihrer Festigkeit geeignet, Leinengarne und -zwirne, ferner Wollgarne zu ersetzen und in der Spitzen- und Gardinenindustrie, ebenso wie zur Herstellung der Grundgewebe für Automobilpneumatiks und Aeroplanstoffe vollwertig ihren Platz auszufüllen. Die Nesselfaser eignet sich ferner als Kunstseide- und Kammgarnersatz in den verschiedensten Erzeugnissen der Textil- bzw. Konfektionsstoffindustrie.

Auch nach Angaben von **F. Wahler** ist die Nesselfaser unter allen Ersatzstoffen für Baumwolle, Wolle und Leinen das geeignetste Material, nicht nur für Alleinverarbeitung, sondern auch als Mischprodukt, und wird von keinem anderen als Ersatz empfohlenen Textilmaterial, was Wohlfeilheit und Brauchbarkeit betrifft, erreicht. **(Zeitschr. f. Textilind. 19, 135, 148, 161 u. 173.)**

Nach **P. Bronnert** eignet sich die Nesselfaser besonders zum Mischen mit Wolle und liefert dann beim Verarbeiten z. B. mit 25% der tierischen Faser nicht filzende, haltbare, auch gut waschbare und luftdurchlässige Leibwäsche-Trikotagen. Eine Mischung gleicher Teile Nessel und Wolle gibt ein weiches, von Schafwollgarnen kaum unterscheidbares, jedoch wesentlich billigeres Wollgarn und auch aus der für sich versponnenen Faser vermag man ebenso wie aus Ramie Glühstrümpfe herzustellen. Auch sonst eignen sich die Nesselgarne ebenso wie das unter dem Namen Urticawolle auf den Markt gebrachte Gespinst zur Herstellung der verschiedensten, nach dem Kamm- und Streichgarnsystem versponnenen Textilstoffe. **(Zeitschr. f. d. ges. Textilind. 18, 125.)**

Der schwerwiegendste Grund gegen die erfolgreiche Ausbeutung der Nesselpflanze ist die Faserarmut des Bastes im Vergleich mit anderen Faserpflanzen. Nach **J. Möller** ist es auch unwahrscheinlich, daß man diesen Mangel durch Kultur beheben kann, weil die Nessel nur primäre Bastfasern bildet, während z. B. im Hanf während eines Jahres außer den primären Strängen noch drei und mehr Faserbündel hintereinander entstehen. Allerdings wird die Faserarmut der Pflanze dadurch zum Teil ausgeglichen, daß ihre Faser am wenigsten verholzt ist und in dieser Hinsicht der Baumwolle nur wenig nachsteht.

Aus Untersuchungen von **A. Herzfeld** geht hervor, daß die, die Isolierung der Nesselfaser hindernden Substanzen kein Gummi enthalten, sondern ein Gemenge von Fetten, Fettsäuren und viel Chlorophyll darstellen. Von dieser Tatsache ausgehend muß die sog. Degummierung der Faser entsprechend geleitet werden. **(Z. d. Ver. d. Zuck.-Ind. 24, 487.)**

In **D. R. P. 309 284** wird empfohlen die stark holzigen Brennessel- oder Wildhopfenpflanzen auf der Wurzel überwintern zu lassen, das Holz dann mechanisch auszubrechen und die Faser selbst auf chemischem Wege zu verfeinern.

Ein vorwiegend mechanisches Verfahren zur Behandlung von Nesselfasern vor der Aufschließung mit Lauge ist in **D. R. P. 56 997** beschrieben.

Nach **D. R. P. 342 535** werden die Nesselstengel ungeordnet durch ein Lockerungsbad geführt und gehen dann durch eine Ordnungsvorrichtung zur Weiterbehandlung.

Siehe auch die kombinierte chemische und mechanische Behandlung der Pflanzenteile zur Gewinnung spinnbarer Fasern nach **D. R. P. 321 783.**

Auch durch bloße Einwirkung von Wasserstrahlen unter hohem Druck in seitlicher Richtung soll es gelingen die Bastfaser der Nesselpflanze bloßzulegen. **(D. R. P. 326 552.)**

Zur Nesselaufschließung behandelt man das Material primär zur vollständigen Lösung der inkrustierenden Substanzen mit überhitztem Dampf von 200° bei 0,5 Atm. steigend bis 300° und 3 Atm. Druck und kühlt nach kurzer Zeit zur Isolierung der Fasern möglichst schnell stark ab. **(D. R. P. 312 381.)**

Ein mechanisches Verfahren zur Aufarbeitung der Nesselfaser ist in **D. R. P. 305 049** und **345 565** beschrieben. Vgl. **D. R. P. 345 883.**

Siehe auch die vorwiegend mechanischen Aufschließ- und Veredlungsverfahren von Faserpflanzen der **D. R. P. 328 595, 339 884, 339 885** und **339 886.**

242. Chemische Nesselaufschließungsverfahren.

Zum Aufschließen der Nesselfasern mit Seife, Soda und Erdöl soll man mit einem Überschuß Kohlensäure entwickelnder Carbonate unter Druck bei entsprechend höherer Temperatur arbeiten, um eine durchgreifende Lockerung des Gummis oder der harzartigen Faserbestandteile zu bewirken, die dann von der Seife und dem Erdöl leichter gelöst werden. **(D. R. P. 96 542.)**

Zur Isolierung der Nesselfaser und zu ihrer Überführung in spinnbare Form behandelt man die von der Pflanze im trockenen und aufgeweichten oder grünen Zustande abgezogene Rinde zur Zerstörung der die Faser begrenzenden Pektinlamelle bei 30—40° in 5—27 proz. Ammoniaklösung, hechelt die freigelegte Faser in trockenem oder nassem Zustande, kocht sie sodann bis zu einer Stunde in einem Seifenbade und wiederholt schließlich das Brechen und Hecheln der nassen oder trockenen Faser. Nach einer Ausführungsform des Verfahrens laugt man aus der von der Pflanze abgezogenen Rinde während 2—5 Stunden mit Wasser die in ihr enthaltenen Zuckerarten aus und überläßt das Material dann während 10—72 Stunden einem Rottungsprozeß bzw bricht und hechelt nach dem Auslaugen. Man erhält so nach dem chemischen, biologischen oder mechanischen Verfahren eine zwar rauhe und wenig biegsame, aber pektinfreie Faser und überdies als Nebenprodukt der Auslaugung Fruchtzucker. **(D. R. P. 284 704.)**

Zur Gewinnung der spinnbaren Fasern aus Brennesseln legt man die Stengel so lange in ein 15° warmes Bad, das in 500 Tl. Wasser $^1/_2$—1 Tl. Harn enthält, bis nach etwa 50 Stunden durch den Gärungsvorgang die Rinde abgelöst ist und als emulgierte Masse zurückbleibt. Man nimmt dann die Fasern aus dem Bade, sterilisiert sie durch Behandlung mit Dampf oder heißem Wasser und verarbeitet sie nach dem Trocknen nach bekannten Verfahren weiter. Die Gärung wird zweckmäßig im sog. Kettenverfahren eingeleitet, bei dem man einen Teil des ersten Bades dem zweiten, in dem die Brennesselrinde aufgeschlossen werden soll, dieses dem dritten beigibt usw. **(D. R. P. 297 785.)** Nach **P. Krais** ist dieses Nesselentbastungsverfahren unter Anwendung von Harn nur unter gewissen Bedingungen verwendbar.

Durch viertägige Gärung in $^1/_{10}$n.-Bicarbonatlösung und folgendes Waschen vorbehandelte Nesselfaser wird zur Ablösung der Einzelfasern und zur Aufschließung und Entfernung der Holzteile noch feucht mit 3—3,5% Chlor (vom Trockengewicht der Pflanze) bei Gegenwart von etwas Salzsäure (um die Bildung von Unterchlorsäure zu vermeiden) behandelt, worauf man die Masse auswäscht, während 30 Minuten im Wasserbade in 0,5 proz. Natronlauge bringt und die nunmehr weiße, spinnfähige Faser gut auswäscht und trocknet. **(D. R. P. 328 034.)**

Wertvolle Ratschläge zum Aufschließen der Flachs- oder Nesselfaser in Kleinbetrieben unter Zusatz von Bicarbonat statt der üblichen Soda als Beschleuniger zur Röstlauge bringt **P. Krais in Zeitschr. f. angew. Chem. 1920, 277.** — Vgl. **[237]**.

Nach einem anderen Verfahren bearbeitet man die mit einem Gemisch von Salz- und Schwefelsäure bei 70—80° vorbehandelten Brennesseln zwischen Riffelwalzen, bündelt die rohen Bastfasern in ganzer Länge, erhitzt sie dann unter Druck mit Ammoniumcarbonat und Soda oder Bicarbonat und Ammoniak auf 100°, wäscht aus, erhitzt unter schwachem Druck mit einem Benzol-Spiritus-Tetrachlorkohlenstoffgemisch, wäscht aus, seift und trocknet. Zweckmäßig wird das frisch gesammelte Material vor der Säurebehandlung gequetscht, mit siedendem Wasser gebrüht und getrocknet. **(D. R. P. 300 527.)**

Zur Gewinnung der Nesselfaser bzw. zu ihrer Überführung in spinnbare Form, verfährt man nach **D. R. P. 299 441** in folgender Weise: Nach der Reinigung der getrockneten Stauden, wobei sie beim Passieren geriffelter Walzen gleichzeitig vorgebrochen werden, bringt man das Material in ein kaltes Wasserbad, das man allmählich auf 40—50° anwärmt. Nach zweistündiger Behandlung bei dieser Temperatur ist bereits ein großer Teil des Pflanzeneiweißes ausgelaugt. Man spült nun in Wasser von etwa 20° und bringt die Stauden in ein wässeriges Bad, das man allmählich auf 60—70° erhitzt. Nach abermals 2 Stunden wird wieder mit 30° warmem Wasser und dann mit kaltem Wasser gespült. Auf diese Weise sollen sämtliche Pektinstoffe in Lösung gehen. Die Ware wird nun in einem Natronlaugebad von 3—4° Bé, dem man auf 100 l $^1/_2$ kg Natriumperborat zusetzt, 2 Stunden lang bei 60—70° weiterbehandelt, dann in einem allmählich auf 90° zu erhitzenden Bade von 1 proz. alkalischer Perboratlösung 3 Stunden belassen und schließlich in einem Kessel mit Siebboden bei 2—3 Atm. Druck gekocht, bis sich die Faser restlos von der Staude getrennt hat und nach Ablassen des Druckes als Brei durch das Sieb gedrückt wird, während die Stauden auf dem Siebe zurückbleiben. Nach dem Zusatzpatent ersetzt man die sauerstoffabgebenden Chemikalien durch Gase, die man unmittelbar einleitet oder, wie z. B. Kohlensäure, aus Soda und Salzsäure in dem Aufschließungsbade bildet. **(D. R. P. 305 666.)** Nach einer weiteren Abänderung des Verfahrens läßt man die Bäder unter erhöhtem oder vermindertem Luftdruck oder nacheinander unter beiden oder abwechselnd unter gewöhnlichem Luftdruck einwirken. **(D. R. P. 318 672.)**

Zur Verarbeitung von Faserpflanzen, z. B. von abgezogenem oder noch auf dem Holz befindlichem Brennesselbast behandelt man das frische oder in Ablaugen vorgekochte Material höchstens 15—30 Minuten in einer 100° heißen gesättigten Ätzalkalilösung aus gleichen Teilen

Wasser und Ätznatron, quetscht oder spült ab, kocht mit Wasser aus und wiederholt den Vorgang, bis man eine reine und farblose Faser erhält. Schwieriger bearbeitbares Material wie Hopfen oder Schilf behandelt man in einem bei Kochtemperatur gesättigtem Bade und setzt während der etwa 1—2 Stunden dauernden ersten Kochung eine der Pflanzenmenge und dem Alkaliverbrauch entsprechende Menge festes Ätznatron zu, worauf man spült und den Vorgang nach Bedarf wiederholt. **(D. R. P. 305 633.)**

Zur Gewinnung von Spinnfasern aus Nesselstengeln oder Pflanzenrinde vergährt man die rohen Pflanzenteile bei Gegenwart malzhaltiger Stoffe, kocht sie dann mit Lauge und trennt mechanisch die spinnbare Faser von den übrigen Teilen ab. Das Malz führt die Klebstoffe in lösliche Form über, ehe noch der Faserüberzug selbst einer Behandlung unterworfen wird. **(D. R. P. 312 730.)**

Um Nesselpflanzen für das trockene Brechverfahren vorzubereiten, imprägniert man die frischen Pflanzen mit Lösungen verschiedenartigster, die Entwicklung von Bakterien verhindernder Stoffe von Art der Ameisensäure, Flußsäure, diastatischer Präparate usw. in Lösung bei Temperaturen zwischen 25 und 65°. **(D. R. P. 326 489.)**

Zur Vorbehandlung aufgeschlossener Nesselfasern für das Spinnen arbeitet man mit ähnlich starker Natronlauge wie sie bei der Baumwollmercerisation üblich ist, und erhält so, auch wenn man die Lauge durch Aluminat, Schwefelnatrium oder Ätzbaryt ersetzt, gekräuselte, wesentlich festere Fäden in einer beim Spinnen gegen sonst um 20% erhöhten Ausbeute. **(D. R. P. 324 519.)**

Oder man behandelt die Nessel oder andere Faserpflanzen so lange, etwa 40 Minuten, mit kochendem Wasser oder 1 Stunde mit 5grädiger Kochsalzlösung oder 30 Minuten mit 0,25proz. Natronlauge, bis der Bast ohne Zerstörung seiner Eigenstruktur ablösbar ist. **(D. R. P. 331 896 und 333 588.)**

243. Kapok, Asclepia, Pappelsamenhaar, Platane, Malve, Mais, Maiglöckchen.

Über die Gewinnung der Kapokfaser aus einer in Japan gedeihenden Malvacee und ihre Unterschiede von der Baumwolle siehe **Leipz. Färberztg. 58, 514.**

Man muß unterscheiden zwischen indischem und javanischem Kapok und weiter die sog. Akundwolle, die sämtlich als Polstermaterial Verwendung finden können. Zur Herstellung von Schwimmgürteln und anderen Rettungsgeräten aus Wassersgefahr eignen sich nur die genannten Kapoksorten, die die nötige Schwimmkraft und Tragfähigkeit besitzen, nicht aber ist Akundwolle. Von diesem echten Kapok, dem vegetabilischen Haar der Früchte verschiedener Tropenbäume genügen 0,33 kg dieses verfilzten, nicht verspinnbaren Materials, um eine erwachsene Person geraume Zeit über Wasser zu halten, und auch nach mehrstündigem Liegen im Wasser tritt keine Veränderung der Tragfähigkeit des Faserproduktes ein. Es sei erwähnt, daß man unter Kapok außerdem verspinnbare Seidenwollen Ostindiens und Amerikas versteht. **(Österr. Woll- u. Leinenind. 1905, 229.)**

Da die glänzenden, jedoch glatten und spröden Samenhaare von Kapok, Calotropis, Akon und sog. Pflanzenseiden sich nur schwer verspinnen, färben und auf Garne und Zwirne verarbeiten lassen, behandelt man die Fasern mit Lösungsmitteln, die wie Alkohol, Äther, Aceton, Schwefelkohlenstoff, Benzin oder Benzol und seine Homologen oder ferner wie Seifenlösungen oder verdünnte schwach alkalische Türkischrotöllösungen die inkrustirende Substanz der Faser zu lösen vermögen. Die Faser selbst wird durch diese Behandlung weicher und schrumpft, so daß ihre ursprünglich glatte Oberfläche rauh wird. Nach dem Zusatzpatent beizt man die Pflanzenfasern zunächst mit verdünnter wässeriger Gerbstofflösung und behandelt sie dann bei Temperaturen bis 100° mit wässeriger Glycerin- oder Leimlösung oder mit warmem oder kochendem Wasser. **(D. R. P. 230 143.)** Nach dem weiteren Zusatzpatent setzt man den die Aufschließung bewirkenden Lösungsmitteln Farbstoffe oder bleichende Substanzen zu und ändert so in einem einzigen Arbeitsverfahren nicht nur die Struktur der Faseroberfläche, sondern auch ihre Farbe. Schließlich kann man die Pflanzenfasern mit Lösungsmitteln in dampfförmigem oder überhitztem Zustande bei normalem Druck, Überdruck oder Unterdruck behandeln oder die Rauhung der Fasern und Schrumpfung der Fasernoberfläche dadurch bewirken, daß man das Material einem ununterbrochenen oder stufenweise wachsenden Dampfdruck aussetzt oder es vor oder nach der Behandlung mit Dämpfen flüssiger Lösungsmittel behandelt. **(D. R. P. 231 940 und 231 941.)**

Um glatte, steife Pflanzenfasern (Kapok, Asklepia, Typha) kardierbar und spinnbar zu machen, entfettet man sie und befreit sie von den steifmachenden Bestandteilen durch Behandlung mit verdünnten wässerigen Lösungen von Pyridinbasen. Nach dem Auswaschen läßt sich das Material, das nunmehr seine sperrige Beschaffenheit verloren hat, zum Vlies karden oder zu Fäden verspinnen. **(D. R. P. 305 577.)**

Statt des immer knapper werdenden Flachses soll man nach **Elsäss. Textilbl. 1912, 1029** die ihm sehr ähnlichen Bastfasern von Comphocarpus fructicosus, einer Asklepiadaceae, kultivieren, da ihre Faser vollständig unverholzt ist, sich sonst aber genau wie der Flachs verhält.

Die Pappelsamenhaare bieten ebenfalls ein verspinnbares Material, das sich zu Polsterungen, Verbandmitteln, in nitrierter Form zu Explosivstoffen usw. eignet. Für die meisten Ersatzstoffe auf dem Gebiet der Textil- und Papierindustrie gilt jedoch: In keinem Fall genügen die zur Verfügung stehenden Mengen, um auch nur eine lokale Industrie auf dieses Rohmaterial gründen zu können und würde es andererseits für den Spezialzweck angepflanzt werden, so wäre an eine Wirtschaftlichkeit erst recht nicht zu denken.

Die Gewinnung der Fasern aus den Fruchtschalen der Platanenstaude und ihre Verwendung zusammen mit anderen pflanzlichen oder tierischen Fasern ist in **D. R. P. 313 061** beschrieben.

Über die Gewinnung von Gespinstfasern, die sich wie Pferdehaar kräuseln lassen und dann zu Betteinlagen verwendbar sind, aus dem Samengehänge des Platanenbaumes s. **D. R. P. 332 864.**

Malvaceenstengel werden zweckmäßig je nach der Art der Pflanze mit 4—8 proz. Natronlauge, evtl. für feinere Gewebe wiederholt gekocht, bis sich die Bastfaserschicht abstreifen läßt. **(D. R. P. 325 886.)**

Auch Malva crispa, besonders ihre Wurzelfasern, liefern ein wertvolles, weiches Spinnmaterial. **(D. R. P. 316 951.)** Vgl. **Zeitschr. f. Textilind. 20, 2.**

Zur Überführung von Maiskolbendeckblättern in spinnbare Fasern kocht man das Material nach **D. R. P. 130 851** mit einer 3grädigen Alkalilösung, wäscht, behandelt das Fasergut mit verdünnter Essigsäure nach und trocknet.

Um Pflanzenfasern, die, wie beispielsweise jene der Maisgriffel, nicht direkt verspinnbar sind, in spinnbare Form überzuführen, verarbeitet man sie in Gegenwart eines kolloidalen Bindemittels, und zwar der zur Herstellung irgendeiner Kunstseide dienenden Spinnlösung. Diese verkittet die gleichgeordneten Fasern und verleiht ihnen zugleich, besonders wenn man unter Preßdruck arbeitet, einen glatten Überzug. **(D. R. P. 322 755.)**

Als Juteersatz eignen sich auch die nicht zersetzten Blätter von **Maiglöckchenarten**, die man aufschließt, kocht und wie üblich bleicht. **(D. R. P. 308 214.)**

244. Ginster, Pfeifengras, Schmellen, Mexikofiber, Dracaena, Lavatera, Malope.

Über die Verwendung des Besenginsters und Pfeifengrases als faserstoffliefernde Pflanzen siehe die Angaben von **E. Ulbrich** in **Neue Faserstoffe 1, 2** bzw. **17.** Als Nebenprodukt bei der Fasergewinnung aus dem Ginster gewinnt man das zähe, hellgefärbte Holz, das sich wegen seiner Geschmeidigkeit in der Korbwarenindustrie oder Stuhlflechterei als wertvolles Ersatzmaterial verwenden läßt, ferner Abfallfasern, die zur Herstellung von Papier, Pappe und Werg dienen können, aus der Rinde einen Gerbstoff, der früher zum Gerben von Kalbshäuten diente, und überdies liefern die frischen Zweige einen verwendbaren Futtermittelzusatz und die Blütenknospen ein kapernähnliches Gewürz. Die Pflanzung des Ginsters empfiehlt sich auch deshalb, weil die Pflanze die Stickstoffsammlung des Bodens begünstigt.

Aus den Holzteilen des Ginsters kann man ebenfalls grobe Gespinste erzeugen, die auch in ungeteertem Zustande mit heller Flamme brennen und daher als Luntenmaterial verwertbar sind. Auch sonst kann man aus diesem Stoff Schnüre und Stricke, Web-, Wirk- und Flechtwaren erzeugen. **(D. R. P. 316 950.)**

Die bei der Fasergewinnung aus Ginster abfallende Harz- und Fettsäuren enthaltende Lauge kann zum Leimen von Papier verwendet werden, ferner könnte sich evtl. ihre Vergärung und ihre Aufarbeitung auf Gerbstoffe aussichtsreich gestalten lassen. **(K. Jochum, Faserst. u. Spinnpfl. 2, 25.)**

Als Ersatz für Piassavefasern zur Herstellung von Bürsten und Besen können die Wurzeln des blauen Pfeifengrases, Molinia coerulea, dienen, weniger geeignet sind die Wurzeln des Schafschwingels, des Silbergrases, der Kammschmiele und des steifen Borstengrases, die wegen ihrer geringen Widerstandsfähigkeit höchstens zur Polsterung oder zu Scheuerzwecken Verwendung finden können. **(E. Ulbrich, Neue Faserstoffe 1, 17.)**

Die Ginsterpflanze kann nach **D. R. P. 22 523** ähnlich wie Flachs durch Kochen mit laugehaltigem Wasser und Weiterbehandeln (Rösten, Brechen und Hecheln) für Spinnerei- und andere Zwecke vorbereitet werden.

Oder man kocht das Rohmaterial in verdünnter (3—5 proz.) Sodalösung unter Druck, bearbeitet es sodann zwischen schnellaufenden, spitzgezahnten Walzen, befreit die Faser durch Stampfen oder Quetschen von der Rinde, wäscht, trocknet und preßt im feuchtheißen Zustande in Ballen, die man etwa 10 Tage lagern läßt, ehe man das Material verspinnt. **(D. R. P. 256 470.)**

Zur Aufarbeitung der Ginsterfaser kocht man sie in vorgetrocknetem Zustande wiederholt mit Wasser unter Druck, bürstet die holzigen Bestandteile ab, unterwirft das Material zur Abtrennung der Rindenteilchen einem Faulprozeß, bleicht und lagert die Fasern, um sie geschmeidig zu machen, in schwachfeuchtem Zustande. Das Material eignet sich als Baumwoll- oder Flachsersatz. **(D. R. P. Anm. S. 28 119, Kl. 29 b.)**

Zur Gewinnung spinnbarer Fasern aus Ginster dämpft man das Material, quetscht es möglichst heiß, kocht mit Soda, trocknet und entfernt die Holzhülle durch Hecheln. Man spart bei diesem Verfahren das Auswaschen der Fasern und deren Lagerung vor dem Verspinnen und überdies an Arbeitskräften, da der Vorgang des Dämpfens, Quetschens und Brechens einen fortlaufenden einfachen Prozeß darstellt. Das Verfahren wird, wenn es sich um harte Fasern handelt oder wenn sie noch harzige Stoffe enthalten, wiederholt. **(D. R. P. 297 138.)**

Es wurde auch vorgeschlagen, die Ginsterplfanze in 5grädiger Natronlauge zweckmäßig unter Druck bis zum Verschlammen der Rinde zu kochen, dann auszuwaschen und in Hechelwerken von abgestufter Feinheit zu kämmen. **(D. R. P. 323 607.)**

Die günstigste Kombination zur Aufschließung des Besenginsters ist nach **H. Kempf** die Anwendung einer einige Tage einwirkenden Wasserrotte und sodann, wenn der Bast sich leicht loslöst, eine Kochung mit 0,5—1 proz. Natronlauge bei gewöhnlichem oder 2 Atm. Druck. **(Forsch.-Inst. f. Textilstoffe 1918, 253.)**

Die Ginsterfasern nehmen an Festigkeit zu, kräuseln sich und werden so zu einem elastischen und weichen Spinngut, wenn man sie mit starker Natronlauge, Schwefelnatrium, Aluminaten oder Zinkaten behandelt. **(D. R. P. 315 754.)**

Zur Gewinnung von Spinnfasern behandelt man die namentlich in den deutschen Wäldern weit verbreiteten und bisher nicht nutzbar verwerteten gras- oder krautartigen Pflanzen, besonders den Schmellen (Aira), mit verdünnter Natronlauge bei schwach erhöhter Temperatur, trennt die Fasern während oder nach dem Einweichen des Gutes durch leichte mechanische Bewegung ab, wäscht, trocknet und verarbeitet wie üblich weiter. **(D. R. P. 301 283.)**

Zur Aufschließung von Schmellen und ähnlichen schwer aufschließbaren Faserpflanzen behandelt man das Gut mit Alkalien, wäscht und bearbeitet es naß in einer Schlagmaschine unter Vermeidung der Zerstörung der Faserlänge. **(D. R. P. 321 672.)**

Hanfartige, lange und geschmeidige Gespinstfasern erhält man aus der Lieschpflanze (Phleum) durch Kochen der grünen oder getrockneten Pflanzenteile mit 2grädiger Natronlauge im Drehfaß, folgende Neutralisation mit 1 proz. Salzsäure, schließliches Waschen und Trocknen. **(D. R. P. 335 420.)**

Um mexikanische Fiber (Itzle de Mexique) glatt, glänzend und biegsam zu machen, behandelt man das Fasermaterial mit heißer, 2 proz. Sodalösung, nach dem Spülen und Trocknen mit Schwefelsäure, dann mit heißem Wasser und schließlich mit Seife. **(D. R. P. 67 830.)**

Mexikanische Fiber, Cocosfaser und andere, für die Herstellung von Geweben, Polster und Roßhaarersatz geeignete Pflanzenfasern lassen sich dadurch veredeln, daß man sie zuerst mit Alkalien und dann mit sulfonierten Ölen behandelt und schließlich abquetscht. **(D. R. P. 308 443.)**

Die Aufarbeitung der Blätter von Dracaena indivisa und ihrer Spielarten auf zur Herstellung von Bindfaden, Seilen, Garnen und Geweben verwendbare Spinnfasern siehe **D. R. P. 301 205.**

Eine lange, flachsartige Faser, die durch längeren Aufschluß mit Chemikalien, Baumwollcharakter annimmt, erhält man auch durch Behandlung von Lavatera trimestris oder Malope grandiflora in der Kalt- oder Warmwasserröste oder durch Kochen mit darauffolgendem Brechen oder Abspritzen mit Wasserstrahl. **(D. R. P. 316 952.)**

245. Stroh, Lupinen, Alfa, Agave, Baumwollsamen.

Deutschl.	**Agave (Sisal)**	**1/2 1914 E.: 108 896; A.:**	**26 917 dz.**
„	**Cocos (Pflanzendaunen)**	**1/2 1914 E.: 84 179; A.:**	

Über Aufschließung des 46—48% Faserstoff enthaltenden Roggenlangstrohes durch mechanische Bearbeitung zwecks Spaltung des Röhrenteils und Zerquetschung der Knoten und folgende alkalische Behandlung ähnlich wie bei Jute, ferner über die Verwendung des Materials (Stranfafaser) für Seilerzwecke, Bindegarn bzw. in den feineren Faserarten auch zum Weben von Sack- oder Packtüchern und Matten siehe **E. O. Rasser in Bayer. Ind.- u. Gew.-Bl. 1919, 21; vgl. Papierfabr. 17, 135 und Kunststoffe 5, 125.**

Zur Umwandlung von Stroh in spinnbare Faser weicht man ausgesuchte Halme in einer Lösung von 28 Tl. Eichenlohemehl und 2 Tl. Ätznatron in 70 Tl. konzentriertem Ammoniak während 5—6 Tage, wäscht das Material dann aus und trocknet es. Die Faser eignet sich als Beimischung zu Jute, Flachs oder Baumwolle. **(D. R. P. 323 669.)** Nach dem Zusatzpatent fügt man der Lösung zwecks Gewinnung einer feineren Faser noch etwa 5% Wasserstoffsuperoxyd zu, wäscht die Fasermasse nach 4—5tägigem Weichen in dieser Lauge in lauwarmem Seifenwasser aus, trocknet und bearbeitet das Material weiter noch mechanisch. Jene Lauge ist 10—12 mal verwendbar. **(D. R. P. 328 597.)**

Zur Gewinnung von festen, seideglänzenden Spinnfasern aus Rübsenstroh arbeitet man an Ort und Stelle nach dem Wasserröstverfahren unter Zusatz geeigneter Bakterien, erspart so Transportkosten und erhält zugleich ein entfasertes Material, das Futter-, Streu- oder Düngezwecken dienen kann. **(D. R. P. 320 909 und 325 168.)**

Zur Gewinnung spinnfähiger Fasern aus Reisstroh preßt man dieses nach alkalischer oder saurer Vorbehandlung unter hohem Druck durch Quetschwalzen, kocht die Masse dann längere Zeit in 3grädiger Natronlauge und folgend in 1 proz. wässeriger Seifenlösung, quetscht abermals und wäscht das Fasermaterial aus. Den aus Einzelfasern bestehenden Baumwollersatz erhält man aus dem so behandelten Material durch dreistündige Behandlung in einem 125—130° heißen 3grädigen Alkalibad, das, auf das Strohgewicht bezogen, 1% Seife oder emulgiertes Öl enthält. Das Fasergut wird dann im Wolf zerrissen und gekrempelt oder gekämmt. **(D. R. P. 331 514.)**

Das aus trockenen Lupinenstengeln in der Menge von 5% gewinnbare Fasermaterial ist wohl mit Hanf und Flachs nicht vergleichbar, bietet jedoch einen vorzüglichen Juteersatz und mit 35% Flachs zusammen verarbeitet ein kräftiges Garn, so daß die Lupinenfasergewinnung aussichtsreich erscheint. **(P. Leykum, Neue Faserstoffe 1, 133.)**

Es sei übrigens hervorgehoben, daß die weiße Lupine als Faserpflanze nicht in Betracht kommt, und daß nur die Fasern der blauen und gelben Arten aus reiner Cellulose bestehen und daher, da diese genügend langfaserig und nicht so stark verholzt ist wie Jute, einen vollen Juteersatz abgeben. **(R. Schwede, Text.-Forsch. 1, 28.)**

Verfahren und Vorrichtung zur Gewinnung von Gespinstfasern aus Lupinenarten durch Behandlung mit starken, heißen Alkalilaugen, die nach Ablösung der Bastfasern unter Vermeidung ihrer Auflösung möglichst schnell entfernt werden, worauf man im Vakuum spült, sind in **D. R. P. 302 803** beschrieben. Das Verfahren des Hauptpatentes ist auch auf Flachs, Hanf, Kiefernnadeln, Leguminosen und überhaupt auf Pflanzen anwendbar, deren Bastfasern durch Einwirkung alkalischer Lösungsmittel von den übrigen Pflanzenfasern getrennt werden können. **(D. R. P. 304 213.)**

Zur Gewinnung von Gespinstfasern aus Lupinenstroh kocht man das Material mit Wasser oder schwachen Salzlösungen, z. B. jenen der Staßfurter Abraumsalze, und unterwirft es sodann einer Gärung. Die halbstündige Vorkochung kürzt den sonst 14—21 Tage in Anspruch nehmenden Röstprozeß auf 4—8 Tage ab und man erhält nach dem Waschen, Trocknen und Aufbereiten reine, weiche Fasern. **(D. R. P. 306 362 und 306 496.)**

Auch aus der Bastschicht der Schoten von Erbsen, die man nach Entfernung der äußeren Schotenschicht durch Gärung oder mittels heißen Wassers isolieren kann, gelingt es eine zur Herstellung von Bindfäden usw. geeignete Faser zu erhalten. Aus dem Grünmaterial gewinnt man Marmeladen. **(D. R. P. 307 626.)**

Die Alfafaser (auch Sisalhanf nach der mexikanischen Hafenstadt Sisal genannt) wird aus den Blättern verschiedener Agavenarten gewonnen, die in Südamerika, auf den Sundainseln, in Indien, auf Hawai, Australien, in den ehemaligen deutschen Afrikakolonien usw. vorkommen. Die Gewinnung der Faser ist einfach. Die reifen Blätter werden von den Pflanzen geschnitten, sortiert, in Bündel verpackt, in den Entfaserungsapparaten entfasert, worauf die Fasern gewaschen und im Freien oder in Trockenanlagen getrocknet werden. Der fertige Hanf kommt zu Ballen gepreßt in den Handel. Er findet Verwendung bei der Herstellung von Seilen, Stricken, Bindfaden, Hängematten, Säcken, starken Geweben, Hüten, zur Verstärkung von Gipsdielen usw. **(Tonind.-Ztg. 37, 1248.)**

Über Ananasbatist aus den ursprünglichen, also nicht versponnenen feinen Fasersträngen des Blattes von Ananassa sativa siehe **A. Herzog, Monatsschr. f. Textilind. 31, 149.**

Über Gewinnung von Fasern aus Cactuspflanzen siehe **D. R. P. 64 338.**

Eine agavenähnliche Faser von hoher Zugfestigkeit, die sich zur Herstellung von Tauen, Zugseilen oder Treibriemen eignet, gewinnt man ferner durch Aufschließung der Althaea semperflorens durch einfache Kaltwasserröste. **(D. R. P. 318 364.)**

Zur Verwertung der Abfallstoffe bei der Gewinnung der Hanffasern aus den Blättern der Agaven (95% der Blattsubstanz) brikettiert man die völlig wertlosen Fleischteile der Blätter, nachdem man ihnen evtl. verschiedene Pflanzenfette, Wachsarten oder organische Säuren entzogen hat, und verwendet die Formlinge als Brennmaterial. **(D. R. P. 254 836.)**

Nach **D. R. P. 335 612** arbeitet man die Agaven- oder Yuccaceenblätter zur Gewinnung von Gespinstfasern in der Weise auf, daß man sie mehrere Stunden bei gewöhnlicher Temperatur in 3—5grädiger, in der Wärme dann unter Zusatz von 3—4% Soda mit 1—2grädiger Natriumhypochloritlauge während mehrerer Stunden behandelt und das aufgeschlossene Material nach dem Waschen mit Thiosulfatlösung wie üblich weiterverarbeitet.

Zur Gewinnung für Textilzwecke verwendbarer Faser aus Baumwollsaathülsen und anderen faserhaltigen Abfallprodukten kocht man das Material in einer bekannten, die Inkrusten lösenden alkalischen Lösung und befreit die aufgelockerten Fasern in einem besonders konstruierten Apparat von den Hülsenresten. **(D. R. P. 171 604.)**

Zur Herstellung farbloser Fäden aus der nach **D. R. P. 178 308** aus Baumwollsamenschalen erhaltenen Cellulose, die stets gefärbt ist, da das Ausgangsmaterial durch die versuchte Bleichung zerstört wird, behandelt man die fertig gesponnenen, mehr oder weniger farbigen Fäden, allein oder mit Naturseide zusammen verwebt, mit den üblichen Bleichmitteln, und vermag so die vollständige Entfernung des Farbstoffes zu erzielen. **(D. R. P. Anm. G. 25 847, Kl. 29 b.)**

Einzelheiten über die Verwertung von Lumpen und die Verarbeitung von Baumwollabfällen (Trümmerfaserspinnerei) bringt **E. O. Rasser** in **Zeitschr. f. Textilind. 23, 202 u. 208.**

246. Ramie, Esparto, Wegerich, Meerrettich, Kartoffel, Soja, Waldwolle.

Über die Ramiefaser, ihre Gewinnung und ihre Verwendbarkeit für Strumpf- und Strickwaren siehe **Monatsschr. f. Textilind. 30, 41 u. 63.**

Über Gewinnung, Aufarbeitung und Verwendung der Ramiefasern siehe ferner **E. Radclyffein, Leipz. Färberztg. 53, 67 u. 86.**

Man unterscheidet die echte Ramie oder Rhea von der in China gebauten als Chinagras bekannten Ramiepflanze (Boehmeria nivea), die, in verschiedenen Spielarten gezogen, auch verschiedenes und dementsprechend verschiedenartig aufzuschließendes Material liefert **[234]**. Während im Jahre 1908 aus China 9115 t im Werte von 2 330 819 M. ausgeführt wurden, betrug die Ausfuhr (von der die Hälfte nach Japan ging) 1912 auch nur 10 620 t, jedoch im Werte von etwa 7 037 927 M. **(Monatsschr. f. Textilind. Spez.-Nr. 1, 9.)**

Zur Verarbeitung des Chinagrases empfahl **A. Sansone** das einfache Kochen der Stengel mit Soda- oder Natronlauge. Grünes Material läßt sich schon nach 5 Minuten leicht entschälen, so daß dieses Verfahren besonders für die Gewinnungsorte der Faser zu empfehlen wäre. Trockene Stengel brauchen allerdings 15—25 Minuten. **(Jahr.-Ber. f. chem. Techn. 1886, 906.)**

Nach **D. R. P. 115 745** wird die Degummierung der Ramierohfaser durch Bakteriengärung bewirkt. Um das Ferment zu gewinnen werden geringwertige Ramieteile in der 20fachen Menge Wasser eingeweicht, mit Chlorammonium versetzt und bei etwa 30° sich selbst überlassen. Die braune, stark alkalische, übelriechende Flüssigkeit wird der in Wasser aufgeweichten Ramierohfaser zugesetzt; durch die eintretende Gärung wird nach einigen Tagen eine vollständige Trennung der Faser von den holzigen Bestandteilen erzielt. Den Pflanzengummi löst man durch Kochen in sehr dünner Natronlauge unter 2 Atm. Druck während 3 Stunden auf, dann wird die Ramiefaser gewaschen, getrocknet und mechanisch weiter verarbeitet.

Zur Entrindung und Entgummierung von Ramie weicht man die Faser in dünnen Lagen unter Schütteln und folgendem Auswaschen in einem besonderen Apparat, entgummiert dann in einem anderen Bade und trocknet schließlich, alles auf maschinellem Wege, ohne die Ware zu berühren. **(D. R. P. 154 885.)**

Zur Aufarbeitung des Espartograses kann man das Material mit 1—6% seines Gewichtes Ätzalkali im Dampfstrom kochen bis das Gut weich und schmiegsam wird, worauf man die Flüssigkeit durch Abquetschen entfernt, die Fasern voneinander trennt und wie üblich aufarbeitet. Gebleicht wird mit Schwefeldioxyd. **(F. P. 480 606.)**

Spinnbare Fasern aus Gras, Stroh und anderen Pflanzenstoffen werden nach **E. P. 10 899/1915** in der Weise gewonnen, daß man die betreffenden Pflanzenstoffe mit einer Lösung von Ätznatron und Kupfersulfat, der Chlorammonium zugesetzt ist, kocht und die Fasern in kochendem Wasser wäscht.

Ein bloßes Trocknungsverfahren zur Aufarbeitung von Blättern und Blattstielen des Wegerichs bzw. der herausgezogenen fadenartigen Gefäßbündel ist in **D. R. P. 301 204** beschrieben. Das gewonnene Material dient für Polsterungszwecke oder zur Herstellung von Seilen, die mit Teer getränkt werden sollen.

Über die Gewinnung einer Spinnfaser aus dem leicht veredelbaren Blattstengel des Meerrettigs siehe **D. R. P. 297 062.**

Die Sojapflanze enthält zwar nur 4,2—6% Reinfaser, die jedoch so gute Eigenschaften besitzt, daß die Frage der Nebenbenützung der Sojabohnen als Textilpflanze weiter verfolgt zu werden verdient. **(R. Schwede, Texti.-Forsch. 1, 97.)**

Auch die abfallenden Kartoffeltriebe, die man bei Lagerung der Kartoffeln im Keller oder bei der Treibhauszucht erhält, ebenso wie die Fasern der Anoda hastata - Pflanze werden durch Aufschließen in spinnfähige Fasern übergeführt, die sich im ersteren Fall für Seilereizwecke, als Jute-, Leinen- oder Baumwollersatz, in letzterem Fall als Schafwollersatz eignen. **(D. R. P. 318 318 und 318 389.)**

Die Kartoffelstengel sind dagegen so faserarm, daß sie für sich als Textilmaterial kaum in Betracht kommen, wohl aber geben sie nach der Aufschließung durch Warmwasserröste zusammen mit Flachs- oder Hanfwerg nach dem in der Baumwoll- oder Streichgarnspinnerei üblichen Verfahren versponnen verwendbare Stoffe. **(A. Herzog, Text.-Forsch. 2, 8.)**

Zur Herstellung der sog. Waldwolle befreit man Nadeln der Kiefernarten (weniger geeignet sind jene der anderen Nadelbäume) durch Auskochen unter hohem Dampfdruck von Harz und Öl, zwei Stoffen, die zur Luftparfümierung und zur Herstellung von aromatischen Bädern Verwendung finden, trocknet das Material dann und bearbeitet es mit schweren Walzen, so daß nur die zugfesten Fasern erhalten bleiben. Diese geben dann für sich oder mit anderem Fasermaterial versponnen Filze, Matten- und Läuferstoffe und in Mischung mit Hanf- oder Flachsabfällen auch Stricke, Taue und Bindfaden. **(E. Ulbrich, Faserstoffe 1, 50.)**

Zur Aufarbeitung von Kiefernnadeln auf spinnbare Fasern erwärmt man das getrocknete Material nach Vorbehandlung mit warmer Mineralsäure, dann, wenn die Epidermis abgelöst ist, zur Lösung des Harzes und zum Freilegen der Fasern mit 3proz. Alkalilösung, wäscht das Material und trocknet es. Die alkalische Harzlösung kann als Papierleimmittel dienen. **(D. R. P. 332 096.)**

Nach **D. R. P. 335 562** entharzt man die Coniferennadeln mit einem Lösungsmittel und verrührt das Material dann bis zu seiner gleichmäßigen Quellung in kochenden alkalischen Laugen. Vor völliger Auflösung der Blatteile wird die Masse gekollert.

Über die Waldwolle, aus den Nadeln der Kiefer (Pinus sylvestris) gewonnen, findet sich ein Bericht schon in **Schles. Gewerbeverein-Zentralbl. vom Jahre 1842—1843.** Vgl. **Dingl. Journ. 125, 462.**

247. Holz und Rinde.

Die Patente über die Verarbeitung von Holz oder Holzstoff zu textilen Produkten sind von **O. Spohr** in **D. Faserst. u. Spinnpfl. 2, 6** zusammengestellt.

Über die Herstellung spinnbarer, biegsamer und fester Fasern aus Holz und ihre Verwendung in der Seil- und Taufabrikation siehe **D. R. P. 39 620.**

Zur Gewinnung von spinnbaren Fasern aus Holz behandelt man dünne Holzbrettchen mit längsgeriffelten Walzen unter Druck und knickt so, bzw. biegt die einzelnen Fasern wiederholt, so daß eine lockere in der Querrichtung leicht teilbare, in der Längsrichtung schwer zerreißbare, schließlich ganz faserige Masse resultiert, die nach **Mitscherlichs** Angaben wie rohe Baumwolle weiterverarbeitet und versponnen werden kann. **(D. R. P. 60 653.)**

Zur Gewinnung von Gespinstfasern aus Holz läßt man das in kleinen Teilen längsgespaltene Material gefrieren, wodurch die Zellmembranen erweicht und die Fasern mürbe werden, trocknet, entfernt mechanisch oder auf andere Weise die Membranen und verarbeitet die Längsfasern weiter ähnlich wie Jute. Besonders geeignet ist Lindenholz. **(D. R. P. 300 419.)**

Zur Erzeugung von Spinnfasern aus Holz nach dem Kochverfahren der **D. R. P. 296 973** und **296 949** zerlegt man die in eine Art Halbcellulose umgewandelten Holzscheite, Bretter oder Furniere (auch Holzspäne) durch Schlagen oder sonstige mechanische Bearbeitung bei Gegenwart von Wasser in Fasern und erhält so, besonders wenn unter einem über der Kochtemperatur liegenden Dampfdruck der Aufschließung gearbeitet wurde, einen mehr wolligen oder bei andersartigen mechanischen Behandlungen einen flachsartigen Spinnstoff. Man kann während des ganzen Vorganges die Chemikalien entbehren bzw. nach einer Abänderung des Verfahrens mit alkalischen, sauren oder salzigen Flüssigkeiten in beliebiger Reihenfolge aufeinanderfolgend oder auch bei Gegenwart von Erdöl, Benzol, Naphtha usw. unter Druck kochen. Eine weitere Ausführungsform ist dadurch gekennzeichnet, daß man die Holzstücke mit Kochsalz-, Natriumsulfit-, Magnesiumsulfat- oder ähnlichen die Lignine nicht lösenden Salzlösungen behandelt bzw. das Material nach der alkalischen Kochung in ein Bad von essig- oder schwefelsaurer Tonerde bringt bzw. das Holz vor oder nach dem Zerfasern mit Ölen, Fetten, deren Emulsionen, mit Glycerin oder Bohröl behandelt. Schließlich ist in dem letzten Patent eine Erweiterung des Verfahrens dahin geschützt, daß der Rindenbast des Holzes bzw. ganze unentrindete Stämme gekocht werden, in letzterem Fall der Bast abgezogen und in beiden Fällen nach dem Trocknen, Anfeuchten oder Einfetten ebenfalls der Zerfaserung auf mechanischem Wege unterworfen wird. **(D. R. P. 302 424, 303 293, 304 313 und 304 312.)**

Bei der Herstellung von Spinnfasern aus Holz verarbeitet man zweckmäßig nur den Sommerholzteil, der aus dem Holzstamm herausgeschälten Jahresringe, der die Fasern größter Widerstandsfähigkeit enthält. **(D. R. P. 305 141.)**

Zur Gewinnung von Langfasern für Textilzwecke durchtränkt man parallel angeordnete Holzwollfasern oder Strohhalme mit Schwefelnatriumlauge, erhitzt dann bis nahe an 100°, evtl. unter Druck, und läßt die Lauge nach erfolgter Lösung der inkrustierenden Stoffe längere Zeit nachwirken. **(D. R. P. 330 283.)**

Zur Umwandlung von Holzcellulose in baumwollartig spinnbaren Holzfaserstoff behandelt man das gewaschene Material mit verdünnter Salzsäure und entfernt die gebildeten Chloride durch gründliches Auswaschen. Am besten geeignet ist Holzwolle, die schon die gewünschte Länge der Spinnfasern besitzt. **(D. R. P. 336 200.)**

Zur Vorbereitung der Holzcellulose für das Verspinnen kollert man sie nach Benetzung mit organischen Lösungsmitteln oder Spinnöl, Ölsäure oder Seifenlösung. **(D. R. P. 305 148.)**

Eine Vorrichtung zur Gewinnung von Gespinstfasern aus Holz ist in **D. R. P. 310 764** und **340 411** beschrieben.

Zur Ausnutzung von Weiden- oder Pappelrinde schält man diese von dem bei 150—180° gedämpften Holz ab, kocht sie zur Gewinnung einer Gerblauge mit Wasser aus und verarbeitet den Rückstand auf Spinnfasern, die fester sind als chemisch aufbereitete Fasern. **(D. R. P. 300 644.)**

Zur Gewinnung von Spinnfasern aus Baumrinde kocht man Pappel-, Linden- oder Weidenzweige, zieht die Rinde ab, kocht diese mit Sodalösung, wäscht und schleudert das Material, verfeinert es in nassem Zustande durch Kratzen und erhält so nach dem Trocknen sofort spinnfertige Fasern. **(D. R. P. 305 655 und 307 724.)**

Auch aus Eichenrinde läßt sich durch Wässern, Kochen und Trocknen ein Fasermaterial gewinnen, das sich zur Herstellung von Geflechten, Geweben, Schnüren und Seilen eignet. **(D. R. P. 307 197.)**

Zur Bereitung eines Rinde-Gespinstfasermaterials löst man aus Linden-, Weiden- oder Pappelrinde in warmer Lösungslauge den verwendbaren faserigen Bast aus und gewinnt außerdem einen wertvollen Pflanzenleim und in den Rückständen ein Brennmaterial. **(D. R. P. 308 566.)** Nach dem Zusatzpatent werden die abgeschälten, von der äußeren grünen Schicht befreiten Rindenstücke mit Lauge behandelt. Durch das Abschürfen der Borke erzielt man besseres Eindringen der Lösungslauge und vermeidet die Braunfärbung des freiliegenden Bastes während des Lösungsprozesses. **(D. R. P. 314 954.)**

Die Rinde des Maulbeerbaumes wird zur Gewinnung aufgeschlossener Faser durch Einwirkung starker Alkalien zur Schrumpfung und Kräuselung gebracht. **(D. R. P. 317 043.)**

Auch aus den Zweigen des Maulbeerbaumes kann man Spinnfasern in der Weise gewinnen, daß man die abgezogene und erweichte Rinde mit heißer Sodalösung behandelt und sie dann in kaltem Wasser wäscht, das Talkum suspendiert enthält. **(J. Dantzer, Zentr.-Bl. 1920, IV, 485.)**

Die Rindenbastfaser der Solidoniapflanze wird nur im Gemisch mit Wolle und Baumwolle verwendet. Sie verhält sich wie Baumwolle, läßt sich rein weiß bleichen und wird nicht über 80—90°, da sie sonst härter und spröder wird, mit Baumwollfarbstoffen gefärbt. Beim Färben mit Benzidin-, Diazo- und Schwefelfarbstoffen wird zur Erhaltung des weichen Griffes Monopolseife und Monopolbrillantöl zugesetzt. Zur Erzielung von Kochechtheit färbt man mit Katigenfarben, beste Echtheitseigenschaften erhält man mit Algolfarben. Die Faser darf nicht bei allzu hohen Temperaturen getrocknet werden. **(R. Werner, Färberztg. 25, 284.)**

Zur Aufarbeitung von Gerbrinden auf spinnbare Fasern entfernt man zuerst die Borke und extrahiert die Rindenmasse senkrecht stehend zur Abscheidung der inkrustierenden und Gerbstoffe. **(D. R. P. 344 521.)**

248. Weiden(rinden-, -ruten-)bast, Hopfen, Efeu.

Weidenrindengarn dürfte nur ein beschränktes Verwendungsgebiet finden, während Weidenbast durch besondere Behandlung (Wasserröste) eine weiche Faser von Art des Lindenbastes liefert.

Über die aus Weidenbast herstellbare Weidenbastwolle, die sich allgemein für Textilzwecke, im speziellen wegen ihrer großen Saugefähigkeit zur Herstellung von Verbandmaterial eignet, wird in **Zeitschr. f. Textilind. 12, 294** berichtet. Der beim Schälen der Weiden abfallende Bast wird ähnlich wie Flachs und Hanf während 5—8 Stunden gelaugt, worauf man im Freien trocknet und entgerbt, nach dem Brechen hechelt und das fertige Produkt wie üblich weiter verarbeitet. Man erhält aus 400 Tl. Rohbast, der im Freien getrocknet, jahrelang gelagert werden kann, etwa 100 Tl. spinnfähige, dem Lindenbast ähnliche, jedoch etwas kürzere, Faser, die etwas dünner ist als Hanffaser und ihrer Festigkeit wegen als selbständiges Fabrikat Verwendung finden kann. Größere Versuche scheinen noch nicht angestellt worden zu sein. **(Zeitschr. f. d. ges. Textilind. 18, 173.)**

Ein Verfahren zur Verarbeitung von Weidenruten auf spinnbare Fasern ist dadurch gekennzeichnet, daß man die abgeschälte Rinde in besonderer Vorrichtung zunächst kocht, dann in einem alkalischen Seifenbade unter Auslaugung des Tannins beizt und so nach dem Zerreißen und Sondern des Materiales einerseits lange hochwertige Spinnfasern, andererseits ein kurzfaseriges Material für Isolationszwecke und schließlich einen Rindenstaub erhält, der als Korkersatz Verwendung finden soll. **(D. R. P. 291 072.)**

Bei Herstellung feiner Garne aus Weidenrutenrinde unterwirft man das Material nach dem Kochprozeß einer stauchenden Wasch- oder Schweifbewegung, also einer Knickung in der Längsrichtung der Fasern, wodurch die Rindenbestandteile gelockert werden und die wertvolle Faser frei wird. **(D. R. P. 297 569.)**

Die bei der Fasergewinnung aus Weidenrinde nach dem Sodakochverfahren erhaltene Kochlauge eignet sich in hohem Maße für Gerb- oder Waschzwecke, auch kann man einen braunen Farbstoff aus ihr gewinnen. **(F. P. 480 637.)**

Über Verarbeitung des Lindenbastes auf Gewebefasern siehe **D. R. P. 47 023.**

Der wilde Hopfen läßt sich besser als die Kulturpflanze, deren Rindenbast sehr spröde ist, auf textiltechnisch verwendbare Fasern verarbeiten, wobei milde schwach alkalische Kochung angezeigt ist, um die Fasern nur soweit zu trennen, daß ein langstapeliges Material gewonnen wird. Die dann erhaltenen noch groben aber weichgriffigen, bis zu 25 mm langen Fasern werden weiter mechanisch bearbeitet und allein oder im Gemenge mit anderen Fasern zu groben festen Garnen für Säcke, Plachenstoffe oder Decken versponnen. Als Zusatz zu Kunstwolle können Hopfenfasern auch für Kleidungsstoffe Verwendung finden, doch muß der Bast dann ohne die Konzentration der alkalischen Kochflotte zu steigern durch Verlängerung des Vorganges weitgehender aufgeschlossen werden. **(O. Reinhardt, Techn. Versuchsamt 1918, 23.)**

Zur Gewinnung spinnbarer Fasern aus Nessel-, Hopfen-, Sonnenblumenstengeln oder anderen stark verholzten Pflanzenfasern kocht man die durch Röstung oder einen Vorkochprozeß gelockerten Stengel 5 Minuten mit 2proz. Alkalilauge unter 15 Atm. Druck, wäscht die gelockerten holzigen Teile ab und erhält so ohne mechanische Entbastung ein in seinen Eigenschaften nicht geschädigtes Pflanzenmaterial. **(D. R. P. 250 410.)**

Zur Gewinnung der Fasern aus Hopfenrinde legt man sie kurze Zeit in stark verdünnte Milchsäure, die das Fasereinbettungsmaterial löst, und wäscht dann mit reinem Wasser nach. **(D. R. P. 299 164.)**

Zur Gewinnung spinnfähiger Fasern aus Hopfenstengeln behandelt man sie nach Entfernung der Extraktivstoffe durch heißes Wasser derart mit stark verdünnten pektinlösenden Zusatzstoffen (Alkalien, Schwefelnatrium, Sulfite oder Bisulfite) in 1—2proz. Lösung während 1—2 Stunden, daß noch ein gewisser Pectinrückstand in der Faser verbleibt, der als Klebstoff wirkt und das Material widerstandsfähiger macht. Aus der Pektinlösung kann man das Pectin ausfällen, aus der Extraktflüssigkeit gewinnt man nach Vergärung und Abdestillieren des Alkohols einen in Färbereien oder Gerbereien verwendbaren Beiz- bezw. Gerbstoff. **(D. R. P. 304 387.)**

Nach einem anderen Verfahren werden die Hopfenranken nach mehrtägigem Weichen in Kochsalzlösung und nach Entfernung der braunen Epidermisschicht mehrere Stunden in stark verdünnter Ätzalkalilösung unter Zusatz von Alkalisulfit gekocht, gebürstet, gewaschen und sodann einer zweiten Kochung mit stark verdünnter Ätzalkalilösung unterworfen. Diese Kochung kann auch durch längere Behandlung mit Alkalibisulfit unter Druck ersetzt werden oder man kann diese Alkalibisulfitbehandlung der zweiten Kochung anschließen. Schließlich durchfeuchtet man das Material mit alkalischer Wasserstoffsuperoxydlösung und bleicht es unter Verhängen bzw. spült, wenn nicht gebleicht werden soll, mit sehr verdünnter warmer Säure, wäscht und trocknet. **(D. R. P. 318 224.)**

Siehe auch Verfahren und Vorrichtung zur Gewinnung von spinnfähigen Fasern aus Hopfen nach **D. R. P. 331 432.**

Wegen der Güte der durch Kochen mit Wasser oder sonst wie üblich leicht aufschließbaren Hederafaser empfiehlt es sich den Efeu in moorigem oder schattigem Lande anzubauen, wo die Pflanze an Stöcken, ähnlich wie Hopfen gezogen, unkrautartig wachsend, Manneshöhe erreicht und mehrmals im Jahre geerntet werden kann. **(D. R. P. 315 168.)**

249. Torf, Torfgras, Pestwurz, Binse.

Über Torf, Waldwolle und Seegras als Gespinstfasern siehe **E. O. Rasser, Bayer. Ind.- u. Gew.-Bl. 106, 121.**

Über die Technologie der Torffaser siehe die auf Gewinnung von Spinnfasern bezügliche Patentzusammenstellung von **K. Süvern** in **Neue Faserstoffe 1, 169 ff.**

Die Ausnutzung der Torflager, besonders für die Zwecke der Textilindustrie (Torfwolleverfahren von **C. Geige**), ist in **Färber-Kalender 1909, 32** beschrieben.

Über die Festigkeitseigenschaften der Torfgespinste, ihre Verwendung als Isoliermaterial für Teppiche, Decken usw. berichtet **E. O. Rasser** in **Zeitschr. f. Textilind. 23, 62** u. **68.**

Die Fabrikation der aus Torffaser mit oder ohne Wollzusatz hergestellten Decken, Teppiche, Matten, Seile und Stricke und die Festigkeit der Gewebe schildert ferner **Chr. Marschik** in **Neue Faserstoffe 1, 61.**

Eine Anlage zur Zerlegung der Torfmasse in Spinnfasern, Papierfasern und Brikettstoffe bzw. zur Abscheidung von Torffasern aus dem Moor ist in **D. R. P. 324 504** u. **328 049** beschrieben.

Die auf irgendeine Weise, z. B. auch rein mechanisch nach **D. R. P. 301 394,** aufgeschlossene Torffaser dient besonders zum Strecken der Wolle, als Packungs-, Isolations- und Polstermaterial und ferner zur Herstellung von Trikotagen und Strümpfen, wobei nicht nur der Brenntorf, sondern auch Schwarztorfschichten als Ausgangsmaterial dienen können. Die als Wollersatz geeigneten Torffasern finden sich nur im Hochmoor, die Weißtorf enthalten. Die Fasern werden bisher nur als Nebenprodukt der Torfmullerzeugung gewonnen, doch sind manche Länder, z. B. Österreich, während des Krieges dazu übergegangen, den Aussonderungszwang einzuführen, d. h. den torfverarbeitenden Industrien die Ablieferung der Torffasern vorzuschreiben. Über die Verarbeitung der Torffaser überhaupt siehe weiter die Ausführungen von **W. Magnus** bzw. **K. Süvern** in **D. Faserst. u. Spinnpfl. 1919, 277, 279.**

Chemisch reine Torffasern erhält man durch Auslaugen des rohen Torfes mit Alkalien und ein folgendes Säurebad, in dem die in den Fasern enthaltene Stärke verzuckert wird und die Eiweißstoffe zerstört werden. Man behandelt dann noch in einem Gärungsbade, um den Zucker zu zersetzen, wäscht die Faser aus, behandelt sie mit einem Entfettungsmittel, wäscht abermals, kocht sie mit verdünnten Säuren oder Alkalien und unterwirft das Material evtl. noch einer Bleichung. **(D. R. P. 96 540.)**

Zur Erzeugung eines wollartigen Materials zur Herstellung von Garn, Watte oder Pappe behandelt man Torffasern in einem kalten schwach alkalischen Bade während 4—6 Stunden, dann in einem ebenfalls kalten stärkeren Bade $^1/_2$—1 Stunde, spült und verwalkt das Material mit Olein oder einer anderen Ölemulsion. Die schmiegsame Masse wird dann in bekannter Weise abgeschleudert und getrocknet. **(D. R. P. 302 261.)**

Bei der Aufbereitung von Torf zur Gewinnung von Spinnstoffen und Pappe bringt man das Zellwasser der durch Waschen von den beigemengten, in der Erhitzung backenden Stoffen vollständig befreiten Fasern durch plötzliches Erhitzen zur Verdampfung und kann so die Zellwandzersprengung bzw. -ausdehnung bis zur gewünschten Höhe leiten, was bei dem sonst üblichen Gefrierprozeß nicht möglich ist. **(D. R. P. 303 834.)**

Um aus Torf- und Moosarten unter dem Einfluß von Feuchtigkeit nicht einlaufende, weichbleibende, verspinnbare Garne zu erzeugen, die mit dem nötigen Verstärkungsmaterial ein gut verwebbares, haltbares Fabrikat liefern, behandelt man das gereinigte Material evtl. während des unter Schütteln oder durch andere mechanische Einwirkung bewirkten Reinigungsprozesses mit einer so dünnflüssigen Seifenlösung oder Fettemulsion, daß sie die Fasern durchdringen, die Bildung dickflüssiger klebriger Massen jedoch vermieden wird. **(D. R. P. 316 511.)**

Zur Trennung der Blatt- und Wurzelteile von den Stengeln bei der Herstellung von Spinnfaser aus Torfmasse behandelt man diese nach ihrer mechanischen Reinigung einige Minuten mit so schwacher Säure, daß nur die Blattzellen. nicht aber die Bastzellen angegriffen werden, regeneriert dann die Zähigkeit der Bastzellen in einem schwachen Natronlaugebad, trocknet die Masse, hechelt sie und entfernt die gebrochenen Blatteile durch Windsichtung. **(Norw. P. 30 805.)**

Zur Erzeugung reiner gekräuselter Torfwolle bringt man das vertorfte Wollgras 30 Minuten in 0,5 proz., 50° warme Alkali- oder Säurelösung, spült das Material kalt und bringt es in ein Malz- oder Diastase- oder Säurebad von 50—60° oder in ein Hefebad von 30—40°, läßt die Masse 4 Stunden fermentieren, kocht sie im Alkali- oder Säurebad 15 Minuten, spült, bleicht und trocknet. **(D. R. P. 332 169.)**

Über die Verwendung nicht des Torfes, wohl aber des durch eine Art Heugärung vorbehandelten Torfgrases und verfilzter Torffasern zur Herstellung von Matten, Seilen, Pferdedecken und gemischt mit anderen Fasern zur Gewinnung von Halbtorfgeweben, aus denen sich Frottierhandschuhe u. dgl. herstellen lassen, siehe **Zeitschr. f. Textilind. 1904, 341.**

Auch die Blattstiele der Pestwurz (Petasites) können als Ausgangsmaterial zur Herstellung gröberer jute- und hanfähnlicher oder nach entsprechender Behandlung zur Bereitung feinerer Garne dienen. **(D. R. P. 302 593.)**

Ferner läßt sich das heimische Wollgras durch chemische Behandlung der verschiedenen Eriophorumarten mit chemischen Mitteln wesentlich verbessern, so daß dieses Material, vorausgesetzt, daß genügende Ernteerträgnisse zur Verfügung stehen, ebenfalls zur Gewinnung von Faserstoffen herangezogen werden kann. **(E. Ulbrich, Neue Faserstoffe 1, 89.)**

Zur Bereitung von spinnfähigem Material werden vorgereinigte Wollgrasflocken (Eriophorum vaginatum) abwechselnd in 80° warmen und 5° kalten Bädern behandelt, wodurch ein schonendes Aufflockern des Materials schon in etwa 6 Bädern erzielt wird. Das getrocknete, gekrempelte Material kann unmittelbar für sich oder zusammen mit tierischer oder pflanzlicher Faser versponnen werden. **(D. R. P. 300 868.)**

Über die Verwendung der Blumenbinse (Botumus umbellatus) und des Seegrases (Zostera marina) als Faserpflanzen siehe die Angaben von **B. Ulbrich** in **Faserstoffe 1, 64 u. 73.**

Durch Behandlung von mit Dampf oder sehr verdünnten Alkalien vorbehandelten Binsen mit stark verdünnter Natronlauge kann man die in der äußeren Umfläche der Pflanze befindlichen hochwertigen spinnbaren Fasern abtrennen. **(D. R. P. 308 565.)**

Die Aufarbeitung der Binsen kann auch so erfolgen, daß man das gequetschte Material mit schwachen Alkalien behandelt und dann mit kochender, verdünnter Bisulfitlauge aufschließt, das Gut abgeschleudert und vor dem Trocknen schmälzt. Man erhält so reißfeste, lange, weiche Spinnfasern. **(D. R. P. 308 564.)**

250. Schilf, Rohr (Typha).

Die Typhafaser wird aus dem Blatte des allgemein bekannten, in Masse wildwachsenden Kolbenschilfes (Typha angustifolium) erhalten. Zuverlässige Angaben über die Gewinnung sind bisher noch nicht veröffentlicht, doch darf man annehmen, daß die Blätter nach dem für Flachs üblichen oder einem ähnlichen Röstverfahren verarbeitet werden. Die isolierten langen Fasern sind hell-bräunlichgelb und sehr fest. Infolge ihrer Festigkeit und sonstigen guten Eigenschaften wird die Typhafaser vielfach als Ersatz für Wolle allein oder im Gemisch mit dieser zu Streich- und Kammgarnstoffen verwoben. Als Nachteil wird die im Vergleich mit Wolle geringere Elastizität hervorgehoben, wodurch beim Tragen der Stoffe diese leicht knittern und Falten erhalten. Erfolgreiche Versuche, diesem Übelstande durch geeignete Behandlung evtl. bei der Appretur zu begegnen, würden einen gewaltigen Fortschritt bedeuten (**Krais**, a. a. O.).

Zum Bleichen der rohen Typhafaser wendet man Decrolin (Bd. **III [370]**) und Ameisensäure, zum Färben substantive Baumwollfarbstoffe an.

Über Anlage von Typhapflanzungen durch Auspflanzen der Wurzelachsen in lockeren Boden 10—13 cm über dem Wasserspiegel so, daß sie 5—10 cm hoch von Erde bedeckt sind, wodurch zu gleicher Zeit die Uferfestigkeit gesteigert wird, siehe **P. Graebner** und **A. Zinz, Neue Faserstoffe 1, 253.**

Über die Zusammensetzung des Schilfrohres siehe **Herig, Cellulosechemie 1921, 25.**

Die Besprechung einiger Patente über die Gewinnung der Typhafaser und ihrer Mikroskopie von **A. Busch** findet sich in **Zeitschr. f. Textilind. 22, 335.**

Zur Gewinnung spinnbarer Fasern aus Schilf oder Binsen schließt man diese Materialien nach **D. R. P. 180 396** mit alkalischer Lauge nach **Zusatz 195 295** mit Calcium- oder Magnesiumbisulfit bei 100—110° auf. Die so erhaltenen Fasern sind zwar nicht so fest, aber weißer als jene, die man mit alkalischen Laugen erhält.

Halme von Schilf, Binsen u. dgl. können nach **D. R. P. 136 100** auch mit einer 2—3 proz. Natron- oder Kalilauge unter Zusatz einer Erdöl-Kalkemulsion in verspinnbare Faser übergeführt werden.

Über das Aufschließen von Schilf oder Binsen zur Gewinnung spinnbarer Fasern siehe ferner **D. R. P. 189 957.**

Zur Verarbeitung von Schilf, Rohr und anderen Halmen auf spinnbare Langfasern und Papierhalbstoff legt man das reifgeschnittene, geschlitzte und getrocknete Material während 2—3 Wochen in 20—30° warmes Wasser, das man wiederholt wechselt, wäscht, trocknet und bringt die Masse in eine Erdölseifenemulsion, die Ätzalkali enthält, wäscht das nunmehr losere Material unter gleichzeitiger Trennung der Lang- und Kurzfasern, entwässert in Zentrifugen, badet in angesäuertem Wasser, wäscht in reinem Wasser aus, trocknet, hechelt schließlich in geeigneten Maschinen und erhält so eine glänzende, sehr zugfeste und weiche Gespinstfaser. **(D. R. P. 285 539 u. 345 409.)**

Zur raschen Darstellung eines filzartigen, als Stopfmaterial verwendbaren Stoffes aus Rohrkolbenschilf kocht man das Material während etwa 2 Stunden mit 1—3 proz. Ätzlauge mit oder ohne schwachem Druck und gewinnt den dann durch einfaches Zerreißen und Pressen weiter verarbeitbaren Faserstoff durch Auswaschen des Aufschließungsgutes. **(D. R. P. 308 426.)**

Nach **D. R. P. 300 744** kocht man das Schilf mit 0,3—0,5 proz. Lauge so lange, bis sich die Fasern von den übrigen Bestandteilen isolieren lassen. Abänderungen des Verfahrens finden sich in der Schrift. Nach dem Zusatzpatent arbeitet man zuerst mit überschüssiger stärkerer Lauge zweckmäßig unter Zusatz schaumgebender Mittel und dann erst mit jener schwachen Lauge unter Zuhilfenahme mechanischer Verrichtungen. **(D. R. P. 307 063.)**

Bei der Aufbereitung von Faserpflanzen, z. B. Typha, verwendet man natürliche Pflanzensäfte, z. B. den Kartoffelsaft, der bei der Fabrikation von Kartoffelstärke abfällt, und durch Encyme amylolytischer oder proteolytischer Art gespalten wird, als aufschließendes Agens. **(D. R. P. 316 414.)**

Nach **D. R. P. 347 086** wird die Typha nach der üblichen Vorbehandlung durch Kochen mit Lauge in völlig neutralem Bade mit diastatischen Präparaten behandelt, worauf man die gelösten Schleimstoffe durch Spülen mit Wasser entfernt.

Zur Veredelung der Typha und ähnlicher rauher oder poröser Gespinstfasern behandelt man sie mit einer 0,2 proz. Casein- oder Eiweißlösung und fixiert dann den Eiweißstoff mit Formaldehyd oder geeigneten Salzen. Die Fasern werden dadurch geglättet, haften nicht aneinander und sind kaum mehr hygroskopisch. **(D. R. P. 310 763.)**

In **D. R. P. 308 563** ist die Nachbehandlung chemisch aufgeschlossener Typhafasern durch Kochen mit Natriumbisulfitlauge in offenen Gefäßen oder unter Druck zwecks Entfernung der das Fasermaterial verkittenden Bestandteile beschrieben.

Aus den Wurzeln des Kolbenschilfes erhält man hellere Fasern als aus dem Mark. Man zerquetscht daher nur das Wurzelmaterial und arbeitet dieses auf Textilfasern auf; aus den abfallenden Teilen kann Stärke gewonnen werden. **(D. R. P. 302 505.)**

Zur Herstellung von Gespinstfasern aus Kolbenschilf (Typha), Binsen und ähnlichen Produkten verarbeitet man nur die langfaserigen inneren Gefäßbündel der Typharhizome allein oder in Verbindung mit anderen Fasern und erhält aus diesem 0,25 mm starken und bis zu 50 cm langen Material Gespinste, die sonst aus Hanf oder Brennessel hergestellt werden. Nach einem anderen Verfahren kocht man die Pflanze evtl. nach Spaltung der stärkeren Stengelteile in schwach alkalischer Lösung oder in einem Säurebad, entwässert, trocknet und befreit die Fasern in einem Brechwalzwerk von den gelösten, inkrustierenden Bestandteilen. Das die Verwirrung der Fasern begünstigende Waschen fällt ganz weg. **(D. R. P. 307 731 und 310 784.)**

Die Wurzelstöcke des Schilfrohres, Arundo phragnitis, geben nach Entfernung der zur Alkohol- und Futtermittelbereitung geeigneten stärke- und zuckerhaltigen Bestandteile ein als Jute- oder Papiergarnersatz geeignetes Fasermaterial. Durch bloßes Schleifen dieser Wurzelstöcke kann man auch einen Holzschliff gewinnen, der mit schwacher Natronlauge unterhalb 100° aufgeschlossen zur Pappenherstellung geeignet ist. **(D. R. P. 304 285.)** Nähere Ausführungen zu diesem Patent, ferner Angaben über die Zusammensetzung der Schilfrohrwurzeln bringt **E. Heuser** in **Papierfabr. 18, 115.**

Die völlige Aufarbeitung der Schilfrohr-Wurzelstöcke auf Spinn- und Papierfasern, Stärke und Zucker ist ferner in **Norw. P. 33 735** beschrieben.

Bei der Verarbeitung der Typhasamenhaare für Textilzwecke ergeben sich wegen der Kürze dieser Fasern des Schilfkolbens, die bei leiser Luftbewegung fortfliegen, schwer verfilzen und auch mit anderem zuzusetzendem Fasermaterial nur schwierig Vereinigung eingehen, Hemmnisse, die sich dadurch beseitigen lassen, daß man das Rohmaterial kürzere Zeit mit heißer, starker oder längere Zeit mit kühler, schwächerer Lauge behandelt. Im allgemeinen genügen wenige Minuten des Aufkochens des trocken eingebrachten Fasergutes in 2 proz. Ätznatronlösung. Als weiterer Vorteil ergibt sich, daß die Fasern leicht benetzbar werden. **(D. R. P. 298 369.)**

Nach einem anderen Verfahren kocht man die Typhasamenhaare mehrere Stunden in etwa 15 proz. Kochsalzlösung oder in der Lösung anderer neutraler Salze unter 1,5 Atm. Druck. Die Fasern werden durch diese Behandlung sehr geschont und eignen sich besonders zur Weiterverarbeitung auf Vliese, Gespinste, Watte oder Filz. **(D. R. P. 305 578.)**

251. Seegras, Tang, Meerfaser, Waldrebe u. a.

Die Faser des aus Braun- und Rotalgen bestehenden Seetanges (Posidonia australis) dient für Textilzwecke, zur Herstellung von Seilen, Bindfaden, Matten, billigen Schlafdecken oder zur Papierfabrikation, ferner als Isoliermaterial für Kühlräume und Kabel und in Form der aufgeschlossenen Faser mit Wolle zusammen als Tuchgarn. Außerdem enthalten die Tangarten viele technisch wertvolle Stoffe und werden seit dem letzten Jahrzehnt in großen Mengen, namentlich in der Bretagne und an den amerikanischen Küsten, verarbeitet. Die Rotalgenschleimstoffe werden als Bindemittel für Malerfarben und in Japan und Indien zur Herstellung des Agar-Agar genannten Genußmittels, das auch als Arznei- und Appreturmittel gebraucht wird, verwendet. Von den Braunalgen werden die Laminariaarten für die Jodfabrikation benützt. Der Tang enthält aber außer Jod noch 20% in Wasser lösliche Salze, 40% lösliche organische Stoffe, 35% unlösliche organische und 5% unlösliche unorganische Stoffe. **Krefting** hat eine Säure in Seetang gefunden, die er Tangsäure genannt hat. Diese wird unter dem Namen Norgin als wertvolles Appreturmittel verwandt, auch eignet sie sich als Klebstoff für die Papierherstellung. Ferner werden aus dem Tangtrockenstoff balneologische Stoffe gewonnen, die unter dem Namen Tangin als Mittel gegen Rheumtismus und Gicht mit gutem Erfolg Anwendung finden. **(Zeitschr. f. angew. Chem. 29, 459;** ferner **Monatsschr. f. Textilind. Wochenber. 26, 50** und **31, 505.)** — S. die Register.

Über die Verwendbarkeit der Blätter und Stengel des in mächtigen Ablagerungen im flachen Wasser vorhandenen Seegrases (Posidonia australis) für Textilzwecke und die Verarbeitung des Materials zusammen mit Wolle, ferner über die Aufarbeitung der eine seidenartige, zähe, weiße Faser liefernden Creatapflanze (Brasilien) zu demselben Zwecke der Textilfaser- und Papierfabrikation, siehe die Referate in **Zeitschr. f. angew. Chem. 25, 506.**

Über die Meerfaser (Neuseeländischen Flachs), der ursprünglich vom Lande ins Meer geschwemmt und durch langjähriges Liegen größtenteils in Ligninsubstanz verwandelt wurde, siehe **A. G. Green** und **G. H. Frank,** Ref. in **Zeitschr. f. angew. Chem. 1911, 1988.** Besonders geeignet ist dieses roßhaarartige Fasermaterial zum gemeinsamen Verspinnen mit Jute oder geringwertiger Wolle; zur Papierherstellung eignen sich nur die kürzesten Fasern, da chemische Behandlungsmethoden des Langmaterials keine Erhöhung der Geschmeidigkeit bewirken.

Hervorragend bewährte sich die Marinefaser jedoch für Isolationszwecke, da sie in ihrer wärmeisolierenden Wirkung fast so wirksam wie Wolle und dem Asbest und der Holzkohle überlegen und überdies sehr widerstandsfähig gegen Fäulnis und chemische Hydrolyse ist.

Zur Erzeugung eines als Flachs-, Hanf- oder Juteersatz dienenden Fasermaterials behandelt man noch nicht völlig ausgetrocknete Papyrusstauden (Cyperus papyrus L.) mit siedendem Wasser evtl. unter Druck und erhält so bei der Nachbehandlung mit Fetten oder ähnlichen Stoffen biegsame elastische Fasern, die sich zur Herstellung von Seilen, Schnüren, Sackgeweben oder auch Garnen für feinere Gewebe eignen. **(D. R. P. 290 605.)** Nach dem Zusatzpatent werden die frischen oder wasserdurchfeuchteten Stauden vor der Behandlung mit heißem Wasser stark gepreßt, wodurch die spätere mechanische Behandlung vereinfacht und abgekürzt wird und zugleich eine haltbarere bessere Ware resultiert. **(D. R. P. 291 302.)**

Zur Aufzucht des Feuer- oder Sankt Antoniuskrautes (Epilobium augustifolium), einer als Forstunkraut vorkommenden Weiderichart, deren Samenhaare in Polarländern zu Docht versponnen werden, düngt man die Pflanze mit 1—2grädigem Ammoniakwasser, wodurch die Samenhaare stärker, länger und elastischer werden. Vor dem Spinnprozeß rauht man die Faser oberflächlich durch Einwirkung von heißem Wasserdampf. **(D. R. P. 269 350.)**

Schließlich wurden auch noch die kaum geeigneten Fasern des Waldmooses, der Waldrebe und vieler anderer Pflanzen als Textilersatzstoffe vorgeschlagen.

Die Stengel der Waldrebe sind stark verholzt und so spröde, daß sich die Fasern nicht zum Verspinnen eignen und auch die Samenhaare dieser Pflanzen und der Disteln dürften ihrer Brüchigkeit wegen nicht einmal als Polsterungsmaterial, geschweige denn als Baumwollersatz in Frage kommen. Wirklichen Wert besitzen von heimischen Faserpflanzen nur die Stengel der Brennessel und die Melilotusfaser, die sich wegen ihrer großen Länge hervorragend zur Herstellung von Bindfaden, Schnüren und Seilen eignen und befähigt wären den Hanf, vielleicht auch den Flachs zu ersetzen, wenn es gelingen würde durch einen richtigen Röstvorgang den Pflanzenleim genügend zu zerstören und die Bastfaser in ein hechelbares Material überzuführen. Die Kleefaser könnte sogar die Baumwolle ersetzen oder zur Herstellung von Vigognegarn als Ausgangsprodukt für gröbere Gewebe dienen, wenn durch einen Kochprozeß die Gewinnung von kurzen Fasern gelingen würde, die in ihrer Struktur der Baumwolle ähnlich sind **(A. Flögl, Techn. Versuchsamt 1918, 3.)**

Bleichen der Pflanzenfasern (Stroh- und Rohrbehandlung).

252. Literatur und Allgemeines über Baumwoll- und Leinenbleiche.

Kind, W., Das Bleichen der Pflanzenfasern. Wittenberg 1922.

Vgl. die Literaturangaben in Kapitel Wäscherei und Reinigung, z. B. M. Bottler, Bleich- und Detachiermittel der Neuzeit. 1908.

Über moderne Bleichverfahren und die Bleichmittel nebst ihrer Anwendung siehe **A. Hartmann** bzw. **W. Dahse, Zeitschr. f. d. ges. Textilind. 15, 665, 686, 713, 734** bzw. **569.**

Die Entwicklung der modernen Bleichverfahren für Baumwollstückwaren im Strang schildert **M. Freiberger** in **Färberztg. 1911, 319.**

Über ein Breitbleichverfahren in besonderer Apparatur berichtet **E. Gminder in Monatsschr. f. Textilind. 28, 369.**

Vgl.: Das Bleichen von Buntgeweben **(F. W. Mohr, Zeitschr. f. Farbenind. 12, 87)** und: Das Bleichen von Copsen und Kreuzspulen von **A. Kiesewetter, Färberztg. 25, 193.**

Die rohen natürlichen Spinnfasern müssen vor ihrer weiteren Verarbeitung gewaschen und gebleicht werden, man muß also alle Stoffe entfernen, die der unverarbeiteten, gesponnenen oder gewebten Ware anhaften, sie verschmutzen oder färben.

Die Rohbaumwollfaser enthält 5% Fremdkörper, darunter ein dem Carnaubawachs ähnliches Baumwollwachs, ferner eine Fettsäure, zwei braune Farbstoffe, eine der Gelatine ähnliche Pektinsäure und Eiweißsubstanzen, die entweder durch einen Reinigungsprozeß mit Alkalien oder besser noch durch Behandlung mit Türkischrotöl oder sulfiertem Baumwollsamenöl entfernt werden. Diese Reinigungsmethode hat den Vorteil, daß die Faser dann leicht Wasser aufnimmt und sich leichter färben läßt. Wenn die Baumwolle heiß zum Färben gelangt und der Farbstoff langsam und gleich mäßig aufzieht, so kann diese Art der Reinigung unterlassen werden, bei kalt zu färbender Baumwolle und besonders bei den wachsreichen Makogarnen ist sie jedoch unumgänglich nötig. **(J. M. Matthews,** Ref. in **Zeitschr. f. angew. Chem. 1907, 460.)**

Über die Einwirkung von Bleichmitteln auf verschiedene, natürliche Farbstoffe, die in Baumwolle, Jute, Leinen usw. enthalten sind, und Vorschläge zum Unschädlichmachen des in den verwendeten Bleichpulvern enthaltenen freien Kalkes, der sich bei der Herstellung der Bleichlösung auflöst und das Bleichen verzögert, siehe **R. L. Taylor, J. Dyers a. Col. 30, 85.**

Über die Entfernung der stickstoffhaltigen und ätherlöslichen natürlichen Verunreinigungen aus Baumwollgeweben, die ihr Vergilben bei der Dämpfung oder beim Lagern bewirken, durch Bakterien und die Vorbehandlung der Baumwolle vor dem Bleichen mit Reinkulturen dieser Mikroorganismen siehe **B. S. Levine,** Ref. in **Zeitschr. f. angew. Chem. 1917, 344.**

Nach **J. C. Hebden** bewirken übrigens die Proteine das Gelbwerden des Baumwollgewebes beim Dämpfen in weit höherem Maße als es die Fette, Wachse und Pektinstoffe tun. (Ref. in **Zeitschr. f. angew. Chem. 28, 251.**)

Jede alkalische oder sauere Einwirkung, und das ist der Wasch- und Bleichprozeß, bedingt zugleich eine Schädigung der Faser, da, wie im Kapitel **[186]** besprochen wurde, Bildung von Hydrat-, Hydro- oder Oxycellulose bewirkt wird, besonders wenn man nicht für sorgfältige Entfernung der Chemikalien und der abgespaltenen saueren oder basischen Faserbestandteile sorgt. Wäsche und Bleiche müssen daher so geleitet werden, daß die Wirkung der Chemikalien auf durchgreifende Reinigung bzw. Entfernung der natürlichen Farbstoffe beschränkt bleibt.

Vergleichende Versuche der Anwendung zweier verschiedener Bleichverfahren auf Baumwollgarne ergaben beim Abkochen mit 2% sulfoniertem Öl und 3% Ätznatron eine Festigkeitszunahme von 22,8%, eine Elastizitätszunahme von 0,95% und einen Gewichtsverlust von 6,45%, beim Bleichen mit Chlorkalk sind die Zahlen in derselben Reihenfolge 25,9, 0,79, 7,3%, beim Fertigmachen durch Säuern, Waschen, Seifen, Neutralisieren, Bläuen und Weichmachen: 19,2, 0,64, 6,2%. Die Festigkeitszunahme erklärt sich durch die innigere Verfilzbarkeit der freigelegten, entwachsten und rauher gewordenen Fasern. Dabei ist die Stärke des Abkochens von wesentlichem Einflusse und führt, wenn entsprechend der schwächeren Kochung stärker mit Hypochlorit gebleicht wird (achtstündiges Kochen mit 1% Seife und 5% Soda, zweistündiges Bleichen mit Hypochloritlauge vom spez. Gewicht 1,01) zu einem Gesamtverlust an Festigkeit von 4,7% und von 7,1% an Gewicht. (**F. P. Jecusco,** Ref. in **Zeitschr. f. angew. Chem. 1918, 145.**)

Die Zerstörung der färbenden Bestandteile, die in den natürlichen Produkten enthalten sind, erfolgt durch oxydativ oder reduktiv wirkende Mittel. Zur Ausführung der Oxydationsbleiche bedient man sich der vereinigten Wirkung von Licht und Luftsauerstoff oder verwendet die Aktivsauerstoffpräparate oder benützt den unter Sauerstoffabgabe erfolgenden Zerfall von Chlorverbindungen. Reduktiv bleichende Stoffe sind die schweflige Säure und ihre Salze, ferner die von ihr ableitbaren Hydrosulfite. Zuweilen, so bei Zerstörung des gelben Seidenfarbstoffes wirkt der neben dem Schwefeldioxyd vorhandene Luftsauerstoff bleichend und nicht die schweflige Säure.

Am leichtesten bleichbar ist die Baumwolle, und zwar vor allem amerikanisches und ägyptisches Material, wesentlich schwieriger ist die indische Faser rein weiß zu erhalten. Man bleicht Baumwolle in losem oder vorgesponnenem Zustande, als Garn und am häufigsten im Stück, d. h. in einem durch Zusammennähen einzelner gestempelter und gesengter Webbahnen erhaltenen endlosen Strang. Er wird zuerst in einer Strangwaschmaschine gründlich genetzt, dann zur Entfernung der vom Verweben der Kettenfäden herrührenden Stärkeschlichte mit sehr verdünnter Säure, Sodalösung oder in neuerer Zeit fast ausschließlich mit Malzlösung (Diastafor **[509]**) oder Perborat (das zugleich bleichend wirkt) behandelt und gebäucht, d. h. offen mit Kalkmilch und folgend mit Soda und Harzseife oder in einer Operation mit letzterer und 4—5 grädiger Natronlauge unter Druck gekocht. Der Bäuchprozeß, der zur Vermeidung von Rostfleckenbildung in der Ware in mit Kalkanstrich versehenen Eisenkesseln vollzogen wird, kann durch Zusatz von Fettlösungsmitteln oder auch zur Vermeidung der Bildung von Oxycellulose von Reduktionsmitteln wie Bisulfit oder eines Hydrosulfitpräparates gefördert werden. Die neuen Bäuchverfahren mit Persalzen und Superoxyden bringen nach den Darlegungen von **F. H. Thies** in **Textilber. 1921, 257** die Baumwollbleiche in ein neues Entwicklungsstadium. Man laugt den Strang dann im Kessel mit warmem Wasser aus, geht zur Zersetzung der gebildeten Fettseifen und Abscheidung der Fettsäuren und Harze durch ein 1-grädiges Säurebad, wäscht abermals, um Bildung von Hydrocellulose zu vermeiden und beginnt mit dem eigentlichen Bleichen.

Viel schwieriger lassen sich andere Pflanzenfasern bleichen, so namentlich das Leinen, weil der natürliche Farbstoff der Leinenfaser weder von freiem Chlor noch von einer Lösung reiner unterchloriger Säure angegriffen wird und erst bei Gegenwart von Alkali, das natürlich die Faser ungünstig beeinflußt, Zerstörung erleidet. Während des Bleichvorganges können je nach der Art der Lösung gleichzeitig mitverwendete Chloride der Alkalien oder Erdalkalien ebensowohl beschleunigend als auch verzögernd auf den Bleichvorgang wirken. Im Zusammenhang mit dem durchgreifenden Angriff der auf die zu bleichende Leinenfaser erfolgen muß, verliert diese auch beim kochenden Bleichen 30%, Baumwolle hingegen nur 5% an Gewicht. Die Faserschwächung zu vermeiden ist daher beim Bleichen des Leinens besonders schwer. Vgl. **S. H. Higgins, Zeitschr. f. angew. Chem. 25, 555** und **R. L. Taylor, Journ. Dyers a. Col. 18, 151.** — Vgl. **[270].**

Über das Bleichen und Färben von Leinenzwirn siehe **E. Jentsch, D. Färberztg. 1905, 65.**

Die schädliche Wirkung von Metallverunreinigungen, die während des Bleichens von Leinen in die Bäder gelangen, bespricht **W. Kind** in **Textilber. 1922, 131.**

Über die chemische Bleiche der leinenen Garne unter Vakuum siehe **Sprengel, Dingl. Journ. 168, 450.**

Das zum Bleichen von Gewebe- und Gespinstmaterial verwendete Wasser soll nicht mehr als 5—6 Härtegrade zeigen; es ist unumgänglich nötig, das Wasser vor seiner Verwendung ein für allemal analytisch zu prüfen. In **Zeitschr. f. d. ges. Textilind. 16, 914** beschreibt **A. Busch** die wichtigsten Methoden zur Bestimmung der Wasserhärte und die Verfahren der Wasserreinigung.

Über die Wirkung neutraler Salze (Natriumchlorid, -sulfat), die im Ätznatron vorhanden sind, oder Tonerdesalze, die von der Wasserreinigung herrühren und ebenfalls im Wasser enthalten sein können, auf die Laugenkochung von Baumwolle siehe **S. R. Trotman, J. Soc. Chem. Ind. 1910, 249.**

Da die drei Industrien des Bleichens, Mercerisierens und Färbens der Baumwolle eng zusammenhängen, werden sie meist in einer Anlage vereinigt.

253. Bleichvorbehandlung, Entfettung.

Über das Entfetten und Bleichen von Baumwolle auf Bobbinen mit Chloroformdämpfen siehe **D. R. P. 12 127.**

Zur Vorbereitung der Baumwollfaser für den Bleichprozeß bringt man sie nach **D. R. P. 36 962** in ein oxalsäurehaltiges Bad aus Quillajarinde.

Das Bleichen von Faserstoffen erfolgt nach **D. R. P. 61 668** zweckmäßig erst nach einer Vorbehandlung der Ware in einem Bade, das Soda oder Ätznatron und Benzin enthält, um zunächst die färbenden und harzartigen Bestandteile zu entfernen. Die eigentliche Rasenbleiche wird dadurch abgekürzt, die Haltbarkeit der Faser leidet bei dem Verfahren nicht.

In **Journ. Ind. Eng. Chem. 1916, 108** wird empfohlen die Baumwolle (45 kg) in einer 2 proz. Seifenlösung zu kochen, in der Benzol (13,5 l), seine Homologen oder andere geeignete Kohlenwasserstoffe gelöst sind, z. B. Leichtdestillate von Kohlenteer und Erdöl. Besonders geeignet sind californische Petroleumdestillate. Es genügt eine Lösung aus billiger Seife in rohem Zustande, z. B. das Abfallprodukt der Raffination von Baumwollsamenöl. Nach dem Auswaschen der Seifenlösung wird mit den bekannten Mitteln wie Hypochlorit usw. gebleicht. Das Verfahren läßt sich sowohl auf Baumwolle und Leinen (Bleichdauer 1—2 Tage), als auch auf Flachs, Jute und Hanf anwenden. Da das Bad die Fasern nicht im geringsten angreift und das Verfahren sehr billig ist, weil man als Seife ein Nebenerzeugnis bei der Raffination von Baumwollsamenöl benützt, dürfte die Methode Aussicht haben eingeführt zu werden. (Ref. in **Zeitschr. f. angew. Chem. 29, III, 213.**)

Zum Entfetten, Reinigen und Bleichen von Textilfasern bedient man sich einer freie Stearinsäure im Überschuß enthaltenden Emulsion, die man in Pastenform erhält, wenn man 100 Tl. einer konzentrierten Panamaholzextraktlösung, 30 Tl. Stearinsäure und zur Erhöhung der Haltbarkeit oder Veränderung der gewünschten Konsistenz 2—5 Tl. neutrale Seife zusetzt. Man hantiert die Ware in einem 30—60° warmen 1—3 proz. wässerigen Bade dieser Emulsion, während 5—10 Minuten, quetscht ab, spült und trocknet möglichst langsam. Die gebleichte Ware bleibt auch beim Lagern und bei der späteren Verarbeitung sogar bei Gegenwart von Alkalien rein weiß. Bedingung für das Gelingen ist die vollständige Emulgierung der im Überschuß vorhandenen Stearinsäure und die dadurch bedingte saure Reaktion der Emulsion. (**D. R. P. 247 637.**)

Zur Vorbereitung natürlicher, getrockneter Pflanzenteile für den Bleich- und Färbeprozeß behandelt man sie zur Entziehung ihres Fett- oder Wachsgehaltes und zur Beseitigung der inkrustierenden Bestandteile mit alkoholischen Lösungen von Alkalimetallseifen oder Mischungen von Ätzalkalien oder Alkalicarbonaten mit Alkohol. (**D. R. P. 204 334.**)

Zur Entfettung roher oder bearbeiteter Faserstoffe verwendet man als Lösungsmittel Di- oder Trichloräthylen allein oder im Gemisch mit anderen Fettlösungsmitteln. Di- und Trichloräthylen haben die Eigenschaft die im Innern der Faser liegenden natürlichen oder später eingeführten Fett- und Wachsstoffe unangegriffen zu lassen, wohl deshalb, weil sie ihres großen spezifischen Gewichtes wegen nicht in das Innere der Fasern eindringen können. Wolle z. B. behält daher auch nach längerem Sieden mit Trichloräthylen ihre Geschmeidigkeit bei. (**D. R. P. 267 487.**)

Zum Entfetten und Reinigen roher Baumwolle oder Wolle behandelt man das Material nach **A. P. 1 035 815** (10 kg Baumwolle) mit einer wässerigen Lösung von 1,5 kg calcinierter Soda und einem Gemenge von 3—400 g Monopolseife und 60—80 g Tetrachloräthan oder Trichloräthylen. Man kocht schließlich $^1/_2$ Stunde, spült, schleudert und trocknet.

Zur Vorbehandlung zu bleichender Rohbaumwolle weicht man sie einige Stunden in einer 20—40° warmen, 0,1 proz. wässerigen Lösung von Pankreatin, Papayotin, Ricinusferment u. dgl. in alkalischer, neutraler oder schwachsaurer Lösung und bleicht dann mit den bekannten Bleichmitteln. Die Dauerfermentpräparate kann man auch durch die frischen Organe der Pflanzenteile oder deren Gerbsäurefällung aus Lösungen ersetzen. (**D. R. P. 316 098.**) Nach dem Zusatzpatent kocht man die Rohbaumwolle zur Erhöhung ihrer Saugfähigkeit und um sie für Sprengstoffzwecke geeigneter zu machen, vor der enzymatischen Behandlung im Wasserbade mit oder ohne Zusatz von Alkalien. (**D. R. P. 316 995.**)

Das Bleich- und Entfettungsverfahren von **Mather-Thompson** durch Dämpfen der alkalischen Fasern bei Luftabschluß ist in einem Referat in **Jahr.-Ber. f. chem. Techn. 1887, 1153** beschrieben.

Über das Bleichen und Entfetten von pflanzlichen Textilstoffen durch Dämpfen der mit Lösungen von Alkalien oder ätzenden alkalischen Erden getränkten Faser siehe **D. R. P. 25 804** und **27 745.**

Zum Entfetten und Bleichen von Baumwolle und Leinen schlägt man auf der Faser durch Einlegen in warme Alkalilösung und Zusatz von Magnesiumchloridlauge Magnesia nieder und behandelt das Material dann in dieser Faserschutzhülle mit kochender Lauge nach. (**D. R. P. 59 674.**)

A. Scheurer bespricht in **Zeitschr. f. angew. Chem. 1889, 228** das Bleichen der Baumwollgewebe und bringt eine Anzahl von Vorschriften zur Entfernung von Pflanzen- und Mineralölflecken durch Verseifung entweder mit Ätznatron und Harzseife in einem Bade oder mit Kalk, Säure und Soda in zwei Bädern.

Zur Entfernung verholzter Membran, vorhandener Kieselsäure und des Proteins des Zelleninhaltes wird empfohlen die Faserstoffe vor dem Bäuchprozeß durch Zusatz von Flußsäure zu säuern und dann zu dämpfen, wodurch die Wirkung der beim Bäuchen verwendeten Mineralsäure verstärkt wird. (**D. R. P. 56 705.**)

Um pflanzliche Gewebe, Garne oder Fasern zu bleichen unterwirft man sie zur Entfernung der inkrustierenden Holz- oder Samenschalteilchen vor oder nach dem Bäuch- und Kochprozeß der Carbonisation mit viergrädiger Schwefelsäure mit folgendem oder gleichzeitigem Dämpfen während etwa 7 Minuten. Weitere Frischdampfbehandlung vor oder während des Carbonisationsprozesses soll die Baumwollenfaser vor den Folgen der Carbonisierung bewahren. **(D. R. P. 238 993.)**

254. Bäuchverfahren, Laugenwiederverwendung.

Das „Bäuchen" der Baumwollstücke ist, wie schon erwähnt wurde, ein Zwischenprozeß, der der Säurebehandlung der abgesengten Ware folgt und den eigentlichen (Chlor-)Bleichvorgang einleitet.

Über die Entwicklung des Bäuchprozesses berichtet **F. Thiess** in **Chem.-Ztg. 1920, 64.**

Das Bäuchen von Baumwollgeweben in einer Lösung von 30 g 38grädiger Natronlauge und 2,5 g Harz in 1 l Wasser während 4 Stunden bei 140° beschreiben **A. Scheurer** und **A. Brylinski** in **Jahr.-Ber. f. chem. Techn. 1899, 941.**

Nach **D. R. P. 75 435** soll es gelingen mit Türkischrotöl getränkte und von dessen Überschuß befreite und getrocknete Baumwolle durch sechsstündiges Kochen mit 1,5—2 proz. Natronlauge unter Druck rein weiß zu bleichen; die Festigkeit der Faser soll nicht leiden. Das Verfahren eignet sich besonders für Makobaumwolle, die sonst nur durch starke Chlorkalkbäder gebleicht werden konnte.

Zur Vorbehandlung von Flachs oder Jute für den Bleichprozeß bäucht man die Fasern ein oder mehrere Male in der Lösung eines Alkali- oder Erdalkalisulfides, bleicht zwischen jeder Bäuchoperation und wäscht bzw. säuert jedesmal auch ab. Das Absäuern erfolgt im allgemeinen mittels Mineralsäuren. Die Fasern werden nicht geschädigt und dennoch in kurzer Zeit von allen organischen und anderen Stoffen befreit. **(D. R. P. 169 448.)**

R. Weiß empfiehlt zum Säuern der Stücke an Stelle von Salz- oder Schwefelsäure Borsäure zu verwenden, die bei einer Konzentration von 3 g im Liter die kaustischen und Sodabäuchlaugen, ohne Nebenwirkung auf die Cellulose auszuüben, genügend neutralisiert und auch in einer Konzentration von 10 g im Liter die Mehrzahl der gebräuchlichen Metalle kaum angreift. Die Borsäure vermag auch in höherem Grade als Mineralsäuren oder organische Säuren es tun, bei der Konzentration von 3 g im Liter warmem Wasser von 50—60° gewissen Fasern, z. B. dem Chinagras Glanz zu verleihen und schließlich hellt diese Lösung Gewebe aus amerikanischer Baumwolle fast ebenso stark auf, wie eine Lösung von 10 g Schwefelsäure im Liter kalten Wassers. **(Monatsschr. f. Textilind. 29, 292.)**

Nach **D. R. P. 147 821** bringt man die Baumwollgewebe in eine Lösung, die im Liter Wasser je nach dem gewünschten Bleichgrade 2—20 g Strontiumoxyd evtl. neben Alkalilauge, Erdalkalilauge oder Ammoniak enthält, und setzt die Bleichflüssigkeit im Apparat in kreisende Bewegung. Nach längerem Kochen sind die Baumwollfette verseift; man kocht zweckmäßig noch unter Druck zwei oder mehr Stunden weiter und spült mit Wasser nach. **(D. R. P. 147 821.)**

Flachsfasern u. dgl. werden in Metalloxydalkalibädern (Natriumzinkat, -aluminat, -stannat) gekocht, worauf man die Metalloxyde von der Faser durch Säure oder Schwefelalkalien entfernt und die Ware chlort. **(F. P. 467 887.)**

Zum Bäuchen von Baumwollwaren in einem Arbeitsgang. zur Ersparnis von Arbeitskräften und Rohstoffen, wird die evtl. gedämpfte Ware in 80% Ätzalkali enthaltender, gereinigter Altlauge oder in deren Gemisch mit Frischlauge entlüftet, dann in einer Lösung, die 2,25—3% vom Gewicht der Baumwolle an Ätznatron enthält (3 l Flüssigkeit auf 1 kg Baumwolle), gebäucht, worauf man die Bäuchlauge durch schwache Sodalösung verdrängt und die Ware schließlich heiß und kalt wäscht. **(D. R. P. 322 992.)**

Zum Bäuchen von mit oxydationsbeständigen Küpenfarbstoffen gefärbter oder bedruckter Baumwolle schlägt man auf der gefärbten bzw. bedruckten Faser vor dem Bäuchen unlösliche oxydierend wirkende Körper wie Manganbister nieder, die man nach dem Bäuchen wieder entfernt, und vermeidet so die Ausblutung der Farbstoffe auf der vorher gebleichten Pflanzenfaser als Folge der Reduktionswirkung, die durch die Faser zusammen mit dem zum Abkochen verwendeten Alkali auf die Farbstoffe ausgeübt wird. Nach beendetem Bäuch- und Bleichprozeß wird das Schutzmittel, das für alle oxydationsbeständigen Küpenfarbstoffe verwendet werden kann, durch Behandlung mit Wasserstoffsuperoxyd oder Säure und Bisulfit wieder entfernt. **(D. R. P. 235 049.)**

Durch Zusatz von Alkalibromat zur Bäuchlauge vermeidet man das Ausbluten küpengefärbter Pflanzenfasern beim Auskochen mit Natronlauge besser als mit Permanganat oder Bichromat, die die ungefärbte Faser durch ausgeschiedene Metalloxyde anfärben. **(D. R. P. 218 254.)**

Zur Verhütung des Ausblutens beim Bäuchen von buntgewebten, aus Rohgarnen hergestellten Stoffen unter gleichzeitigem Bleichen setzt man der Bäuchflotte Perborat zu, das nicht wie der Chlorkalk die Faser angreift, die Mängel, die sich beim Bäuchen von mit Küpenfarbstoffen aus Rohgarnen hergestellten Buntgeweben durch Ausbluten ins Weiß zeigen, behebt und gleichzeitig bleichend wirkt, während die Verfahren der **D. R. P. 205 813** und **218 254** lediglich den Mißstand des Ausblutens auszuschalten suchen. Es genügen 5—10 g Perborat pro Liter Bäuchflotte. **(D. R. P. 250 397.)**

Zum Bäuchen bzw. Entschlichten buntgewebter, mit Küpenfarben hergestellter Ware, imprägniert man sie direkt, wenn sie vom Webstuhl kommt, mit kalter Natronlauge, die nicht oxydierende Salze enthält, so daß der Küpenbildung entgegengewirkt wird, läßt die Ware längere Zeit in der kalten Natronlauge liegen und bleicht schließlich, wie wenn die Ware gebäucht worden wäre. Zur Vermeidung der Bildung von Oxycellulose setzt man dem Natronlaugenbade außer den erwähnten Salzen noch Bisulfit oder sonstige reduzierende Mittel zu. **(D. R. P. 288 751.)**

Um die Laugen der Bäucherei wieder verwenden zu können, verkocht man sie z. B., 5000 l der Abfallauge mit 80 kg Ätzkalk, und versetzt die nach dem Absitzen abgezogene Lösung mit soviel unterchlorigsaurem Natron, daß auf 1 l Lösung etwa 1 g aktives Chlor kommt. Nach neuerlichem Erwärmen fügt man nun 3 l 35grädige Natriumbisulfitlösung zu und erhält so eine direkt wieder verwendbare Bäuchflüssigkeit, die lichtgelb gefärbt erscheint, das Natron als freies Ätznatron enthält und unter gleichzeitiger großer Ersparnis an Alkali auch in dieser aufgefrischten Form ein gutes Weiß liefert. Zur Beschleunigung der Klärung der mit Ätzkalk versetzten Abfalllauge kann man Ton und kleine Mengen solcher Metallsalze zusetzen, die, wie z. B. das billige Eisenvitriol, reduzierend wirken und voluminöse Niederschläge geben. **(D. R. P. 283 232.)**

255. Oxydationsbleiche. Chlorbleichmittel. Chlorgewinnung und -bleichwirkungserhöhung.

Ein Jahrhundert lang war das Chlor (als Eau de Javelle seit 1786, als Chlorkalk seit 1799) das souveräne Bleichmittel. Bis vor kurzem war die Chlorindustrie mit dem Leblancsodaprozeß untrennbar verbunden (siehe auch das Chlorherstellungsverfahren aus den Rückständen der Ammoniaksodafabrikation nach **D. R. P. 68 718**), und auch heute wird noch etwa die Hälfte der gesamten Produktion durch die Salzsäure des Sulfatprozesses gedeckt, daneben entwickelte sich jedoch die Alkalichloridelektrolyse, die ihre Stütze in der gleichzeitigen Bildung des Ätzalkalis hat. **Bd. IV [36].**

Im letzteren Falle ist die Chlorgewinnung nicht Selbstzweck, es mußten im Gegenteil dem massenhaft anfallenden Gas erst neue Verwendungsgebiete erschlossen werden. Die Chlordarstellung aus der Salzsäure geschah hingegen ausschließlich zur Gewinnung von Bleichmitteln, so daß es sich im Sinne der vorliegenden Stoffanordnung empfiehlt an dieser Stelle die Salzsäureoxydationsverfahren, die Gewinnung des Chlorkalkes und der Bleichlauge zusammenhängend aufzunehmen und die Alkalichloridelektrolyse im Anschluß an die Alkalisalze im IV. Bande zu besprechen.

Die beiden wichtigsten Salzsäureoxydationsverfahren sind die Methode von **Weldon** und jene von **Deacon.** Außerdem wurde versucht Salpetersäure, Luft bei Gegenwart von Kontaktstoffen, Permanganat und andere Oxydationsmittel zu verwenden. Die Bemühungen aus dem jährlich in der Menge von 0,8 Mill. t in den Kaliendlaugen anfallendem Magnesiumchlorid Chlor bzw. Salzsäure zu gewinnen, scheiterten hinsichtlich der Verwertung der ausgearbeiteten Methoden im Großbetrieb aus wirtschaftlichen Gründen vollständig. Vgl. z. B. die Herstellung von Chlor und Chlorkalk durch Zersetzung eines Gemisches von Calciumchlorid mit tonerdehaltigen Materialien nach **D. R. P. 47 204.**

Nach dem Weldonverfahren gewinnt man das Chlor durch Oxydation von Salzsäure mit Braunstein:

$$MnO_2 + 4\,HCl = MnCl_4 + 2\,H_2O\,,$$
$$MnCl_4 = MnCl_2 + Cl_2\,.$$

Aus den Manganochlorürlaugen wird mit Kalkmilch unter Luftzufuhr weißes Manganoxydhydrat gefällt, das sich bei Gegenwart von überschüssigem Kalk zu dem braunen Oxydhydrat und weiter zu schwarzem Mangansuperoxydcalcium, einem wechselnden Gemenge von CaO, MnO_2 und H_2O, dem sog. Weldonschlamm oxydiert. Das Verfahren ist nur wirtschaftlich, wenn sonst nicht absetzbare Salzsäure vorhanden ist. Aus dem Schlamm und wenigstens 18grädiger Salzsäure erhält man reines 90volumproz. Chlor. Nach einer Abänderung des Weldonverfahrens erhitzt man Braunstein mit Salzsäure und Schwefelsäure

$$MnO_2 + 2\,HCl + H_2SO_4 = Cl_2 + MnSO_4 + 2\,H_2O\,,$$

und zersetzt das gebildete Mangansulfat mit Calciumchloridlösung zur Regeneration des Braunsteins

$$MnSO_4 + CaCl_2 = MnCl_2 + CaSO_4; \quad MnCl_2 + CaO + O = MnO_2 + CaCl_2\,,$$

wobei man zweckmäßig in der Weise verfährt, daß man zur Vereinigung der Reaktionen

$$MnO_2 + 2\,HCl + H_2SO_4 + CaCl_2 = MnCl_2 + 2\,Cl + CaSO_4 + 2\,H_2O$$

die gesamte Menge Calciumchlorid vor der Beendigung der Chlorentwicklung in den Destillierbehälter einführt. **(D. R. P. 52 705.)**

Das zweite in großem Maßstabe arbeitende sog. Deaconverfahren beruht auf der Salzsäureoxydation mit Luftsauerstoff bei Gegenwart von Kupferchlorid als Katalysator, das mit Sauerstoff Chlor und Oxychlorid gibt und folgend mit Salzsäure wieder unter Wasserbildung in das Chlorid rückverwandelt wird. Über die Einzelheiten des Verfahrens, das ein 10—12volumenproz., zur Chlorkalkfabrikation wenig geeignetes Chlor gibt, sei auf die Spezialliteratur verwiesen.

Das Verfahren zur Herstellung von Chlor nach dem Deaconprozeß mittels Kupferchlorid-Natriumchlorids als Kontaktsubstanz an Stelle der einfachen Chlorverbindungen des Kupfers ist in **D. R. P. 197 955** beschrieben.

Eingehende Untersuchungen des Deaconschen Chlorverfahrens von **G. Lunge** und **E. Marmier** finden sich in **Zeitschr. f. angew. Chem. 1897, 105.**

Ein Verfahren zur Darstellung von Chlor aus Salzsäure und Luft durch Überleiten des Gases über 300—600° heiße Kontaktstoffe (vgl. **D. R. P. 145 744**), bestehend aus Chloriden der seltenen Erden, besonders der abfallenden Thorfabrikationsrückstände ist in **D. R. P. 150 226** beschrieben. Die genannten Kontaktsubstanzen werden nicht, wie das Kupferchlorid mit dem Schwefelsäuregehalt der Salzsäure unwirksam.

Über die Herstellung von Chlor aus Luft und Salzsäure unter Zuführung von reinem Sauerstoff siehe **D. R. P. 88 002.**

Eine ausführliche Abhandlung von **G. Lunge** und **L. Pelet** über die Salzsäureoxydation mittels Salpetersäure findet sich in **Zeitschr. f. angew. Chem. 1895, 3.** Man gewinnt das Chlor z. B. im Sinne der Gleichungen

$$HCl + HNO_3 = NO_2Cl + H_2O \rightarrow NO_2Cl + 2\,HCl = NOCl + H_2O + Cl_2$$

aus Königswasser oder nach dem **Dunlop**schen Verfahren durch Umsetzung von Kochsalz mit Chilesalpeter und Schwefelsäure

$$2\,NaCl + 2\,NaNO_3 + 4\,H_2SO_4 = 4\,NaHSO_4 + N_2O_4 + Cl_2 + 2\,H_2O\,,$$
$$4\,NaCl + 2\,NaNO_3 + 6\,H_2SO_4 = 6\,NaHSO_4 + N_2O_3 + 2\,Cl_2 + 3\,H_2O$$

bzw. nach **Donald** in der Weise, daß man die aus dem Sulfatofen kommende, mit Schwefelsäure getrocknete Salzsäure durch ein auf 0° abgekühltes Gemisch von Salpeter und Schwefelsäure leitet:

$$2\,HCl + 2\,HNO_3 = 2\,H_2O + N_2O_4 + Cl_2\,,$$
$$N_2O_4 + H_2O = NHO_3 + NHO_2\,.$$

Die nitrosen Gase werden mit Wasser, also beim Durchleiten des Gasgemenges durch verdünnte Salpetersäure, wieder in Salpeter- und salpetrige Säure übergeführt. Die Apparatur ist in der Schrift beschrieben. **(D. R. P. 45 104.)**

Nach dem Verfahren von **Wallis (D. R. P. 71 095)** setzte man die drei Mineralsäuren direkt um, nach **Davis (E. P. 6416, 6698** und **6831/1890;** vgl. **D. R. P. 78 348** und **86 976)** vollzog sich die Reaktion nach den Gleichungen

$$3\,HCl + HNO_3 = 2\,H_2O + NOCl + Cl_2;$$
$$NOCl + HNO_3 = N_2O_4 + HCl;$$
$$NOCl + H_2SO_4 = NO \cdot HSO_4 + HCl;$$
$$2\,HCl + N_2O_4 = N_2O_3 + H_2O + Cl_2;$$
$$N_2O_3 + O + H_2O = 2\,HNO_3$$

bzw.

$$2\,HNO_3 + 6\,HCl = 2\,NOCl + 4\,Cl + 4\,H_2O;$$
$$2\,NOCl + 4\,Cl + 4\,H_2O = 2\,HNO_3 + 6\,HCl$$

und

$$2\,NOCl + 2\,O + 2\,H_2O = 2\,HNO_3 + 2\,HCl\,.$$

Die Herstellung von reinem, trockenem Chlor durch methodische Behandlung von Salzsäuredämpfen mit immer stärker werdender Salpetersäure, und die Umsetzung der salpetrigen Chlorverbindungen mit immer weniger salpetrige Verbindungen enthaltender Schwefelsäure

$$HNO_3 + 3\,HCl = NOCl + 2\,H_2O + Cl_2;$$
$$NOCl + Cl_2 + H_2SO_4 = NO_2HSO_3 + HCl + Cl_2$$

ist mit der zugehörigen Apparatur in **D. R. P. 86 079** beschrieben.

Über die Herstellung von Chlor nach der Gleichung

$$6\,HCl + 2\,HNO_3 = 4\,Cl + 2\,NOCl + 4\,H_2O$$

mit Hilfe von überhitztem Wasserdampf und 125—130° heißer Schwefelsäure, die die wässerige Salpetersäure vergast, wodurch die Salzsäure zerlegt wird, siehe **D. R. P. 88 281.**

Ein Chlorherstellungsverfahren ist dadurch gekennzeichnet, daß man Chlorwasserstoffgas in einem besonderen Apparat über konzentrierte Schwefelsäure leitet, auf der sich eine Schicht Salpetersäure befindet, wobei eine Temperatur von 105—125° als Reaktionstemperatur festgehalten wird. **(D. R. P. 73 962.)**

Vgl. auch schließlich die Methoden von **Taylor (E. P. 13 025/1884)** der Behandlung von Salzsäuregas mit kalter starker Salpetersäure und Einleiten des Gasgemenges in konzentrierte Schwefelsäure:

$$3\,HCl + HNO_3 = 2\,H_2O + NOCl + Cl_2$$

und jene von **Vogt** und **Scott** nach **E. P. 12 074/1893.**

Zur Chlorgasentwicklung im Kippschen Apparat eignen sich bei höchstens 20° getrocknete Würfel aus einem Teig von 4 Tl. Chlorkalk, 1 Tl. gebranntem Gips und wenig kaltem Wasser. Zur Entwicklung verwendet man rohe, mit dem gleichen Volumen Wasser verdünnte Salzsäure vom spez. Gewicht 1,124, die jedoch keine Schwefelsäure enthalten darf, weil sonst Gips auskrystallisiert. **(C. Winkler, Ber. 1887, 184.)**

Zur raschen Herstellung von Chlor läßt man konzentrierte Salzsäure in festes krystallisiertes Permanganat eintropfen, wobei 20% der Salzsäure im Überschuß vorhanden sein sollen. Anfänglich vollzieht sich die gleichmäßige Entwicklung in der Kälte, später muß man erwärmen. **(O. Graebe, Ber. 35, 43.)**

Zur Gewinnung von Chlor aus Gasgemischen soll man sich des o - Nitrotoluols oder anderer flüssiger Nitrokohlenwasserstoffe (auch des Tetrachlorkohlenstoffs) bedienen, die 11% und mehr Chlor schon bei gewöhnlichem Druck aufzunehmen vermögen und dieses bei höherer Temperatur oder Druckverminderung wieder abgeben. **(D. R. P. 82 437.)**

Über ein Verfahren zur Erhöhung der chemischen Energie des Chlors für Bleichzwecke und zur Herstellung von Chlorpräparaten mittels Elektrizität siehe **D. R. P. 69 780.**

Auch durch Behandlung des trockenen Chlorgases mit hochgespannten Wechselströmen in Apparaten, wie sie zum Ozonisieren von Sauerstoff dienen, kann man die Wirksamkeit des Chlors wesentlich erhöhen. **(E. P. 22 438/1891.)**

Die nähere Beschreibung dieses Chlorgas-Ozonisierungsverfahrens findet sich in **Elektrotechn. Zeitschr. 1892, 384.**

256. Chlorkalk, Calcium-, (Tonerde-), Magnesiumhypochlorit.

Der Chlorkalk, das für vorliegenden Abschnitt wichtigste Chlorprodukt, besteht aus einem Gemenge von Calciumhypochlorit, Calciumchlorid und Ätzkalk und wird durch Überleiten von Chlor über trockenen, möglichst reinen Kalk, der etwa 5% Wasser enthalten muß, hergestellt. Je nach der Konzentration des Chlors (Weldon- oder Elektrolyt- bzw. Deaconchlor) schichtet man den Kalk in Kammern oder in horizontal liegenden Zylindern **(Hasenclever)** auf und sorgt beim Überleiten des salzsäurefreien Gases für vollständige Absorption, die in den Zylindern durch Transportschnecken, die den Kalk bewegen, in den Kammern dadurch erreicht wird, daß man sie nach Zufuhr der berechneten Chlormenge schließt und 12—24 Stunden geschlossen stehen läßt. Eine Chlorkalkkammeranlage, deren Wandungen aus armiertem Beton bestehen, ist in **D. R. P. 259 433** beschrieben.

Der Gleichung

$$2\,Ca(OH)_2 + 4\,Cl = Ca(ClO)_2 + CaCl_2 + 2\,H_2O$$

zufolge müßten theoretisch 49% des Gases aufgenommen werden. Im großen unterbricht man den Prozeß jedoch nach Absorption von 36% Chlor, um Zersetzungen des Hypochlorites zu Chlorid und Chlorat zu vermeiden.

Ein Chlorkalkherstellungsverfahren durch Überleiten zerlegten Salzsäuregases über Kalk und die Anreicherung des so erhaltenen Bleichpulvers mit sog. starkem Chlor bis ein Handelsprodukt erhalten wird, ist in **E. P. 5673/1886** beschrieben. Das erwähnte starke Chlor erhält man durch Einleiten des verdünnten Gases in Kalkmilch und folgendes Zersetzen des gebildeten unterchlorigsauren Kalkes mit Salzsäure.

Die Fabrikation von Chlorkalk bzw. unterchlorigsauren Salzen unter Benutzung des aus der Elektrolyse der Chloride herrührenden Chlor- und Wasserstoffgemisches in einem den kontinuierlichen Betrieb ermöglichenden Chlorierungsapparat, bei dem die Explosionsgefahr sehr stark herabgemindert ist, ist in **D. R. P. 80 663** beschrieben.

Zur Abschwächung der Reaktionsfähigkeit des elektrolytisch dargestellten Chlors, das im Gegensatz zu chemisch bereitetem Halogen wenig geeignet zur Chlorkalkherstellung ist, da es im Sinne der Gleichung

$$Ca(OH)_2 + Cl_2 = CaO + 2\,HCl + O = CaCl_2 + H_2O + O$$

Sauerstoff auszutreiben vermag, so daß man statt des Hypochlorits Chlorid erhält, während die Reaktion: $Ca(OH)_2 + Cl_2 = CaCl_2O + H_2O$ stattfinden soll, erhitzt man das Gas nach seiner Entfeuchtung in erhitzten Röhren und kühlt es dann, nachdem eine Temperatur von 700—800° erreicht wurde, ab, um es schließlich wie üblich über Kalk zu leiten. **(D. R. P. 99 767.)**

Chlorkalk selbst ist kein Bleichmittel, ohne Zutritt der Luft zerstört seine Lösung nicht einmal die Farbe der Lakmustinktur; erst durch den Zutritt der kohlensäurehaltigen, atmosphärischen Luft tritt die Bleichung ein. **Didot** schlug daher schon 1855 vor, in die mit Bleichgut und

Chlorkalklösung gefüllten Bottiche die Kohlensäure der Feuerungsgase einzuleiten und so die überdies schädlich wirkende bis dahin verwendete Schwefelsäure auszuschalten. **(Polyt. Zentr.-Bl. 1856, 214.)**

Aber auch der wirksame Bestandteil des Chlorkalkes, die unterchlorige Säure, wirkt nicht als Chlorprodukt bleichend, sondern vermöge ihres Gehaltes an Sauerstoff der nur labil gebunden ist und nach der Gleichung

$$HOCl = HCl + 1/2\,O_2 + 10\,000\ \text{cal.}$$

abgegeben wird. Diese Tatsache, daß die Chlorkalklösung bei Abwesenheit von neutralisierend wirkenden Mitteln (Kalk) stets sauer wird, ist für den Bleichprozeß von besonderer Wichtigkeit

Nach **Lunge** kann man die Wirkung der Chlorkalklösung, allerdings auf Kosten der Wohlfeilheit der Bleichlaugen, durch einen Zusatz von Essig- oder Ameisensäure wesentlich verstärken, wobei nach den Gleichungen

$$2\,CaOCl_2 + 2\,C_2H_4O_2 = Ca(C_2H_3O_2)_2 + CaCl_2 + 2\,HOCl \rightarrow 2\,HOCl = 2\,HCl + O_2$$
$$Ca(C_2H_3O_2)_2 + 2\,HCl = CaCl_2 + 2\,C_2H_4O_2$$

zunächst freie unterchlorige Säure entsteht, die während des Bleichprozesses zu Salzsäure umgewandelt wird, so daß sich wieder freie Essigsäure bildet, die von neuem auf den Chlorkalk einwirkt. Näheres in **D. R. P. 81 741.**

Chlorkalk ist ein weißes, nach Chlorverbindungen riechendes, unbeständiges Produkt, das sich beim Lagern, besonders im Sonnenlicht, rasch unter Sauerstoffabgabe zersetzt:

$$Ca(ClO)_2 = CaCl_2 + 2\,O;$$
$$3\,Ca(ClO)_2 = Ca(ClO_3)_2\ (\text{Chlorat}) + 2\,CaCl_2$$

und unwirksam wird. In Fässern dicht verpackt hält er sich besser, wird aber dennoch nicht in größeren Vorräten hergestellt, da er auch dann pro Monat etwa $1/2$% Chlor verliert. Noch unbeständiger ist das Pulver beim Erwärmen, besonders bei Gegenwart katalytisch wirkender Metallverbindungen erfolgt die Zersetzung des Chlorkalkes rasch, unter Umständen sogar explosionartig.

Der Chlorkalkschlamm der Zellstoffbleicherei kann durch Behandlung mit langsam fließendem Wasser von 70—80% seines Chlorgehaltes (gleich 7—12% Bleichchlor) befreit und so nutzbar gemacht werden. **(Papierfabr. 1908, 384.)**

Zur elektrolytischen Darstellung von Chlorkalk bzw. von Alkaliverbindungen neben Chlor zersetzt man ein Gemenge von 5 Tl. sulfatfreiem Kochsalz und 2 Tl. Kieselerde im Sinne der Gleichung

$$6\,NaCl + 3\,SiO_2 = \text{an der Kathode: } Na_2Si + 2\,Na_2SiO_3 + \text{an der Anode } 6\,Cl$$

durch den elektrischen Strom. **(D. R. P. 165 487.)**

Zur Herstellung von festem, hochwertigem Calciumhypochlorit führt man einem sehr konzentrierten Kalkbrei Chlor zu, das sehr rasch absorbiert wird, wenn der Wassergehalt des Kalkbreies so bemessen ist, daß das Hypochlorit ausfällt und das gleichzeitig gebildete Calciumchlorid in Lösung bleibt. Die Reaktionstemperaturen werden so geregelt, daß der Prozeß ohne Unterbrechungen in einem Arbeitsgang, ohne Bildung des nach **D. R. P. 195 896** bekannten basischen Zwischenproduktes durchgeführt wird. Das Chlor kann auch unter Druck über das bewegte Reaktionsgut geleitet werden. **(D. R. P. 282 746.)**

Zur Herstellung jener basischen Calciumhypochloritverbindungen chloriert man Kalkmilch, die auf 1 Tl. CaO 6,4 Tl. Wasser enthält, ohne Rücksicht auf das Ausfallen der basischen Verbindungen, bis nahezu aller Kalk verbraucht ist. Die erhaltene Lösung vom spez. Gewicht 1,26 mit 180—190 g wirksamem Chlor und nur 1—2 g Chlorat im Liter enthält u. a. die Verbindungen

$$Ca(OCl)_2 \cdot 2\,Ca(OH)_2 \quad \text{und} \quad Ca\,OCl_2) \cdot 4\,Ca(OH)_2$$

und kann als Ersatz für konzentriertes Eau de Javelle dienen. **(D. R. P. 195 896.)**

Zum Bleichen von Fasermaterial verschiedener Art, kann man sich an Stelle des Chlorkalkes, der die Faser angreift und eine Nachbehandlung in Säurebädern nötig macht, bleichender Tonerdeverbindungen bedienen, die man im Sinne der Gleichungen

$$3\,[Al_2(OH)_6 \cdot 6\,NaOH] + 30\,Cl = 2\,[Al_2(OCl)_3(OH)_3 \cdot 9\,NaOCl] + Al_2Cl_6 + 9\,NaCl + 15\,H_2O;$$
$$3\,[Al_2(OH)_6 \cdot 3\,Ca(OH)_2] + 24\,Cl = 2\,[Al_2(OCl_3)(OH)_3 \cdot 3\,CaOClOH] + Al_2Cl_6 + 3\,CaCl_2 + 12\,H_2O$$

durch Behandlung gelöster oder fester Aluminate mit Chlor erhält, solange als dieses noch aufgenommen wird. Bei längerer Einwirkung tritt unter Sauerstoffabgabe Zersetzung ein. Die so erhaltenen Tonerdeverbindungen lösen bzw. verteilen sich in Wasser unter sehr lebhafter Entwicklung von Gas, das aus ozonisiertem Sauerstoff bestehen soll. **(D. R. P. 38 048.)**

Die mit Magnesiumhypochlorit gegenüber dem Chlorkalk oder der Chlorlauge erhaltenen besseren Bleichresultate, namentlich was Schonung der Faser betrifft, beruhen auf seiner leichteren Zersetzbarkeit, auf der Unlöslichkeit der Magnesia in Wasser und auf dem Fehlen der Nebenwirkungen einer ätzenden alkalischen Erde. Zur Herstellung von Magnesiumhypochloritlösung gießt man die Lösung von 190 g Magnesiumsulfat in 2 l Wasser unter Umrühren in einen Brei aus 100 g Chlorkalk und 2 l Wasser. Nach dem Absetzen wird die Lösung abgegossen. Das Magnesiumhypochlorit bildet ein gutwirkendes, wohlfeiles, die Gewebe nicht angreifendes Bleich- und Desinfektionsmittel. **(C. Mayer, Apoth.-Ztg. 1917, 219.)**

Zur Erzielung guter Ausbeute bei der Herstellung von festem, basischem Magnesiumhypochlorit soll man einen Überschuß von 5,5 Mol. Magnesiumoxyd (pro Molekül des entstehenden Hypochlorits) in wässeriger Suspension mit Chlor behandeln und bei etwa 20° arbeiten, um die Bildung größerer Chloratmengen zu vermeiden. Man erhitzt dann das Reaktionsgemisch 6—8 Stunden langsam auf 80° oder läßt es 1 Woche im Dunkeln stehen und erhält so etwa 100% des angewandten Chlors im Niederschlag, der unter völligem Kohlensäureabschluß getrocknet werden soll. **(E. P. 142 081.)** Vgl. **A. P. 1 400 167.**

Zur Herstellung von basischem Magnesiumhypochlorit elektrolysiert man eine als Katholyt dienende Lösung von 10% Magnesiumchlorid, in der sich eine Tonzelle mit 900 ccm einer Lösung von 20% krystallisiertem Magnesiumchlorid sowie 65 g Magnesia usta befindet, mit einem Platinblech als Kathode und einem Platindrahtnetz als Anode unter kräftigem Rühren, worauf man den Anolyten filtriert, den Niederschlag mit Wasser auswäscht und bei 80—120° trocknet. Die Verbindung, die mit einer Stromausbeute von 76% entsteht, ist äußerst beständig, wird auch durch kochendes Wasser nur sehr wenig zersetzt und ist deshalb und wegen ihres größeren Gehaltes an wirksamem Chlor für viele Bleichzwecke besser geeignet als Chlorkalk. **(D. R. P. 297 874.)** Nach dem Zusatzpatent erhält man auch ohne Elektrolyse durch bloße Umsetzung der unterchlorigsauren Salzlösungen, die man durch Fällung einer Magnesiumsalzlösung mit Alkali bei Gegenwart von unterchloriger Säure gewinnt mit Magnesiumoxyd oder -hydroxyd Magnesiumhypochlorit. Weitere Ausführungsformen in der Schrift. **(D. R. P. 305 419.)**

Zur Bereitung von unlöslichem, basischem Magnesiumhypobromit setzt man Lösungen der unterbromigen Säure oder ihrer Salze mit Magnesiumoxyd oder Magnesiumhydroxyd in der in **D. R. P. 297 874** und **334 654** beschriebenen Weise um.

Siehe auch die Herstellung von festem basischem Magnesiumhypochlorit nach **D. R. P. 336 837**; vgl. **Bd. III [559].**

257. Ausführung der Chlorkalkbleiche, Fehler, Nachbehandlung.

Die gebäuchte Ware [254], die meist schon nahezu weiß ist, wird dann gewaschen und in die Chlorkalk-Kalklösung eingelegt, je nach dem Material und der Stärke der Bleichlauge längere oder kürzere Zeit bewegt, ausgewaschen, zur Entfernung der Chlor- und Kalkreste durch ein Säurebad genommen und abermals gewaschen.

Eine schnelle Chlorbleichmethode für Wachsgarne ist in **Industrieblättern 1873, Nr. 41** beschrieben; vgl. **Dingl. Journ. 210, 480.**

Eine Bleichflüssigkeit, die sehr gute Bleichwirkung haben soll, ohne daß die Ware einen Chlorgeruch erhält, wird hergestellt durch Zusatz von drei Lösungen zur eigentlichen Chlorbleichflüssigkeit. Man erhält diese Lösungen: 1. aus 500 g Kalisalpeter in 10 l einer 5grädigen Lösung von schwefelsaurer Tonerde; 2. aus 100 g Salicylsäure in 1 l Spiritus und schließlich 3. aus 500 g Kalisalpeter in 5 l Wasser und 500 g Schwefelsäure. **(Ö. P. v. 8. Jan. 1882.)**

Nach **D. R. P. 30 830** setzt man die zu bleichenden, mit dünner Chlorkalklösung getränkten Stoffe dem Einflusse kohlensäurereicher Luft aus und wiederholt das Verfahren in offenen Behältern bis zur Erzielung der gewünschten Bleichwirkung.

Zum Bleichen von Pflanzenfasern behandelt man diese in einer Waschmaschine mit Tonerdehydrat und Soda oder mit Kaolin und Ätznatron, kocht und bringt sie nunmehr erst in abwechselnde Einwirkung mit Chlorkalk und Kohlensäure. **(D. R. P. 32 704.)**

Zur Erhöhung der Bleichwirkung von Chlorkalklösungen wird in **D. R. P. 31 741** ein Essigsäure- oder Ameisensäurezusatz empfohlen. Zweckmäßig ist es evtl. vorhandenes Alkali in den zu bleichenden Stoffen vorher durch Mineralsäure abzuschwächen.

Nach **E. Harter** braucht man zum Bleichen von 50 kg Baumwollgarn ein Chlorbad, das 3 kg Chlorkalk enthält; das Absäuerungsbad wird mit 10 hl Wasser und 2—2,5 l 66grädiger Schwefelsäure angesetzt. **(D. Färberztg. 1905, 49.)**

Zum Bleichen cellulosehaltiger Fasern (Baumwolle, Kunstseide, Halbseide aus Kunstseide und Baumwolle, Jute, Ramie usw.) setzt man dem z. B. für 1000 kg Kreuzspulen mit 0,5grädiger Chlorkalklösung beschickten Bleichbade 700 g Diastafor, Marke extra stark, zu, das man mit kaltem Wasser verrührt hat, bleicht 2 Stunden, spült, säuert und wäscht aus. Durch diesen Zusatz vermag man doppelt so schnell zu bleichen als sonst, bzw. es genügt die Hälfte der früher verwendeten Chlorkalkmenge, wodurch auch der entsprechend geringere Teil an Kalksalzen in dem Bleichgut zurückbleibt und dementsprechend auch der Waschprozeß sich verkürzt und die Korrosionsgefahr für die Faser sich verringert. **(D. R. P. 279 993.)**

Zur Erzielung voller und haltbarer Weißbleiche von Baumwollstrangware arbeitet man mit Benützung einer alkalischen und anschließend einer sauren Chlorbleiche, wobei letztere oder auch die alkalische Bleiche im kontinuierlichen Betrieb durchgeführt wird. Die Chlorkonzentration der sauren Bleiche ist so eingestellt, daß die vorhandenen Farb- und die bleichbaren Fremdkörper zerstört werden, ohne daß die Faser Angriff erleidet, d. h. es wird der Chlorgehalt der alkalisch vorgebleichten Ware nach ihrem Austritt aus der alkalischen und vor ihrem Eintritt in die saure Bleiche durch bestimmt bemessene Spülung soweit herabgesetzt, daß beim

Eintritt in die saure Bleiche die Chlorkonzentration hinreicht, um, ohne die Ware anzugreifen, die Farbstoffe zu zerstören. Man arbeitet mit warmen Chlorlösungen unter Verwendung von Heizmitteln, deren Temperatur die gewünschte Badetemperatur nur wenig überschreitet, um Zersetzungen der Chlorbäder vorzubeugen. Nach diesem kombinierten Verfahren wird also im alkalischen Bade die Bildung der Oxycellulose vermieden und andererseits wirkt das saure Bad, da es nur wenig Bleicharbeit zu versehen hat, in großer Verdünnung nur kurze Zeit und überdies regelbar durch die Anwendung des Kontinuebetriebes. **(D. R. P. 281 581.)**

Das Bleichen pflanzlicher Fasern mit Chlorkalklösung darf ohne Schädigung der Faser durch Bildung von Oxycellulose nicht in Metallgefäßen stattfinden, da alle Metalle bzw. ihre Oxyde und Hydroxyde den Chlorkalk katalytisch unter Sauerstoffabspaltung zersetzen. Besonders deutlich beobachtete **P. Weyrich** diese Erscheinung der Gasbläschenbildung und der Abscheidung schwarzen Oxydes bei Nickelgefäßen, und er vermochte festzustellen, daß nur die Borcherssche Legierung (Chrom-Wolframstahl), der Chlorkalklösung widersteht. Anschließend sind auch Chrom, Zinn, Blei und Wismut recht widerstandsfähig, während Aluminium sehr stark angegriffen wird und dementsprechend die Bleichung in Aluminiumgefäßen die Faser auch am stärksten angreifen würde. **(Zeitschr. f. Textilind. 18, 176.)**

Nach Beobachtungen von **W. Thomson** verursachen Chromoxyd ebenso wie Kupfer, die evtl. durch Beizen auf der Baumwolle in das Bleichbad gebracht werden, starke Faserschwächung. (Ref. in **Zeitschr. f. angew. Chem. 28, 107.)**

Über Bleichfehler und die schädliche Einwirkung von Kupfer und Kupferoxyd auf Bleichpulverlösungen und überhaupt über den Einfluß der Metalle auf den Bleichvorgang siehe **S. H. Higgins,** Ref. in **Zeitschr. f. angew. Chem. 25, 1084.**

Auch durch die Berührung der nach Ablauf der Kochlauge relativ wasserfreien Ware mit der heißen Kesselwand entsteht Oxycellulose, die beim späteren Färben oder Fertigmachen durch ungleichmäßiges Anfärben Flecke bewirken kann. Diese entstehen auch, wenn nach dem Chloren nicht genügend abgesäuert wurde oder wenn während des Chlorens konzentrierte Bleichlauge auf die Stücke gegossen wurde. Ebenso wirkt Natronlauge, die mit zu wenig Wasser gemischt in den Kochkessel gedrückt wird, und häufig ist auch die Ungleichmäßigkeit der Mercerisation schuld an Streifenbildung. All diese Fehler lassen sich vermeiden, sei es durch genügende Verdünnung der in Betracht kommenden Reagenzien oder durch Arbeiten mit fehlerfrei vorbehandelter, namentlich gut entschlichteter Ware. **(E. Jentsch, Färberztg. 24, 29.)**

Es sei erwähnt, daß langandauernde Einwirkung mäßiger Hitze von etwa 93° auf gebleichte Baumwolle deren allmähliche Zerstörung zur Folge hat. So war z. B. nach Versuchen von **O. Knecht,** über die in **Chem.-Ztg. Rep. 1921, 59** referiert wird, solche Baumwolle nach 336stündigem Erhitzen zum Teil in Oxycellulose verwandelt und hatte an Festigkeit etwa 33% eingebüßt.

Die beim Bleichen von Leinen- und Baumwollgeweben auftretenden Schäden können ihre Ursache ferner im unvollständigen Eintauchen der Ware in der starken Alkalilauge haben oder es kann die oxydierende Wirkung der Luft im Dampf schädlich sein oder das Auskrystallisieren von Calciumcarbonat in der Faser kann eine Schwächung des Gewebes herbeiführen. Besonders bei der Natriumsuperoxydbleiche kann die Zerstörung der Cellulose unter dem Einflusse katalytisch wirkender metallischer Verunreinigungen soweit gehen, daß nicht einmal mehr Oxycellulose nachweisbar ist. **(J. F. Briggs,** Ref. in **Zeitschr. f. angew. Chem. 29, 263.)**

Nach **Claussen (Dingl. Journ. 119, 445)** passieren die Stücke nach dem Chlorkalkbade eine Auflösung von Bittersalz, wobei Gips und unterchlorigsaure Bittererde entstehen, von denen das Magnesiumhypochlorit gerade wieder so bleichend wirkt als der Chlorkalk; bei den früheren Verfahren wurde das Chlor frei und ging verloren.

Nach **D. R. P. 34 436** entfernt man die letzten Reste der Bleichmittel aus Faserstoffen zweckmäßig mit Wasserstoffsuperoxyd, dessen wirksamer Sauerstoff die Salze der unterchlorigen Säure zerstört, wobei, ohne daß die Haltbarkeit der gebleichten Stoffe leidet, zugleich der Bleichgeruch entfernt wird. Das Wasserstoffsuperoxyd kann auch dazu dienen, um die Reste der beim Schwefeln der Wolle hinterbliebenen schwefligen Säure zu Schwefelsäure zu oxydieren.

258. Herstellung und Verwendung von Alkali- und Erdalkalihypochlorit-Bleichlaugen. — Chlorbleiche.

Zur Bereitung der Bleichlösung verdünnt man einen Brei von Chlorkalk und Wasser (1 : 3) mit weiteren 3 Tl. Wasser, läßt absetzen und zieht die klare, etwa 0,2—0,3grädige Lösung sorgfältig vom Bodensatz ab. Unveränderte in die Lösung gelangende Teilchen des Calciumhypochlorites erzeugen in den behandelten Geweben Löcher. Dieser und andere Mißstände der Chlorkalklösung führten schon frühzeitig dazu den Kalk auszuschalten und die leicht löslichen Alkalisalze der unterchlorigen Säure als Bleichmittel zu verwenden. Die 1820 von **Labaraque** erstmalig durch Umsetzung von Chlorkalklösung mit Soda oder Sulfat erhaltene klare Lösung, die in der Folge als Chlorlauge, Chlorozon, Chlorsoda, Varekina-Waschmittel, auch fälschlich als Eau de Javelle in den Handel gebracht wurde, ist eine klare, sehr wirksame Lösung, die sich allerdings beim Stehen unter dem Einflusse der Luftkohlensäure langsam ebenso zersetzt wie Chlorkalklösung, dagegen einheitlicher und frei von die Faser angreifenden Kalk- und Chlorkalkteilchen ist.

Aus einer Reihe von Versuchen, die **S. H. Higgins** anstellte, ist zu folgern, daß die Bleichwirkung der Hypochloritlaugen ausschließlich auf der Gegenwart freier unterchloriger Säure beruht, und daß nur dann nascierendes Chlor bleichend wirkt, wenn Chloride gegenwärtig sind. (Ref. in **Zeitschr. f. angew. Chem. 28, 106.**)

Zur Gewinnung von leicht löslichen, haltbaren, festen Lösungen von Alkalihypochloriten führt man die sonst unbeständigen Alkalisalze der unterchlorigen Säure nach Zusatz von Kolloiden mit Wasser entziehenden Körpern in nicht krystallinische feste Lösungen über. **(D. R. P. 330 192.)**

Die Javellsche Lauge wird zweckmäßig nicht mit Soda, sondern mit Bicarbonat hergestellt, da der aus diesem und dem Chlorkalk entstehende Niederschlag von kohlensaurem Kalk viel schneller und leichter filtrierbar ist, als jener, den man beim Arbeiten mit Soda erhält. **(Dingl. Journ. 169, 316.)**

Nach **A. P. 1 414 059** gewinnt man das Hypochlorit durch Einleiten von Chlor in höchstens 30° warme Ätzalkalilösung.

Nach **D. R. P. 36 752** empfiehlt es sich zur Erhöhung der Bleichwirkung und zur Schonung der Faserstoffe dem aus 12 kg Chlorkalk und 0,25 kg Soda in 200 l Wasser bereitetem Bleichbade nach 12 Stunden 0,5 l Glycerin zuzufügen. Es soll nach diesem Verfahren nicht nötig sein die Chlorkalkreste mit besonderen Mitteln zu entfernen, sondern es soll bloßes Spülen mit kaltem und dann mit warmem Wasser genügen.

Nach **A. P. 977 848** werden Gewebe, um sie zu bleichen, zunächst mit neutraler Seife gewaschen und dann der Einwirkung eines Gemenges von Chlorkalk und kohlensaurem Kalium in schwefelsaurer Lösung unterworfen; schließlich wird die Ware gewaschen, gespült und mit Schwefeldioxyd gebleicht.

Nach **D. R. P. 176 089** und **176 609** bleicht man z. B. 100 kg Rohbaumwolle (Cops) mit 5 hl einer Lösung von unterchlorigsaurem Natron (0,3% Chlor enthaltend), 10 l 75—80 proz. Türkischrotöl (oder Ricinusölseife) und wäscht nach 2—3 Stunden aus. Vgl. **Seifens.-Ztg. 1911, 347.**

Zur Herstellung einer nichtätzenden, die Faser konservierenden Wasch- und Bleichflüssigkeit leitet man in der Kälte so lange Chlor in eine Sodalösung bis die Entwicklung von Kohlensäure eintritt, bis also die Hälfte des Natriumcarbonates in Kochsalz und Hypochlorit, die andere Hälfte in Natriumbicarbonat umgewandelt ist und dieses vom Chlor angegriffen zu werden beginnt. Man stellt nunmehr mit Natronlauge alkalisch und entfernt ihren Überschuß durch Einleiten von Kohlensäure (Umwandlung in Natriumbicarbonat). Die Lösung soll keine ätzenden Eigenschaften mehr haben, Schmutz und Schweiß leicht lösen und die Faser leicht und elastisch machen. **(D. R. P. 207 258.)**

Zum Bleichen des Weiß auf bedruckten Baumwollstoffen führt man die Ware durch mit Natronlauge versetzte Chlorkalk- oder Chlorsodalösung und erzielt so, ohne daß die Druckfarben selbst gebleicht werden, reine Weißen in der bedruckten Ware. **(D. R. P. 233 212.)**

Zur Herstellung von Bleichflüssigkeiten führt man in eine Lösung, die Alkalihydrat neben Alkalicarbonat enthält, Chlor in solchen Mengen ein, daß in nach Bedarf wechselndem Verhältnis neben unterchlorigsaurem Alkali freie unterchlorige Säure entsteht. Man gewinnt so eine hohe Ausbeute an bleichendem Chlor uud gute Haltbarkeit der Lösung, die keine faserschwächende Salzsäure enthält, und einen hohen auf den gewünschten Bleichgrad einstellbaren Gehalt an freier unterchloriger Säure zeigt. **(D. R. P. 234 838.)**

Zur kontinuierlichen Darstellung von Hypochloritbleichlauge leitet man Chlorgas und Alkalilauge gleichzeitig in entsprechenden Mengen in fertige Bleichlauge ein und führt das gebildete Hypochlorit stetig ab. Die zugehörige Apparatur (siehe auch das Zusatzpatent) ist klein und billig herzustellen, so daß sie auch in kleineren Verhältnissen zur Erzeugung der nötigen Bleichlaugenmenge dienen kann. **(D. R. P. 273 795 und 274 871.)**

Zum fraktionierten Bleichen von Baumwolle und anderen Pflanzenfasern wendet man Hypochloritlösungen von im Verlaufe des Bleichprozesses stetig ansteigenden Konzentrationen an, vermeidet so die Bildung von Oxycellulose und erzielt dadurch Schonung der Faser unter Erhaltung der Spinnfähigkeit und geringen Gewichtsverlust, zugleich neben praktisch völliger Erschöpfung der Bleichbäder. **(D. R. P. 287 240.)**

Zur Bereitung von Bleichflüssigkeiten mit 20—30 g aktivem Chlor im Liter leitet man in Sodalösung solange Chlorgas ein bis das vorhandene Natriumcarbonat die gleiche oder doppelte Chlormenge gebunden hat, wobei zweckmäßig zwei Lösungen nach den Gleichungen

I. $Na_2CO_3 + Cl_2 + H_2O = NaCl + HOCl + NaHCO_3$;

II. $Na_2CO_3 + 2\,Cl_2 + H_2O = 2\,NaCl + 2\,HOCl + CO_2$

hergestellt werden, deren eine 1 Mol. und deren andere 2 Mol. gebundenes Chlor auf je 1 Mol. Soda enthält, worauf man die beiden Bleichflüssigkeiten, die beide für sich getrennt unverwendbar sind, durch Mischen in die wertvolle Bleichlösung verwandelt. Der Effekt beruht auf der Tatsache, daß die nach Gleichung I erfolgende Umsetzung zu einer beträchtlichen Chloratbildung führt und diese Lösung überdies so zersetzlich ist, daß sie schon während des Bleichprozesses einen Teil des vorhandenen aktiven Chlors durch Selbstzersetzung verliert. Vorteilhafter ist die Bleichlösung nach Gleichung II, die jedoch zu langsam bleicht, am vorteilhaftesten ist die Mischung beider Lösungen. **(D. R. P. 306 193.)**

Durch Verwendung warmer Hypochloritbleichbäder gelangt man mit sehr starken Verdünnungen zu guten Ergebnissen und erhält besonders reines Weiß, wenn man die elektrolytisch hergestellte Lauge durch geeignete Einstellung des Sodaüberschusses in der Alkalität erhöht, während Chlorkalklösung bekanntlich umgekehrt in saurer Reaktion besonders energisch wirkt. **(M. Freiberger, Färberztg. 30, 89.)**

Zur Erleichterung und Beschleunigung des Bleichens wäscht man die Pflanzenfasern in einem Alkalizinkat und Hypochlorit enthaltenden Bade, spült, geht in warme Schwefelsäurelösung und spült abermals. **(Norw. P. 33 689.)**

Ein Verfahren des Bleichens von Baumwollgarn mit Hilfe von Chlorgas in Kolonnenapparaten zur völligen Ausnützung des Chlors und zur Vermeidung der Belästigung der Arbeiter ist in **D. R. P. 69 733** beschrieben.

Zur Bleichung von Faserstoffen mit Chlor nach dem Atkinsschen Verfahren setzt man das Bleichgut während des gesamten Bleichvorganges der Einwirkung von ununterbrochen entstehendem Chlor aus, das man aus einem Gemisch von Chlorat und Chlorid mittels Säuren oder nach einer Ausführungsform des Verfahrens auf elektrolytischem Wege aus Seewasser oder Kochsalzlösung in Gegenwart der zu bleichenden Stoffe erzeugt. **(D. R. P. 139 833.)**

Über das Bleichen von Pflanzenfasern mit einer 2proz. Bromlösung nach Vorbehandlung in einem 2—3proz. Salzsäurebad siehe **L. Jusselin, D. Musterztg. 1882, 234.**

Zum Bleichen buntgestreifter Baumwollstückware behandelt man nach gelinder alkalischer Vorbleiche mit einer am besten elektrolytisch erzeugten Bleichflüssigkeit, die 3—4 g freies Chlor im Liter enthält und schwach mineralsauer ist, während 2—3 Stunden. Nach dem Bleichen wird mit verdünnter Salz- oder Schwefelsäure gesäuert. Zur Erzielung von reinem Weiß behandelt man mit der alkalischen Lösung, dem Bleichmittel und der Säure noch einmal, jedoch schwächer nach. **(Chem. Zentr.-Bl. 1919, II, 759.)**

259. Literatur und Allgemeines über Elektrolytbleiche.

Ebert, W. und J. Nußbaum, Hypochlorite und elektrische Bleiche. 38. Band aus Engelhards Monographien über angewandte Elektrochemie. Halle 1910. Vgl. hierzu **Zeitschr. f. angew. Chem. 1911, 1137.** — Abel, E., Hypochlorite und elektrische Bleiche. Halle 1905. — Wagner, L., Die elektrische Bleicherei. Wien und Leipzig 1907. — Schoop, P., Elektrische Bleicherei. 1900. Ferner die Werke von Herzfeld, Joclét u. a.

Eine Besprechung der verschiedenen elektrolytischen Herstellungsweisen der Chlorbleichlaugen bringt **B. Waeser in Textilber. üb. Wiss., Ind. u. Handel I, 79.**

Vgl. die ähnlichen Resultate der umfassenden Untersuchungen von **W. Kind** und **A. Weindel** über die auf verschiedenem Wege gewonnenen Chlorbleichlaugen in **Monatsschr. f. Textilind. 1908, 185 ff.**

Über die Herstellung von Bleichlaugen auf elektrischem Wege siehe **E. A. Springer, D. Färberztg. 1902, 198;** vgl. **Monatsschr. f. Textilind. 1909, 187** und die ersten Angaben von **Dobbin** und **Hutcheson** in **Chem. News 45, 275.**

Die oben erwähnte leichte Zersetzlichkeit des Chlorkalkes und seiner Lösung, aber auch andere Nachteile, namentlich sein lästiges Stäuben, das besondere Vorkehrungen zum Schutze der Arbeiter nötig macht, die Umständlichkeit der Bleichlösungsherstellung, die Ungleichmäßigkeit des Produktes, die stark alkalische Reaktion der Laugen usw. ebneten den Boden für das allerdings in der Anlage teuere elektrolytische Bleichverfahren.

Die elektrolytische Bleiche besitzt gegenüber den chemischen Bleichmethoden so zahlreiche Vorteile, daß es nur eine Frage der Zeit ist, bis alle Textil- und besonders Baumwollbleichereien den Eigenbetrieb aufgenommen haben werden. Bei der Bleichung mit Chlorkalk oder was dasselbe ist, mit einer Lösung von Chlor in alkalischen Laugen, bleibt die Lösung stets alkalisch, auch wenn man die Alkalilauge mit überschüssigem Chlor (als Gas, Chlorkalk oder unterchlorige Säure) umsetzt, so daß man genötigt ist, das darum langsam arbeitende Bleichbad auf etwa 30° zu erwärmen oder die Bäder zur Neutralisation schwach anzusäuern. In ersterem Falle entstehen, wenn auch in geringem Maße, Chlorverluste, während das Ansäuern zur lokalen Abscheidung von Chlor führt, das seinerseits zerstörend auf die Faser einwirkt. Nicht zu unterschätzen sind auch die Unzuträglichkeiten, die sich bei der Auflösung des Chlorkalkes und durch das Niederschlagen staubförmiger Chlorkalkteilchen auf der Ware ergeben. Dagegen ist die elektrolytisch gewonnene Alkalihypochloritlösung stets neutral, das Chlor liegt in nascierender Form vor und zeigt infolgedessen starke Aktivität. Es entstehen keine Chlorverluste und die Wirksamkeit der frisch elektrolysierten Kochsalzlösung verhält sich zu jener der gewöhnlichen Natriumhypochloritlösung wie 10 : 8. Dazu kommt, daß wegen der Abwesenheit von Kalksalz ein viel gleichmäßigeres und dauerndes Weiß erzielt wird, daß die elektrolytisch gebleichten Gewebe Farbstoffe besser aufnehmen als die mit Chlorkalk gebleichten Stücke und, was besonders für die Strumpfwirkereigewebe in Betracht kommt, schöneres Aussehen und angenehmeren Griff zeigen. Man braucht ferner nach dem Bleichen weniger Säure, in manchen Fällen genügt gewöhnliche Wäsche, der ganze Prozeß ist reinlicher und die Ersparnisse gegenüber dem Chlorkalkchlor stellen sich auf 25, nach anderen Autoren auf 50%. Besonders wertvoll ist diese Bleichart für den Flachs, da er unter der Wirkung des Chlorkalks am meisten leidet, aber auch zum Bleichen von Papierfasern, Jute, Öl, Kunstseide, Viscose und Leinen ist die Methode jener der Chlorkalkbleichung vorzuziehen. Alles in allem ist die elektrolytische Bleichmethode, was sich besonders bei Leinen zeigt, nach **F. J. G. Beltzer**, der in **Zeitschr. f. angew. Chem. 1909, 8** genaue kalkulatorische Daten über die Kosten des Verfahrens angibt, der Rasenbleiche vollständig ebenbürtig.

Vgl. die teilweise Berichtigung der Angaben von **Beltzer** durch **R. Hasse, ebd. S. 587** und **H. S. Duckworth**, ebd. **1906, 624.**

Auch **E. O. Rasser** empfiehlt die Anwendung der Hypochlorit-Bleichlauge als desinfizierendes Reinigungs- und Waschmittel an Stelle der Seife für Wäschereibetriebe und Haushaltswäschereien. Jedenfalls ist die elektrolytisch gewonnene Lauge in jeder Hinsicht der heute auch im Haushalt viel verwendeten Chlorkalklösung vorzuziehen, da mit ihm Fremdkörper in die Fasern gelangen (kohlensaurer Kalk), die sie verkrusten und das Nachgilben der Wäsche zur Folge haben. Die Faser wird mit verdünnter Bleichlauge behandelt rein weiß und verliert am Gesamtgewicht kaum, wobei sie überdies an Glanz und angenehmen Griff gewinnt. Über die zugehörigen Apparate von Art des Chlordesodor siehe die Angaben in **Wasser 1918, 17** u. **29**; ferner **Papierfabr. 1918, 274** u. **475.** Vgl. **Bd. III [559]** u. **[619].**

Über die Vorteile der elektrolytischen Bleicherei und die Fabrikation von Hypochloritlösung auf großen deutschen Passagierdampfern, die günstige Wirksamkeit der Apparate zur Erzeugung der Bleichlösung und die Ersparnisse, die sich durch Schonung des Leinens ergeben, siehe **E. Reuss, J. Dyers a. Col. 1911, 110.** Die Cunardlinie benutzt dieses Verfahren ausschließlich, um die 80 000 Wäschestücke, die jeder große Dampfer nach Einlaufen in den Hafen mitbringt, zu waschen und zu bleichen.

Die fertige Lauge ist allgemeiner Anwendbarkeit fähig (siehe oben und die einzelnen Abschnitte, auch „Desinfektion", Bd. III), muß jedoch, wenn sie nicht gleich benützt wird, kalt im Dunkeln aufbewahrt werden, wobei man sie zweckmäßig, allerdings auf Kosten der Bleichwirkung, schwach alkalisch stellt.

Über die Faktoren, welche die Beständigkeit von Hypochloritlösung beeinflussen, besonders über die Wirkung des Magnesiumhydroxydes, das die Beständigkeit der Hypochloritlösungen unterhält, wenn ein Überschuß bis zu 5% Calcium vorhanden ist, siehe **M. L. Griffin und J. Hedallen**, Ref. in **Zeitschr. f. angew. Chem. 29, 50.**

Über die beschleunigende Wirkung, die neutrale Salze, Bleichlösungen zugesetzt, auf den Bleichvorgang ausüben, siehe **S. H. Higgins**, Ref. und weitere Literaturangaben in **Zeitschr. f. angew. Chem. 26, 504.**

260. Herstellung der elektrolytischen Bleichlauge.

Das von **Hermite** (1885) in die Technik eingeführte, von **K. Kellner** (1890) wesentlich verbesserte elektrolytische Bleichverfahren beruht auf der Erzeugung von Natriumhypochloritlösung (NaOCl) mit Hilfe der Elektrolyse von 5—15grädiger 20—25° warmer Industriesalzlösung in besonderen Apparaten sog. Bleichelektrolyseuren. Man arbeitet mit Platin-Iridium- und Graphitelektroden und erhält theoretisch während des Gleichstromdurchganges aus dem an der Kathode gebildeten Ätznatron mit dem anodischen Chlor

$$Cl_2 + 2\,NaOH = NaOCl + NaCl + H_2O$$

Hypochlorit, das allerdings im praktischen Betriebe durch den an der Kathode zugleich frei werdenden Wasserstoff zum Teil reduziert,

$$NaClO + H_2 = NaCl + H_2O\,,$$

zum Teil in Chlorat verwandelt wird,

$$NaClO + 2\,HClO = NaClO_3 + 2\,HCl;\quad 2\,NaClO + 2\,HCl = 2\,NaCl + 2\,HClO\,,$$

zum Teil schließlich Zerlegung unter Sauerstoffentwicklung erfährt

$$2\,NaClO = 2\,NaCl + O_2\,.$$

Diese Fehler werden in den Apparaten der verschiedenen Firmen auf verschiedenartige Weise ausgeschaltet.

Bei der Zersetzung des Kochsalzes durch den elektrischen Strom entsteht Chlor und Natrium und aus diesem weiter mit Wasser, Wasserstoff und Ätznatron, von denen sich das letztere mit dem Chlor zu Natriumhypochlorit vereinigt. Dieses wird in einer Sekundärreaktion an der Kathode mit dem Wasserstoff wieder in Kochsalz und Wasser verwandelt, so daß man diese Elektrode zwecks Verhinderung dieser Reduktion mit Chromat oder Calciumhydroxyd überziehen muß. Der Ätzkalküberzug wird durch den Zusatz geringer Mengen von Harzseife gefestigt und bewirkt dann das rasche Entweichen des Wasserstoffes in größeren Blasen. An der Anode tritt als ebenfalls schädliche Nebenwirkung die Oxydation des gebildeten Hypochlorits zu dem für Bleichzwecke wertlosen Chlorat auf, und es ist daher Sorge zu tragen, daß dem Hypochlorit der Zutritt zur Anode möglichst erschwert wird. An ihr entsteht dann eine geringe Menge Sauerstoff und Chlor oder freie unterchlorige Säure, die, da sie fast gar nicht Ionen bilden, nicht weiter verändert werden.

Die elektrolytische Herstellung der Bleichlauge ist demnach identisch mit den Verfahren der Alkalichloridelektrolyse zur Gewinnung von Alkalihydrat und Chlor mit Wasserstoff als Nebenprodukt (**Bd. IV [36]**). Die Methoden unterscheiden sich nur in der Verarbeitung der Endprodukte, die bei der Hypochloritgewinnung in der Weise geleitet wird, daß man das anodische Chlor und das kathodische Hydrat, statt sie getrennt zu gewinnen, im Sinne der Gleichungen

$$NaOH + 2\,Cl = NaOCl + HCl; \quad NaOH + HCl = NaCl + H_2O$$

aufeinander wirken läßt. Vgl. **J. Ebert, Papierfbr. 1907, 812.**

Das ursprüngliche **D. R. P. 34 549** schützt ein Verfahren zur Herstellung von Bleichlauge durch elektrolytische Zerlegung von Magnesiumchloridlösung. Der Vorgang der Zersetzung läßt sich nach dem Erfinder (**E. Hermite**) durch die Gleichungen

$$2\,(MgCl_2 \cdot 5\,H_2O) = 2\,MgCl_2 + 10\,H_2O = 2\,MgO + 2\,ClO_4 + 10\,H;$$
$$MgOClO_5 + MgOClO_3 = 2\,Mg + ClO_5 + ClO_3 + 2\,O$$

erklären. Wirksam ist der Sauerstoff der Chlorverbindungen, der die färbenden Substanzen der zu bleichenden Fasern oxydiert, wobei das freiwerdende Chlor mit dem freien Wasserstoff Chlorwasserstoffsäure liefert, die sich wieder mit der Magnesia zu Magnesiumchlorid verbindet. Nach einer Abänderung des Verfahrens verwendet man als Elektrolyt eine wässerige Lösung von 1 Tl. Magnesiumchlorid und 4 Tl. Steinsalz oder eine 5—6 proz. Carnallitlösung. (**D. R. P. 49 851.**)

Ein Verfahren zur Herstellung von Bleichflüssigkeiten durch Elektrolyse von mit Kalk versetzter Kochsalzlösung

$$2\,Ca(OH)_2 + 4\,NaCl + 2\,H_2O = CaCl_2 + Ca(OCl)_2 + 4\,NaOH + 2\,H_2,$$

wobei eine Hälfte des gebildeten Ätznatrons in Lösung verbleibt, während die andere Hälfte mit Calciumchlorid unter Bildung von Kochsalz und Kalkhydrat reagiert, ist in **D. R. P. 61 708** beschrieben.

Bei der elektrolytischen Erzeugung von Bleichlauge setzt man dem Calciumchloridbade zum Schutze des kathodisch abgeschiedenen Calciumhydroxydes Türkischrotöl oder andere sulfurierte Fette oder geschwefelte Fettsäuren oder deren lösliche Salze zu. Man verleiht so beim Arbeiten ohne Diaphragma dem ausgeschiedenen Hydroxyd genügende Festigkeit und verhindert zugleich die Diffusion des gebildeten Oxydationsmittels durch den Kathodenüberschuß zur Kathode vollständig, so daß das Oxydationsmittel in hoher Konzentration erhalten wird.

Ein Apparat zur elektrolytischen Herstellung einer Bleichlösung aus Alkalichloridlösungen mit durch eine Zwischenwand getrennter Anode und Kathode ist in **D. R. P. 272 610** (vgl. **D. R. P. 205 110**) eine einfache Vorrichtung zur elektrolytischen Erzeugung von Natriumhypochloritlauge in einem Referat in **Zeitschr. f. angew. Chem. 1930, 409** beschrieben.

Vgl. das Verfahren zur elektrolytischen Herstellung von Hypochloritlösungen, bei dem die Wiedervereinigung der an den Polen entstehenden Produkte getrennt vom Elektrolyten in die Elektroden relativ eng umschließenden porösen Zellen stattfindet, so daß der Elektrolytsalzverbrauch vermindert wird, nach **D. R. P. 186 455.**

Zur elektrolytischen Herstellung haltbarer Alkalihypochloritlösungen führt man dem Elektrolyten zur Verhütung des zerstörenden Einflusses der unterchlorigen Säure und zur Erhöhung der Hypochloridausbeute kontinuierlich so viel Alkalihydrat zu, daß er stets nur schwach sauer bis neutral bleibt. Nach dem anderen Verfahren bewegt man die Anoden- und Kathodenlauge nach einer in der Mitte der Strombahn gelegenen besonderen Schicht, wobei der Zufluß der Flüssigkeit zu der Anode und Kathode, die zweckmäßig von vornherein alkalisch einzustellen ist, getrennt erfolgt und die entstandene Hypochloritlauge regelmäßig nach außen abgeführt wird. Einzelheiten über die Schichtung der Flüssigkeiten, die Trennung der Schichten durch Diaphragmen, die Verhinderung des Chlors am Entweichen und seine Zuführung zu den Flüssigkeiten finden sich in der Schrift. (**D. R. P. 213 590** und **213 588.**)

Zur Verhütung der kathodischen Reduktion bei der elektrolytischen Bleiche verwendet man eine Magnesiumkathode, auf deren Oberfläche sich ein Überzug von Magnesiumhydroxyd bildet, der den Zutritt des Hypochlorits behindert. Man erhält so eine neutrale Bleichflüssigkeit unter gleichzeitiger Erhöhung der Stromausnutzung, der Menge des in Reaktion tretenden Salzes und der Konzentration an wirksamem Chlor. (**A. G. Betts, Zentr.-Bl. 1920, II, 86.**)

Zum Bleichen von Bananenfasern oder anderen tropischen Papierrohstoffen taucht man sie nach **A. P. 1 357 580** in elektrolysiertes Seewasser.

261. Rasen-, Ozon-, Sauerstoff-(Luft-)bleiche.

Als älteste, für schwer bleichbare Stoffe heute noch unentbehrliche Bleichmittel dienten Luft und Sonne, deren Anwendung in der Rasenbleiche kombiniert wurde. Zur Ausführung der Rasenbleiche, die zwar lange dauert und Gegenden mit staub- und rußfreier Luft erfordert, legt man die Garne oder Gewebe breitflächig auf Rasen aus, begießt sie häufig und sorgt durch wiederholtes Wenden der Ware für kräftige Durchdringung.

Licht und Sauerstoff bilden Ozon, bei Anwesenheit von Feuchtigkeit Wasserstoffsuperoxyd, das sind Aktivsauerstoffverbindungen, die unter Zerfall in Sauerstoff bzw. Wasser Sauerstoff abgeben, ähnlich wie unterchlorige Säure unter Salzsäurebildung zerlegt wird

$$H_2O \cdot O; \quad O_2 \cdot O; \quad HCl \cdot O\,.$$

Der Bleichvorgang ist daher in den beiden Verbindungsreihen der Chlor- und Aktivsauerstoffkörper der gleiche: ein Oxydationsprozeß. Wie Wasserstoffsuperoxyd wirken auch seine Verbindungen, die Peroxyde, und die Perverbindungen überhaupt, wie Permanganat, Perborat, Percarbonat usw., die denn auch Eingang in die Bleichtechnik gefunden haben. Auch Ozon und Luftsauerstoff, letzterer bei Gegenwart von Katalysatoren, fanden Verwendung zu Bleichzwecken.

Nach **D. R. P. 46 004** empfiehlt es sich Leinen vor Einleitung der Rasenbleiche und zur Unterstützung der Bleichwirkung des sich entwickelnden Ozons oder Wasserstoffsuperoxyds vorher einige Zeit in einer Natronwasserglaslösung zu kochen, gut zu waschen, mit Indigo leicht zu bläuen und die Ware dann erst auf den Bleichplan zu legen. Das Verfahren wird evtl. wiederholt.

Ein elektrolytisches Bleichverfahren für pflanzliche und tierische Stoffe (Elektrolysierung einer wässerigen Lösung von schwefelsauren oder ätzenden Alkalien oder Erdalkalien mit Platin oder Kohle als positive und Quecksilber oder einem seiner Amalgame mit einem Schwermetallsalz als negative Elektrode) ist in **D. R. P. 39 390** beschrieben. Man soll bei dem Vorgang durch öftere Unterbrechung des Stromes am negativen Pol ein Amalgam des in Freiheit gesetzten Metalles und am positiven Pol Ozon und überdies während der Unterbrechung durch die Wirkungsweise des Amalgams Wasserstoff erhalten. Die beiden Gase sollen dann die Bleichwirkung ausüben. Bei der praktischen Ausführung befindet sich auf dem Boden der Bleichküpe eine Schicht Quecksilber, die mit dem negativen Pol der Stromquelle verbunden ist, während die Platin- oder Kohlenkathode in einiger Entfernung von dem Quecksilberspiegel angebracht wird.

Vgl. das Verfahren der elektrolytischen Bleiche (Entsäuerung, Auflockerung, Reinigung, Entfettung mittels Wechselstromes) nach **D. R. P. 283 822** und **289 280.**

Die Bleichwirkung des Ozons in Verbindung mit Chlorbleichsalzlösungen kann man dadurch erhöhen, daß man die zu bleichenden Waren vorher mit schwachen Lösungen von Ammoniak oder Ammoniakterpentinölemulsionen tränkt, die mit dem Ozon zu Nebelbildung Anlaß geben, wobei vermutlich salpetrig- und salpetersaures Ammonium entstehen, die ebenso wie die Oxydationsprodukte des Terpentinöles die Bleichwirkung günstig beeinflussen. **(D. R. P. 77 117.)**

Vor dem Ozonisieren des zu bleichenden Fasermaterials säuert man das Bleichbad pro 500 kg Ware mit 75 kg 25proz. Salzsäure an und wäscht sie vor der weiteren Behandlung mit Chlorkalk wieder gut aus. Das Verfahren soll die Rasenbleiche ersetzen. **(D. R. P. 78 839.)**

Statt des gasförmigen Ozons soll man nach **D. R. P. 272 525** ozonisierten Wassernebel verwenden.

Über die Einwirkung und die zerstörende Wirkung des Ozons auf Pflanzenfasern und schwach gedämpfte Seide, nicht aber auf lufttrockene Wolle siehe **Ch. Dorée,** Ref. in **Zeitschr. f. angew. Chem. 26, 700.**

Zur Erhöhung der Bleichwirkung soll man in die mit den zu bleichenden Stoffen beschickte Bleichflüssigkeit bei ständiger Bewegung unter dem nötigen Druck Luft oder Sauerstoff einleiten bzw., um die Rasenbleiche zu ersetzen, ein Gemenge von Luft und Chlor in die Bleichkammer führen, in der sich die zu bleichenden Stoffe befinden. **(E. P. 5433/1888.)**

Zum Bleichen von roher Baumwolle behandelt man das Bleichgut mit einer wässerigen, alkalisch reagierenden Lösung unter Zusatz kleiner Mengen katalytisch wirkender Substanzen (Metalloxyde oder Metallsalze) und leitet nun bei erhöhter Temperatur unter Druck Luft in die Lösung, so daß Bindung und Wiederabgabe des Sauerstoffes an das Bleichgut stattfindet. Man kann so Baumwolle mit einer 1proz. Ätznatronlösung unter 2 Atm. Dampfdruck durch eingepreßte Luft innerhalb 16 Stunden reinweiß bleichen. Der Prozeß läßt sich in der Dauer um 25% abzukürzen, wenn man gleichzeitig der 1proz. wässerigen Sodalösung z. B. 0,01% Manganpercarbonat zusetzt, auf 2 Atm. Druck erhitzt und Luft einpreßt. Zu demselben Effekt werden sonst 0,75—1% Chlor verbraucht. Um die Bildung von Oxycellulose zu vermeiden, sorgt man durch entsprechende Vorrichtungen dafür, daß die Luft nicht mit dem Bleichgut selbst, sondern nur mit der Flotte in Berührung kommt. **(D. R. P. 240 037.)** Nach Zusatzpatent **D. R. P. 242 296** verwendet man statt des gasförmigen Sauerstoffes Mangansuperoxyd, das seinen Sauerstoff langsam abgibt und in verdünnten Alkalien unlöslich ist, so daß die Bildung von Oxycellulose nicht zu befürchten ist.

Zum Bleichen stark inkrustierter Faserstoffe mit Luft in alkalischer Flotte behandelt man 1000 kg kurze starkschalige Linters (Abfallbaumwolle) im Kocher bei 130° und einem Luftüberdruck von 2 Atm., also unter einem Gesamtdruck von 4 Atm. mit einer Lösung von 150 kg Soda und 250 g Manganchlorür in 10 000 l Wasser, wobei man stündlich eine Lösung von 5 kg Ätznatron zupumpt. Nach 18 Stunden ist die Lauge hellgelb geworden und das weißgebleichte, an Festigkeit unveränderte Material wird mit schwacher Seifenlauge gründlich gewaschen. **(D. R. P. 262 047.)**

Eine Bleichflüssigkeit von hohem Wirkungsgrad soll man durch Sättigung von Salzsäure mit Sauerstoff unter Druck erhalten können. **(E. P. 11 891/1887.)**

In **Zeitschr. f. Textilind. 15, 1041** empfiehlt **R. Wegener** die Selbstherstellung von Sauerstoff zu Bleichzwecken in einem besonderen Apparat, durch Bereitung einer Wasserstoffsuperoxydlösung mittels Natriumsuperoxydes, das man in gekühlte verdünnte Schwefelsäure einträgt. In der Arbeit finden sich weiter Einzelheiten über das Bleichen von Leinen, Kunstseide usw.

262. Sauerstoffbleichmittel allgemein. Superoxydbleiche.

Die allgemeine Anwendung der Peroxyde **(Bd. IV [111])** für Bleichzwecke wird einesteils durch die Preisfrage, dann aber auch durch die Tatsache gehemmt, daß die Peroxydlösungen durch Katalyte, deren Anwesenheit im Wasser, in den Chemikalien und in der Apparatur nicht zu vermeiden ist, auch bei gleichem Sauerstoffgehalt so verschieden beeinflußt werden, daß die Bleichresultate auch bei sonst gleichem Arbeiten in weiten Grenzen verschieden ausfallen können. Auch die in der Bleichereitechnik angewendeten Antikatalyte, z. B. Natriumpyrophosphat, sind nur dann genügend wirksam, wenn die sonstigen Arbeitsbedingungen sehr gleichmäßig festgehalten und je nach dem Peroxyd die Apparate gewählt werden. So sind z. Z. Eisen und Kupfer beim Arbeiten mit Natriumsuperoxyd völlig ausgeschlossen, da die mit ihnen in Berührung kommenden Flüssigkeiten stark sauer und zugleich oxydationskräftig sind. Am meisten Raum gewann bis jetzt das Natriumperborat, das als bester Ersatz für die Chlorbleiche gilt, weil es die Fasern weniger angreift und sie auch nicht schädigt, wenn es in Substanz auf die Faser kommt, falls keine besondere katalytische Reaktion hinzutritt. Das Persulfat ist nach Untersuchungen von **W. Kind** zum Bleichen von Textilfasern keinesfalls geeignet, da es stark faserschwächend wirkt und kein reines Weiß liefert. **(Textilber. 1921, 324.)** Jedenfalls ist die Sauerstoffbleiche immer noch viel zu teuer, und die Chlorbleiche oder gar die Rasenbleiche auszuschalten, um so mehr als die Behauptung, daß sie einen geringeren Verlust an Gewicht mit sich bringt als die anderen Bleicharten, zunächst nicht bewiesen ist. Die Sauerstoffbleichmittel haben daher nur für Spezialzwecke, z. B. für das Bleichen von Buntware und schweren Stoffen wie Ripsen oder das Nachbleichen von Leinen, Bedeutung gewonnen. Über jedes Detail der Verwendung von Peroxyden als Bleichmittel unterrichtet die ausführliche Arbeit von **W. Kind** in **Färberztg. 51, 149 ff.**; vgl. auch **Lehnes Färberztg. 25, 93.**

Vor der Bleichung mit Wasserstoffsuperoxyd müssen sämtliche Stoffe zur Herbeiführung genügender Benetzbarkeit in Seifenbädern oder 3—5proz. Ammoniumcarbonatlösung oder in organischen Lösungsmitteln entfettet werden. Das Bleichbad selbst besteht aus der 10volumproz., wässerigen, mit einigen Tropfen Ammoniak neutralisierten Superoxydlösung, die am besten im dunklen Raum und bei einer Temperatur nicht über 25° verwendet werden soll. Es empfiehlt sich eine Reihe von Bädern vom schwächsten anfangend zu benützen. In **Jahr.-Ber. f. chem. Techn. 1880, 349** und **1881, 868** bringt **P. Ebell** Vorschriften zur Ausführung der Bleichung von Haaren, Federn, Knochen, Elfenbein und Zuckersäften nach dieser Methode.

Ein Faserstoffbleichverfahren mit Wasserstoffsuperoxyd ist in **D. R. P. 256 997** beschrieben. Man tränkt das vorher ausgekochte Bleichgut mit verdünnter Wasserstoffsuperoxydlösung, quetscht je nach der Qualität und dem gewünschten Grad der Bleiche mehr oder weniger stark aus und bringt die Ware dann in einen besonderen Raum, der mit heißen Ammoniakdämpfen oder sonstigen Gasen bzw. Dämpfen gefüllt ist, die die Eigenschaft haben, eine alkalische Reaktion hervorzurufen. Das Bleichgut verbleibt so lange in diesem Raum, bis der gesamte aktive Sauerstoff in Wirkung getreten ist und kein Wasserstoffsuperoxyd mehr nachweisbar ist. Die Dauer des Bleichprozesses ist von der Qualität des Bleichgutes und dem gewünschten Grade der Bleiche abhängig. Sie schwankt zwischen 20 Minuten und 1 Stunde. Nach beendigter Oxydation wird entweder gleich gespült oder das Bleichgut wird zum Neutralisieren durch ein Säurebad geführt und erst dann gespült, gewaschen und gebläut und getrocknet. Das Säurebad kann Schwefelsäure, Salzsäure, Phosphorsäure u. dgl. enthalten.

Zur Verbesserung der Bleichung pflanzlicher Fasern tränkt man das Bleichgut mit mindestens 15proz. Wasserstoffsuperoxyd und behandelt dann mit gasförmigem Ammoniak, wodurch der Sauerstoff in kurzer Zeit unter starker Schaumbildung entbunden wird und kräftig bleichend wirkt. Man taucht z. B. das mit Seife gewaschene und getrocknete Panamageflecht in 70° warmes, 15proz. Wasserstoffsuperoxyd, dem man zur Erhöhung seiner Haltbarkeit etwas Zinnsulfat zusetzt, nimmt das Geflecht nach 15 Minuten aus dem Bade heraus und hängt es über kochendes, konzentriertes Ammoniak. Die in dem Maße der Erhitzung kräftige Bleichwirkung ist schon nach wenigen Minuten beendet. Nach dem Zusatzpatent kann man auch andere pflanzliche Fasern oder natürlich vorkommende Produkte oder Fabrikate auf ähnliche Weise bleichen, wobei die Bleichdauer von der Empfindlichkeit des Stoffes abhängt. **(D. R. P. 270 703 und 275 879.)**

Zum Bleichen von Faserstoffen verwendet man ätzalkalische, z. B. durch Auflösen von Natriumsuperoxyd hergestellte Wasserstoffsuperoxydlösungen, die geringe Mengen Magnesiumverbindungen oder besser noch kolloidale Reaktionsprodukte von Kieselsäure oder Silikaten und Magnesiumverbindungen enthalten, wie solche z. B. durch Einführung der Komponenten in der Lösung erzeugt werden können. Man kann zur Herstellung der Bleichflotten auch Mineralwässer benützen, die solche Verbindungen oder Produkte bereits enthalten und erhält in jedem Falle haltbare ätzalkalische, sauerstoffabgebende Bleichbäder, in denen der starke Gehalt an freiem Ätznatron das Bleichgut in keiner Weise schädigt. **(D. R. P. 284 761.)**

Zur Beschleunigung der Bleichwirkung des Wasserstoffsuperoxydes behandelt man das zu bleichende Gut mit Oxydasen oder aus Pflanzenauszügen gewonnenen Enzymen (Hefeauszüge, wässerig alkoholische Auszüge von Meerrettich), die gewissermaßen, gleich wie Farbstoffe, auf die Faser aufziehen, und geht dann erst mit dem so vorbehandelten Gut in die Bleichlösung. **(D. R. P. 279 863.)**

Als besonders wirksames Bleichmittel für pflanzliche und tierische Faserstoffe soll sich ein Gemisch von 1 Tl. trockenem Natronwasserglas, 1 Tl. Bariumsuperoxyd und 100 Tl. Wasser bewährt haben. **(D. R. P. 21 081.)**

Auch durch Einführung des während 2 Stunden in dünner Natronlauge gekochten, gutgewaschenen, noch feuchten Gewebes in 1 proz. Bariumsuperoxydwasser, folgendes Klotzen in 2grädiger Schwefelsäure und 2malige Wiederholung des Verfahrens mit zwischenliegenden Lagerpausen erzielt man rein weiß gebleichte Gewebe. **(J. Mullerus, Färberztg. 2, 41.)**

Zum Bleichen von Geweben mit Natriumsuperoxyd löst man nach **H. de la Coux,** Referat im **Jahr.-Ber. f. chem. Techn. 1899, 941** 300 g Ammoniumphosphat in 98 l Wasser und 800 g 66grädiger Schwefelsäure und fügt 350 g Natriumsuperoxyd bei oder man löst 1,35 kg Schwefelsäure von 66° Bé in 100 l kaltem Wasser, fügt 1 kg Natriumsuperoxyd und bis zur Alkalität Ammoniak zu, oder man bereitet ein stark alkalisches Bad durch Lösen von 3 kg Magnesiumsulfat und 1 kg Natriumsuperoxyd in 95 l Wasser und neutralisiert teilweise mit Schwefelsäure. Die Bäder werden in Holz- oder Steingefäßen angesetzt und je nach der Art des Fasermaterials verschieden lange Zeit bei verschiedenen Temperaturen mit den Geweben in Berührung gebracht. Vgl. die der Originalarbeit beigegebene Tabelle, aus der die Einwirkung der Bäder auf die verschiedenen Textilmaterialien unter verschiedenen Bedingungen zu ersehen ist.

Zur Bleichung von Pflanzenfasern verwendet man nach **D. R. P. 130 437** für 100 Tl. des Bleichgutes eine wässerige Lösung von 1/2 bis 3% Kalium- oder Natriumsuperoxyd. Dem Bade fügt man 1/2 bis 4% weiße Seife und 2—8% Soda oder Wasserglas oder Stärke, Gummi oder Harze zu, um zu verhindern, daß der sich entwickelnde Sauerstoff die Faser angreift. Man arbeitet bei 50—100°, 4—6 Stunden in offenem oder geschlossenem Behälter je nach der Art der zu behandelnden Faserstoffe.

263. Perboratbleiche, Badaufarbeitung, Permanganatbleiche.

Über die Verwendung des Natriumperborates zum Ersatz der Chlorbleiche für Baumwolle namentlich Buntware und Ersatz der zweiten Bäuchung mit Soda nach eigenem Verfahren berichtet **C. Bochter in Färberztg. 25, 221.** Über Herstellung der Perborate s. **Bd. IV [115].**

Zur Herstellung eines Bleichbades löst man nach **D. R. P. 250 341** 20 kg Seife oder 10 kg 50proz. Türkischrotöl oder die entsprechende Menge Ricinusölseife in 4000 l Wasser und versetzt diese Lösung entweder mit 2,5—3 kg Natriumperborat und 5—6 kg konzentrierter Chlormagnesiumlösung oder mit 2,5—3 kg Magnesiumperborat oder schließlich mit einem Gemenge von 1,25 kg Natriumsuperoxyd, 2,1 kg Borsäure und 5 kg konzentierter Chlormagnesiumlösung und bleicht in einer dieser Lösungen in der Siedehitze bei etwa 1/2 Atm. Überdruck während 3—4 Stunden etwa 500 kg mit Soda ausgekochter Baumwolle, dann säuert man mit 0,5—1 proz. Schwefelsäure ab, wäscht nach und trocknet. Man spart nach dieser Methode an Bleichmittel, vermag mit ihr in Vorrichtungen mit Bleichflottenumlauf zu arbeiten, kann zarte und leichte Gewebe ohne Bäuchvorbehandlung bleichen und erhält ein Bleichbad, das keine zu Fleckenbildung Anlaß gebenden Abscheidungen verursacht. **(D. R. P. 250 341.)**

Zur Herstellung eines Bleichmittels für pflanzliche und tierische Fasern, aber auch für Stroh und Leder, vermischt man nach **A. P. 1 075 663** gleiche Teile Natriumperborat und Borsäure und setzt das gepulverte Gemenge dem Spülwasser zu, in dem das Material 25 Minuten gekocht wird. Nachträglich braucht man nur mit Wasser auszuwaschen.

Beim Waschen und Bleichen mittels alkalischer Lösungen von Perverbindungen, setzt man den Bleichbädern eine geringe Menge einer Zinn- oder Titanverbindung zu, verleiht so den Perboraten die bekanntlich ihren Sauerstoff schon bei niedriger Temperatur abgeben, höhere Kochbeständigkeit und erzielt so günstigere Bleichwirkung. Man erhitzt z. B. 2 Tl. Natriumperborat und 0,1 Tl. krystallisiertes Zinnchlorid mit 2000 Tl. Wasser auf 80° bis 85° oder 0,4 Tl. einer Mischung von 4 Tl. Calciumperborat und 10 Tl. Natriumbicarbonat (die Natriumperborat ergeben), in 200 Tl. Wasser mit 0,0075 Tl. krystallisiertem, krystallwasserhaltigem Zinnchlorid auf 95° bis 98°. Bei der Titration mit Permanganat ergibt sich, daß der Sauerstoffgehalt des Präparates auch nach 30 Minuten noch konstant ist. **(D. R. P. 271 155.)**

Zum Bleichen von Textilstoffen tränkt man die Ware mit einer kalten, aus 10—15 g gebranntem Kalk pro Liter Wasser unter Zusatz von 5—10 g Natriumperborat hergestellten Ätzkalkflotte quetscht dann ab, dämpft 3—8 Minuten, spült kalt, quetscht abermals und wiederholt das Tränken, Dämpfen und Waschen einige Male. Erforderlichenfalls kann man zwischen den Operationen säuern und dann die einzelnen Vorgänge wiederholen bis die Ware schließlich genügend gebleicht ist. Die Perboratbleichflotte wird also kalt angewendet und die Erwärmung der Ware außerhalb der Bleichflotte vorgenommen, so daß jedesmal nur jene Perboratmenge verbraucht wird, die von der Ware aufgenommen worden ist, während die Hauptmenge in der Flotte erhalten bleibt. Dadurch wird an Perborat gespart und der Vorgang, der auch zum Breitbleichen von Baumwollwaren verwendet werden kann, geht schneller von statten. **(D. R. P. 289 742.)**

Zum Bleichen von Textilstoffen mittels Natriumperborates setzt man der Bleichflotte außer freiem Alkali und Seifen nur so viel Aluminiumsalze, Aluminiumhydroxyd oder Aluminate zu, daß keine Ausscheidungen eintreten. In dieser Eigenschaft der Abspaltung molekularen Sauerstoffs entgegenzuwirken, und so die Ausnutzung der Bleichkraft des Perborates auch bei höherer

Temperatur zu ermöglichen, übertreffen die Aluminiumsalze noch die Magnesiumsalze und man vermag so bei Ersparnis an Bleichmitteln, Fortfall des Bäuchens, Vermeidung des Nachgilbens beim Trocknen und der Ausscheidung von Seifen auf der Ware ein bedeutend reineres Weiß zu erzielen, als beim Bleichen mit Magnesiumperborat. Überdies gestattet das Verfahren Textilstoffe im aufgewickelten Zustande zu bleichen. **(D. R. P. 313 541.)**

Zur Wiedergewinnung der in verbrauchten Bleichbädern enthaltenen Oxalate, Phosphate und Pyrophosphate fällt man diese Salze aus den bis zur Erzielung heller Färbung verdünnten Bädern oder Waschwässern in der Hitze als Bariumsalze aus und scheidet aus den Niederschlägen mit Schwefelsäure unter gleichzeitiger Gewinnung von Erdalkalisulfaten die Säuren ab. Nach Entfernung des Eisens aus den sodann schwach alkalisch gestellten Bädern sind sie nach Ergänzung mit Perverbindungen auf den normalen Gehalt weiter verwendbar. **(D. R. P. 300 523.)** Nach einer Abänderung des Verfahrens fällt man aus den bis zur hellen Färbung verdünnten, mit Ammonsalzen versetzten Bleichbädern zuerst die Pyrophosphorsäure mittels Mangan- oder Magnesiumsalzen und scheidet aus den Filtraten die Oxalsäure durch Erdalkaliverbindungen ab. **(D. R. P. 304 601.)**

Die erste Beschreibung des von **Tessié du Motay** und **Maréchal** eingeführten Permanganat-Bleichverfahrens findet sich in **Dingl. Journ. 184, 524.** Vgl. **A. Pubetz** in **Dingl. Journ. 195, 554.** Die Methode ist wegen des hohen Permanganatpreises trotz der energischen oxydativen Bleichwirkung nur für Spezialzwecke z. B. zum Bleichen der Jute zur Einführung gelangt.

Bei der Bleichung mit Permanganat muß stets in saurer und zwar in schwefelsaurer Lösung gearbeitet werden, da salzsaure Bäder die Cellulose stark angreifen. Aber auch dann sind stehende stärkere Permanganatbäder nicht ungefährlich, da das Manganat bzw. vorhandene Alkalireste leicht örtliche Faseroxydation hervorruft. **(W. Kind, Zeitschr. f. Textilind. 22, 246 u. 255.)**

Die Bleichung der in mit Hefe versetztem Wasser entschlichteten Geweben in einem Oxydationsbade das Permanganat und Bichromat enthält, beschreibt **J. M. Clément** in **Ind.-Bl. 1880, 341.**

Nach **A. P. 303 065** kocht man die zu bleichenden Stoffe unter Druck mit Pottasche, behandelt dann mit übermangansaurem Kali und schließlich mit Oxalsäure und Chlor.

Über ein kombiniertes Bleichverfahren in verschiedenen Bädern von Ätznatron, Kaliumpermanganat und einer wässerigen Lösung von Borax und schwefliger Säure siehe **D. R. P. 20 872.**

Zum Bleichen von Baumwolle und anderen pflanzlichen Faserstoffen verwendet man nach **E. P. 17 668/12** ein erstes Bad, das in wässeriger Lösung Kaliumpermanganat und Schwefelsäure enthält, und ein zweites schwefelsaures Bad, das man mit Natriumnitrat versetzt.

264. Reduktionsbleichmittel. Hydrosulfit- und Formaldehydsulfoxylatpräparate.

Jellinek, Das Hydrosulfit. I. Grundzüge der physikalischen Chemie des Hydrosulfits im Vergleich zu analogen Schwefelsauerstoffderivaten. 17. Bd., Heft 1—5. Stuttgart 1911. — Jellinek, K., Das Hydrosulfit. Anorganische, organische und technische Chemie des Hydrosulfits. Sonderausgabe aus der Sammlung chemischer und chemisch-technischer Vortäge. 18. Bd. Stuttgart 1912.

Beiträge zur Kenntnis der Hydrosulfite veröffentlichten ferner **H. Bucherer** und **A. Schwalbe** in **Zeitschr. f. angew. Chem. 1904, 1474.**

Die reduzierend wirkenden Bleichmittel: Schwefeldioxyd, Bisulfit (saures schwefligsaures Alkali) und Hydrosulfit sind den Oxydationsmitteln unterlegen nicht nur weil die schweflige Säure den Farbstoff nicht zerstört, sondern häufig rückbildbare Verbindungen mit ihm eingeht, so daß die Ware nach einiger Zeit zu vergilben beginnt, sondern auch wegen des anhaltenden „Schwefel"geruches, den die Ware behält und wegen der Fleckenbildung zu der sie beim späteren Färben neigt, wenn sich bei Gegenwart von viel Sauerstoff örtlich Schwefelsäure gebildet hat. Nachbehandlung mit Wasserstoffsuperoxyd hebt diese schädlichen Wirkungen auf. Dennoch ist die schwefelige Säure und das Bisulfit $NaHSO_3$, das als etwa 40grädige Lösung oder in fester Form als nach Schwefeldioxyd riechendes Pulver in den Handel kommt zum Bleichen der Wolle, die keinerlei alkalische Behandlung verträgt, unentbehrlich. Bisulfit dient auch wie Natriumthiosulfat als „Antichlor" zur Entfernung der letzten Chlorreste aus chlorgebleichten Geweben im Sinne der Gleichung

$$NaHSO_3 + 2\,Cl + H_2O = NaHSO_4\,(\text{Bisulfat}) + 2\,HCl$$

zuweilen auch als Bäuchlaugenzusatz zur Verhinderung der Bildung von Oxycellulose.

Zur Ausführung des Bleichprozesses mit Schwefeldioxyd verbrennt man in die lose aufgeschichtete feuchte Wolle enthaltenden, mit Holz ausgekleideten Kammern Schwefel (1,5—2 kg für 20 cbm Raum) in einer Eisenschale und wäscht die auf Glashorden oder an verzinnten Haken aufgehängte Ware nach 15—20stündiger Einwirkung aus.

Das wichtigste reduzierend wirkende Bleichmittel ist das Hydrosulfit, das z. B. aus wässeriger schwefliger Säure und Zinkstaub erhaltbare Zinksalz (aus Bisulfitlösung das Natriumsalz) der hydroschwefeligen Säure, die als gemischtes Anhydrid der schwefligen Säure mit der Sulfoxylsäure aufzufassen sein dürfte.

$$\begin{matrix} SO_2H\ H \\ SO_2H\ OH \end{matrix} \rightarrow \begin{matrix} HSO \\ HSO_2 \end{matrix}\!\!>\!O$$

So eignet sich z. B. nach einer Notiz in **Chem.-Ztg. 1921, 98** als Bleichlösung für die verschiedenartigsten Zwecke eine 7 proz. wässerige Natrium b i s u l f i t lösung, der man 8,5% 20grädige kalte Schwefelsäure und sodann sehr langsam 1,6 kg Zinkstaub unter gutem Rühren so zusetzt, daß keine merkliche Temperatursteigerung eintritt.

Die Hydrosulfite dienen vorzugsweise als Reduktions-, ihre organischen Verbindungen von Art des H y r a l d i t s oder Hydrosulfits NF als Ätzmittel im Zeugdruck. Diese Verbindungen entstehen und zwar das H y d r o s u l f i t NF z. B. aus Natriumhydrosulfit und Formaldehyd in neutraler Lösung ($2 CH_2O \cdot Na_2S_2O_4 \cdot 4 H_2O$), das noch stärkere Reduktionsmittel R o n g a l i t C ($CH_2O \cdot NaHSO_2 \cdot 2 H_2O$) aus den genannten Komponenten in alkalischer Lösung. Das ähnliche wirksame D e k r o l i n ($Zn \cdot SO_2 \cdot CH_2O$) wird aus Zinksulfoxylat und Formaldehyd gewonnen.

Zur Herstellung von F o r m a l d e h y d s u l f o x y l a t e n bzw. deren schwerlöslichen Zinksalzen behandelt man Formaldehydalkalibisulfit oder -hydrosulfit ohne Säuren in der Wärme mit Zink- oder Ammoniumsulfit oder -bisulfit unter gleichzeitiger Zufügung von Formaldehyd und fügt weiter zur Überführung etwa entstandenen unlöslichen Formaldehydzinksulfooxylates in lösliches Salz weiter Alkalisulfite zu. Man erhält so in Gegensatz zu **D. R. P. 165 807** entsprechend der Gleichung

$$2 CH_2(OH)(OSO_2Na) + ZnSO_3 = 2 (CH_2COH)(OSO_2)Zn + Na_2SO_3$$

auch ohne Säurezusatz das Zinksalz, das dann gemäß der **Anmeldung B. 39 502, Kl. 120** in Formaldehydsulfoxylat verwandelt wird. Vgl. auch **Anmeldung R. 27 886, Kl. 120. (D. R. P. 222 195.)**

Zur Herstellung von schwerlöslichem Z i n k f o r m a l d e h y d s u l f o x y l a t verrührt man z. B. 1 l einer 14 proz. Z i n khydrosulfitlösung mit 220 ccm einer 40 proz. Formaldehydlösung, setzt 100 g Zinkcarbonat zu und erwärmt unter Rühren auf 40°. Wenn das Reduktionsvermögen der Lösung verschwunden ist, filtriert man das Gemenge von Sulfoxylat und Zinkcarbonat zur weiteren Verarbeitung ab. Nach einem anderen Verfahren bringt man molekulare Mengen von Formaldehyd und Hydrosulfit bei Gegenwart solcher Mittel zur Wechselwirkung, die saures Sulfit in neutrales Sulfit umzuwandeln vermögen. Es entstehen auch so Salze der Formaldehydsulfoxylsäuren von der empirischen Formel $R \cdot CH_2SO_3 \cdot Me$. **(D. R. P. 187 494 u. 180 529.)**

Zur Herstellung von stickstoffhaltigen Kondensationsprodukten der **F o r m a l d e h y d s u l f o x y l s ä u r e** reduziert man Anilinbisulfit bzw. die aus Hexamethylentetramin und schwefliger Säure in Gegenwart von Wasser erhältlichen Verbindungen unter 50° mit Zinkstaub und kondensiert das Reduktionsprodukt aus Anilinbisulfit mit Formaldehyd, wobei man letzteren Vorgang auch zuerst bewirken und folgend mit Zinkstaub reduzieren kann. Nach einer Abänderung des Verfahrens gewinnt man die stickstoffhaltigen Körper auch durch Einwirkung von Zinkhydrosulfit auf ein Anilinsalz in wässeriger Lösung und folgende Behandlung des Doppelsalzes mit Formaldehyd. Die Produkte sind wertvolle Ä t z m i t t e l für bestimmt gefärbte G e w e b e. **(D. R. P. 228 206 und 228 207.)**

265. Hydrosulfitverwendung. Farben abziehen.

Über die Hydrosulfite und ihre Verwendung in der Textilveredelung berichtet **R. Wendel** in **Zeitschr. f. Textilind. 16, 504.**

Die Verwendung von Natriumhydrosulfit als Reduktionsmittel für organische Substanzen beschreibt **E. Grandmougin** in **Journ. f. prakt. Chem. 1907, 124.**

Auf die Verwendbarkeit der hydroschwefligen Säure zur Reduktion der Indigoküpe wiesen erstmalig **Böttger** und **Schützenberger** hin. **Schönbein** hielt dieses Entfärbungsvermögen für eine oxydierende Eigenschaft der Flüssigkeit und erklärte sie durch die Annahme von Ozonbildung. **(D. Ind.-Ztg. 1871, Nr. 40.)**

In **Zeitschr. f. Textilind. 1919, 418, 429** u. **437** wird das A b z i e h e n der Farben von Stoffen und das B l e i c h e n von Wolle und Seide mittels der verschiedenen Hydrosulfitpräparate beschrieben.

Das Hydrosulfit wird (in essigsaurer Lösung) selten zum Bleichen, vorwiegend zum Abziehen von Farbstoffen von Hadern, ferner im Zeugdruck verwandt. Auch die Hydrosulfit-Formaldehydverbindungen dienen kaum als Bleichmittel, sondern vorwiegend zur Fixierung der Küpenfarbstoffe im direkten Druck, ferner auch zum Ätzen von Farbstoffen, die bei der Reduktion Leukoverbindungen geben und zum Ätzen von durch Reduktion zerstörbaren Farbstoffen von Art des Paranitranilinrots, Paraminschwarzes, der direkten Azofarbstoffe, des Chrysoidinschwarzes usw., schließlich auch zur Erzeugung von Melange- und Changeanteffekten. Der Anwendbarkeit der Hydrosulfitpräparate für Bleichzwecke steht ihr hoher Preis entgegen. **(B. Wuth, Zeitschr. f. Farb.-Ind. 1907, 381.)**

Über die früher viel angewendete B l e i c h u n g tierischer Fasern mit h y d r o s c h w e f l i g e r S ä u r e, die man kurz vor dem Gebrauch aus konzentrierter Natriumbisulfitlösung mit 7% Zinkstaub oder 20—30% Zinkspänen herstellte, siehe **V. Kallab**, Ref. in **Jahr.-Ber. f. chem. Techn. 1887, 1156.**

Bei der F l e c k e n e n t f e r n u n g ist das Natriumhydrosulfit ebenfalls gut anwendbar, da es sicherer arbeitet als die sonst verwendete schweflige Säure und Substanzverluste durch Oxydation nicht zu befürchten sind. Die verschiedenen Präparate von Art des H y r a l d i t s und B u r m o l s eignen sich auch als Zusatz zu Seife oder Waschpulvern. **(R. Wegener, Seifens.-Ztg. 1918, 240 u. 275.)**

Zum Abziehen der Farbe von Textilstoffen behandelt man die Gewebe mit Hydrosulfiten insbesondere mit saurem hydroschwefligsaurem Natron, das auch die echtesten Färbungen zerstört ohne die Faser anzugreifen oder sie wie die Salpetersäure es tut, gelb zu färben. **(D. R. P. 113 938.)**

Das mildeste alkalische Abziehmittel für Färbungen ist essigsaures Ammoniak, doch werden auch Seife und Ammoniak oder Seife und Glaubersalz und die stärker wirkende Soda verwendet. Unter den sauer wirkenden Abziehmitteln kommen außer den Mineralsäuren auch Oxal-, Citronen- und Weinsäure in Betracht, von Oxydationsmitteln in erster Linie Chromsäure in Form von Bichromat und Schwefel- evtl. auch Oxalsäure. Sämtliche Bleichmittel (Wasserstoff- und Natriumsuperoxyd, Kaliumpermanganat, Chlorkalk) sind ebenso wie die hydroschweflige Säure und die Hydrosulfitverbindungen zugleich Abziehmittel. In **Zeitschr. f. Textilind. 15, 189** u. **208** erläutert **A. Busch** die Anwendung dieser einzelnen Stoffe in Beispielen.

Zum Abziehen der vorwiegend schwarzen, blauen und braune Färbungen auf Hadern, die zu Mungo, Shoddy und Extrakt (Kunstwollsorten [291]) verarbeit werden sollen, wählt man Hydrosulfit in Kombination mit Schwefelsäure allein oder zusammen nit Bichromat, in einzelnen Fällen auch je nach der Tiefe der Färbung Oxalsäure, Salpetersäur oder Ammoniak. Vgl. **R. Schwarz, Färberztg. 1908, 174.** Nach anderen Angaben ist die aufei anderfolgende Behandlung mit Soda und Hydrosulfitlösungen zu empfehlen, während Natriumb hromat und Schwefelsäure ausschließlich bei grauen, stahlblauen oder verschossenen schwarzen umpen Anwendung findet. Evtl. ist die Vorbehandlung mit verdünnter Schwefelsäure und N chbehandlung im frischen Bade mit Hydrosulfit oder Behandlung mit Schwefelsäure, dann m Bichromat und Schwefelsäure und schließlich mit Hydrosulfit angezeigt, wenn das Abzieher nicht mit der gewünschten Schnelligkeit von statten geht. In **J. Dyers a. Col. 29, 101** bringt **T. . Miller** genaue Vorschriften für diese Manipulationen ebenso auch Färberezepte für Lumpen un Shoddy. Vgl. ebenda S. **65** die Arbeit von **F. G. Newbury** über die bei der Kleiderfärberei übli nen alkalischen, sauren oder reduzierenden Abziehmittel darunter ein Gemenge von Titanchlor und Salzsäure für Chrysophenin und von Kupfersulfat, Eisensulfat und Weinstein für Berli erblau.

Zum Abziehen von Farben von Wollfasern bedient man sich r Spaltungsprodukte der Eiweißkörper vom Typus der Protalbin- und Lysalbinsäure, die zus nmen z. B. mit Dekrolin und Ameisensäure Verwendung finden. Die Schädigung der Wollfaser w d durch diese beiden letzteren Mittel bedeutend verringert. **(D. R. P. 314 852.)**

266. Hydrosulfitgewinnung, ältere Verfahren.

Bei der Hydrosulfitbildung geht nicht nur die Reaktion

$$3\,NaHSO_3 + Zn = NaHSO_2 + ZnNa_2(SO_3)_2 + H_2O$$

vor sich, sondern es entsteht außer dem Natriumzinksulfat stets auch noch Zinkoxyd

$$2\,NaHSO_3 + Zn = ZnO + Na_2SO_3 + H_2SO_4$$

und es bildet sich überdies durch Reduktion von Bisulfit Monosulfit, das nach vorliegendem Verfahren zur Teilnahme an der Hydrosulfitbildung zugezogen wird. Man wählt die Konzentration der Sulfitlösung oder Mischung zweckmäßig so, daß sie 10—20% Gesamtschwefeldioxyd enthält, und läßt 10proz. Schwefelsäure am Boden des Gefäßes derart zufließen, daß die sich entwickelnde schweflige Säure von der überstehenden Flüssigkeitsschicht aufgenommen wird. Die Reaktion verläuft dann nach der Gleichung

$$nNa_2SO_3 + H_2SO_4 = 2\,NaHSO_3 + Na_2SO_4 + (n - 2)\,Na_2SO_3$$

und führt zu guten Ausbeuten. **(D. R. P. 84 507.)**

Man kann auch Sulfite oder Bisulfite der alkalischen Erden oder der Schwermetalle zu sauren Hydrosulfiten reduzieren und durch Kalk die schwerlöslichen normalen Hydrosulfite niederschlagen oder nach einer anderen Ausführungsform des Verfahrens lösliche neutrale oder schwach alkalische Alkalihydrosulfite mit Chloriden der alkalischen Erden oder schweren Metalle zersetzen, und erhält so oder nach anderen Ausführungsformen, die in der Schrift beschrieben sind, schwerlösliche, bzw. unlösliche Hydrosulfite. **(D. R. P. 113 949.)**

Zur Darstellung von Hydrosulfitsalzen trägt man in eine Lösung von Alkali- oder Ammoniumbisulfit die auf je 2 Mol. Bisulfit 1 Mol. Schwefeldioxyd enthält, unter Kühlung die nötige Menge Zinkstaub ein. Durch dieses Verhältnis der beiden Bestandteile der Lauge gelangt man, da die gesamte im Bisulfit enthaltene schweflige Säure ausgenützt wird, zu wesentlich besseren Ausbeuten an reinen, höchstkonzentrierten Lösungen, als wenn man gewöhnliche Bisulfitlauge verwendet. **(D. R. P. 119 676.)**

Zur Gewinnung von festem, in Wasser schwerlöslichem Zinkhydrosulfit verrührt man 45 Tl. Zinkstaub in 385 Tl. 40gräd. Bisulfitlösung und läßt bei einer Temperatur, die keine Schwefeldioxydabspaltung bewirkt, am Boden des Gefäßes 257 Tl. 12,4 grädiger Schwefelsäure oder 262 Tl. 10proz. Salzsäure einfließen. Man verrührt dann, filtriert und wäscht das feuchte Präparat, das in der Ausbeute von 75—80% entsteht mit Alkohol oder Aceton um es schließlich im Vakuum zu trocknen. **(D. R. P. 130 403.)** Nach einer Abänderung des Verfahrens behandelt man die Sulfite in Gegenwart von soviel Wasser, daß das Gemenge weniger als 20% Schwefeldioxyd enthält, mit Zinkstaub und nicht mehr verdünnter Säure, als nötig ist, um das Alkali des Sulfites zu binden, bei mäßiger Wärme, so daß sich das schwerlösliche Zinkhydrosulfit fast vollständig abscheidet und von der schädlichen Lauge abgetrennt werden kann. **(D. R. P. 137 494.)**

Zur Gewinnung eines festen hochprozentigen Zinkhydrosulfit-Natriumsulfitdoppelsalzes behandelt man Zinkhydrosulfitlösung mit Natriumbisulfit. Im Gegensatz zu **D. R. P. 137 494** erhält man so das haltbare Doppelsalz $2\,ZnS_2O_4 \cdot Na_2SO_3$ und nicht wie dort ein wechselndes Gemenge von Zink und Natrium gebunden an schweflige und hydroschweflige Säure. **(D. R. P. 217 038.)**

Zur Herstellung von Hydrosulfiten bringt man schweflige Säure oder eines ihrer sauren Salze mit einem Salz des Titansequioxyds zusammen und erhält so eine braungefärbte Lösung hydroschwefliger Säure, die sich unter Schwefelabscheidung und Entfärbung schnell zersetzt. Man neutralisiert daher sofort mit Alkali und erhält dann das stabile Natriumsalz in Lösung und zugleich das Titan als Oxydhydrat als Niederschlag. **(D. R. P. 141 452.)**

Ein haltbares, festes Hydrosulfitpräparat erhält man auch, wenn man der Lösung oder dem abgeschiedenen Hydrosulfit 1—2% Zinkstaub zusetzt, der etwa gebildete schweflige Säure bindet und so die Zersetzung des Hydrosulfits verhindert. **(D. R. P. 144 281.)**

Zur Herstellung von Alkalihydrosulfiten trägt man in 100 Tl. entwässertem Äther unter gleichzeitigem Einleiten von Schwefeldioxydgas 10 Tl. Natriumdraht ein. Nach Aufnahme von 30—35 Tl. schwefliger Säure und Verbrauch des Natriums kann man das reine Hydrosulfit filtrieren. Statt des Äthers kann man auch absoluten Alkohol anwenden, doch muß man dann die Temperatur unter 10° halten. **(D. R. P. 148 125.)**

Zur unmittelbaren Gewinnung von festem Zinkhydrosulfit läßt man Schwefeldioxyd in starkem Strom auf ein Gemisch von 100 Tl. Zinkstaub und 150 höchstens 200 Tl. Wasser bei 45—50° einwirken und erhält wenn alles Zink in Lösung gegangen ist, beim Erkalten eine zähe, graugelbe Paste, die in einer indifferenten Gasatmosphäre weiter abgepreßt werden kann. Es muß jedenfalls soviel Wasser vorhanden sein, daß das Hydrosulfit in der Wärme in Lösung bleibt, da man sonst Überschuß der schwefligen Säure und damit Bildung von Polythionsäuren nicht vermeiden könnte. **(D. R. P. 184 564.)**

267. Hydrosulfitgewinnung, neuere Verfahren.

Zur Herstellung von Alkalihydrosulfit fällt man aus der Lösung von Salzen des Zinkhydrosulfits oder dessen Doppelsalze in Ammoniak mit einer Alkaliverbindung das Alkalihydrosulfit in fester Form aus. **(D. R. P. 203 910.)**

Feste haltbare und leicht lösliche Verbindungen von Zinkhydrosulfit und Ammoniumsalzen erhält man durch Einwirkung von Zinkstaub auf ein Gemenge von Alkalibisulfit und Ammoniumsalz bei Gegenwart einer Säure. **(D. R. P. 203 846.)**

Zur Herstellung von Alkalihydrosulfiten leitet man in ein gekühltes, vor Luftzutritt geschütztes Gemenge der Lösung von 145 Tl. Natronlauge (27,5proz.) in 200 Tl. Wasser mit 40 Tl. Zinkstaub bis zur Gewichtszunahme von 96 Tl. Schwefeldioxyd ein, versetzt nach mehrstündigem Stehen mit Kalkmilch aus 40 Tl. gebranntem Kalk und 120 Tl. Wasser und saugt die konzentrierte Natriumhydrosulfitlösung ab. Ebenso kann man auch ein Ammoniak- oder Pottasche-Zinkstaubgemenge verarbeiten und erhält in jedem Falle über das zunächst gebildete Zinkalkalihydrosulfit Lösungen von wesentlich höherer Reduktionskraft als sie jene besitzen, die z. B. nach **D. R. P. 119 676** bereitet werden, da man in vorliegendem Falle in konzentrierten Lösungen arbeitet. **(D. R. P. 204 063.)**

Zur Herstellung haltbarer, fester Entfärbungs- und Reduktionspräparate vermahlt man 420 Tl. Natriumbisulfit (wasserfrei mit 62% SO_2-Gehalt) unter Kühlung mit 70% Tl. Zinkstaub. Das erhaltene grauweiße Pulver ist beständig und erwärmt sich nicht an der Luft. **(D. R. P. 205 075.)**

Zur Herstellung haltbarer Calciumhydrosulfitpräparate verrührt man z. B. 80 Tl. einer 16proz. Natriumhydrosulfitlösung mit 75 Tl. 30grädiger Calciumchloridlauge, wäscht das abfiltrierte Salz mit Wasser, verdrängt dieses durch Alkohol, verrührt die alkoholische Paste mit 2 Tl. gebranntem Kalkpulver, entfernt den anhaftenden Alkohol und trocknet das Ganze im Vakuum bei 30—40°. Das Produkt ist in geschlossenen Gefäßen dauernd haltbar. **(D. R. P. 213 587.)**

Zur Darstellung von festem Zinkhydrosulfit bewirkt man die Umsetzung von Zinkstaub und schwefliger Säure in Gegenwart von Alkohol bei Temperaturen über 40° und erhält so ein besonders haltbares Präparat. **(D. R. P. 218 192.)**

Zur direkten Herstellung von wasserfreiem Hydrosulfit läßt man in eine hochkonzentrierte Lösung von nitrilomethylensulfoxylsaurem Salz unter gutem Rühren eine Suspension oder hochkonzentrierte Lösung von Natriummetasulfit in wenig Wasser einlaufen, arbeitet evtl. unter Kühlung bei höchstens 60—75° und vermeidet den Eintritt saurer Reaktion durch Zusatz der entsprechenden Menge Natronlauge. **(D. R. P. 235 310.)**

Zur Gewinnung wasserfreier Hydrosulfite bringt man Ameisensäure oder Formiate bei Ausschluß von Wasser als Lösungsmittel und bei Gegenwart oder Abwesenheit anderer Salze mit schwefliger Säure oder deren Salzen in Reaktion. **(D. R. P. Anm. K 46 104, Kl. 12 i.)**

Zur Gewinnung von wasserfreiem Natriumhydrosulfit bringt man Natriumbisulfit und Formaldehydnatriumsulfoxylat ohne Kontaktmittel in höchster Konzentration zum Teil in fester Form in der Wärme zur Wechselwirkung. Es scheidet sich dann bei etwa 70°, wenn man in diesen höchsten Konzentrationen arbeitet, und das Bisulfit überhaupt fest verwendet, das Präparat nicht wie sonst krystallwasserhaltig, sondern wasserfrei aus. Das in der Mutterlauge verbleibende Hydrosulfit wird durch Zusatz von Formaldehyd als Formaldehydsulfoxylat [264] wiedergewonnen. **(D. R. P. Anm. R 31 526, Kl. 12 i.)**

Zur Gewinnung von festem Alkalihydrosulfit bringt man Magnesiumhydrosulfit und Kochsalz im molekularen Verhältnis von ungefähr 2 : 1 unter starker Abkühlung zur Umsetzung. Es ist wesentlich, das angegebene Mengenverhältnis beizubehalten, da ein Überschuß des Kochsalzes die Bildung von Doppelsalzen bewirkt. **(D. R. P. 237 449.)** Nach dem Zusatzpatent setzt man bei Anwendung einer neben Magnesiumhydrosulfit noch ein Schwermetallsalz enthaltenden Lösung so viel Kochsalz zu, daß die Menge dem vorhandenen Metallsalze und der Hälfte des vorhandenen Magnesiumsalzes äquivalent ist. Nach sechsstündigem Stehen scheidet sich das Schwermetall als sandiges Doppelsalz aus und wird filtriert, worauf man das Filtrat abermals 12 Stunden unter Abkühlung stehen läßt, bis die Abscheidung des technisch reinen Natriumhydrosulfits vollständig ist. **(D. R. P. 241 991.)**

Zur Herstellung der in der Färberei und Druckerei verwendbaren Reduktionsprodukte der Sulfite oder der Bisulfite organischer Basen reduziert man diese mit metallischen Reduktionsmitteln (Zink oder Eisen) oder mit schwefliger Säure und Zink in Gegenwart von Alkohol und setzt dann Methylamin, Pyridin oder Piperdin oder andere organische Basen zu. Oder man läßt schweflige Säure, organische Base und Zink zunächst in Gegenwart von Wasser aufeinander einwirken und setzt alsdann Alkohol zu. Weitere Ausführungsformen in der Schrift. **(D. R. P. 245 043.)**

Nach den **D. R. P. Anm. C 19 286, 19 637** u. **20 342, Kl. 12 i** arbeitet man mit acetonsulfoxylsauren Alkalien und Bisulfiten (auch Acetonbisulfit), deren Menge man einschränken kann, da die Reaktion zwischen Acetonsulfoxylat und Bisulfit unter Abspaltung von Aceton stattfindet, das wiedergewonnen wird. Oder man erhitzt Acetonsulfoxylate und Bisulfite mit so wenig Wasser, daß keine Mutterlauge entsteht und erhält ein feuchtes Pulver, von krystallwasserfreiem Hydrosulfit, das von der mechanisch anhaftenden Feuchtigkeit wie üblich befreit wird.

Zur Herstellung von haltbarem, hochprozentigen, schwerlöslichem Zinknatriumhydrosulfit verrührt man Zinkhydrosulfit- und Natriumhydrosulfitrohlaugen in der Wärme und trennt das abgeschiedene Salz von der Mutterlauge. **(D. R. P. 253 283.)**

Zur Herstellung von wasserfreiem, haltbarem Natriumhydrosulfit kann man Zinkhydrosulfit mit Kalk entzinken und aus der Lösung das Natriumhydrosulfit durch Kochsalz, Natronlauge oder Alkohol zur Abscheidung bringen und nunmehr entwässern, oder man fällt aus der ammoniakalischen Lösung des Zinksalzes mit der äquivalenten Menge einer Natriumverbindung das Natriumsalz und entwässert dieses nachträglich oder man führt krystallwasserfreies Natriumhydrosulfit mit starker Natronlauge in das wasserfreie Natriumsalz über. Nach vorliegendem Verfahren arbeitet man in einer einzigen Operation und ohne das Zink vorher aus der Lösung entfernen zu müssen in der Weise, daß man die aus Zinkstaub und Schwefeldioxyd erhaltene Zinkhydrosulfitlösung mit Ammoniakgas sättigt, bis das sich abscheidende Zinksalz wieder in Lösung geht, sodann die äquivalente Menge eines Natriumsalzes hinzufügt, mit Alkohol erwärmt und das abgeschiedene wasserfreie Natriumhydrosulfit noch heiß unter Luftabschluß filtriert, während das Zink in Lösung bleibt. **(D. R. P. Anm. C. 19 686, Kl. 12 i.)**

Man kann sich bei der Fabrikation der Hydrosulfite und Sulfoxylate zur Reduktion der schwefligen Säure statt des Zinks des Eisens bedienen, jedoch nicht in Form kohlenstoffhaltiger Abfälle (Drehspäne), sondern des fein verteilten reduzierten oder sonst kohlenstofffreien Eisens und erhält so metallfreie Hydrosulfitlösungen. **(D. R. P. 304 107.)**

268. Elektrolytische Alkali- und Erdalkali-Hydrosulfitgewinnung.

Zur elektrolytischen Herstellung von Erdalkali- oder Magnesiumhydrosulfiten verwendet man als Kathodenflüssigkeit so konzentrierte Erdalkali- bzw. Magnesiumbisulfite, daß sich die Hydrosulfite während der Elektrolyse in fester Form ausscheiden. **(D. R. P. 125 207.)**

Zur elektrolytischen Gewinnung von Hydrosulfiten verwendet man eine Anodenflüssigkeit, die aus der Lösung eines Alkalis oder eines Salzes besteht, das bei der Elektrolyse ein basisches Ion zur Kathode wandern läßt, und als Kathodenflüssigkeit möglichst neutrale Bisulfitlösung, so daß das zu elektrolysierende Bisulfit möglichst der Formel $NaHSO_3$ entspricht und die hydroschweflige Säure als Salz im Kathodenraum verbleibt. **(D. R. P. 129 861.)**

Zur Gewinnung von Natriumhydrosulfit läßt man Natriumbisulfitlösung durch Graphitpulver zirkulieren, das in einem porösen Gefäß um die leitende Kathode einer Elektrizitätsquelle angehäuft ist, während die Anode derselben Quelle in ein das poröse Gefäß umgebendes Sodabad eintaucht. Man kann so auch andere organische Substanzen im kontinuierlichen Betrieb reduzieren. **(D. R. P. 221 614.)**

Ein Verfahren zur elektrolytischen Darstellung von Hydrosulfit aus Bisulfit bei dem man mit möglichst geringem Stromvolumen der Kathodenflüssigkeit arbeitet, ist in **D. R. P. Anm. J. 13 437, Kl. 12 i** beschrieben.

Zur elektrolytischen Darstellung von Hydrosulfiten aus Bisulfitlösungen verwendet man als Katholyt schwache Bisulfitlösungen mit oder ohne Zusatz von neutralen Salzen (Chloride oder Sulfate), jedoch mit Ausnahme von Sulfiten. Es wurde festgestellt, daß man bei jedem normalen Stromvolumen unter Voraussetzung der Einhaltung niedriger Temperaturen hohe Hydrosulfitkonzentration erzielen kann, wenn man nur die Bisulfitkonzentration richtig wählt. **(D. R. P. 276 058.)**

Zur elektrolytischen Darstellung von Hydrosulfiten setzt man dem Katholyten, der neben Bisulfit neutrale Salze enthalten kann, während der Elektrolyse freie Säure, insbesondere freie schweflige Säure zu und arbeitet namentlich wenn starke Bisulfitlösungen verwendet werden bei niederer Temperatur. Man kann bei dem Verfahren von Kochsalz ausgehen, dem man zur Einleitung des Prozesses fertiges Bisulfit zusetzt und erhält so in kontinuierlicher Erzeugung Bisulfit und Hydrosulfit oder man geht von neutralem Sulfit aus und leitet während des Prozesses fortlaufend die entsprechende Menge schweflige Säure ein. Bei niederer Temperatur ist dann in keinem Falle ein schädliches Zuwandern von Wasserstoffionen im Anodenraum zu befürchten. **(D. R. P. 276 059.)** Nach dem Zusatzpatent arbeitet man kontinuierlich in der Weise, daß man die bisulfithaltige Lauge von einem Vorratsgefäß aus einer beliebigen Anzahl elektrolytischer Zellen zuführt und von diesen zum Vorratsgefäß zurückleitet, so daß nach genügender Anreicherung der Lösung Hydrosulfit auskrystallisiert, das man filtriert, worauf die Mutterlauge bei gleichzeitiger Auffrischung durch Einleiten von schwefliger Säure in den Prozeß zurückgeführt wird. Man elektrolysiert also z. B. 100 l Lösung, die 20 kg Kochsalz und 5 kg Natriumbisulfit enthält und von der sich 80 l im Vorratsgefäß und 20 l im Elektrolisiersystem befinden im Kreislauf bei 0° und leitet ständig schweflige Säure ein. Die Zellen werden zweckmäßig hintereinander angeordnet, aber parallel geschaltet. Man läßt nach einer Ausführungsform zum Zwecke gleichzeitiger Gewinnung von Chlor und zwecks Verhinderung von Sulfit- und Bisulfitverlusten einen so kräftigen Flüssigkeitsstrom durch das Diaphragma gegen die Kathode wandern, daß er schneller verläuft als der elektrolytische Überführungsprozeß. **(D. R. P. 278 588.)**

269. Weiterbehandlung (Trocknung) von Hydrosulfitpräparaten.

Die Verwendung des Hydrosulfits zum Ätzen farbenbedruckter Gewebe war erst möglich, nachdem die ursprünglich zur Verfügung stehenden Hydrosulfitlösungen nicht mehr als solche, sondern in wesentlich konzentrierter Form, besonders als feste Salze zur Verfügung standen. Damit gelang es, genügend große Mengen des wirksamen Stoffes in die Druckpaste zu bringen und dadurch bis dahin unerreicht weiße Ätzeffekte zu erhalten. Das erste Verfahren der Verwendung fester Hydrosulfite mit oder ohne Zusatz von Glycerin, Acetin oder anderen Lösungsmitteln, von Alkalien, Aluminaten oder von organischen Säuren, sowie von gegen Hydrosulfit beständigen Farbstoffen ist in **D. R. P. 133 478** beschrieben.

Zur Herstellung von festem Natriumhydrosulfit salzt man seine Lösung bei 50—60° aus. **(D. R. P. 112 483.)** Anstelle der Alkalihydrosulfite kann man auch Magnesium-, Zink- oder Chromhydrosulfit verwenden. **(D. R. P. 125 303.)** Nach einem Zusatzpatent wäscht man die nach dem Hauptverfahren und einem andern Zusatzpatent **(D. R. P. 144 632)** erhaltenen feuchten Hydrosulfite mit Alkohol, Aceton, Äther oder anderen, rasch verdampfenden, sich mit Wasser leicht mischenden Flüssigkeiten. **(D. R. P. 143 040.)** Vgl. auch **D. R. P. 133 040.** Statt des Kochsalzes kann man sich auch anderer Salze wie Calciumchlorid, Magnesiumchlorid, Zinkchlorid, Natriumnitrit, Natriumacetat zum Aussalzen des hydroschwefligsauren Salzes bedienen. **(D. R. P. 144 632.)** Zur Haltbarmachung von festen Hydrosulfiten behandelt man die ausgefällten, abgepreßten Produkte, auch die z. B. nach **D. R. P. 133 040** durch Waschen mit Aceton u. dgl. in trockener, jedoch nicht genügend haltbarer Form gewonnenen Salze direkt oder nach Verdrängung der Mutterlauge mittels Alkohols und Äthers im Vakuum über wasserentziehenden Mitteln oder in noch feuchtem Zustande in einem Strom trockenen, inerten, sauerstofffreien Gases. Oder man verfährt nach einer Ausführungsform des Verfahrens in der Weise, daß man nach Verdrängung der Mutterlauge die Hydrosulfite mit möglichst wasserfreien Flüssigkeiten oder mit Äther, Benzol, Schwefelkohlenstoff usw. benetzt, bzw. zu einer Paste ansteigt. **(D. R. P. 138 315 und 138 093.)**

Auch durch Erhitzen hydroschwefligsaurer Salze mit Alkohol, Ketonen oder Estern kann man haltbare trockene Hydrosulfite erhalten, wenn man diese Flüssigkeit dauernd entwässert, und das Produkt schließlich so eintrocknet. **(D. R. P. 160 529.)** Nach dem Zusatzpatent arbeitet man nicht mit isolierten Salzen der hydroschwefligen Säure, sondern in Lösung oberhalb der Entwässerungstemperatur der verschiedenen Hydrosulfite, und kann so Fällen und Entwässern in einer Operation vornehmen. **(D. R. P. 162 912.)**

Statt den Hydrosulfiten das Krystallwasser durch Flüssigkeiten oder Dämpfe zu entziehen (vgl. **D. R. P. 160 529)** behandelt man die krystallwasserhaltigen Salze der hydroschwefligen Säure zweckmäßig bei höherer Temperatur mit festem Ätzkali oder die konzentrierten Lösungen dieser Salze evtl. in Gegenwart von Alkohol mit hochprozentiger Alkalilauge bzw. nach einer anderen Ausführungsform des Verfahrens mit Kochsalz, Calciumchlorid oder anderen aussalzenden Mitteln, Die nach der Filtration ausfallenden Produkte sind krystallwasserfrei und können direkt oder mit Glycerin oder Alkalilauge angeteigt als haltbare Präparate verwendet werden. Nach einer weiteren Abänderung des Verfahrens stellt man ebenso krystallwasserfreies Zinkhydrosulfit dar. **(D. R. P. 171 362, 171 363, 171 991 u. 172 929.)** Nach Abänderungen des Grundverfahrens erhitzt man krystallwasserhaltiges Hydrosulfit für sich oder unter Zusatz indifferenter wasserentziehend wirkender Flüssigkeiten, die selbst wasserunlöslich sind, auf 50—70°, bzw. salzt

Hydrosulfitlösungen bei Zimmertemperatur mit Ätzalkalien aus, so daß die Konzentration der entstehenden Alkalilauge nicht wesentlich unter 25° herabsinkt. (**D. R. P. 188 139** und **189 088.** Nach dem Zusatzpatent erhitzt man die Hydratpreßkuchen des Natriumhydrosulfits evtl. in Gegenwart von Kohlehydraten möglichst kurze Zeit auf hohe Temperatur, bringt also den Hydratbrei zweckmäßig im Vacuum auf hocherhitzte Trommeln oder Platten. (**D. R. P. 200 291.**) Nach einer weiteren Ausführungsform erhitzt man die Lösungen der Hydrosulfite unter Durchleiten von Ammoniakgas im gelinden Vakuum und erhält so ohne die besonderen Vorsichtsmaßregen des Hauptpatents nach dem Eindampfen ebenfalls ein haltbares, wasserfreies Produkt. Ebenso erhält man in Abänderung des Verfahrens des **D. R. P. 112 483** feste Hydrosulfite, wenn man in die in üblicher Weise erhaltbaren wässerigen Hydrosulfitlösungen gasförmiges Ammoniak einleitet. (**D. R. P. 207 593** und **207 760.**) Nach dem Zusatzpatent mischt man die konzentrierten Lösungen bei höchstens 50° in Gegenwart von Kochsalz, scheidet so das Hydrosulfit im Entstehungszustande aus und erzielt einen wirtschaftlichen Effekt auch insofern, als die Mutterlaugen wieder für die Fabrikation des Formaldehydsulfoxylates verwendet werden können. (**D. R. P. 235 835.**) Schließlich kann man die Alkalilauge ganz oder teilweise durch Ammoniak ersetzen und erhält auch in diesem Fall haltbare Hydrosulfite. (**D. R. P. 250 127.**)

Oder man gewinnt k r y s t a l l i s i e r t e s Natriumhydrosulfithydrat in der Weise, daß man bei Temperaturen unter 48° nur soweit eindampft, daß nach Abscheidung des Hydrosulfits $Na_2S_2O_4 \cdot 2\,H_2O$ noch Krystallisationslauge verbleibt. Schon wenige Grade über dieser Temperatur beginnt die Anhydrisierung und damit die Zersetzung des Hydrosulfits. Treibt man ferner die Verdunstung zu weit, so tritt ebenfalls lokale Überhitzung ein und die Zersetzung des Produktes beginnt. (**D. R. P. 191 594.**)

Zur Konzentration von Lösungen der Salze der h y d r o s c h w e f l i g e n Säure behandelt man die wässerigen Salzlösungen bei 50°, nach Zusatz von Kohlenwasserstoffen oder ähnlichen flüssigen, von den Salzen leicht trennbaren Stoffen, die die ausgeschiedenen Krystalle vor Oxydation schützen sollen, mit einem Strom nicht zersetzend wirkender Gase, z. B. Kohlensäure, Kohlenoxyd, Stickstoff, Rauchgase oder desoxydierter Luft. (**D. R. P. 223 260.**)

Da trocknes, krystallwasserhaltiges Hydrosulfit in Gegensatz zu feuchtem in der Hitze sehr beständig ist, kann man wasserfreies Hydrosulfit auch durch andauerndes Erhitzen des krystallwasserhaltigen, jedoch staubig trockenen Pulvers im Vakuum auf 80° erhalten. (**D. R. P. 213 586.**)

Haltbares, krystallwasserfreies Hydrosulfit erhält man auch durch Mischen des getrockneten krystallwasserhaltigen Natriumhydrosulfits mit wasserfreien Basen oder basisch wirkenden Salzen, die man dem krystallwasserhaltigen Hydrosulfit auch vor dem Trocknen oder während des Trockenprozesses beimischen kann. Die Präparate sind nicht nur in geschlossenen Gefäßen (wie die Produkte des **D. R. P. 138 315, 160 529, 171 991**), sondern auch an derLuft haltbar. (**D. R. P. 220 718.**) Nach einer Abänderung des Verfahrens behandelt man das wasserfreie Produkt mit Spiritus, Äther, Benzol oder anderen das Hydrosulfit nicht verändernden, organischen oder auch mit wässerigen Lösungen anorganischer Stoffe bei höherer Temperatur, filtriert heiß und trocknet das so behandelte Hydrosulfit direkt oder nach vorhergehendem Waschen. Stets ist es notwendig, die Reaktion dauernd alkalisch zu halten und vorteilhaft, indifferente Stoffe wie Gummi, Stärke oder Melasse zuzusetzen, die in dem Gewebedruckpräparat verbleiben können. (**D. R. P. 226 220.**) Nach Abänderungen des Verfahrens leitet man die Trocknung des krystallwasserhaltigen Natriumhydrosulfits derart, daß ein Teil des Hydrosulfits sich zersetzt, wobei, wenn man z. B. anfangs in nicht besonders hohem Vakuum arbeitet oder längere Zeit mit einem höher erhitzten Gasstrom auf höhere Temperaturen erhitzt, die entstehenden Zersetzungssalze den übrigen Teil des Hydrosulfits vor der Lufteinwirkung schützen; bzw. man hebt nach dem weiteren Zusatz nach erfolgter Entwässerung das Vakuum durch getrocknete Luft auf. (**D. R. P. 237 164** und **237 165.**)

Oder man entwässert das krystallwasserhaltige Hydrosulfit mit N a t r i u m a l k o h o l a t und erhält in kürzester Zeit ohne äußere Wärmezufuhr das wasserfreie Produkt. (**D. R. P. 227 779.**)

Man erhält ferner 80—90proz. trockenes Natriumhydrosulfit von loser Beschaffenheit, wenn man 100 Volumenteile Natriumhydrosulfitlösung mit 50 Volumenteile Anilin unter ständigen Rühren im Vakuum bis zur Verdampfung des Wassers und der überschüssigen freien Base zur Trockne dampft. (**D. R. P. 267 872.**) Nach dem Zusatzpatent entfernt man die letzten Wasserreste durch Abdampfen des Wassers bei Gegenwart von A n i l i n bei etwa 60—65°, wobei das Anilin das vorhandeneWasser emulgiert und zugleich die einzelnen Hydrosulfitteilchen schützt und am Zusammenbacken verhindert. (**D. R. P. 279 389.**)

Zur Darstellung von w a s s e r f r e i e m H y d r o s u l f i t setzt man Zinkhydrosulfit oder Zinknatriumhydrosulfit mit Natriumacetat in A l k o h o l um und erhält wasserfreies Natriumhydrosulfit als unlöslichen Niederschlag, während Zink und Essigsäure in Lösung bleiben. In wässeriger Lösung bildet sich bekanntlich nicht Natriumhydrosulfit, sondern das Zinknatriumdoppelsalz. (**D. R. P. 280 181.**)

270. Spezialbleichverfahren für Leinen, Jute, Ramie.

Über das Bleichen der J u t e mit den verschiedenen bekannten Bleichmitteln und die besondere Art der Behandlung dieser l i g n o c e l l u l o s e n Textilfaser, die eine Mischung von Cellulose und Nichtcellulose darstellt, berichtet **F. J. G. Beltzer** in **Bull. Soc. Chin. 1910, 294.**

Vgl. die Arbeit von **H. Bianchi** und **G. Malatesta** über den natürlichen Farbstoff der Flachs- und Hanffaser und das Verhalten der Rohfaser im Vergleich zum verarbeiteten Material. **(Zeitschr. f. angew. Chem. 28, 495.)**

Für Leinen ist nach **W. Kind, D. Färberztg. 1911, 41** die Rasenbleiche durch die Wasserstoffsuperoxydbleiche nur teilweise ersetzbar, da bei dieser gewisse physikalische Momente eine bedeutende Rolle spielen. Über die Sauerstoffbleiche mit Wasserstoffsuperoxyd und seinen Verbindungen ebenso mit Perboraten siehe die folgenden Nummern derselben Zeitschrift **42—44.**

Über das Bleichen und Färben von Leinen, Hanf und Jute, die Entfernung der in den Fasern bis zu 30% enthaltenen Pektinsäuren durch Auskochen mit Alkali, das Bleichen speziell des Hanfes im Wasserglas-, Chlorkalk- und Säurebad, die vorsichtige Bleiche der Jute in einem schwachen Chlorbad, folgende Salzsäurebehandlung, Permanganatbad und schließliche Bisulfitbehandlung berichtet **E. Koechlin** in **Färberztg. 1909, 304.**

P. Buchan und **A. Guild** behandelten die Jute je nach ihrer Beschaffenheit längere oder kürzere Zeit in einer 27—32° warmen Lösung von Alkalilauge oder Ammoniak, bleichten mit Chlorkalk oder Chlor, am besten aber mit Javellescher Lauge, gingen dann nach dem Auswaschen 2—3 Stunden lang in stark verdünnte Salz- oder Schwefelsäure, und brachten das Material schließlich in ein pottaschehaltiges Ölbad. **(D. Ind.-Ztg. 1869, Nr. 43.)**

Zum Bleichen leinener Garne und Gewebe kocht man das Material nach **D. R. P. 26 839** wiederholt 3 Stunden mit einer Lösung von 2,4 g Cyankalium in 1 l Wasser, bleicht dann wie üblich mit einer Lösung von 5,3 g Chlorkalk in 1 l Wasser weiter und entfernt den leicht gelblichen Stich der Ware durch ein Oxalsäurebad; evtl. wird der noch zurückgebliebene gelbliche Ton mit einem blauen Teerfarbstoff abgedeckt. Die nähere Beschreibung des Verfahrens findet sich in **Dingl. Journ. 261, 119.**

Nach **D. R. P. 46 549** setzt man den gewöhnlichen Chlorbädern zum Bleichen von Leinen eine Bleichflüssigkeit zu, die aus einer Mischung von Terpentinöl, Benzin, Schwefelsäure und einer wässerigen Lösung von Natronsalpeter besteht. Vgl. **D. R. P. 46 811.**

Zum Bleichen von Leinen und Jute verwendet man nach **D. R. P. 81 418** und **82 285** zuerst eine Soda und Terpentinöl oder statt des letzteren Natronsalpeter enthaltende Lauge und dann eine unter Zusatz von Soda und Benzin bereitete Lösung. Nach jeder einzelnen Kochung werden die Stoffe in einem Bade behandelt das Chlor und schwefelsaure Tonerde enthält, schließlich wäscht man sie in schwach saurem Wasser aus. Vgl. **E. P. 13 678/85.**

Zum Bleichen von Jute soll man nach **E. P. 3359/79** zuerst eine schwefelsaure Kaliumbichromatlösung, dann eine Lösung von Chlorkalk oder unterschwefligsauren Alkalien und schließlich eine solche von übermangansaurem Kalk verwenden. Vgl. **D. Ind.-Ztg. 1870, Nr. 15.**

Nach einem Referat in **Jahr.-Ber. f. chem. Techn. 1886, 910** soll man Jute, um sie zu bleichen, zuerst mit einer 0,4 proz. Wasserglaslösung auf 70° erwärmen, dann in einem Natriumhypochloritbade, das 0,7—1% Chlor enthält, bleichen und schließlich in verdünnter Salzsäure waschen.

Nach einem von **A. Busch** angegebenen Verfahren wird die Jute nach 12 stündigem Einweichen in lauwarmem Wasser zur Entfernung der fetten und hornartigen Bestandteile mit 5 g Soda pro Liter 30 Minuten gekocht, dann 10 Stunden in eine ½ grädige Chlorkalklösung eingelegt, nach dem Ausringen 30—60 Minuten mit ½ grädiger Salzsäure behandelt, gut gewaschen, eine Stunde in ein Permanganatbad (2,5 g pro Liter) eingelagert, nach dem Spülen 30 Minuten mit Natriumbisulfat (80 ccm 38° Bé pro Liter) nachbehandelt, mit Ultramarinaufschlämmung gebläut und schließlich geseift. Bei richtiger Leitung, besonders der Permanganatbehandlung die leicht zur Faserschwächung führen kann, erhält man schönes, kaum gelbstichiges, beim Lagern unveränderliches Weiß und äußerst weichen Griff und Glanz der Ware, die bei dem Verfahren höchstens 15% an Gewicht verliert. **(W. Technolog. Gew. Mus. 10, 154.)**

Über das Bleichen von Jute mit Natriumsuperoxyd oder Kaliumpermanganat siehe **Joclet**, Referat in **Jahr.-Ber. f. chem. Techn. 1899, 941.**

Zum Bleichen von 100 kg Jutelumpen kocht man das Material zunächst 10 Stunden mit 15% gebranntem Kalk unter einem Druck von 1,5 Atm., schleudert aus und behandelt dann während 24 Stunden mit Chlorgas, das man für obige Menge aus 75 g 20 grädiger Salzsäure und 20 g 80 proz. Braunstein herstellt. Die nunmehr gelbrot gefärbte Jute wird in Wasser ausgewaschen das 5 g Ätznatron enthält, so daß dieser Farbstoff in wasserlösliche Form übergeführt wird. Nach dem Spülen wird obige Jutenmenge schon mit 5—7 kg Chlorkalk vollständig weiß gebleicht. **(Färberztg. 1891/92, 30; vgl. E. P. 14 699/87.)**

Zum Bleichen von Flachs und Leinen behandelt man das Fasermaterial nach der Reinigung mit schwacher Lauge längere Zeit mit einer wässerigen Lösung von salpetrigsaurem Natron, preßt ab und bringt in ein Salzsäurebad, unter dessen Einwirkung die salpetrige Säure frei wird, und je nach der gewählten Konzentration der Bäder mehr oder weniger bleichend auf das Gewebe einwirkt. Dieses Verfahren, das die Rasenbleiche ersetzen soll, wird gegebenenfalls noch öfter wiederholt, dann wäscht man das Gewebe mit Soda und Säure und bleicht evtl. zur Entfernung eines rötlichen Tones noch mit Chlor. **(D. R. P. 101 285.)**

Nach **A. P. 994 508** wird Jute gebleicht, weich und wasserdicht gemacht durch Behandlung in folgenden 4 Bädern (für 100 Tl. Jute): Die Ware wird in einem ersten Bade das 1 Tl. Seife 1 Tl. Ätznatron und 95 Tl. Wasser enthält, bei 66° geweicht, kommt getrocknet in ein 2. Bad, das aus 1 Tl. Glycerin, 7 Tl. Chlorcalcium und 2 Tl. Soda in 90 Tl. Wasser besteht, und verbleibt in ihm 2 Stunden. Das nunmehr schon baumwollähnliche Produkt kommt in ein 3. Bad aus 2 Tl. Soda, 1 Tl. Seife, 6 Tl. Chlorcalcium, 1 Tl. Glycerin und 90 Tl. Wasser und schließlich ½ Stunde lang in eine kalte wässerige Lösung von Natriumbisulfit (5° Tw.). Um die Jute noch wasserdicht zu machen wird sie in einer Aluminiumacetatlösung von 5° Bé nachbehandelt.

Cross gab zum Bleichen der Jute folgende Anleitung: Man bringt die mit einer 0,4proz. Lösung von Wasserglas, Soda, oder Borax bei 70—80° gewaschenen Stoffe in eine 2proz. 0,7—1% wirksames Chlor enthaltende Chlorkalk- bzw. Hypochloritlösung, verhindert durch einen geringen Sodaüberschuß die Bildung gechlorter Faserprodukte, spült, bringt die Stoffe in kalte verdünnte Salzsäure, die geringe Mengen Schwefeldioxyd enthält und beseitigt so Eisensalze und basische Verbindungen. Weitere Angaben über das Färben und Drucken der so vorbehandelten Stoffe finden sich in der ausführlichen Abhandlung von **Cross** über die chemische Technologie der Jutefaser in **Journ. Soc. Chem. Ind. 1882, 129.**

Nach einem anderen Verfahren bringt man die Jute während 1—2 Stunden in ein 80° heißes Borax-, Soda- oder Wasserglasbad, legt sie dann in kalte Hypochloritlauge, ringt aus, behandelt mit $^1/_2$grädiger verdünnter Schwefelsäure, der zwecks Lösung der Eisensalze und zur Entfernung aller basischen färbenden Produkte etwas Schwefelsäure zugesetzt ist, und bleicht das Gewebe in Bisulfitlösung nach. Nach einer anderen Methode erhitzt man die Jute 4 Stunden im Autoclaven mit einer Mischung von Soda, Terpentinöl und Schwefelkohlentoff und kann dann die sonst übliche Bleichsalzmenge beim folgenden Bleichprozeß auf die Hälfte herabsetzen. Man passiert die Faser z. B. nach der Vorbehandlung durch konzentrierte Sodalösung, ringt aus, geht in ein 2proz. Schwefelsäurebad, schleudert abermals, taucht 30 Minuten in ein 5proz. Permanganatbad und behandelt schließlich in mit Salzsäure angesäuerter Natriumbisulfitlauge nach. Schließlich lassen sich Jutegarne auch durch öfteres Umziehen in einem 38° warmen Chlorkalkbade bleichen, wobei die Luft möglichst ausgeschaltet werden soll. Man säuert dann ebenfalls mit Schwefelsäure ab und spült. **(Monatsschr. f. Textilind. 1899, 804.)**

Zum Bleichen von 500 Tl. Ramiefaser verwendet man als erstes Bad eine Lösung von 15 Tl. Schwefel und 40 Tl. Ätznatron in 250 Tl. Wasser und arbeitet unter 2 Atm. Druck. Nach dem Auswaschen bringt man das Material in eine Lösung von 15 Tl. Glycerin, 30 Tl. Ätzkali, 5 Tl. Traubenzucker und 40 Tl. Ölsäure in 2500 Tl. Wasser und arbeitet unter 4 Atm. Druck. Ähnlich wird auch der Flachs behandelt, bei dem man übrigens auch als erste Lösung ohne Druckanwendung eine 0,1proz. kochende Ätzkalilösung und folgend eine Lauge von ölsaurem Natron verwenden kann. **(Ö. P. v. 24. Juli 1883.)**

271. Stroh (Rohr) bleichen und reinigen.

Andés, L. E., Strohverarbeitung. Wien und Leipzig 1898.

Über das Bleichen feinen Strohhutstrohes mit Chlorkalk siehe **Polyt. Zentr.-Bl. 1851, 206, 214.**

Um Stroh zu bleichen läßt man das Material nach **E. Rzehak, Dingl. Journ. 258, 380** zuerst 6—8 Stunden in lauwarmem Wasser liegen, geht dann in ein etwa 35° warmes 1—2grädiges Seifenbad, spült und legt die Faser in eine Lösung, die für 10 kg Stroh 115—120 g Kaliumpermanganat enthält, bis sie mit einer gleichmäßig braunen Braunsteinschicht überzogen ist; dann spült man wieder mit kaltem Wasser und bringt das Material in eine Lösung von 750 g Thiosulfat und 1 kg Salzsäure, in 10 l Wasser, läßt bei zugedeckten Gefäßen in dieser Lösung 10 bis 12 Stunden liegen und wäscht schließlich mit reinem Wasser erschöpfend aus. Dann setzt man die Hüte auf den Hutstock, bedeckt sie mit Gips, den man erhärten läßt um die gewünschte Form wieder hervorzubringen, läßt trocknen und reibt, klopft oder bürstet den Gipsüberzug ab.

Nach einem Referat in **Seifens.-Ztg. 1912, 502** kann man als Strohhutwaschmittel ein gepulvertes Gemenge von 100 Tl. saurem schwefelsaurem Natrium, 20 Tl. Weinsäure und 10 Tl. Borax verwenden, das man zum Gebrauch mit Wasser anreibt. Der Borax löst die Appretur, und die sich entwickelnde schweflige Säure vermag dann bleichend einzuwirken. Oder man bringt die Strohgeflechte in eine Lösung von 40 Tl. Natriumthiosulfat in 600 Tl. Wasser, säuert mit Salzsäure schwach an und wäscht das gebleichte Material zuerst mit warmem und dann mit glycerinhaltigem Wasser 1 : 100. Es sei darauf hingewiesen, daß es vorteilhaft ist, die Wirkungsweise aller dieser Mittel zunächst durch Vorversuche zu prüfen, da sie je nach der Farbe und Verunreinigung des zu bleichenden Materials verschieden stark einwirken.

Zum Waschen von Strohhüten werden nach **Südd. Apoth.-Ztg. 1911, 211** zwei Lösungen angesetzt, deren erste aus 75 Wasser, 10 unterschwefligsaurem Natron, 10 Spiritus und 5 Glycerin besteht, während die zweite in 90 Wasser 2 Citronensäure und 10 Spiritus enthält. Mit Lösung 1 wird der Hut gewaschen und noch feucht 24 Stunden in einen Keller gelegt, mit Lösung 2 wird er nachträglich bestrichen, ebenfalls feucht 24 Stunden in den Keller gelegt und schließlich nicht zu heiß geplättet.

Die Bleichung von Strohhüten mit Natriumthiosulfat und Salzsäure wurde erstmalig in **Dingl. Journ. 136, 466** beschrieben. Es findet sich auch der Hinweis auf die Tatsache, daß der bei der Bleichung sich ausscheidende fein verteilte weiße Schwefelniederschlag mit dazu beiträgt, das Weiß der gebleichten Ware zu erhöhen.

Über das Bleichen von Stroh (chinesische und japanische Strohtressen) mit Natriumhydrosulfit, Blankit, Wasserstoffsuperoxyd, Natriumperborat, Natriumsuperoxyd und mit Persalzen, besonders das Bleichen von Japantressen zu Ordinär- und Vollweiß, das Bleichen von Strohhüten, Holztressen, Pflanzen und Pflanzenteilen, auch von eßbaren Mandeln, ferner über das Blauen der gebleichten Ware und eine Kostenberechnung der einzelnen Verfahren siehe **F. J. G. Beltzer, Rev. mat. col. 1910, 99, 134 u. 166.**

Zum Bleichen von Panama- und anderen Strohhüten werden diese zuerst ca. 20 Minuten in einer 22° warmen, nicht zu starken Oxalsäurelösung eingeweicht. Gröbere Strohhutgeflechte werden dann mit Wasserstoffsuperoxyd, feinere mit Perborat gebleicht. Auf 20 l Wasser rechnet man 3—5 l Wasserstoffsuperoxyd, $^1/_8$ bis $^1/_4$ l Salmiak und etwas Talkum. Die Perboratbäder werden aus 15 l Wasser und einer Lösung von 80—100 g Perborat in $^3/_4$ l Wasser hergestellt. In diese Bäder werden die Geflechte mit dem Kopf nach unten gelegt. Etwa vorhandene gelbe Flecke werden vor dem Bleichen mit Salmiak betupft. Das Bleichgut bleibt in dem Bade 20—25 Minuten liegen, dann werden dem Wasserstoffsuperoxydbad 30 g Schwefelsäure zugesetzt, das Bleichgut wird 10—12 Minuten darin belassen. Dem Perboratbad werden 10 g Essigsäure auf 20 l Bleichflüssigkeit zugegeben, das Bleichgut wird kurze Zeit eingetaucht. Die Hüte werden in einer Lösung von 20 l Wasser und 30 g eines guten Sauerstoffbleichmittels gespült und getrocknet. Rotweinflecken lassen ich von Strohhüten mittels Wasserdampfes entfernen. — Sind Geflechthüte vom ausgelaufenen schwarzen Band angefleckt, so werden sie mit einer Lösung von 90 bis 125 g Kaliumbifluorid auf 6 l Wasser behandelt. **(Rosäa, Färberztg. 27, 243.)**

Nach **D. R. P. 237 319** wird Stroh ebensogut wie mit Wasserstoffsuperoxyd mit Hydrosulfit gebleicht, wenn man in wässeriger Lösung bei 60—70° in Gegenwart von Alkalien, Phosphaten oder Carbonaten arbeitet. Gespült wird zweckmäßig mit einer wässerigen Lösung von Oxalsäure.

Nach **Seifens.-Ztg. 1911, 604** (nähere Angaben siehe **1910, 930**) werden Panamahüte gereinigt, indem man sie 24 Stunden vollständig bedeckt in eine Lösung von 10 g Natriumperborat in $1^1/_2$ l Wasser einlegt. Dann werden sie mit Bürste und Seifenwasser gewaschen, in kaltem Wasser mehrfach gespült, zwei- bis dreimal kurz in Essigwasser (1 : 51) getaucht und an der Sonne getrocknet.

Einfacher als diese Reinigung der Strohhüte, allerdings auch nicht so wirksam, ist die Anwendung der im Handel befindlichen Präparate von Art des „Strobin", die nach **Techn. Rundsch. 1909, 505** aus einem Gemenge von wasserfreiem Gips und Weinstein bestehen.

Zum Bleichen von Strohgeflecht verwendet man nach **D. R. P. 334 294** Suspensionen von Kieselgur oder Gips in Lösungen kieselflußsaurer Salze.

Zum Bleichen oder Färben von spanischem Rohr in Fadenform laugt man das Material mit kalter Ätzkalilösung oder mit Ammoniak aus, um das Eindringen des nun zugeleiteten Wasserdampfes zu erleichtern und bleicht mit den üblichen Bleichmitteln in der Kälte zweckmäßig während des Auslaugens. **(D. R. P. 113 947.)**

Man reinigt Stuhlrohr **(D. Tischl.-Ztg. 1910, 259)** nach Abdeckung aller lackierten Holzbestandteile mit Seifen- oder Sodalauge unter Zusatz von etwas Ammoniak und bleicht es mit Wasserstoffsuperoxyd oder durch Bestreuen mit feuchtem Schwefelpulver, evtl. auch mit einer wässerigen Oxalsäurelösung oder man reinigt und bleicht zu gleicher Zeit durch Auflegen eines dünnen Breies aus Petroleum, Schmierseife und Chlorkalk. Nach 1—2 Tagen spült man mit reinem Wasser ab, läßt trocknen und lackiert mit einem Celluloidlack.

Zur Reinigung von Peddigrohrmöbeln bedient man sich nach **Techn. Rundsch. 1911, 163** zweckmäßig 5proz. wässeriger Schwefelsäure und einer mit Schlemmkreide versetzten Kleesalzlösung oder besser noch des käuflichen Wasserstoffsuperoxydes, das man zur Erhöhung seiner Wirkung mit etwas Sodalösung versetzt, worauf nach Beendigung der Bleichung bzw. Reinigung mit Essigsäure gut nachgespült wird.

Zum Reinigen von Rohrgeflecht verwendet man nach **D. R. P. 224 115** eine Paste, die aus 1 l Leimlösung und 3—400 g Schlemmkreide, Putzkalk, Magnesia oder dgl. besteht. Man trägt sie mittels eines Pinsels auf und kann sie mit warmem Wasser wieder entfernen.

Nach **D. R. P. 231 079** werden Bambusfasern dadurch gebleicht, daß man sie zunächst in einer Salzlösung einweicht, die freien Sauerstoff und Salz- oder Schwefelsäure enthält, sodann wäscht und in eine schwach alkalische Lösung bringt; die eigentliche Bleiche wird elektrolytisch zwischen zwei parallelen Elektroden in einem Elektrolyten, der aus einer Säure oder einer Salzlösung besteht, vollzogen.

272. Stroh (Rohr) färben und lackieren.

Beim Färben von Stroh und Bast muß man zwischen hartem und weichem Material unterscheiden, insofern als hartes Stroh, da es leicht bricht oder sich spaltet und Farben langsamer und ungleichmäßiger aufnimmt, vorsichtig behandelt werden muß. Es empfiehlt sich, dieses härtere Material während 12 Stunden in kochendes Wasser zu legen und dann erst wie üblich mit schwefliger Säure oder mit Wasserstoffsuperoxyd (Holzbast auch mit Chlorkalk) zu bleichen. Man färbt Stroh mit basischen Farbstoffen, Holz- und Bastgeflechte jedoch ebenso wie fertige Strohhüte mit sauren und substantiven Farbstoffen.

In **Färberztg. 24, 457** beschreibt **A. Winter** das Färben von Stroh und Bast, bringt verschiedene Beispiele, und ferner auch Verfahren zum Ätzen der Geflechte mit Hyraldit.

Zum Färben von Stroh (Strohhüten) bedient man sich z. B. der Teerfarbstoffe: Anthracensäurebraun G und B, Echtblau 3 R, Alphanolbraun B, Alphanolblau 5 RN, Anthracensäureschwarz DSF, Indischgelb G und R, Chinagelb B, Brillantwalkblau B, Lanafuchsin 6 B,

Wollrot B, Säurebraun D, Brillantcrocein 3 B, Lanacylblau R, Brillantwalkgrün B, Orange II, Naphtholblauschwarz, Alphanolschwarz 3 BN, Oxydiaminschwarz JE, JB, JW. Färbevorschrift: Man färbt in möglichst weichem Wasser und nicht zu langer Flotte bei Kochtemperatur, ohne jeden weiteren Zusatz während 3—4 Stunden, härteres Material während 4—6 Stunden. Nach dem Färben wird gespült und bei möglichst niedriger Temperatur getrocknet.

Die als Bestandteil von Strohhutlacken verwendeten Teerfarbstoffe sind ferner in **Farbe und Lack, 1912 398** zusammengestellt.

Zum Schwarzfärben von Strohhüten entfettet man das Material nach einer Notiz in **D. Mal.-Ztg. (Mappe) 31, 200** zunächst mit Salmiakgeist und dann mit Spiritus, kocht (etwa 25 Hüte) 2 Stunden in einer wässerigen Lösung von 2 kg Blauholz, 750 g Galläpfeln und 150 g Kurkuma, spült mit frischem Wasser, legt die Hüte in eine 4proz. Lösung von salpetersaurem Eisen ein bis das Schwarz hervortritt, läßt trocknen und reibt schließlich mit etwas Öl und zuletzt mit einem trockenen Tuche nach. Einfacher ist natürlich das Färben der Hüte nach einer der zitierten Vorschriften mit einem Teerfarbstoff (z. B. Nigrosin), doch ist auch jenes Verfahren, besonders wenn es sich um große Mengen handelt, sehr gut anwendbar.

Um Stroh silbergrau zu färben, wird es vorher sorgfältig gebleicht in ein mit Salzsäure angesäuertes Zinnchlorürbad eingelegt, und zuletzt in einer Abkochung von Blauholz ausgefärbt. **(Polyt. Zentr.-Bl. 1861, 1438.)**

Die Rohstoffe der Flechterei und die fertigen Flechtwaren färbt man nach dem Schwefeln (Bleichen) und nach vorheriger Einlagerung des Materials in weiches Wasser, in essigsaurem Färbebad bei gewöhnlicher Temperatur, kocht dann, wäscht neutral, zieht die Ware durch Wasser und Spiritus, tupft sie mit reinen saugenden Lappen ab und trocknet bei Zimmertemperatur. Die Nachbehandlung erfolgt durch Stearinbüglung oder Zaponierung. In **Färberztg. 25, 136** empfehlen **E. Beutel** und **D. Margold** bestimmte Teerfarbstoffe für einzelne Farben. Man arbeitet z. B. folgendermaßen: Der Farbstoff wird unter Zusatz von kochendem Wasser und etwas Essigsäure gelöst und dem Färbebad zugegeben. Das Material, das vorher heiß genetzt wird, bleibt 6—10 Stunden in dem kochendheißen Färbebad, worin es hin und wieder umgedreht wird, dann wird gespült und in einem lauwarmen Bade behandelt, das pro Liter 2 g Seife und 1 g Olivenöl enthält. Hierauf wird bei mäßiger Temperatur getrocknet. Zum Färben von Rohr sind im allgemeinen alle basischen Farbstoffe geeignet, wie z. B. Juteschwarz 9375, Neublau B, Safranin S 150, Methylviolett BB 72 O, Brillantgrün kryst. extra, Paraphosphin G und R, Krystallviolett 5 BO Pulver, Cerise I a. Man nimmt je nach der gewünschten Tiefe ca. 2—5 g Farbstoff und 2 ccm Essigsäure pro Liter.

Zur Erzeugung zweifarbiger Effekte auf Strohgeflechten mit reinen Effekten färbt man die gespaltenen Halme während 15—20 Minuten kalt in einem Bade, das 20 g Schwefelfarbstoff, 10—15 g Schwefelnatrium, 3 g Soda und 20 g calciniertes Glaubersalz enthält, spült, säuert leicht ab oder bleicht und spült nochmals. Das Verfahren beruht auf der Tatsache, daß Außen- und Innenseite von Strohhalmen sich verschieden leicht färben und bleichen lassen. **(D. R. P. 153 191.)**

Einfacher erzielt man Zweifarbeneffekte durch Aufspritzen von Farbstofflösungen mittels Bürsten oder durch Reservieren gewisser Stellen mit Zaponlack oder durch Spritzdruck.

In einem Referat in **Seifens.-Ztg. 1912, 544** findet sich eine Anzahl von Vorschriften zur Herstellung farbiger Hutmattlacke. So löst man z. B. für hartes, wenig poröses Strohgeflecht 60 Tl. Kopal in 60 Tl. Sprit und 60 Tl. gelbes oder rotes Akaroidharz in 65 Tl. Sprit und verdünnt je 50 Tl. dieser Lösungen mit 900 Tl. Spiritus, während man einen Lack für poröses, weiches Strohgeflecht aus 200 Tl. einer Spiritusschellacklösung 80 : 40, 2—4 Tl. Farbstoff, 4—5 Tl. einer Galipot-Spritlösung und 800 Tl. Spiritus zusammensetzt. Sollten auch diese Lacke zu blank sein, so muß man sich der sog. Spiritushutbeizen bedienen, die man beispielsweise aus einer Lösung von 30% Farbstoff und $7^1/_2$% einer Mischung von 20 Tl. Benzol und 40 Tl. Spiritus, das Ganze gelöst in der nötigen Alkoholmenge erhält.

Ein Lack für Korb- und Rohrgeflecht besteht aus einem vorsichtig heiß vereinigten Gemenge von fettem Kopalfirnis mit 10% bis zum Fadenziehen eingekochten Leinöl, evtl. mit Terpentinöl verdünnt. **(D. Ind.-Ztg. 1871, Nr. 32.)**

Die alkoholische Schellacklösung, mit der man Strohhüte meistens lackiert, erhält nach **Farbe und Lack 1912, 135 u. 152,** um das Brüchigwerden des Strohes möglichst einzuschränken, einen Zusatz von 3—5% Ricinusöl, das den Lack elastisch macht, während eine Strohhutappretur, die aus Schellack, Borax u. dgl. besteht, am besten mit 5o Tl. Glycerin versetzt wird. Ein guter Lack, der sich z. B. aus 30 Tl. Mastix, 10 Tl. Schellack, 10 Tl. Elemi und 130 Tl. 96proz. Spiritus zusammensetzt, ist, besonders wenn man ihm noch etwas Ricinusöl und Terpentinöl zusetzt, genügend geschmeidig, um ein Brechen des Strohmaterials zu verhüten.

Ebenso werden die farbigen Damenstrohhutlacke aus Spiritus, Schellack, Mastix, spritlöslichen Teerfarbstoffen mit oder ohne Wachs und Benzol oder Terpentinöl als Mattierungsmittel hergestellt. Diese Lacke müssen stets in filtriertem Zustande angewendet werden, sie dürfen nicht kleben und müssen elastisch und schmiegsam eintrocknen, ohne Risse zu bekommen. Will man zu demselben Zweck den schnell trocknenden, nicht abspringenden und zugleich wasserdichten Celluloidmattlack verwenden, so löst man 80 Tl. Celluloid in einem Gemenge von je 2000 Tl. Alkohol und Äther, setzt 750 Tl. Terpentinöl zu, läßt absitzen und filtriert. In **Farbe und Lack 1912, 318** ist außerdem eine Anzahl Vorschriften zur Färbung dieser Lacke mit spritlöslichen Teerfarbstoffen angegeben.

Zur Herstellung einer Deckfarbe für Strohhüte mischt man Dammarlack mit Zinkweiß, Chromgelb und Kobaltblau. Der Überzug ist lichtbeständig, feuchtigkeitsundurchlässig, biegsam und undurchsichtig, so daß die ursprüngliche Strohhutfarbe nicht durchscheinen kann. (**D. R. P. 325 646.**)

Über die Fabrikation lackierter Korbwaren und die Herstellung der verschieden gefärbten Spirituslacke (vorwiegend Farbhölzer), siehe **Ding. Journ. 196, 486.**

Zum Anstreichen von Korbmöbeln eignet sich nach **Techn. Rundsch. 1909, 299** am besten eine Öllackfarbe, die man aus Farbstoff, Leinöl, Terpentinöl und Sikkativ durch Verdünnen mit Schleiflack erhält und die man auf die vollständig trockenen, mit scharfen Sandpapier gerauhten Möbel aufträgt. Dieser Anstrich trocknet matt auf und wird dann zum zweiten Male mit einer ähnlich zusammengesetzten Farbe überdeckt, die jedoch, wenn die Korbmöbel im Freien stehen sollen, einen Zusatz von Kutschenlack in einer Menge erhält, daß der Anstrich glänzend stehenbleibt. Als Farbstoff verwendet man für weiße Anstriche Lithopon-Rotsiegel und setzt für den zweiten Anstrich etwas Zinkweiß zu, das in den Kutschenlack direkt eingerührt wird. Als andere Farbstoffe kommen vor allem Ultramarin- und Kobaltblau, Chromoxydgrün, Ocker oder Englischrot in Betracht.

Zum Lackieren von Rohrgeflecht verwendet man nach **Farbe und Lack 1912, 76** am besten einen aus 4 Tl. Schellack, etwas Ricinusöl oder Weichharz und 16 Tl. Spiritus bestehenden Lack, den man mit der $1^1/_2$fachen Menge Lithopon und geringen Mengen Chromgelb oder Ocker verreibt.

273. Stroh (Rohr) entkieseln, appretieren, dichten. Flechtmaterialersatz.

Zur Befreiung kieselsäurehaltiger Pflanzenfasern von den rauhen Kieselskeletten bedient man sich nach **Techn. Rundsch. 1907, 221 u. 245** einer Säure, die in 400 Tl. Wasser 4 Tl. 66grädiger Schwefelsäure oder 12 Tl. 36grädiger Salzsäure enthält und in die man die Gewebe während einer halben Stunde eintaucht, worauf die Säure durch Ausschleudern entfernt wird. Man reibt dann die Faserstoffe bei etwa 33° durcheinander, erhitzt weiter unter fortgesetztem Reiben auf 50°, um sie zu trocknen und erhält das Material schließlich in glatter, glänzender Form. Nach dem Abkühlen bringt man die Gewebe in ein Neutralisationsbad (Soda oder Ammoniak), wäscht gut aus, schleudert und trocknet. Am einfachsten wird das besonders kieselsäurereiche Stuhlrohr dadurch von der glasigen Oberflächenschicht befreit, daß man es in einem Bade entsprechend verdünnter Flußsäurelösung behandelt.

Die Florentinerhüte werden zu ihrer Appretur zuerst mit Alaun gebeizt und dann mit Reisabsud oder alkalischem Mehlkleister behandelt, um ihnen wasserabstoßende Eigenschaften zu verleihen. Das Material der Panamahüte enthält schon genügenden Pflanzenleim, der in einem Pflanzensäuren enthaltenden Bade gefällt die wasserabstoßende Substanz erzeugt.

Nach **A. P. 1 197 197** besteht ein Verfahren zum Dichtmachen von Strohhüten darin, daß die Oberfläche des Hutes zunächst mit einer Wachsschicht versehen und hierauf die Lösung einer Celluloseverbindung in Aceton aufgetragen wird. Um dem Hute zugleich die nötige Steifheit zu geben, wird die Form vor dem Auftragen des Wachses mit Gelatinelösung behandelt.

Wenn man 3 Tl. frisches, geschlagenes (defibriniertes) Blut mit 4 Tl. zu Staub gelöschtem Kalk und etwas Alaun verrührt, so erhält man eine dünnklebrige Masse, mit der im Norden Chinas Gegenstände von Holz, Pappe, auch aus Stroh geflochtene Körbe, die zum Transport von Öl dienen, vollkommen wasserdicht gemacht werden. (**Polyt. Zentr.-Bl. 1871, 472.**)

Strohdächer werden durch Behandlung mit Kalkmilch dauerhafter und schwerer verbrennlich. (**Polyt. Zentr.-Bl. 1851, 859.**)

Die Imprägnierung von Strohdächern mit einem leimartigen Brei aus Mauergips, Wasser und Gallwasser ist in **Techn. Rundsch. 1909, 635** beschrieben.

Zur Herstellung von Strohplatten als Baumaterial, imprägniert man das Stroh, um es unverbrennbar zu machen, nach **Schweiz. P. 57 920** zunächst mit Kaliwasserglas, taucht es sodann in ein Bindemittel und preßt die Strohmasse zu Platten.

Zur Behandlung von Weidenkörben, die zum Aufbewahren und Verladen blanker Eisenteile dienen sollen, taucht man sie zwecks Austreibung des Wassers und zur Bildung einer feuchtigkeitsbeständigen Schutzschicht in eine heiße Lösung von Carbolineum, ungelöschtem Kalk und Schwefel. (**D. R. P. 314 373.**)

Zur Herstellung gepreßter Gewebe und Matten aus Stroh oder Binsen bringt man das Fasermaterial im Gemisch mit Zement, Kalk oder anderen Bindemitteln zwischen zwei Eisendrahtsiebe, wo sie zusammengepreßt und im gepreßten Zustande durch Haken verbunden werden oder man besprengt die Rohfaserdrahtsiebmatten mit Alkalisilicatlösung, preßt und taucht sie dann in Aluminiumsulfat- oder Kalklösung. (**E. P. 101 741/1915.**)

Zur Gewinnung weißer Schälweiden behandelt man die Weiden mit Alkalien vor und kann so je nach der Menge des Alkalis entweder nur die in der Rinde enthaltene Gerbsäure neutralisieren oder einen Teil der Weidenrinde auflösen, und die in ihr enthaltene Faser gewinnen. (**D. R. P. 310 545.**)

Ein Rohr- und Weidenersatz ist in der Hopfenranke gegeben, die sich nach einmaliger Aufschließung in alkalischer Lösung unter hohem Druck als vollwertiges Flecht- und Bindematerial eignet. Bei mehrmaligem Kochen wird die Faser biegsamer und leichter teilbar. (**D. R. P. 305 599.**)

Zur Herstellung eines Flecht- oder Bindematerials schließt man die nach Gewinnung der Fasern aus der Hopfenranke verbleibenden holzigen Rückstände durch 6stündiges Kochen mit 3—4grädiger Natronlauge unter hohem Druck auf und behandelt den Stoff dann, um ihn geschmeidig und für Zwecke der Korbmacherei genügend weich zu erhalten, noch zwei oder mehrmals mit kochender Lauge. **(D. R. P. 306 307.)**

Das neuerdings als Stuhl-, Wickel- und Flechtrohrersatz in den Handel kommende Sisaparohr wird durch einen Pergamentierprozeß von Cellulose mittels Schwefelsäure hergestellt. **(Papierfabr. 17, 1087.)**

Veränderung der Pflanzenfasern.

274. Literatur und Allgemeines über Mercerisation.

Herzinger, E. D., Technik der Mercerisation. — Gardner, P., Die Mercerisation der Baumwolle und die Appretur der mercerisierten Gewebe. Berlin 1912.

Einen geschichtlichen Überblick über die Baumwollmercerisation bringt **A. Buntrock in Zeitschr. f. angew. Chem. 1898, 479.**

Über den Stand der Mercerisation der Baumwolle im Jahre 1912 berichtet **E. Ristenpart** in **Färberztg. 23, 139.**

Über die Mercerisation der Baumwolle siehe ferner die Abhandlung von **A. Binz** in **Zeitschr. f. angew. Chem. 1898, 595.**

Eine mit Zeichnungen versehene Arbeit von **Hanausek** über die bei der Mercerisierung der Baumwolle auftretenden Faserdeformationen findet sich in **Jahr.-Ber. d. Wien. Handels.-Akad. 1897.**

Über die Einschrumpfung der Baumwolle bei der Behandlung mit Natronlauge siehe die mit zahlenmäßigen Angaben gestützte Arbeit von **P. Krais** in **Zeitschr. f. angew. Chem. 25, 2649.**

Eine zusammenhängende Arbeit über die Veränderungen, die die Baumwolle bei der Behandlung mit Mercerisations- und anderen Flüssigkeiten erfährt, von **J. Hübner** und **W. J. Pope** findet sich in **Zeitschr. f. angew. Chem. 1904, 777.**

Eine Zusammenstellung der Patentliteratur über die Mercerisierverfahren bringt **G. Wilhelm** in **Kunststoffe 10, 105 u. 115.**

Über den Einfluß der Temperatur beim Mercerisieren von Baumwollgeweben, besonders bei der abwechselnden Behandlung mit heißer und kalter Lauge berichtet **L. Kollmann** in **Färberztg. 22, 42 u. 62.**

Durch Behandlung von Baumwollgarnen oder -geweben mit starker Natronlauge von 15 bis 30° Bé wird die Cellulose wesentlich verändert. Die einzelne Zelle quillt auf, rundet sich, wird durchscheinend und aufnahmefähiger für Farbstoffe. Diese Beobachtung machte **Mercer** im Jahre 1844, als er starke Natronlauge 1,3 (34° Bé) durch Baumwollstoff filtrierte. (Das Verfahren von **Mercer** wird übrigens in **Dingl. Journ. 122, 318** in allen seinen Teilen als eine schon früher gemachte deutsche Erfindung dem Prof. **Thomas Leykauf** vindiziert.) Er stellte fest, daß die Lauge dabei erheblich an Stärke einbüßte (30° Bé) und daß der Stoff durchsichtiger geworden und in Länge und Breite stark verkürzt war. Er untersuchte das Verhalten der Baumwolle gegen konzentrierte Laugen genauer und nahm 1850 ein britisches Patent zur Verbesserung in der Behandlung von Baumwolle und anderen festen Stoffen. **Kurrer** hebt in seinem Handbuch der Druck- und Färberkunst 1859 bereits hervor, daß die nach **Mercers** Verfahren behandelten Baumwollgewebe sich so schön, intensiv und feurig wie Schafwolle färben lassen. Er gibt auch an, daß Kreppeffekte durch lokalen Aufdruck von Gummiverdickung, die den Stoff gegen die Einwirkung von Natronlauge stellenweise schützt nach **Mercers** Methode zu erzielen sind. Trotzdem blieb das Verfahren jahrzehntelang unbenützt, obwohl inzwischen die französische Firma **P. u. C. Depoully** ebenfalls (zu Unrecht) ein deutsches Patent erhielt, das denselben Gegenstand zum Inhalt hat.

Im Jahre 1890 nahm **Horace Arthur Lowe** das **Brit. P. 4452** auf das Verfahren, die bei der Einwirkung der Lauge auf Baumwolle eintretende Schrumpfung der Faser zu verhindern, dadurch, daß die Baumwolle während oder nach dem Mercerisieren gespannt wird. Der dadurch erzielbare Glanz wird besonders hervorgehoben. Anscheinend hat aber **Lowe** die hohe Bedeutung gerade dieses Umstandes nicht erkannt; vermutlich trat die Erhöhung des Glanzes nicht besonders in Erscheinung, weil die zu dem Stoff benutzte Baumwolle an sich glanzlos und der Unterschied in der Erhöhung des Glanzes kein erheblicher war. Es sei schon hier hervorgehoben, daß sich zur Erzeugung von Seidenglanz durch Mercerisieren vornehmlich die langstapelige ägyptische Makko(Jumel-)baumwolle und Sea-Islandbaumwolle eignet; auch bei der Flachsfaser ist die Ursache des vermehrten Glanzes beim Mercerisieren nach Untersuchungen von **A. Herzog** eine andere als bei Baumwolle. Näheres im **Textilber. ü. Wiss., Ind. u. Handel, I, 136.**

Das Verdienst, die hohe Bedeutung des Mercerisierens unter Spannung erkannt und die Seidenglanzerzeugung unter Benützung geeigneter Maschinen in den Großbetrieb eingeführt zu haben gebührt der Krefelder Färberei von **Thomas & Prevost.** In dem im Juni 1898 nichtig erklärten **D. R. P. 85 564** vom 24. März 1895 und in dem gleichfalls nichtig erklärten **Zusatzpatent**

97 664 ist das Verfahren, das heute allgemein benutzt wird, in seinen Grundzügen gekennzeichnet. Nach dem Zusatzpatent soll die mit Natronlauge getränkte Baumwolle einer erheblich stärkeren Streckung ausgesetzt werden als sonst mit den zu gleichen Zwecken in der Strang- oder Stückfärberei üblichen Maschinen bei normalem Gebrauch erzielt werden konnte. Das große Aufsehen, das die nach dem Verfahren erhaltenen Glanzgarne und -gewebe hervorriefen, lassen es erklärlich erscheinen, daß eine Unmenge von Umgehungs- und Verbesserungspatenten nachgesucht und die Patentrechte der Firma **Thomas & Prevost** scharf bekämpft wurden. Erwähnt sei hier das eigenartige, geschützte Verfahren von **Joh. Kleinewefers & Sohn** in Krefeld **(Färberztg. 1898/24),** bei dem das Einschrumpfen der Faser dadurch verhütet wird, daß die Garnstränge auf den Mantel einer Zentrifuge so nebeneinander gelegt werden, daß die Fäden eine lose aufliegende Decke bilden. Dann wird die Trommel in Umdrehung versetzt und die Lauge durch ein besonderes Zuleitungsrohr von der offenen Seite des Zentrifugenmantels her in den Apparat hineingeleitet. Infolge der Zentrifugalkraft verteilt sich die Lauge gleichmäßig über die ganze Trommelwandung und wird schließlich durch die Baumwollfaserdecke getrieben. Wenn jede Faser gründlich von Lauge durchdrungen ist, werden die Stränge trocken geschleudert. Auch bei diesem Verfahren wird Seidenglanz und Verhinderung des Einlaufens der Faser erreicht und zwar dadurch, daß jedem einzelnen Teil des in ausgebreitetem Zustande ringförmig um die Trommel gelegten Stranges bei der außerordentlich hohen Tourenzahl der Trommel durch die Zentrifugalkraft das Bestreben mitgeteilt wird, sich möglichst weit von dem Mittelpunkt der Zentrifuge zu entfernen. Dadurch wird naturgemäß ebenfalls eine der schrumpfenden Wirkung der Lauge entgegenarbeitende Kraft auf die Faser ausgeübt. — Das Mercerisieren loser Baumwolle ist bisher nicht gelungen; anscheinend ist auch das Kleinewefersche Verfahren nicht dazu geeignet.

Die Imprägniermaschinen bestehen aus einem eisernen Klotztrog für die Lauge und einem in den beiden Gestellrahmen gelagerten Walzenpaar, das aus einer eisernen Walze und einer Gummiquetschwalze besteht. Das imprägnierte Gewebe wird auf einem Streckrahmen in die Breite gereckt und in diesem Zustande mit Wasser gut ausgewaschen. Man arbeitet praktisch in der Weise, daß man die Baumwollgewebe entweder mercerisiert, nach dem Ausschleudern auf Streckmaschinen auf ihre ursprüngliche Länge streckt und in gespanntem Zustande auswäscht oder — und das ist wohl das üblichere Verfahren — in gestrecktem Zustande mit Natronlauge mercerisiert und unter Spannung auswäscht. Nach **H. Lange (Färberztg. 1903, 169)** wird nach letzterem Verfahren die mit Natronlauge imprägnierte Baumwolle noch etwas über ihre ursprüngliche Länge ausgestreckt. Man benetzt die mit Natronlauge bespritzte, bis zur Grenze ausgestreckte Baumwolle mit wenig Wasser, wodurch die Baumwolle elastischer wird und sich noch etwas weiter strecken läßt. Dann wird gewaschen.

Eine Maschine zum Mercerisieren von Garnen und eine Vorrichtung zum Entlaugen und Spülen mercerisierter Gewebe im Gegenstrom sind z. B. in **D. R. P. 263 762** und **257 760** beschrieben.

275. Eigenschaften mercerisierter Baumwolle. Farbaufnahmefähigkeit.

Durch das Mercerisieren wird die Festigkeit der Baumwolle um etwa 35% erhöht, der Hauptzweck des Prozesses ist jedoch die Erzielung hohen Glanzes und dieser entsteht nur, wenn die Ware während der Natronlaugebehandlung gleichzeitig gespannt wird. Ungespannte oder lose Baumwolle wird daher in der Mercerisierlauge nur der Dicke des Fadens nach gequellt und erhält alle physikalischen und chemischen Eigenschaften der unter Spannung mercerisierten Baumwolle, jedoch keinen Glanz, sondern lederartiges Aussehen. Die Methoden der Mercerisierung gehen demnach sämtlich von gespannter Ware aus und ihre Verbesserungen erstrecken sich ausschließlich darauf, durch geeignete Zusätze zur Lauge die Schrumpfung, also die Ursache des mangelnden Glanzes, zu beseitigen bzw. auf mechanischem Wege die Schrumpfung durch festes Aufwickeln der Garne und Gewebe aufzuheben, was dem Effekt der Spannung gleichkommt und beispielsweise auch durch Anwendung von Druck auf lose mit Lauge getränkte Baumwolle erreicht werden kann. Schließlich bringt man die quellenden Fasern, da zur Erzielung des Glanzes ihre axiale Spannung nicht zu entbehren ist, vorübergehend in eine haltbare Form, die nach vollendeter Mercerisation behufs weiteren Verspinnens wieder aufgehoben wird. Eine Besprechung der Einzelverfahren nach den angedeuteten Abänderungen des Grundproblems von **F. Erban** findet sich in **Monatsschr. f. Textilind. 1907, 349.** Mannigfaltige Versuche, bei der Erzeugung des Seidenglanzes das Spannen zu umgehen, indem man u. a. beispielsweise nach einem Verfahren der Farbenfabriken vorm. **Friedrich Bayer & Co.,** der Lauge Glycerin zusetzt, haben sich insofern nicht bewährt, als nach diesem Verfahren nicht genügend Glanz erzielt wurde.

Trotzdem wird die Mercerisation ohne Spannung dann ausgeführt, wenn auch geringwertige Baumwolle geschmeidig und zur Aufnahme von Farbstoffen geeignet gemacht werden soll. Man preßt dann durch dieses lose Fasermaterial Lauge durch, schleudert ab, wäscht, säuert, spült und trocknet und erhält so leicht glänzende, besonders für Wirkereizwecke geeignete Fasern. **(T. G. Beltzer, Zeitschr. f. Textilind. 1908, 81.)**

Bei Versuchen über den Einfluß verschieden starker heißer Natronlauge ohne Mercerisation und Spannung oder Streckung auf die Festigkeit der Baumwollware wurde festgestellt, daß die auf dem Jigger mit 8, 12 und 18grädiger Natronlauge behandelte Baumwolle nach dem Waschen, Kochen unter Druck und Fertigbleichen im Strang eine Veredelung und progressiv auch ein erhebliches Ansteigen der Festigkeit zeigte. Die Garnstärke, nachträgliches Färben und Appretieren übten keinen ungünstigen, letzteres im Gegenteil einen günstigen Einfluß auf die Reißfestigkeit aus. **(R. Bude, Färberztg. 24, 159.)**

Die Veränderungen der einzelnen Baumwollzellen durch das Mercerisieren, ihre Volumvermehrung und Rundung, Änderung des Lumens lassen charakteristische mikroskopische Bilder erkennen. Die nicht mercerisierte Baumwolle zeigt unter dem Mikroskop meist die Form eines an den Rändern umgebogenen, resp. verdickten, in Abständen schraubenartig gedrehten Bandes, sie sieht im Querschnitt vielfach ohrförmig aus, mit einer schlitzartigen Höhlung, ähnlich einem zusammengedrückten Röhrchen. Durch Behandlung mit starker Natronlauge bei gewöhnlicher Temperatur — beim Mercerisieren — quillt die Baumwollfaser auf, wird kürzer, verliert das flache, gewundene, bandartige Aussehen und erscheint unter dem Mikroskop in Form eines öfters gebogenen, durchscheinenden Stabes mit rauher, faltenreicher Oberfläche und mehr oder weniger deutlichem Längsschlitz. Der ovale bis runde Querschnitt zeigt verdickte Zellwände, die schlitzartige innere Höhlung ist häufig in der Mitte erweitert und auch wohl mit radialen Ausläufern versehen. Wird der Mercerisierungsprozeß unter Spannung ausgeführt, so daß die Baumwolle am Einlaufen verhindert ist, oder wird die mit Natronlauge getränkte eingelaufene Baumwolle wieder ausgestreckt, so zeigt die Baumwollfaser unter dem Mikroskop die Form eines nur wenig gekrümmten straffen, durchscheinenden Stabes mit — im Vergleich zu der ohne Spannung mercerisierten Faser — glatter, regelmäßiger Oberfläche und einer zeitweilig verschwindenden Höhlung, so daß die Faser das Aussehen eines glatten Röhrchens erhält. Mit dieser Strukturveränderung entsteht zugleich eine Änderung ihrer optischen Eigenschaften (Hellerwerdung der Färbung, Reflexion des Lichtes nach Art der Seidenfaser usw.), die sich dann als Seidenglanz zu erkennen gibt. Da dieser Seidenglanz nicht durch eine Veränderung der Oberfläche der Baumwolle, wie es bei der Behandlung der Stückwaren auf der Appreturmaschine der Fall ist, sondern durch die chemische und physikalische Beschaffenheit der einzelnen Faser bedingt ist, so ist es leicht erklärlich, daß er beständig ist und nicht wie der Appreturglanz bei der üblichen späteren Weiterbehandlung der Baumwolle wieder verschwindet.

Hinsichtlich der chemischen Veränderungen der Cellulose beim Mercerisieren nahmen **Mercer** und viele nach ihm an, es bilde sich eine Natroncellulose, die beim Auswaschen mit Wasser das Alkali abspaltet und unter Aufnahme von Wasser in Cellulosehydrat übergeht. Dem widerspricht, daß mercerisierte Cellulose nicht mehr Wasser wie gewöhnliche Baumwolle enthält **(Schwalbe)**. Es scheint als würde die mercerisierte Baumwolle zu den Hydratcellulosen gehören, die **Schwalbe** in sechs verschiedene Gruppen eingeteilt hat **[186]**. Die Hydratcellulosen der dritten Gruppe, die durch Einwirkung von Alkalien auf Cellulose gebildet werden, zeigen mit Jodkaliumlösung durchtränkt und dann ausgewässert blaue Färbung, eine Tatsache, die nach **H. Lange (Färberztg. 1903, 369)** zur Unterscheidung der mercerisierten Baumwolle von gewöhnlicher Baumwolle dient: 5 Tl. Jodkalium werden in 12—24 Tl. Wasser gelöst, worauf man 1—2 Tl. Jod zufügt und mit 30 Tl. Chlorzink, in 12 Tl. Wasser gelöst, vermischt. In dieser Lösung behandelt man die vorher benetzte Baumwolle etwa 3 Minuten. Beim Auswaschen in Wasser wird nicht mercerisierte Baumwolle sehr rasch entfärbt, während mercerisierte Baumwolle länger blau gefärbt bleibt. Vgl. **J. Hübner, Chem.-Ztg. 1908, 220.**

Abgesehen von dem seideähnlichen Glanz bietet die mercerisierte Baumwolle auch den bereits von **Mercer** erkannten großen Vorteil, daß mit weit geringeren Farbstoffmengen schönere, lebhaftere Farben wie auf gewöhnlicher Baumwolle erhalten werden. Nach **Schaposchnikoff** und **Minajeff (Zeitschr. f. Farb.- u. Textilind. 1903, 257)** sind bei dem Färben mit substantiven Farbstoffen oder in der Indigoküpe zur Erzielung dunklerer Farbtöne auf gewöhnlichen Geweben 50% mehr Farbstoffe wie auf mercerisierten Geweben erforderlich. **Gardner** schätzt die Ersparnis an Farbstoffen bei dunklen Farbtönen nur auf 30—40%. Dagegen soll nach **Minajeff** die mercerisierte Faser im allgemeinen weniger Beize aus den Metallsalzlösungen aufnehmen wie die gewöhnliche Baumwolle. Er nimmt an, daß dies auf den größeren Widerstand zurückzuführen ist, den die mercerisierte Faser dem Eindringen kolloider Beizflüssigkeiten entgegensetzt.

Auf Grund der Tatsache, daß die Affinität mercerisierter Baumwolle für Farbstoffe größer ist als jene der gewöhnlichen Baumwolle, versuchte **Freiberger** den umgekehrten Prozeß anzuwenden, nämlich erst nach dem Färben zu mercerisieren und wollte so den Nachteil der nicht ausreichenden Durchfärbung der Gewebe und die Fleckenbildung beim Färben mercerisierter Baumwolle vermeiden. Zum Teil wurde der Zweck erreicht, doch ist nach **Michel** der Erfolg, was Gleichmäßigkeit anbelangt, bei Küpenblau nicht vollständig. **(Zeitschr. f. Farb.-Ind. 12, 56.)**

Die Farbstoffaufnahmefähigkeit der Fasern wird übrigens auch durch Behandlung mit nicht mercerisierend wirkenden, also z. B. pergamentierenden Agentien verändert. Während konzentrierte 64grädige Zinkchloridlösung die adsorbierenden Eigenschaften der Gewebe, Farbstoffleukoverbindungen gegenüber, nur in geringem Maße verbessert, stellt sich das Farbaufnahmevermögen von gewöhnlichem und mercerisiertem Garn gegen Indigo wie 100 : 140 und die mit konzentrierter Schwefelsäure bearbeiteten Fasern nehmen unbehandeltem Material gegenüber sogar eine 3—4 mal größere Indigomenge auf. **(W. Minajeff, Zeitschr. f. Farb.-Ind. 1910, 65.)**

276. Ausführung der Mercerisation. Materialvorbehandlung.

Als Mercerisierflüssigkeit verwendet man in der Praxis überall nur Natronlauge, wenn auch andere Chemikalien wie z. B. Kalilauge oder Kalk und Barytlauge aber auch Salpetersäure und Schwefelsäure ähnliche Wirkung ausüben. Man kann ebenso wie mit Natronlauge auch mit Kalilauge mercerisieren, doch wäre dies Verfahren unwirtschaftlich, da man etwa die eineinhalbfache Menge der überdies wesentlich teuereren Ätzkalilauge verbraucht. Vgl. **E. Ristenpart, Textilber. 1921, 130.** Die das möglichst hohe Einschrumpfen der Ware bedingende Stärke der Lauge beträgt für Garne 35—36° Bé, für Stückware 31—33° Bé; man streckt während oder sofort nach dem Tränken mit der Lauge und trocknet in besonderen Rahmen und Vorrichtungen.

Die Temperatur der Lauge soll zwischen 10 und 16° gehalten werden. Heiße Lauge mercerisiert überhaupt nicht und eine 20° warme 30grädige Natronlauge (23,67% Ätznatron, spez. Gewicht 1,263) entspricht hinsichtlich der Glanzerzeugung einer solchen die 20grädig bei 0° angewandt wird. Es ist nach **A. Kirchacker (Chem.-Ztg. 1910, 1127)** am wirtschaftlichsten mit 30grädiger Lauge bei 18° zu arbeiten, da die Kosten einer Kühlanlage jene der ersparten Laugekonzentration überschreiten. (Vgl. **L. Kollmann, Färberztg. 1911, 42.**)

Nach **Mercers** Patent (**Repertory of pat inv. Jun. 1851, 358, London. Journ. 1851, 456**) wurden die gebleichten Zeuge mit Ätzkali- und Ätznatronlauge von 35—39° Bé bei 12° R behandelt, dann gewaschen, durch verdünnte Schwefelsäure genommen und wieder gewaschen. Ungebleichte Zeuge sollten vorher in heißem oder kochendem Wasser eingeweicht werden; ähnlich verfuhr man mit gebleichtem und rohem Garn. Gewebe aus Baumwolle, Leinen, Seide oder Wolle wurden bei niederer Temperatur mit einer Lauge von 25° Bé behandelt.

Zur Ausführung der Mercerisation bringt man das gesengte oder mit einem Klebmittel vorbehandelte Garn (**Österr. Woll- u. Leinenind. 1913, 149; 1914, 111**) nach Vorbehandlung mit kochender verdünnter Soda- oder Natronlauge oder bloßer Benetzung mit 2—3% Türkischrotöl in eine der von verschiedenen Firmen empfohlenen für automatischen Betrieb eingerichteten Mercerisierapparate, quetscht die Ware nach 2—4 Minuten aus, wäscht, säuert ab, wäscht abermals und trocknet ebenfalls unter Spannung bzw. spannt das mit Gelatine überzogene Garn zu weiterer Glanzerhöhung trocken nach. (Chevillisage.)

Nach einem besonderen Mercerisierungsverfahren spannt man das Baumwollgarn während der Laugebehandlung bis zum Zerreißen, reißt das Material dann weiter in kleinere Teile und unterwirft diese von neuem dem Verspinnungsprozeß. (**D. R. P. 129 843.**)

Das Mercerisieren im Stück erfolgt hinsichtlich der chemischen Vorgänge ähnlich, sie ist im übrigen eine reine Apparaturfrage, ebenso wie das Seidenfinish-Verfahren des Einpressens lichtbrechender feiner Rillen in Baumwollgewebe.

Vor der Mercerisierung behandelt man die Garne zur Erhöhung des Seidenglanzes zuerst mit einer Seifenlösung und dann mit einer Borsäurelösung. (**D. R. P. 124 506.**)

Zur Erzeugung von haltbarem Seidenglanz auf Baumwollgarn oder -geweben benetzt man das zu mercerisierende Material mit einem Alkohol, Benzol, Anilin, Erdöl, Terpentinöl oder einem anderen Fettlösungsmittel. (**D. R. P. 134 449.**)

Um die zu mercerisierende Faser widerstandsfähiger gegen Natronlauge zu machen (auch zur Reservierung von Farbstoffen) behandelt man das Material mit weniger als der $1^1/_2$fachen Menge ihres Gewichtes an Essigsäureanhydrid unter Zusatz von 4—10% des Reaktionsgemisches an Zinkchlorid als Kondensationsmittel. Die im Aussehen unveränderten Fasern erhalten so einen den gewünschten Schutz bewirkenden Überzug von Celluloseacetat. (**D. R. P. 224 330.**)

Um Garne und Garngewebe zu mercerisieren bestreicht man das vorher gekochte und gereinigte Garn mit einer wässerigen oder alkoholischen evtl. etwas Glycerin enthaltenden Lösung von Connyaku (Conophallusart) und verreibt die Lösung bis der Flor vollkommen verschwindet. Das gestreckte Garn wird dann wie üblich während 20—30 Minuten in einer starken warmen oder kalten Ätznatronlösung behandelt, in diesem mercerisierten Zustande gespült, durch ein Säurebad gezogen und schließlich neutral gewaschen. (**D. R. P. 257 609.**)

Ein Mercerisierverfahren von Geweben ohne Spannung mittels eines die Mercerisierlauge übertragenden Drucktuches aus gegen Lauge unempfindlichen Stoffen ist in **D. R. P. 114 192** beschrieben.

Zur Erzielung besonderer Mercerisationseffekte behandelt man die Baumwolle, nachdem sie kalt mercerisiert wurde, in heißen Natronlaugebädern, deren Konzentration mit der ursprünglichen Stärke der Mercerisationslauge beginnt und in so verdünnter Lösung endet, daß die Schrumpfkraft der während der Behandlung fortlaufend gestreckten Baumwolle aufhört. Die Waschflüssigkeit bewegt sich während des Prozesses im Gegenstrom und man erhält so bei nur halber Aufwendung der zur Spannung nötigen Kraft die Natronlauge in voller Konzentration wieder zurück. (**D. R. P. 122 488.**)

Zur Härtung der Baumwolle behandelt man das Gewebe bis zur oberflächlichen Veränderung der Fasern mit Chlorkalk oder Bleichlauge und mercerisiert unter Spannung, wobei zweckmäßig zur Gewinnung eines der Leinenfaser ähnlichen Produktes eine Behandlung mit Dampf oder kochender Seifenlösung zwischengeschaltet wird bzw. die Bleichlösung einen Zusatz von Kalk erhält. (**D. R. P. 133 456.**) Nach dem Zusatzpatent verwendet man zum Bleichen der Baumwolle bis zur oberflächlichen Veränderung der Fasern und zu deren gleichzeitiger Mercerisation heiße, hochkonzentrierte Alkalilaugen und vereinigt so beide Operationen in einer. (**D. R. P. 141 394.**)

Ein Mercerisierverfahren, bei dem man während der Behandlung mit Laugen oder Säuren und während der folgenden Neutralisation im aufgewickelten Zustande rollenden Druck bis zum Eintreten seidenähnlichen Glanzes anwendet, ist in **D. R. P. 128 284** beschrieben. Siehe auch die mechanischen Mercerisierverfahren der **D. R. P. 204 512, 209 248, 177 979,** die **M. Lehmann** in **Zeitschr. f. Farb.-Ind. 1910, 157** kritisch bespricht.

277. Laugenzusätze, Nachbehandlung. Ramiemercerisation.

Verfahren und Vorrichtung zum Nachbehandeln von zwecks Mercerisierung mit starker Natronlauge getränkten Geweben durch Spannung, Dämpfen und sonstige Behandlung, alles unter Ausschluß von Luft, um die Bildung von Oxycellulose zu vermeiden, sind in **D. R. P. 312 078** beschrieben.

Nach **W. Elbers** wird bei der Mercerisation von Geweben zum Zwecke des besseren Netzens der kalten, etwa 20° Bé starken Natronlauge oft eine gewisse Menge Alkohol zugegeben. Über die Baumwollmercerisierung mit zusammengesetzten Mercerisierflüssigkeiten, die einen Zusatz von Alkohol, Benzin, Erdöl oder Mineralsalzen erhalten, um einer Verkürzung der Faser auch bei geringer Spannung vorzubeugen, ferner über die Mercerisierung in 36grädiger Lauge, die pro Liter 100 ccm Schwefelkohlenstoff enthält oder der man auch zur oberflächlichen Bildung von Kupferseide Kupferoxydammoniak zusetzt, siehe **F. J. G. Beltzer, Zeitschr. f. Textilind. 1905, 472.**

Nach **A. P. 1 392 833** mercerisiert man Gewebe aus Baumwolle und Viscoseseide mit einer mit Kaliumacetat gesättigten Alkalilauge.

Über den Einfluß von Salzzusätzen zur Mercerisierlauge siehe **W. Herbig, Färberztg. 23, 136.**

Im Gegensatz zu den Resultaten von **W. Vieweg** fand **J. Hübner** und früher schon **P. Hoffmann,** daß eine Steigerung der Mercerisationswirkung durch Sättigung der Natronlauge mit Neutralsalzen nicht stattfindet, sondern im Gegenteil, daß der Salzzusatz schädlich ist. **(Färberztg. 1908, 77.)**

Gebleicht oder gefärbt wird meist im direkten Anschluß an die Mercerisation ohne vorherige Trocknung. Um der mercerisierten Ware den gewissen knirschenden Seidengriff zu verleihen, behandelt man sie zur Füllung der Poren mit sich gegenseitig reibenden Krystallen in einem Bade von Stearinkaliseife und folgend in 0,15—0,3 proz. wässeriger Weinsäurelösung.

Ein Verfahren des Dämpfens von mercerisierten Garnen und Geweben nach dem Auswaschen der Mercerisierlauge und nach vollständigem Trocknen unter Druck ist in **D. R. P. 113 928** beschrieben.

Zur Erzeugung erhöhten Glanzes auf mercerisierten Textilstoffen spannt man sie nach dem Auswaschen von der unter Spannung erfolgten Mercerisation nochmals naß und trocknet sie sodann in gespanntem Zustande. Nach einer Abänderung des Verfahrens werden die mercerisierten Stoffe gekocht oder gebleicht, gefärbt oder bedruckt und dann, nachdem alle diese Operationen ebenfalls in gespanntem Zustande vorgenommen wurden, naß unter Spannung getrocknet. **D. R. P. 113 929.)**

Zum Absäuern mercerisierter Baumwolle braucht man pro Kilogramm Garn, das in 26grädiger Lauge mercerisiert und dann gespült wurde, 6,43 g 66grädige Schwefelsäure oder 6,74 g 85 proz. Ameisensäure oder 12,65 g 20grädige Salzsäure. Wenn man bei 40° absäuert werden 20% weniger Säure gebraucht, doch muß das Material sofort gespült werden. **(W. Becker, Zeitschr. f. Textilind. 18, 391.)**

Zur Erzeugung eines seidenähnlichen Griffes bei gefärbter mercerisierter Baumwolle imprägniert man sie nach dem Spülen mit Borsäurelösung. Auch säureempfindliche Farbstoffe werden dadurch im Ton nicht beeinflußt. **(D. R. P. 122 351.)**

Zum Erzeugen des krachenden Griffes auf mercerisierter Baumwolle behandelt man sie mit Ameisensäure, besser noch als mit Borsäure, Weinsteinsäure und Essigsäure. Man verwendet am besten nach dem Färben ein Seifenbad, das im Liter 8 ccm Ameisensäure enthält und beseitigt evtl. Steifigkeit der Ware in einem folgenden 2 proz. Leimbade. Der Griff bleibt so auch nach 6 wöchentlichem Liegen, zweimaligem Waschen und auch nach schwachem Dämpfen erhalten. **(Leipz. Färberztg. 1905, 339.)**

Ein mechanisches Verfahren zur Herstellung von Moiréglanz auf Geweben durch Mercerisation ist in **D. R. P. 95 482** beschrieben.

Zur Mercerisation der Ramiefaser kocht man das Material zuerst in 1 grädiger, mit 1 bis 2% Bleichöl versetzter Lauge, bringt das Fasergut dann in gespanntem Zustande in die Mercerisierlauge, wäscht ohne Absäuerung zur Erhöhung der Geschmeidigkeit des Fadens mit weichem Wasser, behandelt mit einer Mineralölemulsion (Tournantöl) und spült schließlich in weichem Wasser.

278. Mercerisierlaugerückgewinnung und -reinigung.

Wie in jedem modernen Betrieb ist die Rückgewinnung der nicht in Funktion getretenene Chemikalien Grundbedingung für die Wirtschaftlichkeit der Anlage. Die durch Abquetschen gewonnene Lauge kann der frischen Mercerisationsflüssigkeit ohne weiteres wieder zugesetzt werden, aber schon die ersten Waschwässer zeigen nur noch eine Stärke von 10—12° Bé (sie werden unter Zusatz der zur Kaustifizierung der gebildeten Soda nötigen Ätzkalkmenge im Vakuum auf 30 bis 40° Bé eingedampft) und die letzten Waschwässer sind so schwach (2—4 grädig), daß sie, da ihr Eindampfen nicht mehr lohnt, nur als Lösungsmittel für frisches Ätznatron oder zum Vorkochen der Ware Verwendung finden können. In großen Betrieben würde die Wiedergewinnung der verdünnten Lauge aus dem ersten Spülwasser und ihre Verwendung zum Abkochen von Baumwollgeweben keinesfalls wirtschaftlich sein, da auf diese Weise nur 35—40% des Ätznatrons wiedergewonnen werden können.

In **Österr. Woll- u. Lein.-Ind. 1914, H. 15** beschreibt **W. Zänker** die maschinellen Einrichtungen der Mercerisierverfahren und die Wiedergewinnung der Laugen in besonderen, modernen Regenerierungsanlagen.

Über den für Stückmercerisiermaschinen verwendeten Matterschen Laugenrückgewinnungsapparat, bei dem die Wiedergewinnung der Lauge im luftleeren, mit Dampf gefüllten Raume stattfindet, so daß nicht wie es bei den sonst üblichen Abspül-, Dampfausblas- und Absaugeverfahren der Fall ist, ein Teil der Natronlauge in Soda verwandelt wird, sondern 98% der Lauge von 8—10° Bé wiedergewonnen werden, berichtet **W. Herzberg** in **Zeitschr. f. Farb.-Ind. 1909, 330.**

Die Wiedergewinnungsanlagen für Ätznatron aus Mercerisierlaugen nach dem System **Krais** beschreibt **L. Frank** in **Zeitschr. f. Farb.-Ind. 8, 107.**

Eine besonders geeignete Maschine zur Laugerückgewinnung bzw. zum Entlaugen der mercerisierten Stückware nach einem Verfahren, das darin besteht, daß man das Stück, solange es noch mit Lauge imprägniert ist und sich in Spannung befindet, derart mit Dampf behandelt und gleichzeitig mangelt, daß die Lauge verdünnt und erhitzt wird, und die Ware entspannt werden kann, wobei 95% des angewendeten Ätznatrons als 8—10grädige Lauge wiedergewonnen werden können, ist in **Ö. P. 32 606** beschrieben.

Besonders schwierig ist die Laugeregeneration der Gewebemercerisation weniger wegen der größeren Verluste beim Absaugen der Bahnen als vielmehr wegen des Gehaltes der Laugen an Schlichtebestandteilen, die zur Gelatinierung der Lösungen während des Eindampfens führen. Am besten ist es die Gewebe vor der Mercerisation zu entschlichten.

Zum Reinigen und Klären gebrauchter Mercerisierlauge behandelt man sie (50 hl) bei einem Gehalt von etwa 2% organischer Substanz mit 150 kg Soda und 620 kg Ätzkalk, also mit soviel überschüssigem Kalk, daß die organische Substanz bis auf 0,2% entfernt wird und die Ablauge eingedampft und wieder zum Mercerisieren benutzt werden kann, ohne ihr Gelatinieren befürchten zu müssen. Nach einer Abänderung des Verfahrens ersetzt man den Kalk durch Strontian oder Baryt. **(D. R. P. 211 566 und 216 622.)** Nach dem Zusatzpatent behandelt man die schlichtehaltige Ablauge nicht mit Kalk allein, sondern mit Kalk und Ton und setzt überdies ein Ausflockungsmittel zu. Man braucht dann nicht wie nach dem Hauptpatent 10%, sondern nur 1,25% Kalk und ebensoviel Ton, braucht nicht zu kochen, sondern arbeitet bei 30—50° und erhält unter Mithilfe des Ausflockungsmittels z. B. Bleizucker eine direkt wieder verwendbare Lauge. **(D. R. P. 243 947.)**

Die Mercerisierlaugen-Reinigungsmethoden der **D. R. P. 211 566, 216 622** und **202 789** bespricht **M. Lehmann** in **Zeitschr. f. Farb.-Ind. 1910, 157.**

Zur Reinigung der bei der Mercerisation verwendeten Lauge von Schlichte und anderen organischen Stoffen verrührt man die Lauge kalt mit Gipsmehl und zieht sie nach dem Absetzen in klarem Zustande von dem die Verunreinigung enthaltenden Gipsniederschlage ab. **(D. R. P. 245 745.)**

Zur Reinigung von Mercerisierabfallauge treibt man die in der Flüssigkeit durch Zusatz von Chemikalien erzeugten voluminösen Niederschläge der Verunreinigungen durch einen fein verteilten, schwachen, elektrolytisch erzeugten Gasstrom an die Oberfläche und schöpft die zusammenhängende rahmartige Masse ab. **(D. R. P. 249 943.)** Vgl. die Entwicklung der Verfahren zur Laugenrückgewinnung bei der Stückmercerisation über die **W. Zänker** in **Zeitschr. f. Textilind. 15, 476** berichtet.

Zur Aufarbeitung der Mercerisations- und Viscosefabrikationsablaugen und zur Überführung der in ihnen vorhandenen Hemicellulosen in unlösliche Oxycellulose dickt man die Laugen in einem offenen Gefäß unter gleichzeitiger Oxydation durch Einblasen von Luft oder durch Zusatz von Salpeter ein. **(D. R. P. 322 461.)**

279. Kombiniert alkalisch-saure (Salzlösungs-)Behandlung. — Kotonisierung.

Nach **D. R. P. 59 590** erhalten Baumwollstoffe die Eigenschaften leinenartiger Faserstoffe, wenn man sie zuerst mit alkalischen und dann mit schwach sauren Lösungen (Aluminiumsulfat) kocht; umgekehrt erhalten leinenartige Faserstoffe den Charakter baumwollartigen Materials, wenn man sie zuerst mit schwach sauren und dann mit alkalischen Lösungen erhitzt.

Zur Glättung von Pflanzenfasergeweben und zur Erhöhung ihres Glanzes behandelt man sie zwecks Entfernung der die Rauheit bedingenden Oberflächenfussel mit verdünnten Säuren, evtl. unter Zusatz von Metallsalzlösungen, schleudert nach genügender Einwirkung ab, reibt die Ware unter Erwärmung bis zum Trocknen, neutralisiert sodann die Säure und entfernt sie durch Auswaschen. Wenn nachträglich gebleicht werden soll, kocht man vor dem Reibprozeß mit Alkali und erhöht so neben gleichzeitiger Entfernung von schmutzigem Öl die Farbaufnahmefähigkeit der Fasern. **(D. R. P. 150 797.)**

Zur Veredelung von Baumwollgeweben mercerisiert man sie zunächst und setzt sie dann im Ganzen oder lokal durch Aufdrucken der Einwirkung von 49—50,5grädiger Schwefelsäure aus, oder verfährt zur Erzielung besonderer Effekte in der Weise, daß man mercerisierte Baumwollgewebe mit Reserve bedruckt und nachträglich mit jener Schwefelsäure behandelt. In jedem Falle wird schließlich erschöpfend ausgewaschen. An den mit Schwefelsäure behandelten Stellen verschwindet der Mercerisierglanz und man erhält, anstatt der bei höheren Konzentrationen erzielten Transparenz, eine feine, kreppartige Beschaffenheit des Gewebes, die es dichter, voller und weicher macht und ihm den Charakter eines feinen Wollstoffes verleiht. Die Einwirkungsdauer der Schwefelsäure währt je nach dem zu behandelnden Gewebe einige Sekunden bis 15 Minuten. Nach dem Zusatzpatent ersetzt man die Schwefelsäure durch 55—57grädige Phosphorsäure, oder 43—46grädige Salpetersäure, oder durch Salzsäure vom spez. Gewicht 1,19, für niedere Temperaturen, oder durch 60grädige Chlorzinklösung für eine Temperatur von 60—70°, oder für sehr kurze Einwirkungsdauer durch Kupferoxydammoniaklösung. Nach der weiteren Abänderung wird das Gewebe mit jener 49—51grädigen Schwefelsäure behandelt, gewaschen, dann ohne Spannung mercerisiert und schließlich abermals gewaschen. **(D. R. P. 290 444, 292 213 und 294 571.)**

Um Baumwollgeweben Transparenz und wollähnliche Beschaffenheit zu verleihen, behandelt man das Material aufeinanderfolgend mehrerer Male mit Schwefelsäure und Alkalilauge in beliebiger Reihenfolge, bzw. statt mit Schwefelsäure mit Phosphorsäure von 55—57° Bé oder mit Salzsäure vom spez. Gewicht 1,19 bei niedriger Temperatur, Salpetersäure von 43—46° Bé, Zinkchloridlösung von 66° Bé° bei 60—70° oder mit Kupferoxydammoniaklösung. Je nachdem, ob man das Gewebe während der Behandlung spannt oder schrumpfen läßt oder jene Einwirkung der Chemikalien lokal begrenzt, bzw. Reserven aufdruckt, die eine weitere Einwirkung der sauren oder alkalischen Agentien verhindern, erzielt man so verschiedene bzw. auch gemusterte Effekte. **(D. R. P. 295 816.)**

Um Baumwollsatin bzw. Baumwollgeweben seidenartigen Glanz zu verleihen, imprägniert man die Ware nach dem Färben, naß oder trocken, je nach dem gewünschten Effekt, ein- oder mehreremale mit Lösungen von Kochsalz oder Salmiak oder mit Mischungen dieser Salze und kalandriert dann mehreremale auf heißen (100—120° oder höher) Walzen. Bei 150° wird der Glanz der Ware noch verfeinert. Das schließlich auf der Trocken- oder Spannmaschine getrocknete Material ist sehr wasser- und bügelecht, kann tagelang in kaltem oder warmem Wasser liegen und kann auch schwach abgesäuert oder sogar naß gebügelt werden, ohne daß es an Glanz verliert. **(D. R. P. 285 023.)** Nach dem Zusatzpatent ersetzt man Salmiak oder Kochsalz durch Glaubersalz, Chlorcalcium, Natriumacetat oder andere krystallisierbare Salze, die keinen schädlichen Einfluß auf das Gewebe ausüben und erhält so ebenfalls seidenglänzende Gewebe, die auch gegen heißes Wasser beständig sind, da der heiße Kalander die feine Abscheidung der Salze und Imprägnierung der Baumwollfasern mit den Kryställchen bewirkt, die vermöge ihrer Reflexionsebene den Seidenglanz erzeugen. **(D. R. P. 288 184.)**

Zur sog. Kotonisierung von Fasern, also zu ihrer Umwandlung in ein baumwollähnliches Material werden Flachs oder Hanf entweder auf mechanischem Wege durch Reißen oder Kratzen oder chemisch durch Kochen mit Natronlauge, Behandlung mit Chlor oder Sauerstoff oder mit Seifenlauge unter Druck verändert. Bei Bastfasern oder ihren Abfällen genügt in der Regel im Anschluß an eine Wasserrotte halbstündiges Kochen mit 3—5grädiger starker Natronlauge. **(E. Herzinger, Textilber. ü. Wiss., Ind. u. Hand. I, 55.)**

Die Kotonisierung ist auf alle wollartigen Fasern hauptsächlich Flachs- und Hanfwerg, Hede, Spinnabfall, Bindfaden- und Gewebezerreißgut, Juteabfälle, Samenflachs und Samenhanf anwendbar. Das auf mechanischem oder chemischem Wege kotonisierte Hanfprodukt bietet einen vollen Ersatz für Baumwolle und kann sogar Wolle für Streichgarn und Kammgarn ersetzen. Jedenfalls ist diese neuartige Aufarbeitungsmöglichkeit des Hanfes ein Grund mehr, um den Hanfanbau in Deutschland zu fördern. Hanf ist auch noch leichter zu kotonisieren als Flachs, besonders wenn man die Waschflüssigkeit (Ätznatron, Hypochloritlauge, Urin, Türkischrotölseife, Sauerstoffmittel) mehrmals mit Gewalt durch das auf Maschinen gewaschene und geschälte Produkt durchpreßt. Um die kotonisierte Faser besser spinnfähig zu machen, empfiehlt es sich nach **E. O. Rasser** das Material mit heißem Wasser zu behandeln. **(Monatsschr. f. Textilind. 34, 41.)** Vgl. **H. Schürhoff, Neue Faserstoffe 1919, 1.**

Kotonisierte Jute, die einen sehr guten Woll- und Baumwollersatz für Herstellung guter Kleiderstoffe bildet, die Baumwolle in der Weichheit des Griffes und in der schweren Schmutzannahme übertrifft, kommt als Plantawolle in den Handel. **(E. O. Rasser, Zeitschr. f. Textilind. 22, 464.)**

Über das Rauhen gebleichter Baumwollwaren in besonderen Apparaten verschiedener Fabriken berichtet **O. Diehl** in **Färberztg. 25, 357.**

280. Baumwollanimalisierung.

Während Baumwolle als neutrale Cellulosesubstanz direkt weder mit sauren noch mit basischen Farbstoffen gefärbt werden kann, enthalten Wolle und Seide, aber auch Jute, letztere allerdings nur in geringen Mengen, in den inkrustierenden Bestandteilen ihrer Zellwände, komplizierte basische und zugleich sauere Eiweißkörper oder deren Abbauprodukte, wie z. B. die Aminoessigsäure, die mit saueren oder basischen Farbstoffen unter Salzbildung reagieren, d. h. angefärbt werden. Durch die Animalisierung belädt man nun die Cellulosefaser bzw. imprägniert sie mit stickstoffhaltigen Stoffen oder direkt mit Eiweißkörpern und vermag die Baumwolle dann ebenso zu färben wie Wolle und Seide.

Zugleich erhält die Baumwolle, besonders beim Arbeiten mit Säuren, z. B. Salpetersäure (Nitrocellulosebildung auf der Faser) kunstseideartigen Hochglanz. Über die Erzeugung von Seidenglanz auf Geweben durch aufgebrachte lackartige Schichten siehe den Abschnitt „Appretur".

Aus der Tatsache, daß Eier, in eine Farbeflotte gelegt, sich färben, ebenso, daß sich die Knochen rot färben, wenn Tiere mit Röte gefüttert werden, schloß **Broquette,** daß der organische Bestandteil dieser Substanzen sich färbt und nicht der unorganische (kohlensaurer Kalk und phosphorsaurer Kalk). Er wendete diese Beobachtung für die Zeugdruckerei an und tränkte Baumwolle mit einer Lösung von Casein in Ammoniak, später mit einer Mischung von Casein, Kalk und Öl, animalisierte sie gleichsam mit dem organischen Mordant (Caseogomme) und verlieh ihr so die Eigenschaft, sich färben zu lassen wie Wolle. **(Journ. f. prakt. Chem. 50, 314.)**

Um Pflanzenfasern die physikalischen und chemischen Eigenschaften der Wolle zu verleihen, imprägniert man sie mit den sauer gewonnenen Spaltungsprodukten von Casein, Gelatine oder anderen Eiweißstoffen, wäscht das Material dann mit Wasser, Säure, Alkali oder einer Salzlösung und härtet es mit Formaldehyd. **(E. P. 150 665.)**

Zur Erhöhung der Festigkeit und Elastizität von Textilfasern jeder Art behandelt man sie mit solchen Fermenten, die Stärke oder Eiweiß nicht abbauen und die auch nicht Gärungsfermente sind, wobei zweckmäßig als katalytische Substanz ein Aktivator, Substrat, Koferment oder Kinase zugesetzt wird. **(D. R. P. 348 194.)**

E. Knecht beobachtete, daß längere Zeit mit Speichel in Berührung gewesene Baumwolle nach etwa 20 Minuten Färbedauer etwa 3mal soviel Farbstoff aufnimmt als unbehandelte Baumwolle. Die Wirkung dürfte den Enzymen der Mundhöhlen, besonders dem Ptyalin des Speichels zuzuschreiben sein. **(Leipz. Färberztg. 1905, 375.)**

Nach **D. R. P. 16 110** werden die zu animalisierenden Gewebe durch eine ätzalkalische Lösung von Seide-, Wollfasern oder Federflaum und dann durch verdünnte Schwefelsäure gezogen, sorgfältig gewaschen und schließlich getrocknet, gebleicht und gefärbt.

Über Animalisierung von Faserstoffen mit einer Lösung von Seide, die man durch Erhitzen der Seide mit dem gleichen Gewicht Essigsäure unter 10—12 Atm. Druck herstellt, siehe **Dingl. Journ. 234, 432.** Vgl. das Verhalten alkalischer Wollelösung nach **Knecht, Zeitschr. f. angew. Chem. 1888, 691.**

Statt die Seide in Essigsäure zu lösen, löst man sie nach **D. R. P. 10 416** in Ammoniak bei 190° unter Druck und überzieht mit dieser Lösung die Faserstoffe.

Über ein Verfahren zum Animalisieren von mit Alaun und Natriumacetat vorbehandelten Pflanzenfaserstoffen mit Leimlösung siehe **Elsner, Chem.-techn. Mitt. 1864/65, S. 7.**

Zum Animalisieren von Pflanzenfasern, also zur Gewinnung von Aminocellulose behandelt man das Material mit Calciumchloridammoniak, sättigt also ein Gemisch von Baumwolle und porösem Calciumchlorid mit Ammoniakgas, erhitzt die Masse im geschlossenen Gefäß 6 Stunden auf 100°, entfernt den Ammoniaküberschuß und wäscht aus. Die so behandelten Pflanzenfasern (auch Leinen, Ramie, Hanf oder Jute), lassen sich nunmehr in sauren Bädern mit solchen Farbstoffen färben, die sonst nur zum Färben der Wolle dienen. **(D. R. P. 57 846.)**

Über Animalisierung vegetabilischer Pflanzenfasern mit einer Lösung von nitriertem Zucker in Essigsäure siehe **D. R. P. 16 036.**

Nach **D. R. P. 24 795** behandelt man Pflanzenfasern, um ihnen das Aussehen von Seide zu geben, zur Entfernung der harzigen Stoffe zunächst mit Natronlauge und anschließend zwecks Entfärbung mit verdünnter Salzsäure und unterchlorigsaurem Natron. Dann tränkt man das Material mit Traubenzuckerlösung und bewirkt die Umwandlung des Zuckers und der darunter befindlichen Cellulose in Nitrokörper durch Eintauchen in Salpeterschwefelsäure. Dann behandelt man in einem Bade von Gerbsäure und beizt schließlich in einer kalten Brechweinsteinlösung, für den Fall, als die Faser zugleich mit Seide gefärbt werden soll.

Der Kuriosität wegen sei auch auf den Vorschlag von **J. Schneider** hingewiesen, der ernstlich anempfahl, die Baumwolle, um sie durch direkte Farbstoffe nicht anfärbbar zu machen, zu hexanitrieren, also schießbaumwollene Kleider und Wäsche zu erzeugen. **(J. Soc. Dyers a. Col. 1907, 78.)**

Die zur Bereitung des Cellulosemononitrates dienende Salpeterschwefelsäure wirkt weiter mit Wasser verdünnt unter 10° nicht mehr nitrierend, doch verliert die Baumwolle die Aufnahmefähigkeit für basische Farbstoffe, nimmt hingegen direkte Farbstoffe in außerordentlicher Tiefe auf. Mit einem 10—15° warmen Gemenge von 4 Vol.-Tl. 40proz. Essigsäure und 3 Volumenteile 98proz. Schwefelsäure erhält man nach 15—20 Minuten Eintauchungsdauer nicht glänzendes und nicht geschrumpftes weiches, geschmeidiges Garn von vermehrter Festigkeit. **(J. Schneider,** Referat in **Zeitschr. f. angew. Chem. 1910, 1098.)**

Zur Veredelung von Textilfasern bringt man die Gewebe aus Baumwolle, Wolle oder Tussah kurze Zeit in starke Salpetersäure, wodurch eine Zusammenziehung der Fasern bis zu 15% bewirkt wird, streckt die Garne dann auf die ursprüngliche Länge und wäscht sie aus, wodurch nicht nur die Spannung aufgehoben, sondern wegen der eintretenden Quellung sogar eine Faserverlängerung bis zu 5% bewirkt wird. So vorbereitete Fasern zeigen erhöhte Aufnahmefähigkeit für Farbstoffe und Beizen und hohen seidenartigen Glanz und Griff. **(D. R. P. 109 607.)**

Zur Erzeugung von Färbeeffekten bei im Stück zu färbenden Geweben aus pflanzlichen Fasern, wandelt man einen Teil der Fäden durch Nitrieren in einer Mischung von 85 Tl. Schwefelsäure und 15 Tl. Salpetersäure, wenigstens oberflächlich in Nitrocellulose um, bringt das Garn dann in ein Bad, das 20% Calciumacetat und 15% Albumin enthält, preßt ab, trocknet, passiert durch eine 15grädige Lösung von Natriumstannat, preßt abermals ab, trocknet, geht durch eine 10proz. Salmiaklösung und trocknet. Nach dem Verweben dieses so behandelten Garnes mit Rohgarn erhält man ein Gewebe, in dem sich beim folgenden Färben die vorbehandelten Fäden nicht anfärben und vermag so weiße oder auch bunte Effekte zu erzielen, wenn man die vorbehandelten Garne entsprechend angefärbt verwendet. **(D. R. P. 289 875.)**

Zur Erzeugung wollartiger Effekte auf Baumwolle behandelt man die Gewebe nach **A. P. 1 400 016** mit 48grädiger Nitrosylschwefelsäure.

Pflanzenfasern erhalten ferner ein wollartiges Aussehen und erhöhte Farbenaufnahmefähigkeit, wenn man sie durch Einlegen in konzentrierte Salpetersäure und folgendes erschöpfendes Waschen schwach nitriert. **(A. P. 1 398 804.)**

Tierische Fasern.

Wolle.

Literatur und Allgemeines über Wolle, Statistik.

Reißner, Beiträge zur Kenntnis der Haare der Menschen und Säugetiere. Breslau 1854. — v. Nathusius-Königsborn, Das Wollhaar des Schafes. Berlin 1866. — Settegast, Bildliche Darstellung des Baues und der Eigenschaften der Merinowolle. Berlin 1869. — Bohm, Wollkunde. Berlin 1873. — Grothe, Die Wolle. Berlin 1874. — Sella, Studien über die Wollenindustrie (aus dem Italienischen). Wien 1876. — Richard, H., Gewinnung der Gespinstfasern. Braunschweig 1881. — v. Höhnel, Die Mikroskopie der technisch verwendeten Faserstoffe. Wien 1887. — Heyne, Die technische Verarbeitung der Wolle. Berlin 1891. — Spennrath, Materiallehre für die Textilindustrie. Aachen 1899. — Joclét, V., Chemische Bearbeitung der Schafwolle. Neu herausgegeben von Zänker. Wien und Leipzig 1901. — Ganswindt, Wollwäscherei und Carbonisation. Leipzig 1905. — Wachs, A., Die volkswirtschaftliche Bedeutung der technischen Entwicklung der deutschen Wollindustrie. Leipzig 1909. — Witt-Lehmann, Chemische Technologie der Gespinstfasern. Braunschweig 1910. S. 79ff. — Ganswindt, A. Die Wolle und ihre Verarbeitung. Wien und Leipzig 1920.

Wolle, das Haar des Schafes, kann als die wertvollste Gespinstfaser bezeichnet werden. Das Schaf wurde von jeher als Haustier gezüchtet und diesem Umstande ist es zu verdanken, daß das Haar immer mehr veredelt und für die Zwecke der Spinnerei und Weberei geeigneter wurde. Die heute noch in Mittelamerika und Asien vorkommenden wilden Schafe liefern eine geringwertige, kaum brauchbare Schafwolle. Die wertvollste Wolle, die Merinowolle, wird von den in Spanien heimischen Merinoschafen gewonnen; sie war schon im Altertum berühmt. Sehr ähnliche Wolle liefern die aus dem spanischen Merinoschaf gezüchteten Elektoral-, Negretti-, Rambouilletschafe. Die Merinozucht wurde gegen Ende des 18. Jahrhunderts in Preußen, Österreich, in der Schweiz, in Neeseeland und in Australien eingeführt. Nach **Kertesz** („Die Textilindustrie sämtlicher Staaten", 1917), dem wir auch alle folgenden statistischen Angaben verdanken, betrug die Wollegewinnung in Australien im Jahre 1911 347 800 t; die Ausfuhr betrug in der Saison 1912/13 1 718 486 Ballen, bei einem Durchschnittsgewicht des Ballens von 145 kg, also 249 180,4 t. In den übrigen wollproduzierenden Ländern wird die ungefähre Menge der im Jahre 1912/13 gewonnenen Wolle wie folgt veranschlagt (in einzelnen Fällen, wo sonst die Unterlagen zur Bestimmung der Wollmenge fehlten, wurde die Menge der Wolle nach der Zahl der Schafe mit je 2 kg pro Schaf berechnet): Neuseeland 80 000 t, Argentinien 150 000 t, Uruguay 60 000 t, Chile 8000 t, Peru 7400 t, Mexiko 6800 t, Canada 4000 t, Vereinigte Staaten von Amerika 134 200 t, Vereinigte Staaten von Südafrika 65 000 t, Algerien 15 000 t, Tunis 1400 t, Marokko 6000 t, Ägypten 4000 t, Deutschland 11 000 t.

Australien und Neuseeland liefern im allgemeinen die feinste, Argentinien, Uruguay, Britisch-Südafrika die gröbere, Marokko, Algerien usw. die billigste und geringwertigste Wolle. Die der Regel nach mit Fett- und Schmutzgehalt bezogenen Wollen verlieren in der Wäsche von 33 bis zu 75%. Den gesamten Wert der im Jahre 1912/13 gewonnenen Wolle berechnet **Kertész** unter Zugrundelegung eines Tonnenpreises von 1650 M. auf 2290 Mill. M.

Die Wollindustrie Deutschlands vor dem Kriege war überaus bedeutend und in starker Entwicklung begriffen. Die Produktion der Wolle- und Halbwolleindustrie betrug im Jahre 1913:

Für das Inland verarbeitet für	1303,8 Mill. M.
Ausgeführte Halbfabrikate für	126,0 „ „
Ausgeführte Fertigware für	291,8 „ „
	1721,6 Mill. M.

Inlandsverbrauch an Wolle und Halbwollewaren im Jahre 1913:

Für das Inland verarbeitet für	1303,8 Mill. M.
Eingeführte Fertigware	45,3 „ „
	1349,1 Mill. M.

Deutschlands Einfuhr und Ausfuhr der Wollindustrie betrug in Millionen Mark:

	Einfuhr		Ausfuhr	
	1890	1913	1890	1913
An Rohstoffen	257,8	441,8	41,4	105,3
„ Halbfabrikaten	121,9	169,2	60,6	126,0
„ Fertigware	16,7	45,4	229,8	291,8
	396,4	656,4	331,8	523,1

An der Einfuhr der europäischen Staaten an Rohstoffen und Erzeugnissen der Wollindustrie im Jahre 1913 betrug der Anteil

Deutschlands	18,1%
Großbritanniens	27,0%
Frankreichs	17,1%

An der Ausfuhr im Jahre 1913 betrug der Anteil

Deutschlands	17,4%
Großbritanniens	38,8%
Frankreichs	18,3%

An der Produktion der Wollindustrie der europäischen Staaten im Jahre 1913 betrug der Anteil

Deutschlands	21,2%
Großbritanniens	21,5%
Frankreichs	15,7%

Am Inlandsverbrauch der europäischen Staaten an Wollwaren im Jahre 1913 betrug der Anteil

Deutschlands	19,8%
Großbritanniens	16,1%
Frankreichs	13,9%

Deutschland hatte somit 1913 den stärksten Inlandsverbrauch und stand Großbritannien in der Produktion gleich, während diese in Frankreich viel niedriger war.

Die hohe volkswirtschaftliche Bedeutung der Schafwolle für die Textilindustrie geht aus den vorstehenden Angaben ohne weiteres hervor. Das Wollhaar besitzt im Vergleich mit den anderen Gespinstfasern eine Reihe von Vorzügen, die seine Benutzung für Bekleidungsstoffe schon in den vorgeschichtlichen Zeiten erklären.

281. Physikalische Eigenschaften und Verwendung.

Das Vlies des Merinoschafes und der ihm verwandten Rassen (Rambouillet, Elektoral usw.) enthält nur Wollhaare, während die gewöhnlichen Wollsorten der Landwolle Woll- und Grannenhaare enthalten. Das Wollhaar wächst wie alle Haare aus der Haarwurzel oder Haarzwiebel; es besteht zum Unterschiede von den Pflanzenfasern aus verschiedenen Gewebeteilen, aus Zellen und Oberhautschuppen (Epithel). Talgdrüsen in der Haut des Schafes umkleiden es mit dem Wollfett; je feiner eine Wolle ist, desto stärker ist ihr Überzug an Wollfett. Das Wollhaar ist weich und mehr oder weniger gekräuselt zum Unterschied von dem geraden, steifen, stets markhaltigen Grannenhaar. Die Oberhautschuppen eines edlen Merinohaares liegen dachziegelförmig übereinander (Dicke des Haares 17 μ), jene des Grannenhaares von Leicesterschafwolle stoßen fast plattenförmig zusammen.

Infolge ihrer Kräuselung bildet die Wolle auch nach ihrer Schur ein zusammenhängendes Vlies. Die Wolle von lebenden Tieren nennt man Schurwolle; Lamm- oder Jährlingswolle ist die erste Schur junger Tiere. Sie zeichnet sich durch Feinheit aus, ist aber weniger fest und dehnbar. Sterblingswolle, die Wolle gefallener Tiere, und Gerberwolle, beim Enthaaren der Schlachtfelle mittels Kalk gewonnen, sind weniger fest, weniger elastisch und glänzend.

Schaffelle, deren Wolle benutzt werden soll, werden auf der Fleischseite mit Kalkbrei angestrichen und in eine Kammer gebracht, die durch Dampf auf 25—30° erwärmt wird. Nach kurzer Zeit kann man die Wolle mit der Hand leicht ausraufen; die Haut wird dann wie üblich gegerbt. (Dingl. Journ. 139, 320.)

Für die Verwendung der einzelnen Wollsorten kommen vor allem folgende Eigenschaften in Betracht: Kräuselung, Feinheit, Stapellänge, Formbarkeit, Elastizität, Widerstands- oder Tragkraft, Krümpfkraft oder Walkbarkeit. Die Haarzwiebeln der Wolle liegen in Nestern zusammen und die aus solchen in Windungen hervorwachsenden einzelnen Wollhaare bilden, von

Wollschweiß überzogen und verklebt, die einzelnen Strähnchen. Diese Strähne besitzen dieselbe Kräuselung. Eine größere Zahl solcher Strähnchen vereinigt bilden den Stapel, welcher der Prüfung der Wollsorten auf ihre verschiedenen Eigenschaften zugrunde gelegt wird. Je gleichartiger der Stapel eines ganzen Wollvlieses ist, um so wertvoller ist dieses.

Die Kräuselung wird mit einem besonderen, einfachen Kräuselungsmesser, die Feinheit der Wollhaare mittels besonderer Wollmesser bestimmt, die den Durchmesser der Haare anzeigen. Dieser schwankt zwischen $12^1/_2$ und 37 μ. Die Feinheit der Wolle bestimmt in erster Linie ihre Einordnung in bestimmte Sortimente. Als „treu" bezeichnet man ein Wollhaar, dessen Durchmesser und Kräuselung auf seiner ganzen Länge möglichst gleichmäßig sind.

Eine sehr feine, edle Wolle besitzt „Metall". Wenn man ein Stäpelchen an den beiden Enden faßt und gleichmäßig spannt, dann mit einem Finger wie eine Saite anschlägt, so entsteht ein heller, klarer Klang, das Metall. Wolle, die diese Eigenschaft nicht zeigt, besitzt einen oder den anderen Fehler.

Die Stapellänge schwankt zwischen 36 und 550 mm; sie bestimmt in Verbindung mit der Kräuselung die Verwendung einer Wollsorte. Für gewisse Fabrikationszweige wird Wolle von größerer Länge und geringerer Kräuselung, für andere Wolle von geringerer Länge und stärkerer Kräuselung verwendet.

Die Formbarkeit. Die Wolle ist hygroskopisch und wie alle hornartigen Gebilde formbar. Wenn man ihr Feuchtigkeit in größeren Mengen zuführt und evtl. unter Erwärmung auf mechanischem Wege durch Streckung, Pressung u. dgl. die Form verändert, dann unter Aufrechterhaltung der mechanischen Einwirkung das Wasser verdunsten und die Temperatur sinken läßt, so behält das Haar die ihm gegebene Form. Ein stark gekräuseltes Haar kann auf diese Weise gestreckt werden; unter dem Einfluß von Wärme und Feuchtigkeit und ohne mechanischen Zwang nimmt es die gekräuselte Form wieder an. Der normale Feuchtigkeitsgehalt der Wolle beträgt im Durchschnitt 12%. Die Wolle vermag aber soviel Wasser aus der Luft anzusaugen, daß sie über 30% Feuchtigkeit enthält. Die Bestimmung ihres Wassergehaltes erfolgt in den meistens unter staatlicher Aufsicht stehenden Konditionieranstalten.

Krumpfkraft oder Walk-(Filz-)barkeit. Ein vom Wollschweiß durch Waschen befreiter Stapel ist kürzer als vorher. Eine zunehmende Verkürzung macht sich bei weiterem Waschen bemerklich. Diese Eigenschaft, die bei stark gekräuselter Wolle viel stärker als bei schlichter Wolle hervortritt und durch die Einwirkung von Feuchtigkeit und Wärme sehr erhöht wird, beruht vor allem auf der Formbarkeit der Wollsubstanz. — Auf der Walkbarkeit beruht die in der Wolltuchfabrikation übliche Herstellung einer dichten, verfilzten Decke der Wollhaare durch das Walken in Seife und alkalischen Flüssigkeiten.

Für die Verwendung der Wolle kommen vornehmlich zwei große Gebiete, die Herstellung der gewalkten Tuche und ähnlicher Stoffe, wie Buckskin, Cheviot, Flanell, Fries, und die der glatten Kammgarnstoffe in Betracht. Für Tuch wird vornehmlich kurzstapelige Wolle (Streichwolle) benutzt, die durch Kratzen oder Streichen für das Spinnen vorbereitet wird. Für Kammgarnstoffe dagegen wird langstapelige Wolle von geringerer Krumpfkraft auf besonderen Maschinen durch Kämmen, wobei dem Haar im warmfeuchten Zustande die Kräuselung genommen wird, in sog. Kammzug übergeführt.

282. Chemische Eigenschaften der Wollfaser.

Die chemische Zusammensetzung des Grundstoffes der Wollsubstanz, des Keratins, ist noch nicht mit Sicherheit festgestellt. Sie stimmt mit der des Hornes, der Federn, Nägel und Klauen überein. Die Analysen ergeben im Durchschnitt 50% Kohlenstoff, 16% Stickstoff, 7% Wasserstoff, 3% Schwefel, 24% Sauerstoff. Beim Verbrennen bläht sich das Wollhaar auf unter Verbreitung des bekannten unangenehmen Geruches verbrannter Federn unter Zurücklassung einer glänzenden Kohle. Beim Glühen hinterbleibt etwa 1% Asche. Erhitzt man Wolle auf 130°, so beginnt sie unter Entwicklung von Ammoniak sich zu zersetzen; bei 140—150° entwickeln sich auch schwefelhaltige, flüchtige Produkte. Wolle, die mit 10% Glycerinlösung getränkt wurde, zersetzt sich erst bei höherer Temperatur. Wolle verbrennt in der Flamme schwer. Wasser löst sie unter Druck bei 200° vollständig auf. Ätzende Alkalien wirken sehr energisch auf das Wollhaar ein; sie lösen es mit gelber Farbe. Aus dieser Lösung wird auf Säurezusatz unter Entwicklung von Schwefelwasserstoff ein gelatinöser, angeblich aus einem eiweißartigen Stoff bestehender Niederschlag abgeschieden. Da Baumwolle durch Ätzalkalien nicht gelöst wird, kann aus einem Halbwollgewebe durch Behandlung mit Natronlauge in der Wärme die Wolle herausgelöst und die übrigbleibende Baumwolle nach ihrer Gewichtsmenge bestimmt werden. Bei 24stündiger Einwirkung von 0,2 proz. Natronlauge auf Wolle gelang es **K. v. Allwörden (Zeitschr. f. angew. Chem. 1916, 77)**, ein von ihm „Elasticum" benanntes Kohlenhydrat, das sich zwischen den Schuppen und Faserzellen des Wollhaares befindet, festzustellen und durch Dialyse usw. zu isolieren. Er vertritt die Ansicht, daß die Güte der Wolle von ihrem Gehalt an Elasticum abhängt und daß dessen quantitative Bestimmung, die auf optischem oder graphimetrischem Wege erfolgen kann, wichtige Rückschlüsse auf etwaige schädigende Einflüsse beim Bleichen, Waschen, Walken und Färben der Wolle gestattet. Von verschiedenen Seiten ist mit Recht davor gewarnt worden, aus diesen Beobachtungen zu weitgehende Folgerungen zu ziehen, die die Wollindustrie beunruhigen könnten.

Auch kohlensauere Alkalien greifen die Wollfaser in konzentrierten Lösungen, wenn auch in weit geringerem Maße als Ätzalkalien an, dagegen schädigen Ammoniak oder kohlensaures Ammoniak auch bei längerer Einwirkung die Wolle nicht merklich. Mit steigender Temperatur wirken auch verdünnte Alkalilösungen oder alkalische Färbeflotten zerstörend auf das Wollhaar ein. So schädigt z. B. Soda in kochendem Bad schon in Mengen von 0,2% vom Gewicht der Wolle. Glaubersalz in großen Mengen vermindert in sauren und neutralen Bädern die Schädigung.

Von den im Betriebe gebräuchlichen Färbemethoden greift nach **Beckes** Untersuchungen das Färben in einer gutstehenden Indigoküpe die Wolle am wenigsten an.

Durch Kupferoxydammoniak wird Wolle in der Kälte nicht verändert, in der Wärme gelöst; Haare werden dagegen nicht gelöst.

Becke (Färberztg. 1912, 45 u. 66) hat beobachtet, daß Wolle, die der Einwirkung von Alkalien ausgesetzt war, sich beim Kochen in einer mit Essigsäure angesäuerten, sehr verdünnten Lösung von Zinnsalz oder auch Bleiacetat braun färbt. Durch das Alkali wird aus der Wolle Schwefel abgespalten, der das Zinnchlorür in braunes Zinnsulfür überführt. Die Reaktion wird verwertet, um über die verhältnismäßige Schädlichkeit oder Unschädlichkeit verschiedener Wasch-, Appretur- und Färbeverfahren vergleichsweisen Aufschluß zu gewinnen oder die schädigende alkalische Wirkung verschiedener Waschmittel, z. B. beim Seifen, nebeneinander zu prüfen, oder schließlich um eine Wollware darauf zu untersuchen, ob bei ihrer Herstellung eine nachteilige Einwirkung durch Alkali erfolgt ist.

Wenn die Lösung eines Eiweißkörpers mit Natronlauge und dann mit einigen Tropfen einer sehr verdünnten Lösung von Kupfervitriol versetzt wird, so entstehen je nach der Natur des Eiweißkörpers violette bis blauviolette Färbungen (Biuretreaktion). Nach Absitzenlassen des gebildeten grünblauen Niederschlages von Kupferoxydhydrat ist die darüberstehende klare Lösung blauviolett gefärbt, und zwar um so intensiver, je konzentrierter die Eiweißlösung war. **Becke** hat dieses Verhalten genauer untersucht und eine Methode ausgearbeitet, welche gestattet, die Art der Einwirkung verschiedener bei der Verarbeitung der bekanntlich als Eiweißkörper anzusehenden Wolle gebräuchlicher Hilfsstoffe, Säuren, Beizen u. dgl., durch die Intensität der Violettfärbung zur Anschauung zu bringen.

Nach seinen neueren Untersuchungen gibt die Zinnsalzreaktion durch den Grad der Braunfärbung nur einseitigen Aufschluß über den Grad der durch alkalische Einwirkungen eintretenden Schädigung der Wollsubstanz. Die Biuretreaktion dagegen liefert genauere und zahlenmäßige Angaben, welche Mengen Wollsubstanz bei Behandlung der Wolle mit Säuren, Alkalien, Seifenlösungen, Wasser usw. in Lösung gehen. Dem steigenden Substanzverlust der Wolle entsprechen die fallende Festigkeit und Dehnbarkeit. Die Biuretreaktion ist somit sehr geeignet, die mechanische Festigkeits- und Dehnbarkeitsprüfung der Wolle zu kontrollieren und zu ergänzen, sie gibt sogar nach **Becke** zuverlässigere Resultate als die mechanische Prüfung.

Schwefelsäure wirkt in hohem Maße hydrolysierend auf Wolle ein; es gehen dabei basische Spaltungsprodukte in Lösung und die sauren Bestandteile der Wolle werden nunmehr unverhältnismäßig leicht von Alkalien angegriffen und in Lösung gebracht. Im Gegensatz zu der herrschenden Anschauung, das Färben im sauren Bade sei die der Wollfaser zuträglichste Färbemethode, gefährdet diese nach **Beckes** Feststellungen die Festigkeit und Dehnbarkeit der Wolle in hohem Grade, weil sie dann durch Wasser, Seife, kohlensaure und ätzende Alkalien viei stärker angegriffen wird. Nach **Wiesener** sollen jedoch verdünnte Säuren, deren Gehalt etwa 7% nicht übersteigt, bei mäßiger Wärme den Zusammenhang der Wollfaser nicht nur nicht lockern, sondern die Zugfestigkeit sogar bis zu 20% erhöhen. Auch bei vorhergehender alkalischer Einwirkung in mäßigen „Grenzen" tritt keine derartige Lockerung des Gefüges ein, daß sie nun erhöhte Angreifbarkeit durch Säuren aufwiese.

Konzentrierte Schwefelsäure löst Wolle mit dunkelbrauner Farbe, konzentrierte Salpetersäure färbt sie (wie Seide) unter Bildung von Xanthoproteinsäure gelb, konzentrierte Salzsäure färbt sie wie alle Proteinkörper und auch Seide blau oder violett. Verdünnte Schwefelsäure wird von Wolle sehr hartnäckig zurückgehalten, sie läßt sich durch anhaltendes Auswaschen nicht entfernen, so daß eine chemische Bindung angenommen werden muß. Schwefelige Säure zerstört den gelben Farbstoff, dem die Wolle ihre gelbliche Färbung verdankt, jene wird daher wie Seide vornehmlich in der Schwefelkammer gebleicht. Trockenes Chlorgas wird von Wolle in großer Menge unter Zerstörung der Faser aufgenommen. Verdünnte Chlorkalklösung verändert die Wollfaser, sie verliert ihre Eigenschaft, mit Seifenlösung u. dgl. gewalkt, einzugehen und sich zu verfilzen. Sie bekommt einen harten, knarrenden Griff und zeigt vielen Farbstoffen gegenüber ein stark gesteigertes Aufnahme- und Fixierungsvermögen. Im Wolldruck werden die Stoffe daher regelmäßig gechlort. Die Stücke werden beispielsweise geklotzt, in einer kalten verdünnten Chlorkalklösung, hergestellt aus 10 l Chlorkalklösung von 5° Bé und 100 l Wasser, hierauf durch Salzsäure von 1° Bé gezogen, sorgfältig gewaschen und getrocknet.

Viele Metallsalze, wie Tonerde, Chrom-, Eisen- und Zinnsalze, werden von der Wolle unter Abscheidung basischer Verbindungen, die in der Wollfärberei für Alizarin- und andere Beizenfarbstoffe dienen, zerlegt.

Um die Kletten, Noppen, d. h. die Wollstoffen anhängenden Pflanzenteilchen oder in der Kunstwollefabrikation die Baumwolle in baumwollhaltigen Lumpen zu zerstören, werden diese mit verdünnter Schwefelsäure von 3° Bé in besonderen Carbonisationskammern auf etwa 80° C erhitzt. Die Pflanzenteile werden hierbei in zerreibliche, leicht zu entfernende Hydratcellulose übergeführt. Statt Schwefelsäure wird auch Chloraluminium von 7° Bé benutzt, das bei etwa 125° unter Freiwerden von Salzsäure analog wie Schwefelsäure wirkt. Dieses von **Gustav Köber** 1854 erfundene wertvolle Verfahren wird heute in größtem Umfange ausgeübt. Die Bezeichnung Carbonisation ist unrichtig, da es sich nicht um eine Verkohlung handelt. [290.]

283. Wollwäsche allgemein, anorganische Wollwaschmittel.

Die wichtigsten Verfahren zum Entfetten von Rohwolle sind in **Appreturztg. 1910, 159** zusammengestellt.

Über Wollwäsche und Wollfettextraktion siehe auch **E. Rasser, Zeitschr. f. Textilind. 28, 223 ff.**

Von großer Bedeutung für die Verarbeitung der Wolle ist ihre Wäsche; nur bei einem reinen Wollhaar treten alle seine Vorzüge in vollem Umfange in Erscheinung. Ein unvollständig gereinigtes Wollhaar vermag Beizen und Farbstoffe nicht gleichmäßig und vollständig zu fixieren.

Rohe Wolle ist stark mit Staub, Kletten, d. h. von der Weide und Fütterung herrührenden, dem Vliese anhaftenden Stoffen, mit Wollfett, Wollschweiß u. dgl. verunreinigt und muß daher von diesen Stoffen möglichst befreit werden. Zu diesem Zwecke wird die Wolle zunächst gewöhnlich auf dem Rücken der Tiere gewaschen, und zwar vorteilhaft zuerst mit lauwarmem Wasser von etwa 33° C und sodann mit einer etwa 40° warmen Seifenlösung mit geringen Zusätzen von Soda (Pelzwäsche, Rückenwäsche). Je nach der Art und Weise, wie diese Pelzwäsche vorgenommen wird, unterscheidet man Schwemm-, Streich- oder Sturzwäschen. Durch die Pelzwäsche verliert die Wolle erheblich an Gewicht. Zum Trocknen werden die Tiere auf einen grasigen Platz getrieben, damit sie keine neuen Verunreinigungen aufnehmen. Nach dem in etwa 3 Tagen erfolgten Trocknen werden sie mit der Schafschere möglichst dicht an der Haut geschoren, wobei beobachtet wird, daß die Wolldecke, das Vlies, möglichst zusammenhängend bleibt. Schließlich wird die Wolle sortiert und in Ballen gepackt. — Von gröberen Verunreinigungen werden die Wollvliese gewöhnlich oft zunächst durch eine Vorwäsche mit lauwarmem Wasser befreit. In größeren Betrieben werden die Wollen jetzt allgemein im sog. Leviathan, einer sehr großen Wollwaschmaschine, gewaschen, wobei die Wolle durch Schlag- und Schaufelräder nacheinander in verschiedenen Trögen zunächst in Wasser, dann in Seifenlaugen, zuletzt wieder in einem Spültrog in Wasser getaucht und bearbeitet wird.

Auf Grund der Beobachtung, daß zwischen den Schuppenzellen und Faserzellen des unbehandelten Wollhaares ein Stoff vorhanden ist (Elastikum), der in der Faser verbleiben muß, wenn sie walk- und appreturfähig bleiben soll, ist es nötig, den Waschprozeß der Wolle so zu leiten, daß jene Substanz wenigstens zum größten Teil im Material verbleibt. Auf der Tatsache, daß Chlorwasser das Elastikum und die Faserzellen verändert, beruht eine unter **D. R. P. 302 808** geschützte mikroskopische Untersuchungsmethode der Wollfaser.

Beim Waschen von Wolle und Seide müssen freie Alkalien prinzipiell ausgeschaltet werden und man darf nur Ammoniak, kohlensaure oder fettsaure Alkalien verwenden, letztere auch nur, sofern die Seifen nicht zu stark alkalisch sind. Nach beendeter Wäsche sind die alkalisch reagierenden Stoffe wieder sorgfältig zu entfernen, da sie beim Ausfärben die Farbstoffaufnahme ungünstig beeinflussen. **(A. Kramer, Monatsschr. f. Textilind. 34, 13.)**

Aus den Wollwaschwässern wird vielfach das darin enthaltene Fett und die Pottasche gewonnen. Aus dem in den Waschwässern in Emulsion befindlichen Wollschweißfett, dessen heilsame Wirkung schon im Altertum bekannt war, wird seit 1885 auf Vorschlag **Liebreichs** Lanolin hergestellt. Dieses besteht aus fettsauren Estern des Cholesterins, Isocholesterins und Cerylalkohols und freiem Cholesterin und Isocholesterin. **Bd. III [326].**

Nach **J. L. Larcade, Jahr.-Ber. f. chem. Techn. 1874, 847** kann man Wolle durch mechanische Behandlung des Rohmaterials mit Gips in einer Trommel entfetten.

Zur Entfettung der Wolle behandelt man das Material auf einer warmen Platte mit einem Gemenge von Ätzkalk und Schlämmkreide, die den Woll- und Haarstoffen das Fett saugend entziehen. **(D. R. P. 71 529.)**

Über das Reinigen und Entfetten von Wolle mit Kieselgur und anderen fettaufsaugenden Materialien in Apparaten, die die auftretende Staubentwicklung unschädlich machen, siehe **C. Wetzel, Zeitschr. f. Textilind. 1906/1907, 2.**

Rohlack hat mit dem besten Erfolge die Abkochungsbrühe feingeschroteter Lupine zum Waschen der Schmutzwolle und bei der Rückenwäsche angewendet. **(Dingl. Journ. 218, 277 u. 371.)**

Nach **Seifens.-Ztg. 1911, 143** bestehen die Wollwaschpulver des Handels aus Soda oder sodahaltiger Seife, oder Soda und Salmiak. Letztere beiden Mittel entwickeln beim Lösen in Wasser Ammoniak, das im Verein mit der Seife eine milde, die Wolle entfettende Waschwirkung ausübt, ohne die Faser hart und brüchig zu machen.

Im **D. R. P. 44 732** wird zu demselben Zweck die Verwendung von Kalium- oder Natriumsulfhydrat vorgeschlagen.

Zum Reinigen und Entfetten der Rohwolle bringt man das Material nach **D. R. P. 267 010** in eine Mischung von 63% eisenfreiem Tonerdesilicat, 15% Natriumborat, 15% Natriumcarbonat, 5% Natriumstearat, 1,5—2% Seifenrindenabkochung und 0,25—1% Nitrobenzol.

Auch Natriumsulfit und sein Doppelsalz mit Natriumcarbonat [573] wurden als Wollwaschmittel empfohlen **(D. R. P. 81 667).**

Über die Verwendung des Wasserglases zur Schaf- und Schafwollwäsche siehe **D. Ind.-Ztg. 1871, Nr. 27.**

Die Entfettung und Reinigung der Wolle mit Kohlensäure ist im **D. R. P. 13 998** beschrieben.

284. Wollentfettung mit Seifen und organischen Lösungsmitteln.

Zum Waschen der Rohwolle stellt man nach **D. R. P. 86 560** eine Lösung von 20 Tl. Natronseife und 5 Tl. Kresol in 100 Tl. 40° warmem Wasser her und fügt noch 125 Tl. einer 10proz. Sodalösung zu. Der Kresolzusatz ermöglicht die Herstellung dieser dickflüssigen Lösung, die keine Seife abscheidet und mit Wasser oder dünner Sodalösung beliebig verdünnt werden kann. Das Verfahren ist nur für die Fabrikwäsche der Wolle, nicht aber für die Pelzwäsche der Schafe anwendbar.

Zum Waschen der Wolle bedient man sich nach **D. R. P. 136 338** einer Reihe aufeinanderfolgender Bäder, deren Fettgehalt man in geeigneter Weise feststellt, um die Wolle erst im letzten der Bäder vollständig vom Fett zu befreien (durch schließlichen Zusatz der für die noch vorhandene Fettmenge nötigen Waschmittel) und so zu erreichen, daß die Wolle bis zuletzt mit einer Fettschicht geschützt bleibt, so daß ein Eindringen des Schmutzes und der färbenden Stoffe vermieden wird.

Zum Waschen von Wolle bildet man nach **D. R. P. 146 052** eine Ammoniakseife direkt auf der Faser dadurch, daß man die Wolle in einem Soda- oder Ammoniakbade vorwäscht, sodann abpreßt und mit Olein oder einer anderen flüssigen Öl- oder Fettsäure befeuchtet, und zwar in einer Menge, welche derjenigen entspricht, die zum vollkommenen Waschen erforderlich wäre. Man preßt ab und bringt in 30—50° warmes ammoniakalisches Wasser, preßt abermals ab, wiederholt das Verfahren und spült schließlich.

Nach **G. Helmrich** gewährleistet die Mitverwendung von Urin und Ammoniak beim Wollwaschprozeß immer noch die besten Resultate. **(Appreturztg. 1904, 33.)**

Zum Waschen von Wolle oder anderen tierischen Geweben mittels alkalischer Mittel verwendet man Borax und Natriumphosphat in Gegenwart von Leimsubstanzen, deren kolloidale Eigenschaften durch Behandlung mit Salzen organischer Sulfosäuren herabgemindert sind. **(D. R. P. 300 532.)**

Die Frage der Reinigung von Schweißwolle mit organischen Lösungsmitteln erörtert **P. Waentig** in **Text.-Forsch. 1920, 130.**

Die ursprüngliche Methode des Waschens der Wolle mit Seife, Alkalien und großen Wassermengen wird immer mehr durch die Verfahren der Anwendung von Lösungsmitteln, besonders des Benzins und seiner unentzündbaren Ersatzstoffe, verdrängt, nicht nur, weil die Reinigung eine vollkommenere ist, sondern weil man auch das Wollfett in direkt handelsfähiger Form gewinnt. Nach der Entfettung wird die Wolle dann mit warmem Wasser gewaschen, um die löslichen Salze zu entfernen, und erfährt schließlich noch zur Entfernung anhaftender Schmutzteile eine Seifenwäsche. Man erhält so gegen die früheren Methoden eine 10% höhere Ausbeute an glanzreicher Ware von guter Qualität. **(Österr. Woll- u. Leinenind. 1906, 352.)**

Zum Entfetten nasser Wolle mit Benzins entzieht man ihr nach **D. R. P. 141 595** und **155 744** zunächst mit Wasser oder verdünnten Säuren die Kalisalze und wäscht völlig aus, um ein Anhaften und eine Emulgierung des Extraktionsmittels während der Entfettung zu verhindern und die spätere Entfernung des Lösungsmittels aus der Wolle zu erleichtern. Nach der Benzinbehandlung entfernt man den Rest des Lösungsmittels aus der Wollfaser und erhält eine lockere Wolle von guter Beschaffenheit.

Besonders günstig beurteilt **F. Koch** die Wollentfettungsverfahren der **D. R. P. 234 256** (siehe Putzwollentfettung), **267 487, 267 979, 282 675** und **284 125,** namentlich in Hinblick auf die Entfettung der Kunstwolle mit gleichzeitiger Wiedergewinnung der Schmälze **(Bd. III [392])** in einer Art, die es gestattet, sauer zu walken, so daß die Walkechtheit der Wollfärbungen weniger gestört wird als bei der alkalischen Walke. **(Zeitschr. f. Textilind. 22, 237.)**

Über das Entfetten der Wolle mit Äther siehe **Dingl. Journ. 219, 568.**

Nach **D. R. P. 46 015** soll man sich zum Entfetten der Wolle des Schwefelkohlenstoffes bedienen. Das Entfetten der Wolle mit Schwefelkohlenstoff wurde schon von **E. Deiss** vorgeschlagen **(D. R. P. 13 262),** der auch einen Apparat zu diesem Zweck wie auch zur Extraktion von Knochen und ölhaltigen Samen mit Schwefelkohlenstoff konstruierte. **(Dingl. Journ. 146, 433.)** Vgl. **A. Payen, Dingl. Journ. 170, 290.**

Nach **D. R. P. 58 232** wendet man zum Waschen der Wolle die fettlösenden Stoffe bei Gegenwart von Wasser und Kohlensäure unter Druck an.

Im **D. R. P. 28 588** wird empfohlen, zum Entfetten der Wolle Toluol bei einer Druckverminderung von 55—65 cm zu verwenden. Vgl. **Dingl. Journ. 256, 280.**

Ein kontinuierliches Verfahren zur Entfettung der Wolle mittels Naphtha ist in **Österr. Woll.- u. Leinenind. 1909, 850** beschrieben.

Zum Entfetten und Reinigen von roher Wolle mit Tetrachlorkohlenstoff führt man zur Vermeidung des Verlustes an „Tetra" die aus dem Extraktionsgefäß abgesaugte, mit dem Lösungsmittel beladene Luft durch frische Rohwolle als Filtermaterial und bereitet die Rohwolle so für den eigentlichen Entfettungsprozeß vor. **(D. R. P. 160 375.)**

Zur Entfettung von Rohwolle wendet man nach **A. P. 931 520** mit 6proz. Natronlauge verseifte sulfonierte Öle (Türkischrotöl) an, die man in der gleichen Menge Wasser löst, dann setzt man nachträglich dieselbe oder doppelte Gewichtsmenge Tetrachloräthan oder ähnliche Körper (Trichloräthylen, Tetrachloräthylen usw.) zu.

Über Entfettung roher oder verarbeiteter Faserstoffe mit Di- und Trichloräthylen siehe **D. R. P. 267 487.** Diese Wollentfettungsverfahren mittels gechlorter Kohlenwasserstoffe bei folgendem Ausspülen und Ausklopfen der Fremdkörper aus dem entfetteten Material sind deshalb besonders wertvoll, weil das Fett im Innern der Faser nicht angegriffen wird, so daß ihr die natürliche Geschmeidigkeit verbleibt.

Zum Reinigen von Rohwolle verfährt man in der Weise, daß man sie vorsichtig, nur zur Entfernung der fettigen Bestandteile, mit Trichloräthylen behandelt, nach Entfernung der Fettlösung die Wolle in einem Gasstrom (Luft oder Kohlensäure) trocknet und das Material nun in einem Schlag- oder Reibwolf klopft oder reibt und die so abgeschiedenen Staubbestandteile entfernt oder mit gleichzeitiger Behandlung chemischer Stoffe auslaugt. Man erhält eine scharfe Trennung der Ware in Faser, Wollfett, Wollschweiß und Staub und vermag so unter Vermeidung der lästigen Abwässer den Wollschweiß rationell aufzuarbeiten. **(D. R. P. 282 675.)**

Zum Waschen der Wolle behandelt man das Material zwecks Zersetzung der Kalkseifen zuerst mit einem sauren Gase, wäscht dann mit Wasser und ammoniakalischem Wasser und entfettet mit einem nicht entflammbaren Lösungsmittel. **(F. P. 488 286.)**

Zum Entfetten von roher oder verarbeiteter Wolle neutralisiert man die üblichen Seifenlösungen mit Fettsulfosäuren oder irgendeinen Fettspalter oder säuert sie mit diesen Präparaten an. **(D. R. P. 329 008.)**

Zur Entfernung des Schweißes und der Kalisalze aus Wolle setzt man die in endlosen Bändern ständig fortbewegte Wollschicht Strömen eines den Wollschweiß lösenden Mittels aus und wäscht sodann in Waschwässern steigernder Temperatur, bis das Lösungsmittel verdampft ist. Ein Verfilzen oder Beschädigen der Fasern findet nicht statt. **(D. R. P. 229 710.)**

Über ein Wollwaschverfahren, das auf Luftrührung beim Entfetten und Beseitigen des Lösungsmittels beruht, berichtet **E. O. Rasser** in **Öl- u. Fettind. 40, 246.**

Zur Wiedergewinnung des zur Wollentfettung dienenden Lösungsmittels behandelt man die Lösungen vor dem Abdestillieren des Lösungsmittels zur Beseitigung der Emulsionen mit freie Säure enthaltenden Salzlösungen. **(D. R. P. 141 595.)** Vgl. **D. R. P. 284 125.**

285. Fleckenbildung und -beseitigung aus Wolle und Wollwaren.

Die in wollenen Textilstoffen häufig auftretenden schwärzlichen oder rötlichen punktartigen Flecken, die das Ausfärben erschweren und nach den üblichen Methoden nicht entfernbar sind, stammen von den Zeichen, die den Schafen mit Teer bzw. Mennige enthaltenden Stempelfarben aufgedrückt werden. Zur völligen Lösung dieser Teilchen weicht man die zu reinigende Stückware während 1 Stunde in einem 40° heißen Bad, dem man für 100 l Wasser $1^1/_2$ l Hexoran **(Bd. III [465])** zugegeben hat, erhitzt das Bad auf 70°, wäscht die Ware ohne zu spülen in frischem Bade mit Seifenlösung und spült sodann, worauf die fleckfreien Stücke zum Ausfärben geeignet sind. **(E. Herzinger, Färberztg. 25, 441.)**

Über Reinigung von Pechwolle zuerst mit hochsiedendem Teeröl, um die Pechklumpen aufzuweichen, worauf eine Behandlung mit niedrig siedenden Extraktionsmitteln folgt, siehe **D. R. P. 74 772.**

Oder man behandelt die Pechwolle mit hochsiedenden Teerölen, am besten in Form einer kalten oder warmen wässerigen oder alkalischen Emulsion unter evtl. Zusatz von Seife oder Seifenwurzel. **(D. R. P. 81 423.)**

Zum Entfernen von Pechzeichen u. dgl. aus Wolle und zum Reinigen von Wollfabrikaten, die durch Teer, Pech oder Farbe verunreinigt wurden, bedient man sich nach **D. R. P. 97 398** kalter oder warmer Basen von Art des Anilins, Pyridins oder Chinolins.

Nach **R. Hagen** stammen die bläulichen bis rötlichen Flecken in feldgrauen, stuckfarbigen Kammgarnersatzstoffen von der Einwirkung des Eisens und Mineralöles her, die in verschiedenen Fabrikationsphasen auf die Ware kommen. Die Wolle nimmt an diesen Stellen den Farbstoff auf, der jedoch bei der nachträglichen Chromentwicklung nicht fixiert wird. Man entfernt diese Flecken am besten aus der Rohware durch Vorbehandlung mit 3% Oxalsäure, spült und entsäuert dann. Gefärbte Ware behandelt man ebenso, muß sie jedoch nachträglich mit Hyraldit abziehen und wieder auffärben. **(Zeitschr. f. d. ges. Textilind. 18, 201.)**

Bräunlich olivgrüne Flecken, die sich in einem dunkelblau gefärbten halbwollenen Gewebe zeigten, rührten von der Einwirkung des Oleins der Wollgespinste auf das im Shoddy enthaltene Messing her. Durch sorgfältige Auswahl der zur Verarbeitung gelangenden Lappen und ein lauwarmes Sodabad, evtl. unter Zusatz von Ammoniak, läßt sich diese Fleckenbildung vermeiden. Doch ist es nicht ratsam, die Reinigung vor dem Färben zu vollziehen, da sich dann leicht wolkige andere Fleckenarten bilden können. Am geeignetsten ist die Retouche der fertigen Ware mit einem guten Retouchierstift. **(V. Ravizza, Färberztg. 25, 264.)**

Zum Waschen von Tuchen, deren Rohstoffen oder Garnen, die mit Mineralöl geschmälzt worden sind, durchtränkt man die Faserstoffe mit einer alkalischen Saponinlösung und setzt dann ein einen geringen Prozentsatz Fett enthaltendes alkoholisch gelöstes Walköl zu. Dieses kann nach der Saponinvorbehandlung in der Menge von 0,5—1 kg (15% Fettgehalt) 3—4 kg der sonst nötigen 60proz. besten Walkkernseife ersetzen. **(D. R. P. 314 403.)**

Über die Verhinderung der Ölfleckenbildung beim Lagern der rohen Wollgewebe siehe **Hield, Leipz. Färberztg. 58, 20.**

Die Moder- und Schimmelfleckbildung in Wollenwaren, ihre Ursache und Vermeidung ist in **Österr. Woll- u. Leinenind. 1907, 144** beschrieben.

Über die Ursache der Stockfleckenbildung in Wollwaren siehe **W. Kallmann, D. Färberztg. 1902, 245, 377;** vgl. auch **P. Sisley:** Fleckenbildung auf Seidenstoffen, **Zeitschr. f. Farben- u. Textilind. 1902, 544.**

Nach **Österr. Woll- u. Leinenind. 1907, 1380** werden Rostflecken, wie sie in allen Stadien der Wollverarbeitung entstehen können, mit Oxalsäure beseitigt, wenn sie von Eisenoxyd herrühren; Flecke von schwefelsaurem Eisenoxyd werden zuerst mit kaltem, verdünntem Ammoniak behandelt und dann in einem sehr verdünntem Oxalsäurebad entfernt.

Zur Reinigung von Wolle behandelt man sie nach **D. R. P. 121 093** in Gegenwart von Benzol, Benzin oder Tetrachlorkohlenstoff mit gasförmiger, schwefliger Säure mit oder ohne Zusatz von Schwefelsäureanhydrid unter Druck und wäscht aus.

Über Entstehung und Verhütung von Flecken in wollenen Stückwaren bringt **B. Schönherr in Zeitschr. d. ges. Textilind. 17, 29,** Mitteilungen aus der Praxis und weist darauf hin, daß diese Fleckenbildung hauptsächlich durch das Waschen z. B. des alizarinblau gefärbten Serge in kalkhaltigem Wasser (Bildung von Kalkseifen), ferner durch ungenügendes Säuern oder durch Trocknen von Stücken in einem undichten Schwefelkasten oder schließlich durch länger dauernde Belichtung der Wollstücke entstehen.

Rohe oder verarbeitete Wolle, auch in Form fertiger Kleidungsstücke, kann man dadurch von Fett und Schmutz befreien, daß man die Wollwaren 24 Stunden in 4—5proz. Tischlerleimlösung einweicht, der man zweckmäßig etwas Seife zusetzt. Ebenso wie Leim erhöht auch Stärkezucker die Waschkraft der Seifenlösung; auch Stärke würde sich eignen, läßt sich jedoch schwer aus der Wolle entfernen. **(L. Rinoldi, Chem.-Ztg. Rep. 1921, 156.** Vgl. **D. R. P. 294 028.)**

286. Wolle (Seide) bleichen.

Über Bleichung animalischer Fasern in einer Lösung von 2 kg Oxalsäure und 2 kg Kochsalz in 1000 l Wasser siehe **Polyt. Zentr.-Bl. 1870, 631.** Die organischen Säuren, besonders die Oxalsäure, üben übrigens, wie schon **Calvert** feststellte, in auch nur 2proz. Lösung einen ungünstigen Einfluß auf die Faser aus. Er empfiehlt ihren Ersatz durch Neutralsalze. **(Dingl. Journ. 137, 147.)**

Das Bleichverfahren mit einer Lösung von 4 Tl. übermangansaurem Kali und 1,3 Tl. schwefelsaurer Magnesia (ausreichend für 100 Tl. entfetteter Schafwolle), das von **Tessie du Motay** und **Maréchal** herrührt, ist von **A. Pubetz in Dingl. Journ. 195, 545** beschrieben.

Über das Bleichen der Wolle mit Natriumbisulfit und Salzsäure siehe **Dingl. Journ. 210, 156.**

Zum Bleichen von Wolle und Seide verwendet man nach einem Referat in **Jahr.-Ber. f. chem. Techn. 1894, 984** eine 35—40grädige Lösung von doppeltschwefligsaurem Natron mit gepulvertem Zink. Nach etwa 12 Stunden scheiden sich am Boden des Gefäßes Krystalle des Doppelsalzes Natrium-Zinksulfit aus, die sich an der Luft leicht in doppeltschwefligsaures Natrium verwandeln, so daß man die Hydrosulfitlösung sofort benützen kann; bei evtl. Aufbewahrung muß man sie vor Luftzutritt schützen. Die in der Hydrosulfitlösung etwa 6 Stunden gebleichten, vorher sorgfältig entfetteten Woll- oder Seidenstoffe müssen nach der Bleichung sorgfältig gewaschen werden, um eine Schwächung der Faser zu verhüten.

Zum Bleichen von Wollstoff verwendet man am besten, speziell wenn es sich zur Entfernung von Farbflecken oder rotem Schein handelt, das in **[264]** beschriebene Bleichpräparat Hyraldit A. Man löst ein etwa hühnereigroßes Stück dieses Präparates in 3 l kochendem Wasser, wobei jedoch nur Gefäße benützt werden dürfen, die weder Kupfer noch Eisen enthalten, setzt etwa 20 ccm Essigsäure zu und wendet die Flüssigkeit in der Siedehitze an.

Die Superoxyde sind als Bleichmittel für tierische Fasern deshalb von großer Bedeutung, weil sie im Gegensatz zu Chlor oder Schwefeldioxyd die Faser nicht schwächen; ihre Wirksamkeit beruht auf einem ganz verschiedenen chemischen Prozeß. Das Schwefeldioxyd vereinigt sich nämlich mit dem den gelblichen Stich der Wolle verursachenden Farbstoff zu einem farblosen Körper, der durch allmähliche Zersetzung das abermalige Vergilben der Wolle bedingt, während Wasserstoffsuperoxyd den Farbstoff wirklich zerstört, so daß ein Vergilben nicht wieder eintreten kann.

Über das Bleichen wollener Stückware berichtet **A. Lohmann in D. Färberztg. 7, 35.** Bezüglich der Ausführung der einzelnen Verfahren der Bleichung mit trockener oder nasser schwefliger Säure oder mit Wasserstoffsuperoxyd oder Natriumsuperoxyd sei auf das Original verwiesen. Die Wollstoffe müssen vor dem eigentlichen Bleichprozeß zunächst mit einer 35—40° warmen Lösung von 3—5% Marseiller Seife, 0,5% Ammoniumcarbonat und 0,5% Ammoniak außerordentlich reingewaschen sein, doch genügt dann auch eine einstündige Behandlung in dem mit der zehnfachen Menge Wasser verdünnten käuflichen Präparat, um den Bleichungsprozeß zu beenden. Die Wolle wird noch feucht, am besten auf Rasen, der direkten Sonne ausgesetzt und man erhält in diesem Falle, besonders wenn man dem Bleichbade die zur Erzeugung des reinen Weiß notwendige Menge Indigocarmin zugesetzt hatte, vollkommen reine Ware. Bei stark gelbgefärbter Wolle setzt man zur Vermeidung des Entstehens eines grünlichen Stiches etwas Methylviolett zu. **(C. H. Löbner, D. Woll.-Gew. 1885, 485.)**

Zum Bleichen von tierischen Webfasern bläut man diese zuerst mit der verdünnten Lösung eines bläulichen Farbstoffes und bringt das Material nun erst in ein Wasserstoffsuperoxydbad, wodurch sich die Bildung des gelblichen Scheines, der bei der umgekehrten Reihenfolge dieser zwei Behandlungen nach einiger Zeit stets wieder auftritt, vermeiden läßt. Der reinweiße Ton des Stückes bleibt dann auch bei der folgenden Berührung mit heißem Wasser beständig. **(D. R. P. 180 559.)**

Das in [262] beschriebene Wasserstoffsuperoxydbleichverfahren kann man nach dem Zusatzpatent ebenso auch auf tierische oder andere Fasern und natürlich vorkommende Produkte anwenden, doch empfiehlt es sich, empfindliche Stoffe wegen der hohen Konzentration nur kurze Zeit mit dem zu bleichenden Material in Berührung zu lassen. **(D. R. P. 275 879.)**

Zum Bleichen von Gewebefasern verschiedenster Art verwendet man nach **E. P. 162 198** 25proz. ammoniakalkalisch gestelltes Wasserstoffsuperoxyd, das man auf Wolle z. B. 16 Stunden einwirken läßt, worauf man mit Seife nachwäscht und mit kalter, schwach schwefelsaurer, 8,5proz. Natriumhydrosulfitlösung nachbehandelt.

Beim Bleichen von Textilwaren bedient man sich z. B. für Wolle nach **D. R. P. 247 637** einer Paste, die man durch Verschmelzen von 30 Tl. Stearinsäure und 100 Tl. einer konzentrierten Panamaholzextrakt- oder Quillajarindenlösung gewinnt, evtl. setzt man noch 2—7 Tl. neutraler Seife zu und bleicht bei 30—60° 5—10 Minuten in einer 1—3proz. milchigen Emulsion dieser Paste mit Wasser.

287. Wolle chloren.

Über die Chlorierung der Wolle und die Änderung ihrer Eigenschaften durch das vermutlich nicht dauernd und fest angelagerte Chlor an die Wollsubstanz berichten **L. Vignon** und **J. Mollard** in **Zeitschr. f. angew. Chem. 1907, 313.**

Siehe auch die Angaben von **J. Schmidt** über die verschiedenen Arten der Wollverbesserung, besonders über das Chloren in **Textilber. 1921, 282.**

Die Chlorierung der Wolle wurde zuerst von **J. Mercer** vorgeschlagen. **Lightfoot** fand später, daß die so behandelte Wolle eine gesteigerte Aufnahmefähigkeit für Farbstoffe besitzt, und schließlich stellte **Behrens** fest, daß chlorierte Wolle sich nicht mehr verfilzen läßt, weil die Oberhautschuppen gewissermaßen geglättet werden, so daß die Faser glatt wird und der Nachbarfaser keine Befestigungspunkte mehr bietet. Die durch Chlorieren mit Hypochloriten der mit Salzsäure vorbehandelten Wolle bzw. mit Hypobromiten bromierte Wolle nimmt zwischen 14 u. 20% Halogen auf, von dem nur $^1/_{10}$ durch Natriumbisulfit wieder entfernt werden kann, wobei jedoch gleichzeitig die durch die Halogenisierung bedingte Gelbfärbung beseitigt wird. Die chlorierte Wolle dient zur Erzielung zweifarbiger Effekte durch Zusammenverarbeiten chlorierten und nichtchlorierten Materials, ferner zur Herstellung von Creponeffekten, zur Fabrikation von in der Wäsche nicht eingehenden wollenen Kleidungsstücken und zur Erzeugung von Druckeffekten in der Weise, daß man die Wollgewebe lokal chloriert, so daß diese Stellen dann aufnahmefähiger für den Farbstoff der Druckfarben werden. Durch das Chlorieren der Wolle, namentlich des Materials für Unterkleidung, wird zwar das Eingehen der Ware im Wasser vermieden, anderseits jedoch ihre Haltbarkeit sehr stark herabgesetzt. **(J. H. Fiebiger, Färberztg. 1905, 17.)**

Zum Chlorieren von Wolle leitet man in das in einem Bleiblechtrog befindliche lufttrockene oder feuchte Material während $^1/_2$ Stunde pro Kilogramm 5—25 l Chlorgas ein und erhält so, ähnlich wie beim Behandeln mit angesäuerter Chlorkalklösung, griffige, transparentfaserige Wolle, die mit Seifenlösung nachbehandelt krachenden Griff und seidenartiges Aussehen erhält, erhöhte Aufnahmefähigkeit für Farbstoffe besitzt und die Eignung, sich walken und verfilzen zu lassen, verloren hat. **(D. R. P. 95 719.)**

Praktisch wird die Chlorung der Wolle ausschließlich mit Hilfe der unterchlorigsauren Salze bei Gegenwart von Mineralsäuren ausgeführt. Der Vorgang gleicht in vieler Beziehung der Mercerisation der Baumwolle, doch findet auch mechanisch insofern eine Veränderung der Wollfasern statt, als ihre Hornschuppen losgelöst und die unter ihnen liegende Rindensubstanz freigelegt wird. Zu weitgehende Chlorierung ruft allerdings intensivere Veränderungen hervor, wobei sich die Wolle, wenn auch nicht beständig, gelb färbt. Der Mercerisation gleicht der Vorgang der Wollchlorierung ferner auch in dem Sinne, als die Faser glänzend und glatt wird, erhöhte Netzbarkeit und Farbaufnahmefähigkeit gewinnt und ihre Neigung zum Verfilzen verliert. **(E. Grandmougin, Zeitschr. f. Farb.-Ind. 1906, 397.)**

Die Erkennung und Eigenschaften der gechlorten Wolle beschreibt **H. E. Pearson** in **Leipz. Färberztg. 58, 423.** Vgl. **Monatsschr. f. Textilind. 31, 124.** Die Faser wird chemisch und physikalisch vollständig verändert, zeigt Glanz, Härte, bekommt knirschenden Griff und ähnelt im Aussehen der Seide, mit der sie auch die Färbbarkeit mit Seidenfarbstoffen teilt. Chlorierte Wolle vermag Farbstoffe stärker und schneller aufzunehmen, als nicht chlorierte Wolle, so daß man durch Färben derart gemischter Wollsorten dunkle und helle Töne zu erzielen vermag, überdies auch Creponeffekte, da gechlorte Wolle beim Walken nicht filzt und nicht schrumpft. Ferner verliert die Wolle, mit Gerbstoffen und Zinn- und Antimonsalzen behandelt, ihre Verwandtschaft zu den Wollfarbstoffen und erlangt gleichzeitig größere Affinität zu den basischen Farben, so daß sich auch, besonders wenn man lose Wolle, aber auch Kammzug und Garne derart präpariert, beim Färben auf gemischtpräpariertem und unverändertem Material bunte und weiße Farben erzielen lassen. Gechlorte Wolle zeichnet sich übrigens auch beim Tragen der Kleidungsstücke und bei der Wäsche der Gewebe unterschiedlich von nicht vorbehandeltem Material, und zwar in ungünstigem Sinne, aus; leicht unterscheiden kann man unbehandelte und gechlorte Wolle dadurch, daß diese, in trockenem Zustande mit Rohwolle gerieben, die Goldblättchen eines Elektroskopes in Bewegung setzen, während gewöhnliche Wolle keinen Strom erzeugt.

Zur Erzeugung zweifarbiger Effekte auf Wollstückware verwebt man chlorierte zusammen mit unchlorierter Wolle und behandelt evtl. zur Erzielung creponartiger Effekte mit Säuren oder Alkalien nach, walkt oder rauht das Gewebe gleichzeitig mechanisch und färbt es sodann im Stück. **(D. R. P. 108 714.)**

Um der Wolle ihre durch das Chlorieren verlorengegangene Eigenschaft wiederzugeben, sich verfilzen zu lassen, wird sie nach **D. R. P. 123 097** in einem Bade behandelt, das ein basisch mineralsaures Salz oder ein organisch saures Salz (Acetat, Oxalat, Tartrat usw.) von Aluminium, Zink, Zinn, Eisen oder Chrom enthält. Nach der Behandlung wird neutralisiert und schließlich trocknet man das Material an der Luft. Vgl. **E. P. 1868/1875.**

Zur Entfernung des gelblichen Scheines, den Wolle nach dem Chlorieren erhält, bedient man sich nach **D. R. P. 97 460** mit Erfolg eines Reduktionsbades, z. B. einer Lösung von Zinnsalz und Salzsäure, das man bei 40—50° anwendet.

Durch Behandlung von Wolle in 30—35° warmem Wasser mit 5—7,5% ihres Gewichtes an Brom während $^1/_2$ Stunde, Abseifen und Absäuern verleiht man dem Material nach **D. R. P. 93 107** seideähnlichen Griff und Glanz, ohne daß sich die Wolle wie beim Chlorieren gelb färbt.

Um das Chloren der Wolle zu vermeiden und die Ware daher walkfähig und weich zu erhalten, imprägniert man sie vor dem Drucken mit verdünnten Lösungen von Bromaten oder setzt der Druckpaste Bromate mit oder ohne Zusatz von Zersetzungsmitteln zu. **(D. R. P. 89 198.)**

288. Andere Nachbehandlungsmethoden, Einlaufen verhindern.

Nach einem Referat in **Jahr.-Ber. f. chem. Techn. 1888, 1097** wird Wolle gegen Hitze widerstandsfähiger, d. h. sie verliert auch beim Erhitzen auf 130° nicht an Stärke, durch Eintauchen in 40° warme, wässerige 10proz. Glycerinlösung. Die Wolle nimmt hierbei 13% ihres Gewichtes an wasserfreiem Glycerin auf.

Um das Eingehen von Wolle oder Wollgeweben zu verhüten, befeuchtet man sie mit Alaunlösung und setzt das Material nach **D. R. P. 85 801** in wässeriger Lösung der Einwirkung eines elektrischen Stromes aus. Das elektrolytische Verfahren, das sich besonders für Wolltrikotunterkleider eignen soll, wird nach Ersatz der Alaunlösung durch ein Bad von Schwefelsäure, Ammoniak oder Soda wiederholt.

Um Schafwolle oder andere chemische Fasern, besonders auch Roßhaar unempfindlich gegen Alkalien zu machen, behandelt man die Fasern mit Formaldehyd und bewirkt so zugleich, daß die Wolle gegen Farbstoffe ein anderes Verhalten zeigt als im unbehandelten Zustande. Nach anderen Ausführungsformen des Verfahrens bringt man die Faserstoffe zuerst mit einer Formaldehydlösung zusammen und behandelt sie dann mit Alkalien nach usw. **(D. R. P. 144 485 und 146 845.)**

Formaldehyd wirkt auf Wolle ähnlich härtend ein wie auf Gelatine und leimartige Substanzen und man erhält ein Material, das wesentlich widerstandsfähiger gegen alkalische Bäder ist als rohe Schafwolle, und auch gegen alkalische Erden und Sulfide in kochendem Zustande ihrer Lösungen große Beständigkeit zeigt. Auch die Degummierung der Seide läßt sich verhindern, wenn man sie eine 1—2proz. Formaldehydlösung passieren läßt. **(J. Collingwood, Leipz. Färberztg. 1905, 425 u. 441.)**

Die Formaldehydbehandlung hat vor allem für die Wollfärberei, z. B. beim Färben mit Schwefelfarbstoffen in alkalischer Lösung, Bedeutung erlangt. Über die Ausführung der Nachbehandlungsmethode siehe z. B. **Monatsh. f. Textilind. 31, 124.**

Nach **E. P. 13 088/1911** kann man die Wolle am Einlaufen verhindern ohne ihr die Weichheit zu nehmen, wenn man sie in einem mit Säure neutralisierten Bade von Natriumhypochlorit und Formaldehyd behandelt, worauf man ein Natriumsuperoxydbad folgen läßt, das Material mit Oxalsäure neutralisiert und schließlich mit schwefliger Säure bleicht. Ein unfehlbares Mittel, um das Einschrumpfen von Wollwaren in der Wäsche zu verhindern, gibt es nicht und man kann diesen Übelstand nur dadurch verringern, daß man wollene Wäsche keinesfalls mit Soda oder anderen alkalischen Stoffen, sondern nur mit handwarmem Wasser unter Verwendung von neutraler Seife wäscht.

Zur Verdelung von Wolle behandelt man das Material mit den entsprechenden Lösungen oder Dämpfen in einem Vakuum, das den Siedepunkt der verwendeten Flüssigkeit auf 45° herabsetzt, wodurch die Faserstoffe leichter durchdrungen werden, ohne geschädigt zu werden. **(D. R. P. 128 115.)**

Zur Erhöhung der Festigkeit und Widerstandsfähigkeit tierischer Fasern gegenüber Wasser, Wärme und Chemikalien und zur Erhöhung ihrer Farbaufnahmefähigkeit behandelt man Wolle, Seide, Haare oder Federn mit der wässerigen Lösung oder den Dämpfen von Chinonen oder Hydrochinonen. **(D. R. P. 240 512.)**

Nach einer dem Baumwoll-Mercersierverfahren und wie dieses auszuführenden Methode behandelt man Wolle zur Erzielung von Seidenglanz und höherer Festigkeit mit starker Bisulfitlösung bei höherer Temperatur kurze Zeit bis zur gummiartigen Erweichung und hebt die schrumpfende Wirkung des Bisulfits entweder während der Behandlung oder nachher durch Spannung des Materials über die natürliche Länge auf. Ebenso wie Wolle verhalten sich Haare, Federn, dünnes Horn oder Fischbeinplatten. **(D. R. P. 238 210.)** Nach dem Zusatzpatent streckt man die bei gewöhnlicher oder erhöhter Temperatur mit Bisulfitlösung (9—10°, evtl. auch bis zu 40° Bé) imprägnierte Wolle nach der Entfernung des Bisulfitüberschusses in überhitztem Dampf und fixiert das Material dann, d. h. man wäscht es mit kochendem oder kaltem Wasser, säuert mit verdünnter Schwefelsäure ab, wäscht neutral und unterwirft es einer Nachbehandlung mit einer Wollfettemulsion. Die erhaltene Wolle zeichnet sich durch hohen Glanz und bedeutende Festigkeit aus. **(D. R. P. 256 851.)** — S. a. **[334]**.

Zur Erhöhung der Elastizität festgewebter Tuche behandelt man sie kurze Zeit in 5 proz. heißer Bisulfitlösung, wäscht mit kaltem Wasser und trocknet das allerdings nicht unerheblich eingegangene Tuch in kurzer Warenstrecke ohne Zug. **(D. R. P. 280 366.)**

Zur Erhöhung der Haltbarkeit von Wolle behandelt man sie bei gewöhnlicher Temperatur mit den in der Chromgerbung angewendeten basischen Salzen des Chromalauns und Chromchlorides oder mit Alaun oder Aluminiumsulfat, gerbt die Wolle so gewissermaßen und verleiht ihr auf diese Weise eine größere Widerstandsfähigkeit gegen die Einwirkung von Luft und von Licht. **(D. R. P. 299 772.)**

Zur Erhöhung der Tragfestigkeit von wollenen gefärbten Geweben imprägniert man das gefärbte Gewebe mit Chromsalzen und scheidet aus diesen das Hydroxyd in der Mindestmenge von 1% vom Gewicht der trockenen Gewebe an Chromoxyd ab. Man kann dem Chromacetat oder den anderen Chromsalzen zur Erhöhung der Wasserdichtigkeit auch Tonerdesalze oder zur Verbesserung der Lichtechtheit Kupfersalz zufügen. **(D. R. P. 303 231.)**

Nach **S. v. Kapff** ist diesem Verfahren jedoch jeder Wert abzusprechen, da der Verschleiß der Tuche auf die Wirkung atmosphärischer Einflüsse auf die Wolle zurückzuführen ist und das Chromoxyd die Wolle höchstens schädigt. Der natürlichste Schutz der Wolle liegt in ihrer Färbung und in einer Fetthülle, und je weniger sie chemisch oder mechanisch bearbeitet wird, um so haltbarer und tragfester wird sie. **(Färberztg. 30, 273.)**

Auch die Nachbehandlung der fertig gefärbten Gewebe mit Gerbstoffen oder mit Formaldehyd allein oder mit beiden evtl. in Verbindung mit Metallsalzen soll die Tragfestigkeit von Wollgeweben erhöhen. Die Behandlung muß mit walkecht gefärbten Stoffen ausgeführt werden. **(D. R. P.303 223.)**

Um Wolle einen seidenartigen Glanz zu verleihen, imprägniert man die Gewebe nach **Techn. Rundsch. 1913, 192** zuerst mit unterchlorigsaurem Natron und dann mit starker Bisulfitlösung bei höherer Temperatur unter gleichzeitiger Spannung, bis gummiartige Erweichung des Materiales eintritt, oder man stellt diese Seidenwolle auf rein mechanischem Wege durch Pressen und Dekatieren her. Vgl. **[334]**.

Über ein Animalisierungsverfahren **[280]**, nach dem man Wolle mit einer Lösung von Seide in Salzsäure überzieht, um ihre Aufnahmefähigkeit für Farbstoffe zu erhöhen, siehe **T. J. Smith, Ber. d. d. chem. Ges. 1872, 489.**

289. Chemische Hilfsmittel beim Walkprozeß.

Über den Filzprozeß der Schafwollgewebe, basierend auf der trichterförmigen Zusammensetzung des Wollhaares und der Durchdringung der zahlreichen feinfaserigen Wurzelenden des Haares siehe **F. Krauß, Monatsschr. f. Textilind. 1906, 124.**

Die Verfilzbarkeit der Wolle, die man dem Ineinandergreifen der Epithelschuppen des Wollhaares zuschrieb, scheint auf Grund der Untersuchungen von **Müller** und **Buntrock** (P. Zacharias, Die Theorie der Färbevorgänge, Berlin 1908, S. 225 u. 410) auch durch chemische Vorgänge erklärbar zu sein. Hierfür spricht auch, daß das Verfilzen der tierischen Faser durch Behandlung mit gasförmiger schwefliger Säure wesentlich erleichtert wird, ferner, daß die Wolle durch Chloren ihre Filzfähigkeit verliert. **(A. P. 339 034.)**

Statt der sonst gebräuchlichen Chloride des Calciums und Magnesiums kann man auch jene anderen Alkalien oder Erdalkalien, ferner das Chlorid des Aluminiums, Zinks oder Eisens oder auch Doppelsalze wie Chlorzink oder Kaliumchlorid zum Walken von Wolle verwenden. **(D. R. P. 79 038.)**

Zum Walken und Verfilzen tierischer Fasern, besonders für die Hutfabrikation, führt man den ganzen Walkprozeß unter Verwendung von Milchsäure als Walkmittel durch und erhält so besonders lebendige und gut gekräuselte Fasern, die sich gut verfilzen lassen und die Appretur besser aufnehmen als die auf ähnliche Weise mit Essigsäure gewalkten Stoffe. **(D. R. P. 236 153.)**

Zum Verfilzen tierischer Fasern ersetzt man die bei der Walke verwendete Seife ganz oder teilweise durch Salze der Ameisen-, Essig- und Milchsäure und vermeidet so die in der Hutfabrikation zum Verfilzen dienende verdünnte Schwefelsäure, die in der Tuchindustrie nicht anwendbar ist, da sie die Apparatur stark angreift und da unter ihrem Einfluß gelöste Metallsalze die Ware schädigen könnten. Man walkt z. B. ein Stück Cheviot mit einer Lösung, die 5% milchsaures Natron enthält, und gewinnt eine ebenso gute und überdies noch leichter färbbare Ware, als wenn man im 10 proz. Seifenbade walkt. **(D. R. P. 249 942.)**

Zur Verfilzung von Fasern wendet man die wässerige Lösung des Äthylenglykols allein, oder bei schwerer Ware, die in der Walke leicht flockt, unter Zusatz von Saponin, Leim- oder Seifenlösungen an. Zum Walken von Streichgarn dient z. B. eine lauwarme, 10 proz. Glykollösung unter Pottaschezusatz. **(D. R. P. 307 791.)**

Zum **Walken tierischer Fasern** bedient man sich der Malzpräparate oder des Traubenzuckers oder besonders des **Diastaphors [509]**, das stark verfilzende Eigenschaften besitzt und die Verkürzung des Walkprozesses um ein Drittel der früheren Zeit ermöglicht, ohne daß die Ware stark einläuft, da der Zusatz an die Faser angreifenden Alkalien sehr gering ist. Während man früher zum Walken von 120 kg schwerem Paletotstoff (Baumwollkette, Unterschuß: Mungo, Oberschuß: Reinwolle) 7 kg Seife von 64% Fettgehalt und 9 kg calcinierten Soda, gelöst in 140 l Wasser benötigte und die Ware bei einer Walkdauer von 3 Stunden von 170 cm auf 135 cm einwalkte, arbeitet man nach vorliegendem Verfahren mit 2 kg Walkseife von demselben Fettgehalt, 3 kg calcinierter Soda, 0,4 kg Diastaphor extra stark, gelöst in 140 l lauwarmem Wasser, und erhält so schon in 2 Stunden eine von derselben Länge auf nur 144 cm eingewalkte Ware. Dieses Diamaltprodukt kommt als Walkmittel Keranit in den Handel. **(D. R. P. 284 694.)**

Zur Seifeersparnis und zum Schutz der Fasern gegen den Angriff der Alkalien vollzieht man den Walkprozeß in einer Lösung, die neben 3% Soda 0,1% cholsaures Natron oder 2% Ammoniumcarbonat und 0,2% taurocholsaures Kalium enthält. **(D. R. P. 324 575.)**

Zur Erhöhung der Verfilzbarkeit von Tier- und Menschenhaaren behandelt man das Material zuerst mit verdünnten Alkalien, Seife oder organischen Lösungsmitteln, dann nach dem Waschen mit Calcium- oder Magnesiumchloridlösung oder einem Gemisch beider und trocknet die Haare, ohne sie zu waschen. **(D. R. P. 353 799 und 352 961.)**

Walköle, -seifen, -emulsionen werden im III. Bd. abgehandelt.

290. Carbonisierprozeß.

Das Carbonisieren der Wolle bespricht **E. Herzinger in Zeitschr. f. d. ges. Textilind. 15, 782.**

Die patentierten Carbonisierapparate beschreibt **S. Halen in D. Faserst. u. Spinnpfl. 1919, 260 u. 281.** — Vgl. **Zeitschr. f. Textilind. 23, 204 u. 209.**

Die aus der Patentliteratur unter besonderer Berücksichtigung der älteren englischen Verfahren bekannten Carbonisiermittel zur Trennung tierischer und pflanzlicher Fasern stellte **Halle** in **Neue Faserstoffe 1, 76** zusammen.

Ein Trennungsverfahren tierischer und pflanzlicher Fasern nach Art des Erzmehl-Flottationsprozesses **(Bd. I [8 ff.])** mit Benzol, Paraffinöl u. a. als Schwimmittel ist in **D. R. P. 350 638** beschrieben.

Das Carbonisieren von Hadern wird ausgeführt, um vegetabilische Fasern, namentlich Baumwolle, aber auch sog. Kletten (Stroh, Holzteilchen, Verpackungsreste), zu entfernen, wenn es sich um Herstellung von Kunstwolle handelt. Weiter bezeichnet man aber auch als Carbonisierung die Entfernung mitverwebter Baumwolle bei Herstellung durchbrochener zarter Gewebe. Man arbeitet am besten mit Schwefelsäure bei höchstens 100° und Konzentrationen von höchstens 5° Bé während 1—1½ Stunde oder auch mit dem billigeren Bisulfat, vor allem aber namentlich im Großbetrieb mit gasförmiger Salzsäure in besonderen Apparaten, die **R. Schwarz in Färberztg. 1908, 66** beschreibt.

Auch in halbwollenen Geweben zerstört man Baumwolle und andere Pflanzenfasern durch Schwefelsäure, um die reine Wollfaser zu gewinnen. 1854 wandten **Izart** und **Lecoup** das Verfahren auch auf die Reinigung roher Wolle von Kletten, Stroh usw. an. Man benutzte ein Schwefelsäurebad von 3—4° Bé, schleuderte aus und erhitzte auf 100°, wobei man die Wolle durch vorheriges Beizen mit verschiedenen Salzen zu schützen suchte. Ab 1874 arbeiteten **Duclaux, Lechartier** und **Raulin** mit 2proz. Säure während 2 Stunden bei 110° ohne vorheriges Beizen der Wolle, und erzielten einen vollen Erfolg. **(Dingl. Journ. 213, 65 u. 174.)** Vgl. die Beschreibung des Verfahrens in **Dingl. Journ. 216, 89.**

Nach dem ursprünglichen einfachsten Carbonisierprozeß tränkte man die gemischten Lumpen mit konzentrierter Schwefelsäure, ließ die Masse im bedeckten Gefäß 10—15 Minuten lang mit der Säure in Berührung, preßte ab und wusch den Rückstand aus. Schließlich neutralisierte man ihn mit Sodalösung. Durch die Entwicklung von Kohlensäure wird die Wolle aufgelockert und bildet die sog. Kunstwolle. **(Dingl. Journ. 148, 319.)** — Die Säuren müssen rein sein, da die technische Schwefelsäure die Wolle gefährdet. **(O. Scharnke, Zeitschr. f. d. ges. Textilind. 17, 429.)**

Zur Schonung der Wolle vor dem Carbonisierprozeß behandelt man die Stoffe 1. mit einer Lösung von 1—5 Tl. Alaun in 100 Tl. Wasser, 2. mit einer 30° warmen Lösung von 1½—7½ Tl. Öl-, Stearin- oder Margarinsäure in 100 Tl. Wasser, tränkt sie dann mit 1—5proz. Schwefelsäure und trocknet bei etwa 110°, worauf die zerstörte Baumwolle mechanisch entfernt wird. **(Polyt. Zentrh. 1858, 751.)**

Um Wolle auf chemischem Wege zu entkletten, behandelt man sie in einem 6grädigen Schwefelsäurebade, das 2½% Borax, 7% Alaun und 4% Tonerdesulfat enthält. Näheres in **Dingl. Journ. 198, 263;** vgl. **ebd. 203, 159.** — Die Schwefelsäure läßt sich durch Natriumbisulfat ersetzen, das Farben und Gewebe weniger angreift. Über die guten Erfahrungen, die man mit einer 6—7grädigen Bisulfatflotte bei 100° Carbonisiertemperatur machte, siehe **Österr. Woll.- u. Leinenind. 1905, 962.**

Über Carbonisation der Baumwolle in gemischten Geweben mittels 20—30proz. Salzsäure bei 25—30 Minuten währender Einwirkungsdauer des 90° warmen Bades siehe **F. Leloup, Dingl. Journ. 139, 465.**

Zur Entfernung von Pflanzenfasern aus gemischten Geweben oder Materialien, die auch tierische Fasern enthalten, soll man das sonst benutzte Salzsäuregas durch Fluorwasserstoffsäure ersetzen können. **(E. P. 564/1886.)**

Oder man taucht die wollenen Gewebe zur Carbonisierung in 3—4grädige Lösungen von Aluminium-, Zink- oder Magnesiumchlorid, schleudert und trocknet bzw. verwendet zu demselben Zweck eine 12grädige Calciumchloridlösung oder eine Lösung von Kochsalz in verdünnter Salzsäure. **(D. R. P. 9263** bzw. **8364.)**

Über Carbonisierung von Wolle und Seide enthaltenden gemischten Geweben mit Aluminiumchlorid und Natriumsulfat siehe **Polyt. Zentr.-Bl. 1870, 220.**

Ein Wollecarbonisierverfahren durch Behandlung der gemischten Gewebe in Dämpfen von Salpeter-, Schwefel-, Salzsäure oder Aluminiumchlorid ist in **D. Ind.-Ztg. 1879, 73** beschrieben.

Das Carbonisierverfahren zur Trennung pflanzlicher und tierischer Fasern durch Säuredämpfe ist erstmalig in **D. Ind.-Ztg. 1869, Nr. 47** beschrieben.

Über Carbonisierung der Wolle in gemischten Geweben mit 7grädiger Aluminiumchloridlösung bei einer Temperatur ab 100° aufwärts siehe **F. Breinl** und **C. Hanofsky in Mitt. d. Techn. Gew.-Mus. Wien 1892.**

Zum Carbonisieren von Schafwolle behandelt man sie in gewaschenem und entfettetem Zustande in der Kälte mit einer gesättigten Lösung von Zinkchlorid in konzentrierter Salzsäure und vermag so, ohne die Wollfaser zu beschädigen, das Pflanzenmaterial vollständig zu entfernen und zugleich wiederzugewinnen. Außerdem werden sämtliche Kletten entfernt und die Wolle nimmt seideartigen Glanz an. **(D. R. P. 293 884.)**

Zur Herstellung haltbarer Woll- und Kunstwollwaren schaltet man bei allen Verrichtungen, denen man die Faser unterwirft, zwecks Vermeidung ihrer hydrolytischen Lockerung alle Behandlungsarten mit Mineralsäuren aus, entfernt also die Kletten und groben Pflanzenteile nur mechanisch, bedient sich der Säurewirkung beim Färben, Abziehen oder Beizen nur mittels organischer Säuren und arbeitet speziell in Küpen mit Natriumacetat und in Nachbehandlungsbädern mit Kupferacetat. Dieses Verfahren ist auch auf wollähnliche Tierfasern und Pflanzenfasern anwendbar. **(D. R. P. 317 725.)**

Um Woll- und Kunstwollwaren von hoher Haltbarkeit und langer Tragdauer zu erhalten, setzt man den Carbonisiermitteln Formaldehyd oder andere kondensierend wirkende Stoffe zu, die die schädliche Lockerung des Wollgefüges unter dem Einflusse der Carbonisiersäure verhindern. **(D. R. P. 334 528.)**

Nach **F. Hansen (Zeitschr. f. Textilind. 19, 44)** färbt man zum Verdecken der Noppen des Wollstückes diese vegetabilischen Fasern mit schwarzen, besonders säureechten, direkt färbenden Baumwollfarbstoffen vor und färbt dann die Wolle in anfangs lauwarmem, stets reichlich saurem Bade nach.

291. Kunstwolle. Tierfaserabfallverwertung.

Kunstwolle wird seit 1813 aus wollenen und halbwollenen Lumpen nach Entfernung der vegetabilischen Fasern durch Carbonisation und durch abermaliges Verspinnen als Garn gewonnen. Das sortierte, gereinigte Material wird nach dem Entstäuben oder nach evtl. Naßreinigung mit Sodalösung zerrissen und wie üblich mechanisch weiterverarbeitet. Eine andere Art sog. Kunstwolle wird aus wollähnlichen Pflanzenfasern erzeugt bzw. man verarbeitet Pflanzenfasermaterial zu wollähnlicher Ware. Diese Produkte führen den Namen „Kunstwolle" zu Recht, üblich ist jedoch seine Anwendung auf carbonisiertes Material.

Bei Herstellung der Kunstwolle, die mit der Naturwolle zwar nur das Aussehen gemeinsam hat, jedoch die Fähigkeit besitzt, sich so mit Wolle mischen zu lassen, daß man sie darin nicht mehr unterscheiden kann, geht man von Jute oder noch besser vom Senegalhanf aus. Man bringt die Faser in kalte 15—35grädige Natronlauge, der man 1% Öl und 2—5% Natriumperoxyd zugesetzt hat und säuert nach bestimmter, von der Art der angewendeten Faser abhängiger Zeit mit etwa 1grädiger Säurelösung an. Das durchsichtige, gekräuselte, durch das Öl weich gemachte und durch das Peroxyd gebleichte Material wird dann weiter mechanisch bearbeitet, bis es den Charakter der Naturwolle angenommen hat. In ähnlicher Weise wirkt eine 2grädige Lösung gleicher Teile von Ammoniak und Natriumsuperoxyd. Schließlich wird nochmals mit Superoxyd gebleicht, gesäuert und gewaschen. In **Rev. mat. col. 18, 66** geben **C. Villedieu, F. Lebert** und **A. Coumbary** Farbstoffe an, mit denen die so erhaltene Naturwolle zugleich mit der mitverarbeiteten Kunstwolle egal und echt angefärbt wird.

Die Herstellung der einzelnen Kunstwollsorten (Shoddy, Mungo, Thibet, Alpaka und Moiré) beschreibt **A. Winter** in **Färberztg. 24, 527.**

Shoddy gewinnt man aus langfasrigen Wirkwaren, z. B. aus alten Strümpfen oder Jacken. Mungo wird aus gewalken Tuchresten hergestellt, wobei man das Material, da es sehr kurzfaserig ist, mit längeren Wollfasern oder Baumwolle vermischen muß. Tibet besteht aus den mittellangen Fasern wollener Lumpen (Cheviot oder Wollsatin), während man Alpaka aus halbwollenen Lumpen bereitet, in deren Substanz man die Baumwolle durch Carbonisieren zerstört. Längere Fasern liefern alte Dekorations- und Möbelstoffe, die auf Moiré verarbeitet werden. In **Monatsschr. f. Textilind. 30, 12** beschreibt **A. Kramer** ausführlich die Carbonisations-, Abzieh- und Färbemethoden dieser Kunstwollprodukte. Zum Färben baumwollhaltiger Kunstwolle arbeitet man gewöhnlich im neutralen Bade und fügt, wenn nötig, zum Decken der Wolle neutralziehende Wollfarbstoffe zu. Carbonisierte Kunstwollen färbt man mit Säurefarbstoffen oder basischen Farbstoffen, wobei man licht- und walkechte Färbungen mit ein- oder zweibadig zu färbenden Beizenfarbstoffen erzielt. Auf uncarbonisierter Kunstwolle erhält man sehr echte Färbung mit Schwefelfarbstoffen zum Decken der Baumwolle und mit sauren oder Chromfarbstoffen zum Färben der Wolle. In der oben zitierten Abhandlung wird auch das Abziehen der Farbstoffe und ferner das Färben auf Apparaten und mit Verwendung saurer Farbstoffe, Beizenfarbstoffe und Monochromfarbstoffe eingehend mit Beispielen erörtert.

Die Reinigung, Desinfektion und das Färben der Kunstwolle aus Halbwollmaterial ist in **Zeitschr. f. Textilind. 1916, 635 u. 649** beschrieben.

Die Frage der Feuergefährlichkeit von Kunstwollen beantwortet **B. H. Schramm** auf Grund genauer Untersuchungen mit voller Sicherheit dahin, daß dieses Material keine größere Feuergefährlichkeit besitzt als rohe ungewaschene Schafwolle oder rohe Baumwolle. **(Zeitschr. f. angew. Chem. 1908, 252.)**

Ein mechanisches Verfahren zur Ergänzung wollähnlicher Garne aus Kunstfäden ist in **D. R. P. 342 223** beschrieben. Vgl. [229].

Bei Herstellung von Kunstwolle durch Zerfasern wollener oder carbonisierter halbwollener Lumpen erhält man einen staubförmigen Abfall, der nur zu Düngezwecken verwendbar ist. Bei der Zerfaserung im Reißwolf hingegen erhält man in der Entstäubungskammer faserdurchsetzten Staub, der bei reichlichem Fasergehalt als Füllmaterial zur Erzeugung billiger Pappen oder Papiere oder sogar als Spinnmaterial oder zur Herstellung von Watte, Filz, Wärmeschutzmassen oder Polsterungen dienen kann. **(P. M. Grempe, Zeitschr. f. Textilind. 1917, 227 u. 241.)**

Auch aus tierischen Abfällen lassen sich Spinnfasern gewinnen. So erhält man z. B. das Flaumhaar durch Erhitzen von Tierfellabfällen, ferner Fasern größerer Länge aus der Innenseite gegerbter Häute durch Bearbeitung mit dem Stoßeisen, dann ein sehr zähes Material aus den Muskelfasern durch Klopfen, Gerben und Härten und schließlich auch durch Zerfasern tierischer Sehnen und durch Behandlung tierischer Eingeweide mit Formaldehyd einen rohseideähnlichen Stoff. Auch zerkleinerte Vogelfedern können mit anderen Fasern zu Garnen versponnen oder durch Walken auf tuchartige Erzeugnisse verarbeitet werden, ebenso wie, namentlich während des Krieges, Menschenhaare zu Garnen oder Geweben versponnen wurden. Die Verarbeitung von Menschenhaar nach Art der Kammwolle brachte nicht den gewünschten Erfolg. Sehr kleinfaserige Abfälle von Haaren, Wollen, Leder oder Horn kann man zusammen mit Glycerin und Klebmitteln zu Films verarbeiten, die dann in feine Fasern zerschnitten werden. Auch Schwammgarn wurde in ähnlicher Weise durch gemeinsame Verarbeitung der mit Säure behandelten Schwammabfälle in noch feuchtem Zustande mit pflanzlichen oder tierischen Fasern hergestellt. S. d. betreffenden Kapitel. **(G. Strahl, Neue Faserstoffe 1, 113.)**

Seide.

292. Literatur, Allgemeines, Geschichte, Statistik.

Voelschow, A., Die Zucht der Seidenspinner. Schwerin 1902. — Bavier, Japans Seidenzucht, Seidenhandel und Seidenindustrie. Zürich 1874. — Spennrath, Materiallehre für die Textilindustrie. Aachen 1899. — Zipser, Die textilen Rohmaterialien und ihre Verarbeitung zu Gespinsten. Wien 1904—1905. — Dumont, Die Seide und ihre Veredlung. Wittenberg 1905. — Silbermann, H., Geschichte, Gewinnung und Verarbeitung der Seide. Dresden 1897 bis 1898. — Steinbeck, Bleichen und Färben der Halbseide. Berlin 1895. — Ferner die Werke von Knecht, Rawson, Löwenthal u. a.

Eine ausführliche, alles Wissenswerte enthaltende Arbeit über Geschichte, Herkunft, Gewinnung und Aufarbeitung der Seide, ihre Beschwerung, Entbastung, Souplierung, Färbung usw. von **A. Erlenbach** findet sich in **Zeitschr. f. angew. Chem. 1898, 211.**

Eine ausführliche und begründete Antwort auf die Frage der Wahl des Rohmaterials für einen seidenen Stoff findet sich in **Österr. Woll- u. Leinenind. 1908, 782.**

Über die Verwendung der Seide in der Elektrotechnik und ihre Beurteilung für diesen Verwendungszweck siehe **H. Fuchs, Kunststoffe 1911, 105.**

Seide wird von den Raupen verschiedener Nachtschmetterlinge in Form eines äußerst feinen Fadens gewonnen, in den sich die Raupe beim Verpuppen zum Schutz ihrer Puppe einspinnt. Das den Faden bildende Sekret, das Fibroin, tritt aus besonderen Spinndrüsen an der Unterlippe der Tiere aus. Die echte Seide entstammt dem Maulbeerspinner, Bombyx mori; sie ist stets als schönste und edelste Gespinstfaser heute wie im Altertum geschätzt worden. Ihr hoher Glanz, ihre Festigkeit und ihre Elastizität, die Leichtigkeit, sich färben und bleichen zu lassen, wird von keiner anderen Textilfaser erreicht.

Geschichtliches. Die Seidenindustrie hat ihren Ursprung in China, wo sie schon im 3. Jahrtausend v. Chr. eine hervorragende Stellung einnahm. Noch heute werden in China aus dem Sekret der vor dem Verspinnen stehenden Raupen überaus feste Angelschnüre in primitiver Weise verfertigt. Im Jahre 2650 v. Chr. soll die Kaiserin Telingschi als erste auf die Idee gekommen sein, die Seidenkokons abzuhaspeln und die Fäden zu verweben. Die Seidenindustrie stand in China unter besonderem kaiserlichen Schutz und nahm bald einen hohen Aufschwung. Lange Zeit war sie ein Vorrecht des kaiserlichen Hauses und der Adligen. Nach Europa ist die echte Seide wohl erst im 2. Jahrhundert v. Chr. gekommen, und zwar auf dem Landwege. Sie wurde für ein pflanzliches Produkt gehalten und ihrer Kostbarkeit wegen meist nur in Verbindung mit anderen Faserstoffen verarbeitet. Den Seidenhandel zwischen China und Europa vermittelten lange Zeit die Parther, welche die Seide von den Skythen, den Abnehmern der Chinesen, bezogen. Im Jahre 165 . Chr., als in Rom der Verbrauch von Seidenstoffen schon ein sehr bedeutender war, soll Marc Aurel durch eine Gesandtschaft an den chinesischen Kaiser die unmittelbare Handelsverbindung mit China angebahnt haben. Tatsächlich gelangte die Seide bald nachher auf dem Seewege über Ägypten nach Griechenland und Italien. Bis ins 7. Jahrhundert n. Chr. war der Hauptplatz des Seidenhandels mit China Byzanz. Der Preis für Seidengewänder ist im Altertum ein sehr hoher gewesen und soll im 3. Jahrhundert n. Chr. für 1 kg Purpurseide etwa 4000 M. betragen haben. — Die Chinesen schützten ihr Monopol, die Seidenerzeugung, dadurch, daß sie Todesstrafe auf die Ausführung von Seidenraupen und -eiern festsetzten. — Zwei persische Mönche sollen im Jahre 552 in hohlen Bambusstäben eine größere Menge befruchteter Eier nach Byzanz gebracht und dort unter dem besonderen Schutze Kaiser Justinians die Seidenindustrie eingeführt haben, die bald zu hoher Blüte gelangte. Sie breitete sich von Byzanz nach Syrien und Griechenland aus; Araber und Juden verpflanzten sie im 10. bzw. 12. Jahrhundert nach Spanien, Sizilien und Italien. Hier war es besonders Venedig, das infolge seiner regen Handelsbeziehungen mit Byzanz die Seidenindustrie förderte. Jetzt sind die Hauptplätze Como, Mailand und Genua. In Frankreich besteht etwa seit dem 13. Jahrhundert die Seidenindustrie, deren Mittelpunkt Lyon ist; um ihre Entwicklung hat sich vornehmlich Colbert, der ausgezeichnete und umsichtige Minister Ludwig XIV. verdient gemacht. In Deutschland wurde die Seidenkultur durch Hugenotten eingeführt, doch soll schon seit dem 11. Jahrhundert Rohseide verarbeitet worden sein. Erwähnung verdient, daß Wallenstein sich um die Seidenkultur besonders bemühte und daß Kurfürst Max I. von Bayern (1597—1651) ausgedehnte Maulbeerbaumpflanzungen anlegte; doch gelang es erst den unablässigen Bemühungen Friedrich des Großen die deutsche Seidenindustrie, deren Hauptsitze Krefeld, Elberfeld und Barmen sind, ins Leben zu rufen. Seine Versuche, auch die Seidenzucht in Deutschland einzuführen, wovon noch heute Maulbeerbaumpflanzungen in der Umgebung Berlins Zeugnis ablegen, hatten dagegen keinen nennenswerten Erfolg. Die Hauptplätze der Schweizer Seidenindustrie sind Basel und Zürich. Außerordentliche Bedeutung besitzt auch heute noch die Seidenindustrie in ihrem Geburtslande, in China und in Japan ist sie geradezu die Nationalindustrie. Einen außerordentlichen Aufschwung hat in den letzten Jahrzehnten die amerikanische Seidenindustrie genommen. Die Fabriken, darunter auch sehr bedeutende Färbereien, liegen vornehmlich in den nordöstlichen Staaten der Union, in New Jersey, New York und Pennsylvanien.

Über die Gewinnung der Seide in China siehe **Zeitschr. f. angew. Chem. 1909, 178.**

Deutschl. Rohseide ungefärbt 1/2 1914 E.: 19610; A.: 637 dz.
Deutschl. Rohseide gefärbt 1/2 1914 E.: 998; A.: 3052 dz.

Silbermann schätzt die in der ganzen Welt um die Wende des 20. Jahrhunderts verarbeitete Rohseide auf 22 1/2 Mill. kg, den Wert der Seidenfabrikate auf 2268 Mill. M.

A. Kertesz (Die Textilindustrie sämtlicher Staaten, Braunschweig 1917, 15) kommt dagegen auf Grund sorgfältiger Feststellungen zu folgender Schätzung:

Nach den Einfuhrlisten Deutschlands in den statistischen Ausweisen für 1913 sind die Preise der Rohseide pro Tonne Rohseide aus Italien 41 000, Frankreich 40 000, Österreich, Ungarn, Rußland 37 000, Japan 32 000, China 28 000, Türkei 26 000 M.

Der Wert der Welterzeugung an Rohseide berechnet sich demnach auf ungefähr	1073 Mill. M.
Hierzu kommen noch	
1000 t Tussahseide im Werte von	17 „ „
ferner Florett- und Bourettseide (aus Ausschußkokons und Abfällen) etwa	243 „ „
Der Gesamtwert der Welterzeugung demnach	1333 Mill. M.

Nach der Zeitschrift **„Seide" 1910, 543** betrug die Gesamtwelternte an Seide im Durchschnitt der Jahre 1904—1908 24 277 t, von denen Osteuropa etwa 5400 t (darunter Italien allein 4300 t), ferner Zentralasien und die Levante 3000 t, Kleinasien und Persien 1500 t und Ostasien, China und Japan etwa zu gleichen Teilen zusammen rund 16 000 t lieferten. Im Jahre 1913 betrug die Weltseidenernte rund 27, 1915 rund 22 Mill. kg.

Für Deutschlands Ein- und Ausfuhr an Rohstoffen und Erzeugnissen der Seidenindustrie gibt **Kertesz** folgende Zahlen:

	Einfuhr 1913 t	Einfuhr 1913 Millionen M.	Ausfuhr 1913 t	Ausfuhr 1913 Millionen M.
Rohseide, ungefärbt	3805	154,7	88	3,0
Tussahseide	236	3,3	45	0,6
Florettseide, ungekämmt	1342	2,6	687	1,4
Florettseide, gekämmt	536	51	73	0,6
Seidenstreichgarn, ungefärbt	1572	28,2	372	6,0
Seidenstreichgarn, gefärbt	5	0,1	182	3,0
Rohseide, gefärbt	171	5,8	629	21,1
Dichte Gewebe aus Seide, Taschentücher usw.	246	13,2	483	21,1
Dichte Gewänder aus Halbseide	20	0,4	693	14,8
Dichte Gewebe aus Halbseide	192	5,8	1780	58,3

Kertesz berechnet ferner die Produktion der Seiden- und Halbseidenindustrie im Jahre 1913:

Für das Inland verarbeitet für	262,0 Mill. M.
Ausgeführte Halbfabrikate	31,2 „ „
Ausgeführte Fertigware	155,5 „ „
	448,7 Mill. M.

Den Inlandverbrauch an Seiden- und Halbseidenwaren im Jahre 1913 gibt er wie folgt an:

Für das Inland verarbeitet für	262,0 Mill. M.
Eingeführte Fertigware	43,0 „ „
	305,0 Mill. M.

An der Einfuhr der Europäischen Staaten an Rohstoffen und Erzeugnissen der Seidenindustrie im Jahre 1913 sind beteiligt von den drei Staaten, die in Europa die größte Seidenindustrie besitzen: Deutschland mit 16,8%, Frankreich mit 31,9%, Schweiz mit 14,3%.

An der Produktion sind die drei Staaten beteiligt: Deutschland mit 22,6%, Frankreich mit 32,9%, Schweiz mit 11,3%.

Im Inlandsverbrauch: Deutschland mit 21,0%, Frankreich mit 20,0%, Schweiz mit 1,6%.

Der auffallende Aufschwung, dessen die Seidenindustrie in den letzten Jahrzehnten sich erfreute, ist zu einem großen Teil zurückzuführen auf die Einführung des im Jahre 1880 von **Henneger** erfundenen verbesserten Webstuhles.

293. Seidenzucht, -gewinnung, -arten. — Schimmelpilzseide.

Die echte Seide wird von dem Maulbeerspinner Bombyx mori, einem etwa 3—4 cm breiten, hellgrauen Nachtschmetterling gewonnen, der in Asien und auch in Europa gezüchtet wird. Seinen Namen verdankt er dem Hauptfuttermittel der Raupen, den Blättern des Maulbeerbaumes. Auch die Blätter der Schwarzwurzel wurden als Raupenfutter versucht. Diese Art der Aufzucht hat jedoch völlig versagt, da sich die mit dieser Pflanze aufgezogenen Raupen nicht einspinnen wollen. Wenn man daher in geeigneten Gegenden Deutschlands Seidenraupen ziehen will, so ist es unumgänglich nötig, vorher Maulbeerbäume anzupflanzen.

Über den Ersatz der Maulbeerbaumblätter durch jene der Schwarzwurzeln in der Seidenraupenzucht siehe **Zeitschr. f. Textilind. 1906, 363.**

Interessant ist die Feststellung **O. N. Witts**, daß es möglich ist durch geeignete Fütterung der Raupen weiße Seide zu erhalten. Die Seidensubstanz der Spinner ist an sich nämlich farblos und wird erst durch andere Sekrete des Spinners, mit denen er die Spinnfäden benetzt, gefärbt. Wenn man die Raupen mit Pflanzen füttert, die keine Gerbstoffe und andere an der Luft zu dunkelfarbigen Stoffen oxydierende Stoffe enthalten, so resultiert eine vollständig weiße Seide.

Die Raupe häutet sich viermal; 30—35 Tage nach dem Ausschlüpfen ist sie spinnreif. Der Spinnstoff tritt aus zwei feinen Öffnungen auf der Unterlippe der Raupe aus. Die beiden Fädchen vereinigen sich zu einem Faden, der an der Luft sofort erhärtet. Die Raupe macht mit dem Kopf schleifenförmige Bewegungen und legt dabei die Spinnfäden um sich herum, so daß sie zuletzt von dem Gespinst des Kokons, der aus einem einzigen Faden von 2000—3000 m besteht, umhüllt ist. Der länglich-ovale Kokon ist 3—4 cm lang und 2—2$^1/_2$ cm dick, je nach der Rasse des Spinners weiß, gelb, bei den japanischen Spinnern grünlich gefärbt. 8 Tage nach dem Verspinnen verpuppt sich die Raupe und nach abermals 8 Tagen schlüpft der Schmetterling aus. Die erste lockere Schicht des Kokons ist die Florettseide, dann erst kommt der eigentliche Seidenfaden, der 0,013—0,025 mm dick ist. Ein guter Faden läßt sich um 15—20% ausdehnen.

Zwecks Gewinnung der Seide wird der Kokon 8 Tage nach dem Einspinnen behufs Tötung der Tiere etwa 2 Stunden trockener, heißer Luft oder, falls die Kokons sofort weiterverarbeitet werden, 10 Minuten heißem Wasserdampf ausgesetzt. Neuerdings wird mit gutem Erfolg auch künstliche Kälte benützt. Hierauf kommen die Kokons, um sie zu erweichen, kurze Zeit in siedendes Wasser und dann in das mit Wasser von etwa 28° C angefüllte Becken der Haspelmaschine. Durch Peitschen mit einem kleinen Besen wird die Florettseide beseitigt, zugleich werden die Enden der Seidenfäden der Kokons freigelegt. Einige solcher Fäden werden vereinigt und auf den Haspeln, die etwa 900 Umdrehungen in der Minute machen, aufgehaspelt. Siehe z. B. die Vorrichtung zum Haspeln von Seidenkokons nach **D. R. P. 260 859.** Die Seidenkokons lassen sich übrigens nach **A. P. 1 202 543** nach Vorbehandlung in einem alkalischen Entbastungsbade in bloß feuchtem Zustande abhaspeln.

Die Kokonfäden haften durch den erweichten Seidenleim aneinander oder sie erhalten während des Haspelns noch eine leichte Drehung. Der so erhaltene Faden heißt Grège. Durch Vereinigung mehrerer solcher Fäden entsteht die Organsin, der Kettfaden, ebenso aus weniger Grègefäden die Trame, der Schuß. Der Abfall der Kokons (Bourre) wird mit Sodalösung ausgekocht, gereinigt, wie Baumwolle gekämmt und zu Florettseide und Schappe versponnen. Der Abfall der Florettseide wird zu Bouretteseide versponnen, aus deren Abfall wird schließlich Seidenwatte hergestellt. — Aus 1 kg Kokons werden im Durchschnitt 100 g Seide gewonnen.

Die wilden Seiden, die von verschiedenen Seidenspinnern aus der Familie der Nachtpfauenaugen, im besonderen von dem indischen Tussahspinner Antheraea mylitta und dem Eichenseidenspinner, Antheraea pernyi, erhalten werden, unterscheiden sich von der echten Seide in mehrfacher Hinsicht. Die Kokons der wilden Seiden lassen sich nicht abhaspeln, wie die des Maulbeerbaumspinners, weil die Fäden verworren und oft mit Blättern und Zweigresten durchflochten sind. Die Kokons werden daher ebenso wie die Abfälle der echten Seide nach den für Baumwolle üblichen Spinnverfahren verarbeitet. Antheraea pernyi, der nordchinesische Seidenspinner, liefert eine sehr wertvolle Seide, die in Japan sogar der echten Seide vorgezogen wird. Übrigens ist wilde Seide auf der Insel Kos lange vor Bekanntwerden der chinesischen Maulbeerspinnerseide zu den sehr geschätzten koischen Seidengewändern verarbeitet worden, wie einer Mitteilung von Aristoteles zu entnehmen ist. Die wilden Seiden sind nicht mit Seidenleim umhüllt wie die echte, sie erfordern daher kein Entbasten wie diese, wobei die echte Seide bis 30% an Gewicht einbüßt. Da die wilden Seiden von den im Freien gezüchteten Raupen gewonnen werden, stellt sich ihr Preis auch wesentlich niedriger. Der Faden der wilden Seiden ist dicker und dauerhafter wie der der echten Seide. Die gefärbten wilden Seiden zeigen gewöhnlich einen etwas unruhigen, schüpperigen Glanz. Gewöhnlich haben auch die wilden Seiden eine mehr oder weniger dunkle Färbung, die nicht durch ein kochendes Seifenbad, wie bei der echten Seide, sondern nur durch Bleichen mit Wasserstoffsuperoxyd beseitigt werden kann.

Tussahseide ähnelt der Baumwolle in dem Sinne, als sie weniger leicht als echte Seide von Ätznatron angegriffen wird, und sie nähert sich der Wolle dadurch, daß sie der Einwirkung von Salzsäure besser widersteht. Sie gleicht der Wolle auch in ihrer Färbbarkeit und kann im Gegensatz zur echten Seide z. B. mit Berlinerblau gefärbt werden. Näheres, besonders über das Färben der Tussahseide mit direktem Baumwollschwarz, Säureschwarz, saurem Beizenschwarz, Schwefelschwarz, Anilinschwarz und Blauholz bringt **R. N. Sen in J. Soc. Chem. Ind. 1916, 1106.**

Über die der Tussah- oder Eichenseide gleichende Anapheseide, das allerdings braun gefärbte, schwer bleichbare, aber der Naturseide an Glanz gleichende und nur halb so teuere Produkt einer zentralafrikanischen Raupenart siehe **H. Zeising, Monatsschr. f. Textilind. 25, 211.**

Der Raupenseide dürfte übrigens in absehbarer Zeit ernstliche Konkurrenz durch die Spinnenseide erwachsen, die jener in vielen Eigenschaften gleicht, ihr in der Dehnbarkeit aber weit überlegen ist. Der Spinnenfaden kann um 33% seiner Länge gedehnt werden, ehe er reißt. In vielen anderen Eigenschaften, besonders der Quellbarkeit in Wasser gleicht die Spinnenseide auch der Kunstseide.

Über die Spinnenseide und die Verwendung dieses vollkommen durchsichtigen, feinsten, tierischen Seidenproduktes, das keine dem Seidenleim entsprechende Hüllsubstanz besitzt, über die bedeutende Elastizität, absolute Festigkeit und andere günstige Eigenschaften dieses Produktes, das in größeren Mengen zugänglich, große Bedeutung für die Textilindustrie erlangen könnte, berichtet **A. Herzog** in **Kunststoffe 5, 25.**

Vgl. die Angaben von **E. Fischer in Zeitschr. f. physiolog. Chem. 1907, 126** über die Seide der großen, in Madagaskar heimischen Nephilaspinne und deren Unterschiede von der gewöhnlichen Seide, besonders den ihr eigenen Mangel an wasserlöslichem Seidenleim und andererseits die große Übereinstimmung der Spinnseidensubstanz mit dem Seidenfibroin. Siehe auch **E. O. Rasser** in **Zeitschr. f. Textilind. 1918, 189 u. 199.**

Die Muschel- oder Seeseide (Byssus) wird von verschiedenen Steckmuscheln, im besonderen von Pinna nobilis, rudis oder squamosa, die im Mittelmeer vorkommen, auch heute noch in beschränktem Umfange in Sardinien und Korsika gewonnen. Der von der Schnecke mittels ihres wurmförmigen Fußes gesponnene Bart (Byssus) besteht aus überaus festen, feinen Fasern, die in Gestalt und Eigenschaften der echten Seide ähnlich sind. Der Bart dient zur Fortbewegung und Befestigung der Muschel an Felsen. Auch die gewöhnliche eßbare Miesmuschel, Mytilus edulis, spinnt einen sehr festen Bart, mit denen die Muschel sich so fest an Steine anzuklammern vermag, daß selbst die stärkste Strömung sie nicht wegreißt. Zur Gewinnung der goldbraunen glänzenden, äußerst widerstandsfähigen und elastisch-zähen Fasern wäscht man das Material mit schwacher Seifenlösung, trocknet unter Lichtabschluß, befreit die Faser von den beigemengten Verunreinigungen und kämmt sie. Zwei bis drei solcher Fäden werden mit einem Faden echter Seide vereinigt und gelinde verzwirnt; man erhält aus 1 kg Rohmaterial etwa 350 g des Gespinstes. Dieses gibt mit Citronensaft und Wasser gewaschen und mit heißem Eisen geplättet ein zur Fabrikation von Trikotwaren, Geldbörsen und Handschuhen sehr geeignetes Material von schöner, goldschimmernder Farbe, die es ermöglicht, die Muschelseide ungefärbt verwenden zu können. Sie gleicht der Raupenseide, doch ist sie widerstandsfähiger gegen Alkalien und Chlor, wohl im Zusammenhang damit, daß sie 12% weniger Stickstoff enthält, in Säuren, Alkalien und Kupferoxydammoniak nicht löslich ist und durch verdünnte, angesäuerte Chlorkalklösung vollkommen gebleicht werden kann. Die Seeseide würde ein sehr wertvoller Rohstoff sein, wenn sie in großen Mengen leicht zu beschaffen wäre. **(H. Silbermann, Färberztg. 7, 18.)**

Ein Naturprodukt, das vielleicht einige Bedeutung erlangen könnte, ist schließlich au h das Zellfadenhautwerk gewisser Kleinlebewesen. Nach **D. R. P. 330 579** liefert der Schimmelpilz Phycomyces nitens Kunze in seinen langen Hyphenfäden Zellhäute, die nach dem Waschen und Trocknen eine seidenglänzende, der Merinowolle gleichende Fasermasse geben, die sich feucht verspinnen lassen. Die 20—30 cm langen Einzelfasern lassen sich in kurzer Zeit, unabhängig von der Jahreszeit, bei Zimmertemperatur unter einfachsten Ernährungsbedingungen des Pilzes heranziehen.

294. Allgemeines über Entbasten (Souple), Eigenschaften, Beschweren und Färben der Seide.

Über die Eigenschaften der gewöhnlichen Seide von Bombyx mori, besonders die Gewichtsverluste, die die verschiedenen Sorten beim Entbasten erleiden, und über die Mengen an Beschwerungsstoffen, die sie aufzunehmen vermögen, siehe die Abhandlung von **G. Gianoli, Zeitschr. f. angew. Chem. 1908, 2267.**

Die Rohseide ist durch den sie umkleidenden Seidenleim, den Bast (Sericin) steif und glanzlos. Um sie weich und glänzend zu machen, muß sie entbastet werden, und zwar wird sie zu diesem Zwecke in einem Leinensack bei 90—95° einige Stunden mit starker Seifenlösung behandelt. Auf 10 kg Seide verwendet man etwa 3 kg neutrale, harzfreie Marseiller Seife gelöst in 150 l Wasser. Hierauf folgt ein zweites, schwächeres Seifenbad mit etwa $1^1/_2$ kg Seife, Auskochen mit reinem Wasser, Spülen in kaltem, weichem Wasser, Trocknen und Strecken. Zwecks Seifenersparnis kann das zweite Bad mit sehr verdünnter Sodalösung angesetzt werden, es muß jedoch dann für sehr sorgfältiges Waschen sowie Neutralisieren mit stark verdünnter Schwefelsäure gesorgt werden. Die mit Bast gesättigte Seifenlösung, die Bastseife, wird als wertvoller Zusatz beim Färben der Seide verwertet.

Der Gewichtsverlust der Seide beträgt durch das Entbasten 25—30%; die gelb oder grün gefärbte Rohseide verliert während des Entschälens auch ihre Farbe. — Wenn Seide ganz weiß verlangt wird, so wird sie in der Schwefelkammer gebleicht und mit etwas Indigolösung gebläut. Grègeseide wird, ohne sie vorher zu entschälen, gebleicht, indem man sie 48 Stunden mit einem Gemisch aus 1 Tl. Salzsäure und 23 Tl. Weingeist behandelt.

Die aus Schußseide (Trame) erzeugte, nur teilweise entbastete Soupleseide, die noch 20 bis 25% Bast enthält, nimmt erheblich mehr Raum ein als die völlig entbastete Seide. Sie dient daher zu voluminösen Geweben. Es bedarf kaum der Betonung, daß Gewebe aus Soupleseide, besonders aus stark beschwerter, den Vergleich mit völlig entbasteter Seide nicht aushalten können. Die Stoffe haben oft ein schlechtes, mattes Aussehen. Das Souplieren geschieht in der Weise, daß die genetzte und im Schwefelkasten vorgebleichte Seide 1—2 Stunden in einem Bade, das beispielsweise aus 10% Schwefelsäure (60° Bé), $^1/_2$% schwefeliger Säure und 2% Magnesiumsulfat besteht, bei 75° behandelt wird, worauf man in lauwarmem Wasser oder in schwacher Seifenlösung spült.

Harte Seide (Ecruseide) ist Rohseide, die nur gewaschen und evtl. gebleicht ist. Sie dient zur Herstellung von Tüllen, Schleierstoffen und ähnlichen Geweben.

Das spez. Gewicht der entbasteten Seide (1,3) ist im Durchschnitt um 10% niedriger als jenes der Kunstseide. Chardonnetseide hat nach **Brenner** das spez. Gewicht 1,5—1,55.

Süvern hat den Wassergehalt verschiedener Natur- und Kunstseiden bei 99° bestimmt. Er fand unter anderem in

Chinesischer Rohseide	7,97%	Wasser
Chardonnetseide I	10,37%	„
„ II	11,17%	„
Glanzstoff	10,04%	„
Viscoseseide	11,44%	„

Naturseide ist sehr hygroskopisch und kann 20—30% Feuchtigkeit aufnehmen.

Konzentrierte Mineralsäuren lösen sie schnell auf. Sehr verdünnte Mineralsäuren wirken nicht ein, doch färbt verdünnte Salpetersäure die Seide unter Bildung von Xanthoproteinsäure gelb. Alkalien, auch verdünnte, greifen Seide stark an, doch ist sie gegen verdünntes reines Ammoniak unempfindlich. Kupferoxydammoniak löst Seide leicht, Chlor zerstört die Faser. Metallsalzbeizen, wie Eisen-, Zinn-, Chrom-, Tonerdesalze werden von der Seide unter Abscheidung von basischen Metallsalzen zerlegt. Diese Eigenschaft wird in der Färberei mit Blauholz, Alizarin und anderen Beizenfarbstoffen regelmäßig verwertet. — Eine charakteristische Eigenschaft der Seide ist der sog. krachende Griff, der jedoch nur bei abgekochter Seide auftritt und nur dann, wenn sie vor dem Trocknen mit Säuren oder sauren Salzen behandelt wurde. Organische Säuren, wie Essigsäure, Citronen- und Weinsäure befördern den krachenden Griff sehr, wogegen sich die Seide nach alkalisch reagierenden Bädern weich anfühlt.

Beschweren der Seide. Der durch das Entbasten bedingte Gewichtsverlust und die daraus folgende Verteuerung der Seide wird durch das sog. Beschweren ausgeglichen. Beim Schwarzfärben der Seide tritt ohne weiteres durch die Eisensalze und Gerbstoffe eine erhebliche Gewichtszunahme ein. Von diesem Färbeverfahren ging die Ausbildung und der Mißbrauch des Beschwerens aus. Durch geeignetes Beschweren wird die Seide zwar voller, ihr Griff besser und der Glanz erhöht, dem steht jedoch der hohe Nachteil gegenüber, daß beschwerte Seide, je nach dem Prozentsatz der Beschwerung, viel leichter brüchig wird. Als grober Unfug und Betrug des kaufenden Publikums muß es bezeichnet werden, wenn Seide bis zu 500% und noch höher beschwert wird.

Man unterscheidet dreierlei Arten der Beschwerung:

1. Die Mineralbeschwerung, die mit Zinnchlorid nach dem Entbasten und vor dem Färben der Seide ausgeführt wird.

2. Die mineralisch-vegetabile Beschwerung vor dem Färben und Beizen mit Gerbstoff während oder nach dem Färben.

3. Die vegetabile Beschwerung durch Gerbstoffbehandlung; sie erfolgt gewöhnlich während des Schwarzfärbens in Verbindung mit einer Eisenbeize. — Beschwerte Seide verbrennt im Gegensatz zu unbeschwerter schwer und hinterläßt mehr oder weniger Asche, und zwar läßt weiße Asche auf Zinn, rostbraune auf Eisen und Gerbstoffbeschwerung schließen.

Über das Färben der Seide sei nur erwähnt, daß man je nach Art des verwendeten Teerfarbstoffes folgende Färbemethoden unterscheidet:

1. Färben in mit Schwefelsäure gebrochenem Bastseifenbad für Säurefarbstoffe.

2. Färben in mit Essigsäure gebrochenem Bastseifenbad für Phthaleinfarbstoffe wie Eosin, Rose bengale u. dgl.; auch Beizenfarbstoffe wie Alizarin werden so gefärbt nach vorherigem Beizen der Seide mit Tonerde- oder Chrombeize.

3. Das Färben im fetten Marseillerseifenbad für basische Farbstoffe.

Ein gebrochenes Bastseifenbad wird im allgemeinen wie folgt hergestellt: Man setzt das Bad an mit 100 l Bastseife und 400 l Wasser und gibt unter Umrühren so viel verdünnte Schwefelsäure oder Essigsäure zu, daß das Bad deutlich sauer reagiert. In diesem Bade wird die Seide bei 30—50° genetzt, aufgeworfen, worauf man die Farbstofflösung durch ein feines Sieb zugießt, die Seide wieder in das Bad einbringt und dieses sodann langsam auf 80—90° C erhitzt. Hochbeschwerte Seide soll dagegen bei einer Temperatur von nicht über 50° C gefärbt werden. Das Färben dauert etwa 1 Stunde. Die Seide wird nach dem Färben gespült, kurze Zeit im kalten bis lauwarmen Avivierbad behandelt, abgewunden und ohne zu spülen getrocknet. Durch das Avivieren erhält die Seide wieder den durch die verschiedenen Bäder verlorenen Glanz zurück und einen krachenden Griff. Zum Avivieren dienen, wie bereits erwähnt, Schwefelsäure oder Weinsäure, Essigsäure, Ameisensäure und Citronensäure. Für säureempfindliche Farbstoffe dürfen nur die organischen Säuren benützt werden.

In eigenartiger Weise wurde Seide zartlila mit rötlichen oder bläulichen Reflexen in der Weise gefärbt, daß man die Stücke in sehr verdünnte Goldchloridlösung (1 Tl. HCl + 2 Tl. HNO_3) legte, spülte und dem Sonnenlichte aussetzte. Die Entwicklung des Farbtones dauert im Sommer 1 Stunde, im Winter mehrere Wochen. Durch Wiederholung des Verfahrens wurden dunklere Nuancen erzielt. **(Polyt. Zentr.-Bl. 1861, 1511.)**

295. Seideentbastungsvorschriften: Seifenbäder.

Die rohe Seide enthält etwa 66% Seidensubstanz, während der Rest zum größten Teile aus Seidenleim besteht, der die Seidensubstanz einhüllt und entfernt werden muß, um dem Faden die Härte und rauhe Beschaffenheit zu nehmen. Man entschält die Rohseide in alkalischen oder Seifenbädern in 1—3 aufeinanderfolgenden Operationen je nach dem gewünschten Grade der Entbastung oder Degummierung. Nach Angaben von **F. Riesenfeld** muß bei der Seidenentbastung zur Unterstützung der Seifenwirkung stets etwas Soda beigegeben werden, die lösend auf den Leim, emulgierend auf die Seife und schaumbeseitigend wirkt. **(Färberztg. 30, 81 u. 142.)**

Gelbe Flecke beim Entbasten gelbbastiger Seide lassen sich vermeiden, wenn man in nicht zu dünnem Seifenbade arbeitet. Ein solches mit nicht zu geringem Fettgehalt ist auch nötig, um festsitzende Bastschichten zu entfernen, die sich sonst beim späteren Färben dunkler anfärben würden.

Stückwaren aus rohen oder teilweise entbasteten Seiden allein oder im Gemenge mit Baumwolle werden vor dem Färben zweckmäßig nicht entbastet, sondern soupliert, wenn man dichtere, mattere Gewebe erhalten will. Die Seide wird in dem kochenden, schwach angesäuerten Souplierbade geschmeidig und verliert nur etwa 5% Seidenleim, während in den heißen kochenden Entbastungsbädern durchschnittlich 25% des Leimes verlorengehen. **(D. R. P. 67 254.)**

Die Degummierung der Seide mit 25—60% Ammoniak als 10proz. Lösung bei Siedehitze ist in **Dingl. Journ. 1867, Nr. 42** vorgeschlagen. Um der Seide den nötigen Glanz zu geben wird sie noch in ein kochendes Seifenbad gebracht, das zu dem Zwecke zehnmal benutzt werden kann.

Ein Verfahren der Seidedegummierung mit 15—20% Soda und einer sehr verdünnten wässerigen Leinsamenabkochung ist in **Polyt. Zentr.-Bl. 1864, 1390** beschrieben.

Zum Entbasten von Rohseide in halbseidenen Baumwollgeweben zieht man den Stoff nach **D. R. P. 110 633** in heiß genetztem Zustande durch ein kaltes Bad, das 7 Tl. 40grädige

Natronlauge, 3 Tl. Traubenzucker und 2 Tl. Wasser enthält. Nach 5—10 Minuten ist die Seide ohne Schädigung entbastet und die Baumwolle ohne Schrumpfung mercerisiert.

Zum Entbasten von Rohseide in Wolle - Seidengeweben eignet sich nach **D. R. P. 129 451** das Verfahren des **D. R. P. 117 249,** das für Seide- und Baumwollseidegewebe bestimmt ist. Man entbastet die vorappretierte Ware in einem Bade von 300 Tl. Traubenzucker oder Glycerin, 200 Tl. Wasser und 700 Tl. 40grädiger Natronlauge während 2—5 Minuten bei 7—10°. Dann wird gepreßt, gesäuert, gespült und getrocknet. Weder Seide noch Wolle werden dabei irgendwie angegriffen, doch müssen Konzentration des Alkalis und Höhe der Temperatur in einem gewissen Abhängigkeitsverhältnis voneinander stehen.

Zum Entschälen der Tussahseide verwendet man nach **C. Heinrich, D. Färberztg. 1899, 86** zunächst ein 1proz. Sodanetzbad, dann ein kochend heißes Bad, das 10—12% Schmierseife enthält, und bleicht für weiße Ware oder zum folgenden Färben auf sehr helle Töne in einem starken, mit Borax alkalisch gemachten Wasserstoffsuperoxydbad während 8—10 Stunden bei 70°. Schließlich kocht man in einem 5proz. (vom Warengewicht) Seifenbade und tont mit Methylviolett und Rhodamin.

Zum Entbasten der Tussahseide behandelt man sie 3—4 Stunden in einem 60—70° warmen Bade, das eine 10% Benzin enthaltende Seife (Cocos-Bensoap) und Natriumperborat enthält; zum folgenden Entfärben behandelt man sie im höchstens 30—40° warmen ammoniakhaltigen Bade bis zu 24 Stunden, je nach der zu erzielenden Weiße, abwechselnd mit Wasserstoffsuperoxyd und Blankit, säuert ab, bleicht im 30° warmen 1proz. Blankitbade 12—24 Stunden nach, spült mit weichem Wasser und trocknet bei möglichst niedriger Temperatur. **(F. J. G. Belzer, Färberztg. 1911, 277.)**

Vor der Entbastung der Rohseide behandelt man die Stränge während 30—45 Minuten in einem 35—40° warmen Seifenbade, das etwas Glycerin oder Olivenöl enthält oder in lauwarmem Wasser, dem man etwas Olivenöl und Ameisensäure und zur Erhöhung der Geschmeidigkeit der Ware evtl. noch etwas Glycerin zugesetzt hat. Man spült nun nicht, sondern schleudert ab und trocknet und erhält so durch die in der Faser zurückbleibenden öligen und hygroskopischen Bestandteile eine um 10—30% schwerere Ware, die allerdings vor dem Beschweren entölt werden muß, da sich sonst erhebliche Gewichtsdifferenzen ergeben. **(K. Homolka, Färberztg. 26, 32.)**

Zum Entbasten und etwaigem Bleichen und Beschweren von Seide tränkt man sie mit einer Lösung, die im Liter 30 g zinnsaures Natron und 0,5 g Monopolseife enthält, dämpft dann 2 Minuten und entfernt den isolierten Bast mittels einer heißen Seifenlösung. Als Entbastungsmittel sind hauptsächlich verwendbar die Alkalisalze der Kohlen-, Kiesel-, Bor- oder Zinnsäure, des Schwefelwasserstoffes, Aluminiumhydroxyd und der Acaroidharzsäuren, jedenfalls Salzlösungen deren Säuren schwächer sind als die Aminosäuren des Seidenbastes und die evtl. imstande sind Sauerstoff abzugeben. **(D. R. P. 291 159.)** Nach dem Zusatzpatent netzt man die Seide kurze Zeit mit konzentrierter Seifenlösung, die 15—40 g Marseillerseife im Liter enthält, dämpft dann kurze Zeit und wäscht den aufgeschlossenen Seidenbast mit heißem Wasser oder einer schwachen Seifenlösung. Man kann dem Netzbade auch die im Hauptpatent angegebenen Salze zusetzen. **(D. R. P. 300 859.)**

Zum Entbasten von Seide erwärmt man sie unter wiederholtem Umziehen in einer mit Zusatz einer kleinen Menge Soda bereiteten alkoholischen Seifenlösung (gewonnen durch alkoholische Verseifung pflanzlicher Öle, **Bd. III [343]**), bis zum Kochen. **(D. R. P. 298 265.)** Nach dem Zusatzpatent ersetzt man die Soda durch Pottasche und die pflanzlichen Öle ganz oder zum Teil durch tierische Fette, bzw. die aus beiden durch Verseifung erhaltenen Fettsäuren. **(D. R. P. 299 387.)**

296. Seifenfreie oder -arme Entbastungsbäder.

Über die Entbastung der Seide ohne Seife siehe die Angaben von **E. Ristenpart in Färberztg. 1918, 181.** Man kann Seife sparen oder sie völlig ausschalten, wenn man mit Soda, Ätznatron oder Degomma als alkalisches Lösungsmittel arbeitet und ein emulgierendes Mittel zur Entfernung des durch Alkali löslich gemachten Bastes von der Faser gebraucht. **(Färberztg. 30, 13.)** Degomma, ein Schlichteentfernungsmittel des Handels, soll sich nach **F. Riesenfeld, Färberztg. 1917, 270** als Seidenentbastungsmittel nicht bewährt haben.

Zur Degummierung von Rohseide bringt man die vom Kokon abgehaspelten Flockseidefasern unmittelbar in ein Gefäß mit kaltem Wasser, behandelt sie dann mit Wasser von 45°, bzw. kocht nach einer anderen Ausführungsform, wenn völlig entschälte Flockseide gewonnen werden soll, mehrere Stunden ohne Zusatz von Lösungsmitteln für das Sericin und wäscht das Material dann zur Erzielung halbentschälter Flockseide mit Wasser oder zur völligen Entschälung mit einem Lösungsmittel für das Sericin, so daß die Fasern schwellen, sich entwirren und etwas Fettsubstanz aufnehmen. Dadurch, daß der Faden nicht getrocknet, sondern gleich feucht behandelt wird, erleidet das Material keine Schädigung und man erhält in größerer Ausbeute langfaserige, hochglänzende Flockseide, die in halbentschälter Form für die Kreppgarnfabrikation genügend Sericin enthält, ohne daß der Zusatz durchbissener Kokons nötig wäre. **(D. R. P. 235 844.)**

Zur Herstellung eines Bastseifenersatzes löst man 175 kg Spinnrestkokons in 600 l heißem Wasser, läßt die Flüssigkeit nach beendeter Lösung durch ein Tuchfilter in 5000 l Wasser einfließen und beachtet, daß durch allmähliches Nachfüllen von Spinnrestkokons in den Bottich sowie durch beständigen Wasserzufluß in ihm die Menge Spinnrestkokons auf der angegebenen Höhe und der

Bottich mit Wasser gefüllt bleibt. Wenn das Lösungsprodukt der ersten 175 kg Kokons von den 5000 l Wasser des Behälters aufgenommen ist, bildet sein Inhalt einen Bastseifenersatz, der etwa die gleiche Wirkung hat wie eine Bastseife, die man durch Abkochen der Seide mit 250 kg Seife erhält. Um die Öle der Seidenraupenpuppen zum Teil zu verseifen setzt man den Spinnrestkokons 5% ihres Gewichtes Krystallsoda zu und erhitzt den Bottichinhalt täglich ungefähr 30 Minuten zum Sieden. Die Seife nähert sich in ihrer chemischen Zusammensetzung dem Sericin, so daß beim Färben der Seide Glanz, Griff, Elastizität und Stärke der Faser erhalten bleiben. **(D. R. P. 291 075.)** Nach einer Abänderung des Verfahrens setzt man dem Wasser zwecks beschleunigter Auflösung der Seidenraupenpuppen unter Einwirkung auf ihre Öle und zur Vorbereitung für die nachträgliche Anwendung geringe Mengen Säuren zu bzw. ersetzt im Blauholzbade zur Erzielung höherer Beschwerung und Gewinnung voluminöserer Faser die Seife durch Wasserglas. **(D. R. P. 305 239 und 305 770.)** Siehe auch **Zusatz D. R. P. 305 275** in **[303]**.

Zum Entbasten von Seide und Seidenabfällen ersetzt man die bisher zur Bildung des Seifenbades gebrauchte Seife, mit steigendem Gehalt der Abfälle an Puppen oder Puppenteilen (die bisher nur als Düngemittel verwendet wurden), zur Hälfte durch Gallettamini (Spinnrestkokons) oder durch Soda oder gänzlich durch Soda. Die Puppenbestandteile und das ölige Wasser, das beim Auskochen der Seidenabfälle resultiert, haben die Eigenschaft, dem Seifenbad fast alle Alkalität zu nehmen, wodurch die abgekochten Seiden weniger angegriffen werden, sich leichter alkalifrei waschen lassen und auch beim Färben und Beschweren gewisse Vorteile zeigen. **(D. R. P. 289 455.)** Nach dem Zusatzpatent kann man 95% der Seife durch Seidenraupenpuppen, Spinnrestkokons oder sericinhaltige Seidenabfälle ersetzen oder man arbeitet direkt unter evtl. Zusatz fetthaltiger, die Seide geschmeidiger machende Stoffe mit einem Entbastungsbade, das auf 100 l Wasser 25 g Soda und 200 g Sericin enthält. **(D. R. P. 324 878.)**

Zum Entschälen der Seide bei gewöhnlicher Temperatur verwendet man nach **D. R. P. 27 486** für 200 kg Fasermaterial, das vorher mit Wasser gewaschen worden war, 20 hl eines Bades, das in 100 Tl. 70 Tl. Salzsäure, 3 Tl. eines ölhaltigen Kalksteines, 5 Tl. Ton oder kalkhaltiger Erde, 3 Tl. kohlensauren Kalk und 3 Tl. Phosphat enthält. Man läßt absitzen, zieht die Flüssigkeit ab und behandelt das Fasermaterial in ihr etwa 1/2 Stunde, um sodann das Waschen und Reinigen in üblicher Weise fortzusetzen. Das Verfahren dient auch zum Waschen und Reinigen der verschiedensten Gespinstfasern.

Zum Entschälen von Seidenkokons behandelt man sie mit den gallertartigen Hydroxyden des Aluminiums, Magnesiums, Siliciums oder mit anderen anorganischen Kolloidstoffen in Gelform. Man reibt den Kokon während einiger Minuten mit der 2—10% Aluminiumoxyd enthaltenden Gallerte oder legt ihn längere Zeit in sie ein, wobei Temperaturerhöhung die Aufweichung des Sericins erleichtert und erhält so sehr feste und zähe Seide, die nicht wie bei der Behandlung mit Ätzlaugen chemisch verändert wird, sondern sogar eine Erhöhung der Bruchfestigkeit um 55% erfährt. **(D. R. P. 296 609.)**

Zum Entbasten von Seide ohne Seife behandelt man sie unter Druck mit Wasser, dem man geringe Mengen alkalisch wirkender Stoffe wie Ammoniak, Soda, Natronlauge, Alkaliphosphat oder Borax zusetzt. **(D. R. P. 301 255.)**

Nach **D. R. P. 305 920** soll man den Seidenentbastungsbädern Lösungen der Ligninsäure zusetzen.

Zur Ausführung der Seideentbastung ohne Seife behandelt man sie in neutralen oder schwachalkalischen Superoxydlösungen, denen man zwecks Aufnahme der abgegebenen Seidenleimteilchen 2—3% Gelatine zusetzt, wodurch die Ware geschont und (bezogen auf das Rohgewicht) in einer Ausbeute von 80—85% erhalten wird. **(D. R. P. 335 777.)**

297. Schaum- und enzymatische Seideentbastung.

Zum Entbasten von Rohseide behandelt man sie nach **D. R. P. 179 229** mit Seifenschaum und wäscht hierauf mit kaltem oder warmen Wasser nach.

Diese Behandlung **(Gebr. Schmidt** 1904) bewirkt, daß die Seide völlig vom Sericin befreit wird, ohne daß sich ein größerer Gewichtsverlust ergibt als sonst, da die Seide aus dem Bade Seife und Fettsäure aufnimmt. Im Übrigen werden Glanz und Geschmeidigkeit der Seide durch das Schaumverfahren besonders verbessert und ihre Beschwerungsfähigkeit bleibt unverändert erhalten. (Ref. in **Zeitschr. f. angew. Chem. 1911, 2083.)**

Auch **G. Colombo** und **G. Baroni** befürworten die Entbastung der Seide im Seifenschaum, weil die Faser nach diesem Verfahren mit sehr geringem Gewichtsverlust und in weitaus geringerer Zeit als nach dem älteren Verfahren vom Sericin befreit wird, vorausgesetzt, daß sie nicht zu stark mit Fremdkörpern beladen ist, in welchem Falle auch bei den gewöhnlichen Prozessen sogar nach vorausgegangenem Austrocknen ebenfalls keine völlige Degummierung erreicht wird. Auch sonst erleiden Glanz und Griff des Materiales und seine Fähigkeit sich mit Zinnsalzen beladen zu lassen keine Einbuße und die Gefahr der Spaltung der Fasern wird verringert. (Ref. in **Zeitschr. f. angew. Chem. 25, 1544.)**

Zur Erzeugung von Schaum für Behandlung von Gespinstfasern zu dem Zwecke, um sie zu entbasten, beschweren, beizen, färben, seifen, entfetten oder Farbstoffe auf ihnen zu fixieren, läßt man chemisch wirkende oder indifferente Gase oder Dämpfe unter Druck aus porösen Körpern in die Behandlungsflüssigkeit eintreten, so daß in ihr Schaumbläschen entstehen, die durch die

Gase oder Dämpfe emulsioniert erhalten bleiben und in dieser Form von äußerst regelmäßiger Feinheit bei jeder Temperatur Anwendung finden können, so daß dieser Schaum zur Veredelung auch temperaturempfindlicher Gespinstfasern dienen kann. **(D. R. P. 295 944.)** Man kann den schaumerzeugenden Flüssigkeiten auch Saponine, Leim, Tannin oder Harze zusetzen und erhält so auch aus sauren Flüssigkeiten bei beliebigen Temperaturen einen dichten Schaum. **(D. R. P. 296 328.)**

Ein Verfahren zur Erzeugung von Schaumbädern zwecks Veredelung von Gespinstfasern und Textilwaren aller Art, evtl. unter Gewinnung eines Futter- oder Düngemittels, ist dadurch gekennzeichnet, daß der siedenden Aufschließflüssigkeit als Schaumbildner urinhaltige oder urinfreie Fäkalien in Baumwollsäcken verschlossen mit oder ohne 0,1—0,8% Soda zugesetzt werden. Die bakterienfrei gewordenen Fäkalienreste können dann als Düngstoff Verwendung finden **(D. R. P. 300 515.)**

Zur Ersparung oder Ausschaltung der Seife bei Gespinstfaserveredelungsverfahren, besonders bei der Entbastung der Seide erzeugt man die üblichen Schaumbäder durch Späne oder Sägemehl von Nadelholzarten oder von Blättern der Buche, Pappel, Akazie oder des Ahornbaumes mit oder ohne Zusatz von Alkalien. Der so erhaltene Schaum ermöglicht auch die Ersparung oder Ausschaltung von Seidenraupenpuppen oder ähnlichen sonst als Schaumerzeuger verwendeten Seidenabfällen. **(D. R. P. 301 912.)**

Zum Degummieren tierischer und pflanzlicher Fasern, besonders von Seide behandelt man das Material nach **D. R. P. 85 760** bei 40° mit einer wässerigen 1 proz. Lösung von Bauchspeicheldrüse, der eine entsprechende Menge eines Konservierungsmittels und 1/4% doppeltkohlensaures Natron zugesetzt ist.

Zur schnellen Entbastung und Aufschließung von Rohseide, Seidenabfällen und Kokons bringt man die mit schwachen Soda- oder Boraxlösungen vorbehandelten Rohstoffe in ein 40° warmes Bad, das 1—3% Chlornatrium und Ammonsalze und überdies ein tryptisches Ferment von Art des Pankreatins oder Papayotins enthält. Der Ammonsalzzusatz bezweckt die Wegschaffung der Hydroxylionen, da sich herausgestellt hat, daß die tryptischen Fermente in annähernd neutralen Lösungen am wirksamsten sind. Im übrigen erhöht der Zusatz eines neutralen Elektrolyten die Reaktionsgeschwindigkeit in dem Maße, daß man bei dieser Art der Florett-Schappe-Seide-Verarbeitung schon in 3—5 Stunden dasselbe Resultat erzielt, wie in den übelriechenden Faulbädern in 2—9 Tagen. **(D. R. P. Anm. G. 38 329, Kl. 29 b.)**

Zum Entbasten von Seide behandelt man sie evtl. in vorher erhitztem Zustande (90—100°), bei Temperaturen unter 40° in einer alkalischen Pankreatinlösung und vermeidet so die Verwendung von Seife, bzw. setzt die nötige Seifenmenge auf den zehnten Teil der sonst üblichen herab, wobei die Stärke der Pankreatinlösung nicht größer zu sein braucht als 0,05%. **(D. R. P. 297 394.)** Nach dem Zusatzpatent erhitzt man die Seide vor oder nach dem Behandeln mit Pankreatinlösung in einer Wasserdampfatmosphäre und spart so an Dampf, erzielt eine raschere Wirkung, vermeidet die Verfilzung der Fäden und braucht weder Seife noch Chemikalien. **(D. R. P. 297 786.)** Dieses Verfahren der Seideentbastung mittels des Enzymes der Bauchspeicheldrüse ist nach einer Vorschrift von **E. Ristenpart** in **Färberztg. 1917, 177,** auch im Großbetrieb anwendbar.

298. Seide bleichen.

Die wirksamste Bleichmethode für Bastseide ist jene mit Permanganat, wobei allerdings Vorsorge getroffen werden muß, daß die Bäder keinesfalls alkalisch werden, auch ist eine Wiederholung der Bleichung zu vermeiden. Auch zum Bleichen der Tussahseide empfiehlt **M. Reimann** die Verwendung des übermangansauren Kalis. **(D. Färberztg. 1882, 14 u. 198.)**

Über das Bleichen der Tussahseide in einer konzentrierten Bromlösung mit nachfolgender Behandlung in sauren oder alkalischen Bädern siehe **Zentr.-Bl. f. Textind. 1882, 152.**

Besonders leicht läßt sich eine in möglichst starkem, jedoch alkaliarmem Seifenschaumbad entbastete Seide bleichen, wobei es gleichgültig ist, ob man zuerst z. B. bei Halbseide im kochenden Natriumsuperoxydbade bleicht und dann im saponinhaltigen mit Soda versetzten Schaumbade degummiert oder umgekehrt. Dies gilt für Cuite; Souple wird gewöhnlich zuerst schwach entbastet, dann gebleicht, wobei man mit Königswasser, neuerdings auch mit Nitrosylschwefelsäure oder angesäuerter Nitritlösung behandelt und zuletzt soupliert. **(F. Riesenfeld, Färberztg. 1917, 270.)**

Zur Ausführung einer vereinfachten Souplebleiche ersetzt man die sonst verwendete Nitrosylschwefelsäure oder das Königswasser durch die deren wirksames Agens bildende, weniger aggressiv wirkende salpetrige Säure, die man in der Weise zur Wirkung gelangen läßt, daß man dem Bleichbade Natriumnitrit zusetzt und mit verdünnter Schwefelsäure ansäuert. Dadurch wird der gelbe Naturfarbstoff der Seide diazotiert und entfernt, allerdings ist bei der Dosierung und bei der Einwirkungsdauer große Vorsicht nötig, da das Fibroin gegen salpetrige Säure sehr empfindlich ist und daher bei diesem Verfahren stets noch ein gelblicher Stich auf der Seide zurückbleibt, der allmählich bräunlich wird. Man muß deshalb, wenn die gelbe Farbe des Sericins nach Bräunlichgelb umzuschlagen droht, die Seide aus dem Bleichbade entfernen. **(E. Ristenpart, Färberztg. 1909, 313 u. 1918, 37.)**

Ecru oder Rohseide, die den ganzen Bast behalten soll, wird zuerst 1 Stunde bei 60° in schwach essigsaurem, 1% Formaldehyd enthaltendem Bade gehärtet, dann gewaschen, im schwachalkalischen Soda- oder Seifenbade entfettet und schließlich mit Permanganat oder Superoxyd gebleicht. Die Bleichung mit Königswasser wird kaum mehr angewendet, jene mit Nitrit ist ebenfalls verdrängt; das Bleichen der entbasteten Seide geschieht heute fast ausschließlich in der Schwefelkammer mit gasförmiger, schwefeliger Säure. Einzelheiten über die einzelnen Verrichtungen auch über das Degummieren und Bleichen von Tussah und Florettseide bringt **F. Riesenfeld** in **Färberztg. 1917, 270.**

Zum völligen Bleichen nicht entschälter Rohseide legt man sie 48 Stunden in ein 4—5% Salzsäure enthaltendes Alkoholbad. Nach Entfernung der grünen Flüssigkeit erhält man rein weiße Seide. Gewichtsverlust rund 3%. **(Dingl. Journ. 136, 313.)**

Zur Bleichung von Wolle und Seide mit hydroschwefliger Säure verfuhr man ehe das Hydrosulfit noch in handelsfähiger Form erhaltbar war, in der Weise, daß man eine konzentrierte Bisulfitlösung mit 7% Zinkstaub oder 20—30% Zinkspänen im geschlossenen Gefäß 1 Stunde der Wechselwirkung überließ und die durch kaltes Wasser gezogene, zum späteren Bläuen mit etwas Indigo versetzte Ware in dem 1—4grädigen Natriumhydrosulfitbade behandelte. Zur Auslösung der Wirkung, also zum Freimachen des Hydrosulfits aus seinem Natronsalz setzte man dann 5—20 ccm Mineralsäure oder 5proz. Essigsäure zu. Schließlich zog man das Bleichgut durch 1proz. Sodalösung, wusch, schleuderte und trocknete bei 30—35°. **(G. Dommergue, V. Kallab, Zeitschr. f. angew. Chem. 1887, 233; 1889, 558.)**

Zum Bleichen der Tussahseide genügt für helle Modefarben die Kaliumpermanganat-Bisulfitbleiche, während man für ein klares Weiß mit Wasserstoffsuperoxyd oder Natriumsuperoxyd arbeiten muß. **(H. Arnold, Färberztg. 23, 513.)**

Diese letztere Methode der Bleichung von Tussahseide mit Wasserstoffsuperoxyd bei Gegenwart von Ammoniak beschreiben **Lecouteux** und **Girard in D. Färberztg. 1879, 71.**

Zum Bleichen von Seide erhitzt man 5 kg gelbbastiges Rohmaterial nach **D. R. P. 103 117** etwa 1 Stunde in einem Bade von 10 kg 3proz. Wasserstoffsuperoxyd, 10 kg rohem Aceton und der zur Neutralisation der Säure des Wasserstoffsuperoxyds nötigen Ammoniakmenge etwa 1 Stunde. Der Materialverlust soll kaum merklich sein.

Zum Bleichen von Halbseide mit Baumwolle oder Wolle als Halbmaterial bringt man die im kochenden Seifenbade behandelte gut gewaschene Ware 1/2 Stunde in ein frisches 30° warmes Bad von 15% Bittersalz, wäscht, setzt dem Bade Natriumsuperoxyd zu, geht abermals mit der Ware ein, erhitzt auf 75° und schließlich zum Kochen, wäscht im schwach schwefelsauren Bade, spült und trocknet. **(Appretur-Ztg. 1907, 117.)**

Nach **D. R. P. 218 760** wird Seide, die man vorher mit Soda und Seife entbastet und mit einer 1proz. Sodalösung getränkt hat, gebleicht durch kurze aber wiederholte Behandlung in einem Bleichbade, das 3 kg Perborat, 0,60 kg 66grädige Schwefelsäure und 1,8 kg 40grädiges Wasserglas in 200 l Wasser enthält. Die Festigkeit der Faser soll eine Zunahme erfahren.

299. Seide solidifizieren, mercerisieren. — Seideabfall-(Schappe-)spinnerei.

Um Rohseide widerstandsfähiger auch gegen heiße Flüssigkeiten zu machen und so das Färben zu erleichtern, behandelt man sie mit Formaldehyd in flüssiger oder Gasform. Um dem Faden jedoch seine Biegsamkeit und leichte Färbbarkeit zu erhalten, bringt man die Seide nachträglich in ein Seifenschaumbad und wäscht dann, so daß die oberen erweichten Sericinschichten entfernt werden und die Seide wie jene in ungeleimtem Zustande beim Färben einen hohen Glanz annimmt. **(D. R. P. 87 288).**

Über das Verstärken von natürlicher Seide durch einen Härtungsprozeß mit Formaldehyd siehe ferner **D. R. P. 207 133.**

Das Seide-Solidifizierungsverfahren mit Formaldehyd soll jenes mit Tannin wesentlich übertreffen, so daß die Echtheit der Farbstoffe erhöht und dabei doch der Glanz der Faser, was allerdings nur bei schwachen Formaldehydlösungen der Fall ist, nicht vermindert wird. **(J. Goldarbeiter, Monatsschr. f. Textilind. 28, 137.)**

Nach **D. R. P. 263 645** behandelt man Seidenfäden und anderes Textilmaterial, um die Fasern für Zwecke der Weberei widerstandsfähiger zu machen in einem Bade, das man durch Verseifen von rohem oder gekochtem Leinöl in Benzinlösung mit Soda erhält. Aus diesem Bad wird die Seife in Form einer Emulsion mittels Säure herausgefällt und direkt verwendet, worauf man das Garn schleudert, bei 30° trocknet und zum Trocknen des Öles noch etwa 24 Stunden hängen läßt. Nach dem Zusatzpatent behandelt man die Seide ohne Säurezusatz in einem Wasserbade, das einige Prozent Leinöl und evtl. Marseiller Seife enthält und überzieht die Seide so mit einem klebrigen Häutchen, das dann in etwa 24 Stunden an der Luft getrocknet wird. Das Verfahren eignet sich besonders für roh zu verarbeitende Grège, wobei auf den Glanz der Seide keine Rücksicht genommen zu werden braucht, da er bei der späteren Abkochung vor dem Färben wieder hergestellt wird. **(D. R. P 276 271.)** Nach einer weiteren Ausführungsform bringt man die Seidenfäden, statt sie mit einer wäßrigen Leinölemulsion zu behandeln, unmittelbar nach dem Färben in ein mit Leinölseife versetztes Bad, ringt aus, aviviert wie üblich mit Olivenölzusatz, behandelt mit schwacher Säure nach und trocknet. **(D. R. P. 263 646.)**

Erhöhter Glanz auf Naturseide im Strang und in Geweben wird nach **D. R. P. 295 070** wie folgt erzeugt: Die Seide wird in abgekochtem Zustande oder gewebt, 2—10 Minuten, unter

Gestreckthalten der Seide auf der ursprünglichen Länge oder 1—2% über die normale Länge, mit 60—70proz. Ameisensäure oder Essigsäureanhydrid, einem Gemisch von Essigsäure- und Ameisensäureanhydrid oder einem Gemisch von Eisessig und Essigsäureanhydrid unter Zusatz von 5—10% Glycerin behandelt, geschleudert, gewaschen, nochmals geschleudert und getrocknet. Der Faden gewinnt durch dieses Verfahren bedeutend an Glanz und soll auch für Farbstoffe viel aufnahmefähiger werden.

Während Schappeseiden unter der Behandlung mit starker etwa 90proz. Ameisensäure stark leiden und auch entbastete Seide bei längerer Einwirkung sich aufbläht und schließlich in Lösung geht, entsteht bei kurzer Einwirkung eine Art Merzerisationseffekt in dem Sinne, als die Seide um etwa 8—12% in der Länge verkürzt wird und besonders hohe Aufnahmefähigkeit für substantive Farben zeigt, während bei basischen und sauren Farbstoffen keine großen Unterschiede bestehen. So behandelte Seide zeigt sich nach dem Trocknen auch härter und häufig glänzender, allerdings wird sie von neutralen Salzen der Alkalimetalle, namentlich von den Chloriden und Sulfaten sehr stark angegriffen. Ebenso rühren die Flecken in gefärbter Seide von Seide-Säuresubstanz her, die sich durch neutrale Salze oder Säuren gebildet hat. **(L. L. Lloyd,** Ref. in **Zeitschr. f. angew. Chem. 26, 671.)** Vgl. **A. Sansone, ebd. 25, 93.**

Eine ausführliche Abhandlung von **W. Hacker** über das Verspinnen der Seidenabfälle (Strusi, verschiedene Kokonarten, Haspelabfall usw.) findet sich in **Monatsschr. f. Textilind. 34, 45.**

Die für die Schappespinnerei zur Verwendung kommenden Rohmaterialien bestehen entweder aus den Abfällen der Rohseideverarbeitung oder aus unabhaspelbaren Kokons. In ersterem Falle sind es die Flockseide, dann die flaumartige Hülle des Kokons und die gallertige innerste Hülle. ferner die beim Zwirnen und Winden entstehenden Abfälle. Die Flockseide ist sehr begehrt, während die flaumartige äußerste lockere Kokonhülle einen unreinen groben Abfall darstellt, der einen harten, starren Griff besitzt. Das beste Material sind die innersten Kokonreste, die als Bassines, Pelettes oder Ricotin in den Handel kommen. Diesem aus den genannten verschiedenen Abfällen bestehenden uneinheitlichen Produkt steht das einheitliche Material der unabhaspelbaren durchbrochenen oder wurmstichigen Kokons gegenüber, die je nach dem Grad der Beschädigung und der Raupenrasse eine mehr oder weniger gute Schappe liefern. **(H. Fehr, Monatsschr. f. Textilind. 1910, 34.)**

Die Ursache des schnellen Stumpfwerdens der Messer, die bei Herstellung von Couleursamt, bzw. -plüsch zum Beschneiden der Polfäden dienen, liegt in der ungeeigneten Vorbereitung der Schappegespinste, die aus Seidenabfällen bereitet werden, deren Entbastung nicht weit genug oder unregelmäßig vollzogen wurde. Aus diesem Grunde konnten bisher nur unbeschwerte Florettseidengespinste zur Herstellung jenes Samtes dienen. Nach vorliegendem Verfahren entbastet man nicht nur die Seidenabfälle, sondern auch die aus ihnen gefertigten Gespinste, ehe sie mit Metallverbindungen beschwert und gefärbt werden in einem Seifenschaumbade vollständig, wodurch es ermöglicht wird, auch für Couleursamt, wie es bisher nur für Schwarzsamt möglich war, die Polfäden zu beschweren. **(D. R. P. 243 755.)**

Über ein Verfahren zum Zerkleinern kurzfasrigen Gutes, insbesonder von Gespinst wie z. B. Seide, wobei das strangförmige Gut in leicht zu zerteilenden Papierhüllen zerschnitten wird, die das Vorwärtsgleiten der Gespinstfasern erleichtern, siehe **D. R. P. 289 453.**

Um zu verhindern, daß die Seide bei der Shoddyherstellung elektrisch und dadurch unverarbeitbar wird, behandelt man das Abfallmaterial vor dem Reißen mit einer mit feinpulverigem Braunstein versetzten Alaunlösung, zerreißt sodann und spült das Material mit viel Wasser. **(D. R. P. 100 616.)**

Zum Carbonisieren [290] der Abfallseide behandelt man die Abfälle 3—4 Stunden in einem 3—4grädigen kalten Schwefelsäurebad, erhitzt sie dann in geschleudertem und getrocknetem Zustande 1 Stunde bei 70—90° im Carbonisierapparat, klopft, spült, seift, behandelt in einem Sodabade nach, spült und trocknet und besprengt die Abfallseide schließlich in dünnen Lagen mit einer Mischung von 1% Braunstein, 0,5% Alaun und 2—2,5% Olein. **(Appretur-Ztg. 1907, 117.)**

Zur Befreiung der Seidenabfälle von Verunreinigungen tierischer Herkunft (Haare, Nägel, Horn, Gelatine) behandelt man die Abfälle nach **D. R. P. 241 920** mit einer wässerigen Lösung von Schwefelnatrium bei Gegenwart geringer Ölmengen, wäscht schnell in warmem Wasser und spült schließlich in kaltem Wasser.

Um aus Rohseidenabfällen, aus denen Gesundheitsunterkleider hergestellt werden, den unangenehmen Seidenbastgeruch zu entfernen, kocht man das Material nach **D. R. P. 57 059** 20 Tage lang abwechselnd in Seifenbädern, bestreut das Material mit Kochsalz und setzt es der Rasenbleiche aus.

300. Literatur und Allgemeines über Seidebeschwerung. Vorbehandlung.

Über die Theorie der Seidenbeschwerung siehe die Arbeiten von **P. Sisley** bzw. **P. Heermann** in **Chem.-Ztg. 1911, 621** bzw. **829.** Ferner **Färberztg. 27, 248; Monatschr. f. Textilind. 30, 113** und **Mittlg.v. Materialprüfungsamt 31, 289.**

Über metallische Seidenbeschwerung siehe die ausführliche Arbeit von **H. Silbermann, D. Färberztg. 1897, 34.** Vgl. **D. Färberztg. 1897, 1.**

Die Beschwerung der Seide mit Zinnphosphat wird beschrieben von **H. Ley, Chem.-Ztg. 1912, 1405 u. 1466. — Vgl. K. Schwarz, D. Färberztg. 1907, 49.**

Über einen Vorschlag zur möglichen Beseitigung der Seidenbeschwerung während des Krieges und seine Ablehnung, siehe **E. Ristenpart, E. Aumann** und **P. Herrmann in Färberztg. 26, 301; 27, 25** und **Monatsschr. f. Textilind. 31, 56.**

Über das Beizen von Seide mit Zinn-, Eisen- und Aluminiumsalzen und Verbindungen siehe die Abhandlung von **P. Heermann in Ind.-Ges. Mühlh. 1905, 159.**

Da das Entbasten der Seide einen Gewichtsverlust von 20—25% zur Folge hat, trachtet man, diesen Verlust durch künstliche Beschwerung aufzuheben. Die Bedeutung des Beschwerungsvorganges liegt aber weniger in der erzielten Gewichtsvermehrung, sondern das Wesentliche ist vielmehr die durch die Einlagerung von mineralischen Stoffen bedingte Volumvergrößerung der Faser, die eine vorteilhaftere Ausnutzung des wertvollen Seidenfadens ermöglicht. Gleichzeitig wird die Seide im Griff voller und gewinnt erheblich an Glanz und Schönheit. Die normale Seidenbeschwerung hat den Vorteil, einen starken Faden zu liefern, so daß ein mit dieser Seide gefertigtes Gewebe voll und kräftig erscheint; zu starke Beschwerung macht den Faden brüchig.

Das souveräne Mittel zur Seidebeschwerung ist das Zinnchlorid, das man in folgender Weise verwendet: Die entbastete Seide wird in Zentrifugen gespült und kommt mit einem Feuchtigkeitsgehalt von ca. 25% in eine Zinnchloridlösung von 30° Bé, entsprechend 12—13% Zinn. Man läßt die Seide etwa 1 Stunde im Zinnbade liegen, schleudert gut ab und geht zwecks Hydrolisierung des Zinnsalzes in ein Wasserbad. Die Seide wird sodann zwecks Überführung des in der Faser haften gebliebenen hydrolisierten Zinnsalzes in Zinnphosphat in eine 75° warme 10 proz. Natriumphosphatlösung eingelegt, worauf man die phosphatierte Seide sorgfältig wäscht und den Beschwerungsvorgang zum 2. und 3. Mal wiederholt. Die beschwerte Seide wird schließlich noch in ein Bad von Natriumsilicat gebracht oder sie kommt 1—1$^1/_2$ Stunden in ein 40—50° C warmes Bad von 3—5grädiger schwefelsaurer Tonerde. Nach dem Schleudern wird schließlich in einem Wasserglasbad von 2—7° Bé bei 50—55° C 1 Stunde lang behandelt und gründlich mit Wasser gewaschen. Das Zinn wird aus den Waschwässern zurückgewonnen. **[304.]**

Nach **Fr. Fichter** und **E. Muller** ist das Beschweren der Seide eine chemische Reaktion zwischen dem Stannichlorid, dem Fibroin und den anderen Aminosäuren der Seide. Nach der während des Waschprozesses folgenden Hydrolyse ist das Stannichlorid in der Seide niedergeschlagen und das mit seinen ursprünglichen Eigenschaften regenerierte Fibroin vermag dann neue Mengen Stannichlorid aufzunehmen. **(J. Chem. Soc. 1916, 766.)**

Nachteilig für den Prozeß sind: die sauere Beschaffenheit des Zinnbades sowie der hohe Preis des Zinnes. Um diesen Übelständen zu begegnen, hat man die verschiedenartigsten Ersatzstoffe vorgeschlagen, von denen jedoch heute noch keiner als vollwertiger Ersatz des Zinnchlorides in Betracht kommen kann. Nach früheren Vorschlägen verarbeitete man Zink-, Magnesium-, Strontium-, Barium-, Blei- oder Ammoniumsalze, in neuerer Zeit sucht man die Gruppe der seltenen Erden zu demselben Zweck heranzuziehen. Es kommen in Betracht: 1. Die Erden des Monazitsandes. 2. die Zirkonverbindungen, 3. die Titanverbindungen. — Der Monazitsand wird in der Gasglühlichtindustrie auf Thorium verarbeitet und liefert als Nebenprodukte beträchtliche Mengen Ceriterden und Yttererden. Thorium an und für sich wäre vielleicht ein ausgezeichnetes Beschwerungsmittel, kommt aber seines hohen Preises wegen naturgemäß nicht in Frage. Es müßte gelingen, die Ceriterden ohne weiteres als Beschwerungsmittel verwenden zu können. Da jedoch das Gemisch der Ceriterden gefärbt ist und diese Färbung sich der Faser mitteilt, könnten jene als Zinnsalzersatz nur dienen, wenn diese Schwierigkeit überwunden werden könnte. Abgesehen von der Färbung ist jedoch auch nach Versuchen von **E. Stern** der Beschwerungsgrad unzureichend. Eine günstige Beeinflussung der Beschwerungsvorgänge durch Ceriterden wird erzielt, wenn man der Lösung verhältnismäßig geringe Mengen Zinnchlorid zusetzt.

Die Zirkonverbindungen sind in vieler Hinsicht den Zinnverbindungen ähnlich und besitzen den Ceriterden gegenüber den großen Vorzug, vollkommen farblose Fällungen innerhalb der Faser zu bilden. Auffallenderweise gelingt es aber nicht, die Seide mit Zirkonchlorid zu beschweren. Weit besser eignet sich das Zirkonsulfattetrahydrat. Die Aussichten zur Einführung von Zirkonsalzen in die Beschwerungsindustrie sind zur Zeit noch sehr geringe. Die verschiedenen Vorschläge der Titanbeschwerungen haben nach Ansicht des Verfassers wenig Aussicht auf Erfolg.

Es wurden auch Vorschläge zur Verwendung von Salzen mit anderen Anionen als Salzsäure gemacht. Beispielsweise bilden Zirkon und Zinn Acetate, die sich zu Beschwerungszwecken recht gut eignen sollen. Die Verwendung organischer Salze hat auch den Vorzug, daß die Hydrolyse in einer Wasserdampfatmosphäre vorgenommen werden kann, wodurch kostspielige Regenerationsverfahren wegfallen. Das Ideal der Seidenbeschwerung wäre die Beschwerung mit Stoffen, die der Seidensubstanz möglichst wesensverwandt sind, also z. B. mit diffusions- oder adsorptionsfähigen Eiweiß- oder Celluloseverbindungen. Die Metallverbindungen kämen dann höchstens als Transporteure in Frage. — Bezüglich der Versuche, die den Verfasser zu den festgelegten Ansichten führten, muß auf die Originalarbeit verwiesen werden. **(E. Stern,** Die Beschwerung der Seide mit Zinnersatzstoffen, **Zeitschr. f. angew. Chem. 27, I, 497.)**

Am besten beschweren lassen sich Japanseiden, die etwa 50—60% gegen nur 30—40% der Kantonseiden an Beschwerungsmittel aufnehmen. Den Japanseiden folgen die italienischen, dann die Shantung-Seiden, während die kleinasisatischen Sorten (Brusse und Syrie) der Reihe nach die Verbindung zu den Kantons bilden. **(E. Aumann, Färberztg. 66, 301.)**

301. Zinn-(Zink-)salz-Seidebeschwerung.

Einen Beitrag zur Frage der Zinnphosphat-Seidebeschwerung bringt **H. Ley** in **Chem.-Ztg. 1921, 645.**

Die Verwendung von Zinnchlorid zum Beizen und Beschweren der Seide beruht auf der Zersetzung dieses Salzes in einer großen Wassermenge, wobei sich während des Waschens Zinnoxyd auf der Faser niederschlägt. Um diese Zersetzung zu beschleunigen setzt man dem Beiz- oder Beschwerungsbade nach **D. R. P. 163 322** 1 Tl. schwefelsaures Natron auf 2 Tl. 50grädiges Zinnchlorid zu und erreicht so, daß sich eine größere Menge Zinnoxyd auf der Faser niederschlägt als ohne Anwendung des Natriumsulfates.

Zur Seidebeschwerung eignet sich besonders das nach dem Weißblechentzinnungsverfahren mittels Chlorgases gewonnene wasserfreie Zinnchlorid, das völlig neutral ist, auch bei längerem Aufbewahren kein Chlor abspaltet, und auch wenn es Spuren von Eisen oder von den Verunreinigungen der Weißbleche herrührende organische Stoffe enthält, von der Seide völlig aufgenommen wird. **(P. Heermann, Färberztg. 1907, 34.)**

Zum Beschweren von Seide verwendet man nach **D. R .P. 179 498** eine Lösung von Stannichlorid und schwefligsauren Alkalisalzen.

Beim Beschweren der Seide in Zinnchloridbädern, ersetzt man um die Seide weniger zu beanspruchen, einzelne der starken Fixierbäder durch schwache Bäder, die aus einer wässerigen Chemikalienlösung bestehen, die nur eine teilweise Fixierung des Chlorzinns herbeiführen. **(D. R. P. 277 431.)**

Zur Zinnersparnis bei der Seidebeschwerung, besonders jener Zinnmengen, ,die von der gewaschenen Seide zurückgehalten werden, schaltet man zwischen den Zinnbeizvorgang und die Waschung einen Trockenprozeß ein. Es gelingt so durch Eindunsten der verdünnten Zinnchloridlösung innerhalb der Faser die absolute Zinnaufnahme der Seide auf die alte Höhe zu bringen und die Abwanderung der Chlorzinnteilchen nach dem Inneren der Fasern zu bewirken, so daß die Oberfläche beim folgenden Waschen frei von Zinnhydroxyd bleibt und ihren ursprünglichen Glanz behält. Eine dreimal mit 20proz. Zinnchlorid behandelte unter Einschaltung des Trockenprozesses wie üblich mit Phosphat und Wasserglas nachgebeizte Seide erhielt eine um 15% höhere Beschwerung als beim Arbeiten mit 30proz. Chlorzinn ohne Nachbeize **(E. Ristenpart, Färberztg. 1917, 177.)**

Beim Beschweren von Seide mit organischen oder gemischt organisch-anorganischen Salzen des Zinns, Zirkons oder Titans verfährt man nach voliegendem Verfahren in der Weise, daß man die Zersetzung des betreffenenden Metallsalzes auf der Faser und das Niederschlagen des Hydroxydes in einer mit Wasserdampf gesättigten Atmosphäre vornimmt. So bilden z. B. Zirkon und Zinn basisch essigsaure, ameisensaure oder rhodanwasserstoffsaure Salze, die auf der Faser schnell und vollständig gespalten werden. Zur Befestigung des ausgeschiedenen Metallhydroxydes verwendet man z. B. eine 10 proz. Wasserglaslösung. Man vermeidet so die schädigende Wirkung der bei der Hydrolyse frei werdenden starken Säure (besonders Salzsäure) und bewirkt überdies, daß ein teilweises Wiederauslaugen der Beschwerungssalze nicht stattfinden kann. **(D. R. P. 282 251.)**

Beim Beschweren der Seide in Chlorzinn- und Alkaliphosphatbädern mit einer Nachbehandlung in einem Alkalisilikatbad setzt man letzterem oder auch den Phosphatbädern Agar, Harze, Sericin, Knochenmehl, Seidenraupenpuppen, Seidenbastwasser oder Spinnenrestkokons zu, also Stoffe, die infolge Verseifung ihrer Bestandteile durch das während des Prozesses freiwerdende Alkali schaumbildend wirken, wodurch die Auflösung des auf die Faser gebrachten Zinns vermieden wird. Die Ware erträgt so eine 10—15% höhere Beschwerung und der Prozeß dauert nur 4—5 Minuten, während er sonst über 3 Stunden in Anspruch nahm. Überdies wird an Phosphat und Silikat gespart, da die schaumige Flüssigkeit naturgemäß viel ausgiebiger ist. **(D. R. P. 287 754.)**

Um besonders hohe Beschwerung der Seide zu bewirken, behandelt man sie nach der Tränkung mit Zinnbeschwerungssalz und nach dem Trocknen mit alkalisch wirkenden evtl. mit indifferenten Gasen verdünnten Gasen und bewirkt so, daß das gesamte Zinn als Hydrat in der Faser fixiert wird. **(D. R. P. 320 783.)** Nach dem Zusatzpatent schließt man an die Behandlung mit alkalisch wirkenden Gasen sofort jene mit Phosphaten bzw. Silikaten an und verfährt in der Weise, daß man die beschwerte Seide um das Phosphatbad nicht zu stark alkalisch zu machen, durch Absaugen von dem Alkaliüberschuß befreit. **(D. R. P. 324 562.)**

Zur gemischt-metallischen Seidenbeschwerung behandelt man das degummierte und gewaschene Material 1 Stunde in einer Mischung von 30grädiger Zinntetrachloirdlösung und 30 bis 45grädiger Zinksulfatlösung z. B. zu gleichen Teilen, schleudert dann ab, behandelt die Seide in so konzentrierter Weinsäurelösung, daß beim Einbringen der Strähne keine milchige Trübung entsteht, wäscht die Seide in reinem Wasser und fixiert bei 75° in 5—8grädiger Natriumphosphatlösung. Dadurch wird im Gegensatz zu dem Verfahren des **F. P. 372 279**, bei dem man die im

Zinn-Zinksalzbad behandelte Seide direkt mit Wasser wäscht, unter Vermeidung der Ausfällung der Metallhydroxyde, glänzende, griffige und haltbare Seide erhalten. **(D. R. P. 214 372.)** Nach dem Zusatzpatent vereinigt man die beiden Bäder und setzt dem Zinnchlorid-Zinksulfatbade gleich Weinsäure und Salzsäure zu, wodurch an Säuren gespart, das Verfahren vereinfacht und eine glänzendere griffigere Seide erhalten wird. **(D. R. P. 215 702.)**

Über die Frage des Zinnersatzes in der Seidenbeschwerung siehe die Ausführungen von **P. Heermann** in **Angew. Chem. 29, III, 473.** Das Chlorzinn ist als Seidebeschwerungsmittel vollständig nicht zu ersetzen, vor allem deshalb, weil die Stannisalze die höchste bis jetzt gefundene Affinität zur Seide besitzen und gegenüber den ebenfalls als Beschwerungsmittel verwendeten Gerbstoffen den Vorzug zeigen, daß die Zinnsalzbäder bei wiederholtem Gebrauch ihre Wirksamkeit nicht verlieren, sondern im Gegenteil wirksamer werden.

302. Zinnbadzusätze; Zirkon-, Wolfram-, Molybdänbeschwerung.

Zum Beschweren von Seide führt man sie nach **D. R. P. 175 347** zuerst durch ein Bad von Zinndichlorid, ringt aus, wäscht und behandelt in einem 55—65° warmen, 5grädigen, schwach alkalischen Bade von Natriumphosphat, dem soviel Casein zugesetzt ist, daß ein Bad von 7 bis 8 Bé entsteht; man wiederholt das Verfahren bis der Faden genügend aufgeschwellt ist und sein Gewicht sich entsprechend vergrößert hat. Die Seide behält ihren Griff und ist für die Weiterverarbeitung sehr geeignet, sie läßt sich ebenso färben wie reine Seide. Vgl. **D. R. P. 179 498.**

Vgl. **D. R. P. 175 347:** Behandlung von Seide mit Metallsalzen und mit Eiweißstoffen.

Zum Beschweren von Seide bereitet man durch Auflösen von je 100 g billiger, reiner Seide und Seidenraupenpuppen in 2 l 54grädiger Chlorzinklauge bei niederer Temperatur ein Bad, dem man so viel Zinnchlorid zusetzt, daß die Mischung gleiche Mengen beider Chloride enthält, worauf man auf 27°—28° Bé verdünnt und nunmehr mit der zu beschwerenden Seide eingeht. Im weiteren vollzieht sich der Prozeß, auch jener der Nachbehandlung im Phosphat- bzw. Silicat- und Aluminiumsulfatbad, in flüssiger oder Schaumform, wie beim normalen Seidenbeschwerungsvorgang. **(D. R. P. 291 009.)** Nach dem Zusatzpatent ersetzt man zur Erzielung eines elastischeren Produktes die Zinkchlorid- bzw. Zinkchlorid-Chlorzinnbäder durch Chlorzinnbäder allein. **(D. R. P. 295 272.)**

Zur Erhöhung der Festigkeit und Elastizität beschwerter Seide behandelt man sie während eines der Prozesse mit fermentativen oder chemischen Abbauprodukten des Proteins oder Nucleins, ohne jedoch bei diesem Abbau die Zerlegung bis zum Harnstoff, Thioharnstoff oder Hexamethylentetramin zu treiben. Diese Abbauprodukte können dann vor ihrer Verwendung oder während des Beschwerungs-, Färbe- oder Avivierprozesses weiter verändert werden dadurch, daß man sie kondensiert oder andere Atomgruppen in sie einführt. **(D. R. P. 348 193.)**

Zum Schutz der Seide behandelt man sie vor dem Beschweren oder während des Prozesses mit Schwefel oder Stickstoff enthaltenden, mit Eisensalzen nicht farbig reagierenden Verbindungen, die sich leichter oxydieren als das Fibroin, und schlägt diese Schutzkörper innerhalb der Faser nieder. **(D. R. P. 349 261.)**

Über das Beschweren von Seide mit Bariumsulfat, siehe **Polyt. Zentr.-Bl. 1874, 540.**

Ein Seidebeschwerungsverfahren mit Fluorchrom ist in **D. R. P. 298 235** beschrieben.

Nach **D. R. P. 232 875** tränkt man die zu beschwerende Seide mit einer kolloidalen Lösung der Metallhydrate seltener Erden, besonders des Zirkons und führt das auf der Faser fixierte Sol durch Koagulierung in das Gel über. Es wird so die Fixierung verbessert und die Bildung von Salzen vermieden, die infolge ihres Säuregehaltes der Seide schädlich sind, dadurch erübrigt sich auch das oftmalige Waschen der Seide. **(D. R. P. 232 875.)**

Nach **D. R. P 258 638** ersetzt man die Zinnsalze durch solche des Zirkons oder der seltenen Erden, in deren Lösungen man die Seide mit zwischenliegenden Wäschen wiederholt eintaucht, bis der gewünschte Grad der Beschwerung erreicht ist. Zum Schluß führt man das Salz auf der Faser wie üblich durch Behandlung der Seide in Alkali- oder Alkaliphosphatlösungen in das Hydrat bzw. Phosphat über. Nach dem Zusatzpatent ersetzt man die in der hydratischen Form an der Luft leicht oxydierbaren Salze der seltenen Erdmetalle durch ihre Gemenge mit anderen solchen Salzen, die diese Eigenschaft nicht besitzen, und arbeitet z. B. so, daß man die Seide 1—2 Stunden in eine 25—30grädige Cerchloridlösung einlegt, wäscht, dann in ein 40—50° warmes, 6gräd. Bad von phosphorsaurem Natron eingeht, nach $^1/_2$ Stunde wieder wäscht, dann 1 Stunde mit $2^1/_2$grädigem Natronwasserglas, das 15% Marseiller Seife enthält, behandelt, die Seide ausringt und schwach mit Salzsäure kalt aviviert. Bei einmaligem Durchzug erhält man so eine Beschwerung von 9—10%, ohne daß die Faser durch Oxydationsprozesse leidet. **(D. R. P. 281 571.)**

Zum Beschweren von Seide verwendet man Zirkonsulfat-Tetrahydrat $Zr(SO_4)_2 \cdot 4\,H_2O$, allein oder im Gemisch mit Zinn-, Uran-, Zink- oder anderen geeigneten Salzen. Die bisher zur Seidebeschwerung verwendeten kolloidalen, stark basischen Zirkonsalze diffundieren nur schwer in die Seidenfaser, so daß sich das Abschwemmen der Beschwerungssalze kaum vermeiden läßt. Das vorgeschlagene Zirkontetrahydrat diffundiert hingegen leicht während der Hydrolyse in die Faser und geht dort erst in den kolloiden Zustand über. Man kann in der Weise verfahren, daß man den Seidenstrang mit der 40proz. Lösung des Zirkonsalzes tränkt, in Wasser hydrolysiert und in einem Natriumphosphatbade fixiert oder man kann auch die Seide zuerst durch Zinnsalz führen und dann z. B. viermal das Zirkonbad passieren lassen. **(D. R. P. 276 423.)**

Nach **E. Ristenpart** kann an einen Ersatz des Zinns durch Zirkonsulfattetrahydrat nicht gedacht werden, da die erzielten Beschwerungen weit hinter jenen mit Zinn zurückbleiben. (**Färber-ztg. 1918, 26.**)

Nach **D. R. P. 336 332** verwendet man zum Beschweren der Seide Gemische von Cersalzen mit Zinnsalz oder von letzterem mit Zirkonsalzen.

Nach **D. R. P. 312 301** schlägt man auf die zu beschwerende Seidenfaser zuerst ein Metallhydroxyd (Zr, Ti, Th) oder ein Metallsilicat kolloidal nieder und bringt das Material dann in das Bad eines Metallsalzes, das mit jenem Hydrogel eine Adsorptionsverbindung bildet. (**D. R. P. 312 301.**)

Oder man behandelt die Faser zuerst mit den Lösungen der komplexen Salze von Wolframsäure oder Molybdänsäure mit Phosphorsäure, Kieselsäure oder Borsäure und schlägt die komplexen Säuren durch nachfolgende Behandlung in den Bädern löslicher Zinn- oder Zirkonsalze in unlöslicher Form auf der Faser nieder. Oder man verfährt in der Weise, daß man die mit Seifenlösung entbastete Seide zuerst 2 Stunden in ein 30grädiges Zinnchloridbad bringt, kurze Zeit zur Hydrolisierung mit Wasser oder verdünnter Sodalösung behandelt, mit der Seide dann ohne zu waschen in eine 5proz. Lösung von Phosphor-Wolframsäure geht, und sie schließlich nach 15 Minuten sorgfältig auswäscht. (**D. R. P. 261 142.**)

303. Seidebeschwerung mit Farbholz, Gerbstoff und anderen Körpern.

Die alte Methode, Seide mit Eisennitrat zu beizen, mit Blauholz schwarz zu färben und mit basisch essigsaurem Blei zu beschweren, beschreibt **Westphal in Musterztg. 1871, Nr. 17.**

Zur Fixierung von Eisenoxyd auf Seide behandelt man die mehrmals mit Eisenbeize behandelten Fasern nach dem üblichen Waschen mit Wasser von 50° in einer 40° warmen Lösung, die im Liter Wasser 50 g Marseiller Seife und 5 g Gelatine oder Leim enthält, windet aus, dämpft 10 Minuten und spült mit Sodalösung oder weichem Wasser. Durch Zusatz von Albuminoiden oder Traubenzucker zum Seifenbade vermag man einer Schädigung der Faser unter allen Umständen vorzubeugen. (**D. R. P. 284 853.**)

Zur möglichst hohen Beschwerung der Seide mit organischen Stoffen unter tunlichster Vermeidung der anorganischen Beschwerungsmittel grundiert man sie zuerst wie üblich mit Zinnphosphat, setzt dann Blauholz in unoxydierter Form auf, behandelt mit Gerbstoff und färbt schließlich auf Nuance auf. Man kann bei dieser Reihenfolge der Prozesse Beschwerungen bis über 100% erzielen, wobei das Volumen der Seide beträchtlich erweitert wird. (**P. Heermann, Monatsschr. f. Textilind. 1909, 243.**)

Zum Schwarzfärben und Beschweren der Seide vermindert man bei der üblichen Blauholzmethode die Anzahl der Zinnphosphatbäder und ersetzt im ersten Blauholzbade die Marseiller Seife durch kieselsaures Alkali, wobei zur Vermeidung der üblichen Überfärbung mit Anilinfarbstoffen nach dem ersten Blauholzbade ein Eisenbad gegeben und dann im zweiten Ausfärbebade ohne Teerfarbstoff ausgefärbt wird. Es genügen nach diesem Verfahren nur zwei Bäder, wodurch Ersparnisse erzielt werden und überdies wird die zu 75—80% beschwerte Seide kaum angegriffen. (**D. R. P. 305 275.**) Nach einer Abänderung des Verfahrens setzt man um bei höherer Temperatur als sonst in das Bad eingehen zu können, dem Wasserglas enthaltenden Beschwerungsbade Bastseife oder Bastseifenersatz zu. (**D. R. P. 316 754.**)

Zur Seifeersparnis setzt man dem Seidebeschwerungs-Hämatoxylinbad lösliche Phosphate zu, wodurch überdies die Beschwerungsziffer erhöht und die Seide fester und griffiger wird. (**D. R. P. 306 782.**)

Zur Erzeugung von Blauholzschwarzfärbungen auf Seide behandelt man sie zur Erzielung gleichmäßiger Färbungen und zur weiteren Erhöhung der Beschwerung nach der gewöhnlichen Zinnsalzbeschwerung mit Phosphorsäure und Kieselsäurefixierung, jedoch vor der Gerbstoffbehandlung mit holzessigsaurem Eisenoxydul. (**D. R. P. 171 864.**)

Zur Herstellung eines zur weiteren Beschwerung zinnbeschwerter Seide geeigneten Kondensationsproduktes aus Catechin mit Catechugerbsäure dampft man deren Handelsgemisch Gambir bei 100° ein oder verwendet die Lösung unmittelbar zur Seidebeschwerung. (**D. R. P. Anm. A. 15 842, Kl. 8 m.**) Nach den Zusatzanmeldungen erhitzt man die Gemische von Catechin und Catechingerbsäure längere Zeit auf Temperaturen unter 100° bzw. unterwirft diese Mischung oder den Gambir dem Verfahren erst nach einem weiteren Zusatz von Catechin und zieht dadurch das sonst wenig beschwerend wirkende Catechin beim ersten Zug schon zur Beschwerung mit heran. (**D. R. P. Anm. A. 15 973 u. 15 974, Kl. 8 m.**)

Als Beschwerungsmittel für Rohseide kommen übrigens auch ab und zu Fette und Wachse vor. So bereitet man z. B. zum Beschweren von Seide, Baumwolle, Wolle u. dgl. bis zu 20% nach **F. P. 383 129** ein Bad aus 1 kg Schwerbenzin, 1 kg Leinöl und 30 g Bienenwachs. Man behandelt damit die Textilstoffe bei 30° und trocknet oder befreit vom Benzin durch 48stündiges Erwärmen. Diese Art der Täuschung ist eine andere als jene der übertriebenen Metallsalzbeschwerung insofern, als es sich hier nur um eine grobe Gewichtsvermehrung der Seide mit Stoffen handelt, die von der Faser nur mechanisch zurückgehalten werden.

Zur 30—50proz. Beschwerung von Seide, zur Erzielung hohen Glanzes und krachenden Griffs wird sie nach **D. R. P. 106 958** (siehe auch Hauptpatent **D. R. P. 88 114:** Anwendung des Verfahrens zur wasserdichten Gewebeimprägnierung und zur Erzeugung von Guttaperchapapierersatz für Verbände) mit Lösungen von Eiweißkörpern (Gelatine, Leim, Albumin oder Casein) und Formaldehyd evtl. in Verbindung mit Metallbeizen, Gerbstoffen oder Seifen behandelt.

304. Seideentschwerung. Seidenindustrieabwässer aufarbeiten.

Über Seideentschwerung und -enteisenung siehe die Arbeiten von **E. Ristenpart** und **P. Heermann** in **Färberztg. 1909, 126 u. 775.**

Zur Entzinnung von Seide bringt man das als Lösungsmittel angewendete primäre Ammoniumoxalat wie auch das zur Fällung benutzte Ammoniak dadurch im Kreislauf zur Anwendung, daß man die vom Zinn und von der Phosphorsäure durch Ausfällen befreite Flüssigkeit abdestilliert, wobei die saure Oxalatlösung zurückbleibt. Nach einer Abänderung des Verfahrens behandelt man die zu entschwerende Seide zwecks Zersetzung und Lösung etwa vorhandener basischer Farbstoffe und Mineralsubstanzen vor der Behandlung mit Oxalsäure mit 1—2proz. Salzsäure bei 40—50° vor. **(D. R. P. 319 112 u. 319 113.)**

Über das Abziehen der Seidebeschwerungscharge mittels Kieselfluorwasserstoffsäure, die viel träger wirkt als Flußsäure, berichtet **R. Gnehm** in **Zeitschr. f. Farbenind. 1904, 258.**

Über Aufarbeitung der Zinnchloridwässer aus Seidenfärbereien siehe **Chem.-techn. Ind. 1920, Nr. 13, 3.**

Ein Verfahren zur Wiedergewinnung der in den Abwässern von Seidenfärbereien enthaltenen Zinnverbindungen, ist dadurch gekennzeichnet, daß man die stark verdünnten Abwässer in lebhafte Bewegung versetzt und die so zersetzten Zinnverbindungen in einem besonders konstruierten Ablagerungsgefäß zur Ausscheidung bringt. **(D. R. P. 169 193.)**

Zur Regenerierung der Natriumphosphatbäder fällt man das in ihnen enthaltene Zinn durch Ansäuern, folgendes Erhitzen, Abkühlen und Neutralisieren mit Kalkmilch aus und filtriert. **(D. R. P. 227 434.)**

Zum Wiederbrauchbarmachen von zur Seidebeschwerung benutzten Natriumphosphatbädern versetzt man sie in der Hitze mit wasserlöslichen Salzen der Erdalkalien (Calciumchlorid) oder mit Magnesium-, Zink- oder Aluminiumchlorid, die unlösliche Phosphate geben, filtriert die entstandenen Niederschläge und erhält so während bisher eine weitere Entzinnung als bis 0,1% nicht möglich war, völlig zinnfreie Bäder, die man ablaufen läßt. **(D. R. P. 241 558.)**

Zur Befreiung der in der Seidenbeschwerung verwendeten Phosphatbäder von Zinn und anderen verunreinigenden Metallen fällt man diese durch geringe Mengen von Kieselsäure oder deren Alkaliverbindungen in der Wärme aus. Man gewinnt so nicht nur die Metalle wieder, sondern reinigt auch die Bäder, so daß die in ihnen weiter behandelte frische Seide ihren Glanz und Griff behält. **(D. R. P. 250 465.)**

Über den Arsengehalt und seine Wirkung im technischen Natriumphosphat, das bei der Phosphatcharge in der Seidebeschwerung verwendet wird und die Mißstände, die sich durch diesen Arsengehalt ergeben, besonders in Hinblick auf das Einfuhrverbot arsenhaltiger beschwerter Seidenwaren in manchen Ländern, siehe **A. Feubel, Färberztg. 23, 235.**

Zur Aufarbeitung der ausgenutzten Seifenbäder von Seidenfärbereien versetzt man die Brühen noch heiß mit Eisenvitriollösung und erhitzt das abgeschiedene Gemenge von Eisenseife, Fettsäuren und Verunreinigungen mit 15grädiger Schwefelsäure. Man erhält so neben den als Seifenrohstoffe dienenden Fettsäuren Eisensulfatlösung, die wieder zur Fällung der Lösungen dienen kann. (Ref. in **Zeitschr. f. angew. Chem. 1887, 266.)**

305. Nachbehandlung beschwerter Seide.

Die schwächenden Einflüsse auf beschwerte Seide bespricht **F. Stein** in **Färberztg. 11, 1917, 113 u. 132.**

Über die Wirkung des Lichtes auf beschwerte Seide berichtet auf Grund eigener Versuchsergebnisse **E. Ristenpart** in **Zeitschr. f. angew. Chem. 1909, 18.**

Die Schutzbehandlung beschwerter Seide erörtert in historischer, theoretischer und praktischer Hinsicht **O. Meister** in **Zeitschr. f. angew. Chem. 1911, 2391.** Vgl. **R. Sander, D. Färberztg. 1907, 305.** In letzterem Aufsatz ist auf die Behandlung hingewiesen, die seidene Kleidungsstücke zu ihrer Schonung erfahren müssen. Sie sollen von Licht- und Luftzutritt abgeschlossen werden und man muß in die dicht schließenden Schränke bei anhaltender Trockenheit der Witterung feuchte Tücher einlegen, um der Seide ihre Elastizität zu erhalten. Oft ist ein Seidenstoff schon nach wenigen Tagen starker Trockenheit völlig zerstört. Der schlimmste Feind des Seidenstoffes ist der Schweiß, da er den Faden in kürzester Zeit vollkommen zersetzt.

Zur Vermeidung der Bildung rötlicher Flecken, die auf zinnbeschwerter Seide in Berührung mit Schweiß oder Kochsalzlösung entstehen, ferner zur Erhöhung der Festigkeit auch dem Lichte ausgesetzter beschwerter Seide behandelt man sie mit einer Mischung von Borsäure, Glycerin, Rhodanammon und Tannin. **(O. Meister, Ind.-Ges. Mülhausen 1906, 125.)**

Nach **v. Georgievics** und **A. Müller, Zeitschr. f. Farb.-Ind. 1903, 78** beruht die Fleckenbildung in Seidenstoffen auf der langsamen Oxydation des stets in der Seide vorhandenen Eisens zu Eisenoxyd. Zur Verhütung der Entstehung von Flecken muß das Eisen während der Beschwerung aus den Pinkbädern und aus den Wasserglasbädern nach Möglichkeit entfernt oder in Oxyd übergeführt werden. Vgl. **R. Gnehm, Zeitschr. f. Farb.-Ind. 1903, 91 u. 453.**

Die zermürbende Wirkung der Zinnphosphatbeschwerung auf Seide dürfte nach **O. Meister** darauf beruhen, daß die ursprünglich kolloidale Zinnphosphatsilikatcharge allmählich kristallinisch wird, so daß die scharfen Kristallnadeln die molekularen Zwischenräume der Seifenfaser erfüllend, die Fibroinwände zerschneiden oder es bilden sich komplexe Stannisilikoverbindungen unter Freiwerden von alkalischen Alkali- oder Erdalkaliverbindungen, die zerstörend auf die Seidenfaser einwirken. Um diesen Zerstörungsvorgängen vorzubeugen, eignen sich wie oben erwähnt Rhodansalze allein oder im Gemenge mit Borsäure und Glycerin, die man dem sauren Avivierbade in der Menge von 1% zusetzt. **(Chem.-Ztg. 1905, 723.)**

Nach anderen Angaben beruht das Morschwerden der beschwerten Seide auf einer Oxydation der Faser durch das Zinnhydroxyd, wobei Spuren vorhandener Metalle als Sauerstoffüberträger wirken. Zugesetztes Hydroxylamin wirkt diesem Morschwerden dadurch entgegen, daß es den Sauerstoff aufnimmt und ebenso äußern auch Rhodanate oder Thioharnstoff insofern günstige Wirkung, als sie Eisen oder Kupfer in beständige inaktive Verbindungen überführen. Allerdings ist das Hydroxylamin nur imstande die Haltbarkeit der Seide bei direkter Belichtung zu erhöhen, vermag jedoch nicht die Nachteile der Seidebeschwerung zu beseitigen, wie sie bei längerem Lagern ohne Belichtung eintreten. **(M. P. Sisley**, Ref. in **Zeitschr. f. angew. Chem. 25, 1752.)**

Zur Erhöhung der Festigkeit zinnbeschwerter Seide setzt man dem Beschwerungs-, Färbe- oder Avivierbade 1—3proz. Lösungen von Sulfocyansäure oder deren Salzen zu. **(D. R. P. 163 622.)** Man taucht die Seide in Bäder, die 0,25—5% der betreffenden Substanz und zur Erhaltung der Griffigkeit etwas Säure enthalten und bewirkt so im Gegensatz zur Behandlung der beschwerten Seide mit Sulfocyanaten, daß das Gewebe gegen Eisenflecke unempfindlich bleibt und gegen Licht, Wärme und Atmosphärilien beständig ist, was auf der leichten Oxydierbarkeit des Thioharnstoffes in Gegenwart von Metallsalzen beruht. **(D. R. P. 189 227 und 190 448.)** Vgl. **H. Heller, D. Färberztg. 1907, 145.**

Zur Erhöhung der Festigkeit beschwerter Seide behandelt man sie mit Hydroxylamin oder dessen Salzen nach, wodurch die Fasern ihre natürliche Elastizität behalten und die Farben nicht verschießen, während Thioharnstoff, Sulfocyanate und Hydrochinon, die zur Nachbehandlung zinnbeschwerter Seide empfohlen werden, die Lichtechtheiten der Färbungen herabsetzen. **(D. R. P. 242 214.)**

Zur Verhütung des Morschwerdens beschwerter Seide wird sie nach **A. P. 878 902** in Bädern behandelt die Harnstoff, Thioharnstoff, Hydrochinon, Rhodansalze (und Citronensäure bis zur schwachsauren Reaktion) enthalten.

Nach vergleichenden Versuchen, die **M. G. Gianoli** anstellte, um beschwerter Seide größere Widerstandsfähigkeit zu verleihen, geht hervor, daß eine Nachbehandlung der 40 über Pari beschwerten und dann 10 Tage dem direkten Sommersonnenlicht ausgesetzten Muster mit Thioharnstoff oder ähnlichen Präparaten sehr günstige Wirkung äußerte, während eine Mischung von Formaldehyd mit Schwefelsäure oder eine Hydroxylaminlösung unter den vom Verfasser gewählten Bedingungen zu keinem Erfolge führten. (Ref. in **Zeitschr. f. angew. Chem. 25, 93.)**

Die von **O. Meister** zum Schutze der Seide und zur Erhöhung der Lichtechtheit gefärbter Seide vorgeschlagenen Rhodanate reagieren allerdings mit den geringsten Spuren Eisensalzen und färben dadurch die Seide in unerwünschter Weise an. In Fortsetzung der Versuche zur Herstellung einer lichtbeständigen und die Seide nicht schwächenden Zinnbeize fand Verfasser dann, daß das Formaldehydbisulfit sich am besten eignete, beschwerte Seide vor dem Morschwerden zu schützen. (Ref. in **Zeitschr. f. angew. Chem. 25, 559.)**

Zur Erhöhung der Haltbarkeit mit Zinkoxyd beschwerter Seide setzt man dem Färbe- oder Avivierbade oder auch beiden statt der teueren Sulfocyansäure, Thioharnstoff oder Hydrochinon, das leicht zugängliche Thiosulfat in, auf das Seidengewicht berechnet, 10proz. Lösung zu. Allerdings findet Schwefelabscheidung im Bade statt, die jedoch nicht schädlich wirkt, da sich Schwefel und überschüssiges Zinn zu Schwefelzinn verbinden. **(D. R. P. 213 471.)**

Zum Schutz beschwerter Seidenfaser behandelt man die Seide vor oder gegen Ende des Beschwerens mit organischen Verbindungen, die Stickstoff oder Schwefel enthalten, leichter oxydierbar sind als Fibroin, in ihren primären Oxydationsprodukten noch reduzierende Wirkung besitzen, Griff und Farbe der Seide nicht beeinträchtigen und mit Metallsalzen keine Flecken geben. Besonders bewährt hat sich eine auf das Gewicht der Seide gerechnete 2proz. Lösung des Natriumsalzes der Hippursäure. Nach der Behandlung wird abgeschleudert wie üblich beschwert bzw. der Beschwerungsvorgang zu Ende geführt und die Hippursäure durch Behandlung mit Salzsäure auf der Faser fixiert. **(F. P. 478 007.)**

Zur Erhöhung der Elastizität und Zugfestigkeit von beschwerter Seide und Schappe behandelt man sie mit maltosehaltigen oder enzymatischen oder nicht enzymatischen Malzpräparaten, z. B. mit Diastaphor. **(D. R. P. 210 341.)**

Um das Morschwerden beschwerter Seide zu beschränken, behandelt man sie mit Lösungen von ameisensaurem Ammoniak nach und erhält so auf billigerem Wege als durch Behandlung mit Thioharnstoff Seide, die mit 100proz. Beschwerung in der Lösung von Ammoniumformiat nachbehandelt, eine um mehr als 100% größere Reißfestigkeit zeigt. **(D. R. P. 251 561.)**

Gewebefaserausrüstung (Appretur).

Allgemeiner Teil.

306. Literatur und Allgemeines über Appretur, Einteilung, Konservieren und Färben der Appreturmittel.

Polleyn, F., Die Appreturmittel und ihre Verwendung. Darstellung aller Hilfsstoffe, deren Eigenschaften, der Zubereitung von Appreturmassen, ihre Verwendung nebst den hauptsächlichsten maschinellen Vorrichtungen. Wien und Leipzig 1909. — Kozlik, B., Technologie der Gewebeappretur. Berlin 1908. — Dépierre, J., Die Appretur der Baumwollgewebe. Wien 1905. — Ganswindt, A., Die Technologie der Appretur. Wien und Leipzig 1907. — Massot, W., Anleitung zur qualitativen Appretur- und Schlichteanalyse. Berlin 1911. — Meißner, G., Die Maschinen der Appretur, Färberei und Bleicherei. Berlin 1873. — Heermann, P., Anlage, Ausbau und Einrichtungen von Färberei-, Bleicherei- und Appreturbetrieben. Berlin 1911. — Heermann, P., Technologie der Textilveredelung. Berlin 1921. — Ferner die Färberei- und Druckereihandbücher von Herzfeld, V. Georgievics, O. N. Witt u. a.; siehe auch H. Walland, Kenntnis der Wasch-, Bleich- und Appreturmittel, Berlin 1913, besonders aber das kleine Buch von E. Herzinger, Appreturmittelkunde, Leipzig 1912. Spezielleren Zwecken dient z. B.: W. Knepscher, Die Appretur der Seiden, Halbseiden und Samtgewebe; vgl. **D. Färberztg. 1896, 147 u. 201.**

Über die Fortschritte in der Appretur von Fäden und Geweben von den frühesten Zeiten des Altertums (cyprische bzw. leontinische Goldfäden) bis zur Neuzeit, berichtet **C. F. Göhring** in **Zeitschr. f. angew. Chem. 1909, 1325.**

Vorschriften über Veredlung und Appretur der Wirk- und Strickwaren, deren Bleichen, Schwefeln und Wasserstoffsuperoxydbehandlung bringt **C. Abele** in **Appretur-Ztg. 1909, 255.**

Vorschriften zur Herstellung von Appreturmassen von **F. Daum** finden sich auch in **Seifens.-Ztg. 1912, 985.**

Siehe auch die Vorschriften für verschiedene Appreturmassen in **D. ill. Gewerbeztg. 1873, Nr. 52.**

Appretur ist Veredlung, Aufmachung, Fertigstellung gefärbter und ungefärbter Gewebe. Sie erfolgt entweder zu dem Zweck, um den Geweben besondere Eigenschaften zu verleihen (z. B. Wasserdichte oder schwere Entflammbarkeit) oder um Eigenschaften vorzutäuschen, die den Stoffen fehlen und die ihren Marktwert (das gute Aussehen, den besonderen Griff usw.) erhöhen. Man appretiert Ware und Zwischenware auf Spezialmaschinen durch ein- oder beiderseitiges Bestreichen der Gewebebahnen mit Lösungen, Suspensionen oder Emulsionen der Appretmittel in verschiedenen Flüssigkeiten; dem Sprachgebrauche nach ist Verkaufsware „appretiert" und behält die Überzugs- oder Imprägnierungsmasse, Zwischenware ist „geschlichtet", um ihre Verarbeitung zu erleichtern, sie wird in weiteren Fabrikationsstadien „entschlichtet", d. h. von jenen Stoffen befreit. Appretur- und Schlichtmittel bilden die Gewebeausrüstung. Die Ausrüstungsmittel zerfallen:

1. in porenfüllende Kleb- oder Füll- und Beschwerungsmittel wie Stärke-, Gummi-, Dextrin-, Kleber-, Caseinpräparate bzw. Metallsalze, besonders Chlorbarium, Chlormagnesium usw. und Kaolin, Ton usw. oder nach **D. R. P 27 554** auch fein gemahlener Papierstoff.
2. in Präparate, die das Gewebe geschmeidig machen sollen (Fette, Öle, Wachs usw.).

H. B. Stocks und **H. G. White (Fäberztg. 1903, 485 u. 495; 1904, 18 u. 26)** unterscheiden: Reine Appretur- und Schlichtmittel, die zum Glätten, Verstärken, zur Vermehrung des Gewichtes und Erzielung eines besseren Aussehens der Ware Anwendung finden und in erster Linie Stärke oder auch Tragasol enthalten, von den Weichmaterialien, die den Zweck haben, den harten Stärkegriff zu mildern, Porzellanerde zu binden und den Lauf des Garnes in der Schlichtmaschine zu erleichtern.

Von einer guten Schlichtmasse verlangt man, daß sie die abstehenden Fasern der Haare an den Faden anschmiegt und selbst in ihn eindringt, um ihn elastischer und haltbarer zu machen und so Fadenbrüche und Webfehler zu vermeiden, ferner muß die Schlichte gegen Witterungswechsel beständig und bei den folgenden Koch-, Bäuch- oder Bleichprozessen leicht ablösbar sein und darf auch bei längerer Lagerung der Garne oder Gewebe nicht gären oder sich zersetzen. **(Zeitschr. f. Textilind. 1917, 386.)**

Den Weichmitteln dienen Fette, Wachse, Seifen, auch Walrat und Paraffin als Grundlagen; sie erhalten häufig einen Zusatz hygroskopischer Salze (Magnesiumchlorid, Zinkchlorid) oder Glycerin oder Glukose, die Feuchtigkeit bewahrend wirken, weichen Griff erzeugen und das Stäuben der Schlichte verhindern.

Weiter zählen zu den Gewebeausrüstungsmitteln Beschwerungsmaterialien von Art des China Clay oder der Sulfate der Alkalien und Erdalkalien (auch der Speckstein), weiter die üblichen antiseptischen Mittel, die dem Schimmeln und Verderben der stärkehaltigen Appreturmittel vorbeugen sollen und schließlich farbenkorrigierende Präparate von Art des Ultramarins oder blauer, die Gelbtöne kompensierender Teerfarbstoffe.

Zum Heben der Farbwirkung bzw. des Weiß der bedruckten, buntgewebten bzw. gebleichten Textilwaren färbt man die Appreturmasse entweder mit Körperfarben oder mit den teureren und weniger leicht anwendbaren Teerfarbstoffen von Art der Beizen-, Schwefel-, Alizarin und Küpenfarben. Man setzt den vorher gut gelösten Farbstoff direkt der Appreturmasse zu, kocht ihn mit dieser zusammen auf und arbeitet dann wie sonst beim Appretieren. Die Appretur darf keine Füllmittel wie Chinaclay, Magnesiumsalze usw. enthalten, sondern nur poröse Stoffe, da die Ware trüb und matt wird, wenn das Füllmittel selbst nicht genügend durchfärbt ist. Von Körperfarben eignen sich besonders Ocker und als bekanntes Bläuungsmittel Ultramarin, weiter für saure Appreturmassen Berlinerblau, Blauholz für Schwarz und Catechu für Braun. **(E. Rüf, Zeitschr. f. Textilind. 1918, 362.)**

Über das Färben der Appreturmassen mit Diaminfarbenlacken siehe die Angaben in **Chem.-Ztg. Rep. 1921, 104 u. 131.**

Über den Einfluß verschiedener Teerfarbstoffe auf die Widerstandsfähigkeit von Wollstoffen und wasserdicht imprägnierten Geweben gegen Pilzwucherungen bzw. das Morsch- und Brüchigwerden siehe die Ausführungen von **G. Rudolph** in **Text.-Ber. 1920, 77 u. 78.**

Um Appreturmassen, Ölfarben, Dextrin usw. am Schimmeln oder Faulen zu verhindern, emulgiert man Acetyl-2,4-dinitrophenol mit Leinöl und 10proz. Seifenlösung und setzt den betreffenden Massen geringe Mengen dieser Emulsion zu. **(D. R. P. 289 220.)**

Schließlich sind zu den Gewebeausrüstungsmitteln auch jene Substanzen zu zählen, die wie Saponin oder Seifenrindenabkochung die Benetzbarkeit der Fasern und ihre Durchdringbarkeit erhöhen. Nach **D. R. P. 296 762** behandelt man die entschlichteten Garne oder Stücke, z. B. zur Erhöhung der Netzfähigkeit und zur Erzielung besserer Durchfärbbarkeit mit Malz oder malzhaltigen Präparaten. **(D. R. P. 296 762.)**

Ein Apparat zum Entfetten von Geweben ist in **E. P. 178 206** beschrieben.

Über die Entfernung stärkehaltiger Appreturmittel von Geweben s. **[508].**

307. Hilfsstoffe, Wirkung, Ersatz.

Das wichtigste Appreturmittel, die Stärke, wird mit den anderen Pflanzenleimen wegen der vielseitigen Verwendbarkeit besonders der letzteren im Zusammenhang mit dem tierischen Leim und als Übergang zu den Kunstmassen abgehandelt, die ebenfalls durch zahlreiche Wechselbeziehungen mit dem Gebiete der Klebstoff- und Kittmassen verbunden sind.

Während des Krieges wurden die sonst gebräuchlichen Stärkesorten, die damals der Ernährung zugeführt wurden, mit bestem Erfolg durch die Roßkastanienstärke ersetzt, wobei jedoch nur Sorten in Betracht kamen, die mindestens 44% des wirksamen Materiales enthielten. Außerdem fanden auch die bekannten verflüssigten Agar-, Leim-, Casein- usw. Präparate Verwendung, die man neuerdings mit naphthalinsulfosaurem Natrium versetzt, um ihre Haltbarkeit und Klebefähigkeit zu steigern. **(K. Micksch, Kunststoffe 5, 112.)**

In **Kunststoffe 1912, 361, 388, 404** findet sich eine Abhandlung von **M. Bottler** über Veredelung der Textilwaren allgemein, speziell über die Appretur- und Schlichtmittel: Diastafor, Protamol, Feculose, das ist lösliche Stärke, Amylose, Norgin, Griffonage, das ähnliche, ebenfalls der Gruppe der Pflanzenschleime angehörige Gummi-Tragasol aus dem Samen des Johannisbrotbaumes, Glanz-Appretin, Sinolin, Glykom, Mollose, Softening, Universalglycerinwachs, die verschiedenen Monopolseifenpräparate, wie Monopolbrillantöl, Monopolseife und Este-Öl. Zum Schluß der eingehenden Arbeit werden die verschiedenen Beschwerungs- und Füllmittel (Chinaclay, Talk, Chlorzink, Bariumsulfat und -carbonat, Bittersalz usf.), ferner die hygroskopischen Substanzen, die fäulniswidrigen Stoffe und die zum Nuancieren und Färben der Appreturmassen dienenden Ultramarin-, Pariserblau- u. dgl. Mineralfarbenpräparate beschrieben.

Über die Anwendung des Carragheenmooses in der Appreturtechnik veröffentlicht **E. Hastaden** Mitteilungen in der **Zeitschr. f. angew. Chem. 1909, 1328.** Dies Appreturmittel eignet sich insbesondere als leichte Füllung für Satin, Zephir usw. und zur Herstellung des Naturapprets, da es der Ware einen vollen Griff gibt, ohne ihr die Weichheit zu nehmen. Besonders stark verwendet wird das Moos in der Baumwollbuntweberei und zur Appretur von doppelseitigen Flanellen, denen schon eine 0,75proz. wässerige Lösung starke Füllung verleiht. Vgl. **D. Färberztg. 1909, 107.**

Über die Anwendung organischer Präparate (Kohlenwasserstoffe, Schwefelkohlenstoff, Alkohole, Ketone, Aldehyde, Säuren, Amine, Chinone, Nitrokörper, Ester, Cyan- und Eiweißstoffe und ihre Abkömmlinge) als Lösungsmittel und vorübergehend wirksame Hilfsstoffe in der Textilchemie siehe die vorwiegend Patentzitate enthaltende Arbeit von **F. Erban, Zeitschr. f. angew. Chem. 25, 2343.**

Über das Präparieren von Textilfasern, die Anwendung und Wirkung fettsaurer Alkalien, anorganischer und organischer Säuren und Salze, z. B. der schwefligen oder Schwefelsäure, besonders des Thiosulfates zusammen mit Salzsäure (Wolle), weiter der Chromsalze, insbesondere als Fleckenentfernungsmittel, siehe die zusammenfassende Arbeit von **R. Richter** in **Zeitschr. f. Textilind. 1917, 216, 244, 258 u. 271.**

Nach **H. Rosenberg, Zeitschr. f. d. ges. Textilind. 1913, 11,** ist Talkum ein wertvoller Zusatz zu Schlichtmitteln, da es die Schlichte flüssiger macht, das Kartoffelmehl besser bindet, leicht in die Gewebefaser eindringt, die Glätte und Geschmeidigkeit erhöht, ohne zu stauben schnell eintrocknet und in der Wäsche vollständig und leicht wieder entfernbar ist. Man verwendet z. B. auf 100 l Wasser und 4—5 kg Kartoffelmehl einen Zusatz, den man durch trockenes Mischen von je 200 g Roggen- und Weizenmehl, 150 g Talkum und 100 g Borax erhält. Weitere Vorschriften finden sich im Original.

Über Talkum als Schlichtmittel berichtet **H. Rosenberg in Zeitschr. f. Textilind. 16, 11.** Die Verwendung von Talkum ist stets dann angezeigt, wenn man einen vollen, geschmeidigen, milden Griff erzielen will. In der Originalabhandlung finden sich zahlreiche Rezepte zur Herstellung so bereiteter Appreturmassen. **(Zeitschr. f. d. ges. Textilind. 15, 662.)**

Auch andere mineralische Stoffe werden Appreturmassen zugesetzt. So vermischt man z. B. zur Herstellung eines Schlichtpulvers 20 Tl. Kaolin oder Ton mit 46 Tl. Ammoniaksoda, 4 Tl. reinem (sodafreiem) Seifenpulver, 2 Tl. gepulvertem Kupfervitriol und 128 Tl. Weizenmehl. **(R. König, Seifens.-Ztg. 41, 1116.)**

Über die Anwendung des Formaldehydes in der Textilindustrie zur Versteifung der Apprets und zur Erhöhung ihrer Haltbarkeit, zur Überführung von Leim und Eiweißkörpern auf der Faser in unlösliche Form, zur Erhöhung der Baumwollfarbstoffechtheiten, zur Befestigung von Casein auf der Faser für den Zeugdruck, zur Härtung der Wollfaser und zur Herabminderung der Löslichkeit des Seidenbastes bei Behandlung von Rohseide in den bekannten Abziehmitteln, berichtet **K. Hernstein in Färberztg. 27, 177.**

Ebenso dient auch die Ameisensäure als wichtiger Hilfsstoff, Farbbadzusatz, zur Erzeugung verschiedenartiger Farbeffekte, als Hilfsbeize zusammen mit Hydrosulfit, zum Abziehen von Lumpen, in der Halbwollfärberei zur Materialschonung in der Kleiderfärberei, in der Appretur und als Aluminiumformiat zum Wasserdichtmachen von Geweben. Schließlich hat sie sich beim Auffärben im sauren Bade nützlich erwiesen, da mit ihrer Hilfe gute Durchfärbung der Nähte erzielt wird. **(A. Kramer, Monatsschr. f. Textilind. 1917, 112.)**

Zum Appretieren dürfen nur bekannte der Zusammensetzung nach bekannte Mittel benutzt werden, von deren Unschädlichkeit gegenüber Farbstoffen man sich überzeugt hat. So wirken z. B. Ricinusöl, ebenso wie Raps- und Cocosnußöl am ungünstigsten auf die Lichtechtheit der gefärbten Gewebe ein, die mit Stoffen appretiert werden, die solche Öle enthalten. Oleinnatron wirkt am wenigsten schädlich und würde am besten wohl durch die Stearinsäure ersetzt werden, wenn deren sonstige Eigenschaften sie für Appreturzwecke geeignet erscheinen ließen. Als bester Ersatz für Ricinusöl dient Olivenöl, während Maisöl die Echtheiten zwar ebensowenig ungünstig beeinflußt, den appretierten Waren jedoch beim Lagern unangenehmen Geruch mitteilt. Allgemein gilt, daß Fette mit möglichst wenig ungesättigten Valenzen die Lichtechtheit der Farbstoffe am wenigsten ungünstig beeinflussen. Von sonstigen Appreturmitteln wirken Stärke und weißes Dextrin ebensowenig wie Glukose hinsichtlich der Lichtechtheit schädlich, während Natriumperborat sich so ungünstig verhält wie das Ricinusöl. **(J. R. Hannay,** Ref. in **Zeitschr. f. angew. Chem. 25, 1088.)** Nach Versuchen von **E. Schmidt** und **B. Gabler** beeinflussen alkalische Appreturen die Lichtechtheit von Färbungen ungünstig, während Dextrin, Phosphate und Thiosulfate günstig wirken. **(Färberztg. 25, 153.)**

Als Ersatz für Gummiarabicum oder Leim in der Appreturtechnik eigent sich eine auf das spez. Gewicht von 1,45 konzentrierte und evtl. mit weiterem Phosphat versetzte Lösung von Tonerdephosphat in Schwefelsäure oder Phosphorsäure. Diese Lösung liefert auch mit Gips einen schnell erhärtenden Zement und fand als Mineralgummi Verwendung. **(J. Th. Way, Ber. 1878, 1853.)**

Die einzelnen Appreturmittel wurden, so weit über ihre Anwendung auf ein bestimmtes Gewebe nichts ausgesagt ist, in den Abschnitt Klebestoffe herübergenommen.

308. Pflanzen(auch Stapel-)faserappretur, Beispiele.

Appreturmassenvorschriften für Baumwolle finden sich in **D. Gewerbeztg. 1872, Nr. 21;** vgl. **Polyt. Zentr.-Bl. 1872, 543.**

Vorschriften zur Herstellung von Stärkeabkochungen in Verbindung mit tierischem Leim als Appreturmasse für Leinenwaren finden sich in **Polyt. Zentral.-Bl. 1858, 804.**

Zum Härten der Gewebe kann man verschiedene Mittel anwenden, die zum Teil Appretur- oder Schlichtemittel sind, doch ist das gebräuchlichste Mittel die Tränkung des Fasermateriales mit einer starken Alaunlösung. Härtende und zugleich konservierende Wirkung übt auch eine heiße 4—6 proz. Eichenlohbrühe aus, während man für Spezialfälle eine Imprägnierung mit Gelatine- oder Leimlösungen und nachfolgende Behandlung in Alaun- oder Formaldehydbädern, ferner mit Wasserglaslösungen, Zaponlacken usw. vorzieht. **(Techn. Rundschau 1912, 606.)**

Eine Appretur, die dunkelgefärbte Zeuge nicht (wie die gewöhnlichen Appreturen) heller erscheinen läßt, sondern im Gegenteil die dunklen Farben erhöht, besteht aus Kastanienholzextrakt, Kupfervitriol und Ochsenblut. Die dicke und schleimige Flüssigkeit bildet nach dem Trocknen eine Art Firnis, der, unlöslich im Wasser, den Stoffen Fülle erteilt, die Farben erhöht und der Ware einen gewissen Glanz gibt. **(Polyt. Zentr.-Bl. 1870, 77; vgl. ebd. S. 868.)**

Eine in Wasser völlig unlösliche Appretur erhalten baumwollene und leinene Futterstoffe, die sehr steif sein müssen, wollene und baumwollene Schirmstoffe, für Eisengarne, Zwirne und Bänder durch Tränkung mit Leimlösung, die 2—2,5% Bichromat (auf Trockenleim berechnet) enthält und folgende Belichtung der imprägnierten Stoffe. **(Polyt. Zentr.-Bl. 1871, 532.)**

Eine einfach zusammengesetzte Schlichte, die sich besonders für Baumwollzeuge sehr gut eignet, erhält man nach **C. Finckh, Dingl. Journ. 202, 272** durch Vermischen einer verseiften Lösung von 4—5 Tl. Palmöl und 2 Tl. Ätznatron mit 30 Tl. Glycerin und der nötigen Wassermenge; nach dem Erkalten fügt man noch 8 Tl. Weizenstärke und soviel Wasser zu, daß man 100 Tl. erhält. 6—8 Tl. dieser Schlichte vermischt man zur Herstellung der eigentlichen Appreturmasse mit 100 Tl. Kartoffelmehlstärke.

Über Naßappretur baumwollener Gewebe zu deren Beschwerung und Griffverbesserung, also gewissermaßen zum Ersatz des fehlenden Fadenmateriales, siehe die Vorschriften in **Zeitschr. f. Textilind. 23, 379.**

Indigoblaugefärbte Baumwollstückwaren erhalten zur Erzielung eines vollen aber weichen Griffes und eines Aussehens als kämen sie direkt vom Webstuhl, also zur Abstumpfung des Glanzes sog. Naturappret, der Kartoffelstärke, Diastafor, Bittersalz und Appreturöl erhält. Die Leinenimitationsausrüstung gibt man, um einen kalten glatten Griff und höheren Glanz zu erzielen, man setzt jener Appreturmasse daher noch mit Weglassung des Appreturöles Talk, Stearin und Wachs hinzu.

Zum Appretieren mit Küpenfarben gefärbter Stoffe setzt man den Dextrin- und Glukoseappreturen Salze zu, die beim späteren heißen, alkalischen Waschen der Stoffe die Küpenbildung verhindern, so daß kein Ausbluten eintritt und die Stoffe besonders hohe Waschechtheit erhalten. Es eignen sich außer mono- und bichromsauren Salzen, salpeter-, chlor- und bromsaure Salze und auch Salze einzelner aromatischer Nitrokörper. **(D. R. P. 288 700.)**

Um merzerisierte mit Schwefelfarbstoffen gefärbte Baumwollware ohne Verminderung ihrer Reißfestigkeit griffig zu machen, säuert man die geseifte Ware mit Milch- oder Weinsäure ab und setzt dem Absäurungsbade zur Herabminderung der Säurewirkung noch ein Salz der betreffenden Säure zu. **(D. R. P. 242 933.)**

Nach **Welwart, Seifens.-Ztg. 1911, 1371,** werden Nesselstoffe je nach der gewünschten Beschwerung mit verschieden zusammengesetzten Appreturen behandelt. So verwendet man beispielsweise eine Abkochung, die in 200 l Wasser, 3—4 kg Carragheenmoos, 10—12 kg Kartoffelmehl, 10—12 kg Sirup, 1—2 kg Chlormagnesium, 12—15 kg schwefelsaure Magnesia und 1 kg einer Lösung von Monopolseife (1 : 1) enthält; oder es werden 15 kg lösliche Stärke, 20 kg schwefelsaure Magnesia, 5 kg Sirup und 1 l Appreturöl (wie oben) mit Wasser verkocht, worauf man die Lösung auf 200 l bringt. Zur Konservierung der Appretur, die in konzentriertem Zustande 15 bis 18% Stärke enthalten soll, wird der Masse Formaldehyd beigegeben.

Zur Abdichtung weitmaschiger Jutegewebe für Zement, Farbwaren usw. bedient man sich einer Masse, die man durch inniges Vermischen von 10 Tl. Asphalt, 10 Tl. Cellulose, 5 Tl. Leim, 1 Tl. Chromalaun, 1 Tl. Teeröl, 16 Tl. Benzol und 50 Tl. Wasser erhält. **(D. R. P. 127 582.)**

Um Jute gleichzeitig zu appretieren und wasserdicht zu machen, behandelt man das Gewebe nach **Techn. Rundsch. 1913, 313** zuerst in einer 3grädigen Lösung von essigsaurer Tonerde, trocknet es bei 50—60°, wiederholt die Behandlung zweimal und appretiert entweder in einer Lösung von 90 g Protamol, 5 g Glycerin, 15 g Vaselin und 100 ccm 3grädiger essigsaurer Tonerde in 790 ccm Wasser oder mit einem Gemenge von 90 g Protomol, 30 g Bittersalz, 5 g Glycerin und 15 g Vaselin in 860 g Wasser usw.

Färben und Appretieren der Stapelfaser geschehen im großen und ganzen bei gemischten Geweben, ähnlich wie die Appretur von Halbwolle. Man verwendet auch hier Kartoffelmehl und tierischen Leim in erster Linie, von denen ersteres mittels Diastaphors in Lösung gebracht wird, bzw. für weiche und volle Appreturen Carragheenmoos und Gelatinelösung. Die Appretur mit Leim (folgend mit Formaldehyd zu härten), führt zu wasserunlöslichen Imprägnierungen. **(Zeitschr. f. Textilind. 22, 25.)**

309. Buchbinderleinen, Bettzeug, Musselin usw., Sarongs.

Die Beschreibung eines sehr billigen und rasch auszuführenden Verfahrens zur Herstellung von Buchbinderleinen, Kunstleder oder dgl., bei dem als Füllstoff Holz oder Papierstoff verwendet und die Farbe mit der in der Buntpapierfabrikation gebräuchlichen Grundiermaschine aufgetragen wird, bringt **J. A. Sackvill** in **Rev. mal. col. 1912, 315.**

Die Anfertigung von Bucheinbänden für Bibliotheken, in denen Bücher dem Insektenfraß ausgesetzt sind, bzw. die Imprägnierung der einzelnen Bucheinbandbestandteile mit Sublimat und ähnlichen Stoffen, beschreibt **F. J. Crusius** in **Bayer. Ind.- u. Gew.-Bl. 1869.**

Nach **G. Durst** (Fabrikation der Buchbinderleinwand, **Kunststoffe 1911, 325**) hat eine Stärkeappretur für Buchbinderleinwand folgende Zusammensetzung: Auf 4½ l Wasser kommen 500 g Weizenmehl Nr. 7, 400 g Reismehl, 16 g Knochenfett, 45 g trockene Mineralfarbe, 16 g Softening. Statt des letzteren wird, um den hellen Bug zu vermeiden, Palmöl oder Cocosöl (40 g) genommen, wodurch die Ware härter wird. Eine andere Vorschrift zum Auftrag auf die rechte Seite lautet: pro Liter Wasser: 87,5 g Maisstärke, 12,5 g Dextrin, 100 g Mineralfarbe, je 5 g Cocos- und Palmöl, 2 g Borax, 10 g 50proz. Essigsäure. Borax und Essigsäure verursachen gutes Haften der Stärkemasse an der Kupferwalze. Statt Mineralfarben kann man auch Teerfarbstoffe verwenden, nicht aber Lithopon, da das Zinksulfid, das sie enthalten, in Berührung mit der Kupferwalze nach braun umschlägt. Ein Appret für die linke Seite wird wie folgt hergestellt: Pro Liter Wasser 150 g Kartoffelstärke, 75 g Weizenstärke, 15 g Palmöl, 15 g Cocosöl, 2 g Borax. Für Druckartikel verwendet man pro Liter Wasser 125 g Dextrin, 50 g Maisstärke und 400 g Mineralfarbe oder 100 g Caseinlösung, 50 g Seifenlösung und 0,5—2 g Teerfarbstoff. Die Caseinlösung 1—5 wird erhalten durch Verrühren von 1000 Wasser, 200 Casein, 50 ccm Ammoniak, die Seifenlösung durch Auflösen von 20 g Kernseife in 1 l Wasser.

Zur Herstellung von wasserunempfindlichen Kaliko für Buchbinderstoffe bringt man auf den mit hydrolysierter Kleisterstärke getränkten Stoff als Deckschicht die verdünnte Lösung eines Ölfirnislackes auf. Den Stärkekleister erhält man aus 100 Tl. mit Natronlauge aufgeschlossener Stärke, 15 Tl. Kaolin, 6 Tl. Cocosfett und 4 Tl. Seife. **(D. R. P. 319 297.)**

Zum Appretieren von Pflanzenfasern und zur Erzeugung lichtechter Farben auf Garnen, Geweben und Stoffbahnen klotzt man letztere bei 40—80° mit einer Mischung von Gelatine oder Leim, einem Wollfarbstoff, und zwar einem solchen, der direkt in saurem Bade angewendet zu werden pflegt und Glycerin, Glycerinersatz, Zucker oder Sirup als geschmeidigmachende Mittel. Die Imprägniermischung soll möglichst konzentriert sein und keine anorganischen Salze enthalten, die Farbstoffe, die zur Verwendung gelangen, sollen darum auch mit Dextrin eingestellt werden. Nach dem Klotzprozeß wird der Klebstoff durch Formaldehyd unlöslich gemacht, worauf man das fertige Buchbinderleinen oder auch die Papiergewebeware systematisch trocknet und kalandert. Das Verfahren eignet sich auch zur Herstellung von Spezialfilterpapieren. **(D. R. P. 312 583.)**

Zur Herstellung von wasserdichtem Musselin oder Kaliko imprägniert man die Gewebe nach **D. R. P. 180 489** unter Zuhilfenahme einer geeigneten Füllmaschine mit einer Masse, die als Grundbestandteil isländisches Moos enthält, dem man pro Kilogramm (in Gallertform) 0,568 l Ricinusöl zusetzt. Nach der Trocknung trägt man eine Nitrocelluloselösung auf, die man aus 9 l Alkohol, 1 kg Campher und 1 kg Nitrocellulose herstellt und der man für 180 Tl. 10—30 Tl. einer Lösung beifügt, die man aus 180 Tl. kochendem Ricinusöl und 6 Tl. Kopalharz gewinnt.

Eine der ersten Schlichtemassen, deren Anwendung das Verweben von Musselin auch in feuchten Kellerräumen gestattete, bestand aus einer Leimlösung (250 g Leim in 3 l Wasser), der man 150 g einer verkochten Mischung von 1,2 kg Glycerin, 0,1 kg Tonerdesulfat und 0,5 kg Dextrin, in 3 l Wasser gelöst, zusetzte. **(Dingl. Journ. 159, 232.)**

Um Ziechen und Schürzenstoffen das Aussehen von Leinen zu verleihen, appretiert man auf ziemlich kompliziertem Wege den **E. Rüf, Zeitschr. f. Textilind. 16, 200** angibt, mit besonders hergestellter Appreturmasse auf der hydraulischen Mangel. Näheres im Original.

Zur Appretur von Bettinletts, Satin und Nanking verwendet man nach **A. Westdrupp, Monatsschr. f. Textilind., Leipzig 1896, 843,** mit Erfolg ein Gemenge von 15 kg Weizenstärke und 8 kg Pflanzengummi (zum Kleister verkocht), 4 kg Unschlitt und 1 kg Marseiller Seife unter Hinzufügung von 200 g Soda und 100 g essigsaurem Natron. In weiteren Vorschriften, bezüglich der auf die Originalarbeit verwiesen sei, wird auch Natriumsuperoxyd verwendet.

Zum Federdichtmachen von Bettzeug überstreicht man das Gewebe mit einem bis zum Erkalten dünnflüssig gerührten verkochten Gemenge von gleichen Teilen Kernseife und reinem Bienenwachs unter Wasserzusatz. **(D. R. P. 153 034.)**

In **Österr. Woll- u. Lein.-Ind. 1894, 536** finden sich zahlreiche Vorschriften zur Herstellung von Appreturmassen für Mollinos, Köper, Moire, Croise usw. Eine Appretur für grauen und schwarzen, roh gefärbten Köper, Vorarlberger Herkunft, besteht z. B. für Grau aus je 10 kg Weizen- und Kartoffelstärke II. Qualität, 15 g Chinaclay und 1 kg Talg in 200 l Wasser, für Schwarz fällt Chinaclay weg und man fügt 1 l Appretöl zu. Die Masse wird 5 Minuten gekocht und auf der gewöhnlichen Stärkemaschine einseitig aufgetragen. Man trocknet in der Hänge, sprengt ein und mangelt ganz schwach.

Zur Bereitung eines braunen Buchbinderlacks löst man 5 Tl. gepulverten Schellack und je $2^1/_2$ Tl. Sandarak, Mastix, Benzoe in absolutem Alkohol; nach erfolgter Lösung werden noch $2^1/_2$ Tl. venezianischer Terpentin hinzugesetzt, worauf man die Lösung filtriert. Der Lack trocknet rasch und zeigt einen schönen Glanz, er kann auch zum Lackieren von geschwärztem Lederzeug dienen. · **(Polyt. Notizbl. 1858, 111.)**

Die in Deutschland erzeugten in großen Mengen über See ausgeführten buntgewebten Sarongs sind Baumwollstoffe, die schottische, rote, dunkelbraune, grüne, gelbe, schwarze und weiße Dessins zeigen. Die meist licht- und waschechten Rotfarben werden mit Türkischrot, bzw. für die weniger anspruchsvollen Abnehmer Britischindiens mit Primulinrot erzeugt. Zum Appretieren füllt man die Ware mit reinem Dextrin und wenig Kartoffelstärke, um einen weichen Griff zu erhalten besser noch mit der weniger klebrigen Reisstärke und setzt einem solchen Gemenge z. B. von 100 Tl. Wasser und 75 Tl. Dextrin nach dem Kochen und Abkühlen 1,5 Tl. Glycerin, 10 Tl. Appreturöl und etwas Zinkchlorid oder Zinksulfat oder Carbolsäure als Konservierungsmittel zu. Nach **E. Ruf** läßt sich das Glycerin leicht ausschalten, da ein Gemenge z. B. von 40 Tl. Kartoffelstärke, die zu etwa $^2/_3$ mit Diastafor aufgeschlossen wurde und 4 Tl. Appreturöl evtl. unter Zusatz von Carragheenmoos dieselbe Wirkung ausübt. **(B. J. Grondhoud, Zeitschr. f. d. ges. Textilind. 15, 385,** bzw. **525.)**

Über Schwerschlichten der sog. Stuhlwaren, die ohne weitere Appreturbehandlung in den Handel kommen, siehe **E. Rüf in Zeitschr. f. d. ges. Textilind. 18, 214; vgl. ebd. 1907, 825.**

310. Garn, Bindfaden (-ersatz), Tüll, Spitzen.

Fiedler, K., Die Appretur der Bänder und Litzen. Leipzig 1913.

Zur Erzeugung der früher für Kleidergarnituren und Posamenten vielfach verwendeten Perlgarne, betupfte man das Garn in Zwischenräumen mit beim Erkalten glasig oder krystallinisch erstarrenden Tröpfchen einer teigartigen Masse aus Wachs, Harz, Lack oder Gummi und brachte diese aufgehaspelten Schnüre gefärbt oder ungefärbt in den Handel. **(D. R. P. 9943.)**

In **Leipz. Monatsschr. f. Textilind. 1895, 8** bingt **H. Dornig** eine Anzahl von Vorschriften zum Stärken und Schlichten der Garne. So besteht z. B. eine englische Schlichte für große Beschwerung aus einem Gemenge von 280 Tl. Mehl, 336 Tl. Stärke, 672 Tl. Chinaclay, 336 Tl. schwefelsaurer Magnesia; 10 g diese Gemenges werden mit 1 l Chlorzinklösung verrieben. Farbige Baumwollgarne erhalten eine Schlichte aus 15 kg Weizenmehl, 20 kg Kartoffelmehl, 10 kg Pflanzengummi, 8 kg Glycerinwachs, 2 kg Türkischrotöl, 500 g Wachs und 40 g Zinksulfat. Eine Glanzmasse wird hergestellt aus 10 kg Palmöl, 6 kg Bienenwachs und 4 kg Spermacet. Diese drei Stoffe werden in einem Kupferkessel in siedendem Wasser verrührt und emulgiert.

Zur Erzeugung von Hochglanz auf Eisengarn imprägniert man das Garn nach **Techn. Rundsch. 1912, 607** mit einer Kleistermasse, die auf 400—500 ccm Wasser, 70—80 g Kartoffelstärke, 50 g gequellten und gelösten Leim und etwa 30 g Paraffin enthält.

In **Zeitschr. f. Textilind. 1919, 514** sind ebenfalls Schlichtrezepte für Leinengarn aus Weizenmehl und aus Kartoffelmehl unter gleichzeitiger Verwendung von Diastafor angegeben.

Eine Appretur für Nähbaumwolle erhält man durch Zusammenschmelzen von 180 g gelbem Wachs mit 40 g Marseiller Seife. Diese Menge ist für 5 kg und mehr Nähgarn ausreichend. Für Schwarz fügt man der oben angegebenen Masse etwas Öl hinzu. Der mit dieser Appretur erzeugte glänzende Überzug, besonders für das sog. Eisengarn anwendbar, ist für Wasser undurchdringlich. **(D. Gewerbeztg. 1869, Nr. 5.)**

Eine glanzgebende Bindfadenappreturmasse gewinnt man nach **Seifens.-Ztg. 1913, 52** durch Verkochen von 5 Tl. Japanwachs, 10 Tl. Paraffin (50—52°), 2 Tl. Pottasche und soviel Wasser, bis die Masse den nötigen Verdünnungsgrad besitzt.

Zur Erhöhung der Haltbarkeit von Bindfaden imprägniert man z. B. eine sog. Zuckerschnur nach einem Referat in **Seifens.-Ztg. 1912, 118** mit einer konzentrierten Alaunlösung, die man eintrocknen läßt.

Oder man legt den Bindfaden $^1/_2$ Stunde in eine starke Leimlösung, nimmt ihn wieder heraus, trocknet ihn etwas und legt ihn hierauf 1—2 Stunden in eine starke und warme Abkochung von Eichenrinde, zu der man etwas Catechu hinzugesetzt hat. Nach dem Herausnehmen aus der Eichenabkochung wird der Bindfaden getrocknet und mit einem in Öl getränkten Lappen geglättet; er erhält dadurch das Ansehen einer Darmseite, widersteht vollständig den Einwirkungen der Feuchtigkeit und zeigt wesentlich erhöhte Haltbarkeit. **(Dingl. Journ. 154, 80.)**

Über Imprägnierung der Schnüre für Jacquardstühle mit einer animalischen, nicht gehärteten Leimlösung und darauffolgendes Bestreichen mit einem ölfreien Harzlack siehe **Techn. Rundsch. 1912, 607.**

Vor der eigentlichen Imprägnierung von Spindelschnuren behandelt man sie zur Erhöhung ihrer Haltbarkeit und Unempfindlichkeit gegen Feuchtigkeit in rohem oder geklöppeltem Zustande zuerst mit einer verdünnten Lösung von Dextrin und Hausenblase, trocknet sodann, tränkt die Baumwollschnur mit einer Lösung von Paraffin, Japanwachs und Firnis in Terpentinöl, quetscht ab und streckt, wobei während des Streckens durch Luftzufuhr rasches Trocknen bewirkt werden soll, um ein Zurückgehen der Schnur in der Länge zu verhindern. **(D. R. P. 283 443.)**

Über die Fabrikation von Seilen hoher Festigkeit und die Erhöhung ihrer Haltbarkeit durch Imprägnierung mit einer Kupferseife siehe **P. M. Grempe, Zeitschr. f. Textilind. 23, 90.**

Zur Herstellung eines Bindfadenersatzes aus Baumwollabfallgarn zwirnt man dieses in den im Original angegebenen Dicken und appretiert ihn zuerst in einer heißen 25 proz. Natronwasserglaslösung von 16° Bé, trocknet das Material vor, schlichtet in einer Verkochung von 8 bis 10 kg Kartoffelmehl, 2 kg kohlensaurer Magnesia, 1,5 kg Chinaclay und 0,5 kg gewöhnlichem Talg in 250 l Wasser, läßt den Faden über Dampfzylinder laufen, trocknet ihn schließlich vollständig und wachst ihn. Er erhält so die nötige Härte und Haltbarkeit und das Aussehen eines Hanfwergbindfadens. **(D. R. P. 293 951.)**

Zum Imprägnieren von Tüll oder anderen undichten Geweben löst man nach **D. R. P. 258 471** 3 kg Gummilack in 2 l Alkohol, fügt 8 l Amylacetat zu, vermischt das Gemenge mit $6^1/_2$ l Kollodium und färbt es entsprechend der Farbe des zu impägnierenden Gewebes. Letzteres wird durch die Behandlung mit der Lösung wasserfest, bekommt Glanz, Glätte und einen weichen Griff, der Überzug blättert nicht ab und haftet fest an der Unterlage.

Um Baumwolltüll einen seidenartigen, geschmeidigen Griff zu verleihen und ihn so für Kunstseidestickereien verwenden zu können, wobei seine größere Dauerhaftigkeit gegenüber dem echten Seidentüll insofern in Betracht kommt, als er auf der Stickereimaschine beim Spannen nicht so leicht zerreißt, imprägniert man ihn mit einer Emulsion, die in 100 Tl. Wasser 6 Tl. Kartoffelmehl und je 0,5 Tl. Gummiarabicum, Cocosnußfett und einer wässerigen Lösung von Agar in Borax (Agarin) enthält, worauf man unter Spannung trocknet und kalandriert. **(D. R. P. 295 888.)**

Appretur für Spitzen: Man löst 60 g weißen Schellack mit 20 g Borax in 1 l siedendem Wasser. Andererseits stellt man sich einen Kleister her aus 15 g Stärke und 15 g weißem Leim oder Gelatine. Beide Lösungen mischt man, verdünnt mit Wasser und wendet sie warm an. **(Chem.-techn. Repert. 1868, I, 1.)**

311. Wolle- (Filz-, Hut-), Seide-, Halbgewebeappretur.

In eigenartiger Weise wurde versucht, die Wolle auf den lebenden Schafen selbst wasserdicht zu machen, und zwar dadurch, daß die Tiere zuerst in eine Lösung von Alaun getaucht wurden, und hierauf, wenn das Fließ getrocknet war, in eine Lösung von schwarzer Seife. Die Gesundheit des Tieres sollte durch diese wasserdichtmachende Operation seines Vließes nicht leiden, dagegen die Wolle nach der Schur sich besser für ihre Verwendung zu Zwecken der Manufaktur eignen. Es wurde ferner vorgeschlagen, obigen Lösungen Arsenik und Schwefelpräparate hinzuzusetzen, um die Insekten von dem Vließ des lebenden Tieres abzuhalten. **(Elsners chem.-techn. Mitt. 1850/52, S. 191.)**

Über Appretieren und Beschweren der Wollstoffe siehe **Österr. Woll-. u. Lein.-Ind. 1905, 572.**

Durch das sog. Gummieren wird tuchartigen Stoffen minderwertiger Qualität Griffigkeit und Geschmeidigkeit verliehen. Die Beschwerung der Gewebe geschieht mit Salzen; zum Geschmeidig- und Griffigmachen dienen Stärke, stärkehaltiges Mehl, Dextrin und Appreturöle.

Man verwendet hauptsächlich Kartoffelmehl, Stärke und Leim als Grundlage der Appreturmasse und fügt ihr, um das Starr- oder Hartwerden der Stoffe zu verhindern, Glycerin, Türkischrotöl oder Monopolseife zu. Als Beschwerungsmittel kommen vor allem Alaun, Bittersalz, Chlormagnesium und Glucose in Betracht. Man löst z. B. 5—6 kg Kartoffelmehl in 50 l Wasser und 100 g 28grädiger Natronlauge, kocht $^1/_2$ Stunde, versetzt mit einer Lösung von 200—400 g Monopolseife in heißem Wasser und appretiert bei 50—60°, nachdem man evtl. zur Beschwerung noch 1—2 l 20grädiger Bittersalzlösung zugefügt hat. Kammgarnstoffe werden meistens linksseitig mit Leimlösung appretiert oder man verwendet eine Mischung von 50 l Wasser, 5 l Leimabkochung, 3,5 kg Sagomehl und $1^1/_2$ kg Glycerin, die man während einer Stunde verkocht.

Zur Herstellung eines neutralen Pflanzenleims für Wollappretur werden 50 kg Kartoffelmehl superior mit 150 kg Wasser in einem doppelwandigen Kessel kalt angerührt, dann 100 kg Chlorzinklösung von 50° Bé beigegeben, worauf man die Masse unter immerwährendem Rühren ca. 1—2 Stunden kocht, bis ein klarer, zäher Leim entsteht. Das verdunstende Wasser muß beim Kochen wieder ersetzt werden.

Um billigen Streichgarnstoffen vorteilhaften Griff zu verleihen, wird über Nacht eingeweichtes Sagomehl (100 l Masse, 3 kg Sagomehl) eine halbe Stunde gekocht. Bei schütter eingestellten Waren gibt man 2—3 kg Leimgallerte dazu. Hat sich diese gelöst, so rührt man $1^1/_2$ kg Glycerin in das Gemenge. Auf 45° erkaltet, ist die Masse gebrauchsfertig. **(Zeitschr. f. Textilind. 16, 1592.)**

Eine Appretur für Strichwaren, in der Art des englischen „Mettin", wird hergestellt aus 24 Tl. Stärkesirup und 13 Tl. 50proz. Kalitürkischrotöl, die mit einer durch ein feines Sieb filtrierten Abkochung von 1 Tl. Carragheenmoos in 62 Tl. Wasser vermischt werden. **(R. König, Seifens.-Ztg. 41, 1116.)**

Man erhält eine schwachsaure Schlichte zum Leimen und gleichzeitigen Glätten von Webketten und Garnen durch Verschmelzen von Fetten oder Fettsäuren mit Borsäure und den bekannten Schlichtsalzen. **(D. R. P. 262 551.)** Durch Anwendung dieses Verfahrens fällt das kostspielige Glätten der geschlichteten Wollketten weg, da es zugleich mit dem Schlichten um so vollständiger bewirkt wird, als es den Faden in seiner ganzen Oberfläche trifft.

Über die Appretur der Wollrockflanelle siehe **E. Herzinger** in **Zeitschr. f. Textilind. 16, 107.**

Über die Appretur der Cheviot- und Merinoflauschstoffe (Paletotstoffe für Herren und Damen) siehe die Abhandlung in **Monatsschr. f. Textilind. 27, 183.**

Zum Appretieren von Wollwattierstoffen, denen als Ersatz für Roßhaarstoffe möglichste Elastizität verliehen werden soll, empfiehlt es sich nach **Techn. Rundsch. 1912, 607** die Ware zunächst in einem kochend heißen, schwachen Oleinseifenbade zu krabben und das Gewebe dann beiderseitig in einer Flotte, die pro Liter 50 g Leim oder 150 g Dextrin oder 60 bis 70 g aufgeschlossene Stärke enthält, zu appretieren. Durch Zusatz von etwa 5 g Glycerin oder Monopolseife oder 6—8 g Türkischrotöl wird die Elastizität des Materials erhöht.

Über den Einfluß der einzelnen Appreturstufen: Carbonisieren und Waschen, Dekatieren und Rauhen, Walken und Verstreichen, Trocknen, Pressen, Imprägnieren und Färben auf die Wasser-, Licht-, Luft- und Wärmedurchlässigkeit eines Tuches, erprobt an einem Stoff, dessen Garne aus 20% Australwolle und 80% Australkämmlingen gesponnen waren, und die ungünstige Wirkung der Appretierung auf die Luftdurchlässigkeit der Gewebe, die bei roher und gewaschener Wolle am höchsten ist, berichtet **W. Schulze** in **Monatschr. f. Textilind. 25, 228.**

Die Vorappretur halbwollener Litzen und Bänder (Velour) durch Sengen und Behandeln mit heißem Wasser, das Bleichen mit Wasserstoffsuperoxyd und schwefliger Säure, das Färben nach dem Ein- und Zweibadverfahren, besonders mit Duatolfarben, und die Nachappretur durch Dämpfen beschreibt **E. Jentsch** in **Färberztg. 23, 367.**

Zur Imprägnierung von Wollstoffen für Unterkleider, die nicht einlaufen und luftdurchlässig bleiben sollen, kocht man die Ware in einer Lösung von Alaun, Pottasche und Kochsalz, schwenkt sie sofort in kaltem Wasser ab und trocknet ohne vorheriges Auswinden. **(D. R. P. 100 549.)**

Zur Erhöhung der Capillarität und Netzfähigkeit von Textilfasern, namentlich Trikotagen und Unterwäschestoffen behandelt man die entschlichteten Textilfasern mit Malz oder malzenthaltenden Präparaten oder mit Diastase. Die so behandelten Stoffe haben auch den Vorteil, leichter färbbar zu sein. **(D. R. P. 296 762.)**

Über das Wasserdichtmachen von Loden und Tuchen mit Alaun und Bleizuckerlösung siehe **Österr. Woll- u. Lein.-Ind. 1896, 169.**

Ausführliche Angaben über die Appretur der Sattelfilze bringt **K. Mader, Zeitschr. f. Textilind. 16, 1066.**

In **Zeitschr. f. Textilind. 16, 854 u. 893** bringt **K. Mader** ausführliche Mitteilungen aus der Praxis über die Appretur der Wollfilze.

Eine Hutfilzappreturmasse besteht aus Wasserglas, evtl. unter Zusatz von Leim, Geltine, Mehl, Tragant oder isländischem Moos. **(D. R. P. 294 730.)**

Zur Herstellung einer Hutappreturmasse für Kopfsteife verdünnt man nach **F. Daum, Seifens.-Ztg. 1912, 986,** die vereinigten Lösungen von 35 Tl. Mastix in 25 Tl. Terpentinöl bzw. von 21 Tl. Borax, 150 Tl. Schellack und 60 Tl. Kolophonium in 200 Tl. kochendem Wasser mit 500—600 Tl. lauwarmem Wasser. Die glatte, weiße Emulsion wird dann zum Gebrauch nach Bedarf weiter verdünnt. Die Masse für eine Randsteife besteht aus einer Lösung von 100 Tl. Borax und 1000 Tl. Schellack (für schwarze Hüte Rubinschellack) oder statt des letzteren eines Gemenges von Kolophonium und Sandarak in 1000 Tl. Wasser. Diese Lösung verdünnt man für steife Hüte auf 6—9° Bé, für halbsteife Hüte auf 1—3° Bé. Nach der Imprägnierung setzt man die Ware der Einwirkung essigsäurehaltigem Dampfes aus.

Nach **D. R. P. 272 098** tränkt man Hutfilze, um sie zu steifen und wasserdicht zu machen, mit Eiweiß, trocknet und behandelt nach dem Gerinnen des Eiweißes das steife Produkt mit Formaldehyd nach.

Um Filze zu steifen und wasserunempfindlich zu machen, fällt man in der Filzmasse krystallinisches basisches Bleicarbonat oder Bleiformiat oder basisches Magnesiumcarbonat aus und behandelt den so gesteiften Filz nachträglich zur Erzielung der Wasserfestigkeit mit einer gesättigten Lösung von halogenisierten Naphthalinen in Chlorkohlenwasserstoffen. Hüte aus diesen Filzen sollen gut ventilieren, Bieruntersätze große Aufsaugefähigkeit besitzen. **(D. R. P. 335 060.)**

Zur wasserdichten Imprägnierung halbseidener und halbwollener Gewebe behandelt man diese auf der linken Seite, auf der sich die vegetabilische, gefärbte oder nicht gefärbte Faser befindet, mit einer Lösung von Kupferoxydammoniak und auf der rechten Seite, die die animalische Faser trägt, mit essigsaurem Zink. Zu dem Verfahren eignen sich am besten Diagonalgewebe, die in der genannten Weise hergestellt sind. **(D. R. P. 83 904.)**

Nach einem Referat in **Zentr.-Bl. 1920, IV, 194** lassen sich Stoffe aus Wolle allein oder aus Wolle und Seidenabfällen durch halbständige Behandlung mit Dampf von 90—100° praktisch wasserdicht machen.

Zum Wasserdichtmachen, insbesondere von Seide, verwendet man nach **D. R. P. 101 709** eine Lösung, die Aluminiumacetat, Gerbsäure und Essigsäure enthält. Die so behandelte Seide soll nicht nur feuchtigkeitsdurchlässig, sondern auch haltbarer und leichter färbbar sein, ohne daß sie irgendwelche äußere Merkmale der Behandlung zeigt.

In **D. R. P. 88 012** wird empfohlen, wasserempfindliche Gewebestoffe, besonders appretierte gefärbte Seidengewebe dadurch wasserdicht zu machen, daß man sie mit fett- oder ölsaurer Tonerde allein oder im Gemenge mit 0,5—1% Fetten, Ölen, Harzen oder Wachs in Benzollösung imprägniert und sodann das Benzol verdunsten läßt.

Eine zur Appretierung von Seide besonders geeignete Flüssigkeit erhält man durch Verdünnung von Solar- oder Paraffinöl mit 50 Tl. Sprit oder Äther oder 100 Tl. Tetrachlorkohlenstoff. Die Ware erhält durch Bestreichen mit dieser Kohlenwasserstofflösung ein glänzendes Aussehen. **(D. R. P. 133 479.)**

Zur Herstellung einer tropfechten Appretur für Rohseide tränkt man das Gewebe mit einer auf 87,5° erwärmten Lösung von 450 g weißer Marseiller Seife in 6,5 l kochendem Wasser und bringt es dann sofort in ein ebenso heißes Bad, das 665 g Alaun in derselben Wassermenge enthält. Oder man wendet Bäder von Alaun und Bleizucker an, schlägt also in den Fasern Bleisulfat nieder. Nach dem Trocknen wird die Seide gebürstet und geplättet. **(Seide 14, 567.)**

Wasserdichte Faserimprägnierung.

312. Literatur und Allgemeines über wasserdichte Imprägnierung.

Micksch, K., Methoden der wasserdichten Imprägnierung von Textilstoffen. Berlin 1917. — Mierzinsky, S., Herstellung wasserdichter Stoffe und Gewebe. Berlin. — Koller, Th., Die Imprägnierungstechnik. Wien und Leipzig 1896. — Bottler, M., Technische Anstrich-, Imprägnier- und Isoliermittel und deren Verwendung in der Industrie und in den Gewerben. Würzburg 1921.

In übersichtlicher Weise stellt **Welwart** in **Seifens.-Ztg. 1912, 1008,** die verschiedenen Arten der Behandlung von gewebten Decken zur Erzielung von Wasserdichte zusammen.

Eine Zusammenstellung der Verfahren zur wasserdichten und feuersicheren Imprägnierung von Geweben nach der Patentliteratur bearbeitet von **O. Kausch** findet sich in **Kunststoffe 1912, 29.**

Ferner sei auf die wertvolle kritische Zusammenfassung von **G. Durst** in **Kunststoffe 1912, 145,** hingewiesen, der es unternimmt, im Anschluß an die genannte Arbeit von **O. Kausch,** die einzelnen Verfahren auf ihren Wert zu prüfen.

Die porös-wasserdichte Imprägnierung von Militärstoffen bespricht **A. Hiller** in einem Referat der **Jahr.-Ber. f. chem. Techn. 1889, 1172.** Die damals gebräuchlichen Vorschriften haben keine wesentliche Änderung erfahren, insbesondere sind die wirksamen Bestandteile der Imprägnierungsflüssigkeit annähernd dieselben geblieben.

Ältere Vorschriften zur Herstellung wasserdichter Gewebe durch Imprägnierung mit essigsaurer Tonerde und nachträgliche Behandlung mit einer Wachs-, Fett-, Harz- oder Mineralöl enthaltenden Seifenlösung oder mit Japanwachs, Gummimasse, Firnis und einer heiß gesättigten Schwefelleberlösung finden sich in **Dingl. Journ. 272, 185.**

In **Textilber. 1922, 134** bringt **J. Schmidt** die Beschreibung des Verfahrens zum Wasserdichtmachen von Leinen mit essigsaurer Tonerde, Seife oder Erdwachs, essigsauerm Kalk und mit Norgin.

Über wasserdichte Appreturen und Wasserundurchlässigkeit von Geweben siehe **H. Pomeranz, Zeitschr. f. Farb.-Ind. 12, 125.** Vgl. **R. Hünlich, Zeitschr. f. d. ges. Textilind. 18, 30.**

Die Imprägnierungsverfahren zur Erzielung von Wasserdichte und die Methoden der Prüfung zu imprägnierender Stoffe auf ihre Widerstandsfähigkeit, die Herstellung dichtgewebter derart imprägnierter Leinenstoffe, für Zeltbahnen, Brotbeutel, Tornister, Rucksäcke, Helmbezüge, Pferdedecken, sowie auch der Imprägnierung von Geweben mit Paraffin und Wachs, auch mit Kupferoxydammoniak bespricht **K. Micksch** in **Kunststoffe 5, 229, 243 u. 257.**

Einfache Verfahren zur Prüfung von Stoffen auf Regenundurchlässigkeit, z. B. durch Bespritzen mit Wasser, bringt **H. P. Pearson** in **Kunststoffe 1918, 100.**

Man kann Gewebe wasserdicht machen, was durch Füllung der Poren des Gewebes geschieht oder man kann bloß Wasserwiderstandsfähigkeit anstreben, also nicht das Durchgehen des Wassers verhüten wollen, sondern den Stoff nur vor dem Benetzen schützen. In letzterem Falle bleiben die Stoffe porös und werden in Aussehen oder im Griff kaum verändert, während wirklich wasserdichte Stoffe starr und mit steigender Füllung für Bekleidungszwecke unverwendbar werden. **G. Buchner, Bayer. Ind.- u. Gew.-Bl. 1888, 299 u. 345,** ordnet dementsprechend die Methoden nach Überzugs- und Durchtränkungsverfahren an: Nach der ersten Reihe von Verfahren wird auf dem Gewebe ein auch für Luft und Wärme undurchlässiger Überzug geschaffen, nach den anderen Methoden werden die einzelnen Fäden mit chemischen Verbindungen getränkt, die vom Wasser nicht benetzt werden. Trotz des geringeren Schutzes, den lelztere Gewebe bieten, werden sie ihrer Luftdurchlässigkeit und Weichheit wegen den nach der letzteren Methode imprägnierten Stoffen vorgezogen.

Die wasserabstoßende Wirkung der zur wasserdichten Imprägnierung dienenden Stoffe nimmt in dem Maße, als sie durch Wasser chemisch veränderbar sind, mit der Zeit ab. Die Wasserdichte eines Stoffes läßt sich daher nur durch wiederholtes Bedecken des Stoffes mit Wasser und jedesmalige Feststellen seiner Dichtigkeit erproben. Eine Übersicht über die neueren Methoden, die bei der Imprägnierung der Militärstoffe zur Erzielung weitmöglichster Wasserdichte angewendet werden, bringt **M. Pomeranz** in **Färberztg. 26, 171.**

Um Gewebe wasserdicht zu machen, genügt in manchen Fällen stärkere Verfilzung der Ware, wodurch ein gewisses Wasserabstoßungsvermögen erzielt wird (Loden), während wirkliche Wasserdichte, jedoch auch nur bis zu gewissen Grenzen, durch chemische Reaktion auf der Faser selbst oder durch einfache Imprägnierung mit fertig gebildeten oder in flüchtigen Lösungsmitteln gelösten, oder emulgierten Appreturen erzielt wird. Man kann demnach das Gewebe entweder mit der Lösung einer Fettsubstanz überziehen oder kann es nach dem Ein-, Zwei- oder Dreibadverfahren z. B. mit konzentrierter Gelatinelösung imprägnieren und die nach dem Abpressen auf der Faser zurückgebliebene Gelatine durch Chromsäure, Gerbsäure, Formaldehyd oder basische Sesquioxydsalze der Eisenmetalle in unlöslicher Form niederschlagen. Schließlich bildet das kolloidale Tonerdehydrat, das als solches oder nach dem Blumerschen Verfahren als basisches fettsaures Salz auf der Faser abgeschieden wird, die Grundlage der bei weitem besten Methode zum Wasserdichtmachen von Geweben. Man imprägniert diese mit einer Tonerdelösung, die in der Hitze ein unlösliches, basisches Salz abscheidet und einer Seife, die neben fettsaurem Alkali noch Fette und Harze enthält. Es entsteht durch die Wechselwirkung beider Stoffe Tonerdeseife und freie Fettsubstanz, die beide in feiner Form auf der Faser niedergeschlagen werden. Ein wesentlicher Vorteil des Verfahrens ist, daß es schon in einem Bade zu demselben Ziele führt, wie andere Verfahren, die nach der Zwei- oder Dreibadmethode ausgeführt werden müssen. **(H. Pomeranz, Zeitschr. f. Textilind. 18, 213; vgl. H. Mayer, Seifens.-Ztg. 42, 242 u. 263.)**

Über ein Verfahren zum Wasserdichtmachen von Geweben, bei dem die üblichen Manipulationen (Auskochen, Trocknen, Beizen, Quetschen, Imprägnieren, Trocknen) in einem Arbeitsgange vollzogen werden, siehe **D. R. P. 329 291.**

Bei der Herstellung wasserdichter oder sonst imprägnierter Gewebe unterscheidet man je nach Art des Imprägniermittels oder nach der Beschaffenheit des veränderten Gewebes natürliche oder farbige Ware, die nach der Tränkung die ursprüngliche Farbe zeigt bzw. vor dem Imprägnieren gefärbt und dann imprägniert wird. Weiter unterscheidet man zwischen Paraffin-, Kupfer- oder Metallsalz-, Gerbsäure-, Tonerde-, Kautschuk-, Teer- und Ölimprägnierungen, die für sich oder in Kombination angewendet, zu fäulnisbeständigen oder in der Entzündbarkeit herabgesetzten Waren führen. Schließlich kann man die Gewebe auch zuerst nach dem einen Verfahren behandeln, sie also z. B. naturell imprägnieren und dann eine zweite Methode anwenden, die jedoch eine Ergänzung zu der ersten bilden muß und nicht mit Chemikalien ausgeführt werden darf, die mit jenen der ersten Methode Umsetzungen eingehen. **(Österr. Woll- u. Leinen.-Ind. 1907, 674.)**

Die Stoffe, deren man sich bedient, um Gewebe wasserdicht zu machen, zerfallen je nach ihrer Natur in mehrere Gruppen, doch ist es natürlich schwer, eine allgemein gültige Einteilung zu treffen, da die meisten Erfinder häufig recht merkwürdige Gemenge verschiedenster Körper zur Imprägnierung benützen. In vorliegender Zusammenstellung wurden die einzelnen Vorschriften daher, soweit es sich um allgemeiner gültige Verfahren handelt, nach der Art der verschiedenen Imprägnierungsmittel, zu denen insbesondere die Öle, Fette und Harze, Paraffin, Wachs und Stearin, Kautschuk und Guttapercha, Leim, Eiweiß oder Casein, Celluoid und Nitrocellulose usw. zählen, angeordnet, soweit jedoch die betreffende Imprägnierungsart spezielle Ziele verfolgt (Durchtränkung von Ballonmaterial, Kleidungsstücken usw.) wurde die Einteilung dem Verwendungszweck nach getroffen.

Speziell auf dem Gebiete der Faser- und Gewebeimprägnierung existiert eine gewaltige Zahl von Patenten, die zum überwiegenden Teil völlig wertlos sind. So empfiehlt z. B. der Inhaber des **A. P. 612 066** die Durchtränkung der Gewebe zuerst mit einer Kaliumchlorat- und dann mit einer Schießbaumwollelösung, eine Kombination, die sich sehr wohl als Sprengstoff, aber weniger gut als Imprägnierungsmittel für Kleidungsstücke eignet. In einem englischen Patent wird vorgeschlagen, das Gewebe zuerst mit Ricinusöl und dann mit Nitrocellulose zu imprägnieren. Das Öl verhindert natürlich vollständig das Haften der Nitrocellulose. Ebenso wertlos ist auch das Verfahren des **A. P. 846 369** (Fett-, Wachs-, Paraffinlösungen usw. gemengt mit dem in ihnen unlöslichem Bleizucker) usf.

Die technische Ausführung der Imprägnierung erfolgt in Spezialmaschinen. Der ältere Vorschlag mit Zuhilfenahme der Elektrolyse zu arbeiten **(Kunststoffe 1912, 147)** scheint in neuerer Zeit wieder Anklang zu finden, dann aber auch die Anwendung eines Überdruckes, der das Eindringen der Imprägnierungsflüssigkeit in die Faser befördern soll **(Ö. P. 13 031).**

Um Faserstoffe wasserdicht zu machen scheidet man den wasserdichtenden Stoff chemisch auf der Bahn aus und leitet gleichzeitig einen elektrischen Strom durch die Masse. **(Norw. P. 30 657.)**

Auch in **E. P. 179 247** ist ein Verfahren zur gleichzeitigen Färbung und wasserdichten Imprägnierung von Faserstoffen auf elektrolytischem Wege unter Verwendung von Aluminium- bzw. Kohlenelektroden beschrieben.

Ein Verfahren zum trocknen Imprägnieren wasserdicht zu machender Gewebe, besonders fertiger Kleidungsstücke mit festen oder teigigen Imprägniermitteln in einem besonderen heizbaren Behälter gegen dessen mit der Imprägniermasse bedeckte Außenfläche man die Stücke anpreßt, ist in **D. R. P. 315 936** beschrieben.

Nach einer vorläufigen Angabe von **G. Colombo (siehe Chem.-Ztg. Rep. 1921, 156)** kann man Gewebe aus reiner Wolle und aus Wolle und Seide dadurch wasserdicht machen, daß man sie angefeuchtet etwa 30 Minuten auf 90—100° erhitzt (zweckmäßig in einem Dampfstrom) und dann bei derselben Temperatur trocknet.

313. Softenings, Öl-, Fett-, Seife-, Glycerinschlichten.

Der Übergang zu den Wasserdichte erzeugenden Tränkungsmitteln bilden gewisse Fett oder Öl enthaltende Mischungen von Art der Softenings, die meist zusammen mit stärkehaltigen Klebmitteln verwandt, die Faser geschmeidig machen, sie glätten und ihr wasserabstoßende Eigenschaften verleihen. Weitergefaßt schaffen diese Appreturmittel die Verbindung zu den im III. Bd. abgehandelten Walk- und Schmälzölen und zu den Textilseifen.

Über die Textilseifenpräparate von Art der flüssigen weichen und harten Softenings, die beim Erwärmen leicht schmelzen, ohne klebrig zu werden und der Ware einen weichen Griff geben sollen, berichtet mit Beigabe einer Anzahl Vorschriften **M. Melliand, Seifens.-Ztg. 43, 607 u. 631.**

Unter Softening versteht man Appreturseifen, die je nach den Anforderungen, die man an sie stellt, aus verseiften tierischen oder pflanzlichen Ölen mit einem Fettsäuregehalt von 20—40% bestehen. Sie sollen möglichst rein weiß sein und neutral oder schwach alkalisch reagieren. Zur Erhöhung der Konsistenz setzt man ihnen Stearin, Palmöl oder Japanwachs zu. Vgl. **N. Welwart, Seifens.-Ztg. 1913, 175.**

Zum Füllen der Softenings verwendet man nach **Seifens.-Ztg. 1912, 199** zweckmäßig Kartoffelmehl, das man, in 10—15grädiger Pottasche- oder Sodalösung eingerührt, in die höchstens 75° warme Seifenmasse einträgt. Die Temperatur darf jedenfalls nicht zu hoch sein, da die Seife sonst nicht weiß bleibt.

Ein billiges Softening erhält man durch Verseifen von 150 kg Talg mit 110 kg 35grädiger Lauge bei 70—75°, worauf man den dicken, klaren Seifenleim nach etwa 2 Stunden mit 700 kg warmem Wasser verdünnt. **(Seifens.-Ztg. 1912, 56.)**

Das Schlichtemittel Oleogene bestand aus der Mischung einer Carraghenmoosabkochung mit 10—12% 40grädiger Natronlauge und 20% Olivenöl. **(D. Ind.-Ztg. 1868, Nr. 8.)**

Zum gleichzeitigen Einölen, Stärken oder Beschweren von Geweberohstoffen und zur Behandlung von Garnen oder fertigen Geweben benützt man ein Bad, das durch Auflösen von Casein und Öl oder bei Verarbeitung von Garnen und Geweben auch von Casein allein in einer Seifenlösung unter Zusatz der üblichen Beschwerungsmittel bereitet wird. **(D. R. P. 145 015.)**

Nach einem Referat in **Seifens.-Ztg. 1912, 306** kocht man zur Herstellung eines Appreturpflanzenleimes 16 Tl. Leinsamen mit 60 Tl. Wasser 1/2 Stunde, gießt den Schleim durch ein Sieb, fügt 16 Tl. Dextrin, ebensoviel krystallisiertes schwefelsaures Natrium und 4 Tl. Tannin hinzu und filtriert, wenn alles gelöst ist, abermals durch ein engmaschiges Sieb.

Vgl. auch die Herstellung von Stärke-Palmöl-Glycerinschlichten nach **Dingl. Journ. 201. 82 u. 172.**

Die Glycerinschlichte, bestehend aus 0,5 Tl. weißem, löslichen Dextrin, 1,2 Tl. Glycerin, 0,1 Tl. schwefelsaurer Tonerde und 3 Tl. Wasser wurde nach **Duchèsne, Dingl. Journ. 159, 232,** schon von **Mandet** im Jahre 1844 erfunden.

Statt des Glycerins verwendet man bei Herstellung von Appreturmassen nach **D. R. P. 198 711** besser Polyglycerine. Eine Baumwoll- und Leinenappretur, bestehend z. B. aus 30 Tl. Leim, 45 Tl. Wasser, 35 Tl. Stärkesirup und 5 Tl. Polyglycerin, bleibt auch nach 3stündigem Lagern in kaltem Wasser noch auf dem Gewebe haften, während eine solche Masse, die mit gewöhnlichem Glycerin angesetzt wird, schon nach einer Stunde völlig aufgelöst ist.

Als Glycerinersatz für Türkischrotöl oder Milchsäure in der Gewebeimprägnierung und zum Weichmachen von Textilwaren auch als Zeugdruckpastenzusatz oder zur Avivage eignet sich in jedem Falle das Glykol. **(D. R. P. 305 192.)**

Zum Ölen gefärbter Baumwolle setzt man dem alkalischen Färbebade eine Emulsion von je 700 Tl. Olivenöl, raffiniertem Paraffinöl und 80proz. Türkischrotöl in Emulsion mit 200 Tl. Ammoniak vom spez. Gewicht 0,91 zu und verrührt dann weiter mit 600 Tl. krystallisiertem Magnesiumchlorid. Nach einstündigem Färben wird ohne zu spülen geschleudert und getrocknet und man erhält wesentlich verbesserte Farbtöne und zugleich eine sehr weiche geschmeidige und spinnfähige Baumwolle, da sich nicht wie z. B. nach **D. R. P. 124 507** Lacke, sondern Metallseifen bilden, die mit den Mineralölen zugleich zum Teil waschecht auf der Faser haften. **(D. R. P. 188 595.)**

Besser als die Bäder von Marseiller Seife, denen man etwas Kokosbutter oder andere Fette oder Öle zusetzt, eignen sich für Zwecke der Textilindustrie und zur Erzielung geschmeidiger Fadenappreturen lauwarme Bäder von Kaliumsteaereat, das am besten in der Fabrik selbst durch Neutralisation der Stearinsäure mit Kalilauge hergestellt wird, wobei auf absolute Neutralität der Seife der Hauptwert zu legen ist. Näheres über die Ausführung des Verfahrens zur Herstellung dieser Seife findet sich in **Mat. grasses 4, 23, 75.**

Nach **D. R. P. 242 774** appretiert man Gespinste oder Gewebe durch Imprägnierung in einem Bade, das Wasser, Fettsäure, Metalloxyd, Appretur- oder Füllmittel, nicht eintrocknende neutrale Fettkörper oder schwere Mineralöle enthält und trocknet in starker Wärme. Die sich bei diesem Vorgang bildende unlösliche Metallseife gibt mit den neutralen Fettkörpern oder mit den Mineralölen eine das Gewebe völlig durchdringende Appretur. Als Metalloxyde kommen die Oxyde der Erdalkalien des Aluminiums, Zinks oder Bleies in Betracht, als Fettsäuren, außer Ölsäure, auch Stearin- und Palmitinsäure.

Zum Appretieren der Gewebe und zum Leimen der Fäden, ohne daß diese undurchlässig werden, kann man sich der in Wasser unlöslichen Seifen bedienen, die sonst zum Wasserdichtmachen der Stoffe dienen. Man arbeitet in der Weise, daß man die Bestandteile der Seife in unverbundenem Zustande in einem fetten Pflanzenöl oder einem schweren Kohlenwasserstoff suspendiert oder gelöst auf die Faser aufträgt und das Gewebe nunmehr erwärmt, worauf beim Trocknen ein stark fetthaltiger Niederschlag entsteht, der tief in das Innere der Faser reicht und so die Leim- oder Appretiermittel auch dort unabwaschbar festhält. Man kann auf diese Weise rohe, gebleichte, bedruckte oder gefärbte Gewebe behandeln, wobei die Farbnuancen nicht nur erhalten bleiben, sondern durch diese Art einer Beize sogar noch mehr gefestigt werden. **(E. Agostini, Zeitschr. f. angew. Chem. 1909, 1125; F. P. 361 772 u. Zusatzpatent 7757 von 1906.)**

Zur Verhinderung des Vergilbens mit Türkischrotöl behandelter Textilwaren setzt man ihm 2—3% Natriumcholat oder 4—5% Kaliumglykocholat oder andere Salze der gepaarten oder ungepaarten Gallensäuren zu. **(D. R. P. 325 470.)**

314. Tonerdeseifen, ältere Verfahren.

Die Imprägnierung von Geweben mit Metallsalzen ist mehr als eine Präparation der Faser aufzufassen, als eine Art Beizungsvorgang, der das Aussehen der Ware nicht verändert. Häufig wird diese Durchtränkung mit Metallsalzen unter Zusatz anderer wirklich imprägnierender

Stoffe vorgenommen oder unter Zusatz von Substanzen, die geeignet sind, das Metallsalz aus seiner Lösung innerhalb der Faser niederzuschlagen. In Betracht kommen in erster Linie die Salze des Aluminiums und des Zinks mit organischen Säuren, während die ebenfalls vorgeschlagenen Wolfram- und Molybdänsalze für wasserdichte Imprägnierung des hohen Preises wegen kaum Anwendung finden. — Vgl. auch die Silicatseife **Bd. III [461]**.

Das Verfahren der wasserdichten Imprägnierung von Baumwollgeweben (Wolle und Tuche eignen sich nicht) mit Alaun und Bleizucker in wässeriger Lösung (es bilden sich Bleisulfat und Aluminiumacetat) wurde zuerst von **Muston** 1840 ausgeführt (**Monier** benutzte 1846 nur Aluminiumacetat) und von **Thieux** vervollkommnet. Derart imprägnierte Baumwollbeutel können als Wassersäcke, Feuereimer usw. dienen. **(Polyt. Zentr.-Bl. 1856, 352.)**

Eine trockene, pulverförmige Tonerdeseife (hergestellt aus Alaun und einer alkoholischen Ölsäurelösung) kam seinerzeit als Präparat zum Wasserdichtmachen von Geweben unter dem Namen Hydrofugin in den Handel. **(Polyt. Zentrh. 1852, 798.)**

Nach dem alten Verfahren von **Fournaise** tauchte man die Stoffe in ein 4—5° Bé starkes Bad von essigsaurer Tonerde, die nicht durch doppelte Zersetzung, sondern durch Auflösen von Tonerdehydrat in Essigsäure dargestellt wurde, preßte die Bahnen nach etwa einstündiger Badbehandlung aus und dämpfte sie bis zur Vertreibung der Essigsäure bei 110—120° **(Dingl. Journ. 221, 569.)**

Auch einer verkochten filtrierten Lösung von 1 Tl. Hausenblase, 2 Tl. Alaun und 2 Tl. Seife in Wasser wurden hohe wasserdichtende Eigenschaften nachgerühmt. Die durch Aufbürsten mit dieser Lösung imprägnierten Gewebe sollen durch dieses Verfahren so wasserdicht werden, daß sie eine Stunde lang mittels einer Gießkanne mit Wasser bespritzt werden können, ohne daß das Wasser eindringt. Hygroskopische Körper, in solche Zeuge eingewickelt und hierauf 12 Stunden dem Regen ausgesetzt, fanden sich nach dieser Zeit nicht einmal feucht. **(Dingl. Journ. 76, 391.)**

Das Wasserdichtmachen von Leinwand mit einer Harz-Tonerdeseife beschreibt **A. Kuhr** in **D. Ind.-Ztg. 1871, Nr. 21.**

Über wasserdichte Imprägnierung von Geweben mit einer Lösung von wasserfreier, fettsaurer Tonerde in Terpentinöl siehe **C. Puscher, Kunst u. Gewerbe 1872, 164.**

Über ein Verfahren, Tuche mit Aluminiumacetat und Bleisulfat wasserdicht zu machen, siehe **D. Ind.-Ztg. 1867, Nr. 42.**

Eine Anzahl von Vorschriften zum Wasserdichtmachen von Wollstoffen mit Tonerdeseifen, Fischleim, Stearin, Bleiseifen, Kautschuklösungen usw. ist in **Polyt. Zentr.-Bl. 1871, 402** aufgeführt.

Über Herstellung einer wasserdichten Imprägnierungsmasse für Gewebe aus 60 Tl. Paraffin, 20 Tl. Aluminiumpalmitat, 10—15 Tl. gelbem Wachs, Leinölfirnis und 6—15 Tl. Terpentinöl siehe **D. R. P. 19 298.**

Nach **D. R. P. 101 709** schlägt man innerhalb der Faser als wasserdichtendes Mittel Aluminiumtannat nieder.

Nach **Griot** und **Polito, Ber. d. d. chem. Ges. 1876, 648,** soll auch eine mit Alaun, Bleiacetat und Salmiak versetzte Abkochung von Carragheenmoos wasserdichtende Eigenschaften besitzen.

Um Leibwäsche oder Kleider wasserdicht zu machen und ihnen doch ihre Weichheit und Luftdurchlässigkeit zu bewahren, verwendet man ein Bad, das in 20 l Wasser 4 kg Casein, 100 g gelöschten Kalk und eine Seifenlösung, bestehend aus 2 kg Neutralseife und 24 l Wasser enthält. Nach Tränkung des Gewebes mit dieser Flüssigkeit bringt man es in ein 50—60° warmes Bad von essigsaurer Tonerde und fixiert die Tonerdeseife durch Eintauchen des Faserstoffes in nahezu kochendes Wasser. **(D. R. P. 87 065.)**

Zur wasserdichten Imprägnierung von Geweben unter Erhaltung ihrer Luftdurchlässigkeit tränkt man die Stoffe zuerst in einer Lösung von Tonerdeacetat und dann in einer Lösung von Wollfett in einem flüchtigen Lösungsmittel. Nach Entfernung des überschüssigen Fettes erhält man wasserdichte Gewebe, die sich besonders zur Herstellung von Arbeiterkleidern eignen. **(D. R. P. 141 411.)**

Zum Wasserdichtmachen von Geweben klotzt man die Ware nach **D. R. P. 165 201** in einer 3grädigen Beize, die 100 Tl. Alaun, 160 Tl. kohlensauren Kalk, 100 Tl. eisenfreie schwefelsaure Tonerde, 15 Tl. Zinkoxyd und 150 Tl. Bleizucker enthält. Nach einer Stunde erhält die Ware einen beiderseitigen Überzug eines Gemenges von 60 Tl. Paraffin, 20 Tl. Japanwachs, 17½ Tl. Stearin und 2½ Tl. einer 10proz. Paragummilösung. Über die maschinelle Einrichtung siehe das Original.

Zur Herstellung einer zur Imprägnierung von Geweben, Papier, Pappe, Holz usw. geeigneten, gegen Wasser und Chemikalien beständigen Maße verrührt man 5% und mehr Alaun in geschmolzenes Carnaubawachs mit oder ohne Zusatz von Ölen oder Füllmitteln, gießt die Masse in Formen oder verwendet sie direkt zum Bestreichen der Stoffe. Man kann auch das zu behandelnde Material mit einer Alaunlösung tränken und nach dem Trocknen mit geschmolzenem Wachs behandeln. Diese Gewebe zeigen keine äußeren Merkmale der Imprägnierung und können weiter appretiert oder kalandriert werden. **(D. R. P. 167 168.)**

Zur Herstellung beständiger als Imprägnierungsmittel verwendbarer organischer Aluminiumverbindungen behandelt man rohes oder raffiniertes Montanwachs nach seiner evtl. Überführung in Alkalimontanceresat mittels zugesetzten Alkalis, mit Aluminiumverbindungen, so daß sich Aluminiummontanceresat bildet und Alkalihydroxyd frei wird, das etwa vorhandene Montansäureester verseift, die dann ihrerseits wieder in das Aluminiumsalz übergeführt werden können. **(D. R. P. 221 888.)**

315. Tonerdeseifen (Aluminiumformiat), neuere Verfahren.

Beim Behandeln der mit Seifenlösung getränkten Ware mit Aluminiumacetat oder -sulfacetat entsteht ölsaures Aluminium als wasserabstoßende Substanz und daneben essigsaures bzw. schwefelsaures Natrium. Die auf der Faser zurückbleibende überschüssige Tonerdebeize ist deshalb unschädlich, weil hydrolytische Spaltung in basische Salze und freie Säure also Essig- bzw. Schwefelsäure erfolgt, von denen die erstere sich verflüchtigt und die letztere mit dem vorgefundenen Natriumacetat Glaubersalz bildet, dessen Schädlichkeit wohl nur insofern in Rechnung zu ziehen ist, als durch seine Anwesenheit eine Verringerung der Wasserdichtheit bewirkt wird.

Die beste Imprägnierung wird nicht mit schwefelsaurer, sondern mit basisch essigsaurer oder ameisensaurer Tonerde erzielt, die die Festigkeit der Ware nicht wie das Sulfat herabsetzen. In erstklassigen Einrichtungen erhält man dann bei richtiger Arbeit so wasserdichte Stoffe, daß bei der Probe (Aufgießen von Wasser, 24 Stunden stehen lassen) die andere Seite des Gewebes völlig trocken bleibt. **(E. Jentzsch, Färberztg. 1918, 3.)**

Eine ausführliche Arbeit über das Wasserdichtmachen von Stoffen von **A. Lindemann** findet sich in **D. Färberztg. 6, 246.** Nach seinen Ausführungen verwendet man als erstes Bad eine Lösung von 140 g Marseiller Seife und 240 g 40grädigem Wasserglas in 100 l Wasser, läßt den Stoff je nach seiner Dichte bei gewöhnlicher Temperatur 1/4 bis 3/4 Stunden laufen und geht hierauf in das ebenfalls kalte zweite Bad, das aus einer Lösung von 3,5 l 13grädiger essigsaurer Tonerde in 100 l Wasser besteht. Nach etwa 1/2 Stunde spült man zuerst in 70° warmem, dann in kaltem Wasser und trocknet. Dieses Verfahren, bezüglich dessen Ausführung und mancher Modifikationen auf das Original verwiesen sei, soll ebensowohl für wollene und baumwollene Stoffe als auch für Seide und Gloria (für Regenschirme) anwendbar sein; für Jute oder Hanf (Wagendecken, Zelte) empfiehlt es sich jedoch, das Gewebe durch Behandlung mit Kupferoxydammoniaklösung wasserdicht zu machen.

Nach **D. Färberztg. 1910, Nr. 48** stellt man die Aluminiumlösung am einfachsten dar durch Umsetzung von Bleiacetat mit Alaun. Die Seifenlösung soll pro Quadratmeter des zu imprägnierenden Stoffes 30 g Unschlittseife, 25 g Japanwachs, 1 g Firnis und 1,5 g Kautschuk, gelöst in der zehnfachen Menge Terpentinöl, enthalten. Ein sehr einfaches Verfahren zum Imprägnieren von Baumwolle ist folgendes: Man kocht das Gewebe in Wasserglaslösung aus, spült, trocknet und imprägniert mit einer Lösung, die aus 80 l kochendem Wasser, 25 kg gepulvertem Alaun und 18 kg essigsaurem Blei nach Dekantierung vom schwefelsauren Blei und Verdünnung auf 6° Bé erhalten wird. Ein so imprägniertes Gewebe nimmt im Regen nach 3 Stunden nur 1/3 der Wassermenge auf, die es in nicht imprägniertem Zustande absorbiert. Neuerdings kombiniert man die Behandlung mit essigsaurer Tonerde und Tonerdeseifen oder wendet gerbsaure Tonerde an, die man auf der Ware selbst erzeugt, wenn man diese zuerst in einer Tanninlösung von 6° Bé und nach dem Trocknen in einer ebenso starken Lösung von essigsaurer Tonerde behandelt. Zum Schluß wird das Gewebe in eine warme Emulsion von 20 kg Seife, 5 kg Gummi und 15 kg Japanwachs in 120 l Wasser getaucht.

Nach **F. P. 445 175** imprägniert man Gewebe, um sie wasserundurchlässig zu machen, ohne daß sie ihre Porosität verlieren mit Lösungen von Aluminiumsulfat und Bleiacetat in Wasser.

Zur Bereitung einer Wasserdichte erzeugenden Imprägnierflüssigkeit verdünnt man Ameisensäure (85%) mit 300 Tl. Wasser, und gießt sie in kleinen Mengen unter beständigem Umrühren auf 170 Tl. kohlensauren Kalk, der mit 100 Tl. Wasser angerührt wurde. Man rührt nun so lange um, bis alle Kohlensäure verflüchtigt ist und gießt sodann die so erhaltene Lösung in eine Lösung von 900 Tl. schwefelsaurer Tonerde in 2000 Tl. Wasser. Nach erfolgtem Absetzen und Erkalten wird die klare Lösung abgezogen und nach und nach mit einer Lösung von 50—60 g calz. Soda in 500 ccm H_2O versetzt und zwar so lange, bis sich ein eben bleibender Niederschlag bildet, der sich auch nach längerer Zeit nicht mehr löst. Vor dem Gebrauch stellt man die Lösung auf 6° Bé ein. **(Monatsschr. f. Textilind. 1917, Nr. 8.)**

Über die Herstellung von basisch-essigsaurer und basisch-ameisensaurer Tonerde für Zwecke der wasserdichten Imprägnierung siehe auch **H. Pomeranz, Zeitschr. f. Textilind. 19, 187.**

Zur wasserdichten Imprägnierung nach dem Einbadverfahren verwendet man Tonerde und Fette zusammen und bildet dann durch heißes Trocknen die die Poren füllende fettsaure Tonerde. Man arbeitet z. B. in der Weise, daß man 100 l 10grädige ameisensaure Tonerde bei 35—40° mit der entsprechenden Menge einer ebenso warmen Fettemulsion verrührt, die man aus 300 g Rinder- oder Hammeltalg, 25 g Olein, 150 ccm Lauge (aus 5 Tl. Wasser und 1 Tl. 45grädiger Kalilauge) und 225 ccm Wasser in kleinen Portionen erhält, das Gewebe auf dem dreiwalzigen Foulard durch zweimalige Passage mit folgendem Abquetschen zwischen Walzen mit der Masse imprägniert und schließlich scharf trocknet. Jene Emulsion kann auch einen Leimzusatz erhalten, doch empfiehlt es sich nicht sie durch gewöhnliche Seifen- oder Fettlösungen zu ersetzen, da diese mit den Tonerdebädern schon außerhalb der Faser Niederschläge geben. **(Zeitschr. f. Textilind. 18, 380.)**

Auch eine Lösung von Aluminiumstearat in Tetrachlorkohlenstoff eignet sich zur wasserdichten Imprägnierung. **(A. P. 1 397 738.)**

Nach **A. P. 1 380 428** bestehen die wirksamen Bestandteile einer wasserdichtenden Masse aus Aluminiumacetat und verseiftem Pflanzenöl.

Nach **A. P. 1 400 579** imprägniert man die wasserdicht zu machenden Gewebe mit einer nicht färbenden Mischmasse aus Tonerde, Zinkoxyd und in einem flüchtigen Lösungsmittel gelöster Seife.

Zum Wasserdicht- und Weichmachen von Textilstoffen, z. B. Kunstseide oder Stapelfaser, imprägniert man sie mit 4grädiger, basisch ameisensaurer Tonerdelösung, schleudert, trocknet bei 40—45°, behandelt zur Bildung des Hydrates mit Ammoniak, schleudert nochmals und bringt das Gut zur Nachbehandlung in etwa 50° warme Seifenlösung. Die Seifenbäder bleiben klar und werden, ohne daß Verkleben der Fasern stattfindet, voll ausgenützt. **(D. R. P. 314 968.)**

Nach einem von **Tade** angegebenen Verfahren **(D. R. P. 335 298)** über das nach einer Arbeit **Creighton in Gummiztg. 1922, 638** berichtet wird, führt man das zu imprägnierende, mit Natriumoleat(Seifen-)lösung durchtränkte Gewebe zwischen einer Graphitkathode und einer mit dichtem Wolltuch umkleideten Aluminiumanode durch und schließt den Strom. Gleichzeitig leitet man der Kathode Aluminiumacetatlösung zu, die mit der Seife reagiert. Es soll ein so befriedigendes Ergebnis erzielt werden, daß man in einer amerikanischen Fabrik jetzt schon 3 Mill. Yards Gewebe auf diese Weise imprägniert.

316. Andere Metallseifen.

Um Gewebe wasserdicht zu machen und sie dabei doch porös zu erhalten weicht man sie nach **W. Thede, Zeitschr. f. angew. Chem. 1908, 1264,** zunächst einen Tag lang in einer 5grädigen Lösung von chemisch reinem essigsaurem Kalk ein, ringt aus, trocknet bei 60°, taucht in eine 5proz. Seifenlösung, preßt aus, trocknet abermals bei 40° und behandelt schließlich noch einmal mit Calciumacetatlösung. Das Verfahren ist billiger als jenes mit Aluminiumacetat und für jede Gattung von Textilmaterialien verwendbar.

Um Packleinwand zum Überdecken von Wagen usw. undurchdringlich gegen Wasser zu machen, ohne daß sie brüchig wird, wie es beim Überziehen mit Teer geschieht, wird ihre Tränkung mit einer Eisenseife empfohlen. Man löst 1 kg Schmierseife in heißem Wasser, setzt dann Eisenvitriollösung hinzu, wäscht die ausfallende Eisenseife aus, trocknet sie und vermischt sie mit einer Lösung von 100 g Kautschuk in $1^1/_2$ kg Leinöl. **(D. Ind.-Ztg. 1870, Nr. 20.)**

Zum Wasserdichtmachen von Geweben bedient man sich einer geschmolzenen Mischung von 1 Tl. Oleinsäure-Bleiseife und 2 Tl. chinesischem Holzöl. **(A. P. 1 202 803.)**

Zum Wasserdichtmachen von Geweben oder Papier behandelt man die Stoffe nach **D. R. P. 124 973** mit dem zähen Gemenge, das man durch Verkneten von 6 Tl. Zinkoleat, 4 Tl. Zinkstearat, 1 Tl. Zinkresianat und 100 Tl. Benzol bei 30—50° erhält.

Zum Appretieren und Wasserdichtmachen von Geweben aller Art tränkt man die Stoffe mit einer Lösung des Natrium-Ammoniumsalzes der Algensäure, evtl. unter Zusatz einer Seifenlösung und fällt das laminarsaure Salz sodann in einem Zinksulfat- oder anderen Schwermetallsalzbade aus. So imprägnierte Stoffe widerstehen kochenden neutralen Farbflotten. **(D. R. P. 314 969.)**

Die in der Textilindustrie viel verwendeten, in Wasser unlöslichen Seifen, die teilweise zum wasserdichten Imprägnieren der Stoffe benützt werden, erhält man nach einem Schema der Herstellung von Kupferseife in folgender Weise: Man verseift 100 Tl. Kolophonium mit 12—13proz. Natronlauge, verdünnt die Seifenlösung mit 4 l Regenwasser, taucht das Gewebe ein, ringt es nach etwa 15 Minuten aus und legt es dann auf die Dauer einer Stunde in eine Lösung von 75 Tl. Kupfersulfat, gelöst in 4000 Tl. Regenwasser. Das nunmehr mit der Kupferseife imprägnierte Zeug wird kalandriert und in einem Bade, das in je 50 Tl. Benzin und Petroläther, 3,5 Tl. Paraffin und 1,5 Tl. Vaselin enthält, durch Verdunstung des Lösungsmittels mit einem feinen Paraffinüberzuge versehen. **(Neueste Erf. u. Erf. 1908, 538.)**

Nach **D. R. P. 84 569** erhält man eine Flüssigkeit, die sich zur wasserdichten Imprägnierung von Papier, Geweben u. dgl. eignet, wenn man Kupferblechspäne mit dem dreifachen Gemisch Kaliumbichromat mischt und 8—15proz. Ammoniak darüber gießt. Nach 2—12 Stunden dekantiert man von dem abgesetzten Chromoxydhyrdat, das zur Herstellung von Mineralfarbstoffen u. dgl. dienen kann und verwendet das Filtrat ohne weiteres zur Imprägnierung.

Am einfachsten gestaltet sich das Verfahren der Imprägnierung mit Kupferseifen, in der Weise, daß man das Gewebe zuerst eine 20proz. Seifenlösung und dann eine 8proz. Kupfersalzlösung passieren läßt, oder man stellt eine Lösung von essigsaurer Tonerde her (6° Bé), der man pro Liter 6—10 g Kupfervitriol zusetzt. **(D. Färberztg. 1910, Nr. 48.)**

Nach **D. R. P. 119 101** werden Faserstoffe, um die wasserdicht zu machen, mit einer Lösung von Kupferwolframat mit Ölsäure in Benzin und Schwefelkohlenstoff getränkt. Man kann auch das Gewebe mit einer gemischten Lösung von wolframsaurem und ölsaurem Natron imprägnieren, trocknen und mit einer Lösung von Eisen-, Zink- oder Kupfersulfat oder Zinnchlorür nachbehandeln. 346 g frisch gefälltes Kupferwolframat werden z. B. mit 1128 g Ölsäure auf 40° erwärmt, worauf man das Produkt in 1000 ccm Schwefelkohlenstoff und 500 ccm Benzin löst und diese Lösung direkt zum Imprägnieren verwendet. Oder man kann den Stoff auch mit einer wäßrigen Natriumwolframatlösung tränken, trocknen und mit der wäßrigen Lösung eines Schwermetallsalzes und dann mit einer Harzseifenlösung nachbehandeln. Man imprägniert den Stoff in diesem Falle mit dem Gemenge der wäßrigen Lösungen von 100 g wolframsaurem Natron in 350 g Wasser und 300 g einer 10proz. Lösung von ölsaurem Natron in 250 g Wasser, trocknet das Gewebe, behandelt mit einer Lösung von je 160 g Eisen-, Zink-, Kupfersulfat oder Zinnchlorür im Liter Wasser nach, spült und trocknet.

Nach Untersuchungen von **G. Rudolph** wird in die Erde gegrabener unbehandelter Zeltstoff in kurzer Zeit gänzlich zerstört, er hält sich besser, wenn man ihn mit einem Küpenfarbstoff färbt, mit Bichromat oxydiert und mit Seife und ameisensaurer Tonerde wasserdicht macht und bleibt vollkommen unverändert, wenn man überdies noch mit Kupfersalz nachbehandelt. Es empfiehlt sich daher, alle Stoffe, die mit feuchtem Erdreich in Berührung kommen, in dieser Weise zu behandeln. **(Text.-Ber. ü. Wiss., Ind. u. Hand. I, 77.)**

Zum Appretieren von Gespinsten oder Geweben imprägniert man diese in einem Bade aus Wasser, Fettsäure, Metalloxyd, nicht eintrocknenden neutralen Fettkörpern oder schweren Mineralölen, Appretur- oder Füllmitteln, preßt die überschüssige Flüssigkeit ab und trocknet die Ware intensiv, so daß sich nach Verdunstung der Flüssigkeitsreste im Innern des Gewebes eine unlösliche Metallseife bildet, die sich im Entstehungszustande unter gleichzeitiger Fixierung der Appretur- und Füllmittel mit den Fettkörpern oder Mineralölen vereinigt. Die so appretierte Ware zeigt natürliche Geschmeidigkeit und gutes Aussehen bei erhöhter Steifigkeit und verbessertem Griff und die Stoffe verschießen und verbleichen beim Waschen nicht. **(D. R. P. 242 774.)**

Zum Wasserdichtmachen von Faserstoffen, namentlich Stapelkunstseide, behandelt man die Gewebe oder Fasern in einem Gemisch von Metallsalzlösungen und Seifenschaum, dessen Anwendung nicht nur Ersparnis an Seife bringt, sondern auch besonders weichen Griff der Ware hervorruft. **(D. R. P. 309 131.)** — Vgl. [173].

317. Paraffin, Wachs, Harz, Teer, Asphalt, Mineralöl.

Die Imprägnierung von Geweben mit Paraffin, Wachs, Stearin, nichttrocknenden Ölen, Harzen oder Fetten erfolgt entweder direkt durch Aufbringung z. B. des geschmolzenen Paraffins auf den Stoff oder man benützt Lösungen dieser Körper in Benzol, Benzin, Naphtha u. dgl., mit denen man die Gewebe tränkt, worauf das Lösungsmittel verdampft wird. Schließlich kann man auch Emulsionen von Paraffin, Wachs, Fett oder dgl. verwenden und spart so das Lösungsmittel. Der Wert der einzelnen Verfahren wird weniger durch die Wahl der Imprägnierungsmittel bedingt, er hängt vielmehr in erster Linie von der Ausführung der Verfahren ab. Die Durchtränkung von Geweben mit Asphalt- oder Bitumenlösungen kommt nur für billigste Stoffe in Frage, da diese Mittel ihre ungünstigen Eigenschaften der Klebrigkeit und des Abfärbens naturgemäß auch auf die Gewebe übertragen.

Über Durchtränkung der verschiedensten Fasermaterialien mit Paraffin, Wachs, Stearin usw. zur Erhöhung der Wasserdichtigkeit siehe schon die Mitteilung von **J. Stenhouse, Dingl. Journ. 167, 72.** Vgl. auch die Patentschriften: **A. P. 574 793, 625 030, 680 733, F. P. 374 944, Ö. P. 12 291** über wasserdichte Imprägnierung von Geweben mit Ölen, Fetten, Harzen usw.

Nach **D. R. P. 112 943** imprägniert man die Gewebe mit einer lediglich durch Zentrifugieren hergestellten Emulsion von leicht schmelzbaren, in Wasser unlöslichen Körpern (Paraffin, Erdwachs, Stearin, Palmitin usw.) einzeln oder in Mischung (Wasserperle).

Zum Wasserdichtmachen von Faserstoffen (Gewebe, Filz, Leder, Papier) behandelt man sie nach **D. R. P. 166 350** mit einer 10—20proz., 50—60° warmen wässerigen Emulsion von 30 kg Stearinsäure, 60 kg Paraffin, 10 kg Ammoniak und 100 l Wasser, dann preßt man ab, trocknet über 100° und kalandriert oder bricht die Ware bei 50—60°.

Zum Wasserdichtmachen von Stoffen eignet sich nach **A. P. 1 204 149** eine Mischung von 75 Tl. Harz, 25% Paraffin und $^1/_2$ bis 1 l Tl. Karnaubawachs.

Nach **H. Pomeranz** empfiehlt es sich, für Zwecke des Wasserdichtmachens von Geweben saure Seifen anzuwenden **(Bd. III [461])**, da sie, besonders die sauren Kaliseifen, die besten Emulgiermittel für andere wasserabstoßende Stoffe wie z. B. Paraffin und Vaselin sind. **(Zeitschr. f. Textilind. 19, 320).**

Zum Wasserdichtmachen von Geweben jeder Art kann man statt des gereinigten Paraffins auch Rohparaffin verwenden, das wegen seines Gehaltes an Kreosot desinfizierend wirkt und mit Alkalien in der Kälte haltbare Emulsionen liefert. **(D. R. P. 303 390.)**

Nach **F. P. 487 571** druckt man auf Gewebe, um sie wasserdicht zu machen, in einem feinen Muster geschmolzenes Paraffin auf.

Um Gewebe oder Textilwaren wasserabstoßend zu machen, imprägniert man sie mit einer aus Montanwachs, 1% Ätznatron und Wasser durch Erhitzen erhaltbaren, unbegrenzt beständigen Emulsion. **(D. R. P. 307 111.)**

Weinschläuche und andere zur Aufbewahrung von Flüssigkeiten dienende Säcke imprägniert man durch wiederholtes mehrtägiges Einlegen in eine Lösung von Harz in Teeröl. Die jeweils getrockneten Zeuge werden mit Bleiglätte und Kalk eingerieben und erhalten schließlich auf der Innenseite einen Kautschuküberzug. **(Polyt. Zentr.-Bl. 1855, 126.)**

Zur Imprägnierung von Geweben mit Kolophonium oder anderen Harzen kann man natürlich nicht diese Harze in geschmolzenem Zustande verwenden, da der Überzug in diesem Falle zu dick würde und die Fäden abbrächen. Man bedient sich vielmehr einer Auflösung der Harze in fetten, trocknenden oder in flüchtigen Ölen, in Spiritus oder in Lauge, wobei der Verwendungszweck entscheidet, welche dieser Lösungen man am besten benützt.

Zum Wasserdichtmachen von Geweben überzieht man sie entweder beiderseitig mit wasserundurchlässigen Stoffen oder einseitig mit einem Wachs und auf der anderen Seite mit Paragummi und behandelt in einer kochenden Lösung von Harzseife nach, um die Quellfähigkeit der Faser zu verringern und die ursprüngliche Porosität des Gewebes wiederherzustellen. **(D. R. P. 165 201.)**

Zur Herstellung wasserfester Gewebe behandelt man sie oder die Garne mit wässerigen Emulsionen von Kunstharzen, z. B. aus Naphthalin und Formaldehyd **(D. R. P. 207 743)**, organischen Lösungsmitteln (z. B. Monochlorbenzol) und einer Alkaliseifenlösung (z. B. Türkischrotöl). **(D. R. P. 303 891.)**

Zur Tränkung von Geweben oder Papiergarn zieht man die Bahn oder das Garn durch eine Mischung von 3,5 kg Rohkresol, 7 kg Formaldehyd, 9 l doppelt normaler Natronlauge und 80 l Wasser, quetscht ab und leitet den Stoff unter Zuführung von Kohlensäure zwischen die heißen Walzen einer Schlichtmaschine. **(D. R. P. 327 399.)**

Um Gewebe oder Fäden wasserdicht zu machen, behandelt man sie mit Terpentinöldämpfen allein oder zusammen mit Essigsäuredämpfen oder schließlich mit Phenol- und Formaldehyddämpfen und nachfolgend mit ozonisierter Luft. **(A. P. 1 377 110.)**

Es sei hervorgehoben, daß Phenolharze zur Imprägnierung von Stoffen, die mit der Haut in Berührung kommen, nicht verwendet werden sollen, da in einem Falle festgestellt wurde, daß derart behandelte Mützenschirme Anlaß zu Hauterkrankungen gegeben haben. **(K. Krafft, Chem.-Ztg. 44, 517.)**

Die Imprägnierung von Leinen mit Teer und das Verkleben der so imprägnierten Stoffe mit Asphalt, Harz, Teer, Gummilösungen u. dgl. ist in einem Referat in **Seifens.-Ztg. 1912, 1010** beschrieben.

Um Papier oder Gewebe wasserfest zu machen verrührt man z. B. den Papierbrei mit Teerseifenlösung, die man durch evtl. unvollständiges Verseifen von mit Wasser ausgelaugtem, evtl. entsäuertem Holz- oder Kohlenteer erhält. Auch das verseifte eingedickte Auslaugewasser ist als Imprägnierlösung geeignet. **(D. R. P. 320 177.)**

Zum Wasserdichtmachen von Geweben bedient man sich nach **D. R. P. 94 172** einer Benzinlösung, die 20% Asphalt, 2% Vaselin und die entsprechende Menge fettlöslichen Teerfarbstoff enthält. Nach **Zusatz D. R. P. 100 700** setzt man noch Paraffin, Stearin oder Wachs hinzu, um die Grundmasse aufnahmefähiger für das Vaselin zu machen. Die Imprägnierungsflüssigkeit enthält dann in 80,2 Tl. Benzin, 10,4 Tl. Asphalt, 5,2 Tl. Paraffin und 4,2 Tl. Vaselin.

In **Gummiztg. 26, 71** wird empfohlen, zum Wasserdichtmachen von Geweben ein verschmolzenes, in der Kälte mit 750 g Benzin verdünntes Gemenge von 250 g Asphalt und 20—30 g Vaselin zu verwenden. Die Masse kann zur Erzielung einer roten Färbung mit etwa 20—30 g eines roten Teerfarbstoffes oder zur Erzielung eines Bronzetones mit einer Lösung von 2 g Methylviolett und 6—7 g Fuchsin in 50 g Alkohol gefärbt werden. Vorteilhaft setzt man dem Produkt schließlich zur Konservierung 2—4 g Benzoesäure zu. Die Stoffe werden in die Imprägnierungsflüssigkeit flach eingelegt, dann herausgenommen und nach dem Abtropfen zum Trocknen an der Luft aufgehängt.

Um weitmaschige Gewebe, wie z. B. Jute, wasserdicht zu imprägnieren, verwendet man nach **D. R. P. 127 582** eine Emulsion von je 10 Tl. Asphalt und Cellulose, 5 Tl. Leim, 1 Tl. Chromalaun, 8 Tl. Teeröl, 16 Tl. Benzol und 50 Tl. Wasser.

Zur Herabsetzung der Fließtemperatur des Asphaltes, der z. B. zum Imprägnieren von Papier oder Geweben dienen soll, setzt man ihm etwa 1% Fuselöl oder andere aromatische oder oliphatische Alkohole oder auch Terpene zu. **(D. R. P. 325 780.)**

Nach **D. R. P. 166 350** werden Emulsionen von Mineralölen und fettsauren oder harzsauren Ammonsalzen verwendet. Beim Erwärmen entweicht das Ammoniak und die Fett- bzw. Harzsäuren scheiden sich unlöslich in den Stoffen ab. Auch Mineralöle sind verwendbar, die in Emulsion mit Ammoniakseife beim Erwärmen oder beim Stehen an der Luft ihre Emulsionsfähigkeit verlieren, so daß man hier diese Eigenschaft, die bei der Verwendung der Öle zu Schmierzwecken unerwünscht ist, nutzbar machen kann.

Nach **D. R. P. 229 531** imprägniert man Gewebe, aber auch Papier, Pappe usw. mit einer Lösung, die Mineralfett, Glycerin und Olein oder Ölsäure enthält; letztere Stoffe werden zugesetzt, um die Löslichkeit des Mineralfettes in Lösungsmitteln, beispielsweise in Alkohol, zu erhöhen.

Ein wasserdichtes Schutzmittel für Gewebe, Papier, Holz, Metall, Zement und Stein besteht aus einem Gemisch von Seifenemulsion, Harz und Holzöl, dem man, wenn die Masse als Farbe oder Farbenbindemittel dienen soll, noch die kolloide, alkalische Lösung von Casein und weiter Konservierungs-, Farb- und Füllmittel zusetzt. **(E. P. 147 810.)**

318. Trocknende Öle und ihre Umwandlungsprodukte.

Durch die Behandlung von Geweben mit trocknenden Ölen wird eine die Poren völlig abdichtende Oberfläche geschaffen, so daß linoleumartige, nicht poröse Stoffe resultieren, die für manche Zwecke recht verwendbar sein können, ihrer Starrheit und Dicke wegen aber für Kleidungsstücke u. dgl. natürlich nicht in Betracht kommen. Häufig erhalten diese Massen Zusätze von anderen Materialien, die das Produkt zwar verbilligen, aber sonst nur geeignet sind, den Wert der Imprägnierung herabzusetzen. Häufig begünstigen diese Zusatzstoffe, zu denen vielleicht auch die Soda gehört, die Schnelligkeit der Selbstoxydation des Leinöls, die sich bis zur Erwärmung und Entzündung der so imprägnierten Stoffe steigern kann. Man schützt sich gegen die zuerst auftretende Erwärmung in der imprägnierten Ware nach **Techn. Rundsch. 1908, 314** durch längeres vollständiges Trocknen der Gewebe, ehe man sie lagert.

Über ein eigentümliches Verfahren der Imprägnierung von Geweben mit Leinöl nach vorhergehender Erzeugung einer Braunsteinschicht auf dem Gewebe siehe **Seifens.-Ztg. 1912, 615.** — Vgl. **Bd. III [116].**

Zur Herstellung eines wasserdichten Gewebe-Imprägnierungsmittels für Plan-, Fracht- und Güterwagen vermischt man gleiche Teile eines hellen und eines dunklen Firnisproduktes, erwärmt das Gemenge gelinde während 3 Stunden, verdünnt mit 33% Terpentinöl und streicht auf. Den dunklen Firnis gewinnt man durch dreitägiges gelindes Kochen von 200 Tl. Leinöl, 5 Tl. Umbra und 6 Tl. Bleiglätte als braunes vom Bodensatz abzuhebendes Öl, das helle Produkt durch Nitrieren eines 3 Tage auf 130° erhitzten Gemisches von 200 Tl. Leinöl und 3 Tl. Bleiglätte mit 41 grädiger Salpetersäure bei niedrigen Hitzegraden als zähe orangegelbe Masse. **(Polyt. Zentr.-Bl. 1858, 338.)**

Auch eine Lösung von nitriertem Leinöl in Harzöl eignet sich zum Wasserdichtmachen von Stoffen. **(Polyt. Zentr.-Bl. 1855, 126.)**

Vgl. auch die Herstellung wasserdichter Zeuge nach **Gagin, Polyt. Zentr.-Bl. 1860, 1004,** für Wagendecken, Zelte usw.: Erster Aufstrich aus Kautschuk und Leinöl, drei weitere Aufstriche aus Leinöl gekocht mit Glätte, Umbra und vegetabilischem Schwarz, schließliches Einwalzen von Sand.

Eine Masse zum Wasserdichtmachen von Decktüchern besteht nach **D. Gewerbeztg. 1870, Nr. 49** aus einem verkochten Gemenge von 100 Tl. Leinöl, 5 Tl. schwefelsaurem Eisenoxydul, 4 Tl. schwefelsaurem Zinkoxyd und 6 Tl. Kautschuk. Sobald die Masse sich an der Luft abgekühlt hat, wird sie auf das zur Decke bestimmte Tuch aufgestrichen. Nachdem dieser Anstrich durch 4—5 Tage getrocknet ist, wird er wiederholt und nach abermaligem Trocknen zum dritten Male erneuert.

Über das Wasserdichtmachen von Geweben durch Imprägnierung mit einer kautschukartigen Masse, die man aus 3 Gewichtsteilen der beim Reinigen des Leinöls sich ausscheidenden gummi- und eiweißartigen Substanz mit 1 Tl. Abfall der Rübölraffinerie erhält, siehe **D. R. P. 1349.**

Auch der durch Erhitzen von gekochtem Leinöl mit 10—20% Schwefel erhaltene sog. Schwefelbalsam kann mit Harz oder Kautschuk in Terpentinöl gelöst zum Wasserdichtmachen von Geweben dienen. **(P. Hoffmann, London. Journ. 1857, 263.)**

Zum Wasserdichtmachen von Zuckersäcken überbürstet man Kattun mit einer Masse aus 1 kg bester Stärke, 500 g Harz, 250 g Pottasche, 250 g hellem gekochten Leinöl und soviel Wasser, daß man einen mehr oder weniger dicken Brei erhält und leimt ihn noch feucht auf die Innenseite der Sackjute auf. **(Industrieblätter 1871, Nr. 51.)**

Zur Erzeugung wasserdichter Stoffe imprägniert man die Gewebe mit einer Mischung von 15 Tl. gekochtem Leinöl, 5 Tl. Tragasolgummi und 0,5 Tl. eines Trockenmittels, evtl. unter Zusatz geeigneter Füllstoffe. Die Masse trocknet sehr leicht und vermehrt die Biegsamkeit der Gewebe um 25%. **(D. R. P. 153 060.)**

Eine besonders geeignete Imprägnierungsmasse, die den mit ihr bestrichenenen Decken, Wagenplanen, Regenmänteln usw. völlige Wasserdichte verleiht, ohne daß die Ware ihre Weichheit und Biegsamkeit verliert, erhält man nach einem Referat in **Seifens.-Ztg. 1912, 666** aus einem eigentümlichen Umwandlungsprodukt des Leinöls, das im **Bd. III [110]** beschrieben ist.

Zur Erzeugung absolut wasserdichter Schichten (auch plastischer Massen) bringt man den mit einem Neutralisations- und einem Bindemittel imprägnierten Faserstoff in einem Apparat frei schwebend und kontinuierlich fortschreitend mit fein zerstäubten Bindemitteln in Berührung und vulkanisiert gleichzeitig mit zerstäubtem Chlorschwefel. Die freiwerdende Salzsäure wird durch das Neutralisationsmittel unschädlich gemacht und gleichzeitig überziehen sich die Faserstoffe mit einem dünnen Häutchen der vulkanisierten Öle, Teere, Fette oder Harze, die als Bindemittel zugeführt werden, wodurch eine innigere Bindung der Faserteilchen zustande kommt als bei der üblichen Verknetung der Bestandteile. **(D. R. P. 202 129.)**

Um die Oxydationsprodukte des Leinöles, namentlich die Linoxynsäure in lösliche Form überzuführen, verkocht man sie mit Essigsäure und erhält so nach **D. R. P. 258 853** Produkte, die in Alkohol, Chloroform, Benzol usw. löslich sind und sich zur wasserdichten Imprägnierung von Leder- und Textilwaren eignen.

Auch die in **[453]** beschriebenen Ölfarbhäute eignen sich zur Herstellung wasserdichter Gewebe linoleumartiger Belagmassen und anderer Kunststoffe. Dieses Verfahren der Übertragung von Ölfarben- oder Firnishäuten auf den Stoff ist in **Techn. u. Ind. 1918, 163** näher beschrieben. Vgl. **Gummiztg. 33, 949.**

Unter allen Leinwandimprägniermitteln, die Wagenplachen und Zeltbahnen wasserundurchlässig machen, eignen sich diejenigen Mittel am besten, die ölsaures Blei enthalten, während die Präparate mit Paraffin und Wachs nur kurze Zeit genügende Abdichtung bewirken. (Ref. in **Chem.-Ztg. 1921, 304.)**

Nach **D. R. P. 247 373** erhält man plastische oder als Imprägnierungs- oder Lackmaterialien verwendbare Massen durch Verkochen wechselnder Mengen, z. B. von 90 Tl. chinesischem Holzöl, 30—170 Tl. Rohphenol (für Isolierungs- bzw. Imprägnierungsmassen) und 5 Tl. Ricinusöl unter Druck bei etwa 300°, bis zur Honigkonsistenz. Hebt man am Schluß der Operation den Druck auf, so werden hellere Produkte erzielt.

Ein Präparat, das sich als Imprägniermitel zur Herstellung wasserdichter Gewebe, als Zusatzstoff zu Kautschukmischungen oder als Metallüberzugmasse eignet, erhält man nach **A. P. 1 349 909—912** als dicke zähe Flüssigkeit oder festen schwarzen Körper durch Erhitzen von Terpentinöl und Schwefel unter normalem Druck auf 150°.

319. Wasserdichte Kautschukstoffe; Doppelware, Einlagen, Filz.

Die Fabrikation der wasserdichten Kautschukstoffe beschreibt **C. O. Weber in Zeitschr. f. angew. Chem. 1893, 631 u. 661.** Vgl. **G. Hübner, Kunststoffe 3, 441 u. 464.**

Über die Vulkanisation fertiger aus kautschukimprägnierten Stoffen hergestellter Kleidungsstücke in mit Schwefelchlorürdampf erfüllten Räumen siehe **W. Abbott, D. Ind.-Ztg. 1879, 309.**

Das Verfahren der einseitigen Gummierung schwarzer Seide nach den Methoden der Kalt- und der Warmvulkanisation ist in **Gummiztg. 26, 101** beschrieben.

Das Vulkanisieren wasserdichter Stoffe wird besprochen von **C. N. Weber in Dingl. Journ. 308, 45.**

Die Fabrikation gummierter Stoffe und wasserdichter Mäntel ist in **Gummiztg. 1913, 744** beschrieben.

Die Imprägnierung von Geweben mit Kautschuk oder Guttapercha zu dem Zweck, um sie wasserdicht zu machen, ist nur dann brauchbar, wenn das wertvolle Durchtränkungsmaterial in seiner Wirkung durch billige Füllstoffe nicht herabgesetzt und wenn der aufgetragene Kautschuk nachträglich vulkanisiert wird, da die Beständigkeit der erhaltenen Produkte sonst viel zu wünschen übrig ließe. Es wäre noch zu erwähnen, daß eine derartige richtig ausgeführte Kautschukimprägnation nur für Gewebe in Betracht kommt, deren Preis erst in zweiter Linie eine Rolle spielt (Kautschukmäntel oder Ballonhüllen).

Bei der Kautschukimprägnierung von Geweben verfuhr man zwecks Vulkanisierung des aufgetragenen Rohkautschuks ursprünglich in der Weise, daß man das Grundgewebe vor der Aufbringung der Kautschuklage mit einer Lösung von 5—10 Tl. Chlorschwefel in 100 Tl. Natriumbisulfit benetzte und den präparierten Stoff schwach erwärmte. Nach Untersuchungen von **W. Thomson** wirkt dann das Chlor ähnlich wie bei der Faktisherstellung vulkanisierend und es entsteht ein fester Überzug, der das Gewebe vollständig wasserdicht macht. Die zum Auftragen auf die Gewebe bestimmten Kautschuklösungen sind naturgemäß sehr verschiedenartig und werden in der Zusammensetzung vor allem durch die Art der Vulkanisationsmethode bestimmt. **Weber** gibt in der (l. c.) zitierten Abhandlung für kalte Vulkanisierung z. B. an eine Mischung von 20 Para, 40 Surrogat, 10 Bleioxyd und 1 Calciumcarbonat, für heiße Vulkanisation 20 Para, 15 Regenerat, 20 Surrogat, 10 Bleioxyd und 2 Schwefel. Diese Grundmischungen sind durch Zusatz von Farbstoffen oder auch durch Ersatz der Bleiglätte gegen Zinkoxyd oder Bleiweiß (für Kaltvulkanisation) oder durch Beigabe von Bleithiosulfat oder Schwefelantimon (für Heißvulkanisation) in weiten Grenzen variierbar. (Referat in **Zeitschr. f. angew. Chem. 1891, 96.**)

Eine Vorrichtung zum Überziehen von Stoffbahnen, wie Baumwollgeweben mit einer in flüchtigen, leichtentzündbaren Mitteln löslichen Masse ist in **D. R. P. 257 572** beschrieben.

Durch Kombination eines wollenen Untergewebes und eines wasserdicht imprägnierten vegetabilischen Oberstoffes erhält man luftdurchlässige und doch genügend wasserdichte, warmhaltende Gewebe. (**D. R. P. 319 366.**)

Statt bei Erzeugung von Doppelware wie bisher Guttapercha oder Tragant als Klebemittel zu verwenden, klebt man die Bahnen mit einem Gemisch von Kartoffelmehl, Zucker und wenig Tragant, wodurch die Ware wesentlich verbilligt und überdies geschmeidiger gemacht wird. (**D. R. P. 299 816.**)

Zur Ersparnis an Kautschuk oder Regenerat beim Streichen von Geweben preßt man die gestrichenen, einfachen oder verdoppelten Webstoffe vor oder nach dem Vulkanisieren mehrere Stunden unter einigen Atm. Druck bei 30—50° zwischen Platten mit glatter Oberfläche. Die so erhaltenen Stoffe erfüllen alle Anforderungen an Gasundurchlässigkeit und Festigkeit und eignen sich daher besonders zur Herstellung von Luftschiffmaterial. (**D. R. P. 307 173.**)

Zur Herstellung einer für stark beanspruchte Gummiwaren geeigneten Wirkwareneinlage stellt man diese aus Bündeln von einzelnen Garnfäden als eigentlicher Wirkfaden in möglichst gedrängter Form her und unterwirft sie evtl. in mehreren paarweise mit ihren linken unteren Seiten aneinander liegenden Lagen einer Schrumpfung in Lauge, so daß ein schwammartiges Wirkwarengebilde entsteht das in Kombination mit Kautschuk die gewünschte hervorragende Dehnbarkeit und Festigkeit besitzt. (**D. R. P. 253 224.**)

Zur Verhinderung des Zusammenziehens der in gummielastischen Strick- und Webstoffen befindlichen Gummifäden, die durch Nadelstiche bei der Verbindung des elastischen mit dem unelastischen Stoff durchstochen oder nachträglich gerissen sind, imprägniert man das elastische Gewebe an der Nahtstelle derart mit Gummilösung, daß die gerissenen Gummifäden trotz ihres Freiwerdens sich nicht von ihrer Nahtstelle entfernen und in dem Stoff zusammenziehen können. (**D. R. P. 250 359.**)

Die Herstellung von Kautschukfilz durch mehrmaliges Eintauchen eines Filzes in Kautschuklösung oder durch Pressen und Vulkanisieren eines Gemenges von Wolle oder Baumwolle mit dem doppelten Gewicht Kautschuk ist in **F. P. 415 359** beschrieben. Vgl. **F. P. 419 693** und **420 090,** ferner **D. R. P. 244 359,** Abschnitt Kunstleder **[441].**

Nach **E. P. 22 111/09** können Gegenstände aus verfilzten Fasern am besten mit Kautschuk imprägniert werden, wenn man sie während der ganzen Operation unter Vakuum stellt. Die sehr tief imprägnierten Gegenstände werden dann einem Luft-, Gas- oder Dampfstrom ausgesetzt. wodurch der Kautschuküberzug noch tiefer in die Poren eingepreßt wird.

Nach **D. R. P. 131 960** werden wasserdichte Gewebe wie folgt hergestellt: Man befeuchtet oder bedeckt eine Leinenun erlage mit sehr schwacher Klebstofflösung, bestreut sie vorläufig mit Wollstaub und läßt dann eine 5proz. Lösung von Kautschuk in Naphtha auffließen, die man nach dem Trocknen durch eine zweite, dickere Kautschuklösung verstärkt, um sodann das wasserdicht zu machende Gewebe aufzupressen und die Leinenunterlage abzuziehen. Die Kautschukschicht ist dann mit Wollstaub überzogen und kann warm oder kalt vulkanisiert werden.

Nach **F. P. 486 350** erzeugt man ein als Wärmeschutz verwendbares Gewebe durch Aufpudern von Holzmehl auf mit Kautschuklösung überzogene Stoffe.

320. Kautschuk enthaltende Imprägniergemenge. Gewebevorbehandlung. Kautschukablösung.

Zur Herstellung wasserdichter Gewebe löst man nach **D. R. P. 26 219** Kautschuk und Naphthalin in einem Gemenge von Alkohol und Schwefelkohlenstoff, leitet behufs Klärung der Flüssigkeit Salzsäuregas ein, verjagt die überschüssige Salzsäure durch Erhitzen und streicht die gewonnene Flüssigkeit auf das Gewebe auf.

Über wasserdichte Imprägnierung von Stoffen oder Kleidern mit einer Lösung von etwa 15% Guttapercha oder Kautschuk in 100—110° heißem Paraffinwachs siehe **D. R. P. 67 393.**

Der Nachteil, daß beim Wasserdichtmachen von Geweben z. B. mit einer Lösung von Kautschuk in Leinöl die Faserstoffe steif und brüchig werden, läßt sich nach **D. R. P. 67 962** dadurch beheben, daß man die Stoffe zunächst mit Lösungen von Petroleumrückständen mit oder ohne Zusatz von Erdwachs imprägniert und dann erst die Kautschuk-Leinöl-Lavendelöllösung aufbringt.

Zum Wasserdichtmachen von Geweben soll sich nach **D. R. P. 79 996** eine Lösung von Walrat, Paraffin, Kopal, Kolophonium und Kautschuk in Schwefelkohlenstoff und Rosmarinöl eignen.

Ein wasserdicht machender Anstrich wird nach **D. R. P. 101 409** aus 2 Lösungen hergestellt. Die erste Lösung besteht aus 25 Tl. Albumin oder Kleber, 25 Tl. Wasser, 0,5 Tl. Carbolsäure und 3—10 Tl. Kautschuk, die zweite Lösung ist ebenso zusammengesetzt, erhält jedoch noch einen Zusatz von 5—13 Tl. Glycerin, Sirup, Fett, Öl oder Ölkautschuk. Nach vollendeter Mischung wird das in der Lösung vorhandene Eiweiß durch Erwärmen des Gegenstandes oder dadurch koaguliert, daß man das Gewebe zwischen heißen Walzen durchzieht.

Zum Wasserdichtmachen von Geweben, Leder, Papier oder Pappe behandelt man die Gewebe mit einer ersten warmen Mischung von 100 Tl. Benzol, 5—25 Tl. Lanolin und 5—25 Tl. Talkum, preßt, trocknet und überzieht es nun mit einer warmen Lösung von 5—25 Tl. Guttapercha oder Balata in 100 Tl. Benzol. Je dichter das Gewebe ist, um so geringer können die Zusätze an Guttapercha und Ralkum sein. **(D. R. P. 129 450.)**

Um Gewebe wasserdicht zu machen, verwendet man ein Gemenge von erweichtem Kautschuk oder seinen Abfällen oder regenerierten Kautschukprodukten mit wasserunlöslichen Seifen aus elaidierten oder nicht elaidierten Fetten oder Fettsäuren. **(D. R. P. 137 216.)**

Über Herstellung gummierter Stoffe durch Beimengung schwerer Kohlenwasserstoffe (Mineral- oder Paraffinöl, Vaselin u. dgl.) zu dem Vulkanisiermittel (Schwefelkohlenstoff oder Chlorschwefel) siehe **D. R. P. 261 921.**

Eine nichtentzündliche, wasserdichtmachende Mischung besteht nach **A. P. 1 204 056** aus 10—15 Tl. Kautschukzement, 4,5—7 Tl. Terpentinöl, 25—40 Tl. Gasolin und 40—75 Tl. Tetrachlorkohlenstoff. Die Masse wird auf das Gewebe aufgestrichen oder in den Stoff eingewalzt.

Die Imprägnierung von Faserstoffen zuerst mit Kautschuk und dann in mit wenig Schwefel versetztem Terpentinöl ist in **Norw. P. 34 539—540** beschrieben.

Zur wasserdichten Imprägnierung von Mänteln, Zeltbahnen, Schlaucheinlagen, Automobilmänteln verwendet man die bei Gewinnung von regeneriertem Kautschuk als Zwischenprodukt entstehenden Emulsionen aus Kautschukregenerat, Kautschuklösungsmittel und Wasser, evtl. im Gemenge mit Rohkautschuk. **(D. R. P. 278 717.)**

Um Gewebe oder Stoffe wasserdicht zu machen, behandelt man sie mit Kohlenwasserstoffen, die wie z. B. Isopren, Erythren oder Diisopropenyl durch Polymerisation in synthetischen Kautschuk übergeführt werden können, und vollzieht diese Polymerisation auf der Faser. **(D. R. P. 285 138.)**

Nach **Seifens.-Ztg. 1911, 34** werden Schweißblätter statt mit der üblichen Gummilösung mit einem Gemenge von 100 ccm 7proz. Gelatinelösung, 5 ccm einer alkoholischen 10proz. Lösung von Bienenwachs und 15 ccm reinem Handelsglycerin imprägniert.

In **D. R. P. 244 329** wird empfohlen, Gewebe (Schweißblätter), die nachträglich mit einer Mischung von Kautschuklösung und 5% Anhydroformaldehydanilin bestrichen werden sollen, vorher mit einer Lösung von Perborat in Aluminiumsalzlösungen zu imprägnieren, um so zu erreichen, daß die Kautschukeinlagen oder -auflagen während des Gebrauches geruchlos bleiben, da die Ausscheidungsprodukte durch den nachträglich langsam entwickelten Sauerstoff oxydiert werden. Der gleichzeitig frei werdende Formaldehyd unterstützt die desinfizierende Wirkung. Schweiß reagiert alkalisch und die angeblich saure Reaktion leitet sich von der sauren Beschaffenheit oder ranzigen Zersetzung des Hauttalges ab. Wirksame Gegenmittel (auch bei der schweißechten Färbung von Geweben zu berücksichtigen) müssen daher sauer sein.

Bei der Imprägnierung von Geweben, die in direkte Berührung mit der Haut, namentlich mit schwitzenden Hautstellen, gelangen, ist die Verwendung der Phenol-Formaldehydharze streng auszuschalten; das Phenol wird durch den Schweiß auch aus fester chemischer Bindung ausgetrieben und bildet dann die Ursache von Hautentzündungen und Gesichtsschwellungen. **(Chem.-Ztg. 1921, 8.)**

Über Schweißledererersatz siehe **G. Madaus und Galewski, Chem.-Ztg. 1920, 739.**

In **D. R. P. 97 056** wird empfohlen, die Leinwand, die beim Vulkanisieren oder als Einlage für Gummiwaren verwendet wird, vorher mit Kalkmilch zu imprägnieren, um die bei der Vulkanisation auftretende geringe Schwefelsäurenmenge zu neutralisieren und dadurch eine größere Haltbarkeit des imprägnierten Stoffes zu erreichen.

Nach **F. P. 468 493** wird das Gewebe (Baumwolle) vor der Kautschukimprägnierung mit einer Lösung von Bariumhydrat (3%) (bzw. mit Salzen von Ca, Zn, Cd, Pb, Al) und dann mit Ammoniumcarbonat behandelt. Der Zweck des Verfahrens ist, das Gewebe vor der zerstörenden Einwirkung der sich an der Luft allmählich bildenden schwefligen und Schwefelsäure zu schützen. **(F. P. 468 493.)**

Zur Herstellung von gummierten Geweben imprägniert man den Stoff zuerst mit Kupfersalzlösung, überzieht dann mit einer Schwefelkautschukmischung und vulkanisiert das Ganze. **(A. P. 1 184 015.)**

Zur Verzierung wasserdichter Stoffe preßt man gesponnene Fäden nach evtl. Tränkung mit einer Kautschuklösung parallel oder in Wellenlinien in die mit Kautschuk überzogene Seite des Stoffes solange der Überzug noch klebrig ist. **(D. R. P. 70 151.)**

Zur Abtrennung des Kautschuks von mit Kautschuk imprägnierten gasdichten Geweben verwendet man ein mit dem Namen white spirit bezeichnetes Paraffin, das bei einer Dichte von 0,7798 bei 170° zu 48% und bei 225° vollständig überdestilliert. **(Porritt, Zentr.-Bl. 1919, IV, 470.)**

321. Nitrocellulose, Kupferoxydammoniak, pergamentierte Gewebe.

Die Imprägnierung von Geweben mit Nitrocellulose und anderen Celluloseabkömmlingen ist von vornherein anzuempfehlen, wenn völlige Wasserdichte und gutes Aussehen verlangt werden und der Preis keine Rolle spielt, da die Imprägnierungsmaterialien und besonders ihre Lösungsmittel immer noch recht teuer sind.

Zur Herstellung eines wasserdichten Stoffes bestreicht man die Gewebe mit einem Teig aus Johannisbrotkernmehl, denitrierter Nitrocellulose und einem Lösungsmittel für diese mit oder ohne Zusatz von Öl oder Farbstoffen, trocknet und erhält so schon nach einmaligem Bestreichen biegsame und weiche Gewebe. **(D. R. P. 166 596.)**

Zur Herstellung desinfizierend wirkender Stoffe, die sich zum Einlegen in Telefonapparate, ferner zur Sterilhaltung von chirurgischen Instrumenten durch Auskleiden der Behälter eignen, imprägniert man Textilstoffe mit einer Mischung von Nitrocellulose und den z. B. nach **D. R. P. 177 053** und **181 509** erhaltbaren, Formaldehyd abspaltenden Substanzen. **(D. R. P. Anm. F. 26 706, Kl. 30 i.)**

Um Gewebe und Polstermaterialien aus Plüsch staubundurchlässig zu machen, wird die Rückseite der Stoffe nach **E. P. 12 128/12** mit einer Kollodiumschicht überzogen.

Nach **Schwed. P. 26 550/08** imprägniert man Leinen durch Einlegen dünner Scheiben von Celluloid, auf das man die Leinenbahnen feucht aufpreßt. Schließlich bestreicht man das Ganze mit einer Lösung von Celluloid in Aceton.

Nach **Ö. P. Anmeldung 2989/12** stellt man Appretur-, Füll-, Schlicht-, Überzugsmassen usw. her durch Zusatz, der unter dem Namen kolloidale Cellulose bekannten Hydrocellulose zu den üblichen Imprägnier-, Appretur-, Färbmitteln usw.

Als Appreturmittel namentlich vor dem Stärken der Ware eignet sich nach **D. R. P. 327 281** mit Wasser angerührter Papierfangstoff.

Festhaftenden, durch Waschen nicht entfernbaren Appret erhält man durch Pergamentierung der mit Stärke vorappretierten Ware mit Zinkchlorid- oder Schwefelsäurelösung. **(D. Gewerbeztg. 1870, Nr. 16.)**

Über ein Verfahren, Gewebe dichter und wasserfest zu machen, das sich der Eigenschaft der Schwefelsäure bedient, die Oberfläche des Gewebes teilweise aufzulösen, siehe **Neumann** in **Dingl. Journ. 193, 509.** Man setzt die Stoffe je nach ihrer Stärke und Natur 10 Sekunden bis zu 2 Minuten der Einwirkung von 40—66grädiger Schwefelsäure aus (für Leinwand 57° Bé), wäscht sie sodann völlig neutral und läßt eine mechanische Behandlung zwischen Kalandern folgen, wodurch sich die oberflächlich gebildete Amyloidschicht in das nicht angegriffene Gewebe einpreßt und seine Poren verschließt. — Vgl. **[189].**

Zur wasserdichten Imprägnierung benützt man nach **D. R. P. 50 936** ein Lösung von Baumwolle in Kupferoxydammoniak, aus der man das Kupfer durch Zink ausfällt. (Vgl. **D. R. P. 52 193.**)

Nach dem ursprünglichen von **J. Scoffern** angegebenen Prozeß tauchte man Seile, Papier oder Segeltuch so lange in eine konzentrierte Cuprammoniumlösung bis die äußeren Fasern gelatiniert waren und trocknete das auf diese Weise mit einer pergamentierten Schutzhülle versehene Material. Die später von **Wright** dargestellte Lösung enthielt 100—150 g Ammoniak und 20 bis 25 g Kupfer oder bei Anwendung von Messing- statt Kupferspänen auch die entsprechende Menge Zink im Liter Wasser gelöst. Diese Kupferlösung, deren Beständigkeit bei einem Gehalt von 1,2—1,5% Kupfer festgestellt wurde, diente damals auch als Konservierungsmittel für Holz. (**E. P. 737/1883.**)

Zur Herstellung wasserdichter Gewebe tränkt man das Material nach **D. R. P. 86 705** zunächst mit einem Eiweißstoff oder einer Ferrocyanverbindung oder mit Tannin und dann mit Kupferoxydammoniak und trocknet. Es bilden sich so Niederschläge von verschiedenen Farben, die zu gleicher Zeit die Poren des Gewebes ausfüllen.

Zum gleichzeitigen Färben und Wasserdichtmachen von Geweben behandelt man sie nach ihrer Tränkung mit Farbholzextrakt und nach der Trocknung mit Kupferoxydammoniak oder Zink-Kupferoxydammoniak und trocknet rasch, so daß sich die das Gewebe wasserdichtmachenden Farblacke abscheiden. (**D. R. P. 82 623.**)

Zur Überführung der durch Imprägnierung mit Kupferoxydammoniak erhaltenen grünen Farbtöne auf Geweben in ein angenehmes Gelbgrau, behandelt man sie mit der Lösung eines Chromsäuresalzes oder mit schwefliger Säure bzw. zur Erzielung von braunen Tönen mit Schwefelwasserstoffgas. (**D. R. P. 83 902.**)

Die Herstellung wasserdichter Gewebe unter Anwendung von Kupferoxydammoniak und Teerfarbstoffen, die durch die Kupferverbindung nicht angegriffen werden, ist in **D. R. P. 87 998** beschrieben.

Zur Erzeugung von haltbarem Appret auf Baumwolle behandelt man sie mit die Faser lösenden oder gelatinierenden Mitteln wie Zinkchlorid, Alkalilauge und Schwefelkohlenstoff, Kupferoxydammoniak oder 49,9grädiger Schwefelsäure, in letzterem Falle während 10 Minuten oder auch mit starker, kalter Salz- oder Salpetersäure, wäscht das Gewebe aus, bringt es in 30grädiger Natronlauge, streckt nunmehr zur Merzerisation, wäscht aus, säuert ab und wäscht abermals. Wendet man stärkere Säure an, oder will man schwächeren Appret erzielen, so kann man auch das weitere Einschrumpfen der Baumwolle in der Lauge durch Spannung verhindern und dann nur so weit strecken, als das Gewebe bei der Säurevorbehandlung eingeschrumpft war. Bedingung für das Gelingen des Verfahrens ist energisches Bleichen des Gewebes vor der Behandlung mit den Gelatinierungsmitteln. (**D. R. P. 129 883.**)

Zum Wasserdichtmachen von Canevas oder ähnlichem Material behandelt man es getrennt oder in Mischung mit 2 Lösungen von Kupferoxydammoniak, von denen die eine Chromat und die andere ein mit ihm eine unlösliche Verbindung gebendes organisches Mittel wie Gallus- oder Gerbsäure enthält. (**E. P. 101 894/1916.**)

322. Andere Celluloseester (und Zusätze); Leim, Eiweiß, Gerbstoffe.

Um Baumwollgeweben ein pergamentartiges Aussehen zu geben, behandelt man sie nach **D. R. P. 70 999** u. **115 856** mit Natronlauge von 25% und nach dem Abpressen mit Schwefelkohlenstoffdämpfen. Die gelbbraune durchscheinende Masse wird sodann in Wasser gequellt, bei 100° getrocknet und in diesem harten Zustande mehrere Stunden in 5proz. Essigsäure wieder dehnbar gemacht. Das feste durchscheinende Produkt wird bei 100° weich und kann dann zwischen gemusterten Walzen mit Verzierungen versehen werden. Das Produkt dient in mit Chlorkalk gebleichtem und gefärbtem Zustande als Ersatz für Celluloid, Pergament usw. (Vgl. die Kap. Kunstseide, Celluloid, Kunstmassen usw.)

Zur Verbesserung des Griffes, Aussehens und Glanzes von Baumwollwaren passiert man die Stoffe durch Wasser, Viscoselösung, Ammoniumsalz, 20proz. Kochsalz- und 3proz. Salzsäurelösung und erhält so eine Ware, die trotz des aufliegenden dünnen Viscosehäutchens, das gegen heißes Wasser beständig ist, beliebig bleichbar und färbbar ist und mit den feinsten Gauffragen ausgerüstet werden kann. (**Leipz. Färberztg. 54, 402.**)

Nach **D. R. P. 257 459** behandelt man ein mit Rohviscose und einem Pigment (Kaolin oder Glimmer) bedrucktes oder appretiertes Gewebe nach vollständigem Trocknen in einem Bad, das in 1000 Tl. Wasser, 300 Tl. Aluminiumsulfat oder 250 Tl. Aluminiumsulfat, 150—200 Tl. konzentrierte Salzsäure und 1000 Tl. Glycerin oder Zucker enthält. Nach 20—30 Minuten wird der Stoff aus dem Bade entfernt, gründlich gewaschen und getrocknet.

Zur Herstellung von Appreturmassen, Schlichten, Anstrichen, Überzügen, Fäden, Klebstoffen, plastischen Massen usw. verarbeitet man Schwefelderivate (Merkaptane, Kohlenwasserstoff- oder Alkoholsulfide und polysulfide oder ihre Anhydride oder Polymeren) mit Cellulose und ihren Abkömmlingen (Viscose, Nitrocellulose, Acetylcellulose, Celluloid), Leim und weichmachenden Mitteln, Farb- oder Füllstoffen. Die Schwefelderivate kann man auch in den Gemengen selbst erzeugen oder andererseits die in der Viscose enthaltenen Schwefelverbindungen dazu benützen, um aus ihnen und Alkylhaloiden oder Estern die genannten Schwefelderirate zu bilden. Überdies kann man den Massen noch andere Stoffe zusetzen, die das gesamte Gebiet der organischen Chemie umfassen. **(D. R. P. 254 762.)**

Zum Appretieren, Füllen, Beschweren oder Schlichten von Geweben imprägniert man diese nach **D. R. P. 255 302** mit einer Lösung von 100 Tl. Rohviscose (von 10—15% Cellulose- und 3,5—7% Ätznatrongehalt) in 30—150 Tl. 15grädiger Natronlauge. Der Masse können noch weitere übliche Zusätze, z. B. von Zucker, Öl, Sirup, Leim, Zinkweiß, Glycerin usw. in der Menge von 10—20% beigegeben werden.

Imprägniermittel aus Viscose und Kautschuk. Man läßt ein Gemisch von 1 Tl. Cellulose, 0,5 Tl. Ätznatron, 6 Tl. Wasser und 0,2 Tl. Schwefelkohlenstoff, 2—3 Stunden im geschlossenen Gefäß bei 30° stehen, fügt eine Lösung von 0,5 Tl. Kautschuk und 0,05 Tl. Schwefelblumen in 5 Tl. Schwefelkohlenstoff hinzu, mischt das Ganze gut durch, emulgiert es mit der fünffachen Menge seines Gewichtes gleicher Teile Wasser und Benzin und setzt schließlich auf die Gesamtmenge berechnet, 2% Zink- oder Aluminiumsulfat zu. Um Gewebe, z. B. Filz mit dieser Masse zu imprägnieren, taucht man ihn hintereinander in die genannten Lösungen, erwärmt unter starker Pressung in geeigneten Formen und vulkanisiert schließlich bei höherer Temperatur. **(D. R. P. 262 552.)**

Um Gewebe, Garne, Papier usw. mit einem Überzug von Acetylcellulose zu versehen, sie dadurch wasserdicht zu machen und ihnen eine glänzende Oberfläche zu verleihen, taucht man das Material nach **A. P. 954 310** kurze Zeit in Essigsäureanhydrid, das 0,5% Schwefelsäure enthält. Es bildet sich durch diese Behandlung eine mehr oder weniger dicke Schicht von Acetylcellulose, die durch Waschen mit Wasser von dem Säureüberschuß befreit wird.

Nach **D. R. P. 254 784** überzieht man Gewebe zur Herstellung lackartiger Schichten, die später durch Gauffrieren oder Kalandrieren mit einer Prägung oder mit Hochglanz versehen werden können, mit einer Lösung von 1 kg acetonlöslicher Acetylcellulose in 3 kg Alkohol und 3 kg Benzol unter Zugabe von 500 g Acetessigäther. Die bei 65—75° auf dem Wasserbade gewonnene Lösung erstarrt bei Berührung mit der Oberfläche des Gewebes augenblicklich und bildet einen festen Überzug.

Zur Herstellung wasserdichter Stoffe imprägniert man die Gewebe mit Lösungen aus Celluloseestern und Ricinusöl, denen man zur Beseitigung der Klebrigkeit und zur Erhöhung der Wasserunempfindlichkeit Stearin bzw. Stearinsäure zusetzt. Dieser Zusatz ebenso wie jener an Ricinusöl richtet sich nach dem Verwendungszweck des Materiales für Verbandstoffe, Betteinlagen, Mäntel, Schweißblätter, Eisbeutel oder Badehauben usw. **(D. R. P. 286 120.)**

Zur Herstellung weicher, nichtklebriger, Kautschukstoffe an Undurchlässigkeit übertreffender Gewebe behandelt man diese mit der Mischung folgender 3 Lösungen: 1. 10 kg Celluloid, 30 kg Alkohol (96%), 20 kg Aceton, 15 kg Ricinusöl und 1 kg Stearinsäure. 2. 10 kg Acetylcellulose, 10 kg Essigäther, 20 kg Amylacetat, 15 kg Ricinusöl, 1 kg Stearinsäure. 3. 10 kg Nitrocellulose, 30 kg Alkohol (96%), 30 kg Schwefeläther, 17 kg Ricinusöl, 1 kg Stearinsäure. Je nach der gewünschten Weichheit der Produkte wird das Verhältnis von Stearinsäure zu Ricinusöl eingestellt. **(Holl. Pat. 2040/1917, aus Chem. Ztg. Rep. 1918.)**

Die Imprägnierung von Geweben mit Leim, Eiweiß oder Casein erfordert, da diese Massen zumeist in unlöslicher Form verwendet werden, häufig einen Zusatz erweichender Substanzen (Glycerin, Melasse), die ihrerseits wieder zum großen Teile wasserlöslich sind, so daß eine folgende Fixierung auch dieser Mittel stattfinden muß. In **Ö. P. Anmeldung 1376/11** wird daher empfohlen, die wasserdicht zu machenden Stoffe zuerst völlig mit dem Härtungs- oder Fällungsmittel zu imprägnieren und dann erst mit den wasserdichtenden Substanzen (Leim, Gelatine, Casein) zu tränken oder zu überziehen. Jedenfalls besitzen alle Imprägnierungsmittel die unlöslich gemachte Gelatine und Glycerin enthalten, nur geringen Wert.

Zur Herstellung biegsamer, durchsichtiger, für Wasser undurchlässiger Stoffe imprägniert man weitmaschige Gewebe nach **D. R. P. 91 706** mit Chromatgelatine, macht diese durch Belichtung unlöslich, bestreicht das Gewebe auf beiden Seiten mit gekochtem Leinöl oder fettem Firnis, wiederholt diese Behandlung wenn nötig und verziert das Gewebe, das nunmehr abwaschbar geworden ist und als Vorhang- oder Rouleauxstoff Verwendung findet, durch Bedrucken.

Zur Herstellung von Appreturen für Gespinste, Gewebe, Papier, Holz oder Leder, die gegen Wasser und Feuchtigkeit widerstandsfähig sind, vermischt man die üblichen Appreturmassen mit Chromatgelatine und schwefliger Säure und fixiert die Gelatine dann durch Trocknen der Ware. Man bereitet z. B. eine Appreturmasse aus 30 Tl. gequellter Gelatine mit 50% Wassergehalt, 90 Tl. Wasser, 1½ Vol. Tl. 40 grädiger Natriumbisulfitlösung, 0,25 Vol. Tl. Salzsäure (konz.), mit der Lösung von 0,4 Tl. Kaliumbichromat in 10 Tl. Wasser, erwärmt evtl. zur Beschleunigung der Reduktion der Chromsalze und trägt diese längere Zeit flüssig bleibende Masse auf Gespinste, Gewebe, Papier oder Holz wie üblich auf. Man kann die Appreturmasse auch unter Zusatz von Seife, fettsaurer Tonerde oder anderen wasserabstoßenden Mitteln bereiten. **(D. R. P. 271 251.)**

Eine fettdichtmachende Überzugsmasse für Stoffe besteht nach **A. P. 1 192 765** aus 17 Tl. Leim, 13 Tl. Dextrose, 0,4 Tl. Hexamethylentetramin und 69,6 Tl. Wasser.

Zur Herstellung gemusterter, kreppartiger Baumwoll- oder Leinengewebe bedruckt man sie mit Albumin oder Casein, bringt die Eiweißstoffe durch Dämpfen zum Koagulieren und mercerisiert nun wie üblich mit 30—50grädiger Natronlauge. Der Laugenüberschuß wird dann zwischen Walzen ausgepreßt, man verhängt kurze Zeit, um zu große Erwärmung des Stoffes infolge der Mercerisation zu verhüten, säuert ab, wäscht und trocknet unter Spannung. **(D. R. P. 83 314.)** Vgl. **D. R. P. 88114 [303].**

Eine wasserdichtende Anstrichmasse, die sich auch zur Gewebeimprägnierung eignet, erhält man aus 25 Tl. Albumin oder Kleber, 25 Tl. Wasser, 0,25 Tl. Salicylsäure und 3—10 Tl. Kautschuk oder Guttapercha oder statt der letzteren 5—13 Tl. Glycerin, Sirup, Fett und Faktis. **(D. R. P. 101 409.)**

Als Farbenbefestigungsmittel wurde ferner statt des früher vielfach verwendeten Albumins das Nitrocasein vorgeschlagen, das sich in alkalischer Lösung durch Dämpfen widerstandsfähig gegen Seife und Chlor befestigen läßt. **(Dollfus, Jahr.-Ber. f. chem. Techn. 1884, 1113.)**

Leinwandstücke, Seile, Netze u. dgl. blieben nach 48stündigem Einlegen in Eichenholzextrakt während 10 Jahre in einem feuchten Keller aufgehängt, völlig unverändert. Nicht vorbehandelte Probestreifen waren inzwischen völlig vermodert. **(Lebrun, Zentr.-Bl. f. Textilind. 1876, 510.)**

Um Gewebe verschiedener Art (auch Strohgeflechte, Leder oder Papier) besonders im Innern wasserdicht zu machen, behandelt man die Stoffe nach **D. R. P. 254 042** zunächst mit Gerbsäure und Formaldehyd und dann mit Leim- oder Gelatinelösung, nachdem man die oberflächlich haftenden Reste des Härtungs- oder Fällmittels durch flüchtiges Abspülen entfernt hat.

Eine Gewebe wasserdicht machende Masse erhält man nach **A. P. 1 400 164** aus entkalkter Sulfitablauge, Natriumsulfat und unlöslicher Seife.

323. Spezialimprägnierung: Ballon-(Aeroplan-)stoffe.

Die Herstellung der Ballon- und Aeroplanstoffe beschreibt **G. Hübener** in **Kunststoffe 1913, 150** ff.

Über Herstellung von Ballonstoffen und deren Behandlung (Kautschuk, seine Gewinnung und Bearbeitung), siehe das Referat über einen Vortrag von **R. Winter** in **Zeitschr. f. angew. Chem. 25, 113.**

Über nicht brennbare Ballon- und Aeroplanstoffe aus Cellon siehe das Referat in **Kunststoffe 1913, 438.** Vgl. ebendaselbst die Arbeit von **A. Rost**: Über neue Anwendungsgebiete des Cellons.

Die Bestimmung der Gasdurchlässigkeit von gummierten Ballonstoffen im Interferometer und die Versuchsanordnung beschreibt **B. Frenzel** in **Chem.-Ztg. 43, 530;** vgl. **Gummiztg. 30, 708** u. **728,** ferner **Kunststoffe 1920, 169.**

Zur Herstellung eines gas- und wasserdichten Ballonstoffes verbindet man nach **E. P. 2064/11** mehrere Lagen Goldschlägerhaut mit Gelatinelösung, imprägniert beide Oberflächen des Stoffes mit einer Lösung von 5 Tl. Kollodium, 5 Tl. Ricinusöl und 10 Tl. Amylacetat in 100 Tl. einer Aceton-Celluloidlösung und versieht das so gewonnene Produkt evtl. ein- oder beiderseitig mit einer Auflage von Seide oder Baumwolle.

Nach **E. P. 139 795** erhält man gasdichte Ballonstoffe durch Verkleben von Goldschlägerhaut mit Geweben, mittels eines Klebmittels, das aus einer wässerigen Lösung von 10% Gelatine, 10% Türkischrotöl, 5% Glycerin und 0,25—1% Kaliumbichromat oder Formaldehyd besteht. Gewebe allein wiederholt mit der Klebmasse überzogen, geben einen ähnlichen Stoff. **(E. P. 139 807.)**

Zur Herstellung von Ballonhüllen versieht man ein nahtloses schlauchförmiges die Form der Ballonhülle besitzendes Gewebe aus Seide innen und außen mit einem Überzug von mehreren dünnen Celluloidschichten, legt auf die noch weiche, außen befindliche Celluloidlage dünne Metallblätter und bügelt diese mit dem heißen Eisen fest. **(D. R. P. 232 186.)**

Ballonstoffe mit einer abdichtenden Zwischenschicht aus celluloidähnlicher Masse erhält man nach **D. R. P. 309 171.**

Zur Herstellung eines Ballonstoffes räuchert man naß gespaltene oder ungespaltene, auf Stäbe gezogene Tierdärme kalt bis zur braungelben Färbung. **(D. R. P. 302 480.)**

Über Fabrikation von Ballonstoffen siehe auch **Gummiztg. 26, 895, 938** u. **972.** Gute Resultate erhielt man mit einer Imprägnierungsmasse (zur Erzielung von Gasdichte des Stoffes), bestehend aus: 4 kg Para, 30 g Paraffin vom Schmelzpunkt 66°, 400 g Schwefel und 170 g Magnesiumoxyd, und zwar für warm vulkanisierte Stoffe, während für kaltvulkanisierte Stoffe ein Gemenge von 4 kg Para und 50 Paraffin seinen Zweck erfüllt. Zur Erhöhung der Reißfestigkeit des Gewebes imprägniert man zweckmäßig mit einem Gemenge von 4 kg Para, 40 g Paraffin, 2,6 kg Magnesiumcarbonat, 360 g Magnesiumoxyd und 400 g feinem Schwefel.

Um Stoffe oder Gegenstände wasserfest und zugleich luftdicht zu machen, behandelt man sie gleichzeitig oder aufeinanderfolgend mit einer Verdickungsmasse aus Wurzeln der Pflanzengattung Conophallus und mit Kautschuk oder ähnlichen Körpern, deren Lösungen wasserdichte und elastische Schichten hinterlassen. Die Methode eignet sich besonders zur Imprägnierung von Stoffen, die zur Herstellung von Luftkissen oder Gasbeuteln dienen oder auch für alle porösen Körper wie Holz oder Papier. **(D. R. P. 147 029.)**

Über ein mechanisches Dichtungsverfahren für Ballonhüllen siehe **D. R. P. 185 846.**

Nach **F. P. 427 818** und **Zusatz 14 044** erreicht man völlige Undurchlässigkeit von Ballonhüllen gegen Gase durch Verwendung eines Firnisses, der neben einer Lösung von Acetylcellulose und etwas Kautschuk in Äthantetrachlorid eine alkoholische Farbstofflösung enthält.

Nach **D. R. P. 262 005** überzieht man den Ballonstoff nach seiner Imprägnierung mit einer ölhaltigen Flüssigkeit mit Syndetikon und bestäubt die klebrigen Gewebsbahnen mit Metallpulver.

Zum Abdichten von Ballonstoffen imprägniert man das Gewebe nach **D. R. P. 266 384** mit einer Lösung von Celluloid in Amylacetat, der man Ricinusöl und Wachs zusetzt.

Zur Imprägnierung von Ballonhüllen und Flugzeugflächen verwendet man eine filtrierte Aufkochung von Caragheenmoospulver des Handels in der fünffachen Wassermenge, der man das gleiche Gewicht Kochsalz und ein Viertel des Gewichtes, beides bezogen auf Caragheenmoospulver, Magnesiapulver zusetzt. Die mit diesem Caragheenschleim bestrichenen Flächen werden getrocknet, abgeschliffen. wiederholt ebenso behandelt und schließlich lackiert. **(D. R. P. 286 740.)**

Als Ballonlack eignet sich ein Gemenge von gewöhnlichem Zaponlack und einer mittels Sodalösung von der Salzsäure befreiten Amylformiatlösung des Einwirkungsproduktes von Chlorschwefel auf Ricinusöl. **(D. R. P. 321 264.)**

Um Cellonstoffe gasdicht zu machen tränkt man sie nach Benetzung mit Wasser mit einer wässerigen Lösung oder Suspension von Seife, Fett, Fettsäure oder fettsauren Salzen, entfernt die überschüssige Feuchtigkeit, tränkt dann weiter mit einer Lösung von essigsaurer Tonerde und trocknet an der Luft bei gewöhnlicher oder erhöhter Temperatur. Die Gasverluste, die durch Diffusion durch einen so bereiteten Stoff entstehen, sind außerordentlich gering. **(D. R. P. 309 201.)**

Nach einer Mitteilung in **Bayer. Ind.- u. Gew.-Bl. 1913, 304** werden Ballonstoffe auf der Innenseite gummiert und sodann mit Korkmehl bestreut, worauf man das Ganze durch Vulkanisation fest verbindet. Diese Isolierschicht erhöht die Dichtigkeit der Ballonhülle und vermindert dadurch die Gasverluste, ferner wird durch die, die Wärme schlecht leitende Korkschicht, eine rasche Übertragung der Temperaturänderungen auf das Ballongas verhindert und schließlich wird durch Anbringung dieser Schicht, deren Mehrgewicht kaum in Betracht kommt, die chemische Einwirkung des Gases auf den Ballonstoff verhütet.

Nach **F. Frank, Gummiztg. 1912, 801** sind es in erster Linie Kupfer und Eisen, die Ballonstoffe schädigen, da sie auch in kleinsten Mengen als Kontaktsubstanzen wirken und die Bildung von Säure aus dem Vulkanisationsschwefel und dem Luftsauerstoff bewirken. Die besten Abwehrmaßregeln sind Schutzfärbung und Imprägnierungen der Stoffe mit indifferenten Farbstoffen und Metallen.

Über die Zerstörung der Ballonstoffe durch die als Folge des Vulkanisationsprozesses gebildete Schwefelsäure berichtet **Seidl** ausführlich in **Gummiztg. 25, 710.**

Nach **T. Schopper** genügen 1 proz. Lösungen von Dimethylamin-β-methylcumarin, um den mit ihnen überzogenen Ballonstoff gegen die schädlichen Wirkungen der ultravioletten Strahlen des Sonnenlichtes zu schützen. **(Gummiztg. 29, 1250.)**

324. Fischnetze, Netzleinen, Schiffstaue.

Über die Konservierung der Fischernetze durch Gerben in Catechugerbbrühe, folgende Tränkung mit Leinöl und schließliche Teerung, siehe **Dingl. Journ. 198, 359.**

Unter den zur Konservierung von Fischernetzen angewandten Mitteln soll sich eine Lösung von essigsaurem Eisen am besten bewährt haben. **(Polyt. Zentr.-Bl. 1867, 351.)**

Die Imprägnierung von Fischnetzen nach der Bröckerschen Methode wird in der Weise ausgeführt, daß die aus Baumwolle angefertigten Fischnetze mit Leinöl durchtränkt werden, das sodann einem längeren Oxydationsvorgang überlassen bleibt. — Hochseeheringsnetze werden aus Hanf hergestellt und mit Teer oder mit Carbolineum durchtränkt. Bei dem sog. holländischen Imprägnierungsverfahren werden die Netze zunächst mit Gerbstoff (Catechu) zwecks Abtötung etwa vorhandener Fäulniserreger behandelt, mit Leinöl durchtränkt und ausgebreitet an der Luft getrocknet. Nach dem neuen deutschen Verfahren werden die mit Catechu vorbehandelten Netze in einer wässerigen Lösung von Blei- oder Metallsalzen gebadet, getrocknet und dann mit Leinöl getränkt, worauf sie in stark gestrecktem Zustande in gut gelüfteten Räumen zunächst bei erhöhter (bis zu 60° C) und dann allmählich abnehmender Temperatur getrocknet werden. — Über die zweckmäßige Eisenbahnverfrachtung solcher Fischnetze siehe des weitern **P. M. Grempe** in **Seifens.-Ztg. 42, 1000.**

Das Teeren der Fischernetze erfolgt nach **Techn. Rundsch. 1911, 363** zweckmäßig in einer Lösung, die 60 Tl. wasserfreien destillierten Steinkohlenteer, 10 Tl. Leinölfirnis, 30 Tl. Schwerbenzol und zur rascheren Trocknung 2—3% harzfreien Manganfirnis enthält. Die gut getrockneten Netze werden durch diese Lösung gezogen und erhalten so genügende Wasserdichtigkeit und zugleich Geschmeidigkeit, ohne dabei brüchig zu werden.

Nach **D. R. P. 263 588** imprägniert man mit Catechu gegerbte Fischernetze nach ihrer Tränkung mit Bleisalzen in getrocknetem Zustande mit Leinöl, worauf man die Netze streckt und bei guter Lüftung bei etwa 60° trocknet.

Um die Widerstandsfähigkeit von Fischernetzen zu erhöhen, behandelt man sie nach **F. P. 452 684** mit Viscoselösung oder mit den Lösungen anderer Cellulosederivate.

Zum Wasserdichtmachen von Schiffstauen oder Netzleinen durchtränkt man das Material mit einer erwärmten Mischung von Erdwachs, venezianischem Terpentin und Paraffin unter Zusatz einer Lösung von Rohkautschuk. Letzterer soll die in das Seil eingezogene Flüssigkeit binden und zugleich das saubere Ablaufen der Flüssigkeit nach beendeter Tränkung bewirken. Die so behandelten Seile sind auch gegen Seewasser und kochendes Wasser unempfindlich, bleiben stets trocken und lang verwendbar, da auch der mechanische Verschleiß stark herabgesetzt ist. **(D. R. P. 275 659.)** Nach dem Zusatzpatent ersetzt man diese Mischung durch ein Gemenge von 500 Tl. venezianischem Terpentin, 400 Tl. Pflanzenwachs, 250 Tl. Walrat und 300 Tl. Erdwachs mit dem man die Schiffstaue, Netzleinen usw. tränkt. **(D. R. P. 283 744.)**

Zum Imprägnieren von Fischnetzen, Segeltuch oder Holz verwendet man ein Reaktionsgemisch von frisch gefälltem Kupferoxydhydrat mit Holzteer und einem leicht flüchtigen Lösungsmittel von Art der Solventnaphtha. Je nach der Art des Holzteeres erhält man mit wenig Kupferoxydhydrat eine grüne Farbe, die den bei 200° bis 250° destillierenden Holzteerteilen zuzuschreiben ist, während die leichter flüchtigen Anteile mit Kupfer eine rotbraune Farbe geben, die sich mit der grünen zu einer braunen Mischung vereinigt. **(D. R. P. 294 309.)**

Zur Imprägnierung von Fischnetzen behandelt man das Garnwerk nach der bisher üblichen Weise mit Gerbstoff allein und muß dann die Tränkung allwöchentlich oder alle 2 Wochen wiederholen, oder mit einem Gemenge von Gerbstoffen und Leinöl oder Carbolineum, wodurch jedoch ein langwieriger Trockenprozeß bzw. eine gewisse Klebrigkeit der Netze mit in Kauf genommen werden muß. Es empfiehlt sich daher, die mit Gerbstoff behandelten getrockneten Fischzeuge 15 Minuten in eine Lösung von 1% Kupfersulfat und 0,7% Ammoniak einzulegen und kurz zu trocknen. **(W. Tombrock,** Referat in **Zeitschr. f. angew. Chem. 1918, 469.)**

Nach einem andern Verfahren werden die Netze im Vacuum mit heißer Lohbrühe gegerbt, so daß diese tiefer in die Faser eindringt und ihre Widerstandsfähigkeit gegen den Seewasserangriff besser bewirkt als bei Einführung in das nicht luftleer gemachte Material. **(D. R. P. 317 665.)**

Mit heißer Lohbrühe während 48 Stunden behandelte, dann an der Luft getrocknete Netze und Gewebe hielten sich 8 Monate lang in einem feuchten Kellerraume gänzlich unverändert und hatten nichts an Haltbarkeit und Festigkeit verloren, während ungegerbte Gewebe, unter gleichen Verhältnissen, gänzlich unbrauchbar geworden waren. **(Dingl. Journ. 121, 372.)**

325. Segeltuch (Schläuche, Decken), Zeltstoff (Klebmittel).

Die wasserdichte Imprägnierung von Segelleinwand mit einer Zinkseife empfiehlt **H. Jennings** in **Dingl. Journ. 1851, I, 468.**

Vor dem Imprägnieren von baumwollenem Segeltuch befreit man das Gewebe nach **E. Gruene, D. Färberztg. 1898, 325** zunächst durch Behandlung mit Malzauszug oder Ätzalkalilösung von der Schlichte, trocknet in der Hänge und imprägniert in einer klaren, 30° warmen, 5grädigen Lösung von 30 kg Alaun in 180 l kochendem Wasser, der man $12^1/_2$ kg holzessigsauren Kalk zufügt. Nach 2—3maligem Durchziehen trocknet man bei 40—45° und fixiert nach Entfernung der Essigsäuredämpfe in einer Lösung von 500 g 66proz. Wasserglas in 150 l Wasser, kochend heiß in 6 Passagen.

Auf einfache Weise kann man Zeltstoff nach **Farbe und Lack 1912, 24** wasserdicht imprägnieren, wenn man das Gewebe zunächst mit einer Lösung von 2 kg Alaun, 1 kg Hausenblase und $^1/_2$ kg weißer Seife in 50 l Wasser bestreicht und dann einen Anstrich folgen läßt, der aus einer wässerigen Lösung von 2 kg Bleizucker in 50 l Wasser besteht. Es bildet sich auf diese Weise eine die Poren völlig verschließende unlösliche Bleiseife.

Die lichtundurchlässige Imprägnierung von Segeltuch, das als Sonnendach verwendet werden soll, erfolgt nach **Techn. Rundsch. 1912, 427** am besten in der Weise, daß man reines Bleiweiß mit 17 Tl. reinem Leinölfirnis, 10 Tl. Paraffin (zur Erhöhung der Elastizität) und 20 Tl. Terpentinöl verreibt und diese evtl. mit Tubenfarben getönte Masse aufstreicht.

Zum Wasserdichtmachen von Zelt- oder Segelleinen kocht man nach **D. R. P. 187 027** 1 Tl. einer Auflösung von Asphalt in Steinkohlenteeröl, 1,5 Tl. lampenrußhaltigen Weingeistfirnis (Black Varnish), 2,5 Tl. Holzteer und 2,5 Tl. Steinkohlenteer 5 Minuten und setzt der erkalteten Masse 1 Tl. Firnis und 1 Tl. Luftlack zu, den man aus 2000 g 95proz. Spiritus, 750 g Sandarak, 33 g weißem Schellack und 500 g venezianischem Terpentin herstellt. Die unbegrenzt haltbare Masse wird möglichst dünn auf beiden Seiten aufgepinselt und mit starken Bürsten verrieben. Sie trocknet nach wenigen Stunden.

Zur Herstellung feldgrauer, wasserundurchlässiger Zeltstoffe vereinigt man mit Catechu gefärbte und hierdurch wasserundurchlässig gemachte, dann mit Naturfarben grün oder grau gefärbte Fäden zu einem Zwirn, aus dem dann der Zeltstoff gewebt wird. Auch bei siebentägigem Lagern in Wasser wurde nicht ein einziger Faden genetzt. **(D. R. P. 287 753.)**

Über wasserdichte Imprägnierung von Segelleinen mit essigsaurem Kalk und schwefelsaurer Tonerde siehe **Österr. Woll.- u. Lein.-Ind. 1907, 1379.**

Eine einfache Methode der wasserdichten Imprägnierung von Segelleinen, das zum Bespannen von Booten dienen soll, besteht nach **Techn. Rundsch. 1911, 131** in der Tränkung des Leinens mit einer 40° warmen 7proz. Gelatine- oder Leimlösung, die man nach dem Trocknen des Gewebes an der Luft mittels einer 4proz. Alaunlösung härtet. Man trocknet dann abermals und wäscht mit reinem Wasser aus.

Frostbeständige Rohre kann man nach **D. R. P. 60 550** erhalten durch Imprägnierung der aus einem passenden Gewebe über einen Dorn gewickelten Rohrform mit einer aus Harzöl und Ätzkalk gewonnenen Seife. Vgl. **D. R. P. 57 618.**

Zur Imprägnierung von Segeltuchschläuchen verwendet man nach **Techn. Rundsch. 1912, 669** gekochten Leinölfirnis, den man durch vorsichtiges Erhitzen des rohen Leinöles auf 150° und mehrstündiges Kochen bei 220—230° erhält, worauf man nach dem Abkühlen auf 150° noch 3—4% harzsaures Blei oder harzsaures Bleimangan zugibt.

Zum Imprägnieren von Segeltuchschläuchen, in denen Wasser unter nicht besonders starkem Druck fortgeleitet werden soll, überstreicht man die Innenseite der Schläuche nach **H. Brand, Farbe und Lack 1912, 16** mit einem verkochten Gemenge von 11 l Leinöl mit 130 g gemahlener Bleiglätte und 130 g Umbra. Nach 24stündigem Kochen, das jedoch nicht auf freiem Feuer erfolgen darf, verwendet man die Masse zum zweimaligen Überstreichen der Schläuche. Man kann zu demselben Zweck auch eine Lösung von fettsaurer Tonerde in Terpentinöl verwenden. Das Aufbringen der Imprägnierungsflüssigkeit erfolgt zweckmäßig nach dem Tauchverfahren, man kann aber die Segeltuchschläuche auch in der Weise abdichten, daß man sie zuerst mit einer Seife behandelt und dann in eine Metallsalzlösung taucht, wodurch sich eine in Wasser unlösliche Metallseife innerhalb der Poren niederschlägt. Die erste Lösung besteht z. B. nach **Farbe und Lack 1912, 32** aus 4 kg Alaun, 2 kg Hausenblase und 1 kg weißer Seife in 100 l Wasser, die zweite Lösung aus 50 l Wasser und 2 kg Bleizucker. Zum Trocknen und um das Ankleben im Innern zu vermeiden, bläst man zweckmäßig einen kalten Luftstrom durch die Schläuche.

Zur Imprägnierung von Hanfschläuchen, in denen Wasser unter einem Druck von bis zu 10 Atm. fortgeleitet werden soll, tränkt man die doppelt gewebten Schläuche nach **Farbe und Lack 1912, 16** (zugleich um das Faulen zu verhindern) mit einer Gerbstofflösung und überzieht sie innen mit Gummilösung.

Zum Imprägnieren grober Gewebe bedient man sich nach **Schwed. P. 28 272/08** eines Gemenges von 15 l gekochtem Leinöl, 5,5 kg Kienruß, $^1/_2$ kg gelbem Wachs und $^1/_2$ l Rapidol. Nach dem Trocknen wird mit einer ähnlichen Mischung noch einmal überzogen, schließlich läßt man etwa 4 Wochen bei Zimmertemperatur langsam trocknen.

Nach **Seifens.-Ztg. 1911, 314** erhält man ein Klebmittel für Segelleinen oder Waggonplantücher durch Lösen von 18 Tl. geschnittener Guttapercha in 20 Tl. Schwefelkohlenstoff, 10 Tl. Benzol und 10 Tl. Terpentinöl. Ist nach einigen Tagen, besonders wenn man schwach erwärmt, vollständige Lösung erfolgt, so löst man noch 42 Tl. feingepulverten Asphalt oder Kolophonium in der Flüssigkeit und streicht auf. Oder man löst nach einer anderen Vorschrift 15 Tl. klein geschnittene Guttapercha in 45 Tl. warmem Terpentinöl, Benzol oder Schwefelkohlenstoff und fügt 40 Tl. eines scharf trocknenden, evtl. mit 10% Mangansikkativ versetzten Firnisses hinzu. Statt des Terpentinöls kann auch nur Benzol, statt Asphalt Harz oder Kolophonium verwendet werden. Die zu kittenden Stellen müssen zunächst durch Behandlung mit Benzin entfettet und nachher gerauht werden.

326. Berufskleidung (Sohlen, Handschuhe), Treibriemen, Säcke.

Nach einem Referat in **Seifens.-Ztg. 1911, 1177** imprägniert man Gewebe zur Herstellung von Ölzeugkleidern zunächst mit einer dünnen Leimlösung, die etwa 10—20% Leinölfirnis enthält und tränkt den Stoff nach dem Trocknen mit einer Abkochung von Leinölfirnis mit 10% Mangansikkativ. Die Elastizität der Masse wird durch Zusatz von 5% Paraffin erhöht. Oder man tränkt mit einer Mischung von 60 Tl. einer 15proz. Kautschuklösung und 40 Tl. Leinölfirnis; oder man verwendet bei dunklem Ölzeug eine Lösung von 15 Tl. hartem Asphalt und 5 Tl. Paraffin in einer Mischung mit 15 Tl. Asphaltteer, 10 Tl. Harzöl und 30 Tl. Leinölfirnis in 25 Tl. Benzol. Klebrig gewordene Ölzeuge müssen mit Terpentinöl oder Benzin abgerieben werden bis die Klebrigkeit verschwunden ist. Nach einigen Tagen wird erforderlichenfalls noch einmal nachgefirnißt.

Die Klebrigkeit der Ölzeuge läßt sich nach **D. R. P. 65 349** beseitigen, wenn man sie mit einer Mischung von Leinölfirnis, Petroleumäther, Bleiglätte und Ammoniaklösung gleichmäßig überstreicht.

Zur Imprägnierung von Schachtanzügen wird nach **Seifens.-Ztg. 1911, 1260** die dunkle Lösung von 10—15% fettsaurer Tonerde, etwas Harzöl und 3—5% Sikkativ in heißem Leinölfirnis verwendet; farblose Imprägnierungen werden am besten so hergestellt, daß man die fettsaure Tonerde direkt auf der Faser bildet, indem man das Gewebe zuerst $^1/_4$ Stunde mit heißer 5proz. Alaunlösung beizt und nach flüchtigem Trocknen in einer heißen 6proz. Natronseifenlösung schwenkt.

Zur Anfertigung von Teertüchern sind am besten Gewebe aus Hanf oder Jute zu verwenden. Diese werden auf Walzen gespannt und mit Teer oder Teergemischen bestrichen. Die Art der Arbeitsweise beschreibt **Andés** in **Erf. u. Erf. 1915, 341.**

Nach **Seifens.-Ztg. 1911, 1146** stellt man ein nicht klebendes Imprägnieröl für Baumwolltücher her, durch Lösen von 10 Tl. Guttapercha in 30 Tl. Terpentinöl oder Schwerbenzol auf dem Wasserbade und Versetzen mit einem Leinölfirnis oder Asphaltteerlack, der 5% Sikkativ und 5—8% Paraffin enthält. Vorteilhaft ist ein Zusatz von einigen Proz. fettsaurer Tonerde.

Zur Bereitung eines Bades für wasserdichte Imprägnierung von Leibwäsche oder Kleidern bereitet man nach **D. R. P. 37 065** einen Caseinbrei aus 4 kg Casein und 20 l Wasser und setzt allmählich 100 g gelöschten Kalk und eine Lösung von 2 kg neutraler Seife in 24 l Wasser zu. Es soll sich so margarinsaure Tonerde bilden, die durch kurzes Eintauchen in fast kochendes Wasser auf dem Gewebe befestigt wird.

Eine besonders wirksame Imprägnierungsmasse, die Kleidern, Geweben, Rettungsringen eine solche Undurchlässigkeit verleiht, daß sie imstande sind, einen Menschen über Wasser zu halten, besteht nach **D. R. P. 68 194** aus je 500 g Talg und Leim und 250 g Alaun in 10 l Wasser.

Die Herstellung einer schwimmenden Kleidung durch Fütterung der Kleidungsstücke mit einer beiderseitig mit wasserdichtem Material umgebenen Kapokeinlage **[232]** ist in **E. P. 13 338/12** beschrieben.

In **D. R. P. 93 106** ist ein Verfahren zur wasserdichten Imprägnierung von Trikotwaren beschrieben. Die Gewebe werden, wenn sie zu porös sind, um mit Celluloidlösung getränkt zu werden, mit einer Celluloidhaut bedeckt.

Zur Glättung der Gewebe, an denen wie z. B. bei Friseurberufskleidung keine Haare haften bleiben sollen, imprägniert man die weißen Waschstoffe nach **Techn. Rundsch. 1912, 623** mit einer Masse aus 60—80 g Reisstärke oder 35 g Reis- und 35 g Maisstärke, der man pro Kilogramm in der Wärme 10—15 g Paraffin oder reines Wachs zusetzt. Man appretiert bei 50—60°, um Ausscheidungen der Fettkörper zu verhüten, und kalandriert nachträglich.

Um Stoffsohlen eine gewisse Widerstandsfähigkeit gegen Benetzung zu geben, ohne durch völlige wasserdichte Imprägnierung die Lockerheit und Elastizität der Sohlen aufzuheben, tränkt man das Gewebe nach **Techn. Rundsch. 1907, 452** entweder mit einer Lösung von trockener Tonerdeseife in Benzin oder nach einem billigeren Verfahren mit einer 30 proz. Aluminiumsulfatlösung, worauf man auspreßt, trocknet mit einer 30 proz. wässerigen Lösung von Hausseife tränkt, und nunmehr ohne zu pressen spült und an der Luft trocknet.

Zur Herstellung von Isolierhandschuhen imprägniert man die Handschuhe nach **D. R. P. 166 227** nach ihrer Entfettung mit Soda mit einer Lösung, die Eisenvitriol, Natronsalpeter und Schwefelsäure enthält. Man löst z. B. 800 Tl. Eisenvitriol in 1000, 576 Tl. Natronsalpeter in 700 und 250 Tl. Schwefelsäure in 400 Tl. Wasser, mischt die Lösungen kalt, kocht auf, tränkt und trocknet die Lederhandschuhe die für Arbeiten an Starkstromanlagen bestimmt sind.

Zur Erhöhung der Widerstandsfähigkeit von Baumwolltreibriemen oder -seilen tränkt man sie nach **D. R. P. 128 174** mit einer kalten, mit Spiritus verdünnten Mischung von Leinöl und Harzen, überdeckt mit einem die Lücken ausfüllenden Anstrich und glättet. — S. a. **[412]**.

Zur Imprägnierung von Kamelhaartreibriemen verwendet man nach **Seifens.-Ztg. 1911, 1260** eine Lösung von 60 Tl. Goudron (Schmelzpunkt 50°) und 5 Tl. Weichparaffin in 35 Tl. Benzol. Imprägniert man mit Leinölfirnis allein oder im Gemenge mit Harzöl und Mangansikkativ, so tränkt man zweckmäßig das Gewebe vorher mit einer glycerinhaltigen Leimlösung, um die Oxydation des Leinöls nur an der Oberfläche eintreten zu lassen und dadurch die Gefahr der Selbstentzündung herabzumindern.

Zur Imprägnierung von Kamelhaarriemen behandelt man sie nach **Gummiztg. 26, 1483** entweder mit reinem gekochten Leinöl oder reinem Rindertalg und wiederholt den Anstrich der möglichst dünn aufgetragen werden muß, um das Gleiten zu verhindern etwa alle 2 Monate. Oder man schmilzt bei gelindem Feuer 5 Tl. Rindstalg, 1 Tl. Erdwachs, 1 Tl. venezianischen Terpentin, 4 Tl. Kolophonium, 5 Tl. Mineralöl vom spez. Gewicht 0,888 und verdünnt mit 3—4 Tl. desselben Öles bis zur Erreichung der Streichfähigkeit. Man kann auch zu demselben Zweck nach **Gummiztg. 26, 1679** 30 Tl. rohes Wollfett mit einem dicken wässerigen Brei von 10 Tl. gemahlener Bleiglätte verschmelzen, worauf man die Temperatur bis zum Eintritt der Verseifung auf etwa 150° steigert und der gleichmäßigen Masse zur Erhöhung der Schlüpfrigkeit 10 Tl. Graphit zusetzt. Schließlich kann man zur Konservierung der Riemen während des Gebrauches auch ein verschmolzenes Gemenge von 30 Tl. Kolophonium, 7½ Tl. gelbem und 37 Tl. weißem Ceresin, mit 7½ Tl. venezianischem Terpentin und 30—40 Tl. Mineralöl (Spindelöl 0,885—0,950) verwenden.

Zur Tränkung von Stoffriemen und -bändern imprägniert man das Gewebe gleichzeitig oder hintereinander mit einer Asphalt- und einer Lösung von Balata, Guttapercha oder einer ähnlichen Gummiart. **(D. R. P. 285 049.)**

Um Kamelhaar- oder Baumwolltreibriemen gegen Feuchtigkeit unempfindlich zu machen, durchtränkt man sie unter entsprechender Spannung mit einer dünnen Lösung von Firnis, Gummi-, Kautschuk- oder Ölrückständen in Benzol, trocknet an der Luft und bestreicht beiderseitig mit Balatamasse. **(D. R. P. 306 518.)**

Zahlreiche erprobte Vorschriften zur Herstellung von Adhäsionsfetten und Imprägnierungsmitteln für Kamelhaar-, Baumwoll- und Balatariemen finden sich in **Seifens.-Ztg. 1912, 58.** (Siehe **[413]**.)

Nach dem Vorschlage von **Croasdale** werden die aus Jute gefertigten Säcke, die zum Verpacken von Guano und Dungphosphaten dienen sollen, mit Kalkmilch getränkt, leicht an der Luft getrocknet, in eine Mischung von 3 Tl. Öl und 1 Tl. Paraffin getaucht und zwischen Walzen ausgedrückt. **(Dingl. Journ. 219, 470.)**

327. Dauerwäsche, antiseptische, geschrumpfte Wäschestücke.

Ein zusammenhängender Aufsatz über abwaschbare Dauerwäsche findet sich in **„Deutsche Konfektion"**, Referat in **Seifens.-Ztg. 1912, 1069.**

Ein abwaschbarer Überzug auf Wäsche besteht nach **D. R. P. 35 109** aus einem Gemenge von Eiweiß, weißer Farbe und Lack.

Zur Herstellung abwaschbarer, gestärkter und geplätteter Wäsche überzieht man die Stücke nach **D. R. P. 190 671** mit einer Suspension von Zinkweiß in einer Lösung von Kollodiumwolle in Amylacetat.

Zur Herstellung schwer schmutzender und leicht abwaschbarer Wäsche wird das Stück im gewaschenen und geplätteten Zustande nach **D. R. P. 225 290** mit Wasserglaslösung mit oder ohne Zusatz von Chlorbarium überzogen und dann getrocknet. Man soll solche Wäsche 3—5mal so lange tragen können, wie gewöhnliche Wäsche. Der Schmutz kann mit einem feuchten Läppchen entfernt werden.

Nach **D. R. P. 234 500** werden Wäschestücke, die man zur Erzeugung von Dauerwäsche mit Nitrocellulose imprägniert hat, von diesem Überzug in der Weise befreit, daß man sie in ein Lösungsmittel taucht, das die Nitrocellulose löst (Essigsäure, Aceton usw.); dann wird die Wäsche noch feucht mit Seifenlösung gewaschen.

Nach **D. R. P. 238 361** wird Wäsche dadurch abwaschbar gemacht, daß man sie in folgende Mischung eintaucht: Man löst Chlorzink in starkem Alkohol zu einer 3proz. Lösung auf und fügt soviel Aceton und Amylalkohol hinzu, daß die Lösung 1proz. wird. Man löst ferner metallisches Zink in gleichen Teilen Eisessig und Aceton. 2 Tl. der Metallösung werden mit 100 Tl. der ersten Lösung gemischt, dann wird Wollfett beigegeben und zum Schluß setzt man allmählich Nitrocellulose und evtl. Farbstoffe hinzu. Die mehrfach getränkten und getrockneten Wäschestücke werden schließlich in alkoholhaltiges Wasser getaucht. Die Knopflöcher der Wäschestücke werden zweckmäßig mit derselben Nitrocelluloselösung getränkt, der man eine Lösung von Seife, Harzen oder Fetten zusetzt. Im Ganzen bewirken die Metallsalze eine Anätzung der Stärke und der Wäschefaser, so daß die Wäsche von der Celluloselösung völlig durchdrungen wird und einen festen Überzug bildet, der sich mit einer zweiten Schicht der Lösung wegen der teilweisen Auflösung der erst aufgetragenen ebenfalls untrennbar verbindet. Nach **Zusatz D. R. P. 241 781** (vgl. auch **241 820**) behandelt man die Wäsche zuerst mit einer Mischung von organischen Säuren, Chlorzink und Amylalkohol, um eine geringe Anätzung der Faser oder der Stärke zu erreichen und dann erst mit der Nitrocelluloselösung, um auf diese Weise ein leichteres Eindringen der Imprägnierungsflüssigkeit zu erzielen. Für manche Zwecke empfiehlt es sich, den Imprägnierungsflüssigkeiten bis zur völligen Neutralisation Soda zuzusetzen. Das Verfahren eignet sich außerdem zur Herstellung wasserdichter Überzüge auf Holz, Pappe, Faserstoffen oder Geweben.

Zur Herstellung von Dauerwäsche imprägniert man die Stücke nach **D. R. P. 242 786** zunächst mit einer Kautschuklösung und überzieht die noch klebrige Schicht mit Kollodium oder einer Lösung von Nitrocellulose in Aceton usw. mit oder ohne Zusatz von Farbstoffen oder Ölen. Dann werden die Wäschestücke warm gepreßt und mit Bimsstein, dann mit Talkum und schließlich mit pulverisiertem Kalk poliert.

Nach **D. R. P. 257 406** setzt man der Stärkemasse zur Herstellung von Dauerwäsche Stoffe zu, die beim Bügeln oder Trocknen in der Faser wasserdichtmachende Substanzen abscheiden (Casein, Zinksalze, basisch essigsaures Aluminium usw.). Die so vorbehandelten Wäschestücke werden nachträglich mit einem Lack überzogen (z. B. einer Lösung von Acetylcellulose), der Seife, Fettsäure oder andere Stoffe enthält, die mit den vorher innerhalb der Faser abgelagerten Substanzen unlösliche Verbindungen eingehen.

Zur Erzeugung von Dauerwäsche imprägniert man das Gewebe in einem warmen Brei aus 9 Tl. Stärke, 1 Tl. Stärkegummi, 40 Tl. Wasser, wenig calcinierter Soda und der Lösung von 10 Tl. Nitrocellulose und 5 Tl. Kampfer in 1 Tl. Aceton und 1—2 Tl. Äther, trocknet die Stücke und überzieht sie in einem zweiten Bade mit Zaponlack oder demselben flüssigen Celluloid, das bei der ersten Imprägnierung als Zusatz Anwendung findet. **(D. R. P. Anm. T. 14 390, Kl. 8 k.)**

Zur Herstellung von Dauerwäsche verwendet man nicht wie sonst glatt gewebte und dann bedruckte Kattune oder bunt gewebte Zephyrstoffe, sondern bunten oder weißen Hemdenstoff mit eingewebten Streifen oder Dessins, den man mit Celluloid so beklebt (mit Verwendung eines transparenten Celluloidfilms von 0,1 mm Dicke), daß diese Streifen voll sichtbar werden und erhaben hervortreten, wenn man die beklebten Stoffe nach der Heißpressung einer erneuten Wärmebehandlung ohne Pressung aussetzt. **(D. R. P. 275 510.)**

Zur Herstellung poröser Dauerwäsche mit in der Hauswäsche auswaschbarer Glanzappretur wendet man zwei gesondert zu bereitende, und vor dem Auftragen auf die Wäsche zu vereinigende Gemische aus Leim, Hausenblase, essigsaurer Tonerde und Formaldehyd, bzw. aus mit Wasser gekochtem Wachs, Kohlenwasserstoff, kieselsaurem Alkali, essigsaurer Tonerde und Formaldehyd an. Die Masse wird kalt aufgetragen und verrieben. **(D. R. P. 299 762.)**

Zum Imprägnieren von Stoff oder Papier zwecks Herstellung von Dauerwäsche taucht man die geglätteten und gestärkten Wäschestücke zuerst in Acetyl- oder Nitrocelluloselösung, trocknet, bringt sie dann kurze Zeit in Wasser, das in die Poren des ersten Überzuges eindringt, trocknet abermals, so daß die Porenumgebung feucht bleibt und taucht die Stücke schließlich abermals in die Lösung des Celluloseesters. **(D. R. P. 319 966.)**

Die beim Auslaugen der Papierwäschestücke aus beiderseitig abwaschbar gemachten zusammengeklebten Pappkartons entstehenden saugfähigen Ränder können natürlich durch Überstreichen mit Imprägnierungsflüssigkeit ebenfalls wasserfest appretiert werden. **(D. R. P. 326 221.)**

Um Wäsche abwaschbar zu machen, bestreicht man das evtl. entfettete und dann getrocknete und erhitzte Wäschestück mit Acetylcellulose. **(D. R. P. 307 141.)**

Man kann die gestärkten und geplätteten Wäschestücke auch durch Imprägnierung mit Viscose, Pflanzenschleimen oder Klebstoffen im Innern dichten und dann zur Herstellung der abwaschbaren Ware in bekannter Weise lackieren. **(D. R. P. 319 470.)** Dieses Verfahren läßt sich nach **D. R. P. 320 253** auch auf Wäschestücke aus Papier anwenden.

Zur Herstellung von Dauerwäsche tränkt man ungestärkte Wäschestücke mit einem Klebmittel, entfernt dieses von der Oberfläche und bringt einen wasserunlöslichen Überzug auf. Gestärkte Wäschestücke müssen vorher von der Stärke befreit werden. **(D. R. P. 330 447.)**

Nach **D. R. P. 268 227** bestreicht oder imprägniert man Wäschestücke, insbesondere Kragen, zur Verhütung von Hautkrankheiten (Furunculosis, Akne usw.) mit einem evtl. in Tablettenform gebrachten Gemenge von 10 Tl. Kaliseife, 2 Tl. Extractum Hamamelidis, 0,2 Tl. Resorcin und 0,1 Tl. Anästhesin unter Zusatz von 30 Tl. Amylum und 40 Tl. Zinkoxyd.

Um Wäschestücke enger zu machen behandelt man sie unter evtl. Zusatz von Mitteln, die allzustarke Einschrumpfung verhindern, mit starker Natronlauge im Gemisch mit Glycerin oder Glykol. **(D. R. P. 325 797.)**

Feuerfeste Faserimprägnierung (Brenntüll).

328. Literatur und Allgemeines. Verfahren mit Antimon-, Zinn-, Zirkon-, Molybdänverbindungen.

Koller, Th., Imprägnierungstechnik. Wien 1896. — Andés, L. E., Feuersicher-, Geruchlos- und Wasserdichtmachen aller Materialien. Wien 1896.

Eine übersichtliche Zusammenstellung der Verfahren zur Feuerschutztränkung verbrennlicher Stoffe, von **C. Gautsch,** findet sich in **Zeitschr. f. angew. Chem. 1914, III, 425.**

Über die Imprägnierung von Sackstoffen, Zeltleinen und Ballonstoffen zur Herabsetzung ihrer Entflammbarkeit siehe die kurze Übersicht von **W. Häcker** in **Kunstoffe 10, 61.**

Den Verfahren zur Durchtränkung und Herrichtung von Stoffen zwecks Erhöhung ihrer Feuersicherheit — von völliger Unentflammbarkeit kann solange keine Rede sein, als unsere Gewebematerialien aus organischer Substanz bestehen — liegt das Prinzip zugrunde, daß man die Faser mit Stoffen imprägniert oder sie mit Anstrichen versieht, die in der Hitze verdampfen oder schmelzen. In Betracht kommen vor allem die leicht schmelzbaren Borate, Phosphate, Stannate, Wolframate, Molybdate und Titanate, die häufig einen Zusatz von Ammoniaksalzen erhalten.

Die wichtigsten Mittel, die angewendet wurden, um Gewebe und Holz feuersicher zu machen, sind Ammonsulfat und Ammoniumphosphat. Borax, Borsäure, Wasserglas, Tonerdesalze, Stannate, Wolframate oder für Holz [59]: Eisen-, Kupfer- oder Zinksulfatlösungen, die man nachträglich mit Calcium- oder Bariumchlorid behandelt, sollen trotz ihrer nicht abzuleugnenden Eignung für den Zweck die beiden genannten Salze in ihrer Wirkung nicht erreichen. **(W. H. Hunt, Chem.-Ztg. Rep. 1910, 144).**

Über Flammenschutzmittel siehe die sehr ausführliche Arbeit von **P. Lochtin, Dingl. Journ. 290, 230.** Verfasser prüfte in eingehendster Weise eine große Zahl von Salzen auf ihre Eigenschaft, die Entflammbarkeit der mit ihnen imprägnierten brennbaren Fasermaterialien herabzusetzen und kam zu 3 Reihen von Stoffen, die entweder das Verbrennen (Verglimmen) befördern oder sich indifferent verhalten oder schließlich die Gewebe oder den Holzstoff unentflammbar machen. Letztere Reihe enthält die Salze: Schwefelsaures und phosphorsaures Ammoniak, die Chloride des Ammoniums, Calciums, Magnesiums und Zinks, Zinkvitriol, Zinnsalz, Alaun, Borax, Borsäure und Tonerdehydrat. (Vgl. die Resultate **Hunts** oben.) **Abel** verwendete zum ersten Male kieselsaures Bleioxyd zur Imprägnierung von Geweben, um sie unverbrennlich zu machen. **(Polyt. Notizbl. 1860, 367.)**

Auch **W. H. Perkin** stellt in **Chem.-Ztg. 1912, 1131,** die wichtigsten Mittel zusammen, die zur feuersicheren Imprägnierung von Baumwollwaren dienen. Speziell die dauernde Imprägnierung, die auch nicht verschwindet, wenn man das Stück häufig wäscht, wird nach dem Verfasser am besten auf folgende Weise erzielt: Man tränkt ein Flanellstück vollständig in einer 45 Tw. gräd. Lösung von zinnsaurem Natrium, entfernt den Überschuß dieser Lösung durch Abpressen, trocknet das Gewebe auf erhitzten Kupfertrommeln und imprägniert es in völlig trockenem Zustande mit einer 15 Tw. gräd. Ammoniumsulfatlösung. worauf man das Stück abermals preßt und wieder trocknet. Der Stoff wird dann gewaschen, um das Natriumsulfat zu entfernen, worauf man trocknet und in gewöhnlicher Weise weiter behandelt. Durch zahlreiche Versuche wurde festgestellt, daß die Farben des Flanells durchaus nicht angegriffen werden, daß die auf der Faser niedergeschlagene unlösliche Zinnverbindung die Haut nicht angreift, daß die Zugfestigkeit des Flanells um etwa 20% erhöht wird und daß die Feuerbeständigkeit auch nach 25 maligem Waschen mit der Hand und 35 maligem Waschen mit der Maschine durchaus erhalten bleibt. Die so imprägnierten Stoffe kommen als „Non-Flam" in den Handel.

Vgl. **E. Beutel, Chem.-Ztg. Rep. 1913, 101:** Die Versuche des Verfassers ergaben die absolute Zuverlässigkeit dieses Verfahrens, besonders bei Anwendung einer Stannatlösung vom spezifischen Gewicht 1,225 und einer Ammonsulfatlösung vom spez. Gewicht 1,075.

Nach **E. P. 138 641** erhält man feuer- und wasserfeste Massen durch Behandlung der Gewebe, Papiere oder Kunstmassen aus Cellulosederivaten mit einer Antimon- oder Wismutsalzlösung in Amylacetat oder einem anderen nicht wässerigen Lösungsmittel oder mit einem Gemisch aus Leinöl- und Antimontrichlorid. Man verdampft dann das Lösungsmittel und bringt die Stoffe an feuchte Luft, um die Spaltung der Salze zu bewirken.

Nach **D. R. P. 150 465** imprägniert man Stoffe, um sie feuersicher zu machen, zuerst mit einer 22grädigen wässerigen Lösung von zinnsaurem Natron, trocknet die Gewebe und passiert ein Bad einer 16grädigen Lösung von essigsaurem Zink. Zweckmäßig wird die Appretur aus den Geweben vorher ausgewaschen und man tränkt die Stoffe vorbereitend mit Olein, Seife oder Glycerin, wodurch die nachfolgende Behandlung mit den Metallsalzen in ihrer Wirksamkeit unterstützt wird. Nach dem Zusatzpatent kann man die Metallsalze auch durch Ammoniumsalze ersetzen; man erzielt besonders rasche und vollständige Fällung der Zinnsäure, wenn man die Gewebe in der Wärme behandelt. **(D. R. P. 152 471.)**

Nach **D. R. P. 151 641** kann man in ähnlicher Weise Papier, Holz oder Gewebe feuersicher machen, wenn man den gewaschenen Stoff zuerst ein Bad von zinnsaurem Natron vom spez. Gew. 1,04—1,08 passieren läßt und in einem weiteren Bade, das 33% Titannatriumsulfat und 7,5% Ammonsulfat enthält, nachbehandelt. Zum Schluß zieht man den Stoff noch durch eine Wasserglaslösung vom spez. Gewicht 1,1, wäscht aus und appretiert in üblicher Weise. Auch ohne Natriumstannat, also durch bloße Behandlung in der Lösung des Titansalzes soll die feuersichere Imprägnierung des Stoffes schon genügend wirksam sein.

Zur Erzeugung unentflammbarer Stoffe und Gewebe bestäubt man die Faser vor dem Verspinnen und Verweben mit einer im Augenblick des Auftreffens auf der Faser eintrocknenden Lösung von zinnsaurem Natrium, behandelt dann mit einer wässerigen Kohlensäurelösung nach, wäscht aus, trocknet und wiederholt im Bedarfsfalle beide Verfahren. Die zwischen den Faser- und Schuppenzellen liegende elastische Substanz wird bei dieser Behandlung nicht geschädigt und das Brüchigwerden des Stoffes daher vermieden. Man kann so Luftschiffhüllen, Zeltstoffe, Haushaltgegenstände, Bekleidungsstoffe usw. unentzündlich machen. **(D. R. P. 299 773.)**

Um Baumwollwaren schwer entflammbar zu machen, imprägniert man z. B. den Flanell mit Natriumstannatlösung (45° Tw.), drückt aus, trocknet und fällt das Zinnhydroxyd innerhalb der Faser mit feuchtem Kohlendioxyd oder Schwefeldioxyd oder Dampf aus, wobei im letzteren Falle Sorge getragen werden muß, daß der Stoff nicht den zum Herauslösen der Salze genügenden Feuchtigkeitsgrad erreicht. Das Gewebe wird nach beendigter Ausfällung gewaschen und abermals getrocknet. **(D. R. P. 320 177.)**

Um Gewebe feuerbeständig zu machen überzieht man sie mit einem Gemisch von Ammonsulfat und Zinnhydroxyd bzw. man kocht Baumwollfasern zur Vorbehandlung zuerst in Wasser, bringt sie dann in 2proz. wässerige Flußsäurelösung, wäscht und trocknet zum Teil und erhält so ein Material, das sich leicht mit Natriumstannat imprägnieren läßt. **(A. P. 1 358 250.)**

Um Faserstoffe zum Zwecke sie feuersicher zu machen mit Zirkonverbindungen zu imprägnieren, taucht man das Material in die Lösung von 20 g Zirkonacetonitrat und 200 g eines neutralen Salzes z. B. Magnesiumsulfat in 1 l Wasser, läßt abtropfen, erhitzt 5 Minuten auf 60° bis 70° und wäscht. Das so imprägnierte Gewebe wird dann zur Bildung der Adsorptionsverbindung mit dem Hydrogel des Zirkonhydroxydes mit verdünnter Phosphorsäure nachbehandelt. Oder man löst gefälltes Zirkonphosphat in überschüssiger konzentrierter Oxalsäurelösung, tränkt das Material mit der Lösung, behandelt evtl. in einer Magnesiumchloridlösung nach und trocknet das Gewebe bei 70°. Das Verfahren ist auch zur Seidebeschwerung anwendbar.

Um organische Stoffe, besonders Gewebe gegen Feuer, die Zerstörung durch Atmosphärilien oder den Angriff von Lebewesen zu schützen, imprägniert man die Stoffe mit einer Lösung von molybdänsaurem Natron, das billiger ist als Wolframsalz, ein niedrigeres spez. Gewicht besitzt und gegenüber dem sauer reagierenden Wolframsalz als alkalisches Mittel die Fasern weniger angreift. **(D. R. P. 114 024.)**

329. Ammonsalz- (Wolframat-, Phosphat-, Aluminat- usw.) Imprägnierung. Feuerfeste Gewebeüberzüge.

Gesättigte Lösungen von schwefelsaurem Ammoniak und phosphorsaurem Ammoniak sind schon von **Gay-Lussac** und **R. Smith** empfohlen worden, um brennbare Körper (Holz, Gewebe) zu imprägnieren. Die Anwendung des Alauns zu demselben Zweck war bereits den Römern bekannt. Die Kombination von Tonerdesulfat und Ammoniumphosphat gibt das beste Resultat, ferner wurden um 1860 auch schwefelsaures Ammoniak und wolframsaures Natron als Feuerschutzsalze eingeführt. Mit letzterem Salz wurde z. B. auf Befehl der Königin Victoria die gesamte Wäsche des englischen Königshauses imprägniert. Man verwendet vorteilhaft eine konzentrierte neutrale Lösung von wolframsaurem Natron unter Zusatz von 3% phosphorsaurem Natron oder setzt das Gemenge der Wäschestärkelösung zu, trocknet die Stücke und plättet sie. **(Polyt. Zentr.-Bl. 1860, 288 u. 637; vgl. Dingl. Journ. 156, 157.)** — Über Verwendung von wolframsaurem Ammon, ferner von Zinnoxydhydrat zu demselben Zweck siehe **London. Journ. 11, 286.**

Nach einem Referat in **Chem.-Ztg. Rep. 1921, 304** wirkt das Natriumwolframat als Imprägniermittel zur Erhöhung der Feuersicherheit von Wollfabrikaten am wenigsten ungünstig auf das Material ein. Es ist zweckmäßig, die Menge des Salzes in wässeriger Lösung auf 3,5% zu beschränken.

Die Herstellung einer sog. Feuerschutz-Wäschestärke aus 2 Tl. phosphorsaurem Ammonmagnesium, 1 Tl. wolframsaurem Natron und 6 Tl. evtl. gebläuter Stärke ist im **Pharm. Zentrh. 1871, Nr. 28** beschrieben.

Ein feuersicheres Imprägnierungsmittel wird nach **Norw. P. 17 803/06** hergestellt durch Lösen von 5—15 Tl. Phosphat und 95—85 Tl. Wolframat (oder man verwendet 50—75 g Phosphat-Wolframat), in 1 l Wasser. Die imprägnierten Gewebe werden gewaschen, worauf man das Verfahren evtl. wiederholt.

Nach einem Referat über eine Arbeit von **H. Robson** in **Chem.-Ztg. Rep. 1910, 363** eignen sich zur Herstellung feuerfest imprägnierter Gewebe am besten Ammoniumsalze und Borsäure. Man löst z. B. in 1000 l Wasser 80 kg Aluminiumsulfat, 25 kg Salmiak, 30 kg Borsäure, $17^1/_2$ kg Borax und 20 kg Stärke oder getrennt je 50 kg Alaun und Ammoniumphosphat, oder 150 kg Borax und 110 kg Bittersalz und wendet die Lösungen nacheinander an. (Weitere Vorschriften siehe Originalarbeit.) Eine andere Mischung besteht aus 20 kg Borax, 60 kg Alaun und 10 kg wolframsaurem Natron. Am besten imprägniert man nach **A. Chaplet** die Ware zunächst mit Phosphatlösung (Monocalciumphosphat, 15—20 proz. Superphosphatlösung), behandelt dann in verdünntem chlormagnesiumhaltigen Ammoniak und wäscht mit sehr verdünntem Ammoniakwasser nach.

Auch eine Lösung von 2 Tl. Salmiak und 1 Tl. Zinkvitriol in 15—20 Tl. Wasser eignet sich zur flammensicheren Gewebeimprägnierung. Zweckmäßig setzt man die Lösung den Appreturmassen zu. **(D. Ind.-Ztg. 1864, 338.)**

Zur Herstellung unentzündlicher Gewebe wird die Ware mit wässerigen Lösungen von Kaliumammoniumsalzen getränkt, mit Sodalösung überstrichen und mit einer Mischung von Tonerde, Talkum, Kaolin und gefärbtem, mit Spiritus angeriebenem Firnis überdeckt. **(Chem. Ztg. Rep. 1908, 73.)**

Nach **F. P. 456 589** werden Gewebe jeder Art dadurch unverbrennbar gemacht, daß man sie zuerst in eine 65 proz. Alaunlösung legt, trocknet, dann in eine 50 proz. Ammoniumsulfatlösung eintaucht, während einer Nacht darin liegen läßt und dann abermals langsam trocknet.

Um Christbaumwatte unentzündlich zu machen, tränkt man das Material nach einem Referat in **Seifens.-Ztg. 1913, 319** mit einer 30° warmen Lösung, die in 100 ccm Wasser 8 g Ammonsulfat, 2,5 g Ammoncarbonat, 2 g Borax, 3 g Borsäure und 0,4 g Gelatine enthält.

Nach **D. R. P. 335 300** tränkt man Gewebe, um sie schwer entflammbar zu machen, mit Alkalialuminatlösung, sodann mit Bicarbonatlösung und nach Entfernung der überschüssigen Flüssigkeit mit Kohlensäure und Dampf von 100°, um innerhalb der Faser unlösliches Tonerde-Alkalidoppelcarbonat niederzuschlagen. Man arbeitet z. B. mit einer Na-Aluminatlösung von spez. Gewicht 1,13, die 1,25 Mol. Natriumoxyd auf 1 Mol. Aluminiumoxyd und außerdem etwa 5% Natriumcarbonat enthält.

Um Textilstoffe gleichzeitig zu bleichen und unverbrennlich zu machen, behandelt man sie zuerst aufeinanderfolgend mit Tonerde-Alkalisalzen und Soda und folgend mit einem der üblichen Bleichmittel, wie Wasserstoffsuperoxyd oder Natriumhypochlorit bei Gegenwart von Bicarbonat. Zur Vorbehandlung wird das Gewebe von der Appretur befreit und gerauht. **(D. R. P. 335 299.)**

Die Imprägnierung von Geweben und anderen brennbaren Körpern mit phosphorsaurem Ammon wurde zuerst von **Schüssel** und **Thouret** eingeführt. Eine Beschreibung des Verfahrens findet sich in **Polyt. Zentr.-Bl. 1858, 1307.**

Über Herstellung einer feuerfesten Gewebe-Appreturmasse aus phosphorsaurem Ammon, Kieselsäuregallerte, Stärke und Gummi arabicum siehe **D. Ind.-Ztg. 1865, Nr. 35.**

Auch in **E. P. 15 382/87** ist empfohlen Gewebe, um sie unverbrennlich zu machen, mit Chlorcalcium und Ammoniumphosphat zu behandeln.

Zu demselben Zwecke schlägt **E. Rimmel, D. Ind.-Ztg. 1871, 328** vor, eine wässerige Lösung von gleichen Teilen essigsaurem Kalk und Chlorcalcium zu verwenden.

Die Anwendung ähnlicher Flammenschutzmittel (eine Lösung von 3 Tl. Borax und $2^1/_4$ Tl. Bittersalz in 20 Tl. Wasser) oder ein Gemenge von Gips und Ammonsulfat (1 : 2) mit 3 Tl. Wasser ist ferner im **Polyt. Zentr.-Bl. 1871, 656** erwähnt.

Nach **Schwed. P. 25 312/07** werden Faserstoffe feuerfest imprägniert durch Behandlung mit einer konzentrierten Alaunlösung, die mit Pottasche, Kochsalz und einer Suspension von Serpentinasbest in Salzsäure vermischt ist. Man verdünnt die Lösung vor dem Gebrauch mit der doppelten Menge Wasser und setzt etwas Mehl und Wasserglas hinzu.

Um Gewebe feuerfest zu machen bedient man sich nach **E. P. 717/1909** einer Masse, die aus Natriumsilicat und Seife neben geringen Mengen Glycerin, Natriumwolframat und mit Hilfe von Kaliumcarbonat verseifter Oleinsäure besteht.

Vgl. auch die Verfahren der feuersicheren Gewebe-, Papier- oder Holzimprägnierung mit kieselsaurem Bleioxyd (aus basisch-essigsaurem Blei und Wasserglas) und mit Gemengen von Appreturmitteln und Borax, beschrieben in **Dingl. Journ. 158, 76** bzw. **441.**

Zur Herstellung hitzebeständiger Gewebe imprägniert man die Bahn nach **A. P. 1 048 912** mit einer Kautschuklösung, die gemahlenen Glimmer und pulverisierten Asbest enthält.

Nach **Seifens.-Ztg. 1911, 955** werden Gewebe, um sie unverbrennbar zu machen, mit einer Masse imprägniert, die man aus je 1 kg unterschwefligsaurem Natron, Maisstärke, Kochsalz, Talkum und 500 g Borax erhält. In die lauwarme verkleisterte Masse taucht man die Stoffe 2 bis 3 Minuten ein und trocknet die Ware.

Nach **D. R. P. 102 314** werden Gewebe, um sie feuersicher zu machen, mit einem dickflüssigen Gemisch von Glycerin und Asbest oder Graphit überzogen, vor oder nach der Behandlung mit Leinölfirnis getränkt und schließlich mit Ölfarbe überstrichen. Zur Verbesserung des Verfahrens imprägniert man die Gewebe mit einem Gemisch von Leinölfirnis und Asbestpulver. Die Zeuge eignen sich dann besonders zur Herstellung von Müllsäcken für staubfreie und feuersichere Müllabfuhr. **(D. R. P. 108 723.)**

Nach **D. R. P. 108 723** wird ein unterer Anstrich aus Kieselgur, Kreide und Leinöl und ein oberer, schmelzender Deckanstrich aus Wasserglas, Chlorcalcium und Kochsalz aufgebracht.

Zur Herstellung eines feuersicheren, abwaschbaren Dekorationsstoffes wird das Gewebe nach **A. P. 874 101** auf der Rückseite mit einem Gemenge von Schlemmkreide, Zinkweiß, halb gekochtem Leinöl und Sikkativ bestrichen und sofort während 24 Stunden bei höherer Temperatur getrocknet.

Zur feuersicheren Imprägnierung von Arbeiterschürzen und -anzügen preßt man langfaserigen oder zerkleinerten Asbest mit Hilfe eines Bindemittels auf ein Gewebe und macht nachträglich dieses Bindemittel, das zur Erhöhung der Elastizität häufig Harzöl oder Glycerin oder dgl. enthält, unverbrennbar und unlöslich. Nach **D. R. P. 160 981** geschieht dies durch Anwendung einer Wasserglaslösung bei Siedehitze. Vgl. auch **D. R. P. 144 164, 148 936** und **156 794.**

Nach **D. R. P. 220 860** stellt man einen wasserfesten, unentflammbaren Caseinüberzug auf Geweben, Holz und ähnlichen Stoffen her durch Aufstreichen eines breiigen Gemenges aus 10 Tl. Zinkoxyd, 10 Tl. Wasser und den evtl. notwendigen Farbstoffen mit einer Lösung von 10 Tl. Casein, 10 Tl. Ammoniak und 10 Tl. Bromammonium in 30 Tl. Wasser. Die Masse kohlt wohl, wenn man sie zu entzünden versucht, entflammt aber nicht und eignet sich besonders zur Imprägnierung der Faserstoffüberzüge für elektrische Leitungsdrähte.

330. Brenngaze, Luftspitzen.

Luftspitzenarbeiten werden im allgemeinen so ausgeführt, daß man Stickereien aus Baumwolle oder Kunstseide auf feinem Baumwolltüll der auf den Ätzgrund aufgelegt wird, gemeinschaftlich ausführt und dann den Ätzgrund zerstört, wobei das feine Tüllgewebe unangegriffen bleiben muß.

Zum Ausätzen, also Entfernen des Baumwollgrundes bei Stickereien, die aus Baumwolle oder Kunstseide gefertigt werden, verwendet man als Imprägniermittel für das zu entfernende Gewebe schwefelsaure und chlorsaure Tonerde allein oder gemischt, nicht aber Aluminiumchlorid, da dieses auch die Stickereien angreift. Früher wurden wohl auch zur Herstellung dieser Brenngaze für Stickereizwecke Schwefel- oder Salzsäure verwandt, oder Stoffe durch die die pflanzlichen Faserstoffe eine Veränderung in dem Sinne erfahren, daß sie bei höheren Temperaturen in Hydrocellulose verwandelt werden, die sich leicht zerstäuben läßt. Die Ware wird dann weiter, um ihr den gewünschten Grad von Steifheit zu geben, nach **Techn. Rundsch. 1910, 770** appretiert und bei höchstens 50° getrocknet. Nach Beendigung der Stickereiarbeit wird das Ganze mit heißem Eisen überplättet, worauf sich die Gaze durch Abbürsten entfernen läßt, doch spielt naturgemäß die Konzentration der Säuren bzw. Salze eine große Rolle insofern, als bei Anwendung einer starken Lösung wohl nachträglich geringere Hitze zur Zerstörung des Gewebes nötig ist, wogegen das Gewebe während der Verarbeitung leicht bricht. Dieses Präparierverfahren für Luftspitzen und Stickereigaze ist genauer beschrieben in **Techn. Rundsch. 1912, 681.**

Nach einer Beobachtung von **A. Schmidt** ist es wichtig, daß die z. B. mit Aluminiumsulfat auf der Klotzmaschine wiederholt imprägnierten Baumwollstoffe nach dem Tränken und Trocknen trocken aufbewahrt werden, da sie an feuchter Luft sich soweit verändern, daß sie bei späterem Gebrauch auch bei höherer Temperatur und längerer Erhitzungsdauer als üblich nicht mürbe werden und demnach für den Trockenätzungsprozeß nicht verwendbar sind. Die Lagerdauer der präparierten Gewebe soll ein Monat nicht überschreiten. **(Färberztg. 26, 321.)**

Zum Trockenätzen von schwarzen Seiden- oder Wollspitzen färbt man den zu bestickenden Baumwollmusselin, um der Verwechslung mit dem für farbige baumwollene und weiße Seidenstickereien bestimmten Stickboden vorzubeugen hellblau, trocknet, imprägniert das Material während $1^1/_2$ Stunden mit 7—8grädiger Aluminiumchloridlösung (siehe dagegen oben), schleudert ab und trocknet möglichst kalt. Die Temperatur im Brennofen soll dann 120° betragen. Bei weißen und farbigen Seiden- und Baumwollstickereien imprägniert man den baumwollenen Stickboden mit einem Gemisch von schwefel- und chlorsaurer Tonerde, so daß man, damit die Stickereien nicht gelb werden, bei niedriger Temperatur ausbrennen kann. In **Färberztg. 27, 161** beschreibt **E. Jentsch** weiter die Entfernung des Stickbodens aus weißen und farbigen Baumwollstickereien auf nassem Wege. Die etwa 10° Bé starke Ätzflüssigkeit enthält im Liter 250 cm^3 ccm NaOH, 40° Bé, 50 g Kupfervitriol und 25 g Salmiak. Man legt in die 45—50° C warme Lösung für 20 Minuten ein, spült gut, säuert 2 mal mit Salpetersäure ab und spült.

Zur Herstellung eines haltbaren Ätzgrundes für Luftspitzen imprägniert man Baumwollstoff mit der Lösung eines neutralen, spaltbaren nicht hygroskopischen Sulfates eines Schwermetalles, das bei Erhitzung auf 120° genügend dissociiert, um die Zerstörung des Ätzgrundes zu bewirken und andererseits die eigentliche Stickerei nicht angreift. Man kann nach vorliegendem Verfahren auch Stickereien von Kunstseide auf Metalltüll ausführen, die beide nicht angegriffen werden, wenn man z.B. den Grundstoff aus Baumwolle mit einer 15 proz. Lösung von Aluminiumsulfat tränkt, dann färbt und bei 20—30° trocknet. **(D. R. P. 212 694.)**

Zur Herstellung von Stickereien, Phantasiegeweben, Tamburierarbeiten, Posamenten, Trikotagen usw. mit sog. Lufteffekten imprägniert man den aus pflanzlichen Stoffen bestehenden Stickgrund vor, oder bei Verwendung tierischer Fasern als Stickmaterial nach dem Besticken mit einer Lösung von Borfluorwasserstoff und schwefelsaurer Tonerde. Aus dem fertigen bestickten Gewebe läßt sich der baumwollene Untergrund nach dem üblichen Erhitzen leicht durch Ausklopfen oder eine ähnliche Behandlung entfernen. **(D. R. P. 238 102.)**

Zur Herstellung von Stickereien und Phantasiegeweben mit Lufteffekten imprägniert man den Stickgrund mit in der Hitze leicht zersetzbaren Salzen und zwar vor allem mit überchlorsaurer und schwefelsaurer Tonerde zu gleichen Teilen, wobei man während der Herstellung des Gewebes oder später, vor oder nach dem Besticken leicht hydrolisierbare Metallsalze, die keine oxydierende Wirkung besitzen, zusetzt, worauf in üblicher Weise erhitzt und fertiggemacht wird **(D. R. P. 244 360).**

Nach **J. Dyers a. Col. 1916, 141** wird die Baumwolle mit einer Lösung von Bariumchlorat getränkt, getrocknet und nach dem Besticken kurze Zeit auf 160° erhitzt, wodurch der Grund zerfällt und aus der Spitze durch Bürsten entfernt werden kann.

Zur Herstellung von Luftstickereien imprägniert man den wollenen Ätzgrund wie bei Verwendung baumwollener Stoffe mit dem Ätzmittel, das aus bei erhöhter Temperatur wirkenden alkalischen Mitteln z. B. Alkalibicarbonat besteht und löst die zersetzende Wirkung durch Dämpfen aus. Die Stickereifaser selbst wird zum Schutze mit Ammoniumsalzen präpariert. **(D. R. P. 317 754.)**

Über das Ausbeizen von Luftstickereien siehe auch **O. Sanner in Textilber. 1921, 129.**

Zur Bleichung der mit Seide und Baumwolle auf mit einem Carbonisiermittel zubereiteten Baumwollemusseline gestrickten sog. Ätzspitzen, die nach Abbrennen des Baumwollstoffes meist einen gelblichen Stich erhalten, behandelt man sie nach **E. Jensch** in einem schwach alkalischen Natriumsuperoxydbade. **(Färberztg. 1918, 220.)**

Gewebeoberflächenbehandlung.

331. Metallisierung, Metallpulver- und Blattmetallbindemittel.

Über Vergoldung und Mattdruck auf glatten wollenen, halbwollenen, seidenen und Samtstoffen, siehe **O. Krieger, Dingl. Journ. 189, 351.**

Verfahren und Arbeitsraum zur Vornahme von freihändigen Metallisierungen nach dem Spritzverfahren sind in **D. R. P. 317 443** beschrieben.

Über Neuerungen im Gewebe-(Papier-)Bronzedruck berichtet **R. Roelsch in Monatsschr. f. Textilind. 39, 18.** Vgl. **Kunststoffe 1917, 191.**

Das Vergolden von Geweben bzw. die Verzierung von Geweben mit Golddruck schildert **R. Runding in Polyt. Zentr.-Bl. 1856, 1341.** Nach dieser Methode bestäubt man das Gewebe mit Schellackstaub, bringt das Blattgold auf und druckt nun mit erhitzten Metallformen, die die Zeichnung zeigen, wodurch der Schellack zum Schmelzen gebracht wird und sich mit dem Blattmetall verbindet.

Zur Prägung von Schriftzügen in echtem Gold auf Seide präpariert man das Gewebe zur Erzielung hohen Glanzes nach **Techn. Rundsch. 1909, 602** mit einer gekochten, filtrierten Lösung von 10 Tl. Schellack in 100 Tl. Wasser, die 5 Tl. Lederlack enthält. Nach dem Einprägen mit Vergoldepulver auf trockenem oder auf nassem Wege mit Eiweiß als Bindemittel erscheinen dann die Futterböden nach dem heißen Bügeln hochglänzend.

Zur Herstellung von mit Blattmetall belegten Papieren oder Stoffen befestigt man die Metallfolie mit Kopal oder einem anderen Klebmittel, das erst durch Erwärmen Klebfähigkeit erlangt. **(D. R. P. 324 895.)**

Zur waschechten Metallisierung von Geweben, Stoffen oder Garnen bedruckt man das Material nach **D. R. P. 34 532** mit einer Farbe, die aus Bronzepulver, gekochtem Leinöl und Weizenstärke als Verdickungsmittel besteht.

Oder man bedruckte das Gewebe, ähnlich wie der Buchbinder beim Vergolden der Bücher verfährt, mit einer Mischung von Gummischleim und Eiweiß oder auch mit Ölfarbe, und preßte auf die noch feuchten Stellen Blattgold oder Blattsilber auf. Die schönsten Effekte erreicht man mit echtem Blattmetall, doch in Fällen, wo dies zu teuer ist, stehen die mit unechtem Blattmetall erzielten Erfolge an Effekt und Dauer noch weit über denen, die man jemals mit Bronzepulver erreicht hat. Nach dem Trocknen wurde das Zeug mit einem Plätteisen überstrichen oder kalandriert. **(Dingl. Journ. 200, 338.)**

Zum gleichzeitigen Färben (Metallisieren) und Appretieren von rohen, gesponnenen oder gewebten Gespinstfasern bringt man das Material in ein Bad, das man aus 50 l Wasser, 10 kg Caseinpulver und einer wässerigen Lösung von 2 kg 30grädigem Glycerin in 100 l Wasser erhält. Nach genügender Quellung des Caseins fügt man Farbstoffe (Metallpulver) und evtl. noch Füllmittel zu. Beim folgenden Ansäuern mit 2—4% Milchsäure darf keine Ausfällung des Caseins erfolgen. **(D. R. P. 149 025.)**

Die Anwendung von Casein und Fibrin als Mittel zum Fixieren der Farben und Metallpulver auf vegetabilischen Faserstoffen empfahl erstmalig **Broquette**, vgl. **Polyt. Zentr.-Bl. 1850, 313.**

Zur Nachahmung von Brokat- oder Goldstoffen überzieht man das Gewebe nach **D. R. P. 65 938** zunächst mit einer spiritushaltigen Gelatinelösung, dann mit einem mit Ochsengalle versetzten Mehlbreianstrich, läßt trocknen, überstreicht mit Kollodium oder Schellacklösung und preßt Blattmetall auf. Diese fertigen Stoffe werden statt der sonst üblichen vergoldeten und bemalten Lederarten zu Tapeten, Möbelstoffen und Ballschuhüberzügen verwendet.

Bei Verwendung von Nitrocelluloselösung als Bindemittel für Metallpulver, die zur Metallisierung von Faserstoffen dienen sollen, setzt man der zähflüssigen Kollodiumflüssigkeit Wasser zu und erreicht so, daß die mit Metallpulver beladene Flüssigkeit tiefer in das Gewebe eindringt und dort die Metallteilchen hinterläßt, ohne daß die Geschmeidigkeit des Faserstoffes leidet. **(D. R. P. 150 825.)**

Nach einem aus dem Jahre 1901 stammenden Verfahren von **J. Stephan** benutzt man zum Zeugdruck mit Metallpulvern die Eigenschaft der Leimlösungen durch Zusatz von Phenol oder Resorcin flüssig zu bleiben und ferner die Tatsache, daß durch Zusatz von Formaldehyd und Ammoniak eine unlösliche, die Verbindung von Faser und Metallpulver bewirkende Verbindung entsteht. Auch **J. Heilmann & Co., H. Wagner** und **M. Battegay** fanden, daß sich die Serikose **(Bayer)**, eine Lösung von Acetylcellulose in Phenol und Formaldehyd, dazu eignet, Metallpulver auf der Faser zu befestigen. Da die fertige Serikose nicht zum Ziele führt, mischt man am besten das Metallpulver mit Acetylcellulose, Phenol und Formaldehyd direkt vor dem Aufdruck. Schließlich verwandten **J. Frossard** und **C. Robert** Acetylcellulose allein als Befestigungs- und zugleich Verdickungsmittel für das Metallpulver, und fanden in dem Gemenge von Phenol, Aceton und Acetylcellulose ein Präparat, das die Bronzen widerstandsfähig gegen kochende Seife auf der Faser befestigt. Die Gewebe werden dann zur Entfernung des Phenols gedämpft und zur Erzeugung eines sog. Silberfinish kalandriert. **(Ind.-Ges. Mühlh. 83, 56, 234, 648.)**

Zum Fixieren von Metallpulvern, Pigmenten oder Farbstoffen im Zeugdruck teigt man die aufzubringenden Stoffe mit dem konzentrierten Reaktionsgemisch von Phenolen und Formaldehyd an und bildet dann durch Dämpfen das bakelitartige Kondensationsprodukt, das die Farbkörper auf der Faser fixiert. Man erzeugt zunächst durch indirektes Erhitzen aus 400 Tl. Phenol (90%), 600 Tl. Formaldehyd (36%) und 40 Tl. 44grädigen Kaliumsulfit im Kupferkessel, während $1^1/_2$ bis 2 Stunden 750 Tl. eines Vorproduktes, dem man zur Gewinnung des eigentlichen Präparates in der Wärme noch 250 Tl. 90proz. Phenol zusetzt **(Bd. III [98])**. Aus 650 Tl. dieses Präparates und 350 Tl. Bleichgoldstrich oder feinstem Broncepulver erhält man so 1000 Tl. fertige Druckfarbe. Als Druckfarbe für Formylviolett S4B mischt man 30 Tl. des Farbstoffes, 500 Tl. Tragantverdickung, 80 Tl. trockenes Resorcin, 50 Tl. gelöstes Acetin J und 100 Tl. 36proz. Formaldehyd, für Ponceau RR, 500 Tragantverdickung, 100 Resorcin, 50 Farbstoff und 160 Hexamethylentetraminlösung. **(D. R. P. 264 137.)**

Beim Färben, Appretieren und Drucken von Geweben ebenso zum Fixieren von Metallpulvern oder Pigmenten auf Gespinstfasern bedient man sich als Bindemittel wasserlöslicher härtbarer Phenolformaldehydharze, denen man außer Verdickungs- oder Füllmitteln noch Celluloseester von Art der Nitro-, Formyl-, Acetylcellulose oder Viscose zusetzt, um die Elastizität der Kunstharze zu erhöhen. **(D. R. P. 318 509.)**

332. Mechanische, chemische, galvanische und Kontakt-Gewebemetallisierung.

Die Herstellung von Metallfiltergeweben durch Metallisierung von Textilstoffen nach dem Metallspritzverfahren ist in **D. R. P. 329 061** und **330 715** beschrieben.

Über chemische Vergoldung und Versilberung der Seide siehe **Kroning, Bayer. Kunst- u. Gew.-Bl. 1849, 594.**

Ein umständliches Verfahren zur Versilberung und Vergoldung der Seide mittels Jodsilbers ist in **Polyt. Notizbl. 1871, Nr, 9** beschrieben.

Um Garne und Gewebe metallisch glänzend zu machen, kocht man sie vor dem Färben in einer Kupfer-, Blei-, Zink- oder Silbersalzlösung, passiert sie dann durch ein Bad von unterschwefligsaurem Natron, Kali oder Ammoniak und färbt. Das Verfahren war besonders für wollene oder aus Wolle und Baumwolle gemischte Gewebe und Garne bestimmt. **(D. Ind.-Ztg. 1867, Nr. 9.)** Die Bereitung einer derartigen nicht giftigen Versilberungsflüssigkeit, bestehend aus 1 Tl. Höllenstein(in 18—20 Tl. destilliertem Wasser gelöst), $^1/_2$ Tl. Salmiak, 2 Tl. unterschwefligsaurem Natron und 2 Tl. Schlämmkreide, die umgeschüttelt und mit einem starren Pinsel aufgetragen wurde, ist in **D. Ind.-Ztg. 1869, Nr. 2** beschrieben.

Um wollenen oder seidenen dunkelgefärbten Geweben ein glänzendes Aussehen zu geben, schlugen **Schischkar** und **Calvert, Dingl. Journ. 134, 57,** vor, die Gewebe in eine heiße Auflösung von schwefelsaurem Kupfer- oder Wismutoxyd zu tauchen und die imprägnierten, nachträglich getrockneten Stoffe nach dem Waschen mit Schwefelwasserstoffgas zu behandeln; man war sich der Gefahr nicht bewußt, die das Tragen, besonders der mit Blei imprägnierten Gewänder oder gar Unterkleider, für den Träger bedeutete. In der Arbeit ist auch ein Verfahren angegeben, um auf diese Weise lokale Effekte zu erzielen. **(Dingl. Journ. 134, 56.)**

Zur Zeit der ersten französischen Revolution wurden seidene Strümpfe dadurch mit Goldverzierung versehen, daß man die zu verzierenden Stellen mit Goldchloridlösung behandelte und das Gold sodann mit Wasserstoffgas reduzierte. Nach **Leuchs, Jahr.-Ber. f. chem. Techn. 1856, 340** soll es genügen, die lokal mit einer ätherischen Goldchloridlösung behandelten Gewebe dem direkten Sonnenlichte auszusetzen, wodurch schon die Reduktion bewirkt wird.

Zum Versilbern von Geweben und anderen Stoffen bereitet man nach **Becker, Dingl. Journ. 147, 214** eine erste Lösung von 2 Tl. gebranntem Kalk, 5 Tl. Trauben- oder Milchzucker und 2 Tl. Gallussäure in 550 Tl. destilliertem Wasser, filtriert und bewahrt die Flüssigkeit in luftdicht verschlossenen Flaschen auf. Man bereitet ferner eine zweite Lösung aus 20 Tl. Silbernitrat und 20 Tl. starkem Ammoniak in 650 Tl. destilliertem Wasser und vereinigt die beiden Lösungen kurz vor dem Gebrauch. Ein Überschuß von Ammoniak ist zu vermeiden, da die spätere Ausfällung des Silbers sonst verhindert wird. Die Faserstoffe werden nun nach völliger Entfettung zuerst in eine gesättigte Lösung von Gallussäure in destilliertem Wasser getaucht und dann in eine Lösung von 20 Tl. Silbernitrat in 1000 Tl. destilliertem Wasser, und dieses abwechselnde Eintauchen und Abtropfenlassen wird fortgesetzt bis das ursprünglich geschwärzte Material eine helle Silberfarbe erhalten hat, worauf man es in obiges Flüssigkeitsgemisch taucht bis vollständige Versilberung stattgefunden hat. Zuletzt wird der versilberte Gegenstand in einer Lösung von Weinstein in Wasser weiß gesotten, gewaschen und getrocknet. Ebenso können Bein, Horn, Holz, Stroh, Wachs, Tuch, Leder, Papier, Elfenbein, Fischbein, Stein usw. versilbert werden. **(Dingl. Journ. 147, 214.)**

Zum Vergolden oder Versilbern von Seidenzwirn reibt man Blattgold oder Blattsilber mit Gummischleim zu einem feinen Pulver, bringt es in kochendes Wasser und taucht in dieses die durch Behandlung mit Chlorzink vorbereitete und gewaschene Seide ein. Die durch den feinen Staub bedeckten Seidenfäden werden dann gewaschen und wie üblich zur Erzeugung von Glanz poliert. **(Fonrobert, Polyt. Zentr.-Bl. 1860, 139.)**

Um seidene, baumwollene oder wollene Gewebe zu versilbern oder zu vergolden, imprägniert man die Garne oder Gewebe nach **Burot, Dingl. Journ. 147, 449 u. 198, 542** mit einer mit überschüssigem Ammoniak versetzten Silbernitratlösung und behandelt das so vorbereitete Material bei gelinder Temperaturerhöhung in einem Strome von reinem Wasserstoffgas (s. o.) Das Gewebe läßt sich nunmehr leicht auf galvanischem Wege vergolden.

Trägt man z. B. die Goldchloridlösung mittels eines Pinsels so auf das Seidengewebe auf, daß dadurch Zeichnungen erhalten werden, und setzt hierauf das Gewebe der Einwirkung des Wasserstoffgases aus, so erscheinen die mit der Goldlösung imprägnierten Stellen goldfarbig. **(Polyt. Zentr.-Bl. 1863, 1175.)**

Oder man imprägniert die Gewebe mit Kupferoxydammoniaklösung, trocknet und taucht sie in eine warme Auflösung von Traubenzucker, die das Kupfer metallisch auf ihre Oberfläche niederschlägt, worauf wie gewöhnlich das galvanische Versilbern und Vergolden erfolgt. **(D. Gewerbeztg. 1869, Nr. 48.)** Vgl. **[333]**.

Zum Verzinnen von Geweben oder Papier streicht man eine mit Zinkstaub verriebene Eiweißlösung auf, trocknet, befestigt das Zink durch Dämpfen auf der Faser und taucht das Gewebe in eine Lösung von Zinnchlorid, dann wäscht man das nunmehr verzinnte Gewebe aus, trocknet und preßt. **(D. Ind.-Ztg. 1873, Nr. 21.)**

Um Spitzen, Gewebe, Bindfaden u. dgl. auf galvanischem Wege mit Metallen zu überziehen, werden sie leitend gemacht und mit einer dünnen Metallschicht galvanisch überzogen, worauf man den metallischen Niederschlag mit einer harten Bürste kräftig bearbeitet, um Fremdstoffe zu entfernen und den lockeren Metallüberzug mit der Gewebefaser zusammen zu pressen. Nachträglich wird noch ein zweiter galvanischer Überzug aufgebracht. **(D. R. P. 147 340.)**

Zur Erzeugung haltbarer Metallüberzüge auf Fasern, Geweben oder Federn hängt man die zu überziehenden Gegenstände in einem evakuierten Gefäß zwischen zwei aus dem betreffenden Metall gebildeten Elektroden auf und deckt jene durch Glasschirme so ab, daß nur der mittlere, intensiv wirkende Teil des elektrischen Feldes die Niederschlagsarbeit leistet. Man arbeitet mit 15 qcm Elektrodengröße, im Abstand von 15 cm bei 0,05 mm Vacuum in 50 periodischem Wechselstrom mit 1700—2500 Volt und 0,025 Amp. und kann so in 10 Minuten Gold, Silber, Kupfer oder Legierungen niederschlagen, die bei den Verfahren der nassen Galvanostogie nicht niederschlagbar sind. Besonders schöne Effekte erzielt man auf Seidenstoffen, Spitzen und Federn. Das Verfahren gestattet die Stoffe ohne sie durch Vorbehandlung leitend machen zu müssen oder ohne Einhängung in Bäder mit festhaftenden Metallüberzügen zu versehen, die vermöge des Eindringens der kalt zerstäubten Teilchen in die porige Oberfläche des Gewebes sehr fest haften und hitzebeständig sind. **(D. R. P. 260 278.)**

Über einige Verfahren zum Metallisieren und Schillerndmachen von Gespinststoffen durch Aufbringen von Metallpulvern oder durch elektrische Zerstäubung von Metallen auf Geweben siehe **H. Silbermann** in **Rev. mat. col. 18, 1.**

Taucht man einen Stoff (Baumwolle, Leinen, Seide, Papier) in eine Lösung von salpetersaurem Silberoxyd, läßt abtropfen und drückt eine gravierte Zink- oder Kupferplatte auf, so entsteht augenblicklich an den Stellen, wo Berührung des Metalls und des Stoffes stattfand, eine graue bis schwarze Färbung, je nach der Konzentration der Silberlösung und der Natur des angewendeten Metalls. Man wäscht dann den Stoff, um das überflüssige Silbersalz zu entfernen, und erhält eine Zeichnung, die an Feinheit alle nach anderen Methoden dargestellten weit übertrifft, dazu den Einwirkungen von Alkalien und Säuren widersteht und nur mit dem Stoff selbst vernichtet werden kann. Will man zum Bedrucken der Stoffe Typographieplatten anwenden, so muß man ihre Oberfläche mit einer dünnen Silberschicht überziehen und nur die gravierten Stellen frei lassen. Bei Anwendung von Stahlplatten läßt man die Oberfläche frei und überzieht die tiefen Stellen mit einer Kupferschicht. **(Polyt. Zentr.-Bl. 1872, 1026.)**

333. Goldfäden, Tressen, Bajkogarn.

Die cyprischen Goldfäden wurden nach **v. Miller** und **Harz** in der Weise gewonnen, daß man mit Blattgold belegte, äußerst dünne Schafs- oder Schweinsdärme in 0,5—1,5 mm breite Streife schnitt und diese über eine Seele von Leinen verspann. **(Zentr.-Bl. f. Textilind. 1882, 706.)**

Das Grundgewebe der mit unechtem (Leonischem) Gold, einer stark kupferhaltigen Legierung von Art des Messings oder der Bronze erzeugten Goldfäden, muß nach dem sauren Färben nicht nur gründlich gewaschen, sondern auch neutralisiert werden. Ebenso ist es nötig Seife oder Fettsäure, durch ein alkalisches Bad und evtl. Nachbehandlung mit Tetrapol zu entfernen und die bei Verwendung von Hydrosulfit oder Thiosulfat usw. entstehenden Schwefelverbindungen zu beseitigen. Schwefelfarbstoffe und Schwefelalkalien sind überhaupt zu vermeiden. Die Faser darf ferner, wenn überhaupt, nur sehr schwach geölt werden. Diese Vorsichtsmaßregeln muß man auch dann anwenden, wenn die Fäden mit echtem Gold erzeugt wurden, da dieses durch Schwefelverbindungen ebenfalls angegriffen wird. Zum Metalldruck auf Gewebe verarbeitet man überhaupt am besten nur echtes Blattgold. **(P. Heermann, Materialprüfungsamt 1910, 57.)**

Zum Umspinnen von Seide zwecks Herstellung von Goldtressen verwendet man besser als vergoldetes Kupfer oder Silber galvanisch vergoldetes platiniertes Kupfer. Letzteres erhält man durch Ausziehen einer glühend mit einem Platinrohr überzogenenen Kupferstange. **(Dingl. Journ. 1869, 314.)**

Metallisierte Baumwollfäden werden nach **D. R. P. 243 068** erhalten, wenn man die Fäden durch eine mit 15% Goldbronze versetzte 5proz. Lösung von Celluloseacetat in Chloroform zieht, aufhaspelt und in üblicher Weise durch Polieren oder Pressen weiter verarbeitet. Nach **Zusatz 248 946** werden diese Metallglanzfäden wesentlich haltbarer und verwendbarer als Ersatz für Hut- oder Blumendraht oder für elektrische Leitungsdrähte, wenn man die Metalldrähte oder -streifen zuerst mit einem Papier- oder Baumwollüberzug umkleidet und dann erst mit der 10proz., das Bronzepulver suspendiert enthaltenden Celluloseacetatlösung. in Chloroform überzieht.

Zur Herstellung von metallähnlichen Textilfäden, Geweben u. dgl. schlägt man auf und in den Fäden, die aus einer Kupferoxydammoniakcelluloselösung hergestellt worden sind, das in der Lösung befindliche Kupfer durch Behandlung mit einem Reduktionsmittel z. B. den Salzen der niederen Oxyde solcher Metalle nieder, die von der entstandenen höheren Oxydationsstufe reduziert und für die Zwecke dieses Verfahrens wieder benutzt werden können. **[332].** Man behandelt z. B. den vom Alkali befreiten und getrockneten Faden der noch das Kupfer enthält mit einer 20 proz. Titansesquioxydsulfatlösung, wäscht vorsichtig und trocknet, oder man entfernt einen Teil des Kupfers von dem Faden und reduziert dann erst um das Kupfer im Innern niederzuschlagen oder entfernt einen Teil des schon niedergeschlagenen Kupfers auf elektrolytischem Wege. Dadurch, daß man auch fertige Fäden und Gewebe lokal durch Behandlung mit Kupferoxydammoniakcelluloselösung und folgende Reduktion des Kupfers an den gewünschten Stellen metallisieren, daß man ferner die erhaltenen metallähnlichen Gebilde weiter mit demselben oder einem anderen Metall auf elektrochemischem Wege überziehen kann, erhält man die verschiedenartigsten Effekte und Produkte und vermag schließlich auch nach einer weiteren Behandlung Fäden aus reinem Metall oder einer Metallmischung herzustellen, die sich dann für die elektrischen Glühfadenfabrikation eignen. Wenn die verkupferten Fäden als solche erhalten bleiben sollen, ist es nötig, sie völlig neutral zu waschen bzw. mit Natriumacetat nachzubehandeln, da sie sich sonst leicht oxydieren. **(D. R. P. 265 204.)**

Über die Baykogarne, die aus einer Baumwoll- oder Seidenseele bestehen, die mit metallflitterdurchsetzter Acetylcellulosehülle umgeben ist, berichtet **A. Herzog** in **Kunststoffe 2, 104.**

Über das Anlaufen von Goldfäden in Stickereien und Geweben siehe **P. Heermann,** Ref. im **Bayer. Ind.- u. Gew.-Bl. 1910, 417.** Vgl. **Techn. Rundsch. 1909, 757.**

Die Wiederherstellung von Gold- und Silberstickereien ist in **D. R. P. 35 852** beschrieben.

Über die Reinigung goldener und silberner Tressen, siehe **Dingl. Journ. 212, 353.**

334. Glanzeffekte allgemein; Behandlung mit Harzen, Celluloseestern.

Eine erschöpfende Bearbeitung der Methoden zur Seidenglanzprägung auf Baumwollgeweben bringt **H. Fischer** in **Zeitschr. f. Farb.-Ind. 1907, 271 u. 295.**

Über die zur Erzielung eines hohen Glanzes bei Wollstrichwaren zu treffenden Maßnahmen siehe **R. Hünlich, Zeitschr. f. Textilind. 22, 465.**

Auf Grund einer Übersicht über die Verfahren zur mechanischen Herstellung wasser- oder bügelechten Hochglanzes auf Baumwollwaren durch Erhitzen der Ware, bzw. ihr Überziehen mit wasserunlöslichen Stoffen kommt **W. Stoll** zu dem Resultat, daß die durch Erhitzung bewirkte Fixation des Glanzes sich bei den Temperaturen, die die Faser nicht angreifen bis zur völligen Wasser- und Bügelechtheit nicht erreichen läßt, so daß nur die zweite Methode der Faserimprägnierung bleibt, die jedoch erhebliche Kosten verursacht. **(Färberztg. 23, 345.)**

Zur Ausführung des Verfahrens zum Glänzendmachen der Wolle im Garn oder im Gewebe bringt man das Garn in hochgespanntem Zustande während 5 Minuten in ein kochendes Bad, das 1 Tl. Natriumbisulfit von 40° Bé in 5—6 Tl. Wasser enthält, nimmt das kautschukartig elastische Material dann in ein Bad, das aus 2proz. wässeriger Mineralsäure besteht, kocht in ihm bei allmählich nachlassender Spannung etwa 1 Stunde, spült und trocknet. Die so hochglänzend gewordene Wolle soll in ihrer Stärke und Haltbarkeit keine Einbuße erlitten haben. **(Regent, Leipz. Färberztg. 61, 36.)** Vgl. [288].

Zur Herstellung eines bestimmten Glanzes soll man Seidenstoffe nach **D. R. P. 22 686** mit einer Lösung von Bernstein in Chloroform tränken und die Gewebe nach der Trocknung heiß kalandrieren.

Um den Glanz gefärbter, mercerisierter Baumwolle zu erhöhen werden die Gewebe (Velvet, Plüsch, Cord, Moleskin) mit einer Lösung von Harzen, Bernsteinlack oder Wachs in Terpentinöl nachbehandelt. Man mischt z. B. 2 Tl. besten Bernsteinlack und 80 Tl. Terpentinöl oder dieselbe Menge des letzteren mit 8 Tl. Wachs und 1 Tl. Kolophonium. **(D. R. P. 110 029.)**

Über die Erzeugung eines dampf- und wasserechten Seidenglanzes auf Geweben siehe **D. R. P. 198 480.**

Zur Erzeugung von Glanz auf Strumpf-, Wirk- oder Webwaren tränkt man die Gewebe mit Lösungen oxydierend wirkender Stoffe, trocknet und entfernt die aus ihrer Oberfläche hervortretenden Fasern und Noppen durch Absengen. Man kann die oxydierenden Lösungen auch weglassen, wenn man den Sengprozeß zwischen die beiden Oxydationsstadien des Anilinschwarzfärbprozeßes einschaltet. **(D. R. P. 144 428.)**

Zur Erzeugung seidenartigen Glanzes auf Baumwolle tränkt man diese mit einer 3—5proz. Nitrocelluloselösung, die man erhält, wenn man Schießbaumwolle in Alkohol aufquellt und dann in 5—10grädiger Natronlauge oder Schwefelnatriumlösung löst. Man quetscht ab und zieht das behandelte Gewebe durch verdünnte Schwefelsäure. **(D. R. P. 98 602.)** Vgl. **F. P. 257 045.**

Zur Erzeugung von Glanzmustern bedruckt man Gewebe, die vorher gründlich mit Wasser durchtränkt werden, mit farblosen oder gefärbten Nitrocelluloselösungen, die durch die Wasserschicht nicht in das Gewebe einzudringen vermögen und so oberflächlich äußerst dünne, glänzende Häutchen bilden. **(D. R. P. 165 557.)**

Zur Herstellung seidenähnlicher Effekte auf Stoff, Papier oder Leder bedruckt man die betreffende Bahn mit einer innigen Suspension von 50 Tl. feinverteiltem glänzendem Molybdäntrioxyd in 950 Tl. der 5—10proz. alkoholischen Lösung eines möglichst farblosen Harzes oder Celluloids und erhöht den erhaltenen Effekt nachträglich durch Pressung der bedruckten Bahn zwischen heißen Walzen. Das zu diesem Zweck verwendbare Molybdäntrioxyd wird durch sehr gelinde Sublimation einer Molybdänverbindung erhalten. **(D. R. P. 171 450.)**

Zur Fixierung mechanisch auf Geweben hervorgebrachten seidenartigen Glanzes behandelt man die Stücke in gefärbtem oder nicht gefärbtem Zustande mit einer sehr verdünnten Lösung von Nitrocellulose in Amylacetat, bzw. nach einem anderen Verfahren mit einer Lösung von Nitrocellulose in Amylformiat. **(D. R. P. 212 696 und 212 695.)**

Zum Schutze des auf Geweben durch Gaufrage erzeugten Seidenglanzes gegen Feuchtigkeitseinflüsse verwendet man Nitrocellulose, die man jedoch um zu rasche Verdunstung des Lösungsmittels zu vermeiden nicht in Ätheralkohol, sondern in Epi- oder Dichlorhydrin löst, wodurch auch die Ware im Gegensatz zur Anwendung von Amylverbindungen geruchlos bleibt. **(D. R. P. 222 777.)**

Über Verbesserung der Brennesselfaser durch Überziehen mit Cellonlösung um sie glatt, glänzend, wasserdicht und feuerfest zu machen, sowie über das Lüstrieren und Bedrucken der Gewebe siehe **J. Barfuß, Neue Faserstoffe 1, 181.**

335. Glanzeffekte mit Albumin, Kautschuk, Fett, Enzymen.

Zur Erzeugung dauerhafter, seideglänzender Druckeffekte auf Baumwoll- oder Leinenstoffen bedruckt man die Gewebe mit koagulierbaren organischen Substanzen wie Albumin oder Casein und setzt sie dann in gespanntem Zustande zwecks Mercerisation der Einwirkung konzentrierter Natronlauge aus. Die reservierten Stellen bleiben matt, ihre Umgebung wird glänzend. Als Reserven kann man auch Stoffe verwenden, die wie Metalloxyde, Säuren oder Salze mit der Lauge reagieren und sie an den gewünschten Stellen neutralisieren. **(E. P. 29 858/96.)**

Zur Erzeugung bügelechter, feuchtigkeitsunempfindlicher Gaufrageeffekte auf Garnen oder Geweben imprägniert man diese mit Eiweißstoffen, erwärmt auf dem Gaufrierkalander bis zu einer die Koagulation des Eiweißes nicht herbeiführenden Temperatur und erhitzt dann bis zur Gerinnung des Eiweißes und zur Bildung eines beiderseitigen unlöslichen Überzuges auf dem Arbeitsgut. Man erhält so, ohne daß die Walzen verschmiert werden und ohne daß das Gewebe kleben bleibt eine die Gaufrage schützende, den Griff der Ware nicht ungünstig beeinflussende Schicht, die haltbarer ist als jene mit den üblichen Fett- oder Nitrocelluloselösungen. **(D. R. P. 206 901.)** Nach dem Zusatzpatent trocknet man das mit Eiweiß imprägnierte Gewebe bei einer die Koagulationswärme nicht erreichenden Temperatur und bringt das Eiweiß erst dann durch darauffolgende heiße Kalandrierung unter Mitwirkung heißer Dämpfe oder koagulierend wirkender Mittel zum Gerinnen. Man erhält so eine weichere Ware, die Gravuren größerer

Feinheit annimmt und dadurch, daß die Behandlung nur auf einer Seite erfolgt, im Griffe nicht zu hart wird und nicht zum Verkleben neigt. **(D. R. P. 217 679.)** Nach dem weiteren Zusatzpatent trocknet man die mit einer Lösung von Albumin oder Casein genetzte Wolle oder Halbwolle bei möglichst niedriger Temperatur und bewirkt dann erst die Gerinnung des Eiweißes durch heißes Kalandern oder koagulierend wirkende chemische Mittel. Der zunächst erhaltene unnatürliche Glanz wird in bekannter Weise weggenommen, wobei jedoch die Gerinnung des Eiweißes weiterbefestigt wird und man erhält eine feuchtigkeitsunempfindliche Ware, von hohem natürlichem Glanz, der vollständig bügelecht ist. **(D. R. P. 218 566.)**

Zum Schutze künstlich erzeugten Glanzes auf Fasermaterial überzieht man es mit einem möglichst dickflüssigen sauer reagierenden Gelatine-(Leim-, Casein-)Formaldehydüberzug und neutralisiert die Säure der Schutzschicht in der Kälte durch Ammoniakdämpfe. Das Verfahren läßt sich auch zur Erzeugung lokaler Effekte verwenden, da der Glanz an den nicht geschützten Stellen durch Dämpfen oder Auswaschen entfernt werden kann. **(D. R. P. 232 568.)**

Um gaufrierten Seidenglanz und gaufrierte Dessins auf Geweben haltbar zu machen, trägt man auf die gepreßten Stoffe einseitig eine dünne Kautschuk- oder Harzlösung neben Paraffin oder Fett, anderseitig in Benzol (ohne Paraffin oder Fett) oder anderen flüchtigen Lösungsmitteln auf und trocknet das Gewebe oder trocknet und dämpft es. Während die sonst üblichen Schutzüberzüge der geschreinerten Gewebe mit Celluloidlösungen einen gläsernen Glanz erzeugen, wird hier ein atlasartiger Seidenglanz hervorgerufen und man erhält eine Schicht die hauptsächlich die konvexen Oberteile der Rillen schützt, so daß sie beim Naßwerden nicht aufquellen, sich nicht verschieben, wodurch Glanzlosigkeit vermieden wird. **(D. R. P. 233 514.)**

Zur Fixierung von bügelechtem Seidenglanz behandelt man die Gewebe nach dem Vorkalandern und vor dem Gaufrieren mit alkoholisch-wässerigen Seifen- oder Fettlösungen und erzielt so eine gegen feuchtes Bügeln widerstandsfähige, billige, einfach ausführbare, glanzreichere Firnisgaufrierung als nach dem Verfahren des **D. R. P. 217 679. (D. R. P. 243 580.)** (s. o.) Vgl. **D. R. P. 195 315.**

Um Flachs-, Rami- oder Nesselfasern dauerhaften Seidenglanz zu verleihen, behandelt man das Material roh zubereitet oder verarbeitet in mäßiger Wärme längere Zeit mit einer Lösung der Enzyme der Bauchspeicheldrüse, wäscht dann aus und trocknet. **(D. R. P. 315 398.)**

336. Chemische Erzeugung von Webe-, Krepp-, Mustereffekten. — Irisierende Membranen.

Um Geweben das Aussehen durchwirkter Stoffe zu verleihen, bedruckt man sie nach **D. R. P. 95 900** mit wolfram- oder molybdänsaurem Barit.

Über die unliebsame Erscheinung der Moirée-Effekte auf halb- und ganzwollenen Artikeln, entstanden durch zu strammes aufeinanderliegen der Gewebebahnen unter gleichzeitiger Einwirkung von Druck siehe **N. Mann, Zeitschr. f. d. ges. Textilind. 15, 432.**

Zur Herstellung von Stoffmusterungen, die im durchscheinendem Licht sichtbar sind, bedruckt man die Stoffe mit Substanzen, die wie z. B. essigsaure Chromoxydverdickung eine Verminderung des Fadenvolumens herbeiführen. **D. R. P. 185 193.)**

Zur Erzeugung von Kreppeffekten auf Seide bedruckt man sie nach **A. Romann** und **E. Grandmougin** mit konzentrierten Lösungen von Zinkchlorid und Sulfocyanzink, die die Eigenschaft haben, die Faser an den bedruckten Stellen zusammenzuziehen. **(Ind.-Ges. Mülh. 81, 18.)**

Zur Herstellung von Crepon-Effekten auf Wolle bedient man sich der Eigenschaft des Materiales durch Behandlung mit Chlor die Fähigkeit des Filzens und Schrumpfens zu verlieren. Bei Seide arbeitet man mit 16—18 grädiger Salzsäure. Außerdem lassen sich derartige mechanische Veränderungen auch durch scharfes Pressen der Ware zwischen gravierten Walzen erzeugen. **(R. Hünlich, Zeitschr. f. Textilind. 16, 123.)** Vgl. **[287]** u. **[299]**.

Zur Nachahmung von Webeeffekten auf Stoffen druckt man mittels einer gravierten Walze eine Lösung z. B. von 20 Tl. Acetylcellulose in 80 Tl. Essigsäure (7° Bé) auf und fällt auf der Walze selbst z. B. mit heißem Wasser, das durch das Gewebe auf die Gravur der Walze vordringt die Cellulose auf das Gewebe aus. Näheres über die Anordnung der Walzen und Zeichnung im Original. **(D. R. P. 280 133.)**

Zur Erzeugung gemusterter Effekte auf Baumwollgeweben bedruckt man diese mit konzentrierter Schwefelsäure und wäscht aus oder bedruckt das Gewebe mit einer Reserve, passiert dann durch konzentrierte Schwefelsäure und wäscht nunmehr aus. Man bedient sich zur Ausführung des Verfahrens mercerisierter Baumwollgewebe und ausschließlich Schwefelsäure von über 50,5° Bé Stärke. An den mit Schwefelsäure behandelten Stellen der mercerisierten Baumwolle tritt Pergamentierung des Gewebes ein und die Stellen färben sich nachträglich viel dunkler als die nichtbehandelten Gewebepartien. **(D. R. P. 280 134.)**

Gemusterte Gewebe kann man auch dadurch erhalten, daß man durch lokale Carbonisation, die in dem Gewebe enthaltenen Pflanzenfasern verändert, so daß sie beim folgenden Färben an jenen Stellen weniger Farbstoff aufnehmen. **(D. R. P. 55 174.)**

Über das Verzieren, Mustern und Färben von Geweben durch Zerstäubung von Farblösungen nach den verschiedenen Verfahren von **Cadgène, Knapstein, Persoz** u. a. und die praktische Ausübung dieses unter dem Namen Spektralographie bekannten Verfahrens siehe **L. Lefèvre, Rev. Mat. Col. 1904, 33.**

Zur Herstellung **farbenwechselnder Überzüge auf Geweben** überstreicht man sie nach **D. R. P. 42 312** mit einer, mit einem Klebmittel versetzten wässerigen Lösung von Platinmagnesiumcyanür.

Zur Herstellung **irisierender Membranen** tropft man eine sirupöse, mit 10% Lavendelöl versetzte Kollodiumlösung auf eine Wasserfläche, hebt die in Regenbogenfarben schillernden Membranen mittels eines Drahtringes ab und trocknet sie. Diese Membranen mit bleibenden Regenbogenfarben können zu physikalischen Versuchen, zu technischen Zwecken als Ein- und Unterlagen für Schmuck- und dekorative Gegenstände, Draht- und Haargeflechte, Spitzen, durchbrochene Papier-, Leder-, Horn-, Elfenbein- und Holzarbeiten, Photographien, Bücherdecken usw. benutzt werden. Die irisierenden Membranen, die zum **Bedrucken** von Papier und **Webstoffen** benutzt werden sollen, müssen zuvor mit einer das Licht stark reflektierenden und zugleich zerstreuenden Reflexebene versehen werden; dies geschieht dadurch, daß man 1 Tl. Bleizucker (oder Silber- oder Goldsalz) in 30 Tl. Wasser löst, filtriert, die Lösung in ein rundes, schwarz lackiertes Blechgefäß bringt, durch einen darüber gestellten Glastrichter Schwefelwasserstoff bzw. Phosphorwasserstoff einleitet und zur Fixierung des gebildeten Metall-Spiegels vorsichtig den Drahtring mit einer kurz vorher gefertigten Membrane auflegt. Wenn die Adhäsion erfolgt ist, wird die Membrane getrocknet und zeigt nunmehr Perlmuttereffekte. Die Reflexhäutchen von Silber oder Gold eignen sich vermöge ihrer edlen Beschaffenheit besonders für Musterdruck auf glatten Seiden- und Samtstoffen. Man verfährt hierzu in der Weise, daß man einen gesättigten, hellen Kopalfirnis mit Bleiweiß, Indigo, Ultramarin oder Kienruß anreibt, dieses Bindemittel durch Druckerballen gleichmäßig auf in Holz geschnittene Typen aufträgt und den Stoff in der Handpresse vordruckt. Der Vordruck wird hierauf mit der metallischen Seite der Membrane belegt, die man andrückt und auftrocknen läßt. Nach vollständigem Austrocknen des Bindemittels werden die nicht befestigten Membranenteilchen mit weichem Leder oder einer Samtbürste beseitigt. Der so erhaltene Druck zeigt die prachtvollen Farben der Kolibris, der dunklen Perlmutter, des Opals und Labradors. **(Dingl. Journ. 184, 369.)**

Über die Herstellung von Resinatlackfarbstoffen mit fluorescenzähnlichen Reflexen auf Geweben und Papier siehe **L. Paul, Seifenfabr. 1916, 849, 865, u. 882.**

337. Gewebe bedrucken (Vorbehandlung), Bildübertragung, Batik.

Der **Gewebe- oder Zeugdruck** ist Sache der **Großindustrie**, im vorliegenden Kapitel werden lediglich einige im Kleinbetriebe ausführbare Verfahren gebracht.

Zur Vorbereitung eines Gewebes oder überhaupt einer Unterlage für den Druck bringt man aufeinanderfolgend Überzugsschichten aus Ölfarben auf, wobei jede einzelne Schicht eine größere Menge gekochten Leinöles und eine größere Menge flüchtiger Lösungsmittel enthält als die vorhergehende Schicht, läßt nach jedem Auftragen trocknen und schleift stets mit Bimsstein ab. **(D. R. P. 316 942.)**

Zur Übertragung von Zeichnungen auf Stoffe, also z. B. zum Vorzeichnen von **Stickmustern** mittels Schablonen, paust man die durchstochene Zeichnung mit dem Pausbeutel unter Verwendung eines Gemenges von Holzkohlenpulver oder Zinkweiß und Kolophoniumpulver, oder eines Stäubpulvers, bestehend aus je 1 Tl. Kolophonium- und Kopalharzmehl und 4 Tl. Bleiweiß, je nach der Farbe des Gewebes durch, legt vorsichtig ein glattes dünnes Papier auf die aufgepauste Zeichnung und überstreicht es mit einem heißen Bügeleisen. Das schmelzende Kolophonium hält dann die Farbe fest und man erhält eine dauerhafte saubere Zeichnung, die dann weiter behandelt werden kann. Bei größerem Harzzusatz haftet die Zeichnung fester, mehr Bleiweiß läßt die Zeichnung deutlicher erkennen. **(Dingl. Journ. 140, 79.)**

Bei der Herstellung haltbarer und bügelechter Pigmentfarbendrucke verwendet man zum Drucken eine Schmelze, die ein oder mehrere Harze (Mastix, Sandarak, Kopal), ferner Kautschuk oder Guttapercha in einem geeigneten Lösungsmittel gelöst und evtl. noch Pigmentträger oder trocknende Öle und das Pigment enthält. Nach dem Zusatzpatent verarbeitet man ebenso Gemische von **Holzöl** mit Harzen oder deren Umwandlungsprodukten unter Zusatz geeigneter Lösungsmittel mit dem Pigment zur Druckfarbe und erhält auch in diesem Falle metallische, bzw. glänzende Druckeffekte, die gegen mechanische und chemische Einflüsse widerstandsfähig sind. **(D. R. P. 146 805 und 146 806.)**

Zum direkten Bedrucken von moirierten oder nicht moirierten Stoffen aus mercerisierter Baumwollkette und Eisengarnschuß bereitet man eine auch kalt leichtflüssige Druckfarbe aus 1 Tl. Farblösung, 1 Tl. **Schellack** und 3 Tl. Sprit. Die Farbe durchdringt Ketten- und Schußfaden beim einfachen Auftragen ohne zu verlaufen und braucht nicht fixiert zu werden, so daß das mercerisierte Garn Griff, Glanz und Glätte behält. **(D. R. P. 152 016.)**

Zur **Übertragung von Bildern** durch Wärme und Druck auf Gewebe versieht man den Bildträger nach **D. R. P. 255 156** mit einer für schmelzendes Wachs undurchlässigen Oberfläche, durch Bestreichen z. B. des Papieres mit einer rasch erhärtenden Mischung von 56 g Gelatine, 28 g Glycerin, 14 g Kalialaun und 7 g Kaliumbichromat in 560 ccm Wasser und überstreicht diese getrocknete Oberfläche mit der schmelzbaren Schicht, die aus 560 g Naphtha, 56 g Japanwachs, 56 g Leim und 28 g weißem Schellack besteht. Auf das so vorbehandelte Papier druckt man nach dem Erhärten das Bild auf und überträgt es dann unter Anwendung von Wärme und Druck auf das Gewebe.

Zum Aufdrucken und Fixieren von lithographischen und ähnlichen Farben auf Textilstoffe druckt man mit dem lithographischen Firnis verriebene Lacke aus irgendeinem Farbstoff zusammen mit Kohle, Kaolin, Albumin, Casein oder ähnlichen die Farbstoffe adsorbierenden Körpern auf Papier auf und preßt das Papier mit der Bildseite auf den mit einem Metallsalz (Wolle) oder mit Albumin oder Gummilösung (Baumwolle) präparierten Stoff unter Druck und Wärme auf. Man kann die fixierende Beize auch erst nach der Übertragung des Bildes auf den Textilstoff aufbringen. **(D. R. P. 130 914.)**

Zur Herstellung wasserbeständiger Drucke auf gewebten Stoffen werden diese mit einem Gemenge von 100 Tl. einer Celluloid- oder Cellulosenitratlösung und 50—150 Tl. Phthalsäureäthylester behandelt. Als Appreturmittel dienen je nach der Art des Lösungsmittels Leim, Gelatine, Harz oder Eiweißstoffe. Durch diese Behandlung wird nicht nur Wasserbeständigkeit, sondern auch Weichheit des Griffes erzielt. **(A. P. 888 516.)**

Zur Herstellung von Pigmentdrucken und Pigmentüberzügen bedruckt man die Gewebe mit Gemischen von 180 Tl. Nitrocellulose (oder Acetylcellulose), gelöst in 2200 Tl. Eisessig, 500 Tl. Gelatine oder Leim (nach vorheriger Quellung in 1400 Tl. Alkohol gelöst) und 430 Tl. Aluminiumpulver oder der nötigen Menge eines anderen Pigmentes, trocknet, dämpft 10 Minuten unter Einführung von Luft und passiert, je nach dem zugesetzten Teerfarbstoff, durch die Lösung eines Oxydationsmittels. Die erhaltene Schicht besitzt hohen seidenartigen Glanz, ist haltbar und liefert scharf abgegrenzte Konturen. **(D. R. P. 182 773.)**

Zum Überziehen oder Bedrucken geeigneter Unterlagen z. B. Gewebe mit Viscose für sich oder im Gemisch mit Farbstoffen und Pigmenten aller Art, löst man die Viscose zusammen mit einem Metall der Magnesiumgruppe mit soviel Alkali, als zum Ersatz des in der Viscoseverbindung enthaltenen Metalles durch das Alkalimetall nötig ist. Nach einer Ausführungsform setzt man den Überzugsmassen außerdem wasserunlösliche Seifen oder Sulfoölsäuren, bzw. ihre Natrium- oder Ammoniumsalze in Mengen zu, die nicht kleiner sind als 20% des Cellulosegehaltes auf luftdrucktrockene Cellulose berechnet. **(D. R. P. 231 643.)**

Nach **F. P. 454 826** imprägniert man Gewebe, die nachträglich mit stark alkalischen und konzentrierten Viscoselösungen bedruckt werden sollen, mit einer 4 proz. Lösung von Ammoniumsulfat, trocknet, druckt die Viscoselösung mit einem Gehalt von 10% Cellulose und 5,5 bis 7% Natronlauge auf, dämpft und wäscht.

Zimmermann, W., Die Batikfärberei und moderne Batikfarben. Zürich-Leipzig 1910. Das Buch wird von **P. Krais (Zeitschr. f. angew. Chem. 1910, 1513)** abgelehnt, da die Farbmuster in jeder Hinsicht wertlos sind.

Über die Batiktechnik siehe die Ausführungen von **L. Kollmann** in den in Wien erscheinenden **Textilber. ü. Wiss., Ind. u. Hand. 1920, 125 u. 149.**

Die alte Technik des Batikfärbens verwertet die Effekte, die sich ergeben, wenn man ein mit Wachs getränktes Gewebe nach dem Erstarren des Wachses knittert und dann in die Farbflotte taucht. Das Wachs reserviert die unter ihm liegenden Flächen, doch dringt die Farbbrühe in die verzweigten Risse ein und verbreitet sich auch zum geringen Teil unter den den Rissen benachbart gelegenen abgedeckten Partien, wodurch die Batikmuster erscheinen Will man das Brechen der Wachsschicht vermeiden, ehe man das erstemal färbt, so tränkt man das Gewebe nicht, sondern spannt den Stoff und trägt den Farbstoff mittels eines Gummischwammes auf. Man erhält so wirkungsvolle Schattierungen und Mischtöne; helle Äderungen werden dadurch erzielt, daß man den Stoff dunkel vorfärbt, nach dem Färben die Wachsschicht zerbricht und dann in hellerer Farbe nachfärbt. **(Zeitschr. f. Textilind. 22, 82.)**

Vor dem Batiken ist es nötig, die Gewebeappretur durch gründliches Auswaschen und Auskochen zu entfernen, den Stoff, wenn verschiedenartige Färbungen beabsichtigt sind, zur Dichtung und Verklebung der Fasern in Öl zu kneten, das Gewebe dann an der Sonne zu trocknen und schließlich in Alkalilauge zu waschen. Man stärkt den Kattun schließlich mit dünner Reisstärke, um das Ausfließen des Wachses zu verhindern. Über Farbstoffe, die zum Batiken verwendet werden und im allgemeinen dieselben sind, die für den Druck von Seidenstückware und Seidenketten, siehe **R. Fischer, Färberztg. 30, 17.**

Zur Erzeugung von marmor- und batikähnlichen Wirkungen verteilt man die Lösung eines fettlöslichen Farbstoffes auf Wasser, legt den zu färbenden Stoff (Gewebe, Holz, Blech, Papier, Glas, Leder) auf die Schicht, zieht das Stück ab und trocknet die Schicht. **(D. R. P. 329 173.)**

Zum Übertragen ungefärbter Wachszeichnungen auf Gewebe zum Zwecke des Reservierens gegen Farblösungen nach Art des Batikens legt man Wachspapier auf das Gewebe und überträgt die Zeichnung mittels einer Wärmequelle, wodurch, wenn diese scharf begrenzt ist, auch scharfe Reservagestellen auf der Gewebeunterlage entstehen, die das Eindringen der Farbe verhindern. **(D. R. P. 286 811.)**

In **D. R. P. 264 624** ist eine Vorrichtung zur Herstellung marmorähnlicher Muster auf beliebigen Stoffen nach der Batikmanier beschrieben (Wachsauftrag-, -brech-, -bügelvorrichtung mit Wasser-, Benzin-, Farbbehälter). Nach einem Zusatzpatent durchläuft der Stoff die Wachsauftragvorrichtung zusammen mit einer mitlaufenden Schablone, sodaß nicht nur marmorähnliche Batikmuster erzeugt werden können, sondern auch ornamentale Zeichnungen, wobei die Schablone entweder nur als Deckschutz in dem Wachsbade dient, oder nach Netzung mit wasserabstoßenden Mitteln diese musterförmig an den Stoff abgibt. Am besten eignen sich für

Batikarbeiten Seide oder Samt mit Erd- oder Bienenwachs oder einer Mischung von Japanwachs mit Kolophonium als Wachsreserve und mit Küpen- oder Alizarinfarbstoffen zum Färben. **(D. R. P. 311 937)** Vgl. die Einzelheiten über die Batikfärberei von **A. Kramer** in **Monatsschr. f. Text.-Ind. 34, 30.**

338. Photographien auf Geweben.

Die Photographie in ihrer Anwendung zum Zeugdruck beschrieb **W. Grüne** in **Dingl. Journ. 173, 100.**

Über die Anwendung der Photographie in der Textilindustrie, besonders in der Weberei, siehe **F. Hansen, Techn. Rundsch. 1907, 720.**

Ein Verfahren des Photographierens auf Leinwand ist in **Dingl. Journ. 178, 396** beschrieben. Vgl. **ebd. S. 394** u. **398** (speziell Malerleinwand).

Eigenartige photographische Bilder erhielt **Dumoulin** auf Zeugen, die mit Fuchsin (Lichtechtheit 4) gefärbt sind, wie folgt: Der gefärbte Stoff wurde nach dem Trocknen unter einem photographischen Glasbilde belichtet, wobei die dem Lichte ausgesetzten Stellen etwas dunkler grau wurden, als die nicht belichteten. Um das Bild deutlicher hervortreten zu lassen, wurde das Zeug 2 Tage lang in ein Kupfervitriolbad gebracht; nach dieser Zeit trat das Bild in dunklerem Ton gegen den Grund hervor. Nach wiederholtem Auswaschen mit Wasser und zweitägiger Rasenbleiche erschien das Bild violettbraun in sehr feinen Umrissen auf weißem Grunde; durch Behandeln mit Säuren und Chlor erlitt es keine merklichen Veränderungen. **(D. Ind.-Ztg. 1871, Nr. 33.)**

Über die Anwendung der Photographie im Zeug- und Tapetendruck nach dem **Mertensschen** Verfahren siehe **Zeitschr. f. Farb.- u. Text.-Chem. 1904, 83, 120 u. 62.**

Zur Erzeugung photographischer Drucke auf Textilstoffen imprägniert man Baumwoll- und Leinenstoff mit der Mischung gleicher Teile der Lösungen von je 75 g Ferricyankalium und Eisenammoniumcitrat in je 200 ccm Wasser, trocknet im Dunkeln, exponiert unter einem Negativ und wäscht mit kaltem Wasser, worauf die bekannte blaue Farbe hervortritt. Man behandelt dann in einem kaltem Bade, das im Liter 2,5 ccm Natronlauge vom spez. Gewicht 1,35 enthält, bis die blaue Farbe völlig verschwunden ist, wäscht das Gewebe nunmehr mit heißem Wasser, bringt es dann zur Fixierung des Eisenhydrates, während 3 Minuten in ein 75° warmes, 0,3 proz. wässeriges Natriumphosphatbad, wäscht mit kaltem, dann mit 70° warmem Wasser und färbt mit Alizarinfarbstoffen aus. Die besten Resultate erhält man mit einer Flotte, die im Liter Wasser 3—5 g Resorcingrün und zur Erzielung reiner Weißen 5 ccm Leimwasser oder Gelatine enthält. Nach der Färbung wird gewaschen und geseift. **(St. F. Carter, Referat in Zeitschr. f. angew. Chem. 1898, 792.)**

Ein älteres Verfahren zur Herstellung von Photographien auf Seide **(Cooper)** ist in **Dingl. Journ. 181, 77** beschrieben.

Über Anfertigung von Photographien auf weißer Seide siehe **Cooper, Photogr. Archiv 1863, 22 901.**

Zur Herstellung von Photographien auf Seide imprägniert man den gewaschenen Stoff während 6 Stunden im Dunkelraum in einem Bade, das ½% Nitrit und 1% Schwefelsäure enthält, spült, schleudert, trocknet im Dunkeln unter Spannung, belichtet unter einem photographischen Diapositiv (nicht unter einem Negativ) und entwickelt dann bei der die Seidenfaser nicht schädigenden Temperatur von höchstens 30° mit einer wässerigen Lösung von 0,5% Phenol und 0,5% Alkalilauge. Die belichteten Teile geben mit alkalische Phenollösungen keine gefärbten Verbindungen, während die vom Lichte nicht getroffenen Stellen gefärbt werden. **(F. Farrell, Seide 1906, 219.)**

Über die Herstellung von photographischen Farbendrucken auf Seidengeweben (Gobelins) nach dem Diazoverfahren **[601]**, bei dem die 3 Farben sich unter dem Einflusse elektrischen Lichtes bilden, siehe **Journ. Franklin.-Inst. 1917, 125.**

339. Gewebe kleben, bemalen, anstreichen, Schrift und Stempel.

Zum dauernden Befestigen von Tuch auf Stein verwendet man nach **Techn. Rundsch. 1906, 631** entweder einen Fischleim oder einen selbstbereiteten flüssigen Klebstoff aus 250 g Kölner Leim, 200 g Wasser und 50 g konzentrierter Essigsäure.

In **Techn. Rundsch. 1907, 464** wird empfohlen zum Verkleben von Filzstreifen mit lackierten oder rohen, vorher gut entfetteten Zinkblechgehäusen den gewöhnlichen Vergolderleim (Mixtion) oder eine Kautschuklösung oder ein verkochtes Gemenge von Wasserglas und Zucker zu verwenden.

Zur Bemalung von Stoffen und zur Schablonierung glatt gespannter Gewebe wendet man zweckmäßig nach **Techn. Rundsch. 1908, 222** Temperafarben oder besser noch die Heliosfarben an, die mit Weinessig oder mit einem besonderen dazu gelieferten Bindemittel verdünnt und nach dem Auftrag zur Erhöhung der Waschechtheit mit einer beigegebenen Flüssigkeit fixiert werden. Die Verwendung von Ölfarbe erscheint ausgeschlossen, wenn der Stoff biegsam und waschbar bleiben soll. Jedenfalls müßte ihr Kautschuklösung zugesetzt werden und man müßte versuchen durch vorheriges Bestäuben des Stoffes mit Magnesiapulver ein Auslaufen der Farbe zu verhindern.

Zum Bemalen von Flaggentuch empfiehlt es sich nach **Techn. Rundsch. 1909, 338** gewöhnliche Ölfarbe in dünnem Auftrage zu verwenden und das Bindemittel, also das reine Leinöl mit etwas calcinierter Soda oder auch mit Salpetersäure aufzukochen, ehe man es mit der Farbe verrührt. Die Farbe wird dadurch weicher und bleibt auch längere Zeit schmiegsam. Auch mit käuflichen Tubenfarben kann man den gewünschten Zweck erzielen, wenn man sie mit einer Mischung, bestehend aus gleichen Teilen von Terpentinöl und Leinöl verdünnt und dieser Ölmischung vor dem Gebrauch 10% käuflicher Kautschuklösung zusetzt. Auch die mit diesem filtrierten Bindemittel hergestellten Farben bleiben genügend elastisch.

Zum Bemalen von Seide bestreicht man den glatt gespannten, mit einer Seifenwurzelabkochung gereinigten Stoff nach **D. Mal.-Ztg. (Mappe) 31, 342** zunächst mit einer warmen Gelatinelösung und malt mit Tubenölfarben, die mit einem Gemenge von 33% Bernsteinlack und 66% Terpentinöl verdünnt sind. Die Vorpräparierung mit Gelatine verhindert die Bildung von Rändern und bewirkt ein besseres Haften und bessere Haltbarkeit der aufgebrachten Farben.

Nach **Techn. Rundsch. 1908, 587** kann die Vorpräparierung des gespannten Seidenstoffes auch mit einer Kautschuklösung oder durch Bestreuen mit Bärlappsamen erfolgen. Die Tubenfarben können auch mit Benzin verdünnt werden.

Um das Auslaufen der Ölfarbe auf Chiffon zu verhüten, so daß die ausgeführten Malereien oder Schriftzeichen in klaren Konturen erhalten werden, empfiehlt es sich nach **Techn. Rundsch. 1907, 426** das Gewebe in aufgespanntem Zustande mit einem Gemenge von Permanentweiß und russischem weißen Leim oder Hausenblase in wässeriger Lösung zu überstreichen, gut trocknen zu lassen und erst auf die so vorbereitete Fläche zu malen.

Die Präparierung von Samt und ähnlichen Stoffen, um sie bemalen, beizen und mit dem Brennstift behandeln zu können, erfolgt nach **Techn. Rundsch. 1909, 570** u. **643** in der Weise, daß man die Rückseite mit Hausenblase, Leim oder Gelatine gut leimt und die zu bemalende oder zu brennende Seite vor Beginn der Arbeit gleichmäßig mit Benzin abreibt. Besonders sorgfältig müssen diese Vorarbeiten bei Seidensamt ausgeführt werden, während Leinenplüsch, Atlas oder Velvet, die aus Baumwolle bestehen, keiner besonders sorgfältigen Verleimung bedürfen, da an und für sich die Baumwollfaser leichter Farbstoffe annimmt bzw. da sie leichter verbrennt. Speziell beim Malen auf Samt verhindert man das Auslaufen der wässerigen oder alkoholischen Farbstofflösungen durch Aufstäuben von Lykopodiumpulver; man trägt die Farben nicht zu dünn aber mager auf, wodurch sie auch bei geringerer Dünnflüssigkeit ihre Transparenz und den lebhaften Ton bewahren. Beim Malen auf Filz oder Plüsch müssen die Farben nur auf der Oberfläche des Stoffes aufgesetzt werden, da bei tieferem Eindringen der zu verwendenden halbmatten Lackfarben die Stoffe steif werden.

Ein Verfahren zur Herstellung von Malereien auf Geweben ist dadurch gekennzeichnet, daß man die Farbe punktweise aufträgt und jeden Farbtupfen durch ein Quarzstückchen abdeckt, wodurch die Glanzwirkung des Quarzes zur Geltung kommt. **(D. R. P. 315 366.)**

Zum Bemalen von Textilstoffen mit waschechten Farben vermahlt man gesättigte Bichromat- und dicke Gummiarabicumlösung mit einer Leimfarbe, bis ein gewisser bräunlicher Reflex die richtige Konsistenz der Mischung anzeigt, bringt nun die Farbpaste unter Ausschluß des direkten Sonnenlichtes auf das Gewebe, wäscht nach der Fixierung der ersten Farbauflage zur Entfernung des überschüssigen Bichromates, trocknet dann, belichtet, und trägt die weiteren Farben in derselben Weise auf. Battist, englischer Tüll und andere feine, dünne, lichtdurchlässige Stoffe sind für die Behandlung am geeignetsten und halten die Farben so fest, daß man die Stoffe auch heiß mit Seife waschen kann. **(F. P. 358 554.)**

Eine aus einem innenbeleuchtenden mit transparenten Mustern versehenen Glaszylinder bestehende Vorrichtung zum Belichten von mit Chromleim überzogenenen Geweben ist in **D. R. P. 18 614** beschrieben.

Nach **Techn. Rundsch. 1911, 20** stellt man den grauen Anstrich auf Segeltuch, mit dem die Musterkoffer überspannt werden, in der Weise her, daß man das aufgespannte Gewebe mit einer aus Lithopon, Ölschwarz, Kutschenlack und Sikkativ hergestellten Ölfarbe unter Zusatz von Terpentinöl mager überstreicht, darauf einen zweiten noch etwas terpentinölhaltigen Anstrich aufbringt und zur Herstellung des 3. und 4. Anstriches die reine Ölfarbe allein verwendet. Nach jedem Anstrich muß man einige Tage trocknen lassen. Die alte Farbe auf solchen Koffern wird mit Kalkbrei, Schmierseife und etwas Amylacetat entfernt, worauf man mit Essigwasser abwäscht und nur zwei Anstriche von reiner Ölfarbe ohne Terpentinöl aufbringt.

Zur Herstellung von Schriftzeichen auf wasserdichten Planen verwendet man nach **Techn. Rundsch. 1906, 630** für Weiß Zinkweiß, Lithopon u. dgl. mit Firnis als Schablonierfarbe, für Schwarz ebenso einen mehrere Wochen gelagerten Firnis aus gekochtem Leinöl und Lampenschwarz, oder man schabloniert mit einer Tanninlösung und setzt die schablonierte Stelle der Einwirkung von Salmiakdämpfen aus.

Eine schwarze Stempelfarbe zum Bedrucken leinener oder baumwollener Gewebe, die auch den kräftigsten chemischen Agentien widersteht, erhält man, aus dem Safte des Samens von Anacardium orientale (sog. Elefantennuß), am besten, wenn man gröblich zerstoßene Anacardiumnüsse mit Petroläther bei mittlerer Temperatur einige Zeit digeriert, abgießt und das flüchtige Lösungsmittel verdunsten läßt. Bedruckt man mit der so erhaltenen sirupdicken Stempelfarbe leinene oder baumwollene Gewebe, so erscheinen die bedruckten Stellen anfangs nicht schwarz sondern meist nur schmutzig braungelb, benetzt man sie aber hierauf mit Salmiakgeist oder mit

Kalkwasser, so treten sie augenblicklich in tiefschwarzer Farbe hervor, die nicht bloß einer gesättigten Chlorkalklösung widersteht, sondern auch bei Behandlung mit Cyankaliumlösung, mit Ätzkali, Säuren aller Art usw. nicht im mindesten an Farbenintensität einbüßt. **(Dingl. Journ. 206, 490.)** — Vgl. **Bd. III [182].**

Gewebereinigung, Fleckentfernung.

340. Literatur und Allgemeines über Haus- und chemische Wäsche. — Vergilben der Wäsche.

Walland, H., Kenntnis der Wasch-, Bleich- und Appreturmittel. Berlin 1912. — Bottler, M., Bleich- und Detachiermittel der Neuzeit. Wittenberg 1908. — Tobias, E., Das Reinigungsgewerbe. Wittenberg 1908. — Andés, L. E., Wasch-, Bleich-, Blau-, Stärke- und Glanzmittel. Wien und Leipzig 1909. — Kind, W., Die Wirkung der Waschmittel auf Baumwolle und Leinen. Wittenberg 1909. — Schneider, F., Die Bleicherei, Wäscherei und Carbonisation. Berlin 1905 Stiefel, H. C., Die Dampfwäscherei. Wien und Leipzig 1900. — Internationale Wäscherei-zeitung, Handbuch der modernen Dampfwäscherei. Berlin 1900. — Herzfeld, J., Ebenso. Berlin 1894. — Apparate, Geräte und Maschinen sind in sehr guten Zeichnungen abgebildet in dem Werke von J. Zipser. Leipzig und Wien. — Massot, W., Wäscherei, Bleicherei, Färberei und ihre Hilfsstoffe. Leipzig 1904. — Joclet, V., Die Kunst- und Feinwäscherei in ihrem ganzen Umfang, die chemische Wäsche, die Fleckenreinigungskunst, Kunstwäscherei, die Strohhutbleicherei und -färberei, Handschuhwäscherei und -färberei. Wien und Leipzig 1921. — (Vgl. auch die Literaturangaben in der Einleitung des Kapitels Faserstoffe).

Über Fortschritte auf dem Gebiete der chemischen Wäscherei unterrichtet eine Arbeit von **R. Wendel in Zeitschr. f. Textilind. 19, 94 u. 137.**

Vorschriften für chemische Wasch- und Reinigungsmethoden bringt **R. Wendel in Zeitschr. f. Textilind. 1917, 360 ff.**

Über das Waschen und die Ökonomie des Waschens schreiben **Schelenz** bzw. **Leimdörfer** in **Seifens.-Ztg. 1921, 696 u. 715 bzw. 519.**

Über die chemischen Vorgänge beim Waschen siehe **Bein, Chem.-Ztg. 1908, 936.** Verfasser bespricht den Waschprozeß als einen Verseifungsprozeß (nasses Waschen) bzw. als eine Behandlung mit Lösungsmitteln (trockenes Waschen), die Anwendung beider Verfahren und schließlich die neueren Methoden der Wäscherei durch Verseifen unter gleichzeitigem Lösen der fettartigen Stoffe (Verwendung von Tetrachlorkohlenstoffpräparaten, die auch Seife und wasserlösliche Ricinolsäuren enthalten können). Vgl. **A. Seyda, Chem.-Ztg. 1907, 986 u. 1001;** ferner **Schmidt, Zeitschr. f. öffentl. Chem., 13. Jahrg., 322.**

Die Entfernung des Schmutzes aus Wäsche und Kleidung erfolgt in der Hauswäsche und Dampfwäscherei auf nassem Wege mit Benutzung zuerst von kaltem Wasser (zur Lösung der in der Hitze gerinnenden Eiweißstoffe), dann mit heißem Wasser oder Dampf, unter Zusatz von Seife, Soda, Borax und sauerstoffabgebenden Waschmitteln. Der eigentliche Waschprozeß, der die Lockerung und Lösung der fetthaltigen Schmutzteilchen bezweckt, wird durch mechanische Bewegung der zu reinigenden Ware in geeigneten Apparaten unterstützt. Eine derartige Vorrichtung, der Wäschekochapparate Hydrothermant, (ruhende Wäsche, bewegte Waschflüssigkeit) ist z. B. in **D. R. P. 31 549** beschrieben. Vgl. **M. Ballo, Dingl. Journ. 257, 205.**

Über das Einweichen und Bleichen der Wäsche siehe **Seifens.-Ztg. 1916, 190.**

Bei der Hauswäsche sollen stark alkalische Waschlaugen und wasserglashaltige Waschmittel, die durch die abgeschiedene Kieselsäure mechanisch ungünstig auf das Gewebe einwirken, ebensowenig verwendet werden wie Chlorkalk, auch Perborate und besonders das Natriumsuperoxyd, das zu explosionsartigen Zersetzungen neigt, sind Wäscheschädlinge. Vgl. **Bd. III [455].**

Auf die Verwendbarkeit elektrolytisch erzeugter Bleichlauge für den Hausgebrauch ist in **D. R. P. 83 069** hingewiesen.

Die schädliche Wirkung der seit dem Kriege in großen Mengen auf dem Markte befindlichen Waschsurrogate läßt sich nur durch peinlichste Überwachung des Wäschereibetriebes vermeiden. Dazu dient möglichst weitgehende Lösung der Schmutz- und Fettstoffe durch alkalisches Einweichen der Wäsche, Abkürzung des eigentlichen Waschvorganges zwecks Einschränkung der nötigen mechanischen Behandlung, Anordnung des Waschgutes in Ruhe und Bewegung der Waschflotte und schließlich gründlichstes Spülen der Wäsche in heißem Wasser. **(Zeitschr. f. Textilind. 22, 276, 287, 299 u. 370.)**

Das gereinigte und gespülte Stück wird getrocknet und je nach seiner Art geblaut, gestärkt und gebügelt (Weißwäsche) oder in anderer Weise appretiert.

Von dieser Art der Reinigung ist streng zu unterscheiden die Trockenwäsche mit Benzin oder benzinhaltigen und ähnlichen Präparaten, die als solche oder in Verbindung mit Seife hauptsächlich auf den Markt gekommen sind, um das feuergefährliche Benzin zu ersetzen (Tetrapol, Richterol usw.) oder um dem Benzin die Fähigkeit zu verleihen, sich mit Wasser zu mischen

(Benzinseife). Über die chemische Wäsche mit Kohlenwasserstoffen und ihren Halogenderivaten (Trockenwäsche) siehe die Kapitel Textilseifen, Fettemulsionen usw. im Bd. III.

Die zu reinigenden Stoffe werden nach Art und Farbe und nach dem Zustande ihrer Verschmutzung sortiert und gelangen, nachdem man die fleckigen Stellen mit verdünnter Seifenlösung angebürstet hat, in speziell konstruierte Waschmaschinen, in denen sie 15—60 Minuten mit Benzin und Saponinlösung gereinigt werden. Feine Waren, Spitzen, garnierte Blusen, Ballkleider oder Deckchen behandelt man einzeln durch Schwenken in verdünnter Saponinlösung und wiederholtes Spülen in reinem Benzin. Die so erschöpfend gewaschenen Sachen werden dann geschleudert und in erwärmten Räumen getrocknet. Damit ist jedoch die Reinigungsarbeit noch nicht beendet, sondern es beginnt erst ihr schwierigster Teil, nämlich die Entfernung jener Verunreinigungen und Flecken, die in Benzin unlöslich, in Wasser oder anderen Flüssigkeiten jedoch löslich sind. Die Entfernung dieser so zurückgebliebenen Flecken von den verschiedenen Gewebe- und Stoffarten erfolgt nach Spezialmethoden, die je nach der Art der Flecken, ob Teer, Rost, Tinte, Blut oder Ölfarbe vielfach abgeändert werden müssen. Wenn sämtliche Extraktionsmittel versagen, greift man zu Bleichmitteln und dann besonders zur kombinierten Behandlung mit Permanganat und hydroschwefliger Säure in verschiedenen Verdünnungsgraden. Statt der hydroschwefligen Säure kann man zur Entfernung des von der Permangantoxydation zurückbleibenden Braunsteins auch Wasserstoffsuperoxyd und Essigsäure verwenden, doch wirkt hydroschweflige Säure im allgemeinen sicherer. **(A. Seyda, Zeitschr. f. Angew. Chem. 1907, 1683.)**

Die Reinigung wasserdicht imprägnierter Stoffe muß sich nach **Techn. Rundsch. 1913, 298** auf das bloße Waschen mit Seife und lauwarmen Wasser beschränken, da bei jeder Behandlung mit Terpentinöl, Benzin u. dgl. auch die Imprägnierung leiden würde.

Über Neuerungen in der chemischen Wäscherei und Lappenfärberei siehe **F. I. Farrell,** Referat in **Chem.-Ztg. Rep. 1909, 99.** Zur Entfernung der Stärke aus der Wäsche wird Diastafor verwendet, zum Stärken Tragasolgummi oder die lösliche Stärke, die man aus gewöhnlicher Stärke durch Behandlung mit Säuren erhält. Zum Bleichen wird Natriumperborat, zur Beseitigung ausgelaufener Farben Titanchlorür angewandt. Fettflecken beseitigt man mit Tetrapol (ein wasserlösliches Gemisch von Tetrachlorkohlenstoff und Monopolseife, siehe **Chem.-Ztg. 1908, 935**); zum Abziehen alter Farben haben sich die Hydrosulfit-Formaldehydverbindungen (Decrolin, Hydrosulfit AZ und Hyraldit AZ) eingeführt, da sie nicht, wie die alten Detachiermittel (Salpetersäure oder Chromsäure), einen tiefgelben oder gelbbraunen Grund erzeugen. Gefärbte Wollstoffe werden statt mit Gelatine mit Feculose (aus Stärke und Eisessig) gestärkt.

Über die Ursachen des Nachgilbens von Weißwaren beim Dämpfen, Appretieren und Lagern siehe **Mitt. d. techn. Vers. 2, 65.** Nach Feststellungen von **F. Erban** ist das bei mangelnder Entfettung auf der Faser zurückbleibende Baumwollwachs nur dann eine Ursache des Nachgilbens beim Lagern, wenn zugleich andere Fehler beim Bleichprozeß, die eine partielle Bildung von Oxy- oder Hydrocellulose bewirken, mitspielen. Vor allem sind es nicht die natürlichen Fettstoffe, sondern jene die erst durch die Manipulation auf die Faser gelangen, also unlösliche Kalk- und Magnesiaseifen von Öl- und Harzsäuren, die besonders dann das Gilben bewirken, wenn das zum letzten Spülen der gebleichten Ware benutzte Wasser nicht völlig rein von organischen Verunreinigungen oder von Eisensalzen war.

Um das Vergilben seifehaltiger Wäschestoffe zu verhüten, tränkt man sie mit einer Lösung oder Emulsion von technisch reinem, also keine Natrium- oder Kaliverbindungen enthaltendem Ammoniumstearat bzw. -palmitat und trocknet bei einer Temperatur, die keine völlige Zersetzung der Ammoniumsalze herbeiführt, so daß sich das Tränkungsmittel aus der Ware auswaschen läßt. Zugleich mit der Stearin- bzw. Palmitinverbindung kann man noch Borsäure, Borate, Persalze oder Peroxyde sowie zur Erhöhung des Glanzes und der Geschmeidigkeit der Ware Vaselin oder weißes Mineralöl mitverwenden. **(D. R. P. 284 852.)**

Zur Verhütung des Vergilbens von mit Türkischrotöl behandelten Textilwaren setzt man dem Öl nach **D. R. P. 325 470** einige Prozente gepaarter oder ungepaarter Gallensäuren zu.

Die in der Wäsche auftretenden dunklen oft auch schwarzen Flecken sind bei Verwendung verzinkter Kochkessel darauf zurückzuführen, daß das Alkali der Seifen Zink um so stärker angreift, je unreiner es ist, wodurch sich neben Alkalisulfid Zink-, besonders aber Eisensulfid bildet, das die Fleckenbildung bewirkt. **(B. Haas, Metall 1916, 159.)**

341. Waschblaupräparate.

Über Ultramarin, Indigowaschblauessenz und sauere Teerfarbstoffe für die Waschlaugeindustrie berichtet **Mayer** in **Seifens.-Ztg. 1921, 111 ff.**

In **Farbe und Lack 1912, 455** ist die Fabrikation von Waschblau in Form von Preßlingen oder in flüssigem Zustande oder als Waschblaupapier mit Verwendung von Ultramarin, Indigo, Indigocarmin und anderen Teerfarbstoffen oder des wasserlöslichen Pariser- und Berlinerblaus beschrieben.

Zur Entfernung des gelben Stiches der Wäsche ersetzt man in Waschpulvern die Smalte in neuerer Zeit immer mehr durch Teerfarbstoffe, doch wäre es nötig darauf hinzuweisen, daß solche Waschpulver nur im aufgelösten Zustande Verwendung finden dürfen, da sie, was bei den Smaltepulvern nicht der Fall war, in trockenem Zustande auf die feuchte Wäsche aufgestreut, schwer entfernbare Farbflecke erzeugen. **(W. Vaubel, Zeitschr. f. öff. Chem. 19, 334.)**

Man verwendet daher besser die aus leicht löslichen, nicht absetzenden Teerfarbstoffen erzeugten Waschblauessenzen, löst also z. B. nach **Seifens.-Ztg. 1912, 744** 25 Tl. Reinblau I (Bad. A. u. S. Fabr.) in 1000 Tl. Wasser und fügt nach dem Erkalten 3 Tl. Essigsäure hinzu.

Zur Verhütung der Fleckenbildung beim Bläuen der Wäsche mit Ultramarin verdünnt man den Farbstoff mit Kaolin oder Walkerde und formt die Mischung mit Gummi arabicum als Bindemittel zu Kugeln oder Stücken. **(Dingl. Journ. 1855, 175.)**

In **Farbe und Lack 1912, 378** ist die Herstellung der Waschblaukugeln beschrieben. Nach einer solchen Vorschrift werden 100 kg Ultramarin mit einer Lösung von 6 kg reinem arabischem Gummi oder mit einer Lösung von 7 kg Dextrin und 6 kg Traubenzucker, der durch 20 kg Kartoffelstärke ersetzt werden kann, verrieben, bis man eine kittähnliche Masse erhält, die, in Kugeln oder entsprechende Stücke geformt, bei 70—80° im Trockenschrank soweit getrocknet wird, daß die Stücke beim Aneinanderschlagen klingen.

Zur Herstellung von Ultramarinwaschblau rührt man Ultramarinpulver nach **D. R. P. 12 810** mit 2—2$^1/_2$proz. Kalkwasser zu einer dünnen Masse an und verhindert so das Absetzen des Farbpulvers.

Zur Herstellung von gepreßtem Waschblau, das sich unter Schäumen schnell in Wasser auflöst, preßt man ein Gemenge von Farbstoff (Ultramarin, Indigocarmin usw.) mit Natriumbicarbonat und Weinsteinsäure unter Zusatz von etwas Talkum in Formen. **(D. R. P. 193 289.)**

Oder man engt zur Herstellung von Waschblau eine wässerige Lösung von blauem Teerfarbstoff, Kalialaun und Kochsalz nach **E. P. 5380/89** ein, bis die Ausscheidung von Krystallen beginnt, saugt den erkalteten Krystallbrei ab und erhält einen blauen Farbkörper, der sich sehr gut als Waschblauersatz eignen soll.

Von den verwendeten Bläuungsmitteln ist Smalte (Kobaltglas) beständig gegen Säuren und Alkalien, während Ultramarin durch Säuren, Berlinerblau durch Alkalien und viele Teerfarbstoffe durch beide zerstört werden. Säuren oder Alkalien können daher die Wirkung von Bläuungsmitteln aufheben.

Zur Herstellung von säure- und alkaliunempfindlichem Waschblau mahlt man entweder ein auf 1500° erhitztes Gemenge von Kobaltsalz und Glimmerteig oder verkocht eine Suspension von Kaolin in wässeriger Eisenchlorid-, Kobaltchlorid-, und Zinnchlorürlösung, fügt rotes und gelbes Blutlaugensalz zu und bläst das Blau mit Luft aus. **(F. P. 457 884.)**

In **Rev. mat. col. 17, 346** beschreiben **A. Caubel** und **P. Gounou** dieses Verfahren zur Herstellung eines säurebeständigen, durch Alkalien wenig angreifbaren, an Stelle von Ultramarin verwendbaren Waschblaus, entweder auf nassem Wege aus Eisenchlorid, Kobaltchlorid, Zinnchlorür, Kaolin, Ferro- und Ferricyankalium oder -natrium oder auf trockenem Wege aus Micalepidolit und Kobaltnitrat oder -chlorid.

Nach **Seifens.-Ztg. 1911, 904** erhält man eine Waschblaupaste aus 8 kg in 12 l Wasser 24 Stunden hindurch gequelltem, dann gelöstem Leim, dessen Lösung man zur Hälfte eingedampft hat, durch Hinzufügung einer Lösung von 25 kg Dextrin in 25 kg warmem Wasser; zum Schluß rührt man in die vereinigten Lösungen ein inniges Gemenge von 60 kg Ultramarin und 25 kg Glycerin ein.

In **A. P. 259 832** wird empfohlen, einem gewöhnlichen Waschblau, bestehend aus 16 Tl. Berlinerblau und je 1 Tl. Borax und Gummiar abicum zur Verleihung einer gewissen desinfizierenden Wirkung 2 Tl. Phenol zuzusetzen.

Eine besonders prächtig blaue Smalte besteht nach Analysen von **A. C. Oudemans, Journ. f. prakt. Chem. 106, 55** aus 5,7 Kobaltoxydul, 2,7 Bleioxyd, 20, 1 Kali, 4,0 Tonerde, 1,3 Eisenoxyd, 1,7 Wasser und 63,7 Kieselerde.

Über Herstellung von Ultramarinpapier durch Bestreichen der Blätter mit Ultramarin und einer Lösung von 1 Tl. Carragheenmoos in 30—40 Tl. Wasser als Bindemittel siehe **W. Stein** im **Polyt. Zentr.-Bl. 1868, 190**, vgl. **Dingl. Journ. 129, 79.**

Über Herstellung von Waschblau in Buch- oder Rollenform durch Imprägnierung von Papier mit einem passenden blauen, mit einem Bindemittel verriebenen Farbstoff siehe **E. P. 5938/86.**

Die Herstellung eines derartigen Waschblaupapieres mittels Indigocarmin ist schon in **D. Musterztg. 1852, Nr. 7,** beschrieben.

342. Allgemein wirksame Fleckentfernungsmittel.

Siehe auch **Bd. III [463]** und die dort folgenden Kap.

Allgemeine Vorschriften zum Reinigen zartfarbiger Gewebe unter möglichster Schonung der Farben, lassen sich naturgemäß wegen der Verschiedenartigkeit der die Verunreinigung bewirkenden Stoffe nicht geben, es ist nicht nur große Erfahrung und genaue Kenntnis der Reinigungsmittel, sondern auch der Farbstoffe, mit welchen die Gewebe gefärbt sind, notwendig um gute Resultate zu erzielen. Einige Vorschriften sind in folgendem zusammengestellt, doch muß man durch verschiedene Versuche feststellen, welches dieser Mittel sich für den vorliegenden Zweck am besten eignet. Eines der unschädlichsten Fleckmittel ist eine Lösung von je 10 Tl. Seifenwurzelextrakt und Borax und 30 Tl. Marseillerseife in lauwarmem Wasser, während man ein etwas kräftiger wirkendes Präparat durch Lösen von 30 Tl. Salmiakspiritus und 40 Tl. Ölsäure in 500 Tl. Wasser erhält. **(Techn. Rundsch. 1905, 450.)** Stets empfiehlt es sich, als mildestes Mittel zuerst lauwarmes, alkalifreies Seifenwasser oder Eigelb zu versuchen.

Im **Ind.-Bl. 1883, 225** bringt **A. Vomačka** übersichtliche Fleckenreinigungstabellen und beschreibt des näheren, wie Flecke bekannter oder unbekannter Abstammung von verschiedenen Gewebematerial entfernt werden können. Über die Arbeit, die von grundlegender Bedeutung ist, erschien auch in **Jahr.-Ber. f. chem. Techn. 1883, 1047** ein erschöpfendes Referat

Über Fleckenentfernung und -putzmittel siehe auch **H. Mayer, Seifens.-Ztg. 1915, 479 u. 500.**

Die häufigste Verwendung als Fleckenentfernungsmittel findet wohl das Benzin, auch in Verbindung mit anderen Substanzen. Ein gutes Fleckwasser gibt z. B. das Gemenge von 80 Tl. Benzin, 8 Tl. Aethyläther, 5 Tl. Essigäther, 5 Tl. Spiritus 96 proz., 2 Tl. Salmiakgeist 0,910, 2 Tl. leichtem Campferöl. Diese Substanzen werden gemischt und geschüttelt, nach erfolgter Klärung kommen noch 75 Tl. Benzin hinzu.

Das eigenartige Reinigungsmittel des **A. P. 1 400 826** besteht aus Wasser, Methylalkohol, Essigsäure, Benzin, Antimonbutter und Cajeputöl.

Über Reinigung von Kleiderstoffen mit Benzin unter Zusatz von Marmor oder Sand in die rotierende Waschmaschine siehe **D. R. P. 67 239.**

Der unter dem Namen „Benzinol" im Handel befindliche Fleckenstift dürfte nach **Techn. Rundsch. 1910, 147** in ähnlicher Weise, wie man festen Spiritus oder festes Petroleum herstellt, aus Benzin erhalten werden, in dem man unter Zusatz von Alkohol Seife löst, die beim Erkalten koaguliert und das Benzin in sich einschließt.

Das Fleckenwasser Katharin des Handels ist nichts anderes als Tetrachlorkohlenstoff.

Unter allen Mitteln um Fettflecke aus feinen Holzarbeiten, Elfenbeinarbeiten, Papier, Pergament, Drucksachen, farbigen seidenen Zeugen und Geweben zu entfernen, ist ein krümeliges Gemenge von Benzol und Magnesia das beste und sicherste. Man tröpfelt auf eine gewisse Quantität Magnesia usta so viel Benzol, daß die Masse bröcklig erscheint und flüssiges Benzol nur durch Drücken der Masse zwischen den Fingern ausgepreßt werden kann. Das so erhaltene Präparat wird in gut verschlossenen Glasflaschen aufbewahrt. **(Polyt. Zentr.-Bl. 1860, 1197.)**

Eine ausgezeichnete Wirkung soll nach einem Referat in **Seifens.-Ztg. 1912, 902** auch eine Fleckenreinigungspaste (in der Art des Präparates „Aphanizon") besitzen, die man durch Parfümieren einer Paste von Meerschaumpulver und Weingeist erhält. Zur Entfernung von Ölfarbe-, Rost- und Tintenflecken ist das Reinigungsmittel jedoch nicht verwendbar.

Ein wasserlösliches Fleckenreinigungspulver erhält man nach **Seifens.-Ztg. 1912, 640** aus einem Gemenge von 20 Tl. frischer Ochsengalle, 10 Tl. pulverisiertem, wasserfreiem, Borax, 25 Tl. kohlensaurer Magnesia und 45 Tl. Seifenpulver.

Zur Bereitung eines vollwertigen Ersatzes des durch seine guten Eigenschaften bekannten französischen Putzmittels Luxor verrührt man 40 Tl. feinen Bimsstein und 12—15 Tl. käufliche medizinische Seife mit Wasser zu einer Paste, die man mit 5 Tropfen Anisoel parfümiert. **(Bodinus, Seifenfabr. 35, 326.)**

Das wasserlösliche Wasch- und Fleckenreinigungsmittel „Panamin", das in seifenähnlichen Stücken in den Handel kam, bestand aus dem Gemenge des eingedickten Extraktes der Seifenrinde und wasseranziehenden, jedoch nicht zerfließlichen Salzen, wie Soda oder wasserfreiem Sulfat. Es werden z. B. 100 Tl. scharfgetrocknetes Seifenpulver, 5 Tl. Salmiak und 10 Tl. calcinierte Soda innig vermahlen und möglichst trocken, am besten in Blechdosen verpackt, gelagert. **(Polyt. Zentr.-Blatt 1870, 284.)**

10 proz. wässeriges Ammoniak ist ein vorzügliches Wasch- und Reinigungsmittel für gewebte Strümpfe, Tuchkleidungsstücke, getragene Tuchrockkragen usw.; dieselbe Flüssigkeit dient zum Waschen schwarzseidener Tücher. — Moder- und Stockflecke in seidenen Zeugen werden durch Behandlung in einer Mischung von 1 Tl. Ammoniak und 16 Tl. Wasser entfernt; auch für waschlederne Handschuhe ist eine mit 8 Tl. Wasser verdünnte Ammoniakflüssigkeit ein vortreffliches Reinigungsmittel, dasselbe gilt für Pergament und schweinslederne Einbände, ebenso lassen sich Ölgemälde und mit Bleiweiß und Ölfirnis angestrichene Fenster und Türen mittels verdünnter Ammoniakflüssigkeit reinigen. **(Polyt. Notiz-Bl. 1849, 227.)**

Das sog. englische Fleckwasser war ein Gemenge von Alkohol, Ammoniak und Benzol oder Terpentinöl. **(Dingl. Journ. 179, 327.)**

Nach **Seifens.-Ztg. 1911, 56** wird ein Fleckenwasser hergestellt aus 30 Tl. Olivenölseife, die man in einer Lösung von 30 Tl. Glycerin, 7 Tl. Salmiakgeist (0,91), 30 Tl. Äther und 500 Tl. Wasser unter Schütteln löst. Oder man löst 300 g pulverisierten Borax und 180 g Campher in 1300 ccm destilliertem Wasser. Eine Fleckseife wird hergestellt durch Verseifung von 40 kg Cocosöl, das man mit 100 g Ultramarin verrührt hat, mittels 20 kg 38grädiger Natronlauge; man fügt eine Mischung von 8 kg 12grädigem Salzwasser, 18 kg Pottaschelösung, 6 kg Ochsengalle, 1 kg Terpentinöl und eine Lösung von 100 g Kaliumbichromat in 1400 ccm kochenden Wassers bei.

Nach **D. R. P. 129 882** besteht ein Fleckenwasser aus einem Gemenge von 40 g Terpentinöl, 40 g Ammoniak und je 20 g Seifenspiritus, Brennspiritus, Äther und Essigäther. Die durch Schütteln vor dem Gebrauch erzeugte Emulsion verhindert das Entstehen von Fleckenrändern beim Reinigen.

Ein besonders geeignetes Fleckputzmittel besteht nach **Dieterichs Manual** aus einem Gemenge von je 50 Tl. Salmiakgeist, Äther und Terpentinöl mit 845 Tl. 80proz. Weingeist, dem man 5 Tl. Lavendelöl beigibt.

Nach einem Referat in **Seifens.-Ztg. 1912, 370** wird ein Fleckwasser von guter Wirkung erhalten, durch Vermischen von 800 Tl. Benzin, 100 Tl. Salmiakgeist (0,960), 70 Tl. Weingeist und 30 Tl. rohem Chloroform.

Die sog. Breslauer Fleckseife wird nach **Techn. Rundsch. 1907, 690** hergestellt durch Lösen von 1000 g feingeschabter weißer Seife in 125 ccm weichem Wasser unter Zusatz von 100 g Spiritus und 60 g Salmiakgeist. Diese Seife eignet sich besonders zur Entfernung von Farbflecken aus hellen seidenen Damenkleidern.

Der nach **D. R. P. 218 958** zur Entfernung von alten Farbanstrichen verwendbare unter Wärme und Druck gewonnene alkoholische Extrakt hochsiedender bitumenartigeren Mineralölrückstände, bzw. die Emulsion seiner alkoholischen Lösung mit Wasser dient auch als Reinigungsmittel für Gewebestoffe, Möbel, Wäsche, Türen oder auch mit Ölfarbe gestrichene Fassaden. Die klebrige Beschaffenheit der emulgierten Ölteilchen bedingt die reinigende Wirkung des Mittels. Vgl. Zusatz **D. R. P. 229 193.**

Zur Erzeugung von ammoniakabgebenden Reinigungspräparaten bzw. festem Ammoniak löst man in 95—40 Tl. wässerigem, 25—33proz. Salmiakgeist 3—5 Tl. stearinsaures Natron, das man entweder in der doppelten bis dreifachen Menge wässerigen Ammoniaks oder in 80proz. Sprit löst bei 40°. Das Präparat von paraffinartiger Beschaffenheit verliert beim Liegen an der Luft, schneller bei gelindem Erwärmen sämtliches Ammoniak und es hinterbleibt die geringe Menge des Festigungsmittels. **(D. R. P. 124 976.)**

Zur Herstellung ammoniakhaltiger Fleckputzmittel verrührt man verdünntes Wasserglas mit einer wässerigen Lösung von Salmiak oder kohlensaurem Ammoniak unter Zusatz von Oxalsäure und Saponinen oder anderen schaumerzeugenden Mitteln zu einer Paste, in der die Oxalsäure die besondere reinigende Wirkung ausübt. **(D. R. P. 308 078.)**

Ein Stoffreinigungsmittel erhält man aus Harzseife und im Überschuß von Alkali unlöslich gemachtem Casein. **(Norw. P. 23 943.)**

Nach **D. R. P. 259 360** erhält man ein Fleckenreinigungsmittel, das sich besonders zur Entfernung von Mineralölflecken eignen soll, aus 40 g Zucker, 15 g wasserfreier Soda, 70 g Alkohol und 900 g Wasser, mit oder ohne Zusatz von Terpentin. Der Zucker verhindert das Auslaufen der Farben. Nach dem Zusatzpatent erhält man ein festes Produkt, das alle Eigenschaften der pastenförmigen Fleckenreinigungsmittel, Wasch- oder Bleichmittel dieser Art besitzt durch Mischen von 20—30 Tl. Zucker, 1 Tl. Alkali und 3—4 Tl. Alkohol. Man steigert also die Zuckermenge derart, daß sie jene des in der Seife enthaltenen Alkalis um ein Mehrfaches übertrifft und setzt ferner, weil die Beimengung dieser größeren Zuckermengen die Seife bröcklig macht, noch Alkohol zu. Der Alkohol begünstigt nicht nur die Mischung der Stoffe, sondern beseitigt auch die unangenehme Klebrigkeit des Zuckers in der Lösung. Man erhält so aus einem Gemenge von 2000 Tl. Zucker, 2000 Tl. Kernseife, 80 Tl. Ätzkali und 120 Tl. Alkohol für eine weiche Seife, für eine feste Seife aus einem Ansatz von 1500 g Kernseife, 500 g Zucker, 19 g Ätzkali und 30 g Alkohol, feste Fleckenreinigungsmittel, Wasch-oder Bleichmittel nach Art der bekannten in Pasten- oder Pulverform erscheinenden Präparate. **(D. R. P. 280 688, 281 329 und 284 974.)**

Auch die nach **D. R. P. 262 558, 280 233, 290 965** hergestellten aromatischen Gerbstoffe, sowie deren sulfierte und carboxylierte Abkömmlinge, eignen sich nicht nur als Seifenersatz **[Bd. III, 444]** zum Waschen weißer oder auch bunter Wäsche, sondern als allgemein wirksame Fleckenreinigungsmittel, mit denen man aus Geweben, Papier oder Leder oder auch von den Händen Tinten-, Obst-, Rost- oder Fettflecke jeder Art beseitigen kann. **(D. R. P. 304 024.)**

Nach **Norw. P. 33 044** entfernt man Flecken aus Geweben mittels warmer Abkochungen von Blaubeer- oder Preiselbeerblättern.

Als Fleckwasser eignet sich das mechanisch von der Stärke befreite, mit einem Desinfektionsmittel versetzte, bei gewöhnlicher Temperatur gewonnene Preßwasser roher, geschälter Kartoffeln. **(D. R. P. 337 531.)**

343. Entfernung von Flecken verschiedener Herkunft.

Die Entfernung von Fettflecken aus Geweben mit Eigelb ist in **Dingl. Journ. 1850, III, 80** beschrieben.

In den meisten Fällen lassen sich Fett- und Schweißflecke durch Behandeln mit einer Mischung aus 1 Tl. Salmiakgeist, 3 Tl. absolutem Alkohol und 3 Tl. Schwefeläther leicht entfernen. **(Polyt. Notizbl. 1867, Nr. 13.)**

Handelt es sich bei Flecken um leichtentfernbare wasserlösliche Stoffe, wie Harz, Fett, Leim, Teer usw., so benützt man zu ihrer Entfernung eine gute Kernseife. Sehr geeignet ist auch Gallseife, die aus 40 kg Cocosöl, 20 kg Talg, 20 kg 38° Bé Natronlauge, 5 kg 38° Bé Kalilauge, 10 kg Ochsengalle und 100 g Maigrün bereitet wird und die sich speziell zur Reinigung schwarzer Wollstoffe eignet. Empfindliche farbige Gewebe reinigt man mit Seifenholzextrakt, den man durch ½stündiges Kochen von 1 kg Panamaholz oder Quillajarinde in 100 l Wasser mit 50 g Formaldehyd erhält; das Ganze wird filtriert und in Glasflaschen aufbewahrt. **(Dingl. Journ. 182, 157.)**

Um die Entstehung von mißfarbigen Rändern beim Entfernen von Fettflecken aus Kleidungsstücken mit Benzin, Petroleumäther usw. zu vermeiden, streut man, sobald der Fleck entfernt ist, auf das nasse Zeug Gips oder auch Lycopodium und bürstet das Pulver nach dem Trocknen einfach ab. **(D. Ind.-Ztg. 1871, Nr. 28.)**

Zur Entfernung von Flecken, die durch Kaffee, Schokolade oder Wein verursacht wurden, kann man nicht das zur Beseitigung von Fettflecken dienende Benzin verwenden, sondern bedient sich nach vorliegendem Verfahren des Glycerins oder an dessen Stelle des Glykols in wässeriger Lösung. **(D. R. P. 306 707.)**

Zur Beseitigung von Rotwein-, Frucht- und Stockflecken aus Wäsche betupft man die feuchten Stellen mit der Lösung von unterschwefligsaurem Natron und streut dann einige Messerspitzen pulverisierter Weinsteinsäure auf. Dies Verfahren wird wiederholt, wenn der Fleck noch nicht verschwunden sein sollte, dann wird mit lauwarmem Wasser nachgewaschen und die Wäsche weiter wie gewöhnlich behandelt. Die Weinsteinsäure kann auch durch starken Weinessig ersetzt werden. **(Polyt. Zentr.-Bl. 1869, 203.)** Vgl. **Journ. f. prakt. Chem. 107, 50.**

Zum Abziehen alter Blut- und Säureflecke eignet sich Salmiakgeist. In Reinigungsanstalten wird anstatt der Seifen meist Türkischrotöl zum Reinigen benützt. Zur Entfernung von Blutflecken aus Wäsche wurde auch empfohlen, dem Wasser etwas Wasserglaslösung zuzusetzen. Vgl. **Verhandl. d. Ver. z. Beförder. d. Gewerbefleiß. in Preuß. 1856, 118.**

Zur Entfernung von Mineralölflecken aus Geweben setzt man der Seifenlauge im Bäuchkessel nach **D. R. P. 88 432** geringe Mengen von Anilin oder Phenol zu, die lösend auf das Mineralöl wirken. Nach einem Referat in **Jahr.-Ber. f. chem. Techn. 1896, 979** verwendet man zu demselben Zwecke saure Natron- oder Kaliölsäureseifen (Saponolein) oder man benützt die Lösungen dieser sauren Seifen in flüchtigen Kohlenwasserstoffen, wie Benzin, Terpentinöl, Kohlenstofftetrachlorid, Amylalkohol usw.

Zum Entfernen von Ölfarbenflecken aus Planen verwendet man, je nach der Art der Imprägnierung mit öligen und teerigen Substanzen, nach **Techn. Rundsch. 1912, 387** eine Abbeizmasse, die aus gleichen Teilen Schmierseife, Soda und pulverig zerfallenem Ätzkalk mit heißem Wasser besteht, worauf man nach einiger Zeit den Brei abbürstet und die Stellen mit gutem Leinölfirnis einreibt. War jedoch das Leinen mit Kupferlösungen imprägniert, so legt man besser einen Brei von kohlensaurem Magnesium, Terpentinöl, Benzin und Benzol mit oder ohne Zusatz von 20% Paraffin vom Schmelzpunkt 50—52° auf.

Zur Entfernung von Stockflecken aus Markisenstoff behandelt man die Flecke nach **Techn. Rundsch. 1907, 593** entweder mit einer konzentrierten Salmiaklösung oder mit einer Lösung von 60 g phosphorsaurem Natrium in 1 l Wasser. Nach gründlicher Durchnässung der Stelle läßt man den Stoff, je nach der Stärke des Fleckes, einige Stunden oder Tage an der Luft liegen, wäscht schließlich mit Wasser aus und trocknet. Evtl. führt auch eine Behandlung mit Wasserstoffsuperoxyd zum Ziele.

Das Reinigen der Bücher von Fettflecken, Fingerspuren und sonstigen Verunreinigungen ist in **Techn. Rundsch. 1906, 187** beschrieben. Am besten überstreicht man die einzelnen Blätter an den beschmutzten Stellen mit benzingetränkter Kleie, läßt trocknen und bürstet das Papier vorsichtig nach Entfernung der Kleie mit warmem Seifenwasser ab. Das Papier leidet bei dieser Behandlung viel weniger als beim Bleichen mit Chlor, doch empfiehlt es sich immerhin, nachträglich die Seiten, besonders bei brüchigem Papier, mit einer Lackschicht (Zaponlack) zu überstreichen.

Zur Entfernung von Milchflecken aus grünem Schreibtischtuch, das meistens mit alkaliechten Farben gefärbt ist, bestreicht man den Fleck mittels eines Leders oder Lappens mit einer wässerigen Lösung von Borax, dünner Lauge, Pottasche oder Salmiakgeist, wodurch das Casein der Milch gelöst wird, läßt sodann trocknen, legt Löschpapier auf und plättet mit einem heißen Plätteisen, bis das Milchfett durch das saugende Papier vollkommen aufgenommen ist. **(Techn. Rundsch. 1907, 518.)**

Das wirksamste Mittel zur Entfernung von Teerfarbstoffflecken dürfte, wenn verdünnte Chlorkalklösung oder Eau de Javelle versagen, nach **Techn. Rundsch. 1909, 602** eine Kaliumpermanganatlösung sein, mit der man die Flecken bestreicht, um sodann den entstandenen Braunstein durch eine Lösung von schwefliger Säure in Wasser zu entfernen.

Über Tintenfleckenentfernung berichtet **F. Wegener** in **Chem.-Ztg. 1920, 683.**

Zur Entfernung von Tintenflecken aus farbigen Stoffen eignet sich sehr gut eine konzentrierte Lösung von pyrophosphorsaurem Natron, mit der man den Fleck, allerdings anhaltend, waschen muß. **(Polyt. Notizbl. 1872, Nr. 13.)**

Flecke von Tintenstiften entfernt man, da es sich ausschließlich um basische Teerfarbstoffe handelt, durch wiederholte Extraktion mit Spiritus oder durch Auflegen eines Spiritus-Kartoffelmehlbreies **(Wittkowski)** oder durch Behandlung mit Permanganat **(Bosek)**. Näheres in **Chem.-Ztg. 1921, 33.**

Zur Entfernung von Tintenflecken behandelt man den Stoff zuerst mit verdünnter Permanganatlösung, dann mit wasserstoffsuperoxydhaltiger verdünnter Oxalsäurelösung und wäscht mit Wasser nach. **(A. P. 1 361 833.)**

Zur Beseitigung von Rost- und Eisenflecken aus der Wäsche befeuchtet man die Stellen mit verdünnter Salzsäure, dann mit Schwefelammoniumlösung, wäscht das gebildete Eisensulfid mit Salzsäure heraus und spült. **(Ind.-Blätter 1865, 299.)**

Zur Entfernung der aus fettsaurem Eisenoxyd bestehenden Rostflecke in Wäsche behandelt man diese mit gelbem Blutlaugensalz in schwach saurer Lösung und zieht das gebildete Berlinerblau mit Pottaschelösung ab. **(Polyt. Zentr.-Bl. 1857, 542.)**

Zur Entfernung von Eisenflecken aus Segeltuch kann man nach **Techn. Rundsch. 1905, 609** ein Gemenge von 1 Tl. verdünnter Salzsäure und 5 Tl. Wasser verwenden, mit dem man den Fleck befeuchtet, nach einer Stunde mit viel Wasser auswäscht, dann mit einer 10proz. wässerigen Oxalsäurelösung, ferner nach einer Stunde mit dünner Sodalösung behandelt und schließlich abermals mit Wasser auswäscht.

Zum Entfernen von Rostflecken aus Wäsche verwendet man eine heiße Lösung von 4 Tl. 25proz. Salzsäure, 4 Tl. Oxalsäure und 92 Tl. Wasser (Robigin). Um die Oxalsäure bei der Entfernung von Rostflecken in Wäsche zu vermeiden, soll man sich mit demselben Erfolge eines befeuchteten Gemisches von 100 Tl. Weinsteinpulver und 50 Tl. Alaunpulver bedienen können. Gewebeflecken, die durch oxydierten Metallstaub hervorgerufen wurden, können jedoch nur durch Oxalsäure und Salzsäure entfernt werden. **(Hager, S. 85 u. 86.)**

Nach **M. Weber, Leipz. Monatsschr. f. Textilind. 1892, 455** entfernt man Rostflecke durch Kochen mit Oxalsäure; Stücke, die mit Eisenseife verunreinigt sind, legt man in eine Lösung von 1 Tl. weicher Seife in 3 Tl. Wasser und 1 Tl. Glycerin und läßt die Ware nach dem Auswinden 24 Stunden auf dem Haufen liegen.

Rost-, Ruß- und Loheflecken verschwinden aus Weißzeug, wenn man die fleckigen Stellen mit gepulverter Weinsäure bedeckt und angefeuchtet 24—48 Stunden liegen läßt. Eigentliche Rostflecke verschwanden gänzlich, als die fleckigen Stellen dreimal mit verdünnter reiner Salzsäure (gleiche Teile) betupft und nachher mit Schwefelammonium behandelt wurden. **(Pharm. Zentrh. 1866, Nr. 43.)**

Das sicherste und leichtste Mittel, Rost- oder Tintenflecke aus Weißzeug zu entfernen, ist die Behandlung mit einer schwachen Lösung von Zinnsalz; die Einwirkung erfolgt sofort und der Fleck läßt sich durch Auswaschen gänzlich entfernen. Die Wirkung der sonst zu diesem Zweck verwendeten Oxalsäure wird übrigens bei Gegenwart von metallischem Zinn ebenfalls beschleunigt. **(Artus, Polyt. Central-Bl. 1861, 349.)**

Nach **A. P. 1 368 714** entfernt man Rostflecke aus Geweben durch Behandlung mit einer Lösung von überschüssigem Borax in Flußsäure.

Nach **D. R. P. 334 188** behandelt man die Rostflecke in Wäschestücken mit einem Brei von Kieselfluormagnesium oder -natrium und entsäuert die Stellen nachträglich z. B. mit Sodalösung.

Um Silberflecke aus Kleidern zu entfernen, verwendet man besser als Cyankalium Quecksilberchloridlösung, die den Stoffen nicht schadet. Allerdings läßt sich der Fleck durch Behandlung mit verschiedenen Chemikalien wieder hervorrufen. Vgl. Zauberbilder **[609]**. **(Dingl. Journ. 181, 236.)**

Oder man behandelt die Flecke mit Kupferchlorid oder Permanganat (und Salzsäure) und wäscht mit unterschwefligsaurem Natron nach. Auch durch Behandlung mit Chlorkalk- und dann mit verdünnter Ammoniaklösung lassen sich Silberflecke aus Geweben entfernen. **(Polyt. Zentr.-Bl. 1869, 411.)**

Nach **Elsner** werden die Flecke wiederholt mit einer konzentrierten Lösung von Jodkalium befeuchtet, solange sie sich noch gelblich färbt, worauf man mit Salmiakgeist und zuletzt mit Flußwasser auswäscht. Vgl. auch **[617]**.

344. Entfernung von Flecken aus verschiedenen Stoffen. (Tapeten.)

In **Dingl. Journ. 132, 157** findet sich ein Referat über die Reinigung von Atlas, Bändern, Borten, Flor, Samt, Schleier, Seide, Stickereien usw. nach alten, im Hause anwendbaren Methoden, das sehr viele, heute noch beachtenswerte Vorschriften enthält, auf die hier verwiesen sei, da sie zum großen Teile in den moderneren Rezeptbüchern in derselben Weise wie in dieser Originalarbeit wiedergegeben sind.

Als Reinigungsmittel für fleckige und verschossene Kleidungsstücke soll sich nach **D. R. P. 36 043** das sog. Hämatein, im Gemenge mit ebensoviel Quillajarinde und der 4fachen Menge Seife in wässeriger Lösung, eignen. Man erhält das Hämatein durch Oxydation eines Gemenges von Hämatoxylin, d. i. der in gelblichen, durchsichtigen Nadeln krystallisierende Bestandteil des Blauholzes mit Ammoniak an der Luft.

Nach **Techn. Rundsch. 1907, 690** wäscht man helle Seidenstoffe zur Entfernung leichter Farbflecke mit einem Absud gutgetrockneter weißer Bohnen in der genügenden Menge salzfreien Wassers. Die Resultate mit dieser kalt anzuwendenden Flüssigkeit sollen sehr gute sein. Zur Entfernung von Teerfarbstofflecken soll sich das flüssige Opodeldock eignen, das aus einer Lösung von 1 Tl. Natronseife in 8 Tl. heißem Weingeist unter Zusatz von Campher-, Thymian- und Rosmarinöl und etwas Ammoniak hergestellt wird. Der Fleck wird mit der schwach erwärmten Flüssigkeit, die sonst als beliebtes Volksheilmittel gegen rheumatische Schmerzen dient, betupft und dann ausgewaschen. Vgl. **Bd. III [553]**.

Zum Reinigen von Kleidungsstücken mit feuchtigkeitsempfindlichen Besätzen schützt man diese Teile der auf nassem Wege zu reinigenden Stücke durch Auftragen z. B. eines Gemenges von Paraffin und Öl, um sie so gegen das Eindringen der Reinigungsflüssigkeit zu schützen. **(D. R. P. 243 790.)**

Zum Reinigen der Konfektionsstoffe eignet sich das Produkt Hexoran. Es ist ein wasserlösliches, fettlösendes Entschlichtungsmittel mit 90% Tetrachlorkohlenstoff, durch dessen Verwendung der Entgerbungsprozeß abgekürzt und die Hälfte der sonst verwendeten Seife gespart werden soll. So läßt man z. B. zur Reinigung billigen Cheviots 4 Stücke des Stoffes in der Waschmaschine mit 10 Eimern Sodalauge von 5° Bé eine Viertelstunde laufen, stößt ab und wiederholt die Prozedur. Nun gibt man 4 Eimer Seife (auf 100 kg Seife 500 l Wasser) hinzu und läßt einige Minuten laufen, fügt 300 g Hexoran, verdünnt mit 1 Eimer Wasser, bei und läßt eine Stunde gehen. Unter Hinzufügung von 2—3 Kannen Seife wird nun kurz gespült und geschleudert und die Ware kommt auf den Walkzylinder. Nach 2—3stündigem Walken wird gespült und gefärbt. Ähnlich vollzieht sich der Entgerbungsprozeß bei Castorware, Buckskins, Marengos, Eskimos und Ulsterstoffen. **(Zeitschr. f. d. ges. Textilind. 15, 434.)**

Zur Entfernung des Glanzes von getragenen Kleidungsstücken verwendet man eine aus feinem Schmirgel oder Sand durch Bindung mit einem nicht schmierenden Bindemittel (Gips oder Zement) unter evtl. Zusatz eines Farbstoffes erhaltene, den Stoff aufrauhende körnige zu einem Block gepreßte Masse. **(D. R. P. 315 836.)**

Als Schönungssalz zur Reinigung und Auffrischung mißfarbig gewordener roter Tücher und anderer wollener Stoffe kam früher ein gepulvertes Salzgemisch aus 32—33 Tl. Oxalsäure, 16 Tl. kohlensaurem Natron, 5 Tl. kohlensaurem Kali und 2 Tl. Cochenille in den Handel. Mit der klaren Lösung wurde das Wollenzeug genäßt, mittels einer harten Bürste durch starkes Bürsten nach dem Strich gereinigt und zuletzt mit reinem Wasser gewaschen. **(Dingl. Journ. 159, 400.)**

Nach **D. R. P. 230 629** wird schmutzige Plättwäsche dadurch gereinigt, daß man einen Brei von Stärkekleister mit Milch und Kieselgur, evtl. unter Zusatz von Formaldehyd mit dem Steifungsmittel vermischt. Durch Abreiben mit dem pulverigen Reinigungsmittel wird zugleich der Schmutz entfernt.

Zur wiederholten Reinigung getragener Stärkwäsche bestreicht man die schmutzigen Stellen der noch nicht weiterbehandelten Stücke mit einer wässerigen Paste aus 15% calcinierter Soda, 5% Dextrin, 45% Bicarbonat, 20% Kreide und 15% Talkum mittels einer in kaltes Wasser getauchten abgespritzten Bürste, wischt dann mit einem Leinenlappen den gelösten Schmutz möglichst schnell ab, trocknet das Stück am besten in heißer Luft, entfernt dann die eingetrocknete von der Wäsche nicht aufgenommene überschüssige Paste mit einem weichen weißen Tuch und poliert das Stück mit einem bekannten Glanzmittel. **(D. R. P. 304 687.)**

Zur Herstellung eines weißfärbenden Reinigungspräparates für Tuchschuhe rührt man 30 kg feinsten Ton oder Porzellanerde in eine heiß bereitete und durch ein feines Drahtsieb filtrierte Lösung, bzw. Abkochung von 2,5 kg Carragheenmoos in 67,5 kg Wasser ein. Diese Lösung wird durch ca. 300 g Formaldehyd (40 proz.; auf 100 kg) keimfrei gemacht und mit einem beliebigen Riechstoff, z. B. mit etwas Terpentinöl oder schwerem Campheröl versetzt. **(R. König, Seifens.-Ztg. 41, 1116.)** — Vgl. **[430].**

Zum Reinigen von Teppichen verwendet man nach **Seifens.-Ztg. 1913, 420** gutschäumende, aus harten Fetten bereitete Seifen, deren Schaum in konzentrierter Lösung rasch und hart auftrocknet. Man läßt die eingeseiften Teppiche trocknen und klopft sie einfach ab, wobei der Schmutz mit der Seife entfernt wird.

Oder: Die Teppiche werden zuerst durch Ausklopfen vom Staub befreit, dann ausgebreitet und mit einer Lage grober Sägespäne bedeckt, die mit einer Sodalösung so angefeuchtet sind, daß sie sich noch streuen lassen. Mittels eiserner Walzen werden dann die Sägespäne einige Male Strich für Strich angewalzt; doch darf die Walze nicht so schwer sein, daß die Flüssigkeit so stark ausgedrückt wird, daß sie die Rückseite des Teppichs durchdringt, was vermieden werden muß, damit der Teppich am Schlusse der Operation schnell trocknet. Hat die Sodalösung genügend eingewirkt, so werden die Späne abgebürstet, worauf man das Verfahren mit bloß wasserfeuchten und schließlich mit Essigsäure befeuchteten Spänen wiederholt, um die Teppiche nach abermaliger Behandlung mit wasserfeuchtem Sägemehl zu trocknen. **(Polyt. Zentr.-Bl. 1871, 142.)**

Eine teigige Masse, die sich als Putzmittel für Tapeten eignet, wird nach einem Referat in **Seifens.-Ztg. 1912, 1010** erhalten durch Verkneten eines Gemenges von 100 Tl. Brotpulver, 20 Tl. feinstgemahlenem Schwerspat, 20 Tl. feinem Sand, 20—30 Tl. 3 proz. Carbolsäurelösung, Kuhhaaren und Wasser. Am besten bewahrt man die Masse in Blechbüchsen auf und knetet sie vor der Benützung nochmals durch.

Zur Erzeugung eines Reinigungsmittels für Tapeten, Zimmerdecken und -wände, Gobelins usw. bäckt man einen Kuchen aus einem Weißmehl-Hefeteig, trocknet den Laib völlig, pulverisiert ihn und vermahlt das Produkt mit etwas Bläue und Alaun oder Borax als Desinfektions- und Konservierungsmittel. Das Pulver wird zum Gebrauch mit etwas Wasser zu faustgroßen Ballen verknetet und kann dann wie geballtes Brot verwendet werden. **(D. R. P. 261 203.)**

Das Reinigungsmittel des **A. P. 1 407 502** besteht aus 85% Maismehl, 1% Borsäure und 14% eines Gemisches von Soda und Seifenpulver.

Die Erzeugung eines Reinigungsmittels für Tapeten oder Zimmerdecken aus Sauerteiggebäck ist in **D. R. P. 331 892** beschrieben.

Haare, Borsten, Federn (Schuppen).

345. Literatur und Allgemeines über Hautverdickungsprodukte.

Die Haare, Borsten und Federn bilden im technologischen Sinne den Übergang von den Textilfasern zum Leder, das als massenförmig ausgebildete Faserschicht nach der vorliegenden Anordnung weiter die Brücke zu den künstlichen Massen bilden wird.

Auch physiologisch gehören Schafwolle, Leder und Horn zusammen, ebenso wie sie chemisch durch ihren Stickstoffgehalt einer Kategorie und zwar jener der Keratin enthaltenden Stoffe beizuzählen sind. Lederhaut der Säugetiere, Fischschuppen, Hautverknöcherungen (Gürteltierpanzer), Horn, Schnabel, Geweih, Kralle, Huf, Haar und Feder, im einzelnen verschieden ableitbar (so z. B. nach **F. Maurer,** die Feder von der Schuppe, **Morph. Jahrb., Bd. 18**) sind sämtlich Entwicklungsprodukte des Ektoderms (äußeres Keimblatt) und im weiteren Sinne nur durch die Dimensionierung unterschieden. Diese Unterscheidung der eindimensionalen Fasern (Haare, Borsten), von der vorwiegend nach zwei Richtungen des Raumes entwickelten Haut (Leder, Schichten von Art der lichtempfindlichen Häutchen) und schließlich von der dreidimensionalen Masse des Hornes und seiner Ersatzprodukte (Kunstmassen) schien mir auch das zweckmäßigste Einteilungsprinzip für den Stoff des vorliegendes Bandes zu sein.

Für die chemisch technische Verwertung der Haare kommt ihre Festigkeit und Verfilzbarkeit in erster Linie in Betracht. Von der Schafwolle abgesehen [281] stehen vor allem Hasen- und Kaninchenhaare, Gerbereiwolle (Kälber- und Kuhhaar), Schweinsborsten in größerer Menge zur Verfügung, neuerdings wird auch aus Ostasien viel Menschenhaar importiert oder in größeren Städten in den Frisierstuben gesammelt. Auch künstlich werden große Mengen von Haaren erzeugt, namentlich als Roßhaarersatz (siehe Kunstseide). Zu den künstlichen Haaren ist auch die nach neuen Verfahren in beiderseitig zugespitzter Form gewonnene, dem Baumwollsamenhaar im Aussehen gleichende Stapelfaser zu zählen.

Einen Überblick über die wesentlichen in der Patentliteratur beschriebenen Verfahren zur Anfertigung der verschiedenen künstlichen Haare gibt **M. Schall** in **Kunststoffe 4, 361 u. 374.** Siehe auch **[348].**

Die wichtigsten Zweige der Haarindustrie sind die Hutmacherei und die Borstenspinselfabrikation. Zur Herstellung des Hutfilzes verarbeitet man Hasenhaar (am besten vom Rücken der Tiere), das zur Erhöhung seiner Verfilzungsfähigkeit mit Quecksilbersalzen und Arsenik gebeizt wird, unter Zusatz geringer oder größerer Mengen feinster Wolle, die den festen Zusammenhalt des Filzes unterstützt, durch gemeinsames Verwalken, das unter Zuhilfenahme von siedendem mit Schwefelsäure angesäuertem Wasser erfolgt. Die weiteren Verrichtungen des Formens, Färbens, Glänzens, Steifens und Zurichtens der Hüte sind rein mechanischer Art, erwähnt sei nur, daß die Hutsteife **[311]** als wesentlicher Bestandteil Schellack enthält.

Die Schweineborsten, die in stetig wachsendem Maße durch Pflanzenfasern (Piassava, Cocos) ersetzt werden, da der Bedarf an jenem wertvollen Material durch die produzierenden Länder (Polen, Ungarn, Galizien) bei weitem nicht gedeckt werden kann, sollen von der frischen Haut des gestochenen Tieres durch kaltes Ausziehen (Metzelpech) oder durch Kalkbehandlung in einer Art Äscherungsvorgang **[371]** gewonnen werden, abgebrühte Häute liefern weniger gutes Material.

Ein an den Borsten gut haftendes Metzelpech, das zum Fassen der fest in der Haut des geschlachteten Schweines sitzenden Borsten dient, erhält man nach **Seifens.-Ztg. 1911, 1176 ff.** durch Verschmelzen von 95 kg Kolophonium und 5 kg Harzöl.

Die sortierten Borsten werden mit heißer Alaunlösung gewaschen, gespült, feucht an der Sonne zwischen Glastafeln oder mit chemischen Mitteln gebleicht und evtl. gefärbt; die weiter Verarbeitung auf Bürsten und Pinsel erfolgt auf maschinellem, bei feiner Ware auch auf manuellem Wege. Für Pinsel dienen neben den Borsten auch Ziegenhaare, feine und feinste Sorten werden aus Iltis-, Marder-, Dachs- und Zobelhaaren gefertigt.

Federn sind trocken gewordenes mehrschichtiges Oberhautepithel aus stark entwickelter Hornschicht bestehend, die sich aus fest verenigten verhornten Zellplättchen zusammensetzt. Die Federn dienen als Hutschmuck und auf Grund der hohen Wärmeisolierfähigkeit des Materiales, beruhend auf seiner feinzerteilten, viel Luft einschließenden Form zum Füllen von Bettkissen. Federkiele finden mannigfache Verwendung, hervorhebenswert ist, daß die in den Kielen befindliche trockene Haut die beste Gelatine liefert. Die chemische Behandlung beschränkt sich auf das Reinigen, Desinfizieren, Bleichen und Färben der Federn. — Fischschuppen finden Anwendung für Zierzwecke.

346. Haare, Borsten, Federn, Schuppen verarbeiten (reinigen, bleichen).

Über die toten Haare im Mohair oder im Angoraziegenhaar und die Nachteile, die sich durch diesen hohen Anfall ergeben, da beim Auskämmen eine tote Faser oft 5—6 gute Haare mit sich fortnimmt, siehe **G. F. Thompson, Leipz. Färberztg. 58, 84.**

Um kurze rauhe Tierhaare zum Verspinnen oder Verfilzen geeignet zu machen, behandelt man sie nach **D. R. P. 10 415** zuerst mit einer dünnen Alkalilösung und dann mit verdünnter Säure nach.

Die größtenteils aus China, Japan oder Rußland importierten Menschenhaare sind rot oder dunkel gefärbt, rauh, hart und dick, so daß sie vor der weiteren Verwendung veredelt werden müssen. Zu dem Zweck entfärbt man sie zunächst mit Wasserstoff- oder Natriumsuperoxyd, bleicht dann mit Permanganat, Persulfat, Percarbonat, schwefliger Säure, Natriumhydrosulfit oder Blankit oder verfeinert die dicken Haare weiter durch Behandlung mit Chlorwasser oder Bromwasser oder mit Alkalihypochloriten. Schließlich werden die Haare mit Mineralfarbstoffen, Manganverbindungen, Silbersalzen, Blei- oder Kupferverbindungen, oder mit vegetabilischen Farbstoffen, wie Krapp, Catechu oder Gallusschwarz, mit tierischen Farben von Art des Cochenille, Kermes oder Sepia gefärbt oder es kommen auch Teerfarben oder Teerfarbstoffzwischenprodukte, unter diesen besonders Diamine, Triamine oder Aminophenole in Betracht, wie sie auch zum Färben der Pelze Anwendung finden. **(M. Francis** und **J. G. Beltzer,** Referat in **Zeitschr. f. angew. Chem. 25, 93.)**

Zur Verarbeitung menschlicher Haare auf Garn oder Wollersatz z. B. für wattierte Steppdecken behandelt man die durch Sammlung bei den Haarschneidern erhaltenen Materialien bei mäßiger Temperatur mit einem Gemisch von Perborat und Salzsäure, neutralisiert und fettet mit einer verdünnten Lösung von Ricinusöl in Alkohol. **(D. R. P. 296 966.)**

Das Wollentfettungsverfahren des **D. R. P. 143 567 [283]** (Anwendung von Infusorienerde unter Mitwirkung eines starken, evtl. erwärmten Luftstromes) läßt sich mit Hilfe der in **D. R. P. 149 825** beschriebenen Maschine auch auf Seide, Haare, Borsten, Federn, Garne oder Tuche anwenden. **(D. R. P. 151 238.)**

Um Haare, Borsten usw. von anhaftenden Gewebeteilen zu trennen, behandelt man sie nach **D. R. P. 207 591** mit verdünnten Lösungen von Alkoholen, Aldehyden oder Tannin, so daß die Eiweißstoffe der Verunreinigungen in bröcklig gewordene Verbindungen übergeführt werden, die man mechanisch von den Haaren trennen kann.

Zur Reinigung von Pferdehaaren verwendet man nach **Techn. Rundsch. 1910, 401** entweder eine Mischung von 20 Tl. Brennspiritus (96%) und 10 Tl. Ammoniak (1,960) mit 80 Tl. Wasser oder eine Ammoniakseife, die man durch Verseifen einer Lösung von 12 Tl. Olein in 64 Tl. Benzin, 6 Tl. Schwefeläther und 5 Tl. Chloroform mit 16 Tl. alkoholischem Salmiakgeist gewinnt. Die auf diese Weise oder mit sauerstoffabgebenden Waschmitteln des Handels gereinigten Pferdehaare werden nachträglich durch Einfetten mit reinem Olivenöl oder Ricinusöl glänzend gemacht und geschmeidig erhalten.

Zur Reinigung der vom Schlachthof kommenden Schweinsborsten überläßt man sie der Einwirkung etwa 5 proz. Salzsäure und erhält so in geruchlosem Verfahren schon nach mehreren Tagen reine Haare, die nach dem Waschen und Trocknen sofort zum Kämmen, Binden, Richten und Färben verwendet werden können. Eine Entfettung der Haare findet bei diesem Verfahren nicht statt, doch erfolgt sie wenn nötig, beim späteren Dämpfen oder Erhitzen im Wasser. In ähnlicher Weise können auch Därme entschleimt werden. **(D. R. P. 273 769.)**

Winkler und **Fink** empfahlen im **Bayer. Kunst- u. Gew.-Bl. 1852, 190** die Bleichung gelber Schweineborsten in feuchtem Zustande zwischen Glasplatten im direkten Sonnenlichte bei evtl. Nachbehandlung mit schwefliger Säure.

Zur Aufarbeitung von Schweineborsten behandelt man das Material zuerst mit Chlor, bringt das oxydierte Haar sodann in ein alkalisches Bad, kocht die schlüpfrige, durchsichtige, ausgerungene und getrocknete Masse mit Seifenlösung auf und behandelt die nunmehr glänzende, seidenartige, elastische Faser mit Essigsäure und schließlich evtl. mit wasserdicht und weichmachenden Stoffen, wie Wachs oder Paraffin, nach. Dem ersten Alkalibad kann man Melasse, Traubenzucker, Glycerin oder Seife zugeben. Nach dem Zusatzpatent oxydiert man die Borsten mit auf ihr Gewicht bezogen 150% Chlorkalk und ersetzt das Seifenkochbad durch Türkischrotöl. **(E. P. 183 249** und **183 270.)**

Über Wasserstoffsuperoxyd als Bleichmittel für Haare und Federn siehe das Referat über eine Arbeit von **P. Ebel, Jahr.-Ber. f. chem. Techn. 1880, 349 u. 1881, 868.** Das in Seifenlösungen oder Bädern von kohlensaurem Ammon gut entfettete Material wird in das mit Ammoniak neutralisierte, wässerige Wasserstoffsuperoxyd eingelegt und bis zur Erzielung genügender Bleichwirkung in dem Bade belassen. Die Bäder sind erst dann völlig ausgenutzt, wenn Nachbehandlung übermangansaures Kali in ihnen eine bleibende rote Färbung hervorrufen. Zur einige Tropfen der gebleichten Ware wird empfohlen, das noch nasse Material mit Alkohol zu waschen.

Zum Bleichen von Roß- oder Kuhhaar eignet sich nach **Techn. Rundschau. 1910, 401** ein etwa 30—40° warmes Bad von käuflicher 3 proz. Wasserstoffsuperoxydlösung, das man durch Zusatz von Ammoniak, Borax, phosphorsaurem Natron oder Ammoniumcarbonat schwach alkalisch stellt.

Die Vorbereitung der Hasen- und Kaninchenhaare zur Fabrikation von Filzhüten mit und ohne Anwendung von Quecksilber schildert **Delpech in Dingl. Journ. 209, 230.**

Zum Beizen der Fellhaare für die Hutfilzfabrikation verwendet man nach **D. R. P. 244 569** eine Lösung von Zink- oder Zinnitrat.

Nach **D. R. P. 250 453** beizt man die Haare von Fellen für das Filzen in Salpetersäure und unterwirft sie dann einer Behandlung mit Gerbsäure.

Zur Herstellung eines billigen Klebmittels, zum Befestigen der Borsten in Gummiplatten (als Böden von Haarbürsten) verschmilzt man nach **Techn. Rundsch. 1911, 541** 12 Tl. Schellack, 20 Tl. Manillakopal, 24 Tl. Kolophonium und 16 Tl. venezianischen Terpentin, während eine teuere, natürlich auch wesentlich haltbarere Klebmasse erhalten wird durch Vermischen einer Schmelze von 22 Tl. kleingeschnittener Guttapercha, 50 Tl. Benzol und 8 Tl. Terpentinöl mit 20 Tl. syrischem Asphalt. Zur Erzielung besserer Streichfähigkeit setzt man diesem, auf dem Wasserbade verschmolzenen Gemenge vor dem Gebrauch noch etwas schnelltrocknenden Fußbodenlack zu.

Nach **H. Meyer, Seifens.-Ztg. 1911, 1176** u. **1213** färbt man ein Bürstenpech aus 30 kg Kolophonium F, 50 kg Harzdestillationsrückstand und 10 kg Harzöl in warmem Zustande schwarz mit 3—4 kg Rebenschwarz, dunkelblau mit Berlinerblau, hellblau mit Ultramarin, grün mit grünem Ultramarin, gelb mit Chromgelb, braun mit französischem Ocker und Englischrot unter Zusatz von 1—2 kg Kreide.

Kämme oder Bürsten aus Horn, Knochen oder Gräten werden nach **D. R. P. 336 518** dadurch geschmeidiger gemacht, daß man sie mit Alkalien behandelt.

Nach dem in Hartlebens Verlag erschienenen Buche von **Beyse** über Behandlung von Schmuckfedern, reinigt man Straußfedern u. dgl. in einem 80—90° heißen, jedoch nicht kochenden Bade von 10proz. Sodalösung (Krystallsoda), in das man die Federn an Fäden befestigt einhängt, so daß sie weder den Boden, noch sich gegenseitig berühren. Nach etwa 1 Stunde hebt man die Federn einzeln heraus, läßt sie abtropfen, schwemmt sie wiederholt in reinem Wasser, trocknet und kräuselt oder färbt in üblicher Weise. Für stark beschmutzte Federn wird in derselben Art ein Seifenbad aus 150—200 g Seife in 1 l Wasser verwendet.

Um Federkiele für Pinsel, Zahnstocher u. dgl. durchscheinend zu machen, genügt es, sie etwa 1 Stunde mit gespanntem Wasserdampf zu behandeln. Jede Berührung des Materiales mit Metall muß vermieden werden. **(Dingl. Journ. 176, 400.)**

Über die Zubereitung frischer Schuppen von großen Fischen für verschieden industrielle Zwecke, siehe **J. Hübner, Polyt. Zentr.-Bl. 1874, 1246.**

347. Haare, Borsten, Federn färben.

Über die Verarbeitung und das Färben von Puppenhaaren (Haar der Angoraziege) siehe **R. Überschlag, D. Färberztg. 1911, 378.**

Die ursprünglich aus England gelieferten Puppenhaare werden seit 1911 in Deutschland aus Mohärwolle, gemischt mit Wollarten ähnlicher Beschaffenheit erzeugt. Man färbt diese Haare, von deren Färbung absolute Koch- und Lichtechtheit verlangt wird mit Beizenfarbstoffen, die jedoch für Blond zu stumpfe Töne liefern. Besser ist es daher nach dem Autochromverfahren oder auf Alaunbeize (Vorbehandlung des Mohärs im Kammzug 12 Stunden mit lauwarmem destilliertem Wasser), dann im Übergußapparat zu färben. Nähere Angaben über die Erzielung der Farbtöne bringt **R. Überschlag** in **Färberztg. 23, 378.**

Über das Färben der Roßhaare mit Farbholzbrühen siehe **Deninger, Polyt. Zentr.-Bl. 1847, Nr. 17.**

Zum Bleichen und Schwarzfärben von Roßhaar dient schwach ammoniakalisches Wasserstoffsuperoxyd mit einer Nachbehandlung von Bisulfit oder schwefliger Säure. Gefärbt wird unter größter Faserschonung ein tiefes, sattes Schwarz mit Sumachextrakt und holzessigsaurem Eisen. Vor dem Färben muß das Material mit Seife, Soda oder Ammoniak gründlich gewaschen oder auf der Hechelmaschine wenigstens oberflächlich gereinigt werden und man färbt dann nach der evtl. Behandlung mit Chlorlauge, die das tote Haar entfernt, nicht mehr mit Blauholz, sondern mit Säurefarben, während die Roßhaarsurrogate aus Fiber, Sisal und Manilahanf, besonders aber jene aus Kunstseide, mit substantiven Farbstoffen gefärbt werden. **(Erf. u. Erf. 46, 301.)**

Zum Färben von Roßhaarersatz und zwar des Kunstproduktes, das man aus natürlichen pflanzlichen Fasern, z. B. aus der Cocosfaser, Fiber usw. gewinnt, verwendet man, da fast ausschließlich Schwarzfärbung verlangt wird, z. B. mit Oxydiaminschwarz OJEG und JEI und zwar nach folgender Vorschrift: Man bestellt das Bad mit 2% Ammoniak und $^1/_2$% calc. Soda, gibt hierauf den vorher in Kondenswasser gut gelösten Farbstoff und dann noch ungefähr 5% Glaubersalz kryst. zu. Nach gutem Aufkochen der Flotte geht man mit dem Material ein, färbt $^3/_4$ bis 1 Stunde kochend und läßt $^1/_4$—$^1/_2$ Stunde in erkaltendem Bade nachziehen. Hierauf wird gespült und getrocknet.

Kaninhaar, das zu rauhen melierten Herren- und Damenhüten ausgefärbt werden soll, muß vor dem Färben ausgekocht oder kochend heiß genetzt werden, um die von der Beize herrührenden Quecksilbernitrat- und Säurerückstände zu entfernen. Man erhält die Melangen durch prozentweises Mischen der gefärbten und evtl. auch ungefärbten Hasen- oder Kaninhaare. In der Originalarbeit finden sich Ausführungsvorschriften. **(E. Frankl, Färberztg. 24, 11.)**

Zum Färben von Haaren und Borsten mit Teerfarbstoffen verfährt man in folgender Weise. Das Material ist vorteilhaft vor dem Färben in einem handwarmen Bad mit 1—2 g Soda oder Ammoniak und 5 g Schmierseife pro Liter Flotte bei ca. 40° C gut zu reinigen; hierauf wird gespült. Zum Färben kommen hauptsächlich Säurefarbstoffe in Betracht.

Färbevorschrift: Man besetzt das Färbebad mit den nötigen Mengen Farbstoff und 2 bis 3% Schwefelsäure, geht bei 50° C ein, treibt zum Kochen und kocht etwa 1 Stunde. Bei Schwarz empfiehlt es sich, mit der Hälfte des nötigen Farbstoffes und $^1/_2$—1% Schwefelsäure anzufangen und gut umzuarbeiten; hierauf bedeckt man das Material mit einem durchbrochenen Deckel, der mit Steinen beschwert ist, läßt $^1/_2$ Stunde kochen, setzt alsdann den Rest des Farbstoffes und 1% Schwefelsäure zu, kocht noch $^1/_2$ Stunde und spült hierauf; zur Erreichung höheren Glanzes wird lauwarm geseift.

Zum Färben toter Haare **[346]** legt man das Material in entfettetem Zustande in eine konzentrierte Kaliumpermanganatlösung, bis der gewünschte braunrote Ton erreicht ist. Oder man tränkt die entfetteten Haare mit einer Lösung von 20 g p-Phenylendiamin oder ähnlicher Diamine in 1 l Wasser und bringt sie dann in eine 5proz. Eisenchloridlösung. Vgl. **Pelzfärberei [423].**

Geyer, Über das Färben von Schmuckfedern und deren Bedeutung. Dresden. — Lau, L., Unterricht in der Putzfedernfärberei. Wien und Leipzig 1890. — Stiegler, Das Färben und Waschen der Schmuckfedern und Strohgeflechte. Wismar 1888.

Über Federnfärberei siehe auch die Arbeit von **A. Busch in Zeitschr. f. d. ges. Textilind. 1913, 748.**

Zum Färben von Federn mit Teerfarbstoffen verfährt man in folgender Weise: Die Federn sind vor dem Färben gut in lauwarmen Bädern mit Soda, Ammoniak oder Seife zu reinigen. Zum Färben dienen hauptsächlich sauere, seltener basische Farbstoffe. Färbevorschrift für Couleuren. Man färbt bei Kochhitze, ohne jedoch kochen zu lassen, 1—2 Stunden unter Zusatz von 10—15% Weinsteinpräparat; am besten sind Holzgefäße mit geschlossenem Dampfrohr geeignet. Alkaliblau färbt man unter Zusatz von wenig Soda oder Borax, spült oder aviviert in saurem Bade. Färbevorschrift für Schwarz. Man besetzt das möglichst kurze Färbebad mit 4—6 g Farbstoff und 1—1$^1/_2$ g Schwefelsäure oder 2—3 g Weinsteinpräparat pro Liter Flotte und arbeitet 1—2 Stunden bei Kochhitze; die Bäder ziehen nicht aus und bleiben aufbewahrt. Mit basischen Farben färbt man und zwar helle Töne in 30—40° C warmem Seifenbad, dunklere Töne mit 3—5% Essigsäure bei 70—80°.

Zum Färben von Hühnerfedern behandelt man das Material nach **Techn. Rundsch. 1907, 593** zuerst in einer 25° warmen 25grädigen Natriumhyposulfitlösung, beizt sodann in einer ebenfalls 25° warmen Bichromatlösung, die pro Liter 2—5 g Schwefelsäure enthält, wäscht die gelblich gewordenen Federn aus und färbt in einem etwa 90° heißem Bade von p-Phenylendiamin (Tiefschwarz) oder Pyrogallol oder Aminophenol (Braun bis Braunschwarz) oder mit bunten Teerfarbstoffen evtl. auch mit Farbholzextrakten. — Vgl. **[423].**

Nach **D. R. P. 209 121, Zusatz zu 149 676** werden Pelze, Haare, Federn und ähnliches Material vor dem Färben zuerst mit Kalkwasser behandelt, das pro Liter 10 g Kalk enthält, dann mit einer Lösung 24 Stunden vorgebeizt, die pro Liter Wasser je 2 g Essigsäure, Kupfer- und Eisenvitriol enthält und schließlich in einem Bade, in dem pro Liter Wasser und 30 g Waserstoffsuperoxyd, 3 g Farbstoff und 3 g Borax gelöst sind, gefärbt. Als geeigneten Farbstoff zur Erzeugung hellerer grauer Nuancen verwendet man p-Amino- oder Aminotolyl-p-oxydiphenylamin.

Das Färben der entfetteten Federkiele, wie sie zur Herstellung von Zigarrenspitzen dienen, mit Safran, Gelbholz und anderen ungiftigen Farbstoffen und ihr Schwarzbeizen mit einer Paste von Pottasche, Kalkbrei, Eisenoxyd und Graphitpulver, die man auf die mit warmer verdünnter Salpetersäure befeuchteten Federposen aufstreicht, ist in **Techn. Rundsch. 1909, 730** beschrieben.

Zum Färben der vorher gut mit Seifenlösung oder Monopolseife entfetteten und für zarte Töne mit Permanganat und schwefliger Säure oder Wasserstoffsuperoxyd oder Perborat gebleichten Federn arbeitet man mit saueren, basischen und substantiven Farbstoffen, für Schwarz auch mit Chromierungsfarbstoffen. Die schwarzgefärbten Federn werden mit Monopolöl im heißen Bade aviviert, geschleudert, durch Spiritus genommen und bei 50° getrocknet, worauf man zum völligen Trocknen mit Weizenpuder einstreut, die Federn dann aufschüttelt, mit möglichst trockenem Dampf dämpft und die Kiele in die gewünschte Form biegt. Schattierungseffekte erzielt man dadurch, daß man eine in der Tiefe des dunkelsten Schattens hergestellte Färbung in einem Sodabade abzieht und durch allmähliches Herausziehen den Farbstoff in verschiedener Stärke entfernt, so daß die Stellen am dunkelsten bleiben, die am kürzesten in der Lösung belassen wurden. Um den Federkiel, der meistens nicht genügend durchgefärbt wird, tief zu färben bestreicht man ihn mit Spirituslack. Zum Schluß werden die Federn mit Kräuselwasser gekräuselt. **(A. Busch, Zeitschr. f. d. ges. Textilind. 16, 749.)**

348. Haar-, Borsten-, Federn-, Schuppenersatz.

Roßhaar liefert äußerst dauerhafte und glanzvolle Gewebe. Die Ausgangsstoffe stehen aber nur in sehr beschränktem Umfange zur Verfügung. Nach **A. Herzog, Zeitschr. f. angew. Chem. 1912, 574,** kennt man 7 Arten von künstlichem Roßhaar: das Acetatroßhaar, Viscellingarn, Helios- und Panseide, Sirius-, Meteor- und Kunsthanf.

Die absoluten Festigkeiten dieser Roßhaarersatzstoffe steigen mit 10,6—10,8 kg/qmm des Acetatroßhaares über jene der Panseide mit 20, Meteor 21,7, Helios 20,9—23,9 zum Viscellin, dessen Festigkeit 23—24,7 kg/qmm beträgt. **(A. Herzog, Kunststoffe 1911, 184 u. 206.)** Vgl. G. Herzog, Polsterroßhaar und seine Prüfung. Berlin 1916.

Das Wesen der Erzeugung von Kunstseideroßhaar (siehe die einzelnen Kunstseidekapitel z. B. **D. R. P. 125 309** und **129 420**) besteht darin, daß man mehrere Fäden aus Lösungen von Cellulose, Nitrocellulose oder Cellulosederivaten, die dicker wie bei der Herstellung künstlicher Seide sind, unmittelbar nach ihrer Bildung zusammenlaufen läßt, so daß die Fäden noch die Fähigkeit besitzen, sich zu einem geschlossenen Einzelfaden zu vereinigen.

Über Herstellung künstlichen Roßhaares (als Roßhaarersatzstoff für elektrische Glühlichtfaden oder zu photographischen und Telephonzwecken) aus Kupferoxydcellulose siehe **D. R. P. 186 766, 119 098, 98 642** und **188 113.**

Mit Viscose überzogene Fäden, die Roßhaar ersetzen sollen, gewinnt man nach **A. P. 791 385** in der Weise, daß man einen kräftigen Faden durch Viscoselösung zieht und trocknen läßt. Diese Behandlung wird wiederholt, bis die gewünschte Dicke des Fadens erzielt ist. Dann wird in dem Viscoseüberzug in üblicher Weise die Cellulose regeneriert.

Eine Vorrichtung zur Herstellung von künstlichem Roßhaar aus Gelatinelösungen ist in **D. R. P. 183 001** beschrieben.

Zur Verarbeitung von Sisalhanf zu Polstermaterial verwendet man die schwächeren und biegsameren Fasern des Hanfes, häufig gemischt mit Naturroßhaar oder mit Kuhhaaren, gekrempelt, versponnen und zu Zöpfen zusammengedreht. Diese Zöpfe werden dann zur roßhaarartigen Kräuselung bei 0,5—1 Atm. Druck 1—2 Stunden gedämpft. Man färbt im Einbadverfahren mit Teerfarbstoffen, die wegen des Gerbstoffgehaltes der Faser gerbsäurebeständig und wegen der Kräuselungsdämpfe dekaturecht sein müssen. Zur Verwendung der Sisalfaser für Bürstenmaterial färbt man sie, um ihr ein roßhaarähnliches Aussehen zu geben, mit Blauholz, behandelt mit Chrom- und Eisensalz nach, trocknet ohne zu spülen, bringt die Faser bündelweise in mit Olivenöl versetzte warme Leimlösung, trocknet schwach und poliert. **(M. Orwin, Text.- und Färberztg. 1903, 435.)**

Nach **D. R. P. 239 555** wird künstliches Roßhaar aus Cocosfasern hergestellt. Diese werden mit einer 15 proz. Ätznatronlösung unter einem Druck von 1½ Atm. während 1½—2 Stunden bei 110° entfettet. Die Faser verliert so 40—50% des Rohgewichtes, besitzt aber ihre ursprüngliche Elastizität, gleicht dem natürlichen Roßhaar und kann wie dieses weiter verarbeitet werden. Vgl. **D. R. P. 132 481.**

Zur Herstellung von künstlichem Roßhaar von großer Haltbarkeit, langer Faser und angenehmen Griff kann man nach **D. R. P. 256 169** auch von Alfa- oder Agavefasern ausgehen, die man in der 15fachen Menge Wasser mit 23% von ihrem Gewicht an 36grädiger Natronlauge 6 Stunden bei etwa 3 Atm. kocht. Im weiterern behandelt man diese Produkte nach dem Absäuern in einem 1 proz. Schwefelsäurebade noch in einem Bleichbad und arbeitet wie üblich mechanisch auf. Man taucht die von Harz und Gummi befreiten, geschleuderten Alfa- oder Agavefasern während 1½ Stunden in ein 18grädiges kaltes Ätznatronbad, zentrifugiert sofort, um so fast das ganze Bad zur Wiederbenutzung zurück zu gewinnen und verfährt nun verschieden je nachdem, ob man natürlich gefärbtes, gebleichtes, gekräuseltes künstliches Roßhaar erhalten will. In ersterm Falle geht man während einer halben Stunde in ein 1 proz. Schwefelsäurebad, wäscht die Faser völlig neutral und schleudert ab, während man im zweiten Falle während 8 Stunden in einem 0,6 proz. Chlorkalkbade behandelt, um sodann zu spülen, abzusäuern, neutral zu waschen und ebenfalls zu zentrifugieren.

Vgl. die Angaben von **J. Sponar** betreffs Kräuselung dieser künstlichen Roßhaarfasern durch stärkere Natronlauge in **Zeitschr. f. Textilind. 16, 497.**

Zur Herstellung eines Roßhaarersatzes kocht man Ried- oder Waldgras (Sand-Segge) mit roter Baumwollfarbe, kühlt ab, entfernt die Farblösung, kocht nun von neuem mit schwarzer Baumwollfarblösung unter Zusatz von Urin, trocknet und lagert und erhält so ein dem natürlichen Produkt an Elastizität, Widerstandsfähigkeit und Färbung gleichkommendes Material. **(D. R. P. 315 318.)**

Zur Herstellung von zähem, elastischem und durchscheinendem Kunsthaar behandelt man Kupferseidefäden kurze Zeit in warmer Zinkchloridlösung vom spez. Gewicht 1,7 und wäscht sie dann mit verdünnter Schwefel- oder Essigsäure und zuletzt mit Wasser. **(F. P. 377 118.)**

Als Surrogat für echtes Menschenhaar dienen gefärbte rohe Seide, für gröbere Zwecke auch Bast, Jutehanf, Kunstseide usw. **(F. J. G. Beltzer, Seifens.-Ztg. 1912.)**

Über die Fabrikation künstlicher Federn siehe **M. Schall, Kunststoffe 4, 221.**

Nach **F. P. 413 775** werden künstliche Fischschuppen aus einem Gemenge von Milch, Formalin, Tieröl, Äther, Aceton, Salpetersäure, schwefliger Säure und Harz hergestellt.

Massen.

LEDER.

Hautumwandlung und Gerbmittel.

Literatur und allgemeiner Teil.

349. Literatur, Kollagen und Gelatine.

Lietzmann, Die Herstellung der Leder. Berlin 1875. — Hausner, Textil-, Kautschuk- und Lederindustrie. Wien 1879. — Heinzerling, Grundzüge der Lederbereitung. Braunschweig 1882. — Schroeder, Gerbereichemie. Berlin 1898. — Procter, Leitfaden für gerbereichemische Untersuchungen. Deutsch von Päßler. Berlin 1900. — Jettmar, Praxis und Theorie der Ledererzeugung. Berlin 1901. — Derselbe, Moderne Gerbmethoden. Leipzig und Wien 1913. — Borgmann - Krahner, Die Unterlederfabrikation. Berlin 1904. — Dieselben, Die Oberlederfabrikation. Berlin 1905. — Steyer, R., Die verschiedenen Gerbverfahren und Gerbereirezepte. Berlin und Frankfurt 1904. — Burckhardt, R., Die praktische Ledererzeugung. Wien und Leipzig 1903. — Borgmann, Die Feinlederfabrikation. Berlin 1901. — Procter, Moderne amerikanische Gerbmethoden. Berlin 1903. — Die Deutsche Leder- und Lederwarenindustrie. Die Hilfs- und Nebenindustriezweige derselben sowie die einschlägigen Handelsgebiete in ihrer Entwickelung und heutigen Bedeutung. Bearbeitet von F. Jörissen. Berlin 1909. — Neuner, F. Ch., Fortschritte in der Gerbereichemie. Dresden 1911. — Link, Die Lederindustrie. Tübingen 1913. — Zeidler, H., Die moderne Lederfabrikation. Leipzig 1913. — Grasser, G., Handbuch für gerbereichemische Laboratorien. Leipzig 1914. — Procter, Stiasny und Brumwell, Taschenbuch für Gerbereichemiker und Lederfabrikanten. Deutsch von Jettmar. Leipzig 1914. — Hanisch, Deutschlands Lederproduktion und Lederhandel. Tübingen 1905. — Trier, Die volkswirtschaftliche Bedeutung der technischen Entwickelung der deutschen Lederindustrie. Leipzig 1909. — Kohl, F., Technisches Wörterbuch für die Lederindustrie. Deutsch, Englisch und Französisch. Frankfurt 1916. — Weitere Literatur bei den einzelnen Abschnitten.

Projekt einer Lederfabrik. **(E. Kolb, Ledertechn. Rundsch. 5, 313, 321.)**

Eine ausführliche Arbeit von **R. Kobert** über die Geschichte des Gerbens und der Gerbmittel von den ältesten Zeiten bis zur Neuzeit findet sich im **Arch. f. d. Gesch. d. Naturwiss. u. d. Techn. 1916, 185, 256 u. 324.**

Die klassischen Arbeiten von **Knapp** über die Natur des Leders und das Wesen der Gerbereiverfahren finden sich im Auszug nach den Berichten der Münchner Akademie in **Dingl. Journ. 149, 305 u. 378.**

In **Dingl. Journ. 205, 143, 248, 358, 547** veröffentlicht **A. Reimer** eine umfassende, eingehende Abhandlung über die Gerberei und ihre wissenschaftlichen und praktischen Ziele nach dem Stande des Jahres 1872. Sie enthält alles das, was die Grundlage der späteren Forschung und praktischen Betätigung auf diesem Gebiete bildete.

Über Gerbereichemie und -technik siehe **R. Lauffmann, Ledertechn. Rundsch. 12, 65ff.**

Die Beurteilung der Qualität eines Leders **(Ledertechn. Rundsch. 7, 84).**

Die Fortschritte in der Gerbereichemie im Jahre 1916: Struktur, Chemie und Physik der Haut und ihre Abbauprodukte, Verbesserung und Desinfektion der Rohhaut, Vorbereitung für die Gerbung, Pflanzengerbstoffe und Pflanzengerbung, Mineral-, Sämisch und Kombinationsgerbung, andere Gerbstoffe und -verfahren, Stoffe und Methoden zur Lederzurichtung und Nachbehandlung, Lederfabriksabfälle und Abwässer, Kunstleder und Ledersatz, beschreibt **R. Lauffmann in Kolloid-Ztg. 24, 69 u. 81.**

Über Fortschritte auf dem Gebiet der Lederindustrie (Patentübersicht) und Erfahrungen in der modernen Lederfabrikation berichten **A. Katz** und **F. Kohl** in **Ledertechn. Rundsch. 9, 18** u. **19** bzw. **17.**

Die Fortschritte auf dem Gebiete der Lederindustrie aus den Jahren 1917—1918 befinden sich nach der Patentliteratur zusammengestellt von **D. Alexander-Katz** in **Ledertechn. Rundsch. 11, 17.**

Die wichtigsten Arbeiten über praktische Gerberei und Gerbeverfahren aus den Jahren 1916 bis 1920 bringt **R. Lauffmann** in **Zeitschr. f. angew. Chem. 1921, 545** u. **553.**

Der Bestandteil der Haut, der beim Gerben durchgreifende Veränderungen erfährt, so daß Leder entsteht, ist das Kollagen, eine in Wasser, verdünnten Säure- und Salzlösungen unlösliche, durch Alkalien und Fermente oder kochendes Wasser allmählich zu Glutin, Gelatosen, Peptosen und Aminosäuren hydrolysierbare Substanz, die etwa 17% Stickstoff enthält und die technisch wichtige Eigenschaft besitzt in Berührung mit verdünnten Säuren oder Alkalien zu schwellen. Das Kollagen ähnelt in allen Eigenschaften so sehr seinem primären hydrolytischen Spaltungsprodukt der rein darstellbaren Gelatine, daß diese statt des unreinen Kollagens wie das reine Hautpulver zu allen gerbereichemischen Untersuchungen herangezogen wird.

So zeigt auch die Gelatine die charakteristische Schwellung beim Einlegen in verdünnte Säuren oder Alkalien, sie wird durch schwache Einwirkung von Chlor oder Brom (0,9% vom Gelatinegewicht) konserviert und allmählich in heißem Wasser unlöslich (Schaflederindustrie). In Lösung befindliche, schwach basische Chromsalze werden von der Gelatine ebenso wie vom Kollagen der Haut in ihren Ionenbestandteilen (SO_4 und Cr) aufgenommen (Chromate nur nach der Reduktion durch Licht: Chromgelatine, oder durch andere Reduktionsmittel: Thiosulfat, im Zweibadverfahren) und schließlich teilen beide Stoffe die gerbereiwichtige Eigenschaft vegetabilische Gerbstoffe aus ihren Lösungen zu fällen, wobei die wahrscheinlich auf kolloidalen Erscheinungen beruhende Bindung von Haut (Gelatine) und Gerbstoff zu Leder stattfindet. Der eigentliche Vorgang, ebenso wie die Gerbung der Gelatine und Haut durch Chinone, Formaldehyd, dessen Kondensationsprodukte mit Phenolen (synthetische Gerbstoffe) und ungesättigte Fettsäuren (Trane) sind so unbekannter Natur und in so hohem Maße von der Art der Haut, des Gerbmateriales, vom Vorhandensein von Mikroorganismen usw. abhängig, daß die Ledererzeugung heute noch auf rein empirischer Grundlage beruht.

Über die Einwirkung verdünnter Säuren und Salzlösungen auf Gelatine mit besonderer Berücksichtigung des Gerbprozesses siehe **H. R. Procter, Kolloidchem. Beihefte 1910, 2, 243.**

350. Lederbildungstheorien.

Fahrion, W., Neuere Gerbemethoden und Gerbetheorien. Braunschweig 1915.

Eine sehr umfangreiche, mit zahlreichen analytischen Daten und den Resultaten eigener Untersuchungsergebnisse gestützte Arbeit über die Vorgänge bei der Lederbildung, die als Beweis für die Auffassung der Lederbildung als Oxydationsprozeß gelten soll von **W. Fahrion** findet sich in **Zeitschr. f. angew. Chem. 1909, 2083, 2135** u. **2187.** Die Ergebnisse führen den Verfasser zu dem Grundsatz, daß die echte Gerbung ein chemischer Prozeß ist, der im Wesen aus Kondensationsvorgängen mit Bildung von Komplexen besteht, wobei die Haut, die sowohl als Säure als auch als Base fungieren kann, für das austretende Wasser den Wasserstoff und der Gerbstoff den Sauerstoff liefert. Dieser Zeit erfordernde Vorgang wird begleitet von physikalischen Einflüssen, unter denen besonders die Wirkung von Wasser (bei der Mineralgerbung) von Luft und Licht (bei der vegetabilischen Gerbung) eine bedeutende Rolle spielen. Die echte Gerbung beruht auf einer Kondensation von Haut und Gerbstoff, während sich bei der Pseudogerbung der Gerbstoff zunächst intramolekular und dann erst mit der Haut kondensiert. Jedenfalls muß bei jeder richtigen Gerbung eine Oxydation der Faser stattfinden, da sonst ein wasserunbeständiges Leder resultiert. Die Begründung dieser Gerbtheorie findet sich in **Kollegium 1910, 249.**

Nach **Fahrions** Gerbetheorie bilden bei der Lohgerbung die Chinone das eigentliche gerbende Prinzip, was auch wegen des innigen Zusammenhanges der chemisch zwischen den Chinonen und den Phenolen, also hydroxylhaltigen Körpern der aromatischen Reihe, den Hauptbestandteilen der vegetabilischen Gerbmittel besteht, verständlich erscheint. Daneben spielen auch die Phlobaphene eine bedeutende Rolle, die, in ihrer Zusammensetzung noch nicht genügend erforscht, als Abkömmlinge der Polyphenole aufzufassen sind, die unter Wasseraustritt zum Teil schon in der Pflanze jene Körper geben. Das lohgare Leder ist demnach eine Mischung von Chinon- und Phlobaphenleder und die Grubengerbung nach **Fahrions** Auffassung jene Methode der Ledererzeugung, bei der die vorhandenen Phenole am besten ausgenützt und das Maximum wirksamen Sauerstoffes mit ihnen erzeugt wird. So wie bei der Sämischgerbung aus den stark ungesättigten Tranfettsäuren die Peroxyde, also Lactone, den Hauptanstoß zur Veränderung der Haut im Sinne der Lederbildung geben, so sind auch bei der Lohgerbung Anhydroderivate der Phlobaphene jene Substanzen, die zur Erzielung eines guten Leders notwendig sind. **(Zeitschr. f. angew. Chem. 1909, 2135** u. **2192;** vgl. **ebd. 1903, 667.)**

Seine Theorie der Lederbildung erörtert **W. Fahrion** in ausführlicher Weise in **Zeitschr. f. angew. Chem. 1903, 665** u. **697.**

Der Dehydratationshypothese der Lederbildung von **E. O. Sommerhoff** zufolge wird dem Hautalbumin chemisches Konstitutionswasser entzogen, während die Gerbstoffe vorwiegend katalytisch wirken; **W. Möller** betrachtet den Prozeß der Lederentstehung als hervorgerufen durch einen löslichen Peptisator, der die in den gerbenden Substanzen enthaltenen Gele in wässeriger Lösung zu einem Sol peptisiert. Die Aufhebung des Solozustandes der peptisierten Lösung durch die Hautsubstanz dadurch, daß sie dem Sol den Peptisator durch Absorption entzieht, wobei sich die Hautfaser mit dem mikrokrystallinischen ausgeschiedenen koaguliertem Gel umgibt, stellt dann die Lederbildung vor. **W. Fahrion** verwirft die Sommerhoffsche Tehorie für die Sämischgerberei vollkommen und findet auch trotz zahlreicher beachtenswerter Einzelheiten die Möllersche Theorie als unannehmbar. Näheres in **Kollegium 1914, 325, 389, 499** u. **15, 26, 49, 26, 193, 225** u. **253.** Vgl. **Zeitschr. f. Kolloide 16, 69.**

Weitere Ausführungen über seine Theorie und die Widerlegung der Einwände von **Fahrion** bringt **W. Möller** in **Kollegium 1915, 353.**

Weitere Mitteilungen über die pflanzlichen Gerbstoffkolloide und im Zusammenhang damit seine Theorie der Ledergerbung bringt **W. Möller** in **Ledertechn. Rundsch. 1915, 441** und **1916** ab **S. 1,** ferner **Kollegium 1916, 16** ff.; vgl. dazu die Ansicht von **R. Lauffmann, Ledertechn. Rundschau 8, 180.**

Den zahlreichen Analogien zufolge, die zwischen Kollagen und Gelatine bestehen (siehe vorstehendes Kapitel), ist die (vegetabilische) Gerbung wahrscheinlich nicht auf die Bildung einer chemischen Verbindung zwischen Kollagen und Gerbstoff zurückzuführen, sondern es dürfte primär Adsorption des letzteren durch die Hautsubstanz stattfinden, worauf sich sekundär chemische Reaktionen vollziehen, die durch Oxydation, Polymerisation, Anhydrifizierung usw. zu Veränderungen des aufgenommenen Gerbstoffes führen. Jedenfalls ist die Gelatine-Gerbstofffällung keine Salzbildung, sondern ein kolloidaler Vorgang. Der Gerbprozeß wurd demnach durch einen kolloid-chemischen Vorgang eingeleitet, ist aber dann in der Fortsetzung ein rein chemischer. **(B. Kohnstein, Zeitschr. f. angew. Chem. 24, 114.)**

351. Einteilung, Geschichte, Vorgang.

Leder ist tierische Haut, die beim Einlegen in Wasser und beim folgenden Trocknen nicht hart wird, sondern weich und geschmeidig bleibt, bei Gegenwart von kaltem Wasser nicht fault und beim Kochen mit Wasser keinen Leim liefert. **(W. Fahrion.)**- Oder: Leder ist der durch pflanzliche Gerbstoffe, Salze, Fette usw. in ein schmiegsames, faseriges Material umgewandelte Bestandteil jenes stark wasserhaltigen, leicht in Verwesung übergehenden tierischen Hautbestandteils, der nach Entfernung der mit Haaren besetzten, hornigen Oberhaut und nach Entfernung des Unterhautbindegewebes übrigbleibt. Je nach der durch die verschiedenartigste Behandlungsweise dieser „Blöße" mit Gerbmitteln erhaltenen Produkte unterscheidet man das starre Sohlleder und die weichen Ober-, Handschuh-, Sämisch- oder Weißgarleder und dementsprechend auch die häufig auf verschiedene Industriezweige verteilten Arten der Lederbereitung oder Gerberei.

Die Anfänge der Gerberei liegen wie die der Färberei, mit der sie viele Berührungspunkte hat, in vorgeschichtlicher Zeit. Man geht wohl mit der Vermutung nicht fehl, daß das erste Gerben in der Weise vorgenommen wurde, daß man zur Konservierung von zur Bekleidung dienenden Tierfellen diese auf der Fleischseite (Aasseite) mit mineralischen Stoffen wie Pfeifenerde, Salz, Alaun u. dgl., sowie mit Fetten einrieb. Die Juden und die Ägypter haben schon Jahrtausende vor Christi Geburt, wie Bibelstellen und Gräberfunde beweisen, zu gerben verstanden und zwar mit pflanzlichen Gerbstoffen, wahrscheinlich mit den Schoten einer Akazie. Das gleiche gilt von den Urbewohnern Amerikas, den Indianern. Die alten Griechen und Römer hatten bedeutende Gerbereien, die wie jedes Handwerk, von Sklaven betrieben wurden. Diese Methode der Alaun- oder Weißgerberei wurde im Mittelalter von Arabern und Türken viel benutzt. In noch früherer Zeit verstand man es im Orient und in Marokko feines Saffianleder von trefflicher Beschaffenheit aus schwach gefetteten Ziegen- und Schaffellen mit Sumach zu gerben. Die einzelnen Felle wurden zu Säcken zusammengenäht, diese mit der Sumachgerbebrühe angefüllt und unter Druck gesetzt. Dieses türkische Gerbeverfahren, das man nach Bedarf bis zur Erzielung der vollständigen Durchgerbung wiederholt, wird bis in die neueste Zeit auch in Deutschland gebraucht. Es soll besseres Leder liefern als das gewöhnliche Gerbeverfahren, nach dem die Felle im Walkfaß mit Sumachbrühe behandelt werden. Das Maroquin, d. h. marokkanisches Leder und das Korduan- oder Kordovanleder wurden nach demselben Verfahren zuerst in Afrika und Spanien (Cordova) von den Mauren in vorzüglicher Güte hergestellt. Sie verstanden es auch, dem Leder durch Pressen einen schönen künstlichen Narben, einen Chagrin (Korn) zu verleihen. Erst im 18. Jahrhundert gelangte die Kunst, solche feine Ledersorten wie Saffian zu bereiten, aus dem Orient und aus Spanien auch in die anderen europäischen Länder. Die ältesten noch heute geübten Verfahren der Lederbereitung sind demnach: die schon 2000 Jahre vor unserer Zeitrechnung geübte Lohgerberei, die in Ungarn ausgeübte Mineralgerberei und das von gewissen Indianerstämmen zuerst angewendete Sämischgerbverfahren.

Die neue Art der Lederbereitung entwickelte sich aus der alten Kleinindustrie der Gerberei im wesentlichen durch die Einführung maschineller Hilfsmittel, Anwendung von Wärme, die Benutzung des Prinzips der Bewegung während des Gerbevorganges und die Einführung neuer Gerbmaterialien pflanzlicher und mineralischer Art sowie der synthetischen Gerbstoffe: Das

Hauptziel war die Beschleunigung des Monate und Jahre dauernden Gerbprozesses. Vgl. **A. F. Diehl, Ledertechn. Rundsch. 1909, 33.**

Mit dem Fortschreiten der Chemie und Bakteriologie erkannte man die Bedeutung der richtigen Vorbereitung der Blösse, wodurch allein die Gerbzeit schon erheblich abgekürzt wird. Auch die Nachbehandlung ist insofern von Einfluß auf Gerbedauer und Lederqualität, als der Überschuß des Gerbmittels bei langer Gerbdauer sich in der Faser abscheidet und daselbst in unlösliche Stoffe übergeht. Heute verfährt man in der Weise, daß man die überschüssigen Gerb- und Nichtgerbstoffe entweder durch Waschen entfernt oder sie in löslichem Zustande im Leder beläßt oder schließlich sie durch geeignete Mittel in unlösliche Verbindungen überführt. Die letzte Art dürfte die beste sein; man fixiert darum den überschüssigen Gerbstoff auf der Haut nach Vorschlägen **Eitners** mittels Leimlösungen, die auch mit geringen Leimmengen angesetzt, besonders bei Chromleder große Gerbstoffmengen zu binden vermögen. **(Ledertechn. Rundsch. 6, 329** u. **338.)** Vgl. die Besprechung des Gerbprozesses unter Hinweis auf diejenigen Einzelphasen, denen bei einer beschleunigten Gerbung besondere Aufmerksamkeit zu widmen ist, **ebd. 7, 9.**

Man verarbeitet „die Häute“ des Rindes und anderer Haustiere vorzugsweise zu Leder, „die Felle“ der kleineren Pelztiere auf Rauchwerk und in diesem Sinne besteht natürlich auch ein Unterschied innerhalb der drei Phasen der Lederbereitung: des Vorbereitens, des Gerbens und des Zurichtens. Die erste Operation, der die grüne Haut unterworfen wird, ist ihre Konservierung, die man mangels eines geeigneteren Mittels heute noch mit Kochsalz ausführt. Die folgende Behandlung der Haut mit Kalkwasser soll sie enthaaren, welchen Vorgang man durch Zusatz von Schwefelnatrium (angeschärfter Äscher) begünstigt, weiter soll aber der Kalk auch das Hautfett verseifen. Zur folgenden Entfernung des Kalkes arbeitet man mit anorganischen und organischen Säuren (Beizen) am besten mit Buttersäure. Zur Gewinnung weichen Leders beizt man mit Bakterienkulturen, während hartes Sohlleder durch Behandlung mit Säuren, besonders Milch- oder Glycerinschwefelsäure, geschwellt wird. Von diesem Punkt an trennen sich die Wege der Lederbereitung je nach dem gewünschten Produkt.

Die eigentliche Gerbung wird mit klaren natürlichen (Lohgerbung) oder künstlichen Gerbextrakten vollzogen, die Mineralgerbung mit Alaun und Kochsalz, die Chromgerbung nach dem Einbadverfahren mit basischem Chromisulfat oder nach dem Zweibadverfahren mit Chromat und im zweiten Bade mit Natriumthiosulfat oder einem anderen Reduktionsmittel. Die genannten drei Verfahren sind in der Dreibadgerbmethode kombiniert. Abseits steht die Sämischgerberei, bei der man sich der im Gehirn und im Eidotter enthaltenen als Basen wirkenden Phosphatide als Gerbmittel bedient. In neuester Zeit wurde durch **Meunies** und **Seyewetz** auch das Hydrochinon als Gerbemittel eingeführt, ebenso durch **Weinschenk** die Naphtholgerbung, die darin besteht, daß die mit Formaldehyd vorbehandelte Haut mit Naphthol gegerbt wird. Die Gerbeverfahren können auch kombiniert werden, indem man beispielsweise ein nach dem Chromverfahren hergestelltes, nicht sehr festes Spaltleder durch nachfolgende Sämischgerbung in eine dauerhafte gute Ware überführt. Bei jedem der genannten Gerbeverfahren spielen ebensowohl der reaktionsfähige Sauerstoff des Gerbmateriales, als auch der Luftsauerstoff eine bedeutende Rolle.

Die Zurichtung schließlich zerfällt je nach der Ledersorte in eine Anzahl häufig mit dem eigentlichen Gerbevorgang zusammenfallender Arbeiten (Waschen, Pressen, Trocknen, Färben, Einfetten, Weichmachen, Schlichten, Strecken, Glätten, Schmieren, Lackieren usw.), die, soweit sie chemisches Interesse besitzen, im letzten Unterabschnitt besprochen werden.

Die gewöhnlichen Ledersorten wurden bis ins vorige Jahrhundert allgemein in derselben einfachen und zeitraubenden Weise gegerbt. Das Verfahren bestand in seinen wesentlichen Zügen in folgenden Maßnahmen:

Die frischen Häute wurden in Wasser eingeweicht, durch Kälken in Ätzkalkbrühe oder Bestreichen mit Kalkbrei enthaart, dann gewässert, in großen in den Boden eingebauten Kasten, Lohgruben, mit Lohe, d. h. zerkleinerter Eichenrinde bedeckt und geschichtet. Sodann wurde zum Auslaugen der Lohe Wasser aufgefüllt. Hier blieben die Häute einige Monate und gelangten dann in eine zweite Reihe von Gruben, wo sie in derselben Weise behandelt wurden. Dies setzte man solange fort bis die erforderliche Durchgerbung erzielt war. Auf diese Weise wurde Sohlen- und Riemenleder aus dicken Häuten erzeugt. Für gewöhnliche Häute und billigere Ledersorten vermochte man dieses zeitraubende und kostspielige Gerbeverfahren bald erheblich abzukürzen. Dazu trug besonders die Einführung der Walkfässer bei, in denen die Häute in der Lohbrühe in steter Bewegung erhalten werden, was das Eindringen des Gerbstoffes sehr beschleunigt. Die eigentliche Schnellgerbung, die eine vollständige Umwälzung in der Gerberei hervorrief, vermochte erst gegen Ende des vorigen Jahrhunderts bei den sehr konservativen Gerbern Fuß zu fassen. Es gelang sehr schwer, das zum Teil nicht ungerechtfertigte Mißtrauen zu überwinden, daß so schnell gegerbtes Leder nicht sehr haltbar sein könne. Nach dem Schnellgerbeverfahren werden die Blößen in gehaltreichen Gerbstoffbrühen in der Weise behandelt, gewalkt, daß sie nacheinander in immer gerbstoffreichere Brühen gelangen. Um das Eindringen der Brühen zu beschleunigen, werden in vielen Fällen auch die Häute unter Druck mit Gerbbrühe durchtränkt. Nach **Päßler** kombiniert man auch die Schnell- mit der Grubengerbung, indem man erst mit Brühen an- und dann in der Grube fertiggerbt, wobei man aber in dieser statt Wasser gerbstoffreiche Brüanwendet. Einehen weitere große Umwälzung in der Lederindustrie bewirkte die Einführung der Chromgerbung **[383].**

352. Statistik.

Die volkswirtschaftliche Bedeutung der Lederindustrie im Deutschen Reich ergibt sich aus nachstehenden Angaben über Ein- und Ausfuhr in den Jahren 1911 und 1912.

Kalbsfelle, grün und gesalzen (naß):

1911	Einfuhr	29 294 t im Werte v.	54 256 000 M.,	Ausfuhr*)	12 514 t im Werte v.	30 626 000 M.
1912	„	28 787 t „ „ „	58 614 000 „	„	12 341 t „ „ „	29 945 000 „

*) (mit Einschluß der gekalkten und trockenen).

Kalbsfelle, gekalkt, trocken:

1911	Einfuhr	5 670 t im Werte v.	21 174 000 M.
1912	„	6 002 t „ „ „	25 542 000 M.

Rindshäute, grün und gesalzen (naß):

1911	Einfuhr	100 766 t im Werte v.	134 146 000 M.,	Ausfuhr*)	44 258 t im Werte v.	58 882 000 M.
1912	„	107 342 t „ „ „	158 284 000 „	„	50 654 t „ „ „	70 856 000 „

*) (auch gekalkt und trocken).

Rindshäute, gekalkt, trocken:

1911	Einfuhr	36 888 t im Werte v.	73 041 000 M.
1912	„	40 153 t „ „ „	92 540 000 „

Roßhäute, roh, grün, gesalzen:

1911	Einfuhr	10 651 t im Werte v.	8 409 000 M.,	Ausfuhr*)	8 013 t im Werte v.	7 150 000 M.
1912	„	10 386 t „ „ „	8 244 000 „	„	6 785 t „ „ „	6 738 000 „

*) (auch gekalkt und trocken).

Lammfelle, Schaffelle, roh:

1911	Einfuhr	15 004 t im Werte v.	23 959 000 M.,	Ausfuhr	2 399 t im Werte v.	2 859 000 M.
1912	„	16 333 t „ „ „	29 968 000 „	„	2 796 t „ „ „	3 345 000 „

Ziegenfelle (Zickelfelle), roh:

1911	Einfuhr	8 540 t im Werte v.	24 591 000 M.,	Ausfuhr	1 074 t im Werte v.	5 227 000 M.
1912	„	9 874 t „ „ „	32 045 000 „	„	1 308 t „ „ „	6 060 000 „

Hasen- und Kaninchenfelle, roh:

1911	Einfuhr	2 228 t im Werte v.	5 566 000 M.,	Ausfuhr	2 671 t im Werte v.	9 231 000 M.
1912	„	2 643 t „ „ „	8 528 000 „	„	3 155 t „ „ „	13 372 000 „

Felle zu Pelzwerk, roh, außer Hasen- und Kaninchenfellen:

1911	Einfuhr	3 716 t im Werte v	100 991 000 M.,	Ausfuhr	1 575 t im Werte v.	47 227 000 M.
1912	„	4 365 t „ „ „	123 114 000 „	„	1 420 t „ „ „	48 647 000 „

Enthaarte, halb- oder ganzgare, nicht weiter zugerichtete Schaf-, Lamm-, Ziegen- und Zickelfelle:

1911	Einfuhr	4 593 t im Werte v.	32 318 000 M.,	Ausfuhr	88 t im Werte v.	329 000 M.
1912	„	4 273 t „ „ „	31 012 000 „	„	117 t „ „ „	470 000 „

Leder, halb- oder ganzgar, in Stücken von mehr als 3 kg; Kernstücke, Oberleder für Schuhe, Stiefel, Pantoffel:

1911	Einfuhr	118 t im Werte v.	592 000 M.,	Ausfuhr	8 937 t im Werte v.	95 465 000 M.
1912	„	88 t „ „ „	485 000 „	„	9 689 t „ „ „	10 921 000 „

Dergleichen: Sohlleder:

1911	Einfuhr	1 029 t im Werte v.	2 726 000 M.,	Ausfuhr	5 028 t im Werte v.	9 906 000 M.
1912	„	1 085 t „ „ „	3 091 000 „	„	7 441 t „ „ „	15 995 000 „

Dergleichen: Treibriemenleder:

1911	Einfuhr	869 t im Werte v.	3 648 000 M.,	Ausfuhr	154 t im Werte v.	648 000 M.
1912	„	800 t „ „ „	3 521 000 „	„	199 t „ „ „	779 000 „

Dergleichen: Geschirr-, Möbel-, Portefeuille-, Sattler-, Buchbinder- usw. Leder, Schweinsleder (1911 ohne Schweinsleder):

1911	Einfuhr	123 t im Werte v.	800 000 M.,	Ausfuhr	1 552 t im Werte v.	10 528 000 M.
1912	„	134 t „ „ „	965 000 „	„	1 631 t „ „ „	11 211 000 „

Handschuhleder, Glacéleder:

1911	Einfuhr	22 t im Werte v.	394 000 M.,	Ausfuhr	593 t im Werte v.	10 754 000 M.
1912	„	19 t „ „ „	363 000 „	„	746 t „ „ „	12 438 000 „

Ziegen-, Zickelleder, zugerichtet (ohne Handschuh-, lackiertes Leder):

1911	Einfuhr	428 t im Werte v.	8 739 000 M.,	Ausfuhr	1 561 t im Werte v.	27 367 000 M.
1912	„	356 t „ „ „	7 232 000 „	„	1 499 t „ „ „	25 100 000 „

Schaf-, Lammleder, zugerichtet (ohne Handschuh-, lackiertes Leder):

1911	Einfuhr	1 093 t im Werte v.	11 812 000 M.,	Ausfuhr	786 t im Werte v.	8 683 000 M.
1912	„	1 307 t „ „ „	14 704 000 „	„	772 t „ „ „	8 358 000 „

Kalbsleder, lackiert:

1911	Einfuhr	15 t im Werte v.	230 000 M.,	Ausfuhr	1 340 t im Werte v.	20 163 000 M.
1912	„	13 t „ „ „	208 000 „	„	973 t „ „ „	15 298 000 „

Rind-, Schaf-, Ziegen- usw. Leder, lackiert:

1911	Einfuhr	120 t im Werte v.	1 557 000 M.,	Ausfuhr	1 302 t im Werte v.	16 752 000 M.
1912	„	108 t „ „ „	1 463 000 „	„	1 783 t „ „ „	25 332 000 „

Felle zu Pelzwerk:

1911	Einfuhr	2 202 t im Werte v.	60 742 000 M.,	Ausfuhr	2 801 t im Werte v.	123 227 000 M.
1912	„	2 367 t „ „ „	71 682 000 „	„	3 097 t „ „ „	162 810 000 „

Pelzwaren, nicht überzogen, nicht gefüttert:

1911	Einfuhr	509 t im Werte v.	2 527 000 M.,	Ausfuhr	91 t im Werte v.	5 153 000 M.
1912	„	473 t „ „ „	2 499 000 „	„	129 t „ „ „	10 039 000 „

353. Rohstoffe der Lederbereitung.

Die tierische Haut. Man unterscheidet bei der Haut 3 Schichten. Die schwache behaarte Oberhaut oder Epidermis, die mittlere, dickste Schicht, die Lederhaut (Corium) und unter dieser die aus Unterhautzellgewebe bestehende Unterhaut. Die Lederhaut besteht nach **Reimer** im wesentlichen aus dem Stoffe, der die Bindegewebfasern zusammensetzt und die Bezeichnung Bindegewebesubstanz, leimgebende Substanz, Glutin oder Hautfibroin führt, und der zwischengelagerten Intercellularsubstanz, dem Coriin. Das Hautfibroin ($C_{15}H_{23}N_5O_6$) ist in kaltem Wasser und in verdünnten Säuren und Alkalien und Erdalkalien unlöslich, in konzentrierten Säuren und Alkalien löslich, ebenso in kochendem Wasser unter Leimbildung. Das Coriin ($C_{30}H_{50}N_{10}O_{15}$) ist in verdünnten Säuren, Alkalien und Erdalkalien und in 10proz. Kochsalzlösung löslich, aber unlöslich in Wasser und in Kochsalzlösungen von größerer oder geringerer Konzentration. Beim Trocknen der Blöße werden die Bindegewebefasern durch das Coriin verkittet und man erhält steifes „Hornleder".

Die Faserbündel, aus denen die Oberhaut besteht, stehen an der Haarseite dicht zusammen und bilden den Narben, das Korn (Grain), der ein unterscheidendes Merkmal für die verschiedenen Arten der Tierhaut bildet.

Die wertvollsten Häute der Lederindustrie sind die des Rindviehs; für kräftiges Leder, Riemen-, Sohl- oder Sattlerleder werden vornehmlich die Ochsenhäute, für schwächeres Vacheleder, zu Oberleder u. dgl. Kuh- und Kalbshäute benutzt. Auch die Häute der Pferde liefern kräftiges Leder. Die Häute der Ziegen und Schafe werden auf feine Ledersorten (Saffian), Handschuhleder u. dgl. verarbeitet. Auch die Felle von Hirschen, Rehen, Gemsen, Hunden, Katzen, Seehunden usw. werden gegerbt. Schweinshäute liefern festes Sohlenleder. Hirsch-, Reh- und Gemsfelle werden gewöhnlich sämischgar gegerbt und zu Waschleder für Handschuhe, Besätzen von Reithosen u. dgl. verarbeitet. Bekannt ist auch die Benutzung des Krokodilleders für Galanteriewaren. Selbst Fischhäute, wie die Haut des Tunfisches, werden gegerbt.

Die Häute von gesunden, geschlachteten Tieren liefern kräftigeres Leder wie die Häute kranker, gefallener Tiere. Auch die Ernährung, das Alter, die Rasse, das Geschlecht der Tiere haben Einfluß auf die Beschaffenheit des Leders. Von der richtigen Auswahl der Haut hängt daher das Ausfallen des Gerbens in hohem Maße ab.

Interessant ist die Feststellung, daß die künstlichen Futtermittel, namentlich die Ölkuchen, die Häute der Tiere, besonders der Schafe, ungünstig beeinflussen, da diese Häute einen unerwünscht hohen Fettgehalt zeigen, häufig mit Cholesterin durchsetzt sind und beim Gerben und folgenden Trocknen mangelhaft gegerbte Stellen aufweisen. **(A. Seymour-Jones, Kollegium 1909, 29.)**

Als Gerbemittel kommen für die verschiedenen Gerbverfahren in Betracht:

Für das immer noch wichtigste Rot- oder Lohgerbverfahren:

1. Rinden (Lohe).
2. Samen, Früchte, Blätter, Wurzeln, Galläpfel oder ähnliche Auswüchse an Pflanzen.
3. Holz.

Diese Stoffe werden teilweise unmittelbar in zerkleinertem Zustande oder in Form von Auszügen, Extrakten benutzt.

Zu 1. Zur Verwendung gelangen die Rinden von verschiedenen Eichen, ferner Tannen (Hemlocktanne), Kiefern, Fichten, auch Erlen, Weiden, Birken, Kastanien, Mangroven, Mimosen, Eukalyptus usw.

Zu 2. Von Samen u. dgl. benutzt man Valonea, die Eichel zweier in Kleinasien und auf den griechischen Inseln wachsenden Eichen, ferner Galläpfel, vom Stich der Gallwespe herrührend, vornehmlich auf Eichen vorkommend, Knoppern, hervorgerufen durch den Stich der Knoppern-gallwespe, besonders an den jungen Früchten der ungarischen Stieleiche vorkommend. Sumach, die zerkleinerten getrockneten Blüten, Stiele und jungen Zweige des in Südeuropa heimischen Sumachstrauches (Rhus cortinus und coriaria), Myrobalanen, die Früchte von Terminolea chebula (Ostindien), Algarobilla, die Früchte von Balsamocarpus brevifolium. Palmetto sind die Wurzeln einer in Florida wachsenden Palme, Canaigre die Knollen einer in Mittelamerika wildwachsenden Sauerampferart.

Zu 3. Quebrachoholz aus Südamerika, wird geraspelt oder als Extrakt viel benutzt. Catechu und Gambir sind Extrakte aus dem Holze einer Mimosenart, der Acacia catechu.

Alle diese gerbstoffhaltigen Produkte enthalten außer dem Gerbstoff mehr oder weniger zuckerhaltige, durch Gärung organische Säuren liefernde Stoffe. Diese Säuren sind für den Verlauf des Gerbprozesses von besonderer Bedeutung. Auf die analytische Ermittlung des Gehaltes der Gerbmaterialien an Gerbstoffen und Zucker ist daher besonderer Wert zu legen. Nach **Päßler** enthalten im Mittel:

	Gerbstoff	Zucker
Eichenrinde	10,10 %	2,65%
Fichtenrinde	11,60%	3,53%
Myrobalanen	30,00%	5,35%
Quebrachoholz	22,00%	0,25%
Knoppern	30,00%	0,65%
Sumach, italien.	28,00%	4,53%
Kastanienholzextrakt	30,00%	2,87%
Fester Quebrachoextrakt	70,00%	2,41%

Als Gerbstoffe für die Weiß- oder Alaungerberei kommen in Betracht: Alaun, Kalialaun $Al_2(SO_4)_3, K_2SO_4 + 24\,H_2O$, 16% Tonerdehydrat entsprechend oder vorteilhafter schwefelsaure Tonerde, $Al_2(SO_4)_3 + 18\,H_2O$, 23% Tonerdehydrat entsprechend, ferner Kochsalz; statt dessen wird auch Glaubersalz benutzt.

Für die Sämischgerberei finden Trane aller Art, vor allem Wal- und Fischtran, Verwendung.

In der Chromgerberei werden die verschiedenen Chromverbindungen benutzt: Chromalaun, Chromchlorid, Kalium- oder Natriumbichromat u. a. Nach **Hegel** besteht das Wesen der Chromgerbung darin, daß eine von der Hautblöße aufgesaugte Chromsalzlösung in der Weise gefällt wird, daß eine unlösliche, bzw. nicht mehr auswaschbare Verbindung von Chrom mit der Hautfaser entsteht. Das hierzu vor allem geeignete Chromoxyd kann aus Chromoxydsalzen durch alkalische Reagenzien oder aus chromsauren Verbindungen durch Reduktionsmittel abgeschieden werden. Ob das Chromoxyd eine metallorganische Verbindung mit den Elementen der Hautblöße eingeht oder ob nur rein physikalische Vorgänge zugrunde liegen, ist strittig. Vermutlich spielen sich — wie auch bei den Färbeprozessen — gleichzeitig chemische und physikalische Vorgänge ab.

Gerbmittel.

354. Literatur und Allgemeines über gerbende Substanzen.

Deutschl. Eichenrinde 1/2 1914 E.: 164654; A.: 2042 dz.
Deutschl. Nadelholzrinde 1/2 1914 E.: 71398; A.: 2265 dz.
Deutschl. Mimosa-, Mangrove- etc. -rinde 1/2 1914 E.: 196216; A.: 13185 dz.
Deutschl. Quebrachoholz u. a. in Blöcken 1/2 1914 E.: 657759; A.: 26 dz.
Deutschl. Quebrachoholz zerkleinert 1/2 1914 E.: 15528; A.: 19492 dz.
Deutschl. Dividivi u. a. 1/1 1914 E.: 21268; A.: 3184 dz.
Deutschl. Knoppern, Doppern, Valonea 1/2 1914 E.: 64130; A.: 3184 dz.
Deutschl. Galläpfel 1/2 1914 E.: 18225; A.: 3184 dz.
Deutschl. Myrobalanen 1/2 1914 E.: 68492; A.: 3184.
Deutschl. Sumach 1/2 1914 E.: 14583; A.: 3184 dz.
Deutschl. Catechu 1/2 1914 E.: 19115; A.: 3184 dz.
Deutschl. Eicheln 1/2 1914 E.: 9110; A.: 2241 dz,

Deutschl. Gerb-(Gallus)säure 1/2 1914 E: 486; A: 3629 dz.

Franke, H., Die pflanzlichen Gerbstoffe. — Nierenstein, M., Chemie der Gerbstoffe. 15. Bd., 7. Heft d. Chem. Vorträge. Stuttgart 1910. — Dekker, J., Die Gerbstoffe. Berlin 1913. — Freudenberg, K., Die Chemie der natürlichen Gerbstoffe. Berlin 1920. — Höhnel, V., Die Gerberinde usw. Berlin 1880 (heute noch eines der wertvollsten Werke auf diesem Gebiet). — Wiesner, F., Die Rohstoffe des Pflanzenreichs. Leipzig 1903. — Mierzinski, St., Die Gerb- und Farbstoffextrakte. Wien und Leipzig 1887; ferner die betreffenden Kapitel in den eingangs genannten ledertechnischen Werken und die älteren Bücher von Neubrand, Dammer, O., Möller, J. usw. Siehe auch Paeßler, J., Die Mimosenrinden und ihre Bedeutung f. die Lederindustrie.

Über gerbstoffhaltige Rinden und Hölzer für die Lederindustrie siehe **J. Paeßler, Ledertechn. Rundsch. 8, 13 u. 19.**

Die gerberisch wichtigen Eigenschaften der pflanzlichen Gerbstoffe, die Herstellung der Extrakte, die Schnelligkeit des Eindringens der Gerbstoffe in die Haut und die durch sie beeinflußte Farbe und Ausbeute des Leders beschreibt **R. Lauffmann** in **Ledertechn. Rundsch. 8, 17, 25 u. 29.**

Über das Adsorptionsvermögen der Hautblöße gegenüber einigen vegetabilischen Gerbstoffen siehe die Aufsatzfolge von **E. Kudlaček** in **Ledertechn. Rundsch. 17, 177, 185ff.** Vgl. **Kollegium 1915, 1, 59, 117 u. 163.**

Die einheimischen Quellen für Gerbstoffe, Fette, Öle und Harze speziell für die Lederindustrie sind in **Ledertechn. Rundsch. 1918, 58** u. **62** aufgezählt

Über die verschiedenen Gerbextrakte während des Krieges siehe die Arbeiten von **L. Pollak** und **F. Abraham** in **Kollegium 1918, 7** bzw. **82.**

Über die Untersuchung von Gerbstoffen siehe die weitgehende Literaturzusammenstellung von 1858—1885 in **Jahr.-Ber. 1886, 1009.**

Die Resultate der Untersuchung von 23 verschiedenen, wenig untersuchten, bzw. neuen Gerbstoffen veröffentlicht **R. Lauffmann** in **Ledertechn. Rundsch. 6, 321.**

Die verschiedenen Pflanzengerbsäuren (Eiche, Fichte, Catechin, Sumach usw.) sind ihrer chemischen Zusammensetzung nach nur zum Teil erforscht, so das Tannin, das Catechin und die Ellagsäure, weitaus die meisten Gerbstoffe setzen der Konstitutionsbestimmung heute noch unüberwindliche Schwierigkeiten entgegen, weil sie amorph sind und nie rein, sondern stets zusammen mit anderen schwer abscheidbaren Stoffen (Nichtgerbstoffe, Zuckerarten, Phlobaphene) vorkommen. Feststehend ist nur, daß die für die Gerberei wichtigsten Gerbsäuren der Hölzer, Gallen und Früchte sich vom Pyrogallol (Lange, Zwischenprodukte der Teerfarbenfabrikation Nr. 959) ableiten und mit Ferrisalzen blauschwarze Färbungen geben, wie die Rindengerbsäuren vom Brenzcatechin herstammen und eine grünschwarze Eisenreaktion geben. Die ersteren heißen Pyrogallol-, die letzteren Protocatechingerbstoffe und bilden zwei Klassen von Substanzen, die durch chemische Reaktionen gekennzeichnet sind.

Nach **G. Powarnin** sind die Gerbstoffe durch die zwei Grundreaktionen der Fällung durch Eiweiß und Gelatine einerseits und durch neutrales Bleiacetat andererseits gekennzeichnet. Sie lassen sich als phenolartige Verbindungen, die in den zwei tautomeren Formen der Keto- und Enolform existieren können einteilen in Esterotannide (Galläpfel, Tannin, Sumach, Knoppern usw.) und Kotannide, die ihrerseits wieder zerfallen in Gallokotannide (Myrobalanen, Dividivi, Eiche, Kastanie usw.), Phlorokotannide (Catechu, Gambir, Quebracho, Birke usw), Protocatechukotannide (Fichte, Mangrove, Hemlock usw.) und Gallkotannide (Mimosa und Acacia). Phlobaphene sind komplizierte Kotannide. Im allgemeinen gilt, daß bei den festen Gerbstoffen, ferner in kolloidalen Lösungen und hohen Konzentrationen die Ketoform überwiegt, während die Enolform charakteristisch ist für die krystalloiden und alkoholischen Lösungen der Gerbstoffe. Die weitere Ausführung dieses Einteilungsprinzipes und einzelne Reaktionen, die seine Berechtigung erweisen, finden sich ebenso wie allgemeine Mitteilungen über die Technologie der Gerbextrakte und des Gerbens in **Kollegium 1912, 105** und in dem Werke des genannten Verfassers: Probleme aus der Chemie der Gerbstoffe.

Die wenigen Erkenntnisse genügten jedenfalls um den Versuch zur Herstellung künstlicher (fälschlich „synthetisch" genannt) Gerbstoffe zu wagen, der von Erfolg begleitet war **[363]**.

Die gerbenden Stoffe des Tierreiches sind die Fette (Sämisch- oder Waschleder), jene mineralischer Herkunft, wie z. B. Alaun und Kochsalz, Bichromat, Eisensalze usw. führen zu Lederarten, die nach diesen Stoffen benannt werden. Schließlich gelangen auch Kunstprodukte der chemischen Großindustrie, Abfallstoffe (z. B. Sulfitcelluloseablauge) als Gerbmittel zur Verarbeitung.

Die heimischen und fremdländischen Gerbmaterialien, Rinden, Hölzer, Gallen und Früchte werden gemahlen und in dieser Form verwandt (Lohe), wesentlich verbreiteter ist jedoch die Anwendung der Gerbextrakte, die man aus den Naturprodukten auf verschiedenartige Weise gewinnt.

Die Versuchsergebnisse über Ledergerbung mit kolloidalen Gerbstoffen (Mischungen von Tragasol, Gerbsäure und Gerbextrakten) veröffentlicht **M. C. Lamb** in **J. Am. Leath. Chem. Assoc. 9, 359.** Das erhaltene Leder zeigte gute Farbe und war recht widerstandsfähig gegen Wasser.

Der Wert eines Gerbmittels ist nicht nur bedingt durch die Menge des vorhandenen Gerbstoffes, sondern auch durch die außer ihm in der Lösung vorhandenen Bestandteile, und Nichtgerbstoffe, deren Anwesenheit von ungünstiger Wirkung auf den Gerbprozeß sein können. Da diese Nebenbestandteile zum Teil eine Art aussalzende Wirkung auszuüben vermögen, wird die beste Gerbstoffausnutzung meistens in weniger konzentrierten Brühen erzielt und aus demselben Grunde ist auch die von **L. Manstetten** hervorgehobene bessere Ausnutzung beim Lösen des Extraktes in der Wärme zu erklären. **(Ledertechn. Rundsch. 4, 38, 297.)** Vgl. **ebd. S. 5, 25, 65** u. **75**, woselbst der Verfasser die Auslaugeeinrichtungen für pflanzliche Gerbmaterialien schildert.

Über den Wert der Nichtgerbstoffe in Gerbmaterialien und Extrakten und ihren Einfluß in dem Sinne, als der Überschuß der Nichtgerbstoffe die Absorption der Gerbstoffe verringert, siehe **J. G. Parker** und **J. R. Blokey**, Referat in **Zeitschr. f. angew. Chem. 25, 1932.**

Zur Bestimmung des Gerbstoffgehaltes vollzieht man eine Gerbung im kleinen an einem nach normierten Grundsätzen hergestellten Hautpulver und ermittelt auf dem Differenzwege die Menge des von der Haut aufgenommenen Gerbstoffes durch Wägung der Abdampfrückstände vor und nach der Gerbung.

Zur Konservierung des zur Gerbstoffanalyse erforderlichen chromierten Hautpulvers, füllt man das gewaschene und gepreßte Pulver in eine sterile Flasche, die mit der wässerigen Lösung von 1 g Phenol und 2 g Borsäure im Liter gefüllt ist. Das Präparat hält sich 14 Tage. **(J. G. Parker** und **A. T. Hough, Kollegium 1908, 252.)**

355. Gewinnung, Lagerung, Wert einzelner Gerbmaterialien.

Das Schälen der jungen Eichen zwecks Lohrindengewinnung soll erst nach völligem Safteintritt im Frühjahr geschehen und zwar an Beständen, die mindestens 15 Jahre alt sind. Die nach Ast- und Stammrinden und nach schuppigem oder rissigem Material sortierten Rinden sollen dann in dachartig schrägen Lagen oder nach einer anderen Vorschrift in Bündeln von 4 bis 5 kg an Galgen frei hängend an der Luft getrocknet werden, worauf man sie in Pakete von 50 bis 60 Pfund schnürt und diese an sonnigen Plätzen in klafterähnlichen Haufen aufschichtet. **(Lederind. 58, Nr. 63, 66** bzw. **69.)**

Um Eichen- und Fichtenrinde möglichst vollkommen und ohne Rücksicht auf die Jahreszeit und den Saftzustand ernten zu können, behandelt man die Prügel nach **H. A. Gütschow** mit Wasserdampf, wodurch sich das Schälen auch bei länger getrockneten Stämmen ohne Schwierigkeit vollziehen läßt. Die Apparatur ist mobil auf einem Wagen montiert. **(Eßlinger, Ledertechn. Rundsch. 7, 341.)**

Über die Vorteile der Dampfschälung von Rinde, die sich nicht nur zur Saftzeit, sondern auch zu jeder anderen Jahreszeit ausführen läßt, siehe die Angaben von **J. Hirschfeld** in **Lederind. 1918, Nr. 257.**

Die Gerbrindenlagerung, ihre Transportierung, Zerkleinerung und die Einrichtung von Lohmühlen hinsichtlich des nötigen Feuerschutzes ist in **Ledertechn. Rundsch. 11, 41** u. **49** beschrieben.

Nach **C. C. Smoot** empfiehlt es sich, Kastanieneichenrinde, vor dem Auslaugen, je nach der Örtlichkeit verschieden lang zu lagern, da alte Rinden einen stärker löslichen Gerbstoff und daher bessere Brühen ergeben. (Referat in **Zeitschr. f. angew. Chem. 26, 646.)**

Über die Mimosenrinde (Gerberakazie) und ihre Bedeutung für die Gerberindustrie berichtet **J. Paeßler** in **Ledertechn. Rundsch. 1910, 321** ff.

Beiträge zur Kenntnis des Quebracho-, Maletto-, Sumach- und Teegerbstoffes veröffentlichen **E. Strauß** und **B. Gschwendner** in **Zeitschr. f. angew. Chem. 1906, 1121.**

Unter den verschiedenen pflanzlichen Gerbstoffen liefern Würfelgambir, Sumach, Sumachextrakt und Algarobilla das hellste Leder, Mangroverinde das dunkelste und roteste Leder und die übrigen Gerbmaterialien ordnen sich von Hell nach Dunkel etwa in der Reihenfolge: Myrobalanen, Valonea, Knoppern, kalklöslicher Quebrachoextrakt, Divi-Divi, Fichtenrinde, Eichenholzextrakt, Trillo, Eichenrinde, Mimosenrinde, Kastanienholzextrakt, Malletrinde, Fichtenlohe, und Quebrachoextrakt an. Die mit Sumach und Gambir gegerbten Leder verändern ihren Farbton wenig, während die übrigen Extrakte nachdunkeln, Mimosen-, Malletrinde, Quebrachoholz- und -extrakt am Lichte sogar eine ausgesprochene Rotfärbung bewirken. **(J. Paeßler, Gerberztg. 1907, Nr. 260—262.)**

Unter den auf ihren Wert zwecks Erzielung verschiedener Ledereigenschaften geprüften Rinden und zwar Mallet- mit 36—42%, Mimose- mit 30—39, Mangrove- mit 30—37 und Fichtenrinde mit 18—23% Gerbstoff, bewirkt den besten Durchgerbungsgrad Fichtenrinde; das beste Gerbstoffeindringungsvermögen in die Blöße besitzt Mimosenrinde, die auch das weichste und elastischste Leder erzeugt; das wasserbeständigste Leder liefert Fichtenrinde, die auch die größte Säurebildung der Brühen hervorruft und das festeste Leder erhält man mit Malletleder. **(F. A. Coombs Zentr. Bl. 1919, IV, 587.)**

Nach **R. Kobert** ist der Gerbstoff der verschiedenen Mangrovearten an Stärke der Wirkung allen anderen weit überlegen. **(Kollegium 1915, 321.)**

Nach einer Mitteilung von **P. Singh** erzielt man mit Gerbstoffen, deren Brühen auf Gerbstoff berechnet 10% Fett enthalten, weichere Leder als mit fettfreien Brühen. Auch diejenigen Gerbstoffe, die von Natur aus ein durch Petroläther extrahierbares Fett enthalten, sollen ein weiches Leder ergeben. **(Referat in Zeitschr. f. angew. Chem. 29, 156.)**

356. Heimische und Kriegsgerbstoffe.

Die verschiedenen während des Krieges zum Teil auch für praktische Zwecke herangezogenen heimischen Gerbstoffpflanzen enthalten nach **R. Lauffmann** in Prozenten ausgedrückt folgende Mengen Gerbstoff: Weidenrinde 8—14, Nußbaumrinde 3—12, Pappelrinde 5, Espenrinde 7, Nußbaumholz 1,5—10, Akazienholz 1,6—3,7, Ahornholz 6,8, Buchenholz 0,5, Roßkastanienholz 1,1, Roßkastanienschalen 5,9, Eichenschalen 5—13, Eichenblätter 7—9, Eichenreisig 3—4,5, Walnußschalen 9—22, Fichtenzapfen 2,6—12, Fichtennadeln 3—8, Fichtenreisig 4—7 und Heidekraut 4—14. Aus diesen Zahlen ist jedoch nicht ohne weiteres auf die Verwendbarkeit der betreffenden Gerbstoffmaterialien auch für die Praxis zu schließen, da viele dieser Stoffe sehr viel nichtgerbende oder harzige Bestandteile enthalten, die ihre Verwendbarkeit ausschließen. **(Zeitschr. f. öff. Chem. 1918, 93.)**

Die Edelkastanie enthält im Holz und in der Rinde gegenüber der Eiche das 4—7fache an Gerbstoff, wobei besonders die Rinde jüngerer Bäume im Vergleich zu dem unter ihr liegendem Holz als Gerbstoffspeicher aufzufassen ist. Junge Kastanienrinde hat 15—16% Gerbstoff, mit zunehmendem Alter sinkt ihr Gehalt an wirksamer Substanz, während gleichzeitig der Gerbstoffgehalt steigt. In verschiedenen Abhandlungen **(Ledertechn. Rundsch. 1916, 213 u. 1917, 53ff.**, vgl. auch **J. Jedlička, Kollegium 1917, 210)** empfiehlt daher **J. Paeßler** angelegentlich die Anpflanzung der Edelkastanie zu Schälzwecken in den geeigneten Gegenden Deutschlands und die Auflassung der weniger wirtschaftlichen Eichenschälwälder.

Nach Versuchen von **R. Kobert** ist die von den Haaren befreite Samenhaut der Eßkastanie das stärkste der überhaupt existierenden vegetabilischen Gerbmittel.

Über die Auswertung der Rinde ebenso wie des Holzes der Edelkastanie als Gerbmittel siehe **J. Paeßler, Ledertechn. Rundsch. 1916, 213ff.** Vgl. **Chem. Ztg. 1910, 609 u. Kollegium 1914, 668.**

Über die Bedeutung der Rinde und des Holzes der Roßkastanie für die Lederindustrie siehe **Forstwirtschaftl. Zentralbl. 1917, 394—417.**

Beiträge zur Kenntnis des Kastanienholzextraktes mit Angaben über die Mengen des in ihm enthaltenen Xylans bringt ferner **L. Pollak, Kollegium 1914, 715.**

Über die Fichtenrinde mit 9 bzw. 11,5% Gerbstoff (Schüttel- oder Filterverfahren) und ihre Verwendung in der Lederindustrie, besonders seit dem Kriege siehe **J. Paeßler, Kollegium 1917, 14 u. 59.**

Eine genaue Anleitung zur Gewinnung von Fichtengerbrinde wurde von der Forstabteilung der Landwirtschaftskammer für die Rheinprovinz herausgegeben und bei Günther und Sohn, Berlin 1916, verlegt.

Vorschriften für die Eichen- und Fichtenrindengewinnung finden sich ferner in **Lederindustrie 1916, Nr. 119—121 u. 124.**

Über die Gewinnung von Fichten- bzw. Eichengerbrinde siehe außer den Angaben von **J. Paeßler** in **Kollegium 1916, 405** noch die Anleitung von **Ludwig** in **Ledertechn. Rundsch. 8, 235.**

Nach Ermittlungen von **R. Rieder** enthält Fichtenreisig durchschnittlich 5,68% gerbende Stoffe und 4,33% Zucker, so daß also auf 100 Tl. gerbender Stoffe 76,23 Tl. Zucker kommen. Das Reisig allein gibt demnach nur einen schlechten Extrakt, doch lassen sich jedenfalls beim Mischen mit gerbstoffreicheren und zuckerärmeren Extrakten günstige Resultate erhoffen, so daß in Zeiten großer Gerbstoffknappheit dieses Material eine willkommene, neue Quelle für Gerbmittel bieten könnte. In **Ledertechn. Rundsch. 6, 345** macht Verfasser Angaben über die Herstellung des Extraktes, ein Projekt zur Anlage einer Extraktfabrik und berechnet die Rentabilität eines derartigen Unternehmens auf Grund der jährlich zu Gebote stehenden Mengen an Reisig und der Aufarbeitungskosten.

Birkenrinde enthält (gemessen nach **Schröders** Spindelmethode) zwischen 4% für die allerschlechtesten und 16% für die besten Rinden an gerbender Substanz. **(W. Appelius, Ledertechn. Rundsch. 6, 113.)**

Über den Gerbstoff der Weidenrinde und seine Beeinflussung durch Luft und Wärme während des Wachstums der Pflanze siehe die Mitteilungen von **W. Sonne** und **Fr. Kutscher** in **Zeitschr. f. angew. Chem. 1889, 508.**

Nach **J. Paeßler** empfiehlt es sich die bisher als wertlos betrachteten grünen Nußschalen für Gerbereizwecke zu sammeln, da sie 22,2% eines zwar empfindlichen, aber anscheinend verwendbaren Gerbstoffes enthalten, dessen Verhältnis zu den vorhandenen Nichtgerbstoffen ein günstiges ist. **(Ledertechn. Rundsch. 8, 189.)**

Während des Krieges wurden auch frische Eichenblätter, die 7% und Fichtenzapfen, die nur 4% Gerbstoff abgeben als Gerbmaterialquellen in Aussicht genommen, wenn auch Fichtenzapfen nach **C. Schiffkorn** wegen der schwierigen Auslaugung und wegen ihres Harzgehaltes kaum ein gutes Resultat ergeben hätten. **(Kollegium 1915, 145.)**

In einer Arbeit über die pflanzlichen Gerbstoffe kommt **R. Lauffmann** zu dem Schluß, daß die deutsche Lederindustrie auf ausländische Gerbstoffe angewiesen ist. (Zeitsch. f. angew. Chem. **1921, 89.)**

357. Allgemeines über Gewinnung (Konservierung) von Gerbextrakten.

Deutschl. Heimische Extrakte $^1/_2$ **1914 E.: 173990; A.: 330 dz.**
(Eiche, Fichte, Kastanie)
Deutschl. Galläpfel-Auszüge $^1/_2$ **1914 E.: 237; A.: 5514 dz.**
Deutschl. Sumach-Auszüge $^1/_2$ **1914 E.: 4503; A.: 5514 dz.**
Deutschl. Andere Gerb-Auszüge $^1/_2$ **1914 E.: 5458; A.: 94978 dz.**
Deutschl. Quebracho-Auszüge $^1/_2$ **1914 E.: 85339; A.: 94978 dz.**

Über Extraktion der Gerbemittel siehe **A. Bartel** und **v. Schröder.** Ein ausführliches Referat über die Arbeit findet sich in **Jahr.-Ber. f. Chem. Techn. 1893, 1122** u. **1894, 1115.**

Über die Herstellung der Gerb- und Farbstoffextrakte siehe die Arbeit von **G. Grasser** in **Chem. Ztg. 1913, 373.**

Die Verfahren zur Extraktion frischer Gerbmaterialien und saurer Lohe zwecks Erzeugung von Material zur normalen bzw. auch zur Gerbung schwerer Leder bespricht **A. F. Diehl** in **Gerberztg. 1906, Nr. 21 ff.**

Die Beschreibung einer Gerbstoffextraktionsanlage, die für eine Verarbeitung von 20000 kg Rinde in 24 Stunden vorgesehen ist, beschreibt **G. Barnick** in **Chem. Apparatur 1917, 89.**

In der Lederfabrikation sind hauptsächlich die Extrakte folgender natürlicher Gerbmaterialien in Verwendung: Algarobilla, Dividivi, Eiche, Fichte, Gambir, Catechu, Kastanienholz, Knoppern, Mangrove, Maletto, Mimosa, Myrobalanen, Quebracho, Sumach, Valonea, ferner Gelbholz und Blauholz. Die Naturprodukte z. B. das Quebrachoholz werden zum Teil schon an Ort und Stelle in besonderen oft recht primitiven Apparaten extrahiert, teils um Frachtkosten zu sparen, teils um Wertminderungen des Materiales vorzubeugen.

Über die Gerbstoffextraktion nach dem Diffusionsverfahren unter Zuhilfenahme von Preßluft statt des bisher verwendeten gespannten Dampfes zum Bewegen der konzentrierten Gerbstofflösung siehe die Angaben in **Ledertechn. Rundsch. 1911, 105.**

Die Methode der ununterbrochenen Extraktion von Gerbmitteln durch Zentrifugalkraft beschreibt **A. Gawalowski** in **Erf. u. Erf. 1917, 351.**

Die Rohextrakte enthalten auch Nichtgerbstoffe und unlösliche Stoffe (harzige Stoffe und die sog. Phlobaphene), so daß Gerbbrühen, die man längere Zeit stehen läßt, sich in ihrer Zusammensetzung je nach der Art des Ausgangsmaterials verändern und zur Ausscheidung unlöslicher Stoffe neigen, die beim späteren Gerbprozeß von der Haut nicht aufgenommen werden. Eine Verminderung des Gerbgehaltes von 23—29% tritt bei 2grädigen Lösungen von Myrobalanen, Valonea, Divi und Trillo nach 60tägigem Stehen ein, ebenso erleiden eine Abnahme von 8—16% die Extrakte von Eichen- und Fichtenrinde, Eichen- und Kastanienholz und Knoppern, während die Brühen von Mimosenrinde, Mangrove, Sumach, Quebracho und Gambir keine Abnahme zeigen. Wesentlich ist bei diesen Veränderungen auch die Art des Wassers. Harte Wässer führen an und für sich zu größeren Gerbstoffverlusten, doch ist es nicht angängig sie durch Behandlung mit Soda weich zu stellen, da dann an Stelle der ausgefällten Erdalkalicarbonate entsprechende Mengen von Kochsalz und Sulfat in das Wasser gelangen, die ebenfalls schädlich sind, vielmehr gelten oben die Daten nur für destilliertes oder Regenwasser. Auch Calciumchlorid und Magnesiumchlorid beeinflussen die Löslichkeit der Gerbstoffe namentlich bei Herstellung des Trilloextraktes sehr ungünstig und führen zu einem Verlust der bis zu 10% betragen kann, Eichenrinde, Fichtenrinde, Sumach und Myrobalanen ergeben hingegen kaum oder nur wesentlich geringere Verluste. **(J. Paeßler, Gerberztgg. 1904, Nr. 60—67** und **Kollegium 1904, Nr. 92 bis 99.)**

Wie groß der Einfluß der Salze des Fabrikationswassers auf Gerbextrakte ist, geht aus Untersuchungen von **E. Nihoul** hervor, der die Verluste an Gerbstoff bei Eichenrinde, Fichtenrinde, Sumach, Quebracho, Kastanien- und Mimosenextrakt für die Einwirkung von Calciumchlorid, Natriumsulfat und Magnesiumcarbonat feststellte. Sie betragen für die einzelnen Substanzen in der genannten Reihenfolge und für die drei Salze 6,51, 4,79, 1,56; 11,80, 3,90, 11,56; 0,00, 1,65, 3,00; 3,97, 1,91, 5,64; 8,86, 8,31, 10,31; 9,74, 2,08, 4,46%. Die Verluste sind teils durch Ausfällung von Gerbstoff, teils durch Umwandelung in lösliche Nichtgerbstoffe bedingt. **(Kollegium 1905, 15, 23 u. 38.)**

Nach **T. A. Faust** bedingt die Anwendung von hartem Wasser trotz Zunahme der Nichtgerbstoffe keine Abnahme der gerbenden Substanzen, wohl wirkt jedoch Kochsalz fällend auf sie, während Alkalien, sowie die die vorübergehende Härte bedingenden Wassersalze den Gerbstoff lösen.

Die Gebrauchswässer für Gerbereien, und zwar ebensowohl Grund- wie auch Oberflächenwasser sind vor der Verwendung zu enthärten, wobei besonders auf die Entfernung neutraler, kohlensaurer Salze Rücksicht zu nehmen ist. Zur Desinfektion des Oberflächenwassers bedient man sich der Ozonreinigung oder des bloßen Abkochens oder chemischer Methoden, Zuführung von Schwefelsäure oder Essigsäure oder man sterilisiert das Wasser bei Anwendung von Kleienbeizen auch durch Zusatz von Milchsäurebakterien in Form von saurer Milch. Nähere Angaben von **H. Kühl** finden sich in **Ledertechn. Rundsch. 6, 145.** Vgl. **M. F. Corin, J. Am. Leath. Chem. Assoc. 9, 143.**

Die vom Gerber aus den Rinden selbst hergestellten Gerbbrühen verhalten sich namentlich wegen ihres höheren Gerbstoffgehaltes und was das Verhältnis der Gerbstoffe zu den Nichtgerbstoffen betrifft, wesentlich anders, als die durch Auslaugen in der Hitze gewonnenen Extrakte z. B. der Mangroverinde, Myrrobalanen, Valoneen usw. Besonders in der Schwellwirkung der Brühen, ferner was die Aufnahme des Gerbstoffes betrifft, auch hinsichtlich der Farbe des erhaltenen Leders zeigen die Extrakte viele Eigentümlichkeiten, insbesondere da sie häufig mittels anorganischer Salze geklärt wurden, die dann ihrerseits ohne daß der Gerbextrakt selbst einen Einfluß hätte, zur Bildung eines weichen Leders führen. **(S. C. Hemle,** Referat in **Zeitschr. f. angew. Chem. 1910, 431.)**

Nach Versuchen von **G. Parker** und **R. Procter** liegen die günstigen Gerbstoffextraktionstemperaturen unterhalb 100° und sind am niedrigsten, nämlich 50—60° bei Valonea und Sumach und am höchsten bei Myrobalanen, Quebracho und Mangrove, nämlich 90—100° bzw. 80—90°. (Referat in **Zeitschr. f. angew. Chem. 1896, 27.)**

Stets ist die Überschreitung der Temperatur von 100° bei der Gerbstoffauslaugung schädlich, da größere Hitze die Bildung unlöslicher Stoffe begünstigt. Aus diesem Grunde empfiehlt es sich auch, die Auslaugtemperatur langsam zu steigern, zur Vermeidung von Oxydationen in geschlossenen Behältern zu extrahieren und auch während des Transportes und während der Kühlung der Brühen jede Oxydation zu vermeiden. **(L. Manstetten, Ledertechn. Rundsch. 1910, Nr. 10, 18, 19 u. 28.)**

Speziell beim Kastanienholz erzielt man die günstigsten Auslaugeergebnisse bei stufenweiser Erhöhung der Temperatur, mit genügenden Wassermengen und feinst zerkleinertem Material. Auch eine vermehrte Anzahl der Auslaugungen wirkt günstig, wogegen die Erhöhung der Auslaugetemperatur und Verlängerung der Zeit die Wiederholung der Operation nicht zu ersetzen vermag. Arbeitet man unter Druck, so soll die Temperatur niedrig und die Auslagezeit kurz sein, um den Gehalt des Extraktes an Nichtgerbstoffen nicht zu stark zu erhöhen. **(C. T. Gayley, Zentr.-Bl. 1920, IV, 208.)**

Zur Gewinnung des Holzgerbstoffes extrahiert man das Lignin oder aus Holz gewonnene ligninhaltige Produkte mit einem ein Sulfit enthaltendem Lösungsmittel und fällt den Gerbstoff durch Säurezusatz aus. **(Norw. P. 30 921.)**

Grundregeln für die Praxis über die Behandlung der Gerbbrühen aus vegetabilischen Gerbmaterialien bringt **L. Manstetten** in **Ledertechn. Rundsch. 1910, 369 u. 1911, 57 u. 98.**

Über Gärungserscheinungen willkommener und schädlicher Art, die Ansiedelung der Fäulnisbakterien, das Schleimigwerden der Gerbbrühen und deren Milchsäuregärung siehe die Abhandlung von **F. Andreasch** in **Gerber 1895, 193 u. 1896, 3.**

Nach Angaben von **J. M. Seltzer** werden Gerbbrühen durch Zusatz von $^1/_{20}$% künstlichem Senföl unbegrenzt haltbar, während das ebenfalls konservierend wirkende Thymol den Säuregehalt der Brühe vermutlich infolge geringer Milchsäuregärung verändert. (Referat in **Zeitschr. f. angew. Chem. 26, 527.)**

Zur Erhöhung der Haltbarkeit wässeriger Gerbstoffauszüge erwärmt man das Rohmaterial (Myrobalanen, Galläpfel, Quebracho, Dividivi usw.) vor der Extraktion auf Temperaturen über 40°. **(A. P. 1 098 348.)**

358. Unlösliche Gerbextraktbestandteile.

Um jene oben erwähnten unlöslichen oder schwer löslichen Harze und Phlobaphene zu entfernen, wäre es am einfachsten sie abzufiltrieren bzw. absetzen zu lassen oder durch Zusatz fällender Stoffe wie z. B. Aluminiumthiosulfat, Aluminiumsulfat und Bariumhydrat, Blutalbumin, Blut und Soda, Oxalsäure und darauf Blut, Casein und Soda, Maiskolbenmehl usw. zu beseitigen. So fällt man z. B. nach älteren Angaben die Gerbmittelauszüge mit Strontiumhydrat oder Strontiumcarbonat, filtriert, bindet den Strontiumüberschuß an etwas Schwefelsäure, filtriert abermals und konzentriert das Filtrat im Vakuum auf 20—30° Bé. **(D. R. P. 62 454.)**

Es wurde auch vorgeschlagen die nicht gerbenden Bestandteile elektrolytisch zu entfernen und so eine Anreicherung der Gerbstoffbrühen in der Weise zu vollziehen, daß man die Gerbflüssigkeit im Anodenraum einer Diaphragmenzelle mit leitend gemachtem Wasser im Kathodenraum unter solcher Stromdichte und Spannung elektrolysiert, daß die basischen, die Gerbkraft herabsetzenden Bestandteile abgeschieden, die Gerbsäure selbst jedoch nicht zersetzt wird. Als Kathode dient Kupfer, als Anode Kohle, als Diaphragma Pergamentpapier. Die so behandelte Eichenholzbrühe, zeigt auf Trockensubstanz umgerechnet nach der Behandlung einen 5—10% höheren Gerbstoffgehalt. **(D. R. P. 95 187.)**

Die unlöslichen oder schwer löslichen Substanzen, besonders die Phlobaphene können jedoch, da sie in hohem Maße gewichtgebende Eigenschaften besitzen, die die kaltlöslichen Anteile nicht erreichen kaum entbehrt werden und bilden in der Tat trotzdem sie von Natur aus nicht gerben, in geeignete Form überführt, wertvolle Bestandteile. Sie werden durch die Sulfitierung der Extrakte oder durch andere chemische Veränderungen löslich und damit nutzbar gemacht. **(W. Möleler, Kollegium 1911, 425.)**

Diese soeben erwähnte Methode der Behandlung von Gerbextrakten mit schwefliger Säure (Verfahren der Firma Lepetit, Dolfus und Gansser in Mailand), bedeutete einen großen Erfolg insofern, als es auf diese Weise gelang auch aus schwer extrahierbarem Rohmaterial ohne Gewichtsverlust klare haltbare Gerbbrühen zu gewinnen. So enthält z. B. der wertvolle Quebrachoextrakt einen großen Teil der gerberisch wichtigen Bestandteile in schwerlöslicher Form und die sonst geübten Verfahren, seine Löslichkeit zu erhöhen, bedingen meistens eine chemische Veränderung des Gerbstoffmoleküls **[359]**.

Um aus Gerbstoffextrakten, die unlösliche oder schwerlösliche Bestandteile enthalten, in kaltem Wasser leicht lösliche Gerbstoffpräparate zu gewinnen, behandelt man die fertigen Gerbstoffextrakte oder die unlöslichen Bestandteile mit Körpern, die außer den Hydroxylgruppen saure, salzbildende Gruppen enthalten, wie z. B. die aus aromatischen Oxyverbindungen durch Kondensation mit Formaldehyd erhaltbaren Stoffe. Besonders eignen sich die nach **D. R. P. 260 379** und Zusatz erhaltenen intramolekularen Kondensationsprodukte von Phenolsulfosäuren oder deren Homologen für diesen Zweck. **(D. R. P. 284 119.)** Nach dem Zusatzpatent verarbeitet man den Gerbextrakt aus natürlichen Materialien oder diese selbst mit synthetischen Gerbstoffen, erwärmt also z. B. 200 Tl. festen Quebrachoextrakt, 200 Tl. Wasser und 200 Tl. des nach **D. R. P. 290 965** erhaltenen anneutralisierten Einwirkungsproduktes von Formaldehyd auf Naphthalinsulfosäure. Ebenso kann man auch die warme konzentrierte Lösung des nach **D. R. P. 281 484** erhaltenen Präparates aus Rohkresolsulfosäure und Chlorschwefel mit Quebracho-, Mangrove- oder Kastanienextrakt bzw. mit den Hölzern und ihren Aufkochungsprodukten bzw. ihren Kaltextraktionsprodukten verarbeiten und erhält in jedem Falle klare Lösungen, die sich auch nicht trüben, wenn man sie mit kaltem Wasser verdünnt. **(D. R. P. 299 857 und 299 988.)**

Zur Herstellung wasserlöslicher Produkte, die natürlichen Gerbstoffen die schwerlöslichen Bestandteile entziehen, kondensiert man z. B. die aus 10 Tl. Naphthalin und 12,5 Tl. 98 proz. Schwefelsäure bei 130° bis 140° erhaltene Sulfosäure, direkt in der Sulfierung, bei 80° bis 90° mit 4 Tl. 30 proz. Formaldehyd, rührt und erhitzt weiter bis der Rührer steht, verdünnt mit so viel Wasser, daß das Reaktionsgemisch eben noch beweglich bleibt und rührt weiter bis der Formaldehydgeruch verschwunden ist. Die nach dem Erkalten feste, harzige kaum gefärbte, in kaltem Wasser lösliche Masse entzieht dem Quebrachogerbstoff mit Leichtigkeit die schlecht löslichen Anteile. **(D. R. P. 292 531.)**

Als Lösungsmittel für die wasserunlöslichen Bestandteile natürlicher Gerbstoffe eignen sich die Kondensationsprodukte des Formaldehyds mit Naphthalinsulfosäuren und Naphthalin oder seinen Abkömmlingen, z. B. das Produkt aus β-Naphthalinsulfosäure oder β-Methylnaphthalin mit Formaldehyd und Naphthalin. **(D. R. P. 318 948.)**

Über die Wirkung der Schwefelsäure bei der Extraktion von Gerbmaterialien berichten auf Grund zahlreicher Versuche **J. Wladika und E. Kudlaček in Kollegium 1912, 347.** $^1/_5$ n-Schwefelsäure extrahiert wesentlich größere Mengen von Bestandteilen als reines Wasser wobei ein Extrakt resultiert der besonders große Mengen Nichtgerbstoffe enthält; zugleich wirkt die Schwefelsäure gerbstoffällend und in vielen Fällen auch zuckerbildend.

Nach **E. Kohn-Abrest** erhält man wasserlösliche Gerbstoffe die unter dem Namen Alungalline in den Handel kommen sollen, durch Fällung von Eichen- oder Kastanienrindenauszügen mit dem durch Amalgamation aktivierten Aluminium. **(Referat in Zeitschr. f. angew. Chem. 26, 472.)** Vgl. **[360]**.

359. Gerbextraktgewinnung, Gerbmaterial-Löslichkeitserhöhung (Tanningewinnung).

Eine Anlage zur Gerbstoffextraktgewinnung ist in **E. P. 178 138–139** beschrieben.

Über die Extraktion der Valonea siehe **L. Baldersten, J. Am. Leath. Chem. Assoc. 10, 417.**

Über Mangroverinde mit einem durchschnittlichen Gerbstoffgehalt von 39% und ihre schwarze Abart, die in Form eines festen Extraktes bis zu 70,664 Gerbstoff enthält, über die Herstellung des Extraktes durch Diffusion, Decoction und Percolation und die Konzentration und Verdampfung der Auszüge berichten **F. A. Coombs und G. H. Russell in J. Soc. Chem. Ind. 31, 212.**

Nach **W. Eitner, Der Gerber 1906, 1,** enthält der größere Teil der im Handel befindlichen Quebrachoextrakte 20—50% Mangroveextrakt zum Nachteil der Gerbereien, die Eichenholzextrakt verarbeiten, da dieser durch die Mangrove verhindert wird, in die Haut einzudringen.

Über die Gewinnung von Kastanienextrakt in den Vereinigten Staaten siehe die ausführliche Arbeit von **G. H. Kerr in J. Am. Leath. Chem. Assoc. 1910, 485.**

Nach **L. Pollak** ergeben die Untersuchungen und Analysenresultate der verschieden gefärbten Kastanienholzsorten aus Südfrankreich, Süditalien und Korsika, daß die Menge des im Extrakt vorhandenen Lignins und die Löslichkeit der in den Extrakten vorhandenen Pentosane und Pentosen entscheidenden Einfluß auf den Wert des Extraktes ausübt; es ist daher nötig, für die verschiedenen Handelssorten die Arbeitsweise für jeden einzelnen Fall festzustellen. **(Kollegium 1914, 668.)**

Zur Erhöhung der Löslichkeit von Gerbextrakten, z. B. Quebracho erhitzt man sie in einer Stärke von 25° Bé mit 5% Aceton im geschlossenen Kessel auf etwa 135°, destilliert das Keton ab und erhält klar und intensiv gefärbte wässerlösliche Produkte. **(D. R. P. 109 581.)**

Zur Gewinnung eines hochwertigen Gerbstoffes aus Fichtenrinde entharzt man diese vor dem Auslaugen mit einem bei etwa 100° siedenden Lösungsmittel und erhält so bei der folgenden Auslaugung eine Mehrausbeute von 6% an 23 grädigem Extrakt. Niedriger siedende Lösungsmittel sind nicht verwendbar, da der zu ihrer Austreibung verwendete direkte Dampf Gerbstoffe mitreißen würde, andererseits würden höher siedende Lösungsmittel den Gerbstoff in unlösliche Form überführen. (**D. R. P. 306 529.**)

Eine ausführliche heute noch wertvolle Arbeit von **W. Eitner** über **Fichtenlohextrakt** findet sich in **Gerber 1886, 134.**

Die Gewinnung von Gerbsäure oder einer Beize für Baumwollstoffe durch Extraktion von 20 Tl. Eichenrinde, Myrobalanen oder einem ähnlichen Gerbmaterial mit 10 Tl. Kochsalz gelöst in 270 Tl. Wasser während 15 Minuten bei 100° ist in **D. R. P. 29 156** beschrieben.

Zur Gewinnung von reinem Tannin extrahiert man die gerbstoffhaltigen Stoffe mit Wasser, läßt die Auszüge zur Ausscheidung des größten Teiles der Nichtgerbstoffe längere Zeit unter 14° stehen und filtriert. (**D. R. P. 323 135.**)

Über die Extraktion des Tannins mit organischen Lösungsmitteln berichtet **E. Knape** in **Chem.-Ztg. 1921, 239.**

Der eigentümliche Geruch unreinen Tannins rührt von einem grünen harzigen Farbstoff her, den man durch Extraktion mit Äther leicht entfernen kann. (**Polyt. Zentr.-Bl. 1870, 431.**)

Zur Aufarbeitung des Catechufarbstoffes auf Gerb- und Farbstoff zerkleinert man das Handelsprodukt auf einem Kollergang und extrahiert es mit der dreifachen Menge kalten Wassers, um so zuerst den Gerbstoff wegzunehmen, der in der so direkt gewonnenen Form die 10fache Wirkung der Eichenrinde besitzen soll. Zurück bleibt der Catechufarbstoff, der nach dem Sieben direkt verwendbar ist. (**D. R. P. 36 472.**)

Über die Herstellung von Catechin und Catechugerbsäure aus dem Holz von Akazienarten durch Extraktion mit Wasser im Druckgefäß siehe **E. P. 161 431.**

Der wichtigste Gerbextrakt ist jener des Quebrachoholzes. Man stellt ihn in der Heimat des Baumes (in Argentinien) als Rohextrakt her und reinigt ihn erst in Europa zur Erzielung eines möglichst kaltlöslichen Präparates, das arm an Phlobaphenen ist. Die Reinigung der Gerbstoffextrakte im allgemeinen bezweckt die Ausfällung der harzigen Bestandteile und die Entfärbung unter möglichst geringem Verlust an gerbenden Bestandteilen.

Gewöhnlicher Quebrachoextrakt enthält neben 64,50% löslichen Gerbstoffen, 7,5% Nichtgerbstoffen und nur 8% unlöslichem Material keine Glucose, und vermag daher für sich keine Schwellwirkung auf die Haut auszuüben, so daß man dem Extrakt zur Ledergewinnung andere Gerbmaterialien zusetzen muß, die zahlreiche Nichtgerbstoffe enthalten. Beim Mischen mit sauren Brühen anderer Gerbstoffe fallen indes größere Mengen von Gerbstoffen als unlöslicher Niederschlag aus, wodurch die Gerbwirkung stark beeinträchtigt wird und überdies färbt sich das Leder dann an der Luft rot. Es war daher ein besonderer Fortschritt als es **Lepetit** und **Tagliani** gelang, durch Behandlung des Quebrachoextraktes mit Natriumsulfit oder Bisulfit die schwerlöslichen Gerbstoffe leichtlöslich und die sauere Flüssigkeit daher nicht mehr fällbar zu machen. (**E. C. Klippstein,** Referat in **Zeitschr. f. angew. Chem. 1910, 413.**)

Der Zusatz der Sulfite geschah ursprünglich lediglich um Bleichwirkungen zu erzielen; das erste Patent lautet auch dementsprechend: Zur Entfärbung leicht löslicher Gerbeextrakte behandelt man die Rohextrakte des Handels nach **D. R. P. 91 603** mit 20—25 proz. Natriumbisulfit- oder -sulfitlösungen. Man erwärmt beispielsweise 1000 kg 26 grädiges Quebrachoextrakt auf etwa 90°, fügt 70 kg 12 grädige Natronlauge hinzu und verrührt mit 15 kg 30 grädiger Natriumbisulfitlauge. Nach dem Zusatzpatent behandelt man die Rohextrakte mit alkalisch reagierenden Zusätzen (Borax, Soda, Pottasche, Natriumphosphat, Bicarbonat, Lactat, Schwefelnatrium, Natronlauge, Ammoniak) mit oder weniger gut ohne Zusatz von Sulfiten, Bisulfiten oder Schwefelalkalien in der Hitze. Man erhält so aus 1000 Tl. Quebrachoextrakt (26° Bé) mit 76 Tl. Ammoniak und der gleichen Menge Wasser oder mit 70 Tl. 12 grädiger Natronlauge und 15 Tl. 30 grädiger Bisulfitlauge oder mit 80 Tl. Krystallsoda, gelöst in 100 l Wasser in der Siedehitze lösliche Extrakte, ohne diese mit Bisulfitlauge verdünnen zu müssen. (**D. R. P. 103 725.**) Nach dem weiteren Zusatzpatent (**D. R. P. 167 095**) erhitzt man 100 kg schwerlöslichen, 25 grädigem Extrakt mit 15 bis 20 kg krystallisiertem Natriumsulfit und etwa 25 l Wasser solange auf 90°, bis eine Probe in kaltem Wasser gelöst auf Zusatz von Natriumbisulfit keinen Niederschlag gibt. Wenn dies erreicht ist (etwa nach 3—5 Stunden) fügt man 4—5 l Essigsäure oder 8—10 kg gesättigte 38 grädige Natriumbisulfitlauge zu und erhält so schwefelhaltige Produkte, die klar löslich sind, sauere Reaktion zeigen, in ihren Lösungen bei Zusatz von schwachen Säuren keine Niederschläge geben und mit Tonerde gebeizte Baumwolle reingelb färben.

Nähere Angaben über ihr Verfahren der Behandlung von Gerbextrakten mit schwefligsauren Salzen brachten **R. Lepetit** und **C. C. Satta** in **Kollegium 1904, 311** u. **317.**

In **Kollegium 1913, 484** bringt ferner **E. O. Sommerhoff** Mitteilungen über die Wirkung von Natriumbisulfit auf Quebrachoextrakt und die Haut und stellt fest, daß das Salz die Diffusionsvorgänge in der Haut erleichtert, wegen seines Schwefelgehaltes den Zug von Gerbstoffen auf die Haut begünstigt und seiner reduzierenden Eigenschaften wegen als Konservierungs- und Entfärbungsmittel für den Gerbstoff dient. Auch durch Erwärmen von festem Quebrachoextrakt mit einer konzentrierten, lauwarmen Rohrzuckerlösung erhält man viel leichter lösliche Extrakte, als wenn man bloß mit reinem Wasser erwärmt, doch sind sie nicht nur viel dunkler gefärbt, sondern es macht sich auch die stark treibende Wirkung des Rohrzuckers auf die Grünhaut bemerkbar.

360. Entfärbung, Klärung, Reinigung von Gerbextrakten. Färben der Extrakte.

Allgemeine Angaben über das Reinigen und Klären der Diffusionssäfte und Gerbextrakte bringt **J. Wladika** in **Ledertechn. Rundsch. 1909, 265 u. 276.** Vgl. **Grasser, Chem.-Ztg. 37, 373.**

Über die mechanische und chemische Reinigung der pflanzlichen Gerbstoffauszüge durch Verwendung von Blutalbumin, Casein und Seemoos oder natürlicher oder künstlicher Tonerdesilikate, auch von Bleizucker, Bleinitrat, Calciumborat, Strontiumsalze, Bariumsalze, Alkalichromat, die jedoch sämtlich wie alle chemischen Mittel den Nachteil haben, daß ihre Anwendung zugleich einen Verlust an Gerbstoff bedeutet, siehe **G. Metzges, Ledertechn. Rundsch. 3, 393.**

Ein Verfahren zur elektrolytischen Reinigung von Gerbbrühen und Gerbstoffextrakten, die man in 4grädiger Stärke pro Kubikmeter mit 500 g Oxalsäure und 2 kg Kochsalz versetzt und bei 60° elektrolysiert, ist in **D. R. P. 55 114** beschrieben. **Domköhler** und **Schwind** entfärben auf elektrolytischem Wege unter Anwendung von Zink- und Aluminiumelektroden bei Anwesenheit von Zink- und Aluminiumsulfat. **(Chem. Ztg. 37, 373.)**

Die Dialysierung der Gerbbrühen wurde von **O. Kohlrausch** anempfohlen und schon in den achtziger Jahren von einer Wiener Firma ausgeführt. Vgl. **Jahr.-Ber. 1880, 458 u. 1881, 957.**

Über Klärung von Quebrachoextrakten durch Erhitzen unter Luftabschluß mit oder ohne Zusatz eines Alkalis siehe **E. P. 16 527/11;** die weitere Aufarbeitung des auf anderem Wege erhaltenen Niederschlages und Gerbextraktes ist in **E. P. 5358/08** beschrieben.

Nach **D. R. P. 32 632** reinigt man gerbstoffhaltige Flüssigkeiten durch Erwärmen mit Lösungen von Aluminiumthiosulfat oder mit einem Gemenge der Lösungen von Alaun und Natrium- oder Bariumthiosulfat.

Zur Klärung von 4grädiger Quebrachobrühe setzt man der Flüssigkeit nach **D. R. P. 71 309** für 1000 l 2 kg Tonerdesulfat und 0,944 kg Barythydrat zu. Die Verunreinigungen sezen sich schnell ab und man kann klar filtrieren.

Zur Entfärbung dunkler Gerbbrühen eignet sich besser noch als Aluminiumsulfat, das zuvor gelöst werden muß, Natronalaun, den man direkt in die Brühe einstreuen kann, worauf man sie filtriert oder absetzen läßt. Mehr als 2 kg Alaun pro Kubikmeter Brühe zu verwenden ist nicht ratsam, da sonst zugleich mit den Farbstoffen auch wichtige Nichtgerbstoffe mit niedergeschlagen werden; überdies hat das Aluminiumsulfat selbst gerbende Wirkung. **(N. Manstetten, Gerberztg. 1907, Nr. 57.)**

Zum Entfärben des Mangroveextraktes setzt man der aus 100 kg trockener Pflanzenteile hergestellten Brühe nach **D. R. P. 242 483** unter Rühren bei etwa 90° ca. 3 kg Bariummetaaluminat zu und entfernt das nicht in Reaktion getretene Barium durch Zusatz von etwa 1,35 kg Aluminiumsulfat. Das gebildete Bariumsulfat beteiligt sich an der mechanischen Abscheidung der entstehenden Tonerde- und Baritfarblacke, die durch Glühen (anfangs unter Luftabschluß) wieder auf Bariumaluminat verarbeitet werden können.

Über die Reinigung von Gerbextrakt, aber auch von Rübensaft und Stärkefabrikationsabwässern mit Hilfe eines löslichen Algenextraktes bei Gegenwart von Bariumformiat bzw. Schwefelsäure bzw. Kalk siehe **E. P. 177 761.**

Zur Entfärbung der Gerbstoffextrakte, besonders von Quebrachoextrakten und Wurzelbaumrinde, neutralisiert man die Brühe mit 0,3% Soda, erwärmt auf 90° und fügt 0,3—0,6% Zinnchlorür hinzu. Die Entfärbung erfolgt durch Reduktion, zu gleicher Zeit werden Gerb- und Farbstoffzinnlacke gebildet, die im Extrakt löslich sind. **(F. P. 447 084.)** Vgl. **A. P. 1 053 034.**

Zur Reinigung von Gerbextrakten wird in **D. R. P. 71 638** empfohlen, Ferrocyankalium zuzusetzen.

Zur Reinigung tanninhaltiger Extrakte, wie man sie beispielsweise durch Übergießen und Einkochen von Pflanzenteilen mit Wasser erhält, setzt man der Flüssigkeit nach **D. R. P. 71 777** die auf Tannin berechnete Menge Oxalsäure zu, zieht die überstehende Flüssigkeit von dem gebildeten Niederschlage ab und verrührt sie mit etwa 20% ihres Gehaltes an chemisch reinem Tannin mit einer Eiweißsubstanz und filtriert von dem abermals gebildeten Niederschlag, worauf man die klare, hellgelbe Flüssigkeit direkt zum Gerben von Leder oder zum Beizen von Geweben verwenden kann.

Zur Klärung und Entfärbung von Gerbstoffextrakten behandelt man sie in einer Konzentration von etwa 4° Bé nach **D. R. P. 53 398 u. 55 113** bei etwa 60° mit einer Lösung von Kaliumantimonoxalat im Verhältnis 1 : 100 Tl. der Gerbstoffbrühe. Man kann auch andere Antimonsalze, z. B. Brechweinstein verwenden. Die verunreinigenden Bestandteile werden niedergeschlagen und man erhält Gerbextrakte, die ein reineres und besseres Leder liefern; sie können auch als Tanninersatz in der Färberei oder zum Beschweren der Seide verwendet werden.

Nach **D. R. P. 56 304** eignet sich das Bleinitrat zur Entfärbung gerbstoffhaltiger Pflanzenauszüge.

Zum Entfärben und Klären von Gerbextrakten kann man sich einer Kolophoniumharzseife bedienen, die man aus 15 kg Kolophonium, 15 kg 20grädigem Ätznatron und 250 l Wasser herstellt, worauf man noch 1,7 kg Bariumsulfat als 80proz. Teig zufügt und 20 l dieser Seife 1000 l des Gerbextraktes von spez. Gewicht 25—30 Bé zusetzt. Das Verfahren, das nach einstündigem Rühren und Absitzen ein völlig klares Produkt liefert ist zwar bei tanninhaltigen Extrakten, die Gallussäure geben, nicht anwendbar, führt jedoch in einzelnen Fällen, besonders wenn man noch

Bleichlorid oder Bleinitrat zusetzt zu Reinextrakten, die besser entfärbt erscheinen als nach ihrer Reinigung mit Blutkohle, Leim oder Schwermetallsalzen. **(R. Geigy, Veröff. d. Ind. Ges. Mülh. 82, 69.)**

Nach **D. R. P. 206 166** behandelt man die Gerbextrakte mit Natriumformaldehydsulfoxylat.

Vgl. **A. P. 889 059**: Entfärbung tanninhaltiger Extrakte mit Formaldehydverbindungen (z. B. 5 g Rongalit C auf 1 l 4grädigem Kastanienholzextrakt).

Über Entfärbung des auch auf diese Weise nicht entfärbbaren Mangroveextraktes (1000 kg 25grädiges) mit 5—7,5 kg Chromacetat durch Erwärmen auf 70° siehe **D. R. P. 198 782.** Die rote Farbe des Extraktes wird durch die olivgrüne Farbe der aus der Chromverbindung entstehenden Chromiverbindung zu farblos ergänzt. Vgl. **Ledermarkt Koll. 1909, 144.**

H. Arnoldi schlug zur Entfärbung des schwer bleichbaren Mangroveextraktes Aluminiumamalgam vor. Man behandelt z. B. zur Herstellung wasserlöslicher gerbsaurer Tonerdeverbindungen 20 l Kastanienextrakt (460 g trocken) mit 80 g aktivierten (mit Quecksilberspuren behandelten) Aluminiumfeilspänen, vermischt den Niederschlag (550 g wasserfrei) bei 40° mit 150 g Tonerde, dampft sodann mit einer Lösung von 405 g 66grädiger Schwefelsäure in 1500 ccm Wasser ein und erhält etwa 1050 g einer wasserlöslichen Masse, die als Beize oder Beschwerungsmittel dient und aus der man mit Aceton den größten Teil des Gerbstoffes extrahieren kann. **(F. P. 455 670.)** — Vgl. **[358].**

Zur Gewinnung entfärbter Tanninextrakte werden die Rohbrühen nach **F. P. 395 499** mit entrahmter Milch versetzt und auf 70° erwärmt. Das Eiweiß gerinnt und schlägt zugleich die Farbstoffe nieder, der Milchzucker bleibt gelöst und ist für das spätere Gerben von Leder als Milchsäure wertvoll.

Das Klär- und Entfärbungsmittel für die Gerbstoffindustrie mit Namen Edamin erhält man in der Weise, daß man sorgfältig gereinigte, gemahlene, mechanisch ohne Zusatz und ohne Dampf entfettete Sojabohnen in wiederholtem Arbeitsvorgange, mit dem Mahlen beginnend, so zubereitet, daß nach Entfernung der Schalen und Stärketeilchen eine lösliche Proteinsubstanz entsteht, die den Gerbstoff kaum angreift, die färbenden Substanzen jedoch ausfällt. Zum Gebrauch läßt man die wässerige Emulsion des Präparates nach **L. Pollak,** 24—36 Stunden in der Wärme stehen, wodurch sich durch fermentative Zersetzung ca. 5% Milchsäure bilden, die die Qualität der Gerbbrühe günstig beeinflussen. Der Kläreffekt des Edamins ist größer als jener des geklärten Blutes und überdies vollzieht sich die Arbeit mit Edamin reinlicher und völlig geruchlos. **(D. R. P. 274 974.)** Vgl. **Kollegium 1914, 129.**

Zum Entfernen und Klären von Gerbextrakten verwendet man abgetötete, ganz oder teilweise von ihrem Inhalt befreite Hefezellen. Diese unterscheiden sich vorteilhaft von dem zu demselben Zweck verwendeten Albumin dadurch, daß sie neben den Farbstoffen nicht auch Gerbstoffe mitreißen. Besonders geeignet ist eine vorher abwechselnd mit Säure und Alkali behandelte Hefe. **(D. R. P. 156 151.)**

Zur Reinigung von Gerbextrakten unterwirft man z. B. Kastanien- oder Eichenextrakt, mit Fruchtzucker oder Bierhefe versetzt, der geistigen Gärung, die bei 12—15° bald eintritt. Nach Verlauf von 8—10 Tagen enthält die Flüssigkeit reinen Gerbstoff nebst Gallussäure in Lösung, und die ungeeigneten anderen vegetabilischen Stoffe haben sich als unlösliche Niederschläge ausgeschieden. Die so durch Gärung von fremdartigen und störenden Substanzen gereinigten Lösungen genannter Extrakte sind nun geeignet, die Galläpfel in deren Anwendung zu ersetzen. **(Dingl. Journ. 146, 374.)**

Als künstliches Färbmittel für Gerbextrakte kommt vornehmlich Auramin in Betracht, dessen Nachweis in der von **G. Grasser in Kollegium 1910, 379** angegebenen Weise bewirkt wird.

361. Gerbwert der Sulfitablauge (Humussäure, Torf).

Die tierische Haut nimmt nach Versuchen von **A. Stutzer** von 100 Tl. der gewöhnlich 7grädigen Sulfitablauge rund 50 Tl. (bezogen auf die Trockensubstanz) auf. Wenn daher die Menge der gerbenden Substanzen in der Sulfitablauge auch viel geringer ist, als in den Gerbextrakten, so stellt sich doch das Kiloprozent an Gerbstoff wesentlich billiger, wie auf irgendeine andere Weise. Zur Entfernung des in der Menge bis zu 4% in der Lauge vorhandenen Kalkes (als sulfoligninsaurer Kalk) schlägt Verfasser vor schwefelsaures Ammoniak zuzusetzen und es gelang ihm tatsächlich mit einer 30grädigen starken Lösung des Salzes den Aschegehalt der Lauge auf 0,8% und den Kalkgehalt auf 0,08% herunterzusetzen. Durch Zusatz von maximal 75 g Milchsäure (73,9 proz.) auf 1 l 30grädiger Ablauge läßt sich ihr Gehalt von ursprünglich 49,62% auf 64,39% gerbender Substanz erhöhen. In der Praxis erwies sich zur Gewinnung eines hellen Leders ein 20 proz. Milchsäurezusatz auf einen 30 proz. Ablaugeextrakt als genügend. Die Ursache der gerbstofferhöhenden Wirkung der Milchsäure ist unbekannt, jedenfalls geben milchsaure Salze kein Resultat. **(Collegium 1913, 471.)** Vgl. **Z. f. angew. Chem. 26, 463.**

Nach **W. Moeller** sind die als Gerbstoff bezeichneten Bestandteile der Sulfitablauge (nach der Filtermethode etwa 24—25%) im wesentlichen Ligninsulfosäuren, die ohne Gerbstoffe zu sein, große Verwandtschaft zur Hautsubstanz besitzen und so zu Täuschungen Veranlassung geben. Es scheint nach dem Verfasser erwiesen, daß die Sulfitablauge so gut wie gar keinen Gerbwert besitzt und bei den üblichen Gerbverfahren nur zum geringen Teil ausgenützt wird, so daß ihre Verwendung keinerlei Vorteile bringt. **(Kollegium 1914, 152.)**

Auch **W. Bruckhaus** betont, daß die Sulfitablauge mangels jeder gerbenden Eigenschaft als Gerbstoffersatz nicht, wohl aber in gereinigtem Zustande als Streckungsmittel für Gerbextrakte in Betracht kommt, da sie den Gerbstoff auch aus den evtl. gebrauchten Bädern in die Haut drängt. Wesentlich ist, daß die Ablauge für diesen Verwendungszweck vorher von Eisen, Kalk und Schwefeldioxyd befreit wird. **(Chem. techn. Ind. 1920, Nr. 3, 1.)**

Entgegen diesen und den Ansichten anderer Gerbereichemiker, fand **H. Winter,** daß bei festem argentinischem Quebrachoextrakt ein Cellulosegerbextraktzusatz, besonders wenn man bei Temperaturen von 100° arbeitet, eine Gerbstoffzunahme bewirkt. **(Ledertechn. Rundsch. 5, 161.)**

Nach **Sindall** und **Eitner** sind jedoch die Ergebnisse der genauen quantitativen Untersuchungen über die Wirkung von Zellstoffextrakten als Gerbemittel nicht dazu angetan, die Verwendung eingedickter Sulfitzellstoffablauge in der Gerberei aussichtsreich erscheinen zu lassen, da diese Stoffe sogar im Gemenge mit anderen üblichen Gerblösungen zu hartem, hornartigem Leder führen. Auch nach **Paeßler** kommt die Verwendung der Sulfitcelluloseablauge als Gerbstoff schon aus dem Grunde nicht in Betracht, weil der von der Haut gelöste Anteil als Gerbstoff berechnet teuerer ist, als irgendein anderes Gerbmaterial mit Ausnahme von Eichenextrakt. Immerhin enthalten diese Ablaugen große Werte und es wäre zu wünschen, daß sie für die Lederindustrie auf irgendeine Weise nutzbar gemacht werden könnten. **(Becker, Chem.-Ztg. 1913, 6.)**

Auch im Bericht des Ausschusses über die Analyse und Erkennung von Sulfitcelluloseextrakten wird festgestellt, daß diese zwar keinen nennenswerten Betrag an reinem oder sulfitiertem Gerbstoff enthalten, dagegen die Eigenschaft besitzen, sich wenn auch nicht in so guter Art wie Gerbstoffe, doch mit der Haut unter Bildung eines als Leder anzusprechenden Fabrikates zu verbinden. **(F. H. Small,** Referat in **Zeitschr. f. angew. Chem. 26, 670.)**

Nach einer Notiz in **Chem.-Ztg. 1922, 866** ergaben vergleichende Versuche, daß mit Sulfitablaugeextrakt gegerbtes Sohlenleder die gleiche Haltbarkeit besitzt wie Produkte der Kastanienholz- oder Quebrachogerbung.

Zu den verschiedenen Meinungen über Wirksamkeit oder Unwirksamkeit der Sulfitablauge als Gerbemittel siehe auch **Papierfabr. 12, 48.**

Nach Versuchen von **W. Moeller** verhält sich Humussäure ähnlich wie Sulfitablauge zur Rohhaut und beide liefern Leder von den gleichen schlechten Eigenschaften. Zwischen den beiden Stoffen muß der gleiche bisher unerforschte Zusammenhang bestehen. **(Kollegium 1916, 330 und 356.)**

Sein Verfahren zur Gewinnung gerbender Stoffe aus Torf beschreibt **Jennings** in **Polyt. Zentr.-Bl. 1858, 1389** wie folgt: Dichter an der Luft getrockneter Torf wird mit Salpetersäure in einem bedeckten Gefäße behandelt; wenn die Gasbildung nachgelassen hat, wird die Masse mit der 6—10fachen Menge Wasser verdünnt und zuletzt das Ganze bis zum Sieden erhitzt. Zu frischem Torf werden 5% Schwefelsäure hinzugesetzt, worauf man die Masse 2 Stunden auf 80—100° erwärmt, nach dem Erkalten 10—15% Salpetersäure hinzusetzt und weiter verfährt wie bei dichtem Torf. Um den so erhaltenen Extrakt zu entfärben, setzt man etwas Zinsalz hinzu und kocht auf; die Flüssigkeit wird durch diese Behandlung fast gänzlich entfärbt und liefert ein helles Leder. Die Verwendung der Lösung zur Lederbildung erfolgt ähnlich wie bei der Grubengerbung mit Lohbrühe.

Nach **D. R. P. 23 251** liefert mit konzentrierter Gerbstofflösung getränkter und dann getrockneter Moostorf ein in der Grubengerbung ebenso wie Lohe verwendbares Gerbmaterial.

362. Herstellung von Sulfitablaugegerbmitteln.

Um die bei der osmotischen Trennung der Sulfitcellulose-Ablaugebestandteile erhaltene nicht diffundierte Flüssigkeit [104] für Gerbzwecke nutzbar zu machen, befreit man sie mittels Schwefelsäure ganz oder zum Teil von Kalk, läßt 24 Stunden absetzen, filtriert und dampft zur gewünschten Extraktdicke ein. Vor dem Gebrauch der Gerbbrühe, die übrigens auch mit Oxalsäure statt mit Schwefelsäure hergestellt werden kann, wird sie mit Wasser stark verdünnt. **(D. R. P. 72 161.)**

Über Reinigung von Sulfitcelluloseablauge zur Herstellung eines für die Gerberei geeigneten Präparates siehe **D. R. P. 207 776.**

Durch Umsetzung von Sulfitcelluloseablauge, die man vorher zur Entfernung des Calciumbisulfits mit Ätzkalk versetzt hat, mit Metallsulfaten (Aluminium oder Eisen) sollen sich wasserlösliche, gerbsaure Metallsalze bilden, deren Lösungen nach Filtrierung vom Gips in der Gerberei Verwendung finden können. **(D. R. P. 75 351.)**

Zur Gewinnung von Gerbstoffextrakten aus Sulfitcelluloseablaugen werden diese nach **D. R. P. 132 224,** da sie dem Leder ihrer intensiv dunklen Färbung wegen ein unansehnliches Aussehen geben, vor ihrer Konzentration mit Zinkstaub und Schwefelsäure entfärbt.

Über Herstellung von Gerbextrakten aus Sulfitcelluloseablaugen mit Hilfe von Oxalsäure siehe **D. R. P. 183 415.**

Nach **A. P. 909 343** werden Sulfitablaugen der Cellulosefabrikation, deren Asche nicht mehr als 6% Eisen enthält, mit gerbstoffhaltigen Materialien behandelt und auf diese Weise in Gerbeextrakte übergeführt. Vgl. **Chem.-Ztg. 1909, 293.**

Nach **A. P. 1 063 428** erhitzt man zur Herstellung eines Gerbextraktes 1000 Tl. Quebrachoextrakt (28° Bé) in dünnflüssigem Zustande (60—70°) mit 500 Tl. Sulfitcelluloseablauge (25° Bé) während 4—5 Stunden auf 95—100° oder unter Druck auf mindestens 115°, bis eine Probe in kaltem Wasser klar löslich ist.

Nach **D. R. P. 195 643** neutralisiert man zur Herstellung eines Gerbemittels Sulfitcelluloseablauge pro Liter mit soviel Sodalösung, daß sie alkalisch reagiert (20—30 g) und versetzt die Brühe mit 20—30 g Alaun, um so nach der Filtration eine direkt verwendbare Gerblösung zu erhalten. Nach einem Zusatzpatent setzt man der Brühe zur Ausschaltung der schädlichen Alkaliwirkung vor oder nach oder während der Behandlung der Blößen verdünnte Salzsäure zu. **(D. R. P. 211 348.)** Nach einer weiteren Ausführungsform setzt man auch Chromsalz zu und erhält so immer wieder verwendbare Brühen die ein geschmeidiges Leder liefern. Diese Gerblösung, die sich auch als Appreturmittel, besonders zum Steifen von Seidenstoffen eignet, besteht dann aus 400 Tl. gereinigtem Sulfitcelluloseextrakt und 200 Tl. Chromlösung, die man aus 150 Tl. Chromalaun und 2 Tl. Chromoxydhydrat bereitet. **(D. R. P. 254 348.)**

Über ein Gerbeverfahren mit Anwendung von Sulfitcelluloseablauge, löslichen Chromverbindungen und Glycerin (100 kg entkalkte 30grädige Lauge, 5 kg kalt konzentrierte Natriumbichromatlösung, 10 kg 28grädiges Glycerin) als Gerbbrühe siehe **D. R. P. 248 055.** Das Glycerin hat den Zweck, die Konzentration der Lösungen auf das Höchste steigern zu können, ohne ein Eintrocknen der Masse befürchten zu müssen.

Zur Herstellung eines Gerbmittels aus Sulfitablauge befreit man sie zuerst von freier schwefliger Säure und erhitzt sie dann zur Entfernung des organisch gebundenen Schwefels, der Gummiarten und sonstigen Kohlenhydrate mit Cyanverbindungen unter Druck auf höhere Temperatur, filtriert von den Niederschlägen, fällt das Filtrat mit Säure und trocknet den ausfallenden in pulverförmiger Form gewinnbaren Gerbstoff bei möglichst niedriger Temperatur. **(D. R. P. 280 330.)**

Ein durch Erhitzen von Sulfitablauge mit Oxydationsmitteln, besonders Chloraten erhaltenes Gerbmittel, erteilt dem Leder die der Fichtenlohegerbung ähnliche gelblichbraune Farbe; überdies verläuft die Gerbung langsamer und in schärfer abgegrenzter Schicht. **(D. R. P. 304 349.)**

Als Gerbstoffe oder Harzersatz eignen sich auch die Produkte, die man erhält, wenn man entgeistete Sulfitablauge konzentriert, chloriert und das Filtrat mit Chlorat und Salzsäure behandelt. **(E. P. 178 104.)**

Zur Herstellung eines die Gerbung fördernden Extraktes aus Sulfitablauge setzt man ihr soviel Schwefel- oder Oxalsäure zu, daß alle in der Ablauge enthaltenen, flüchtigen und Ligninsulfonsäuren frei gemacht werden und sämtlicher an diese Säuren gebundener Kalk ausfällt. Zur krystallinischen Abscheidung der Kalksalze rührt man dann eine halbe Stunde, filtriert, dampft das Filtrat im Vakuum zur gewünschten Dicke ein und erhält einen aschen- und daher auch kalkarmen Extrakt, der wegen seines Gehaltes an freien, organischen Säuren die Blößen entkalkt, sie wirksam schwellt und angerbt und Stoffe enthält, die von der Haut aufgenommen werden und nicht stark kolloidal sind. **(D. R. P. 281 453.)**

Zur Gewinnung einer freien Lignosulfosäure neben lignosulfosauren Salzen enthaltenden Gerbflüssigkeit neutralisiert man Sulfitablauge zur Entfernung der Schwefeldioxydverbindungen mit Kalk, konzentriert, setzt soviel Säure oder saures Salz (Bisulfat) zu, daß die Flüssigkeit nicht sauer wird, und fällt sodann aus der Lösung den noch als Sulfat vorhandenen Kalk und andere Basen, insbesondere Eisen, mit überschüssiger Oxalsäure aus. **(D. R. P. 313 150.)**

Zur Herstellung eines Gerbmittels vermischt man konzentrierte Sulfitablauge mit einer zur völligen Ausfällung des Kalkes unzureichender Menge starker Schwefelsäure, beendet dann die Kalkausfällung mit Bisulfat und beseitigt den Zucker durch Vergärung. **(E. P. 11 509/1917.)**

Zur Gewinnung von Gerbstoffen aus Sulfitablauge dampft man sie mit Schwefelsäure ein, scheidet den gesamten Kalk als Sulfat ab, verwandelt die stärkeähnlichen Substanzen in vergärbaren Zucker, neutralisiert den Schwefelsäureüberschuß mit kohlensaurem Kalk, filtriert, dampft ein und erhält so einen leichtlöslichen, zuckerreichen, dem Fichtenholzextrakt ähnlich zusammengesetzten Auszug von heller Farbe, der direkt verwendet werden kann. **(H. B. Landmark, Ledertechn. Rundsch. 8, 44.)**

Nach einem anderen Verfahren führt man die Celluloseablaugen in evtl. konzentriertem Zustande einen langen mit Widerständen versehenen Weg, auf dem man die zur Fällung nötigen Chemikalien an verschiedenen Stellen zusetzt, so daß man ohne Überschuß arbeiten kann. Die so behandelten Ablaugen eignen sich dann besonders für Gerbereizwecke. **(D. R. P. 321 331.)**

Zur Gewinnung von Gerbstoff entkalkt man mit Kalk neutralisierte und vergorene Sulfitablauge mittels Soda und setzt die in der Lauge vorhandene Ligninsäure durch Zusatz der berechneten Mineralsäuremenge zur Hälfte in Freiheit. **(Norw. P. 33 550 und 33 656.)**

Nach **Norw. P. 31 955** elektrolysiert man Sulfitablauge, die mit Kalkmilch neutralisiert wurde, unter Anwendung eines Diaphragmas und erhält an der Anode eine Ligninsulfosäure enthaltende Gerbstofflösung, an der Kathode Kalkabscheidung.

Nach **A. P. 1 414 312** fällt man eingedickte Sulfitablauge zur Herstellung eines Gerbmittels bis zur völligen Abscheidung der Lignosulfosäure als Alkalisalz mit Bisulfat.

Über Herstellung sog. Ester-Gerbstoffe aus Sulfitablauge durch deren Behandlung mit Toluolsulfochlorid, dem Nebenprodukt der Saccharinproduktion, siehe die Notiz in **Chem.-Ztg. 1922, 1071.**

Über Herstellung eines Gerbextraktes aus Sulfitablauge siehe ferner das Referat über das **Schwed. P. 35 500 in Chem.-Ztg. Rep. 1914, 109.**

Auch aus Sulfitablauge gewonnenem und mit Wasser ausgelaugtem Pflanzenteer erhält man nach Zusatz von Glaubersalz, Bittersalz und Kochsalz ein Gerbmittel, das dem hellbleibenden Leder einen braunen Schnitt, gute Schwellung und eine Durchgerbung erteilt, wie sie mit vegetabilischen Gerbmitteln erzielt wird. **(D. R. P. 317 462.)**

Einen Gerbstoffersatz erhält man durch Auslaugen von Pflanzenteer mit einer wässerigen Lösung von Sulfiten, die die Phenole nicht lösen. Durch Zusatz von Schwermetallsalzen wird der behandelte Teer verbessert. **(D. R. P. 322 387.)** Nach dem Zusatzpatent laugt man den Pflanzenteer mit Sulfitablauge aus und versetzt die erhaltene Lauge zur Erhöhung der Gerbwirkung mit Glaubersalz, Magnesiumsulfat oder Kochsalz. **(D. R. P. 335 869.)**

363. Literatur und Allgemeines über die sog. synthetischen Gerbstoffe.

Grasser, Synthetische Gerbstoffe, ihre Darstellung und Verwendung. Berlin 1920.

Über die künstlichen Gerbstoffe und ihre Bedeutung siehe die zusammenfassende Abhandlung von **R. Lauffmann in Chem. Ind. 43, 235 u. 245.**

Über die „Synthese" gerbender Stoffe durch Kondensation von Phenolen, Naphtholen und anderen Kerngebilden der aromatischen Chemie siehe **G. Grasser, Kollegium 1920, 234.** Vgl. **Kunststoffe 3, 401.**

Eine Patentzusammenstellung über künstliche Gerbstoffe bringt **H. Süvern in Chem.-techn. Wochenschr. 1919, 388.** Vgl. auch die kurze Zusammenfassung über die patentierten künstlichen Gerbstoffe von **H. Bamberger in Chem.-Ztg. 43, 318.**

Über künstliche Gerbstoffe berichtet ferner **R. Lauffmann in Kunststoffe 6, 1.**

Die Aussichten, die sich durch die Darstellung künstlicher Gerbstoffe ergeben erörtert **L. Pollak in Kollegium 1913, 482.**

Über die Syntane, neue künstliche Gerbstoffe berichtet **E. Stiasny in J. Soc. Chem. Ind. 32, 775.**

Die Anwendung des Gerbmittels Novol bei dem Verfahren der Faßgerbung erörtert **M. G. Schumacher in Ledertechn. Rundsch. 4, 100.**

Praktische Erfahrungen mit synthetischen Gerbstoffen veröffentlicht **G. Grasser in Häute- u. Lederber. 3, 27.**

Unter den sog. synthetischen Gerbstoffen soll nach **W. Buckow** besonders das Corinal, das Aluminiumsalz einer organischen Verbindung gute Resultate ergeben, insofern als das Präparat kräftig und beschleunigend auf den Gerbevorgang einwirkt, keine schädliche Wirkung auf die Haut ausübt und ein weiches, volles, nicht narbenbrüchiges, langfaserig reißendes Leder von gleichmäßiger Farbe erzeugt. **(Kollegium 1919, 211.)**

Die unter dem Namen Neradol im Handel befindlichen künstlichen Gerbstoffe liefern allein verwendet wohl ein außerordentlich helles Leder, dem jedoch die Fülle fehlt, so daß man das Material einer vegetabilischen Nachfärbung unterziehen muß. Am besten arbeitet man überhaupt gleich anfangs mit einem Gemenge von Neradol und Pflanzengerbstoffen, wodurch das Gerbmaterial gestreckt und die Gerbedauer erheblich abgekürzt wird. **In Ledertechn. Rundsch. 8, 1** erteilt **J. Paeßler** einige die sachgemäße Verwendung der künstlichen Gerbstoffe ermöglichenden Ratschläge.

In **Kollegium 1913, 487 u. 593** versucht **W. Moeller an Hand** von Versuchen nachzuweisen, daß das Neradol als Gerbmittel nicht die ihm nachgerühmten guten Eigenschaften besitzt. Siehe dagegen **E. Stiasny ebd. 528 u. 597.**

Vgl. auch die Arbeit von **G. Grasser, Kollegium 1913, 478** über die hervorragenden Eigenschaften des Neradols D als Lösungsmittel für die Phlobaphene. Der Gesamtgewinn an Gerbstoffen soll bei Verwendung von Neradol D 26,6% betragen.

Die Ausgangsmaterialien zur Herstellung künstlicher Gerbstoffe sind hydroxylhaltige Körper der aromatischen Reihe von Art der Phenole und Naphthole, in deren Molekül zur Erhöhung der Löslichkeit der Endprodukte Sulfogruppen eingeführt werden und die man zwecks weiterer Einführung einer Carbonyl- bzw. Methanrestgruppe mit Formaldehyd kondensiert.

Über das Verhalten von Leimlösungen zu den Naphtholen und zu Gemischen aus Naphtholen und Formaldehyd siehe **A. Weinschenk, Chem.-Ztg. 1908, 266.**

G. Powarnin weist darauf hin, daß ebenso wie in den substantiven Farbstoffen, so auch in den organischen künstlichen Gerbstoffen eine aktive Carbonylgruppe das charakteristische Merkmal bildet. Dieses Carbonyl gibt den Substanzen die Fähigkeit verschiedene Kondensationen, zu denen auch die Lederbildung gehört, einzugehen. Nach näherer Erforschung der Eigenschaften dieser Carbonylgruppe in Wechselbeziehung mit dem Mono- und Diaminogruppen der Haut glaubt Verfasser, daß es möglich sein wird, die Geschwindigkeit der Gerbereiprozesse und ihre Richtung nach Belieben zu verändern. **(Kollegium 1914, 633.)**

Nach **Norw. P. 30 333** und **32 808** bewirkt man die Gerbung mit künstlichen Gerbstoffen bei teilweiser Umsetzung von Schwermetallsalzen mit Formiaten.

364. Phenol-(Form-)aldehyd-Kondensationsprodukte.

Nach **D. R. P. 260 379** verwendet man als Gerbmittel eine mit Alkali fast neutralisierte, auf 0,6° Bé verdünnte Lösung von 54 Tl. 30proz. Formaldehydlösung und 174 Tl. p-Phenolsulfosäure in Wasser von etwa 30°. Während des Gerbeprozesses, der etwa 14 Tage dauert, setzt man weitere Gerbstofflösung zu, so daß die Brühe nach 10 Tagen etwa 5grädig wird. Das Verfahren hat den Vorteil, daß man sofort hochgesättigte Gerbstofflösungen erhält, deren Sulfitgehalt bewirkt, daß beim Ansäuern schweflige Säure frei wird, die das Erzeugnis während der Anreicherung, die ohne weiteres oder nach Absättigung des vorhandenen Alkalis bewirkt werden kann, vor der Luft schützt. Der sehr hellfarbige Gerbstoff liefert dann bei der Gerbung ein weißes Leder.

Man erhält ferner ein sehr hellfarbiges, bei der Gerbung weißes Leder lieferndes Gerbmaterial, wenn man alkalilösliche Kondensationsprodukte aus Phenolen oder deren Substitutionsprodukten mit Formaldehyd, bzw. dessen Äquivalenten in Gegenwart von neutralen Sulfiten (vgl. **D. R. P. 87 335** s. u.) mit Formaldehyd behandelt oder die Lösung obiger Kondensationsprodukte in Alkali mit Formaldehydbisulfit in Reaktion bringt. **(D. R. P. 265 915.)**

Man behandelt Phenole oder Phenolsulfosäuren mit Formaldehyd und zwar bei Gegenwart geringer Schwefelsäuremengen, und unter Vermeidung allzugroßer Temperatursteigerung, so daß im wesentlichen nur wasserlösliche Produkte erhalten werden. Man kann in der Weise verfahren, daß man das Phenol mit der gleichen Menge konzentrierter Schwefelsäure zuerst in Reaktion bringt und dann Formaldehyd einwirken läßt oder daß man das Gemenge von Phenol und Formaldehyd mit verdünnter Schwefelsäure behandelt und das so gewonnene wasserunlösliche Kondensationsprodukt weiter mit konzentrierter Schwefelsäure digeriert, bis wasserlösliche Massen entstehen. Man erhitzt z. B. ein Gemenge von je 4 kg Phenol oder Kresol und konzentrierter Schwefelsäure einige Zeit auf 100—120°, versetzt sodann unter Kühlung bei etwa 30° mit 400 ccm Wasser und 900 ccm Formaldehyd und verwendet die Lösung des Reaktionsproduktes, einer fast farblosen, zähflüssigen Masse in kaltem Wasser als Gerbbrühe, die alle charakteristischen Gerbstoffreaktionen zeigt. **(D. R. P. 262 558.)** Nach dem Zusatzpatent behandelt man Salze von Oxysulfosäuren der Benzol- oder Naphthalinreihe mit Formaldehyd unter Druck in der Wärme und erhält auch so Salze fast farbloser, leicht wasserlöslicher sirupöser Säuren, die in wässeriger Lösung Haut in Leder verwandeln. Die Salze selbst fällen in neutraler Lösung Leimlösung nicht. **(D. R. P. 291 457.)**

Nach einem weiteren abhängigen Patent verwendet man zum Gerben tierischer Häute die wasserlöslichen Verbindungen, die man aus Formaldehyd und einwertigen aromatischen Phenolen mit einer oder mehreren anderen salzbildenden sauren Gruppen erhält. **(D. R. P. 280 233.)** Nach dem Zusatzpatent verwendet man statt der fertig gebildeten Kondensationsprodukte die zur Gewinnung der Produkte des **D. R. P. 262 558** dienenden Komponenten. **(D. R. P. 288 129.)**

Diese Gerbmittel aus Kondensationsprodukten von Phenol mit Formaldehyd kommen unter dem Namen Neradol D in den Handel. Vgl. **G. Grasser, Kunststoffe 1913, 401** u. **Kollegium 1913, 142.**

Zur Herstellung eines künstlichen Gerbstoffes führt man das durch Kondensation von Acetaldehyd und Phenol in Gegenwart saurer Mittel erhaltenen Dioxydiphenyläthan durch Behandlung mit Formaldehyd und neutralen Sulfiten in eine wasserlösliche Verbindung über. **(D. R. P. 285 772.)**

Gerbstoffartige Produkte werden ferner aus Phenolen, Formaldehyd und Sulfiten allein oder in Verbindung mit anderen Gerbstoffen gewonnen. **(D. R. P. 265 855.)** Man erhält die Produkte in der Weise, daß man die alkalilöslichen Phenol-Formaldehyd-Kondensationsprodukte in Gegenwart neutraler Sulfite mit Formaldehyd zur Reaktion bringt oder die alkalische Phenol-Formaldehydlösung mit Formaldehydbisulfit reagieren läßt. **(D. R. P. 265 915.)** Diese nach **D. R. P. 87 335** gewonnenen Phenolkondensationsprodukte sind die ersten einfachen, in der Konstitution bekannten organischen Stoffe, die ein Leder von den Eigenschaften der vegetabilischen Gerbung ergeben und ihm überdies die Eigenschaft verleihen, sich durch Einwirkung von Diazoverbindungen leicht und gleichmäßig ausfärben zu lassen, da sie mit Diazoverbindungen kuppeln. Nach dem Verfahren des genannten Patentes vermischt man die Suspension von 72 Tl. 2-Naphtol in 500 Tl. Wasser mit einer konzentrierten wässerigen Lösung von 125 Tl. neutralem Natriumsulfit, fügt 38 Tl. 40proz. Formaldehydlösung zu und erwärmt die nunmehr klare Lösung 6—7 Stunden im Wasserbade. Die zum Teil auskrystallisierende, zum Teil auszusalzende Sulfosäure wird aus Wasser umkrystallisiert.

Zur Darstellung von Kondensationsprodukten mit gerbenden Eigenschaften aus Phenolen und Formaldehyd setzt man schwefligsaure Salze zu. Man erhitzt z. B. 94 Tl. Phenol mit einer konzentrierten wässerigen Lösung von 252 Tl. neutralem krystallisiertem Natriumsulfit und 94 Tl. Formaldehyd (40proz.), also molekularen Mengen mit 25% Überschuß an Formaldehyd, 8 Stunden im Druckgefäß auf 140—150°, säuert kalt an, vertreibt den Schwefeldioxydüberschuß und erhält eine sauer reagierende, dicke, klare Lösung, die direkt zum Gerben verwendet werden kann und tierische Haut in ein weiches, geschmeidiges, fast farbloses Leder verwandelt. **(D. R. P. 282 850.)**

Die künstlichen Gerbstoffe des **Norw. P. 34493** erhält man durch Behandlung von aromatischen Oxyverbindungen oder deren Alkalisalzen mit Bisulfit und Formaldehyd unter gewöhnlichem Druck bei Temperaturen unter 100°.

Nach dem Gerbeverfahren des **E. P. 175 329** behandelt man die Haut mit einem Gemisch von Formaldehyd und Alkalibisulfit und gerbt dann mit Pyrogallol nach.

Zur Herstellung eines künstlichen Gerbmittels rührt man 1,25 Tl. 40proz. Formaldehyd unter Kühlung in die Lösung von 5 Tl. Salicylsäure und 10 Tl. konzentrierter Schwefelsäure, verdünnt den bald entstandenen dicken Brei mit Eiswasser und neutralisiert mit Alkali, worauf die neutrale oder schwach mit Essigsäure angesäuerte klare Lösung unmittelbar zum Gerben verwendet werden kann. **(D. R. P. 293 866.)**

Man kann auch die Haut zunächst durch mehrtägiges Einlegen in 2—5proz. Formaldehydlösung vorgerben und dann durch mehrtägige Nachbehandlung in einer 1—2proz. Lösung eines sich mit dem Formaldehyd kondensierenden Stoffes (α-Naphthylamin, Resorcin) vollgriffiges, weiches, reißfestes Leder erhalten. **(D. R. P. 305 516.)**

Auch die Kondensationsprodukte aus N-Arylsulfoderivaten aromatischer Aminosulfosäuren mit Formaldehyd sind in Wasser löslich, fällen Eiweißverbindungen und gerben die tierische Haut. **(D. R. P. 319 713.)** Große Affinität zur tierischen Haut besitzen nach einem Zusatzpatent ferner die Formaldehydkondensationsprodukte mit wasserlöslichen aromatischen Verbindungen, die die Stickstoffarylsulfaminogruppe neben einer Sulfogruppe zwei oder mehrmals im Molekül enthalten, wobei eine der ersteren auch durch eine Sauerstoffarylsulfogruppe ersetzt sein kann. **(D. R. P. 320 613.)**

Als Gerbmittel eignen sich ferner krystallinische Sulfosäuren aromatischer ein-, zwei-, drei und mehrkerniger Kohlenwasserstoffe oder die durch Erhitzen erhaltbaren Kondensationsprodukte der beiden ersteren. **(D. R. P. 306 341.)**

Siehe auch die Herstellung synthetischer Gerbstoffe durch Kondensation von Rohkresol mit $^1/_2$ Mol. Formaldehyd in alkalischer Lösung, folgendes Sulfonieren des Produktes mit 1—2 Mol. Schwefelsäure und schließliche Neutralisation nach E. P. 182 823—824.

365. Naphthalinderivat-Formaldehyd-Kondensationsprodukte.

Als Vorläufer der Naphthalinderivat-Formaldehyd-Kondensationsproduktgerbung kann das Verfahren des **D. R. P. 184 449** betrachtet werden. Man behandelt die Häute und Felle nach dieser Gerbmethode zunächst einige Zeit in einer etwa $^1/_2$proz. Formaldehydlösung, wäscht, bringt die Häute in eine wässerige Suspension von 1- oder 2-Naphthol und beläßt sie in der Lösung unter öfterer Bewegung bei 12—18° zwischen 1—10 Wochen. Man kann auch zuerst mit Naphthol behandeln und dann mit Formaldehyd oder die beiden Stoffe vereint anwenden in der Weise, daß man 100—300 g Phenol mit 20—60 g Formaldehyd und Wasser zu einem Brei anreibt, diesen in Wasser löst und die Felle einbringt. Gerbstoffbildung und Gerbung müssen möglichst gleichen Schritt halten und dementsprechend muß sich die Zugabe von Formaldehyd und Naphthol regeln; bei geeigneter Leitung dieser Ausführung läßt sich die Gerbung in 2—3 Tagen beendigen. Siehe auch **Zusatz D. R. P. 185 050.**

Die α-Naphtholleder sind weich, fast ebenso fest wie lohgare Leder, in frischem Zustande ungefärbt und werden am Licht braun, während die β-Naptholleder gelb sind und nur wenig nachdunkeln. Diese Leder lassen sich besonders leicht färben und man kann auch direkt mit diazotiertem p-Nitranilin schöne türkischrote Färbungen erzielen. **(A. Weinschenk, Chem.-Ztg. 1908, 549.)**

Zum Gerben tierischer Häute behandelt man sie mit den in Wasser leicht löslichen Kondensationsprodukten aus Formaldehyd und Naphthalin (also mit den Kunstharzen des **D. R. P. 207 743**) oder Naphthalinsulfosäuren bei Gegenwart oder Abwesenheit von kondensierend wirkenden Mitteln. Oder man verwendet die harzartigen Körper aus Benzylchlorid allein oder mit Schwefelsäure gewonnen, jedenfalls hochmolekulare Verbindungen, die mehrere hydroxylfreie Benzol- bzw. Naphthalinkerne im Molekül enthalten. Das mit diesen Gerbmitteln allein oder in Kombinationsgerbung mit anderen Gerbstoffen erhaltene fast farblose Leder zeichnet sich durch besondere Weichheit, Geschmeidigkeit und Festigkeit aus. **(D. R. P. 290 965.)** Nach dem Zusatzpatent eignen sich auch die den Bedingungen des Hauptpatents genügenden Kondensationsprodukte, die zwei oder mehrere aromatische voneinander verschiedene Kerne im Molekül enthalten, wie z. B. jene aus Benzylalkohol und β-Naphthalinsulfosäure. **(D. R. P. 305 777.)**

Zur Herstellung künstlicher Gerbstoffe verrührt man ein Gemenge von 4,5 Tl. 1-Aminonaphthalin-4-sulfosäure und 15 Tl. konzentrierter Schwefelsäure unter beständigem Rühren und Kühlung, so daß 15—20° nicht überschritten werden, langsam mit 0,75 Tl. 40proz. Formaldehyd und erhält bei Anwendung der, auf die Sulfosäure bezogen, 3—5fachen Mengen Schwefelsäure eine allmählich fester werdende knetbare Masse, die nach 1—2 Stunden fortgesetzten Rührens mit Eiswasser verdünnt, ausgekalkt und in das Natriumsalz übergeführt wird. Das im Gegensatz zu den Produkten der **D. R. P. 84 379** und **179 020** völlig wasserlösliche und ungefärbte, im Gegensatz zum Produkt des **E. P. 4648/1911** auch schwefelfreie neue Produkt fällt Leim aus seinen Lösungen und vermag Haut in Leder überzuführen. **(D. R. P. 293 041.)**

Zur Herstellung gerbender Lösungen löst man 5 Tl. 1-Aminonaphthalin-6-sulfosäure mit der erforderlichen Menge von 1,2 Tl. calcinierter Soda in 30 Tl. Wasser, läßt in diese kalte Lösung des Natriumsalzes langsam 0,84 Tl. Formaldehyd (40proz.) und die der Sodamenge äquivalente Menge von 13,6 Tl. 10proz. Essigsäure zufließen, wobei jeder Überschuß vermieden werden muß, um die Sulfosäure nicht auszufällen und rührt $^1/_2$—3 Stunden, bis eine verdünnte, salzsauer gestellte Probe keine Sulfosäure mehr ausscheidet. Man fällt das Kondensationsprodukt nun mit starker Salzsäure, salzt aus und erhält einen grauweißen amorphen Niederschlag, der in Wasser leicht löslich ist, und in dieser Form bei Gegenwart von Säuren Leimlösungen fällt und tierische Haut in Leder verwandelt. **(D. R. P. 293 640.)** Nach dem Zusatzpatent läßt man auf die Kondensationsprodukte des Hauptpatents ein weiteres Molekül Formaldehyd einwirken, so daß also molekulare Mengen der Stoffe zur Reaktion gelangen und erhält auch so Substanzen die Gerbstoffcharakter aufweisen und bei Gegenwart von Säuren Leim aus seinen Lösungen fällen. **(D. R. P. 294 825.)**

Auch die in **D. R. P. 305 795** und **306 132** beschriebenen Kondensationsprodukte aus 2 Mol. 1- oder 2-Oxynaphthalinmonosulfosäure mit 2 bzw. 1 Mol. Formaldehyd, erhalten in wässeriger bzw. stark saurer Lösung, jedoch unter Ausschluß von konzentrierter Schwefelsäure, eignen sich als haltbare, nicht zerfließliche, krystallinische Stoffe zur Ledergerbung.

Diese durch Kondensation z. B. aus 1 Mol. Formaldehyd und 2 Mol. einer 1- oder 2-Oxynaphthalinmonosulfosäure in wässeriger Lösung erhaltbaren Kondensationsprodukte werden in ihrer gerbenden Wirkung dadurch unterstützt, daß man sie mit einem weiteren Molekül Formaldehyd weiterkondensiert. Die Produkte sind überdies leichter wasserlöslich als die Ausgangsstoffe und vermögen besser noch als diese Leim aus seinen Lösungen auszufällen. **(D. R. P. 303 640.)**

Die ebenfalls als Gerbmittel verwendbaren Kondensationsprodukte aus 2 Mol. eines Salzes einer Aminooxynaphthalinmono- oder -disulfosäure mit 1 Mol. Formaldehyd sind in **D. R. P. 313 523** beschrieben. Nach einer Abänderung des Verfahrens kocht man 2 Mol. eines Salzes z. B. der 2-Amino-5-oxynaphthalin-7-sulfosäure oder ähnlicher Körper mit der wässerigen Lösung von 1 Mol. Formaldehyd. **(D. R. P. 315 871.)**

Zur Herstellung leimfällender (gerbender) Substanzen behandelt man nach **A. P. 1 375 976** eine Naphthalinsulfosäure mit Formaldehyd.

Vgl. auch die aus Sulfosäuren eines Naphthylamins, der Oxynaphthaline oder Aminooxynaphthaline und Formaldehyd bestehenden Gerbmittel des **D. R. P. 335 122.**

366. Kondensationsprodukte ohne Formaldehyd.

Durch Erhitzen von Phenol-p-Sulfosäure während 24 Stunden unter 20 mm Druck auf 130°, bis eine in Wasser gelöste Probe mit Leimlösung keine Zunahme der Fällung mehr zeigt, erhält man ein Produkt, das als weißes, leicht in Wasser lösliches, mit Eisenchlorid rotviolett färbbares Pulver direkt oder nach seiner Reinigung mit Natronlauge zum Gerben verwendet werden kann. Wie die Phenol-p-Sulfosäure, läßt sich auch ihr Gemenge mit der Orthoverbindung, wie man es durch gelindes Erwärmen von Phenol mit konzentrierter Schwefelsäure erhält, in 72 Stunden unter 20 mm Druck und 140° Innentemperatur verarbeiten. Nach dem Zusatzpatent arbeitet man unter gewöhnlichem Druck 24 Stunden bei 130° mit oder ohne Kondensationsmitteln, die sich natürlich gegenüber der Hauptreaktion indifferent verhalten müssen. **(D. R. P. 260 379** und **266 124.)**

Ebenso lassen sich Kresolsulfosäuren, erhalten z. B. aus o-Kresol nach **Ber. 20, 3210,** verarbeiten, wobei man das Endprodukt, wenn sich also mit Leimlösung keine Zunahme der Fällung mehr zeigt, auch noch in der Weise abändern kann, daß man die Kochung aus 1000 Tl. o-Kresolsulfosäure 1 Stunde bei 80° unter gewöhnlichem Druck mit 186 Tl. Phosphortrichlorid weitererhitzt. Man erhält in beiden Fällen Stoffe, die direkt oder in Form ihrer Salze ein festes, volles, geschmeidiges Leder liefern. **(D. R. P. 265 415.)**

Zur Herstellung eines Gerbmittels löst man 100 Tl. des Kondensationsproduktes, das man durch vierstündiges Erhitzen von 225 Tl. o-Kresolsulfosäure mit 262,5 Tl. Phosphoroxychlorid auf 60°, Abdestillieren des überschüssigen Phosphorchlorides im Vakuum und Auswaschen mit verdünnter Salzsäure erhält, in Wasser und säuert diese wässerige Lösung (von etwa 0,6° Bé) soweit an, daß keine erhebliche Schwellung der Blößen eintritt. Man geht mit der gut gekalkten und gebeizten Haut ein und bessert die Brühe durch weiteren Zusatz der sauren Gerblösung innerhalb 10 Tagen fortschreitend auf 5° Bé auf. In etwa 14 Tagen ist die Gerbung beendet, wobei man statt in einer Hängefarbe auch in einem Satz von 3 und mehr in den Farben anwachsend stärker zu haltenden Hängefarben gerben kann. **(D. R. P. 266 139.)**

Auch aus den Extrakten natürlicher Gerbstoffmaterialien wurde durch Kondensation mit anorganischen Säuren die Gewinnung wirksamer Gerbmittel angestrebt. So löste man z. B. zur Herstellung einer borsäurehaltigen Gerbsäureverbindung molekulare Mengen eines alkoholischen Gerbsäureauszuges und fester Borsäure und erwärmte unter Zusatz von Natrium- oder Kaliumacetat als Kondensationsmittel. **(D. R. P. 76 132.)**

Zum Gerben kann man sich auch solcher wasserlöslicher aromatischer Verbindungen ohne Hydroxyl- oder freie Aminogruppen bedienen, die die Sulfaminogruppe zwei- oder mehrmals eben einer Sulfogruppe enthalten, wobei eine Sulfaminogruppe auch durch die Sulfoxygruppe vertreten sein kann. Die Verbindung

$$Na_2SO_3{-}C_6H_4{-}NH{-}SO_2{-}C_6H_3(CH_3){-}NH{-}SO_2\cdot C_6H_4\cdot CH_3$$

z. B. wird in schwach kongosaurer 2—5 proz. Lösung angewendet und gerbt die eingehängte, gut gekalkte und gebeizte Blöße, je nach ihrer Dicke in einem oder mehreren Tagen, bei zeitweiligem Zusatz weiterer Gerblösung, ähnlich wie vegetabilische Gerbstoffe es tun. Nach dem Zusatzpatent sind auch die Arylsulfaminobenzylsulfosäuren wertvolle Gerbstoffe. **(D. R. P. 297 187 und 297 188.)**

Zur Herstellung eines synthetischen Gerbstoffes erhitzt man ein Gemenge von 21 Tl. eines der beiden Naphthole mit 18 Tl. konzentrierter Schwefelsäure 4 Stunden auf 120°, bis eine in Wasser gelöste Probe keine Zunahme der Leimfällung mehr anzeigt, löst die Schmelze im Wasser, kocht auf, filtriert, kalkt aus, bildet das Natriumsalz und erhält so nach dem Ansäuren eine direkt zum Gerben verwendbare Flüssigkeit. Nach dem Zusatzpatent erwärmt man zu demselben Zweck 25 Tl. 2-Oxynaphthalin 6-sulfosäure mit 30 Tl. Phosphoroxychlorid 1 Stunde im Wasserbade, erhitzt dann bis der Geruch des Oxychlorides verschwunden ist auf 115—120°, wäscht die schwer lösliche Schmelze mit Wasser, löst sie dann in kochender verdünnter Sodalösung und kann die beim Erkalten nach dem Ansäuern nicht ausfallende Substanz in dieser Form direkt zum Gerben verwenden. **(D. R. P. 293 042 und 293 693.)**

Zur Herstellung gerbender Stoffe kondensiert man molekulare Mengen von Phenolsulfosäure und Phenoldialkohol oder beide Körper im Molekularverhältnis 2 : 1 und erhält so eine Monosulfosäure des Dioxydiphenylmethanalkohols bzw. eine Disulfosäure eines Trioxydibenzylbenzols. Beide zeigen auch gemengt die gewünschten gerbenden und leimfällenden Eigenschaften. Auch ähnliche Ausgangsstoffe sind verwendbar. **(D. R. P. 300 567.)** Nach einer weiteren Ausführung kondensiert man Phenolmonoalkohole mit Phenolsulfosäuren oder Phenolen und führt die wasserunlöslichen Produkte durch Sulfierung in lösliche Verbindungen über. **(D. R. P. 301 451.)**

Zum Gerben tierischer Häute legt man die gut gekalkte und gebeizte Blöße in eine wässerige, etwa $2^1/_2$ proz. Lösung von sulfuriertem Dimethyldioxysulfobenzid, die bis zur mäßig sauren Reaktion neutralisiert wurde, bessert dann in üblicher Weise unter Zusatz weiterer Mengen des sulfierten Produktes zu und läßt die Häute etwa 10 Tage, bis die Gerbung vollendet ist, in dieser Hängefarbe. Zur Sulfierung des aus o-Kresol mit Schwefelsäure erhältlichen Dimethyldioxysulfobenzides verrührt man 50 Tl. des Präparates bis zu seiner Wasserlöslichkeit mit 200 Tl. 23 proz. Oleum, gießt die Sulfierung auf 200 Tl. Eis, kalkt aus und verwendet die Lösung direkt oder nach weiterer Konzentration. Ebenso wie dieses Präparat lassen sich auch ähnlich konstituierte, wasserlösliche, nicht krystallinische, hydroxylhaltige Gebilde verwenden, in denen Kerne, die höchstens je eine Hydroxylgruppe und überdies eine oder mehrere andere salzbildende saure Gruppen enthalten, durch ein oder mehrere Atomgruppen miteinander verbunden sind. **(D. R. P. 281 484.)** Nach dem Zusatzpatent geht man von den wasserlöslichen, durch Einführung von Sulfogruppen in das Naphtholpech erhaltbaren Produkten aus. **(D. R. P. 304 859.)** Nach einem weiteren Zusatzpatent verwendet man Produkte, die in Molekül zwei oder mehr voneinander verschiedene aromatische Kerne enthalten, z. B. Kondensationskörper aus Naphtholsulfosäuren mit Benzylalkohol, p-Kresol oder p-Toluolsulfochlorid. **(D. R. P. 305 855.)**

Künstliche Gerbstoffe entstehen auch nach **Norw. P. 33 140** durch Sulfurierung eines Gemisches von Cabrazol und Anthracen.

Nach **Norw. P. 33 965** erhält man harz- oder gerbmittelartige Stoffe durch Behandlung von Phenolen bei Gegenwart sauerer Katalysatoren mit Acetylengas.

Gerbprozeß, Lederarten.

Vorbereitende Arbeiten.

367. Hautgewinnung, -konservierung, -entfettung allgemein.

Die Fabrikation des Leders beginnt schon bei der Schlachtung der Tiere, da nur das sofortige Abziehen der Haut und ihr peinliches Säubern von Blut einer Wertminderung des Rohmateriales vorbeugt.

Haut und Blöße sind von der Häutung ab bis zum Einlegen in die Gerbbrühe der Fäulnis ausgesetzt, deren Träger, Mikroorganismen wie sie jeden feuchten Eiweißstoff befallen, in kurzer Zeit die Zerstörung der Haut herbeiführen können. Um Hautverluste möglichst zu vermeiden ist es nötig die Haut möglichst rasch in Leder überzuführen, da dieses gegen Fäulnisbakterien, die die Gelatine zersetzen und dadurch die Hautverluste bewirken, beständig ist. Nach Untersuchungen von **R. A. Earp** sind die Hautverluste überdies umso größer, je weniger Gerbstoff am Ende des Gerbprozesses in der Brühe vorhanden ist. **(Kollegium 1907, 247.)**

Zur Konservierung der Haut dienen chemische Mittel in erster Linie das Kochsalz, ebenso wie auch Chemikalien, vorwiegend Quecksilbersalze zum Desinfizieren, besonders der Felle verwendet werden, die mit schädlichen und gefährlichen Keimen beladen sind. Ausländisches Material ist in früheren Zeiten, ehe man die Ursache erkannt hatte, häufig der Überträger von Pest und Milzbrand gewesen.

Die Häute werden daher nach Bestreichung der Fleischseite mit einer Sublimat- (1 : 2000) oder Lysollösung (1 : 500) unter reichlichem Luftwechsel nicht zu schnell getrocknet oder mit reinem Salz ohne Zusatz von Alaun aus dem unlösliches, schwere Haarlässigkeit hervorrufendes Aluminiumoxyd entsteht, gut eingerieben, worauf man die Salzlake möglichst vollständig ablaufen läßt. Als Denaturierungsmittel des Salzes eignen sich Erdöl oder Soda, die keine schädigende Wirkung auf das Hautmaterial ausüben. **(J. Heßler, Ledertechn. Rundsch. 1909, 401.)**

Alle chemischen Konservierungs- und Desinfektionsmittel verändern zum Teil das Hautmaterial und schädigen es, wie z. B. Alaun, Glaubersalz oder andere Wasser entziehende Mittel, die die leimgebende Hautsubstanz umbilden und selbst gerbende Wirkungen ausüben. Das beste Konservierungsmittel bleibt darum nach **B. Kohnstein** das Kochsalz, besonders wenn es stark hygroskopisch ist ohne jeden Zusatz, da sogar geringe Mengen Erdöl die Salzfleckenentstehung begünstigen. Außerdem haben sich Ameisensäure und eine Buttersäure-Naphthalinlösung bewährt. **(Ledertechn. Rundsch. 1911, 297.)**

Über die Bakterien und Schimmelpilze, die evtl. im Gebrauchswasser auf die Häute und Felle übertragen werden können, ferner über die Bakterien der Mistbeizen und jene Mikroorganismen, die in den verschiedenen Fabrikationsstufen der Gerberei zu Entwicklung gelangen können. berichtet **H. Kühl,** (vgl. auch **O. Drosihn**) in **Ledertechn. Rundsch. 1911, 49** bzw. **59.**

Eine Zusammenstellung der Vorschläge der Internationalen Kommission zum Studium der Frage betreffend Konservierung und Desinfektion von Häuten und Fellen, das Abziehen, Reinigen, Salzen, allgemein und mit Natriumsulfat, das Verpacken in Ballen, das Salzen von Woll- und Haarfellen, das Pickeln von Häuten und Fellen, das Behandeln mit Erde und Arsenik, das Trocknen und die Desinfektion findet sich in **Kollegium 1912, 253.**

Zur Entfettung der Häute und Felle, die oft wie z. B. Seehundsfelle, bis zu 30% Fett enthalten, wodurch der Gerb- und Färbeprozeß des Leders gestört wird, extrahiert man die öligen Stoffe besser als mit Ätzalkalien, die die Wolle der Felle angreifen, mit Benzin, Benzol, Schwefelkohlenstoff oder mit dem feuerungefährlichen Tetrachlorkohlenstoff. **(Ledermarkt 1907, 29.)**

Nach **Carrière, Dingl. Journ. 158, 313** lassen sich Häute durch Behandlung mit Wasser, das bis zu $^{1}/_{2}$% Grünspan oder Kupfervitriol enthält innerhalb 3 Tagen vollständig entfetten. Sie geben nach der üblichen Weiterbehandlung ein ausgezeichnetes Leder.

Zum Entfetten von Tierfellen, Häuten und Vogelbälgen werden sie nach **D. R. P. 213 174** als Diaphragma zwischen 2 Elektroden in ein alkalisches Bad eingehängt und dem Einflusse eines galvanischen Stromes ausgesetzt, der je nach der Dicke der Tierhaut eine Spannung von 5—15 Volt und eine Stromstärke von 150—250 Ampère besitzt.

Die zu weit gehende Entfettung roher Häute und Felle ist keineswegs zu empfehlen, da das Hautmaterial durch die Entfernung der öligen Stoffe stark geschädigt wird und überdies die Fettextraktion nicht lohnt. **(O. M. Seemann, Chem.-techn. Ind. 1917, Nr. 7, 2.)**

368. Salzkonservierung, Salz- (Eisen-)fleckenbildung.

Den bakterientötenden Einfluß, den eine mindestens 2 proz. Kochsalzlösung beim Desinfizieren frischer Häute ausübt, erkannte schon **F. H. Haenlein** und berichtete hierüber in **Dingl, Journ. 288, 314.**

Bei längerem besonders überseeischem Transport von Häuten eignet sich die durchgreifende Salzung (am besten mit Meersalz) in erster Linie zur Konservierung des wertvollen Materiales. Es ist nötig die grüne Haut zuerst in ein Salzbad zu bringen und sie dann erst nach gleichmäßiger Durchtränkung naß in einem kühlen, dunklen Raum einzeln mit Salz zu bestreuen und auf Haufen zu lagern. So behandelte Häute ertragen auch lange Transporte ohne Schaden zu leiden. **(Ledertechn. Rundsch. 3, 385.)**

Über die Konservierung von Häuten und Fellen durch Salzung berichtet **Paeßler, Chem.-Ztg. 1912, 512.** Vgl. **Eitner, Gerber 1880, 279:** Konservierung mit Sulfat bzw. bisulfathaltigem Sulfat. Die am fertigen Leder auftretenden Fehler haben ihre Ursache in Schäden, die schon ursprünglich als Folge von Insektenstichen, Geschwüren oder Warzen in der Haut vorhanden waren oder in Fehlern, die beim Abziehen oder beim Konservieren der Haut entstanden sind und schließlich in solchen, die im Gerbereibetrieb vorkommen. Schon bei der Salzung der Häute können je nach der Art des verwendeten Salzes Fehler gemacht werden, da die sog. Salzflecken nur bei Verwendung von Petroleumstein- und siedesalz und Sodasteinsalz auftreten, während die Verarbeitung von Sodasiedesalz diese Erscheinung in keinem Falle verursacht. **(Ledertechn. Rundsch. 4, 137.)**

Zum Salzen von Häuten und Fellen verwendet man, da einzig und allein Gips, auch in eisenfreiem Zustande, die Ursache der Salzfleckenbildung ist, Kochsalz, das man mit neutral oder nur sehr schwach alkalisch reagierenden Stoffen (Bariumchlorid, Natriumfluorid, borsaure, oxalsaure, phosphorsaure Alkalien und Alkalibicarbonate) vom Gips befreit hat. Man kann auch gewöhnliches Salz und die betreffende Verbindung (es genügen 2—5% dieses Zusatzes), feinst gepulvert auf die Haut aufstreuen. **(D. R. P. Anm. W. 40 294, Kl. 28 a.)**

C. Romana und **G. Baldracco** beobachteten ebenfalls, daß sich Salzflecke in keinem Falle bilden, wenn man die gut gewaschenen Häute mit denaturiertem Salz behandelt, das 1% Borax, Natriumsulfat, Kaliumcarbonat oder -chlorid oder vor allem Natriumfluorid oder 3% Vaselinöl enthält. Letzteres übt die beste konservierende Wirkung aus und es scheint, daß die Salzfleckenbildung hauptsächlich auf in der Haut schon vorhandene Unreinlichkeiten zurückzuführen ist, die sich durch gutes Waschen der Häute vor dem Salzen entfernen lassen. Auch **A. Turnbull** ist der Überzeugung, daß sich bei genauer Arbeit unter Anwendung reinen Kochsalzes die Salzflecken vermeiden lassen. **(Kollegium 1914, 517.)** Vgl. **A. Seymour-Jones ebd. 1913, 4.**

Man kann dem zum Pickeln, also zur Hautkonservierung und Hautvorbereitung für den Gerbeprozeß dienenden Kochsalz zur Verhütung der Salzfleckenbildung auch 3% Natriumsulfit zusetzen. **(A. P. 1 205 694.)**

Nach **J. H. Yocum** ist die Ursache der Salzfleckenbildung die Umwandlung des Blut-Hämoglobins in Hämatin zu deren Verhinderung man ein Alkali enthaltendes Salz während dreier Tage auf die Haut einwirken lassen soll, wodurch ein vollkommenes Abtropfen des Blutes und zugleich genügende baktericide Wirkung gewährleistet ist. (Referat in **Zeitschr. f. angew. Chem. 26, 703.)**

Nach Untersuchungen von **H. Becker** werden die Salzflecken durch Mikroorganismen hervorgerufen, da man diese Flecken durch Anwendung der Reinkulturen jener Mikroorganismen künstlich zu erzeugen vermag. Schädlich sind jedoch nur jene, die die Hautsubstanz verflüssigen und einen ockergelben Farbstoff erzeugen, während die organgegelben unschädlich sind und für die blauen oder blauvioletten nachteilige Einflüsse noch nicht festgestellt werden konnten. Die Flecken entstehen stets dort, wo sich auf der Haut Anhäufungen von Kochsalzkrystallen befinden, die zugleich mehr oder weniger große Mengen von Sulfaten enthalten und damit ist auch der Weg gewiesen um die Häute sachgemäß zu desinfizieren und die Fleckenbildung zu vermeiden. Kochsalz allein ist von zweifelhafter Wirkung, besser eignet sich ein Gemenge von Kochsalz und 4% calcinierter Soda oder 1,5% Perborat, doch tritt in letzterem Falle Schwellung der Haut ein. Günstig wirkt auch eine 0,25 proz. Chlorzinklösung in 2 Stunden oder eine 0,50 proz. bei einer Einwirkungsdauer von $^1/_2$ Stunde. In denselben Mengenverhältnissen eignet sich auch eine wässerige Senföllösung, die man durch Anrühren von Senfmehl zuerst mit wenig und dann mit mehr Wasser herstellt und mindestens 1 Stunde einwirken läßt. **(Kollegium 508, 408.)**

Vgl. dagegen die Angaben von **L. L. Lloyd,** der mit 0,25% Zinkchlorid oder 0,25% Senföl in Gegensatz zu **Becker** keine Resultate erhielt und die Bakterienwirkung nur mit einer Kochsalz-Sublimatlösung aufzuheben vermochte. Ebenso fand auch **G. Abt** in den Salzflecken ein Bakterium dessen Eigenschaften er beschreibt und das völlig verschieden ist von dem von **Becker** aufgefundenem Kleinorganismus. **(Kollegium 1913, 188 u. 204.)**

Nach **W. Moeller** beruht die Salzfleckenbildung jedoch auf einem sowohl im lebenden als auch im toten Organismus vor sich gehenden physiologischen Gerbvorgang, bei dem schon vorhandene oder zugeführte Stoffe das Gerbemittel darstellen. Zur Verhinderung der Salzfleckenbildung sind daher diese gerbenden Bestandteile anorganischer und organischer bzw. organisierter Art zu beseitigen, was am besten durch Alkalizusatz geschieht, da in alkalischer Lösung Gerbvorgänge nicht stattfinden können. Es erklärt sich so der Erfolg, den man durch Sodazusatz zum Pickelkochsalz gemacht hat. **(Kollegium 1917, 7 ff.)**

Über die Vermeidung der Eisenfleckenbildung auf lohgarem Leder, durch sorgfältige Abhaltung aller Eisenteilchen, die evtl. von Trägern abbröckeln könnten und Isolierung der Röhren aus Eisen mit Streifen aus Packleinwand, die vorher in einen Brei von 1 Tl. Wasserglas, 1 Tl. Wasser und Gips getaucht wurden, siehe **Ledertechn. Rundsch. 4, 37 290.**

369. Andere Konservierungsmittel.

Zur Konservierung frischer oder trockener Häute oder Felle, namentlich zur Abhaltung von Insekten, bestreicht man die Fleischseite mit der 15grädigen Lösung gleicher Teile Zinksulfat und Zinkchlorid. **(Dingl. Journ. 172, 400.)**

Eitner schlug vor **(Jahr.-Ber. f. chem. Techn. 1881),** die Fleischseite der zu konservierenden grünen Häute mit kalc. Glaubersalz einzureiben.

Zur Konservierung der rohen Häute soll man sie mit wenigstens 25% ihres Rohgewichtes Kochsalz unter Zusatz von 10—15% Natriumsulfat behandeln und die zusammengerollten Häute in diesem Zustande, ohne sie zu trocknen, versenden. Statt des Arseniks als Insektenvertilgungsmittel soll man Naphthalin oder Tabaksbrühe verwenden, zur Desinfektion eine Sublimatlösung 1 : 5000. **(Kollegium, Suppl. Juni 1912.)**

Nach **D. R. P. 40 376** sollen Häute zu ihrer Konservierung in Kieselgur verpackt werden.

Nach **A. Seymour-Jones, Kollegium 1912, 620** eignet sich das Thiosulfat in feingepulvertem Zustande ebensowohl zum Konservieren von Häuten und Fellen, als auch zum Bleichen von dunklem Leder und von Extrakten, zum Entfetten von Blößen und zu ihrer Vorbehandlung, wodurch die Gerbzeit verkürzt wird. Man arbeitet in der Weise, daß man die Häute mit Thiosulfat durchtränkt und dann in ein schwaches Säurebad bringt, wodurch ein schönes, weißes Leder erhalten wird. Oder man hängt das dunkle Leder in die 10—20 proz. Thiosulfatlösung ein und behandelt mit Ameisensäure nach. Nach Vorbehandlung von Schaffellen mit einer 10 proz. Thiosulfatlösung vermag man das Material mit 0,5 kg Gerbextrakt für 1 Dutzend Felle vollkommen auszugerben. Thiosulfat dient auch zur Entgerbung des Leders.

Nach **D. R. P. 57 964** sind die Bormetallsulfate, die durch Einwirkung von Borsäure auf schmelzende Metallbisulfate entstehen, ihrer fäulniswidrigen Eigenschaften wegen Konservierungsmittel für die Haut. Diese Salze sollen sich auch als Entkalkungsmittel eignen.

Borax dient in der Gerberei, seiner fäulnisverhindernden Wirkung wegen, zum Einweichen trockener Häute; diese Behandlung in der schwach alkalischen Lösung des Salzes ermöglicht es, die vorbehandelten Fälle sofort in die Äscherbrühe zu bringen. Auch in der Gerbbrühe äußert sich die günstige Wirkung des Boraxzusatzes dadurch, daß das Salz die Narbe weich und mild macht und die zusammenziehende Wirkung der Gerbstoffe mildert. Borax dient ferner als gutes Entkalkungsmittel, wenn er in Form der Borsäure angewendet wird, er eignet sich ferner zur Neutralisation gegerbter Chromleder, als Zusatz zum Fettlicker, zusammen mit Oxalsäure zum Bleichen des Leders, bewirkt beim Abziehen lackierter Leder leichtere Löslichkeit des Schellacks oder Caseins und entzieht dem Leder gewisse Farbstoffe. Borsäure wird zur Entfernung des Kalkes aus den Blößen sowie zur Zerstörung der Bakterien nach der Kotbeize angewandt. **(R. L. Harries, Ledertechn. Rundsch. 6, 292.)**

Über Herstellung von biegsamem Leder mit Verwendung einer Weichlauge aus Borax, Magnesiasalzen, Seife und Bleichmitteln siehe **F. P. 455 787.**

Zur Konservierung von Fellen behandelt man sie in rohem oder chromgegerbtem Zustande mit einer Lösung von 150—300 g Natriumnitrit in 200 l Wasser (genügend für ein Dutzend Felle), vergrößert so die Weichheit und Porosität des Materiales und steigert damit seine Aufnahmefähigkeit für Gerbstoffe. Das Nitrit übt eine leicht oxydierende Wirkung aus und neutralisiert die in den Fellen vorhandene Schwefelsäure. **(Gerberztg. 1906, Nr. 84.)**

Nach **D. R. P. 254 131** verwendet man als Konservierungsmittel für Häute und Felle, eine gesättigte Kochsalzlösung, die 1‰ einer Lösung von 1 Tl. Kupfervitriol, 1 Tl. Salmiak und 2 Tl. calcinierter Soda in Wasser enthält. Die Felle, die man in dieser gesättigten Lösung etwa 12 Stunden liegen läßt, lassen sich dann feucht oder trocken beliebige Zeit aufbewahren. Die Cuproammoniumsalze oder auch die löslichen komplexen Kupfersalze, die wie Glyokokollkupfer oder Kupfertartratalkali das Kupfer in einer durch Alkali nicht fällbaren Form enthalten, gerben selbst nicht und lassen sich daher vor Einbringen der Häute in die Gerbbrühe leicht wieder auswaschen. **(D. R. P. 254 131.)**

Zur Konservierung von gekalkten und gewässerten Häuten, die in einer gesättigten Kochsalzlösung eingesalzen werden, verwendet man nach **Ledermarkt Koll. 1904, 186** Ameisensäure in 0,25 proz. Lösung und Holzessigsäure in 0,10—0,20 proz. Lösung. Von der Anwendung des Formaldehyds als Konservierungsmittel für Häute, deren Abfälle auf Leimleder verarbeitet werden sollen, ist hingegen abzusehen, da die feste Verbindung zwischen Formaldehyd und Hautsubstanz die Verleimung des Materiales ausschließt.

Die Verwendung der Carbolsäure als fäulniswidriges Mittel in der Lederaufbereitung wurde schon von **Baudet, Dingl. Journ. 197, 462** empfohlen, doch wird die Methode kaum mehr angewendet.

Über das Konservieren grüner Häute durch Bestreichen der Fleischseite mit einer Mischung von 90 Tl. Rohglycerin und 10 Tl. 50 proz. Carbolsäure, ebenso wie über die Konservierung fertigen Leders mit einem Gemenge von Glycerin und Dégras, siehe **Der Gerber 1876, 527.**

Die Verwendung von Kreolin und Kresotinsäure zum Konservieren der Häute wurde von **W. Eitner** in **Gerber 1889, 109** vorgeschlagen.

Zur Konservierung von Handschuhleder behandelt man dieses nach **D. R. P. 218 315** statt mit den bisher verwendeten ekelerregenden Stoffen mit Salicylsäure- oder Benzoesäureestern (Äthyl-, Methyl-, Amyl- bzw. Methyl- oder Benzyl-), die man der Brochiergare zusetzt.

370. Häute desinfizieren.

Über die Gefahren des Milzbrandes, der durch verseuchte Häute und Felle übertragen werden kann, siehe **Zeitschr. f. angew. Chem. 1914, III, 738**, vgl. die Schrift von Koelsch, Fr., Der Milzbrand. München 1918.

Zur Verhütung der Milzbrandgefahren in Gerbereien ist es dringend nötig die Wände, Decken und Fußböden aller Räume, in denen Ansteckungsgefahr herrscht, häufig mit Sublimatlösung 1 : 1000 zu durchfeuchten und abzuscheuern und den dabei abfallenden Staub und Schmutz zu verbrennen. **(W. Hickmann.)**

Zur Desinfektion der Milzbrandhäute eignet sich nach **G. Abt** in erster Linie die Methode der Anwendung von Sublimat und Ameisensäure nach **Seymour-Jones**, die eine ausreichende Desinfektion gewährleistet, wenn die Häute nachträglich nicht mit Sulfiden neutralisiert werden. Gute Resultate gibt auch die Methode der Anwendung von Salzsäure nach **Schattenfroh** und **Kohnstein**, die jedoch nur bei zu pickelnden Häuten anwendbar ist. Kleinere Häute kann man mit Chlor, erhalten durch Ansäuern von Chlorkalk mit Ameisensäure in einem Tage desinfizieren. Außerdem finden Anwendung: Formaldehyd, Sublimat mit folgender Dämpfung mit schwefliger Säure oder Behandlung mit 5 proz. Carbolsäure. Letztere beiden Mittel sollen ungeeignet sein, dagegen werden Milzbrandsporen durch Schwefelnatriumlösungen getötet; ebenso durch 0,05 proz. Senföllösungen, und zwar schon in 5 Minuten. Dibrom-2-Naphthol kann nur zur Desinfektion von Abfällen verwendet werden, da die Häute selbst bei dieser Behandlung rote Flecken erhalten. Alles in allem ist jedoch nur die erstgenannte Methode geeignet einer Verbreitung des Milzbrandes genügend vorzubeugen. **(Kollegium 1914, 277.)**

Die **Seymour-Jones**-Methode der Milzbrand-(Anthrax-)sterilisation beruht auf der Erweichung der Häute in ameisensäurehaltigem Wasser, dem zur Abtötung der Bakterien Sublimat in äußerst niedrigem Prozentsatz zugesetzt wird. Die innerhalb 24 Stunden beendigte Desinfektion ist auch bei Wolle, Roßhaar und ähnlichen Materialien ausführbar und übt keine schädigende Wirkung auf die behandelten Stoffe aus. **(Ledertechn. Rundsch. 1911, 65.)**

Die genaue Nachprüfung dieses Seymour-Jonesschen Sublimat-Ameisensäureverfahrens durch **V. Gegenbauer** ergab jedoch, daß auch bei Erhöhung von Konzentration und Verlängerung der Einwirkungsdauer innerhalb des praktisch möglichen Maßes keine Desinfektion der milzbrandigen Häute und Felle erzielt wird. **(Archiv f. Hygiene 1918, 289.)**

Auch **R. W. Hickmann** fand dieses Verfahren nur dann wirksam, wenn die Konzentration der Sublimatlösung auf 1 : 2500 erhöht wird. Das Verfahren der Anwendung von 50 Tl. Chlor auf 1 Mill. Tl. Abwasser ergab keine günstigen Resultate, während die Milzbrand enthaltenden Abwässer genügend desinfiziert wurden, wenn man ihnen Chromgerbereiabwässer zusetzte, deren Chromsäure durch eine entsprechende kleine Menge Schwefelsäure in Freiheit gesetzt wurde. (Referat in **Zeitschr. f. angew. Chem. 1918, 102.)**

Nach **Kohnstein, Ledermarkt, Koll. 1911, 297** ist das beste Konservierungsmittel für Häute Kochsalz, das mit Ameisensäure denaturiert wird, und Kochsalz und Salzsäure (10% bzw. 1% in wässeriger Lösung) sind die besten Sterilisierungsmethoden für Häute zur Abtötung der Milzbrandsporen. (Vgl. **Wiener klin. Wochenschr. 1911, 735.)**

Über Desinfektion milzbrandiger Häute und Felle in Salzsäure-Kochsalzgemischen siehe die Abhandlung von **V. Gegenbauer** und **H. Reichel, Arch. Hyg. 1913, 1.** Vgl. **E. Moegle, Häute und Leder 1913, Nr. 48.**

Zur kombinierten Behandlung von Häuten durch Einweichen, Äschern und Desinfizieren behandelt man sie während 72 Stunden bei 15—20° mit einer, mit 5—10% Kochsalz versetzten, 0,5—1 proz. Natronlauge und erreicht so sichere Abtötung der Milzbrandsporen, wobei allerdings die Art des Einflusses der Natronlauge auf das Leder nicht sicher festgestellt wurde. Vor der Pickelung hat das Verfahren jedenfalls den Vorzug, daß Einweichen, Äschern und Desinfizieren sich in einem einzigen Prozeß vornehmen lassen. **(E. Hailer, Gesundheitsamt 50, 96.)**

Zur Desinfektion der Häute wird von **H. Becker, Chem.-Ztg. 1911, 576,** vorgeschlagen, die Häute mit Sublimat und nachfolgend mit Kochsalz zu behandeln. mit oder ohne vorheriger Anwendung von Ameisensäure in $^1/_4$—1 proz. Lösungen. Auch der Pestbacillus, sowie seine Sporen werden durch eine Sublimatlösung 1 : 1000 schnell und sicher abgetötet, wenn man der Ausfällung des Quecksilbersalzes durch Eiweißstoffe nach **R. Koch** in der Weise vorbeugt, daß man die Häute in eine gesättigte Salzlösung einlegt, der die nötige Menge Sublimat zugesetzt wird. (Referat in **Zeitschr. f. angew. Chem. 1911, 1503.)**

371. Erzeugung der Blöße. Mechanische Enthaarung.

Zur Herstellung der Blöße, das ist die zum Gerben vorbehandelte Haut, erfordert folgende Vorkehrungen:

1. Die Haut wird gewaschen und durch mechanische Hilfsmittel, meist unter Zusatz von Alkalien oder Ameisensäure geweicht.

2. Man hydrolysiert die Schleimschicht der Oberhaut durch Schwitzen, einen gelinden, bei 16° in feucht gehaltenen Kammern vor sich gehenden Fäulnisprozeß (Sohlleder) oder durch Kalken (Äschern), wodurch die Epidermis ebenfalls gelockert, vorhandenes Fett verseift und eine Schwellung der Haut bewirkt wird. Man läßt den evtl. durch Natriumsulfidzusatz geschärften oder (für Handschuhleder) mit Arsensulfid angesetzten Kalkäscher als Milch in Gruben oder als Paste (Schwöde) auf die Haarseite der Häute gestrichen 2—4 Wochen einwirken um

3. das Enthaaren auf mechanischem Wege zu erleichtern.

Allgemein gültige Vorschriften für das Äschern lassen sich nicht geben, vielmehr muß sich der Gerber außer nach der Natur der Häute besonders nach der Art des zu verwendenden Gerbmateriales richten. Durchschnittlich nimmt die Haut 3,347% Calciumhydroxyd auf.

Eine zusammenfassende Besprechung der neueren, das Äschern betreffenden Versuche und Verfahren findet sich in **Ledertechn. Rundsch. 8, 165.**

Die rein praktische Seite des Äscherungsvorganges und seiner Ausführung in der Technik erörtern **W. James** und **P. R. Barker** in **J. Am. Leath. Chem. Assoc. 10, 507;** vgl. **ebd. S. 509** die kritischen Bemerkungen von **H. G. Bennett.**

In **Ledertechn. Rundsch. 7, 343** bringt **J. L. van Gijn** Vorschriften über das Einäscher- und das Dreiäscherverfahren, die es auch dem Nichtchemiker ermöglichen, eine Art chemischer Kontrolle über die Äscherbrühen auszuüben.

Die Eigenschaften und Wirkungen verschiedener Anschärfungsmittel des Äschers und ihre Anwendung in der Gerberei erörtert **W. Mensing in Ledertechn. Rundsch. 5, 289.**

Die Haarlockerung wird bewirkt: Durch das Ammoniak, das als Folge der Lebenstätigkeit der Bakterien des alten Äschers und durch die Wirkung des Kalkes auf das Haar und gewisse Hautbestandteile entsteht, weiter durch schwach proteolytische von Bakterien ausgeschiedene Enzyme und schließlich durch Schwefelverbindungen, die aus dem Kalk und dem leichtlöslichen Schwefel des Haares entstehen. Jede dieser Einzelwirkungen bedingt die Lockerung des Haares. **(J. T. Wood** und **D. J. Law,** Referat in **Zeitschr. f. angew. Chem. 1917, 403.)**

Über den Enthaarungsprozeß durch Schwitzen und Äschern siehe **F. H. Haenlein, Dingl. Journ. 301, 65,** vgl. **N. Payne, Ledermarkt Koll. 1905, 181.**

Über die Anwendung von Kohle, zweckmäßig in Form reinen Holzkohlenpulvers als Enthaarungsmittel für Häute siehe **Andersen, Bayer. Ind.- u. Gew.-Bl. 1874, 62.**

Das Enthaaren der Felle soll sich nach **D. R. P. 89 817** leicht bewerkstelligen lassen, wenn man das geweichte Material der Einwirkung gasförmiger Kohlensäure unter einem Druck von 6 Atmosphären aussetzt.

Über elektrische Enthaarung siehe **D. R. P. 108 510.**

Gleichzeitig mit den Haaren entfernt man die Fetthaut der Fleischseite und quetscht den größten Teil der Kalkbrühe ab.

4. Zum Entkalken behandelt man die gewaschenen Häute mit verdünnten sauren Brühen, wodurch nicht nur der Kalk herausgelöst wird, der sonst Brüchigkeit des Leders verursachen würde, sondern zugleich auch eine Schwellung der Haut eintritt, die nötig ist, um den Eintritt der Gerbstoffe zu erleichtern. Man verwendet zu diesem Zwecke Hundekot- oder Taubenmistbeizen, Lösungen, die durch Einleiten einer Getreide- oder Kleiegärung Milchsäure enthalten, Fermentpräparate, neuerdings auch Reinkulturen der die Wirkung der Mistbeizen hervorrufenden Bakterien, und schließlich auch organische oder sehr schwache Mineralsäuren ohne jeden weiteren Zusatz.

372. Alkalische und schwefelhaltige Äscher.

Zur Durchführung des in etwa 8—9 Tagen beendeten Kalkprozesses verwendet man 5% des Hautgewichtes an Kalk, dessen Oxydgehalt nicht unter 50% CaO liegen soll, wobei man dem Wasser Brühe aus dem Äscher zusetzt, die ebenso wie es auch der Zusatz von Salmiak tut, die heftige Wirkung der frischen Brühe abschwächt. Man schichtet die Häute während 7 Stunden von Zeit zu Zeit von einer Grubenseite auf die andere, bringt sie dann 12 Stunden in 42° warmes Wasser und kann nach evtl. Wiederholung der Warmwasserbehandlung mit dem Enthaaren beginnen. Nur auf diese von **Schoellkopf** angegebene Weise wird bei hinreichender Schonung der Häute die nötige Haarlockerung erreicht. **(Borchers, Zeitschr. f. angew. Chem. 1890, 230.)** Schließlich entzieht man der Haut das Calciumoxyd, das rein chemisch als Enthaarungsmittel und keineswegs unter bakterieller Mitwirkung arbeitet, durch kaltes Wasser fast vollständig und erreicht damit das eigentliche Schwellen der Haut. Während dieses Schwellvorganges ist die Menge des Wassers insofern von Bedeutung, als in verdünnteren Lösungen andere Mengen Hautsubstanz in Lösung gehen als in konzentrierten. **(A. W. Griffith,** Referat in **Zeitschr. f. angew. Chem. 1910, 1103.)**

Praktisch verfährt man in der Weise, daß man frische Häute einige Stunden in reinem Wasser, getrocknete und gesalzene Häute etwa 3 Tage wässert; bei schweren Häuten setzt man dem Wasser auch Ätznatron oder Soda oder Natriumbisulfit u. dgl. zu. Die Häute werden dann maschinell oder mit der Hand ausgestrichen und auf der Aasseite von den anhaftenden Fleischteilen, die auf Lederleim verarbeitet werden, befreit. Die gespülten Häute werden nunmehr in großen zementierten Gruben mit Kalkmilch, gewöhnlich unter Zusatz von Schwefelcalcium, Schwefelnatrium oder anderen Enthaarungsmitteln eine Woche oder auch länger behandelt, bis die Oberhaut so aufgeweicht und gelockert ist, daß sie sich mit den Haaren durch das Schabmesser leicht entfernen läßt. Bei Benutzung des Rühräschers, in dem die Häute in beständiger Bewegung gehalten werden, kann das Äschern erheblich abgekürzt werden. Kleine und schwache Felle werden enthaart, indem man den Kalkbrei und Schwefelnatrium auf die Fleischseite aufstreicht und die Felle mit den Fleischseiten aufeinandergelegt solange in einem Behälter liegen läßt, bis die Wolle sich gut ausziehen läßt. Dieses Verfahren, das sog. „Anschwöden" wird besonders bei Schaf- und Ziegenfellen angewandt, deren Wolle (Haare) in der Textilindustrie bzw. in der Filzfabrikation weitere Verwendung finden soll.

Nach **J. T. Wood** bewirkt der Kalk beim Äschern nicht nur das Enthaaren und die Entfernung von Hautbestandteilen, sondern er dürfte auch chemisch in der Weise eingreifen, daß er mit der Hautsubstanz einen salzartigen Körper bildet, der die spätere Lederbildung, ob sie nun vegetabilisch oder durch Öl erfolgt, günstig beeinflußt. Immerhin ist vor zu starker Verwendung der Kalkes, besonders zusammen mit Natriumsulfid, zu warnen und darum sind auch die Äschergruben häufig zu reinigen, um ein Übermaß von Kalk zu entfernen. (Referat in **Zeitschr. f. angew. Chem. 28, 154.)**

Zum Enthaaren von Häuten bedient man sich einer Barytlauge, die genügende Mengen Hautsubstanz oder anderer eiweißhaltiger Stoffe enthält, so daß ein Übergewicht dieser über die in der Hautsubstanz enthaltenen eiweißhaltigen Stoffe besteht. **(Norw. P. 32 959.)**

Zum Enthaaren der Hasenbälge verwendet man eine Lösung von Kochsalz und Pottasche in Kalkmilch. Die nach kurzer Zeit leicht abstreifbaren Haare lassen sich gut filzen und walken. **(Polyt. Notizbl. 1852, 102.)** Vgl. **D. R. P. 14 508:** Pottasche und Kaliumpermanganat als Enthaarungsmittel.

Nach **D. R. P. 42 526** legt man die Häute, um sie zu enthaaren, zuerst in eine 10 proz. Alkalialuminatlösung und dann zur Neutralisation des Alkalis und zur Konservierung in eine 2—4 proz. Borsäurelösung. Diese Borsäurebehandlung ist auch für Häute anempfehlenswert, die auf anderem Wege, z. B. durch Kalkbehandlung, enthaart wurden.

Über Äschern von Häuten und Fellen durch Behandlung zuerst mit einer Ätzkalilösung und dann mit der Lösung eines Kalksalzes oder umgekehrt zwecks Bildung von Calciumhydrat siehe **D. R. P. 102 643.**

Nach **W. Eitner, Der Gerber 1904, 349** verwendet man als Schwefelnatriumäscher zur raschen Enthaarung pro Kilogramm Grünhaut 10 g Schwefelnatrium, nach dieser Menge berechnet sich die Zusammenstellung des Schwödebreies. Es kommen demnach auf 1 kg Schwefelnatrium 5 l heißes Wasser und 3 kg Kalk, der mit 15 l Wasser gelöscht und verdünnt ist; die mit diesem Brei bestrichenen Häute können nach 4 Stunden enthaart werden, Um das Verfahren noch zu beschleunigen, löst man in der heißen Schwefelnatriumlösung roten gemahlenen Arsenik. (Vgl. **D. Ind. Ztg. 1869, 45).** Wenn man hingegen die Wirkung der Schwöde auf 15—20 Stunden ausdehnen will, rechnet man für jedes Kilogramm Grünhaut nur 3—4 g Schwefelnatrium, dann aber zur Herstellung der Breikonsistenz 10 g Kalk und 60 ccm Wasser.

Ein Enthaarungsmittel, bestehend aus einem wässerigen Gemenge von 3 Tl. Schwefelnatrium, 10 Tl. gebranntem Kalk und 10 Tl. Stärkemehl wurde schon von **Boudet** in **Dingl. Journ. 1851, II, 400** empfohlen. Es sei ferner darauf hingewiesen, daß die Anwendung einer Mischung von Schwefelcalcium und Kalk als Enthaarungsmittel von **Böttger** in **Ann. d. Chem. u. Pharm. Bd. 76, 364** vorgeschlagen wurde.

Der Äschervorgang wird bei Anwendung dünner Schwefelnatriumlösungen, da sie konzentriert die Haut zu stark angreifen, durch Aufstreuen eines trockenen Gemenges von Schwefelnatrium und Kalk beschleunigt, überdies werden die Haare besser gelockert und die Fäulnis wird wirksam verhindert. In **Ledertechn. Rundsch. 7, 12** finden sich Vorschriften, die sich auf das Aufweichen trockener Häute und Felle und auf die Beschleunigung des Äscherverfahrens mit Schwefelnatrium unter Schonung der Hautsubstanz beziehen.

Im allgemeinen soll man beim Äschern mit Schwefelnatrium auf das Hautgewicht berechnet nur 1% Natriumsulfid verwenden, da größere Mengen die Haut schlaff machen und die Narben unregelmäßig gestalten. **(Ledertechn. Rundsch. 7, 45.)**

Nach **E. P. 173 788** enthaart man die Felle in nacheinander anzuwendenden schwachen Bädern von Schwefelnatrium und Ätznatron.

Nach **D. R. P. 332 121** weicht man die Häute, um sie zu äschern, zuerst in einer schwachen, wässerigen Kalk-Schwefelnatriumlösung, wäscht, bringt sie dann in konzentriertes Kalkwasser ohne Schwefelnatriumzusatz und wäscht abermals.

Über Enthaaren der Häute mittels Gaskalkes, der neben ätzendem, kohlensaurem, unterschwefligsaurem, schwefligsaurem, schwefelsaurem Kalk und Calciumcyanid vor allem Calciumsulfid und -sulfhydrat als wirksame Bestandteile enthält, siehe **A. Lindner, Dingl. Journ. 137, 221.**

Über das Verfahren zum Enthaaren der Tierhäute mit einer Lösung von Schwefelcalcium siehe die Angaben in **Polyt. Zentr.-Bl. 1848, 842.**

Ein Enthaarungsmittel für Häute wird nach **D. R. P. 107 224** hergestellt durch Einleiten von Schwefelwasserstoff in eine Zuckerkalklösung, die man durch Löschen von gebranntem Kalk mit einer Zuckerlösung erhält. Die hellgraue Masse wird mit 5% Talkum vermischt; vor dem Gebrauch verdünnt man mit Wasser und trägt den Brei auf die Häute auf. Nach 10 Minuten wird das Mittel samt den Haaren abgewaschen.

Zum Enthaaren von Fellen behandelt man sie nach **D. R. P. 132 372** in einer Lösung, die durch Einleiten schwefelhaltiger Schwel- oder Destillationsgase in Alkali- oder Kreosot-Alkalilösung erhalten wird.

Zur Entfernung der Haare von Fellen wird nach **A. P. 945 221** Schwefelbarium durch Umsetzung mit Kalkmilch in wässeriger Lösung in Bariumhydroxyd verwandelt und diese Lösung zur Einwirkung auf die in Wasser eingeweichten Felle gebracht. Man kann auch statt der Lösung eine Paste verwenden, die man aus Sandstein, Schwefelbarium, gelöschtem Kalk und Wasser erhält.

Nach **D. R. P. 304 251** ersetzt man den Kalkäscher durch mindestens $^1/_{10}$n.-Barytlösung. Das Bariumhydroxyd ist wesentlich leichter löslich als Calciumhydroxyd, so daß das Verfahren abgekürzt wird und höhere Ausbeute resultiert.

In **E. P. 2047/81** wird als Enthaarungsmittel ein Gemisch von gepulverter Veilchenwurzel und Alkannawurzel empfohlen, das als wirksamen Zusatz Schwefelbarium erhält.

Nach **D. R. P. 15 736** legt man die Häute, um sie zu enthaaren, in eine Mischung von Ammoniak und schwefliger Säure, während man bewollte Felle auf der Fleischseite mit einem Teig aus Ton und dieser ammoniumsulfithaltigen Flüssigkeit bestreicht.

Zum Enthaaren der Häute behandelt man sie während 8 Tagen im gesalzenen Zustande mit einer 0,3grädigen Lösung von schwefliger Säure, deren Konzentration konstant erhalten werden muß, und kann dann die Haare leicht mit der obersten Hautschicht entfernen. Das Kochsalz verhindert die gleichzeitige Schwellung der Haut. Das Verfahren ist von allen anderen Enthaarungsmethoden dadurch unterschieden, daß bei seiner Anwendung die Mitwirkung von Mikroorganismen ausgeschlossen ist, es hat weiter den Vorteil, daß die Abwässerbeseitigung keine Schwierigkeiten bereitet. **(J. Thuan, Kollegium 1908, 362.)**

373. Hautbehandlung mit Enzympräparaten.

Über Enthaaren und Reinmachen von Häuten und Fellen in einem Bade, das neben antiseptischen Substanzen Pankreastryptase enthält, siehe **D. R. P. 268 873.** Bei Anwendung des Verfahrens spart man an Zeit, da in wenigen Tagen erreicht wird, was sonst 12—20 Tage dauert, man spart aber auch Arbeit, da nicht geäschert zu werden braucht. Haare und Wolle werden geschont, die Abwässer können ohne Gefahr in die Flußläufe abfließen.

Zum Weichen von Häuten und Fellen bedient man sich evtl. in alkalischer Lösung der fett- und eiweißspaltenden Enzyme der Bauchspeicheldrüse und vermag so die Weiche, die sonst bei hartgetrockneten Fellen 4—8 Tage dauerte in einem Tage zu beendigen. Zu gleicher Zeit wird das Fett leicht gelöst, das Fleisch zermürbt und die Gerbstoffaufnahme erleichtert. Man arbeitet alkalisch, wenn man Haare und Wolle schonen und neutral, wenn man sie entfernen will. **(D. R. P. 288 095.)**

Über die Behandlung der Häute nach dem Ara - Äscherverfahren, bei dem die Haut wie üblich geweicht, mit Natronlauge geschwellt und dann mit Arazym, einem Präparat der Bauchspeicheldrüse, geäschert wird, so daß man in 24 Stunden den gleichen Effekt erzielt wie früher in mehreren Tagen, siehe **O. Röhm, Ledertechn. Rundsch. 8, 129.**

Um Blößen und Rohfelle zum Abstoßen des Narbens vorzubereiten, weicht man sie mehrere Stunden in einer warmen oder 1—2 Tage in einer kalten wässerigen Lösung von 0,1 pro Mille Pankreatin und 10 pro Mille Natriumbicarbonat und schwellt sie dann in einer wässerigen Lösung von 5 pro Mille Ätznatron. Nach dieser Vorbereitung stößt man mit dem Schabeisen den Narben ab. **(D. R. P. 289 305.)**

Nach **Norw. P. 34 503** enthaart man die Häute mit einer alkalisulfathaltigen Ätzalkalilösung, neutralisiert das Hautmaterial dann mit Bicarbonat und beizt in demselben Bade durch Zusatz von Enzymen der Bauchspeicheldrüse.

Zur Herstellung von Blößen setzt man dem Weichwasser der Häute oder Felle 0,5% Ätznatron und die gleiche Menge Eiweißabbauprodukte zu bzw. vollzieht den Äscherungsprozeß bei Gegenwart von Eiweiß oder Eiweißabbauprodukten oder enthaart die geweichten und geäscherten Häute, nachdem man sie evtl. unter Zusatz von Kalk und Alkali neutralisierenden Stoffen mit den Enzymen der Bauchspeicheldrüse behandelt hat, wodurch sich die Anwendung eines besonderen Beizbades erübrigt. Das Bad der genannten Zusammensetzung braucht, da die Häute selbst meist genügend Eiweißabbauprodukte abgeben, stets nur aufgebessert zu werden und findet im übrigen während langer Zeit weiter Verwendung. Das Eiweiß hat den Vorteil, daß die Häute mit Kalk oder Alkali nicht glasig hart schwellen und den Kalk später leicht wieder abgeben. **(D. R. P. 298 322.)**

Zum Enthaaren und Zubereiten von Fellen und Häuten schwellt man die Häute mit starken Lösungen von Barium- oder Strontiumhydroxyd unter Zusatz von Pepton und entschwellt die Blößen nachträglich mit Lösungen von glycerophosphorsauren Alkalien oder Erdalkalien. Die angewendeten Lösungen und nur solche kommen in Frage, werden bis zur völligen Erschöpfung verbraucht und die in ihnen enthaltenen Reagenzien können durch einfache Behandlung wieder gebrauchsfähig gemacht werden, so daß keine lästigen Abwässer abfallen. **(D. R. P. 297 522.)** Nach einer Abänderung kann man die Alkali- oder Erdalkalisalze ganz oder teilweise durch die Glycerophosphorsäure selbst ersetzen. **(D. R. P. 299 318.)**

Nach **D. R. P. 334 526** enthaart man Häute und Felle nach vorheriger Haarlockerung in Lösungen der Umsatzstoffe von Bakterien und Pilzen in Nährflüssigkeiten.

Die Wirkungsweise eines derartigen Äschers beschreibt **O. Röhm, Kollegium 1918, 394.**

Über Aufarbeitung der etwa 8,53% Stickstoff enthaltenden Enthaarungsbrühen mit Aluminiumsulfat (zur Erleichterung des Filtrierens) auf Düngemittel siehe **J. Helferich,** Referat in **Zeitschr. f. angew. Chem. 28, 648.**

374. Hautentkalkung allgemein, anorganische Säuren, Celluloseablauge.

Wood, J. T., Das Entkalken und Beizen der Felle und Häute. Deutsch von J. Jettmar. Braunschweig 1914.

Der vom Äscherungsvorgang im Inneren der Häute zurückgebliebene, zum Teil an Kohlensäure oder Fett gebundene, durch bloßes Auswässern nicht entfernbare Kalk wird entweder auf mechanischem oder auf chemischem Wege unschädlich gemacht. In ersterem Falle legt man die Blößen in gewisse Beizen (Hunde- oder Taubenkot, Strohextrakt usw.) ein, deren Wirksamkeit auf der Lebenstätigkeit von Bakterien beruht und schabt die Kalkverbindungen nach einiger Zeit mittels geeigneter Eisen aus den Blößen heraus. Die chemischen Mittel sind meistens Säuren die den Kalk herauslösen. Über die Rolle, die die Bakterien bei der Lederherstellung spielen, siehe **I. F. Wood, Chem.-Ztg. Rep. 1910, 408.**

Untersuchungsergebnisse über Blößenschwellung mittels aliphatischer Säuren veröffentlicht **Grasser in Collegium 1920, 353.**

In der entkalkenden Wirkung folgen mit Schwefelsäure als dem stärksten Agens hintereinander in der Wirkung abnehmend: Schwefelsäure und Kochsalz, Schwefelsäure und Bisulfit, Salzsäure, Salmiak, Salzsäure und Kochsalz, Bisulfat, Buttersäure, Essigsäure und in weiteren Abständen Bisulfit, Neradol ND und Melasse. Destilliertes Wasser entkalkt auch nach 90stündiger Einwirkung nicht genügend. Im Ganzen ist die Entkalkungsgeschwindigkeit weniger durch die Art des Äschers als durch die Art des Entkalkungsmittels bestimmt und die Vorbereitung der Blöße im Äscher übt nur einen geringen Einfluß aus. Zahlenwerte zur Angabe des Schwellungsgrades von geäscherten, hydratisierten Häuten in Gegenwart von Säuren oder Alkalien sind in einem kurzen Referat in **Chem.-Ztg. Rep. 1921, 35** angegeben. Setzt man z. B. die durch 16n.-Salzsäure bewirkte Schwellung = 100, so sind die Werte für (stets gleich starke) Salpetersäure 60, Schwefelsäure 92, Ameisensäure 226, Milchsäure 1111 und Ammoniak 1477. **(G. Grasser, Kollegium 1919, 341.)**

H. R. Procter befürwortet im Gegensatz zu **Seymour-Jones** die Anwendung von Salzsäure sowie einer starken Kochsalzlösung mit 0,2% Ameisensäurezusatz zum Pickeln der Häute und die Entfernung der Säure aus dem Material durch seine Behandlung mit Natriumsalzen organischer Säuren. Schwefelsäure anzuwenden empfiehlt sich weniger, da sie nur schwer aus der Haut entfernbar ist. **(Kollegium 1912, 687.)**

Nach Versuchen von **L. Balderston** entfernt ein Pickel, der 1% Schwefelsäure und 6% Kochsalz enthält und die 3,5fach größere Kalkmenge zu lösen vermag als reines Wasser sämtlichen Kalk aus der Haut, ohne daß auf ihr unlösliches Calciumsulfat zurückbliebe.

Häute, die mit Schwefelsäure gepickelt wurden, dürfen vor der Kochsalzbehandlung nicht mit Wasser in Berührung gebracht werden, da dieses sie brüchig macht. Die mit Ameisen- oder Buttersäure gepickelten Blößen vertragen jedoch ohne Schaden zu nehmen Wässerung. In **Ledertechn. Rundsch. 7, 139** bringt **M. Armand** einige Rezepte zur Ausführung verschiedener Pickelverfahren.

Zum Entkalken von Häuten bedient man sich nach **D. R. P. 90 000** einer Lösung, die aus 3 l 66grädiger Schwefelsäure und 300 l Wasser besteht. Diese Menge genügt für 20 Kuhhäute.

Der in der Chromgerberei verwendete Pickel besteht nach **W. Eitner, Der Gerber 1905, 125,** aus einer Lösung von Kochsalz in Wasser mit Schwefelsäure, am besten im Verhältnis von Salz zu Schwefelsäure wie 10 : 1 für weiches Hautmaterial, für harte Häute im Verhältnis 10 Tl. Salz zu 2 Tl. Schwefelsäure.

Zum Entkalken der Häute kann man sich der Bormetallsulfate bedienen, die man durch Einwirkung von Borsäure auf schmelzende Metallbisulfate erhält

$$NaO \cdot OH \cdot SO_2 + B(OH)_3 = 2\,H_2O + SO_2\begin{cases} O(BO) \\ ONa \end{cases}$$

und die trotz ihres geringen Borgehaltes stark fäulniswidrige Eigenschaften besitzen. **(D. R. P. 57 964.)**

Nach **D. R. P. 86 334** ist es vorteilhaft, zum Schwellen der Häute an Stelle der Mineralsäuren Glycerinschwefelsäure und Äthyl- oder Methylschwefelsäure zu verwenden. Man gewinnt die Glycerinschwefelsäure durch Wechselwirkung äquivalenter Mengen von Glycerin und Schwefelsäure bei 60°, das Gemisch der beiden Alkylschwefelsäuren durch Einwirkung von Schwefelsäure auf mit Holzgeist denaturierten Rohspiritus. Das so erhaltene Leder soll sehr widerstandsfähig gegen Biegen sein.

Zum Entkalken und Beizen von Häuten und Fellen legt man sie nach **D. R. P. 170 135** in eine Lösung von 0,25 kg Salmiak in 318 l Wasser (berechnet für 1 Dutzend Kalbshäute). Nach 10 bis 15 Minuten kräftigen Rührens macht sich Ammoniakgeruch bemerkbar, man neutralisiert mit 0,06 kg Salzsäure und fügt nach etwa 1/4 Stunde abermals dieselbe Säuremenge zu; in Summe werden 0,06—0,18 kg Salzsäure verbraucht. Von dem Procterprozeß bei dem die Säurebeize mit Ammoniumsalz versetzt wird, so daß die Lösung stets sauer bleibt, unterscheidet sich das Verfahren durch die Neutralität oder schwache Alkalität der das Leder nicht angreifenden Bäder.

Nach **D. R. P. 268 236** verwendet man zum Beizen und Entkalken von Häuten und Fellen eine Lösung von 5 kg Kaliumbisulfat, 17 kg Borsäure und 6 kg Kochsalz, die man aufkocht und der man erst nachträglich, 6 kg Zucker zusetzt, um dessen Inversion zu verhüten. Nach **Zusatz D. R. P. 268 994** arbeitet man in der Weise, daß man die zu entkalkende Haut pro 1 kg in einem Gefäß mit 5—8 l Wasser einweicht und eine Lösung von 2—5 kg Kochsalz, 1 kg Kaliumbisulfat, 5 kg Borsäure und 4 kg Ammoniumformiat in 100 l Wasser zusetzt. Die Lösung wird vorher aufgekocht und erhält nach dem Erkalten evtl. noch einen Zusatz von 2 kg Zucker. Oder man löst zur Herstellung des Entkalkungsbades für 1000 kg Haut in 100 l Wasser 20 kg Kochsalz und 30 kg Kaliumbisulfat und 6 kg Zucker, wobei außer den Sulfaten auch Sulfite, wein-, citronen-, äpfel- oder phosphorsauere Salze Verwendung finden können. Die Häute und Felle werden durch diese Beize nicht angegriffen (wie bei den Kotbeizen) oder geschwellt und sauer (wie bei Verwendung freier Säure) und die Zerstörung der Hautsubstanz wird vermieden.

Das an Stelle von Schwefelsäure und Salzsäure in der Gerberei, besonders während des Krieges vielfach verwendete Natriumbisulfat, das in Form dicker Brocken in den Handel kommt, wird am besten in der Weise gelöst, daß man das Salz in einem Weidenkorb in das Wasser einhängt. **(K. Schorlemmer, Kollegium 1917, 348.)**

Zum Entkalken der Häute kann man auch eingedampfte, von den unlöslichen Kalksalzen der Ligninsäure durch Ansäuerung befreite Celluloseablaugen bzw. Ligninsäurelösungen verwenden. Letztere gewinnt man durch Ausfällen der Ablaugen mit Säure, Filtration und Eindampfen des genau neutralen oder schwach alkalischen Filtrates bis zur passenden Konzentration, bei der gallertige Abscheidung der Ligninsäuren stattfindet. Diese Entkalkungsart wirkt besonders günstig auf das Lederrendement. **(D. R. P. 313 995.)**

Zum Entkalken und Gerben von Blößen behandelt man die geäscherten Häute bzw. entkalkten Blößen mit einer Flüssigkeit, die man erhält, wenn man die Lösung von kalkfreier eingedickter, neutraler Sulfitcelluloseablauge in salbenförmigem Glycerinpech mit Wasser verdünnt. **(D. R. P. 320 301.)**

375. Entkalkung mit organischen Säuren.

Unter den organischen Säuren bewirkt Oxalsäure sehr rasche Schwellwirkung der Haut, Kleesalz wirkt insofern milder, als eine Spaltung zunächst in saures Salz und freie Säure erfolgt, die im Maße ihrer Bildung von der Haut absorbiert wird. Durch Kombination bestimmter Mengen dieses Salzes mit Ameisensäure kann man dieselbe Schwellwirkung erzielen wie mit Milchsäure, doch ist letztere stets vorzuziehen, da sie die Qualität des Leders günstiger beeinflußt. **(J. Paeßler und W. Appelius, Kollegium 1906, 295** u. **302.)**

Über die Verwendung von Oxalsäure und Kleesalz in der Gerberei als Schwellmittel, in der Lederfärberei (in 1 proz. Lösungen zur Erhöhung der Aufnahmefähigkeit des Leders für Farben), in der Bleicherei (Oxalsäure- und Bleizuckerlösung mit nachfolgender Behandlung in reinem Wasser) und bei der Zurichtung schwerer Leder siehe **Gerberztg. 1908, 241, 244, 254, 257** u. **258.**

Zum Entkalken von Häuten verwendet man nach **D. R. P. 181 727** eine Lösung von 20 g Eisessig und 8—9 g Pyridin in etwa 3,5 l Wasser. Man beizt ein durch Äschern kalkhaltig gewordenes, mechanisch vom Kalk befreites Ziegenfell in dieser Flüssigkeit 5 Stunden bei etwa 40°; sollte blaues Lackmuspapier während des Beizens nicht mehr rot gefärbt werden, so muß man noch Eisessig hinzufügen.

Zur Entfernung des Kalkes den die Häute beim Äschern aufnehmen, wässert man sie in einer Flüssigkeit, die für 1000 Tl. Haut 3 Tl. 90proz. Ameisensäure enthält. Diese Säure wirkt antiseptisch und schädigt weder Haut noch Gelatine, so daß es sich auch empfiehlt, beim Angerben die Häute jedoch nur bei den ersten 3 Farben da vom 4. Farbgang an brüchiges Leder resultieren würde, mit Brühen zu behandeln, die im Kubikmeter 50—100 g Ameisensäure enthalten. (Referat in **Zeitschr. f. angew. Chem. 1910, 431.)**

Über das als Entkalkungs- und Schwellmittel in den Vertrieb gebrachte Glycoformazin, das aus Ameisensäure und Melasse bereitet wird, die Methode seiner Anwendung und die Art der Wiedergewinnung des ameisensauren Kalkes aus den Brühen siehe **W. Geerdts, Chem.-techn. Ind. 1, Nr. 11,3.**

Nach **D. R. P. 16 871** entkalkt man Häute und Felle in der Weise, daß man das aus dem Äscher kommende, gewaschene Material zuerst einer Milch- und dann einer Buttersäuregärung unterwirft. Das Enthaarungsmittel (ein Doppelsalz aus buttersaurem und saurem, phosphorsaurem Kalk) kam als „Phosphorbutyralin" in den Handel.

Nach **T. Salomon** eignet sich die Buttersäure zur Behandlung entkalkter Blößen, um ihnen eine weiche und doch kernige Textur zu verleihen, so daß sie sich dünn spalten lassen und zur Erzeugung von Gegenständen dienen können, die einen dicht aufsitzenden Narben zeigen sollen. Auch bei der Chromgerbung erhält man mit Buttersäure als Pickelungsmittel für Oberleder eine volle, feste und geschmeidige Ware, mit schöner, feiner Narbe. Überdies ist ihre hautlösende Wirkung im Gegensatz zu der verbreiteten Anschauung praktisch gleich Null und sie hat den Vorteil so stark antiseptisch zu wirken, daß die Blößen auch längere Zeit in den Buttersäurebrühen lagern können. **(Kollegium 1912, 284.)**

Zum Entkalken von Häuten und Fellen verwendet man nach **D. R. P. 150 621** eine Emulsion von 300 g milchsaurem Ammon, 150 g Fischtran und 400 g Leimlösung. Für 2—3 mittelgroße Lammfelle werden 100 g dieser Mischung in 10 l lauwarmem Wasser emulgiert, worauf man die Felle 30—40 Minuten in die Emulsion einlagert. Statt des Fischtrans kann man auch andere Fette und Öle, ausgenommen die trocknenden Öle, verwenden. Vgl. jedoch **H. P. Aumach, Gerberztg. 1904, Nr. 54.**

Zum Entkalken von Häuten bedient man sich nach **D. R. P. 246 650** für 100 kg Blöße zunächst einer 50proz. Lösung von 25 g milchsaurem Natron, d. i. etwa $^1/_4$—$^1/_2$ der sonst zum Entkalken notwendigen Menge organischer Säure und fügt sodann 0,56 kg 20grädiger Salzsäure zu, die aber trotz dieser Stärke, nur als schwache Säure wirkt und die Haut nicht angreift, da sie in der Flüssigkeit stets genügende Mengen zersetzbaren organischen Salzes vorfindet.

Zum Beizen von Häuten behandelt man sie während 2 Stunden in einem ständig bewegten Bade, das $^1/_2$% Lactid, Lacton oder Anhydrid einer Fettsäure enthält. **(D. R. P. 222 670.)**

Zum Beizen von Häuten setzt man der Beizflüssigkeit eine bei 60—70° bereitete Lösung von 600 Tl. 50proz. technischem milchsaurem Ammon und 300 Tl. Milchsäureanhydrid, hergestellt aus technischer Milchsäure zu. Der Kalkgehalt der Blöße stumpft die freie Anhydridsäure im Beizbade ab und bewirkt weiterhin eine langsame Zersetzung der milchsauren Verbindungen in freie Säure, die sich ihrerseits wieder mit dem noch vorhandenen Kalk verbindet, wodurch der Nachteil der als Ersatz für Kotbeizen benutzten Säurebeizen, den Narben anzugreifen, und die Blößen rauh und spröde zu machen, vermieden wird. **(D. R. P. 234 584.)**

Zur Vermeidung der unerwünschten Nebengärungen, die neben der durch normale Gärung hervorgerufenen Essig- oder Milchsäurebildung in Gerbbrühen, zuweilen stattfinden, empfiehlt es sich nach **H. Kühl** nur mit abgekochtem Wasser zu arbeiten, die durch den Schwitzprozeß enthaarten Häute ausgiebig zu spülen und zur Herstellung der fermentativ gebildete Säuren enthaltenden Brühe nicht wie üblich verdünnte Molkenlösungen, sondern Reinkulturen von Milchsäurebakterien zu verwenden. **(Ledertechn. Rundsch. 7, 273.)**

Nach **D. R. P. 46 643** und **50 480** verwendet man zum Entkalken bei gleichzeitiger Schwellung der Häute die stark antiseptisch wirkende Kresotinsäure in wässeriger Lösung oder wenn keine Schwellung erreicht werden soll, eine Lösung von Salicylsäure allein oder im Gemenge mit Kresotinsäure oder Oxynaphthoesäure. Da zur Lösung von 1 Tl. Kalk 5 Tl. Kresotinsäure erforderlich sind, ist das Verfahren jedoch für die Praxis zu teuer.

Nach **D. R. P. 85 933** gewinnt man eine zum Entkalken und Schwellen aller Fellarten geeignete Beizflüssigkeit durch Erhitzen eines Gemenges von Rohkresol (dem Nebenprodukt der Carbolsäurefabrikation) mit dem doppelten Gewicht konzentrierter Schwefelsäure während 10 Stunden auf Wasserbadtemperatur und Verdünnen des erhaltenen Produktes mit dem gleichen

Gewicht Wasser. In der Menge von 1% des Blößengewichtes mit der nötigen Menge Wasser verdünnt, den Häuten zugesetzt, bewirkt diese Beize nach 2—3 Stunden die völlige Entkalkung und schon eine halbprozentige Lösung genügt zur Schwellung vorher entkalkter oder geschwitzter Häute.

376. Kotbeizen.

Paessler, J., Die Bedeutung der Mikroorganismen für die Lederindustrie. Freiberg (Sachsen) 1921.

Die älteste Art der Hautbeize beruhte auf der Wirkung gärender Stoffe, die man in Gestalt von Hundekot, Geflügelmist oder saurer Mehlkleister und dgl. zur Anwendung brachte. Man unterscheidet dementsprechend die Kotbeizen von den Kleiebeizen. Letztere wird bei Häuten angewendet, die vorher mit Säuren entkalkt oder mit Kotbeizen behandelt wurden und dient zur Entfernung der letzten Kalkspuren. Beide Beizarten vermögen sich gegenseitig nicht voll zu ersetzen, da der Kleiebeize die hohe entschwellende Wirkung der Kotbeizen abgeht. Dagegen besitzt sie den Vorteil, daß sie die Haut weniger leicht angreift, als die Kotbeize, die bei zu starker Einwirkung das Bindegewebe der Haut zerstört. Auf 100 kg Blöße setzt man beispielsweise eine Kotbeize von 15 kg feuchtem Hundekot an, den man vorher einige Tage mit warmem Wasser angerührt hat. Leichte Felle werden etwa 3 Stunden bei 30° C in der Hundekotbeize auf dem Haspel behandelt, schwere Häute im Walkfaß.

Die große Wirkung der Hundekotbeize bei der Haut-(Blösse-)bearbeitung ist auf eine Fermentativwirkung zurückzuführen, doch ist es nicht erwiesen, ob diese auf das in großer Menge im Hundekot vorhandene Trypsin des Pankreas oder auf Galle- oder Darmschleimhautfermente zurückzuführen ist. In **Kollegium 1913, 585** weist **Wohlgemuth** darauf hin, daß sich diese Frage aufklären ließe, wenn man den Kot der Tiere nach der auf operativem Wege herzustellenden Ableitung des Pankreas und der Galle von dem Darm auf seine Beizkraft untersuchen würde. Vgl. **H. Kühl, Ledertechn. Rundsch. 5, 2732.**

Die wirksamen Grundstoffe des Hundekotes sind nach **A. Voigt** Ammoniumsalze der Milchsäure, gewisse Phosphate und unverdaute Fett- und Eiweißstoffe. Die ersteren lösen die kalklösende Wirkung aus, und das Fett verhindert ein Zusammenziehen der Blößenporen. Eine Kombination dieser Wirkungen soll sich durch Anwendung des Gemenges von Tran, Leim und milchsaurem Salz **(D. R. P. 150 621 [375])** ergeben.

Über den Ersatz von Hundekot in der Gerberei durch Peruguano, siehe **Benker, Der Gerber 1, Nr. 4 u. 24.**

Als erster versuchte **W. Eitner** (Aufsatzfolge in **Gerber 1898**) die Hundekotbeize in der Weise zu ersetzen, daß er einen gesiebten, durch Kochen von Sojabohnen mit 0,2% Soda erhaltenen Bohnenbrei zur Fermentierung mit 10% trockenem Hundemist und lauwarmem Wasser verrührte, das Filtrat der flüssigen Mischung 24 Stunden an einem warmen Ort der Gärung überließ und den so erhaltenen mit lauwarmen Wasser verdünnten Extrakt direkt als Beizmittel verwendete. Das Präparat läßt sich durch Weiterimpfen auf frischem Bohnenbrei beliebig oft erneuern, so daß sich die Anwendung von frischem Mist erübrigt. Die Beize ist für die Lohgerberei also zum Beizen von Kalbfellen, die für die Lohgare bestimmt sind, gut verwendbar, weniger eignet sie sich für Glacéleder, für dessen Herstellung man zweckmäßig eine mit Heubacillenkulturen vergorene Gelatinelösung anwendet. In der Originalarbeit (vgl. auch **Zeitschr. f. angew. Chem. 1898, 1070**) finden sich genaue Vorschriften zur Verarbeitung der einzelnen Beizpräparate auch mit Verwendung von aus Kleie und Heu gewonnenen Fermentbeizen.

Die Reinzüchtung der Hundekotbakterien, ebenso wie auch der im Tauben- oder Hühnermist vorkommenden Mikroorganismen auf einer Abkochung der Fleischabfälle, wie sie in der Gerberei selbst erhalten werden, wobei man in schwacher alkalischer Lösung arbeitet, bzw. durch Zusatz von Säuren die Entwickelung der gewünschten Bakterien begünstigt, ist erstmals in **D. R. P. 86 335** beschrieben.

Weitere Angaben über den Ersatz der Hundekotbeize durch die aus dem Material rein gezüchteten Bakterien nach den Verfahren von **Wood, Popp** und **Becker** finden sich in **Zeitschr. f. angew. Chem. 1900, 51.**

Versuche zum Ersatz des Taubenmistes mit aus ihm reingezüchteten Bakterien beschreiben **W. Cruess** und **F. H. Wilson.** (Referat in **Jahr.-Ber. 1913, II, 600.)**

Ein derartiges Entkalkungspräparat, das aus den Bakterienabsonderungsprodukten der Kotbeizen hergestellt wird, kommt unter dem Namen Tonogèn bakterienfrei in den Handel. **(Gerberztg. 1905, Nr. 43.)**

377. Enzymatische (Gärungs-) und Seifen-Hautbeize.

Nach **D. R. P. 200 519** erhält man ein wirksames Beizmittel durch Vermischen von 10 ccm eines Bauchspeicheldrüsenextraktes (aus 1 l Wasser und 250 g Bauchspeicheldrüse) mit 990 ccm einer wässerigen Lösung von 0,3% Kochsalz und 0,15% Ammoniumhydrosulfit. Nach dem Zusatzpatent läßt man die Enzyme der Bauchspeicheldrüse in einer, in Gärung oder Fäulnis befindlichen, Salze enthaltenden Flüssigkeit auf die zu beizenden Blößen einwirken.

Die entstehenden Säuren wirken neutralisierend und die Blößen brauchen zur Fertigstellung nur kurz gespült zu werden. **(D. R. P. 281 717.)** Die Beizwirkung des Pankreatins erkannte zuerst **Wood** schon vor 1900.

Zum Beizen von Häuten verwendet man Gallepräparate oder Rindergalle für sich allein oder im Gemenge mit hochmolekularen seifenähnlichen Körpern, die leichtlösliche Kalksalze liefern und die Bildung von fettsaurem und kohlensaurem Kalk auf der Faser verhindern. Diese letzteren Seifen, die auch allein Verwendung finden können, besonders Monopolseife oder Seifenwurzelrindenextrakt, zeigen dieselbe Wirkung wie die Galle oder wie die Sekrete der Bauchspeicheldrüse. **(D. R. P. Anm. E. 14 079 und 14 524, Kl. 28 a.)**

Auch andere proteolytische und fettspaltende Enzyme des tierischen Organismus, besonders Leberpreßsaft unter Zusatz von Galle wirken als Beizen ähnlich wie Taubenmist- und Kleiebeize. **(D. R. P. Anm. E. 14 788, Kl. 28 a.)**

Zum Beizen der Häute bereitet man ein etwa 38° warmes konzentriert wässriges Bad aus 5% Traubenzuckersirup, 1—5% Schwefel (auf das Gewicht der Häute bezogen) und etwa 500 g Hefe pro 500 kg Haut, bringt die Häute ein und entfernt sie aus dem Bade nach 6—8 Stunden, um sie weiter zu verarbeiten. Das anfangs neutrale Bad wird infolge der eintretenden Gärung schwachsauer, nach Einbringen der Häute wegen der Diffusion des Kalkes alkalisch, dann wieder neutral und reagiert schließlich wenn die Häute fertig sind, wieder schwach sauer. Diese Änderungen sind durch den Gärvorgang bedingt, bei dem sich neben Kohlensäure und Alkohol Schwefelwasserstoff bildet, der in Mercaptan- und Thiosäuren übergeht. Letztere lösen die Calciumverbindungen und bewirken die schließlich saure Reaktion des Bades. **(D. R. P. 190 702.)**

Zum Entkalken und Beizen von Häuten und Fellen beschneidet man sie, wenn sie aus dem Äscher kommen in gewohnter Weise, läutert warm vor und bringt sie in ein warmes Bad, das Ölkuchen-, Cerealien- oder Leguminosenmehle enthält, setzt Ammoniumsalze zu und leitet ein bzw. entwickelt in dem Bade pro Liter Beize 0,2 g Sauerstoff. Nach etwa 4—6 Stunden lebhafter Durcharbeitung zieht man die Blößen ab, glättet, behandelt mit Kleie und läßt nunmehr die eigentliche Gerbung folgen. Die Sauerstoffbeize soll die Kotbeize ersetzen. **(D. R. P. 251 594.)**

Zum Ersatz des Hundekotes für Glacélederbeizen vergärt man ein breiiges Gemenge von Wasser, entleimtem Knochenmehl, 1—2% Fett, 1,5—2% Kochsalz und 1% in Wasser löslichem Sulfid und erhält so eine Beize, die gut streichfähig ist und sich wegen des Fettgehaltes durch die mit dem in den Blößen vorhandenem Kalk erfolgende Seifenbildung leicht entfernen läßt. **(D. R. P. 234 376.)**

Zum Entkalken von Häuten bedient man sich mit Vorteil der ammoniaksalzhaltigen oder sonst mit Alkali neutralisierten Lupinenentbitterungslaugen, die jedoch keine freien ätzenden Alkalien, kein Kalkwasser und keine Kalkmilch enthalten dürfen. **(D. R. P. 317 804.)**

Gerbearten.

378. Vegetabilische Grubengerbung. Gerbbrühzusätze, Verfahren.

Wiener, Die Lohgerberei. Wien 1890. — Käs, Praktisches Lehrbuch der Lohgerberei. Weimar 1891.

Man unterscheidet: das alte Verfahren der Grubengerbung, bei dem die Blößen mit dem Gerbmaterial und Wasser in abgedeckte Gruben verpackt wurden, von dem neuen Schnellgerbverfahren, der Faßgerbung, das im Prinzip auf der innigen Durchtränkung der bewegten Blößen mit starken Gerblösungen beruht. Der Gehalt der Gerbbrühen an Milch- und Essigsäure bedingt allein ihren Wirkungsgrad, da reine neutrale Gerbstofflösungen zu unverwendbarem blechigem Leder führen, man spricht demnach, je nach dem bedeutenden oder geringen Vorherrschen der Säuren von einer sauren oder süßen Gerbung. Während die Durchgerbung der Blößen nach dem Grubenverfahren $1^1/_2$—2, in manchen Fällen auch bis zu 5 Jahren dauerte, erzeugt man heute Leder nach dem Schnellgerbverfahren in Zeiten, die zwischen Stunden und Wochen oder wenigen Monaten liegen.

Bei dem Grubengerbverfahren kommen die Blößen nacheinander in 8—10 „Farben", d. h. Gerbbrühen verschiedener Stärke. Nach dieser Angerbung werden sie in großen gemauerten Gruben mit gemahlener Lohe geschichtet, worauf die Gruben mit Wasser oder mit schwacher Lohbrühe aufgefüllt und zuletzt mit ausgenutzter Lohe bedeckt werden. In diesem ersten „Satz" bleiben die Häute einige Monate, bis die Lohe ausgenutzt ist. Die Häute werden dann in einer anderen Grube mit frischer Lohe behandelt; dieses Versetzen wird solange fortgesetzt, bis das Leder ganz durchgegerbt, d. h. gar ist. Es zeigt in diesem Falle im Schnitt eine gleichmäßige rotbraune Färbung. Die gesamte Behandlung kann bei sehr dicken Häuten einige Jahre in Anspruch nehmen. Schwächere Häute von Kälbern werden schon nach kürzerer Zeit, etwa nach 3 Monaten, lohgar. Zur Grubengerbung benutzt man vornehmlich stärkere deutsche Häute vom Rindvieh, die zu Sohlen-, Riemen-, Zeug-, Vache- und Oberleder verarbeitet werden sollen.

Über das Gerben von Sohlleder mit Mimosarinde siehe **H. G. Bennet, Chem.-Ztg. Rep. 1909, 176,** mit Quebracho die ausführliche Arbeit von **W. Eitner, Der Gerber 1899, 113.**

Über ein Gerbeverfahren mit Gambir, Gummi arabicum, Hopfenöl und Extrakt der Rinde des wilden Kirschbaumes siehe **A. P. 876 583.**

Nach **D. R. P. 59 721** verreibt man frische oder leicht angegerbte Häute, um sie zu gerben, wiederholt mit trockenem Tannin, bis sie soviel der Substanz aufgenommen haben, als etwa der Hälfte des Gewichtes vom fertigen Leder entspricht. Das Tannin wird bei diesem Prozeß in eine breiige Masse verwandelt, die die Fertiggerbung dicker Häute in 8—10, dünner Kalblederfelle in 3—5 Tagen bewirkt.

Nach **A. P. 1 378 213** behandelt man teilweise gegerbtes Leder mit einer alkalischen Leim-Tanninlösung vor und mit Säure nach.

Leder von besonderen Eigenschaften soll man dadurch erhalten können, daß man die Fleischseite der Häute mit einer konzentrierten, die Narbenseite mit verdünnten Gerbbrühen behandelt. **(A. P. 304 958.)**

Nach **D. R. P. 104 546** wird die Narbenseite nach einem modifizierten Gerbeverfahren zuerst mit einer konzentrierten, etwa 20grädigen Gerbstofflösung gegerbt, die mit Glycerin oder einer konzentrierten Lösung von Zucker, Dextrin oder Salzen versetzt ist, worauf man in gewöhnlicher starker Gerbbrühe fertig gerbt. Die Vorbehandlung bewirkt, daß sich die Poren nicht verstopfen, wie dies bei direktem Einbringen der Häute in starke Gerbbrühen der Fall ist.

In **D. R. P. 18 487** wird empfohlen, den vegetabilischen Gerbbrühen Borax oder Borsäure, für schwere Häute auch Citronensäure zuzusetzen und je nach der Stärke der Haut in 3—4 Bädern zu arbeiten, in denen die Häute zwischen 2 und 12 Tagen liegen bleiben. Zur Beschleunigung der Gerbung und zur Erzielung einer größeren Gerbstoffaufnahme breitet man zwischen den Häuten im dritten und vierten Bade eine dünne Schicht Eichenrinde, Catechu oder Vallonea u. dgl. aus. Vgl. **D. R. P. 17 829**: Zusatz von Ammoniumcarbonat, Kaliumbichromat, Phosphor- und Weinsäure zum Gerbbade, ferner **D. R. P. 9919, 63 867** u. a.

Nach **D. R. P. 57 325** beruht ein Gerbverfahren auf der Anwendung gerbsäurehaltiger Lösungen, in denen die Gerbsäure an Ammoniak gebunden ist und während des Gerbevorganges durch Schwefelsäure in Freiheit gesetzt wird.

Nach einem Referat in **Jahr.-Ber. 1883, 1183** sollen die Häute zuerst mit einem Gemisch von Kohlensäure und Schwefeldioxyd vorbehandelt, dann angegerbt, nochmals mit den Gasen behandelt und schließlich fertig gegerbt werden.

In **A. P. 340 199** wird empfohlen die Häute in Salzsole zu legen, Schwefeldioxyd einzuleiten, vegetabilisch zu gerben und abermals zu schwefeln.

Über ein Verfahren der Grubengerbung unter Verwendung angegorener Gerbmaterialien siehe **D. R. P. 180 501.**

Zum Vorgerben der Häute verwendet man mit Naphthalin versetzte Gerbbrühen; das Naphthalin macht die Haut geschmeidiger, befördert das Eindringen der Gerbstoffe und ermöglicht die Ausführung der Nachgerbung unter Anwendung starker Brühen. **(D. R. P. 99 710.)**

Nach **A. P. 947 169** wird ein vorzügliches Leder erhalten mittels einer Gerbstoffmischung, die aus 25 Tl. Gambir, 10 Tl. gemahlener Canaigre, 10 Tl. gemahlenem sizilianischem Sumach, calcinierter Soda und Wasser besteht.

Die Herstellung eines Gerbmittels aus 5 Tl. Gambir, 1 Tl. Kochsalz und 1 Tl. Bittersalz ist in **E. P. 11 024/1917** beschrieben.

Durch Zusatz von Tragasol, das aus Hemicellulosen gewonnen wird, zu pflanzlichen Gerbbrühen wird das sonst leicht eintretende Hartwerden des Leders vermieden, und man gewinnt feingenarbtes, und auch in den Abfallteilen volles und helles Leder; derselbe Zusatz beeinfluß auch bei der Chromgerbung die Haut zur größeren Aufnahme von Chrom. **(C. F. Croß und Mitarb. Zentr.-Bl. 1919, IV, 191.)**

Ältere Gerb- und Schnellgerbverfahren sind ferner z. B. in **D. R. P. 13 920, 14 582, 14 584** (Herstellung sumachgarer Kalbsleder mit spiegelglatter weißer Fleischseite), **14 623** u. **E. P. 2839/80** beschrieben. Nach letzterem Patent wird den zwischen die Häute zu streuenden Gerbmitteln Zinkpulver zugesetzt.

379. Schnell-(Faß-)gerbung. Beschleunigung der Grubengerbung.

Für die Schnellgerberei (auch Faßgerberei genannt) kommen vielfach ausländische Häute zur Verarbeitung. Die gewässerten und enthaarten Blößen gelangen in weichem oder boraxhaltigem Wasser gewaschen, nacheinander in die Angerbbrühen, dann in eine Reihe von Farben, die während 5 Tagen ständig (von $^1/_2$—6° Bé) verstärkt werden, bis die Häute gut durchgebissen sind. Vgl.: Verfahren zum Gerben von Häuten und Fellen, bei dem die Blößen nach und nach in besonderer Vorrichtung gerbstoffreicherer Brühe zugeführt werden nach **D. R. P. 268 126.**

Nach dieser Angerbung wird in einem Walkfaß oder auch im Haspelgeschirr mit starker Gerbbrühe bis 10° Bé fertiggegerbt. Das Walkfaß ist in ständiger Umdrehung, die von Zeit zu Zeit die Richtung wechselt, um das Zusammenrollen der Häute zu verhüten. Im Inneren des Walkfasses sind starke Holzpflöcke angebracht, von welchen die Häute hochgezogen werden, um dann wenn sie oben angelangt sind, herunter zu fallen. Dadurch wird ein möglichst gleichmäßiges Gerben und das Eindringen der Gerbbrühen in die Häute befördert. Die Häute laufen 12 Stunden bis 2 Tage im Walkfaß, wobei Temperatursteigerung eintritt. Diese soll 35° C nicht überschreiten.

Die Beschleunigung des Gerbprozesses durch Heizung der Gruben auf etwa 27° ist in **D. R. P. 35 342** beschrieben.

Für die sog. trockene Gerbung werden auch höchst konzentrierte Gerbbrühen (bis 25° Bé) aus leichtlöslichen Extrakten benutzt. Nach Beendigung des Gerbens läßt man das Wasser ablaufen, schleudert die Häute, ölt sie auf der Narbenseite ein und läßt sie in gutgelüfteten Kammern trocknen. (**Ledertechn. Rundsch. 7, 314.**)

Über die Vorteile der Faßgerbung, deren Anwendung innigeren Kontakt der Haut mit der Gerbbrühe und deren schnellere Durchdringung bewirkt und ebenso das Ablagern unlöslicher Stoffe auf der Hautoberfläche verhindert, so daß schließlich ein geschmeidigeres, späterhin noch weiter füllbares Leder entsteht, siehe **E. Nihoul in J. Am. Leath. Chem. Assoc. 10, 460.**

Über die Anwendung des Kolumbusfasses, das zur Entlastung auf Drehzapfen halb eingetaucht in Wasser läuft, in der Gerberei siehe **Lederind. 1918, 61.**

Nach einer älteren Schnellgerbmethode über die **H. R. Procter** berichtet, behandelt man die Häute zunächst mit einer breiartigen Mischung aus starker Hemlockbrühe und Divi-Divipulver, wäscht aus und gerbt mit Myrobalanen weiter. (Referat in **Zeitschr. f. angew. Chem. 28, 478.**)

Nach einem anderen Schnellgerbeverfahren werden die eingeweichten und gereinigten Häute oder Felle sofort in 8grädiger Gerbbrühe bewegt, um so ihr Einlaufen und Zusammenschrumpfen zu verhüten. Bei Erhaltung der Dichtigkeit der Brühe soll es so gelingen, Schaffelle in 2—4, Rinderhäute in 20—36 Stunden völlig durchzugerben. (**D. R. P. 75 324.**)

Zur Ausführung eines Schnellgerbverfahren färbt man die etwas mehr wie sonst gekalkten und gebeizten Häute mit schwacher Lohbrühe ab, macht die Haut dann mineral- oder fettgar, trocknet, reckt sie und macht sie dadurch aufnahmefähiger für die 3—5grädige Lohbrühe, in der die Haut nun unter ständiger Bewegung, Erwärmung und häufiger Erneuerung der Brühe während ebensoviel Stunden oder Tagen fertiggegerbt wird als sonst Wochen oder Monate nötig waren. (**D. R. P. 86 565.**) Nach einer Ausführungsform des Verfahrens fettet man den Narben vor der vegetabilischen Nachgerbung, schützt die Narbenschicht so vor zu starker Einwirkung der Lohbrühe, verhütet das Zusammenziehen der Haut und erhält sie geschmeidig. (**D. R. P. 95 759.**)

Über ein Schnellgerbeverfahren mit Hilfe einer, unter Zusatz einer verdünnten Chlorcalciumlösung hergestellten Eichenholz- und Extrakt-Eichenlohegerbbrühe bei Gegenwart von schwefelsaurer Magnesia siehe **D. R. P. 71 759.** Das Chlorcalcium soll die Poren der Haut öffnen und ein Eindringen der Gerbstofflösung befördern. Unterstützt wird diese Wirkung durch die Zugabe des Bittersalzes. Man erhält so ein helles, spezifisch schweres Leder nach einer Gerbungsdauer von nur 4 Wochen.

Der Gerbprozeß soll sich dadurch wesentlich beschleunigen lassen, daß man in die Gerbflüssigkeit Ströme von arsenhaltigem Wasserstoff (!) einleitet. (**D. R. P. 86 609.**)

Die Grubengerbung und die Gerbung mittels vegetabilischer Extrakte wird nach **D. R. P. 121 748** beschleunigt, wenn man der Eichenrinde das Gemisch von einem Keton (Aceton) und einem Äther oder Ester (Amylacetat, Amylnitrit) zusetzt. Die Dauer der Lagerung der Häute in den Gruben wird so von 10 Monaten auf 15 Tage vermindert.

Über ein Schnellgerbeverfahren unter Anwendung pflanzlicher Gerbstoffe siehe **D. R. P. 179 610,** vgl. **D. R. P. 160 263.**

Beim Schnellgerben von Häuten vereinigt man eine Anzahl an und für sich bei der Gerbung von Häuten bekannter Elemente, nämlich der Verwendung von neutralen geäscherten und entkalkten Häuten, der Benutzung von handelsüblichen Gerbstoffextrakten unter Vermeidung jedes Überschusses und der Gerbung in der konzentrierten Gerbflüssigkeit ohne jede Bewegung. (**D. R. P. 275 454.**)

Zur Ausführung der Schnellgerbung von Sohlleder behandelt man 1000 Tl. Haut in einer Äscherbrühe aus 100 Tl. gelöschtem Kalk, 10 Tl. Schwefel und 4,5 Tl. Soda, enthaart, entfleischt, entkalkt mit schwefliger Säure und behandelt im Faß mit einer 45° Bk. starken Brühe von Quebracho-, Valonea- und Myrobalanenauszug unter Zusatz von 5% Sulfitablaugenextrakt, dann mit einer 72° Bk. starken Brühe der gleichen Mischung unter Zusatz von etwas Neradol insgesamt 5 Stunden walkt ab, reckt aus, ölt, trocknet bei gewöhnlicher Temperatur, feuchtet die Stücke zunächst für sich, dann unter Zusatz von etwas stärkerer Quebrachobrühe mit etwas Sulfitcelluloseextrakt, ölt auf der Narbenseite mit sulfoniertem Öl, reckt aus, ölt abermals, trocknet bei gewöhnlicher Temperatur, glättet mit Erdwachs und rollt schließlich. Die ganze Gerbdauer beträgt, wenn man die Blöße ohne vorherige Entfernung des Kalkes direkt in starke Gerbextrakte bringt mit der Nachbehandlung in dünner Brühe 3 Wochen; sie kann durch Erwärmung der Gerbbrühe noch weiter verkürzt werden. (**A. Seymour-Jones,** Referat in **Zeitschr. f. angew. Chem. 1918, 104.**)

380. Hauptsorten lohgaren Leders (Juftenleder).

Die Hauptsorten des lohgaren Leders sind nach **Paeßler:** Sohl-, Halbsohl-, Brandsohlleder, Maschinenriemen-, Geschirr-, Wagenverdeck-, Oberleder, schließlich Lackleder, Saffian- und Juchtenleder.

Über die Herstellung von Vache-, Riemen- und Fahlleder durch Lohe-Faßgerbung und die Bereitung von Sohlleder in Gruben siehe **R. Philippi, Ledertechn. Rundsch. 1917, 29.**

Geschwitztes Sohlleder, für schweres Schuhwerk bestimmt, auch als rheinisches Sohlleder bezeichnet, wird aus schwersten Rinderhäuten in der Weise gewonnen, daß man die geschwitzten Häute in allmählich stärker werdende sauer gewordene Lohbrühen (Rotbeize) einlegt, nach genügender Schwellung in 6—10 Tagen Lohe hinzufügt (Versteck, Stichprobe) und die Haut nach einigen Tagen abwechselnd mit Loheschichten in Zementgruben einlegt. Mit zugegossener Sauerbrühe getränkt, bleiben die Blößen mehrere Monate liegen und werden dann in anderen Gruben noch 3—5 mal ebenso behandelt bis sie gar sind, d. h. im frischen Schnitt keine weißen ungegerbten Stellen mehr zeigen. Durch die Anwendung von Versenken, das ist die zwischen Stichfarbe und eigentliche Grubengerbung eingeschaltete Behandlung in mit frischer Brühe verstärkter Sauerbrühe unter Lohezusatz (zweimal während je 2—4 Wochen) kann man den Prozeß abkürzen, durch Ersatz der Eichenlohe gegen andere Gerbmaterialien verbilligen.

Über die Herstellung von Sohlenleder mit Akazienrinde bei Gegenwart von Mineralsalzlösungen berichtet **H. G. Bennett in J. Soc. Chem. Ind. 1908, 1193.**

Ochsen- und Bittlingshäute behandelt man nach dem Dreiäscherverfahren und gerbt zuerst mit einer milden, sauren Brühe und später mit stärkeren Brühen (2—14, bzw. 25 Barkometergrade) aus. Die Abtrankbrühe soll 35—40 grädig sein. Die getrockneten, auf der Narbe leicht mit Dorschlebertran geölten Häute werden mit Sumach nachbehandelt und mit der Hand geschmiert. **(J. B. Stockton, Ledertechn. Rundsch. 7, 274.)**

Ein widerstandsfähiges, gegen Witterungseinflüsse unempfindliches Leder, besonders geeignet zur Herstellung von Koffern erhält man durch Bestreichen der Fleischseite mit Lohe angegerbter Häute, mit einer Lösung von Zucker in Ammoniak und folgendes Firnissen. **(D. R. P. 95 079.)**

Halbsohl-Vache- oder Brandsohlleder für leichtes Schuhwerk und Schuhinnenleder wird aus schwächeren, namentlich Kuhhäuten in ähnlicher Weise gegerbt: Man gibt 6—8 Farben zur Beschleunigung des Verfahrens in wachsender Konzentration der zu ihrer Bereitung dienenden Gerbbrühen und hängt die Häute ein, statt sie einzulegen. Nach 10—12 Monaten, durch Einschaltung mehrerer Versenke schon in der Hälfte der Zeit, erhält man so das fertige Leder. Ganz analog bereitet man das Maschinenriemenleder soweit es lohgar gegerbt werden soll und das geschmeidigere Geschirr-, Zeug- und Blankleder.

Über Herstellung von Blankleder siehe **W. Eitner, Der Gerber 1903, 81, 313.**

Eine Vorschrift zur Herstellung von Opankenleder findet sich in **Der Gerber 1893, 184.**

Über die Herstellung von Gewichtsleder siehe **W. Eitner, Der Gerber 1905, 291 u. 335.**

Vachetten für Wagenverdecke, Portfeuillerarbeiten und Möbelbezug, die noch weicher und geschmeidiger sein sollen, werden aus dünnen oder gespaltenen Häuten durch Gerben in 10—16 Farben und einem Versenk erhalten, vor dem Färben krispelt man sie zur Erhöhung der Geschmeidigkeit und zur Hervorhebung des Narbens.

Über die Erzeugung von Möbelvachetten und die Fabrikation von Antik- und Velvetleder siehe **F. Kohl, Ledertechn. Rundsch. 1911, 81, 89 u. 99.**

Die Vacheledergerberei ist ferner ausführlich in **Ledertechn. Rundsch. 1912, 313** beschrieben.

Die Herstellung eines vorzüglichen Handschuhleders mit Verwendung von Gambir- und Farbholzextrakt als Gerbmittel ist in **Gerberztg. 1909, 5** angegeben.

Die Oberledererzeugung erfordert genügendes Erweichen der Häute durch mechanische Bearbeitung und Verwendung angeschärfter Äscher, ferner besondere Behandlung in den Farben und vor allem richtige Schmierung, die dieses Erzeugnis weit mehr beeinflußt als die Art des Gerbens, die jener der oben genannten Ledersorten im allgemeinen gleicht.

Eine Beschreibung der Herstellung und Zurichtung von Antikleder aus starkem, lohgarem Oberleder, das man während der Gerbung künstlich narbt, um die erhöhten und vertieften Stellen verschiedenartig färben zu können, bringt **A. Wagner in Ledertechn. Rundsch. 12, 3, 12, 19 u. 30.**

Über Boxcalf-Imitationen siehe **W. Eitner, Der Gerber 1906, 77.**

Über die Fabrikation farbiger Schuhleder, ferner über die Herstellung des Rohhaut-(Rawhide-)leders siehe **Ledertechn. Rundsch. 1911, 225 u. 235 bzw. 177.**

Zu den lohgaren Ledern zählen schließlich noch das vachettenähnliche Lackleder, **[427]** Saffianleder aus wenig gefetteten sumachgaren Ziegen- (echtes Saffian) oder Schaffellen (unechtes Saffianleder), ferner Marokko- und Korduanleder, das sind schwarz gefärbte, genarbte Saffiane, die im Orient mit Sumach, in Europa auch mit anderen Gerbstoffen gegerbt werden. Juftenleder, früher eine spezifisch russische mit Weidenrinde gegerbte Ware, wird seit man den charakteristischen Geruch als herrührend vom Birkenteeröl erkannt hat, ebenfalls überall erzeugt.

Die Herstellung von Juftenleder nach einer älteren, praktisch erprobten Vorschrift beschreibt **J. Wagmeister in Dingl. Journ. 178, 398.**

Eine Beschreibung der Fabrikation von Juftenleder bringt ferner **Kittary in Der Gerber 1876, 542.** Vgl. **D. illustr. Gewerbztg. 1874, Nr. 8.**

Weitere Vorschriften zur Herstellung von rotem russischem Juftenleder finden sich in **Der Gerber 1892, 41.** Juften, fälschlich Juchten genannt, ist lohgares, geschmeidiges, gegen Wasser sehr widerstandsfähiges Leder, das einen besonderen Geruch zeigt, den es seiner Behandlung mit Birkenteeröl verdankt. Die guten Häute junger Rinder werden zur Herstellung des Juftenleders enthaart, gereinigt, in einem Sauerbade geschwellt und mit Weiden- oder Pappelrinde gegerbt. Um die Häute geschmeidiger zu machen, werden sie 2 Tage in einem Brei aus Roggenmehl,

Salz und lauwarmem Wasser behandelt. Die besten Häute verarbeitet man zu weißem Juftenleder, sie werden nur noch auf der Narbenseite mit Birkenteeröl oder Seehundstran eingerieben und getrocknet, die weniger guten Häute werden rot oder schwarz gefärbt und dann ebenfals eingefettet.

Juftenleder wird nach **D. R. P. 71 082** auch erhalten, wenn man das Leder nach seiner Imprägnierung mit Birkenteeröl in Weidenlohbrühe oder in eine mit Wasser verdünnte, alkoholische Salicinlösung einlegt. Letztere besteht aus einer Lösung von 115 g Salicin in 500 ccm 95proz. Spiritus und 100 l weichem Wasser und soll die Eigenschaft haben, das Birkenteeröl von dem brenzlichen Geruche zu befreien und es zugleich in einen gummiartigen Stoff überzuführen, der dem Leder wasserdichte Eigenschaften verleiht.

Nach **D. R. P. 17 191** extrahiert man zur Herstellung von Juftenharz trockene Birkenrinde mit Alkohol, destilliert diesen ab, vermischt den Rückstand mit 3 Tl. Kalkhydrat und destilliert abermals. Das leicht verharzende Öl löst sich leicht in Ölen und in Alkohol und kann in dieser Form zur Imprägnierung von Leder dienen.

Das eigentliche russische Juftenleder wird seiner schlechten Haltbarkeit wegen kaum mehr hergestellt; man bedient sich zur Erzeugung und Färbung dieser Lederart ausschließlich der modernen Gerbeverfahren.

381. Vakuum-, Druck-, elektrische (elektroosmotische) Hautgerbung.

Groth, L. A., Gerbung mit Hilfe der Elektrizität. Selbstverlag Berlin 1892.

Ein Verfahren zum Äschern und Gerben der Häute unter sehr hohem Vakuum bei Zimmertemperatur ist in **F. P. 482 931** beschrieben. Man läßt während des Vorganges von Zeit zu Zeit Luft eintreten, so daß der Kalk gründlich durchgerührt wird und während des Gerbevorganges der äußere Luftdruck die Gerbbrühe in die Lederporen einpreßt. Die verwendete Luftpumpe kann nach **W. Vogel** auch zur Auslaugung pflanzlicher Gerbmittel bei vermindertem Druck benützt werden. **(Ledertechn. Rundsch. 12, 137.)**

Ein Verfahren der Schnellgerbung im luftverdünnten Raum ist schon in **Polyt. Zentr.-Bl. 1860, 1675** beschrieben.

Verfahren und Vorrichtung zum Schnellgerben von Häuten, die über Rahmen gespannt und einseitig der Wirkung der Gerbbrühe unter Druck unterworfen werden, sind dadurch gekennzeichnet, daß die Häute durch verschiebbare Gitter gestützt werden, deren Stäbe in der Lage veränderbar sind, so daß man stets neue Auflageflächen der Häute bilden kann. Man saugt oder drückt die Lösung durch die Haut und führt sie von unten in den Sammelbehälter zurück. Der Apparat kann auch zum Trocknen oder Ölen der Häute dienen, in diesem Falle preßt man Luft bzw. Öl durch. **(D. R. P. 155 974.)**

Ein ähnliches Verfahren der Schnellgerbung von Häuten durch deren Behandlung mit Gerblösung unter Druck, während die andere Seite der Haut unter Vakuum gesetzt wird, ist mit weiteren Einzelheiten in **Norw. P. 30 664** beschrieben.

Das Gerben des Leders mittels Elektrizität wurde schon in **Polyt. Zentr.-Bl. 1876, Nr. 35** angeregt.

Zur elektrolytischen Gerbung reibt man die Haut mit Graphit ein oder spannt sie auf durchlochte Metallplatten oder versieht sie elektrolytisch mit einer Metallschicht und behandelt dann mit dem elektrischen Strom. **(D. R. P. 99 687.)**

Zur Schnellgerbung setzt man die enthaarten, entfetteten Häute in rotierenden Apparaten gleichzeitig der Wirkung eines elektrischen Stromes und einer 0,5—1grädigen Tanninlösung aus. Der elektrische Strom soll die Zersetzung der im organischen Gewebe enthaltenen Flüssigkeit beschleunigen, wodurch die Zellen sich entleeren und durch die vorhandene Gerblösung leicht gefüllt werden können. Zugleich soll der elektrische Strom die Ausscheidung von Salz und Kalk aus der enthaarten Haut befördern und überdies Verbindungen von Kohlenstoff und Wasserstoff erzeugen, die die Fasern von den fremden Substanzen befreien. Durch abermalige elektrische Behandlung der etwas angetrockneten Häute sollen sie dann unter Aufnahme jener Verbindung weich und biegsam werden und Fettstoffe leichter aufnehmen. Die Gerbedauer läßt sich auf diese Weise auf 24—80 Stunden herabsetzen **(D. R. P. 103 051).** Vgl. **J. Bing, Gerberkourier 41, 1.** Das Verfahren wird im **Gerber 1894, 89** ungünstig beurteilt.

Nach einem anderen Verfahren soll gleichzeitig mit Anwendung des elektrischen Stromes ein Kohlensäurestrom durch die 25—30° warme Gerbelösung geleitet werden, um die Poren der Häute zu öffnen und diese zum schnellen Schwellen zu bringen. **(D. R. P. 72 053.)**

Während Gleichstrom die Gallusgerbsäure allmählich in Nichtgerbstoffe verwandelt, übt Wechselstrom nach **O. J. Williams** eine Beschleunigung der Gerbung aus. **(Kollegium 1913, 76;** vgl. **F. Roever in Wiedemanns Annalen 57, 397.)**

Ein Verfahren zur Gerbung oder Imprägnierung von Stoffen auf elektroosmotischem Wege ist dadurch gekennzeichnet, daß man den zu behandelnden Stoff als Zwischenwand zwischen den Diaphragmen verwendet, welche die wirksamen Flüssigkeiten enthalten und während der Einwirkung des elektrischen Stromes den Umlauf der Flüssigkeit durch Rühren unterstützt. Der Gerbstoff tritt dann, wenn man eine Haut als Material verwendet, auf der Wanderung der Gerblösung durch die Haut an diese heran, wodurch sie zu Leder wird; das Maß der Gerbung scheint von der Konzentration der Lösung und von der angewandten Stromspannung abhängig zu sein. **(D. R. P. 283 285.)** Nach dem Zusatzpatent verbindet man mit dem Gerbverfahren zugleich ein elektroosmotisches Reinigungsverfahren des Gerbstoffes. Man teilt den zwischen dem zu behandelnden Stoff und dem kathodischen Diaphragma liegenden Raum durch ein positives Diaphragma und füllt in den Raum zwischen diesem und dem kathodischen Diaphragma, das vorteilhaft aus Leder besteht, den zu reinigenden Gerbextrakt ein. Es wandern dann alle basischen Verunreinigungen des Extraktes in den Kathodenraum und die weniger zahlreichen saueren Verunreinigungen durch das positive Diaphragma in den Wasserraum, von dort durch die Haut und schließlich durch das anodische Diaphragma in den Anodenraum. Nach dieser Vorreinigung beginnt auch der Gerbstoff durch das positive Diaphragma hindurchzuwandern und sammelt sich in dem zwischen ihm und der Haut liegenden Raume an, worauf die Gerbung erfolgt. Der unverbrauchte Gerbstoff geht durch die Haut durch und sammelt sich in den zwischen ihr und der Anode liegendem Raume an, da er das schwach negative Pergamentpapier des anodischen Diaphragmas nicht zu durchdringen vermag. **(D. R. P. 286 678.)**

Nach dem Gerbeverfahren des **Norw. P. 33 055** behandelt man die Häute zuerst auf elektroosmotischem Wege und dann ohne Stromzuführung im Walkfaß mit stärkeren Gerblösungen als sonst üblich ist.

382. Mineralgerbung allgemein. Metallsalz-(Mineral-)gemenge.

Knapp, Die Gerbung mit Metallsalzen. Braunschweig 1892.

Die Verwandtschaft der stickstoffhaltigen Fasern, Massen und Schichten (Seide, Wolle, Horn, Haut) äußert sich vor allem durch ihr gleichartiges Verhalten gegenüber Metallsalzen: dem Beizen der Fasern entspricht die Hautgerbung mit basischen Mineralsalzen, Aluminium-, Eisen- und Chromoxyd. Man kann z. B. schon mit Alaun in wässeriger Lösung bei Gegenwart von Kochsalz das den ungünstigen schwellenden Einfluß des abgespaltenen Säureions abschwächt, Haut verändern, das erhaltene Produkt ist jedoch unbeständig gegen heißes Wasser. Basische Tonerdesalze werden von der Gelatine oder vom Kollagen **[349]** in der Menge von 6—8% aufgenommen, aber auch diese relativ große Tonerdemenge wird an heißes Wasser wieder abgegeben, weißgegerbtes Leder ist jedenfalls für Schuhwerk ungeeignet. Seit Einführung der Chromgerbung wird es übrigens nur noch in geringen Mengen erzeugt.

Nach **E. O. Sommerhoff** üben frisch gefällte unlösliche Phosphate, Hydroxyde, Sulfide und Silikate der Schwermetalle (z. B. Kupferphosphat oder Chromhydroxyd) eine stark gerbende Wirkung auf die Haut aus, die jedoch auf einer rein mechanischen Adsorption beruht. So kann man z. B. die Haut mit Kupferphosphat oder -sulfid ferner mit Chrom- oder Zinnhydroxyd oder auch mit Ultramarin nach 2 Stunden vollständig durchgerben. Diese Verbindungen werden jedoch, ebenso wie die unlöslichen Phlobaphene nur dann von den Häuten gut fixiert, wenn sie frisch gefällt in der Gerblösung zur Verfügung stehen. **(Kollegium 1913, 381.)**

Die Güte der Chromleder beruht auf der Fähigkeit der Chromsalze, Gelatine und Haut in um so höherem Maße in heißem Wasser unlöslich zu machen, je basischer das Chromsalz und je konzentrierter die Lösung ist.

Nach einem neueren Verfahren kann man auch von hydrolytisch gespaltenen Gerblösungen ausgehen, die nur bei niedriger Temperatur beständig sind und bei gelinder Wärmesteigerung die basischen Salze ausscheiden. Man geht z. B. mit der Haut in die eiskalte Lösung stark basischer Chromoxydsalze oder organischer Chromoxydverbindungen ein und wärmt die Haut nach genügender Imprägnierung allmählich an. Auch stark saure Lösungen von Eisenoxyd- und Aluminiumsalzen können auf diese Weise in kaltem Zustande in die Haut gebracht werden, worauf man ihre gerbende Wirkung durch Erwärmen auslöst. **(D. R. P. 306 015.)**

Das fertige Chromleder ist sehr haltbar, wegen seiner indifferenten Färbung leicht auch in hellen Tönen färbbar und eignet sich für die meisten Zwecke so vor allem als Schuhoberleder, für Riemen usw., nicht aber für Sohlenleder, da es aufgenommene Feuchtigkeit schwer wieder abgibt. In Deutschland werden 12% aller Häute chromgegerbt. Das Eisenleder wird mit der Zeit hart und brüchig, vielleicht bewährt sich das nach neueren Verfahren hergestellte Produkt besser. Andere Metallsalze und Verbindungen auch der seltenen Erden wurden ebenfalls versucht; so sind z. B. nach **Eitners** Untersuchungen (Jettmar, Wien 1913, S. 85) Cersalze in saurer Lösung hervorragende Gerbmittel, deren Wirkung jene der Myrobalanen erreicht. Die Cersalze sind jedoch zum Gerben, ebenso wie die Titansalze zum Färben des Leders (s. d.) heute noch viel zu teuer.

Über die Gerbung mittels der Rückstände des Monazites nach der Extraktion des Thoriums und zwar bei Anwendung verdünnter Lösungen der Nitrate oder Chloride der Rückstände unter Zusatz von Kochsalz im ersteren und von Natriumnitrat im letzteren Falle siehe **M. Parenzo, Kollegium 403, 121.**

Nach **D. R. P. 16 306** enthaart man die rohe Haut in 4grädiger Wasserglaslösung, bringt sie dann fortschreitend innerhalb 8 Tagen in immer konzentriertere Lösungen von 2 bzw. 10 Tl. Alaun, 0,6 (3) Tl. Kochsalz, 0,6 (3) Kupfervitriol und 0,2 (1) Tl. Zinkvitriol in 100 Tl. Wasser, trocknet bei 20—30° und tränkt die Haut, ehe sie zur Fixierung der Metallsalze in eine sodaalkalische Seifenlösung gebracht wird bei 35—42° mit Talg oder Stearin, um die Häute schließlich wie lohgares Leder zuzurichten.

Die Vorbehandlung der rohen Häute in Kupfersulfatlösung bzw. der gekalkten und enthaarten Blößen in Bichromatlösung (ohne weiteren Zusatz) soll nach Angaben von **Carrière** bzw. **W. Clark** eine wesentliche Beschleunigung des folgenden vegetabilischen Gerbevorganges herbeiführen. **(Polyt. Zentr.-Bl. 1860, Nr. 41 bzw. 1861, 220.)**

In **D. R. P. 13 122** wird als Gerbflüssigkeit eine Lösung von je 2,5 Tl. Chromalaun und Holzessig in 100 Tl. Wasser allein oder in Verbindung mit einer Lösung von Weinstein, Chlorzinnchlorammon oder Chlornickelchlorcalcium empfohlen.

Zur Erzeugung von Leder legt man die Häute nach **D. R. P. 144 093** in eine reine Lösung von Zinnsalzen und bewirkt so, mit oder ohne Zusatz von Chloralkalien eine Gerbung mit Hilfe der zwischen den Fasern niedergeschlagenen kolloidalen Zinnverbindungen.

Ein eigenartiges Gerbverfahren mit Alaun und wolframsaurem Natron von **Jennings** ist in **Polyt. Zentr.-Bl. 1862, 1390** beschrieben.

Durch 8—10stündige Behandlung der wie gewöhnlich vorbereiteten Haut mit einer wässerigen Lösung von Wismutnitrat, die außerdem noch Kochsalz und Mannit oder Glycerin enthält, erzielt man ein sehr weiches und schmiegsames Leder, das ohne Fettung dem Alaun- oder Weißgerbereileder durchaus ähnlich sieht. Durch Wasserbehandlung vermag man die lockere zwischen Haut und Wismut eingetretene Verbindung leicht wieder zu zerstören und die aufgenommenen 5—6% Wismutoxyd zu entfernen. **(F. Garelli und C. Apostolo, Kollegium 1913, 422.)**

383. Chromgerbung allgemein.

Börgmann, Chromgerbung. Berlin 1902. — Jettmar, Handbuch der Chromgerbung. Leipzig 1912.

Außer auf die genannten Werke von **Jettmar** und **Borgmann** sei noch auf folgende Arbeiten verwiesen: **S. Hegel,** Referat in **Jahr.-Ber. f. chem. Techn. 1903, 594,** ferner **W. Eitner, Der Gerber 1902** und **P. v. Schröder, Ledermarkt 1902, 15.**

Über Chromgerberei findet sich u. a. auch ein sehr ausführlicher Bericht von **W. Eitner** in **Der Gerber 1906, 241 u. 347;** siehe ferner die zusammenfassende Besprechung der Chromgerbverfahren in **Ledertechn. Rundsch. 8, 137.**

In **Ledertechn. Rundsch. 1909, 241** bespricht **O. Zenker** an Hand von Grundrissen, in welcher Weise bei der Neuanlage einer Chromlederfabrik die Anordnung der Räume und Apparate am zweckmäßigsten zu erfolgen hat.

Als Gerbstoff fungiert bei der Chromgerbung nach **Fahrions** Auffassung das Chromisulfat, dessen Hydroxylgruppen in ihrer Reaktionsfähigkeit große Neigung zur Komplexbildung besitzen und ebenso wie die analogen Salze der anderen bei der Mineralgerbung verwendeten Stoffe zusammen mit Wasser in einem ersten Vorgang der Pseudogerbung auf die Haut einwirken, also in einem Prozeß, bei dem die Haut als wasserentziehendes Mittel katalytisch wirkt ein Produkt ergeben, das umgekehrt wieder durch Wasseraufnahme in Haut rückverwandelt wird. In einer folgenden chemischen Reaktion zwischen dem als amorphe Anhydroverbindung niedergeschlagenen Pseudogerbstoff und der Haut kann dann, wie es nach der Auffassung **Fahrions** der Fall ist, die Pseudogerbung ganz oder teilweise und zwar besonders rasch beim Arbeiten mit Chromsalzen, langsamer bei jener mit Alaun in eine echte Gerbung übergehen, deren Resultat das Mineralleder ist. **(Zeitschr. f. angew. Chem. 1909, 2187.)**

Bei der Chromgerbung bleiben die Zwischenräume zwischen der Hautfaser, zum Unterschied von der Lohgerbung, bei der sie mit Gerbstoff angefüllt sind, leer, so daß in diesem Falle die Einlagerung von konsistentem Fett unmöglich ist und das Leder daher nicht die Fülle, Geschmeidigkeit und Griffigkeit lohgegerbter Ware annehmen kann. Diesem Umstande ist es zuzuschreiben, daß die Chromledergerberei mit einem hohen Prozentsatz von Ausschußleder zu rechnen hat. Es empfiehlt sich daher die fehlerhaften Chromleder mit schwachen vegetabilischen Gerbbrühen nachzugerben. Die Art der Arbeitsweise ergibt sich aus den Angaben in **Ledertechn. Rundsch. 1910, 201,** woselbst auch die Methode des Blankstoßens, die das Zurichten der Chromleder erleichtert, beschrieben ist.

Über das Nachgerben von vegetabilisch gegerbtem Leder mit Chrom zur Enthärtung, besonders der ostindischen Leder ist in **Ledertechn. Rundsch. 1909, 244** berichtet.

Das Chromleder unterscheidet sich dadurch günstig vom vegetabilisch gegerbtem Leder, daß es mit einem weichen Griff große Zähigkeit und Widerstandsfähigkeit gegen Abnutzung verbindet und darum haltbarer ist als lohgares Leder, mit dem es die gleiche Empfindlichkeit gegen Säuren zeigt, dem es jedoch durch die geringe Angreifbarkeit seitens alkalischer Einflüsse und kochenden Wassers überlegen ist. Die hohe mechanische Beanspruchbarkeit ist auch die Ursache, warum man Treibriemen ausschließlich aus Chromleder herstellt, da sie nicht nur dünner und leichter als lohgares Leder hergestellt werden können, sondern auch beim Heißlaufen weniger gefährdet sind wie dieses. Chromleder wird auch ausschließlich zur Herstellung von Kesselpackungen, Leitungsschläuchen für heiße Brühen und Lederdichtungen verwendet. Man gerbt entweder nach dem Einbadverfahren mit Chromoxydsalzen oder im Zweibadverfahren durch Tränkung der Haut mit Chromsäure, die innerhalb der Haut zu Chromoxydsalzen reduziert wird. Das Einbadverfahren ist das jüngere, da das **Dennis**sche grundlegende amerikanische Patent (s. u.) von 1893 stammt; das Zweibadverfahren wurde von **A. Schultz** als der Färberei nachgebildete Methode auf die Gerberei übertragen und ist erstmalig in dem **A. P. 495 028** von 1884 beschrieben.

Beim Einbadverfahren geht man vom Chromalaun aus und verarbeitet die aus ihm erhaltbare Lösung von basischem Chromsulfat oder von Chromoxyd-Chlornatrium. Ähnlich zusammengesetzte Lösungen basischer Chromoxydsalze sind im Handel.

Das gerbende Prinzip des Zweibadverfahrens ist eine Chromoxydverbindung, die man aus Chromsäure (Kaliumbichromat und Schwefelsäure) und einer salzsauren Natriumthiosulfatlösung erhält. Statt mit schwefliger Säure kann man z. B. auch mit Schwefelwasserstoff evtl. bei Anwesenheit arsenigsaurer Salze und der Sulfate des Zinks oder Mangans reduzieren.

Die erste Anregung zur Gerbung von Häuten mit Chromverbindungen (Chromsäure) gab zufolge einer Notiz in **Dingl. Journ. 87, 187** schon **Warrington.**

384. Ein- und Zweibadverfahren.

Über Ergebnisse praktischer Versuche der Chromgerbung nach dem Zweibadverfahren unter Zugabe von Säure siehe **Ledertechn. Rundsch. 7, 99.**

Praktische Rezepte über die Herstellung der Chrombrühen zum Einbad- und Zweibadverfahren bringt mit der Anleitung zu ihrer Verwendung **S. A. Gaunt** in **Ledertechn. Rundsch. 7, 338.**

Beim Zweibadverfahren **(A. P. 291 784)** kommt die Haut in das 1 proz. Bichromatbad, dem man für je 5 Tl. Bichromat 2,5 Tl. 40 proz. Salzsäure am besten in Portionen zusetzt, worauf die so behandelte Haut in das aus einer salzsauren Lösung von Natriumthiosulfat bestehende Reduktionsbad gebracht wird.

Über die Reaktion zwischen Natriumthiosulfat und einer Mischung von Kaliumbichromat mit Schwefelsäure siehe **E. Stiasny** und **B. M. Das, Referat in Zeitschr. f. angew. Chem. 26, 599.**

Die Häute bleiben je nach ihrer Stärke solange im ersten Bad, bis sie gleichmäßig von der Bichromatlösung durchtränkt sind; in dem Reduktionsbad wird die Säure verdünnt und sehr allmählich zugefügt, bis die Häute auch im Schnitt gleichmäßig grünlich gefärbt erscheinen. Bei Kalb- und Rindshäuten wird empfohlen, nach dem Reduktionsbad nochmals in das erste Bad zurückzugehen, die Häute nehmen dabei eine bräunliche Färbung an, was für das nachherige. Schwärzen des Leders von Vorteil ist. Zurichtung, Färben, Fetten usw. erfolgt in der üblichen Weise.

Nach **Eitner** scheidet sich zunächst nach der Gleichung

$$3\,CrO_3 + 12\,HCl + 6\,Na_2S_2O_3 = 3\,Na_2S_4O_6 + 3\,H_2O + 6\,NaCl + (CrO)_2 \cdot CrO_4$$

aus der Chromsäure im Überschuß enthaltenden Lösung in der Narbe braunes Chromoxyd ab, worauf in dem Maße als Salzsäure zugefügt wird, zunächst das Leder heller wird und die Flüssigkeit noch klar bleibt

$$2\,CrO_3 + 12\,HCl + 6\,Na_2S_2O_3 = 3\,Na_2S_4O_6 + 2\,CrCl_3 + 6\,NaCl + H_2O$$

bei weiterem Zusatz von Salzsäure jedoch Schwefelabscheidung stattfindet

$$2\,CrO_3 + 6\,HCl + 3\,Na_2S_2O_3 = 3\,Na_2SO_4 + S_3 + 2\,CrCl_3 + 3\,H_2O$$

und bei stets in genügender Menge vorhandenem Thiosulfat, schließlich die Umwandelung der neutralen Chromsalze in basische stattfindet

$$2\,CrCl_3 + Na_2S_2O_4 + H_2O = 2\,Cr(OH)Cl_2 + SO_2 + S + Na_2SO_4$$

und gleichzeitig im Hautinnern sich Schwefel abscheidet, der die weiche Beschaffenheit des zweibadig gegerbten Leders bedingt. **(M. Philip, Zeitschr. f. angew. Chem. 1908, 11.)**

Nach **E. Stiasny** läßt sich jedoch der Verlauf des Reduktionsvorganges nicht durch eine Gleichung ausdrücken, sondern es gehen stets mehrere Prozesse nebeneinander, die je nach dem Einbad- oder Zweibadverfahren verschieden verlaufen. Näheres **Kollegium 1908, 1337.**

Das Zweibadverfahren, dessen Wirkung sich nach **H. Glusiana** in der Gleichung

$$K_2Cr_2O_7 + 4\,HCl + 3\,Na_2S_2O_3 = Cr_2SO_4(OH)_4 + 2\,Na_2SO_4 + 2\,KCl + 3\,NaCl + S_3$$

zusammenfassen läßt, wird immer mehr durch das zuverlässig arbeitende Einbad-Chromgerbungsverfahren verdrängt. Bei diesem, das mit Chromalaunlösungen arbeitet, die aus Kaliumbichromat durch Reduktion mittels schwefliger Säure hergestellt werden, beginnt die Gerbung nicht wie beim Zweibadverfahren von innen, sondern an der Oberfläche und schreitet nach innen fort. Zur eigentlichen Gerbung erzeugt man die basischen Chromsalze, die mit steigender Basizität um so schneller von der Haut aufgenommen und als Chromoxyd festgehalten werden dadurch, daß man je nach der gewünschten Basizität, die bis zum Salz $Cr_2SO_4(OH)_6$ gesteigert werden kann, Soda zusetzt. Am geeignetsten ist das vierbasische Salz, das man am besten durch allmählichen Zusatz der Soda während der Gerbung in der Brühe erzeugt. Als Reduktionsmittel bei Herstellung des Chromalauns wird mit Vorteil Glycerin verwendet. Zahlenmäßige Angaben finden sich in **Kollegium 1911, 33.**

Da eine kaltbereitete, violette Auflösung von Chromalaun als Gerbebrühe dieselben Resultate ergibt, wie die durch Lösung des Chromsalzes in der Wärme entstehende grüne Chrombrühe empfiehlt es sich von der zeitraubenden Auflösung des Chromsalzes auf warmem Wege abzusehen. **(Ledertechn. Rundsch. 1910, 227.)** Die blauen Chrombrühen liefern nach Angaben von **Jettmar** das beste Leder, während grüne Brühen am schnellsten gerben; **R. Kobert** konnte hingegen in der Wirkungsweise des blauen und grünen Chromchlorides keinen Unterschied feststellen. (**Kollegium 1917, 201.**)

Am günstigsten wirken in der Einbadchrombrühe die basischen Salze $Cr_2(OH)_2(SO_4)_2$ und $Cr_2(OH)_3Cl_3$; das Verhältnis zwischen Cr und SO_4 soll 104 : 192 bzw. 52 : 96 betragen. Wenn dieses Verhältnis in der Brühe nicht vorhanden ist, so muß entweder Soda oder Schwefelsäure in entsprechender Menge zugesetzt werden. (**E. Little**, Referat in **Zeitschr. f. angew. Chem. 1919, 404.**)

Man kann auch die im Handel befindlichen konzentrierten Lösungen von basischem Chromsulfat oder Chromoxyd-Chlornatrium von Art der Präparate Chromalin, Corin, Chromgerbeextrakt usw. verarbeiten.

Nach **M. C. Lamb** ist bei der Chromgerbung mittels des Einbadverfahrens unter den drei Chrombrühen: Der Chromalaun-Soda-, der Bichromat-Glucose und der Chromalaun-Thiosulfatbrühe, die Bichromatglucosebrühe die billigste, da sich bei einer wöchentlichen Verarbeitung von 13 600 kg Boxhälften, für das Jahr mit 50 Arbeitswochen, mit dieser Lösung gegenüber der Sodabrühe eine Ersparnis von 9148 M. und gegenüber der Thiosulfatbrühe eine solche von 11 689 M. (Goldwert) erzielen läßt. Auch bei der Alaungerbung kann man sparen, wenn man den Alaun durch schwefelsaure Tonerde ersetzt. (**Ledertechn. Rundsch. 6, 337.**)

Zur praktischen Ausführung des Einbadverfahrens hängt man die Häute zweckmäßig nach einer Vorbehandlung mit Alaun in eine je nach der Schwere der Haut steigende Zahl von sog. „Farben", das sind die Lösungen von basischem Chromoxydsalz, denen man noch Kochsalz zusetzt, beläßt oder bewegt die Blößen je einen Tag in diesen 3—6 Farben, wäscht aus, behandelt zur Fixierung des Chroms und zur Entfernung überflüssiger Säure mit Borax, Wasserglas oder am besten Natriumphosphat alkalisch nach und schmiert schließlich mit Fett, um aus den unlöslichen basischen Chromsalzen und Fettsäuren oder Seifenlösungen Chromseifen zu erzeugen (meist wird eine Emulsion von 2 Tl. Seife und 1 Tl. Fett verwendet). Das folgende Schwärzen mit Blauholzextrakt und das Glänzen bzw. das Färben mit Teerfarbstoffen erfolgt erst nach jener Fettbehandlung, dem Lickern.

385. Chromgerbeverfahren, Vor- und Nachbehandlung (Entsäuern, Trocknen).

Zur Vorbereitung von Häuten für die Chrom- oder Eisengerbung behandelt man sie mit einer verdünnten Wasserstoffsuperoxydlösung und verkürzt durch diese Oxydation den Gerbeprozeß. (**D. R. P. 148 796.**)

Ein Chromgerbverfahren unter Zusatz von gelbem oder rotem Blutlaugensalz für den Fall, als die Leder nach dem Gerben mit Eisenlösung geschwärzt werden sollen ist in **D. R. P. 14 769** beschrieben.

Nach **D. R. P. 104 279** löst man zur Herstellung eines Gerbmittels für chromgares Leder in einem Kessel zunächst 10 kg Natriumbichromat in 25 l Wasser, bringt zum Kochen und fügt 10 kg einer Salzsäurelösung zu, die in 20 l Wasser, 12,5 kg konzentrierte gewöhnliche Salzsäure enthält; ferner verrührt man eine Mischung von 5,5 kg Kartoffelstärke mit 21,5 l Wasser mit 22,5 kg der obigen Salzsäure und gibt der kochenden sauren Chromlösung in kleinen Portionen die saure Stärkelösung zu. Nach etwa 10 Minuten tritt kräftige Reaktion ein, man gießt den Rest der Stärkelösung so schnell wie möglich ein, kocht weiter unter Ersatz des verdampfenden Wassers und hat dann, wenn keine Chromsäure mehr nachweisbar ist, eine Lösung von basischem Chromchlorid, die durch ein Sieb gegossen, ohne weiteres verwendbar ist.

Zum Härten von Chromleder und zur gleichzeitigen Erzeugung von Wasserundurchlässigkeit, wird die Haut nach **D. R. P. 130 744** vor der vollständigen Durchgerbung bzw. Reduktion der chromsauren Salze im zweiten Bade aus diesem herausgenommen und in eine über 100° erhitzte Natriumthiosulfatlösung gebracht.

Nach **D. R. P. 123 556** soll das Chromfluorid als Gerbmittel die Hautfaser weniger angreifen als andere Chromverbindungen.

Durch Zusatz von Natriumnitrit soll sich die Wirkung der Chrombäder nach **D. R. P. 164 243** wesentlich verbessern lassen. Nach dem Zweibadverfahren setzt man dem üblichen Bade 1% vom Gewicht der vorbereiteten Häute Natriumnitrit, gelöst in wenig Wasser, zu. Nach dem Einbadverfahren nimmt man auf eine Haut etwa 100 g Natriumnitrit, gelöst in 400 ccm Wasser und gießt dem Gerbbade nach jeder Stunde etwa 100 g derselben Lösung zu. Die fertig gegerbten Leder werden in einer 1proz. Natriumnitritlösung gewaschen und sodann mit reinem Wasser nachgespült.

Eine Verbesserung des gewöhnlichen Chromsäuregerbverfahrens besteht nach **D. R. P. 193 842** darin, daß man die Häute zunächst 12—18 Stunden in einer Lösung gerbt, die auf 100 l Wasser 1200 g Natriumbichromat, 800 g Alaun, 800—1200 g Kochsalz, 150 g Schwefelsäure und 250 g Salzsäure enthält. Dann werden die nicht völlig bis auf 25% Wassergehalt getrockneten Häute auf beiden Seiten mit einer 15—50proz. wässerigen Glucose- oder Glycerinlösung bestrichen und aufeinandergestapelt, so daß beim Erwärmen das durch Reduktion der Chromsäure entstehende Chromoxyd gleichmäßig in jeder Pore des Leders abgelagert wird. Nach 30 Min. langsamer Dampfeinwirkung ist die Behandlung beendet. Zweckmäßig setzt man der Glucoselösung etwas Mineralsäure zu. Diese Gerbmethode eignet sich zur Darstellung von Sohl-, Vache-, Riemen- und Möbelleder. Vgl. **Zeitschr. f. angew. Chem. 28, 478.**

Ein geringer Zusatz von Rochellesalz (Kalium-Natriumtartrat) zur Chrombrühe macht das resultierende Leder dicker und weicher, während ein Überschuß des Salzes das Leder ungünstig beeinflußt, da es ihm eine erhebliche Menge Chrom entzieht. Im allgemeinen wirkt das Rochellesalz ähnlich, jedoch stärker wie Zucker. (**E. R. Procter** und **J. A. Wilson**, Referat in **Zeitschr. f. angew. Chem. 29, 392.**)

In der Chromgerberei imprägniert man die Haut mit einer Chromverbindung, in der Weißgerberei mit einer Tonerdeverbindung. Nach **D. R. P. 199 569** ergeben sich bei Kombinierung der beiden Verfahren besonders gute Resultat durch Verwendung der Lösung eines basischen Sesquioxydsalzes oder man behandelt die gewaschenen, enthaarten und entkalkten Blößen zunächst in einem 1grädigen Bade von basischem Chromchlorid, dessen Stärke man succ. auf 3° Bé steigert und behandelt, sobald eine Schnittprobe völlige Durchgerbung ergibt, die Blößen in einem 2 bis 4grädigen Bade von Zinkoxydnatron nach. Das erhaltene Leder ist besonders fest und sehr aufnahmefähig für Farben.

Nach **D. R. P. 201 206** verwendet man zur Chromgerbung pyrophosphorsaures Chromnatrium und schaltet so die beim Zweibadverfahren notwendigen freien Säuren und die beim Einbadverfahren nötigen stark basischen Brühen aus. Man löst also z. B. 10 kg Chromalaun in 20 l Wasser, vermischt mit einer Lösung von 13,4 kg pyrophosphorsaurem Natrium in 14,5 l Wasser und benützt die so erhaltene Lösung von pyrophosphorsaurem Chromnatrium allein oder in Kombination mit vor oder nachher anzuwendenden anderen Gerbemitteln direkt zur Gerbung.

Zur Reduktion der Chromsäure verwendet man überwiegend Natriumthiosulfat oder Natriumbisulfit unter Zusatz einer Säure, wobei sich die unangenehme Nebenwirkung der Abscheidung von Schwefel ergibt und überdies der Mißstand, daß sich die Reduktion der Chromsäure bei Verwendung von Natriumbisulfit stürmisch unter starker Erhitzung vollzieht, wodurch das erzeugte Leder geschädigt wird. Nach vorliegendem Verfahren lassen sich diese Übelstände vermeiden, wenn man Lösungen von Tonerdebisulfit oder von Zinkbisulfit oder von Gemengen beider ohne Säurezusatz verwendet. Der Verlauf der Reduktion läßt sich außerdem noch in der Weise lenken bzw. ihre Verlangsamung läßt sich einschränken, wenn man der Reduktionsbrühe überdies Erdalkali- oder Alkalibisulfite zusetzt. Die gleichzeitige Ablagerung von Tonerdefiltrat in der Haut hat überdies den Vorteil einer basischen Gerbung, gewährleistet also die Nichtauswaschbarkeit des Gerbmittels nach beendigter Gerbung. (**D. R. P. 271 585.**) Nach dem Zusatzpatent verwendet man statt des Tonerdebisulfits ein stöchiometrisches Gemenge von einfach oder doppelschwefligsaurem Natron mit einem Tonerdesalz ohne Säurezusatz. Nach den Gleichungen

$$3\,Na_2SO_3 + 2\,H_2CrO_4 + Al_2(SO_4)_3 = 3\,Na_2SO_4 + Al_2Cr_2(SO_4)_3 + 2\,H_2O\,,$$
$$6\,NaHSO_3 + 4\,H_2CrO_4 + Al_2(SO_4)_3 = 3\,Na_2SO_4 + Al_2Cr_4(SO_4)_6 + 7\,H_2O$$

erfolgt auch hier die Ausscheidung von Tonerdehydrat bzw. eines komplexen basischen Tonerdechromoxydsalzes in der Blöße. (**D. R. P. 274 549.**)

Die Entsäuerung des gegerbten Chromleders, bzw. die Fixierung des Chroms im Innern der Blöße erfolgte früher durch Nachbehandlung der Stücke in ätz- oder sodaalkalischen Bädern. Erstere wirken schädlich dadurch, daß sie das Leder spröde und brüchig machen, aber auch die gelinde wirkende Schlemmkreide ist als Neutralisationsmittel nicht verwendbar, weil die Reduktion nur sehr langsam und unvollkommen vor sich geht. Auch das von **Eitner** vorgeschlagene Wasserglas, das zwar rasch wirkt und ausgiebiger ist als Borax, gegen dessen Anwendung auch keine Bedenken erhoben werden können, ist ebenso wenig wie Schwefelnatrium und Natriumbicarbonat geeignet, weil es das Leder verschmiert. Zweckmäßig sind die von **Kauschke** bzw. **Stiasny** empfohlenen Entsäuerungsverfahren mittels durch eine kleine Menge Bicarbonat abgestumpfter Phosphorsäure, die die bei übermäßiger Entsäuerung von basischen Chromsalzen entzogene Schwefelsäure zu ersetzen vermag (**Zeitschr. f. angew. Chem. 1907, 1799**), oder die zweite Methode der Anwendung von 2 Tl. eines Gemenges gleicher Teile von Soda und Salmiak pro 100 kg Salzgewicht, in deren wässeriger Lösung man die chromierte Blöße etwa 15 Minuten lang walkt. Bicarbonat allein ist ungeeignet, da Kohlensäure frei wird, die lockernd auf das Fasermaterial wirkt. (**Ledertechn. Rundsch. 4, 273.**)

Chromgegerbte Häute dürfen nach dem Gerben nicht sofort getrocknet werden, da sie dann die Fähigkeit verlieren, die für den folgenden Schmier- und Färbeprozeß nötige Feuchtigkeit wieder aufzunehmen. Da ferner ein zu rasches Auswaschen des Leders nach dem Gerbprozeß zu Chromsalzverlusten führt, verfährt man nach einem Verfahren von **R. W. Griffith** in der Weise daß man die dem Chrombad entnommenen Häute über Nacht aufspannt, sie dann in ein 33 proz. wässeriges Bad von 22grädiger Milchsäure bringt, die so behandelten Häute dann trocknet und einlagert. Sie können dann in diesem trockenen Zustande, ohne den Verlust an Chromsalzen befürchten zu müssen, gewaschen werden und nehmen auch bei der späteren Einfettung Feuchtigkeit an. Auch sonst äußert die Milchsäure, besonders beim kombinierten Gerbverfahren mit Chromsalzen und vegetabilischen Gerbstoffen gute Dienste, da sie die Aufnahmefähigkeit der Haut für die organische Gerbsubstanz steigert. (Referat in **Zeitschr. f. angew. Chem. 1910, 2240.**)

Besonders nicht völlig durchgegerbte Chromleder dürfen nicht getrocknet werden, wenn man sie mit Erfolg nachgerben will, da sogar vegetabilische Gerbstoffe in diesem Falle die Zähigkeit des Leders herabmindern. In nassem Zustande werden die Chromleder zur mineralischen Nachgerbung in eine heiße und dann in eine kalte Salzlösung gebracht, worauf man in ihr unter Zusatz der für das Einbadverfahren üblichen Chrombrühe gerbt wie in **Ledertechn. Rundsch. 1911, 35** beschrieben ist, um schließlich das gegerbte Leder in besonders sorgfältiger Weise einzufetten und zu trocknen.

Zur Herstellung von Chromleder nach **D. R. P. 273 652** (wasserdichtes alkoholbehandeltes Leder) bringt man das die aus der Chrombrühe kommende Haut unter Vermeidung der Fettwalke zum Zwecke der Wasserverdrängung in Alkohol, Aceton oder deren Homologe und unterwirft das so getrocknete Chromleder nachträglich weiterer Gerbung oder Imprägnierung. **(D. R. P. 274 418.) [394]**

386. Komplex-organische Chromgerblösungen.

Nach einem älteren Mineralgerbverfahren legt man die enthaarten Häute (100 Stück) 3 Tage in ein Bad, das in 3500 Tl. Wasser, 100 Tl. Kochsalz, 200 Tl. Alaun, 300 Tl. Kaliumbichromat und 50 Tl. Essigsäure enthält, wäscht die Häute dann aus, bringt sie auf 12 Stunden in ein Bad aus 150 Tl. Kleie, 150 Tl. Malz und 3000 Tl. Wasser und richtet sie in gewöhnlicher Weise zu. **(E. P. 8369/1888.)**

Nach **D. R. P. 91 822** und **94 291** wird die Wirkung der Chromsäure bei der Chromgerbung wesentlich gesteigert, wenn man sie zusammen mit Milchsäure oder besser noch mit milchsauren Salzen in aufeinanderfolgenden Bädern zur Anwendung bringt. Die Miclhsäure vermag die Chromsäure schon in der Kälte leicht unter Bildung von Chromoxyd zu reduzieren (s. o.).

Zum Gerben von Häuten und Fellen bedient man sich nach **D. R. P. 187 216** vorteilhaft basisch milchsaurer Chromoxydsalze, z. B. des basischen Chromlaktates, das man durch Auflösen von 103 g trockenem Chromoxydhydrat in 360 g 50proz. Milchsäure unter Erwärmung erzeugt.

Nach **E. P. 182 289** erhält man eine Chromgerbbrühe durch Reduktion der der Zusammensetzung $Cr(OH)SO_4$ oder $Cr(OH)Cl_2$ entsprechenden Bichromatmenge siedend bei Gegenwart von Schwefel- oder Salzsäure mit trockenem Molkenpulver, dem Abfall bei der Käseherstellung.

Zur Herstellung komplexer organischer Chromverbindungen behandelt man z. B. eine Lösung von 244 g chemisch reiner Chromsäure mit einer Lösung von 830 g 26grädigem Glycerin in je 1 l Wasser unter gelinder Erwärmung, so daß nur eine partielle Oxydation des Glycerins stattfindet und bringt das in Wasser schwerlösliche Reaktionsprodukt durch geringe Mengen anorganischer Säure (Schwefelsäure) in Lösung. Diese ändert auch nach monatelangem Stehen oder bei starkem Verdünnen auch unter dem Einfluß von Alkalien ihre grüne Farbe nicht, sondern scheidet das wirksame Chromoxydhydrat erst in der Siedehitze reichlich aus. **(D. R. P. 119 042.)**

Zur Herstellung von Aluminium-, Chrom- und Eisenformiaten läßt man die betreffenden Metallfluoride also z. B. 100 g Tonerdehydrat, das mit Wasser zu einer Milch angerührt und mit 150 Tl. wässeriger, 50proz. Flußsäure versetzt wurde, im Sinne der Gleichungen:

$$Al_2F_6 + Al_2F_6 + 6\,H \cdot COONa = Al_2F_6 \cdot 6\,NaF + Al_2(COOH)_6$$
$$Al_2F_6 + Cr_2F_6 + 6\,H \cdot COONa = Al_2F_6 \cdot 6\,NaF + Cr_2(COOH)_6$$
$$Al_2F_6 + Fe_2F_6 + 6\,H \cdot COONa = Al_2F_6 \cdot 6\,NaF + Fe_2(COOH)_6$$

in Gegenwart von Aluminiumfluorid auf Alkaliformiat einwirken, und erhält nach der Filtration eine chemisch reine, je nach dem Wasserzusatz 8—14grädige Lauge, die im Liter je nach der Konzentration 20—50 g Tonerde enthält. Es erübrigt sich so das mit Verlust verbundene Freimachen der Ameisensäure und man erhält in durchwegs in der Kälte verlaufenden Reaktionen nicht wie sonst das Alkali des Formiates als Alkalisulfat, sondern als wertvolleres Aluminiumalkalifluorid. **(D. R. P. 228 668.)**

Zur Herstellung von Lösungen der Formiate des Chroms und Aluminiums zentrifugiert man eine Mischung von 1000 Tl. einer 13% Chromoxyd enthaltenden Chromsulfatlösung mit 350 Tl. Natriumformiatpulver nach eintägigem Stehen in der Kälte und erhält so eine 41grädige Chromformiatlösung, die 54% der Substanz und nur 1—2% Glaubersalz enthält. Die Reaktion erfolgt nach der Gleichung

$$CrAl_2(SO_4)_3 + 6\,HCOONa = 2\,Cr \cdot Al \cdot (HCOO)_3 + 3\,Na_2SO_4$$

und führt zu quantitativer Umsetzung. Nach dem Zusatzpatent filtriert man einfacher eine Lösung von 100 Tl. Natriumformiat in 150 Tl. Wasser mit 300 Tl. 12,5proz. Chromsulfatlösung nach eintägigem Stehen von abgeschiedenem Glaubersalz oder verfährt schließlich in der Weise, daß man 375 Tl. technisches, etwa 90% ameisensaures Natron und 3% Soda enthaltendes Natriumformiat in 1000 Tl. einer 13% Chromoxyd enthaltenden Chromsulfatlösung einrührt und die Mischung nach dreitägigem Stehen in der Kälte zentrifugiert. In ähnlicher Weise gewinnt man das Aluminiumformiat z. B. aus 67 Tl. mit 18 aq krystallisierendem Aluminiumsulfat, suspendiert in 40 Tl. Wasser und einer Lösung von 42 Tl. Natriumformiat in 50 Tl. Wasser. Die bald entstehende Lösung setzt nach eintägigem Stehen das Glaubersalz ab, von dem man filtriert. **(D. R. P. 244 320, 252 039** und **252 833.)**

Diese so erhaltene etwa 12grädige Chromformiatlösung wird nach **D. R. P. 255 110** direkt zum Gerben benützt, während man nach der weiteren Abänderung **(D. R. P. 259 922)** basisches Chromformiat anwendet. Man löst zu dessen Bereitung das Chromoxyd in einer größeren, der $^1/_2$—$^1/_3$ Basizität entsprechenden Menge anorganischer Säure, rührt die dem $^2/_3$ basischen Chromformiat entsprechende Menge Natriumformiat ein und neutralisiert die überschüssige Säure durch Sodazusatz. Praktisch verfährt man nach **D. R. P. 262 049** in der Weise, daß man eine Lösung von 1000 Tl. Chromoxydhydrat (mit 25% Chromoxydgehalt) gelöst in 564 Tl. 20grädiger Salzsäure mit 230 Tl. Natriumformiat mischt, nach eintägigem Stehen langsam unter Rühren eine Lösung von 85 Tl. calcinierter Soda in 400 Tl. Wasser zufließen läßt und die durch Verdünnen auf 10% Chromoxyd eingestellte Lösung in dieser Form als Gerbmittel oder zur Imprägnierung von Textilmaterialien verwendet. **(D. R. P. 262 049.)**

Zur Erzielung völliger Durchdringung erwärmt man das mit Chromformiat gegerbte Leder vor der Imprägnierung auf erhöhte, allmählich bis auf 100° gesteigerte Temperatur um seiner Schwindung vorzubeugen und tränkt es dann in völlig getrocknetem Zustande wie üblich im Vakuum unter Verwendung möglichst dünnflüssiger Imprägnierungsmittel. Auch die vollkommene Fettung z. B. von Riemen läßt sich auf diesem Wege leichter erzielen als nach den sonst geübten Methoden des Einbrennens und Walkens in heißen Fässern. **(D. R. P. 291 884.)**

Zur Bereitung von für Gerb- und Färbereizwecke geeigneten, konzentrierten Lösungen komplexer organischer Chromoxydsalze unter Verwendung proteinhaltiger Abfallstoffe als Reduktionsmittel, bringt man die Chromsäure in konzentrierter Salzsäure, unter Vermeidung eines Überschusses der letzteren gelöst, zur Anwendung und leitet die Reaktion mit entstehendem Wasserstoff oder wasserentziehenden Mitteln oder geringen Mengen oxydierbarer Substanzen oder durch Vorwärmen der Masse ein. Als Proteinkörper verwendet man Lederschnitzel, Hornspäne, Wollstaub oder Haare, besonders aber Chromlederabfälle und erhält so Chromoxydlösungen, die vorzugsweise als Gerbmittel für die Einbad-Chromgerbung aber auch in der Textilfärberei als Fixiermittel dienen können, deshalb weil sie die Eigenschaft besitzen sich beim Dämpfen leicht zu spalten und dabei unlöslich zu fixieren. **(D. R. P. 295 518.)**

387. Chromledersorten.

Zur Verarbeitung der Haut auf Chromleder, dessen Verbrauch sich nahezu vollständig auf Sportzwecke erstreckt, während es für Sohlenleder verhältnismäßig noch wenig Verwendung findet, ist gute Entkalkung erste Bedingung, da sonst bei Angerbung des Narbens Fleckigwerden des Leders verursacht wird. Aus diesem Grunde darf die Angerbung der Häute nach dem Einbadverfahren anfänglich nicht zu basisch sein, die Basizität kann dann in fortschreitender Ausgerbung gesteigert werden. In **Ledertechn. Rundsch. 5, 81** ist der Verlauf des Gerbeverfahrens, besonders die Ölbehandlung, die Faßgerbung und schließlich die Zurichtung der Chromsohlleder für Sportzwecke ausführlich beschrieben.

Zur Herstellung von Chromsohlenleder äschert man die geweichten Häute in einer Kalkschwefelnatriumbrühe, entfernt den Kalk mit verdünnter Milchsäure, pickelt in einer Lösung von schwefelsaurem Aluminium und Kochsalz in Wasser und gerbt in sodaalkalischer, wässeriger Chromalaunlösung. Man neutralisiert dann mit Boraxlösung, fettet die Häute mit einer Knochenöl enthaltenden Brühe und imprägniert später nötigenfalls noch mit Stearin, Wachs oder Paraffin. **(Ledertechn. Rundsch. 7, 265.)**

Praktische Angaben über Chromgerbung von Riemen- und Geschirrleder, das Einweichen, Äschern und Entkalken, die Gerbung, Zurichtung der Riemen und Geschirrleder, Zusammensetzung der Seifenlösung und der Schmieren, finden sich nebst einem einleitenden Abschnitt über die Qualität der zur Chromgerbung geeigneten Häute, nach einer französischen Arbeit referiert in **Ledertechn. Rundsch. 6, 361** und **7, 76.**

Die Herstellung von Chromriemenleder nach amerikanischer Art ist in **Ledertechn. Rundsch. 1910, 250** beschrieben.

Die Bereitung des Chromkalbleders ist in **Ledertechn. Rundsch. 1910, 305** bzw. **353** beschrieben. Wichtig ist, daß die gutgewässerten Häute nur mit reinem Weißkalk ohne Anschärfmittel gekalkt werden und daß die Beizung mit Milch- oder Salzsäure, einfacher mit Purgatol, im Verlauf der Operation durch Prüfung des Schnittes mit Phenolphthalein genau kontrolliert wird. Die gepickelten Häute werden dann in dünner Brühe angegerbt und fortlaufend in steigend konzentrierter Lösung weiterbehandelt, worauf man schließlich die schwarzen und gefärbten Chromkalbleder getrennt zu Ende verarbeitet.

Die zur Herstellung von Chrombox- und Willowleder nach ihrem Gewicht aussortierten Felle werden zuerst in lauwarmem Seifenwasser geweicht, nach dem Spülen in schwefelnatriumhaltigen Brühen geäschert und während dieses Vorganges kurze Zeit der Einwirkung einer Calciumarseniatlösung ausgesetzt. Man spült dann besonders achtsam in milchsäurehaltigem Wasser, beizt die Felle in Hundekotbeize, pickelt in einer mit Schwefelsäure angesäuerten, aluminiumsulfathaltigen Kochsalzlösung, unterwirft die Blößen der Chromgerbung unter Behandlung mit Thiosulfat und wäscht das Leder schließlich mit einer sehr schwachen Boraxlösung. In **Ledertechn. Rundsch. 7, 1** gibt **E. J. Howard** genaue Vorschriften für diese einzelnen Prozesse an, beschreibt dann ausführlich die Färbemethoden der aussortierten Leder und warnt vor dem Gebrauch von Essigsäure oder Kaliumbichromat bei der ersten Appretur der farbigen Leder.

Eine weitere Vorschrift zur Bereitung von Chromrindbox, (Weiche der salztrockenen Häute, die Beschwerung, das Reinmachen, die Kleien- und Mehlbeize, das Pickeln, dem Gerbevorgang sowie die Herstellung des Gerbmittels) findet sich in **Ledertechn. Rundsch. 3, 353.**

Zur Bereitung von Näh- und Binderiemen eignen sich bedeutend besser als chromgare Leder transparente, alaunfettgare, Rohhaut- oder Glycerinleder, die allerdings gegen Feuchtigkeit und Gaseinwirkung, wie auch gegen Reibungswärme wenig beständig sind, so daß sie bald hart und brüchig werden. Es empfiehlt sich daher doch zum Chromleder zurückzugreifen und dieses nach der in **Ledertechn. Rundsch. 4, 209** und **7, 129** beschriebenen Weise für den vorliegenden Zweck besonders zu bereiten. Man äschert z. B. gewässerte leichte Häute in einer roten Arsenik enthaltenden Kalkbrühe, behandelt mit stark verdünnter Milchsäure nach, pickelt in einer Alaunsalzlösung, gerbt im Einbadchromverfahren, färbt und fettet. **(Ledertechn. Rundsch. 7, 129.)**

Zur Herstellung von Pneumatikleder behandelt man gereinigtes Chromleder mit einer Mischung von Benzin, Benzol, Naphtha und Petroläther, bringt es dann in eine Lösung von Kautschuk und Fischleim in den genannten Lösungsmitteln, wiederholt diese Badbehandlung dreimal in 4stündigen bis 4tägigen Zwischenräumen bei abnehmender Konzentration der Bäder und behandelt schließlich mit dem Gemisch der reinen Lösungsmittel nach. **(Ledertechn. Rundsch. 7, 169.)**

Zur Herstellung der der Zerstörung besonders ausgesetzten Lederdichtungen für Gasmesser eignet sich nach **M. G. Lamb** nur chrom- und sämischgegerbtes Leder, lohgare und alaungare Leder zeigen nicht genügende Widerstandsfähigkeit.

Bei der Herstellung von Chromlackleder ist dem Weichen, Äschern und Beizen der Häute die größte Aufmerksamkeit zu schenken, wenn man ein volles und weiches Leder erhalten will. Man beizt mit Hundekot, pickelt mit Kochsalz und Salzsäure und gerbt mit Chromsäure nicht mit Kaliumbichromat, worauf die Häute nach dem Reduktionsbad in heißem Wasser gewaschen, mit Natriumphosphat neutralisiert, direkt darauffolgend gefärbt, mit Fettlickern behandelt und getrocknet werden. Nähere Angaben finden sich in **Ledertechn. Rundsch. 7, 281.**

388. Eisenleder.

Jettmar, J., Die Eisengerbung, ihre Entwicklung und ihr jetziger Zustand. Leipzig 1920.

Eine Zusammenstellung der patentierten Verfahren zur Gerbung mit Eisenverbindungen von **R. Lauffmann** findet sich in **Zeitschr. f. öff. Chem. 1919, 27.**

Es sei hervorgehoben, das nur die Eisenoxydsalze und diese auch nur als basische Verbindungen gerbend wirken, nicht aber die Eisenoxydulsalze.

Ursprünglich wurde vorzugsweise Eisenoxydsalz verwendet, das, ähnlich wie die Gerbsäure, mit dem Leim eine unlösliche Verbindung eingeht. **Bellford** verwandte eine Auflösung von Eisenvitriol, die mit Braunstein und Schwefelsäure oxydiert schwefelsaures Eisenoxyd, die eigentliche Gerblauge, bildet, der er noch, um dem Leder eine braune Färbung zu erteilen, holzessigsaures Eisenoxyd hinzusetzte. Mit derartigen, allmählich auf 10—13° Bé verstärkten Laugen erhielt man in Gruben, in denen die Häute unter einem bestimmten Druck verblieben, nach 6 Wochen bis 2 Monaten das sog. Eisenoxydleder (am ähnlichsten wohl dem alaungaren Leder). **(Polyt. Zentr.-Bl. 1856, 105.)**

Über die Herstellung des Knappschen Eisenleders **(Dingl. Journ. 220, 381)** und die Gerbung des Leders mit basisch schwefelsaurem Eisenoxydsalz, die Schmierung des Leders mit gelösten Fetten und seine Nachbehandlung mit sog. Eisenseife siehe **Kathreiner, Bayer. Ind.- u. Gew.-Bl. 1879, 19.**

Nach **D. R. P. 10 518** verwendet man zur Eisengerbung besser als nach den ursprünglichen Knappschen Angaben (eine kochende Lösung von Eisenvitriol in Salpetersäure) äquivalente Mengen von Schwefelsäure und Natronsalpeter.

In **A. P. 343 166** wird empfohlen die gekalkten und enthaarten Häute in eine Lösung von Eisenbicarbonat, dann in Eisenvitriol und Kochsalz zu legen und schließlich mit Fetten nachzubehandeln.

Ein etwas abgeändertes Verfahren bedient sich zum Gerben der enthaarten Häute zuerst eines Bades von Eisenvitriol, Natriumbicarbonat und kohlensäurehaltigem Wasser, worauf nach 2—3 Tagen die Behandlung in einer konzentrierten Lösung von Eisenvitriol und Kochsalz folgt. Nach weiteren 2—3 Tagen hängt man die Felle an die Luft, um das Eisensalz zu oxydieren und schmiert die Haut schließlich mit einer Lösung von Ricinusöl in Spiritus. **(D. R. P. 39 758.)** Vgl. **Jahr.-Ber. 1879, 1118.**

Nach **E. P. 146 214** eignet sich das aus Chlor und Ferrosulfat erhaltbare, nicht hygroskopische Ferrisulfatchlorid $FeSO_4Cl$, das nach **Walther** in der Tintenfabrikation verwendet wird **(Chem.-Ztg. 1921, 742)**, auch für Gerbezwecke. Dieses mit 6 aq krystallisierende Eisensalz erhält man aus einem Gemisch von Ferrichlorid, Schwefelsäure und Wasser im Mengenverhältnis 1 : 1 : 6 oder aus Ferrichlorid, Ferrisulfat und Wasser im Verhältnis 1 : 1 : 18. **(E. P. 146 218.)**

Nach **E. P. 3693/1880** sollen die Häute mit übermangansaurem Natrium, dann mit Bleisalzen und schließlich erst mit Eisenlösungen behandelt werden.

Nach **D. R. P. 70 226** eignet sich eine Lösung von 10 kg festem Eisenchlorid und 4,5 kg krystallisierter Soda in 60 l Wasser allein oder in Verbindung mit der Alaunkochsalzgerbung zur Herstellung von Oberleder, Riemen, Sohlleder, wie auch zur Gerbung von Pelzen oder Haarhäuten.

Zum Gerben von Häuten und Fellen behandelt man sie nach **A. P. 877 341** während 8—40 Stunden mit einer schwach mit Essigsäure angesäuerten Lösung von 11,25 Tl. Ferrosulfat, 4 Tl. Kaliumnitrat und 1,25 Tl. Kaliumbichromat in 100 Tl. Wasser.

Nach dem Verfahren des **D. R. P. 334 004** gerbt man die Häute zunächst drei oder mehr Stunden in einer sehr wenig basisches Salz enthaltenden Eisensalzlösung, die zweckmäßig aus Salzen des dreiwertigen Eisens und des dreiwertigen Chroms besteht. Man setzt sodann Zersetzungsprodukte der Glucose oder anderer Zuckerarten hinzu, die z. B. bei der Oxydation von Zucker mit Chromsäure entstehen, und fügt schließlich allmählich das alkalisch wirkende Abstumpfungsmittel bei. **(D. R. P. 334 004.)**

In neuester Zeit wird die lange Zeit vernachlässigte Eisengerbung allem Anscheine nach mit Erfolg wieder aufgenommen. Der „Ferroxgerbprozeß“ (siehe die folgenden Patente), ein einfaches, billiges Lederbereitungsverfahren, soll zu Produkten führen, die den vegetabilisch gegerbten Ledern gleichen und nicht die Nachteile der alten Eisenleder besitzen. Ferroxleder hat gegenüber lohgaren Fabrikaten die Vorzüge hellerer Farbe, größerer Zähigkeit, Haltbarkeit, Festigkeit und Widerstandsfähigkeit gegen Nässe. Die Gerbkosten betragen für 100 kg Blöße 10 M., (Alte Währung) die Gerbdauer zur Erlangung eines Rendements von 70—75% berechnet auf fest gebundenem Gerbstoff, beträgt 2—3 Tage. Besonders wertvoll dürfte der Prozeß in Zeiten großer Gerbstoffknappheit sein. **(Ledertechn. Rundsch. 6, 381.)**

Zur Ausführung der modernen Eisengerbung oxydiert man Ferrosalze, mit deren Lösungen man die Blöße gesättigt hat, mittels Ferrinitrates, das das Ferrosalz zu unlöslichem basischen Ferrisalz zersetzt, während gleichzeitig aus dem Nitrat Eisenoxyd frei wird, das zur Gerbung mit beiträgt. Nach dem Zusatzpatent ersetzt man das Ferrinitrat durch sein Chlorat oder Bichromat, nach dem weiteren Zusatzpatent oxydiert man die in der Blöße vorhandene Ferrosalzlösung durch Stickstoffdioxyd oder ein Gemisch von Dioxyd und Monoxyd und regeneriert das sich entwickelnde NO in dem Gerb- oder Oxydationsgefäß durch Luftzufuhr. Die Menge des notwendigen Stickstoffdioxydes erfährt hiebei eine so bedeutende Verminderung, daß es nur mehr als Überträger die Verbindung des Luftsauerstoffes mit dem Ferrosalz bewirkt. Nach dem weiteren Zusatz oxydiert man mit salpetriger Säure, die man in dem Gerbbade selbst durch Zersetzen von Nitriten erzeugt. Da das Ferrosalz nicht nur das Material für das basische Ferrisalz liefert, sondern auch zu gleicher Zeit die Blöße vor der zu heftigen Einwirkung des Oxydationsmittels schützt, verfährt man nach dem weiteren Zusatz in der Weise, daß man die Blößen mit Oxydationsmitteln und neutralen Alkalisalzen imprägniert und dann erst mit Ferrosalzlösung behandelt. Diese Abänderung hat den Vorteil, daß man mit 1—2% des Oxydationsmittels auskommt, während man sonst 5—10% braucht. Schließlich kann man auch nach dem letzten Zusatz so verfahren, daß man zuerst die Ferrosalzlösung oxydiert und mit dieser Lösung die Gerbung bewirkt. **(D. R. P. 255 320—326.)**

Nach **D. R. P. 265 914** verwendet man als Gerbmittel eine Eisenoxychloridlösung, die man durch Umsetzen von Eisenchlorid mit Magnesiumcarbonat (140 : 31,5) erhält. Die gewonnene, tief dunkelrote, klare Flüssigkeit ist lange Zeit unzersetzt haltbar, läßt sich durch Zusatz frischer Lösung wieder auffrischen und wird in ihrer Wirksamkeit durch Zusatz von Aluminiumchlorid verstärkt.

Zur Herstellung von zähem und lagerbeständigem Eisenleder führt man die Gerbung mit Ferrisalzen in Gegenwart eines Überschusses an Oxydationsmittel aus, und zwar bildet man die Lösung bei höchstens 35—40° und kühlt sie dann rasch auf Zimmertemperatur ab. Man kann auch die vollständig entkalkten Blößen mit schwach alkalischen oder basischen Aluminium- und Chromoxydsalzen vorbehandeln und dann mit neutralen oder schwach saueren, evtl. auch direkt mit stark konzentrierten Ferrisalzen ausgerben. Man vermeidet so die hydrolytische Spaltung der Ferrisalze und das schädliche Auftreten von Ferrosalzen in der Gerbbrühe. **(D. R. P. 314 487.)** Nach einer Abänderung des Verfahrens wäscht man die ungebunden gebliebenen Eisensalze erst nach der Trocknung oder Fettung des Leders aus und behandelt auch dann erst mit alkalischen Lösungen, Gerbstofflösungen oder nach evtl. vorhergehender Säuerung mit verdünnter Säure, mit Reduktionsmitteln nach. Bei der Zurichtung der gegerbten und Eisenleder wie bei pflanzlich gegerbtem Leder von der Fleischseite aus wird dann durch die Reduktionslösung das Eisenoxydsalz in den Außenschichten zu Ferrosalz reduziert, das Gerbsalz daselbst teilweise beseitigt und so eine Bleichung des Leders und ein milderer Narben erzielt. **(D. R. P. 314 885.)** Nach weiteren Ausführungsformen des Verfahrens wählt man als Oxydationsmittel für die Eisenoxydsalzlösung Chlorate oder Chlorsäure, bzw. wendet diese im Überschuß und dann zugleich in Mischung mit pflanzlichen oder künstlichen Gerbstoffen, z. B. Celluloseextrakt und Neradol an. Man erhält so haltbares, lagerbeständiges Leder mit besonders glattem Narben. **(D. R. P. 319 705 und 319 859.)**

Nach **Norw. P. 32 505** setzt man während des Eisengerbprozesses der Gerblösung verdünntes Wasserglas zu. Vgl. auch die Angaben von **W. Eitner** über Eisengerbung in **Häute- u. Lederber. 2, 36.**

Eisenleder darf man zum Unterschied von Chromleder nicht mit Wasser waschen und mit alkalischen Mitteln entsäuern, da sonst Entgerbung eintreten würde, darum bedient man sich zur Entfernung der den Narbenbruch verursachenden saueren Eisensalze nach vorliegendem Verfahren der Lösungen der Neutralsalze von Alkalien. **(D. R. P. 256 350.)**

389. Weißgerberei, Kieselsäureleder.

Gintl, Handbuch der Weißgerberei. Weimar 1873. — Wiener, F., Die Weiß- und Sämischgerberei und die Pergamentfabrikation. Wien und Leipzig 1904.

Über die moderne Weißgerberei siehe **J. Jettmar, Ledertechn. Rundsch. 6, 17.**

Das weißgare Leder ist ebenso aus der schwersten Büffelhaut, wie aus dem leichtesten Lammfell herstellbar; es wurde früher seiner weichen Beschaffenheit wegen in großen Mengen erzeugt.

Das Wesen der Alaungerbung beruht nach **E. Nihoul** auf der primären Bildung von Aluminiumchlorid und Natriumsulfat aus den Lösungen von Aluminiumphosphat und Kochsalz, sekundär auf dem Freiwerden von Salzsäure aus dem Aluminiumchlorid und der Bildung eines sauren Aluminiumsalzes, das von der mit der Säure imprägnierten Haut adsorbiert wird. Überdies bildet sich aus dem Aluminiumsulfat und dem Kochsalz basisches Aluminiumsulfat, das zusammen mit einer gewissen Menge Aluminiumchlorid den Gerbeprozeß besonders bei der Mitverwendung pflanzlicher Gerbbrühen fördert. Zur intensiveren Wirkung dieser Vorgänge und zur Verbesserung des Alaunleders empfiehlt es sich die Häute länger als sonst mit der Gerbflüssigkeit in Berührung zu lassen und die auf der Faser befindlichen Salze durch geeignete Mittel vor der hydrolytischen Spaltung zu schützen. Das weißgare Leder muß nach beendigtem Gerbprozeß seiner Härte und Steifheit wegen mechanisch bearbeitet (gereckt und gestollt) werden; seine geringe Widerstandsfähigkeit gegen Wasser gestattet die Verwendung dieser Lederart nur zu bestimmten Zwecken, im übrigen gewinnt auch in der Fabrikation des Glacé- und Geschirrleders die Chromgerbung immer mehr an Raum. (Referat in **Zeitschr. f. angew. Chem. 1918, 83**)

Über den Ersatz des schwerlöslichen Kalialauns durch den wesentlich billigeren und aluminiumreicheren, leichter löslichen Natronalaun für Gerbereizwecke siehe **L. Manstetten, Gerberztg. 1904, Nr. 108 u. 109.**

Zur Ausführung der gemeinen und der ungarischen Weißgerberei bringt man die Kalb-, Schaf- und Ziegenfelle bzw. die schweren Rinder- und Roßhäute nach der Schwellung mit weißer Sauerbeize in 20proz. Salzlösung, die 66% Alaun und 33% Kochsalz auf die Gesamtsalzmenge berechnet enthält, nimmt die mit der Lösung durchgearbeiteten Häute nach 24 Stunden heraus, trocknet sie ohne zu waschen und macht die Leder durch Stollen geschmeidig. Früher wurde das Geschirrleder fast ausschließlich weißgar gegerbt, heute arbeitet man für diesen Zweck nur mit Lohbrühen oder nach dem Chromgerbverfahren. Bei der ungarischen Weißgerberei, die kräftiges Sattlerleder liefert, bleiben die Blößen der Roß-, Rinds- und Büffelhäute in der warmen Gerbbrühe von schwefelsaurer Tonerde und Kochsalz längere Zeit, bis zu einer Woche, liegen. Die garen Häute werden mit geschmolzenem Talg gut eingefettet, „eingebrannt".

Nach dem Gerbverfahren des **D. R. P. 13 920** brachte man die mit Tonerdesulfat und Kochsalz weißgar gegerbte Haut in ein 40° warmes, wässeriges Bad aus 1 Tl. Borax und 2 Tl. Glycerin (spez. Gewicht 1,175), spülte die Haut nach 2—3 Tagen und richtete sie in üblicher Weise her.

Zum Zwecke der Mineralgerbung vermischt man Moostorf mit den Lösungen der mineralischen Gerbmittel z. B. mit Alaun, Kochsalz u. dgl. und schichtet den erhaltenen Brei abwechselnd mit den zu gerbenden Häuten in Gruben aufeinander. **(D. R. P. 28 881.)**

Über ein Gerbeverfahren mit Aluminiumsulfat und Bicarbonatlösung siehe **D. R. P. 36 105.**

Ein Schnellgerbeverfahren mittels einer nicht unter 110° siedenden Alaun- oder Alaunkochsalzschmelze, die man auf die Fleischseife der Haut aufträgt, wodurch schon in 15 Minuten völlige Durchgerbung bewirkt werden soll, ist in **D. R. P. 101 070** beschrieben.

Zur Herstellung eines dem weißgaren Leder gleichenden, jedoch gegen Wasser wesentlich widerstandsfähigeren Leders bringt man die Häute in eine Lösung von 60 Tl. Aluminiumphosphatpulver und 11 Tl. Schwefelsäure in 90 Tl. Wasser, nachdem man die sirupöse Flüssigkeit mit 30 Tl. 20proz. Kaliumchloridlösung dünnflüssig gemacht hat. Man tränkt dann nach 4 oder mehr Stunden das halbfeuchte Leder auf der Fleischseite mit einer durch Verkochen von 60 Tl. Olivenöl und 15 Tl. Ätzkali in 200 Tl. Wasser erhaltenen, mit der 6—8fachen Menge warmen Wassers verdünnten Seife, neutralisiert durch kräftiges Walken, die im Leder verbliebene Schwefelsäure und bewirkt so, daß sich in der Faser außer dem Kaliumsulfat freie Fettsäure ablagert, die das Leder geschmeidig macht. **(D. R. P. 165 238.)**

Nach **D. R. P. 330 858** bringt man die zu gerbenden gekalkten und mit Borsäure entkalkten Häute in eine 32—38° warme wässerige Boraxlösung, wiederholt die Behandlung, wäscht die Häute nach 10 Minuten mit 27—32° warmem Wasser und durchtränkt sie zuerst während 45 Minuten in der Trommel und dann während 3—4 Stunden in der Grube mit dem eigentlichen Gerbmittel, das in 20—40 Tl. Wasser 10 Tl. krystallisiertem Alaun, 5 Tl. Kochsalz und 1,4—2 Tl. Natriumpyrophosphat enthält.

Über die Ursache der Entstehung mürber, verbrannter Weißgarleder siehe **Knapp, Dingl. Journ. 181, 311.**

Bolus allein oder in Verbindung mit anderen Gerbstoffen erwies sich als vorzügliches Hautgerbmittel oder Ledernachgerbmittel. Die Bolusgerbung soll einen Ersatz für Alaungerbung bieten, vorteilhaft nach der Chromgerbung oder gleichzeitig anwendbar sein und zu einem geschmeidigen. japanlederartigen Produkt führen. Nach **D. R. P. 297 878** werden die in der üblichen Weise zum Gerben vorbereiteten Blößen wie gewöhnlich mit Soda behandelt und dann in einem Gemenge von 100 Tl. Wasser, 4 Tl. Bolus und 2 Tl. Kochsalz, dem man, wenn weicheres

Leder erhalten werden soll, etwas Essigsäure zusetzt, bei mäßiger Wärme gewalkt. Ein dem Alaunleder ähnliches, aber volleres und zäheres Leder erhält man, wenn man diesem Ansatz noch 2 Tl. Alaun zusetzt. Die Dauer der Behandlung richtet sich nach der Art und Stärke der Blößen, und schwankt zwischen 1—2 Stunden. Zur Behandlung von Narbenleder verwendet man zweckmäßig weißen Bolus, während glattes Leder, das dann die entsprechende Färbung annimmt, auch mit farbigen Bolus behandelt werden kann. Letzterer kann auch durch andere Mineralerden, z. B. Kaolin, Talkum, Grünerde, Lehm u. dgl. ersetzt werden. Man soll nach diesem Verfahren ein geschmeidiges, dem Japanleder ähnliches Leder erhalten, das sich infolge des Tonerdegehaltes leichter und besser färben läßt als die auf andere Weise gegerbten Leder.

Vgl. **E. P. 17 137/1915:** Überführung von Haut in Leder durch Eintauchen der Häute in eine Lösung von Kieselsäureverbindungen (Alkalisilikat, Aluminiumsilikat, kolloidale Kieselsäure) mit oder ohne Zusatz von Kochsalz.

Zum Gerben von Häuten und Fellen tränkt man sie mit Wasserglaslösung und fällt mittels Essigsäure in den Poren kolloidale Kieselsäure aus. Die Häute werden dann in eine Seife-Öl-Eigelbnahrung gelegt oder mit Salzwasser behandelt und getrocknet. Man behandelt z. B. 12 Schafhäute mittlerer Größe im Faß, während nicht mehr als 48 Stunden mit 36 l einer 2,5proz. Wasserglaslösung, fällt nunmehr durch allmähliche Zugabe von Essigsäure in der stark geschwellten Haut die Kieselsäure aus, spült die Stücke, wenn der Schnitt rein weiße Farbe und demnach völlige Durchdringung zeigt, läßt abtropfen und imprägniert mit einer Schmiere, deren Zusammensetzung sich nach dem gewünschten Geschmeidigkeitsgrad des Leders richtet. **(D. R. P. 322 166.)**

390. Literatur und Allgemeines über Sämischgerberei.

Wiener, Die Weiß- und Sämischgerberei und die Pergamentfabrikation. Wien und Leipzig 1904.

Eine kurze Beschreibung zur rationellen modernen Herstellung des Sämischleders findet sich in **Ledertechn. Rundsch. 12, 101.**

Über die Theorie des Sämisch-Gerbprozesses siehe die Ausführungen von **W. Fahrion** in **Zeitschr. f. angew. Chem. 1891, 172 u. 634.**

Zur Theorie der Sämischgerbung siehe auch die Ausführungen von **W. Möller** in **Collegium 1920, 69.**

Das Prinzip dieser Gerbmethode, die in dem Maße verlassen wird, als man nicht mehr lederne Kleidungsstücke trägt, beruht auf der Umwandlung der Blöße in Leder unter dem Einflusse von Fettstoffen, die man mechanisch in die stark geäscherten, in der Kleienbeize entkalkten Häute einwalkt. Das Fett verdrängt das Wasser aus den Hautporen und verwandelt sich beim nachfolgenden Einlagern der Häute unter dem Einfluße der freiwerdenden Oxydationswärme in Stoffe, die beim Waschen mit Alkalien nicht mehr verseift und entfernt werden, sondern in dem Leder verbleiben.

Zur Fett- oder Sämischgerbung dienen Fette, vor allem Trane, deren Fettsäuren mindestens zwei doppelte Bindungen enthalten, die während der Gerbung unter Erwärmung durch Sauerstoff abgesättigt werden. Die Haut bindet zum Unterschied von der Gelatine bis zu 4% (auf Leder mit 66% Hautsubstanz berechnet) dieser Oxyfettsäuren so fest, daß sie weder durch Alkalien noch durch organische Lösungsmittel abgespalten werden können.

Allgemein gilt, daß Öle mit hoher Trocknungsfähigkeit, wie Menhaden-, Sardinen- und Heringstran zum Schmieren von Leder wenig geeignet sind, da sie die Haut steifen und ihre Dauerhaftigkeit herabsetzen. Umgekehrt wirken sie bei der Herstellung von Sämischleder deshalb besser als der weniger leicht trocknende gewöhnliche Tran, weil die Sämischgerbung nicht durch die Trane, sondern durch die Oxydationsprodukte der bei der Oxydation durch Abspaltung des Glycerins entstehenden freien Fettsäuren und durch die gebildeten Aldehyde bewirkt wird.

Die Mineralöle können wegen ihrer Unverseifbarkeit die fetten Öle in der Gerberei niemals vollständig ersetzen, doch bilden ihre Emulsionen wertvolle Ergänzungsmittel und können für manche Zwecke der Lederfabrikation ebenso wichtig werden, wie Kunstkautschukprodukte (vom synthetischen Kautschuk abgesehen) den natürlichen Kautschuk für gewisse Zwecke zu ersetzen vermögen. Eine besonders geeignete Mischung, die sich auch zur Gerbung sehr schwer gerbbarer Lederarten eignet, erhält man nach **R. A. Earp** durch Emulgieren wasserunlöslicher vegetabilischer Gerbstoffe mit Mineralöl. (Referat in **Zeitschr. f. angew. Chem. 1910, 2240.**)

Zur Fixierung der Fettsäuren auf der Haut ist es nach **F. Garelli** und **C. Apostolo** nicht nötig (nach **Knapp**) Alkohol als Lösungsmittel oder (nach **Garelli**) Ammoniakseifen zu verwenden, da die unlöslichen Fettsäuren auch aus der wässerigen Suspension von der Haut aufgenommen werden. Man legt die Häute während 10—12 Stunden in wässerige Gerblösung, die man erhält, wenn man die Fettsäuren in wenig Alkohol löst und die Lösungen bis zum Erkalten kräftig schüttelt oder wenn man gepulverte Stearinsäure in Wasser fein verteilt, oder wenn man Ölsäure im Schüttelapparat mit Wasser emulgiert. Nach 10—12 Stunden gewinnt man so, wenn man öfter umrührte, ein schneeweißes opakes Material, von den Eigenschaften ölgegerbter Häute, aus dem man auch durch zehnmalige Extraktion mit Äther nur einen Teil der Fettsäuren entfernen kann. Ähnlich wie die Fettsäuren verhält sich Kolophonium, doch ist das durch Kolophoniumgerbung entstandene Leder etwas geringwertiger. **(Kollegium, 1918, 425.)**

Zur Ausführung der Sämischgerbung bewegt man die entnarbten kleiegebeizten Blößen, namentlich von Gemsen, Rehen und Lämmern mit Tran im Walkfaß, hängt die Häute zur Oxydation des Fettes zeitweise an die Luft und läßt sie schließlich zu Haufen gebracht in warmen Räumen angären. Das vom Fettüberschuß befreite Leder wird dann zugerichtet, evtl. gespalten und liefert wegen seiner wolleartigen Weichheit und Kochbeständigkeit Material für Handschuhe und Lederkleidung. Die Geschmeidigkeit der Ware läßt sich noch erhöhen, wenn man außer der Epidermis und Fetthaut auch noch die Narbenseite bis zum Grunde der Narbe entfernt.

Das Verfahren der Sämischgerbung in rotierenden Fässern nach **Preller** ist in **Dingl. Journ. 129, 305** beschrieben.

Beim letzten Waschprozeß des sämischgaren Leders gewinnt man eine Fettemulsion, die Weißbrühe, aus der durch Zusatz von Mineralsäuren der Dégras, ein wertvolles Lederschmiermittel abgeschieden wird. Noch geschätzter ist die Fettmasse (Moellon), die man durch Ausringen der mit Tran gewalkten Felle gewinnt.

Nach **W. Eitner, Der Gerber 1890, 85** u. **181,** beruht die Wirkung des echten Sämischdégras nicht nur auf seiner Wirkung als Fettstoff, sondern auch auf einer Art Nachgerbung, die ein Bestandteil des Dégras herbeizuführen befähigt ist und durch die das Leder milder und voller wird Diese gerbende Substanz soll in reinem Sämischdégras (Moellon pure) in der Menge von 20% vorhanden sein. Moellon pure besteht aus 65% durch Erhitzen veränderten Tranes, 10% Wollfett, 5% Fischtalg und 20% Wasser, anderes Handelsprodukte mit verschiedenen Namen, wie z. B. Dégras-Moellon, Prima-Dégras usw. enthalten statt des Fischtalgs gewöhnlichen Rindertalg mit oder ohne Zusatz von Mineralöl und Harz. **[406.]**

391. Sämischgerbverfahren. Piano- und Japanleder. Sämischlederersatz.

Über Kohlenwasserstoffgerbung (**D. R. P. 262 333**) und Sämischgerbung mit oxydiertem Tran bei Gegenwart von Phenolen siehe die vorwiegend theoretischen Ausführungen von **W. Möller** in **Kollegium, 1919, 61** u. **72.**

Eine eingehende Beschreibung des Fabrikation des, namentlich auf Riemen verarbeitbaren Crownleders finden sich in **Ledertechn. Rundsch. 1911, 100.** Vgl. **F. Kathreiner** in **Bayer. Ind.- u. Gew.-Bl. 1880, 117.**

Über die Vorbereitung von Fellen für die Sämischgerberei mit einer Lösung von Kupfervitriol nach oder zugleich mit der Anwendung der Sauerbeize siehe **D. R. P. 142 969** u. **143 634.**

Über Herstellung eines sämischgaren Leders mit polierter Narbenseite, das die guten Eigenschaften eines feinen Glacéleders und auch die Widerstandsfähigkeit guter, fett gegerbter Leder besitzt, durch Behandlung der mit Fett behandelten Leder in einem Bade von reiner raffinierter Handelsnaphtha siehe **D. R. P. 35 340.** Man bringt das fettgegerbte sorgfältig getrocknete Leder wiederholt in stets zu erneuernde Bäder aus reiner Naphtha bis diese keine Spur von Fett oder Öl mehr aufnimmt, entfernt dann weiter evtl. noch vorhandene Gummi- und Harzbestandteile durch Tränkung der Leder mit Alkohol oder Ammoniak, hängt auf, trocknet, färbt und poliert wie üblich.

Über ein Gerbeverfahren unter Benutzung von Sulfoleaten und Sulforicinoleaten an Stelle von Fetten und Ölen siehe **D. R. P. 35 338.** Diese Stoffe werden durch Einwirkung konzentrierter Schwefelsäure auf Öl- und Fettsäuren, sowie auf halbflüssige und feste Fette hergestellt. Das Reaktionsprodukt wird neutral gewaschen und durch Hinzufügung von Alkalihydraten in die Sulfoleate übergeführt. Die Verwendung dieser Körper bei der Loh-, Alaun-, Weiß-, Sämisch- und Pergamentgerberei ist im Patent näher beschrieben. Bei der Lohgerberei legt man die Blößen in eine neutrale 5—10proz. Sulfoleatlösung ein, in der Weißgerberei beugt man der Entgerbung des Leders durch Wasser ebenfalls dadurch am besten vor, daß man vor oder nach Zusatz des Alauns und Kochsalzes Sulfoleate zusetzt. Bei der Glacégerberei ersetzen die Sulfoleate das Eigelb, bei der Metallgerbung soll statt der Seifenlösung eine Eisennatriumsulfoleatlösung Verwendung finden. Weitere Angaben der ausführlichen Schrift beziehen sich auf die Verwendung dieser Türkischrotölprodukte in der Sämisch- und Pergament- oder Chagringerberei.

Ein Ledereinfettungs- oder Fettgerbungsmittel erhält man durch Sulfurierung mit sehr geringen Schwefelsäuremengen. (**D. R. P. 344 016.**)

Um das aufzustreichende Gerbfett besser in den Lederfasern zu fixieren, schmilzt man es nach **D. R. P. 195 410** mit der gleichen Menge Dégras oder Lanolin zusammen und vermengt die Schmelze mit einer Leimlösung. Es entsteht unlösliches Leimtannat, das besonders, wenn man ihm etwas Glycerin zusetzt, das emulgierte Fett mechanisch bindet und in den Fasern fixiert.

Nach **D. R. P. 165 238** werden Häute und Felle in einer Lösung gegerbt, die in 90 ccm Wasser, 60 g Aluminiumphosphatpulver und 11 ccm Schwefelsäure enthält und der 30 ccm einer 20proz. Chlorkaliumlösung zugesetzt sind. Die Blöße ist in etwa 5 Stunden gar und wird auf der Fleischseite mit einer Seifenlösung wiederholt getränkt, die durch Lösen eines Seifenleimes aus 60 g Olivenöl, 15 g Ätzkali und 200 ccm Wasser in der 6—8fachen Menge warmen Wassers entsteht; beim kräftigen Walken bildet sich neben Kaliumsulfat freie Fettsäure, die der Lederfaser auch ohne mechanische Nachbehandlung die erforderliche Geschmeidigkeit verleiht.

Zur Ausführung der Sämischgerbung löst man in dem zur Gerbung bestimmten Tran unter gelindem Erwärmen 3—5% eines Sikkatives bis das Fett 0,1—0,2% Mangan oder 0,5—1,0% Blei aufgenommen hat (letzteres bei Anwendung flüssiger Tranfettsäuren) u. entwässert die Haut mit

Spiritus. Durch Anwendung jener vorbehandelten Trane vermag man den Gerbprozeß so zu beschleunigen, daß die mechanische Bearbeitung völlig entbehrt werden kann. **(D. R. P. 252178.)**

Um Leder in kurzem Verfahren so zuzurichten, daß es geschmeidig bleibt und gute Dehnbarkeit besitzt, behandelt man die Felle gleichzeitig, mit einem Gemenge von Fettstoffen, salicylsaurem Natron und Borsäure. **(D. R. P. 276 637.)**

Das Gerben des Klavierhammerleders wird wie folgt ausgeführt: Ein Hirschfell, auf der Narbenseite nicht abgestoßen, wird in Tran gewalkt, in Lauge gewaschen und auf der Narben- oder Haarseite an der Sonne weiß gebleicht. Hierauf wird das Fell in eine handwarme Abkochung von Fichtenlohe, eingelegt, bis das Fell eine vollständige Lohfarbe angenommen hat; die Färbung kann durch Eintauchen des Felles in eine schwache laugenhaltige Flüssigkeit nachgedunkelt werden. Zuletzt wird das Fell gegerbt wie jedes andere sämischgare Leder. **(Bayer. Kunst- u. Gew. Bl. 1856, 252.)**

Zum Färben und Zubereiten sämisch gegerbter Felle zwecks Herstellung von Pianoleder färbt man, wenn eine gelbbraune Farbe gewünscht wird unter allmählichem Zusatz (um gleichzeitige Gerbwirkung auszuschalten) von 33% Hemlockextrakt und 67% Kastanienextrakt bzw. umgekehrt, wenn eine rotbraune Farbe verlangt wird. Die Färbung erfolgt sehr langsam in starker Verdünnung, während mehrerer Tage, worauf man in einem Bichromatbad nachbehandelt und die nunmehr genügend dunklen Farbtöne in einem Essigsäurebade fixiert. Schließlich werden die völlig durchgegerbten Felle zur Erzielung eines vollen weichen Griffes getrocknet und wie üblich durch Zusatz von etwas Eigelb als Nahrung weiter behandelt. **(D. R. P. 203 578.)**

Zur Herstellung eines Leders, das zum Anfertigen isolierender Kleidungsstücke oder zum Isolieren elektrischer Leitungen dienen soll, wird das Fell nach **D. R. P. 206 794** vor seiner Entgerbung, jedoch als fettgares Leder, einige Stunden bei höherer Temperatur mit einer Mischung von Kolophonium, Schellack und verschiedenen Ölen gewalkt, dann bei niederer Temperatur getrocknet, paraffiniert und abermals gewalkt.

Über Herstellung von Leder für Automobilkleidung siehe **W. Eitner, Der Gerber 1906, 128.**

Die Herstellung von Schafleder mit sämischartiger Rückseite beschreibt **K. Bum** in **Der Gerber 1905, 50.**

Bei der Sämischgerbung zur Herstellung des Japanleders werden die Häute in einem 2—4 Monaten währendem Prozeß abwechselnd im Fluß gewässert, mechanisch bearbeitet, mit Rüböl (Rapsöl) eingerieben, an die Sonne gelegt usw., so daß allmählich ohne Anwendung weiterer Gerbmittel ein ausgezeichnetes Leder entsteht. Die mechanische Bearbeitung ist jedenfalls das Wesentliche des Verfahrens, da nach Feststellungen von **F. Reinhardt** (vgl. auch **J. Päßler, Kollegium 1906, 257 u. 265**) das Rapsöl lediglich das Zusammenkleben der Hautfasern verhindert und der Menge nach nicht genügt, um eine Fettgerbung herbeizuführen; auch das normal zusammengesetzte Wasser kann keine Rolle spielen, da sein Salzgehalt die üblichen Grenzen nicht überschreitet. **(J. Päßler, Kollegium 1906, 257 u. 265.)**

Nach **Fahrions** ausgedehnten Untersuchungen kommt die Gerbung jedoch unter dem Einfluß des oxydierten Rüböles zustande und man erhält so das sämischgare Leder als Einwirkungsprodukt ungesättigter Fettsäuren mit mehr als einer Doppelbindung auf die tierische Haut. Es erklärt sich so die Tatsache, daß seit Jahrhunderten ausschließlich Trane zur Sämischgerbung benutzt wurden, die reich an Fettsäuren sind, die bis zu 4 Doppelbindungen enthalten. Jedenfalls geben vollkommen neutrale Öle kein Leder, sondern es ist die Mitwirkung der von **Fahrion** Peroxyde oder Peroxydsäuren genannten Autoxydationsprodukte ungesättigter Fettsäuren nötig. Man muß übrigens das sämischgare Leder von dem fettgaren unterscheiden, das einfach in der Weise entsteht, daß Fett in die Poren der Rohhaut eindringt, mechanisch das vorhandene Wasser verdrängt und so nur als Schmiermittel wirkt, dem man mit einem Fettlösungsmittel das Fett wieder entziehen und so die Haut rückgewinnen kann. **(W. Fahrion, Zeitschr. f. angew. Chem. 1909, 2083 ff.)**

Zur Herstellung eines Sämischledersatzes behandelt man die Blößen mit einer Mischung von Seife, Fettstoff und Formaldehyd. Man walkt z. B. bis zur völligen Aufnahme des Fettes 100 kg gebeizte Rehblößen mit 15 kg einer Mischung von 70 Tl. Wasser, 20 Tl. Fettsäure und je 5 Tl. Seife und Formaldehyd und wäscht die getrockneten Leder mit der achtfachen Menge 0,5proz. Sodalösung. Nach dem Trocknen können sie direkt zugerichtet werden. **(D. R. P. 325 884.)**

Nach dem ähnlichen früheren Verfahren des **D. R. P. 272 678** gerbt man Häute zur Herstellung eines heißwasser- und schweißechten, zugfesten Leders mit einer Emulsion von 20% Pflanzenöl (außer Ricinusöl, wegen seiner Giftwirkung), 5% Talkum und 0,25% Formaldehyd. Je nach der Dicke der Häute erhält man das fertige Leder in der Zeit von einigen Tagen bis 3 Wochen.

Ein gegenüber dem gewöhnlichen Sämischleder vielseitiger verwendbares Produkt, bei dessen Herstellung die Entfettung und das Walken des fertigen Leders nicht nötig ist, erhält man durch Gerbung der Häute mit der eben ausreichenden Menge einer konzentrierten alkoholischen Lösung stark ungesättigter Tranfettsäuren. **(W. Fahrion, Chem. Rundsch. 1921, 170.)**

392. Formaldehydgerbung.

Über die Anwendung des Formaldehyds in der Gerberei siehe **B. Kohnstein, Häute- u. Lederber. 3, 10.**

Der Sämischgerberei steht die auch zu ähnlichen weißen, festen und wasserdichten Produkten führende Methode der Hautbehandlung mit Formaldehyd nahe, da die Verwendung von Fetten und Ölen (Sämischgerberei) die Bildung gewisser Aldehyde bedingt, die sich durch Oxydation der Fette und Öle bilden.

Die Aldehydgerbung ist auch insofern ein Analogon der Sämischgerbung als auch bei ihr die reaktive basische Gruppe zunächst oxydiert, dann fixiert und so der Einwirkung des Wassers und der Fäulnisbakterien entzogen wird. Das Gerbmittel bei der Sämischgerbung enthält nach dieser Auffassung **Fahrions** aktiven, bei der Formaldehydgerbung nur reaktionsfähigen Sauerstoff. Ob eine wirkliche Gerbung vorliegt, steht nicht fest, eher dürfte es sich um eine durch den Formaldehyd fixierte Schwellung der Haut handeln, wobei das zugesetzte Alkali, hauptsächlich Pottasche, nur durch seine hautentwässernde Wirkung mitbeteiligt zu sein scheint.

Während des Krieges wurde der Formaldehyd in beträchtlichen Mengen zur Herstellung verschiedener Lederarten verwendet. Er dient speziell bei Unterleder weniger als Gerbstoff, als vor allem zur Fixierung der im Anfang der Gerbung nötigen Schwellung, die erreicht wird, wenn man die Blößen in Sauerbrühe oder einer künstlichen Schwellbrühe behandelt. Nach der Formaldehydbehandlung gerbt man das Leder dann mit kräftigen pflanzlichen Gerbebrühen fertig. Für Futterleder kann man den Aldehyd in sodaalkalischer Lösung direkt zum Gerben verwenden, wobei man mit einer 0,1 proz. Lösung beginnt und diese dann je nach der Dicke der Felle auf 0,5—1% verstärkt. Glanz-, Chevreaux- oder Boxcalfleder werden nach der Formaldehydgerbung und vor der Fettung in schwacher kochsalzhaltiger Pflanzengerbbrühe bis zur Durchgerbung des Narbens bearbeitet, dann gefalzt, kurze Zeit pflanzlich gegerbt, gefettet und zugerichtet. Auch bei der Pelzgerberei kann man 66—75% Chrom sparen, wenn man das Pelzwerk mit Formaldehyd vorgerbt, dann im Einbadchromverfahren durchgerbt und wie üblich zurichtet. **(Lederztg. 1917, 103.)**

Das Formaldehydleder ist dem Chromleder, insbesondere hinsichtlich seiner Wasserdichtigkeit und wegen seiner großen Zugfestigkeit sehr ähnlich. Es empfiehlt sich, diese beiden Gerbungsverfahren in der Weise zu kombinieren, daß man Chrom im ersten und Aldehyd im zweiten Bade benützt. Die Aldehydgerbung allein ist besonders bei der Herstellung von Sohlleder geeignet die Chromgerbung zu ersetzen. Zur Ausführung des Verfahrens legt man die vorbereitete Haut $^1/_2$—6 Stunden in die etwa $^1/_2$% (vom Gewicht der Häute) Formaldehyd enthaltende Gerbbrühe ein.

Die Bereitung von Leder mit einer Mischung von Formaldehyd und alkalischen Stoffen (Soda, Kalk- oder Magnesiumhydrat usw.) in Substanz oder durch Bildung der Formaldehydverbindungen aus den Bestandteilen auf der Faser, also durch aufeinanderfolgende Behandlung des Leders mit Formaldehyd und Alkalien, wobei man sich rotierender Trommeln bedient, ist in **D. R. P. 111 408** beschrieben.

Über ein unverwendbares Verfahren der Formaldehydgerbung in saurer Lösung siehe **D. R. P. 112 183.**

Zur Imitation von Japanleder werden nach **W. Eitner, Gerber 1907, 227,** Kipse oder leichte Rindshäute mit Formaldehyd behandelt, dann mit einer Seifenlösung gewalkt, getrocknet und gestollt. Vgl. **Jettmar** (l. c.) **1912, 91** u. **[391].**

Zur Herstellung von Formaldehydleder verwendet man als Gerbmittel eine Emulsion, die neben Formaldehyd ein Fett oder Öl und Magnesiumsilikat enthält, wobei man vor oder nach der Formaldehydgerbung die Blößen färben oder nach einem anderen Verfahren gerben kann. Dieses Leder wird durch heißes Wasser und Schweiß nicht entgerbt, ist sehr zug- und reißfest und eignet sich besonders für orthopädische und chirurgische Zwecke, als Gurte, Riemen, zu Handschuhen und sogar als Sattler- und Schuhleder. **(D. R. P. 272 678.)**

Caspin ist ein formaldehyd-alkaligegerbtes Leder, das in seinen Eigenschaften dem sämischgaren Leder völlig gleicht, jedoch in wesentlich kürzerer Zeit herstellbar ist und ohne eine Schädigung zu erfahren, mit Wasser gekocht werden kann.

Zur Bereitung hornartigen Leders bringt man die wie üblich vorbehandelten Häute in ein Bad von essigsaurer Tonerde und dann in Formaldehyd. **(Norw. P. 32 504.)**

393. Chinon- und Pikrinsäuregerbung.

Ebenfalls sehr wasserbeständig ist das Gerbprodukt aus Haut und Chinon oder Polyoxybenzolen, die Chinone zu bilden vermögen. Dieses und das Verfahren der Pikrinsäuregerbung, bei dem ebenfalls die Hydroxylgruppe des Moleküls den Hauptteil der Reaktion tragen dürfte, ferner die Gerbungsarten mittels der vorwiegend wasserentziehend wirkenden aliphatischen Phenole, der Alkohole (Glycerin, Zucker), schließt den Ring zurück zu den durch ihre Ableitung vom Brenzcatechin und der Protocatechusäure gekennzeichneten vegetabilischen Gerbstoffes und bildet zusammen mit der Formaldehydgerbung die Basis der Ledererzeugungsmethoden mittels der künstlichen Gerbstoffe **[363]** von Art des Neradols D, eines Kondensationsproduktes von Formaldehyd mit Kresolsulfosäure. Diese neuen Stoffe der organischen Chemie gerben zwar für sich allein verwandt ungenügend, bilden jedoch ein wertvolles Gerbmaterial, wenn man sie zusammen mit Gerbsäuren zur Anwendung bringt.

Bei der Chinongerbung handelt es sich nach der Auffassung von **W. Möller** um eine Humingerbung, da aus dem einfachen Benzochinon ebenso wie aus pflanzlichen Gerbstoffen, in letzterem Falle bei längerer Lagerung in der Faser Huminstoffe entstehen. **(Kollegium 1918, 71, 93, 210 u. 241.)**

Vergleichende Untersuchungsergebnisse über den gerbenden Einfluß der Chinone auf Gelatineblätter, die nach verschieden langer Einwirkungsdauer auf ihre Löslichkeit in kochendem Wasser geprüft wurden, bringen **L. Meunier** und **A. Seyewetz** in **Kollegium 1914, 523.** Es zeigt sich, daß das Eindringungsvermögen des Chinons in die Gelatine mit zunehmender Gerbgeschwindigkeit sinkt. Die Lederbildung erfolgt in alkalischer Lösung sehr rasch, in saurer Lösung sehr langsam, durch Borax wird sie verhindert. Das mittels Chinon gewonnene Leder hat besondere Verwandtschaft zu sauren und basischen Farbstoffen. Vgl. **L. Meunier** und **A. Seyewetz, Génie civ. 53, 61.**

Feuchte Pikrinsäure zieht rasch mit gelber Farbe auf die Haut, während Chinon die weiße Haut zuerst langsam violett färbt und dann in dem Maße der fortschreitenden Gerbung Braunfärbung bewirkt. Hier erfolgt die Oxydation also schon im Bade in der Weise, daß das Chinon sich reduziert und den aus feuchter Luft unter dem Einflusse von Licht aktivierten Sauerstoff an das Hautalbumin abgibt. Die Chinongerbung ähnelt also der Tanningerbung mit dem Unterschiede, daß die Reduktion des Chinons zu einem chinhydronartigen Körper eine Farbvertiefung bewirkt, während die Reduktion des Tannins zu einer Aufhellung führt. Über die vermutlich photochemischen Vorgänge siehe die weiteren theoretischen Erwägungen von **E. O. Sommerhoff** in **Kollegium 1914, 225.**

Die Herstellung des Transparent- oder Pikrinsäureleders, das anfänglich zwar sehr zugfest ist, später jedoch härter und brüchiger wird und besonders die Wärme schlecht verträgt, erfolgt in der Weise, daß man die gereinigte gespannte Blöße beiderseitig mit einer kalten Lösung von je 200 g Pikrin- und Salicylsäure und $2^1/_2$ kg Borsäure in 100 kg Glycerin bestreicht. Man trocknet dann je nach dem gewünschten Grade der Schmiegsamkeit schnell oder langsam und überstreicht evtl. während des Trocknens mit Bichromatlösung und dann mit einer Lösung von Schellack in Alkohol. **(D. R. P. 16 771.)**

Zum Gerben von Roßspiegeln bringt man das pro 100 kg Haut in einer Lösung von 5 kg Kochsalz und $^1/_2$ kg 66grädiger Schwefelsäure in 150 l Wasser gepickelte Material während 8 Tagen in eine Lösung von 150 g Pikrinsäure in 100 l Wasser, setzt während dieser Zeit allmählich so viel Pikrinsäure zu, daß der Liter Brühe schließlich 6 g der Säure enthält und gerbt die Schilder, wenn sie gleichmäßig gelb durchgefärbt sind, z. B. in einer Gambirbrühe nach. Vgl. **R. Steyer** l. c. S. 49.

Über Beseitigung der überschüssigen Pikrinsäure aus pikringarem Leder durch eine Nachgerbung in einer pflanzlichen Gerbstoffbrühe siehe **D. R. P. 117 280.**

Nach **D. R. P. 206 957** bedient man sich zum Gerben von Häuten einer Auflösung von 400 g Chinon in 100 l Wasser (für 100 kg gut getrockneter Schafsblöße). Die Blöße wird zunächst rötlich, dann violett, schließlich bräunlich; nach 5 Stunden ist der Gerbungsprozeß beendet und man erhält Leder, die sehr widerstandsfähig sind gegen kochendes Wasser, aufnahmefähig für Farbstoffe, fest auf der Narbenseite, dagegen weich und fein auf der Fleischseite. An Stelle des Chinons, seiner Isomeren oder seiner Abkömmlinge wurden schon früher die Reduktionsprodukte dieser Körper Hydrochinon bzw. Brenzcatechin, Pyrogallol usw. verwendet.

394. Alkohol- und Zuckergerbung.

Bei der Alkoholgerbung verhält sich der Alkohol ähnlich, wenn auch schwächer wie Formaldehyd und bewirkt eine Art animalischen Verharzungsprozeß bei dem hochmolekulare polymerisierte Albuminkörper entstehen, die selbst in kochendem Wasser unlöslich sind. Bei der Gerbung der Haut mit Wein werden ebenfalls die Albumine oxydiert, doch oxydiert sich der Wein auch seinerseits besonders unter dem Einfluß des Tannins und der Albumine, von denen das erstere katalytisch wirkt, wenn es sich in kolloidalem Quellungszustand befindet, zu Essigsäure. Lebende Bakterien sind zu diesen Umwandlungen ebensowenig nötig, wie bei der gewöhnlichen Essigbildung und ihre Tätigkeit wird durch Licht ersetzt, wobei die Tannine und Albumine katalytisch als sog. Pseudobakterien wirken. **(E. O. Sommerhoff, Kollegium 1914. 5.)**

Die Gerbung der Haut durch Alkohol ist in erster Linie ein Wasserentziehungsverfahren, das man in einfacher Weise durch die Behandlung der Haut mit einer gesättigten und überdies überschüssiges Salz enthaltenden Pottaschelösung ersetzen kann. Dünne Haut wird so in 1 bis 2 Stunden, dicke in entsprechend längere Zeit vollständig in ein weißes geschmeidiges gut aussehendes Leder umgewandelt, das an Widerstandskraft nicht verloren hat, nur sehr wenig Salz enthält und kaltes Wasser nur langsam wieder aufnimmt. Diese Wasserentziehung gelingt noch besser bei Anwendung der trockenen Pottasche; dieses Salz ist für vorliegenden Zweck durch andere Salze z. B. Ammonium- oder Zinksulfat nicht ersetzbar. **(L. Meunier und A. Seyewetz, Kollegium 1912, 54.)**

Nach einem eigenartigen Verfahren gerbt man die Häute und Felle in kalt bereitetem bis zu einem Alkoholgehalt von 1—2% freiwillig vergorenem Galläpfel- oder Eichenrindenextrakt, der entsprechend verdünnt wird. Das erhaltene Leder soll bedeutend weicher, geschmeidiger und dichter sein als sonst; auch liefert dieselbe Menge vergorenen Gerbmateriales mehr gerbende Substanz als unvergorene Brühe und die weingeistige gerbstoffhaltige Flüssigkeit führt zu ganz entschieden besseren Resultaten als die saure gerbstoffhaltige Flüssigkeit. **(Polyt. Zentr.-Bl. 1863, 142.)**

Nach **D. R. P. 253 171** befreit man die gekalkten Häute zunächst in der Weise vom Wasser, daß man sie in feuchtem Zustande 24 Stunden in 50—60proz. Alkohol einlegt und diese Behandlung sukzessive in immer stärker werdendem Alkohol wiederholt. Man trocknet die Häute dann unterhalb 40°, gerbt unter gleichzeitiger Pressung während 6 Stunden mit einem in **96**proz. Alkohol gelöstem Gerbextrakt und behandelt schließlich mit wässeriger Gerbstofflösung. Es empfiehlt sich, die reine Hautblöße vor der Entwässerung mit Alkohol 1—2 Tage in einer schwachen Gerbstoffbrühe von 0,25—0,50° Bé anzufärben, um die Narben hierdurch weich und geschmeidig zu machen. Nach **Zusatz D. R. P. 254 101** trocknet man die mit den wasserverdrängenden alkoholischen Flüssigkeiten getränkten Hautblößen zur Wiedergewinnung des Alkohols bis auf einen Feuchtigkeitsgehalt von etwa 5%, nicht unter gewöhnlichem Druck, sondern im Vakuum. (Vgl. **F. P. 452 380.**) Nach weiteren Zusatzpatenten entwässert man die Haut durch Auswaschen mit immer stärker werdendem Alkohol und behandelt dann sofort mit der wasserfreien Lösung von Harzen, Kautschuk, Teer, Asphalt oder Cellulosederivaten, allein oder in Mischung, wobei das Lösungsmittel leicht verdunsten soll und den gelösten Stoff dann auf der Blöße zurückläßt. (**D. R. P. 258 992** und **258 993.**) Zur weiteren Verbesserung und Erzielung völliger Wasserdichte bringt man die mit Alkohol wasserfrei gemachte Haut (oder ebenso getrocknetes Chromleder) unmittelbar nachdem man sie vorher einem Gerbverfahren unterworfen hat in eine geschmolzene Masse, aus künstlichem Asphalt (Petrolgoudron), Paraffin, Cersin u. dgl., deren Schmelzpunkt über der Anwendungstemperatur des Leders und unter der für die Erhitzung der Hautstruktur schädlichen Temperatur liegt, oder man behandelt nach anderen Ausführungsarten das entwässerte Chromleder in einer Harz- oder Asphaltlösung und taucht es dann in ein Gemenge von hochschmelzendem Petrolgoudron mit Leinölfirnis oder niedrigschmelzendem Petrolgoudron oder man tränkt die wasserfreie Haut mit der wasserfreien Lösung eines Gerbmittels und legt sie so in die Schmelzmasse, die in demselben Lösungsmittel gelöst ist. Nach einem weiteren Ausführungsbeispiel wird in dieser Lösung ein Stoff gelöst, der härter ist als der geschmolzene Stoff. (**D. R. P. 273 652.**)

Zum Gerben und zugleich Härten und Wasserdichtmachen von Häuten wird das enthaarte Material nach **F. P. 454 921** während 48 Stunden in ein Bad aus 2 Tl. Amylacetat und 1 Tl. Aceton eingelegt, sodann mit einer etwa 2proz. Formaldehydlösung gehärtet und mit einer Lösung von Kautschuk in Leichtbenzin überstrichen. Das erhaltene Leder eignet sich besonders zur Herstellung von Ruderbooten oder Militäreffekten.

Über die Behandlung enthaarter Häute in Glycerinbädern zwecks Gewinnung eines besonders für Riemen geeigneten Leders siehe **Polyt. Zentr.-Bl. 1857, 412.**

Über Herstellung von Leder aus rohen Häuten, die man mit einer Lösung von Glycerin oder Zucker in Wasser tränkt, um sie dann in halbtrockenem Zustande der Einwirkung trockenen, heißen Wasserdampfes auszusetzen, siehe **D. R. P. 33 444.**

Nach **P. Falciola** zeigen Emulsionen von Triacetin mit Wasser und Alkohol allein oder auch in Mischung mit anderen Stoffen gute gerbende Wirkung. (**Kollegium 1917, 368.**)

Nach **F. P. 396 025** und **Zusatz 16 959** gerbt man gewalktes Leder zur Herstellung von Glanzleder (100 kg) im Walkfaß mit einem Gemenge von 4 kg Traubenzucker, 3,2 kg Bariumchlorid oder -sulfat oder 1,5 kg Magnesiumsulfat, 0,5 kg Dextrin und 5—8 l Wasser.

395. Halogen, Schwefel, Harz, Teerprodukte, Farbstoffe u. a. Gerbmittel.

Unter den Halogenen hat das Brom nach **Meunier** und **Seyewetz** (l. c.) die stärkste gerbende Wirkung. Man arbeitet beispielsweise pro Kilogramm Blöße mit einer Lösung von 100 g Kochsalz und 60 g Brom in 5 l Wasser, wäscht das Leder nach einigen Stunden aus und behandelt in einer verdünnten Natriumbisulfitlösung nach. Es handelt sich hier wie bei der Chinongerbung um rein chemische Gerbungsvorgänge, bei denen die Aminogruppen der Haut mit den Halogenen unter Bildung von Halogenaminen in Reaktion treten.

Nach **D. R. P. 107 109** erhält man eine Lederart, die durch ihren Gehalt an Schwefel besonders weich und griffig wird in der Weise, daß man das Leder mit Pikrinsäure ausgerbt, und zur Entfernung der Säure in einem Bade von Natriumthiosulfat nachbehandelt, wodurch sich unter gleichzeitiger Schwefelwasserstoffentwicklung Schwefel innerhalb der Lederfaser niederschlägt. In einfacherer Weise verfährt man, wenn man die Blöße zunächst mit einer 12proz. Thiosulfatlösung tränkt und dann in einem Bade das in 500 l Wasser, 100 kg Kochsalz und 35 kg Salzsäure enthält, nachbehandelt. Näheres in **Der Gerber 1911, 16.**

Man erhält ein sehr weißes, außerordentlich weiches, schönes, jedoch gegen heißes Wasser empfindliches Leder, das auch unter dem Einfluß kalten Wassers seine Ledereigenschaften beibehält, wenn man eine geschwellte Lammhaut in einer zur Abscheidung des Schwefels mit Milchsäure versetzten Natriumthiosulfatlösung schüttelt, bis die Lauge sich klärt, das gesamte Thiosulfat also zersetzt und der abgeschiedene Schwefel von der Haut aufgenommen ist. Mit Schwefelkohlenstoff läßt sich der so gegerbten Haut 1% mechanisch gebundener Schwefel entziehen, Bestimmungen von **Eska** ergaben für das bei 70—80° getrocknete Leder einen Gesamtschwefelgehalt von 2,5—3,5%. (**C. Apostolo, Kollegium 1913, 420.**)

Beim Arbeiten auf technisches Leder walkt man die Blöße nach **D. R. P. 328 240** unter Zusatz von Sulfitablauge mit Thiosulfat, krispelt das Leder nach erfolgter Durchgerbung und richtet es wie üblich zu.

Die Fabrikation schwefellohgarer Ledersorten beschreibt **J. Jettmar, Ledertechn. Rundsch. 5, 265 u. 274.**

Ein Schnellgerbverfahren unter dem Einflusse von Farbstoffen ist dadurch gekennzeichnet, daß die Haut durch die Einlagerung der verschiedenartigsten Teerfarbstoffe in und zwischen den Fasern gleichzeitig gegerbt und gefärbt wird. Statt der Teerfarbstoffe können auch solche Farbstoffe und Farblacke Verwendung finden, die aus ihren kolloidalen Lösungen gefällt oder erst auf der Haut gebildet werden. Man erhält ein weiches, geschmeidiges, wasserechtes Leder, doch ist es nötig, die Häute und Felle vor der Behandlung in Kochsalz- oder in schwefelsäurehaltige Kochsalzlösungen zu legen und dem Gerb- bzw. Färbbad Säuren, Basen oder Salze zuzusetzen, die die Abscheidung der Farbe begünstigen. Man arbeitet in gelinder Wärme und bewegt die Haut in der Flotte, bis sie gar ist. Das Verfahren fußt auf der Feststellung, daß Färben und Gerben im Prinzip identische Operationen sind und daß jeder Farbstoff der in und zwischen den Fasern der Haut zur Ablagerung gelangt zugleich auch als Gerbstoff dienen kann. **(D. R. P. 160 236.)**

Nach **F. P. 457 742** werden Häute durch eine etwa halbstündige Behandlung mit einer Lösung von 120 Tl. Phenol in 1500 Tl. Wasser und 200 Tl. Schwefelnatrium mit oder ohne Zusatz von Schwefelfarbstoffen weich und geschmeidig.

Nach **W. Skey, Dingl. Journ. 183, 255** wird ein künstlicher Gerbstoff hergestellt durch Eindampfen bituminöser Stein- oder Braunkohle mit Salpetersäure. Der erhaltene dunkelbraune Rückstand löst sich zum größten Teile in Wasser und vollständig in ätzenden oder kohlensauren Alkalien sowie auch in konzentrierter Schwefelsäure. Die wässerige bzw. alkalische Lösung wird als Gerbbrühe benützt.

Über die Gerbung von Häuten und Fellen mit Pyrofuscin siehe **D. R. P. 37 022.** Pyrofuscin wird durch wiederholtes Auskochen von Steinkohlen mit 4proz. Ätznatronlauge erhalten. Man kann die so gewonnene Lösung vom spez. Gewicht 1,025—1,03 direkt verwenden oder die Substanz selbst durch Ausfällen mit Salzsäure abscheiden, auswaschen und zum Ansatz des Gerbbades wieder lösen. Das durch die Einwirkung des Pyrofuscins veränderte Fasergewebe zeigt alle Eigenschaften eines harten und doch zugleich elastischen, widerstandsfähigen und undurchdringlichen Leders. Nach **Zusatz D. R. P. 40 378** sollen die entkalkten Häute vor der Behandlung mit Pyrofuscin in ein Gemisch von Chromalaun, Chromsäure, Chlormagnesium und Chlornatrium eingelegt werden. Über den geringen Wert dieses Pyrofuscinverfahrens siehe **W. Eitner, Der Gerber 1887, 31.**

Zum Gerben von Häuten und Fellen behandelt man sie in vorbereitetem Zustande nach **D. R. P. 135 844** mit einer Lösung von Holz-, Braunkohlen- oder Steinkohlenteer in Terpentinöl, Kienöl oder Phenol.

Zur Gewinnung eines Gerbstoffersatzes verrührt man 50 Tl. Buchenholzteer mit 100 Tl. 20—25proz. wässeriger Natriumsulfitlösung, setzt dann 8—10 Tl. Aluminiumsulfat oder 6—7 Tl. Alaun zu, fügt dann noch 0,5—1 Tl. Kupfersulfat bei, trennt die Flüssigkeit von dem Rückstand ab und dickt sie zur Gewinnung des künstlichen Gerbextraktes ein. **(D. R. P. 322 387.)**

Nach **A. P. 1 376 805** versetzt man zur Gewinnung eines Gerbstoffersatzmittels mit wässeriger Alkalilösung vorbehandelten Teer mit Kupfer- oder Aluminiumsulfat.

Nach **E. P. 137 323** sulfiert man zur Herstellung von Gerbstoffen den mit aromatischen Sulfochloriden in alkalischer Lösung vorbehandelten alkalilöslichen Teil des Anthracenöles oder Weichpeches.

Die Herstellung eines Gerbstoffersatzes aus mit Wasser ausgelaugtem Teer und Sulfitablauge ist ferner in **Norw. P. 31 064** und **32 407** beschrieben.

Zum Gerben von Häuten kann man sich auch der konzentrierten Lösungen der krystallinischen Sulfosäuren des Carbazols oder anderer mindestens tricyclischer Kohlenwasserstoffe oder der hydroxylfreien Abkömmlinge oder Kondensationsprodukte dieser Körper bedienen. **(Norw. P. 35 209.)**

Zur Herstellung von Handschuhleder enthaart man leichte Tierfelle nach **D. R. P. 20 250** mit Kalk, spült, geht 1—2 Tage in Kalkwasser, walkt und spült abermals, legt 6 Stunden in Benzin, preßt und trocknet. Nach der üblichen Zurichtung des so gegerbten Leders durch Schmieren, Abstoßen u. dgl. legt man es, um es geschmeidiger und elastischer zu machen, in warmes Wasser, behandelt nochmals mit Benzin, trocknet und schmiert. Ähnlich verarbeitet man auch geschuppte Fischhäute.

Nach **D. R. P. 258 992** und **258 993** verwendet man zum Gerben der wasserfreien Haut eine Lösung von natürlichem oder künstlichem Asphalt oder sein Gemenge mit Kautschuk oder Guttapercha in Benzol oder Terpentinöl oder Toluol (siehe auch Kautschukleder).

Zur Herstellung eines Gerbmittels behandelt man die in der Mineralölraffinierie abfallenden sog. Säureharze nach **D. R. P. 262 333** mit der nötigen Wassermenge und neutralisiert mit Alkali- oder Erdalkali- oder auch mit Sodalösung, befreit die Lösung von dem entstandenen Sulfat und verwendet die erhaltene Brühe direkt als Gerbmittel. Man behandelt die schmierige Säureharzmasse mit der zur Lösung nötigen Wassermenge, neutralisiert die Schwefelsäure mit Alkali oder Erdalkali, befreit die Lösung durch Auskrystallisation bzw. Klärung von dem entstandenen Sulfat und verdünnt sie oder dickt sie bis zum gewünschten Stärkegrad ein um sie schließlich allein oder im Gemenge mit pflanzlichen oder mineralischen Gerbeextrakten zu verwenden. Nach dem Zusatzpatent ersetzt man bei der Herstellung eines Gerbmittels aus Säureharzen oder Säureteer die Hydroxyde oder Carbonate der Alkalien durch ihre Sulfide, Polysulfide oder Sulfhydrate. **(D. R. P. 333 403.)**

Nach **D. R. P. 87 904** bestreicht man enthaarte und entkalkte Häute, um sie zu gerben, mit einem Gemenge von 1 l Terpentinöl, 1 g Essigsäure und 10 g weinsteinsaurem Kalk, befeuchtet sodann mit einer Lösung von 100 g Petroleum und 50 g Spiritus, knetet und gerbt in üblichen Gerbbrühen nach. Das erhaltene Leder soll sehr hell und sehr geschmeidig sein.

Nach **D. R. P. 99 341** gerbt man Häute in einem Bade, das Kochsalz und flüssige Produkte der trockenen Holzdestillation enthält.

Nach **D. R. P. 322 387** bildet der wässerig schwefligsaure Extrakt von Holzteer allein oder im Gemisch mit Gerbstoffen einen verwendbaren Gerbmittelersatz.

Zum Gerben von Häuten läßt man sie nach **D. R. P. 200 539** in einem mit Essigsäure neutralisiertem Extrakt von 500 Tl. Torf mit einer Lösung von 2000 Tl. Wasser und 500 Tl. Ätzalkali stehen. Nach 1 Woche werden die Häute herausgenommen und mit einer 1 proz. Essig- oder Oxalsäurelösung gespült.

396. Kombinationsgerbung: Glacéleder, Eigelb, -ersatz, -behandlung.

Jettmar, J., Kombinationsgerbungen der Lohe-, Weiß- und Sämischgerberei. Berlin 1914. — Günther, Lehrbuch der Glacélederfabrikation. Berlin 1873.

Die moderne Glacélederfabrikation ist in **Ledertechn. Rundsch. 12, 153** beschrieben.

Einige Winke für die Herstellung von Glacé - Kidleder finden sich in **Kollegium 1917, 364.**

Die Umwandlung der Blöße in Leder wird nach dem Verfahren der Glacégerbung durch die sog. Nahrung bewirkt, deren wesentliche Bestandteile Alaun, Salz, Mehl, Eidotter und Wasser sind. Alaun und Salz haben nicht den Zweck, irgendeine gerbende Wirkung auszuüben, sondern sie bereiten in erster Linie die Felle oder Blößen zur Aufnahme der eigentlichen garmachenden Mittel, das sind das Fett des Eikörpers und die Kleberstoffe des Weizenmehls, vor. Schon **Knapp** weist in seiner Arbeit **(Dingl. Journ. 181, 311)** darauf hin, daß das Eigelb keineswegs unersetzlich sei, es sind in der Tat im Laufe der Zeit, wie aus folgenden Vorschriften ersichtlich ist, verschiedene Vorschläge zum Ersatz dieses, doch in erster Linie zum Nahrungsmittel bestimmten Stoffes gemacht werden.

Dieses wichtigste kombinierte Gerbeverfahren, die Glacégerbung wird auf Zicklein- und Lammfelle in der Weise angewandt, daß man die sorgfältig mit Arsenikkalkschwöde enthaarte und in Hundekot- und Kleienbeize geschwellte Haut mit der Nahrung, einem Brei aus Alaun und Kochsalz, den Bestandteilen der Weißgerberei, mit Mehl und Eidotter (für 100 Felle: 6 kg Mehl, 60 Eidotter = 1 kg oder 1 l Fassei, 5 kg Alaun, 1,5 kg Kochsalz und 40 l Wasser) in Walkfässern oder Walkwürfeln etwa 1 Stunde verknetet, die Leder dann nach 12—24stündigem Liegen kurze Zeit mechanisch durch Stampfen bearbeitet und möglichst schnell bei 30—35° trocknet. Nach mehreren Wochen wird das eingelagerte Material dann nach genügender Durchfeuchtung durch Stollen weich und geschmeidig gemacht und zur Erzielung reinweißer Farbe an der Sonne gebleicht, zum Färben jedoch durch Waschen mit lauwarmem Wasser vom Alaunüberschuß befreit, brochiert, worauf man die Felle evtl. einer Nachgare in mit Eidotter verquirlter Kochsalzlösung unterwirft und sie glattschleift. Kurz zusammengefaßt kommen demnach die geweichten, geäscherten und im Kleiebad gebeizten Felle zunächst in die Hauptgare, die z. B. aus 90 l Alaunlösung (aus 45 kg eisenfreiem Alaun und 40 l Wasser), 45 l Salzlösung (aus 20 kg Salz und 40 l Wasser), 13 l Eigelb, 3 l Olivenöl und $22^1/_2$ kg Weizenmehl besteht, sodann in das Nachgerbebad (120 l Alaunlösung, 15 l Salzwasser, 2 l Klauenöl, 2 l Eigelb, $7^1/_2$ kg Weizenmehl) und schließlich in die Brochiergare, die sich aus einem Gemenge von 45 l Salzwasser, 6 l Eigelb und $17^1/_2$ kg Weizenmehl zusammensetzt. Die genannten Mengen sind für etwa 80—100 schwere oder 100—120 Mittelfelle berechnet. — Nach dem ungarischen Verfahren schließt sich an die schließliche Zurichtung noch das Einbrennen mit geschmolzenem Talg an.

Kidleder wird ebenso, jedoch aus Kalb- und Ziegenfellen erzeugt. Es wird nur schwarz oder braun gefärbt und bildet das Chevreauxleder für Fußbekleidung. Durch Bestreichen der Kid- oder Chevreauxleder mit einer Emulsion von Wachs und Talg in Seifenlösung und folgendes Bügeln erzeugt man auf den mit Blauholz in Weinbeize gefärbten Oberflächen Mattglanz.

Schon frühzeitig wurde erkannt, daß sich das Eigelb, dieses wertvolle und kostspielige Nahrungsmittel, in der Weißgerberei durch das Gehirn der Tiere ersetzen läßt, das zu diesem Zweck in heißem Wasser aufgelöst, durch ein feines Sieb geschlagen und entweder in diesem Zustande statt Eigelb oder auf die Art verwendet wird, daß man es mit Mehl und Alaun zu einem Brei vermengt und dann mit diesem die Felle bearbeitet. **(Dingl. Journ. 147, 240.)**

In **Ö. P. v. 9. Jan. 1886** wird empfohlen, in der Weißgerberei statt des bis dahin verwendeten Weizenmehles und Eidotters Gemische von Zinkoxyd, Magnesia, Gips, schwefelsauren oder kohlensauren Erdalkalien usw. in Mehlform mit Glycerin und Pflanzenmehl (Mais, Hafer, Buchweizen, Kastanien usw.) zu verwenden.

Das Eigelb soll ferner nach **D. R. P. 3644** ersetzbar sein durch einen auf die Konsistenz des Eigelbs eingedickten Eibischwurzelschleim, den man mit Wasser, Mehl, Alaun und Salz der Zurichtungs- oder Walkerbrühe zusetzt.

Von **C. Sadlon (Der Gerber 1877, 74)** wurde vorgeschlagen, statt des Eidotters eine Emulsion von Öl mit Chlorhydrin zu verwenden, da, wie schon **Knapp** feststellte, nicht das Eiweiß der wichtige Bestandteil des in der Weißgerberei verwendeten Eidotters ist, sondern das in dem Dotter enthaltene Öl. Vgl. **Kathreiner, Gerber 1875, 170:** Eidotterersatz durch Olivenöl und Glycerin.

Zum Ersatz des Eigelbes bei der Herstellung von Glacéleder oder auch zum Fetten vegetabilisch gegerbten Leders, verwendet man sulfurierte Öle nach Entfernung der in ihnen enthaltenen beim Sulfierungs- und nachfolgenden Neutralisationsprozeß entstandenen Seifen und nach Verdünnung mit unverändertem Öl, evtl. unter Zusatz flüchtiger, öllöslicher Stoffe (Toluolessigester) und arbeitet in der Weise, daß man die sulfurierten Öle und Alaun nacheinander auf die Blößen einwirken läßt. Die Entfernung der Seifen aus den sulfurierten Ölen erfolgt z. B. durch Dialyse. Zur Verdünnung des entseiften sulfurierten Öles wird die fünffache Menge unverändertes Öl zugesetzt. **(D. R. P. 286 437.)**

Beim Gerben unter Anwendung sulfurierter Öle mit oder ohne Zusatz flüchtiger Öllösungsmittel behandelt man die Haut zuerst mit Mehl und dann mit der mit Alaunsalz versetzten seifenfreien oder seifenarmen Lösung des sulfurierten Öles. Man vermeidet so die nach **D. R. P. 286 437** nötige getrennte Behandlung der Haut zuerst mit sulfuriertem Öl und dann mit Alaun. **(D. R. P. 308 386.)**

Das in der Gerberei verwendete Eigelb zeigt häufig eine dunklere Farbe als erwünscht ist. Da die gewöhnlichen Bleichmittel koagulierend wirken, behandelt man die Eigelbmasse nach **D. R. P. 223 377** während mehrerer Stunden bis zur völligen Bleichung mit einer 2—3proz., wässerigen Lösung der Salze der hydroschwefligen oder der Formaldehydsulfoxylsäure.

Zur Denaturierung von Eigelb für Gerbereizwecke setzt man der Eimasse 2% Birkenteeröl zu. **(J. S. Rogers,** Referat in **Zeitschr. f. angew. Chem. 1918, 83.)**

Zur Konservierung von Eigelb für Gerbzwecke werden 500 g Eigelb mit 8 g Kochsalz und 24 g Stärkemehl in einem Mörser gemischt und in einem warmen Luftstrome getrocknet. **(Dingl. Journ. 120, 143.)** Vgl. **Bd. IV [564].**

397. Chevreaux-, Samt-, Mocha-(Handschuh-)leder. Gärungs-(enzymatische)gerbung.

Bei der Herstellung von Chevreaux und Imitationen weicht man die spanischen, indischen oder rumänischen Ziegenfelle zuerst in alter Weichbrühe, dann in nicht zu kaltem Wasser und walkt sie nach 3 Tagen im Faß. Zur Äscherung bringt man 400 Felle in einen alten Weißkalkäscher von 3° Bé, dem man 15 kg Weißkalk und 1,6 kg Arsen zufügt und äschert sodann 7—8 Tage in einem frischen Äscher, dem man in den ersten 3 Tagen 25, 10 bzw. 5 kg Kalk zufügt. Nach dem Spülen, Enthaaren, Schaben und Glätten läutert man über Nacht unter Wasser, dann 1 Stunde in frischem Wasser, beizt 100 Felle mit 15 l Hundekot während 4—5 Stunden bei 35°, zieht die Blößen durch Wasser, schlägt sie auf einen Haufen und pickelt mit 1 kg Pikrinsäure in 400 l Wasser während 3 Stunden. Man gerbt nun für 50 kg Blöße mit einer Lösung von 5 kg Kaliumchromat und 2,5 kg Salzsäure in 100 l Wasser bei 18° im Walkfaß während 5 bis 6 Stunden und reduziert nach dem Ablaufen mit 10 kg Antichlor und 3 kg Salzsäure in wässeriger Lösung, der man nach den ersten 10 Minuten 0,5, nach weiteren 10 Minuten noch 0,25 kg Salzsäure zugibt. Man läßt 5 Stunden laufen, über Nacht stehen, früh noch 15 Minuten laufen, walkt die Felle in 26—28° warmem Wasser, behandelt 75 Minuten in einer 3proz. Boraxlösung, wäscht, reckt und falzt. Zum Färben bringt man die Felle in eine Lösung von 100 g Chromlederschwarz F, 100 g Nigrosin, $2^1/_4$ Eimer Blauholzabkochung und 400 g Sumachextrakt in 15 l Wasser, gießt nach 40 Minuten Laufdauer im Faß eine Lösung von 200 g holzessigsaurem Eisen in 25 l Wasser zu, läßt abermals 10 Minuten laufen und spült. Zum Fetten arbeitet man pro 100 Pfund Salzgewicht mit 2 Pfund Marseiller Seife, 1 Pfund Knochenöl und 70 g Borax in 30—40 l Wasser, während 10 Minuten bei etwa 53°, zieht die Felle durch Wasser, schwärzt wenn nötig nach, reckt, reibt mit Klauenöl ein, trocknet und macht wie üblich fertig. Als Stoßglanzmischung eignet sich ein Gemenge von 4 l Blauholzabkochung, 0,25 l Ochsenblut, 0,5 l Milch, Eiweiß von 13 Eiern, 300 g Berberitzensaft, 60 g Salmiakgeist, 60 g Spiritus, 12 g Eisenvitriol, 10 g Kupfervitriol, 2 l Nigrosinlösung und $^1/_2$ l Galläpfelabkochung. **(Ledertechn. Rundsch. 4, 153.)** Vgl. **B. Kohnstein, Allgem. Gerberztg. 1912, Nr. 9—11.**

Zur Herstellung von waschechtem Samt- oder Plüschleder aus in üblicher Weise glacégegerbten Fellen und Häuten beeinflußt man die Narbenseite der Haut durch Licht allein oder in Verbindung mit Wärme oder Ozonentwicklung zweckmäßig in einem Treibhaus bei abwechselndem Trocknen und Benetzen, Erwärmen und Abkühlen, bei Tag und Nacht und gerbt dann in üblicher Weise. Narbenbeschädigte weißgegerbte Felle und Häute erhalten in diesem Vorgang ähnliche wertvolle Eigenschaften wie erstklassige Waschleder. **(D. R. P. 251 243.)**

Nähere Angaben über die Bereitung der Samtkalbleder aus jungen sog. Saugkalbfellen finden sich in **Ledertechn. Rundsch. 1910, 305 u. 353.**

Über die Herstellung von Leder mit abgepufftem Narben und die Erzeugung einer glatten, samtartigen Oberfläche siehe **Ledertechn. Rundsch. 7, 82.**

Zur Bereitung des Mochaleders für die Handschuhherstellung weicht man feine Ziegenfelle in Wasser, äschert eine gewisse Zeit unter täglichem Anschärfen der Brühe, enthaart, spült und bringt auf die Dauer von etwa 4 Wochen in einen frischen, genügend starken Äscher. Nach dem Entkalken in einer wässerigen Lösung, die auf 100 l 750 g Milchsäure enthält, bei genau 25—30°, gerbt man nach 2 verschiedenen in **Ledertechn. Rundsch. 7, 317** beschriebenen Verfahren mit Alaun, Kochsalz, Mehl und Eigelb, schleift die getrockneten und gestollten Felle, färbt mit der Bürste und behandelt weiter wie üblich oder unterwirft das Material vorher noch einer leichten Chromgerbung und behandelt dann erst in der für diese Gerbungsart vorgesehenen Weise nach.

Nach **D. R. P. 32 510** wird zur Herstellung einer Beize für Handschuhleder Knochenmehl, das mit lauem Wasser mehrmals ausgewaschen wurde, mit einem Zusatze von Weizenmehl, Soda und Wasser unter öfterem Umrühren 3 Monate lang stehen gelassen.

Handschuhleder kann durch eine leichte Chromgerbung waschbar gemacht werden. **(M. Philip, Zeitschr. f. angew. Chem. 1908, 11.)**

Nach einem Gärungs-Gerbeverfahren legt man die enthaarten und gereinigten Häute in ein großes Gefäß so, daß zwischen jede einzelne Haut, die Fleischseite auswärts gekehrt, eine Schicht Kleie ausgestreut, dann die ganze Lage mit Brettern und Steinen beschwert und so viel Wasser aufgegossen wird, daß alles vollständig von demselben bedeckt ist. Nach Eintritt der Gärung, die in 2—4 Tagen erfolgt, werden die Häute aus dem Bade entfernt, mit dem Streicheisen behandelt, gereinigt und in ein zweites Bad eingelegt, das auf je 100 Tl. trockene Haut 5 Tl. gemahlene italienische Senfkörner und 5 Tl. Gerstenmehl enthält, und zwar Kalb-, Schaf- oder Ziegenfelle 24 Stunden, leichte Häute 36 Stunden, schwere Häute für Sohlleder 48 Stunden lang. Dann werden die Felle aus diesem Bade herausgenommen und so lange an die Luft gehängt, bis sie sich nur noch feucht anfühlen, worauf man sie wie gewöhnlich weiter behandelt. **(D. Gewerbeztg. 1869, Nr. 21.)**

Nach **E. P. 21 202/09** werden Häute, um sie zu gerben, mit einer Mischung von 200 ccm Galle, 1000 ccm Wasser, dem Extrakt von 200 g zerkleinerten Eingeweiden in 1000 ccm Wasser und 100 g zerkleinerter Bauchspeicheldrüse in 1 l Wasser behandelt.

398. Vegetabilische und Weißgerbung, kombiniert.

Ein kombiniertes Gerbeverfahren, bei dem auf die Wasserarbeit zunächst das Anfärben, dann das Gerben im Faß und schließlich das Ausgerben in der Grube mittels Gerberrinde erfolgt, ist in **Ledertechn. Rundsch. 7, 66** beschrieben.

Nach **D. R. P. 82 282** gerbt man die vorbereitete Haut in einer Alaun und Kochsalz enthaltenden Lauge zuerst alaungar, trocknet dann bis zur möglichsten Entfernung des Wassers und gerbt in einer Lösung von Gerbstoff in absolutem Alkohol fertig. Schließlich wäscht man das Leder im Walkfaß mit warmem Wasser zur Entfernung der anorganischen Salze, tönt durch eine Lösung von Fichtenlohe im Wasser und richtet in gewöhnlicher Weise zu.

Zum Gerben von Häuten behandelt man sie in vorbereitetem Zustande abwechselnd mit stärker werdender oder gleich mit 20proz. Aluminiumsulfatlösung (dann während 24 Stunden) und behandelt folgend nach leichtem Ausringen, in letzterem Fall, 3—5 Stunden lang in einer 2,5proz. Natriumbicarbonatlösung. Man zieht die Häute dann zur Entfernung der anhaftenden Tonerde rasch durch 1proz. Salzsäure, wäscht und behandelt wie üblich in einer Lohbrühe, aus der sie je nach der Dicke in 3—10 Wochen gar entlassen werden. **(D. R. P. 36 015.)**

Unter Dongola-Gerbverfahren versteht man die alte Methode der kombinierten Lohe- und Alaungerbung, die in den verschiedensten Kombinationen ausgeführt in manchen Fällen vorzügliche Ledersorten ergibt. Seit 1894, der Einführung der Chromgerbung, kombinierte man diese mit der Alaun-Catechu-(Gambier- oder Sumach-)gerbmethode und kam so zur sauren Dongolagerbung, bei der man, je nach dem gewünschten Effekt, drei verschiedene Arten von Verfahren ausübt. Und zwar macht man die Häute zuerst mineralgar und gerbt dann vegetabilisch weiter oder verfährt umgekehrt oder vereinigt Mineral- und Lohgerbung zu gleicher Zeit. Die pflanzlichen Gerbstoffe, die nur ein geringes Gerbevermögen haben dürfen, da das Leder sonst zu rauh und spröde wird, nannte **B. Kohnstein** treffend Halbgerbstoffe, und zwar verwendet man als solche Mangroveextrakt (R-Catechu des Handels), ferner Canaigreextrakt und neuerdings auch den aus der Wurzel einer Fächerpalme (Florida, Sabal serrulapa) gewonnenen Palmettoextrakt. Diese vegetabilische Nachgerbung wird heute nicht nur beim Zweibad-, sondern auch beim Einbadleder verwendet. In **Ledertechn. Rundsch. 5, 9** bringt **Jettmar** nähere Ausführungen zu dieser Gerbmethode.

Zur Zubereitung leichter Felle für Gürtel, Besätze oder Saffianartikel arbeitet man nach dem Dongolagerbverfahren in der Weise, daß man die gutgewässerten Lamm- oder Schafhäute mit Schwefelsäure pickelt, sie dann in eine 10proz. Kochsalzlösung sowie in ein Gemenge von 3proz. Kochsalzlösung mit 2% Schlämmkreide bringt, in einer Gambir, Aluminiumsulfat und Kochsalz enthaltenden Brühe gerbt, wäscht, mit einer Mischung von Wasser, Seife, Klauenöl und Wasser und Glycerin schmiert und schließlich wie bei pflanzlich gegerbten Fellen färbt. **(Ledertechn. Rundsch. 7, 275.)**

Über Kombinationsgerbungen siehe ferner **W. Eitner, Der Gerber 1896, 25, 162.** Zum Gerben von Treibriemenleder verwendet man auf 1 kg Blöße eine Lösung von 50 g Alaun und 50 g Japonica in der Art, daß man der die Häute enthaltenden Farbbrühe die Alaunlösung innerhalb 5 Tagen zugibt. Die Häute bleiben dann noch weitere 5 Tage in der Brühe, dann ist das egal gelb durchgefärbte Leder fertig und ähnelt dem Orangeleder des Handels. Vgl. die Beschreibung der Herstellung von **Roßschuh-** und **Dongolaoberleder** nach einem kombinierten Gerbeverfahren von **W. Eitner** in **Gerber 1897, 27.**

Zur kombinierten Gerbung für leichte Oberleder stellt man nach **Häute und Leder, Techn. Briefe 1908, 51** zunächst eine starke Quebrachoholzextraktbrühe her, versetzt diese mit Alaun und Kochsalz und bewegt in ihr die Felle etwa 36 Stunden, bis sie eine helle Eichenlohfarbe zeigen. Dann kommen sie in eine gewöhnliche Quebrachoholzfarbe, die allmählich verstärkt wird, und werden schließlich einer Sumachgerbung unterworfen. Über Herstellung einer ähnlichen Gerbbrühe siehe auch **A. P. 901 564.**

Zur Herstellung eines festen, fast völlig wasserdichten, gleitfreien Sohlenleders unterwirft man die Blößen zuerst einer mineralischen, dann einer vegetabilischen Gerbung, wobei nach dieser Nachgerbung der in die Zwischenräume der Hautfasern eingedrungene, mechanisch anhaftende pflanzliche Gerbstoff wieder vollständig ausgewaschen wird, so daß nur der auf den Fasern gebundene Gerbstoff zurückbleibt. Die so erhaltenen Zwischenräume werden dann durch Tränkung des Leders mit Harz oder Paraffin ausgefüllt. **(D. R. P. 261 323.)** Nach dem Zusatzpatent taucht man die mit Paraffin oder Harz vorbehandelten Häute während einiger Sekunden in ein diese Dichtungsmittel in kaltem Zustande lösendes Mittel und erleichtert so das Ausputzen der Sohlen bei Herstellung von Schuhen, da das angewandte Glaspapier länger gebrauchsfähig bleibt. Überdies fühlt sich das Leder dann nicht mehr fettig an und wird im Aussehen gefälliger. **(D. R. P. 272 782.)**

Das Schlagriemenleder, eine Spezialität, an die, was Ansehen, Fettungsgrad und Farbe betrifft, große Anforderungen gestellt werden, wird heute nicht mehr vegetabilisch oder mineralisch oder alaungegerbt, sondern man unterwirft es der Kombinationsgerbung und gewinnt so, wenn man beim Entkalken keine Mistbeize, sondern ausschließlich, um die gleichzeitige Schwellung zu verhindern, Salzsäure in bestimmter Konzentration anwendet je nach der Arbeitsweise die verschiedenen, unter dem Namen Green-, Tenax-, Orange- und Heurekaleder bekannten Schlagriemenledersorten. In **Ledertechn. Rundsch. 1911, 249, 259, 266** u. **274** findet sich die nähere Beschreibung auch des modifizierten Chromgerbverfahrens, daß man heute zur Bereitung dieser Ledersorten ebenfalls verwendet.

Zur Herstellung von Greenleder enthaart, entfleischt und krouponiert man sorgfältig gewässerte und geweichte Häute zuerst im gebrauchten, dann im mit Schwefelnatrium angeschärften Kalkäscher, wäscht die Kroupons in warmem Wasser, entkalkt in einer Hühnermistbeize oder mit Milchsäure und Borsäure, macht in einem 45° warmen Gemisch von Alaun, Kochsalz und Gambirbrühe gar, trocknet, feuchtet an und fettet. Die beim Krouponieren abfallenden Hautreste werden zur Herstellung anderer Ledersorten verwendet. **(Ledertechn. Rundsch. 1918, 88.)**

399. Andere Kombinationsgerbverfahren. Gerben und Färben.

Ein Verfahren der Schnellgerberei, das sich eines Gemenges dreier verschiedener Flüssigkeiten bedient: Einer Abkochung von Eichen- oder Birkenrinde, Catechu und Sumach in Wasser, ferner einer Abkochung von Ölsamen und Talg oder anderen fettigen Substanzen und schließlich einer Lösung von Eisenchlorid oder schwefelsaurer Tonerde, der man fäulniswidrige Mittel zusetzt, ist in **D. Ind.-Ztg. 1866, 48** beschrieben.

Nach dem in **D. R. P. 37 035** beschriebenen Gerbeverfahren verkocht man 1 kg Catechu, etwas Wasser und 25 g Talg, verdünnt auf 1 hl, legt die Häute ein und erhöht die Stärke des Bades beständig durch Zusatz von Catechu und Talg, bis der Gerbeprozeß vollendet ist; dann kommen die Häute in eine Abkochung von 10 g Talg und 25 g Dividivi in 1 hl Wasser, werden in gewöhnlicher Weise ausgeschlämmt und wie üblich aufbereitet.

Je nach der Behandlung der enthaarten rohen Häute in einem Bade von Kolophonium, Carbolsäure, Ätznatron mit darauf folgender Gerbung in einer Tonerdesalzlösung und schließlich in einer Eisensalzlösung bekommt man entweder Sohlleder oder Oberleder, letzteres dann, wenn man vor dieser Behandlung die Haut gekalkt hat. Größere Weichheit und geringere Wasserdichtigkeit werden erzielt, wenn man das Harz wegläßt. Bei Verwendung von Eisenchlorid zur Gerbung oder Kalkmilch zur Herstellung der Farbe, entfernt man nachträglich das überschüssige Chlor bzw. den gebildeten Gips durch ein Bad von unterschwefligsaurem Natron und extrahiert das neugebildete Salz mit Wasser. **(D. R. P. 19 633.)**

Ein älteres kombiniertes Gerbverfahren mit Verwendung eines Bades, das in 3500 l Wasser, 100 kg Kochsalz, 200 kg Alaun, 300 kg Kaliumbichromat und 50 kg Essigsäure enthält, ist in **E. P. 8369/1888** beschrieben. Die 100 Ochsenhäute, für die dieser Ansatz genügt, werden nach dreitägiger Gerbung ausgewaschen, $^1/_2$ Tag in ein Bad gelegt, das in 3 cbm Wasser 150 kg Kleie und 150 kg Malz enthält, und schließlich in gewöhnlicher Weise zugerichtet.

Die mit Alaun und Chrom oder mit Pyrogallolgerbstoffen (Sumach, Kastanienextrakt, Algarobilla, Myrobalanen) gegerbten, mit nicht fixierten, basischen oder bei Gegenwart einer flüchtigen organischen Säure mit sauren Farbstofflösungen gefärbten Buchbinderleder halten sich voraussichtlich mehrere Jahrhunderte in brauchbarem Zustande, wenn man die alaun- und chromgaren Leder nicht mit Tannin beizt und die fertigen Leder zur Verhütung zerstörender Einflüsse mit Schellack oder Albumin überzieht. Am vorteilhaftesten soll die Nachgerbung eines mit Chromoxyd vorgegerbten Leders mit vegetabilischen Gerbstoffen sein, weil diese rascher in die Blöße eindringen als wenn man umgekehrt verfährt. **(M. C. Lamb, Ref. in Zeitschr. f. angew. Chem. 1909, 416.)**

Die Herstellung festen, fast vollkommen wasserdichten Sohlleders durch Gerbung der Haut zuerst in einer mineralischen, dann in einer vegetabilischen Gerbbrühe, worauf schließlich eine Tränkung mit Paraffin oder Harz erfolgt, ist in **D. R. P. 261 323** beschrieben.

Nach dem kombinierten Gerbverfahren des **E. P. 181 067** behandelt man die gekalkten Häute mit der 20 Barkometergrade starken wässerigen grünen Chromsalzlösung, die man mit so viel Essigsäure ansäuert, daß 10 ccm der Lösung zur Neutralisation 20 ccm gesättigtes Kalkwasser brauchen, läßt dann die Häute abtropfen und bringt sie in einen 80—90° starken pflanzlichen Gerbextrakt und schließlich in ein 38—48° warmes 150 Barkometergrade starkes, ebenfalls pflanzliches Gerbextraktbad. Arbeitet man kombiniert, so sollen angesäuerte Chromlösungen und Pflanzenextrakt gemischt 30—40 Barkometergrade spindeln.

Sehr festes, widerstandsfähiges und zugleich leichtes Leder für Arbeiten, bei denen nur die eine Seite des Leders in Betracht kommt, z. B. für Koffer und Sattlerarbeiten, wird nach **D. R. P. 95 079** auf die Weise hergestellt, daß man die auf der Narbenseite mit Lohe angegerbten Häute auf der Fleischseite mit einer Lösung von Zucker in Salmiakgeist behandelt und nachträglich firnißt.

Über Anwendung von alkalischen Keratinlösungen (Haare, Wolle, Horn, Klauen, Federn) in der Weißgerberei siehe **D. R. P. 4389.** Ebenso wie das Blut sind auch diese alkalischen Lösungen im Gemenge mit 5—10% Öl oder Fett, etwas Mehl und einer mäßig konzentrierten Lösung von Aluminiumsulfat geeignet, die Umwandlung der Haut in Leder zu bewirken. Man erzielt wasserfeste, geschmeidige und zähe Produkte, die sich beliebig färben lassen, da sie durch den braunen Farbstoff des Blutes bzw. der Albuminlösungen nicht merklich in der Farbe verändert werden.

Nach **Gerberztg. 1908, 241** gerbt man Pneumatikleder in einer Brühe, die Alaun, Eier- oder Bluteiweiß und Wasser enthält, vor; dann werden die Häute fortschreitend in immer stärkere Brühen, die Schwefelsäure, Arsenik und Sumachlösung enthalten, eingebracht. Bei einem alle 10—12 Stunden erfolgenden Wechsel des Bades ist die Gerbung in 2—3 Tagen vollendet. Schließlich kommt das Leder in eine Lösung von Kautschuk in Petroleum, bleibt darin 2 Tage liegen, wird schließlich auf Rahmen gespannt und getrocknet.

Zur Herstellung sehr widerstandsfähigen, wasserundurchlässigen Leders imprägniert man es in chromgarem Zustande nach der Vorbehandlung mit einer Zuckerlösung nach **F. P. 452 029** je nach der Dicke 1—5 Minuten in einer 30—60° warmen Lösung von 10—20 Tl. Harz, 5—12 Tl. japanischem Wachs, $^1/_2$—5 Tl. venezianischem Terpentin und 4—10 Tl. Paraffin.

Zur Herstellung festen, fast vollkommen wasserdichten, gleitfreien Leders unterzieht man die wie üblich vorbereitete Blöße in rohem oder mineralisch durchgegerbtem Zustande einer schwachen vegetabilischen Angerbung, bleicht, trocknet und imprägniert durch Einbrennen mit Stearin und Paraffin bis zur völligen Sättigung. Das so erhaltene Leder wird 2—3 Stunden in 5—10grädiger Natronlauge, dann nach dem Waschen 1—3 Stunden in 5—10gräd. Schwefelsäure, dann nach dem abermaligen Waschen 2—3 Tage in 3—5grädige pflanzliche Gerbstofflösung eingehängt, worauf man abspült und noch kurze Zeit in Alaunlösung nachbehandelt. Das Leder verliert durch diese Behandlung seinen fettigen Charakter und kann nun beliebig gebleicht und gegerbt werden. **(D. R. P. 244 066.)**

Zur Gewinnung eines für viele Zwecke brauchbaren Leders von Art des Sämisch-Metalleders schwellt man die Rohhaut zunächst mit Ätzkalk und essigsaurem Kalk, behandelt dann in einer Brühe aus Chromchlorid und Eisenchlorid und gerbt schließlich mit einem stark paraffin- oder naphthalinhaltigen Erdöl. **(A. Gawalowski, Chem.-techn. Ind. 1, 13/14, 7.)**

Zur beschleunigten Gerbung von Blößen behandelt man sie nach **D. R. P. 128 693** zunächst mit einer Lösung von 20 g Pikrinsäure in 5 l Wasser, dann in einem Bade aus Bichromat, Kochsalz, Alaun und etwas Pikrinsäurelösung, worauf man durch Ansäuern des Bades fertig gerbt und die Reduktion der Pikrin- und Chromsäure ebenso wie die Ausspülung des Bades wie üblich bewirkt.

Zum Gerben von Häuten und Fellen arbeitet man mit Phenolen oder mit Formaldehyd in Gegenwart von Chinolin oder sulfocyanwasserstoffsaurem Chinolin oder der Doppelverbindungen von Chinolin und Rhodankalium unter Zusatz von Magnesium-, Aluminium-, Alkalimetallformiat mit gleichzeitiger Verwendung von vegetabilischen Gerbextrakten oder von Sulfitcelluloseablauge. **(D. R. P. 302 992.)** Nach dem Zusatzpatent setzt man dieser Gerblösung noch rohe Holzessigsäure oder deren Salze zu. Holzessigsäure ist billiger als reine Essigsäure, wirkt kräftiger als diese und verhindert wegen ihres Gehaltes an Holzteer, Aceton und Methylalkohol die Fäulnis. **(D. R. P. 303 601.)**

In **Norw. P. 29 849** und **30 740** ist ein kombiniertes Eisensalz-Aldehydgerbungsverfahren beschrieben, bei dem man die Häute überdies noch mit Sulfiden oder Polysulfiden behandelt und das Material in diesem Zustand der Lufteinwirkung oder jener eines Oxydationsmittels aussetzt.

Nach dem kombinierten Chromgerb- und Färbeverfahren des **A. P. 622 563** kommen die gereinigten Blößen zunächst in die Lösung eines Schwefelfarbstoffes wie Vidalschwarz, Thiocatechin u. dgl. Der Farbstoff wird rasch von der Blöße aufgenommen. Die gespülten Häute werden dann im chromsauren und darauffolgenden Reduktionsbad wie üblich behandelt, wobei der Farbstoff gleichzeitig echt fixiert wird. Auch kann ohne weiteres mit anderen Teerfarbstoffen überfärbt und nuanciert werden, da die Schwefelfarbstoffe diese zu fixieren vermögen.

Das durch **D. R. P. 133 757** geschützte Verfahren beruht auf der Beobachtung, daß gewisse Farbstoffe mit Chromoxydsalzlösungen klare Lösungen ergeben. Als Farbstoffe werden u. a. benutzt: Oxydierte Blauholzextrakte, Orange 2 und Metanilgelb (Chromochrommarken des Handels). Vgl. **[II. 420.]**

400. Treibriemen(ersatz).

Anonym, Ledertreibriemen, ihre Fabrikation, Prüfung und Behandlung. Berlin 1911. — Andés, L. E., Spezialbücher über Lederkonservierung. Wien und Leipzig 1912 bzw. 1911.

Über Ledertreibriemen siehe auch **P. Stephan, Zeitschr. f. Dampfk. u. Masch.-Betr. 1913, 499.**

Die Leder- und Gummitreibriemenerzeugung und die Vorzüge der beiden Sorten für verschiedene Verwendungszwecke ist in **Gummiztg. 1913, 888** beschrieben; über ihre sachgemäße Behandlung siehe **Ledertechn. Rundsch. 7, 373;** vgl. über Fabrikation und Vorzüge der Kautschuktreibriemen **Gummiztg. 35, 211,** ihre Berechnung **ebd. S. 76** und die Methoden ihrer Prüfung **S. 352.**

Über die Gerbung von Treibriemenleder im Faß siehe **W. Eitner, Der Gerber 1905, 93.**

Vgl. den Bericht über die Bereitung von Treibriemen aus Chromleder von **P. Geurten** in **Ledertechn. Rundsch. 4, 265.**

Über die Verwendung von Spaltleder als Treibriemenmaterial siehe **Ledertechn. Rundsch. 8, 125.**

Wertvolle Hinweise für den Ankauf von Ledertreibriemen gibt **P. Stephan** in **Papierfabr. 11, 733.**

Die Güte des auf Treibriemen verarbeiteten Leders läßt sich nach **Tischl.-Ztg. 1910, 371** leicht feststellen, wenn man ein Stückchen dieses Leders in Essig legt: gut gegerbtes Leder zeigt auch nach Monaten außer einer dunkleren Farbe keine Veränderung, während schlechtes Leder sich in kurzer Zeit in eine gelatinöse Masse verwandelt.

Eine wichtige ausführliche Arbeit über Riemen und Riementriebe von **F. Krull** findet sich in **Zeitschr. f. angew. Chem. 1904, 1201.** Kurz zusammengefaßt ergibt sich aus den Angaben des Verfassers folgendes: Am wirtschaftlichsten arbeiten große Riemenscheiben bei hoher Riemengeschwindigkeit mit nur aus dem Mittelrückenmaterial geschnittenem Riemen, wenn es sich um rasch laufende Maschinen und größere Kräfte handelt. Die Riemen sollen möglichst dünn, leicht sein und aus einfacher Bahn bestehen, Doppelriemen und mehrfache Riemen sind zu vermeiden. Wo die Riemen nicht endlos sein können, sollen sie geleimt oder, wenn dies nicht möglich ist, genäht werden, und zwar eignen sich für schnellen Lauf geleimte, für langsamen Lauf genähte Riemen besser, doch sind die Enden zur Vermeidung von Verdickungen stets sorgfältig anzuschärfen. Die Riemen sollen stets genügend Fett enthalten, vor Berührung mit Mineralöl sorgfältig bewahrt werden und sind häufiger Reinigung zu unterziehen. Man kaufe nie nach der Dicke und dem Gewichte, und möglichst von den Fabriken direkt und nicht von Händlern. Näheres über das Material für Kreuz-, Halbkreuz-, Winkel-, Los- und Festscheibentriebe, ferner über die Anwendung der verschiedenen Materialien (Leder, Gummi, Haar, Hanf, Baumwolle) für chemische, staubige, feuchte Betriebe usw. ist im Original einzusehen.

Das beste Material für Treibriemen liefern vierjährige, auf Grasboden gezogene Rinder, schnell laufende Riemen stammen von den Häuten vom Niederungsvieh, während schwere Riemen vom Alpenvieh geliefert werden. Gegerbt werden diese Häute in saurer Grubengerbung mit Eisenlohe bei mehrfachem Wechsel in recht langer Gerbdauer, ebenso hat sich die Chromgerbung, nicht aber die Extraktgerbung bewährt. Man schneidet aus den Rohhäuten flache Kerntafeln, denen man die Riemenbahnen entnimmt, um diese im Wasserbad und sodann auf den Streckbänken zu verarbeiten. Die Bahnen werden dann mit tierischem Fett geschmiert, getrocknet, abgekantet, angeschärft und durch Leimen oder Nähen verbunden. Die gepreßten, auf der Einlaufmaschine bearbeiteten Riemen sollen möglichst dünn sein, da dann ihr Widerstand gegen Biegung geringer ist und ebenso auch der beim Laufe des Riemens um die Scheibe durch den Biegungswiderstand entstehende Effektverlust. Jedenfalls hängen Stärke, Zähigkeit und Tragfähigkeit nicht von der Dicke ab, da man dickes Leder auch durch Füllen mit Schwerspat oder Traubenzucker erhalten kann. Die Konkurrenzfähigkeit chromgarer Lederriemen ist gegenüber den lohgaren Riemen gegeben durch die wesentlich bessere Wärmebeständigkeit der ersteren, die in trockenen Räumen Temperaturen bis zu 90° aushalten, während lohgare Treibriemen bei 50° schon gefährdet sind. In feuchten Räumen leiden allerdings beide Riemenarten, auch wenn sie imprägniert sind, und in solchen Fällen gelangen Gliederriemen zur Anwendung. Gegenüber lohgegerbten Lederriemen zeichnen sich Chromlederriemen auch durch ihre Unempfindlichkeit gegen Alkalien aus und ähneln darin den Kamelhaarriemen, die überdies auch gegen heiße Dämpfe widerstandsfähig sind. In nassen, kalten Betrieben eignen sich überhaupt nur Gutaperchariemen, während alle anderen Arten, auch Haar-, Hanf-, Baumwoll- und Kautschukriemen in feuchten Räumen nicht verwendbar sind. In **Seifenfabr. 34, 1136 ff.** macht **F. Krull** ausführliche Angaben über die Ausführung der Riementriebe, was den mechanischen Teil ihrer Verwendung betrifft, über die zulässige größte Riemenbreite (etwa 60 cm), die Riemengeschwindigkeit, bringt Tabellen zur Berechnung von Riemen und gibt Hinweise auf das Auflegen und Spannen der Riemen, die Riemenverbindungen, ihre Konservierung, Verwendungsgebiete und die Art ihres Laufes auf der Haar- oder Fleischseite.

Legt man nach einer Notiz in **Chem.-Ztg. 1922, 408** Ledertreibriemen mit der Haarseite auf die Scheiben, so läßt sich um 50—60% mehr Kraft übertragen, als beim Aufliegen der Fleischseite.

Zur Herstellung von sog. Zebrariemen preßt man die Haut während des Gerbens in gitterartigen Linien so, daß nur die zwischenliegenden Stellen gegerbt werden und ein Material entsteht, das aus gegerbten elastischen und ungegerbten zugfesten Hautteilen besteht. Die Häute werden nach diesem von **Gilardius** erfundenen Verfahren bis zu 80% gegen sonst nur 50% ausgenützt.

Über die mechanischen bandförmigen Kraftübertragungsmittel, die während des Krieges an Stelle der bis dahin üblichen Lederriemen und Seile traten, siehe **B. Block, D. Zuckerind. 45, 40 ff.**

Die Herstellung von Papierriemen ist in **Kunststoffe 1917, 97** als Referat beschrieben.

Über die Herstellung eines Kunstriemens als Ersatz für Ledertreibriemen berichtet **H. Wiebor** in **Zeitschr. f. Textilind. 19, 114.**

Über Epatariemen, Ersatztreibriemen, die aus einem Geflecht von Jute und Baumwollfäden ohne Querfäden hergestellt werden, so daß jede Faser nur auf Zug beansprucht wird, die herzustellenden Verbindungen an Ort und Stelle, die Lagerung der Riemen und andere Einzelheiten siehe **Zeitschr. f. Dampfk.- u. Masch.-Betr. 38, 301.**

Treibriemen aus Fischhaut [402] werden zur Erhöhung der Zugfestigkeit aus einem Geflecht von schräg verlaufenden Streifen aus trockener Fischhaut hergestellt, das durch eine umlaufende Decke ebenfalls aus trockener Fischhaut zusammengehalten wird. **(D. R. P. 318 554.)**

Über Treibriemen aus Stahl berichtet **Windisch** in **Wochenschr. f. Brauer. 33, 22.**

Den Ersatz der Lederriemen durch Stahlbänder zur Kraftübertragung bespricht und befürwortet **W. Hüttner** in **Kali 1909, 341.**

Nach **E. D. Wilson** sind Lederriemen den Kunstriemen stets in der Hinsicht überlegen, daß jene auch Überlastung vertragen, daß ihre Leistungsfähigkeit mit der Gebrauchsdauer wächst und daß sie in der Breite von 75% jener der Kunstriemen diese an Wirksamkeit übertreffen. **(Zentr.-Bl. 1919, IV, 265.)**

401. Pelzgerberei.

Zur Gerbung der Pelze, bei der die tunlichste Schonung und Erhaltung der Haare Bedingung ist, beschränkt man die Behandlung mit milde wirkenden Chemikalien auf möglichst kurze Zeit. Im allgemeinen wird auf Weißgare gearbeitet, d. h. man reibt die kurz geweichten, geschabten Pelze auf der Fleischseite mit Alaun und Kochsalz oder mit Mehl und Gerstenschrot ein, wodurch beim folgenden Liegenlassen Milchsäure gebildet wird, oder man legt billige Ware in eine Lösung von Kochsalz in sehr verdünnter Schwefelsäure ein oder kombiniert die Behandlung mit den Bestandteilen der Weißgerbeverfahren mit einer vegetabilischen Gerbmethode oder gerbt sämisch. Die Felle werden hierauf mit dem Pelz nach außen zusammengerollt und in einem Bottich in die warme Gerbbrühe eingelegt. Sie bleiben bei öfterem Umschichten darin etwa 8 Tage, bis sie gar sind, und werden nach dem gelinden Trocknen wie üblich zugerichtet.

Die Lammfellfabrikation beschreibt **W. Eitner** in **Der Gerber 1881, 138, 172 u. 244.**

Schaffell- und Haarteppiche dürfen nach **H. Brumwell** nicht in alkalischen Lösungen eingeweicht werden, sondern bedürfen einer Behandlung mit Kupfersulfat. Beim Äschern bestreicht man die Fleischseite der Häute mit einer Paste aus Ätznatron und Talkum oder Ton, worauf man in 4proz. Calciumchloridlösung wäscht und mit verdünnter Essig- oder Milchsäure entkalkt. Gegerbt wird mit Neradol, dessen wässerige Lösung man allmählich auf 5% verstärkt, worauf die Felle schließlich weiterbehandelt und gefärbt werden. (Ref. in **Zeitschr. f. angew. Chem. 29, 79.)**

Über Chromgerbung von Fellen siehe **B. Setlik, Färberztg. 1901, 218**: Zwei große siebenbürgische Schaffelle und zwei Persianer werden eingeweicht, abgefleischt und mit einer Lösung von 5 kg Kochsalz, 1 l 30grädiger Chromchloridlösung und 50 l Wasser im halbgefüllten Walkfaß 2 Stunden lang gedreht; dann fügt man noch 1 l Chromchloridlauge zu, dreht weiter, ringt nach 3 Stunden aus, wäscht, hantiert in einer 5proz. Boraxlösung und bestreut die Felle mit Salz oder Kleie.

Die Verarbeitung der Kaninchenfelle ist in **Techn. Rundsch. 1910, 659** kurz beschrieben.

Zur Gerbung von Hundefellen bringt man die gereinigten und abgefleischten Häute in eine Brühe, die aus einer wässerigen Lösung gleicher Teile Alaun und Kochsalz besteht und Zusätze von Hemlock und Gambier erhalten hat, nimmt die Felle nach 2 Tagen heraus, entfettet sie durch 5—6maliges Aufstreichen eines Kalkbreies auf die Fleischseite und bleicht die Wolle bei einschürigen Fellen, die vor der Gerbung noch mit einer Seifenlösung gereinigt werden, mittels gasförmiger schwefliger Säure. **(Ledertechn. Rundsch. 1910, 172.)**

Zum Vorgerben von Maulwurffellen verfährt man nach **Techn. Rundsch. 1908, 708** in folgender Weise: Man weicht die trockenen Felle auf, streicht die anhaftenden Fleischteile mit halbscharfen Messern ab, verreibt die Blöße mit einem Gemenge von 30% Alaun und 60% Salz, legt die Felle in diesem Zustande 24 Stunden in ein Holzfaß, hängt sie zum Trocknen auf und reckt sie dann weich. In diesem weißgar gegerbten Zustande sind sie für Pelzzwecke nicht verwendbar, doch ist die Rauchgargerbung in kleinerem Maßstabe nicht ausführbar und muß einer Rauchwarenzurichterei überlassen werden.

Um kleinere Pelze des Zobels oder Marders zu gerben, wäscht man die Felle nach **Techn. Rundsch. 1907, 626** unter sorgfältigster Schonung des Haares zuerst in einer schwachen Seifenlösung, dann mit Wasser, schabt zur Entfernung der anhaftenden Fleischteile die Haut mit dem Sichelmesser ab und reibt die Fleischseite mit einer Mischung von Kochsalz- und Alaunbrühe oder zuerst mit einer Mischung von Salzlake und einer Kleistermasse aus Weizenkleie und Roggenmehl und dann mit dem Alaun- und Kochsalzgemenge kräftig ein. Wenn die Häute gar sind, läßt man sie an einem luftigen Orte trocknen, bürstet die Haare energisch aus und zieht die Felle über ein stumpfes Eisen, bis sie völlig weich sind.

Seehundfelle werden nach dem Äschern gespalten, worauf man die Spalte nochmals äschert und dann mit Hundekot und später mit Kleie beizt. Die vorwiegend auf Buchbinder- und Luxusleder verarbeitbare Narbenspalte wird dann mit Sumach und Gambir gegerbt, während man die Mittel- und Fleischspalte, von denen die erstere vor allem zu Schuhfutterleder und zu Leder für weiße Sportschuhe dient, mit Eichenholzauszug gerbt. Je nach dem Verwendungszweck ist die Zurichtung des Leders dann verschieden. **(Ledertechn. Rundsch. 7, 350.)**

Zur künstlichen Herstellung eines dem Sumpfbiberfell (Nutria) ähnlichen Pelzwerkes färbt man das Fell junger Schafe in dem gewünschten braunen Ton, rauht es mittels Kratzbürsten, fettet die Stücke nach ihrer Befeuchtung mit Salz- und Essigsäure mit wenig Vaselin und bügelt die Felle zwecks gleichmäßiger Verteilung des Fettes in das Innere des Haarbodens und der Haare und zur Beseitigung der Feuchtigkeit. **(D. R. P. 354 572.)**

Zur Erzeugung von kochbeständigem Leder und Pelzwerk schüttelt man die Blößen und digeriert sie mit Lösungen von Metallsalzen, unter denen sich der Abstufung nach am besten die Caesium-, Vanadium-, Chrom-, Uran- und Platinverbindungen bewährten oder behandelt die Häute in Lösungen organischer Verbindungen von Art des Formaldehyds, Acetons, Hydrochinons und Phloroglucins. Zur Beschleunigung der kochfesten Ausgerbung mit Aceton setzt man am besten Buttersäure zu. **(M. Schneider und V. Šimaček, Collegium 1911, 368.)**

402. Schweins-, Reptilien-, Amphibienhautgerbung.

Über Herstellung von nachgeahmtem Schweinsleder siehe **D. R. P. 38 434.**

Zur Verarbeitung von Schweinshäuten auf Leder tränkt man das im Vakuum entwässerte Hautmaterial zur Extraktion des Fettes mit Naphtha und entzieht den wie üblich weiter zu verarbeitenden Häuten das Lösungsmittel ebenfalls im Vakuum. **(A. P. 1 338 307.)**

Pergament ist kein Leder, sondern besonders sorgfältig gereinigte, auf Rahmen im gespannten Zustande getrocknete Haut. Schweinshäute gaben derart hergerichtet Bucheinbände, Eselshäute Trommelfelle und nur die Häute von Hammeln, Kälbern und Ziegen gaben getrocknet und mit Kreide abgeschliffen (Porenfüllung) jene Schreibfläche, die im Mittelalter zur Anfertigung von Staatsakten verwendet wurde. Der einzige Schutz der hornigen Tafeln war ihre Trockenheit, in feuchtem Zustande gingen sie leicht in Fäulnis über.

Die Herstellung eines lederartigen Produktes aus Stockfischhäuten, die man mit Alaun und Kochsalz gerbt sowie die Anwendung der Stockfischhaut zur Leimbereitung, zur Herstellung von Pergament, Pergamentpapier usw. beschreibt **C. Puscher** in **Dingl. Journ. 184, 531.**

Zum Gerben von Schlangen-, Krokodil-, Eidechsenhäuten usw. wässert man die Häute zur Entfernung der Schuppen und hornigen Teile, beizt sie mit Kleie, gerbt mit Alaun und dann mit Sumach nach, wäscht, ölt das Leder und färbt es evtl. mit Teerfarben. Oder man behandelt die Häute wie Transparentleder, unterwirft sie also der Einwirkung von Glycerin mit einem Zusatz von Salicylsäure, Borsäure oder Pikrinsäure. **(Ledertechn. Rundsch. 7, 118.)**

Über Herstellung von Krokodillederimitation aus Schafleder bzw. wenn größere Haltbarkeit verlangt wird aus Kalb- oder Ziegenleder, in das man den entsprechend zu färbenden künstlichen Narben hydraulisch einpreßt, siehe **Erf. u. Erf. 46, 423.**

Die teure Alligatorenhaut wird neuerdings mit gutem Erfolg durch die allerdings wesentlich stärkere und steifere Haifischhaut ersetzt.

Zum Gerben von Fischhäuten behandelt man das Material mit einer Lösung von gelöschtem Kalk, trocknet in Sägemehl, schmiert mit Tran ein, trocknet wieder, legt die Häute 12 Stunden in lauwarmes Wasser, behandelt mit einer Sodalösung bis alles Fett beseitigt ist, trocknet und glättet. Haifischhaut wird zuerst mit einer Lösung von Arsentrioxyd und Schwefelnatrium oder einer Lösung dieser beiden Verbindungen zusammen behandelt. **(Schwed. P. 37 433.)** Man verfährt dann in folgender Weise: Die Fischhäute werden aufgeweicht, 3 Tage in einer Lösung von Arsentrioxyd oder Schwefelnatrium oder beiden Stoffen liegen gelassen, gespült und sodann 3 Tage in eine Lösung von gelöschtem Kalk gelegt. Während dieser Zeit werden die Häute mehrere Male aus dem Bad genommen und ausgebreitet. Sodann werden sie 5 Minuten mit einer schwachen Salzsäurelösung und schließlich in einer Walkmühle mit Wasser, Hühnermist und Salzbrühe bzw. einer Lösung von Sumachextrakt behandelt. **(Schwed. P. 36 696.)**

Zum Gerben von Wal- und Fischhaut wird sie vor dem eigentlichen Gerbeprozeß nach **Norw. P. 32 503** zuerst mit Sodalösung entfettet und nach dem Wässern mit Salzsäure neutralisiert.

Zum Gerben von Fischhäuten kalkt man das gut gesalzene Hautmaterial mit sodahaltiger Kalkmilch, die man allmählich in der Konzentration verstärkt, spült die Blößen und gerbt vegetabilisch oder chemisch in stetig konzentrierter werdender Gerblösung, bis die Innenseite der Leder die gewünschte Färbung angenommen hat. Gerbt man im Zweibad-Chromverfahren, so behandelt man die Häute mit Salzlösung und Salzsäure vor. **(E. P. 165 199.)**

403. Darmsaiten, -fäden, Wurstdarmersatz und -klebmittel.

Die Bereitung der Violinsaiten aus Schafdärmen beschreibt **Th. Knösel in Techn. Rundsch. 1908, 298.**

Zur Herstellung der Darmsaiten dienen ausschließlich die Dünndärme junger Lämmer, die von Juni bis September geschlachtet werden. Verwendet wird wie bei der Ledergewinnung nur der mittlere Teil der Darmhaut, Außen- und Innenschicht werden durch fortgesetzte Maceration der Därme in fließendem Wasser gelockert und mechanisch durch Streichen bzw. Abziehen entfernt. Die zurückbleibenden Membranen behandelt man in allmählich stärker werdenden alkalischen Lösungen, meist in Pottasche- oder Hefe-Pottaschelauge, verhängt die Därme zuweilen an der Luft, spült und setzt die Behandlung fort, bis sie auf dem letzten Waschwasser schwimmen. Die Ware wird nunmehr sortiert, locker gedreht in der Schwefelkammer gebleicht und schließlich in der Zahl 2 (dünnste Mandolinensaiten) bis 85 (Baßgeige D) versponnen.

Es sei erwähnt, daß die Saiten für Musikinstrumente häufig nicht aus Därmen, sondern durch Drellen echter Seide erzeugt werden, wobei in letzterem Falle eine Außenleimschicht aufgebracht wird; auch gehärtete Gelatinefäden dienen als Darmersatz für diesen Zweck. **(T. F. Hanausek, Techn. Gew.-Mus. Wien 1905, 163.)**

Nach **F. Seligmann** werden die Saiten der Rackets mit einem hellen, wasserbeständigen und außerordentlich elastischen Lack überzogen, den man als Boot- oder Jachtlack kauft oder den man auch durch Verschmelzen von 7 Tl. hellstem Kaurikopal, 10 Tl. hellem Dicköl, 3% gutem Ölsikkativ und Terpentinöl oder Sangajol selbst herstellen kann (Handbuch der Lack- und Firnisfabrikation von Seligman und Ziecke, S. 520). Vgl. **Bd. III [133].**

Zur Herstellung von Catgutfäden als Ersatz für chirurgische Seidenfaden behandelt man den mit Pottaschelösung vorbehandelten Darm zuerst in einer 0,4proz. Jodkaliumlösung und dann bestimmte Zeit in einer wässerigen Lösung von 0,2% Jod und 0,4% Jodkalium, dreht dann den Darm in einer neuen Menge derselben Flüssigkeit zur Saite und trocknet den fertigen Catgutfaden keimfrei im sterilen Trockenschrank. Das Wundnähmaterial ist dann völlig keimfrei, undurchdringlich für Flüssigkeiten und Sekrete, quillt nicht wie die Seide und erlangt durch diesen Gerbprozeß große Zugfestigkeit. **(F. Kuhn, Z. f. Kolloide 1909, 298.)** — Vgl. **Bd. III [552].**

Zur Verarbeitung von Därmen oder tierischen Fasern anderer Art imprägniert man die teilweise entschleimten, in lauwarmem Wasser gebadeten Därme sonst unvorbehandelt mit lauwarmem Fischtran und kann sie dann drehen oder spinnen oder sonst auf Taue, Seile, Treibriemen und Gewebe verarbeiten. **(D. R. P. 338 972.)**

Zur Herstellung künstlicher Wurstdärme verklebt man die Längsseiten eines Filtrierpapierbandes mit einer konzentrierten Auflösung von Cellulose in Kupferoxydammoniak, läßt vollkommen austrocknen, zieht dann das Ganze schnell durch Schwefelsäure von geeigneter Konzentration (ein erkaltetes Gemisch von 2 Raumteilen rauchender Schwefelsäure und 1 Raumteil Wasser) und wäscht den Pergamentschlauch mit Wasser aus. **(Böttger, Pharm. Zentrh. 1873, Nr. 22.)**

Zur Herstellung biegsamer Schläuche aus Viscose, geeignet als Kunstdärme in der Wurstfabrikation, spritzt man die Masse durch eine Ringdüse in eine härtende, konzentrierte Lösung von Natriumsulfit, die mit Bisulfit angesäuert wird, befreit sie so zugleich von ihrer gelben Färbung und behandelt den Schlauch weiter zur Härtung und, um ihn in Wasser unlöslich zu machen, mit 100° heißer, 20—30proz. Glycerinlösung. Schließlich leitet man den Kunstdarm zur Reinigung durch siedendes Wasser, in dem er nunmehr unlöslich geworden ist. **(D. R. P. 321 223.)**

Zur Herstellung künstlicher Därme behandelt man die Gelatine- oder Viscoseschläuche kurze Zeit mit heißem Glycerin, trocknet sie, überzieht sie mit der Lösung eines Celluloseesters und trocknet die Ware im warmen Luftstrom. **(D. R. P. 324 724.)**

Die Herstellung eines Klebmittels für Därme ist in **D. R. P. 316 604 [489]** beschrieben.

404. Darm- und Eingeweide-(Blasen-, Sehnen-)leder. Goldschlägerhäutchen.

Zum Bleichen von Därmen schwenkt man die Darmhäute nach **Herzmann, Techn. Rundsch. 1907, 610,** während einiger Stunden in etwa 40° warmem, sodahaltigem Wasser, wäscht sie dann in sehr verdünntem, salzsäurehaltigem Wasser und erwärmt sie kurze Zeit in 3proz. Wasserstoffsuperoxydlösung; schließlich wäscht man mit gewöhnlichem Wasser, reinigt die Därme noch auf mechanische Weise durch Schaben mit geeigneten Messern und salzt sie vor dem Versand ein.

Zur Herstellung von Glacéleder behandelt man die Darmhaut nach **D. R. P. 116 748** mit pflanzlichen, mineralischen oder Fettgerbstoffen evtl. unter Zusatz von Farbstoffen.

Zur Herstellung von Glacéleder für Orgelpfeifen, Blasebälge usw. verwendet man nach **D. R. P. 156 830** die äußere Wand des Blinddarmes des Rindes, die sonst in entfettetem und getrocknetem Zustande auch als Goldschlägerhaut dient. Man gerbt sie für vorliegenden Zweck zunächst schwach mit Chrom oder mit Gerbstoffen an und bringt die Haut sodann in ein Nährbad aus Eidotter, Mehl oder dgl., wodurch sie dicker und fester wird. Dann spannt man sie nach dem Spülen zusammen mit einer anderen Haut, so daß sich die Narbenseiten bedecken, und trocknet die Häute ohne Verwendung eines Bindemittels aneinander. Das Doppelhäutchen wird dann mit Benzin entfettet und zugleich gerieben und geknetet, wodurch es sehr weich wird.

Vgl. auch **D. R. P. 163 188:** Die Blinddarmhaut wird nach mechanischer Entfettung mit Pottasche zunächst in einer 10proz. Sodalösung aufgeweicht und dann rasch bei 30—50° getrocknet, da nur in diesem Falle das Produkt weiß bleibt. Diese pergamentartige Darmoberhaut eignet sich ihrer geringen Porosität wegen zum Verschließen von mit Riechstoffen gefüllten Flaschen.

Zur Herstellung lederartiger Produkte aus Darmhäuten schwellt man das entsalzte, entfettete (Soda oder Seife) und evtl. mit Wasserstoffsuperoxyd oder Permanganat gebleichte Material zunächst in einer sehr verdünnten Schwefel-, Milch- oder Ameisensäurelösung, gerbt in halbgrädiger Brühe vegetabilisch vor und in bis zu 2grädiger Gerblösung nach und tränkt die steife papierartige Haut mit einer 1grädigen Seifen- oder Türkischrotlösung. Das noch nicht genügend weiche Leder wird dann mit der Fettemulsion gewalkt und mechanisch bearbeitet und bildet so einen billigen Ersatz für Spaltleder. **(D. R. P. 202 074.)**

Nach **D. R. P. 258 644** wird zur Herstellung eines Ledereersatzes die gereinigte Oberhaut des Blinddarmes längere Zeit mit einer Emulsion aus Leim und Leinöl in der Wärme behandelt. Zur Erhöhung der Geschmeidigkeit setzt man der Masse noch etwas Glycerin zu. Dieses Blinddarmleder ist falt- und biegbar, dauerhaft und ebensowohl gegen Leuchtgas wie auch gegen Schwefelkohlenstoff und Benzin widerstandsfähig.

Zur Herstellung von Goldschlägerhäutchen macht man einen Grund aus Gelatine, Eiweiß oder Gummisubstanz durch Chromsäure oder Bichromat unter nachträglicher Einwirkung des Lichtes wasserundurchlässig und verleiht ihm so vergrößerte Zähigkeit und Glätte, so daß der Oberflächenausdehnung eines zwischen den Häutchen befindlichen Goldblattes ein verminderter Widerstand entgegengesetzt wird. **(D. R. P. 173 985.)**

Zur Herstellung von Leder aus Goldschlägerhäutchen, das für Orgelpfeifen Verwendung findet, bringt man die Darmhäutchen nach Reinigung in einem Seifenbade in eine kalte 20proz. Eisenlösung, der man eine Lösung von 10 g Pikrinsäure in 250 ccm Wasser zusetzt. Die Eisenlösung wird hergestellt aus 100 Tl. Eisenvitriol in 120 Tl. Wasser, 61 Tl. Salpeter in 80 Tl. Wasser und 35 Tl. 66grädiger Schwefelsäure in 35 Tl. Wasser. Man erhitzt die Mischung, bis sich rote Dämpfe entwickeln und fügt ihr in kleinen Mengen unter Erwärmen noch 600 Tl. Eisenvitriol in 1200 Tl. Wasser hinzu. Nach 2 Stunden werden die Häute aus der pikrinsäurehaltigen Eisenlösung herausgenommen, verklebt, an der Luft getrocknet und in üblicher Weise auf ein dauernd weichbleibendes Leder verarbeitet. **(D. R. P. 203 585.)**

Um tierische Blasen biegsam zu machen legt man sie einige Stunden in Glycerin und trocknet zwischen Fließpapier. Das Material bleibt dauernd geschmeidig. **(D. Ind.-Ztg. 1868, Nr. 24.)**

Einen lederartigen Bekleidungsstoff erhält man durch evtl. Nachbehandlung eines bis zur Braungelbfärbung geräucherten Materiales aus tierischen Blasen- und Innenhäuten mit einer Gerblösung. **(D. R. P. 316 541.)**

Zur Herstellung von Ballonstoffen kann man statt der sonst diesem Zwecke dienenden Goldschlägerhaut auch die Därme bzw. Darmhäutchen von Rindern, Pferden, Schweinen oder Hammeln verwenden, die man aufschneidet, entsprechend reinigt und mit Ölen, Fetten, Emulsionen sowie mit Klebstoffen behandelt. **(D. R. P. 300 179.)**

Zur Herstellung von künstlichem Leder schwellt man tierische Sehnen, Flechsen oder Gedärme im getrockneten Zustande ungleichartig, z. B. mit Essigsäure oder Schwefelnatrium, spült dann, schließt das Material durch Walzen auf, schwellt evtl. nochmals nach, wäscht aus, trocknet, verknetet den Stoff mit Eiweiß und Tran, preßt das Material zu Platten und unterwirft diese einem gemischten mineralischen und pflanzlichen Gerbverfahren. **(D. R. P. 302 445.)**

Um den aus tierischen Sehnen gewonnenen Fasern große Dehnbarkeit zu verleihen, behandelt man das Material in evtl. vorgegerbtem Zustande mit Dampf oder heißem Wasser, bringt es dann in ein Glycerinbad und gerbt nunmehr in fest eingespanntem Zustande gar. Spannt man während des Gerbens nicht, so zieht sich das Material bis zur Hälfte der ursprünglichen Länge zusammen, und man erhält z. B. Sohlen, Seile oder Preßluftstreifen, die ein festeres Gefüge besitzen als Leder. **(D. R. P. 305 196.)**

Als Sohllederersatz eignen sich auch sehnenartige Schlachttierabfälle, die, wenn sie Rundkörper sind, der Länge nach aufgeschnitten, ausgewalzt, zur Entfernung der leimartigen Stoffe gepreßt und schließlich in Plattenform gegerbt werden. **(D. R. P. 313 133.)**

Zur Herstellung von Kunstleder-, Wand-, Bodenbelags- und Dichtungsmaterial verknetet man in der Wärme 30—80 Tl. eines z. B. aus Ochsensehnen gewonnenen Faserstoffes mit 1000 Tl. einer 10proz. Lösung von Celluloseäthyläther in Benzylalkohol und 50—200 Tl. Triphenylphosphat, walzt den Teig, dem man evtl. noch Farb-, Füll- oder Klebstoffe zusetzt, zur Platte und preßt diese schließlich vor dem Lackieren unter hohen Druck. **(D. R. P. 336 171.)**

Wasserechte, zugfeste, der Rohseide ähnliche Stoffe gewinnt man durch Behandlung tierischer Eingeweide, z. B. von Ochsenschlund, mit 35proz. Formaldehydlösung bei 15° während 3—8 Tagen. Das gründlich gewaschene Material ist nach dem Trocknen direkt gebrauchsfertig. **(D. R. P. 310 430.)**

In **Leipz. Drechsl.-Ztg. 1911, 8, 33** wird über Fabrikation des Ochsenziemers berichtet.

Lederzurichtung.

Schmieren (Imprägnieren), Konservieren.

405. Allgemeines über Zurichtung, Schmierung und Konservierung des Leders.

Das mechanische Zurichten der lohgaren Leder erfolgt je nach ihrer Bestimmung in verschiedener Art. Sohl- und Riemenleder werden durch Walzen oder Hämmern gedichtet und gehärtet. Oberlederfelle werden gewalkt, im Bedarfsfalle gespalten und auf der Ausreckmaschine ausgedrückt; nachdem der Narben glatt gestoßen ist wird entfettet und getrocknet. Auf der Stollmaschine wird das Leder weicher und glänzender gemacht, durch geeignete Walzen chagriniert, d. h. es wird ihm Körnung auf der Narbenseite eingepreßt.

Das Zurichten von Sattler-, Wichs-, Alaun-, Brandsohlenleder, Steigbügelleder, Gamaschenleder, Automobilreifenleder, Koffer- und Futterleder und die verschiedenen aus Spaltleder bereiteten Arten von Buchbinder- und Hutmacherleder ist in **Ledertechn. Rundsch. 7, 306, 273, 318, 321, 326, 307, 313, 298** u. **305** beschrieben.

Über das Zurichten von Ziegenleder und Leder für Zweiradsättel siehe die Arbeitsanweisungen von **A. L. Lawiss** in **Ledertechn. Rundsch. 7, 345** bzw. **334.**

Zum Einfetten (Schmieren) dienen je nach der Qualität des Leders die verschiedenartigsten Öle und Fette, und zwar in erster Linie Tran, Talg und Dégras, die zweckmäßig im Gemenge gleicher Gewichtsteile Verwendung finden, wobei natürlich je nach der Ledersorte, der Jahreszeit und den klimatischen Verhältnissen weite Verschiebungen in den genannten Gewichtsmengen eintreten können.

Die allgemeinen Grundsätze für das Schmieren des Leders sind in **Ledertechn. Rundsch. 7, 201** dargelegt. So empfiehlt es sich z. B., um beim Schmieren des Leders die Fettaufnahme besser kontrollieren zu können, nur die Hälfte bis zwei Drittel der berechneten Menge zur Faßschmierung zu verwenden und den Rest dann erst den festeren und dichteren Teilen des Leders, besonders dem Kern, einzuverleiben. **(Ledertechn. Rundsch. 5, 109.)**

Über die Untersuchung von Einfettungsmaterialien, besonders für die Chromgerbung, Lederkonservierungs- und von Glycerinersatzmitteln siehe die umfassende, mit zahlreichen Tabellen versehene Arbeit von **Smaic** und **Wladika** in **Öl- u. Fettind. 1919, 417 ff.**

Auch zur Konservierung des Leders gegen die Einflüsse der Witterung, insbesondere der Feuchtigkeit, die Schimmelbildung verursacht, behandelt man es in gut lufttrockenem Zustande mit Fetten und Ölen. Die Trocknung des fertigen Leders muß in möglichst viel und möglichst trockener Luft erfolgen bzw. man verdunstet den Wasserüberschuß ebenfalls bei niedriger Temperatur, da jedes Leder hitzeempfindlich ist. Dabei ist jedoch zu beachten, daß die Lederfeuchtigkeit nicht aus reinem Wasser, sondern aus Gerbstofflösung besteht, die bei unvorbereiteter Lederoberfläche in den Narben austritt und das Leder brüchig und fleckig macht. Um dies zu vermeiden wird die Oberfläche des Leders geölt und man erzielt so nicht nur eine langsamere Verdunstung, sondern der Gerbstoff scheidet sich auch an der Fleischseite aus. Die besondere Anlage der Ledertrocknungsräume und die Spannung des Leders vor dem Trocknen beschreibt **L. Jablonski** in **Zeitschr. f. angew. Chem. 1910, 890.**

Über den Einfluß wechselnden Feuchtigkeitsgehaltes auf die Festigkeitseigenschaften von Leder siehe die Mitteilungen von **M. Rudeloff** in **Mitteilg. v. Materialprüfungsamt 1904, 8.**

Die Lederkonservierungsmittel, die in großer Menge vertrieben werden, bestehen im wesentlichen aus öligen oder fettigen Stoffen, denen man, um sie zu verbilligen, vielfach Harz, Pech und ähnliche Stoffe zumischt.

Die Lederfettungsmittel zerfallen entsprechend ihrer Funktion als Schmier- oder Konservierungsmittel in Gerberfette oder Gerböle, die bei der Erzeugung des Leders als Appretur- und Beschwerungsmittel dienen und es geschmeidig, weich, zugfest und wasserbeständig machen sollen, und weiter in Schutzfette und Schutzöle, die den Gerbstoff des fertigen Leders mit einer Fetthülle umgeben und seine Auswaschung verhindern. Die Lederschmieren verbinden sich mit der Ledersubstanz chemisch und wirken gerbend: Dégras und Tran, andere fette Stoffe wie Talg, Klauen- und Wollfett, Vaselin oder Wachs dringen nur in die Poren des Leders ein und machen das Stück geschmeidig und wasserdicht bzw. erzeugen eine Schutzschicht oder wirken als Beschwerungsmittel. Maßgebend für die Wahl der Produkte sind Preis, Beständigkeit, Absorbierbarkeit des Lederschmierstoffes durch das Leder und die Farbe der fertigen Ware. **(A. Marschall, Chem.-techn. Ind. 1918, Nr. 34, 1.)**

Die wichtigsten Einfettungsmittel sind tierische Fette (unter den Pflanzenfetten Ricinus-, Baum- und Leinöl), da sie zur tierischen Haut die größte Verwandtschaft besitzen, und unter ihnen besonders Talg, Knochen-, Schweine-, Pferde-, Wollfett, Trane und Fischöle, die als solche oder in verarbeiteter Form und dann als Moellon (oxydierter Tran) oder Dégras (Gemisch von Moellon, Talg, Wollfett, Tran, Mineralöl oder Harz) Verwendung finden.

Ein brauchbares Lederfett soll möglichst konsistent und nicht leicht erweichbar sein, so daß man zur Herstellung flüssiger Präparate nur Öle von hoher, in der Wärme wenig veränderlicher Viscosität und teilweise trocknenden Eigenschaften verwenden darf. Trocknende Öle als solche machen jedoch das Leder hart und brüchig, so daß man am besten Mischungen von Tran, Leinöl, Ricinusöl und etwas Talk vorteilhaft unter Zusatz von Kautschuk oder Faktis herstellt. In **Seifens.-Ztg. 41, 1095** gibt **M. Oskauer** eine Anzahl von Vorschriften für die Herstellung verschiedener Sorten von Lederfetten und Lederölen. Außer Kautschuk (zur Erhöhung der Wasserdichte) setzt man den Schmierfetten noch zu: Pech, als schwarzer Porenfüller für Stiefelleder; Terpentinöl zur Verdünnung der vorher schlecht streichbaren Massen, besonders aber Vaselin, über dessen Wert oder Unwert man sich noch nicht klar ist. Jedenfalls hat dieses Mineralöldestillationsprodukt den Vorzug sehr billig zu sein, so daß es häufig als Verschnitt von Tran auftritt. **W. Eitner** weist übrigens schon im **Gerber 1882, 100** u. **112** darauf hin, daß sich Mineralfett (Vaselin u. dgl.), in Verbindung mit tierischem Fett oder Dégras sehr gut zum Schmieren, besonders aber zum Konservieren von schwarzem Leder eignet, und schon **Wiederhold** empfahl als Ersatz des Trans und Dégras in der Gerberei die Anwendung schwerer Petroleumöle. **(N. Gew.-Bl. f. Kurhessen 1865, 606.)**

Nach **P. Spieß,** Ref. in **Techn. Rundsch. 1905, 298** sind alle sog. Lederfette und Lederkonservierungsmittel, die Mineralöl oder Vaselin enthalten, trotz des hohen Glanzes und der sonstigen guten Eigenschaften, die sie dem Leder verleihen, insofern schädlich für die Ledersubstanz, als sie keine eigentlichen Fette sind und das Leder auf die Dauer hart und brüchig machen, genau so wie Maschinenschmieröl, das wie bekannt äußerst schädigend auf lederne Treibriemen einwirkt. Verfasser führt die Zerstörung des Leders darauf zurück, daß die älteren Präparate kein Wasser enthielten und auch ein Eindringen des Wassers in die Ledersubstanz verhinderten, obwohl lohgares Leder einen gewissen Grad von Feuchtigkeit (etwa 18% vom Gesamtgewicht) besitzen muß, um geschmeidig zu bleiben. Die neueren Treibriemenfette, die mit Mineralölen als Zusatz hergestellt werden, enthalten jedoch das Vaselin zumeist in Form seiner Emulsion mit Wasser, wasserfreie Kohlenwasserstoffe von Art des Petroleums oder reinen Vaselins sollen jedenfalls vermieden werden.

Hinsichtlich der Dauerhaftigkeit und Zerreißfestigkeit von Lederriemen und Geschirrleder ist es gleichgültig, ob man mineralische, pflanzliche oder tierische Fette verwendet, da in jedem Falle durch das Schmieren rein physikalisch nur bewirkt wird, daß die Fasern sozusagen gerade gerichtet und übereinandergeschichtet werden, so daß sie leicht verfilzen können. Den höchsten Zuwachs an Reißfestigkeit erhielten **L. M. Whitmore u. Mitarbeiter** einerseits bei mit Paraffin und andererseits bei einem mit Lebertran, Talg und Wollfett geschmierten Leder. **(Zentr.-Bl. 1919, IV, 333.)** Vgl. **Ledertechn. Rundsch. 7, 76.**

Auch Harze und Steinkohlenteeröle, letztere, wenn die antiseptische, vor Mäuse- und Insektenfraß schützende Eigenschaft dieser Öle in Betracht kommt, finden Verwendung, und für Spezialzwecke auch Holzteeröle, besonders das Birkenteeröl bei der Zurichtung des Juftenleders. Schließlich zählen zu den Schmiermitteln auch Seifen und, wenn auch von zweifelhaftem Werte, Gerbstoffe. Zur Überdeckung des Geruches der Lederfette genügt meist ein geringer Zusatz von Formaldehyd und etwas Salmiakgeist oder künstlichem Äpfeläther. **(St. Ljubowski, Seifens.-Ztg. 41, 1239ff.** und **42, 10, 32.)**

406. Dégras, Moellon, Ersatzprodukte. — Lederfette und -öle.

Die wertvollsten Fettstoffe der Lederindustrie, Dégras und Moellon, sind Fabrikationshilfsstoffe, sie sind im Fertigprodukt in unverändertem Zustande enthalten und nicht vollständig durch Fettsäuren ersetzbar. Manche Ledersorten, z. B. das lohgare Oberleder, vermögen bis zu 25% Talg, Tran oder Dégras (oxydierter und mit Wasser emulgierter Tran) aufzunehmen, und darum traf das während des Krieges erlassene Verbot der Neutralfette die Lederindustrie in besonders hohem Grade. Bis zu einem gewissen Maße ersetzte man die genannten Neutralfette durch Klauenölfettsäure oder Handelsolein, und auch Sämischleder wurde unter Verwendung reiner Tranfettsäuren erzeugt, was allerdings zur Folge hatte, daß die Leder zum Ausschlagen und Ausharzen neigten. **(W. Fahrion, Chem. Rev. 22, 77.)**

Unter reinem Dégras versteht man das sich auf der Weißgerberbrühe ansammelnde Fett (Moellon). Dieses Produkt muß, da die Sämischgerbereien den Bedarf bei weitem nicht zu decken vermögen, auf künstlichem Wege erzeugt oder ersetzt werden. Man verfährt in besonderen Fabriken nach **Ledertechn. Rundsch. 4, 413** in der Weise, daß man mit Tran getränkte Häute mit Pottasche auswäscht und dieses Verfahren des Tränkens und Auswaschens fortsetzt bis die Häute völlig zerstört sind. Diese nach dem Abseifen erhaltenen Handelsdégrassorten erhalten dann noch Zusätze von Wollfett, Marmorpulver usw. Echter Dégras wird durch Einblasen von Luft in erwärmten Tran imitiert, doch kommt er in dieser Form kaum in den Handel, sondern die Dégrassorten sind Gemische von unbehandelten und mit Luft behandelten Tranen mit Talg, Harz, Ölsäure, Wollfett oder Mineralölen. Jedenfalls soll ein guter Handelsdégras mehr als 5% Oxyfettsäuren und ebenso wie ein guter Moellon, der 10% Oxyfettsäuren enthalten soll, nicht mehr als höchstens 20% Wasser einschließen. **(W. Geerdts, Seifens.-Ztg. 43, 633 u. 671.)**

Das echte Dégras unterscheidet sich von anderen Fetten dadurch, daß es mit der Lederfaser eine wirkliche Verbindung eingeht, während sich andere Fette anfänglich nur in das Fasernetzwerk einlagern und später erst gebunden werden. Mit Dégras geschmiertes Leder besitzt demnach milden und geschmeidigen, jedoch keinen fettigen Griff. Bedingt ist diese Eigenschaft durch die Fähigkeit des Dégras sich direkt ohne weitere Zusätze mit Wasser zu emulgieren. **(W. Eitner, Gerber 1885, 217.)**

Ein guter Moellon, der als Nebenerzeugnis der Sämischgerbung erhalten oder in weit größeren Mengen durch Oxydation von Ölen künstlich erzeugt wird, darf nicht mehr als 0,05% Eisen enthalten, bei zehnstündigem Erhitzen auf 100° keine Haut bilden, darf keine Krystalle ausscheiden und muß von feuchtem Leder innerhalb 30 Minuten aufgenommen werden. Der häufig auch bei Anwendung guten Moellons entstehende weiße Ausschlag ist übrigens unschädlich und besteht nicht aus Oxydationsprodukten der Öle, sondern aus abgeschiedener überschüssiger Stearinsäure. **(H. Schloßstein, Zentr.-Bl. 1919, 53.)**

Über Herstellung eines Lederschmiermittels, bestehend aus Tran und dem aus Ölsäure, Alkohol und Schwefelsäure erhaltbaren Ölsäureäther als Ersatz für das früher viel verwendete Wiederholdsche Lederöl, siehe **Dingl. Journ. 191, 400.**

Um künstliches Dégras herzustellen, werden gefettete Lederabfälle nach **Ledertechn. Rundsch. 1911, 3** in einem warmen Raum auf Haufen gelegt und von Zeit zu Zeit umgeschaufelt. Nach 5—8 Tagen werden sie in warmes Wasser gelegt und sodann unter hohem Druck abgepreßt; das erhaltene künstliche Dégrasöl wird auf 50° erwärmt und bis zum Erkalten gerührt. Die Lederrückstände können dann wieder gefettet und ebenso weiterverarbeitet werden. **(D. R. P. 117 302.)**

„Löwentran", das ist ein Ersatz für Dégras, wird nach **Kassler, Seifens.-Ztg. 1899, 633** durch Destillation von Harzabfällen hergestellt. Man erhält auf diese Weise zunächst 4% Rohpinolin, dann 72% Harzöl und schließlich etwa 5% Grünöl. Das Harzöl wird in einem Behälter mit geschlossener Dampfschlange auf 100° erhitzt, worauf man Luft einleitet. Nach etwa 3—4 Stunden ist die zuerst auf 80° gesunkene Temperatur auf 130° gestiegen, worauf der Prozeß unterbrochen und das dicke, braune, scheinlose Harzöl abgezogen wird.

Nach **D. R. P. 39 952** und **42 308** erhält man künstliches Dégras durch Oxydation von bestem Dorsch- oder Robbentran bei 150° (Einleiten eines Luftstromes), bis eine erkaltete Probe Sirupkonsistenz zeigt. Man fügt nach dem Abkühlen bei 60—70° 10—15% ebenso warmes Wasser zu, das 0,1% Soda enthält, und schüttelt die Masse bis zur Bildung einer bleibenden Emulsion.

Oder man mengt nach **Seifens.-Ztg. 1911, 313, 374** zur Herstellung eines künstlichen Lederfettes 7 kg Kalk, 40 kg Mineralblauöl, 5 kg Harzöl, 5 kg Robbentran, zur Verdünnung nochmals 40 kg Mineralblauöl, 500 g Fettschwarz und etwas Mirbanöl. Nach inniger Mischung werden noch 35 kg Harzöl hinzugefügt und man rührt bis die Masse dick wird. Zur Gewinnung eines weißen Lederfettes verarbeitet man 4 kg helles Ceresin, 6 kg Paraffin (48/50), 70 kg scheinloses weißes Vaselinöl und 10 kg Ricinusöl I. Pressung.

Kriegsdégras wurde ausschließlich durch Streckung von Moellon mit Mineralfetten erzeugt. So enthielt z. B. das tranähnliche Dégrasol 80% Mineralöl und 20% oxydierten Tran, andere Produkte stellten Gemische von 45—50% Verseifbarem, 35—30% Unverseifbarem und 20% Wasser dar. Auch aus sog. esterifizierten Talgen, gewonnen durch Neutralisation von Talgfettsäuren und Vermischen mit Neutralfett, stellte man zusammen mit Mineralölen Lederschmiermittel her. **(Smaic und Vladika, Öl- u. Fettind. 1919, 417 ff.)**

Auch von den Ersatzstoffen, die während des Krieges an Stelle der üblichen Ledereinfettmittel traten, wurde verlangt, daß sie die Farbe des Leders nicht stören, keinen weißen Ausschlag bilden und der Narbenseite keinen fetten oder klebrigen Griff verleihen. Man vermischte zu dem Zweck der Gewinnung verwendbarer Produkte Talg oder Stearin mit Mineralölabfällen, die die Trocknung des Leders begünstigen und dem Stearin die Neigung nehmen, Ausschläge zu bilden. **(Ledertechn. Rundsch. 7, 90 u. 97.)**

Nach **C. Siegelkow** bewährt sich als Lederschmiermittel am besten der blanke Tran, besonders, wenn man die geschwärzten Leder auf der Fleischseite mit einem Gemenge von Tran und Talg, auf der Narbenseite mit Vaselin schmiert. **(Gerberztg. 1885, 161.)**

Das zum Einfetten der ledernen Walzenbezüge hinter dem sog. Florteiler in den Spinnereien verwandte Nitschelhosenfett besteht meistens nur aus Tran, der nicht neutral sein muß und dessen Geruch beispielsweise mit einer Spur Amylacetat oder auch Nitrobenzol verdeckt ist. **(R. König, Seifens.-Ztg. 41, 1116.)**

Gummitran-Lederfett: 45 Tl. Tran und 5 Tl. Schwefelblumen werden unter ständigem Rühren erhitzt, bis eine gezogene Probe gummiartige Fäden zieht, worauf man 10 Tl. Ceresin einrührt und dann mit 10 Tl. Benzol und Terpentinöl verdünnt. Gefärbt wird mit 1% Nigrosin, das zugleich mit dem Ceresin gelöst wird. **(M. Oskauer, Seifens.-Ztg. 41, 1095.)**

Nach **W. Eitner, Der Gerber 1911, 330,** kann man den teuren Tran vielfach durch Talg, Mineral- oder Wollfette oder auch durch Harz- und Teeröl ersetzen, und zwar insbesondere durch letzteres, das außer den schmierenden auch noch gerbende Eigenschaften besitzt. Auch die verschiedenen Talg- und Stearinsorten sind durch Paraffin, Erd- und Montanwachs ersetzbar, besonders wenn man diesen Stoffen zur Erhöhung des Schmelzpunktes Kolophonium zusetzt.

Über die Herstellung eines Lederfettes, das auch im Sommer konsistent bleibt, durch Verseifen eines Gemenges von je 20 Tl. Wollfett, Talg, Tran und 40 Tl. Vaselinöl mit 15 Tl. 40grädiger Kalkmilch, siehe die Vorschrift in **Seifens.-Ztg. 1912, 222.**

Zum Schmieren und Einfetten des Leders verwendet man nach **D. R. P. 323 803** Gemische von Wollfettalkoholen mit sonstigen Schmierstoffen oder nach dem Zusatzpatent **D. R. P. 326 038** an Stelle des sonst verwendeten Rindertalges oder Speckes die reinen Wollfettalkohole allein.

Vgl. auch die Vorschrift zur Herstellung eines Lederschmiermittels aus Harz, Erdöl, Paraffin, Rindstalg usw. nach **Pharm. Zentrh. 1866, Nr. 12.**

Über die Gewinnung der für Zwecke der Lederindustrie bereiteten Mineralöle, ihre Eigenschaften, Beurteilung und Verwendbarkeit siehe **Ch. Oberfell in Am. Leath. Chem. Assoc. 1916, 74.**

Zum Schmieren des Leders wurde auch mit Erfolg ein Gemenge von Erdölrückstand und Tran oder Talg verwendet. **(D. Gewerbeztg. 1869, Nr. 36.)**

Nach **Schneemann, Seifens.-Ztg. 1911, 313, 681 ff.,** erhält man ein gelbes Vaselinlederfett durch Verschmelzen von 16 kg Paraffin, 10 kg amerikanischem Harz G, 5 g Pyronalgelb, 74 kg Vaselinöl (0,885) und 100 g Mirbanöl. Weitere Vorschriften zur Herstellung von schwarzem Vaselinlederfett, Juftenlederfett, Lederschwärzfett usw. siehe Originalarbeit **Seite 820.** „Lederfettsalbe extra" wird erhalten aus 10 Tl. Ceresin, 4 Tl. Paraffin (48/50), 1 Tl. Bitumen, $^1/_2$ Tl. Nitronaphthalin (in Vaselinöl gelöst), 10 Tl. Ricinusöl 2. Pressung, 20 Tl. Dorschlebertran, 25 Tl. neutralem Wollfett, 30 Tl. Vaselinöl (0,885), $1^1/_2$ Tl. Juftenöl. Statt des Dorschlebertrans kann auch gewöhnlicher Lebertran oder Robbentran evtl. unter Zusatz von Birkenteeröl verwendet werden. Andere derartige Präparate jedoch von öliger Konsistenz erhält man nach **S. 449** aus einem Gemenge von 30 Tl. Dorschlebertran, 75 Tl. Ricinusöl 2. Pressung, 35 Tl. Vaselinöl (0,885), 5 Tl. Birkenteeröl und 5 Tl. denaturiertem Sprit. In der Arbeit sind außerdem Vorschriften zur Herstellung von Lederöl II, Lederöl III, Ricinus-, Juften-, Pixol-, Kautschuk-, Vaselinlederöl usw. angegeben. Ein Lederöl für Glacéleder wird z. B. wie folgt hergestellt: Man schüttelt 1 kg Eidotter (aus ca. 30 Hühnereiern) mit 3 kg Terpentinöl, fügt der Emulsion eine Lösung von 500 g Campher in 2 kg Terpentinöl zu und verrührt schließlich langsam mit 15 kg Olivennachschlagöl und 20 kg Ricinusöl 2. Pressung (Siehe Kidöl.)

Die Güte der Erdwachs enthaltenden Lederfette beruht auf der Höhe des Ceresingehaltes. So erhält man nach **M. Oskauer, Seifens.-Ztg. 41, 1095,** Lederfette von der besten Qualität mit 26% Ceresin gelöst in 55% Mineralöl (0,885), verdünnt mit 20% Terpentinöl, bis zur mindersten Sorte mit 2% Ceresin, 20% Paraffin und 78% Mineralblauöl.

Zur Herstellung eines halbflüssigen neutralen Lederfettes verschmilzt man nach **Seifens.-Ztg. 1912, 744** 40 Tl. neutrales Wollfett, 20 Tl. Tran und 40 Tl. Vaselinöl (0,885), das man vorher durch Erwärmen mit 1 Tl. Nitronaphthalin entscheint hat und parfümiert evtl. mit etwas Birkenteeröl.

Nach **F. P. 455 072** erhält man ein als Lederschmiermittel geeignetes Öl durch Erhitzen von 15 Tl. Fichtenharzöl, 30 Tl. Fischtran, 53 Tl. Vaselinöl und 2 Tl. Nitrobenzol auf 40—50°.

Nach **D. R. P. 265 913** besteht ein Lederappretur- und Gerbstoffixiermittel aus einer 1 proz. wässerigen Lösung von Pepton oder einer 0,5 proz. Lösung von Acidalbumin in Lebertran. Das mit Tannin gegerbte Leder wird zur Erzielung eines hellen und geschmeidigen Produktes in die zehnfache Gewichtsmenge einer solchen Lösung eingelegt.

Nach **Norw. P. 19 342/09** wird ein Imprägnierungsöl für Leder hergestellt aus 100 Tl. Leinöl, 30 Tl. Tran, 10 Tl. Asphalt, 5 Tl. trockenem Paraffin (gelöst in warmem Öl), etwas grüner oder schwarzer Farbe und etwas Nitrobenzol oder Melissenöl als Geruchskorrigens.

Ein Ersatz des zum Erweichen hart gewordenen Leders dienenden, sehr verwendbaren Lederöles von **Wiederhold (Jahr.-Ber. f. chem. Techn. 1865, 681)** läßt sich nach **H. Schwarz, Dingl. Journ. 191, 400,** herstellen durch Erwärmen von 16 Tl. Ölsäure mit 2 Tl. 90 proz. Alkohol und 1 Tl. konzentrierter Schwefelsäure. Das mit warmem Wasser gewaschene Produkt wird dann mit dem gleichen Gewichte Fischtran vermischt, worauf man dem Gemenge zur Verdeckung des Geruches pro Kilogramm 4—8 g Nitrobenzol zusetzt. **Wiederhold** empfahl auch wie oben bereits erwähnt wurde die Verwendung schwerer Pétroleumöle statt des Tranes.

Ein tiefschwarzes Lederöl von guten Eigenschaften erhält man nach **C. Friedrich Otto, Ref. in Seifens.-Ztg. 1912, 394,** aus 40 Tl. hellem Tran, je 10 Tl. Benzin, Neutralwollfett, hellem Olein, fettlöslichem Nigrosin und entscheintem Pale Oil (0,900/7) mit 3 Tl. säurefreiem Talg, 2 Tl. Tannin, 5 Tl. Glycerin und etwas Juftenöl als Riechmittel.

Die in der Lederfabrikation (bei Herstellung von Leder aus den Fellen junger Tiere) viel verwendeten Kidöle sind Mischungen von Ricinus- oder Olivenöl mit einer Lösung von Campher in Terpentinöl oder ähnlichen Produkten. Man stellt ein solches Kidöl nach **Seifens.-Ztg. 1912, 140** her aus 15 Tl. Olivennachschlagöl, 2 Tl. Knochenöl und einer Lösung von 0,3 Tl. Campher in 1 Tl. Terpentinöl.

Die Lederöle mit Leinölgehalt enthalten je nach der Qualität (Ia, Ib, IIa, IIb): 60% Tran, 10% reinen Leinölfirnis, 30% Leinöl; 50% Leinöl, 45% Ricinusöl, 5% Leinölfirnis; 50% Zylinderöl, 40% Leinöl, 10% Tran; 50% schweres Maschinenöl, 10% Floricin, 30% Leinöl, 10% Tran. **(M. Oskauer, Seifens.-Ztg. 41, 1095.)**

Das Verfahren des **D. R. P. 16 905** zur Bereitung einer Druckerschwärze (**Bd.. III, [175]**) ist abgeändert auch zur Herstellung von Lederschmiermitteln (Anthracenöl mit 15% Tran) anwendbar. Vgl. **Jahresber. f. chem. Techn. 1882, 1041.**

Vorschriften zur Herstellung von Schuh- und Lederölen bringt ferner **R. König in Seifens.-Ztg. 1913, 1238.**

407. Fettlicker, Seifen-(Ton-)schmieren und ihre Anwendung.

Den mit mineralischen Stoffen gegerbten Lederarten kann man das Fett nicht in konzentrierter Form zuführen, sondern man bedient sich der sog. Fat-liquor-Präparate, das sind Emulsionen von fetten Ölen und Seife.

Ursprünglich verstand man unter Fat-liquor die alkalische Waschbrühe der Sämischgerberei, die man beim Waschen von fettigem Leder mit Sodalösung erhält. In dem Maße, als die Nachfrage nach diesem Material stieg, ging man dazu über, durch Emulgierung verschiedener Fette und Öle mit schwach alkalischen Lösungen diese Präparate künstlich herzustellen. Vgl. die Mitteilungen von **L. Meunier** und **Maury** über Fettemulsionen und Herstellung neutraler und haltbarer Fat-liquors in **Ledermarkt, Koll. 1910, 277.**

Über die in der modernen Oberlederfabrikation eine bedeutende Rolle spielenden Fettlicker (Seifenbrühe), die die feinen Oberleder einfetten, ohne daß sich diese fettig anfühlen, berichtet **J. Jettmar** nach einem historischen Überblick in **Ledertechn. Rundsch. 4, 305.** In neuerer Zeit bemüht man sich in steigendem Maße die Fettbrühen den zu erzeugenden Ledersorten anzupassen, wobei natürlich der Preis von Bedeutung ist, und man ersetzt daher für billige Handelsware den Moellon durch gewöhnliches oder künstliches Dégras oder, da diese Lickerseifen auch noch zu teuer sind, durch Seifen aus sulfurierten Ölen, also z. B. durch Monopolseife (hergestellt aus Türkischrotöl, das wieder aus Ricinusöl durch Sulfierung gewonnen wird) oder durch sulfierte Fischtrane und sulfierte Ölsäuren.

Mitteilungen aus Theorie und Praxis der Herstellung von wasserlöslichen Fettmischungen (**Rd. III, [385]**) und über die praktischen Anwendungen dieser Licker zur Einfettung des Leders bringt **G. Grasser** in **Häute- u. Lederber. 3, 50.**

Die weichen Fettlickerseifen sollen zur Erzielung einer besseren und beständigeren Emulsion und zur Beförderung tieferen Eindringens in das Leder stets einen Zusatz von Glycerin oder an seiner Stelle von Glykol erhalten. **(Zentr.-Bl. 1919, 303.)**

Nach **Chem. Rev. 1910, 33** erhält man ein derartiges Produkt z. B. durch Vermischen von 5 Tl Glycerin, 3 Tl. Ricinusöl und 6 Tl. Ricinusölseife oder Olivenölseife.

Die in der Gerberei verwendeten Emulsionen gewinnt man nach **U. J. Thuau** mit sulfonierten Fettsäuren, vorwiegend mit Natriumsulforicinat oder mit Seifen oder mit Mitteln, die Fettsäuren und Fette zu lösen vermögen oder durch Mischungen der genannten Stoffe. Eine Emulsion von jahrelanger Haltbarkeit erhält man z. B. aus Ölsäure, Ammoniak, Alkohol und Wasser ferner mit Natriumsulforicinat, Mineralöl, tierischem Öl und irgendeinem Lösungsmittel (Alkohol, Benzin, Schwefelkohlenstoff, Tetrachlorkohlenstoff) sowie aus Mischungen der Lösungsmittel mit ricinolschwefelsaurem Natrium, Fettsäuren und Seifen, während Emulsionen, die mit ricinolschwefelsaurem Natrium und Seifen allein hergestellt sind, nicht bzw. nur dann haltbar sind, wenn sie einen Zusatz von Mineralöl erhalten. Besonders feine, haltbare Emulsionen erhält man aus einem beliebigen Öl und mit Wasser angerührter Aminostearinsäure. **(Ledertechn. Rundsch. 7, 81;** vgl. **Kollegium 1913, 219.)** Vgl. **[391].**

Zum Fetten von Leder empfiehlt **W. Eitner, Der Gerber 1903, 228,** Seifenschmieren; für Chromleder sind besonders Sulfooleatseifen geeignet.

Beim Schmieren chromgarer Leder entstehen übrigens nach **G. Hugonin** keine Chromseifen, da sorgfältigst ausgeführte Extraktionen von Chromleder nicht die Spur chromhaltiger Auszüge ergab. Wenn dennoch Chromseifen im Leder gefunden werden, so können diese nur auf Grund fehlerhafter Fabrikation in das Material gelangen sein. **(Ledertechn. Rundsch. 7, 14.)**

Nach **Seifens.-Ztg. 1913, 316** verwendet man als englische Sattelseife ein inniges Gemenge von 8 kg bester Harzkernseife, $^1/_2$ kg calcinierter Pottasche, 6 kg Wasser und 2 kg gelbem Glycerin oder man löst 5 kg weiße Kernseife in 3 l Wasser, läßt auf dem Seifenleim 3 kg gelbes Bienenwachs schmelzen, verdünnt mit 1—$1^1/_2$ kg Terpentinöl und rührt bis zum Erkalten.

Nach einem Referat in **Seifens.-Ztg. 1912, 642** verschmilzt man zur Herstellung einer hellfarbigen Lederschmiere 16 Tl. Ölsäure mit 4 Tl. Palmitinsäure und setzt der Schmelze 12 Tl. eines gallertigen Produktes zu, das man durch Erhitzen von Ölsäure mit Ammoniak auf 100° erhält. Schließlich wird noch eine Lösung von 1 Tl. Catechu und 0,3 Tl. Tannin in 10 Tl. Wasser zugegeben.

Lederschmiere nach **Polyt. Notizbl. 1852, 142:** Je 2 Tl. gepulvertes Gummi arabicum, geschabte Seife und weißes Wachs werden in kochendem Wasser gelöst und mit Lebertran und der erforderlichen Menge Kienruß oder Beinschwarz gemischt. Das Lederzeug wird mit der Schmiere eingerieben und dann mit einer Bürste blank gebürstet.

Über die Wirkungsweise und Verwendbarkeit des Knochen- oder Klauenölersatzes Floricin, seine Kältebeständigkeit und leichte Emulgierbarkeit mit Seife, Alkalicarbonat und Wasser, wodurch das Präparat auch zur Herstellung von Fettlicker befähigt wird, siehe **Gerberztg. 1906, Nr. 90.**

Zur Herstellung von Fettemulsionen zur Fettgerbung und zum Fetten von Leder aller Art emulgiert man Öl oder Fett mit hochkolloidalem Ton in der Wärme bei Gegenwart eines flüchtigen Fettlösungsmittels wie Aceton oder Benzin und erhält so Mischungen, die ohne Fett abzuscheiden, gleichmäßig mit Wasser emulgierbar sind und leicht in die Haut bzw. das Leder eindringen. Bei der Fettgerbung wurden besonders gute Erfahrungen mit Tran-Tonmischungen gemacht. **(D. R. P. 313 803.)**

Ein Lederschmiermittel setzt sich nach **A. P. 1 407 449** zusammen aus 2 Tl. Sulfuröl und 3,75 Tl. Natriumtriphosphat in wässeriger Lösung.

Gewöhnlich wird nur die Fleischseite des Leders mit Seifenschmiere behandelt, um so ein glatteres und glänzenderes Produkt zu erhalten. Es empfiehlt sich jedoch auch die Narbenseite zu schmieren, wenn der Narben bei der Gerbung beschädigt wurde, weil man durch diese Schmierung, z. B. mit einer Lösung von 2 Tl. Kernseife, 0,75 Tl. Talg und 0,03—0,05 Tl. Wachs in 25 Tl. Wasser die wunden Stellen verdecken und den fehlenden Glanz wieder hervorbringen kann. Zu dessen weiterer Steigerung wird die geschmierte und geglättete Narbenseite noch weiter mit Talk behandelt. Die Seifenschmiere soll dann besonders fettreich sein und wird in diesem Falle mit Tran oder Knochenöl hergestellt, wenn der Narben spröde oder zu trocken ist. Sonst empfiehlt sich die Anwendung der Seifenschmiere entweder durch Auftragen auf die geschwärzten Leder oder durch die unmittelbare Anwendung eines schwarz gefärbten Präparates. **(Ledertechn. Rundsch. 1909, 143.)**

Zur Herstellung sumachgaren Kalbleders mit glatter weißer Fleischseite walkt man die gegerbten, getrockneten und gefalzten Kalbfelle, trocknet sie auf dem Rahmen, schleift die Fleischseite nach beendeter Zurichtung der Narbenseite und überzieht erstere mit einer für 12 Felle genügenden weißen Farbe aus 1 kg Federweiß, 0,375 kg Kernseife, 12 Eiereiweiß und 13 l Wasser. **(D. R. P. 14 584.)**

Zum Zurichten von Kipslederspalten für Wichsleder werden die Spalten nachgegerbt, gewaschen und mit einer aus Paraffin, Stearin und Talg bestehenden Mischung geschmiert, worauf man sie mit Leimlösung und Seife appretiert, mit Blauholzauszug und Eisen schwärzt und mit nigrosinhaltigem Mehlbrei färbt. Zur Fertigstellung werden die Leder mit einer Mischung von Tragant und Nigrosin nachgefärbt. **(J. B. Innas, Ledertechn. Rundsch. 7, 338.)**

Zwecks Zurichtung der Lederspalte spült man die mit starken Brühen gefärbten und gefüllten Stücke mit Wasser, trocknet an der Luft, feuchtet an, ebnet in der Spaltmaschine, walkt mit Gambirbrühe im Faß, trocknet, feuchtet an und schmiert das Material im heizbaren Walkfaß bei 38°. Nach mehrtägiger Lagerung stößt man das nichteingedrungene Fett ab, hängt zum Trocknen auf, wirft die Spalte auf Haufen, bearbeitet sie auf der Narbenseite, schwärzt sie, glättet mit zwischenliegender Nachtpause zweimal, appretiert mit einer Masse aus Mehl, Seife, Tragant und etwas Wasser, glättet die Spalte und bestreicht sie schließlich mit Tragantgummilösung. **(Ref. in Zentr.-Bl. 1919, II, 955.)**

408. Wasserdichtes und verbessertes Leder: Kautschukmischungen.

Zur Bereitung einer Wasserdichte bewirkenden Lederpaste verrührt man die Lösung von 2 Tl. Guttapercha in 8 Tl. siedendem Rüböl mit 6 Tl. reinem gelben Wachs, 25 Tl. Schweinefett, 10 Tl. venezianischem Terpentin und 1 Tl. Spermacet, fügt weiter 20 Tl. Spodium hinzu und kocht nochmals vorsichtig auf. Zum Gebrauch wird etwas von dieser Paste bei geringer Wärme flüssig gemacht und mit Pinsel, Schwamm oder Läppchen auf das trockene Leder dünn aufgetragen; je öfter dieses geschieht, um so besser ist der Erfolg. Die Flüssigkeit wird schnell eingesaugt und in kurzer Zeit kann das Leder in Gebrauch genommen werden. — Fußbekleidungen müssen vorher getrocknet und gereinigt werden, worauf man mit der erwärmten flüssigen Masse Sohlen, Oberleder und Nähte überstreicht. Wichse oder Lack zum Glanzgeben dürfen erst nach völligem Trocknen der aufgestrichenen Masse aufgetragen werden. **(Kausch und Eder in D. Ind.-Ztg. 1867, Nr. 46.)**

Eine 10proz. kochend bereitete Auflösung von Guttapercha in Leinöl dient, evtl. gefärbt (Ruß, Ocker), mit Kopalfirnis versetzt, zum Lackieren des Leders (siehe Lackleder) und zur Imprägnierung von wasserdichtem Ölzeug. **(Dingl. Journ. 147, 159.)**

Nach einem Referat in **D. Mal.-Ztg. (Mappe) 31, 157** macht man Leder dadurch gegen Feuchtigkeit völlig unempfindlich, daß man es mit einem warmen verschmolzenen Gemenge von 800 g Talg, 100 g Kautschuk und 400 g Leinöl bestreicht, nachdem man noch 1200 g eines hellen Bernsteinlackes zugefügt hat, den man durch Verdünnen eines verschmolzenen Gemenges von 380 g Bernstein, 250 g gekochtem Leinöl, 30 g Sandarak und 60 g venezianischem Terpentin mit 200 g Terpentinöl erhält.

Zur Herstellung einer wasserdichten Schmiere verschmilzt man 16 Tl. Schweinefett, 8 Tl. Talg und 1 Tl. einer Lösung von 1 Tl. Kautschuk in 4—6 Tl. Benzol, bis kein Geruch nach Benzol mehr wahrnehmbar ist. **(Dingl. Journ. 158, 442.)**

Besonders geeignet ist jedoch eine bei gelinder Wärme bereitete Lösung von 4 Tl. reinem Kautschuk in 6 Tl. Schweinefett und 24 Tl. Lebertran oder Fischtran. Mit dieser Lösung wird das vorher mit lauwarmem Wasser abgewaschene und getrocknete Stiefel- oder Schuhwerk mittels einer Bürste warm bestrichen, und zwar das Oberleder, die Nähte und der Rand der Sohle. Der Überzug trocknet rasch, wird glänzend, haftet völlig fest und ist elastisch; der richtig aufgetragene Überzug auf Lederwerk soll den Gebrauch der Gummiüberschuhe ersetzen können. **(Dingl. Journ. 134, 240.)**

Oder man kann nach **D. R. P. 141 400** Leder dadurch geschmeidig und wasserdicht machen, daß man die Unterseite mit Kautschuk- oder Guttaperchalösung bestreicht, nach dem Trocknen evtl. mit Talkum einreibt und die Oberseite wie gewöhnlich fettet. Man löst z. B. 15 Tl. geschnittener Guttapercha in 45 Tl. Benzol und fügt 40 Tl. eines 5% Mangansikkativ enthaltenden Firnisses hinzu. Auch kann man Sohlleder mit einem Gemenge von 15 Tl. fettsaurer Tonerde, 10 Tl. Paraffin, 35 Tl. Leinölfirnis, 5 Tl. rohem Harzöl, 5 Tl. Sikkativ und 30 Tl. Schwerbenzin imprägnieren und schließlich wird auch ein teueres Verfahren angegeben, nach dem man einen käuflichen Zapontauchlack zu demselben Zweck verwendet.

Um lederne Pferdedecken wasserdicht zu machen, verwendet man Japantran, dem man etwa 5% einer höchst konzentrierten Kautschukterpentinöllösung und nach **D. R. P. 166 752** noch etwa $1^1/_2$% Anilin beimengt. Zur Erhöhung der Wasserundurchlässigkeit werden diesen

Lederfetten, die alle meistens aus Tran, Vaselinöl, Talg, Dégras, Wollfett usw. bestehen, etwa 12—15% Ceresin zugesetzt.

Zur Imprägnierung von Leder mit Kautschuk (gelöst in Benzol, Naphtha oder Schwefelkohlenstoff), entfernt man nach **D. R. P. 241 616** zunächst das Fett aus den Häuten, indem man die Stücke auf etwa 35° erwärmt und in das Fettextraktionsmittel eintaucht, dann bewegt man sie etwa 24 Stunden zweckmäßig in einer Walktrommel bei 35° mit einer 10proz. Kautschuklösung. Die nähere Beschreibung des Verfahrens findet sich in **Ledermarkt 1909, 160.** Dieses Gummileder stellt ein wasserdichtes Material dar, das weich und biegsam und bedeutend dauerhafter ist, als das gewöhnliche Handelsleder. Es behält diese günstigen Eigenschaften auch nach dem Eintauchen in Wasser. Man gewinnt so, besonders wenn man möglichst reine Kautschuklösung von der Dicke des gelben Sirups und reine Solventnaphtha ohne Beimischung fremder Kohlenwasserstoffe oder andere Lösungsmittel verwendet, die neutral sind und gleichzeitig Kautschuk ebenso wie die fettigen Stoffe des Leders lösen (Benzol und Schwefelkohlenstoff). in einer dem Soxhletschen Fettextraktionsapparat ähnlich gebauten Anlage ein völlig mit Kautschuk gefülltes, außerordentlich haltbares Leder.

Nach **D. R. P. 256 406 Zusatz zu D. R. P. 244 566** läßt sich mit demselben Erfolg auch eine mit 2—4% reinem Leinöl und mit leichtem Steinkohlenteeröl versetzte Lösung von Kautschuk in Schwefelkohlenstoff verwenden. Der Überzug ist absolut wasserundurchlässig, besonders wenn man die Hautblöße vor dem Auftragen der Lösung mit Zaponlack überstreicht.

Einen farbigen elastischen Überzug für Leder erhält man nach **F. P. 511 180** aus einer mit einer wasserbeständigen Farbe-versetzten Lösung von Kautschuk in einer 5proz. Lösung von Harz in Terpentinöl.

Um Leder mit Kautschuk zu imprägnieren, entfettet man es zuerst mit einer Lösung von Schwefel, z. B. in Schwefelkohlenstoff, fällt den Schwefel durch Zusatz von Aceton in der Faser aus, trocknet die Stücke nach 24stündigem Lagern im geschlossenen Behälter und bringt sie nach dem Klopfen der Fleischseite im heißen Kocher in die Benzol-Kautschuklösung, die man fortgesetzt verstärkt und schließlich durch eine Lösung von Guttapercha, Balata, Mastix und Dammarharz ersetzt; schließlich zieht man die Leder durch Chlorschwefellösung. **(E. P. 179 969.)**

Um Sohlleder wasserdicht und haltbar zu machen, imprägniert man es nach **D. R. P. 256 580** während 12 Stunden mit einer kalt bereiteten Mischung von je 5 Tl. Talg und Leinöl, 7 Tl. Kautschuklösung und 3 Tl. Carbolineum gelöst in Terpentinöl oder Benzol.

Zum Wasserdicht- und Nichtschlüpfrigmachen von Leder behandelt man es mit einer Kautschuk, Celluloid, Wachholderharz und Bernsteinharz enthaltenden Lösung. **(D. R. P. 320 621.)**

Nach **E. P. 21 081/1912** wird Leder auch durch Behandlung mit einem Gemenge von Celluloid-, Kautschuk-, Harz- und Juniperusgummilösung wasserdicht.

Über die verschiedenen Mittel, um Leder luftundurchlässig zu machen (Zaponlack, Kautschuklösung, Schellacklösung, Caseinleim) siehe **Techn. Rundsch. 1910, 582.**

Über Lederkonservierungsmittel mit Kautschuk als wasserdichtenden Bestandteil und über Lederfettpräparate siehe auch **H. Norrenberg** in **Techn. Rundsch. 1907, 163.** Verfasser empfiehlt für Oberlederöle als Grundlage 10 g einer Kautschuklösung in Benzin, 85 g Senföl und 5 g Bienenwachs oder Talg, während für Sohlenöl das Senföl durch rohes Leinöl ersetzt wird.

Besser als Kautschuklösungen eignen sich die Lösungen von regeneriertem Gummi und von Guttapercha zur Konservierung des Sohlleders; auch mit Celluloidlösungen und mit Wasserglas als Anstrich auf einer Metallfluatschicht aufgetragen wurden, hinsichtlich der Erzielung größerer Wasserdichte und gesteigerter Festigkeit gute Resultate erzielt. **(H. Mayer, Seifens.-Ztg. 1917, 315 u. 339.)**

409. Harz-, Paraffin-, Wachs-, Teer-, (Naphthalin-), Asphaltgemenge.

Die besten Mittel, dem Sohlenleder Festigkeit zu geben, sind in **Ledertechn. Rundsch. 7, 249** zusammengestellt.

Zum Wasserdichtmachen von Leder bedient man sich nach **E. P. 2046/1879** einer Lösung von Harz in Petroleum ohne Zusatz eines fetten Öles.

Zum Wasserdichtmachen von Leder eignet sich ferner ein kalt bereitetes, flüssig bleibendes Gemisch von 1 Tl. Harzpulver mit 3 Tl. Schweinefett. Diese Mischung wird weniger leicht ranzig als Schweinefett, und eignet sich auch zum Schmieren von messingnen, kupfernen usw. Kolben, Hähnen, eisernen Röhren; mit Graphit gemischt, zum Anstreichen von Öfen, Rosten u. dgl. **(Dingl. Journ. 119, 468.)**

Unter dem Namen „Tricostine de l'Inde" kam ein Lederkonservierungsmittel in den Handel, das man durch Einleiten von Sauerstoffgas in eine 15% Wachs, 1% Kautschuk, 1% Beinschwarz enthaltende Lösung von 30% Kopal in Terpentinöl erzeugte. **(D. Gewerbeztg. 1869, Nr. 48.)**

Ein billiges Schuhfett erhält man nach **Seifens.-Ztg. 1912, 1316** aus Maschinentropföl, das man absetzen läßt, dann warm filtriert mit 2—50% Abfalldégras aus Gerbereien vermischt und je nach der Konsistenz mit 3—10% eines Gemisches gleicher Teile rohen schottischen Paraffins, Ceresins und rohen Montanwachses verschmilzt.

Zur Überführung der Oberfläche tierischer Hautblößen in eine undurchlässige wasserdichte Substanz härtet man die entfleischte und enthaarte Haut nach **D. R. P. 244 566** in einem Bade von 2 Tl. Amylacetat und 1 Tl. Aceton während 48 Stunden, überzieht sodann durch Pinselauftrag mit Celluloid und behandelt schließlich mit einer Lösung von 2 Tl. weißem Schellack in 1 Tl. 90 proz. Alkohol.

Zum Wasserdichtmachen von chromgarem Sohlleder werden die völlig trockenen Leder nach **D. R. P. 258 643** 1/2 Stunde lang bei 70—125° mit einer Masse getränkt, die man erhält, wenn man ein verschmolzenes Gemenge von 800 g Kolophonium und 100 g Manganoxydul pulvert, in 1000 g geschmolzenen Rindertalg einträgt und sodann 1 Stunde lang Sauerstoff in das Gemisch einbläst. Nach einer Ausführungsform des Verfahrens behandelt man das Leder mit einem sauren Metallsalz nach und nimmt ihm so die üble Eigenschaft, beim Naßwerden glatt und schlüpfrig zu werden. **(D. R. P. 258 643.)**

Um Leder kernig zu machen trocknet man es zuerst bei bestimmter Temperatur im Vakuum, setzt es dann ebenfalls im luftleeren Raum der Einwirkung von Formaldehyddämpfen aus und erreicht so, daß die nun folgende Behandlung des Leders mit Harz eine reichliche und völlige Durchdringung bewirkt, so daß die Fasern nicht nur gehärtet, sondern auch wasserundurchlässig und zugleich geschmeidig werden. **(D. R. P. 276 553.)**

Eine Imprägnierungsmasse für Leder, Lederersatz oder Gewebestoffe erhält man durch Verdünnen eines abgekühlten, mit Schwefel vulkanisierten, in der Hitze bereiteten Gemenges von Burgunder-, Cumaron- oder ähnlichem Harz und tierischem Fett mit einem geeigneten Lösungsmittel. Diese Masse erzeugt auch aus nicht völlig gargegerbtem Leder und aus geringeren Ledersorten feste, kernige und dauerhafte Ware, deren Poren mit einer elastischen, kautschukartigen, das Eindringen des Wassers verhindernden Masse ausgefüllt sind. **(D. R. P. 302 158.)**

Zur Herstellung eines gut aussehenden, gleitfreien, wasserdichten Sohlenleders taucht man die nach **D. R. P. 261 323** mit Paraffin, Harz usw. vorbehandelten Leder nach **D. R. P. 272 782** in erkaltetem Zustande während einiger Sekunden in ein Lösungsmittel für diese Stoffe (Alkohol, Benzin usw.)

Nach **D. R. P. 334 720** legt man das Leder während 24—36 Stunden je nach seiner Stärke in ein Harnbad, imprägniert und schmiert es dann warm mit einer Lösung von Harz in Tran, läßt die Stücke mit einander zugekehrten Narbenseiten einige Zeit liegen, behandelt dann die Fleischseiten mit der Lösung von 33 Tl. Harz in 66 Tl. Lederfett oder, wenn Unterleder erzeugt werden soll, mit dünnflüssigem Mineralöl statt des letzteren und spannt die Stücke schließlich zum Trocknen auf.

Zur Herstellung von hartem, wasserdichtem Chromleder legt man das fertig gegerbte, vorgewärmte Leder nach **Gummiztg. 26, 661** 2—3 Stunden in heißes Paraffin oder man schmiert es, wenn man ein geschmeidiges Leder erzielen will, mit einem der bekannten Lederschmiermittel. Keinesfalls können so vorbereitete Leder nachträglich vulkanisiert werden.

Auch eine Lösung von Zinkseife in auf 110° erwärmtem Leinöl wurde zum Wasserdichtmachen von Leder empfohlen. Das Leder wird mehrere Stunden lang in die erwärmte Lösung eingelegt, dann herausgenommen und der überschüssige Teil der Seife entfernt. — Die Zinkseife wird auf folgende Weise dargestellt: 112 Tl. weiche Seife werden in 300 Tl. Wasser aufgelöst, worauf man in die kochende Flüssigkeit 56—66 Tl. Zinkvitriol einrührt. Beim Erkalten scheidet sich die Zinkseife als weiße Verbindung ab. **(Dingl. Journ. 119, 468.)**

Zum Wasserdichtmachen von Leder für Schuhwerk weicht man es nach **D. R. P. 85 627** zunächst 2—3 Tage in einer sehr verdünnten wässerigen Alkaliseifenlösung ein, trocknet es dann teilweise und walkt heißen Talg in dieses vorbereitete Leder. Bei dieser Behandlung sollen alle Lederporen durch die gebildete Seife geschlossen werden.

Um Leder wasserdicht zu machen verwendet man nach **D. R. P. 91 509** eine gesättigte Lösung von Bienenwachs in Benzin, der man auf dem Wasserbade noch etwa 10% Walrat beigibt.

Wasserundurchlässige, säurefreie Lederpolituren erhält man nach **Ö. P. v. 8. Okt. 1881** durch Verkochen von 1 Tl. Seife in 30 Tl. Wasser mit 2 Tl. Karnaubawachs, einem Metalloxyd und Vermischen des erhaltenen Niederschlages von fettsauren Verbindungen mit 2% Ammoniak und Blauholzabkochung oder Bichromat usw.

Eine zur Härtung und zum Wasserdichtmachen von Sohlenleder geeignete heiß aufzutragende Masse erhält man durch Verschmelzen von 2 Tl. Pech und 1 Tl. Steinkohlenteer. **(D. R. P. 310 479.)**

Zum Imprägnieren und Füllen von Leder taucht man es während einer Minute in die 100° warme Lösung von Schwefel in Naphthalin unter evtl. Zusatz von Paraffin, Wachs oder Talg. **(D. R. P. 303 204.)**

Um Chromleder fest und widerstandsfähig gegen Wasser zu machen, behandelt man es wie üblich in einer Leim-, Gelatine- oder Agarlösung unter Zusatz von Formaldehyd und preßt die imprägnierten Stücke dann bei erhöhter Temperatur unter starkem Druck. Durch Nachbehandlung des so gepreßten und dann getrockneten Leders im Vakuum bei 90° mit einer Mischung aus Wollfett, Asphalt, Pech und Guttapercha werden die Poren ausgefüllt und man erhält Chromleder, das auch in den losen Stellen der Haut fest, geschmeidig und widerstandsfähig gegen Wasser ist. **(D. R. P. 272 534.)**

Zur Erhöhung der Wasserundurchlässigkeit und zur Behebung der Schlüpfrigkeit behandelt man Leder, Häute oder Felle mit Elaterit (elastisches Erdpech, Mineralharz), der durch Behandlung mit Gilsonit in unzersetzt leicht schmelzbares, kautschukartiges, elastisches, paraffinlösliches Erdpech umgewandelt wird, oder mit Elaterit in Mischung mit einem paraffinähnlichen Körper. Da nun Elaterit und sein Umwandlungsprodukt erst weit über 100° schmilzt und überdies das zugegebene Paraffin oder den beigemischten Ozokerit am Ausschmelzen verhindert, kann man so behandeltes Leder, ohne daß es ausschwitzt, im Sonnenlicht oder in der Nähe von Öfen trocknen. Chromleder, das auf diese Weise behandelt wurde, zeigt dann, was namentlich für Schuhspitzen von Wichtigkeit ist, einen besonders hohen Grad von Biegsamkeit und Widerstandsfähigkeit. **(D. R. P. 273 854.)**

Zur Erzeugung wasserfesten, vegetabilisch gegerbten Leders unterwirft man es naß der Einwirkung einer Lösung von Asphalt, Petrolpech oder Harz in flüchtigen organischen Lösungsmitteln, trocknet und imprägniert abermals bis hinreichende Mengen der Stoffe aufgenommen sind. **(D. R. P. 317 965.)**

Zur Herstellung von wasserdichtem, gegen Abnutzung besonders widerstandsfähigem Leder tränkt man es in einem vereint oder getrennt anzuwendenden Bade eines wasserunlöslichen Imprägniermittels mit Pyridinzusatz. Als Imprägniermittel kann eine Lösung von Harz oder Asphalt, Bitumen, Erdölpech oder Kautschuk in Benzol dienen. Nicht mit pflanzlichen Gerbstoffen gegerbte Leder werden vor der Imprägnierung mit pflanzlichen Gerbstoffen nachgegerbt. **(D. R. P. 317 418.)**

Zur Erhöhung der Haltbarkeit von Unterleder aus minderwertigen Hautteilen tränkt man es mit einer unter Zusatz einer organischen Säure bereiteten Lösung von Holzteer in Benzin. Pflanzlich gegerbtes Leder wird vorher mit formaldehydhaltigem Wasser vom überschüssigen Gerbstoff befreit, mineralgares Leder erfährt eine Vorbehandlung in einer starken Gerbstofflösung oder in verdickter Sulfitablauge. **(D. R. P. 324 495.)** Nach dem Zusatzpatent wählt man als Lösungsmittel für den Holzteer unter Weglassung der organischen Säure Benzol mit einem Zusatz von Mineralöl. Pflanzlich gegerbte Leder werden vor der Holzteerbehandlung mit der wässerigen Lösung von Eisenvitriol, einer organischen Säure und Formaldehyd gewaschen, bei mineralisch gegerbten Ledern setzt man der Waschflüssigkeit noch eine starke Gerbstofflösung oder gereinigte, konzentrierte Sulfitablauge zu. **(D. R. P. 335 484.)**

Zur gasdichten Imprägnierung von Leder setzt man dem wenig viscosen Imprägniermittel von Art eines halogenisierten aliphatischen Kohlenwasserstoffes gegen Wasser, Sauerstoff, Chlor und sauere Gase beständige Stoffe höherer Viscosität zu, die, wie Abfallöle oder Cumaronharz, bei tieferer Temperatur aus der Mischung nicht auskrystallisieren. **(D. R. P. 353 444.)**

410. Leinöl(firnis). Salze, Ammoniak. Chlorfestes Leder. Sohlenverbesserung.

Kautschuk-, Harz- oder Leinölpräparate zum Dichten von Schuhsohlen wurden schon Mitte des vorigen Jahrhunderts hergestellt. **(Dingl. Journ. 108, 466.)**

Das bewährteste Mittel zur Konservierung des Leders ist nach **Dingl. Journ. 129, 159** gewöhnlicher Malerfirnis, mit dem man die Sohlen ebenso wie das Oberleder einpinselt, worauf man die Schuhe an der Sonne oder am warmen Ofen trocknen läßt und dieses Verfahren 5—6 mal wiederholt. Auf diese Weise behandelte Stiefel sollen vollständig wasserdicht sein und können späterhin ohne Anwendung von Tran oder Fett durch bloßes Abwaschen mit Wasser gereinigt werden. Es muß aber darauf hingewiesen werden, daß diese ein- oder mehrmalige Tränkung des Sohlenleders mit heißem Leinöl wohl die Wasserdurchlässigkeit des Leders aufhebt, aber dieses auch hart und brüchig macht, wenn das Leinöl vollständig oxydiert ist, so daß sich die Sohlen dann natürlich um so schneller abnützen, weil das Leder nicht mehr zäh und elastisch ist. Es empfiehlt sich daher nicht Firnis allein, sondern seine Mischungen mit weichbleibenden Stoffen zu verwenden, z. B. ein verkochtes Gemenge von 12,5 Tl. Wachs, 12,5 Tl. Terpentinöl, 12,5 Tl. Ricinusöl, 125 Tl. Leinöl und 3,25 Tl. Holzteer. Das Leder wird vorher 24 Stunden in weiches Wasser eingelegt, dann gut ausgewaschen, ausgerungen, an der Luft getrocknet und in der Nähe eines Feuers so lange mit der Salbe eingerieben, als sie noch aufgenommen wird. Das Leder wird vollständig wasserdicht, widersteht den Einwirkungen der Luft und der Hitze und wird außerordentlich dehnbar, geschmeidig, fast kautschukähnlich.

In **Dingl. Journ. 1851, I, 468** empfiehlt **H. Jennings** die Anwendung einer Lösung von Zinkseife in rohem Leinöl zum wasserdichten Imprägnieren von Sohlleder. Vgl. **D. Ind.-Ztg. 1871, Nr. 22.**

Nach **Württemb. Gew.-Bl. 1850, Nr. 22** wurde die ausgezeichnete Stiefelsohlenschmiere der normännischen Fischer durch Verschmelzen von 2 Tl. Walrat, 3 Tl. gelbem Wachs, je 2 Tl. Terpentinöl und Pech mit der nötigen Menge von Leinöl erhalten. Die Masse wurde warm auf die Sohlen und in die Nähte der Stiefel eingerieben und erfüllte ihren Zweck jedenfalls ebensogut, wenn nicht besser, als die heute vielfach angepriesenen Mittel. — An derselben Stelle sind auch Vorschriften zur Herstellung von Wagen- und Geschirrschmieren angegeben.

Um Sohlen außerordentlich widerstandsfähig zu machen bestreicht man sie nach **D. R. P. 58 040** wiederholt mit einem verkochten Gemenge von 100 Tl. Leinöl, 1,5 Tl. borsaurem Mangan und 0,5 Tl. gebranntem Alaun und trocknet an der Luft. Dann tränkt man abermals mit einer Lösung von 1000 g Schellack, 250 g Sandarak, 60 g Mastix, 15 g Campher und 200 g venezianischem Terpentin in 4 l Weingeist und trocknet wieder.

Nach **Neueste Erf. u. Erf. 1908, 348** besteht ein praktisch erprobtes Sohlenschutzmittel aus einem verschmolzenen Gemenge von je 500 g Talg und Wachs, 30 g Harz und 15 g Leinöl oder aus einem bei 125° verschmolzenen Gemenge von 4 g Ricinusöl oder Tran, 2 g Talg und 1 g Rohkautschuk. Die Präparate werden warm aufgestrichen.

Ein Asphaltlederappreturmittel, das man auf das vorher mit Vitriolöl und Gerbstoff geschwärzte Leder aufträgt, wird nach einem Referat in **Seifens.-Ztg. 1912, 11** hergestellt durch Verschmelzen von je 10 Tl. Kolophonium, natürlichem und Steinkohlenteerasphalt mit 2 Tl. Paraffin, worauf man, wenn die Masse zu rauchen beginnt, 40 Tl. Leinölfirnis und 2 Tl. trockenes Pariserblau zufügt. Die Masse darf auf Papier getropft keinen Fettrand zeigen und wird schließlich, wenn dieser Grad der Verkochung erreicht ist, mit 10 Tl. Benzol verdünnt und dünn aufgestrichen.

Schwarze Wasserstiefelschmieren werden nach **Seifens.-Ztg. 1911, 313** erhalten aus 4 Tl. Ceresin, 6 Tl. Paraffin, 1 Tl. amerikanischem Harz G, 10 Tl. Hammeltalg, 20 Tl. Wollfett, 10 Tl. Tran, 5 Tl. Leinöl, 15 Tl. Rohvaselin, 5 Tl. Holzteer, 1 Tl. Nigrosin (fettlöslich). Die hellen Stiefelschmieren werden ohne Farbstoff, wohl aber mit 2 Tl. Kautschuklösung, evtl. auch mit 0,3 Tl. Juftenöl angesetzt. Gelbe Farben werden durch Zusatz fettlöslicher gelber Teerfarbstoffe, z. B. Sudan R (Akt.-Ges. f. Anilinfabr. Berlin) erzeugt.

Ein Schmiermittel, das Leder dauerhafter und widerstandsfähiger macht und besonders auf Stiefelsohlen aufgestrichen ihre Abnützung sehr stark herabmindert, setzt sich nach **D. R. P. 78 055** zusammen aus 2 Tl. Benzin, 2 Tl. Terpentinöl, 3 Tl. Kolophonium und 1 Tl. Firnis.

Nach **Seifens.-Ztg. 1913, 509** erhält man ein gutes, salbenförmiges Sohlenschutzmittel durch Vermischen einer Schmelze von 4 Tl. Ceresin und 6 Tl. Paraffinschuppen mit einem Gemenge von 20 Tl. Leinölfirnis, 40 Tl. Kienöl und einer Aufquellung von 10 Tl. fettsaurer Tonerde in 40 Tl. Schwerbenzin.

Die Gebrauchsdauer der Ledersohlen soll sich auch dadurch erhöhen lassen, daß man sie mit einem Gemisch von Teer, Pech, Asphalt, ungelöschtem Kalk, Zement und Gips bestreicht. (**D. R. P. 335 775.**)

Nach **F. P. 447 215** imprägniert man Sohlleder, um es zu härten, wiederholt (alle 2 bis 4 Wochen) mit einem abgesetzten Gemisch von 38 Tl. Leinölfirnis, 5 Tl. Fischtran, 5 Tl. Kopallack und 2 Tl. Birkenöl, während man für Oberleder statt des Harzlackes und Birkenöles Karnaubawachs verwendet. Die Kälte- und Wasserundurchlässigkeit des so behandelten Leders soll vollkommen sein, seine Widerstandsfähigkeit soll auf das Vierfache steigen.

Besser noch als Leinöl sollen sich zum Imprägnieren von Leder nach **D. R. P. 257 236** seine Oxydationsprodukte, Linoxynsäure und Linoxyn eignen. Man erhitzt diese Oxydationsprodukte, die man aus dem Leinöl durch Behandlung mit einem Luftstrom bei höchstens 70° erhält, in konzentriert essigsaurer Lösung zusammen mit 20—25% Kolophonium und 10—15% Kaurikopal und stellt nach völligem Eindampfen aus dem Rückstand eine alkoholische Lösung her, in die man das Leder einige Stunden einlegt. Vgl. **F. Friedemann, Chem. Rev. 1913, 213.**

Zur Herstellung von wasserdichtem und farbenbeständigem, mit Anilinfarben gefärbtem Leder appretiert man die gefärbten Leder nach dem Färben mit einer Masse, die aus Leinöl und citronensaurem Kalk erhalten wird, und überstreicht das so appretierte Leder nachträglich mit einer im wesentlichen aus Eiweiß und Firnis bestehenden Anstrichmasse, die dem wasserdicht, geschmeidig und haltbar farbbeständig gewordenen Leder Glanz verleiht. (**D. R. P. 289 188.**)

Ein undurchlässiger Überzug für Wagenplachen u. dgl., auch für Leder (besonders Schuhe), besteht nach **Schweiz. P. 74 021** aus gekochtem Leinöl, Alaun, Kautschuk, Paraffin, Fischöl, hellem Sikkativ und einem Geruchsverbesserungsmittel. Zur Verstärkung wird Bleiweiß zugefügt; je nach der gewünschten Farbe setzt man auch Farbstoffe zu.

Sohlen werden nach **E. P. 12 840/1915** dadurch wasserdicht gemacht, das man zwischen die innere und äußere Sohle feucht oder trocken ein dünnes Gewebe (Seide oder dgl.) legt, auf das eine Schicht aus nitriertem Ricinusöl oder einem anderen Pflanzenöl unter Zusatz eines keimtötenden Mittels, z. B. 2-Naphthol, aufgetragen wurde.

Nach **D. R. P. 20 130** werden Ledersohlen sehr dauerhaft, wenn man sie mit einer Mischung von 50 Tl. Leinölfirnis, 10 Tl. Wasserglas und 40 Tl. Naxoschmirgel bestreicht. Vgl. **D. R. P. 85 627.**

Zur Erhöhung der Dauerhaftigkeit des Leders und um es wasserdicht zu machen wird es nach **D. R. P. 222 155** in Wasser gequellt, halb getrocknet, gefärbt und auf der Haarseite mit gekochtem Leinöl überzogen. Wenn dieser Überzug getrocknet ist, bringt man das Leder 24 Stunden in eine dünnflüssige Mischung von 8 Tl. Portlandzement mit 2 Tl. Borax. Wenn die Poren des Leders völlig durchdrungen sind, wovon man sich durch einen Aufschnitt überzeugt, wird es getrocknet, auf beiden Seiten mit Leinöl überzogen und gewalzt.

Ein Schutzmittel für Stiefelsohlen besteht aus einem Gemenge von Öl, Lederfett, Paraffin, Harz und feinen Eisen- oder Stahlspänen, die beim Gehen in die durch die Fette geweichte Sohlenoberfläche eindringen und einen widerstandsfähigen Metallbelag bilden sollen. (**D. R. P. 298 707.**)

Zur Konservierung von Hemlockledersohlen soll sich nach **D. R. P. 17 529** ein Gemisch von gleichen Teilen Alkohol und Salzsäure mit einer gesättigten Lösung von unterschwefligsaurem Natron eignen.

Zur Herstellung wasserdichten, oberflächlich von Imprägnierungsmasse freien Unterleders tränkt man es vor der Imprägnierung in seinen obersten Schichten mit einer konzentrierten Salzlösung, trocknet, imprägniert und wäscht die Salze und zugleich die eingedrungenen Imprägnierungsmassen aus den obersten Schichten mit warmem Wasser aus. Statt der Salzlösungen kann man auch Lösungen von Leim, Gelatine oder Albumin verwenden und nachträglich mit Chromaten härten. Auf diese Weise bleiben die obersten Lederschichten frei von Imprägnierung und das Leder kann wie üblich weiter zugerichtet und verarbeitet werden. **(D. R. P. 286 225.)**

Nach **E. P. 48 26/1884** soll Leder dadurch dauerhafter werden, daß man es einweicht und dann mit Ammoniakgas behandelt.

Um Leder chlorfest zu machen imprägniert man es mit chlorierten Ölen oder Wachsen, die weniger als 30% Chlor enthalten und sich darum besser eignen als die chlorreicheren harzartigen Produkte. **(D. R. P. 299 075.)**

Zur Herabminderung der Dehnbarkeit von Ziegen- oder Lammleder streicht man die vorgefärbten angefeuchteten Stücke von der Mitte heraus, trocknet, wendet, feuchtet, spannt abermals, bestreicht die Leder mit einer Lösung von 20 Tl. Gelatine und 1 Tl. Bichromat in 500 Tl. Wasser und trocknet schließlich am Lichte. **(D. R. P. 352 861.)**

411. Gerbstoffhaltige Konservierungsmittel. Minderwertiges Leder verbessern.

Zur Konservierung von neuem und zur Wiederherstellung von verdorbenem Leder eignet sich eine Schmiere aus 8 Tl. Öl- und 2 Tl. Palmitinsäure, bei 60° gemischt, mit 6 Tl. Seifenleim und 1,2 Tl. einer Lösung von 3 Tl. Catechugerbsäure und 1 Tl. Eisengerbsäure in 8 Tl. Wasser. Bei hartgewordenem Leder wird die Schmiere 50° warm aufgetragen, bei frischem jedoch ohne weitere Erwärmung. Die Seife wird durch Eindicken von Ölsäure mit starkem Ammoniak hergestellt, bis aller Geruch nach Ammoniak verschwunden ist und die Seife eine gallertartige Masse darstellt. **(Dingl. Journ. 164, 316.)** Vgl. **Bachmann** in **D. Gewerbeztg. 1871, Nr. 9.**

Nach **C. Friedrich Otto, Seifens.-Ztg. 1913, 510,** empfiehlt es sich, den Ledererhaltungsmitteln Gerbstoffe einzuverleiben, da eben durch das im Laufe der Zeit aus den im Gebrauch befindlichen Ledersorten erfolgende Verschwinden des Gerbstoffgehaltes die Zerstörung des Leders bedingt wird. Von den zahlreichen Gerbstoffen, die man Seifen, Fetten oder Ölen einverleiben kann, kommen jedoch wegen ihrer Schwerlöslichkeit nur wenige in Betracht. Man verfährt z. B. in der Weise, daß man 200 g Gerbsäure mit 12 kg amerikanischem Blauöl (0,885) 2—3 Stunden kocht und die Mischung dem Lederöle zusetzt oder man löst 50 Tl. Gerbsäure in 100 Tl. Glycerin und setzt diese Lösung dem Lederöl zu. Ein ähnliches Präparat erhält man nach **Fehr** ferner aus 40—60 Tl. Fischtran, 20 Tl. rohem Rüböl und 10 Tl. Eichenrindeabkochung oder nach **Bachmann** (s. o.) durch Zusatz einer alkoholischen Lösung von 10 Tl. Gerbsäure zu einem Lederschmiermittel. Schließlich kann man auch Gallussäure, die in heißem Wasser zu 30% löslich ist, in Lederschmiermitteln verarbeiten.

Zum Schmieren von Oberleder verwendet **W. Martz, Dingl. Journ. 165, 399,** 1 Tl. Fischtran und 2 Tl. einer konzentrierten Rindengerbstofflösung, entfernt das Wasser und vermischt 100 Tl. des butterartigen Schmiermittels mit 1—2 Tl. Kreosot.

In **D. R. P. 40 249** und **42 296** werden mit Carragheenabkochung versetzte Gerbstofflösungen als Lederanstrich empfohlen.

Zur Herstellung von Lederappreturen und zugleich zur Ausnützung gerbstoffarmer Gerbebrühen werden diese nach **A. P. 881 084, 882 489** und **882 490** durch geeignete Fällungs- oder Neutralisationsmittel vom Kalk, von den nicht flüchtigen Säuren durch Konzentration bis zu einem spez. Gewicht von 1,05—1,3 und von den flüchtigen Säuren durch Destillation befreit und in dieser Form verwendet.

Ein konservierender Anstrich für Leder besteht nach **Ö. P. v. 24. Okt. 1885** aus einem Gemenge von 10 kg Teer mit einer Lösung von 1 kg Alaun in 20 l heißem Wasser und 0,5 kg Ammoniak. Das überstehende Wasser wird abgegossen und die Masse zur Entfernung der letzten Wasserreste erwärmt. Um das Produkt als Gerbmittel verwenden zu können vermischt man es noch mit einer Lösung von 33% Talg, Stearin oder Wachs in der gleichen Menge Terpentin.

Nach **D. R. P. 112 339** werden Flachsstengel zur Herstellung eines Schmiermittels für Leder zunächst in der Menge von 100 kg 2 Stunden mit 8 kg Seife auf 70—80° erhitzt, wobei die nicht faserigen Stoffe in Lösung gehen; 10 hl der Ablauge werden mit 3 l Salzsäure 1 Stunde bei 60° weiterbehandelt, man filtriert und dampft die Flüssigkeit bei über 100° bis zur teigartigen Konsistenz ein. Dieser Teig wird mit Olein vermischt und eignet sich in diesem Zustande zum Schmieren von Leder.

Zur Umwandlung geringer Ledersorten in Sohlenleder imprägniert man das Material nach **D. R. P. 271 843** in einem Bade, das aus 200 Tl. Amylacetat, 1—10 Tl. Celluloidabfällen, 20 Tl. Ricinusöl und 0,5—5 Tl. Chlorschwefel besteht, und trocknet schnell bei 50°.

Um minderwertiges Leder kernig und wasserdicht zu machen, bestreicht man nach **D. R. P. 111 252** die Narbenseite zum Schutz der Farbe mit Dextrin, dem man evtl. ein oxalsaures Salz beimengt, trocknet und imprägniert mit einer Lösung von Guajakharz und evtl. auch mit einer Lösung von Kolophonium in Alkohol oder Äther; nach erfolgter Tränkung wird die Dextrinschicht wieder abgewaschen.

Zur Verbesserung schlechten Leders taucht man die gelohten, minderwertigen Häute in eine aus Baumwolle, Campher, Zellstoff- oder Celluloidabfällen, Öl, Schwefel bzw. Chlorschwefel und flüchtigen oder sonst geeigneten Stoffen bereitete elastische Masse, trocknet nach genügender Imprägnierung bei 50° und streicht den Überschuß der Masse ab. Das Leder, dem man jede gewünschte Narbe erteilen kann, wird dann wie üblich geschmiert und appretiert. **(D. R. P. 271 843.)**

Ein Veredelungsverfahren für Leder, Häute oder Felle, demzufolge man vorgegerbte oberflächlich entnarbte Häute nachgerbt, worauf das Leder zugerichtet wird, ist in **D. R. P. 349 366** beschrieben.

Zur Konservierung von Leder und Lederwaren behandelt man diese mit Lösungen bakelitartiger Produkte mit oder ohne Zusatz von vulkanisierten Fetten oder Fettsäuren. Es handelt sich bei dieser Behandlung der Haut oder des gegerbten und getrockneten Ledergewebes nicht um eine bloße Füllung, sondern es bilden sich unauswaschbare Kondensationsprodukte, die das Leder vor Wurmfraß und vor dem Verschimmeln schützen, es konservieren und im Gebrauchswert verbessern. **(D. R. P. 276 434.)**

Zur Erhöhung der Haltbarkeit von Unterleder beliebiger Gerbung, insbesondere aus minderwertigen Teilen, tränkt man das Leder mit einer Lösung von Holzteer in einem organischen Lösungsmittel unter Zusatz einer organischen Säure, trocknet und walzt. Nach weiteren Ansprüchen schaltet man vor die Behandlung mit Holzteerlösung zur Entfernung des überschüssigen Gerbstoffes ein wässeriges Formaldehydbad ein, wäscht aus und trocknet bzw. bringt mineralgares Leder, ebenfalls vor der Holzteerbehandlung, in eine starke Gerbstofflösung oder in gereinigte und verdickte Zellstoffablauge und trocknet. **(D. R. P. 324 495.)**

412. Treibriemenkonservierung (Lederdichtungen geschmeidig erhalten).

Über Riemenkonservierungsmittel siehe **Gummiztg. 1915, 397.**

Die Treibriemenschmier- und Adhäsionsmittel beschreibt ferner **F. Großmann,** in **Seifens.-Ztg. 1917, 734.**

Über die sachgemäße Behandlung des Ledertreibriemens siehe auch **Ledertechn. Rundsch. 7, 373.**

Zur Pflege und Reparatur der Treibriemen siehe ferner die Mitteilungen von **W. Hacker** in **Elektrochem. Ztg. 1921, 44,** über das Reinigen von Treibriemen **Ledertechn. Rundsch. 7, 76 ff.**

Eine Patentzusammenstellung über Anstrichmassen für Treibriemen von **L. Schall** findet sich in **Kunststoffe 6, 182.**

Die Treibriemenschmiermittel sollen die Lebensdauer der Riemen auch unter ungünstigen Bedingungen, z. B. in sehr feuchten, heißen Arbeitsräumen, nach Möglichkeit verlängern, also konservierend wirken, zugleich sollen sie das Leder weich erhalten und das Gleiten der Riemen an den Scheiben verhindern (Adhäsionspräparate). In letzterem Falle erhalten die aus Ölen, Fetten, Glycerin usw. hergestellten Grundmassen einen Zusatz von klebenden Bestandteilen, z. B. Harzen, doch empfiehlt es sich, im Interesse der Riemenkonservierung möglichst wenig von diesen Zusätzen zu verwenden.

Stets ist zu beachten, daß zur Konservierung von Treibriemenleder nur Fette, also die Triglyceride der Fettsäuren, nicht aber diese selbst verwendet werden dürfen, da die freien Säuren die Rissebildung in den Riemen begünstigen. Jeder Treibriemen soll etwa jedes halbe Jahr mit lauwarmem Seifenwasser gereinigt und nach dem Trocknen mit einer harz- und säurefreien Schmiere aus 1 Tl. Talg und 2 Tl. Tran eingerieben werden. Alle Zusätze, die die Adhäsion des Riemens steigern sollen, sind zu verwerfen, da der Riemen schneller zerstört wird. Zu stark gefettete Riemen werden durch Auftragen eines dicken Breies von Tonpulver und Benzin und Entfernen der trockenen Masse entfettet. Man streicht die schlaffen Riemen nur auf der Oberseite ein und läßt sie 2 Tage hängen, ehe man sie verwendet. Einzelheiten über die Materialart der Treibriemen für feuchte oder für Räume mit Säuredämpfen usw. finden sich in **Seifens.-Ztg. 1917, 381 u. 403.** Vgl. **[400].**

Zum Entfetten von Treibriemen legt man sie in spiraliger Form aufgewickelt, jedoch mit einem Zwischenraum von 1—2 cm zwischen den einzelnen Windungen in eine Büchse, füllt diese vollständig in allen verbleibenden Zwischenräumen mit gemahlener Tonerde aus, erhitzt die Büchse gleichmäßig in einem Ofen und läßt in diesem Erkalten. **(D. R. P. 85 628.)**

Einige Vorschriften zur Bereitung von Treibriemenfetten finden sich in **Seifens.-Ztg. 1911, 259.** Man verschmilzt z. B. 500 Tl. Kolophonium, 300 Tl. technischen Talg, 200 Tl. Paraffin oder statt des letzteren 300 Tl. rohes Wollfett bei höchstens 80°, oder man verseift 450 Tl. Wollfettstearin, 300 Tl. amerikanisches Harz und 250 Tl. Mineralöl (0,905) mit 100 Tl. Natronlauge von 40° Bé. bei 95°. Für Balatariemen empfiehlt sich eine Mischung von 500 Tl. Neutral-Wollfett, 100 Tl. Waltran, 200 Tl. Flockengraphit und 200 Tl. technischem Talg. Für Baumwollriemen erhitzt man 50 Tl. Melasse und 100 Tl. Ricinusöl 2. Pressung auf 80° und fügt 150 Tl. rohes Wollfett, 200 Tl. Graphitpulver und 300 Tl. amerikanisches Harz zu.

Nach **Elsner, Polyt. Zentr.-Bl. 1863, 79** werden schwach lohgar gegerbte Treibriemen, um sie geschmeidig zu machen, 24 Stunden in Glycerin eingelegt.

Ein gutes Schmiermittel für Treibriemen wird nach **Ledertechn. Rundsch. 1909, 93** hergestellt durch Vermischen einer warmen Lösung von 800 g Talg in 4 kg Ricinusöl mit 16 g Gummipulver und 80 g gepulvertem Borax. Man trägt die Schmiere auf beide Seiten des gut gewaschenen und gereinigten Riemens auf.

Nach **Norw. P. 22 479/11** verschmilzt man zur Herstellung einer Riemenschmiere 50 kg Harz und 2 kg Paraffinwachs, versetzt mit 30 l Terpentin sowie mit einer Lösung von 1 kg Gummi und $^1/_4$ l Nitrobenzol in 25 l Benzin und dampft unter Wiedergewinnung der Lösungsmittel bis zur Dickflüssigkeit ein.

Ein Riemenkonservierungsfett erhält man nach **Krist, Seifens.-Ztg. 1913, 696,** durch Verschmelzen von 20 Tl. Tran, 10 Tl. Talg, 1 Tl. Ceresin, 9 Tl. Paraffin und 60 Tl. Mineralöl 0,885.

Über Konservierung lederner Treibriemen mit Gemengen, die wesentlich Talg, Tran, Dégras oder Ricinusöl und Kolophonium enthalten, siehe auch **Hempel, Wochenbl. f. Papierfabr. 1912, 4422.**

Eine Treibriemenschutzmasse besteht nach **D. R. P. 40 385** aus einer mit Seidenabfällen, Asbestfasern und Zinkweiß verrührten Harzseifenlösung, die man zur Bildung einer weißen unlöslichen Tonerdeseifenschicht mit Alaunlösung ausfällt und zum Gebrauch mit Guttaperchalösung verdünnt.

Über Herstellung eines Treibriemenöles aus Fichtenharzöl, Glycerin, Sesamöl, Nitrobenzol usw. siehe **F. P. 455 071.**

Um Lederriemen geschmeidig zu erhalten und ihr Rutschen auf den Scheiben zu verhüten, soll man nach **D. R. P. 11 462** Ricinusöl mit einem evtl. Zusatz von bis zu 10% Talg verwenden.

Zum Weichmachen vegetabilisch sattgegerbten und dann eingefetteten Leders bedient man sich nach **D. R. P. 103 154** mineralischer, nicht färbender Stoffe wie Alaun oder Bolus.

Nach **D. R. P. 153 480** wird eine elastische, das Rutschen der Treibriemen verhindernde Masse hergestellt aus einem Gemisch von Faserstoffen, Leim, Mehl, Alaun, Soda, Borax, Terpentin und Glycerin.

Zur Herstellung eines Imprägniermittels für Leder- oder Textiltreibriemen löst man z. B. gleiche Teile Neutralwollfett und Erdölasphalt oder andere sonst als Adhäsionsstoffe verwendete Materialien in der zwanzigfachen Menge Perchloräthylen oder anderer gechlorter oder halogenfreier Kohlenwasserstoffe und verwendet diese Lösung zum Imprägnieren der Riemen oder Seile während der Arbeit oder im Ruhestande bei beliebiger Temperatur. Das Präparat bewirkt außerdem, dadurch, daß es das Leder weich und griffig macht, eine Nachgerbung, die besonders bei lohgaren Riemen, deren Gerbung selten eine vollständige ist, erwünscht erscheint. **(D. R. P. 291 461.)**

Zur Konservierung von Lederdichtungsringen legt man sie bis zur völligen Durchdringung in warmflüssigen Teer ein. **(Polyt. Zentr.-Bl. 1865, 100.)**

Durch Tränkung von ledernen Dichtungsmanschetten mit geschmolzenem Paraffin vermeidet man das Brüchigwerden des Leders auch bei längerem Lagern. **(Mar, Elektrochem. Zeitschr. 21, 306.)**

Um Lederdichtungen geschmeidig zu erhalten erhitzt man sie nach **Elektrochem. Zeitschr. 1915, 366,** etwa $^1/_2$ Stunde mit geschmolzenem Paraffin auf höhere Temperatur, nimmt das Material dann heraus und läßt es abtropfen. Nach dem Erkalten sollen die Dichtungen dauernd elastisch bleiben.

Zur Herstellung von Lederdichtungen für Teile von Kältemaschinen behandelt man das Leder vor der Anwendung mit einem Fettlösungsmittel und entzieht ihm dann die Feuchtigkeit. Dieses Leder behält auch bei der Temperatur der flüssigen Luft die Biegsamkeit und Geschmeidigkeit, die es bei normalen Temperaturen besitzt, und die so präparierte Lederdichtung macht es möglich, von jeder Schmierung der an ihr geführten Maschinenteile, also z. B. für die Zylinder von Expansionsmaschinen für komprimierte Luft, abzusehen. **(D. R. P. 273 276.)**

413. Riemenadhäsions- und -gleitschutzpräparate.

Über die sachgemäße Anwendung von Riemen- und Adhäsionsfetten siehe **Ledertechn. Rundschau 8, 169 u. 174.**

Die Riemenadhäsionsfette sollen das Festaufliegen des Riemens herbeiführen, sein Ausspringen verhüten und die Adhäsionswirkung zwischen Riemen und Riemenscheide verstärken. Die meisten dieser Fette enthalten Harz, dessen schädigende Wirkung auf das Leder man dadurch möglichst aufheben soll, daß man die Riemenaußenseite regelmäßig mit einem Tran-Wollfettgemenge bestreicht, ihn mindestens dreimal im Jahre gründlich von der fest anhaftenden inneren Harzschicht befreit und nach dem Trocknen gut mit Lederfett einfettet.

Man unterscheidet Adhäsionsfette mit und ohne Harz und ferner solche mit und ohne Wollfett. Zur Herstellung eines weißen, halbflüssigen Adhäsionsfettes werden 40 kg helles Harz geschmolzen und nacheinander 5 kg mit 15 kg hellem Tran auf einer Mühle verriebenes Zinkweiß und 5 kg eingedicktes Rüböl zugesetzt. Schließlich rührt man sehr vorsichtig 3 kg Natronlauge von 40° Bé hinzu. Zur Fabrikation eines harzfreien Adhäsionsfettes in Stangen werden 15 kg gelbes Ceresin und 15 kg neutrales Wollfett und 2 kg in 5 kg rohem Leinöl aufgelöster Rohkautschuk zugegeben und gut gerührt. Man läßt die Masse etwas abkühlen, worauf sie in feste Formen oder fettdichte Tüten gegossen wird. Zur Herstellung eines Adhäsionsfettes in Stangen werden 50 kg Harz und 12 kg gelbes Ceresin geschmolzen und unter gutem Rühren 12 kg eingedicktes Cottonöl, 10 kg rohes Leinöl und 15 kg russisches Maschinenöl 0,906/8 zugesetzt. Man läßt die Mischung etwas erkalten und füllt sie in Formen. Zur Herstellung eines Adhäsionsfettes mit Wollfett schmilzt man 5 kg Ceresin, 15 kg neutrales Wollfett, 5 kg Talg und 30 kg Harz und läßt unter sorgfältigem Rühren erkalten. **(K. Hauptmann, Seifens.-Ztg. 1906, 977.)**

Über die Herstellung und Anwendung der Riemenadhäsionsfette siehe **F. Otto, Seifens.-Ztg. 1912, 34, 58 u. 117.** Man erhält beispielsweise ein gelbes Riemenadhäsionsfett, das in runden

Stangen zu 1 kg in den Handel kommt, durch Verschmelzen von 53 Tl. Harz G, 18 Tl. Ceresin, 19 Tl. russischem Maschinenöl (0,906/8), 6 Tl. rohem Rüböl und 4 Tl. eingedicktem Rüböl. Die Masse wird kurz vor dem Erkalten in Pappformen gegossen, die mit eingedicktem Rüböl eingefettet sind. Andere Vorschriften mit oder ohne Graphitzusatz, auch zur Herstellung von Riemenwachs, finden sich im Original.

Nach **Techn. Rundsch. 1913, 178** erhält man ein Riemenwachs durch Verschmelzen von 40 Tl. Naturvaselin oder Wollfett, 26 Tl. Tran, 18 Tl. Talg, 13 Tl. Ceresin (56—58°) oder Stearinpech, 1 Tl. Guttapercha und 2 Tl. fettsaurer Tonerde. Eine festere, in Stangenform gießbare Masse gewinnt man aus 25 Tl. Harz, 10 Tl. Kottonöl, Rüböl oder dickem Harzöl, 15 Tl. Talg, 20 Tl. Paraffin und 30 Tl. rohem Wollfett.

Ein Treibriemen- oder Adhäsionsöl wird nach **Seifens.-Ztg. 1911, 259** erhalten aus 10 Tl. rohem Leinöl, 2 Tl. Eisenvitriol, 10 Tl. Rüböl, 4 Tl. Kolophonium, 6 Tl. rohem Talg, 40 Tl. Destillatolein und 44 Tl. Stearinöl.

In **Seifens.-Ztg. 1913, 695** findet sich eine Arbeit von **F. C. Krist** über Präparate, welche die Leistung und Lebensdauer von Ledertreibriemen vergrößern bzw. erhöhen. Man stellt ein besonders geeignetes Riemenadhäsionswachs in Stangenform her durch Eingießen eines verschmolzenen Gemenges von 65 Tl. hellem Harz, 7 Tl. Talg, 21 Tl. Paraffin, 2,5 Tl. Ricinusöl und 4,5 Tl. Wollfett in Blechbüchsen von etwa 7 cm Durchmesser und 28 cm Höhe, in deren Boden man mittels einer Stahlnadel ein kleines Loch sticht, um die erstarrten Stangen nachträglich durch Eintauchen der Büchsen in heißes Wasser leicht herausnehmen zu können. Die erhaltenen Stangen werden dann beschnitten in Stanniol geschlagen und verschickt. Ein wasserdichtes Riemenadhäsionsöl wird durch Verschmelzen von 90% Tran und 10% Schwefel unter Zusatz von einigen Prozenten Ceresin erhalten bis eine Probe auf einer Glasplatte kautschukartig erstarrt.

Ein Treibriemenadhäsionsöl, das in der Flasche flüssig bleibt, auf den Riemen gebracht sofort einen konsistenten Überzug bildet, erhält man nach **Seifens.-Ztg. 1912, 301** durch Verschmelzen von 50 Tl. rohem Wollfett, 15 Tl. amerikanischem Harz G und 10 Tl. Tran, worauf man die Schmelze vom Feuer entfernt und eine konzentrierte Lösung von 5 Tl. altem Fahrradpedalgummi in Terpentinöl und 150—200 Tl. Schwerbenzin einrührt.

Zur Herstellung eines flüssigen Adhäsionsfettes für Treibriemen erwärmt man Harz, rohe Ölsäure, Ricinusöl und Vaselinöl und erhält so ein auch in feuchter Luft stets flüssig bleibendes Präparat, das vollständig in das Leder eindringt, nicht zähe wird und nicht zur Krustenbildung neigt. **(D. R. P. 131 316.)**

Zur Herstellung eines Adhäsionspulvers für Treibriemen mischt man calcinierte Soda, kohlensaures Magnesium und zerkleinertes Harz und streut das Pulver bei langsamen Gang der Maschine auf den Riemen bis er gleichmäßig weiß aussieht. Das Präparat soll nicht kleben und doch das Rutschen des Riemens verhindern. **(D. R. P. 269 260.)**

Ein Riemenadhäsionsmittel, das das Leder auch bei längerem Gebrauch nicht schädigt, besteht aus einer bei höherer Temperatur bereiteten Mischung von Braun- oder Steinkohlenteerasphalt mit viscosen Mineral- oder Teerölen. **(D. R. P. 313 922.)**

Zur Herstellung eines Riemenadhäsionsmittels verkocht man ein Rostschutzmittel im sirupösen Gemisch mit Glycerinpech oder anderen bei der Destillation kohlenhydrathaltiger Stoffe verbleibenden Rückständen, die neben Zucker, Dextrin und Schleimstoffen auch noch Glycerin, Polyglycerin, Milchsäureverbindungen usw. enthalten. Durch den Kochprozeß werden die vorhandenen Ester gespalten und die Säuren neutralisiert. **(D. R. P. 328 881.)**

Ein das Rutschen des Treibriemens verhindernder Riemenscheibenbelag besteht aus einem Gemenge von Faserstoffen, Leim, Mehl, Alaun, Soda und Borax mit mehr oder weniger Glycerin und Terpentin, je nach dem Feuchtigkeitsgehalt der Räume. Gegen saure Dämpfe wird die Masse durch eine Kautschuk-Schellack-Asphalt-Terpentinschicht geschützt. **(D. R. P. 153 480.)**

Nach **Gummiztg. 26, 661** bestreicht man bei Herstellung von Ledergleitschutzreifen Chromleder vor der Aufbringung der Gummischicht am besten 2—3 mal mit Terpentinöl und trocknet etwa 4 Stunden bei 40—45°, während eine Imprägnierung mit einem Gemenge von Terpentin mit Firnis und Leinöl, wie man es zur Tränkung von Stiefelsohlen mit Erfolg verwendet, wenig gute Resultate gibt, da hierdurch die Vulkanisation gestört und andererseits auch das Leder unelastisch und hart wird.

Nach **Gummiztg. 26, 662** imprägniert man Ledergleitschutzreifen gleich nach der Vulkanisation in mäßig warmem Zustande mit einem Gemisch von Schweinefett, Vaselin und etwas Fischtran. Die Fettschicht verhindert auch den Rostansatz an den Eisennieten. Nach einer anderen Mitteilung ist das beste Fett für Ledergleitschutzreifen Lanolin, das nicht nur gleich nach der Vulkanisation des Reifens, sondern auch später, wenn der Reifen schon auf dem Rade liegt, etwa alle 14 Tage als Einfettungsmittel verwendet werden soll.

414. Schuhlederkonservierung, Literatur und Allgemeines.

Lüdecke, C., Schuhcremes und Bohnermassen. Augsburg 1913. — Andés, L. E., Die Fabrikation der Stiefelwichse und Lederkonservierungsmittel. Wien und Leipzig 1921. — Derselbe, Moderne Schuhcremes und Lederputzmittel. Wien und Leipzig 1911. — Brunner, R.,

Fabrikation der Schuhwichse und der Lederschmiere. 6. Aufl. 1905. — Siehe auch den Abschnitt „Leder-Schmiermittel" und die betreffenden Kapitel in den Handbüchern der Leder- und Fettindustrie.

Über Lederkonservierungsmittel schreibt **W. Fuchs** in **Ledertechn. Rundsch. 13, 37.**

Wertvolle Hinweise auf die Fabrikation der Schuhcremes, besonders für neueinzurichtende Kleinbetriebe, finden sich in **Seifens.-Ztg. 1912, 1316.** Ebenso sind daselbst zahlreiche Vorschriften zur Herstellung dieser Massen angegeben.

Die notwendigen Einrichtungen für die Schuhcreme-, Bohnermassen- und Lederfettfabrikation beschreibt **M. Oskauer** in **Seifens.-Ztg. 1918, 156.**

Für die Schuhcremeindustrie wichtige Angaben über Wachs, Harz, Paraffin, Ceresin und die üblichen Lösungsmittel bringt **Lüdecke** in **Seifens.-Ztg. 1920, 353 ff.**

Über die Patente zur Herstellung säurehaltiger und säurefreier Stiefelwichse- und Schuhcremeerzeugnisse siehe den Überblick von **Marschalk** in **Kunststoffe 9, 73 u. 103.**

In **Seifens.-Ztg. 1913, 374 ff.** veröffentlicht **L. Themal** eine umfassende Arbeit über Schuhcreme- und Vaselineprodukte.

Über die Herstellung von Lederappreturen und ähnlichen Produkten im Nebenbetrieb der Farben-, Lack- und Klebstoffindustrie siehe **Farbe und Lack 1912, 429, 439, 447.** In dem Aufsatz finden sich zahlreiche Vorschriften und Preisangaben, welche die Herstellung dieser Lederappreturmittel ebenso wie der Wassercremes und Terpentincremes und auch der Lederfette ermöglichen.

Über die Herstellung von Schuhcreme während des Krieges siehe **Chem.-techn. Ind. 1916, Nr. 4, 3 und Nr. 5, 9, 13.**

Die Fehler bei der Fabrikation von Terpentinschuhcreme bespricht unter Anführung von Rezepten **K. Albertsen** in **Chem.-techn. Ind. 1919, Nr. 33.**

Über die Pflege des naturfarbenen Schuhwerks bei den Truppen siehe **Apotheker-Ztg. 1913, 515.**

Der wichtigste Bestandteil der gewöhnlichen Stiefelwichse ist Zucker, der durch zugesetzte Schwefelsäure verkohlt wird, daneben werden häufig noch Glycerin, Gummi arabicum usw. hinzugefügt, um die gewünschte Konsistenz zu erzielen. Diese älteren Präparate, deren lederkonservierende Wirkung sehr gering war, enthielten als schwarzen Pigmentfarbstoff Knochenkohle oder schwarze Erdfarben. Die Lederschwärzen dienen entweder zur Färbung von Naturleder oder zum Auffrischen von schwarzgefärbtem Schuhwerk, und dem verschiedenen Zweck entsprechend wechselt auch die Zusammensetzung der Präparate.

Von diesen Lederschwärzen, die zum Auffärben des schon getragenen farbigen Leders dienen sollen, sind streng zu unterscheiden die Lederschwärzen des Gerbers, der mit ihrer Hilfe naturfarbenes Leder im Betrieb schwarz färbt. Während jene Lederschwärzen (Stiefelwichse) im allgemeinen aus den Lösungen schwarzer Teerfarbstoffe in Benzin, Sprit oder auch Olein bestehen, sind die Gerbereischwärzen wässerige Lösungen von Salzen (Eisenvitriol, Kaliumchromat und -bichromat, Kleesalz) oder Säuren (Oxalsäure, Essigsäure), die unter Zusatz von Blauholzextrakt aufgestrichen werden und die Lederfaser nicht nur färben, sondern auch eine chemische Verbindung mit ihr eingehen. **(Seifens.-Ztg. 1910, 607 u. 632.)**

Nach **Corbeland** teilt man die Schuhwichsen und Cremepräparate ein in solche, die brennbar und mit Benzin mischbar sind, Essenzgeruch besitzen und als feste Lösungen betrachtet werden können, und in solche, die nicht brennen, sich mit Wasser verrühren lassen und als wässerige Emulsionen zu bezeichnen sind.

A. Bolis unterscheidet Terpentin-Schuhcreme, bestehend aus irgendeinem wachsartigen Fett und Terpentinöl, und Verseifungs-Schuhcreme, das ist eine wässerige Emulsion teilweise verseifter Wachskörper. Für diese zweite Klasse müssen natürlich verseifbare Wachsarten verwendet werden (Karnauba-, Bienen-, Insekten- und Japanwachs), die sich nach der Verseifung mit Wasser emulgieren lassen, sie sind billiger aber minderwertiger als die Terpentinölprodukte und dienen häufig als Verschnitt der letzteren. Die heute fabrizierten Schuhcremesorten enthalten kaum mehr Bienen- oder Karnaubawachs, da diese Rohmaterialien zu teuer sind. Diese Stoffe werden in den Präparaten zum Teil oder ganz durch rohes Montanwachs, Paraffin und Ölsäure ersetzt, um so mehr, als der Glanz z. B. einer Montanwachsschuhcreme in allen Fällen besser ist, als wenn man bei der Herstellung des Produktes von Karnaubawachs ausgeht.

In **Seifens.-Ztg. 1920, 937** empfiehlt **Schön** die Verwendung von Tetralin zur Fabrikation von Schuhcremes und Bohnermassen, da dieses Lösungsmittel die Paste geschmeidiger macht, ihr Austrocknen verhindert und die Mitverarbeitung größerer Wachsmengen ermöglicht. Bei Anwendung von Terpentinöl oder seinen Ersatzmitteln als Lösungsmittel kann man 10—15% Tetralin mitverwenden, während es sich zur Fabrikation von Ölwachsware nicht eignet, da sein Flammpunkt zu hoch liegt.

In **Seifens.-Ztg. 1913, 667** findet sich die Übersetzung einer Arbeit von **J. T. Donald** über moderne Schuhpolituren und Dressings, d. s. harz- oder ölhaltige Lederappretur- und Reinigungsmittel.

Vorschriften zur Herstellung von Wichsen für Ober- und Geschirrleder, für Lederwachse und für nicht brennbare Lederwachsmassen finden sich in **Ledertechn. Rundsch. 7, 67.** — Vgl.

ebd. 257, 281 u. **290;** Herstellung von Glanzappreturen für Chromleder, ferner über Herstellung von Chromwichsleder und Chromlackleder. Siehe auch die Vorschriften zur Herstellung von Sohlenimprägnierungsmitteln, Ledercremes, Sattlerwachs, Kaltpoliertinten usw. in **Seifens.-Ztg. 1912, 1148.**

415. Schuhwichsen.

Vorschriften zur Herstellung von Wichsen bringt die **Ledertechn. Rundsch. 7, 153, 181.**

Über das Schwarzfärben von farbigen Schuhwerk siehe **Ledertechn. Rundsch. 7, 322.**

Zahlreiche ältere Vorschriften zur Herstellung von Stiefelwichse finden sich in **Polyt. Zentrh. 1853, Nr. 7.**

Zur Bereitung der Glycerinwichse mischt man 3—4 Tl. Kienruß und $^1/_2$ Tl. gebrannte Knochen mit 5 Tl. Glycerin und 5 Tl. gewöhnlichem Sirup klumpenfrei, setzt etwas geschmolzene Guttapercha, Baumöl und Stearin zu und füllt die zum Gebrauch mit 3—4 Tl. Wasser zu verdünnende Wichse in Dosen. **(Polyt. Zentr.-Bl. 1870, 1644.)**

Ältere Vorschriften zur Herstellung von Stiefelwichse, flüssiger Wichse und wasserundurchlässigen Präparaten finden sich z. B. in **D. R. P. 11 185, 14 589, 14 956, 14 952, 16 114, 18 119, 19 297** und **19 048.**

Eine trockene Glanzwichse wird nach **D. R. P. 77 126** aus einem Gemenge von Sirup, Gummi arabicum oder Harz, Schwefelsäure, gebrannter Cichorie und einem schwarzen Farbstoff (Elfenbeinschwarz) durch Eintrocknen auf gelindem Feuer erhalten. Die Masse kann entweder zu Pulver zerrieben oder in festen Stücken hergestellt werden.

Über Herstellung von Schuhwichse aus den völlig abgenutzten ungemahlenen Knochenkohlerückständen siehe **D. R. P. 103 684.**

Eine Schuhwichse wird nach **D. R. P. 114 401** aus Glycerin, Gummilösung, Melasse und eingedickter Sulfitcelluloseablauge hergestellt.

Wasserdichte flüssige Wichse: Man löst 3,5 Tl. Gummi arabicum in 132,5 Tl. Wasser und 12,5 Tl. Essigsäure, mischt mit 2,8 Tl. dunklem Sirup und 3,6 Tl. Beinschwarz, fügt ein warmes Gemenge von 7,5 Tl. Rapsöl und 8,5 Tl. Buchenholzteer hinzu und läßt in dünnem Strahle 7,5 Tl. Schwefelsäure zufließen. Man läßt 14 Tage stehen und rührt öfter um. **(Seifens.-Ztg. 1911, 605.)**

Zur Herstellung von Schuhwichse löst man nach **D. R. P. 104 749** 350 g Leim in 4 l Wasser, vermischt mit 50 g isländischem Moos, 60 g Borax, 15 g Ricinusöl, 15 g Tran, 30 g Olivenöl und z. B. 40 g Nigrosin, dampft die Mischung auf die Hälfte ihres Volumens ein und füllt noch warm in Dosen.

Nach **Seifens.-Ztg. 1911, 1173** wird eine flüssige Blitzlederschwärze hergestellt durch Verrühren von 21 kg flüssigem, fettlöslichem Nigrosin, mit 5 kg Olein und 5 kg Terpentinöl; in die auf 30° abgekühlte Masse verrührt man schnell 90 kg Benzin und füllt auf Flaschen.

In **Seifens.-Ztg. 1911, 605** sind einige Vorschriften zur Herstellung von Lederschmiermitteln angegeben. Man schmilzt z. B. zur Bereitung einer englischen Stiefelwichse 50 Tl. Hammeltalg, 9 Tl. Paraffin und 3,75 Tl. Seife zusammen, fügt 3,5 Tl. Kandiszucker und 1,5 Tl. Gummi arabicum zu, verrührt bis alles gelöst ist und versetzt mit 4,5 Tl. Lampenruß, 1,75 Tl. gebrannten Elfenbein und 10,5 Tl. Pinolin.

Eine säurefreie Wichse für Lederwaren wird nach **D. R. P. 52 588** hergestellt aus dem Gemenge einer Lösung von 16 Tl. Casein und 6 Tl. krystallisierter Soda in 48 Tl. Wasser mit 145 Tl. Beinschwarz, 75 Tl. Stärkezucker, 12$^1/_2$ Tl. Baumöl und 5 Tl. harzsaurem Eisen. Letzteres stellt man her durch Eintragen von schwefelsaurem Eisenoxydul in eine kochende, wässerige Lösung der Harzseife, die man aus 2,5 Tl. Kolophonium und 1 Tl. Soda erhält. Die glanzerzeugende Wirkung des Produktes wird noch erhöht, wenn man schließlich eine Lösung von 1—2 Tl. Oxalsäure in 5 Tl. Wasser zufügt.

Zur Herstellung farbiger Stiefelwichse verrührt man nach **D. R. P. 83 088** 46 Tl. reinstes Knochenpulver, 92 Tl. Melasse, Sirup, Dextrin oder Pflanzengummi, 9 Tl. Öl oder Fett und läßt in dünnem Strahle nacheinander 12 Tl. konzentrierte Schwefelsäure und 10 Tl. konzentrierte Salzsäure zufließen, so daß das Tricalciumphosphat der Knochen in primäres Calciumphosphat übergeführt wird. Man färbt dann mit 2 Tl. Mineralfarbstoff und 0,5 Tl. Azofarbstoff.

Zur Herstellung farbiger Schuhwichse vermischt man nach **D. R. P. 84 533** 50 Tl. salzfreien Sirup, 6 Tl. Vaselin und irgendein Farbpulver.

Nach **D. R. P. 328 882** eignet sich ein Gemenge von 15 Tl. kalk-, eisen- und säurefreier Sulfitablauge oder derselben Menge Natronzellstoffextrakt mit 5 Tl. Magnesiumchlorid, Farbstoffen, Vaselinöl und Pflanzenleim als Schuhwichse.

Eine einfache schwarze Lederfarbe erhält man nach **D. R. P. 40 682** durch Lösen von 70 g Teer oder Pech und 220 g Nigrosin in 1 kg warmem Anilin. Die Lederschwärze hat den Vorteil, das Schimmeln zu verhüten und tief in das Leder einzudringen ohne seine Weichheit zu beeinflussen. Streng zu vermeiden ist der Zusatz auch nur geringer Mengen Anilin zu Lederschwärzen für Schuhwerk, da dieser giftige Körper vielfach Hautekzeme erzeugt.

Eine ausgiebige Schuhwichse erhält man ferner in der Weise, daß man nicht gemahlene Knochenkohleabfälle mit eben soviel Salzsäure behandelt, daß alle Kalksalze der Kohle in Lösung gehen, den Rückstand dann mit der doppelten Wassermenge auslaugt und filtriert. Man erhält so als Rückstand feinverteilten Kohlenstoff, dessen Calciumchloridgehalt man nicht entfernt, da das Salz die aus der Kohle bereitete Schuhputzmasse vor dem Austrocknen bewahrt. (D. R. P. 103 384.)

Zur Fixierung jeder Lederschwärze auf der Unterlage ist es erforderlich, diese zunächst mit Benzin gründlich zu reinigen, um die Poren des Leders zur Aufnahme des Farbstoffes vorzubereiten.

416. Schuhglanzpräparate mit Wachsgehalt; Lederglanzpulver.

Über Kunstwachs und die besonders für die Schuhcremeindustrie wichtigen Wachsersatzel siehe **Andés, Kunststoffe 1919, 169.**

mittEine erprobte Lederglanzvorschrift ist in **D. R. P. 68 995** angegeben: Man überstreicht das schwarz zu lackierende Militär- oder Sattlerleder mit einem Gemenge von 90 Tl. Natriumbiborat, 20 Tl. Nigrosin, 180 Tl. vegetabilischem Wachs und 1200 Tl. Wasser und verreibt mittels eines Polierballens.

Auch eine mit Terpentinöl verdünnte Schmelze von Wachs, Baumöl und Schweinefett eignet sich als Lederglanzpräparat. **(Gerberztg. 1860, Nr. 39.)**

Eine Lederwaren-Glanzwichse erhält man ferner durch Zusatz von 2,5 g Weinrebenschwarz zu einem verschmolzenen Gemisch von 15 Tl. Bienenwachs und 20 Tl. Bernsteinöl, dem man während des Erkaltens 30 g auf 30° vorerwärmtes Terpentinöl zugesetzt hat. **(D. R. P. 55 899.)**

Nach einem Referat in **Seifens.-Ztg. 1911, 630** erhält man eine flüssige Ledercreme für Pferdegeschirre durch Kochen von $2^1/_2$ Tl. venezianischem Terpentin, 1,5 Tl. Wasser und 1,5 Tl. Natronlauge von 37° Bé bis sich die Masse mit einer gleichmäßigen Haut bedeckt, dann setzt man eine heiße Lösung von 2,5 Tl. Borax und 2 Tl. Pottasche in 55 Tl. Wasser hinzu und emulgiert mit 10 Tl. Karnaubawachsrückständen unter schwachem Aufkochen. Ist glatte Emulsion eingetreten, so rührt man bei 80—90° einen Teig von 5 Tl. Casein und 20 Tl. Wasser zu. Man färbt evtl. mit 3% Nigrosin, das man in der Pottaschelauge auflöst. Soll die Creme der Feuchtigkeit besseren Widerstand leisten, so verwendet man einen Lederlack, der durch Zusatz von 1—3% venezianischem Terpentin und 1% Leinölsäure Cremekonsistenz erhält.

Zur Herstellung einer terpentin- und säurefreien Karnaubawachs-Ledercreme vermischt man nach **D. R. P. 244 039** die verschmolzenen Gemenge von je 8 kg Karnaubawachs und Tran bzw. 8 kg Wasser, 24 kg Tran und Farbstoff unter fortgesetztem Rühren mit 8 kg Glycerin. Diese Creme trocknet nicht aus, enthält in dem Tran ein gutes Konservierungsmittel und keine das Leder schädigenden Substanzen.

Nach **Seifens.-Ztg. 1911, 486** verschmilzt man zur Gewinnung einer wachshaltigen Lederappreturmasse 5 Tl. Karnaubawachs, 2 Tl. gelbes Bienenwachs, 1 Tl. Ozokerit, 2 Tl. Gelbparaffin, fügt eine Lösung von 2,4 Tl. 40grädiger Kalilauge in 40 Tl. Wasser hinzu, ebenso $1^1/_2$ Tl. wasserlösliches Nigrosin, und kocht bis die Masse homogen ist. Nach dem Erkalten versetzt man sie mit einer wässerigen Lösung von 5 Tl. Campecheholzextrakt, 6 Tl. Melasse und 0,25 Tl. Kaliumbichromat und wärmt vor dem Ausfällen nochmals an.

Nach **W. Oelsner, Seifens.-Ztg. 1911, 1309,** wird eine Hochglanzschuhcreme mit Wasser- und Terpentinölgehalt wie folgt hergestellt: Man verschmilzt 2 kg Karnaubawachs, 1 kg Ceresin, 1 kg Harz, 1 kg Japanwachs; kocht ferner $^1/_4$ kg Seife, $^1/_4$ kg Türkischrotöl und 3 kg Terpentinöl mit 1 l Wasser auf und löst schließlich 3—4 kg Pottasche nebst der Farbe in 12 l Wasser. Man vermischt die Wachs- und Pottaschelösung, setzt nach $^1/_2$ Stunde das Terpentinölgemisch hinzu, parfümiert mit 100 g leichtem Campheröl und gießt in Dosen.

Eine weiße verseifte Ledercreme, die in Gläser gefüllt werden soll, erhält man nach **Seifens.-Ztg. 1912, 551** durch Erhitzen einer Schmelze von 6 Tl. raffiniertem weißen Montanwachs, 10 Tl. Japanwachs und 4 Tl. opakem schottischen Paraffin (50/52) mit einer Lösung von $3^1/_2$ Tl. 95grädiger Pottasche in 60 Tl. heißem Wasser, die man in feinem Strahle zufließen läßt. Wenn die Masse nach weiterem Verkochen homogen geworden ist fügt man weitere 50 Tl. heißes Wasser zu, kühlt die Masse auf 50° ab und füllt sie in Gläser.

Weitere Vorschriften zur Herstellung von Schuhcreme mit Verwendung von Montanwachs finden sich in **Farbe und Lack 1912, 334.**

Einige Vorschriften zur Herstellung von Schuhcremes mit Kandelillawachs als Grundlage bringt **St. Ljubowski** in **Seifens.-Ztg. 1912, 617.**

Über Herstellung eines Imprägnierungsmittels für Leder aus Bienenwachs, Japanwachs, schottischem Paraffin, venezianischem Terpentin und Leinöl siehe **D. R. P. 265 912.**

Da das amerikanische und englische Terpentinöl für eine billige Schuhcremefabrikation nicht mehr in Frage kommt, so sind die in deutschen Raffinerien verarbeiteten russischen Öle, wie z. B. das Terpinol, deutsch-russisches Terpentinöl Gloria usw., zu empfehlen. Diese wesentlich billigeren Produkte sollen nahezu die gleichen Eigenschaften besitzen wie die französischen und englischen Produkte. Eine so zusammengesetzte Schuhcreme besteht z. B. aus 75 Tl. amerikanischem Terpentinöl, 75 Tl. doppelt raffiniertem polnischen Terpentinöl, 15 Tl. amerikanischen Paraffinschuppen, 46/48 gelblich, 20 Tl. Montanwachs roh, 8 Tl. Karnaubawachs, 7 Tl. Ozokeritrückstand, 1 Tl. Terpentinessenz künstlich (extrastark), 6 Tl. fettlöslichem Nigrosin, 2 Tl. fettlöslicher Anilinfarbe gelblich. Oder: 150 Tl. doppelt raffiniertes polnisches Terpentinöl, 15 Tl. amerikanische Paraffinschuppen 46/48 gelblich, 20 Tl. Montanwachs roh, 8 Tl. Karnaubawachsrückstände, 7 Tl. Ceresin, Halbfabrikat hochgrädig, 6 Tl. fettlösliches Nigrosin, 2 Tl. Anilinfarbe gelb, 2% Terpentinessenz künstlich extrastark.

Die Wachse werden in einem Kupferkessel geschmolzen. Das Terpentinöl wird im Wasserbade auf 55° erhitzt, dann dem gelösten Wachs unter Rühren langsam zugesetzt. Nachdem die Masse etwas abgekühlt ist, gibt man die Terpentinessenz hinzu. **(Phemal, Seifens.-Ztg. 40, 374, 398, 422, 451.)**

Über die Verwendung des Tetralins und des Tetralin-Extra als Lösungsmittel in der Schuhcreme und Bohnermassenindustrie siehe **W. Schrauth, Seifens.-Ztg. 46, 143.**

Nach **Seifens.-Ztg. 1911, 880** wird eine dem Guttalin ähnliche Schuhcreme erhalten durch Zusammenschmelzen von 1 Tl. Karnaubawachs, 2 Tl. Montanwachs, 3 Tl. Hartparaffin und 18 Tl. Terpentinöl. Man rührt bis zum Erstarren, wärmt nochmals an bis die Creme wieder flüssig wird und kühlt dann schnell ab.

Ein anderes Produkt à la „Guttalin" erhält man nach **Seifens.-Ztg. 1912, 392** durch Verschmelzen von 15 Tl. Karnaubawachs und 15 Tl. Paraffin (50/52) mit 5 Tl. fettlöslichem Nigrosin. Man entfernt die Masse vom Feuer, verdünnt mit 70 Tl. Terpentinöl und gießt etwa 45° warm in Dosen. Billiger wird die Masse, wenn man einen Teil des Karnaubawachses durch rohes Montanwachs ersetzt.

Oder man verschmilzt nach **Seifens.-Ztg. 1912, 1008** zur Herstellung einer Schuhcreme, die die typische Spiegelzeichnung des Guttalins besitzt, 25 Tl. rohes Montanwachs, 10 Tl. Karnaubawachs, 20 Tl. halb raffiniertes schottisches Paraffin (48/50) und 5 Tl. Ceresin, verdünnt die auf 60° erkaltete Masse mit 180 Tl. 50° warmem Terpentinöl, in dem 7 Tl. fettlösliches Nigrosin und 2 Tl. fettlösliche gelbe Teerfarbe gelöst sind, kühlt auf 45° ab, füllt schnell in Dosen und läßt die Masse in ihnen unter der Einwirkung von bewegter Luft erkalten.

Eine andere Vorschrift zur Gewinnung eines Guttalinersatzes findet sich in **Techn. Rundsch. 1906, 876.**

Ein Verfahren zur Herstellung von Schuh- oder Lederglanzpulvern, mit denen man die mit Schuhcreme behandelten Leder poliert, um ihnen den Hochglanz zu erhalten, war in **D. R. P. 223 418** geschützt. Man stellt ein solches Pulver z. B. her durch Zusammenschmelzen von 14 Tl. Karnaubawachsrückständen, 42 Tl. schwarzem Montanwachs, je 7 Tl. amerikanischem Harz (Kolophonium G und F) und Japanwachs, 8 Tl. Ammoniaksoda, 6 Tl. granulierter Pottasche, 6 Tl. wasserlöslichem Nigrosin und 10 Tl. Wasser. Die Schmelze wird zweckmäßig nach dem Erstarren bzw. Trocknen in einer Seifenpulvermühle gemahlen und gelangt in paraffinierten, luftdicht verschlossenen Kartons in den Handel. Man kann das Pulver natürlich auch in Tablettenform bringen, jedenfalls wird das Präparat vor dem Gebrauch in etwa der dreifachen Menge kochenden Wassers aufgelöst und in dieser wässerigen Form aufgestrichen.

Nach **D. R. P. 229 423** erhält man ein Lederputzmittel in fester Form durch Eingießen und Pressen eines heißen Gemenges von 50 Tl. Karnaubawachs, 50 Tl. Montanwachs, 35 Tl. Glycerin, 35 Tl. Natronlauge (40° Bé), 15 Tl. Anilinfettfarbe (aus 1 Tl. Anilinfarbbase), 2 Tl. Stearin und 1 Tl. Olein.

Eine nach allen Richtungen erprobte Lederschmiere erhält man nach einer alten Vorschrift von **Weiß, Polyt. Notizbl. 1852, Nr. 9,** durch Versetzen eines verkochten Gemenges von Wasser und je 2 Tl. Seife, Wachs und arabischem Gummi mit Beinschwarz oder Kienruß und Lebertran.

Ein gutes Momentschwärzfett erhält man nach **Seifens.-Ztg. 1912, 476** durch Verschmelzen von 12 Tl. Ceresin, 6 Tl. Paraffin (48—50°), 10 Tl. fettlöslichem Nigrosin und 80 Tl. amerikanischem Mineralöl (0,885).

Nach **Ö. P. Anmeldung 7920/08** wird zur Herstellung eines Lederputzmittels geschmolzenes, verseifbares Wachs oder Bitumen mit einer stark alkalischen Lösung verrührt und erwärmt; das in Formen gegossene Gemenge erstarrt beim Erkalten.

Nach **D. R. P. 258 259** stellt man glanzgebende und konservierende Präparate (Schuhcreme, Bohnerwachs u. dgl.) unter Verwendung des Saftes von Euphorbiaceen her. Man mischt z. B. 10 kg Euphorbiasaft, $2^1/_2$ kg Stearin, $2^1/_2$ kg Wachs und 1 kg Paraffinöl, schmilzt die Masse und verdünnt sie entweder zur Gewinnung der genannten Produkte mit 7,5 kg Terpentinöl oder Benzin oder verwendet sie ohne Terpentinöl für Kabelwachs-, Kerzenwachsmassen u. dgl.

Weitere Vorschriften zur Herstellung flüssiger Lederputzmittel, pulverförmiger Lederpolitur und zur Bereitung von Hochglanzpräparaten auf Schuhen und chromgegerbtem Schafleder finden sich in verschiedenen Referaten der **Seifens.-Ztg. 1912, 1818.**

Es ist sehr wesentlich, daß alle auf diesem oder jenem Wege hergestellten Schuhcremesorten kein freies (also nicht an Wachs oder Harz gebundenes) Alkali enthalten, da diese die Blechdosen, in die man die Cremes einfüllt, in kurzer Zeit zerstören. Auch seifenhaltige Cremepräparate greifen die Dosen stark an.

417. Schuhcreme mit Harz-(Schellack-)Wachsgehalt. Kaltpolierpräparate.

Eine wasserbeständige, lederschützende Schuhwichse erhält man aus einer alkoholischen, mit Tran und Ruß verriebenen Schellacklösung. **(Bayer. Kunst- u. Gew.-Bl. 1865, 120.)**

Zur Herstellung eines Lederglanzpräparates für gefettete, schwarz genarbte Leder löst man nach **W. Eitner (Der Gerber 1880, 245)** 200 g Rubinschellack in 1 l Spiritus von 95%, löst ferner 25 g trockene Marseillerseife in 375 ccm warmem 95 proz. Spiritus und vereinigt die beiden Lösungen, von denen man die erste einige Tage vorher angesetzt hat, unter Hinzufügung von 40 g Glycerin und einer Lösung von 5 g spritlöslichem Nigrosin in 125 ccm Spiritus. Nach 10 bis

13 Tagen, während welcher Zeit man öfters umschüttelt, ist die Schwärze zum Gebrauch verwendbar.

Elastischer, schwarzer Lederlack: Man löst 8 Tl. Kopal, 1 Tl. Rubinschellack und 1 Tl. Sandarak in 45 Tl. Sprit (95%), fügt 1 Tl. Campher, eine Mischung von 1 Tl. Nigrosin und 0,5 Tl. Olein zu, und versetzt schließlich mit 0,5 Tl. Ricinusöl. Man läßt 24 Stunden absitzen und filtriert. **(Seifens.-Ztg. 1911, 605.)**

Nach **Techn. Rundsch. 1910, 411** stellt man eine Lederschwärze, die zugleich Celluloid ösen schwarz färbt, her aus 15 Tl. Schellack, 5 Tl. Sandarak, 3 Tl. venezianischem Terpentin, 1 Tl. Leinölsäure, 1½ Tl. Campher, 2 Tl. spritlöslichem Nigrosin und 67 Tl. 95proz. Spiritus. Diese nach Art der Lederlacke oder Lederappreturen zusammengesetzte Schwärze verleiht dem Leder gleichzeitig hohen Glanz.

Ein Lederlack entsteht nach **D. R. P. 19 267** durch Eindampfen eines Gemenges von Farbstoff und einer filtrierten Lösung von 80 Tl. Schellack, 3 Tl. Wachs, 2 Tl. Ricinusöl und 15 Tl. Alkohol im Vakuum. Die Auftragpinsel werden mit Spiritus befeuchtet.

In **Seifens.-Ztg. 1911, 57** berichtet **G. Schneemann** über Lederappreturen. Sie bestehen aus Borax, Schellack und Formaldehyd, evtl. unter Zusatz von Türkischrotöl, und werden für feine Lederglasuren noch dadurch verbessert, daß man ihnen Benzaldehyd, Terpentinöl u. dgl. zusetzt. Eine Kopalgrundappretur wird beispielsweise hergestellt durch Eintragen von 9 kg weichem, spritlöslichem Manilakopal in die Lösung von 3,5 kg Kalilauge von 48° Bé und 1,5 kg Türkischrotöl in 50 kg kochendes Wasser. Man läßt dann abkühlen und versetzt mit 150 g 40proz. Formaldehyd. Zur Herstellung von „Peerless Gloss" setzt man der Grundappretur eine Mischung von 1 kg alkalilöslichem Casein, 500 g Salmiakgeist und 2 kg Glycerin hinzu. Nach **Andés, Ledermarkt 1909, 27,** ist die beste und billigste Lederappretur eine Lösung von Schellack in boraxhaltigem Wasser; für fette Leder ist allerdings Alkali nicht zu entbehren. Der der Lederappretur zugesetzte Farbstoff, das Nigrosin, muß natürlich vollkommen alkalibeständig sein.

Nach **Bayer. Ind.- u. Gew.-Bl. 1910, 436** wird eine Kopallösung für Lederappretur wie folgt hergestellt: Man kocht 12½ kg weichen Manilakopal bis zur Lösung in 50grädiger Kalilauge oder in einer Lösung von 2½ kg festem Ätzkali in 85 kg Wasser, setzt sodann 2½ kg reine, transparente Schmierseife hinzu, vermischt mit einem Teerfarbstoff und koliert noch heiß durch ein lockeres Gewebe; nach einigen Tagen ist die Appreturmasse verwendbar. Zur Erhöhung der Wasserbeständigkeit gibt man ihr einen Zusatz von wässerige Schellack-Boraxlösung.

Chevreau - Öl - Renovator: Man verrührt 5 Tl. Casein mit 2,5 Tl. Salmiakgeist und 10 Tl. Glycerin und fügt am anderen Morgen eine Lösung von 6,75 Tl. Borax und 2,0 Tl. Rubinschellack in 200 l Wasser zu. Nach weiterer Beigabe von 5,0 Tl. Türkischrotöl läßt man abkühlen, versetzt mit 0,5 Tl. 40proz. Formaldehyd, läßt 24 Stunden absitzen und filtriert. **(Seifens.-Ztg. 1911, 605 ff.)**

Wasserundurchlässige, säurefreie Lederpolituren erhält man nach **Ö. P. v. 8. Okt. 1881** durch Verkochen von 1 Tl. Seife in 30 Tl. Wasser mit 2 Tl. Karnaubawachs, einem Metalloxyd und Vermischen des erhaltenen Niederschlages von fettsauren Verbindungen mit 2% Ammoniak und Blauholzabkochung oder Bichromat usw.

Nach **A. P. 1 208 477** besteht eine Lederpoliturmasse aus 16 Tl. Karnabauwachs, 6 Tl. kastillianischer Seife, 6 Tl. Nigrosin und Wasser.

Zur Gewinnung eines flüssigen Lederputzmittels von starker Hochglanzwirkung vermengt man Glanzmittellösungen bekannter Art wie Lacke, alkalische Harzlösungen oder wässerige Lösungen von Leim, Zucker oder Dextrin mit festem, d. h. mit Seifenleim oder Seifenlösung emulgiertem Erdöl. Nach dem Zusatzpatent vereinigt man das Ganze durch Kochen zu einer homogenen Lösung oder vermischt auch Erdöl selbst mit jenen alkalischen Gummi- oder Harzlösungen, färbt in beliebigem Ton und verkocht dann erst zur homogenen Flüssigkeit. **(Ö. P. 55 843 und 55 844.)**

Nach **D. R. P. 331 628** löst man zur Herstellung einer Momentlederschwärze 65 kg Lackschwarz in 210—220 l 25% Benzol enthaltendem Benzolspiritus, ferner 80 l o-Toluidin und 16 l 25proz. Kolophoniumspritlösung bei Wasserbadtemperatur, fügt nach dem Abkühlen noch 570 l Benzolspiritus und 135 l technisches Aceton hinzu und kann die gut durchrührte Masse sodann abfüllen.

Zum Fertigmachen von Chromleder behandelt man es noch feucht mit einer Zuckerlösung, trocknet dann und tränkt es mit einer Lösung aus 10—20 Tl. Harz, 5—12 Tl. japanischem Wachs, ½—6 Tl. venezianischem Terpentin, ½—6 Tl. Talg und 4—10 Tl. Paraffin. **(D. R. P. 265 856.)**

Zwischen Schellack- und Wachspolitur für Leder stehen die Russetfarben, das sind alkoholfreie Kaltpoliertinten, die man z. B. durch Vermischen einer Schmelze von je 10 kg Paraffin und Karnaubawachs und je 20 kg Japanwachs und Harz mit einer Lösung von 8 kg wasserlöslichem Nigrosin und 10 kg wasserfreier Soda in 300 kg Wasser erhält. Eine andere nur kalt polierbare Tinte erhält man ferner durch Lösen von 25 kg Karnaubawachs in einer Lösung von 4 kg Kernseife und 1 kg Ätznatron in 150 l Wasser, worauf man eine Lösung von 25 kg Farbe in 150 l Wasser hinzufügt. Weitere Vorschriften zur Herstellung dieser Kaltpoliertinten, die vom Leder leicht aufgenommen werden, in den verschiedenen Farben, finden sich in **Farbe und Lack 1912, 285.**

Vorschriften und Angaben zur Herstellung der Kaltpoliertinten zum Färben von Absätzen und Sohlen finden sich auch in **Techn. Rundsch. 1910, 258.** Man vereinigt zur Herstellung einer solchen Kaltpoliertinte z. B. die Lösung von 20 Tl. alkalilöslichem Casein und 2,5 Tl. Borax in 60 Tl. Wasser mit einer Emulsion von 1 Tl. Kernseife, 2 Tl. Pottasche und 8 Tl. Karnaubawachsrückstand in 40 Tl. Wasser, setzt der vermahlenen, durch feine Mullgaze filtrierten Masse zur Konservierung 0,5 Tl. Salicylsäure oder 1 Tl. 2-Naphthol gelöst in 1 Tl. denaturiertem Spiritus zu, färbt mit feingemahlenem weißen Bolus und Lithopon als Grundlage und der entsprechenden Farbstoffmenge, z. B. Chromgelb, Eisenoxydfarbe, Zinnober u. dgl., und parfümiert z. B. mit Citronellaöl.

Nach **Seifens.-Ztg. 1910, 1210** sind Lederappreturen mit Mattglanz entweder Wasserlacke, d. h. verdünnte Wachsseifenemulsionen oder Lösungen von Wachs in ätherischen Ölen und Kohlenwasserstoffen. Solche Emulsionen stellt man beispielsweise her durch Erhitzen von 120 Tl. gelbem Wachs, 15 Tl. Pottasche, 360 Tl. Wasser, 240 Tl. Terpentinöl und 0,25 Tl. Farbstoff (Phosphin) in Spiritus oder aus 300 Tl. gelbem Wachs, 50 Tl. Pottasche, 2 l Wasser, 100 Tl. Ölseife und einer Farbe, wobei das verdampfende Wasser zu ersetzen ist. Eine Lederappretur der zweiten Art wird beispielsweise erhalten, wenn man 200 Tl. gelbes Wachs, 100 Tl. Fischtran, 630 Tl. Benzin, 50 Tl. Seifenspiritus und für Braun 20 Tl. Umbrabraun, für Gelb ebensoviel Goldocker, miteinander mischt und unter Erwärmen löst.

Nach **D. R. P. 234 728** wird Leder, das mit einer Schuhcreme behandelt wird, die einen Zusatz von Eigelb und Eieröl enthält, elastischer, geschmeidiger und glänzender als bei Verwendung von Ricinusöl, Leinöl oder Vaselin.

Zur Herstellung eines Lederputz-, Lederkonservierungs- oder Bohnermittels verarbeitet man ein trockenes, pulverförmiges Gemisch von Wachs, Paraffin oder Harz mit Farbstoff und festem Alkali und führt das einfach verpackbare, unbegrenzt haltbare Pulver erst am Orte der Verwendung durch Übergießen mit heißem Wasser in streichfertige Form über. **(D. R. P. Anm. F. 27 098, Kl. 22 g.)**

Färben, Metallisieren, Lackieren des Leders.

418. Literatur und Allgemeines über Lederfärberei. Narbenschäden, Beizen, Durchfärben.

Außer der eingangs genannten Literatur seien noch erwähnt: Reimann, M., Die Färberei aller Lederwaren. — Lamb, M. C. (deutsch von L. Jablonski), Lederfärberei und Lederzurichtung. Berlin 1913. — Jettmar, Das Färben des lohgaren Leders. Leipzig 1900. — Beller, Handbuch der Glacélederfärberei. Weimar 1880. — Wiener, Die Lederfärberei und die Fabrikation des Lackleders. Wien 1896.

Die Vorbereitung des Leders zum Färben, das Färben selbst von Leder und Kunstleder mit Teer- oder Mineralfarben beschreibt **K. Micksch** in **Kunststoffe 1919, 309.**

Über das Färben von weißem Waschleder und Sämischleder siehe **Ledertechn. Rundsch. 6, 273 ff.**

Über das Färben von Kunstleder (Pegamoid, Glorid, Dermatoid usw.) siehe z. B. **D. R. P. 247 178.**

Um auch den Verarbeiter des Chromleders instand zu setzen, das Leder auszufärben, finden sich in **Ledertechn. Rundsch. 7, 329** eine Beschreibung der zu dem Zwecke vorzunehmenden Operationen; auch auf leicht vorkommende Fehler und deren Beseitigung oder Vermeidung wird hingewiesen.

Der Mißstand des Abfärbens von Leder und Lederwaren ist in **Ledertechn. Rundsch. 13, 31** besprochen.

Man färbt Leder nach dem Streich- (Bürst-) oder nach dem Tauch- (Tunk-)verfahren mit Mineral-, Pflanzen-, vorwiegend aber mit Teerfarbstoffen. Nach **Paeßler** werden lohgare Leder (für Koffer, Portefeuillearbeiten usw.) sehr häufig auf der Tafel nach dem Streichverfahren in der Weise gefärbt, daß man als Grund einen mit Ammoniak oder Soda versetzten Blau- und Gelbholzabsud aufbringt und mit einer Eisensalzschwärze nachfärbt. Weißgares Kidleder färbt man fast immer nach dem Tauchverfahren schwarz, weißgares Glacéleder in verschiedenen Farben häufig auch heute noch mit Pflanzenfarben, die man durch vorheriges Beizen des Leders mit alkalischen Brühen (vgl. **Müllers** Urinersatz durch Melasseentzuckerungslaugen nach **D. R. P. 66 998**) fixiert und nachträglich mit Metallsalzlösungen nachdunkelt und nuanciert. In ähnlicher Weise färbt man Dänischleder, jedoch nicht auf der Narbe, sondern auf der nach außen gekehrten geglätteten Fleischseite. Sämischleder wird mit einem mineralfarbstoffhaltigen Stärkekleister nach dem Bürstverfahren oder nach vorhergehender Beizung mit Alaun und Weinstein ähnlich wie Glacéleder mit Teerfarbstoffen gefärbt.

Zur Vorbehandlung wird zu färbendes loh- und sumachgares Leder mit warmem Wasser aufgewalkt, bis der nicht gebundene Gerbstoff gelöst und das Leder zum Färben genügend aufgeweicht ist. Lohgares Leder kann hierauf noch mit Sumach nachgegerbt werden, damit es eine hellere Farbe und größere Aufnahmefähigkeit für den Farbstoff bekommt. Für das Färben in nassem Zustande ist das Leder jetzt fertig vorbereitet; soll es dagegen in trockenem Zustande gefärbt werden, so wird es nun leicht geölt und aufgespannt getrocknet.

Das aus der Gerbung kommende Chromleder ist zuerst vollständig zu entsäuern. Hierzu verwendet man am besten Boraxlösung, mit welcher man die Leder im Walkfasse $^1/_2$—1 Stunde laufen läßt. Die Menge des anzuwendenden Borax richtet sich nach der Art der Gerbung bzw. nach dem Säuregehalt des Leders. Die entsäuerten Leder werden in einer Emulsion aus Klauenöl, Eigelb, Seife und evtl. etwas Soda oder Ammoniak geschmiert. Die anzuwendenden Mengen sind je nach der Gerbung verschieden.

Hierauf sind die Leder zum Färben fertig vorbereitet, wenn mit Säurefarbstoffen gefärbt werden soll; soll dagegen mit basischen Farbstoffen gefärbt werden, so werden die Leder nun mit einer Lösung vegetabilischer Gerbstoffe im Walkfasse behandelt, um sie für diese Farbstoffe aufnahmefähig zu machen. Dazu dient meist eine Abkochung von Sumachblättern. Für helle Farben verwendet man eine Abkochung von 3—5 kg Sumach für 100 kg Leder (feucht gewogen), für dunklere Farben entsprechend mehr. Als Ersatz für Sumach können auch Gambir oder andere geeignete Gerbstoffe dienen. In der lauwarmen Gerbstofflösung walkt man das Leder ungefähr $^1/_2$ Stunde und spült sodann.

In **D. R. P. 335 907** wird empfohlen, alaungares Leder vor dem Färben mit Teerfarbstoffen mit einer Lösung synthetischer Gerbstoffe zu behandeln.

Über Lederfarben, unter besonderer Berücksichtigung der natürlichen Pflanzenfarben, und über Lederanstriche unter Verwendung von Mineralfarben, besonders Ultramarinblau, Rebenschwarz, Lithopon, Grünerde, Umbra usw. siehe **Farbe und Lack 1912, 329,** woselbst sich auch zahlreiche Vorschriften über Herstellung der Farbstoffmischungen finden. Es sei hervorgehoben, daß viele Färber die alten Farben, wenn auch zum größten Teile unberechtigt, den Teerfarbstoffen aus dem Grunde vorziehen, weil letztere ungleichmäßiger anfallen, d. h. zu unegaleren Färbungen führen sollen. So färbt man beispielsweise vielfach lohgares Leder auf der Narbenseite (für Koffer, Reisetaschen usw.) mit einem Gemisch der starken Abkochungen von Blauholz und Lohbrühe als Grund und schwärzt mit Eisenvitriollösung, holzessigsaurem Eisen oder einer vom Gerber selbst aus Bier, Milch, Lohbrühe und Eisenspänen bereiteten Schwärze nach.

Über die Art der Färbung, die das Leder durch die verschiedenen pflanzlichen Gerbmaterialien erhält, siehe **J. Paeßler, Gerberztg. 1907, 260.** Das hellste Leder liefern Gambir und Sumach, das dunkelste und röteste Leder Mangrove.

Die Färbung der Sohlenleder ist für den Handel insofern von Wichtigkeit, als diese Farbe charakteristisch ist für das gute, nur mit Eichenrinde gegerbte Leder, während importierte Ware häufig mit anderen Rinden gegerbt ist, dann eine viel rötere Farbe zeigt und zur Vortäuschung eichenrindegegerbten Leders gebleicht und schließlich auf den gewünschten Ton aufgefärbt wird. **(H. G. Crockett,** Ref. in **Zeitschr. f. angew. Chem. 1909, 416.)**

Zur Färbung des sumachgaren, lohgaren oder ostindischen Leders (Tanninleder) ist mehrstündige Reinigung der Blößen im offenen Walkfaß bei fließendem Wasser erste Bedingung, ebenso wie es nötig ist, stark fetthaltige Leder zuerst mit Benzin zu entfetten. Die Behandlung im Walkfaß lockert auch den Narben und steigert so die Aufnahmefähigkeit für Farbstoffe. Man färbt dann entweder bei feinen Nuancen in der Mulde oder bei leeren Tönen in der Maschine oder man kombiniert beide Verfahren in der Weise, daß das Leder auf der Maschine vorgrundiert und in der Mulde nachgefärbt wird oder man färbt schließlich im Walkfaß und in der Haspelkufe. In **Ledertechn. Rundsch. 4, 338** ist eine Anzahl saurer und basischer Teerfarbstoffe angegeben, die sich für Zwecke der Tanninlederfärbung eignen; Holzfarben und Schwefelfarbstoffe verwendet man nur in Ausnahmefällen.

Zur Beseitigung der Narbenschäden, die die fehlerhafte und ungleichmäßige Ausfärbung des Leders bedingen, verdeckt man die Oberfläche der mürben Leder mit Talkum- oder Erdfarbenpuder oder überstreicht sie mit einer Carragheenmoos- oder Caseinappretur bzw. überzieht sie, wenn sie mit der Stoßmaschine zur Herstellung des Glanzes behandelt werden sollen, mittels eines Polierkolbens mit blondem Schellack. Sehr tiefe Narbenschäden erfordern einen Aufstrich von Zaponlack oder von Erdfarben-Wachsemulsionen und folgendes Glattschleifen mittels Bimssteinwalzen. **(Ledertechn. Rundsch. 1910, 146 u. 153.)**

Um die Oberfläche von chrom- oder lohgarem Leder zur Aufnahme für Farbstoffe geeignet zu machen, wird es nach **D. R. P. 178 016** mit Zinkstaub bestreut, in einem Natriumsulfitbade entfärbt, gespült, zur Entfernung einer etwa entstandenen gelblichen Färbung mit einer schwachen Säurelösung behandelt, ausgewaschen und sodann in ein heißes, konzentriert wässeriges Bad von Natriumsulfit gebracht.

Zum Beizen gargemachter Blößen für den Färbeprozeß behandelt man sie mit Gemischen von Alkali- oder Erdalkaliglycerophosphaten mit Malzextrakt, Soda und Dextrin evtl. unter Zusatz von Alkalichloriden und Alkalinitraten. Man soll mit solchen Lösungen die gebräuchliche Urinbrühe (s. o.) ersetzen können. **(D. R. P. 271 984.)**

Zum Durchfärben dicken Leders kann man sich nach einem Schnellverfahren von **I. F. Moseley** einer filterartigen Vorrichtung bedienen in der Weise, daß man die auf das Leder gegossene Farbflüssigkeit durch einen siebartigen Boden durch das Leder hindurchsaugt, die

Farblösung dann auf den ursprünglichen Konzentrationsgrad bringt und wieder in derselben Weise benützt. (Ref. in **Jahr.-Ber. f. chem. Techn. 1918, II, 581.)**

Über das Färben des Schafleders und das Lackieren des Leders für Buchbinderarbeiten siehe die Angaben in **Polyt. Zentrh. 1858, 561, 568.**

419. Aufhellen (bleichen), Weißtünchen, Beschweren des Leders.

Eine Beschreibung der neueren Verfahren zur Aufhellung der Lederfarbe findet sich in **Ledertechn. Rundsch. 7, 187.**

Über das Bleichen und Dickermachen von Sohlleder siehe **W. Eitner, Der Gerber 1906, 49, 63.**

Über das Bleichen der Ziegenfelle mit unterchlorigsaurem Natron siehe **Dingl. Journ. 168, 319.**

Dadurch, daß die modernen Gerbverfahren die Verwendung starker Brühen bevorzugen, wird ein großer Teil überschüssigen Gerbstoffes im Leder zurückgehalten, der vermöge seiner leichten Oxydierbarkeit zur Dunklerfärbung des Leders Anlaß gibt. In **Ledertechn. Rundsch. 7, 289** sind verschiedene Verfahren angegeben, um diese Oxydation zu verhindern oder doch zu mäßigen und besonders den Trockenprozeß des Leders so zu leiten, daß diese Oxydation nach Möglichkeit hintangehalten wird.

Über das Abölen des Narbens lohgarer, vor dem Trocknen mit Leinöl oder hellem Tran behandelter Häute, und die gleichzeitig erfolgende Aufhellung des Leders siehe **L. Manstetten, Kollegium 1906, 889.**

Lohgare und chromgegerbte Leder können nicht gebleicht, sondern höchstens aufgehellt oder weißgetüncht werden, während man weiß- oder sämischgare Leder mit Natriumsuperoxyd, Perborat oder Kaliumpermanganat (100 g auf 100 l) oder mit Bisulfitlauge bleichen kann. Das Bleichen sämischgaren Leders kann nach wiederholter Anfeuchtung in starkem Sonnenlicht oder in der Schwefelkammer erfolgen. Das Aufhellen der oben genannten Ledersorten erfolgt nach **B. Kohnstein, Der Gerber 1904, 189** im Naturbleichverfahren oder mittels der chemischen „Bleiche". Man behandelt das mit einer 2—3proz. Soda- oder Boraxlösung vorgewaschene Leder durch Nachreiben mit einer 4—5proz. Schwefelsäure; häufiger jedoch löst man 9 kg Bleizucker in 320 l Wasser, zieht die Leder durch und bringt sie noch naß in eine Lösung von 3,5 kg Schwefelsäure in 320 l Wasser, in welcher sie geschwenkt und nachträglich mit kaltem Wasser gespült werden.

Zur Verdrängung der beim Aufhellen des Leders zur Entfernung des Eisens angewandten und vom Leder zurückgehaltenen Schwefelsäure legt man die gespülten Leder in die verdünnte Lösung organischer Säuren ein und kann dann das so mit Natriumformiat oder -acetat vorbehandelte Material auch in hellen Tönen egal färben, was besonders für die Erzeugung dauernd haltbaren Buchbinderleders von Bedeutung ist. **(D. R. P. Anm. C. 20 244, Kl. 8 m.)**

Die Schweflungsbleiche und jene mit Kaliumpermanganat und Schwefelsäure werden kaum mehr angewendet, dagegen bürgert sich die Methode des Bleichens mit Barium- oder Natriumsuperoxyd (statt mit dem teueren Wasserstoffsuperoxyd) immer mehr ein. Zur Aufhellung feinen Oberleders verwendet man ausschließlich eine 5proz. Boraxlösung als erstes und (statt der Schwefelsäure) eine 4proz. Milchsäurelösung als zweites Bad.

Nach **E. P. 5476/1886** legt man Häute, um sie zu bleichen, zunächst in Salzsole, behandelt dann mit gasförmiger schwefliger Säure, gerbt wie gewöhnlich mit Gerbstoffen und schwefelt nochmals.

Um Leder, das gefärbt werden soll, aufzuhellen, wird es nach **Lederind. 1909, 30** zunächst im Walkfaß mit einer wässerigen Oxalsäurelösung behandelt, getrocknet, in warmem Wasser geweicht, gewalkt und mit einer Sumachabkochung weiter behandelt. Zur weiteren Aufhellung setzt man dem Faßinhalt noch etwas Weinstein zu.

Zum Entfärben von Leder, das mit gefärbten Gerbstoffextrakten hergestellt ist, verwendet man nach **D. R. P. 198 074** Salze der hydroschwefligen Säure (Hydrosulfite) in kalter 1proz. Lösung (90proz. $Na_2S_2O_4$, als Blankit im Handel) in neutralem, schwach alkalischem oder schwach saurem Mittel. Das Leder läßt sich dann in hellen Nuancen anfärben.

Um Leder zu entfärben behandelt man die beliebig vegetabilisch gegerbte Blöße, nach evtl. vorhergegangener Behandlung mit verdünnter Sodalösung, mit der verdünnten Lösung von doppelt schwefligsauerer Tonerde oder einem Gemenge von Tonerdesulfat und Natriumbisulfit. Die bei Gegenwart des vegetabilischen Gerbstoffes abgespaltene schweflige Säure wirkt bleichend, während gleichzeitig mit dem Tonerdehydrat ein Gerbstofflack entsteht, der unauswaschbar in der Blöße fixiert, überdies noch eine leichte, helle Pigmentierung bewirkt. Schon fertig z. B. mit Mangroveextrakt gegerbte, getrocknete und appretierte Leder werden vor der Bleichung zur Auflockerung der Oberfläche mit 2½proz. Sodalösung behandelt. **(D. R. P. 275 304.)**

Zum Blenden von Rotfuchsfellen zu Silberfuchsfellen behandelt man die Felle in fünf Arbeitsgängen zunächst oberflächlich zwecks Entfärbung mit einer verdünnten, Eisenvitriol und Alaun enthaltenden Kalkmilch, dann ebenfalls oberflächlich mit Eisenvitriollösung, dann weiter den Fellgrund mit einem Gemisch von Eisenvitriol, Salmiak, Silberglätte, rotem Weinstein und Holzasche und färbt dann die Grannen und oberen Wollhaare durch oberflächliches Benetzen mit dem Absud gebrannter Galläpfel, den man schließlich auch in etwas verdünnterem Zustande zur durchgreifenden Färbung der unteren Wollhaare benützt. Das ursprünglich rote Fell wird dadurch blaßgelb. **(D. R. P. 310 425.)**

In **Technikum 1912, 27** bespricht **A. Claflin** die weißen Farbstoffe für Leder und die Verfahren des Weißtünchens mit Bleisulfat, Bariumsulfat, Magnesiumverbindungen, Talkum, Ton und Schlämmkreide. — Vgl. **[430]**.

Ein aufhellend und zugleich beschwerend wirkendes Appreturmittel für Leder erhält man nach **E. P. 13 883/1909** durch Aufstreichen eines Breies von 25 Tl. Magnesiumsulfat und 5 Tl. Talkum, den man mit einer Lösung von 600 Tl. Glucose, 25 Tl. Magnesiumsulfat und 2 Tl. Gummitragant in 368 Tl. Wasser verdünnt. Die mit dieser Masse bestrichene Fleischseite der gegerbten Haut wird nach dem Trocknen des Leders hell, während der Durchschnitt sich dunkel und glatt zeigt.

Nach **D. R. P. 263 475** verwendet man zum Weißen und Aufhellen von gegerbten Häuten 10proz. Lösungen eines Aluminiumsalzes und einer wässerigen Ammoniaklösung, in die man das Leder abwechselnd so lange einlegt, bis der gewünschte Grad der Aufhellung erreicht ist.

Das Weißtünchen des Leders ist ebenso wie manche anderen Aufhellungsprozesse zugleich eine Lederbeschwerung, die als Verfälschung zu bezeichnen ist, wenn durch die Prozesse mehr als 25% fremder Bestandteile in das Leder eingeführt werden. Diese zur Erzielung besserer Gewichtsausbeuten vorgenommenen Art der Lederbeschwerung erfolgt mit Stoffen, die von vornherein nicht oder nur in sehr geringem Maße im normalen Leder vorhanden sind, wie z. B. Zucker, Chlorbarium und Bariumsulfat usw., seltener Kochsalz, von denen beschwerte Leder bis zu 20% enthalten, oder mit Stoffen, die im normalen Leder vorhanden sind und zu Beschwerungszwecken in größerem Maße einverleibt werden. Zu diesen gehören Wasser, Fette und Gerbstoffe. Das beschwerte Leder ist in diesem Falle entweder ungenügend getrocknet bzw. zu stark gefettet oder es wurde beim Schluß des Gerbeprozesses mit sehr starken Gerbbrühen oder Extrakten imprägniert.

Wenn die Zusätze von den natürlichen Bestandteilen, die im Leder vorhanden sind oder während des Fertigmachens in das Leder gelangen, stark verschieden sind, wie z. B. Schwerspat, Barium- oder Magnesiumchlorid, Bleisalze oder auch Zuckerarten von Art des Trauben-, Stärke- oder Kartoffelzuckers bietet die Feststellung der betrügerischen Absicht keine Schwierigkeiten, schwer nachweisbar sind Beschwerungen mit Wasser, Fett und Gerbstoffen, da diese Substanzen auch normalerweise im Leder vorhanden sind. **(Ledertechn. Lederind. 53, 172.)**

Von einer Zahl untersuchter Gerbstoffe gaben Kastanienauszug, Myrobalanen und Mimosenrinde am meisten Gewicht, ohne Rücksicht darauf, ob mit starken oder mit schwachen Brühen gearbeitet wurde. Die geringsten Beschwerungen wurden mit Gambir erzielt, Valonea und Quebracho stehen in der Mitte. **(H. G. Bennett, Zentr.-Bl. 1919, IV, 885.)**

Über Beschwerung von Leder siehe **W. Eitner, Der Gerber 1888, 3.** Als Beschwerungsmittel kommen für Hemlockleder in erster Linie Wasser und Zellgewebesubstanz, für italienisches Leder ein Anstrich von Schwerspat oder eine Behandlung mit Stärkezucker, Bittersalz und Chlorbarium in Betracht. Das beste Mittel nach dem Stande der Gerbereitechnik in den 90er Jahren war eine Mischung gleicher Teile von Glucose und Bittersalz, die, in heißem Wasser gelöst, aufgestrichen wurde, worauf man die Häute, Narbe auf Narbe gelegt, 12—24 Stunden liegen ließ, um nachträglich das Verfahren ein- bis zweimal zu wiederholen. Man erhielt so eine Beschwerung der Ware von 15—25%.

Die Beschwerung von Rohhäuten mit schwefelsaurer Tonerde wird in **Ledertechn. Rundsch. 7, 283** beschrieben.

Über die einfache Feststellung des Beschwerungsgrades durch Auslaugen zweier gleich schwerer Lederproben mit warmem Wasser und Vergleich der Trockengewichte siehe **H. R. Procter**, Ref. in **Zeitschr. f. angew. Chem. 29, 108.**

420. Lederfärberei mit Mineralsalzen (Teer- und Pflanzenfarb-Minerallacken), Färben und Gerben.

In der Lederfärberei finden neuerdings besonders für Chromleder Schwefelfarbstoffe, evtl. mit nachfolgender Fettbeize, Verwendung, aber auch Mineralfarbstoffe und unter ihnen besonders die Titan-, Wolfram- und Vanadinsalze. Gelb färbt man z. B. aufeinanderfolgend mit Bleizucker- und Kaliumbichromatlösung, Rot dadurch, daß man das Leder nacheinander in Lösungen von Kaliumchromat und Silbernitrat legt oder es nach Vorbehandlung in wenig Salpetersäure enthaltendem Wasser in einen ammoniakalischen Cochenilleauszug bringt. Grüne Färbungen erhält man aus einer einzigen Lösung von 2 Tl. Grünspan und 1 Tl. chlorigsaurem Ammon, blaue durch Einlegen des Leders in eine Eisenchloridlösung und folgende Behandlung mit gelbem Blutlaugensalz. Braun entsteht mit einer sodaalkalischen Permanganatlösung, Grau, wenn man das Leder in stark verdünnte Bleizuckerlösung und dann in eine Schwefelwasserstoffatmosphäre bringt. Zur Ausfärbung von Schwarz arbeitet man mit Blauholzauszug und Gerbstoff enthaltenden Flüssigkeiten und dann mit einer wässerigen Eisenvitriollösung. Neuerdings färbt man Chromleder mit substantiven Farbstoffen, die sich mit Diazoverbindungen kuppeln lassen. Diese Methode eignet sich auch für entfettetes Sämischleder nach einer Vorbehandlung mit 2proz. Chromalaunlösung. **(E. O. Rasser, Bayer. Ind.- u. Gew.-Bl. 105, 41.)**

Nach **E. Stiasny, Der Gerber 1902, 272,** geben unter den Metallsalzen, die in der Lederfärberei verwendet werden, Titansalze die feurigsten Töne, Molybdänsalze geben rotstichige, Wolframsalze hellgelbe, wenig ausgiebige Nuancen; Vanadinsalze geben in schwacher Lösung grüne Töne, in stärkeren Bädern grünschwarze Färbungen, mit ihrer Hilfe lassen sich die mit anderen Metallsalzlösungen erhaltenen Färbungen sehr fein abstufen; ähnlich tönt auch Bichromat nach Braun ab, Zinnchlorür nach hellen Nuancen, Zinnkomposition nach Gelb. Ein weitere Anwendung können diese Metallsalze in K mbination mit Rotholz- und Gelbholzabkochungen finden.

Nach **Gerberztg. 1908, Nr. 174** ist die Vanadinschwärze trotz ihres hohen Preises als Färbemittel für feineres Leder sehr zu empfehlen. Man verwendet eine 1 proz. wässerige Lösung von vanadinsaurem Ammoniak und überfährt mit ihr das glattgestoßene, feuchte Leder, das zur Erzielung rascheren Schwärzens sowie einer tieferen Farbe zweckmäßig vorher mit Blauholzabkochung ausgerieben ist.

Der Vorschlag, mit Gerb- oder Gallussäure gegerbtes Leder mit einer 1 proz. Lösung von vanadinsaurem Ammoniak schwarz zu färben, findet sich schon in **D. R. P. 13 185.**

Über Verwendung der Titansalze in der Lederfärberei zur Herstellung zarter, gedeckter und sehr lichtechter Färbungen siehe **W. Eitner, Der Gerber 1905, 233.**

Zum Färben von Leder mit Titansalzen hängt man nach **D. R. P. 106 490** feuchtes, nicht zugerichtetes Kalbleder 6 Stunden in eine Lösung von 5 g Titan-Ammoniumoxalat oder in eine Lösung von 5 g Titan-Kaliumfluorid mit 0,2 g Kaliumbichromat oder 2 g Kupferlactat in 1 l Wasser. Die echten ledergelben Töne werden durch die genannten Mengen der Kupfer- oder Chromsalze oder auch mit Hilfe von Teerfarbstoffen weiter getönt. Nach einer Verbesserung des Verfahrens behandelt man die Häute, ehe sie fertig gegerbt sind, abwechselnd mit Gerbstoff und 1 proz. Titansalzlösungen (Oxalaten, Tartraten, Fluoriden). Das letzte Bad, dem man eine Farbholzabkochung zusetzen kann, wird bei 40° angewendet. Zur Herstellung dieser Salze versetzt man beispielsweise 1 Tl. getrocknetes Titansäurehydrat, gelöst in 2 Tl. konzentrierter Salzsäure mit 7 Tl. einer Lösung, die in 1000 Tl. Wasser, 450 Tl. milchsaures Natron enthält. Man erhält so wesentlich tiefere Färbungen als bei Behandlung des lohgaren Leders mit den Titansalzlösungen in evtl. Kombination mit Chromaten und Kupfersalzen. **(D. R. P. 126 598.)** Weitere Abänderungen des Verfahrens sind dadurch gekennzeichnet, daß man Acetate und Formiate bzw. auch basische Salze der Erdalkalien und des Magnesiums bzw. des Aluminiums und Chroms (z. B. die basischen Sulfate oder Chloride) mitverwendet und weiter dadurch, daß man als Hilfsstoffe beim Färben Alkalien, Schwefelalkalien, neutrale Alkalisalze organischer oder anorganischer Säuren, z. B. auch Seife als Alkalisalz von Fettsäuren zusetzt. Diese Salze und Hilfsstoffe lassen sich ferner durch säurelösliche Oxyde und Hydroxyde (Chrom- oder Tonerdehydrat) ersetzen, die mit einem Titansalz unter Bildung der Oxyde (Tonerde, Chromoxyd und Titanoxyd) reagieren, letzteres bildet dann bei Gegenwart eines Beizenfarbstoffes den in der Haut zur Abscheidung gelangenden unlöslichen Farblack. Schließlich kann man die Häute ehe sie gegerbt sind mit Farbholzauskochungen bzw. deren Gemischen, mit Gerbstofflösungen und Titansalzlösungen behandeln oder das Leder mit Titansalzen vorbeizen und ausfärben oder umgekehrt verfahren oder Titansalz- und Farbstofflösung gemischt auf das Leder einwirken lassen. **(D. R. P. 139 059, 139 060, 139 858, 140 198, 142 464.)**

Zur Herstellung von Lösungen oder Verbindungen der Titansäure in bzw. mit Milchsäure behandelt man oxal- oder salzsaure Titansäurelösungen mit diese Säuren nicht fällenden milchsauren Salzen und dampft die erhaltenen Lösungen zur Gewinnung neutraler Salze mit Alkalien oder Alkalicarbonaten oder bei Abwesenheit von Oxalsäure mit Erdalkalien oder Erdalkalicarbonaten zur Trockne. Die so erhaltenen Salze greifen beim Färben des Leders dieses weit weniger an, als andere saure Titansäurelösungen und färben bei sonst gleichen Arbeitsbedingungen stärker als die entsprechenden Oxalate. **(D. R. P. 136 009.)** Nach einer Abänderung des Verfahrens läßt man die Milchsäure in Gegenwart von Alkali- oder Erdalkalilactaten auf frischgefälltes Titansäurehydrat einwirken. Man erhält beim Arbeiten in konzentrierten Lösungen trübe Flüssigkeiten, die beim weiteren Erwärmen und Eindampfen zur Sirupdicke klar werden. **(D. R. P. 149 577.)**

Das Färben von Ziegenfellen mit der wässerigen Lösung von Titankaliumoxalat, Säurebraun und einer leichten Sumachbrühe oder in Gambier und Gelbholzauszug, worauf mit der Titanlösung nachbehandelt werden muß, das Aufsetzen basischer Anilinfarbstoffe und das Lickern mit Klauenöl und Eigelb ist in **Ledertechn. Rundsch. 7, 319** beschrieben.

Zum gleichzeitigen Färben und Gerben mit Chromsalzen setzt man den Lösungen der letzteren nach **D. R. P. 133 757** solche Farbstoffe zu, die durch die Chromsalze nicht oder nur teilweise gefällt werden. Man gerbt wie gewöhnlich zuerst in $^1/_2$—1grädigen Lösungen und verstärkt nach und nach bis zu 5—6° Bé. Im Original findet sich eine Anzahl Vorschriften zum Schwarzfärben und Buntfärben mit verschiedenen Farbstoffen. Zur Herstellung einer Flotte für Schwarzfärbung löst man z. B. 1000 g Chromalaun in 1 l heißem Wasser, fügt 120—150 g Solvaysoda zu, erhitzt, bis die Kohlensäureentwicklung vorüber ist und versetzt die basische Chromsalzlösung mit einer Mischung von sog. Carminfarben für Baumwolle, bestehend aus 200 g Blau, 40 g Gelb und 50 g Bordeaux in 50 ccm Essigsäure, läßt erkalten und filtriert. Man kann nach einer Ausführungsform des Verfahrens den Chromsalzlösungen andere Mineralsalze oder auch Tannin oder an Stelle der Farbstoffe Substanzen zusetzen, die mit dem gerbenden Stoff von der Haut aufgenommen und dann entwickelt werden. Weitere Variationen sind in der Schrift beschrieben.

Zum gleichzeitigen Färben und Gerben **[399]** von Häuten behandelt man sie mit Schwefelfarbstoffen und dann mit anorganischen Agentien, die wie Chromsäure oder ein Chromsalz gleichzeitig den Farbstoff fixieren und die Haut gerben. Bei Anwendung von Chromsäure wird nachträglich mit Sulfit oder Thiosulfat in Gegenwart von Mineralsäure oder mit gasförmiger schwefliger Säure reduziert; auf die so erhaltenen braunen, grauen bis schwarzen Töne werden dann andere Farbstoffe aufgefärbt. **(E. P. 10 985/1899.)**

421. Lederfärberei mit Pflanzenfarbstoffen und deren Minerallacken. Färben (im Rauch).

Über die natürlichen Farbstoffe, die noch in der Lederfärberei verwendet werden, berichtet **J. W. Lamb** in **Chem. Zentr.-Bl. 1908, Nr. 9.** Zum Violettschwarzfärben verwendet man Blauholz in Verbindung mit Eisen, um ein Tiefschwarz zu erhalten Blauholz, etwas Gelbholz, Eisen- und Kupfervitriol. Die Töne sind in gleicher Schönheit besonders auf Wollfellen und Alaunleder mit Teerfarbstoffen nicht erhaltbar. Für Braun besonders auf Handschuhleder benützt man Gelbholz mit Gambir, ebenso Orleans zur Herstellung des hellen, gelblichen Londoner Brauns. Flavin (aus Quercitron und Schwefelsäure) gibt auf Alaunleder rötliche, auf Chromleder grünliche Gelbtöne. Ebenso finden Curcuma, Wau, Kreuzbeeren, Grünholz, Rot-Fernambuk-, Cambal-, Sandelholz, Krapp und andere natürliche Farbstoffe häufig Anwendung, während Cochenille kaum noch benützt wird, da hierzu ein Vorbeizen des Leders mit Zinnsalzen erforderlich ist. Catechu dient hauptsächlich zum Grundieren und kann beim Nachgerben von Persischleder den Sumach ersetzen.

Die einfache Abkochung der Zwiebelschale liefert auf Glacéleder ein sehr schönes Gelborange. Früher war diese Farbe von gleichem Feuer durch keinen anderen Farbstoff herstellbar. Als Mischungsfarbe mit den hellen Rindenfarben, besonders mit der Weidenrinde, liefert sie lichte Farbentöne, denen sie besonderen Glanz verleiht. **(Gerber 1875, 256.)**

Über die Verwendung des Holunderbeersaftes als Farbstoff in der Glacé- und Sämischlederfärberei und seine Konservierung bzw. die Abtrennung des Farbstoffes für den genannten Zweck und die Verwendung des Hollersaftes zur Branntweinerzeugung oder zur Geléegewinnung siehe **W. Eitner, Gerber 1887, 210.**

Nach **Ledertechn. Rundsch. 1909, 5** werden Gambir und Gelbholz- oder **Fustikextrakt** als Beize für farbige Chromleder verwendet. Man löst die beiden Materialien in der 18fachen Menge Wassers und verwendet für 100 kg Ledertrockengewicht so viel der Lösung, als einem Gehalt von 2 kg Gambir und 1 kg Gelbholzextrakt entspricht.

Über das Färben und Zubereiten von sämisch gegerbten Fellen zur Herstellung von Pianoleder mit Gerbextrakten statt mit Teer- oder Holzfarben und die folgende Nachbehandlung in einem Bade von Kaliumbichromat siehe **D. R. P. 208 578.**

Über Blauholzfarbe auf Leder siehe **C. Feuerlein,** Ref. in **Jahr.-Ber. d. chem. Techn. 1906, 543.** Um Glacéleder mit reiner Fleischseite, milder Narbe und gutem Zug schön schwarz zu färben, werden die broschierten Felle mit einer Lösung von 2 Tl. Kaliumbichromat und 2 Tl. kohlensaurem Ammoniak in 100 Tl. Wasser grundiert, worauf ein Farbanstrich mit einer Lösung von 4 Tl. Blauholzfarbpulver in 100 Tl. Wasser erfolgt.

Nach **Gerberztg. 1908, Nr. 174** wird eine färbende Narbenappretur für gefettete Leder hergestellt durch Lösen von 1 kg Leim in 18 l Wasser und 1 l Ammoniak und Verkochen mit einer weiteren Lösung, die 60 g Kaliumbichromat, 120 g Berlinerblau und 280 g Blauholzextrakt enthält. Nach 10 Minuten ist die Masse gebrauchsfertig. Wenn ein lebhafter Glanz gewünscht wird, so setzt man der Mischung nach dem Erkalten $^1/_2$ kg in Wasser gequollenes Albumin hinzu.

Nach **Gerberztg. 1908, Nr. 200** wird eine färbende Glanzmasse für Chromrindleder aus einer wässerigen Lösung von Blauholzextrakt durch Hinzufügung einer Lösung von Ferrocyankalium und Kaliumbichromat in Wasser und weiteren Zusatz von Ochsenblut und etwas Phenol hergestellt. Zuletzt gibt man noch Methylalkohol und Glycerin hinzu und verrührt. Die Masse wird zweimal aufgetragen und zweimal geglänzt.

Zum Schwärzen und Färben von Chromleder wird es mit einer Lösung von Kaliumpermanganat vorbehandelt, worauf es nach **Ledermarkt 1909, 134** weiterhin in eine Eisensalzlösung und zuletzt in eine verdünnte Abkochung von Blauholz gebracht wird. Diese letztere Behandlung mit Blauholz in alkalischer Lösung bewirkt die Bildung eines unlöslichen dauerhaften Schwarz. Die Eisenschwärzen gewinnt man entweder durch Auflösen von Eisenfeilspänen in saurem Bier, saurer Milch oder Lohbrühe oder man verwendet besser noch die reinen Lösungen von essig-, milch- oder auch schwefelsaurem Eisen in Wasser. Die Wirksamkeit der Eisensalze beruht auf der Bildung von gerbsaurem Eisen oder auf der Entstehung eines dunklen Farblackes aus Eisenoxydul und Blau- bzw. Gelbholzfarbstoff.

Zum Schwarzfärben weißer Glacéhandschuhe wird zweckmäßig nach **Techn. Rundsch. 1908, 228** eine mit Ammoniak versetzte Blauholzextraktlösung verwendet, worauf man zur Fixierung der Farbe eine Lösung von Eisenschwärze aufbringt, die durch Vergärung von saurem Bier über alten Eisenteilen hergestellt wird. Die so gefärbten Leder sollen die sonst schwer erreichbare genügende Reibechtheit besitzen, so daß sie Leibwäsche nicht anfärben.

Das zu Schuhsohlen verwendete Leder erhält nach **D. R. P. 17 529** eine schöne Farbe und samtartiges Aussehen durch Bestreichen mit einem Gemisch von 750 g Parisergelb, 750 g Chromgelb, 1250 g Pfeifenerde, 1000 g Quercitron, 1000 g Alaun, 750 g Schwefelsäure, 16 l destilliertem Wasser und 4 l Tragantlösung.

Um Leder Festigkeit, Geschmeidigkeit und schöne Dauerfarbe zu verleihen, behandelt man es mit Schierlingsextrakt, einer Art Sulfatlauge, die von einer amerikanischen Papierfabrik in den Handel gebracht wird. **(Wochenbl. f. Papierfabr. 51, 1987.)**

Über das Färben gegerbter Tierhäute mittels Rauches, den man durch Verglimmen von Pferdemist in geschlossenen Räumen erzeugt, wodurch man lichtgelbe bis braune, sehr echte Farbtöne erhält, siehe **D. R. P. 80 333.**

422. Lederfärberei mit Teerfarbstoffen. Vorbereitung, Handschuhfärberei.

Die Lederfärberei mit Teerfarbstoffen ist ebenso wie jene der Textilmaterialien Sache der Großindustrie, das vorliegende Kapitel enthält darum nur wenige Verfahren und Hinweise.

Eine Zusammenstellung der in der Leder- und Pelzfärberei verwendeten Teerfarbstoffe veröffentlicht **G. Grasser** in **Ledermarkt 1912, 116 u. 233.** Vgl. **Ders. Kollegium 1911, 379 u. 381.**

Was die Färbemethoden betrifft stellt die Höchstanforderungen an Gerbung und Zurichtung das zu färbende chromgare Leder, während lohgares Leder die geringsten Schwierigkeiten bereitet und fettgare bzw. Glacéleder die Mitte halten. Wenn sich in dieser Reihenfolge oder bei sonst gleichmäßiger Arbeit unvermutete Hindernisse zeigen, so sind diese nach **G. Grasser** in den meisten Fällen auf die Art des verwendeten Wassers zurückzuführen, das bei allen Gerbevorgängen eine so wichtige Rolle spielt, daß unter Umständen das glatte Anfärben der Leder überhaupt unmöglich wird. Ebenso beeinflussen auch kleine Änderungen, besonders bei der Chromgerbung, den Färbeprozeß in unvorhergesehener Weise. In jedem Falle ist es zweckmäßig alle Materialien und Farbstoffe möglichst in stets gleichbleibender Qualität von großen Farbstoffwerken zu beziehen, da sich die evtl. Mehrkosten reichlich bezahlt machen. **(Kollegium 504, 116.)**

Das von allen Lederarten am schwierigsten färbbare Chromleder muß durch Waschen mit warmem Wasser und Behandlung mit verdünnten Borax- oder Bicarbonatlösungen von allen löslichen Salzen bzw. freien Säuren befreit werden, ehe man mit dem Beizen, der eigentlichen Vorbehandlung vor der Färberei beginnen kann. Die Beizung wird mit vegetabilischen Gerbstoffen und Farbholzextrakten vollzogen, deren wirksamen Bestandteil man durch Brechweinsteinlösung oder Titansalze auf der Lederfaser befestigt. Nunmehr wird erst, und zwar in der Trommel, bei 65° innerhalb 45 Minuten unter allmählicher Zugabe der Farbstoffmenge gefärbt, worauf man mit tierischen oder pflanzlichen Ölen unter Vermeidung von Mineralölen und Seife als Emulgiermittel fettet. Besonders für das Schwarzfärben des Chromleders ist zu beachten, daß das Material nicht eher eintrocknen darf, als bis es eingefettet ist, doch kann man Chromleder ebenso wie lohgares Leder trocknen und beliebig lagern, ehe man es färbt, wenn man es mit einer wässerigen Emulsion von Traubenzucker, Natriumalbinat, Eigelb und Klauenfett vorbehandelt. **(M. Ch. Lamb, Kollegium 1907, 305 u. 313.)**

Nach **D. R. P. 265 913** behandelt man die gegerbte Haut mit Lösungen nichtkoagulierbarer tierischer oder pflanzlicher Eiweißstoffe bzw. setzt sie den Farbstoffen als Verdickungsmittel zu, taucht also z. B. 10 kg tanningegerbtes Sohlleder in 40 l einer 1 proz. wässerigen Peptonlösung (Sicc. Witte), und trocknet es nach halbstündiger Behandlung. Der Gerbstoff wird dadurch unauswaschbar fixiert und das Leder bleibt hell und geschmeidig.

Zur Herstellung von Chromwichsleder gerbt man die wie üblich chromgar gemachten Leder mit pflanzlichen Gerbstoffen, z. B. Hemlock, von bestimmter Stärke, beginnend mit 0,75 bis 1° Bé, endigend mit 2½° Bé, aus, fettet, behandelt nach, trocknet und wichst schließlich mit einer Wichse die aus Kaliumbichromat, Blauholzauszug oder Teerfarbstoff, Lampenruß, Talg und Ätznatron zusammengesetzt ist. Nähere Angaben ebenso wie die Vorschrift zur Erhaltung des Lederglanzes mit einem Brei aus Mehl, Seife, Gelatine, Wasser, Nigrosin und Tran, wie auch zur Bereitung einer Nachbehandlungspaste aus Gelatine, Wasser, Seife, Bienenwachs, Talg und Nigrosin finden sich in **Ledertechn. Rundsch. 7, 257.**

Zum Färben der Kalbfelle, die, was Färbbarkeit in den zartesten Abtönungen und Schattierungen betrifft, der Seide unter den gewebten Stoffen gleichen, weicht man sie zuerst mit genügend lauwarmem Wasser, stampft sie sodann in einem hölzernen Gefäß mit eichenen Keulen, bewegt die Felle dann kräftig in lauwarmem Wasser, wäscht abermals, stampft 1 Stunde und spült schließlich, wenn das Material die nötige Weichheit und den bekannten schleimigen Griff gewonnen hat, mit reinem Wasser ab. Vor dem eigentlichen Färben setzt man je zwei Felle mit den Fleischseiten aufeinandergelegt auf Zink- oder Glastafeln aus, und vermag nun, da die Fleischseiten geschützt sind und die Narben allein frei liegen, mit bedeutender Ersparnis an Farbe den eigentlichen Färbeprozeß zu beginnen. Man beizt die Felle je nach dem gewünschten Farbton mit verschiedenen Beizmitteln, und zwar für helle Farben mit Alaun oder Chromkali, für Mittelfarben mit Eisenacetaten und für dunkle Farben mit Eisennitraten oder Sulfaten von etwa 30° Bé. Nach dem Beizen geht man je nach dem Grade des Ausfärbens in zwei oder drei Farbbäder, wobei man, falls in einem Bade gefärbt werden soll, stets nur solche Farben kombinieren darf, die zu derselben Gruppe gehören. Sonst kann man natürlich auch zuerst im sauren Farbbade und dann in der farbigen Flotte färben oder auch in einzelnen Fällen die Beizen zusammen mit basischen, nicht aber mit sauren Farbstoffen verarbeiten. **(Ledertechn. Rundsch. 4, 37, 289.)**

Nach **D. R. P. 346 694** behandelt man Glacéleder vor dem Färben mit Teerfarbstoffen mit alkalisch abgestumpfter Gerbstofflösung.

Zum Färben von Handschuhleder schmilzt man nach **D. R. P. 131 280** fettlösliche Teerfarbstoffe auf dem Wasserbade und vermischt sie (15 Tl.) mit 1000 Tl. Benzin. Man verrührt ferner

10—15 Tl. medizinisches Seifenpulver in der Kälte mit 40—60 Tl. Spiritus und fügt den Brei der Benzinlösung zu. Die auf Formen gestreckten, mit Benzin gereinigten Handschuhe werden nun, wenn ihre Grundfarbe weiß ist, in die Mischung getaucht, in ihr gewaschen und gespült, sodann herausgenommen und unter fortwährendem Reiben mit der Hand trocken gerieben. Ist der Handschuh aber an und für sich schon gefärbt, so wird er in gereinigtem Zustande mittels eines Pinsels mit der Farbenmischung gleichmäßig überstrichen.

Eine Handschuhschwärze, die jedermann selbst herstellen kann, besteht nach **Techn. Rundsch. 1911, 403** aus einer Lösung von 8—12% Rubinschellack, 2% Ricinusöl und $1^1/_2$% spirituslöslichem Nigrosin in 95proz. Spiritus, doch kann man auch einen mit einer Lösung von 2 Tl. Nigrosin in 18 Tl. 96proz. Spiritus gefärbten Celluloidlack (aus 5 Tl. Nitrocellulose, 50 Tl. Amylacetat und 25 Tl. Amylalkohol) zu demselben Zweck verwenden.

Nach einem Referat in **Chem.-Ztg. Rep. 1909, 3** bedient man sich zum Trockenfärben fetter Schaffelle einer Lösung von 100 ccm alkoholischer Teerfarbstofflösung, 290 ccm Benzin und 10 g Saponin.

Zum Färben von Leder, Häuten oder Textilstoffen färbt man das Material mit basischem Farbstoff und behandelt die Färbung mit einer komplexen Phosphor-Wolframsäure nach. **(A. P. 1 414 029—031.)**

Zur Herstellung eines pulverförmigen, direkt gebrauchsfertigen Lederfärbemittels mischt man nach **D. R. P. 192 195** 5 Tl. Olivenöl, $2^1/_2$ Tl. Cocosnußöl, 1 Tl. venezianische Seife, je 1 Tl. Kalk, Schweineschmalz, Wachs, Zucker und beliebige Teerfarbe und versetzt die Mischung solange mit Talkum, bis ein nicht staubendes, puderartiges Pulver entsteht, das in einfacher Weise auf dem Leder mittels eines wollenen Tuches verrieben wird, wodurch man festes Haften der glänzenden Farbe erzielt.

423. Pelzwerk färben, verbessern, auffrischen. — Künstliche Pelze.

Cubaeus, P., Das Ganze der Kürschnerei. Bearbeitet von A. Tuma. Wien und Leipzig 1912. — Werner-Gera, H., Das Färben der Rauchwaren. Leipzig 1914.

Über Zurichtung und Färben der Pelze siehe **F. König, Zeitschr. f. angew. Chem. 27, I, 52 u. 528.**

Über die Vorbehandlung und das Färben der Pelzhüte und Hutpelzbesätze siehe **J. Rosäs, Färberztg. 27, 146 u. 164.**

Zur Erhöhung der Aufnahmefähigkeit von Pelzen für Farbstoffe unterwirft man sie aufeinanderfolgend der Chromgerbung und der Chlorierung, wodurch das Pelzmaterial chemisch in dem Sinne verändert wird, daß es sich auch mit leichtlöslichen Teerfarbstoffsulfosäuren leicht und haltbar anfärben läßt, ohne daß die bei dieser Färbeart nötigen höheren Temperaturen das Material ungünstig beeinflussen würden. **(D. R. P. 121 666.)**

Über Rauchwarenfärberei berichtet **E. Grüne, D. Färberztg. 1896, 197.** Vor dem Färben muß das Haar zunächst völlig entfettet werden; dieses „Töten der Felle“ erfolgt am besten in einer Lösung, die in 2 l heißem Wasser 60 g Salmiak und 15 g schwefelsaure Tonerde nebst 200 g ungelöschtem Kalk (gelöst in 4 l Wasser) enthält. Nach ein- oder mehrmaligem Bestreichen der Haarseite mit dieser Brühe werden die Felle an einem mäßig warmen Ort unter Ausschluß direkten Sonnenlichtes getrocknet, dann entstaubt man den Kalk durch Ausklopfen und behandelt in einer Vorbeize, die für helle Töne in 1 hl Wasser 100 g Kaliumbichromat und 50 g Weinstein, für Schwarz die dreifache Menge dieser Substanzen enthält, zwischen 2 und 6 Stunden (für Fuchs, Seehund und Bär 18 Stunden) bei 15—20°. Wenn man beispielsweise ein helles Gelbbraun auf naturweißem Schaffell erzielen will, knetet man die Ware 2 Stunden lang in einer 20° warmen Lösung von 125 g Bichromat und 60 g Weinstein in 1 hl Wasser, spült, färbt während 2 Stunden in einem 20° warmen Bade von 300 g Ursol C in 1 hl Wasser, hebt aus, fügt dem Bade 5 l 3proz. Wasserstoffsuperoxyd zu, behandelt abermals 1 Stunde, spült und trocknet.

Über das Färben der Pelze mit Ursol siehe auch die ausführlichen Mitteilungen von **P. Bertram, D. Färberztg. 7, 266.**

Zur Pelzfärberei bedient man sich nach **E. Schlottauer, D. Färberztg. 1911, 397,** hauptsächlich der Pflanzenfarbstoffe, wenn das Fell ganz schwarz oder überhaupt in einem einzigen Farbton gefärbt werden soll, sonst haben sich auch Teerfarbstoffe (Ursol, Furrol usw.) eingeführt. Man färbt nach dem Tunkverfahren, oder nach diesem in Kombination mit dem Deckstreichverfahren, wenn sich das Grundhaar in seiner Färbung von der Grundwolle unterscheiden soll. „Gestrichen“ wird auch, wenn nur die Decke eines Felles gefärbt wird und der Grund die Naturfarbe behalten soll. Das Färben der äußersten Grannenhaare eines Felles bezeichnet man als „Blenden“. Die Hauptsache bleibt stets, zur Erhaltung der guten Eigenschaften des Leders, eine niedrige Farbbadtemperatur (40—45°) und das Bestreichen des Felles während des Färbevorganges mit öligen Substanzen oder besser noch mit dünner Formaldehydlösung, um den Einfluß des Wassers abzuschwächen.

In seinem Buche über Rauchwarenfärberei bringt H. Werner-Gera zahlreiche Vorschriften zur Vorbehandlung des Pelzwerks vor dem eigentlichen Färben. Man beizt z. B. Schaffelle für graue Farben mit einer Lösung von 100 g gewöhnlichem Alaun, 200 g Ferrosulfat, 300 g Catechu und 200 g Chinagallus in 12 l Wasser oder für Zobel- und Otterfarben auf Murmel, Bisam. Kanin und Hasen mit einer Lösung von 40 g Ferrosulfat, 30 g Salmiak, 30 g gewöhnlichem

Alaun, 25 g Weinsteinpräparat und 20 g Bleiacetat in 1 l Wasser, während die sog. Holzbeize für blaue Farben (Seefuchs, Schuppen, Angora, Mufflon) in 1 l Wasser 8 g Schwefelsäure, 12 g Natriumsulfat, 8 g Ferrocuprosulfat und 3 g Salmiak enthält. Für Alaska- und Blaufuchsfarben auf Rotfuchs, Hase, Luchs, Bisam, sibirischen und karagamischen Schweif oder Silberfuchs wird eine Beize, bestehend aus der Lösung von 10 g Weinsteinpräparat, 15 g Cuprosulfat, 10 g Ferrocuprosulfat und 4 g Natriumsulfat in 1 l Wasser empfohlen.

Gegerbte Haarkalbfelle färbt man nach **D. R. P. 296 394** wie folgt: Die Felle werden nach Entfettung durch Sodalösung stehen gelassen, mit Pottasche und Ätzkalilösung gebeizt, sodann überlüftet und nach Überstreichen mit Alaun oder Tonerdesulfatlösung mit stark konzentriertem Wasserstoffsuperoxyd bestrichen, getrocknet und sodann mit Indigoextrakt oder Indigocarmin durch Aufbürsten oder Eintauchen gefärbt. Für weißhaarige Kalbfelle wird eine Grundfarbe aus Walnußschalen oder Galläpfelabkochung verwendet. Die Felle werden nach dem Färben je nach dem zu erzielenden Farbton mit Kupfervitriol, Eisenvitriol oder Kaliumbichromat bestrichen.

Zum Heißfärben von Pelzfellen unterwirft man sie zuerst einer Chromgerbung und behandelt gleichzeitig, vor- oder nachher, mit Formaldehyd, wodurch erreicht wird, daß beim folgenden Chloren nur ein Drittel der sonst nötigen Chlorkalkmenge nötig ist und sämtliche Wollfarben in tiefen, selbst schwarzen Tönen gefärbt werden können. Die Formaldehydbehandlung kann auch so ausgeführt werden, daß nur die Haare behandelt werden und die Haut mit dem Formaldehyd gar nicht in Berührung kommt. **(D. R. P. 272 736.)** Felle oder Leder mit Schwefelsäure-Kochsalzzurichtung zeigen bedeutend geringere Widerstandskraft gegen das warme Tunkfärbebad als sämisch gegerbtes Leder, bei dem man bei 45° arbeiten kann. Bezüglich des Auslaugens wurde festgestellt, daß Formaldehyd das Pelzleder, und zwar besonders sämisch vorbehandelte Felle, günstig beeinflußt.

Beim Färben von Pelzwerk und Leder verwendet man eine Farblösung, die fett- oder spritlösliche Farbstoffe und Penta- oder Hexachloräthan bzw. deren Lösung in Spiritus enthält. Man löst also z. B. für Blau 10 Tl. Spritindulin und 150 Tl. Pentachloräthan in 800 Tl. Sprit und vermag mit dieser Lösung, die das Leder im Gegensatz zur Behandlung mit Benzin weich erhält, auch in den fehlerhaften Stellen zu decken, da die Lösung sehr tief eindringt. Das Verfahren gestattet auch die Färbung von trockenem oder schon gefettetem Leder. **(D. R. P. 286 341.)**

Zum Trockenfärben, d. i. die Färbmethode, bei der die Gegenwart von Wasser wegen der Schädigung des zu färbenden Stoffes oder Felles ausgeschlossen ist, arbeitet man mit benzinlöslichen Farbstoffen, gelöst in Benzin oder ähnlichen Kohlenwasserstoffen, erhält jedoch selten gleichmäßige und leichtbeständige Färbungen, so daß von **Farrel** und **May** vorgeschlagen wurde, lichtbeständige Säurefarbstoffe in alkoholischer Lösung zu verwenden, die einem mit benzinlöslicher Seife versetzten Benzinbade zugesetzt werden. Diese Bäder werden jedoch nur so unvollkommen ausgenützt, daß dunkle Töne überhaupt nicht erzeugt werden können. Auch der weiter empfohlene Zusatz von Säureestern (Amylacetat) oder aromatischen Säuren (Salicylsäure) vermag keine satten Färbungen herbeizuführen. Besser ist es nun, wenn man Bäder benützt, die aus mit Ameisensäure, Essigsäure, Milchsäure oder anderen aliphatischen Säuren angesäuerten alkoholischen Farblösungen und Tetrachlorkohlenstoff bestehen. **(D. R. P. Anm. C. 19 780, Kl. 8 m.)**

Oder man bereitet die Ware durch 2—5stündiges Einlegen in ein kurzes, Benzinseife **(Bd. III [464])** enthaltendes Benzinbad vor, läßt dann kurz ablaufen und bringt die Pelze in ein zweites Benzinbad von gleicher Größe, das den gelösten Farbstoff (z. B. in heißem Olein gelöstes Phenylendiamin) enthält, fügt nach etwa 1 Stunde Benzinseife zu, läßt 12 Stunden oder länger ziehen und legt die Ware nach dem Zentrifugieren für den Fall, als die Felle noch abreiben sollten, noch kurze Zeit in das benzinseifehaltige erste Benzinbad. Schließlich wird zentrifugiert und zur Entwicklung der Farbe in rotierenden Trommeln behandelt. **(D. R. P. 266 515.)**

Zum Färben von Plüsch und Fellen in verschiedenen Farbschattierungen, besonders zur Nachahmung gefleckter Tierfelle, bindet man z. B. das gegerbte Fell an vielen verteilten Stellen in Büschel oder Ballen und färbt dann aus, wobei die versteckt liegenden eingebundenen Flächen nicht oder nur wenig gefärbt werden. Die Haare langhaariger Felle werden in ähnlicher Weise um Bällchen gewickelt und dann unterbunden. Man verwendet Farbstoffe, die so saubere Färbungen ergeben, daß die Stoffe nachträglich nicht mehr gewaschen zu werden brauchen. **(D. R. P. 74 396.)**

Nach **H. Börner, Kunststoffe 1912, 223** bestreicht man Pelzwerk, nachdem man es auf der Fleischseite mit einem Gemisch gleicher Teile Holzgeist und Amylacetat geweicht hat, zur Erzielung höheren Wärmeschutzes mit einer Lösung von 45 g Ricinusöl und 22,5 g Schießbaumwolle in 54 g 97 proz. Holzgeist, 54 g Amylacetat, 70 g raffiniertem Fuselöl und soviel Benzin, daß man $4^1/_2$ l erhält. Man läßt dann 24 Stunden bei 50° trocknen und bringt noch einen oder mehrere ölfreie Anstriche auf, denen man zum Schutz gegen Motten Campher oder Salicylsäure zusetzt.

Zum Festigen der Haare von Pelzen wird in **D. R. P. 42 214** empfohlen, die in Wasser geweichten Pelze etwa 10 Tage in einer sehr verdünnten Lösung von Kaliumpermanganat liegen zu lassen. Auf diese Weise wird die Fäulnis verhindert und das Haar während der eigentlichen Wasch- und Gerbeprozeduren geschont.

Zum Auffrischen unansehnlich gewordener Pelzsorten, z. B. Skunk, Seefuchs oder Grauschuppen bedient man sich nach **Werner** (l. c.) S. 70 einer sauren Farbbeize, die man wie folgt herstellt: Man löst 150 g gewöhnlichen Alaun in 1 l Wasser, ferner 250 g Bleiacetat in 750 ccm 60° warmem Wasser unter Zusatz von 5 ccm Essigsäure, zieht die klare Lösung vom Niederschlag ab und verdünnt 200 ccm dieser 5grädigen Vorratbeize vor dem Aufstreichen mit weichem Wasser auf 1 l.

Um Rauchwaren zu gerben und dauernd mottensicher zu erhalten, entfleischt man die Felle und behandelt sie in einem Alaunbade, das 2 Vol.-Tl. Alaun und je 1 Tl. Kochsalz und Weinstein enthält. **(D. R. P. 324 274.)** — Vgl. **Bd. III [667]**.

Über die verschiedenen Verfahren zur Herstellung künstlicher Pelze siehe **M. Schall, Kunststoffe 4, 221** bzw. **289.**

Als Ersatz für Pelze kommt in erster Linie die langfaserige Wolle der Mohärziege in Betracht. Man wäscht die Wolle bei 30—40° in Waschflüssigkeiten, die in 500 l Wasser 1 l Ammoniak, 250 g Monopolseife und 1500 g Marseillerseife enthalten, und arbeitet zweckmäßig zugleich in zwei in der Weißwäscherei gebräuchlichen Waschmaschinen, mit je einem gebrauchten und einem frischen Bad. Besondere Sorgfalt ist darauf zu verwenden, daß keine Verfilzung der hochflorigen Plüsche eintritt. Weiße Ware wird dann noch geschwefelt oder mit Hydrosulfit behandelt und schließlich geht man noch zur Erzielung höheren Glanzes in eine Lösung von 50—100 g reinem Dextrin im Liter Wasser. Um echte Wirbel zu erzeugen, die beim folgenden Färben erhalten bleiben, wird die aufgewickelte Ware in ameisensäurehaltigem Wasser 1 Stunde gekocht, so daß der Flor die Fähigkeit verliert sich wieder aufzurichten; man wäscht dann, wirbelt und dämpft die auf einem siebartig durchlöcherten Zylinder aufgewickelte Ware 1 Stunde unter 1 Atm. Druck. Es folgt dann noch Nachwaschen mit Seife, loses Schleudern, Schwefeln und Bleichen. In **Zeitschr. f. d. ges. Textilind. 17, 783** macht **W. Buschhüter** Mitteilungen über das Färben dieser imitierten Pelze mit gut egalisierenden, sauren, lichtechten Farbstoffen.

Über Herstellung von imitierten Pelzen aus der Wolle der Mohairziege, das Färben der Ware mit sauren Farbstoffen, das Fixieren von Mangansuperoxyd auf der Faser, das Ätzen, die Umwandlung der braunen Manganbisterfärbung in Grün, Blau und Graubraun beschreibt **G. Forestier** in **Färberztg. 1910, 61.**

Weitere Vorschriften zur Nachahmung gangbarer Tierfellnuancen (Opposum, Astrachan, Krimmer, Persianer), die Behandlung des Mohairplüsches, das Ätzen der permanganatgefärbten Ware usw. bringt **W. Buschhüter** in **Zeitschr. f. d. ges. Textilind. 17, 797** und **18, 4.** — Vgl. auch **[348]**.

424. Leder metallisieren, marmorieren, verzieren, mustern usw.

Über ein Verfahren der Versilberung von Leder nach **Becker** siehe **Dingl. Journ. 147, 214.**

Um Leder oder Därme zu vergolden oder zu versilbern wird der gewaschene und entfettete Darm mit einer Chromgelatinelösung bestrichen, auf die man Blattgold auflegt; man hängt sodann den metallisierten Darm mit der nicht metallisierten Seite gegen die Sonne, worauf das Klebemittel erhärtet und das Metall außerordentlich festhält. **(D. R. P. 114 404.)**

Zum Metallisieren von Leder in seiner ganzen Dicke laugt oder kocht man es nach **D. R. P. 181 060** zuerst in einer geeigneten sauren oder alkalischen Flüssigkeit aus, bestreicht die eine Seite mit einer leitenden Schicht und verbindet sie mit dem negativen Pol eines Elektrolysierungsbades. Als Anode dient eine Metallplatte aus dem im Bade gelösten Metall, Stromspannung und Stärke werden so gewählt, daß das Metall sich in krystallinischer Form niederschlägt.

Es ist natürlich sehr wichtig, daß der Graphit, mit dem man das Leder, um es galvanisch mit Metallen überziehen zu können, bestreicht, von feinstem Korne ist, damit er das Leder in zusammenhängender Schicht bedeckt. Am besten lackiert man das Leder vorher mit einem halbfetten Kopallack, läßt ihn eintrocknen bis der Überzug nur noch schwach klebrig ist, reibt das Graphitpulver mittels eines Pinsels in den klebrigen Überzug ein und wiederholt das Verfahren bis auch jeder feinste Riß mit Graphit ausgefüllt ist. Mit demselben Erfolg wie Graphit kann man auch Bronzepulver verwenden. Nachträglich wird zuerst verkupfert und dann erst versilbert oder vernickelt. **(Techn. Rundsch. 1907, 477.)**

Genaue Vorschriften zur Verkupferung von Kinderschuhen (Anstrich mit Kopallack, Graphitieren der Lackschicht auf der Außenseite oder Überziehen mit Leitungslack und Bronzieren auf der schwerer zugänglichen Innenseite) finden sich in **Langbeins** Handbuch der elektrolytischen Metallniederschläge. Siehe auch die Abschnitte Galvanostegie und Galvanoplastik im I. Bd.

Die Bronzeprägung auf Leder und Kunstleder ist beschrieben in **Papierztg. 1912, 156.** Als Prägeuntergrundfarbe verwendet man in möglichster Übereinstimmung mit dem Ton der gewählten Bronze ein pulveriges Gemenge von Terra di Siena, hellem Ocker und Neapelgelb, verreibt die Farbe mit Dammarlack, ohne mit Terpentinöl zu verdünnen, setzt einige Tropfen reines Drucksikkativ bei und bestäubt die geprägten Stellen mit feinster Hochglanzbronze, nachdem man die Farbe mittels der gut gereinigten Prägestempel eingedrückt hat. Nach einiger Zeit wird der Bronzeüberschuß abgestaubt und die Bronzierung entweder durch Überreiben oder durch Hochprägen mit der mit Stanniol überdeckten Platte poliert. Als Bindemittel der Untergrundfarbe für Leder, das mit Spirituslack überzogen ist, verwendet man nicht Dammarlack, sondern Kleisterwasser. Bezüglich der näheren Ausführungen sei auf das Original verwiesen.

Nach **Schweiz. P. 48 975** erhält man einen Lederanstrich aus einer Lösung von Celluloseacetat, die mit Metallbronze evtl. unter Zusatz eines Pigmentträgers und eines Farbstoffes verrieben wird.

Über ein mechanisches Verfahren der Herstellung von Bildern auf Leder durch Erzeugung reliefartiger Erhöhungen der Lederoberfläche, die man nach ihrem Färben durch Glätten wieder in das ursprüngliche Niveau zurückpreßt, siehe **D. R. P. 88 849.**

Licht-, luft- und wasserecht gefärbte Bilder auf Leder erhält man nach **D. R. P. 123 868,** wenn die mittels einer Lösung von Teerfarbstoffen unter Zusatz von Eisenvitriollösung ausgeführten Bilder mit wässerigem Ammoniak behandelt werden.

Über Herstellung von photographischen Silberbildern auf Leder siehe **D. R. P. 180 651.**

Zum trockenen Stempeln von Leder bedient man sich nach **D. R. P. 159 781** einer in der Wärme flüssig werdenden Masse aus Farbe, Wachs, Paraffin oder dgl., die mittels angewärmter Metallstempel aufgebracht wird. Der Druck färbt nach dem Erkalten nicht mehr ab.

Zum Marmorieren von Leder behandelt man das gekörnte und mit Lederschwärze gefärbte Material nach **D. R. P. 78 855** zunächst mit Bleizucker und dann mit Schwefelsäure, so daß nur die erhabenen Stellen entfärbt werden, die dann infolge der Bildung von Bleisulfat weiß erscheinen. Nach der Marmorierung kann das Leder glatt gepreßt werden, so daß die Körnung wieder verschwindet.

Zum Marmorieren von mit Teerfarbstoffen zu färbendem Leder in verschiedenen Farbenschattierungen behandelt man die Lederstellen, die hell hervortreten sollen, mit einer Lösung von Alaun, Zinnchlorid oder Zinkchlorid, überzieht die Oberfläche mit Alkalilaugen, bringt evtl. an anderen Stellen noch einmal Metallsalzlösung auf, trocknet und färbt das Leder durch Bestreichen mit einem Teerfarbstoff, der von den behandelten Stellen nicht angenommen wird. **(D. R. P. 114 390.)**

Über ein mechanisches Verfahren der Marmorierung gegerbter Häute oder Felle siehe **D. R. P. 87 905.** Vgl. auch **D. R. P. 87 779.**

Das Mustern auf Leder kann nach **D. R. P. 91 600** in der Art vorgenommen werden, daß man der zum Färben benützten Farbe Eisenvitriol zusetzt, um sie dunkler zu machen und sodann durch Aufdrücken einer Schablone aus Papier, die mit Oxalsäure getränkt ist, die Farbe an den gewünschten Stellen wieder wegätzt.

Farbige Muster auf Leder werden nach **D. R. P. 98 108** in der Weise hergestellt, daß man die Zeichnung vor dem Färben mit Fett aufträgt, nach dem Färben diese, das Eindringen der Farbe verhindernde Schicht mit Benzin entfernt und sodann die reservierten Stellen in hellerer oder dunklerer Farbe ausfärbt.

Zur Herstellung von mehrfarbigem, gemustertem Leder wird getrocknetes, gestolltes, auf der Satiniermaschine geglättetes, mineralgares Leder im Handdruck oder nach dem Spritzverfahren mit einer oder mehreren Druckfarben bedruckt, worauf man die Häute nach mehrtägigem Hängen in einen heizbaren Vacuumapparat bringt, auf dessen Boden nasse Tücher ausgebreitet werden. Man dämpft dann bei etwa 250 mm Vacuum und 60—70° Innentemperatur, bei der das Wasser siedet, 15—30 Minuten und fixiert so die Farbstoffe. Als solche kommen neben basischen Teerfarben auch Chromviolett, Alizarinfarben, Anthracenbraun usw. in Betracht. Als Verdickungsmittel für die Druckfarbe mischt man 700 Tl. Weizenstärke und 6300 Tl. Tragant (60 : 1000) in 3000 Tl. Wasser und setzt 400 Tl. dieser Verdickung einem Gemenge von 20 Tl. Farbstoff, 400 Tl. Wasser, 50 Tl. Ameisensäure (85%) und 30 g Glycerin zu. Eine andere geeignete Druckfarbe besteht aus 1—1½ Tl. Farbstoff, etwas Ameisen- oder Essigsäure und 200 Tl. Gummi arabicum. **(D. R. P. 268 449.)**

Über die Herstellung bunter Lackeffekte auf Leder und Kunstleder, besonders die Erzeugung des sog. Antikleders, siehe **F. Zimmer, Kunststoffe 1912, 6.**

Zum Verzieren (Schagrinieren u. dgl.) von Leder setzt man die eine Seite des gespannten Lederstückes der Hitze aus, so daß sie wesentlich stärker zusammenschrumpft als die kühl gehaltene Seite. Man erhält so auf der letzteren, die evtl. vorher gefärbt oder metallisiert wurde, runzelförmige oder faltige Verzierungen. **(D. R. P. 289 306.)**

425. Lederlacke ohne Leinöl, allgemein. — Celluloseesterlacke.

Die Technologie der Lederappreturmittel beschreibt **G. Grasser** in **Technikum 1912, 169.**

Die Lederlacke zerfallen nach **Andés** in Spiritus- oder Wasserlederlacke je nach der Art der für die Harze verwendeten Lösungsmittel; sie dienen vorzugsweise zum Lackieren von Riemengeschirr, Portefeuillerwaren usw., seltener zum Anstreichen von Schuhwerk. Die eigentlichen Lederlacke, also alkoholische Lösungen von Harzen dürfen, da sie auf öl- oder fetthaltigem Leder nicht haften, nur auf entfettetes Leder aufgetragen werden, und man muß daher das Öl oder Fett entweder vorher mit Benzin oder Ammoniakwasser entfernen, ehe man den Lack aufstreicht oder man verwendet noch besser an Stelle dieses Lackes eine Lederappreturmasse, die aus einer wässerigen Boraxschellacklösung besteht. Vgl. **[417]** und **Bd. III [82].**

In den flüchtigen Lederlacken sind die glanzgebenden Substanzen, die auf der Lederoberfläche eine dünne Schicht bilden sollen, in leicht trocknenden Flüssigkeiten durch Auflösen gleichmäßig verteilt. Die Elastizität des Lackes muß soweit gehen, daß beim Zusammenlegen eines mit ihm behandelten Leders keine brüchigen Stellen entstehen. Der höchste Glanz wird mit den Lösungen von Bernstein, Kopal und Schellack erzeugt, doch sind die damit hergestellten Überzüge wenig elastisch. Die beiden ersteren Harze müssen außerdem durch Rösten und teilweises Destillieren besonders behandelt werden, da sie sich nur schwer in den gebräuchlichen Lösungsmitteln lösen. Schellack löst sich leicht in Spiritus, doch muß die Lösung durch Filtration oder längeres Klären vom Schellackwachs befreit werden. Vgl. **Bd. III [132].**

Nach einem in **Chem. Zentr.-Bl. 1905, II, 1844** erwähnten Verfahren erhält man einen guten Lederlack aus einer bei 250—290° unter Druck erhaltenen Lösung von Kopal und Bernstein in Naphthalin durch Versetzen mit Leinöl. Das Naphthalin wird dann abdestilliert, worauf man den Rückstand mit Terpentinöl verdünnt und aufstreicht.

Von weichen Harzen werden Sandarak, Benzoeharz, Dammarharz, Elemiharz, Mastix, Kolophonium und Akaroidharz angewendet, sie geben einen zum Teil geschmeidigen, aber wenig widerstandsfähigen Überzug. Billige Lederlacke werden durch Lösen von natürlichem Asphalt (Bergasphalt) oder künstlichem Asphalt (Teerasphalt) in Benzol hergestellt. Um die Elastizität der Lacke zu erhöhen, werden Leinöl und andere trocknende Öle oder Ricinusöl in geringem Prozentsatz mitverwendet.

Die Lacke, bei denen als Lösungsmittel Schwefeläther, Petroläther, Benzol, Schwefelkohlenstoff u. a. verwendet werden, trocknen am schnellsten, da diese Lösungsmittel verdunsten und das Harz als dünnen Überzug auf der bestrichenen Oberfläche zurücklassen.

Als Farbmittel dienen neben Ruß und Körperfarben spiritus- und fettlösliche Teerfarbstoffe, die meist dem Lack in etwas Benzin, Spiritus usw. gelöst zugesetzt werden. Man rechnet je nach der gewünschten Nuance des Lackes ca. 5—20 g Farbe auf 1 l Lack. Siehe auch Bd. III, Harze, Lacke und Firnisse.

Über Lederlacke allgemein und speziell die Anwendung der mit Celluloseesterlacken hergestellten Präparate in der Lederindustrie siehe die Angaben und Vorschriften von **M. Schall** in **Seife 2, Nr. 4;** vgl. **R. Lauffmann, Kunststoffe 1917, 91.**

Um Leder mit einem glänzenden Überzuge zu versehen, überstreicht man es nach **D. R. P. 138 059** mehrere Male mit einer hochprozentigen Zaponlacklösung.

Ein geschmeidiger Lederlack wird mit Zuhilfenahme von Celluloidlösungen hergestellt, die elastischmachende Zusätze enthalten. Diese bunten Zapondecklacke werden in bedeutenden Mengen für Leder und Lederimitationen verwendet. **(F. Zimmer, Kunststoffe 2, 6.)**

Zur Herstellung eines glänzenden Anstriches auf Leder (z. B. Lackleder) bestreicht man es nach **D. R. P. 103 726** mit einer Lösung von 11 Tl. nitriertem Ricinusöl und 5 Tl. löslicher Nitrocellulose in etwa 300 Tl. Aceton. Auf den getrockneten Anstrich kommen weitere Lagern einer stärkeren Lösung von etwa 10 Tl. des Nitrogemenges in 90 Tl. Aceton oder ein Teig aus 15 Tl. des Gemenges und 85 Tl. Aceton, oder man kann schließlich auf das acetonfeuchte Leder ein Häutchen aufpressen, das durch Ausgießen einer flüssigen, schnell verdunstenden Lösung von 6—7 Tl. des Nitrogemenges in 94—93 Tl. Aceton auf eine glatte Unterlage hergestellt wird. Man taucht das anzustreichende Leder in Aceton, quetscht das überschüssige Lösungsmittel zwischen Walzen ab und preßt es mittels einer Walze auf das noch auf der Tafel liegende Häutchen. Dann bringt man das Leder in eine mit Feuchtigkeit gesättigte Atmosphäre und zieht es mit dem Häutchen vom Glase ab.

Bei der Herstellung von Lackleder unter Benützung von Celluloseacetatlacken grundiert man das Leder vor Aufbringung des Lackes mit einer evtl. mit Füllstoffen versehenen Eisessig-Gelatinelösung. **(D. R. P. 300 908.)**

426. Lederlacke ohne Leinöl: Harze, Casein, Öl, Wachs.

Der sog. französische Lederlack bestand aus 10 g Schellack, 5 g Terpentin (zusammen geschmolzen und dann in 40 g Weingeist gelöst), 1 g Blauholzextrakt, etwas chromsaurem Kali und Indigo. **(D. Gewerbeztg. 1871, Nr. 38.)**

Folgende Vorschriften finden sich in **Seifens.-Ztg. 1907, 997.**

Schwarzer Lederglanzlack I: 500 Tl. Spiritus, 95proz., 70 Tl. Schellack, 20 Tl. Terpentin, 10 Tl. Nigrosin (spirituslöslich).

Schwarzer Lederglanzlack II: 500 Tl. Spiritus, 95proz., 10 Tl. Harzöl, 70 Tl. Schellack, 30 Tl. Kolophonium, 10 Tl. Terpentin, 10—15 Tl. Nigrosin.

Schwarzer Ledermattlack: 500 Tl. Spiritus, 95proz., 125 Tl. Schellack, 10 Tl. Terpentin, 15 Tl. Wachs, 10—15 Tl. Nigrosin.

Zur Herstellung heller farbiger Lacke verwendet man gebleichten Schellack, z. B. 500 Tl. Spiritus, 95proz., 100 Tl. Schellack gebleicht, 20 Tl. Terpentin, 15 Tl. Terpentinöl und als Farbe 7—8 Tl. Metanilgelb für Gelb, 10—12 Tl. Cerotinorange für Orange, 10—15 Tl. Brillant-Crocein für Rot, 10 Tl. Bismarckbraun für Braun.

Zur Herstellung von Kopallacken dient folgende Zusammenstellung: 500 Tl. Spiritus, 50 Tl. Manilakopal, 50 Tl. Sandarak, 20 Tl. Terpentin, 10 Tl. Nigrosin, oder 500 Tl. Spiritus, 65 Tl. Manilakopal, 20 Tl. Sandarak, 20 Tl. Akaroidharz, 10 Tl. Elemiharz, 10 Tl. Terpentin, 10—15 Tl. Nigrosin.

Ein Akaroidharzlack wird hergestellt aus 500 Tl. Spiritus, 150 Tl. Akaroidharz und 25 Tl. Terpentin.

Benzoelack setzt sich zusammen aus 500 Tl. Spiritus, 150 Tl. Benzoeharz und 20 Tl. Terpentin.

Billiger Asphaltlack wird aus 6—7 Tl. Benzol, in dem 1 Tl. Asphalt durch Schütteln gelöst ist, hergestellt.

Ein Lack zur Auffrischung von Juchtenleder wird aus 500 Tl. Spiritus, 40 Tl. Schellack, 60 Tl. Sandarak, 10 Tl. Terpentin, 10 Tl. Birkenteeröl hergestellt. Als schwarze Farbe wird für Juchten Nigrosin, für Rot Fuchsin verwendet.

Goldleder- und Goldkäferlacke lassen sich aus 500 Tl. Spiritus, 75 Tl. gebleichten Schellack, 25 Tl. Sandarak, 20 Tl. Terpentin, 40 Tl. Diamantfuchsin und 20 Tl. Methylviolett 4 B herstellen.

Einen grünschillernden Goldkäferlack für Lederwaren erhält man nach **Stockmeier**, Ref. in **Jahr.-Ber. f. chem. Techn. 1892, 1074**, durch inniges Verreiben von 250 g Orangeschellack und 150 g Diamantfuchsin mit 1 l Spiritus. Verwendet man statt des Fuchsins dieselbe Menge Methylviolett B, so bekommt der Anstrich einen rötlicheren Schimmer. Eine besonders schöne Färbung erzielt man aus 100 Tl. Violett und 50 Tl. Fuchsin. Der Lack ist wegen der Schwerlöslichkeit des Fuchsins vor dem Gebrauch kräftig durchzuschütteln.

Nach **Ledertechn. Rundsch. 1909, 110** verrührt man zur Gewinnung einer Goldglanzmasse 1625 g Gummigutt, 2500 g Samenlack, 150 g venezianischen Terpentin und 30 g Terpentinöl auf dem Wasserbade. Statt des Gummigut kann man auch andere gelbe Farbstoffe verwenden.

Einige Teerfarbstoffe geben mit einer alkoholischen Harzlösung verrührt ebenfalls streichbare Massen, die durch Nachbehandlung der gestrichenen Ware mit Oxydationsmitteln (Chlordämpfen, Kaliumpermanganatlösung) irisierendes, goldglänzendes Aussehen erhalten. Man verrührt z. B. je 100 Tl. Fuchsin und Methylviolett mit einer Lösung von 10 Tl. Benzoeharz in 100 Tl. 95proz. Spiritus.

Zur Herstellung eines Lackanstriches auf der unabgeschabten, also im natürlichen Zustande belassenen Narbenseite des Leders bestreicht man sie nach **D. R. P. 133 477** zuerst mit einem Terpentinölfirnis, der Sapotilgummi, indischen Gummi und Campher enthält, oder nach **Zusatz 134 684** mit einer Lösung von Celluloid in Amylacetat und bringt sodann eine zweite Schicht auf, die aus dem Gemisch eines Firnisses mit Campherlösung und einem Trockenmittel besteht.

Eine Lederappretur mit Caseinzusatz erhält man nach **Seifens.-Ztg. 1912, 57** durch Vereinigung einer Lösung von 12 kg Rubinschellack, 5 kg Borax und 2½ kg Nigrosin in 70 l Wasser mit einer Lösung von 2 kg Casein und 0,5 kg Borax in 15 l Wasser. Diese Appretur eignet sich besonders für billiges Schuhzeug.

Zur Herstellung matten Glanzes auf Schweinsleder wird es in angefeuchtetem, etwas abgelüftetem Zustande mit 5proz. Caseinlösung bestrichen, dann trocknet man, reckt die Leder aus und reibt sie zur Hervorrufung des matten Glanzes mit einem wollenen Lappen ab. **(Ledertechn. Rundsch. 1909, 93.)**

Eine sofort nach ihrer Herstellung zu verarbeitende Lederglanzmasse gewinnt man nach **Techn. Rundsch. 1910, 37** durch Verrühren von 25 Tl. Casein und 50 Tl. Wasser mit einer Lösung von 6 Tl. technischen Ammoniak in 25 Tl. Wasser. Das als dicker Leim aufgetragene Präparat verleiht dem bestrichenen Leder genügend Glanz und zugleich nach Verdunstung des Ammoniaks auch Wasserdichte. Wenn die Glanzmasse längere Zeit aufbewahrt werden soll, so wird das Ammoniakdurch eine Lösung von 10 Tl. Borax in 25 Tl. Wasser ersetzt, in die man bei 70—80° unter Umrühren die Caseinpaste einträgt.

Über die Bereitung eines elastischen Lederlackes aus Wachs, Leim, Kautschuk, Seife, Zucker usw. siehe **Polyt. Zentr.-Bl. 1863, 305.**

Zum Auflackieren von Mützenschildern kann eine Lösung von 2 Tl. Stearin (Stearinsäure) in erwärmtem Terpentinöl dienen. Durch einen Zusatz von Kienruß wird die Mischung jedoch unbrauchbar, was bei der Anwendung wohl zu beachten ist. **(Pharm. Zentrh. 1861, Nr. 35.)**

427. Lackleder, Literatur, Allgemeines, Arbeitsgang.

Eine Beschreibung zur Herstellung des Lackleders findet sich in **Ledertechn. Rundsch. 12, 113 u. 121.**

Die Herstellung von Lackleder nach der Patentliteratur beschreibt **L. Schall** in **Kunststoffe 6, 157.**

Man verlangt von den guten Lacklledersorten, daß die Lackschicht, ohne klebrig zu sein, dennoch genügend elastisch ist, um nicht abzublättern oder bei Temperaturwechsel zu springen, daß der Lack wasserdicht ist und eine innige Verbindung mit der Lederfaser eingeht. **(Ledertechn. Rundsch. 1909, 6 u. 41.)** Der Hauptbestandteil der Lackschicht ist in den meisten Fällen besonders bereitetes palmitinfreies Leinöl, das durchsichtig, gelb gefärbt und von allen organischen Beimengungen gereinigt ist. Die weiteren Zusätze werden dem Leinöl bei etwa 200° beigegeben, worauf man die Masse auf das Leder aufstreicht und die Ware im Lackierofen bei etwa 50° trocknet.

Nach einem Vorschlage von **Traine, Chem. Zentr.-Bl. 1905, I, 664**, soll das zur Lederlackbereitung verwendete Leinöl vorher durch Behandlung mit Kalk geklärt werden.

Eine Ausführungsform des Verfahrens der Lacklederbereitung ist in **Gerberztg. 1908, 233** beschrieben: Die gut getrockneten, weich gestollten, nicht zu straff auf Rahmen gespannten Leder werden zunächst mit einer Masse grundiert, die man durch dreistündiges Erhitzen von 20 kg während 6 Stunden gekochtem Leinöl mit 1,2 kg frischem, in Scheiben geschnittenem Brot erhält. Man entfernt dann das Brot und versetzt das Leinöl mit 200 g Umbra, 200 g Goldglätte, 200 g Bleiweiß, 120 g Bleizucker, 800 g Gummifaden, kocht nun noch 6—8 Stunden weiter bei 260°, läßt auf 150° abkühlen und verrührt bei dieser Temperatur noch 800 g Lampenruß, 200 g Elfenbeinschwarz, 4,8 kg Benzin und 1,6 kg Terpentinöl in die Masse, die man bis zum Gebrauch in gut schließenden Büchsen aufbewahrt. Dieser Grund wird nach dem erstmaligen Aufstreichen in der Sonne getrocknet, dann wird der Anstrich wiederholt, worauf man abermals trocknen läßt, mit künstlichem Bimsstein abschleift und den Schwarzstrich aufträgt. Dieser besteht aus einem 3 Stunden bei 200° gekochtem Gemenge von 20 kg Leinöl und 40 g Goldglätte, das man nach Hinzufügen von 6 kg Elfenbeinschwarz, 600 g Bleizucker, 200 g Mangancarbonat und 200 g Pariserblau weiterhin 20 Stunden erhitzt. Dieser Schwarzstrich muß auf Glas gebracht einen 2 Zoll langen Faden ziehen. Zum Gebrauch verdünnt man $1^1/_2$ kg dieser Masse mit $2^1/_4$ kg Terpentinöl und $^3/_4$ l Benzin, vermischt weiter 300 g dieses verdünnten Schwarzstriches mit 300 g Pariserblau und 200 g Terpentinöl in einer Farbmühle, setzt die noch restierende Schwarzstrichmasse zu und rührt zum Gebrauch alle 10 Minuten durch. Das Leder wird nun im Lackierofen bei 50—56° 8—10 Stunden und nachträglich noch an der Sonne getrocknet bis der Anstrich nicht mehr klebt; man schleift mit Bimsstein ab, säubert, krispelt lang und quer, spannt auf Rahmen, wäscht mit kaltem Wasser, reibt trocken und lackiert in einem völlig wind- und staubfreien Raum mit einer Lackmasse, die man folgendermaßen erhält: Man kocht 20 kg Leinöl 1 Stunde bei 200°, setzt 50 g Goldglätte, 1,4 kg Pariserblau, 400 g Bleizucker und 300 g chromsaures Kali zu und läßt wieder etwa 15 Minuten bei 200° kochen, bis ein Tropfen Lack 2 cm lange Fäden zieht; einige Tage vor dem Gebrauch verdünnt man $1^1/_2$ kg Lack mit derselben Menge Terpentinöl, fügt 10 g rauchende Schwefelsäure und etwas Terpentinöl zu, filtriert über Watte durch feine Gaze und verwahrt in gut verschlossenen Gefäßen. — Das lackierte Leder wird 15 Stunden im Lackierofen bei 50°, hierauf an der Sonne getrocknet, bis es nicht mehr klebt und zum Schluß mit weichem Fensterleder glatt poliert.

Beim Lackieren von Leder und von Pappe für Kappenschirme sind die einzelnen Auftragungen möglichst dünn zu machen und der nächste Anstrich ist erst dann aufzutragen, wenn der vorhergehende vollkommen getrocknet ist. Das Leder bzw. die Pappe wird vor dem Anstreichen mit Ölfarbe mit einem dünnen Stärkekleisterüberzug versehen. Auf die Grundierung folgt der erste Farbauftrag mit Ruß, der mit einer Mischung von gleichen Teilen von dick gekochtem und gut trocknendem Leinölfirnis feinst angerieben wird. Der getrocknete Aufstrich wird mit Glaspapier leicht abgeschliffen, worauf man das Verfahren ein zweites und drittes Mal mit der gleichen Farbe wiederholt. Nach dem Trocknen wird die Oberfläche des auf Bretter gespannten Materials mit Bimsstein abgeschliffen und zweimal mit einem schwarzen Lack aus 1 kg feinem Ruß, $^1/_{10}$ kg Pariserblau, 20 kg feinem elastischen Kopallack überzogen, worauf man bei 12—14° trocknet. Nach vollständigem Erhärten des Lackanstrichs wird mit Hilfe eines Flanellappens mit feinem Tripel sorgfältig poliert. **(N. Erf. u. Erf. 1917, 804.)**

Nach **D. R. P. 219 470** bearbeitet man die einzelnen Lackaufstriche nach dem Trocknen im Sandstrahlgebläse mit heißem Sand, der zugleich schleift und trocknet. Vgl. auch das mechanische Verfahren des **D. R. P. 158 871.**

428. Lackleder, Verfahren, Trocknung, Behandlung.

Zur Bereitung eines schwarzen Lederlackes (Blaulack) kocht man Leinöl mit Berlinerblau, bis der Firnis die erforderliche Konsistenz erhalten hat, dann läßt man ihn erkalten und einige Zeit stehen und zieht den Lack vom Bodensatz ab. Das mit ihm überzogene Leder wird im Lackierofen bei 30—35° nachbehandelt. **(D. Gewerbeztg. 1868, Nr. 33.)** Vgl. **Dingl. Journ. 168, 457.**

Zur Herstellung eines geschmeidig bleibenden Lederlackes wird nach **D. R. P. 120 083** ein mit Salpetersäure angefeuchtetes Gemisch von Eisenchlorid, Eisenvitriol, gelbem und rotem Blutlaugensalz scharf getrocknet, worauf man mit gekochtem Leinöl vermischt, Talg zusetzt der durch die Einwirkung feuchter Luft sauer geworden ist, und erhitzt. Durch Zusatz von Sikkativ, Glanzöl und Leinölfirnis wird der Lack geklärt.

Zum Lackieren von Leder grundiert man es nach **D. R. P. 131 493** mit einem Gemisch von Leinöl, Kopal und Kienruß mehrere Male, überzieht dann wiederholt mit einem aus Leinöl gelöstem Kautschuk, Bleiweiß und Kienruß bestehendem Lack und bringt schließlich eine Lackschicht auf, die aus Japanlack, Kutschenlack und Kautschuklösung besteht.

In **Kunststoffe 1912, 221** beschreibt **H. Börner** ein Verfahren der Herstellung von Lack- und Glanzleder mittels einer Leinöl-Pyroxylinlösung. Das Verfahren soll wesentlich schneller arbeiten als die alte Methode und zugleich zu widerstandsfähigeren Lackledersorten führen. Die Fabrikation zerfällt in die drei Abschnitte des Kochens der Leinölmasse, der Herstellung der Pyroxylinlösung und Mischung mit der Leinölmasse und schließlich in die Fertigstellung des Lackleders nach erfolgtem Anstrich. Bezüglich des Näheren sei auf die Originalarbeit verwiesen.

Siehe auch die Vorschrift zur Herstellung einer Chevreaux-Ölglasur in **Seifens.-Ztg. 1912, 985.**

Ein Verfahren der Lichtbehandlung der Lackledorlackschicht (Beförderung des Trockenprozesses) ist in **D. R. P. 162 696** beschrieben.

Zum Trocknen bzw. Nachtrocknen von Lackleder setzt man es Ammoniakdämpfen aus oder vermischt die Lackmischung mit Ammoniaklösung. **(D. R. P. 267 524.)**

Bei der Ultralichtbehandlung von Lackleder sorgt man für möglichst restlose Entfernung des gebildeten, die Härtung des Lackes ungünstig beeinflussenden Ozons durch ausgiebige Ventilation. **(D. R. P. 253 309.)** Nach den Zusatzpatent-Anm. trocknet man in einer zweckmäßig durch starke Abkühlung vom Wasserdampf befreiten Atmosphäre in künstlichem Licht und hebt so die schädliche Wirkung des nur bei Gegenwart von Wasser tätigen Ozons auf bzw. es wird das ofentrockene Leder zwecks weiterer Trocknung der gleichzeitigen Einwirkung von Licht und Ammoniakdämpfen ausgesetzt, wodurch die bei der starken Oxydation mit Licht auftretenden saueren Anteile der Lackstoffe neutralisiert werden und das Lackleder erhöhte Klebsicherheit gewinnt. **(D. R. P. Anm. H. 58 991 und 61 858, Kl. 28 a.)**

Die Trocknung des Lackleders im Ultralicht erfolgt nach **D. R. P. 303 096** im Vakuum oder in der Atmosphäre eines indifferenten Gases, jedenfalls aber bei Abwesenheit von Luft. Nach dem Zusatzpatent arbeitet man in einer Atmosphäre, die höchstens 2 Vol.-% Sauerstoff oder 10 Vol.-% Luft und sonst indifferentes Gas enthält, bei 50° unter Ausschaltung der Feuchtigkeit, um unter dem Einflusse der ultravioletten Strahlen die Ozonbildung möglichst zurückzuhalten und doch genügend Sauerstoff zur Verfügung zu haben. **(D. R. P. 328 241.)**

Zum Trocknen von Lackleder unter Anwendung des Ultralichtes bringt man von diesem zur Vermeidung der schädlichen Ozonbildung nur solche Strahlen zur Einwirkung auf das Trockengut, die von dem Sauerstoff der Luft nicht absorbiert werden. Zu diesem Zwecke verwendet man Filter aus Kalkspat, Uviolglas oder Wasser oder Lösungen anorganischer oder organischer Körper. **(D. R. P. 318 062.)**

Um das bei der Lacklederhärtung im Ultralicht entstehende Ozon unschädlich zu machen, bindet man es durch Terpentinöl oder andere ätherische Öle, die man in Dampfform in den Trockenraum einleitet. **(D. R. P. 334 005.)**

Zur Belebung des Lackledertrocknungsvorganges mittels Wärme oder ultravioletter Strahlen bringt man auf die vorgetrocknete Lackschicht gleichzeitig Alkohol als Dampf oder in flüssiger Form zweckmäßig mit geringen Alkalimengen zur Einwirkung. **(D. R. P. 331 871.)**

Ein Härtungsverfahren von Lackleder unter dem Einflusse ultravioletter Strahlen, die durch den elektrischen Hochfrequenzfunken erzeugt werden, ist auch in **D. R. P. 335 123** beschrieben.

Ein Verfahren zur Fertigtrocknung von Lackleder ist dadurch gekennzeichnet, daß man gegen die Lederseite einen kalten und gegen die Lackseite einen heißen, trockenen Luft- oder Gasstrom bläst. **(D. R. P. 321 373.)**

Über Herstellung von haltbarem Lackleder durch Behandlung der lackierten Ware mit einer sehr heißen, rauchfreien, offenen weißen Flamme siehe **D. R. P. 262 545.**

Nach **F. P. 450 817** bestreicht man die Fleischseite des lackierten Leders, um das Springen der Lederlackschicht zu verhüten, mit einer Paste aus 91% Paraffin, 6% säurefreiem Wollfett und 3% Birkenöl und läßt die Masse 48 Stunden bei 30—35° einwirken.

Zum Reinigen farbiger Lackleder verwendet man nach einem Referat in **Seifens.-Zgt. 1912, 666** ein mit 10 Tl. Terpentinöl und 60 Tl. Schwerbenzin verdünntes, verschmolzenes Gemenge von 10 Tl. doppelt raffiniertem Ceresin und 20 Tl. Paraffin mit den Schmelzpunkten 58—60 bzw. 50—52°.

Besser noch als dieses Mittel soll sich nach einem Referat in **Seifens.-Ztg. 1912, 698** der nach einer Vorschrift von **Hünneke** hergestellte Tragantschleim eignen. Man quellt 15 g Tragant in 250 ccm Wasser, fügt innerhalb der nächsten 3 Tage dreimal dieselbe Quantität Wasser hinzu, gießt die Tragantlösung durch ein Sieb, läßt absitzen, gießt ab, löst in einem Liter dieser klaren Lösung 5 g Oxalsäure und färbt mit einem säureechten Teerfarbstoff schwach ab.

Eine Lacklederreinigungs- und -auffrischungspaste erhält man durch Vermischen von 8 Tl. Vaselinöl, 7 Tl. weißem Vaselin, 50 Tl. Zinnoxyd, 4 Tl. Frankfurter Schwarz, 2 Tl. benzosaurem Natron, 1 Tl. Natriumperborat und 1 Tl. dunklen Sikkativ. Das Zinnoxyd erzeugt den Glanz, das Perborat ermöglicht die Reinigung der Lackledersachen, ohne daß der Hochglanz bei Entfernung des Schmutzes beeinträchtigt wird, das benzoesaure Natron konserviert die Paste, die im allgemeinen das Entstehen von Blasen verhindern, Springen und Brechen der Oberfläche hintanhalten und blindem Lackleder seinen ursprünglichen Glanz wieder verleihen soll. **(D. R. P. 286 269.)**

Zur Entfernung der Lacklederschicht weicht man den Lack nach **A. P. 1 004 537** mit Aceton auf und schleift mit geeigneten, mit rauhem Segelleinen überzogenen Instrumenten ab.

Über Ausbesserung der Risse oder sonstigen Beschädigungen der Lacklederschicht vgl. auch **A. P. 994 503.**

Leder reinigen, konservieren, kleben.

429. Leder (Handschuhe) reinigen.

Um blind gewordene schwarze Leder zu reinigen, und um überhaupt geschwärztem Leder einen erhöhten Glanz zu geben, strich man es mit dem Saft der Sauerdornfrüchte oder besser noch mit der durch Vergärung von Vogelbeeren mit Traubenzucker erhaltenen, geklärten Flüssigkeit. Das Verfahren soll heute noch angewendet werden. **(Gerber 1875, 244.)**

Zum Auffrischen von Leder, das im Gebrauch hart und brüchig geworden ist, entfernt man nach **Wiederhold, D. Ind.-Ztg. 1867, 446,** zunächst den Schmutz durch Waschen mit lauwarmem Wasser oder lockert ihn, wenn es sich um besonders alte Stücke handelt, durch Aufstreichen eines Gemenges von 30 Tl. gelbem Ocker (angerührt mit 1 Tl. Mohnöl), 30 Tl. Pfeifenton, 7,5 Tl. Stärke und kochendem Wasser, läßt trocknen, bürstet nachher ab und schwärzt das so gereinigte Leder mit einer Auflösung von Blauholzextrakt, der man eine Lösung von Eisen in Essig oder saurer Milch zufügt; schließlich bestreicht man das schwarze Leder mit einem Lederöl und überdeckt zur Erhöhung des Glanzes mit einer Abkochung von 3 Tl. Leim und 1 Tl. schwarzer Seife in soviel Wasser, daß die Masse beim Erkalten gelatiniert.

Zur Reinigung alter Lederbezüge wäscht man sie entweder mit Salmiakgeist und Seife ab oder man zerreibt, besonders wenn es sich um Entfernung älterer Fettflecke handelt, gute mehlige Kartoffeln zu einer gleichmäßigen Masse, die man mit der gleichen Menge Senfmehl und etwas Terpentinöl zu einem Brei verrührt und aufträgt. Den auf dem Leder eingetrockneten Brei entfernt man mit einem stumpfen Messer und reibt die Flecken mit einem in Weinessig getränkten Lappen ab. Auch Tonerde und gebrannte Magnesia können ihrer fettaufsaugenden Wirkung wegen zu demselben Zweck verwendet werden. Um die so gereinigten Lederbezüge braun zu decken, kann man z. B. Bismarckbraun verwenden, das man in der 250fachen Menge seines Gewichtes Wasser löst und auf das feuchte, mit einer starken Kaliumbichromatlösung bestrichene Leder aufbürstet. Nach dem Färben wird mit einer verkochten Mischung von $^1/_4$ Essig und $^3/_4$ Öl poliert. Ein gutes Deckmittel erhält man auch durch Lösen von 75 g Glycerin, 5 g Salmiakgeist, 3,4 g Rubinschellack, etwas Teerfarbstoff von der Farbe des Leders und 2,5 g Formaldehyd in 20 l Wasser. Diese Appretur wird mit einem weichen Schwamm auf das Leder aufgetragen, worauf man es trocknen läßt. **(D. Tischl.-Ztg. 1911, 127.)**

Zur Reinigung von Lederwaren, die aus waschbarem Leder angefertigt sind, verwendet man nach **D. R. P. 267 659** ein Gemenge von weichmachenden (Öl, Glycerin, Mehl oder Salz), färbenden, gerbenden (Catechu und Gambir) und schließlich reinigenden (Seife) Mitteln. Zum Reinigen von Gebrauchsgegenständen aller Art (Handschuhe, Strümpfe, Kleider, gefärbte Stoffe aus verschiedenen Fasern) verwendet man nach dem Zusatzpatent neben Wasser und Seife Stoffe, die, wie z. B. Tannin oder Pflanzengerbstoffe, farbenfixierende oder, wie z. B. Erdfarben, wiederauffärbende Eigenschaften haben, die dann nach dem Trocknen wirksam hervortreten und dem betreffenden Gegenstand ein voll ausgefärbtes Aussehen verleihen. **(D. R. P. 281 303.)**

Nach **Techn. Rundsch. 1906, 241** entfernt man Tintenflecke aus Leder durch einstündige Vorbehandlung mit einer Mischung von Alkohol und verdünnter Salzsäure, worauf man den Fleck mit einer Lösung von Kaliumbioxalat betupft. Zarte Farben vertragen jedoch diese Behandlung nicht.

Um Schweißflecke aus Glacéhandschuhen zu entfernen werden die Handschuhe nach **D. R. P. 143 215** zuerst mit Benzin gereinigt und dann in gestrecktem Zustande mit einem Gemisch von 94 Tl. destilliertem Wasser, 3 Tl. Schwefelsäure und 3 Tl. Alkohol bestrichen, worauf man die Ware an der Luft in gespanntem Zustande trocknet und hierauf mit Benzin nachwäscht.

Die schwierige Entfernung von Schweißflecken aus Leder kann man nach **Techn. Rundsch. 1907, 401** nach Entfernung der Appreturmittel, Ledercremes usw. durch eine Benzin- oder Terpentinölwaschung versuchen. Nach Lösung des Fettes, das in jedem Schweißfleck vorhanden ist, trägt man einen Magnesia-Benzinbrei auf, bürstet das Pulver nach dem Trocknen ab und wiederholt das Verfahren bis zum Verschwinden des Fleckes.

Zum Reinigen bzw. Färben von Glacéhandschuhen bedient man sich nach **D. R. P. 180 595** einer Lösung von Benzin und Farbstoff (Nigrosin für Schwarz) unter Hinzufügung von Stearinsäure und einer Emulsion von Benzin und konzentriertem Salmiakspiritus; die so erhaltene Creme enthält 3—6% Stearinsäure oder eine entsprechende Menge Seife mit Ammoniak im Überschuß; man verreibt sie mittels eines leinenen Lappens auf dem zu reinigenden Leder. Wenn die Creme eingetrocknet ist, wird der Handschuh mit einem reinen weichen Lappen abgewischt, um den anhaftenden Schmutz zu entfernen und zugleich dem Leder seine ursprüngliche Farbe zu geben. Ein Zusatz von Lanolin ist vorteilhaft.

Zur sachgemäßen Reinigung von weißem Glacéleder weicht man die Handschuhe nach **Techn. Rundsch. 1909, 151** zuerst in Benzin ein, drückt sie aus, bürstet sie dann mit Zinkweiß und Spiritus ab, wäscht sie abermals mit Benzin aus und bringt die Handschuhe dann in das Fettbad, das aus einer Lösung von 10 g Lanolin und 20 g Vaselin in 1 l Benzin besteht. Nach einer halben Stunde ringt man die Handschuhe aus und reibt sie entweder mit Talkum allein oder mit einem Brei von Talkum und einer Lösung von 30 g Bienenwachs in 1 l Benzin ab.

Eine Handschuhreinigungspaste erhält man nach einem Referat in **Seifens.-Ztg. 1912, 1070** durch Verkneten einer Lösung von 3,75 Tl. Saponin und 30 Tl. Citronenöl in 120 Tl. Wasser mit Talkum oder Veilchenwurzelpulver zu einer Paste. Die Handschuhe werden angezogen, worauf man das Reinigungsmittel mit einem Stück Flanell auf ihnen verstreicht und nunmehr, von den Handgelenken beginnend, nach den Fingerspitzen zu verreibt, bis die Handschuhe sauber sind.

430. Weiße Lederputzmittel. — Leder konservieren, Schimmelbildung bekämpfen.

Die unter dem Namen Kaiser-, Neu-, Husarenweiß usw. im Handel befindlichen weißen Lederlacke, die besonders für militärische Zwecke viel gekauft wurden, erhält man nach **W. Oelsner, Seifens.-Ztg. 1912, 526 u. 553,** aus wechselnden Mengen von Blanc fixe, Gelatine, Dextrin,

Glycerin, Essigsäure und Wasser. Besonders die Gelatine- und Glycerinmengen schwanken sehr nach der Jahreszeit, da sich besonders die Gelatine in starker Hitze oder bei kräftigem Frost leicht mit dem weißen Grundkörper am Boden festsetzt. Man stellt ein solches Präparat beispielsweise her durch manuelles Verkneten von 28 kg Blanc fixe, 5 kg warmem Wasser, 5 g Ultramarinblau mit einer Lösung von 1 kg Dextrin in 3 l warmem Wasser und von 500 g Gelatine in 4 l Wasser. Nachdem man alles 15 Minuten durchgearbeitet hat, setzt man noch 1 kg Glycerin und 750 g Essigsäure hinzu, gießt durch ein Sieb und füllt, wenn am nächsten Morgen oder bei großer Hitze auch nach 3—4 Tagen die Masse konsistent ist, in Flaschen. Das Verhältnis von Gelatine und Glacerin soll stets möglichst konstant sein, so daß einer Vergrößerung des Gelatinezusatzes im Sommer auch eine entsprechende Glycerinvermehrung folgen muß. Das Leder wird mit der Masse eingerieben, nachdem man es vorher gut abgewaschen und getrocknet hat, worauf man mit einem Lappen und etwas Talkum den Anstrich glänzend weiß reibt. Schließlich überstreicht man wohl noch mit Weißwachs, das man durch Verschmelzen von 6 Tl. Paraffin, 2 Tl. Japanwachs und 2 Tl. raffiniertem Montanwachs erhält, und reibt mit einem Wollappen trocken.

Zur Herstellung eines billigen weißen Militärputzmittels wird nach **Seifens.-Ztg. 1911, 8** ein in 32 kg Wasser gequollenes Gemenge von 5 kg weißem Leim und 3 kg hellem Gummi arabicum gelöst; in die erkaltete, auf das alte Volumen aufgefüllte Lösung trägt man 500 g Essigsäure, und 9 kg feinst geschlämmter Kieselkreide ein.

Die Herstellung von weißen Militärlederputzmitteln ist ferner in **Techn. Rundsch. 1909, 521** beschrieben.

Nach **Ö. P. 54 783** stellt man eine Masse zum Auffärben von weißem Schuhzeug her durch inniges Vermengen von 1 Tl. Talkum, 15 Tl. Zinkweiß, 40 Tl. Kreide, 12 Tl. Pflanzenleim, 2 Tl. Vaselin und 9 Tl. Spiritus mit 46 Tl. Wasser. Pflanzenleim, Zinkweiß und Kreide bewirken die Deckkraft, das zugesetzte Talkum den matten Glanz, das Vaselin in Verbindung mit dem Pflanzenleim verleihen der Masse Elastizität und Schmiegsamkeit, wobei ersteres zugleich lederkonservierende Wirkung ausübt; der Spiritus verbindet die Bestandteile, der Wasserzusatz macht die Masse streichbar.

Die zum Auffrischen von Schuhen aus Sämischleder empfohlenen Putzsteine bestehen nach **Seifens.-Ztg. 1912, 442** aus einem geformten Gemenge von kohlensaurer und kieselsaurer Kreide, das zur Erzielung der verschiedenen Färbungen mit der entsprechenden Erdfarbe gefärbt ist. — Vgl. **[419]**.

Über die zweckmäßigste Lagerung und Aufbewahrung des **Leders** in gutgelüfteten, vor direkter Sonnenbestrahlung geschützten trockenen staubfreien Räumen, so daß dem Leder sein normaler Feuchtigkeitsgrad erhalten bleibt und doch der Schimmelbildung vorgebeugt wird, ferner über die Notwendigkeit Lederstapel zur Verhütung der Selbsterwärmung öfter umzulagern, siehe **Ledertechn. Rundsch. 1911, 265.**

Nach **L. Manstetten, Ledertechn. Rundsch. 1909, 250** wird die Schimmelbildung auf Leder bekämpft durch größte Reinlichkeit in den Betriebsräumen; der Boden wird zweckmäßig vorsichtig mit einer 5proz. Flußsäurelösung besprengt, auch empfiehlt es sich, den Anfeucht- und Abwaschwässern, ebenso den Appreturen, eine 1—2proz. Fluornatriumlösung beizufügen. Den verschiedenartigen Ölen und Fetten setzt man etwas Salicylsäure zu, die zu etwa 0,5% in Ölen oder Fetten löslich ist. Auch eine 0,05proz. Sublimatlösung wirkt längere Zeit der Schimmelbildung entgegen. Zur Bekämpfung des vorhandenen Schimmels im Lagerraum stellt man am besten offene Koksöfen auf, in denen man Schwefel verbrennt. Zur Reinigung des Leders von Schimmelflecken bürstet man die Tafeln unter Zuhilfenahme trockener Kleie ab. **(Kollegium 1917, 363.)**

Zur Entfernung von Schimmel auf Lederbucheinbänden reibt man die beschädigten Stellen nach **Techn. Rundsch. 1909, 35** zunächst mit frischem Brotteig ab, trocknet sie dann durch Abreiben mit einem wollenen Tuche, bestreicht mittels eines Pinsels mehrmals mit einer gesättigten Kochsalz- oder einer 1proz. alkoholischen Sublimatlösung und reibt die Leder am nächsten Tage mit wenig möglichst säurefreiem Glycerin oder bei dunklen Bänden mit etwas Öl ein.

Zur Entfernung von Stockflecken aus Handschuhen breitet man sie locker in einem geschlossenen Raum aus, auf dessen Boden Ammoniumcarbonat ausgebreitet ist. Nach Verlauf von 1—2 Tagen, wenn die Stockflecken nicht schon zu tief in das Leder eingedrungen sind, schon nach einigen Stunden, sind die Flecke vollständig verschwunden. Nach Entfernung der Stockflecke wird das Leder evtl. mit Blauholzeisenschwärze geschwärzt. **(Polyt. Zentr.-Bl. 1863, 1103.)**

431. Leder-Lederklebmittel. Schuhzement, Riemenkitte.

Über Klebmittel und Kitte für die Schuhfabrikation siehe **Andés, Farbenztg. 1917, 375.**

Im allgemeinen versteht man unter Schuhzement einen Kitt, dessen Hauptbestandteil eine alkoholische Harzlösung ist, doch sind auch zahlreiche andere Kombinationen klebender Stoffe für diesen Zweck verwendbar.

Nach **Seifens.-Ztg. 1911, 747** wird ein Lederzement für Schuhmacher hergestellt durch Auflösen von 10 Tl. Guttapercha, 15 Tl. Kautschuk und 5 Tl. Hausenblase in 70 Tl. Schwefelkohlenstoff oder durch Lösen von 30 Tl. hellstem Hartharz und 20 Tl. heller Kautschukabfälle in 20 Tl. Leinölfirnis. Nach völliger Lösung fügt man 30 Tl. Benzin hinzu. Der Kautschuk kann durch eine Mischung von 70 Tl. gequellter Gelatine (oder Leim), 15 Tl. Glycerin und 10 Tl. Füllmitteln (Kaolin, Talkum usw.) mit einer Lösung von 2 Tl. Kaliumbichromat in 5 Tl. Wasser ersetzt werden. Vgl. **D. R. P. 141 400** und **205 770.**

Zur Herstellung eines Lederkittes löst man nach **F. P. 458 038** 112 g Celluloid in 888 kg Aceton. Andere Mischungen enthalten häufig Faktis oder Gemenge von Kolophonium, Kautschuk und Leinöl (z. B. 4 : 2 : 4), die man bis zur homogenen Lösung erhitzt oder schmilzt.

Zur Erhöhung der Klebekraft eines Caseinleimes für Schuhfabrikationszwecke setzt man dem Leim nach **Techn. Rundsch. 1913, 270** Kolophonium oder venezianischen Terpentin zu und verwendet zum Lösen des Caseins besser noch als Borax Salmiakgeist, da das überschüssige Ammoniak im Laufe der Zeit verdunstet und eine wasserbeständige Caseinschicht zurückläßt.

Ein Klebemittel für Portefeuillefabrikate besteht aus gesättigter Borax-Caseinlösung. **(D. Gewerbeztg. 1869, Nr. 16.)**

Nach **E. P. 22 202/1910** eignet sich auch ein Gemenge von Lederspänen, Gips, Leim oder Gummi arabicum, Glaspulver und Wasser als Lederzement, nach **E. P. 25 166/1909** auch eine Schmelze von je 1 Tl. blondem Schellack und Bleiweiß, 4 Tl. Kolophonium, 5 Tl. Rohguttapercha. Die gepulverte, geschmolzene Mischung wird in 8 Tl. Methylalkohol und 38 Tl. Benzin gelöst und soll die dampffeste Verbindung von Lederstücken bewirken.

Ein Klebstoff für die Schuhindustrie besteht nach **D. R. P. 326 457** aus mit 2-Naphthol sterilisiertem Blutalbumin, das man mit 70% Wasser anteigt.

Zum Leimen von Ledersachen bedient man sich nach **Ledertechn. Rundsch. 1909, 101** des gewöhnlichen Leimes, der zur Erhöhung seiner Biegsamkeit und seiner Widerstandsfähigkeit gegen Nässe einen Zusatz von etwas Alaun erhält.

Die Verbindung der einzelnen Stücke oder Enden eines Riemens findet in der Weise statt, daß sie schräg, mit möglichst langer Schnittfläche aufeinandergeklebt werden, so daß der Riemen an der Klebestelle genau so stark ist wie auf seiner übrigen Länge. Das Abschrägen oder Abschärfen kann mittels eines Lederhobels geschehen oder man schleift mit Glaspapier das Riemenende gleichmäßig zu und rauht dann mit recht grobem Glaspapier auf. Zum Leimen werden die beiden Schärfenden gut und gleichmäßig mit dem Leim bestrichen, man läßt einige Minuten einziehen, legt die Riemenenden sorgfältig aufeinander und bringt sie unter eine Presse oder beschwert sie mit Gewichten. Als Kitte kommen in Betracht: 1. 1,5 Tl. feingeschnittener Kautschuk in 10 Tl. Schwefelkohlenstoff unter Erwärmen lösen, der warmen Lösung 1 Tl. Schellack und 1 Tl. Terpentin zugeben und weiter erwärmen, bis alles gelöst ist. 2. Gleiche Teile guter Leim aus Häuteabfällen und Fischleim werden 10 Stunden in Wasser geweicht und dann mit reinem Tannin gekocht, bis man eine gleichmäßige klebrige Masse erhält. **(Gummiztg. 31, 339.)**

Oder: Man entfettet die zu vereinigenden Lederflächen durch Erwärmen der mit zwischengelegtem Fließpapier aufeinandergedrückten Stücke, bestreicht sie mit einer Kautschuk-Schwefelkohlenstoff-Terpentinöllösung und preßt die Stücke zusammen. **(D. Ind.-Ztg. 1869, Nr. 49.)** Vgl. **Polyt. Zentr.-Bl. 1869, 1112.**

Ein Kitt zum Leimen von Lederriemen, der auch in feuchten Räumen haltbar ist, wird nach **D. Tischl.-Ztg. 1910, 163** hergestellt aus 6 Tl. Sandarak, 6 Tl. Terpentinöl, 100 Tl. Alkohol und soviel einer wässerigen Leim- und Hausenblasenlösung, daß ein dünner Brei entsteht, den man kolieren kann. Die Mischung muß vor der Verwendung erwärmt werden und wird auf die aufgerauhten gereinigten Kittstellen aufgetragen, die man zusammenpreßt bis der Kitt völlig erkaltet ist. Zwei weitere Vorschriften im Original.

Nach **D. R. P. 258 984** erzeugt man ein Klebmittel für faserige und poröse Stoffe, das z. B. auch als Treibriemenkitt verwendbar ist, da die Vereinigungsstelle schmiegsam bleibt und dem Eindringen der Feuchtigkeit widersteht, aus 10 Tl. Celluloid und 2 Tl. einer Lösung, die man erhält, wenn man 20 kg Schellack in 100 l Aceton, 2 Tage lang behandelt und während dieser Zeit 6—7 mal bei einer Temperatur von etwa 30° durchschüttelt. Die dekantierte Flüssigkeit bildet dann eine 2 proz. Lösung des Celluloidlösungsmittels.

Nach einem Referat in **Seifens.-Ztg. 1912, 347** erhält man einen ausgezeichneten Kitt zum Verkleben von Ledertreibriemen durch Erhitzen von je 50 Tl. Fischleim, Molke, Essigsäure und Knoblauch auf dem Wasserbade unter Hinzufügung einer Lösung von 100 Tl. Gelatine in 100 Tl. Molke. Schließlich setzt man noch 50 Tl. 90 proz. Alkohol hinzu, filtriert und kann das Klebmittel sofort verwenden. Ein ähnliches Präparat, das, auf die gerauhten Trennungsstellen des Riemens aufgestrichen, das Vernieten ersetzen soll, gewinnt man aus gleichen Teilen Kölner Leim und amerikanischer Hausenblase, die man quellen läßt, worauf man nach Entfernung des Wassers mit soviel Gerbsäure versetzt, bis der Kitt Streichkonsistenz erhält.

Zur Härtung von Lederriemenspitzen, die sich während des Nähens nicht biegen, kann man die Enden nach **D. R. P. 221 434** mit einer Schmelze aus Alaun, Schwefel und Borax überstreichen, doch dürfte auch eine Tränkung mit Zaponlack oder mit dem Kondensationsprodukt aus Phenol und Formaldehyd **(Bd. III [98])** oder eine Alaun-Kochsalzbrühe zum Ziele führen. Man taucht die Lederspitzen ein, trocknet und behandelt schließlich zur eigentlichen Härtung in einer 20grädigen Wasserglaslösung nach.

Nach **D. R. P. 266 468** löst man zur Herstellung eines Binde- und Klebemittels für Leder 6 Tl. Kolophonium, 1 Tl. Salmiakgeist und 2 Tl. Benzin durch längeres Schütteln, bis eine klare Lösung entstanden ist.

Zur Herstellung eines Klebstoffes für Leder, der die genügende Leichtflüssigkeit besitzt und dabei doch reich an festem Klebstoff ist, so daß er besonders bei der Herstellung von Schuhwerk in dünner Lösung feste Verbindung bewirkt, erhält man durch Behandlung von 20—30 Tl. Celluloid gelöst in 100 Tl. Aceton, mit 0,5—2 Tl. Oxalsäure (Wein- oder Citronensäure) im luftdicht abgeschlossenen Rührgefäß, während 12—24 Stunden bei gewöhnlicher Temperatur. **(D. R. P. 276 661.)**

Um Leder dauerhaft auf Leder zu befestigen, kann man nach **Gerberztg. 1861, Nr 30** auch ein kalt bereitetes inniges Gemenge von 1 Tl. Kolophonium, 1 Tl. Asphalt und 4 Tl. in 20 Tl. Schwefelkohlenstoff aufgelöster Guttapercha verwenden; mit dieser Lösung werden die Lederstücke bestrichen, hierauf aneinandergepreßt und getrocknet.

Über Herstellung der durch die Einführung der Goodyearschuhe notwendig gewordenen Weltings oder Einstechrahmen aus deutschen Häuten oder Javarinderhäuten, die mit 0,5 bzw. 2% Schwefelnatrium geäschert und nach 4—5 Tagen wie andere Häutesorten weitergegerbt und behandelt werden, durch Zusammenleimen der abgeschärften Lederbahnen mit Kautschuklösung berichtet **P. Guerten** in **Ledertechn. Rundsch. 4, 37, 290.**

432. Leder-(Kautschuk-, Metall-)kitte.

Zum Verkleben von Leder mit Gummi (z. B. zum Befestigen von Gummisohlen auf Leder) verwendet man nach **Gummiztg. 26, 28** eine Lösung von Ceyloncreps und Para fine hard cure in einigen Teilen Toluol, Benzin und Schwefelkohlenstoff, etwa im Verhältnis von 1 : 7. Vorher bestreicht man jedoch die Ledersohle in gereinigtem und gerauhtem Zustande dreimal gleichmäßig mit einer dünnen vulkanisierten Kautschuklösung und läßt zwischen jedem Aufstrich trocknen ehe man wieder etwas von der immer dünnflüssiger werdenden vulkanisierten Lösung aufträgt. Dann vereinigt man erst Leder und Kautschuksohle mittels obiger Gummilösung.

Oder man verwendet als Klebmittel zur dauernden Verbindung von Leder mit Kautschuk einen Kitt, den man durch Verschmelzen von 40 Tl. Kautschukabfall, 35 Tl. Kolophonium und 25 Tl. Leinölfirnis erhält. Man kann auch die schnell trocknende Lösung von 20 Tl. Guttapercha in 80 Tl. Schwefelkohlenstoff, vereinigt mit einer Lösung von 28 Tl. Schellack und 2 Tl. venezianischem Terpentin in 70 Tl. Weingeist als Klebmittel aufstreichen. (Ref. in **Seifens.-Ztg. 1912, 926.)**

Nach **D. R. P. 256 173** verfährt man zur Herstellung einer haltbaren Verbindung zwischen Leder und vulkanisiertem Gummi in folgender Weise: Man bestreicht die aufzuklebende, hochgeschwefelte Gummiplatte mit der zum Kleben bestimmten Gummilösung, die nicht oder fast nicht geschwefelt ist, und vulkanisiert. Hierbei tritt Schwefel aus der schwefelreichen Gummiplatte in die schwefelfreie Schicht bis zu einer gewissen Tiefe ein, wodurch festes Haften dieser beiden Gummischichten bewirkt wird, ohne daß die der Gummiplatte abgewandte Seite der schwefelarmen Gummischicht irgendwie beeinflußt und in ihrer Klebkraft verringert wird. Man bestreicht nunmehr das Leder mit der Gummilösung, legt die Platte mit der präparierten Seite auf die Klebschicht (z. B. Gummisohle und Gummiabsatz) und bewirkt die sehr haltbare Vereinigung der beiden Materialien wie üblich unter Druck.

Zur Dichtung von Leder preßt man unter seine Oberfläche von einem Teil des Schwefels befreiten Kautschukzement des Handels ein und vulkanisiert, so daß sich in der Ledersubstanz eine Kautschukschicht abscheidet. **(A. P. 1 369 240.)**

Nach **D. R. P. 170 933** eignet sich zum Aufkleben von Lederschutzreifen auf Gummireifen eine mit pulverförmigem Trioxymethylen versetzte, warm aufzustreichende Kautschuklösung. Es wird so die Anwendung von Schwefelkohlenstoff oder einer Lösung von Schwefelchlorür in Kohlenstofftetrachlorid vermieden, da man die Verleimung ausschließlich durch die Formaldehyddämpfe bewirkt, die das Klebemittei koagulieren.

Zur Befestigung von Ledersohlen an Gummischuhen verwendet man nach **E. P. 165 572/1920** eine Lösung von Balata oder entharzter Guttapercha in der dreifachen Menge Schwefelkohlenstoff oder nach **E. P. 165 606/1920** in Kohlenstofftetrachlorid unter Zusatz von 10% Schusterpech.

Nach **F. P. 415 945** erhält man einen gegen Feuchtigkeit unempfindlichen flüssigen Klebstoff für alle Arten faseriger sowie poröser Stoffe (Leder, Gewebe, Filz) durch Lösen von Nitrocellulose und Campher in Aceton.

Das Lederklebmittel „Ago“ besteht nach einem Referat in **Seifens.-Ztg. 1912, 1366** aus einer dicken Lösung von Celluloid in Aceton (Bestandteil A) und aus reinem Aceton (Bestandteil B); die gerauhten Flächen werden zuerst mit A gleichmäßig bestrichen, worauf man trocknen läßt, mit Lösung B überpinselt und preßt.

Nach **F. P. 454 379** erhält man einen genügend leichtflüssigen, jedoch hochprozentigen Leim zum Kleben von Leder und anderen Faserstoffen durch längere Behandlung von 25 kg Celluloid, 100 kg Aceton und 0,5—2 kg Oxal-, Wein- oder Citronensäure im Autoklaven. Auch andere feste organische Säuren sind anwendbar.

Einen besonders für Kunstleder geeigneten Kitt, den man ebenso verwendet wie die Kitte zur Reparatur von Fahrradschläuchen, stellt man nach **A. P. 778 232** her durch Lösen von 4,5 kg Nitrocellulose und 1,8 kg Campher in 36 l Aceton und 4,5 l Amylacetat. Das Gemenge erhält als Desodorisator einen Zusatz von 1 l Kreosot.

Zur Befestigung von Leder auf Eisen verwendet man nach **Metallarbeiter 1917, Nr. 23/24** guten Leim, den man nach Abgießen des von der Quellung überschüssigen Wassers mit etwas

Essig und einem Drittel seines Volums weißem Terpentin erhitzt. Sollte die Masse zu steif sein, so verdünnt man sie mit Essig. Dieser Leim wird auf das rostfreie, vorher mit einem Gemenge von Bleiweiß, Kienruß und Leinöl bestrichene und dann getrocknete Eisen aufgetragen, worauf man das Leder rasch auflegt und es fest anpreßt.

Bei Herstellung von Leder-Metallwalzen bedient man sich als Bindemittel zum Aufkleben des Leders eines erwärmten Gemisches von Leim, Kautschuk und salpetersaurem Ammon. **(London Journ. 1865, 71.)**

Um Leder auf Metall zu befestigen bestreicht man letzteres mit einer heißen Leimauflösung, tränkt das Leder mit einem heißen Galläpfelaufgusse und läßt beide fest aneinandergepreßt trocknen. Das Leder haftet so fest auf dem Metall, daß es, ohne zu zerreißen, von ihm nicht getrennt werden kann. **(Gew.-Bl. f. Württembg. 1851, 196.)**

KUNSTLEDER UND LINOLEUM.

Kunstleder und Ledernachahmung.

433. Literatur und Allgemeines über Ledersatzprodukte.

Die Herstellung von Lederpappe (als künstliches Pergament bezeichnet) ist in **D. Gewerbeztg. 1868, Nr. 3** beschrieben.

Eine Anzahl Vorschriften über die Herstellung künstlichen Leders findet sich in der **D. Ind.-Ztg. 1872, 348.**

Über die neueren patentierten Verfahren zur Herstellung von Kunstleder berichtet **O. Kausch** in **Kunststoffe 4, 87** als Ergänzung des Artikels: „Verfahren zur Herstellung von Kunstleder" in Nr. 1, 2, 3 des ersten Jahrganges derselben Zeitschrift.

Einen Überblick über die wichtigeren Patente bezüglich der Herstellung von Schuhabsätzen aus Kunstleder gibt **Marschalk** in **Kunststoffe 4, 351.**

Allgemeine Angaben über Ledersatzstoffe im Kriege, besonders über die zahlreichen Schuhsohlenimitationen und gegliederten Holzsohlenkonstruktionen, bringt ferner **B. Kohlstein** in **Techn. Versuchsamt 1918, 46.** Vgl.: Die Kunstlederindustrie während des Krieges von **H. Arnim, Kunststoffe 5, 133.**

Über Ersatzstoffe für Leder berichtet **R. Lauffmann** in **Kunststoffe 6, 41;** über Sohlenledersatz siehe **Gummiztg. 30, 460.** Vgl. **J. Wallner, Chem.-Ztg. 1910, 22;** ferner **U. Haase, Kunststoffe 6, 179** und **Prometheus 27, 99.**

Über Kunstleder und Ledersatz siehe auch die allgemein gehaltene Arbeit von **E. Jacobi-Siesmayer** in **Umschau 19, 571.**

Eine Arbeit von **L. E. Andés** über die Fabrikation von Kunstleder unter Mitteilung technischer Einzelheiten und Erläuterungen durch Abbildungen findet sich in **Kunststoffe 1919, 197 ff.** Vgl. hierzu die Arbeit über die Entwicklung der Kunstlederindustrie und die verschiedenen Darstellungsarten und Verwendungsmöglichkeiten von Kunst- und Naturleder von **H. Kühl in Ledertechn. Rundsch. 5, 249;** vgl. **G. Durst, Kunststoffe 2, 101 u. 124.**

Über die Herstellung von künstlichem Leder siehe **G. Wolf,** Ref. in **Chem.-Ztg. Rep. 1909, 648.**

In **Kunststoffe 1913, 241** berichtet **René Madru** über künstliches Leder, die Arten der verschiedenen Handelsprodukte und ihre Prüfung.

Über die Vorzüge und Nachteile künstlichen Leders siehe auch **R. Madru** in **Kollegium 1913, 209.**

Als Ledersatz dienen geeignet imprägnierte Gewebe tierischen oder pflanzlichen Ursprunges, ferner Pappe, hergestellt aus Lederabfällen, Linoleum usw. Diese verschiedenen Surrogate kommen unter den Namen Kunstleder, Englisches Leder, Lederimitation, Lederpappe, Cur factice usw. in den Handel und dienen zur Herstellung von Brandsohlen, Phantasieartikeln, Taschen, Portefeuilles, als Möbel- und Tapetenleder, Buchbinderleder, Fußbodenbelag usw. Als Ledersurrogate bezeichnet man ferner mit Kautschuklösungen imprägnierte Gewebe oder feste Papiere. Man kann diese Grundstoffe auch mit Leimlösungen durchtränken und sodann mit Stoffen, z. B. vegetabilischen Gerbstoffen, essigsaurer Tonerde, Formaldehyd, Kaliumbichromat usw. behandeln, die den Leim in eine unlösliche, gegen Wasser möglichst widerstandsfähige Verbindung überführen. Kunstleder (Lederpappe) aus entfetteten Lederabfällen wird in der Weise hergestellt, daß die zerkleinerten Abfälle nach den Prinzipien der Pappenerzeugung zu mehr oder weniger dicken Lagen geformt und im trockenen oder halbtrockenen Zustande mit Kautschuklösung, Leinölfirnis, Metallsalzlösungen oder nacheinander mit Leimlösungen und Gerbstofflösungen behandelt werden. Durch geeignete Färbung sowie durch Aufpressen von künstlichem Narben kann man solche Kunstleder dem Naturleder äußerlich sehr ähnlich machen.

Cuir factice wird meist aus dünnen, lohgaren Spaltstücken hergestellt, die aufeinandergeklebt und gepreßt werden. Sie dienen beispielsweise zur Herstellung von Brandsohlen.

Man unterscheidet Kunstleder, das nur aus Lederabfällen unter Verwendung eines Bindemittels hergestellt wird von den Lederimitationen, die nur aus Pflanzenfasern und einem Bindemittel bestehen. Diese Bindemittel müssen auch nach dem Trocknen eine gewisse Geschmeidigkeit besitzen und widerstandsfähig gegen Wasser sein, sie bedürfen zum Teil einer nachträglichen Härtung mit Gerbsäure, Alaun und Formaldehyd. Weder künstliches noch imitiertes Leder können das natürliche Leder ersetzen, doch sind die Produkte der neuen Industrie für manche Zwecke wohl geeignet, auch sind sie natürlich in allen Fällen billiger als das echte Leder. **(O. Wand, Seifens.-Ztg. 42, 417 und 439.)**

Vgl. die Arbeit von **Sichling**: Die verschiedenen Verfahren zur Herstellung künstlichen Leders, in **Ledermarkt Koll. 1912,** über die sich ein kurzes Referat in **Kunststoffe 1912, 370** befindet. Der Verfasser unterscheidet das mit Zuhilfenahme eines Gewebes oder Vlieses hergestellte eigentliche Kunst- oder Preßleder von dem ohne Zuhilfenahme einer Gewebebahn hergestellten Lederersatz. Er bespricht im weiteren die Rohstoffe, die Herstellung des Ledertuches, der Vulkanfiber, des Lederpapieres, der Lederpappe und der vulkanisierten Stanzpappe, das ist eine Art Vulkanfiber, die man durch Einwirkung verschiedener Salze (Aluminiumchlorid, Chlorzink oder Chlorcalcium) oder auch verschiedener anorganischer Säuren auf Cellulose gewinnt. [189.]

Über Versuche zur Herstellung sog. regenerierten Leders, d. h. eines Produktes aus Lederabfällen, bei dem die Hautfasern ähnlich wie beim Leder durch eine dem Corium verwandte Eiweißsubstanz miteinander verbunden sind, berichtet **M. R. Madru** in **Kollegium 1913, 209.**

Zum Kunstleder sind auch die Ersatzstoffe von Art des Wachstuches, des Ledertuches und das Linoleum zu zählen, da auch diese Stoffe im allgemeinen ähnlich bereitet werden wie Kunstleder, d. h. durch Zusammenpressen einer Gewebebahn mit unter sich und an ihr festhaftenden Materialien und Bindemitteln. Im weiteren gehören auch Vulkanfiber, Celluloid und Kollodium zu diesen Massen oder stehen mit ihnen insofern in Wechselbeziehung, als es zahlreiche Übergänge zwischen diesen Stoffen gibt. Eine Beschränkung auf nur lederartige Produkte, und zwar in Hinblick auf ihre Bildung z. B. aus Lederabfällen (Cuire factice, Preßleder) oder auf ihre Verwendung als Sohlenleder usw. erscheint darum im Sinne der folgenden Kapiteleinteilung geboten.

Ursprünglich wurden in der Kunstlederfabrikation mit Kautschuk, Celluloid und Viscose überstrichene Gewebe verwendet, deren Imprägnierungsbelag man zur Verdeckung der Gewebestruktur auf und in das Fasermaterial, das zweckmäßig vor der Behandlung gerauht worden war, einpreßte. Neuerdings ersetzt man die Gewebe, um die stets wieder zum Vorschein kommende Struktur zu vermeiden, durch Vliese, die nicht nach den für Gewebe bekannten Verfahren hergestellt werden können. Diese Faserbahnen werden dann mit der Imprägnierungsmasse, die die Vliesbestandteile zugleich festigt und bindet, meist in abwechselnder Schichtung verpreßt, worauf man die Masse in der Wärme und Feuchtigkeit nachwalzt. Bei den Methoden von **Stirling** und **Karlé** tritt die Bindung der Fasern erst ein, wenn das Lösungsmittel der Imprägniermasse verdunstet ist, auch das Verfahren von **Weeber** brachte weitere wesentliche technische Verbesserungen. Besonders mit Kautschukarten erhält man vollständige Imprägnierung und ein nicht verfilztes, dem Naturleder ähnliches Produkt, das wie Leder vielen Zwecken dienen kann und besonders bei richtiger Arbeitsweise die Eigenschaft besitzt, sich parallel der Oberfläche spalten zu lassen. **(G. Wolf, Österr. Woll- u. Leinenind. 1909, 1326.)**

In den folgenden Kapiteln sind die in den betreffenden Angaben ausdrücklich als Ledeersatzprodukte bezeichneten Kunstmassen und Schichten aufgenommen, weitere Stoffe ähnlicher Art finden sich in den Abschnitten Linoleum, Kunstmassen, wasserdichte Gewebe usw.

434. Lederabfallverwertung allgemein, Lederabfallentfettung.

Johnson verfuhr erstmalig in der Weise, daß er Lederabfälle mit Natronlauge (1,025) durch Kochen völlig entgerbte, die Abfälle neutral wusch und auf Leim weiter verarbeitete. Aus dem Filtrat gewann er die Gerbstoffe zurück. **(Polyt. Notizbl. 1857, 317.)**

Nach **Techn. Rundsch. 1908, 443** entfernt man das Gewebefasermaterial aus alten Lederstücken zur Wiederverwendung der Ledersubstanz mit warmer verdünnter Natronlauge, deren Konzentration durch Versuche festgestellt werden muß, damit nicht zugleich das Leder angegriffen wird.

Zur Aufarbeitung von Lederabfällen behandelt man diese mit überhitztem Dampf, gewinnt so das entweichende Ammoniak, das unter einem im Gefäß eingebauten Siebboden angesammelte Fett und auf ihm als Dünger verwertbare Rückstände. **(E. P. 1835/1885.)**

Über die Verwertung von abgenutztem Militärschuhwerk für Straßenpflasterungszwecke, zur Gewinnung einer gut entfärbenden Tierkohle (mit Ammoniumsulfat als Nebenprodukt) zur Herstellung von Düngemitteln durch einen sauren Aufschließungsprozeß, von Cyaniden sowie von Leim, ferner auch zur Herstellung von Oberteilen für Holzschuhe siehe **M. C. Lamb,** Ref. in **Zeitschr. f. angew. Chem. 1918, 470.**

Über Verwertung der Lederabfälle zur Fabrikation von Knöpfen, Stock- oder Peitschenstielen durch Einpressen des Materials in die gewünschte Form und seine Bearbeitung durch

Drechseln, ferner zur Fabrikation von Dichtungsringen, Brandsohlen, Schuhkappen oder Absatzflecken, ferner auf chemischem Wege dadurch, daß man den Abfällen die Fette entzieht, um sie dann als Enthärtungspulver, Entfärbungskohle, Rohmaterial für die Leim- oder Düngerfabrikation zu verwenden, berichtet **K. Micksch** in **Kunststoffe 5, 147** u. **161.**

Lederabfälle können weiter auch durch Ausstanzen in eine entsprechende Form gebracht, aneinandergereiht und zusammengepreßt zur Herstellung von Lederbandagen für Bremsschuhe, Polierscheiben, Radkränze sowie Laufmäntel Verwendung finden. **(K. Jahr, Kollegium 1917, 147.)**

Zur Herstellung von Werkstückleder behandelt man ausgewählte loh- oder chromgare Abfallstücke zuerst mit Aluminiumsalzen und vegetabilischem Gerbstoff, trocknet, walkt sie in einer Seifenlösung, trocknet abermals, behandelt sie mit 10—14 proz. Bariumchloridlösung, walkt die gefüllte Masse, trocknet und bringt sie nach dem Walzen zuerst in eine 75° warme Klebstofflösung, worauf man schwach preßt, oberflächlich trocknet, die Stücke in den halbverdünnten Klebstoff bei einer Temperatur von ungefähr 50° einlegt, stark preßt, an der Luft trocknet, einem heißen Preßdruck von etwa 80 Atm. aussetzt, wieder trocknet und schließlich die Stücke durch eine ungefähr 60° warme Gerbstoffbrühe durchzieht. Wenn es sich um Herstellung von Sohlenleder handelt, treibt man weiter noch Holznägel durch die Stücke und drückt die Nägelteile beiderseidig flach, so daß sie das Stück in dichter Anordnung bedecken. Es soll mit diesem Verfahren möglich sein, auch verschieden gegerbte Lederabfälle verschiedener Abstammung zu einem Ganzen zu vereinen. **(D. R. P. 302 330.)**

Nach **D. R. P. 326 941** behandelt man die Abfälle zur Extraktion des Gerbstoffes und der Farbstoffe mit 90° warmer wässeriger Alaunlösung unter Zusatz einer das Leder nicht angreifenden Säure und führt den Rückstand bei Wasserbadtemperatur mit stark verdünnter Säure in eine zähe Masse über, die als Anstrichmittel für Lederwaren dienen und durch Formaldehyd wasserunlöslich gemacht werden kann.

Zur Aufarbeitung von Altleder, besonders zur Verwertung von abgenutzten Militärstiefeln, mahlt man das Material zusammen mit Schlacke, Granit oder Kalk und mit Asphalt und Bitumen zu dem sog. Broughit, das einen vorzüglichen Ersatz für Makadam und Holzpflaster bietet. Auch durch trockene Destillation lassen sich aus diesen Lederabfällen wertvolle Stoffe gewinnen, so vor allem Tierkohle, die nach Behandlung mit verdünnter Salzsäure und verdünnter Natronlauge, folgendem Auswaschen mit Wasser und Trocknen zur Entfärbung von Gelatine oder Zuckersäften besonders geeignet ist. Beim Einleiten der Destillationsprodukte in Schwefelsäure resultieren überdies etwa 25% Ammoniumsulfat. Vor jeder dieser Behandlungen wird das Altleder zweckmäßig entfettet und man gewinnt dann 15% eines Schmierfettes vom Schmelzpunkt 37—39°. **(M. C. Lamb,** Ref. in **Zeitschr. f. angew. Chem. 1918, 380.)**

Zur Wiedergewinnung des Fettes aus Geschirrlederabfällen bringt man diese in einen teilweise mit Wasser gefüllten Trog, leitet direkt Dampf ein, setzt die entsprechenden Chemikalien zu und schöpft das nach einiger Zeit an der Oberfläche angesammelte Fett ab. Die Art der Abfälle ist entscheidend für die Dauer des Kochens und die Art der Chemikalienzusätze. So setzt man z. B. bei Polierlederabfällen mehr, bei Weißlederabfällen weniger rohe Salzsäure zu. Bei geschwärztem Besatzleder empfiehlt es sich, das Material nach der Behandlung über Nacht stehen zu lassen. **(McCutcheon Armstrong,** Ref. in **Zeitschr. f. angew. Chem. 27, 248.)** Vgl. **Ledertechn. Rundsch. 6, 291** und **7, 333.**

Unter Haut- bzw. Lederentfettung ist stets nur die Fettgewinnung aus Abfällen gemeint, da rohe oder trockene, erst zu gerbende Häute oder Felle durch völlige Fettentziehung natürlich schwer geschädigt würden [405]. **(O. Seemann, Ledertechn. Rundsch. 8, 177.)**

Über die Verwendung der Lederentfettungsmittel Tetrachlorkohlenstoff, Trichloräthylen usw. siehe **W. Eitner** in **Gerber 1912, 904.**

435. Kunstleder aus Haut und Lederabfällen.

Zur Darstellung von künstlichem Leder werden Abfälle von Fellen und Häuten zuerst in einer schwachen Sodalauge aufgelockert, gewaschen, zermahlen und dann etwa 24 Stunden lang in schwach schwefelsaures Wasser eingelegt. Nach dem Auswaschen mahlt man die Masse im Holländer und schöpft den Brei oder bringt ihn auf der Pappenmaschine in Plattenform. Evtl. werden die Abfälle im Holländer mit einer Lösung, die schwefligsaures Natron, Kochsalz und Alaun enthält, 6—8 Stunden gebleicht. **(Polyt. Zentr.-Bl. 1854, 59.)**

Zur Herstellung von Kunstleder walzt und preßt man nach einem bayerischen Patent von **Sörensen** aus dem Jahre 1876 ein verknetetes Gemenge von Lederabfällen, mit einer mit Ammoniak verrührten Lösung von Kautschuk in Terpentinöl oder dgl. Lösungsmitteln.

Zur Erzeugung künstlichen Leders behandelt man Lederabfälle mit auf das Leder bezogen 6—9% Ätzalkali in wässeriger Lösung, zerteilt die gallertige Masse in Zerreißmaschinen und bringt sie in Plattenform. Die getrockneten Platten werden dann wie rohe Haut in einer kochsalzhaltigen Gerbstofflösung ausgegerbt. **(D. R. P. 3128.)**

Nach **D. R. P. 19 616** schwellt man die Lederabfälle in einem ätzalkalischen Bade, dem man zur Vermeidung der Gallertbildung Bicarbonat zusetzt, zerreißt die Masse, neutralisiert sie mit Salzsäure, wäscht sie sorgfältig aus und verarbeitet sie mit 5—10% Sehnenwolle, die man durch Salzsäurebehandlung des Rohmateriales als leimartige Substanz gewinnt, auf der Papiermaschine, auf deren Langsieb die Bahnen zur Beförderung der Verkittung beiderseitig mit Alaun- oder

Kochsalzlösung besprengt werden. Die fertigen Tafeln werden schließlich mit Kautschuklösung bestrichen und genarbt.

Zur Herstellung von Kunstleder weicht man ungefettete Lederabfälle nach **D. R. P. 18 662** in einem dünnen mit Gummi arabicum und etwa 1% Alaun versetzten Stärkekleister, preßt die Masse, überstreicht die Platten mit dickem Kleister, hämmert sie, imprägniert mit einer Lösung von Natronseife, preßt hydraulisch und trocknet. Gefettete Lederabfälle werden zuerst in eine Wasserglaslösung, dann in eine Zinksulfatlösung gelegt, gepreßt, mit Kleister bestrichen und schließlich zu Platten gehämmert.

Über künstliches Leder aus Lederabfällen und Leim, die man miteinander vermahlt und nach Zusatz von Lohbrühe und 2—5% essigsaurer Tonerde durch Pressen in geeignete Form bringt, siehe **D. R. P. 70 191.** Vgl. **D. R. P. 127 683.**

Abfälle von Leder werden zur Herstellung von Kunstmassen, die für Fußbodenplatten, Stiefelabsätze u. dgl. dienen können, nach **A. P. 862 840** mit 3—10proz. wässeriger Alkalilösung so hoch erhitzt, daß noch keine Leimbildung erfolgt, dann mit verdünnter Schwefelsäure versetzt und in dieser Form mit Sägemehl oder Bitumen gemischt; dann formt und preßt man und arbeitet weiter auf, wie üblich.

Über die Herstellung einer plastischen, zur Fabrikation von Stiefelsohlen geeigneten Masse aus Lederabfällen, Gips, Leim und Glaspulver siehe **E. P. 22 202/1910.**

Die Erzeugung einer Grundmasse für Ledertafeln (Verwendung von Lederfasern mit Gelatine) ist in **D. R. P. 270 626** beschrieben.

Über Herstellung eines dem Narbenleder gleichenden Kunstproduktes aus Spaltleder siehe **D. R. P. 225 762, 227 400** und **227 401.** Das Verfahren beruht im Prinzip darauf, daß man ein salbenartiges Gemenge von 1—2 Tl. Ricinusöl und Farbstoff mit etwa 9 Tl. gelöstem, flüssigem Celluloid verrührt und diese Masse auf nicht weiter zugerichtetes, sondern nur gegerbtes Spaltleder aufträgt, worauf man die Oberfläche künstlich narbt und die Lösungsmittel, die dem Kunstprodukt einen unangenehmen Geruch verleihen, durch Nachtrocknen bei etwa 40° entfernt.

Nach **D. R. P. 240 727** wird eine lederartige Masse aus Lederabfällen und zerkleinertem Altgummi wie folgt hergestellt: Man durchtränkt Lederabfälle mit einer 15proz. Altkautschuklösung (letztere wird mit Benzol im Autoklaven bei 8 Atm. Druck erhalten), preßt die Abfälle nach 24stündigem Stehen ab und trocknet sie an der Luft. Dann werden sie mit der halben Gewichtsmenge gepulvertem Altgummi vermischt, worauf man die Masse eine Viertelstunde unter einem Druck von 40 000 kg zusammenpreßt und $1^1/_2$ Stunden auf 210° erhitzt.

Zur Herstellung eines Lederersatzes, der echtes Leder an Haltbarkeit und Festigkeit übertreffen soll, preßt man eine zwischen zwei Fellen oder Lederstücken ausgebreitete, verknetete Masse aus Celluloidkitt, gelöstem Kautschuk, Fischtran oder Glycerin und Metallfeile einerseits, andererseits Dextrin mit gepulvertem Altgummi, Lederabfällen und Faserstoffen, wie z. B. Sehnenwolle, unter hohem Druck zusammen. **(D. R. P. 275 463.)**

Ein Kunstleder erhält man ferner durch Vereinigung von Renntierleder und Papiergeweben in mehrfachen Schichten. Das sonst seiner hohen Dehnbarkeit wegen schwer verwendbare Leder soll dadurch starr werden. **(D. R. P. 321 868.)**

Vgl. **F. P. 488 271:** Widerstandsfähiges Kunstleder erhält man durch Zusammenkleben von Papier mit Haut.

Auch durch Tränkung dünner Lederstreifen unter Luftabschluß mit einem dünnflüssigen Klebemittel, folgendes Mischen des getrockneten Materials mit einem breiigen Bindemittel, abermaliges Trocknen, Befeuchten der Masse mit einer das Bindemittel lösenden Flüssigkeit und schließliches Pressen erhält man ein verwendbares Kunstleder. **(D. R. P. 317 322.)**

Zur Herstellung von Geweben aus Leder verarbeitet man rohe, nasse, zerschnittene Hautblöße im zerfaserten Zustande auf Garn, verwebt dieses und gerbt das so erhaltene Gewebe. **(D. R. P. 355 825.)**

436. Verarbeitung von Lederpulver und -lösungen auf Ledererersatzstoffe.

Über Herstellung von künstlichem Leder aus einer alkalischen gallertartigen Lösung von Lederabfällen siehe **D. R. P. 3128.** Vgl. **D. Ind.-Ztg. 1871, Nr. 22.**

Die Herstellung von Leder aus Lederabfällen durch Behandlung mit Natronlauge und Auswalzen der mit etwa 1% Schwefelsäure versetzten Masse zu lederartigen Blättern ist schon von **J. Brown** in **Jahr.-Ber. f. chem. Techn. 1855, 358** beschrieben. Vgl. **D. Ind.-Ztg. 1869, Nr. 51.**

Zur Herstellung von künstlichem Leder werden die enthaarten Abfälle sortierter Felle nach **D. R. P. 140 424** bis zum beginnenden Zerfall in Kalkwasser eingeweicht, gründlich gespült und in einer Mischmaschine mit Zinksulfatlösung behandelt, dann trocknet man unter 70° im Vakuum oder in einem Strome warmer Luft unter gleichzeitig ausgeübtem, immer stärker werdendem Druck.

Über die Herstellung von Kunstleder auf einer Unterlage aus Gewebe mit einer Masse, die aus Ledermehl, Ölen und Harzen besteht, siehe **D. R. P. 207 385.** — Vgl. **F. P. 488 509:** Gemahlene Lederabfälle mit einem Bindemittel aus Ölrückständen.

Nach **E. P. 22 004/1909** erhält man Lederpappe aus etwa 2—3 mm großen Lederstückchen, die man zuerst in einem Chlorkalkbade entgerbt und dann mit klebenden und wasserdichtenden Bindemitteln vermengt kalandriert.

Über Herstellung von künstlichem Sohlleder und Riemenleder aus mit Säuren oder Alkalien geschwellten Tierfasern, mit Blut gesättigten Seifenlösungen und Gerbstoffflüssigkeiten siehe **D. R. P. 241 468.**

Zur Herstellung von Kunstleder löst man 136—225 kg Lederabfälle in der Hitze in einer Lösung von 16 kg Ätznatron und 6,5 kg Ätzkali in 1350 l Wasser, setzt nach der in etwa $^1/_2$ Stunde eingetretenen völligen Lösung die zur Ausfällung der Lederlösung nötigen etwa 45 kg Aluminiumsulfat zu und vermahlt diese Masse mit 680 kg Lederabfällen während 1—2 Stunden in der Zerreißmaschine. Die Masse, der man vorteilhaft zur Erhöhung der Undurchdringlichkeit der Lederpappe ein nach der Aluminiumsalzfällung zuzugebendes Chromsalz (bis zu 10% des Ledergewichtes) hinzufügt, erhält kein weiteres Bindemittel und wird wie üblich auf der Naßpresse verarbeitet. **(D. R. P. 248 592.)**

Zur Herstellung einer Grundmasse für Kunstledertafeln verarbeitet man eine Mischung zerkleinerter Lederteilchen mit unlöslich gemachter Hydrocellulose. Nach anderen Ausführungsformen des Verfahrens setzt man der Hydrocellulose Chromsalz zu und mischt die entstehende Masse mit zerkleinerten Lederteilchen oder bildet aus Cellulose und verdünnter Mineralsäure eine Paste, der man nach Entfernung des Flüssigkeitsüberschusses ein Bichromatsalz zusetzt, worauf die zerkleinerten Lederteilchen eingemischt werden. **(D. R. P. 259 666.)**

Die Herstellung einer Grundmasse für Ledertafeln unter Verwendung von Lederfasern ist durch Verarbeitung der von der Naßpresse ablaufenden Abwässer an Stelle von frischem Wasser in der Reißmaschine gekennzeichnet, wobei man zur Aufrechterhaltung eines geeigneten Sättigungsgrades des Wassers an Gelatine und gerbenden Stoffen, dem Wasser von Zeit zu Zeit Leim oder andere Stoffe zusetzt, die eine unlösliche Verbindung mit Gerbsäure eingehen und sie ausfällen. Man erhält so ein Leder, das wie das ursprüngliche zusammengesetzt ist, jedoch aus kürzeren, in schichtenweisen Tafeln verfilzten Fasern besteht. **(D. R. P. 270 626.)**

Zur Herstellung von Kunstleder oder Dichtungsmaterial führt man ein Gemenge von Lederabfällen, Cellulose oder tierischen Haaren allein oder mit pulverigen Bindemitteln von eiweißstoffartiger Beschaffenheit als dünnes Vlies zwischen zwei Siebförderbändern, um einen Siebzylinder, dem von innen die Tränkungsflüssigkeit zugeführt wird, so daß man die übliche nasse Verarbeitung ebenso wie das Stäuben von Lösungen mittels Düsen vermeidet. **(D. R. P. 290 586.)**

Ein zur Nachbildung von Modellen geeigneter Lederersatzstoff wird dadurch erhalten, daß man Stoffstreifen in der Wärme mit einer Masse aus Lederpulver, Leim und Fettlack tränkt. Die in Dosen luftdicht verpackten Streifen werden zum Gebrauch in 40—50° warmem Wasser durchweicht, dann in mehrfachen Lagen um das zur Vermeidung des Anklebens mit einem Überzug versehene Modell gewickelt und nach dem Trocknen abgenommen. Der erhaltene Hohlkörper wird dann weiter wie üblich poliert, lackiert und bildet einen nahtlosen, das Leder völlig ersetzenden Stoff, der leicht, elastisch und gegen Feuchtigkeit und Schweiß widerstandsfähig ist. **(D. R. P. 302 194.)** Nach einer Abänderung des Verfahrens tränkt man den weitmaschigen Stoff mit Fettlack, füllt ihn mit einem trockenen Gemenge von Leder-, Leim-, Talkum- und evtl. auch Farbstoffpulver, preßt die Binden und weicht sie vor dem Gebrauch in 40—50° heißem Wasser solange, bis sie ganz durchweicht sind und keine Luftblasen mehr aufsteigen. **(D. R. P. 306 104.)**

Ein der Haltbarkeit nach dem Schafleder gleichender Lederersatzstoff wird erhalten, wenn man zwischen eine Weichpapierunterlage und eine Hartpapierauflage Lederabfälle einbettet, in der so erhaltenen Bahn mechanisch, jedoch ohne Pressung, ledernarbenartige Gebilde erzeugt und das entsprechend gefärbte Produkt schließlich lackiert. **(D. R. P. 309 545.)**

437. Bakterienhautleder.

Ein eigentümliches Verfahren der Gewinnung von Lederersatz ist in **D. R. P. 256 407** beschrieben: Man impft Bierwürze oder ähnliche mit etwa $^1/_2$% Alkohol versetzte Nährsubstanz mit Mikroorganismen, die beim Aufstellen des Gefäßes in einem Raum von etwa 20—35° Wärme das Wachsen einer gleichmäßig dicken Decke auf dem Flüssigkeitsspiegel bewirken. Die evtl. durch Zusatz von Korkstückchen oder Fasersubstanzen verstärkte Masse wird abgehoben, mit Harzseife gefüllt, durch Zusatz von Ricinusöl geschmeidig gemacht und schließlich wie tierische Haut gegerbt. Nach einer Abänderung des Verfahrens **(D. R. P. 256 408)** werden die aus den Mikroorganismen bestehenden hautartigen Gebilde nach der Entfernung des überschüssigen Wassers mit einer schwachen Leimlösung zusammengebracht und in dieser Verbindung einem beliebigen Gerbprozeß unterworfen. Man erhält so haltbarere Produkte als nach dem Hauptpatent, denen man durch Zusatz von Fetten, Ölen oder Glycerin höhere Geschmeidigkeit und Wasserundurchlässigkeit und durch Zusatz von Füll- oder Verstärkungsmaterialien größere Festigkeit verleihen kann. Nach dem Zusatzpatent **D. R. P. 262 022** werden diese so gewonnenen, durch Mikroorganismen aufgebauten Hautgebilde zweckmäßig auf mercerisierte Gewebeunterlagen aufgebracht, um sie bei dem folgenden Gerbeprozeß für Gerbstoffe aufnahmefähiger zu machen. Außerdem empfiehlt es sich, die gebildeten Häute durch vorgegerbtes Spaltleder zu verstärken oder ungegerbtes Spaltleder und Bakterienhaut zusammenzugerben. Das Produkt soll sich sogar zu Lackleder verarbeiten lassen. Nach dem weiteren Zusatzpatent gerbt man die künstlichen Häute aus Mikroorganismen mit Eigelb, nachdem man sie der bekannten abwechslungsweisen Behandlung in einem ersten Bade aus Mineralsalzen mit Bleizucker, Bariumchlorid, Zinksulfat und Aluminiumsulfat und in einem zweiten Bade mit Schwefelsäure oder Natriumsulfatlösung behandelt hat. Dieses Bakterienleder braucht dann zum Geschmeidigmachen erheblich geringere Glycerinmengen als sonst. **(D. R. P. 302 329.)**

Bei der Herstellung von durch Unterlagen verstärkten Bakterienhäuten zwecks Gewinnung von Kunstleder bespritzt oder berieselt man die Unterlagen mit einer die Bakterien enthaltenden Nährflüssigkeit, wodurch neben erheblicher Ersparnis an Raum und Nährsubstanz gleichmäßiges Wachstum der Kulturen in beliebig großer Ausdehnung bewirkt wird. **(D. R. P. 290 985.)**

Zur Herstellung von Ledersatz fügt man den Bakterienkulturen oder Eiweißkörpern vor der Gerbung höchstens 60% Ledermehl, Faktis oder vorbehandelte Kautschukmilch zu. Man bringt z. B. die Bakterienhäute in eine Eiweißlösung, der man das Ledermehl, Faktis usw. beimischt, und erhält ein völlig lederähnliches, widerstandsfähiges, geschmeidiges Kunstprodukt, während ohne jenen Zusatz härtere, wachstuchähnliche Produkte entstehen. **(D. R. P. 297 189.)**

Zur Herstellung eines Ledersatzes aus Bakterienhäuten, Hefe oder anderen Eiweißstoffen härtet man diese Körper vor oder nach der Gerbung, und zwar nur oberflächlich mit irgendeinem Gerbstoff, evtl. im Gemenge mit Formaldehyd unter evtl. Zusatz von Ledermehl, Faktis, Farbstoffen, Ricinusöl oder Holzöl, und narbt den gehärteten Eiweißkörper zwischen dem Aufbringen des härtenden Mittels und der nunmehr erfolgenden mineralischen Gerbung. Durch das oberflächliche Härten wird ein Totgerben der Masse vermieden. **(D. R. P. 307 582.)** Nach dem Zusatzpatent kann man von der mineralischen Oberflächengerbung der Eiweißkörper, und wenn an das Ledersatzmittel hinsichtlich der Wärmebeständigkeit keine größeren Anforderungen gestellt werden, auch von der vegetabilischen Gerbung absehen und die Bakterien- oder Hefehäute nach dem Aufrauhen ihrer Oberfläche durch bloßes Lackieren mit Zapon- oder Öllack, wasser- und gasdicht machen. **(D. R. P. 331 175.)**

Über Herstellung von Kunstleder zu Glacéhandschuhen oder für Buchbindezwecke aus dem quallenähnlichen Bacterium xylinum siehe **Wilke, Zeitschr. f. techn. Biolog. 1919, 220.**

438. Lederfreie Massen. Verschiedene Unterlagen, mechanische Verfahren, Metalleinlagen.

Eine Arbeit von **G. Durst** über die Fabrikation des Kunstleders (Pegamoid), die vor allem die maschinellen Einrichtungen dieser Industrie berücksichtigt und im Anschluß an die Aufsatzfolge von **Kausch (Kunststoffe 1911, 3)** in erster Linie die Gewinnung jener Produkte beschreibt, die durch Gewebeimprägnation erhalten werden, findet sich in **Kunststoffe 1912, 101 u. 124.**

Eine neuere Vorrichtung zur Herstellung von Kunstleder ist z. B. in **D. R. P. 338 198** beschrieben.

Vgl. Die Herstellung von künstlichem Leder aus Papierstoff. **(M. Schall, Kunststoffe 4, 387.)**

In **D. R. P. 9069** ist ein Verfahren zur Herstellung von künstlichem Leder aus Meeralgen beschrieben.

Zur Herstellung einer Sohlenledersatzmasse tränkt man Birkenbastrinde zwecks Ausfüllung ihrer Poren und um sie wasserdicht zu machen mit Viscose-, Acetylcellulose- oder mit mit Chromat oder einem anderen Gerbmittel versetzter Leimlösung. **(D. R. P. 320 629.)**

Zur Herstellung von künstlichem Leder verwendet man nach **D. R. P. 120 614** zwei ungleichartige Materialien, ein Gewebe und Watte, die man gemeinsam durch ein Salz- und Schwefelsäurebad führt und so unlöslich miteinander vereinigt. Die Watte wird zugleich in eine lederartige Masse übergeführt, wogegen das Gewebe unangegriffen bleibt. Man wäscht aus, imprägniert mit einer Mischung von Glycerin, Leinöl, Mehl und Dégras, glättet hierauf und preßt evtl. die Struktur ein. Nach **Zusatz D. R. P. 143 007** wird zunächst die Watte allein mit Säure behandelt und erst dann mit dem Grundgewebe vereinigt.

Zur Behandlung des die Schauseite eines Kunstlederstoffes bildenden Gewirkes versieht man dieses mercerisierte oder durch Walken verdichtete oder geschliffene Baumwollgewebe einseitig durch Tiefprägung oder Tiefdruck mit einem den Ledernarben nachahmenden, vom Grundstoff sich farbig abhebenden Liniennetz. Man erhält so ein im Aussehen und im Griff dem antiken Schaf- oder Rindleder ähnliches evtl. noch zu parfümierendes Kunstprodukt, das die Gewebestruktur nicht mehr zeigt, sondern wie genarbtes Leder aussieht. **(D. R. P. 237 209.)**

Zur Nachahmung von Sämischleder verkocht man Gewebe oder Gewirke aus Bouretteseide nach ein- oder doppelseitigem Rauhen evtl. während des Färbeprozesses derart, daß sie zusammenfilzen. Man erhält so ein wertvolles Ausgangsmaterial zur Herstellung von Handschuhen, Gürteln, Putztüchern, Decken, Taschen oder Schuhen. **(D. R. P. 243 496.)**

Auch durch heißes Pressen (Plätten) einer die Form des Gegenstandes wiedergebenden, mit gefärbtem Bindfaden umwickelten Einlage erhält man Körper mit lederartiger Oberfläche. **(D. R. P. 95 608.)**

Ein Verfahren zur Herstellung von Kunstleder ist dadurch gekennzeichnet, daß man zur Erhöhung der Widerstandsfähigkeit in die Oberfläche der Platten ein durchbrochenes Gewebe einbettet, das die Verbindung des Klebstoffes mit der Oberflächenschicht begünstigt. **(D. R. P. 299 810.)**

Zur Herstellung eines Schuhsohlen- oder Treibriemenledersatzes imprägniert man gewebte Stoffe wie üblich mit evtl. gefärbtem Öl, dem man fein zerkleinerter Metalle (Aluminium, Kupfer, Messing oder Eisen) zusetzt. **(D. R. P. 281 351.)**

Einen schmiegsamen, zugfesten Ledersatzstoff erhält man ferner aus mit Cellulose gefüllten Schraubenfedern, die in Netze eingehüllt in Teer gekocht wurden, durch Überstreichen mit einer Mischung von Cellulose und Harzlösung und folgendes Trocknen der Platten unter Druck. **(D. R. P. 304 497.)**

Ein dem Wesen nach mechanisches Kunstlederherstellungsverfahren ist dadurch gekennzeichnet, daß ein kardierter verfilzter Faserpelz aus langstapeligem Material einer mit besonderen Walzen ausgestatteten Appreturmaschine zugeführt wird, die in den Filz unter Druck eine nachträglich in einer Härtungsflüssigkeit zu härtende Celluloselösung einwalzt. **(D. R. P. 308 089.)**

Eine Vorrichtung zur Herstellung von künstlichem Leder aus mit plastischen Massen belegten Gewebebahnen ist in **D. R. P. 323 358** beschrieben.

Nach einem anderen Verfahren ölt man z. B. sehr dünnes Aluminiumblech auf der einen Seite, lackiert oder bemalt es auf der anderen Seite und versieht es unter Preßdruck mit Hilfe eines Bindemittels mit einem Überzug von filzartigem Wollgewebe, pulverförmigen Kork od. dgl. **(E. P. 101 557/1917.)**

439. Nitrocellulose-Kunstleder.

Nach einem älteren Verfahren der Herstellung künstlichen Leders wurden Nitrocelluloseplatten durch kurzes Eintauchen in konzentrierter Schwefelsäure pergamentiert, mit ammoniakhaltigem Wasser gewaschen, in starke Leimlösung getaucht und schließlich weiter wie Tierhäute behandelt, d. h. lohgar oder weißgar gegerbt. **(Polyt. Zentr.-Bl. 1864, 63.)**

In **Kunststoffe 1912, 183** beschreibt **H. Börner,** dem Werke von **E. Ch. Worden:** „Nitrocellulose Industry" folgend, die Fabrikation des Kunstleders nach amerikanischem Verfahren. Die Arbeit enthält nicht nur Angaben über die maschinellen Einrichtungen, sondern geht auch auf die Patentliteratur ein und bringt wertvolle Vorschriften zur Herstellung der Anstriche, Firnisse und Lederkitte, die während der Fabrikation gebraucht werden und hauptsächlich aus Nitrocelluloselösungen bestehen. Es finden sich außerdem auch Vorschriften zur Herstellung verschiedener Ledersorten (künstliches Sanitätsleder, Antik-, Chamois-, Sohl-, Lack-, Wagendeckenleder usw.) Die Aufbereitung und Anforderungen an die Nitrierbaumwolle sind dieselben wie bei der Celluloidiabrikation. Zum Zusammenleimen der gestrichenen Zeugbahnen bei Herstellung von Kunstleder bediente man sich früher einer Lösung von Schießbaumwolle, Kautschuk, Harz oder Leinöl und teilweise mit Borax verseiftem Schellack (Xylonitfirnis). Besonders geeignet ist nach **Börner** ein Lederkitt, den man erhält, wenn man einer Lösung von 180 g Pyroxylin in einem Gemisch von 55% Amylacetat, 12% Fuselöl, 10% Aceton und 23% Benzin vor dem Gebrauch eine Lösung von 150 g Kautschuk in 210 g Schwefelkohlenstoff zufügt. Oder man bringt eine Lösung von 12% Pyroxylin in einem Gemisch von 45—60% Benzol, 30—45% Alkohol und 3—15% Amylacetat auf eine noch feuchte, auf einem Gewebe befindliche Klebstoffschicht auf. Die Beschreibung des Verfahrens und der Vorrichtungen findet sich in **F. P. 488 991, 488 993 u. 488 994.**

Nach **W. K. Tucker,** Ref. in **Chem.-Ztg. Rep. 1921, 272,** erzielt man bei der Fabrikation von Kunstleder aus Lösungen von Schießbaumwolle in benzolhaltigem Acetonöl die größte Ersparnis an Lösungsmitteln, wenn die Nitrocellulose 11,5—13% Stickstoff enthält. Die Mengenverhältnisse sollen so gewählt sein, daß Benzol und Acetonöl gleichzeitig verdampfen, um das Ausflocken der Nitrocellulose und das Bröckligwerden des Fertigproduktes zu vermeiden.

Vgl. auch **D. R. P. 56 516:** Imprägnieren von Geweben mit einer Lösung von 100 Tl. Nitrocellulose in 20 Tl. Spiritus und 3 Tl. Ricinusöl unter Zusatz von etwas Essigsäure oder Äther und Pressen zwischen heißen, mit Öl bestrichenen Metallplatten.

Nach **D. R. P. 172 474** wird durch gleichmäßiges Bestreichen einer Pyroxylin-(Gelatine- oder Eiweiß-)haut mit einem Gemenge von Glycerin, Ricinusöl, Kautschuklösung, gequellter und in heißem Wasser gelöster Hautgelatine mit Baritweiß als Füllmittel ebenfalls ein Kunstleder erhalten, wenn man eine zweite Pyroxylinhaut auflegt und das Ganze nach sanfter Pressung in einer Gerbstofflösung härtet.

Nach **D. R. P. 242 370** trägt man zur Herstellung künstlichen Leders auf ein Gewebe in mehreren aufeinanderfolgenden Schichten einen Lack aus Ricinusöl, Kollodiumlösung und trokkenem Pigment auf und vereinigt die Bahn mit einem pflanzlichen oder tierischen Vlies mittels eines das letztere durchdringenden Bindemittels zwischen Walzen. Oder man überzieht einen plattenförmigen Kunststoff wiederholt mit einer Lösung von Nitrocellulose in Rüböl, dann mit einem Lederlack aus gekochtem Leinöl, Naphtha und mit Öl verriebenem Farbstoff, preßt dann den künstlichen Narben ein, überstreicht mit der Lösung von Kautschuk in Pflanzenöl, evtl. unter Zusatz von Farbstoff, in einem geeigneten Lösungsmittel und wischt diese Schicht an den erhabenen Stellen der gepreßten Fläche ab. **(E. P. 102 114/1917.)**

Den unter dem Namen Veloril im Handel befindlichen Kunststoff gewinnt man aus Wollfasern, die man verfilzt, worauf man den erhaltenen Filz mit irgendeinem Gerbmittel gerbt und das gegerbte Material, um es wasserdicht zu machen, mit nitriertem Ricinusöl, einer Lösung von nitrierter Cellulose allein oder vermischt mit nitriertem Öl in Aceton imprägniert. Das Material eignet sich je nach der Herstellungsart als Holz-, Leder- oder Kautschukersatz. **(D. R. P. 118 566.)**

Zur Herstellung von Kunstleder erzeugt man nach **D. R. P. 228 421** aus staubfeinem, zerkleinertem Celluloid oder aus Nitrocelluose, die man mit der Suspension eines ebenfalls trockenen Klebstoffes in einer nichtlösenden indifferenten Flüssigkeit, z. B. einem Gemisch von Ricinusöl und Wasser mischt, eine Masse, die auf Stoff- oder Papierbahnen aufgetragen und zur Lösung des Klebemittels mit dampf-, gas- oder nebelförmigen Lösungsmitteln behandelt wird. Nach dem Zusatzpatent **D. R. P. 238 252** läßt man einen Filz, dem während der Herstellung zerfasertes Leder, faserige Nitrocellulose oder Celluloidstaub beigemengt wurden, ein behufs Weichhaltung mit Ricinusöl versetztes dampf- oder gasförmiges Lösungsmittel passieren. Das so erhaltene, durch Kalandern genarbte Kunstleder läßt sich zuschärfen, ohne daß man die Lagen der Gewebe im Innern erkennt. Nach weiteren Ausführungsformen des Verfahrens behandelt man die Faserstoffbahnen, die mit dem pulverstoffförmigen Klebstoff versehen sind, vor der Einwirkung des dampfförmigen Lösemittels, das auch durch ein flüssiges ersetzt werden kann, mit einem solchen vor und trocknet sodann bei höherer Temperatur. Nach dem weiteren Zusatzpatent werden die verschiedenfarbigen Kork- oder Ledermehle bei der Herstellung des Kunstleders nicht dem Klebstoffpulver zugesetzt, sondern in die auf das Gewebe aufgestreute Klebstoffschicht einheitlich oder in Musterung aufgetragen und dann eingepreßt. **(D. R. P. 248 787 u. 249 326.)**

Vgl. **F. P. 488 995:** Aufbringung einer plastischen Masse auf eine Nitrocellulosebahn und ferner die Methode des Campherzusatzes neben einem flüchtigen Lösungsmittel nach **F. P. 488 996.**

Zur Vereinigung von Faserstoffbahnen und zu ihrem Überziehen mit Klebstoffschichten bestreut man das Gewebe mit dem Klebmittelpulver und überstreicht sodann mit einer sehr dünnen Klebstofflösung (Zaponlack), die zugleich das Klebstoffpulver löst. Bei der Kunstlederbereitung besteht das Klebpulver aus Nitrocellulosemehl, die Klebstofflösung aus Zaponlack, der die Konsistenz dünnen Mineralöles besitzt. **(D. R. P. 250 029.)** Nach dem Zusatzpatent hält man die genetzte Stoffbahn nach der Auftragung des Lösungsmittels und vor der Trocknung kühl, um die Verdunstung des letzteren zu vermeiden und seine intensivere Einwirkung auf den Klebstoff zu erzielen. **(D. R. P. 284 876.)**

Man überzieht die Unterlage aus Gewebe oder Papier zur Herstellung des Kunstleders schichtweise mit einem Überzug, der aus einem Gemisch von Celluloid und Phenolestern, die bei 0° flüssig bleiben, einerseits und andererseits aus dem in **D. R. P. 246 443** beschriebenen Gemenge von Holzöl, aromatischen Aminen und Cellulosexanthogenat besteht. Die Phenolester machen das Kunstleder wesentlich weicher, geschmeidiger und reibechter als Öle und Fette und man erhält Celluloidleder, die fast geruchlos sind, Temperaturen von 100° aushalten, nicht brüchig und nicht spröde werden. Die Phenolester besitzen außerdem Lösungsvermögen für Nitrocellulose, wodurch ein festes Haften der beiden aus Celluloid bzw Viscose als Hauptbestandteil bestehenden Schichten gewährleistet ist. **(D. R. P. 277 263.)**

Nach **E. P. 27 969/1911** imprägniert man nichtwollene Faserstoffe zur Herstellung eines Ledersatzmittels mit Celluloidlösung, kalandriert nach Verdampfen des Lösungsmittels, tränkt das Gewebe mit einer Leim-Glycerinlösung, trocknet und wiederholt das Verfahren bis zur Erzielung der nötigen Dicke des Produktes.

Nach **F. P. 456 261** erhält man ein besonders gegen Hitze sehr widerstandsfähiges Kunstleder durch abwechselndes Übereinanderschichten einer breiigen Lösung von 10 kg Celluloid, 10 kg o-Trikresylphosphat (statt des Ricinusöles), 30 kg Aceton und 60 kg Alkohol mit den Produkten, die man durch Kondensation von chinesischem Holzöl und Toluidin erhält. Die letztere Masse wird außerdem mit Viscose versetzt. Vgl. **F. P. 449 554.**

Nach einem anderen Verfahren verspinnt man einen Zeugstreifen beiderseitig mit einer Fasermaterialdecke, trägt dann eine Nitrocelluloselösung auf, preßt feucht und versieht schließlich mit einem weiteren Überzug, in den nach dem Glätten der künstliche Narben eingepreßt wird. **(E. P. 8202/1916.)**

Zum Färben von Kunstleder aus mit Nitrocellulose oder Celluloid imprägnierten Stoffbahnen bereitet man zunächst eine Lösung von 10 Tl. Nitrocellulose in Spiritus oder Aceton, vermengt diese Lösung je nach der geforderten Geschmeidigkeit mit weichhaltenden Ölen, fügt 5 Tl. Tonerdehydrat hinzu, bestreicht ungefärbtes Baumwollgewebe einseitig ein- oder mehreremal mit der Masse und färbt die imprägnierte Stoffbahn nach Verdunsten des Lösungsmittels mit basischen Teerfarbstoffen in sauren Bädern, wodurch gleichzeitig Bahn und Schicht angefärbt werden. **(D. R. P. 281 304.)**

Einen Ledersatz erhält man nach **D. R. P. 332 866** durch inniges Verwalzen und Vermischen von 100 Tl. 15% Kollodium enthaltender, in Amylacetat gelöster Nitrocellulose, 15 Tl. Naphthensäureglycerinester, 50 Tl. naphthensaurem Aluminium-Magnesium und 40 Tl. Seesand. Man arbeitet in der Kälte und verdunstet sodann das Lösungsmittel.

440. Andere Celluloseester und -abkömmlinge.

Über Herstellung von künstlichem Leder aus halb- oder ganzwollenen Filzen durch Tränken mit 25grädiger Natronlauge und darauffolgendes Gerben der hornartigen, elastischen Masse, z. B. mit Lohbrühe, siehe **D. R. P. 24 177.** Vgl. **D. R. P. 23 492.**

Über Gewinnung einer Grundmasse für Kunstledertafeln aus gehärteter Hydrocellulose siehe **D. R. P. 259 666.**

Zur Herstellung eines künstlichen Leders werden zwei verschiedene Materialien, wie ein Gewebe und Watte, zusammen durch ein Salz- und Schwefelsäurebad geführt und durch Einwirkung dieses Bades miteinander vereinigt. Die Watte verwandelt sich hierbei in eine lederartige Masse, während das Gewebe unverändert bleibt. Die Säure wird nun ausgewaschen und das lederartige Gebilde mit einer aus Glycerin, Leinöl, Mehl und Dégras bestehenden Mischung geschmeidig gemacht, die Oberfläche durch Pressen geglättet und gegebenenfalls mit Nachahmungen der verschiedenen Ledernarben versehen. **(D. R. P. 126 614.)** Statt der beiden genannten Ausgangsmaterialien kann man nach einer Abänderung des Verfahrens auch nur das schwammige bzw. zellige Material, z. B. die Watte, der Einwirkung des Säurebades aussetzen. **(D. R. P. 143 007.)**

Zur Herstellung eines Lederersatzes bringt man harte Vulkanfiber 24 Stunden in eine 50proz. Zinkchloridlösung, läßt den Stoff 6 Stunden trocknen, legt ihn dann weitere 24 Stunden in 30° warmes Rüböl, bringt die Platten dann 2 Stunden in eine 33proz. Harz-Benzinlösung und führt sie direkt oder gefärbt der Verwendung zu. Die Färbung wird am besten mit der Ölbehandlung vereinigt. **(D. R. P. 300 952.)** Man kann die Pappe auch in eine 30proz. Calciumchlorid- oder Magnesiumchloridlösung bringen, trocknen und dann erst mit erwärmten fetten Ölen und schließlich mit Harzlösung behandeln. **(D. R. P. 315 434.)**

Bei der Herstellung von Kunstleder bläst man auf die aus einem schlitzartigen Mundstück herausgepreßte, mit Pflanzenfasern vermischte Celluloselösung vor dem Eintritt in das zunächst schwache Fällbad, zerkleinerte Fasern auf und passiert mit dem vorgefällten Stück unter starker Spannung durch eine konzentrierte Ätzalkalilösung. Das Stück bildet dann einen faserbestaubten Film, der noch hinlänglich geschmeidig ist, um mit Reliefmustern bedruckt werden zu können. **(D. R. P. 194 506.)**

Die Alkoholgerbeverfahren der **D. R. P. 273 652, 274 418** usw. **[394]** können auch zur Herstellung von Kunstleder dienen. Man behandelt das zu imprägnierende Gewebe mit der Lösung eines geeigneten Füllstoffes, und wählt das Lösungsmittel so, daß es lösend auf die später einwirkende geschmolzene Masse wirkt, wobei man das Fasergewebe vor der endgiltigen Imprägnierung zwecks Festigung mit einem Stoff imprägnieren kann, der in jenem Lösungsmittel nicht löslich ist. Man erhält so aus sehr dichtem Filzgewebe ein dem echten Leder völlig gleichendes Produkt, wenn man den Filz zuerst mit Celluloid, Cellit oder Cellon imprägniert, das Lösungsmittel entfernt, dann mit einer Asphalt-Benzollösung imprägniert und schließlich das noch nasse Gewebe in eine ebenfalls in Benzol lösliche Schmelzmasse aus Petrolgoudron bringt, die dann unter Austausch der Schmelzmasse mit dem Lösungsmittel vollständig eindringen und alle Poren ausfüllen kann. **(D. R. P. 276 619.)**

Nach einem anderen Verfahren imprägniert man ungebleichtes filzartiges Fasergewebe zwischen Walzen mit einer Celluloselösung, härtet diese in einem geeigneten zweiten Bade, bringt einen wasserdichten Überzug auf und kratzt auf maschinellem Wege die Oberfläche der getrockneten Platte auf, so daß sich die Fasern aufrichten und ein samtartiges Erzeugnis resultiert. Wenn man dem ursprünglichen Fasergewebe gebleichte Baumwolle zusetzt oder überhaupt gebleichte Baumwolle wählt, diese zuerst in kalter 50—66grädiger Schwefelsäure behandelt, nach dem Waschen durch Alkalilauge führt, so wasserdicht macht und nun erst die Celluloselösung aufträgt, erhält man ein dichtes pergamentartiges Material, das dem japanischen Papier gleicht. **(101 536/1917.)**

Zur Herstellung von künstlichem Leder imprägniert man Gewebe mit wolliger oder filzähnlicher Oberfläche nach **D. R. P. 127 422** mit Cellulosexanthogenat im Vakuum, fixiert die Cellulose mit Dampf und imprägniert ebenfalls im Vakuum mit Lösungen von Kautschuk, Asphalt und Dammarharz in Schwefelkohlenstoff oder Benzin. Zur Herstellung des Cellulosexanthogenats tränkt man Lumpen- oder Baumwollabfälle mit einer 15proz. Ätznatronlösung, drückt die Masse soweit aus, daß sie etwa das Dreifache ihres Gewichtes Flüssigkeit behält, fügt auf die trockenen Abfälle berechnet 14% Schwefelkohlenstoff hinzu und verdünnt die Masse, wenn sie nach mehrstündigem Ruhen im verschlossenen Gefäß wasserlöslich geworden ist, bis zur gewünschten Konzentration mit Wasser **[211]**. Je nach der gewünschten Festigkeit des Kunstleders verwendet man Lösungen, die 3—8% Abfälle enthalten.

Man kann auch mit Natronlauge behandelten Kattun mit dampfförmigem Schwefelkohlenstoff behandeln und das gelbbraun und durchscheinend gewordene Gewebe nach dem Spülen bei gewöhnlicher Temperatur und dann bei 100° trocknen, worauf das erhaltene brüchige Material in einer 5proz. Essigsäurelösung wieder dehnbar gemacht, ausgewaschen und abermals getrocknet wird. **(D. R. P. 115 856.)**

441. Kautschuk-Kunstleder.

Eines der ersten Kunstleder das sog. Hallsche Ledersurrogat, wurde nach Angaben in **Polyt. Notizbl. 1856, 357** durch wiederholtes Bestreichen von Leinwand, Tuch oder einem anderen Gewebe mit einer heißen Schmelze aus 4 Tl. Wachs, 2 Tl. Kautschuk, 1 Tl. Harz, 2 Tl. Beinschwarz, 1 Tl. Lampenschwarz erzeugt; es diente vor allem zur Herstellung von Mützenschirmen.

Über Herstellung des sog. vegetabilischen Leders aus mit Kautschuklösung und Pflanzenwachses getränktem und dann gepreßtem Baumwollvlies siehe **Papierztg. 1877, Nr. 1.**

Ein kunstlederartiger Stoff wurde früher auch durch Behandlung von Baumwollbahnen mit Gerbstoffbrühen hergestellt. Das zähe Produkt erhielt schließlich einen Kautschuküberzug. **(D. Gewerbeztg. 1869, Nr. 45.)**

Siehe auch das Kunstlederpatent **E. P. 2018/1878**: Imprägnierung von Baumwollgewebe mit einer mit Schellack, Zinkweiß, Ton, Gips und Teerfarbstoff vermischten Kautschuk-Naphthalösung.

Nach **J. Harrington** und **F. Richards, Ber. d. d. chem. Ges. 1872, 442** mischt man zur Herstellung von künstlichem Leder 3 Tl. Leim und 1 Tl. Glycerin, etwas gekochtes Leinsamenöl und Kautschuk, trägt das heiße Gemenge auf eine passende Gewebebahn auf und überstreicht die erhärtete, abgekühlte Oberfläche mit einer wässerigen Lösung von Chromalaun oder schwefelsaurem Eisenoxyd. Nach völliger Austrocknung auch dieser Schicht kann noch ein Überzug mit einer wasserdichten Komposition folgen.

Die Herstellung von künstlichem Leder mit einer Filz-, Papier- oder Wollstoffgrundlage und Kautschuk-, Schellack-, Glycerinlösungen usw. als Imprägnierungsmittel ist auch in **D. R. P. 4516** und **4976** beschrieben.

Eine Imprägnierungsmasse für Gewebe zur Herstellung von künstlichem Leder besteht aus einem verkochten Gemenge von Guttapercha, Naphtha und Zinkweiß oder einer anderen Mineralfarbe. **(D. R. P. 17 722.)** Vgl. **D. R. P. 17 677.**

Über Herstellung eines Lederersatzes durch Tränkung von Canevas mit einem gekochten Gemenge von wolframsaurem Natrium und essigsaurem Blei, Überziehen mit einer Mischung aus Kautschuk, Goldschwefel, Magnesia usw. und Vulkanisieren siehe **E. P. 8963/1885.**

Über Herstellung eines Lederersatzes durch Imprägnierung und folgendes Pressen von Trikotstoffen mit Kautschuk, dem man 10% Glycerin und 10% Schlämmkreide oder Ocker beigemengt hat, siehe **D. R. P. 64 424.**

Ein lederähnliches, geschmeidiges und zähes Produkt erhält man aus Balata, die man durch Kochen in Wasser vorbereitet, in dünne Schichten walzt, mittels eines Lösungsmittels in der Wärme dickflüssig löst, diese Masse zwischen Vliese ausbreitet und mit ihnen zusammen durch Pressen innig verbindet. Das Produkt zeichnet sich gegenüber den mit Kautschuklösungen getränkten Geweben dadurch aus, daß man in ihm die Gewebestruktur nicht mehr zu erkennen vermag. **(D. R. P. 197 874.)**

Zur Herstellung eines Lederersatzes werden nach **D. R. P. 216 899** Bahnen tierischer Fasern mit Lösungen von Kautschuk u. dgl. in Benzin u. dgl. imprägniert, dann fällt man die Kautschukmassen durch Aceton oder Alkohol innerhalb des Gewebes aus. Man kann schließlich noch vulkanisieren oder ein- oder beiderseitig mit einer Celluloidschicht usw. überziehen.

Zur Herstellung künstlichen Leders wird ein aus animalischen Fasern hergestelltes, kreuz- und quergewebtes, gegerbtes, evtl. mit Tonerdeseifenlösung behandeltes Vlies imprägniert: 1. mit einer Lösung von Guttapercha usw. in Schwefelkohlenstoff u. dgl., 2. mit einer Lösung aus Raffinerierückstand von harzenden Ölen und 3. mit einer Lösung aus hochoxydierten harzenden Ölen. Je nach der Reihenfolge der einwirkenden Imprägnierungsflüssigkeiten erhält man verschieden verwendbare Produkte. **(D. R. P. 229 535.)**

Zur Herstellung von Gegenständen aus mit Kautschuk imprägniertem Filz formt man die kautschukimprägnierten Filzplatten zur Verminderung ihrer Dicke unter starkem Druck, wodurch zugleich der Kautschuk an die Oberfläche des Filzes tritt, hier eine zusammenhängende Schicht bildet und ein Produkt entsteht, das sich zur Verarbeitung auf Sohlen oder Absätze eignet. **(D. R. P. 244 359.)** Vgl. **F. P. 487 958**: Kunstleder aus Gewebebahnen mit aufgepreßter Balataschicht ohne Lösungsmittel.

Nach **F. P. 418 543** wird Kunstleder hergestellt durch Bestreichen eines Gewebes mit einer Mischung von Casein, Ammoniak, Tannin, einer Leinöl-Kautschuklösung und einer Celluloselösung; schließlich wird heiß mit Schwefel vulkanisiertes Leinöl beigefügt. Man kalandriert und gauffriert.

Zum Imprägnieren von Vulkanfiberpappe, die als Ersatzmittel für Leder dienen soll, weicht man die Pappen nach **D. R. P. 262 946** in einer Emulsion von 5 Tl. Öl und 2 Tl. 1 proz. wässeriger Ätzkalilösung, trocknet, behandelt in einem zweiten Bade aus 50 Tl. Ölemulsion, 45 Tl. wasserfreiem Öl und 5 Tl. Guttaperchaharz und legt schließlich die Vulkanfiber, um sie mit einem luftdichten Überzuge zu versehen, in eine Lösung von Kautschuk in technischem Toluol.

Über Herstellung von Kunstleder aus Kautschuk und Syrolit **(E. P. 13 601/1909)** siehe **E. P. 24 041/1912.**

Nach **F. P. 459 440** verwendet man als Einsatz beim Hufbeschlag als künstliche, lederartige Masse ein unter 900 Atm. Druck gepreßtes und vulkanisiertes Gemenge von 5 Tl. Para-, 3 Tl. Altkautschuk, 5 Tl. Antimonmennige, je 1 Tl. Kalk und Zinkoxyd, 2 Tl. Magnesia, 19 Tl. evtl. unter Asbestzusatz mit Kautschuk imprägnierter Faserstoffe und 5 Tl. Schwefel.

Zur Herstellung von Glacélederimmitation aus Wirkware fällt man auf geschliffener oder gerauhter Wirkware aus einer Kautschuklösung den Kautschuk aus, trocknet sodann, kalandriert mit oder ohne Riffelwalzen und erhält so ein poröses, beständiges, dem Glacéleder täuschend ähnliches Ersatzprodukt. **(D. R. P. 275 697.)**

Ein Ersatzmittel für Leder bereitet man aus den bei der Abvulkanisierung von Fahrraddecken zurückbleibenden Leinwandstreifen, die in passender Dicke zusammengeklebt und mit einer auswendigen Abnutzschicht aus Kautschuk versehen werden. Die Abvulkanisierung der Streifen soll mit Cyankalium erfolgen, das den Leinwandstreifen einen Teil der Gummierung beläßt und das Material weniger angreift, als die sonst bei der Kautschukregeneration verwendeten Säuren. Der neue lederartige Stoff eignet sich zur Herstellung von Koffern Fahrradsätteln, Taschen u. dgl. **(D. R. P. 292 588.)**

Oder man vermengt mit geschwefelten Ölen getränktes Fasermaterial mit Caseinalkali, Schwefel, Schellack und 5—15% Balata, walzt die Masse in Plattenform aus und erhält so ein lederartiges, als Sohlen- und Radbereifungsmaterial verwendbares Kunstleder, dessen Güte mit dem Balatagehalt innerhalb der genannten Grenzen steigt. **(D. R. P. 304 096.)**

Nach **F. P. 486 988** verwendet man bei Herstellung von Kunstleder eine Lösung von Kautschuk und Guttapercha in Schwefelkohlenstoff, Benzin und Terpentinöl und behandelt die getrocknete Fläche mit einer Lösung von Leinölfirnis in Terpentinöl nach.

Durch Heptachlorierung des Kautschuks erhält man nach **D. R. P. 329 293** eine leder- oder celluloidähnliche, in Benzin unlösliche, gegen Säuren und Alkalien widerstandsfähige Masse.

S. a. **[319], [533], [551]** und **Bd. III [45 ff.].**

442. Kunstleder mit leimigen und öligen Bindemitteln.

Die Gewinnung eines Ledersatzes aus Geweben, die zuerst mit Kleister, dann mit Ölfarbe und schließlich mit Kopallack imprägniert werden, wurde schon von **J. E. Piper** in **Polyt. Zentr.-Bl. 1855, 1212** beschrieben. Siehe auch **ebd. 1854, 1278**: Wiederholte Imprägnierung des Gewebes mit einem Leinöl-Rußgemenge, Abschleifen und Überziehen mit Leinölfirnis.

Zur Herstellung von künstlichem Leder preßt man gekrempelte Watte, die in einem Bad aus 25 Tl. Leim, 25 Tl. Wasser, 20 Tl. Ton und 5—10 Tl. Gerbmaterial imprägniert wurde, zwischen warmen Walzen, bringt die Platten 10—24 Stunden in eine mit 5% Glycerin versetzte Abkochung von Eichenrinde, gerbt und trocknet. **(D. R. P. 9140.)**

Zur Herstellung von künstlichem Leder tränkt man die Gewebe nach **D. R. P. 16 022** mit Leimlösung, bestreicht sie sodann mit einer Lösung von Alaun, Kochsalz und Kreosot oder Carbolsäure und preßt zwischen Walzen. Das Verfahren ist auch als Gerbeverfahren durchgebildet.

Zur Herstellung eines lederartigen Stoffes imprägniert man Gewebe oder Papier mit einer heißen Lösung von 150 g Agar-Agar, 5 g Oxal- oder Salicylsäure, 80 g Glycerin und 100 g japanischem Wachs, evtl. unter Zusatz von Farbstoff. **(D. R. P. 201 228.)**

Zur Herstellung von Kunstleder fällt man nach **A. P. 873 582** Gelatine, Casein u. dgl. mit Tannin oder einem anderen Gerbstoff aus der betreffenden Lösung aus und imprägniert einen gerauhten Stoff mit einer ammoniakalischen Lösung des so erhaltenen Niederschlages mehrere Male, bis er nach dem schließlichen letzten Trocknen lederartige Beschaffenheit erhalten hat.

Über Herstellung von Kunstleder durch Ausfällen einer 10proz. Tierleimlösung mit Sumachextrakt oder Formaldehyd auf einem Gewebe siehe **F. P. 448 808.**

Nach **F. P. 449 554** tränkt man Stoffe, z. B. Filz, zur Herstellung von Kunstleder mit warmer Gelatinelösung, härtet diese mit einem Gemenge von Alaun, Eisenchlorid und Bichromat und verklebt die Bahn mittels eines Gemenges von Leim- und Bichromatlösung mit echtem Lederbelag.

Über Gewinnung wasserdichter Stoffe, Ledertuche usw. durch Verkleben von Farbstoffbahnen mittels plastischer oder gallertiger Klebestoffe, die sich bei gewöhnlicher Temperatur nicht verflüchtigen können, siehe **D. R. P. 258 471.**

Das sog. flüssige Leder „Sam" dürfte nach **Pharm. Ztg. Berlin 1913** ein präparierter Lederleim sein, den man durch Verkochen einer wässerigen, aus vorher gequelltem Leim hergestellten Lederleimlösung unter Zusatz von Glycerin und Tanninlösung bis zur festen, gummiartigen Konsistenz erhält. Vor dem Gebrauch wird die Masse erwärmt und evtl. mit etwas Ledermehl versetzt; sie liefert nach dem Erkalten und Trocknen ein dem Naturleder gleichendes Produkt.

Als Erweichungs- und Bindemittel für die üblichen Kunstlederstoffe wird auch Flechtenkleister empfohlen, den man, um seine Gelatinierung zu verhindern, im heißen Zustande Öl beimischt. **(D. R. P. 319 402.)**

Einen Ledersatz erhält man ferner durch Tränken von Papierlagen mit gleichen Teilen Leimlösung und Sulfitablauge unter Zusatz von Formaldehyd, folgendes Trocknen und Härten. Die Ablauge, die etwa in der gleichen Menge wie der Leim beigesetzt wird, soll die Geschmeidigkeit des folgend getrockneten und gehärteten Produktes wesentlich erhöhen. **(D. R. P. 322 987.)**

Nach **F. P. 487 969** werden Leim, Glycerin und Traubenzucker als Imprägniermittel, und Bichromat und Formaldehyd als Härtungsmittel verwendet.

Zur Herstellung eines für Treibriemen geeigneten Ledersatzes behandelt man Leinwand mehrere Male durch Eintauchen (einige Sekunden) mit einem Gemisch, hergestellt durch Übergießen von 2 Volumenteilen ungebrannter Kieselgur mit 1 Volumenteil Schwefelsäure (80%) und nachträglichen Zusatz von 7 Volumenteilen Wasser, worauf man die Streifen auswäscht, trocknet, evtl. mit verdünntem Wasserglas behandelt und in je zwei Lagen mittels eines Klebemittels aus Kölnerleim, Schmalz und Wasser zusammenklebt. In mehreren Lagen aufeinandergeklebt und getrocknet erhält man so den Riemenersatz, der als Mantel einen Streifen von dreifacher Breite aus demselben Stoff erhält, dessen übertretende Teile man zur Verhütung der Kantenausfransung um den geklebten Riemen schlägt. **(D. R. P. 295 175.)**

Als Ersatz für Leder, Linoleum oder Linkrusta eignet sich eine biegsame, wasserfeste Platte, die man durch Zusammenpressen von Gewebe-, Faser- oder Metallbahnen mit pech-, harz- oder leimartigen Bindemitteln unter Verwendung von Schlackenwolle oder Schlackenpulver als Füllstoff erhält. **(D. R. P. 316 900.)**

Auch durch Imprägnieren von Papierbahnen mit tierischem Leim und Teer und folgende Gerbung soll man ein geschmeidiges Ledersatzprodukt erhalten. **(D. R. P. 328 758.)**

Vgl. das Verfahren zur Herstellung von künstlichem Sohlenleder aus Filzplatten, die man vor ihrer Fertigstellung mit Silicaten durchsetzt und nach dem Walzen in Form der Platten zuerst mit wasserdichtmachenden Stoffen und dann mit einer Schmelze von wachs- oder harzartigen Materialien imprägniert. **(D. R. P. 288 659.)**

Zur Herstellung von Kunstleder, aber auch anderer, geschmeidiger Platten aus faserigem Material (Textilfaser, Cellulose-, Holz-, Asbestfasern, Kork, Gummi, Kamelhaar) behandelt man die Stoffe vor dem Vermahlen mit einer Emulsion, die wasserlösliches Bohröl, tierische Fette und geeignete Bindemittel enthält. **(D. R. P. 280 368.)**

Nach dem Verfahren des **D. R. P. 296 124** (Leimen, Wasserfestmachen, Appretieren von Papier und Gewebe) kann man durch bloßes Auftragen einer Teerseifenlösung auf Papierbahnen nach dem Trocknen, auch ohne Zersetzung der Teerseife und ohne Nachbehandlung mit Formaldehyd ein Material von der Farbe und den Eigenschaften des künstlichen Leders erhalten. **(D. R. P. 309 680.)**

Oder: Man überzieht Moleskin beiderseitig, evtl. mehrmals, mit einem mit Terpentinöl verdünntem Gemisch von 100 Tl. mit Bleioxyd als Sikkativ versetztem Leinöl, 3 Tl. calcinierter Umbra und 6 Tl. Lampenschwarz. Nach dem Trocknen des Überzuges wird das Zeug durch Glättwalzen genommen, mit Bimsstein poliert und zuletzt noch mit einem Firnis, bereitet aus 100 Tl. Leinöl, 3 Tl. Bleiglätte. 3 Tl. Umbra, 3 Tl. Berlinerblau, 2 Tl Kautschuk, überstrichen. Man trocknet dann 48—60 Stunden bei 50° im Ofen und setzt das Produkt schließlich dem Sonnenlichte aus. **(Polyt. Zentr.-Bl. 1857, 352.)**

Nach **D. R. P. 111 654** vermahlt man ein Gemenge von Linoleumzement (oxydiertes Öl mit einem Zusatz von Harz) und Benzol u. dgl. 8 Stunden in einem Rollfaß und streicht die gequollene, gallertige Masse auf ein passendes Gewebe auf.

Oder man überzieht Cannevas beiderseitig mit einem heiß bereiteten Gemenge von Kolophonium, Leinöllack, Casein und gelöschtem Kalk unter evtl. Zusatz von Lederabfällen und preßt mehrere Schichten dieser Platten nach dem Trocknen und Aufweichen im Wasser in Pappenform zusammen. **(E. P. 8821/1916.)**

443. Kunstleder aus verschiedenartigen Gemengen.

Eine plastische, lederähnliche Masse erhält man nach **D. R. P. 20 483** aus dem Rückstand der Baumwollsamenölreinigung mit Fetten. Ölen, Wachs oder Harzen, ferner mit Graphit, Zinnober, Ruß und Schwefelpulver oder Schwefelkohlenstoff durch Pressen bei 80—150°.

Über Herstellung von Kunstleder aus gekochten Holzfasern. holländischem Leinöl, Silberglätte, Rebenschwarz und Sikkativfirnis siehe **D. R. P. 28 887.** Vgl. **Ö. P. v. 30. Mai 1883** und **D. R. P. 27 503.**

Künstliches Leder, das sich zur Herstellung von Sohlen und Absätzen eignen soll, erhält man nach **D. R. P. 49 162** durch Auswalzen eines geschmolzenen Gemenges von je 1 Tl. Asphalt, Pech, Kolophonium und Gips, 2 Tl. Guttapercha und $^1/_8$ Tl. Antimonsulfid. Ein Teil der Guttapercha kann durch Schwefel ersetzt sein.

Nach **D. R. P. 101 838** verdickt man eine Fettsäure (vgl. **D. R. P. 100 917**), wenn es sich um die Herstellung eines Lederersatzes handelt, wenn also die Klebrigkeit der Masse nicht erwünscht ist, mit chinesischem Holzöl, Leinöl oder Baumwollsaatöl. Man mischt z. B. zur Herstellung eines dauerhaften, auch in feuchten Räumen unveränderlichen Kunstleders am zweckmäßigsten 70 Tl. Leinölfettsäure, 20 Tl. chinesisches Holzöl, 10 Tl. Leinöl und 5—20 Tl. Trockenstoffe und Härtemittel.

Über Herstellung einer lederähnlichen Masse, die sich ebensowohl für die Schuhfabrikation wie als Treppen- und Fußbodenbelag eignet, aus cellulosehaltigem Fasermaterial mit Casein, Leim, Kleber, Blut, Kupferoxydammoniak, Wasserglas und Chlorkalk als Bindemittel, siehe **D. R. P. 84 994.** Der Kunststoff wird schließlich mit einer Harzlösung imprägniert.

Nach **F. P. 375 593** wird ein Lederersatz durch Formen, Trocknen und heißes Pressen eines Gemenges von Gelatine, Glycerin, Dextrin, Wasserglas, einer Lösung von Balata in Toluol und Ramiefasern hergestellt.

Nach **E. P. 4402/1910** erzeugt man Kunstleder aus Gelatine, einer Fettsäure, einem viscosen Öl, Guttapercha und harzigem Petroleumrückstand.

Zur Herstellung einer plastischen Masse, die sich besonders als Lederersatz für Geschirre und Stiefel eignen soll, imprägniert man nach **D. R. P. 82 294** Späne der Stein-, Cocos- oder Paranuß nach ihrer Reinigung mit Säure mit wolframsaurem Natron vermischt mit Kollodiumwolle und Campher und preßt heiß in Formen. Soll die Masse durchsichtig werden, so behandelt man die Nußspäne vorher mit Kupferoxydammoniak.

Nach einem anderen Verfahren verwalzt man faserhaltige Pappe oder Kartonblätter mit einem zähflüssigen Gemisch von Asphalt, Pech, Teer und etwas Harz. Zur Herstellung von Riemen legt man vor dem Walzen zwischen die einzelnen Kartonblätter Leinwand-, evtl. Metall- oder dgl. Bänder ein. **(D. R. P. 179 577.)**

Nach **D. R. P. 226 866** imprägniert man Gewebe zur Herstellung einer lederartigen Masse in einem kochenden Gemenge von Terpentin, Farbstoff, Naphthalin, Weingeist, gekochtem Leinöl, Holzöl, Nußöl, Gummi arabicum und Firnis. Der so imprägnierte Stoff neigt jedoch auch nach mehrmaligem Überziehen mit der Mischung zunächst zur Bildung von Rissen. Das Kunstleder wird erst schmiegsam, wasserundurchlässig und lederähnlich, wenn es nachträglich einem Gerbeprozeß unterworfen wird.

Nach **A. P. 939 982** kann man auch aus vegetabilischen und Asbestfasern, Teer, Pech und Wachs eine lederartige Masse erhalten.

Über Herstellung von Kunstleder aus einer ammoniakalischen, mit Bichromat versetzten Seetanglösung, Harzöl, Pflanzenfasern, Füllmassen, etwas Gerbstoff und Abfallkautschuk siehe **E. P. 5396/1911.** Durch Zusatz von Fischöl soll der charakteristische Ledergeruch erzielt werden.

Zur Herstellung eines Kunstlederproduktes aus Faserstoffen setzt man den üblichen Imprägnierungs- und Bindemitteln (Dextrin, Gelatine, Balata) eine Auflösung von Schellack in Boraxlösung zu und erhöht so die Geschmeidigkeit und Widerstandsfähigkeit des Kunstleders. **(D. R. P. 222 163.**

Zur Herstellung von künstlichem Sohl- oder Riemenleder preßt man ein Gemenge von durch Pochen oder Pressen mechanisch aufgeschlossenen Tierfasern mit Langfasern, Blut, gesättigten Seifenlösungen oder anderen, die Geschmeidigkeit befördernden Stoffen in Vliesform, schwellt die Masse durch Behandlung mit Säuren oder Alkalien, preßt unter wachsendem starken Druck und gerbt das Material, worauf man es in eine Paraffinemulsion eintaucht, trocknet, stollt, walkt und weiter wie Natursohlleder verarbeitet. **(D. R. P. 241 468.)**

Zum Imprägnieren der Gewebe bei Herstellung lederartiger Stoffe verwendet man nach **Ö. P. Anm. 4965/13** einen von Fibrin und Serum möglichst befreiten Blutkörperchenbrei.

Zur Herstellung eines lederartigen Stoffes kocht man zunächst Kalbshaare in 0,3 proz. Schwefelsäure 12—16 Stunden bei 96°, preßt die Masse in geeignete Form und legt sie dann in getrocknetem Zustande in ein Bad, das man erhält, wenn man 1,5 Tl. Harz und 4 Tl. venezianischen Terpentin unter langsamem Zusatz von 2,5 Tl. Bleiglanz unter stetem Rühren verschmilzt und diese Masse mit einem Gemenge von gequelltem und aufgekochtem Dickleim aus 6 Tl. Leim, 4 Tl. Wasser und 4 Tl. venezianischen Terpentin (für sich geschmolzen) versetzt. Der in dieser fast kochenden Mischung während 48 Stunden belassene Kalbshaarformling wird dann nachgepreßt und getrocknet und ergibt eine dicke, elastische, zunächst noch formbare Masse, die allmählich fest wird und eine wasserdichte Oberfläche zeigt, in der man die Fasern nicht mehr unterscheiden kann. **(D. R. P. 293 751.)**

Zur Herstellung kunstlederartiger Massen verarbeitet man eine Mischung von vorher auf 250—260° erhitztem Aluminium- oder Chromnaphthenat und von einem Metallnaphthenat, das nur auf 160° erhitzt wurde. **(D. R. P. 328 580.)**

Vgl. auch die Abteilungen Kunstmassen und Faserstoffe; siehe ferner die Abschnitte Papier- und Gewebeimprägnierung.

Linoleum.

444. Literatur und Allgemeines, Herstellungsverfahren.

Deutschl. Linoleum (Bodenbelag) einfarbig, unbedruckt 1/2 1914 E.: 920; A.: 36 981 dz.
Deutschl. Linoleum (Bodenbelag) einfarbig, bedruckt 1/2 1914 E.: 65; A.: 11 690 dz.
Deutschl. Linoleum (Bodenbelag) mehrfarbig 1/2 1914 E.: 74; A.: 48 127 dz.

Fischer, H., Geschichte, Eigenschaften und Fabrikation des Linoleums. Leipzig 1891. — Scherer, R., Die künstlichen Fußboden- und Wandbeläge. Wien und Leipzig 1922. — Andés, L. E., Die Fabrikation des Linoleums (in dem Buche über Feuersicher-, Geruchslos- und Wasserdichtmachen usw.). Wien und Leipzig 1896. — Kaufmann, Anleitung zur Verlegung und Behandlung von Linoleum. Würzburg 1902. — Siehe ferner die betreffenden Kapitel in den großen Handbüchern über Öle, Fette, Kautschuk usf.

Über Linoleum, seine Bereitung und Verwendung siehe die Arbeit von **Limmer** in **Zeitschr. f. angew. Chem. 1907, 1349.**

Zur Geschichte des Linoleums siehe **F. Fritz, Kunststoffe 1911, 12.**

Die Bearbeitung der Patentliteratur über die Herstellungsverfahren von Linoleum und Wachstuch von **M. Schall** findet sich in **Kunststoffe 1917, 41.**

Eine Tabelle über die patentierten Verfahren und Vorrichtungen zur Herstellung von Linoleum bringt ferner **Kausch, Kunststoffe 4, 188 ff.**

Über Linoleum, seine Fabrikation im Großbetriebe, die Wichtigkeit des richtigen und ungehemmten Trockenprozeßverlaufes, über das Legen des Linoleums in den Wohnräumen und seine Pflege siehe die Ausführungen von **F. Fritz** in **Kunststoffe 1919, 213 u. 253.**

Eine Patentliste betr. die Neuerungen bei der Herstellung von Linoleum, Linkrusta und deren Ersatzstoffen bringt **S. Halen** in **Kunststoffe 1920, 193.**

Über die bakterienfeindliche Wirkung des Linoleums siehe **L. Bitter, Zeitschr. f. Hygier. 1911, 483.**

Vgl. auch das Referat nach einem Vortrag von **R. Schwarz** über Linoleum in **Kunststoffe 1913, 7.**

Eine sehr klare Beschreibung des Ganges der Linoleumfabrikation findet sich in der von der Linoleumfabrik Hansa herausgegebenen Druckschrift. Vgl. ferner **R. Eßlinger,** Die Fabrikation des Wachstuches, der Korkteppiche und des Linoleums in **Deutsche Ind. Jahrg. II, Nr. 11.**

Die Möglichkeit der Hebung der Wirtschaftlichkeit von Linoleumfabriken erörtert **F. Limmer, Zeitschr. f. angew. Chem. 1907, 1349.**

Der unter dem Namen Kamptulikon früher viel verwendete Fußbodenbelag **(Polyt. Zentr.-Bl. 1862, 1655)** bestand aus Kautschuk und Kork- oder Holzmehl und bildete nach dem Verfahren von **E. Golloway** (1844) bereitet, einen wertvollen Ersatz für das bis dahin verwendete Wachstuch. Durch die Verteuerung des Kautschuks war man gezwungen ein Ersatzmittel zu finden und dies gelang **J. Walton** (1863) mit Hilfe des Linoxyns, des festen Oxydationsproduktes des Leinöles, das, mit Harzen, Korkmehl und Erdfarbstoffen gemischt, als Linoleum in den Handel kam. Den rastlosen Bemühungen **Waltons,** der die Fabrikation begründete, vereinfachte und durch Einführung der geprägten und gemusterten Linoleumstoffe erweiterte, ist es zuzuschreiben, daß das wesentlich kürzer verlaufende Verfahren von **J. W. Pernacott** (1872) das Waltonprodukt nicht zu verdrängen vermochte. **(F. Fritz, Kunststoffe 1911, 12.)**

Die moderne Fabrikationsmethode des Linoleums beruht auf dem Walton- bzw. Taylor-Pernacotteprozeß: Man oxydiert das raffinierte und gekochte Leinöl in eigenen Oxydierhäusern unter der Einwirkung von Luft und Licht in großer Oberfläche bei etwa 30° zu Linoxynsäure und Linoxyn, mahlt die Masse, verschmilzt sie mit Harzen, vermischt diesen so erhaltenen Linoleumzement mit Kork und anderen Füllstoffen und preßt die Masse auf Jutegewebe auf.

Über die Wirtschaftlichkeit der Oxydationshäuser in der Linoleumfabrikation zum Zwecke der Umwandlung des Leinöles in das feste Linoxyn siehe **F. Fritz, Kunststoffe 9, 272.**

Das Waltonsche Verfahren zum Oxydieren trocknender Öle für die Linoleumherstellung und die zugehörige Apparatur sind in **D. R. P. 83 584** beschrieben.

Nach dem **Pernacotteschen** Verfahren wandelt man das Leinöl dadurch in Linoxyn um, daß man ihm nach ca. dreimonatlicher Lagerung einen Zusatz von 2% Bleiglätte, Bleiseife oder anderer Trockenmittel zusetzt und die Masse unter Lufteinheiten etwa 6 Stnnden auf 200° und mehr erhitzt. — Vgl. **Bd. III. [55]**

Der Leinöltrockenprozeß ebenso wie der ganze Trocknungsverlauf des Linoleums wird, wie **F. Fritz** im Großen in einer Linoleumfabrik feststellte, wesentlich durch die Menge der in der Luft vorhandenen Feuchtigkeit beeinflußt, und zwar beträgt der Untschied im Ertrag getrockneter Ware und dementsprechend auch der Unterschied in der Menge getrockneten Leinöles 6—10%, um welchen Betrag die Oxydationshäuser in den feuchtigkeitsreichen Monaten Mai bis August weniger liefern als in der trockenen Zeit von Januar bis April. Feuchtigkeit führt auch zu der gefürchteten Spaltung des Linoleums, die dann eintritt, wenn die beiden Außenflächen zu schnell trocknen und im Innern eine unreife Schicht verbleibt, deren Feuchtigkeit nun nicht mehr entweichen kann, so daß sich die Oberflächenschicht leicht vom Grundgewebe trennt. **F. Fritz** empfiehlt, da die Ursache jener Erscheinung in Feuchtigkeit zu suchen ist, nur möglichst trockene Rohstoffe zu verwenden und die Luft vor ihrem Eintritt ins Trockenhaus vom übermäßigen Wassergehalt zu befreien. **(Kunststoffe 9, 3.)**

Jahreszeit und Feuchtigkeit der Luft und des Materials spielen schließlich auch eine Rolle beim Reifungs-(Lagerungs-)prozeß des Linoleumzementes, dessen Güte von seinem Alter abhängig ist. Die Veränderungen, die er beim Lagern erleidet, sind genau dieselben wie jene, die alter Zement durch Erwärmen auf etwa 170° erfährt, und darum rein physikalischer Natur. Im Lagerungsprozeß dürften sich die ursprünglichen in dem kolloidalen Linoxyn gelösten, geschmolzenen Harze in feinster Verteilung wieder ausscheiden und dementsprechend ist die für den Reifungsprozeß nötige Zeit im Winter kürzer als im Sommer und kann durch Lagern des Zementes in Kühlhäusern künstlich verkürzt werden. Alle Versuche mit neuen Massen müssen sich demnach auf Jahre hinaus erstrecken bzw. man muß eine künstliche Alterung des Linoleums hervorrufen, was am besten durch Erhitzen auf 80—100° bewirkt wird. **(F. Fritz, Kunststoffe 1911, 81 u. 109; vgl. Chem. Rev. 22, 19.)** Bei der heute noch wie zu Beginn der Linoleumerzeugung üblichen Bereitungsweise des Linoleumzementes aus Linoxyn, Kolophonium und Kaurikopal ist es daher dringend nötig, die in langjähriger Praxis erprobten Erfahrungen beizubehalten, da Änderungen in der Zusammensetzung sich erst nach Jahren durch die mangelnde Dauerhaftigkeit der Ware bemerkbar machen.

Die Fabrikation zerfällt in sieben einzelne Abschnitte: Die Oxydation des Leinöles, die Fabrikation des Linoxyns (1500 kg mit 2,25 kg Manganborat oxydiertes Leinöl werden mit 148 kg staubfeiner Kreide gemischt), Fabrikation des Linoleumzements (aus 800 kg Linoxyn, 42 kg Kopal und 116 kg Kolophonium), das Mahlen des Korkes, das Mischen des Korkmehls mit dem Zement (z. B. 3,16 kg Korkmehl, 2,69 kg Linoleumzement, 0,95 kg Ocker), das Auftragen der Masse auf das Grundgewebe und schließlich das Trocknen und Bedrucken des fertigen Linoleums. Vgl. die Arbeiten von **F. Fritz** in **Kunststoffe 1911, 81 u. 169** (Linoleumzementbereitung, Reifungsprozeß und Apparaturen); vgl. auch **Chem. Rev. 19, 5,** ferner die Arbeit von **M. de Keghel,** Ref. in **Kunststoffe 1912, 131.**

Je nach den Zusätzen, der Musterung der Masse (letztere geht beim Inlaidlinoleum durch bis auf das Gewebe, um die Ungleichmäßigkeit der Abnützung nicht erkennen zu lassen), ihrer Aufarbeitung und Oberflächenbehandlung erhält man die verschiedenen Handelssorten: Uni-, Granit-, Moirélinoleum usw.

445. Wirkung verschiedener Zusätze zur Linoleummasse.

Der der Linoleummischung zugesetzte Kalk soll das Linoleum trocknen und härten, eine Wirkung, die dadurch zustandekommt, daß der Kalk mit den Harzsäuren des Linoleumzementes Kalkharze bildet. Es empfiehlt sich ungebrannten Kalk zu verwenden, der das oxydierte Leinöl nicht angreift wie der gebrannte. Außerdem ist der Oxydationsgrad des Linoxyns insofern von Bedeutung, als ein stark durchoxydiertes Produkt sich anders verhält, als wenig oxydiertes Leinöl. Wie Kalk, jedoch viel stärker härtend, wirken Magnesia und Zinkoxyd, von denen besonders das letztere auch in geringen Mengen, z. B. als Verunreinigung im zugesetzten Lithopon störende Wirkung hervorruft. **(F. Fritz, Kunststoffe 1, 344.)**

Zur Beschleunigung der Oxydation trocknender Öle mengt man sie nach **D. R. P. 100 917** mit Kork und Holzmehl und leitet durch die in dünnen Schichten ausgebreitete Masse heiße Luft. Die Oxydation des Öles, die sonst wochenlang dauert, ist in 1—2 Stunden beendet, und man erhält eine vollkommen geruchlose, homogene Linoleummasse, der zur Erhöhung der Bindekraft und Elastizität noch fein gemahlene Hartharze und zur Vermeidung der Selbstentzündung Erdalkalioxyde oder Erdalkaliseifen beigegeben werden. Die letzteren Zusätze verleihen dem so erhaltenen Linoleum außerdem Zähigkeit, Härte, samtartige Glätte und lederartige Geschmeidigkeit (siehe unten).

Zum Oxydieren und Mischen von Leinöl mit Luft zwecks Herstellung eines Bindemittels für Linoleummasse bedient man sich eines in **D. R. P. 104 789** beschriebenen Apparates.

Um rasches Trocknen des Linoleums oder Wachstuches herbeizuführen, setzt man der Masse während der Verarbeitung, also vor dem Aufstreichen auf das Gewebe, Stoffe zu, die bei mäßiger Temperatur Sauerstoff abgeben (Chlorkalk, Superoxyde) und führt das Material zwischen geheizten Walzen durch, um die Oxydation des Leinöles zu bewirken. **(D. R. P. 58 318.)**

Zur Gewinnung fester elastischer Oxydationsprodukte aus Leinöl leitet man in ein Gemenge von 100 kg Leinöl und 1½ kg Essigsäure Sauerstoff oder ozonhaltige Luft ein, wobei man durch Kühlung Sorge tragen muß, daß die Temperatur nicht über 70° steigt. Das elastische Produkt wird mit Harzen, Kork und anderen Füllstoffen auf Linoleum verarbeitet. **(D. R. P. 263 656.)**

Nach **D. R. P. 229 424** wird in sehr kurzer Zeit (nach 2—3 Tagen) ein Linoleumfirnis erhalten, der die nach dem Scrim- und Waltonverfahren hergestellten Firnisse an Güte übertrifft, wenn man ein durch eine schnell wirkende Methode oxydiertes festes Leinöl in rohem Leinöl quellt.

Nach **A. P. 948 189** (vgl. **948 572**) setzt man dem Linoleumzement aus oxydiertem Leinöl Kaurigummi, Harz, Holzmehl und Farbstoff, Asbest und Magnesia zu.

Nach **F. Friedemann, Chem. Rev. 1913, 213** erhält man guten Linoleumzement durch Vermengen des nach Abdestillieren des Lösungsmittels verbleibenden Rückstandes beim Verkochen von Linoxyn mit Eisessig, mit Kolophonium und Kaurikopal. Die Eisessiglösung des Linoxyns selbst ist praktisch kaum verwendbar.

Um Linoleum schwer brennbar zu machen, wird der Linoleummasse während der Fabrikation kohlensaure Magnesia zugesetzt, deren Zersetzungstemperatur bei so niedriger Temperatur liegt, daß die Abspaltung der feuererstickenden Kohlensäure zur rechten Zeit erfolgt. **(D. R. P. 229 056.)**

Zur Herstellung von unverbrennlichem Linoleum mischt man nach **F. P. 382 279** 23 Tl. Linoleummasse, 20 Tl. Holz- oder Korkmehl, 2 Tl. gefällte Kieselsäure, 8,4 Tl. Natriumbicarbonat, 4,2 Tl. natürlichen Magnesit und 6 Tl. Ocker oder einen anderen Farbstoff. Das mit dieser Masse zu vereinigende Jutegewebe wird vorher mit einer Lösung von 15 Tl. Salmiak, 6 Tl. Borsäure und 3 Tl. Borax in 100 Tl. Wasser imprägniert.

Das Verfahren des **D. R. P. 267 407** zur Herstellung unverbrennbarer Dachpappen ist nach dem Zusatzpatent auch zur Linoleumfabrikation anwendbar. Man setzt der linoxynartigen Grundmasse wie üblich 50% Harz und Korkmehl und sodann vor oder während der Verarbeitung Phosphorsäureester des Phenols oder seiner Substitutionsprodukte oder gemischte Ester der Phosphorsäure mit Phenol und dessen Substitutionsprodukten zu. In dieser Weise hergestellt, wird das Linoleum oder Linkrusta besonders widerstandsfähig gegen Entflammung. **(D. R. P. 286 690.)** Vgl.: Linoleumfabrikation und Feuersgefahr, **F. Fritz, Kunststoffe 1911, 145.**

Nach **D. R. P. 239 289** verhindert ein Zusatz von etwa 3% Pyridin, Anilin, Dimethylanilin usw. zur Linoleummasse das Brüchigwerden der fertigen Produkte (Linoleum und Wachstuch); die erhaltenen Gemenge können außerdem zur Herstellung kautschukähnlicher Massen dienen.

Zur Herstellung eines alkalibeständigen Linoleums geht man nach **D. R. P. 180 621** vom Holzöl oder seinen Gemischen aus. Nach **D. R. P. 204 389** kann man auch andere trocknende Öle nach ihrer fraktionierten Destillation zu demselben Zweck verwenden und sie mit Korkpulver u. dgl. zusammenwalzen.

446. Leinölersatz in Linoleummassen.

Die Möglichkeit durch Erhitzen von Ölen mit ½—1% Magnesiummetall nach **D. R. P. 201 966** ein linoxynartiges Produkt zu erhalten, liefert auch die Methode dieses Magnesiumleinöl weiter mit Korkmehl und Ocker auf Linoleum zu verarbeiten. In der Tat erhielt **F. Fritz** ein der bekannten Taylorware völlig gleichendes Material. Das Verfahren dieser Linoxynbildung läßt sich auch, wenn auch in minder erfolgreichem Maße, mit frisch gefälltem Magnesiumoxydhydrat ausführen und verläuft schon bei Zimmertemperatur, wenn man die Reaktion zwischen Öl und Metall durch Zusatz von Leinölsäure erleichtert. Bei weiteren Versuchen gelang es das teure Magnesium durch Kalk zu ersetzen, da nicht das Metall, sondern die beim Kochen der Öle sich abspaltenden Fettsäuren die wirksamen Faktoren sind. Ebenso wie die Calciumoxydhydrate wirkten auch Calciumoxyd und Erdalkaliacetate. **(Chem. Rev. [Umschau] 1919, 176 u. 185.)**

Bei der Linoleumherstellung kann man nach **D. R. P. 101 838** auch statt der trocknenden Öle deren Fettsäuren verwenden. Man verarbetet z. B. 70 Tl. Leinölfettsäure, 20 Tl. Holzöl, 10 Tl. Leinöl und 5—20 Tl. Trockenstoffe und Härtemittel, und zwar fügt man die Fettsäure der schon beinahe völlig oxydierten Holzöl-Linoxyn-Linoleummasse zu, da jene die Sauerstoffaufnahme des Holzöles verhindern würde.

Über die Eignung der aus Holzöl und den Polymerisationsprodukten des Indens oder Cumarons hergestellten Bindemittel **(Bd. III [121])** für die Linoleum- und Linkrustafabrikation siehe **D. R. P. 245 634.**

Über die Verwendung von gelatiniertem Holzöl zur Linoleumfabrikation siehe **E. P. 5789/1903.** In dem Falle, als die Gelatinierung des Holzöles schon weiter vorgeschritten wäre **(Bd. III [120])**, kann man es nach **F. Fritz, Seifens.-Ztg. 1912, 616** auch in der Menge von 60 kg einer Linoleumzementmasse aus 700 kg oxydiertem Leinöl, 110 kg Kolophonium, 50 kg Kaurikopal und 10 kg Ricinusöl zusetzen, oder man verarbeitet die Masse auf Klebstoffe von Art der Kautschukkitte. Vgl. **F. Fritz,** Linoleum aus festem Holzöl **(Kunststoffe 1911, 423).**

Ein alkalibeständiges Linoleum erhält man durch Erhitzen von chinesischem Holzöl auf 180—250° und Vermischen des entstandenen festen und elastischen Körpers mit Leinöl und einem anderen trocknenden Öl oder Harzöl, das evtl. zuvor oxydiert oder gehärtet wurde. **(D. R. P. 180 621.)**

In **Kunststoffe 1913, Heft 2** berichtet **F. Fritz** über einige Versuche mit Materialien, die bis dahin noch nicht zur Linoleumbereitung benützt worden waren. Es stellte sich heraus, daß ebensowohl das Sojabohnenöl als auch das Niger- und Maisöl das Leinöl zu ersetzen vermögen. Ebenso wurden bei Verwendung von 18 kg einer Masse aus 5 kg chinesischem Holzöl und 1,5 kg Walfischtran, die man während 2 Stunden bis zur Gelatinierung des Holzöles auf 250° erhitzte, mit 25 kg Korkmehl und 8 kg Peruocker, oder aus 8 kg des Holzölgemenges, 25 kg Korkmehl, 10 kg gewöhnlichem Zement und 8 kg Peruocker ausgezeichnete Resultate erzielt. Als Ersatz des ebenfalls teuer gewordenen Kolophoniums dürfte sich auch das sonst noch nicht beachtete Kautschukharz geeignet erweisen. Das Parakautschukbaumsamenöl eignet sich wegen der Möglichkeit es in einen dem Leinöllinoxyn zum Verwechseln ähnlichen Körper überführen zu können besonders gut zur Linoleumfabrikation. **(Chem. Rev. 20, 295.)**

Zur Herstellung eines Leinöl- und Firnisersatzstoffes für Linoleum, Öl- und Wachstuch kühlt man Fischöle oder Trane nach **D. R. P. 129 809** auf Minus 3—25° ab und trennt die festen Abscheidungen von den flüssig gebliebenen Ölen auf mechanischem Wege bei niedriger Temperatur. Nach Zusatz **D. R. P. 137 306** verarbeitet man an Stelle des Tranes Pflanzenöle.

Zur Herstellung von Firnis aus halb trocknendem Öl (Tran), insbesondere für Wachstuch- und Linoleumherstellung, sättigt man den Anteil des Öles an freien Fettsäuren mit kalter oder warmer Lauge ab, verseift, trennt unverseiftes Öl und verseifte Fettsäuren und unterwirft nur ersteres evtl. nach der Neutralisation einem Koch- oder Polymerisationsprozeß. Man vermeidet so beim Tran, der bis zu 30% freie Fettsäuren enthält, daß bei Zugabe der Alkalien während des Kochprozesses die Polymerisation verhindert und die trocknenden Eigenschaften des Firnisses aufgehoben werden, da die gebildeten Kalk- oder Alkaliseifen diesen Eigenschaften entgegenwirken; überdies würde der Tran weitgehend verseift und hydrolysiert. Nach dem Zusatzpatent spaltet man zu den schon durch den physiologischen Naturprozeß gebildeten freien Fettsäuren einen weiteren Anteil Fettsäuren, bis zu einem Gehalt von 25—30%, hydrolytisch oder enzymatisch ab und verfährt dann wie oben. Nach dem weiteren Zusatz erhöht man die vor dem Verkochen des Öles zu Firnis zugesetzte Laugemenge über das zur Bindung der freien Fettsäure erforderliche Quantum, arbeitet jedoch bei höchstens 60—70°, um eine durchgreifende allgemeine Verseifung hintanzuhalten und befördert so auf Kosten der Ausbeute an Öl die nachträgliche Firnisbildung. **(D. R. P. 286 049, 286 798 und 288 268.)**

Eine für die Linoleumfabrikation verwendbare Masse erhält man nach **E. P. 9045/1911** aus Sojabohnenöl mit oxydierend oder sulfonierend wirkenden Mitteln unter Zusatz von Füllmitteln.

Als Bindemittel für das Kork- oder Holzmehl kann bei der Linoleumfabrikation auch hochchloriertes Naphthalin dienen, mit dessen Hilfe man die Grundstoffe in der Wärme zu Platten formt. Das Polyhalogennaphthalin kann auch zur Befestigung der Linoleumersatzmasse auf Jute oder einer anderen Unterlage dienen. **(D. R. P. 319 782.)**

Die Verfahren zur Ölhärtung für Zwecke der Linoleumfabrikation bringt **F. Fritz** in **Kunststoffe 1921.** Vgl. **Bd. III [374].**

447. Kork- und Gewebeersatz. — Linoleumartige leinölhaltige Massen.

Als Ersatz für Kork in Linoleum-, Linkrusta- oder Muralinmassen eignen sich entkörnte Maiskolben und evtl. auch Maisstauden und -wurzeln, die als Viehfutter wegen ihrer holzigen Beschaffenheit nicht in Betracht kommen und auch wegen ihrer schweren Verbrennbarkeit als

Feuerungsmaterial nicht brauchbar sind. Das billige Abfallmaterial wird wie Kork zerkleinert und der Masse zugesetzt. **(D. R. P. 235 258.)**

Nach **Norw. P. 21 704** läßt sich an Stelle des Korkes in der Linoleumfabrikation auch die äußere, vom Betulin und den anderen löslichen Bestandteilen befreite Birkenrinde verwenden.

Als Korkschrotersatz für die Linoleumfabrikation und zur Bereitung von Isoliermaterialien gegen Schall, Wärme und Elektrizität eignet sich auch die Außenschicht von Kiefernrinde. **(D. R. P. 319 501.)**

Nach **A. P. 965 844** röstet man Flachsstroh (Holzsubstanz) mit etwas Harz und setzt diese Masse dem Linoleumzement statt des Korkes zu.

Nach **D. R. P. 245 825** erhält man durch Ersatz des Korkes oder Holzmehles bei der Herstellung von Linoleum oder Linkrusta durch Reishülsen (85 kg Reishülsenmehl, 7—8 kg Linoleumzement und 8 kg Farbstoffe) eine völlig spiegelglatte, porenfreie, nicht schmutzende Linoleumoberfläche, da das Reishülsenmehl weder Feuchtigkeit noch Fett aufnimmt. Nach einer Ausführungsform des Verfahrens setzt man dem Reishülsenmehl noch Kork- oder Holzmehl zu. Jedenfalls kann man die Menge des Linoleumzementes um über 50% und zugleich auch die Farbstoffmenge herabsetzen, da das Reismehl allein oder im Gemenge mit Korkmehl als Füllstoff wirkt; überdies erleichtert es wegen seiner talkumartigen Beschaffenheit den Mischvorgang wesentlich.

Das Holz- und Korkmehl kann man auch durch andere beliebige pflanzliche, tierische oder mineralische Faserstoffe ersetzen, wobei man die zu oxydierende Ölmenge dem Füll- und Fasergemenge kontinuierlich und in dem Maße zuführt, als Oxydation erfolgt. Das Produkt eignet sich nicht nur zur Linoleumerzeugung, sondern auch zur Fabrikation von künstlichem Leder und Kautschukersatzstoffen. **(D. R. P. 109 583.)**

Über die Herstellung eines Fußbodenbelages aus Nadelholznadeln, die nach einer Vorbehandlung mit Wasserdampf, Säuren oder Laugen mit oxydierten, trocknenden Ölen, Harzöl, Terpentin, Kalk, Öl- oder Fettdestillationsrückständen und Farbstoffen gemengt werden, siehe **D. R. P. 89 538.** Nach **Zusatz 97 206** werden die Nadelholznadeln zuerst auf etwa 90° erwärmt und dann zermahlen, so daß das Harz der Nadeln schmilzt, wodurch verhütet wird, daß sich die Kollergänge mit Harz verschmieren.

Zur Herstellung eines linoleumartigen Belagstoffes preßt man die lose Korklinoleummasse, evtl. mit gleichzeitiger Verwendung eines die Haltbarkeit erhöhenden Webstoffes, auf eine ölgetränkte und darum wasserabstoßende ein- oder mehrlagige Holzfurnierplatte auf. **(D. R. P. 279 907.)**

An Stelle der bisher verwendeten Gewebe als Unterlage für die Linoleum oder Wachstuchdeckmasse verwendet man ein aus Faserstoffen oder Haaren mit Zusatz von Farbstoffen und Linoleumzement oder ähnlichen Bindemitteln bereitetes, in dünne Platten gepreßtes Gemenge, das billiger ist als das Textilgewebe, keines besonderen Schutzanstriches bedarf und in der Linoleumfabrik selbst angefertigt werden kann. Dieses Linoleum soll gegen Feuchtigkeit des Fußbodens weniger empfindlich sein und keine Beulen und Wellen bekommen. **(D. R. P. 296 650.)**

Zur Herstellung eines Fußbodenbelages bestreicht man nach **D. R. P. 66 875** ein Gewebe mit einem Gemenge von gereinigter und gefärbter Seegrasfaser, Farbstoff und Leinöl, dem man als Trockenmittel Bleizucker und Kalk zusetzt.

Nach **D. R. P. 225 697** wird aus Linoleum, dem man während der Herstellung größere Mengen Schiefer- und Holzmehl nebst Kobaltblau, Pariserblau und Ultramarin zufügt, ein geeigneter Schreib- und Zeichentafelersatz erhalten.

Zur Herstellung einer Wandbekleidungsmasse von seideähnlichem Glanz, schneller Erhärtungsfähigkeit und unbegrenzter Haltbarkeit vereinigt man ein stark erhitztes Gemenge von Schmierseife und Leinöl bei gewöhnlicher Temperatur mit einem mit Bernsteinlack, Silberglätte, Mangansikkativ und Glycerin, evtl. auch etwas Lithopon, vermischten Brei aus Wasser, Bolus oder Kieselgur und Kreide. **(D. R. P. 221 674.)**

Nach **E. P. 1021/1910** erhält man ein als Bodenbelag oder zu Isolationszwecken geeignetes Material durch Oxydation eines Gemenges von Leinöl, Harz oder Harzpech und Ricinusöl bei erhöhter Temperatur mittels Luft.

Nach **D. R. P. 258 650** stellt man eine linoleumartige Masse her durch Vermischen von 15 Tl. normalen Linoleumzement, 5 Tl. Kautschukregenerat, 25 Tl. Korkmehl und 10 Tl. Ocker, oder man vermahlt 125 Tl. normalen Zement, 185 Tl. Korkmehl, 75 Tl. Ocker und 22 Tl. Krümelgummiabfall und erhält so ein Produkt, das elastischer und weniger brüchig ist als das gewöhnliche Linoleum.

Zur Herstellung einer feuchtigkeitsundurchlässigen Wandbekleidung tränkt man Filzmasse oder Holzschliff mit einem Gemisch aus Alaun, essigsaurer Tonerde und Wasserglas, taucht die Masse nach dem Trocknen in ein evtl. mit Leinöl versetztes Gemenge von Harz, Erdwachs oder Paraffin und bestreicht beide Seiten nach dem Erhärten des Harzwachsüberzuges mit einem Gipsanstrich. Diese Platten enthalten so eine zweifache wasserundurchlässige Imprägnierung, wobei für den Harzüberzug sehr wenig Material erforderlich ist, so daß die Herstellungskosten sich auch bei Auswahl guter Materialien nicht erhöhen. **(D. R. P. 295 140.)**

Zur Gewinnung fester, elastischer und teilweise zäher, gutklebender Massen erhitzt man Lein-, Hanf- oder Ricinusöl unter Zusatz von sehr geringen Mengen Zink-, Calcium-

oder Aluminiumstaub. Bei Anwendung von Ricinusöl können diese Metalle ganz oder teilweise durch Magnesium- oder Eisenstaub ersetzt werden. Die kautschukähnlichen zähen, elastischen und klebenden Produkte eignen sich auch wegen ihrer Unschmelzbarkeit besonders für Zwecke der Linoleumindustrie und wegen der Möglichkeit sie durch Harzzusatz zu verflüssigen, zur Herstellung von Kunstleder, Fußboden- und Möbelbelagstoffen. **(D. R. P. 258 900.)**

Zur Herstellung dünn auswalzbarer, elastisch-biegsamer, film- oder furnierartiger Massen verarbeitet man das nach **D. R. P. 201 966** oder **258 900** erhaltene Leinölprodukt mit dem nach **D. R. P. 258 900** rhaltenen Ricinusölpräparat, wobei ersteres als klebendes Bindemittel und letzteres als elastisch bleibendes Füllmaterial wirkt, färbt die Masse gegebenenfalls, setzt evtl. Füllstoffe zu und erhält so ein wasserdichtes, gasdichtes Material, das sich als Linoleumersatz, Wand- und Möbelbelag, Dichtungs-, Packungs-, Bereifungs- oder Isoliermaterial eignet. **(D. R. P. 276 363.)**

Die Fußbodenbelagsplatten des **D. R. P. 330 039** bestehen aus einer Masse, die auf 100 kg Lederpulver 3—5 kg Leinöl, 20 kg Spritlack, 1 kg Kieselgur und 0,5 kg Mennige enthält. Bei Fortlassung des Leinöles und der Mennige und Erhöhung des Kieselgurgehaltes auf 5 kg erhält man nach der Pressung Isolierplatten, die beiderseits mit Leinöl bestrichen werden.

448. Linoleumartige öl-(bitumen-)haltige Belagsmassen.

Über Verfahren und Vorrichtungen zur Herstellung von Linoleumersatz und ähnlichen Stoffen bringt **O. Kausch** eine Zusammenstellung in **Kunststoffe 4, 351.**

Tectolith besteht nach **D. R. P. 3097** aus einem Leinwand- oder Hanfgewebe, das mit einem Gemenge von etwa 10 Tl. Leim, 5 Tl. Glycerin, 15 Tl. Cellulose und 60 Tl. Wasser bestrichen ist, worauf man auf beiden Seiten mit einer dünnen Schicht von Holzpappe überzieht und mit Goudron, dem man 5% Infusorienerde zusetzt, asphaltiert.

Über Herstellung eines tectolithähnlichen Materials aus Teer, Asphalt, Kolophonium und Pech als Imprägnierungsmittel von Jute siehe **D. R. P. 3141.**

Zur Herstellung einer linoleumartigen Masse ohne Verwendung von oxydiertem Leinöl vermischt man 55 Tl. eines verschmolzenen Gemenges von 2 Tl. Harz und 1 Tl. Pflanzenöl mit 45 Tl. Caseinkalk, verknetet die Masse mit Korkmehl, formt sie in Platten und trocknet. Das in wenigen Tagen völlig durchgetrocknete Produkt ist feuerbeständiger, gegen Säuren und Alkalien widerstandsfähiger und in Lösungsmitteln weniger löslich als Linoleum. **(D. R. P. 121 209.)**

Zur Herstellung eines steinartigen, z. B. granitähnlichen Fußbodenbelages bespritzt man beiderseitig mit einer Deckschicht versehene Jute mit einer gefärbten Untergrundschicht und dann mit einer zweiten, die Zeichnung erzeugenden Farbmasse, die sich mit der Untergrundschicht vereinigt. Letztere besteht aus Farbstoff, Kaolin, Teeröl, einem Standmittel und Terpentin, die zweite Farbmasseschicht aus einem ähnlichen Gemenge ohne Terpentingehalt. Man mischt also z. B. gleiche Teile Kaolin und (für Granit) hellgrünen Farbstoff mit Solventnaphtha, Terpentin und dem aus schnelltrocknendem Kopallack, Zinkweiß und Standöl bestehenden Standmittel, das verhüten soll, daß die Farbteilchen ineinanderfließen. **(D. R. P. 295 201.)**

Nach **Norw. P. 32 592** erhält man einen Linoleumersatz aus Viscose, dem kautschukartigen Erzeugnis, das beim Erhitzen von Kohlenhydraten oder Leimstoffen mit Glycerin entsteht, und verseiftem Harz. Die zähe, evtl. mit einem Gärungsmittel versetzte Masse wird dann verknetet, ausgewaschen und mit Korkmehl, Farb- und Füllstoffen vermischt.

Eine feuchtigkeitsundurchlässige Wandbekleidung wird nach **D. R. P. 295 140** wie folgt hergestellt: Filzmasse, Holzschliff oder ein anderer geeigneter Stoff wird mit einem Gemenge von Alaun, essigsaurer Tonerde und Wasserglas durchtränkt, getrocknet und in ein Gemisch von Harz, Erdwachs oder Paraffin, dem evtl. ein schnell trocknendes Öl zugesetzt werden kann, getaucht. Wenn der Harzwachsüberzug erhärtet ist, wird das Produkt auf einer der beiden Seiten mit einem Gipsanstrich versehen, worauf man diese Wandbekleidungstafeln mit Nägeln an den Wänden befestigt. Die Stoßfugen und andere Undichtigkeiten werden mit Harz oder Wachs vergossen; schließlich versieht man evtl. die ganze Fläche mit einem leichten Gipsanstrich.

Zur Herstellung einer in ihrem Äußeren einer Stofftapete ähnlichen, jedoch abwaschbaren Wandbekleidung bestreicht man die zu bedeckende Fläche mit einem öligen, leimigen oder harzigen Bindemittel und legt auf diese Schicht eine poröse, vorteilhaft tapetenartig gemusterte, zusammenhängende Schicht, wie ungeleimtes Papier, Papier- oder Faserstoffgewebe, das mit dem Bindemittel durchtränkt wird und auf der Unterlage erhärtet. **(D. R. P. 320 223.)**

Zur Herstellung von Holzstoff für Wand- oder Bodenbelag behandelt man die in bekannter Weise mit Ölen oder Teer getränkten Holzlagen mit Wasserdampf und heißer Luft, presst zu dünnen Platten, die man unter Druck erkalten läßt, trocknet unter Verwendung elastischer Zwischenlagen aus Segeltuch, schichtet diese Lagen mit Hilfe von Klebstoffen zu stärkeren Platten, dämpft diese abermals bei hoher Temperatur, preßt und läßt wieder unter starkem Druck erkalten. Der widerstandsfähige Stoff soll der Linkrusta an Dauerhaftigkeit überlegen sein. **(D. R. P. 295 042.)**

Als Linoleum- oder Linkrustaersatz kann auch mit Gerbsäure gehärteter Glycerinleim dienen, dem man zur Erzielung einer nicht hart eintrocknenden, widerstandsfähigen, eine elastische Haut bildenden, plastischen Masse in der Wärme ein Abkochung von Holzteer mit Kalk beimischt. **(D. R. P. 319 473.)**

Ein Ersatz für Leder und Linoleum wird aus Stearin-Destillationsrückständen durch Mischen mit Korkpulver und Auswalzen in Platten erhalten. **(Hager, S. 114.)**

449. Andere Boden- und Wandbekleidungsmassen.

Nach **Papierztg. 1881, 916** wird papierene Fußbodenbekleidung folgendermaßen hergestellt: Man füllt die Spalten des gereinigten Fußbodens mit einer Masse aus, die aus Zeitungspapier, 0,5 kg Weizenmehl, 3 l Wasser und 1 Löffel Alaunpulver besteht, überstreicht dann den Boden mit Kleister und bedeckt ihn mit einer oder mehreren Lagen kräftigen Hanfpapiers. Als oberste Schicht kommt ein Tapetenpapier, das man schließlich zum Schutz gegen Abnützung ein- oder mehrere Male mit einer Lösung von 250 g weißem Leim in 2 l heißem Wasser, und nach dem Trocknen mit hartem Ölfirnis überstreicht.

Nach **Techn. Rundsch. 1908, 442** erhält man einen wesentlich billigeren, aber dennoch ebenso dauerhaften Fußbodenbelag wie mit Linoleum auf folgende Weise: Man beklebt mit Hilfe eines Roggenmehlkleisters oder Caseinkittes die Fußbodenbretter mit 2—3 Lagen Zeitungs- oder Packpapier, läßt jede Lage für sich gründlich austrocknen und grundiert zweimal mit Schellacklösung. Dann schleift man mit Sandpapier ab und bringt einen regelrechten Fußbodenanstrich aus Ölfarbe auf, den man schließlich lackiert. Die Abdichtung dieses Fußbodenbelages gegen die Wand läßt sich sogar besser als mit Linoleum bewirken, wenn man das Papier teilweise auf die Scheuerleiste aufklebt.

Feuerfeste Gegenstände, insbesondere Bauteile, Dachplatten oder Fußbodenbelag werden nach **D. R. P. 244 528** hergestellt durch Aufpressen eines Papierstoffes, den man auf der Bahn laufend, vorher mit einer Wasserglas enthaltenden, plastischen Masse überzogen hat.

Zur Herstellung von Fußboden- und Wandbelag werden Holzmehl, Korkmehl, Torfmehl, Sand u. dgl. mit einer Mischung von Kaliwasserglas mit 5—10% Kalilauge, Kreide, Farbstoffen gemengt und auf die Unterlage (Holz, Stein, Eisen oder dgl.) aufgetragen. Man kann aber auch die Mischung von Kalilauge, Kaliwasserglas und Kreide auf die Unterlage auftragen, darauf Holz-, Kork- oder Torfmehl aufstreuen und festdrücken. Das Verfahren wird wiederholt, bis die gewünschte Stärke des Belages erreicht ist. Der Belag soll wasser- und feuerfest sein, einen schlechten Wärmeleiter bilden und auf Eisen als Rostschutz wirken. **(D. R. P. 298 146.)**

Nach **D. R. P. 263 013** stellt man Fußbodenteppiche mit linoleumartiger Rückseite aus Samt oder aus plüschartigen Geweben her durch wiederholtes Imprägnieren der Geweberückseite mit einer wässerigen phenol- und magnesiumsulfathaltigen Leimlösung, worauf man das brettartig steif gewordene Gewebe mit einem Gerbstoff-Leim-Farbstoffgemenge gerbt, bis es linoleumartig aussieht.

Über Herstellung eines Bodenbelages aus Fasern und Bindemitteln siehe auch **D. R. P. 101 090.**

Zur Herstellung eines Fußbodenbelages mischt man nach **Ö. P. Anm. 4334/04** Casein, zerkleinerte Faserstoffe, Wasser, Glycerin und in Terpentin gelöste Harze.

Eine in Wasser unlösliche linoleumartige Masse wird nach **D. R. P. 102 369** hergestellt durch Erhitzen von Gluten mit Kork oder einer anderen Fasersubstanz und Glycerin auf etwa 95—120°. Durch das Erhitzen soll das Gluten die Eigenschaft der Wasserlöslichkeit und Vergärbarkeit verlieren.

Zur Herstellung eines aufrollbaren Fußbodenbelages tränkt man Kork- oder Holzmehl mit verdünnter Leimlösung und verarbeitet das Produkt dann mit einer konzentrierten Leimlösung, die Glycerin, Salpetersäure, Zucker, Kaolin, ferner Gips oder Magnesiaverbindungen enthält, zu einer z. B. mit Alaun zu härtenden Masse. Man walzt das Gemisch dann auf ein Gewebe, trocknet es mit ihm und zieht es nach dem Trocknen von der Gewebebahn ab. **(D. R. P. 331 137.)**

Zur Herstellung eines festanhaftenden, nicht reißenden Fußbodenbelages trägt man ein gefülltes Gemenge von Viscoselösungen und Stärkemehl auf die mit einem Viscose-Mehlkleister bestrichenen Fußböden auf. **(D. R. P. 228 888.)**

Zur Erzeugung einer linoleumartigen Bodenbelagsmasse verkocht man Viscose (aus alkalischer Sulfitcellulose und Schwefelkohlenstoffdämpfen während 24 Stunden bei 46°), eine Buchdruckwalzenmasse (aus Zucker oder Leim durch Verkochen mit Glycerin) und verseiftes Kolophonium oder Kunstharz etwa 1 Stunde, gibt kurz vor Beendigung der Kochung ein Härtemittel (Formaldehyd oder Tannin u. dgl.) zu und verknetet das Produkt mit demselben Gewicht Korkmehl unter Zusatz färbender Stoffe. **(E. P. 146 367.)**

Nach **D. R. P. 175 414** wird eine linoleumähnliche Masse erhalten aus 50—80 Tl. Blutalbumin, 50 Tl. Casein, 20—40 Tl. Kork- oder Lederabfall und 5—15 Tl. Natronlauge. Die verknetete Masse besteht aus einem innigen Gemenge von Alkalialbuminat und Alkalicaseinat.

Als Linoleumersatz-Fußbodenbelag eignen sich die aus mit Casein oder Blutleim geleimten Furnieren bestehenden, stark Wärme isolierenden Sperrholzplatten, die evtl. mit Fett oder sonstigen Stoffen wasserdicht imprägniert werden. **(D. R. P. 307 721.)**

Nach **F. P. 400 614** und **Zusatz 1149** bestreut man zur Herstellung ähnlicher undurchdringlicher Gewebe oder Papierunterlagen die Oberfläche nach ihrer Imprägnierung mit einer Kautschuklösung mit Korkmehl und vulkanisiert das Ganze mit Schwefelchlorid bei 40°.

Zur Erzeugung eines Wandbelages bestreicht man die glatte Wandfläche mit einem ev. gefärbten Bindemittel (Öl, Leim, Harz), legt auf die noch feuchte Schicht Papier- oder Gewebebahnen auf und läßt sie auf der Bindemasse erhärten. **(D. R. P. 320 223.)** Nach dem Zusatzpatent überstreicht man die Oberfläche der porösen Bahn nach dem Auflegen auf das Bindemittel mit einer mattauftrocknenden Harzlösung. **(D. R. P. 330 017.)**

Zur Herstellung eines Linoleumersatzes bestreicht man den Grundstoff (Gewebe) nach **D. R. P. 205 770** statt mit oxydiertem Leinöl mit Factis, den man durch Erhitzen von Öl, Harz und Schwefel unter Durchleiten von Luft herstellt. Wenn die Masse besonders hart sein soll, führt man während der feinen Verteilung des Ölkautschuks zu gleicher Zeit kleine Mengen ebenfalls fein verteilten Chlorschwefels zu. Dann wird die Masse zwischen erhitzten Walzen weiter behandelt und dadurch nachvulkanisiert. Nach **Zusatz 226 519** setzt man dem Grundstoff Ölkautschuk oder vulkanisierten Teer oder ein vulkanisiertes Gemenge von Öl und Teer in feinster Verteilung zu. Diese Substanzen werden künstlich flüssig erhalten; die Vulkanisierung des Bindemittels kann durch Zusatz feinverteilter Metalle beschleunigt, durch Zugabe von Paraffin oder Phenol unterbrochen werden. Nach **Zusatz D. R. P. 226 520** verwendet man statt Paraffin und Phenol das Teeröl selbst. Der so erhaltene Teer- oder Ölkautschuk bleibt längere Zeit flüssig und zersetzt sich auch bei den höheren Temperaturen während des Nachvulkanisierens und Homogenisierens der Masse nicht.

Zur Herstellung von linoleumartigen Fußbodenbelagmassen verarbeitet man 500 Tl. des Rückstandes, den man erhält, wenn man aus einer Lösung von vulkanisiertem Kautschuk das Lösungsmittel mit Wasserdampf entfernt, mit 1000 Tl. Sägemehl und 200 Tl. Farbstoff, bringt die geknetete Masse mittels Walzen auf ein Unterlagsgewebe und trocknet die Platten zwischen 50—100°, evtl. auch bei höherer Temperatur. **(D. R. P. 286 741.)**

Die Herstellung einer besonderen Art von Wandbekleidungs- oder Bauplatten aus Metallblech, das beiderseits mit Faserstoffdecken unter Druck beklebt wird, ist in **D. R. P. 293 526** beschrieben.

450. Linoleum färben. Linkrusta- und Inlaidlinoleum.

Die Färbung des Linoleums erfolgt im Betriebe in zwei verschiedenen Fabrikationsphasen, und zwar bei der Bereitung der Linoleumdeckmasse selbst und beim Bedrucken der fertigen Linoleumstücken mit farbigen Mustern. Die Tönung der Deckmassen wird, da diese bei höherer Temperatur hergestellt werden, mit Erdfarben bewirkt, die sich bei 150—160° nicht verändern, also z. B. Terra di Siena, Umbra, Manganbraun, Eisenoxydrot, mit oder ohne Lithopon als Aufhellungsmittel, für Grün als selbständiger Farbstoff nur Ultramaringrün, für Schwarz insbesondere Ruß, während Erdschwarz und Eisenschwarz, ebenso wie auch für Gelb und Braun die verschiedenen Ockersorten kaum in Frage kommen, letztere deshalb nicht, weil sie schon bei 70—90° nachröten. Graue Töne erzeugt man durch Mischen von Schwarz und Weiß mit oder ohne Zusatz anderer Farben, Grün durch Mischen von Lithopon, Ocker, Ultramarinfarben, Ruß usw. Zum Bedrucken des fertigen Linoleums verwendet man gute, absolut öl- und lichtechte, feinkörnige Erdfarben, besonders künstliche Mineralfarben und Farblacke mit Chrom- und Zinkgelb, Pariserblau, Chrom- und Zinkgrün, Chromoxydgrün, Viktoriagrün und Ruß mit richtiger Auswahl der Substrate und schließlich auch Teerfarbstoffe, unter ihnen vor allem die fettlöslichen Cerasin-Teerfarben, wie man sie in der Industrie der Fette, Öle und Wachse gebraucht. **(Farbenztg. 17, 1493.)** Vgl. **E. P. 19 113/1891.**

Berlinerblau hat als Farbstoff zur Färbung des Linoleums den Nachteil, daß es unter dem Einflusse des oxydierten Leinöles zu Berlinerweiß reduziert und dadurch entfärbt wird. Durch Luftoxydation kehrt die ursprüngliche Färbung wieder. **(F. Fritz, Chem. Rundsch. 1920, 242.)**

Nach **D. R. P. 225 681** verschmilzt man zur Gewinnung von Linoleumfarbstoffen wie dies in der Schuhcremefabrikation üblich ist, Stearinsäure, oder besser noch, um die so entstehende Brüchigkeit der fertigen Ware zu vermeiden, Leinölsäure mit basischen Farbstoffen, und mischt das Schmelzprodukt, zu dessen Herstellung statt der Leinölsäure auch Ölsäure, Harzsäure usw. dienen können, in üblicher Weise mit dem Korkmehl.

Zur Erhöhung des Glanzes von Linoleumdruckfarben setzt man dem Farbgemenge nach **Techn. Rundsch. 1913, 207** eine geringe Menge von magerem Bernstein- oder Kopallack zu. Die Q antität hängt von der Art und Feinheit des Körpers ab, ferner von dem Sikkativ und den übrigen Zusätzen zum Druckfirnis und muß durch Versuche festgestellt werden, da ein zu großer Lackzusatz unscharfe oder klebrige Druckmuster liefern würde.

Zum Schutze gegen Zerstörung des aus Jute bestehenden Grundgewebes für Linoleumfabrikation bestreicht man es rückseitig mit Farbmassen, die als Hauptbestandteile Leinöl, Harze, Mennige, Terpentinöl und seine Ersatzprodukte und Farbstoffe enthalten. Eine Anzahl praktisch erprobter Vorschriften zur Herstellung dieser Massen veröffentlicht **F. Fritz** in **Kunststoffe 1912, 27.** Eine in England und Amerika viel benützte derartige Farbe, die sich durch den Mangel größerer Mengen feuergefährlicher Bestandteile auszeichnet, setzt sich z. B. zusammen aus (kg): 100 Wasser, 1,7 calcinierter Soda, 20 Kolophonium, 2,5 Wollfett, 65 Leinöl, 0,3 Manganborat, 80 Kreide und 27,5 Englischrot. Neuerdings verwendet man häufig als Zusatz zu diesen Massen, um die teuren Öle gänzlich zu vermeiden, auch Stärke, Leim oder Casein und härtet die Leimsubstanz durch Zusatz von Chromalaun und Kaliumbichromat, deren Einwirkung es zuzuschreiben ist, daß der Leim auch ohne Belichtung erhärtet.

Zur Herstellung von mit unregelmäßigen Adern versehenen Linoleumplatten, die durch Abtrennen von gepreßten Blöcken erhalten werden, deren Aufbau aus verschieden geformten Linoleum-Deckmassestücken erfolgt, überzieht man diese letzteren vor dem Zusammenpressen mit in Benzin, Benzol, Aceton oder Terpentinöl gelöster, im gewünschten Sinne gefärbter Linoleummasse vollständig oder lokal und bewirkt so, da der z. B. fettlösliche Teerfarbstoff je nach der

Dauer des Färbeprozesses mehr oder weniger tief in die Linoleummasse eindringt, eine adrig verlaufende Abtönung der Farben und beim folgenden hydraulischen Zusammenpressen der Linoleummassestücke unter starkem Druck und unter dem Einfluß der Wärme einen vielgestaltig gefärbten homogenen Block. Man schneidet die Scheiben dann in der Richtung der Preßebene und nicht senkrecht zu ihr, da in diesem Falle ein wenig brauchbares, eng geadertes Produkt resultiert. **(D. R. P. 221 204.)**

Unter Linkrusta versteht man gepreßte Linoleumtapeten, die zum Schutze gegen die Mauerfeuchtigkeit rückseitig mit Papier oder Geweben beklebt sind. Man überstreicht das Linoleumgewebe z. B. nach **D. R. P. 12 908** mit einem Gemenge von 55 Tl. Ocker, 3 Tl. Mennige, je 2 Tl. Harz und Paraffin und 40 Tl. einer verkochten Mischung von 896 Tl. oxydiertem Öl, 394 Tl. Harz und 107 Tl. Gummi, legt das Papier auf und bewirkt die Vereinigung der beiden Materialien durch Pressung zwischen erwärmten Walzen. Vgl. auch **D. R. P. 58 066**: Herstellung von Ankündigungsschildern oder Fußbodenbelag durch Zusammenpressen von Linoleum mit Drahtgaze und Überstreichen mit wasserdichter Farbe.

In **Papierztg. 1913, 864** berichtet **H. Stöcker** über die Herstellung der Linkrusta und Prägetapeten (Linkrustaersatz, Tecco, Metaxin usw.). Als Grundlage dient billiger, aus Altpapier hergestellter einseitig glatter Karton, der auf der rauhen Seite mit einem Gemisch von Leinöl, Korkmehl und Farbzusätzen pastös überzogen wird. Das kalandrierte und geprägte Produkt wird dann noch mit einem gefärbten oder farblosen Lacküberzug versehen. Andere Sorten werden mit einer Caseinlösung, die entsprechend gefärbt wird, grundiert, worauf erst der pastöse Auftrag und schließlich der Spirituslackanstrich erfolgt.

Ein gemusterter Wand-, Fußboden- oder Deckenbelag aus linoleumartiger Masse wird in der Weise bereitet, daß verschiedenfarbige Fäden oder Bänder aus dieser Masse oder aus Linoleum allein oder in Verbindung mit zugfesteren Stoffen durch Weben, Knüpfen oder Flechten zu einem gemusterten Gebilde vereinigt werden (was auf Jacquard-Webstühlen geschehen kann, so daß die teueren Schablonen gespart werden), worauf man das Flechtwerk preßt oder kalandriert. **(D. R. P. 281 866.)** Vgl.: Verfahren zur Herstellung von Linkrusta in besonderem Kalanderwalzenapparat, durch den die Masse in verschiedenen Farben nebeneinanderliegend durchgeführt wird. **(D. R. P. 232 329.)**

Zur Herstellung von Wandbekleidung aus geprägtem Material wird die evtl. schon an die Wand geklebte Rohpappe oder der Karton mit entsprechenden Farbanstrichen versehen oder vor der Prägung mit einem farbigen Papier überzogen oder zur Erzielung von Unempfindlichkeit gegen Stöße und andere Einflüsse mit einer Oberflächenleimung versehen. **(D. R. P. Anm. O. 8434, Kl. 8 h.)**

Ein mechanisches Verfahren zur Herstellung von gemustertem Linoleum ist ferner dadurch gekennzeichnet, daß man auf eine durchbrochene Grundplatte aus einem lederartigen Linoleum weiches Linoleum in Form körniger Deckmasse aufbringt und mit ihr verbindet bzw. sie durch die Ausnehmungen der Grundplatte preßt. **(D. R. P. 276 804.)**

Die Herstellung von Inlaidlinoleum ist in **D. R. P. 259 557** beschrieben. Vgl.: Mechanisch betriebene Durchziehvorrichtung für das Unterlaggewebe mit darauf mustermäßig aufgetragener loser Linoleumdeckmasse an Inlaidlinoleumpressen. **(D. R. P. 258 787 und 259 429)**; ferner: Messerträger zur Verwendung beim Ausschneiden von Mustern aus farbigen Tafeln zur Herstellung von Inlaidlinoleum **(D. R. P. 260 515)**; Verfahren zur Herstellung eines gestreiften Linoleums auf dem Kalander **(D. R. P. 292 700**; Apparat zur Herstellung von gefärbtem, gemustertem Linoleum, Wachstuch, Linkrusta **(D. R. P. 281 615)** u. v. a.

451. Linoleumbefestigung, -behandlung, -reinigung.

Über Linoleumkitte, die im allgemeinen aus Öl, öl- und alkohollöslichen Emulsionen mit verschiedenen Zusätzen bestehen, auch über den bewährten Schellack-Linoleumkitt berichtet **K. Micksch** in **Seifens.-Ztg. 1916, 1011.** Zum Befestigen von Linoleum auf Massivböden aller Art, mit Ausnahme von Magnesitestrich, eignet sich am besten der alte erprobte Schellackkitt, doch sind auch wechselnde Gemenge von gelösten Harzen (Kopal oder Kolophonium) und zähem Öl oder der Säure eines trocknenden Öles dann geeignet, wenn die Zähigkeit der Kittmasse auch nach dem Trocknen, also nach etwa 3—5 Tagen, anhält. Zum Befestigen von Linoleum auf Eisen verwendet man wässerige Lösungen von Leim, Dextrin und Hausenblase mit Zusatz von dickem Terpentin oder Mischungen von Terpentin-Kolophonium und Rüböl oder schließlich Cumaronharz mit einem Zusatz von 20% einer Teerölasphaltmischung.

Eine Masse, die zum Befestigen von Linoleum dienen soll, erhält man nach **D. R. P. 140 198** aus dem Gemenge eines Schweröles mit verdünntem, durch Zusatz von Harzen oder Harzstoffen klebkräftiger gemachtem Teerasphalt.

Nach **D. R. P. 155 046** verschmilzt man zur Gewinnung eines Linoleumkittes, der sich zur Befestigung des Linoleums auf der Unterlage in besonders guter Weise eignen soll, 10 Tl. Kopal mit 55 Tl. Melasse und 25 Tl. Harz und verrührt die Schmelze nach einiger Abkühlung mit 5 Tl. Primol (Asphaltdestillat), und nach weiterem Abkühlen mit 5 Tl. Spiritus. Die Bindekraft dieses Kittes soll sehr groß sein und sich auch auf frischem Estrich, der evtl. noch feucht sein kann, bewähren. Die Linoleumkitte, die man beispielsweise aus 10 Tl. Chlorschwefel und 100 Tl. Baumöl erhält, oder ähnliche Faktisgemenge dürften für die meisten Zwecke zu teuer sein.

Diese Kittmasse ist nach Angaben in **Kunststoffe 5, 181** (vgl. **Farbenztg. 20, 1043**) für den beabsichtigten Zwecke völlig ungeeignet.

Nach **Kunststoffe 1911, 440** befestigt man Linoleum oder Wachstuch auf Holz, Metall und Stein mittels folgender Mischungen: 50 Tl. Kolophonium, 50—100 Tl. Manilakopal, 50—70 Tl. Alkohol und 50 Tl. Galipot, oder statt des letzteren 40 Tl. Terpentinöl und 40 Tl. Ricinusöl, oder statt des Terpentinöles 25—30 Tl. Leinölsäure. Eine andere Vorschrift lautet: 25 Tl. Galipot, 25—30 Tl. Kolophonium und Manilakopal, 30 Tl. Alkohol und 15—20 Tl. Rubinschellack. Oder: 50 Tl. Kopal, 20 Tl. Harzöl, 30 Tl. Spiritus. Flüssiger Schellackkitt: 50 Tl. Schellack, 10 Tl. Galipot, 40 Tl. Spiritus. (**K. Robaz, Farbenztg. 1905, 147** u. **169.**) Vgl. die Vorschrift in **Seifens.-Ztg. 1911, 679.**

Ein Linoleumkitt wird nach **Farbe und Lack 1912, 59** am besten ähnlich wie Glaserkitt aus Kreide, jedoch unter Mitverwendung von Leinöl statt Firnis bereitet. Die Masse erhält, um elastisch zu bleiben und um den Veränderungen des Holzbodens folgen zu können, einen Zusatz von feinem Buchenholzmehl.

Ein anderer Linoleumkitt wird nach einem Referat in **Seifens.-Ztg. 1912, 554** hergestellt aus 25 Tl. Leim, gequellt in 50 Tl. Wasser, 4 Tl. Salzsäure und einer Lösung von 6 Tl. Zinksulfat in 15 Tl. Wasser. Das auf dem Wasserbade während 1—2 Stunden erwärmte Gemenge wird auf Linoleum und Fußboden gleichmäßig aufgestrichen.

Vorschriften zur Herstellung von Linoleumkitt finden sich ferner in **Gummiztg. 13, 1675** u. **1708**, ferner **14, 323.**

Zum Kleben von Linkrusta auf Ölfarbengrund setzt man nach **D. Mal.-Ztg. (Mappe) 31, 46** einem dicken Roggenmehlkleister pro Eimer 250 g venezianischen Terpentin zu. Die zurecht geschnittenen Bahnen werden durch Überziehen mit einem dünnen Kleister ohne Terpentinzusatz geweicht, während man die Ölfarbenfläche mit dem obigen Kleister bestreicht und schließlich die Bahnen unter Beibehaltung von $1^1/_2$—2 mm Zwischenraum auf die Wände aufklebt.

Zur Herstellung eines Kittes, mit dem man Linoleum auf Fußböden befestigen kann, stellt man zunächst nach **D. R. P. 265 055** aus Leinöl durch Oxydation in dünner Schicht Linoxyn her und löst dieses in einem Gemenge von 90 Tl. 80proz. Alkohol, 6 Tl. Borax und 4 Tl. Ammoniumcarbonat. Der Kitt zeichnet sich besonders dadurch aus, daß er durch Feuchtigkeit nicht zerstört wird und seine Klebkraft auch nach langer Zeit nicht verliert.

Über die bakterientötende Wirkung des Linoleums auf die schon **L. Bitter** hinwies, berichtet **F. Fritz** in **Kunststoffe 4, 11.** Hervorhebenswert ist, daß nur trocknende Öle wohl als Folge der im Linoxyn enthaltenden Oxygruppen die baktericide Wirkung auslösen, nichttrocknende jedoch, wie z. B. Olivenöl, eher dazu dienen können, pathogene Bakterien lebensfähig zu erhalten.

Zur Verhinderung des Brüchigwerdens von Linoleum und Wachstuch und des Abblätterns von Farbenanstrichen aller Art versetzt man die Massen bzw. bestreicht sie mit Produkten streichfähig-öliger Art, die 3% Chinolin enthalten. (**D. R. P. 239 289.**) — Vgl. **Bd. III [387].**

Zur Behandlung von Linoleum empfiehlt es sich nach **D. Tischl.-Ztg. 1910, 251** den Boden nach gründlichem Abseifen mit Leinöl zu tränken oder mit einer Bohnermasse aus 50 Tl. gelbem Wachs, 100 Tl. Karnaubawachs, 450 Tl. Terpentinöl und 400 Tl. Benzin in dünner Schicht zu überstreichen.

Vorschriften zur Herstellung von Linoleumbohnermassen (z. B. Venezol aus 63 Tl. gelbem Ceresin geschmolzen und gelöst in 108,5 Tl. Schwerbenzin, verdünnt mit 108,5 Tl. Schwerbenzin und 66 Tl. Terpentinöl, parfümiert mit 3 Tl. Amylacetat) bringt **R. König** in **Seifens.-Ztg. 1913, 1238.** Vgl. auch **[13]** und **Bd. III, [88].**

Zur Herstellung einer Linoleumseife verseift man nach **Seifens.-Ztg. 1912, 79** ein Gemenge von 95 kg Ceyloncocosöl, 3 kg Ricinusöl und einer Lösung von 3 kg Ceresin und 2 kg Bienenwachs in 2 kg rohem Palmöl bei 70—75° mit 50 kg 38grädiger Natronlauge. Dann deckt man den Kessel zu, bis Selbsterhitzung eintritt, parfümiert, bringt in Formen und krückt ziemlich kalt. Es wäre verfehlt, Linoleum mit gewöhnlicher verdünnter Seifenlauge abzuwaschen, da diese den Hauptbestandteil des Linoleums, das Linoxyn, oberflächlich verseift und auflöst, so daß die Korkteilchen bloßgelegt werden, wodurch die Oberfläche grau und matt wird. In solchen Fällen empfiehlt es sich, das Linoleum noch einmal mit gewöhnlichem Essig nachzuwaschen und nach dem Trocknen möglichst mager mit Leinölfirnis oder einem sehr verdünnten Fußbodenlack zu überstreichen.

Am besten läßt sich Linoleum nach anderen Angaben mit guter Natronseife reinigen, unter Nachspülung mit klarem Wasser. Linoleumteppiche, deren Farben geschont werden sollen, reinigt man mit einer Mischung von Milch und Wasser zu gleichen Teilen. Nach dem Trocknen streicht man dünn eine Lösung von Leinöl und Terpentinspiritus auf. (**K. Micksch, Kunststoffe 6, 58.**)

Zur Entfernung von Höllensteinflecken aus Linoleum umgibt man die betreffende Stelle nach einer Notiz in **Techn. Rundsch. 1910, 596** mit einem Damm aus Wachs und gießt in die Vertiefung Cyankaliumlösung ein, die in kürzester Zeit das gesamte ausgeschiedene schwarze Silber löst.

452. Wachs- (sog. Leder-)tuch.

Deutschl. Wachstuch ½1914 E.: 1569; A.: 6363 dz.

Eßlinger, R., Die Fabrikation des Wachstuches, des amerikanischen Ledertuches, der Korkteppiche oder des Linoleums, des Wachstaffets, der Maler- und Zeichenleinwand sowie die Fabrikation des Teertuches, der Dachpappe und die Darstellung der unverbrennlichen und gegerbten Gewebe. Wien und Leipzig 1906.

Die Beschreibung der Anlage einer Wachstuchfabrik bringt **G. Durst** in **Kunststoffe 9, 85.**

Über die zur Anfertigung von Ledertuch und Wachstuch erforderlichen Maschinen berichtet **G. Durst, Kunststoffe 3, 261.**

Eine Vorrichtung zum einseitigen Überziehen von Gewebebahnen mit zähflüssigen Massen zwecks Erzeugung von Wachstuch, Kunstleder u. dgl. ist z. B. in **D. R. P. 324319** beschrieben.

Eine zusammenfassende Abhandlung über Fehler bei der Wachs- und Ledertuchfabrikation von **Andés** findet sich in **Kunststoffe 10, 37** u. **53.**

Über Herstellung von Wachstuch mit einem Firnis aus dem Harz von Pistacia terebinthus siehe **Papierztg. 1882, 50.**

Über Ledertuch und Wachstuch und die verschiedenen Arten dieser Produkte, die man durch einseitiges oder beiderseitiges Bestreichen feiner oder grober Gewebe mit Wachsmassen erhält, berichtet **G. Durst** in **Kunststoffe 1913, 261.**

Zur Erzeugung eines wachstuchartigen Fußbodenbelages („Cirolin") überzieht man gemusterte oder bedruckte Gewebe nach **D. R. P. 26 609** mit einer Masse, die man durch Mischen einer sodaalkalischen Carraghenmoosgallerte mit hellem Manganfirnis im Verhältnis von 2 : 1 gewinnt. Nach erfolgter Imprägnierung überbürstet man die Musterseite des Wachstuches mit einem wasserhellen, gut trocknenden Leinölfirnis, während die Rückseite entweder mit einem Ölfarbengrunde oder mit einem Gemenge von Benzin, oxydiertem Öl und Woll- oder Faserstaub behandelt wird. Schließlich wird das Ganze mit einem Lack überzogen.

Zur Herstellung von Ledertuch mischt man nach **E. P. 491/1885** 100 Tl. Nitrocellulose, gelöst in 150 Tl. Amylacetat und 150 Tl. Amylalkohol mit 150 Tl. Leinöl, 100 Tl. Kaolin oder Mineralfarben, 1 Tl. ätherischem Öl und 1 Tl. Gerbsäure, und überzieht mit diesem Gemenge passende Gewebe.

Zur Herstellung von Wachstuch wird das Fasermaterial nach **D. R. P. 68 095** zuerst durch Behandlung mit Schwefelsäure pergamentiert, worauf man Ölfarbe aufstreicht und die trockene Fläche lackiert oder bedruckt. Diese besonders widerstandsfähigen Wachstücher eignen sich als wasserdichte Unterlagen oder Decken zur Herstellung von Lackleder, Tapeten für feuchte Wände usf.

Zur Herstellung von Wachstuch oder Wachstuchersatz wird nach **D. R. P. 208 738** die faserige Unterlage (z. B. das Papiergewebe) mit einer Lösung von Acetylcellulose in Aceton, Alkohol, Eisessig usw. überstrichen. Der durchsichtige Überzug gestattet ein vorheriges Mustern des Gewebes.

Über die moderne Wachstuchfabrikation siehe die Abhandlung von **M. de Keghel** in **Kunststoffe 1912, 154.** Es kann hier nur kurz erwähnt werden, daß das zur Herstellung des Wachstuches als Grundlage dienende Hanf-, Jute- oder Baumwollgewebe zunächst mit einem Öl-, Leim-, Harzöl- und Tragantappret versehen wird, worauf man das 10—12 Stunden getrocknete, appretierte Gewebe auf der Spiegelseite mit einer aus Harzöl, Leinöl, englischem Öl, Spezialsikkativ (siehe Kobalttrockner) und Kreide gemengten Masse bestreicht, nach einem zweiten Auftrag trocknet und das fertige Wachstuch schließlich bedruckt und lackiert. Vgl. **Kunststoffe 1911, 460**: Kobaltsikkative für die Wachstuchfabrikation. **(Bd. III [115].)**

Nach **F. P. 445 865** verarbeitet man in der Wachstuchfabrikation besser als die sonst verwendeten Sikkativöle rohe Fischöle, die vorher mit überhitztem Wasserdampf behandelt wurden.

Statt bei der Herstellung von Ledertuchen, wasserdichten Stoffen u. dgl. das Zusammenkleben der Faserstoffbahnen mit flüssigen oder dampfförmigen Klebstoffen zu bewirken, verwendet man nach **D. R. P. 257 875** Leim oder gallertartige Klebmassen, also z. B. mit Klebstoff verarbeiteten Hartspiritus, Hartbenzin oder in gallertartige Form übergeführten Essigäther. Erwärmt man das Gewebe nach dem Auftragen der Masse, so wird durch die Einwirkung der Wärme die Lösung und Bindung des Klebstoffes gleichzeitig bewirkt, und man hat den Vorteil, daß das Lösungsmittel sich nicht oder nur unerheblich verflüchtigt.

Für das Bedrucken der verschiedenen Wachstuchsorten, der gewöhnlichen und der wasserdichten Wagentücher, sowie für die Zeichnungen auf dichtgewebten, grobfädigen Rollvorhängen, Schirmtüchern usw., wird als Druckfarbe ein Gemisch der Lösung von 1 Tl. Wachs und 1 Tl. Kolophonium in 13 Tl. fettem Firnis und 5 Tl. Terpentinöl mit in Leinöl verriebenem Farbstoff empfohlen. Die nach dieser Vorschrift aufgedruckten Farben ertragen das Waschen in kaltem Wasser und werden im Seifenbad höchstens um 1—2 Töne abgeschwächt. Für das Bedrucken feinerer Stoffe wird der in Leinöl abgeriebene Farbstoff mit einer Mischung von 1 Tl. gekochtem und dickgebranntem Leinöl, 1 Tl. halbgekochtem, gut trocknendem Leinöl, 0,020 Tl. weißem Wachs und 1,980 Tl. Terpentinöl angeteigt. **(Elsners Chem.-techn. Mitt. 1875/76, S. 180.)**

Zum Bedrucken von Wachstuch verwendet man einen **Firnis** aus 1000 kg rohem Leinöl, je 16,5 kg Mennige und Glätte und 10,5 kg Bleizucker, den man verkocht und nach dem Abkühlen unter Hinzufügung von 2 kg Kauri nochmals auf 240° erhitzt. Einen brauchbaren **Lack** erhält man aus 400 kg hellem Kolophonium, 20 kg gebranntem Marmorkalk, 400 kg holländischem Standöl, 32 kg Bleizucker, 24 kg harzsaurem Mangan und 420 kg Naphtha; bezüglich der übrigen Vorschriften sei auf die zitierte Arbeit von **M. de Keghel** in **Kunststoffe 1912, 154** verwiesen.

Zum Etikettieren von **Wachstuch für Buchbindereizwecke** verwendet man nach **D. R. P. 254 193** ein leicht streichbares, beliebig lange Zeit haltbares Klebmittel aus Celluloid, Harzstoffen, Essigsäure, Alkohol und Ricinusöl.

Über ein Verfahren, die auf Photoplatten dargestellten **Lichtbilder** auf Wachsleinwand zu übertragen, siehe **Dingl. Journ. 138, 108** und **157, 198.**

Zum **Kleben von Wachstuch** eignet sich nach **Techn. Rundsch. 1912, 100** ein Kitt aus 6 Tl. klein geschnittener Guttapercha, gelöst in 30 Tl. Schwefelkohlenstoff und 20 Tl. Orangeschellack, gelöst in 44 Tl. denaturiertem Spiritus. Zur Erhöhung der Elastizität setzt man den vereinigten Lösungen noch 2% Leinölfettsäure zu und streicht das Klebmittel rasch auf die vollständig trockenen Klebstellen auf, da die Lösungsmittel schnell verdunsten.

Ein **Ersatzstoff für Wachstuch** wird nach **F. P. 446 308** hergestellt durch Auftragen eines Gemenges von Leinöl, Teer, Gelatine, Glycerin, Farbstoff, Mineralöl und weicher Seife auf wasserdicht gemachten Filz. Der getrocknete Überzug wird gekörnt oder genarbt, mit Alaun gehärtet und mit Leinöl u. dgl. appretiert.

Ledertuch-Wachsleinwand oder Korkteppichersatz erhält man durch Imprägnierung von Papier oder Geweben mit Asphaltlösung unter evtl. Zusatz von Harzen oder Algenschleim in Verbindung mit Birkenteeröl, Zinkoxyd, Zinkchlorid, Ätzkalk und Roßkastanien-Fruchtschalenpulver. **(D. R. P. 312 064.)**

453. Ölfarbenhäute. — Linoleum- usw. Abfallverwertung.

Die Bildung eines Häutchens auf dem Öl wird durch hohe Erhitzung des Öles hervorgerufen, es bleibt dauerhaft, wenn, ehe das Linoxyn gebildet ist, ein großer Teil der nichttrocknenden Körper durch die Hitze rasch entfernt wird. **(G. E. Holden** und **L. G. Radcliffe, Zentr.-Bl. 1919, II, 366.)** Diese Häutchen sind höchst unbeständig gegen Temperatureinflüsse, absorbieren reichlich Feuchtigkeit und werden dadurch auch zu Überträgern der Feuchtigkeit auf Unterlagen, auf denen sie aufliegen. Es scheint demnach, als würde das gekochte Leinöl in Anstrichpräparaten wenig wertvoll sein, was allerdings den Erfahrungen speziell mit Rostanstrichfarben widerspricht. Vgl. **Bd. I** [148] und **Bd. III** [107].

Ölfarbenhäute werden heute in vollkommener Ausführung fabrikmäßig hergestellt und dienen für die manigfaltigsten Zwecke, wenn wasser-, staub- und luftdichter Abschluß erzielt werden soll. Man liefert sie in den verschiedensten Farben und für zahlreiche Verwendungszwecke, bei denen es darauf ankommt, ohne besonderes Klebmittel (die Häute kleben selbst außerordentlich fest) die gewünschten Umhüllungen zu erzeugen.

Über Herstellung eines **Farbenhautbelages** für Fußböden und Wandflächen (ähnlich den sog. **Ölfarbenblättern**) durch Imprägnierung von dünnstem Seidenpapier mit Öl- oder Lackfarbe siehe **D. R. P. 93 792.** Diese zähen Öl- oder Lackfarbenhäute werden mittels eines Klebmittels auf den Fußböden oder Wandflächen befestigt; sie können auch dazu dienen, um abgetretene Stellen der Fußböden auszubessern.

Über Herstellung eines aus oxydiertem Firnis bestehenden abziehbaren Schicht auf Geweben siehe **D. R. P. 215 499.**

Bei der Herstellung von Häutchen durch Auftragen und Eintrocknen von Firnissen, Lacken, Öl- und Emailfarben wählt man als Unterlage eine ausgegossene und erstarrte Lösung von 20 Tl. Leim oder Agar in 250 Tl. Wasser oder in 50 Tl. Wasser und 100 Tl. Glycerin. Die auf ihr gebildeten Häutchen lassen sich ohne weitere Behandlung mit Wasser abziehen und dienen dann als **Guttaperchaersatz** oder als Verpackungsmaterial statt **Stanniol**. Die Unterlage kann nach jedesmaligem Abzug des Häutchens wieder verwendet werden. **(D. R. P. Anm. St. 14 959, Kl. 39 a.)**

Nach **A. P. 990 261** werden blattähnliche Scheiben erhalten durch Lösen einer **harzigen** Substanz unter Hinzufügung von Ölfarbe oder eines Teerfarbstoffes und Ausgießen der Lösung auf eine saure Flüssigkeit.

Zur Herstellung wasserdichter Folien, die sich ähnlich wie Tapeten auf Zimmerwänden befestigen lassen, bildet man nach **D. R. P. 255 354** auf der Oberfläche von flüssiger Ölfarbe oder flüssigem Ölfirnis durch Eintrocknen eine Haut, die man durch geeignete Vorrichtungen abhebt und durch Pressen in die geeignete Form bringt. Die Wände werden mit einem Grundanstrich versehen, auf den man, noch ehe er trocken ist, die Blätter auflegt. Man kann z. B. die Oberflächenhaut mittels eines Saugkolbens abheben und sie dann zur Erzielung einer dauerhaften, emailleartigen Hochglanzfläche in nicht ganz trockenem Zustande auf eine Glasplatte pressen. Man erhält so Folien, die je nach ihrer Dicke zum Verzieren von Wänden oder Tapetenrändern, als wasserdichte Unterlagen, abwaschbare Tapeten, wasser- und fettdichtes Verpackmaterial und, zwischen Stofflagen eingenäht, bei Herstellung wasserdichter Mäntel, Säcke, Hutbänder usw. dienen können.

Zur Herstellung von **Öl- und Farbhäuten** imprägniert man die Oberfläche einer glattgespannten Bahn, schwach geleimten, stark saugfähigen, festen, z. B. Schablonenpapiers, mit **Wasserglas**, dreht die Bahn dann um und tränkt sie auf der Rückseite mit Ölfirnis, wodurch erreicht wird, daß die Bahn bei späterer Erneuerung der Wasserglasschicht glatt bleibt und keine Feuchtigkeit mehr aufnimmt. Man klemmt nun das Papier mit der Wasserglasschicht nach oben zwischen Schienen fest und bespritzt es mit Ölfirnis oder Ölfarbe mit oder ohne Zusatz von Trockenmitteln, Kautschuk u. dgl. Nach 5—10 Stunden hat sich eine Öl- oder Farbhaut mit klebfreier Oberfläche gebildet, die leicht abhebbar, ohne zu reißen abgezogen werden kann und eine, je nach der Stärke des Wasserglases, stärker oder schwächer verseifte Rückseite besitzt. Die eigene Klebkraft der Unterseite ermöglicht es, die Farbhaut ohne weitere Klebmittel mit geeigneten Unterlagen zu verbinden und man erhält so ein Material, das sich in der Textil-, Papier-, Tapetenindustrie, ferner zur Herstellung wasserdichter Säcke und anderen Packmaterials, als waschbarer Wandbekleidungsstoff, Bettunterlage, Verbandschutzstoff usw. eignet. **(D. R. P. 281 594.)**

Zur Verarbeitung von Abfällen der Wachstuch-, Ledertuch-, Kunstleder- und Linoleumindustrie erhitzt man das Altmaterial mit Alkalilauge in der Hitze oder mit organischen Lösungsmitteln unter Druck und trennt so Stoffunterlage, Bindemittel und Farb- und Füllstoffe ab, die ebenso wie der rückgewonnene Firnis oder seine Umsetzungsprodukte und Seifen wieder nutzbar gemacht werden können. **(D. R. P. 296 931.)**

Zur Aufarbeitung von Linoleumabfällen erhitzt man sie mit so geringen Mengen organischer Lösungsmittel wie Methylalkohol oder Äthylentrichlorid auf 80—140°, daß die Abfälle nur weich werden, entfernt die Jutefasern mechanisch, dampft das Lösungsmittel ab und erhitzt die Masse zur Auffrischung auf 100—120°. Sie kann dann für sich oder als Zusatz zur Linoleumherstellung verwendet werden. **(E. P. 143 561.)**

Siehe auch **Bd. III [112]** und **[171]**.

KNOCHEN, BEIN, HORN (Schildpatt, Schwamm, Perlen) und Ersatz.

Knochen, Elfenbein, Steinnuß.

454. Literatur und Allgemeines. Knochen und Elfenbein bleichen.

Deutschl. Knochen, Hufe, Klauen (für Schnitzzwecke) ½ 1914 E.: 187 310; A.: 32 192 dz.

Friedberg, V. W., Verwertung der Knochen auf chemischem Wege. — Derselbe, Fabrikation der Knochenkohle und des Tieröles. Wien und Leipzig 1901 bzw. 1906. — Andés, L. E., Verarbeitung des Hornes, Elfenbeins, Schildpatts, der Knochen und Perlmutter. Wien 1911. — Erfurt, Die Kunst des Färbens und Beizens von Marmor, künstlichen Steinen, Knochen, Horn, Elfenbein, Holz. 1899. — Haubold, W., Färben und Imitieren von Holz, Knochen und Elfenbein. 1889. — Schmidt, Beizen, Schleifen und Polieren des Hornes. Weimar 1891. — Fischer, Verarbeitung der Hölzer, des Hornes usw. Leipzig 1890. — Hanausek, E., Die Technologie der Drechslerkunst. Wien 1897. — Kühn, Handbuch für Kammacher, Horn- und Beinarbeiter (ein heute noch sehr verwendbares Buch;). Wiemar 1864. — Siehe ferner die Mitteilungen über Knochenverarbeitung in **Leipz. Drechsl.-Ztg. 1911, 489.** — Die allgemeinen Prinzipien der Knochenverarbeitung sind in **Techn. Rundsch. 1908, 64** kurz beschrieben.

Die das Innenskelett des Wirbeltierkörpers bildenden Knochen- und Zahn-(Dentin-)gewebe gehören ebenso wie die Hornbildungen des Exoskeletts und die Hornfäden der Kiesel- und der Kalkschwämme zu den Stützsubstanzen. Die Grundsubstanz der Knochen ist das Ossein, jene der Zahngewebe (des Elfenbeins) das Dentin, die organische Hornsubstanz des Badeschwammes ist das Albuminoid Spongin. Diese organischen Stoffe sind mehr oder weniger stark verkalkt bzw. verkieselt, und zwar erscheinen die anorganischen Stoffe (Knochen 22%, Bein 70%) z. B. bei den Schwämmen krystallinisch, eingebettet in den organischen Stoff. Am reichsten an mineralischer Substanz sind die in den vorliegenden Abschnitt mit aufgenommenen Perlen mit einem Gehalt von 75—92% kohlensaurem Kalk. Durch diese eigenartige Verbindung von organischer und anorganischer Materie ist die Art der chemischen Behandlung der genannten Naturprodukte zwecks Gewinnung der wertvollen Bestandteile, ferner zu ihrer Veränderung durch Imprägnierung oder Oberflächenbehandlung gegeben. Nur die Knochen, die durchschnittlich neben 50% Wasser, 15% Fett, 12,5% Leimsubstanz (Ossein) und 22% Mineralbestandteile (vorwiegend Calciumphosphat) enthalten, werden großindustriell verwertet [483], zum kleinsten Teil liefern sie wie die anderen genannten Naturstoffe Gebrauchs-, Zier- und Schmuckgegenstände.

Über ein Verfahren zum Bleichen des Elfenbeins mit schwefliger Säure siehe **Polyt. Zentr.-Bl. 1869, 616.** Man legt die Stücke 2—4 Stunden in eine Lösung von schwefliger Säure in Wasser ein; gasförmige schweflige Säure macht das Elfenbein rissig und ist daher nicht anzuwenden.

Auch durch Anfeuchten von vergilbtem Elfenbein mit Wasser und Belichten der so befeuchteten Gegenstände unter Glasglocken im direkten Sonnenlicht wird das durch Alter vergilbte Elfenbein wieder rein weiß.

Über Bleichung von Elfenbein unter Glas im direkten Sonnenlichte siehe **A. P. 281 790.**

Zum Bleichen roher Knochen behandelt man sie in gut schließendem Behältnis 10 Stunden mit Terpentinöl, gießt dieses ab und kocht das Material 3 Stunden mit Wasser, dem etwas grüne Seife hinzugesetzt wurde, wobei die sich oben absetzenden Unreinigkeiten abgenommen werden müssen. Zuletzt wird das heiße Wasser durch Zusatz von kaltem Wasser gekühlt, die Knochen werden herausgenommen und auf einem hölzernen Brette, jedoch nicht von Eichenholz, an der Luft getrocknet, wobei das direkte Sonnenlicht zu vermeiden ist, weil sonst die Knochen brüchig werden können. Nach kurzer Zeit sind die Knochen so gebleicht, daß sie geschliffen und poliert werden können. — Oder man kocht die Knochen 3 Stunden mit sehr verdünnter Ätzlauge, dann mit Wasser allein, wäscht und trocknet. **(Dingl. Journ. 148, 80.)**

Um Knochen und Elfenbein dauernd weiße Farbe zu verleihen, legt man die Gegenstände nach **C. Puscher, Kunst und Gewerbe 1883, 187** in eine Lösung von 25 g reinem Zinkweiß, 40 ccm Wasser, 50 g konzentrierter Salzsäure (verdünnt mit 150 ccm Wasser) und soviel Ammoniak (Überschuß ist zu vermeiden), daß das ausfallende Zinkhydrat sich fast wieder auflöst. Durch Zusatz von etwas Kupfervitriollösung wird der gelbliche Ton, der mit der Flüssigkeit behandelten Knochen in einen bläulich weißen verwandelt. Diese Lösung eignet sich besonders zur Wiederherstellung der weißen Farbe bei Knochenfabrikaten, die durch Lichteinwirkung gelb geworden sind.

Nach **R. Kayser** bleicht man Bein am besten mit Wasserstoffsuperoxyd, das man in der Form, wie es in den Handel kommt, mit etwa derselben Menge weichen Wassers verdünnt. Nach vollendeter Bleichung, über deren Zeitdauer sich keine Angaben machen lassen, da sie von der Art des Materials abhängig ist, spült man die Gegenstände mit Wasser ab, trocknet sie und färbt nun nach einer der zahlreichen Vorschriften, die in der Originalarbeit **(Mitt. d. bayer. Gew.-Mus. 1885, 108)** angegeben sind. Vor dem Färben müssen die Gegenstände etwa 2 Minuten lang in einer Lösung von 10 g Salzsäure in 1 l Wasser gebeizt werden. Die Farbstofflösungen (z. B. 10 g Fuchsin, 100 g Essig und 3 l Wasser) werden etwa 50° warm angewendet und man färbt $^1/_4$—$^1/_2$ Stunde. Nach **Fischer,** Chemische Technologie, ist ein Zusatz von Magnesia zu der Wasserstoffsuperoxyd-Bleichflüssigkeit insofern von Vorteil, als dadurch die Abgabe von Sauerstoff langsamer erfolgt und eine bessere Ausnützung der Bleichflüssigkeit möglich ist. Zum Bleichen von Knochen verwendet man ein Bad, das in 10 l Wasser 30 g Ammoniumphosphat, 80 g Schwefelsäure von 66° Bé und 35 g Natriumsuperoxyd gelöst enthält.

Zum Bleichen gelbgewordener Klaviertasten verwendet man nach **Techn. Rundsch. 1905, 329** einen dünnen Chlorkalkbrei, den man nach dem Waschen der Tasten mit Sodalösung unter sorglicher Vermeidung der Berührung mit Metallteilen auflegt, mehrere Stunden einwirken läßt und ihn sodann abwischt. Vgl. **D. Ind.-Ztg. 1870, Nr. 15:** Verwendung von heißem Kalkbrei.

Ein einfaches Verfahren des Bleichens von Knochen und Elfenbein besteht nach **H. Angenstein, Dingl. Journ. 137, 155,** darin, daß man das gelb gewordene Material mehrere Tage in eine wässerige Chlorkalklösung 1 : 4 einlegt. Säurezusatz ist zu vermeiden, da das Material sonst zerstört wird. Ebenso kann man auch mittels wässeriger, schwefliger Säure **(Dingl. Journ. 1850, II, 399),** die man 2, höchstens 4 Stunden einwirken läßt, die Elfenbeintasten des Klaviers bleichen. Zweckmäßig verfährt man in der Weise, daß man die Stücke kurze Zeit in einer Atmosphäre von Schwefligsäuregas (s. dagegen oben) erhitzt, das man durch Verbrennen von Schwefel auf Holzkohlenfeuer erhält. Oder man setzt die Gegenstände unter wiederholter Befeuchtung mit Wasser mehrere Tage unter einer Glasglocke der Einwirkung des direkten Sonnenlichtes aus, oder man legt die Gegenstände auch in Terpentinöl oder ein Gemenge von 1 Tl. Terpentinöl und 3 Tl. Alkohol und setzt sie so dem Sonnenlichte aus (Wasserstoffsuperoxydbildung). Vgl. **Polyt. Ges. Berlin v. 16. Dez. 1869.**

Nach **D. R. P. 204 455** erhalten Knochen transparentes Aussehen und eine porenfreie Oberfläche, wenn man sie in gut gereinigtem, gebleichtem und getrocknetem Zustande längere Zeit mit geschmolzenem Vaselin imprägniert. Nach dem Trocknen wird das Bein mit Öl und Schlämmkreide poliert.

Um glasiges Elfenbein undurchsichtig zu machen, erhitzt man es nach **D. R. P. 82 433** in einer indifferenten Flüssigkeit (Glycerin, Öl, Paraffin, Terpentinöl oder Salzlösungen) 5—20 Minuten auf über 100°, wodurch eine bleibende Trübung innerhalb der Zahnsubstanz erzeugt wird, dann wäscht man es in einem Lösungsmittel für die betreffende Flüssigkeit, trocknet und gelangt so zu einem Material, das sich besonders zur Herstellung von Klaviertasten eignet.

455. Knochen und Elfenbein färben.

Verschiedene ältere Färbeverfahren für Knochen und Elfenbein finden sich in **Dingl. Journ. 140, 158 und 141, 67; vgl. 120, 438 und 107, 79.**

Sehr genaue Vorschriften zur Färbung der Knochen teilt **J. Ch. Kellermann** in **Dingl. Journ. 1851, II, 138** mit. Man färbt z. B. Knochen dauerhaft leuchtend rot, wenn man sie zuerst 10—15 Minuten in mäßiger Wärme in schwach verdünnter Salpetersäure, dann nach dem Abwaschen in einer verdünnten Zinnchlorürlösung beizt, das Material in einem Gelbholz- und Waubade färbt und schließlich in einem ammoniakalischen Carminbade bei Siedehitze rot färbt. Zweckmäßig werden die Gegenstände dann noch einmal kurz in die verdünnte Salpetersäure und sofort darauf wieder in die siedende rote Flotte getaucht. Man wäscht schließlich erschöpfend aus, trocknet und poliert die Ware.

Um Bein oder Elfenbein braun zu beizen entfettet man die Gegenstände nach **R. Kayser, Mitt. d. bayer. Gew.-Mus. 1887, 12,** mit Petroläther, beizt sie während 5—15 Minuten bei gewähnlicher Temperatur mit einer Lösung von 40 g Salzsäure in 1 l Wasser, wäscht ab und legt sie so lange in eine Lösung von 5 g übermangansaurem Kali in 1 l Wasser, bis der gewünschte Farbton erreicht ist. Rötlichere Färbungen werden erzielt, wenn man den Gegenstand nachträglich noch kurze Zeit in eine Lösung von 10 g Fuchsin in 1 l Wasser einlegt, dann wäscht man ab, trocknet und poliert wie üblich.

Nach **Ö. P. 46 039** können Gegenstände aus Knochen, Horn, Elfenbein, Meerschaum, Holz u. dgl. durch Behandlung mit Zuckerdämpfen braun gefärbt werden.

G. Buchner, München, stellt in der **Zeitschr. f. Lack- u. Farbenind.** (Originalarbeit von **Kellermann, Dingl. Journ. 141, 67**) einige Färbemethoden für Elfenbein zusammen (siehe **Kunststoffe 1911, 360**). Das mit Benzol oder Äther entfettete Elfenbein wird nach dem Bleichen mit alkalischer Wasserstoffsuperoxydlösung oder mit chlorsaurem Kali usw. zunächst durch Einlegen in eine Lösung von 30 g Salpetersäure (spez. Gewicht 1,36) in 1 l Wasser während 5—20 Minuten schwach angeätzt, worauf man die Gegenstände neutral wäscht, bei gewöhnlicher Temperatur färbt, wäscht, trocknet und poliert. Färbevorschriften: Rot: Die Gegenstände werden mit einer 2proz. Zinnsalzlösung oder mit Salz- oder Salpetersäure vorgebeizt und in einem Bade gefärbt, das auf 50 Tl. destilliertes Wasser, 5 Tl. krystallisierte Soda und 1 Tl. Carmin enthält. Man säuert mit 50proz. Essigsäure schwach an und verwendet die filtrierte Lösung. Durch Zugabe von Weinsäure wird die Farbe nuanciert. Gelb: Eine gesättigte Pikrinsäure- oder eine salpetersaure, kaltgesättigte Kaliumbichromatlösung. Blau: Indigotine (Gehe & Co.) allein oder mit Methylenblau, je 1 g in Wasser mit Essigsäure gelöst und filtriert. Violett: Carmin und Blaulösung oder eine Lösung von 0,5 Tl. Hämatoxylin in 15 Tl. Alkohol, versetzt mit 0,5 Tl. Alaun in 150 Tl. Wasser; die Lösung bleibt einige Tage offen stehen, bis die tiefviolette Farbe entstanden ist. Eine violette Farbe kann auch erhalten werden in einem Bade von 10 Tl. Carmin, 20 Tl. Alaun und 500 Tl. Wasser. Nach 24 Stunden wird filtriert. Grün: Aus Blau und Gelb. Braun: Man bringt die Gegenstände in ein Bad, das aus 30 ccm einer 3proz. alkoholischen Hämatoxylinlösung mit 40 ccm Salmiakgeist (0,91) erhalten wird. Das Elfenbein färbt sich zuerst violett, dann braun. Durch nachträgliche Behandlung der violett gefärbten Gegenstände mit Kaliumpermanganatlösung kann die Oxydation und damit die Entstehung der Braunfärbung beschleunigt werden. Braun können die Gegenstände auch gefärbt werden mit einer Lösung von 100 Tl. Campecheholzextrakt in 500 Tl. Wasser. Die filtrierte Lösung wird mit 20 Tl. festem Permanganat versetzt, zum Kochen erhitzt, filtriert und nach Hinzufügen von 100 ccm Essigsäure (1,06) verwendet, wenn sie nicht mehr bläulich ist und die Färbungen nicht mehr nachdunkeln. Durch Zusatz von Bismarckbraun kann man nüancieren. Ein helles Braun wird erhalten in einem Bade von 50 Tl. Campecheholzextrakt in 200 Tl. Wasser. Man filtriert nach 24stündigem Stehen, und setzt 2 g Kalialaun und 40 ccm Essigsäure (1,06) zu. Verschiedene zarte Töne können auf Elfenbein erzeugt werden durch Auftragen einer 2proz. alkoholischen Hämatoxylinlösung. Die Färbungen entstehen allerdings erst nach einiger Zeit.

Zum Färben von Elfenbein bedient man sich auch verschiedener anderer Farbstoffe. So erhält man eine schöne kirschrote Färbung, wenn man den in einer 10proz. Alaunlösung gebeizten Gegenstand in eine, mit einem Tropfen Ammoniak versetzte Flüssigkeit bringt, die je 4 Tl. Cochenille und Weinstein und 12 Tl. Zinnlösung enthält. Zum Schwarzfärben legt man das gereinigte Elfenbein in eine verdünnte Lösung von Silbernitrat und setzt das Objekt dem Sonnenlichte aus. Purpurrot erzeugt man durch Einlegen in eine Goldchloridlösung und folgende Belichtung, andere rote Töne entstehen in einem Bad von Cochenille und Ammoniak unter Zusatz von etwas Salpetersäure. Gelb wird erhalten durch mehrstündiges Einlegen in eine Bleizuckerlösung und nachfolgende Behandlung in einer Lösung von Kaliumbichromat. Türkisblau erhält man mit ammoniakalischer Kupferoxydlösung, Braun mit ammoniakalischer Pyrogallollösung, Schwarz mit einer, mit Soda versetzten 10proz. Campecheabkochung, in der man das Elfenbein oder auch die Knochen 3 Stunden beläßt, um das Material schließlich mit einer 7proz. Chromkalilösung nachzubehandeln. Ein sehr billiges Braun wird mit übermangansaurem Kali hergestellt (siehe oben). Alle diese Vorschriften gelten nur für Elfenbein, nicht für Knochen im allgemeinen, da die chemischen Bestandteile und die Dichtigkeit des Grundmaterials für den Färbeprozeß von besonderer Bedeutung sind. **(B. Setlik, D. Färberztg. 1903, 381.)**

Von Teerfarbstoffen eignen sich neben den basischen und sauren Farbstoffen außer den Diaminfarben auch Alizarinfarbstoffe, die unter Zusatz von Ammoniak oder Borax angewendet werden. Weniger geeignet sind Schwefelfarbstoffe. Die Farbstoffe werden in kochend heißem Wasser gelöst und das gut gereinigte Material wird dann ca. 1 Stunde in das heiße Färbebad eingelegt. Beim Färben mit basischen Farbstoffen setzt man hierauf ca. 25 ccm Essigsäure (50%) pro Liter Flotte zu, während beim Färben mit Diaminfarben ein Zusatz von Säure nicht erfolgt. Zum Schluß wird das heiße Material mit kaltem Wasser abgespült und dann nach dem Trocknen mit einem durchsichtigen Sprit- oder Kopallack überzogen.

Nach einer praktisch erprobten Methode, die in **D. Mal.-Ztg. (Mappe) 31, 342** angegeben ist, färbt man Billardbälle aus natürlichem und künstlichem Elfenbein nach ihrer 6—8 Minuten dauernden Vorbehandlung mit Essigsprit in einer Lösung von Eosin in 90proz. Alkohol. Die Menge des Farbstoffes richtet sich nach der gewünschten Tiefe des Tones, besonders muß man die Anwendung großer Farbstoffmengen vermeiden, da die gefärbten Bälle sonst eine grünschillernde Oberfläche erhalten und abfärben. Nach $^1/_2$ Stunde nimmt man sie heraus, wäscht sie ab, trocknet und reibt sie mit einer Auflösung von Wachs in Terpentinöl ein. Stellen, die weiß bleiben sollen, werden vor dem Einlegen der Bälle in das Farbbad mit Wachs überstrichen, da an diesen Stellen der Farbstoff ebensowenig einzudringen vermag, wie an fettigen Stellen, so daß man sich hüten muß, die Bälle vor dem Einlegen mit der Hand zu berühren.

Zum Schwarzfärben von Bein oder Knochen beizt man die Gegenstände nach ihrer Entfettung nach einem Referat in **Jahr.-Ber. f. chem. Techn. 1892, 1068** etwa $^1/_4$ Stunde in einer Lösung von 5 g Weinsäure und 50 g Salpetersäure (spez. Gewicht 1,2) in 400 ccm Wasser, wäscht ab, behandelt mit einer mit einigen Tropfen Salpetersäure versetzten Lösung von 1 g Zinnsalz und 1 l Wasser nach und färbt schließlich durch Einlegen in eine heiße, wässerige Nigrosinlösung. Bei Elfenbein genügt viertelstündiges Beizen mit 1proz. Salzsäure, auch empfiehlt es sich das Elfenbein nicht mit der Nigrosinlösung zu kochen, sondern es nur mehrere Stunden in die etwa 30° warme konzentrierte Lösung des Farbstoffes einzulegen.

456. Knochen- und Elfenbeinbehandlung für Zierzwecke.

Über die technisch verwendeten Elfenbeinarten siehe **F. v. Höhnel, Zeitschr. f. Unters. d. Nahr.- u. Genußm. 1892, 141.**

Über ein Verfahren der Versilberung von Elfenbein, Knochen, Fischbein usw. siehe **Becker, Dingl. Journ. 147, 214.**

Um Elfenbein zu versilbern legt man das Stück in eine verdünnte Lösung von salpetersaurem Silberoxyd, läßt es so lange in dieser Lösung liegen bis es eine gelbe Färbung angenommen hat, bringt es dann in destilliertes Wasser und setzt es so lange dem Sonnenlichte aus, bis es ganz schwarz geworden ist; hierauf nimmt man es aus dem Wasser und reibt es mit einem weichen Lederläppchen, bis es eine silberglänzende Oberfläche zeigt. Der Metallglanz ist um so schöner, je feiner das Elfenbein vorher poliert worden war. **(Polyt. Zentr.-Bl. 1864, 1000.)**

Über farbige Ätzungen auf Elfenbein mittels Lösungen von Silber und Gold, die man auf mit Deckgrund überzogenes und dann radiertes Elfenbein einwirken läßt, siehe **Elsners chem.-techn. Mitt. 1846—48, S. 90.**

Zur Herstellung farbiger Gravierungen wird das Elfenbein zuerst geschliffen, poliert und hierauf mit lithographischem Firnis überzogen; wenn der Firnisüberzug getrocknet ist, werden die Zeichnungen mittels einer Graviernadel einradiert, worauf man die so vorbereiteten Gegenstände in verdünnte Salzsäure von 5° Bé einlegt, die in kurzer Zeit die Ätzung bewirkt. Um farbige Ätzungen zu erzeugen, werden der Salzsäure farbige Körper zugesetzt, z. B. für blau Indigocarmin, für rot roter Carmin, für grün eine Kupferfarbe, Saffran für gelb, für schwarz wird ein blauer Grund geätzt und hierauf der blaue Grund mit Alizarintinte gemalt usw. Nach jeder Ätzung muß der Gegenstand mit viel Wasser gewaschen werden, um eine Vermischung der verschiedenen Farben zu vermeiden. Wird der Firnis als Zeichnung aufgetragen und hierauf der Gegenstand in das Säurebad gelegt, so erscheint die Zeichnung nach erfolgter Ätzung als Relief. Solche farbig gravierte Elfenbeingegenstände (z. B. Platten) eignen sich besonders als Einlage und Verzierung für feine Holzarbeiten. **(Polyt. Zentr.-Bl. 1862, 1447.)**

Zur Erzeugung von Schriftzeichen auf elfenbeinernen oder Steinnuß- oder Horntasten für Schreibmaschinen preßt man die Buchstaben zuerst reliefartig ein und füllt die Vertiefungen nach **Techn. Rundsch. 1912, 465** mit einer schnell trocknenden Farbe, die man durch Zusatz eines breiigen Gemenges von 3 Tl. spritlöslichem Nigrosin in 20 Tl. Spiritus und von 10 Tl. feinstem Gasruß mit 1 Tl. warmem, venezianischem Terpentin zu einer Lösung von 15 Tl. Rubinschellack und 1 Tl. Sandarak in 50 Tl. denaturiertem Spiritus erhält.

Nach **D. Mal.-Ztg. (Mappe) 1913,** verfährt man zur Herstellung schwarzer Reifen um Billardbälle in folgender Weise: Man zeichnet mit Bleistift den Ring in der gewünschten Breite um den Ball, taucht einen Pinsel in ammoniakalische Silbernitratlösung und trägt diese auf die bezeichnete Stelle auf, dann läßt man die Flüssigkeit nahezu trocken werden, überstreicht den Ring mit einer Lösung Pyrogallussäure in Spiritus, läßt trocknen und poliert mit einem Läppchen.

Um Elfenbein zu ätzen überzieht man den Gegenstand nach **Dingl. Journ. 1850, III, 467** mit einem gewöhnlichen Ätzgrund aus Wachs und Terpentinöl, gräbt die Zeichnung ein und bestreicht die Oberfläche mit einer Lösung von Silbernitrat in Wasser. Nach etwa $^1/_2$ Stunde wäscht man den Gegenstand ab, setzt ihn dem direkten Sonnenlichte aus und entfernt die Wachsschicht. Die zunächst dunkelbraune Zeichnung wird nach 1—2 Tagen völlig schwarz. Andere Farben erhält man durch Verwendung von Kupfernitrat oder von Gold- oder Platinchlorid statt des Silbersalzes.

Als Untergrund zur Übertragung von Celloidinbildern auf Elfenbein verwendet man nach **E. Valenta, Chem. Ind. 1908, Nr. 1,** einen Lack aus 5 Tl. Dammar, 1 Tl. Mastix, 100 Tl. Nitrobenzol und 2 Tl. Lavendelöl.

Über ein Verfahren, um Lichtbilder auf natürlichem oder künstlichem Elfenbein zu erzeugen, siehe **Legros, Dingl. Journ. 143, 131.**

Zur Herstellung von Photographien auf Elfenbein, z. B. als Unterlage für Miniaturmalerei, legt man die geschliffene Elfenbeinplatte 2—3 Tage in eine Lösung von oxalsaurem Eisenoxydammoniak, trocknet und belichtet die obere Seite $^3/_4$—1 Stunde lang in der Sonne unter dem Negativ. Zur Entwicklung des Bildes taucht man die belichtete Platte in eine Lösung von Oxalsäure und rotem Blutlaugensalz, spült mit reinem Wasser und trocknet; von der trockenen Oberfläche wird das überschüssige Eisenoxydammoniak mittels eines Pinsels entfernt. Sollte das Bild einen zu kräftig blauen Ton zeigen, so wird die Platte in eine schwache Cyankaliumlösung eingetaucht und hierauf mit reinem Wasser abgespült. **(Photogr. Archiv 1864, 230.)**

Nach **Polyt. Zentrh. 1858, 528** kann man Elfenbein plastisch und formbar machen, wenn man es 3—4 Tage in eine Mischung von 6 Tl. Salpetersäure und 15 Tl. weichem Wasser legt. Das plastische Elfenbein kann nunmehr gefärbt nnd in metallene Formen gepreßt werden. Durch Einlegen in scharf getrocknetes Kochsalz erlangt das Material seine ursprüngliche Festigkeit wieder.

Um Elfenbein zu erweichen und geeignet zu Flechtarbeiten zu machen, wird es nach **D. R. P. 121 343** in lauwarme, verdünnte Essigsäure eingelegt.

Oder man legt die Elfenbeinstücke in eine Lösung von Alaun in verdünnter Salzsäure. Nach 24 Stunden ist das Bein weich und biegsam. **(D. Ind.-Ztg. 1865, 278.)**

Zur Herstellung eines faserigen Stoffes aus Knochen werden diese nach **D. R. P. 197 257** in nahezu fettfreiem, gereinigtem Zustande mit etwa 20proz. Salzsäure bei 35° je nach ihrem Alter verschieden lang behandelt. Dann wäscht man das Material aus, neutralisiert mit Soda, bleicht evtl. mit Chlorkalk und zerkleinert die Stücke in einer Schlagmaschine, so daß man biegsame, weiche und faserige Massen erhält, die eine rauhe, faserige oder splitterige Oberfläche wie Wollfäden zeigen. Dadurch, daß die Fasern schwer brennbar sind, und Wärme und Elektrizität nicht leiten, eignen sie sich als Dampfrohrschutzmäntel und für sonstige Isolationszwecke und wegen ihrer Rauheit und Unregelmäßigkeit auch als Füllstoffe für Gummiteile, unter der Voraussetzung, daß die Fett- und Mineralstoffe nicht völlig entfernt wurden, weil die Struktur des Materials sonst leidet.

Brüchig gewordenes, sehr altes Elfenbein läßt sich nach **Oven, Dingl. Journ. 1850, III, 238** wieder herstellen, wenn man die Stücke in einer wässerigen Eiweißlösung kocht.

Zum Kleben von Elfenbein bestreicht man die Bruchstellen nach **D. Mal.-Ztg. (Mappe) 31, 61** mit einer heiß filtrierten, auf den fünften Teil ihres Volumens eingedampften Lösung von 1 Tl. Hausenblase und 2 Tl. Gelatine in 30 Tl. Wasser, die man mit einer Lösung von etwas Mastix in $1^1/_2$ Tl. Spiritus verrührt. Schließlich setzt man noch 1 Tl. Zinkweiß zu.

457. Elfenbeinähnliche Massen.

Über die mit Leim, Harz, Cellulose, Nitrocellulose, Stärke, Casein, Kautschuk usw. bereiteten Elfenbeinersatzmittel berichtet an Hand der Patentliteratur **E. J. Fischer** in **Kunststoffe 6, 101 u. 116.** — S. a. die Abschnitte: Kunstmassen, Celluloid, Kautschuk und deren Ersatzprodukte.

Über Herstellung künstlicher Elfenbeinmassen aus im Dampf gelösten Knochen, Alaun und Farbstoffen siehe **Dingl. Journ. 129, 240.**

Im **Württemb. Gew.-Bl. 1853, Nr. 18** beschreibt **I. Munk** die Herstellung künstlicher Elfenbeinfurniere aus Knochen. Die Knochen werden 10—14 Tage mit Chlorkalk gebeizt, gewaschen, getrocknet und im Dampfkessel verleimt, worauf man die Masse mit 2,5% Alaun und der nötigen Wassermenge klar siedet, färbt, durch ein Leinentuch gießt und in Formen erstarren läßt. Die völlig trockene, elfenbeinartige Masse wird dann in reinem, kaltem Alaunwasser während 8—10 Stunden gehärtet.

Nach **Mayall, Jahr.-Ber. f. chem. Techn. 1857, 424,** kann man künstliches Elfenbein durch Auswalzen und Pressen eines Teiges aus gleichen Teilen Knochenpulver und Eiweiß oder Leim, besser noch, eines Gemenges von 2 Tl. schwefelsaurem Baryt und 1 Tl. Eiweiß herstellen.

Zur Darstellung von künstlichem Elfenbein weicht man nach **Polyt. Notizbl. 1859, 96** 5 Tl. Elfenbeinpulver und 3 Tl. Bleiweiß oder Zinkweiß in einer Lösung von 8 Tl. weißem Schellack in 16 Tl. Weingeist; die Mischung wird bis zur Temperatur des kochenden Wassers erwärmt und in 150° heiße Formen gepreßt. Die erkalteten Kugeln werden rund gedrechselt und poliert. Die pulverförmigen Abfälle von Elfenbein können ferner teils zu Beinschwarz gebrannt, teils mit schwacher Salzsäure behandelt, zu Knochenleim verarbeitet werden; die salzsaure Lösung dient als Düngemittel. Das Beinschwarz wird erhalten durch Brennen der Abfälle in irdenen, mit einem Deckel verschlossenen und mit Lehm lutierten Töpfen, in Töpferöfen.

Über die Darstellung von künstlichem oder elastischem Elfenbein aus Bein- oder Hornabfällen siehe **Polyt. Zentr.-Bl. 1851, 448.** Die mit warmer Säure vorbehandelten Späne werden zusammen mit Leim, Schellack und Sprit angeteigt, worauf man die gipsartig gießbare Masse formt. Nach neuerer Methode wird der Elfenbeinguß in der Weise angefertigt, daß man Abfälle von Elfenbein, Knochen und Horn in Phosphorsäure, Weinstein- und Citronensäure bei 35° zu einem teigartigen Brei verarbeitet. Als Bindemittel dient Casein oder Resinitlack. **(H. Pufahl, Kunststoffe 6, 7.)**

Die Herstellung von kartonartigen Elfenbeinplättchen für Zwecke der Miniaturmalerei beschreibt **J. Erfurt** in **D. Ind.-Ztg. 1871, Nr. 30** wie folgt: 1. Drei Bogen Velinzeichenpapier werden mit Pergamentleim aufeinandergeklebt, noch feucht auf einem Tisch ausgebreitet, mit einer Schiefertafel von geringerer Größe bedeckt und die umgebogenen Ränder auf die Rückseite der Tafel aufgeleimt, worauf man das Ganze sehr langsam trocknen läßt. Drei andere Bogen Zeichenpapier werden nacheinander über die ersteren geleimt und nach dem Umfange der Tafel beschnitten, worauf man nach vollständigem Trocknen die Oberfläche mittels feinen Glaspapiers glatt schleift. Zuletzt gibt man einen möglichst gleichförmigen Anstrich von feingemahlenem, gesiebtem Gips in dünnem Pergamentleim angerührt, schleift nach dem Erhärten mit Glaspapier, trägt dreimal nacheinander schwaches Leimwasser auf und schneidet das Ganze von der Schiefertafel los. 2. Velinpapier stark und glatt, wird auf beiden Seiten mit Kalkmilch bestrichen, getrocknet, mit einem Falzbein glattgestrichen und zwischen polierten Kupferplatten im Satinierwerk geglättet. 3. Starkes und glattes Velinpapier wird mit geschlämmter Kreide bestrichen und solange mit loser Baumwolle gerieben, bis sich keine Teilchen mehr ablösen. Vgl. **Dingl. Journ. 122, 432.**

Zur Herstellung künstlichen Elfenbeins mischt man nach **J. H. Reinhardt, Sprechsaal 1878, 386,** reine, gezupfte Baumwolle mit einem Zement aus gebrannter Magnesia und 25grädiger Chlormagnesiumlauge, preßt in Formen und bearbeitet das Produkt nach dem Erhärten durch Drehen, Meißeln usw., wie Elfenbein. Vgl. **D. ill. Gewerbeztg. 1866, Nr. 10.**

Auch durch Pressen von aus Xylonith gewalzten dünnen, gekräuselten und entsprechend gefärbten, übereinandergeschichteten Blättern soll man künstliches Elfenbein erhalten können. **(D. R. P. 37 903.)**

Über Herstellung einer Masse, die annähernd das Gefüge des Elfenbeins besitzt, aus Celluloidplatten siehe **D. R. P. 27 918.**

Zum Überziehen von Gegenständen mit einer Schicht, die beim Erstarren die charakteristische Elfenbeinstruktur zeigen soll, taucht man die Gegenstände nach **D. R. P. 125 535** in eine Mischung von 80 Tl. flüssigem Kollodium, 6 Tl. Sandarak und 2 Tl. Terpentin.

Eine dem Elfenbein gleichende, durchscheinende, plastische Masse, die biegsam ist wie Holz, erhält man nach **Sorel, Dingl. Journ. 148, 122** u. **124** aus einem Gemenge von je 50 Tl. Kartoffelstärke und 55grädiger Chlorzinklauge mit 5 Tl. Zinkoxyd und je 1 Tl. Weinstein und Salzsäure.

Die Herstellung einer künstlichen Elfenbeinmasse aus Kautschuk beschreibt **Fr. Marquard** in **Dingl. Journ. 183, 498:** Man leitet in eine Lösung von 2 Tl. Kautschuk in 32 Tl. Chloroform bis zur völligen Bleichung des gelösten Materials Ammoniakgas ein, wäscht das schaumige Produkt mit 85° warmem Wasser, preßt die Masse aus und verrührt sie mit etwas Chloroform und fein zerriebenem phosphorsauren Kalk oder kohlensaurem Zinkoxyd zu einem Teig, den man in Formen preßt und nach völliger Erstarrung wie Elfenbein bearbeitet. Zur Nachahmung von Korallen, Perlen, gefärbten Hölzern usw. setzt man natürlich die entsprechenden Farbstoff zu.

Über Herstellung künstlichen Elfenbeins aus Kautschuk und gebrannter Magnesia, wie auch über andere Kautschukprodukte siehe **Cloëz, Dingl. Journ. 227, 211.**

Früher wurde eine künstliche, für photographische Zwecke dienende, elfenbeinartige Masse hergestellt durch Imprägnieren von Leim- oder Gelatinetafeln mit schwefelsaurer oder essigsaurer Tonerde. Die nach einigen Tagen etwas gequollenen, völlig mit dem Tonerdesalz durchsetzten Tafeln wurden dann getrocknet, worauf man die harte Masse ebenso weiter behandelte, wie natürliches Elfenbein. Durch direktes Zumischen der Salzlösung zur Leimmasse erhält man keine so guten Resultate. **(Polyt. Zentr.-Bl. 1857, 765.)**

Nach **D. R. P. 3008** löst man zur Herstellung einer Elfenbeinmasse zunächst 100 g Leim in 1 l Wasser, ferner 50 g Alaun in 1 l Wasser und suspendiert 50 g gebleichter Cellulose in 3,5 l Wasser. In die mit Fett ausgestrichene Metallform trägt man dann die Masse ein, die aus 75 g der Leimlösung, 200 g der Alaunlösung, 200 g Cellulosebrei, 200 g Wasser und 250 g fein gesiebtem Gips besteht, mischt gut durch, läßt teilweise eintrocknen, bedeckt dann die Masse mit Leinwand, preßt das überschüssige Wasser ab, läßt völlig erstarren, reinigt vom Fett, trocknet und tränkt die Masse mit einem heißen Gemisch von gleichen Teilen Wachs und Stearin; schließlich wird bis zum Hervortreten des Elfenbeinglanzes poliert.

Eine künstliche Elfenbeinmasse wird nach **D. R. P. 16 413** erhalten durch Einpressen einer Masse aus 40 Tl. Zinkoxyd, 8 Tl. Schellack und 32 Tl. Ammoniakflüssigkeit in heiße Formen unter einem Druck von etwa 150 Atm. Vgl. **D. Ind.-Ztg. 1869, Nr. 37:** Schellack, Kaolin, Bleisulfat.

Über Herstellung von Horn- oder Beinimitationen für Knöpfe, Griffe u. dgl. aus Ton, siehe **Sprechsaal 1884, 521.** Eine solche Elfenbeinmasse besteht beispielsweise aus 20 Tl. böhmischem Kaolin, 23 Tl. gebranntem Kaolin, 22 Tl. Quarz, 5,5 Tl. Knochenasche und einer Boraxfritte als Glasur. Die Äderung stellt man durch Zusammenlagern der verschieden gefärbten Massen her.

Zur Herstellung eines Elfenbeinersatzes verknetet man nach **D. R. P. 55 246** 100 Tl. Ätzkalk, 0,16 Tl. Calciumcarbonat, 1—2 Tl. Magnesiumoxyd, 5 Tl. gefälltes Tonerdehydrat, 20 Tl. Albumin und 15 Tl. Gelatine mit einer Lösung von 75 Tl. Phosphorsäurelösung (spez. Gewicht 1,05—1,07) in 300 Tl. Wasser; der Teig wird geformt, worauf man die Gegenstände zunächst 1—2 Tage bei 15—22° vortrocknet, um sie hierauf in Formen, die auf etwa 132° erhitzt sind, einem Druck von 300 kg pro qcm auszusetzen. Nach etwa 3—4 Wochen Lagerung soll die Masse wie natürliches Elfenbein schneidbar, drehbar und polierbar sein.

458. Vegetabilisches Elfenbein (Steinnuß) und Ersatz.

Die als Elfenbeinersatz zur Herstellung von Knöpfen usw. viel verwendete Steinnuß, häufig als vegetabilisches Elfenbein bezeichnet, stammt von der südamerikanischen Elfenbeinpalme (Phytclephasarten). Die Früchte sind eigroß und enthalten unter einer etwa 1 mm dicken, spröden Schale das eigentliche, weiße, gut bearbeitbare Material. Auch die Früchte der brasilianischen Mützenpalme und einige Sagopalmenarten der Südseeinseln liefern ein ähnliches, etwas weicheres Elfenbeinsurrogat.

Zur Behandlung von Dumapalmennußknöpfen bleicht man das mit Seifenlösung entfettete Material in einer Natriumaluminatlösung, wäscht, bringt die Knöpfe in eine Kaliumpermanganatlösung, wäscht abermals, entfernt den abgeschiedenen Braunstein mit einer Natriumbisulfitlösung und überzieht schließlich mit einem Lack. Auf diese Weise verliert das vegetabilische Elfenbein (Coroso) seine natürliche Rosafärbung, wird opak und vollständig durchfärbbar. **(D. R. P. 239 586.)**

Nach **Ö. P. 46 784** werden die aus Dumapalmennuß gedrehten Gegenstände (Knöpfe), um ihnen hornartiges Aussehen zu verleihen, mit warmer Marseillerseife entfettet, warm oder kalt mit Natriumaluminatlösung behandelt (evtl. mit Kaliumpermanganatlösung oder Natriumbisulfitlösung gebleicht) und mit einem kolophoniumhaltigen, alkohollöslichen Lack poliert.

Zum Polieren von Steinnußknöpfen werden nach **Seifens.-Ztg. 1911, 951** Poliersteine verschiedener Härte verwendet. Für den ersten Schliff stellt man einen Polierstein her durch Mischen von 70 Tl. Schmirgel, 0,4 Tl. Schwefelblüte, 18 Tl. Zinnasche und 8 Tl. feinstpulverisiertem Schellack. Die Poliersteinmasse wird in heißen Formen unter allmählicher Drucksteigerung gepreßt. Zum Feinschliff wird ein Polierstein aus 50 Tl. Schmirgel 0000, 5 Tl. Schwefelblüte, 27 Tl. Zinnasche und 8 Tl. Schellack hergestellt, während der letzte Hochglanz nach **D. R. P. 195 265** durch Polierballen erzeugt wird, die mit Stanniol überzogen sind oder die man in Zinnasche, Talkum, Polierrot usw. eintaucht.

Über die Verzierung von Steinnußgegenständen siehe **D. R. P. 54 299.**

Zur Herstellung von irisierenden oder Regenbogenfarben auf Steinnußknöpfen tränkt man die Knöpfe nach **D. R. P. 98 765** zunächst mit der Lösung eines Silbersalzes, dann mit Quecksilberchloridlösung, hierauf mit einer Metallsalzlösung (Eisen, Zinn, Kupfer, Antimon usw.), um den Irisglanz zu nuancieren, und setzt die so vorbehandelten Knöpfe schließlich Schwefelammoniumdämpfen aus.

Über das Färben von Steinnüssen berichtet **B. Setlik in Färberztg. 1903, 381** (vgl. die grundlegende Arbeit von **L. Müller in Polyt. Zentr.-Bl. 1872, 385**): Die mit Benzin entfetteten Steinnußgegenstände werden zunächst zur Vorbereitung für das Färben mit einer 5proz. Pottaschelösung abgewaschen, da ätzalkalische Lösungen das Material gelb färben; dann folgt das Bleichen in einer 2—3proz. wässerigen Oxalsäurelösung, wodurch zugleich höhere Aufnahmefähigkeit für Farbstoffe erzielt wird. Schließlich taucht man noch einige Sekunden in konzentrierte Schwefelsäure und wäscht gründlich aus.

Man färbt für helle Nuancen in kaltem oder lauwarmem, für dunkle in warmem Bade, und zwar ohne jeden Zusatz mit Fuchsin, Eosin, Rhodamin, Malachitgrün, Methylengrün, Safranin, Bismarckbraun, Chrysoidin, Naphtholblau, Methylen- und Marineblau, Azogelb, Orange II, Mandarin, Juteschwarz und Bastschwarz; mit 2% Alaun und 2% Essigsäure färbt man: Indulin, Echtblau, Brillantrot RR.

Für Modefarben, sattes Rot, Bordeaux, Grün und Braun, sowie für Schwarz finden vorwiegend Diaminfarben Verwendung, während für besonders brillante Farbtöne die basischen Farben angewendet werden; die Diaminfarben haben den Vorzug, sehr reibechte Färbungen zu geben.

Von Diaminfarben kommen hauptsächlich in Betracht: Diaminechtgelb B, FF, -orange G, D, -echtbraun G, R, GB, -catechin G, B, -braun M, B, R, -grün B, G, -bordeaux B, -rot 4 B, 6 B, 10 B, -violettrot, -bengalblau G, R, -schwarzblau B, Oxydiaminschwarz JEI, JB, JW. Man färbt kochend unter Zusatz von 1 g Soda und 5—10 g Glaubersalz pro Liter Flotte ca. 1 Stunde, läßt im Bade etwas erkalten und spült.

Von basischen Farbstoffen sind besonders geeignet: Thioflavin T, Chrysoidin AG, FN, Paraphosphin G, R, Safranin G extra O, B extra O, Fuchsin Ia, kl. Kryst., Tanninheliotrop, Methylviolett KBO, 3 BO, 3 RO, Neumethylenblau N, Indazin M, Juteschwarz 8174, 9575. Man färbt kochend unter Zusatz von 2—5 ccm Essigsäure pro Liter Flotte, spült und trocknet.

Die sauren Farbstoffe färben die Steinnuß unregelmäßig an; sie eignen sich zur Erzeugung maserähnlicher Zeichnungen, die durch die verschiedene Dichte der Zellschichte hervorgerufen werden.

Schließlich lassen sich Steinnußgegenstände durch bloßes Beizen mit Metallsalzen allein oder in Verbindung mit Gerbstoffen oder mit Pyrogallol und Tannin färben, und zwar erhält man: Creme-Chamoistöne mit Eisenvitriol. Gelblichgrün bis Oliv mit Kupfervitriol. Gelblichgrau mit verdünnten Lösungen von holzessigsaurem Eisen. Bläulichgrau liefert eine Beize mit holzessigsaurem Eisen und nachträgliche Ausfärbung mit 1proz. Tanninlösung. Rötlichgrau: Beize mit holzessigsaurem Eisen, Ausfärbung mit 1proz. Pyrogallollösung; Grau: Beize mit holzessigsaurem Eisenvitriol, Ausfärbung mit 1proz. Tanninlösung. Tabakbraun: Kupfervitriolbeize, 1proz. Tanninfärbung. Tiefgrau: Eisen- und Kupfervitriolbeize, Ausfärbung mit Tannin. Braun bis Schwarz: Eisen- und Kupfervitriolbeize ausgefärbt mit Pyrogallol. Konzentrierte Lösungen und Beizen, in denen man längere Zeit behandelt, führen natürlich zu dunkleren Tönen.

Um vegetabilisches Elfenbein rosenrot zu färben, legt man die Stücke zuerst in 8proz. Jodkalium- und nach dem Trocknen in 2,5proz. Quecksilberchloridlösung ein. **(Monnier, Polyt. Zentr.-Bl. 1863, 76.)**

Ein Ersatz für Steinnuß oder Horn wird aus einem Gemenge von Papierbrei, Leim, Kreide, zerkleinertem Leder und gekochten Kartoffeln in der Weise gewonnen, daß man die Mischung in der für die Papiermachéerzeugung gebräuchlichen Weise verarbeitet. **(D. R. P. 308 643.)**

Zur Herstellung von Platten aus künstlicher Steinnußmasse tränkt man Papierlagen mit tierischem Leim, legt sie aufeinander, gerbt das Material, bringt es in ein Kalkbad und preßt es nach dem Erhärten noch feucht unter hohem Druck. **(D. R. P. 342 697.)**

Ein steinnußähnliches Kunstmaterial erhält man durch Auswalzen oder Pressen eines verkneteten, bildsamen Teiges aus Zinkweiß, Sandarakharzlösung und im Reißwolf staubklein zerkleinertem ungeleimten Papier. **(Kunststoffe 9.)**

Horn, Fischbein, Schildpatt, Schwamm, Perlen.

459. Hornbearbeitung, anorganisch färben.

Horn ist entweder verdickte Borstensubstanz oder ein hohler Überzug von Knochenzapfen (Nashorn bzw. Rind) und als Keratinsubstanz identisch mit den Haaren, Federn, Fingernägeln usw., während das Geweih der Hirsche und die Fischschuppen nicht hierher gehören. Der Keratingehalt der Hornstoffe bedingt ihr Verhalten gegen färbende und beizende Stoffe, wodurch sich das Horn wesentlich von den Knochen und Beinsubstanzen unterscheidet.

In einer zusammenfassenden Abhandlung schildert **H. Pufahl** die Bearbeitungsmethoden von Horn und Schildpatt, das Quellen, Färben und Beizen des Materials, die Erzeugung perlmutterartiger Effekte und die Verarbeitung der Hornabfälle, zum Teil auch noch zur Erzeugung von Eisenhärtungskohle. **(Kunststoffe 5, 174 u. 197.)** Vgl. **Beutel, Zeitschr. f. angew. Chem. 28, 170.**

Das Bleichen des Hornes, besonders der Brasilhornarten mit alkalischer Wasserstoffsuperoxydlösung (die Alkalität wird durch Zusatz von basischem Natriumphosphat oder von Natriumwasserglas erzeugt) beschreiben **E. Beutel, D. Margold** und **H. Zink in Österr. Chem.-Ztg. 1913, 21.** Die Wasserstoffsuperoxydbleiche der Hornarten erfolgt in alkalischer Lösung zwar rascher als in neutraler Flotte, führt jedoch auch zu spröden, unverwendbaren Produkten, wenn man die Bleichflotte zu lange einwirken läßt. Auch soll die Konzentration des Wasserstoffsuperoxydes 0,75% nicht überschreiten. Durch die Wasserstoffsuperoxydbehandlung scheinen dem Horn geringe Mengen eines schwefelhaltigen, stark reaktionsfähigen Körpers entzogen zu werden, wobei jedoch der Gesamtschwefelgehalt nur unwesentlich verringert wird, so daß das grüne, unbehandelte wie auch das gebleichte Horn nach wie vor die Schwefelbleireaktion geben. Ähnlich wie das brasilianische Horn lassen sich auch Büffel-, Schaf-, Ziegen- und Antilopenhorn sowie Pferdehuf mit Wasserstoffsuperoxyd bleichen.

Nach **F. P. 454 765** bleicht man Horn durch Imprägnierung in einem Bade, das 20—25 kg Schwefelalkali in 100 l Wasser enthält, worauf man den Gegenstand in fließendem Wasser auswäscht und durch Nachbehandlung in 6—8proz. Schwefelsäure den Schwefel ausfällt.

Genaue Vorschriften zur Herstellung farbiger Hornbeizen finden sich in **Zeitschr. f. Drechsler 1911, 104:** Beim Beizen und Färben von Horn üben die Struktur, der Schwefelgehalt des Hornes, die Ernährung der Tiere usw. großen Einfluß aus, so daß die Hirnstellen wie auch die Spiegelseiten des Hornes verschiedenartig angefärbt werden; man muß daher zuerst Vorversuche anstellen, ehe man das gereinigte Hornstück im ganzen färbt.

Zahlreiche Vorschriften für das Beizen und Färben des Hornes finden sich in **Polyt. Zentr.-Bl. 1866, 1366.** So geben z. B. Bleizuckerlösung mattschwarze, Schwefelleberlösung eisenfarbige, Quecksilberoxydullösung silbergraue Töne usw. Die Beizung mit Quecksilbersalzlösungen ist übrigens zugleich eine Vorbehandlung für andere Färbungen, z. B. mit Eisenvitriollösung, Äskulin usw.

Um Büffelhorn weiß zu beizen weicht man es bis zum Auftreten von Ammoniakgeruch in Wasser, dann nach dem Auswaschen in verdünnter Essigsäure, legt es weiter bis zur völligen Durchdringung in Bleisalzlösung und fällt in der Faser mittels Salzsäure weißes Chlorblei aus. **(Dingl. Journ. 175, 475.)**

Die aus Horn fertiggemachten Gegenstände werden nach **Polyt. Notizbl. 1856, 189,** um ihnen ein metallähnliches Aussehen zu erteilen, mit nachstehenden Beizmitteln behandelt: Chlorzink, mittels einer Bürste aufgetragen, liefert eine gelbe Bronzefarbe; chromsaures Zinkoxyd eine grüne; salzsaure Kupferlösung eine schwarze; eine Lösung von chromsaurem Kupferoxyd einen braunen Bronzeton; Jodkalium, auf diese Färbungen aufgetragen, ändert sie in Rot um. Die auf die angegebene Weise behandelten Gegenstände werden bei 68° getrocknet und hierauf mit fein gepulvertem Musivgold eingerieben.

Das Schwarzfärben des Hornes mit einer Lösung von 20 Tl. Quecksilber in 50 Tl. konzentrierter Salpetersäure wurde zuerst von **R. Wagner** in **Dingl. Journ. 180, 412** und **420** vorgeschlagen. Man legt nach der daselbst angegebenen Vorschrift die Horngegenstände etwa 12 Stunden in diese mit Wasser auf 500 ccm verdünnte Lösung und wäscht sie dann sorgfältig mit Wasser ab. Je nach der Konzentration der Quecksilberlösung erhält man zunächst hell- bis dunkelbraune Färbungen, die schildpattähnlich aussehen und die in ein reines Schwarz übergehen, wenn man die so vorgebeizten Gegenstände 1—2 Stunden in verdünnte Schwefelleberlösung einlegt. Man wäscht mit essighaltigem Wasser, dann mit reinem Wasser und trocknet. Die Beize geht nicht tief, es muß daher vorsichtig poliert werden.

Ein helles Gelb erhält man auf Horn nach **Techn. Rundsch. 1908, 181** durch Behandlung des Gegenstandes mit einer Lösung von Chlorzink in Wasser, worauf man bei etwa 70° trocknet und den Gegenstand mit Musivgold abreibt. (S. o.)

Beim Polieren des Hornes tritt seine weiße Färbung um so deutlicher hervor, je durchscheinender es war. Wird das weißgebeizte Horn in eine mehr oder weniger konzentrierte Lösung von zweifach chromsaurem Kali eingelegt, so färbt es sich in hellen oder dunklen, sehr reinen gelben Farbtönen.

Um Hornkämmen ein perlmutterähnliches Aussehen zu geben, legt man sie über Nacht in eine kalte wässerige Auflösung von salpetersaurem Bleioxyd (1 : 4) ein, läßt abtropfen und bringt sie hierauf $^1/_4$—$^1/_2$ Stunde lang in eine Flüssigkeit, die 3% Salzsäure enthält, worauf sie mit Wasser abgespült werden. **(Dingl. Journ. 184, 31.)**

Um Horn, namentlich Büffelhorn, dauernd weich und elastisch zu machen, legt man es 10 Tage in ein Gemisch von 1 l Wasser, 3 l Salpetersäure, 2 l Holzessigsäure, 5 kg Gerbstoff, 2 kg Weinstein und $2^1/_2$ kg Zinkvitriol, formt den Gegenstand und legt ihn vor dem Polieren nochmals in dasselbe Bad ein. **(Dingl. Journ. 162, 451.)** Elfenbein wird ebenso in einer Phosphorsäurelösung vom spez. Gewicht 1,13 durchscheinend und durch weiteres Einlegen in warmes Wasser weich und biegsam. **[456.]**

Zur Auflösung von Horn erhitzt man die hornhaltige Substanz mit Fett- oder Harzsäuren ohne oder mit Druck auf eine, die Spaltungsgrenze nicht übersteigende Temperatur von etwa 300° und erhält so ein Farbenbindemittel-Zusatzmaterial, das sich auch als Isoliermittel für die Elektrotechnik eignet. **(D. R. P. 191 552.)**

Zur Herstellung von Hornplatten schneidet man die Hörner auf und kocht sie vor dem Ausbreiten nicht wie sonst mit Wasser, sondern in einem Fett, Öl oder Mineralöl. Das Material wird so gleichmäßig geschmeidig und bricht oder reißt nicht. **(D. R. P. 222 986.)**

460. Horn mit Pfanzen- und Teerfarbstoffen färben, metallisieren, lackieren, verzieren.

Dunkles Horn muß vor dem Färben, Bemalen, Metallisieren usw. zunächst einen hellen Untergrund erhalten, den man entweder vorher oder besser in Verbindung mit dem Färbeprozeß erzeugt. Weiße Beize: Die entfetteten, gut gespülten Gegenstände werden in eine Lösung von 16 g Bleinitrat in 100 ccm Wasser 12—24 Stunden in der Kälte oder 1 Stunde bei 80° eingelegt und gespült, worauf man das Weiß durch ein Salzsäurebad entwickelt (3—5 g eisenfreie Salzsäure auf 1 l Wasser). Die Bleinitratlösung muß filtriert sein, es muß häufig gerührt werden, um die Luftbläschen zu entfernen, Metallgefäße sind zu vermeiden. Perlmutterartige Beize: Helles Horn wird mit vorstehend beschriebener weißer Beize behandelt, nachdem man es mit Hilfe geeigneter Platten in der Wärme wellenförmig gepreßt hat. Die Wellenlinien erscheinen nach dem Beizen irisierend. Ein Nachbehandlungsbad mit neutralem Wasserstoffsuperoxyd begünstigt den Erfolg. Schildpattartige Beize: Hellem Horn wird zunächst durch kurze Behandlung mit Salpetersäure ein goldgelber Untergrund verliehen, sodann bringt man in Tupfen eine dicke, breiartige Mischung von gelöschtem Kalk und Mennige auf. Es bildet sich durch den Schwefelgehalt des Hornes dunkles Schwefelblei, das die dunklen Stellen des Schildpattes ergibt. Ein rötlicher Untergrund wird erzeugt, wenn man das Horn vorher in einer alkalischen Rotholzlösung vorbeizt. Färbevorschrift: Schwarz: 60 Tl. Blauholzextrakt, 30 Tl. Kupfervitriol, 20 Tl. Eisenvitriol, 1000 Tl. Wasser, einige zerstoßene Galläpfel werden gekocht, und zwar Blauholzextrakt und Galläpfel in einem Leinwandbeutel; die gereinigten Gegenstände werden $^1/_4$—$^1/_2$ Stunde eingehängt und ein oder mehrere Male gebeizt. Nach dreimaliger Benutzung ist die Beize zu erneuern. Gebogene Gegenstände dürfen nur bei 36—38° gebeizt werden, um ein Zurückgehen der Biegung zu vermeiden. Die Gegenstände werden dann in Holzspäne eingelegt, gegen Luftzug geschützt langsam getrocknet und schließlich poliert. **(Dingl. Journ. 160, 159** und **Polyt. Zentr.-Bl. 1868, 1840.)**

Die Originalbeschreibung der Hornfärbung mit Rotholz nach **A. Lindner** findet sich in **Polyt. Zentr.-Bl. 1854, Nr. 5.** Man legt das in einer Lösung von 1 Tl. Salpetersäure in 3 Tl. Wasser vorbehandelte Horn in eine etwa 30° warme Beizmischung von 2 Tl. Soda, 1 Tl. frisch gebranntem Kalk und 1 Tl. Bleiweiß, spült den Gegenstand nach etwa 15 Minuten ab, legt ihn in eine kalte Lösung von Rotholzbrühe und Natronlauge, wäscht das Horn schließlich und poliert es nach 12—16 Stunden. In dieser Weise wurden früher z. B. die roten Schachfiguren gefärbt.

Zum Färben des hellen Hornes mit Hilfe von Teerfarbstoffen muß das mit Bimsstein abgeschliffene, mit Benzin oder mit schwacher Sodalösung entfettete Horn in schwach alkalischen Lösungen von Teerfarbstoffen 1—2 Stunden gekocht oder mindestens auf 60—80° erwärmt werden. Zum Färben mit basischen Farbstoffen verfährt man jedoch in der Weise, daß man das Horn in die wässerige Lösung eines geeigneten basischen Farbstoffes $^1/_2$—1 Stunde bei ca. 30° C einlegt, darauf spült und trocknet. Für die zumeist gangbaren Töne kommen folgende Farbstoffe in Betracht: Tanninlederschwarz M, Methylviolett KBO, 3 BO, 3 RO, Krystallviolett 5 BO, Brillantgrün kryst. extra, Thioflavin T, Manchesterbraun GG, EE, PS, Tanninbraun B, Safranin G extra O, B extra w. Schildpattartige Musterungen auf Horn werden in der Weise erhalten, daß man das Horn in flüssiges Wachs taucht, nach dem Erstarren der Wachsschicht letztere an einzelnen Stellen entfernt und wie oben angegeben mit basischen Farben färbt. Die Knöpfe nehmen hierbei nur an den von der Wachsschicht befreiten Stellen Färbung an. Die ersten Angaben über das Färben verschieden gebeizter Hornarten mit Teerfarbstoffen finden sich in **Dingl. Journ. 190, 239.**

Nach **Drechsl.-Ztg. 1911, 104** vermischt man die Teerfarbstofflösungen zur Erzielung farbiger Beizen vorteilhaft mit einer Bleinitratlösung, läßt die Gegenstände 20—24 Stunden in dem kalten Farbbade liegen, spült und behandelt in 3—5proz. Salzsäurelösung nach. Längeres Liegen führt zu tieferem Eindringen der Farbstoffe. Man verwendet pro Liter Wasser durchschnittlich 170 g Bleinitrat und 7—10 g Farbstoff.

Beim Färben von Hornknöpfen setzt man den Teerfarbstoffen nach **D. R. P. 43 476** konzentrierte Salzsäure und etwas Glycerin zu, um zu bewirken, daß die Farbe unter Verdrängung der schon aufgebrachten Untergrundfarbe in die Hornmasse eindringt, so daß die neue Farbe ohne auszulaufen, scharf hervortritt.

Zur Herstellung einer kalten Schwarzbeize für Horn löst man 100 g Ursol D [422] in 1 l Wasser und der nötigen Alkalimenge. Die Gegenstände bleiben 20—30 Stunden in der Lösung liegen, werden gespült und mit einer schwachen Kupfervitriollösung ($^1/_2$ g auf 1000) nachgebeizt. **(Drechsl.-Ztg. 1911, 104.)**

Zum Schwarzfärben von Horn verwendet man nach einem Referat in **Jahr.-Ber. f. chem. Techn. 1892, 1067** entweder Blauholzschwarz oder man behandelt nach einer Vorbeize mit Merkuronitrat [459] mit Schwefelkalium nach oder man bringt das Horn nach **H. Stockmeier** zunächst in eine verdünnte, einen geringen Überschuß von Ätznatron enthaltende Lösung von Natriumbleioxyd, wäscht nach $^1/_2$ Stunde gut ab und färbt die vorbehandelten Stücke in einer 40° warmen Lösung von 50 g Wollschwarz und 2,5 g Naphtholgelb S in 1 l Wasser.

Um Horn in der Kälte schwarz zu färben, legt man die zum Polieren fertigen Gegenstände so lange in Kali- oder Natronlauge, bis die obere Schicht des Horns etwas gelöst ist, was durch fettes Anfühlen zu erkennen ist, wäscht sie und bringt sie in ein Anilinschwarzbad. Im durchscheinenden Licht zeigt das Horn noch eine dunkelbraune Färbung, im reflektierten Lichte aber ein tiefes Schwarz. **(Dingl. Journ. 196, 175.)**

Über die Erzeugung schildpattähnlicher Färbung auf alkalisch vorgebeiztem Horns mit Fuchsin siehe **Burnitz, Dingl. Journ. 163, 384.**

Die Versilberung von Horn und Knochen durch Behandlung mit Silbernitrat und Pyrogallol beruht auf demselben Prinzip wie die Spiegelherstellung und wie jede Färbung mit Silbersalzen, nämlich auf der Reduktion des Salzes zu metallischem Silber, das sich in feinverteilter Form ausscheidet. Bei Verwendung etwa 1proz. Lösungen erhält man nach einiger Übung gute, allerdings nur sehr dünne, wenig widerstandsfähige Färbungen, ebenso wie wenn man statt des Pyrogallols nach **Techn. Rundsch. 1911, 638** eine sehr verdünnte Formaldehydlösung oder Traubenzucker und Natronlauge oder eine ammoniakalische Weinsäurelösung zur Anwendung bringt. Die besten Resultate erhält man stets durch galvanische Silberüberzüge, die man auf den zuerst lackierten, dann graphitierten und schließlich dünn verkupferten Gegenständen erzeugt.

Über Verzierung von Horngegenständen siehe **D. R. P. 57 472.**

Die sog. Imatechnik, eine Verzierungsart, anwendbar auf Horn, Bein und plastischen Massen, wird nach **Kunststoffe 1922, 79** in der Weise ausgeführt, daß man in die eingeschnittenen Vertiefungen ein Blattmetall, erschmolzen aus 3 Tl. Zinn und 1 Tl. Blei eindrückt, die Flächen flüchtig mit einer Lötstichflamme überstreicht, die Flächen abschleift und die so erhaltenen Intarsiaimitationen poliert.

Zum Lackieren tierischer Gewebe (z. B. weiches, biegsames Horn oder Ochsenziemer) ist es nach **D. Mal.-Ztg. (Mappe) 31, 391** nötig, einen fetten Lack zu verwenden, der biegsam genug ist, um von den gebogenen Stöcken nicht abzuspringen. Man reibt die Gegenstände zunächst mit Leinöl kräftig ab, lackiert mit verdünntem Schleiflack vor, trocknet bei 20—25°, lackiert mit farblosem Heizkörperlack nach, trocknet abermals bei mäßiger Wärme und läßt die Ware, ehe man sie in Gebrauch nimmt, 14 Tage stehen. Zur Ausführung von Zaponlackfärbungen auf Horn mischt man 500 ccm Zaponlack mit einer Lösung von 2—3 g spritlöslichem Farbstoff in 30—40 ccm Sprit.

Um die Färbungen auf Horn wasserfest zu machen, behandelt man die Stücke vor oder nach dem Polieren nach **E. P. 154 200** mit Formaldehyd oder seinen Polymeren.

461. Schildpatt.

Schildpatt ist die äußere Schicht des Rückenpanzers einiger Seeschildkröten. Durch Erhitzen vom Rückenschild getrennt erhält man das wertvolle Material in etwa 5 mm dicken, bis zu 40 cm langen Platten von hell- bis dunkelgelbbrauner Farbe in wolkiger, bänderförmiger Zeichnung. Das Schildpatt ist biegsamer und dichter als Horn, es läßt sich auch besser polieren und im Dampf erweichen. Die Verarbeitung des Schildpattes erfolgt ähnlich wie jene des Hornes; vgl. diesbezüglich die vorstehenden Kapitel und **Kunststoffe 1915, 174.**

Das mit dem Ausdruck Löten bezeichnete Vereinigen gebrochener Schildkrötenschalen beschreibt **E. Pflüger** in **Württemb. Gew.-Bl. 1850, Nr. 28.**

Einige Vorschriften zum Verkitten von Schildpatt mit Messing finden sich in **Techn. Rundsch. 1911, 470.** Im allgemeinen wendet man auch hier Lösungen von Harzen in Terpentinöl, Leinölfirnis, Kautschuklösungen oder auch Bakelit bzw. Resinit an.

Verschiedene Klebmittel zur Befestigung von Schildpatt auf Holz sind ferner in **Techn. Rundsch. 1912, 412** angegeben. Zweckmäßig verwendet man entweder einen schnell trocknenden Kopallack oder Fußbodenlack, den man durch Einstellen des Gefäßes in heißes Wasser (durch Verdunstung des Terpentinöles) etwas eindickt, oder einen kalt anzuwendenden Kitt aus 22 Tl. Rubinschellack, 7 Tl. Mastix und 3 Tl. venezianischem Terpentin in 68 Tl. 96proz. Spiritus.

Nach **O. Keßler, Techn. Rundsch. 1908, 52** kann man Schildkrötenpanzer auf folgende Weise spiegelblank polieren: Man glättet die Oberfläche zunächst mit einem scharfen Messer, kratzt sie dann mit Glas und zuletzt mit feinem Glaspapier ab und poliert mit Wienerkalk und Öl bis sich keine Spur einer Unebenheit mehr zeigt. Schließlich wird mit einem wollenen Lappen so lange abgerieben, bis der Hochglanz zum Vorschein kommt. Auf schnellerem Wege gelangt man zum Ziele, wenn man nach der Behandlung mit Sandpapier einfach mit Polieröl und Politur bearbeitet, doch ist der so schon in etwa 15 Minuten erzielte Glanz nicht beständig und man muß das Verfahren von Zeit zu Zeit wiederholen.

Zur Herstellung von Schildpattimitation bestreicht man nach **H. Stockmeier und Fleischmann, Bayer. Ind.- u. Gew.-Bl. 1892** Hornplatten mit verschiedenen Pasten aus Kalk und Bleioxyd oder Kalk und mangan- oder übermangansaurem Kali in den der Zeichnung des echten Schildkrotes entsprechenden Umrissen. Durch die letztere Mischung werden neben den, durch das Schwefelblei geätzten schwarzen Stellen durch den Braunstein auch schöne braune Töne erzielt.

Die einfachste Methode zur Imitierung von Schildpatt und ähnlich gefleckter Muster, besteht nach **Jaeckel, Cell.-Ind., Beil. z. Gummiztg. 1912, 18,** darin, daß man einen Celluloidgegenstand ungleichmäßig mit Öl betupft und dann in Farbe taucht. Wenn die Farbe trocken ist, reibt man das Öl, das die Farbstoffaufnahme verhindert hat, wieder ab und erhält so helle Stellen auf dunklem Grunde.

Die Fabrikation des künstlichen Schildpatts aus Celluloidmasse beschreibt **Djalln in Caoutch. et Guttap. 16, 9696.** S. a. die vorstehenden Kapitel, ferner die Abschnitte Kunstmassen, Celluloid usw.

Die Herstellung von Perlmutter- oder Schildpattpapier durch Überziehen weißer Papierbahnen mit Gelatine-Fischschuppenessenz bzw. Gelatine und einer ammoniakalischen Torflösung und folgende Härtung der Tafeln in Alaunlösung beschreibt **J. Erfurt in D. Ind.-Ztg. 1871, 299.**

462. Fischbein.

Fischbein ist eine hornartige Substanz, die sich im Gaumen der Walfische bildet und in bis zu 5 m langen, 10 cm dicken und 35 cm breiten Stücken gewonnen wird. Die faserigen Massen werden gereinigt, in Wasser gekocht, bis sie weich sind und dann unter möglichster Erhaltung der Faserlänge gespalten. Durch Behandlung des Fischbeines mit Dampf wird es plastisch und läßt sich in Formen pressen. Fischbeinabfälle dienen als Polstermaterial.

Zur Färbung des echten Fischbeines beizt man das gereinigte Material nach **Techn. Rundsch. 1908, 395** mit den vereinigten Lösungen von 1 g Chlorbarium, 1 g Chlorcalcium, 2 g Zinnsalz und 3 g Alaun in je 100 ccm Wasser und taucht die Barten nachträglich in alkoholische Lösungen von Teerfarbstoffen.

Der hohe Preis des Fischbeins veranlaßte die Erfinder schon früh dazu, nach einem Ersatz zu sehen. Abgesehen von Stahlbändern oder Drähten, die zumeist mit Gewebe überkleidet, als Fischbein dienen mußten, hat man früher schon versucht, Hornstreifen, Sehnen, Bänder, Knochen, den Kamm größerer Tiere, ihre Därme, Häute und Harnröhren durch geeignete Behandlung, die zumeist in der Zerkleinerung, chemischen Behandlung und Pressung dieser Materialien bestand, in Fischbeinersatzstoffe überzuführen.

In **Kunststoffe 1911, 187** bringt **P. Hoffmann** eine Zusammenstellung der Patentliteratur über Fischbeinersatzstoffe.

Nach **Goodyear, Hann. Mitt. 1855, 294** erhält man eine Menge, die zur Herstellung von künstlichem Fischbein dienen kann, durch Vermischen von 500 g Kautschuk mit je 250 g Schwefel und Goldschwefel und je 200 g Schellack und Magnesia.

Über einen Fischbeinersatz aus spanischem Rohr, das nach seiner Entkieselung schwarz gefärbt und dann mit einer Kautschuk-Schwefellösung imprägniert wird, siehe **Th. Vökler, Bayer. Kunst- u. Gew.-Bl. 1856, 659.** Die Kautschuklösung erhält man durch Lösen von 8 Tl. Guttapercha in 16 Tl. Steinkohlenteeröl, 1 Tl. Kautschuk in 12 Tl. und 1 Tl. Schwefel, ebenfalls in derselben Menge desselben Öles. Dieses Fabrikat kam früher unter dem Namen Wallosin in den Handel und wurde viel verwendet.

Über Herstellung eines Fischbeinersatzes aus tierischen Häuten, durch Einlegen in Kalk und Schwefelnatriumlösung, Härten der gequellten, nicht ausgewaschenen Masse, mit einer konzentrierten Kaliumbichromatlösung und Imprägnieren der stark gepreßten Masse mit wasserdichtmachenden Stoffen (Kautschuk, Firnis oder Lack) siehe **D. R. P. 72 923.** Vgl. **D. R. P. 72 551:** Herstellung von Fischbeinersatz aus alkalisch geweichten und mit schwefliger Säure gebleichten, durch Behandlung mit Gerbsäure gegen Feuchtigkeit abgedichteten Tierdärmen.

Zum Härten und Wasserdichtmachen tierischer Haut zum Zwecke der Bereitung einer horn- oder fischbeinartigen Kunstmasse von großer elektrischer Isolierfähigkeit und großer Elastizität bringt man das entfleischte und enthaarte Material in ein Bad von 2 Tl. Amylacetat und 1 Tl. Aceton, nimmt die Häute nach 48 Stunden heraus und überpinselt sie mit einer Lösung gleicher Teile von Celluloid, Aceton und Amylacetat. Zum Schutze dieses Celluloidüberzuges behandelt man das Produkt schließlich während 24 Stunden in einem Bade, das aus 1 Tl. 90 proz. Alkohol und 2 Tl. weißem Schellack besteht. **(D. R. P. 244 566.)**

Eine elastische Masse, die sich auch als Fischbeinersatz eignen soll, wird nach **D. R. P. 77 218** durch Pergamentierung aufeinandergelegter dünner Papierstreifen mit konzentrierter Schwefelsäure hergestellt.

Über Herstellung von künstlichem Fischbein aus dem sog. Haarwachs, das man nach Entfernung der in ihm enthaltenen Leimbestandteile durch Kochen mit Wasser, in Vaselin einweicht, um schließlich die in Formen gepreßten Gegenstände zu polieren und mit Kollodium und einem geeigneten Lack zu überstreichen, siehe **D. R. P. 78 053.**

Als Fischbeinersatz eignet sich nach **D. R. P. 81 600** ein Leder, das man erhält, wenn man enthaarte und getrocknete rohe Haut durch Behandlung mit Wasserdampf bei etwa 70° zum Teil in Leim umwandelt, hierauf mit Terpentinöl sättigt, an der Luft trocknet, firnißt und lackiert.

Eine fischbeinartige Masse wird nach **D. R. P. 90 312** hergestellt durch Tränken von Sehnen und Flechsen mit Chromalaun und Kochsalz und folgendes Pressen des Materials; oder nach **Zusatz 91 825** dadurch, daß man entfettete Knochen zersägt, das Material zur Entfernung der Knochenerde mit Salzsäure behandelt, den gewaschenen Knorpel in einer kochsalzhaltigen Chromalaunlösung 2—6 Tage behandelt, oberflächlich trocknet und in heiße Formen preßt.

Nach **A. P. 983 791** wird ein Fischbeinersatz für Peitschenstiele erhalten aus der Haut von Waltieren, die in Streifen geschnitten, 10 Stunden in Kalkwasser, dann 3—15 Stunden in eine Pottaschelösung gelegt wird. Man färbt das Produkt mit Teerfarbstoffen und preßt es getrocknet in die gewünschte Gestalt. Siehe auch **F. P. 422 248.**

Das als Fischbeinersatz im Handel befindliche Produkt mit Namen Balenit besteht nach **Hoffers** Buche „Kautschuk und Guttapercha" aus 100 Tl. Kautschuk und je 20 Tl. Rubinschellack, gebrannter Magnesia, Goldschwefel und 25 Tl. Schwefel. Das homogene Gemenge wird in Formen gepreßt und bei mäßiger Hitze getrocknet.

Mischungen, geeignet zur Herstellung von künstlichem Fischbein bzw. Stock-, Pistolen- oder Messergriffen sollten nach **Goodyears** Angaben pro Kilogramm Kautschuk enthalten: 0,25 kg Schwefel, 0,20 kg Schellack, 0,20 kg Magnesia, 0,25 kg Goldschwefel bzw. 0,25 kg Schwefel, 0,50 kg Magnesia, 0,50 kg Steinkohlenteer, 0,50 kg Goldschwefel. Die fertigen Stücke wurden auf 120 bis 140° C erhitzt.

Zur Herstellung eines Fischbeinersatzes verwebt man Roßhaar oder ähnliches langes Haarmaterial als Schuß, mit Baumwolle oder Seide als Kette, imprägniert das Gewebe dann mit Paragummi oder bettet es in diesen ein, preßt aus der Masse unter starkem Druck in der Wärme plattenförmige Körper und zerschneidet diese parallel zur Richtung der Haare, so daß diese nicht ausfasern können, in Streifen geringerer Breite. Die erhaltenen Schienen, Bänder oder Platten sind ebenso elastisch wie Fischbein, jedoch haltbarer und druckfester. **(D. R. P. 293 103.)**

Über Fischbein und Fischbeinersatz siehe ferner **Chem.-techn. Ind. 1918, Heft 38.**

463. Ersatz hornartiger Naturprodukte: Hornabfall, Casein.

Eine zusammenfassende Arbeit über Horn-, Elfenbein- und Fischbeinersatz von **F. Marschalk** findet sich in **Kunststoffe 1917, 185 u. 203.**

In **Leipz. Drechsl.-Ztg. 1911, 9** wird über Verwertung von Hornabfällen berichtet. Horn- und Schildpattspäne werden z. B. in erhitzten Formen von Messing stark zusammengepreßt, wobei die Späne die Gestalt der Preßformen annehmen und als gegossene, aus Horn oder Schildpatt gefertigte Gegenstände in den Handel kommen.

Über Rauschitt, ein dem Galalith und Bakelit ähnliches Horn- und Schildpattersatzmittel aus dünnen Schafshörnern siehe **Kunststoffe 1912, 139.**

Nach **D. R. P. 29 805** kocht man zur Herstellung einer Hornersatzmasse Hornabfälle mit konzentrierter Schwefelsäure unter Zusatz von Tragant, bis die Masse dickflüssig ist, gießt sie dann in vorgewärmte Formen, läßt 14 Tage trocknen und preßt die Kuchen zwischen heißen Stahlplatten.

Nach **Ö. P. 45 412** mahlt man die mit Pottaschelauge entfetteten Hornabfälle, wäscht sie, bleicht die Masse 12 Stunden im Holländer, färbt sie und preßt die geformten Gegenstände, nachdem man sie in Ammoniakwasser getaucht hat, bei 100—150° unter einem Druck von 150 bis 200 Atm.

Nach **D. R. P. 109 737** preßt man zur Herstellung einer hornartigen plastischen Masse Hornabfälle oder andere keratinhaltige Stoffe, gelöst in alkalischen Laugen mit Casein vermischt und mit Säuren ausgefällt in Formen.

Zur Herstellung homogener Hornmassen wird nach **D. R. P. 120 017** staubfein gemahlenes, rohes, trockenes Hornmehl bei 140° unter einem Druck von 250 Atm. in Plattenform gepreßt.

Zur Aufarbeitung von Elfenbein- oder Hornspänen mischt man die Abfälle nach **D. R. P. 168 860** mit Holzwolle oder rohen Pflanzenfasern und erhält so durch Zusammenpressen marmorartig geäderte, künstliche Massen.

Nach **D. R. P. 184 915** verwendet man zur Herstellung hornartiger, plastischer Massen Hornabfall oder Haare. Das keratinhaltige Material wird zunächst bei etwa 70° längere Zeit mit verdünnter Salzsäure behandelt, um seine Quellbarkeit zu erhöhen, dann wird das Material mit Alkalien, Erdalkalien oder Ammoniak unter Druck erhitzt und man erhält nach dem Pressen, je nach der Einwirkungsdauer, ein homogenes, plastisches oder hornartiges Endprodukt, das mit Wasserstoffsuperoxyd gebleicht und mit Formaldehyd gehärtet werden kann. Man kann auch solange mit Alkali behandeln, bis die Masse sich völlig löst, und erhält dann ein Produkt mit caseinähnlichen Eigenschaften, das mit Formaldehyd gehärtet wird. Beide Produkte eignen sich, entsprechend zubereitet, zur Fabrikation von elektrischen Isolatoren oder ähnlichen Stoffen.

Zur Herstellung plastischer Massen aus Hornabfällen preßt man sie nach **D. R. P. 216 214** nach ihrer Vorbehandlung mit Phenol oder Anilin unter Zusatz von Glycerin, Öl, Fett u. dgl. und bekannten Bindemitteln (Harze, Gummi, Leim, Casein) bei 120—150° in Formen.

Nach **D. R. P. 245 726** erhält man ein Hornersatzmittel durch Pressen zerkleinerter, entfetteter, gereinigter und 12 Stunden in Wasser geweichter Klauen- und Hornabfälle ohne Anwendung von Bindemitteln bei 100—150° unter einem Druck von 150—200 Atm.; dann legt man die Platten etwa 6 Stunden in eine 20—40proz. Weinsteinsäurelösung, schließlich 6—12 Stunden in ein Glycerinbad und preßt sie nochmals zur vollständigeren Imprägnierung mit dem Glycerin zwischen 40—50° warmen Eisenplatten zu einer homogenen, nahezu durchsichtigen Masse.

Zur Herstellung hornartiger Massen führt man Caseinlösungen mit Salzen oder Säuren in unlösliche Verbindungen über, die man durch Druck entwässert, bis sie hart und durchscheinend geworden sind, um sie nachträglich mit Formaldehyd zu härten. (**D. R. P. 127 942**).

Eine hornartige Masse wird nach **D. R. P. 153 228** auch erhalten durch Pressen eines mit Füllstoffen versetzten innigen Gemenges von 100 Tl. Casein, 200 Tl. Wasser, 10—30 Tl. Schwefel und 5—10 Tl. Ätzkali. Je mehr Schwefel man der Masse zusetzt, um so elastischer wird das Produkt, dem man durch Zusatz von Blei- oder Zinkoxydhydrat größere Härte verleiht. Vgl. **D. R. P. 147 994.**

Zur Herstellung hornartiger Massen löst man 100 Tl. Casein und 8 Tl. 25grädiger Salzsäure in der, auf das Casein bezogen, zehnfachen Wassermenge durch Erwärmen im Wasserbade, verrührt mit 10 Tl. 40proz. Formaldehyd und etwas Glycerin, evtl. auch Farbe, und trocknet die Masse auf Glasplatten ein. (**D. R. P. 163 818.**)

Auch nach **F. P. 420 543** wird eine hornartige Masse durch Pressung eines wässerigen Caseinbreies unter sehr hohem Druck erhalten.

Die Kunstmassen, die zur Imitation von Schildpatt u. dgl. dienen, müssen in trockenem Zustande durchsichtig sein, zu ihrer Herstellung dürfen demnach keine trüben Lösungen verwendet werden. Um klare Caseinlösungen zu erhalten, klärt man sie nach **D. R. P. 198 473** mit wässerigen Lösungen basischer Salze der Phosphorsäure, Borsäure oder schwefligen Säure, filtriert und verarbeitet die Lösung in üblicher Weise auf klare Kunstmassen, während die abfiltrierten Trübungen zur Herstellung minderwertiger, undurchsichtiger Fabrikate dienen können.

Eine hornartige Masse wird nach **D. R. P. 225 259** wie folgt erhalten: Man löst 50 Tl. lufttrockenes Casein in wässeriger Boraxlösung, fügt 50 Tl. in Wasser aufgeschwemmter Stärke hinzu und rührt 7—10 Tl. geschmolzenes Paraffin, 25 Tl. Gelatine und 15—20% der Gesamtmenge l-Naphthol-Sulfosäure, evtl. auch Füllmaterial hinzu. Die mit Spiritus entwässerte Masse wird mit essigsaurer Tonerde nachbehandelt. Da die Kunstmasse durch letztere Behandlung spröde wird, verfährt man nach **Zusatz D. R. P. 229 906** so, daß man das fertige Produkt den Dämpfen einer Lösung aussetzt, die essigsaure Tonerde und Hexamethylentetramin enthält. Die sich entwickelnden Formaldehyd- und Ammoniakdämpfe härten die Massen auch innen und bewirken die Bildung eines elastischen und überdies auch wasserunempfindlichen hornartigen Produktes.

Nach **D. R. P. 241 887** mischt man zur Herstellung hornartiger, elastischer Massen 100 g lufttrockenes Casein mit 25 g Wasser, verknetet in der Hitze unter hohem Druck und preßt die homogene Masse ebenfalls unter hohem Druck in Formen, worauf die Körper in Formaldehydbädern gehärtet und getrocknet werden. Nach der Zus.-Pat.-Anm. setzt man das Härtemittel dem Casein zu und erhält so durch Verkneten des Käsestoffes mit Hexamethylentetraminlösung, der man etwas Glycerin zufügt, besonders feste, haltbare und elastische, durch und durch gehärtete Massen. (**D. R. P. Anm. B. 62 328, Kl. 39 b.**)

Sehr plastische und feste, nicht spröde hornartige Massen erzeugt man durch Verkneten von Casein mit 3% Türkischrotöl und 17% Wasser unter Anwendung von Druck und Wärme. (**D. R. P. 313 881.**)

S. a. das Kapitel „Galalith" im Abschnitt Kunstmassen u. Ebonit im III. Bande.

464. Hornersatz aus anderen Stoffen.

In **Württemb. Gew.-Bl. 1852, Nr. 44** findet sich die Beschreibung der Fabrikation künstlicher Hirschhornschalen für Messergriffe u. dgl. Man legt die dreimal so dick als nötig zugeschnittenen Ahorn- oder Birnbaumholzstücke etwa eine Woche in Seifensiederlauge, kocht die Stücke dann 5—6 Stunden in einer Farbstofflösung (Kasselerbraun, Fernambuk, Zinnlösung und Essigsäure), preßt sie in erwärmten, eisernen Formen auf ein Drittel des ursprünglichen Volumens zusammen und lackiert schließlich mit einer alkoholischen, z. B. mit Drachenblut gefärbten Harzlösung.

Nach **D. R. P. 51 873** bringt man zur Herstellung einer hornartigen Masse gepulvertes Albumin auf Papier, das mit einer Lösung von 4—5% eines wasseranziehenden Salzes und 2—3% Borax in 30—40% glycerinhaltigem Wasser bestrichen wird. Das Ganze wird dann heiß gepreßt, um das Albuminpulver zu koagulieren.

Über Herstellung einer hornartigen Masse aus Cellulose, die man nach völliger Zerstörung der faserigen Struktur unter Zusatz verschiedener Stoffe eintrocknen läßt, siehe **D. R. P. 98 201.**

Zur Herstellung gehärteter Fibermassen als Hornersatz zieht man mehrere Papierschichten nach **A. P. 897 758** durch 70grädige Chlorzinklösung, preßt dann mäßig zwischen heißen Zylindern, kühlt ab, trocknet unter Luftzutritt und wäscht bis zur Entfernung des unveränderten Chlorzinks mit Wasser nach.

Nach **D. R. P. 216 629** wird eine hornartige Masse aus Zellstoffasern in der Weise hergestellt, daß man sie in getrocknetem Zustande mit 100° warmer Chlorzinklauge durchtränkt. Wenn man sieht, daß die Faser von der Chlorzinklauge angegriffen zu werden beginnt, drückt man die Lauge ab, läßt abtropfen und wäscht aus, sobald die Masse ein hornartiges, stumpfes Aussehen bekommt. Getrocknet zeigt das Produkt muscheligen Bruch, es ist fest, zähe, nicht spröd und läßt sich wie Horn bearbeiten. Wesentlich ist bei dem Verfahren, daß die Einwirkung des Zinkchlorids dann unterbrochen wird, wenn noch keine Gelatinierung der Cellulose stattgefunden hat, was man daraus erkennt, daß bei sofortigem Auswaschen eine faserige Masse verbleibt. Überläßt man das Material in diesem Stadium der Nachwirkung des anhaftenden Chlorzinkes, so erhält man das gewünschte Produkt, das nunmehr nach dem Auswaschen keine Faserstruktur mehr erkennen läßt. Vgl. **[190].**

Hornartige Körper, die mechanisch bearbeitungsfähig sind, erhält man durch so feines Mahlen organischer Abfallstoffe (Holzwurzeln, Sägespäne, Reisig, Laub, Kartoffelkraut), daß beim Erstarren eine feste Masse resultiert. **(D. R. P. 334 494.)** Nach einer Abänderung des Verfahrens setzt man den organischen Rohstoffen, die auch den Kläranlagen der Papier- und Pappenfabriken entstammen können, vor dem Erstarren Granit, Kaolin, Graphit oder andere zerkleinerte Gesteine zu. **(D. R. P. 339 286 u. 339 287.)**

Zur Herstellung hornartiger Massen behandelt man Nitrocellulose, erhalten aus Cellulose, mit 63% Schwefel-, 10% Salpetersäure und 27% Wasser mit Ätznatron und bringt das Produkt durch Zusatz von schwachen Säuren oder von Salzen zum Erhärten. **(D. R. P. 214 193.)**

Zur Gewinnung hornartiger Produkte verschmilzt man 1 Tl. Acetylcellulose und 1,5 Tl. Phenol bei 40—50° zu einer klaren Lösung, die man auf mäßig warme Glasplatten gegossen allmählich erkalten läßt. Die anfänglich kautschukartige Masse erhärtet nach einigen Tagen und bildet dann hornartige, wie Celluloid weiter verarbeitbare, biegsame Platten. **(D. R. P. 145 106.)** Nach dem Zusatzpatent arbeitet man bei Gegenwart eines Lösungsmittels mit ein- oder mehrwertigen Phenolen oder mit ihren im Kern substituierten Derivaten bei gewöhnlicher oder erhöhter Temperatur. **(D. R. P. 151 918.)**

Zur Herstellung einer hornartigen Masse preßt man nach **D. R. P. 152 111** ein inniges Gemenge von Acetylcellulose mit Chloralhydrat bei mäßiger Wärme (50—60°) unter starkem Druck.

Zur Herstellung von hornartigen Produkten verarbeitet man nach **D. R. P. 189 703** Acetylcellulose mit Chloralkoholaten.

Nach **F. P. 421 843** erhält man eine besonders zur Herstellung von Kämmen geeignete Masse aus einem Gemisch von Acetylcellulose, Äthantetrachlorid, Aceton (evtl. Alkohol), Campher, Acetanilid, Paraffin, Vaselin, verschiedenen Ölen, Schwefel und einer Lösung von Kautschuk in Dichloräthylen. Die Lösung wird auf Platten gegossen und das Lösungsmittel verdunstet.

In **Bayer. Kunst- u. Gew.-Bl. 1865, 278** wird vorgeschlagen, zur Herstellung von Ersatzprodukten für Knochen, Horn, Ebenholz, Elfenbein usw. die Masse zu verwenden, die man durch Einleiten von Chlorgas in eine Chloroformlösung von Kautschuk oder Guttapercha erhält. Die weiße knetbare Masse erhält dann die üblichen Füllmittel (Ton, Kalk, Austerschalen, Metalloxyd, Pulver u. dgl.) und wird in Formen gepreßt.

Eine völlig natürlichem Hirschhorn gleichende Masse erhält man durch 24stündiges Einlegen ganzer, geschälter, gesunder Kartoffeln in 19proz. Ätzlauge, folgendes Auswaschen bis zur völligen Neutralität und Trocknen. Weiße oder besser noch gelbe Rüben geben ein ähnliches Material (Korallignin), anwendbar zu Messerstielen, Regenschirm-, Stock- und Peitschengriffen oder in Form von roten Furnieren zum Überziehen von Dosen usw. **(Dingl. Journ. 183, 239.)**

Hornartige Massen, die Celluloid, gehärteten Kautschuk und ähnliche Massen ersetzen sollen, werden wie folgt hergestellt: Man zerreibt 100 kg trockene Bohnen und bedeckt sie während 8 Tagen mit einer 2proz. Essigsäurelösung, trocknet, zerreibt und siebt die Masse. Ferner löst man 5 kg Gelatine in 20 l warmem Wasser und 20 kg Harz in 10 l Terpentinöl, vereinigt diese beiden Lösungen in warmem Zustande, fügt eine kleine Menge eines antiseptischen Stoffes zu und verrührt das stärkemehlhaltige Pulver mit dieser Lösung. Man preßt in Formen und härtet in 8 Tagen mit Formaldehyd. **(D. R. P. 221 080.)**

Um Tierhäute zu härten und zugleich durchsichtig zu machen und sie so in ein Celluloid- oder Hornersatzprodukt umzuwandeln, erhitzt man die enthaarte, nicht gegerbte Haut nach **D. R. P. 92 362** während 1—10 Minuten in Öl, Vaselin oder Fett, preßt, trocknet, ebnet und poliert. Je nach der Behandlung gelangt man so zu Materialien, die nahezu durchsichtig und von verschiedener Härte sind, sie können, je nach der Behandlungsart, gestanzt, gefräßt oder sonst auf gleiche Weise wie Horn bearbeitet werden.

Über Darstellung horn- oder lederartiger Körper aus entgerbtem Lederabfall durch Behandlung in einer essigsauren Leimlösung und Härtung mit Formaldehyd siehe **Dän. P. 17 701.**

Zur Herstellung eines Ersatzmittels für Horn oder Hartkautschuk entwässert man Blut im Luftstrom bei höchstens 50°, worauf man die Masse chemisch oder thermisch koaguliert und die Masse in Formen preßt. Man kann auch ein Gemisch von Blut und Kalkmilch in heißem Wasser zur Koagulation bringen und diese Masse trocknen und Formen. **(E. P. 165 832.)**

Über täuschende, allerdings wenig beständige Imitationen von Hornknöpfen, Elfenbein-, Perlmutter-, Bernsteingegenständen usw. aus Leim oder gehärteter Gelatine siehe **D. Ind.-Ztg. 1874, 388.**

Über die Herstellung imitierter Hirschhornknöpfe (Teig aus Leim, sehr feingeriebenem Wiener Weiß, Kolophonium und Leinölfirnis) siehe **Dingl. Journ. 1877, 111.**

465. Badeschwamm und -ersatz.

Enspongia officinalis, der Badeschwamm, ist ein sehr niederes Tier oder eine Zellenanhäufung, bestehend aus einem durch ein festes Gerüst gebildetem Hohlraumsystem, das nach Austrocknung der Weichteile das stark poröse saugfähige Material des käuflichen Schwammes bildet. Im Inneren des lebenden Wesens gelangen im Verlaufe des Wachstums Kalk, Kieselsäure oder Horn-(Spongin-) stoffe zur Abscheidung, die zum Teil das Gerüst bilden, zum Teil als Fremdkörper seine Zwischenräume erfüllen und dann zur Gewinnung eines weichen Materials entfernt werden müssen. Praktisch kommt nur der Kalk als störende Substanz in Betracht, seine Beseitigung erfolgt in der Weise, daß man die rohen Badeschwämme einige Zeit in eine verdünnte warme Sodalösung, dann in 10proz. Salzsäure legt, bis keine Kohlensäureentwicklung mehr wahrzunehmen ist.

Zum Bleichen der Badeschwämme bedient man sich nach **C. Kreßler, Polyt. Zentr.-Bl. 1854, 640** und **1855, 317** einer schwach schwefelsauren Chlorkalklösung, in die man die mittels 2proz. verdünnter Salzsäure vom Kalk befreiten Schwämme einlegt. Nach einer halben Stunde spült man sie in Flußwasser, bringt sie noch einmal in dasselbe Bad, bleicht schließlich noch mit schwefliger Säure, spült, drückt die Schwämme aus und trocknet sie. Vgl. **Dingl. Journ. 162, 79.**

Oder man legt die durch Salzsäurebehandlung von den kalkhaltigen Verunreinigungen befreiten Badeschwämme, um sie zu bleichen, nach **R. Böttger, Polyt. Notizbl. 1859, 1,** etwa 24 Stunden in verdünnte Salzsäure ein, der man etwa 6% unterschwefligsaures Natron, gelöst in etwas Wasser, zusetzt. Die rein weiß gebleichten Schwämme werden schließlich sorgfältig mit Wasser ausgewaschen. Nach **Dingl. Journ. 197, 548** wird das Thiosulfat durch Bisulfit ersetzt.

In **Techn. Rundsch. 1907, 608** findet sich die Beschreibung eines einfachen Verfahrens zur Reinigung von Badeschwämmen: Man begießt den Schwamm auf einem Teller mit soviel Wasser, daß es aus dem vollgesogenen Schwamme eben abzufließen beginnt, bestreut ihn sodann mit 10—20 gr. gemahlener Pottasche und drückt nach etwa $^1/_2$ Stunde den Schwamm so oft zusammen, bis der gesamte Schleim in die Lösung übergegangen ist. Nach schließlich völligem Ausdrücken knetet man den Schwamm in reinem Wasser gut aus, bringt ihn während 5 Minuten in eine 3proz. Alaunlösung und erzielt so nicht nur völlige Reinigung, sondern auch eine gewisse Härtung und Festigung des Schwammgewebes. Es sei übrigens erwähnt, daß bei allen Reinigungsprozessen, denen man Badeschwämme unterwirft, heißes Wasser über 80° zu vermeiden ist, ebenso empfiehlt es sich, nicht Perborate oder Natriumsuperoxyd als Bleichmittel zu verwenden, da diese ihrer stark alkalischen Reaktion wegen die Schwammfaser leicht dunkel färben, wohl aber eignet sich auch eine Permanganatlösung zusammen mit 10proz. Salzsäure als Bleichbad für Schwämme. **(Photogr. Archiv 1873, 92.)**

Braune Flecken in Badeschwämmen entfernt man nach **Kunststoffe 1917, 182** dadurch, daß man die Schwämme längere Zeit in einer 2proz. wässerigen Lösung von Oxalsäure beläßt und nach dieser Behandlung mit Wasser gut nachwäscht.

Zur Herstellung von Schwammgarn kocht man die Schwammstücke zuerst wiederholt mit Sodalösung aus, spült und behandelt dann mit verdünnter Säure, wodurch das Gefüge mürbe gemacht wird und die kleinen Stückchen pflanzlichen oder tierischen Fasern zugesetzt werden können. Je nachdem ob man Scheuer-, Hand- oder Frottiertücher oder andere Gewebe erzeugen will, ist natürlich die Menge der mitverarbeiteten Schwammteile verschieden. **(D. R. P. 257 561).**

Als Ersatz für Badeschwämme dient der Luffaschwamm, das Fasergewebe der Luffa aegyptica und Luffa petola. Es wird von der faulenden Frucht abgezogen, geklopft, gewaschen, mit verdünnter Permanganatlösung oxydiert, und mit Natriumsulfit und Salzsäure gebleicht. Ebenso kann die Kopakfaser (Pflanzendaunen) zu Waschlappen, Badehandschuhen usw. verwebt werden. **(v. Unruh, Kunststoffe 1917, 181 u. 199.)**

Als vegetabilische Faser läßt sich Luffa nach **Techn. Rundsch. 1910, 179** ebenso wie Baumwolle mit schwefliger Säure oder mit Chlorkalklösung bleichen. Besonders intensiv wird die Bleichung, wenn man der Chlorkalklösung Essig- oder Salzsäure zusetzt, doch empfiehlt es sich, die Einwirkung lieber etwas länger dauern zu lassen und mit verdünnten Lösungen zu arbeiten, da das Material sonst leicht brüchig wird.

Die Herstellung eines Luffaersatzes ist durch die Verwendung von geflochtenen oder gewebten Stoffen aus Stroh-, Binsen- oder Holzfasern mit oder ohne Einlage von Papiergarn gekennzeichnet. **(D. R. P. 311 243.)**

Einen Schwammersatz, der sich wie Naturschwamm mit Wasser vollsaugt und ebenso auch ausgedrückt werden kann, erhält man durch Imprägnierung halbtrockener, in einem Reißwolf zerrissener Blätter und Stengel verschiedener Torfmoose (insbesondere Sphagnum cimbifolium) mit Kalkmilch und folgende Behandlung mit einer schwachen Essigsäurelösung bis zur Neutralisation des Calciumhydroxydüberschusses. Die dergestalt dauernd gegerbten Zellwände geben dem Material eine Elastizität, die jene des Naturschwammes übertrifft. **(D. R. P. 315 185.)**

Zur Herstellung von Papierschwämmen, die sehr billig, geruchlos und unveränderlich sein sollen, behandelt man den Papierteig nach **Wochenbl. f. Papierfabr. 1912, 4419** mit Zinkchlorid, versetzt den schleimigen Brei mit Kochsalz und spült die Masse nachträglich sorgfältig mit Alkohol aus, wobei sich ein schwammähnliches poriges Produkt bildet, das in beliebige Formen gebracht werden kann.

Zur Herstellung von Kautschukschwämmen wird eine dicke Lösung von Kautschuk in Benzol, Chloroform oder Schwefelkohlenstoff in einem Blechgefäß langsam über den Siedepunkt des Lösungsmittels erwärmt. Dabei verdampft ein Teil des Lösungsmittels, durch die immer zäher und dickflüssiger werdende Masse bahnen sich die Dampfblasen einen Weg und es entsteht ein feinporiger Schwamm. Die fertigen Schwämme werden durch Eintauchen in eine Lösung von Chlorschwefel vulkanisiert. Vgl. **Bd. III [29]**.

Nach einer anderen Vorschrift werden Kautschukschwämme durch Vulkanisieren eines verkneteten Gemenges von Paragummi, Alaun, wolframsaurem Natron, Borax, Campher, Ruß und kohlensaurem Ammoniak oder Salmiak hergestellt, wobei das entweichende Ammonsalz die Porosität der Masse erzeugt. **(v. Unruh, Kunststoffe 1917, 181 u. 199.)**

Über Herstellung eines Schwammersatzmittels aus dem Einwirkungsprodukt konzentrierter Chlorzink- oder Chloraluminiumlösung auf Cellulose unter Zusatz wasserfreier Alkalihaloide siehe **D. R. P. 103 990.**

An Stelle der konzentrierten Lösung eines Cellulosederivates verarbeitet man durch vorangegangene Behandlung mit Alkalilösungen und Erwärmung plastisch gemachtes Casein oder einen ähnlichen Eiweißkörper im Gemenge mit Fasern und leicht löslichen Körpern, worauf man das Gemisch mit einem das Eiweiß unlöslich machenden Stoff, wie Formaldehydlösung, behandelt und die leicht löslichen Körper auslaugt. **(Ö. P. Anm. 4399/1914.)**

466. Perlen und Perlmutter (Conchyliengehäuse).

Hessling, Perlmutter und Perlen, Leipzig 1859 und die Werke von Möbius, Hamburg 1858 und Martens, Berlin 1874. — Carl, S., Die Flußperlmuschel und ihre Perlen, Karlsruhe 1910.

Über die Entstehung der Perle berichtet **J. Meisenheimer** in **Naturwissensch. Wochenschr. 1905**, vgl. **F. Küchenmeister, Archiv Anat. Physiol. 1856** und **W. Hein, Fischereiztg. 1911, Nr. 8.**

Die wichtigsten Perlmuschelarten, Margaritana margaritifera und vulgaris, gedeihen an den Küsten tropischer Meere, doch liefern zuweilen auch Austern und Süßwassermuscheln schöne Stücke. Die Perle ist eine Finne der Bandwurmart Tetrarhynchus uniorifactor; als Zwischenwirt fungiert eine Rochenart.

Untersuchungen von **A. Rubell** und **W. Hein (1911)** ergaben, daß überwiegend häufiger als die eingedrungenen Larven von Saug- und Bandwürmern, mikroskopisch kleine, durch den Stoffwechsel der Muschel gebildete Körnchen als Perlkern auftreten können. Die Perlenbildung wäre demnach als Reaktionswirkung der Muschel gegenüber eingedrungenen Fremdkörpern aufzufassen, die eingekapselt und so unschädlich gemacht werden. Man bringt die Perlen auch in Verbindung mit den Kalkabsonderungen der höheren Tiere (Darm-, Gallen- und Nierensteine) und vergleicht sie mit den sog. vegetabilischen Perlen, die sich als Kieselsäureablagerungen zuweilen in Kokosnüssen bilden.

Nach **A. P. 988 889** werden die Perlaustern zu erhöhter Produktion von Perlmutter veranlaßt, wenn man in ihre Mäntel Quecksilber einführt und sie weiter wachsen läßt.

Die natürliche Perle enthält durchschnittlich 92,5% kohlensauren Kalk, während der Rest auf 100 aus Conchyolin und etwas Wasser besteht.

Um den Perlkern liegen konzentrisch gelagert Kugelschalen aus organischer Substanz (Conchyolin) abwechselnd mit senkrecht auf ihnen stehenden Schichten primatischer Kalkabsonderungen; nach außen begrenzen die Perle konzentrisch gestreifte Perlmutterschichten. In richtiger Kombination dieser dünnen Außenschichten entsteht dann die eigenartige Vereinigung von Farbe, Glanz und Schmelz, die man als Lüster oder Wasser bezeichnet und besonders hoch einschätzt wenn sie mit reiner Weiße oder Farbtönen von gelb über rot, braun, blau bis schwarz auftritt.

Das „Sterben der Perlen", das ist das allmähliche Vergehen ihres Glanzes, läßt sich nicht verhindern, weil man die Ursache dieses Zersetzungsvorganges nicht kennt. Doch wird empfohlen, die veränderten glanzlosen Perlen in Meerwasser zu legen, um sie so evtl. wieder mit Stoffen zu imprägnieren, die ihnen durch die lange Trockenheit entzogen worden sind. Nach **E. Beutel** ist das Sterben der Perlen teils der Abnutzung der Oberfläche, teils dem Verstopfen der mikroskopischen Oberflächenporen durch Hautsekrete zuzuschreiben und man kann in der Tat die Perlen durch Entfetten wenigstens teilweise wieder in ihrer Schönheit regenerieren, während das Abschleifen den Schaden nur vergrößert. (**E. Beutel, Österr. Chem.-Ztg. 17, 240.**) Vgl. **Techn. Rundsch. 1907, 503.**

Zum Vorpolieren von Perlmutter verwendet man nach **Techn. Rundsch. 1911, 51** fein geschlämmtes Bimssteinpulver und zum Feinpolieren fein geschlämmte Zinnasche. Bei größeren Knöpfen arbeitet man auf rotierenden Tuchscheiben, die mit dem Poliermittel bestreut sind, während kleinere Massenartikel unter Beigabe von Lederabfällen im Rollfaß poliert werden.

Zum Bleichen von Perlmutterknöpfen bedient man sich am besten einer durch Zusatz von Salmiakgeist schwach alkalisch gemachten Wasserstoffsuperoxydlösung, die man jedoch, um ein gleichmäßiges Eindringen der Bleichflüssigkeit zu bewirken, unter höherem Druck in einem Autoklaven auf die Knöpfe einwirken läßt. Die durch natürliche Farbstoffe bewirkte Färbung wird auf diese Weise zerstört. Zum Bleichen von Goldfischperlmutterknöpfen kocht man das Material mit Sodalösung aus und behandelt dann mit Wasserstoffsuperoxyd. (**D. R. P. 201 914.**)

Nach **D. R. P. 147 861** stellt man aus Perlmutterblättchen eine für Zwecke der Lackfabrikation verwendbare Masse dadurch her, daß man die Abfälle zuerst mit verdünnter Salzsäure kocht, sie dann erhitzt, ohne jedoch die Temperatur bis zum Verbrennen der organischen Substanz zu steigern und die Masse sodann mechanisch zwischen Walzen zerkleinert, wodurch sie sich in einzelne dünne Schalen und Lamellen spaltet.

Zur Herstellung von Brokatfarben für Tapetendruck u. dgl. werden Conchyliengehäuse nach **D. R. P. 194 179** längere Zeit mit heißen alkalischen Lösungen evtl. unter Druck (3—4 Atm.) behandelt, um die organische Substanz von den Kalksalzen zu trennen. Das Kalksalzskelett farbiger Muschelgehäuse zerfällt so in sehr zarte gefärbte Lamellen, die man, mit einem geeigneten Bindemittel vermischt, aufträgt.

467. Perlen und Perlmutter färben. Muschelmalerei.

Um natürliche Perlen zu färben, besonders um die Flecken mißfarbiger Perlen zu überdecken, verwendete man seit jeher Silbernitratlösung oder neuerdings auch außer Methylenblau eine große Zahl anderer Farbstoffe und schließlich kann man auch durch Erhitzen der Perlen am besten in dem in der Temperatur genau kontrollierbaren elektrischen Ofen dunklere Färbung bewirken. Bunt färbt man wohl nur Perlmutter. (**E. Beutel, Österr. Chem.-Ztg. 17, 240.**)

Über das Färben der Perlmutter siehe auch die Literaturangaben bei Horn, Elfenbein, Knochen, Holz, Steinen.

Von dem eigentlichen Färben der Perlmutter ist zu empfehlen Farbstoff und Methode stets erst auf wertlosen Stücken zu erproben. Von allen Perlmutterarten hat nach **E. Beutel** die Marke Goldfisch die schönsten Färbungen gegeben. Zum Vorbeizen löst man 40 g Natriumaluminat in Wasser auf, erwärmt die Mischung auf 70°, legt die mit Benzin entfetteten Perlmutterwaren ein und hält 1 Stunde lang heiß, dann läßt man die Stücke noch 1—3 Tage in der Flüssigkeit, lüftet sie einige Stunden und spült mit Wasser ab. Gefärbt wird am besten in kalten oder 50° warmen Bädern, da der Farbstoff den Perlmutterglanz nicht verdecken darf und sich nur zwischen und unter den Blättern in den feinen Rissen und Spalten ablagern soll, in wässeriger oder alkoholischer Lösung oder mit gefärbten durchsichtigen Lacken. Als Farbstoffe dienen Safranin-, Methylenblau- und Flavophosphinmarken (Rot, Blau, Gelb), aus denen sich alle Mischfarben erzeugen lassen. Zur Herstellung der Farbflotte werden 5 g des Farbstoffes mit Wasser angerieben und mit 1 l einer Mischung von 9 Tl. Wasser und 1 Tl. Spiritus übergossen, worauf man etwas Ammoniak zusetzt. Die zu färbenden Stücke werden je nach Beschaffenheit 1—5 Tage in die Flotte gelegt, sodann getrocknet, gespült und mit feinst geschlämmtem Wienerkalk poliert. Wünscht man dunkle Töne zu erzeugen, so wendet man vor dem Färben die Dunkelbeize an, die aus einer Lösung von 20 g Höllenstein in 1 l Wasser, versetzt mit Salmiakgeist, besteht. In diese Beize legt man die Stücke einige Tage, je nach der gewünschten Tiefe des Tones. (**N. Erf. u. Erf. 42, 97.**)

Um Perlmutter schwarz zu färben löst man feuchtes Chlorsilber in Salmiakgeist, und zwar auf die Art, daß etwas Chlorsilber ungelöst zurückbleibt, wodurch eine konzentrierte Lösung erhalten wird. In diese Lösung werden die weißen Perlmuttergegenstände eingelegt und 24 bis 60 Stunden in der Lösung liegen gelassen. Nach dieser Zeit werden sie herausgenommen und, auf Löschpapier liegend, den direkten Sonnenstrahlen ausgesetzt. Nach mehreren Tagen ist die schwärzlichgraue Färbung vollendet, die das natürliche Farbenspiel zeigt und sich beim Nachpolieren mit Kreide, Wiener Kalk usw. nicht verändert. Zur Färbung müssen besonders solche Stücke ausgewählt werden, die ein schönes Farbenspiel zeigen. (**Polyt. Zentrh. 1854, 409.**)

Die Färbung kann durch eine Pyrogallollösung verstärkt werden, zur Erzielung des „Naturschwarz" behandelt man den feuchten Gegenstand noch mit Schwefelwasserstoff. Eine ähnliche, auch nicht rein schwarze, sondern mehr schiefergraue Färbung erzielt man durch Einlegen der Perlmutter in eine Lösung von Kupferoxyd in Ammoniak und nachträgliche Behandlung mit Schwefelammonium oder Schwefelwasserstoffgas. Vgl. **Karmarsch** in **Dingl. Journ. 133, 142.** Hervorhebenswert ist, daß die Färbung in offenem Gefäße leichter erfolgt als im geschlossenen, auch scheint es, als würden manche Perlmutterarten sich überhaupt nur schwer anfärben lassen. Die Politur der Ware soll bei diesem Verfahren nicht leiden.

Braune Färbungen erhält man mit Jodtinktur in Spiritus. Blau: 5 g Indigocarmin in 100 ccm kochendem Wasser. Grün: Durch Überdeckung der blauen Indigocarminfärbung mit Pikrinsäuregelb. Ein billiges Braun: Kalte oder warme Permanganatlösung; kalt gefärbt wird die Perlmutter glänzender. Zum Färben der Perlmutter mit basischen Farbstoffen, die schneller aufziehen und sich schneller mit den anorganischen Bestandteilen der Perlmutter verbinden als die Säurefarbstoffe, die zuerst die organische Substanz anfärben, wird empfohlen, 1—3% Farbstoff in schwach essigsaurem 50—60° warmem Wasser zu lösen und den Gegenstand so lange im Bade zu belassen bis die gewünschte Nuance erreicht ist. Im Original ist eine Anzahl basischer Farbstoffe der verschiedenen Firmen angeführt, die sich für diesen Zweck eignen. Chrysoidin und Vesuvin ziehen sehr schnell auf, mit Viktoriablau, Rhodamin, Indoinblau BB, Rubin, Brillantgrün färbt man rasch unter Zusatz von 2% Alaun. Ebenso kann die Perlmutter auch mit sauren Farbstoffen gefärbt werden, die man zunächst mit Essigsäure anteigt und sie sodann in warmem Wasser löst. Häufig beschleunigt in diesem Falle eine Zugabe von Oxalsäure (2—3 g pro Liter der Flotte) das Aufziehen. Von sauren Farbstoffen eignen sich z. B. Säuregrün, Säurefuchsin, verschiedene Säureviolettmarken, Wasserblau, Echtrot, Mandarin, Echtgelb, Echtblau usw. **(B. Setlik, Färberztg. 1903, 381.)**

Zur Herstellung künstlicher Perlen und Edelsteine überzieht man das Innere der Perlen oder die Rückseite der Steine mit einem phosphorescierenden Stoff und erhält so Juwelen, die im Zwielicht die Farbe ändern und im Dunklen leuchten. **(D. R. P. 350 963.)**

Zur Ausführung von Muschelmalerei wird die gut gereinigte Schale nach **Techn. Rundsch. 1908, 394** zunächst mit einem dünnen Asphaltlack oder mit einem mit Wachs versetzten Öllack überstrichen, worauf man die Muster in diese Deckschicht einkratzt und sodann ätzt. Man kann aber auch zur Erzielung anderer Effekte mit derselben Deckmasse mittels eines Pinsels schreiben und die Umgebung der Muster oder Schriftzüge wegätzen. Zum Ätzen wird am besten ein aus Salzsäure und Roggenmehl oder Holzstaub zubereiteter Brei aufgelegt oder man taucht die Muschel mit der beschriebenen Seite in Salzsäure, wobei man durch Erfahrung bald feststellt, wie lange man die Säure einwirken lassen muß, um die Schrift hell auf dunklem Grunde oder umgekehrt zu erhalten. Schließlich wird die Muschel abgewaschen und zur Erzielung eines emailartigen Glanzes mit der bloßen Hand poliert.

468. Perlen- und Perlmutterersatz. Künstliche Korallen. Fischaugenverarbeitung.

Wobeser, V., Anleitung zur Brillantperlmuttermalerei und Perlmutterimitation. Leipzig 1887. Siehe auch die Literaturangaben bei Horn, Knochen, Kunstmassen usw.

Über die Fabrikation künstlicher Perlen siehe die ausführlichen Mitteilungen im **Bayer. Kunst- u. Gew.-Bl. 1861, 226.**

Eine eingehende Beschreibung der Fabrikation künstlicher Perlmutter und künstlichen Marmors aus Leim von **E. Fleck** findet sich in **Dingl. Journ. 231, 532.**

Über Perlmutterersatzstoffe und Perlmutternachahmungen, also in letzterem Falle Effekte, die man auf den verschiedenartigsten Materialien erzeugen kann, siehe die Literatur- und Patentzusammenstellung von **A. v. Unruh, Kunststoffe 8, 49, 65, 74, 136 ff.**

Eine zusammenfassende Beschreibung der Methoden über Erzeugung von Perlmutternachahmungen mit Hilfe farbenschillernder Überzüge auf Glas oder Porzellan bringt **O. W. Parkert** in **Kunststoffe 10, 129.**

Über Herstellung künstlicher Perlen aus konzentrierten Lösungen von arabischem Gummi, Dextrin, Kollodium, Eiweiß, Gelatine, verschiedenen Firnissen, Wasserglaslösung usw., und deren Verwendung zum Verzieren von Zeugen und Papier, siehe **Dingl. Journ. 189, 36.**

Nach einem eigenartigen Verfahren vermischt man zur Herstellung künstlicher Perlen 1 Tl. Gelatine gelöst in 3 Tl. Wasser mit einer Lösung von 1 Tl. Blauholzextrakt in 5 Tl. Wasser, wäscht den erhaltenen voluminösen Niederschlag nach dem Dekantieren aus, trocknet ihn und erhitzt 1 Tl. der Verbindung mit 3 Tl. Wasser, worauf man der Lösung noch 8 Tl. der obigen Gelatinelösung zusetzt. Man dampft nun soweit ein, bis sich auf der Oberfläche ein Häutchen bildet, taucht Fäden in die halbflüssige Masse und rotiert sie zwischen den Fingern, so daß die anhaftende Masse sich in Perlenform anhängt. Um diese Perlen wasserunlöslich zu machen, taucht man sie in eine 33 proz. wässerige Bichromatlösung. **(Rousseau, Leipz. Färberztg. 1883, 230.)**

Oder: Gleiche Teile wasserhelle Gelatine oder guter Kölner Leim und starker Essig, sowie ein Viertel Alkohol und ein wenig Alaun werden im Wasserbade aufgelöst. Der Essigzusatz bedingt, daß dieser Leim auch im kalten Zustande flüssig bleibt. Er ist unbegrenzt lange Zeit brauchbar und vorzugsweise geeignet zum Ankleben von kleinen Gegenständen, wie bei der Darstellung falscher Perlen, zum Festkitten von Perlmutter, Horn usw. auf Holz und Metall. **(Polyt. Zentr.-Bl. 1857, 77.)**

Die Fabrikation von Perlmutterimitationen aus Gelatine oder Leim ist eingehend geschildert von **E. Fleck in Dingl. Journ. 231, 532.** Vgl. **F. P. 427 810**: Künstliche Perlen aus unlöslich gemachter Gelatine.

Nach **F. P. 426 412** werden zur Herstellung von Kunstperlen Gelatineröhrchen mit einem Kollodiumlack überzogen, um sie undurchlässig zu machen; man versilbert hierauf bei Gegenwart von Seignettesalz, färbt und zerschneidet die Röhrchen zu Perlen.

Die Anfertigung der früher viel verwendeten sog. türkischen Perlen als Bestandteile von Kolliers und ähnlichen Schmuckstücken aus gepulvertem Catechu, Rosenwasser, Moschus, Veilchenwurzel, Ruß, Bergamotte- und Lavendelöl mit Leim oder Hausenblase als Bindemittel ist in **Dingl. Journ. 123, 475** beschrieben.

Künstliche Perlen aus Gelatine, Leim oder ähnlichen Materialien können mit folgenden Teerfarbstoffen gefärbt werden: Cyanol FF, Brillant-Ponceau G, GG, R und 4 R, Säuregrün extra konz., Säuregelb AT, Nerazin G. Die Farbstofflösung wird einfach der Masse während der Herstellung unter Umrühren zugesetzt.

Zur Herstellung künstlicher Perlmutter überzieht man einen passenden Gegenstand nach **Ch. Sticht** mit einem Gemenge von Kalksalzen, einem oder mehreren Metallsalzen (Silber, Eisen, Kupfer, Blei) und Hausenblase oder Gelatine und setzt die Gegenstände der Einwirkung eines Schwefelwasserstoffstromes aus. Es bildet sich so durch die Entstehung verschieden gefärbter, verschieden dicker Metallsalzlamellen der regenbogenfarbige Schimmer der Perlmutter, der nach dem Verfasser auch bei dem natürlichen Produkt auf diese Weise und nicht ausschließlich durch Lichtinterferenz entstehen soll. **(D. Ind.-Ztg. 1867, 166.)**

Das eigenartige Irisieren der Oberfläche echter Perlen ist eine Erscheinung, die ähnlich wie bei den Rohlandschen Gittern auf Beugungserscheinungen des Lichtes zurückzuführen ist. Die Imitation dieses Iriseffektes war bisher darum nicht möglich, weil die gekrümmte Oberfläche der Perlen nicht ein einziges Gittersystem darstellt, sondern eine Vielheit, so daß je nach der Haltung der Perle an stets neuen Stellen zahlreiche mikroskopische Regenbogen auftreten. Man kann nun nach **R. E. Liesegang** solche Gitter durch einen physikalisch-chemischen Prozeß erzielen, dem der grundlegende Versuch der Einwirkung eines Tropfens Trinatriumphosphatlösung auf eine noch nicht vollkommen trockenen Gelatineschicht zugrunde liegt. Es tritt Schrumpfung der Gelatineoberfläche ein, die dann nach dem Trocknen beständige Irisation zeigen. In **Sprechsaal 47, 423** und **48, 2** beschreibt Verfasser in welcher Art die Anbringung der irisierenden Schicht auf einer künstlichen Glasperle auszuführen wäre. Man löst z. B. reinste Gelatine durch Erwärmung in Wasser zu 10proz. Lösung, die Glasperlen werden einen Augenblick in die Lösung getaucht und in noch feuchtem Zustande auf eine mit einer Mischung von 20 ccm gelöster 10proz. Gelatine und 5 ccm Trinatriumphosphat überzogene Glasplatte gelegt. Das Phosphat diffundiert in die Gallertschicht, welche die Perle umhüllt und erzeugt die Iriseffekte. Nach einer anderen Methode wird die an einem Faden hängende Perle in eine Gelatinelösung getaucht und dann noch feucht in eine 10proz. Phosphatlösung gehängt. **(Liesegang, Z. f. Kolloide 12, 181.)**

Nach einer Notiz in **Chem.-Ztg. 1922, 787** übergießt man eine Calciumsalz enthaltende Gelatinetafel zur täuschenden Nachahmung von Perlmutter mit einer wässerigen Lösung von Soda und Salpeter, so daß sich eine netzförmige Schicht bildet, die optisch alle Eigenschaften der Perlmutter zeigt.

Über Herstellung eines Perlmutterersatzes aus Celluloidmasse und Perlmuttersplittern siehe **D. R. P. 32 874.**

Die Herstellung von Hohlkörpern durch Zusammenpressen zweier Celluloidfolien an den Rändern, Aufblasen des Systems und Abschneiden der flanschartigen Ränder ist in **D. R. P. 86 631** beschrieben.

Zur Herstellung sehr kleiner Hohlkörper aus Kollodium oder kollodiumartigen Massen wird das Kollodium in einer Schicht von passender Dicke auf zu Platten ausgewalzte oder gegossene Substratmasse beiderseitig aufgetragen und das Ganze in passende Stücke geschnitten. Man erhitzt diese Stückchen frei über einer schwachen Wärmequelle, wodurch die beiden Kollodiumschichten aufgeblasen werden, und sich teilweise von dem skelettartig sich erweiternden Träger trennen. Man setzt die Erwärmung fort, bis ein leichter Knall anzeigt, daß der Kollodiumkörper an einer Stelle geplatzt und so ein Ausgleich des inneren und äußeren Druckes erzielt ist. **(D. R. P. 150 671.)**

Nach **D. R. P. 258 370** gewinnt man künstliche Perlmutter durch Übereinanderschichten einer Lösung von Nitrocellulose in Alkohol und Äther, der man ein Gemenge von Amylacetat und wässeriger Alkalisilicatlösung zugibt, mit einer zweiten Schicht eines bei 60° zu einer Gallerte schmelzenden Alkalisilicats, das man durch Zusammenschmelzen von Quarz, Kalk und Ätznatron gewinnt. Der durch Lösen dieser Schmelze unter Druck in heißem Wasser erhaltenen Silicatlösung wird eine ammoniakalische Caseinlösung zugesetzt. Die Schichten müssen sehr dünn gehalten sein, vor allem darf die Dicke der Kolloidschicht nicht mehr wie $^1/_{10}$ der Silicatschicht betragen.

Über Herstellung von Perlmutterglanz auf Knöpfen, Schmuckgegenständen, Möbeleinlagen usw. durch Schaffung einer irisierenden Unterlage unter einer transparenten Relieffolie siehe **D. R. P. 268 570.**

Zur Herstellung künstlicher Perlen überzieht man eine Druckmasse mit einer irisierenden Nitrocelluloseschicht und lagert auf diese einen widerstandsfähigen Schutzüberzug z. B. aus in Tetrachlorkohlenstoff gelöster Acetylcellulose. **(D. R. P. 330 351.)**

Wachsperlen erhalten nach **D. R. P. 76 622** dauernden, intensiven Glanz, wenn man sie mit einer glycerinhaltigen Fischschuppenessenz ausbläst.

Nach **Techn. Rundsch. 1910, 23** kann man zur Herstellung künstlicher Perlen kleine gläserne Hohlkugeln mit einer Lösung ausschwenken, die man dadurch erhält, daß man 100 g feinster, während 12 Stunden in Wasser gequellter Gelatine nach Entfernung des Wassers vorsichtig schmilzt, der klaren Masse soviel warmes Wasser zufügt, daß eine rasch abgekühlte Probe eben noch erstarrt und nunmehr soviel Perlenessenz **(Bd. III [197])** zusetzt, daß eine auf das Glas erhärtete Probe das Aussehen der Perlensubstanz zeigt. Schließlich füllt man nach dem Trocknen der in das Innere der Kugeln eingeführten Masse den Hohlraum mit geschmolzenem Wachs aus.

Über Herstellung von Perlen und Knöpfen aus Feldspat (Straßmassen) oder aus Feldspat und etwas phosphorsaurem Kalk (Achatmassen), den nötigen färbenden Metalloxyden und schließlich Milch als Anteigematerial siehe **O. Parkert, Sprechsaal 1911, 470.**

Zur Herstellung künstlicher Perlen vermengt man nach **Antholne und Genoud, D. Ind.-Ztg. 1867, 118** das durch Lösen von Platin und Aluminium in Königswasser nach dem Eindampfen zur Trockne erhaltene Doppelsalz mit verschiedenen Fritten, stellt aus dieser Masse zuerst Stäbchen und dann perlenförmige Kugeln her, ätzt sie in sehr verdünnter Fluorwasserstoffsäure, damit sie eine matte Oberfläche erhalten, und brennt dann zur Herstellung des irisierenden Schimmers in der reduzierenden Flamme ein.

Über die Herstellung irisierender hohler oder voller Emailperlen durch Erhitzen in einer Atmosphäre von Titanchloriddämpfen siehe **F. P. 455 064** und **Zusatz 17 326.**

Über künstliche Korallen aus Alabaster und das Färben der Stücke mit Cochenille-Zinnlack siehe **D. Ind.-Ztg. 1870, Nr. 4.**

Zur Herstellung künstlicher Korallen und Perlen verschmilzt man nach **F. Daum, Seifens.-Ztg. 1912, 1045** 3 Tl. weißen Schellack, 1 Tl. venezianischen Terpentin und etwas Wachs auf dem Wasserbade, verknetet die Schmelze mit Gips, färbt mit Erd- oder Teerfarben, zieht ein oder mehrere Male Fäden durch die warme Masse, läßt jedesmal erkalten, kerbt den erhaltenen Stab korallenartig ein und dreht die einzelnen Perlen auf der Drehbank ab.

Nach **Edelmet.-Ind. 1912, 65** kann man gekochte, von ihren Häuten befreite Fischaugen durch Schleifen als sehr wirkungsvolle, allerdings wenig haltbare Schmucksteinimitationen verwenden. Die glasartige Linse des Fischauges läßt sich außerdem, wenn man während des Auskochens geeignete Teerfarbstoffe zusetzt, entsprechend färben.

Nach **E. P. 152 914** kocht man die Linsen der Fischaugen in Wasser gar, entfernt die weiße Schicht mittels verdünnter Natronlauge und färbt die durchsichtigen festen Körper oder trübt sie durch Behandlung mit Metallsalzen ($PbSO_4$, $BaSO_4$), worauf man die Stücke poliert und mit Paraffin überzieht.

Celluloid.

469. Literatur, Geschichte, Statistik, Rohstoffe (Cellulose, Nitrocellulose, Alkohol).

Böckmann, F., Das Celluloid. Wien und Leipzig 1906. — Feitler, S., Das Celluloid und seine Ersatzstoffe. Wien 1912. — Andés, L. E., Das Celluloid und seine Verarbeitung. Wien 1907. — Masselon, Roberts und Cillard, Das Celluloid, seine Fabrikation, Verwendung und Ersatzprodukte. Übersetzt, bearbeitet und erweitert von G. Bonwitt. Berlin 1912. Besonders wichtig wird dieses Buch dadurch, daß Bonwitt auch die Anwendung des Celluloids in der Photographie, in der Fabrikation von Kino- und anderen Films, zur Herstellung von Lacken, Dauerwäsche und Kunstmassen (besonders Grammophonplatten und Phonographenwalzen) in zusammenhängenden Aufsätzen beschreibt. — Margosches, B. M., Einiges über das Celluloid usw. Dresden 1906. — Piest, C., E. Stich und W. Vieweg, Das Celluloid, Beschreibung seiner Herstellung, Verarbeitung und seiner Ersatzstoffe. Halle a. S. 1913. — Ertel, Josef, Die volkswirtschaftliche Bedeutung der technischen Entwicklung der Celluloidindustrie. Leipzig 1909.

Über die Chemie des Celluloids und der zu seiner Herstellung benützten Rohmaterialien siehe die Artikelfolge von Utz in **Cell.-Ind., Beil. z. Gummiztg. 1912,** beginnend **S. 48 ff** bis **81;** ferner **ebd. 34, 211 ff.** und **35, 93.** Unter eingehender Berücksichtigung der Patentliteratur bespricht der Verfasser zunächst die Materialien, dann die Bereitung der Cellulose und ihrer Ersatzprodukte zum Zwecke der Celluloiddarstellung, ferner in etwas weitgehender Weise auch die Herstellung der Salpeter- und Schwefelsäure, dann die Nitrierung der Cellulose und die verschiedenen celluloidartigen Massen.

Siehe auch das Referat über einen Vortrag von **G. Bonwitt:** „Aus dem Gebiete der Kunststoffe", **Kunststoffe 1913, 377.**

Kolloidchemische Probleme der Celluloidchemie erörtert **H. Schwarz** in **Kunststoffe 1914, 308, Koll.-chem. Beihefte.**

Ein Referat über die neueren Patente zur Herstellung von Celluloid und Acetylcellulose sowie celluloidähnlicher Massen von **Utz** findet sich in **Gummiztg. 33, 619.** Vgl. den Überblick über die 1918 erschienenen wissenschaftlich-technischen Arbeiten **ebd. S. 879.**

Die Lage der Celluloidindustrie während des Krieges wird in **Kunststoffe 5, 85** erörtert.

Über die Celluloid- und Natroncelluloseindustrie der Vereinigten Staaten siehe **Zeitschr. f. angew. Chem. 1915, III, 338.**

Die Nomenklatur des Celluloids bespricht **G. Bonwitt** in **Chem. Ind. 36, 630.**

Über die Fabrikation des Celluloids siehe den zusammenfassenden Artikel in **Chem. Ind. 38, 98;** ferner **E. Stich in Techn. Rundsch. 1912, 49** und **Kunststoffe 1911, 261 ff.** Vgl. **E. Beutinger, ebd. S. 10.**

Über Einrichtung, Maschinen und Werkzeuge für Celluloidwarenfabriken siehe das Referat in **Kunststoffe 1916, 48, 95, 184** u. **232** über eine Arbeit von **A. Jaeckel** in „**Die Celluloidindustrie**".

Über Herstellung der Nitrocellulose und ihre Verarbeitung auf Celluloid in ein und demselben Betrieb siehe **Gummiztg. 34, 911.**

Der Hauptbestandteil des 1864 von **Parkes** erstmalig erzeugten Parkesits (Surrogat für Elfenbein, Knochen, Horn, Schildpatt usw.) war Schießbaumwolle, in einer Mischung von Alkohol und Äther gelöst und nach Zusatz von mineralischen Substanzen und Campher in feste Form gebracht, das erste Celluloid, in dem der Campher von den Untersuchern jedoch als unwesentlicher Bestandteil angesehen wurde. Vgl. die Mitteilungen über das ähnliche Xylonith in **Polyt. Zentr.-Bl. 1871, 789** und **ebd. 1869, 207.**

Infolge seines hohen Preises wurde aber die Fabrikation des Parkesits bald wieder aufgegeben. Im Jahre 1869 gelang es den Gebrüdern **Hyatt**, Buchdrucker in Newark (V. St. A.) bei Versuchen zur Herstellung einer für Buckdruckwalzen geeigneten Masse ein Verfahren aufzufinden, nach dem das Celluloid im großen und ganzen heute noch dargestellt wird. Der Einführung des Celluloids in die Technik standen aber große Schwierigkeiten entgegen. 1877 bestand in Nordamerika nur die eine Fabrik in Newark. Die erste Fabrik in Europa, die kurz darauf eine Filiale in Mannheim errichtete, wurde zu Stains bei St. Denis gegründet. In Deutschland, das vor dem Kriege am meisten Celluloid produzierte, wurde die erste Rohcelluloidfabrik im Jahre 1880 erbaut. Seitdem entstanden zahlreiche Fabriken sowohl in Europa wie auch in Amerika, in neuerer Zeit auch in Japan, das infolge des ihm zu billigem Preise zur Verfügung stehenden Camphers und gestützt auf seine billigen Arbeitskräfte starke Konkurrenz macht.

Über **John Wesley Hyatt,** den Erfinder des Celluloids und die durch ihn genommenen Patente siehe die biographischen Notizen von **Boerner** in **Kunststoffe 1914, 171;** vgl. auch **Kunststoffe 1914, 275** u. **282** und **v. d. Kerkhoff, Zeitschr. f. angew. Chem. 27, 383.**

Die deutsche Ein- und Ausfuhr betrug von

Celluloid (Zellhorn):							
Einfuhr	1912:	528 t	Wert	2 374 000 M.,	1913:	610 t	Wert 2 744 000 M.
Ausfuhr	1912:	2635 t	„	10 629 000 „	1913:	2855 t	„ 11 487 000 „
Kämme, Knöpfe usw., ganz oder teilweise aus Celluloid (Zellhorn):							
Einfuhr	1912:	59 t	Wert	470 000 M.,	1913:	86 t	Wert 687 000 M.
Ausfuhr	1912:	1815 t	„	13 779 000 „	1913:	2765 t	„ 21 765 000 „
Films aus Celluloid (Zellhorn) oder ähnlichen Formmassen:							
Einfuhr	1912:	239 t	Wert	17 925 000 M.,	1913:	250 t	Wert 18 735 000 M.
Ausfuhr	1912:	147 t	„	7 532 000 „	1913:	280 t	„ 14 933 000 „

Deutschl. Celluloid 1/2 1914 E.: 3602; A.: 13 549 dz.
Deutschl. Celluloidfilms 1/2 1914 E.: 1395; A.: 1392 dz.
Deutschl. Celluloidknöpfe, -kämme 1/2 1914 E.: 519; A.: 14 317 dz.

Celluloid ist eine Lösung von Nitrocellulose in Campher. Man nitriert Papier, Baumwolle, Leinen, Hanf usw. mit einem Gemisch konzentrierter Schwefel- und Salpetersäure, wäscht aus, führt das Nitroprodukt mit festen oder flüssigen Lösungsmitteln in Teigform über, mischt mit Campher und preßt unter Erwärmen. Nach **Piest** enthält deutsches Celluloid im Durchschnitt: 65 Tl. Kollodiumwolle, 38 Tl. Campher und 2 Tl. Farbstoffe.

Unter Nitrocellulose werden die Salpetersäureäther der Cellulose verstanden, die durch Einwirkung eines Gemisches konzentrierter Salpetersäure und konzentrierter Schwefelsäure au Cellulose entstehen. Durch geeignete Arbeitsbedingungen, Konzentration der Säuren, Temperatur und Dauer der Einwirkung gelingt es bis zu 6 Salpetersäureresten in das Molekül der Cellulose einzuführen, doch kommen für die Fabrikation des Celluloids nur Trinitrocellulose $C_{12}H_{10}(OH)_7(ONO_2)_3$ = 9,15% N; Tetranitrocellulose $C_{12}H_{18}(OH)_6(ONO_2)_4$ = 11,11% N und Pentanitrocellulose $C_{12}H_{10}(OH)_5(ONO_2)_5$ = 12,75% N in Frage.

Der zur Fabrikation von Celluloid verwendete Zellstoff muß sehr rein sein, es wird meist gebleichter Zellstoff in Flockenform oder in Form von Seiden-Baumwollpapier oder Baumwolle benützt. Die Vorbereitung der Nitrierbaumwolle erfolgt auf dieselbe Weise wie in **Bd. IV [281]** beschrieben. Will man Kollodiumwolle für photographische Zwecke oder für Kollodiumlack herstellen, so muß das Material besonders rein sein.

Nach **H. Nishida** unterscheidet man die verschiedenen Rohmaterialien für die Celluloidherstellung nach der Güte abnehmend in: ungebleichte mercerisierte Baumwolle und Papierstoff aus weißen Lumpen, ferner gebleichte mercerisierte Baumwolle, Linters (bei der Enthülsung der Baumwollsamen gewonnene längere Fasern), Spinnereiabfälle, Papierstoff aus farbigen Lumpen und Stoff aus Leinenfasern, weiter Papier im Gewicht von 16—20 g pro qm aus Bastfaser und gereinigte und gebleichte Webereiabfallgarne, dann unverfälschten Bambusstoff, weiter chemisch aus astfreiem Holz und Stroh gewonnene Cellulose und schließlich Holzschliff in Mischung mit etwas Baumwolle. (Ref. in **Zeitschr. f. angew. Chem. 1917, 373.**)

Der für die Celluloidindustrie in Betracht kommende Äthylalkohol muß mindestens 95° Tralles oder 92,5 Gew. % bei 15° C haben. Er soll klar und farblos, frei von Geruchsbeimengungen sein und sich mit Wasser ohne Trübung mischen. In Deutschland ist für die Celluloidfabriken eine Denaturierung des Alkohols mit 1% Campher vorgeschrieben.

470. Natürlicher und künstlicher Campher.

Deutschl. Campher (Manna) $^1/_2$1914 E.: 5832; A.: 1302 dz.

Klimont, J. Der technisch-synthetische Campher. Leipzig 1921.

Über natürlichen und synthetischen Campher siehe **G. Joachimogl in Zeitschr. f. angew. Chem. 1917, III, 163.**

Eine Patentzusammenstellung über die Herstellung des künstlichen Camphers bringt **Utz in Kunststoffe 1919, 241.**

Natürlicher Campher ($C_{10}H_{16}O$), richtiger Camphor, auch Camphol, Laurinol, Laurineen- oder Japan-(Formosa-)campher genannt, ist der erstarrende Anteil aus dem ätherischen Öl des in Japan, China und auf der zu Japan gehörigen Insel Formosa wachsenden Campherbaumes Laurus Camphora. Er ist ein zu den Terpenen gehöriger, krystallinischer, flüchtiger, stark riechender Stoff, von bitterem Geschmacke, der sich nur pulvern läßt, wenn man ihn mit Weingeist oder einem anderen Lösungsmittel befeuchtet. Campher ist in Wasser, Sprit, Äther, Aceton, Chloroform, Benzol, Eisessig, Schwefelkohlenstoff, Amylacetat, ätherischen und fetten Ölen leicht löslich, schmilzt bei 175°, siedet bei 204°. Man gewinnt ihn aus dem zerkleinerten Holz des Campherbaumes (bzw. aus dessen Rinde, Blättern und Blüten) durch Auskochen mit Wasser und Destillation des in der Kälte abgeschiedenen Produktes mit Kohle und Ätzkalk. Beim Spalten des Holzes findet er sich zum Teil rein in Tränen oder Krystallen im Holze vor. Im Handel kennt man weißen und grauen Japancampher (auch holländischer Campher genannt) und den minderwertigeren Chinacampher. Ersterer wird für weißes, besseres Celluloid verwandt, letzterer für gefärbtes Celluloid oder für solches von weniger guter Qualität. Da man zur Herstellung guten Celluloids nur reinen Campher verwenden soll, wird dieser in vielen Fabriken zunächst durch Sublimation gereinigt. Verfälschungen des Camphers sind bisher noch nicht beobachtet worden. Der von den Sundainseln stammende Borneocampher, der übrigens durch Erhitzen mit Salpetersäure in Japancampher übergeführt werden kann, kommt wenig in Betracht.

Die Monopolstellung, die Japan als alleiniger Campherproduzent besaß und ausgiebig ausnützte, bildete den Anlaß zur Aufnahme wissenschaftlicher Arbeiten mit dem Ziele, das Naturprodukt zu synthetisieren.

Der Campher von der Bruttoformel $C_{10}H_{16}O$ unterscheidet sich von dem leicht zugänglichen, im Terpentinöl bis zu 90% enthaltenen Pinen ($C_{10}H_{16}$) durch einen Mehrgehalt von einem Sauerstoffatom und dadurch, daß er eine gesättigte Verbindung darstellt, während das Pinen durch die ungesättigte Gruppe

$$-CH=\underset{\displaystyle CH_3}{\overset{}{C}}-CH$$

gekennzeichnet ist. Es genügt daher zur Umwandlung des Pinens in den Campher nicht die bloße Oxydation, sondern es ist auch noch eine in einem oder mehreren Prozessen zu bewirkende vorherige Umlagerung nötig. Zur Ausführung der Synthese leitet man z. B. vom amerikanischen Terpentinöl ausgehend, in dieses Salzsäuregas ein, führt das so erhaltene Pinenchlorhydrat durch Kochen mit alkoholischem Ammoniak, alkoholischer Seifenlösung oder alkoholischen Lösungen organischer Basen in Camphen über und verwandelt dieses durch Erhitzen im Autoklaven mit 50proz. Schwefelsäure und Eisessig in Isoborneolacetat. Dieses wird durch Kochen mit Kalilauge verseift, das gewonnene Isoborneol in Benzol oder Petroläther gelöst und durch wässerige Kaliumpermanganatlösung oder durch Ozon oder Sauerstoff zu Campher oxydiert.

Oder man behandelt wasserfreies Terpentinöl mit trockener Oxalsäure und destilliert das so erhaltene Reaktionsprodukt der letzteren mit dem Pinen des Terpentinöles, nach Zusatz von Kalk, um den Campher und das Borneol, die in den öligen Produkten der Reaktion gelöst sind, zu trennen. Durch Abpressen entfernt man aus dem Campher alles Öl, oxydiert dann das Borneol in besonderen Apparaten zu Campher und erhält bei einer Operationsdauer von 15 Stunden 25—30% Ausbeute, bezogen auf das Terpentinöl. Daneben resultieren andere natürliche Terpene und Öle, von denen einige wegen ihres angenehmen Geruches der Riechstoffindustrie dienen können. Vgl. **D. R. P. 134 553, 193 301, 208 487** u. a.

Die zahlreichen patentierten Verfahren der Camphersynthese wurden im vorliegenden Bande nicht aufgenommen, sondern gelangen als Methoden der organischen Großindustrie im VII. Bande zur Abhandlung. Als Beispiel sei die Bildung des Camphers aus Bornyläthyl- oder Isobornylmethyläther erwähnt. Man erhitzt z. B. 250 Tl. des letzteren mit 710 Tl. Salpetersäure vom spez. Gewicht 1,42 und 500 Tl. Wasser 3 Stunden, während welcher Zeit eine gleichbleibende Entwicklung roter Dämpfe stattfindet, hebt die oben schwimmende ölige Masse ab und schüttelt sie mit Wasser oder Alkalilösung, bis sich der feste Campher abscheidet. Zur Unterstützung der Reaktion setzt man der Salpetersäure Stärke, Melasse oder Kupferfeilspäne zu. Der gewaschene rohe Campher wird durch Destillation mit Dampf von dem zurückbleibenden, ein braunes Öl bildenden Verunreinigungen befreit und durch Umlösen gereinigt. **(E. P. 21 171/1906.)** Vgl. **D. R. P. 217 555:** Salpetersäureoxydation bei Gegenwart von Vanadinsäure.

Eine zusammenfassende Abhandlung von **Utz** über die Herstellung von künstlichem Campher findet sich in **Kunststoffe 1919, 241 u. 255.**

Siehe z. B. die Zusammenstellung über die Camphersynthese nach der Patentliteratur von **E. Witte** in **Chem.-Ztg. 1921, 118.**

Über Abscheidung und Wiedergewinnung des Camphers aus wasserhaltigen Lösungen in Alkohol, Äther u. dgl. siehe **D. R. P. 264 653.**

Der synthetische Campher hat mit dem natürlichen Krystallform, Farbe, Geruch, Flüchtigkeit und Schmelzpunkt gemein, doch fehlt ihm die Eigenschaft polarisiertes Licht abzulenken. Campher hat die merkwürdige, noch unaufgeklärte Eigenschaft, die Explosibilität des Nitroglycerins und der Schießbaumwolle aufzuheben. Vgl. **Bd. IV. [287.]**

Aber auch der synthetische Campher ist ein teueres Produkt, so daß man schon frühzeitig versuchte den Campher überhaupt vollständig auszuschalten. Die in dieser Hinsicht gemachten Vorschläge sind ungemein zahlreich, führten jedoch bisher noch zu keinem völlig befriedigenden Erfolg, vornehmlich aus dem Grunde, weil viele Erfinder nicht beachtet hatten, daß Celluloid eine Lösung von Nitrocellulose und Campher und keine Mischung von Nitrocellulose mit irgendeinem Körper darstellt, der gar nicht die Fähigkeit hat, mit Nitrocellulose eine Lösung zu bilden. So erfüllen z. B. die in den Patenten **D. R. P. 117 542** (Naphthalin), **221 081** (Maltodextrin), **F. P. 319 926, 342 464, 408 406** (Gelatine, Milchsäure, Terpentin, Harz und Aceton) angegebenen Camphersatzmittel die genannte Bedingung in keiner Weise. Sie geben den mit ihrer Hilfe hergestellten Celluloidmassen im Gegenteil einen trüben, undurchsichtigen Ton, der sie zur Herstellung durchsichtiger Films ungeeignet macht.

471. Campherersatz.

Siehe die tabellarische Übersicht über die bei der Celluloidbereitung verwendeten Campherersatzmittel von **M. Schall, Kunststoffe 5, 241 u. 267.**

Als Campherersatz eignet sich nach **D. R. P. 80 776** ein Gemenge von Ortho- und Para-Acettoluid. In **D. R. P. 119 636, Zusatz zu D. R. P. 118 052** (siehe unten) werden als Campherersatz Phenoxyl- oder Naphthoxylessigsäuren und ähnliche Körper empfohlen. Zu demselben Zwecke sollen nach **D. R. P. 125 315** auch acetylierte Chlorhydrine oder nach **D. R. P. 128 956** die Mono- oder Polyhalogen-Substitutionsprodukte der aromatischen Kohlenwasserstoffe dienen.

Auch β-Naphthylacetat kann der doppelten Menge Nitrocellulose, z. B. in Methylalkohol, als Lösungsmittel zugesetzt, als Camphersatzmittel Verwendung finden. **(D. R. P. 118 052.)**

Besonders kommen die durch ihr hohes Lösungsvermögen für Nitrocellulose ausgezeichneten Abfallprodukte der Saccharinfabrikation von Art des p-Toluolsulfochlorids und seiner Abkömmlinge in Betracht. **(D. R. P. 122 166.)**

Auch Naphthalin eignet sich als Camphersatzmittel bei der Herstellung des Celluloids, das mit diesem Zusatz widerstandsfähiger wird, sich leichter verarbeiten läßt und bei längerer Lagerung auch den Naphthalingeruch verliert. **(D. R. P. 117 542.)**

Weitere Ersatzmittel für Campher sind Methylnaphthylketon, Dinaphthylketon, Dioxydinaphthylketon und Methyloxynaphthylketon und ferner aromatische, sich von Chloriden, Estern und Amiden ableitende Sulfosäurederivate von der allgemeinen Formel $R—SO_3 \cdot A$, in der R Phenyl oder ein Substitutionsprodukt und A einen aliphatischen bzw. aromatischen Ätherrest bedeutet. **(D. R. P. 122 272.)**

Als Camphersatzmittel eignen sich nach **D. R. P. 127 816** die neutralen Phthalsäurealkyloder -alphylester, die man in der Menge von 50% der Nitrocellulose anwendet. Nach **D. R. P. 132 371** ist der Campher durch Acetylderivate sekundärer aromatischer Amine ersetzbar. Solche Körper sind z. B. Acetyldiphenylamin, Acetylphenyltolylamin, Acetylphenylnaphthylamin usw. Sie geben mit Nitrocellulose farb- und geruchlose, dauernd klar bleibende, elastische und polierfähige Produkte, die die Härte des Celluloids zeigen. **(D. R. P. 132 371.)**

Als Camphersatzmittel bewähren sich nach **D. R. P. 128 119** die Oxanilsäureester, die man in der Menge von 28 kg mit 75 kg Nitrocellulose verarbeitet; ebenso sollen nach **D. R. P. 128 120** Triphenylphosphat, Trikresylphosphat oder Trinaphthylphosphat geeignet sein, den Campher zu ersetzen und ein schwer entflammbares Celluloid geben; ferner Diphenylcarbonat und Sebacinsäureäthylester, der in alkoholischer Lösung mitverarbeitet wird, und ähnliche Stoffe, die in Mengen von etwa 30—40% der Nitrocellulose zugesetzt werden. **(D. R. P. 140 164, 139 589 und 139 738.)**

Nach Abänderungen des Verfahrens des **D. R. P. 128 210** kann man die Verbrennbarkeit des Celluloids weit herabsetzen, wenn man nicht die Phenole selbst, sondern ihre Halogensubstitutionsprodukte verwendet, bzw. wenn man den Campher ganz oder teilweise durch solche Ester der Phosphorsäure ersetzt, die neben den Phenolresten noch Alkoholreste enthalten. Diese letzteren Verbindungen stellen ölige bzw. schmalzartige Produkte dar, die sich in Nitrocellulose erheblich leichter lösen, als die Phenolphosphate selbst. **(D. R. P. 142 832 und 142 971.)** Siehe auch **D. R. P. 144 648 und 173 796.**

Der Ersatz des Camphers in Celluloidmassen durch verschiedene 1- oder 2-Naphthalinderivate (Phenyl- oder Benzylnaphthalin oder auch Dinaphthyl) soll nach **D. R. P. 140 480** ein nahezu geruchloses, vollständig transparentes Celluloid liefern.

In **E. P. 20 975/1911** ist ein Verfahren zur Herstellung von Celluloid oder ähnlichen Massen aus Nitrocellulose usw. mit Campherzusatzmitteln (esterifizierte Derivate der Mono- oder Polyphenole und ihrer Homologen) und Lösungsmitteln (aromatische Alkohole und ihre Substitutionsprodukte) beschrieben. **(Kunststoffe 1914, 360.)**

Auch Glykose und deren Abkömmlinge mit organischen Säuren, ferner Lävulose, Lactose und Saccharose sind geeignet, den Campher ganz oder teilweise zu ersetzen. **(D. R. P. 140 263 und 140 855.)**

Als Camphersatz bei der Herstellung celluloidartiger Massen wird in **D. R. P. 168 497** empfohlen mit Aldehyden vorbehandelte Zucker- und Stärkearten oder Dextrin zu verwenden. Man erhitzt z. B. 500 Tl. Rohrzucker, 125 Tl. Formaldehyd und 100 Tl. Alkohol bis zur Lösung unter Rückfluß, verdünnt heiß mit 100 Tl. Alkohol, filtriert, treibt im Filtrat bei Wasserbadtemperatur im Vakuum Sprit und Formaldehyd zuletzt mit Hilfe eines starken Luftstromes ab und erhält so einen farblosen, fadenziehenden, harzartigen Körper, der wenig süß schmeckt, nicht krystallisiert, nach Formaldehyd riecht und sich in den Lösungsmitteln für Nitrocellulose leicht löst.

Nach **D. R. P. 221 081** wird eine celluloidähnliche Masse erhalten aus 60 Tl. Nitrocellulose, 60 Tl. Campheralkohol und 18 Tl. Maltodextrin statt des Camphers. Durch Zusatz von 5% Borax wird die Lösung des Maltodextrins befördert. Die guten Eigenschaften des Celluloids sollen erhalten bleiben, während die Brennbarkeit erheblich herabgesetzt wird (siehe oben).

Andere Camphersatzmittel sind Isobornylacetat (30%), Benzylidendiacetessigester, dessen Kondensationsprodukt mit Salzsäuregas, das 3-Methyl-5-phenyl-4, 6-dicarboxäthyl-Δ_2-keto-R-hexen oder Äthylidendiacetessigester allein oder im Gemenge mit Benzylidenacetessigester. **(D. R. P. 172 941, 172 966, 172 967 und 174 259.)**

Weitere Camphersatzmittel sind: Benzylidendiacetat oder dessen Monochlorsubstitutionsprodukte, ferner Methyl-, Äthyl- oder Benzylacettri-, -tetra- oder -pentachloranilid oder Cyclohexanon **(A. P. 900 204)** und dessen Homologe; man kann auch Harze mitverarbeiten, z. B. 0,5—1 Tl. Schellack, den man der gebräuchlichen Komposition aus 100 Tl. Nitrocellulose und 50 Tl. Triphenylphosphat zur Erhöhung der Härte und Elastizität der Masse zusetzt. **(D. R. P. 173 020, 176 474, 174 914 und 177 778.)**

Als Camphersatzmittel, aber auch zur Herstellung von Lacken und Firnissen eignen sich auch Kondensationsprodukte z. B. aus salzsaurem Anilin und Harz- oder Fettsäuren bzw. Terpenen mit Formaldehydlösungen. **(D. R. P. 222 512 bzw. 188 822.)**

Als Ersatz eines Teiles des Camphers bei der Celluloidherstellung wird nach **F. P. 382 350** eine Harz- (Kolophonium-) Ricinusölmischung empfohlen. Außer Kolophonium kann jedes alkohollösliche Harz verwendet werden.

Besonders geeignet als Camphersatz sind tetrasubstituierte Harnstoffe, bei denen die vier am Stickstoff gewonnenen Wasserstoffatome durch organische Radikale ersetzt sind. **(D. R. P. 178 133.)** Vgl. **F. P. 364 604.**

Zur Herstellung celluloidähnlicher Massen verarbeitet man Nitrocellulose nach **D. R. P. 180 208** mit symmetrischem Methylbenzoyltrichloranilid.

Weitere Camphersatzmittel sind Methenyl-o-toluylendiamin oder die ähnlichen Körper Äthyl- oder Methyläthenyltrichlor-o-phenylendiamin, die man in der Menge von 30 g gelöst in 70 g Alkohol mit 65 Tl. Nitrocellulose unter Zusatz von Alkohol verarbeitet. **(D. R. P. 180 126.)**

Zur Herstellung celluloidartiger Massen löst man Borneol oder sein Gemenge mit Campher in einem Nitrocelluloselösungsmittel, verknetet die Lösung mit Nitrocellulose, die vorher mit Alkohol angefeuchtet wurde, und entfernt das Lösungsmittel durch Verdampfen. **(D. R. P. 185 808.)**

Als Camphersatzmittel eignen sich nach **D. R. P. 202 720** die geruchlosen, wenig flüchtigen, gegen Wärme beständigeren und in organischen Lösungsmitteln gut löslichen Verbindungen von Art des Benzyldihydrocarvons, 1-Naphthylhydrocarvons und Benzyldihydropulegons.

Nach **D. R. P. 220 228** wird eine weniger leicht entflammbare, celluloidähnliche Substanz hergestellt durch Gelatinieren von 30 Tl. Nitrocellulose, 80—100 Tl. Essigäther und 15 Tl. Chloralhydrat statt des bisher verwendeten Camphers.

Der Campher kann auch durch cyclische Äther ersetzt werden, die man durch Kondensation von Aldehyden oder Ketonen mit mehrwertigen Alkoholen von der Formel $CH_2OH \cdot (CHOH) \cdot CH_2OH$ erhält. **(D. R. P. 214 962.)**

Leichtwiegendes, farbloses Celluloid erhält man ferner durch Ersatz des Camphers durch Acetyldicyclohexylamin (Schmelzp. 103°), das man in der Menge von 35 Tl. mit 100 Tl. Nitrocellulose verarbeitet. Mit Acetylcellulose und Äthylmethylketon (in Acetonlösung) ebenso aus 70 Tl. Nitrocellulose und 30 Tl. p-Toluolsulfodicyclohexylamin gewinnt man ähnliche Körper. **(D. R. P. 281 225.)**

Zur Herstellung einer celluloidartigen Masse werden beispielsweise 1. 100 Tl. Nitrocellulose mit 50—100 Tl. Acetaldol **(F. P. 449 606)** unter ständigem Rühren auf Temperaturen nicht über 80° erhitzt, bis die Masse gelatiniert ist, worauf man wie gewöhnlich bei 60° walzt und die Masse wie Celluloid weiterverarbeitet. 2. 75 Tl. Nitrocellulose, 25 Tl. Aldol und 20—80 Tl. eines flüchtigen Lösungsmittels werden in derselben Weise vermischt und wie Camphercelluloid verarbeitet 3. 75 Tl. Nitrocellulose, 5—20 Tl. Campher, 5—20 Tl. Aldol und 20—80 Tl. eines flüchtigen Lösungsmittels werden in gleicher Weise verarbeitet. **(D. R. P. 292 951.)**

Unter allen Campherersatzmitteln sollen nach **A. Sachs** und **O. Byron** nur Triphenyl- und Tritolylphosphat befriedigende Erfolge ergeben. Man erhält durch diesen Zusatz schwer entzündliche, spezifisch leichte, völlig geruchlose und widerstandsfähige Celluloidersatzprodukte. (**Kunststoffe 1922, 13.**)

472. Celluloidzersetzung.

Gutes Celluloid ist hellgrau und in dünner Schicht durchscheinend. Der Geruch nach Campher macht sich besonders beim Reiben bemerklich. Es wird bei etwa 90° und in kochendem Wasser plastisch, nach dem Abkühlen wieder hart. Dieses Verhalten gestattet ihm durch Pressen jede beliebige Form zu erteilen. Unter Erwärmung und Druck lassen sich Celluloidplatten so zusammenschweißen, daß die Verbindungsstellen nicht wahrzunehmen sind. Celluloid ist schlechter Wärme- und Elektrizitätsleiter.

Gutes Celluloid ist nach **Will** verhältnismäßig unempfindlich gegen äußere Einflüsse und wird weder durch Schlag, noch Reibung und elektrischen Funken oder Erwärmung auf 100° zur Entflammung gebracht. Dagegen brennt es in Berührung mit einer Flamme sehr rasch ab. Minderwertiges Celluloid ist dagegen erheblich empfindlicher gegen äußere Einflüsse und leichter entflammbar. Celluloid entzündet sich bei 240° und verbrennt mit rußender Flamme ohne zu explodieren.

Über die Feuergefährlichkeit der Celluloidwaren nach Versuchen von **F. Gervais** siehe **J. Bronn, Zeitschr. f. angew. Chem. 1905, 1976.** Nach diesen Versuchen tritt bei Celluloidwaren beim Erhitzen auf 100°, also z. B. in Berührung mit Dampfleitungen, unter Entwicklung von mit Luft ein explosives Gemenge bildenden Dämpfen Selbstzersetzung, jedoch nicht Selbstentzündung statt, wohl aber kann hierbei vorhandenes Papier ins Glimmen geraten und so den Feuerausbruch bewirken. Glühende Drähte, Glasstäbe oder Holzspäne entzünden Celluloid nicht. Vorsichtige Fernhaltung der Gegenstände aus Celluloid von Wärmequellen ist jedenfalls unter allen Umständen geboten.

In Papier eingewickelte Celluloidproben zeigten schon beim Erhitzen auf 100° unter teilweiser Verkohlung der Hüllen starke Volumveränderung und beträchtlichen Gewichtsverlust, nichteingewickelte Proben, die auf 135° erhitzt wurden, entzündeten sich oder explodierten innerhalb weniger als 2 Stunden. (**Stokes** und **Weber.**)

Zu ähnlichen Resultaten, betreffend den Einfluß höherer Temperatur auf Celluloid, gelangte **H. Brunswig** nach Angaben in **Kunststoffe 1921, 180.** In 9 Punkten sind die Untersuchungsergebnisse über die Zersetzung der Nitrocellulose und der Celluloidwaren bei Temperaturen ab 100° übersichtlich zusammengestellt.

Eine ausführliche Arbeit über das Verhalten des Celluloids gegen Druck, Schlag, Stoß, elektrische Ströme, Funken, Belichtung, Erwärmung und Entzündung, ferner über die Bedingungen, unter welchen Celluloid zu Explosionen Veranlassung geben kann, und über seine Wärmebeständigkeit publiziert **W. Will** in **Zeitschr. f. angew. Chem. 1906, 1376.**

Über die flammenlose Zersetzung des Celluloids und die dabei entstehenden gasförmigen (Stickoxyde), destillierbaren (Campher, organische Stoffe, Salpetersäure) und im Rückstand (Kohle) verbleibenden Stoffe siehe die für die Brandlöschtechnik wichtige Abhandlung von **A. Panzer** in **Zeitschr. f. angew. Chem. 1909, 1831.**

1 kg Celluloid liefert bei der Verbrennung 170—180 l Gase mit 40—70 l Kohlenoxyd, 70—90 l Stickoxyd, 30—40 l Kohlensäure und 5 l Stickstoff, also ein Gasgemenge, das für sich schon giftig wirkt. Bei beschränktem Luftzutritt und bei Verpuffung des Celluloids entstehen überdies noch 12 bzw. 7 g Blausäure, die natürlich die Giftwirkung der Gase wesentlich unterstützt. Zahlreiche sehr interessante Einzelheiten über die Verpuffungs- bzw. Verbrennungsprodukte des Celluloids finden sich in einer Arbeit von **B. Pfyl** und **R. Rasenack** erschienen bei J. Springer, Berlin 1909.

Eine eingehende Erörterung der Schutzmaßnahmen gegen Entstehung und Ausbreitung von Celluloidbränden und Celluloidexplosionen von **F. Küng** findet sich in **Seife 1918, 373.**

Über Bekämpfung von Celluloidbränden siehe **Effenberger, Kunststoffe 1911, 21.**

Celluloid absorbiert im Gegensatz zur Nitrokunstseide Gase in erheblicher Menge, so daß man das Celluloid in gewissem Sinne mit der Holzkohle vergleichen kann. Siehe hierüber die Mitteilung von **V. Lefebure, Z. f. Kolloide 14, 258.** Für die Praxis sei erwähnt, daß die Fähigkeit des Celluloids Gase zu absorbieren, dem aus einer Lösung ausgefälltem Celluloid nicht zukommt, wohl aber dem Film, den man aus gefälltem Celluloid herstellt, so daß also die Struktur des Celluloids von großer Bedeutung für die Absorption ist, was sich auch in der Tatsache äußert, daß seine Bestandteile, Nitrocellulose und Campher Gasen gegenüber keine Absorptionsfähigkeit zeigen.

473. Andere Eigenschaften und Verwendung des Celluloids.

Verhalten gegen Lösungsmittel und chemische Einwirkungen: Celluloid ist nahezu unlöslich in Wasser, in starkem Alkohol quillt es unter Erweichung auf. Eisessig, Aceton, Äther lösen es leicht. Campherspiritus (10 Tl. Campher in 100 Tl. Alkohol) ist das beste technische Lösungsmittel.

Die Viscosität der Campher-Alkohollösungen von Nitrocellulose wird erniedrigt: durch die Lösungsmittel der Nitrocellulose, außer Campher und Camphenersatz, durch höhere Temperatur, durch aromatische Säuren, heißes Waschen, langdauernde Nitration, hohe Nitrierungstemperatur und durch Bleichen, da hierbei Oxycellulose entsteht. Die Viscosität wird erhöht durch organische Basen, kräftiges Rühren, Durchleitung des elektrischen Stromes, Zusatz von Ölen oder Phenol, Nachbehandlung mit Metallsalzen, geringe Feuchtigkeit und durch das Verhältnis von Schwefelsäure zu Salpetersäure, wobei bei einem Wassergehalt der Mischsäure von etwa 18% das Verhältnis: 0,25—0,35 Nitrocellulose, von der höchsten Viscosität ergibt. **(H. Nishida, Kunststoffe 4, 81 u. 105.)**

Die Viscosität der Nitrocellulose und ihre Bedeutung für die Celluloidfabrikation bespricht ferner **H. Schwarz in Z. f. Kolloide 12, 32.** Die Ursache, warum Kollodiumwollen so beträchtliche Unterschiede der Viscosität aufweisen, findet der Verfasser in der Natur der Nitrocellulosen selbst, die als Produkt der aufbauenden, ebenso wie der abbauenden Wirkungen des Nitrierbades in verschiedenen Stufen der Polymerisation existieren. Dementsprechend zeigen manche der noch nicht zum Gleichgewicht gekommenen Nitrocellulosemoleküle die Tendenz zum Wachsen, andere jene zur Verkleinerung, was sich in der verschiedenen Viscosität der verschieden alten Nitroprodukte äußert.

Das Celluloid findet Verwendung zur Erzeugung von Knöpfen, Messerschalen, Puppenköpfen, Stock- und Schirmgriffen, Billardbällen; in der Kautschukindustrie als Ersatz für Hartgummi zur Herstellung von Kämmen und Spielbällen, in der Maschinen- und Bautechnik zu Röhren, Verpackungsringen, Ventilen, Hähnen und Rollen sowie als Lagermaterial für Wagenachsen; in der Zahntechnik für die Gummiplatten künstlicher Gebisse; in der Optik für die Fassungen von Brillen und Operngläsern u. dgl.; zur Herstellung abwaschbarer Wäsche, dadurch, daß eine Lage Leinwand mit zwei dünnen Lagen Celluloid unter hohem Druck vereinigt werden; in der elektrischen Industrie für Isolationszwecke, Telephonhörer und -kästen; es dient ferner zu Phonographenwalzen, Gramophonplatten, zu Films, Klischees usw. Die ehemalige Kunstlederindustrie verbrauchte große Celluloidmengen, besonders aber ist die Lackindustrie Hauptabnehmerin für „Zellhorn" (Glanzlack, Zapon-, Viktoriallack, Tauchfluid, Brassolin, Krystallon usw. Vgl. **Bd. III [139]**).

Für zahlreiche der genannten Verwendungszwecke wird das Celluloid in immer größerem Maße durch Massen und Schichten aus anderen Celluloseestern **[211 u. a.]** ersetzt, die die normale Entflammbarkeit kohlenstoffhaltiger Körper besitzen und daher ungefährlich im Gebrauch sind. Auch Galalith, aus dem Casein der Milch hergestellt, eine nicht feuergefährliche und geruchlose Masse macht auf anderen Verwendungsgebieten ebenso wie Bakelit dem Celluloid erhebliche Konkurrenz.

Über die Herstellung von Kämmen aus Hartgummi, Celluloid und Galalith berichtet **G. Hübener, Kunststoffe 3, 281, 303—308.**

474. Celluloidfabrikation.

Über die Herstellung von Celluloid siehe die Beschreibung des Nitrierverfahrens und der zugehörigen Apparatur in **D. R. P. 6828.** In der Schrift wird auch auf die Denitrierung der Masse durch Auswaschen mit Wasserglas und folgend mit phosphorsaurem Ammon hingewiesen.

Die Herstellung des Celluloids zerfällt in drei Hauptabschnitte:

1. Bereitung der Kollodiumwolle,
2. Mischung derselben mit Campher,
3. Verarbeitung des Rohcelluloids.

Die Ausgangsstoffe, die vor allem fettfrei sein müssen, werden mit Ausnahme des Baumwollpapiers zunächst sorgfältigst gereinigt, und zwar kocht man sie mit verdünnter reiner Natronlauge unter 3 Atm. Druck, worauf man unter Luftabschluß gut auswäscht und sodann mit dünner Chlorkalklösung bleicht, auswäscht bis kein Chlor mehr in der Baumwolle enthalten ist, und schließlich trocknet.

Die eigentliche Nitrierung erfolgt in steinernen (Tonzeug-) Töpfen oder, und zwar vorzugsweise, in Nitrierzentrifugen. Im allgemeinen verwendet man zur Nitrierung der Cellulose Mischsäure im Verhältnis von 1 : 50 bis 1 : 60. Der Gehalt der Nitriersäuren an Salpetersäuremonohydrat kann bei der Herstellung von Kollodiumwolle im Großbetriebe zwischen 15 bis 40%, der an Schwefelsäuremonohydrat zwischen 48—70% schwanken. Die mittlere Temperatur des Nitrierbades beträgt 25°.

Die Festigkeit und Undurchdringbarkeit der Films läßt sich wesentlich erhöhen, wenn man bei Herstellung des Rohmateriales ein stickstoffarmes Nitriergemisch zur Nitrierung verwendet. Vgl **F. P. 410 725 und Zusatz 13 659.**

Das Nitrieren in Töpfen geschieht wie folgt: In einem Kessel stellt man die Nitriersäure aus zwei Drittel Schwefelsäure mit einem Gehalt von 96% Monohydrat und ein Drittel Salpetersäure (42% Monohydrat) her.

Man taucht nun in das auf die einzelnen etwa 100 l fassenden Nitriertöpfe aus Steinzeug oder Metall verteilte Gemisch mittels besonderer Aluminiumgabeln das zu nitrierende Papier oder die Baumwolle ein und rührt so, daß alle Teile der Cellulose von der Säure gut durchtränkt werden. Für 1 kg Baumwolle rechnet man 7—8 kg Säure, für 1 kg Papier 10 kg Säure. Die Nitrierdauer beträgt für Papier 1 Stunde, für Baumwolle 2 Stunden. Die Nitrocellulose wird schließlich mittels Zentrifugen vom Nitriergemisch abgeschleudert (Dauer 10 Minuten) und in Zementwaschkästen mit Wasser kräftig ausgewaschen, während man die Nitrierflüssigkeit zur Auffrischung mit Säure in die Regenerieranlage leitet.

Vorteilhafter ist es in der Nitrierzentrifuge zu arbeiten und so den Nitrierprozeß mit weitgehender Säurewiedergewinnung zu vereinigen. Aus 100 kg Baumwolle, 140 kg Salpetersäure, 100 kg Oleum (70%), 2 kg Schwefelsäure und 96% Monohydrat gewinnt man so 150 kg Kollodiumwolle.

Ein sehr wichtiges Moment ist die Stabilisierung der Schießbaumwolle. Um sie chemisch beständig zu machen, unterwirft man sie einem sorgfältigen Waschprozeß, und zwar wird sie zunächst im Waschwerk in hölzernen Bottichen 10—15mal je 2—3 Stunden kalt mit Wasser gewaschen und erhält sodann in großen Holzbottichen 6—10 warme Wäschen bei 50—60° zu je 2—3 Stunden und 6—12 Kochwäschen bei 100° C zu je 2—3 Stunden. Die so völlig von der Säure befreite Kollodiumwolle wird sodann im mit kaltem Wasser gefülltem Mahlholländer 10 bis 12 Stunden lang zerkleinert, worauf sie schließlich noch 5—10mal je 1 Stunde bei 50—60° C im Waschholländer gewaschen wird. Durch dieses erschöpfende Waschen, das besser noch als im Holländer in einer Zerreißmaschine erfolgt, vermeidet man auch die Bildung weißer Punkte im fertigen Celluloid, deren Ursache nach **A. Collassi** in der Anhäufung instabiler hoher nitrierter Cellulosen zu suchen ist. Durch das weitgehende Heißwaschen werden die weniger stabilen Produkte entfernt. **(Zentr.-Bl. 1920, II, 152.)**

Das Bleichen der Nitrocellulose erfolgt durch freies Chlor oder Kaliumpermanganat usw. im Bleichholländer oder in eigenen Bleichbottichen. Die Bleiche mit Kaliumpermanganat war ursprünglich die gebräuchlichste. Man behandelte die breiige Nitrocellulose mit einer 0,01 proz. wässerigen Permanganatlösung, die mit 0,03% Schwefelsäure von 66° Bé angesäuert wurde, mehrere Stunden, wobei in Summe für 1 kg Baumwollpapier 3—4 g Kaliumpermanganat und 8—10 g Schwefelsäure gerechnet wurden, ließ die Flüssigkeit abfließen, wusch wiederholt mit Wasser und folgend mit angesäuertem Wasser, entfernte die im Brei verbliebenen Mangansauerstoffverbindungen mittels Natriumbisulfits und Salzsäure, wusch abermals, um auch die letzten Reste von Säure zu entfernen, und zentrifugierte das Material. Die Permanganatbleiche wird heute durch die Hypochloritbleiche ersetzt. Es erfolgt nun das Trocknen der Nitrocellulose, dem evtl. noch ein weiteres Zerkleinern derselben in Stein- oder Kugelmühlen vorangeht.

Das Trocknen erfolgt durch Auspressen oder durch Entziehen des Wassers mittels Alkohols. Das Pressen der zentrifugierten Nitrocellulose geschieht zwischen Baumwolltüchern in hydraulischen Pressen. Rationeller und rascher zum Ziele führend ist die Wasserverdrängungsmethode mit Hilfe von Alkohol. Er absorbiert das Wasser des Breies und wird zur Wiedergewinnung dem Kolonnenapparat zugeführt. Die trockene Nitrocellulose wird in besonderen Lagerräumen in luftdicht schließenden Blechbüchsen feuersicher aufbewahrt.

Der zur Wasserverdrängung benutzte Alkohol enthält, wenn er durch Pressen wiedergewonnen wurde, bedeutend mehr, nämlich 4,5—6 pro Mille gelöste oder gequollene Nitrocellulose im Liter, als der zentrifugierte Waschalkohol, der, wenn ebenfalls 93proz. angewendet, nur 1,5 bis 3 pro Mille Nitrocellulose pro Liter löst. Das Arbeiten mit Zentrifugen ist daher auf jeden Fall vorzuziehen, auch deshalb, weil das erhaltene Zentrifugenprodukt gleichmäßiger ist und sich mit Campher leichter verarbeiten läßt. **(H. Schwarz, Kunststoffe 3, 421.)** In der Abhandlung ist auch der Trocknungsprozeß des Celluloids mittels hydraulischer Pressen zum ersten Male eingehend beschrieben.

Zur Herstellung des Rohcelluloids werden die Nitrocellulosepreßkuchen mittels eigener Zerkleinerer zerkleinert und sodann in mit Zink ausgeschlagenen Holzbottichen oder Bottichen aus verzinktem Eisenblech mit Campherspiritus angefeuchtet. Man verarbeitet 100 kg Nitrocellulose mit 40 kg Campher und 80 l denaturiertem Spiritus während 8—10 Stunden bei gewöhnlicher Temperatur und dann in eigenen Knetmaschinen maximal $1^1/_2$ Stunden bei höchstens 90°.

Zur Bereitung des Campherspiritus löst man 40—45 kg zerkleinerten Campher in 60—55 l denaturierten Spiritus. Aus 100 kg Nitrocellulose und 96—100 l Camphersprit erhält man nach dem Walzen 170—180 kg weiches Celluloid. Je mehr Campher das Celluloid enthält, desto besser ist seine Qualität, doch werden im allgemeinen 50% des Zusatzes nicht überschritten. Das Knetgut wird nun mittels hydraulischer Pressen unter hohem Druck (bis zu 50—75 kg pro 1 qcm Siebfläche) bei 70—85° durch Haarsiebe aus zähem Bronzedraht gepreßt, und hierauf behufs Entfernung des Lösungsmittels und zur Erzielung größter Gleichmäßigkeit der Masse einige Stunden im geheizten Kalander gewalzt.

475. Celluloidersatzprodukte allgemein. Herstellungsabänderungen, Zusätze zur Nitrocellulose (vorwiegend anorganisch).

Eine tabellarische Übersicht über die Patentliteratur der Nitrocelluloseersatzstoffe bei der Celluloiddarstellung bringt **M. Schall** in **Kunststoffe 5, 287.**

Vgl. auch die Vorschriften zur Herstellung celluloidartiger Massen in **Techn. Rundsch. 1907, 427.**

Celluloid enthält als Festkörper nur Nitrocellulose und Campher evtl. neben geringen Mengen plastifizierender oder färbender Bestandteile. Alle ähnlich zusammengesetzten, noch andere Stoffe enthaltenden Gemenge sind demnach als Celluloidersatzprodukte, weiter als Kunstmassen anzusprechen, letzteres dann, wenn sie sich in der Zusammensetzung erheblich von dem Celluloid-Normalansatz entfernen. Man setzt der Celluloidmasse andere Stoffe zu bzw. ersetzt in ihr Bestandteile durch andere Substanzen bzw. verändert die Arbeitsweise (z. B. durch Verwendung absoluten statt des 95proz. Alkohols), um Produkte anderer Art zu erhalten, die sich durch größere Härte oder Gießbarkeit oder hauptsächlich geringere Entflammbarkeit auszeichnen.

Um völlig gefahrlose Materialien aus celluloidähnlichen Stoffen herzustellen, verwendet man in neuester Zeit überhaupt keine nitrierte Cellulose mehr, sondern geht von gemischten Celluloseestern (Acetat) und Estern oder Sulfoestern des Phenols, Kresols oder Naphthols aus. So verarbeitet man z. B. zur Herstellung celluloidartiger Massen nach **D. R. P. 162 239** ein Gemenge von Nitrocellulose und Acetylcellulose mit Campher oder Campherersatzmitteln. [223.]

Über unentflammbare Films siehe die Abhandlung von **G. Bonwitt** in **Kunststoffe 1913, 456.**

Im engeren Sinne faßt **G. Bonwitt** unter celluloidartigen Kunstmassen Produkte zusammen, bei denen die Nitrocellulose und der Campher des Celluloids, einzeln oder gemeinsam durch andere Celluloseester oder durch Campherersatzprodukte substituiert sind. — Kunstmassen aus anderen Ausgangsprodukten wurden ebenfalls in den folgenden Kapiteln aufgeführt, soweit die betreffende Vorschrift von einem Celluloidersatz spricht.

Unter den in großer Zahl vorgeschlagenen Celluloidersatzprodukten kommen ernstlich nur die Acetylcellulose und die Caseinpräparate in Betracht. Letztere sind entweder nur transparent und dann relativ plastisch oder milchig und brüchig herstellbar und liefern zuviel unverwendbare Abfälle. Die Ersatzstoffe aus Casein, Viscose oder Formylcellulose sind hygroskopisch bzw. es fehlt ihnen die Plastizität in der Wärme. Für manche Zwecke sind sie allerdings dem Celluloid ebenbürtig, manchmal sogar ihm überlegen. Die Acetylcelluloseersatzprodukte sind zu wenig stabil, werden mit der Zeit brüchig, sind nicht wohlfeil und bedürfen auch noch teurer Lösungsmittel zur Aufarbeitung, erweisen sich dagegen als durchaus wasserbeständig. Sie finden Verwendung zur Herstellung von Gebrauchsgegenständen, von Lacken und insbesondere von Films. Explosionsgefahr ist bei allen diesen Gegenständen ausgeschaltet, sie brennen nur wie kohlenstoffhaltige Körper in der Flamme. **(Collassi, Zentr.-Bl. 1920, II, 152.)**

Zur Herstellung undurchsichtiger Kollodium- oder Celluloidschichten bringt man auf geeigneten Unterlagen die Celluloidlösung in solchen Lösungsmitteln zur Verdunstung, die entweder bei der hierdurch bewirkten Abkühlung, oder infolge teilweiser Verflüchtigung die Festsubstanz nicht mehr in Lösung zu halten vermögen. Es scheidet sich dann die Nitrocellulose vor der völligen Verdunstung des Lösungsmittels aus und man erhält auf diese Weise Einwickelstreifen für Photofilms oder Produkte, die sich zur Herstellung von Celluloidgegenständen zum Überziehen verschiedener Stoffe oder zur Erzeugung sog. Barytierungsschichten für Gelatineemulsionspapiere eignen. **(D. R. P. 161 213.)**

Zur Herstellung celluloidartiger Platten macht man nitriertes Papier oder nitrierte Baumwolle mit geringen Mengen eines Lösemittels, das keine völlige Lösung bewirkt, transparent und gießt diese Lösung auf Glasplatten aus. **(E. P. 21 880/1907.)**

Das Produkt Xylonit wurde nach **A. P. 342 208** durch Behandlung von mit einer Campherlösung getränkter Schießbaumwolle mit heißen Alkoholdämpfen erhalten.

Zur Herstellung von Films und hochbeanspruchten Celluloidplatten verarbeitet man nach den üblichen Alkoholverdrängungsverfahren entwässerte trockene Nitrocellulose zusammen mit Gelatinierungsmitteln und wasserfreiem Alkohol und erhält durch Auswalzen dünner Rohplatten einen vollkommenen trockenen, außerordentlich festen Körper, dessen Herstellung ungefährlich ist, weil man in alkoholischer Lösung arbeitet. **(D. R. P. 314 119.)**

Nach **E. P. 15 121/1884** sollte der nitrierte Zellstoff als Vorbehandlung zur Celluloiddarstellung zwecks Zersetzung der überschüssigen Salpetersäure, also wahrscheinlich zur Denitrierung mit Schwefeldioxydlösung in einem geschlossenen Gefäß auf 38° erhitzt werden, worauf die gewaschene und getrocknete Masse unter evtl. Zusatz von die Schwerverbrennlichkeit bewirkenden Magnesiumborat (12,5—25%) mit einer methylalkoholischen Campherlösung verarbeitet wurde.

Auch durch Mitverarbeitung von gepulverter oder in Alkohol gelöster Borsäure kann man Celluloidmischungen unentzündlich bzw. schwerverbrennlich machen. **(D. R. P. 171 694.)**

Schon in **D. R. P. 17 026** wird empfohlen, dem Celluloid, um es unentzündlich zu machen, während seiner Herstellung bis zu 50% Zinkoxyd mit Chlorzink, Bleioxyd, Chlorblei oder Magnesiumoxyd mit Chlormagnesium zuzusetzen. Vgl. **E. P. 983/1881.** Über den Einfluß des Zusatzes von Zinkoxyd auf die Qualität des Celluloids, Verringerung des Volumens nach dem Trocknen, Zunahme der Dichte, Einfluß auf Elastizität, Härte, Stabilität und elektrischen Widerstand siehe **H. Nishida, Kunststoffe 4, 287.**

Die Celluloidmasse von **Aras** bestand nach einem Referat in **Jahr.-Ber. f. chem. Techn. 1896, 1068** aus 100 Tl. Dinitrocellulose, 30 Tl. Zinkoxyd, 48 Tl. Campher, 20 Tl. Ricinusöl, 65 Tl. 95proz. Alkohol und 0,1 Tl. Ultramarinblau.

Zur Herabsetzung der Entflammbarkeit des Celluloids setzt man dem Gemenge von 100 Tl. Schießbaumwolle und 40 Tl. Campher, nach **D. R. P. 45 024** 70 Tl. Zinnchlorür zu, befeuchtet die Masse mit 100 Tl. Alkohol, läßt 12 Stunden stehen und knetet dann bis zur vollständigen Homogenität zwischen 60° warmen Walzen.

Die Entzündbarkeit von Celluloid läßt sich nach **D. R. P. 93 797** herabsetzen, wenn man eine Lösung von Celluloid in Aceton mit einer Lösung von Chlormagnesium vermischt und dieses Gemisch eintrocknet.

Schwer verbrennliches Celluloid wird nach **D. R. P. 99 577** hergestellt durch Zusatz einer konzentrierten wässerigen Lösung eines leicht löslichen, durch Alkali fällbaren Metallsalzes zu der dickflüssigen Masse aus Nitrocellulose und ihrem Lösungsmittel. Durch Zusatz von Alkali fällt man dann das Metallhydroxyd aus und verarbeitet das Gemenge von Nitrocellulose und Metallhydroxyd in der üblichen Weise.

Nach **D. R. P. 110 012** verwendet man zu demselben Zweck Chlorzink, evtl. auch Glimmer, Alaun und Asbest, nach **F. P. 322 457** Calciumchloridlauge, nach **F. P. 420 212** Chlormagnesiumlauge (siehe oben).

Nach **Schweiz. P. 48 231** erhält man ein weniger leicht wie Pyroxylin entzündbares Produkt, wenn man die Celluloidmasse in ein Gemisch der alkoholischen Lösungen von Manganchlorid, Eisensulfat und äthylschwefelsaurem Natrium einträgt und die Mischung 12 Stunden lang mit einer Lösung von Ammoniummagnesiumphosphat in Phosphorsäure auf 25° erwärmt.

In **F. P. 439 648** wird vorgeschlagen, Schießbaumwolle, Celluloid und ähnliche Stoffe, um sie unentzündbar zu machen, mit einer Lösung von Metalloxyden in Pflanzenölen oder natürlichen Harzen zu überziehen.

Nach **F. P. 420 044** wird Celluloid durch Reduktion mit Ammonsulfhydrat, Ammoniak und Gelatine unentzündbar gemacht.

Zur Herstellung unentzündlichen Celluloids wird dieses nach **D. R. P. 206 471** in passender Lösung (Kohlenstofftetrachlorid, Chlorpikrin, Nitrokohlenwasserstoffe) mit dem fünften Teil seines Gewichtes an Salzen (Aluminiumjodid, Bariumchromat, Bariumphosphat, Calciumarsenat, Calciumphosphat, Chromoxyd usw.) in essigsaurer Lösung vereinigt. Diese Salze sind wasser- und alkoholunlöslich und dienen daher als Ersatz der bisher zu demselben Zweck, nämlich zur Herabsetzung der Entzündlichkeit des Celluloids verwendeten Zink-, Ammonium- und Aluminiumsalze.

476. Nitrocellulose und organische Zusätze.

Die früher häufig verwendete Kunstmasse „Plastomenit", die hart und knochenähnlich ist und sich leicht mechanisch bearbeiten läßt, bestand nach **D. R. P. 56 946** aus einer Lösung nitrierter Cellulose, Stärke, Zucker oder Gummiarten in geschmolzenen Nitrokohlenwasserstoffen, die bei gewöhnlicher Temperatur fest sind (Di- oder Trinitrobenzol oder Naphthalin usw.). Die aus dieser Masse hergestellten Nachbildungen sind natürlich Sprengstoffe, wie auch der Erfinder in seinem Patent nicht nur auf die Verwendbarkeit dieser Körper zur Herstellung von Elfenbein-, Korallen-, Alabaster- usw. Imitationen hinweist, sondern auch eine Vorschrift zur Herstellung eines dem Melinit ähnlichen Sprengstoffes bringt.

Ein unentzündlicher Celluloidersatz wird hergestellt durch Eintrocknen der fertigen Celluloidmasse mit einem flüchtigen Lösungsmittel und mit Alkylestern der Kieselsäure. **(D. R. P. 149 764.)**

Zur Herstellung einer celluloidähnlichen Masse, die sich als Schichtträger für photographische Zwecke eignen soll, löst man nach **D. R. P. 114 278** Kollodiumwolle in überschüssigem Eisessig, fügt Gelatine hinzu und vermischt mit Alkohol, dann bringt man die Lösung zur Trockne und wäscht aus.

Ein halbdurchsichtiges, schwer entzündliches Celluloidprodukt erhält man durch Verkneten von 2 kg in kaltem Wasser gequelltem und im Wasserbade bei 30—35° verflüssigtem Leim mit 200 g Öl, 500 g Campher und 1 kg Nitrocellulose; ein transparentes Material wird aus 1 kg Nitrocellulose, 100 g Glycerin, 200 g Campher und 1 kg Leim mit 250 g Wasser erhalten. Die Produkte kamen als Mestrine in den Handel. Nach einem anderen Verfahren setzt man 10—15 Tl. einer Celluloidlösung 3 Tl. eines in Wasser und Sprit unlöslichen, aber in Essigsäure löslichen Metallsalzes in Essigsäurelösung zu, fügt weiter 3—5 Tl. Tetrachlorkohlenstoff und dieselbe Menge Trichlornitromethan und Tetranitromethan auf je 100 Tl. Celluloidlösung bei, vermischt nach 10—12 Stunden mit etwas Formaldehydlösung und setzt die Masse dann 8—10 Stunden lang Formaldehyddämpfen aus. **(F. P. 372 018.)**

Um Celluloid unentflammbar zu machen, mischt man die Masse während ihrer Herstellung nach **D. R. P. 171 428** mit einer Lösung von Fischleim, arabischem Gummi, Gelatine und Rüböl. Man verarbeitet z. B. 1 kg Celluloid mit $1^1/_2$ l verflüssigtem Fischleim, 400 g weißem arabischen Gummi, 100 g weißer Gelatine, beide in dickflüssigem Zustande und setzt schließlich 40 g Rüböl zu.

Eine andere celluloidähnliche Masse erhält man aus 100 Tl. Nitrocellulose mit dem gewöhnlichen Campherzusatz und 100—300 Tl. Casein, das vorher mit Boraxlösung plastisch gemacht und dann wieder entwässert wurde. **(D. R. P. 138 783.)** Nach dem Zusatzpatent ersetzt man das Casein durch ein unlösliches, mit einem Metalloxyd gebildetes Caseinat. **(D. R. P. 139 905.)**

Nach **A. P. 1 195 040** wird eine celluloidähnliche Masse hergestellt durch Lösen von Nitrocellulose und Chlorahydrat oder dgl., ohne Zuhilfenahme von Campher in einem geeigneten Lösungsmittel, das sodann verdampft wird.

Nach **A. P. 962 877** wird die Transparenz und Elastizität des Celluloids wesentlich erhöht, wenn man dem Pyroxylin oder den Celluloseestern eine halogenisierte Fettsäure, z. B. Chlorstearinsäure, beimischt.

Nach **F. P. 415 518** erhält man Produkte von großer Festigkeit und Beständigkeit, wenn man dem Celluloidgemisch noch Harnstoff beifügt.

Nach **E. P. 13 692/1910** erhält man eine celluloidartige Masse, die sich durch ihre Geruchlosigkeit auszeichnet, durch Verarbeitung eines Gemenges von 100 Tl. Nitrocellulose, 50 Tl Benzylbenzoat und 100 Tl. Methylalkohol.

Eine celluloidähnliche Masse wird nach **D. R. P. 141 310** erhalten aus einer mit Amylacetat und Campher hergestellten Nitrocellulosegelatine mit einer Lösung von Dextrin in Wasser von 70—80°.

Zur Herstellung celluloidartiger Massen setzt man der Mischung aus Nitrocellulose und Campher nach **D. R. P. 207 869** Maisin zu, einen Eiweißkörper, den man nach **D. R. P. 144 217** durch Behandlung von Mais mit Amylalkohol erhält. Man verknetet z. B. 37,5 Tl. Nitrocellulose und 12,5 Tl. Campher mit 37,5 Tl. mit Alkohol befeuchtetem Maisin und verarbeitet die Masse dann wie üblich. **(F. P. 388 097.)** Vgl. **Bd. IV [449].**

Ein Celluloidersatzstoff wird ferner durch Verarbeitung eines Gemisches von Nitrocellulose, Kolophonium und Naphthalin bei etwa 40—50° erhalten. **(F. P. 372 512.)**

Zur Gewinnung celluloidartiger Massen löst man nach **D. R. P. 163 668** 100 g Baumwolle in 3 kg Salpeterschwefelsäure (19% Wasser, 42% Schwefelsäure, 39% Salpetersäure) bei 40—50° und verarbeitet diese in 96 proz. Alkohol ohne Zusatz anderer Lösungsmittel völlig lösliche Nitrocellulose mit 30% leicht schmelzbaren Harzen oder Ceresin und 60% Sprit von 96%.

Ein nach einem älteren Verfahren hergestelltes Ersatzmittel für Celluloid besteht nach **D. R. P. 66 055** aus einer dickflüssigen Kollodiumlösung, einem Brei aus nitrierter Wolle, die man mit Terpentinöl getränkt hat, Schwefel, Ricinusöl und irgendeinem Harz. Das Ganze wird unter einem Druck von 12 Atm. auf 100—150° erhitzt.

Nach **D. R. P. 96 365** erhält man celluloidartige Produkte aus Nitrocellulose und Ölen, die nitriertes Leinöl oder nitriertes Ricinusöl enthalten.

Nach **D. R. P. 214 398** wird eine schwerverbrennliche, celluloidartige Masse erhalten, wenn man eine Lösung von Nitrocellulose mit Luft oder Sauerstoff behandelt, das hierbei verdunstende Lösungsmittel durch Methylalkohol ersetzt und Milchsäure, Ricinusöl und Strontiumchlorid zufügt. Die Entzündbarkeit verringert sich, je länger man Luft einleitet. Die entstandene glasartige Haut wird mit kohlensaurem Ammonium in gesättigter Lösung behandelt, dann nimmt man die Masse aus der Schale und läßt sie an der Luft trocknen. Die Milchsäure dient als Campherersatz, das Ricinusöl gibt dem Produkt Elastizität, Biegsamkeit und Unzerbrechlichkeit.

Nach **F. P. 446 270** erhält man eine, normales Celluloid an Härte übertreffende, jedoch dabei campherärmere Hartcelluloidmasse, die sich besonders zur Herstellung von Kämmen und Messergriffen eignet durch Zusatz feinst verteilter Nitrocellulose in alkoholischer Suspension zu einer Celluloidmasse von normalem Camphergehalt. Dieser kann auf diese Weise von 25 auf etwa 8% herabgedrückt werden.

477. Hydro-, Acetyl- und Formylcellulose. — Vinylester.

Die celluloidähnliche Masse des **A. P. 1 379 596** besteht aus Cellulosehydrat, Triphenylphosphat und einem Öl.

Zur Herstellung celluloidähnlicher Massen verarbeitet man Nitrocellulose oder deren organische Säureester oder solche der Cellulose bzw. Hydrocellulose usw. für sich oder in Mischung, evt. unter Zusatz von Campher oder seinen Ersatzprodukten mit Chloradditionsverbindungen. **(Ö. P. 34 908.)**

In **F. P. 413 657** u. **413 658** ist ein Verfahren beschrieben, nach dem man eine unentzündbare Masse, die bessere Eigenschaften zeigen soll als Celluloid, aus dem Einwirkungsprodukt von Phosphorsäure-, Thiophosphorsäure- oder Sulfoestern von Phenolen oder Naphtholen auf Celluloseacetat erhält.

Nach **F. P. 414 680** werden unentzündbare Films aus Estern der Cellulose und Estern oder Sulfoestern von Phenolen durch Verarbeitung ihrer Acetonlösungen in der üblichen Weise hergestellt.

Nach **F. P. 419 530, Zusatz 13 237** erhält man aus Acetylcellulose, gelöst in Acetylentetrachlorid und Alkohol eine celluloidartige Masse.

Nach **F. P. 421 010** wird ein unentzündbares Celluloid erhalten, wenn man Celluloseacetat vor seiner Fällung mit verdünnten oder konzentrierten organischen oder Mineralsäuren behandelt und die Masse mit Campher, Triphenylphosphat, Naphthylphosphat, Glycerinderivaten und Ölen sowie mit Füll- und Lösungsmitteln versetzt. Vgl. **E. P. 26 657/1909.**

Vgl. **E. P. 18 189/1910**: Celluloidähnliche Massen werden durch Kneten, Trocknen und Formen eines Gemenges von Acetylcellulose, Campher, Metall- und Mineralpulver (Asbest, Graphit, Glas) in Gegenwart eines Lösungsmittels hergestellt.

Ein besonders widerstandsfähiger Celluloidersatz wird nach **D. R. P. 263 056** erhalten, wenn man die Acetylcellulose mit 1% Harnstoff verarbeitet. Die Produkte sind unentflammbar, transparent und hart und eignen sich besonders zur Herstellung fester Überzüge auf verschiedenen Stoffen.

Verschiedene harte, plastische, celluloidähnliche, jedoch unentzündbare Massen erhält man nach **F. P. 427 804** aus einem Gemisch von Acetylcellulose, Aceton und Monoacetyläthylanilin.

Nach **D. R. P. 238 348** erhält man celluloidartige Massen, wenn man Acetylcellulose in Gegenwart von Campher mit einem Gemenge von Lösungsmitteln behandelt, die einzeln keine Lösungsmittel für die Acetylcellulose sind; die erhaltene Gelatine wird durch Erwärmen verflüssigt und warm in Schichten ausgebreitet, die nach dem Erkalten erstarren. Man knetet z. B. 1 kg Acetylcellulose mit 200 g Kreosot und 100 g Toluolsulfosäureester, die in 900 g einer Mischung aus gleichen Teilen Alkohol und Benzol gelöst sind, bei 50—60°. Oder man verarbeitet ein Gemenge von Acetylcellulose und Campher mit Methylalkohol und Benzol, die einzeln ebenfalls keine Lösungsmittel für Acetylcellulose sind.

Die Herstellung einer celluloidartigen Masse aus 120 Tl. Celluloseacetat, 100 Tl. Pentachloräthan, 130 Tl. Alkohol und 650 Tl. Chloroform ist in **Ö. P. 46 991** beschrieben.

Oder man erhitzt 1 Tl. Acetylcellulose unter stetem Rühren mit einer Lösung von 2 Tl. Carbolsäure oder anderen ein- oder mehrwertigen Phenolen in 20 Tl. Trichloräthylen bzw. Perchloräthylen. Die erhaltene klare flüssige Masse wird dann ganz oder teilweise, je nach dem weiteren Verwendungszweck, eingedampft. Man erhält so beständige, in der Farbe unveränderliche, harte und zähe Produkte, die jedenfalls unter chemischer Mitwirkung des Tri- oder Perchloräthylens entstehen, da sie ganz anders beschaffen sind als normale Celluloseacetate und auch nach Entfernung des gesamten Phenoles noch um 33—50% mehr wiegen, als das angewendete Acetat. Im übrigen sind die Produkte ebenso wie alle anderen zur Herstellung von Lacken, Firnissen, Imprägnierungsmassen, künstlichen Gebilden und säurebeständigen geschmeidigen Zement-, Isolier- und Verkittungsmaterialien geeignet. **(D. R. P. 266 781.)**

Nach **A. P. 1 199 798** wird eine nichtbrennbare Celluloidmasse in der Weise hergestellt, daß man Acetylcellulose und Diphenylamin in Aceton löst und die Lösung durch Verdampfen zum Trocknen und Erhärten bringt.

Zwecks Herstellung einer celluloidartigen, nicht brennbaren Masse mischt man nach **A. P. 1 188 797** 100 Tl. Celluloseacetat mit 20—40 Tl. eines 3,5—7% Wasser enthaltenden Metallhydroxydes, sowie mit 27—61 Tl. Benzol, 40 Tl. Triphenylphosphat und 30—50 Tl. p-Äthyltoluylensulfonamid. **(Kunststoffe 1916, 266.)**

Oder man löst gewisse Acetylcellulosen in einem Gemisch von Trichloräthylen und Alkohol und verarbeitet die Lösung wie üblich unter evtl. Campherzusatz auf celluloidartige Produkte. **(A. P. 1 242 783.)**

Nach **E. P. 423 774** wird ein unentzündbarer Celluloidersatz durch Fällung der Lösungen von Formylcellulose oder des Cellulosephosphorformiates in Ameisensäure mit Amylacetat erhalten. Nach Entfernung des Lösungs- und Fällungsmittels mischt man die Massen mit Campher oder Campherersatzmitteln.

Über Herstellung plastischer Massen von Celluloidcharakter aus Nitrocellulose oder Celluloseacetat und Dioxydiphenyldimethylmethan und ähnlichen Körpern siehe **E. P. 18 822/1912.**

In Zeitschr. f. angew. Chem. 1911, 366 berichtet **A. Eichengrün** über die unverbrennbaren Celluloidersatzprodukte Cellit und Cellon. Vgl. **Chem.-Ztg. 1908, 228** und **[216 ff.]**

Über Verwendung des Cellons in der Aviatik und im Automobilbau siehe **Techn. Rundsch. 1913, 147.**

Zur Gewinnung technisch wertvoller Produkte, die man erweichen oder lösen und dann mit Zusatzstoffen gemischt in feste Stoffe überführen kann, die glashart sind und sich als vorzüglicher, völlig feuersicherer und geruchloser Celluloidersatz eignet, polymerisiert man Essigsäurevinylester oder Monochloressigsäurevinylester unter dem Einflusse direkten Sonnenlichtes oder der Strahlen einer Quecksilberdampflampe. Nach dem Zusatzpatent setzt man Katalysatoren zu, erwärmt also vorsichtig unter Rückfluß z. B. 1 kg Chloressigsäurevinylester mit 0,5—1 g Benzolysuperoxyd auf 80—100° und mildert die nunmehr auftretende heftige Reaktion durch Kühlung oder beugt ihr dadurch vor, daß man von vornherein 300 g Chlorbenzol als indifferentes Lösungsmittel zusetzt. Der gewonnene zähe Sirup gibt dann ohne Verdünnungsmittel, bzw. nach dessen Entfernung im Vakuum, nach kurzer Belichtung schon die polymeren festen Massen. Als Katalysatoren sind auch andere Superoxyde, Persalze oder Metalloxyde (z. B. Silberoxyd) verwendbar. Nach dem weiteren zugehörigen Patent verarbeitet man die Polymerisationsprodukte des Halogenvinyls, auch der eben beschriebenen Ester, in der Weise, daß man sie zur Gewinnung schwer brennbarer durchsichtiger, geschmeidiger Films in heißem Chlorbenzol löst und die Lösung in dünnen Schichten ausgießt, wobei man verschiedenartige Produkte erhalten kann, wenn man der Chlorbenzollösung Stoffe beifügt, die, wie beispielsweise Campher oder Phenolphosphate und -carbonate, in der Celluloidindustrie als Zusatzstoffe zu Nitrocellulose dienen. Im allgemeinen gilt, daß im Sonnenlicht erhaltene Polymerisationsprodukte schwerer löslich, aber geschmeidig sind, während die Bestrahlung mit ultraviolettem Licht leichtlösliche, harte Produkte ergeben. **(D. R. P. 281 687, 281 688 u. 281 877.)**

478. Celluloidersatzprodukte ohne Cellulosederivate.

Ein nicht entzündbares, geruch- und geschmackloses Celluloidersatzmittel wird nach **D. R. P. 220 865** hergestellt durch Härten eines Gemenges von 25 Tl. gequelltem Leim oder gequellter

Gelatine, 10 Tl. einer gesättigten Carragheenlösung, 10 Tl. Eisessig und 10 Tl. Alkohol in einem Formaldehydbade.

Nach **D. R. P. 251 259** erhält man einen unverbrennlichen Celluloidersatz auf folgende Weise: Man bereitet aus 25 g Gelatine und 100 ccm Wasser unter Zusatz von 5 g Essigsäure und 2 g Bergalaun auf dem Wasserbade bei 65° eine Gelatinelösung und bereitet ferner durch Zusatz von Salzsäure im Überschuß zu einer verdünnten Alkalisilicatlösung eine Kieselsäure-Gelfällung. Beide werden vereinigt, mit Ammoniak oder Ätzkali neutralisiert und mit absolutem Alkohol ganz oder zum Teil, je nach dem gewünschten Endprodukt entwässert, worauf man die so gewonnene Gallerte mit einer Glycerin-Kieselsäuregallerte vereinigt, die man erhält, wenn man die Lösung eines Alkalisilicates mit der zum Ausfällen der Kieselsäure eben notwendigen Salzsäuremenge versetzt und die gewonnene Masse mit Glycerin aufkocht. Das Produkt wird mit Formaldehyd, Alaun oder Aluminiumacetat unlöslich gemacht und liefert nach dem Trocknen und Pressen einen unverbrennlichen, harten und widerstandsfähigen Celluloidersatz. Verwendet man an Stelle der Gelatine bei Bereitung obiger Lösung Casein, so wird als Lösungsmittel Borax zugesetzt. Nach dem Zusatzpatent vermischt man die Kolloide, nicht gelöst, sondern als feine Pulver mit der Silicatgallerte und den Lösungsmitteln, füllt das gleichmäßig benetzte Pulver in Formen und preßt bei erhöhter Temperatur. **(D. R. P. 262 092.)**

Ein völlig unverbrennbarer Celluloidersatz wird nach **D. R. P. 254 992** in folgender Weise erhalten: Man löst 30 kg Gelatine nach vorheriger Quellung in 30 l Wasser bei 90°, setzt der Lösung bei 45° 1 kg Gallussäure zu und vermischt diese Lösung mit einem Teig aus 30 kg Casein und der nötigen Ammoniak- und Wassermenge. Nach 5—6stündigem Stehen verrührt man die mit Wasser verdünnte, rahmartige Masse nach einstündigem Kochen mit 2 kg einer Lösung aus 10 Tl. Kautschuk, 20 Tl. Schwefelkohlenstoff und 2 Tl. Schwefel. Schließlich wird noch etwas Glycerin zugesetzt und ferner eine Lösung von 40 g Kolophonium im gleichen Gewicht Ammoniak. Der Teig wird in Formen gegossen und gepreßt, getrocknet und mit einer 25proz. Formaldehydlösung gehärtet.

Zur Gewinnung celluloidähnlicher Massen verkocht man nach **D. R. P. 255 953** Agar oder aus Algen gewonnene Kolloidstoffe (300 g) bis zur Lösung mit der zehnfachen Menge Wasser und setzt der Masse 6 g Chromsäure und zur Härtung und Erhöhung der Wasserfestigkeit etwas Formaldehyd zu. Ebenso kann man auch ein Gemenge von 150 g der Algenstoffe und 150 g Casein verwenden. Die so dargestellten Films zeichnen sich, im Gegensatz zu den sonst aus tierischen Kolloiden allein mit Chromsäure erhaltenen brüchigen Produkten, durch bedeutende Zerreißfestigkeit aus. **(D. R. P. 255 953.)**

Zur Herstellung einer celluloidähnlichen Masse verkocht man nach **D. R. P. 202 133** 300 g Agar-Agar bis zur vollständigen Lösung in 3 l Wasser, setzt 100 g Stearin oder einer Wachsart, ferner 50 g venezianisches Terpentin, 10 g Ricinusöl und 100 g kalt angerührte Stärke zu und erhitzt unter beständigem Rühren nach evtl. Zufügung von Teer- oder Erdfarben bis zur vollständigen Homogenisierung. Nach dem Zusatzpatent wird eine celluloidähnliche Masse aus denselben Bestandteilen, jedoch unter Zusatz von Casein hergestellt. Man verwendet also z. B. 300 g Agar-Agar, 3 l Wasser, 300 g Casein, gelöst in einer schwachen Alkalilösung, 50 Tl. Wachs, 10 g Mohn- oder Ricinusöl, Teerfarb- und Füllstoffe. **(D. R. P. 222 319.)**

Nach **F. P. 424 820** erhält man eine Kunstmasse, die Glas, **Bd. I [506]** Celluloid oder Glimmer zu ersetzen vermag, aus einem Gemenge von Fischleim, Gelatine, Meeresalgen, Lichen, Glycerin, Alkalisilicat, Glykose durch Lösen in Alkohol, Filtrieren und Ausgießen auf ebene Platten. Die resultierenden Häute werden zuerst in ein Eiweißbad getaucht und dann mit einem Gemenge von Terpentinöl, Kolophonium, Celluloid, Methyläther, Zaponlack und 90proz. Alkohol überzogen.

Unter dem Namen „Boyonit“ **(F. P. 443 279)** kam als Celluloidersatz oder plastische Masse ein merkwürdiges Gemenge aus Leim, Äpfelbrei, Kautschuk, Harz, Metall (?), Pflanzenfett, reiner Salzsäure, Phosphorsäure und unterschwefligsaurem Natron in den Handel. Die Masse wird getrocknet und mit Alkohol, Ammoniak, Chlorhydrin, Phosphorsäure, Schwefelsäure, Olivenöl vermengt, mit weißem Zement gefüllt und soll alle Eigenschaften des Celluloids besitzen, ohne jedoch entzündbar zu sein.

Zur Herstellung eines Celluloidersatzmittels schmilzt man 200 Tl. Leim oder Gelatine nach dem Quellen in Wasser in der Wärme, setzt je 30 Tl. Casein und Natronwasserglas und evtl. einen Farbstoff zu, vermengt die Masse, filtriert und gießt die Flüssigkeit auf nivellierte Glastafeln. Nach dem Trocknen läßt man die Tafeln einige Stunden in Härtungsbädern (Chromalaun oder Tannin, Alaun u. dgl.) liegen und erhält so durchsichtige, helle Produkte, die unbrennbar sind und sich von den nach bekannten Verfahren hergestellten Celluloidersatzpräparaten durch ihre leichte Bearbeitbarkeit unterscheiden. **(D. R. P. 281 541.)**

Zur Herstellung einer plastischen Masse, die nach dem Pressen in erhitzte Formen als Knochen- oder Celluloidersatz dienen kann, versetzt man 60° warme Milch nach **D. R. P. 85 886** mit Borax, erhitzt auf 90° unter Zusatz eines Mineralsalzes, das die Ausscheidung des Caseins bewirkt (Chlorbarium), wäscht und trocknet den gebildeten Niederschlag, um ihn schließlich mit einem Caseinlösungsmittel (Essigsäure oder Soda) zu vermahlen.

Um Casein in unlösliche Form überzuführen, wird es nach **F. P. 388 441** mit einer wässerigen Lösung von Trioxymethylen gemischt, auf 60° angewärmt; die resultierende Paste wird in Formen gepreßt.

Nach **F. P. 430 035** wird unentzündbarer Celluloidersatz erhalten aus Casein, Gelatine, Schelllack oder aus gelatinöser Kieselsäure evtl. unter Zusatz von Glycerin.

Nach **F. P. 445 843** erhält man einen Celluloidersatz durch Verkneten einer sodaalkalischen Harzlösung mit Naphthol, worauf man Casein und zur Härtung Formaldehyd oder Antimon- oder Zinnsalze und zur Erhöhung der Transparenz Kanadabalsam hinzufügt.

Zur Herstellung celluloidartiger Massen werden keratinhaltige Stoffe nach **D. R. P. 134 314** in alkalischer Lauge gelöst, dann wird mittels Säuren gefällt und die ausgefällte Masse mit Formaldehyd gehärtet. Als Ausgangsstoff verwendbar sind Klauen, Nägel, Horn, Hufe, Haare, Wolle, Federn, Fischbeinabfälle usw., die nach diesem Verfahren eine celluloidartige, in Wasser nicht quellbare, elastische und mechanisch leicht bearbeitbare Hornersatzmasse liefern.

Vgl. **F. P. 425 204**: Eine unentzündbare, plastische Masse wird durch Härtung eines Gemenges von gelöstem Eiweiß, Farbstoff und ölhaltigen Substanzen mit Formaldehyd erhalten.

Nach **D. R. P. 236 302** u. **236 303** resultieren durch Eindampfen der Lösungen von Fibroin oder Albumin in Ameisensäure mit Pentamethylendiaminsulfin dünne elastische Häutchen. Das Sulfin wird vorteilhaft erst auf den nach Verdunsten der Ameisensäure zurückgebliebenen Häutchen dadurch erzeugt, daß man sie in Formalin und nachher in Schwefelammoniumlösung legt.

Zur Herstellung eines Celluloidersatzes mischt man Formaldehyd mit Carbolsäure nach **D. R. P. 173 990** im Verhältnis von 3 : 5 Teilen, kocht bis die Masse dickflüssig ist und trocknet bei 80°.

Zur Herstellung eines Celluloidersatzes behandelt man Aluminium- oder Zinksalze der Fettsäuren nach **D. R. P. 117 878** mit flüchtigen Lösungsmitteln und erhält nach dem Trocknen eine Masse, die sich zur Herstellung transparenter Films eignet.

Nach **D. R. P. 102 133** und **222 319** erhält man celluloidartige Massen aus Wachs, Ricinusöl, Stärke, venezianischem Terpentin, Ceresin und Agar.

Auch durch Heptachlorierung des Kautschuks erhält man nach **D. R. P. 329 293** eine celluloidähnliche Masse.

479. Celluloidwaren. — Celluloid (-ersatz) färben.

Über die Herstellung von Celluloidwäschestücken siehe **D. R. P. 323 751.** Vgl. auch **D. R. P. 323 515** und **323 391.**

Über die Verarbeitung des Celluloids durch Polieren, Bemalen, Färben, Bedrucken und die Herstellung massiver Pressungen siehe **A. Jaeckel, Die Cell.-Ind.,** Beil. zur **Gummiztg. 1910, 1911, 1912.** Weiterhin finden sich auch Angaben über die Kamm- und Haarschmuckfabrikation, die zugehörigen Maschinen, die mechanische Ausführung der Verfahren, die vielfache Verwendbarkeit des Celluloidabfalls in der Lack- und Firnisfabrikation oder als Zusatz zu frischen Celluloidmassen usw. Vgl. speziell, was die Verwertung der Abfälle betrifft, **Gummiztg. 1910, 8.**

Celluloid ist leicht zu färben. Zum Färben werden vorzugsweise Teerfarbstoffe, aber auch Mineralfarben und Bronzepulver, besonders Aluminiumbronze verwandt. Die Farben werden in Lösung, bzw. die Mineralfarben aufgeschlemmt in dem Kalander zugesetzt. Teerfarbstoffe, die genügend hitzebeständig sein müssen, werden in 95/98proz., auf 70—80° C erwärmtem Alkohol gelöst. Das Färben geschieht durch Bespritzen oder Übergießen mit der warmen, klaren (am besten filtrierten) Farbstofflösung oder durch Eintauchen des zu färbenden Materials in die Lösung. Bei tiefen Tönen empfiehlt es sich, das gefärbte, getrocknete Material mit etwas Vaselin oder einem ähnlichen Fett abzureiben. Geeignete Farben sind: Für Weiß: Zinkweiß, für Gelb: Naphthalingelb, Chrysoidin, Chromgelb, für Braun: Vesuvin, Manchesterbraun, für Rot und Rosa: Fuchsin, Safranin, Zinnober, Rhodamin, Phloxin, für Blau: Spritblau, Ultramarin, Kobaltblau, für Grün: Brillantgrün (Chromgrün), für Violett: Krystallviolett, Methylviolett, für Schwarz: Nigrosin, spritl., oder Ruß.

Zum Schwarzfärben von Celluloidknöpfen verwendet man nach **Farbe und Lack 1912, 293** entweder eine Lösung von Anilinschwarz (in Substanz) in irgendeinem Celluloidlösungsmittel (Amylacetat, Aceton), das die Celluloidoberfläche zur Aufnahme des Farbstoffes geeignet macht oder man taucht die Gegenstände zuerst in dünne kochende Natronlauge dann in eine Lösung von Silbernitrat und trocknet am Sonnenlicht.

Celluloidösen werden nach einer Notiz in **Seifens.-Ztg. 1912, 720** zweckmäßig mit einer, mit Benzin verdünnten Lösung von Nigrosin in Ölsäure gefärbt. Man kann den Farbstoff auch in Anilin lösen, doch ist in diesem Falle durch Vorversuche zu bestimmen, inwieweit das Celluloid durch das Anilin angegriffen wird.

Zur Anbringung heller Linien auf dunkelgefärbten Celluloidplatten zeichnet oder schreibt man auf die Tafel mit Wasserglas, trocknet, färbt die ganze Platte in alkoholischen Lösungen von Teerfarbstoffen schwarz oder dunkelblau, trocknet abermals und wäscht nunmehr das Wasserglas ab, wodurch helle Linien auf dunklem Grund erscheinen. **(D. R. P. 82 833.)**

In **Kunststoffe 37, 286** bringt **E. Stich** unter zahlreichen Vorschriften zum Färben des Celluloids in der Masse z. B. auch folgende: Schildpatt für $2^1/_2$- — 3 mm-Platten (franz. Schildpatt, Oynax): 80 kg Celluloid ohne Farbe, 65 kg hellbraune Masse mit 5 g Violett S, 15 g Van Dyk, 5 g Chrysoidin, 0,25 g Violett 4 R, 2 g Ruß und 65 kg dunkelbraune Masse mit 8 g Violett S, 24 g Van Dyk, 8 g Chrysoidin, 0,25 g Violett 4 R, 4 g Ruß.

Bei höheren Temperaturen und für größere Blöcke verarbeitet man in der hellen Masse 0,5 bzw. in der dunklen 4 g Violett MB statt des Violett S. Zum Melieren werden die drei Massen in ca. 10 cm dicke Würfel zerschnitten, gut durcheinander gemischt und unter Pressen verarbeitet.

Für weiße Wäsche werden 100 kg Celluloid (aus 79 kg Nitrocellulose und 21 kg Campher oder 80 kg Nitrocellulose, 5 kg Campher und 15 kg Mannol) mit 10 kg Zinkweiß, 30 g Kobaltblau, 16 g Zinnober gefärbt.

Schwarz-Weiß-Marmorplatten: 70 kg Weiß-Masse mit 2000 g Zinkweiß, 2,8 g Ultramarinblau, 42 cbcm Violett 4 R-lösung 1 : 4000, Anilinschwarz 0,7 g; ferner 35 kg Schwarzmasse mit 450 g Vulkanschwarz und 35 kg Blondmasse mit 105 g Aluminiumbronze, 70 g Zinkweiß, 2,8 g Kastanienbraun, 0,28 g Chromgrün, 3,5 g Chromgelb, 0,5 g Kobaltblau und 1,75 g Zinnober. Zur Musterung preßt man 35 kg Weiß und 35 kg Schwarz in 1 mm-Platten; 9 Platten weiß, 9 Platten schwarz werden abwechselnd aufeinandergelegt und in 8—9 mm stark ePlatten zusammengedrückt. Die Platten werden in Würfelform geschnitten, gemischt und in die Blockpresse gebracht.

Eine Grundmasse für Celluloid Schwarz-Lederhart erhält man durch Verkneten und Pressen von 25 kg Nitrocellulose, 12 kg Mannol, 12 kg Ricinusöl und 5 kg Campher bei zweimaligem Ölansatz.

Horn für Stäbe: 12,5 kg Nitrocellulose (Mannollösung), für Blond mit Zinkweiß 27 g, Chrysoidinlösung 1 : 1000 550 ccm, Anthrachinonviolett 1 : 1000 910 ccm, 2,8 g Chromgrün. 12,5 kg Nitrocellulose für Braun mit 0,625 g Chrysoidin, 3 g Van Dyck und 0,3 g Violett S. Braun 2 mm-Platten und Blond 4,5 mm-Platten werden abwechselnd aufeinandergelegt und zu einem Block gepreßt.

Nach **J. Walter, Angew. Chem. 24, 62,** lassen sich Schießbaumwolle, ebenso wie Celluloidwaren durch bloßes Räuchern mit Dimethylanilindämpfen in Kammern färben; die nach 24 Stunden grünliche Färbung geht über Blau nach 156 Stunden in Violett über.

480. Celluloid (-ersatz) bemalen, bedrucken, lackieren.

Vor dem Auftragen von Druckfarben auf Celluloidplatten werden zuerst die passend beschnittenen, gesäuberten und polierten Platten leicht und gleichmäßig mit Äther bearbeitet, bis sie an der Oberfläche rauh geworden sind. Die Druckfarbe, die man nun mittels einer lithographischen Presse aufträgt, wird mit Aceton oder Alkohol befeuchtet. Das Lösungsmittel weicht während des Pressens die Oberfläche auf und die Farbe verbindet sich innig mit dem Celluloid. Auf ähnliche Weise werden Celluloid und seine Ersatzstoffe, speziell Cellon, mit Verzierungen aus Bronze-, Weißgold-, Aluminium- und Silberstaub versehen. Der feingepulverte Metallstaub ist mehlartig einzuschlemmen, mit einem geringen Prozentsatz Celluloidlösungsmittel und etwas Sikkativ zu vermischen und mit einem Pinsel aufzutragen. **(Celluloidindustrie, Beil. z. Gummiztg. 1917, 41.)**

Zur Vorbereitung von Celluloidgegenständen (Puppenköpfen) für die Bemalung überstreicht man sie nach **D. R. P. 155 117** ohne vorheriges Anrauhen mit einem Lack, der aus einer Lösung von 5 kg Kollodium und 200—500 g Wachs in 6 kg Äther besteht und nach dem Trocknen einen guten Malgrund gibt.

Zur Vorbereitung von Celluloidwaren zur Bemalung überzieht man die zu färbenden Stellen nach **D. R. P. 160 378** mit in Äther aufgeschlemmtem Puder. Vgl. **D. R. P. 40 273:** Alkohol und Äther allein ohne Puder als Rauhungsmittel.

Zur Vorbereitung von Celluloid für die Bemalung wird der Gegenstand nach **D. R. P. 193 514** durch Methylalkohol oberflächlich aufgequellt und erhält so nach dem Trocknen eine mattrauhe Oberfläche.

Nach **D. R. P. 119 363** bestreicht man die Fläche zu demselben Zweck mit dem Gemisch eines Lösungsmittels und einer Fettsäure und läßt den Gegenstand, bis das Gemisch genügend eingewirkt hat, an der Luft liegen. Am besten eignet sich eine Mischung von Ölsäure und Essigsäureamylester. Vgl. **D. R. P. 120 240.**

Um Celluloid für Farbstoff- und Gerbmittellösungen aufnahmefähiger zu machen, bringt man die Blätter nach **D. R. P. 267 992** während 30 Sekunden bis 2 Minuten in ein erstes Bad, das aus 80 Tl. Alkohol und 20 Tl. Aceton besteht, wäscht die Folie sodann 30 Sekunden in reinem Wasser und taucht sie ungefähr 1 Minute, z. B. in eine 4 proz., wässerige Kongoreinblaulösung. Nach dem Trocknen ist das Celluloid unveränderlich blau gefärbt.

Zur Erzeugung durchsichtiger Bilder auf Celluloid eignet sich nach **D. R. P. 132 894** eine lichtbeständige, wie üblich hergestellte lithographische Druckfarbe, der man eine Mischung von Äther, Campher, Paraffin und Manganfirnis zusetzt.

Zum Bedrucken von Celluloid mattiert man die Flächen nach **D. R. P. 61 044** zuerst mit dem Sandstrahlgebläse, wäscht mit Wasser und Alkohol ab, überzieht die mattierte Fläche mit einer Mischung von 2 Tl. Leinölfirnis, 1 Tl. weißem Kopallack und 1 Tl. Terpentinöl, entfernt den Firnis nach einiger Zeit und bedeckt nun die Fläche, in deren mattierte Teile der Firnis eingedrungen ist, während die nicht mattierten Stellen ölabstoßend wirkten, mit einem gepulverten Gemenge gleicher Teile Magnesium- und Bariumsulfat; nach einigen Stunden wischt man das Pulver ab, satiniert und kann auf die nunmehr so vorbereitete Fläche ohne weiteres auch die zartesten Zeichnungen aufdrucken, ohne befürchten zu müssen, daß die Farben verfließen. Man kann auch für andere Zwecke die Celluloidflächen mit Druckfarben bedrucken, nach dem Trocknen den Aufdruck mit einem Lack aus 6,5 Tl. weißem Kopal, 16,4 Tl. Alkohol, 1,2 Tl. Wasser, 75,5 Tl. Äther und 0,5 Tl. Terpentinöl überziehen und trocknen; man erhält so haltbare und sauber bedruckte Flächen, da der Äther die Oberfläche des Celluloids etwas löst, wodurch festes Haften der Lackschicht bewirkt wird.

Nach **D. R. P. 45 131** verhindert man das Ausfließen der Farben beim Bedrucken von Celluloid dadurch, daß man die Farbstoffe in Essigäther oder Essigsäure löst, die die Oberfläche des Celluloids stark angreifen, daher rasch eindringen und eintrocknen. In besonderen Fällen verwendet man zur Befeuchtung der Celluloidoberfläche Terpentinöl oder geschmolzenes Terpentinwachs. Vgl. **D. R. P. 44 129** u. **45 624.**

Das Malen und die Spritzmaleri auf Celluloid beschreibt **A. Jaeckel** in **Celluloidind., Beil. d. Gummiztg. 1913, 123** bzw. **131.**

Über das Vernieren von Celluloid siehe **D. R. P. 84 450.**

Zum Lackieren von Celluloidwaren wird nach **Celluloidind., Beil. d. Gummiztg. 1912, 194** mit bestem Erfolg der echte Rhuslack oder Japanlack verwendet, der ursprünglich farblos ist und erst, wenn er an die Luft kommt, schwarz wird. Der Überzug deckt gut, nimmt leicht Hochglanz an und läßt sich auch mit den gewöhnlichen Lacklösungsmitteln kaum von der Oberfläche entfernen.

Über die Erzeugung bunter Lackeffekte auf Celluloid und ähnlichen Materialien siehe **F. Zimmer, Kunststoffe 1912, 6.** Verfasser bespricht die verschiedenen Methoden der Marmorierung, der Unter- und Übermalung von Celluloid zur Imitierung von Schildpatt, Büffelhorn oder poliertem Stein, ferner die Iriseffekte, die zur Imitation von Perlmutter dienen, die abwaschbaren Zaponlacküberzüge u. dgl.

Nach **Kunststoffe 1911, 453** imitiert man Büffelhorn oder Schildpatt durch Anbringung von Marmorierungseffekten auf Celluloid. Transparentes Celluloid wird mit verschiedenen Spiritus- oder Zapondecklacken betupft, die Tupfen werden mittels Preßluft auseinandergetrieben. Dieser Untermalung kann sich auch eine Übermalung anschließen, die darin besteht, daß man sog. Flittercelluloid mit goldfarbigen transparenten Spirituslacken behandelt; die eingesprengten silberigen Flitterteilchen erteilen der Oberfläche den Glanz eines Goldüberzuges. Ebenso werden Bakelit und Galalith mittels Spritzmaschinen mit Schutzüberzügen aus Industrielacken versehen.

Eine Methode zur Herstellung elfenbeinähnlicher Maserung auf Celluloidflächen ist in **D. R. P. 71 204** angegeben. Man überzieht die Oberfläche des Gegenstandes mit einem Lack, ritzt die Zeichnung ein, beizt mit einer das Celluloid angreifenden Flüssigkeit (Eisessig, Aceton), entfernt den Überzug, schleift und poliert. Wenn man Aceton zum Polieren oder zu sonstiger Verarbeitung auf Celluloid verwendet, muß das Lösungsmittel völlig neutral reagieren und absolut wasserfrei sein. Es empfiehlt sich daher, das verwendete Aceton von Zeit zu Zeit mit wasserfreiem Natriumsulfat durchschütteln, einige Zeit mit dem Salze stehen zu lassen und nachträglich das entwässerte Produkt aus dem Wasserbade abzudestillieren.

Im allgemeinen ist es jedoch vorzuziehen, zur Erzielung höheren Glanzes auf Celluloidartikeln nicht Aceton, sondern Eisessig zu verwenden, doch ist in diesem Falle nach **M. Kalinowski** unerläßliche Bedingung, daß der Tauchprozeß in einem möglichst warmen und trockenen Raume stattfindet, da bei feuchter Luft leicht weiße Flecken entstehen. **(Techn. Rundsch. 1909, 4 u. 32.)**

Zur Erzeugung künstlicher Perlmutterfärbung auf Celluloid oder Gelatine überstreicht man das Material nach **D. R. P. 88 442** mit Perlessenz **Bd. III [179]**, übergießt mit Gelatinelösung, läßt trocknen, härtet die Gelatinehaut mit einer Lösung von 1 Tl. Alaun in 18 Tl. Wasser, wäscht mit verdünnter Pottaschelösung ab und läßt abermals trocknen. Näheres in dem Buche von **v. Wobeser**, Anleitung zur Brillant-Perlmuttermalerei und Perlmutterimitation.

In **Celluloidind., Beil. z. Gummiztg. 1912, 97** finden sich Vorschriften zum Bemalen und Beschreiben von Celluloidwaren mit Farbstofflösungen. Man verrührt z. B. zur Herstellung einer grünen Farbe 40 g Neapelgelb und 60 g Smaltepulver unter Hinzufügung von Wasser bzw. Schwefelkohlenstoff und Chloroform und vereinigt den Farbbrei mit einem guten Zaponlack, der als Hauptbestandteil Amylacetat oder Aceton enthält. Die Schriftzüge oder gemalten Ornamente werden dann langsam bei Vermeidung feuchter Luftströme getrocknet, um das Festhaften der Farbe auf dem Celluloid zu bewirken.

Zur Herstellung leuchtender Anstriche auf Celluloidwaren verreibt man nach **Techn. Rundsch. 1907, 97** 8 Tl. Bariumsulfat, 2 Tl. Krapplack, 6 Tl. Realgar, 30 Tl. Calciumsulfid und 46 Tl. Firnis oder Lack und streicht auf. Nach genügender Belichtung im Tageslicht phosphoresziert dieser Anstrich im Dunkeln in prachtvoll roter Farbe. Im Gegensatz zu diesen Gemengen, die als wesentlichen Bestandteil die Sulfide der Erdalkalien enthalten, sind die mit Hilfe des wolframsauren Kalks hergestellten, in noch stärkerem Maße selbstleuchtenden Massen nicht geeignet, zugleich mit Lack oder Firnis verwendet zu werden, sondern man stellt solche Leuchtschilder in der Weise her, daß man die fein gepulverte, erschöpfend ausgewaschene Schmelze von wolframsaurem Kalk (aus je 30 Tl. Kochsalz, Chlorcalcium und wolframsauren Natron) auf eine mit Leim bestrichene Fläche aufstreut.

481. Celluloid (-ersatz) verzieren, metallisieren (Einlagen), plastisch machen, gießen.

Nach **F. P. 417 670** erzeugt man Gegenstände aus künstlichem Jet (Gagat) aus Celluloidblättern durch Einpressen des entsprechend gefärbten, geschmolzenen Materials in Formen. Vgl. **D. R. P. 63 091:** Jetersatz durch Einpressen von Metalleinlagen in Celluloidkörper.

Zur Herstellung gemusterter Platten aus Celluloid oder Xylonit prägt man die Zeichnung erhaben in die Platten ein, färbt oder bemalt sie hierauf und preßt sie dann zwischen polierten Walzen in der Hitze, so daß die Zeichnung auf der polierten Fläche klar hervortritt. **(D. R. P. 54 819.)**

Um in Celluloidflächen haltbare farbige Striche zu erzeugen, verfährt man in der Weise, daß man die Flächen einritzt, bis ein Grat entsteht, sodann die Vertiefungen mit Farbe anfüllt und nunmehr die aufgeworfenen Ränder durch Reibung oder Pressung möglichst wieder in die alte Lage bringt, so daß sie die Farbstriche bedecken. **(D. R. P. 126 734.)**

Ein Verfahren zur Herstellung von gemustertem Celluloid als Ausgangsmaterial für Dauerwäsche, Spielwaren oder beliebige Gebrauchsgegenstände ist dadurch gekennzeichnet, daß man, den Mustern entsprechend, durchbrochene Celluloidplatten mit nicht durchbrochenen Platten flach in der ganzen Fläche verbindet. **(D. R. P. 315 281.)**

Zum Verzieren von Gegenständen mit Celluloidschichten, die evtl. verschiedenartig gefärbt neben- oder übereinander liegen, setzt man die Oberflächen den Dämpfen eines Lösungsmittels aus, bis das Celluloid erweicht und zerfließt. **(D. R. P. 155 774.)**

In **D. R. P. 87 684** ist eine maschinelle Einrichtung zum Überziehen von Gegenständen mit einer Celluloidschicht beschrieben.

Über Verzierung hohler Celluloidgegenstände durch Ausfüllen mit Harz, in dem man nach dem Erkalten durch Klopfen zahlreiche feine Risse erzeugt, so daß eine tigeraugeartige Struktur resultiert, siehe **D. R. P. 62 674.**

Über Herstellung tulaähnlicher Musterung auf einfarbigen Celluloidfolien siehe **D. R. P. 106 864.**

Über Herstellung ebenholzartiger Celluloidimitationen siehe **D. R. P. 109 738.**

Bei der Erzeugung von Hochglanzpolitur auf Celluloidflächen überzieht man zur Schonung der teueren Neusilber- oder Messingplatten ihre vom Arbeitsstück abgewandten Flächen mit einer nicht spröden, jedoch haltbaren, z. B. einer Stahllegierung. **(D. R. P. 285 349.)**

Zum Glänzendmachen von Celluloidgegenständen bringt man sie nach **D. R. P. 163 912** in ein aus Essigsäureanhydrid und Eisessig unter evtl. Zusatz von Benzol und Essigäther hergestelltes Bad und läßt die so behandelten Gegenstände trocknen. Man kann an feuchter Luft arbeiten, was bei dem üblichen Eintauchen in Eisessig nicht möglich ist, da die Gegenstände fleckig werden.

Metallglanz wird auf Celluloidprodukten nach **D. R. P. 142 454** auch dadurch erzielt, daß man durch Übereinanderschichten polierter Celluloidfolien Schichten verschiedener Lichtdurchlässigkeit erzeugt. Evtl. werden auch gefärbte Einlagen verwendet.

Zur Herstellung von Metalleinlagen in Hartgummi oder Celluloid verklebt man eine mit säurebeständiger Zeichnung bedeckte Blechplatte nach **D. R. P. 240 501** auf der Rückseite z. B. mit einer Celluloidtafel, bringt das Ganze in ein Metallätzbad, beläßt darin, bis die ungeschützten Metallflächen entfernt sind, und preßt die stehengebliebenen Verzierungen in die weiche Unterlage ein. Vgl. **Zusatz D. R. P. 240 904** und **D. R. P. 63 0 1.**

Nach **D. R. P. 139 447** werden galvanische Metallniederschläge auf Celluloidgegenständen haltbar befestigt, wenn man der zum Leitendmachen der Gegenstände dienenden Silbernitratlösung Aceton zufügt und so durch oberflächliche Auflösung des Celluloids ein tieferes Eindringen der Silberlösung und dadurch festeres Haften des Niederschlages bewirkt.

Zur Herstellung von versilberten Celluloidplatten übergießt man eine stark versilberte Glasplatte mit einer dicken Lösung von Celluloid in Amylacetat, trocknet, legt die Platte in Wasser und zieht den Celluloidfilm zusammen mit dem Silber ab. **(H. E. Ives, Zeitschr. f. wiss. Photogr. 1908, 373.)**

Über Preßvergoldung von Gummiwaren und Celluloidartikeln siehe **Gummiztg. 1915, 348.**

Die Herstellung von Metallornamenten in Celluloid ist in **Elektrochem. Ztg. 23, 143** beschrieben.

Zur Herstellung plastischer Metallimitationen beklebt man durchsichtige Celluloidblätter nach **F. P. 458 002** mit geschlagenen Aluminium-, Gold- oder Silberfolien unter Verwendung von Aceton als Klebmittel, und vereinigt die beiden Materialien durch heiße Pressung.

Um Celluloid palstisch zu machen, setzt man es den Dämpfen einer aus Alkohol und Holzgeist bestehenden Mischung aus, in der auch Campher aufgelöst sein kann. **(D. R. P. 178 944.)**

Eine gießbare Celluloidmasse, die sich den Gußformen leicht anpaßt, und schnell erstarrt, erhält man aus der Lösung von 1 kg Celluloid in 1 kg Aceton mit 250 g Magnesia, 50 g Schlämmkreide und einer Lösung von 250 g Glycerin in 100 g Äther und 150 g Spiritus. Die gegossenen Gegenstände werden bei 50 g getrocknet. **(D. R. P. 125 620.)**

482. Celluloid (-ersatz) kleben, reinigen, ausbessern. Abfallverwertung (Celluloidflintenkugeln).

Man kittet Celluloid, wenn es sich um kleinere Gegenstände handelt, durch Bestreichen der Kittstellen mit Aceton oder Amylacetat und Aneinanderpressen, beim Kitten größerer Gegenstände bedient man sich einer Auflösung von Celluloid in Aceton. Diese Methode dauert länger und die Kittstellen quellen zuweilen, doch sind die Kittstellen haltbarer. Geschliffen wird Celluloid auf Leinwandscheiben, die man aus mehrfachen Lagen anfertigt mit Hilfe von feinpulverisiertem Bimsstein. Verzierungen, Intarsien mit Perlmutter usw. werden dadurch angebracht, daß man die zu belegenden Stellen mit Aceton bestreicht, die Intarsia auflegt und heiß einpreßt. **(A. Jäckel, Ref. in Kunststoffe 1911, 458.)** Vgl. **F. P. 428 886.**

Zum Aufkleben von Celluloidzahlen auf Weißblech bedient man sich nach **Techn. Rundsch. 1909, 488** statt eines Zaponlackes besser einer warmen Lösung von 25 g Schellack in 30 ccm Campherspiritus und 35 ccm 90proz. Spiritus; man trägt die Flüssigkeit auf die auf der Klebseite vorher mit Sandpapier gerauhten Celluloidflächen auf. Evtl. läßt sich dieser Kitt auch im Gemenge mit Zaponlack und feinem Holzmehl, Asche oder Schlemmkreide anwenden. Das beste Klebmittel für Celluloid auf Metall soll jedoch nach **S. 468** 98proz. Essigsäure sein, in die man die Celluloidgegenstände während 30 Sekunden eintaucht oder deren Klebseite man mit der Säure bestreicht, um die Buchstaben dann auf das Metall zu drücken und während einiger Minuten unter schwachem Druck zu belassen. Auch eine zähe Lösung von Celluloidspänen in Essigsäure ist gut geeignet.

Zum Einkitten von Celluloidrohren in Eisen können folgende Kitte verwendet werden: 1. 60 Tl. Harz, 15 Tl. Paraffin und 25 Tl. venetianisches Terpentin werden zusammengeschmolzen. 2. 80 Tl. Harz, 4 Tl. Leinölfirnis, 6 Tl. venetianisches Terpentin und 10 Tl. gebrannter Gips, Ziegelmehl, Kreide oder dgl. werden zusammengemischt. 3. (Flüssig.) 33 Tl. Orangeschellack und 2 Tl. Campher werden in 65 Tl. 96proz. Sprit gelöst. 4. (Schnell erhärtend.) 12 Tl. Kolophonium werden mit einer Lauge von 4 Tl. krystallisierter Soda und 22 Tl. Wasser bis zur glatten Emulsion verkocht, worauf man 60 Tl. gebrannten Gips mit dieser Emulsion anteigt. 6. (Schnell erhärtend.) 65 Tl. Gips, 10 Tl. pulverförmiges Kalkhydrat und 25 Tl. Hühnereiweiß werden miteinander vermischt. 7. 90 Tl. Casein und 10 Tl. Kalkhydrat werden mit Wasser zu einem dicken Brei angeteigt, den man unter starkem Umrühren mit 20—30 Tl. Kaliwasserglas versetzt. Der Kitt wird verarbeitet, sobald er eine zähe Konsistenz anzunehmen beginnt. **(Kunststoffe 1915, 142.)**

Ein brauchbarer Celluloidkitt wird durch Auflösen transparenter Celluloidabfälle in Zaponlacklösung erhalten. Die Lösung wird je nach dem Verwendungszweck mit Essigsäure mehr oder weniger verdünnt. Für schwer brennbares Celluloid setzt man statt der Essigsäure Methylalkohol zu und verdünnt die Mischung weiter mit Aceton. Die zu verkittenden Celluloidstellen werden zweckmäßig beim Zusammenkleben einem gelinden Druck ausgesetzt. **(Kunststoffe 1916, 112.)**

Zum Kleben von Kinematographenfilms kann man nach **Tech. Rundsch. 1909, 61** eine alkoholische Lösung von Agar-Agar mit Dextrin und Eiweiß verwenden. Besser ist es jedoch, nach einer weiteren Notiz in **Techn. Rundsch. 1909, 148** die Gelatine von dem Filmende einige Millimeter zu entfernen, die Stelle mit einem Celluloidlösungsmittel, z. B. Eisessig, Amylacetat, Aceton oder Zaponlack zu überztreichen, das andere Ende mit der Celluloidseite aufzulegen und unter starkem Druck bis zum Trocknen liegen zu lasser. Natürlich müssen die Filmenden vorher glatt zugeschnitten sein, und zwar so, daß Bild und Perforierung sich genau decken.

Nach **Leipz. Drechsl.-Ztg. 1911, 82** verfährt man, um Celluloid auf Holz zu befestigen, in folgender Weise: Man befeuchtet den Celluloidgegenstand mit etwas Essigäther oder Aceton und drückt einen dünnen Shirtingstoff auf. Dieser verbindet sich innig mit dem Celluloid, und man kann Holz und Celluloid dann wie üblich mit gewöhnlichem Leim aneinander befestigen.

Die Befestigung einer hornartigen Kunstmasse an Celluloidknöpfen ist in **D. R. P. 332 282** beschrieben.

Das Aufkleben von Celluloid, das Hinterkleben der Celluloidgegenstände mit Papier usw. schildert **A. Jaeckel** als Teil seiner ausführlichen Arbeit in **Celluloidind., Beil. z. Gummiztg. 1912, 121.**

Eine Seife zum Reinigen von Celluloidgegenständen erhält man nach einem Ref. in **Seifens.-Ztg. 1912, 488** durch Vermischen eines verseiften Gemenges von 20 Tl. Cocosöl und 10 Tl. einer 40proz. Lauge mit 15 Tl. Bimsstein; parfümiert wird evtl. mit Lavendelöl oder einem Gemisch von 6 Tl. Thymian und 4 Tl. Rosmarinöl.

Zur Reinigung bzw. Auffrischung länger gelagerter, unansehnlich gewordener Gegenstände aus Celluloid oder Acetylcellulose (Cellon und andere Celluloidersatzmittel) taucht man die Gegenstände kurze Zeit bei gewöhnlicher Temperatur in konzentrierte Schwefelsäure, wäscht sie gründlich aus, trocknet, behandelt in hochprozentigem Alkohol nach und überstreicht sie schließlich mit Campherkollodium bzw. einer Lösung des betreffenden Ersatzstoffes in einem flüchtigen Lösungsmittel. **(D. R. P. 270 580.)**

Zum Reinigen von sog. Gummiwäsche (Celluloidkragen) verwendet man eine Masse aus Alabaster, Bimsstein, Glycerin, Pottasche, Seifenstein und soviel Salzsäure, als zur Erzielung einer bestimmten Reibungshärte nötig ist. Auch gelbgewordene Gummiwäsche soll mit Hilfe dieses Mittels rein weiß werden und den unangenehmen Glanz verlieren. **(D. R. P. 336 509.)**

Weiße Flecken, die sich auf Celluloid durch Erwärmen oder unter dem Einflusse von Lösungsmitteln bilden, lassen sich nach **Celluloidind., Beil. z. Gummiztg. 1912, 186** nur durch Überpolieren oder durch Abschleifen und nochmaliges Polieren entfernen.

Nach **Südd. Apoth. 1911, 476** verwendet man zum Ausbessern von Celluloidschalen eine Lösung von 3 Tl. Alkohol und 4 Tl. Äther oder nach **L. Andés** eine Lösung von 1 Tl. Campher und 1,5—5 Tl. Schellack in 20—30 Tl. Alkohol.

Zur Verarbeitung von Celluloidabfällen bindet man die Salpetersäure und die Fettsäuren mittels Natronlauge, mit der man die mit warmem Wasser gereinigten Abfälle behandelt, an Alkali, leitet in die alkalische Flüssigkeit Dampf ein, wäscht ihn beim Austritt zur Zurückhaltung der mitgeführten Aldehyde und Ketone mit Natriumbisulfitlösung, dann zur Abscheidung des Camphers oder seiner flüchtigen Ersatzmittel mit Wasser und macht schließlich durch Neutralisation des Rückstandes die Fettsäuren aus den Alkaliseifen frei. (D. R. P. 185 190.)

Größere Mengen der Celluloidabfälle reinigt man in Laugenbädern von Staub und Fett, bringt sie dann in ein Benzinbad und löst sie nach **Flemming** mit Dichlorhydrin bei 135—140° zu einer in der Lackfabrikation direkt verwendbaren viscosen Flüssigkeit. Kleinere Quantitäten, die zur Herstellung von Klebstoffen, zum Überziehen anderer Klebstoffmaterialien und zur Bereitung von Kaltemaillefarben verwertet werden können, bringt man mit Amylacetat, Aceton und Äther in Lösung. (**O. Parkert, Kunststoffe 1918, 61.**)

Zur Aufarbeitung von Celluloidabfällen behandelt man sie mit Schwefelnatrium oder ähnlichen Stoffen oder auch mit verdünnter Salpetersäure, um die Salpetersäureester zu zerlegen und ein Gemenge von regenerierter Cellulose und Campher zu erhalten, den man durch einfache Destillation wiedergewinnen kann. (D. R. P. 205 865.)

Oder man verarbeitet die Abfälle mit der 1,3fachen Menge einer Mischung von Essigester, Benzol und Alkohol oder einem anderen flüchtigen Lösungsmittel in einer rotierenden Trommel solange, bis eine gallertartige Masse entsteht, die schließlich mit Ricinusöl vermischt wird. Das Produkt soll zum Überziehen von Textilwaren dienen. (A. P. 1 195 431.)

Oder man löst die Abfälle von Celluloid- oder Celluloidersatzwaren in 50% ihres Gewichtes 96proz. Alkoholes warm auf, filtriert und zerteilt die Masse unter Wasserzusatz in ständiger Bewegung möglichst fein, um schließlich durch Zusatz von Essigsäure die vorhandenen Beschwerungsmittel als Acetate in Lösung zu bringen. Das rückbleibende Material eignet sich zur Herstellung feinster Celluloidsorten. (D. R. P. 286 873.)

Zur Herstellung von Flintenkugeln, die nach dem Schuß vollständig zu Pulver zerfallen, schichtet man nach D. R. P. 85 235 von der Herstellung noch feuchte Nitrocellulose abwechselnd mit reinem Cellulosestaub, knetet durch, tränkt das Gemisch mit Alkohol und Äther und formt.

LEIM UND KLEBSTOFFMASSEN.

Tierleime.

483. Literatur und Allgemeines über Haut-, Knochen- und Fischleim.

Deutschl. Rohleim 1/2 1914 E.: 966; A.: } 53 698 (mit Druckwalzenmasse) dz.
Deutschl. Leim 1/2 1914 E.: 20 204; A.: }

Thiele, Fabrikation von Leim und Gelatine. Leipzig 1922. — Dawidowsky, F., Leim- und Gelatinefabrikation. 1906.

Über die Beurteilung des Leimes und der Gelatine siehe die mit zahlreichen Literaturangaben versehene Arbeit von **E. Halla, Zeitschr. f. angew. Chem. 1907, 24.**

Die Verarbeitung tierischer Stoffe auf Gelatine und Leim beschreibt **R. Kissling in Chem.-Ztg. 1922, 113.**

Über Fortschritte auf dem Gebiet der Leimchemie siehe **Chem.-Ztg. 1909, 645.**

In **Kunststoffe 1912, 161 ff.** beschreibt **S. Halen** die Herstellung von Leim und Gelatine nach modernen Verfahren. Die Arbeit enthält bei besonderer Berücksichtigung der Patentliteratur alles Wissenswerte über das Gebiet, insbesondere neben dem chemischen Teil auch die Beschreibung der maschinellen Hilfsmittel.

Über Fortschritte auf dem Gebiete der Chemie und der Industrie des Leimes unterrichtet eine Abhandlung von **R. Kissling in Chem.-Ztg. 1917, 557 u. 1921, 629.** Vgl. ders. **Chem.-Ztg. 1911, 424.**

Über Leim und verwandte Klebstoffe siehe ferner die Arbeit von **K. Miksch in Seifens.-Ztg. 1917, 694 ff.**

Über die Anwendung der Kälte in der Leim- und Gelatineindustrie siehe **K. Miksch, Kunststoffe 9, 30.**

Die innige Verwandtschaft, die zwischen Knochensubstanz und Haut besteht, geht aus ihrem gleichartigen Verhalten gegen heißes Wasser hervor: Beide enthalten Stoffe, „Kollagene“, die sich in kochendem Wasser zu Leim (Gelatine oder Glutin) lösen.

Der technische Leim ist ein Gemenge von Knochenleim (Glutin) und Knorpelleim (Chondrin), das aus Knochen oder Knorpeln ebenso wie aus Leder (Knochen- und Lederleim) durch Aufbereitung dieser Rohstoffe gewonnen wird.

Da das Chondrin der nicht verknöcherten Rippen-, Kehlkopf- und Nasenknorpel dem Glutin an Klebkraft wesentlich nachsteht, wird es nicht dargestellt und man schließt die genannten Rohstoffe von der Leimerzeugung möglichst aus. Glutin, zur Klasse der Gerüsteiweißkörper **[349]**, **[454]** (Abuminoide) gehörig, ist ein farbloses amorphes Pulver oder in Handelsform, als käufliche Gelatine, ein glashelles knitterndes Produkt, das durch wiederholte Behandlung mit kalten verdünnten Säuren und Alkalien rein erhalten, etwa 18% Stickstoff, 49% Kohlenstoff und 0,5% Schwefel enthält, in heißem Wasser leicht zu einer zähen Flüssigkeit von hoher Klebkraft löslich ist und beim Erkalten zu einer Gallerte erstarrt. Das Glutin verhält sich gegen chemische Einflüsse ähnlich wie die tierische Haut **[349]**, wird also durch Gerbsäure, Alkohol, Metallsalze in alkalischer Lösung und Formaldehyd ausgefällt bzw. gegerbt. Leim bindet die dreifache Menge Tannin zu einer nach dem Trocknen unlöslichen Verbindung, dem Leimtannat, auf dessen Bildung die Lederbereitung beruht. Längere Zeit mit Wasser gekocht, verliert der Leim unter Bildung von Spaltungsprodukten der Peptonreihe seine Klebkraft, schließlich resultieren Ameisensäure und Glykokoll.

Zur Haut- oder Lederleimgewinnung dienen die Abfälle der Gerbereien, Abdeckereien und Schlachthöfe, besonders Hautfetzen, Kalbs- und Hammelfüße, Glieder- und Gelenkpfannen, aber auch enthaarte Hasen- und Kaninchenfelle. Gegerbtem Leder muß man vor dem Einlagern des Materiales in Kalkmilch (Verseifung der Fette, Lockerung der Gewebe, Lösung der nicht leimgebenden Stoffe) den Gerbstoff entziehen, was bei Alaun- und Glacéleder leichter gelingt als bei den stofflich völlig veränderten loh- und mineralgaren Ledersorten. Das nach der mehrwöchigen Kalkmilchbehandlung gewaschene Material wird dann mit Wasser versotten, die filtrierte Leimlösung im Vakuumapparat auf 30% Gehalt eingedampft und die mit Schwefeldioxyd gebleichte Lösung auf gekühlte Glastische ausgegossen, worauf man die Tafeln möglichst schnell trocknet; längere Hitzeeinwirkung setzt die Klebkraft des feuchten Leimes herab.

Mit **Wl. Ostwald** ist daher auch **E. Sauer** der Anschauung, daß die Leimfabriken ihr Produkt nicht trocken, sondern in Gallertform an die Verbraucher abgeben sollten. **(Kolloid-Ztschr. 16, 148.)**

Um die Verfärbung der Leimbrühen während der Konzentration zu vermeiden, ist es nötig, möglichst geringe Mengen der Brühe auf einmal möglichst schnell auf den gewünschten Konzentrationsgrad zu bringen, wobei es gleichgültig ist, ob man im Vakuum oder offen bei 100° arbeitet, wenn die Operation nur möglichst rasch vor sich geht. Praktisch kommen allerdings wegen der Wärmeausnützung der Dämpfe nur geschlossene Apparate in Betracht. **(V. Cambon, Mat. Grasses 4, 2449.)**

Den Knochen kann man den Leim nur dann leicht entziehen, wenn man vorher durch Behandlung mit Säure die mineralischen Stoffe entfernt. Der zurückbleibende Knorpel, das Ossein, dient zur Gelatineerzeugung. Bei der gewöhnlichen Leimbereitung dämpft man das gereinigte, entfettete und evtl. vorbehandelte Material unter Druck und verarbeitet die durch systematische Laugung gewonnenen Brühen wie die Hautleimlösungen. Die Rückstände, die neben 1% Stickstoff bis zu 35% Phosphorsäure enthalten, bilden ein wertvolles Düngemittel **(Bd. IV, [216])**.

Der aus Fischabfällen auf ähnlichem Wege gewonnene Leim steht den genannten Leimsorten an Güte nach, auch ist er schwer von dem ihm anhaftenden Fischgeruch zu befreien.

Über die im weiteren Sinne hierher gehörenden Blutalbumin- und Caseinleime siehe die betreffenden Kapitel.

Leim dient zur festen Vereinigung von Hölzern **[25]**, in der Buchbinderei, zur Holländerleimung feinster Papiere **[137]**, zur Appretur **[322]** auch von Seidegeweben, zur Herstellung von Glycerin-Leim-Buchdruckwalzen **[554]**, in der Anstrichtechnik als Bindemittel für Wasserfarben **Bd. III [206]**, zur Bereitung von Kitten, Klebstoffen, Kunstmassen usw.

Zum Konzentrieren oder Eintrocknen von Flüssigkeiten bedient man sich, wie in **D. R. P. 316 489** näher beschrieben ist, quellfähiger Körper, wie Leim, in Form von durch ein Skelett fester Masse zusammengehaltener Tafeln oder Stangen, die man in die zu konzentrierende Flüssigkeit einhängt.

484. Lederleim. Primär alkalische Behandlung des Leders (der Haut).

Die neuzeitliche Einrichtung und den Betrieb einer Lederleimfabrik beschreibt **G. Illert** in **Chem. Apparatur 1921, 78.**

Die älteren Methoden der Leimgewinnung aus Leder sind in übersichtlicher Weise geschildert in **Davidowsky**, „Leim- und Gelatinefabrikation". Im allgemeinen verfährt man auch heute noch nach **Stenhouse (Ann. d. Chem. u. Pharm. 1857, 239)** in der Weise, daß man die Lederabfälle je nach ihrer Abstammung verschieden lange Zeit in großen Bottichen mit 2proz. Kalkwasser unter häufigem kräftigem Durchrühren behandelt, worauf man das Leimgut wäscht und durch Liegenlassen an der Luft, oder schneller noch durch Behandlung mit Bisulfit weiter verarbeitet. Hierbei entsteht in beiden Fällen kohlensaurer Kalk, doch erfolgt bei der letzteren Arbeitsweise die Umwandlung schneller, und das Leimgut wird zugleich gebleicht. Die so vorbereitete Masse wird schließlich mit Wasser gekocht, und man erhält beim Erkalten der Flüssigkeit den Leim, der durch Pressen und weitere Behandlung in marktfähige Form gebracht wird. Über die Verwendung von Leimleder zur Herstellung von Lederkohle und Ledermehl (als Stahlhärtungs- oder Düngemittel) siehe **Farbe und Lack, 1912, 294.**

Zur Herstellung von Leim erhitzt man Hautabfälle nach **D. R. P. 100 065** mit dem $1^1/_2$ bis zweifachen Gewichte 25—35proz., wässeriger Ammoniakflüssigkeit 4—6 Stunden in geschlossenem Gefäß, das zu $^3/_4$ gefüllt ist, auf 80—90°. Nach dieser Zeit verdampft man das Ammoniak, läßt die erkaltende Masse klären, hebt die Fettschicht ab und reinigt die Leimlösung nach Neutralisation der letzten Ammoniakreste mit 15—20proz. Schwefelsäure und mit ammoniakbindenden Salzen (Natrium- oder Magnesiumsulfat) in üblicher Weise.

Zur Entgerbung des Leders zwecks Leimbereitung erhitzt man es in besonderer Apparatur mit konzentriertem Ammoniak unter 8—10 Atm. Druck während mehrerer Stunden, wobei eine konzentrierte leimfreie, in kaltem Wasser lösliche Gerbstofflösung und ein völlig gerbstoffreies Hautmaterial resultiert. Das Ammoniak wird wiedergewonnen, die Lederabfälle werden zur Beseitigung der letzten Gerbstoffreste mit etwas warmem Wasser gewaschen und vor Einführung in die Leimkessel mit Alkalien behandelt. **(D. R. P. 103 981.)**

Zum Entgerben chromgaren Leders für die Leimbereitung bringt man die Abfälle nach **D. R. P. 158 782** zuerst mit Ätzkalk mit oder ohne Ätzkali in Berührung, wäscht aus und entgerbt mit einer Mineralsäure (Salz-, Fluß-, schweflige Säure). Durch diese aufeinanderfolgende Einwirkung von Ätzkalk und Säure setzt man die Behandlungszeit von 36—40 Tagen auf 1—2 Tage herab und vereinfacht den Entgerb- und Gelatinesiedeprozeß, da sich in den Poren des Materiales kein Gipsschlamm abzusetzen vermag.

Nach **D. R. P. 202 510** und **202 511** verwendet man zu demselben Zweck der Entgerbung Kalkmilch, mit der man die Abfälle 48 Stunden bei 35° der Ruhe überläßt und nach Abscheidung der chromhaltigen Brühen das Material wie üblich auf Leim verkocht. Die Verkochung kann auch direkt geschehen, wenn man die Abfälle mit Alkalien oder Erdalkalien bei 125° behandelt. Diese alkalische Behandlung bei mehr als 100° führt zu einer teilweisen Entchromung des Leders, so daß beim folgenden Auskochen mit Wasser schon Leim extrahiert wird. Besonders die phosphorsauren Salze gestatten die Entgerbung auch bei höheren Temperaturen, ohne daß die Leimsubstanz zerstört wird.

Nach **D. R. P. 235 592** werden Chromlederabfälle in der Weise für die Leimbereitung entgerbt, daß man sie je 24 Stunden nacheinander in einer 2proz. Sodalösung und sodann in einem 2proz. Säurebad liegen läßt, dann wäscht man die Chrombrühe aus dem entstandenen Leimleder aus. Durch Erwärmung wird die Operation abgekürzt.

Nach **D. R. P. 237 752** erhält man Leim aus Abfällen von chromgarem Leder, wenn man diese mit etwa der Hälfte des Gewichtes Ätznatron in der 25fachen Menge Wasser bei gewöhnlicher Temperatur stehen läßt, das Alkali sodann mit Säure abstumpft und die strukturlose, teigige Masse durch gelindes Erwärmen in Leim überführt. Das erhaltene Leimgut läßt sich nach evtl. Aussüßen durch gelindes Erwärmen im Wasserbade, ohne kochen zu müssen, verflüssigen, erstarrt dann beim Erkalten und kann wie üblich in Tafeln geschnitten und fertiggestellt werden. Es enthält noch den ursprünglich an die Hautfaser gebundenen Chromgerbstoff.

Zum Wiedergewinnen roher Haut aus Chromleder weicht man es, behandelt dann mit Kalkwasser oder stark verdünnter Alkalilösung, wäscht aus, behandelt mit ein- bis höchstens 10proz. Säure nach, neutralisiert mit Alkali, und wäscht abermals aus, so daß man schließlich die Rohhaut in ursprünglichem, unverändertem Zustande wiedergewinnt. Die Gewebestruktur oder der ursprüngliche Charakter des Materials leiden in keiner Weise, so daß man die Haut auch zum zweiten Male gerben kann. Das Verfahren läßt sich demnach auch zur Herstellung eines mit der Fleischseite nach außen zur Verwendung kommenden Leders verwenden, da sich in manchen Fällen erst durch den ersten Gerbprozeß feststellen läßt, welche Seite der mit Chrom zu gerbenden Häute sich am besten eignet. **(D. R. P. 253 242.)** Oder man behandelt die Abfälle nach teilweiser Entfernung des Chroms mittels Säuren oder Alkalien mit Wasserstoffsuperoxyd oder seinen Alkaliverbindungen. Dasselbe Verfahren ist auch auf Tanninleder anwendbar. **(D. R. P. 259 247.)**

Um die Kaninchenhäute vor der Leimbereitung von Blutspuren usw. zu reinigen, wäscht man das Material nach **F. P. 456 625** während 10—12 Stunden in einem Wasserstoffsuperoxydbade.

Über Herstelluug von Gelatine und Leim aus Hautfetzen, die man zunächst von Blut und Haaren befreit hat, durch aufeinanderfolgende Behandlung mit Kalkmilch, Mineral- oder Ameisensäure und abermals Kalkmilch siehe **E. P. 12 165/12.**

Die Verarbeitung von Rohhautabfällen unter gleichzeitiger Extraktion mit Benzin oder Benzol im Vakuum ist in **D. R. P. 301 694** beschrieben.

Eine Apparatur zur Erzeugung von Lederleim aus frischen Abfällen der Gerbereien, Abdeckereien und Schlachthöfe auch für kleine Betriebe beschreibt **Voigt in Chem. Apparat. 1917, 25.** Die während 3 Wochen in Kalkmilch gelagerten Abfälle werden nach Entfernung der Fleischreste und Verunreinigungen zwecks Entfernung des Kalkes in wässerige schweflige Säure oder gebrauchte Lohbrühe gelegt, worauf man das Material in einem Holländer auswäscht, in besonderen Pressen vom Wasser befreit und trocknet. Die im Verlauf des Verfahrens erhaltene Leimbrühe wird nach Eindickung in mit Heizschlangen versehenen Verdampfern mittels Knochenkohle entfärbt, worauf man den Leim bleicht und zur Erstarrung in gekühlten flachen Glas- oder Marmorgefäßen stehen läßt. Die geschnittenen Tafeln werden wie üblich getrocknet, die Extraktionsrückstände in bekannter Weise auf Düngemittel verarbeitet.

485. Lederleim. Primär saure (neutrale) Behandlung des Leders (der Haut). Hornleim.

Nach **D. R. P. 19 211** behandelt man die zur Fabrikation von Leim verwendeten Abfälle, um Fettverluste zu verhüten, 24 Stunden mit einer 2,5—5grädigen Chloraluminiumlösung und bewahrt die Abfälle bis zur Verwendung in Haufen auf. Beim Sieden der so behandelten Rohstoffe steigt das gesamte Fett an die Oberfläche und kann hier abgehoben werden.

Zur Leimbereitung aus Hautabfällen auf kaltem Wege behandelt man sie in wassergequelltem Zustande wiederholt mit wässeriger schwefliger Säure und extrahiert die ausgewaschene Masse dann so lange, als sie Gelatine abgibt, durch Stehenlassen mit Wasser, das erstmalig 43° warm aufgegossen wird. **(Polyt. Zentr.-Bl. 1858, 1520.)**

Zur Herstellung von Leim entchromt man Chromleder nach seiner Entfettung und Entfärbung mit verdünnter schwefliger Säure, wäscht die löslichen Chromverbindungen aus und neutralisiert die Abfälle mit Alkali und Natriumsuperoxyd, wodurch der Rest der Chromverbindungen in lösliche Chromate übergeführt wird, die dann durch Waschen entfernt werden. Bei pflanzlich gegerbtem Leder entgerbt man in ähnlicher Weise, doch muß als erstes Bad ein solches aus Ätzalkalien, Soda oder Kalkwasser verwendet werden. **(E. P. 5676/11.)**

Die schnelle Entgerbung chromgarer Lederabfälle für die Leimbereitung erfolgt nach **D. R. P. 242 246** am besten mit kochendem Wasser, das 0,2% Säure enthält, oder durch 2proz. kalte Salzsäure, in der man soviel Chlorbarium löst, daß die Schwefelsäure der Abfälle in Sulfat übergeführt wird. In letzterem Falle ist in 24 Stunden die Bildung des löslichen normalen Chromchlorids aus unlöslichem basischen Chromsalz erfolgt, so daß man jenes leicht auswaschen kann. Nach **Zusatz 257 286** arbeitet man statt mit Säuren, besser mit sauren Salzen unterhalb der Verleimungstemperatur. Man verrührt z. B. die Chromlederabfälle bei 45° mit einer 2proz. Lösung von saurem schwefelsaurem Natron und bewirkt die völlige Entgerbung durch längeres Stehenlassen der so behandelten Masse. Die Lederabfälle sind nach Entfernung des chromhaltigen Säurewassers und folgender Neutralisation sofort zur Leimbereitung geeignet. Zur Vorbereitung von mineralgarem Leder für die Leimbereitung entgerbt man nach dem weiteren Zusatzpatent die Abfälle durch Lösungen saurer Salze unter gleichzeitiger Mitwirkung reduzierend wirkender Säuren oder Salze (schweflige, hydroschweflige, chlorige Säure) und zerstört so die zur Färbung der Leimbrühen Anlaß gebenden Schwefelverhinderungen. **(D. R. P. 287 288.)**

Zur Behandlung von ungegerbtem Leimleder, also von frischer Haut, für die Leimgewinnung behandelt man das Material vor dem Äschern mit verdünnter Mineralsäure und verhindert so, daß das mit Kalkmilch geäscherte Leimleder in der heißen Jahreszeit nach kurzer Zeit stark verhärtet, wodurch die Leimausbeute aus frischer Haut von 14 auf 6% und aus trockener, ungegerbter Haut von 45 auf 25% zurückgeht. An dieser Verhärtung trägt nur die an dem Leimleder haftende Kalkmilch Schuld, da sich aus dem Ätzkalk unter dem Einfluß der Luftkohlensäure unlösliches Calciumcarbonat abscheidet, das auch durch Waschen mit viel Wasser nicht entfernt werden kann, die Poren verschließt und die Kalkbrühe bei der eigentlichen Äscherung verhindert, in das Leder einzudringen. Die Salzsäure löst den kohlensauren Kalk auf und bewirkt zugleich eine gute Aufschwellung der Haut. **(D. R. P. 278 110.)**

Zur Vorbereitung von mineral- oder chromgarem Leder für die Leimbereitung legt man die Lederabfälle nach **D. R. P. 155 444** etwa 10 Tage in verdünnte 40proz. wässerige Schwefelsäure und wäscht die entgerbte Haut sodann gründlich aus (Kalkmilch, Wasser, Soda). Das Verfahren wird öfter wiederholt, um das Leder vollkommen in Haut zu verwandeln.

Zur Aufarbeitung von Chromlederabfällen löst man sie bei 80—90° in der eben genügenden Menge 5proz. Schwefelsäure, entfernt das Fett, fällt das Chromoxydhydrat im Gemenge mit Gips und etwas Farbstoff mit etwas überschüssigem Kalk aus, verarbeitet den Niederschlag auf Chromalaun und dampft die Leimlösung zur Gewinnung eines gut klebenden, hellen Leimes nach Entfernung des Gipsrestes und überschüssigen Kalkes durch Kohlensäure und Bariumcarbonat im Vakuum ein. Chromfalzspäne werden mit der gleichen Gewichtsmenge, Schuhfabrikations-Chromlederabfälle mit der dreifachen Menge 5proz. Schwefelsäure behandelt. **(D. R. P. 310 309.)**

Eine Vorschrift zur Verwertung der Lederabfälle für die Leimbereitung mit Hilfe von Oxalsäure findet sich im **Chem. Zentr.-Bl. 1865, 1023.** Man erhitzt die Abfälle mit 1½% Oxalsäure in wässeriger Lösung 1 Stunde im Wasserbade, setzt, auf das Abfallgewicht bezogen, 5% gebrannten Kalk hinzu, den man vorher mit Wasser zum Brei angerührt hat, reibt die pulverige Ledermasse durch ein Drahtsieb und setzt sie im feucht erhaltenen Zustand solange der Einwirkung der Luft aus, bis die Gerbsäure zerstört ist, was man an dem Hellerwerden der Farbe wahrnehmen kann; in 3—4 Wochen ist diese Zersetzung erfolgt; man wäscht zuletzt mit Wasser und Salzsäure aus, um den Kalk zu entfernen und kocht den Rückstand mit Wasser zu Leim. Sollte noch etwas Gerbsäure unzersetzt vorhanden sein, so setzt man beim Leimsieden auf 100 Tl. Leder 1 Tl. Salmiakgeist und 1 Tl. gepulverten Braunstein zu. Vgl. **Polyt. Zentr.-Bl. 1865, 79.**

Zur Entgerbung der Chromlederabfälle für die Leimbereitung benützt man die Eigenschaft von organischen Oxysäuren und deren Salzen, z. B. des weinsauren Kalinatrons, mit dem Chrom komplexe Metallverbindungen einzugehen, so daß diese Salze die im Chromleder enthaltenen Chromverbindungen fast vollständig herauslösen. **(H. R. Procter** und **J. A. Wilson,** Ref. in **Zeitschr. f. angew. Chem. 1917, 403.)**

Zur Herstellung von Leim und Gelatine behandelt man Alaunlederabfälle oder Leimleder oder indische Sehnen mit Kochsalzlösung und erhält so eine ganz neutrale Leimbrühe, die nach den üblichen Vollendungsarbeiten, Sieben, Klären und Trocknen einen vorzüglichen Leim gibt, aus dem 30% und mehr Gelatine gewonnen werden können. **(D. R. P. 293 047.)**

Beim Entgerben von Chromlederabfällen mit starken Laugen und Säuren behandelt man das Material, um es gegen diese starke Wirkung widerstandsfähiger zu machen, mit Aldehyden oder Chinonen vor. **(D. R. P. 305 598.)**

Nach **Norw. P. 31 446** erhitzt man zur Gewinnung von Leim trockene Hornabfälle längere Zeit im Druckkessel auf Temperaturen über 200°.

486. Knochenleim. Knochenvorbehandlung, Fabrikationsgang, Apparate.

Zur Vorbereitung der Knochen für die Leimgewinnung laugt man das Knochenmahlgut nach **D. R. P. 169 997** vor der Leimextraktion mit Wasser aus, um die Fäulnisstoffe sowie sonstige Fremdkörper organischer oder anorganischer Natur zu entfernen. Mit Formaldehyd oder schwefelhaltigen Säuren dürfen Knochen zu ihrer Konservierung nicht behandelt werden, da diese Stoffe die Knochensubstanz für manche Zwecke der Industrie unverwendbar machen.

Zum Reinigen von Knochen für die Leimfabrikation behandelt man das Rohmaterial nach **D. R. P. 177 625** mit Säuren und extrahiert sodann mit verdünntem wässerigem Ammoniak.

Zur Vorbehandlung von Knochen zur Leimgewinnung tränkt man sie nach **D. R. P. 178 770** mit einer Lösung von phosphorsaurem Natrium, behandelt mit verdünnter Schwefelsäure und verarbeitet in bekannter Weise auf Leim oder Gelatine.

Zur Herstellung von Leim und Gelatine aus Knochen behandelt man das feingemahlene Gut vor der Extraktion und Maceration kurze Zeit mit kräftigen Bleichmitteln (Chlorkalk, Wasserstoffsuperoxyd, Schwefeldioxyd), die nicht schädlich auf die Leimsubstanz einwirken, wie bei Verwendung von Knochenschrot oder gebrochenen Knochen. Ein weiterer Vorteil ist die leichte Entleimbarkeit des Materiales durch nur zweistündige Kochung. **(D. R. P. 172 169.)**

Über das Bleichen des Leimgutes mit Chlorkalk und Salzsäure siehe **Dullo, D. Gewerbeztg. 1865, Nr. 22.**

Je nach der Herkunft und Reinheit der Rohmaterialien erhält man Gelatine, ein farbloses elastisches, in dünnen Tafeln in den Handel gelangendes Fabrikat, oder den gleichwertigen, aber gelb gefärbten Gelatineleim, oder schließlich den gewöhnlichen, in harten, braunen dicken Tafeln erscheinenden Leim. Die Art des gewünschten Produktes ist auch entscheidend für die Vorbehandlung und Aufarbeitung des Rohmateriales, also der tierischen Substanz, die man ursprünglich der freiwilligen Verwesung überließ, heute jedoch ausschließlich durch mehrmonatliche Behandlung mit Kalkmilch in die zur Weiterverarbeitung günstige Form überführt. In der Großfabrikation werden die Rohknochen nach Entfernung des mechanisch beigemengten Eisens (auf elektromagnetischem Wege) in einem Knochenbrecher auf Nußgröße zerkleinert, gelangen von da aus durch einen Elevator in ein Silo und werden dann weiter den Ölextrahierungsapparaten zugeführt. Beim folgenden Trocknen des mit Kalkmilch oder Chlorkalk gekalkten, in letzterem Falle mit SO_2 nachbedandelten Materiales erfolgt Umwandlung des Ätzkalkes in Calciumcarbonat, das dann durch Waschen mit verdünnter Salzsäure und Wasser entfernt wird. Die folgende Auskochung des Rohmateriales zur Herstellung der Leimbrühe erfolgt entweder in einer Operation oder durch ein Fraktionsverfahren, während die weitere Konzentration der Brühe in Vakuumapparaten bewerkstelligt wird. Man erhält dann als Rückstand der Leimextraktion, die bei mit Benzin entfetteten Knochen im Autoklaven erfolgt, ein Produkt, das 69,3% Calciumphosphat, 12,9% Calciumcarbonat, 7,9% Wasser, 1,2% Fett und 9,4% noch nicht extrahierte Leimsubstanz enthält. (Siehe **Bd. IV,** Düngemittel.) Nach **E. Gelin** ist jedoch diesem Verfahren der Leimbereitung die umgekehrt arbeitende Methode der Extraktion der mineralischen Substanz durch steigend konzentriertere Säure und folgendes Lösen der rückbleibenden Leimsubstanz in Wasser vorzuziehen, da es höhere Ausbeute und bessere Qualität liefert. Die so gewonnenen Leimbrühen werden dann mit Alaunlösung, Albumin oder Aluminiumphosphat und schwefliger Säure geklärt, bzw. gebleicht (Natriumhydrosulfit und Zinkstaub sind weniger zu empfehlen) und unter normalem Druck oder im Vacuum konzentriert, worauf man den in Zinkkästen oder auf polierte Marmorplatten ausgegossenen, erstarrten Leimblock zerschneidet und die Stücke auf Netzen, die in Holzrahmen aufgespannt sind, am besten in Vakuumschränken trocknet. Leimschneidemaschinen sind z. B. in **D. R. P. 168 555** und **167 037** beschrieben.

Zur Vermeidung der Luftblasenbildung in Tafelleim ist es nur nötig, das Trocknen der Platten so zu leiten, daß sich anfänglich keine für Luft undurchlässige trockene Schicht bilden kann. **(E. Bergmann, Zeitschr. f. angew. Chem. 1893, 141.)**

Ein Verfahren zur Überführung von gelatinösem Leim in ein festes Handelsprodukt ist durch Verwendung eines und desselben Luftstromes gekennzeichnet, der im Kreislauf abwechselnd Leimentfeuchtungs- und Luftregenerierungsstellen bestreicht. **(D. R. P. 232 715.)**

Über Leimtrocknung im Großbetriebe siehe **Farbe und Lack 1912, 426.**

Zur Herstellung von trockenen Klebstoffen fällt man aus der Leimflüssigkeit nach **A. P. 1 023 523** mit Säure die Knorpelsubstanz, extrahiert aus der Flüssigkeit den Leim mit Alkohol und vermischt die so gewonnenen getrockneten Knorpel- bzw. Leimsubstanzen trocken in einem dem Verwendungszweck angepaßten Verhältnis.

In amerikanischen Schlachthäusern kocht man das Rohmaterial (Köpfe, Füße, Knochen, Sehnen, Hautabfälle usw.) nach der Sortierung in grünes und trockenes bzw. grün- und trockengesalzenes Material unter einem Druck von 0,7—1 Atm., nachdem man vorher den möglichst fettfreien Knochen die anorganischen Bestandteile mittels Phosphor- oder Salzsäure entzogen hat, und klärt die erhaltene Rohgelatinelösung nach sorgfältiger Entfernung der noch abgeschiedenen Fettreste durch Zusatz von Albumin und etwas Aluminiumchlorid, neuerdings durch Filtration der mit Knochenkohle versetzten Brühe. Man rechnet aus grüngesalzenen Hautabfällen mit einer Ausbeute von 18—20% Leim, aus trockenem Material gewinnt man 50—60%, aus harten, trockenen Knochen 18% und aus grünen Rippenknochen 12% Leim, bezogen auf das Materialgewicht. **(Chem.-Ztg. 1906, 1118.)**

In einer Aufsatzfolge in **Mat. grasses 5,** beginnend **S. 2643,** beschreibt Verfasser die Methoden, die Klebefähigkeit der Fabrikationsprodukte zu prüfen und bringt Angaben über die Art dieser Prüfung wie auch über den maschinentechnischen Teil der Leim- und Gelatinefabrikation. (Ref. in **Zeitschr. f. angew. Chem. 26, 470.)**

Vorrichtungen zur Gewinnung von Leim und Gelatine aus mehl- oder griesförmigem Leimgut sind z. B. in **D. R. P. 168 304, 185 292** und **239 676,** ein Apparat zum Auslaugen tierischer leimgebender Rohstoffe bzw. eine Vorrichtung zur Gewinnung von Leim und Fett aus Knochen in **D. R. P. 218 442** und **218 487** beschrieben.

Über Vorrichtungen zum Sterilisieren, Klären und Abscheiden des Fettes aus der Leimbrühe zwecks Gewinnung fettfreier Leimbrühe in zwei bewegten Fettabscheidern, schließlich zum stetigen Trennen von Fett und Leimbrühe (mit im Verdampfer eingebautem Fettsammler und Aufnehmer) siehe **D. R. P. 220 843, 211 574** und **282 705.**

In **Chem. Apparat. 2, 75** beschreibt **G. Barnick** ausführlich die Anlage einer Leimfabrik und die Anordnung der Apparate.

487. Knochenleimbereitung, Einzelverfahren.

Ein Verfahren der Herstellung von Knochenleim aus ungewaschenen, bis zur Stecknadelkopfgröße zerkleinerten Knochen ist in **D. R. P. 16 222** beschrieben. Durch diese Zerkleinerung wird die Einwirkung des Wassers auf die mit Oxalsäurelösung besprengten und der freiwilligen Erwärmung überlassenen Knochen wesentlich beschleunigt, so daß man bei dem folgenden Dämpfen unter 2—3 Atm. Druck eine besonders gute Ausbeute an klarer, allerdings dunkelgelber Leimlösung erhält.

Nach **D. R. P. 26 697** werden die unzerkleinerten rohen Knochen in 60° warmer, 45grädiger Schwefelsäure vollständig aufgelöst, worauf man das abgeschiedene Fett, das sich durch hohe Reinheit auszeichnen soll, abschöpft und neutral wäscht, während man die Lösung zusammen mit Calciumphosphat auf ein lösliches Phosphorsäure-Stickstoff-Düngemittel verarbeitet.

Zur Leimgewinnung behandelt man die geschroteten, entfetteten Knochen in einer Aufschließungsbatterie mit schwefliger Säure, evakuiert das Material zur Entfernung des Überschusses der Säure, wenn es 11—12% SO_2 aufgenommen hat, wässert die Knochen dann zur Entfernung der löslichen und färbenden Stoffe während 2—3 Tagen und verkocht sie dann in Holzbottichen mit 100° heißem Wasser. Durch Wiederholung der Kochung erhält man dünne Leimlösung, die als Ansatzbrühen für weitere Operationen dienen können. Die Leimbrühe wird dann zur Entfernung der gelösten Phosphate und Sulfite mit 10 proz. Ätzkalkmilch neutralisiert, nach dem Absetzen filtriert und wie üblich eingedampft, worauf man die Masse in Formen gießt, kühlt, trocknet und schneidet. Der Phosphat-Sulfitrückstand wird von den Röhrenknochenresten, die gemahlen wieder zur Aufschließung wandern, durch Sieben getrennt, zur Entfernung des Sulfits mit Schwefelsäure behandelt und als Düngestoff abgegeben. **(D. R. P. 79 156.)**

Zur Leimgewinnung kann man die leimgebenden Stoffe auch mit 0,75% Schwefeldioxyd enthaltender Magnesiumbisulfitlösung nnter einem Druck von 0,33—0,66 Atm. kochen. Die gebildete Gelatinelösung wird nach der Fettabtrennung wie üblich aufgearbeitet. **(D. R. P. 28 326.)**

Nach **D. R. P. 144 398** verwendet man bei der Leimherstellung zur Aufschließung der Knochen schweflige Säure in wässeriger Lösung bei gewöhnlicher Temperatur, jedoch bei 2 Atm. Druck, wodurch der Aufschließungsprozeß sich schnell und leicht vollzieht.

Zur Leimgewinnung setzt man den Knochen nach **D. R. P. 167 276** ein Bleichmittel (schweflige Säure, Bisulfit, Wasserstoff im Entstehungszustande, Wasserstoffsuperoxyd), und zwar während des Kochens der Knochen im Zustande des Entleimens zu. Man arbeitet bei gewöhnlichem oder erhöhtem Druck und erhält eine farblose Leim- und Gelatinebrühe. Vgl. **D. R. P. 172 169.**

Zur Maceration der Knochen für die Leimfabrikation wird das Knochenmahlgut nach **D. R. P. 167 299** mit Lösungen sauerstoffabgebender Salze (Natrium-, Bariumsuperoxyd, Permanganat) oder mit Sauerstoff in Gasform, nach vorhergehender oder folgender Bleichung mit schwefliger Säure zu dem Zweck behandelt, um den phosphorsauren Kalk löslich zu machen und mit Säure extrahieren zu können. Die Imprägnierung kann bei Luftleere, ohne oder mit Druck bis zu 10 Atm. vollzogen werden; die Extraktion ist schon mit 2 pro Mille der sauerstoffreichen Salze unter Ersparnis von Säure eine vollkommene.

Zur Gewinnung von Leim werden die leimgebenden Substanzen nach **D. R. P. 168 872** mit verdünnter Monochlor- oder Monobromessigsäure gekocht. Nach einer anderen Ausführungsform werden die entfetteten Stoffe evtl. auch nach Entfernung der mineralischen Substanzen zuerst mit verdünnter Alkalilauge behandelt, worauf man erst mit der Halogenessigsäure kocht und aus der sauren Lösung den Leimstoff aussalzt. Beim Kochen mit der Halogenessigsäure werden geringe Mengen Halogenwasserstoff abgespalten, die in schneller Reaktion die leimgebenden Substanzen in Leim verwandeln, ohne daß Zersetzung des Materiales eintritt. Zur praktischen Darstellung von Leimstoffen nach dieser Methode entsalzt man das zerkleinerte, nicht entfettete Knochenmaterial mit Salzsäure vom spez. Gew. 1,23 unter täglich zwei- bis dreimaligem Wechsel der Säure solange, als noch Salze aufgenommen werden, hebt das ausgeschiedene Fett ab, wäscht die so nach 7—8 Tagen erhaltene hyaline Masse wiederholt mit kaltem Wasser, entzieht ihr mit 1—3 proz. Ätznatronlösung die zugleich noch vorhandenen Fettreste, verseift die Eiweißstoffe und bringt das kurz mit kaltem Wasser gewaschene Material in eine siedende 1 proz. Lösung von Monochloressigsäure. Nach kurzer Zeit ist die Bildung des Leimstoffes erfolgt, man filtriert die heiße konzentrierte Lösung, salzt mit Magnesiumsulfat aus und entzieht dem reinen Glutin mit kaltem Wasser und Alkohol Säure und Salze. Eine weitere Reinigung dieses Glutins mit 20 proz. Magnesiumsulfatlösung beschreibt **W. S. Sadikoff** in **Zeitschr. f. physiol. Chem. 1906, 130.**

Zur Herstellung von Leim oder Gelatine läßt man die Knochen mehrere Tage mit einer 0,1 proz. wässerigen Natriumphosphatlösung stehen, behandelt das Material dann mit der Lösung von 1—2 Tl. 60 proz. Schwefelsäure in 1000 Tl. Wasser, wodurch das eingedrungene Phosphat in Phosphorsäure und Natriumsulfat umgewandelt wird, die beide eine starke Lösungskraft für den phosphorsauren Kalk der Knochen und eine große Bleichkraft besitzen, neutralisiert dann und arbeitet die Brühe wie üblich auf. **(D. R. P. 178 770.)**

Zur Gewinnung von Leim aus Knochen dämpft man das Rohmaterial zuerst höchstens 10—15 Minuten unter 2,5—3 Atm. Druck, evakuiert dann den Apparat und bewirkt so eine Verdampfung des im Innern der Knochen befindlichen Wassers, so daß unter dem Einflusse neuzugeführter mäßiger Dampfmengen die Poren der Knochen sich mit der konzentrierten Leimlösung füllen. Zu gleicher Zeit kühlt sich die Temperatur ab, so daß der Leim nicht geschädigt wird und es beginnt die Auslaugung des Leimgutes in üblicher Weise. **(D. R. P. 242 150.)**

Bei der Entleimung von Knochen durch Dämpfung preßt man das Material, während des Dämpfens, nach Entfernung aus dem Apparat, mehrmals, in noch heißem Zustande, unter fortschreitender Steigerung des Preßdruckes in dem Maße, als die Knochen fortschreitend entleimt werden, bis das Restgut schließlich als entleimter, fester Kuchen oder Brikett vorliegt. Die Leimausbeute wird durch diese Arbeitsweise höher und der Rückstand für die Weiterverarbeitung geeigneter. **(D. R. P. 286 100.)**

Zur Herstellung von Leim erhitzt man Hornabfälle trocken unter evtl. Zusatz von trockenen sauer oder alkalisch reagierenden Salzen im Autoklaven auf über 200° liegende Temperaturen. Die Masse läßt sich zur Bereitung von Anstrichfarben oder dgl. direkt ohne weitere Reinigung, in heißem Wasser gelöst, verwenden. **(D. R. P. 321 382.)**

Über Fabrikation von Leim und ähnlichen Produkten siehe auch **F. P. 442 949.**

488. Leimlösung, Anforderungen, Bereitung, Trocken-(Schaum-)leim.

Von einer guten Leimlösung verlangt man, daß sie möglichst zähflüssig ist und möglichst wenig schäumt. Die Ursache des Schäumens kalter und warmer Klebstoffe, das sich besonders beim Leimen auf Klebstoffauftragmaschinen unliebsam äußert, liegt nach **R. Schreiter** nur z. T. in der zu schnellen Bewegung der Leimwalzen, sondern in den meisten Fällen in der unzweckmäßigen Zubereitung der Leimlösung und an ihrem Säuregehalt **(Farbenztg. 18, 937 und 983).** Die Leimlösung schäumt um so stärker, je höher das Gefäß angefüllt ist, ferner aber wird das Schäumen gefördert durch sehr geringe Zusätze von Peptonen, durch längeres Kochen, durch Zusatz von Natrium- und Calciumhydrat, Soda, Ammoniak oder Ammoniumcarbonat, Suspension von Zinkoxyd, Bleiweiß, Calciumcarbonat, organischen Substanzen, wasserfreiem und wasserhaltigem Calciumsulfat, Magnesiumsulfat, Calciumchlorid und gebranntem Gips. Zusätze von Mineralsäuren oder Essig- oder Salicylsäure verringern die Schaumkraft, ebenso geringe Zusätze von Ölen und Fetten. Die Zähflüssigkeit wird durch Ammoniak, Soda und größere Mengen von Seife verringert, verhältnismäßig am wenigsten durch Borsäure, so daß diese, da sie zugleich das Schäumen verringert, zur Konservierung von Leimlösungen am besten geeignet ist. **(Trotman und Hackford, Zeitschr. f. angew. Chem. 1908, 705.)**

Außer den üblichen Mitteln zur Konservierung von tierischem Leim (Salicylsäure, Carbolwasser, Boraxlösung, Ammoniak) kann man nach **Techn. Rundsch. 1912, 53** mit demselben Erfolg etwas echtes Terpentinöl oder eine Mischung von 1 Tl. Salpetersäure und 2 Tl. Spiritus zusetzen.

Das in **D. R. P. 312 614** beschriebene Verfahren der Nahrungs- und Genußmittelkonservierung mittels der doppelten Menge einer 3 g aktives Chlor im Liter enthaltenden Natriumhypochloritlösung ist nach einer Erweiterung der Methode auch auf Leimfleisch, Gelatine, Leim und Knochen anwendbar. **(D. R. P. 318 141.)**

Alaun bewirkt eine Erhöhung der Viscosität des Leimes, hat jedoch kaum einen Einfluß auf die Festigkeit. Diese wird durch Zusatz von starker Natronlauge, Schwefelsäure, Sulfat, Magnesiumchlorid oder Essigsäure stark herabgemindert, während die Viscosität durch Wasserglas, Magnesiumchlorid und Chloralhydrat in gleicher Weise erhöht wird. Weitere Ergebnisse einer Untersuchung von **R. H. Bogne** über die Wirkung verschiedener Zusätze zu Lösungen von Leim oder Gelatine finden sich in **Zentr.-Bl. 1920 IV, 606,** ebenso die Angabe, daß langandauerndes Erhitzen die Festigkeit des tierischen Leimes erheblich vermindert.

Die Klebefähigkeit des Leimes ist um so größer, je höher seine Gelatinierfähigkeit ist und er ist um so wertvoller, je geringerprozentig die Leimlösung sein kann, um eine feste Gallerte zu erzielen. Reines Glutin liefert z. B. schon in 2 proz. Lösung bei gewöhnlicher Temperatur eine feste Gallerte, die, ausgegossen und erstarrt, als biegsames Häutchen abziehbar ist, während minderwertige Leimsorten auch in höherer Konzentration spröde Schichten geben. Damit bietet sich ein sehr einfacher Weg zur Feststellung des Wertes einer zum Kauf angebotenen Leimsorte, die man, gequellt und bei 50° gelöst, mit reinem Glutin in der genannten Art vergleicht. (**Andés, Farbenztg. 1917, 449** und **475.**)

In **Techn. Mitt. f. Mal. 28, 10** finden sich Hinweise auf die Prüfung guten Leimes beim Kauf und auf die Herstellung einer guten Leimlösung. Man soll den klaren, völlig geruchlosen Leim bei möglichstem Luftabschluß in kupfernen oder messingnen Kesseln nicht mit Dampf, sondern mit heißem Wasser auf höchstens 66° erwärmen und so in Lösung bringen. Vorher quellt man ihn je nach der Form 3—24 Stunden in der $1^1/_2$—$2^1/_2$fachen Menge kalten Wassers. Diese Methode läßt sich durch ein rascher wirkendes Verfahren ersetzen, demzufolge man den zerkleinerten Leim portionsweise in 37—55° warmes Wasser einträgt und die Mischung 30—40 Minuten rührt. Reiner gemahlener Leim gibt so schon in 5 Minuten eine in der Klebkraft in keiner Weise herabgeminderte Kleblösung, wobei man überdies in jedem beliebigen Kesselmaterial arbeiten kann. Das Kochen der Leimlösung ist in jedem Falle ebenso zu verwerfen, wie die Anwendung der sog. löslichen Sorten, die als Gemenge von Leim mit Chemikalien oder antiseptischen Mitteln in den Handel kommen.

Nach **D. R. P. 242 466** kann man das Quellen des Leimes oder der Gelatine umgehen, wenn man den Leim in gepulvertem Zustande mit dem zu klebenden Material, also beispielsweise wenn es sich um Herstellung von Bilderrahmen handelt, mit Kreide oder Sägespänen und Gips innig vermahlt; beim folgenden Anteigen mit heißem Wasser geht das leimige Bindemittel sofort in Lösung und vereinigt die zu klebenden Teile besser und fester, als dies nach dem üblichen Verfahren der Leimbereitung möglich ist.

Ein Verfahren zur Gewinnung von Klebstoff- oder ähnlichen Lösungen, Emulsionen und Suspensionen in fester Form ist dadurch gekennzeichnet, daß man diese Stoffe mechanisch durch Schlagen in einen lufterfüllten Schaum oder Rahm verwandelt, der dann in dieser Form getrocknet wird. Man kann die Schaummasse auch auf dampfgeheizten Walzen trocknen und das Pulver in Formen pressen oder die Masse durch Abkühlen zum Erstarren bringen, dann in Tafeln schneiden und diese im Luftstrom trocknen. (**D. R. P. 312 100.**)

489. Leimlösung bleichen, klären. Wasserfester, geschmeidiger Leim.

Zum Bleichen von Leim erwärmt man 100 kg erwärmter Leimgallerte nach **D. R. P. 48 146** mit 1 kg Zinkstaub und 1 kg Oxalsäure; durch den Zusatz der Säure soll vermieden werden, daß die Ware durch lösliche Zinkverbindungen verunreinigt wird.

Zum Bleichen von Leim verwendet man nach **D. R. P. 187 261** das basische Zinksalz der Formaldehyd-Sulfoxylsäure, mit oder ohne Zusatz von organischen oder anorganischen Säuren.

Zur Bleichung des Leimgutes verwendet man nach **Techn. Rundsch. 1911, 305** am besten Wasserstoffsuperoxyd, das man bis zur schwach alkalischen Reaktion mit Salmiakgeist versetzt und der warmen Leimbrühe zusetzt.

Zur Reinigung von Leim löst man ihn nach **D. R. P. 166 904** in einer kalt gesättigten Lösung eines neutralen Salzes, fällt mit Säure, wäscht aus, löst in angesäuertem Alkohol, neutralisiert und wäscht den Niederschlag mit Wasser aus.

Zum Entkalken und Reinigen von Leim- oder Gelatinelösungen werden diese nach **Ö. P. Anm. 3876/1908** zunächst mit Schwefelsäure in der Wärme behandelt, dann setzt man Bariumcarbonat hinzu, läßt die Masse ruhig stehen und filtriert oder dekantiert.

Zum Klären von Leimbrühen verwendet man nach **D. R. P. 85 340** im Verhältnis **1 : 1000** eine albuminhaltige, z. B. eine Caseinlösung, die man aus tierischem oder pflanzlichem Casein mit etwa 5% des Caseingewichtes Kalk bzw. Ätznatron in verdünnten wässerigen Lösungen erzeugt. Das so erhaltene alkalische Gemenge von Casein- und Leimlösung wird dann mit einer Säure neutralisiert, deren Salz für das Endprodukt unschädlich ist, wobei das Casein sich mit den Unreinigkeiten des Leimes vereinigt und sie beim Erwärmen mit sich niederreißt.

Zur Reinigung und Aufteilung von Leim und Gelatine beliebiger Herkunft sowie leimartiger Körper bedient man sich des elektrischen Stromes. Die Stoffe werden in gelöstem oder gequollenem Zustande oder in Wasser suspendiert oder mit ihm befeuchtet zwischen Diaphragmen, die das Glutin nicht durchlassen, der Einwirkung des elektrischen Stromes ausgesetzt. Zur unmittelbaren Gewinnung einer Leim- oder Gelatinelösung kann der elektroosmotische Prozeß auch unter äußerer Wärmezufuhr, evtl. unter Zuhilfenahme chemischer Mittel durchgeführt werden. (**D. R. P. 293 188** und **293 762.**)

Den Kölner Leim erhält man nach **Dullo, D. Ind.-Ztg. 1865, 218** in sehr guter Qualität durch Versetzen von einem Zentner Leimgut mit 250 g einer wässerigen Chlorkalklösung, worauf man nach einer halben Stunde soviel Salzsäure zugießt, bis die Flüssigkeit schwach sauer ist, nach einer weiteren halben Stunde jene entfernt, das Leimgut mit Wasser wäscht und siedet.

Ein geruchloser, nicht hygroskopischer Klebstoff von großer Klebekraft und rascher Trockenfähigkeit wird nach **D. R. P. 212 346** hergestellt durch Erwärmen von 45 kg Leder- oder Knochenleim mit 12 kg naphthalinsulfosaurem Natrium und 48 l Wasser bis zur Lösung. Der Klebstoff kann direkt verwendet oder auch gepulvert werden und ist dann in Wasser löslich. — Vgl. **D. R. P. 278 955** in **[554]**.

Nach **Seifens.-Ztg. 1910, 188** werden wasserfeste Leime hergestellt z. B. durch Lösen von 20 Tl. Sandarak, 20 Tl. Terpentin und 20 Tl. Mastix in 250 ccm Alkohol unter Hinzufügung einer starken, heißen, dem Volumen nach gleichen Lösung von Leim und Hausenblase, oder man löst unter Ersatz der verdampfenden Essigsäure während 6 Stunden auf dem Wasserbade 100 Tl. Gelatine, 100 Tl. Leim, 25 Tl. Spiritus, 2 Tl. Alaun und verrührt mit Essigsäure zu einem mit Wasser nicht mischbaren Sirup.

Um Leim oder Gelatine wasserunlöslich zu machen, kann man nach einem Referat in **Seifens.-Ztg. 1912, 478** außer Kalialaun (10 : 100), Chromkaliumsulfat (5 : 100), Tannin (2 : 100), Chromsuperoxyd und Acetaldehyd auch das Trioxymethylen verwenden, das man in der Menge von 5 g mit 4 g Kochsalz und 1 g Natriumsulfit in 10 l Wasser löst. Gelatine wird durch Behandlung mit dieser Flüssigkeit auch in heißem Wasser unlöslich.

Nach **D. R. P. 192 344** erhält man Schwefelleim durch Behandeln von Leim mit Schwefelkohlenstoff bei Gegenwart von Alkalien, Erdalkalien oder deren Salzen. Diese Schwefelleimgallerte klebt kaltwasserecht und liefert mit dem halben Volum 10proz. Natronlauge, in der 5% Tannin gelöst sind, eine sehr klebrige, jedoch nur wenig beständige Masse, die, sofort nach der Bereitung verarbeitet, heißwasserbeständig ist.

Nach einer Abänderung des Verfahrens zur Herstellung von Papierleim **(D. R. P. 316 324) [137]** erhitzt man den gequellten Rohleim in Salzwasser unter Rühren allmählich auf 70°, emulgiert ihn dann mit 20% Kieselkreide (Porzellanerde), kühlt die Masse schnell ab und füllt sie kurz vor der Gelatinierung in Fässer, wo sie zu einer festen haltbaren Paste erstarrt, die, auf 50° erwärmt, den gebrauchsfertigen Tischlerleim liefert. **(D. R. P. 317 673.)**

Zur Herstellung eines Klebmittels löst man nach **Schwed. P. 34 960** 1000 Tl. Leim in 500 Tl. Wasser, kocht 45 Minuten, schäumt die Flüssigkeit öfter ab und vermischt sie mit einem Gemenge von 250 Tl. Salz und 20 Tl. Schellack (gelöst in 10 Tl. Spiritus und 10 Tl. Benzol).

Das Abspringen des Leims als Folge des Austrocknens der Klebschicht kann durch einen Zusatz von Chlorcalcium wirksam verhindert werden. Dieser Leim hält auch auf Glas, Metall u. dgl. und kann zum Aufkleben von Etiketten benutzt werden, ohne daß diese abspringen. Auch ein Zusatz von Glycerin zu einer mit Bleiweiß gemischten Leimauflösung nimmt dieser, wenn sie fest geworden ist, ihre Sprödigkeit. **(Dingl. Journ. 217, 254.)**

Zur Erhöhung der Geschmeidigkeit von Leimlösung bei gleichbleibender Klebkraft und zum Ersatz eines Teiles des Leimes mischt man Leimlösung, Sulfitablauge und Mineralöl unter Erhitzen, fügt zur Aufhebung der öligen Beschaffenheit der Mischung unter gleichzeitiger Erhöhung der Viskosität Talkum zu, emulgiert die Masse mit essigsaurer Tonerde und macht sie durch Zusatz von Ammoniak streichfähig. **(D. R. P. 316 719.)**

Zur Herstellung geschmeidiger, gegen heißes Wasser beständiger Klebmittel mischt man eine Lösung von Celluloid in Aceton und Amylacetat mit Öl und Eisessig, fügt Formaldehyd zu und mischt dieser Celluloidlösung eine mit Zuckerkalk und Zaponlack versetzte, mit Glycerin und nach dem Erkalten mit Formaldehyd verrührte Eisessiglösung von wasserfreiem Leim bei. Dieses Schlußgemenge wird dann noch weiter mit Formaldehyd versetzt und eignet sich zum Kleben auch fettiger Materialien, z. B. frischer Därme. **(D. R. P. 316 604.)**

490. Flüssiger Leim.

Zur Herstellung einer haltbaren Leimgallerte setzt man der Leimlösung nach **D. R. P. 22 269** 8—10% Chlorcalcium oder Chlormagnesium zu. Durch Zusatz von 30% eines dieser Salze gewinnt man einen haltbaren flüssigen Leim.

Zur Herstellung eines kaltflüssigen Kölner Leimes quellt man den Leim nach **F. P. 447 737** 48 Stunden in kaltem Wasser, kocht 2 Stunden auf dem Sandbade und versiedet die Leimlösung mit der gleichen Gewichtsmenge Wasser und Chlorcalcium.

Eine haltbare und geruchfreie Leimgallerte (Leimarin) wird nach **D. R. P. 71 488** hergestellt durch Verkochen einer Lösung von 60 kg Borax in 100 kg Wasser, mit 4 kg 90proz. calcinierter Pottasche und 1450 kg 10gräd. siedendem Leimwasser.

Um Leim haltbar zu machen und flüssig zu erhalten, setzt man ihm nach **D. R. P. 74 575** bei Zimmerwärme oder bei höherer Temperatur 5—7% Rhodanammonium zu. In 4—5 Tagen ist der Leim zerflossen und gebrauchsfertig.

Nach **D. Gewerbeztg. 1869, Nr. 3** wird flüssiger, wasserlöslicher Leim durch sechsstündiges Erwärmen von 100 Tl. Gelatine, 100 Tl. Leim, 2 Tl. Alaun und Essigsäure erhalten; man setzt dann 25 Tl. Spiritus und so viel Essigsäure zu, daß eine sirupöse Flüssigkeit entsteht. Die Herstellung des mit geringen Modifikationen heute vielfach patentierten, flüssigen Leimes aus 35 Tl. Leim und 100 Tl. Essigsäure (Wasserbad) wurde schon in **Jahr.-Ber. f. chem. Techn. 1855, 362** und **1856, 366** beschrieben. Vgl. **Dingl. Journ. 174, 463.**

Zur Herstellung eines flüssigen Klebemittels setzt man einer mit Formaldehyd versetzten Leimlösung nach **D. R. P. 131 494** vor dem Erstarren eine flüchtige Säure (Essig-, Salz-, Salpetersäure) zu. Es sei hervorgehoben, daß der einmal mit Formaldehyd gehärtete Leim wohl durch längeres Kochen mit einer verdünnten Säure wieder aufgelöst werden kann, daß er jedoch die Fähigkeit verliert, weiterhin als Klebmittel zu dienen.

Auch aus 3 Tl. gequelltem Leim, 1 Tl. Wasser und $^1/_2$ Tl. gereinigtem Holzessig erhält man einen flüssigbleibenden Leim. **(Chem.-techn. Repert. 1865, II, 6.)**

Nach **Dingl. Journ. 205, 389** wird ein flüssiger Leim hergestellt durch Auflösen von gewöhnlichem Leim in Salpetersäureäther unter Zusatz von etwas fein geschnittenem Kautschuk.

Das Verfahren zur Bereitung des flüssigbleibenden Tischlerleims mittels Salpetersäure stammt von **Dumoulin** und wurde erstmalig in **Dingl. Journ. 126, 122** beschrieben.

Auch ein Gemisch von 400 Tl. Leim und der Lösung von 250 Tl. Chloralhydrat in 1l Wasser bleibt flüssig und bildet so einen Klebstoff, der sich besonders zum Aufziehen von Photobildern eignet. **(D. R. P. 77 103.)**

Nach einem Referat in **Seifens.-Ztg. 1912, 878** kann man tierischen Leim flüssig erhalten, wenn man einer Lösung von 40 Tl. gewöhnlichem Leim in 100 Tl. Wasser salicylsaures Natron zusetzt. Auch eine etwa $^1/_2$ Stunde auf 60—70° erwärmte, mit 0,25 Tl. Ätzkalk versetzte Lösung von 1 Tl. Zucker in 3 Tl. Wasser ist befähigt, 20—30% Leim zu einem flüssig bleibenden Präparat zu lösen.

Versetzt man eine konzentrierte Leimlösung, aus vorher mit kaltem Wasser oft ausgewaschenem Leim bereitet, über dem Feuer mit ebensoviel Zuckerpulver, als die Auflösung im Gewichte Leim enthält, gießt die heiße Lösung auf eine benetzte Marmor- oder Glasplatte aus, zerschneidet sie nach dem Erstarren in kleine Tafeln und trocknet diese bei mäßiger Wärme, so erhält man den sog. Mundleim, der durch Benetzen mit Speichel zum Kleben von Papier usw. gebraucht wird. **(Dingl. Journ. 187, 272.)**

Ein Kleister aus 4 Tl. gequelltem Leim, 65 Tl. Wasser und 30 Tl. Stärke mit 20 Tl. Wasser verrührt und das Ganze verkocht, hat außerordentliche Klebkraft; man klebt damit Leder, Papier, Pappe, ohne daß Leimflecke entstehen. **(Polyt. Centr.-Bl. 1872, 1302.)**

Als ausgezeichneter Vogelleim hat sich die Mischung einer sehr konzentrierten wässerigen Lösung von Chlorzink und einer starken Lösung von Tischlerleim bewährt. Er trocknet nicht und läßt sich durch Wasser leicht wieder entfernen. **(Polyt. Zentr.-Bl. 1870, 495.)**

Besser eignet sich die von **L. Knaffl** angegebene Komposition aus 3 Tl., mit 8 Tl. Wasser gequelltem Leim, 0,5 Tl. Salzsäure und 0,75 Tl. Zinksulfat, 10—12 Stunden nahe an 90° gehalten. **(Dingl. Journ. 181, 239.)**

Zur Verflüssigung von Leim, Casein, Stärke usw. für Appreturzwecke behandelt man diese kolloiden Substanzen in wässeriger Lösung mit Salzen organischer Sulfosäuren. Tierischer Leim bildet dann eine flüssigbleibende, beliebig stark konzentrierbare, Fischleim an Klebekraft und Trockenfähigkeit übertreffende, dabei aber geruchlose und nicht hygroskopische Lösung. **(D. R. P. 212 346.)**

Zur Herstellung wässeriger, haltbarer Lösungen zu Kleb- und Anstrichzwecken, erhitzt man Eiweiß- oder Glutinkörper mit mindestens 10% ihres Gewichtes Resorcin und klärt die wässerigen Lösungen mit Alkohol. Man erhält so z. B. aus 50 Tl. trockenem Casein durch Erhitzen mit 10 Tl. Resorcin während 3 Stunden im Autoklaven bei 3—4 Atm. Druck einen braunen, dicken Extrakt, den man in 100 Tl. heißem Wasser löst und nach dem Erkalten zur Klärung mit 5 Tl. Alkohol verrührt. Ebenso kann man durch Erwärmen von 30 Tl. tierischem, in 60 Tl. Wasser gequelltem Leim bis zu seiner Verflüssigung, mit 6 Tl. Resorcin nach 3 Tagen im Wasserbade (Ersatz des verdampfenden Wassers) und Klärung mit 5 Tl. Alkohol einen flüssig bleibenden, unbegrenzt haltbaren Leim von hoher Klebkraft gewinnen. Die Lösungen sind neutral, gelatinieren in der Kälte nicht und geben beim Kochen keine Abscheidungen. **(D. R. P. 286 099.)**

Zur Herstellung von mit den üblichen Härtungsmitteln härtbarem, kaltflüssigem Glutinleim behandelt man den Tierleim zuerst mit Säuren oder sauren Salzen und mischt ihn dann mit Teersikkativen und mit Härtungsmitteln. **(D. R. P. 316 364.)**

Zur Bereitung eines in der Kälte flüssig bleibenden Knochen- oder Lederleimes von starker Klebkraft fügt man der konzentrierten Leimlösung Ameisensäure oder ein Formiat zu und kann dann den Leim mehrere Grade unter 0° abkühlen, ohne daß er an Klebkraft einbüßt. **(D. R. P. 325 246.)** Nach dem Zusatzpatent erhält man den in der Kälte flüssig bleibenden Leim aus 400 Tl. der Tierleimlösung mit Ameisensäuregehalt und je 8 Tl. Formaldehyd und Alaunlösung. **(D. R. P. 328 692.)**

Einen flüssigen Leim von hoher Klebkraft erhält man nach **E. P. 148 216/1920** durch Anrühren eines trockenen Gemisches von 53 Tl. einer Proteinverbindung, die mit Casein, Blutalbumin oder Glutin Salze bildet, 15 Tl. Calciumhydroxyd und 32 Tl. Natriumphosphat mit kaltem Wasser.

491. Fischleim.

Über Herstellung des Walfischleimes aus der bei der Trangewinnung mit überhitztem Wasserdampf rückbleibenden Leimbrühe und aus den Walfischknochen und über die Eignung des Materiales als Klebstoff siehe die Angaben von **Ch. Culmann in Zeitschr. f. angew. Chem. 1890, 104.**

Zur Herstellung von Fischleim übergießt man nach **H. C. Jennings (Rep. of Patent invention 1859, 391)** Fische, und zwar kommen in erster Linie billige Seefische oder auch Seefischabfälle in Betracht, mit 1—1,5proz. wässeriger Schwefelsäure und läßt sie so lange darin liegen, bis die Haut sich vom Fleische ablöst, was bei kleineren Fischen schon nach einigen Stunden der Fall ist. Zur gleichzeitigen Bleichung des Fleisches wird zweckmäßig noch 0,25—0,5% Salzsäure zugesetzt. Man gießt nunmehr die saure Flüssigkeit ab und übergießt das Material mit warmer Kalkmilch, um die Schwefelsäure zu neutralisieren und die Fetteile zu entfernen. Diese Kalkmilchbehandlung wird forgesetzt, bis das Fischöl beseitigt ist, worauf man die breiige Masse mit verdünnter Salzsäure behandelt, die saure Flüssigkeit entfernt, mit Wasser neutral wäscht und die Masse nunmehr mit Wasser kocht, bis feste Teile nicht mehr zu unterscheiden sind. Man klärt die erhaltene Leimbrühe mit wässeriger schwefliger Säure und Alaun, läßt absetzen, zieht die klare Flüssigkeit von dem Bodensatz ab, neutralisiert sie mit Natriumbicarbonat und konzentriert die Lösung soweit, daß sie beim Erkalten gelatiniert und in Scheiben zerschnitten, werden kann, die in gleicher Art wie gewöhnlicher Leim auf Bindfadennetzen getrocknet werden. Größere Fische werden nach der Bleichung der Masse mit schwefliger Säure unter Alaunzusatz noch mit einer Lösung von Alaun, verdünnter Salpetersäure und Schwefelsäure behandelt. Die entfettete Fischmasse soll sich übrigens auch zur Herstellung von Papier eignen.

Nach dem Verfahren von **Sahlström** laugt man die Fische oder Fischteile mit frischem Wasser aus, legt sie dann während 3—4 Stunden in eine Lösung, die in 25—30 l Wasser 85 g Chlorkalk enthält, behandelt das abgespülte Material dann während 30—40 Minuten mit einer Lösung von 5 g übermangansaurem Kali in 25—30 l Wasser und setzt es der Einwirkung von salpetrigsauren Gasen aus, die man durch Erhitzen von 300—400 g Salpetersäure für je 40 kg Rohmaterial erzeugt. Man kann das salpetrigsaure Gas oder auch schwefligsaures Gas, das für dieselbe Menge Rohmaterial durch Verbrennen von 200 g Schwefel erzeugt wird, in Wasser absorbieren und diese wässerigen Lösungen verwenden. Die gespülte Masse wird dann 10—12 Stunden auf 40—50° erwärmt, durch ein Sieb geschlagen, getrocknet und stellt so ein Produkt dar, das mit Wasser den Fischleim gibt. **(D. Ind.-Ztg. 1879, 237.)**

Zur Bereitung von Fischleim bleicht man Fischabfälle mit einer Lösung von Zink in verdünnter schwefliger Säure, neutralisiert mit Kalkwasser und verkocht die Masse mit Wasser. Zweckmäßig werden die Abfälle vor dem Bleichen zwecks Lösung der Mineralbestandteile 24 Stunden in 6grädige Salzsäure gelegt. **(E. P. 153 526.)**

Ein Verfahren zum Durchdämpfen und Extrahieren von Tierteilen unter Benutzung von direktem Kesseldampf und von Dampf aus der extrahierten Leimbrühe ist in **D. R. P. 222 537** beschrieben.

Zur Herstellung eines gelatineartigen Produktes trocknet man nach **Norw. P. 23 476** 1 Tl. trockenen, reinen Torfmull mit 16 Tl. eines Leimwassers in einem Trockenapparat ein, das man durch Abpressen der Fischreste in den Dünger- und Ölfabriken erhält. Das Verfahren wird so oft wiederholt, bis man eine genügend konsistente Masse erhält, die sich in Kuchen formen und pressen läßt.

Der sog. Chinesische Kitt wird nach **Farbe und Lack 1912, 413** erhalten, wenn man einer Lösung von 24 Tl. Fischleim in 48 Tl. destilliertem Wasser und 32 Tl. Holzgeist eine Lösung von 3 Tl. arabischem Gummi in 64 Tl. Holzgeist beigibt. Der sog. armenische Kitt besteht aus dem Gemenge der 3 Lösungen von 10 Tl. Mastix in 60 Tl. absolutem Alkohol, 20 Tl. Fischleim in 100 Tl. Wasser mit 10 Tl. 50proz. Spiritus, und von 5 Tl. Gummi in 25 Tl. 50proz. Spiritus; die Lösungen werden vereinigt und auf dem Wasserbade zur gewünschten Konsistenz eingedampft.

492. Gelatine, Herstellung, Reinigung, kaltflüssige Präparate.

Deutschl. Gelatine 1/2 1914 E.: 1851; A.: 8124 dz.

Gelatine ist das erste Hydrolysierungsprodukt des Kollagens [349], d. *i.* das Material der Hautfasern des Coriums (Lederhaut). Gute Gelatine ist reich an Glutin, während Leim in der Hauptsache aus Glutose besteht. Eine warme Gelatinelösung 1 : 100 gelatiniert zwar beim Erkalten, besitzt jedoch keine Klebekraft. Sie verliert auch die Gelatinierfähigkeit durch längeres Erhitzen und geht beim Kochen mit Wasser in Leim über.

Die feinste Gelatine gewinnt man aus den ersten nicht eingedämpften Auszügen von Schafsblößen. Wenig bekannt dürfte sein, daß die im Innern der Gänse- und Geflügelfedern befindlichen Häute, mit Wasser gekocht, einen äußerst feinen Gelatineleim geben, den **Hager** als Grundlage für eine parfümierte Glycerinhautcreme wählte. **(Pharm. Zentrh. 1864, 331.)**

Die gewöhnlichen Sorten werden aus dem Ossein, dem Knochenknorpel, in der Weise gewonnen, daß man die mittels 8proz. Salzsäure von den Mineralstoffen befreite Knorpelsubstanz nach der bei der Leimgewinnung beschriebenen Kalkmilchbehandlung in kochendem Wasser löst, die auf höchstens 15% Gehalt eingedampften Brühen mit Schwefeldioxyd bleicht und mit Albumin klärt. Die Lösung wird auf vorwärtsbewegte gekühlte Aluminiumbleche ausgegossen, wo sie zu den bekannten papierdünnen glasartigen Blättern erstarrt.

Zur leichteren Zerteilung der auf Glasplatten ausgegossenen Gelatineschichten bedient man sich eines heizbaren Schneidemessers, das die Trennung unter geringem Druck bewirkt. **(D. R. P. 220 138.)**

Die Fabrikation der Gelatine beschreibt **A. Thiele** in **Chem.-Ztg. 1912, 418 und 451.** Besprochen werden: die Reinigung und Behandlung der Rohmaterialien, die Extraktion der Ge latine und die Konzentration ihrer dünnen Lösungen, das Abkühlen, Auflegen, Trocknen und Fertigmachen. Als Rohmaterial dienen entweder Knochen (Ossein, d. i. die getrocknete, organische Knochensubstanz), Stirnzapfen und Hornbrillen, oder Leimleder der verschiedensten Herkunft, besonders Kalbsköpfe, Schnitzel, Sehnen usw.

In **Dingl. Journ. 183, 474** beschreibt **C. Puscher** ein einfaches Verfahren zur Herstellung von Gelatine aus Leim: Man weicht nach dieser Vorschrift 2 kg Leim zwei Tage in 6 l starkem Essig ein, entsäuert die krystallinisch gewordene, helle, gequellte Leimmasse durch Einlegen in kaltes Wasser, schmilzt den entsäuerten Leim unter Zusatz von etwas Glycerin und gießt die Schmelze zur Herstellung der weißen Gelatinefolien auf Glastafeln. Das Produkt soll der Knochengelatine in keiner Beziehung nachstehen.

Zur Herstellung von Gelatine aus durch Extraktion von Leimgut mittels schwefliger Säure bei niederer Temperatur gewonnener Gallertelösung, klärt man sie in saurem Zustande mit schwefelsaurer Tonerde, Alaun oder phosphorsauerer Kalklösung, die wegen des großen Überschusses an vorhandener schwefliger Säure in der Kälte keinen Niederschlag geben und wäscht das Material dann erst bis zur Neutralität aus. Nach diesem Verfahren braucht man zur Gelatinebereitung kein ausgewähltes Material (Kalbs- oder Schweinsfüße, Knorpel oder Stirnzapfen) zu verwenden, sondern man erhält auch aus Rohknochen glasartiges, der feinsten Speisegelatine gleichkommendes Material, wenn man die Klärung unmittelbar mit der kalten Extraktion mittels schwefliger Säure verbindet. **(D. R. P. 234 859.)**

Nach **D. R. P. 267 630** behandelt man die mit Salzsäure macerierten Knochen, um sie zur Herstellung von Gelatine geeignet zu machen, in der Menge von 8000 kg als Knochenschrot mit einer Lösung von 20 kg Natriumsuperoxyd in so viel Wasser, daß das Ossein von der Lauge völlig bedeckt ist und erhält so nach dem Waschen mit reinem Wasser ein reines, zur Gelatinebereitung besonders geeignetes Material. Die Lauge kann wiederholt benützt werden.

Die Reinigung der Gelatine für photographische Zwecke mit Eiweiß in essigsaurer Lösung, Filtration und folgende Dialyse beschreibt **J. Stinde** im **Polyt. Zentr.-Bl. 1871, 71.**

Zur Reinigung von Gelatine löst man sie nach **D. R. P. 185 862** in Wasser, versetzt mit Ammoniak oder Ätzalkalien oder wasserlöslichen, organischen Basen u. dgl. und filtriert von den entstandenen Niederschlägen. Gegenüber der Anwendung von Kalkmilch nach **F. P. 333 277** ergibt sich bei vorliegendem Verfahren der Vorteil, daß die Klärung vollständiger, und auch ohne Verminderung der Gelatinierfähigkeit bei starker Konzentration der Lösung ausführbar ist. Überdies kann man das Klärmittel durch einfaches Einlegen der erstarrten Masse in kaltes Wasser beseitigen.

Die Reinigung der Rohgelatine durch Kochen mit sehr verdünnter Alaunlösung und folgende Behandlung der filtrierten Brühe mit schwefliger Säure und Essigsäure ist ebenso wie die Herstellung gefärbter Gelatine in **Dingl. Journ. 184, 459** beschrieben.

Die Bleichung der Gelatine kann auch nach **A. P. 1 412 253** zuerst mit schwefliger Säure und dann bei Gegenwart von Ammoniak mit Wasserstoffsuperoxyd erfolgen.

In **Bayer. Kunst- u. Gew.-Bl. 1855, 329** beschreiben **Zach** und **Lipowski** die Herstellung von evtl. zu färbenden Gelatinefolien durch Entfärbung einer Leimlösung mit Oxalsäure und Zusatz von Weingeist und Kandiszucker zur Erhöhung der Geschmeidigkeit der Tafeln. Vgl. **Polyt. Centr.-Bl. 1867, 1662:** Überziehen der gefärbten Tafeln mit Zaponlack.

Nach Untersuchungen von **R. E. Liesegang** erhält man kaltflüssige Gelatinelösungen durch Zusatz verschiedenartiger Kalksalze. So verflüssigen sich z. B. 150 g Gelatine mit nur 115 g Wasser, wenn man 245 g Calciumchlorid oder besser noch Calciumnitrat zusetzt. Von letzterem genügen 125 g des krystallisierten Salzes zur Erzeugung einer im Gegensatz zur Gelatinelösung nicht fadenziehenden kalten Lösung von 20 g Agar in 130 g Wasser. Die erhaltenen Massen sind auch mit vielen anderen heterogenen Stoffen mischbar. **(Farbenztg. 24, 971.)**

Zur Herstellung hochkonzentrierter, kaltflüssiger, klarer und farbloser Gelatinelösung, die sich für optische und wissenschaftlich präparative Zwecke eignet, behandelt man 600 g Gelatine mit einer mäßig warmen Lösung von 180 g Zinkchlorid und 100 ccm reiner Essigsäure in 1 l Wasserstoffsuperoxyd (3%). Nach 4—5 Tagen kann das Produkt filtriert werden. **(D. R. P. 297 112.)**

493. Wasserunlösliche, gehärtete Gelatine.

In heißem Wasser gelöste und durch Hitze sterilisierte Gelatine wird bei mehrtägigem Stehen in kaltem Wasser unlöslich und erfährt eine bedeutende Verminderung ihrer fällenden Eigenschaften gegenüber Gerbstoffen. **(A. Earp, Kollegium 1907, 379.)**

Zur Ausarbeitung eines Schnellgerbungs- und Hautkonservierungsverfahrens untersuchten **L. Meunier** und **A. Seyewetz** den Einfluß der Halogene auf Gelatine und stellten fest, daß 10 g Gelatine während 20 Minuten in eine 21grädige Lösung von 100 g Natriumhypochlorit und 2 g Salzsäure in 400 g Wasser eingelegt, 9% Chlor aufnehmen, wobei die Gelatine unlöslich wird. Diese Unlöslichkeit sogar in kochendem Wasser bleibt auch bestehen, wenn man das gelb gefärbte Produkt mit einer 10proz. Natriumbisulfitlösung entfärbt und so zugleich das Chlor bis auf 0,3% entzieht. Noch energischer wirkt Brom, während Jod und Hypojodide die Gelatine nicht unlöslich machen. (Ref. in **Ztschr. f. angew. Chem. 26, 118.)**

Zur Herstellung wasserunlöslicher Gelatineplatten legt man die Tafeln nach **D. R. P. 91 505** je nach ihrer Dicke $^1/_2$—2 Stunden in eine 3—5proz. Formaldehydlösung. Man kann auch Härtung und Herstellung der Platten nach **D. R. P. 95 270** vereinigen, in der Weise, daß man z. B. 30 g Gelatine in 200 ccm Wasser löst, 0,5 ccm Formaldehydlösung des Handels und etwas Glycerin zusetzt, in Plattenform gießt und eintrocknen läßt. Bemerkenswert ist, daß die formaldehydhaltige Gelatinelösung ihre Löslichkeit in Wasser bzw. ihre Umformbarkeit behält, wenn man die warme Lösung nicht eintrocknen, sondern in geschlossenem Gefäße erkalten läßt. Nach **Zusatz 104 365** (vgl. **D. R. P. 88 114**) kann man mit dieser Gelatine-Formaldehydlösung verschiedene Gegenstände, Fasern, Gewebe, Papier u. dgl. tränken oder überziehen und die so erhaltenen harten Körper in zerkleinerter Form zur Wundbehandlung, als Streupulver u. dgl. verwenden.

Nach Untersuchungen von **Lumière** und **Seyewetz** nehmen 100 Tl. trockene Gelatine von gewöhnlicher Formaldehydlösung im Maximum 4,8 Tl. Formaldehyd auf, wobei die Schnelligkeit seiner Absorption mit der Konzentration der Lösung bis zu einem Gehalt von 10% wächst; gasförmiger Formaldehyd wird zwar langsamer, jedoch in derselben Menge aufgenommen. Die mit Formaldehyd behandelte Gelatine wird durch wiederholte Behandlung in warmem Wasser wieder vollkommen löslich, trockene Hitze zersetzt sie bei 110° und 15proz. Salzsäure spaltet die anscheinend additive Verbindung von Gelatine und Formaldehyd schon in der Kälte in die beiden Bestandteile. (Ref. in **Zeitschr. f. angew. Chem. 1909, 79.**)

Der Gerbungsprozeß der Gelatine mit Formaldehyd ist ein reversibler kolloidchemischer Vorgang. Durch Erhitzen auf 100° oder mit Ammoniak läßt sich der Aldehyd entfernen und die Gelatine wird wieder schmelzbar. **(L. Reiner, Kolloid-Z. 1920, 197.)**

Um selbständige Gelatinegebilde unter Verwendung von Formaldehyd, Acrolein oder Chromverbindungen zu härten, daß sie ihre Gestalt nicht verändern, behandelt man die Gelatinekapseln in ungefülltem Zustande mit Lösungen der Härtungsmittel in Alkohol, Äther oder Aceton. Die erhärteten Kapseln härten dann bei längerem Aufbewahren nicht nach und behalten ihre Löslichkeit im Organismus. **(D. R. P. 167 318.)**

An Stelle des Formaldehyds zum Wasserunlöslichmachen von Gelatine können nach **D. R. P. 116 446** und **116 800** mit demselben Erfolg Acetaldehyd oder Acrolein benützt werden.

Nach **F. P. 456 182** soll man zum Gerben und Härten von Gelatineüberzügen statt Formaldehyd oder Tannin, welche die Schicht brüchig machen, Nußholzextrakt anwenden, den man durch Extrahieren der grünen Blätter und Früchte mit Benzin oder Äther und Filtrieren durch Kieselgur erhält.

Über die Verbindungen der Gelatine mit Tannin und die Eigenschaften der bis zu 75% Tannin enthaltenden, gelbbraunen, mit Wasser zu einer klebrigen, vogelleimartigen Masse zusammenschmelzenden Verbindungen siehe **J. G. Wood, Kollegium 1908, 261 und 269.**

Zur Herstellung unlöslicher Gelatineblätter zieht man erwärmte, entfettete Glasplatten nach **D. R. P. 128 035** durch eine Lösung von Kautschuk in Benzin, überzieht mit einer Gelatinelösung und nach dem Trocknen mit einer Lösung von essigsaurer Tonerde. Der getrocknete Gelatineüberzug wird dann von der Platte abgezogen.

Zur Umwandlung dünner Platten oder dünnwandiger Hohlkörper aus Gelatine oder Viscose in wasserfeste, biegsame und unentflammbare Gebilde, die sich zur Herstellung von Photoplatten, Spielwaren, Toiletteartikeln, Lampions als Glasersatz für Schilder usw. eignen, behandelt man die Stücke mit einer warmen Lösung von Nitro- oder Acetylcellulose und Öl nebst Glycerin in Eisessig oder starker Essigsäure und organischen Lösungsmitteln. **(D. R. P. 327 974.)**

Über Gerbung und Absorptionsverbindungen der Gelatine besonders mit Vanadinoxyd, basischem Chromalaun und den kolloidalen Sulfiden des Kobalts und Nickels berichtet **Lüppo-Cramer in Z. f. Kolloide 1909, Heft 1.**

Über die Chromgelatine und die Verwertung der Eigenschaft mit Bichromat versetzten Leimes, am Lichte unlöslich zu werden, siehe **[596]**, Vgl. a. **[225]**.

494. Gelatine-Oberflächenbehandlung. — Kapseln, Hülsen, Körner usw. — Nährgelatine.

Zum Kleben von Gelatineblättern verwendet man nach **Techn. Rundsch. 1906, 541** entweder die Lösung einer Schmelze von 10 Tl. Gelatine und ebensoviel Zucker in 60 ccm Spiritus unter Zusatz von 10 Tropfen Glycerin, oder ein bei 70° hergestelltes Gemenge von 20 Tl. Glycerin und 10 Tl. Traubenzucker, mit einer Lösung von 400 g Dextrin in 600 Tl. Wasser.

Äußerst dünn ausgegossene Gelatineplatten können nach **F. P. 448 773** ohne weiteres zum Zusammenkleben von Gegenständen verwendet werden.

Um Gelatinefolien mit einer irisierenden Schicht zu überziehen, versieht man sie nach **D. R. P. 113 114** zunächst mit einer Isolierschicht von Kreide, Barit, Metallbronze, Holzfaserstoff, Zinkweiß oder dgl., und taucht sie sodann in ein Bad mit möglichst kleinem Wasserspiegel, das durch Eingießen einer Mischung von 1 Tl. Nitrocellulose, 75 Tl. 95proz. Spiritus und 20 Tl. Äther in Wasser hergestellt wird. Zieht man die Blätter aus dem Bade heraus, so bildet sich eine dünne Haut, die beim Trocknen die irisierenden Regenbogenfarben zeigt. Das Irisierungsbad erhält vorteilhaft einen Zusatz von Benzin, ebenso kann man auch ein Bad verwenden, das aus 10 Tl. Kaliumsilikat und 90 Tl. Wasser besteht.

Zur Erzeugung von **Perlmutterglanz** auf Gelatinefolien versetzt man eine wässerige Gelatinelösung nach **D. R. P. 126 675** mit **Bromammonium**, taucht das getrocknete Produkt in eine **Silbernitratlösung**, trocknet wieder und überzieht schließlich mit einer Kollodiumlösnug.

Zur **Versilberung** von auf eine Glasplatte geklebten, zur Erhöhung der Widerstandsfähigkeit gegen Wasser in einer konzentrierten Tanninlösung gehärteten Gelatine-Relieffolien, befährt man ihre Oberfläche, während die Platten im Silberbade liegen, im direkten Sonnen- oder aktinischen Lichte mit einem rechtwinklig gebogenen Kupferdrahte, so daß die Oberfläche berührt wird, nimmt die mit dem Silberanflug überzogene Platte dann möglichst wagerecht aus der Lösung, setzt sie dem Sonnenlichte aus und trocknet sie auf diese Weise. Hierauf entfernt man das überschüssige Silberpulver durch Abspülen mit Wasser, so daß eine silberglänzende Schicht zurückbleibt, die den galvanischen Strom vortrefflich leitet. **(D. Ind.-Ztg. 1871, Nr. 26.)**

Um Gelatineblättern **spiegelnden Hochglanz** zu verleihen, behandelt man sie nach **D. R. P. 148 281** zuerst mit einer wässerigen **Chininsalz-** oder mit einer **Äsculinsalzlösung** und nach dem Trocknen mit einer wässerigen **Thalliumsalzlösung**; die so behandelte Gelatine kann, ohne den Glanz zu verlieren, beliebig gefärbt werden und zur Herstellung imitierter Schmucksachen Verwendung finden. Man kann auch die in Wasser geschmolzene Gelatine mit etwa 1% Chinin in schwachsaurer Lösung innig mischen, die Lösung zum Plattenaufguß verwenden, die trockenen Platten in eine 0,5proz. Thalliumacetatlösung tauchen und abermals trocknen.

Zum **Überziehen von Gelatinehäuten** verwendet man nach **D. R. P. 168 397** eine Nitrocelluloselösung, die man nach **D. R. P. 176 321** durch Lösungen von Kautschuk, Harzen, festen Fetten u. dgl. mit oder ohne Zusatz von Nitrocelluloselösungen unter evtl. Beimischung von flüssigen Ölen ersetzen kann. Nach einem weiteren Zusatz **D. R. P. 176 322** wird auch die Rückseite der Gelatineschicht, nachdem man sie von der Unterlage, wo sie gebildet wurde, abgezogen hat, mit einer, einen wasserdichten Rückstand hinterlassenden Lösung bestrichen. Vgl. **Polyt. Zentr.-Bl. 1867, 1662.**

Zur Herstellung von **Gelatinekapseln** taucht man leicht eingefettete passende Eisenstäbe mit abgerundeter Spitze nach **A. Hausner**, Fabrikation der Konserven und Kanditen, Wien 1912, 275, in eine konzentrierte gefärbte oder ungefärbte filtrierte Gelatinelösung, kehrt die Stäbe sodann um (wodurch verhütet wird, daß der Boden der Kapseln zu stark wird) und zieht die erstarrte Hülle von den Stäben ab. Zum Verschluß der Kapseln nach ihrer Füllung dienen entweder halbkugelförmige, ähnlich hergestellte Gelatinekappen oder ebensolche Plättchen, oder man gestaltet von vornherein die Hülsen etwas länger und schneidet sie nach der Füllung mit einer erwärmten Schere ab, wodurch das Verkleben der abgeschnittenen Ränder und dadurch zugleich Verschluß der Kapsel bewirkt wird.

Die Erzeugung der Gelatineverschlußkapseln aus Gelatine, Glycerin, Harzen und Härtemitteln ist in **D. R. P. 250 282** beschrieben.

Zur Herstellung von im Verdauungskanal leicht löslichen Gelatinekapseln verarbeitet man die Gelatine mit einem Zusatz von **Pepsin** oder anderen proteolytischen Enzymen (Trypsin, Pyocyanase, Papain), und zwar mit sowohl in saurer, als auch in alkalischer Lösung wirkenden Enzymen, die dann die Lösung der Gelatine im Magen bzw. im Darm bewirken. **(D. R. P. 191 406 und 191 407.)**

Die Verdaulichkeit der zum Einhüllen schlecht schmeckender Arzneimittel dienenden Gelatinekapseln wird durch Zusatz von 60% **Eiweiß** zur Gelatinemasse wesentlich erhöht. **(E. Unger, Pharm. Ztg. 1905, 857.)**

Bei Herstellung von Gelatinehülsen, die in **Körperhöhlen** eingeführt werden sollen und festes pulverförmiges Heilmittel enthalten, überzieht man die Hülse z. B. mit Salol oder einem anderen nicht hygroskopischen Konservierungsmittel und erreicht so, daß bei Einführen der Hülse z. B. in die Harnröhre die Hülse nicht kleben bleibt, sich gut weiterschieben läßt und nicht zu schnell schmilzt. **(D. R. P. 272 144.)**

Die Herstellung **schuppenförmiger** Gelatine und der zugehörige Apparat sind in **D. R. P. 79 400** beschrieben.

Um gelatinierende Substanzen fein zu verteilen, also zur Herstellung von **Gelatinekörnern**, -perlen und -pulvern aus der den Vakuumverdampfern entnommenen Gelatinelösung, läßt man diese in einer Flüssigkeit erstarren, die sich wie Benzol, Benzin, Schwefelkohlenstoff oder halogenisierte Kohlenwasserstoffe, mit Gelatine nicht mischen. Diesen Flüssigkeiten, in denen die Gelatine bei entsprechender Abkühlung in Körnerform erstarrt, kann man weiter noch Öle oder Fette zusetzen. **(D. R. P. 296 522.)** Nach einer Ausführungsform läßt man das zu gelatinierende Kolloid, z. B. die 40° warme 30proz. Leimlösung. auf **Maschinenöl** vom spez. Gew. 0,8—1,2 und der Viscosität 6 (bei 50%) fließen und erhält so, je nach der Arbeitsweise, größere Kügelchen oder feinstes Leimpulver, die dann mit Benzin gewaschen und getrocknet werden. Man kann den Leim auch in zerstäubter Form einführen und bedarf in jedem Falle nur kleiner Ölmengen zur Verarbeitung unbegrenzt großer Leimmassen. **(D. R. P. 298 386.)** Nach einer Ausführungsform des Verfahrens wählt man das spez. Gew. der Kühlflüssigkeit etwas größer als jenes der warmen flüssigen Gelatine, so daß die Gelatineperlen in dem Maße, als sie sich abkühlen und ihre Dichte größer wird als jene der Kühlflüssigkeit, zu Boden sinken und sich daher (namentlich in Form größerer Kugeln) nicht, wie es sonst zu geschehen pflegt, mit den Nachbarkugeln zusammenballen. **(D. R. P. 302 853.)**

Zur Bereitung einer **Nährgelatine** verrührt man 500 g geschabtes, sehnen- und fettfreies Rindfleisch mit 500—600 ccm Wasser zu einem Brei, den man unter wiederholtem Umrühren 5—6 Stunden stehen läßt, preßt ab, verrührt den Kuchen mit 200—300 ccm Wasser, läßt 3 Stunden stehen, wiederholt dasselbe ein drittes Mal 2 Stunden mit 200 ccm Wasser, verdünnt den erhaltenen Fleischsaft auf 1000 ccm, fügt 5 g Kochsalz und 10 g Pepton hinzu, bis zu dessen Lösung man eine Zeitlang gelinde erwärmt, kocht drei Stunden im Dampftopf, filtriert vom ausgeschiedenen Eiweiß durch einen Heißwassertrichter, setzt 100 g Gelatine hinzu und kocht 2 Stunden im Dampftopf. Nach dem Abkühlen auf 50° läßt man das mit etwas Wasser geschüttelte Eiweiß von 2 Eiern zufließen, filtriert nach dreistündigem Erhitzen und erhält eine völlig klare Bouillongelatine, die zum Unterschied vom Nähragar schon bei 30° vollkommen flüssig ist. Der Nährboden eignet sich als solcher oder zusammen mit Nähragar besonders zur Bereitung von Holzpilzkulturen. **(Fr. Seidenschnur, Zeitschr. f. angew. Chem. 1901, 440.)**

495. Casein-(Eiweiß-), Blut-, Hefeleime (-kitte).

Die sog. Kaltleime (Caseinleime) ähneln im trockenen Zustande, was Festigkeit betrifft, dem Knochen- oder Lederleim und übertreffen diesen an Festigkeit in gewässertem Zustande. **(H. Franz, Dingl. Journ. 335, 136.)**

Über die Verwendung des Caseins zur Herstellung von Kleb- und Appreturmitteln usw. siehe das Referat über eine aus den 30er Jahren des vorigen Jahrhunderts stammende Arbeit von **Braconnot in Jahr.-Ber. f. chem. Techn. 1856, 376.**

Zur Verwendung von Casein als Verdickungsmittel im Zeugdruck mischt man sein Gemenge mit 0,75% Magnesiumoxyd in dem 4fachen Wassergewicht mit der 10proz. wässerigen Lösung von 3% Bariumchlorid. **(Polytt. Zentr.-Bl. 1871. 1573.)**

Über Herstellung, Härtung und Prüfung von Bluteiweiß- oder Caseinleimen, wie sie namentlich während des Krieges im Äroplanbau Verwendung fanden, siehe die mit einer Literaturzusammenstellung über Casein und animalische Leime versehene Arbeit von **F. L. Browne in Chem. Met. Eng. 21, 136 [26].**

Über die besondere Art der Gewinnung und Aufarbeitung des Caseins für die Leimdarstellung, besonders für den Flugzeugbau, siehe **J. L. Sammis, Journ. Ind. Eng. Chem. 11, 764.**

Es sei hervorgehoben, daß die Klebkraft des Caseins mit steigendem Aschengehalt abnimmt, so daß es sich empfiehlt, Caseinsorten, die zur Leimherstellung dienen sollen, auf ihren Aschegehalt zu prüfen.

Die Herstellung von Kitten aus Casein, Kalk und Wasserglas ist in **D. R. P. 60 156** beschrieben.

Über die Herstellung von Caseinleim und die Verbindung von Arbeitsstücken mit Hilfe dieses, aus einer ammoniakalischen Caseinlösung hergestellten Klebmittels siehe **D. R. P. 66 202.**

Zur Herstellung eines Caseinkittes erhitzt man einen schwach alkalischen Caseinbrei nach **D. R. P. 116 355** längere Zeit auf 60° und mischt ihm dann Kalk, Wasserglas und gerbstoffhaltige Materialien zu.

Zur Herstellung eines Klebmittels verkocht man nach **D. R. P. 132 895** Casein, Ricinusöl, Leinöl, Alaun, Kandiszucker und Dextrin und setzt der kochenden Masse zur Bildung eines homogenen Breies Wasserglas zu.

Nach **D. R. P. 190 658** erhöht man die Bindekraft einer Caseinlösung, wenn man ihr neben Alkali Barium- oder Magnesiumchlorid und Wasserglas zusetzt. Man löst z. B. 100 Tl. Casein in 600 Tl. Wasser und 12 Tl. Soda, fügt 100 Tl. einer 10proz. Magnesiumchloridlösung und 80 Tl. Wasserglas zu und erhält unter Wechselwirkung des Caseins mit dem Metall des Chlorides und dem Silikat eine kolloidale Masse, die nur in dieser Verbindung die klebende Wirkung ausübt.

Zur Herstellung eines Caseinklebmittels quellt man 12,5 Tl. Caseinpulver in der dreifachen Menge klaren Salzwassers während 48 Stunden, verrührt dann $2^1/_2$ Tl. Kalk und 25 Tl. Wasser während 20 Minuten intensiv in die Masse und fügt unter weiterem Rühren 17,5 Tl. Wasserglas hinzu. Der fertige Klebstoff, der kein unaufgeschlossenes Casein enthält, kann nach einigem Stehen weiter verdünnt werden. **(D. R. P. 154 289.)**

Oder: In 5 Tl. kochendem Wasser werden 0,4 Tl. Borax und 0,2 Tl. Salmiak gelöst, worauf man der Lösung unter starkem Kochen 0,7 Tl. Casein zufügt, tüchtig verkocht und nach dem Erkalten noch 0,05 Tl. Carbolsäure zufügt. Zur Bereitung eines Caseinkittes werden hingegen 100 Tl. Casein mit 200 Tl. warmem Wasser verrührt, worauf man 40 Tl. gebrannten Kalk zufügt und solange verrührt, bis ein zäher Teig entstanden ist, der warm aufgetragen wird. **(E. Stoeck, Seifens.-Ztg. 42, 377 und 400.)**

Zur Herstellung eines trockenen, leicht mahlbaren und löslichen Käsestoffbindemittels setzt man der frisch gefällten Caseinmasse vor dem Trocknen oder auch der rohen Milch vor dem Ausfällen einen porösen Stoff zu, der das Zusammenschrumpfen des Käsestoffes verhindert und ein gleichmäßiges Trocknen der Masse ermöglicht. Das Produkt ist schon durch schwachem Druck in der Hand pulverisierbar, quillt mit Wasser sofort auf und besitzt ein starkes Bindevermögen. **(D. R. P. 278 143.)**

Nach **F. P. 415 880** stellt man ein Bindemittel für Torf, Holz, Baumwolle, Gips, Magnesia usw. her durch Mischen von Quarz, Casein, Kalk, Bleioxyd, Knochen, Cellulose, Rohkautschuk und Leinöl.

Ein weiteres Caseinbindemittel ist in **D. R. P. 201 414** beschrieben.

Zur Herstellung eines Caseinleimes erhitzt man 100 g in kaltem Wasser gequelltes Casein nach **D. R. P. 270 200** mit 6 g fein gepulvertem Kolophonium, verrührt die erhaltene schleimige Flüssigkeit mit freiem Alkali oder einem alkalischen Salz und erhält so eine kolloidale Lösung des harzsauren Caseins, die gesiebt und zu dünnen Platten eingetrocknet wird.

Auch in **Seifens.-Ztg. 1912, 81** finden sich Vorschriften zur Herstellung von Caseinkitt.

Nach **D. R. P. 286 099** erhitzt man zur Herstellung von wässerigen, zu haltbaren Kleb- und Anstrichmitteln geeigneten Lösungen aus Eiweiß- und Glutinkörpern 50 Tl. trockenes Casein und 10 Tl. Resorcin im Autoklaven während 3 Stunden unter 3—4 Atm. Druck und erhält so ein braunes, extraktartiges Produkt, das man in 100 Tl. heißem Wasser löst, nach dem Erkalten zur Klärung mit 5 Vol.-Tl. Sprit versetzt und direkt verwendet.

Ein haltbares Bindemittel in Pulverform von sehr bedeutender Zugfestigkeit erhält man durch Eintrocknen der Lösung von 100 Tl. Casein und 4 Tl. Kalkhydrat in Wasser unter 100° und Vermischen des Rückstandes im Verhältnis von 7 : 3 mit trockenem Kalkhydrat. Die Masse wird von dem Gebrauch mit der gleichen Wassermenge angeteigt. **(D. R. P. 341 831.)**

Durch Zusatz von 0,5% Kupfersulfat oder Kupferchlorid in Form einer 3% wässerigen Lösung zu Caseinklebstoffen wird deren Widerstandsfähigkeit gegen Feuchtigkeit und Schimmelbildung wesentlich erhöht. **(Chem.-Ztg. 1922, 723.)**

Über Herstellung von eiweißhaltigen Klebmitteln siehe **D. R. P. 18 231.**

In **Jahr.-Ber. f. chem. Techn. 1859, 582** ist die Herstellung des unter dem Namen „Ichthyocolle francaise" früher viel verwendeten Hausenblasensurrogates aus Blut und Gerbsäure beschrieben. Zugleich finden sich Angaben über die Verwendung dieses Mittels zur Klärung alkoholischer Getränke.

Der unter dem Namen Chinakaltleim im Handel befindliche Klebstoff (Schio-liao) besteht nach **Tech. Rundsch. 1909, 521** aus einem Gemenge von 40 Tl. Blutserum, wie man es durch Schlagen (Defibrinieren) von Schweine- oder Rindsblut erhält, mit 54 Tl. pulverförmig gelöschtem Kalk und 6 Tl. gepulvertem Alaun. Häufig erhält die Masse, die konzentriert als Kitt und mit weiterem Serum verdünnt als flüssiger Klebstoff dienen kann, einen Zusatz von Eiweiß; letzteres, Blut und Kalkpulver, sollen annähernd in gleichem Mengenverhältnis vorhanden sein. Schließlich setzt man zur Konservierung noch etwas Carbolsäure zu. Dieses Klebmittel kann u. a. ebenso wie das Gemenge einer Lederleimlösung mit Bariumsuperoxyd und Schwefelsäure zur Befestigung der Lederscheiben auf Billardqueues dienen.

Nach **D. R. P. 224 443** wird Hefe, deren Gärkraft man durch Erhitzen auf hohe Temperaturen oder durch Zusatz antiseptisch wirkender Stoffe vernichtet hat, mit Wasser, Dextrin oder Stärke unter Zusatz von Alkalien in ein Klebmittel verwandelt, das sich besonders zum Kleben von Papier, Holz und Leder oder von Papier auf blanke Blechdosen eignet. Verreibt man die Masse mit Farben unter Zusatz von Leinöl oder Wasserglas, so kann man sie auch als Anstrich verwenden.

Ein Klebmittel, das sich auch als Anstrichmasse eignet, besteht nach **Schweiz. P. 59 676** aus einem Gemenge von Preßhefe und Ätznatron.

Zur Gewinnung eines Klebstoffes konzentriert man Brennereiabfälle, z. B. Hefe, nach **D. R. P. 264 291** unter Zusatz von schwefliger Säure oder anderen Stoffen (Bisulfit, Phenol, Borsäure, Superoxyd usw.), die die Gärung unterbrechen unter gleichzeitiger Gewinnung des Alkohols. Die Hefe enthält 53%, der Kühlschifftrub bis zu 82% Eiweiß, das nach diesem Verfahren in Klebstoff verwandelt wird. Der Klebstoff bleibt auch bei langer Lagerung durchaus homogen, gärt nicht, trocknet nur langsam ein und ist beliebig lange aufbewahrbar. Nach dem Zusatzpatent setzt man der Hefe und den Brauereiabfällen während oder nach der Konzentration Melasse zu und erhält, ohne daß der Zucker der Melasse vergärt, durch Umsetzung ihrer alkalischen Salze mit den sauren Hefestoffen ein neutrales, nicht eintrocknendes Klebmittel. **(D. R. P. 297 186.)** Nach einer Abänderung des Verfahrens läßt man eine Mischung von Hefe mit Melasse oder anderen konzentrierten zuckerhaltigen Stoffen vor oder während des Eindickens im Vakuum in saurem, neutralen oder alkalischen Zustande vergären. Die Melasse bleibt z. T. unverändert und nur die Hefeeiweißkörper gelangen zur Umsetzung. **(D. R. P. 308 754.)**

Pflanzenleime.

Stärke, Dextrin, Kleber.

496. Literatur und Allgemeines über Klebstoffe und Gummen. — Konservierungsmittel.

Valenta, E., Die Klebe- und Verdickungsmittel. Kassel 1884. — Breuer, C., Kitte und Klebstoffe. Geschichtliche und technische Ausführungen. Hannover 1922. — Lehner, S., Die Kitte und Klebmittel. Eine ausführliche Anleitung zur Darstellung der Öl-, Harz-, Kautschuk-, Guttapercha-, Casein-, Leim-, Wasserglas-, Glycerin-, Kalk-, Gips-, Eisen- und Zinkkitte, des

Marineleims, der Zahnkitte, des Zeiodeliths und der zu besonderen Zwecken dienenden Kitte und Klebmittel. Wien und Leipzig 1909. Bearbeitet von F. Wächter, ebd. 1922. — Junge, K. G., Die Klebstoffe, ihre Beschaffenheit, zweckmäßigste Anwendung und Verarbeitung von Hand und Maschinen in den papierverarbeitenden Industrien. Dresden 1921.

Einen geschichtlichen Überblick über Herkunft und Anwendung der Klebmittel bringt **C. Breuer** in **Muspratts Ergänzungswerk III. 2, 669.**

Eine übersichtliche kurze Zusammenstellung der wichtigsten Klebstoffe pflanzlicher und tierischer Herkunft findet sich in **Farbe und Lack 1912, 56** und **83.**

Über die natürlichen Klebgummen siehe die ausführliche, mit Tabellen versehene Arbeit von **H. Razman, Farbenztg. 1914/15, 639, 667.**

Über Klebstoffe und Bindemittel außer Leim, Gelatine, Dextrin und Klebkitte berichtet **Kausch** in **Kunststoffe 3, 63 ff.**

Eine Zusammenstellung der Patente über Kitte, Kleb- und Bindemittel bringt **M. Schall** in **Kunststoffe 1917, 57** und **75.**

Die während des Krieges patentierten Kitt-, Leim- und Klebmittelfabrikate stellte **S. Halen** in **Kunststoffe 9, 129** zusammen.

Eine Patentliste über die deutschen Verfahren zur Herstellung von Klebstoffen bringt ferner **S. Halen** in **Kunststoffe 1921, 81 u. 99.**

Die Industrie der vegetabilischen Leime während des Krieges beschreibt **E. Stern in Z. f. Kolloide 1917, 124.**

Ein genaues Literaturverziechnis über Klebstoffe von **R. Marzahn** findet sich in **Farbenztg. 20, 1241.**

Über Klebemittelersatzmöglichkeiten siehe **Grempe, Seifens.-Ztg. 1917, 80.**

Siehe ferner die Literaturangaben bei Appretur, Stärke usw. Im vorliegenden Abschnitt fanden nur jene Klebemittel Aufnahme, für die in den betreffenden Herstellungsvorschriften keine Spezialverwendung angegeben ist, die Bereitung der Klebstoffe für Papier, Gewebe, Holz usw., sowie jene der Kitte für Metalle, Glas, Kautschuk, Leder usf. ist in den betreffenden Kapiteln beschrieben.

Im Sinne der Einteilung des Stoffes in der Folge: Metall, Glas (Keramik), Holz, Papier, Gewebe usw. (siehe Inhaltsübersicht) findet man bei jeder folgenden Stoffklasse die Klebstoffe für Stoffe der vorhergehenden Gruppen. Metallkitte sind daher bei Metallen, Metall-Gewebeklebstoffe bei Textilwaren, Glas-Holzkitte bei Holz, Papieretiketten auf Blech bei Papier zu suchen usw. Zu beachten ist ferner. daß der Papierleim im Abschnitt „Papierfabrikation" aufgenommen wurde.

Klebgummen sind an der Luft eingetrocknete, freiwillig ausgeflossene Säfte gewisser Pflanzen, die in Harzlösungsmitteln unlöslich sind, mit Wasser jedoch Quellungen geben, die Klebkraft besitzen. Technisch verwertbar sind vor allen Dingen die Gummen pathologischen Ursprunges.

Diese Gummiarten sind stickstoffreie, der Cellulose und Stärke isomere Pflanzenstoffe, die als zellfüllende Substanzen oft in großer Menge auftreten und dann als zähflüssige, an der Luft erstarrende Massen die Rinde oder äußere Zellschicht der Pflanze durchbrechen. Sie sind amorph, meist gelblich gefärbt, geruch- und geschmacklos und quellen in Wasser unter starker Volumvergrößerung auf wie getrockneter tierischer Leim bzw. lösen sich zu viscosen Flüssigkeiten von hoher Klebkraft. Das arabische Gummiharz stammt von der am weißen Nil heimischen Acacia Senegal Willd., bildet wurmförmige, rissige, durchscheinende bis glasartige Stücke vom spez. Gew. 1,3—1,6, die eingesammelt und ohne weitere Behandlung verfrachtet werden. Der Hauptbestandteil der verschiedenen Gummiarabicumsorten ist arabinsaurer Kalk $(C_{12}H_{21}O_{11})_2Ca + 3\,(C_{12}H_{22}O_{11} + 3\,H_2O)$, daneben sind Metaarabinsäure, Bassorin, Zucker, Gerbsäure, Harze und Farbstoffe vorhanden. Das Rohprodukt kann mit gesättigter wässeriger schwefliger Säure gebleicht werden.

Carraghen (Knorpelmoos) ist die getrocknete Alge Sphaerococcus crispus aus der Gattung der Rottange, wird an den Küsten Irlands und Schottlands, auch an amerikanischen nordatlantischen Küsten gesammelt und bildet getrocknet hornartige Massen, die in Wasser aufquellen und sich beim Erwärmen zu einer klebenden Flüssigkeit lösen. Sein Hauptbestandteil ist ebenso wie jener des

Tragantes, des Sekretes vorderasiatischer Asbiagalusarten, das Bassorin.

Agar-agar ist eine ostindische Alge, die getrocknet in den Handel kommt und vorwiegend als Nahrungsmittel oder zur Bereitung von bakteriologischen Nährböden dient. Die gallertbildende Kraft des Hauptbestandteiles (Gelose) übertrifft jene der Gelatine um das 6—10fache. In **Farbenztg. 20, 639** und **667** beschreibt **H. Razman** die Bewertung der Gummen auf Grund ihrer äußeren Kennzeichen, ihre Chemie und die verschiedenen, technisch wichtigen Arten.

Die Wirksamkeit der Klebstoffe als Bindemittel für Stücke gleichartigen oder ungleichartigen Materiales beruht entweder auf der Verdunstung oder auf der chemischen Veränderung des Lösungs- oder Anteigungsmittels. In letzterem Sinne ist z. B. der Portlandzement ebenfalls ein Kleb- oder Bindemittel, doch unterscheidet man im allgemeinen nur die Klebstoffe aus pflanzlichen von jenen aus tierischen Produkten. Zu den ersteren gehören die Stärke und ihre Umwandlungsprodukte, die Gummiarten, Pflanzenschleime und -eiweißarten und der Harzleim (siehe Papier). Zu den mineralischen Wasserglas, Zement, Alaun, Magnesiumphosphat, Schwefelkalk, Gips, im weiteren Sinne auch Asphalt und Teer. — Die tierischen Leime wurden im Anschluß an Leder, Knochen und Horn in den vorstehenden Kapiteln abgehandelt, die Pflanzenklebstoffe (siehe auch Appreturmittel) vermitteln den Übergang zu den Kunstmassen.

Die Konservierungsmittel für die verschiedenen Klebstoffe sind natürlich je nach der Natur des Klebstoffes verschieden. Während man z. B. ein Stärkeprodukt am besten mit 4—5% 40proz. Formaldehydlösung vor dem Faulen bewahrt, ist es zweckmäßiger, für tierischen oder Caseinleim 1% Carbolsäure, 4% Salicylsäure, 6—8% Borsäure oder 10% einer alkoholischen 2-Naphtollösung zuzusetzen. Übrigens übt bei diesen Leimsorten nach **Techn. Rundsch. 1910,** 115 auch ein Zusatz von Harzseife konservierende Wirkung aus.

Um Pflanzenleime, die zum Versand nach den Tropen bestimmt sind, zu konservieren, setzt man ihnen Quecksilbercyanid zu, ein Mittel, das ebensowohl alkalische als auch saure Einwirkungen auf diese Umwandlungsprodukte der Stärke aufhebt. So soll nach **Techn. Rundsch. 1908, 489** der Sichelleim (durch Aufschließung von Stärke mit Salpetersäure oder 36grädiger Natronlauge hergestellt) mit Hilfe dieses Salzes seine Haltbarkeit erlangen.

Zur Konservierung der Stärke- und Dextrinklebstoffe und -appreturmittel setzt man ihnen je 1 pro Mille Formaldehyd und freie Chlorbenzoesäure zu. Auch das Handelsprodukt Hadenon wirkt in derselben Menge schimmelverhütend. (**O. H. Matzdorff, Zeitschr. f. Spir.-Ind. 42, 380.**)

497. Allgemeines über Stärke und ihre Umwandlungsprodukte. — Stärkerückgewinnung.

Deutschl. Kartoffelstärke ½ 1914 E.: 737; A.: 157 754 dz.
Deutschl. Reisstärke ½ 1914 E.: 599; A.: 21 483 dz.

Saare, O., Die Industrie der Stärke und der Stärkefabrikate in den Vereinigten Staaten von Amerika. Berlin 1896. — Sallinger, Enzym- und kolloidchemische Studien an Stärke. Diss. München 1919.

Über Stärke und Dextrin berichtet **R. M. Wolf** in **Chem. Apparatur 3, 52.**

Die Verwendungsmöglichkeiten der Stärke in der Industrie erörtert **R. Matthiae** in **Chem. Apparatur 2, 223, 233 u. 245.**

Stärke (amylum) gehört ebenso wie die Cellulose mit der sie die Formel $(C_6H_{10}O_5)n$, nicht aber den molekularen Bau gemeinsam hat, zu den Kohlenhydraten, spezieller zu den nichtkrystallisierenden, oder Sphärokrysstalle bildenden Polysacchariden. Diese zerfallen in die für den Stoffwechsel der Pflanzen wichtigen Gruppen: Stärke, Dextrin, Glykogen und Inulin einerseits und Cellulosen und Hemicellulosen andrerseits, die das Gerüst des Pflanzenkörpers aufbauen und den Hauptbestandteil seiner Membranen bilden.

Die Gewinnung und Eigenschaften der verschiedenen Stärkearten als Nahrungsmittel werden im IV. Bande abgehandelt. Vorliegendes Kapitel umfaßt die technische Verwendung der Stärke als Kleb- und Appreturmittel, beruhend auf der Eigenschaft der Stärkekörner mit warmem Wasser von 60—80° (Kartoffel- bzw. Getreidestärke), den stark klebenden Stärkekleister und mit Wasser unter Druck gekocht oder durch Behandlung mit Chemikalien lösliche Stärke zu geben. Die fortschreitende Hydrolyse der Stärke, die durch Einwirkung verdünnter Säuren oder diastatischer Fermente eingeleitet wird, führt vom Stärkekleister über die chemisch gebundenen, Wasser enthaltenden Dextrine, die im Maße des fortschreitenden Abbaues stetig löslicher in wässerigem Alkohol werden, dieweil sie die Eigenschaft der Anfangsglieder durch Jod violett und rot gefärbt zu werden verlieren, zur Maltose $C_{12}H_{22}O_{11}$, dem Endprodukt der diastatischen Einwirkung; diese Zuckerart wird durch verdünnte Säuren weiter in 2 Mole Dextrose $C_6H_{12}O_6$ [109] zerlegt (siehe Stärkezuckergewinnung **Bd. IV [480]**).

Das Hauptverwendungsgebiet der Stärke und ihrer Abbauprodukte liegt in der Appreturtechnik, und zwar dienen lösliche Stärke und dünne Stärkekleister zum Tränken der zu beschwerenden und in den Poren auszufüllenden neuen Gewebe, speziell die Weizen- und Reisstärke zum Steifen der Wäsche; sie wirken dadurch, daß die mit der Stärkemilch in den Poren abgelagerten Körner oder die verkleisterte Masse durch das heiße Plätten in Dextrin verwandelt werden. Dicke, indifferent reagierende Kleister bilden den Farbstoffträger im Zeugdruck.

Zum Quellen (Verkleistern) der verschiedenen Stärkekörner der Kartoffel, des Weizens, Maises oder Reises sind nach **Symons** Temperaturen von 65, 70, 77 bzw. 80° nötig.

Es ist im allgemeinen gleichgültig, welche Stärkesorte man verwendet, doch ist zu beachten, daß Kartoffelstärke ein größeres Verdickungsvermögen besitzt als Weizenstärke, während Maisstärke die Mitte hält. Während des Krieges begann die Auswertung auch der Roßkastanienstärke; von ihr kommen jedoch nur Sorten in Betracht, die mindestens 44% reine Stärkesubstanz enthalten. Das Material wird sich auch weiterhin behaupten, besonders da es gelungen ist alle Bestandteile der Roßkastaniensamen (Saponin, Fett, Eiweiß) auf einfachem Wege im Zustande hoher Reinheit abzuscheiden. Zur Verarbeitung quellt man z. B. die Kartoffelstärke besser als mit heißem Wasser in der vierfachen Menge Wasser mit, auf das Stärkegewicht bezogen, 8% 45grädiger Natronlauge, läßt mehrere Stunden stehen und neutralisiert für Leinenappreturen mit Essigsäure, da das gebildete essigsaure Natron der Ware den gewünschten feuchtkalten Griff verleiht. Diese Natronlaugestärke dient allgemein zum Appretieren feinerer Gewebe, während man für gröbere Stoffe, Steifleinen usw., die mit Wasser gekochte Stärke verwendet.

Über die Verwendung der Stärke als Papierleimungsmittel, zu kosmetischen Zwecken, als Tapeten- und Buchbinderkleister und in der Lebensmittelindustrie, siehe die betreffenden Kapitel.

Zur Nutzbarmachung gebrauchter Stärke in Wäschereibetrieben verdünnt man das die rohe Stärke in Suspension und die gekochte Stärke in Lösung enthaltende, desinfektionsmittelhaltige Spülwasser mit Wasser, läßt absitzen, spült die oberen Schichten mit Hilfe von Leitungswasser von den unteren ab und sammelt die abgesetzte rohe Stärke. **(D. R. P. 262 501.)** Nach dem Zusatzpatent scheidet man die ungelöste Stärke nicht durch Absetzenlassen ab, sondern man bringt das die rohe Stärke enthaltende Spülwasser mit reinem Wasser in eine Zentrifuge und trennt so die schwere, ungelöste von der nach oben und außen fliehenden, gelösten, gekochten Stärke. Man spart so die Zeit des Absetzenlassens und die großen Absetzbehälter und erhält in kürzerer Zeit ein trockneres und reineres Produkt. **(D. R. P. 273 311.)**

498. Allgemeines über lösliche Stärke. Quellstärke.

Eine Zusammenstellung der Patente über Gewinnung löslicher Stärke bringt **Lüdecke** in **Seifens.-Ztg. 1912, 1116;** zugleich finden sich daselbst Vorschriften zur Herstellung von Dextrinersatzprodukten und Klebstoffen. Vgl. **M. Witlich, Kunststoffe 1912, 61.**

Eine tabellarische Zusammenstellung der in- und ausländischen Patente, betreffend die Herstellung löslicher Stärke von **A. Oelker,** findet sich in **Kunststoffe 6, 189.**

Über die Grundlagen der gebräuchlichen Verfahren zur Herstellung löslicher Stärke schreibt zusammenfassend **H. Pomeranz** in **Zeitschr. f. Textilind. 1917, 524, 538** und **550.**

Eine Zusammenstellung der Ansichten verschiedener Autoren über lösliche Stärke bringt **H. Pomeranz** in **Monatsschr. f. Textilind. 1917, 58.**

Die lösliche Stärke verhält sich in vielen Fällen wie tierischer Leim, worauf ihre technische Verwendung in der Appretur und Papierfabrikation beruht, während die Dextrine ein dem arabischen Gummi ähnliches Produkt darstellen, für den sie in der Technik als billiger Ersatz dienen.

Beim Erhitzen der Stärke mit Wasser wird lösliche Stärke gebildet. Dasselbe erreicht man, wenn man Stärke mit Glycerin erwärmt oder bei Gegenwart von etwas Schwefelsäure in der Kälte acetyliert usf., jedesmal tritt Depolymerisation ein. Steigert man die Temperatur während des Erhitzens mit Wasser oder Glycerin oder erhitzt man längere Zeit oder acetyliert man bei Gegenwart von Chlorzink, so tritt Ringsprengung ein. Der Abbau der Stärke ist demnach Ringsprengung und Depolymerisation zu gleicher Zeit, wobei bald die eine, bald die andere Reaktion in den Vordergrund tritt. **(H. Pringsheim, Landw. Vers. Stat. 84, 267.)**

Die besten und gleichmäßigsten löslichen Stärkepräparate erhält man mittels verdünnter Mineralsäuren bei niedriger Temperatur, (die Menge der gebildeten löslichen Stärke hängt bei richtigem Säuregrad von der Höhe und Dauer der Erhitzung ab, der sie unterworfen wird), während die auf alkalischem Wege gewonnenen Produkte stets eine gewisse Klebrigkeit zeigen und einen höheren Aschegehalt aufweisen. Die Oxydationsstärken stellen schließlich Präparate von geringerer Klebkraft dar, vermutlich weil Bildung von Oxystärken eintritt. Alle diese Verfahren führen zu einer mehr oder weniger durchgreifenden Veränderung des Stärkemoleküls, die bei alkalischer Behandlung am weitesten reicht; überhitztes Wasser oder das Verflüssigungmittel Diastase wirken am gelindesten ein. **(M. Witlich, Kunststoffe 2, 61.)**

Von der in heißem Wasser völlig löslichen Stärke ist zu untersscheiden die sog. Quellstärke, die nicht wie jene beim Schütteln mit kaltem Wasser ohne sich wesentlich zu verändern schwach anquillt, sondern direkt einen gleichförmigen Kleister bildet, der beim Kochen nicht in Lösung geht, sondern eine gelatinöse Flüssigkeit bildet. Lösliche Stärke muß mit der 6—8fachen Wassermenge kalt oder lauwarm angesetzt und eine halbe Stunde gekocht werden, Quellstärke gibt mit der zehnfachen Menge kalten Wassers sofort einen Kleister von hohem Klebevermögen. **(W. Massot, Zeitschr. f. angew. Chem. 1906, 566.)**

Eine Apparatur zur Herstellung löslicher und veränderter Stärke ist z. B. in **A. P. 1 191 324** beschrieben.

Zur Erhöhung der Bindefähigkeit löslicher Stärke gegenüber Farbkörpern behandelt man sie in völlig aufgeschlossenem Zustande längere Zeit bei gewöhnlicher oder kürzere Zeit bei höherer Temperatur mit wässeriger Chlor- oder Bromsäure. **(D. R. P. 273 235.)**

499. Lösliche Stärke, Säureverfahren.

Zum Aufschließen von Stärke vermischt man 1000 Tl. Stärke mit soviel 2 proz. Mineralsäure als nötig ist, um eine ziemlich dicke Milch zu erhalten, erhitzt diese 12—14 Stunden auf 50—55°, filtriert nach beendeter Aufschließung das Produkt ab, wäscht es neutral, zentrifugiert und trocknet. Man erhitzt vorteilhaft gleich im Anfang auf die höchste Temperatur und sorgt dann durch Isolierung dafür, daß die Temperatur der Masse nicht unter 50° sinkt. Die Stärke löst sich in kochendem Wasser oder in 2 proz. Natronlauge ohne Rückstand. **(D. R. P. 110 957.)** Nach **D. R. P. 118 089** genügt schon 3—6stündiges Erhitzen, um den Aufschließungsvorgang zu beendigen.

Nach **D. R. P. 141 753** erhält man einen Ersatz für wasserlöslichen Gummi durch Behandeln von Stärke mit Schwefelsäure von 40—85% oder Schwefelsäurehydrat von 79—80% bei höchstens 35°, bis Zucker nachweisbar ist; man stumpft dann mit kohlensaurem Kalk die Säure ab, extrahiert den Klebstoff und reinigt ihn evtl. noch.

Reinweiße, nur in heißem Wasser lösliche Stärke erhält man durch 15 Minuten währendes Sieden von 100 g 95proz. Alkohol, 5 g Schwefelsäure und 25 g einer Stärkeart, und folgendes Auswaschen der filtrierten Masse mit kaltem Wasser oder 95proz. Sprit bis zum Verschwinden der sauren Reaktion. **(Chem. Zentr.-Bl. 1919, II, 857.)**

Über die Veränderung der Stärke durch Salzsäuregas, die Gewinnung löslicher Stärke aus dem Rohmaterial mit Salzsäuregas bei 54° und die Herstellung von Dextrin ebenfalls mit Salzsäuregas bei 76—93° siehe **F. C. Frary** und **A. C. Dennis,** Referat in **Zeitschr. f. angew. Chem. 28, 340.**

Über Darstellung von löslicher Stärke mit Hilfe von Schwefeldioxyd siehe **A. P. 951 666.**

Lösliche Stärke, die ein wertvolles Appreturmittel darstellt, da man sie in starke, aber doch dünnflüssige, das Gewebe leicht durchdringende Lösungsform bringen kann, wird nach **D. R. P. 214 244** hergestellt durch längere Behandlung eines Gemisches von 100 kg Kartoffelmehl und 1 kg Kieselfluorwasserstoffsäure (spez. Gewicht 1,3) bei 70—80°, bis eine Probe in heißem Wasser löslich ist. Vgl. die Methode von **Anthon,** der schon 1876 aus 10 g trockener Kartoffelstärke mit 6,5 g verdünnter Kieselfluorwasserstoffsäure (1 Tl. Säure von 6° Bé mit 7 Tl. Wasser) bei 40—50° getrocknet und dann in einer offenen Glasröhre im Kochsalzbade 9 Stunden lang auf 108° erhitzt, ein selbst im kalten Wasser schnell und vollständig zu einer klaren Flüssigkeit lösliches Produkt erhielt. **(Dingl. Journ. 219, 183.)**

Um die bindenden Eigenschaften löslicher Stärke zu verbessern, behandelt man 100 kg des z. B. mittels Chlorsäure völlig aufgeschlossenen Produktes mit einem Feuchtigkeitsgehalt von 15—20% mit etwa 500 g 15grädiger Chlorsäurelösung, die man dem Lösungswasser zusetzt. Nach 12 Stunden werden 2 kg Kreide eingerührt, und man erhält nach weiteren 48 Stunden das gewünschte Produkt, das noch während eines Monates nachhärtet. **(D. R. P. 273 235.)**

Zur Herstellung löslicher Stärke behandelt man die Rohstärke nach **D. R. P. 137 330** mit 1% Ameisen- oder Essigsäure in 10proz., wässeriger Lösung 2 Stunden bei 90—100°, wobei man die sauren Wasserdämpfe kondensiert und zu einem neuen Ansatz verwendet. Nach 4stündigem Erhitzen auf schließlich 115° ist die Umsetzung zu Ende und die Stärke gibt mit 60—70° warmem Wasser eine dickliche, aber völlig klare Lösung.

Zur Herstellung einer in kaltem Wasser spurenweise, beim Kochen aber leichtlöslichen Stärke, deren Lösung nach dem Erkalten klar und flüssig bleibt, erhitzt man das Stärkemehl nach **D. R. P. 182 558** in trockener Form mit etwa $^1/_3$ bis dem halben Gewicht Eisessig 1—2 Stunden in einem Kessel mit Dampfmantel, läßt abkühlen und wäscht mit kaltem Wasser aus. Das so erhaltene Produkt, bei dessen Bildung man zur Reaktionsbeschleunigung zweckmäßig etwas Mineralsäure oder Ameisensäure zusetzt, ist in siedendem Wasser völlig klar löslich, die Lösung gelatiniert nicht und hinterläßt beim Eintrocknen ein durchsichtiges zähes Häutchen, so daß diese dem Aussehen nach durch die Behandlung nicht veränderte Stärke auch als Ersatz für Gelatine oder Casein dienen kann. Sie kommt unter dem Namen Feculose in den Handel und zeigt je nach der verwendeten Stärkeart verschiedene Eigenschaften. Jedenfalls soll man ein in kaltem Wasser unlösliches, daher leicht neutral waschbares Produkt erhalten, das zum weißen Pulver getrocknet in kochendem Wasser löslich ist und nach dem Trocknen der Lösung wie erwähnt eine gelatineartige Haut hinterläßt. Feculose enthält 1—4% Essigsäure gebunden, gibt die bekannten Stärkereaktionen und bewährt sich als Appreturmittel.

Zur Herstellung löslicher Stärke, die als Ersatz für Gummi arabicum als Appreturmittel u. dgl. dienen kann, behandelt man nach **F. P. 383 902** 500 kg Kartoffelmehl in der Kälte mit einem Gemisch von 250 kg 98proz. Essigsäure und 7,5 kg 40grädiger Salpetersäure. Der nach einiger Zeit ausfallende pulverige Niederschlag wird nach 24 Stunden von der verdünnten Flüssigkeit durch Filtration getrennt und gewaschen. Dadurch, daß man auf Mischungen von Stärke mit Essigsäure bei niedriger Temperatur geringe Mengen Mineralsäure einwirken läßt, erhält man schon in der Kälte eine vollkommen lösliche Stärke, vermutlich ein Acetylderivat, bei dessen Bildung die Mineralsäure als Katalysator wirken dürfte. **(D. R. P. 200 145.)**

Zur Herstellung löslicher Stärke unter Vermeidung der Dextrinbildung mischt man nach **D. R. P. 119 265** 100 kg Kartoffelmehl oder Maisstärke mit 500 g Oxalsäurepulver und erwärmt das Gemenge 4—7 Stunden auf 80°, bis sich eine Probe in 60° warmem Wasser klar und dünn löst. Nach dem Erkalten wäscht man mit kaltem Wasser aus oder neutralisiert die Oxalsäure mit Soda, wenn sie nicht für Zwecke der Appretur in der Masse belassen wird. Statt der Oxalsäure kann man auch Bor- oder Weinsäure verwenden. Arbeitet man weiter wie **O. Fiscinus** in **Pharm. Zentrh. 1871, Nr. 23** angibt, d. h. dampft man die neutralisierte Stärke im Wasserbade ab, bis der Rückstand nicht mehr an den Fingern klebt, so erhält man eine zähe Masse, die man dünn ausgezogen zum Dextrinpräparat eintrocknen kann.

Nach **A. P. 1 053 719** behandelt man Stärke zur Herstellung eines Klebmittels mit Oxalsäure und neutralisiert nachträglich mit Ammoniak.

Zur Gewinnung eines dem Gummi arabicum ähnlichen Klebstoffes verarbeitet man die Lösung löslicher Stärke unter Zusatz wasserlöslicher Salze organischer Sulfo- oder Carbonsäuren mit oder ohne Formaldehyd, also z. B. 30 Tl. lösliche Stärke und 10 Tl. salicylsaures Natron, die mit 60 Tl. Wasser angerührt auf etwa 80° erhitzt werden. Der neue Klebstoff gelatiniert auch in konzentrierten Lösungen nicht und eignet sich, da er seine Bindekraft nicht verliert, zum Gebrauch in Klebemaschinen der Kartonagefabriken. **(D. R. P. 290 786.)**

Die größte Menge löslicher Stärke erhielt **J. C. Small** durch 10 Minuten langes Erwärmen von 20 proz. Stärkelösung in 100 ccm Alkohol mit 0,75 ccm konzentrierter Salzsäure. **(Zentr.-Bl. 1919, IV, 47.)**

Unter allen Stärkeaufschließverfahren ist nach **E. Hastaden** der Oxalsäuremethode der Vorzug einzuräumen. **(Zeitschr. f. angew. Chem. 21, 1260.)**

500. Lösliche Stärke, Alkaliverfahren (Wasser, Glycerin, Sprit usw.).

Das Appreturmittel „Apparatine" erhielt man als farblose durchsichtige Substanz, durch Erhitzen von Stärke, Mehl oder anderen stärkemehlreichen Substanzen mit kaustischem Alkali, im Verhältnis von 76 Tl. Wasser zu 16 Tl. Kartoffelstärke und 8 Tl. Pottasche- oder Sodalauge von 25° Bé. Kocht man die Masse, so verdickt sie sich, quillt und wird hornartig, behält jedoch ihre Geschmeidigkeit und wird wasserunlöslich. **(Dingl. Journ. 216, 190.)**

Zur Herstellung eines Schlichtemittels verrührt man 9—10 Tl. Stärke mit 60 Tl. kaltem Wasser und fügt die kalte Lösung von 3 Tl. Ätznatron in 20 l Wasser bei. Zur Neutralisation setzt man nach einiger Zeit ein Gemisch von 1 Tl. Schwefelsäure und 20 Tl. Wasser zu. **(Ö. P. v. 21. April 1885.)**

Nach **A. Wroblewski, Ber. d. d. chem. Ges. 1897, 2108** stellt man lösliche Stärke her durch $4^1/_2$stündiges Kochen eines Gemenges von 10 g Reisstärke, 10 Tropfen 10 proz. Kalilauge und 100 ccm Wasser unter Ersatz des verdampfenden Wassers.

Zur Herstellung eines Klebmittels versetzt man nach **Belg. P. 252 421** ein Gemenge von Stärke und Wasser portionenweise mit einem Alkali und rührt längere Zeit kräftig durch.

Zur Herstellung löslicher Stärke löst man rohe Stärke nach **D. R. P. 88 468** zunächst in Ätzalkalilaugen, neutralisiert die Lösung, fällt die Stärke mit Magnesiumsulfat aus, wäscht, trocknet und mahlt. Das Produkt soll in kochendem Wasser klar löslich sein und eine stark klebende, dünnflüssige Lösung geben.

Ein auch an Metall und Glas fest haftender Klebstoff wird nach **D. R. P. 12 827** hergestellt aus einem kalt verrührten Gemenge von 40 g Stärke und 320 g Schlemmkreide in 2 l kaltem Wasser unter Hinzufügung von 200 ccm 20 grädiger Natronlauge.

Durch Behandlung von Stärke beliebiger Herkunft mit Alkalilauge und konzentrierten Kali- oder Natronsalzlösungen, mit denen sie keinen Kleister bildet, wird sie nach **D. R. P. 166 259** in quellbare und mit kaltem Wasser verkleisterbare Form übergeführt. Dieses Präparat, das das Ätzalkali nicht in bloßer Mischung enthält, quillt auch dann noch, wenn das letztere durch Säure neutralisiert ist oder in kohlensaures Alkali verwandelt wird.

Ein ähnliches Leimersatzpräparat aus Stärke und Ätzalkali unter Zusatz einer Bleiverbindung ist in **A. P. 1 198 100** beschrieben.

Um eine in kaltem Wasser quellende Stärke zu erhalten, behandelt man Rohstärke nach **D. R. P. 157 896** zwischen 10 und 30° mit 50—98 proz. wässrigen Alkohol und fügt der milchigen Flüssigkeit für 100 kg Stärke 40 kg 30 grädiger Natronlauge zu. Nach einer Stunde wird die breiige Masse mit Essigsäure neutralisiert, dann schleudert man ab, trocknet und wäscht die Stärke. In die 10 fache Menge kalten Wassers eingerührt, gibt sie in gemahlenem Zustande eine kleisterähnliche gequollene Masse. Nach **Zusatz 158 861** verwendet man statt des Alkohols Aceton (2 kg für 1 kg Stärke) und arbeitet auf wie oben. Man verfährt nach **Apoth.-Ztg. 1912** in der Weise, daß man einen 1—2 proz. Kartoffelstärkekleister in eine überschüssige Menge von Aceton eingießt und den erhaltenen flockigen Niederschlag nach Entfernung des Acetons filtriert und im Vakuum trocknet. Das Produkt ist auch in kaltem Wasser bis auf einen geringen Rückstand löslich, zeigt kein Reduktionsvermögen, wird jedoch durch Jod noch intensiv gebläut und auch durch Malzextrakt ebenso wie das Ausgangsprodukt, leicht verzuckert. Man erhält so im Gegensatz zu dem wässerigen Ätzalkaliprodukt der Stärke, bei dem Kleisterbildung eintritt, ein Material, dessen Stärkekorn unverändert bleibt.

Um Stärke in kaltem Wasser quellbar zu machen, vermischt man sie nach **D. R. P. 180 830** mit Kohlenstofftetrachlorid oder mit einem Gemenge dieses Körpers mit rohem Paraffinöl (spez. Gewicht 0,865) im Verhältnis 1 : 1 und setzt für 100 Tl. Stärke etwa die Hälfte 30 grädiger Natronlauge zu. Beim kräftigen Umrühren entsteht fast sofort ein lockeres, voluminöses Pulver, das nach Abdestillieren des Tetrachlorkohlenstoffes in kaltem Wasser quellbar ist und noch Alkali enthält. Zur Gewinnung eines neutralen Präparates setzt man dem Gemenge vor dem Abdestillieren des Lösungsmittels die entsprechende Menge Essig-, Wein- oder Oxalsäure zu. Das Kohlenstofftetrachlorid kann abdestilliert und wiederbenutzt werden, doch ist es bei der Herstellung von Klebmitteln für Wachspapier vorteilhaft, es in dem Produkt zu belassen.

Nach **D. R. P. 227 430 (Zusatz zu D. R. P. 224 668 [503])** werden trockene Kartoffelflocken zur Herstellung einer kalt verkleisterbaren, stark klebenden Substanz mit 5% ihres Gewichtes an calcinierter Soda vermischt. Anstatt der Soda sind auch Superoxyde oder Chlorkalk verwendbar, ebenso statt der Kartoffelflocken andere stärkemehlhaltige Pflanzenstoffe.

Über Herstellung eines Appreturmittels aus Reis durch Dämpfen der Reiskörner bei Gegenwart von Kochsalz und Nachbehandlung mit Ammoniak, siehe **Ö. P. 27 052** und die **Zusatz-Anmeldung 3812/12.**

Zur Herstellung von mit kaltem Wasser kleisterbildender, salzfreier Stärke vermischt man das Rohmaterial mit einer Lösung von Ammoniak und Wasser, kocht und trocknet die Masse auf heißen Platten oder Walzen in dünner Schicht. **(D. R. P. 223 301.)**

Nach **D. R. P. 232 874** erhält man ein Appreturmittel durch Mischen von 100 kg Maisgries mit 4 l gesättigter Ammoniumcarbonatlösung und 2 l Ammoniak von 10° Bé. Nach 24 Stunden setzt man 1 l 50proz. Milchsäurelösung hinzu und mahlt das Produkt nach weiteren 24 Stunden.

Nach einem Referat in **Seifens.-Ztg. 1912, 306** kann man ähnlich wie man lösliche Stärke im Großen herstellt, einen Pflanzenleim (von Art des Sichelleimes) gewinnen, durch Vereinigung einer Stärkemilch aus 160 Tl. Kartoffelmehl und 680 Tl. Wasser mit einer Lösung von 45 Tl. 40 gräd. Ätznatronlauge in derselben Wassermenge. Man läßt die alkalische Flüssigkeit in dünnem Strahle einfließen, bis eine klare, gallertartige Masse entsteht, rührt dann noch 1—2 Stunden, neutralisiert bis zur schwach alkalischen Reaktion (rotes Lackmuspapier) mit einer Mischung von 40 Tl. Salpetersäure und 25 Tl. Wasser und fügt zur Erhöhung der Haltbarkeit 5 Tl. käuflichen Formaldehyd hinzu.

Es sei betont, daß das Aufschließen der Stärke zur Herstellung von Kaltleim aus Kartoffelmehlkleister mit Natronlauge nicht in eisernen Gefäßen geschehen darf, da die Klumpenbildung durch das Eisen befördert wird, wenn man nachträglich mit Salpetersäure neutralisiert. Die Neutralisation mit Salpetersäure kann in anderen Gefäßen, wenn sie unrichtig ausgeführt wird, ebenfalls Klumpenbildung herbeiführen und man verwendet daher statt der Salpetersäure zweckmäßig die weniger aggresive Salz- oder Oxalsäure. **(Techn. Rundsch. 1910, 502.)**

Nach **D. R. P. 174 222** neutralisiert man die beim alkalischen Aufschließen von Stärke im Überschuß vorhandene Alkalilauge statt mit Mineralsäuren, die zu auskrystallisierenden Salzen führen, mit in der Kälte verseifbaren Pflanzenölen oder Pflanzenharzen.

Ein lösliches Stärkepräparat erhält man nach einem Referat in **Seifens.-Ztg. 1912, 166** auch durch Erhitzen von 160 g Stärke mit 1 kg Glycerin auf 170—180°. Man gießt die klare Lösung nach ihrer Abkühlung auf 120° in 96proz. Spiritus ein, filtriert den entstandenen Niederschlag, wäscht ihn mit Spiritus und reinigt das Präparat weiter durch Umlösen aus Wasser und Fällen mit Spiritus. Das Produkt ist in Wasser und verdünntem Alkohol klar löslich.

Zur Herstellung kaltwasserlöslichen Stärkemehls verkleistert und trocknet man mit Wasser breiig angerührte Stärke auf heißen Cylindern und mahlt die Flocken. Das Produkt gleicht dem aus Kartoffelstärke gewonnenen Material, doch bildet es im Gegensatz zu den Kartoffelflocken mit der 10fachen Menge kalten Wassers nicht einen dünnen Brei, sondern eine dicke, gut klebende, gummiartige Masse. **(D. R. P. 250 405.)**

501. Lösliche Stärke, Oxydationsverfahren (Luft, salpetersaure, Persalze).

Lösliche Stärke wird nach **D. R. P. 227 606** hergestellt durch Aufschlemmen von 500 kg Stärke in 500—750 l 3proz. Salzsäure, Hinzufügen einer sehr geringen Menge eines Kupfer-, Eiseu-, Nickel-, Mangan- oder Kobaltsalzes und Einblasen von Luft in die 40—50° warme Suspension. Nach 1—2 Stunden wird die Stärke filtriert, gewaschen und getrocknet und ist nun in heißem Wasser vollkommen klar löslich. Die abfiltrierte Lauge ist wieder verwendbar. Vgl. **A. P. 881 104** und **881 105**: Einleiten von Luft und Dampf in angesäuerte Stärkemilch, bis die Verkleisterungstemperatur fast erreicht ist, man stellt dann den Dampf ab und preßt Luft in die Flüssigkeit.

Zur Herstellung löslicher Stärke behandelt man nach **D. R. P. 156 148** 100 kg Rohprodukt in einem mit Bleiblech ausgekleideten Holzgefäß 12 Stunden bei 45° mit 130 kg einer 2proz. Kaliumpermanganatlösung, säuert sodann mit Schwefelsäure an, fügt zur Entfernung des Braunsteines Bisulfitlösung hinzu, wäscht die Stärke neutral und trocknet bei niederer Temperatur. Die so erhaltene lösliche Stärke ist frei von Dextrin und Zuckerarten, reagiert neutral, ist nicht hygroskopisch und dringt leicht in die Textilfaser ein, der sie nach dem Trocknen eine feuchtigkeitsbeständige, glänzende und elastische Appretur verleiht.

Zur Herstellung löslicher Stärke behandelt man stärkemehlhaltige Substanzen nach **Ö. P. Anm. 5205/04** mit Kaliumpermanganat, Schwefelsäure und Wasserstoffsuperoxyd.

Um Stärke löslich zu machen, mischt man 100 kg Stärkemehl nach **D. R. P. 134 301** mit 3—5 kg Ammoniumpersulfat, trägt das Gemenge in 150 l Wasser ein, läßt 10 Stunden stehen, gießt ab, filtriert, wäscht und trocknet. Diese Stärke soll sich als Gelatineersatz in der Textilindustrie besonders eignen. Der Vorteil des Verfahrens beruht darauf, daß sich die Stärkeumwandlung schon bei gewöhnlicher Temperatur vollzieht und keine sauren Agenzien zur Verwendung gelangen, so daß nach dem Auswaschen ein neutrales, nicht dextriniertes Produkt erhalten wird. Die Bildung der löslichen Stärke wird durch den nach der Gleichung

$$S_2O_8(NH_4)_2 + H_2O = 2\,SO_4H \cdot NH_4 + O$$

freiwerdenden Sauerstoff bewirkt.

Nach **A. P. 1 207 177** verfährt man wie folgt: Man mischt 100 kg Kartoffelstärke mit 200 g Kaliumpersulfat und 7 kg 50proz. Essigsäure (Ameisen-, Milch-, Buttersäure usw.), rührt das Gemisch bei gewöhnlicher Temperatur 12—24 Stunden lang, neutralisiert die Säure mit Alkali und wäscht mit kaltem Wasser aus. Das Produkt ist löslich und gelatiniert in der Kälte nicht.

Zur Herstellung von neutralem Pflanzenleim maceriert man nach **D. R. P. 167 275** Stärke mit 1proz. Natronlauge und behandelt so lange mit leicht zersetzbaren Oxydationsmitteln (z. B. Wasserstoffsuperoxyd), bis die neutralisierte und gewaschene Masse in kochendem Wasser sowie in kalter Lauge leicht löslich geworden ist. Das Produkt ist frei von Chemikalien und zeigt sich in der Stärkesubstanz selbst unverändert, da nur die Hülsensubstanz der Stärkekörnchen oxydiert wird. Wichtig ist die Neutralisation der gebildeten Natron- oder Kalistärke, um das Alkali in ein leicht auswaschbares Salz überzuführen.

Nach **W. Syniewski, Ber. d. d. chem. Ges. 1897, 2415** trägt man zur Herstellung löslicher Stärke 50 g Natriumsuperoxyd vorsichtig unter Kühlung in 500 g Wasser ein, verrührt in die Lösung 50 g mit 5 ccm Wasser befeuchtete Kartoffelstärke und erhält nach 1stündigem Rühren in der Kälte eine Gallerte, aus der durch Alkohol eine zähe, klebrige Masse gefällt wird, die man nach Entfernung der Lauge in kaltem Wasser löst und mit Säure fällt. Dieses Verfahren des Lösens und Fällens wird zur Gewinnung eines absolut reinen Produktes noch einige Male wiederholt.

Nach **D. R. P. 199 753** und **Zusatz 204 361** werden Stärke und ähnliche Körper, die sonst in Wasser unlöslich sind (Gummiarten, Algen, Flechten u. dgl.), durch Zusatz von ca. 1% Perborat löslich gemacht. Man quellt zunächst die Substanz in der wässerigen Perboratlösung auf und kocht, bis man die Lösungen von gewünschter Konzentration hat. Der in der Lösung vorhandene Borax stört die Verwendbarkeit der Präparate als Appreturmittel nicht. Nach einem anderen Zusatzpatent mischt man Perborat und Handelsstärke trocken und erwärmt nun auf 40°; das angezogene Wasser genügt, um die Reaktion zu Ende zu führen. **(D. R. P. 202 229.)**

Nach **D. R. P. 229 603** behandelt man Stärke oder Dextrin zur Bereitung trockener, schon in der Kälte wasserlöslicher Klebstoffe in alkalischer oder saurer Suspension mit sauerstoffabgebenden oder oxydierenden Körpern, z. B. Chlor, Superoxyden usw. Die Mischung beispielsweise von 100 kg löslicher Stärke, 300 l Wasser, 3 kg 40grädiger Natronlauge wird dann auf heißen Zylindern getrocknet und so zugleich verkleistert. Die kombinierte Behandlung der Trocknung und gleichzeitigen Verkleisterung des alkalischen Stärkebreies ist die Neuerung.

Zur Regelung der Sauerstoffabgabe der Persalze soll man der Stärkemilch vor Zugabe z. B. des Perborates Eisen- oder Aluminiumhexachlorid zugeben. **(D. R. P. 217 336.)**

Zur Herstellung geruchloser, löslicher Kartoffelstärke behandelt man die Grünstärke (1000 kg) als Milch mit $1^1/_2$ kg 64proz. Salpetersäure, die 300 g freies Chlor enthält, während $1—1^1/_2$ Stunden, zentrifugiert und trocknet bei etwa 80°, bis eine Probe in Wasser klar und geruchlos löslich ist. Ebenso kann man auch statt der Salpetersäure andere organische oder Mineralsäuren verwenden, die so viel freies Chlor zu absorbieren vermögen, daß auf 1000 kg Stärke etwa 300 g freies Chlor kommen. **(D. R. P. 103 399 und 103 400.)**

502. Lösliche Stärke, Halogenoxydation. — Rhodan- und Formaldehydstärke.

Ein Ersatzstoff für Leim wird nach **D. R. P. 114 978** gewonnen, wenn man Stärke mit einer Lösung von Kalium- oder Natriumhypochlorit anrührt. Man dekantiert nach einiger Zeit und trocknet den Rückstand bei 50—100°.

Über Herstellung eines Pflanzenleimes durch Behandlung einer Aufschwemmung von 100 kg Stärkemehl in 80—90 l Wasser mit einer Lösung von 9 kg Brom und 4—5 kg Natronlauge oder mit Lösungen von Hypochloriten siehe **F. P. 452 943.** Nach 24stündigem Behandeln bei 15° wird das Produkt mit 10—20 kg Formaldehyd oder ähnlichen Körpern erhitzt, bis die Verleimung eintritt, worauf man das Produkt zur Trockne dampft oder direkt verwendet.

Nach **D. R. P. 164 385** schließt man die Handelsstärke, die einen Wassesgehalt von 17—20% besitzt, dadurch auf, daß man sie in diesem lufttrockenen Zustande mit 6% Chlorkalk und 1% Natriumbicarbonat vermischt. Unter Wärmeentwicklung erfolgt die Aufschließung der Stärke und man erhält ein stets chlorfreies, nichthygroskopisches Produkt, das sich besonders zur Gewinnung von Appretur- und Schlichtemitteln eignet. Statt des Chlorkalkes läßt sich mit demselben Erfolg auch das Natriumsuperoxyd verwenden.

Nach **D. R. P. 149 588** behandelt man zur Herstellung löslicher Stärke 100 kg Kartoffelmehl, das sich in einem Faß befindet, mit Chlorgas, schließt hierauf das Faß, rollt einigemal um, läßt dann 10 Stunden liegen und erhitzt schließlich den Inhalt des Fasses unter stetigem Umrühren zur Entlüftung so lange auf 100°, bis sich eine Probe in kochendem Wasser klar löst.

Zur Herstellung löslicher Stärke behandelt man sie in dünner Schicht ausgebreitet mit überschüssigem Chlorgas, läßt die Masse, bis eine Probe in heißem Wasser löslich ist, etwa 8 Tage stehen, entlüftet sie dann und neutralisiert das Material nach evtl. Waschen mit kaltem Wasser durch Überleiten von Ammoniakgas oder durch Vermahlen mit calcinierter Soda. **(D. R. P. 168 980.)**

Nach **D. R. P. 205 758** wird ein Schlichte- und Appreturmittel aus einem Kartoffelmehlstärkebrei hergestellt, den man beispielsweise durch Verkochen von 72,5 kg Kartoffelmehl in 1080 l Wasser erhalten hat, durch Hinzufügen von $11^1/_4$ l einer 1proz. Lösung von Chlorgas in Wasser. Man kocht weiter, während man von Zeit zu Zeit mit Alkali neutralisiert, bis das Chlor vertrieben ist.

Zur Herstellung von Halogenstärkeverbindungen behandelt man Stärkekleister mit Chlor und erhält so kolloidale, lösliche, schleimige Körper, die schon durch Wasser und durch Alkohol leicht zersetzt werden, so daß ihre Isolierung unmöglich ist. Man setzt daher während oder nach der Chlorierung Tannin zu, wodurch die Halogenstärke in einer Form niedergeschlagen wird, in der man sie der weiteren Reinigung zuführen kann. Die Präparate enthalten das Chlor in leicht abspaltbarer Form und dienen als Heilmittel oder auch für technische Zwecke. **(D. R. P. 142 897.)**

Zur Herstellung von quellbaren nicht klebenden Stärkepräparaten behandelt man Stärke mit Chloroform bzw. anderen Halogenderivaten aliphatischer Kohlenwasserstoffe (Acetylentetrachlorid, Äthylenbromid, Jodäthyl) und erhält so nicht ein bloß aufgeschlossenes Produkt wie jenes des **D. R. P. 180 830** (Tetrachlorkohlenstoff [500]), sondern ein Präparat, das Halogen in fester Bindung enthält. **(D. R. P. 220 850 und 220 851.)**

Nach **A. P. 918 925** werden zur Herstellung löslicher Stärke 100 Tl. Rohstärke mit 80 Tl. einer 50proz. wässerigen Lösung von Ammoniumsulfocyanat und 40 Tl. Alkohol verrührt, dann wäscht man mit Alkohol oder Aceton und erhält eine in kaltem Wasser leicht aufquellende Stärke, die alle Eigenschaften besitzt, die sie sonst erst beim Kochen mit Wasser erlangt. Da man wegen des in der Lösung enthaltenen Wassers verkleisterte Stärke erhält, setzt man nach **D. R. P. 221 797** die zu ihrer Ausfällung nötigen großen Alkoholmengen zu. Besser arbeitet man mit einer Rhodansalzlösung von solcher Konzentration und Menge, daß kaltquellende Stärke ohne vorhergegangene Verkleisterung entsteht und ein Präparat erhalten wird, das keinerlei hygroskopische Beimengungen enthält und auch nach völligem Auswaschen der Rhodansalze noch mit kaltem Wasser einen dicken Kleister zu bilden vermag.

Nach **D. R. P. 92 259** behandelt man Stärke, Dextrin oder Gummiarten zur Gewinnung von Appretur- oder Füllmitteln bei gewöhnlicher oder höherer Temperatur ev. unter Druck mit Formaldehyd, vor dessem Überschuß man die getrockneten Produkte durch Auswaschen mit Wasser oder im Dampfstrom befreit.

Nach dem Zusatzpatent wiederholt man das Verfahren, um zu formaldehydreichere Produkten zu gelangen. Man arbeitet z. B. in der Weise, daß man das unter Druck bei 120—130° gebildete Umsetzungsprodukt von Stärke und überschüssigem Formaldehyd nach dem Erkalten im Trockenschrank eintrocknet und nach dem Pulvern abermals in der beschriebenen Weise mit Formaldehyd zur Reaktion bringt. **(D. R. P. 94 628.)**

Zur Herstellung eines haltbaren, besonders zum Kleben von Isolierstoffen geeigneten Kleb- und Bindemittels erhitzt man Kartoffelstärke nach **F. P. 457 743** mit 10—40% Formaldehyd, vermischt sodann mit Hypochloriten und Chlormagnesium und setzt schließlich heißen Fischleim, Harz, Hartpech oder Celluloselösungen zu.

Über die Herstellung eines Pflanzenleimes aus Kartoffelmehl, Natronlauge, Phosphorsäure und Formaldehyd siehe auch **Seifens.-Ztg. 1912, 1070.**

Zur Herstellung eines in kochendem Wasser unlöslichen, als Füllmittel für Kunstmassen, in der Papierfabrikation und für Appreturen dienenden Stärke-Formaldehydpräparates rührt man 100 Tl. Kartoffelstärke mit 30° warmer 20proz. Schwefelsäure zur gleichmäßigen Milch an und rührt nach Zusatz von 1,5—2 Tl. 40proz. Formaldehyd bis eine schwach alkalisch gestellte Probe des Produktes mit Wasser nicht mehr verkleistert. Man schleudert die Stärke dann ab, wäscht sie, neutralisiert mit Ammoniak und trocknet. **(D. R. P. 201 436.)**

Zur Gewinnung eines als Leimersatz brauchbaren Produktes, das die Bindekraft einer entsprechend konzentrierten Tierleimlösung besitzt, erwärmt man die aus Stärke mit Säuren erhaltbare lösliche Stärke mit wässerigem Formaldehyd. Das neuartige Kleb-, Appretur- und Verdickungsmittel bildet einen farblosen glänzenden Überzug, der in Wasser aufquillt und dann allmählich in Lösung geht. **(D. R. P. 318 957.)**

Zur Herstellung eines in Wasser löslichen Präparates aus Stärke und Formaldehyd kocht man das aus Alkalihypochlorit und Stärke erhaltene lösliche Produkte mit Formaldehyd unter Druck und dampft die erhaltene Lösung zur Trockne. **(D. R. P. 320 228.)**

503. Stärkekleister, -appreturmittel (Magnesiumchlorid), -ersatz.

Zur Herstellung eines billigen Mehlkleisters verrührt man gleiche Gewichtsteile gesiebte Holzasche und Schwarzmehl oder 3 Tl. Ofenruß und 5 Tl. Schwarzmehl mit kochendem Wasser. Der trocken gewordene Kleister kann durch Aufweichen mit heißem Wasser wieder weich gemacht und aufs neue verwendet werden. **(Polyt. Zentr.-Bl. 1862, 831.)**

Ein bis zum Verdampfen des Ammoniaks gekochter Kleister aus Weizenmehl, Wasser und Ammoniak ist nicht nur ein billiges, zu Papparbeiten brauchbares Bindemittel, sondern eignet sich auch zur Anfertigung von Glanz-, Bunt- und Bronzepapieren, zu Spielkarten, Appreturen von leinenen und baumwollenen Stoffen, zum Grundieren resp. Verstopfen der Holzporen beim Polieren von Holzgegenständen und zum Stärken der Wäsche. Durch das Ammoniak wird der im Mehl vorhandene Kleber löslicher, und der Kleister nach dem Trocknen biegsamer als mit Stärke allein. Die damit imprägnierte Wäsche erhält nicht nur große Steifheit, sondern auch vorzüglichen Glanz; sie verliert deshalb auch ihre Haftfähigkeit für Schmutz und kann länger benutzt werden. Anstatt des Ammoniaks wird für das Wäschepräparat besser Ätznatron, in Wasser gelöst, verwendet, da sich eine solche Appretur beim Waschen leichter entfernen läßt. **(Polyt. Zentr.-Bl. 1871, 597.)**

Zur Bereitung von Pflanzenleim erhitzt man ein kalt angesetztes Gemisch von Stärke und einer verdünnten Salz- oder Basenlösung bis zur Verkleisterung, setzt dann eine Base zu, die den Kleister lockern soll, und läßt die Stärkemasse nunmehr kalt werden und koagulieren. (**A. P. 1 357 310.**)

Der Protamolkleister wird nach einem Referat in **Seifens.-Ztg. 1911, 10** wie folgt hergestellt: Man verreibt $^1/_2$ kg Protamol **[507], [508]** mit $^1/_2$ l kalten Wassers zu einem Brei und gießt ihn in dünnem Strahle in eine siedende Lösung von 8—10 g Alaun in 2 l Wasser.

Nach **D. R. P. 132 777** wird ein Klebstoff aus Kleie gewonnen, wenn man die Getreideabfälle mit Kalkwasser auskocht und der filtrierten Lösung Säure oder Alkohol zusetzt, um so ein dextrinartiges Produkt auszufällen. Die von ihm getrennten Mutterlaugen werden geklärt, entfärbt und zur Gewinnung eines dem Gummi arabicum ähnlichen Klebstoffes eingedampft.

Nach **D. R. P. 224 663** (vgl. Zusatzpatent **D. R. P. 227 430 [500]**) werden Klebstoffe aus stärkemehlhaltigen Früchten mit Umgehung der vorherigen Stärkebereitung dadurch hergestellt, daß man sie in zerkleinertem Zustande mit verdünnten Alkalien oder Säuren behandelt und die Masse auf stark erhitzten Platten oder Walzen trocknet. Man verrührt z. B. 100 Tl. breiig gemahlener Kartoffel mit $^1/_2$ Tl. Salzsäure (spez. Gewicht 1,2) und 300 Tl. Wasser. Die klare Brühe läßt man über Walzen laufen, die auf 110° erhitzt sind und mahlt die auf diese Weise erhaltenen Flocken. Vgl. **E. P. 3004/1910** und **Bd. IV [444]**.

Nach **F. P. 436 297** und **Zusätzen 17 134** und **17 135** gewinnt man Pflanzenleime durch Erwärmen von Kassavamehl mit Wasser und 9—10% des Mehlgewichtes Ätznatron. Durch etwa fünfstündiges kräftiges Rühren des Kleisters aus 115 kg Mehl, 270 l Wasser und 11,5 kg Ätznatron in 34 l Wasser wird die Zähigkeit der Masse vermindert und ihre Klebfähigkeit erhöht.

Nach **A. P. 997 294** erhält man einen Klebstoff aus Stärke, einer Lösung von irischem Moos, Tragant und Wasserglas.

Um aus Kartoffelstärke einen streichfähigen dicken Kleister zu erhalten, setzt man ihr vor oder während der Verkleisterung Seife zu. (**D. R. P. 342 610.**)

Auch ein Kleister aus Reisstärke, mit 15—20% Gelatine verkocht, soll nach **R. Bachner, Photogr. Mitt. 1873, 311,** hervorragende Klebkraft besitzen.

Nach **Chem.-Ztg. 1922, 260** geben die vom Öl befreiten Ricinusbohnen einen sehr verwendbaren Klebstoff, der sich zur Herstellung von plastischen Massen, Kitten usw. eignet.

Zur Bereitung von Stärkeverdickungs- und -beschwerungsmitteln werden getrocknete Wurzeln der Manioca-, Arrowroot- und ähnlicher Pflanzen durch wiederholtes Brechen und Mahlen möglichst fein zerkleinert. Die so erhaltene Masse enthält 92% Stärke, 7% Wasser, 0,75% Fett und 0,25% andere Beimengungen, und ist praktisch frei von Cellulose. Die Masse wird nun der Einwirkung geringer Mengen von Säuren oder Oxydationsmitteln, wie sie bei der Herstellung löslicher Stärke benutzt werden (Perborat, Wasserstoffsuperoxyd, unterchlorigsaures Natron, Salpeter- oder Salzsäure) unterworfen. Das Produkt soll alle Eigenschaften eines leicht aus den Fasern zu entfernenden Verdickungsmittels für Druckfarben oder eines Appretiermittels für Textilwaren besitzen; beim Kochen mit Wasser soll es eine schleimige, klebrige Masse ergeben, die ausgiebiger und haltbarer ist als jene, die man aus gewöhnlichen Stärkesorten erhält. (**D. R. P. 295 670.**)

Als nicht stäubende und schwer auswaschbare Appreturmasse eignet sich nach **D. R. P. 10 080** eine verkochte Mischung von fein zerteilter Cellulose und Kartoffelmehl.

Ein Ersatz für tierischen Leim wird nach **D. R. P. 194 726** hergestellt durch halbstündiges Erhitzen von 1 kg Leinöl mit 50—200 g Zinkoxyd auf 180°. Dann versetzt man die zähe, klebrige, honigartige Masse mit 10% Harz und 5% kohlensaurem Natron, kocht weiter bis das Produkt wasserlöslich geworden ist und setzt ihm schließlich die doppelte Menge eines Präparates zu (Amidulin), das man durch Kochen von Stärkemehl mit der sechsfachen Menge Wasser herstellt. Vor dem Gebrauch wird der Leim in kaltem Wasser gequellt und durch Wärme verflüssigt.

Einen für die verschiedensten Zwecke der Tapeten- und Buntpapierfabrikation verwendbaren Klebstoff, der auch in der Filzfabrikation als Steifungsmittel dienen kann, erhält man nach **D. R. P. 15 251** durch Erwärmen einer Chlorcalciumlösung mit Kartoffelstärke, Ätzkalilauge, Weinstein, Tonerdepräparat, Chlorzink, Nitrobenzol, Schwefelsäure und Phenol auf 50—60° unter evtl. Zusatz von Kolophonium.

Zur Herstellung eines Universal-Pflanzenleimes für Textilzwecke werden 30 kg Chlormagnesium in 60 kg heißem Wasser gelöst und beiseitegestellt. Ebenso werden 5 kg Glaubersalz in 10 kg heißem Wasser gelöst. 50 kg der Chlormagnesiumlösung werden in einen Kessel gebracht und auf 28—30° abgekühlt, worauf man 25 kg bestes Kartoffelmehl unter Rühren hinzufügt. Inzwischen hat man den Rest der Chlormagnesiumlösung und die Glaubersalzlösung zum Kochen gebracht und gibt beide unter Rühren in den Kessel. Nach dem Erkalten entsteht ein konsistenter, zäher Leim.

Zur Herstellung von Excelsiorleim werden 25 kg Kartoffelmehl und 54 kg Chlormagnesiumlösung in einem Holzbottich so lange gerührt, bis eine gleichmäßige Masse entsteht, worauf man der Mischung nacheinander 18 kg in 30 kg kochendem Wasser gelöstes Glaubersalz und 2 kg in etwas Wasser gelöstes Hirschhornsalz zusetzt.

Zur Herstellung eines Gummierungspräparates aus Stärke unter Zusatz von Chlormagnesium füllt man ein Faß zu drei Viertel mit 300 l kaltem Wasser, rührt 20 kg Kartoffelstärke ein, gibt

40 kg Chlormagnesiumkrystalle hinzu und kocht unter Rühren ungefähr $^1/_2$ Stunde. Dann fügt man 2 kg Salmiaksalz hinzu und kocht 10 Minuten. (**E. Herzinger, Zeitschr. f. Textilind. 16, 1592.**)

Die verbreitete Ansicht, als würden mit magnesiumchloridhaltigen Stärkeverdickungsmitteln appretierte Waren durch das Salz stark geschädigt werden, wurde von **E. Ristenpart** richtig gestellt, dessen Versuche ergaben, daß das Chlormagnesium nur bei Temperaturen, die weit über 106° liegen, Salzsäure abspaltet, die dann die Gewebe schädigen könnte. Für normale Verwendungsarten der appretierten Stoffe stellt das Magnesiumchlorid einen völlig unschädlichen Appreturzusatz dar. Allerdings ist hierbei zu berücksichtigen, daß beim Dämpfen mit gespanntem Dampf, noch mehr aber beim unsachgemäßen Bügeln der mit Chlormagnesium appretierten Waren immerhin Zersetzungen vorkommen können, die dann eine um so durchgreifendere Zermürbung der Faser hervorrufen, je höher die Temperatur war. Jedenfalls sollen magnesiumchloridhaltige Appreturmassen vor dem Sengen der baumwollenen Ware entfernt werden, da die Stücke sonst durch die Senghitze sehr beträchtig geschädigt würden. (**Zeitschr. f. angew. Chem. 25, 289;** vgl. **ebd. 21, 2190.**)

Erwähnenswert ist, daß zu hohe Bittersalzbeschwerung Jute auch beim bloßen Lagern so morsch macht, daß sie nach einiger Zeit vollständig zermürbt. (**Leipz. Färberztg. 1907, 195.**) Nach **E. Rüff** läßt sich der Schaden jedoch durch bloßes Auswaschen der Ware verhüten. (**Zeitschr. f. Textilind. 18, 201.**)

Als Stärkeersatzmittel kamen während des Krieges Leim, Gelatine, Carragheenmoos, Flohsamen und andere Schleimstoffe enthaltende Samen, namentlich von Wegericharten, in Betracht, denen Füllmittel, darunter auch häufig Gips, beigemischt war. Letzterer verschlechtert die Präparate wesentlich, da er die Faser brüchig macht und nur unter starker mechanischer Bearbeitung aus der Wäsche herausgewaschen werden kann. (**A. Winter, Färberztg. 30, 104.**)

Das Stärkeersatzpräparat Sieger enthielt z. B. zwischen 20 und 35% Schlemmkreide und im übrigen Gelatinepulver. (**Zentr.-Bl. 1919, II, 191.**)

Ein Stärkeersatzmittel, das die Wäsche jedoch nur glänzend, nicht aber genügend steif macht, erhält man nach einem Referat in **Kunststoffe 1917, 116** wie folgt: Man löst 70 Tl. krystallisiertes Magnesiumsulfat (krystallisiertes Bittersalz) in 23 Tl. heißem Wasser, rührt 7 Tl. gebrannte Magnesia ein und läßt in mehr breiten als hohen Formen stehen. Nach mehrstündigem Stehen tritt Erstarrung ein. Die Rohmaterialien müssen rein und eisenfrei sein. — Das Stärkeersatzmittel „Thoba" enthält 35 Tl. Magnesiumsulfat, 20 Tl. heißes Wasser und 35 Tl. Tragantpulver.

504. Glanz- und Plättstärke, Plättöl, Glättolin, Knopflochsteife.

Zur Herstellung von Glanzstärke zwecks Appretur von Geweben wird Reis gemahlen, in Fässer mit doppeltem Boden gebracht und mit verdünnter Kalilauge so lange behandelt, bis letztere klar abläuft; die zurückbleibende Stärke wird mit verdünnter Alaunlösung übergossen, um das Alkali zu neutralisieren, hierauf wird sie gewaschen und getrocknet. Andererseits wird 1 Tl. zerkleinertes Malz mit Wasser gemischt, um die darin vorhandene Diastase zu lösen; diese Lösung wird mit 30 Tl. der vorbehandelten Stärke gemischt, die teigartige Masse getrocknet und gepulvert. (**Pharm. Zentrh. 1863, Nr. 22.**)

Zum Wäschestärken kann man als Ersatz für Reisstärke auch Kartoffelstärke, jedoch erst nach ihrer Überführung in den löslichen Zustand verwenden. Man läßt zu diesem Zwecke Kartoffelstärke bei 15° in 10proz. Salzsäure 8 Tage lang stehen und wäscht alsdann aus. (**O. Reinke, Chem.-Ztg. 1918, 422.**)

Auch zur Gewinnung von Wäschestärke aus Weizenmehl schließt man die aus Rohstärkemilch abgeschiedene Kleberstärke nach an sich bekannten Verfahren auf. (**Ö. P. 72 209.**)

Die zur Appretur von Spitzen oder auch zum Stärken der Wäsche verwendete Handelsstärke ist häufig mit schwefliger Säure gebleicht und neigt dann zur Bildung von Schwefelsäure bzw. zur Abspaltung von Schwefeldioxyd, die die Faser schwächen können. Ferner gibt Dextrose, die häufig in der Stärke vorhanden ist, in Gegenwart von Säure beim Trocknen und Kalandern bzw. Bügeln der Stoffe Karamel, das die Gewebe bräunlich färbt. Saure oder schimmlige Stärke ist daher stets auszuschließen. (**S. R. Trotman,** Ref. in **Zeitschr. f. angew. Chem. 25, 1088.**)

Zur Herstellung eines die Heißkalanderarbeit ersetzenden Stärkepräparates für Plättwäsche verarbeitet man Stärke, deren Klebkraft durch unvollkommene Dextrinierung mittels schwefliger Säure vermindert wurde, zusammen mit Fettstoffen oder Seifen. (**D. R. P. 233 245.**)

Die im Handel vorkommenden sog. Glanzstärken bestehen nach **F. Ganter, Gew.-Bl. a. Württemb. 1880, 100,** aus wechselnden Mengen von Stärke und Borax. Durch Erwärmen von Stärke mit Boraxlösung erhält man eine fast klare Flüssigkeit, die das Wäschestück völlig durchdringt, so daß sich die Stärke mit dem Borax in fester Form auch in der Faser selbst ablagert. Ein größerer Überschuß von Borax ist jedoch zu vermeiden, da die Wäsche leicht brüchig wird.

Nach **L. Heidingsfeld, Dingl. Journ. 232, 288** stellt man einen glanzerteilenden Zusatz zur Stärke her aus einem verkochten Gemenge von 50 g Walrat, arabischem Gummi und Alaun, 125 g Glycerin und 725 g destilliertem Wasser. Man kann dieses Produkt nach **Pharm. Zentrh. 1881, 25** auch für sich als flüssigen Stärkeglanz verwenden und emulgiert dann je 1 Tl. Walrat, arabischen Gummi und Borax mit 2,5 Tl. Glycerin, 24,5 Tl. Wasser und einer geringen Menge eines Riechstoffes.

Zur Herstellung von Glanzstärke erhitzt man nach **D. R. P. 29 975** ein geschmolzenes Gemenge von je 1 kg Wachs und Stearin mit einigen Tropfen eines wohlriechenden Öles und 250 g 10grädiger Natronlauge bis zur Dünnflüssigkeit, verdünnt mit 20 l heißem Wasser, mischt 100 kg halbfeuchte Stärke hinzu und trocknet.

Zur Erleichterung der Plättarbeit und zugleich als Mittel, um der Wäsche den schönen matten Glanz zu verleihen, kann man nach **Techn. Rundsch. 1905, 451** auch eine Lösung von 10 g Borax und 50 g Stearin in 1 l heißem Wasser verwenden, der man 4 l frischgekochte Stärkelösung zusetzt. Die Herstellung der Wäscheglanzstärke aus Stärkemehl und Stearin wurde erstmalig in **Dingl. Journ. 126, 435** beschrieben.

Dem gekochten Wäschestärkekleister setzt man vorteilhaft etwas Borax, Wachs und Zucker zu. **(Polyt. Zentr.-Bl. 1871, 1454.)**

Nach **Ö. P. Anm. 3996/07** wird ein Stärkeglanzmittel hergestellt aus Natriumwolframat, -thiosulfat und -bicarbonat neben Magnesiumsulfat und -carbonat, evtl. unter Zusatz von Borax, Talkum und Stärke.

Nach **D. R. P. 231 960** verwendet man zum Stärken weißer Wäsche eine Stärke, die etwa 8% Perborat oder Persulfat enthält. Man erzielt dadurch viel weißere Wäsche, als wenn man das Perborat vor dem Stärken anwendet.

Das Steifen der Wäsche erfolgt zweckmäßig in der Weise, daß die trockenen Stücke in eine gleichmäßige Suspension bzw. Emulsion von rohem Stärkemehl in kaltem Wasser und etwas Petroleum eingetaucht werden, worauf man das möglichst gleichmäßig imprägnierte Stück heiß plättet. Dieses Verfahren gibt bessere Resultate als das Stärken mit gekochter Stärke.

Ein Plättöl, das, mittels eines feinen Schwämmchens auf die Stärkewäsche aufgestrichen, ihr einen hohen Glanz verleiht und zugleich die Festigkeit des Wäschestückes erhöhen soll, erhält man nach einem Referat in **Seifens.-Ztg. 1912, 442** durch inniges Verrühren und Schütteln einer Lösung von 3 Tl. weißer Gelatine in 200 Tl. Wasser, mit einer warmen Emulsion von 10 Tl. Stearin, 50 Tl. Borax und 80 Tl. Glycerin in 200 Tl. Wasser.

Nach **B. Federer, Techn. Rundsch. 1908, 794,** besteht Glättolin aus einem innigen Gemenge von 40 Tl. Karnaubawachs und 60 Tl. feinstem Talkum.

Nach **Seifens.-Ztg. 1911, 347** wird eine dem „Glättolin" ähnliche Masse durch Zusammenschmelzen gleicher Teile Karnaubawachs, Hartparaffin und Stearin oder einer Mischung von Stearin und Borax erhalten. Oder: 50 Tl. Talkum, 5 Tl. Paraffin, 45 Tl. Karnaubawachs mit einigen Tropfen Bittermandelöl werden zusammengeschmolzen.

Einen Fall der Entstehung einer Hautkrankheit bei Anwendung des Glättolins beschreibt **Kohn** in **Münch. med. Wochenschr. 1913, 1205.**

Um die Knopflöcher gesteifter Wäsche stets weich zu erhalten, überstreicht man ihre Umgebung nach **D. R. P. 244 112** einfach mit einer wässerigen Lösung von Calciumchlorid (mit oder ohne anderen Lösungsmitteln), wodurch die Stärkepartikel gelöst werden, ohne daß die Knopflöcher nach dem Verdunsten des Lösungsmittels feucht erscheinen.

Zum Steiferhalten von Bügelfalten in Kleidungsstücken bestreicht man die Kniffstellen nach **D. R. P. 256 852** mit einem schleimigen, eingekochten Gemenge von Seife und Campheröl, das man mit 2% Spiritus versetzt und erkalten läßt.

Zur Herstellung einer Wasserlacksteife mischt man nach **Ö. P. Anm. 1062/08** die für diesen Zweck schon in anderen Verfahren verwendete Schellackboraxlösung mit einer Lösung von Kolophonium in Benzin.

505. Dextrin, Literatur, Allgemeines, Lösungen, Dextrinbehandlung.

Deutschl. Dextrin (Kleister, Kleber, Glutenmehl) 1/2 1914 E.: 982; A.: 78 252 dz.

Durch weiteren Abbau über die lösliche Stärke hinaus gelangt man von der Stärke zu den Dextrinen. Dextrin ist ein Summenbegriff für eine große Zahl untereinander verschiedener Stärkeprodukte. Gelbes bis braunes Dextrin (Leiogomme, Gommelin, Kunstgummi, gebrannte Stärke) gewinnt man durch Erhitzen von Stärke in geeigneten Röstapparaten auf 180—260°, rein weißes, vom Ausgangsmaterial kaum unterscheidbares Dextrin erhält man nach **Gebr. Heusé, Dingl. Journ. 115, 220** durch Erhitzen eines feuchten Pulvers aus Stärke und sehr verdünnter Salpetersäure (0,2—0,4%) oder anderen Säuren (außer Schwefelsäure) auf 100—125°. Die Produkte werden auch als „Gummi" bezeichnet, da sie als Ersatz des arabischen Gummis dienen, dessen Klebekraft sie allerdings nicht erreichen; überdies sind die Dextrine hygroskopischer. Sie stellen weiße, gelbliche bis braune charakteristisch riechende Pulver oder glasartige Stückchen vom Aussehen des arabischen Gummis dar und werden wie dieses zu Kleb- und Appreturzwecken benützt. Je nach der Herstellungsweise enthalten die Dextrine noch unveränderte oder weiter abgebaute Stärke, Säuredextrine, auch Traubenzucker, und sind dementsprechend schwerer oder leichter mit und ohne Rückstand in kaltem Wasser löslich.

Weißes Dextrin enthält je nach der Leitung des Röstprozesses nur eine ganz bestimmte Menge Dextrin, während die gelbe Handelsmarke vollkommen frei von allen Nebenprodukten, besonders von löslicher Stärke sein soll, und trotzdem, im richtigen Mengenverhältnis mit Wasser gekocht, in der vorgeschriebenen Zeit die gewünschte Konsistenz zeigen muß. Zur Erzielung besonderer Ausgiebigkeit des gelben Dextrins empfiehlt es sich nach **F. Preuß-Finkenheerd** die sonst übliche Säuremenge von 250 g 40proz. Salpetersäure pro 100 kg Mehl auf höchstens 180 bis 200 g herabzumindern und dementsprechend länger zu rösten. Dabei soll die Verdünnung der Säure mit weniger als 5% Wasser, bezogen auf das Mehlgewicht, erfolgen, da sonst reichliche Bildung von Dextrose eintritt. Die Salpetersäure kann nicht durch Salzsäure ersetzt werden, da die Ware sonst einen grünlichen Farbton erhält und weniger konsistente Lösungen liefert. Bei richtiger Arbeit, besonders bei Verwendung von Maschinen zur gleichmäßigen Verteilung der Säure und genauer Neutralisation, wobei 100 g des gesäuerten Mehles nicht mehr als 25—27 ccm $^1/_{10}$ n.-Lauge verbrauchen sollen, erhält man Produkte, die auch in kaltem Wasser klar löslich sind. **(Zeitschr. f. Spir.-Ind. 1911, 291.)**

Dextrin gibt dann eine harte Appretur, wenn es noch viel unangegriffene Stärke enthält, die die Härte verursacht oder wenn es im Übermaß verwendet wird. Der Umwandlungsprozeß der Stärke zur Herstellung von Appreturmitteln darf aber auch nicht so weit geführt werden, daß ein zu hoher Zuckergehalt das Dextrin für Appreturzwecke unbrauchbar macht. Mit solchem Dextrin appretierte Stoffe werden beim Lagern feucht und beim folgenden Trocknen wieder hart und ändern ihren Griff je nach dem Feuchtigkeitsgehalt der Atmosphäre. Am besten erhält man das Dextrin für Appreturzwecke durch Aufschließen der Stärke unter Hochdruck in Rührgefäßen mit nur 0,3—0,4% des Stärkegewichtes an Salpetersäure. Bei richtiger Arbeitsweise enthalten diese Lösungen nur geringe Stärke- und Zuckermengen. **(W. Derl, Färberztg. 23, 61.)** Vgl. **E. Hastaden, Färberztg. 21, 335.**

Reines Dextrin löst sich in Wasser zu einer klaren Flüssigkeit, die bei mäßiger Sättigung der Lösung auch beim Erkalten klar bleibt und darum nie Anlaß zur Trübung von Färbungen geben kann.

Nach **Breuer** erhält man eine Dextrinlösung bester Klebkraft durch Erwärmen einer Aufschwemmung von 1250 g weißem Dextrin in 2,3 l Wasser genau auf 71°. Temperaturschwankungen auch nur von 1° beeinträchtigen die Güte der Kleblösung. Man füllt sie dann nach Zusatz von je 1 ccm Wintergrün- und Nelkenöl (zur Überdeckung des Eigengeruches und zur Konservierung) auf gut zu verkorkende Flaschen und verdünnt die nach etwa 10 Tagen erstarrte Masse vor dem Gebrauch mit etwas Wasser.

In **Färberztg. 24, 293 u. 317** beschreibt **M. Freiberger** sein schon im Jahre 1890 ausgearbeitetes Verfahren zur Herstellung von Dextrinlösungen aus wässeriger Stärke mittels Säuren oder Salzlösungen unter Druck. Er erhielt aus Kartoffelstärke mit 5% Chlorcalcium und 5% Chlormagnesium in der Wärme bei 5 Atm. Druck nach 3 Stunden 40 Minuten eine klare, etwas gelbliche Dextrinlösung, deren Entstehung Verfasser des Näheren beschreibt und deren Eigenschaften er angibt. Im weiteren erzielte er die besten Resultate bei der Verwendung von Salpetersäure statt der Erdalkalichloride und befürwortet die Herstellung der Dextrinlösungen nach diesem Verfahren im eigenen Betriebe, da das Dextrin auf diese Weise viel billiger zu stehen kommt, als bei Erzeugung der Lösungen von käuflichem Dextrin. Betrachtungen über den Wert, die Wasserbeständigkeit und sonstigen Eigenschaften der Dextrinappreturen beschließen den Artikel.

Eine Vorrichtung zur Herstellung von Dextrin ist in **A. P. 1 425 497** beschrieben.

Zur Reinigung des käuflichen Dextrins fällt man seine durch ein Tuch filtrierte wässerige Lösung (1 : 1,8) mit dem doppelten Volumen starken Weingeistes und trocknet den teigigen Niederschlag auf Glas-- oder Porzellanschüsseln dünn ausgebreitet bei gelinder Wärme. **(D. Gewerbeztg. 1870, Nr. 9.)**

Zum Klären von Dextrin- und Carraghenmooslösungen filtriert man die evtl. warme Lösung nach **Seifens.-Ztg. 1912, 577** durch Leinenfilter oder über Glaswolle oder man vermischt den Klebstoff, der evtl. verdünnt und nachträglich wieder konzentriert wird, mit Fullererde, läßt absitzen und filtriert dann durch einen Leinenbeutel.

Die unangenehmste Eigenschaft des Dextrins ist sein anhaftender Geruch, den man durch Hinzufügung von einer Spur Bergamotteöl in einigermaßen befriedigender Weise verdecken kann. Die zahlreichen sonst ausgeführten Versuche, das Dextrin vom Geschmack und Geruch zu befreien, haben bisher zu keinem Erfolge geführt.

Zur Verbesserung des Geruches dextrinhaltiger Klebmittel dienen nach **Techn. Rundsch. 1911, 131** die üblichen Konservierungsmittel, wie z. B. Carbolsäure oder Formaldehyd, besonders aber Thymol in 10proz. alkalischer Lösung.

Ein Apparat zum Befeuchten von Dextrin ist dadurch gekennzeichnet, daß das Material abwechselnd befeuchtet und gekühlt wird, so daß unter Fernhaltung der feuchten Luft von der Berührung mit den Kühlflächen keine Griesbildung stattfinden kann. **(D. R. P. 246 908.)** Vgl. die Vorrichtung des **D. R. P. 286 895.**

506. Herstellung von Dextrin und dextrinhaltigen Klebstoffen.

Die Herstellung des Dextrins und seine Verwendung beschreibt **E. Parow** in **Zeitschr. f. Spir.-Ind. 35, 507.**

Die praktischen Verfahren zur Herstellung von Dextrin bespricht **Oelker** in **Kunststoffe 8, 231.**

Über Gewinnung von Dextrin, Glykose usw. aus Lumpen durch Behandlung mit Schwefelsäure siehe **A. P. 202 910.**

Eine ausführliche Beschreibung der modernen Dextrinfabrikation, die Präparation der Stärke, das Rösten, Kühlen des Röstgutes, das Befeuchten und Sichten des fertigen Dextrins veröffentlicht **Parow** in **Chem.-Ztg. 1912, 1085.** Verfasser schließt an diese Schilderung der Fabrikationsmethode die Besprechung der vielfachen Anwendbarkeit des Dextrins an, insbesondere zur Fabrikation von Appretur- und Klebmitteln, zum Stärken von Wäsche, in der Zündholzfabrikation usw.

Nach einem wenig bekannten Verfahren gewinnt man ein für Appreturzwecke hervorragend geeignetes Dextrinpräparat, dadurch, daß man Weizenmehl oder Stärke mit 20—30% Buttermilch (oder mit Milchsäure bzw. Caseinlösung) bis zum gewünschten Aufschließungsgrad und Farbton röstet. Casein und Stärke werden so vollkommen wasserlöslich; die Verdickungsfähigkeit des Präparates ist jener der gewöhnlichen Dextrinsorten bedeutend überlegen. **(Dingl. Journ. 149, 140, 195.)**

Ein der Klebkraft nach dem arabischen Gummi ähnliches Dextrin gewinnt man nach **D. R. P. 41 931** und **Zusatz 43 146** und **43 772** durch Erhitzen von Stärke mit stark verdünnten Säuren unter Druck.

Über Herstellung von Stärkegummi oder Dextrin aus stärkehaltigen Stoffen durch Erhitzen in einer Schwefeldioxydatmosphäre unter Druck auf 120—190° siehe **D. R. P. 55 868.** Man kann ebensowohl von Stärke als auch von Kartoffel- oder Getreidemehl oder von geschrotetem, gebrochenem oder ganzem Getreide ausgehen.

Über Herstellung von Dextrin und Leiogomme mit Ozon siehe **D. R. P. 79 326.** Nach dem Verfahren werden die gereinigten Stärkesorten des Handels in saurer Lösung während des Röstens mit Ozon behandelt. Es sollen so sehr helle, angenehm riechende und schmeckende Dextrin- und Leiogommesorten erhaltbar sein.

Nach **D. R. P. 252 827** erhält man nicht hygroskopisches Dextrin im kontinuierlichen Betriebe in der Weise, daß man lufttrockene Stärke mit der zur Überführung in Dextrin erforderlichen Menge möglichst konzentrierter Säure innigst mischt, diese so vorbehandelte Stärke mit größeren bewegten Dextrinmengen bei der zur Dextrinierung erforderlichen Temperatur zusammenbringt und das fertiggebildete Dextrin in dem Maße der erfolgenden Zuführung dauernd abführt.

Zur Herstellung von Dextrin aus Stärke erwärmt man letztere bis zur Quellung, vermischt sie sodann mit pulverförmiger, mit konzentrierter Säure angesetzter Stärke und erhitzt das Gemenge langsam indirekt in genau zu regelnder Weise auf Temperaturen von 105—150°. Durch diese allmähliche Steigerung der Temperatur des Stärkegemenges, ferner dadurch, daß der Säurezusatz erst erfolgt, wenn die Stärke durch Erhitzen über den Verkleisterungspunkt ihr Quellstadium überschritten hat, erhält man zuerst lösliche Stärke und dann allmählich, je nach der Wahl der Temperatur, ohne daß größere Dextrosemengen gebildet würden, die Dextrine von gleichmäßiger Zusammensetzung, wenn man die Hydrolyse in dem betreffenden, gewünschtem Stadium unterbricht. Die Apparatur besteht nur aus einer im Dampfmantel geheizten Mischtrommel. **(D. R. P. 286 362.)**

Zur Gewinnung des Dextrins aus der in der Menge bis zu 28% in der Roßkastanie enthaltenen Stärke erhitzt man sie im innigen Gemisch mit Salz- und Salpetersäure in Pfannen auf 120° und kühlt das gebildete Dextrin schnell ab. **(Chem. Zentr.-Bl. 1920, II, 194.)**

Zur Selbstherstellung des Dextrins für Appreturzwecke kocht man ein Gemenge von 100 Tl. Kartoffelstärke, 250 Tl. kaltem Wasser und 0,6 Tl. 66grädiger Schwefelsäure bis eine mit Jod versetzte Probe nur noch eine violettrote Färbung gibt, neutralisiert dann mit Natronlauge, Kalk oder Ammoniak und erhält so ein Dextrin, das einige Prozent Traubenzucker enthält, der die Ware weich macht, ohne ihr fettigen Griff zu verleihen, solange nicht mehr als 10% Traubenzucker in dem Appreturgemenge enthalten sind. **(Fürth, Färberztg. 1901, 1.)**

Das Appreturmittel „Glutena" enthält nach **Welwart, Seifens.-Ztg. 1912, 525** neben anorganischen Salzen vor allem Traubenzucker und Dextrin und soll sich sehr gut bewährt haben.

Auch **A. Hofer** empfiehlt den größeren Druckereien und Färbereien ihr Dextrin als wichtigstes Baumwollappreturmaterial aus Kartoffelstärke oder Reisstärke oder Protamol, aus letzterem nach Vorbehandlung mit Perborat, im **Wulkan**'schen Dextrinautomaten selbst zu erzeugen, wogegen **M. Freund** sich gegen die Selbstherstellung des Dextrins wendet, weil man in dem genannten Apparat ein Gemenge von Dextrin, Zucker, löslicher und unveränderter Stärke erhält, das minderwertiger ist, als das käufliche Dextrin. Siehe dagegen die Replik von **A. Hofer** bzw. **E. Hastaden,** der das Vorhandensein von Stärke als keinen Nachteil empfindet, da sie zu gleicher Zeit Füllkraft besitzt, was im Prinzip das Ziel der Appretur ist. **(Färberztg. 23, 212, 286, 237 und 392.)**

Weitere Meinungen über die Selbstherstellung der Appreturdextrine finden sich in **Färberztg. 23, 462, 475** und **516.**

Zur Herstellung krystallisierter Dextrine vergärt man Stärke durch Bacillus macerans, fällt mit Chloroform, filtriert und erhält durch weitere Fällung mit Petroläther 5 g Schlamm, 12 g Dextrin β und 70 g Dextrin α. **(D. R. P. 279 256.)**

In **Seifens.-Ztg. 1912, 901** und **923** veröffentlicht **G. Schneemann** eine kurze Übersicht über moderne Klebstoffe, die als Harzleim für die Papierfabrikation, als Klebstoff in der Schuhindustrie und zum Befestigen der Etiketten auf Weißblechdosen dienen. Da für manche Zwecke die üblichen Kaltleime des Handels, die in den meisten Fällen Casein enthalten, entweder nicht haltbar genug sind oder nicht genügende Klebkraft oder Ergiebigkeit besitzen, wird häufig wieder wie früher Dextrin verwendet. So erhält man beispielsweise ein billiges Klebmittel durch Übergießen von 42,5 Tl. möglichst hellem, gelbem Dextrin mit einer erkalteten Lösung von 7,5 Tl. Borax und 10 Tl. weißem Stärkesirup in 40 Tl. Wasser. Das Produkt wird nach einiger Zeit auf dem Wasserbade erwärmt, bis es vollständig gleichmäßig ist.

Die dextrinhaltigen Klebmittel können hinsichtlich der Klebekraft den Knochenleim niemals ersetzen, auch wenn man die verschiedensten aufschließenden oder chemisch wirksamen Zusätze beigibt. Doch soll nach **Techn. Rundsch. 1912, 77** die Klebekraft des Dextrins immerhin eine wesentliche Steigerung erfahren, wenn man es während 24 Stunden mit einer sauren Lösung von Wasserstoffsuperoxyd behandelt, wobei das Dextrin zu gleicher Zeit gebleicht wird und antiseptische Eigenschaften erlangen soll.

Über die Herstellung eines Dextrinkleisters von hervorragenden Eigenschaften siehe **Seifens.-Ztg. 1912, 926.**

Ein dem „Norin" ähnliches Klebmittel erhält man nach **Pharm. Ztg. 1908, Nr. 26** durch kräftiges Verrühren einer Lösung von 50 Tl. weißem Dextrin in 50 Tl. Wasser mit 2 Tl. Campherspiritus. Man läßt dann das Gemenge 12—24 Stunden kühl stehen, bis das Klebmittel die Konsistenz einer weichen Salbe erreicht hat. Seine Haltbarkeit an der Luft ist begrenzt.

Nach **Seifens.-Ztg. 1911, 955** erhält man einen durchsichtigen, glänzenden Kleister durch Verrühren einer Lösung von 2 g Dextrin in 5 g Wasser mit 1 g Essigsäure und 1 g Alkohol.

Ein fester Klebstoff, der vor dem Gebrauch mit einem Pinsel angefeuchtet wird und seine klebenden Bestandteile an diesen abgibt, wird nach **D. R. P. 149 550** hergestellt durch Einpressen eines gepulverten Gemenges von Dextrin, arabischem Gummi, Zucker und Seifenpulver in Formen.

Ein fester, schneeweißer Klebstoff wird nach **Seifens.-Ztg. 1911, 955** gewonnen, wenn man 30 Tl. weiße Gelatine nach zwölfstündigem Weichen in Wasser in 22 Tl. kochend heißem Glycerin löst und 2 Tl. krystallisierte Borsäure, 45 Tl. weißes Dextrin und 1 Tl. einer 10proz. alkoholischen Thymollösung hinzufügt. Die geknetete Masse wird in Formen gepreßt, wo sie erstarrt.

Nach **D. R. P. 140 199** verknetet man zur Herstellung einer Masse, die z. B. beim Banknotenzählen zum Feuchthalten der Finger dient, einem beliebigen anorganischen Füllstoff (Ton oder Kaolin) mit Dextrin und Glycerin.

507. Kleberleim- und -appreturpräparate.

Ritthausen, Die Eiweißkörper der Getreidearten, Hülsenfrüchte und Ölsamen, Bonn 1872.

Das Klebereiweiß (Glutin) des Weizenmehles enthält die beiden durch ihre verschiedenen Löslichkeitseigenschaften gekennzeichneten und dadurch leicht trennbaren einfachen Eiweißstoffe Gliadin und Glutenin (entsprechend dem Zein des Maises, dem Hordein der Gerste usw.), etwa zu gleichen Teilen. Der Kleber besitzt besondere Bedeutung als Nahrungsmittel (**Bd. IV**), hier sei nur hervorgehoben, daß man den aus dem Weizenmehl abgeschiedenen Eiweißstoff zu seiner technischen Verwertung als Kleberleim (Luzin) für Appreturzwecke mit Lauge, Essigsäure, Gärung usw. in löslichen Zustand überführt und in dieser Form als Kleber- oder Eiweißleim (Schusterpappe) benützt.

Zur Anwendung des Weizenklebers als Appreturmittel läßt man ihn bei mittlerer, am besten Sonnenwärme, bis zur Verflüssigung vergären und verarbeitet ihn in dieser Form allein oder im Gemenge mit anderen Appreturmitteln in alkalischer Lösung. (**Vgl. Dingl. Journ. 155, 308.**)

Ein Klebmittel von großer Bindekraft für Pappe, Leinwand und nasses Leder, das nicht durchschlägt und vor gewöhnlichem Leim den Vorteil besitzt, schon in kaltem Wasser quellbar zu sein, besteht nach **C. Puscher, Polyt. Notizbl. 1867, 270** aus reinem Kleber, der zur Konservierung einen geringen Zusatz von Alkohol oder Kreosot erhält. Zur Steigerung seiner Elastizität setzt man diesem Pflanzenleim nach der Quellung kurz vor der Verwendung noch Glycerin zu.

Nach **D. R. P. 172 610** erhält man einen Klebstoff, der das Dextrin an Güte übertrifft, durch Behandlung von Kleber mit gasförmiger schwefliger Säure in der Kälte. Man gewinnt so schon nach kurzer Einwirkungsdauer des Schwefeldioxyds einen mit Pinsel oder auf maschinellem Wege leicht streichbaren Wiener Leim, der sich von der gewöhnlichen Schusterpappe durch seine größere Wasseraufnahmefähigkeit auszeichnet.

Zur Quellung von frischem Weizenkleber und zur Gewinnung eines durchscheinenden Klebstoffes für Appretur- oder andere Zwecke erwärmt man das Weizeneiweiß mit der halben Gewichtsmenge Türkischrotöl. (**D. R. P. 283 302.**)

Auch das Weizenmehl selbst, also das natürliche Gemenge von Stärke und Kleber, dient allein oder mit Alkalilauge behandelt (**Dingl. Journ. 153, 375**) in der Textilindustrie zur Ausrüstung von Baumwoll- und Tuchwaren. Das Weizenmehl (auf drei Winterstrichtuche von 50—150 kg rechnet man 2—3 kg Weizenmehl) wird mit Wasser angerührt, durch ein Sieb in den Bottich geseift und ca. 10 Minuten gekocht. Nach dem Erkalten auf 45—50° wird die dünnflüssige Masse auf einer Waschmaschine aufgetragen. Zum Beschweren nimmt man bei tuchartigen Geweben Glauber- oder Bittersalz. 150 l Appreturmasse enthalten $4^1/_2$ kg Weizenmehl, $2^1/_2$ kg Bittersalz, $2^1/_2$ kg Glaubersalz und 10 kg Gummi.

Zur Herstellung eines Appreturmittels dämpft man Getreidearten oder Mischungen aus Stärke und Kleber in Körnerform, schließt das Material dann wie üblich auf, trocknet, mahlt und erhält je nach der Getreideart Endprodukte verschiedener Eigenschaften, ähnlich wie bei dem Verfahren der Reisbehandlung mit kohlensaurem Ammonium und folgend mit Milchsäure. **(D. R. P. 232 874.)**

Über Herstellung von Pflanzenschleimstoffen aus den Keimteilen und Kernen von Leguminosen- und Grasarten siehe **F. P. 453 426.**

Um Kleber allein oder im Gemenge mit Mehl oder halb oder ganz aufgeschlossener Stärke wasserlöslich zu machen, und so ein billiges und wertvolles Appreturmittel zu gewinnen, erwärmt man das Rohmaterial in wässeriger Suspension mit 1—10% eines Persalzes oder vermahlt das Ausgangsmaterial mit dem trockenen Persalz und erhält so ein Produkt, das beim folgenden Behandeln mit kochendem Wasser in Lösung geht. Dieses Verfahren gestattet auch Mehle, die neben Kleber noch Stärke enthalten, die also bisher infolge Belegens und Verschleimens der Farben für Appreturzwecke ungeeignet waren, zu verwerten, während man sonst vor der Behandlung dieser Mehle mit Persalzen die Stärke z. B. mit Diastase in Dextrin bzw. Zucker überführen und so entfernen mußte. **(D. R. P. 260 414.)**

Das Protamol enthält neben Reisstärke 9% Wasser, 9% Kleberprotein und 1% Fett, ist frei von Kleie und mineralischen Beimengungen und liefert in kaltem Wasser verteilt und dann auf 60—70° erwärmt einen dünnflüssigen zügigen Kleister, der beim Erkalten langsam dick wird und dem Gewebe ein steiferes Appret erteilt als Kartoffel- oder Weizenstärke, die es auch an Klebkraft und Steifungsvermögen übertrifft. Seine Wirksamkeit liegt zwischen jener der Stärke und des Dextrins, es dringt tief in die Faser ein und liefert mit kalter Natronlauge und folgende Neutralisation mit Schwefel- oder Essigsäure eine Pflanzenleimgallerte, die sich ebenfalls zu Appreturzwecken eignet. **(H. Walland, Österr. Woll.- u. Leinenind. 1909, 920.)** Vgl. [503].

508. Stärkeentfernung von Geweben. Diastase allgemein.

Ursprünglich entfernte man die seit jeher mit Stärkemehl bereiteten Schlichtemassen aus der gesengten und angefeuchteten Rohware durch freiwillige Gärung. In allen Fällen, wo Mehl oder Stärke in Appreturmitteln durch Fermentierung abgebaut werden soll, empfiehlt es sich von vornherein Milchsäure in geringen Mengen zuzusetzen, da der Fermentierungsprozeß eben die Bildung von Milchsäure und Essigsäure bewirkt, die beide die sonst unlöslichen Eiweißstoffe in Lösung bringen und die unlöslichen Kohlehydrate löslicher und leichter diffundierbar machen, so daß das Garn ein größeres Gewicht an Schlichte aufnimmt. Milchsäure, Glycerin und andere Produkte der Fermentation erhöhen außerdem die Geschmeidigkeit und Elastizität der Faser und verleihen ihr größere Festigkeit und einen weicheren Griff. **(H. B. Stocks, Angew. Chem. 1912, 1752.)**

Auch Chemikalien eignen sich zur Auflösung des Stärkemehls, so z. B. Oxalsäure, Aluminiumsulfat oder Zinksulfat, mit deren Lösung man die Ware kocht, oder auch verdünnte Säuren und vor allem oxydierende Mittel, besonders Hypochlorite, z. B. die Paechtnerlösung, die aus einer Kaliumhypochloritlösung von 21,5° Bé und überschüssiger Pottaschelösung besteht. Auch Natriumsuperoxyd und Perborat (z. B. das Präparat Obor des Handels) eignen sich zum Entschlichten, während die Permanganate oder Chromate als Oxydationsmittel den Nachteil haben, daß sie Schwermetallverbindungen auf der Faser zurücklassen. Beim Arbeiten mit Natriumsuperoxyd muß man das entstehende Ätznatron nachträglich mit Säuren neutralisieren, während der bei der Perboratbehandlung hinterbleibende Borax unschädlich ist und weder Farben noch Fasern ungünstig beeinflußt. Nach **D. R. P. 203 282** legt man die Gewebe zur Entfernung der Appretur und Schlichte in 0,1—0,2 proz. Perboratlösungen bei gewöhnlicher Temperatur ein und kocht sodann $^1/_2$—1 Stunde.

Zum Degummieren und Waschen appretierter Gewebe verwendet man statt der Seife eine Lösung, die in 40 hl Wasser 1 kg Phenol oder Kresol enthält. Diese Lösung ersetzt in der Wirkung etwa 16 kg Seife und kann auch mit dieser zusammen verwendet werden, ebenso wie man das Phenol durch Anilin ersetzen oder beide den zur Präparation der Gewebe dienenden Fettbeizen zufügen kann. **(D. R. P. 95 692.)**

Zur Entfernung von Gewebeimprägnierungen behandelt man die Stoffe in Extraktionsapparaten mit Lösungsmitteln, denen man die Viscosität des Extraktgutes herabmindernde Substanzen zusetzt. **(D. R. P. 331 285.)**

Zur Entfernung der Appreturmasse von Geweben bedient man sich einer verdünnten Lösung von aus Schlachthausabfällen gewonnener Amylaselösung, deren diastatische Kraft, die sonst bei 55—60° stark schwindet, durch Zusatz von 0,3—0,5% (der Lösung) Kochsalz oder Calciumchlorid erhalten bleibt. Zweckmäßig setzt man der Flüssigkeit, um das Eindringen der Amylase in die Gewebe zu erleichtern, aus dem Pankreassaft oder gereinigter Ochsengalle herstellbare Gallensalze zu. **(E. P. 145 583.)**

Schließlich wird zur Bereitung bzw. Entfernung von Schlichte- und Appreturmassen auch noch das Protamol (s. o.) angewandt, das man aus vermahlenen Bruchreisabfällen durch Milchsäuregärung bei Gegenwart von Ammoniumcarbonat gewinnt. **(F. Erban, Appreturztg. 1909, 154.)**

Heute vollzieht man die Entschlichtung der Gewebe, also die Überführung des Stärkekleisters in hydrolysierte, leicht wasserlösliche Form fast ausschließlich mittels des Diastaseenzymes (über seine Abscheidung, wie über Enzyme überhaupt siehe **Bd. IV**), das in Form verschiedener Präparate, vor allem als Diastafor in den Handel kommt und den gewünschten Abbau der Stärke bis zum wasserlöslichen Maltosezucker bewirkt.

Von den üblichen Mitteln zur Entfernung von Gewebeschlichten, Farbstoffverdickungen, Ätzverdickungen und Appreturlösungen, und zwar Hefe, Malz, Mineralsäure, Alkalien und Diastafor, ist das letztere das beste, da es nicht nur die vorhandene Stärke vollständig zerlegt, sondern auch die Stickstoff- und Proteinsubstanzen entfernt. Ein günstiges Auflösungsvermögen üben auch Alkalien aus, besonders wenn man ihnen geringe Zusätze von Glycerin oder Traubenzucker beigibt. Mineralsäuren wirken weniger gut, und können dadurch, daß sie erst bei mittleren oder höheren Temperaturen vollständige Verflüssigung der Stärke bewirken, ungünstig auf die Haltbarkeit des Fasermaterials einwirken. **(Tagliani, Zeitschr. f. Farb.-Ind. 1906, 241.)**

Die Diastase findet sich in den stärkemehlreichen Speicherorganen der Pflanzen, besonders in den Knollen und Samen, beim Getreidekorn in der Kleberschicht dicht unter der Fruchtschale, deren wässerige Auszüge festes Stärkemehl energisch lösen, besonders reichlich aber im Malz, aus dem das Enzym leicht darstellbar ist. Nicht nur zur Entschlichtung von appretierten Geweben, sondern auch zur Herstellung stärkehaltiger Appretur- und Verdickungsmassen kann Diastase bzw. Diastafor dienen, wobei man die Eigenschaft der diastatischen Fermente benützt, ihre größte Wirksamkeit zwischen 50 und 60° zu entfalten und bei etwa 85° zu gerinnen und unwirksam zu werden, so daß man den Stärkelösungsprozeß nach Belieben steigern oder plötzlich unterbrechen kann. Vgl. **Bd. IV [591]**.

Über die eigenartige Einwirkung stiller elektrischer Entladung auf Stärkelösungen, wodurch die Stärke nach kürzester Zeit so verändert wird, daß sie von Diastase einen weniger raschen Angriff erleidet, siehe **W. Löb, Biochem. Zeitschr. 71, 479.**

509. Diastafor.

Effront, J., Die Diastasen und ihre Rolle in der Praxis. Deutsch von N. Bücheler. Leipzig und Wien 1900.

Über die Malzenzyme und ihre Anwendung in der Textilindustrie schreibt **M. Hamburg** in **Rev. Col. 17, 129.)**

Über die Anwendung von Malzextrakt zum Appretieren von Stoffen siehe **Cl. Berger** in **Rev. chim. pure et appl. 16, 174.**

Über Diastafor und die Erfolge, die sich durch seine Anwendung in der Schlichterei, Bleicherei, Färberei, Druckerei und Appretur erzielen lassen, siehe ferner **C. A. Legow, Monatsschr. f. Textilind. 1909, 328.**

Die Herstellung von Diastasepräparaten und ihre Verwendung zum Leimen von Ketten vor dem Weben, zur Herstellung löslicher Stärke, für Appreturzwecke, zum Entschlichten von Geweben, zum Behandeln von Ware vor der Mercerisation und von Tuch oder Fasern vor dem Bleichen und zur Herstellung von Verdickungsmitteln beim Zeugdruck, bespricht unter Angabe genauer Vorschriften für verschiedene dieser Anwendungsweisen **R. J. May** in **J. Dyers, a. Col. 1911, 88.**

In **Zeitschr. f. Textilind. 7, 116** findet sich die Beschreibung der zum Entschlichten mit Diastafor dienenden Arbeitsmaschinen, angewendet auf mercerisierte Gewebe, Samt, Plüsch, Buntware, Zephir, Blusenstoffe und säurerote Waren.

Die Wirkungsweise der Diastase in Appreturmitteln besteht, wie oben erwähnt, darin, daß sie Stärke bei Temperaturen von 60—65° in Zucker überzuführen vermag, wodurch die steifende und klebende Beschaffenheit der Stärkepräparate beseitigt wird. Im allgemeinen genügen 2—4 kg dieser diastasehaltigen Präparate (Diastafor), um 100 kg Schlichte zu entfernen, wobei es häufig genügt, die Ware mit der Diastaforlösung zu imprägnieren und über Nacht liegen zu lassen, um die Faser von den stärkehaltigen Substanzen zu befreien.

Seit die Diastase als handliches Präparat in Form des Diastafors im Handel zu haben ist, steigert sich die Verwendung dieses Malzenzyms fortwährend, und zwar verwendet man die Präparate nicht nur in der Appretur in der Weise, daß man Stärke, die mit Diastase vorbehandelt wurde, zum Schlichten von Kettenfäden verwendet, sondern Diastafor dient auch zum Avivieren stranggefärbter Seide, der es eine größere Dauerhaftigkeit verleiht, und beim Bleichprozeß, da die Bleichdauer sich bei richtigem Gebrauch des Diastafors erheblich abkürzen läßt. Der Hauptteil des Apprets wird nämlich mit dem Diastafor in leichtlösliche Maltose übergeführt, ebenso wie sich auch Pepsin und Eiweißstoffe unter dem Einfluß des Peptaseferments lösen, und man erlangt durch die leichte Entfernbarkeit dieser Verunreinigungen schon vor dem Bleichen einen höheren Grad von Reinheit, der sich in der Verringerung der Kochdauer beim Bleichen äußert. Dadurch, daß bei mehrfarbigen Waren die Appretur mittels der Diastase auch bei niedriger Temperatur ausgeführt werden kann, wird das Ausfließen der Farben vermieden, und schließlich hat sich das Diastafor auch bei Herstellung von Verdickungen im Zeugdruck, besonders beim Druck von Indigo- und Schwefelfarben und zur Entfernung der Massen nach dem Dämpfen bewährt. Allerdings ist Bedingung, daß man stets nach einheitlichen Methoden mit gleichmäßig zusammengesetzten Diastasepräparaten arbeitet. **(M. Hamburg**, Ref. in **Zeitschr. f. angew. Chem. 27, 30.)**

Das Diastafor enthält soviel Diastase, daß 1 Tl. des Präparates 10 000 Tl. Stärke in Zucker zu verwandeln vermag. In **Appreturztg. 1908, 361** beschreibt **E. Herzinger** die Herstellung von

Appreturmassen aus Stärke und Diastafor, die neben löslicher Stärke und Dextrin nur wenig Maltose enthalten, da der Prozeß an einem bestimmten Punkte durch Aufkochen unterbrochen wird, wodurch die Wirksamkeit der Diastase erlischt.

Eine besonders günstige, dem Gerstenmalzauszug und dem Diastafor etwa um das Vierfache überlegen, Wirkung übt nach **M. Battegay** das diastatische Ferment Diastafor extra aus, dessen höherer Preis durch eben diese Wirkung reichlich ausgeglichen wird. **(Färberztg. 23, 133.)**

Diastase vermag bis zu 10,2% ihres Gewichtes Ammoniak zu binden, Hefe nimmt sogar 25% Ammoniak, und zwar ebenfalls chemisch, auf, da diese Präparate mit reinem Wasser kein Ammoniak entbinden, sondern erst nach Zusatz von Natronlauge Ammoniakgeruch auftritt. Diese Tatsache der Bindung von Ammoniak durch Hefe oder Diastase könnte für technische Zwecke einige Bedeutung erlangen. **(Th. Bokorny, Allgem. Brau.- u. Hopf.-Ztg. 55, 431.)**

Andere Pflanzenleime.

510. Seetang-, Meerespflanzenleime.

Über die Eigenschaften der Norgine, ihre Mischbarkeit mit allen in der Appretur zur Anwendung kommenden Substanzen, ihre Fällbarkeit mit löslichen Metallsalzen und freien Säuren, nicht aber mit stark verdünnten organischen Säuren, die Abstammung, Prüfung und den Nachweis der Norginepräparate berichtet **E. Schmidt** in **Chem.-Ztg. 36, 1149.**

Über die Ausnutzung der Algen und Flechten als Hilfs- und Ersatzmittel für pharmazeutische Zwecke siehe **Ber. d. Pharm. Ges. 1916, 192.**

Die Verarbeitung von Tangarten zur Herstellung der Tangsäure (nicht identisch mit der **Stanford**'schen Alginsäure) und zur Fabrikation von Kleb-, Appretur- und Waschmitteln ist in **D. R. P. 95 185** beschrieben.

Nach **D. R. P. 101 399** behandelt man zur Herstellung von Klebstoffen Tang nach seiner Auslaugung mit Wasser und Säure mit Alkalien oder kohlensauren Alkalien und erhält so Alkalitangate, die wie üblich auf Klebmittel verarbeitet werden. Nach **Zusatz 101 484** wird die Lösung des Tangs, statt sie mit Säure zu versetzen, der Einwirkung des elektrischen Stromes ausgesetzt, wobei sich die organischen, für die Klebstoffabrikation wichtigen Körper an der Anode niederschlagen und von hier mechanisch entfernt werden. Setzt man dem Elektrolyten Natriumsulfat zu, so unterstützt die gebildete Schwefelsäure die Abscheidung der organischen Substanzen durch Fällung, während an der Kathode metallisches Natrium gebildet wird; wendet man Chloride an, so wirkt das an der Anode gebildete Chlor zugleich bleichend.

Zur Gewinnung der technisch wichtigen Stoffe aus Tang befreit man das Material zuerst durch systematische Auslaugung mittels Kalkwassers von allen Salzen, wäscht es dann völlig mit Wasser aus, bringt es in kalter verdünnter Soda- oder Ätznatronlösung unter Zusatz von etwas Hypochlorit als Antiseptikum in Lösung, filtriert und scheidet die Tangsäure durch Ausfällung mit Säure ab. **(D. R. P. 101 503.)**

Zur Auflösung von Seetang benützt man zuerst eine sehr verdünnte Sodalösung, fällt mit Kalkmilch, filtriert das Calciumtangat, leitet in die alkalische, organische Stoffe enthaltende Flüssigkeit, in der Alkalihydroxyde an wasserlösliche Kohlehydrate gebunden sind, bei 40—70° Kohlensäure (Rauchgase) ein, und setzt der Lauge bei jeder neuen Operation die verlorene Sodamenge in Höhe von 7—8% der in der Lösung enthaltenen Soda wieder zu. Man verbraucht für je 10 cbm Lösungsflüssigkeit, die für 150 kg trockenen oder 600 kg frischen Seetang genügen, die 50 cbm reiner Kohlensäure entsprechende Menge Mischgas. **(D. R. P. 155 399.)**

Nach **D. R. P. 145 916** versetzt man zur Herstellung eines pulverförmigen, wasserlöslichen Klebmittels eine filtrierte sodaalkalische Seetanglösung mit Kalk und mischt das getrocknete, unlösliche Calciumtangat mit Sodapulver.

Zur Herstellung eines trockenen, neutralen, wasserlöslichen Klebmittels führt man warm gepreßte Tangsäure nach **D. R. P. 182 827** in zerkleinertem Zustande durch Einwirkung von Ammoniakdämpfen in Ammoniumtanganat über und trocknet.

Zur Aufarbeitung von Meerespflanzen entzieht man ihnen durch Behandlung mit einem neutralen oder sauren Oxydationsmittel zuerst das Jod und dann mit einem alkalischen Oxydationsmittel, z. B. einer 2,5proz. Natriumsuperoxydlösung oder Natriumhypochloritlösung, die klebende oder schleimige Substanz, die, wenn das Oxydationsmittel nicht stärker ist als angegeben, besonders in der Kälte viscos in Lösung geht. Die Gallerte kann dann als solche verwendet werden oder man fällt die Schleimsubstanz mit Säure aus, nimmt mit Alkali auf und dampft zur Trockne. Man erhält so einen Stoff, der sich für die Nahrungsmittelindustrie, ebenso wie zum Appretieren, Kleben, Verdicken, Emulgieren oder Imprägnieren eignet. Das mit diesen Schleimstoffen imprägnierte Gewebe oder Papier wird dann zur Ausfällung des Klebstoffes in Säure oder in die Lösung eines Metallsalzes eingetaucht. Um Mörtel oder Zement mit der Schleimsubstanz wasserundurchlässig zu machen, löst man sie in dem zum Anmachen des Kalkes dienenden Wasser und erhält dann aus dem Klebstoff mit den Erdalkalisalzen unlösliche Stoffe. Mit einer konzentrierten Lösung des alkalischen Oxydationsmittels gewinnt man noch löslichere und viscosere Stoffe, die als Seifen- oder Laugenersatz dienen; sie haben den Vorteil, lösliche Magnesiumsalze zu bilden. **(D. R. P. 276 721.)** Vgl. **Bd. IV** [29].

Ein Verfahren zur Gewinnnng eines hellen und klebrigen Körpers ist dadurch gekennzeichnet, daß Tangstengel nach Entfernung der äußeren dunkeln Haut mechanisch zerkleinert und dann ausgelaugt werden, worauf man die ungelöste Tangmasse durch chemische Mittel in lösliche Form überführt. **(D. R. P. 279 142.)**

Über ein derartiges, hochviscoses Kleb- und Verdickungspräparat, das aus dem Kelp gewonnene Albin, das mit Schwermetallen in Wasser unlösliche, in Ammoniak lösliche Verbindungen liefert, siehe **Chem. Met. Eng. 21, 261.**

Ein Ersatz für Leder-, Knochen- oder Knorpelleim wird nach **D. R. P. 222 513** aus Seetang hergestellt. 500 Tl. Seetang werden in alaunhaltigem Wasser gequellt, durch Aufkochen gelöst, filtriert und mit 10 Tl. 50proz. Essigsäure und 20 Tl. Tannin versetzt. Nach **Zusatz D. R. P. 226 005** kann das Tannin, ohne daß die Qualität des Produktes leidet, durch das billigere Dextrin ersetzt werden.

Nach **D. R. P. 240 832** erhält man in Wasser und Alkalien unlösliche Norgine, wenn man die nach **A. P. 872 179** aus Seetang erhaltenen löslichen Norgine mit Formaldehyddämpfen behandelt oder sie mit wässeriger Formaldehydlösung kurze Zeit kocht und das Reaktionsprodukt auf dem Wasserbade zur Trockne bringt. Die Substanz ist wegen ihrer Mischbarkeit mit Stärke, Mehl, Öl, Fett, Glycerin, Magnesiumsulfat usw. als Imprägnationsmittel statt des Leimes oder der Gelatine, ebenso wie wegen ihrer Widerstandsfähigkeit und Undurchdringlichkeit zur Herstellung von Films und Membranen verwendbar. Über die wasserlöslichen Norgine siehe **D. R. P. 88 114, 91 505, 95 270, 99 509, 104 365** und **106 958.**

Über Herstellung eines hellen Klebmittels aus Seegras siehe ferner **Norw. P. 24 045.**

511. Gummi arabicum-, Gleditschia-, Mistel-, Karayaklebstoffe.

Deutschl. Akazien- (Kirsch- u. a.) gummi $^1/_2$1914 E.: 29 202; A.: 11 030 dz.

Andés, L. E., Gummi arabicum. Wien und Leipzig 1895.

Eine ausführliche Arbeit über Gummi arabicum und seine Ersatzmittel von **S. Rideal** und **W. E. Youle** findet sich in **Zeitschr. f. angew. Chem. 1891, 190, 286.**

Beiträge zur chemischen Kenntnis der Gummi- und Schleimarten liefert **W. Schirmer** in **Arch. d. Pharm. 250, 230.**

Zur Verbesserung der gewöhnlichen konzentrierten Gummi arabicum-Lösung und zur Erhöhung ihrer Klebkraft setzt man ihr nach **Pharm. Zentrh. 1873, 205** eine wässerige Lösung von 1% krystallisiertem Tonerdesulfat zu. Man löst z. B. 100 Tl. arabisches Gummi in 140 Tl. Wasser, setzt 10 Tl. Glycerin, 20 Tl. verdünnte Essigsäure und 6 Tl. Aluminiumsulfat zu und gießt ab.

Zur Reinigung des Gummi arabicums filtriert man seine wässerige Lösung wiederholt durch feuchtes Tonerdehydrat. Um dieses zu regenerieren, behandelt man es mit klarer Chlorkalklösung und wäscht mehrere Male mit heißem Wasser aus; es wird hierdurch wieder weiß und erhält seine entfärbende Eigenschaft vollständig wieder. **(Polyt. Notizbl. 1866, Nr. 18.)**

Eine sauer geworden Lösung von Gummi arabicum erhält durch Verrühren mit wenig Bicarbonat ihre Klebkraft wieder. **(D. Ind.-Ztg. 1867, Nr. 39.)**

Um zu vermeiden, daß sich die Lösung des arabischen Gummis trübt und zersetzt, wird in **Pharm. Ztg. 1890, 457** empfohlen, die frisch bereitete Gummilösung mit Kalkwasser zu neutralisieren; man erhält so ein Präparat, das, ohne nachzudunkeln, unbegrenzt haltbar ist und klar und geruchlos bleibt.

Ein besonders stark klebender, nicht alkalischer, farbloser und durchsichtiger Leim oder Kitt für die verschiedensten Stoffe (Holz, Papier, aber auch Porzellan, Glas und andere Steinmaterialien) wird nach **A. Selle, Pharm. Zentrh. 1871, 206** hergestellt durch Zusammenreiben von 2 Tl. salpetersaurem Kalk, 25 Tl. Wasser und 20 Tl. gepulvertem arabischen Gummi. Die völlige Trocknung des Leimes erfolgt jedoch erst nach 3—4 Tagen.

Ein sowohl in sehr warmen als in kalten Lokalitäten auf Glas, Metall, Leder, Holz usw. ausgezeichnet haftendes Klebmittel besteht aus 10 Tl. Gummi arabicum, 1 Tl. Glycerin, 1 Tl. krystallisierter Soda und 40 Tl. Wasser. **(Polyt. Zentr.-Bl. 1874, 608.)**

Zur Herstellung eines pulverförmigen, für Maler- und Buchbinderzwecke, sowie für den Tapetendruck geeigneten, auf Glas und Metall haftenden, die Schrift gut annehmenden Bindemittels vermischt man 50 Tl. Gummi arabicum, 5 Tl. Weizenmehl, 2 Tl. Tragant, 25 Tl. Dextrin, 15 Tl. Zucker und 3 Tl. Magnesiumsulfat. Das Produkt ist leicht in kaltem Wasser löslich, unbegrenzt haltbar und emulgiert sich mit großen Mengen Öl. **(D. R. P. 219 651.)** Nach dem Zusatzpatent erhält man ein pulverförmiges Kleb- und Bindemittel aus 50 Tl. Gummi arabicum, 5 Tl. Weizen- oder Buchweizenmehl und 2—10 Tl. Tragantgummi (je nach dem Härtegrad des arabischen Gummis) mit 3 Tl. Bittersalz. Um dieses schwerlösliche Klebmittel in pulverige, leichtlösliche Form überzuführen, werden ihm noch 25 Tl. Dextrin und 15 Tl. Zucker beigefügt. Der Tragantzusatz soll zur Bildung eines gleichmäßigen Leimes führen, da Gummi arabicum allein, wegen seiner ungleichmäßigen Härte, häufig mangelhafte Klebepulver liefert. Das Buchweizenmehl besitzt gegenüber dem Weizenmehl einen höheren Grad von Porosität, was namentlich bei der Verwendung von Fettfarben von Wichtigkeit ist. **(D. R. P. 223 709.)**

Zur Herstellung von gefärbtem Gummi arabicum-Pulver für Verzierungszwecke gießt man den mit Teerfarben gefärbten Gummischleim auf Glasplatten und stellt sie zum Trocknen an einen warmen Ofen, wodurch die farbigen Gummischichten abspringen; sie lassen sich zerreiben und geben gesiebt ein feines Pulver. **(D. Ind.-Ztg. 1867, Nr. 18.)**

Über das Färben von arabischem Gummi mit alkoholischen Farbstofflösungen, zur Fabrikation künstlicher Blumen, siehe **G. Merz, D. Ind.-Ztg. 1862, Nr. 14.**

Zur Herstellung eines dem Gummi arabicum gleichwertigen Klebstoffes kondensiert man Dicyandiamid mit der doppelten Menge käuflichen Formaldehyds bei Gegenwart von Kondensationsmitteln saurer oder wasserentziehender Art. Mit weniger Formaldehyd erhält man einen zäheren Leim. Man erhitzt z. B. ein vorsichtig mit 15 Tl. konzentrierter Schwefelsäure versetztes Gemenge von 100 Tl. Dicyandiamid und 200 Tl. 30proz. Formaldehyd etwa $^1/_2$ Stunde auf 80—85°. **(D. R. P. 323 665.)** — Vgl. das Zusatzpatent **D. R. P 325 647** zur Herstellung eines Glycerinersatzes in **Bd. III [358].**

Über die Verwendung des eiweiß- und fetthaltigen, zucker- und stärkefreien Gleditschiasamens zur Herstellung von syndetikonartigen Klebstoffen siehe **F. Křyž, Österr. Chem.-Ztg. 22, 126.**

Gleditschia ist eine Leguminosenart (Christusakazie), die als Zierbaum in Amerika und bei uns gezogen wird. Das Holz dient zu Drechslerarbeiten, die stark saponinhaltige Rinde als Seifenersatz.

Ein gummiarabikumartiges Klebmittel das sich als Verdickungsmittel für Kalk- und Temperafarben, in geeigneter Mischung auch als Appreturmittel eignet, erhält man nach **D. R. P. 335 995** durch Eintrocknen einer alkalisch wässerigen Karayagummilösung auf einer Trockenwalze, wie sie zur Herstellung von Milchpulver dienen.

Die Beschreibung der Herstellung des Vogelleimes aus der Rinde des Mistelstengels findet sich in **Erf. u. Erf. 46, 212.**

512. Flechten- (Carraghen-), Tragantklebstoffe.

Deutschl. Tragantgummi $^1/_2$ 1914 E.: 3657; A.: 1462 dz.

Jacobj, C., Beiträge zur Verwertung der Flechten. Tübingen 1916.

Über Pektinleim und seine Herstellung aus isländischem Moos siehe **Seifens.-Ztg. 1912, 305.** Vgl. **[515].**

Eine klare Carragheengallerte erhält man durch etwa einstündiges Sieden einer 5proz. Lösung des Pflanzenschleimes in destilliertem Wasser unter Rückflußkühlung, abermaliges Erhitzen im Dampftopf und Filtration durch Watte. Man kann auch einen 1—2proz. Auszug in gleicher Weise herstellen und ihn dann eindampfen, bis eine erkaltete Probe gallertig erstarrt. **(R. Lehmann, Zentr.-Bl. f. Bakteriolog. 1919, II, 425.)**

Zur Herstellung des Carragheenmoosschleimes übergießt man 5 Tl. des Mooses mit 70—90 Tl. heißen, jedoch nicht kochenden Wassers, fügt 1—1,5 Tl. Soda gelöst in heißem Wasser hinzu und seiht durch ein weitmaschiges Sieb. Bei Wiederholung des Verfahrens kann man schließlich 160—210 Volumenteile des viscosen Schleimes gewinnen. **(Chem.-Ztg. 1921, 387.)**

Für die Herstellung der sog. Naturappreťs leistet das Carragheen vorzügliche Dienste, da es, ohne die Ware zu verschmieren, ihr einen vollen Griff und hohe Weichheit verleiht. Besonders auf Satins, Zephirs (auch auf ungefärbter Ware) läßt sich im Gegensatz zu Waren, die stark kalandert werden müssen, leichte und doch volle Füllung erzielen. Viel verwendet wird das Moos auch in der Baumwollbuntweberei und zur Füllung von Hemdenstoffen und gerauhten Flanellen, da der Moosschleim den Flor nur wenig verklebt und nicht den Nachteil hat in der Nachrauherei stark zu stauben. Zum Appretieren eines doppelseitigen Flanelles genügt schon eine Abkochung von 0,75 kg Moos in 100 l Wasser, um dem Stoff eine starke Fülle zu verleihen. **(E. Hastaden, Färbeztg. 1909, 107.)** Vgl. **Zeitschr. f. angew. Chem. 1909, 1327.**

Das Carragheenmoos wird übrigens in neuerer Zeit als Pulver bzw. in Plättchenform in leicht wasserlöslicher Form in den Handel gebracht.

Die Deckkraft des Carragheenschleimes läßt sich nach **Techn. Rundsch. 1912, 638** durch Zusatz von 2—3% Leim oder 5—10% Dextrin evtl. auch von 1—2% Chlormagnesium erhöhen. Der letztere Zusatz darf jedoch nicht erfolgen, wenn die Ware nachträglich Temperaturen über 40—50° ausgesetzt wird, da das Chlormagnesium in der Wärme die Baumwollfaser angreift. Vgl. **[503].**

Über den Tragant und seine Eigenschaften siehe **H. Brand in Farbe und Lack 1912, 34.**

Die im Gegensatz zu den löslichen Gummiarten unlöslichen Naturprodukte von Art des Bassoragummis oder des indischen Tragantes werden nach **F. P. 449 649** in lösliche Form übergeführt, ohne daß die Lösungen zu dünnflüssig werden, wenn man diese Gummisorten mit der zehnfachen Menge einer 10proz. Alkali- oder Erdalkalilösung aufquellt und dann bis zur gänzlichen Auflösung kocht.

Zur Herstellung eines nicht hygroskopischen Bindemittels für Farben und andere organische oder nichtorganische Stoffe vermischt man 200 Tl. Magnesiumhypochlorit mit 10 Tl. Tragant, treibt die dicke, schleimige Lösung nach 10—24 Stunden durch Siebe und setzt der Masse 10—25 Tl. 10—35grädiger Kali-Natronwasserglas zu. **(D. R. P. 162 637.)**

Zur Herstellung einer für Appreturzwecke geeigneten dickflüssigen Lösung kocht man indischen Tragant in wässerig alkalischer Lösung und vermeidet so das Dünnerwerden des bereits gelösten Gummis. Man setzt soviel Alkali zu, daß das ursprünglich saure Material im Endprodukte gerade neutral ist. **(D. R. P. 278 866.)**

Bis zu einem gewissen Grade eignen sich Kirschgummi und Pflaumengummi als Tragantersatz. Diese Stoffe ähneln dem Tragant in der chemischen Zusammensetzung, enthalten also etwa 50% Arabin und 25% Cerasin, das durch Erwärmen mit Alkalien ebenfalls in Arabin übergeführt werden kann. Man erhält so ein gummiarabicumartiges Produkt, das, wie der Tragant, in Wasser quillt und eine farblose bis gelbliche Gallerte bildet, die zu Appreturen, Verdickungsmitteln, zur Bindung von Konditorwaren, in genügend reinem Zustande auch zur Bereitung von Arzneimitteln dienen kann, nicht aber als Bindemittel für Malerfarben und Lacke, da sich das Präparat in keinem der üblichen Lacklösungsmitteln löst. **(K. Micksch, Seifens.-Ztg. 1918, 6.)**

Zum Ersatz des Tragantes als Verdickungs- und Appreturmittel soll sich ein neues pflanzenschleimartiges Naturprodukt mit Namen Blandola eignen, das sich mit Stärke oder Gummi und jeder ähnlichen Substanz vollständig vereinigt und nur den Nachteil hat, daß es in gelöstem Zustande leicht zu Zersetzungen neigt. Man muß daher die Transport- oder Aufbewahrungsfässer zur Vermeidung von Gärungen sorgfältig reinigen und überdies auf 100 l Lösung 50—75 ccm Carbolsäure zusetzen. **(Rev. mat. col. 16, 147.)**

513. Quitten-, Johannisbrot-, Lupinen-, Conophallus-, Zwiebelklebstoffe.

Trockener Quittenschleim wird in Gestalt durchsichtiger Blättchen gewonnen, wenn man die ganzen Quittensamen zweimal mit kaltem Wasser auszieht und den kolierten Schleim auf flachen Porzellantellern bei gelinder Wärme und vor Staub geschützt austrocknet. Der trockene Schleim, der die Porzellanfläche wie ein durchsichtiger Lack bedeckt, wird mit einem scharfen Instrumente zusammengeschabt. Ein dritter wässeriger Auszug liefert einen sich trübe lösenden Schleim. Aus 100 Tl. Quittensamen gewinnt man so 10—12 Tl. trockenen klarlöslichen Klebstoff. **(Ill. Gewerbeztg. 1867, Nr. 8;** vgl. **Polyt. Notizbl. 1867, Nr. 2.)**

Nach **D. R. P. 98 135** laugt man die Johannisbrotkerne zur Gewinnung eines ungefärbten, filtrierbaren und haltbaren Klebmittels nach ihrer Befreiung von den Hülsen mit etwa 71—82° warmem Wasser aus und setzt dem erhaltenen Extrakt evtl. nach dem Ansäuern noch 5% Mehl und 1‰ Salzsäure zu. Diese Mischung soll als Gewebeappreturmittel Talg und Tragant ersetzen, ohne Mehl und Salzsäure dient das Produkt als Schlichtmittel für Garne. Vgl. **D. R. P. 89 028:** Pflanzengummi aus den Früchten der Mesembrianthemumarten.

Über die mechanische Scheidung der klebstoffhaltigen Schicht von den Kernschalen der Johannisbrotkerne zur Herstellung eines Klebstoffes siehe **D. R. P. 60 251.**

Nach **D. R. P. 189 515** laugt man die Johannisbrotkerne nach ihrer Spaltung und nach Entfernung der Keime mit Wasser unter Zusatz von Formaldehyd aus, um auf diese Weise den Farbstoff der Schale zu binden. Man preßt dann die Lösung von dem festen Rückstand ab und kühlt den ausfließenden Gummi rasch auf niedere Temperatur, um eine gleichmäßige Verteilung der Masse zu bewirken.

Nach **D. R. P. 259 765** behandelt man Johannisbrotkerne bei gewöhnlicher Temperatur unter kräftigem Rühren mit 80—85proz. Schwefelsäure, wodurch die Kernschalen gelöst werden, worauf man die gewaschenen Kerne wie üblich auf Verdickungsmittel verarbeitet. Aus der Abfallsäure scheidet sich beim Verdünnen mit Wasser ein voluminöser Körper ab, der gewaschen und getrocknet als Absorptionsmittel Verwendung finden soll.

Über Herstellung von Johannisbrotkern-Klebstoffen durch Verrühren der dicken Schleime mit dem gleichen Gewicht Magnesiumsulfat und 5% Invertzucker siehe **F. P. 443 275** und **Zusatz 16 585.**

Eine Klebmasse für Appreturzwecke erhält man nach **E. P. 20 648/1911** durch Extraktion des Gummischleimes aus Akazienbohnenkernen in der Weise, daß man diese in starker Alkalilösung quellt und die entschälte Masse mit Boraxlösung wäscht. Das mürbe Produkt wird schnell gemahlen und mit Honig oder Zuckerlösung zu einer Klebstoffpaste verrührt, die 8—10% trockenen Gummi enthält.

Nach **D. R. P. 263 405** wird der Pflanzenschleim aus Johannisbrotsamen in der Weise isoliert, daß man die Körner in einer etwa 80° warmen alkalischen Boraxlösung entschält, das Material vor dem Vermahlen mit einer Boraxlösung spröde macht und die vermahlene, gewaschene Masse, um sie löslich zu machen, mit Invertzucker behandelt.

Zur Herstellung eines Klebmittels dampft man den Auszug von Lupinensamen mit Wasser oder stark verdünnten Kalksalzlösungen auf Fischleimdicke ein. Das Produkt eignet sich besonders als Kleister- und Gummiarabicumersatz für die Papierleimung und als Schlichte für Garne und Webwaren. **(D. R. P. 309 650.)**

Um die Wurzelsubstanz von **A m o r p h o p h a l l u s a r t e n** bzw. deren Schleimstoffe wasserunlöslich zu machen und so beständige Quellungen zu erzeugen, die man zu Imprägnierungszwecken oder zur Herstellung dünner Häute verwenden kann, trägt man das getrocknete C o n o p h a l l u s p u l v e r in Natronlauge ein, rührt bis die anfangs flüssige Masse erstarrt, erwärmt das Produkt dann und gießt die dickflüssige Lösung zur Trocknung auf eine Unterlage auf, bzw. verwendet sie als solche. **(D. R. P. 207 636.)** Nach einer Abänderung des Verfahrens arbeitet man mit Natronlauge bei gewöhnlicher Temperatur und erhält auch so eine Masse, die entsprechend verdünnt nach dem Eintrocknen wasserunlösliche Häute liefert. **(D. R. P. 208 344.)** Nach dem Zusatzpatent behandelt man die Wurzelsubstanz mit Ammoniak oder seinen Salzen oder mit Alkalisalzen der Kohlensäure, Essigsäure und anderer organischer Säuren, ferner nach dem weiteren Zusatzpatent mit basischen, anorganischen Salzen oder mit Gemischen normaler anorganischer Salze mit Alkalien oder Ammoniak, soweit diese Gemische löslich sind. Man erhält auch hier wie mittels Alkalilauge wasserunlösliche Produkte. **(D. R. P. 222 153 und 222 154.)**

Zur Herstellung eines Klebstoffes preßt man die Knollen des Bärenlauches oder der wilden K n o b l a u c h p f l a n z e, kocht den Preßrückstand etwa 1 Stunde, preßt ab und dickt die gewonnenen Preßsäfte bei etwa 60° ein, um sie schließlich zu vereinigen. Die Ausbeute an Klebstoff soll 70—80% des Rohstoffes betragen. **(D. R. P. 298 243.)** Außer den Knoblauchknollen eignen sich auch andere Zwiebelarten zur Herstellung von Klebstoffen. Besonders würde es sich nach **A. Cobenzl** empfehlen die Knollen der H e r b s t z e i t l o s e diesem Zweck zuzuführen. **(Chem.-Ztg. 1917, 692.)**

Nach **Ö. P. Anmeldung 8578/10** empfiehlt es sich, den S c h l i c h t m a s s e n eine Abkochung von Speisezwiebeln zuzufügen. Zur Herstellung eines solchen Schlichtmittels verrührt man z. B. 9—10 kg Stärke mit 60 l kaltem Wasser, läßt einige Stunden stehen, setzt eine kalte Lösung von 3 kg Ätznatron in 20 l Wasser zu, neutralisiert evtl. dieses alkalische Klebmittel mit der nötigen Menge eines Gemisches von 1 kg Schwefelsäure und 20 l Wasser und fügt den Zwiebelsaft bei.

514. Agarklebstoff und -nährböden (-ersatz).

Deutschl. Agar (Hausenblase u. a.) 1/2 1914 E.: 1241; A.: 315 dz.

Agar war früher unter dem Namen Hai-Thao oder Haitra bekannt und kam als Appreturmittel für feine Gewebe, denen man einen geschmeidigen, dabei kernigen Griff erteilen wollte, zur Anwendung. **(Dingl. Journ. 218, 522;** vgl. **ebd. 220, 287.)**

Zur Herstellung eines agarartigen Klebstoffes bleicht man getrocknete Pflanzen der G l o i a p e l t i s a r t mit 10% flüssigem C h l o r, behandelt mit Thiosulfatlösung nach, wäscht die Masse wiederholt mit Wasser aus, kocht sie mit Wasser zu einer viscosen Masse ein, kühlt das Produkt auf höchstens minus 5° ab und trocknet es an der Sonne. **(A. P. 1 399 359.)**

Nach **D. R. P. 148 480** kann man völlig k l a r e A g a r l ö s u n g e n erhalten, wenn man das Rohmaterial mit Wasser und 1,5% (der trockenen Agarsubstanz) einer organischen Säure unter Druck erhitzt. Man weicht z. B. 60 g Agar 10—12 Stunden in kaltem Wasser, preßt dieses ab, füllt mit frischem Wasser auf 1000 g auf, setzt 0,4—0,5 g Citronensäure zu, kocht im Wasserbade unter Druck während 30 Minuten, entfernt durch Kolierung die gröberen Faserbestandteile und filtriert durch ein heizbares Cellulosefilter. Das klare Filtrat erstarrt zwischen 35 und 40° zu einer festen Gallerte.

Ein Klebmittel, das sich zur Herstellung von Schlichten, zum Leimen von Papier und zur Fabrikation lichtempfindlicher Papiere eignet, wird nach **D. R. P. 155 741** dadurch erhalten, daß man längere Zeit O z o n durch angefeuchtetes Agar-Agar leitet, das auf diese Weise gebleicht wird. Das Produkt ist nach dem Trocknen in kaltem Wasser unlöslich, löst sich jedoch in heißem Wasser ohne Knötchenbildung auf.

Nach **D. R. P. 269 088** ist die Ursache der T r ü b u n g von A g a r l ö s u n g e n in dem Gehalt an wasserlöslichen Aluminium- und Calciumsalzen organischer oder anorganischer Säuren zu suchen. Man behandelt daher die Agarlösungen oder auch das feste Agar mit Säuren bzw. durch Befeuchten mit Natriumphosphat- oder -carbonatlösungen, so daß eine vollkommen unlösliche Masse entsteht, wenn man das Material in angequollenem Zustande zuerst an der Luft und dann bei 100—110° trocknet. Das vorbehandelte Agar wird dann in heissem Wasser, dem man zum Bleichen etwas Wasserstoffsuperoxyd beisetzt, gelöst, worauf man die unlöslichen Stoffe filtriert und die Lösung eindampft. Man verfährt z. B. in der Weise, daß man 1000 g Agar mit einer Lösung von 80 g Natriumphosphat in nur 200 g Wasser (so daß nur geringe Quellung auftreten kann) gut durchfeuchtet, zuerst an der Luft, dann während 1 Stunde bei 100—110° trocknet und das so vorbehandelte Material in 40 l Wasser evtl. unter Zusatz von 200 ccm Wasserstoffsuperoxyd bei etwa 95° löst. Man filtriert dann und kann die klare Lösung mit verdünnter Salzsäure neutralisieren, um schließlich einzudampfen oder erstarren zu lassen und die Gallerte auf Horden zu trocknen.

Zur Bereitung von N ä h r a g a r, z. B. für Holzpilzkulturen, verrührt man eine, wie im Kapitel Gelatine beschrieben, gewonnene Nährbouillon mit 2% vorher 24 Stunden in Wasser gequelltem Agar, bringt das Gemenge durch Erwärmen zur Lösung, stellt mit 10proz. Sodalösung schwach lackmusblau, kocht die Flüssigkeit 6 Stunden im Dampftopf, läßt sie auf 50° abkühlen, verrührt mit Hühnereiweiß, kocht abermals mehrere Stunden und saugt die klare Flüssigkeit von dem koagulierten Eiweiß durch gekochten Asbest ab. Dieser Nährboden hat gegenüber der Nährgelatine den Vorteil, daß er sich erst bei 80° verflüssigt und bei ruhigem Stehen schon bei 40° zu erstarren beginnt. In ähnlicher Weise wurde ein Nährboden aus 100 g Gelatine und 10 g Agar (zur Schmelzpunkterhöhung der Nährgelatine) in 1 l Fleischbouillon hergestellt. **(Seidenschnur, Zeitschr. f. angew. Chem. 1901, 440.)**

Zur Herstellung von pulverförmigen entwässerten Bakteriennährböden gießt man die verflüssigten Präparate auf Spiegelglasplatten, trocknet dann bei genau 37° in dünner Schicht, pulverisiert und erhält ein Präparat, das sich auch in den Tropen unbegrenzte Zeit hält, und wegen des sehr geringen Gewichtes und kleinen Volumens leicht transportierbar ist. Im Bedarfsfalle wird das Pulver nur mit der 15fachen Wassermenge aufgekocht und man erhält ein gebrauchsfertiges Bakteriennährpräparat. **(D. R. P. 229 970.)** Nach dem Zusatzpatent trocknet man die evtl. im Dampf sterilisierten, verflüssigten Bakteriennährböden, um sie in Pulverform überzuführen, im vorgewärmten, sterilisierten Luftstrom bei etwa 37°. Man kann auch zur Herstellung z. B. des **Dieudonné**'schen Selektivnährbodens für Choleradiagnose, Nähragar und Blutalkali, jedes für sich, im Vakuum trocknen, die Schichten abkratzen, pulverisieren und mischen oder in ähnlicher Weise Nähragar aus filtriertem, neutralisiertem und getrocknetem Agar einerseits und neutralisiertem, mit Alkali getrocknetem Fleischwasser andererseits verarbeiten. **(D. R. P. 283 112.)** Über die Herstellung von Dieudonné-Agar siehe **Berl. klin. Wochenschr. 53, 1916, 217.**

Über Herstellung eines klar löslichen Agarpräparates siehe ferner **D. R. P. 272 145.** Man löst z. B. käufliches Agar in heißem Wasser, filtriert, läßt erstarren und ausfrieren. Der zurückgebliebene Agarkuchen wird nach dem Auftauen entweder mit kaltem Wasser so lange gewaschen, bis das Waschwasser keinen Rückstand mehr enthält, oder man setzt den Ausfrierprozeß unter jeweiligem Wasserzusatz bis zum ursprünglichen Volumen fort, bis das Tauwasser ebenfalls keinen Rückstand mehr enthält. Das Verfahren gründet sich auf die Tatsache, daß im Rohagar ein nur in heißem Wasser löslicher, erstarrende Lösungen gebender und ein zweiter auch im kalten Wasser löslicher Bestandteil vorhanden ist, dessen Lösungen aber nicht erstarren. Beim Gefrieren vollzieht sich eine teilweise Entquellung des Wasseragars, die wegen dessen Unlöslichkeit nicht umkehrbar ist und es bleibt dann beim Wiederauftauen das ausgefrorene Wasser dauernd außerhalb des kolloidalen Verbandes und löst nur die in kaltem Wasser löslichen Stoffe. Das erhaltene Agarpräparat ist nicht nur reiner, sondern auch ergiebiger als die Handelsprodukte. **(D. R. P. 272 145.)**

Nach einer Anregung von **K. W. Jötten** soll man an Stelle der teuren Bouillonnährböden oder an Stelle des Nähragar untergärige Bierhefe in Form von autolysiertem Hefeextrakt zur Reinzucht von Bakterien verwenden. Nach **G. Brunhügner** und **W. Geiger** kann demselben Zwecke auch ein eingedickter wässeriger Pilzextrakt zugeführt werden. **(Reichsgesundheitsamt 52, 339** und **D. med. Wochenschr. 1921, 1397.)**

Zur Wiedergewinnung gebrauchter Nährböden aus Agar, besonders zur Entfernung der Teerfarbstoffe durch Oxydationsmittel, kocht man 1000 Tl. des verflüssigten Nährbodens mit 20 Tl. 16proz. Natronlauge und 15 Tl. Wasserstoffsuperoxyd oder der entsprechenden Menge (8 g) Bariumsuperoxyd bis zur völligen Entfärbung. Man setzt dann eine heiße wässerige Lösung von 7 g Natriumsulfat zu, läßt den Niederschlag absetzen und führt die braune Agarlösung durch Aufkochen mit Eponit (Handelsprodukt **Bd. III [592]**) in helles Weingelb über, wobei gleichzeitig die farblosen Oxydationsprodukte aufgenommen und durch Filtration entfernt werden. Schließlich gibt man auf 1000 ccm Nährboden 6,5 g Pepton Witte und 6,5 g Liebigs Fleischextrakt hinzu. Nachdem die Masse sich auf 50° C abgekühlt hat, wird sie in der üblichen Weise mit Tierkohle oder Hühnereiweiß geklärt. Ist der Nährboden mit Malachitgrün gefärbt gewesen, so wird das Oxalat durch den Alkalizusatz in die farblose Carbinolbase übergeführt, im übrigen verfährt man ähnlich. Man erhält so einen Nährboden, der mit frischem Nähragar verglichen, keine wahrnehmbaren Wachstumsunterschiede zeigen. **(D. R. P. 298 133.)** Die genaue Arbeitsvorschrift von **Ph. Kuhn** und **M. Jost** findet sich in **Münch. med. Wochenschr. 63, 1388.** Vgl. **W. Schürmann, Münch. med. Wochenschr. 1917, 397.**

515. Zucker-, (Sirup-, Melasse-) Sulfitablaugeklebstoffe.

Nach **C. Puscher, Bayer. Ind.- u. Gew.-Bl. 1872, 242** stellt man ein flüssiges Klebmittel von großer Bindekraft her, durch Erwärmen eines Gemenges von 1 Tl. gelöschtem Kalk und 4 Tl. Zucker mit 12 Tl. Wasser auf etwa 70°. Diese Lösung vermag in der Wärme den dritten Teil ihres Volumens an zerkleinertem Leim aufzulösen und bleibt trotzdem nach dem Erkalten flüssig. In diesem Zustande findet das Klebmittel Verwendung für die verschiedenartigsten Zwecke, kann jedoch naturgemäß nicht als Bindemittel für kalkempfindliche Farben (Chromgelb), Pariserblau, Zinkgrün usw.) dienen. Nach **Kick, Dingl. Journ. 208, 160** soll die Bindekraft dieses Leimes jedoch nur drei Achtel derjenigen guten Tischlerleimes sein.

Nach **Ö. P. Anmeldung 4127/11** erwärmt man zur Herstellung von Klebstoffen minderwertige Abfallsirupe der Zuckerfabrikation mit soviel festem Ätzkalk oder mit Kalkmilch, daß auf je 1 Mol. Zucker mindestens 1 Mol. Calciumoxyd kommt, auf etwa 70° und gießt vom Bodensatz ab.

Ein dem Gummi arabicum gleichender Klebstoff wird nach **D. R. P. 37 074** erhalten durch Eindampfen eines verkochten Gemenges von 20 kg Kandiszucker und 7 kg Kuhmilch mit 50 kg 36proz. Natronwasserglas bis zur gewünschten Konsistenz.

Nach **D. R. P. 96 316** erhält man einen Klebstoff aus Rübenschnitzeln, bzw. aus der in ihnen enthaltenen Metapektinsäure dadurch, daß man letztere durch Einleiten von schwefliger Säure oder durch Vermischen der Rübenschnitzelbrühe mit Alkalibisulfat unter Druck in lösliche Arabinsäure überführt. Nach **D. R. P. 121 422** erfolgt diese Umwandlung der Metapektinsäure einfacher und glatter durch Erhitzen der Rübenschnitzel mit Phosphorsäure.

Um die Pektinsäure darzustellen werden Mohrrüben zu einem Brei zerrieben, dieser wird ausgepreßt und der Rückstand mit Wasser vollständig ausgewaschen. Man kocht dann 300 Tl. reines Wasser, 50 Tl. des Preßrückstandes und 1 Tl. Pottasche oder calcinierten Soda etwa $^{1}/_{4}$ Stunde, filtriert siedendheiß und neutralisiert das Filtrat mit Mineralsäure. Der erhaltene Schleim wird direkt als Appretiermittel verwendet. **(Dingl. Journ. 147, 239.)** Vgl. **[512]**.

Zur Gewinnung von Pektin kocht man die pektinhaltigen Stoffe mit schwach angesäuertem, mit einem Bleichmittel versetztem Wasser, filtriert, salzt das Pektin aus, filtriert, wäscht und trocknet es. **(A. P. 1 385 525.)**

Nach **Hagers Handbuch S. 110** wird der flüssige Leim „Syndetikon" hergestellt aus 10 Tl. Gummi arabicum, 30 Tl. Zucker und 100 Tl. Wasserglas.

Nach **D. R. P. 226 639** wird ein Schlicht- und Appreturmittel erhalten, wenn man 100 Tl. Melasse mit 20 l verdünnter Salzsäure (2 kg Chlorwasserstoff enthaltend) verrührt, 10—20 kg entkalkte, feuchte Knochenkohle zusetzt und nach 4—5stündigem Erhitzen auf 100° filtriert. Das Filtrat versetzt man bis zur Neutralisation der Säure mit Zinkstaub und dampft die entfärbte Masse zu einem Sirup ein, der ebensowohl in der Textil- als auch in der Lederappretur Verwendung findet.

Zur Herstellung eines Klebstoffes impft man 15% eines wässerigen Breies von 100 Tl. Buchenholzmehl und 10 Tl. Nadelholzmehl mit 3% wässeriger Kultur von Milchsäurebakterien. Man fügt nun innerhalb 20 Tagen täglich kleine Mengen Casein und 5proz. Tangabkochung zu, vereinigt die vergorene Masse mit der Hauptmenge des Sägemehlbreies, mengt je 30% dieser Masse unter Zusatz von 65 l Wasser mit 5% einer wässerigen Kultur von Saccharomyces, filtriert nach einigen Tagen, mischt 20% der kolloidalen Masse mit Magnesiumchlorid, Wasserglas, Kaliumphosphat und geringen Mengen Formaldehyd und macht die lufttrockene Masse mit der dreifachen Wassermenge gebrauchsfertig. **(D. R. P. 327 377.)**

Die erste Anregung zur Gewinnung von Klebstoffen aus Sulfitablauge gab **Mitscherlich** bzw. **Ekman**; siehe hierüber **Zeitschr. f. angew. Chem. 10, 771.**

Nach **D. R. P. 72 161** dampft man dialysierte Sulfitablauge nach Entfernung der gelösten schwefligen Säure durch Kalkmilch oder fein verteilten kohlensauren Kalk bis zur Dickflüssigkeit ein und vermischt das Produkt mit Kalkbrei, bis zur Gewinnung einer knetbaren Verbindung, die ein wirksames, wenig hygroskopisches Appreturmittel darstellt. So führen z. B. Gemenge von 450 Tl. 33grädiger Sulfitablauge, einer Kalkmilch aus 10 Tl. Ätzkalk und 100 Tl. Wasser mit 40 Tl. Magnesiumoxyd oder ein erwärmtes Gemisch von 90 Tl. Sulfitablauge und einer Kalkmilch aus 10 Tl. Ätzkalk und 70 Tl. Wasser zu gut verwendbaren Klebstoffen. Dieser Mischung aus 450 Tl. 33grädiger Sulfitablauge und einer Kalkmilch aus 10 Tl. Kalkhydrat und 100 Tl. Wasser wird zweckmäßig noch ein Zusatz von 40 Tl. gebrannter Magnesia beigerührt. **(Seifens.-Ztg. 1918, 409.)**

Nach einer Ausführungsform des Verfahrens wird die dialysierte Ablauge, wie sie aus dem Osmoseapparat kommt, durch Fällung mit Soda vom Kalk befreit, worauf man die Flüssigkeit abgießt, bis zur Bildung einer Haut eindampft, mit etwas Oxalsäure (oder zur Bleichung mit wässeriger schwefliger Säure) versetzt und, ohne weiter einzudampfen, nach Entfernung der geringen Menge abgeschiedenen oxalsauren Kalkes direkt als Klebstoff verwendet. Nach dem Zusatzpatent wird die Sulfitlauge mit Kalkmilch versetzt, bis ein gelber Niederschlag sich zu bilden beginnt, worauf man eindampft und mit 25% eines Kalkbreies von 1,2 spez. Gewicht heiß verrührt, bis eine dicke, breiige, durchsichtige Masse entstanden ist. Das klebende, teigige Produkt verwandelt sich durch Zusatz von Wasser in eine pulverige Masse, die nach dem Trocknen keine Feuchtigkeit aus der Luft anzieht, so daß die Masse in feuchter Witterung ihre Klebkraft nicht einbüßt. Der Klebstoff soll vor allem als Bindemittel zur Verkittung pulveriger Substanzen, bei der Herstellung künstlicher Brennstoffe usw. dienen. **(D. R. P. 72 362.)** Nach weiteren Ausführungsformen gewinnt man ein dem Dextrin ähnliches Produkt, das sich besonders zur Herstellung von Schlichte- und Appreturmitteln eignen soll, aus Sulfitcelluloseablauge in der Weise, daß man sie eindampft und bei einer bestimmten Dichte aussalzt. Man erhält so ein gelbliches, in Wasser leicht lösliches Pulver von schwachem Geruch. **(D. R. P. 81 643.)** Schließlich kann man die Ablauge auch mit Zinkoxyd oder -carbonat vermischen, das auch in der Lauge selbst durch Fällung eines löslichen Zinksalzes mit einer geeigneten Base, z. B. Soda, erzeugt werden kann, worauf man die Lauge eindampft. **(D. R. P. 109 951.)**

Durch Fällung der auf 35° Bé eingedampften Sulfitablauge mit Magnesiumsulfat erhält man einen auf der Flüssigkeit schwimmenden und abschöpfbaren weißen Körper, das Dextron, das an Stelle des Dextrins in der Appreturtechnik Verwendung findet und diesem Stoff gegenüber den Vorteil hat, nicht zu faulen, da der in der Ablauge enthaltene Gerbstoff antiseptisch wirkt. Aus den Mutterlaugen des Produktes gewinnt man durch Fällen mit tierischem Leim ein in Wasser unlösliches, in Alkalien lösliches, als Gelalignosin (Albulignosin) bezeichnetes Klebepräparat, das zur Papierleimung dienen kann. **(Zeitschr. f. Textilind. 1905, 691.)**

Nach **E. P. 1548/1883** gewinnt man diese als Beiz- und Appreturmittel in Vorschlag gebrachten Präparate jedoch aus einer mit Gelatine bzw. Eiweiß versetzten Sulfitablauge durch Fällen mit Salzsäure. Das ausfallende Lignosin enthält dann im ersteren Falle den Leim, im letzteren die Eiweißstoffe an sich gebunden.

516. Sulfitablauge mit Zusätzen, Strohablauge- u. Braunkohleklebstoffe.

Über die Herstellung von Klebstoffen durch Fällung der Lösungen keratinhaltiger Substanzen (Horn, Haare, Hufe, Klauen) mit Sulfitcelluloseablauge oder dem aus ihr erhältlichen Gerbstoff (Fällung in saurer Lösung) siehe **D. R. P. 82 498.** Die Keratinverbindungen können auch so lange in angesäuerte Sulfitablauge eingelegt werden, bis sie in Soda löslich geworden sind; in beiden Fällen erhält man so je nach der Konzentration Klebe- oder Appreturmittel, die durch einen geringen Zusatz von Säuren, sauren Salzen oder auch Tonerdesalzen aus dieser Lösung gefällt werden können. Nach einer Abänderung des Verfahrens vermeidet man die bei der Lösung des Hornes in Wasser auftretenden Trübungen dadurch, daß man die Lösung ohne Bewegung der Flüssigkeit vornimmt und durch eine im Lösetrog eingebaute Filtervorrichtung dafür sorgt, daß der die Trübung hervorrufende Schlamm nicht in die Lösung gelangt, sondern sich im Filter absetzt und dann als fester Rückstand leicht abscheidbar ist. Man braucht übrigens die Hornlösungen nicht mit der Sulfitablauge in saurer Lösung zu fällen, die Fällung in Soda zu lösen und diese Lösungen dann, um sie als Klebstoff zu benutzen, wieder zu fällen, sondern kann die Ablauge nach Entfernung der freien Säuren direkt mit der Hornlösung vermengen, da beobachtet wurde, daß jene Reinigung nicht nötig ist, wenn die Fällung des Hornes in mehr als zehnfacher Verdünnung der Ablauge stattfindet. Am besten mischt man gleiche Volumteile der Hornlösung (spez. Gewicht 1,03) und der auf das spez. Gewicht 1,06 verdünnten Sulfitablauge und fällt mit Säure oder sauren Salzen den Klebstoff aus. **(D. R. P. 86 651.)**

Zur Herstellung eines Kleb- und Verdickungsmittels kocht man die von den Schwefelverbindungen befreite Sulfitcelluloseablauge nach **D. R. P. 149 461** so lange mit Alkalichloraten unter Druck, bis man in einer Probe erkennt, daß die Gerbsäure vollständig in Gallussäure und Zucker umgewandelt ist. Man kocht dann weiter, bis die Lösung lichtrotgelb gefärbt ist und die huminartigen Stoffe zerstört sind, neutralisiert und klärt die Flüssigkeit und verkocht sie mit einer Lösung von 10—30% löslicher Proteinstoffe oder 5—20% eines Pflanzenleimes. Das Präparat ist in Wasser klar löslich und liefert eine Lösung von großer Klebkraft, die sich an der Luft nicht verändert, nicht schimmelt und bei minus 20° nicht gefriert.

Ein leimartiger Klebstoff wird nach **D. R. P. 166 947** aus Sulfitcelluloseablauge erhalten, wenn man ihr beim Eindampfen Formaldehyd zusetzt.

Nach **D. R. P. 339 741** setzt man der Sulfitablauge zur Gewinnung eines Appreturmittels in der Wärme nur so viel leimartige Stoffe zu, daß Bindung und Ausfällung der gerbsäure- und ligninartigen Stoffe bei weitem nicht bewirkt wird. Nach dem Filtrieren kann die helle Flüssigkeit, die noch genügende Mengen wertvoller organischer Stoffe enthält, direkt verwandt werden. Nach dem Zusatzpatent erhält man nicht nur Appreturmittel, sondern auch Klebstoffe, wenn man der Sulfitablauge noch mehr Leim zusetzt, der die Ligninstoffe ebenfalls nicht ausfällt, wenn man noch Stärke, Gummi arabicum oder noch andere verdickende Stoffe zufügt. **(D. R. P. 341 690.)** Nach einer weiteren Ausführungsform bewirkt man die Teilfällung durch leimartige Körper in Gegenwart eines kolloidalen Stoffes, verrührt also z. B. die mit 1% Gummi arabicum versetzte Ablauge bei etwa 90° mit 1% Gelatinepulver. **(D. R. P. 340 453.)**

Auch durch Zusatz von 1—2% Anilin, 1—3% Formaldehyd und 1—3% 20grädiger Salzsäure zu 34grädiger Sulfitablauge erhält man zähflüssige salbenartige Kleb-, Füll-, Appretur- oder Papierleimungsmassen. **(D. R. P. 334 870.)**

Bei Herstellung eines wasserunlöslichen Kleb- und Imprägnierstoffes durch Eindampfen von mit Kalk versetzter Sulfitablauge setzt man der Flüssigkeit, sobald sie zu schäumen beginnt, ein schweres Erdöldestillat zu, das den überschüssigen Kalk einhüllt und mit ihm entfernt wird. Man engt nun weiter ein, fügt der heißen, dickflüssigen Masse wieder Schweröl zu, läßt erkalten, vermischt abermals mit Schweröl und kocht unter Zusatz von Kalkbrei auf. Der erhaltenen Grundmasse werden dann, je nach dem Verwendungszweck, Wasser, vom Benzin befreites Rohöl und weiterer Kalk zugesetzt und man erhält so, je nach dieser Zusammensetzung, ein Bindemittel für pulverförmige und feinkörnige, im Wasser unlösliche Körper bzw. ein Imprägnierungsmittel für Holz, Hanfseile usw. **(D. R. P. 274 084.)**

Zur Herstellung von Klebstoff erhitzt man Cellulosexanthogenat, Sulfitablauge, natürliche und abgebaute Stärke oder Hefearten oder ihre Mischungen mit oder ohne Zusatz von freiem Alkali mit Alkaliverbindungen ein- oder zweiwertiger Phenole auf 100—120°, neutralisiert die Flüssigkeit mittels saurer Gase und entfernt den Phenolgeruch im durchgeleiteten Luftstrom. Diese für alle Zwecke verwendbaren Klebstoffe geben mit Wasserglas und Faserstoffen vermischt Kunstmassen. **(D. R. P. 311 557.)**

Nach **D. R. P. 343 954** mischt man die auf 34—37° Bé eingedickte Sulfitablauge zur Herstellung eines Klebstoffes mit 10% Harz-Benzinlösung zur Bereitung einer hellen Appreturmasse mit derselben Menge Öl-Benzollösung und zur Herstellung eines Gerbmittels ebenfalls mit 10% einer Benzin-Öllösung.

Einen hellen Klebstoff erhält man auch durch Eindampfen roher Sulfitablauge mit Bleizucker. **(D. R. P. 316 234.)**

Nach **D. R. P. 335 483** gewinnt man eine stark klebende, gummiartige Masse durch Eindampfen von Celluloseablauge mit 10% Gips bis zur Verdickung.

Durch Zusatz von Süßholzextrakt bzw. Glycyrrhizin läßt sich die Haftfähigkeit von Klebstoffen aus Wasserglas oder Zellstoffablauge wesentlich erhöhen. **(D. R. P. 316 080.)**

Zur Gewinnung eines dextrinartigen Stoffes erhitzt man 100 Tl. Zellstoffablauge von 35—37° Bé mit 10 Tl. Bisulfat auf dem Wasserbad bis die Essigsäure und schweflige Säure entfernt sind, fügt 5 Tl. eines Salzes der Sulfoxylsäure zu, erwärmt noch kurze Zeit auf 60—80° und verdünnt auf 31° Bé. Die stark klebende, helle Flüssigkeit soll alle Eigenschaften einer Dextrinlösung zeigen. **(D. R. P. 322 688.)**

Zur raschen Herstellung schnell trocknender Klebstoffe bleicht man auf mindestens 32° Bé eingedickte säurefreie Sulfitablauge mit 2—4% Natriumhydrosulfit bei gewöhnlicher Temperatur oder mit 1—2% bei 90—100°, verknetet die Lauge mit Magnesia, Kieselkreide, Kaolin oder einer anderen weißen Körperfarbe und vertreibt evtl. noch vorhandene schweflige Säure durch Erwärmen. **(D. R. P. 336 630.)**

Einen gut streichbaren, vor dem Gebrauch mit Wasser anzurührenden Kaltleim erhält man durch Vermischen von 10 Tl. eingedickter Sulfitablauge mit 7 Tl. Casein, 2 Tl. Kalk, 1 Tl. Natriumfluorid und 25 Tl. Wasser. **(D. R. P. 352 138.)** Nach dem Zusatzpatent ersetzt man die Alkalisalze bei der Herstellung dieses Klebmittels aus Zellstoffablaugen durch Ammoniumsalze und den Kalk durch äquivalente Mengen anderer Erdalkalien oder Magnesiumoxyd oder Magnesiumhydroxyd. **(D. R. P. 353 570.)**

Nach **D. R. P. 239 675** soll man ein wirksames Klebmittel ohne die unangenehmen Eigenschaften des Ausgangsmaterials erhalten, wenn man Sulfitcelluloseablauge in einem mit Diaphragma versehenen elektrolytischen Bade abwechselnd an der Anode und Kathode elektrolysiert.

Ein kleisterartiges Klebmittel, das auch als Appretur- und Papierleimstoff dienen kann, erhält man durch Neutralisation alkalischer Strohaufschließungsablauge mit Mineral-, organischen Säuren oder auch Kohlensäure oder auch mit wasserlöslichen Salzen des Aluminiums, Magnesiums und Calciums. In diesem Falle der Salzfällung entsteht ein Niederschlag der organischen Strohlaugenbestandteile gemischt mit der Base des Salzes. **(D. R. P. 315 536.)**

Zur Herstellung von Klebstoffen quellt man feinst gemahlene Braunkohle einige Zeit in Wasser, schöpft die schwimmenden Verunreinigungen ab, fügt unter Rühren Alkalilauge hinzu und gießt nach einiger Zeit von dem dicken Bodensatz ab, der ebenso wie die darüberstehende dickliche Flüssigkeit einen guten Klebstoff darstellt. **(D. R. P. 324 928.)**

Kitte.

517. Allgemeines über Kitte. Asphalt-(Ölkitt), Klebbänder und -stifte.

Deutschl. Öl-(Firnis-)Kitt ½ 1914 E.: 572; A.: 2740 dz.
Deutschl. Asbestkitt(-anstrich) ½ 1914 E.: 283; A.: 18 dz.

Die Kitte und Klebstoffe wurden nach ihrer Verwendung so eingereiht, daß man im Sinne der Einteilung des Stoffes in der Folge: Metall, Glas (Keramik), Holz, Papier, Gewebe usw. (siehe Inhaltsübersicht) bei jeder folgenden Stoffklasse die Klebstoffe für Stoffe der vorhergehenden Gruppen findet. Metallkitte sind daher bei Metallen, Metall-Gewebeklebstoffe bei Textilwaren, Glas-Holzkitte bei Holz, Papieretiketten auf Blech bei Papier zu suchen usw.

Über Kitte siehe die umfassende Arbeit von **F. Varrentrapp** in **Dingl. Journ. 1850, II, 54** u. **130.** Verfasser bespricht die Eigenschaften der zur Gewinnung der einzelnen Klebmittel nötigen Ausgangsmaterialien und bringt auch eine große Zahl von Vorschriften, die heute noch von Wert sind und eigentlich alles enthalten, was in neuen, zum Teil sogar patentierten Vorschriften veröffentlicht wird. Vgl. die Abhandlung von **S. Halen** in **Kunststoffe 1912, 321 ff.** über die im Haushalt und in der Industrie verwendeten Glycerin-, Öl-, Harz-, Kautschuk-, Leim-, Stärke-Eiweiß- und Mineralkitte. Vgl. ferner **Th. Urban, Ind.-Blätter 1872, Nr. 37, 38 u. 39.**

Über Herstellung der Kitte im Nebenbetrieb anderer Industrien siehe **Farbe und Lack 1912, 404 u. 413.** Zugleich wird auch eine Anzahl von Vorschriften zur Herstellung von Glaserkitt, Blei- und Zinkweißkitt, Bleioxyd-Glycerinkitt, Casein- und Kalkhydratkitt angegeben. Vgl.: Die Kitte, deren Einteilung, Verwendung und Herstellung von **E. Stock** in **Seifens.-Ztg. 1915, Bd. 42, S. 377—378.**

Die Einrichtung einer Kittfabrik ist in **Farbenztg. 20, 1141** beschrieben.

Für die Wahl eines Kittes maßgebend ist die Art und Beschaffenheit der zu vereinigenden oder abzudichtenden Teile und weiter seine Beständigkeit gegen die mit ihnen in Berührung kommenden Stoffe und die Atmosphärilien. Dementsprechend lassen sich allgemeine Methoden der Herstellung und Anwendung von Kitten nicht angeben, sondern die betreffende Komposition wird, je nachdem ob sie in erwärmtem Zustande oder nach vorheriger Befeuchtung mit Wasser, Ölen oder flüchtigen Lösungsmitteln oder ob ihre Bestandteile chemisch unter Oxydations- oder Reduktionsreaktionen in Wirkung treten, von Fall zu Fall verschieden sein. Siehe auch die Register und die einzelnen Stoffe Holz, Papier, Metall usw.

Unter Asphaltkitt versteht man nicht nur wie früher ein dem Asphaltmastix ähnliches, aus Asphaltpulver oder -abfall mit Zusätzen von Sand und Kies hergestelltes Produkt, dessen Bitumengehalt durch Zusatz teer- oder pechartiger Stoffe erhöht werden kann, sondern auch Fabrikate, die überwiegend Teer, Petroleumrückstände oder Pech enthalten und denen neben Sand und Kies erdige Bestandteile wie Kaolin oder Tonmehl beigemengt sind. Diese Asphaltkitte des Handels enthalten zuweilen überhaupt keinen Asphalt und werden dann in harten Pflasterkitt und weichen Tonrohr- oder Muffelkitt unterschieden, während Asphaltdachkitt als Grundlage Steinkohlenteerrückstände enthält, die man mit Schwefel, Harz, Brauerpech, Kautschuk, Paraffin- oder Pflanzenfettrückständen, ferner mit Tierhaaren, Walkabgängen, Schlämmkreide oder Ton verarbeitet. **(P. M. Gemke, Seifens.-Ztg. 42, 425.)**

In **Farbenztg. 1912, 1183** bespricht **Andés** in einer eingehenden Arbeit die Asphaltkitte, ihre Herstellung aus Asphalt, Ölen, Fetten, Wachsarten, Harzen, Kautschuk u. dgl. mit Füllmaterialien (Faserstoffe, Sand, Kreide usw.) und die Anwendung dieser Bindemittel als Isoliermassen, Anstrich- und Klebmittel und als Kitte für die verschiedensten industriellen Bedürfnisse.

Andere mit dem Namen Asphalt- und Bleiweißkitt bezeichneten Produkte dienen in den meisten Fälle nnicht als Kitte, sondern mehr als Abdichtungsmittel gegen Nässe, Feuchtigkeit, Dämpfe und Gase. Eine wasserdichte, mörtelartige Masse wird nach **Farbe und Lack 1912, 246** hergestellt aus 100 Tl. Braunkohlenteerasphalt (Goudron), 30 Tl. Braunkohlenkoks und der genügenden Menge scharfen Mauersandes.

Die Herstellung eines elastisch bleibenden Kittes aus Asphalt und Eisenglimmer ist in **D. R. P. 168 002** beschrieben.

Die verschiedenen Ölkitte und ihre Herstellung aus Kreide, Ton, Schwerspat, Braunstein, Graphit und Eisenfeilspänen als Füllmaterial und Leinöl, Leinölfirnis oder auch Harzöl als Bindemittel, ebenso die Herstellung von Schiffskitt und „Diamantfarbe", das ist ein Schutzmittel gegen Kesselsteinbildung, bespricht **K. Robaz** in **Farbenztg. 1912, 2219.**

Zum Abdichten und Wasserdichtmachen von Wandungen verwendet man nach **F. P. 454 895** ein gut verkochtes, kittartiges Gemenge von 100 kg Teer, 3 kg Paraffin und 5 kg Leinöl, dem man vor dem Gebrauch in warmem Zustande 6 l Sikkativ beimengt.

Ein wasserdichtes, zementartiges Bindemittel, das sich zum Ausfüllen von Fugen und zum Konservieren von Holz und Stein eignet, erhält man nach **E. P. 27 807/1910** durch Verkochen von 31% Glasmehl, $2^1/_2$% Schmirgelpulver und $46^1/_2$% gepulvertem Silbersand mit 20% kochendem Leinöl.

Pasten und Kittmittel, die nicht verseifende Öle enthalten, so daß sie bei Zusatz von Laugen nicht gespalten werden können, erhält man nach **D. R. P. 330 670** durch Verkochen von Ölen, Firnissen oder Lacken mit Kupfer- oder Zinkoxyd oder anderen Metalloxyden, die keine trocknenden Eigenschaften besitzen, bei 240°.

Ein Kitt zum Befestigen und luftdichten Abdichten von Glas, Porzellan, Holz, Metall besteht aus einer heiß zu verwendenden, in Stangen gegossenen Schmelze von 1 Tl. Wachs, 2 Tl. Guttapercha und 3 Tl. Siegellack. **(Polyt. Notizbl. 1866, Nr. 10.)**

Zum Verdichten von chemischen Apparaten, die längere Zeit hohen Druck und hohe Temperatur auszuhalten haben, empfiehlt **Smitn** in **D. Ind.-Ztg. 1871, Nr. 14** Anthracen, entweder für sich oder gemischt mit Paraffin.

Als Dichtungsmittel für Baukonstruktionen aus Zement oder Zink verwendet man nach **F. P. 450 200** ein während 8 Stunden verkochtes Gemenge von 62 kg Steinkohlenteer und 38 kg Fichtenharz, das man im warmem Zustande auf die trockenen Flächen aufträgt.

Nach **D. R. P. 233 780** erhält man Klebbänder durch Bestreichen der entsprechend zugeschnittenen Streifen, die vorher in eine Mischung von Bleiweiß und Wasser getaucht wurden, mit einer Mischung von Harz, Terpentin, Firnis, Bleiweiß und Mineralfarbe. Die eine Seite der Bänder wird mit dieser dickflüssigen Harzterpentinfirnismischung unter Zusatz von Bleiweiß und Mineralfarben bestrichen, die andere Seite wird mit einem beliebigen Anstriche versehen. Die Bänder werden mit ihren klebenden Seiten aufeinandergelegt, zusammengerollt, feucht aufbewahrt und zum Ausfüllen oder Überkleben von Fugen verwendet.

Nach **F. P. 414 045** verwendet man zum Aneinanderleimen von Leder, Filz, Papier, Karton, Holz usw. mit Klebstoff bestrichene Stücke eines Gewebes. Der Klebstoff besteht aus einer Lösung von Celluloid in Aceton oder denaturiertem Spiritus und kann auch andere feste und flüssige Zusätze enthalten.

Zur Bereitung eines Bindemittels zum Befestigen von Borten, Besätzen u. dgl. auf Kleiderstoffen präpariert man Guttaperchapapier auf einer Seite nacheinander mit einem Gemisch von Chloroform und Glycerin, einer Klebmasse aus gelöstem Kautschuk und schließlich mit Terpentinöl. Die Streifen werden in Blechbüchsen verpackt in den Handel gebracht. **(D. R. P. 278 427.)**

Isolierbänder wurden in **Bd. III [147]** aufgenommen.

Nach **Ö. P. 48 575** stellt man einen Klebstift dar aus einer alkoholischen Mischung von Gummi, Citronensäure, Chlorcalcium, Tragant und Kaliumchromat. Das Chromat beschleunigt das Erhärten des in Stangenform gegossenen Gemisches; die Stangen werden nachträglich geschliffen und poliert.

518. Wasserglaskitte, Zemente, Universalkitt.

Als Kittmaterial ist Wasserglas wegen seiner Eigenschaft, mit verschiedenen Stoffen eine haltbare Verbindung einzugehen, sehr geeignet. Besonders haltbar ist der bekannte Caseinwasserglaskitt, der zum Kitten von Glas, Porzellan usw. verwendet wird.

Rührt man eine Natronwasserglaslösung von 33° Bé mit feiner Schlemmkreide (kohlensaurem Kalk) unter Zusatz nachfolgender Stoffe recht innig zu einer dicken, plastischen Masse an, so erhält man in sehr kurzer Zeit (meistens schon 6—8 Stunden) erhärtende, verschieden gefärbte Kitte von außerordentlicher Festigkeit, die für chemische, industrielle wie häusliche Zwecke ausgebreitete Anwendung finden können. Unter Anwendung von: 1. feingesiebtem (oder besser gebeuteltem) Schwefelantimon, eine schwarze Kittmasse, die sich nach dem Festwerden mit einem Achatstein polieren läßt; 2. staubförmigem Gußeisen einen grauschwarzen Kitt; 3. Zinkstaub einen grauen Kitt, der sehr fest wird und nach dem Erhärten mit einem Achatstein poliert die glänzende Farbe des metallischen Zinks annimmt; 4. kohlensaurem Kupferoxyd einen hellgrünen; 5. Chromoxyd, einen dunkelgrünen; 6. Kobaltblau, einen blauen; 7. Mennige, einen orangefarbenen; 8. Zinnober, einen hochroten; 9. Carmin, einen violettroten Kitt. Wasserglaslösung mit Schlämmkreide allein, ferner Schwefelantimon und staubförmiges Gußeisen oder letzteres und Zinkstaub zu gleichen Maßteilen gemischt und mit Wasserglaslösung angerührt, geben steinhart werdende schwarze bzw. dunkelgraue Kitte. **(Boettger, Journ. f. prakt. Chem. 2, 188.)**

Im Gegensatz zu den üblichen Anschauungen dient das Calciumcarbonat in Wasserglaskitten nur als Füllmaterial und hat, wenn man ein solches vermeiden will, keinen Zweck, da sich Calciumsilicat nicht bildet. **(O. Kallauner, Chem.-Ztg. 1909, 1174.)**

Die erste Mitteilung über den Casein-Boraxkitt, ferner über Casein-Wasserglasklebstoffe von **R. Wagner** findet sich in **Dingl. Journ. 140, 301.**

Nach **E. P. 3579/1879** erhält man durch Glühen von natürlichem Aluminiumphosphat mit 20% Gips, folgende Extraktion mit verdünnter Schwefelsäure und Vermischen der Lösung mit Gips und Wasserglas ein ausgezeichnetes Klebmittel.

Zur Herstellung eines Bindemittels mischt man den feinkörnigen Teil von gebranntem Schiefer, die Schieferasche, mit Kalk, mahlt, siebt und fügt etwas Wasserglas zu. **(Schwed. P. 24 868/05.)**

Zur Herstellung eines Klebmittels erwärmt man nach **D. R. P. 109 666** 650 g Wasserglas (1,37 spez. Gewicht) mit 85 g Borax auf dem Wasserbade und verrührt mit 35 g Natronlauge (spez. Gewicht 1,33), 130 g Talkum und 100 g Schlämmkreide. Nach einigen Tagen gießt man die überstehende, milchige Flüssigkeit ab, die nach entsprechender Verdünnung sofort als Klebmittel verwendbar ist.

Die Zusammensetzung anderer Kitte z. B. aus Lehmpulver, Eisenfeile, Braunstein, Kochsalz, Borax und Wasser oder Braunstein, Zinkweiß und Wasserglaslösung gibt **Th. Schwartze** in **Dingl. Journ. 181, 336** an.

Zur Herstellung eines Klebmittels kocht man nach **D. R. P. 61 703** 60 Tl. Carragheenmoos in 1200 Tl. Wasser, fügt 6 Tl. Pottasche zu, dampft ein, bis ein Tropfen der Flüssigkeit, auf Glas abgekühlt, an ihm hängen bleibt, filtriert, versetzt mit 5000 Tl. erwärmter, etwa 40grädiger Natronwasserglaslösung, ferner mit 2500 Tl. angefeuchtetem Kandiszucker dampft ein, bis die Masse Faden zieht und vermischt schließlich mit 75 Tl. Glycerin.

Nach **Seifens.-Ztg. 1911, 86** löst man zur Herstellung eines Klebmittels 20 g Staubzucker in 60—80 g Wasserglas (38grädig) auf dem Wasserbade und fügt 5 g Glycerin hinzu. Statt Zucker kann auch Stärkezucker oder Sirup genommen werden, doch muß das so hergestellte Klebmittel gleich Verwendung finden; evtl. wird das Präparat noch parfümiert und mit einem Teerfarbstoff gefärbt.

Ein klares, billiges, goldgelbes Klebmittel für Kontorzwecke erhält man nach **Seifens.-Ztg. 1912, 576** durch Lösen von 10 Tl. weißem Stärkesirup in 25 Tl. 36—38grädigem Natronwasserglas auf dem Wasserbade bei höchstens 60°.

Zur Bereitung eines tierleimartigen Kaltleimes behandelt man 25 Tl. Papier bei Siedehitze unter Druck mit 50 Tl. 20proz. Wasserglas und verknetet diese Masse mit 60% 40proz. Wasserglas und 40% Schlämmkreide während 8 Stunden, worauf man das Produkt absiebt und evtl. mit Wasserglas oder Wasser verdünnt. **(D. R. P. 335 918.)**

Metallischer Zement wird nach **D. R. P. 56 958** aus gepulverten Zinkerzen hergestellt, die man mit soviel verdünnter Salzsäure vermischt, daß Zinkoxychlorid entsteht, oder man mischt Zinkoxyd, Chlorzink, Zinksulfat, gepulverten Kalkstein und setzt Hochofenschlacke und Kalkstein hinzu.

Zur Herstellung schnell erhärtender Kittmassen vermischt man nach **D. R. P. 174 558** Beryllium- und Zinkverbindungen, die die Eigenschaft besitzen, mit nachträglich zugesetzten Phosphorsäureverbindungen oder deren sauren Salzen unlöslich und starr zu werden.

Ein rasch erhärtender Kitt wird nach **Sonnenschein, Polyt. Notizbl. 1870, 223** hergestellt aus wolframsaurem Natron, Salzsäure und Gelatinelösung.

Ein erst nach 24—30 Stunden erhärtender Universalkitt wird nach einem Referat in **Seifens.-Ztg. 1912, 986** hergestellt durch inniges Verrühren von 4 Tl. Alabastergips und 1 Tl. fein gepulvertem arabischen Gummi mit einer kaltgesättigten Boraxlösung zu einem dicken Brei.

Zur Herstellung eines Kittes zur Verbindung von Steinen, Hölzern usw. mischt man $12^1/_2$ kg Alaun mit 35 kg Schwefel und 125 kg Borax. Die durch Erhitzen verflüssigte Masse erstarrt nach dem Auftragen auf die Bruchstelle in 30—45 Sekunden und wird sehr hart. **(D. R. P. 221 434.)**

Ein vielseitig anwendbarer Zement von hoher Haltbarkeit, Festigkeit und Widerstandsfestigkeit gegen die meisten Lösungen wird nach **E. J. Hall** durch Erwärmen von 1 Tl. Schwefel und 1,4 Tl. Quarzsand, der durch ein 60-Maschensieb hindurch geht, auf 150° hergestellt. (Ref. in **Zeitschr. f. angew. Chem. 28, 500.)**

Vogel gab zur Herstellung des Zeiodeliths folgende Vorschrift: 20 Gewichtsteile Schwefelpulver werden in einem eisernen Topf geschmolzen und nach und nach unter Umrühren 24 Tl. feines Glaspulver hinzugemischt; wird die geschmolzene Masse auf eine Glas-(Metall-)platte ausgegossen, so stellt sie erkaltet eine gelbliche Masse von glänzender Oberfläche und großer Härte dar, sie ritzt Fensterglas, besitzt körnigen Bruch, ein spez. Gewicht von 2,0 und einen Schmelzpunkt von 135—140°. Die gegebenenfalls gefärbte Masse wurde zu ornamentalen Verzierungen oder als säurebeständiger Fugenkitt verwendet. **(Zentr.-Bl. 1863, Nr. 62.)**

Weitere Kitte und Klebstoffmischungen finden sich bei den zu klebenden Stoffen in den betreffenden Abschnitten.

KUNST-, ISOLIER-, REPRODUKTIONSMASSEN.

Kunst- und Isoliermassen.

Ausgangsmaterialgruppen.

519. Einteilung, Allgemeines über Kunstmassen. Färben, leuchtende Massen.

Höfer, J., Die Fabrikation künstlicher plastischer Massen. Wien und Leipzig 1908.
Lehner, S., Die Imitationen. Wien 1909.

In **Kunststoffe 1911, 86 ff.** findet sich eine Artikelserie über plastische Massen, nach der Patentliteratur zusammengestellt von **O. Kausch.**

Über den Stand der Industrie künstlicher plastischer Stoffe im Jahre 1911 berichtet **J. G. Beltzer, Z. f. Kolloide 1911, 177.**

Eine ausführliche Beschreibung der neuen patentierten Verfahren zur Herstellung von plastischen Massen gibt **S. Halen, Kunststoffe 4, 285.**

Über künstliche plastische Massen berichtet **E. Jacobi-Siesmayer** in **Umschau 20, 405.**

Über plastische Massen siehe die Patentliste von **Dr. Marschalk** in **Kunststoffe 1917, 120 [695].**

Die während des Krieges patentierten und in Deutschland bekannt gewordenen Verfahren zur Herstellung von Kunstmassen, Kunstkork, Kunstholz, Celluloid, Phenolharzen usw. sind von **S. Halen** in **Kunststoffe 1919, 62** zusammengestellt.

Die neuesten Patente über plastische Massen enthält eine Arbeit von **S. Halen** in **Kunststoffe 1921, 10.**

Besonders sei auf den zusammenfassenden Artikel von **F. Steinitzer** in **Kunststoffe 1912,** 1 hingewiesen. In dieser Arbeit werden die vorhandenen Patente und Herstellungsvorschriften für plastische Massen einer eingehenden Kritik unterworfen und es kann jeder Erfinder, der sich mit der Herstellung dieser Kunstmassen beschäftigt, viel Zeit und Mühe ersparen, wenn er die Ausführungen studiert. Im Zusammenhang mit der oben zitierten Arbeit von **Kausch** bespricht der Verfasser zunächst die physikalischen und chemischen Eigenschaften plastischer Massen, dann die Anforderungen, die man an ihre Festigkeit und Härte einerseits und an ihre Geschmeidigkeit und Elastizität andererseits stellt, ebenso unterscheidet Verfasser die verschiedenen Stoffe ihrer Wasserfestigkeit nach. Schließlich berührt er das wichtige Moment der Wirtschaftlichkeit der Verfahren zur Herstellung plastischer Massen.

In **Kunststoffe 1913, 299** berichtet **E. W. Lehmann-Richter** über die verschiedenen Natur- oder Kunstprodukte, die sich zur Herstellung elektrischer Isoliermaterialien eignen. Bei den einzelnen Materialien ist stets die Durchschlagsspannung für 1 mm Dicke des Materials angegeben.

Eine Zusammenstellung der aus der Patentliteratur bekannten Isoliermassen für elektrische und andere Zwecke veröffentlicht **O. Kausch** in **Kunststoffe 1913, 361 ff.** Vgl. Isoliermaterialien der Elektrotechnik und ihre Prüfung von **F. W. Hinrichsen** in **Kunststoffe 4, 41.**

Vom industriellen Standpunkt aus versteht man unter plastischen Massen Mischungen fester und zuweilen auch flüssiger Stoffe, die bei bestimmter Temperatur einen gewissen Grad von Festigkeit, Viscosität, Elastizität und Formbarkeit besitzen. Zu ihnen zählen harte und weiche

Naturprodukte von Art des Elfenbeins, Hornes, Schildpatts usw., bzw. auch der natürliche Kautschuk und alle jene Stoffe, die diese Naturprodukte ersetzen sollen.

Nach **G. Buchner** nähert sich ein Ersatzstoff in seiner stofflichen Beschaffenheit und seiner Wirkung dem Vorbild soweit, daß er ihn im Wirkungswert gleicht, während ein Hilfsstoff in seiner stofflichen Beschaffenheit von dem Vorbild wesentlich verschieden ist, seinen Wirkungswert jedoch in gewisser Richtung zu übernehmen und darin das Vorbild sogar übertreffen kann. Der Kunststoff schließlich wird auf künstlichem Wege hergestellt und ist mit dem Vorbild identisch. **(Zeitschr. f. öff. Chem. 1917, 228.)**

Der Begriff „Kunst- oder plastische Masse" erfuhr eine Erweiterung als man diese Produkte nicht mehr lediglich als Ersatzstoffe für Horn, Elfenbein, Kautschuk usw. herstellte, sondern unabhängig von Vorbildern darnach strebte Materialien für ganz bestimmte Zwecke zu erzeugen. Durch diese Ausdehnung gewann diese Summe von Industrien nahezu das ganze Gebiet der chemischen Technologie und man müßte hier alle sich von einem einfachen Erzeugnis ableitenden Fabrikate einreihen, also mit den Legierungen beginnen und mit den Nährmitteln enden. Aber auch wenn man sich auf Fasern, Massen und Schichten beschränkt und Kunstharze, Horn-, Kautschuk-, Leinölfirnisersatzprodukte usw. in die zugehörigen Abschnitte einreiht, bleiben noch zahlreiche Verfahren übrig, deren Einteilung insofern Schwierigkeiten bereitet, als in den Angaben der Literatur der Verwendungszweck der betreffenden Masse häufig nicht genannt ist, oder viele Verwendungsarten angegeben sind (Isolier-, Dichtungs-, Baustoff) oder schließlich ein und dasselbe Material je nach der Konsistenz als Lösungsmittel, Lack, Häutchen, plastische oder harte mechanisch bearbeitbare Kunstmasse dienen kann, z. B. **D. R. P. 248 443 [536].**

Als Einteilungsprinzip für den vorliegenden Abschnitt gilt: Mit Ausschaltung aller Ersatzprodukte, die als spezielle Ersatzstoffe gekennzeichnet und in die betreffenden Abschnitte Kautschuk, Celluloid, Horn, Elfenbein, Harz usw. hinübergenommen sind, mit Ausschaltung ferner der vorwiegend anorganische Bestandteile enthaltenden Zemente, Kunststeine, Wand- und Fußbodenbelagsmassen (siehe Keramik, Holz, Asphalt usw.) sind in einer ersten Kapitelreihe die Kunst-, Isolier- und Dichtungsmassen nach dem vorwiegenden Gemengebestandteil in Ausgangsmaterialgruppen zusammengestellt, während in den folgenden Kapitel die plastischen Massen für Spezialzwecke, Wärmeisoliermassen und anschließend Kunststoffe für plastische Reproduktion Aufnahme fanden, die ihrerseits über die Verfahren der mechanischen Reproduktion zur Photographie demnach zu den lichtempfindlichen Schichten hinüberleiten.

Die Kunststoffgemenge der Ausgangsmaterialgruppen enthalten natürlich auch andere als die in der Überschrift angegebenen Stoffe als Bindemittel oder Gemengebestandteil, so daß es sich empfiehlt auch das Register zu benützen.

Kunstmassen, Plastilina, Modelliermassen und ähnliche Substanzen werden mit Teerfarbstoffen je nach ihrer Zusammensetzung gefärbt, so daß sich allgemein gültige Vorschriften nicht geben lassen. Eine stark öl- oder wachs- oder kautschukhaltige Kunstmasse muß natürlich speziell mit Teerfarbstoffen anders gefärbt werden, wie eine solche Masse, die beispielsweise Cellulose oder Stärke als Grundmaterial enthält. Soweit Teerfarbstoffe in Betracht kommen, finden sich die Vorschriften bei den einzelnen Kunstmassen, im allgemeinen werden öl-, fett-, wachs- oder asphalthaltige Massen mit den gleichen Farbstoffen — Ceresinfarben, Spritindazin, Fettschwarz III usw. — und in der gleichen Weise gefärbt wie in **Bd. III [412]** für das Färben von Firnissen, Kerzen, Wachs, Ölen usw. beschrieben ist.

Kunstmassen aus Gelatine oder Leim, aber auch kosmetische Präparate wurden früher mit ammoniakalischem Torfauszug gefärbt.

Kunstmassen, die vorwiegend anorganische Bestandteile, Asbest, Silicate u. dgl. enthalten, färbt man mit Teerfarbstoffen wie folgt: Man legt die Masse ca. $^1/_2$ Stunde in kochheiße Lösungen von Diaminfarbstoffen, die auf 1 l Wasser 4—10 g Farbstoff, 1 g Soda, 20 g Glaubersalz enthalten.

Zur Herstellung selbstleuchtender Körper verwendet man radioaktives Zinksulfid als Füllkörper für Kunstmassen beliebiger Art, wobei jedoch Sorge getragen werden muß, daß die Zinksulfidkrystalle bei der Verarbeitung nicht zerstört werden, weil sonst die Leuchtkraft leidet. **(D. R. P. 311 500.)**

520. Stärke, Kleber, Seepflanzen.

Kunstmassen, die Stärke oder Mehl und Erdalkalisalze als Hauptbestandteile enthalten, sind von vornherein zu verwerfen, da sie, wie aus der Appreturmitteltechnik bekannt ist, stets feuchtigkeitsempfindlich bleiben (siehe z. B. die Verfahren der **D. R. P. 215 682, E. P. 23 755, Ö. P. 42 026** u. a.). Der Vollständigkeit wegen sind im folgenden die Vorschriften zur Herstellung einiger hierher gehörenden Kunstmassen angegeben.

So soll sich z. B. ein Gemenge von Stärkekleister, Kalilauge und Kieselgur zur Herstellung von Kunstmasseplatten eignen. **(D. R. P. 71 179 und 71 499.)**

Nach **D. R. P. 7860** soll eine durch Erhitzen von Stärke mit etwas Wasser auf 100—130° erhaltbare transparente elastische Masse zu elfenbein- oder hornartigen Gegenständen verarbeitbar sein.

Eine elfenbeinfarbige, durchscheinende, biegsame Kunstmasse erhält man durch Vermischen von 50 Gewichtsteilen Kartoffelstärke mit 5 Tl. Zinkoxyd und Zusatz einer Lösung von 1 Tl. Weinstein und 1 Tl. Salzsäure in 50 Tl. konzentrierter Chlorzinklauge. **(Polyt. Zentr.-Bl. 1858, 672.)**

Über Herstellung harter Gegenstände aus gesiebter von Schalen befreiter Kartoffelpülpe mit verdünnter Säure und Glycerin siehe **D. R. P. 102 368.**

Zur Herstellung einer Stuckmasse kocht man nach **D. R. P. 119 292** ein Gemenge von Kreide, Kartoffelmehl, gelöschtem Kalk, Faserstoffen und nicht verseifbaren Ölen oder fettartigen Stoffen; nach **D. R. P. 121 765** setzt man der Mischung nach dem Kochen noch Käsestoff zu.

Über Herstellung plastischer Massen aus einem Brei von Getreidemehl, Wasser, Pflanzenfasern oder Holzmehl, geringen Mengen von Tierfasern und kieselsaurem Alkali siehe **D. R. P. 186 997.**

Zur Herstellung einer Kunstmasse, die sich als Appreturmittel, als **Füllstoff** für plastische Massen, zur Verwendung in der Papierfabrikation usw. eignet, behandelt man nach **D. R. P. 201 436** ein 30° warmes Gemisch von 100 kg Kartoffelstärke, 80 kg Wasser und 20 kg Schwefelsäure mit 1,5—2 kg 40proz. Formaldehydlösung. Wenn eine neutralisierte Probe mit kochendem Wasser nicht mehr verkleistert, ist die Umwandlung der Stärke, in die in kochendem Wasser unlösliche Modifikation vollzogen, man schleudert ab, wäscht, neutralisiert mit Ammoniak und trocknet.

Zur Herstellung plastischer Massen weicht man 100 Tl. zerriebener, trockener Bohnen 8 Tage in einer 2proz. Essigsäurelösung, trocknet die Paste dann, zerreibt und siebt das Material und vereinigt es mit der Lösung von 5 Tl. Gelatine in 20 Tl. warmem Wasser und der mit geringen Mengen eines antiseptischen Stoffes vermischten Lösung von 20 Tl. Harz in 10 Tl. Terpentinöl. Aus der Masse werden Gegenstände geformt, die nach 8 Tagen herausgenommen und mit Formaldehyd gehärtet, mechanisch leicht bearbeitbar, hart und unverbrennlich sind. **(D. R. P. 221 080.)**

Nach **Ö. P. Anm. 3061/09** wird eine elastische Masse erhalten durch Erhitzen von Stärke mit Chlormagnesiumlösung.

Nach **D. R. P. 248 484** erhält man eine plastische Masse durch Verkneten der zähen, gallertartigen Masse, die man aus Stärke mit geringen Alkalimengen erhält mit einer ammoniakalischen Albuminatlösung im Verhältnis von 3 Tl. der letzteren zu 1 Tl. Stärke. Das langsam durchsichtig und plastisch werdende Gemenge wird zuerst flüssig, dann immer zäher, worauf man das Ammoniak abgießt und die durch chemische Umsetzung erhaltene Masse bei Luftabschluß stehen läßt, um sie sodann in getrocknetem Zustande unter starkem Druck in Formen zu pressen und evtl., wenn Albuminat im Überschuß vorhanden war, zur Erzielung vollkommener Unlöslichkeit mit Formaldehyd zu härten. Die Stärke kann auch durch Hydrocellulose oder Kohlehydrate anderer Art ersetzt werden.

Zur Bearbeitung von Kleberverbindungen behandelt man die im Wasser unlöslichen, durch chemische Fällung erhaltenen Produkte aus Kleber und Metallsalzen, Gerb- oder Pikrinsäure mit Formaldehyd und erhält nach Abtrennung jener mit dem Kleber verbundenen Stoffe plastische, homogene und gegen Wasser widerstandsfähigere Massen als jene, die nach **D. R. P. 121 437** dargestellt werden. Man kann entweder die getrockneten Verbindungen oder ihre alkalischen Lösungen mit Formaldehyd behandeln. **(D. R. P. 188 340.)**

Die sonst leicht faulenden Gegenstände und Massen aus Kleber können dadurch gehärtet, beständig, geruch- und geschmacklos gemacht werden, daß man sie in käufliche Formaldehydlösung taucht oder sie mit Formaldehydgas behandelt. Nach dem Auswaschen hat der Kleber seine Klebefähigkeit eingebüßt. **(D. R. P. 121 437.)**

Die Darstellung einer ebenholz- oder elfenbeinähnlichen Masse aus in verdünnter Schwefelsäure gequellten, hierauf getrockneten und zerriebenen Algen, Kautschuk, Teer, Schwefel usw. ist in **Polyt. Zentr.-Bl. 1863, 1238** beschrieben.

Über eine plastische Masse aus Seepflanzen, Pflanzenöl, Schwefel, Kalk oder Zement usw. siehe ferner **E. P. 8613/1911.**

Nach **D. R. P. 262 709** kocht man Seegras zur Herstellung einer Kunstmasse (Leder, Gummi, Dichtungsmaterial) während 45 Stunden mit Ammoniak, setzt nach Entfernung der Flüssigkeit Harzöl oder Naphtha oder Terpentin und als Vulkanisierungsmittel Schwefel oder Schwefelantimon hinzu und vermengt das Ganze mit 25% eines Bindemittels in Gestalt von Gummiabfällen oder Pontianacgummi, die man zweckmäßig in Methylalkohol oder Naphtha auflöst. Die Masse wird dann noch 1 Stunde erhitzt, evtl. mit 0,85% Holz- oder Rindenextrakt versetzt und getrocknet. Nach einer Ausführungsform setzt man der Seegrasmasse faserige und pulverförmige Füllstoffe, ferner Konservierungsmittel zu. Das Produkt ist ebenso vulkanisierbar wie Kautschukerzeugnisse und dient dann in fertiger Form als Leder- oder Linoleumersatz für Wand- und Fußbodenbekleidung, Linkrusta oder Holzfurnier. Als Zusätze zur Masse dienen Farbstoffe oder Pulver von Magnesia, Speckstein, Schwefelantimon, Zinkoxyd, Schlämmkreide usw.

521. Torf.

Über Herstellung von Gegenständen aus mit Kalkmilch behandeltem Torf siehe **D. R. P. 2872.**

Plastische, in Formen pressbare Massen werden nach **D. R. P. 95 884** aus einem Kern hergestellt, der aus Harz und einem Fasermaterial (Asbest, Papier, Stroh, Torf) besteht und den man mit dünnen Lagen eines Gemenges von Harz, Kreide und einem Farbstoff überzieht, so daß der geformte Gegenstand poliert werden kann.

Zur Herstellung plastischer Massen aus Torf mit anderen Faserstoffen verrührt man das Material mit Teer allein oder im Gemenge mit Öl und Harz, unter evtl. gleichzeitiger oder folgender Nachbehandlung mit einem Oxydationsmittel, wobei die Bindemittel am besten als feiner nebelförmiger Staub in die Masse eingepreßt werden, und überzieht so jede einzelne Faser mit einer Bindemittelhaut, die das feste Zusammenhaften des Materiales beim folgenden Pressen bewirkt. **(D. R. P. 145 251.)**

Zur Herstellung von Isolierkörpern behandelt man lockeren, wasserfreien, langfaserigen Torf in der Hitze mit Teerpech in pulverförmigem Zustande und feuchter Druckluft in Trommeln und preßt das Gut nachträglich wie üblich in Formen. **(D. R. P. 284 255.)**

Zur Herstellung plastischer Massen aus Torf vermischt man die zerkleinerten Fasern mit Metallverbindungen und preßt das erwärmte Gemenge unter hohem Druck. Als Metallverbindungen eignen sich am besten Eisensulfat oder Magnesiumchlorid und man erhält besonders, wenn der Masse noch Harze oder Öle zugesetzt werden, feste homogene Massen, die als Isolatoren für Elektrizität und Wärme dienen können. **(D. R. P. 178 645.)**

Zur Herstellung plastischer Massen aus Torf behandelt man diesen vor der Weiterverarbeitung nicht, wie schon bekannt war, mit Zinkchloridlösung allein, sondern mit einer Kochsalz-Chlorzinklösung und erhält so ein Fasermaterial, das im späteren Gemenge mit Füllstoffen wesentlich weniger Harze, Öle oder andere Bindemittel bedarf, als der unvorbehandelte Torf. **(D. R. P. Anm. W. 30 564, Kl. 39 b.)**

Zur Herstellung einer leichten, als Isoliermittel gegen Feuchtigkeit, Elektrizität, Wärme und Schall geeigneten Materials wird Torf nach **D. R. P. 213 468** mit einem Kratzer bearbeitet, worauf man die verfilzten, von Sand usw. befreiten Fasern 2—3 Stunden heißem Dampf aussetzt. Man behandelt dann mit Chemikalien, die dem gewünschten Zweck entsprechen (feuer- und fäulnissichere Stoffe) und preßt in Formen.

Zur Herstellung eines zu verschiedenen industriellen Zwecken geeigneten Torfmateriales verarbeitet man Torfmehl mit Asbest oder asbestähnlichen Substanzen zu einem innigen Gemenge. **(D. R. P. 227 344.)**

Verfahren und Vorrichtung zur Herstellung plastischer Massen aus Torf oder anderen Faserstoffen und Einwirkungsprodukten von Schwefel, Chlorschwefel oder Salpetersäure auf Öle oder Teere, als Bindemittel, sind dadurch gekennzeichnet, daß dieses in Gestalt seiner Komponenten oder in fertiger Form zunächst so temperiert wird, daß eine Reaktion nach erfolgter Mischung noch nicht stattfindet und die Bindung erst erfolgt, wenn im weiteren Verlauf des Prozesses die kontinuierlich schnell zu- und abfließende Mischung auf Reaktionstemperatur gebracht und vor dem Erstarren zerstäubt wird. **(D. R. P. 288 532.)** Nach dem Zusatzpatent führt man der Bindemittelmischung die nötigen Wärmemengen direkt durch überhitzten Dampf zu und versprüht das Produkt auf dem betreffenden Faserstoff. Man zerstäubt also z. B. die auf 130° vorgewärmte, aus 25 Tl. Öl, 5 Tl. Harz und 4,5 Tl. Schwefel bestehende Bindemittelmischung in einem besonders konstruierten Reaktionsapparat, mischt mit 12,5 Tl. überhitztem Dampf von 4 Atm. Spannung und 400° und kondensiert das so auf 200° erhitzte und zur Reaktion gebrachte Gemisch auf dem Torf. Die erhaltene, homogenisierte Masse enthält 25% des Bindemittels. **(D. R. P. 290 783.)**

Zur Behandlung des Torfes, um ihn wasserbeständig und beliebig formbar zu machen und um ihm sein Quellungs- und Wasseraufnahmevermögen zu nehmen, kocht man ihn zwecks Zerstörung der gelatinösen bindenden Bestandteile mit Salzsäure, Salpetersäure, sauren Salzen oder chlorierenden Stoffen. Bei der Behandlung mit Chlor läßt man gleichzeitig oder nachträglich noch eine Nachbehandlung mit Salpeter- oder Salzsäure folgen, um der Masse schwach klebende Eigenschaft zu verleihen. Man kann auch in der Weise verfahren, daß man fertig geformten Torf mit verdünnter Salpetersäure befeuchtet mit oder ohne Druck erhitzt. **(D. R. P. 310 111.)**

522. Faserstoffe, Cellulose, Sägemehl, Sulfitablauge usw.

Eine Zusammenstellung der Patente über Kunstholz-, Kork-, Leder-, Elfenbeinersatz und Papiermachéwaren, überhaupt der Kunstmassen, die Papier und Zellstoff enthalten, bringt **Halle in Kunststoffe 6, 269, 289 u. 304.**

Die Herstellung einer Kunstmasse, bestehend aus einer Lösung von Cellulose in Jodzink, Chlorzink, Chlorcalcium oder Calciumnitrat ist in **D. R. P. 18 413** beschrieben.

Nach **A. P. 999 490** werden plastische Massen aus einem Gemenge von Cellulose und den Verbindungen des Chlorals, z. B. mit Ricinusöl, erhalten.

Nach **F. P. 422 146** wird ein zur Herstellung leichter, fester, leicht polierbarer Gegenstände geeigneter Stoff dadurch erhalten, daß man gepreßte Lagen von Holzbrei oder Papiermaché in ein dickes, undurchlässiges Gewebe einhüllt, das Ganze mit einem Lack überzieht und in einem Ofen auf 92° erhitzt. Die Emailschicht wird nachträglich poliert.

Nach **F. P. 423 373** werden zerkleinerte, gekochte Papierabfälle mit dünnem Leim und konzentrierter Stärkelösung, Wasserglas und Zinkoxychlorid gemischt und getrocknet; zur Erhöhung der Festigkeit kann Gips, Zement, Asbest, Kalk usw. zugegeben werden.

Vgl. **F. P. 423 842**: Leimpaste und Papierpulver werden gemengt und in Formen gepreßt.

Komposition zu Lagerschalen: 10 Tl. trockenes Papierzeug, 1 Tl. gepulverter Graphit und 1/8 Tl. geschmolzener Schellack werden gemischt; die geschmolzene Masse wird um die Achse in das Lager gegossen. **(Polyt. Zentr.-Bl. 1861, 1591.)**

Nach **D. R. P. 20 592** und **Zusatz 22 335** vermischt man vegetabilische Faserstoffe (Sägemehl, Stroh, Kleie, Jute usw.) in völlig trockenem Zustande mit Paraffinwachs und Harz, Asphalt, Bernstein usw. zur Herstellung einer Isoliermasse.

Auch Gemische von Sägespänen mit Wasserglas u. dgl. oder Gemenge von mit Seifenwasser und Kalkmilch behandeltem Sägemehl, Casein und Kalk wurden zur Herstellung plastischer Gegenstände herangezogen. **(D. R. P. 29 445.)**

Zur Herstellung plastischer Massen vermischt man nach **D. R. P. 33 339** 5—30 Tl. Sägemehl, 0,1—0,5 Tl. Fettseife und 0,5—3 Tl. gelöschten Kalk mit 3—8 Tl. Casein, das man vorher mit 0,5—3 Tl. gebranntem, an der Luft in Staub zerfallenem Kalk in eine breiartige Masse verwandelt hat.

Nach **Ö. P. 59 128** stellt man ein künstliches Material in der Weise her, daß man Holzmehl oder Sägespäne mit alkalischen Lösungen entharzt, diese Harze aus der Lösung ausfällt, in einem geeigneten Mittel wieder löst oder emulgiert, mit der Flüssigkeit oder Emulsion das extrahierte Holz imprägniert und das Ganze in Formen preßt.

Zur Herstellung einer plastischen Masse tränkt man nach **D. R. P. 73 584** scharf getrocknetes Holz in irgend einer Form im Vakuum mit Öl, verharzt dieses teilweise durch Behandlung mit warmer Luft und behandelt das Holz mit einer Lösung von Chlorschwefel (1/30—1/10 von der angewandten Ölmenge) in Schwefelkohlenstoff oder Benzin. Die Holzfaser wird durch diese Behandlung leicht zerreiblich; man kocht die Masse zur Entfernung von Säure und Schwefelprodukten mit Alkalien aus oder extrahiert mit heißem Leinöl und preßt in Formen. Nachträglich kann beliebig gefärbt, poliert oder lackiert werden.

Eine Masse, die zur Herstellung von Isoliermitteln, Dachpappe, künstlichem Leder als Fußbodenbelag usw. dienen kann, wird nach **D. R. P. 197 195** aus **Sulfitcelluloseablauge** erhalten, wenn man diese auf 30° Bé eindickt und durch Kochen mit Säuren zweckmäßig bei Gegenwart von Formaldehyd gelatiniert. Man mischt der erstarrten Masse evtl. Faserstoffe bei, die dann mit den gelatinierten Holzkrusten ein festes, gleichmäßiges Gefüge bilden. Nach dem Zusatzpatent entwässert man das durch Behandlung der Ablauge mit Säuren oder mit Säuren und Aldehyden erhaltene Produkt und erhitzt es dann unter vermindertem Druck, um die Behandlungszeit abzukürzen. Man erhält so ein Material, das sich besonders gut als Entfärbungsmittel eignet. **(D. R. P. 202 132.)**

Zur Herstellung einer Kunstmasse verknetet man ein Gemenge von Sulfitablaugerückstand (Xylium), Fasermaterial, gepulverter Magnesia und soviel einer Magnesiumchloridlösung, daß ein Oxychlorid entsteht, worauf man die Masse auf heißen Flächen trocknet und in Formen preßt. **(A. P. 1 175 427.)**

Zur Herstellung plastischer Massen kocht man nach **D. R. P. 234 229** 100 Tl. cellulosehaltiges Füllmaterial mit 200 Tl. gekochter Leimlösung und 100 Tl. Wasser, fügt 30 Tl. Glycerin und 1—2% Tannin hinzu, versetzt diese Hauptmasse mit 100 Tl. Öl, 80 Tl. Harzseife, 50 Tl. Kautschuk und 60 Tl. Farbe und erhitzt unter kräftigem Rühren, bis die Masse homogen ist. Sie wird evtl. noch gefärbt und soll der Fäulnis besser widerstehen als die caseinhaltigen Kunstmassen.

Zur Erzeugung von Platten preßt man Stroh, Binsen, Gräser, Holzfasern, Papiergarn, Woll- oder Baumwollfäden in aufrechtstehender Lage mittels eines Bindemittels unter evtl. Zusatz eines fäulniswidrigen Präparates unter Druck dicht zusammen. **(D. R. P. 303 060.)**

Zur Herstellung von Gegenständen behandelt man zerkleinertes Stroh zwecks Entfernung der inkrustierenden Bestandteile nacheinander mit 0,5proz. Natronlauge und 0,42proz. Salpetersäure oder Sulfitlösung, bleicht die Masse und preßt den Teig in Formen. **(E. P. 133 952.)**

Zur Herstellung von Kunstmassen erhitzt man das Gemenge von Füllstoffen (Sägemehl, Cellulose usw.) und Pech nach der Formung und Vortrocknung bei Luftabschluß auf Temperaturen über 120° zwecks Bildung einer asphaltartigen Bindemasse aus dem Pech und den Destillationsprodukten der organischen Masse. **(D. R. P. 302 705.)**

Waldabfälle von Nadelhölzern können ohne Zusatz besonderer Bindemittel mit Sägemehl, Asbest oder Torf gefüllt durch Pressen in als Bau- und Isolierstoffe verwertbare Formlinge übergeführt werden. **(D. R. P. 312 849.)**

Zur Herstellung von Dichtungsplatten behandelt man mit Wasserglas und Asphalt-, Teer- oder Erdöldestillaten imprägnierte, gefüllte und gepreßte oder gewalzte Cellulose-, Papier- oder Gewebebahnenplatten bei erhöhtem Druck und erhöhter Temperatur mit Kohlensäure, so daß in der ganzen Platte verteilt kolloidal gelatinöse Kieselsäure gefällt wird und die Dichtungsplatte gegen Säuren, Alkalien, Temperaturunterschiede usw. widerstandsfähig wird. **(D. R. P. 318 489.)**

Die Herstellung spezifisch leichter elastischer Massen aus chemisch gehärteter Cellulose, die man in Form von Spänen nach geeigneter Imprägnierung mittels Bindemittel verkittet, ist in **D. R. P. 330 204** beschrieben.

Cellulosehaltige plastige Massen werden in der Art gefärbt, daß die Farbstofflösung entweder beim Vermischen direkt der Masse zugesetzt oder auf das geformte Produkt gestrichen wird. Als Farbstoffe kommen die gleichen in Betracht, die in [148] zum Färben von Papier angegeben sind.

Vgl. auch die Abschnitte: Kunstholz, Steinholz usw.

523. Hydro-, Acetyl-, Formylcellulose.

Vgl. die Abschnitte Celluloid und Kunstseide, zahlreiche dort beschriebene Verfahren können auch zur Herstellung plastischer Massen dienen.

Die Verwendung der Lösung von Zellstoff in Kupferoxydammoniak als Isoliermaterial ist schon in **D. R. P. 40 986** anempfohlen.

Auch eine Lösung von Cellulose in Calcium- oder Zinkchlorid oder Calciumnitrat eignet sich zum Überziehen verschiedener Gegenstände oder in eingedicktem Zustande geformt zur Herstellung plastischer Massen, denen man die Salze durch Waschen mit Wasser oder Alkohol entzieht. **(D. R. P. 18 413.)**

Eine wasserundurchlässige, nicht hygroskopische Isoliermasse erhält man nach **E. P. 181 907** durch Überziehen von Vulkanfiber mit Zapon- oder Cellonlack.

Die ersten Angaben über das Cellit (unbrennbare Kinofilms), seine Eigenschaften und Verwendbarkeit machte **A. Eichengrün** in **Zeitschr. f. angew. Chem. 1908, 698** u. **1211.**

Zur Herstellung einer plastischen Masse knetet man nach **D. R. P. 210 519** 100 kg acetonlösliche Acetylcellulose mit 100 kg Campher und 30—50 kg einer Flüssigkeit, die je zur Hälfte aus Wasser und Aceton besteht. Die beliebig, auch mit Bronzefarben färbbare Masse zeichnet sich dadurch aus, daß sie nicht klebrig wird.

Nach **D. R. P. 239 701** werden plastische Massen durch Lösen von Formylcellulose in warmer Milchsäurelösung hergestellt.

Zur Herstellung elastischer Massen versetzt man nach **D. R. P. 242 467** eine Lösung von 125 g Leimpulver und 25 g frisch gefälltem Casein in 150 g 31grädigem Glycerin mit einer Lösung von 80 g mit Ätheralkohol und Essigäther befeuchteter Nitro- oder Acetylcellulose und 30 g Kolophonium (oder auch statt des letzteren mit Öl- oder Stearinsäure) in 15 g Anilin. Die Masse wird unter Zusatz von 5 g 100proz. Formaldehyd auf dem Wasserbade erwärmt, bis die flüchtigen Substanzen verdampft sind, worauf die Emulsion bei 60—70° nochmals mit 10 g 40proz. Formaldehydlösung verrührt wird.

Zur Herstellung nicht brüchig werdender geformter Massen, Films oder Tülle setzt man der Lösung von Acetylcellulose unter stetem Rühren 5% Chlorzink und 1% Kollodiumwolle (in Summe höchstens 15%) zu und gießt die Masse aus. Man lagert die Films dann während 3 Monaten bei etwa 30° und wäscht sie erst nachdem die vorhandene Essigsäure langsam verdunstet ist, mit Wasser und basischen Stoffen aus. **(D. R. P. 255 704.)**

Eine unentzündbare Masse, die sich zur Herstellung z. B. von Kämmen eignet, wird nach **F. P. 450 746** erhalten durch Vermischen von Acetylcellulose mit Gelatine.

Nach **E. P. 10 795/1910** wird eine widerstandsfähige Masse aus Acetylcellulose, Triphenylphosphat und Harnstoff erhalten.

Nach **F. P. 457 130** kann eine plastische Masse erhalten werden durch Behandlung eines Gemenges von Acetylcellulose mit Eiweißstoffen und Ammoniak.

Über Herstellung wasserbeständiger, dicht schließender Überzüge, Röhren, Hohlkörper usw. aus Celluloseacetat siehe **D. R. P. 270 314.**

Nach einer Anzahl durch amerikanische Patente geschützter Verfahren bereitet man plastische Massen durch Zusatz verschiedener Lösungsmittel oder Stoffe zu Acetylcellulose der acetonlöslichen Form. Solche Stoffe sind: p-Äthyltoluolsulfamid und Triphenylphosphat, Diphenylamin, einwertige aliphatische Alkohole mit mehr als 2 Kohlenstoffatomen, Fuselöl und gechlorte Kohlenwasserstoffe, gleiche Teile von Epichlorhydrin und Methyl- oder Äthylalkohol und Methylacetat. Im allgemeinen wird die acetonlösliche Acetylcellulose mit diesen Körpern ähnlich wie die Nitrocellulose mit Campherersatzmitteln auch in ähnlichen Gewichtsverhältnissen mit oder ohne Zusatz von Wasser, Benzol oder Alkoholen vermischt, verknetet, erwärmt und gepreßt. Man behandelt z. B. 100 Tl. Acetylcellulose mit 30—40 Tl. eines Arylsulfonamides (p-Äthyltoluolsulfonamid) und 100 Tl. Chloroform, das 10—20 Tl. Methyl- oder Äthylalkohol enthält, oder man verarbeitet acetonlösliche Acetylcellulose mit Benzol, Triphenylphosphat und p-Äthyltoluolsulfonamid bzw. Phenylsalicylat unter Zusatz von Methylalkohol, der 3,5—7% Wasser enthält. **(A. P. 1 199 395, 1 188 797—800, 1 226 339—343.)**

Zur Herstellung von plastischen Massen erwärmt man acetonlösliche Acetylcellulose mit weniger als der Hälfte ihres Gewichtes Tetrachloräthylacetanilid und dem 1—1,5fachen Gewicht (bezogen auf das Halogenderivat) Äthylalkohol. Das Acetanilidderivat löst in geschmolzenem Zustande, nicht aber bei gewöhnlicher Temperatur in Gegenwart von Äthylalkohol die Acetylcellulose. **(A. P. 1 216 581.)**

Nach **A. P. 1 357 447** behandelt man Celluloseacetat zur Herstellung von Acetylcellulosemassen in der Kälte mit dem Gemisch zweier Lösungsmittel, von denen das eine das Acetat in der Kälte, das andere jedoch nur in der Hitze zu lösen vermag.

Die plastische Masse des **E. P. 179 208** erhält man durch Vakuumerhitzung von Celluloseacetat mit 30—40% isomeren Xylol-o-monomethylsulfonamiden unter evtl. Zusatz von 6—8% Triphenylphosphat auf 100—150°.

Zur Herstellung eines Dichtungs- und Isolationsmateriales verarbeitet man ein Gemisch von Celluloseester und Naphthensäureester bzw. wasserunlöslichem, naphthensaurem Metallsalz mit Asbestfasern und Gewebeeinlagen zu biegsamen Platten. **(D. R. P. 321 139.)**

Zur Herstellung dauernd weich bleibender, frostbeständiger Massen, die warm leicht formbar sind und diese Form nach dem Erkalten bewahren, verarbeitet man Acetylcellulose zusammen mit Resorcinmonoacetat vom Schmelzpunkt 50°. **(D. R. P. 298 806.)**

Über die Herstellung einer transparenten Masse aus einem Celluloseester und einer Sulfoverbindung siehe **A. P. 1 357 614.**

Verschiedene Celluloseesterkunstmassen sind schließlich auch in **A. P. 1 397 986, 1 398 939** und **1 398 949** beschrieben.

524. Viscose, Nitrocellulose.

Siehe auch die Abschnitte Kunstseide, Celluloid, Kunstleder usw.

Über Kunststoffe aus Viscose und Formylcellulose siehe **G. Bonwitt in Zeitschr. f. angew. Chem. 26, 89.**

Zur Herstellung von Viscoid in Form durchsichtiger, widerstandsfähiger Platten legt man Kattun nach Entfernung der Appretur mehrere Stunden in 1proz. Salzsäure, spült, bringt das Stück während dreier Tage in eine Lösung von 40 g Ätznatron in 200 ccm Wasser und hängt es dann 12 Stunden in eine Schwefelkohlenstoffatmosphäre. Man spült das Stück, trocknet es, auf eine Glasplatte gespannt, 2 Tage bei gewöhnlicher Temperatur, dann im Trockenschrank und legt es schließlich in verdünnte Salzsäure ein. Die gelblichbraunen Platten werden bei 100° weich und sind dann beliebig formbar, sie lassen sich mit Chlorkalk bleichen und wie Baumwolle färben, wobei sie völlig durchsichtig bleiben. **(H. Seidel, Wiener Gewerbemuseum 1900, 35.)**

Bei Herstellung plastischer Massen aus Cellulosexanthogenat erhitzt man dieses in ungelöstem Zustande nach gründlicher Verknetung zur Verhinderung des Aufblähens und zur Erzielung eines homogenen Materials in geschlossenen Gefäßen. **(D. R. P. 188 823.)**

Bei der Herstellung von Gegenständen aus Viscose in offenen Formen erfolgt die Koagulierung in einem heizbaren Druckgefäße unter Aufrechterhaltung eines Druckes, der die natürliche Ausdehnung der koagulierenden Masse gestattet und doch höher ist als die jeweilige Dampfspannung der sich bildenden Gase. Man erhitzt z. B. 75 kg einer z. B. mit 1 kg Ruß oder 5 kg Lithopon gefärbten Rohviscose mit 25 l Wasser angeteigt in offenen, im Druckgefäß befindlichen Formen 12—48 Stunden unter einem Überdruck von 2—3 Atm. Das Verfahren soll nicht die der Methode des **D. R. P. 188 823** anhaftenden Mängel haben. **(D. R. P. 256 753.)**

Zur Herstellung plastischer Massen aus Cellulose behandelt man sie mit Ammoniak und Schwefelkohlenstoff und wäscht das erhaltene Xanthogenat mit Wasser aus. **(A. P. 1 173 336.)**

Andere plastische Massen aus Viscose und Kautschuk oder bakelitähnlichen Substanzen sind z. B. in **E. P. 1598** und **1599/1912** beschrieben.

Zur Herstellung plastischer Massen vermischt man nach **D. R. P. 174 877** Casein mit Cellulosexanthogenat oder mit Hydrothiocellulose und macht die Cellulose aus der Verbindung frei, womit zugleich die Härtung des Caseins, z. B. mit Formaldehyd, verbunden werden kann.

Die plastische Masse des **E. P. 181 027** erhält man durch Eintrocknen einer Mischung von 30—40% einer 1—2proz. Cellulosexanthogenatlösung mit der Lösung von 10% Hautabfällen und 2% Natronlauge.

Eine plastische Masse, die sehr hart wird und eine ausgezeichnete Politur annimmt, läßt sich dadurch herstellen, daß man ganz reine und feingepulverte Knochenasche mit Kollodium zu einem Teig anrührt, der dann geformt und getrocknet wird. **(D. Ind.-Ztg. 1871, Nr. 27.)**

Nach **D. R. P. 28 972** erhält man eine Isoliermasse durch Mischen von Holzteer und Nitrocellulose bei etwa 90°.

Als Isoliermaterial für elektrische Leitungen eignet sich nach **D. R. P. 51 554** ein inniges Gemenge von mit Ricinusöl verdickter Nitrocelluloselösung, Holzpech, gechlorter Essigsäure und gechlortem Amylalkohol. Vgl. **D. R. P. 60 162.**

Nach **D. R. P. 102 962** wird eine plastische Masse erhalten aus Nitrocellulose, Harzseife und Füllmitteln, z. B. gemahlener harzreicher Baumrinde oder Holzmehl oder harzreichen Hölzern, Torf oder bituminösen Schiefern.

Eine plastische Masse besteht nach **A. P. 1 402 969** aus Schießbaumwolle, Campher und polymerisiertem Holzöl.

Nach **A. P. 996 191** wird eine Kunstmasse erhalten aus Pyroxylin, Methylenglycerin, Triacetonmannit oder anderen Kondensationsprodukten von Aldehyden oder Ketonen mit Zuckerarten.

Nach **Ö. P. Anm. 9197/11** verkocht man zur Herstellung von Kunstmassen oder Guß- und Anstrichkörpern Wasserglas so lange mit frischem Celloidin, bis die Flüssigkeit dickflüssig geworden ist.

Zur Herstellung einer strukturlosen, in Äther, Alkohol oder Aceton unlöslichen Nitrocellulose, die mit Ätzalkali eine plastische, transparente, formbare und mit Säuren härtbare Masse liefert, taucht man Cellulose 5 Minuten in ein 20° warmes Gemisch von 63% Schwefelsäure, 10% Salpetersäure und 27% Wasser, wäscht das Produkt mit Wasser aus und trocknet es. **(A. P. 879 871.)**

Zur Herstellung einer Kunstmasse, die als solche verwendbar sich auch zu künstlichen Fäden verarbeiten und spinnen lassen soll, filtriert man eine Lösung von 100 Tl. Leinöl und

500 Tl. Kopal- oder Sandarakpulver in 2400 Tl. Äther und filtriert; man löst ferner Baumwolle in der zwölffachen Menge einer Lösung von 10 Tl. Kupfervitriol in 100 Tl. konzentriertem Ammoniak, wäscht die Masse aus, trocknet sie und nitriert das Produkt während 5 Minuten in einer 75° warmen Mischung von 4 Tl. Schwefelsäure (1,84) und 3 Tl. Salpetersäure (1,4), wäscht die nitrierte Cellulose aus, löst sie in getrocknetem Zustande in 9 Tl. Holzgeist und gießt nach 8 Tagen die klare Flüssigkeit von dem Bodensatz ab. Eine dritte Lösung besteht schließlich aus 100 g essigsaurem Natron und der zehnfachen Menge wasserhaltigem Weingeist. Man mischt nun diese drei Lösungen derart, daß auf 1 kg Nitrocellulose 200 g Harz, 50 g Leinöl und 150 g essigsaures Natron kommen, und läßt diese Flüssigkeit, während man gleichzeitig dafür sorgt, daß das Lösungsmitel verdunstet, in einer besonderen, in der Schrift beschriebenen Vorrichtung durch eine enge Öffnung ausfließen. **(D. R. P. 55 949.)**

Eine unentzündbare durchsichtige celluloidartige Masse, die sich für Kinofilms eignet, besteht nach **A. P. 1 364 342** aus Schießbaumwolle, Naphtalin, Ferrichlorid und Gelatine.

Eine plastische Masse erhält man ferner nach **A. P. 1 365 882** aus Nitrocellulose, Campher und Titanoxyd.

Zur Umwandlung dünner Platten aus Gelatine oder Viscose in wasserfeste, biegsame und unentflammbare Gebilde, die sich zur Herstellung photographischer Platten, als Glasersatz, Verband- und Packmaterial usw. eignen, behandelt man die Blätter mit einer warmen Lösung von Nitro- oder Acetylcellulose vorwiegend in Eisessig, nachdem man ihr Öl und Glycerin, evtl. auch organische Lösungsmittel und speziell zur Herstellung von Verbandstoffen eine mit Campher, Eucalyptusöl und Benzol versetzte Kautschuklösung beigegeben hat. **(D. R. P. 327 974.)**

Zur Bereitung plastischer Masse als Ersatz für Celluloid, Hart- oder Weichgummi verknetet man 100 l einer Amylacetat-Kollodiumlösung, die 15% Nitrocellulose enthält, mit 10—25 kg Naphthensäureglycerinester. Je mehr des letzteren angewandt wird, um so geschmeidiger wird die Masse. **(D. R. P. 334 983.)**

525. Leim, (Gelatine) ohne Chromate.

Siehe auch Kapitel Buchdruckwalzenmasse [554].

Eine zusammenfassende Arbeit über Herstellung plastischer Massen aus Leim u. dgl. von **Marschalk** findet sich in **Kunststoffe 1917, 186 ff.**

Die Herstellung von Gegenständen aus Gelatine beschreibt **P. Hoffmann in Kunststoffe 6, 69 u. 80.**

In **Dingl. Journ. 181, 158** berichtet **C. Puscher** über Herstellung, Eigenschaften und Verwendbarkeit des Glycerinleimes als Grundmasse zur Herstellung künstlichen Leders, künstlicher Knochen, einer Masse für Globen, für Holzpolitur, Kitte, Radier- und Appreturmittel, zum Geschmeidigmachen von Pergamentpapier u. dgl.

Zur Herstellung eines elastischen, nicht faulenden Bindemittels für Buchdruckfarben, das sich auch zum Anreiben von Stempelfarben und in genügender Dicke zur Herstellung elastischer Figuren für Zwecke der Galvanoplastik eignet, wurde schon von **Lallemant in Bayer. Kunst- u. Gew.-Bl. 1857, 570** vorgeschlagen, eine dicke Leimlösung mit etwa dem gleichen Gewichte Glycerin einzudampfen, die Masse in Formen zu gießen und die Tafeln nach dem Erkalten zu verwenden, wie gewöhnlichen Leim.

Vgl. auch die Beschreibung der Herstellung einer plastischen Masse aus 2 Tl. geschlemmter Kreide, $^1/_2$ Tl. gesiebter Sägespäne und $^1/_4$ Tl. fein gepulvertem Leinsamen-Preßkuchen mit konzentrierter Leimlösung in **Hess. Gew.-Bl. 1852, 272.** Vgl. auch **Polyt. Notizbl. 1852, Nr. 8:** Plastische Masse aus 5 Tl. Schlemmkreide und 1 Tl. Leim (als konzentrierte Leimlösung beigegeben) unter Zusatz von venetianischem Terpentin.

Zur Herstellung einer Leimverschlußmasse für Flaschen, die mit Spiritus, Benzin, Salmiakgeist oder ähnlichen, leichtflüchtige Bestandteile enthaltenden Präparaten gefüllt sind, verwendet man nach **G. Schneemann, Seifens.-Ztg. 1913, 19,** eine Lösung von 10 g Glycerin und 5 g Zucker in 200 g kochender, 100proz. Leimlösung. Die Masse wird evtl. noch mit etwas Zinkweiß verrieben und durch wasserlösliche Teerfarben beliebig gefärbt. Nach dem Trocknen wird der Verschluß durch Überstreichen mit Formaldehydlösung wasserunlöslich gemacht.

Zur Herstellung einer elastischen Kunstmasse setzt man einem Gemenge von Gelatine, Glycerin und Formaldehyd zur Beseitigung der durch den letzteren bedingten Härte und Brüchigkeit 5—10% Terpentin oder Terpentinöl zu. **(D. R. P. 132 609.)**

Zur Bereitung einer plastischen Masse preßt man die von einander losgelösten rauhen Osseinfasern entfetteter und entkalkter Knochen in Formen. Die verwebte und verfilzte Masse eignet sich wegen ihrer Feuerfestigkeit und Unempfindlichkeit gegen Wasser und Dampf als Ledersatz und zur Herstellung von Isolierstoffen, Flüssigkeitsbehältern und Röhren. **(D. R. P. 179 833.)**

Nach **D. R. P. 197 250** wird Ossein durch Behandlung mit Alkalien bei höchstens 60° in Produkte übergeführt, die sich in Alkalien, Säuren, in Chlorzink- und ammoniakalischen Metalloxydlösungen lösen. Nach **D. R. P. 202 265** sind diese Lösungen durch gewisse neutrale oder saure Metallsalze (Chlorzink, Kupfervitriol, alkalische Persulfate), ferner mit Gerbsäure, Oxalsäure usw. fällbar. Man benützt diese Eigenschaft, um die erhaltenen gewaschenen Niederschläge oder die ausgezogenen Fäden nach der Formgebung zum Gerinnen zu bringen.

Siehe auch E. P. 7735/1911: Aus einer wässerigen Glycerin-Gelatinelösung wird bei Gegenwart von Pyrogallol durch Erhitzen und Lufteinleiten ein Schaum erzeugt, der getrocknet eine elastische, poröse, schwammige Masse gibt.

Nach F. P. 428 468 erhält man plastische Massen aus einem Gemenge von Gelatine, Campher, Glycerin, Teer, Öl, Fett, Harz, Terpentin, Nitrocellulose, Füllstoff und Kautschuk.

Nach E. P. 7325/1911 wird eine plastische Masse hergestellt durch Mischen von 3—5 Tl. krystallisiertem, pulverisierten Gips, 0,25 Tl. gebrannter Magnesia, 3—5 Tl. Wasser und Hinzufügen einer Lösung von 10 Tl. Leim, 10 Tl. Wasser, 2,5—4 Tl. Glycerin und 5—7,5 Tl. Wachs. Die aus dieser Masse geformten Gegenstände werden nachträglich gehärtet. Ein Teil des Gipses wird zweckmäßig durch Baumwolle ersetzt. Vgl. F. P. 427 553.

Zur Erzeugung plastischer Massen setzt man Kieselsäuresol oder anderen durch Elektrolyte schwer fällbaren Emulsionskolloiden Gerbsäure, Gelatine oder andere entgegengesetzt geladene Kolloide zu, bis der Fällungspunkt nahezu erreicht ist, und tränkt die nicht aus Gips bestehenden Formen mit Salzen, die das Kolloid zu fällen vermögen. **(D. R. P. 325 307.)**

Die Bereitung einer Kunstmasse aus 60% Asche, 30% Gips, 9% Kalk und 1% Leim ist in A. P. 1 419 665 beschrieben.

Zur Härtung plastischer Massen aus 100 g Gelatine, 80—100 g höchstkonzentrierten Glycerin und der nötigen Menge von Füllstoffen taucht man die geformten Produkte nach D. R. P. 264 568 in Methylalkohol, Aceton oder auch Äthylalkohol ein.

Vgl. F. P. 422 419: Kunstmasse aus Gelatine mit Acetaldehyd und Tannin oder dem Kondensationsprodukt beider als Härtungsmittel.

Zur Herstellung elastischer oder plastischer Massen vermischt man Glyceringelatine mit bakelitartigen Produkten in der Weise, daß man z. B. eine mit 0,5—1 Tl. Campher in Aceton, 2—4 Tl. Asbestmehl, 0,3—1 Tl. Schwefel und 0,5 Tl. Frankfurter Schwarz vermischte Lösung von je 2,5 Tl. Gelatine und Glycerin mit 1—1,5 Tl. Phenolharz innig vermengt, die Masse dann wie üblich härtet und weiter verarbeitet. Das Produkt ist so wasserbeständig, daß man sogar Wasserschläuche aus ihm erzeugen kann, und steht, was Elastizität anbetrifft, der gewöhnlichen Glyceringelatine nicht nach. **(D. R. P. 280 144.)**

Zur Gewinnung einer unentzündbaren, geruchlosen, plastischen Gelatinemasse behandelt man geschmolzene Gelatine mit einer Hopfenabkochung und verdünnter Oxalsäure oder einer anderen Dicarbonsäure von der Formel $C_nH_{2n-2}O_4$, trocknet und färbt das in Scheibchen zerschnittene Material, taucht es in ein Bad, das neben 25—35% Formaldehyd und der gleichen Wasser- und Alkoholmenge, Oxalsäure, Tannin und Glycerin enthält, trocknet nach der Imprägnierung in heißer Luft und erhält so Massen, die als Ersat zvon Horn, Schildpatt, Elfenbein usw. dienen können. **(E. P. 2047/1917.)**

Zur Härtung plastischer Leim-Glycerinmassen legt man sie in geformtem Zustande während höchstens 30 Minuten in Wasser ein, um das oberflächlich befindliche Glycerin auszulaugen. **(D. R. P. 288 821.)**

526. Leim, (Gelatine) mit Chromaten. Färben der Chromatleimmassen.

Über den Mechanismus der Erhärtung von chromathaltigen Leimschichten s. [596] im Abschnitt „Lichtempfindliche Schichten".

Nach F. P. 414 831 werden plastische Massen durch Imprägnierung der verschiedensten Fasermaterialien mit einer Flüssigkeit hergestellt, die aus kochendem Leim, Glycerin, mineralischen oder pflanzlichen Ölen, Chromaten als Härtungsmittel, verseiftem Harz und Kautschuk hergestelll wird.

Als Schutzbekleidung für elektrische Leitungen eignet sich nach D. R. P. 82 167 ein Chromleim, dem man Glycerin, Magnesia, Asbest und Talg zusetzt.

Nach F. P. 421 333 kann Gelatine mit Härtungsmitteln (Formaldehyd, Phenole, Alkohole, Aluminiumsalze, Chromsalze, Tannin) unter Zusatz von Substanzen wie Zucker, Melasse oder Glycerin, die ein Erweichen herbeiführen, in eine plastische Masse übergeführt werden. Vgl. F. P. 421 423.

Zur Herstellung fester Körper aus durch Belichtung zu härtenden Chromleimschichten mischt man nach D. R. P. 202 131 100 Tl. Leim, 10—40 Tl. Kieselgur, 60—100 Tl. Glycerin und 1—15 Tl. doppeltchromsaures Kali, walzt die Masse in eine Schicht von 1 cm Dicke aus und zerschneidet sie in Streifen oder Blättchen. Die dünnen Streifen werden nun belichtet, wenn sie unlöslich sind, auf der Oberseite mit einer lichtreflektierenden Substanz (Zinkoxyd) bestrichen und so Schicht auf Schicht aufeinandergeklebt, wobei immer die nächste Lage wegen des reflektierenden Schirmes, den sie nunmehr auf der Rückseite besitzt, bei der Lichteinwirtung vollständig durchlichtet wird. Man erhält so eine Masse von gleichmäßiger Festigkeit, Elastizität und Widerstandsfähigkeit gegen Feuchtigkeit und Wärme. Es sei jedoch erwähnt, daß dicke Chromleimschichten vom Lichte nur sehr schwer durchdrungen werden, so daß es kaum möglich ist, auf diesem Wege homogene, gleichmäßig bis ins Innere gehärtete und zugleich elastische Körper zu erzeugen.

Andrerseits findet beim Guß dünnwandiger Gegenstände aus Chromatleim in durchsichtige Formen häufig unter dem Einfluß des Lichtes eine so rasche Gerbung und Härtung der Masse statt, daß nur schwierig, völlig ausgefüllte, dagegen häufig unscharfe und auch harte und spröde Abgüsse erhalten werden, die innen weich bleiben, da die Verdunstung des Wassers durch die harte Oberflächenschicht verhindert wird. Man setzt diesen Massen daher zur Verzögerung der Lichteinwirkung 0,4—1,5% des Leimgewichtes gefärbte Stoffe zu (Kienruß, Zinnober, Erd- oder Teerfarbstoffe), die man zur besseren Verteilung und um die Gesamtmasse geschmeidiger zu machen mit Fettstoffen, Paraffinöl oder Mineralöl anrührt. **(D. R. P. 208 764.)**

Zur Verlangsamung des Festwerdens setzt man einer plastischen Masse aus Gelatine oder Leim, die wie üblich zur Härtung chromsaure Salze enthält, unter Ausschluß jeder Feuchtigkeit wasserfreies Glycerin zu. **(D. R. P. 102 848.)**

Zur Herstellung elastischer Chromleimmassen setzt man der aus Leim, Glycerin und Chromaten bestehenden Grundmasse nach **Ö. P. Anm. 4737/07** Bleipflaster zu und versetzt außerdem evtl. mit Tragant, Gummiharz, Wasserglas, pergamentierten Pflanzenfasern oder mit Pflanzenbalsamen.

Die Bereitung künstlicher Massen, die auch als Kitte und Farbenbindemittel verwendbar sind, mischt man nach **D. R. P. 242 466** Kreide und fein gemahlenen Leim oder Gelatine, wenn nötig mit Zusatz anderer härtender, die Wasserunlöslichkeit und Feuerbeständigkeit bewirkender Zusätze (Chromate, Tannin, Salicyl- oder Borsäure) trocken zusammen und erreicht so, daß beim Anrühren einer derartigen Masse mit heißem Wasser sofort, also ohne vorherige Quellung des Leimes Bindung eintritt.

Bei Herstellung künstlicher Massen aus Leim, Glycerin und Mineralölen setzt man ihnen vor der Härtung mit Chromsalzen Dextrin zu, das den Zweck hat, das vorhandene Wasser aufzunehmen und dadurch eine gleichmäßige Verteilung des Öles in dem Leim-Glyceringemisch herbeizuführen. Man verarbeitet z. B. 10—30 Tl. Mineralöl und je 30 Tl. Gelatine und Glycerin mit der Hälfte des Mineralöles an Dextrin, das man vorteilhaft zuerst mit dem Mineralöl anrührt, setzt evtl. Faserstoffe, Haare oder Glaswolle zu und härtet die Masse dann wie üblich mit Bichromat. **(D. R. P. 273 362.)**

Transparente Gegenstände aus Gelatinemassen, die sich nicht verziehen und die Formkonturen scharf wiedergeben, erhält man durch Vergießen eines gefärbten Breies der wässerigen Auflösung von 100 Tl. Gelatine, 1—3 Tl. Kaliumbichromat, 2—4 Tl. Bittersalz, 2—4 Tl. Kaliumsulfat, 3—4 Tl. Borax und 3—4 Tl. Kochsalz. **(D. R. P. 278 667.)**

Eine Kunstmasse, deren Grundmaterial aus Leim oder Gelatine besteht, färbt man mit Teerfarbstoffen in der Weise, daß man die Farbstofflösung direkt der Masse unter Umrühren zusetzt. Es werden für diesen Zweck die gleichen Farbstoffe — und zwar sowohl saure, basische, wie Diaminfarben — verwendet, die in [148] zum Färben von Papier angeführt sind.

527. Caseinkunstmassen. Galalith, Oberflächenbehandlung. Abfallverwertung.

Deutschl. Galalith u. a. 1/2 1914 E.: 27; A.: 5372 dz.

Die Verfahren zur Abscheidung des Caseins aus Magermilch werden in Bd. IV abgehandelt.

Über das Casein, seine Herstellung und Verwendung siehe die Aufsatzfolge von **St. Ljubowski in Seifens.-Ztg. 43, 708 ff.** — Siehe auch **Bd. IV** Abschnitt „Milch".

Eine umfassende Beschreibung der verschiedenen Verfahren zur Herstellung von plastischen Massen aus Casein gibt **S. Halen, Kunststoffe 4, 301.** Vgl. **ebd. 1912, 225,** u. **Jahrg. 1920, 201.**

Über plastische Massen aus Casein siehe **E. Stich, Techn. Rundsch. 22, 346.**

Allgemeine Angaben über caseinhaltige Kunstmassen macht ferner **Ph. Grohslicht in Kunststoffe 1911, 84.**

H. Pophal berichtet in **Kunststoffe 6, 7** über die Bereitung des Galaliths und seine Färbung mittels Metallsalzen.

Galalith wird aus reinem Milchcasein erzeugt, das unter Beobachtung gewisser Vorsichtsmaßregeln aus der Milch mit Lab gefällt werden muß, da Säurecasein vor der Trocknung leicht fault und zur Galalithherstellung unverwendbar ist. Das mit Lab gefällte Casein wird zu feinem Mehl vermahlen und zur Weiterverarbeitung, die innerhalb der nächsten 10—12 Stunden erfolgen muß, mit einem bestimmten Flüssigkeitsquantum vermischt. Meist ist diese Flüssigkeit zugleich eine Farbstofflösung, deren Zusammensetzung dem Verwendungszweck angepaßt ist. Die Farbe muß möglichst lichtecht sein und darf durch das Härtebad nicht angegriffen werden. Das angefeuchtete Mehl wird dann einem gleitenden Druck ausgesetzt, unter dessen Einwirkung die Masse nicht nur gemischt, sondern auch zerdrückt wird, worauf sie in dieser nunmehr erreichten plastischen Form in Formen gepreßt und gehärtet werden kann. Die Härtung ist der wichtigste Abschnitt der Galalithfabrikation, da ungehärtete Gegenstände bald zerfallen. Man bringt die Formstücke zur Härtung eine bestimmte Zeit in ein Formaldehydbad von ganz bestimmter Konzentration, und hierbei ist nun das Wesentliche, daß die Güte der hergestellten Waren in hohem Grade von der Länge der Einwirkung dieses Härtungsbades abhängt. Da es sich hier um Monate handelt, muß mit einer langen Lieferzeit der Ware gerechnet werden. Die Kunstmasse wird dann im warmen Luftstrom getrocknet und zeigt nunmehr als fertiges Produkt die ausgezeichneten Eigenschaften, die es zur Herstellung von Gebrauchsgegenständen verschiedenster Art geeignet machen.

Galalith ist ein guter elektrischer Isolator. Sein spez. Gewicht ist 1,317—1,35 (Celluloid 1,34—1,40), seine Härte etwa 2,5 (Celluloid 2). Es ist unempfindlich gegen Öl, Alkohol, Äther, Benzin und Säuren. Alkalische Lösungen bringen es zum Quellen. Sein größter Nachteil ist, daß es hygroskopisch und nicht wasserbeständig ist. Es ist außerdem im Gegensatz zu Celluloid wenig elastisch, bricht schon bei geringer Biegung und hat auch große Neigung zum Abblättern. Trotz dieser Nachteile besitzt es jedoch auch Vorzüge und wird daher insbesondere im Drechslergewerbe, in der Knopf- und Kammindustrie usw. vielfach angewendet.

K. Wernicke berichtet in **Kunststoffe 1912, 181,** ohne auf die Herstellung des Galaliths einzugehen, über die vielfache Verwendbarkeit dieser Kunstmasse, ihre leichte Färbbarkeit und Bearbeitbarkeit. Galalith dient zur Herstellung von Kämmen, Klaviertasten, Knöpfen, Artikeln der elektrischen Schwachstromtechnik usw. und eignet sich wegen seiner leichten Polierbarkeit als Elfenbein-, Hartgummi-, Bernstein- und Korallenersatz. Bei der Herstellung von Kunstbernstein-Zigarrenspitzen aus Casein-Formaldehydmassen ist zu beachten, daß der Zigarrenrauch chemisch oder thermisch aus dem Galalith Formaldehyd abzuspalten vermag, so daß dadurch, wie auch unter der Einwirkung des Speichels, freier Formaldehyd in die Atmungsorgane des Rauchers gelangt.

Über das Galalith und seine Verarbeitung in der Kammfabrikation berichtet **G. Glücktner** in **Kunststoffe 1911, 85.**

Zum Polieren des Galaliths verwendet man zuerst Wasser mit feinen Bimsstein und dann Tripel mit Öl u. z. bedient man sich bei Massenartikeln des Scheuerfasses, während große Stücke mittels des Reibpuffes poliert werden. Die Art der Verzierung von Galalith und anderer Kunststoffe ist in **Kunststoffe 1918, 73** beschrieben.

Nach **D. R. P. 264 567, Zusatz** zu **240 249 [528]** gießt man zur Herstellung gemusterter Gebilde aus Caseinmassen verschieden gefärbte Lösungen oder Suspensionen von Alkalicaseinaten auf die Oberfläche einer Lösung von Formaldehyd und eines Erdalkalisalzes. Je nach der Art und Reihenfolge des Ausgießens der verschiedenen Flüssigkeiten gelangt man so zu den gewünschten Produkten, die dann wie üblich mit Formaldehyd und Chlorcalcium gehärtet werden. Man kann auch kreisförmig verlaufende Färbungen erzeugen, die den aus dem Material hergestellten Knöpfen das Aussehen von natürlichem Horn geben.

Ein Verfahren zur Hervorrufung bestimmt getönter Oberflächeneffekte auf Caseinmassen besteht darin, daß man einen dicken alkalischen Caseinbrei formt und die Formstücke nach dem Austrocknen im Gemenge mit einem anderen Caseinbrei preßt, worauf die Masse erneut getrocknet wird. **(D. R. P. 292 282.)**

Nach der Zeitschrift **Galalith 1911, Nr. 2** werden Galalithwaren am besten mit Hilfe rauchender Schwefelsäure geätzt. Um Galalith mit Perlmutter zu verkleben, verwendet man einen Klebstoff, der aus 4 Tl. Schellack, 10 Tl. Boraxwasser und einigen Tropfen Salmiakgeist besteht; man gießt diese Schellacklösung in einen Caseinleim, der 5 Tl. Casein und 12 Tl. Boraxwasser enthält, versetzt mit etwas Hexamethylentetramin und bestreicht nun mit diesem Klebmittel die zu verbindenden Stellen. Ebenfalls in **Nr. 2** der genannten Zeitschrift findet sich ferner ein Verfahren, um Galalith mit Emailverzierungen zu versehen, in **Nr. 3** wird das Biegen der Galalithstäbe beschrieben und ein Beizverfahren von hellem oder blondem Galalith mit Essigsäure angeführt. In **Nr. 5** findet sich eine Zusammenstellung von **J. Antoš** über die Verwendung des Galaliths. In **Nr. 7** wird beschrieben, wie man Galalithwaren mit Metalleinlagen versieht und ihnen Hochglanz verleiht usw. Die als Beilage zur **Leipz. Drechsl.-Ztg.** erscheinende genannte Zeitschrift enthält auch weiterhin zahlreiche Vorschriften zur Bearbeitung dieses Materials.

Caseinmassen werden z. B. mit Nickelsulfat grün, mit Kupfersulfat grünblau, mit den verschiedenen Chromverbindungen grün bis orange und mit Gerbsäure nach **F. P. 272 604** schieferfarbig oder schwarz gefärbt. Intensive Schwarzfärbung erzielt man auch durch Zusatz von 2% Ruß zur Caseinlösung und folgende Fällung mit Bleiacetat, worauf man den gewaschenen Niederschlag langsam trocknen läßt, in diesem graugefärbten Zustande mit Formaldehyd verrührt, preßt und durch Polieren die glänzend schwarze Oberfläche erzeugt.

Isoliermassen, die der Hauptsache nach aus Casein, Eiweißstoffen oder Blut bestehen, färbt man fast ausschließlich mit Teerfarbstoffen u. z. durch Aufstreichen von Lösungen basischer, in Alkohol gelöster Farbstoffe. Es können folgende Farbstoffe hierzu verwendet werden: Safranin S 150, Irisamin G extra, Tanninheliotrop Ia, Diamantfuchsin kl. Kryst., Methylviolett KBO, Spritblau R und B, Solidgrün kryst. O, Thioflavin T, Tropäolin G 120%, Chrysoidin Kryst., Manchesterbraun GG 125%, Lackschwarz C.

Zwecks Wiederverwertung der Galalithabfälle behandelt man die Drehspäne wiederholt mit 20proz. Alkalilauge, wäscht stets mit Wasser aus, verrührt 50 Tl. des getrockneten Materials mit 70 Tl. Casein und 100 Tl. 100proz. Boraxlösung, erwärmt und bringt die Masse in die gewünschte Form. Durch Nachbehandlung mit Formaldehydlösung erhält man eine Kunstmasse von den Eigenschaften des ursprünglichen Materials. **(O. Schwarzbach, Kunststoffe 1917, 69.)**

528. Caseinkunstmassen, Herstellungsverfahren.

Nach **E. P. 13 601/1909** wird eine feste, plastische, zu Isolierzwecken verwendbare Masse hergestellt durch starkes Kochen einer Paste von Quark (Käsestoff) und Wasser während 5—10 Minuten; man preßt das Material bei einem Druck von 5 Atm., legt die Preßkuchen sofort in Formalinlösung, läßt 3—4 Tage in der Flüssigkeit liegen und trocknet sodann bei 50°.

Um getrocknetem Casein die für die Herstellung plastischer Massen erforderliche Elastizität zu verleihen, erhitzt man das Material vor dem Pressen mit Wasser oder bearbeitet es mit der nötigen Wassermenge in geheizten Knetmaschinen. **(D. R. P. 183 818.)**

Nach **D. R. P. 257 814** verwendet man zur Herstellung einer plastischen Masse gewöhnlichen Quark, dessen physikalische Eigenschaften man durch längeres Kochen mit Wasser vorher vollständig verändert hat. Man erwärmt z. B. den Quark, der etwa 60% Feuchtigkeit enthält, ohne Wasser zuzugeben, unter ständigem Rühren, bis nach längerem Kochen aus dem klebrigen und zähen Produkt eine körnige Masse erhalten wird, die man dann wie üblich mit Formaldehyd verarbeitet.

Man kann auch Caseinpulver mit 45% Wasser durch Kneten zwischen warmen Walzen plastisch machen und nach Entfernung des Wasserüberschusses durch Abdampfen in Kunstmassenerzeugnisse überführen. **(D. R. P. 317 721.)**

Nach **D. R. P. 240 584** erhitzt man das Casein, um es zur Herstellung plastischer Massen besonders geeignet zu machen, zunächst mit geringen Mengen (etwa 2%) Aceton unter Druck und erreicht so, daß sich die Masse aufbläht und dünnflüssiger wird, so daß man das Material zur Entfernung der löslichen Salze bequem in fein verteiltem Zustande in Wasser schleudern kann. Vgl. **Ö. P. 46 988.**

Zur Herstellung einer plastischen Masse trägt man in 60° warme Milch überschüssigen Borax ein, erhitzt weiter unter Zusatz von Bariumchlorid oder einem anderen, das Casein fällenden Mineralsalz auf 90°, preßt den gewaschenen Niederschlag aus, mahlt ihn unter Zusatz von Essigsäure, Soda oder einem anderen Caseinlösungsmittel und preßt die Masse in heiße Formen. **(D. R. P. 85 886.)**

Nach **D. R. P. 147 994** kann man dem Handelscasein die verloren gegangene Plastizität wieder verleihen oder lange Zeit plastisch bleibende Kunstmassen herstellen, wenn man das Casein statt mit Wasser mit Essigsäure anteigt.

Zur Herstellung von Caseinblättern oder -anstrichen löst man Casein nach **D. R. P. 163 188** in verdünnter Säure und trocknet die Lösung unter Zusatz von Formaldehyd ein, bzw. setzt die mit Caseinlösung bestrichenen Gegenstände der Einwirkung von Formaldehyd aus.

Zur Herstellung einer unlöslichen plastischen Caseinmasse verknetet man vom Milchzucker völlig befreites Casein mit so wenig Salzsäure, daß das in der Wärme geschmolzene Produkt beim Erkalten in der Form zu einer homogenen Gallerte erstarrt, die dann wie üblich mit Formaldehyd gehärtet und getrocknet wird. **(D. R. P. 191 125.)**

Über die Darstellung einer festen Masse aus gefälltem Casein siehe ferner **Norw. P. 20 332/09.**

Zur Herstellung eines plastischen Produktes fällt man Magermilch nach **D. R. P. 200 139** mit Salzsäure völlig aus und versetzt den abfiltrierten, saueren Caseinbrei in der Wärme mit Calciumcarbonat, -hydroxyd, -phosphat u. dgl. Die Masse wird eingedickt, mit Farbstoffen gemengt und gewalzt oder gepreßt, worauf man die Formstücke 24 Stunden mit Formalin härtet. Das Produkt übertrifft die durch Fällung der Milch mit Labferment bei Gegenwart von Calciumchlorid und Bariumchlorid erhaltenen Caseinmassen an Zähigkeit und festem Zusammenhang.

Ersatzmittel für Horn, Elfenbein, Ebenholz, Schildpatt, Celluloid usw., die sehr hart und doch elastisch sein sollen, werden nach **D. R. P. 201 214** aus trockenem Handelscasein erhalten, das man zunächst mit 60grädiger Schwefelsäure zu einer zähen, schleimigen Masse verknetet, die man neutral wäscht, mit Glycerin, Alkohol und Füllmitteln (Kaolin, Kreide, Stärke, Farbstoffen usw.) versetzt und mit Formaldehyd härtet. Statt der Schwefelsäure kann man auch gleiche Teile von Wasser und Chlorzink verwenden. Nach **D. R. P. 216 215** wird das Chlorzink durch Calcium-, Aluminium- oder Zinkchlorid ersetzt.

In **D. R. P. 263 027** ist die Herstellung widerstandsfähiger Platten aus Casein beschrieben. Der 20% Wasser enthaltende Käsestoff wird mit 0,2% Salpetersäure versetzt und sodann in ein zur Entwicklung von Nitrobakterien geeignetes Medium gebracht, woselbst sich das Casein nach etwa 40 Stunden unter der Einwirkung von Myc. aceti in eine plastische Masse verwandelt. Das Casein wird für vorliegendes Verfahren durch Ausfällung der Magermilch mit Lab gewonnen, und zwar in der Weise, daß man 250 l abgerahmte Milch auf 35° erhitzt, 300 ccm Labflüssigkeit zusetzt und, wenn die Koagulation beginnt, schnell auf 75° anwärmt. Das oben schwimmende schwammige Casein wird nun bei dieser Temperatur belassen, bis der je nach der Verwendung gewünschte Fermentationsgrad erreicht ist, worauf man während 15 Stunden bei 15° auf Hürden trocknet. Die Masse zeigt nun eine Entwicklung von Essigsäurebakterien, worauf man sie weiter mit Aceton behandeln kann.

Über das Unlöslichmachen von Casein, Leim, Albumosen u. dgl. mit Formaldehyd siehe **D. R. P. 107 637.** Man gießt beispielsweise 1 l einer wässerigen Lösung von 100 g Casein und 15 g Ätznatron, gemengt mit 15 g einer 40proz. Formaldehydlösung auf eine Glasplatte und läßt die Flüssigkeit eintrocknen. Weitere Beispiele und Modifikationen des Verfahrens, ebenso Angaben über die Verwendbarkeit der erhaltenen Folien in der Photographie u. dgl. siehe Original.

Zur Herstellung von Platten aus Caseinmassen bringt man eine Alkalicaseinatlösung bzw. -aufschlämmung evtl. mit Füllmitteln auf eine ebene Unterlage, taucht die erhaltene Platte kurze Zeit in eine Lösung von Erdalkalisalzen und Formaldehyd, bzw. bringt jene Aufschlemmung auf die Oberfläche einer derartigen Lösung, auf der sie zunächst schwimmt und sich nach einiger Zeit zu Boden setzt, und trocknet die Platte dann, wenn sie in letzterem Falle den gewünschten Härtegrad erreicht hat, bzw. führt die Umsetzung in das Erdalkalicaseinat und damit die Härtung nach dem Waschen nachträglich zu Ende. Diese Platten sind in der Wärme sehr dehnbar, lassen sich demnach zu dünnen Blättern auspressen und zu Knöpfen, Perlen, Hohl- oder Zierformen verarbeiten. Es wird z. B. 1 kg Säurecasein in 3 l 1 proz. Natronlauge warm gelöst und mittels einer Verteilungsvorrichtung auf eine Lösung von 5 kg Chlorcalcium in 100 l Wasser gegossen, die 5 l 40proz. Formaldehydlösung enthält. Die zunächst schwimmenden Gebilde setzen sich nach einiger Zeit zu Boden; nach genügender Härtung nimmt man sie heraus, wäscht und trocknet sie. **(D. R. P. 240 249.)**

Zur Herstellung von plastischen Massen aus Casein mischt man dieses unter evtl. Zusatz von Glycerin, Fetten oder Mineralölen mit Wasserstoffsuperoxyd und preßt das nur wenig feuchte, jedoch außerordentlich plastisch gewordene Material in Formen. Bei der Härtung der Preßlinge setzt man dem Formaldehyd, um Zerrungen der Masse zu vermeiden, zweckmäßig ebenfalls Wasserstoffsuperoxyd zu. **(D. R. P. 310 388.)**

Nach **D. R. P. 207 018** wird das Casein vollständig und in besserer Form aus der Milch gefällt, wenn man ihre Struktur zunächst durch Behandlung mittels des elektrischen Stromes lockert und sodann das Casein mit einer Säure vollständig ausfällt. Durch Pressen und evtl. Färben mit Teerfarbstoffen kann man die Kunstmassen erhalten, die durch einen Zusatz von Kollodium sehr hart werden, während der Zusatz einer Mischung aus einem Öl und einem oxydierenden Mittel sie elastischer macht. Die Masse ist besonders gut als Isoliermaterial verwendbar.

Zur Herstellung durchsichtiger Massen aus Casein behandelt man dieses in Gegenwart von Wasser mit soviel Ätzalkali, daß die trübenden Teilchen ausgefällt werden, worauf man die klare Caseinlösung von dem Niederschlag filtriert und mit Säure ausfällt. Der getrocknete Niederschlag kann wegen seiner völligen Durchsichtigkeit zu künstlichem Bernstein, Jet usw. verarbeitet werden. **(D. R. P. 115 681.)** Nach dem Zusatzpatent ersetzt man das Ätzalkali durch kohlensaures Alkali. **(D. R. P. 141 309.)**

Zur Herstellung durchsichtiger Kunstmassen löst oder vermischt man Casein mit wässerigen Lösungen basischer Salze der Phosphor-, Bor- oder schwefligen Säure von solcher Konzentration, daß die trübenden Stoffe sich abscheiden, filtriert und erhält eine klare Caseinlösung, die wie üblich verarbeitet wird, während die trüben Abscheidungen zur Herstellung minderwertiger Fabrikate benützt werden können. Durch weiteren Zusatz von Ammoniak oder Alkali- oder Erdalkalihydroxyden in geringer Menge wird die Abscheidung der trüben Bestandteile begünstigt. **(D. R. P. 198 473.)**

Zur Vereinigung von Platten aus Casein wird zwischen die noch ungehärteten und ungetrockneten Platten eine Schicht von angefeuchteten Caseinpulver gebracht, worauf man das Ganze unter hohem, heißem Druck preßt. Die pulverförmige Schicht wird bei diesem Verfahren plastisch, und durch ihre Vermittlung findet die Vereinigung der Platten zu einer homogenen Masse statt. Man kann so Kunstmassen mit verschieden gefärbten Flächen herstellen, z. B. Dominosteine, oder es läßt sich bei Verwendung sehr dünner Folien von verschiedener Farbtönung Elfenbein imitieren. **(D. R. P. 293 510.)**

529. Caseinkunstmassen mit Zusätzen.

Über Herstellung einer Kunstmasse aus Casein mit Füllstoffen siehe **D. R. P. 32 293.**

Eine zur Herstellung von Isolationsmassen, Kämmen oder Spielwaren geeignete Masse erhält man durch Verarbeitung von 100 Tl. Casein mit 10 Tl. Fettkörper, 10—15 Tl. Fasersubstanz, 5 Tl. Alkali und 100 Tl. Wasser. **(F. P. 374 883.)**

Auch durch Pressen eines Gemisches von 100—150 Tl. frisch gefälltem Casein, 50—60 Tl. Kalkhydrat-Magnesiamischung, 10—20 Tl. Glycerin, 10—20 Tl. trockenem oder gelöstem Wasserglas, 5—10 Tl. Leinöl und Hobelspänen kann man eine schleif- und polierbare, steinartige Kunstmasse erhalten. **(D. R. P. 56 057.)**

Zur Herstellung von formbaren Massen versetzt man eine konzentrierte, mit Casein gesättigte Lösung von Harz oder Fettseife in irgendeinem Lösungsmittel mit Füllstoffen, Erdfarben oder anderen Farbstoffen und fällt sodann die Lösung durch Zusatz von solchen Erdmetall- oder Metallsalzen, die unlösliche Seifen bzw. Caseinseifen bilden, so daß ein Niederschlag entsteht, der die Füllmasse einhüllt. In dem Maße, als der Gehalt des Produktes an Casein steigt, eignet sich das Gemenge auch zur Herstellung von Gebrauchsgegenständen, die sehr widerstandsfähig gegen Wasser sind. **(D. R. P. 50 932.)**

Nach **D. R. P. 123 815** vermengt man gleiche Teile einer Caseinlösung mit einer Schellack-Boraxlösung, setzt Füllstoffe zu und verwendet diese Masse entweder für sich oder nach dem Aufstreichen auf eine geeignete Stroh-, Rohr- oder Drahtunterlage zum Formen von Gegenständen bzw. als Isoliermaterial. Nachträglich werden die Massen mit Formaldehyd gehärtet. Diese Massen werden nach **D. R. P. 125 995** dadurch wasserdicht gemacht, daß man sie mit einer Seifenlösung imprägniert, dann satiniert, mit schwefelsaurer oder essigsaurer Tonerde imprägniert und nochmals satiniert.

Auch ein Gemenge von Casein mit einer alkoholischen Harzlösung führt nach **D. R. P. 106 446** zu Isoliermassen.

Zur Herstellung einer Isoliermasse verknetet man getrocknetes, teigiges oder alkalisch gelöstes Casein mit rohen oder geschwefelten fetten Pflanzenölen unter Zusatz von Kautschuk oder Harzen oder Farbstoffen. **(D. R. P. 118 952.)**

Zur Herstellung einer Kunstmasse erhitzt man ein Gemenge von Casein mit Phenol, Kreosot oder Guajacol unter evtl. Zusatz von Cellulosenitraten, Terpentin, Acetanilid, Glycerin, Farb-

und Füllstoffen mit oder ohne Druck und formt die Masse zu Fäden, Häutchen oder Blöcken. **(D. R. P. 185 240.)** Nach dem Zusatzpatent setzt man dem Gemisch zu seiner leichteren Verarbeitung Campher zu. **(D. R. P. 185 241.)**

Nach **F. P. 418 060** werden Massen, die in der Wärme plastisch sind, durch Wechselwirkung von Eiweißstoffen (Casein, Gluten, Keratin) mit Körpern der aromatischen Reihe (1- oder 2-Naphthol, Benzoesäure, Hydrochinon, Kresol) bei Gegenwart eines Härtungsmittels, z. B. Formaldehyd, in der Wärme unter Druck erhalten. (Vgl. **A. P. 964 964.**) Die erhaltenen Produkte neigen nicht wie andere mit Formaldehyd gehärtete Caseinkunstmassen zur Fleckenbildung.

Zur Herstellung alkalilöslicher Tricalciumphosphat-Eiweißverbindung, die therapeutischen, aber auch technischen Zwecken (Kunstmassen, Klebstoffe) dienen sollen, verrührt man in die mit 200 g Ätznatron versetzte alkalische Lösung von 5 kg Casein-Protalbumose 1,8 kg krystallisiertes Natriumphosphat, fügt dem Gesamtvolumen von 200 l 2,8 kg Calciumchlorid bei, fällt mit 5 l Alkohol, wäscht den Niederschlag aus und trocknet ihn. **(D. R. P. 253 839.)** Vgl. **D. R. P. 247 189.** Nach dem Zusatzpatent ersetzt man bei Herstellung alkalilöslicher Erdalkali- und Schwermetallphosphat- (-sulfat- und -silicat-)Eiweißverbindungen die wasserlöslichen Kalksalze durch wasserlösliche Salze der Erdalkalien oder des Aluminiums, Chroms, Zinks oder der Schwermetalle und andererseits die Alkaliphosphate durch ihre Sulfate bzw. Silicate. Zur Abscheidung der Eiweißdoppelverbindungen setzt man bis zur neutralen Reaktion Säure zu oder salzt aus (auch mit Ammoniumsulfat) oder fällt mit Alkohol oder Aceton. **(D. R. P. 272 517.)**

Zur Herstellung plastischer Massen wird Handelscasein mit fetten oder aromatischen Aminen (Acetamid, Harnstoff, Benzamid, Acetanilid, Anilin usw.) unter Zusatz von Wasser oder Glycerin oder Alkoholen usw. verknetet und sodann gewalzt. **(F. P. 472 192.)**

Zur Herstellung von Kunstmassen vermischt man Casein mit Cellulosexanthogenat oder Hydrothiocellulose und setzt die Cellulose aus ihrer Verbindung während des üblichen Härteprozesses in Freiheit. **(D. R. P. 174 877.)**

Nach **F. P. 395 402** und **Zusatz 12 620** löst man 1 Tl. Casein in einer wässerigen Lösung von 7—10proz. Natriumsulfocarbonat (2 : 3) und setzt evtl. die starke Viscosität dieser Lösung durch Zusatz von 0,2—0,5 Tl. einer 1proz. Natronlauge entsprechend herab. Die Lösung wird zunächst mit Bleiacetat gefällt, wobei sich eine unbeständige Verbindung aus Schwefelkohlenstoff, Protein und Blei bildet, die nach einigen Tagen zu einer elastischen, hornartigen Masse erstarrt. Man löst sie nun und fällt mittels konzentrierter Lösungen von Ammoniaksalzen eine plastische, wasserlösliche Masse, die durch Behandlung mit verdünnten Säuren unlöslich wird.

Zur Herstellung einer plastischen Masse verreibt man nach **D. R. P. 270 272** 5 kg Casein mit wenig starkem Ammoniak zu einem dicken Brei und verrührt diesen mit einer konzentrierten Lösung von Oxycellulose ebenfalls in konzentriertem Ammoniak. Die durchsichtige Masse wird unter starkem Druck geformt, worauf man die Formlinge mit Formaldehyd härtet, bei niedriger Temperatur trocknet und die Gegenstände 2—10 Stunden einer Temperatur von 60 bis 80° aussetzt. Man vermischt z. B. die nach **Cross** und **Bevan, Journ. f. prakt. Chem. 46, 430,** hergestellte Oxycellulose gelöst in möglichst wenig konzentriertem Ammoniak mit dem erstarrten Brei von 5 kg Casein, ebenfalls in möglichst wenig starkem Ammoniak und erhält so die durchsichtige, unter starkem Druck formbare Masse, die evtl. mit Formaldehyd gehärtet, bis zur Durchsichtigkeit bei geringer Temperatur getrocknet und dann, je nach der Größe des Gebildes, 2 bis 10 Stunden einer Temperatur von 60—80° ausgesetzt wird. Die so hergestellten plastischen Massen haben die wichtige Eigenschaft, daß sie sich selbst in verdünntem Ammoniak vollkommen und leicht lösen und diese Löslichkeit bei 60—80° verlieren, wenn man diejenigen Oxycellulosen verwendet, die aus Cellulose und verdünnter Salpetersäure erhalten werden.

530. Hefekunstmassen.

Über plastische Massen aus Hefe siehe **Chem.-Ztg. 1915, 934** und **1916, 177.**

Die Herstellung von Hefeprodukten aus in der Wärme gelockerter Hefe, einer Mehlsorte, Braugerste, Öl, Melasse u. dgl. ist in **E. P. 21 708/1912** beschrieben. Das Produkt kann als Ersatz von Milchcasein dienen und man kann es auch als Zusatz zu Nitrocelluloseverbindungen bei Herstellung plastischer Massen verwenden.

Nach **E. P. 521/1912** erhält man eine plastische Masse aus 40 Tl. Preßhefe, 30 Tl. gemahlenen Hopfenschalen, 10 Tl. Holzstoff, 10 Tl. Schellack, 10 Tl. Wasserglas (als Bindemittel) und 8 Tl. Pflanzenöl, um die Masse wasserdicht zu machen.

Die Heferückstände bestehen aus eigenartiger Cellulose, die sich aus feinsten Häutchen von großer Flächenausdehnung zusammensetzt. Dieser Form des Ausgangsmateriales ist es zuzuschreiben, daß die erhaltenen plastischen Massen, bei deren Entstehung der Formaldehyd chemisch ebenfalls eingreifen dürfte, sich durch besonders gute Eigenschaften auszeichnen. Die ersten Angaben über Herstellung dieser Kunstmassen finden sich in **D. R. P. 275 857.**

Zur Herstellung einer horn- oder hartgummiähnlichen Masse trocknet man 1 kg Hefebrei mit etwa 15% Trockengehalt und 150 g 40proz. Formaldehyd ein, mahlt die Masse und preßt sie bei 90° unter einem Druck von 200—300 Atm. in Formen. Oder man löst 15 g Blutalbumin in 40° warmem Wasser, verrührt die Lösung mit 1 kg Hefebrei von obigem Gehalt, erhitzt zum Kochen, trennt die Flüssigkeit ab, vermischt den Brei von geronnenem Albumin und niedergerissenen Hefebestandteilen mit 150 g käuflichem 40proz. Formaldehyd, preßt die getrocknete und zerkleinerte Masse, um sie wasserfest zu machen, bei einer Temperatur von über 60° unter einem Druck von 250—300 Atm. und erhält den Formling dann als glasiges, ebonitartiges Produkt. (**D. R. P. 289 597.**) Nach Abänderungen des Verfahrens setzt man der Hefe neben oder statt Aldehyden noch Teere, Teeröle, Pech oder Schwefel zu, vermahlt also z. B. 1 kg Hefebrei (15% trocken) nach der Hefeabtötung mit 150 g Formaldehyd und 15 g Teer, trocknet, preßt bei mehr als 80° unter mehr als 150 Atm. in Formen und erhält so oder auch beim Ersatz des Teeres durch Anthracenöl ebenfalls eine hornartige Masse. Nach einer weiteren Ausführungsform behandelt man Trockenhefe mit Formaldehyd in irgendeiner Form evtl. mit Zusatz füllender oder an der Reaktion teilnehmender Stoffe, die evtl. mit Formaldehyd vorbehandelt werden und preßt dann erst nach der Trocknung in heiße Formen. Das Vortrocknen der Hefe bewirkt die Änderung der Beschaffenheit ihrer Eiweißkörper und geschieht auch zu dem Zweck, um die Kunststoffe aus der haltbaren und versendbaren Hefe am Verbrauchungsort anfertigen zu können. Schließlich kann man die Hefe auch ganz oder teilweise durch Trub ersetzen, der als Teig von 30% Trockensubstanz mit ein Drittel seines Gewichtes an Formaldehyd gemahlen und bei 80° unter 300 Atm. Druck in Formen gepreßt wird. Man erhält so je nach der Arbeitsweise auch weichgummi- oder lederartige Stoffe. (**D. R. P. 302 930, 302 931** und **303 133.**) Vgl. **D. R. P. 294 856.**

Das so aus Hefe und Aldehyden erhaltene Produkt führt den Namen Ernolith und wird in Pulverform in mehreren Marken an die Verarbeiter abgegeben, die das Produkt trocken direkt formen und in heizbaren hydraulischen Pressen auf Ebonit-, Galalith- oder Celluloidersatz verarbeiten. Die mechanisch leicht bearbeitbaren Körper zeigen ein spec. Gewicht von 1,33—1,35, sind unentflammbar, verkohlen sehr schwer und zeigen die wertvolle Eigenschaft, sich Metallteilen fest anzulagern, wenn sie mit ihnen zusammengepreßt werden. (**H. Blücher, Chem.-Ztg. 39, 934.**)

Über Ernolith und seine Verwendung, insbesondere zur Herstellung von Matrizen und Klischees für Rotationsdruck und Tiefdruck, siehe **H. Blücher, Chem.-Ztg. 1917, 489.** Vgl. **E. Krause, Zeitschr. f. Angew. Chem. 29, III, 236.**

Zur Herstellung von weichgummi- bis lederartigen Massen setzt man den Gemengen aus Hefe und Formaldehyd mit oder ohne Zusatz von Eiweißstoffen, Phenolen, Ölen oder Glycerin noch so viel Leim zu, daß die Preßlinge nach dem Erkalten weich und biegsam bleiben. Die Härte und die Eigenschaften der z. B. mit Gewebefasern, Geweben oder auch mit Metallteilen zusammengepreßten Masse ist ausschließlich von dem angewendeten Druck abhängig. Je geringer dieser ist, um so mehr gleicht die Kunstmasse dem Paragummi, je höher er wird, desto lederähnlicher wird sie. (**D. R. P. 314 728.**)

Zur Formung pulverförmiger Massen, z. B. von Kunststoffen aus Hefe und Formaldehyd oder aus Kühlschifftrub, gequollenem Leim und Formaldehyd, bewirkt man die Vereinigung des Pulvers bei der Abformung des Originals unter höherem Druck und höherer Temperatur als bei der Abformung der Matrize. (**D. R. P. 314 544.**)

531. Blut-(Serum-)kunstmassen.

Ein künstliches Baumaterial wird nach **D. R. P. 65 254** hergestellt aus 10 Tl. Kalk, 89 Tl. Blut und 1 Tl. Alaun mit Korkabfällen, Asche, Sägespänen, Lohe, Baumwollabfall usw. als Füllstoff.

Das Verfahren der Blutverwertung zur Herstellung von Kunstmassen nach **Herzmann** durch Behandlung des Blutes mit Chlorkalk bei Gegenwart von Kupfernitrat oder Kobaltchlorür und folgende Härtung der mit Aluminiumverbindungen versetzten Masse durch Formaldehyd beschreibt der Verfasser in **Techn. Rundsch. 1906, 537.** Dieses Verfahren der Blutbleichung mit Chlorkalk und Kontaktsubstanzen hat nach **M. Herzmann, Techn. Rundsch. 1909, 287,** den Nachteil, daß die Verwendung des Chlorkalkes große Wassermengen und daher auch eine umfangreiche Apparatur erfordert. Es empfiehlt sich daher zur Bleichung des Blutes Ceriverbindungen zu verwenden, die bei Gegenwart organischer Substanzen sehr leicht Sauerstoff abgeben, wobei sie selbst in Ceroverbindungen übergehen, die sich durch Glühen an der Luft leicht wieder in Ceriverbindungen umwandeln lassen. Man erwärmt z. B. die koagulierte Blutmasse mit 2 l einer sauren Cerisulfatlösung, die etwa 10% freie Schwefelsäure und 3% Cerisulfat enthält, auf 50—60° und erzielt so nach 1—2 Stunden völlige Entfärbung des Materiales.

In **D. R. P. 121 530** und **125 621** waren Verfahren geschützt, mit deren Hilfe man aus Bluteiweiß, Casein, Melasse oder anderen eiweißhaltigen Stoffen nach der Bleichung zu durchsichtigen, glasartigen Produkten, plastischen oder Kunstmassen gelangen kann. Vgl. **D. R. P. 128 214.**

Nach **D. R. P. 132 780** erhält man eine Isoliermasse aus einem innigen Gemenge von mit Blut getränkten Sägespänen, Zementpulver und trocken gerührtem Gummibrei. Vgl. **D. R. P. 134 573.**)

Nach **A. P. 943 157** stellt man eine plastische Masse aus Knochenmehl, Zement und Blut her.

Zur Herstellung einer plastischen Masse behandelt man nach **D. R. P. 187 479** koaguliertes Blut mit essigsaurem Kalk und Formaldehyd, setzt Füllstoffe und Farbstoffe zu, vermischt und preßt die Masse in Formen.

Zur Herstellung gefärbter oder ungefärbter wasserdichter Massen verwendet man nach **Ö. P. 29 281** und **Ö. P. Anm. 3101/07** Blut, das man mit Halogenhydrinen des Glycerins oder mit Oxymethylsulfon behandelt. Als Zusätze kommen Aluminiumhydroxyd oder Celluloseester oder Nitrocellulose in Betracht.

Zur Herstellung gefärbter oder ungefärbter wasserdichter plastischer Massen härtet man ein Gemenge von Blut und Celluloselösung oder in Alkali gequollener Cellulose mit Trimethylamin und macht die Masse mit in Wasser unlöslichen Glyceriden oder Pektinstoffen geschmeidig. **(Ö. P. 1992/1906.)**

Zur Herstellung plastischer Massen empfiehlt es sich nach **M. Herzmann, Techn. Rundsch. 1909, 288,** gebleichtes Blut mit 3% Epichlorhydrin unter Zusatz organischer Amine (Pyridin, Chinolin, Toluidin usw.) als Kontaktsubstanzen mehrere Stunden stehen zu lassen. Man erhält so plastische Massen, die länger geschmeidig bleiben als bei Zusatz von Öl.

Zur Härtung plastischer Massen kann man, ebenso wie Formaldehyd, der nach **F. P. 318 385** zur Härtung caseinartiger Produkte dient, auch andere Aldehyde, z. B. Acet- oder Benzaldehyd oder Hexamethylentetramin oder Oxymethylsulfon verwenden. Besonders letzteres hat nach **M. Herzmann, Techn. Rundsch. 1909, 288,** den Vorteil, daß wegen der Einführung der Schwefligsäuregruppe eine beispielsweise aus entfärbter Blutmasse hergestellte plastische Masse keine Nachdunklung erleidet.

Zur Herstellung einer plastischen Masse aus Blut löst man nach **D. R. P. 243 347** 50 kg zerkleinerten Blutkuchen in 300 l Wasser und 3 l 40grädige Ätznatronlösung unter Erwärmen, verrührt die Lösung mit 300 kg frischem Blut und setzt unter Rühren Mineralsäure bis zur deutlich sauren Reaktion zu. Dann filtriert man vom Blutniederschlag und vermischt das Filtrat, das keine Eiweißreaktion zeigen darf, mit 5 kg Türkischrotöl unter evtl. Zusatz einer kleinen Menge einer 1proz. Kautschuklösung, füllt die Masse z. B. mit den gepulverten Rückständen gepreßter Ölsamen und behandelt das Produkt vor oder nach dem Pressen zur Härtung mit flüssigem oder gasförmigem Formaldehyd.

Zur Herstellung fester plastischer Massen versetzt man Rinderblutserum mit Ameisensäure und Trioxymethylen bzw. Formaldehyd und erhitzt dann mit Phenol und Natriumsuperoxyd bis zum Festwerden des Produktes. Durch die aus dem Natriumsuperoxyd frei werdende Natronlauge wird die angewendete Ameisensäure gleichzeitig neutralisiert. Man mischt z. B. 100 Tl. Rinderblutserum mit 25proz. Ameisensäure und 20—30 Tl. Trioxymethylen, setzt 80 bis 90 Tl. Phenol und so viel mit Wasser angerührtes Natriumsuperoxyd vorsichtig zu, bis die Reaktion schwach alkalisch ist, vermischt schließlich noch mit 10 Tl. Natriumsulfit, erhitzt die Masse einige Stunden und gießt sie in Formen, woselbst sie weiter erwärmt allmählich fest wird. **(D. R. P. 274 179.)** Nach dem Zusatzpatent versetzt man 100 Tl. Rinderblutserum unter gutem Rühren mit 10 Tl. 40proz. Formaldehydlösung und 0,25 Tl. Natriumsuperoxyd, dampft die Mischung auf ein Viertel des Volumens oder besser noch bis zur gelatinösen Beschaffenheit oder ganz zur Trockne ein und erhitzt den Rückstand während 8—10 Stunden mit einem Gemenge von 100 Tl. Phenol und 100 Tl. 40proz. Formaldehydlösung oder statt letzterer 40 Tl. Trioxymethylen und 20 Tl. Natriumsulfit auf 80—90°. Man erhält so nicht mehr ein trübes Produkt, sondern eine klare, opalisierende oder durchsichtige Masse. **(D. R. P. 284 214.)** Nach dem weiteren Zusatzpatent arbeitet man in der Weise, daß man 100 Tl. Rinderblutserum mit 10 Tl. 25proz. Ameisensäure unter gutem Rühren bis zum vierten Teile des Volumens oder zur Trockne eindampft, den Rückstand in eine Mischung aus 100 Tl. Phenol, 100 Tl. 40proz. Formaldehydlösung (bzw. 40 Tl. Trioxymethylen) und 20 Tl. Natriumsulfit einträgt, das Ganze unter allmählichem Zusatz von Natronlauge bis zur klaren, alkalisch reagierenden Lösung erwärmt und dann 8—10 Stunden auf 80—90° erhitzt, bis der Inhalt zu einer festen klaren Masse erstarrt, die gut formbar ist und die Kontur der Form scharf wiedergibt. **(D. R. P. 288 347.)**

532. Kunstmassen aus anderen Eiweiß- (stickstoffhaltigen) Stoffen.

Nach **D. R. P. 99 509** läßt sich Albumin in 10proz. Lösung nur dann mit Formaldehyd unlöslich machen, wenn man die Albuminformaldehydlösung eintrocknen läßt. Im entgegengesetzten Fall, wenn man also dafür sorgt, daß das Wasser nicht verdunsten kann, bleibt diese Lösung dünnflüssig und klar und läßt sich ohne irgend welche Ausscheidung weiter mit Wasser verdünnen. Zur Herstellung des unlöslichen Produktes verrührt man 1 kg einer 10proz. wässerigen Lösung von Eiereiweiß mit 100 g etwas verdünnter 40proz. Formaldehydlösung, gießt auf Glasplatten und läßt erstarren.

Zur Herstellung dauernd elastischer Massen werden Albuminate nach **D. R. P. 136 693** mit den Hydroxyden des Aluminiums, des Zinks oder der Metalle der Eisengruppe vermischt, und zwar in der Weise, daß man die Masse zunächst mit der betreffenden Metallsalzlösung verrührt und das Hydroxyd durch ein passendes Zersetzungsmittel ausfällt. Die ohne jene Hydroxyde des Aluminiums, Zinks oder der Metalle der Eisengruppe hergestellten Albuminate besitzen zwar ebenfalls in feuchtem Zustande ein bedeutendes Binde- und Klebevermögen und dichten gut ab, werden jedoch beim Austrocknen hart und spröde. — Im übrigen sei erwähnt, daß bis heute keine Substanz bekannt ist, die gehärtete Eiweißstoffe geschmeidig zu machen vermag, ohne zu gleicher Zeit durch Wasser auswaschbar zu sein.

Nach **D. R. P. 248 484** kann man plastische Massen, die wertvolle Eigenschaften besitzen, auch herstellen aus Albuminaten und einem Kohlenhydrat, wie z. B. Stärke oder Cellulosehydrat in Gegenwart von Alkali mit oder ohne Zusatz von Füllmaterial.

Eine plastische Masse wird nach **A. P. 1 061 346** hergestellt aus Eiweiß, das man zunächst mit Phenol behandelt und sodann mit Formaldehyd in der Hitze unter Druck formt.

Die in **D. R. P. 247 189** beschriebenen Erdalkalisalze der Eiweiß-Metaphosphorsäureverbindungen, ferner die Tricalciumphosphat-Eiweißverbindungen des **D. R. P. 253 839 (Bd. IV [613])** und die Eiweißverbindungen von Phosphaten, Sulfaten, Silicaten und Carbonaten der alkalischen Erden und Metalle nach **D. R. P. 272 517** lassen sich nach vorliegendem Verfahren durch Pressung in hornartige, elastische Massen verwandeln, die nachträglich gehärtet und durch Pressen im Vakuum (zur Beseitigung der Luftblasen) oder Erwärmen bei oder nach dem Pressen weiter umgewandelt werden können. **(D. R. P. 275 160.)**

Nach **F. P. 446 840** erhält man eine plastische Masse aus 10 g Zein (Eiweißsubstanz des Maises), 20 g Kolophonium, 5 g Naphthalin, 100 ccm 90proz. Spiritus, 10 ccm Benzol und der nötigen Menge an Füllstoffen (Kaolin, Schwefel usw.).

Die Verwendung der Steinnußsamen (pflanzliches Elfenbein) zur Herstellung plastischer Massen ist in **E. P. 13 691/1912** beschrieben. Man mischt 80—90% des Samenpulvers mit Viscose, die man evtl. aus dem Samen selbst herstellt, formt, wäscht die Masse zur Entfernung der Salze mit Wasser aus oder taucht sie in eine Lösung von Eisenchlorid, das durch den Schwefelgehalt der Viscose in Eisensulfid übergeführt wird. Ein derartiger aus Pflanzeneiweiß allein oder in Verbindung mit Bakelit in den Handel kommendes, als Kautschuksurrogat verwendbares Produkt führt den Namen Protal bzw. Protalbakelit und stellt einen wasserdichten, gegen kaltes und heißes Wasser unempfindlichen Stoff dar.

Zur Herstellung einer politurfähigen schwarzen Kunstmasse behandelt man Lederabfälle mit einer konzentrierten Auflösung von Kupferchlorid, wobei sich gasförmige Salzsäure entwickelt, extrahiert das gequollene, später spröde und zerreibliche Produkt mit Schwefelkohlenstoff, um ausgeschiedenen Schwefel zu entfernen, wäscht es zur Entfernung des überschüssigen Kupfersalzes und bindet das Pulver mit einem schwarzgefärbten gelatinösen Bindemittel. **(D. Gewerbeztg. 1869, Nr. 41.)**

Über Herstellung einer Kunstmasse aus einem Gemisch von Wasserglas, Knochenpulver oder Hornmehl oder einer anderen Eiweiß oder Leim enthaltenden Substanz durch Tränkung der geformten Gegenstände mit einer 162° heißen Calciumchloridlösung siehe **E. P. 1626/1878.**

Eine Kunstmasse, die sich zur Herstellung von Bausteinen oder als Material zur Wärmeisolierung eignet, erhält man nach **D. R. P. 38 325** aus (Vol.-Tl.) 1—2 Äscherkalk, 1—3 Lederabfall, 4—6 Gerberlohe und 1—10 Wasser.

Nach **D. R. P. 169 679** verarbeitet man zur Herstellung von Isoliermassen tierische Fasern mit Alkalilauge zu einer homogenen Masse, worauf man das natürliche Bindemittel mit Hilfe einer sauren Chromsalzlösung abscheidet, die Masse entwässert, mit dem Bindemittel wieder vereinigt und preßt.

Zur Herstellung plastischer Massen, die sich als Ersatz für Sohlenleder, für Wand- und Fußbodenbelag eignen, verarbeitet man mit Alkali vorbehandelte tierische Abfälle (Leder, Häute, Hufe, Horn, Knochen) mit Bitumen, das man vorher mit Erdölrückständen, tierischem Fett, Leim oder leimgebenden Substanzen und Schwefel auf höhere Temperatur erhitzt. **(D. R. P. 197 196.)**

Zur Herstellung von Isoliermassen aus Lederabfällen vermahlt man sie evtl. unter Zusatz von Asbest ohne die Faser zu zerstören in einer geeigneten Mühle, setzt einen geringen Prozentsatz Glycerin, weiter Leinöl oder ein Gemenge von Teer- oder Mineralölen als Bindemittel und Silicate als Füllstoffe zu und bringt die breiartige Masse entweder unmittelbar zur Herstellung fugenloser Fußböden auf die Unterlage (Zirkus-, Exerzierschuppenfußböden) oder verformt sie unter Druck zu Platten. **(D. R. P. 297 197.)**

Ein gegen Wasser und Säuren widerstandsfähiges, wie Hartgummi, Galalith oder Celluloid bearbeitbares Kunstprodukt kann man ferner aus Federmaterial erhalten, das man mit Wasser unter Druck auf 140—150° erhitzt, dann mit Schwefelsäure behandelt und im neutral gewaschenen Zustande entweder direkt oder nach erfolgter Mahlung evtl. nach Zusatz von Füllstoffen oder auch Schwefel auf Platten oder Stäbe verarbeitet. **(D. R. P. 308 755.)**

533. Kautschuk-(Guttapercha-)haltige Kunstmassen.

Ältere Verfahren zur Herstellung von Kunst- und Isoliermassen aus Graphit, Harz, Wachs, Kautschuk, Schwefel, Metalloxyden, Silicaten usf. sind in **D. R. P. 18 438, 18 902, 20 462, 21 833, 24 277** und **27 077** beschrieben.

Die Bereitung einer Kunstmasse aus Guttapercha, Schwefel und Füllstoffen zur Herstellung von Knöpfen, Messergriffen u. dgl. ist in **Dingl. Journ. 1851, IV, 240** beschrieben.

Eine plastische Masse erhält man nach **E. P. 1846/1882** durch Erhitzen einer 100° warmen Lösung von Kautschuk in Palmöl oder Cocosnußöl mit der gleichen Menge Kaurikopal und 5—15% Chlormagnesium auf 140°.

In **E. P. 9580/1885** wird empfohlen, für Isolierzwecke eine Kunstmasse aus Guttapercha und mit Chlorzink erhitztem Öl zu verwenden.

Nach **D. R. P. 37 824** erhält man eine Isoliermasse aus Magnesiumcarbonat, Schwefel, Kreide, Magnesit, Schwefelantimon und Kautschuk.

Nach **E. P. 4663/1913** erzeugt man eine plastische Masse aus vulkanisiertem Abfallgummi und einem Gemenge von Guttapercha und Fett oder Paraffin als Bindemittel.

Über Herstellung einer plastischen Masse aus Zement, Kautschuklösung und Wasser mit oder ohne Zusatz von Blei- und Zinkweiß, Mennige, Kreide, Schwerspat, Glaspulver, Quarz oder Schwefel siehe **D. R. P. 74 255.** Die zunächst plastische Masse erhärtet unter dem Einfluß der Luftfeuchtigkeit; das Erhärten kann durch Einlegen in Wasser oder Wasserglas beschleunigt werden.

Ein sehr gutes Isoliermaterial für elektrische Drähte wird nach **D. R. P. 74 928** und **77 856** hergestellt aus 5 Tl. Guttapercha, 3 Tl. Kautschuk und 2 Tl. Wollwachs (Lanichol, Wollcholesterin). Ein billigeres Material erhält man durch Verkochen von 40 Tl. Kautschuk und 30 Tl. Wollfett mit Wasser und Ätzalkali; das Wollwachs vereinigt sich mit der Guttapercha oder dem Kautschuk, die Fettsäureglyceride werden verseift und entfernt.

Nach **D. R. P. 85 249** erhitzt man zur Herstellung eines Isoliermaterials Baumwolle und ricinusölhaltige Schwefelsäure mit Schwefel, Kautschuk, Harz oder Paraffin.

Nach **D. R. P. 125 316** wird eine Kunstmasse aus Leder, Kork, Asbest, Kautschukabfällen und Leinöl hergestellt.

Eine insbesondere als Dichtungsmittel geeignete Kunstmasse wird nach **Ö. P. Anm. 1057/09** durch Zusammenschmelzen von Mennige, Gummilösung, Rohtalg und Fichtenharz erhalten.

Das Dichtungsmittel des **D. R. P. 333 215** erhält man durch Erwärmen einer wässerigen Tragantlösung mit einer ätherischen Kautschuklösung, denen man Mehl oder Gelatine oder Hausenblase zusetzt, auf etwa 30°.

Nach **D. R. P. 262 552** tränkt man zur Herstellung eines Imprägnierungsmittels oder einer plastischen Masse 1 Tl. Cellulose zunächst zur Gewinnung von Viscose mit einer Lösung von $^1/_3$ Tl. Ätznatron in 6 Tl. Wasser, versetzt mit 0,2 Tl. Schwefelkohlenstoff und läßt das Gemenge 2—3 Stunden im geschlossenen Gefäß bei etwa 30° stehen; andererseits emulgiert man eine Lösung von 0,5 Tl. Kautschuk und 0,05 Tl. Schwefelblumen in 5 Tl. Schwefelkohlenstoff mit der fünffachen Menge eines Gemisches von gleichen Teilen Wasser und Benzin, vereinigt die beiden Gemenge, fügt 2% der Gesamtmenge Zinksulfat oder Aluminiumsulfat hinzu und verwendet die erhaltene Flüssigkeit direkt zum Imprägnieren von Geweben oder Filz oder formt sie mit passenden Einlagen zu Gegenständen, die zunächst unter einem Druck von 100 Atm. bei 60—70° gepreßt und schließlich während $2^1/_2$—3 Stunden bei etwa 120° vulkanisiert werden.

Nach **D. R. P. 265 923** erhitzt man Kautschukabfälle zur Herstellung formbarer Massen zum Schmelzen (auf etwa 300°), vermischt die Masse nach dem Abkühlen mit Schwefel und erhitzt nun abermals, bis sie nicht mehr klebrig ist und so hart bleibt, daß sie die Form, die man ihr vor dem zweiten Erhitzen gab, behält. Das erhaltene Produkt kann dann mit Rohkautschuk, Asbest oder anderen Füllmitteln wie üblich geformt und vulkanisiert werden.

Nach **A. P. 1 206 920** stellt man eine plastische Masse in der Weise her, daß man in Kautschuk eine Anzahl kurzer, ungesponnener Textilfasern in unregelmäßiger Weise verteilt und die Masse dann vulkanisiert.

Zur Herstellung einer elfenbeinartigen, auf der Drehbank bearbeitbaren Masse, leitet man in eine 6proz. Kautschuk-Chloroformlösung bis zur völligen Entfärbung Ammoniakgas ein und behandelt das Produkt zur Entfernung des Lösungsmittels mit 85° heißem Wasser. Das Produkt bildet einen Schaum, der ausgedrückt, gepreßt und getrocknet, dann nochmals mit einer geringen Menge Chloroform behandelt und schließlich mit feingeriebenem phosphorsaurem Kalk oder kohlensaurem Zinkoxyd gemischt und in heiße Formen gepreßt wird. **(Dingl. Journ. 183, 498.)**

Zur Herstellung einer Celluloid- oder Ledersatzmasse löst man Kautschuk in Kohlenstofftetrachlorid oder einem anderen chlorbeständigen Lösungsmittel, leitet Chlor in die Lösung, setzt einen Füllstoff, z. B. Campher, zu und verdampft das Lösungsmittel oder fällt die Kunstmasse mit Alkohol aus. **(E. P. 1894/1915.)**

Die wasserdichte Masse des **A. P. 1 399 724** wird aus Benzol, Kautschuk, Paraffin und Benzin erzeugt.

534. Harz enthaltende Kunstmassen.

Eine zusammenhängende Arbeit in der Herstellung plastischer Massen mittels harzhaltiger Seifen von **Marschalk** findet sich in **Kunststoffe 1917, 20.**

Die früher zur Herstellung von Medaillen und von Trägern für Telegraphendrähte verwendete Kunstmasse Diatit bestand nach **M. Merrick** aus einem Gemenge gleicher Teile Gummilack und fein verteilter Kieselsäure (aus Wasserglas durch Säurefällung). Diese Masse läßt sich in der Wärme leicht in die verschiedensten Formen bringen (z. B. durch Verkneten zwischen heißen Walzen, wie bei der Kautschukfabrikation) und beliebig färben. Vor den Gegenständen aus künstlichem Holz haben die aus Diatit den Vorzug, der Feuchtigkeit zu widerstehen. **(D. Ind.-Ztg. 1869, 408.)**

Über Herstellung von Wandgetäfelplatten aus Kolophonium, Schlämmkreide u. dgl. siehe **D. R. P. 63 988** und **68 136.**

Nach **D. R. P. 74 687** erhitzt man zur Herstellung einer Isoliermasse ein Gemenge von Schellack und Kolophonium unter evtl. Zusatz von Birkenteeröl oder Anthracen oder Phenanthren und Anilin im geschlossenen Gefäß auf 400°. Vgl. **D. R. P. 87 697** und **92 086.**

Um Harze, die man plastischen Massen zusetzt, leichter und vollkommener in Lösung zu bringen und zugleich die Festigkeit der Kunstmasse zu erhöhen, setzt man der Harzlösung chinesiches Holzöl zu. Man verknetet z. B. eine Lösung von 5 Tl. Dammarharz in 10 Tl. Benzol und 5 Tl. Terpentinöl mit 50 Tl. chinesischem Holzöl, 23 Tl. Benzol, 5 Tl. Terpentinöl, 2 Tl. Rosmarinöl unter mäßigem Erwärmen auf 40—50°. **(D. R. P. 114 029.)**

Ein wasserdichtes, den elektrischen Strom nicht leitendes Material erhält man nach **D. R. P. 136 623** aus Kopalharzen und den zwischen 260 und 280° siedenden Bestandteilen des Steinkohlenteers. Dem Gemenge wird als nichtleitende Substanz Speckstein und zur Erhöhung der Elastizität ein trocknendes Öl beigemengt. Vgl. **D. R. P. 125 599** u. **144 057.**

Nach einem Referat in **Seifens.-Ztg. 1912, 478** wird ein derartiges, besonders als Isoliermittel für elektrische Leitungen verwendbares Produkt („Cinerit") aus einem Gemenge von gesiebter Kohlenasche und Sodalösung erhalten, das man durch Imprägnierung mit Kopallack auch in ein Material überführen kann, das sich zur Bekleidung von Wänden, Tischen, Mauern, Schaukästen usw. eignet.

Zur Herstellung einer Wandbekleidungsmasse mischt man nach **D. R. P. 221 674** einen Brei, der aus 5 l Wasser und Kieselgur oder Kreide bereitet wird, mit einem Gemenge von 4 l Bernsteinlack, $^1/_2$ kg Silberglätte, $1^1/_2$ kg Mangansikkativ und Glycerin. Dann fügt man der Masse ein kochendes Gemenge von 1 kg Schmierseife und 3—4 kg Leinöl zu, läßt 24 Stunden trocknen, trägt auf und arbeitet die plastischen Muster ein. Nach 14 Tagen ist die Masse vollständig erhärtet.

Eine plastische Masse erhält man ferner nach **Norw. P. 31 032** durch Erhitzen eines geformten erhärteten Gemisches von Zement (und evtl. Füllmitteln, Asbest, Baryt), wenig Anfeuchtungswasser, Harz oder Pech bis zum Schmelzpunkt dieser Bindemittel.

Zur Herstellung geformter Gegenstände aus natürlichen oder künstlichen Harzen preßt man die Masse soweit vor, daß der erforderliche Zusammenhang erzielt wird, gleichzeitig aber noch genügende Porosität erhalten bleibt, um den Körper mit Malerei oder einer Zeichnung versehen zu können. Schließlich stellt man die Formlinge durch Härtung fertig. **(D. R. P. 245 148.)**

Als Bindemittel für Kunstmassen verwendet man nach **Ö. P. 49 983** Füllstoffe und Lösungsmittel, die, wie z. B. hochsiedende Kohlenwasserstoffe und harzsaure Salze, bei höherer Temperatur polymerisierte Produkte geben. Man erhält dann in der Masse, wenn man das Lösungsmittel entfernt hat und die Formmasse einer höheren Temperatur aussetzt als Endprodukt ein Gemenge von Füllstoff, polymerisiertem Harz und Silicaten. Ein Verlust an Masse bzw. Gewicht tritt demnach nicht ein.

Zur Gewinnung plastischer, gummiartiger Massen fällt man die filtrierte bei der Verseifung von Harzen entstehende Unterlauge bei 100° mit verdünnter Säure. Das Produkt ist schwach sauer, unlöslich in Wasser und Lauge, in der Wärme plastisch, in der Kälte spröde. **(D. R. P. 315 847.)**

535. Kunstharz-Kunstmassen.

Bei Versuchen, die durch die U. S. Light and Heating Co., Niagara Falls, ausgeführt wurden, erwiesen sich die mit Bakelitisolierung hergestellten Kommutatoren (Kollektoren) als die besten, da sie erst bei 7498 m Umfangsgeschwindigkeit pro Minute zertrümmert wurden, was einer 6,7 fachen Sicherheit gleichkommt. Neuerdings stellt man Bakelitkollektoren her, die wie üblich aus Kupfersegmenten und Stahlringen gebaut, 10 000 Touren aushalten gegenüber den mikaisolierten, Messing- oder Stahlringkollektoren, die nur 6000—8000 Touren vertragen. Überdies ist das Material gegen Öl und Feuchtigkeit unempfindlich und beginnt erst bei 200° zu erweichen, während die dem Kollektor gefährlichen Temperaturen 130° nie überschreiten. (Ref. in **Zeitschr. f. angew. Chem. 28, 71.)**

Zur Herstellung plastischer Massen löst man Formaldehyd-Phenolkondensationsprodukte (**Bd. III [98]**) in Aceton, Alkohol, Glycerin, organischen Säuren oder anderen Lösungsmitteln, gießt die Massen in Formen, dickt sie ein und trocknet. Man erhält, wenn man der Masse als Lösungsmittel zwecks Härteerhöhung ein Gemisch von Formaldehyd und Glycerin und evtl. noch Campher und Kautschuk zusetzt, durchsichtige plastische und elastische Massen, die nach der Erhärtung wie Holz bearbeitbar sind. **(D. R. P. 140 552.)**

Eine auf der Drehbank bearbeitbare, schleif- und polierbare Masse für kunstgewerbliche und elektrotechnische Zwecke wird nach **Schwed. P. 40 994/07** erhalten durch Erhitzen von 100 Tl. Phenol, 100 Tl. 40 proz. Formaldehyd und 30 Tl. Natriumsulfit auf 130°, bis eine harte, glasige Masse entsteht.

Nach **A. P. 939 966** erwärmt man zu demselben Zweck Phenol und Formaldehyd, jedoch nicht bis zur Bildung des unlöslichen Kunstharzes worauf man die Masse unter Druck formt und dann erst das unlösliche und unschmelzbare Kondensationsprodukt erzeugt.

Nach **D. R. P. 223 714** wird ein Dichtungsmittel aus den verschiedensten, organischen oder anorganischen Faserstoffen mit oder ohne Zusatz von Graphit, Talk, Speckstein u. dgl. erhalten, wenn man sie mit dem unlöslichen und unschmelzbaren Produkt imprägniert, das man durch Kondensation von Phenol mit Formaldehyd erhält.

Eine Kunstmasse, die sich besonders zur Isolierung von Kabeln eignet, wird nach **E. P. 1598** und **1599/1912** hergestellt aus Viscose oder Sulfohydrocellulose und den Kondensationsprodukten aus Phenolen und Formaldehyd unter Zusatz von Kautschuk oder Harz.

Nach **F. P. 426 486** kondensiert man zur Gewinnung einer plastischen Masse Phenol und Formaldehyd bei Gegenwart von Ammoniak und Schwefelwasserstoff (evtl. auch Schwefelkohlenstoff) und preßt das erhaltene Produkt bei 130° unter einem Druck von 100 Atm. in Formen. Vgl. **F. P. 423 215.**

Eine säure- und alkalifeste plastische Masse erhält man nach **F. P. 435 944** aus den nach **E. P. 3496—98/1911** hergestellten Kondensationsprodukten von Phenol und Formaldehyd durch Erhitzen bis zur Austreibung des Wassers und des überschüssigen Phenols, Behandeln mit Hexamethylentetramin, Erhitzen der gepulverten Masse auf 200—260°, längeres Kochen mit 10proz. Ätzalkalilösung und Trocknen der Masse, worauf man sie mit Kautschuk und Schwefel mischt, 2—3 Stunden bei 150—182° vulkanisiert und schließlich abermals mit heißer 10proz. Ätzalkalilösung behandelt.

Zur Gewinnung elektrisch isolierender Preßstücke versetzt man die noch harzigen Kondensationsprodukte von Phenolen und Formaldehyd mit Gips oder Zement, um das bei der Umwandlung in das unschmelzbare Produkt frei werdende Wasser zu binden. **(D. R. P. 271 825.)**

Zur Herstellung einer plastischen Masse erhitzt man 30 Tl. Phenol oder 70 Tl. Kreosot nach **E. P. 448 330** mit 20 Tl. Magnesiaseife, 10 Tl. harzsaurem Natron und 15 Tl. Formaldehyd in geschlossenem Gefäß auf 95°, setzt evtl. noch Cellulose oder Leim u. dgl. zu, dickt ein, gießt in Formen und trocknet die Formlinge mehrere Tage bei Temperaturen bis zu 150°. Die Masse zersetzt sich erst über 300° ohne zu schmelzen.

Nach **A. P. 1 067 855** erhält man eine plastische Masse durch Zusammenschmelzen des Kondensationsproduktes aus Phenol und Formaldehyd mit pflanzlichem Eiweiß und Kunstgummi. Vgl. **A. P. 1 067 856.**

Resorcin, Hydrochinon, Pyrrogallol, Brenzcatechin und ihre Derivate werden in Formaldehydlösungen in Gegenwart von sehr geringen Mengen verdünnter Mineralsäuren, die als Kontaktsubstanz zu wirken scheinen, gelöst. Das Gemenge erstarrt nach einigen Stunden zu einem elastischen Produkt, dessen Härte mit dem Verdünnungsgrade des Formaldehyds steigt, und das durch Versetzen des Formols mit Aceton oder Glycerin durchsichtig gemacht werden kann. Der gewonnene Körper soll gegen Agentien sehr widerstandsfähig, formbar, sowie feuerfest sein. **(F. P. 468 879.)**

Zur Herstellung einer dauernd modellierfähigen Masse erwärmt man allmählich ein Gemisch von 1,6 Tl. Paraformaldehyd, 0,2 Tl. Weinsäure, 0,12 Tl. Borsäure und 4,8 Tl. Phenol unter beständigem Rühren allein oder bei Gegenwart von 3,5 Tl. Spiritus auf 75—80°, bis zum Eintritt der Reaktion, bzw. zur Klärung der trüben Flüssigkeit, filtriert dann die alkoholische Lösung heiß, dunstet den Sprit ab und erhält so 5,2 Tl. eines hellen, grünlichweißen Zwischenproduktes von der Art zähen Elemiharzes. Durch sofortiges Mischen des Produktes, solange es noch warm ist, mit 1,2 Tl. Paraform und 0,7 Tl. Borax erhält man eine haltbare, für den Handel bestimmte Paste, die zur Überführung in das wirkliche Kondensationsprodukt mit überschüssiger Säure verknetet wird. Nach Abgießen der saueren Flüssigkeit, Auswaschen mit kaltem Wasser, Abtrocknen und Formen oder Modellieren erhält man eine Masse, die durch kurzes Erwärmen (15 bis 30 Minuten) auf 75—100° ein sehr festes, mechanisch in jeder Weise bearbeitbares Produkt liefert. Auch durch Erhitzen der Masse mit Schwefel auf 100° kann man wertvolle Kunstmassen gewinnen. **(D. R. P. 289 565.)**

Eine durch Erhitzen härtbare plastische Masse erhält man durch Eindampfen eines Gemisches des in alkalischer Kondensation aus Phenol und Formaldehyd erhaltenen flüssigen Kondensationsproduktes mit 5% Ameisen-, Essig- oder Milchsäure bei evtl. Gegenwart einer Mineralsäure und folgendes Füllen der viscosen Flüssigkeit mit Asbest, Holzmehl oder Ton. **(E. P. 179 586.)**

Ein gegen Hitze und Chemikalien, Dampf, Gase und Lösungsmittel widerstandsfähiges Dichtungsmittel erhält man durch Anwendung der Phenol-Formaldehydharze zusammen mit Füllstoffen, bzw. durch Imprägnierung geeigneter Träger (Asbest, Wollgewebe) mit Phenol und Formaldehyd oder mit den aus diesen Stoffen erhaltenen flüssigen oder löslichen Zwischenprodukten, so daß sich das eigentliche unschmelzbare Bakelitprodukt während des Gebrauches der Dichtung durch die Hitze der zu dichtenden metallischen Apparatbestandteile bildet. **(D. R. P. 223 714.)**

Kunstmassen, die vorzugsweise aus Kondensationsprodukten von Phenolen und Formaldehyd bestehen, färbt man mit Teerfarbstoffen etwa in der Weise, daß man die vorher in Benzin, Benzol oder Alkohol gelösten Farbstoffe der Masse zusetzt. Als die hierfür geeigneten Farbstoffe kommen die in **Bd. III [412]** angegebenen Cerasinfarben in Betracht.

Eine plastische Masse wird nach **D. R. P. 168 358** erhalten durch Vermischen wässeriger Lösungen von salzsaurem Anilin mit Formaldehyd. Nach dem Abkühlen des erhitzten Reaktionsgemisches bringt man durch einen weiteren Formaldehydzusatz das Produkt zum Erstarren. Man versetzt z. B. eine Lösung von 130 Tl. Anilinchlorhydrat in 130 Tl. Wasser bei 20—30° mit 90 Tl. Formaldehyd, kühlt das sich stark erhitzende Reaktionsprodukt auf etwa 40—50° ab, fügt abermals 90 Tl. Formaldehyd zu und läßt erkalten.

Eine alkalibeständige Masse, die man zu Schutzüberzügen, Imprägnierungen, Auskleidungen, Anstrichen u. dgl. verwenden kann, erhält man nach **D. R. P. 246 088** durch Verharzen von Formaldehyd und Schwefelammoniumlösung. — Vgl. den Abschnitt „Kunstharze" im **III. Bd.**

536. Öl, Wachs, Stearin-(Naphthol-)pech enthaltende Kunstmassen.

Nach **D. R. P. 121 747** erhält man eine Isoliermasse für elektrische Leitungen aus Hanföl, Teeröl, geringen Mengen von Leinöl, Ozokerit und Schwefel. (Siehe Isolierlacke **Bd. III [147]**.)

Auch durch Imprägnierung von Baumwolle oder Jute mit Kautschuköl oder seinem Gemenge mit Harzen gelangt man nach **D. R. P. 12 178** zu Isoliermaterialien.

Zur Herstellung plastischer Massen, eines rostschützenden Überzuges auf Eisen oder zur Gewinnung einer Masse, die Geweben eine lederartige Beschaffenheit verleiht, die Elektrizität nicht leitet und vom Seewasser nicht angegriffen wird, so daß sie auch in der Kabelfabrikation Verwendung finden kann, verschmilzt man nach **D. R. P. 167 168** Karnaubawachs, nach **D. R. P. 187 028** eine andere beliebige Wachsart gelöst in einem trocknenden Öl mit einem beliebigen Harz und setzt dem Gemenge Alaun, Füllmittel und Farbstoffe zu. Man erhält also z. B. einen hartgummiartigen Stoff durch Erhitzen von 1 kg Karnaubawachs oder Ceresin, Pech, Asphalt usw. mit 300 g calciniertem Alaun, 300 g Schlemmkreide und 300 g Kieselgur; das geschmolzene Gemenge wird zur Imprägnierung eines starken Baumwoll- oder Hanfgewebes benützt und auf ihm eingetrocknet.

Nach **Ö. P. Anm. 4938, 4952** und **4958 v. 1909** werden plastische Massen durch Erhitzen von Ölen, Fetten, Fettsäuren oder von Estern der letzteren mit höheren Alkoholen oder mit Amino- oder Hydroxylderivaten aromatischer Kohlenwasserstoffe in Gegenwart von Kondensationsmitteln erhalten. Man kann auch gereinigte oder ungereinigte Viscose oder ein Schwermetall, ebenso auch Bindemittel und weich machende Agenzien zusetzen.

Mehr oder weniger elastische Produkte, sowie harte und brüchige Massen, werden nach **Ö. P. 47 775** erhalten durch Einwirken von Ammoniak oder Aminen auf fette Öle, die vorher oxydiert oder mit Hilfe von Halogenschwefelverbindungen geschwefelt wurden; insbesondere kommen alle Fettkörper in Betracht, wie z. B. die Glyceride ungesättigter Fettsäuren, die mit Chlorschwefel evtl. bei Gegenwart von Kontaktsubstanzen (Natriumacetat, Kupferchlorür) Additionsprodukte zu bilden vermögen. Die erhaltenen Massen können durch Wärme oder Oxydation polymerisiert werden, auch kann man sie wie üblich vulkanisieren.

Andere Isoliermassen für elektrische Zwecke erhält man aus stearin- oder palmitinsauren Salzen, evtl. in Mischung mit anderen Stoffen, die jedoch keine ungesättigten Fettsäuren enthalten dürfen, durch Erhitzen allein oder im Gemenge mit Kautschuk mit Schwefel. **(D. R. P. 147 688.)**

Nach **D. R. P. 231 460** erhält man eine beständige plastische Masse durch Eintragen von 120 g Glycerin, 300 g Borax und einigen Tropfen Citronenöl in 60 g geschmolzenes Stearin bei 120%.

Nach **A. P. 989 662** vulkanisiert man zur Herstellung einer plastischen Masse ein Gemenge von Ton, teilweise vulkanisiertem Öl und Schwefel.

Vgl. **A. P. 1 000 598**: Wasser, Öl oder Harz, Ton, feinzerteilte Fasern werden gemengt, getrocknet, gepreßt und bilden dann eine unverbrennbare, formbare Isoliermasse.

Eine Isoliermasse wird nach **D. R. P. 188 546** hergestellt aus Wachs und chinesischem Holzöl.

Zur Herstellung einer Kunstmasse erhitzt man Leinöl mit 0,5—1% metallischem Magnesium während 3½—4 Stunden auf 110—120°. Das Material schmilzt bei 110°; es eignet sich besonders für Isolierzwecke oder als Unterlage für Lacke. **(D. R. P. 201 966.)**

Durchsichtige, in Lösungsmitteln lösliche plastische Massen, deren verschiedene Eigenschaften zwischen jenen verdickter Öle und den Eigenschaften von Celluloid, Kautschuk oder Harzen liegen, stellt man nach **D. R. P. 248 443**, je nach dem Verwendungszweck, aus verschiedenen Mengen von Holzöl oder seinen Abkömmlingen mit Aminoderivaten aromatischer Kohlenwasserstoffe (Anilin) und einem geeigneten Kondensationsmittel bei Gegenwart einer geringen Wassermenge her. Man erhitzt z. B. 1 kg Anilin, 1 kg Holzöl, 60—600 g Chlorzink in wässeriger Lösung oder 1 kg Holzöl, 1—5 kg Toluidin, 60—600 g Chlorzink (gelöst in 60—600 ccm Wasser) auf 200—300°, bis eine erstarrte Probe der Schmelze die richtige Konsistenz besitzt, preßt in Formen und läßt erkalten. Nach dem Zusatzpatent behandelt man die nach dem Verfahren des Hauptpatentes gewonnenen harz- oder kautschukartigen Körper mit gasförmigem oder gelöstem Formaldehyd oder führt das ganze Verfahren bei Formaldehydgegenwart aus, wodurch die Körper schwerer schmelzbar, härter und elastischer werden. Die Produkte lösen sich je nach der Erhitzungsdauer in zahlreichen flüchtigen Lösungsmitteln, aber auch in trocknenden und nichttrocknenden Fetten und Ölen. Jedes Stadium der gewonnenen plastischen Massen läßt sich auch nach dem Erkalten, also nach Unterbrechung der Reaktion durch Weitererhitzen in die harten schwerlöslichen bis harzartigen Produkte überführen. **(D. R. P. 259 840.)**

Ein gegen Witterungseinflüsse und Säuren sehr beständiges Isoliermaterial wird nach **D. R. P. 77 810** durch Verschmelzen von 74 Tl. Stearinpech und 20 Tl. Schwefel bei schließlich 155° erhalten. Eine weichere Masse erzielt man durch Verschmelzen von 70% Stearinpech, 10% Schwefel und 20% Leinöl. Zur Gewinnung höher schmelzender Produkte muß bei höherer Temperatur oder im Autoklaven gearbeitet werden.

Nach **D. R. P. 217 026** wird zur Herstellung eines biegsamen, unlöslichen, gegen Hitze und chemische Einflüsse sehr widerstandsfähigen Isoliermaterials weiches Stearinpech durch Erhitzen auf 250—350°, und zwar evtl. auf dem zu isolierenden Gegenstand selbst in eine sehr feste, unschmelzbare Masse von hoher Isolierfähigkeit verwandelt. Die Bildung dieser, aus sog. elastischem Stearinpech jedoch nicht erhaltbaren Überzugsmasse erfolgt anscheinend nicht durch chemische Einwirkung des Sauerstoffes oder der Heizgase, sondern durch Verdampfen der Stearinsäure und eine Art Polymerisation.

Nach **D. R. P. 265 220** erhält man formbare, elastische oder steinartige, auch holzartige Massen, wenn man gemahlene Naphtholrückstände (Naphtholpech) mit Füllmitteln versetzt, die verschiedene Härte besitzen und demnach auch dem entstehenden Produkte die entsprechenden Eigenschaften mitteilen. Das Produkt, das sich für die verschiedensten Zwecke eignen soll, ist leicht bearbeitbar, sehr fest, isoliert gut, kaum entzündbar und völlig säurebeständig. Je nachdem ob man eine stein-, holz- oder hartgummiartige Masse oder einen Stoff herstellen will, der elektrischen Isolierzwecken dienen soll, wählt man als Füllmaterial mineralische Körper bzw. Holzmehl, Leder und Kork, bzw. Hartgummiabfälle, Graphit oder Balata, und laugt in letzterem Falle das Naphtholpech vor der Verarbeitung zur Entfernung der wasserlöslichen Salze mit Wasser aus. **(D. R. P. 265 220.)**

Zur Abdichtung des Dichtungskörpers von Trockengasbehältern gegen die Behälterwandung bedient man sich nach **D. R. P. 346 754** eines Gemisches von Zinkweiß, Bleiweiß, Oliven- und Kürbiskernöl.

537. Asphalt (Bitumen), Teer, Pech enthaltende Kunstmassen.

Über Herstellung von Dichtungen und Isolierungen aus Teer und Asphaltmassen siehe **E. Luhmann, Techn. Rundsch. 1907, 622.**

Die Erzeugung von Asphaltisolierungen und Asphaltfußböden ist ferner in **Tagesztg. f. Brauer. 1917, 863** beschrieben.

Zur Herstellung säurebeständiger Behälter verschmilzt man nach **D. R. P. 41 178** 18 kg Teerpech, 10,5 kg Steinkohlenteer und 10 kg Lehmstaub und verkocht weiter unter Zusatz von 0,625 kg Steinsalz, 0,25 kg Salmiak, 0,4 kg Antimonpulver und 3 kg heißem Spiritus; dann wird die Masse in Formen gegossen.

Auch aus einem Gemenge von Steinkohlenteer oder Asphalt, Knochenkohle und Gespinstfasern läßt sich unter Druck eine säurebeständige Kunstmasse bzw. ein Dichtungsmittel herstellen. **(D. R. P. 59 244.)**

Eine Isoliermasse wird nach **D. R. P. 66 892** hergestellt aus 60—80 Tl. Harzpech, 20—40 Tl. Paraffinwachs und der nötigen Menge von Ölen und Mineralfarben.

Ein Isoliermaterial für elektrische Zwecke wird nach **D. R. P. 79 110** hergestellt durch Erhitzen von Harzen oder Asphalt auf 400°, bis keine Gase oder Destillationsprodukte mehr entweichen. Nach dem späteren Patent **(D. R. P. 111 088)** versetzt man die Masse, um sie zu verhindern dünnflüssig zu werden, bei 100° tropfenweise mit Lösungen oder Suspensionen von Gips oder Eisenoxyd und ähnlichen Stoffen in Wasser bis der gewünschte Grad der Zähigkeit erreicht ist. Vgl. **D. R. P. 110 302.**

Zur Herstellung einer Isoliermasse vermischt man nach **D. R. P. 145 250** Harze oder Asphalt oder trocknende Öle bei 250—300° mit 15—40% Schwefel und verrührt unter Steigerung der Temperatur auf 400° 25—70% Asbestpulver, Sand oder Bimsstein in die Masse. Das langsam abgekühlte, zähe Produkt wird unter hohem Druck in Formen gepreßt. Vgl. **D. R. P. 137 567, 144 352** und **144 457.**

Die Herstellung weiterer Isoliermaterialien aus chinesischem Holzöl, palmitinsaurer Tonerde, Asphalt, Baumwollsamenkapseln und anderen Stoffen ist in **D. R. P. 114 029, 131 992** und **165 342** beschrieben.

Zur Herstellung eines ebenholzschwarzen, bei 70° schmelzenden, kalt schnell erhärtenden Isoliermittels für Drähte, das gegen starke Säuren und Alkalien unempfindlich ist, mischt man durch Erhitzen unter Luftabschluß von schwefelhaltigen Verbindungen befreiten Asphalt oberhalb seines Schmelzpunktes unter Hinzufügung einer alkalischen, harzhaltigen Tonerdeacetatlösung mit Erdöl. **(D. R. P. 139 845.)**

Wasserabstoßende und isolierende Schutzmittel, die geschmeidig bleiben und nach dem Trocknen nicht rissig werden, erhält man durch Zusammenschmelzen von 25 Tl. Steinkohlenteerpech, 10 Tl. Braunkohlenteerpech, 5 Tl. syrischem Asphalt, 33 Tl. Teerschweröl, 20 Tl. Teerleichtöl und 7 Tl. fettsaurer Tonerde unter evtl. Zusatz von Schwefel. **(D. R. P. 152 758.)**

Die Isoliermasse Pyrisolit wird nach **D. R. P. 164 484** erhalten durch Erhitzen von flüssigem Bitumen (37—50°) mit Gips, Kalk oder Quarzpulver unter Luftabschluß. Die Masse wird unter hohem Druck in Formen gepreßt.

Nach **D. R. P. 199 020** wird eine Isoliermasse mit genügender Porosität hergestellt durch Einrühren von Holzkohlenblättern oder -spänen in ein flüssiges Bad von Pech, Harz oder Asphalt, worauf man die nahezu trockene Masse in Formen preßt.

Zur Herstellung viscoser, faseriger und klebender Massen erhitzt man nach **F. P. 450 758** 100 kg Pechharz mit 0,1—10 kg Chlorcalcium, Chlorzink, Phosphorsäureanhydrid oder ähnlichen wasseranziehenden Substanzen auf 200° oder verschmilzt es mit 0,2—5 kg Zink oder Zinn während 3—4 Stunden bei 300° und dekantiert bei 100° die klare Masse, die in der Asphaltindustrie Verwendung findet.

Einen Ersatz für Horn, Ebonit, Knochen, Holz u. dgl. erhält man nach **D. R. P. 216 753** aus einer Fettonmasse, die durch starkes Pressen eines Gemenges von Ton, Asphalt, Pech, Harz, trocknenden Ölen, Seife usw. mit vegetabilischen Fasern und mineralischen Stoffen wie Schlacke, Tuff u. dgl. gewonnen wird. Man verarbeitet die Masse auf der Pappenmaschine und läßt die Platten nach erfolgtem Pressen mit oder ohne Erwärmung an der Luft oder im Wasser erhärten. Genauere zahlenmäßige Angaben sind in der Patentschrift nicht gemacht, da die Zusammensetzung der Kunstmasse je nach dem Verwendungszweck variiert. Die aus diesem Material hergestellten Platten sollen sich durch ihre leichte Bearbeitbarkeit und ihre Widerstandsfähigkeit gegen Brechen und Biegen auszeichnen.

Ein elastisches Isoliermaterial für Hochspannungsleiter erhält man nach **D. R. P. 242 059** aus einem Gemenge von gereinigtem Asphalt, Petroleum, essigsaurer Tonerde, Alkali und Harz, dem man für 100 Tl. 30—40 Tl. gereinigtes und oxydiertes Leinöl zusetzt, worauf die Masse mit Schwefel gemischt durchgearbeitet und vulkanisiert wird.

Zur Herstellung einer isolierenden, als Mauerdichtungsmittel verwendbaren Masse verkocht man nach **F. P. 454 895** natürlichen Asphalt, den man vorher mit Paraffin geklärt hat, mit Leinöl, versetzt nach dem Abkühlen mit Sikkativ und kocht abermals auf.

Nach **A. P. 960 422** erhält man eine Kunstmasse von guten isolierenden Eigenschaften aus Asphalt, Häcksel, calciniertem Magnesit, Magnesiumchlorid und Borsäure.

Eine den verschiedenartigsten Verwendungszwecken dienende plastische Masse erhält man nach **D. R. P. 253 377** durch Erwärmen einer Lösung von 1000 g Asphalt in 600—900 g Petroleum mit 300 g an der Luft zerfallenem Kalk, 120 g Schwefelblei oder ebensoviel Schwefelantimon auf 80—100°, worauf man außer den üblichen Füll- und Erhärtungsmitteln und Farbstoffen 80 g Natronsilicat einrührt und die Masse schließlich einkocht. Das Produkt, das auch als Fußboden- oder Dachbelag Verwendung finden kann, eignet sich nach der nötigen Verdünnung auch als Imprägnierungsmittel für Holz und Pappe. Vgl. **Ö. P. 58 735.**

Über Herstellung einer plastischen Masse zu Isolierungszwecken aus 1000 Tl. Pech, 200 bis 300 Tl. Holzpülpe und 400—500 Tl. gemahlenem Talk siehe **E. P. 20 075/1911.**

Die plastische Masse des **A. P. 1 418 905** besteht aus Pech und Magnesiumcarbonat.

Eine plastische Masse stellt man nach **A. P. 1 211 382** durch innige Vermischung von granulierter Schlacke mit Asbestfasern und einem asphaltartigen Bindemittel im Mengenverhältnis von 35 : 10 : 35 her.

Nach **A. P. 1 206 076** wird eine plastische Masse aus 58 Tl. Asbest, 20 Tl. Asphaltgestein, 10 Tl. Asphaltgummi und 10 Tl. gereinigtem Teerpech hergestellt.

Verwendungsgruppen.

538. Verschiedene Zwecke: Spielwaren, Bremsklötze, Polstermaterial usw.

Über die Herstellung von Kunstmassen für Kinderspielwaren schreibt **E. J. Fischer** in **Kunststoffe 1921, 51.**

Eine Masse, die sich zur Herstellung von Büsten und Spielwaren eignet, erhält man nach **D. R. P. 11 683** durch Vermengen von 50 Tl. Leim, 35 Tl. Wachs oder Harz und 15 Tl. Glycerin, welch letzteres mit 30% Zinkoxyd oder einem anderen Metalloxyd gemischt ist. Die Masse hat die Härte des Hornes. Ein weicheres Produkt erhält man aus 50 Tl. Leim und je 25 Tl. Wachs und Glycerin. Vgl. **D. R. P. 12 123** und **13 457.**

Eine andere zur Herstellung von Spielwaren geeignete Masse wird nach **D. R. P. 12 999** erhalten durch Anteigen von 20—100 Tl. Zinkoxyd, 5—10 Tl. Weinstein oder gebranntem Alaun und 100 Tl. Stärkemehl mit der nötigen Wassermenge. Unter 15° gemischt und in warme Formen gegossen, wird die Masse brüchig und spröde, erweicht aber durch Einbringen in ein 50° warmes Wasserbad sofort. Die geformten fertigen Gegenstände erhalten einen Überzug von Kollodium mit einer Lösung von Wachs in Äther oder einen billigeren Wasserglasanstrich.

Eine Formmasse für Spielwaren erhält man nach **D. R. P. 13 822** durch Pressen eines geformten Gemenges von Ton, Wasser, Infusorienerde und Cellulose. Gleich nach dem Erhärten werden die Gegenstände in Wasserglaslösung getaucht und bei 100° getrocknet. Diese oder auch aus Papiermaché hergestellten Puppenkörper erhalten nachträglich einen 1 oder 2maligen Aufstrich mit einer Leimfarbe, die Schlemmkreide, Mineralfarbstoff und die genügende Menge tierischen Leimes erhält, worauf man trocknen läßt, mit Sandpapier oder grober Gaze leicht abschleift und diese Grundierung 1 oder 2mal mit einem farblosen Spirituslack oder zur Erzielung größerer Wasserbeständigkeit mit einem Emaillack überzieht.

In **Techn. Rundsch. 1908, 40** ist das Verfahren der Puppenfabrikation beschrieben: Man vermischt 2 kg Papiermasse, wie man sie durch Kochen gehobelter, weißer Druckpapierabfälle mit Wasser erhält, mit 3 kg feingemahlener Kreide und versetzt das Gemenge mit einer Lösung von 0,5 kg gutem Knochenleim in 2 l Wasser. Nebenher versiedet man das Wasser, das man beim Auspressen der Papiermasse erhielt, mit 250 g Stärkemehl, setzt 66 g Tabakbeize oder an ihrer Stelle 0,5 kg im Leinwandbeutel aufgekochter Koloquintensamen und etwas

Wermut zu, verknetet die beiden erhaltenen Produkte und preßt die Masse in die entsprechenden Formen. Im Original finden sich noch zwei weitere Vorschriften, nach welchen die Puppenkörper unter Zusatz von Leinölfirnis, bzw. Sägemehl hergestellt werden.

Zur Herstellung einer plastischen Masse, die sich zum Formen von Tierkörpern eignet und das gewöhnliche Papiermaché an Haltbarkeit übertrifft, kocht man nach **Techn. Rundsch. 1907, 150** 500 g guten Kölnerleim, den man bis zu seiner Erweichung 8—12 Stunden in 2 l Wasser gequellt hat, mit 250 g feinst zerfasertem, ungeleimtem Papier bis zur klaren Lösung, gießt die Masse durch grobe Leinwand und verknetet sie als Bindemittel mit je 1 kg Sägemehl und rotem Bolus und 2 kg feinst gemahlener Kreide bis zu einer Masse von kittartiger Konsistenz, die man dann in die entsprechende Form bringt und trocknen läßt. Ähnliche Massen erhält man auch aus Leim, Schlemmkreide, Papierbrei und nicht zuviel Leinöl oder aus Stärke in verschiedener Kombination mit Gips, Schwerspat, Chlorzink, Leim, Wasserglas, Kartoffelmehl usw.

Eine Kunstmasse, die sich zur Herstellung von Rosetten, Vasen, Tellern u. dgl. eignet, wird nach **D. R. P. 74 700** hergestellt durch wiederholte Imprägnierung des die Form des Gegenstandes annähernd wiedergebenden Grundmaterials aus Rohfilz mit Leim und Harz unter Zusatz von Chromalaun und Überziehen mit einer Masse, die aus Gelatine, Zinkweiß, Glycerin und Kaliumbichromat besteht. Der letzte Überzug erhält einen Zusatz von Wasserglas und Farbe. Der Gegenstand wird nunmehr belichtet und schließlich mit einer Lackfarbe überzogen oder durch Polieren mit Schellackpolitur und Leinölfirnis geglättet. Die Gegenstände sollen beim Herabfallen auch aus größerer Höhe nicht zerbrechen, die Masse eignet sich daher zur Herstellung von Schaustücken, die bisher aus Gips oder Ton erzeugt wurden.

Eine Mischung von Tonerdesulfat oder Alaun mit Füllstoffen, wie Zement, Korksteinpulver, Kieselgur oder Galalith liefert eine zur Herstellung von Knöpfen oder Knopfteilen dienende Kunstmasse, die, in Formen gepreßt, keiner mechanischen Nacharbeit mehr bedarf. **(D. R. P. 310 512.)**

Zum Ausfüllen hohler Bremsklötze verwendet man nach **D. R. P. 143 313** einen Brei von 3 Tl. Asphalt, 2 oder mehr Tl. Gips, 1 Tl. Ledermehl, 3 Tl. Quarz und 1 Tl. Schellack.

Ein unter den verschiedensten Witterungs- und Temperaturverhältnissen unveränderliches Bremsmaterial, das die metallischen Bremsflächen nicht abnutzt, lange haltbar, gegen Öl unempfindlich ist und die Wärme schlecht leitet, erhält man nach **D. R. P. 247 891** durch Imprägnierung treibriemenartig gewebter Materialien mit einem Hartlack im Vakuum, worauf der imprägnierte Stoff zur Härtung des Lackes auf etwa 150—200° erhitzt wird. Den Hartlack erhält man durch längeres Erhitzen eines Gemenges von 50 Tl. Terpentinöl und je 25 Tl. Bergpech und Kopal mit Leinöl und Bleiglätte oder einem anderen Trockenmittel.

Ein anderes Bremsmaterial erhält man durch wasserdichte und feuersichere Imprägnierung von Geweben oder Faserstoffen mit den Sulfaten von Aluminium oder anderen Schwer- oder Leichtmetallen und nachfolgende Behandlung mit Natronlauge. **(D. R. P. 320 093.)**

Zur Herstellung dichter, fester und dauernd elastisch bleibender Polstermaterialien für Kleidungsstücke u. dgl. verarbeitet man lose flockige Fasern durch Erhitzen, Anwendung von Feuchtigkeit oder durch beides, evtl. unter Anwendung von Druck, mit einem trockenen, fein verteilten Bindemittel, z. B. Mehl oder Stärke, bei Gegenwart von Magnesiumchlorid, Krystallsoda oder Alaun, ferner unter Zusatz von Natronseife und einem Metallsalz oder Harz und Zinkoxyd und entfernt aus den erhaltenen Massen die Feuchtigkeit durch Trocknung. **(D. R. P. 170 583.)**

Als eigenartiges Füll- und Polstermaterial für Geschirre der Zug-, Reit- und Lasttiere wurden gefettete Leinsamenkörnchen empfohlen, deren leichte Beweglicheit den harten Druck der auflagernden Fläche des Geschirrs auf den unmittelbar berührten Körperteil des Tieres verhindert. **(Dingl. Journ. 203, 507.)**

Eine Kunstmasse, die sich als Flaschenverschluß eignet, da sie in angefeuchtetem Zustande aufgetragen in kurzer Zeit erhärtet und den Flascheninhalt nach dem Trocknen luftdicht abschließt, wird nach **D. R. P. 250 282** aus einem Gemenge von Gelatine, Glycerin, Harzen und Härtungsmitteln hergestellt.

Dauernd elastische, nicht aufweichende und nicht abbröckelnde Schuheinlagemassen, die kalt eingestrichen werden und schnell trocknen, erhält man nach **D. R. P. 273 193** durch inniges Mischen von 2 Tl. Chlormagnesium, 5 Tl. Lederspänen, 5 Tl. Kuhhaar und 10 Tl. Wasserglas mit einer Lösung von 3 Tl. Kolophonium in 2 Tl. Benzin.

Eine Ausfüllmasse für Schuhwerk erhält man aus 1 Tl. Celluloidspänen, 3 Tl. Aceton, 5 Tl. Stearinpech, Baumwollabfällen, Werg oder Korkmehl und der Lösung von 3 Tl. Asphalt und 7 Tl. Teeröl in 5 Tl. Benzol. **(D. R. P. 326 411.)**

Zur Herstellung von Schleif- und Einbettmassen für mikroskopische Zwecke erhitzt man nach **D. R. P. 252 053** 19,2 kg Paraffinöl auf 120—130° und trägt 8,8 kg Dammarharz ein; nach Abdampfung der leicht flüchtigen Dammarbestandteile und Beendigung der Reaktion filtriert man unter Druck, behandelt evtl. das erhaltene Produkt, wenn es bei 200° noch Blasenbildung zeigen sollte, im Vakuum nach und löst die Masse zur Herstellung des klar eindunstenden kanadabalsamartigen Produktes in 30% Xylol oder 60% Chloroform. Durch den Zusatz des Paraffinöles wird die Sprödigkeit der Harze (man kann auch Kopal und Bernstein verwenden) herabgesetzt, zugleich den Harzen der gewünschte Härtegrad erteilt und schließlich der Lichtbrechungskoeffizient der Harze in gewünschter Weise beeinflußt.

Nach **D. R. P. 195 667** erhält man eine nachgiebige Kunstmasse für chirurgische Zwecke, die nicht anklebt oder zerfließt und sich zur Ausfüllung von Körperhöhlen eignet, aus 99 Tl. Bienenwachs und 1 Tl. venezianischem Terpentin.

Eine kautschukartige Gußmasse, die in verschiedener Fleischfarbentönung zum künstlichen Ersatz von Gesichtsdefekten dient, dürfte sich nach **Techn. Rundsch. 1912, 453** herstellen lassen durch Verkneten von 6 Tl. feinstem Zinkweiß (Weißsiegel) oder Lithopon mit den zur Erzielung der Hautfarbe nötigen Farbstoffen (Echtrot, Ocker usw.), 8 Tl. Glycerin und einer heißen Lösung von 50 Tl. gequellter Gelatine, 24 Tl. Zucker und 18 Tl. 28grädigem Glycerin.

Eine Masse, die sich zur Herstellung künstlicher Nasenfortsätze für Theaterzwecke eignet, erhält man nach **Seifens.-Ztg. 1912, 56** durch Verschmelzen von 5 Tl. Mastix, 4 Tl. venezianischem Terpentin und 1 Tl. Bienenwachs.

In **D. R. P. 231 460** ist ein Verfahren angegeben zur Herstellung einer dauernd plastisch bleibenden Masse, z. B. für Übungszwecke im Konditoreigewerbe: 60 Tl. Stearin werden auf 120° erhitzt, worauf man allmählich 120 Tl. Glycerin, 300 Tl. Borax und einige Tropfen Citronenöl beifügt. Man treibt die gut verrührte Masse nach dem Erkalten durch eine Farbmühle.

539. Wärmeisolier- und Dichtungsmaterial: Asbest.

Feltone, E. Isoliermaterial und Wärmeschutzmassen. Wien und Leipzig 1903.

Setzt man nach **C. E. Emery**, Ref. in **Jahr.-Ber. f. chem. Techn. 1881, 1052** die Wärmeisolierungsfähigkeit von Haarfilz gleich 100, so geben folgende Schutzmittel nachstehende Werte: Schlackenwolle Nr. 2 83,0, Sägespäne 68,0, Schlackenwolle Nr. 1 67,6, Holzkohle 63,2, Fichtenspäne 55,3, Lehm 55,1, Asbest 36,3, Luft 13,6.

Über Versuche mit Isoliermitteln für Dampfleitungen siehe **Chr. Eberle**, Ref. in **Chem.-Ztg. Rep. 1909, 475.** Das beste Isoliermittel ist Glaswolle in besonderer Anordnung mit Kieselgurschnüren (90,6% Wärmeersparnis). Fast ebenso günstig wirkt Patentgur, ein Isoliermittel aus Hochofenschlacke und Asbestfasern (89,1%). Andere Isoliermittel, wie beispielsweise Altkorke mit zwischenliegenden Luftschichten, Seidenabfälle usw. geben ebenfalls gute Resultate, während Korkschalen weniger geeignet sind.

Über die Wirkungsweise der verschiedenen Wärmeisolierungsmittel, wie Kieselgur, Formsteine, Seide, Kork, Glaswolle usw. siehe ferner **Zeitschr. d. Ver. d. Ing. 1910, 635.**

Über Wärmeleitfähigkeit und Anwendungsarten der gebräuchlichsten Wärmeschutzmittel, Kieselgur, Kork, Torf, Filz und Seide siehe **F. Hoyer, Zeitschr. f. Dampfk.-Betr. 43, 290** und Abschnitt „Kork“ **[66 ff.]**.

Nach „Das Ganze der Asbestverarbeitung, Union - Verlag Berlin“ besteht die beste Asbestisolierkomposition aus 15—25% langfaserigem Asbest, 70—80% Kieselgur vom spez. Gewicht bis zu 0,25 und 5—10% Leim oder einem anderen Bindemittel, während die gewöhnlichen Asbestplatten aus 80—85% Asbest, 15% Kaolin, 3% Kollodin, den nötigen Farbstoffen (Mennige oder Graphit) und den zur Erhöhung der Wasserfestigkeit verwendeten Zusätzen (Ammoniumalaun, Tonerdesulfat, Öl oder Seife) hergestellt werden. Das Kollodin erhält man durch Lösen, bzw. Verkleistern von 25 Tl. Kartoffelmehl und 2 Tl. Natronlauge mit 50 Tl. Wasser.

Nach **D. R. P. 6450** verarbeitet man zur Herstellung eines Dichtungsmaterials für Dampfleitungen ein Gemenge von 40% Asbest und je 20% Schlackenwolle, Holzcellulose und Hanfstrickfäden im Holländer, tränkt die in Plattenform gebrachte Masse mit Wasserglas und trocknet sie an der Luft.

Zur Herstellung einer metallharten, vor der Verarbeitung plastischen Masse mischt man nach **D. R. P. 76 240** Asbestpulver, Metall- oder Metalloxydpulver mit oder ohne Graphit mit Tannin und Leim, verknetet die Masse, entfernt den Leim- und Tanninüberschuß durch Auswaschen und preßt in Formen.

Zur Herstellung plastischer Körper tränkt man Asbestfasern mit einem Gemenge von Wasserglas, Leim- und Formaldehydlösung, preßt ab, bringt die Masse in die Lösung eines Tonerde-, Barit- oder Strontiansalzes, trocknet, mahlt und formt dieses Füllmittel unter Zusatz obiger Lösung mit etwas Bleiglätte zu Gegenständen. **(D. R. P. 89 542.)**

Nach **D. R. P. 177 671** stellt man Isoliermaterialien her durch Imprägnierung von Asbest und Gips mit geschmolzenem Schwefel und Kohlenwasserstoffen. Nachträglich tränkt man die geformte Masse mit einem Gemenge von Pech und Kautschuk.

Über Imprägnierung von Asbest mit Celluloid siehe **D. R. P. 89 843.**

Über Herstellung feuerfester Massen durch Erhitzen geformter Asbestmehl-Schellackmischungen auf Temperaturen über 400° siehe **D. R. P. 39 555.**

Zur Herstellung von Bau- und Isolierstoffen setzt man das aus einem Gemenge von Asbest und einer Harzlösung bestehende feuchte, plastische Gut während der im Druck nach Maßgabe des Schwindens zunehmenden Pressung gleichzeitig der Einwirkung von Hitze und Vakuum aus. **(D. R. P. 186 110.)**

Um in asbesthaltigen plastischen, für Dichtungszwecke besonders geeigneten Massen aus Kautschuk, Schwefel, Harzen und Füllstoffen die Struktur des Asbestes zu erhalten, mischt man die Bestandteile zwischen Walzen, die gekühlt sind und übereinstimmende Umdrehungsgeschwindigkeit besitzen. **(D. R. P. 202 079.)**

Zur Herstellung harter, zusammenhängender Asbestkörper verknetet man die Asbestmasse nach Zusatz von 10—20% Magnesia mit 10—20% Melasse, preßt den Teig noch feucht in Formen, läßt langsam trocknen und taucht die Formlinge in 10grädige Wasserglaslösung, wobei die in der Melasse enthaltenen Kalisalze die Silicate zerlegen. Die erhaltenen Körper sind sehr hart, wasserbeständig und dienen als Isoliermaterial. **(F. P. 447 086.)**

Die Isoliermasse Isol setzt sich nach **Seifens.-Ztg. 1912, 81** zusammen aus 10% einer roten Eisenoxydfarbe, 10% kohlensaurem Kalk, 64% Quarzsand und Asbest und 13% Wasser mit etwa 3% Melasse als Bindemittel.

Nach **D. R. P. 231 147** wird eine plastische, auch in großer Hitze nicht schwindende Dichtungsmasse hergestellt durch Vermischen von 80 Tl. langfaserigem Asbest, 10 Tl. Talkmehl und 20 Tl. feinstem Flockengraphit mit 40 Tl. Ölgemisch von höchstem Flammpunkt. Sodann versetzt man die knetbare Masse mit 150 Tl. Kompositionsmetall in Tropfenform und einem zähen klebrigen Fettgemisch, das die Metalltropfen einhüllt, und vermahlt alles zu einer homogenen Masse.

Nach **E. P. 9493/1910** erhält man eine Isoliermasse für Dampfkessel aus einem Gemisch von Natriumsilicat, Asbestbrei, pflanzlichem oder tierischem Öl, kohlensaurem Alkali und Wasser.

Nach **A. P. 959 620** taucht man zur Herstellung eines Isolierungsmaterials ein in der Hitze verrührtes Gemenge von Asbest, Zement und einem schmelzbaren Kohlenwasserstoff in einen so hoch erhitzten, flüssigen Kohlenwasserstoff, daß der ursprünglich zugesetzte, feste Kohlenwasserstoff innerhalb der Masse schmilzt.

Nach **F. P. 429 576** wird ein Isoliermaterial erhalten durch Erhitzen eines Gemenges von Teer und Asbest auf 250°. Man pulvert das Produkt und erhitzt es vor dem Formen noch einmal auf hohe Temperatur. Vgl. **E. P. 7917/1910:** Herstellung eines Isoliermaterials aus Asbest und Teer, der entwässert oder von den Leichtölen befreit ist.

Asbest löst sich in Chlormagnesiumlauge zu einer gallertigen Masse. Nach **D. R. P. 206 626** mischt man diese zur Herstellung unverbrennlicher, wasserbeständiger Platten mit gebrannter Magnesia und preßt die Masse in Formen.

Ein Dichtungsmaterial für Dampf-, Gas- und Wasserleitungsrohre besteht aus Holzstoff, Ton, Zement, Asbest, gebunden durch Leim, Wachs, Aluminiumsulfat oder andere ähnlich wirkende Stoffe. **(D. R. P. 258 096.)**

Zum Imprägnieren von Asbestfasern kommen nach **D. R. P. 128 253** reine Siliciumester oder nach **D. R. P. 132 698** die bei ihrer Herstellung entstehenden Gemische zur Anwendung. Diese organischen Siliciumverbindungen gehen durch Wasseraufnahme in Kieselsäure über.

Ein Isoliermaterial wird nach **D. R. P. 131 347** hergestellt durch Pressen abwechselnd übereinandergelegter, mit Wasser befeuchteter Schichten von Asbest und Glimmer. Vgl. **D. R. P. 133 648:** Herstellung feuersicherer Körper durch Behandlung eines Gemenges von Asbest, Kreide und einem Silicat mit Kohlensäure.

Die Verarbeitung von Asbest oder Glimmer, bzw. Magnesiumoxyd auf Isoliermaterialien ist außerdem in **D. R. P. 144 162, 160 385** und **167 166** beschrieben.

Siehe auch die Herstellung von Isoliermassen nach **D. R. P. 96 170, 103 733, 113 520** und **105 104;** vgl. ferner **Bd. I [515].**

540. Schlackenwolle, Gichtstaub, Silicon, Magnesiumverbindungen, Gips.

Die Schlackenwolle kam zuerst in den siebziger Jahren auf den amerikanischen Markt. Man nannte sie mineralische Baumwolle und verwendete sie damals schon zur Dampfröhrenisolation. Über ihre Herstellung siehe **H. Schliephacke, Dingl. Journ. 1877, I, 70.**

Ein Verfahren zur Herstellung von Schlackenwolle ist in einem **D. R. P. v. 11. Juli 1877** beschrieben. Im Zusatzpatent **D. R. P. 3513** wird schon empfohlen, die Schlackenwolle mit Leim oder Glycerinleim oder harzigen Bindemitteln zu einem watteähnlichen Filz zu pressen. Es wurde auch vorgeschlagen sie mit Wasserglaslösung zusammen zu verarbeiten und den erhaltenen Mörtel auf die zu schützenden Röhren aufzustreichen, woselbst er zu einer bimssteinähnlichen Masse erstarrt.

Zur Erzeugung völlig schwefelfreier Schlackenwolle verschmilzt man Hochofenschlacke mit 9% trockenem rohen Gips und erhält so nach der Gleichung

$$3\,CaSO_4 + Ca(Mg, Fe)S = 3\,CaO + Ca(Mg, Fe)O + 4\,SO_2$$

eine Mineralwolle, die nur 0,02% Schwefel enthält. Bessere Resultate ließen sich nach **E. D. Elbers** durch gebrannten Gips erzielen, obwohl es auch dann fraglich ist, ob aller Schwefel entfernt werden kann. Die Schlackenwolle bildet das billigste, feuerbeständige Isoliermaterial gegen Hitze, Kälte und Schall und würde noch wesentlich weitere Verbreitung finden, wenn man ein Mineralwollprodukt mit höchstens 2% eines mineralischen Bindemittels herstellen könnte. **(A. P. 623 390.)**

Nach **F. P. 453 620** vermahlt man zur Herstellung eines Wärmeschutzmittels feuerfeste Stoffe (Eisenschlacke oder Asche), ferner Holzspäne und Gerbereirückstände, mischt das Produkt mit gleichen Teilen Quarz, Asbest und Magnesia, befeuchtet die Masse mit Chlormagnesiumlösung und preßt sie noch feucht in Formen.

Zur Herstellung eines Wärmeschutzmittels, das durch Erschütterungen nicht beeinflußt wird, und als dichter, auch in trockenem Zustande sehr elastischer Filz, völlig mit Luft erfüllt, bei sehr geringem Gewicht, ein Maximum an Isolationsvermögen besitzt, verarbeitet man Schlackenwolle mit anderem faserigen Material organischen oder mineralischen Ursprunges durch Aufschlemmen mit Wasser und Absetzenlassen auf Sieben zu einer filzartigen Masse. **(D. R. P. 250 964.)**

Über die Herstellung wasserbeständiger Formkörper aus Schlackenwolle siehe ferner **D. R. P. 331 675.** Siehe auch **Bd. I [637], [662].**

Zur Herstellung hochporöser leichter Formlinge für Wärmeschutzzwecke, die bis zu 80% ihres Eigengewichtes Wasser aufzunehmen vermögen ohne zu zerfallen, verarbeitet man frischen Gichtstaub nach Abscheidung ungebundener Eisenbeimengungen unter Zusatz von Tonerdeverbindungen und brennbaren Stoffen, formt, trocknet und erhitzt die Formlinge auf mäßige Glühtemperatur. Je höher Brenntemperatur und Brenndauer getrieben werden, desto mehr läßt die Porosität nach und desto schwerer wird auch der Stein, der dann als hochfeuerfester Klinker dienen kann. **(D. R. P. 298 221.)**

Zur Herstellung des als Wärmeisoliermaterial sehr geeigneten Siliciumoxydcarbides in faseriger, federiger Form von weißer bis grünlicher Farbe und der außerordentlichen geringen scheinbaren Dichte von 0,007—0,025, behandelt man Silicium oder siliciumhaltige Stoffe in einem besonderen Ofen unter Zusatz von 10—15% Calciumfluorid als Katalysator mit Kohlenoxyd oder Kohlensäure, die durch die Wandungen eines porösen Behälters zu dem Material treten, bei 1300—1400°. Das Produkt enthält zwischen 6 und 20% Kohle, ist bei seinem höchsten Kohlegehalt zu 30% in Salzsäure löslich und eignet sich als Wärmeisoliermaterial dann am besten, wenn seine Zusammensetzung der Formel SiCO entspricht. **(D. R. P. 286 990.)** Vgl. **Bd. I [470], [546].**

Diese „Fibrox-Wärmeisoliermassen", die der Hauptsache nach aus Siliciumoxycarbid bestehen, erhält man ferner durch Schmelzen von Siliconstücken in feuerfesten Muffeln. Als Ausgangsmaterial ist ein Gemisch von Ton und Graphit am geeignetsten. Nach einigen Stunden hat sich Fibrox gebildet. Es besteht aus einem Gemenge feiner Fasern, ist nicht hygroskopisch, hält sich beim Transport und bildet einen druckunempfindlichen Elektrizitätsleiter. **(N. Erf. u. Erf. 1916, 166.)**

Als Hitzeisoliermaterial eignet sich besser noch als die gegen Erschütterungen empfindliche Schlacken- oder Silicatbaumwolle Magnesiaasbest, bestehend aus 85% hydriertem Magnesiumcarbonat und 15% Asbest, dessen Anwendung 85—87% der Hitze erspart. Ziegel, die man aus einer solchen Masse herstellt, kann man an einem Ende in der Hand halten, während das andere auf starke Rotglut erhitzt ist. **(Braunkohle 18, 27.)**

Unter den Wärmeisolierstoffen besitzt Magnesiumoxyd besonders hohen Wert. Setzt man seine Isolierfähigkeit gleich 100, so betragen die Zahlen unter denselben Bedingungen für geglühte Kieselgur 97, rohe Infusorienerde 80, Schlackenwolle 67 und Asbestfaser 53. **(R. Thomas, Zentr.-Bl. 1920, II, 266.)**

Zur Herstellung von Wärmeschutzmassen schlägt man die in den Kaliendlaugen enthaltene Magnesia als Magnesiumcarbonat $MgCO_3 \cdot 3\,H_2O$ auf Faserstoffen nieder und erhält so, da beim Trocknen basisches Magnesiumcarbonat entsteht, eine sehr leichte lockere Auftragmasse von sehr niedriger Wärmeleitzahl. **(D. R. P. 304 239.)** Nach dem Hauptpatent zerlegt man den Prozeß in zwei Phasen, befreit also das aus der Lösung ausfallende neutrale Magnesiumcarbonat von der Salzlauge und führt es dann durch Kochen mit Wasser in das basische Magnesiumcarbonat über. Die so erhaltenen, mit Fasern irgendeiner Abstammung durchsetzten Massen zeichnen sich durch besondere Leichtigkeit aus. **(D. R. P. 303 310.)** Nach dem Zusatzpatent erzeugt man zunächst normales wasserhaltiges Magnesiumcarbonat, führt dieses erst in basisches Carbonat über und schlägt es auf den Faserstoffen nieder. Das so gewonnene Magnesiumcarbonat ist spezifisch leichter als jenes, das man durch Behandlung der wässerigen Magnesiumoxydsuspension mit beschränkten Kohlensäuremengen unter Druck erzeugt. **(D. R. P. 304 240.)**

Zur Herstellung von Isoliermassen von besonderer Leichtigkeit und hervorragender Wärmeschutzfähigkeit führt man Ammoniummagnesiumcarbonat durch Erhitzen mit Wasser in ein besonders lockeres basisches Magnesiumcarbonat über, das man auf während des Kochens zugesetzte Faserstoffe niederschlägt. **(D. R. P. 318 885)** Vgl. **Bd. I [462].**

Eine Isoliermasse wird nach **A. P. 1 402 188** aus Gips, Aluminiumsulfat, Magnesiumcarbonat und Wasser bereitet.

Eine die Wärme schlecht leitende schalldämpfende allmählich erhärtende Masse erhält man durch fortgesetztes Rühren von Gips mit überschüssigem Wasser, bis eine schwammige Paste entsteht, die man zur Entfernung des Wassers und zur Füllung ihrer Zwischenräume mit Luft trocknet. **(D. R. P. 354 426.)**

541. Andere Wärme-(Kälte-)schutzmittel. Feuerfeste Füllmassen.

Nach **D. R. P. 25 010** brennt man zur Herstellung einer Wärmeschutzmasse sandfreien, feldspathaltigen Ton im Gemenge mit harzreichen Sägespänen und erhält so eine poröse, wie Holz bearbeitbare Masse, die sich besonders zur Umhüllung von Röhren, Kesseln u. dgl. eignet. Vgl. **D. R. P. 25 109.**

Eine plastische Wärmeschutzmasse wird nach **D. R. P. 88 325** hergestellt durch Aufstreichen eines Breies von 4—10 Tl. Wasser, 1—3 Tl. zerkleinerten Lederabfällen und 1—2 Tl. gewöhnlichem oder Äscherkalk.

Zur Herstellung eines Bindemittels für Wärmeisoliermassen erhitzt man nach **D. R. P. 79 691** 3 Tl. Leinsamenöl mit 1 Tl. calcinierter Soda.

Nach **D. R. P. 59 463** soll sich eine normale Wärmeschutzmasse aus Kieselgur (z. B. jene von Leroy) in ihren Eigenschaften wesentlich verbessern lassen, wenn man ihr getrocknete Malzkeime zumahlt.

Nach **D. R. P. 68 965** werden Isolierplatten aus einer geformten und gepreßten Masse von 70 Tl. Kieselgur, 10 Tl. Wollfasern, 20 Tl. Kälberhaaren und einer Emulsion aus Wasser und Kollodium durch Bestreichen mit geschmolzenem Asphalt erhalten.

Auch aus Molererde kann man in der Weise Isolierkörper darstellen, daß man das Material mit vorher auf 100° erhitztem Korkschrot und der nötigen Menge Anteigewasser versetzt, worauf man die Masse formt, trocknet, langsam auf 250° erhitzt und schließlich brennt. **(D. R. P. 332 630.)** Vgl. a. **[71]**.

Eine Dampfrohrisoliermasse wird nach **D. R. P. 79 691** aus einem mit Papiermehl, Kork usw. gefüllten Gemenge von Wasserglas und Leinsamenmehl, bzw. aus 3 Tl. des letzteren und 1 Tl. Soda hergestellt.

Eine andere Wärmeisolierungsmasse wird nach **Techn. Rundsch. 1906, 158** durch Anteigen von 5 kg Lehm- oder Tonpulver, 1 kg trockener Sägespäne, 0,5 kg Dextrin und 0,5 kg Wasserglaslösung mit der nötigen Menge heißen Wassers erhalten.

Eine leichte, feuerbeständige Wärmeisoliermasse wird nach **E. P. 9000/1888** aus einem Gemenge von Maisstengeln oder ähnlichem Fasermaterial, Kartoffelstärke, Leinöl oder Teer, Wasserglas und wolframsaurem Natron hergestellt.

Als säurebeständiges Isoliermaterial eignet sich nach **D. R. P. 131 545** ein Gemenge von geschlemmter Infusorienerde mit geschmolzenem Paraffin oder Erdwachs.

Zur Herstellung einer Isoliermasse für Dampfrohre vermischt man 80 Tl. der faserhaltigen Samenkapseln der Baumwolle mit 20 Tl. Wasser, 15 Tl. Bindemittel (Ton oder Kleister) und 12—20 Tl. Kieselgur. **(D. R. P. 165 342.)**

Ein Wärmeisoliermittel, das die Isolierfähigkeit des Korkes **[71]** um das Doppelte übertrifft und dabei nur die Hälfte wiegt, besteht nach einer Notiz in **Chem.-Ztg. 1922, 80** aus hochporösem Schwammkautschuk **(Bd. III [29])**.

Nach Angaben von **E. Dieterich** bestreicht man die gereinigten Rohre zuerst mit einer Grundmasse, bestehend aus 200 Tl. flüssigem Wasserglas, 100 Tl. Wasser, 150 Tl. feinem Sand und 30 Tl. Sägespänen und legt dann in mehreren, jeweils zu trocknenden Schichten bis zur Gesamtdicke von mindestens 20 mm eine Deckmasse auf, die man durch Verknetung von 60 Tl. trockenem Lehm mit 8 Tl. Sägemehl, 3 Tl. Korkmehl, je 4 Tl. Kartoffelstärke, Dextrin und Wasserglaspulver und 30 Tl. Wasser erhält. Die geglättete Wärmeschutzmasse, die leicht herstellbar ist und vorzüglich isolieren soll, wird schließlich noch mit Wasser überpinselt, um die Oberfläche zu dichten. **(Pharm. Zentrh. 1890, 229.)**

Eine die Wärme nicht leitende Masse erhält man nach **E. P. 159 411** durch Mischen von 75% Seifenfabrikations-Abfallkalk, 20% Sägemehl, 5% Abfallmehl und 5% Ammoniumcarbonat.

Über die Anwendung von Korkformstücken als Wärmeschutzmittel siehe die Angaben von **Th. Müller in Z. Ver. d. Ing. 1885, 881.**

Ein die Korksteinplatten, was Isolierfähigkeit anbetrifft, gut ersetzendes und dabei wesentlich billigeres Material, das unter dem Namen Iriskörper oder auch Holzkohlenplatten, -steine, -schalen in den Handel kommt, wird aus der durch Verkohlen von Holzabfällen gewonnenen Blätterkohle unter Beimischung von Papierbrei und Teer oder Pech als Bindemittel erzeugt. **(P. M. Grempe, Zeitschr. f. Dampfk.- u. Masch.-Betr. 38, 146.)**

Zur Herstellung von Isolierkörpern vermischt man Torf kalt mit einem Bindemittel und preßt dann erst mit fortschreitender Erhitzung unter steigender Temperatur, wodurch die isolierenden Eigenschaften, Festigkeit und Haltbarkeit des Materials verbessert werden. **(D. R. P. 299 386.)**

Auch der Fangstoff der Papierfabriken wurde mit Erfolg als Wärmeschutzmasse zur Isolierung von Flanschen, Dampfsammlern, Dampfleitungen, Heißwasserleitungen usw. verwendet.

Zur Herstellung eines feuerfesten und wasserdichten Isoliermaterials verarbeitet man nach **D. R. P. 228 706** 300 g Wasserglas, 100 g Asphalt und 200 g Kieselgur zu einer homogenen Masse und fügt ein Gemenge von je 50 g wolframsaurem und phosphorsaurem Natrium und in etwas Wasser gelöstem Dextrin hinzu. Die getrocknete feinpulverisierte Masse kann in jede Form gepreßt werden.

Auch durch Brennen eines Gemisches von fein verteiltem Lignit und kieselsäurereichem, plastischem Ton erhält man eine feuerfeste Wärmeisoliermasse. **(A. P. 1 374 538.)**

Ein hartes Wärmeisoliermittel erhält man nach **A. P. 1 371 016** durch Erhitzen eines Gemisches von 27 Tl. Asphalt, 11 Tl. Infusorienerde, 11 Tl. Magnesiumcarbonat, 5 Tl. Rohkautschuk, 27 Tl. Schwefel, 15 Tl. Maisölfaktis, 6 Tl. Erdölrückstand, 6 Tl. Bicarbonat und etwa 1 Tl. Alaun unter Druck.

Oder **E. P. 2903/1910**: Wärmeisoliermaterial aus carbonisiertem Holzmehl, Papierbrei und harzsaurem Aluminium.

Zur Herstellung eines Kälteschutzmittels bestäubt man 25 Tl. Holzwolle unter gutem Durcharbeiten mit einem feinpulverigen Gemenge von je 2 Tl. Stearinsäure und Ceresin oder im 40° warmen Preßluftstrom mit 2,5 Tl. geschmolzenem Weichparaffin und trocknet das Material dann bei 90°. Es dient zum Einstopfen in Stiefel, improvisierte Kissen und Polster, Decken und Matratzen, zwischen Stoffbahnen befestigt als Kleidereinlage und bei dem nötigen Feinheitsgrad der Holzwolle auch als Hilfsmaterial bei Wundverbänden. **(D. R. P. 288 318.)**

Zur Herstellung einer feuersicheren Masse formt man einen Brei von Strohmehl und Wasserglas nach seiner Festigung durch Einpressen in geölte Formen und trocknet die Stücke bei 30°. **(D. R. P. 26 862.)**

Als Füllmaterial für Zwischendecken eignet sich auch mit Kalkmilch getränkter zerkleinerter Torf. **(D. R. P. 39 335.)**

Die Herstellung einer Isoliermasse aus Zement, Gips, Harz, Asbest und vielen anderen Stoffen ist ferner in **E. P. 137 326** beschrieben.

Zur Herstellung einer feuersicheren Ausfüllmasse für Balkendecken, die ausgeglüht das spez. Gewicht von nur 0,5 besitzt, feuchtigkeitsunempfindlich ist und die Schwammbildung verhindert, mischt man 90 Tl. Lehm mit 8 Tl. Isolierbimskies und 2 Tl. Klebsand. **(D. R. P. Anm. F. 32 699, Kl. 80 b.)**

S. a. den Abschnitt „Feuerfeste Steine" in **Bd. I. [537ff.]**

542. Elektrizitätsisolierung, Magnetkern- und Heizelementmassen.

Die Forschungsergebnisse, betreffend das Verhalten und die Eigenschaften der verschiedenen elektrischen Isoliermaterialien, stellte **Bültemann** in **Gummiztg. 32, 621 ff.** zusammen.

Als Isoliermaterialien für die Elektrotechnik eignen sich besonders: Von den anorganischen Stoffen imprägnierter oder mit einem Emaillack bestrichener Marmor und Schiefer, in geringerem Maße Granit und Serpentin, hervorragend der Glimmer und die aus Glimmerblättchen durch verschiedene Behandlung und Bindung erhaltenen Handelsprodukte Micanit, Megotalc, Megohmit, Micarta; schließlich auch der Asbest, der in verschiedenster Art durch bloße Verfilzung oder Verbindung mit Hartgummi oder anderen Mitteln als Eshallit, Ambroin, Tenacit, Agalit, Australit oder Festonit in den Handel kommt. Von organischen Stoffen eignet sich für den genannten Zweck das Holz auch im imprägnierten Zustande nur sehr mäßig und ebenso ist auch die Verwendung des Galaliths als elektrotechnischer Isolierstoff recht beschränkt. Besser sind die Vulkanfiber, ferner das Viscoseprodukt Monit und einige Phenolharze von Art des Bakelits, Eswelits, Faturans usw. Ein hochwertiges Isoliermaterial ist ferner der Hartgummi, der mit Asbestfasern zusammengepreßt den Vulkanasbest liefert. Ihm nicht ebenbürtig ist, namentlich hinsichtlich der Temperaturbeständigkeit, das Guttapercha-Schwefelprodukt Ebonit. Gut verwendbar sind ferner die Papier- oder Baumwollisolierstoffe Pertinax, Carta, Repelit, Hartpapier und Preßspan; als isolierende Lacke für Ankerspulenumspinnungen mit Leitungsdrähte eignen sich in erster Linie die Cellonlacke.

Eine Isoliermasse für elektrische Zwecke erhält man ferner durch Erhitzen von Ozokerit, Bernstein, Asphalt oder Harz auf 400° so lange, als noch Öle überdestillieren und Gase entweichen. **(D. R. P. 79 110.)**

Zur Herstellung eines Xylolithisolationsmateriales preßt man ein mit Wasser befeuchtetes Gemisch von 5 Tl. Sägemehl, 5 Tl. Glimmerpulver, 3—4 Tl. Schwefelpulver und 13 Tl. Magnesiumoxyd während 12—16 Stunden, bis die Masse abgebunden hat, unter einem Druck von 400 kg/qm und tränkt die harte Masse mit einer Lösung von Schwefel in Schwefelkohlenstoff. **(D. R. P. 160 385.)**

Eine Isoliermasse kann auch in der Weise hergestellt werden, daß man ein Gemenge von Asbest und Füllstoffen mit einer Lösung von Pech in organischen Flüssigkeiten vermischt, die Masse in Formen preßt und trocknet. Das Material läßt sich auf der Drehbank bearbeiten, polieren und emaillieren, ist hart, unhygroskopisch und kaum mehr brennbar. **(D. R. P. 167 166.)**

Eine als elektrisches Isoliermaterial verwendbare plastische Masse erhält man auch nach **E. P. 28 884/1910** durch Formen eines erhitzten Gemenges von 1 Tl. Mineralkautschuk, 28 Tl. gemahlenem Glimmer, 100 Tl. Asbest- oder Serpentinmehl, 9 Tl. Schwefel und 40 Tl. Schellack unter Dampfdruck.

Eine Isoliermasse für elektrotechnische Zwecke wird durch Pressen und Trocknen eines Gemenges von Asbest, Pech, Asphalt und leicht flüchtigen, organischen Flüssigkeiten gewonnen. Solche Massen erhalten, um die Erhärtung der Masse zu beschleunigen, nach **D. R. P. 185 272** zuweilen einen Zusatz von Schwefel in Substanz oder gelöst **(D. R. P. 187 631)** oder solcher öliger oder harziger Bindemittel, die Sauerstoff aus der Luft aufnehmen.

Eine auch bei hohen Temperaturen ohne Gasbildung formbare elektrische Isoliermasse bereitet man nach **E. P. 159 421** aus einer Harz-Ammoniaklösung, Wasserglas, Silex als Füllmittel und Ultramarinblau als Farbstoff. Unter Silex dürfte hier ein Produkt von Art des Siloxikons **Bd. I [470]** gemeint sein. Unter dem Namen Silex kommt jedoch neuerdings nach einer Notiz in **Chem.-Ztg. 1922, 155** auch ein Quarzglasgefäß in den Handel, in dem man auf offenem Feuer kochen und braten kann.

Zur Herstellung säure- und hitzebeständiger Platten und Formlinge für Isolier- und andere Zwecke preßt man ein noch feuchtes Gemenge von Granit- (also Feldspat-), Glimmer- und Quarzpulver mit Wasserglas und einer Lösung von Kautschuk in Terpentin in Formen. Nach dem Trocknen erhält man Körper, die auch für hochgespannte elektrische Ströme undurchlässig sind, mehrere 100° Hitze aushalten und gegen verdünnte Säuren Widerstand leisten. **(D. R. P. 278 182.)** Nach dem Zusatzpatent verwendet man nur Feldspat und Glimmer je für sich allein, oder eine Mischung beider, mit Asphalt in Verbindung mit Wasserglas oder allein an Stelle des im Hauptpatent genannten Kautschuks. **(D. R. P. 280 821.)**

Auch die elektrische Isoliermasse des **A. P. 1 415 076** besteht aus Quarz und Kautschuk.

Den elektrischen Isolierkörper des **D. R. P. 352 854** erhält man durch Einmischen von Glimmerpulver in ein eben bis zum Flüssigwerden erhitztes Gemenge von Harz, Leinöl, Kaolin und einem oxydierenden Körper.

Zur Herstellung einer Elektrizitäts- und Wärmeisolierungsmasse preßt man einen wasserfeuchten Brei von gebranntem Magnesit, Asbestpulver, Holzmehl und Magnesiumchloridlauge unter hohem Druck in Formen und bringt die Formlinge sodann in ein Vakuum. **(D. R. P. 351 645.)** — Siehe auch Bd. I im Abschnitt: Feuerfeste Massen, Heizkörper **Bd. I [414]** und die Register.

Zur Herstellung magnetisierbarer Kerne aus einem feinverteilten Material von höherer magnetischer Leitfähigkeit als Luft zerstäubt man Metalle oder Legierungen (Eisen, Kobalt, Nickel, Heuslersche Legierung) schichtweise oder unter völliger Durchmischung mit einem Material mit isolierenden Eigenschaften auf einen beliebigen Formkörper, z. B. aus Papier, in äußerst dünner Schicht, lackiert diese, bestäubt die Lackschicht abermals z. B. mit einer Eisenschicht und fährt so fort, bis ein Blech oder eine Platte von beliebiger Dicke entstanden ist. **(D. R. P. 305 048.)**

Bei Herstellung eines elektrischen Heizelementes bettet man die den Widerstand bildenden Drahtwicklungen zur Vermeidung ihrer Oxydation in ein Gemenge von 5 Volumenteilen Speckstein oder Quarzmehl, 2 Tl. Bariumsulfat und 2,5 Raumteile Wasserglas ein. **(D. R. P. 314 828.)**

Isolierbänder wurden in **Bd. III [147]** aufgenommen. — Über Draht- und Kabelisolierung siehe die vorstehenden **Kapitel z. B [537]**, ferner auch **Bd. I [85]**, **Bd. III [37]** und die Register.

543. Gipsabgüsse und Reproduktionskunstmassen: Schallplattenmassen.

Deutschl. Schallplatten- (Wachs, Ceresin) ½ 1914 E.: 8; A.: 8096 dz.

Die Schallplattenmassen bestehen im wesentlichen aus nicht trocknenden, in Wasser nicht löslichen, ohne Beigabe tierischer Fette erzeugten Seifen, einer Mineralsubstanz und einem Pflanzenwachs, von dem die einzelnen Arten je nach ihren Eigenschaften Verwendung finden. So ersetzt z. B. Ceresin das Bienenwachs, Paraffin härtet die Masse, Japanwachs macht sie plastisch, Chinatalg setzt den Schmelzpunkt herab, der sonst auch durch Ozokerit regelbar ist, Karnaubawachs verleiht der Masse den reinen Schnitt und Palmwachs verbilligt sie. Durch innige Mischung der Bestandteile erhält man so eine vollständig amorphe, nicht zu hoch schmelzende beständige Masse, die, ohne ihr Volumen zu ändern, und ohne ranzig, brüchig oder spröde zu werden, nicht eintrocknet, den nötigen Härte- bzw. Weichheitsgrad hat, sich schneiden läßt und keinen Schimmel ansetzt, da sie keine tierischen und vorteilhaft auch keine pflanzlichen Fette enthält. **(V. A. Reko, Seifenfabr. 1911, 527 und 549.)**

Vgl. die Ausführungen von **W. Kaiser** in **Kunststoffe 1911, 121,** und **Gummiztg. 27, 924.**

Noch vor kurzer Zeit wurden die Schallplatten aus einer Grundmasse von Wachs, Seife, Baumwolle oder Asbest und Füllkörpern (Schwerspat, Kieselsäure, Kieselgur usw.) durch Verkneten und Pressen unter hohem Druck erzeugt. Nach **D. R. P. 121 423** verfährt man in folgender Weise: Man geht z. B. von einem Grundgemenge aus, das aus 185 kg Stearinsäure, 39 kg Natronlauge und evtl. den nötigen Füllmitteln besteht. Es bildet sich durch Verseifung der Stearinsäure eine ölsäurefreie Seife, doch ist es wichtig, nur 40% der Säure in ihr Natronsalz überzuführen, da in dem Falle, als man die Verseifung weitertreibt, der Schmelzpunkt der Masse, der bei höchstens 130—150° liegen soll, wesentlich erhöht wird, während umgekehrt eine Verringerung des Stearinsäuregehaltes den Schmelzpunkt der Masse erniedrigt. Nach diesem Prinzip werden die Platten von Pathé Frères auf kompliziertem maschinellem Wege hergestellt, doch sind, wie aus folgenden Vorschriften hervorgeht, auch andere Zusammensetzungen üblich, in denen Schellack, Baumwollfasern, erdige Füllmittel und Farbstoffe die wesentlichen Bestandteile sind.

Zur Herstellung einer Schallplattenmasse werden gleiche Teile hartes Bienenwachs und verwittertes Stearin in einem Tiegel über bedecktem Feuer geschmolzen. Der dünnflüssigen Masse wird tropfenweise Ätznatron zugesetzt, bis sie erstarrt, worauf man eine Mischung aus gleichen Teilen Stearin, Asphalt und Harz (den vierten Teil der im Kessel befindlichen Masse) zusetzt und nochmals bis zur Dünnflüssigkeit erhitzt. Die Masse ist nunmehr gußfertig. Wird sie besonders spröde gewünscht, so gibt man Stearin odes dessen Surrogate zu, soll langsames Schmelzen erzielt werden, so erhöht man den Laugenzusatz. Durch Zusatz von Ceresin, Ozokerit, Paraffin, chinesischem Talg, Japanwachs und Cereawachs lassen sich Schmelzbarkeit, Härte, Elastizität usw. der Masse beliebig verändern. Entsteht beim Schneiden der Masse ein reiner, nicht bröckliger Schnitt, so ist sie homogen und gut verwendbar. **(Seifenfabr. 1911, 527, 549.)**

Nach **D. R. P. 223 276** erhält man eine Masse für Grammophonplatten aus 45,4 kg Stearinsäure, 8,62 kg Montanwachsdestillationsrückstand, Ebonitwachs (statt des teuren Karnaubawachses in **E. P. 3070/05**), 8,62 kg Ceresin und 453,6 g Lampenruß. Man setzt der Mischung ferner eine Lösung von 8,98 kg Soda, 460 g Ätznatron und 178 g metallischem Aluminium in 18,93 l Wasser zu.

Vgl. **F. P. 426 871:** Man erwärmt zur Herstellung einer Phonographenplattenmasse ein Gemisch von 8 Tl. Bariumsulfat, 6 Tl. Kohlenschiefer, 9 Tl. Schellack, 2 Tl. Harz und 2½ Tl. gefärbter Baumwollfäden und formt die Masse unter Druck.

Die Herstellung der Schallplatten z. B. aus einem gefärbten Gemenge von Faserstoff (Kuhhaare, Stroh oder Baumwollabfall) und einem Harzzement aus Schellack und Schwerspat beschreibt **O. Birckhahn** in **Techn. Rundsch. 1909, 87** und **103.**

Neuerdings werden die Schallplattenmassen nicht mehr aus Schellack, Galalith oder Celluloid allein hergestellt, sondern wesentlich billiger aus geschichteten Celluloidfolien, die in verschiedenen Farben Anwendung finden und zwischen den einzelnen Blättern Stoffe enthalten, die beim Brennen schmelzen und flammenerstickende Gase liefern. Überdies sind die Platten mit Gemengen von Harzen und Schwerspat überzogen, so daß sie kaum mehr als feuergefährlich gelten können. In **Kunststoffe 4, 261** beschreibt **V. A. Reko** eingehend die Fabrikation dieser Schallplatten und besonders die zur Vermeidung von Spannungsunterschieden betätigte Art der Pressung. Oder man geht von den bedeutend widerstandsfähigeren Kunstmassen aus, die man aus Casein, Celluloseabkömmlingen usw. gewinnt und mischt diese Stoffe (Galalith, Cellon, Viscoid usw.) mit den nötigen Farbstoffen und Bindemitteln.

Zur Herstellung einer Schallplattenmasse, die von den Galvanos photographischer Originalzylinder abgenommen wird, setzt man der für diesen Zweck dienenden Celluloidmasse zur Erhöhung der Klarheit und Klangreinheit der Töne Stearinsäure zu. **(D. R. P. 156 413.)**

Zur Herstellung harter, chemisch indifferenter Gegenstände erhitzt man das Kondensationsprodukt von 3 Mol. Phenol und 2 Mol. Formaldehyd ohne weiteren Zusatz auf 150—200° und erhitzt das so erhaltene Phenolharz dann weiter mit Hexamethylentetramin und Chlorphenolen von neuem auf Temperaturen über 100°. Das durchscheinende, nicht entflammbare und in der Wärme nicht blasig werdende Endprodukt eignet sich für alle Zwecke, für die ein Stoff erforderlich ist, der in der Kälte hart und beim Erhitzen bearbeitungsfähig wird, besonders als Schallplattenmasse und zur Herstellung von Platten für Druck- und Gravierzwecke. **(D. R. P. 307 892.)**

Nach **D. R. P. 227 208** wird eine zur Verarbeitung auf Grammophonplatten geeignete Masse hergestellt durch Vermischen von 10 kg Rohviscosebrei, 1 kg Schwerspat, 4 kg fein gemahlenem Kolophonium, 2 kg Hornmehl und $^1/_2$ kg Kienruß; die zähe Masse wird abgepreßt, getrocknet und mit 1 kg feinst gemahlenem Asphalt (auf 10 kg der feuchten oder 8 kg der trockenen Masse) verknetet; dann wird das Produkt zu dünnen Blättern oder Scheiben ausgewalzt.

Nach **Kunststoffe 1911, 243** werden auch Glas-, Pappe-, Celluloid-, sogar Stahl- oder Eisenblechplatten verwendet, die man mit einer genügend elastischen, schallempfindlichen Schicht, z. B. aus einem Gemenge von 40 Tl. Natronlauge (von 37°), 184 Tl. Stearinsäure, 3,25 Tl. Tonerdehydrat und 33 Tl. Paraffin überzieht.

Ein Verfahren zum Graphitieren von Sprechmaschinenwalzen durch Auftragen von Graphitstaub mittels einer Gebläsevorrichtung behufs Herstellung von zur Vervielfältigung zu verwendenden Matrizen auf galvanoplastischem Wege ist durch eine Vorrichtung gekennzeichnet, die es mit einer Bürste und einem Flanellnachreiber ermöglicht, die Graphitierung in einem Arbeitsvorgange durchzuführen, wobei die Walze am besten durch den Luftstrahl selbst auf etwa 60° angewärmt wird. **(D. R. P. 166 399.)**

544. Gips(abgüsse) härten, anorganisch imprägnieren.

Über das Abbinden des Gipses und weitere Eigenschaften des Materiales siehe **Bd. I [616].**

Besonders feste Gipsgüsse erhält man, wenn man dem Gipspulver 2—3% calcinierten Borax zusetzt oder wenn man die Gips- oder Alabastergegenstände in eine wässerige Kaliumsulfat enthaltende Boraxlösung taucht, bei 150° trocknet, sie dann in eine salpetersäurehaltige konzentrierte Boraxlösung bringt, trocknet und die Stücke mit Canadabalsam überzieht. **(Polyt. Zentr.-Bl. 1852, 1392.)**

Nach **E. P. 2640** und **2787/1884** härtet man Gipsabgüsse mit Calciumsilicat, Kieselfluorkalium, Kaliummangansilicat u. dgl. oder man taucht sie in eine 40—50° warme Lösung von 8 Tl. Borax und 0,02 Tl. Kaliumphosphat in 100 Tl. Wasser, erwärmt die Gegenstände dann auf 150°, taucht sie nach dem Abkühlen in eine mit Salpetersäure versetzte Boraxlösung und reibt schließlich mit einer Lösung von Canadabalsam in Naphtha ein.

Statt die Gipsabgüsse durch Eintauchen oder Überstreichen mit den Härtungs- oder Konservierungsflüssigkeiten zu imprägnieren kann man diese auch nach **D. R. P. 31 032** mittels Preßluft auf die betreffenden Oberflächen zerstäuben.

Nach **M. Dennstedt, Ber. d. d. chem. Ges. 1885, 3314** ist das beste Härtungsmittel für Gipsabgüsse eine auf 60—80° erwärmte, vollkommen gesättigte Barytlösung, deren Wirkung noch erhöht wird, wenn man dem Gips vor dem Formen bis zu 50% Kieselsäure zusetzt oder die Gipsmasse mit den Lösungen von Schwermetallsulfaten verrührt, die evtl. zu gleicher Zeit als Färbemittel dienen können. Um eine gleichmäßige Färbung zu erzielen, ist es jedoch nötig, außer den Schwermetallsalzen auch noch Kalkmilch zuzusetzen und die geformten Gegenstände nachträglich erst mit den Metallsalzlösungen zu tränken. Vgl. die ursprünglichen Arbeiten von **W. Reissig, Verh. d. Ver. z. Bef. d. Gew.-Fleißes 1877, 386** (Lösung einer Preisfrage), und ebd. **F. Filsinger, S. 286** und **G. Leuchs, S. 386.**

Zum Imprägnieren entwässerter Gipsgegenstände verwendet man nach **D. R. P. 66 556** und **67 831** eine Lösung, die 15—20% gleicher Teile Ätzkali und Kaliumchlorid enthält. Man taucht die Gegenstände, die auf etwa 130° erhitzt sind, in die Flüssigkeit, erhitzt weiter auf

130°, spült ab, erhitzt im Wärmeofen und behandelt mit Salzlösungen, die ein Gemisch von einem Doppelvitriol oder einem Alaun mit Kaliumphosphat-, -fluorid, -siliciumfluorid oder -biborat enthalten, wodurch fast wasserfreie Verbindungen entstehen. Eine solche Lösung enthält z. B. Kainit oder Carnallit oder Chromalaun und eines der genannten Kalisalze. Die gehärteten Gegenstände werden dann abermals erhitzt und zur Erhöhung der Wetterbeständigkeit nach dem Erkalten mit Erdwachs oder einer 5proz. alkoholischen Lösung von Borsäure in Glycerin getränkt.

Das Härten entwässerten Gipses mit den Lösungen krystallisierender Salze hat den Nachteil, daß diese Salze oft schon nahe der Oberfläche krystallisieren und das Eindringen der Flüssigkeit verhindern. Es wird daher in **D. R. P. 69 527** empfohlen, den Gegenstand zunächst in eine konzentrierte Lösung von Kaliumsulfit und dann in eine Lösung zu tauchen, die ein mit Gips eine Doppelverbindung gebendes Salz enthält. Die evtl. Färbung mit anorganischen Farbstoffen kann so erfolgen, daß man den einen der den Farbstoff liefernden Bestandteile jener, das Eindringen der Flüssigkeit begünstigenden Kaliumsulfitlösung beisetzt, während die zweite Salzlösung den anderen Farbstoffbestandteil enthält.

Nach **M. Dennstedt, Ber. d. d. Chem. Ges. 1891, 2557,** verwendet man zum Härten von Gipsabgüssen die nach **Graham** bereitete und konzentrierte, etwa 15proz. Lösung von dialysierter Kieselsäure, mit denen man den Gipsabguß tränkt und ihn an einem warmen Ort trocknen läßt. Der Abguß wird auf diese Weise gleichmäßig mit ausgeschiedener Kieselsäure durchsetzt; man taucht ihn sodann kurze Zeit in etwa 65° heiße, gesättigte Bariumhydratlösung, spült mit warmem Wasser und trocknet an einem mäßig warmen Ort. Vorteilhaft ist es, dem Gips vor dem Gießen trockene Metallhydrate (des Aluminiums oder Zinks) zuzusetzen, die sich mit der Kieselsäure zu Salzen vereinigen. Diese Gegenstände lassen sich während des Härtungsprozesses zu gleicher Zeit färben, wenn man sie vor der Behandlung mit Barythydrat in Lösungen schwefelsaurer Metallsalze taucht. Bei Anwendung von Kupfervitriol bekommen die Stücke das Aussehen von patinierter Bronze.

Nach **D. R. P. 65 271** erhält man harte und abwaschbare Gipsgegenstände durch Verrühren von gebranntem Gips mit einer Lösung von Ammoniumtriborat $[(BO_3)_3H_8NH_4]$, worauf man die gegossene Masse erhärten läßt. Oder man bestreicht Gegenstände, die aus gewöhnlichem Gips hergestellt sind, mit dieser Lösung und trocknet ein. Die Ammoniumtriboratlösung erhält man durch Fällung einer Lösung von Borsäure in warmem Wasser mit der berechneten Menge Ammoniak bei Temperaturen über 30°. Das Salz ist sehr leicht in Wasser löslich.

545. Gips(abgüsse) mit organischen Stoffen imprägnieren.

Die Imprägnierung von Alabaster- oder Gipsgegenständen mit einer Lösung von Fett oder Wachs in Olivenöl zur Herstellung von Elfenbein- und Knochenimitationen wurde schon von **B. Cheverton** in **Dingl. Journ. 1851, III, 78** beschrieben.

Auch durch Bestreichen oder Tränken der Gipsabgüsse mit geschmolzenem Stearin oder Paraffin kann man ihnen, jedoch nur bei Verwendung reinsten Gipses, durchscheinend elfenbein- oder alabasterähnliches Aussehen verleihen. **(Polyt. Zentr.-Bl. 1855, 892 u. 1149.)**

In **Dingl. Journ. 177, 486** empfehlen **Knaur** und **W. Knop** zum Härten von Gipsabgüssen ein Gemenge von sirupdicker Wasserglaslösung mit einer Lösung des Milchcaseins geronnener Milch in 20proz. Ätzkalilauge. Nach dem Eintrocknen kann man den Gipsabguß ev. mit Kalkwasser abwaschen, um die nur oberflächlich eingedrungene Caseinlösung wieder zu entfernen und durch einen neuerlichen Aufstrich eine homogenere Schicht zu erzielen.

Nach dem Verfahren des **D. R. P. 3203** bestreicht man zu demselben Zweck die Gipsgegenstände mit einer heißen, warm gesättigten wässerigen Boraxlösung, überpinselt nach dem Trocknen des evtl. wiederholt aufgebrachten Anstriches mit heißer, wässeriger Chlorbariumlösung (evtl. zweimal) und imprägniert schließlich mit einer heißen wässerigen Seifenlösung, wäscht ihren Überschuß mit heißem Wasser ab und spült so lange mit kaltem Wasser, bis dieses auf der Gipsoberfläche perlt. Das Verfahren dürfte den Übelstand haben, daß mit der Zeit eine Auswitterung der löslichen Salze stattfindet. Vgl. **v. Dechend, Dingl. Journ. 228, 191.**

Gips wird nach **D. R. P. 63 715** wetterbeständig, wenn man die Stücke zuerst bei etwa 125° entwässert und sie dann in eine erwärmte Bariumhydratlösung taucht, so daß eine Umsetzung der oberflächlichen Schicht in Bariumsulfat und Ätzkalk eintritt. Taucht man die geglätteten und gehärteten Gegenstände noch einige Stunden in eine evtl. gefärbte 10proz. Oxalsäurelösung, so setzt sich der Ätzkalk in Calciumoxalat um, wodurch der Gips Wetterbeständigkeit erlangt.

Auch durch Imprägnierung von Gipsgegenständen mit einer Härteflüssigkeit (Alaun, Borax) und nachfolgende Behandlung mit trocknenden Ölen (Leinöl) kann man sie abwaschbar machen. **(D. R. P. 68 586.)**

Nach **E. P. 9536/1886** taucht man die Gegenstände in eine Boraxlösung, trocknet und tränkt sie mit Wachs.

Wiederhold empfiehlt in **Gew.-Bl. f. Kurhessen 1865, 605** die Tränkung von Gipsabgüssen mit einer Lösung von 1—2 Tl. Stearinsäure in 10 Tl. warmem Petroläther.

R. Jacobsen befürwortet hingegen **(Ind.-Blätter 1877, 6)** die Tränkung des Abgusses bloß mit der wässerigen Lösung einer möglichst neutralen Seife aus Stearinsäure und Natronlauge. Der so erhaltene Überzug beeinflußt den Farbton in keiner Weise, trägt nicht auf und die Gegenstände werden abwaschbar.

Um Gipsgegenstände abwaschbar zu machen und ihnen schönes, weißes, marmorähnliches Aussehen zu verleihen, imprägniert man sie mit einem verkochten Gemenge von Stearin, venezianischer Seife und Pottasche im Verhältnis von 2 : 2 : 1. **(Dingl. Journ. 109, 315.** Vgl. **ebd. 121, 75.)**

Zur Herstellung eines abwaschbaren Überzuges werden die alten Gipsabgüsse zunächst mit 3proz. Ätzkalilösung gereinigt und dann nach **C. Puscher, Kunst u. Gew. 1882, 27** mit einer warmen Lösung von 3 Tl. konzentriertem Ammoniak (oder Ätzkali) und 9 Tl. Stearinsäure in 36 Tl. heißem Wasser, die man mit der gleichen Menge Wasser und 25proz. Alkohol verdünnt, überstrichen. Diese verdünnte Seifenleim-Alkohollösung dringt tief ein; nach einigen Stunden kann man die Gipsabgüsse mit nassem Schwamm abwaschen.

Gipsgegenstände werden nach **D. R. P. 63 667** abwaschbar, wenn man sie etwa 10 Stunden in ein auf 80° erwärmtes Bad von Leinöl einlegt.

Zum Härten und Haltbarmachen von gefärbten oder ungefärbten Gegenständen aus Gips und anderen Stoffen (z. B. Zement), deren Krystallwasser bei einer Temperatur von über 100° entweicht, tränkt man die Platten oder Gegenstände mit einer Erdöl- oder Parafifnlösung von Harz, dessen Schmelzpunkt dadurch so weit herabgesetzt wird (80—95°), daß die Imprägnierungswärme das Krystallwasser nicht auszutreiben vermag. Nach dem Imprägnieren wird das Erdöl durch leichtes Erwärmen wieder beseitigt. **(D. R. P. 188 093.)**

546. Gips(abgüsse) färben, metallisieren, lackieren.

Über Gipsbemalung und Gipstonung durch Imprägnation oder Aufstrich siehe **Techn. Rundsch. 1907, 501.**

Die zum Färben von Gipswaren verwendbaren Teerfarbstoffe sind in **Bd. I [647]** aufgezählt.

Zur gleichzeitigen Härtung und Grünfärbung des Alabasters legt man die Stücke (meist geschah dies früher an den Gewinnungsorten) auf 70—80° vorgewärmt in eine Lösung von Chromalaun. **(D. Gewerbeztg. 1865, Nr. 16.)**

Zum Bronzieren von Gipsfiguren legte **Elsner** die gut ausgetrockneten Gegenstände in eine heiße, klare, verdünnte Seifenlösung so lange ein, bis sie völlig vollgesogen waren, hierauf wurden sie an der Luft getrocknet und in eine schwache Lösung von Grünspan, der etwas Eisenlösung hinzugesetzt wurde, bei gewöhnlicher Temperatur eingelegt und so lange liegen gelassen, bis sich auf der Oberfläche eine hellgrüne, der echten Patina ähnl che Verbindung einer Metallseife gebildet hatte; durch Wiederholung der Operation kann die Färbung verstärkt werden. Die auf diese Weise mit einer dünnen Lage einer Metallseife überzogene Oberfläche der Gipsgegenstände widersteht der Einwirkung des Wassers vollkommen und kann von Staub leicht gereinigt werden. Gipsabdrücke von alten Münzen, auf die angegebene Weise bronziert, erhalten das Aussehen von alten, mit Patine überzogenen Münzen. **(Dingl. Journ. 113, 34.)**

Zum Färben von Alabaster taucht man nach **D. R. P. 16 798** die auf 85—100° erwärmten Gegenstände in eine Farblösung, erhitzt dann nochmals und härtet durch Eintauchen in eine Alaunlösung. Auf ähnliche Weise kann der erhitzte Stein durch Bemalen auch lokal gefärbt werden.

Um Gips-, Ton- oder Kreideabgüsse (auch poröse Tonwaren) schwarz zu färben und zugleich ihre Struktur so zu verändern, daß man sie schnitzen, drehen und polieren kann, carbonisiert man sie **(G. H. Smith, Töpf.- u. Ziegl.-Ztg. 1879, 235)**, d. h. man imprägniert die Gegenstände nach dem Formen mit Kohlenteer, Teeröl oder Pech und erhitzt nach der Tränkung soweit, daß die impränierende Substanz unter Zurücklassung von Kohlenstoff zersetzt wird; dieser füllt die Poren, macht sie für Flüssigkeiten undurchdringlich und gestattet die verschiedenartige Bearbeitung der Ware.

Um Gipsfiguren intensiv schwarz zu färben, imprägniert man sie nach **Techn. Rundsch. 1910, 475** in erhitztem Zustande zuerst mit einer konzentrierten Blauholzabkochung und darauffolgend mit wässeriger Eisenchlorid- und Eisenvitriollösung. Ebenso erzeugt auch die Imprägnierung mit einer Mischung von Blauholzextrakt, Kupfervitriol, Ammoniakalaun und etwas Schwefelsäure eine tief samtschwarze Farbe. Taucht man die erwärmte Büste zuerst in starke Kochsalzlösung, läßt trocknen, imprägniert dann mit einer salpetersauren Silberlösung und setzt die Büste dem direkten Sonnenlichte aus, so zeigt die Masse einen kräftigen braunschwarzen Ton. In jedem Falle tränkt man nachträglich den getrockneten Gegenstand mit einer Terpentin-Wachslösung, poliert mit einem weichen Lederlappen und überstreicht zweimal mit einer dünnen alkoholischen Schellacklösung.

Zur Herstellung bronzeähnlich gefärbter Gipsformlinge rührt man 50 g Gips mit 12 ccm Wasser an, dem etwas Natronlauge und einige Tropfen Formaldehyd zugesetzt sind, und fügt sodann die nötige Wassermenge zu, in der vorher 2 g Silbernitrat gelöst werden. Das Silber wird so zu Metall reduziert und verleiht der Masse die eigenartige Bronzefärbung; ebenso lassen sich auch mit anderen, z. B. Gold-, Kupfer-, Wismut- und Bleisalzen einzeln oder gemischt ähnliche metallische Töne erzielen. **(L. Vanino, Pharm. Zentrh. 1901, 264.)**

Über Färben und Härten von Gips und Alabaster in einem Bade, das Alaun, Oxalsäure oder oxalsaure Salze und Farbstoff enthält, siehe **D. R. P. 22 289.**

Nach **D. R. P. 25 983** werden die aus rohem Gipsstein gefertigten Gegenstände, um sie zu härten und zugleich zu färben, erhitzt und zuerst in eine Chlorcalcium- und dann in eine

Magnesiumsulfatlösung eingetaucht. Der sich hierbei bildende Gips lagert sich innerhalb des Steines ab, während das entstandene Chlormagnesium durch Einlegen der Gegenstände in Wasser weggewaschen wird. Man wiederholt nun das Verfahren, überstreicht sodann abwechselnd mit Leim- und Tanninlösung und trocknet. Die färbenden Metallsalze können der Chlorcalciumlösung zugefügt und durch eine andere Lösung in andere unlösliche, gefärbte Metallsalze übergeführt werden.

Nach **Techn. Rundsch. 1907, 5** imprägniert man Gipsabgüsse, um ihnen einen zarten Elfenbeinton zu verleihen, wiederholt mit einer heiß hergestellten wässerigen Lösung von je 2 Tl. Stearin und venezianischer Seife und 1 Tl. Pottasche, die man durch eine Spur Kaliumbichromat gelblich färbt. Nach einigen Tagen wird die Gipsoberfläche mit einem seidenen Läppchen poliert.

Zum galvanischen Verkupfern von Gips verfährt man nach einem Referat in **Chem.-Ztg. Rep. 1913, 131** in der Weise, daß man die trockenen Formen in ein Paraffinbad von 50—60° bringt, abtropfen läßt und die Form mit einer Schicht verdünnten Kollodiums überzieht. Dann werden die Kontakte an der Form befestigt, man graphitiert, legt einige Minuten in eine 10proz. Alaun- oder Aluminiumsulfatlösung, bringt die Form in das Kupferbad, das 5—8% Schwefelsäure enthält, und galvanisiert mit einem, eine Kupferanode enthaltenden elektrischen Elemente.

Nach **D. R. P. 57 763** tränkt man entwässerte Gipsgegenstände, um sie für die Behandlung mit Metallsalzen geeignet zu machen, mit einer Lösung von Kaliumborat.

Um Gips zu marmorieren, bestreicht man den Gegenstand nach **D. Mal.-Ztg. (Mappe) 31, 163** mit einer beliebigen graugrün getönten Farbe, verstärkt den Anstrich, besonders in den Tiefen, durch Bestauben mit trockener Farbe und lackiert schließlich die völlig trockene Büste.

Nach **Rathgen, Seifens.-Ztg. 1911, 450** werden Gipsabgüsse abwaschbar, wenn man sie mit Zaponlack überstreicht oder mit Überzügen von Cellon oder Cellit versieht. Vollkommen sind diese Mittel nicht, da die Schichten entweder nach einiger Zeit abblättern oder die Konturen der Abgüsse verwischen.

Zum Tränken von Gipsabgüssen empfiehlt **F. Rathgen, Zeitschr. f. Ethnol. 1904, 163** eine 4proz. Lösung von Celluloid in Amylacetat (Zaponlack).

Um Gipsformen so zu imprägnieren, daß sie ihre Saugfähigkeit verlieren, versieht man sie nach **Sprechsaal 1912, 156** mit einem doppelten Firnislackanstrich und überzieht die Formen außerdem mit Öl, Wachs, fettigen Substanzen oder mit einer Schellacklösung.

547. Gips(abgüsse), (Alabaster) konservieren, auffrischen, reinigen, kitten.

Bei Herstellung eines Zementüberzuges auf Gipsgegenständen oder eines Gipsüberzuges auf Zementgegenständen benützt man die Eigenschaft des Kaliumsulfates, -carbonates oder anderer Salze, auch des Salmiaks, sowohl mit Gips als auch mit Zement zu erhärten und deren Abbindungsvermögen zu beschleunigen; man verwendet daher diese Salze als Bindemittel zwischen den beiden Materialien. **(D. R. P. 77 356.)**

Auch ein dünnangerührtes Gemenge von Gipsmehl und Milch eignet sich als Anstrich für Gipsfiguren. **(Industrieblätter 1873, 349.)**

Zur Konservierung von Gipsformen, die Salzauswitterungen und der Zerstörung durch Schimmelpilze ausgesetzt sind, imprägniert man die Formen oder Platten mit einem Gemisch von Kieselflußsäure und Kieselfluorzink. **(D. R. P. 281 169.)** — Vgl. **Bd. I [686]**.

Zum Reinigen und Auffrischen verschmutzter Gipsabgüsse überstreicht man sie mit warmem, nicht zu dickem, noch gießfähigem Kleister und läßt ihn dann nur soweit eintrocknen, daß er noch Zusammenhang besitzt und, sich streckenweise abrollend, die Staubschicht nicht zu stark verunreinigter Abgüsse mitnimmt. Oder man reibt die Abgüsse mit Glaspapier ab und streicht sie dann mit Zinkweiß an oder reinigt sie schließlich, wenn das Abbürsten mit einem in gebranntes Gipsmehl getauchten Pinsel nicht genügt, durch 8—12stündiges Einstellen in Wasser, so daß sich mit der in geringem Maße in Wasser löslichen obersten Gipsschicht zugleich der Schmutz abtrennt. Wenn es sich darum handelt, Gipsabgüsse größeren Umfanges und in großer Zahl zu reinigen, verfährt man nach **F. Rathgen** in der Weise, daß man die Figuren auf maschinellem Wege mit Zaponlack überstreicht, also diesen farblosen Lack z. B. aufspritzt, der dann nach dem Trocknen die Schmutzschicht überdeckt und auch späterhin nicht durchscheinen läßt, wenn man ihn nach mehreren Tagen mit einem weiteren Überzug versieht, der aus Zaponlack, Lithopon und, zur Erzeugung eines wärmeren Farbtones, gelbem Ocker besteht. Die so wenn auch nicht gereinigten, so doch wieder ansehnlich gemachten Gipsfiguren können dann bei neuerlicher Verschmutzung leicht abgebürstet, sogar vorsichtig gewaschen werden. **(Zeitschr. f. angew. Chem. 30, I, 41.)**

Zur Auffrischung von Gipsabgüssen überzieht man sie mit einer Bariumsulfat-Leimlösungsmilch. **(Dingl. Journ. 160, 79.)**

In **Dingl. Journ. 129, 238** empfiehlt **A. Wolf** Gipsfiguren, um sie zu reinigen, in eine Lösung von Gelatine in hellem, reinem Kalkwasser einzuhängen, sie dann herauszunehmen, zu trocknen und mit einer wässerigen Alaunlösung zu überstreichen bis sie völlig weiß sind.

Zur Entfernung von Naturflecken aus Alabaster wäscht man ihn nach **D. R. P. 196 466** zunächst mit Spiritus, bringt ihn sodann in eine kochende Suspension von 1 Tl. Wiener Kalk und 20 Tl. Wasser, trägt einen Magnesiaschlamm aus 1 Tl. Magnesia und 3 Tl. Wasser auf, trocknet und wäscht schließlich nochmals mit Spiritus nach.

Nach **Rathgen, Seifens.-Ztg. 1911, 450** wäscht man Gipsgegenstände, um sie zu reinigen, mit Alkohol oder Benzin ab.

Die fettige Beschaffenheit der Gipsoberfläche läßt sich durch die Verwendung von destilliertem Wasser beim Anmachen des Gipsbreies bedeutend vermindern. Noch besser ist es, wenn man dem Anteigungswasser Bicarbonat, Magnesiumsalze oder Zinksulfat zusetzt. Verfärbte Gipsabgüsse werden zweckmäßig mit warmem Teeröl behandelt, worauf man sie mit Zinksulfatlösung abwäscht und mit einer verdünnten Lösung von Borsäure, Paraffin, Stearin, Wachs oder Harz einläßt. **(Zeitschr. f. angew. Chem. 1917, I, 180.)**

Zum Kitten von Alabaster eignen sich nach **Techn. Rundsch. 1907, 136** verschiedene Kombinationen von frisch gelöschtem Kalk und frisch bereitetem Casein mit oder ohne Zusatz von Wasserglas und Füllmitteln (z. B. 100 Tl. Casein, 20 Tl. Wasserglas und 50 Tl. Wasser) oder man stellt besser noch aus 250 Tl. Zucker und 750 Tl. Wasser unter Zusatz von 65 Tl. gelöschtem Kalk eine Zuckerkalklösung her, die man mehrere Tage unter öfterem Umschütteln auf 70—75° erwärmt, worauf man erkalten und absetzen läßt und in 200 Tl. der Lösung nach ihrer Verdünnung mit derselben Wassermenge 200 Tl. besten Kölnerleimes löst. Schließlich setzt man noch nach mehrstündigem Erhitzen unter Ersatz des verdampfenden Wassers 50 Tl. 96grädiger Essigsäure und 1 Tl. reiner Carbolsäure zu. Dieser Kitt, der mehrere Tage eintrocknen muß, hat den Vorteil, daß die Kittstelle wegen der Farblosigkeit des Klebmittels kaum zu sehen ist.

Nach **Techn. Rundsch. 1907, 26** kann man mit Gips verkittete Gegenstände wieder lösen, wenn man die Kittstelle mit der dicken öligen Flüssigkeit behandelt, die man durch Schmelzen von Natriumthiosulfat (Antichlor) in seinem Krystallwasser erhält. Es bildet sich besonders bei Zusatz von Alkohol durch Wechselwirkung des Natriumsalzes mit dem schwefelsauren Kalk (Gips) das außerordentlich leicht in Wasser lösliche Calciumnatriumthiosulfat, das unter Zerstörung des Gipses und daher unter Trennung der Kittstelle entsteht.

548. Ausführung von Gips- (Kalk-, Alaun-)abgüssen. Abgußlostrennung.

In **Keram. Rundsch. 1911** findet sich auf **S. 342** beginnend eine Artikelserie von **A. Moye** über die Herstellung und das Abgießen von Gipsformen. Man verwendet stets aus besonders reinem Gipsstein durch sorgfältiges Brennen hergestellten Stuckgips, der zur Bildung des Breies stets in das Wasser eingestreut werden muß, um ein gut abbindendes Material zu erhalten. Zur Verzögerung der Abbindung **(Bd. I [618])** setzt man dem Wasser frischgelöschten Kalk oder Leim, Borax, Bor- oder Citronensäure zu, während rascheres Abbinden durch Erwärmung des Wassers oder Zusatz von Alaun oder Kochsalz oder schwefelsauren Alkalien erzielt wird. Im weiteren bespricht der Verfasser die Herstellung der verschiedenen Formen, besonders wenn am Modell übergreifende Teile vorhanden sind, ferner das Formen über verschiedenem Material (Leim, Ton, Wachs, Schwefel, Papier), die Imprägnierung und Oberflächenbehandlung der erhaltenen Formen usw.

In **Techn. Rundsch. 1907, 259** ist ein Verfahren der Vervielfältigung von Terrainmodellen für Lehrzwecke ausführlich beschrieben. Es wird empfohlen, das durch einen Lacküberzug vor der Verbindung mit der Modelliermasse geschützte Modell (Zapon- oder Spirituslack) nach vollständigem Trocknen mit einer Masse zu übergießen, die man aus 50 Tl. gewöhnlichem Tischlerleim, 15 Tl. Wasser und 5 Tl. Kochsalz durch Quellung und spätere Auflösung erhält. Die Masse gelatiniert etwa 24 Stunden nach dem Aufgießen und läßt sich dann mit der nötigen Vorsicht von dem Original abheben. Von der erhaltenen, lange Zeit unverändert bleibenden, nicht schimmelnden Leimform kann man dann nach ihrem völligen Austrocknen wie folgt Positive abnehmen: Man verrührt ein inniges Gemenge von 100 Tl. Gips, 40—60 Tl. Schlämmkreide, 5—15 Tl. Dextrin, 7 Tl. Caput mortuum und 6 Tl. Carbolsäure innig mit Wasser, gießt den dünnen Brei, ähnlich wie Gips, in die gefettete Leimform, so daß nur eine dünne Lage entsteht, die alle Höhen und Tiefen ausfüllt, bedeckt die noch feuchte Schicht mit Hanffasern und gießt abermals eine Schicht der Masse auf, die man durch entsprechende Einlage von Stäben oder Brettchen weiter verstärken kann. Das erstarrte Positiv wird dann aus der Form gehoben und kann nunmehr mit Temperafarben oder auch mit einer Lösung von Wachsfarben in Terpentinöl entsprechend bemalt werden.

Auch zur Herstellung von Relieflandkarten eignet sich nach **Techn. Rundsch. 1909, 74** eine Masse, deren Herstellung oben beschrieben wurde. Oder man mischt 15 Tl. gequellter Seidenpapier- oder nicht geleimter Druckpapiermasse, 30 Tl. Gips und soviel Gelatine oder Kaninchenleim, bis eine leichtflüssige Masse entsteht, die in die mit Leinöl ausgestrichene Form gegossen wird. Schon nach 5—15 Minuten ist die Masse soweit erstarrt, daß man sie aus der Form nehmen und in warmem Raume trocknen lassen kann. Diese Massen unterscheiden sich in ihrer Zusammensetzung besonders dann, wenn die Arbeiten gezogen werden sollen oder wenn man Ornamente formen will. In letzterem Falle setzt man dem üblichen Kreide-, Gips-, Schiefer- und Leimgemenge zweckmäßig geweichtes und zerrissenes Fließ- oder Seidenpapier zu, fügt außerdem etwas Leinöl und venezianischen Terpentin bei und trägt die möglichst innig verknetete Masse dann mit dem Spachtel auf den mit einer dünnen Leimlösung getränkten, getrockneten Holzgrund auf.

In **Techn. Rundsch. 1907, 704** findet sich eine genaue Beschreibung der Anfertigung von Gipsabgüssen nach lebenden Modellen, ebenso die Herstellung von Abgüssen aus elastischem

Material, das man zweckmäßig durch Schmelzen alter Buchdruckwalzen gewinnt. Auf die ausführlichen Darlegungen kann hier nur verwiesen werden.

Besser noch wie Gips eignet sich zur Herstellung von Modellen für Unterrichtszwecke nach **Techn. Rundsch. 1911, 609** ein Gemenge von Schlemmkreide mit Hasenleim unter evtl. Zusatz von etwas Glycerin und den nötigen Farbstoffen. Dieses Produkt bleibt ständig knetbar und biegsam und kann andererseits auch entsprechend den Mengenverhältnissen nach Belieben zum Erhärten gebracht werden.

Zur Reproduktion plastischer Originalarbeiten stellt man nach **D. R. P. 95 084** über dem Original eine geschlossene Gipsform her, entfernt nach dem Erstarren des Gipses die Masse des Originals und gießt an Stelle des Gipsbreies eine keramische Masse in die Form, die aus 1 Tl. Gips, 5 Tl. Porzellanpulver und 1 Tl. Flußmittel besteht. Wenn der Guß erstarrt ist, brennt man ihn mit seiner Gipsumhüllung, wobei diese mürbe wird und beim Benetzen mit Wasser zerfällt, während der Kern erhalten bleibt.

Zur Herstellung von Gipsgüssen kann man nach **D. R. P. 74 868** auch gepulverten Anhydrit verwenden, dessen Abbindezeit man durch Zusatz schwefelsaurer Salze beliebig beeinflussen kann.

Über die Verwendung von gebranntem Dolomit zur Herstellung von Abgüssen an Stelle des Gipses siehe **M. v. Glasenapp, Dingl. Journ. 227, 192.**

Man erhält nach **D. R. P. 150 868** einen, auch für Formzwecke verwendbaren Gipsmörtel aus Calciumsulfat, Chlorbarium und einer zur Bildung von Oxychlorid geeigneten Base wie z. B. Magnesiumoxyd oder Bleioxyd.

Nach **Dingl. Journ. 163, 467** liefert Alaun, wenn man ihn unter Zusatz von $^1/_{30}$ seines Gewichtes Salpeter langsam und gelinde schmilzt, ein Material für sehr scharfe, halb durchsichtige und nach gänzlichem Erkalten in der Form auch nicht ausblühende Abgüsse, die zarte Formen, wie z. B. Einzelheiten von Münzen, besonders klar wiedergeben. Man kann dem Alaun auch Gips oder bis zu $^1/_8$ seines Gewichtes neutrales, schwefelsaures Kali oder auch ebensoviel Kochsalz beimengen und gelangt dann zu undurchsichtigsten, aber ebenso scharfen Abgüssen.

Auch aus dem bei der Gewinnung der Essigsäure nach dem Schwefelsäureverfahren gewonnenen, aus Kalk und Salzen bestehenden Abfallprodukt kann man durch Mahlen unter Zusatz eines weiteren Bindemittels Kunstmassen herstellen, die sich zur Imitierung von Bronze-, Eisen-, Terrakotta- oder Marmorgegenständen eignen. **(D. R. P. 70 657.)**

Zur Herstellung einer Stuckmasse setzt man dem bekannten Gemenge von Magnesiumcarbonat und Gips (10 : 500 g) eine verkochte Gallerte aus 500 g Pflanzenleim, 20 g Rohgummilösung in Benzol und 20 g venezianischem, 15—30% Öl enthaltendem Terpentin zu. **(D. R. P. 201 309.)**

Um die Lostrennung der Gipsabgüsse von den Matritzen zu bewerkstelligen, wird die poröse Gipsmasse zuerst mit einer Seifenlösung und hierauf mit Glycerin bestrichen. Der Gipsabguß läßt sich nach dem Erstarren leicht und rein von der Matrize ablösen; die Trennung erfolgt in kurzer Zeit und ohne irgendwelche Beschädigung des Gusses. **(Cl. Hofmann, Polyt. Notizbl. 1867, 153.)**

549. Tonformmassen, Plastilina, Kieselgelmassen.

M. Mayrs kunsttechnische Lehrbücher: Das Formen und Modellieren. München 1905. — Uhlenhuth, E., Vollständige Anleitung zum Formen und Gießen. Wien und Leipzig 1912.

In **Farbenztg. 1912, 2795** berichtet **Andés** über Modellierton, Modellierwachs und Plastilina und bringt eine größere Zahl von Vorschriften zur Herstellung dieser Präparate.

Das Mischen von Ton mit Wasser zur Herstellung von Modellierton und formbaren Massen erfordert Geschick und Übung, da durch schnellen Wasserzusatz in größeren Mengen die tonigen Massen sich mit Schlamm überziehen, undurchdringlich werden und kein weiteres Wasser mehr aufnehmen. Man verfährt nach **Techn. Rundsch. 1908, 393** in der Weise, daß man den trockenen Ton zunächst in um so kleinere Stücke zerschlägt je fetter er ist, und diese Stücke dann in 2,5 bis 5 cm hoher Schicht mit Wasser überbraust. Dieses Verfahren wird solange wiederholt, bis sich die Masse zusammenschlagen und in dünne Scheiben zerschneiden läßt, die man evtl. noch kurze Zeit in Wasser taucht, abtropfen läßt und gut verknetet.

Nach **Techn. Rundsch. 1907, 489** ist das beste Mittel zur Verhinderung des Faulens von Modellierton das öftere Übersprühen des in einem luftigen Raume aufbewahrten Tones mit einer Lösung von Kaliumpermanganat.

Zur Herstellung einer Modelliermasse verknetet man nach **D. R. P. 188 219** 50 Tl. Sand, 100 Tl. gepulverten Ton, 20 Tl. Magnesiumchlorid und 20 Tl. Magnesit mit Wasser zu einer knetbaren Masse, der man, um zu schnelles Erstarren zu verhindern, 5 Tl. Borax zugibt. Die Modelliermasse erhärtet ohne zu schwinden, rissig zu werden oder auszublühen, so daß jede Anstrichfarbe aufgetragen werden kann.

Nach einer Notiz in **Dingl. Journ. 127, 157** wird eine feuchtbleibende Modelliermasse in einfacher Weise hergestellt durch Verkneten von Ton mit Glycerin. Das Produkt bleibt plastisch ohne zu schwinden und eignet sich für die meisten Zwecke ebensogut wie ein Gemenge von Ton mit einer Lösung von Wachs in Olivenöl unter Zusatz von Schwefel und Zinkoxyd oder mit einem verschmolzenen Gemenge von Wachs, Kolophonium, Terpentinöl usw.

Nach **D. R. P. 121 766** setzt man dem Ton, um ihn dauernd bildsam zu erhalten, außer Glycerin und Terpentin noch Vaselin oder vaselinreiche Petroleumdestillationsrückstände zu.

Eine sehr hygroskopische und stets gebrauchsfertige Formmasse für Bildhauer wird nach **D. R. P. 258 681** hergestellt durch Vermischen von geschlemmter pulverisierter Tonerde mit einer Emulsion aus Glycerin, tierischem oder pflanzlichem Fett, gesättigter Kochsalzlösung, Dextrin oder Gummi und einer sehr geringen Kalilaugemenge.

Zur Reinigung dieser Ton-Glycerinplastilina von Holzteilchen und ähnlichen Verunreinigungen reibt man die Masse nach **Techn. Rundsch. 1912, 89** mit Wasser zu einem dünnen Brei an, schöpft nach einigen Tagen die oben schwimmenden Holzteilchen ab, trennt den dünnen Tonschlamm von den am Boden befindlichen Gipsteilchen und verknetet die Tonmasse nach Entfernung des überschüssigen Wassers wieder mit Glycerin. Fett- und wachshaltige Plastilinamassen werden zweckmäßig durch Umschmelzen gereinigt.

Eine Plastilinamasse besteht nach **F. Giesel, Chem.-Ztg. 1878, 126** aus 300 g Ölsäure, 43 g Zinkoxyd, 130 g Olivenöl, 60 g Wachs, 250 g Schwefel und 118 g Ton. Nach **Müller (ebd.)** wird eine ähnliche knetbare Masse aus Ton und einer Lösung von Chlorcalcium hergestellt.

In **Seifens.-Ztg. 1912, 304** u. **347** veröffentlicht **G. Schneemann** eine Anzahl von Vorschriften zur Herstellung plastisch bleibender Modelliermassen für Kinder. Die Grundmaterialien dieser Massen sind in erster Linie Öle, Fette, Wachse oder Harze mit Ton, Gips oder Schwefelblüte als Füllmittel und die nötigen Farbstoffe. Man schmilzt z. B. je 3 Tl. Mastix und Bienenwachs, 6 Tl. Ceresin und 20 Tl. Talg, verrührt in die geschmolzene Masse 23 Tl. Schwefelblüte, 12 Tl. Gips und 33 Tl. pulverisierten Pfeifenton (alle drei als feinste Pulver) und knetet schließlich bis zur Erzielung der nötigen Plastizität. Nach einer Originalvorschrift von **Schneemann** erhält man eine Masse, die auch nach 3 Monaten noch unverändert weich und plastisch ist, durch Eingießen einer heißen Schmelze aus 30 Tl. hellem Olein, 10 Tl. Bienenwachs und 15 Tl. Ricinusöl in ein verriebenes Gemenge von 5 Tl. Zinkoxyd und 10 Tl. Glycerin. Die erhaltene Zinkseife wird dann auf dem Wasserbade mit 24 Tl. Schwefelblüte, 20 Tl. Pfeifenton und 1 Tl. Talkum innig verrührt, worauf man die erkaltete Masse 3 Tage an einem warmen Orte stehen läßt, um sie schließlich mit einer mit Wasser befeuchteten Walze auf feuchten Brettern zu walzen. Durch Ersatz des Ricinusöles gegen Olivennachschlagöl und der Hälfte des Bienenwachses durch Japanwachs wird die Masse verbilligt und zugleich wird ihre an und für sich geringe Klebrigkeit aufgehoben. Man färbt diese und ähnliche Massen rot mit künstlichem, alkalibeständigem Zinnober, Gelb mit Goldocker, Braun mit Kasselerbraun, Blau mit Ultramarin, Grün mit gleichen Teilen Ultramarin und Ocker, Schwarz mit Rebenschwarz und parfümiert in derselben Reihenfolge mit Rosenwasser, Citronenöl, Benzaldehyd, Terpineol (künstlichem Flieder), Fichtennadelöl und schließlich mit Vanillin oder Amylacetat, um, wie **Schneemann** hervorhebt, in dem Kinde eine Ideenverbindung von Geruch und bekannter farbiger Form zu erwecken. Verpackt werden die Massen zweckmäßig in fettundurchlässiges Papier, daß man auf die Innenseite, um ein Ankleben zu verhüten, mit Glycerin überstreicht. Vgl. **Seifens.-Ztg. 1911, 34.**

Zur Erzeugung plastischer Massen versetzt man schwer durch Elektrolyte fällbare sog. Emulsionskolloidlösungen wie Kieselsäuresol mit Gerbsäure, Gelatine oder entgegengesetzt geladenen Kolloiden in gleichmäßiger Verteilung, bis der Fällungspunkt nahezu erreicht ist. Verwendet man andere als Gipsformen, so tränkt man sie mit das Kolloid fällenden Salzen. **(D. R. P. 325 807.)**

550. Metallische und metalloidische Guß- und Formmassen.

Nach einem eigenartigen Verfahren **(D. R. P. 11 285)** gießt man zur Herstellung galvanoplastischer Figuren die einzelnen Teile der Figuren in Zink, lötet sie mit einer Legierung von 3 Tl. Blei, 4 Tl. Zinn, 3 Tl. Cadmium und 9 Tl. Wismut oder 8 Tl. Wismut, 8 Tl. Blei und 3 Tl. Zinn zusammen, überzieht die Form galvanisch mit Silber und löst dann den Zinkkern mit verdünnter Schwefelsäure heraus, in der sich das Silber nicht löst.

Zur Herstellung von Hohlkörpern und hohlwandigen Gegenständen aus Metall, Glas oder Porzellan erzeugt man die Kernform aus Aluminium, das man nach Herstellung des Gegenstandes mittels heißer, angesäuerter, mit Zinkchlorid versetzter verdünnter Sublimatlösung entfernt. **(D. R. P. 128 768.)**

Um Spitzen, Gewebe, Gräser, Blätter usw. so zu verkohlen, daß sie ohne Formveränderung zur Hervorbringung von Abdrücken in geschmolzenen Metallen benützt werden können, erhitzt man sie in Kohlenpulver luftdicht verpackt einige Stunden in geschlossenem Tiegel zuerst auf 150° und dann 2 Stunden auf Glühtemperatur. **(A. E. Outerbridge,** Ref. in **Zeitschr. f. angew. Chem. 1887, 306.)**

Zur Vervielfältigung von Münzen eignet sich besser noch als Gips die von **Sorel** erfundene plastische Masse aus Zinkoxyd und Chlorzinklauge. **Bd. I [642]. (Jahr.-Ber. f. chem. Techn. 1858, 230.)**

Die von **G. Osann** in **Journ. f. prakt. Chem. 63, 120** als „Koniplastik" bezeichnete Reproduktionsart von Gegenständen, z. B. von Münzen, wird in der Weise ausgeführt, daß man auf die mit einem künstlichen Rande umgebene Münze ein gepulvertes Kupfersalz, z. B. Kupfercarbonat, aufhäuft, Pulver und Münze möglichst stark zusammenpreßt, den erhaltenen Abdruck im Wasserstoffstrome glüht und so durch Reduktion des Kupfersalzes zu einem durchaus homogenen, rein metallenen Kupferabdruck gelangt. Der Vorteil des Verfahrens gegenüber dem galvanoplastischen bestand zur Zeit der Auffindung dieses Verfahrens vor allem darin, daß die Reproduktion in kurzer Zeit in beliebiger Dicke ausgeführt werden konnte.

Erhitzt man nach **Dietzenbacher (Dingl. Journ. 167, 319)** gepulverten Schwefel mit 1,4% Jod auf etwa 180°, so erhält man eine metallisch glänzende Masse, die auf eine Glas- oder Porzellanplatte gegossen, sich leicht ablöst und mehrere Tage lang plastisch und elastisch bleibt; diese Masse ist zur Darstellung von Abgüssen sehr geeignet, da sie die feinsten Konturen wiedergibt.

Bei Herstellung von Schwefelabgüssen durch Eingießen des geschmolzenen Stangenschwefels in die eingefetteten Formen ist zur Erzielung scharfer Abdrücke nach **Sprechsaal 1912, 174** darauf zu achten, daß der Schwefel den richtigen Grad der Dünnflüssigkeit besitzt, was erst über 300° der Fall ist.

Statt des zum Abformen von Münzen früher vielfach verwendeten „Zeiodeliths" **[518]** empfiehlt **R. Böttger** eine Masse, die man durch Verschmelzen gleicher Teile Schwefel und Infusorienerde mit etwas Graphit bei gelinder Temperatur herstellt. Die Masse wird noch warm auf den Gegenstand aufgestrichen, erhärtet sehr schnell und gibt die Einzelheiten des abgeformten Gegenstandes in großer Schärfe wieder. **(Polyt. Notizbl. 1866, 29.)**

Eine Masse, die in heißem Zustande gießbar ist und nach dem Erkalten jede Feinheit einer Form wiedergibt, die man mit ihr ausfüllte, so daß sie sich zur Reproduktion von Ornamenten, Vasen u. dgl. eignet, stellt man nach **Clément, D. Ind.-Ztg. 1867, 28** her durch Zusammenschmelzen gleicher Teile von Schwefelblumen und Graphitpulver. Die Masse diente auch als Steinkitt.

Zur Erzeugung scharfer gefärbter Abgüsse von Münzen u. dgl. haben sich Schmelzen aus 25 Tl. Schwefel, 15 Tl. Quarzmehl und 4 Tl. Zinnober oder Chromoxyd bzw. gleichen Teilen Schwefel und Braunstein oder aus 14 Tl. Schwefel, 7 Tl. Braunstein, 5 Tl. Smalte und 2 Tl. Zinnober, letztere Masse schokoladenbraun, halbmetallisch und schwach benetzt als Petschaft brauchbar, bewährt. Eine lebhaft rote geschmolzene Mischung wurde dargestellt durch Zusammenschmelzen von gleichen Teilen Schwefel und Zinnober; der Abguß hatte das Aussehen von rotgesprenkeltem Heliotrop. **(Polyt. Zentr.-Bl. 1865, 204.)**

Zur Herstellung einer metallähnlichen, leichten und billigen Gußmasse, die man in warmem Zustande in Metall- oder Gipsform vergießen kann, vermischt man Schwefel unter evtl. Mitverarbeitung von Farben mit einem Gemenge von Sand und Metall, wie man es durch Bearbeitung von Gußeisen mit dem Sandstrahlgebläse erhält. **(D. R. P. 250 339.)**

Zur Gewinnung einer als elektrischer Leiter, als Wärmeisolierungsstoff und für Thermoelemente geeigneten Masse verschmilzt man nach **D. R. P. 266 466** 25—30 Tl. Schwefel, 1—2 Tl. Kaolin und 78—80 Tl. Kupfersulfid im geschlossenen Gefäß, bis das Produkt 20 Tl. Schwefel aufgenommen hat. Die Masse wird dann gepreßt und zu weiterer Härtung auf etwa 800° erhitzt.

Genaue Angaben über das sog. Spencemetall, das ist eine Schmelze von Metallsulfiden mit geschmolzenem Schwefel, finden sich in **Dingl. Journ. 236, 501.** Hingewiesen ist besonders auf die Verwendbarkeit des Metalles für Abdichtungs- und Gießzwecke, auf seine Beständigkeit gegen Atmosphärilien und Säuren, seine leichte Bearbeitbarkeit usw. Literaturangaben finden sich in **O. Lange**, Schwefelfarbstoffe, Leipzig 1912, S. 193.

551. Wachs-, Harz-, Fettsäure-, Kautschuk-Form- und -gußmassen.

Das zur Herstellung von Wachsbüsten dienende sog. Bossierwachs besteht nach **C. Henkel** aus einem Gemenge von 4 Tl. Wachs, 3 Tl. venezianischem Terpentin, etwas Baumöl oder Schmalz und einem Zusatz von Mennige, Zinnober oder Bolus, die den Zweck haben, die beim Modellieren störende Durchsichtigkeit der Masse zu beseitigen. Will man nicht formen, sondern gießen, so vermischt man das Wachs mit etwa 25% Stearin und Kolophonium, da diese Stoffe höher schmelzen wie das Wachs, wodurch die Masse leichter gießbar wird. Man verwendet entweder Gipsformen, die vor dem Guß in kaltes Wasser gelegt werden, um sie vollsaugen zu lassen, oder Metallformen, die man innen leicht mit Öl ausstreicht. Zur Herstellung von Hohlformen gießt man nach erfolgtem Guß und nach Erstarrung des der Form zunächst liegenden Wachses den noch warmflüssigen Inhalt aus. **(Techn. Rundsch. 1906, 702.)**

Über verzierte Wachsarbeiten und die Methoden der Ceroplastik berichtet **Frese** in **Seifens.-Ztg. 1913, 11 ff.** Er beschreibt die Herstellung der für Altarzwecke in katholischen Ländern vielfach verwendeten verzierten Wachskerzen, die Anwendung des Bossierwachses (z. B. aus 2 Tl. Bienenwachs, 1 Tl. Ozokerit, 1 Tl. Paraffin [110—112° F], etwas venezianischem Terpentin und Schweinefett), die Erzeugung der Blumen, Blätter und sonstigen Verzierungen, das Bemalen der Kerzen usw. Für die eigentliche Wachsbildnerei zur Herstellung anatomischer Präparate, Figuren, Konfektionsköpfe usw. wird eine Komposition aus 3 Tl. Wachs, 7 Tl. Ozokerit, 3 Tl. Paraffin (52—54°) und 2 Tl. hellem Kolophonium verwendet, die man mit Erdfarben aller Nuancen färbt. In dem Maße, als es sich um künstlerische Objekte handelt, tritt der Preis der einzelnen Bestandteile der Grundkomposition völlig zurück, so daß man für diese Erzeugnisse am besten von reinem Bienenwachs und feinstem weißen Ozokerit ausgehen kann, wobei man evtl. noch 10—15% weißes Karnaubawachs hinzufügt. Bei diesen Objekten hat ein Paraffinzusatz stets zu unterbleiben, da sich Paraffin an der Luft gelb färbt, so daß die Köpfe häufig das bekannte üble Aussehen der in den Auslagen aufgestellten Wachsmodedamen zeigen.

Zur Reinigung von Wachsbüsten wäscht man sie nach **Techn. Rundsch. 1910, 445** mittels eines sehr feinen Schwammes mit lauwarmem Wasser und völlig neutraler Seife ab und spült schließlich mit reinem Wasser nach, doch empfiehlt es sich, Kunstwerke nicht selbst zu reinigen, sondern diese Arbeit Fachleuten zu überlassen.

Zur naturgetreuen Nachbildung von Mollusken und anderen Tieren in Wachs oder Gips taucht man die Tiere, und zwar nach der Originalangabe von **Stahl** in **Dingl. Journ. 118, 294** in lebendem Zustande (!) in eine Lösung von 160 g Kochsalz, 80 g Alaun und 0,3 g Quecksilbersublimat in 10 l Wasser, nimmt sie nach ungefähr 2 Stunden, häufig noch lebend, aus der Flüssigkeit und stellt dann durch Abgießen mit Wachs oder Gips die Modelle her, die, nachträglich entsprechend bemalt, die Naturformen täuschend wiedergeben sollen. Oder man legte die Weichtiere zuerst während 12—14 Stunden in eine 18grädige Chlorzinklösung, worauf man sie in diesem gehärteten Zustande mit Gipsbrei umgoß und durch Ausgießen der getrockneten Gipsform mit einer Schmelze von 1000 Tl. Wachs, 72 Tl. venezianischem Terpentin und 40 Tl. Terpentinöl das Positiv herstellte. Die Formen wurden nachträglich mit Ölfarben (gelöst in Terpentinöl) bemalt.

Über die Erzeugung von Photographien auf Wachsabgüssen und -platten siehe **J. Altmann jun., Polyt. Zentr.-Bl. 1878, 197.**

Zur Herstellung einer Modelliermasse, die bei gewöhnlicher Temperatur fest, hart und klingend, beim Erwärmen weich wird, ohne zu schmieren und beim folgenden Erkalten wieder die ursprüngliche Festigkeit erlangt, mischt man Talkum und einen Farbstoff, z. B. Rhodamin B extra, mit einer Lösung von Wachs und Harz in Spiritus und destilliert nach inniger Vermischung den Spiritus ab. Die auf diese Weise bereiteten Massen besitzen außer den genannten Eigenschaften hohe Transparenz, Glanz und schönen Bruch. **(L. E. Andés, Chem. Revue 1910, 240.)** Oder man trägt zur Herstellung einer harten Modelliermasse, die zur Verarbeitung in heißem Wasser erweicht wird und nach dem Formen die ursprüngliche Härte und Festigkeit wieder annimmt, 5 Tl. Manilakopal in eine kochende Lösung von 3 Tl. Ätzkali oder 10 Tl. Pottasche in 300 Tl. Wasser ein. Die filtrierte Kopallösung wird mit 28 Tl. Bienenwachs, 25 Tl. Talkum und 1—16 g Teerfarbstoff (z. B. Rhodamin B extra) bis zur Lösung aufgekocht, dann wird mit verdünnter Salzsäure 1 : 10 ausgefällt und die körnige Masse neutral gewaschen. Man vermahlt sie noch feucht zu Pulver und preßt sie bei 50° zusammen. Oder man löst 25 Tl. Dammar, 25 Tl. Japanwachs, 10 Tl. Karnaubawachs in 150 Tl. Wasser, kocht zu einer schleimigen Masse, rührt 30—40 Tl. Talkum ein und knetet sie zur Entfernung des Wassers, jedoch unter 50°, da sich sonst das Wachs ausscheidet. **(Andés, Farbenztg. 1912, 2795.)**

Nach **G. L. v. Kress, Dingl. Journ. 187, 520** besteht eine Formmasse für galvanoplastische Zwecke aus einer Mischung von 12 Tl. weißem Wachs, 4 Tl. Asphalt, 4 Tl. Stearin und 2 Tl. Talg, der man in geschmolzenem Zustande Ruß und etwas Gips zusetzt. Letzterer soll das Ankleben der Masse an die Matrize verhüten. Die Masse eignet sich besonders zum Abformen kleiner Gegenstände mit vielen Einzelheiten und kann auch über Gipsoriginalen geformt werden, wenn man das Gipsmodell zunächst so lange in lauwarmem Wasser behandelt, als noch Luftblasen aus ihm entweichen oder wenn es vor dem Abguß zuerst mit Öl und dann mit Leimwasser bestrichen wird.

Als Formmasse für galvanoplastische Arbeiten eignet sich eine zusammengeschmolzene Mischung von gleichen Teilen Stearinsäure und Schellack; letzterer wird in die geschmolzene Stearinsäure eingetragen, wobei der Mischung eine so hohe Temperatur gegeben wird, daß sie sich anzünden läßt. Man brennt die Masse nun so lange ab, bis der Schellack mit der Stearinsäure vereinigt ist und eine herausgenommene Probe der kautschukartigen Substanz sich mit Graphitpulver mischen läßt, gießt in Papierkästchen und entfernt nach dem Erkalten die poröse Oberfläche. Die Matrizen werden entweder mit feinem Graphitpulver oder bei sehr feinen Konturen mit Silberbronze leitend gemacht. **(Dingl. Journ. 141, 228.)** Vgl. **Pill, Polyt. Notizbl. 1856, 193.**

Oder man schmilzt 2 Tl. Stearin, 2 Tl. Wachs und 1 Tl. pulverisierten Graphit oder 1 Tl. weißes Wachs und 1 Tl. Bleiwachs. Die damit erhaltenen Formen sollen sehr glatt und hart sein, und sich leicht von den Gegenständen ablösen. **(Elsners Chem. Techn. Mitt.)**

Nach **E. P. 4949/1912** wird eine plastische Masse für Modellierzwecke herstellt aus 100 Tl. Paraffin (40—45°), 25—125 Tl. Kreide, Farb- und Riechstoffen.

Zur Herstellung genauer Abdrücke von Holzschnitzereien, Bildhauerarbeiten oder Intarsien überstreicht man die gleichmäßig angefeuchtete Oberfläche des nachzubildenden Körpers dünn und gleichmäßig mit geschmolzenem Paraffin, wiederholt nach jeweiliger Abkühlung den Anstrich, bis der Überzug 4—6 mm dick ist, löst diese Negativform nach guter Kühlung ab und benützt sie zur Ausfüllung mit Gips oder der entsprechenden Positivmasse. Für dauernde Benützung der Form fertigt man sie aus Zement oder einem anderen haltbaren Material. **(H. Pufahl, Kunststoffe 6, 92.)**

Lenoir verwendete zur Herstellung galvanoplastischer Formen zur Reproduktion mittelgroßer Figuren ein verschmolzenes Gemenge von 50 Tl. Guttapercha, 20 Tl. Schweinefett und 15 Tl. Harz.

Zur Herstellung von Gußstücken stellt man nach **D. R. P. 76 637** eine dünne, aus Kautschuk gebildete Formhaut her, überstreicht sie gleichmäßig mit einer konzentrierten Harzlösung und übergießt die noch klebrige Fläche mit einer Gips- oder ähnlichen Masse, die sich mit der Formhaut fest verbindet.

In **Dingl. Journ. 155, 450** finden sich ausführliche Mitteilungen von **Heeren** über die Herstellung biegsamer und elastischer Formen für die Galvanoplastik aus Kautschuk und Guttapercha.

Die Herstellung galvanoplastischer Formen nach **Lefèvre** und **Thouret** ist in **Dingl. Journ. 131, 52** beschrieben.

Über die Erzeugung paraboloidischer Formen für Verspiegelungszwecke s. **Bd. I [584]**.

552. Leim- (Gelatine-, Casein-, Hausenblase-) guß- und -formmassen.

Deutschl. Druckwalzen-Leimmasse 1/2 1914 E.: 43; A.: (mit Rohleim u. Leim) 53693 dz.

M. Mayrs Kunsttechnische Lehrbücher: Das Formen und Modellieren. München 1905.

Die Leimformen leiden am meisten durch die Wärme, die beim Erstarren der Gipsmassen frei wird, und es empfiehlt sich daher, die Masse erst bei beginnender Abbindung, wenn also die größte Reaktionswärme schon entwickelt wurde, einzugießen. Nach **Hiller, Dingl. Journ. 192, 510,** verwendet man an Stelle der Leimformen, die durch einen Leinölanstrich vor dem Weichwerden geschützt werden müssen, besser Gelatineformen, die sich durch den bei der Abbindung warm werdenden Gips nicht verändern sollen und die Feinheiten des Originals scharf wiedergeben. Die Leimformen selbst werden nach **Techn. Rundsch. 1912, 440** besser als mit Firnis mit einer alkoholischen Schellacklösung ausgestrichen, nachdem man sie, wenn sie stark beansprucht werden sollen, durch Überpinseln mit 10proz. Alaunlösung gehärtet hat. Brüchig gewordene Leimformen kann man übrigens durch Zusammenschmelzen mit Glycerinleim wieder zu einer verwendbaren Masse verarbeiten.

Zur Darstellung elastischer Formen wird folgende Vorschrift mitgeteilt: 20 Tl. Leim und 2 Tl. brauner Kandiszucker werden in so viel heißem Wasser aufgelöst, daß das erkaltete Gemisch eine feste Gallerte bildet; die Mischung wird warm auf das Modell gegossen, worauf sie, erkaltet, von der Form abgenommen wird. Mittels dieser elastischen Form wird durch Eingießen einer Schmelze von 24 Tl. gelbes Wachs, 12 Tl. Hammeltalg und 4 Tl. Harz ein festes Positiv erhalten. **(Dingl. Journ. 131, 52.)**

Über die Herstellung von Leim- und Gelatineformen, die durch einen belichteten Überzug von Chromsalzen oder Hypermanganaten oder salpetersaurem Silber gehärtet werden, speziell zur Verwendung für Kunstguß siehe **D. R. P. 46 146.**

Eine Hartmasse, die zur Reproduktion geformter Gegenstände dient, besteht nach **D. R. P. 70 187** aus einer dünnen Schicht von mit Gerbsäure oder Chromverbindungen behandelter Gelatine (oder Leim) über einem Kern aus gewöhnlicher Vergoldermasse. Die Hartmasse selbst läßt sich durch Behandlung mit Essigsäuredämpfen oberflächlich so weit verändern, daß sie geeignet ist das Poliment aufzunehmen.

Leimpositive werden nach **D. R. P. 72 965** dadurch hergestellt, daß man die trockene, nichtlackierte Gipsform wiederholt mit Tonwasser ausschwenkt, nach Ansetzen einer Tonschicht etwas trocknen läßt, die Form sodann lackiert und ölt und mit geschmolzenem Tischlerleim ausgießt. Man erhält so eine elastische, zur Herstellung von Gegenständen aus Papierstoff geeignete Matrize, die natürlich konzentrisch etwas kleiner ist als die Gipsform.

Eine gieß- und formbare Mischung aus feingepulverter Torfkohle und flüssigem Teer oder jeder anderen verkohlten, fein gepulverten Substanz mit Leim, Gummi oder Harz soll weit festere Abgüsse liefern als Gips und sich zur Erzeugung sehr feiner Abgüsse eignen. Auf sehr zarte und dünne Gegenstände wird die Mischung mit einem Pinsel aufgetragen. **(Polyt. Zentr.-Bl. 1854, 1405.)**

Zur Herstellung galvanoplastischer Formen nimmt man von dem Gegenstand nach **D. R. P. 91 900** zunächst einen Gipsabguß, für den man eine Prägeform in Gestalt eines Deckels anfertigt die ungefähr die Gestalt der Form besitzt, sich jedoch in den Umrissen etwa 3 mm von ihr entfernt. Dann bepinselt man die negative Hohlform mit chromsäuregesättigtem Rosmarinöl, füllt sie mit einem dünnflüssigen, heißen Brei aus Leim und Glycerin, über den nach dem Erstarren abermals eine heiße, konzentrierte Chromsäurelösung gegossen wird, setzt den Deckel auf, preßt mittels der Prägeform den Leim zusammen und hebt nach dem Erkalten den Leimguß mit der Prägeform aus dem Negativ heraus, um ihn nach abermaligem Bepinseln mit dem chromsäurehaltigem Öl dem Licht auszusetzen, so daß er gegen Wärme und Nässe unempfindlich wird. Dann fettet man die Leimform ein, versieht zuerst mit einem leitenden, darauf mit einem Guttaperchaüberzuge und schließlich mit einer Lackschicht, gießt nach dem Trocknen flüssige Wachsmasse darüber und hebt nach dem Erhärten des Wachses die leitende, durch die Wachshaut verstärkte Schicht von der Leimform ab, um erstere zu graphitieren und in das galvanische Bad zu bringen.

Zur Herstellung einer Leimformmasse versetzt man eine Glycerinleimlösung nach **D. R. P. 175 352** in der Wärme mit Lösungen von Kautschuk oder Guttapercha in Leinöl und etwas Salicylsäure.

Zur Herstellung einer Modelliermasse mischt man nach **D. R. P. 187 754** 4 Tl. Kreide, 5,5 Tl. gebrannten Gips und 0,5 Tl. Zinkweiß, ferner 3 Tl. Leinsamenaufkochung, je 2 Tl. Mohnöl, Kopallack und verdünnte Leimlösung und 0,8 Tl. Kreide mit einem geringen Zusatz (je 0,2 Tl.) von Zinkweiß und Gips und mengt die beiden Massen vor dem Gebrauch im Verhältnis 2 oder 3 : 1.

Zur Herstellung einer plastischen Masse, die sich in Formen aus Gips, Schwefel oder Weichmetall mit stumpfer oder glänzender Oberfläche gießen und auch zu Hohlkörpern formen läßt, mischt man 300—500 Tl. Gipskrystallpulver oder Doppelspat mit 25 Tl. Magnesia usta und 300—500 Tl. Wasser, setzt eine Lösung von 1000 Tl. Leim und 250—400 Tl. Glycerin in 1000 Tl. Wasser zu und erwärmt das Ganze unter Zusatz von Farbstoffen mit 50—75 Tl. Wachs oder wachsähnlichen Stoffen. Die geformten Gegenstände werden nachträglich mit den üblichen Härtungsmitteln behandelt. **(D. R. P. Anm. K. 44 709, Kl. 39 b.)**

Eine plastische Masse für Reliefarbeiten besteht aus Casein, Öl, Harz und Farbstoffen nebst Leim und Eigelb, das die Trocknung des Leimes und die Erhärtung der Masse befördern soll. Diese Kunstmasse läßt sich im Gegensatz zu den ohne Eigelb hergestellten Produkten ohne künstliche Trocknung oder Pressung zu einer volumbeständigen harten Masse gestalten. (**D. R. P. 193 404.**)

Nach **E. P. 26 819/1911** erhält man eine den Gips ersetzende Modelliermasse aus 5 Tl. Gelatine 2 Tl. Öl und der nötigen Wassermenge.

Oder man bereitet nach **E. P. 23 824/1909** eine zur Reproduktion von Kunstwerken geeignete Masse durch Mischen einer Lösung von Gelatine im Wasser mit Bimsstein oder Marmorpulver u. dgl.

Zur Herstellung von Gelatinemodellen nach pflanzlichen und tierischen Originalen fertigt man nach **Techn. Rundsch. 1913, 162** zuerst die erforderlichen Formen aus Gips an, streicht diese mit Vaselinöl aus und füllt sie mit einer heißen, evtl. gefärbten Gelatinemasse, z. B. aus 42 Tl. Gelatine, die während 24 Stunden in kaltem Wasser gequellt und dann gelöst wurde, 44 Tl. 28grädigem Glycerin und 14 Tl. pulverisiertem Zucker, der den Zweck hat, die Elastizität der Masse zu erhöhen. Nach dem Abkühlen und Erstarren der Gelatinelösung werden die Modelle in 5proz. Formaldehydlösung oder in 10proz. Chloraluminiumlösung gehärtet und so zugleich unempfindlich gegen Feuchtigkeit gemacht.

Die Herstellung von Wagenkasten und anderen gewölbten Körpern mit glatter oder reliefartig verzierter Oberfläche aus Chromleimschichten und eingelegten faserigen Stoffen ist in **D. R. P. 160 123** beschrieben.

Über Konservierung von Eisblumen auf einer mit Gelatinelösung sehr dünn übergossenen Glasplatte siehe **R. Schmehlik, Photogr. Korr. 56, 231.** Vgl. **Bd. I** [596].

Ein mechanisches Vergrößerungsverfahren, das auf der Quellbarkeit einer gegossenen Gelatinemasse in kaltem Wasser beruht, wodurch sich das ganze Objekt in allen Dimensionen vergrößert, ist im Auszuge in **Techn. Rundsch. 1913, 252** beschrieben.

Zur Darstellung von Hausenblaseabgüssen von Münzen löst man Hausenblase in warmem Wasser oder Sprit, filtriert und gießt die Flüssigkeit auf die mit einem Wachsrand umgebenen Objekte, z. B. auch auf gestochene Kupferplatten, die man vor dem Aufgießen der Hausenblaselösung mit einer feinen Deckfarbe ausfüllen kann, die dann an dem fertigen Abguß anhaftet. Auf diese Weise wurden auch gefärbte, durchsichtige Heiligenbilder dargestellt. (**Dingl. Journ. 164, 159.**)

Weitere Formmassen sind in **Seifens.-Ztg. 1912, 118** beschrieben.

553. Hektographen- und Stempelkissenmassen.

Über die Ausführung der Hektographie s. [559].

Nach **Dingl. Journ. 232, 81,** vgl. **Papierztg. 1884, 974,** ergibt eine Hektographenmasse, bestehend aus 100 g gewöhnlichem Leim, 500 g Glycerin, 25 g feinem Bariumsulfat oder Kaolin und 375 g Wasser die besten Resultate (30—40 deutliche Abzüge). Man gießt die Masse in einen passenden Blechkasten, in dem man sie erstarren läßt. Ein Teil des Glycerins läßt sich durch eine Zuckerlösung oder eine verdünnte Chlorcalciumlösung ersetzen, und zwar (bis zu gewissen Grenzen) in um so höherem Maße, als man den Leim seinerseits durch Dextrin ersetzt. Alte Schrift entfernt man von der Masse durch Behandlung mit stark verdünnter Salz- oder Essigsäure, worauf man mit viel kaltem Wasser völlig neutral wäscht. Als Kopiertinte wird empfohlen, eine konzentrierte Lösung von Methylviolett zu verwenden.

Eine abwaschbare Hektographenmasse besteht nach einem Referat in **Seifens.-Ztg. 1912, 746** aus etwa 67,5% Ton (Kaolin) und 32,5% Glycerin. Doch hat dieses Gemenge verschiedene Nachteile, die sich auch durch Zusatz von etwa 10% einer neutralen Natronkernseife nicht beheben lassen. Es ist daher immer eine leimhaltige Masse vorzuziehen. Man löst z. B. 12 Tl. Gelatine nach vorheriger Quellung in 24 Tl. Wasser, verrührt dann unter weiterem Erwärmen mit 38 Tl. Glycerin, 4,5 Tl. Zucker und 0,5 Tl. Salicylsäure und setzt schließlich einen feingemahlenen Teig von 4 Tl. feinstgeschlämmtem Kaolin oder Blanc fixe und noch 7 Tl. Glycerin zu. Oder man verkocht nach **Farbe und Lack 1912, 310** 10 g helles geschnittenes Carragheenmoos mit 100 g Wasser und 50 g Glycerin, preßt ab und verknetet die klare Flüssigkeit mit gepulvertem Kaolin oder weißem Ton zu einer Masse, die nach dem Erkalten die gewünschte Dichte besitzt und nicht klebt. Durch einen größeren Glycerinzusatz wird die Kopierfähigkeit der Masse gesteigert.

Nach **D. R. P. 181 647** wird eine Vervielfältigungsmasse hergestellt aus Kaolin, Glycerin und Zinksulfat. Statt des letzteren können nach **D. R. P. 195 744** außer Natriumphosphat auch die Sulfate des Natriums, Magnesiums, Eisens verwendet werden.

Nach **D. R. P. 210 807** wird eine für Vervielfältigungszwecke geeignete Kunstmasse aus Kaolin, weißem Ton, unterschwefligsaurem Natron und kochendem Glycerin hergestellt. Man erhitzt z. B. 100 Tl. in 350 Tl. Wasser gequellten und dann gelösten Leim mit 25 Tl. feinstem Pfeifenton, den man mit 25 Tl. Wasser in einer Reibschale innig verrieben hat, 5 Tl. Thiosulfat und 500 Tl. 28grädiges Glycerin auf dem Wasserbade, rührt bis die Masse Handwärme hat und gießt sie blasenfrei in Formen.

Beim Kochen der Hektographenmassen ist zu beachten, daß die Luftblasen möglichst entfernt werden, was am besten in der Weise geschieht, daß man die fertige Masse in einem bedeckten

Gefäß auf dem Wasserbade längere Zeit auf 60—70° erhitzt und den entstehenden Schaum mit den evtl. gebildeten Häuten abschöpft. Schließlich läßt man die Masse aus einem unteren Ablaufhahn ausfließen. **(Techn. Rundsch. 1913, 313.)**

Über Gewinnung einer trockenen, zum Gebrauche in Wasser aufzulösenden Stempelkissenmasse aus Glycerin und Leim siehe **Bayer. Kunst- u. Gew.-Bl. 1857, 570.**

Eine haltbare Stempelkissenmasse erhält man nach **Seifens.-Ztg. 1911, 1178** aus einer kochend filtrierten Lösung von 35 Tl. Agar-Agar in 3000 Tl. Wasser, der man 600 Tl. Glycerin beimengt, um das Ganze sodann auf 1 l einzudampfen. Um die Masse zu färben, braucht man pro Kilogramm für Violett 60 g Methylviolett, für Blau 80 g Phenolblau, für Rot 80 g Eosin und für Schwarz 100 g Nigrosin. Die Farbstoffe werden der im Dampfbade geschmolzenen Masse unter Umrühren beigegeben, dann gießt man zum Erkalten in flache Blechkästen und überzieht die erstarrte Oberfläche mit Mull oder gewaschenem Shirtung. Sollte die Oberfläche eintrocknen so genügt es, sie mit Wasser oder Glycerin leicht zu befeuchten.

Zur Herstellung einer haltbaren Vervielfältigungsmasse setzt man dem Grundgemenge von Ton und Glycerin 10% des Tones Barium- oder Calciumsulfat und etwa 1% Alkalilauge zu, die die Masse homogenisiert und die Kopierfähigkeit verbessert, während das Erdalkalisulfat das Weichwerden der Masse verhindert. **(D. R. P. 317 778.)**

554. Druckwalzenmassen, vorwiegend Leim mit Glycerin oder anderen Zusätzen.

Über die Herstellung elastischer Druckwalzen für photographischen Lichtdruck siehe **Polyt. Notizbl. 1871, Nr. 8**

Eine Beschreibung zur Herstellung von Leimwalzen für Druckereizwecke aus 3 Tl. gequelltem Leim und 1 Tl. gekochtem Sirup findet sich in **D. Gewerbeztg. 1871, Nr. 41.**

Nach **H. Schmidt, Seifens.-Ztg. 1912, 502,** stellt man Buchdruckwalzen am besten her mit einer Grundmasse, die aus etwa gleichen Teilen Gelatine und 28grädigem gelblichem Glycerin besteht. Man kocht nach vorher 2—3stündiger Quellung der Gelatine in Wasser so lange, bis alles gelöst ist, dann läßt man die Masse in die Matrize fließen, in der sich als Kern die zu überziehende, mit Bindfaden umwickelte Walze befindet, läßt erkalten und stellt die Walze durch Polieren und Glätten wie üblich fertig.

Nach **Techn. Rundsch. 1907, 319** bewährten sich auch die beiden folgenden Mischungen für Druckwalzen bzw. zur Spezialverwendung für Rotationsmaschinenwalzen: 60 Tl. in 15% Wasser gequellter Gelatine, 80 Tl. Glycerin, je 1,4 Tl. Borax und Stearinöl und 0,7 Tl. Rinderknochenfett bzw. 50 : 50 : 1 : 1 : $^1/_2$ der Bestandteile in derselben Aufeinanderfolge. Diese Massen haben den Vorteil leicht zu schmelzen und klumpenfrei dünnflüssig zu werden. Zusatz von Farbstoffen, wie z. B. Zinkweiß, ist nicht geeignet, die Eigenschaften der Masse zu verbessern.

Eine Überzugsmasse für Spinnereiwalzen und -zylinder wird nach **D. R. P. 25 892** erhalten durch Verschmelzen von 5 g Gelatine, 30 g Glycerin, 15 g einer 3proz. Tannin- oder Kaliumbichromatlösung, 3 g Campherspiritus und 250 ccm Wasser auf dem Wasserbade bei 75°.

Zur Verbesserung der Eigenschaften des Glycerins für die verschiedenartigen Verwendungszwecke als Appretiermittel, zur Verarbeitung in Kunstmassen, besonders für Hektographen- und Buchdruckerwalzenmassen erhitzt man es bis unter Wasserabspaltung Diglycerin und weiter höhere Glycerinäther (Polyglycerine) entstehen, wodurch die Wasserlöslichkeit des Ursprungsproduktes herabgemindert, seine Viscosität und sein Klebevermögen jedoch wesentlich vergrößert werden. Eine Buchdruckwalzenmasse aus 500 Tl. in 2000 Tl. Wasser gequelltem Leim und 50 Tl. Polyglycerin ist besser als eine Masse aus derselben Leimmenge und der zehnfachen Menge gewöhnlichen Glycerins. **(D. R. P. 198 711.)**

Zur Herstellung einer Kunstmasse für Stempelwalzen löst man nach **Sprechsaal 1912, 112** 1 kg gequellten Leim nach dem Abgießen des Wassers auf dem Wasserbade, fügt 200 g Glycerin, 100 g Zuckersirup und 50 g Oxalsäure zu und gießt die homogen geschmolzene Masse in Formen. Man kann mit demselben Erfolge ein Gemenge von 100 Tl. Leim, 500 Tl. Glycerin, 375 Tl. Wasser und 25 Tl. fein gepulvertem Schwerspat oder Kaolin verwenden.

Um die übliche zur Herstellung von Druckwalzen dienende Mischung von Glycerin und Leim unschmelzbar zu machen, setzt man ihr 0,2—1% einer konzentriert wässerigen Lösung von Hexamethylentetramin zu. **(D. R. P. 320 696.)** Statt des Hexamethylentetramins kann man der wässerig gequellten Leim-Glycerinmasse auch Kondensationsprodukte, z. B. von Formaldehyd mit Anilin oder o-Toluidin, und nach einem weiteren Verfahren Furfurol (mit etwas Ammoniak), Furfuramin oder das aldehydhaltige Caramel zusetzen. **(D. R. P. 321 512 und 321 513.)**

Zur Verwertung abgenützter Buchdruckerwalzen und anderer Leim-Glycerinmassen extrahiert man Glycerin und Zucker mit kaltem Wasser, zerstört in der Lösung den Zucker durch Gärung und destilliert den Alkohol von der dünnen Glycerinlösung ab, die man dann weiter konzentriert. — Oder man löst die Abfallmasse in heißem Wasser, fällt den Leim durch Tannin oder Gerbsäure, wobei man zweckmäßig zur Erhöhung seiner Unlöslichkeit ein Aluminiumsalz zugibt, und arbeitet die erhaltene Lösung wie beschrieben auf. **(D. R. P. 111 914.)**

Vgl. das Verfahren zur Wiedergewinnung von Leim und Glycerin aus Leimpapierabfällen der Sandgebläseindustrie in besonderem Apparat nach **D. R. P. 279 141.**

Das Reinigen der Buchdruckwalzenmasse zur Wiedergewinnung der wertvollen Bestandteile geschieht nach **Techn. Rundsch. 1909, 714** gewöhnlich durch Umschmelzen, wodurch das Fett an die Oberfläche steigt und abgeschöpft werden kann, während die Verunreinigungen abgeschieden werden, besonders wenn man der Masse Eiweiß zusetzt, das die Fremdkörper während des Koagulierens einschließt und mit niederreißt. Zur Bleichung der Masse kann man entweder gasförmige, schweflige Säure oder ihre wässerige Lösung benützen. — Vgl. auch **[525]**.

Eine Kunstmasse für lithographische Rollen besteht nach **D. R. P. 8738** aus einem verkochten Gemenge von je 20 Tl. Leim und Sirup, je 3 Tl. Salpeter und Zucker, je 1 Tl. Mandelöl und Chromgelb, 5 Tl. Wasser und etwas schwefelsaurer Tonerde und Pottasche. Man gießt die heiße Masse in eine zylindrische Metallform, die einen im Durchmesser um etwa 1 cm kleineren, hölzernen, walzenförmigen Kern besitzt, läßt erkalten und legt die Masse etwa 10 Stunden in ein Bad, das aus einer Auflösung von 1 Tl. schwefelsaurer Tonerde und 1 Tl. Pottasche in 10 Tl. Wasser besteht. Nach 4—5 Tagen erhärtet die Masse vollständig und bildet einen steifen, gegen Wasser undurchlässigen Walzenbelag.

Zur Herstellung einer plastischen Masse für Auftragwalzen verwendet man nach **D. R. P. 220 943** ein Gemenge von 105 Tl. in 33 Tl. Wasser gequelltem Leim oder Gelatine und 162 Tl. Türkischrotöl als Ammoniumsalz.

Zur Herstellung eines Ersatzes für Klebmittel und zur Verbesserung des Leimes vermischt man die Lösungen animalischer oder vegetabilischer Leime und Klebstoffe mit den Polymerisationsprodukten des Cumarons oder Indens allein oder gemengt in der Menge von etwa 10 kg heißer Knochenleimbrühe mit etwa $7^1/_2$% Leimgehalt und 250 g gereinigtem Cumaronharz. Die erhaltenen Produkte zeichnen sich durch hohe Klebkraft und helle Farbe aus, so daß ein Zusatz von Mineralstoffen, wie er beim sog. russischen Leim zur Aufhellung des Klebstoffes beigegeben wurde, überflüssig wird. Überdies ist die Gallertfestigkeit der neuen Leimmasse bedeutend größer als jene des gewöhnlichen Leimes, so daß sie sich besonders zur Darstellung von Druckereiwalzen-, Hektographenmassen usw. eignet. Da die Cumaronharze billige Abfallprodukte der Reinigung von Benzolkohlenwasserstoffen sind, ist die neue Leimmasse auch billig herstellbar. **(D. R. P. 278 955.)** Nach dem Zusatzpatent setzt man den im Hauptpatent genannten Stoffen noch Gerbmittel zu und erhält auch so eine homogene Leimmasse, deren Klebfähigkeit und Widerstandsfähigkeit gegen Wasser durch den Gerbstoff bedeutend erhöht wird. **(D. R. P. 290 801.)**

Als elastische Bekleidungsmasse für Waschmaschinen oder Druckwalzen eignet sich nach **D. R. P. 10 681** eine mittels heißer Walzen zu bearbeitende, um Spindeln gegossene und dann 3 Stunden auf 150° erwärmte Mischung aus 2 Tl. zerkleinerten Baumwollumpen, 3 Tl. geschwefeltem Leinöl und 0,5 Tl. Pech oder Harz.

Zur Herstellung einer Farbwalze für Druckmaschinen verrührt man Reisstärke mit kalter, 35proz. Calciumchloridlösung zu gleichen Teilen und gießt die dickflüssige, durch ein Tuch filtrierte Masse in zur Beschleunigung des Erstarrens erwärmte Formen. Diese Walzen sind geschmeidiger, widerstandsfähiger gegen Temperatureinflüsse und haltbarer als Gelatinewalzen. **(D. R. P. 155 733.)**

Zur Herstellung von Stoffdruckplatten oder -walzen beklebt man die Platten oder Walzen mittels wasserunlöslichen Leimes mit einer Filzschicht, preßt diese, wenn der Leim trocken ist, fest, tränkt sie mit einer Schellacklösung, dreht nach dem Trocknen des Schellacks die Walze ab, sticht das Muster aus und nagelt die Musterteile an. **(D. R. P. 255 346.)**

555. Tiefdruckformmassen. — Stereotypiekleister, Matrizenpulver, Druckformenreinigung.

Die Erzeugung von Druckflächen oder Druckmitteln, die zur Herstellung von Abgüssen und Abdrücken geeignet sind, durch Präparierung von gestrickten oder gestickten Geweben ist in **D. R. P. 9076** beschrieben.

Zur Herstellung von Druckformen rührt man 2 Tl. Schwefel, dann 75 Tl. Ozokerit und schließlich 3 Tl. gekochtes Harzöl in 30 Tl. geschmolzenes, bis zum beginnenden Schäumen erhitztes Harz ein und gießt die Masse zur Abkühlung in eine passende Form. Nach abermaligem Umschmelzen erhält man ein Produkt, das im Gegensatz zum gegossenen Ozokerit nicht schwindet, nicht springt und bei gewöhnlicher Temperatur für vorliegenden Zweck genügende Härte besitzt. **(D. R. P. 162 283.)**

Über die Herstellung von Matrizen aus Ozokerit siehe **D. Ind.-Ztg. 1879, 381.**

Nach **D. R. P. 240 796** wird eine schneidbare, erhärtende Masse für Druckstöcke hergestellt aus einem Gemenge von Kreide, Leinöl, Porzellanerde, Harz, Kaurikopal, Paraffin und einer Farbe. Man walzt die homogene Masse auf Papier oder Leinen aus und trocknet sie.

Über Herstellung einer Masse für Stereotypiematrizen aus Phenolformaldehydkondensationsprodukten und Silicaten oder Aluminaten, die gegen das geschmolzene Letternmetall beständig sind, siehe **D. R. P. 271 898.**

Zur Herstellung von Druckformen oder Stereotypiematrizen formt man eine plastische Masse aus Fasermaterial und Phenolformaldehydkondensationsprodukten durch Hitze und Druck und härtet sie dann durch weiteres Erhitzen auf 180°. **(D. R. P. 320 180.)**

Zur Herstellung von Druckplatten und Prägeformen verwendet man Casein oder Albumin zusammen mit Füllmaterialien (Zinkoxyd, Ocker, Silicate), die härtend, oder geeigneten Ölen (Ricinus-, Türkischrotöl, Canadabalsam), die erweichend wirken, und zwar in solchen Mengenverhältnissen, daß Platten für die weichere Patrize und für die harte Matrize entstehen. **(D. R. P. 169 178.)**

Bei der fortlaufenden Herstellung von mit einem Belag aus Metallpulver versehenen Folien für Heißtiefdruck setzt man der leimigen wässerigen gefüllten Masse soviel Stärkekleister zu, daß die elastisch werdende Folienhaut sich unter dem Einfluß der Preßwärme von der Unterlauge abheben läßt. **(D. R. P. 330 345.)**

Nach **D. R. P. 355 212** erhält man Tiefdruckformen in der Weise, daß man ein nach einem Negativ gewonnenes, auf eine Metallfläche aufgetragenes positives Gelatinerelief-Pigmentbild nach der Trocknung in eine hochpolierte weiche Metallfläche einpreßt und die so erhaltene Form galvanisch mit Stahl überzieht.

Zur Herstellung einer plastischen, besonders zur Herstellung von Buchdruckklischees geeigneten Masse wird unlösliches Casein nach **D. R. P. 186 388** mit geringen Mengen zur Lösung nicht hinreichender wässeriger Lösungsmittel und mit einem Härtungsmittel gemischt, in der Wärme gepreßt. Nach einer anderen Ausführungsform des Verfahrens preßt man ein Gemenge von Hexamethylentetramin mit Casein, das mit wenig Ammoniak befeuchtet wurde, unter Erwärmung in Formen. Die Masse besitzt den Vorteil nicht zu schwinden und Eindrücke leicht und scharf aufzunehmen. Nach einer weiteren Abänderung setzt man 100 Tl. trockenem Caseinpulver vor dem Pressen zur Beförderung der Quellbarkeit je 10 Tl. sekundäres Calciumphosphat, $CaHPO_4$, und saures phosphorsaures Barium oder 10 Tl. borsauren Kalk und 5 Tl. saures Magnesiumglyceroborat zu, befeuchtet das Gemisch mit sehr wenig Wasser, fügt den Formaldehyd oder ein anderes Härtungsmittel bei, erwärmt und preßt heiß in Formen. **(D. R. P. 212 927.)** Es können auch Füllstoffe wie Tonerdehydrat, Kaolin, Zinkhydrat usw. verwendet werden. Nach Zusatz **D. R. P. 225 134** verwendet man zweckmäßig nicht Wasser, sondern organische Substanzen, die das Casein lösen oder zum Quellen bringen. Man mischt z. B. 100 Tl. Casein, 10 Tl. Gerbsäure (oder Quebrachoextrakt), 5 Tl. Phenol (oder Naphthol, Benzoe- oder Weinsäure) und 15 Tl. Äthyl-, Methyl- oder Amylalkohol oder statt des Alkohols 20 Tl. 10proz. Hexamethylentetramin. Durch Vermeidung des Wassers vermag man die Trockendauer des Produktes noch weiter herabzusetzen, ohne seine Eigenschaften ungünstig zu verändern, da die zunächst unmerkliche Quellung des Caseins bei der Pressung in der Wärme deutlich zutage tritt.

Über die Herstellung von Druckstöcken aus Ernolith [530] siehe **Elektrochem. Zeitschr. 23, 65.**

Zur Herstellung von Klischees preßt man celluloidartige Platten aus Acetylcellulose, die bei 60—100° erweichen, in erhitztem Zustande auf den abzuformenden Gegenstand. **(D. R. P. 246 081** und **Schweiz. P. 59 431.)**

Zum Abformen von Matrizen oder Druckflächen preßt man in der Wärme weich werdende Massen aus evtl. mit anderen Stoffen versetzten Reaktionsprodukten von Eiweiß, Hefe und Formaldehyd in eine die Druckfläche als Boden enthaltende Preßform ein. **(D. R. P. 294 856.)**

Zur Herstellung von Urformen für den Buchdruck bedeckt man Matrizenpappe durch Zeichnen, Malen oder Bedrucken an den Stellen, die plastisch hervortreten sollen, mit einer keinen pulverigen Rückstand hinterlassenden Tinte aus 2 Tl. Gummi arabicum, 1 Tl. Autographietinte, 1 Tl. Schelllack, 1 Tl. Seife und einem färbenden Zusatz oder mit einer Schreibflüssigkeit, die aus letzterem und käuflichem Wasserglas besteht, bringt die lufttrockene Pappe in die Gußmaschine und bewirkt durch das Eingießen des geschmolzenen Metalles zugleich die Entwicklung des plastischen Rückstandes und die Erzeugung des Abgusses. **(D. R. P. 293 875.)**

Zur Herstellung einer Matrize für Vervielfältigungsverfahren wählt man ein Matrizenpapier aus saugfähigen Fasern, die die geringe aufzutragende Farbmenge völlig aufsaugen, so daß das Papier als Farbpolster wirkt und ununterbrochene reine Farbflächen der Zeichen entstehen, die scharfe Abdrücke liefern. **(D. R. P. 314 055.)**

Zur Herstellung von Matrizen und Druckplatten tränkt man ein Gewebe oberflächlich mit einem Phenol-Formaldehydkondensationsprodukt, legt eine aus Blei und Zinn legierte Folie auf, sättigt das System mit Wasser, erhitzt es unter Druck, hebt diesen plötzlich auf, um die Dämpfe entweichen zu lassen und setzt gleich darauf wieder unter Druck. **(D. R. P. 346 950.)**

Ein Verfahren zur Vorbereitung von Schrift und Bild enthaltenden Diapositiven für gemeinsame Ätzung auf Tiefdruckflächen, also zur Gewinnung von Formen, die Schrift und Bild enthalten, für den Schnellpressentiefdruck, ist in **D. R. P. 318 686** beschrieben.

Über Photostereotypie siehe **F. Fink, Photogr. Korresp. 1873, 145.**

Über die Herstellung plastischer Buchstaben für Firmenschilder siehe **F. Eiternick, D. Mal.-Ztg. (Mappe) 31, 98.**

Ein Stereotypiekleister, der die Widerstandsfähigkeit der Matrizen gegen den heißen Metallguß sichert, wird nach **Techn. Rundsch. 1909, 762** hergestellt durch feines Sieben eines innigen Gemenges von 2 kg Chinaclay, Schlemmkreide oder Bolus mit 1 kg bestem, gelbem Dextrin, 1 kg Roggenmehl und 0,1 kg Borax.

Zur Herstellung von Matrizenpulver mahlt man Matrizenpappe und verkocht das Pulver mit 30% Leim und 5% Schlämmkreide, um es in feuchtem Zustande auf die feste Grundpappe aufzutragen, die der Matrize den Halt gibt. Man prägt dann wie üblich die Stempelgravur an, schlägt mehrmals auf der Presse nach, entfernt mit einem Messer den überflüssigen Teil auf der Matrize und brennt diese auf, wodurch die ursprünglich weiche, nachgiebige Masse erhärtet und den scharfen plastischen Abdruck zeigt. **(Techn. Rundsch. 1918, 105.)**

Ein Reinigungsmittel für Druckformen erhält man durch Abkochen von 500 g grüner Nußschalen oder Nußblätter und 50 g Alaun in 3,5 l Wasser. **(D. R. P. 330 949.)** Siehe auch die Mittel zur Reinigung von Lettern in **Bd. I [316]**.

556. Flachdruckformen, Kautschukstempelmassen, Farb- und Prägefolien. Silhouettennegativ.

Schnell - Koch, C., Die Herstellung der Kautschukstempel usw. Wien und Leipzig 1910. — Stolle, F., Die photomechanischen Druckverfahren (Herstellung von Metallklischees). — Stefan, A., Fabrik der Kautschuk- und Leimmassetypen usw. Wien und Leipzig 1900.

Nach **A. Stefan** stellt man Kautschukstempel in der Weise her, daß man die Metallettern wie beim Buchdruck zusammensetzt und mittels einer geeigneten, aus Gips, Wienerweiß, Dextrin und Leimwasser hergestellte Masse durch Einpressen des Letternsatzes zunächst die Matrize erzeugt. Nach völliger Trocknung wird eine dünne Gummiplatte auf die Matrize aufgelegt, worauf man in diese in besonderen heizbaren Pressen, die zugleich das Vulkanisieren ermöglichen, den metallischen Letternsatz einpreßt. Eine geeignete Gummimischung besteht nach **Heil** und **Esch**, Handbuch der Gummifabrikation, z. B. aus 5 Tl. Para, 2 Tl. Atmoid, 5 Tl. Kolumbia, 2 Tl. Magnesia usta, 3 Tl. Glätte, 8 Tl. Zinkweiß, 3,5 Tl. Schwefel und 0,5 Tl. Vaselin.

Über die Herstellung der früher und auch heute noch verwendeten Drucktypen aus vulkanisiertem Kautschuk siehe ferner **E. Rietschel, D. Ind.-Ztg. 1878, 355.**

Kautschukstempel, die mehrere Monate unbenutzt liegen blieben und dann zwar noch elastisch sind, aber keine Farbe mehr annehmen, können nach **Techn. Rundsch. 1905, 165** durch $^1/_2$stündiges Einlegen in heißes Wasser wieder gebrauchsfertig gemacht werden.

Die billigen elastischen Stempel für Spielzeug - Buchdruckpressen erhält man nach einem Referat in **Seifens.-Ztg. 1912, 794** aus einer Masse, die aus 70 Tl. Gelatineabfall, 20 Tl. Specksteinpulver, 5 Tl. Sirup und 5 Tl. Wasser besteht. Evtl. wird, wenn die Beschaffenheit der Rohgelatine es erfordert, noch ein geringer Zusatz von rohem oder vulkanisiertem Paragummi gegeben. Die geschmolzene dicke Masse gießt man dann in Matrizen, die man durch Einpressen der Lettern in eine Grundmasse, bestehend aus 75 Tl. Gips und 25 Tl. Talkum herstellt. Die getrocknete, mit den Lettern eingepreßte Platte wird zweckmäßig, um ein leichtes Herausnehmen der gegossenen Lettern zu ermöglichen, vor dem Guß mit feinstem Talkum leicht eingestäubt.

Auch eine nach dem Erkalten feste Gallerte aus Leim mit 10% Kandiszucker und Wasser kann als Matrize für galvanoplastische Formen, für Gegenstände mit hohen und hervortretenden, mannigfach verzweigten Reliefs dienen. Zur Herstellung der Patrize gießt man jene mit einer geschmolzenen Mischung aus 24 Tl. gelbem Wachs, 12 Tl. Hammeltalg und 4 Tl. Harz aus. **(Pharm. Zentrh. 1863, Nr. 22.)**

Über Herstellung von Matrizen zur Erzeugung von Kautschukdruckformen auf galvano plastischem Wege siehe **D. R. P. 263 614.**

Zur Herstellung von Flachdruckformen, die sich wie ein lithographischer Stein behandeln lassen, ohne dessen Zerbrechlichkeit zu besitzen, verwendet man nach **D. R. P. 161 528** Casein, das man entfettet, in dünner Lage auf einer geeigneten Unterlage ausbreitet und härtet. — Vgl. **Bd. I [670].**

Über Herstellung von Gelatineflachdruckformen beispielsweise aus 100 g Gelatine, 600 ccm Wasser und 1 g Eisenoxydulsulfat siehe **D. R. P. 201 968.**

Nach **Ö. P. 46 655** werden Folien zu Prägezwecken durch Eintrocknen einer Flüssigkeit erhalten, die man aus einer Lösung von Casein und Glycerin unter Farbstoffzusatz erhält.

Nach **D. R. P. 266 205** schmilzt man zur Herstellung einer Prägefolie ein Harz, befreit die Schmelze durch Kochen mit Alkali von den klebrigen Bestandteilen, löst den Rückstand in einem Lösungsmittel, setzt ein Öl zu und gießt die Lösung auf eine mit 2proz. Salpetersäure befeuchtete glatte Oberfläche, woselbst sie zu einer dünnen Schicht erstarrt.

Zur Herstellung einer Prägefolie vereinigt man eine Leimschicht mit einer aus Wachs oder wachsähnlichen Stoffen bestehenden Isolierschicht, die das Blattmetall oder den Metallstaub trägt. Diese letztere Isolierschicht dient als Ablösungsmittel für den Träger und zugleich als Kleb- und Isoliermittel für die Metallschichte. Man erhält so eine geschlossene Masse, die das Metallpulver am Stäuben verhindert und ferner schädliche Einflüsse, die vom Prägeobjekt ausgehen, ausschaltet. Der Leimlösung setzt man vor dem Auftragen auf die Wachsschicht fein gepulvertes Harz in unverseiftem Zustande zu, so daß die Folie auf allen Stoffen haftet. **(D. R. P. 292 840.)**

Zur Herstellung von Farbblättern für Prägezwecke, mit denen es gelingt, jeden Kunstdruck vom lithographischen Stein oder nach sonstigen Druckverfahren tadellos auszuführen, legt man zwischen Papieruntergrund und Ablösungsschicht eine durchsichtige Schicht aus Zaponlack, um die Ablösungsschicht zu isolieren und gleichzeitig einen für das Flachdruckverfahren geeigneten Druckgrund zu erhalten. **(D. R. P. 212 395.)** Nach dem Zusatzpatent bildet man die dritte, also die Grundschicht, durch eine trockene Farbschicht oder sog. Öserfolie, um zu verhindern, daß sich das Bild verzieht, bzw. man bringt die Grundschicht nur stellenweise auf, um durch das Farbblatt hindurch die Blinddrucktechnik ausführen zu können. Nach einer weiteren Ausführungsform versieht man die nichtpräparierte Seite des Farbblattes mit einem nach besonderem Umdruckverfahren hergestellten Konterbild, um das Einrichten auf der Prägepresse zu erleichtern. **(D. R. P. 221 622.)**

Zur Herstellung einer Farbfolie für Prägedruck schaltet man zwischen dem Träger und der Farbschicht eine dritte, aus einer Fettemulsion oder Seife bestehende Isolierschicht ein, die beim Prägen mit warmem oder auch mit kaltem Stempel nicht abgeschmolzen oder abgelöst, sondern direkt abgestoßen wird. **(D. R. P. 233 474.)**

Eine andere Farbfolie für Prägezwecke besteht aus drei miteinander verbundenen Häutchen, von denen das eine zum Zwecke der Befestigung des Prägedruckes auf faserigen und schwammigen Stoffen aus einer Harzlösung, das zweite aus dem eigentlichen Folienfarbstoff und einem Bindemittel und das dritte aus einem wasserunlöslichen Lack, z. B. Zaponlack, besteht. Das Überziehen der Folie mit einer Schutzschicht bewirkt, daß sie an dem Prägestempel nicht haften bleibt und bringt weiter den Vorteil, daß die Prägung abwaschbar ist. **(D. R. P. 237 772.)**

Weitere Verfahren zur Herstellung von Farbfolien, bei denen die Farbmasse z. B. aus 30 Tl. Zinkweiß, 50 Tl. Kollodium (4%), 15 Tl. Spiritus, 5 Tl. Ricinusöl und einem Farbstoff auf eine Papier- oder Pergamentpapierbahn aufgetragen, mit ihr zusammengerollt und nach einigen Tagen der Trocknung an der Luft von der Unterlage abgelöst wird, sind mit der zugehörigen Apparatur in **D. R. P. 171 999** und **170 829** beschrieben.

Bei Herstellung einer Radierfolie aus durchscheinendem Zeichenstoff, mit einem für Licht undurchlässigen, dunklen Überzug, bringt man zwischen Zeichenstoff und Überzug eine leicht schabbare Zwischenschicht aus fein gemahlenem Kaolinpulver mit wenig Leim und erreicht so, daß beim Zeichnen, z. B. mit der Radiernadel, die mehr oder weniger tiefe Linien in die aufgelegten Schichten einritzt, die Zeichnung mit hellfarbigen Strichen aus dem dunkelfarbigen Grunde hervortritt und so zwecks Vervielfältigung für Lichtpauszwecke dienen kann. **(D. R. P. 291 704.)**

Zur Herstellung von Negativen für das Lichtkopierverfahren oder eines Malgrundes, besonders für Silhouettenzeichnungen oder für Lichtkopien von Radierungen, überzieht man Glas oder Celluloid beiderseitig mit weißer Farbe, und zwar die eine Seite mit Deckweiß, z. B. Bleiweiß, und die andere Seite mit einem weißen Halbton oder beide Seiten mit dem letzteren, also einer Lasurfarbe. Man erhält in ersterem Falle Silhouetten die den weißen Grund mitgerechnet in drei Tönen angefertigt werden. Man ritzt z. B. die Silhouette in das Deckweiß, bis die Platte freiliegt, entfernt soweit als die Silhouette im Positiv dunkel erscheinen soll die weiße Farbe auf beiden Seiten, sonst, wenn Halbtöne gewünscht werden, nur das Deckweiß. **(D. R. P. 317 908.)** Nach dem Zusatzpatent überzieht man den auf einen dunklen Grund aufzulegenden durchsichtigen Stoff nur einseitig mit dem den Mittelton bildenden Halbton-Lasurweiß und setzt auf ihn mit Deckweiß die hellen Lichter auf. Als durchsichtiger oder durchscheinender Stoff kann Wachs- oder Ölpapier benutzt werden. **(D. R. P. 334 880.)**

Zur Herstellung undurchsichtiger Platten für Radierungen belichtet man eine photomechanische Trockenplatte nach **Techn. Rundsch. 1913, 223** etwa 2—3 Sekunden unter dem Licht eines Auerbrenners und entwickelt die Platte dann, wodurch man einen Untergrund erhält, der nicht fixiert zu werden braucht und auf den man mit Nadel und Stichel Radierungen auszuführen vermag. Immerhin ist das Radieren auf Gelatineplatten nicht einfach, es empfiehlt sich daher die mit einem Deckgrund versehenen Platten des Handels zu verwenden.

Schichten.

Mechanische Reproduktion.

557. Literatur und Allgemeines über mechanische Reproduktionsverfahren.

Reineck, Th., H. Weishaupts Gesamtgebiet des Steindruckes usw. Weimar 1895. — Krüger, J., Die Zinkogravüre usw. Wien und Leipzig 1892. — Husnik, J., Die Zinkätzung (Chemigraphie, Zinkotypie). Wien und Leipzig 1896. — Hesse, F., Die Chromolithographie. Halle 1906. — Roller, J., Technik der Radierung. Wien und Leipzig 1903. — Preissig, V., Zur Technik der farbigen Radierung. Leipzig 1909. — Kappstein, Der künstlerische Steindruck. Berlin. — Albert, A., Führer durch die Reproduktionsverfahren. Halle a. S. 1908. — Blecher, C., Lehrbuch der Reproduktionstechnik. Halle a. S. 1908. — Fleck, C., Die Photo-Xylographie. Herstellung von Bildern auf Buchsbaumholz für die Zwecke der Holzschneidekunst. Wien und Leipzig 1911.

Die mechanische Reproduktion von Schriften und Zeichnungen erfolgt durch die auf besondere Weise veränderten Schriftzüge bzw. bedruckten Stellen des Originales oder durch vom Original abgenommene Formen. Es gibt drei Grundmethoden: Die Hochdruckverfahren werden durch den Abdruck eines Gummistempels am besten versinnbildlicht, die Flachdruckverfahren beruhen auf der Abstoßung von Fett durch Wasser und bei dem Tiefdruckverfahren werden Ausnehmungen von Platten oder Walzen mit Farbe gefüllt, worauf man deren Überschuß abstreift. Hoch- und Tiefdruck (Holzschnitt und Kupferstich) liegen dem Gebiete der chemischen Technologie nur näher, soweit es sich um das Tiefätzen von Zeichnung oder Umgebung in Metall, Glas, Porzellan usw. handelt, bei den Flachdruckverfahren, die, wie z. B. die Lithogranhie, zwischen Holzschnitt und Kupferstich stehen, kommen hingegen in einigen Fällen chemische Umsetzungen zustande. Solche Wechselwirkungen erfolgen z. B. zwischen gerbstoffhaltiger Tinte und dem leimhaltigen Schreibgrund oder zwischen eigens präpariertem Papier (Kupfervitriol) und mit Blutlaugensalzlösung geschriebenem Original usw. Man unterscheidet demnach zwei Arten von Kopierverfahren: Nach dem ersten wird vom Original an die Fläche, welche die Reproduktion aufnehmen soll, Farbstoff abgegeben, während nach dem zweiten Verfahren vom Originalbilde eine besondere chemische oder physikalische Wirkung ausgeht, die auf geignetem Untergrunde eine Veränderung in dem gewünschten Sinne der Erzeugung einer Kopie hervorbringt. Zur Ausführung der ersteren Verfahren bedient man sich der Kopier- oder Hektographentinten das sind Flüssigkeiten mit starker Färbekraft, oder man kopiert nach den gewöhnlichen Pausverfahren, während die Methoden der zweiten Art Kontaktübertragungen und Lichtpausverfahren sind.

Zur Ausführung des Flachdruckes auf Stein (Lithographiestein von Solnhofen, gelblichgrauer Ton und Kieselsäure enthaltender Kalkstein) oder Metall (Zink, Aluminium) wird die Zeichnung oder Schrift mit lithographischer Kreide oder Tinte (Wachs, Seife, Talg und Ruß) als Spiegelbild aufgetragen. Man überstreicht die Platte dann mit verdünnter Mineralsäure, so daß das Fett der Schriftzüge mit dem Plattenmaterial eine unlösliche Kalk- bzw. Metallseife gibt und zugleich die Umgebung der Schrift gründlich gereinigt zur Aufnahme einer wässerigen Gummilösung geeignet erscheint, die aufgestrichen und getrocknet die Zeichnung schützt. Vor dem Drucken befeuchtet man die Platte mit derselben Gummilösung und bereitet so eine Fläche, in der nur die Kalkseifenschriftzüge die nun einzuwalzende fette Druckfarbe annehmen, während die feuchte Umgebung sie abstößt. Ein unter der Presse aufgedrucktes Papier nimmt dann die Zeichnung rein auf.

Über die Herstellung von Druckflächen, die an den nicht druckenden Stellen farbabstoßend und wasserannehmend, an den druckenden Stellen farbannehmend sind, mittels einer gleichzeitig fettenden und feuchtenden wässerigen Suspension oder Emulsion von Fett, Farbe, Harz und Graphit siehe **D. R. P. 326 468.**

In Wirklichkeit erfolgt die Übertragung auch hier nicht von der glatten Fläche, sondern durch das feine aus Kalkseife mit übergelagerter Fettfarbe bestehende Relief. Ähnlich sind die Verfahren der Opalographie, die Methode der lokalen Gerbung von Leimschichten, der Erzeugung metallischer Schichten usw. (siehe nächstes Kapitel).

Die Verfahren des lithographischen Umdruckes, das ist die Übertragung einer mit autographischer Tinte auf Umdruckpapier [158] ausgeführten Schrift oder Zeichnung auf den Stein, des lithographischen Farbendruckes und des Ölfarbendruckes bieten nur geringes chemisches Interesse. Vgl. **Bd. I [600]**.

In **Techn. Rundsch. 1907, 565** ist ein interessantes, von dem Münchner Maler **W. Ziegler** erfundenes Verfahren der Herstellung chromolithographischer Druckplatten beschrieben: Der Künstler zeichnet auf ein Blatt Papier, unter dem der Umdruckbogen liegt, während sich zwischen beiden ein präpariertes Fettpapier befindet. Nach Vollendung dieser ersten Zeichnung, welche die Farbenskizze darstellt, werden die nötigen Kreuze angebracht, dann entfernt man den verwendeten Umdruckbogen, der die fetthaltige Kopie des Originals trägt, und zeichnet nun, nach Einlegen eines zweiten Umdruckbogens, die Umrisse des Kolorits mittels farbiger Stifte. Für jede Farbe wird ein neuer Umdruckbogen untergeschoben und man erhält so eine entsprechende Zahl einzelner mit Passerkreuzen versehener und zum Übertragen auf lithographische Steine oder Zinkplatten geeigneter Bogen, d. h. mit Vollendung der Zeichnungen sind auch zugleich die Druckplatten soweit hergestellt, daß der Lithograph, der sonst die mühsame Arbeit des Kopierens nach dem farbigen Original versehen mußte, entlastet und damit auch der zwischen Künstler und Original stehende fremde Einfluß ausgeschaltet ist.

Verschieden vom Steindruck und gleichartig wie die Technik des Kupferstechens ist die Graviermanier auf Stein (Zink, Aluminium, Kupfer oder Stahl), ein Verfahren, bei dem man den mit Phosphorsäure angeätzten Grund mit einem Asphaltätzgrund versieht, in diesen die Zeichnung einstichelt und dann mit Scheidewasser ätzt, so daß die Linien nach Entfernung des Grundes vertieft liegend Farbe aufnehmen können, die sie an das unter der Presse eingedrückte Papier abgeben. Vgl. **Bd. I [72], [592 ff.]** ferner im vorliegenden Bande **[22], [158]**.

558. Metalldruckplatten (-formen), Behandlung. Algraphie.

Das Verfahren der von **J. Scholz** in Mainz erfundenen „Algraphie" (Aluminiumdruck) ist von **A. Albert** in seinem Buche „Das Aluminium in seiner Verwendung für den Flachdruck", Wien und Leipzig, genau beschrieben. Das Verfahren konnte sich nicht einführen, da es trotz seiner Vorzüge den Wettbewerb mit dem einfacheren Zinkflachdruck nicht auszuhalten vermochte. Vgl. auch das im selben Verlag erschienene Buch über den Aluminiumdruck von **K. Weiland (1902)**.

Um Aluminiumplatten zum lithographischen Druck verwendbar zu machen, überstreicht man sie vor oder nach Herstellung der Zeichnung oder des Umdruckes nach **D. R. P. 72 470** mit einer Lösung, die neben Gallussäure und arabischem Gummi Phosphorsäure oder Flußsäure enthält. Man erhält auf diese Weise einen starken Niederschlag unlöslicher Aluminiumsalze, die Wasser zurückhalten und das Ausbreiten der fetten Farbe verhüten.

Da beim Herstellen von Druckplatten eingegrabener Zeichnungen auf Aluminiumdruckplatten der Grabstichel von dem Metall leicht abgleitet, benetzt man die zu bearbeitende Plattenstelle mit einem Gemisch von 4 Tl. Terpentinöl und 1 Tl. Stearinsäure. (Notiz in **Zeitschr. f. angew. Chem. 3, 483.**)

Nach **D. R. P. 349 018** überzieht man Gravier- oder Radierplatten mit einer anders als der Grund gefärbten Masse aus Wachs, Eiweiß, Gummiarabicum und Farbstoff.

Zur Herstellung von Druckformen verwendet man mit Erfolg Platten aus elektrolytisch angeätztem Walzzink, da sich die Oberfläche solcher Platten leicht aufrauhen und schleifen läßt und ferner bei etwaigen Hochätzungen seichter geätzt werden kann als dies bei gewöhnlichem Zink möglich ist. **(D. R. P. 159 885.)**

An Stelle lithographischer Steine kann man für den Flachdruck auch Druckformen aus Metallplatten verwenden, deren Oberfläche durch Erhitzen mit Oxyd überzogen ist, insbesondere Eisen- oder Stahlplatten, die oberflächlich magnetisches Eisenoxyd enthalten. **(D. R. P. 161 494.)**

Als Ersatz für lithographische Steine eignen sich Druckformen aus Zinkplatten, die in einem neutralen Bade mit hoher Spannung und großer Stromstärke vernickelt wurden. Diese Platten oxydieren nicht an der Oberfläche, wodurch das Korn gewöhnlicher Druckplatten zerstört wird, und gestatten die Ausführung von Korrekturen. **(D. R. P. 171 455.)**

Statt der sonst verwandten Zink-, Kupfer- oder Messingplatten benützt man nach **D. R. P. 330 948** Magnesium- oder Magnesiumlegierungsplatten für chemigraphische und Prägezwecke, da sie genügend hart, gegen Laugen unempfindlich und gut ätzbar sind.

Die Schriftträger-Druckform zur autographischen Vervielfältigung von Hand- oder Maschinenschrift oder -zeichnung des **D. R. P. 337 092** besteht aus der biegsamen Platte oder Röhre einer Legierung von Kupfer, Zink und Eisen (Deltametall).

Über den Ersatz der galvanischen Vernicklung bei der Herstellung von Druckplatten siehe **E. Krause, Metall 1917, 252.**

Zum galvanischen Überziehen metallener Flachdruckformen mit einer wasseranziehenden Schicht unter Anwendung von Salzen, die bei der Zersetzung saure Salze abspalten, setzt man dem Elektrolyten zum Zwecke der Verhinderung von Wasserstoffentwicklung und alkalischen Reaktionen oxydierende und saure Substanzen zu, arbeitet also z. B. für Aluminiumplatten mit einem Elektrolyten, der je 2% Ammoniumfluorid und -nitrat und 20% Gummiarabicum bzw. für Zinkplatten statt des Ammoniumfluorids in sonst denselben Mengen zweifachsaures Ammoniumphosphat in wässeriger Lösung enthält. Die im Gummi arabicum enthaltene Arabinsäure dient als saure Substanz. **(D. R. P. 152 593.)**

Nach dem Flachdruckverfahren des **D. R. P. 330 947** behandelt man die Druckplatte mit einem Gemenge von in Wasser suspendierten Kolloiden und Wasserglas. Wenn Ausbesserungen vor oder während des Druckes nötig sind, entfernt man an jenen Stellen die fette Farbe und behandelt die Platte dort mit Flußsäure, die man sodann abwäscht.

Zur Entsäuerung gravierter, radierter oder geätzter Steine oder Zinkplatten, also zur Entfernung der zu ihrer Präparation dienenden Salpetersäure, Gummilösung oder Oxalsäure, bedient man sich nach **Techn. Rundsch. 1912, 29** entweder einer 10proz. Alaunlösung oder einer Lösung von essigsaurer oder schwefelsaurer Tonerde in der 5—10fachen Menge Wassers.

Nach **D. R. P. 255 586** läßt sich das Druckbild leicht und schnell von Zink- und Aluminiumdruckplatten oder von lithographischen Steinen mittels einer Schleifmasse entfernen, die man durch inniges Vermengen von 30 Tl. Schleifmehl, 30 Tl. Kaliumbioxalat, 20 Tl. Holzsägemehl und 20 Tl. wasserlöslichem Farbstoff erhält.

559. Druckformerzeugung durch Hektographie, Fotoldruck, Opalographie, Anastasie.

Bei Verwendung der Hektographenmassen [553] ist stets Vorsorge zu treffen, daß der Druckraum nicht zu warm oder zu trocken ist und es empfiehlt sich daher, auch trocken gewordene derartige Massen etwa 15 Minuten lang in Wasser zu legen, das etwas Glycerin und Ammoniak enthält. Zur Herstellung hektographischer Vervielfältigungen taucht man die auf geleimtem Schreibpapier handschriftlich, mit der Maschine oder nach dem Durchschreibeverfahren hergestellte hektographische Spiegelschrift in wässerige Kochsalzlösung und nimmt dann von der Spiegelschrift mittels leicht angefeuchteten Papiers unter Druck Abzüge. Das Kochsalz verwandelt die Tintenschicht in eine gelatinöse Masse, die schwammartig in das Papier eindringt und allmählich durch Druck bei Gegenwart von Feuchtigkeit wieder entfernt werden kann. In Wasser ohne Kochsalz würde sich die Tinte zu schnell lösen und es würden ausgeflossene Schriftzüge entstehen. Dieses Verfahren zeichnet sich dadurch aus, daß man ohne Anwendung von Gelatinemassen arbeiten kann. **(D. R. P. 310 228.)**

Zur Ausführung des sog. Fotoldruckes legt man eine unentwickelte Eisenblaupause auf eine warm in 2 mm Dicke auf eine abgeschmirgelte Zinkplatte ausgebreitete Gallertschicht aus 200 Tl. Wasser, 40 Tl. Gelatine, 4 Tl. Glycerin, 6 Tl. Ochsengalle und 0,5 Tl. Eisensulfat. Letzteres reagiert mit dem Ferricyankalium der unverändert gebliebenen Stelle der Kopie, so daß nach deren Wegnahme die Gallertschicht infolge eingetretener Gerbung nur an jenen Stellen fette Druckfarbe annimmt. Nach dem von **A. Albert** verbesserten Verfahren **(Photogr. Korr. 56, 170)** lassen sich so etwa 30 Abzüge herstellen. **(D. R. P. 201 968.)**

In **Techn. Rundsch. 1907, 149** ist ein einfaches praktisches Verfahren der billigen Vervielfältigung kleiner Zeichnungen auf Schreibmaschinenpapier angegeben, das im Prinzip darauf beruht, daß man die mit stark gerbstoffhaltiger Tinte ausgeführte Zeichnung (am besten eignet sich eine Lösung von essigsaurer Tonerde, die man mit Tinte dunkel färbt) auf eine Gelatinefläche aufdrückt, die man erhält, wenn man eine Gelatinelösung 1 : 10 mit etwas Glycerin versetzt und nach dem Ausgießen auf eine Glasplatte erstarren läßt. An den Stellen, wo die Gelatineoberfläche mit den gerbstoffhaltigen Schriftzügen in Berührung kam, entstehen gegerbte vertiefte Striche, die beim folgenden Einwalzen mit Buchdruckerschwärze allein Farbe annehmen, während die übrigen Stellen die Fettfarbe abstoßen. Durch einfaches Auflegen und Flachstreichen von Schreibmaschinenpapier erhält man dann tadellose Abzüge. Falls die übrige Fläche etwas Farbe angenommen haben sollte, kann man diese durch Überwischen mit etwas Glycerin und Wasser leicht entfernen, doch genügt es in den meisten Fällen, die nur mäßig mit Farbe überzogene Walze schnell über die Gelatineoberfläche zu führen, um sie von der überschüssigen Schwärze zu befreien. An genannter Stelle ist außerdem ein zweites Verfahren dieser Art der Vervielfältigung beschrieben, das auf der Lichtempfindlichkeit einer chromathaltigen Gelatineschicht beruht.

Das Haften der Gelatineschicht auf dem Glase wird nach **Techn. Rundsch. 1905, 204** begünstigt, wenn man die womöglich fein mattierte Platte nach der Reinigung mit Ammoniak und Alkohol mit dem dünnen Überzug einer Lösung von 20 Tl. geschlagenem Eiweiß und 6—8 Tl. Natronwasserglas in 36 Tl. destilliertem Wasser überzieht. Statt dieser Lösung kann man auch eine Lösung von 12—15 g Wasserglas und 0,3—0,5 g Ätzkali in 100 ccm Bier verwenden. Die Flüssigkeiten werden auf die horizontal liegenden Platten aufgegossen, worauf man diese schnell senkrecht stellt, um den Überschuß abfließen zu lassen und sie sodann an staubfreiem Orte in genau horizontaler Lage trocknet. Um die Wasserglaspräparation zu umgehen, kann man sich auch des bekannten Verfahrens bedienen, demzufolge man der Gelatine eine Lösung von Kaliumbichromat zusetzt, im Dunkeln trocknen läßt, die Rückseite des Glases nachträglich belichtet, und die Schicht so lange mit Wasser auswäscht, als sie noch gelblich ist.

Zur Herstellung einer Druckform, die zum Drucken beliebig vieler Vervielfältigungen eines Originales geeignet ist, überstreicht man eine mattierte Glas-, Porzellan- oder Emailplatte (oder -walze) nach **D. R. P. 250 203** mit einer wässerigen Traubenzucker- und Alaunlösung, trocknet den Überschuß ab, preßt das mit Galluseisentinte geschriebene Original kurze Zeit mit der Bildseite auf, überstreicht die Platte sodann mit einer borsäure- (nach **Zusatz D. R. P. 250 706** auch zimt-, salicyl- oder benzoesäure-)haltigen Glycerinlösung, reibt mit Druckerschwärze ein und überwalzt (Opalographie). Originale, die auf der Schreibmaschine geschrieben sind, können vor ihrer Auflage auf die Platte mit einer eingetrockneten und gepulverten Galluseisentinte eingerieben und so für den Prozeß vorbereitet werden. Nach dem Zusatzpatent enthält die zur Herstellung der Schrift benutzte Tinte solche Substanzen, die mit den Stoffen, die den ersten Überzug der Platte bilden, unlösliche Verbindungen gibt. Am besten verwendet man alkalische Lösungen von Oxyden, Seifen oder organischen Salzen. **(D. R. P. 256 202.)**

Die Vervielfältigung gedruckter Zeichnungen mit Hilfe der Photographie oder mittels des anastatischen Druckverfahrens (erfunden von **R. Appel**) ist in **Techn. Rundsch. 1911, 222** beschrieben. Nach der zuletzt angeführten Methode tränkt man das Original in einer 1—3 proz. Lösung von chemisch reiner Salpetersäure, entfernt durch Überrollen des Blattes auf einer Glasplatte die überschüssige Feuchtigkeit und überstreicht das Original mittels eines sehr weichen Pinsels mit einer durch Zusatz von Lavendelöl fetter gemachten Lösung von Umdruckfarbe in Terpentinöl. Hierbei nehmen nur die alten Drucklinien des Originals die Farbe an, während der von Säure durchtränkte Grund sie abstößt. Man kann nunmehr durch Auflegen des Originales auf den etwas angewärmten, gut geschliffenen Stein unter dem Reiber der Steindruckpresse bei anfänglich geringerer und später steigender Spannung das druckfähige Bild auf den Stein übertragen. Bei Ausführung des Verfahrens, das viel Übung und Fachkenntnisse erfordert, ist es insbesondere nötig, die Stärke des Säurebades und die Zusammensetzung der Farbe dem Papier des Originales anzupassen.

Nach **D. R. P. 187 450** überträgt man zur Vereinfachung des anastatischen Druckverfahrens die umzudruckenden Drucksachen nach ihrer Imprägnierung mit besonderen, im Patent näher beschriebenen Flüssigkeiten durch einfaches Aufreiben mittels eines Falzbeines auf ein Wachsparaffinpapier. Das so gewonnene Umdruckbild wird auf das befeuchtete, mit Benzin überstrichene, zu bedruckende Papier aufgelegt, worauf man durch einfaches Überreiben mit einem Falzbein die fertige Kopie erhält. Das Verfahren eignet sich besonders zum Übertragen einer Druckschrift in ein Sammelbuch, wenn man das lästige Einkleben vermeiden will, ebenso aber auch zur Herstellung von Gratulations- und Scherzpostkarten.

560. Druckformerzeugung (Reproduktion) mit Metallsalzen (Jod, Phosphorverbindungen).

Zur Reproduktion von Stichen oder Zeichnungen werden diese mit fetter Farbe auf eine Stahlplatte übertragen, die man in gesättigte, etwas Salpetersäure enthaltende Kupfervitriollösung eintaucht. Nach 5 Minuten wird die Platte aus dem Bade herausgenommen, abgewaschen und das abgelagerte Kupfer durch Ammoniak beseitigt; die gewünschte Gravierung ist dann fertig und die Striche der Zeichnung sind in vertiefter Manier kopiert. **(Dingl. Journ. 171, 285.)** Vgl. **Bd. I [73.]**

Oder: Man macht von einem alten Kupferstich mittels einer auf die Bildfläche aufgetragenen Terpentinöl- oder Petroleumseife, einen Überdruck auf eine Stahl- oder Zinkplatte und taucht die Platte in ein saures Bad von Kupfervitriol, aus welchem überall, mit Ausnahme derjenigen Stellen, wo sich Striche befinden, Kupfer gefällt wird, so daß das Kupfer dann als Firnis dient, während der Stahl, der zu der Säure eine größere Verwandtschaft hat als das Kupfer, unter der Zeichnung ebenso schnell geätzt wird, als der Niederschlag sich bildet. Ebenso kann man statt mit Seife mittels fetter Druckfarbe arbeiten. Man kann von dieser Platte sofort negative Bilder abziehen oder zur Erzeugung von Druckplatten die Zinktafel in verdünnte Salpetersäure tauchen, die in der richtigen Konzentration nur das Zink ätzt, während das Kupfer unangegriffen bleibt. Ebenso kann natürlich auch mit Zeichenflüssigkeiten aus Kupfersalz Stahl, aus Quecksilbersalz Kupfer, aus Goldsalz Silber mit Schutzstellen versehen werden, die beim folgenden Ätzen mit Salpetersäure deren Zutritt daselbst verhindern, so daß sich die Methode auch zum Gravieren eignet. **(Dingl. Journ. 168, 206.)**

Ein mit Joddampf behandelter Kupferstich wird schwach auf eine gereinigte, versilberte Kupferplatte angedrückt; nur die jodierten, also die schwarzen Partien des Stiches drücken sich ab. Die Platte wird nun einige Sekunden lang in eine gesättigte Kupfervitriollösung eingetaucht, und zwar verbunden mit dem negativen Pol einer Stromquelle, während mit dem positiven Pol ein Platinblech in Verbindung steht. Das Kupfer schlägt sich auf die nicht jodierten Stellen nieder. Die Platte wird hierauf in eine Lösung von unterschwefligsaurem Natron gebracht, das das Jodsilber auflöst. Die gut gewaschene und getrocknete Platte wird so lange erwärmt, bis sie eine dunkelbraune Farbe angenommen hat; sie wird hierauf mit Quecksilberdämpfen behandelt, wodurch nur das Silber, nicht aber das Kupfer amalgamiert wird. Die amalgamierten Stellen entsprechen den schwarzen, die nicht amalgamierten den weißen Partien des Kupferstiches. Man legt dann 2—3 Blättchen fein geschlagenes Gold auf die Platte und erhitzt, wodurch das Gold nur an den Stellen haften bleibt, die den schwarzen Partien des Stiches entsprechen; das Kupferoxyd wird hierauf durch eine Lösung von salpetersaurem Silberoxyd aufgelöst und das Kupfer sowohl wie das Silber durch schwache Salpetersäure weggeätzt. Die hierdurch erhaltenen Erhöhungen entsprechen den schwarzen, die vertieft geätzten den weißen Partien des ursprünglichen Kupferstiches. Diese so erhaltenen Gravierungen geben Abdrücke in Holzschnittmanier. **(Elsners Chem.-techn. Mitt. 1848/50, S. 50.)**

Zur Übertragung von Zeichnungen auf Metallwalzen oder -flächen führt man die Zeichenarbeit mit einer aus rotem Jodquecksilber, etwas Bleiweiß und ganz wenig Gummiwasser bestehenden Zeichenfarbe auf Strohpapier aus, klebt es auf die Metallfläche und preßt es durch umwickelte Zeugstreifen fest an. Nach Verlauf von einigen, höchstens 12 Stunden, nimmt man das Pauspapier wieder von dem Metall weg und findet nun auf letzterem die gegebene Zeichnung in matten, von der durch das Jodquecksilber nicht angegriffenen, glänzenden Fläche sich deutlich abhebenden Zügen, die sich an der Luft zu gut sichtbaren, festhaftenden grauen Linien entwickeln, die unter der Hand des Graveurs nicht verschwinden. Bewahrt man eine solche Pauszeichnung an einem vor dem Sonnenlicht geschützten Orte auf, so kann sie sogar nach Monaten immer wieder zu vollkommen deutlichen Abdrücken auf Metall benützt werden. **(Dingl. Journ. 221, 355.)**

Über ein eigenartiges Verfahren der Reproduktion von Drucken mittels des bei der langsamen Oxydation des Phosphors entstehenden Gemisches von Phosphor-, Unterphosphor- und phosphoriger Säure siehe **Dingl. Journ. 122, 238.** Durch Bestreichen des Papiers mit dieser Lösung heben sich die gedruckten Buchstaben aus der Fläche heraus und ergeben beim Aufdrücken des Druckes auf eine Zinkplatte eine getreue Kopie, von der wie bei der Lithographie Abdrücke gewonnen werden können. Das früher in England praktisch ausgeübte Verfahren wurde ebenfalls [559] als anastatischer Druck bezeichnet.

Oder der zu kopierende Kupferstich wird den Dämpfen langsam an der Luft brennenden Phosphors ausgesetzt, wobei nur die Schatten des Stiches sich mit Phosphordämpfen imprägnieren. Wird der so mit Phosphorsäuren imprägnierte Kupferstich auf ein mit Chlorsilber präpariertes Papier dicht aufgelegt, so entsteht schon nach einer Viertelstunde eine Abbildung des Kupferstiches auf dem präparierten Papierblatte, hervorgebracht durch die Bildung von Phosphorsilber. **(Dingl. Journ. 128, 126.)**

Ein von **Renault** angegebenes Verfahren der Reproduktion von Zeichnungen aller Art beruht auf der Tatsache, daß Silberoxydsalze, mit denen Papier usw. imprägniert ist, durch Phosphordampf, Silicium, Arsen oder Antimon und Kupfer reduziert werden, während dies bei Haloidsalzen, wie Chlorsilber, Cyansilber usw. bei gewöhnlicher Temperatur nicht der Fall ist. Näheres im **Polyt. Zentr.-Bl. 1873, 186 und 593.**

561. Mechanische Pausen, Einzelreproduktionen, Abdrücke, Daktyloskopie.

In **Dingl. Journ. 128, 137** ist ein Verfahren von **Nièpce** beschrieben zum Kopieren von Kupferstichen und Zeichnungen mittels Joddampfes. Die Stiche oder Zeichnungen werden zuerst in schwach ammoniakalisches Wasser gelegt, dann durch schwefelsaures Wasser gezogen, getrocknet und bei Zimmertemperatur der Einwirkung von Joddampf ausgesetzt, worauf man den Kupferstich auf mit Stärkemehl bestäubtes, mit 1grädiger Schwefelsäure befeuchtetes Papier legt und das Original mit einem Leinenbausch aufdrückt. Man kann so von einem Kupferstich, der bei dem Verfahren durchaus nicht leidet, mehrere Exemplare abziehen, die sich durch besondere Reinheit auszeichnen. In der Originalarbeit ist auch die Überführung dieser durch Jodstärkemehl gefärbten Kopie in ein Silberbild beschrieben. **Böttger** variierte das Verfahren in der Weise, daß er den mit Frankfurter Schwarz (Rußdruckfarben erwiesen sich als ungeeignet) angesetzten Druckfarben Jodkalium und Stoffe zusetzte, die aus diesem Jod frei zu machen vermögen. Legt man diesen auch mit 1proz. Schwefelsäure befeuchteten Druck nach Entfernung der überschüssigen Feuchtigkeit auf vegetabilisch (also mit Stärke) geleimtes Papier und preßt beide zwischen Filtrierpapier in einer Kopierpresse zusammen, so wird Jod frei, das sich mit dem Stärkemehl im Schreibpapiere zu einem dunkelblauen Körper, der Jodstärke, verbindet. **(Dingl. Journ. 159, 215.)**

Zur Herstellung blauer, scharfumrissener Abdrücke von Kupferstichen, Pflanzen, Blättern usw. setzt man sie der Einwirkung von Joddämpfen aus und preßt sie dann auf mit 3proz. alkoholischer Guajakharzlösung getränktes und getrocknetes Papier. **(L. E. Jonas, Journ. f. prakt. Chem. 75, 244.)**

Schriftzüge oder Zeichnungen, die mit einer wässerigen, Kupfervitriol, Eisenchlorid und essigsaures Uranoxyd im Verhältnis 4 : 10 : 2 enthaltenden, mit Gummischleim verdickten konzentrierten Lösung von Pyrogallussäure ausgeführt werden, lassen sich durch bloßes Aufpressen von Papier 2—3mal sehr scharf kopieren. Der Kopierprozeß dauert 4—8 Tage und erscheint besonders geeignet zur einmaligen Reproduktion von Plänen, Landkarten usw. **(Dingl. Journ. 173, 138.)**

Wird ferner mit Eisenvitriol in der Masse oder auf der Bahn getränktes Papier angefeuchtet auf eine zu kopierende, mit gewöhnlicher Tinte geschriebene Schrift aufgelegt und aufgepreßt, so bildet sich eine vollständige und scharfe Kopie der ursprünglichen Schrift. **(Elsner, Chem.-techn. Mitt. 1859/60, S. 110.)**

Über das Kopieren gedruckter Zeichnungen mittels einer besonders bereiteten Kalkseife (aus Kernseife und sehr verdünnter Chlorcalciumlösung) siehe **C. Puscher, Dingl. Journ. 197, 435.** Man überzieht starkes Papier mit dieser Seifenlösung auf der Vorderseite, während die Rückseite einen Anstrich von französischem Terpentinöl erhält, so daß das Papier durchsichtig wird. Legt man es nun mit der Seifenseite auf die zu kopierende Schrift oder Illustration und überstreicht gleichmäßig mit einem Falzbein, so erhält man nach Verdunsten des Terpentinöles tadellose Kopien ohne Schädigung des Originals. Alte Drucksachen müssen vorher zur Aufweichung der Druckerschwärze durch Auflegen eines mit Terpentinöl befeuchteten Löschpapiers vorbehandelt werden. Auch soll das Kopierpapier stets frisch bereitet werden und man kann dann bis zu 12 Kopien nehmen, ohne das Original in der Farbe zu schwächen. Zweckmäßig legt man die Kopien nachträglich in kaltes Wasser, um die nicht mit abgehobener Druckerschwärze bedeckten Stellen von der Seife zu befreien. Es soll übrigens statt der Kalkseife und des Terpentinöles nach **D. Ind.-Ztg. 1871, 18** reines Benzol dieselben Dienste tun, vgl. aber **ebd. S. 128.**

Zur Übertragung von Strich- und Halbtonbildern auf eine andere Unterlage bringt man diese mit einem aus Metall oder in Wasser unlöslichen Metallverbindungen bestehendem, auf einer flüssigkeitsundurchlässigen Unterlage befindlichem Bilde in Berührung und behandelt dann die Rückseite mit einer die Bildsubstanz lösenden Flüssigkeit. Die neue Unterlage reduziert die zutretende Metallsalzlösung und fixiert so auf sich das scharfe aus Metall bestehende Abbild. **(D. R. P. 342 506.)**

Über ein Trockendruckverfahren (Xerographie), mit dessen Hilfe man ohne Anwendung der Buch- und Steindruckpresse eine große Zahl von Abzügen machen kann, siehe **Jacobsen, D. Ind.-Ztg. 1874, 384.**

In einfacher Weise kann man nicht zu alte Drucke ähnlich wie nach dem anastatischen Verfahren kopieren, wenn man das die Kopie aufnehmende Papier mit Paraffin oder Wachs einreibt, mit der eingeriebenen Seite auf das Original legt und nunmehr durch Reiben der Rückseite die Aufnahme des Druckes durch die Wachsschicht bewirkt. Als Kopierpapier verwendet man am besten ungeglättete Bogen, satinierte Papiere geben schlechte Abzüge. **(Döllner, Chem.-Ztg. 1921, 269.)**

Nach **Leipz. Drechsl.-Ztg. 1911, 445** werden Pausen von einer Federzeichnung u. dgl. nicht mit Bleistift, sondern mit einer Suspension von klebstofffreiem Schwarz, z. B. Beinschwarz, in reinem Wasser ausgeführt. Die mit dieser Schreib- oder Zeichenflüssigkeit erhaltene Pause läßt sich zur Erlangung eines Negativs auf glattem Papier abreiben; beide Blätter können etwa sechsmal hintereinander verwendet werden.

Nach **Veget, Dingl. Journ. 130, 398** verfährt man zur Herstellung von Abdrücken von Pflanzen, Blüten, Moosen u. dgl. auf Papier in folgender Weise: Man überstreicht das Zeichenpapier mit einer schwachen Lösung von Kupfervitriol, läßt es trocknen, feuchtet es auf der Rückseite an und spannt es auf eine Papierunterlage. Die abzudrückenden Pflanzen betupft man mit einer Lösung von 1 Tl. gelbem Blutlaugensalz in 8 Tl. Wasser, legt die Präparate auf die mit der Kupfersalzlösung bestrichene Fläche, überdeckt die Objekte mit einem Blatt Papier, drückt gleichmäßig so lange auf, bis alle Teile in Berührung gekommen sind und erhält so kupferrote Bilder.

Um sehr saubere, scharfe Abdrücke von Fingern, Geweben, Spitzen usw. besonders für kriminalistische Zwecke zu erhalten, bringt man die abzudrückenden Gegenstände kurze Zeit mit einem mit Natriumpolysulfid imprägniertem Filterpapier in Berührung und drückt die Gegenstände dann auf Bleiacetatpapier ab. Der so erhaltene Abdruck eignet sich sehr gut zu Vervielfältigungszwecken; er kann auch mit Öl transparent gemacht werden. In ähnlicher Weise lassen sich auch auf Gegenständen zurückgelassene Spuren auf Papier übertragen und entwickeln. Die Reinigung des abzudrückenden Gegenstandes mit Wasser bereitet keine Schwierigkeiten. **(D. Crispo,** Ref. in **Zeitschr. f. angew. Chem. 27, 220.)**

Schon früher wurde von **Stockis** der Vorschlag gemacht, mittels basischen Bleiacetats und durch nachfolgende Fixierung mit Schwefelammoniumdämpfen Fingerabdrücke anzufertigen, und vor **Crispo** haben auch **Viotti** bzw. **Dubois** bereits die Übertragung von Fingerabdrücken oder Flecken beschrieben. Nach **R. Ledent** empfiehlt es sich zur Herstellung der Fingerabdrücke das durch Entfernung des Silbers aus photographischem Auskopierpapier mittels Natriumthiosulfatlösung leicht herstellbare gelatinierte Papier anzuwenden, das man in feuchtem Zustande nach erfolgter Übertragung Formaldehyddämpfen aussetzt und so die Gelatine entsprechend den Furchen der Fingerabdrücke unlöslich macht. Gute Abdrücke erhält man auch mit Paraffin- oder Wachspapier, die die Abdrücke in Kohlepulver fixieren. (Ref. in **Zeitschr. f. angew. Chem. 27, 379.)**

562. Metallstrahlen, Katatypie, Thermo- und Selenographie, Röntgenographie.

Die Wirkung der Metallstrahlung, das ist die Eigenschaft namentlich des Magnesiums, Aluminiums, Zinks und Cadmiums, sich in blankem Zustande auf mit Jodkalium getränktem Papier abzubilden beschrieb **F. Streintz** auf dem **77. Naturforschertag, Meran 1905.**

Wenn man auf ein etwas starkes, glattes Papier mit einer klebrigen Tinte schreibt oder zeichnet und darüber ein feines Metallpulver (käufliches Bronzepulver) streut, so läßt sich diese Zeichnung auf empfindliches Silberpapier übertragen, das sich unter dem Einflusse des Metalls schwärzt. Da man die getrocknete Tinte durch Alkoholdämpfe wieder erweichen und von neuem mit Metallpulver bestreuen kann, so läßt sich die Zeichnung in gleicher Weise zu wiederholten Malen kopieren. **(Zentr.-Bl. 1872, 473.)**

Ein Druckverfahren, das mit der Lichtwirkung nichts zu tun hat, ist die Katatypie, die auf der Zersetzung des Wasserstoffsuperoxyds durch feinverteilte Metalle und Metalloxyde beruht. Zur Herstellung katatypischer Bilder überträgt man den Abdruck eines Bildes, das mit Wasserstoffsuperoxyd behandelt wurde, nach **D. R. P. 189 488** auf eine Druckfläche, die mit Manganosalz imprägniert ist, und entwickelt sodann mit Ammoniak mit oder ohne Zusatz eines Ammoniumsalzes. Nach Zusatz **D. R. P. 189 489** enthält die Druckfläche Kobaltosalze als wirksame Bestandteile. Vgl. auch **D. R. P. 186 153.**

Nach **D. R. P. 53 858** verwendet man zur Vervielfältigung von Zeichnungen und Schriften ein mit Eisengallustinte geschwärztes und mit schwefelsaurem Ammoniak angefeuchtetes Papierblatt und außerdem noch ein anderes Blatt, auf dem die Schrift oder Zeichnung mit elektrisch nicht leitender Farbe aufgebracht ist; dann setzt man beide Blätter zwischen zwei Metallplatten einem galvanischen Strom aus und wäscht das erste Blatt, das nun die Übertragung der Zeichnung zeigt, mit Wasser aus.

Nach einer eigenartigen Beobachtung von **Donald Neil, Mc. Arthur** und **A. W. Stewart** kann man die Reproduktion eines Negativs auch ohne Licht und ohne unmittelbare Strahlenwirkung in Luft oder im Vakuum erhalten, wenn man auf die in einem lichtdichten Kasten befindliche, mit der Schichtseite nach oben gelegte Photoplatte, von ihr durch zwei gläserne Objektträger getrennt, die Negativplatte legt und nun, gleichgültig von welcher Seite, eine Wärmequelle, am besten die Wärme einer elektrischen Heizplatte, zur Einwirkung bringt. Näheres in **Journ. Soc. 1919, 973.**

Zur photographischen Aufnahme von Bildern ohne Bromsilber verfährt man in der Weise, daß man eine Glasplatte einseitig so dünn mit einer den elektrischen Strom leitenden Platin- oder Goldschicht überzieht, daß die Hauptmasse des Lichtes noch durchgeht, worauf man eine dünne Selenschicht aufbringt und auf diese ein Papier legt, das mit einem sich bei Stromdurchgang färbenden Elektrolyten, z. B. Ferrocyankalium, getränkt ist. Die Ableitung des Stromes erfolgt durch eine Metallplatte, die man auf das Papier legt. Bringt man das System mit der Rückseite der Glasplatte gegen das Objektiv gerichtet in eine Kamera, so geht der Strom an den belichteten Stellen des Papiers durch und färbt das Papier dort an. **(K. Wilcke, Photogr. Korresp. 57, 173.)**

Parzer-Mühlbacher, A., Röntgenphotographie für Ärzte und Amateure. Berlin 1908. — Lüppo-Cramer, Die Röntgenographie in ihrem photographischen Teil. Halle 1909.

Zur Abkürzung der Expositionszeit bei der Photographie oder Kinematographie von Röntgenschirmbildern wendet man Objektive an, die ausschließlich oder hauptsächlich aus Bleiglaslinsen bestehen. **(D. R. P. Anm. H. 57 534, Kl. 57 b.)**

Das für radioaktive und Röntgenprozesse gebrauchte Bariumplatincyanür erhält man durch Elektrolyse von Platin in Bariumcyanidlösung, die Bariumoxydhydrat enthält, mittels Wechselstromes bei 50—60° und einer Stromdichte von 20 Amp., folgende Sättigung des Elektrolyten mit Kohlensäure und Eindampfen. Das krystallisierte Salz zeigt so nur schwache Fluorescenz, wird jedoch durch Umkrystallisieren aus Bariumcyanidlösung kräftig fluorescierend. Man erhält mit 15 Kilowattstunden 1 kg des Cyanürs von der Formel $Pt(CN)_4Ba + 4\,H_2O$. **(A. Brochet** und **J. Petit, Zeitschr. f. Elektrochem. 1904, 922.)**

Als Ersatz des Bariumplatincyanürs als Belagmasse für Fluorescenzschirme eignet sich Cadmiumwolframat. Diese Masse ist gegen längere Belichtung mit Röntgenstrahlen unempfindlich, zeigt weiße Luminescenz, gestattet das Photographieren der sich scharf schwarz vom Schirm abhebenden radioskopierten Körperbilder und ist wesentlich billiger als die Platinschirmmasse. **(P. Roubertie** und **A. Nemirovsky, Zentr.-Bl. 1920, II, 35.)**

Zur Herstellung eines Verstärkungsschirmes für photographische Röntgenaufnahmen bringt man die Emulsion auf eine für Röntgenstrahlen undurchlässige Platte aus Metall oder Bleiglas auf. Legt man einen solchen mit Calciumwolframatemulsion belegten Schirm zu unterst in die Aufnahmekassette, so daß seine Emulsion nach oben gekehrt ist darauf die photographische Platte mit ihrer Emulsionsschicht gegen die des Schirmes, so erhält man bei der Aufnahme ein besonders scharfes und kontrastreiches Röntgenbild. **(D. R. P. 229 894.)**

Zur Herstellung von Verstärkungsschirmen bringt man eine erhärtungsfähige Emulsion aus Kollodium, Ricinusöl und der im Röntgenlicht aufleuchtenden Substanz, z. B. wiederholt geschlämmtes, wolframsaures Calcium, in möglichst feinverteilter und durch Schütteln im Vakuum homogenisierter und luftfreier Form auf eine Spiegelglasscheibe, zieht die Haut nach erfolgter Erhärtung von der Glasunterlage ab und benutzt diejenige Seite, die bei der Herstellung der Masse der Spiegelglasscheibe zugekehrt war, als aktive Schirmseite. **(D. R. P. 237 015.)**

Zur Herstellung von Verstärkungs- und Durchleuchtungsschirmen für photographische Röntgenaufnahmen gießt man die erstarrungsfähige Schirmmasse, um zu verhüten, daß sie sich von der Unterlage später schwer abziehen läßt, auf eine Unterlage aus einem Stoff, der sich in einem das Bindemittel der Schirmmasse nicht angreifenden Lösungsmittel löst. **(D. R. P. 242 129.)**

Zur Herstellung lichtunempfindlicher Platten, Films oder Papiere für Röntgenaufnahmen umgibt man die ganze lichtempfindliche Platte mit einem oder mehreren Farbstoffträgern (Gelatine, Stärke), die einen oder mehrere, alles aktinische Licht absorbierende Farbstoffe enthalten. Diese Platten brauchen vor und während der Exposition und während der bis zur vollendeten Fixierung nötigen Manipulationen vor der Lichteinwirkung nicht geschützt zu werden und besitzen doch ihre Empfindlichkeit gegen Röntgenstrahlen. **(D. R. P. 230 964.)**

Zur Herstellung von gegen Röntgenstrahlen und Strahlen aus radioaktiven Stoffen besonders empfindlichen photographischen Platten setzt man der Emulsion Thoriumoxyd oder noch besser kolloidales Thoriumhydroxydsol zu, das ebenso wie die Verbindungen der Wolframsäure innerhalb der Emulsion unter dem Schutz der Gelatine nicht ausflockt. Die erhaltenen Platten sind sehr empfindlich und gestatten eine Abkürzung der Bestrahlungsdauer. **(D. R. P. 290 872.)** Nach dem Zusatzpatent wird die Emulsion in zwei Schichten aufgetragen, wobei nur eine Schicht den Zusatz mit oder ohne gleichzeitige Verwendung von lichtempfindlichen Salzen

enthält, während die zweite Schicht aus gewöhnlicher, für photographische Platten verwendbarer Emulsion besteht. Auf diese Weise vermeidet man die Verschleierung des Bildes, wenn man der Emulsion z. B. kolloidale Selenlösung zusetzt. (D. R. P. 292 193.)

Zur Herstellung von zur Untersuchung mit Röntgenstrahlen geeigneten, für diese schwer durchlässigen Wismut- und Thorpräparaten fällt man die Metallsalzlösungen bei Gegenwart unlöslicher Stoffe (Bolus oder Kieselgur) lackartig aus und glüht den erhaltenen Rückstand. (D. R. P. 228 375.)

Ein Verfahren zur Verstärkung der Strahlenwirkung auf photographischen Platten, Papieren und Filmen ist u. a. dadurch gekennzeichnet, daß auf die lichtempfindliche Schicht neben den abbildenden Röntgen- oder Radiumstrahlen Sekundärstrahlen einwirken, die durch Auftreffen des durch die Schicht hindurchgelassenen Teiles der Röntgen- oder Radiumstrahlen auf jenseits angeordneten Schirmen aus Metall oder anderen geeigneten Sekundärstrahlen erzeugt werden. (D. R. P. 309 165.)

LICHTEMPFINDLICHE SCHICHTEN.

Allgemeiner Teil, Schichtträger und Schichten.

563. Literatur über wissenschaftliche und praktische Photographie.

Namias, Theoretisch-praktisches Handbuch der photographischen Chemie. Halle 1908. — Sheppard und Mees, Untersuchungen über die Theorie des photographischen Prozesses. Halle 1912. — Andresen, M., Das latente Lichtbild, seine Entstehung und Entwicklung. Halle 1914. — Lüppo-Cramer, Das latente Bild. Halle 1911. — Derselbe, Kolloidchemie und Photographie. Dresden 1908. — Prelinger, O., Die Photographie, ihre wissenschaftlichen Grundlagen und ihre Anwendung. Leipzig 1919. — Stolze, V. F., Optik für Photographen. Halle 1904. — Schmidt, H., Vorträge über Chemie und Chemikalienkunde für Photographierende. Halle 1918. — Vogel, H. W., Photochemie und Beschreibung der photographischen Chemikalien. Bearbeitet von E. König. Berlin 1906. — Plotnikow, J., Photochemie. Berlin u. Leipzig 1920. — Schaum, K., Photochemie und Photographie. Leipzig 1908. — Ciamician, G., Die Photochemie der Zukunft. Stuttgart 1912. — Eder, J. M., Photochemie. Ausführliches Handbuch der Photographie. Halle 1906. — Benrath, A., Lehrbuch der Photochemie. Heidelberg 1912. — Sheppard, S. E., Lehrbuch der Photochemie. Deutsch von M. Ikle. Leipzig 1916. — Urban, W., Kompendium der gerichtlichen Photographie. Leipzig 1909. — Liesegang, Photographische Chemie. Bearbeitet von K. Kieser. Leipzig 1921.

Über die Beziehungen zwischen Kolloidchemie und Photographie berichtet **Lüppo-Cramer** in **Kolloidztg. 1921, 314 und 1922, 114.**

Über das latente Bild bzw. das zweite Positiv siehe das Referat über die Arbeiten von **W. D. Bancroft und seinen Mitarbeitern in Zeitschr. f. angew. Chem. 25, 2458.**

Den Einfluß der Vorbelichtung auf die Wiedergabe schwacher Lichteindrücke auf der photographischen Platte erörtert **J. Rheden in Zeitschr. f. wiss. Photogr. 16, 33 und 92.**

Über chemische Lichtwirkungen vgl. die Ausführungen von **H. Stobbe in Zeitschr. f. angew. Chem. 1908, 388.**

Die Beeinflussung lichtempfindlicher Schichten durch Laboratoriumsluft bespricht **Lüppo-Cramer in Phot. Ind. 1915, H. 6.**

Über die Darstellung von Bromcalcium, Brombaryum, Bromstrontium, Brommagnesium, Bromlithium, Bromkalium und Bromnatrium, speziell für photographische Zwecke, siehe die Angaben von **Klein in Polyt. Notizbl. 1864, Nr. 3.** Vgl. **Pharm. Zentrh. 1864, Nr. 22.**

Über ein neues photographisches Aufnahmeverfahren ohne Bromsilber mit Verwendung einer dünnen Selenschicht siehe **[562].**

Emmerich, G. H., Lexikon für Photographie und Reproduktionstechnik. 1910. — Müller, H., Anleitung zur Momentphotographie. 1904. — Zimmermann, W., Die Photographie. 1909. — Krüger, J., Die Photographie der Neuzeit. Wien und Leipzig 1905. — Schmid, I. F., Das Photographieren. Wien und Leipzig 1909. — Wolf-Czapek, K. W., Angewandte Photographie in Wissenschaft und Technik. III. Teil: Die Photographie im Dienste der Technik. Berlin 1911. — David, L., Ratgeber für Anfänger im Photographieren und für Fortgeschrittene. Halle 1909. — Hanneke, P., Photographisches Rezepttaschenbuch. Eine Sammlung von erprobten Rezepten für den Negativ- und Positivprozeß unter Berücksichtigung der neuesten Verfahren. Berlin 1907. — Eder, J. M., Rezepte und Tabellen für Photographie und Reproduktionstechnik. Halle (jährlich). — Derselbe, Handbuch der Photographie. Halle a. S. 1911. — Spörl, H., Photographische Rezeptsammlung. Leipzig 1912. — Derselbe, Die Photographie der Technik.

Hannover 1909. — Vogel, E., Taschenbuch für praktische Photographie. Bearbeitet von P. Hanneke. Berlin 1904. — Pizzighelli, Anleitung zur Photographie. Halle 1908. — Schmidt, H., Photographisches Hilfsbuch für ernste Arbeit. II. Teil: Vom Negativ zum Bilde. Berlin 1907. — Schmidt, H., Vorträge über photographische Verfahren. Halle 1922. — Prelinger, O., Die Photographie. Leipzig 1914. — Miethe, A., und O. Mente, Lehrbuch der praktischen Photographie. Halle 1919. — David, L., Photographisches Praktikum. Lehrbuch der Photographie. Halle 1919. — Müller, H., Mißerfolge in der Photographie. Halle 1922. — Müller, H., Das Arbeiten mit Rollfilms. Halle 1904. — C. Merkator, Enzyklopädie der Photographie Heft 56. Halle 1907. — Holm, E., Das Photographieren mit Films. Berlin 1904. — Schmidt, H., Die Standentwicklung und ihre Abarten für den Amateur- und Fachphotographen. Ihr Wesen, ihre Ausführung, sowie ihr Leistungsvermögen auf Grund eigener ausführlicher Untersuchungen. Halle 1909. — Kempke, E., Der Porträt- und Gruppenphotograph beim Setzen und Beleuchten. Halle 1906. — Bergling, Stereoskopie für Amateurphotographen. Berlin 1904. — Löscher, F., Leitfaden der Landschaftsphotographie. Berlin 1908. — Mazel, A., Künstlerische Gebirgsphotographie. Berlin 1908. — Terschak, E., Photographie im Hochgebirge. 1905. — Kuhpfahl, Hochgebirgs- und Winterphotographie. 1907. — Parzer-Mühlbacher, A., Photographisches Unterhaltungsbuch. Berlin 1906.

564. Prinzip und Geschichte der Photographie.

Deutschl. Bromsilber- u. a. Ag-salze 1/2 1914, E.: 10; A.: 178 dz.

Grundlage der Photographie ist die Reduzierbarkeit des Halogensilbers (besonders Chlor- und Bromsilbers) durch bzw. nach Lichteinwirkung. Bei dem sehr lichtempfindlichen Bromsilber wird die nicht sichtbare Wirkung der Belichtung sichtbar gemacht durch die Einwirkung sog. Entwickler, Lösungen reduzierender Substanzen, die nur belichtetes Bromsilber zu infolge der feinen Verteilung schwarz erscheinendem, metallischem Silber reduzieren. Die Wegschaffung des nicht reduzierten Halogensilbers geschieht durch sog. Fixiermittel (am meisten durch eine Lösung von unterschwefligsaurem Natrium, Natriumthiosulfat, „Fixiersalz"), in denen das Halogensilber sich löst. Das Resultat dieser beiden im Dunklen, bzw. bei inaktinischer, d. h. auf das Halogensilber nicht wirkender (meist roter) Beleuchtung auszuführenden Prozesse ist das photographische Negativ. Zur Umwandlung des Negativs, bei dem naturgemäß Licht und Schatten umgekehrt wie beim photographierten Objekt in Erscheinung treten, in ein positives, in Licht und Schatten dem Objekt entsprechendes Bild, verwendet man ein ebenfalls mit lichtempfindlichen Salzen (meist auch Halogensilbersalzen) präpariertes Papier, das unter dem Negativ dem Licht ausgesetzt wird. Je nach Art des Bindemittels für die lichtempfindlichen Substanzen unterscheidet man Eiweiß- oder Albuminpapiere, Gelatine- oder Aristopapiere und Kollodium- oder Celloidinpapiere. Bei den genannten handelt es sich in der Regel um Silbersalze; bei Verwendung anderer lichtempfindlicher Substanzen wird das Papier meist nach dieser Substanz benannt, z. B. Platin-, Eisen-, Askau- (Asphaltkautschuk) usw. -Papier. Bromsilber- und sog. Gaslichtpapiere enthalten Bromsilber bzw. eine Mischung von Brom- und Chlorsilber, und werden nach Belichtung unter einem Negativ wie ein solches mit einem Entwickler zur Hervorrufung des Bildes behandelt. Selbstverständlich muß auch aus den Positivbildern das unreduziert gebliebene Halogensilber durch Fixiermittel entfernt werden. Die erstgenannten Auskopierpapiere bedürfen dann noch einer Schönung ihrer Silberabscheidung, die durch Behandlung mit Tonungsmitteln, meist Lösungen von Gold- oder Platinsalzen, geschieht.

Auf dem Gebiete der Photographie, das ist der Erzeugung von Bildern durch die Veränderung chemischer Stoffe unter dem Einflusse des Lichtes, stammen die ersten Beobachtungen von **J. H. Schulze, Herschel, Senebier, Scheele, Seebeck** und **Bestuscheff.** **Schulze** verwertete die zufällig, gelegentlich der Untersuchung von Leuchtsteinen, gesehene Erscheinung der Schwärzung eines mit Silbernitrat versetzten Kreideschlammes am Lichte zur Erzeugung von allerdings vergänglichen Schriftzügen mittels einer Schablone; **Senebier** legte durch seine Untersuchungen über die Lichtempfindlichkeit der Pflanzenfarbstoffe und Harze und durch die Beobachtung, daß belichteter Asphalt in organischen Lösungsmitteln unlöslich wird, den Grundstein für den Asphaltprozeß und die Autotypie; **Bestuscheff** stellte erstmalig die Lichtreduktion des gelben Eisenchlorides zu farblosem Eisenchlorür und die Umkehrbarkeit der Reaktion fest und gab damit die Anregung zur Entwicklung des Eisenblaukopierverfahrens; **Scheele** und **Seebeck** schließlich verfolgten die verschiedenartige Wirkung der einzelnen Lichtarten auf Silberchlorid; ersterem besonders ist die Feststellung der wichtigen Tatsache zu verdanken, daß belichtetes Chlorsilber wegen seiner durch das Licht bewirkten Zersetzung zu metallischem Silber die Löslichkeit in Ammoniak in dem Maße verliert, als die Umsetzung weit vorgeschritten ist.

Als Erfinder der Photographie ist jedoch **Nicéphore Nièpce** zu bezeichnen, der 1822 das erste Bild (des damaligen Papstes) auf dem Wege des Asphaltprozesses herstellte. Er vereinigte sich zu gemeinsamer Arbeit mit **Mandé Daguerre,** und letzterem (oder beiden, **Nièpce** starb 1833) gelang es, wie man sagt, durch eine Zufallsentdeckung ein in einer Camera auf mit Jodsilber bedeckten Silberplatten erzeugtes unsichtbares oder schwach sichtbares Bild durch Quecksilberdämpfe (später verwandte man andere Stoffe) zu fixieren. Das Daguerrotypieverfahren lieferte ein einziges Bild und stellte einen künstlerischen Prozeß dar, der durch neuzeitliche Bestrebungen wieder auferstehen soll.

Versuche, eine Reproduktionsmethode aufzufinden, nach der man mit Hilfe des Lichtes genaue Kopien von Zeichnungen u. dgl. in beliebiger Anzahl selbst anfertigen kann, wurden nach einem Bericht von **O. Kramer** zuerst mit Silberpräparaten von **Wedgewood** im Jahre 1803 gemacht. Dieses Verfahren wurde später durch **H. Davy** verbessert. Da man jedoch noch nicht verstand, das Bild zu fixieren, so mußte die erhaltene weiße Zeichnung auf braunschwarzem Grunde im Dunkeln aufbewahrt werden. **J. Herschel** schlug als Fixiermittel unterschwefligsaures Natrium vor; doch brachte erst im Jahre 1839 **F. Talbot** diese Erfindung zur allgemeinen Verwertung dadurch, daß er ein Verfahren des Negativprozesses auf mit Jodsilber und Silbernitrat getränktem Papier veröffentlichte und die Festhaltung des entstandenen Bildes lehrte.

Später wurden haltbarere lichtempfindliche Silberpapiere von **Ost, Carrier, Schäffer** und **Mohr, E. Liesegang** u. a. angefertigt. **Willi** tränkte gutes Papier mit einer Lösung von doppelchromsaurem Ammoniak und Phosphorsäure und ließ nach der Belichtung Anilindämpfe einwirken. Durch Waschen in verdünnten Säuren nahm das Bild einen tiefblaugrünen Ton an. **Poitevin** ließ das Papier auf einer Lösung von Eisenchlorid und Weinsäure schwimmen, trocknete und behandelte es nach der Belichtung mit einer kalt gesättigten Gallussäurelösung. Bei **Burnetts** Uranbildern erscheint die Zeichnung weiß auf ziegelrotem Grunde. **Herschel** schlug bereits im Jahre 1842 vor, Papier mit Eisenchlorid und rotem Blutlaugensalz zu tränken und nach der Belichtung auszuwaschen. Die Zeichnung erscheint weiß auf blauem Grund. **Reynolds** und **H. Schwarz** gaben genaue Vorschriften zur Selbstanfertigung des empfindlichen Papiers. **(Dingl. Journ. 221, 86.)**

Das Papier als Träger der lichtempfindlichen Schicht ersetzte **Nièpce de St. Victor** durch silbersalzhaltige Eiweißschichten, **Cercher** und **Fry** verwendeten Kollodium, **Madox** Gelatine (1871) und mit der gleichzeitig einsetzenden Erfindertätigkeit auf dem Gebiete des Positivprozesses (der Herstellung lichtempfindlicher Papiere) wurde die Photographie Gemeingut der Welt. Sie bildet die Grundlage zahlreicher wissenschaftlicher, künstlerischer und technischer Prozesse, vor allem auch der Kinematographie, an deren Entwicklung die Ausbildung der Methoden zur Erhöhung der Lichtempfindlichkeit von Silbersalzschichten ebenso wie jener der Erzeugung schmiegsamer Schichtträger gleichmäßig b itrug.

Die Erfinder des lichtempfindlichen Celluloidfilms sind **Goodwin** (1887) bzw. **Eastman** und **Walker** (1888), und von dieser Zeit an waren die Grundlagen für die Entwicklung der Kinematographie, als deren Erfinder **F. v. Nekatius,** ein österreichischer Offizier, angesehen wird, nämlich die Durchsichtigkeit und die Möglichkeit eine fortlaufende Reihe von Bildern zu schaffen, gegeben. **(A. Buss, Zeitschr. f. angew. Chem. 24, 850.)** Vgl.: **J. M. Eder,** Geschichte der Photographie. Halle 1905.

Durch die Verdrängung des Holzschnittes durch den Zinkdruck wurde es nötig die photographische Bildübertragung auf Zinkplatten auszuarbeiten. Die zahlreichen Verfahren der Photozinkotypie mittels der Asphaltmethode nach **Nièpce,** der sie einführte, **Kayser, Husnik, Brown** u. a. sind in einem Referat in **Jahr.-Ber. 1885, 1072** beschrieben. Ausführlicher wird die Photozinkotypie in Halbton, also jene Art der Vervielfältigung besprochen, die in der Buchdruckpresse ausgeführt werden kann. Vgl. auch die Autotypieverfahren, z. B. nach **D. R. P. 22 444** des Einkopierens von Linienrastern in photographische Bilder.

565. Daguerrotypie und ähnliche ältere Verfahren.

Ein Verfahren, Lichtbilder auf silberplattiertem Kupferblech zu erhalten (von **Nièpce**), ist in **Dingl. Journ. 118, 196** beschrieben. Es wird eine Silberplatte einige Sekunden lang in ein Bad von Kochsalz und Kupfervitriol eingetaucht, in destilliertem Wasser abgewaschen und getrocknet. Hierauf wird ein Kupferstich, mit seiner rechten Seite gegen die Platte gekehrt aufgelegt und mit einer Glasscheibe bedeckt, $^1/_2$ Stunde dem direkten Sonnenlicht und 2 Stunden dem zerstreuten Licht ausgesetzt, worauf er entfernt wird. Das Bild ist nicht immer sichtbar; es erscheint jedoch deutlich, wenn die Platte in Ammoniakflüssigkeit getaucht wird, die schwach mit Wasser verdünnt ist. Das Ammoniak löst das Chlorsilber auf und ist unwirksam dort, wo das Licht gewirkt hat. Die Schatten werden durch das blanke Metall, die Lichter durch die vom Licht nur modifizierten Stellen erzeugt. Das Bild kann, wie eine Daguerrotypie, mittels Goldlösung fixiert werden.

Ein ähnliches Lichtdruckverfahren ist ferner in **Polyt. Zentr.-Bl. 1860, 998** beschrieben. Legt man auf eine mit Eisenchloridlösung übergossene und mit reinem Wasser abgewaschene, in der Farbe veränderte Kupferplatte ein negatives Bild und exponiert das Ganze 10—15 Minuten im Sonnenlicht, so ist auf der Platte ein positives, schwarzes Bild entstanden, das graviert werden kann. Mit einer polierten Silberplatte gelingt das Verfahren weniger gut.

Über die Wirkung des Lichtes auf ein Gemisch von Eisenchlorid und Weinsteinsäure (Anwendung zur Photographie) siehe **Poitevin, Dingl. Journ. 159, 444.**

Über die Lichtempfindlichkeit einer Lösung, die man durch Vermischen konzentrierter Kupfervitriollösung mit Zinnchlorür erhält, berichtet **W. Grüne** in **Annalen d. Chem. u. Pharm. 130, 378.**

Die Herstellung von Daguerrotypien auf Kupfer wurde in **D. Gewerbeztg. 1866, Nr. 46** wie folgt beschrieben: Eine glatte und vollkommen reine Kupferplatte wird etwa 30 Sekunden lang in ein Bad von 16 g Kupfervitriol und 10 g Kochsalz, gelöst in 200 ccm mit einigen Tropfen irgendeiner Säure angesäuertem Wasser gelegt, nach dem Herausnehmen abgewaschen und mit einem weichen Tuche getrocknet. Man belichtet dann einige Minuten lang je nach der Witterung unter einem Glasnegativ, fixiert durch einige Sekunden langes Eintauchen in eine Lösung von unterschwefligsaurem Natron, die etwas Chlorsilber enthält, wäscht die Platte, wenn die Stellen, die rötlich waren, weiß werden und die Schatten eine violette Färbung annehmen, und trocknet über einer Weingeistlampe. Da das Schwarz aus einem feinen Pulver besteht, so wird das Bild leicht verwischt, ehe man es gefirnißt hat.

Zur Imitation von Daguerreotypien befestigt man ein Diapositiv nach einer Notiz in **Chem.-Ztg. Rep. 1921, 276** mit der Schichtseite auf einer vernickelten oder versilberten Kupferplatte.

Nach **E. Přiwoznik, Jahr.-Ber. f. chem. Techn. 1876, 192** ist eine den Dämpfen von Chlorgas ausgesetzte Kupferplatte gegen das Licht so empfindlich, daß man Photographien auf ihr herstellen kann; denselben Erfolg erzielt man durch Behandlung der Kupferplatten mit einer neutralen Lösung von Kupferchlorid. Die Kupferbleche nehmen dann nach dem Waschen eine braunrote Farbe an, die im Dunklen keine weitere Veränderung erleidet, aber schon im zerstreuten Tageslicht bald dunkler, und im direkten Sonnenlicht nach wenigen Minuten schwarz wird. Man kann daher eine Lösung von Kupferchlorid auch zum Schreiben und Zeichnen auf Kupfer benutzen; doch sind die so erzielten Färbungen ebenso wie Bilder, die man durch Belichtung unter einem Negativ auf so vorbereiteten Kupferplatten erhält, nicht beständig, da die Zeichnungen nach einigen Wochen oder Monaten bis auf die Konturen verschwinden. Auch beim Erhitzen auf 130° verlieren die geschwärzten Bleche ihre Färbung; doch kommt diese wieder, wenn man sie nach dem Erkalten dem Lichte aussetzt. Diese Eigenschaft beschränkt sich nicht nur auf reines Kupfer, sondern auch auf eine 25% Kupfer enthaltende Silberlegierung und auf Legierungen von Kupfer mit Mangan und Zink.

Die Herstellung daguerrotypieähnlicher Photographien auf Kupfer durch halbstündige Belichtung einer mit Chlordämpfen behandelten Kupferplatte unter einem Negativ im Tageslicht und folgende Fixierung in einem silberchloridhaltigen Natriumhyposulfitbade beschreibt **Reboul** in **Phot. Wochenbl. 1917, 8.**

Um Holz, Stein, Metall oder Gewebe auf photographischem Wege mit Bildern oder Mustern zu versehen, imprägniert bzw. überstreicht man den Stoff mit konzentrierter Kochsalzlösung, läßt trocknen und behandelt weiter mit 15 proz. Silbernitratlösung. Ist die Fläche nach dem zweiten Bade trocken, so wird sie auf eine Unterlage von Glas gelegt, und darauf die Musterzeichnungen usw., die ausgespart werden sollen. Hierauf wird das Ganze mit einer zweiten Glastafel bedeckt, diese mittels Schrauben auf die Unterlage aufgeschraubt, und so die ganze Vorrichtung 5—6 Minuten der Einwirkung des Lichtes ausgesetzt, worauf man mit einer 30 proz. Lösung von unterschwefligsaurem Natron fixiert. Nach dem Herausnehmen aus dem Bade wird die mit dem photographischen Bilde versehene Fläche ausgewaschen und getrocknet. Sollte der Farbton zu dunkel geworden sein, so kann die Zeichnung durch Einlegen in ein Bad von Cyankalium beliebig heller gemacht werden. **(Dingl. Journ. 160, 463.)**

Über ein eigentümliches Verfahren der Herstellung von Transparentlichtbildern auf Glas, das mit einer jodhaltigen Schwefelschicht lichtempfindlich gemacht wurde, berichtet **J. Pucher** in **Dingl. Journ. 125, 23.** Vgl. über denselben Gegenstand die Arbeit von **J. Natterer, S. 25.**

Über ein Verfahren der Photographie mit Druckschwärze siehe **Joung, Polyt. Zentr.-Bl. 1868, 1507.**

566. Lichtsalzschichten und Bildträger(-vorbehandlung). — Kinofilms.

Als Träger lichtempfindlicher Schichten kann fast jeder Körper in Betracht kommen. Am häufigsten werden Glas (photographische Platten) und Papier sowie Celluloid oder ähnliche Häutchen (Film) verwendet. **[585]**

Über einige in der Photographie und Reproduktionstechnik zur Herstellung lichtempfindlicher Schichten verwendete Grundmassen (Agar-Agar, Feculose, Albumin, Casein) siehe **J. M. Eder** und **E. Valenta, Chem. Ind. 1910.**

Über die Lichtempfindlichkeit der reinen Gelatine siehe **Lüppo-Cramer, Phot. Ind. 1911, 1353.** Vgl. in **Eder's Jahrb. 1909, 382** die Mitteilungen von **A. Meisling,** der feststellte, daß die Lichtempfindlichkeit der Gelatine durch Anfärben mit organischen Farbstoffen gesteigert wird.

Aus Versuchen von **Lumière** und **Seyewetz** geht hervor, daß Gelatineschichten, wie sie für photographische Zwecke gebraucht werden, durch Ätzalkalien schnell völlig zerstört werden, während Ammoniak die Haut intakt läßt und sie nur ablöst und Alkalicarbonate, ebenso wie phosphorsaures Natron die Gelatine nicht beeinflussen, im Gegenteil ihre Auflösung in der Wärme in dem Maße verhindern, als ihre Lösungen konzentriert sind. Man sollte daher in Entwicklern die Ätzalkalien stets durch phosphorsaures Natron ersetzen. (Ref. in **Zeitschr. f. angew. Chem. 26, 17.)**

Die Gelatine wird am schnellsten unlöslich durch Gallussäure und Tannin, dann durch 2-Naphthol, Phloroglucin und Dioxynaphthalin, während Resorcin erst nach 45 Tagen völlige Gerbung bewirkt. Dabei müssen diese Substanzen in sodaalkalischer Lösung bei Luftzutritt Verwendung finden, da wässerige Lösungen nicht gerbend wirken. Jedenfalls spielt der Sauerstoff bei diesen

Gerbevorgängen die größte Rolle, unter seinem Einfluß vermögen Hydrochinon und Brenzcatechin die Gelatine schon in 1—2 Tagen unlöslich zu machen. **(Lumière und Seyewetz**, Ref. in **Zeitschr. f. angew. Chem. 1907, 83.)**

Um photographische Häutchen zu härten, so daß man dieselbe lederartige Beschaffenheit der Gelatine erhält, wie bei Anwendung der Chromarthärtung, entwickelt man die Platten oder Films unter Zusatz großer Mengen von Alkohol, Salzen mehrbasischer Säuren oder überhaupt Mitteln, die der Gelatinequellung entgegenwirken. **(D. R. P. 334 277.)**

Um den Grad der Undurchlässigkeit von Gelatineschichten zu bestimmen, die einen Zusatz von härtenden Substanzen (Formaldehyd, Chinon, Alaune) enthalten, wurden 100 ccm einer 10proz. heißen Lösung von Gelatine mit wachsenden Mengen dieser Stoffe versetzt, worauf man die im Endvolumen stets gleichgehaltenen, einer 7proz. Gelatinelösung entsprechenden Flüssigkeiten in gleichen Mengen auf gewogene Glasplatten goß, sie nach dem Trocknen wog und sodann verschieden lange Zeiten in zimmerwarmes Wasser legte. Nach dem Trocknen und Wägen vermochten **Lumière** und **Seyewetz** so festzustellen, daß Stoffe, die die Gelatine unlöslich machen, auch die Durchlässigkeit verringern, und zwar ordnen sich diese Stoffe nach abnehmender Undurchlässigkeit vom Formaldehyd über Chinonnatriumsulfonat, Chinon und Chromalaun bis zum gewöhnlichen Alaun an, der die Gelatine nicht unlöslich macht, wohl aber die Flüssigkeit verringert und der Gelatine geringere Undurchlässigkeit verleiht als die übrigen Substanzen. **(Zeitschr. f. angew. Chem. 1910, 1947.)**

Zur Herstellung gelatinearmer Emulsionen setzt man den Massen Stoffe zu, die die Eigenschaft haben, Viscosität und Erstarrungspunkt der Gelatine zu erhöhen. Eine bei 50° mit Formaldehyd behandelte, schwach alkalische, 6proz. Gelatinelösung gelatiniert sofort, und eine 2proz. verhält sich auf der Auftragmaschine wie eine 8—10proz. ohne Zusatz. Man kann sogar 1proz. Gelatinelösungen auf diese Weise strukturlos zum Erstarren bringen. Ähnlich wie Formaldehyd verhält sich auch essigsaure und ameisensaure Tonerde. **(D. R. P. 301 291.)**

Besonders feine Mattschichten zur Verwendung für die Herstellung von Mikrophotographien, bei denen die Struktur des Mattglases, der Gelatine, Milchemulsion, Mattlacke oder Bariumsulfatemulsion wiedergegeben wird, badet man eine Gelatineplatte während 10 Minuten in etwa 3proz. Schwefelsäure, wäscht und behandelt sie mit einer 2proz. Lösung von Bariumchlorid nach **(Lüppo-Cramer, Phot. Rundsch. 1915, 57.)**

Nach einem originellen, von **P. R. Kügel** angegebenen Verfahren kann man eine Gelatineschicht, die Diazoanhydrid gelöst enthält, dadurch mattieren, daß man sie belichtet, wodurch das Diazosalz zerstört wird und die feinen Stickstoffbläschen die Gelatineschichte trüben. **(Z. f. wiss. Mikroskopie 1920, 99.)**

Gegenüber anderen Emulsionsträgern besitzt das Agar den Vorzug, dünn auftragbar zu sein und daher schnell und sicher zu trocknen, ferner hoch zu schmelzen, so daß man Wärmeentwickler verwenden und die Platten im heißen Wasser waschen kann, weiter seiner völligen Unangreifbarkeit durch photographische Salze, wodurch die Möglichkeit der Verwendung von Gold und Platin enthaltenden selbsttonenden Papieren gegeben ist. Schließlich lassen sich in der Agarschicht farbenreiche Tonungen erzielen. **(Zeitschr. f. angew. Chem. 1909, 1152.)**

Als Grundmaterial für photographische Emulsionen eignet sich nach **D. R. P. 191 326** eine essigsaure Lösung von Acetylcellulose.

Die Gewinnung des Albumins für photographische Zwecke aus Hühnereiweiß, durch Eindampfen der geschlagenen, von den Häuten durch Filtration getrennten Eiweißmasse, die man dann bei einer Temperatur von höchstens 40° trocknet, schildert **Ruprecht** in seinem Buche über „Fabrikation von Albumin und Eierkonserven, Wien 1904, S. 135". (Siehe **Bd. IV [564]**.)

Die Ablösung von Albuminschichten von der Papier- oder Glasunterlage, z. B. zur Bildübertragung, soll sich dadurch leicht bewirken lassen, daß man die Papiere sehr kurze Zeit in konzentrierte Schwefelsäure oder in eine sehr konzentrierte Auflösung von Chlorzink eintaucht und sofort auswäscht. Die beiden genannten chemischen Agentien pergamentieren nur die Oberflächen des Papiers und der Albuminschicht, während das Papier im Innern unverändert bleibt, folglich vom Wasser durchdringlich und darum ablösbar wird. Die abgelösten Albuminhäutchen sind zwar sehr dünn, aber von großer Festigkeit; sie können in diesem Zustande sehr leicht auf jeden beliebigen Gegenstand übertragen werden. **(Dingl. Journ. 169, 236.)**

Über ein Verfahren zum Spannen von aus erstarrenden Kolloidlösungen gebildeten Häuten auf Rahmen, bei dem man sich provisorischer Träger mit ebener Oberfläche bedient, bzw. nach einer der weiter angegebenen Ausführungsarten eine in Wasser lösliche Hilfshaut verwendet, mittels der man die labile Membran auf den Rahmen überträgt und sodann die Hilfshaut weglöst, siehe **D. R. P. 292 744.**

Über die Verwendung des Kollodiums als Bildschichtträger siehe das nächste Kapitel. Als Kollodiumersatz dienten in den ersten Zeiten der Photographieentwicklung die kolloidalen Lösungen verschiedenartiger Stoffe, so z. B. auch die Lösung von Seide in Zinkchloridlauge. Zur Entfernung des Salzes dialysierte man die Lösung gegen Wasser und erhielt die Seide in Form eines feinen, glänzenden Häutchens. **(Polyt. Zentr.-Bl. 1867, 617.)**

Zur Herstellung lichtempfindlicher Häutchen für Zwecke der Photographie, Kinematographie oder Stereoskopie tränkt man die aus einer wässerigen Viscoselösung abgeschiedenen durchsichtigen Cellulosehäutchen nach Art der Salzpapiere mit lichtempfindlichen Salzen. (**D. R. P. 230 558.**)

Hochempfindliche photographische Aufnahmeträger für Entwicklung bei relativ hellem Lichte erhält man durch Behandlung des Bildschichtträgers mit der nicht wässerigen Lösung eines Desensibilisators. (**D. R. P. 350 658.**)

Zur Vorbehandlung von nicht gestrichenem Papier für die Aufnahme der lichtempfindlichen Emulsion behandelt man es nach **D. R. P. 187 572** in einem Ätherbad, das Harz und harzähnliche Stoffe gelöst enthält. Auch nach den Angaben des **D. R. P. 176 318** haften Emulsionen besser auf Papieren für photographische Zwecke, wenn man das Papier vor dem Aufbringen der Emulsion mit einem dünnen Harzüberzug versieht.

Zur Herstellung einer Isolierschicht auf Papier, um es für Lichtpausen, Lichtdruck, Vielfarbendruck, Photographie u. dgl. geeignet zu machen, behandelt man die Bogen nach **D. R. P. 216 055** mit einem löslichen Stärkepräparat, in dem aber die Stärke noch nicht bis zur Überführung in Dextrin aufgeschlossen ist (besonders geeignet ist z. B. Tragantin).

Zur Herstellung von Abziehfolien als Ersatz für photographische Platten überzieht man gerauhtes Papier, dessen Fasern aus der Papieroberfläche herausragen, mit einem Überzug aus gehärteter Gelatine und Kautschuk, wodurch bewirkt wird, daß die abziehbare Folie in den verschiedenen photographischen Bädern durch die feinen Papierfasern fest mit der Unterlage verbunden bleibt. (**D. R. P. 351 904.**)

Zur Befestigung von photographischen Schichten auf ihren Unterlagen für Abzugszwecke verwendet man nach **D. R. P. 355 450** ein Mittel, das vorwiegend Chromalaun als schichthärtende Masse, jedoch keine Gelatine enthält.

Zur Herstellung von Abziehfilmen trägt man auf eine provisorische Unterlage eine Kautschuk oder Harz enthaltende Kollodiumschicht auf und sodann unter evtl. Zwischenschaltung einer Verstärkungsschicht die lichtempfindliche Emulsion. (**D. R. P. 354 294.**)

In **Kunststoffe 1912, 338** findet sich ein eingehendes Referat über eine Arbeit von **L. Clément** und **C. Rivière,** betreffend die Fabrikation der Kinematographenfilms. Sie zerfällt in Herstellung des Rohfilms, die Gewinnung der Emulsion, das Zerschneiden und Prüfen der emulsionierten Films und die Wiederverwendung alter Films. Die Fabrikation der Rohfilms zerfällt in mehrere einzelne Operationen: Die Herstellung des Ausgangsmateriales (Nitro- oder Acetylcellulose), die Herstellung des Kollodiums aus diesen Ausgangsmaterialien, die Filtration und das Gießen der Kollodiumstreifen und schließlich die Vorpräparation der Unterlage, um das Anhaften der Emulsion zu erleichtern. Früher wurde die Kollodiumwolle für photographische Zwecke durch Ausgießen ihrer alkoholisch-ätherischen Lösung in die fünffache Wassermenge gereinigt. (**Phot. Mitt. 1871, 226.**) Bezüglich der Einzelheiten der wertvollen Abhandlung muß auf die Originalarbeit verwiesen werden, die in der „Photographischen Industrie“, Unionverlag, Berlin, erschienen ist. Vgl. **F. Wentzel** in **Kunststoffe 1911, 101** und **128** und **G. Bonwitt** in **Phot. Ind. 1913, 388 ff.**

Zur Präparierung der mit Salpeterschwefelsäure behandelten, als Bildschichtträger für kinematographische Zwecke dienenden Cellulosebänder werden nach **D. R. P. 240 046** die nitrierten, mit alkalischem Wasser ausgewaschenen Bänder in einem energischen Lösungsmittel für Nitrocellulose (Aceton) nachbehandelt. Diese Bänder sind dann durchaus wasserfest und wegen ihrer durch diese Behandlung wiedergewonnenen Durchsichtigkeit zur Aufnahme der Emulsion besonder geeignet.

Zur Herstellung eines Papiers mit Silberüberzug für kinematographische Bildstreifen verwendet man als Unterlage ein Celluloidhäutchen, auf das man einen galvanischen Silberüberzug aufbringt, der mittels eines Bindemittels auf das Papier übertragen wird. (**D. R. P. 248 811.**)

Zur Erzeugung lichtempfindlicher Celluloidfilms tränkt man die Bahnen mit der Lösung von Silbersalz in einem dieses lösenden und den Filmkörper quellenden Lösungsmittel und fällt dann das Silbersalz im Innern des Filmkörpers durch Wasser aus. (**D. R. P. 349 568.**)

Die Herstellung kinographematischer Bildbänder auf nicht wasserfesten billigen Gelatineunterlagen, die mit einem entwickelten Film vereinigt werden, ist in **D. R. P. 328 849** beschrieben.

Zur Verhinderung des Abblätterns lichtempfindlicher Emulsionen von Aluminium- oder Metallfilms lagert man zwischen Emulsion und Metallfläche eine wasserglashaltige Gelatineschicht ein, die völlige Bindung der Metallschicht bewirkt. (**D. R. P. 301 018.**)

Zum Schutz der lichtempfindlichen Filmschicht gegen Feuchtigkeit überzieht man sie mit Palmitin-, Stearin- oder einer anderen durchsichtigen Fettsäure, die durch das Alkali des Entwicklers verseift und gelöst werden. (**A. P. 1 842 590.**)

Über Herstellung eines photographischen Films, dessen Emulsionsschicht zwischen zwei Deckfolien liegt, um sie vor der Berührung und vor Einwirkung des Staubes zu schützen, siehe **D. R. P. 329 271.**

567. Literatur und Allgemeines über Photoemulsionen.

Über photographische Emulsionen siehe die interessante theoretische Arbeit von **Bancroft** in **Zeitschr. f. angew. Chem. 1910, 1944.**

Die lichtempfindlichen Schichten bestehen aus einer Grundmasse, die die zur Verwendung kommenden lichtempfindlichen Salze enthält, und die auf dem Schichtträger aufgebracht wird. Die mit Gelatine als Grundmasse hergestellten lichtempfindlichen Schichten heißen gewöhnlich Emulsionen.

Die Emulsionen für photographische Zwecke werden ganz allgemein durch Fällung von Silbersalzen mit Halogenüren des Ammoniaks oder mit Salzsäure bei Gegenwart von Gelatine erhalten. Die innerhalb der Gelatineschicht abgelagerten Teilchen von Silberhaloiden erlangen jedoch das Maximum ihrer Lichtempfindlichkeit erst durch einen Reifungsprozeß, der diese Silbersalze in Modifikationen anderer Art umwandelt. Dieser Reifungsprozeß wird durch Wärme unterstützt; man kann schwach saure oder neutrale Emulsionen bei relativ hoher Temperatur in kurzer Zeit zum Ausreifen bringen, während alkalisch reagierende Emulsionen an und für sich schon bei niedrigen Temperaturen schnell reifen und keinesfalls über 50° erhitzt werden dürfen, da die mit solchen überhitzten Emulsionen hergestellten Platten nur flaue Negative liefern würden.

In der ersten Entwicklung der Photographie arbeitete man nach dem 1850 von **Le Gray** erfundenen und von **Archer** und **Frey** ausgebildeten Kollodium-Jodsilberverfahren mit nassen Platten, die man in der Weise erhielt, daß man mit einer Jod und Bromsalze enthaltender Schießbaumwolle-Äther-Alkohollösung übergossene, gut gereinigte Glastafeln kurz vor dem Erstarren der Schicht zwecks Bildung von Halogensilber in ihr, in 10proz. Silbernitratlösung tauchte. Nach einer der zahlreichen vorgeschlagenen Abänderungen verfuhr man z. B. auch in der Weise, daß man die Glastafeln mit der Lösung von 10 g Baumwolle und 5—10 g Jodkalium in 1 l Kupferoxydammoniaklösung überzog, die Platte nach dem Eintrocknen der opalescierenden Schicht in ein Essigsäure und frisch gefälltes Silberacetat enthaltendes Bad von Silbernitrat tauchte und sie trocknete. (**Dingl. Journ. 152, 303.**)

Wenn die ursprünglich durchsichtige Kollodiumschicht durch das in ihr fein verteilte kolloidale Jod- und Bromsilber milchig getrübt erschien, legte man die Platte, die zur Vermeidung des Auskrystallisierens von überschüssigem Silbernitrat nicht getrocknet werden durfte, naß in die Camera, belichtete wenige Sekunden, entwickelte zur Abscheidung metallischen Silbers aus dem Halogensilber mit einer reduzierenden Substanz (Eisenvitriol- oder Pyrogallollösung), die nur belichtetes Halogensilber zersetzt, fixierte dann zur Entfernung aller überschüssigen und unveränderten Silbersalze mit einem diese lösenden Stoff wie Cyankalium oder Thiosulfat und wusch schließlich die vorhandenen wasserlöslichen Salze aus. Dieser Prozeß, der trotz seiner vielen Unbequemlichkeiten zu außerordentlich scharfen Bildern führt, könnte, weil er dem Amateur wegen der Notwendigkeit exakt arbeiten zu müssen, entrückt ist, wie die Daguerrotypie künstlerisch ausgestaltet werden, für die Massenarbeit und auf Reisen ist er völlig ungeeignet, so daß die Erfindung der Kollodiumtrockenplatten (**Sayce** und **Bolton** 1864) einen bedeutenden Fortschritt bedeutete.

Man bereitet in der Dunkelkammer aus Bromkalium enthaltendem Kollodium durch Umsetzung mit Silbernitrat eine Bromsilber-Kollodiumemulsion, die man mit Wasser auswäscht und abermals in Äther-Alkohol gelöst auf Glasplatten gießt und trocknen läßt. Ebenso erzeugt man die von **Maddox** 1871 erfundenen und von **Monckhoven** und **Eder** vervollkommneten Bromsilbergelatineplatten, die dadurch, daß man statt mit teueren und feuergefährlichen Lösungsmitteln mit wässerigen Lösungen arbeiten kann, für den Großbedarf alle anderen Plattensorten verdrängt haben, besonders seit es gelang die Lichtempfindlichkeit der Schicht durch besondere Reifungsbehandlung der Emulsion (Koch- bzw. Ammoniakverfahren) außerordentlich zu steigern.

Bei der Reifung der hoch- bzw. weniger empfindlichen Brom- bzw. Chlorsilber-Gelatineemulsionen durch Aufbewahrung in der Wärme, den Kochprozeß oder die Behandlung mit Ammoniak, kann man neben der beabsichtigten Steigerung der Lichtempfindlichkeit der Masse nur die Vergrößerung der Silbersalzkörner feststellen, was in Wirklichkeit geschieht ist noch ebensowenig aufgeklärt wie die Fixierung des Daguerrotypie-Jodsilberbildes durch Quecksilberdämpfe und wie die Natur des sog. latenten Bildes überhaupt, das ist die effektiv vorhandene völlig unsichtbare Veränderung der Silbersalze in der Emulsion nach der Belichtung; die erst durch das Entwickeln zum Bilde wird. Auch verschiedene, nach ihren Beobachtern benannte Phänomene (**Herschel, Clayden, Villard**), Umkehrungserscheinungen (Solarisation [571]) usw. sind ihrem Wesen nach noch kaum erforscht. Speziell über den Claydeneffekt (die sog. schwarzen Blitze) und seine Verwandtschaft mit den Wirkungen der Röntgenstrahlen siehe **Lüppo-Cramer, Phot. Korr. 1908, 522.**)

Über den Herscheleffekt und seine Modifikation durch **Warnecke**, also der Sichtbarmachung von mit einem Stift auf einer Photoplatte unter Druck erzeugten und dann belichteten Schrift siehe **Trivelli, Zeitschr. f. wiss. Photogr. 6, 438.**

568. Herstellung (Reifung) von Photoemulsionen und Trockenplatten.

Die Herstellung von haltbarem Chlorsilberkollodium beschreibt **Krippendorf** in **Industrieblätter 1878, Nr. 23.**

Siehe auch die ausführliche Beschreibung der Herstellung von Bromsilber-Gelatineemulsionen basierend auf den ersten Mitteilungen von **Bennett** vom Jahre 1878 von **J. M. Eder** in **Dingl. Journ. 238, 245.**

Die Bereitung photographischer Gelatineemulsionen unter Zusatz von Schießbaumwollelösung ist in **D. R. P. 12 416** und **13 726** beschrieben. Vgl. auch die Herstellung von Bromsilberemulsionskollodium für photographische Trockenplatten nach **D. R. P. 12 266.**

Zur Herstellung einer am Lichte in gewöhnlichen Glasflaschen unbeschränkt haltbaren Silbernitratlösung setzt man eine Lösung des Silbersalzes bis zur völligen Zersetzung der vorhandenen organischen Stoffe dem Lichte aus und filtriert dann durch Asbest. **(F. Liebert, Zentr.-Bl. 1919, II, 886.)**

Nach **A. P. 1 356 236** läßt sich die Lichtempfindlichkeit von photographischen Zwecken dienenden Silberverbindungen durch Behandlung mit einer Lösung von rotem Blutlaugensalz herabsetzen.

Zur Herstellung der Kollodiumtrockenplatten verfährt man nach **Chem. Ind. 1912, 291** in folgender Weise: Man löst 10 g Kollodiumwolle (die man auch durch Nitrieren von 50 g Baumwolle mit 1500 ccm 66grädiger Schwefelsäure und Salpetersäure (1,4) bei 60° selbst herstellen könnte) in einer 70° warmen Lösung von 25 g Silbernitrat in 750 ccm 94proz. Alkohols und übergießt die gut gereinigten, mit einer Lösung von 10 g trockenem Albumin in 990 ccm destilliertem Wasser und 10 ccm 22grädigem Ammoniak präparierten und bei 80° getrockneten Platten mit dieser Kollodiumlösung, so daß auf 1 qm Plattenfläche 500 ccm der Lösung kommen. Die Platten werden nun bei rotem Licht während 20 Minuten in einem 15° warmen Bade von 120 g Bromkalium, 5 g Gelatine und 0,1 g Jodkalium in 1 l destilliertem Wasser bromiert und während 7 Stunden in einem Bade, das 40 g Bromkalium und 2 g Gelatine in 1000 ccm Wasser enthält, gereift, wobei die Temperatur zu Beginn 55°, nach 40 Minuten 80°, nach 2 Stunden 88° und von da an 50° betragen soll. Dann kommen die Platten während 1 Stunde 50 Minuten in eine Lösung, die aus dem genannten Reifungsbade unter Zusatz von 6 ccm 22proz. Ammoniak hergestellt wird, werden schließlich 15 Minuten in 70° warmem destilliertem, dann 15 Minuten in 15° warmem gewöhnlichen Wasser gewaschen und bei 40° im ventilierten Trockenschrank getrocknet. Das bloße Anfassen der Bromsilbergelatineplatten bei der Fabrikation oder das Aufsetzen von Gummistempeln veranlassen eine derartige Änderung der Gelatineoberfläche, daß sich die Spuren der Berührung bei der Behandlung der Schicht mit Verstärkungsmitteln bemerkbar macht. Um dies zu verhindern reibt man die nassen Platten mit einem Wattebausch ab. **(E. Elöd, Phot. Korr. 1919, 345.)**

Zur Herstellung lichtempfindlicher Halogensilbergelatine läßt man nach **D. R. P. 147 876** Gelatine in Wasser quellen, setzt eine alkoholische Lösung von Cadmiumbromid zu und sodann eine wässerig alkoholische Lösung von Silbernitrat, wodurch sich die Emulsion als feines, sandiges Pulver abscheidet.

Nach **D. R. P. 230 558** werden Cellulosehäutchen, die man aus Viscose erhält, lichtempfindlich gemacht, wenn man sie in in Wasser gequelltem Zustande zunächst in einem Bade behandelt, das Jodkalium, Kochsalz und ein Chlorid, Bromid oder Jodid enthält und dann in die Lösung von salpetersaurem Silber taucht.

Nach **E. P. 178 942** behandelt man Viscosefilms, um sie lichtempfindlich zu machen, zuerst in 10proz. wässeriger Silbernitrat- und dann in mindestens 7proz. wässeriger Kaliumbromidlösung. Vgl. **E. P. 179 500.**

Zur Herstellung hoch lichtempfindlicher Bromsilber-Kollodiumtrockenplatten legt man die mit der Bromsilber-Kollodiumschicht versehenen Platten zwecks Ausreifens mehrere Stunden in ein zuerst 88° warmes gelatinehaltiges Natriumbromidbad, steigert die Temperatur und läßt sie dann wieder sinken, worauf noch eine Behandlung mit Ammoniak folgt. Zum Schluß wird in bekannter Weise gewaschen und fertiggestellt. **(D. R. P. 257 854.)**

Um der Emulsionsmasse nicht direkt Ammoniak zusetzen zu müssen, um also ihre Empfindlichkeit gegen Wärme herabzusetzen, verfährt man nach **D. R. P. 151 752** in der Weise, daß man das Ammoniak durch Pyridin, Chinolin und ähnliche Körper ersetzt. Man erhält demnach beispielsweise eine empfindliche Emulsion, wenn man einer wässerigen Lösung von 20 Tl. Gelatine, 12 Tl. Bromkalium und 0,1—0,2 Tl. Jodkalium bei 80—90° im Dunkeln tropfenweise eine warme Lösung von 8 Tl. Silbernitrat und 5 g Pyridin in 50 Tl. Wasser zusetzt. Man läßt die milchige Masse dann sofort erstarren und arbeitet sie wie üblich auf.

Zur Herstellung gereifter, feinkörniger, photographischer Emulsionsmassen mit tierischem oder pflanzlichem Eiweiß als wesentlichem Bestandteil digeriert man die Emulsionen einige Zeit bei einer unter ihrem Koagulationspunkt liegenden Temperatur oder behandelt sie nach dem Auftrocknen mit Wasserdampf, wobei ihnen koagulationsfördernde Salze entzogen (Kaliumnitrat, Ammoniumnitrat, Nebenprodukte der Halogensilbergewinnung) bzw. koagulationsverzögernde Salze zugesetzt werden (Bromide, Jodide oder Rhodanide als Alkalisalze). Man dialysiert also die Emulsion zur Entfernung der Nitrate und setzt dann Alkalibromid zu. **(D. R. P. 288 076.)**

Ein Halogensilberreifungsverfahren ist durch den Zusatz von Pepsinsalzsäurelösung zur Emulsion gekennzeichnet. **(D. R. P. 313 180.)**

Nach **D. R. P. 346 851** setzt man Halogensilberemulsionen, um ihre Empfindlichkeit herabzusetzen oder abzustimmen, Elemente der Schwefelgruppe zu.

Nach **D. R. P. 340 735** erhält das zur Herstellung photographischer Platten verwendete in Holzgeist gelöste Kollodium einen Zusatz von citronensaurem Eisenammonium.

Zur Erzeugung photographischer Schichten verarbeitet man eine Lösung von Silberphosphat in Ferrioxalatlösung mit Gelatine oder Akaziengummi zur Emulsion oder taucht Albuminpapier in die Silberphosphat-Ferrioxalatlösung. Als Entwickler dient Alkalioxalatlösung. **(E. P. 175 317.)**

Setzt man dem Gelatinehäutchen das Silberhalogenid in sehr geringer Menge zu, so erhält man photographische Platten, die durchsichtig sind und die das Licht ohne Streuung passieren lassen. Man erhält ein sehr flaues, direkt nicht kopierbares Negativ, das erst verstärkt werden muß, erzielt jedoch ein gutes Ergebnis, wenn man das bei der Entwicklung gebildete Silber mittels Cuprisalze durch farbloses Cuprosalz ersetzt und dieses mit geeigneten Teerfarbstoffen, z. B. Echtgrün, färbt. Sehr stark gefärbte Bilder kann man mit diesen Platten auch darstellen, wenn man das Silber- oder Kupferbild vor dem Einfärben mit einer thiocarbamidhaltigen Lösung behandelt. **(D. R. P. 319 459.)**

Die Silbersalze erhalten zuweilen Zusätze verschiedener Art zur Erzielung besonderer Töne beim folgenden Entwickeln und Fixieren des Bildes. So überzieht man z. B. nach **D. R. P. 326 708** den Bildträger mit einer Halogen-, namentlich Chlorsilber, ferner Platinchlorid und Ferrioxalat enthaltenden Kollodiumschicht. Entwickelt werden die Platten nach der Belichtune mit Kaliumoxalatlösung. Man kann auch in der Weise verfahren, daß man die lichtempfindliche Schicht in der beschriebenen Weise zusammensetzt und das Platinsalz ganz oder teilweise in dem Entwickler löst.

Zur Herstellung von lichtempfindlichen Kollodium-Emulsionstrockenplatten zentrifugiert man die mit der Emulsion überzogenen Platten nach dem Erstarren in umgekehrter Lage über einem elektrischen Heizkörper und trocknet sie so staubfrei besser als es bisher in besonderen Luftreinigungsanlagen geschah. **(D. R. P. 237 877.)**

Zur Herstellung photographischer Emulsionen führt man die eine der die lichtempfindlichen Körner bildenden Lösungen der anderen, die ebenso wie die erste Gelatine oder Kollodium als Emulsionsträger enthalten kann, in feinzerstäubter Form einander entgegen, wobei die die Zerstäubung bewirkenden Gase (nicht Luft) erwärmt werden. Man erhält so schnell gereifte, nicht zur Schleierbildung neigende, leicht entwickelbare Emulsionen von hoher Empfindlichkeit und wegen ihres Silberreichtums großem Auflösungsvermögen. **(D. R. P. 297 708.)**

Statt die Feinheit des lichtempfindlichen Kornes in dieser Art durch Zerstäuben der den Niederschlag gebenden Lösungen zu bewirken, kann man die den lichtempfindlichen Niederschlag gebenden Stoffe auch an einer Dialysatormembran zusammentreten lassen, wobei die gleich oder verschieden temperierten Lösungen gleichen oder verschiedenen Druck aufweisen können. **(D. R. P. 304 737.)**

Zur Verstärkung der Strahlenwirkung auf photographische Platten ordnet man auf der vom aufzunehmenden Körper abgewendeten Schichtseite mehrere Lagen aus einfachen Stoffen verschiedenen Atomgewichtes an, derart, daß nach der lichtempfindlichen Schicht zu Stoffe geringeren Atomgewichtes aufeinanderfolgen. **(D. R. P. 309 165.)**

Mehrschichtiges Aufnahmematerial für die Erzeugung von photographischen Positiven erhält man durch Anordnung einer wenig lichtempfindlichen Silberemulsionsschicht für das Positiv unter einer abziehbaren hochempfindlichen Schicht für das Negativ. **(D. R. P. 350 659.)**

Ein Verfahren zur Herstellung schichtfreier Ränder bei photographischen Platten ist in **D. R. P. 327 902** beschrieben.

569. Literatur und Allgemeines über Sensibilisatoren.

König, E., Das Arbeiten mit farbenempfindlichen Platten. Berlin 1909.

Über die Farbenempfindlichkeit photographischer Platten siehe auch **A. Hübl, Arch. f. Phot. 1920, 42.**

Unter den bedeutendsten Errungenschaften der Photographie in den letzten Jahrzehnten steht das im Jahre 1884 von **A. Vogel** aufgefundene Verfahren der Platte „ihre Farbenblindheit zu nehmen" **(Zenker)**, d. h. ihr solche Bestandteile einzuverleiben, die die Emulsionsschicht gegen gewisse Töne farbiger Natur empfindlicher macht. Bis dahin waren die Bilder in den Tonwerten unrichtig, da die normale lichtempfindliche Silberemulsion auch das dunkelste Blau aufhellt und auch das hellste Gelb und Rot verdunkelt.

Solche Stoffe, die der Emulsion zugesetzt oder auf die fertige Platte aufgetragen, vermitteln, daß die Schicht nicht nur blaue und violette Strahlen, sondern auch gelbes, grünes und rotes Licht absorbiert, sind, wie **Vogel** schon 1873 in seinen ersten grundlegenden Versuchen feststellte, gewisse Farbstoffe „Sensibilisatoren", und zwar solche, die im durchfallenden Lichte jene Strahlen absorbieren, für die die Platte empfindlich gemacht werden soll. Die Empfindlichkeit der Platte gegen langwelliges Licht ließ sich immer weiter steigern in dem Maße, als neue empfindlichere Sensibilisatoren aufgefunden wurden. Sie werden neuerdings meistens der Chinolinreihe entnommen und steigern die Empfindlichkeit weit über die D-Linie des Natriums hinaus, die **Vogel** mit Erythrosin eben erreichte.

Die Herstellung sensibilisierend wirkender Farbstoffe der Cyaninreihe ist in **D. R. P. 155 541** beschrieben. Vgl. **D. R. P. 158 349.**

Als Sensibilisatoren werden in der Praxis fast ausschließlich kernmethylierte und kernsubstituierte Isocyanine verwendet. **(D. R. P. 167 159** und **Phot. Korr. 1903, 359.)**

Über die Anwendung des Pinaflavols, eines neuen Sensibilisators für Grün, siehe **E. König** und auch **J. M. Eder** in **Phot. Rundsch. 1921, 80 u. 193** bzw. **87.**

Vgl. auch **A. P. 1 374 871—872:** Verschiedene lichtempfindliche Farbstoffe aus der Reihe der Lepidine.

Das im Handel befindliche Flavindulin (aus Phenathrenchinon und o-Aminodiphenylamin hergestellt) übertrifft an Lichtempfindlichkeit und Verwendbarkeit als Sensibilisator fast das Methylenblau.

Bei Verwendung dieser sensibilisierten Gelatineplatten ist es nötig, da der normale starke Einfluß des blauen und violetten Lichtes erhalten bleibt, diese Strahlen abzuschwächen, was durch Einschaltung von Lichtfiltern (siehe **[618]**) vor oder hinter das Objektiv des Apparates oder in die Schicht selbst erreicht wird. Wegen der besonderen Bedeutung, die diese Filter für eine Methode der Farbenphotographie besitzen, werden sie dort im Zusammenhange mit den Lichtrastern besprochen werden. Die meisten Sensibilisationsfarbstoffe funktionieren an und für sich zugleich als Filter und absorbieren die blauen und violetten Strahlen des Spektrums, evtl. wird die Gelatineschicht noch entsprechend angefärbt.

Die orthochromatischen Platten dienen nur Spezialzwecken, für den allgemeinen Gebrauch sind sie nicht genügend haltbar und zu wenig empfindlich, eignen sich demnach nicht für Momentaufnahmen. Dadurch jedoch, daß es mit Hilfe dieser Platten möglich ist, die Naturfarben im Schwarz-Weißbilde in den richtigen Tonwerten wiederzugeben und auch die geringsten dem Auge nicht mehr erkennbaren Farbenunterschiede sichtbar zu machen, erhalten die sensibilisierten Platten besonderen Wert zum Nutzen der Gerichtspflege, wenn es sich darum handelt nachträglich entfernte Schriftzüge festzustellen, weiter aber auch zur Entzifferung von Palimpsesten, zur Aufnahme von atmosphärischen Blitzen, sehr kurz währenden Momenteindrücken und schließlich zur Feststellung gewisser, dem Auge nicht sichtbarer Erscheinungen oder Veränderungen am gestirnten Himmel. **(Schulz-Henke, Zeitschr. f. angew. Chem. 1910, 41.)**

Auch zu anderen Zwecken, z. B. zur Feststellung, ob das Bild genügend gewaschen worden ist, setzt man photographischen Emulsionen einen wasserlöslichen Farbstoff, zweckmäßig in Gegenwart von Sirup, Zuckerlösung oder Glycerin zu und färbt so die Platten, Films oder Papierabzüge. Beim folgenden Waschen verschwindet die Farbe erst dann, wenn die für die Erhaltung des Bildes schädlichen Stoffe beseitigt sind. **(D. R. P. 316 566.)** Dieses Verfahren hat natürlich nichts mit Sensibilisation zu tun.

570. Herstellung farblichtempfindlicher Schichten und Lösungen.

Über die Herstellung von Eosinplatten, den Anfang der Industrie orthochromatischer Photoplatten und die damals verwendeten Farbstoffe wie Cyanin, Erythrosin, Aurantia usw. siehe **Schumann, Eder** u. a. in **Phot. Wochenbl. 1884, 94.**

Zur Herstellung von hochempfindlichen Platten, deren Empfindlichkeitskurve im weniger brechbaren Teil des Spektrums bis zur Wellenlänge 680 reicht, reinigt man schleierfrei arbeitende Bromsilbergelatineplatten mit einem Waschleder und taucht sie dann unter völligem Lichtausschluß während 2 Minuten in eine wie folgt bereitete Lösung: Man mischt 20 ccm einer filtrierten alkoholischen Lösung von 1 g Glycinrot in 500 ccm 93 proz. Alkohol mit ebenfalls 20 ccm einer mit Ammoniak versetzten Lösung von 1 g Chinolinrot in derselben Spiritusmenge, fügt 150 ccm Wasser und 50 ccm Sprit hinzu, mischt nach 2 Stunden der Ruhe 2 ccm einer Lösung von 1 g Chinolinblau in 500 ccm 93 proz. Sprit bei, filtriert nach abermals 2 Stunden, fügt 3 ccm Ammoniak und noch 1 ccm Chinolinblaulösung zu und verdünnt schließlich mit 150 ccm Wasser und 150 ccm Sprit. Die Platten werden 2 Minuten in destilliertem Wasser gespült und im Trockenschrank mit künstlichem Zug rasch getrocknet. Für die Verwendung der Platten im grünen, gelben und roten Spektralteil arbeitet man mit einem Lichtfilter aus Tartrazin oder Martiusgelb, sollen sie auch die Absorption im blauen Spektralteil ergeben, so benützt man sie mit einer sehr verdünnten, hellroten Lösung von Neutralrot in Wasser als Filter. **(A. Miethe, Angew, Chem. 1900, 1199.)**

Über Zusatzsensibilisatoren, z. B. die Herstellung der Chinolin - Lepidin - Äthylcyaninlösung aus 500 Tl. Wasser, 3 Tl. Ammoniak, 50 Tl. Chinolinrot (1 : 1000 Wasser + Alkohol) und 10 Tl. Äthylcyaninnitrat (1 : 1000 Wasser + Alkohol) siehe **A. Miethe, Zeitschr. f. wiss. Photogr. 1904, 172.**

Weniger empfindliche Platten, deren Wirkung jedoch bis zum äußersten Ende des sichtbaren Rotspektrums reicht, erhält man in einem Bade, das aus 100 ccm wässeriger Diazoschwarzlösung 1 : 7500, 100 ccm Jodeosinlösung 1 : 7500 und 3 ccm Ammoniak besteht. Auch hier dienen bei etwa dreimal größerer Expositionsdauer dieselben Filter. Die Platten sind spätestens 1—4 Tage nach der Behandlung zu verwenden. Als Lichtquelle dient Auerlicht. **(A. Miethe, Zeitschr. f. angew. Chem. 1900, 1199.)**

Zur Herstellung fast panchromatischer Platten badet man die Bromgelatine-Doppelplatten im Dunkelraum, während 3 Minuten in 15 Tl. einer mit 500 Tl. destilliertem Wasser und 2 Tl. Ammoniak gewonnenen Vorratslösung, die 100 Tl. Äthylviolett (1 : 5000), 20 Tl. Erythrosinlösung (1 : 500) und 30 Tl. Monobromfluoresceinlösung (1 : 500) enthält. Man spült dann mit einer zweiten, gleichen, aber verdünnteren Lösung ab und trocknet in mäßiger Wärme. **(E. Valenta, Phot. Korr. 1904, 125.)**

Zur Herstellung eines neutralen, 1% Bichromat und 20% Alkohol enthaltenden Bades, das zur Sensibilisierung gefärbter Lösungen bestimmt ist, löst man 15 g Ammoniumbichromat in 12 000 ccm Wasser, schüttelt durch, versetzt mit 5 ccm Ammoniak und gibt nun 300 ccm denaturierten Sprit hinzu. Nach **G. Balagny** kann man zur Entwicklung heißes Wasser verwenden, da die gefärbten Mischungen sehr hohe Temperaturen vertragen ohne Schaden zu nehmen und andererseits die Entwicklung sehr beschleunigt wird. **(Zeitschr. f. angew. Chem. 1910, 1949.)**

Über eine neue Sensibilisierungsmethode für Chromatpapiere durch Behandlung des Papiers mit pottaschehaltigem Monochromat siehe **At. Phot. 1921, 71.**

Die **Eder**sche Flüssigkeit (Mercurichlorid und Ammoniumoxalat) wird durch Zusatz von Eosin oder Erythrosin bedeutend lichtempfindlicher. Diese Sensibilisierung beruht nach **Chr. Winther** auf der Bildung eines sehr lichtempfindlichen Eosin-Quecksilbersalzes, da eine Lichtreaktion auch hervorgerufen wird, wenn man den einen Bestandteil einer lichtempfindlichen Mischung für sich belichtet und nachträglich mit dem zweiten Bestandteil im Dunklen mengt, also in vorliegendem Falle die vorbelichtete Mischung von Eosin und Quecksilberchlorid im Dunklen mit Oxalat vermischt. Platten, die mit Eosin sensibilisiert sind, lassen sich dementsprechend auch mit einer Lösung von Mercuronitrat und Eosin entwickeln. **(Zeitschr. f. wiss. Photogr. 1911, 205.)**

Zum Sensibilisieren photographisch verwendbarer Farbstoffe (Methylenblau, Viktoriablau, Erythrosin und Eosin) verwendet man Thiosinamin (Allylsulfoharnstoff), das man auch in Gegenwart der Ausbleichfarbstoffe oder der zu sensibilisierenden Halogen-Silberverbindungen durch die Wirkung von Ammoniak auf Allylsenföl erzeugen kann. Der Stoff übertrifft die bekannten Sensibilisatoren, auch das Anethol an Wirksamkeit, ist geruchlos, kann in wässerigen und alkoholischen Lösungen Anwendung finden und erhöht die Empfindlichkeit der Halogensilberemulsion. **(D. R. P. 224 611.)** Noch günstiger wirken die Reaktionsprodukte von Allylsenföl mit primären oder sekundären aliphatischen oder aromatisch-aliphatischen Aminen (Benzylaminbasen) oder mit Piperidinbasen, ferner Reaktionsprodukte von Allylsenföl mit Aminoalkoholen, Aminoaldehyden, Aminoketonen, Diaminen, Hydrazin oder Hydroxylamin. **(D. R. P. 256 186.)**

Nach **D. R. P. 328 558** sensibilisiert man Silbersalzemulsionen mit Auramin, und zwar taucht man die Platten entweder während 3—4 Minuten in eine Lösung von 1 g des Farbstoffes in 50 l Wasser oder man setzt der geschmolzenen Emulsion pro Liter 0,005—0,025 g Auramin zu.

Zur Verbesserung der sensibilisierenden Eigenschaft der Auraminfarbstoffe setzt man ihnen in einem Bade, das Wasser, Alkohol und Ammoniak enthält, einen oder mehrere Farbstoffe der Isocyaninklasse, z. B. Pinacyanol, zu. **(D. R. P. 328 557.)**

Zur Herstellung lichtempfindlicher Schichten mischt man in der Gradation verschieden arbeitende lichtempfindliche Stoffe, die auf gleiche Lichtarten in verschiedener Weise reagieren, also z. B. eine blauempfindliche, hartarbeitende und eine grünempfindliche weicharbeitende Schicht. Die erhaltene Schicht arbeitet dann im blaugrünen Licht normal mit Objektiven normaler Gradation. Je nachdem ob man dann ein sehr kontrastreiches oder ein Objekt mit geringen Gegensätzen abbilden will, löscht man durch ein für Grün bzw. für Blau durchlässiges Filter die auf die hart- bzw. weicharbeitende Schicht wirkenden Strahlen aus und erhält jedesmal normale Bilder. **(D. R. P. 250 183.)** Nach dem Zusatzpatent gießt man zur Herstellung der lichtempfindlichen Schichten in der Gradation verschieden arbeitende Schichten, die auf gleiche Lichtarten in verschiedener Weise reagieren, übereinander. **(D. R. P. 262 086.)**

571. Solarisation, Lichthofschutz.

Unter Solarisation (nicht zu verwechseln mit Lichthofbildung) versteht man eine Veränderung der über eine gewisse Grenze hinaus belichteten Trockenplatte in dem Sinne, daß beim Entwickeln nicht eine Zunahme, sondern eine Abnahme der Schwärzung eintritt.

Das Wesen der Solarisation ist noch wenig erkannt, jedenfalls gehört sie zu den Umkehrungserscheinungen, die auf gleichzeitiger oder aufeinanderfolgender Wirkung verschiedener Lichtarten (kurz- und langwelliges, blitzartig kurzes und gewöhnliches Licht, gleichzeitige Bestrahlung der Platte mit Licht und Röntgenstrahlen) beruhen.

Solarisierte Platten geben bei der Entwicklung das Sonnenbild oder die Bilder von Lampen bei Nachtaufnahmen vollkommen durchsichtig wieder. Es entsteht also eine Verflachung des Bildes, die, wenn auch nicht so stark, doch schon bei stark überlichteten Aufnahmen wahrnehmbar ist. Man entwickelt solche Platten meistens bei niedriger Wärme mit Hydrochinon oder Glycin mit Pottasche- oder Sodazusatz und verwendet neuerdings mit Erfolg das Hydrazin oder seine Derivate als Mittel, um auch starke Solarisationserscheinungen vollkommen zu unterdrücken. Der Hydrazinzusatz verleiht der Bromsilberemulsion außerdem die Eigenschaft, daß man sie ebensowohl als Auskopier- als auch als Entwicklungsschicht benützen kann, so daß man bei einfacher Fixierung schon einen schönen schwarzen Ton erhält, den man natürlich auch durch Behandlung mit Gold weiter abändern kann. **(Pharm. Zentrh. 1912, 791.)**

Zur Verhinderung der Solarisation setzt man dem p-Phenylendiaminentwickler nach **T. J. Brewster** Natriumnitrit zu oder tränkt die Platte besser noch nach **R. Renger-Patzsch** mit Natriumnitrit. **(Phot. Ind. 1917, 91.)**

Über Lichthöfe siehe **W. Scheffer, Phot. Korr. 1910, 469.**

Lichthoffreie Platten dienen zur Aufnahme von Objekten stark verschiedener Helligkeit, die, mit Normalplatten aufgenommen, ausgedehnte, unter Umständen das ganze Bild bedeckende Schleier geben, weil der Lichthof nicht an Punkten oder Linien auftritt, sondern sich über Flächen verbreitet.

Nachdem man die Ursache der Lichthofbildung darin erkannt hatte, daß durch die Emulsion gegangene Lichtstrahlen von der Glasseite der Platte auf die Emulsion zurückgeworfen werden, war die Vermeidung des Lichthofes (des Scheines um die Konturen eines gegen helles Licht stehenden Körpers) dadurch gegeben, daß man die Reflexion der Glasseite verhinderte. Dies geschieht entweder dadurch, daß man unter die eigentliche Emulsion der Platte eine Schicht bringt, die keine Lichtstrahlen durchläßt, oder dadurch, daß man die Glasseite der Platte mit einem Überzug versieht, der eine Reflexion verhindert (z. B. Reismehl), oder schließlich dadurch, daß man mehrere Bromsilberschichten verschiedener Empfindlichkeit übereinander legt. Nach der am häufigsten verwandten zweitgenannten Methode bestreicht man die Glasplattenrückseite z. B. mit einer schwach schwefelsauren alkoholischen Lösung von salzsaurem Chinin, das nach Verdunstung des Lösungsmittels mikrokrystallinisch zur Ausscheidung gelangt und die Reflexion verhindert.

Zur Herstellung photographischer Platten mit Schutz gegen Lichthofbildung unterlegte man die lichtempfindliche Emulsion ursprünglich mit einer Schicht aus mit wasserlöslichem Farbstoff gefärbter Gelatine. Nach diesem Verfahren wurde jedoch der Farbstoff beim Aufbringen der Emulsion teilweise aufgelöst, weil die Härtung der Gelatine nicht möglich war, da sich sonst der Farbstoff beim Entwickeln nicht hätte entfernen lassen, und man war so genötigt, wegen der herabgesetzten Lichtempfindlichkeit lange zu exponieren, wodurch wieder die Lichthofbildung zunahm, da die Farbstoffschicht nicht ausreichte. Nach vorliegendem Verfahren verteilt man die farbige Schicht daher dadurch auf die beiden Seiten des Emulsionsträgers, daß man ihn durch Eintauchen gleichzeitig auf beiden Seiten mit dem Überzug versieht. **(D. R. P. Anm. H. 46 172, Kl. 57 b.)**

Als nicht aktinisch gefärbten, matten Lichthofschutzanstrich verwendet man nach **D. R. P. 148 166** eine Lösung von Kollodium in Aceton oder Essigäther, die man rot färbt und zur Emulsionsbereitung benützt.

Nach **E. Vogel,** Taschenbuch der Photographie, 1909, S. 92, kann man Platten „lichthoffrei" machen, indem man die Glasseite mit gefärbtem Kollodium bestreicht, das folgendermaßen hergestellt wird: 2 g Fuchsin und 5 g Auramin werden in 60 ccm Alkohol von 96% gelöst und filtriert. 20 ccm dieser Farblösung werden mit 50 ccm 6 proz. Kollodium (Schering) gemischt, 2 ccm Ricinusöl zugefügt; das Ganze wird mit gleichen Teilen Alkohol und Äther bis auf 100 ccm verdünnt. Die Glasseite der Platte wird vorsichtig damit übergossen und getrocknet.

Ein mit Wasser abwaschbarer rot gefärbter Dextrinüberzug wird nach **Helain** (mitgeteilt in **E. Vogels** Taschenbuch der Photographie, 1909, S. 93) hergestellt wie folgt: In 95 g Wasser werden 10 g Crocein-Scharlach und 6 g Ammoniumchlorid gelöst, dann 100 g gelbes Dextrin zugegeben und 24 Stunden stehen gelassen. Diese Dextrinlösung kann auf der Glasseite der Platte mit einem Pinsel aufgetragen werden.

Ein Färbemittel für photographische Zwecke wird nach **D. R. P. 168 300** hergestellt durch Erhitzen von Zuckercaramel mit Natriummetaborat. Dieses Präparat ist nicht wie das gewöhnliche Caramel durch Gerbsäure fällbar und außerdem nicht hygroskopisch, so daß die auch durch Entwicklerlösungen nicht angreifbare Verbindung als Photonegativplattenbelag verwendet werden kann, der Lichtstrahlen absorbiert und so die Reflexion und die Zerstreuung des Lichtes an der hinteren Fläche der Glasplatte verhindert. **(D. R. P. 168 300.)**

Die photographische Platte des **D. R. P. 354 432** erhält auf der Glasseite einen in kaltem Wasser löslichen Überzug, der Safranin oder einen anderen Desensibilisator enthält, der beim Wässern der Platten in Lösung geht.

Um Bromsilbergelatineplatten lichthoffrei zu machen behandelt man sie mit einer Emulsion aus Gelatinelösung mit Kaliumpermanganat, das durch Zusatz von Mangansulfat zu Mangandioxyd reduziert wird. Oder man untergießt die Platte direkt mit Mangandioxydgelatine, die sich zwar braun färbt, im sauren Fixierbad jedoch wieder farblos wird. **(Lüppo-Cramer, Kolloid-Ztg, 19, 241** und **Phot. Rundsch. 1920, 326.)**

Zur Verhütung der Lichthofbildung oder Solarisation oder der Umkehrung der photographischen Negative soll man der Emulsion p-Phenylendiamin oder seine Derivate setzen oder die Platten in einer 1 proz. Lösung der Base baden. Als Entwickler dient dann eine mit Natriumsulfit versetzte Lösung von salzsaurem p-Phenylendiamin und man erhält so auch bei der Aufnahme von Objekten mit sehr großen Lichtgegensätzen ausgezeichnet abgestufte Negative. **(R. E. Crowther,** Ref. in **Zeitschr. f. angew. Chem. 29, 528.)**

Über Vermeidung von Lichthöfen bei Verwendung gewöhnlicher nicht lichthoffreier Platten durch Überexposition, Entwicklung in einem langsam und klar arbeitenden Entwickler mit viel Bromkali bis die Zeichnung erscheint, ohne daß die Rückseite durchscheint, Fixieren, Waschen und Verstärken im Sublimat- oder Uranverstärker siehe **Phot. Welt, 66. Jahrg., Heft 3.**

Die Entfernung von Lichthöfen in einem Bade, das aus 5 g Kaliumbichromat, 2,5 g Bromkalium und 15 ccm konzentrierter Salpetersäure in 300 ccm Wasser besteht (Nachbehandlung in einem konzentrierten wässerigen Alaunbade) ist in **Pharm. Zentrh. 1910, 955** beschrieben.

Zur Beseitigung von Lichthöfen wird das Negativ an den betreffenden Stellen entweder mit Spiritus abgerieben oder nach **Apollo 1909, Nr. 346** mit gewöhnlicher Putzpomade, der man evtl. etwas feingepulverten Schmirgel zusetzt, behandelt.

Negativprozeß.

Entwickeln und Fixieren.

572. Literatur und Allgemeines über Photoentwicklung.

Lüppo-Cramer, Negativentwicklung bei hellem Lichte (Safraninverfahren). Leipzig 1922.
v. Hübl, Die Entwicklung bei zweifelhaft richtiger Exposition. Halle 1907.

Theoretische Einzelheiten über die Entwicklung photographischer Platten bringt **J. Desalme** in **Zeitschr. f. angew. Chem. 1910, 1946.**

Über die physikalische Entwicklung von Chlorsilberpapieren siehe **Phot. Chron. 1916, 353—354.**

Über photographische Entwickler siehe **Pharm. Journ. 1916, 467—469;** ferner **J. M. Eder** und **E. Valenta in Chem. Ind. 1910.**

Die Resultate vergleichender Versuche über die Entwicklungskraft der bekannten Entwickler veröffentlichen **Gebr. Lumière und Seyewetz in Phot. Mitt. 1909, 260.**

Über das Entwickeln panchromatischer Schichten bei unaktinischem Licht siehe **D. R. P. 209 937.**

Das Entwickeln von Platten bei gelbem Licht ist in **Apollo 1909, 22** beschrieben.

Über Entwicklung bei vollkommenem Luftabschluß siehe **G. Hauberisser, Wiener Phot. Mitt. 1909, 532.**

Die Einwirkung der kalten Jahreszeit auf photographische Apparate und Hilfsmittel, besonders Entwickler und andere Lösungen ist in **Helios 1912, 83** erörtert.

Bei der Belichtung des Halogensilbers entsteht an den vom Lichte getroffenen Stellen eine unbekannte Substanz, die die katalysatorähnliche Eigenschaft besitzt, die Einwirkung bestimmter Reduktionsmittel auf das überschüssige Silbersalz so zu beschleunigen, daß an diese Stellen metallisches Silber zur Ausscheidung gelangt. Man unterscheidet nun die zu feinster Bildkörnung führende und darum beim Arbeiten mit Naßkollodiumplatten (Reproduktion von Zeichnungen) angewandte physikalische Entwicklung, bei der man dem Entwickler als entwicklungsbeschleunigendes Agens Silbernitrat zusetzt von der chemischen Entwicklung, bei der das Halogensilber der Schicht den Bildkeim liefert. So kann man z. B. nach **Lüppo-Cramer, Zeitschr. f. Kolloide 1912, 74,** das latente Bild einer belichteten und nicht entwickelten Platte hervorrufen, wenn man sie mit Bromwasser behandelt und dann der Einwirkung von Ammoniakdämpfen aussetzt, da sich nach einigen Stunden das nicht belichtete Bromsilber durch diese Behandlung lockert und abgestreift werden kann, während die belichteten Bildteile fest haften und innerhalb der Schicht schwarz werden.

Die chemische Entwicklung wird mit Benzolabkömmlingen (Hydrochinon, p-Aminophenol usw.) ausgeführt (früher verwandte man Eisenoxalat), das entwickelte Korn liegt innerhalb der Gelatineschicht. Bei der physikalischen Entwicklung, die vorhergehend lange Exposition der Platte in der Camera erfordert, arbeitet man mit Eisenoxydulsulfat als Entwicklersubstanz, da dieses Silbernitrat zu reduzieren vermag, und erhält ein lose auf der Gelatineschicht liegendes Bildkorn. [577].

Die Entwicklung des Bildes wird durch das latente Bild als Katalysator nur beschleunigt, im übrigen setzt sich der Reduktionsprozeß in der Entwicklerlösung auch an den anderen Teilen der Platte fort und dementsprechend hat man Rapidentwickler, die das oberflächlich liegende latente Bild zuerst angreifen, und Langsamentwickler, die allmählich die ganze Schicht durchdringen. Als verzögernd wirkender Zusatz dient Kaliumbromid, das die Löslichkeit des Halogensilbers vermindert.

Theoretische Arbeiten über Entwicklungsbeschleunigung durch Schutzkolloide (Gummi arabicum und Gelatine), die die Zersetzung des Entwicklers verlangsamen, ferner über Ausflockung von Gelatineemulsion durch Gummi arabicum und über die Eigenart des Jodsilberbildes, Zerstäubung und Lichtreifung veröffentlicht **Lüppo-Cramer in Phot. Korr. 1914, 28, 112, 117 und 1913, 561.**

Die von vielen Seiten anempfohlene Methode der Beschleunigung des Entwicklungsvorganges durch Terpentinöl, also vermutlich der Wirkung von Ozon oder Wasserstoffsuperoxyd, beruht nach **Lüppo-Cramer** auf einer Täuschung, da der durch das Terpentinöl hervorgerufene Schleier nur die kräftigere Bildwirkung vorspiegelt. Ein mit Terpentinöl versetzter Entwickler büßt diese verschleiernde Wirkung schon nach kurzem Stehen ein. **(Phot. Ind. 1912, Nr. 36.)**

Die Entwicklungsverzögerung, die Borax, Wolframate, Molybdate, Citrate, Phosphate usw. ausüben, ist entweder darauf zurückzuführen, daß die Silbersalze der betreffenden Säuren schwer löslich sind, oder auch auf die Tatsache, daß namentlich Borax und Natriumphosphat als saure Salze dem Hydrochinonnatrium das Alkali entziehen und in diesem Falle verzögernd wirken. Andererseits vermögen sie aber auch z. B. aus dem Metol die Base in Freiheit zu setzen und wirken dann beschleunigend, d. h. diese Salze wirken weniger auf das Bromsilber als mehr auf den Entwickler ein. **(Lüppo-Cramer, Phot. Korr. 1915, 169.)**

In einer zusammenfassenden Besprechung über den gegenwärtigen Stand unserer Kenntnisse von den organischen Photoentwicklern kommt **A. Seyewetz** zu dem Schluß, daß Hydrochinon für reichlich belichtete Schichten, Diaminophenol für unterbelichtete Schicht die geeignetsten Entwickler darstellen. Die leichtest löslichen Entwickler sind Pyrrogallol und das unter dem Namen Adurol bekannte Chlorhydrochinon. Pyrogallol ist von allen Entwicklern am leichtesten durch Bromkalium abstimmbar. Am meisten zu empfehlen sind p-Aminophenol und die übliche Mischung von Metol und Hydrochinon. **(Zentral.-Bl. 1920, II, 747.)**

Bei der Entwicklung photographischer Platten zur Erzielung feinkörniger Bilder soll man im allgemeinen sehr verdünnte Entwicklerlösungen anwenden oder dem Entwickler 10—15% Salmiak als Verzögerer bzw. als Lösungsmittel für Bromsilber zusetzen. **(Phot. Wochenbl. 1904, Nr. 37.)**

Nach **F. Leiber, Phot. Rundsch. 1911, 185,** lassen sich unterexponierte Aufnahmen zu guten Bildern verarbeiten, wenn man sie in stark verdünntem Entwickler behandelt. Wenn dann in den Schatten keine Details mehr erscheinen, belichtet man nach dem Abspülen durch Abbrennen einiger Streichhölzer und erreicht so, daß das angegriffene Halogensilber dort am stärksten verändert wird, wo es durch die oberflächliche Schwärzung am wenigsten geschützt ist. Entwickelt man nun mit starkem Entwickler weiter, so resultiert ein kräftiges Positiv unter dem dünnen Negativ, das folgend mit Farmerschem Oberflächenabschwächer völlig zerstört wird. Beim folgenden Fixieren bleiben dann die zarten Töne der Schatten erhalten.

Wegen der Gleichartigkeit der Verfahren wird die Entwicklung der Papierkopien aus dem Abschnitt „Positivprozeß" hier behandelt.

573. Entwicklerzusätze und -auffrischung.

Nahezu sämtliche Entwicklerlösungen werden alkalisch gestellt und mit Natriumsulfit versetzt, das als Reduktionsmittel die Haltbarkeit des Entwicklers verlängert, aber daneben noch andere der Bildentstehung günstige Funktionen auszuüben scheint. So versetzt man den Entwickler (z. B. Amidol) zur Milderung der Kontraste und zur Verbesserung unterexponierter Platten mit mehr Sulfit oder verdünnt ihn, während die Kontraste vermehrt und überexponierte Platten dadurch verbessert werden, daß man dem Amidolentwickler bis zu 0,5% Bromkalium zusetzt. **(Lumière und Seyewetz,** Ref. in **Zeitschr. f. angew. Chem. 1910, 91.)**

Nach Untersuchungen von **Lumière** und **Seyewetz** erhält man feinkörniges Silber auf Photoplatten durch Überexposition und Standentwicklung, ferner beim Entwickeln mit p-Phenylendiamin und o-Aminophenol, mit letzterem dann, wenn dem Entwickler kein Alkali zugesetzt wird. Auch andere entwickelnde Körper geben mit Sulfit allein ohne Alkali feinere Körnung als in vorschriftsmäßiger Zusammensetzung und stets erzeugt Alkali- oder Kaliumbromidüberschuß Grobkörnigkeit. **(Phot. Wochenbl. 1904, vom 14. bis 21. Juni.)**

Das Maximum der Entwicklungsbeschleunigung erhält man bei einem Verhältnis von 10 g Amidol (Diaminophenolchlorhydrat) und 120 g wasserfreiem Natriumsulfit, bei weiterer Vermehrung der Sulfitmenge bleibt zwar die Entwicklerstärke erhalten, doch steigt die Neigung zur Schleierbildung. Bei Konzentrationsvermehrung des Amidols steigt die Reduktionsgeschwindigkeit. Nach Untersuchungen von **Abribat** schützt das Sulfit nicht, wie man anzunehmen pflegt, das Bad, sondern es beschleunigt seinen Verbrauch, und in der Tat hält sich ein Amidolbad um so schlechter, je mehr neutrales Sulfit es enthält. **(Zentr.-Bl. 1920, II, 576.)** — Vgl. **[674].**

Nach **D. R. P. 266 237** kann man mit aus Kaliumsulfit und Pottasche unter Ausschluß eines organischen Entwicklers geformten Tabletten Entwicklung des latenten Bildes erzielen. Da die Tabletten keine Natronsalze enthalten, zerfallen sie mit Wasser sofort, lösen sich meist innerhalb einer Minute auf und behalten diese Eigenschaften auch bei längerem Liegen.

Über die Veränderung des krystallisierten Natriumsulfits an der Luft und die besondere Haltbarkeit der beim Krystallisieren des Salzes aus saurer Lösung oder beim Zusatz kleiner Mengen organischer Substanz erhaltenen Sulfitlösungen siehe **Lumière** und **Seyewetz** bzw. **H. Herzog** in **Phot. Wochenbl. 1904, 153** und **161** bzw. **Zeitschr. f. wiss. Photogr. 1904, 985.**

Als Ersatz des Natriumsulfits für Wollwasch-, besonders aber für photographische Zwecke eignet sich das auch in Lösung unter der Einwirkung des Lichtes unverändert bleibende Doppelsalz des Natriumsulfits mit Natriumcarbonat, das man erhält, wenn man 7 Tl. des ersteren und 4 Tl. des letzteren, beide krystallisiert, mit 12 Tl. Wasser siedet, bis sich eine Krystallhaut abzuscheiden beginnt. Man impft dann die abgekühlte Lösung mit einem Krystall des Doppelsalzes und bringt sie so zur Krystallisation. Statt zu sieden kann man auch im Vakuum über Schwefelsäure bei gewöhnlicher Temperatur arbeiten. **(D. R. P. 81 667.)**

Durch Zusatz größerer Mengen Acetonsulfit zu Entwicklern erhält man auf Chlorbromsilberpapieren durch Überbelichtung braun- bis gelbbraune Töne, wobei ebensowohl die Sulfitwirkung als auch die Entwicklersubstanz von Einfluß auf die Farbe der Niederschläge sind. Die besten Resultate gibt der Edinol-Acetonsulfitentwickler, in dem die Sulfitmenge genügend groß ist, um die Entwicklungsdauer nicht übermäßig zu verlängern, und nicht so groß, daß die entstehenden Töne ungünstig beeinflußt und die Ausgiebigkeit der Lösung vermindert wird. **(A. Eichengrün, V. Kongreß f. angew. Chem. 1903.)**

Eine eingehende Schilderung der vielseitigen Verwendbarkeit des Acetonbisulfits für photographische Zwecke zur Verstärkung, Abschwächung, Klärung, Verzögerung, als Vor- oder Nachbad, zur Bereitung von Entwicklerlösungen und Fixierbädern bringt **A. Eichengrün** in **Zeitschr. f. angew. Chem. 1902, 1114.**

Zum Schutze gegen Oxydation und als Ersatz für Alkali setzt man photographischen Entwicklern, die in Tablettenform in den Handel kommen, nach **D. R. P. 185 348** Borax zu.

Zum Entwickeln des photographischen Bildes unter gleichzeitiger Härtung der Gelatineschicht verwendet man nach **D. R. P. 179 692** Lösungen, die Chromverbindungen und solche Substanzen enthalten, die geeignet sind, mit Natriumsulfit allein das photographische Bild hervorzurufen.

Einer Entwicklungsflüssigkeit für ankopierte Chlorsilberauskopierpapiere setzt man nach **D. R. P. 182 670** Cyanrhodan oder Jodalkaliverbindungen zu.

Zum Ersatz der ätzenden und kohlensauren Alkalien in photographischen Entwicklern werden in **D. R. P. 142 489** die Alkalisalze des Glykokolls vorgeschlagen.

In offenen Flaschen stehende Entwicklerlösungen verlieren ihr Entwicklungsvermögen vollständig, und zwar Amidol und Rodinal nach 14 Tagen, Hydrochinon, Metol, Eikonogen nach 20 Tagen, Pyrogallol nach 46 Tagen, Glycin nach 60 Tagen und Brenzcatechin nach 100 Tagen. **(J. Milbauer, Phot. Korr. 1917, 682.)**

Zur Konservierung in Flaschen aufbewahrter Entwicklerlösungen setzt man ihnen nach **Desalme** Zinnchlorür zu. **(Phot. Rundsch. 1921, 255.)**

Alkalische photographische Entwickler (z. B. 10 ccm p-Amidophenolentwickler in einer Verdünnung von 1 : 20) können nach **D. R. P. 295 236** durch Zusatz einer geringen Menge eines Alkalis (Ätzkali, Ätznatron, Soda, Pottaschelösung oder dgl.) wieder aufgefrischt werden.

Um die Entstehung von Luftblasen in Entwicklern zu vermeiden, wird im **Phot. Wochenbl. 1908, 327** empfohlen, dem Entwickler 15—20% Alkohol zuzusetzen.

574. Aromatische Aminooxy-(carbonsäure-) und Diamino-Entwickler.

Die Herstellungsverfahren der meisten nunmehr folgenden organischen Körper finden sich nach der Patentliteratur bearbeitet in **Lange, Die Zwischenprodukte der Teerfarbenfabrikation, Leipzig 1920.**

Auf die Anwendung der verschiedenen mono- und dialkylierten Aminophenole und Aminokresole als photographische Entwickler ist erstmalig in **D. R. P. 69 582** und **71 816** hingewiesen.

Vgl. auch die erstmalig in **D. R. P. 60 174** beschriebene Anwendung von Aminophenol und Aminokresol bzw. deren Substitutionsprodukten als Entwickler in der Photographie.

Nach **D. R. P. 149 123** verwendet man als Entwickler Aminooxybenzylalkohol, nach **Zusatz 157 667** seine Ester oder Äther, nach **D. R. P. 159 874** die m-Amido-o-oxybenzylsulfosäure.

Über Herstellung und Verwendung von m-Amino-o-oxybenzylamin als Photoentwickler siehe **D. R. P. 167 572.**

Über Aminoxylenolentwickler an Stelle der p-Aminophenol- und Kresolentwickler **(D. R. P. 60 174)** siehe **D. R. P. 223 690.** Man stellt sich eine Vorratlösung her aus 6,3 g Aminoxylenol, 22 ccm Natronlauge (spez. Gewicht 1,3), 15 g Kaliummetabisulfit und 50 ccm Wasser; zum Gebrauch wird die Lösung mit der 10—40fachen Menge Wasser verdünnt und erhält einen Zusatz von etwas Bromkalium.

Zur Darstellung des Metols (N-Monoalkylderivat des p-Aminophenols) verfährt man nach dem einfachsten Verfahren in der Weise, daß man Hydrochinon mit primären aliphatischen Aminen mit oder ohne Zusatz von Kondensationsmitteln bei erhöhter Temperatur behandelt. Man erhitzt z. B. eine Lösung von 55 Tl. Hydrochinon, 34 Tl. Methylaminchlorhydrat und 34 Tl. Natriumäthylat oder 72 Tl. Krystallsoda oder die äquivalente Menge Ätznatron in 200 Tl. Alkohol oder auch ohne Lösungsmittel 5—20 Stunden auf 200—250°, säuert kalt mit verdünnter Schwefelsäure an, entfernt das unveränderte Hydrochinon durch Ausäthern und scheidet aus der Lösung das Metol in üblicher Weise ab. **(D. R. P. 260 234.)**

Durch Einwirkung von wässeriger schwefliger Säure oder von Bisulfit auf Photoentwicklerbasen von Art des p-Aminophenols oder Metols erhielten **Lumière** und **Seyewetz** lockere Verbindungen, die aus 6—10 Mol. Base und 1 Mol. schwefliger Säure bestanden und statt der bisher angewandten Salze zur Herstellung photographischer Entwicklerlösungen vorgeschlagen wurden. Diese Verbindungen haben den Vorteil, daß sie keine Alkalisalze enthalten. (Ref. in **Zeitschr. f. angew. Chem. 1907, 1371.)**

Nach **G. Pellizzari** haben sich p-Aminophenolacetonbisulfit, hergestellt durch Einleiten von Schwefeldioxyd und allmähliches Zufügen von 50 ccm Aceton zu einer Lösung von 100 g der Base in 200 ccm Wasser, ebenso wie Methyl-p-aminophenolacetonbisulfit, die in trockenem Zustande beständig und leicht wasserlöslich sind und vor dem Gebrauch nur mit Soda versetzt zu werden brauchen, sehr gut als photographische Entwickler bewährt. (Ref. in **Zeitschr. f. angew. Chem. 28, 605.)**

Zur Rapidentwicklung von hochempfindlichen Bromsilbergelatinepapieren wird in **Techn. Rundsch. 1905, 650** ein Entwickler empfohlen, der in 800 ccm Wasser 4 g Metol, 40 g Natriumsulfit, 20 g Pottasche und 1 g Bromkalium enthält. Um die Haltbarkeit dieses Entwicklers zu erhöhen, ist es besser, das Natriumsulfit durch das krystallisierte Metabisulfit zu ersetzen, auch wird empfohlen, zur Beschleunigung der Entwicklung die Belichtung des Papiers möglichst zu verlängern, die Temperatur des Entwicklers etwa auf 20—22° zu bringen, den Pottaschegehalt zu erhöhen, das Bromkalium evtl. ganz fortzulassen und evtl. noch Ätzkali hinzuzufügen.

Als photographischer Entwickler läßt sich das 4-Oxyphenylalkylglycin verwenden, das sehr klar arbeitet, eine große entwickelnde Kraft besitzt (etwa zwischen Metol und 4-Oxyphenylglycin) und dabei doch außerordentlich leicht löslich in Alkalicarbonaten ist, so daß man ganz konzentrierte, von Ätzalkalien freie Lösungen herstellen kann, die zum Gebrauch nur mit viel Wasser verdünnt zu werden brauchen. **(D. R. P. 279 932.)**

Als Entwickler eignen sich die Ferrocyanate des N-Dimethyl-p-aminophenols und des p-Oxyphenyltrimethylammoniums, deren Darstellung in **D. R. P. 278 779** beschrieben ist.

Nach einem Referat in **Chem.-Ztg. Rep. 1912, 548,** besteht der Entwickler „Sulfinol" aus p-Amino-p-oxydiphenylamin-o-sulfosäure; er gelangt bei Gegenwart von Natriumsulfit in sodaalkalischer Lösung zur Verwendung.

Als photographische Entwickler eignen sich auch die Alkalisalze der Carbon- oder Sulfosäuren des o- und p-Aminophenols oder des o-p-Diaminophenols. Man erhält z. B. 5 l einer haltbaren Vorratslösung, die zum Gebrauch mit dem gleichen bis doppelten Volumen Wasser verdünnt und evtl. mit Normalnatronlauge versetzt wird, aus 100 g p-Aminosalicylsäurechlorhydrat, 500 g wasserfreiem Sulfit, 210 ccm fünffach Normalnatronlauge und 4790 ccm Wasser. **(D. R. P. 327 111 und 328 617.)**

Unter den Rapidentwicklern zeichnet sich die p-Aminosalicylsäure (Neolentwickler) dadurch aus, daß sie an den überlichteten Stellen die Gelatine färbt und sich dort selbst die Einwirkung erschwert, wodurch Überbelichtungen besonders gut ausgeglichen werden. **(O. Mente, Phot. Rundsch. 1920, 263.)**

Dem p-Aminophenol, nicht aber dem Metol, überlegen ist als photographischer Entwickler das Cymol in Form von p-Aminocarvacrol, weniger gut geeignet ist als Entwicklungssubstanz das Thymochinol. **(H. A. Lups, Zentr.-Bl. 1920, II, 712.)**

Nach einer Notiz in **Chem.-Ztg. 1921, 40** liegen die bildentwickelnden Eigenschaften des p-Aminocarvacrols zwischen jenen des Metols und p-Aminophenols.

Bei Arbeiten mit dem sauren Amidolentwickler (1-Oxy-2.4-diaminobenzol) beginnt man nach Angaben von **L. Bussy** in **Phot. Korr. 1920, 164** mit einem Lösungsgemisch von 1 g Amidol in 200 ccm Wasser und 4 ccm konzentrierter Natriumbisulfitlösung, fügt, wenn nach einigen Minuten auf der Glasseite ein dünnes Bild erscheint, einige Kubikzentimeter konzentrierte Natriumsulfitlösung zu und erhält so, da nunmehr unter dem Einfluß des Sulfits Verstärkung eintritt, ein bis zur Oberfläche der Gelatineschicht gewachsenes Bild, das völlig schleierfrei sein soll. Vgl. **[673].**

Um nicht zu dünne Negative auf Bromsilberpapieren mit Alaun-Fixiernatron tonen zu können, entwickelt man nach **Phot. Chronik 1922, 27** mit einer Lösung von 1,5 g Amidol, 8 g wasserfreiem Sulfit und 2 ccm 10% Jodkaliumlösung in 300 ccm Wasser.

575. Aromatische Polyoxy-Entwickler.

Zur Herstellung eines haltbaren Pyrogallolentwicklers verwendet man nach **Reeb, Pharm. Praxis 1911, 237,** folgende Lösungen: Lösung I: In 100 ccm abgekochtem, kaltem, luftfreiem Wasser, das 5 Tropfen Salpetersäure enthält, löst man 5 g reinste Pyrogallussäure und filtriert nicht durch Filtrierpapier, sondern durch hydrophile Watte. Lösung II: Man löst in etwa 100 ccm Wasser 20 g krystallisiertes, carbonatfreies Natriumsulfit und 20 g Soda und prüft mit Phenolphthaleinpapier, das sich nicht rot färben darf, ob diese Lösung neutral sei. Lösung III: besteht aus 10 g Kaliumbromid in 100 g Wasser. Zum Normalbad für Moment- und Zeitaufnahmen verwendet man 100 ccm Wasser mit 2—5 Tropfen der Lösung III, sowie mit je 5 ccm Lösung I und II, und fügt noch 1—2 ccm Lösung II hinzu, wenn das Bild zu langsam zum Vorschein kommt, während man 5 oder mehr ccm von Lösung I zufügt, wenn das Bild zu schnell erscheint.

Von den zahlreichen Vorschriften zur Herstellung eines haltbaren Pyrogallolentwicklers ist die beste jene von **J. Swan,** der durch Zusatz von 0,1—0,25% Kaliummetabisulfit zur 10proz. Pyrogallollösung eine jahrelang in ihrer voll entwickelnden Kraft haltbare Entwicklerlösung erhielt. Die zweite Lösung besteht wie üblich aus Natriumsulfit und Soda. **(Jahr. Zeitschr. f. angew. Chem. 1908, 1438.)**

J. H. Hallberg, Ref. in **Chem.-Ztg. Rep. 1911, 411,** empfiehlt den Zusatz geringer Alkalimengen (einiger Tropfen Sodalösung) zu einem Pyrogallol-Natriumsulfitentwickler als Mittel gegen Überexposition und Lichthofbildung.

Über ein Entwicklungsverfahren mit Pyrogallussäure, mit dessen Hilfe sich eine Über- oder Unterexponierung berichtigen läßt, siehe das Referat in **Chem.-Ztg. Rep. 1909, 140.** Man ändert nach diesem Verfahren die Entwicklungsdauer und die dem Entwickler zugesetzte Alkalimenge, je nach dem Expositionsgrade des Bildes. Der Entwickler besteht aus einer Lösung von 30 g Pyrogallussäure und 10 g Natriumbisulfat in 1000 ccm Wasser und aus einer anderen Lösung von 35 g calcinierter Soda, 75 g wasserfreiem Natriumsulfit und 5 g Kaliumbromid in 1000 ccm Wasser. 10 ccm der ersten, 20 ccm der zweiten Lösung und 90 ccm Wasser geben den normalen Entwickler; man beginnt jedoch mit einer Lösung zu entwickeln, die je 10 ccm der Lösungen und 90 ccm Wasser enthält. Aus der Sekundenzahl, die bis zum Auftreten der ersten Bildumrisse vergeht, läßt sich bestimmen, wie viel der ersten oder zweiten Lösung man dem Entwickler noch hinzugeben muß.

In **Phot. Korr. 1915, 35** weist **Lüppo-Cramer** darauf hin, daß sekundäres Natriumphosphat in einem nur aus Pyrogallol und Natriumsulfit bestehenden Entwickler für Chlorsilber stark beschleunigend, in einem viel Pottasche enthaltenden Pyrogallol- oder Hydrochinonentwickler dagegen, allerdings nur in der zehnfachen Menge der Pottasche, sehr verzögernd wirkt. Ursache der Verzögerung ist zum Teil auf kolloidchemische Vorgänge zurückzuführen, dann aber auch auf die Natur des sekundären Natriumphosphates als saueres Salz, das sich mit dem Sulfit des alkalifreien Entwicklers zu neutralem Phosphat umsetzt, das seinerseits im Entwickler wie Alkali wirkt.

Man kann Pyrogallol mit Soda, Natriumsulfit und etwas Bromkalium auch zur Entwicklung von Bromsilberpapieren verwenden, doch erscheint das Bild langsamer als bei Metol. Bei Überbelichtung erhält man kein reines Schwarz, sondern eher Oliv- oder Braunschwarz. **(Amer. Phot. 1916, 422.)**

Ein Verfahren zur Isolierung von Brenzcatechin in für photographische Zwecke geeigneter Form aus unreinen Lösungen und zur Darstellung von Brenzcatechinalkaliverbindungen ist in **D. R. P. 164 666** beschrieben.

W. Weissermehl empfiehlt in **Phot. Mitt. 1907, 450** einen Brenzcatechinentwickler herzustellen aus den beiden Lösungen: 4½ g Brenzcatechin in 20 ccm Wasser und 5½ g Ätznatron in 30 ccm Wasser, die man in Tropfgläsern aufbewahrt und von denen man vor dem Gebrauch je 4—5 Tropfen mit 40 ccm Wasser verdünnt.

Nach **W. Weissermehl, Phot. Rundsch. 1912, 325,** ist die Höhe des Alkali- und Sulfitgehaltes in Brenzcatechinentwicklern von größter Bedeutung für das Resultat, da das Brenzcatechin sehr empfindlich ist gegen jeden Sulfitüberschuß und andererseits zu wenig Sulfit grünlichbraune Bilder erzeugt, wobei die Schicht stark gegerbt wird.

Im allgemeinen arbeitet der Brenzcatechinentwickler mit Pottasche schneller als mit Soda, besonders dann, wenn man kein Sulfit zusetzt. Der Entwickler ist haltbarer als der Hydrochinonentwickler, doch empfiehlt es sich immerhin die gleichen Mengen der 2 proz. Brenzcatechin- und der 10 proz. Pottaschelösung erst vor dem Gebrauch zu mischen. **(Phot. Rundsch. 1921, 181.)**

Nach **Phot. Rundsch. 1916, 161—162** entwickelte man photographische Platten im Felde mit sulfitfreiem Brenzcatechin, das sehr rasch arbeitet und stark deckt. (100 Tl. Wasser, 1 Tl. Brenzcatechin, 1 Tl. Ätznatron.)

Ein photographischer Entwickler enthält nach **D. R. P. 184 679** Protocatechualdehyd oder seine Bisulfitverbindung.

Eine photographische Entwicklerlösung stellt man nach **D. R. P. 192 741** her durch Verwendung von Amiden der Mono-, Di- oder Trioxybenzoesäuren oder ihrer Monohalogensubstitutionsprodukte; besonders das Gallamid zeichnet sich durch kräftige Entwicklungsfähigkeit aus. Man erhält es durch Kochen einer wässerigen Lösung von Gerbsäure mit Ammoniak und schwefelsaurem Ammon, verwendet es in einer alkalischen 3—4 proz. Lösung von Kaliummetabisulfit in Wasser und verdünnt die Lösung vor dem Gebrauche im Verhältnis 1 : 20 mit Wasser.

Im Gegensatz zu den Monoalkyläthern des Hydrochinons und des Brenzcatechins, die durch die Alkylierung ihre Fähigkeit das latente Lichtbild zu entwickeln, verloren haben, bildet der Monoalkyläther des 1, 4-Dioxynaphthalins eine Ausnahme, da er einen kräftig wirkenden Entwickler darstellt, der das latente Bild auf Platten, Films oder Entwicklungspapieren in schönen schwarzen Tönen hervorruft. **(D. R. P. 288 149.)** Um mit demselben Entwickler blaue Töne zu erhalten, behandelt man die mittels der 1, 4-Dioxynaphthalinmonoalkyläther entwickelten schwarzen Bilder mit Oxydationsmitteln, am besten in der Lösung des Farmerschen Abschwächers, das ist eine mit etwas Ferricyankalium versetzte Fixiernatronlösung. **(D. R. P. 284 423.)**

Zur Herstellung von Lichtbildern in Sepia- und Rötelton entwickelt man das latente Bild in einer bei 50° hergestellten, abgekühlten und filtrierten Lösung von 1 g Oxyisocarbostyryl und 10 g krystallisiertem Natriumsulfit, 0,5—1 g Bromkalium und 5 g calcinierter Soda (die durch 2 ccm Aceton ersetzt werden kann) in etwa 100 ccm Wasser. Das nach etwa 3 Minuten entwickelte Bild wird nun zur Erzielung sepiabrauner Töne im gewöhnlichen Fixierbade fixiert, während man zur Erzeugung von Bildern im Rötelton die entwickelte Platte (Film oder Papier) im Farmerschen Abschwächungsbade oder mit Cyankaliumlösung behandelt oder das wie gewöhnlich fixierte Bild nachträglich zur Lösung des Silbers mit Cyankaliumlösung zweckmäßig unter Zusatz von Ferricyankalium oder Ammoniumpersulfat badet. **(D. R. P. 288 085.)**

576. Gemenge von Aminooxy- und Polyoxy-(Quecksilbersalz-)entwicklern.

Metochinon ist ein Entwickler, der aus 1 Mol. Metol und 2 Mol. Pyrogallol oder Brenzcatechin besteht. Er vermag ohne Zusatz von Alkali das latente Bild hervorzurufen, arbeitet schleierfrei und gibt auf Diapositivplatten wie auf Papieren kräftige schwarze Töne. **(Ch. Favre, V. Kongreß f. angew. Chem. 1903.)**

Nach **D. R. P. 174 689** löst man zur Herstellung eines Entwicklers 2 kg Metol und 700 g Hydrochinon in 7 l kochenden Wassers, kühlt auf 60° ab und versetzt mit einer zweiten Lösung von 2,4 kg wasserfreiem, schwefelsaurem Natron in 1 l lauwarmem Wasser; der sich bildende Niederschlag wird filtriert und gibt, in Wasser gelöst, bei Gegenwart von schwefligsaurem Natron einen hervorragenden Entwickler. Die bloßen Gemische der Bestandteile können ohne Alkali oder Alkalicarbonat nicht verwendet werden und bei Gegenwart von Alkali entstehen die die Entwicklung erschwerenden und die Gelatineschicht angreifenden Alkalisalze, was bei vorliegendem Verfahren vermieden wird.

G. Hauberrisser empfiehlt in **Phot. Korr. 1908, 273** für den Entwickler Pyramidol (Kondensationsprodukt von Hydrochinon und p-Amidophenol) die Verwendung seiner Lösung (1 g) in 150 ccm Wasser, 10 g Soda und 20 g krystallisiertem Natriumsulfit. Die Anwendung dieses Entwicklers ermöglicht die Abschwächung sechzigfach überlichteter Bilder durch Bromkalium.

Durch Verwendung eines Entwicklers, der Metol, viel Hydrochinon, viel Borax und Sulfit enthält, erzielt man einen braunschwarzen Ton auf Gaslichtpapier. **(Phot. Korr. 1917, 9.)**

Chloranol ist ein Entwickler, der beim Vermischen einer konzentriert wässerigen Lösung von 2 Mol. Metol (Methyl-p-amidophenolsulfat) und 1 Mol. Chlorhydrochinon mit Natriumsulfit sich abscheidet. Das Chloranol ist leichter löslich und in Lösung haltbarer, wirkt jedoch weniger energisch als das Metochinon, die analoge Verbindung aus Metol und Hydrochinon. **(A. und L. Lumière** und **A. Seyewetz,** Ref. in **Zeitschr. f. angew. Chem. 27, 476.)** Auch ohne organischen Zusatz ist das halogenisierte Hydrochinon ein wirksamer Entwickler. So wählt man z. B. zur Erzeugung direkt getonter Sepiabilder als Entwickler für die unter Anwendung einer gasgefüllten Wolframlampe 75—100 mal überbelichteten Bilder eine sehr verdünnte Lösung, bestehend aus 5 g Chlorhydrochinon, 30 g Natriumsulfit, 16 g Soda, 6 g Bromkalium und 6 g Kaliummetabisulfit in 1000 ccm Wasser. Der Farbton, der von der Dauer der Entwicklung abhängt, ist sehr echt, da er nicht aus einem Oxydationsprodukt, sondern aus sehr fein verteiltem Silber besteht. **(A. Nietz und K. Hues, Zentr.-Bl. 1920, II, 676.)**

Um zu einem energisch wirkenden Entwickler für Autochromplatten zu gelangen ersetzt man in der Vorschrift von **Lumière** die 15 g Metochinon durch 7 g Metol und 8 g Hydrochinon.

Als besten Entwickler für Bayers Bromsilberpapier „Bromid Mattglanz" fand **G. Hauberrisser, Phot. Korr. 1908, 359,** ein Bad, bestehend aus 150 ccm Wasser, 10 ccm einer konzentrierten Acetonsulfitlösung, 30 g Natriumsulfit, 2 g Edinol, 1 g Hydrochinon, 30 g Pottasche und $^1/_2$ g Bromkalium. Es entstehen schöne Neutralschwarztöne, die nicht bronzieren.

Zur Herstellung brauner Töne auf Bromsilberpapier verwendet man einen Entwickler, der nach **Pharm. Zentrh. 1910, 954** aus einer Lösung von 1,1 g Eikonogen (Amino-2-naphtholsulfosäure als Natronsalz), 4 g Hydrochinon, 1,1 g Fixiernatron, 14 g wasserfreiem Natriumsulfit, 14 g calcinierter Soda und 30 Tropfen Bromammoniumlösung 1 : 10 in 500 ccm Wasser besteht.

Durch Zusatz von sehr geringen Mengen Pinachrom zum Hydrochinonentwickler erzielt man nach **Lüppo-Cramer** eine erhebliche Entwicklungsbeschleunigung, die jedoch ausbleibt, wenn man die Platte vorher mit Erythrosin anfärbt. **(Kolloid-Z. 19, 17.)**

Die Wirkung des Hydrochinonentwicklers läßt sich ebenso wie durch Zusatz von Metol auch durch Beigabe von Phenosafranin beschleunigen. **(Lüppo-Cramer, Phot. Rundsch. 1921, 96.)**

Über die physikalische Entwicklung primär fixierter Bromsilberplatten mit Quecksilberdampf anstatt mit Silber und die durch diesen Vorgang erzielten Vorteile berichtet **Lüppo-Cramer** in **Phot. Ind. 1917, 401.** Die Anwendung von nascierendem Quecksilber an Stelle des Silbers, z. B. einer Entwicklerlösung, die neben Metol und Natriumsulfit noch Quecksilberbromid enthält, hat weiter den Vorteil, daß sich die Lösung während des Entwicklungsvorganges nicht trübt, daß kaum Schleierbildung eintritt und gleichmäßig braune bis schwarze Bilder entstehen. Bei der Quecksilberentwicklung wird der Entwicklungsprozeß auch nicht so erheblich beschleunigt, wie es bei der physikalischen Entwicklung der mit Jodkalium behandelten fixierten oder unfixierten Bromsilberplatte mit Silber der Fall ist.

577. Eisenoxydulsalz- und Hydraplattenentwickler.

Zur Herstellung eines Eisenoxydulsalzentwicklers in fester Form mahlt man neutrales Kaliumoxalat, Ferrosulfat und das neutrale Salz einer ein- oder mehrbasischen Mono- oder Polyoxybenzolcarbonsäure, und zwar jedes für sich (z. B. 91 Tl. Eisensalz, 224 Tl. neutrales Kaliumoxalat und 155 Tl. neutrales Natriumglycolat) und mischt die Stoffe sofort im Vakuum unter Wärmezufuhr. Eine 25proz. wässerige Lösung des gelben Pulvers liefert einen kräftigen haltbaren Entwickler. **(D. R. P. 286 727.)** Nach einem ähnlichen Verfahren setzt man, um denselben Entwickler in haltbarer, flüssiger Form zu erhalten, einer Lösung von 300 Tl. neutralem Kaliumoxalat in 1000 Tl. Wasser dieselbe Menge einer Lösung von 300 Tl. neutralem Natriumglycolat zu und vermischt dieses Gemenge der Lösungen mit dem sechsten Teil einer Lösung von 100 Tl. Ferrosulfat in 300 Tl. Wasser. Der Entwickler kann, wenn er in seiner Wirkung verbraucht ist, durch Zusatz einer Messerspitze voll metallischen Eisens wieder regeneriert werden. **(D. R. P. 286 727 und 286 775.)**

Um durch Oxydation untauglich gewordene Eisenoxalatentwickler wieder brauchbar zu machen, filtriert man die Flüssigkeit, in die ein Stück Klavierdraht eingelegt wurde, durch ein mit Krystallen von Oxalsäure gefülltes Filter und setzt die Lösung dann mit Erdöl bedeckt dem Tageslichte aus. **(D. R. P. 23 188.)**

Zur Herstellung der Hydraplatten und -papiere setzt man der lichtempfindlichen Emulsion Salze oder Abkömmlinge des Hydrazins oder Hydroxylamins zu und erhält so z. B. bei Bereitung der Hydrapapiere auskopierbare Halogensilberschichten, die bei kürzester Belichtung auch entwickelbar und gegen Überbelichtung wenig empfändlich sind. Andere derartige Papiere können bekanntlich nicht auskopiert werden, sondern müssen nach kurzer Belichtung mit einem Entwickler in alkalischer Lösung behandelt werden, um das Bild hervorzurufen.

Es sei übrigens darauf verwiesen, daß die Reaktion der Hydrazinwirkung nicht auf die halogenabsorbierende Wirkung der Base zurückzuführen ist, da sehr viele andere halogenaufnehmende Stoffe diese Wirkung nicht zeigen. Über die Erzeugung dieser Platten siehe die Referate in **Phot. Ind. 1912, 898, 969, 1007** u. **1108.** Vgl. **Phot. Rundsch. 1912, 200.** Bei richtig gewähltem, langsam bzw. schnell arbeitendem Entwickler, je nachdem, ob länger oder kürzer exponiert wurde, erhält man alle Übergänge von Licht zum Schatten weich und natürlich in wesentlich kürzerer Zeit als es bisher möglich war. Als besonders geeignet sind genannt die Verbindungen des neutralen Hydrazinsalzes mit Schwefelsäure, phosphoriger oder schwefliger Säure, ferner Methylhydrazin bzw. eine in Ätheralkohol lösliche Hydrazin- oder Hydroxylaminverbindung wie Formylhydrazin. **(D. R. P. 232 639.)**

Ein solcher Entwickler besteht z. B. aus 1 Tl. salzsaurem Hydroxylamin gelöst in 15 Tl. Alkohol und 1 Tl. Ätznatron gelöst in 8 Tl. Wasser, wobei man vor dem Gebrauch 3—5 Tl. der ersten mit 5 Tl. der zweiten Lösung und mit 60 Tl. Wasser mischt. Dieser von **Egli** und **Spiller** 1884 entdeckte Hydroxylaminentwickler konnte sich jedoch wegen des hohen Preises des Präparates trotz seiner guten Eigenschaften nur langsam einführen. **(Jahr.-Ber. f. chem. Techn. 1885, 1063.)**

Nach **R. Renger-Patzsch, Phot. Ind. 1912, 1233,** erhält man den Hydraentwickler durch Mischen von Phenylhydrazin mit schwefligsaurem Natrium. Wesentlich ist, daß der Entwickler stets sauer reagiert, da auch ein kleiner Alkaliüberschuß genügt, um ihn zu zersetzen.

Ebenso wie **E. Stenger** fand auch **Lüppo-Cramer,** daß die Entwicklung stark überbelichteter Hydraplatten, für die als besonderer physikalischer Entwickler Phenylhydrazinbisulfit dienen soll, sich ebensogut mit einem Hydrochinentwickler bewirken läßt, der wenig Alkali und viel Bromkalium enthält. **(Phot. Ind. 1912, 39.)**

578. Spezialentwickler (Tropen, Diapositive). Tageslichtentwicklung.

In **Chem.-Ztg. Rep. 1911, 388** findet sich eine Anzahl von Vorschriften zur Herstellung photographischer Entwickler für die Tropen. So löst man beispielsweise 30 g Pyrogallussäure in 1000 ccm Wasser und fügt 10 ccm Bisulfitlösung hinzu. Man löst ferner 75 g calcinierter Soda und 37 g Natriumsulfit in 1000 ccm Wasser, fügt 45 ccm einer 10proz. Bromkaliumlösung hinzu und verwendet 1 Tl. der ersteren und 2 Tl. der letzteren Lösung.

Für tropische Verhältnisse eignen sich die meisten üblichen Entwickler, wenn man ihnen 10% Natriumsulfat und etwas Kaliumbromid zusetzt. Besser jedoch verwendet man einen Spezialentwickler, bestehend aus 7 g p-Aminophenolchlorhydrat, 50 g Natriumsulfit und 50 g Soda in 1 l Wasser. Die Entwicklungsdauer von $1^1/_2$ Minuten bei 24° kann durch Zufügung von 100 g Natriumsulfat verdoppelt werden. Zur Fixierung dient bei 24° das übliche saure Fixierbad, bei 30° ist ein Bad nötig, das im Liter Wasser 200 g Thiosulfat, 40 g Natriumsulfit, 80 g Kaliumchromalaun und 2,5 ccm Eisessig enthält, bei 35° muß ein Fixierbad verwendet werden, das man durch Auflösen von 250 g Thiosulfat, 50 g Natriumsulfit und 125 ccm 40proz. Formaldehyd in 1 l Wasser bereitet. (Ref. in **Zeitschr. f. angew. Chem. 1918, 425.)**

Als geeignetste Entwicklerlösung, die Diapositiven warme farbige Töne verleiht, verwendet man nach **Lumière** und **Seyewetz** eine 1% p-Phenylendiamin und 6% Natriumsulfit enthaltende wässerige Lösung. **(Phot. Wochenbl. 1904, Nr. 37.)**

Zur physikalischen Entwicklung von reichlich belichteten Diapositivplatten verwendet man einen Entwickler, der aus 10 Tl. einer Lösung von 6 g Metol und 30 g Citronensäure in 300 g destilliertem Wasser besteht, zusammen mit 1 Tl. einer wässerigen 10proz. Silbernitratlösung. Bei evtl. Trübung des Entwicklers während der Arbeit setzt man neue Mengen des Flüssigkeitsgemisches zu. Vor dem Fixieren wischt man den Silberniederschlag mit einem feuchten Wattenbausch ab. **(A. Long, Phot. Chronik 1917, 163.)** Dieselben Zahlen brachte **J. Fassbinder** schon in **Phot. Mitt. 1909, 76.**

Diapositive die man mit einem Hydrochinonentwickler entwickelt, der verschiedene Mengen Bromkalium enthält und entsprechend verdünnt ist, erhalten bei der folgenden Tonung blauschwarze bis rötlichbraune Töne, letztere jedoch nur dann, wenn man wesentlich länger wie üblich entwickelt. **(Phot. Rundsch. 1920, 137.)**

Lüppo-Cramer, Negativentwicklung bei hellem Lichte. Safraninverfahren. Leipzig 1922.

Eine Tageslicht-Entwicklungsvorrichtung für photographische Platten ist in **D. R. P. 327 897** geschützt.

Dem Aktinalverfahren zur Entwicklung photographischer Platten bei Tageslicht liegt nach **R. Freund, Chem.-Ztg. 1909, 878** das Prinzip zugrunde, daß man das Bromsilber der Trockenplatte in einem Jodkalibad in Jodsilber verwandelt, das sich mit Hilfe eines besonderen

Entwicklers bei Tageslicht entwickeln läßt. Dieser Entwickler besteht aus einer ersten Lösung von 20 g Natriumsulfit, 1 g Metol, 8 g Hydrochinon und 40 g Bromkalium in 600 ccm Wasser. Die zweite Lösung besteht aus 600 ccm 3,3 proz. Kalilauge; vor dem Gebrauch mischt man gleiche Teile der beiden Lösungen. Die belichtete Platte wird im Innern eines Wechselsackes in die Aktinallösung (4 proz. Jodkalilösung) getaucht, nach 2 Minuten gespült, bei gedämpftem Tages- oder bei Lampenlicht in etwa 5 Minuten entwickelt und dann wie gewöhnlich fixiert. Die Jodkalilösung kann oft benützt werden, während der Entwickler für jede Platte frisch gemischt werden muß. Auch das Fixierbad ist häufig zu erneuern. Man kann alle Plattensorten verwenden, zum Kopieren leisten sehr hart kopierende Papiere die besten Dienste.

Nach einem Referat in **Chem.-Ztg. Rep. 1912, 488** wird dem Tageslichtentwickler (Diaminophenol und Natriumsulfit) Ammoniumjodid zugesetzt, um das lichtempfindliche Bromsilber in das weniger empfindliche Jodsilber überzuführen. Man beginnt den Entwicklungsprozeß im Dunkeln und setzt ihn am Tageslichte fort.

Nach **Phot. Ind. 1920, 378** kann man bei hellem Lichte in der Weise entwickeln, daß man die belichtete Trockenplatte bei Ausschluß von wirksamem Licht 1 Minute in einer 0,05 proz. Amidollösung badet, worauf man sie ohne Gefahr der Verschleierung in den üblichen Entwicklern weiter behandeln kann.

Eine andere Methode der photographischen Plattenentwicklung bei Tageslicht beruht nach **Techn. Rundsch. 1907, 590** auf dem Prinzip, daß eine empfindliche photographische Platte, die man nach der Belichtung mit Kaliumbichromat oder einem anderen Oxydationsmittel behandelt, nach dem Waschen und Trocknen bei Tageslicht entwickelt werden kann, da dieses Oxydationsmittel kompensierend auf die Veränderungen einwirkt, die das Licht auf die Platte ausübt. Je nach der Belichtungsdauer ergeben sich dann unter besonderen Bedingungen auch Umkehrungen des Bildes, so daß eine z. B. während 14 Minuten belichtete Platte, die man mehrere Minuten in eine 1 proz. Ferricyankaliumlösung taucht, bei der folgenden Tageslichtentwicklung in Hydrochinon, Kalilauge und etwas Natriumsulfit ein haltbares Positiv ergibt. — **Vgl. [610].**

Um mit alkalischen Entwicklern bei vollem Tageslicht arbeiten zu können, setzt man ihnen nach **D. R. P. 179 490** Chloroxydiphenylchinoxalin, Phenolphthalein, Alkohol und Glycerin zu.

Nach **D. R. P. 172 706** ruft man eine die Einwirkung der aktinischen Strahlen ausschließende Färbung des Entwicklerbades hervor, wenn man ihm ein Gemisch von einem pikrinsauren Salz mit schwefligsaurem Alkali zusetzt.

Zur Herstellung gravürähnlicher Effekte auf Bromsilberkopien bleicht man die Kopie nach einem Referat in **Chem.-Ztg. Rep. 1913, 131** zunächst aus und entwickelt dann mit Amidol oder Metol bei Tageslicht. Je nach der Natur des Bleichbades erhält man verschiedene Farben der wieder entwickelten Kopie, und zwar verwendet man als Bleichbad zur Erzielung blauschwarzer Töne Kupfervitriol, Schwefelsäure und Kochsalz, für einen Platinton Kaliumbichromat, Schwefelsäure und Kochsalz und für ein warmes Schwarz Kaliumpermanganat, Schwefelsäure und Kochsalz. Besonders wichtig ist, daß der Entwickler kein Bromkali enthält.

Ein Entwickler, der für eine Platte benützt wird, deren Rückseite mit einem Lichthofschutzmittel versehen ist, setzt sich nach **D. R. P. 202 107** zusammen aus 0,13 g Metol, 0,32 g Hydrochinon, 0,03—0,06 g Kaliummetabisulfit, 0,01 g Bromkali, 0,65—1,3 g Borax (zum Schutz gegen Oxydation und als Alkaliersatz) und 0,02 g Gummi arabicum.

579. Fixier-, Auswasch-, Trockenprozeß.

Das zum Fixieren entwickelter Platten (zur Lösung des überschüssigen Silberhaloides) für Kollodiumplatten fast auschließlich verwandte Cyankalium wird bei Gelatineplatten durch das ungiftige und die Kolloidschicht nicht angreifende Natrium, besser noch durch das schneller wirkende Ammoniumthiosulfat, ersetzt. Zur Entfernung der Entwicklerreste setzt man der nach der Gleichung $Na_2S_2O_3 + AgBr = NaAgS_2O_3 + NaBr$ unter Bildung eines komplexen Salzes wirkenden Thiosulfatlösung eine schwach sauer wirkende Substanz wie Bisulfit zu.

Über die zugleich neben der fixierenden auch abschwächende Wirkung der Fixierbäder, die sich auch kaum vermeiden läßt, wenn man den Luftzutritt von dem Fixierbade durch eine Ölschicht abhält, siehe **E. Stenger** und **R. Kern, Chem.-Ztg. Rep. 1912, 660.**

Nach einem Referat in **Chem.-Ztg. 1913, 104** ist das beste Verhältnis von Fixiersalz zu Wasser 1 : 4, verdünntere Fixierbäder arbeiten sehr langsam, eine konzentrierte Lösung wirkt fast gar nicht ein.

Nach **Techn. Rundsch. 1912, 683** erhalten die käuflichen Schnellfixiersalze auf 100 g Fixiernatron einen Zusatz von 43 g Salmiak, wodurch beim folgenden Lösen in Wasser eine Lösung von Kochsalz und Ammoniumthiosulfat entsteht; letzteres bewirkt das schnellere Fixieren.

Obwohl sich wegen des wechselnden Gehaltes der Trockenplatten an Bromsilber genaue Angaben nicht machen lassen, kann man doch allgemein sagen, daß man in je 1 l einer Lösung, die 150 g Thiosulfat + 5 aq bzw. außerdem 15 g Natriumbisulfitlauge bzw. außerdem noch 5 g Chromalaun enthält, nicht mehr als 100 bzw. 50 bzw. 75 Platten 9 × 12 fixieren darf. Jedenfalls gilt, daß das Fixierbad dann verbraucht ist, wenn ein Tropfen des Bades auf Fließpapier gebracht sich in feuchter Luft am Lichte bräunt. (**Lumière** und **Seyewetz,** Ref. in **Zeitschr. f. angew. Chem. 1907, 1871.**)

Zur Prüfung photographischer Fixierbäder auf ihre Brauchbarkeit verwendet man ein dunkel grundiertes, ganz oder teilweise mit Halogensilberemulsion überzogenes Reagenzpapier. Als geeignetes Material dient schwarz oder farbig mit Buchstaben, Zahlen oder Mustern bedrucktes weißes Papier oder auch stark gefärbtes oder metallisiertes Papier, das mit dem Emulsionsüberzug weiß bis grünlich erscheint und den Untergrund, also die Schriftzeichen, Farbe oder Metall, erst hervortreten läßt, wenn im Fixierbad das Halogensilber weggelöst ist. Im verbrauchten Bade erscheinen demnach keine Schriftzeichen, und je nach der Stärke ihres Auftretens und aus der Zeitdauer, die vergeht, bis sie auftritt, vermag man dann einen Rückschluß auf die Verwendbarkeit des Fixier- oder Tonfixierbades zu ziehen. **(D. R. P. 265 819.)**

Nach **Phot. Ind. 1916, 605** werden ausgenutzte Fixierbäder wie folgt wieder brauchbar gemacht: Durch Zusatz von Schwefelnatrium wird das Silber ausgefällt und das unterschwefligsaure Natron zurückgebildet. Ein Überschuß des Schwefelnatriums ist zu vermeiden. Nach dem Filtrieren wird das Bad mit Kaliummetabisulfit wieder angesäuert.

Über die Bereitung des Schwefelcyan-Ammoniums, das früher als Fixiermittel Anwendung in der Photographie fand, siehe **Pharm. Zentrh. 1863, Nr. 45.**

In **Dingl. Journ. 241, 399** wurde empfohlen, an Stelle des unterschwefligsauren Natrons Rhodanverbindungen zum Hervorrufen und Fixieren des Bildes zu verwenden, da diese leichter löslich sind, weniger leicht zur Fleckenbildung führen und sich leicht auswaschen lassen.

Über Ersatz des Fixiernatrons durch geschwefelte organische Verbindungen (Schwefelharnstoff und Thiosinamin) siehe **Phot. Wochenbl. 1908, 409.**

Nach **Eder, Dingl. Journ. 258, 183 u. 320** können die von **Liesegang** und **Abney** vorgeschlagenen Fixiermittel für Chlorsilberpapier (Salmiaklösung bzw. schwefligsaures Natron) ihres geringeren Auflösungsvermögens wegen das unterschwefligsaure Natron nicht ersetzen.

Über die Behandlung unfixierter Positivkopien und über das Auswässern von Kopien siehe **Pharm. Zentrh. 1910, 806.**

Nach **Lüppo-Cramer** läßt sich das Thiosulfat aus Gelatineschichten, die mit neutralem Fixierbade behandelt waren, bedeutend schneller auswaschen als aus sauer fixierten Schichten, doch kann man auch in letzterem Falle den Auswaschprozeß bedeutend beschleunigen, wenn man nach dem Fixieren kurz spült, dann 5 Minuten in einer 5—10proz. Kochsalz- oder Glaubersalzlösung badet und kurze Zeit wäscht. Diese Erscheinung der rascheren Auswaschbarkeit von Schichten mit neutralen Salzlösungen tritt auch auf, wenn es sich darum handelt, die durch angesäuerte Ferricyankaliumlösung entstandene Gelbfärbung der Gelatine zu beseitigen. **(Phot. Ind. 17, Nr. 29.)**

Zum Auswaschen der Platten genügt, wenn man das Wasser jedesmal vollkommen abtropfen läßt, für eine Platte 6 × 9 ein viermaliger Wasserwechsel von je 2 Minuten mit einem Wasserverbrauch von 120 ccm. Papierbilder erfordern öfteren Wasserwechsel. **(A. Vincent, Phot. Ind. 1917, 646.)**

Photographische Entwickler- und Fixierbadlösungsreste werden nach **Journ. Ind. Eng. Chem. 7, 899** aus Films und Kopien wie folgt entfernt: Die Platten, Films oder Kopien werden nach dem Fixieren in einem Gefäße mit fließendem Wasser gewaschen. Alle 2—3 Minuten wird das Gefäß gewechselt und das im Gefäße gebliebene Wasser mit einigen Tropfen $AgNO_3$-Lösung geprüft. Bleibt das Waschwasser klar, so sind keine der genannten Lösungen mehr in den Platten usw. enthalten.

Zum schnellen Trocknen photographischer Platten bedient man sich nach **Lumière** und **Seyewetz** statt des Alkohols, der zuweilen Flecke und undurchsichtige Stellen verursacht, einer gesättigten Pottasche- oder Aluminiumsulfatlösung (90 g in 100 ccm Wasser), in der man die zu entwässernden Platten während 4—5 Minuten badet. Man legt dann die Platten zwischen Fließpapier und reibt sie mit einem Leinwandlappen kräftig ab, wobei die Schicht nicht im geringsten leidet. Negative können dann ohne weiteres kopiert und lange aufbewahrt werden, doch empfiehlt es sich, sie später nochmals auszuwaschen. (Ref. in **Zeitschr. f. angew. Chem. 26, 18.)**

Nach **Lüppo-Cramer, Phot. Ind. 1912, 897,** soll jedoch die Trocknungsmethode der Negative mit konzentrierter Pottaschelösung häufig zu Trübungen der Gelatineschicht und zur Ablösung von ihrer Unterlage führen.

Um nasse Kopien schnell zu trocknen, drückt man die Bilder am einfachsten an den erwärmten Lampenschirm einer brennenden Petroleumlampe an und streicht die Kopien mit einem Tuch glatt. **(Pharm. Zentrh. 1910, 216, 813, 930.)**

Nach **W. Raabe, Chem.-Ztg. 1913, 161,** trocknet man gut gewässerte Platten am besten in der Weise, daß man sie hinter einen geheizten Kachelofen stellt oder einem heißen Luftstrom aussetzt, wie er von den elektrischen Heißluftduschen erzeugt wird. Die Platte ist in 4—5 Minuten gebrauchsfertig, ohne daß die Gelatineschicht zerfließt. Vgl.: Trocknen photographischer Platten oder Films in einem heizbaren Vakuumraum nach **D. R. P. 286 933.**

Der Entwicklungs-Fixierprozeß der Platte läßt sich auch umkehren, und zwar auf Grund der Beobachtung, daß eine nicht entwickelte fixierte Platte, die glasklar erscheint, nunmehr physikalisch weiter entwickelt [572] das Bild gibt. Das nur bei länger als sonst belichteten Platten ausführbare, auch sonst umständlichere Verfahren hat den großen Vorteil, daß man zu seiner Ausführung die Dunkelkammer entbehren kann. S. nächstes Kapitel und [610].

580. Kombiniertes Entwickeln und Fixieren (Schnellphotographie). Schleierbeseitigung. Negativfleckentfernung.

Über Entwickeln und Fixieren in einer Operation und über die Schnellphotographie siehe **Lüppo-Cramer, Phot. Ind. 1915, H. 3.**

Zur Herstellung von Contretypes durch Entwicklung nach dem Fixieren wäscht man das sehr kräftig entwickelte Negativ kurze Zeit, bedeckt die Glasseite mit nassem, schwarzem Papier und belichtet in etwa 50 cm Entfernung 10—15 Minuten mit einem Auerbrenner. Man entfernt dann das negative Bild wie bei den Autochromplatten durch Permanganatlösung, das unzersetzte Bromsilber mit 10proz. Thiosulfatlösung, wäscht und behandelt mit dem in [576] beschriebenen Quecksilberentwickler. (**Lumière** und **Seyewetz**, Ref. in **Zeitschr. f. angew. Chem. 25, 1742.**)

Zum kombinierten Entwickeln und Fixieren photographischer Bilder verwendet man nach **Phot. Mitt. 1910, Heft 12** eine Lösung von 1 g Amidol, 5 g wasserfreiem Natriumsulfit, 100 ccm Wasser und 10 ccm 20proz. Fixiernatriumlösung. Wenn jede Spur unbelichteten Bromsilbers verschwunden ist (etwa in 15 Minuten) wird gespült. Sollte die Entwicklung zu energisch verlaufen, so setzt man der Flüssigkeit etwa 3 Tropfen Bisulfitlösung zu.

Nach **E. P. 15 657/1908** wird ein Entwickler- und Fixierpräparat, mit dem man die Bilder bei vollem Tageslicht entwickeln und fixieren kann, hergestellt durch Lösen von 4 g eines Pulvers, bestehend aus 81 g Magnesiumpikrat, 544 g wasserfreiem Natriumsulfit, 250 g Natriumhydrosulfit und 125 g Diaminophenol in 100 g Wasser.

Nach einem Referat in **Chem.-Ztg. Rep. 1912, 84 (Lumière** und **Seyewetz)** verfährt man zum Entwickeln photographischer Bilder nach dem Fixieren folgendermaßen: Die 4—6mal länger als üblich belichtete Platte wird zunächst mit 2proz. Thiosulfatlösung fixiert und gewässert, worauf man in 150 ccm einer Lösung entwickelt, die in 1000 ccm Wasser 180 g Natriumsulfit, 75 ccm 10proz. Silbernitratlösung (oder statt der letzteren 9 g Quecksilberbromid) enthält und der man 30 ccm einer Lösung von 20 g Natriumsulfit und 20 g Metol (oder Hydrochinon oder Pyrogallussäure) in 1000 ccm Wasser zugegeben hat. Ähnlich verfährt man bei der Herstellung von Diapositiven durch Entwickeln nach dem Fixieren.

Bei Herstellung der Ferrotypien (Bilder in automatischen Schnellphotographieapparaten) verfährt man in der Weise, daß man das entwickelte, fixierte, negative Bild mit Quecksilberchlorid bleicht, so daß die dunklen Partien des Bildes durch den mit schwarzem Lack überzogenen Blechuntergrund gebildet werden. Um Entwicklung, Fixierung und Bleichprozeß in einer Operation zu vereinigen, verwendet man nach **Lüppo-Cramer** einen fixierenden Entwickler aus 31 Tl. Natriumsulfit (kryst.), 248 Tl. Natriumthiosulfat (kryst.), 8 Tl. Soda (kryst.), 8 Tl. Bromkalium, 800 Tl. Wasser, 20 Tl. Hydrochinon und 45 Tl. Ammoniak (0,910), der einen sehr hellen Silberniederschlag erzeugt. (**Phot. Ind. 1912, Heft 45.**)

Lüppo-Cramer warnt davor, dieses Verfahren der Schnellphotographie und des Entwickelns und Fixierens in einer Operation bei Gelatineplatten anzuwenden, da sie bei diesem Verfahren zur Pseudosolarisation und zur Bildung von dichroitischen Schleiern neigen. Praktisch verwendbar sind nur Bromsilberkollodiumplatten, deren beim Entwickeln entstehender weißer Silberniederschlag sich von der Ferrotypplatte, also dem schwarzen Asphaltlack des Untergrundes, kontrastreich abhebt. (**Phot. Ind. 1915, Heft 3.**)

Zur Zerstörung des dichroitischen Schleiers verwendet man am besten eine neutrale Kaliumpermanganatlösung 1 : 1000 und entfernt nach der in wenigen Augenblicken erfolgten Schleierbeseitigung das in der Gelatineschicht abgeschiedene Mangansuperoxyd durch Eintauchen der Platten in eine 20proz. Natriumbisulfitlösung. (**Seyewetz, V. Kongreß f. angew. Chem. 1903.**)

Nach **E. Vogel**, Taschenbuch 1909, 203, entfernt man Schleier verschiedener Farbe (gelbe, grüne, rötliche Färbung) in folgender Weise: Man legt das fixierte, gut gewaschene Negativ in ein Gemisch von 100 ccm gesättigter Alaunlösung und 3 ccm Salzsäure; dann wird gut gewaschen. Oder man behandelt mit der Lösung von 30 g Alaun, 30 g Citronensäure, 90 g Eisenvitriol in 600 ccm Wasser. Gelbe, in der Durchsicht dunkle Flecke werden durch gründliches Ausfixieren beseitigt.

Der im Entwickler entstandene dichroitische Schleier läßt sich auch durch kurze Behandlung in einem Bade, das 3% Kupfervitriol und 3% Kochsalz in wässeriger Lösung enthält, leicht entfernen, wobei man, falls das Bild leiden sollte, in einem beliebigen Entwickler wieder nachschwärzen kann. Der in einem ausgenutzten Fixierbad entstandene Schleier erstreckt sich hingegen durch die ganze Gelatineschicht und ist dann nur durch Oxydationsmittel zu entfernen. Man erkennt übrigens die Güte des Fixierbades daran, ob sich ein auf weißes Papier gespritzter Tropfen im Lichte braun färbt, in diesem Falle ist es zu ersetzen. (**E. Custe, Phot. Wochenbl. 1917, 94.**)

Die Verschleierung von Photoplatten durch Terpene, Harze, Holz, Packpapier oder Druckschrift ist stets auf die Bildung von Wasserstoffsuperoxyd zurückzuführen. Nach **Lüppo-Cramer** begegnet man dieser Wirkung dadurch, daß man zwischen Platte und Packmaterial ein mit feinstverteiltem Mangansuperoxyd imprägniertes Papier legt, so daß der Braunstein das Wasserstoffsuperoxyd katalytisch zersetzt, ehe es an die Platte gelangen kann. Zur Bereitung des Papiers tränkt oder überstreicht man das übliche schwarze Packpapier mit einer 1 proz. Kaliumpermanganatlösung. Ebenso verliert auch das sonst photographisch stark aktive Erlenholz durch Überstreichen mit Permangant völlig seine Wirkung. **(Phot. Ind. 1916, Heft 43.)**

Bei der Behandlung reiner Gelatineschichten mit Wasserstoffsuperoxyddämpfen erfolgt nach **Lüppo-Cramer** eine Veränderung der Gelatine in dem Sinne, daß sie mit sauerem Metol-Silberverstärker gewaschen, in wenigen Minuten eine kräftige Entwicklung der Wasserstoffsuperoxydeinwirkung zeigt, die mit Citronensäure, nicht aber mit Fixiersalz zerstörbar ist. Ähnlich wie Wasserstoffsuperoxyd verhalten sich auch Terpentinöldämpfe. **(Phot. Korr. 1912, 501.)**

Zur Entfernung von Metallschleiern von Negativen, die nur von ungünstiger Lagerung der Platten herrühren, nicht aber Entwicklungs- oder Lichtschleier sind, behandelt man die Platten nach **Chem.-Ztg. Rep. 1911, 196** einige Minuten mit einer Quecksilberchloridlösung 1 : 250, bis der Schleier in der Durchsicht verschwindet. Nach dem Auswaschen und Trocknen bleibt der Schleier zwar in der Aufsicht bestehen, stört aber nicht beim Kopieren.

Zur Entfernung der Flecke auf photographischen Platten, deren Entstehung auf verschiedene Ursachen zurückzuführen ist (bei frisch entwickelten, verstärkten Negativen rühren sie zumeist von ungenügendem Fixieren oder schlechtem Auswaschen der Platten her), genügt es häufig, die Platte einige Zeit in stark verdünnte Salzsäure zu legen, worauf man später die Oberfläche mit einem Wattebausch säubert. Zur Beseitigung brauner Färbungen legt man die Platten einige Zeit in ein angesäuertes Fixierbad, das allerdings auch die Verstärkung zum Verschwinden bringt. Nach **Techn. Rundsch. 1913, 34** kann man die Platte auch zur Entfernung der Flecken etwa 24 Stunden in ein altes, zum größten Teil verbrauchtes Tonfixierbad einlegen.

Zur Beseitigung gelber Flecken aus Negativen werden diese nach **Photograph 1909, Nr. 64** mit einer Lösung von 40 g Fixiersalz und 100 ccm Glycerin in 100 ccm Wasser wiederholt bepinselt und abgespült, evtl. läßt man die Lösung einen Tag lang einwirken, bis die Flecken ausgebleicht sind. Eine andere Lösung, die man zu demselben Zweck verwenden kann, besteht aus 1 g Kaliumbichromat und 3 ccm konzentrierter Salzsäure in 100 ccm Wasser, in der man die Platten wäscht, bis sich die Gelbfärbung verloren hat; dann werden sie mit Rodinal- oder Eisenoxalatentwickler geschwärzt. Lackierte Platten müssen natürlich vorher mit Spiritus abgewaschen werden.

Zur Entfernung von Entwicklerflecken auf Negativen wird die Platte nach **Phot. Rundsch. 1910, 7** zunächst mit einer Lösung von 15 g Kaliumbichromat, 90 g konzentrierter reiner Schwefelsäure und 100 g Kochsalz in 1000 ccm Wasser gebleicht, worauf man die Flecken mit einer Lösung von 2,7 g Kaliumpermanganat und 14 g konzentrierter reiner Schwefelsäure in 1000 ccm Wasser oxydiert. Den entstandenen Braunstein entfernt man durch eine Lösung von 4,3 g krystallisiertem Natriumsulfit und 5,8 g konzentrierter Schwefelsäure in 1000 Tl. Wasser, schließlich wird die Platte nochmals entwickelt.

Zur Beseitigung von Flecken auf Bromsilberkopien verwendet man bei weniger dichten Bildern nach **R. Rawkins**, Ref. in **Chem.-Ztg. Rep. 1914, 198**, den Farmerschen Abschwächer, während für dichte Bilder zweckmäßig ein mit überschüssigem Jod versetztes Bad bereitet wird, das in 450 ccm Wasser, 30 g Cyankalium und 30 g Jodkali enthält.

Die Fleckenbildung an Stellen, wo Wassertropfen auf einem trockenen Gelatinenegativ eingetrocknet sind, ist darauf zurückzuführen, daß die Mitte des Kreises silberärmer, also hell und glänzend ist, während sich am Rande des Fleckens das Silber anhäuft, sodaß in der Aufsicht kraterförmige Gebilde entstehen. **(K. Schaum, Zeitschr. f. wiss. Photogr. 1916, 154.)**

Über Fleckenentfernung von fertigen Bildern s. **[616]**.

Verstärken und Abschwächen.

581. Literatur und Allgemeines, Verstärkungs- und Abschwächungsverfahren.

Über vergleichende Versuche mit photographischen Verstärkern und Abschwächern siehe **E. Stenger, Zeitschr. f. Reprod.-Techn. 1910, 3.**

Über die abschwächende Wirkung der Fixierbäder, die in saueren Bädern mit der Konzentration und der Einwirkungsdauer bis zur vollständigen Lösung der Bindung wächst, den Einfluß der Luft und weitere Einzelheiten siehe **E. Stenger, Zeitschr. f. Reprod.-Techn. 1912/13.**

Um ein zu schwach geratenes (flaues) Negativ zu kräftigen, behandelt man die Silberschicht der Negative mit Chemikalien, die mit dem auf der Schicht niedergeschlagenen Silber komplexe Verbindungen eingehen und so eine Verdichtung des Niederschlages herbeiführen. Umgekehrt behandelt man ein zu dicht geratenes Negativ mit Agentien, die entweder die Silberschicht direkt angreifen (anlösen), oder mit dem Silber Salze bilden, die in gleichzeitig angewendeten anderen Chemikalien löslich sind.

Zur Verstärkung (Dichtevergrößerung) dient in erster Linie Sublimat, das durch Bildung von Silberchlorid und Kalomel eine Vergrößerung des Silberkornes hervorruft. Den entstehenden weißen Niederschlag schwärzt man durch Ammoniak (wobei allerdings das Silberchlorid gelöst wird) oder durch Entwicklung (Reduktion zu Silber und Quecksilber), mittels Sulfites usw. Bei Ersatz des Sublimates gegen Quecksilberjodid in überschüssigem Jodkali gelöst, ist keine Schwärzung nötig, da die gebildete gelbe Schwermetall-Doppelsalzschicht an und für sich aktinisches Licht stark absorbiert. Auch andere Metallsalze (Zinn, Kupfer, Blei), besonders Uranylferricyan, das mit Silber braunes Uranylferrocyan bildet, allerdings die Gelatine gelb färbt, dienen als Verstärkungsmittel.

Die gebräuchlichen Verstärker unterscheiden sich nur durch die verschiedene Stärke mit der sie die dünne Platte zu kräftigen imstande sind. Außerdem vermögen manche Verstärker (Uran) die gedeckten Stellen bei weitem mehr zu kräftigen als die Schatten, während mit Quecksilberchlorid geringere Verstärkungen erzielt werden. Nach **Techn. Rundsch. 1912, 699** entwickelt das Ferrocyanuran als Verstärkungsmittel die größte Kraft, wobei die Negative allerdings rot gefärbt werden.

Die Abschwächer werden nach **Luther** in vier Klassen eingeteilt und zwar nach ihrer gleichmäßigen Wirkung auf sämtliche Dichten des Negativs bzw. nach dem stärkeren Einfluß des betreffenden Abschwächers auf besonders dichte Stellen des Negatives. Den wichtigsten „subtraktiven" Abschwächer, der schleierbeseitigend wirkt und mit Erfolg als Vorstufe zur Verstärkung verwandt wird, fand **Farmer** in dem Gemisch von Ferricyankalium und Natriumthiosulfat: es entsteht Ferricyansilber, das sich im Thiosulfat löst. Der „superproportionale" Persulfatabschwächer beeinflußt vor allem die dichten Negativstellen und greift die Mitteltöne nur wenig an.

Nach **F. Pettauer, Phot. Ind. 1912, 245** empfiehlt es sich, die Verstärkung vor dem Trocknen der Negative, die Abschwächung dagegen nach ihrem Trocknen vorzunehmen. Verfasser gibt auch die Gründe für diese Vorschrift an.

Nach **J. Desalme, Chem.-Ztg. Rep. 1912, 488** bleicht man das Negativ bzw. den Bromsilberdruck zur folgenden Verstärkung zunächst in der leicht auswaschbaren Lösung von 20—30 g Kupferchlorid und 3—5 ccm Salzsäure in 1 l Wasser, wäscht kurz und verstärkt zur Erzielung eines kräftigen warmen Schwarz in einer Zinnsalzlösung.

Nach **Phot. Rundsch. 1909, 83** wird vorgeschlagen, zur partiellen Verstärkung und Abschwächung das Negativ teilweise mit Zaponlack zu überstreichen. Die Verstärkung bzw. Abschwächung findet dann nur an den Stellen statt, die vom Lack nicht bedeckt sind.

Nach **E. Irmenbach, Phot. Korr. 1912, 71** werden Interieuraufnahmen oder ähnliche unter ungünstigen Lichtverhältnissen aufgenommene Platten nach einem kombinierten Verfahren der partiellen Abschwächung und Verstärkung behandelt, und zwar deckt man zunächst die Schatten mit Kautschuklösung und schwächt die Lichter ab, dann entfernt man die Kautschukschicht, deckt die Lichter ab und verstärkt die Schatten.

Dunkle Wolken auf Diapositiven werden nach **Pharm. Zentrh. 1910, 900** wie folgt aufgehellt: Man belichtet eine empfindliche Diapositivplatte dreimal so lange wie gewöhnlich und entwickelt in einem Hydrochinonentwickler, dem man auf 10 ccm 1 ccm einer Verzögerungslösung aus 15 g Ammoniumcarbonat, 15 g Bromammonium und 250 ccm Wasser zusetzt. Nach genügender Entwicklung des Vordergrundes wird gespült und man bearbeitet sodann den Himmel mittels eines feinen Pinsels mit reinem Hydrochinonentwickler weiter, bis die Wolken klar zum Vorschein kommen. Diese erhalten allerdings einen blauschwarzen Ton, während der übrige Bildteil braun ist, doch kann man diesen Nachteil durch ein Tonbad wieder ausgleichen.

Über ein lichtelastisches Negativ, das die Herstellung flauer, ebensowohl als harter Drucke mit allen dazwischenliegenden Abstufungen gestattet, dadurch, daß das grauschwarze Silber durch eine gefärbte inaktinische Substanz ersetzt wird, siehe **Francis Sforza,** Referat in **Chem.-Ztg. Rep. 1910, 560.**

Zum stellenweisen Abschwächen, Verstärken oder Färben photographischer Schichten verwendet man als Lösungsmittel statt des Wassers Glycerin, Zuckersirup, dicke Gummi arabicumlösung, flüssigen Leim oder überhaupt Flüssigkeiten, die ohne auszufließen allmählich in die Bildschicht eindringen. Ähnlich wie das besonders geeignete Glycerin, das direkt zum Auflösen der Bestandteile des Farmerschen Abschwächers dienen kann, wirken für diese Art der stellenweisen und stufenweisen Verstärkung bzw. Abschwächung konzentrierte Salzlösung, z. B. gesättigte Kochsalzlösung. Man braucht nur einen der bekannten konzentrierten Verstärker statt mit Wasser mit derselben Menge Glycerin zu verdünnen und erhält so gleichmäßige Einwirkung und weiche Umrisse. **(D. R. P. 290 719.)**

582. Verstärkungsverfahren.

Nach einem gebräuchlichen Verfahren (Referat in **Helios 1912, 21**) löst man zur Verstärkung dünner Diapositive, die für Projektionszwecke zu kontrastarm sind, 10 g Quecksilberchlorid in 100 ccm Wasser, verdünnt mit derselben Wassermenge und bleicht die Diapositive in dieser Lösung, um sie nachträglich gründlich auszuwaschen und in einer der folgenden Lösungen zu färben: Man erzielt beispielsweise rotbraune Töne mit 10proz. gewöhnlicher Sodalösung, warme schwarze oder kalte braune Töne in 10- bzw. 20proz. Natriumthiosulfatlösung, purpurbraune Töne in filtriertem Kalkwasser usw. Man kann Diapositive auch verstärken, wenn man sie nach völliger Bleichung in jenem Quecksilberbad gründlich auswäscht und dann in einer Lösung von 10 g krystallisiertem Natriumsulfit in 100 ccm Wasser völlig schwärzt; dann wässert man und schwächt in einer Lösung von 1 g rotem Blutlaugensalz und 10 g Natriumthiosulfat in 100 ccm Wasser bis zu der gewünschten Stufe ab.

Ein Verstärker für Negative wird nach **Pharm. Zentrh. 1910, 838** hergestellt aus einer Lösung von 1 Tl. Quecksilberchlorid in 136 Tl. Wasser, der man so lang Jodkaliumlösung 1 : 10

zutropft, bis der entstandene rote Niederschlag wieder gelöst ist. Aus 3 Tl. dieser filtrierten Vorratslösung wird ein Bad bereitet, das außerdem in 24 Tl. Wasser, 1 Tl. Natriumsulfit enthält. Das Negativ wird gewaschen und in einem nicht färbenden Entwickler weiterbehandelt.

Über die Verstärkung photographischer Bilder mit Quecksilberchlorid in 2 Stufen siehe auch **R. Namias, Phot. Korr. 1913, 304.** Vgl. **Chem.-Ztg. Rep. 1910, 472.**

Zur Verstärkung von Bromsilber- und Gaslichtpapieren bleicht man die Bilder zuerst in Quecksilberchloridlösung und behandelt sie dann in einer Lösung, die in 1000 ccm Wasser 20 g Ätznatron und 50 ccm Formaldehyd enthält. **(Phot. Rundsch. 1921, 315.)**

Zur Tonung bzw. Verstärkung von Silberbildern behandelt man das Negativ oder Bromsilberbild nach **A. Neugschwender, Chem.-Ztg. Rep. 1911, 36,** mit Ferricyankalium bis es gebleicht ist, geht darauf in ein Zinnchlorürbad und ruft schließlich mit Ammoniak eine kräftig braune Färbung hervor. Aus diesen beiden Agenzien entsteht mit Ferrocyansilber eine tiefbraune Flüssigkeit, die kolloidales Silber enthält, das dann die Verstärkung ebenso bewirkt, wie die Tonung eines Bildes, wenn man die Flüssigkeiten als Tonbad benützt. Statt des Ammoniaks kann man andere Alkalien, statt Zinnchlorür andere Zinnsalze oder Reduktionsmittel und statt des Ferricyansilbers andere amorphe Silberverbindungen anwenden, wodurch sich verschiedene Farbtöne ergeben. Ein guter Verstärker, der kontrastreicher arbeitet als Quecksilberverstärker, aber schwächer wirkt als jener aus Uransalzen, setzt sich zusammen aus salpetersaurem Zinn und Soda. **(A. Neugschwender, Zeitschr. f. Kolloid. 7, 214.)**

Nach **Namias** erhält man gute Verstärkungen, wenn man das mit Kupferbromid gebleichte Bild statt mit Silbernitrat, das nur bei Kollodiumplatten gute Resultate gibt, mit einer Aufschwemmung von Silberoxalat schwärzt. **(Phot. Korr. 1920, 188.)**

Zur Herstellung photographischer Verstärker in fester haltbarer Form bereitet man nach **D. R. P. 222 901** ein inniges Gemisch aus 10 Tl. Ferricyankalium, 50 Tl. entwässertem Kupfersulfat und 80 Tl. entwässertem Natriumcitrat; 5 Tl. dieses Pulvers geben mit 100 Tl. Wasser einen gebrauchsfertigen Verstärker. Zur Erzielung eines reinen Weiß setzt man 5 Tl. Trinatriumphosphat zu. Das Präparat unterscheidet sich von dem **Eder**schen Verstärker dadurch, daß es nicht rotgefärbte Negative, sondern Bilder liefert, die im Ton nur wenig bräunlicher sind als der normale.

Zur Verstärkung photographischer Bilder soll man in Abänderung der ursprünglichen **Eder**schen Vorschrift ein viel schwächer saures Bad einer 1 proz. wässerigen Kaliumbichromatlösung mit 0,2 ccm Salzsäure verwenden, so daß die die Verstärkung bewirkende bräunliche Chromverbindung (ein Adsorptionsprodukt von Bichromat oder Chromsäure und einem basischen Chromhydroxyd) in größerer Menge entsteht, als wenn man mit der 2 proz. Bichromatlösung **Eders** arbeitet, die einen Zusatz von 6 ccm Salzsäure erhält. **(R. E. Crowther,** Referat in **Zeitschr. f. angew. Chem. 29, 523.)**

Zur Herstellung eines in Pulverform haltbaren Kupferbromid-Verstärkers versetzt man 2 Mol. Bromkalium mit 1 Mol. entwässertem Kupfervitriol, arbeitet auf und füllt das schwach gefärbte Pulver in Patronen, deren Inhalt vor dem Gebrauch in Wasser gelöst wird. **(D. R. P. 201 168.)**

Nach **Phot. Mitt. 1909, 142** wird ein Bromjodkupfer-Verstärker hergestellt aus 6,5 g Kupfersulfat in 90 ccm Wasser und 0,5 g Jodkalium nebst 1,3 g Bromkalium in 30 ccm Wasser. Man legt das Negativ bei hellstem Tageslicht in die filtrierte Lösung, bis es eine kanariengelbe Färbung angenommen hat, wässert dann $^1/_4$ Stunde und schwärzt mit einer starken, silbernitrathaltigen Natriumsulfitlösung oder einem Entwickler von der Zusammensetzung: 15 g Natriumsulfit, 120 ccm Wasser, 5 g Soda, 0,2 g Bromkali und 3,3 g Hydrochinon. Man erhält so weinrote bis rosenrote Töne.

Zur Erzeugung eines kräftigen Röteltones, der durch Zusatz von etwas Schwefelnatriumlösung nach allen Mitteltönen zwischen Rotbraun und Kaltbraun variiert werden kann, bleicht man die Bilder in einer Lösung von 1 Tl. Ferricyankalium und 0,5 Tl. Kaliumbromid in 100 Tl. Wasser und tont dann mit einer halbprozentigen Lösung von Schlippeschem Salz. Das Verfahren kann auch zur Negativverstärkung benützt werden. **(L. Strasser, Prometheusbeiblatt 1917, 78.)**

Zur Verstärkung photographischer Silberschichten legt man die Platte in eine Lösung von Selenosulfat und spült sie, wenn der genügende Grad der Verstärkung erreicht ist. **(D. R. P. 333 094.)**

Nach **D. R. P. 239 268** wird ein Verstärkungsbad angesetzt aus 0,5 g Benzochinon, 2,5 g Bromkalium und 100 ccm Wasser. Man spült das rötlich-braun gefärbte Bild ab und taucht es in eine Lösung von 2 Tl. Wasser und 1 Tl. konzentrierter Ammoniaklösung, wodurch das Bild klarer wird. Gegenüber der Sublimatverstärkung soll das Verfahren einige Vorteile zeigen. Man kann ebenso statt des Benzochinons 10 g benzochinonsulfosaures Natron verwenden; doch ist die erstere Lösung trotz ihres schwach stechenden Geruches vorzuziehen. Ein leichter Schleier, den das Bild erhält, läßt sich mit Ammoniak entfernen. Vgl. hingegen **Phot. Rundsch. 1911, 161.**

Über die Verwendung der Chinone als photographische Verstärker siehe **Phot. Mitt. 1911, 132.** Vgl. dagegen **Phot. Rundsch. 1911, 161** und **Chem.-Ztg. Rep. 1911, 484.**

Zur Verstärkung von Negativen kann man eine ätherische Wasserstoffsuperoxydlösung benützen, die auf dem Negativ eine reliefartige Ablagerung hervorruft. **(Ebert, Chem. Ztg. 1903, 152.)**

Zur Herstellung verstärkter Abzüge von flauen Negativen legt man beim Kopierprozeß zwischen Negativ und Papier ein dünnes durchsichtiges mit einer lichtempfindlichen Mischung von Kaliumferrioxalat und Rhodanammonium getränktes Gelatine- oder Kollodiumblättchen, das man, wenn geringe Verstärkung gewünscht wird, vorher im Tageslichte ausbleicht, während für durchgreifende Verstärkung zwei oder mehr der Blätter eingelegt werden. Diese Einlagen stimmen sich während des Kopierens im Gegensatz zu den Flexoidfiltern selbsttätig chemisch in der Weise ab, daß das Ferrisalz im Lichte zu Ferrosalz reduziert wird, das im Gegensatz zu Ferrioxalat mit Rhodanammonium nicht reagiert. Die mit unverändertem Ferrioxalat und Rhodanammon erzeugte blutrote Färbung verschwindet demnach unter den hellen Negativstellen und sie bleibt unverändert unter den dunklen Stellen, so daß ein genauer Abklatsch des Negativs entsteht. Dieser wirkt dann zusammen mit der Silberschicht des Negativs doppelt stark, was Zurückhaltung des Lichtes betrifft, umsomehr, als das Eisen-Rhodanrot gerade die photographisch wirksamen Strahlen stark absorbiert. Da das Licht an den hellen Stellen ungehindert durchdringen kann, erhält man demnach mindestens doppelt so starke Kontraste des Positivs. Das Ferrooxalat der benützten Einlageblätter verwandelt sich nach deren etwa 14tägiger Lagerung im Dunklen durch Luftoxydation wieder in Ferrioxalat, so daß die Blätter wieder benutzbar werden. **(D. R. P. 316 087.)**

583. Abschwächungsverfahren.

Zur Abschwächung von Bromsilberbildern, die durch Schwefeltonung sepiabraun gefärbt worden waren, verwendet man nach **E. Smith, Phot. Korr. 1908, 146,** eine Lösung von 3 g Kupferbromid und 25 g Bromkalium in 100 ccm Wasser. Man wässert dann 5 Minuten lang und fixiert wie gewöhnlich.

Zum Abschwächen von Platinotypien verwendet man nach **Pharm. Zentrh. 1910, 900** eine 10proz. vor dem Gebrauch zu verdünnende Chlorkalklösung. Das Bad darf nicht zu lange einwirken, da sonst das Papier angegriffen wird. Man wäscht dann ab, und behandelt in einer 5proz. Natriumsulfitlösung nach, um schließlich sehr gut auszuwaschen.

Zur Herstellung des **Farmer**schen Abschwächers mischt man gleiche Teile einer 10proz. Fixiernatronlösung und einer 2proz. Lösung von rotem Blutlaugensalz in Wasser und beläßt das Negativ in dieser Mischung bis zur Erzielung der richtigen Dichte. Vorher eingeweichte Negative werden weniger geschwächt als wenn man die Negative trocken einlegt. Nach **C. Stürenburg, Phot. Chronik 1911, 375** und **380** darf man beim Abschwächen mit diesem **Farmer**schen Abschwächer nicht zu viel Thiosulfat anwenden, da sonst durch Auflösung des gebildeten Ferricyansilbers die feineren Töne verloren gehen.

Über die vergleichenden Versuche, die **E. Stenger** und **H. Heller** mit photographischen Verstärkern und Abschwächern anstellten, siehe die Artikelserie in **Zeitschr. f. Reprod.-Techn. 1912, 18 ff.** Für den Blutlaugensalzabschwächer (**Farmers** Oberflächenabschwächer) gilt, daß die Abschwächung in getrennten Bädern erheblich langsamer verläuft und zu weicheren Platten führt als bei Abschwächung in gemeinsamer Lösung, daß ein Zusatz von Kochsalz im gemeinschaftlichen Bade wirkungslos ist und daß ein Essigsäurevorbad mit darauffolgender Einschaltung eines Fixierbades und Abschwächung in sehr schwach saurer Farmerscher Lösung bewirkt, daß die Schatten gut erhalten bleiben. Ammoniak und Soda sind ohne Einfluß auf die Abschwächung, sie erhöhen jedoch die Haltbarkeit der Farmerschen Lösung beträchtlich.

Die Gebrauchsdauer eines Blutlaugensalzabschwächers wird nach **Phot. Rundsch. 1917** durch Zusatz von etwas Traubenzucker verlängert.

Ein Abschwächer, der nicht wie das Ammoniumpersulfat zur Fleckenbildung neigen soll, wird nach **Phot. Wochenbl. 1907, 491** hergestellt aus 4 Tl. konzentrierter Fixiernatronlösung, 1 Tl. konzentrierter Lösung von rotem Blutlaugensalz und so viel Citronen- oder Essigsäure, bis blaues Lackmuspapier gerötet wird. Man schwächt nach diesem Verfahren, das sich auch für harte Bromsilberbilder eignet, am besten gleich nach dem Fixieren vor dem Waschen ab.

Einen guten Negativabschwächer erhält man aus Kupferoxydammoniak und unterschwefligsaurem Natron. Die Cupriverbindung wird vom Silber reduziert, das gebildete Silberoxyd wird durch Ammoniak weggelöst. **(E. Valenta, Phot. Rundsch. 1917, 110.)**

Auch eine 2proz., neutrale Lösung von Eisenammoniumalaun wirkt bei 25° oder auch bei Erhöhung der Konzentration auf 10% und besonders bei Gegenwart freier Schwefelsäure stark abschwächend auf Photoplatten ein. Der Gehalt von 0,5% Schwefelsäure und nicht mehr, da sonst die Gradation verschlechtert wird, ist auch deshalb nötig, weil dadurch Gelbschleierbildung vermieden wird. Das verwendete Wasser muß, wenn das Verfahren nicht kompliziert werden soll, absolut chlorfrei sein. Durch das Eisensalz wird das Silber teilweise in lösliches Silbersulfat, zum Teil in eine fast unlösliche Verbindung, vermutlich Silberoxyd, übergeführt. **(H. Krause, Zeitschr. f. wiss. Photogr. 1918, 192.)**

Über Jod und Jodthiocarbamid als subtraktive Abschwächer für Negativ und Positiv siehe **F. Becher** und **M. Winterstein, Zeitschr. f. Wiss. Photogr. 1917, 1.**

Nach **D. R. P. 239 268** werden photographische Silberbilder mit Hilfe von Chinonen und ihren Sulfoderivaten in Gegenwart von Säuren bzw. Alkalihalogeniden je nach dem Verfahren verstärkt oder abgeschwächt. Ein Abschwächbad, das dieselben guten Resultate gibt wie Ammoniumpersulfat, wird durch Lösen von 5 g Benzo- oder Toluchinon in 1000 ccm Wasser und 20 ccm Schwefelsäure hergestellt. Wenn die Anschwächung beendet ist, taucht man die Platte in eine 20proz. Lösung von Natriumbisulfit, wodurch eine nachträgliche Wirkung des Chinons verhindert wird, das die Schicht durchdringen und das Chlorsilber lösen würde: dieses entsteht durch die Einwirkung der im Wasser eingeschlossenen Chloride auf das Silbersulfat.

Chinonsulfosäure verhält sich mehr wie der gewöhnliche Farmersche Abschwächer. **Lumière und Seyewetz** erklären die eigentümliche Wirkung des Chinons damit, daß die beim Abschwächen gebildeten Körper Hydrochinon und lösliches Silbersalz Silber abscheiden, das sich vorwiegend nur auf den an der Oberfläche der Schicht liegenden Halbtönen niederschlägt.

Ähnlich wie der Farmerabschwächer wirken nach **A. Steigmann** Mercurinitrat und -sulfat in Mischung mit Salpetersäure. **(Phot. Ind. 1921, 697.)**

Als persulfatähnlicher Abschwächer eignet sich Sublimat-Kupferchlorid. Man löst aus den mit Sublimat ausgebleichten Silberbildern das Halogensilber mit Thiosulfat heraus, wobei das Calomel zu kolloidalem Quecksilber reduziert wird, und erhält so ein braunes Bild, das die Gradation des ursprünglichen Silberbildes besitzt. Die Abschwächung wird nur erzielt, wenn man die Umwandlung des Silberbildes nicht vollkommen mit Sublimat vollzieht, sondern einen Teil des Silbers mit Kupferchlorid in Chlorsilber umwandelt. **(A. Steigmann, Phot. Rundsch. 1921, 52.)**

584. Persalz-(Bichromat-)abschwächung.

Theoretische Erläuterungen über das Problem der Persulfatabschwächung, bei der die starkgeschwärzten Stellen der Platte bedeutend mehr angegriffen werden als die Halbtöne, bringen **E. Stenger** und **H. Heller** in **Zeitschr. f. wiss. Photogr. 12, 309.**

Die eigenartige sog. persulfatartige Abschwächung mit Ammoniumpersulfat tritt nach Beobachtungen von **E. Stenger** und **H. Heller** nur dann ein, wenn das Wasser Chloride enthält und zwar wird das Maximum der persulfatartigen Abschwächung, d. h. also der relativ viel stärkeren Abschwächung der Lichter erreicht, wenn der Kochsalzgehalt des Wassers zwischen 0,0075 bis 0,025% beträgt. Unter 0,005% macht sich der Einfluß kaum bemerkbar, über 0,03% tritt nur eine geringe gleichmäßige Abschwächung ein, da die Platte unter der Schutzwirkung der relativ großen Chloridmenge steht. Für die Praxis arbeitet man am besten mit 2proz. Lösungen von Ammoniumpersulfat in destilliertem Wasser, denen man pro 100 ccm 1,5—2,5 ccm einer 1proz. Kochsalzlösung zugibt. Nach **Lüppo-Cramer** tritt diese oxydierende silberlösende Wirkung in den Lichtern des Negativs auch bei Anwendung von verdünnter Salpetersäure oder einer Chromsäurelösung ein, die Alkalicyanide oder Halogenidsulfocyanide enthält. Näheres über den Prozeß und seine kolloidchemischen Ursachen siehe **Phot. Korr. 1910, 489, Phot. Wochenbl. 1910, 441** und **Zeitschr. f. wiss. Photogr. 9, 73.**

Nach **Photowoche 1911, 7** werden Negative, die durch Behandlung mit Ammoniumpersulfat abgeschwächt werden sollen, vorteilhaft vorher in ein Bad eingelegt, das 5—10% Bisulfit enthält.

Um Unregelmäßigkeiten beim Gebrauch des Ammoniumpersulfates zu vermeiden, wird nach **Phot. Rundsch. 1910, 120** empfohlen, das Negativ zunächst nur mit wenig Ammoniumpersulfat abzuschwächen, dann kurz in 5proz. Natriumsulfitlösung zu tauchen, zu waschen, und hierauf die Abschwächung in frisch angesetzter Ammoniumpersulfatlösung fortzusetzen.

Zweckmäßig fügt man der frischen Lösung des Persulfatabschwächers stets etwas gebrauchte Lösung zu, da in diesem Falle immer etwas Silbersalz vorhanden ist, wodurch der Abschwächer gleichmäßiger wirkt. **(W. Piper, Phot. Rundsch. 1920, 338.)**

Einen dem Abschwächen mit Persulfat ähnlichen Effekt kann man erzielen, wenn man Trockenplatten oder Bromsilber- oder Gaslichtpapiere 20—30 Sekunden in einer 0,5proz. Kaliumbichromatlösung badet, kurz abspült und in gewöhnlicher Weise entwickelt. Dabei werden die stärker belichteten Teile des latenten Bildes von dem Bichromat stärker angegriffen als die schwächer belichteten, erstere werden also bedeutend weniger geschwärzt. Auch harte Negative können mit einer schwach sauren Bichromatlösung gebleicht und verbessert werden. Um die darauffolgende unvollständige Wiederentwicklung zu verzögern, setzt man dem Entwickler Alkohol zu. Nähere Angaben bringt **Lüppo-Cramer** in **Phot. Ind. 1915, Heft 29.**

Nach **Phot. Wochenbl. 1911, 126** werden harte Negative weicher gemacht, wenn man sie mit einer 2proz. Sublimatlösung soweit behandelt, daß die höchsten Lichter noch schwarz bleiben, dann spült man, ätzt mit einer Mischung von Kaliumpermanganat und Schwefelsäure das übrig gebliebene schwarze Bild weg, behandelt mit Bisulfitlösung und schwärzt in einem Entwickler.

Einen kräftigen Abschwächer stellt man nach **Pharm. Zentrh. 1910, 954** her aus gleichen Teilen einer starken Lösung von Alaun und Kaliumpermanganat. Dieser Abschwächer härtet zugleich die Gelatine des Negativs. Eine evtl. entstehende braune Färbung kann durch ein Bisulfitbad leicht entfernt werden.

Über Kaliumpermanganat als Abschwächer in verdünnter saurer Lösung (Ersatz für Ammoniumpersulfat) siehe das Referat in **Chem.-Ztg. Rep. 1911, 352.**

Die aus rotem Blutlaugensalz und Bromkalium bestehende Bleichlösung für indirekt schwefelgetonte Entwicklungspapiere läßt sich nach **Lumière** und **Seyewetz** durch die wesentlich billigere Mischung gleicher Teile der Lösungen von 1 g Permanganat in 500 ccm Wasser und von 50 g Kochsalz und 10 ccm Schwefelsäure ebenfalls in 500 ccm Wasser ersetzen. Das durch Braunstein leicht gefärbte Papier wird im folgenden Schweflungsbade wieder farblos. **(Ref. in Chem.-Ztg. 1922, 20.)**

In den Fällen, als man wünscht, daß alle Teile eines Negativs proportional ihrem Silbergehalt angegriffen werden, verwendet man eine Abschwächungsflüssigkeit, die man durch Mischen von 1 Tl. einer Lösung von 0,25 g Kaliumpermanganat und 1,5 ccm Schwefelsäure in 1000 ccm

Wasser mit 3 Tl. einer Lösung von 25 g Ammoniumpersulfat in 1000 ccm Wasser unmittelbar vor dem Gebrauch erhält. Nach einer Badedauer von 1—3 Minuten wird die Platte 5 Minuten in eine 1proz. Lösung von Kaliummetabisulfit getaucht und abgespült. Wenig empfindliche, feinkörnige Emulsionen werden in ihren Halbschatten jedoch auch von diesem Abschwächer verhältnismäßig zu stark angegriffen. (**K. Huse** und **A. H. Nietz**, Referat in **Zeitschr. f. angew. Chem. 1917, 147.**)

Über Abschwächungsvorgänge siehe schließlich auch **Lüppo-Cramer, Phot. Wochenbl. 1910, 441.**

Positivprozeß.

Kopierpapiere.

585. Literatur und Allgemeines über Photodruckverfahren.

Stiefel, H. C., Die lichtempfindlichen Papiere. Wien und Leipzig 1895. — v. Hübl, Das Kopieren bei elektrischem Licht. Halle 1908. — Hanneke, P., Das Arbeiten mit Gaslicht- und Bromsilberpapieren. Halle 1918. — Stenger, E., Moderne photographische Kopierverfahren. 63. Heft der Enzyklopädie der Photographie. Halle 1909. — Loescher, F., Vergrößern und Kopieren auf Bromsilberpapier. 15. Bd. der photographischen Bibliothek. Berlin 1909.

Über die Herstellung der photographischen Emulsionspapiere siehe **A. Cobenzl, Chem.-Ztg. 1922, 171.**

Die Herstellung des Positivbildes erfordert, da es sich bei der Richtigstellung der Helligkeitswerte abermals um Beeinflussung lichtempfindlicher Schichten handelt, dieselben Verrichtungen wie der Negativprozeß: die negative Platte wird zum aufzunehmenden Objekt. Wegen der Gleichartigkeit der Verfahren wurde die Entwicklung der Papierkopien in das Kapitel „Plattenentwicklung" aufgenommen.

Im einfachsten Falle setzt man die trockene Negativplatte mit der Schichtseite auf jene einer unbelichteten, zweckmäßig feinkörnigen Platte gepreßt dem Lichte aus, entwickelt, fixiert und erhält ein Diapositiv, das in der Durchsicht betrachtet das positive Bild zeigt. Durch Anwendung von mit lichtempfindlicher Emulsion bestrichenen Papieres an Stelle der Platten erhält man die gewöhnlichen in der Aufsicht betrachtbaren Photokopien. Die Art der Emulsion ist naturgemäß entscheidend für die Verwendbarkeit des Papieres. So dienen die sehr empfindlichen Bromsilberpapiere zur Herstellung von Vergrößerungen und sog. Kilometerphotos der Ansichtskartenindustrie; die eine gemischte Chlor- und Bromsilberemulsion tragenden Gaslichtpapiere lassen sich mit einiger Vorsicht im Lichte abendlicher Zimmerbeleuchtung entwickeln, auch erfordert die Feststellung der Belichtungszeit bei Herstellung der Kopien keine besondere Sorgfalt, so daß diese Papiere zur normalen Ausführung des Kopierprozesses viel benutzt werden, umsomehr als alle Arbeiten zur Erzeugung des Positivbildes hier dieselben sind wie beim Negativprozeß. Beim Kopieren von retouchierten Negativen bei elektrischem Licht überzieht man die Rückseite mit einem Mattlack oder legt eine Mattglasscheibe auf, wodurch weniger Lichtverlust eintritt, als wenn man die Lichtquelle in eine Mattglaskugel legt. (**A. Hübl, Arch. f. Phot. 1920, 58.**)

Weitaus am häufigsten verwendet man jedoch, namentlich in Amateurkreisen die sog. Auskopierpapiere, deren lichtempfindliche Schicht Chlorsilber enthält, das sich am Lichte schnell unter Abscheidung von metallischem Silber schwärzt (vgl. **Schulze**), so daß keine Entwicklung, sondern nur das Fixieren des Bildes nötig ist. Harte Negative werden nach **Lüppo-Cramer** in der Kopie wesentlich verbessert, wenn man die Belichtung des Auskopierpapieres unter dem Negativ zu kurz bewirkt und dann unter einer Gelbscheibe weiter belichtet, so daß nur noch Mitteltöne und Lichter weiter gedeckt werden, ohne daß die Weisen verschleiern. (**Phot. Ind. 1915, H. 16.**)

Jener Vereinfachung der Arbeitsweise steht der gewichtige Nachteil der sehr geringen Haltbarkeit der Bilder gegenüber, da sich das hier abgeschiedene Silberkorn viel rascher an der Luft und im Lichte verändert als das gröbere Korn der Entwicklungspapiere. Dem raschen Ausbleichen dieser Bilder kann man bis zu einem gewissen Grade dadurch entgegenwirken, daß man das Silber ders Bildschicht durch andere Stoffe, namentlich edlere Metalle, ersetzt. Dieses sog. Tonen der Bilder kann in einer Operation mit dem Fixieren vorgenommen werden (Tonfixierbad), besser ist es jedoch zuerst völlig auszufixieren und dann erst zu tonen. Jedenfalls müssen die Bilder gut gewässert werden, da die Papierfaser das Thiosulfat nur allmählich abgibt.

Damit sind die Prozesse der Silberbilderzeugung erschöpft, alle anderen sog. Lichtdruckverfahren sind auf der Verwendung anderer Stoffe aufgebaut. Je nach der angewendeten Substanz unterscheidet man verschiedene „Druck"-Verfahren. (Die Bezeichnung Druck hat sich zwar allgemein eingebürgert, ist aber eigentlich unrichtig, da es sich hier bekanntlich nicht um ein Drucken, wie beim Buchdruck, Lithographie usw. handelt.) Man spricht also von Silberdruck, Platindruck, Eisen-, Kobalt-, Mangan- usw. Druck bzw. von Silber-, Platin-, Eisen- usw. Papieren. Manche Verfahren haben auch Phantasienamen, so z. B. Pigment-, Askau- usw.

Druck. Eine Anzahl dieser Verfahren liefert Bilder, die an Schönheit mit dem Silberverfahren wetteifern können, ja, wie z. B. das Pigmentverfahren, dieses an Schönheit und Haltbarkeit der Bilder sogar noch übertreffen.

Die Prinzipien dieser photographischen Druckverfahren lassen sich wie folgt zusammenfassen: Gummidruck, Pigment- oder Kohledruck, die Ozotypie, der Anilindruck und das Einstaubverfahren beruhen auf der Lichtempfindlichkeit der Bichromate. Die Platinotypie, Kallitypie und der Carterprozeß sind auf die Zersetzung der Ferrisalze rückführbar. Das Primulinverfahren beruht auf der Zersetzlichkeit von Diazoverbindungen im Lichte und die Katatypie [562] schließlich hat mit der Lichtwirkung überhaupt nichts zu tun, sondern beruht auf der katalytischen Zersetzung des Wasserstoffsuperoxydes durch feinverteilte Metalle und Metalloxyde. Siehe z. B. die Angaben von **K. Demeler, Zeitschr. f. angew. Chem. 1904, 849.**

Beim Kopieren negativer oder positiver Bilder auf lichtempfindliche Schichten bekannter Art, bedient man sich als Träger für die zu kopierenden Bildschichten des, für ultraviolette Strahlen höchst durchlässigen Quarzes und erzielt so den Vorteil, daß nicht nur die Kopierdauer gegenüber jener bei gewöhnlichem Glase wesentlich verkürzt wird, sondern daß auch die, die schönsten Resultate ergebenden Pigment-, Platindruck- und Silberauskopierverfahren, die zum Teil ausschließlich den Bromsilber- und evtl. den Chlorsilberentwicklungspapieren vorbehalten waren, zur Massenherstellung von Lichtbildern herangezogen werden können. **(D. R. P. 279 282.)**

586. Photographische, besonders Entwicklungspapiere.

Deutschl. Photopapier 1/2 1914 E.: 212; A.: 8229 dz.

Bezüglich der Herstellung photographischer Papiere sei auf die Spezialliteratur (z. B. **Schuberts** Handbuch der Papierverarbeitung, ferner **A. Cobenzl, Chem.-Ztg. 1918, 957 ff.**) und den Abschnitt „Papier" (z. B. [156]) des vorliegenden Werkes verwiesen.

Von den wichtigsten Hilfsstoffen der Photopapiererzeugung und -ausrüstung wurden während des Krieges zum Geschmeidigmachen der Schichten das Glycerin durch Glykol ersetzt, ebenso wie auch als Ersatz der Citronensäure bei photographischen Manipulationen Glykolsäure herangezogen wurde. Man ersetzte auch zur Vermeidung der Bildung sog. Kometen den Sprit durch Saponinlösung und weiter die zum Mattieren der Schichten dienende Stärke durch Kaolin oder Schwerspat; die Mineralstoffe waren jedoch nur ein Notbehelf da sie durch stete Bewegung der Flüssigkeit in Suspension erhalten werden müssen um ihre gleichmäßige Verteilung zu bewirken. **(A. Cobenzl, Phot. Korr. 1918, 1369).**

Die auf die übliche Weise gewonnene Holzcellulose enthält noch bis zu 15% fremde Stoffe, die sich nach vorliegendem Verfahren durch eine wässerige Lösung der Bauchspeicheldrüsenenzyme in alkalischer Lösung herauslösen lassen. Man erhält so außerordentlich feine Papiere, die sich als Filter-, feinstes Schreibpapier und auch besonders als photographisches Papier eignen, da jene Verunreinigungen solche sind, die reduzierend auf Silbersalze einwirken. **(D. R. P. 297 824.)**

Durch Verwendung von schwer- oder unlöslichen Fettseifen, gegebenenfalls unter Zusatz von Verbindungen, die lösliche Silbersalze unlöslich machen, als Zusatz zur Leimung von Photopapieren im Holländer oder in oder auf dem Fertigprodukt wird verhindert, daß die Silbersalzemulsion mit den in der Papierfaser befindlichen metallischen Verunreinigungen in Reaktion tritt. **(D. R. P. 285 562.)**

Zur Bereitung eines lichtempfindlichen Papieres bestreicht man mit Säure vorbehandeltes und ausgewaschenes Papier mit einer Asbest, Talkum und Kaolin enthaltenden Gelatine-, Gummiarabicum-Alaunlösung, preßt, wiederholt den Aufstrich, glättet mit Wachs und überzieht schließlich mit der Bromsilber-Gelatineemulsion. **(E. P. 2780/1882.)**

Ein lichtempfindlicher Bildträger besteht nach **D. R. P. 350 075** aus beiderseitig mit Schnelldruck-Silberemulsion imprägniertem Japanpapier.

Da die zur Herstellung von photographischen Entwickelungspapieren verwendeten, mit einer Barytschicht belegten Träger (Rohpapiere, Glimmer, Celluloid) nach der späteren Emulsionage mit Entwicklungsemulsionen in den Bildern häufig weiße Flecke aufweisen, überzieht man die Barytschicht vor der Aufbringung der Emulsion mit einem Eiweißstoff. **(D. R. P. 295 502.)** Nach einer Abänderung des Verfahrens trägt man auf den Träger eine Barytmischung auf, der ein Eiweißstoff beigemengt ist und belegt diese getrocknete Schicht mit dem lichtempfindlichen Überzug. Die Verwendung des Eiweißes als Bindemittel für Baritschichten verhindert die Stockfleckenbildung in wirksamerer Weise. **(D. R. P. 303 144.)**

Zur Herstellung halbmatter Entwicklungsdrucke arbeitet man besser als mit einer Glanzemulsion auf Mattbaryt mit einer mit wenig Stärke versetzten Emulsion auf Glanzbaryt. **(K. Kieser, Phot. Ind. 1916, 491.)**

Zum Silbern photographischer Papiere bringt man Doppelbogen oder zwei einfache an den Rändern fest aufeinander geklebte Bogen in die Bäder. **(D. R. P. 231 562.)**

Über Herstellung eines beiderseitig mit lichtempfindlicher Emulsion überzogenen, durchscheinenden Kopierpapieres, das auf beiden Seiten für photographische Kopien verwendbar ist, ohne daß ein Bild das andere stört, siehe **D. R. P. 269 688.** Die bei den gewöhnlichen, auf beiden Seiten mit lichtempfindlicher Emulsion versehenen Papieren gewünschte Eigenschaft daß das Licht beim Kopieren eines Bildes in die rückseitige Schicht eindringt und auch dort das gleiche Bild erzeugt, soll hier vermieden werden, ohne daß ein dickes für Licht undurchlässiges Papier verwendet werden müßte, wenn, wie es hier beabsichtigt ist, auf den beiden Seiten eines Blattes verschiedene Bilder oder Schriftsätze erzeugt werden sollen. Man färbt daher das Papier oder die Emulsion mit gelben oder roten Farbstoffen, wie sie zum Färben der Lichthofschutzschichten bei lichthoffreien Negativplatten allgemein angewendet werden.

Zur Herstellung von photographischem Abziehpapier [158] überzieht man ein aus dickerem und aus Seidenpapier durch Zusammenpressen gewonnenes Duplexpapier [168] wie gewöhnliches Photopapier mit lichtempfindlicher Emulsion belichtet, entwickelt, fixiert und wäscht wie gewöhnlich, vollzieht also alle Naßoperationen mit den vereinigten Papieren, trocknet dann und zieht die dünne Papierschicht in der Weise vom Mutterpapier ab, daß man das Duplexpapier unter Pressung auf eine dicke Rolle wickelt. **(D. R. P. 243 181.)**

Ein mechanisches Verfahren zur Herstellung photographischer Abziehfilms oder -papiere ist in **D. R. P. 263 975** beschrieben.

Zur Herstellung von für Reproduktionszwecke geeigneten, lichtempfindlichen Papieren trägt man eine mit Gelatine oder Agar und einer Schleimlösung bereitete Bromsilberemulsion in üblicher Weise auf das Papier auf, entfernt den in die Faser nicht eingedrungenen Teil der Emulsion mechanisch und erhält so einen hochlichtempfindlichen, haltbaren schichtlosen Bildträger, auf dem man bequem malen und retouchieren kann. **(D. R. P. 226 982.)**

Zur Erhöhung der Haltbarkeit lichtempfindlicher Entwicklungspapiere legt man eine Strohpapierzwischenlage zwischen die mit den lichtempfindlichen Schichten einander zugekehrten Platten oder Films. Auch Entwicklungspapiere, speziell Lichtpauspapiere [160] bleiben in ihrer Haltbarkeit unverändert, was namentlich für den Export in die Tropen in Betracht kommt. **(D. R. P. 294 664.)** Hinsichtlich der Wirkung des Strohpapiers wird vermutet, daß es vielleicht die in jedem derartigen Papier vorhandenen Spuren Kalk sind, die die sich verflüchtigenden Silbersalze binden und so wie ein Filter wirken. Das Strohpapier ist jedenfalls auch für Zwecke der Trockenplattenaufbewahrung nicht zu ersetzen, doch muß es vollständig neutral sein und in der Dicke so gewählt werden, daß eine gewisse Luftzirkulation zwischen den einzelnen Silberschichten der Platten oder Papiere möglich ist. **(Papierztg. 1918, 342.)**

Zur Herstellung ultraviolettempfindlichen Papieres, das den kleinen Wellenbereich von 313—295 Mikromillimeter anzeigt, tränkt man Papier mit einer Lösung von salpetersaurem p-Phenylendiamin. **(C. Schall, Chem.-Ztg. 1909, 971.)**

Über „Ensyna“, ein neues Kopierpapier und die zugehörigen Ensynoidtabletten, siehe **Photograph. 1909, 13.**

Der Kopierungsprozeß mit Lentapapier ist in einem Referat in **Pharm. Zentrh. 1910, 216** beschrieben. Über Lichtpausen mittels Gaslichtpapieres siehe **Pharm. Zentrh. 1910, 837.**

Über die Messung des Glanzes photographischer Papiere durch photographische Bestimmung des Reflexionsvermögens siehe die Ausführungen von **K. Kieser, Zeitschr. f. angew. Chem. 1919, 357.**

587. Photographische Auskopierpapiere.

Die gebräuchlichen Auskopierpapiere müssen neben Chlorsilber auch lösliche Silbersalze enthalten, die zur Erzielung kräftiger Bilder nötig sind, andererseits aber die geringe Haltbarkeit der Papiere verursachen und Anlaß zur Fleckenbildung geben. Nach einer Beobachtung von **Lumière** kann man nun diese löslichen Silbersalze auch vermeiden, wenn man der Emulsion Resorcin zusetzt. Die so erhaltenen Aktinospapiere sind völlig haltbar, sehr empfindlich und kopieren kräftig. **(Zeitschr. f. wiss. Photogr. 1906, 249.)**

Eine Monate lang haltbare Chlorsilbergelatine-Emulsion erhält man nach **Eder, Phot. Korr. 1885, 374** durch Vereinigung von 30 g Silbernitrat, gelöst in 50 ccm Wasser, und 25 g Gelatine in 250 ccm Wasser mit einer Lösung von 14 g Kochsalz und 25 g Gelatine in 200 ccm Wasser bei Temperaturen zwischen 30 und 50°. Man schüttelt durch, fügt evtl. noch zur Erzielung sehr hell gefärbter Bilder etwas Citronensäure zu, läßt die Gallerte in einer flachen Schale erstarren, zerkleinert und wäscht das Produkt in oft gewechseltem Wasser völlig aus. Vor dem Gebrauch wird die Emulsion bei gelinder Wärme verflüssigt und über das angefeuchtete Papier gegossen.

Über Herstellung von Kopierpapier für starke Kontraste siehe **E. P. 9275/08.** Die Emulsion wird erhalten durch Zusammenrühren der vier Lösungen: 150 g Gelatine in 1400 ccm Wasser, ferner 35 g Citronensäure, 3 g Seignettesalz, 2 g Ammoniumvanadat in 150 ccm Wasser, weiter 8 g Chlorammonium in 50 ccm Wasser und schließlich 50 g Silbernitrat in 200 ccm ebenfalls destilliertem Wasser.

Zur Herstellung eines auskopierenden Chlorsilberpapieres, das beim bloßen Fixieren grauschwarze Töne gibt, kocht man eine citronensäurehaltige Chlorsilberemulsion bis zur Umwandlung der Gelatine in nicht mehr gelatinierende Gelatose. Durch Zusatz von weinsaurem oder kohlensaurem Alkali wird die Entstehung von Doppeltönen vermieden. **(E. W. Karpinsky, Phot. Ind. 1917, 138.)**

Zur Herstellung einer Bromsilberkollodium-Emulsion für Auskopierpapiere mischt man nach **E. Valenta, Chem. Ind. 1908, Nr. 1,** 500 ccm 3 proz. Kollodium am Tageslichte mit einer Lösung von 10 g Citronensäure und 4 ccm 40 proz. Strontiumbromidlösung in 40 ccm

Alkohol und 4 ccm Glycerin-Alkohol 1 : 1, setzt bei gelbem Licht unter Schütteln eine Lösung von 10 g Silbernitrat in möglichst wenig heißem Wasser und 40 ccm Alkohol zu und fügt schließlich 80 ccm Äther bei, filtriert durch Baumwolle und vergießt. Die erhaltenen Papiere besitzen eine fast dreimal größere Empfindlichkeit als Celloidinpapier, die Kopien lassen sich besonders im Thiocarbamidtonbad gut tonen, gehen hierbei wenig zurück und besitzen keine Neigung zum Bronzieren.

Zur Herstellung eines Caseinauskopierpapieres löst man nach **Macaire, Chem. Ind. 1908, Nr. 1** 50 Tl. Casein und 1 Tl. Pottasche in 100 Tl. Wasser, filtriert nach 48 Stunden, fällt das Casein mit Essigsäure aus, wäscht mit Wasser neutral und mit Alkohol und dann Äther wasserfrei, trocknet und pulvert. Von diesem gereinigten Casein löst man 10 Tl. in 130 Tl. Alkohol und versetzt die Lösung bei 38° mit 9 Tl. Eisessig und $1^1/_4$ Tl. wasserfreiem Chlorcalcium, fügt eine Lösung von $2^1/_2$ Tl. Citronensäure in 10 Tl. absolutem Alkohol, ferner eine Lösung von 3 Tl. Campher in 10 Tl. Alkohol zu und vermischt schließlich bei 38° mit einer Lösung von 10 Tl. Silbernitrat und 3 Tl. Glycerin in 30 Tl. Wasser und 10 Tl. absolutem Alkohol. Das mit dieser Emulsion begossene Papier wird 2 Stunden bei 38—42° getrocknet und dann verwendet, wie jedes andere Chlorsilberpapier.

Die Präparation des Papieres zur Herstellung der sog. Solarprints erfolgt nach **Techn. Rundsch. 1912, 29** in folgender Weise: Man überzieht geeignetes Rohpapier mit einer Lösung von 20 g brasilianischer Tapioka in 1 l destilliertem Wasser, der man 10 g Kaliumjodid, 40 g Kaliumchlorid und 10 ccm Citronensaft zusetzt. Man silbert dann 5 Minuten in einem Bade, das in 1 l destilliertem Wasser 75 g Silbernitrat und 5 g Citronensäure enthält, belichtet das so vorbereitete getrocknete Papier unter einem Negativ, bis das Bild in seinen Umrissen schwach erkennbar ist, und legt es zur Entwicklung auf ein Bad von 1 l destilliertem Wasser, 250 ccm konzentrierter Gallussäurelösung und 10 ccm einer konzentrierten Gelatinelösung in Eisessig. Schließlich fixiert man 15 Minuten in einem wässerigen Fixiersalzbade 1 : 5.

Zur Herstellung lichtempfindlichen Schreibpapieres, das sich zum Kopieren von Briefen eignet, legt man die Bogen nach vorhergehender Imprägnierung mit 3 proz. Kochsalzlösung in getrocknetem Zustande während einer Minute in eine Lösung von je 1 g salpetersaurem Silber, Citronensäure und Alkohol in 12 ccm Wasser und preßt dieses nach dem Trocknen lichtempfindliche Papier gegen die unbeschriebene Papierseite in den Kopierrahmen. Nach einer 2—5 Minuten dauernden Sonnenbelichtung erhält man eine kräftige Kopie in weißer Schrift auf dunklem Grunde, die man in einer gewöhnlichen Fixiernatronlösung fixiert, dann auswässert und trocknet. Wenn die zu kopierenden Briefe auf beiden Seiten beschrieben sind, läßt sich auch nach längerer Zeit noch ein Abdruck erhalten, wenn man dünnes, nichtgeöltes, mit verdünnter Salzsäure bestrichenes Naturpauspapier in der Kopierpresse einige Sekunden oder Minuten mit dem Schriftstück in Berührung bringt. Sollte die Kopie zu matt geworden, so kann man sie durch Befeuchten mit einer wässerigen Lösung von Eisenvitriol oder Eisenchlorid oder Phosphorsäure verstärken. (**Techn. Rundsch. 1906, 21.**)

Nach **Phot. Rundsch. 1911, 25** wird ein Kopierpapier, das ohne Goldbad schöne rotbraune bis sepia gefärbte Töne liefert, auf folgende Weise hergestellt: Man löst 12 Tl. Borax, 25 g gebleichten Schellack, und 7 Tl. Gelatine in 300 ccm Wasser, ferner 12 g Natriumphosphat, 15 g gebleichten Schellack und 7 Tl. Gelatine ebenfalls in 300 ccm Wasser, taucht das Papier 20 Minuten in eine Mischung von 5 Tl. der ersten mit 3 Tl. der zweiten Lösung, läßt an der Luft trocknen, bringt in ein Bad, das aus 2 g Ammoniumchlorid und 2 g Magnesiumlactat in 100 ccm Wasser besteht und sensibilisiert nach dem Trocknen in 20 proz. Silbernitratlösung. Dann wird das Papier nochmals in der Schellacklösung behandelt und verwendet. Zum Fixieren werden die reichlich überkopierten Bilder zunächst 5 Minuten in eine 10 proz. Rhodanammoniumlösung und dann in eine 25 proz. Fixiernatronlösung gebracht. Vgl. **A. Streißler, Phot. Wochenbl. 1913, 303.**

Vorschriften zur Selbstpräparation von Papier und Karten zum Auskopieren bringt **Namias** in **Phot. Rundsch. 1920, 228.** So läßt man z. B. zur Erzeugung von braunen Tönen ohne Goldbad das Papier auf einer Lösung von 25 g Gelatine, 6 g Zinkchlorid, 5 g Citronensäure und 6 ccm Ammoniak in 1000 ccm Wasser schwimmen und streicht nach dem Trocknen eine Lösung von 12 g Silbernitrat, 5 g Citronensäure und 5 ccm Glycerin in 100 ccm Wasser auf.

Nach **D. R. P. 176 323** wird die Tonungskraft selbsttonender Chlorsilber-Auskopierpapiere durch Zusatz von Bleisalzen zur Emulsion erhöht.

Auskopieremulsionen für braune Töne erhalten nach **D. R. P. 351 905** zweckmäßig einen Zusatz von Elementen der Schwefelgruppe.

Zur Herstellung selbsttonender Chlorsilberauskopierpapiere setzt man 800 g der Grundemulsion die Lösung von 1 g seleniger Säure in 5 g Wasser und 10 g Alkohol oder eine Lösung von 1 g telluriger Säure und 0,75 g Lithiumoxydhydrat in 10 g Alkohol zu. Man soll so ähnliche Bilder erzielen wie durch Goldtonung. (**D. R. P. 337 820.**)

Ein goldhaltiges, selbsttonendes Auskopierpapier, das nach **D. R. P. 190 926** hergestellt wird, enthält das Gold in einer silberhaltigen Emulsion, in der das Silber zum Teil an Cyan oder Sulfocyan gebunden ist, neben einem Rosaanilinfarbstoff, wie z. B. Methylviolett oder Fuchsin.

Über Erzeugung schöner ziegelroter Töne auf selbsttonenden Celluloidinpapieren siehe **W. Friese, Pharm. Zentr.-Bl. 1913, 1265.**

Nach einem Referat in **Chem.-Ztg. Rep. 1909, 68** wird ein Kopierpapier mit Gelatineemulsion unter Verwendung von Silberphosphat hergestellt. Der zugehörige Entwickler besteht nach **E. P. 13 032/05** am besten aus Ammoniumsulfocyanid, verbunden mit Pyrogallussäure und Metol;

man kann aber auch andere Gelatinepapierentwickler verwenden. Die blauschwarzen, braunen bis roten Kopien werden höchstens 30 Sekunden in gewöhnlicher 10proz. Fixiersalzlösung fixiert.

Ähnlich wie Brom- oder Chlorsilber vermag Silberazid, in Gelatine emulgiert, ein latentes Lichtbild aufzunehmen, wobei allerdings die Empfindlichkeit der Emulsion auch nach der Ausreifung gegenüber einer normalen Diapositivplatte außerordentlich gering ist. Als Entwickler des besonders unter dem Einflusse roter Strahlen entstandenen Bildes auf ungereiftem Silberazid, dient eine wässerige Lösung von Pyrogallol, alle anderen alkalischen Entwickler reduzieren nicht nur das belichtete, sondern auch das unbelichtete Silberazid. Für den photographischen Negativprozeß kommt das Silberazid praktisch nicht in Betracht, wohl aber erhält man technisch verwertbare Resultate mit Auskopieremulsionen, die neben Citronensäure und freiem Silbernitrat, Silberazid statt Chlorsilber enthalten. Die Papiere zeigen die Empfindlichkeit von Celloidinpapier, lassen sich im Tonfixierbade sehr leicht tonen und sind gut haltbar. **(J. Bekh, Zeitschr. f. wiss. Photogr. 14, 105.)**

Zur Ausschaltung der teuren Jodide und der Gelatine bei Herstellung hochempfindlicher Trockenpapiere bereitet man Milchsilberemulsionspapiere aus einer wässerigen Lösung von Silbernitrat, Citronensäure, Kochsalz, Ammoniak, Bromkali und Sahne. Durch Variation des Prozentgehaltes der Bestandteile kann man die Eigenschaften des Papieres, das alle Details und Halbtöne sehr gut wiedergibt, beliebig ändern. **(D. Maklakow, Zeitschr. f. wiss. Photogr. 18, 240.)**

Tonungsverfahren.

588. Allgemeines über Tonung, Haltbarkeit der Bilder.

Mitteilungen über Tonfixierbäder bringt **D. Mebes** in **Photograph 1910, 13.**

Das Tonen photographischer Bilder geschieht dadurch, daß die Silberschicht der Bilder in geeigneten Bädern durch andere Körper ersetzt oder mit solchen überzogen wird. Je nach dem Körper, der dazu dient, unterscheidet man Gold-, Gold-Platin-, Platin-, Kupfer-, Uran-, Eisen- usw. Tonung. Oft werden auch verschiedene Körper gleichzeitig angewendet, am häufigsten jedoch das gewöhnliche Goldbad. Nach dem Tonen muß das Bild natürlich fixiert werden; neben dieser Art der getrennten Tonung und Fixierung wird auch häufig die sehr bequeme gleichzeitige Tonung und Fixierung gebraucht, wie sie das Tonfixierbad ermöglicht. Die Abneigung gegen das Tonfixierbad beruht auf den unzuverlässigen Resultaten und auf der geringen Haltbarkeit der Bilder, wenn nicht genau gearbeitet wird. Das Wesen des Prozesses ist: Fixieren des Bildes und zugleich eine Veränderung des Silbers durch Ablagerung der beständigeren Gold- oder Platinteilchen auf dem Silberkorn. Der wichtigere Vorgang ist demnach das Fixieren, da nur dieses die Haltbarkeit des Bildes garantiert. Es wurde daher von **R. Namias** vorgeschlagen die Kopien zur Erhöhung ihrer Haltbarkeit in ein zweckmäßig Borsäure enthaltendes starkes Fixierbad zu bringen, den Fixierprozeß von der Tonung zu trennen, also die gut vorgewaschenen Bilder zuerst in einem 10proz. Fixierbade zu stabilisieren und sie dann erst in einem Tonbade bis zur gewünschten Färbung zu tonen, doch ist bei diesem Verfahren erschöpfendes Waschen der Kopien Bedingung, da sich sonst das Fixiersalz unter dem Einflusse des Säuregehaltes der lichtempfindlichen Schicht zersetzt, wodurch Abscheidung von Schwefel (Schwefeltonung) stattfindet und daher geringe Haltbarkeit des Bildes bewirkt wird. Bei richtiger Anwendung der im Handel befindlichen schwächer reagierenden neutralen oder der ihres Citronensäure- oder Borsäuregehaltes wegen energischer wirkenden, sauren Tonfixierbäder geben aber auch diese gute Resultate, wenn man sie nicht zu stark ausnützt und stets eine Mischung von frischem und gebrauchtem Bade verwendet. Alle Tonfixierbäder enthalten eine gewisse Menge von Bleisalzen, die den Ton des Bildes wesentlich verschönern und dieser Gehalt an Bleisalzen erklärt, warum auch erschöpfte, kaum mehr goldhaltige Tonfixierbäder immer noch wirksam sind. Man kann nämlich auch ohne Goldsalze, unter Verwendung einer Lösung von Fixiernatron und Bleisalz allein schön getonte Bilder erhalten, doch sind diese bleigetonten Bilder, deren Nuance durch Abscheidung von Schwefelblei in der Bildschicht zustande kommt, nur bei tüchtigem Wässern und sonst richtiger Ausführung des Verfahrens einige Zeit haltbar.

Im bleisalzhaltigen Tonfixierbad entsteht zunächst aus dem primär gebildeten Bleithiosulfat nach der Gleichung

$$PbS_2O_3 = PbS + SO_3$$

Bleisulfid bzw. in Gegenwart von Natriumthiosulfat nach der Gleichung

$$Na_2S_2O_3 + SO_3 = Na_2SO_4 + SO_2 + S$$

freier Schwefel. Das Silber des Bildes erleichtert die Reaktion und das nach der zusammengezogenen Gleichung

$$PbS_2O_3 + Na_2S_2O_3 + Ag_2 = PbS + Ag_2S + Na_2SO_4 + SO_3$$

entstehende Bleisalz bewirkt nun die Zersetzung des gleichfalls vorhandenen Goldchlorürs unter Bildung von Schwefelgold im Bilde. Bei ausreichender Tonung soll nur sehr wenig Blei im Bilde vorhanden sein. **(R. Namias, Zeitschr. f. wiss. Photogr. 1904, 29.)**

Nach **Lumière** und **Seyewetz** hielten sich die nach verschiedenen Methoden getonten Bilder während 7 Jahre in Schachteln an einem feuchten Orte aufbewahrt völlig unverändert, wenn man mit Goldtonfixierbad oder in einem bleifreien, alaun- oder sulfidhaltigem Bade schwefelgetont hatte, während alle mit Blei getonten Bilder stark verblichen waren. Auch die Bilder hatten sich gut gehalten, die im Goldtonfixierbade mit Bleisalzgehalt getont worden waren. (Referat in **Zeitschr. f. angew. Chem. 1910, 92.**)

Im Tonfixierbad getonte Gelatinebilder, auch Gelatinekopien, die nur fixiert werden, halten sich besser, als Celloidinbilder. So erhalten z. B. die im Tonfixierbad getonten, Schwefelsilber enthaltenden Bilder, die rückseitig mit starker Fixiernatronlösung bestrichen werden, schon nach wenigen Stunden gelbe Flecke, während nur fixierte, also nicht getonte und getrennt getonte und fixierte Bilder sich etwa 2 bzw. 4 Monate gut hielten. Karton und Kleister tragen jedenfalls am Vergilben der Photographien keine Schuld. **(Hauberisser, Eders Jahrb. 1905, 75.)**

Über die Haltbarkeit gedruckter und im Tonfixierbad getonter Bilder auf Aristopapier siehe ferner **Phot. Wochenbl. 1908, 401.**

Über ein Verfahren zur Tönung von Auskopierpapieren ohne Verwendung von Edelmetallen siehe **Österr. Chem.-Ztg. 1917, 2. Reihe, Bd. 20, S. 110.**

589. Goldtonung.

Über die Tonung photographischer Bilder mit Chlorgold-Chlorcalcium (in gelben Nadeln erhaltbar durch Fällung einer sauren Goldchloridlösung mit Calciumcarbonat) siehe **Sutton, Photogr. Archiv 1863, 14.**

Goldtonbäder wirken je nach den weiteren Zusätzen auf verschiedene Papiere verschieden ein. So gibt z. B. ein boraxhaltiges Goldbad blauschwarze, ein Goldbad mit Sodagehalt braune, ein solches mit einem Zusatz von Natriumphosphat purpurfarbige Töne; mit einem Gemisch von ameisensaurem Natron und Natriumbicarbonat kann man die mannigfachsten Übergänge von einem warmen Braun bis zu einem kalten Purpur hervorbringen. Töne, die den Rötelnuancen der Pigmentdrucke gleichen, erzielt man am besten mit Platinbädern z. B. mit einer Lösung von 4 g Kochsalz und 5 g gepulvertem Alaun in 225 ccm Wasser, der man 0,1 g Kaliumplatinchlorür hinzufügt. Man läßt de Bilder so lange in dem Bade, bis sich die ersten Anzeichen einer Farbenveränderung erkennbar machen. Dann wäscht man, fixiert, wäscht abermals und läßt trocknen. Je nach der Papiermarke kann man bei einiger Übung auch durch die bloße Änderung der Temperatur des Tonbades und der Dauer des Tonungsprozesses die verschiedenartigsten Tonabstufungen ebensowohl beim Gold- als auch beim Platinbade erzielen. **(Techn. Rundsch. 1908, 221.)**

Zum mehrfarbigen Tonen photographischer Bilder behandelt man sie nach **D. R. P. 144 555** zunächst in salzsäurehaltigen Goldbädern, fixiert, wäscht und erhitzt die Bilder nachträglich. Vgl. Referat in **Chem.-Ztg. Rep. 1912, 132.**

Nach **W. Weissermehl** werden farbige Töne auf stark überkopierten Chlorsilberbildern in einer salzsäurehaltigen Chlorgoldlösung (1000 ccm Wasser, 35 ccm Salzsäure, 40 ccm 10proz. Chlorgoldlösung) erhalten. Die rotvioletten Töne kann man über bläulichviolett, und rötlichlila in reines Kornblumenblau verwandeln und zugleich fixieren, wenn man die erhaltenen rotvioletten getonten Bilder gründlich wässert und in ein rhodanammoniumhaltiges Tonfixierbad bringt. **(Phot. Mitt. 1908, 412.)**

Ein Tonbad, das in 1000 g Wasser 1 g Chlorgold enthält, liefert mit 4—5 g benzoesaurem Ammoniak prächtige violettschwarze Töne. **(Dingl. Journ. 188, 413.)**

Zur Erzeugung violett getönter Photographien bringt man die im kombinierten Tonfixierbade graugelb gefärbte Goldkopie des kräftigen kontrastreichen Bildes auf Celloidin-, Albumin- und Gelatinepapier nach einstündiger Wässerung in 2proz. Sublimatlösung und wässert das Bild noch eine halbe Stunde zur Stabilisierung des satten Violettones. **(Koehler, Pharm. Ztg. 1905, 261.)**

Nach **I. Laing, Phot. Mitt. 1910, 13,** erhält man Tonfixierbäder für helle Sepiatöne aus 300 ccm einer Vorratslösung, die aus 120 g Fixiernatron, 600 ccm Wasser und 25 ccm 1proz. Goldchloridlösung besteht, mit 6,5 g Kaliumcarbonat oder -citrat oder Natriumacetat, für dunkles Sepia bis Warmbraun mit 6,5 g Borax, für dunkles Sepia bis Purpurbraun mit 6,5 g Natriumphosphat. Ein Zusatz von 6,5 g Kochsalz zur Vorratslösung gibt warme Purpurtöne, während Kaliumnitrat kalte Töne erzeugt.

Ein sparsam arbeitendes, schön tonendes, von Temperaturänderungen wenig beeinflußbares saures Goldtonbad erhält man durch Vermischen von 25 ccm Goldchloridlösung 1 : 100 mit soviel (etwa 14—15 ccm) einer 2proz. wässerigen Thiocarbamidlösung, daß der anfangs entstehende Niederschlag sich wieder löst, worauf man noch 10 g Kochsalz und 0,5 g Citronen- oder Weinsäure zusetzt und auf 1 l verdünnt. **(H. Keßler, Phot. Korr. 1905, 35.)**

Ein Tonfixierbad setzt man nach einer Vorschrift in **Pharm. Praxis 1911, 382** zusammen aus einer Lösung von 60 g Thioharnstoff, 30 g Alaun und 60 ccm 1proz. Goldchloridlösung in 1 l Wasser. Man tont die Bilder 6 Minuten und legt sie nach dem Waschen mit destilliertem Wasser und mit Wasser, das im Liter 1 g Essigsäure enthält, in ein Bad, das aus einer Lösung von 2 g Alaun, 6 g Thiosinamin und 6 ccm 1proz. Goldchloridlösung in 100 ccm Wasser besteht.

Nach **Teetotaller,** Referat in **Chem.-Ztg. Rep. 1912, 660,** ist das Thiosulfat-Alauntonbad besonders geeignet für kurz entwickelte, etwas überexponierte Bromsilberkopien; es empfiehlt sich ferner, etwas Silbernitrat zuzusetzen, bei erhöhter Temperatur zu arbeiten und ein saures Fixierbad anzuwenden, um den Alkaligehalt des Entwicklers abzustumpfen.

Nach einem Referat in **Chem.-Ztg. Rep. 1910, 460** werden Bromsilberbilder, um sie mit Gold zu tonen, zunächst mit Quecksilberchloridlösung gebleicht, gewässert, dreimal mit stets gewechselter Salzsäure 1 : 40 behandelt, wieder gewässert und schließlich getont in einer Lösung, die 3 ccm einer Chlorgoldlösung 1 : 100, 165 ccm einer Sodalösung 1 : 2500 und 0,65 g essigsaures Natron enthält.

Über die Goldtonung von Gaslichtpapieren (Chlorbromsilberpapieren von Art der Ridaxpapiere) mit rhodanhaltigen Gold-, Ton- und Tonfixierbädern siehe **Monatsschr. f. Phot. 1912, 40.** Diese Bäder verleihen den genannten schwarz entwickelten Gaslichtpapieren blaue Töne, wie auch Celloidinbilder dadurch blau getont werden können, daß man sie nach der Fixierung in der gleichen Lösung tont, die in 1000 ccm Wasser 40 g Rhodanammonium und 40 ccm einer Goldchloridlösung 1 : 100 enthält.

Nach **G. Hauberrisser, Wiener Phot. Mitt. 1908, 436,** erhält man photographieähnliche Töne auf Panpapierbildern in einem Tonbad, das im Liter Wasser 200 g Fixiernatron, 20 g essigsaures Natron, 15 g essigsaures Blei und 50 g einer Chlorgoldlösung 1 : 100 enthält. Grüne oder Sepiatöne lassen sich in den bekannten Ferricyankaliumlösungen erhalten; ein Tonbad das 15 ccm Wasser, 5 ccm 10 proz. Rot-Blutlaugensalzlösung, 40 ccm 10 proz. Kaliumcitratlösung und 5 ccm 10 proz. Kupfersulfatlösung enthält, gibt sehr schöne rote Bilder.

Zur Erzeugung reiner Platintöne auf Chamois-Celloidinpapier, oder, wenn auch mit geringerem Erfolge, auf anderen Auskopierpapieren, bleicht man die stark kopierten, zweckmäßig ausgechlorten Drucke in mindestens 15 proz. Kochsalzlösung, behandelt dann in einem ammoniakalisch reagierenden Ammoniumsalz-Vorbad, tont im Goldbade und behandelt in einem mindestens 15% Thiosulfat enthaltendem Fixiersalzbade bis zur Zerstörung der blauen und roten Goldtöne. **(D. R. P. 310 445.)**

590. Platin-(Platinmetall-) und Schwermetalltonung.

Um auf Mattpapier violettschwarze Töne zu erzeugen, werden stark überkopierte und gut gewässerte Kopien nach **Pharm. Zentrh. 1910, 337** in ein Tonbad eingelegt, das aus einer Lösung von 15 Tl. 1 proz. Kaliumplatinchlorürlösung und 1 Tl. Chlorkalium in 500 Tl. Wasser besteht. Um den so erhaltenen violetten Ton in Schwarz zu verwandeln, wird ein weiteres Bad aus 10 Tl. Rhodanquecksilber, 1 Tl. Chlorgold und 10 Tl. Citronensäure in 500 Wasser verwendet.

Bei der Platintonung wirkt der Zusatz von Säuren günstig, da diese die Ionisierung des Kaliumplatinchlorids begünstigen; eine z. B. mit Schwefelsäure angesäuerte Lösung von Kaliumplatinchlorid wird so zu 90%, ein Goldbad nur zu 70% erschöpft, wenn man es möglichst vollständig ausnutzt. Die mit Platin getonten Silberbilder enthalten neben 30% Silber 70% Platin. die mit Gold getonten Bilder hingegen 40% Silber neben nur 60% Gold. **(A.** und **L. Lumière** und **A. Seyewetz,** Referat in **Zeitschr. f. angew. Chem. 27, 477.)**

Über die Fixierung von Gold und Platin auf photographischen Silberbildern siehe die Ergebnisse zahlreicher Untersuchungen von **Namias in Zeitschr. f. angew. Chem. 1910, 1948.**

Nach **G. Hauberrisser** wird die Verwendung der kombinierten Gold-Platinlösungen zum Tonen matter Celloidinpapiere umgangen durch Einlegen der etwas überkopierten Bilder, die gut vorgewässert wurden, in das bekannte Phosphorsäureplatinbad (siehe nächste Vorschrift); dann tont man in einem Tonfixierbade, das aus 50 g unterschwefligsurem Natron und 50 g Goldtonfixiersalz in 750 ccm Wasser besteht. Nach Erhalt des rein schwarzen Tones wird eine Stunde gewässert. **(Phot. Rundsch. 1909, 184.)**

Ein vereinfachtes Gold-Platin-Tonungsverfahren wird nach **Hauberrisser,** Referat in **Pharm. Zentrh. 1910, 976,** folgendermaßen ausgeführt: Die auf mattem Celloidinpapier etwas überkopierten Bilder werden mit der Schichtseite nach unten in reines Wasser gelegt und kommen von da einzeln in eine zweite Schale mit reinem Wasser. Nachdem diese Arbeit innerhalb 10 Minuten sechsmal wiederholt wurde, werden die Kopien in einem Bade, das 10 g Phosphorsäure und 1 g Kaliumplatinchlorür in 1000 ccm Wasser enthält, braun getont, dann wässert man fünfmal und fixiert in einem Bade von 50 g unterschwefligsaurem Natrium und 50 g Goldtonfixiersalz in 750 ccm Wasser. Nach 8 Minuten werden die rein schwarz getonten Kopien 2 Stunden in fließendem Wasser gewässert. Die Einwirkungsdauer der beiden Bäder ist von Einfluß auf den Ton der Bilder.

Nach **Techn. Rundsch. 1911, 348** empfiehlt es sich, an Stelle des Platins zur Schwarztonung von Auskopierpapieren Palladiumtonbäder zu verwenden, die sehr ökonomisch sind und auf allen matten Auskopierpapieren ohne vorheriges Goldbad einen rein schwarzen Ton erzeugen. Die Färbungen sollen völlig haltbar sein, reinweiße Lichter ergeben und auch auf Mattpapieren, die monatelang lagerten, gute Resultate hervorbringen.

Nach **D. R. P. 226 293** tont man photographische Papierbilder bei getrenntem Ton- und Fixierbad in einer Lösung, die im Liter Wasser 1 g Salmiak, 10 g Oxalsäure und 1 g des Kalium- oder Ammoniumsalzes der Pallado- oder Iridiumoxalsäure enthält. Oder man verwendet eine Lösung, die pro Liter Wasser 5 g Salmiak, 40 g Oxalsäure und 1 g Kaliumpalladium- oder Kaliumiridiumchlorür enthält. Nach dem **Zusatzpatent 226 294** wird der Salmiak, da er die Tonung zu sehr beschleunigt, aus den Tonbädern der Edelmetallchlorüre weggelassen, und man fixiert nachträglich in einer hochkonzentrierten Salmiaklösung, in der die Bilder dann den gewünschten rein schwarzen Ton annehmen. Auch bei der Tonung mit Ameisen- oder Citronensäure zeigen die Bilder einen angenehmen, warmen, schwarzen Ton, mit reinen Weißen und feinabgestuften

Halbtönen, doch ist es nötig, die Bilder vor dem Tonen in 3—4 mal gewechseltem Wasser auszuwaschen. Die Wirkung der Bäder ist unabhängig von der Temperatur.

Zur Tonung von Chlorsilberemulsionspapieren bedient man sich eines Bades das aus 1500 g destilliertem Wasser, 1 g Kaliumpalladiumchlorür, 25 ccm Salzsäurelösung 1 : 5 und 15 g Alaun besteht. Nach vollständiger Durchführung gelangen die 10 Minuten lang gewässerten Bilder in ein 3 proz. wässeriges Ammoniakbad, das mit stärkstem Handelsammoniak bereitet wird und werden nach 10 Minuten dieser Behandlung unter fortwährender Bewegung ausgewaschen. Man erhält so kräftige Abzüge, deren Ton vertieft und bläulich oder bräunlich erhalten werden kann, wenn man das Mattpapier längere oder kürzere Zeit in einem Goldbade vertont. **(D.R.P. 302 817.)**

Zum Tonen von Silberauskopierpapieren verwendet man nach **D. R. P. 328 559** Tonfixierbäder, die an Stelle von Gold Verbindungen anderer Schwermetalle wie Kupfer, Eisenmetalle, Uran, Wolfram usw. enthalten.

Nach **Courrièges, Phot. Wochenbl. 1909, 35,** erzielt man schwarze Töne in ziemlich kräftig kopierten Bildern auf Celloidinpapieren (nicht aber auf Aristopapier, siehe **Chem.-Ztg. Rep. 1910, 88)** durch ein Tonbad, das in 1000 ccm Wasser 7,5 g Borax, 0,75 g Urannitrat und 0,5 g Goldchlorid gelöst enthält. Die so getonten Bilder werden gespült, dann wie gewöhnlich fixiert und gewaschen.

Nach **J. M. Eder** kann man in sauren Urantonbädern die Essigsäure durch Ameisensäure ersetzen. **(Phot. Rundsch. 1917, 98.)**

Über ein Verfahren zum Tonen von Bildern aus höheren Oxyden des Mangans oder Chroms mit organischen Substanzen, die bei der Oxydation bei Gegenwart organischer Säuren oder Salze die oxydierend wirken, farbige Körper zu liefern vermögen siehe **D. R. P. 201 588.** So gibt beispielsweise ein Tonungsbad aus 2 g salzsaurem Anilin, 4 g Natriumacetat, 1 g Kaliumbichromat, 90 ccm Wasser und 10 ccm 5 proz. Essigsäure schwarze Töne, die sich in der Nuance ändern, je nachdem man mehr oder weniger Essigsäure verwendet. Weitere Vorschriften im Original. Die Töne können durch Nachbehandlung mit Ammoniak noch weiter verändert werden.

Zur Erzeugung von Sepiatönen auf Gaslichtpapieren ohne Schweflung bleicht man die fertigen schwarzen Bilder nach **Chem.-Ztg. Rep. 1922, 44** mit salzsaurer Bichromatlösung und entwickelt die Platten dann bei hellem Tageslicht mit einem schwachen chromkaliumreichen Hydrochinonentwickler.

Nach **D. R. P. 245 070** werden photographische Silberbilder in folgender Weise blau getont: Die zunächst nur mit Eisensalzen blau getonten Bilder werden in ein Bad gebracht, das rotes Blutlaugensalz und Thiosulfat enthält, also beispielsweise in das alte Blautonungsbad, dem man etwas Thiosulfat beigefügt hat. In diesem thiosulfathaltigen Bade verliert das Bild den grünschwarzen Stich und bekommt einen dem Delfter Blau ähnlichen Ton. Man badet z. B. das blau zu tonende Bild zunächst in dem üblichen Bade aus 100 Tl. Wasser, 0,2 Tl. rotem Blutlaugensalz, 0,2 Ferricitrat, 0,8 Tl. Citronensäure während 5 Minuten, wäscht dann 30 Minuten in Wasser und bringt das Bild während einer halben bis 2 Minuten, je nach seiner Dichtigkeit, in eine Lösung, die in 100 Tl. Wasser 0,05 Tl. Blutlaugensalz und 0,1 Tl. Natriumthiosulfat enthält. Nach den Wässern und Trocknen erhält man dann den gewünschten rein blauen Delfter Ton.

Über die Bildungsursache der durch Tonung von Photobildern mit Uran oder Eisen stets entstehenden, durch Rhodanammonium oder Nitrit als Klärungsmittel behebbaren gelblichen Weißen siehe **Lüppo-Cramer, Phot. Ind. 1912, Heft 17.**

Nach **W. Weissermehl, Phot. Mitt. 1911, 259,** ist es bei Ausführung der Kupfertonung anzuempfehlen, der Lösung von Kupfersulfat und rotem Blutlaugensalz kohlensaures Ammon statt des bis dahin verwendeten Kaliumcitrates zuzugeben, um bei den kontrastreichen und ziemlich dunklen zu tonenden Kopien violettbraune Töne zu erzielen. Andererseits muß, um eine starke Abschwächung des Bromsilberbildes zu verhüten, ein Überschuß von Blutlaugensalz und Alkali vermieden werden. Die Weißen lassen sich übrigens durch eine Nachbehandlung mit verdünntem Ammoniak verbessern.

Um bei der Kupfertonung ein klares Weiß zu erhalten, setzt man dem Bade eine sehr geringe Menge Chromsäure zu. **(Ph. Strauß, Phot. Rundsch. 1922, 147.)**

Nach einem Referat in **Pharm. Zentrh. 1910, 179** werden Glasdiapositive und Silberentwicklungspapiere, die gut fixiert und gut gewaschen sind, mit Hilfe des „Cupril", einer konzentrierten Tonbadlösung getont wie folgt: Man mischt 50—100 ccm Cupril mit 100 ccm Wasser und erhält lila- bis kastanienbraune Farbtöne. Die getonten Bilder werden zuerst 20 Minuten gewässert, dann 2 Minuten in 5 proz. Bisulfitlösung und 2 Minuten in 10 proz. Fixiersalzlösung behandelt. Man läßt abtropfen und wiederholt die Behandlung in 5 proz. Bisulfitlösung, um schließlich zu waschen.

Zum Tonen von Brom- oder Chlorsilberbildern oder -platten in der Farbe goldgetonter Celloidinbilder verwendet man nach **D. R. P. 319 268** ein Bad, das in 1000 ccm Wasser 10 g Quecksilberchlorid, 20 g Bromkalium, 5 g Cadmiumbromid, 5—30 g Salmiak und 5 g Ammoniumpersulfat enthält. Man fixiert dann in einem Alaun-Fixiersalzbade, wäscht und trocknet. **(D. R. P. 319 268.)**

Um Silberbildern mit Hilfe von Kobaltsalzen Farbtöne von Blau bis Reingrün zu verleihen, bleicht man sie in einem Bade, das 40 g Bleinitrat und 60 g Ferricyankalium in 1000 ccm Wasser enthält, und färbt in einem Bade von 1000 ccm Wasser, 100 g Kobaltchlorid und 300 ccm Salzsäure grün, wobei man alle Abstufungen von Blau bis Grün erhalten kann, wenn man dem zweiten Bade wechselnde Mengen von Eisensalz hinzufügt. Nach **D. R. P. 200 184** wandelt man das Bild zu demselben Zweck durch stufenweisen Ersatz des Silbers durch Berlinerblau und Kobaltferrocyanid in ein Berlinerblaubild um, wäscht gut aus und behandelt in einem Bade, das Fixiernatron, Natriumsulfit und Kobaltacetat enthält. Auf diese Weise bildet sich Ferrocyankobalt; die auf beide Arten erhaltenen Bilder geben mit einer Sodalösung violette Färbungen, die der Neutraltinte gleichen. Durch Behandlung mit Säuren geht die Farbe wieder in grün über. Nach **P. Dettwiller** wird jedoch das bei dem Trennungsprozeß entstandene Chlorsilber besser nicht durch Fixiernatron, sondern durch eine Mischung von 5proz. Natronlösung und 5proz. Borsäurelösung entfernt, die wohl das Chlorsilber nicht aber das Ferrocyansilber löst. **(Phot. 1908, 285.)**

Lichtechte Brauntonung ohne vorheriges Fixieren erhält man durch Behandlung des entwickelten, vor oder nach dem Fixieren mit bromhaltigen Quecksilberchlorid ausgebleichten Bildes, mit bleihaltigem Fixiernatron. **(D. R. P. 318 503.)** — Vgl. **[588]**.

591. Schwefeltonung.

Über Schwefeltonung der Auskopierpapiere siehe **Phot. Rundsch. 1916, 225.**

Die Erzeugung von Sepiatönen durch das Sulfidverfahren ist in einem kurzen Referat in **Chem.-Ztg. Rep. 1922, 76** beschrieben.

Über den Einfluß der Tonungsmethode auf den Bildton im Schwefeltonungsverfahren siehe das Referat in **Zeitschr. f. angew. Chem. 1917, 147.**

In **Phot. Rundsch. 1912, 367** berichtet **M. Hare** über die Vermeidung von Fehlern bei der Schwefeltonung mit Fixiernatron und Alaun.

Die tonende Wirkung einer Mischung von Natriumthiosulfat und Alaun, die allein von nascierendem Schwefel abhängt, wird durch Anwendung gekochter Mischungen verhindert. Auskopierpapiere mit sehr feinem Korn tonen schnell und sind sehr unbeständig. Veloxpapiere (feinkörnige Chlorsilberpapiere für Tages- oder Kunstlicht) tonen langsamer und sind haltbarer, grobkörnige Silberdrucke sind die haltbarsten, tonen jedoch um so langsamer, je gröber das Korn ist. Man tont am besten zwei Tage lang in 30° warmen Flüssigkeiten. **(L. Baekeland, Zeitschr. f. wiss. Phot. 1904, 246.)**

Da die Thiosulfat-Alaunlösung die Halbtöne angreift, verfährt man nach **H. Baker** in der Weise, daß man die Bromsilberdrucke durch die 10proz. Lösung des **Stolze**schen Bromkalium-Kupfersulfatabschwächers bzw. -verstärkers zieht und sie in diesem gebleichten Zustande mit Schwefelwasserstofflösung schwärzt. Das Verfahren ist billiger als die Jodierung. **(Phot. Wochenbl. 1904, Nr. 37.)**

Nach **Phot. Wochenbl. 1909, 416** wird die Schwefeltonung auskopierter Bilder in der Weise ausgeführt, daß man die Bilder sofort nach dem Kopieren in eine Lösung von 3 Tl. 10proz. Ammoniumphosphatlösung und 1 Tl. ammoniakalischer Ammoniumcarbonatlösung einlegt, dann 10 Minuten in einer Fixiernatronlösung 1 : 7, die $^1/_4$ ihres Volums Ammoniumcarbonatlösung enthält, fixiert, 1 Stunde lang wässert und mit einer Lösung von Thiomolybdat braun tont. Durch den Zusatz von Ammoinumcarbonat wird das Auschloren der Bilder vermieden.

Nach **Eastman** badet man das Bromsilberbild zur Ausführung der Schwefeltonung 10 Minuten in 5proz. Schwefelsäure, spült kurz ab und bringt die Platte in eine mit Borax gesättigte 20proz. Fixiernatronlösung. **(Phot. Rundsch. 1922, 93.)**

Nach **Brauer, Phot. Chronik 1913, 17** versetzt man zur Tonung mit kolloidalem Schwefel eine Lösung von 125 ccm gesättigter Thiosulfatlösung und 250 ccm 50proz. Dextrinlösung in 1000 ccm Wasser unmittelbar vor dem Gebrauch mit 50 ccm Salzsäure und legt die Kopien etwa 25 Minuten in diese Suspension kolloidalen Schwefels ein. Beim Wässern vollzieht sich dann nach etwa $1^1/_2$ Stunden der eigentliche Farbenwechsel.

Nach einem Referat über eine Arbeit von **A. Ermen** und **W. Gamble, Chem.-Ztg. Rep. 1911, 420** läßt sich der schwarze Silberniederschlag von Bromsilberdrucken in einen solchen von brauner Farbe umwandeln, wenn man ihn zunächst durch eine Jod-Jodkalilösung in Jodsilber verwandelt; dann bringt man den Druck in ein Bad von Natriumbisulfit und taucht ihn zuletzt in eine verdünnte Schwefelammoniumlösung. Die Verfasser erzielten durch verschiedene Behandlung der mit Eisenoxalat bzw. Amidol entwickelten Drucke sehr verschiedene Wirkungen; so gab eine Mischung von Bichromat und Salzsäure eine grünliche Färbung, Kupfer- und Quecksilberchlorid nebst Bleiferricyanid gaben dunklere Töne, mit Natriumthioantimoniat (Schlippsches Salz) wurden weichere Nuancen erzielt und Arsensulfid, Antimonsulfid und Zinnsulfid führten in Natronlauge gelöst, zu hellgelben bzw. karmiosinroten bzw. zu zart braunen Tönen. Die Schwefelverbindungen wurden hergestellt durch Sättigen einer starken Lösung von Natronlauge mit dem betreffenden frisch gefällten Metallsulfid.

Zur Vermeidung des Übertonens von schwefelgetonten Auskopierpapieren wählt man die Verdünnung des Schwefelnatriumbades weit unter dem Verhältnis 1 : 1000. Die vorher fixierten Bilder erhalten so einen violettbraunen Ton und sind nach gutem Wässern nicht weniger haltbar, als nach der Behandlung in einem Tonfixierbad. **(K. Kieser, Phot. Rundsch. 1917, 89.)**

Durch Ersatz des Natriumsulfides bei der Schwefeltonung durch Bariumsulfid wird zwar der Ton der Bilder etwas kälter, wogegen sich der Vorteil der besseren Haltbarkeit des Bariumsulfids ergibt, so daß das Bad mehrmals benutzt werden kann. **(Rajar, Phot. Ind. 1918, 134.)**

Zur Schwefeltonung von Silberkopien nach Umwandlung des Silbers in Halogen- oder Ferrocyansilber, behandelt man die Bilder in der alkalischen Lösung einer organischen Schwefelverbindung, die unter diesen Bedingungen keinen Schwefel als Schwefelwasserstoff abspaltet. Eine solche Lösung, die kalt angewendet mit nur einem Bade zum Ziele führt und nicht geruchsbelästigend wirkt, enthält neben Ferricyankalium und Bromkalium Thioharnstoff, oder Thiosinamin, Thiobenzamid, oder Ammoniumdithiocarbamat neben Sulfit, das die bleichende und schwefelnde Wirkung des Bades unterstützt. **(D. R. P. Anm. T. 14 293, Kl. 57 b.)**

Zur Erzielung roter Töne auf Schwefeltonungen werden nach einem Referat in **Phot. Wochenblatt 1908, 135** Bromsilberbilder, die durch Fixiernatron und Alaun oder durch Ausbleichen und folgende Behandlung mit Schwefelnatrium in Schwefelsilberbilder übergeführt wurden, in ein Bad gebracht, das in 1000 ccm Wasser 2 g Rhodanammonium und 40 ccm einer Chlorgoldlösung 1 : 200 enthält. Es geben jedoch nur kurz exponierte und lang entwickelte Bilder während der $^1/_2$—1 Stunde dauernden Tonung dunkelrote Töne, während man bei lang exponierten, kurz entwickelten Bildern Orangetöne erhält.

Nach **E. P. 16 672/1911** kann man den roten Schein eines mit Gold getönten Sulfidbildes durch Baden in irgend einer Zinnsalzlösung, die man auch dem Goldbade zugeben kann, in einen rein braunen Ton verwandeln. Dann belichtet man, behandelt zur Nachdunklung mit einem Alkali, wäscht und trocknet. Die Bilder werden haltbarer, wenn man die Zinnsalzlösung schwefelsauer oder ätzalkalisch stellt.

Über die Tonung von Photobildern mit Zinnsalz zur Erzeugung der dem Cassiusschen Goldpurpur ähnlichen Töne siehe **F. Formstecher, Phot. Rundsch. 1921, 277. (Bd. I. [494].)**

Zur Variierung des Farbtones während der Schwefeltonung unterwirft man das Silberbild im Entstehungszustande dadurch der Einwirkung von Schwefel, daß man das mit einer Sulfidlösung getränkte Bild bei Zimmertemperatur der Einwirkung oxydierender Substanzen unterwirft, d. h. man badet nach Vorbehandlung in einer 1—2 proz. Schwefelnatriumlösung in einer verdünnten, alkalischen 2 proz. Lösung von Ammoniumpersulfat, bis der gewünschte Farbton erreicht ist und kann so die Nuance des Bildes vom reinen Platinton bis zum Braun der gewöhnlichen Schwefeltonung variieren. Dieses Verfahren unterscheidet sich von der üblichen Methode der Schwefeltonung von Silberbildern, bei der das Bild durch oxydierende Substanzen bei Gegenwart von Halogen in ein Halogensilberbild übergeführt und dieses sodann durch eine Sulfidlösung in ein Schwefelsilberbild verwandelt wird, dadurch, daß man den Farbton während der Tonung zu verändern vermag, wodurch der Prozeß von der Dauer der Entwicklung unabhängig wird. **(D. R. P. 252 337.)**

592. Selen-, Tellur-, Antimon-, Molybdän-, Vanadintonung.

Um Bromsilberpapierbilder zu tonen, bedient man sich nach **D. R. P. 238 513** einer in verschlossenen Flaschen aufzubewahrenden Lösung von 10 g Selen in 600 ccm 20 proz. Schwefelnatriumlösung. Man überstreicht das Bild mit dieser konzentrierten Selenlösung oder badet es in ihr nach Verdünnung mit der 5—6fachen Menge Wassers und erhält so durch Fixierung von elementarem, roten Selen braune bis purpurbraune Töne; die in den Weißen entstehende orange Färbung läßt sich durch nachträgliche Behandlung mit verdünnter, saurer Sulfitlauge leicht entfernen. Der Tonungsvorgang wird durch Zusatz einiger Kubikzentimeter Brenzkatechinlösung (1 : 100) beschleunigt. Vgl. **E. Valenta, Phot. Korr. 1912, 169.**

Zur Herstellung von Selentonbädern löst man 100 g Natriumthiosulfat, 1,5 g Natriumselenosulfat und 13 g trockenes Natriumsulfit in ein Liter Wasser und behandelt entwickelte, fixierte, gut gespülte Silberbilder, je nach der Beschaffenheit des Bildes und dem gewünschten Ton in diesem Bade während 3—10 Minuten. Oder man kocht eine mit je 1 g Kaliumsulfit und Natriumselenosulfat versetzte Lösung von 5 g Kaliumbisulfit in 30 g Wasser und fügt zu 10 ccm dieser Lösung, die neben wenig Kaliumselenosulfat das Calciumsalz der Selentrithionsäure enthält, 200 ccm einer 20 proz. Lösung von Fixiernatron. In beiden Fällen erhält man je nach dem Entwickler einen rein schwarzen bis bräunlichen Ton. Diese neutral reagierenden, gegen Luft beständigen Tonbäder arbeiten noch mit $^1/_{20}$% Selen, beeinflussen, da sie farblos sind, die weißen Stellen des Bildes nicht, so daß eine Nachbehandlung mit Bisulfit sich erübrigt und sind verwendbar wie jedes Gold- oder Platintonbad. **(D. R. P. 280 679.)** Nach dem Zusatzpatent tont man die Silberbilder in entwickeltem, fixiertem und ausgewaschenem Zustande (Gaslicht- oder Bromsilberpapier) in einer Lösung von 1 g seleniger Säure und 5 ccm konzentrierter Salzsäure in 100 ccm Wasser und erhält so ohne Nachbad, mit Erhaltung aller Mitteltöne und reiner Weißen schöne, bräunliche Töne. **(D. R. P. 283 205.)** Nach einer weiteren Abänderung setzt man dem Selentonbade unterschwefligsaures Natron und mindestens die zehnfache Menge, (bezogen auf die Salze selenhaltiger Säuren) Reduktionsmittel zu. Man kann auch ein gut tonendes und gut fixierendes Bad erhalten, wenn man der Lösung des Hauptpatentes mehr Natriumsulfit zusetzt. Bei Steigerung des Zusatzes verschwindet die Gelbfärbung der Weißen und man erhält schließlich ein Bad, das nicht 13 sondern 30 g Natriumsulfit neben 1,5 g Natriumselenosulfat enthält. **(D. R. P. 296 009.)**

Ein einfaches Phototonbad besteht in der Lösung von metalloidem Selen in neutralen oder sauren Sulfiten. Das sicher arbeitende Selentonbad eignet sich ohne jede weitere Zusätze für Entwicklungs- oder Auskopierpapier; es kann auch aus Selenverbindungen erhalten werden, aus denen Säuren, z. B. Schwefeldioxyd, amorphes Selen fällen. **(D. R. P. 301 019.)**

Nach einem anderen Tonungsverfahren wendet man zur Erzielung sehr haltbarer Bilder Gold- und Selentonungsbäder in beliebiger Reihenfolge aufeinanderfolgend an und kann so das Silber im Bilde vollständig durch Gold und rotes Selen ersetzen, und eine Färbung erhalten, wie sie sonst nur durch Platin- oder Goldplatintonung erhaltbar war. **(D. R. P. 309 447.)**

Da die üblichen Selentonbäder die Hände stark angreifen, leicht verderben und schlecht riechen, setzt man ihnen nach **D. R. P. 335 627** zweckmäßig Sulfite zu. Man löst z. B. 1 g Selenmetall in 50 g 20proz. Schwefelnatriumlösung und gießt die Flüssigkeit in 1 l einer ebenfalls wässerigen 20proz. Natriumsulfitlösung. Dieses Tonbad braucht nicht weiter verdünnt zu werden. **(D. R. P. 335 627.)**

Zur Herstellung eines Tellurtonbades für photographische Silberbilder löst man nach **D. R. P. 271 041** und **272 162** 0,5 g Tellur durch mehrstündiges Kochen in einer 10proz. Alkalisulfidlösung, verdünnt die gelbliche Flüssigkeit mit 3 Tl. Wasser und legt die auf Entwicklungspapier hergestellten Bilder 1—2 Minuten lang ein. Man spült dann ab, legt die Bilder 1 Minute in eine 1proz. Natriumbisulfitlösung und wäscht sie wie üblich in Wasser aus. Auf entwickelten unfixierten Gaslichtbildern resultiert so ein schöner, blaugrauer Ton, der jenen der goldgetonten Celloidinbilder fast erreicht, allerdings auch bläulicher ist als der Selentonungston. Nach dem Zusatzpatent kocht man 2 g gefälltes Tellur während 30 Stunden unter Rückfluß mit einer Lösung von 15 g wasserfreiem Natriumsulfid, filtriert, mischt 10 ccm der hellgelben filtrierten Lösung mit einer Lösung von 20 g Natriumthiosulfat in 100 ccm Wasser und entwickelt und fixiert zugleich die Gaslichtbilder während etwa 45 Minuten bis zur Erzielung eines schönen blaugrauen Tones. Nach dem weiteren Zusatzpatent löst man die tellurige Säure in der hundertfachen Menge 10proz. Schwefelnatriumlösung durch kurzes Erwärmen und erhält eine hellgelbe Lösung, die zum Gebrauch mit 20—30 Tl. Wasser verdünnt wird. **(D. R. P. 290 720.)**

Zur Herstellung von Tonfixierbädern mischt man 50 ccm einer 10proz. Natriumthiosulfatlösung mit 1 ccm einer 5proz. Lösung von tellurigsaurem Natron oder 80 ccm einer 4proz. Natriumthiosulfatlösung, 2 ccm einer 10proz. Lösung von salpetersaurem Blei, 0,6 ccm einer 10proz. Lösung von Citronensäure und 0,2 ccm einer 5proz. Lösung von tellurigsaurem Natron, das man auch durch tellursaures Natron oder eine Lösung von telluriger Säure in Citronensäure ersetzen kann. Diese Salze können im gebräuchlichen Goldtonfixierbad an Stelle von Gold verwendet werden und bewirken dann eine viel raschere Beendigung des Prozesses, der nur etwa 5—10 Minuten währt. **(D. R. P. 292 352.)**

Zur Herstellung von Tellur- und Selen-Tonbädern für Silberbilder setzt man zunächst tellurige Säure mit Ätzlithion in wässeriger Lösung an, fügt Säure bei und setzt nun neben die Ausfällung des Tellurs verhinderten Salzen (Borax, Dinatriumphosphat, Salze organischer Säuren) Basen von Art des Thioharnstoffes, Hydrazin- oder Hydroxylamins zugleich mit Schutzkolloiden zu, die wie Eiweiß- oder Stärkelösung die Haltbarkeit des Tonbades verbessern. **(D. R. P. 334 172.)**

Zur Tonung von Bromsilber- oder verblichenen Gaslichtkopien verwendet man nach **E. P. 22 218/1907** Ammoniumthiomolybdat, dessen Lösung geruchlos ist und zu kontrastreicheren und besser gefärbten Kopien führt, als jene, die man durch Schwefeltonung herstellt. Die Bilder werden nach dem Fixieren und Waschen zunächst in einer Lösung von rotem Blutlaugensalz und Bromkalium gebleicht und dann in einem Bade braun getont, das 60 Tropfen einer 1proz. Ammoniumthiomolybdatlösung in 30 cmm Wasser und 5 Tropfen Ammoniak (0,88) enthält. Man spült und legt das Bild zur Erzielung reiner Weißen in verdünntes Ammoniak 1 : 20. Das Molybdän ist durch Wolfram, nicht aber durch Uran ersetzbar.

Nach einem Referat in **Chem.-Ztg. Rep. 1922, 328** verwendet man zur Ausführung der Grüntonung photographischer Bilder besser als das sonst verwendete Vanadinchlorid das Vanadinoxalat und ferner Eisenoxalat mit überschüssiger Oxalsäure und vermeidet so die Bildung von Chlorsilber.

Zur Ausführung der Antimontonung wird das Silber der Silberbilder zuerst in Halogensilber (AgBr oder AgCl) übergeführt, die Blätter werden ausgewaschen und sodann mit einer 0,5proz. Lösung von Schlippeschem Salz behandelt. Der rotbraune Ton ist haltbar. Die Abstufungen des Bildes bleiben fast die gleichen. Durch gleichzeitige oder nachfolgende Schwefeltonung kann das Braun kälter gemacht werden. **(Phot. Rundsch. 1916, 33.)**

Druckverfahren und Drucke.

593. Lichtpausverfahren: Cyanotypie. Eisenblaupapier.

Schuberth, H., Das Lichtpausverfahren. Wien und Leipzig 1893. — Liesegang, Die modernen Lichtpausverfahren. Leipzig 1905.

Wandrovsky, H., Die Lichtpausverfahren. Herstellung der Lichtpauspapiere und Lichtpausen. Berlin 1921.

Zur Ausführung der Lichtpausverfahren bedient man sich besonders präparierter sog. Lichtpauspapiere [160] die zur Vervielfältigung von Bildern, Plänen, Zeichnungen u. dgl. dienen. Es ist klar, daß eine solche Lichtpause auch mit jedem anderen lichtempfindlichen Papier hergestellt werden kann (siehe die Herstellung des Silberpapieres in [586]) und demzufolge muß die Behandlung des Papieres mit den lichtempfindlichen Lösungen natürlich bei Lampenlicht und ebenso das Trocknen der Papiere im Dunkeln erfolgen.

Die Anfertigung von mit Silbernitrat imprägnierten Lichtpauspapier, die Ausführung der Kopien, deren Tonung und Aufbewahrung beschreibt **F. Haugh** im **Photogr. Archiv 1878, 221.**

Das Kopieren von Zeichnungen auf photographischem Wege beschreibt **Meißner** in **Dingl. Journ. 200, 489.**

Zur Erzeugung von Lichtpausen tränkt man Papier nach **D. R. P. 32 978** mit einer Lösung von Jod in Jodkalium (sog. Schieferpapier), beschreibt oder bedruckt es mit einer Lösung von Natriumthiosulfat und benützt die derart in Weiß auf grauem Untergrund erhaltene Zeichnung als Negativ.

In **Techn. Rundsch. 1906, 627** beschreibt **J. H. West** ein interessantes Verfahren der einfachen Vervielfältigung von Schriftstücken durch Lichtpausen, das im Prinzip darin besteht, daß man das Kohlepapier mit der färbenden Schicht nach oben, also umgekehrt, wie es sonst zur Erzeugung von Kopien nötig ist, gegen das Blatt legt, auf das man wie üblich mit der Schreibmaschine schreibt. Die Schrift erscheint dann durch das doppelseitige Bedrucken des Papieres so verstärkt, daß sie auf Lichtpausen klar und scharf wiedergegeben wird. Noch besser ist es ein Papier auf beiden Seiten mit je einem Kohlepapier zu belegen, das die Kohleseite dem Durchschlagpapier zukehrt, nach Auflage eines dünnen Schreibmaschinenpapieres, das die Originalschrift aufnimmt, zu schreiben und das erhaltene Mittelblatt im Lichtpausrahmen zu kopieren.

In **Phot. Korr. 1909, 533** beschreibt **Georg Hauberrisser** ein Verfahren, um Schriftstücke und Drucksachen ohne photographische Kamera in natürlicher Größe zu reproduzieren. Man legt lichtempfindliches Bromsilberpapier mit der Schicht auf den betreffenden Druck, legt auf diese ein Isolierblatt und drückt überall fest und gleichmäßig an; dann belichtet man die Rückseite des Bromsilberpapieres, entwickelt, fixiert und erhält ein Negativ, das kopiert, scharfe, gut leserliche Bilder, wenn auch nicht auf weißem Grunde, liefert.

Über ein billige Herstellungsart von Duplikaten seltener Kupferstiche durch Belichtung, Übertragung und Entwicklung wie beim Chromatverfahren mittels eines mit einer 12proz. 3% Weinsäure enthaltenden Eisenchloridlösung sensibilisierten Pigmentpapieres siehe **C. Fleck, Sprechsaal 1919, 446.** Bei diesem Eisenverfahren erhält man im Gegensatz zum Chromatverfahren unter dem Papierpositiv direkt ein Positiv.

Das vielfach abgeänderte Eisenblaudruckverfahren beruht auf der im Dunkeln langsam, im Lichte rasch erfolgenden Reduktion organischer Eisensalze und auf der folgenden Umsetzung des reduzierten Produktes mit Ferricyankalium zu Turnbullsblau. Man überzieht das Papier meist mit der Lösung beider Salze, braucht dann nach dem Kopieren nur auszuwaschen, und erhält beim direkten Kopieren gepauster Zeichnungen Negative. Positive erzeugt man durch Umsetzung des vom Lichte unverändert gebliebenen Eisenoxydsalzes mit Ferrocyankalium zu Berlinerblau.

Draper hat als erster beobachtet, daß eine wässerige Lösung von saurem kleesaurem Eisenoxyd, im Dunkeln ohne Zersetzung aufbewahrt werden kann, daß aber sofort eine Zersetzung der Lösung eintritt, wenn sie dem Lampen-, Tages- und besonders dem direkten Sonnenlicht ausgesetzt wird; in diesem Falle findet Entwicklung von Kohlensäure statt und es bildet sich ein citronengelber Niederschlag von oxalsaurem Eisenoxydul. **Draper** benutzte diese Metalllösung als Mittel zum Messen der chemischen Wirkung des Lichtes und ebenso zur Bestimmung der Lichtmenge, deren Maß der entwickelten Kohlensäuremenge entspricht. Damit steht im Zusammenhang, daß man durch Zusatz von 25 mg Eisenchlorid zu 100 ccm der **Eder**schen Photometermischung (Quecksilber-Ammoniumoxalat) die ursprüngliche Lichtempfindlichkeit des Gemisches auf etwa das Hundertfache zu steigern vermag. **(J. M. Eder, Zeitschr. f. wiss. Photogr. 14, 172.)** Die Lösung von oxalsaurem Eisenoxyd kann auch mit Chlorgold gemischt und so dem Lichte ausgesetzt werden, in welchem Falle die reduzierte Menge Gold der eingefallenen Lichtmenge proportional ist. Die Zersetzung der oxalsauren Eisenoxydlösung findet vorzugsweise in dem indigoblauen Strahle des prismatischen Lichtes statt, wie dies auch bei den Silberlösungen zur Photographie der Fall ist. **(Dingl. Journ. 146, 29.)**

Nièpce und **V. Phemier** präparierten das Papier mit einer 20proz. Lösung von rotem Blutlaugensalz, trockneten im Dunklen und belichteten. Sobald die Probe beim Exponieren an der dem Lichte ausgesetzten Stelle eine leichte blaue Färbung anzunehmen beginnt, muß das Papier aus dem Rahmen herausgenommen werden; das Bild wird dann 5—10 Sekunden in eine in der Kälte gesättigte Lösung von Quecksilbersublimat eingelegt, einmal mit Wasser gewaschen, mit 50—60° warmer kaltgesättigter Oxalsäurelösung behandelt und schließlich gewaschen und getrocknet. **(Polyt. Zentr.-Bl. 1859, 889.)**

Zöllner verwendete ebenfalls Eisenchlorid- und Eisenoxalatlösung (beide im Verhältnis 1 : 6 gemischt) zur Papierimprägnierung und Jodkalium-Eiweißlösung zur Entwicklung der belichteten Blätter und erhielt so direkt Positive nach Zeichnungen oder Stichen, und zwar erscheinen die von der Zeichnung geschützten Stellen, die unverändertes Oxyd enthalten, in intensiv dunkelbraunen Tönen, während die übrige Fläche, auf der sich durch Einwirkung des Lichtes Oxydul gebildet hat, ungefärbt bleibt; letzteres wird durch Auswaschen mit Brunnenwasser entfernt, wodurch das Bild fixiert wird. **(Dingl. Journ. 156, 436.)**

Zur Ausführung der verbesserten alten Cyanotypie verfährt man in folgender Weise: Man tränkt gutes Papier im aufgespannten Zustande mit einer Lösung von 10 Tl. rotem Blutlaugensalz und 12 Tl. citronensaurem Eisenoxydammoniak und läßt im Dunkeln trocknen. Man kopiert auf dieses grüngelbe Papier unter der Zeichnung in einem gewöhnlichen Kopierrahmen, je nach der Beleuchtung, 5 Sekunden bis 2 Stunden und spült sodann in reinem Wasser, oder besser noch in verdünnter Salzsäure 1 : 10. Die belichteten Stellen färben sich blau, während die unbelichteten weiß bleiben. **(Dingl. Journ. 242, 222.)**

Zur Herstellung von Galluseisenpapier bestreicht man die Blätter nach **Liesegang,** Die modernen Lichtpausverfahren, Leipzig 1905 mit einer wässerigen Lösung von Eisenchlorid, Weinsäure und Gelatine, läßt den Überzug trocknen und bürstet die Gallussäure als feines Pulver trocken auf das lichtempfindliche Eisenpapier auf.

Ein Lichtpauspapier, das nach der Belichtung durch Eintauchen in Wasser, dem man pro Liter eine Lösung von 20 g Gallussäure in 200 ccm Alkohol zusetzt, ein violettschwarzes Positiv ergibt, wird nach **D. R. P. 12 607** in der Weise hergestellt, daß man gutes Zeichenpapier mittels einer mit Filz überzogenen glatten Walze mit einer Lösung von je 10 g Gelatine, Weinsteinsäure und schwefelsaurem Eisenoxyd und 20 ccm sirupöser Eisenchloridlösung in 300 ccm Wasser bestreicht. Das getrocknete Papier wird zwischen Kautschukplatten stark gepreßt, um es gegen Luft, Licht und Feuchtigkeit widerstandsfähig zu machen, und kann dann direkt unter dem Negativ belichtet werden. Die Exposition dauert im direkten Sonnenlichte einige Minuten, wobei die grünlichgelbe Farbe der Schicht nur an den vor dem Licht geschützten Stellen sichtbar bleibt, während die grünen Striche beim Eintauchen in das genannte Bad sofort dunkelviolett werden. Die Kopie ist nach dem Auswaschen mit reinem Wasser unveränderlich haltbar.

Über Herstellung von Lichtpausen mittels des Gummieisenprozesses siehe **J. M. Eder, Dingl. Journ. 242, 222.** Das Verfahreu beruht stets auf der Belichtung eines mit citronensaurem Eisenoxyd getränkten Papieres, wodurch sich Eisenoxydul bildet, das dann durch Baden in Ferrocyankaliumlösung unangegriffen bleibt, während sich die vom Lichte nicht getroffenen Stellen blau färben. Zur Imprägnierung des Papieres verwendet man nach **Pizzighelli** 20 Tl. einer Gummi arabicumlösung 1 : 5, 5 Tl. einer Eisenchloridlösung 1 : 2 und 8 Tl. einer Lösung von citronensaurem Eisenoxydammoniak 1 : 2. In dem Rezepte von **Collache** fällt letzteres fort, in der Vorschrift von **Haugk** wird es durch 10 Tl. einer Lösung von oxalsaurem Eisenoxydammoniak 6 : 10 ersetzt. Nach **Joltrain** behandelt man das Papier mit einer Lösung von Gummi arabicum, Chlornatrium, Eisenchlorid, schwefelsaurem Eisenoxyd und Weinsäure. Der Kopierprozeß auf dem getrockneten so hergestellten Papier ist in der Sonne in 5—10 Minuten beendet und man erhält ein hellgelbes Bild auf dunkelgelbem Grunde, das am Tageslichte rasch mit einer Lösung von gelbem Blutlaugensalz 1 : 5 überstrichen, augenblicklich in dunkelblauer Farbe erscheint. Man spült dann mit Wasser, ohne die Rückseite zu benetzen und legt in verdünnte Salzsäure ein, wobei die Gummischicht abblättert und die blaue Zeichnung auf dem weißen Untergrunde rein hervortritt.

Nach **E. P. 2304/1880** verwendet man als lichtempfindliche Mischung eine Lösung von 25 Tl. Gummi, 3 Tl. Kochsalz, 10 Tl. 45grädiger Eisenchloridlösung, 5 Tl. Ferrisulfat, 4 Tl. Weinsäure, aufgefüllt mit Wasser auf 100 Tl.; zum Entwickeln dient auch hier eine Lösung von gelbem Blutlaugensalz.

Nach **E. P. 26 445/1907** wird glattes Papier wie üblich mit Eisensalz lichtempfindlich gemacht und solange es noch feucht ist, mit einer schwach sauren Tanninlösung gegerbt. Das so behandelte Ferroprussiatpapier ist völlig undurchlässig gegen alkoholhaltige Flüssigkeiten und kann, wenn es in getrocknetem Zustande mit schwacher Essig- oder Salpetersäure nachbehandelt wurde, als Ersatz für Kollodiumemulsionen verwendet werden.

Zur Herstellung von Eisenblaupapier setzt man dem zur Imprägnierung dienenden organischen Eisensalz 10—20% eines neutralen Alkalioxalates zu. Eine solche mit Alkalioxalat und Ferricyankalium versetzte Lösung von Alkaliferrioxalat ist im Dunkeln haltbar, geht bei der Belichtung von Gelb über verschiedene Farbtöne in Hellgelbgrau über und liefert nach dem Wässern einen blauen beim Trocknen intensiver werdenden Farbton. Die Zeichnung erscheint weiß auf tiefblauem Grunde. **(D. R. P. 320 981.)**

Zur Herstellung von Eisenblaupapier setzt man der lichtempfindlichen Emulsion neutrales oxalsaueres Alkali und nach dem Zusatzpatent im Unterschuß ein einfach saueres Salz zu. Die Oxalsäure kann auch durch Milch-, Essig-, Wein- und Citronensäure ersetzt werden. **(D. R. P. 320 981 und 354 388.)**

Zur Herstellung von Eisenblaupapier, das beim Belichten unter einem lichtdurchlässigen Papier originalfarbige Linien auf blauem Grunde gibt, setzt man der lichtempfindlichen Tränkungsflüssigkeit Teerfarbstoffe zu, die mit den Eisensalzen der Imprägnierlösung keine unlöslichen Niederschläge geben, oder man streicht das Papier zuerst mit der alkoholischen Lösung des Farbstoffes und tränkt es dann mit der Eisenblaupräparation. **(D. R. P. 341 735.)**

Zur photographischen Erzeugung eines die lithographische Arbeit erleichternden Bildes überzieht man Zink- oder Aluminiumplatten nach Vorbehandlung mit einer 1 proz. Citronensäurelösung und sofort erfolgtem Trocknen mittels einer Bürste mit dem Gemisch von 3 Tl. der Lösung von 30 g Ferriammoniumcitrat in 150 g Wasser und 1 Tl. der Lösung von 30 g Ferricyankalium in 150 g Wasser, trocknet abermals sofort, belichtet unter dem Negativ bis zur Bronzefärbung der Schatten, entwickelt die Platte und wäscht sie und zwar zweckmäßig in einer 1 proz. Ferricyankaliumlösung, da das Bild dann stärker hervortritt. Durch Behandlung der Platte mit einer schwachen, Alaun enthaltenden Salpetersäurelösung werden die Kontraste ebenfalls verstärkt und die Lichter hervorgehoben. Arbeitet man mit Aluminiumplatten, so ersetzt man die Citronensäure durch Oxalsäure, trocknet mit Zuhilfenahme eines Fächers, entwickelt wie geschildert und verstärkt das blaue Bild durch eine 1% Ferricyankalium enthaltende 1 proz. Oxalsäurelösung. **(J. I. Crabtree, Zentr. Bl. 1920, II, 659.)**

Um entwickelte Blaupausen zur Vervielfältigung nach irgendeinem Pausverfahren vorzubereiten, färbt man sie nach **Techn. Rundsch. 1912, 342** durch Eintauchen in eine verdünnte Sodalösung, die mit Tannin gesättigt ist, oder man legt sie auf die Oberfläche eines 1—2 proz. Silberbades, wäscht die gebleichte Pause gut aus, und ruft sie durch Eisenoxalat hervor.

Um Eisenblaubilder zu tonen, werden sie nach **W. P. Jenny, Phot. Wochenbl. 1910, 406** gleich nach dem Kopieren mit einer Lösung, die 3—4 Tropfen Salzsäure in 480 ccm Wasser enthält, fixiert. Dann werden sie solange in ein Bad gelegt, das aus einer Lösung von 5—10 Tropfen Ammoniak in 480 ccm Wasser besteht, bis sie violettblau sind, dann kommen sie mit der Bildschicht nach oben in ein Bad von 4 g Gerbsäure und 60 g Alaun in 480 ccm Wasser und schließlich werden sie, wenn keine weitere Kräftigung des Bildes mehr erfolgt, nochmals in obigem Ammoniakbade gewaschen, bis sie einen schönen neutraltinteartigen Ton erhalten.

594. Argento- (Kalli-) und Platinotypie.

Ebenso wie mit Ferricyankalium können durch Licht reduzierte Eisenoxydverbindungen auch mit anderen Schwermetallsalzen umgesetzt werden. Die mit Platin- oder Silbersalzen erhaltenen Platino- bzw. Argentotypien zeichnen sich durch hohe Beständigkeit und große Schönheit der Färbung aus.

Über Herstellung eines besonderen lichtempfindlichen Papieres durch Imprägnierung, zuerst mit einer wässerigen Lösung von salpetersaurem Blei, dann mit hydrojodsaurem Eisenoxydul (aus Wasser, Eisenspänen und Jod) und schließlich mit einer Silbernitratlösung siehe **C. J. Müller** in **Dingl. Journ. 123, 313.**

Zur Ausführung des Eisen-Silberverfahrens wird Zeichenpapier mit 3 proz. Gelatinelösung vorpräpariert und mit einer Lösung von citronensaurem Eisenoxydammon (20 g) und oxalsaurem Kali (5 g) in 100 g Wasser sensibiliert. Das belichtete Bild wird mit einer Lösung von Borax (14 g) und Silbernitrat (3 g) in 200 g Wasser entwickelt, der man soviel Ammoniak zusetzt, daß sich der anfangs entstandene Niederschlag wieder löst. **(Phot. Rundsch. 1916, 181.)**

Nach **E. Vogel**, Taschenbuch der Photographie 1909, S. 315 erhält man sepiabraune Kopien, wenn man Papier mit folgender Mischung präpariert. Lösung I: 12,5 g grünes citronensaures Eisenoxydammoniak, 100 ccm destilliertes Wasser, 2 g Weinsäure. Lösung II: 3 g Gelatine, 50 ccm destilliertes Wasser. Lösung III: 5 g Silbernitrat, 50 ccm destilliertes Wasser. Lösung I und II werden, auf 40° erwärmt, gemischt; dann wird nach und nach Lösung III zugegeben. Die Mischung wird bei Lampen- oder gedämpftem Tageslicht auf das Papier aufgestrichen und das Papier im Dunklen getrocknet. Die fertige Kopie wird kurze Zeit gewässert, dann in einer Lösung von 5 g Fixiernatron in 250 ccm Wasser fixiert und gewaschen.

Das für diesen auch unter dem Namen Kallitypie bekannten photographischen Kopierprozeß nötige Eisenoxalat-Silberpapier wird nach **D. R. P. 250 814** folgendermaßen hergestellt: Man löst 36 g Ferrioxalat und 5 g Oxalsäure in 100 ccm heißem, destilliertem Wasser, fügt nach dem Erkalten soviel 10 proz. Kaliumpermanganatlösung hinzu als nötig ist, um das Ferrosalz des käuflichen Eisenoxalats in Ferrisalz zu verwandeln und vermischt 7 Tl. dieser Lösung mit 3 Tl. einer Lösung von 16 g Silbernitrat in 100 ccm destilliertem Wasser. Mit diesem Gemisch bestreicht man die Bogen bei gedämpftem Licht und erhält durch einfaches Kopieren auf diesem Papier Bilder, die sich mit Wasser oder mit neutralem oder saurem Natron- oder Kalioxalat entwickeln lassen. Dann fixiert man die Kopie in einer schwach sauren, 2 proz. Hyposulfitlösung (Fixiersalzlösung) und wäscht schließlich 10 Minuten in fließendem Wasser. Nach einer Abänderung des Verfahrens wird die empfindliche Schicht des photographischen Papieres aus 3,5 Tl. Silber und 0,46 Tl. Quecksilber (in Form ihrer Salze) mit 12 Tl. Eisenoxalat hergestellt. In dieser Kombination kann auch unter Verminderung des Quecksilbergehaltes oxalsaures Kalium oder citronensaures Zinn zugesetzt werden. Das so erzeugte Papier gibt ein beständiges, in der Farbe dem Platinton ähnliches Bild, das kein Quecksilber enthält. Das Quecksilbersalz scheint demnach nur den Farbton des Bildes zu beeinflussen, der ohne seine Verwendung rötlich sein würde. **(D. R. P. 261 342.)**

Mit Ferrioxalat allein entsteht ein etwas zu fuchsiger Ton, der bei Zusatz von etwas Citronensäure in ein angenehmes Braun umschlägt. Die mit Oxalsäure allein hergestellten Papiere geben beim Auftrocknen flaue und unansehnliche Drucke. Man vermeidet diesen Nachteil, wenn man das Silberoxalat durch Silbersulfat ersetzt, wobei allerdings eine zweifache Sensibilisierung erforderlich ist. Am besten entwickelt man mit einer Mischung von 1 l Wasser, 125 g Kaliumoxalat, 30 g einbasisch phosphorsaurem Ammon und einigen Tropfen Kaliumbichromatlösung und tont nach dieser Entwicklung in einem Bade, daß in 1,5 l Wasser 1 g Kaliumplatinchlorür, 10 g Kochsalz und 45 Tropfen verdünnter Salpetersäure enthält. **(R. Jacoby, Phot. Korr. 55, 318.)**

Nach einem von **C. E. Bergling** angegebenen, der Kallitypie nachgebildeten billigen Kopierverfahren sensibilisiert man das Papier mit 20% Ammoniumferrioxalat, kopiert etwa so lange wie Celloidinpapier, entwickelt mit 2% Silbernitrat ein schwarzes Bild, entfernt das überschüssige Eisen mit 1% Oxalsäure und fixiert mit 10% unterschwefeligsaurem Natron. Nach jedem Vorgang wird das Papier gewaschen. Härtere Abdrücke erhält man, wenn man der Sensibilisierungslösung sehr geringe Mengen Ammoniumbichromat zusetzt. **(Phot. Rundsch. 1921, 158.)**

Das beim Platindruckverfahren verwendete Papier wird nach **Phot. Archiv 1881, 2** in der Weise hergestellt, daß man die Bogen mit einer wässerigen Lösung von 3% Kaliumplatinchlorid 14% oxalsaurem Eisen und soviel Oxalsäure behandelt, daß sich das Eisensalz wieder auflöst. Auf die Einzelheiten der Arbeitsweise im Original sei hier verwiesen, zu erwähnen wäre noch, daß man sich zum Entwickeln am besten einer wässerigen Lösung von oxalsaurem Kalium (1 : 4) bedient.

Nach **I. Bartlott**, Referat in **Chem.-Ztg. Rep. 1909, 296,** wird das Platindruckverfahren zweckmäßig in der Weise modifiziert, daß man ein alkalisches Bad verwendet, das durch Versetzen einer gesättigten Sodalösung mit $^1/_8$ ihres Volumens ebenfalls gesättigter Alaunlösung hergestellt wird. Bei der Entwicklung wird das Papier mit der Schichtseite nach unten gelegt. Die Rückseite darf nicht benetzt werden.

Über eine neue Variante des Platindruckes siehe ferner **L. L. Lewinsohn, Phot. Korr. 1910, 19.**

Um das Einsinken des Platindruckbildes bei ungenügend geleimtem Papier zu verhindern, wendet man nach **E. Valenta, Chem. Ind. 1908, Nr. 1,** einen Kaltlack an, der aus einer Lösung von 100 Tl. Sandarak in 400 Tl. Benzol, 400 Tl. Aceton und 200 Tl. Alkohol besteht. Statt dieser Lösungsmittel hat sich zur Herstellung photographischer Lacke auch der Tetrachlorkohlenstoff bewährt. — Vgl. **[614].**

595. Uran-, Kobalt-, Mangan-, Kupferdruckbilder. — Lichtregulierungstapeten.

Über die Anfertigung positiver photographischer Bilder mit salpetersaurem Uranoxyd siehe **Polyt. Zentr.-Bl. 1858, 1509.**

Der Uranylnitratprozeß von **Niepce-St. Victor** wird im **Journ. f. prakt. Chem. 74, 67** wie folgt beschrieben: Man imprägniert Papier mit einer 20 proz. Lösung von salpetersaurem Uranoxyd, bis es eine deutlich strohgelbe Farbe annimmt. Das Papier wird im Dunkeln getrocknet und dann mit einem negativen Lichtbilde bedeckt, exponiert, und zwar im direkten Sonnenlicht 8—10 Minuten, bei bedecktem Himmel 1—2 Stunden. Man wäscht die Bilder einige Sekunden in Wasser von 50—60° und entwickelt sie in 2 proz. Rot-Blutlaugensalzlösung. Wenn die Photographie nach einigen Minuten eine schön blutrote Färbung angenommen hat, wird sie so lange gewaschen, bis das Wasser vollkommen klar erscheint, und hierauf getrocknet. — Das Bild wird grün, wenn man es etwa eine Minute in eine Lösung von salpetersaurem Kobaltoxyd eintaucht. Man trocknet dann in der Wärme, wobei die grüne Farbe erscheint; die Fixierung wird bewirkt durch Einlegen der farbigen Photographien in eine Lösung von schwefelsaurem Eisenoxydul. — Um eine violette Färbung hervorzurufen, wird das mit salpetersaurem Uranoxyd präparierte Papier, nachdem es aus dem Expositionsrahmen herausgenommen worden ist, mit warmem Wasser gewaschen und hierauf in eine Goldlösung, bestehend aus $^1/_2$ Tl. Chlorgold in 100 Tl. Wasser, eingelegt. Behandelt man mit Silbernitratlösung so entsteht ein braunes positives Bild. Wird das belichtete, mit Uransalzlösung imprägnierte Papier statt in eine Silberlösung einige Minuten in eine Lösung von Quecksilbersublimat eingelegt, darin gewaschen und hierauf in eine Lösung von salpetersaurem Silberoxyd eingelegt, so entwickelt sich ein positives Bild mit ebenholzschwarzem Ton. Die Belichtung muß aber in diesem Falle dreimal länger gedauert haben, als in allen anderen Fällen. Statt Uransalz kann auch eine Lösung von Weinsteinsäure angewendet werden, um das Papier für die Lichteinwirkung empfindlich zu machen, nur muß dann bei Hervorrufung des Bildes durch salpetersaure Silberlösung die Flüssigkeit auf 30—40° erwärmt werden.

Zur Herstellung von in beliebigem Waschwasser fleckenlos bleibenden photographischen Uranyl-Silbernitratbildern bestreicht man nach **D. R. P. 255 837** das mit Stärke vorpräparierte Papier mit einer Lösung von 25 g Uranylnitrat, 9 g Silbernitrat, 0,3 ccm 1 proz. Kochsalzlösung und 0,5 ccm 5 proz. Alkylsulfoharnstofflösung in 50 ccm destilliertem Wasser. Je mehr Halogenid die Lösung enthält, desto mehr ändert sich der Ton der fertigen Bilder nach gelbbraun, je mehr Thioharnstoff, desto dunkler werden sie, bis zu Schwarz. Wenn die Zusätze in genügenden Mengen vorhanden sind, so erhalten die Bilder einen gleichmäßigen Ton, der von der Zusammensetzung des Waschwassers unabhängig ist. Die betreffenden Zusätze kann man auch dem Rohpapier oder der Stärkeschicht einverleiben. Man überstreicht z. B. das mit Stärke vorpräparierte Rohpapier mit der Lösung von 60 ccm Urannitrat (1 : 2), 0,2 ccm Goldchlorid (1 : 20), 0,2 ccm Thioharnstofflösung (1 : 10) und 10 ccm Silbernitratlösung (1 : 1). **(D. R. P. 255 837.)**

Die Herstellung schwarzer, sehr dauerhafter Kobaltbilder beschreibt **F. Stolze in Phot Chronik 1909, 450.** Das Prinzip des Verfahrens besteht darin, daß man gelatiniertes Papier mit einer Lösung von Kobalti-Kobaltohydroxyd in Oxalsäure 3 Minuten lang behandelt, im Dunkeln trocknet, unter einem Negativ belichtet, dann in eine 5 proz. Lösung von rotem Blutlaugensalz taucht, gründlich wässert und mit Schwefelalkalilösung nachbehandelt, so daß ein schöner, fast schwarzer Ton erzielt wird. Die Schwierigkeit besteht in der Herstellung der lichtempfindlichen

Lösung. Bezüglich näherer Angaben über das Verfahren, das sich besonders für Strichzeichnungen bei Benützung von Bogenlicht eignet, sei auf die Originalarbeit verwiesen.

Zur Überführung von Bildern, deren Schicht Kobaltoxydverbindungen enthält, in Bilder aus Manganoxydverbindungen, behandelt man sie nach **D. R. P. 180 947** mit einer Lösung von Manganoacetat evtl. unter Zusatz von Alkaliacetat. Siehe auch **Zusatz D. R. P. 180 948**: Verwendung von Lösungen eines Manganosalzes und Ferricyankalium mit oder ohne Zusatz von Säuren statt der Lösungen von Manganisalzen und Ferricyankalium.

Zur Herstellung grüngefärbter Photographien bestreicht man Papier nach **Phot. Mitt. 1907, 490** mit einer 2proz. Gelatinelösung und dann mit einer Lösung von 3 g Kaliumbichromat und 5 g Mangansulfat in 100 ccm Wasser („Ozotypielösung"). Man trocknet, kopiert unter einem Negativ, bis alle Einzelheiten in brauner Farbe sichtbar sind, wäscht, bis die Weißen nicht mehr gelb gefärbt erscheinen, trocknet mit Fließpapier ab, legt das Bild auf eine Glasplatte und bestreicht es mit einer geringen Menge einer 10proz. Brenzkatechinlösung, worauf das Bild in wenigen Sekunden leuchtend grün erscheint. Man wäscht 5 Minuten, trocknet schnell und überzieht mit Lack. Die Bilder waren noch nach 15 Monaten völlig unverändert.

Zur Ausführung der Cuprotypie wird nach **Pharm. Zentrh. 1910, 198** photographisches Rohpapier in einer Lösung von 5 Tl. Urannitrat und 1 Tl. Kupfernitrat in 5 Tl. Wasser lichtempfindlich gemacht. Man kopiert und entwickelt in einer 5proz. Blutlaugensalzlösung; dann wird gewässert und in üblicher Weise fixiert. Mit etwas salzsäurehaltigem Wasser kann man abschwächen, einen schwarzen Ton erzielt man durch ein 1proz. Platinchloridbad.

In Papierztg. 1876, Nr. 18 findet sich der eigenartige Vorschlag auf Grund der Eigenschaft des Kupferoxalates sich im hellen Lichte dunkel zu färben und umgekehrt im Dunkeln hell zu werden, sog. Lichtregulierungstapeten herzustellen, die den Zimmerwänden bei bedecktem Himmel ein freundlicheres Aussehen geben sollten und im grellen Sonnenlicht dunkler erschienen wären. Der unbekannte Erfinder wollte das Tapetenpapier mit einer mehr oder minder konzentrierten Lösung von oxalsaurem Kupferoxyd in Wasser tränken, und durch Mischung derselben mit anderen Farbstoffen, die aber natürlich keine chemische Verbindung mit dem Salze eingehen durften, mannigfache Farbenabstufungen hervorbringen, alle mit der Eigenschaft, im Lichte zu dunklen und nach dessen Einwirkung wieder abzublassen. Eine sehr überraschende Farbenwandlung („Chamäleonisierung") dürfte z. B., wie der Verfasser sagt, eintreten, wenn der Hauptsalzlösung eine Farbstofflösung zugefügt wird, das Ganze nach dem Auftragen und für gewöhnlich in der Farbe der letzteren sich zeigt und nach stärkerer Belichtung durch das nun hervortretende Braun ganz neue Töne entstehen.

596. Chromatverfahren. Lichteinwirkung auf Chromatgelatine (-leim, -glycerin).

Die nun folgenden Verfahren beruhen alle im Prinzip auf der Eigenschaft gewisser organischer Körper, wie Gelatine, Leim, Gummi arabicum u. dgl., nach Vorbehandlung mit chromsauren Salzen in der Weise Lichtempfindlichkeit zu erlangen, daß die vom Licht getroffenen Stellen gegerbt und so in warmem Wasser unlöslich werden. (**Ponton,** Mitte des vorigen Jahrhunderts.)

Die Ausführungsart der Verfahren ist eine verschiedene und man unterscheidet dementsprechend Ozotypie, Oleographie (Öldruck), Gummidruck, Pigmentdruck u. dgl. Einzelne der Verfahren eignen sich zur Herstellung von Druckstöcken für photomechanische Reproduktionsverfahren, die überhaupt mit den Chromatverfahren in enger Beziehung stehen. Siehe auch die Kapitel: Erzeugung von Bildern auf Metall, Porzellan, Glas usw.

Das Verdienst, die Beobachtung **Suckows (1832)** über die Lichtempfänglichkeit der chromsauren Salze in die Praxis übertragen zu haben, gebührt **Talbot,** der auf Grund der Arbeiten anderer Forscher, **(Ponton, Bequerel, Hunt)** 1853 der französischen Akademie die ersten nach dem Chromat-Leimverfahren hergestellten Tiefdruckstahlplatten vorlegte. Er hatte festgestellt, daß mit Bichromatlösung eingetrockneter Leim in heißem Wasser unlöslich wird, wenn man ihn belichtet, da die chromsauren Salze durch das Licht zu Chromoxydsalzen reduziert werden, die mit der Gelatine unter Bildung einer in heißem Wasser unlöslichen gegerbten Verbindung reagieren. (Vgl. Chromgerbung im Abschnitt Leder.)

Während nämlich gelinde Behandlung von tierischem Gewebe mit heißem Wasser zur Bildung der Gelatine führt, die sich beim Erkalten als wasserunlösliche, später jedoch wieder lösbare Gelatine zu Boden setzt, wird sie durch andauernde Behandlung bei Temperaturen über 90° in eine zwar wasserlösliche jedoch nicht gelbildende Substanz, die Gelatose, übergeführt. Enzyme von Art des Trypsins und fäulniserregende Organismen führen weiter die Gelatose in Gelatinepepton über, d. h. das Ferment spaltet die Gelatine in einen krystalloiden und in einen kolloiden Körper. Fischleim, das ist eine Lösung von Gelatose und Gelatinepepton, wird nun, was Wasserlöslichkeit betrifft, durch den Zusatz von Alkalichromaten zunächst nicht verändert, wohl tritt jedoch wenn man den Verdampfungsrückstand des Fischleimes bei Anwesenheit von Alkalichromat längere Zeit dem Lichte aussetzt, Dunkelfärbung ein und die Gelatose wird wasserunlöslich, während das Gelatinepepton nach wie vor löslich bleibt. Auf diesen von **Ch. W. Gamble** festgestellten Tatsachen beruht die Herstellung der lichtempfindlichen Chromat-Leimplatten für den Kupferlichtdruck. **(J. Soc. Chem. Ind. 29, 65.)**

Über die Gelatose (Fischleim) und die Ursache der Veränderungen der Lichtsensibilität von Mischungen dieser Substanz mit Alkalibichromaten siehe ferner **Ch. W. Gamble, Zeitschr. f. angew. Chem. 1909, 1152.**

Über die Zusammensetzung der mit Kaliumbichromat imprägnierten und durch Licht unlöslich gemachten Gelatine und über die Theorie dieses Vorganges, ferner über die besondere Eignung des Ammoniumbichromates, gegenüber den Bichromaten anderer Alkali-, Erdalkali-, Leicht- und Schwermetalle, durch das Licht reduziert zu werden, berichten **Lumière** und **Seyewetz** in **Kollegium 1905, 369, 374** bzw. **377.**

Nach quantitativen Versuchen von **Lumière und Seyewetz** enthält die am Lichte gehärtete Chromatgelatine sehr viel mehr unlösliches Chromoxyd, das die Unlöslichkeit der Chromatgelatine bedingt, als die spontan bei gewöhnlicher Temperatur gehärtete Gelatine. Die Menge des Chromoxydes wächst in letzterem Falle auch nach monatelangem Aufbewahren der Schichten nur sehr langsam und eine solche Schicht ist auch nach 4—5 Monaten noch unbeständig gegen heißes Wasser. Wesentlich rascher verläuft der Prozeß beim Erhitzen der Schicht auf 120°, in diesem Falle werden 22,7% des Chromates innerhalb 6 Tagen in unlösliches Chromoxyd übergeführt und man erhält eine Schicht, die sich genau so verhält wie belichtete Gelatine. **(Zeitschr. f. wiss. Photogr. 1906, 120.)**

Um 100 g Gelatine in heißem Wasser unlöslich zu machen sind 2 g Chromalaun oder die entsprechend umgerechneten Mengen anderer Chromsalze als Mindestmaß nötig. Die Konzentration der Salzlösung ist hierbei ohne Bedeutung. Bei längerem Kochen im Wasser wird die so behandelte Gelatine wieder löslich, und ebenso kann man, da vermutlich ein Gemisch löslicher und unlöslicher Teile vorliegt, durch Waschen in ammoniakalischem Wasser und abwechselndes Sieden den löslichen von dem unlöslichen Teil trennen, wobei alkalische Zwischenwaschungen die Wiederauflösung verzögern. Säuren und Alkalien machen überhaupt unlöslich gewordene Gelatine in heißem Wasser wieder leichtlöslich. **(Lumière und Seyewetz, Zeitschr. f. wiss. Photogr. 1904, 16.)**

Auch ein Gemenge von Glycerin und Bichromat wird durch Licht verändert, eine Tatsache, die für alle Druckverfahren aber auch für die Herstellung von Kunstmassen von Bedeutung ist, bei denen Leim oder Gelatine durch Bichromatzusatz und folgende Belichtung gehärtet werden **[526].** Dem Glycerin ähnlich verhält sich das Glykol was die Wechselwirkung mit Bichromaten im Lichte betrifft. Mit Bichromat gesättigtes wasserfreies Glykol wird im Sonnenlicht immer dunkler grün und schließlich tritt Gelatinierung des gebildeten Chromhydroxydes ein. Aus wasserhaltigen Lösungen fällt dagegen Chromichromat aus. **(E. Valenta, Phot. Rundsch. 1918, 64.)**

597. Pigment-(kohle-)druck, Ozotypie.

Hübl, A. v., Die Ozotypie. Halle 1903.

Über ein Verfahren zur Darstellung von Kohlebildern siehe **J. W. Swan, Photogr. Archiv 1864, 255 u. 277.** Vgl. **Polyt. Zentr.-Bl. 1867, 459.**

Ein photographisches Kopierverfahren mit Kohle und farbigen Pulvern von **Poitevin** ist in **Photogr. Archiv 1860, 225** beschrieben.

Die neue photographische Technik der Ahrletypie, das ist die Übertragung von Kohledrucken auf Glas, beschreibt **F. Hansen in Phot. Ind. 1920, 507.**

Beim gewöhnlichen Pigmentdruck sensibilisiert man eine gefärbte, dicke Gelatineschicht in Kaliumbichromatlösung, belichtet, wodurch die Gelatine in warmem Wasser unlöslich wird und quetscht nun, da das Bild auf noch löslicher Gelatine liegt und darum abschwimmen würde, die belichtete Gelatineschicht auf eine zweite, auf Papier oder Glas befindliche Gelatineebene, auf der das Bild festhaftet, während der lösliche, unbelichtete Teil in warmem Wasser abgespült wird. Man erhält so ein seitenverkehrtes Bild. Man kann nun das erhaltene feine Gelatinerelief um ein gefärbtes Positiv zu erhalten mit einer Teerfarbstofflösung färben oder von vornherein der Gelatine einen unvergänglichen Farbstoff, am besten Ruß (daher Kohledruck) zusetzen. Um nun diese Übertragung des Bildes zu umgehen, kann man entweder das Pigmentpapier von der Rückseite aus belichten oder man benützt die Eigentümlichkeit des Verfahrens, nämlich das Fortschreiten der Lichtwirkung in der Schicht und von einer Schicht zur anderen im Dunklen nach Aufhören der Belichtung. Man arbeitet daher in der Weise, daß man ein Blatt Papier mit Bichromat und anderen Metallsalzen sensibilisiert und nunmehr belichtet, so daß in den Umsetzungsprodukten der Gelatine mit dem Chromat ein seitenrichtiges Bild entsteht. Man quetscht nun auf dieses Bild ein Pigmentpapier und erzielt so, daß an den Bildstellen des ersten Blattes die Gelatine unlöslich wird und auf ihm festhaftet. Dies sind die Grundzüge der von **Manly** eingeführten Ozotypie; Ozon hat mit dem Verfahren nichts zu tun.

Zur Sensibilisierung von Pigmentpapier behandelt man die Bogen statt mit Bichromat, das wenig haltbare Bilder liefert, mit Monochromat und erhält so zwar haltbare, aber wenig lichtempfindliche Bilder. Nach **R. Namias,** Ref. in **Chem.-Ztg. 1922, 52,** kann man ein solches Monochromatpapier durch Behandlung mit Essigsäuredämpfen sehr lichtempfindlich machen, da sich dann Bichromat bildet.

Zur Erhöhung der Haltbarkeit von Chromatschichten setzt man der gewöhnlichen Kaliumbichromatlösung je 3% Natriumcitrat oder 3% Kaliumoxalat zu. Die so empfindlich gemachten Papiere färben sich erst nach 2 Monaten etwas dunkel, arbeiten jedoch trotzdem gleichmäßig gut. **(Namias, V. Kongreß f. angew. Chem. 1903.)**

Nach einem Referat in **Chem.-Ztg. Rep. 1913, 104** überstreicht man zur Herstellung von Kohledrucken ohne Übertragung Pauspapier mit einer Mischung von Gummi und Stärke, läßt trocknen, sensibilisiert mit alkoholischer Bichromatlösung und kopiert von der Rückseite her, wodurch das Wegschwimmen der Halbtöne beim Entwickeln vermieden wird. Die fertige Kopie wird auf geeignetes weißes Papier aufgezogen.

Zur Hexstellung von Pigmentdrucken präpariert man das in Wasser getauchte Papier nach **L. Tranchant**, Referat in **Bayer. Ind.- u. Gew.-Bl. 1908, 160** auf einer Glasplatte durch Überstreichen mit einer warmen Lösung von 10 g Gelatine, 2 g Seife, 2 g Zucker und 3 g Lampenruß in 100 ccm Wasser und sensibilisiert durch Bestreichen der Rückseite des Papieres mit einer 5 proz. Kaliumbichromatlösung; man trocknet, legt mit der Papierseite auf das Negativ und exponiert im Sonnenlichte, bis das Bild braun auf gelbem Grunde deutlich sichtbar ist. Dann entwickelt man mit kaltem, später mit 28° warmem Wasser, badet in einer 5 proz. Alaunlösung und wäscht, wenn der Grund weiß geworden ist, erschöpfend aus.

Nach einer Notiz in **Monatsschr. f. Phot. 1912, 22** erhält man nach dem Pigmentdruckverfahren Bilder von überraschender Tiefe und Kraft dadurch, daß man das Pigmentbild direkt auf einer Glasplatte entwickelt, völlig trocknen läßt und nunmehr gründlich eingeweichtes Übertragpapier von verschiedener Farbe, Prägung oder Oberfläche aufquetscht. Wenn das Bild selbst nicht zu dicht ist, erhält man diese besonders kräftigen und tiefen Abdrücke, weil sich die ganze Bildsubstanz auf dem Glase befindet und daher einzelne Bildteile nicht in die Papierfaser einzusinken vermögen, wie es bei Abnahme des Pigmentbildes von einer Papierunterlage der Fall ist.

Die im Handel befindlichen weißen Pigmentpapiere müssen unter einem Diapositiv kopiert und auf eine farbige Unterlage übertragen werden, wobei das Licht so rasch durch die Schicht hindurchdringt, daß die Schattenpartien häufig am Papier haften bleiben. Man hilft sich durch Verstärkung der Bichromatbäder. **(O. Mente, At. Photogr. 1918, 26.)**

Zur Herstellung heliogravureähnlicher Pigmentbilder mischt man der Gelatineschicht relativ grobkörnige indifferente Stoffe wie Asphalt oder Steinkohle bei und erzielt so auf dem Wege des gewöhnlichen Pigmentprozesses ohne Verwendung der Druckerpresse durch Zusatz der genannten schwarzen oder braunen Teilchen zu der mit Bichromat zu sensibilisierenden Gelatine heliogravureähnliche Körnung und ebensolche Bilder. **(D. R. P. 232 914.)**

Bei der Herstellung photographischer Abdrücke auf Pigmentpapier verwendet man ein Papier, bei dem als Pigment ein die trockene Kolloidschicht rauh machendes Pulver benützt wird, das dann nach dem Sensibilisieren (Bichromat), Kopieren, Entwickeln (Warmwasser) und Trocknen ein Bild liefert, in dem die belichteten Stellen rauh und die nichtbelichteten Stellen glatt sind. Durch Überreiben mit in unterschwefligsaurem Natron löslichem rotem Quecksilberjodid als trockenem Farbpulver macht man das Bild dann fertig. Bei der Papierherstellung selbst färbt man die das Glas- oder Bimssteinpulver enthaltende Schicht mit einem wasserunlöslichen Farbkörper an, dessen Färbung durch eine das rauhe Bild nicht schädigende Reaktion zu beseitigen ist. **(D. R. P. 288 677.)**

Zur Herstellung von seitenrichtig photographischen Pigmentbildern ohne Übertragung belichtet man die Farbgelatineschicht des Pigmentpapiers durch ein auf sie aufgelegtes nicht geleimtes durchsichtiges Hilfs-Japanpapier hindurch, an dem dann das Pigmentbild bei der folgenden Entwicklung haften bleibt. Die Befestigung des Hilfspapiers oder der an seine Stelle verwendbaren durchsichtigen Celluloidfolie erfolgt durch nasses Auflegen auf das Pigmentpapier und gemeinsames Trocknen. **(D. R. P. 334 327.)**

Zum Kolorieren von Pigmentdrucken, insbesondere Kohledrucken lasiert man die einzelnen Flächen des Bildes mit Eiweißfarben, überzieht nach Übermalung der detailarmen Flächen mit Ölfarbe bzw. nach dem Anlegen der einzelnen Bildflächen mit einer dünnen Harzschicht das ganze Bild mit einer Asphaltlösung, behandelt die Chromgelatine vor der Fertigstellung des Bildes zur Erhöhung der Reliefwirkung mit warmem Wasser oder zur Abschwächung des Reliefs mit einem Härtungsmittel und wischt schließlich die helleren Bildstellen nacheinander aus der Bildfläche heraus. **(D. R. P. 318 600.)**

Zur Verstärkung und Färbung von Pigmentdrucken auf Glas und anderen Unterlagen verwendet man eine Lösung von Eisenchlorid und Gallussäure und erhält so beim Arbeiten nach der von **H. Keßler** in **Phot. Korr. 1818, 321** angegebenen Weise violettschwarze Färbungen.

598. Chromatgelatine-Paus- und -Druckverfahren (Negro- und Photolithographie).

Die Papiere für den Pigmentdruck werden mit gefärbter Gelatine überzogen und kurz vor dem Gebrauch sensibilisiert, da der Vorgang der Gelatinegerbung durch das Belichten nur beschleunigt wird, im Übrigen aber auch im Dunkeln vor sich geht. Die weitere Schwierigkeit besteht in der richtigen Bemessung der Kopierzeit, da während des Druckens keine Veränderung an der Gelatineschicht bemerkbar wird.

Zur Herstellung lichtempfindlichen Papieres zum Kopieren von Zeichnungen u. dgl. bringt man das Papier nach **D. R. P. 13 837** in ein Bad, das in 500 g Wasser 30 g weiße Seife, 30 g Alaun, 40 g Leim, 10 g geschlagenes Eiweiß, 2 g Eisessig und 10 g 60grädiger Alkohol enthält, und macht es lichtempfindlich durch Bestreichen mit einem Gemenge von 50 g gebrannter, brauner Umbraerde, 20 g Schwarz, 10 g englischem Leim und 10 g Kaliumbichromat in 500 ccm Wasser; durch Waschen des durch Belichten erhaltenen Negativs mit Wasser erhält man eine weiße Zeichnung, von der man mit Positivpapier eine positive Kopier herstellt. Dieses Papier wird genau so hergestellt wie das Negativpapier, doch ersetzt man im zweiten Bade die Umbraerde durch Schwarz, das sich beim Baden der belichteten Positivkopie auflöst. Für farbige, positive Kopien ersetzt man das Schwarz durch die entsprechenden anderen Farben. Vgl. **Polyt. Zentr.-Bl. 1874, 263.**

Zur Herstellung farbiger Transparentbilder übergießt man ein angefeuchtetes Papier nach **D. R. P. 10 676** mit einer Lösung von 1 Tl. Gelatine in 3 Tl. Wasser, läßt trocknen, taucht in eine Bichromatlösung 1 : 20, kopiert und entwickelt das Bild wie üblich. Durch Eintauchen dieser kaum sichtbaren Kopie in eine etwa 12° warme, 1 proz. wässerige Blauholzextraktlösung erhält man ein blaues Bild mit allen Abstufungen und Halbtönen des Originales, das man nach dem Abspülen solange in eine Lösung von 1 Tl. reiner Salpetersäure in 400 Tl. Wasser taucht, bis die stärkste Gelatineschicht undurchsichtig dunkelbraun ist, während die dünneren Schichten über Braun, Blau, Rot usw. in der Farbe abnehmen bis zur weißen Färbung der dünnsten Gelatineschicht.

Zur Herstellung von Photographien auf Briefpapier wird dieses mit einem dünnen etwas gefärbten Reisstärkekleister überzogen, getrocknet und in der Dunkelkammer mit einer Lösung von 3 g Kaliumbichromat in 50 ccm Wasser bestrichen. Auf dieses auch im Dunkeln getrocknete Papier wird kopiert und das Bild wird in reinem Wasser entwickelt, wobei der überflüssige Kleister von den nichtbelichteten Stellen verschwindet. **(Pharm. Zentrh. 1910, 239.)**

Über den Sinop-Lichtdruck und die Ausführung dieses modifizierten, besonders für Amateure geeigneten Leimdruckverfahrens zur Herstellung von Ansichtskarten und ähnlichen kleinen Drucksachen siehe **Techn. Rundsch. 1907, 136.**

Die Beschreibung des negrographischen Lichtpausverfahrens, das schwarze Zeichnungen liefert, ebenso wie jene der Präparierung des Papieres und der Fixierung der erhaltenen Zeichnung finden sich in **Techn. Rundsch. 1905, 177.** Das negrographische Lichtpausverfahren wird nach **D. R. P. 10 443** in folgender Weise ausgeführt: Das lichtempfindliche Papier wird belichtet und mit Wasser ausgewaschen, um die vom Lichte unbeeinflußt gebliebenen Stellen zur Aufnahme einer Schwärze geeignet zu machen, die aus Schellack, absolutem Alkohol und Rebenschwarz besteht. Man trocknet das Papier, schwärzt, wäscht in einem angesäuerten Bade ab und erhält so direkt ein Positiv schwarz auf hellem Grunde. Zum Präparieren des Papieres wird wie üblich eine wässerige Lösung von Kaliumbichromat und Gummi arabicum benützt.

Zur Herstellung des Carbonvelourpapieres bestreicht man gut geleimtes Papier nach **Chem. Ind. 1910, 487,** mit steifem Stärkekleister, der mit 30% Ruß versetzt ist, trocknet, sensibilisiert durch Auftragen von 2 proz. Kaliumbichromatlösung auf die Papierseite, läßt trocknen, kopiert und entwickelt wie üblich mit Wasser von etwa 27° in dem man Sägemehl anschlemmt.

Zur Herstellung eines photographischen Kontaktdruckes von beiderseitig beschriebenen oder bedruckten Blättern legt man auf das zu kopierende Blatt mit der Schichtseite abwärts eine mit Chromatgelatine überzogene und getrocknete Glasplatte und belichtet durch diese hindurch, so daß an den helleren Stellen, da diese mehr Licht reflektieren als die dunklen, eine stärkere Gerbung der Chromatschicht stattfindet. Man wäscht dann die Platten in Wasser oder Säure und entwickelt durch Behandlung mit einer Farbstofflösung. **(F. Hansen, Dingl. Journ. 1918, 227.)**

Nach einem eigenartigen von **Dullo** angegebenen Lichtdruckverfahren tränkt man Papier im Dunklen mit einer Lösung von chromsaurem Kali und Molybdänsäure, die auf je 1 Atom chromsaures Kali 1 Atom Manganchlorür enthält. Bei der Exposition erhält man im zerstreuten Tageslicht in 3 Minuten ein scharfes Bild, das sorgfältig ausgewaschen werden muß, weil ein geringer Rest von Molybdänsäure bewirkt, daß sich das Papier im direkten Sonnenlicht bläulich färbt; die nach diesem Verfahren entstehenden braunen Farbtöne in schwarze zu verwandeln, ist nicht gelungen. **(Polyt. Zentr.-Bl. 1864, 1589.)**

Zur Herstellung von Photolithographien überzieht man den abgeschmirgelten Stein nach dem Waschen und Trocknen mit der Mischung von $1^1/_2$ Tl. Kopalfirnis, $^1/_2$ Tl. Leinöl, $2^1/_2$ Tl. Bichromat, 1 Tl. Braunschweigerschwarz, $^1/_2$ Tl. Mastixfirnis und 1 Tl. Terpentinöl, belichtet unter einem Negativ 1—5 Stunden und reibt den Stein mit einem in Leinöl getauchten Stückchen Baumwolle ab, wodurch diejenigen Partien entfernt werden, auf die das Licht nicht eingewirkt hat. Das Öl wird entfernt und der Stein in Wasser getaucht, das Gummi arabicum und wenig Salpetersäure enthält; auch kann der Stein, nach der Belichtung, in ein Bad von Terpentinöl getaucht und darin so lange bewegt werden, bis das Bild hinreichend entwickelt erscheint. Von solchen Steinen sind einige Tausend gute Abdrücke erhalten worden. **(Photogr. Archiv 1863, 92.)**

Zum Zusammenkopieren von Texten und Bildern mit einem Raster in Chromatleimschichten für gleichzeitige Ätzung schaltet man zwischen die Chromleimschicht und die den Texten entsprechenden Stellen des Rasters eine durchsichtige Schicht ein, entwickelt die belichtete Chromgelatineschicht wie gewöhnlich, überträgt das Bild auf eine Metallplatte und ätzt gleichzeitig. **(D. R. P. 322 009.)**

599. Photoreliefverfahren, Pinselstrichnachahmung.

Über Reliefphotographie siehe die Angaben von **F. Hansen** in **Phot. Korresp. 1920, 169.**

Man kann durch Belichtung lichtempfindlich gemachten Leimes in entsprechend dicker Schicht unter einem Negativ durch Quellung der dem Licht entsprechenden Teil in kaltem Wasser Reliefs darstellen, die in plastischem Material, z. B. Porzellanmasse, abformbar sind. Diese Reliefs lassen sich dann auf keramische Gefäße oder in Schmelzfarben auf Glas übertragen und einbrennen.

Ebenso kann dieses Chromatverfahren zur Herstellung mattierter Inschriften auf buntem Glas dienen. Die unter der Schablone belichteten Stellen bleiben in dem dunkelgehaltenen Teil löslich, und das freigelegte Glas kann mit Flußsäure geätzt werden.

Um Bilder auf photographischen Platten reliefartig hervorzuheben, genügt es nach **Techn. Rundsch. 1909, 45** schon, wenn man eine fixierte Platte mit Kaliumbichromat und Salzsäure bleicht, und dann bei Tageslicht mit Hydrochinon und Ätznatron neu entwickelt. Auf direktem Wege wird ein starkes Relief, das sich für den Lichtdruck eignet, erhalten, wenn man eine belichtete Bromsilberplatte mit einer Lösung von 1 g Pyrogallussäure und 20 g Soda in 400 ccm Wasser entwickelt. Nach dem Fixieren und Waschen erscheinen die geschwärzten Stellen vertieft; die Wirkung wird noch erhöht, wenn man das Relief mit einer 50 proz. wässerigen Lösung von Kalisalpeter überstreicht. Oder man bleicht eine belichtete, entwickelte, fixierte und gewaschene Bromsilbergelatineplatte mit gesättigter Ammoniumpersulfatlösung aus und wäscht, wobei sich die ausgebleichten Stellen in lauwarmem Wasser lösen und die unbelichteten Stellen als höchste Punkte des Reliefs zurückbleiben. Schließlich kann man das entwickelte und nicht fixierte Negativ auch in 3 proz. Kaliumbichromatlösung baden und die im Dunkeln getrocknete Platte im Kopierrahmen von der Bildseite her belichten, bis ein untergelegtes Chlorsilberpapier einen schwachen und scharfen Abdruck zeigt. Dann wäscht man die Platte, fixiert, führt das von der ersten Entwicklung zurückgebliebene metallische Silber mit Kaliumbichromat und Salzsäure in Chlorsilber über, entfernt dieses durch Fixieren und erhält ein völlig farbloses Gelatinerelief, das sich durch Tränken mit Bariumchlorid und folgende Behandlung mit schwefelsaurem Natron durch Bildung von weißem Bariumsulfat auch dauernd weiß färben läßt.

Zur Herstellung von Gelatinedruckplatten setzt man belichtete und in kaltem Wasser entwickelte lichtempfindliche Chromgelatineplatten trockener Hitze aus, so daß die unbelichteten wassergequellten Stellen zusammenschrumpfen, wobei die im Lichte gefärbten Stellen hoch und die unbelichteten Stellen in der Tiefe liegenbleiben. **(D. R. P. 347 748.)**

Zur Herstellung von Gelatinereliefbildern aus Silberbildern durch Behandlung mit Wasserstoffsuperoxyd mischt man dieses mit Salpetersäure, Bromkalium und Kupfersulfat und erhält so in zuverlässigerer Weise als mit angesäuertem Wasserstoffsuperoxyd allein Reliefs, die sich für den Pressendruck oder für photomechanische Zwecke eignen, da jene Mischung nicht belichtete Stellen unangegriffen läßt. Es ist ferner auch nicht nötig, besondere Temperaturen einzuhalten und die Wirkung geht schnell und lokal nur auf die Stellen begrenzt vor sich, auf denen sich reduziertes Silber befindet. **(D. R. P. 230 386.)**

Zur Herstellung von Ölgemäldenachahmungen, die die den Pinselstrichen und dem Leinwandgrund des Originales entsprechenden Erhöhungen zeigen, erzeugt man von dem photographischen Negativ einen Kohledruck auf Stanniol, das mit einer isolierenden Farb- und Wachsschicht überzogen ist, koloriert die entwickelte Kohledruckschicht und überzieht sie mit einer Schellacklösung. Man preßt dann in die Bildseite des Stanniolblattes eine Matrize mit den der Vorlage entsprechenden Erhöhungen ein und füllt nach deren Entfernung das geprägte Bild mit einer weichen später erstarrenden Masse von der man nach Befestigung des Ganzen auf einer Unterlage (Leinwand, Holz oder Glas) und nach Erhärten der Füllmasse das Stanniolblatt abzieht. **(D. R. P. 316 971.)**

600. Gummidruck, Stagmatypie.

Kösters, W., Der Gummidruck. Halle 1904. — Hofmeister, Th., Der Gummidruck und seine Verwendbarkeit als künstlerisches Ausdrucksmittel in der Photographie. Halle 1907.

Statt der Gelatine kann man auch Gummi arabicum zusammen mit Farbstoff und Bichromat auf Papier streichen und erhält so eine feste Verbindung zwischen letzterem und der Streichmasse, so daß die Übertragung der Schicht auf eine neue Unterlage vor der Entwicklung sich erübrigt. Da das Korn der Masse gröber ist als jenes der Gelatine werden seine Stellen des Negativs nicht scharf wiedergegeben, diese Papiere eignen sich daher vor allem für Vergrößerungen.

Da bei unmittelbarem Auflegen des nach dem Gummidruckverfahren zu kopierenden Negativs auf das mit der Chromatgummischicht überzogene Papier insofern Schwierigkeiten auftreten, als bei Unterbelichtung bei der Entwicklung der Gummi zu fließen beginnt, und bei Überbelichtung an diesen Stellen kein Wasser mehr eindringen kann, so daß keine Halbtöne erhalten werden, schaltet man zwischen Papier und Negativ einen Raster ein, dessen Bild auf der Chromatgummischicht trotz des darunter liegenden Eisenblaubildes sichtbar wird, so daß eine Unterbelichtung nicht möglich ist. Eine Überbelichtung ist unschädlich, da das Entwicklerbad längs der durch Netzfäden gegen die Belichtung geschützten Stellen genügend lang einzuwirken vermag. **(D. R. P. 221 917.)**

Für die Ausführung des modifizierten Dreifarbengummidruckes bei dem zunächst ein Eisenblaubild, darauf ein gelbes und schließlich ein rotes Chromatgummibild hergestellt wird, ist es wichtig, daß das als Unterlage dienende Papier sich möglichst wenig dehnt. Man überzieht die Unterlage daher in feuchtem Zustande mit Gummi arabicumlösung, die für den folgenden Eisenblaudruck die erforderliche Zusammenziehung des Papieres bewirkt, ohne seine Aufnahmefähigkeit herabzusetzen und bei der späteren Entwicklung des Blaudruckes mit kaltem Wasser abgewaschen wird, wobei das Papier seine frühere Porosität und Durchlässigkeit, die Bedingungen für ein gleichmäßiges Ausbreiten der Chromatgummischicht, vollständig wiedererlangt. **(D. R. P. 226 292.)**

Über ein Verfahren zur Herstellung von Kunstdrucken, bei dem man auf dem Wege über ein Diapositiv mittels des Öl- oder Gummidruckes ein Negativ herstellt, so daß auch Abzüge, die im Kontaktverfahren oder durch sonstige Reproduktion gewonnen werden, den Charakter des Kunstdruckes zeigen siehe **D. R. P. 287 985.**

Auf der Eigenschaft der Hydrosole von Leim und Gummi arabicum sich nicht zu mischen, sondern eine Emulsion zu geben, in der kugelige Gummitröpfchen innerhalb des Leimmediums schweben, beruht das Druckverfahren der Stagmatypie. Übergießt man nämlich eine Glasplatte mit einer derartigen zugleich Bichromat enthaltenden Lösung, so beobachtet man, daß sich allmählich die kleinen Tröpfchen der eigenartig flimmernden Schicht zu kugeligen Körperchen vereinigen, die ohne zu agglutinieren in ziemlich regelmäßigen Abständen voneinander fest haften bleiben und durch vorsichtige Trocknung in dieser Lage fixierbar sind. Man belichtet nun unter einem gewöhnlichen, nicht mittels Rasters hergestellten photographischen Klischee und ätzt, wobei die für den Druck nötige Zerlegung der Halbtöne hier durch das Gummikorn der Schicht entsteht, da dieses in angetrocknetem Zustande der ätzenden Eisenchloridlösung länger widersteht als der Leim. Besonders gute Resultate erzielt man bei der elektrolytischen Ätzung, da diese durch die Halbtöne des auf die Chromleimschicht kopierten Bildes reguliert, automatisch verläuft. Mit diesem einfachen, universell anwendbaren Druckverfahren erzielt man eine bedeutende künstlerische Bildwirkung der Drucke, da es tiefere Töne liefert als z. B. das Autotypieverfahren. **(H. Strecker, Zeitschr. f. Elektrochem. 1912, 18.)**

Die Erklärung des Prozesses der **Strecker**schen Stagmatypie bringt **F. Weigert** in **Zeitschr. f. Elektrochem. 18, 159.**

601. Anilin-, Aquarelldruck (Pinatypie). Bromöl- und Ozobromprozeß.

Zur Ausführung des damals sog. Anilindruckes tränkt man Papier mit der Lösung von 1 Tl. Bichromat, 10 Tl. Phosphorsäure (1,124 spez. Gewicht) und 10 Tl. Wasser, trocknet und belichtet unter einem Negativ. Es entsteht ein blasses, gelbes Bild auf grünlichem Grunde, das sich dunkelschwarzblau färbt, wenn es Anilindämpfen ausgesetzt wird; fixiert wird es durch Waschen in Wasser. **(Elsners Chem-techn. Mitt. 1865/66, S. 157.)**

Ein von **Meisling** begründetes Lichtdruckverfahren beruht auf der Tatsache, daß eine mit Erythrosin getränkte feuchte Gelatineschicht die auf trockenem Papier unbegrenzt haltbar und nicht lichtempfindlich ist durch Belichtung in feuchtem Zustande in heißem Wasser, ebenso unlöslich wird wie Chromatgelatine. Während des Kopierens, das annähernd ebenso lange Zeit braucht wie der Kopierprozeß mit Chromatgelatine, muß man durch Zwischenlegen eines Celluloidblattes verhüten, daß die befeuchtete Schicht am Negativ festklebt. **(R. Renger-Patzsch, Photogr. 1917, 137.)**

Zur Umwandlung von Silberbildern in Farbstoffbilder, also zur Herstellung farbiger Diapositive eignet sich, weil die Schwierigkeiten in der Bemessung der Kopierdauer wegfallen, besser als das Chromatverfahren, das von **J. Traube** empfohlene Anfärben der in Jodsilber übergeführten Bilder mit basischen Farbstoffen. Um der Auslaugung der Farbstoffe während des Fixierens vorzubeugen setzt man der Fixierlösung ein Gerbmittel zu. **(Florence, Atel. f. Photogr. 1917, 42.)**

Über farbige Tonung von Diapositiven siehe das Referat in **Chem-Ztg. Rep. 1912, 324.** Siehe auch die Vorschriften in **[613].**

Zur Herstellung ein- und mehrfarbiger Diapositive badet man das belichtete, entwickelte, fixierte, gewässerte, gebleichte und gehärtete Gelatinesilberbild in einer Farbstofflösung, wodurch das schwarze in weißes Silber übergeführt wird. Man geht dann in eine Anilinfarbstofflösung, entfernt die unbelichtete, nicht gehärtete Gelatineschicht durch ein heißes Wasserbad, entzieht dem so gewonnenen Positiv-Gelatinerelief in einem Fixierbade das weiße Silber, wässert, härtet, trocknet und färbt sie in einer Anilinfarbstofflösung bis zur gewünschten Tontiefe an. Nähere Angaben bringt das **D. R. P. 336 041.**

Über den Aquarelldruck siehe **M. Wilcke, Atelier d. Phot. 1912, 87.** Zur Ausführung des Verfahrens leimt man wasserbeständiges Papier. überstreicht es mit einer sehr schwachprozentigen Gelatinelösung, trocknet, überstreicht mit Aquarellfarbe in einer Schicht, die zwar deckt, aber doch in der Durchsicht die Papierstruktur erscheinen läßt, trocknet abermals, macht mit Kaliumbichromat lichtempfindlich, belichtet, weicht in Wasser ein und entwickelt mittels eines Zerstäubers.

Über Pinatypie siehe die Ausführungen von **R. Wagner, Phot. Rundsch. 1920, 330.**

Zur Ausübung der Pinatypie, eines Verfahrens zur Herstellung farbiger photographischer Bilder belichtet man eine mit Bichromatgelatine überzogene Glasplatte unter einem Diapositiv wäscht dann mit kaltem Wasser aus und fäbt die Platte mit gewissen Farbstoffen, die ungehärtete Gelatine sehr stark, die durch die Lichtwirkung gehärtete aber gar nicht anfärben. Bringt man dann ein feuchtes, gelatiniertes Papier auf die gefärbte Platte, so erhält man ein auch die Halbtöne des Diapositivs wiedergebendes, farbiges Papierbild. Nach diesem beliebig oft wiederholbaren Prozeß arbeitet das einfachste Dreifarbenphotographieverfahren, dessen Bilder außerordentlich lichtbeständig sind. **(E. König, Photogr. Mitt. 1905, 65.)**

Zur Herstellung von graphischen Druckplatten im Durchlichtungswege entwickelt man die wie üblich behandelte und belichtete Platte mit einer Glycerin-Alaunlösung, entsäuert mit einer

Alaun-Spirituslösung und erhält so eine Fläche, auf der die nichtbelichteten Teile für die Farbeaufnahme fähig sind. **(D. R. P. 330 899.)**

Zur Herstellung von Gelatineschichten auf Glas für photographische Kopierprozesse von der Art der Hydro- oder Pinatypie, überträgt man ein in seiner ganzen Fläche belichtetes Stück chromierten Gelatinepapieres auf die Unterlage und behandelt wie beim Entwickeln von Chromgelatinepapier mit heißem Wasser nach **D. R. P. 284 805.**

Puyo, C., Der Ölfarbenkopierprozeß nach Rawlins, übersetzt von C. Stürenburg. Berlin 1909. — Guttmann, E., Die Selbstbereitung der Bromöldruckfarben. Halle 1917.

Aus der Praxis des Bromölumdruckes wird in **Phot. Rundsch. 1918, 26,** berichtet.

Zur Herstellung von Bromöldrucken bleicht man den wie üblich hergestellten Bromsilberdruck nach **W. F. A. Ermen, Chem.-Ztg. Rep. 1912, 488,** in einer Lösung von 50 g Kupferbromid und 1 kg Kaliumbichromat in 1 l Wasser, wäscht aus, bringt in eine 10 proz. wässerige Thiosulfatlösung, wäscht wieder aus, bleicht das jetzt blaßgraugrüne Bild zur Entfernung auch der letzten Spuren des ursprünglichen Tones in einer Lösung von 50 ccm Schwefelsäure und 2 g Thioharnstoff in 1 l Wasser, wäscht schließlich aus, trocknet das Bild auf Fließpapier und färbt wie gewöhnlich ein.

Um die matten Bromsilber- und Gaslichtpapiere für Zwecke des Bromöldruckes verwendbar zu machen, beseitigt man die übergroße Härte der Papiere durch Vorbehandlung mit 0,25—3 proz. Sodalösung. **(E. Guttmann, Phot. Korr. 919, 347.)**

Über das Bromöldruckverfahren und die Gewinnung rauher Drucke von künstlerischer Wirkung durch Aufsprühung einer 5 proz. Pottaschelösung auf das Bromsilberbild, siehe ferner **E. Mayer, Phot. Korr. 57, 9.**

Eine Verbesserung der Tonwerte bei reich ausgebildeten Bromöldrucken läßt sich nur durch Kombinationsumdruck erzielen. Man führt daher die beiden übereinanderzulegenden Drucke mit verschiedenen Farbkonsistenzen aus oder verwendet bei beiden Umdrucken verschiedene Quellgrade oder schließlich man arbeitet mit zwei Klichees verschiedener Gradation. Am besten eignet sich, wenn man wirkliche Bereicherung der Tonwertskala des Umdruckes erzielen will, die Anwendung zweier Klischees. Näheres bringt **E. Mayer in Phot. Korr. 1918, 343.**

Um Bromöldrucken einen gleichmäßigen Halbglanz zu verleihen, überzieht man sie nach **Phot. Rundsch. 1916, 217,** mit 2—4 ccm Leinölfirnis in $^1/_2$ l Benzin oder Tetrachlorkohlenstoff.

Über das Bromöl-Bleichverfahren für Bromsilberkopien mit Hilfe einer fettigen Farbe siehe **A. H. Garner,** Referat in **Chem.-Ztg. Rep. 1909, 212.**

Nach einem Referat in **Chem.-Ztg. Rep. 1913, 688,** kann man Mißerfolge beim Bromölprozeß vermeiden, wenn man den getrockneten Druck zwischen 18 und 24° in der Bleichlösung bleicht, kein Säurebad anwendet, dagegen den Druck nach dem Abspülen fixiert und vor dem Einfärben trocknet. Stets ist die Temperatur sämtlicher Bäder unter 24° zu halten, und die Drucke werden zweckmäßig vor der Pigmentierung während 5 Minuten in Wasser von ungefähr 21° eingeweicht.

Über Öldruck, ein ähnliches Verfahren wie die Oleographie, siehe **A. Albert, Phot. Korr. 1909, 328.**

Die Neuerungen im Ozobromverfahren bespricht **O. Siebert** in **Phot. Korr. 1908, 370.**

Über einen vereinfachten Bromsilberprozeß und seine Ausführung siehe **J. N. Sellors, Phot. Mitt. 1909, 257.**

Über Ozo-Oleographie berichtet **W. Piper** in **Phot. Rev. 1907, 194:** Bromsilberbilder werden in lauwarmem Wasser gewässert, mit einer warmen, 5 proz. Gelatinelösung 15 Minuten imprägniert und zum Trocknen aufgehängt; dann taucht man sie bei gedämpftem Licht in eine Mischung von 2 Tl. Wasser und 1 Tl. einer Vorratslösung, bestehend aus 6,5 g Kaliumbichromat, ebensoviel rotem Blutlaugensalz und Bromkalium, 3,5 g Alaun und 1 g Citronensäure in 1 l Wasser, bis das ganze Bild braun geworden ist. Dann wässert man 8 mal, fixiert 40 Minuten lang in einer Lösung von 60 g Natriumsulfit, 5 g rotem Blutlaugensalz und 200 g Fixiernatron in 1000 l Wasser, wäscht 2 Stunden und pigmentiert in bekannter Weise mit Ölfarbe.

Ein neues Säurebad für den Ozobromprozeß besteht nach einem Referat in **Chem.-Ztg. Rep. 1913, 104,** aus Chromalaun und Oxalsäure. Dem Bade wird bei etwas verschleierten Kopien Citronensäure zugefügt.

Nach einer Anregung von **Wurm-Reihmayer in Phot. Rundsch. 1920, 297** soll man für den Gummi-, Öl- und Bromöldruck Einheitsfarben wählen, die man sich aus pulverförmigen Farben, wie Berlinerblau, Ocker, Pariserrot usw. mischt und mit den entsprechenden Bindemitteln anreibt.

Bezüglich der Einzelheiten zur Ausführung des Bromöldruckverfahrens sei auf die ausführliche Publikation von **E. Mayer** in der Enzyklopädie der Photographie, **Halle a. S.,** verwiesen.

602. Allgemeines über den Asphalt-(Askau-)druck.

Vgl. H. Köhler, Chemie und Technik der natürlichen und künstlichen Asphalte, S. 326.

Der Askaudruck beruht im Prinzip auf der Lichtempfindlichkeit des Asphaltes. Eine z. B. auf Papier aufgebrachte Asphalt-Kautschuklösung (daher der Name As-Kau) wird bei Be lichtung unter einem Negativ in der Weise beeinflußt, daß der Kautschuk an den belichteten Stellen seine Klebrigkeit verliert, so daß nachträglich aufgestreute Farbe (feinstes Pulver) nur an den unbelichteten Partien haftet.

Über einen Vorläufer des Askaudruckes siehe **D. R. P. 22 568,** vgl. **Chem.-Ztg. Rep. 1910, 88.** Es wurde die Lichtempfindlichkeit eines Benzolauszuges von weißem Pfeffer benützt. Man goß das Gemenge, 10 Tl. eines Extraktes von 250 g weißem Pfeffer in 600 ccm Benzol mit 1 Tl. einer Lösung von Dammarharz in Benzol (1 : 20) und 1 Tl. einer Kautschuklösung in Benzol, auf Papier oder Glas und belichtete die trockene Schicht einige Minuten unter einem Diapositiv im Sonnenlichte, dann wurde mit einer feinen Staubfarbe eingepudert.

Die Lichtempfindlichkeit des Asphaltes (entdeckt von **N. Nièpce 1822 [564]**) ist nicht nur in den einzelnen Sorten sehr verschieden, sondern auch die einzelnen, durch Äther- oder Chloroformextraktion erhaltenen Bestandteile ein und derselben Asphaltsorte zeigen gegen Belichtung verschiedenes Verhalten **(Valenta, Chem.-Ztg. Rep. 1891, 234).** Man kann z. B. durch Erhitzen von syrischem Asphalt mit Schwefelblumen in Cumollösung auf etwa 150—170° ein besonders lichtempfindliches Produkt herstellen, das dann in üblicher Weise, nach Ausgießen seiner 4 proz. Benzollösung auf eine Metall- oder Glasplatte, Trocknen und Belichten unter einem Negativ, in der Reproduktionstechnik verwendet wird. Die vom Licht getroffenen Stellen werden unlöslich, während sich die durch die Zeichnung geschützten Orte nach der Belichtung in dem betreffenden Lösungsmittel lösen. Die erhaltene Zeichnung wird dann wie üblich mit Salpetersäure u. dgl. geätzt.

Nach dem von **R. Kayser** modifizierten **Nièpce**schen Asphaltkopierverfahren löst man den gereinigten Asphalt zu 5% in Benzol, setzt zur Steigerung der Lichtempfindlichkeit 1% alkoholische Erythrosinlösung zu und gießt die Flüssigkeit auf eine Zinkplatte. Nach dem Trocknen belichtet man unter einem Negativ und erhält dann durch Entwicklung mit Terpentinöl ein Positiv, durch Behandlung mit Alkohol ein Negativ. Eine Neuerung des Verfahrens ergab sich auch durch die Einführung des sulfierten Asphaltes an Stelle des gewöhnlichen Produktes. **(Valenta.)**

Über Versuche zur Erhöhung der Lichtempfindlichkeit des Asphaltes durch Sulfierung mit Chlorschwefel in Schwefelkohlenstofflösung siehe **P. Gödrich, Wiener Monatshefte 36, 535.**

Auch die Asphalte aus galizischem Erdöl sind, wenn paraffinfreies Material vorliegt, lichtempfindlich. Weiche und halbfeste Erdölrückstände geben belichtet kein Bild. Die Erdölasphalte unterscheiden sich von den Naturasphalten dadurch, daß erstere durch die Sulfierung eine gesteigerte Lichtempfindlichkeit erhalten, während Erdölasphalte zwar mit Schwefelchlorür bis zu 12% Schwefel aufnehmen und dadurch gehärtet werden, ihre Lichtempfindlichkeit jedoch völlig verlieren. **(P. Göderich, Chem.-Ztg. 39, 832.)**

Das Unlöslichwerden des belichteten Asphaltes beruht nicht nur auf einer Oxydationserscheinung, sondern es dürften in manchen Fällen Reaktionen anderer Art vor sich gehen. Man erhält z. B. den in Cumollösung sulfurierten Asphalt von je nach der Dauer und dem Maß der Vertreibung des überschüssigen Cumols verschiedener Lichtempfindlichkeit; wenn zuviel des Cumols abgetrieben wurde, wird das Präparat auch ohne Belichtung in Benzol und Chloroform unlöslich. Dieselbe Asphaltlösung liefert jedoch, wenn man sie mit Benzol verdünnt, Asphaltschichten, die wieder leicht löslich sind, wenn man sie dünner ausgießt. Diese Erscheinung dürfte auf die verschiedene mikrochemische Struktur der stärkeren und dünneren Schichten des Asphaltes zurückzuführen sein, was sich auch aus der Tatsache ergibt, daß die stärkere Schicht desselben Asphaltes lichtempfindlicher ist als die dünne. Im allgemeinen gilt, daß sich die Lichtempfindlichkeit aber auch die Empfindlichkeit gegen Wärme durch Zusatz geeigneter Sensibilisatoren (Anethol, Eugenol, Safrol, Isosafrol, Eugenolmethyläther, Isoeugenoldimethyläther) wesentlich steigern läßt, wovon in der Praxis schon längere Zeit Gebrauch gemacht wird. **(A. Rosinger, Zeitschr. f. Kolloide 15, 177.)**

Ähnlich wie beim Gummidruck kann man auch mittels des Askaudruckes mehrfarbige Bilder herstellen und überzieht zu diesem Zweck das erste Bild mit einer neuen lichtempfindlichen Schicht, exponiert von neuem und entwickelt evtl. mit einer anderen Farbe. **(Hauberrisser, Chem.-Ztg. 1909, 429.)**

Zum Fixieren von Askaudrucken verwendet man nach **Mischewski, Phot. Mitt. 1909, Nr. 24,** eine Lösung von 1 g Gelatine, 20 ccm einer 10 proz. methylalkoholischen Thymollösung und 5 ccm einer 10 proz. Chromalaunlösung in 1000 ccm Wasser, in die man die fertigen Askaudrucke einige Minuten einlegt und sie dann zwischen Fließpapier trocknet. Die Mischung kann wieder verwendet werden. Siehe ferner **J. Rieder, Phot. Rundsch. 1909, 153,** und **Photogr. 1909, 7;** Über die Anwendung des Askaudruckes in der Photokeramik, **Rieder, Das Bild 1909, Nr. 6.** Vgl. auch **Keram. Rundsch. 1909, 66** und **Bd. I [595 ff.].**

603. Asphaltdruckverfahren.

Zur Erzeugung photographischer Bilder mittels lichtempfindlicher Schichten, die aus Asphalt einerseits und Kautschuk andererseits bestehen, behandelt man die belichtete Schicht mit einer alkoholischen Lösung von Tannin, das mit dem der belichteten Gelatineschicht einverleibten Eisenchlorid einen Farbstoff bildet, bzw. läßt auf die belichtete Schicht Gase einwirken, die mit den einverleibten Metallsalzen Farben geben. **(D. R. P. 211 329 und 227 129.)**

Ein photochemisches Ätzverfahren beruht auf der Belichtung der mit einem lichtempfindlichen Kautschuk-Asphaltlack überzogenen Ätzfläche unter einem Negativ, der Entwicklung der Schicht mit Aceton, dem Einstauben der vollentwickelten oder anentwickelten Schicht mit niedrig schmelzendem Harzpulver, der folgenden Schmelzung dieses Pulvers durch Erwärmen und der schließlichen Tiefätzung, wodurch ein Durchschlagen des Ätzmittels an den unbelichteten Stellen verhindert wird. **(D. R. P. 309 376.)** Nach einer Ausführungsform des Verfahrens setzt man der Entwicklungsflüssigkeit geringe Mengen des Ätzmittels zu, das nach der Verstärkung des Grundes mit Harzen zur Ätzung verwendet werden soll, bzw. unterlegt der dünnen Kopierschicht zur Verhinderung des Durchdringens des mit dem Acetonentwickler gemischtem Ätzmittels eine dünne Schellackschicht, die wohl im Entwickler, nicht aber in der Kopierflüssigkeit löslich ist. Für Stahl arbeitet man z. B. mit konzentrierter Salpetersäure, für Kupfer mit Eisenchlorid, für Glas mit Flußsäure stets in 2proz. alkoholischer Lösung. **(D. R. P. 312 657.)** — Vgl. **Bd. I. [72].**

Zur Ausführung dieses Riekau-Ätzverfahrens gießt man über die zu kopierende Fläche eine asphalthaltige Harzlösung, deren Überschuß man ablaufen läßt und trocknet, so daß Platten erhalten werden, deren Haltbarkeit im Dunkeln ihre Verwendung noch nach Monaten gestattet. Beim Kopieren unter einem Negativ in einer Kopierzeit, die länger dauert wie bei Chromaten, jedoch kürzer währt als bei Asphalt wird die Zeichnung sofort schwach sichtbar. Zur Entwicklung übergießt man die kopierte Stahlplatte mit etwas Salpetersäure enthaltendem Brennspiritus, spült nach wenigen Sekunden, staubt die schwarze Zeichnung mit Asphaltpulver ein, erwärmt bis zum Schmelzen der Asphaltschicht und ätzt wie gewöhnlich. **(J. Rieder, Elektrochem. Zeitschr. 26, 43.)**

Zur direkten Übertragung von Photographien auf Zinkplatten (für Hochätzung) löst man nach **Polyt. Notizbl. 1874, Nr. 23,** 5 Tl. syrischen Asphalt und 10 Tl. Lavendel- oder Spiköl in 90 Tl. Benzol, filtriert, übergießt eine ebene reine Zinkplatte mit dem lichtempfindlichen Firnis und läßt im dunkeln Raum gut trocknen. Man exponiert dann in der Sonne 25—30 Minuten oder im zerstreuten Tageslicht 3—4 Stunden (das Negativ muß von der Glasplatte auf eine Gelatinefolie abgenommen sein, damit das Bild oder die Zeichnung nicht verkehrt wird), entwickelt das noch unsichtbare Bild mit Erdöl, dem man $^1/_4$—$^1/_6$ des Volumens Benzol zufügt, bis die Zeichnung sehr rein in der Firnisfarbe erscheint und die weißen Teile der Zeichnung das blanke Metall zeigen, wäscht, läßt die Platte dann am Licht trocknen, wo der Firnis erhärtet und bedeutende Widerstandsfähigkeit gegen die Säure erhält, und ätzt mit sehr verdünnter Salpetersäure so tief wie nötig ist, damit die Platte auf der Buchdruckerpresse gedruckt werden kann. Selbstverständlich lassen sich die geätzten Platten auch in Guttapercha abpressen und durch Galvanplastik vervielfältigen.

Für den Asphaltkopierprozeß auf Stein wird nach **Guy Simons, Chem. Ind. 1910, 490,** empfohlen, eine durch Baumwolle filtrierte Lösung von 5 g Asphalt in 100 ccm Chloroform, 5 ccm Benzol, 50 ccm Äther und 28 ccm 95proz. Alkohol zu verwenden. Bei Vergrößerung des Benzolzusatzes wird die sonst körnige Asphaltschicht beim Ausgießen der Lösung auf den warmen Stein sehr feinkörnig. Für Zinkplatten löst man 7 g Asphalt in 8 ccm Benzol, 36 ccm Alkohol, 100 ccm Chloroform und 50 ccm Äther.

Druckfertige Platten erhält man nach **F. Albertine, Chem. Ind. 1900, 145,** auf Grund der Löslichkeit von sehr lange belichtetem Asphalt in Alkohol. Man belichtet eine präparierte Zinkplatte (siehe oben) einige Stunden unter einem Glasnegativ, taucht die Platten eine Minute in 40proz. Alkohol, läßt sie am Lichte liegen und entwickelt das Bild durch vorsichtiges Reiben mit einem in Alkohol getauchten Watteballen, worauf man zur Erzielung der fertigen Druckplatte ätzt.

Zum Einätzen von photographischen Bildern, die auf lichtempfindliche Asphaltschichten kopiert sind, überzieht man die Bildschicht nach **D. R. P. 191 369** nach dem Kopieren mit Terpentinöl und bringt sie unmittelbar darauf in das mit Alkohol versetzte Ätzbad.

Nach **Jaffé, Chem.-Ztg. Rep. 1889, 68,** stellt man lichtempfindliches Asphaltpapier in der Weise her, daß man zunächst eine Asphaltlösung auf eine glatte, mit Talkum abgeriebene Fläche ausgießt und die nach Verdunstung des Lösungsmittels hinterbleibende dünne Asphaltschicht auf ein befeuchtetes Gelatinepapier überträgt.

Zur Verbesserung der Bildabstufung an photographischen Negativen und Diapositiven überzieht man die Schichtseite mit einer lichtempfindlichen Asphaltschicht, belichtet dann durch den Bildträger hindurch und behandelt je nachdem ob man verstärken oder abschwächen will, entweder mit einem Verstärker oder Abschwächer oder läßt einen geeigneten Farbstoff ansaugen, wobei weiter noch das für nicht mit Alkohol oder Aceton entwickelte Bilder bereits angewandte Verfahren des Einstaubens mitverwendet werden kann, um die Wirkung zu erhöhen. Durch diese Behandlung wird die durch den Bildträger hindurch belichtete mit Aceton entwickelte Schicht an den genügend belichteten Stellen für wässerige Lösungen undurchlässig. **(D. R. P. 318 820.)**

604. Luminographie. — Palimpsestreproduktion.

Das Verfahren der Luminographie beschreibt **L. Vanino** in **Chem.-Ztg. 1913, 721.** Vgl. das Buch von J. Peter, Die Luminographie. Wien und Leipzig 1913.

Das Verfahren der Luminographie ermöglicht das Kopieren von Zeichnungen, Bildern usw. aus Büchern heraus, ohne Zuhilfenahme eines photographischen Apparates. Man bedient sich einer mit einem Gemenge von Leuchtfarben **(Bd. I [422])** und Dammarharzlösung bestrichenen und getrockneten Papptafel, deren Leuchtschicht zum Schutze mit einer Glasplatte bedeckt ist. Wird dann die Platte dem Sonnenlichte oder elektrischem Bogenlichte ausgesetzt, so hat man nachher im Dunkeln eine ausgedehnte, rechteckige Lichtquelle; sie dient als lichtspendender Körper bei den Aufnahmen. Die Reproduktion geschieht entweder auf einer Diapositivplatte oder auch auf einem harten Entwicklungspapier. Bei der Aufnahme selbst sind zwei Fälle zu unterscheiden: 1. Die Rückseite des Bildes ist bedruckt. In diesem Falle wird auf das Original eine Diapositivplatte — und zwar mit der Schichtseite — gelegt; darüber kommt die Leuchtplatte; hinter das Original legt man ein schwarzes Papier oder einen schwarzen Karton. Man beschwert dann das Ganze mit Gewichten oder benutzt eine geeignete Presse. Der Kopierprozeß ist in wenigen Minuten beendet. Die weitere Behandlung der Diapositivplatte (Entwicklung und Fixierung) ist die gewöhnliche. 2. Die Rückseite des Bildes, der Zeichnung, ist nicht bedruckt. In diesem Falle kommt die lichtempfindliche Schicht unter das Origina und die Leuchtplatte auf das Original; das Ganze wird beschwert; nach etwa einer halben Stunde Belichtung hat man ein brauchbares Negativ.

K. von Arnhard, München, hat einen Apparat erfunden, mit dem man auf diese Weise Bilder aus Büchern kopieren kann, auch wenn deren Rückseite bedruckt ist. Vgl. die Abhandlung von **J. Peter, Südd. Apoth.-Ztg. 1911, 84.**

Palimpseste sind alte Pergamente, von denen die ursprüngliche Schrift weggekratzt wurde, um das wertvolle Material zu neuer Schriftausführung benützen zu können. Da die Bestandteile der ersten Schreibflüssigkeit bis zu einer gewissen Tiefe in das Pergament eindringen, läßt sich die scheinbar verschwundene Schrift mit chemischen oder physikalischen Mitteln wieder sichtbar machen.

Zum Beleuchten von photographisch aufzunehmenden Palimpsesten bestrahlt man das Original mit den ultravioletten bis violetten Teilen zweier entgegengesetzt liegender Spektren und verhindert so die einseitige Beleuchtung des Originals, was bei einfacher Prismenbestrahlung der Fall wäre, da das Licht gegen das ultraviolette Ende kurzwelliger ist, als gegen den violetten Teil. **(D. R. P. 274 030.)**

Ein Verfahren zur photographischen Aufnahme von Palimpsesten ist dadurch gekennzeichnet, daß man sie mit ultravioletten Strahlen evtl. zugleich mit sichtbarem Licht beleuchtet, wobei man in letzterem Falle Lichtfilter benützt, die nur die wirksamen Strahlen durchlassen und mit ebensolchen Objektiven arbeitet. **(D. R. P. 283 207.)**

Vgl. auch das Verfahren zur Herstellung von Palimpsestphotographien mit zwei übereinander gelegten photographischen Positiven des Palimpsestes, von denen das eine die Primär- und Sekundärschrift, das andere als Diapositiv nur die Sekundärschrift enthält, dadurch gekennzeichnet, daß man das Silber des die Sekundärschrift enthaltenden Diapositivs zu einer weißen Verbindung ausbleicht und die vereinigten Positive mit auffallendem Lichte photographiert. **(D. R. P. 285 154.)**

Nach einem anderen Verfahren zur photographischen Aufnahme von Palimpsesten wird das ausschließlich mit ultravioletten Strahlen beleuchtete Original mit einem ultraviolett absorbierenden Objektiv aufgenommen, so daß auf der lichtempfindlichen Platte nur das durch die Ultraviolettbeleuchtung hervorgerufene Fluoreszenzbild wiedergegeben wird. Die radierte Primärschrift bleibt dann in Folge ihrer Ultraviolettabsorption und Nichtfluoreszenz unaktinisch. **(D. R. P. 288 327.)**

Lichtquellen, Vollendungsarbeiten, Hilfsmittel der Photographie.

605. Blitzlicht. Literatur, Vorrichtungen. — Zeitlichtpulver, Kunstlicht, Dunkelkammerlicht, Bühneneffekte.

Schmidt, H., Das Photographieren mit Blitzlicht. Halle 1910. — Beck, H., Die Blitzlicht-Photographie. Leipzig 1912.

Allgemeine theoretische Angaben über Blitzlicht macht **W. Scheffer** in **Phot. Korr. 1912, 446.** — S. a. **Bd. IV. [340]** u. **[347].**

Blitzlichtapparate, besonders für Photographieautomaten bzw. eine Zündvorrichtung für Blitzlicht sind z. B. in **D. R. P. 153 855** und **156 226** beschrieben. Vgl.: Blitzlichtapparat mit teilweise lichtdurchlässiger Wandung und einem Auffangbehälter für den beim Abbrennen des Blitzpulvers entstehenden Rauch. **(D. R. P. 260 830.)** Ferner: Vorrichtung zur Blitzlichterzeugung durch Verbrennung stark leuchtender Metalle mit gleichzeitiger Verwendung eines Pyrophors, der die Entzündung z. B. des Magnesiumpulvers bewirkt. **(D. R. P. 270 991.)**

Die Konstruktion einer Blitzlichtlampe, die durch pyrophore Metalle gezündet wird, ist in **D. R. P. 230 110,** jene einer Leuchtpatrone für photographische Zwecke in **D. R. P. 325 931** beschrieben.

Nach **D. R. P. 333 344** bringt man das Blitzlichtpulver auf eine mit einem dünnen Heizdraht umwickelte, leicht entzündbare Lamelle z. B. aus Kollodiumwolle.

Zur Ermittlung der geeigneten Beleuchtung zu photographierender Objekte bedient man sich der Helligkeitswerte einzelner Flächen einer weißfarbigen, aus unglasiertem Porzellan hergestellten, auf einer ebenen Unterlage ruhenden, sechsseitigen Pyramide, deren gegenüberliegende Flächen zusammen einen rechten Winkel bilden. **(D. R. P. 285 953.)**

Die größte Lichtmenge (160 000 HMS pro 1 g Mg) liefert ein Gemisch von 1 g Magnesium, 7 g Cerinitrat und 0,3 g Strontiumcarbonat, von dem 5 g innerhalb 5,5 Sekunden verbrennen, während die geringste Lichtmenge (67 500 HMS pro 1 g Mg) durch ein Gemisch von gleichen Teilen Magnesium und Kreide erzeugt wird, von denen 5 g innerhalb 25 Sekunden verbrennen. **(F. Novak, Eders Jahrb. f. Photogr. 1908, 145.)**

Stark aktinisches Licht wurde früher durch Abbrennen einer Mischung von 112 Tl. Kalisalpeter, 42 Tl. Schwefelblumen und 12 Tl. feingepulvertem Schwefelantimon erzeugt. **(Polyt. Zentr.-Bl. 1861, 136.)**

Ein einfacher, das gewöhnliche Zeitlichtpulver ersetzender Feuerwerksatz zur Aufnahme dunkler Räume besteht nach **Eder, Dingl. Journ. 258, 183** u. **320,** aus 2—4 Tl. Salpeter, 2 Tl. Schwefelblumen und 1 Tl. Antimon.

Nach **D. R. P. 165 259** erhält man raucharme Zeitlichtpulver durch Mischen von Magnesiumpulver mit wolframsaurem Natrium oder mit Wolframsäure. Man setzt ihnen flammenfärbende Metallsalze (Barium-, Strontium-, Calcium- oder Kupfersalze) in solcher Menge zu, daß bei Verwendung panchromatischer Platten ohne Gelbfilter die Herstellung farbentonrichtiger Bilder möglich ist.

Rauchfreie, nichtexplosive Leuchtsätze für photographische Zwecke werden nach **R. R. P. 133 690** unter Zusatz von Oxyden (für Blitzlicht) und Carbonaten (für Zeitlicht) der alkalischen Erden hergestellt, die nach **Zusatz 170 549** durch die entsprechenden Silicate ersetzt werden können. Der Satz selbst besteht aus Aluminium, Magnesium, Bor, amorphem Phosphor usw.

Nach **D. R. P. 212 899** wird ein Blitzlicht- oder Zeitlichtpulver hergestellt aus 30—35 Tl. Magnesiumpulver mit 70 Tl. Thorchromat bzw. -wolframat. Letzteres bewirkt eine langsamere Verbrennung und eignet sich deshalb für Zeitlichtmischungen. Das Blitzlichtpulver verpufft energisch, fast rauchfrei und geruchlos.

Nach **A. P. 908 837** werden langsam abbrennende Mischungen zur Erzeugung chemisch wirksamer Lichtstrahlen hergestellt aus 250 Tl. Magnesiumpulver mit 150 Tl. Ceriumoxyd oder mit 150 Tl. Ceriumoxyd und 8 Tl. Vanadinsäure oder mit 50 Tl. Manganoxyd oder mit 75 Tl. Calciumhydroxyd usw. 2—3 g dieser Mischungen brauchen zum Abbrennen 30 Sekunden.

Zur Erzeugung intensiven Lichtes verbrennt man z. B. in der **Schoop**schen Metallspritzpistole erzeugten Metallstaub (Magnesium-Aluminium oder Zink, für Grün auch Kupfer) in einer Sauerstoffatmosphäre. **(D. R. P. 325 875.)**

Weißes Dunkelkammerlicht, das blaues und violettes Licht nicht durchläßt, so daß dahinter befindliches Auskopierpapier unverändert bleibt, wird nach **R. E. Liesegang, Phot. Wochenbl. 1910, 324** erhalten, wenn man Licht durch eine mit einer Lösung von 10 g rotem Kobaltchlorür und 30 g grünem Nickelchlorür in 1 l Wasser gefüllte Flasche passieren läßt. — S. a. **[619].**

Roter Mattlack für photographische Zwecke wird hergestellt durch Versetzen einer Lösung von 3 g Dammarharz und 10 g fein pulverisiertem Sandarak in 125 ccm Äther mit 50 ccm Benzol und 15 ccm Spiritus. Dieser Lack wird mit Fuchsin rot gefärbt und auf die Rückseite der Platte gestrichen. Man schabt ihn mit einem Messer von den Stellen ab, wo man das Bild dunkler kopiert haben will. **(Pharm. Zentrh. 1910, 17.)**

Eigenartige Lichteffekte für Bühnenzwecke werden nach **D. R. P. 243 278** erzeugt durch Einwirkung unsichtbarer Strahlen auf fluoreszierende Substanzen.

Zur Herstellung von Regenbogendiapositiven zwecks Hervorbringung von Regenbogenerscheinungen auf Bühnen wirft man einen in seine Einzelfarben zerlegten Lichtstreifen so auf eine Farbenphotoplatte, daß auf ihr ein bogenförmiger Streifen belichtet wird, in dem die einzelnen Farben konzentrisch entsprechend der Lage der natürlichen Regenbogenfarben angeordnet sind. Zur Erhöhung der Wirkung kann man zu Reproduktionen eine farbige Lichtquelle benützen oder das Licht einer weißen Lichtquelle durch farbige Gläser leiten. **(D. R. P. 248 500.)**

606. Blitzlichtsätze.

Die Güte eines Blitzlichtpulvers hängt nicht nur von seiner Verbrennungsgeschwindigkeit, von seiner Unempfindlichkeit gegen Stoß und Schlag und von der Geräuschlosigkeit und Rauchfreiheit der Verbrennung, sondern vor allem von dem Gehalt seines Lichtes an aktisch aktinischen Strahlen ab. Die Beurteilung eines Blitzlichtpulvers, die von der Geschwindigkeit seines Abbrennens abhängt, erfolgt am besten durch eine kinematographische Aufnahme.

Über die Verwendung der auch als kräftige Desoxydationsmittel wirksamen Cer-Magnesiumlegierungen für Blitzlichtpulver und die technische Verwendung der Legierungen seltener Elemente überhaupt siehe **A. Hirsch,** Referat in **Zeitschr. f. angew. Chem. 26, 57.**

Nach **Phot. Archiv 1884, 57,** wird ein Blitzlichtpulver hergestellt durch vorsichtiges Vermengen von 1 Tl. Magnesiumpulver, 4 Tl. chlorsaurem Kali, 1 Tl. Schwefel und 2 Tl. Schwefelammonium.

Zur Vergrößerung der Verbrennungsgeschwindigkeit und Erhöhung der Lichtstärke setzt man einem aus Mehl und Magnesiumpulver bestehenden Blitzlichtpulver nach **D. R. P. 76 902** feinverteilten Asbest zu.

Zur Herstellung eines Blitzlichtpulvers, das mit dünnem Rauch verbrennt, vermischt man nach **D. R. P. 101 528** 1 Tl. Magnesium mit 1 Tl. Borsäure oder mit 1 Tl. Kieselsäure oder mit je $^1/_2$ Tl. dieser Substanzen.

Durch Pulvern einer Magnesium-Aluminiumlegierung, die durch Verschmelzen der Metalle mit Kaliumchlorid als Flußmittel erhalten wird, kann man ebenfalls ein Blitzlichtpulver erhalten, das sich auch in feinster Körnung, die in jeder Mühle erzielbar ist, an der Luft nicht oxydiert, sondern den Metallglanz behält. Das Metallpulver, das entzündet mit prasselndem Geräusch verbrennt, eignet sich überdies für Signalzwecke. **(D. R. P. 103 162.)** — Vgl. **Bd. IV. [347].**

Nach **D. R. P. 101 735** werden Blitzlichtpulver mit geringer Rauchentwicklung hergestellt aus 85 Tl. Kaliumperchlorat und 15 Tl. Aluminiumpulver bis zu 60 Tl. Aluminium und 40 Tl. Kaliumperchlorat. Letztere Mischung verbrennt am schnellsten, erstere am langsamsten, dementsprechend kann man, je nach dem gewünschten Zweck, die beiden Bestandteile kombinieren. Zum Sieben der Bestandteile dient ein 120er Sieb; es empfiehlt sich, beim Gebrauch eine gelblichgrüne Scheibe zu benützen.

Nach **D. R. P. 103 518** wird ein Blitzlichtpulver hergestellt aus 30 Tl. Magnesiumpulver, 25 Tl. Bariumsuperoxydpulver und 45 Tl. einer Lösung von 2 Tl. Kollodiumwolle in 100 Tl. Ätheralkohol. Die Mischung gibt 12—15% Rauch. An Stelle des Kollodiums kann man auch gut gereinigtes Petroleum verwenden.

Zur Herstellung von rauchschwachem Magnesiumblitzlichtpulver mischt man 4 Tl. des Metallpulvers mit 5 Tl. des wasserfreien Sulfates von Kalk, Strontium, Barium oder Magnesium. Dieser Magnesiumleuchtsatz hat den Vorteil, frei von allen Sauerstoff leicht abgebenden Körpern zu sein, daher nicht zur Explosivität zu neigen und wenig Rauch zu entwickeln. Gegenüber dem Produkt des **D. R. P. 101 528** besitzt das Präparat den Vorzug schneller abzubrennen und aktinisch aktiver zu sein. **(D. R. P. 111 155.)**

Einem bekannten Blitzlichtpulversatz für photographische Zwecke setzt man nach **D. R. P. 136 313** Mangansuperoxyd, nach **Zusatz 142 910** statt des Braunsteins Magnesium- oder Calciumsuperoxyd zu.

Rauchschwache Blitzlichtmischungen von hoher aktinischer Wirksamkeit für photographische Zwecke werden nach **D. R. P. 158 215** hergestellt aus Nitraten oder Doppelnitraten der seltenen Erden (z. B. Thoriumnitrat) neben Magnesium- oder Aluminiumpulver. Vgl. **Nowák, Chem. Ind. 1908, 3.**

Zur Herstellung eines rauchfreien, nicht explosiven Blitzlichtpulvers mischt man 100 Tl. Magnesium oder Aluminium oder je 50 Tl. der beiden Metalle mit 200 Tl. Alkalinitrat, 10 Tl. Alkali-, Erdalkali- oder Metallsilicat und 3—5 Tl. rotem Phosphor. Dasselbe Gemenge mit 250 Tl. Alkalinitrat und 100 Tl. Silicat dient zur Herstellung von Zeitlichtpulvern von 2—60 Sekunden Brenndauer. **(D. R. P. 170 549.)**

Nach **D. R. P. 205 499** erhält man ein raucharmes, explosionssicheres Blitzlichtpulver durch Mischen von 100 g Chromalaun (entwässert) und 100 g Magnesiumpulver oder 150 g entwässertem Kupfersulfat, 75 g Magnesiumpulver und 25 g Aluminiumpulver. Die Rauchentwicklung des Pulvers ist gering und der Rauch verteilt sich rasch. Nach dem **Zus.-Pat. 225 917** wird ein Blitzlichtpulver für photographische Zwecke hergestellt aus 100 g Ceriumsulfat und 100 g Magnesiumpulver oder aus 100 g Thoriumsulfat und 150 g Magnesiumpulver.

Nach **D. R. P. 254 407** erhält man eine brauchbare Blitzlichtpulvermischung aus 50 Tl. Magnesium, 44 Tl. getrocknetem Cadmiumnitrat und 6 Tl. Magnesia bzw. aus 40 Tl. Magnesiumpulver, 50 Tl. Cadmiumnitrat und 10 Tl. Aluminiumpulver. Der Zusatz an Alumium muß um so größer sein, je feiner das Magnesiumpulver ist. Nach **Zusatz D. R. P. 255 018** erhält das Blitzlichtpulvergemisch aus 40 Tl. Magnesium und 50 Tl. Cadmiumnitrat eine Beimengung von 10 Tl. Aluminiumpulver. Die beiden Metallpulver wirken als Schutz gegen die bei Zutritt auch nur geringer Mengen Feuchtigkeit explosionsartig einsetzende Entzündung des Blitzlichtpulvergemisches.

Zur Herstellung von rauch- und geruchlosem, spektralreinem Blitzlichtpulver von hoher Abbrenngeschwindigkeit mischt man feinverteilte seltene Erdmetalle mit ihren Nitraten oder Perchloraten und erhält so unter Anwendung von Zirkon, Thorium oder Titan Präparate, die so schnell verbrennen, daß auch sehr schnelle Bewegungen auf der Platte festgehalten werden **(D. R. P. 293 998.)**

Zur Herstellung von Blitzlichtstreichhölzern füllt man eine Höhlung in einem Pappstreifen nach **D. R. P. 66 618** mit einem Gemisch von 50 Tl. Magnesiumpulver, 40 Tl. chlorsaurem Kali und 1 Tl. amorphem Phosphor, überklebt die Öffnung mit Seidenpapier und taucht das Ganze nunmehr in eine geeignete Zündmasse.

Ein raucharm verbrennender, kaum schlagempfindlicher photographischer Belichtungssatz enthält nach **D. R. P. 330 581** zusammen 3 Tl. Bariummanganit und Bariumpermanganat und 2 Tl. mit 2% Paraffin überzogenes Magnesium.

607. Personen-, Kombinations-, Hintergrund-, Interieuraufnahmen.

Über ein Verfahren der Herstellung von Photographien von größeren Gesellschaften bei Blitzlicht (Aufnahme je einer Hälfte der Gesellschaft, Vereinigen der Bilder und Herstellung eines neuen Negativs von dem erhaltenen Mittelstück) siehe **Helios 1912, 15.**

Zur Darstellung der Vorder- und Rückseite einer Person, wie sie für Modebilder erwünscht ist, klebt man die beiden Einzelbilder einer Doppelphotographie mit ihren Rückseiten aufeinander und stellt das Doppelbild in einen zweiseitig benutzbaren aufrechtstehenden Rahmen. **(D. R. P. 269 869.)**

Zu physiognomischen und anthropologischen Studien schlug **R. Galton** eine eigenartige photographische Methode vor. Er nahm verschiedene Köpfe genau von vorn oder seitlich auf, erzeugte nach den Negativen Diapositive und nahm mehrere solcher Diapositive so, daß sich alle diese Bilder genau deckten, auf einer Platte auf. Es fallen dadurch die Gesichtszüge mehrerer Personen auf dieselbe Stelle, die individuellen Züge verwischen sich und es entsteht ein den Rassetypus rein darstellendes Kompositionsbild. Solche Bilder, ebenso wie Studien über Schädelbildungen, finden sich abgebildet in der **Photograhic News** vom 17. April 1885.

Zur Herstellung photographischer Kombinationsbilder durch Aufnahme des Objektes in Verbindung mit einem von hinten auf einen durchscheinenden Schirm projizierten Hintergrunde, verwendet man einen in einer chemisch wenig wirksamen Farbe gefärbten Projektionsschirm, vor dem sich das aufzunehmende und geeignet beleuchtete Objekt während einer einmaligen Belichtung der Platte befindet. Die chemisch wenig wirksame Farbe (Gelb, rot, grün) saugt das durch die Beleuchtung des Objektes auffallende weiße Licht soweit auf, daß es für die Aufnahme unwirksam wird, während das durch den Schirm durchprojizierte Bild in seinen Helligkeitswerten voll zur Wirkung auf die Platte gelangt. Durch verschiedene Abänderungen kann man so verschiedene Wirkungen erzielen, wobei es stets möglich ist bei künstlichem sowohl, wie bei Tageslicht die Aufnahme des Objektes und des projizierten Hintergrundes durch nur eine Belichtung der Platte zu erzielen. **(D. R. P. 246 940.)**

Bei der Aufnahme photographischer Kombinationsnegative, bei welchen als Hintergrundnegativ ein in Lichtdruck ausgeführtes Hintergrundnegativ auf einem transparenten Blatt dient, dessen das Objektbild deckender Teil beseitigt wird, verbindet man die Hintergrundfolie lösbar mit einem, mit eintönigem Hintergrund versehenem Objektnegativ, so daß der Photograph ein Objektnegativ, ohne es irgendwie zu verändern und ohne neue Hilfsmittel mit immer neuen Hintergrundmotiven, auszustatten vermag. **(D. R. P. 252 688.)**

Zur Herstellung von Photographien mit dem Aussehen von Handzeichnungen oder von Gemälde- oder Gobelinimitationen kopiert man zusammen mit dem Negativbild des Gegenstandes das auf einem lichtdurchlässigen Blatt erzeugte Negativbild von Leinwand oder gekörntem Papier, in dem die erhabenen Stellen hell, die Vertiefungen dagegen dunkel erscheinen. **(D. R. P. 333 141.)**

Zur Aufnahme photographischer Hintergrundnegative für Kombinationskopien schafft man in dem durch direkte photographische Aufnahme erhaltenen Hintergrundnegativ für die Einkopierung des Hauptnegativs mittels eines Abschwächungsmittels eine durchsichtige Stelle. Das so gewonnene Hintergrundnegativ, das der Photograph selbst herstellen kann, wird beim Kopieren hinter das Hauptnegativ gelegt. **(D. R. P. 264 332.)** Jedenfalls müssen alle Farben vermieden werden, die glänzend auftrocknen. Man arbeitet am besten nur mit Leim-, Casein-, Tempera- oder Gouachefarben oder man malt mit Ölfarben unter Zusatz von Wachs und viel Terpentinöl möglichst mager und mattiert den evtl. noch glänzenden Überzug durch Aufstreichen von Milch oder dünnem Roggenmehlkleister. Ein noch stumpfer wirkender Spritmattlack wird hergestellt durch Vermischen einer alkoholischen Lösung von 4 Tl. Terpentinöl und 60 Tl. Sandarak mit einer Lösung von venezianischem Terpentin in Terpentinöl.

Die Erzeugung von Vordergrund vor einem zu photographierenden Gegenstand mit Vignetten ist im **D. R. P. 334 278** beschrieben.

Zur Herstellung photographischer Interieuraufnahmen in Verbindung mit Exterieuraufnahmen arbeitet man nach vorliegendem Verfahren in der Weise, daß man zuerst das Exterieur im Tageslicht aufnimmt und dann erst die Aufnahme des Interieurs folgen läßt, die ganz oder hauptsächlich mit Magnesiumlicht ausgeführt wird, das eine passend kurze Zeit nach Öffnen des Verschlusses zur Wirkung gelangt. **(D. R. P. 288 143.)**

608. Landschaft-, Objektaufnahmen, Einfügen von Bildteilen, Dunkelaufnahmen.

Über Schneebilder und Aufnahmen von Schneelandschaften im Mondlicht siehe **Apolio Nr. 399.**

Naturwahre Töne für Schneeaufnahmen werden nach **Maurer,** Referat in **Pharm. Zentrh. 1910, 178,** erzeugt, wenn man die auf Albumatpapier hergestellten gut gewässerten Kopien 10 Minuten in einem 15proz. Fixierbade fixiert, wieder wässert und die Kopien sodann 1—2 Minuten in ein für blaue Töne bestimmtes Tonbad einlegt. Die wenig belichteten Teile werden schwarz, während sich von den starken Lichtern bis zu den Halbschatten ein bläulicher Ton bildet.

Nach einem Referat in **Helios 1912, 61** verfährt man zur Aufnahme von Wasserfällen folgendermaßen: Man macht zunächst eine Momentaufnahme und dann eine neue, etwas längere Aufnahme (1/2—1 Sekunde), um auch die Details der Umgebung zu erhalten, entwickelt diese zweite Aufnahme nicht zu lange mit starkem Entwickler und kopiert beide Negative übereinander.

Über Aufnahme sonniger Waldlandschaften im Innern des Waldes siehe die Zeitschrift **„Sonne" 1912, Nr. 17.**

Zur Einfügung fremder Bildteile in gedeckte Stellen fertiger Halogensilbergelatine-Negative sensibilisiert man sie nach **D. R. P. 202 474** mit Chromat und belichtet sie in trockenem Zustande unter einem Diapositiv, das Wolken oder dgl. darstellt. Die Platte wird zur Entfernung des Chromates vollständig ausgewaschen, wobei man diejenigen Partien, bei denen auf dunkler Fläche die neuen Bildteile erscheinen sollen, partiell mit einem Abschwächer behandelt. Dieser wirkt an den Stellen, die durch Belichtung des Chroms am stärksten gehärtet sind, am schwächsten ein, während die wenig gehärteten Stellen stark abgeschwächt werden. Das einkopierte Positiv erscheint dann in der gedeckten Fläche des Negativs ebenfalls als Negativ.

Das Einkopieren von Wolken ist auch geschildert in dem **Kodakboten 1912, Nr. 55** und in **Helios 1912, 91.**

Um in ein Bild einen Teil einer anderen Aufnahme einzukopieren, verfährt man nach **Pharm. Zentrh. 1910, 198** folgendermaßen: Der zu übertragende Bildteil wird auf dem Negativ genau abgedeckt, so daß nur dieser Teil in der erforderlichen Stärke auf glänzendes Celloidinpapier kopieren kann, dann wird das Bild bei weißem Petroleumlicht mit Gummigutt übermalt und im Dunkeln getrocknet. Sodann legt man das 2. Negativ in den Rahmen, legt die zu übertragende Kopie auf und schließt; dann wird wie gewöhnlich kopiert, getont usw.

Um auf einem photographischen Bilde gewisse Teile, z. B. einzelne Personen, Maschinen oder Gegenstände hervortreten zu lassen, während der sonstige Hintergrund verschwimmt, überspritzt man das ganze Bild nach **Techn. Rundsch. 1913, 35** u. **77,** mit Deckweiß, so daß die Konturen nur ganz schwach durchschimmern, worauf man das Deckweiß mit einem weichen Pinsel und klarem Wasser von jenen Stellen entfernt, die nach dem Kopieren besonders hervortreten sollen. Zur Erzeugung eines völlig schwarzen Hintergrundes auf einem photographischen Abzug spritzt man nicht Deckweiß, sondern Sepia oder eine andere schwarze Photoretouchefarbe auf und wäscht die Stelle, an der sich das betreffende Objekt befindet, ab.

Zur Herstellung von Photoskizzen zeichnet man nach **H. Traut, Phot. Korr. 1909, 292,** auf einer nicht aufgezogenen matten Kopie die Konturen, die auf der Skizze erhalten bleiben sollen, mit Tusche nach, bepinselt die außerhalb der Kontur gelegenen Teile des Bildes mit Sublimat- oder Jodlösung und fixiert darauffolgend mit Fixiernatron; dann wird das Bild kurz gewaschen, getrocknet, mit Tusche oder Kreide retuschiert, und man nimmt von diesem Original ein neues Negativ, von dem man dann die Kopien anfertigen kann. Vgl. **Helios 1912, 35**: Herstellung von Photoskizzen.

Im **Kodakboten Nr. 55** wird empfohlen, Münzen oder ähnliche mit reliefartigen Verzierungen versehene Gegenstände vor der Aufnahme über den Rauch brennenden Magnesiumbandes zu halten, um durch den erhaltenen Niederschlag des feinen grauen Staubes auch in den Tiefen der Form eine für die Photographie günstige matte Oberfläche zu erzielen.

Zum Photographieren von Münzen und Medaillen werden diese nach **Pharm. Zentrh. 1910, 719,** zunächst zwischen zwei nasse Blätter weißen Glanzkartons gelegt und das Ganze zwischen zwei dicken Filzplatten in einer Kopierpresse einige Zeit gepreßt. Dann photographiert man die so erhaltene Matrize bei seitlicher Beleuchtung auf Negativpapier, so daß man ein positives Abbild erhält.

Die Herstellung von Schriftdiapositiven ist in **D. R. P. 337 172** beschrieben.

Zur Aufnahme geschliffener und gepreßter Glaswaren empfiehlt es sich nach einem Referate in **Helios 1912, 30** zur Erzielung genügender Plastizität der Bilder die Gefäße bis zum Rande mit einer sehr dünnen Lösung von Kaliumpermanganat zu füllen und seitlich schräges Licht auf das Glas einfallen zu lassen, ehe man zur Aufnahme schreitet.

Die photographische Wiedergabe von auf gewölbten Flächen befindlichen Bildern ist in **D. R. P. 334 217** beschrieben.

Über Aufnahmen hoher Objekte siehe das Referat in **Helios 1912, 70.**

In **Phot. Runsdch. 1912, Heft 6,** finden sich Anweisungen über Photographien im Dämmerlicht.

Über Aufnahmen bei Nacht und in der Dämmerung siehe **F. Pettauer, Phot. Korr. 1912, 466.**

Verfahren und Einrichtung zur indirekten Sichtbarmachung von im Dunkeln befindlichen Gegenständen, ohne diese mit sichtbaren Strahlen zu beleuchten, sind dadurch gekennzeichnet, daß der Gegenstand mit ultravioletten Strahlen z. B. einer, in ein Gehäuse eingeschlossenen Bogenlampe, mit einer Quarzlinse und einem nur die ultravioletten Strahlen hindurchlassenden Strahlenfilter bestrahlt wird, während gleichzeitig die von dem Gegenstand rückgestrahlten ultravioletten Strahlen mittels einer für diese Strahlenart geeigneten photographischen Aufnahmevorrichtung kinematographisch aufgenommen werden. **(D. R. P. 277 106.)**

609. Zauber-, Schnellzeichenbilder, Duplikatnegative.

Zur Erzeugung von Photographien, die nach Belieben erscheinen und verschwinden, taucht man mit Gelatine geleimtes Papier in eine Lösung von 1 g Gelatine in 30 ccm lauwarmem Wasser von 21° und läßt es trocknen. Dann läßt man es auf einer Lösung von 1 Tl. Bichromat in 2 Tl. destilliertem Wasser schwimmen und trocknet es im Dunkeln. Dieses Papier wird unter einem Negativ belichtet und nach dem Kopieren in heißem Wasser, mit einer Spur Schwefelsäure versetzt, fixiert; werden die Bilder naß gemacht, so erscheint das Bild in der Durchsicht vollkommen und verschwindet nach dem Trocknen. **(Dingl. Journ. 182, 348.)**

Das Wesen der sog. Zaubereizigarrenspitzen oder der Rauchbilder beruht auf der durch das Ammoniak des Tabakrauches bewirkten Bildung von braungefärbtem Quecksilberchlorürammoniak aus dem farblosen Quecksilbersalz des Photobildes, d. h.: die durch Einwirkung einer Sublimatlösung 1 : 600 zum Verschwinden gebrachten fixierten, jedoch nicht getonten Bilder erscheinen wieder, wenn man sie mit Thiosulfat, Alkali- oder Ammoniaklösung, am besten mit Natriumsulfit behandelt. **(Böttger, Polyt. Notizbl. 1866, Nr. 9.** Vgl. **Dingl. Journ. 183, 253.)** Ebenso werden die Photographien zur Herstellung der Schnellzeichnungsbilder nach photographischen Vergrößerungen, um sie zunächst für das Auge verschwinden zu lassen, in eines der üblichen Sublimatverstärkungsbäder (je 2 g Sublimat und Bromkalium in 1 l Wasser) eingelegt, worauf man die gebleichte und gut gewässerte Bromsilbervergrößerung trocknet und geschützt vor Ammoniakdämpfen aufbewahrt. Sichtbarmachen der Kopie geschieht am besten in der Weise, daß man das Bild auf einem Reisbrett als Zeichenpapier befestigt und mit einem in Entwicklerlösung oder Ammoniak oder in eine Natriumsulfit- oder Acetonsulfitlösung 1 : 10 getauchten Pinsel überstreicht. **(Vgl. Techn. Rundsch. 1911, 304.)**

Zur Präparierung von Papier für die sog. Schnellmalerei bemalt man die Bogen nach **D. Mal.-Ztg. (Mappe) 31, 214** mit einer möglichst farblosen Suspension von Leimfarbe, Sand oder Bimssteinpulver und läßt trocknen; beim Überstreichen dieser Bogen mit einem Wattebauschen den man in Kohlenpulver getaucht hat, haftet dann dieses nur an den vorbehandelten rauhen Stellen.

Nach **E. P. 27 233/1908** werden unsichtbare photographische Bilder, die sog. magischen oder unsichtbaren Photographien, hergestellt durch Behandlung des Papieres mit einem löslichen Chlorid oder Bromid und Auftragen der Zeichnung mittels einer Schablone. Die Schreibflüssigkeit, die hierzu nötig ist, besteht aus einer Lösung von 250 g Silbernitrat, 75 ccm Alkohol und 200 ccm Glycerin in 100 ccm destilliertem Wasser. Man setzt das schablonierte Papier dem Lichte aus und bleicht sodann mit einer Quecksilberchloridlösung. Das Bild kann mit Thiosulfatlösung leicht wieder hervorgerufen werden. Dieses Verfahren soll das frühere ersetzen, bei dessen Ausführung man sich in einfacherer Weise eines mit Thiosulfatlösung imprägnierten und dann getrockneten Papieres bediente.

Zur Herstellung leuchtender Photographien überzieht man nach einem Referat in **Pharm. Zentrh. 1911, 872,** Platten und Papiere mit einer warmen Lösung bzw. Suspension von 10 g Gelatine, 30 g Leuchtfarbenmehl **(Bd. I [422])** und 1 ccm Glycerin in 50 ccm Wasser. Nach dem Trocknen belichtet man unter einem Diapositiv im Sonnenlicht und erhält beim Herausnehmen im dunklen Raum ein leuchtendes Bild. Die Leuchtsteine eignen sich auch zur Herstellung von Duplikatnegativen oder -positiven. Man macht eine unaufgezogene Photographie mit Ricinusöl durchsichtig, versieht sie auf der Rückseite mit Leuchtpulver und belichtet. Es leuchten dann im Dunklen die Lichter des Bildes im Verhältnis der Dicke der Silberschicht.

Duplikatnegative werden nach **Pharm. Zentrh. 1910, 17,** wie folgt hergestellt: Man legt eine lichtempfindliche Bromsilbergelatine-Trockenplatte im Dunkeln in 3 proz. Kaliumbichromatlösung, nimmt sie nach 15 Minuten heraus, läßt trocknen und bringt sie unter dem Negativ zur Belichtung. Es wird solange belichtet (ungefähr dieselbe Zeit, wie zum Auskopieren nötig ist), bis alle Einzelheiten auf der Platte zu sehen sind. Dann wäscht man 15 Minuten in fließendem Wasser und es hinterbleibt ein Positiv, das aus belichtetem Bichromat besteht. Wird die Platte in einen sulfitfreien Entwickler gebracht, so erhält man auf allen unbelichteten Stellen ein Spiegelbild des Originalnegativs.

Über die Verwendung unbrauchbarer Platten, z. B. zur Herstellung von Duplikatnegativen siehe **Helios 1912, 65.** Eine solche Platte wird, um sie für direkte Kontaktkopien zu präparieren, 5 Minuten am Tageslicht in einer Lösung von 1 g Kupfersulfat, 2 g Mangansulfat und 4 g Kaliumbichromat in 100 ccm Wasser gebadet und dann in einem dunklen Raum getrocknet. Man kopiert die präparierte Platte Schicht auf Schicht mit der Bildplatte bei Tageslicht, bis in der Durchsicht alle Details in brauner Farbe sichtbar sind, wässert, entfernt sodann das belichtete Silber (Umkehrung des Bildes) durch Einlegen in verdünnte Sulfitlösung 1 : 1 während 2 Minuten, wässert, entwickelt, fixiert und wäscht.

Wirklich gute Resultate bei Herstellung von Duplikatnegativen erhält man nach **A. und L. Lumière und A. Seyewetz, Phot. Korr. 1913, 51,** auf folgendem Wege: Man entwickelt die Platte viermal solange als bei einer normalen Entwicklung, löst sodann das reduzierte Silber in einem sauren Permanganatbade heraus, entfärbt das Negativ mit Bisulfitlauge, fixiert mit Thiosulfat und entwickelt mit einem physikalischen Entwickler, der Quecksilber enthält.

Zur physikalischen Entwicklung von Duplikatnegativen arbeitet man nach **Lumière** und **Seyewetz** mit (für eine 9 × 12 Platte) 75 ccm einer Lösung von 180 g wasserfreien Sulfit und 9 g Quecksilberbromid in 1 l Wasser und 15 ccm einer Lösung von 20 g wasserfreien Sulfit und 20 g Metol in 1 l Wasser. Die Lösungen werden erst vor dem Gebrauch gemischt. **(Phot. Rundsch. 1920, 164.)**

Zur Gewinnung brillanter Bilder nach flauen Negativen bedient man sich entweder eines hartarbeitenden Papieres, oder man erzeugt von dem Negativ zuerst ein Diapositiv auf einer photomechanischen Trockenplatte, verstärkt es, schwärzt in einem kräftigen Entwickler bei Tageslicht, wiederholt evtl. das Verstärkungsverfahren, trocknet und stellt von diesem so erhaltenen kontrastreichen Diapositiv ein Duplikatnegativ her, von dem man dann auf jedem beliebigen Auskopierpapier Kopien von der gewünschten Schärfe erzeugen kann. **(Phot. 1912, Nr. 55.)**

610. Bildumkehrung, direktes Positiv.

Von der Ursache der Sabatierschen Bildumkehrung, dem Phänomen der Verwandlung eines negativen Bildes auf einer nassen Kollodiumplatte in ein Positiv, wenn während der Entwicklung plötzlich Tageslicht auffällt, weiß man nur, daß diese Bildumkehrung keine Solarisationserscheinung ist, da die nötigen Belichtungen bei der Sabatierschen Bildumkehrung klein, bei der Solarisationsumkehrung jedoch sehr groß sind. Zu einer einwandfreien Erklärung ist man bisher nicht gelangt. **(E. Stenger, Zeitschr. f. wiss. Photogr. 13, 369.)**

Eine neue Bildumkehrerscheinung beschreibt **R. E. Liesegang** in **Zeitschr. f. wiss. Photo 1921, 98.**

Um durch Belichtung direkt ein Positivbild zu erhalten, braucht man die Platten nur nach **W. D. Bancroft, Chem.-Ztg. 1909, 1059,** an einem sonnigen Tage 10 Minuten lang zu exponieren, doch läßt sich dasselbe Ergebnis auch auf drei anderen Wegen erzielen: 1. indem man die Platte empfindlicher macht dadurch, daß man sie in eine Entwicklerlösung taucht und dann naß exponiert, 2. gelingt es auf einem besonderen Wege durch kurze, gleichmäßige Belichtung der Platte, unter Benützung eines geeigneten Entwicklers, auf der Schichtseite ein positives und auf der Glasseite ein negatives Bild zu erhalten. 3. erhält man durch direkte Belichtung und Entwicklung ein Positiv, wenn man die Platte lange Zeit in einem sehr schwachen Entwickler liegen läßt und sodann in einem gewöhnlichen Entwickler behandelt. Da dieses Verfahren auf einer langsamen Zersetzung des Films und daher auf Reduktion des Bromsilbers beruht, gelangt man zu demselben Resultate häufig, wenn man belichtete Platten erst monatelang nach der Exponierung entwickelt.

Die Umkehrung des teilweise entwickelten Negativs in ein Positiv durch abermalige Belichtung und weitere Entwicklung läßt sich nach **Lüppo-Cramer** auch erreichen, wenn man ein latentes Bild mit silberlösenden Agenzien behandelt (Chromsäure), wäscht und wieder belichtet. **(Phot. Ind. 1911, 1285.)**

Das Verfahren der direkten Herstellung photographischer Positive durch Behandlung der belichteten Silber-Kollodiumschicht mit einer Lösung von Cyansilber in Cyankalium wurde zuerst beschrieben von **Martin,** Referat in **Dingl. Journ. 125, 119.**

In einem Referat über eine Arbeit **Powers, Chem.-Ztg. Rep. 1912, 264,** sind in 7 Punkten die Vorschriften zur Herstellung von positiven Reproduktionen, ausgehend von Positiven, enthalten, auf die hier nur verwiesen werden kann.

Über direkte photographische Positive und ihre unmittelbare Erzeugung in der Kamera mit Hilfe von Thioharnstoff berichten **Perley** und **Leighton** bzw. **Frary, Mitchell** und **Baker** in **Zeitschr. f. angew. Chem. 25, 2457.** Der durch Quecksilberbogenlicht beleuchtete Gegenstand liefert ein Positiv, das in 5 Minuten in einer 12° warm gehaltenen Lösung aus 12,76 g Wasser, 0,06 g Soda, 0,28 g Natriumsulfit, 0,04 g Hydrochinon und 0,003 g Thiocarbamid pro $2^1/_2$ qcm Plattenoberfläche entwickelt ein zufriedenstellendes Resultat ergab. Die genannten Mengen, ebenso wie die Temperatur müssen genau innegehalten werden, da sonst Nebelbildung eintritt oder ein sog. maskiertes Positiv entsteht.

Nach den anderen Autoren wird der Thioharnstoff in Form von Tetrathioharnstoffammoniumbromid in dem von **Perley** empfohlenen Hydrochinonentwickler gewählt, der klarere und bessere Positive gibt als der Thioharnstoff selbst. Im allgemeinen gilt, daß je stärker alkalisch der Entwickler ist, desto stärker auch das Positiv und desto schwächer das Negativ ausfällt, und ferner daß, da die Temperatur ausschlaggebend für das Gelingen ist, 15° nicht unter-, aber auch 18° nicht überschritten werden sollen.

Zur Herstellung photographischer Positivbilder oder auch zur Behandlung von Stoffmustern und Zeichnungen, bei denen kontrastreiche Bilder mit feinster Wiedergabe der Einzelheiten erwünscht sind, überzieht man die Bildseite eines Diapositivs nach dem **Schoopschen** Metallspritzverfahren unter hohem Spritzdruck mit einer auf die Emulsionsschicht chemisch nicht einwirkenden und sie luftdicht abschließenden Metallschicht **(Bd. I [68])**. Der innig mit der Bildschicht verbundene Metallüberzug, der nicht stärker zu sein braucht als einige Hundertstel Millimeter, gibt, da er falten- und luftblasenfrei aufliegt, jede Einzelheit des Diapositivbildes oder Stoffmusters wieder, besonders wenn man die Bildseite vor seiner Aufbringung mit einem dünnen, durchsichtigen Schutzlack überzieht. **(D. R. P. 297 679.)**

Zur photographischen Herstellung von Positiven nach Positiven durch Kopieren durch die lichtempfindliche Schicht legt man auf die Vorlage eine mit lichtempfindlichen Diazoverbindungen (**D. R. P. 88 949, 89 437, 171 024** usw.) und gegebenenfalls mit einem Ausbleichfarbstoff versehene transpartente Schicht, belichtet durch diese durch und verwandelt das so entstandene Diazobild durch Entwicklung in ein Azofarbstoffbild. Man erhält so gegenüber der Anwendung von Chromatgelatine in einem Bade ohne vorhergehende Wässerung wesentlich haltbarere Bilder, die dadurch zustande kommen, daß das Licht die Diazoverbindungen verhindert mit Aminen und Phenolen Farbstoffe zu geben. Einzelheiten, besonders über die zur Feststellung der erforderlichen Belichtungszeit zu treffenden Maßnahmen finden sich in der Schrift. (**D. R. P. 302 786.**)

Zur Erzeugung von Positivbildern, auf denen die aufgenommenen Gegenstände als Spiegelbilder erscheinen, verwendet man als lichtempfindliches Element auf einem Träger übereinandergelagert eine weniger lichtempfindliche untere, derart gehärtete Schicht, daß sie sich auch in warmem Wasser nicht löst und eine aufliegende, hoch lichtempfindliche Gelatinesilberemulsion, die in warmem Wasser löslich ist. Exponiert man nun genügend lange, um das Silber in der äußeren Schicht abzuscheiden und entwickelt dann wie üblich, wobei nur das Silber dieser äußeren Schicht beeinflußt wird, wäscht dann den Entwickler aus und setzt die Platte der Einwirkung aktivischen Lichtes aus, so beeinflußt dieses durch die durchscheinenden Stellen des Negatives durchgehend die untere Schicht. Nach genügend langer Zeit spült man die obere Schicht in warmem Wasser ab, entwickelt die nunmehr nur die untere Schicht tragende Platte wie üblich, fixiert und wäscht. (**D. R. P. 314 571.**)

Nach einem in **Phot. Korr. 1920, 216** beschriebenen Verfahren erhält man das eigenartige Phänomen der Abbildung des Negativs auf einer Trockenplatte, wenn man ein System, bestehend aus letzterer und dem Negativ, die durch eine sehr dünne Glasplatte getrennt sind, in einem lichtdichten Kasten, z. B. elektrisch, erhitzt.

611. Projektion, Reproduktion, Vergrößerung, Stereoskopie.

Über alles Wissenswerte unterrichten die beiden im Verlag von W. Knapp, Halle a. S., erschienen Lehrbücher über Projektion von **R. Neuhauß und H. Schmidt.**

Mayall stellte als erster negative Lichtbilder auf Glastafeln dar und übertrug sie mittels einer Linse in vergrößertem Maßstabe auf Papier. Sein Verfahren ist beschrieben in **Dingl. Journ. 120, 297.**

Über Herstellung farbiger Transparente für den Projektionsapparat siehe **Helios 1912, 29.**

Um Glasplatten für Projektionszwecke so zu präparieren, daß man auf ihnen mit Lasurfarben schreiben oder malen kann, überzieht man die Gläser nach **Techn. Rundsch. 1907, 181,** entweder mit Gummi arabicum oder besser noch mit einem dünnen Überzug von Hühnereiweiß, das man nach Entfernung des Eidotters zu Schnee schlägt, absitzen läßt, durch einen Leinwandbeutel filtriert und evtl. mit kaltem Wasser entsprechend verdünnt.

Nach **Techn. Rundsch. 1909, 338,** kann man auf Glasplatten für Projektionszwecke auch direkt mit Tusche, ohne besondere Präparierung des Grundes und ohne ein Auslaufen der Tusche befürchten zu müssen, zeichnen oder malen, wenn man die Glasfläche mit gebrannter Magnesia und Benzin völlig entfettet, sie dann leicht anwärmt und während des Zeichnens Sorge trägt, daß der Hauch des Atems nicht auf die Zeichenfläche gelangt. Man kann jedoch auch einen ganz dünnen Schellack- oder Hausenblasenüberzug auf der Glasplatte anbringen oder sie mit Zaponlack überstreichen, ehe man die Zeichnung ausführt; das Malen auf unpräpariertem Glas ist aber stets anempfehlenswerter.

Für Projektionsmalerei kommen nach **Farbe und Lack 1912, 302,** nur durchsichtig glasklare Lösungen lichtechter Teerfarben mit Gummi arabicum und Gelatine als Bindemittel in Betracht, während man zum Abdecken, also zur Herstellung von Partien, die lichtundurchlässig sein sollen, ein Gemenge von Ruß und Gelatinelösung aufträgt. Die sehr wasserempfindlichen Malereien werden zweckmäßig mit einer zweiten Glasplatte abgedeckt oder, wenn es sich um Films handelt, mit hellem Zaponlack fixiert.

Über die verschiedenen Verfahren zur Farbstofftönung von Laternenbildern siehe das Referat in **Chem.-Ztg. Rep. 1921, 52.**

Zum Lackieren von Diapositiven für Projektionszwecke benützt man nach **E. Valenta, Chem. Ind. 1908, Nr. 1,** eine Lösung von 1 Tl. Dammar in Benzol oder eine gesättigte Bernstein-Chloroformlösung.

Zur Herstellung von Abziehbildern für Projektionszwecke (Laterna magica) bestreicht man die mit Alkohol und Wasser gereinigten Glasstreifen nach **Techn. Rundsch. 1910, 70,** 1—2 mal gleichmäßig mit einem während eines Tages öfter gut durchgeschüttelten Gemenge von 5 Tl. venezianischem Terpentin, 1 Tl. Kolophonium und 94 Tl. Terpentinöl. Nach 3—4 Stunden, wenn das Terpentinöl in staubfreiem Raume verdunstet ist, werden die sauberen Abziehbilder, die etwas kleiner geschnitten sind, als die Gläser, mit dem Gummiquetscher luftblasenfrei aufgedrückt, worauf man nach einigen Stunden das Papier mit lauwarmem Wasser befeuchten und vorsichtig abziehen kann. Evtl. setzt man dem Wasser etwas Ammoniak zu und entfernt den nach Abziehen des Papieres hinterbleibenden, aus Gelatine oder Kleister bestehenden Schleim vorsichtig mit einem weichen Pinsel und Wasser. Die sauber gespülten Glastafeln werden auf der

Bildseite entweder mit einem klaren Spirituslack überzogen oder man legt eine zweite Glastafel auf, die man an den Rändern mit der ersten durch Streifen gummierten Papieres verklebt.

Zur Herstellung von Kombinations-Laternenbildern verfährt man wie bei der Tonabstufung beim Mehrfachgummidruck in der Weise, daß man einen Film vom Negativ, Schicht gegen Schicht, mit Überbelichtung druckt und nur kurz entwickelt, so daß die Feinheiten in den Lichtern erscheinen, ferner einen zweiten Film durch kurze Belichtung von der Rückseite herstellt, um gute Schattenunterschiede zu erhalten und beide Films (auch Platten sind verwendbar, wenn man mit einem Vergrößerungsapparat belichtet) aufeinanderlegt. **(P. Thieme, Photogr. Rundsch. 1917, 63.)**

Zur Herstellung von durch Lichtkopierverfahren zu vervielfältigenden Negativen in Handmalereimanier fertigt man ein positives Weißfarbenbild auf einem durchsichtigen auf dunkler Unterlage liegenden Malgrund an, entfernt jene und kann dann die erhaltene durchsichtige Folie zum Kopieren von positiven Bildern benützen. **(D. R. P. 323 938.)** Nach dem Zusatzpatent legt man den durchsichtigen Malgrund auf das zu kopierende Bild, bedeckt die hellen Stellen des Bildes mit weißer Farbe, und zwar um so dicker, je heller der Ton der Vorlage ist, und schabt an den dunkelsten Stellen, die überhaupt keine Farbe erhalten, den Malgrund teilweise ab. **(D. R. P. 329 033.)**

Zur Herstellung großer Projektionsflächen aus Leinwand verfährt man nach **Techn. Rundsch. 1908, 633,** am besten in der Weise, daß man die mit einer Farbe unter Terpentinölzusatz mager grundierte, gespannte Leinwand ebenfalls mager mit einem Überzug von Kopallack versieht und auf diesen, ehe er ganz getrocknet ist, eine Suspension von Aluminiumbronze in reinem Spiritus mit mittelhartem, breitem Pinsel in der Weise aufträgt, daß man vermeidet, mehr afs einmal auf ein und dieselbe Stelle zu kommen, da sonst Flecken entstehen. Einen Lack aufzutragen, wäre verfehlt, weil dadurch die diffuse Reflexion der feinen Aluminiumschüppchen die den weichen Charakter des auf die Fläche projizierten Lichtbildes bedingt, gestört würde,

Nach **Phot. Rundsch. 1913, 62,** verrührt man zur Herstellung eines Aluminiumanstriches für Projektionsschirme eine sehr verdünnte Kalkmilch, die 10 g feinpulverisierten, ungelöschten Kalk enthält, mit 30 g Casein, erhitzt und fügt 20 g Spanischweiß und 20 g Aluminiummehl hinzu.

Soll für Projektionszwecke nicht gewöhnliche Leinwand, sondern Wachstuch verwendet werden, so ist es zweckmäßig, nach **Techn. Rundsch. 1909, 354** die Wachstuchfläche solange mittels eines Sämischleders und ganz feinem Bimssteinpulver und Wasser zu schleifen, bis sie ein feines stumpfes Matt zeigt. Auch ein Ätzverfahren durch Aufstreichen eines Breies von Essig, frischgelöschtem Kalk oder Salmiakgeist oder Natronlauge und Schlemmkreide führt zum Ziele, doch muß vorsichtig vorgegangen werden, damit in beiden Fällen, nach dem Schleif- oder Ätzverfahren, die dunkle Grundierung der Wachstuchschicht nicht bloßgelegt werde.

Stolze, F., Handbuch des Vergrößerns auf Papieren und Platten. Halle a.S. 1913.— Löscher, F., Vergrößern und Kopieren auf Bromsilberpapier. Berlin 1908.

Über die Herstellung eines Vergrößerungsapparates für Amateure siehe **„Das Bild„ IV, Nr. 12.**

Nach **Phot. Wochenbl. 1908, 406,** kann man Negative direkt vergrößern, wenn man zunächst von dem Originalnegativ, dessen Glasseite nach dem Objektiv gerichtet ist, bei reichlicher Belichtung auf einer Trockenplatte oder einem Negativpapier eine Vergrößerung anfertigt und diese mit Amidolentwickler entwickelt. Man wäscht und setzt die Platte solange zerstreutem Tageslicht aus (30—60 Sekunden), bis die Weißen grau oder violett erscheinen. Das immer noch positive Bild wird zur Umwandlung des Bromsilbers in Silberchromat bei rotem Licht in einem Bade behandelt, das auf 500 ccm Wasser 6 ccm Salpetersäure und 15 g Kaliumbichromat enthält, dann wässert man unter Zusatz von 2% Bisulfit, spült, entwickelt mit Amidol, wäscht und fixiert das als Negativ erscheinende Bild in saurem Fixierbade.

Die Herstellung und Betrachtung naturfarbiger Stereoskopphotographien ist in **D. R. P. 335 628** beschrieben.

Über Herstellung stereoskopischer gefärbter Projektionsbilder mittels zweier genaue komplementärer Farbstoffe, die die Eigenschaft der Pinatypiefarbstoffe **[601]** haben, siehe **E. König** in **Brit. J. Photogr. 1908, 848.**

Ein Verfahren zur Herstellung von anaglyphischen Stereoskopbildern ist dadurch gekennzeichnet, daß die zwei Teilbilder einer Stereoskopphotographie, die bisher in zwei zueinander komplementären Farben übereinander gedruckt nur durch farbige Brillen betrachtet werden konnten, auf einer und derselben Stelle eines Zweifarbenrasters mit zueinander komplementären Färbungen unter Verwendung entsprechend gefärbter Filter so erzeugt werden, daß jedes der beiden Teilbilder durch je eine Farbelementgruppe des Zweifarbenrasters zur Anschauung gebracht wird. **(D. R. P. 242 853.)**

Zur Herstellung stereoskopisch wirkender Ansichtsbilder erzeugt man auf einem dunklen bzw. mit dem Raster gleichfarbigen Hirtergrund ein helleres aus den beiden Teilbildern zusammengesetztes Negativ, das durch den in entsprechender Entfernung darüber angebrachten Deckraster zu betrachten ist. **(D. R. P. 279 931.)** Ein Zusatzverfahren zur Herstellung stereoskopisch wirkender Aufsichtsbilder nach Art der Parallaxstereogramme ist dadurch gekennzeichnet, daß das aus den beiden Teilbildern zusammengesetzte helle Negativ auf einer Spiegelfläche erzeugt wird. **(D. R. P. 281 395.)**

612. Negativ- und Positivsignierung. Weichkonturen, künstliche Körnung.

Zum Signieren oder Retuschieren photographischer Silberpapierkopien schreibt man mit Stahlfeder und einem konzentrierten wässerigen Jodkaliumlösung. Nach Verlauf von einigen Minuten erscheint die Schrift weiß auf dunklem Grunde, da das Jodkalium das Silber des Papierbildes in Jodsilber verwandelt. Das bei Überschuß von Jodkalium entstandene Jodsilber ist lichtunempfindlich, so daß die Schrift durch das Licht nicht verändert wird. **(Dingl. Journ. 182, 484.)**

Nach **Namias**, Eders Phot. Jahrb. 1911, verwendet man zur Erzeugung weißer Schrift auf Negativen, die dann auf dem Positiv schwarz erscheint, eine Schreibflüssigkeit, die aus einer Lösung von 10 g rotem Blutlaugensalz, 5 g Fixiernatron und 10 ccm Ammoniak in 100 ccm Wasser besteht. Die auf Bromsilber- oder Gaslichtpapier ausgeführte Schrift läßt man trocknen, drückt das Papier auf die eingeweichte Platte und läßt mit dieser etwa 5—10 Minuten in inniger Verbindung. Evtl. fixiert man die Platte noch einmal, wenn die Schrift nicht völlig klar erscheinen sollte, und wässert gründlich aus.

Ein Verfahren zum Bezeichnen photographischer Aufnahmen auf der lichtempfindlichen Schicht in der Kamera ist dadurch gekennzeichnet, daß von Hand in beliebigen Zeichen die Lichtdurchlässigkeit einer auf der dem Objektiv abgekehrten Seite der Platte oder des Rollfilms angebrachten Deckschicht verändert wird und die so gebildeten, lichtdurchlässigen Zeichen photographisch auf die lichtempfindliche Schicht übertragen werden. **(D. R. P. 283 086.)**

Um photographische Aufnahmen auf der lichtempfindlichen Schicht zu bezeichnen, bringt man die lichtundurchlässigen Zeichen, die man mittels Kohlepapiers als Übertragungsmittel ausführt, auf einem durchsichtigen Träger an, während dieser sich über der lichtempfindlichen Schicht gegen Licht geschützt in einer Kamera befindet und belichtet dann den mit Zeichen versehenen Teil durch eine, dem Objektiv gegenüberliegende, passend vorbereitete Öffnung. **(D. R. P. 285 897.)**

Um bei matten lichtempfindlichen Photopapieren auch bei rotem oder gelbrotem Licht die Rückseite von der Schichtseite unterscheiden zu können, stempelt man die Rückseite mit irgend einem der bekannten Bindemittel, die in genügender Dicke aufgetragen, glänzend oder nach Zusatz von mattierenden Substanzen wie Stärke oder Chinaclay matt auftrocknen, also z. B. mit Eiweiß, Gummi arabicum, Gelatine, Leim, Dextrin oder Stärkekleister oder auch mit Harzen oder ihren Lösungen in schnelltrocknenden Lösungsmitteln. **(D. R. P. 296 509.)**

Zur Kenntlichmachung der Rückseite lichtempfindlicher photographischer Papiere durch farbige Aufschriften verwendet man Farbstoffe, die die Cellulose nicht wasserecht anfärben, demnach in den Bädern wieder völlig verschwinden und deren Hauptabsorption in das Gebiet der größten Helligkeit des Dunkelkammerlichtes fällt. In diesem Licht erscheinen alle blaugrünen und blauen Farben grau bis tiefschwarz, werden demnach, wenn sie auch bei Tageslicht kaum zu erkennen sind, in der Dunkelkammer sehr deutlich sichtbar, so daß zur Kennzeichnung der Platten schon sehr dünne Farbaufstriche genügen, die keinen chemischen Einfluß auf die lichtempfindliche Schicht auszuüben vermögen. Geeignete Teerfarbstoffe sind z. B. Säuregrün oder Patentblau A; die Marken verschwinden in den Bädern wieder. **(D. R. P. 298 377.)**

Ein Verfahren zur Erhöhung der Tonunterschiede bei photographischen Aufnahmen oder Kopien mit einer Vignette ist dadurch gekennzeichnet, daß man bei der Aufnahme oder beim Kopieren eine Tonungsplatte einschaltet, deren Ton an den den Tiefen oder Schatten entsprechenden Stellen aufgehellt oder ganz beseitigt ist. **(D. R. P. 310 979.)**

Zur Herstellung gezeichneter Filme vergrößert man ein Kinonegativ, zieht die Bildlinien, die der Film enthalten soll, nach, beizt die Silberbilder weg, so daß nur die Bildlinien sichtbar bleiben und nimmt die so erhaltene Bilderreihe kinematographisch auf. **(D. R. P. 313 115.)**

Zur Erzeugung eines Korns in Photokopien schaltet man beim Kopieren des Negatives ein das Korn enthaltendes, evtl. mit irgend einem Hintergrund in Form eines Negatives versehenes dünnes Blatt Papier ein, das ohne weiteres nicht kopierbar ist, aber durch leichtes Anreiben mit Graphit oder Farbpulver kopierbar gemacht werden kann. **(D. R. P. 235 516.)**

Zur Herstellung künstlerisch weicher Aufnahmen ordnet man vor der Trockenplatte während der Exposition in gewissem Abstande eine aus Mattglas, Pausleinwand, Pauspapier oder mattierten Celluloidfolien gebildete lichtstreuende Schicht an. **(D. R. P. 274 581.)**

Um weiche Konturen zu erzielen, hilft man sich nach **Pharm. Zentrh. 1910, 518,** auf einfache Weise durch Einlage lichtdurchlässiger farbloser Zwischenlagen (Glimmer, Gelatine oder Celluloid) zwischen Negativ und lichtempfindlichem Papier während des Kopierungsprozesses.

613. Retusche, kolorierte, bemalte Bilder und Films.

Mercator, Die photographische Retusche. Halle 1905. — von Zamboni, C., Anleitung zur Positiv- und Negativretusche. Halle a. S. 1908. — Arnold, H., Die Negativretusche. Wien und Leipzig 1892. — Mercator, G., Anleitung zum Kolorieren photographischer Bilder. Halle 1922.

Zur **Retusche auf Celloidinpositiven** wird die Celloidinschicht nach **Pharm. Zentrh. 1910, 281,** zunächst durch Auftragen von reinem Terpentinöl für die Aufnahme der Wasserfarben vorbereitet. Nunmehr bleibt die Farbe auf dem Papier haften, besonders wenn man ihr etwas Gummi arabicum zusetzt.

Ein matter Retuschierfirnis, auf dessen getrockneter rauher Oberfläche man mit Bleistift schreiben kann, besteht aus der Lösung von 1 Tl. Ricinusöl und 3 Tl. Sandarak in 18 Tl. Alkohol. **(Photogr. Archiv 1871, 241.)**

Einen matten Firnis, z. B. für Negativretusche, für transparente Stereoskop-Glasbilder usw. erhält man nach **Polyt. Zentr.-Bl. 1873, 728,** aus 560 g Äther, 240 g Benzol, 40 g Sandarak und 10 g Canadabalsam. Das Herz wird in Äther gelöst und dann das Benzol zugesetzt.

Zum **Retuschieren und Kolorieren** photographischer Bilder verwendet man nach **D. R. P. 249 789** statt der bisher üblichen Mischung von Erdfarben, Kolophonium, Terpentin und Terpentinöl eine Paste, die man durch Vermahlen von Kopaivabalsam (220 bzw. 140 g) mit Pigmenten (z. B. 460 g gebrannte Terra Siena bzw. 325 g Chromgelb) unter evtl. Zusatz von Kopaivabalsam und Terpentinöl als Verdünnungsmittel während 4 Stunden in einer Farbmühle gewinnt. Die wenig glänzenden Farben lassen sich leicht verreiben und von den Stellen, die von Farbe frei bleiben sollen, leicht wegradieren.

Über die Herstellung **kolorierter** Photographien auf Glas siehe **D. R. P. 7132.**

Um Photographien und anderen Bildern einen farbigen Untergrund zu geben, bereitet man ein Gemisch von trockenen Farben und feinpulverisiertem Bimsstein und reibt es mittels eines weichen Reibzeuges in das Papier ein. Der scharfkantige Bimsstein bewirkt das Anhaften der Farbe und man kann auf diese Weise Kolorierung in verschiedenen Tönen herstellen. **(D. Ind.-Ztg. 1873, Nr. 48.)**

Um **Bromsilberbilder** zur Kolorierung vorzubereiten, härtet man die Kopien entweder nach dem Fixieren in einer 10proz. Formalinlösung und überstreicht sie nach dem Trocknen mit etwas Glycerin, oder man bestreicht das Bromsilberbild (nach **Pharm. Zentrh. 1910, 738**) mit einer Lösung von 0,5 g Ochsengalle in 50 ccm Wasser und 50 ccm Alkohol und trocknet einen Tag lang. Um Photographien **hintermalen** zu können, zerstört man die Leimung des Papierfilzes nach **R. P. D. 162 351** vor dem Malen mit Öl- oder Wasserfarben mit einem Gemisch von Alkali, Äther, Alkohol und Aceton. Zur Herstellung **aquarellähnlich wirkender Drucke** bestreicht man die Bildfläche nach Abdruck aller Farbenplatten mit Firnis und einem Trockenöl und überstäubt die so hergestellte noch nicht verharzte Druckfläche gleichmäßig mit Kartoffelmehl. Dieses wird von der klebrigen Schicht aufgenommen und bewirkt eine Mattierung, ohne die Kontur des Bildes zu stören. Nach völliger Verharzung der Schicht wird der Überschuß des Kartoffelmehles mit einer Bürste entfernt. **(D. R. P. 243 030.)**

In **D. Mal.-Ztg. (Mappe) 31, 281** u. **387** finden sich Angaben über das **Bemalen** bzw. Ausmalen von Bromsilbervergrößerungen nach verschiedenen Verfahren. Vgl. auch **S. 243**: Anleitungen zum Aufziehen, Transparentmachen und Bemalen der Photos.

Nach **D. R. P. 247 661** konturiert man photographische Porträts zur Herstellung eines **Goldgrundes**, von dem sie sich abheben, mit einer strengflüssigen Bronzeemulsion, die aus etwa 3 Tropfen reinstem Terpentinöl, 4 Tropfen Sikkativ und $^1/_4$ g Goldbronze besteht, und füllt den Grund nachträglich durch Bestreichen mit derselben, jedoch durch Zusatz von Terpentinspiritus und wenig Sikkativ leichtflüssiger gemachten Bronzeemulsion.

Um die Farbe eines Lichtbildes dem Charakter des Bildes entsprechend wählen zu können, versieht man das evtl. durch Behandlung mit einem Transparentlack durchscheinend gemachte Photopapier auf der **Rückseite** mit einem bunten Farbstoff- oder einem Goldbronzeanstrich. **(D. R. P. 304 793.)**

Zum **Färben des Grundes von Photographien** verfährt man nach **D. R. P. 268 302** in folgender Weise: Man löst 20 g Ätznatron in $^1/_2$ l heißem Wasser, fügt 100 g käufliches Hydrosulfit zu und trägt in diese Lösung 100 g Cibablau 2 B ein. Man läßt stehen bis der Niederschlag sich abgesetzt hat, zieht die erhaltene gelbe Lösung ab und verwendet sie als Tauchbad für das photographische Platten-, Film- oder Papierbild. Nach 15—20 Minuten spült man die Bilder ab und setzt sie der Luft aus, worauf nach einiger Zeit die echte, unvergängliche Blaufärbung des Bildes auftritt. Die nach diesem Verfahren gefärbten Bilder sind sehr beständig, nicht nur gegen wiederholtes Waschen oder Eintauchen in Wasser, sondern auch gegen mechanische Angriffe, wie z. B. gegen das in den Kinoapparaten schwervermeidliche Schleifen des Films an Bestandteilen des Apparates.

Zum **Kolorieren** der photographischen Bilder kinematographischer **Films** verwandelt man die schwarz-weißen Bilder vor dem Übermalen, durch Baden z. B. in sepiagefärbten Bädern, in einfarbige Bilder und erhält so einen zwischen Hell und Dunkel voll abgestuften warmfarbigen Grund, der durch die aufzubringenden Lasurfarben durchscheint. **(D. R. P. 227 683.)**

Zum **Kolorieren** photographischer Bilder von **Kinofilms**, deren schwarzgrauer Grundton durch Behandlung mit Tonbäderu in einen farbigen Grundton umgewandelt wurde, macht man die durch das Tonen bereits teilweise unlöslich gemachte Gelatinebildschicht vollständig unlöslich oder überzieht sie mit einem isolierenden Stoff (Firnis), und bringt dann einen dünnen Überzug von farbloser Gelatine auf, der als Träger für die zum Kolorieren dienenden Farben bestimmt ist. **(D. R. P. 231 789.)**

Zur Erzeugung einer biegsamen Form zum **Drucken positiver Kinobildstreifen** mit Gelatinefarben überzieht man eine Positivkopie vorderseitig mit Chromatgelatine, legt einen schwarzen Papierstreifen auf, belichtet die Gelatine von der Rückseite, behandelt die belichtete Schicht, um das nachfolgende Herauslösen der unbelichteten Teile vorzubereiten, mit Calciumhypochloritlösung, gerbt das Relief durch Einführen des Streifens in ein Bichromatbad, trocknet, belichtet, bringt in ein Chromalaunbad, gerbt nach nochmaliger Trocknung mit Formaldehyd und trocknet schließlich. **(D. R. P. 321 844.)**

Zur Herstellung farbgetönter Bilder fixiert man das mit einer Methylenblaulösung gefärbte Negativ im sauern Fixierbad, wobei der Farbstoff an den silberhaltigen Stellen zu Leukobase reduziert wird, und aus der Schicht herausdiffundiert. Bleicht man nun in einem ferricyankaliumhaltigen Fixierbad, so hinterbleibt ein blaues Positiv. **(J. L. Chabtree, Phot. Rundsch. 1921, 41.)**

Zur Herstellung farbiger Photographien wählt man Teerfarbstoffe der Azin-, Thiobenzyl- oder Acridinreihe, die nach **E. P. 147 103/1920** gegen Fixierbäder beständiger sind, als die im Hauptpatent **E. P. 147 005/1920** genannten Farben.

Zum Kolorieren von Photographien erzeugt man von einem Kolloidrelief ein Pigmentpositiv, koloriert das erhaltene Auswaschrelief mit die Gelatine unabwaschbar färbenden Farben und spült deren Überschuß ab. Verwendet man statt einer Chromatkolloidschicht z. B. Bromsilbergelatine, so entwickelt man sie nach dem Belichten, arbeitet sie zum Relief um und koloriert nun mit Pinatypie- oder gewissen Azofarben, die nur die ungehärtete, nicht aber die gehärtete Gelatine anfärben. **(D. R. P. 328 618.)**

Zur Herstellung von Schablonenblättern für das maschinelle Kolorieren von Kinematographenfilms kopiert man das Original auf ein mit einer säurenfesten Lackschicht und einer lichtempfindlichen Schicht versehenes, entsprechend perforiertes Metallband, umreißt die in einer Farbe zu kolorierenden Bildstellen bis auf den Metallgrund und bringt sie durch Ätzmittel zum Herausfallen. Für jede weitere Farbe wird eine besondere Schablone hergestellt. **(D. R. P. 245 468.)**

614. Positiv- und Negativphotolacke. Camera- und Schalenanstrich.

Zahlreiche Fingerzeige und photographische Notizen über Herstellung schwarzer Mattlacke, Lackieren der Negative, Nuancieren der auskopierten Bilder vor dem Tonen, photographische Aufnahmen bei Dunkelheit, Ausnutzung der Fixierbäder usw. veröffentlicht **M. Frank in Schweiz. Wochenschr. f. Chem. u. Pharm. 1913, 568 ff.**

Nach **Seifens.-Ztg. 1911, 1172** müssen die für Photographiezwecke verwendeten Lacke aus einem besonders gereinigten Schellack hergestellt werden, den man aus der alkalischen Schellackbleichlösung durch Ausfällung mit Essigsäure gewinnt. Das ausgefällte Produkt wird durch Erwärmung von den letzten Resten der Essigsäure befreit. Vor allem soll Schellack, der infolge des Bleichens mit Chlorkalk einen Chlorgehalt bis zu 1,26% aufweist, nicht zu photographischen Zwecken (Negativlacken) verwendet werden.

Zur Erzeugung von Hochglanz auf Lichtbildern satiniert man sie nach **Polyt. Zentr.-Bl. 1863, 288** mit einer Auflösung von 4 Tl. Gelatine und 4 Tl. Alaun in 100 Tl. Wasser und poliert hierauf mit einer Lösung von Schellack in Weingeist.

Einen festen hochglänzenden Überzug auf Photographien kann man auch durch Polieren einer aufgestrichenen Salbenschicht aus 6 Tl. Wachs, 1 Tl. Elemiharz, Lavendelöl und einer konzentrierten alkoholischen Schellacklösung erhalten. **(Chem.-techn. Repert. 1865, I, 60.)**

In **Phot. Rundsch. 1912, 143** wird über das Lackieren von Mattkopien berichtet. Bilder auf Mattpapieren sind naß viel brillanter und zeigen reichere Tiefen als in trockenem Zustand. Um nun die trockenen Kopien in dieser Hinsicht zu verbessern, empfiehlt **Th. Bell** die Mattkopie mit einem verschmolzenen Gemenge von 100 g reinem weißen Wachs, 2 g Elemiharz, 3 g Spicköl und 60 g Lavendelöl in 40 ccm Benzol zu firnissen.

Ein Glanzlack für Papierphotographien (Positivlack) kann auch aus einer rasch filtrierten Lösung von 80 Tl. weißem, gebleichtem Schellack und 16 Tl. Mastix in 240 Tl. absolutem Alkohol unter Zusatz von 1 Tl. Copaivabalsam und 1 Tl. Canadabalsam bereitet werden. Der Lack muß zur Vermeidung des Ausscheidens von Schellack in gut schließenden Gefäßen aufbewahrt werden. Er wird entweder mit breitem Pinsel aufgestrichen oder aufgegossen. **(Chem.-techn. Repert. 1863, 50.)**

Ein in starker Sonnenhitze nicht erweichender Lack für photographische Negative besteht aus der Lösung von Sandarak und Lavendelöl in Alkohol und Chloroform. **(Photogr. Archiv 1873, 46; vgl. Phot. Korr. 1872, 166.)**

Ein Hochglanzfirnis für Photobilder besteht aus einer Mischung gleicher Teile Wachs und Terpentinöl, der man zur Erhöhung der Reibfestigkeit Mastix zusetzt, so daß im ganzen eine weiche, streichbare Paste entsteht. **(Photogr. Archiv 1862, 242.)**

Zur Herstellung eines Positivfirnisses für Photographen vermischt man nach **F. Daum, Seifens.-Ztg. 1912, 878** eine Lösung von 30 Tl. weißem Bienenwachs und 60 Tl. Kollodium in 100 Tl. Äther mit einer Lösung von 20 Tl. weißem säurefreiem Schellack in 60 Tl. Alkohol.

Zur Herstellung eines Überzuges auf Bildern, Photographien usw. setzt man dem Kollodium Xylol oder ähnliche Kohlenwasserstoffe zu, um den Schutzhäutchen eine matte Oberfläche zu geben. **(D. R. P. 168 124.)**

Zur Herstellung von hohem Glanz auf Photographien eignet sich nach **Techn. Rundsch. 1910, 553** am besten ein Zaponlack, der ebenfalls nicht nur der Schicht einen vorzüglichen

Glanz verleiht, sondern das Bromsilberbild auch gegen mechanische Verletzung und gegen Feuchtigkeit schützt. Ein billigeres Präparat erhält man durch Auflösung von 100 g weißem Bienenwachs und 8 g Dammarlack in 100 g Terpentinöl. Man reibt die Paste (ähnliche Präparate sind auch als Cerat oder Cerotine im Handel) über die ganze Schicht und poliert mit einem reinen leinenen Lappen nach.

Um glänzenden Drucken das Aussehen gravüreähnlicher Mattdrucke zu geben, überzieht man den Druck nach **D. R. P. 260 695** mit einer Paste, die man aus 325 Tl. chinesischem Holzöl, 200 Tl. gekochtem Leinöl, 150 Tl. trockenem Tonerdehydrat, 50 Tl. borsaurem Zink, 250 Tl. weißer Kaliseife und 25 Tl. technischem Ammoniak erhält. Die Masse kann entsprechend gefärbt oder abgetönt werden und findet auch für mehrfarbige Drucke Anwendung.

Zur Herstellung glänzender Photographien überstreicht man das Papier vor oder nach Aufbringung der lichtempfindlichen Schicht mit Gelatine- oder Eiweißlösung, der man Seife, Wachs oder eine Auflösung von weißem Gummilack ferner Baritweiß oder eine andere weiße Farbe zugesetzt hat. Nach dem Trocknen behandelt man mit einer Harzlösung und satiniert das Papier zwischen Walzen. **(D. R. P. 18 794.)**

Die Herstellung eines glasartigen Überzuges auf Photographien ist in **Polyt. Zentr.-Bl. 1869, 407** beschrieben. Vgl. **Bd. I [605 ff.].**

Nach **H. Brand, Farbe und Lack 1912, 818,** löst man zur Herstellung eines Innenanstriches für photographische Apparate 80 Tl. Celluloidspäne in einem Gemenge von je 2000 Tl. Alkohol und Äther, setzt 750 Tl. bestes Terpentinöl hinzu und verreibt die Masse mit Ruß, den man vorher zur Erzielung leichterer Benetzbarkeit mit Spiritus angerieben hat. Dieser als Innenanstrich für photographische Apparate empfohlene Lack (eigentlich bloß ein Anstrich) soll sich nach **Farbe und Lack 1912, 219** für diesen Zweck recht wenig eignen, da er beim Eintrocknen nicht matt bleibt, sondern einen recht deutlichen Glanz erhält. Der Lack haftet übrigens auch auf ungebeiztem Aluminium.

Nach **Techn. Mitt. f. Mal. 28, 76** löst man zur Herstellung eines mattschwarzen Anstriches für die Innenfläche photographischer Apparate 100 g Kolophoniumpulver in 1 l 80—90 proz. Alkohol und verrührt mit 20—50 g Lampenschwarz. Besser ist es, zunächst wenig Schwarz zu verwenden und den Anstrich zu wiederholen. Der Anstrich haftet auf Holz besser als auf Metall, kann aber immerhin bei Metallbestandteilen, die keiner Reibung ausgesetzt sind, verwendet werden.

Zur Lackierung von Zinkschalen, die man als solche für photographische Entwicklungszwecke nicht benützen darf, bedient man sich eines Lackes, der aus einer Lösung von 1 Tl. syrischem Asphalt in 20 Tl. Benzol besteht. Der Anstrich wird wiederholt, dann trocknet man in hellem Lichte. **(Pharm. Zentrh. 1910, 719.)**

615. Photobild-Aufziehklebstoffe.

Über verschiedene Kriegsersatzmittel für photographische Klebstoffe siehe die Angaben von **E. Valenta** in **Phot. Korr. 56, 49.**

Zur Herstellung eines flüssigen Klebstoffes, der sich besonders zum Aufziehen photographischer Positive eignet, löst man nach **D. R. P. 77 103** 250 g Chloralhydrat in 1 l Wasser, setzt 400 g Leim oder Gelatine zu und läßt zur Fertigstellung 48 Stunden stehen.

Zum Aufziehen von Photographien bedient man sich nach **Eder, Phot. Korr. 1886, 553** eines Gemenges von 2 Tl. Gummiarabikum, gelöst in 5 Tl. Wasser, mit einer Lösung von 1 g Tonerdesulfat in 20 ccm Wasser. Der Zusatz der schwefelsauren Tonerde verhindert das Durchschlagen des Klebstoffes durch schwachgeleimtes Papier.

Oder man verwendet nach **Pharm. Zentrh. 1910, 1142** einen Klebstoff, den man aus 30 g in 30 ccm Wasser gequelltem Leim erhält, dessen Lösung man 15 ccm Wasser, 20 ccm Glycerin und 60 ccm Alkohol zusetzt worauf man das Gemisch auf 60—70° erwärmt. Man filtriert und wärmt den Klebstoff vor dem Gebrauch etwas an. Verdünnen kann man ihn, wenn er durch langes Stehen zu dick geworden sein sollte, mit einer Mischung von 2 Tl. A kohol, 1 Tl. Glycerin und 1 Tl. Wasser.

Nach einem Referat in **Seifens.-Ztg. 1911, 210,** verhindert die Anwendung eines Klebmittels aus einer Lösung von 20 g weißer Gelatine in 80 ccm warmem Wasser und 5 g Glycerin in 25 g Alkohol das Krummziehen der Kartons.

Einen haltbaren Kleister für photographische Zwecke kann man nach **Techn. Rundsch. 1911, 274** leicht herstellen, wenn man 10 g Mondamin mit wenig Wasser kalt anrührt, 100 ccm kochendes Wasser hinzufügt und 1 g Salicylsäure oder Carbolsäure, gelöst in 10 ccm Alkohol, in die Masse verrührt. Vor Gebrauch muß man die Kleisterhaut von dem erkalteten Klebstoff sorgfältig entfernen.

In einem Referat in **Seifens.-Ztg. 1912, 926,** veröffentlicht **Eggers** die Vorschrift zur Herstellung eines Dextrinkleisters, der besonders für photographische Zwecke geeignet ist, das Werfen des Kartons verbindet und auch in anderer Hinsicht allen Anforderungen genügen soll. Man rührt nach dieser Vorschrift in warmes Wasser (2,3 l) von genau 71° langsam 1200 g weißes Dextrin ein und sorgt dafür, daß diese Temperatur bis zur Lösung des Dextrins genau erhalten bleibt, da, wie **Eggers** meint, bei dieser Temperatur eine Molekularveränderung des Dextrins vor sich geht, die die guten Eigenschaften des Klebmittels bedingt. Nach völliger Lösung trägt man noch 0,8 ccm Wintergrünöl und ebensoviel Nelkenöl ein, läßt abkühlen, gießt die Masse in die Flasche und läßt sie vor Verwendung 1—2 Wochen stehen, um eine Koagulierung des Produktes zu einer charakteristisch weißen Paste zu bewirken.

Zur Herstellung eines gelatineartigen, jedoch auch in kaltem Wasser löslichen Klebstoffes, der in der Photographie verwendbar ist, behandelt man Leim (Ossein) nach 12stündiger Vorbehandlung mit schwefliger Säure unter 60° mit der 5fachen Menge einer Lösung, die aus 5 l Wasser und 800 g 30proz. Natronlauge besteht; nach 4tägiger Digerierung mit der Laugenlösung wird filtriert und man erhält so ein Produkt, das sich in Wasser, alkalischen und sauren Lösungen, wie auch in ammoniakalischen Lösungen von Metalloxyden leicht löst. **(D. R. P. 197 250.)** Nach dem Zus. Pat. kann man durch Ausfällen der Lösung mit den verschiedenartigsten Stoffen (Säuren, Salze, Oxydationsmittel usw.) eine Masse erhalten, die sich zu künstlichen Fäden ziehen läßt. **(D. R. P. 202 265)** Vgl. **[225.]**

Die neuerdings zum trockenen Aufziehen von Photographien vielverwendeten sog. Klebefolien werden nach **Techn. Rundsch. 1909, 554** in der Weise hergestellt, daß man dünnes ungeleimtes Papier, das auf einer mit Wachs überzogenen Glasplatte liegt, mit einer Lösung von 10 Tl. Sandarak, 3 Tl. präpariertem Kopal, 4 Tl. Orangeschellack, 3 Tl. Kolophonium und 2 Tl. venezianischem Terpentin in 75 ccm einer Mischung gleicher Teile Terpentinöl und Spiritus oder einfacher mit der Lösung von 110 g Schellack, 35 g Borax und 8 g Soda in 500 g Wasser **(Americ. Phot. 1916, 312)** überzieht. Nach dem Trocknen läßt sich das Papier leicht von der Wachsschicht abheben. Man legt es in passend zugeschnittener Form zwischen Bild und Karton und überfährt das Ganze mit einem heißen Eisen, wobei die Harzmasse schmilzt und das Bild am Karton befestigt. Zur Umgehung dieser komplizierten Methode überzieht man nach einer Modifikation des Verfahrens die Rückseite der aufzuklebenden Kopien mit einer Auflösung von Schellack in Methylalkohol und braucht vor dem Aufziehen der Kopie auf den Karton, das nach beliebiger Zeit erfolgen kann, diese präparierte Seite nur mit einer Mischung von Aceton und Alkohol zu bestreichen, worauf das auf den Karton aufgelegte Bild nach dem Trocknen unter geeigneter Beschwerung fest auf der Unterlage haftet, ohne daß sich die Bilder werfen.

Nach dem Trockenaufklebeverfahren des **D. R. P. 328 358** verhindert man das Werfen beim Aufziehen von Bildern durch Anwendung einer Zwischenlage, die aus mit Wasserglas oder Caseinleim getränktem Papier besteht.

Zum Ablösen von Photographien vom Karton legt man auf die Bildseite ein nasses Tuch, darauf eine wollene Decke und überfährt mit einem heißen Plätteisen, so daß das Bild schnell von Wasser und Wärme durchdrungen wird und sich bequem abheben läßt **(Pharm. Zentrh. 1910, 900)**. Eine Art, ein Bild vom Karton abzuziehen, besteht auch darin, daß man es mit der Kartonseite fest über eine Tischkante zieht. Der Karton geht dabei meistens zugrunde, dagegen leidet das Bild bei einiger Übung in keiner Weise.

616. Positive auffrischen, reinigen, behandeln. Negative wiederherstellen. Emulsionsrückgewinnung.

Nach **Chrystal** werden Entwicklungspapiere, die durch feuchtes Lagern flaue Drucke oder fleckige Bilder liefern, strahlender Wärme ausgesetzt, um sie wieder herzustellen. Man erzielt dieselben Resultate wie mit frischem Papier, wenn man dem Entwicklungsbad für diese Papiere Bromkalilösung zusetzt. **(Pharm. Zentrh. 1910, 358.)**

Um alte Photographien wieder aufzufrischen ist zwar kein zuverlässiges Mittel bekannt, doch hat man nach **Pharm. Zentrh. 1910, 216,** mit einem Bad, bestehend aus je 3 g Kaliumbichromat und Kochsalz in 100 ccm Wasser und 2 ccm Salzsäure zuweilen gute Erfolge. Das von der Unterlage abgelöste, gewaschene Bild wird auf diese Art gebleicht, dann wässert man, schwärzt in einem gewöhnlichen Entwickler und wäscht gründlich aus.

Zum Auffrischen alter Photographien legt man die Blätter nach **Techn. Rundsch. 1913, 297,** in Chlorwasser, dem man auf je 100 ccm etwa 2 ccm 10 proz. Salzsäure zusetzt, badet das fast völlig verschwundene Bild einige Minuten in Wasser und legt die Kopie 5 Minuten in ein Bad, das in 100 ccm Wasser 20 g krystallisiertes schwefligsaures Natron und 5% Salzsäure enthält. Man braucht nun nur noch gut zu wässern und die Halogensilberkopie z. B. in einem Eisenoxalatentwickler normal zu entwickeln; Fixieren ist nicht nötig, da keine überschüssigen lichtempfindlichen Salze mehr vorhanden sind. Alte Celloidinbilder sollen, um sie aufzuweichen, vor der Bleichung in einem Alkoholbade behandelt werden.

Nach **B. Haldy, Phot. Mitt. 1909, 75,** rührt die Bildung gelber oder grüner Flecken auf Celloidinkopien von der hohen Temperatur der verwendeten Bäder und Waschwässer her. Bilder, die in direktem Sonnenlicht kopiert wurden, sollen daher vor dem Tonen abgekühlt werden, auch sollen alle Flüssigkeiten nicht wärmer als 8° sein.

Zur Entfernung von Flecken auf glänzendem Bromsilberpapier überstreicht man sie nach **Pharm. Zentrh. 1910, 930,** mit einer Mischung von 1 Tl. Spiritus, 1 Tropfen Ammoniak und 2 Tl. Wasser oder man bereitet eine Lösung aus 1 g Jod und 10 g Jodkalium in 100 ccm Wasser, die man im Verhältnis 1 : 100 verdünnt und in die man sodann das Bild einlegt. Man spült, bringt sofort in ein Fixierbad und fixiert bis auch die schwache Blaufärbung der vorher fleckigen Stellen verschwunden ist. — Vgl. **[580]**.

Stockfleckiges Papier soll durch Behandlung mit sehr verdünnter Salzsäure (1 Tl. Salzsäure, 8 Tl. Wasser) wieder völlig rein und weiß werden; andere Mittel waren fruchtlos. Die Bogen werden nach dem Durchziehen durch die schwache Salzsäure gut gewaschen und getrocknet. **(Berl. Gew.-Bl. 28, 87.)**

Um verdorbene Bromsilber- oder Gaslichtpapiere zu restaurieren legt man sie nach **A. J. Garner, Phot. Wochenbl. 1910, 275,** eine Minute lang in ein Bad, das 0,3 g Kaliumpermanganat und 30 Tropfen Schwefelsäure in 300 ccm Wasser enthält, dann spült man und legt eine Minute in eine Lösung von 13 g Natriumsulfit in 1500 ccm Wasser. Man kann nach gründlichem Wässern in nassem Zustand belichten, beim Kontaktdruck muß das Bild natürlich vorher getrocknet werden, doch muß man dann doppelt so lang exponieren wie mit normalen Papieren.

Über die Verbesserung des Tones mißratener Gaslichtpapierkopien siehe **Phot. Rundsch. 53, 1916, 247—249.**

Nach einem Referat in **Pharm. Zentrh. 1910, 179,** werden beschmutzte Photographien in leichteren Fällen mit Brotkrumen oder Radiergummi abgerieben, während man für fettigen Schmutz Benzin, Äther oder Petroleum benützt. In letzterem Fall muß das Bild von seiner Unterlage abgelöst werden. Violette Stempelfarbe entfernt man durch Einlegen des Bildes in fünffach verdünnte Sulfitlauge, Tintenflecke mit 10proz. Oxalsäure oder Citronensäure. Zum Abweichen der Bilder von ihrer Unterlage werden Celloidin-, Platin- oder Albuminbilder in warmes Wasser gelegt, während Gelatinebilder längere Zeit in kaltem Wasser liegen müssen, um dann vorsichtig abgelöst zu werden. Bilder mit einer Lackschicht lassen sich selten ablösen.

Um Kopien am Rollen zu verhindern, werden sie nach einem Referat in **Pharm. Zentrh. 1910, 838,** mehrere Minuten in eine Lösung von 30 ccm Glycerin und 40 ccm Alkohol in 100 ccm Wasser gelegt und dann getrocknet.

Zur Aufbewahrung von Negativen als Haut (ohne Glas) empfiehlt **S. Pektor, Phot. Wochenbl. 1909, 86** das nichtlackierte Glasnegativ 15—20 Minuten in einer Lösung von 5 Tl. Krystallsoda und 20 Tl. Formalin in 100 Tl. Wasser zu baden, mit Fließpapier abzutupfen und 24 Stunden zu trocknen. Man schneidet dann die Ränder ein und zieht die Schicht ab.

Um gesprungene Negative, deren Gelatineschicht jedoch unbeschädigt sein muß, kopieren zu können, weicht man nach einem Referat in **Helios 1912, 15,** eine ausfixierte, vollkommen klare, zu anderen Zwecken unbrauchbare Trockenplatte gleichen Formates in Wasser, bis die Gelatine gequollen ist, legt dann das zerbrochene Negativ mit der Glasseite auf die Gelatineseite der Platte und preßt vorsichtig zusammen, um die beiden Platten zu vereinigen; dann läßt man trocknen und kopiert in schräg auffallendem Licht.

Zur Wiederherstellung zerbrochener Glasnegative empfiehlt **G. Hauberisser** in **Phot. Mitt. 1909, 536,** ein besonderes Verfahren: Man klebt die zerbrochenen Glasnegative mit der Glasseite nach unten so auf eine Glasplatte, daß die Glasscherben vollkommen aneinander schließen und überzieht die zerrissene Schicht in genau horizontaler Lage mit einer warmen, 5proz. Gelatinelösung. Diese wird nach dem Trocknen mit einer 10proz. Formalinlösung gehärtet, dann wäscht man ab und legt in eine 3proz. Flußsäurelösung, worauf sich die Negativschicht ablöst. Man wäscht und trägt die Haut auf eine gelatinierte Glasplatte (z. B. eine ausfixierte Trockenplatte) auf und läßt sie trocknen.

In **Chem.-Ztg. 1922, 651** empfiehlt **F. Limmer** seine Methode zur Entfernung von Photoplattenschichten und dadurch zur Verwertung photographischer Rückstände. Man taucht nach diesem Verfahren die Platten in eine kalte 1—2proz. wässerige Lösung von Fluorammonium (Mattsalz). Schon nach wenigen Sekunden kann man die Bildschicht von der Platte abziehen und trocknen bzw. wie üblich weiter zur Gewinnung des kolloidalen Trägers und der Edelmetallsalze aufarbeiten. 200 ccm dieser Lösung genügen, um in kurzer Zeit 150 Negative 9 × 12 abzulösen. Lackierte Platten werden zweckmäßig vorher mit denaturiertem Sprit abgerieben. Das Verfahren ist nicht nur sehr billig, sondern hat auch weiter den Vorteil, daß die Glasplatten nach dem bloßen Abspülen tadellos sauber und direkt weiter verwendbar sind. Siehe auch **Bd. I [351].**

Nach **Techn. Rundsch. 1913, 653,** läßt sich die Emulsionsschicht von Films leicht in der Weise entfernen, daß man die Films 10 Minuten in käufliche Formaldehydlösung taucht, oder einige Zeit in 100° warmer konzentrierter Schwefelsäure beläßt. Die so von der Emulsionsschicht befreiten Films bilden ein wertvolles Ausgangsmaterial zur Herstellung von Zaponlack.

Zur Zurückgewinnung der Emulsionen von photographischen Ausschußplatten führt man diese in einer besonderen Vorrichtung mit der Emulsionsschicht nach unten durch ein Wasserbad durch und spritzt die noch nicht abgelösten Emulsionsreste unter gleichzeitiger Anwendung von Bürsten mit Wasser ab. **(D. R. P. 323 937.)**

617. Photochemikalienentfernung (Hände, Kleider, Schalen).

Über die Beseitigung von Silberflecken und Jodflecken von den Händen, siehe **Pharm. Zentrh. 1870, Nr. 2;** über die Entfernung der Flecken aus Geweben **Polyt. Zentr.-Bl. 1870, 638.**

Um Silberflecke vollständig von der Haut zu entfernen, bestreicht man sie mit einigen Tropfen salpetersäurehaltiger starker Kochsalzlösung und wäscht die Hände nach dem Trocknen der Salzlösung zuerst mit Wasser und dann mit verdünntem Ammoniak. **(Dingl. Journ. 164, 396.)**

Zur Entfernung von Silberflecken von den Händen betupft man die Stellen mit einer schwefelsauren, salmiakhaltigen, kalt gesättigten Auflösung von doppeltchromsaurem Kali und entfernt den zurückbleibenden gelben Fleck mittels etwas Weinsteinsäure oder Citronensäure. **(Photogr. Archiv 1871, 160.)**

Um Silberflecke von der Haut, Wäsche usw. zu entfernen, bestreicht man die Stelle mit Eisenchloridlösung und wäscht mit Wasser aus. Der Fleck verschwindet, nur wenn zugleich mit Gallus- oder Pyrogallussäure gearbeitet worden ist, bleibt eine violette Färbung zurück, die sich jedoch durch Oxalsäure oder einige Tropfen Salzsäure leicht entfernen läßt. **(Pharm. Zentrh. 1864, Nr. 30.)**

Zur Entfernung von Pyrogallolflecken von den Händen bedient man sich einer Lösung von 25 g Chlorkalk und 50 g Natriumsulfat in 50 ccm Wasser. **(Pharm. Zentrh. 1910, 59.)** Über das Reinigen der Hände und ihren Schutz bei Benützung photographischer Lösungen siehe **M. Frank, Schweiz. Wochenschr. f. Chem. u. Pharm. 1913, 6.**

Zum Schutz der Hände beim Arbeiten mit photographischen Entwicklern überzieht man sie mit einer Fettmasse, die man aus 100 g neutraler, ungefüllter Seife, 100 ccm Wasser, 100 g Wachs und 10 ccm konzentrierter Ammoniaklösung erhält. Der klaren Lösung setzt man noch 100 g Lanolin oder dgl. zu und verdünnt mit Wasser bis zur Honigkonsistenz; die mit Seife gewaschenen Hände werden bis zur Trocknung mit diesem Fett eingerieben. Nach beendeter Arbeit wird der Wachsüberzug abgewaschen und die Haut mit Lanolin leicht eingefettet. **(Drogenhändler 1911, 273.)** — Vgl. **Bd. III. [578].**

Über gewerbliche Händereinigung siehe auch **[343]**, **[344]** und **Bd. III. [577].**

Zur Entfernung von Entwicklerflecken aus Wäsche wird in **Techn. Rundsch. 1907, 641,** empfohlen, entweder eine Lösung von 30 ccm käuflicher Wasserstoffsuperoxydlösung und 15 ccm Salmiakgeist zu verwenden und das Verfahren evtl. zu wiederholen oder mit Chlorkalk in der Weise zu bleichen, daß man die Wäschestücke in eine reine Chlorkalklösung einlegt, die man zur Entwicklung von Chlor mit reiner Salzsäure versetzt. Schließlich wird in reinem Wasser bzw. in schwacher Fixiernatronlösung gespült und dann in Wasser genügend nachgewaschen.

Tonfixierbadflecke auf Leinwand werden nach **Pharm. Zentrh. 1910, 885,** durch Auftragen von feuchtem Weinsteinsäurepulver und folgendes Auswaschen entfernt.

Zur Entfernung von Silberflecken aus Entwicklerschalen behandelt man diese mit einer durch einige Tropfen Schwefelsäure sauer gestellten wässerigen Kaliumpermanganatlösung, gießt nach kurzer Zeit die Flüssigkeit aus und wäscht mit dünner Sodalösung nach. Mit demselben Erfolg lassen sich auch andere Oxydationsmittel, z. B. Kaliumbichromat und Schwefelsäure oder Kaliumchlorat oder auch der aus rotem Blutlaugensalz und Fixiernatron bestehende Farmersche Abschwächer verwenden. **(Th. Ohlandt, Monatsschr. f. Phot. 1912, 71.)**

LICHTZERLEGENDE SCHICHTEN.

Filter und Raster.

618. Literatur und Allgemeines über Lichtfilter. Panchromatische Leuchtsätze.

Hübl, A., Die photographischen Lichtfilter. Halle 1910.

Wie im Kapitel über Sensibilisierung der Photoplatten dargelegt wurde, verhalten sich letztere dem Sonnenspektrum gegenüber insofern anders, als das menschliche Auge, als letzteres den größten Helligkeitseindruck von dem gelbgrünen Teil des Spektrums aufnimmt, während die Bromsilbergelatine die Stellen größter Helligkeit dort zeigt, wo sie von kurzwelligen Strahlen getroffen wird. Es wurde weiter erwähnt, daß die bloße Sensibilisierung der Platten, das ist die Beimischung gewisser Farbstoffe zur Emulsion zu dem Zwecke, um sie für Lichtstrahlen empfindlich zu machen, die von dem betreffenden Farbstoff absorbiert werden, allein nicht genügt und daß beim Arbeiten mit solchen die Helligkeitswerte richtig wiedergebenden sog. orthochromatischen Platten zugleich durch Einschaltung eines die kurzwelligen Teile des Spektrums absorbierenden Filters zwischen Objekt und Bromsilber jene Wirkung der zugesetzten Farbstoffe unterstützt werden muß. Ebenso wie dieses Gelbfilter den kurzwelligen Teil des Spektrums vermindert, wirken in anderen Farben gefärbte Filter, die man bei Ausführung der additiven Verfahren der Farbenphotographie vor die panchromatische (für alle Farben empfindliche) Platte schaltet oder die man nach dem **Lumière**schen Verfahren in die Platte selbst verlegt, stets in der Weise, daß sie alle Strahlen außer jenen, die ihrer Eigenfarbe entsprechen, absorbieren.

Mittels eines Lichtfilters, das man aus zwei Scheiben von intensiv kobaltblau gefärbtem Glas und einer gesättigten Kaliumbichromatlösung herstellt, um jede sichtbare Strahlung zu absorbieren und nur einen Teil des ultraroten Lichtes durchzulassen, kann man eigenartige Effekte erzielen. Die z. B. mit diesem Filter aufgenommenen Landschaften zeigen alles Grüne schneeweiß und den Himmel vollständig schwarz, so daß man Ansichten erhält, die man auf einem Planeten finden würde, der frei von Luft ist. Da überdies auf solchen Bildern auch die geringsten Spuren von Nebel deutlich sichtbar werden. könnte man diese Art der Photographie auch in der Meteorologie anwenden.

Um Aufnahmen nur mit ultravioletten Strahlen zu erhalten, bedient man sich einer konvergierenden Quarzlinse, deren eine Seite mit einer dicken, für die sichtbaren Strahlen undurchlässigen und nur das ultraviolett durchlassenden Silberschicht überzieht. Man erhält dann Glasgegenstände, Zinkoxyd, Chinaweiß oder poliertes Silber, aber auch manche Blumen vollständig schwarz, und das Silber sieht ähnlich aus wie Anthracit, den man im sichtbaren Lichte aufnehmen würde. Eine derart aufgenommene im vollen Sonnenlicht stehende Landschaft zeigt keine ausgeprägten Schatten. Diese Art der Photographie im ultravioletten Licht hat insofern zu praktischen Ergebnissen geführt, als man Einzelheiten der Mondoberfläche zu fixieren vermochte, die sich sonst der Beobachtung entzogen hatten. **(R. W. Wood, Zeitschr. f. angew. Chem. 1910, 1943.)**

Zur Herstellung orthochromatischer Zeitlichtpulver werden nach **D. R. P. 223 922** und **Zusatz 226 598** flammenfärbende Körper, z. B. Fluorverbindungen, mit metallischem Magnesium, Aluminium oder Calcium versetzt. Ein solches Pulver setzt sich z. B. zusammen aus 8 Tl. metallischem Calcium, 2 Tl. Zucker, 16 Tl. Bariumnitrat und 1 Tl. Fluornatrium oder aus 10 Tl. metallischem Calcium, 10 Tl. entwässertem Chromalaun, 1—3 Tl. Calciumcarbonat, 1—3 Tl. Ceriumcarbonat und 1—3 Tl. Fluornatrium.

Leuchtsätze, bei deren Licht man auch mono-, ortho- und panchromatische Aufnahmen machen kann, werden als Ersatz für grünes Lichtfilter nach **D. R. P. 201 285** hergestellt, z. B. aus 5 Magnesiumpulver, 20 Aluminiumpulver, 5 amorphem Phosphor, 30 Strontium- und 30 Bariumnitrat, 2,5 Fluorlithium, 2,5 Fluornatrium, 1,5 Strontium- und 1,5 Bariumsulfat und 1,5 Calciumoxalat.

Panchromatisches Blitzlichtpulver von hoher Leuchtkraft erhält man nach **K. Jacobsohn (Phot. Rundsch. 1921, 295)** aus 30 Tl. Aluminium-, 5% Magnesiummetallpulver, 50 g Bariumnitrat und 40 g Strontiumcarbonat.

Als Blitzpulver zu Autochromaufnahmen eignet sich jede gewöhnliche Mischung, die natürlich stets ein anderes Kompensationsfilter erfordert. Für ein solches Filter von grünlichgelber Farbe eignet sich nach **Lumière** und **Seyewetz** am besten ein Gemisch von 2 Tl. feinstem Magnesiumpulver und 1 Tl. Kaliumchlorat. (Referat in **Zeitschr. f. angew. Chem. 1911, 1190.)**

Zur Herstellung panchromatischer Leuchtsätze erzeugt man ein an allen Strahlen reiches, sehr aktinisches Licht, mit dessen Hilfe sich ohne Farbfilter Aufnahmen auf mono-, ortho- oder panchromatischen Platten herstellen lassen, die alle Farben in ihren richtigen Helligkeitswerten wiedergeben, in der Weise, daß man orthochromatischer Zeitlichtmischungen, die durch entsprechend flammenfärbende Zusätze gleichzeitig als Lichtquelle und als Ersatz für die verschieden gefärbten Farbfilter dienen, mischt oder gemeinsam in Patronen verpackt. Ein Farbfilter für Gelb, Blau, Rot oder Grün wird z. B. ersetzt, durch eine Mischung aus 60 Tl. Aluminiumpulver, 40 Tl. Magnesiumpulver, je 35 Tl. Strontium- und Bariumnitrat, 10 Tl. Zucker, je 5 Tl. Fluorcalcium, Fluornatrium, Fluorkupfer, Strontiumsulfat, Lithiumoxyd und 1 Tl. Thalliumoxyd. Ebenso ersetzt man die betreffenden Filter einzeln durch Mischen z. B. von 10 Tl. eines Leuchtsatzes mit gelb gefärbter Flamme oder 10 Tl. eines Leuchtsatzes mit blaugefärbter Flamme. **(D. R. P. 231 599.)**

619. Herstellung von Lichtfiltern.

W. Sydney Gibbons benützte als erster Kaliumbichromat, mit dem er feine Gaze tränkte, als photographisches Lichtfilter an Stelle des jetzigen Gelbglases. Auch flache mit Bichromatlösung gefüllte Glasflaschen dienten demselben Zweck. **(Dingl. Journ. 1865, Nr. 14.)**

Eine dem Tageslicht ähnliche Beleuchtung erhält man durch Filtration künstlichen Lichtes durch eine Kupfersalzlösung. **(D. R. P. 335 003.)**

Zur Erzeugung von tageslichtartigem Kunstlicht filtriert man das Licht künstlicher Lichtquellen nach **D. R. P. 343 681—682** durch ein mit Kupfer, Kobalt und Mangan gefärbtes Kaliglas oder durch ein Kaliborsilicatglas, das Kupfer und Nickel enthält.

Als Ersatz der Kaliumbichromatkuvetten eignen sich Gelatinefarbfilter, die nach **E. G. Pringsheim** dadurch erhalten werden, daß man unbrauchbar gewordene, nicht entwickelte Photoplatten nach dem Ausfixieren, Wässern und Trocknen etwa 2 Stunden oder solang bis die Gelatineschicht genügend gefärbt ist, in eine möglichst starke, filtrierte Lösung des betreffenden Farbstoffes einlegt. Durch Auswahl der Farbstoffe kann man so zahlreiche Platten erzeugen, mit denen das Spektrum in eine große Zahl kurzer Stückchen zerlegt werden kann. **(Ber. d. Botan. Ges. 37, 184.)**

Auch eine Mischung von gasförmigem Chlor und Brom erwies sich als monochromatisches Lichtfilter für Strahlen unterhalb 300 $\mu\mu$ geeignet. Als Filter für Uviollampenlicht verwendet man am besten 8 proz. Emulsionsgelatinelösung, die erstarrt bei 30—32° schmilzt und evtl., wenn sie zu weich ist, mit Alaun gehärtet wird. Man wäscht die gewogene Gelatinemenge zur Entfernung sämtlicher Salze unter Knetung eine Stunde in Wasser, löst sie dann bei 35° in der erforderlichen Wassermenge, filtriert die Lösung durch Flanell, färbt sie und gießt sie dann auf sorgfältig mit Salpetersäure oder heißer Boraxlösung gereinigte und mit Sprit von jeder Fettspur befreite Glasplatten, die man dann, wenn die Gelatinehaut abgezogen werden soll, vorher mit einer Kollodiumschicht überzieht. **(N. v. Peskow,** bzw. **G. Potapenko, Zeitschr. f. wiss. Photogr. 18, 235.** bzw, **238.)**

Ein Ultraviolett absorbierendes Lichtfilter enthält nach **D. R. P. 258 384** glykosidartige Cumarinderivate, die durch Hydroxyl-, Amino- oder Carboxylgruppen ein- oder mehrfach substituiert sind.

Zur Herstellung von Farbenfiltern heftet man gefärbte Blätter von Gelatine oder Kollodium mit je einem Tropfen Canadabalsam oder Dammarharz, in Xylol gelöst, aufeinander und preßt das Ganze zwischen Glasplatten zusammen. **(H. Hartridge, Zentr.-Bl. 1920, IV, 159.)**

Als geeignete Lichtfilter verwendet man blaue und violette Farbstoffe von Hellgrün bis Rotviolett, z. B. Methylviolett, die man dem photographischen Aufnahmematerial also den Platten, Films oder dem Papier zusetzt, wodurch die aktinisch wirkenden Strahlen gewisser Kunstlichtarten unschädlich gemacht werden, ohne daß die Wirksamkeit des Tageslichtes wesentlich beeinflußt würde. So behandelte Platten sind z. B. gegen Kerzenstrahlen aus etwa 1 m Entfernung auch bei länger dauernder Wirkung ohne Einfluß und bei Kunstlicht von größerer Helligkeit kann durch größere Entfernung der Lichtquelle die Verschleierung vermieden werden. **(D. R. P. 288 328.)** Nach dem Zusatzpatent bringt man neben den Filterfarbstoffen Phenolphthalein oder andere Chemikalien in die Emulsion, die durch diesen Zusatz nicht beeinflußt werden darf. Das Phenolphthalein gibt mit dem Alkali des Entwicklers eine Färbung der Emulsion, die als Schutzfärbung auch gegen gedämpftes Tageslicht dienen kann, so daß man unabhängig von der Dunkelkammer, in verdunkelten Räumen, die nicht gänzlich frei von Tageslicht sind, entwickeln kann. **(D. R. P. 292 723.)**

Die Herstellung eines Gelbfilters zur tonrichtigen Aufnahme von Ferne und Vordergrund durch Auszahnen der Blende nach Art der Wolkenblende von **Busch** in beliebigem Verlauf zur Erzielung des allmählichen Überganges ist in **D. R. P. 297 193** beschrieben.

Das Eastmangelb, eine Lichtfilterfarbe des Handels, das Natronsalz der Glukosephenylosazon-p-carbonsäure, wird mit den gelben Farbstoffen hergestellt, die man erhält, wenn man Zucker und Phenylhydrazinderivate kondensiert. Diese Gelbfilter EK. I und EK. 2 übertreffen die Filter, die man sonst mit der unbeständigen Pikrinsäure, mit dem keine genügend scharfen Banden liefernden Filtergelb und mit dem Tartrazin erhielt, das ultraviolette Strahlen durchläßt, so daß diese Filter unwirksam sind. **(Mess und Clarke, Zentr.-Bl. 1919, III, 361 und 1920, II, 712.)**

Siehe auch die Konstruktion des Farbfilters mit kontinuierlich ab oder zunehmender Farbdichte für Fernphotographie nach **D. R. P. 309 167.**

620. Raster allgemein. Verwendung (Autotypie). Strichraster.

Raster sind Lichtfilter, bei denen die Entfernung der Elemente von der molekularen Distanz bis zur mikroskopischen Sichtbarkeit, jedoch nicht so weit hinaufgerückt ist, daß diese Entfernung der einzelnen Punkt- oder Linienelemente das Lichteinholungsvermögen des Auges (etwa 1 Minute) überschreitet. Die Raster, z. B. ein auf eine Glasplatte aufgetragenes Liniensystem, dienten dem Verbesserer des Autotypieverfahrens (das ist die Hochätzung von Tonbildern zur Ausführung der Photozinkographie) **Meisenbach** (1883) zu der für den Druck nötigen Zerlegung von Tonflächen in Linien (bzw. nach Umdrehung des Rasters um 90° in Punkte) durch deren Zwischenräume hindurch eine lichtempfindliche Platte nach Auflegung des Negativs auf den Raster belichtet wurde. Später schaltete man das Rasternetz, ein System feiner paralleler und senkrecht aufeinander stehender Linien, schon bei der Aufnahme des Objektes in geringe Entfernung vor die Bromsilberplatte ein und erzielte so auf dem Negativ von der den hellerleuchteten Objektteilen entströmenden, das Rasternetz passierenden Lichtfülle ein Haufwerk dunkler, eine znsammenhängende Fläche bildender Punkte und von Objektschatten Flächen mit hellen durchsichtigen Punkten. Bei der Autotypie werden unter solchen Rasternegativen Chromleimschichten belichtet, die dann entwickelt auf Zinkplatten übertragen und hochgeätzt werden oder auf lithographischem Stein zum photomechanischen Steindruck dienen. Die Autotypie, besonders die Autofarbentypie, eignet sich zur Reproduktion von direkten Naturaufnahmen, Zeichnungen oder Ölgemälden besser als der Holzschnitt, sie ist billiger und arbeitet rascher.

Zur Herstellung des rastrierten Bildstockes nimmt man von dem Chromgelatinebild einen Abdruck aus weißem Wachs, überzieht diese Bildstockabdruckfläche mit Graphit und ritzt mit der Graviermaschine zuerst parallele und dann diese rechtwinklig kreuzende ebenfalls parallele Linien ein, wobei die Spitze der Maschine nur die erhabenen Stellen des Reliefs und diese umso breiter angreift als der Stichel höhere Wachslagen zu durchdringen hat. Mit der zweiten Serie der Einschnitte wird dann in der Zeichnung der ersten Rillen alle lichtundurchlässige Substanz entfernt, so daß eine Form entsteht, von der man einen zu typographischem Druck geeigneten Bildstock nehmen kann. **(D. R. P. 10 337.)**

Die Raster spielen aber auch eine bedeutende Rolle in der additiven Farbenphotographie als netz- oder punktförmiges Filter mit regelmäßig abwechselnden farbigen Linien- oder wirr durcheinanderliegenden Punktelementen zur Herstellung einzelner in der Durchsicht zu betrachtender farbiger Diapositive. In den folgenden Kapiteln wird zunächst die Herstellung der Raster besprochen.

Ursprünglich stellte man die Farbraster (rastrierten Bildstöcke) für photographische Reproduktion durch Ätzen der aus dem Schutzüberzug der Spiegelgläser herausgeritzten Linien her, später verließ man das Ätzverfahren und benützte den geritzten Überzug selbst, der an den geritzten Stellen entfernt wird, als dunklen Teil des Rasters. Ein genügend elastisches Schichtmaterial wird für diesen Zweck aus verdicktem Leinöl, Farbstoff und Äther als Lösungsmittel gewonnen.

Über Herstellungsmethoden von mikroskopisch feinen Rastern auf Glas, namentlich über eine neue Methode, nach der die korn- und schichtlosen Raster nur in der obersten Glasschicht erzeugt werden, siehe die Angaben in **Phot. Ind. 1920, 310.**

Zur Herstellung von Zwei- und Mehrfarbenrastern prägt man in einem durchsichtigen plastischen Träger ein Liniensystem ein, überzieht die Grate des Reliefs mit Firnisfarbe, färbt in einem Farbbade die nunmehr allein anfärbbaren Täler, entfernt die reservierten Erhöhungen, prägt abermals in einem beliebigen Winkel zur erstmaligen Prägung, deckt wieder die hochgelegenen Stellen mit Firnis ab und färbt in einem zweiten bzw. nach Wiederholung des Prozesses noch in einem dritten Farbbade. **(D. R. P. 218 298.)** Nach einer Abänderung des Verfahrens macht man die Vertiefungen des Rasterreliefs glatter oder rauher als die Erhöhungen und erreicht so niedrig gewelltes Relief, dessen Vertiefungen beim Einwalzen nicht mit angegriffen werden. **(D. R. P. 230 387.)**

Zur Herstellung des Farbrasters nach dem Versicolorverfahren von **Dufay** preßt man mittels einer gravierten erwärmten Walze sehr zahlreiche parallele Linien in eine farblose Celluloidplatte, füllt die Vertiefungen mit fetter, roter Farbe, die man von den hochliegenden Stellen restlos abreibt, und färbt sodann die farblosen Zwischenlinien der Vorderseite mit der Spritlösung eines eindringenden blauen Farbstoffes. Ebenso präpariert man auch die Rückseite der Folie, wobei jedoch ein gelber, bzw. ein violetter Farbstoff zur Anwendung gelangt. Man erhält so einen Raster, der in beliebig weit zu treibender Verteilung mit mathematisch genauer Abwechslung in den Grundfarben des Sonnenspektrums gefärbte, regelmäßig geformte kleine Abschnitte aufweist. **(P. Pooth, Techn. u. Ind. 1919, 143.)**

Zur Herstellung eines Mehrfarbenrasters für photographische und Druckzwecke bringt man neben gefärbten aneinandergereihten Flächenelementen auch schwarze, weiße, graue oder farblos durchsichtige Flächenelemente an, wodurch es ermöglicht wird, durch Kreuzung von Liniensystemen ohne besonders sorgfältiges Aneinanderpassen die Raster durch Druck allein zu erhalten. **(D. R. P. 228 412.)**

Zur Herstellung von Farbenrastern für die Farbenphotographie schneidet man die Rasterlinien bis zum Grunde der Schicht, füllt sie dann mit Farbmasse und kreuzt sie mit gefärbten Querlinien, um so Rasterlinien zu erhalten, die die Rasterschicht völlig durchsetzen. **(D. R. P. 263 819.)** Vgl. das Verfahren zur Herstellung von Mehrfarbenrastern für die Farbenkinomatographie auf Films durch Furchung einer durch Farblösungen anfärbbaren Grundmasse und Anfärben der Vertiefungen. **(D. R. P. 273 629.)**

621. Fadenblock- und Glas-Punkt- und -Linienraster.

Zur Herstellung von Mehrfarben-Punktrastern zerschneidet man Fadenblöcke aufeinandergeschichteter aus bunten (Rot, Blau, Grün) Kunstseidefäden hergestellter Gewebe derart, daß der Schnitt die sich rechtwinklig kreuzenden Schuß- und Kettenfäden unter einem Winkel von 45° trifft, damit der Fall nicht eintreten kann, daß man einen Schußfaden seiner Länge nach aufschneidet. Die Erzeugung des Blockes erfolgt in der Weise, daß man die aus parallel laufenden Ketten- und Schußfäden erzeugten Gewebe, mit einem Quellungsmittel befeuchtet, unter starkem Druck und evtl. Erwärmung zusammenpreßt. **(D. R. P. 218 324.)**

Zur Herstellung von Punktrastern für die Farbenphotographie zerschneidet man einen aus farbigen Kunstseidefäden bzw. -strängen gebildeten hydraulisch gepreßten Block senkrecht zur Fadenrichtung in Scheiben. **(D. R. P. 223 819.)**

Bei der Herstellung von Linienrastern aus Geweben von bunten Kunstfäden, kann man auch so verfahren, daß man ein Material wählt, das beim Erwärmen erweicht (Celluloid) und die Gewebe in geheizten Pressen unter Druck setzt, um die einzelnen Fäden zu einer geschlossenen Platte zusammenzuschweißen, bzw. daß man ein Gewebe von bunten Kunstfäden, deren Schußfaden farblos ist, in eine farblose plastische, ebene und durchsichtige Schicht einpreßt, diese mit einer Farbe, die sich mit denen der Kettenfäden additiv zu Weiß ergänzt anfärbt und die Schußfäden vor dem Anfärben der Schicht weglöst. Das die Zwischenräume ausfüllende Befestigungsmittel dient zugleich als Filterelement im Raster, so daß er keine durchsichtigen Lücken aufweist und mit einer Schutzschicht überzogen, direkt mit panchromatischer Emulsion übergossen werden kann. **(D. R. P. 227 130** und **231 676.)**

Zur Anfertigung dreifarbiger eingebrannter Filter für photographische Zwecke werden die drei Schmelzfarben Uranylhydroxyd, Goldpurpur und Kobaltblau mit Hilfe eines Staubkastens auf eine Spiegelglasplatte aufgestaubt und eingebrannt oder die drei Schmlezfarben werden zu gleichen Teilen mit Canadabalsam und Lavendelöl innig verrieben, auf eine nivellierte Glasplatte gegossen und eingebrannt oder es wird eine kompakte Mischung aus Firnis, Kopaivabalsam, Lavendel- und Nelkenöl hergestellt, die Mischung mit einer Leimwalze auf einem planen Lithographiestein gleichmäßig verteilt und sodann die dünne Schmelzfarbenmischung auf die einzubrennende Glasplatte aufgetragen. **(C. Fleck, Sprechs. 1909, 367.)**

Zur Herstellung von Mehrfarbenrastern schmilzt man eine Schicht feinkörniger farbiger Gläser auf eine Glasplatte auf, schleift und poliert die Schicht und bewirkt so, daß die Lichtstrahlen durch die nunmehr nicht mehr kugeligen Glaskörnchen regelmäßig durchgehen und nicht ungleichartig abgelenkt werden. **(D. R. P. 228 597.)**

Zur Herstellung von Glaskornrastern für den Schwarz- und Buntfarbendruck darf man das Korn nicht zu fein und ungleichmäßig wählen, und muß syrischen Asphalt vermeiden, der beim Ritzen ein zackiges, zerrissenes Kornnetz bildet. Nach **C. Fleck** eignet sich am besten Drachenblutharz, das ein Sieb von 50 Fäden auf dem Zentimeter passiert und auf einem Sieb von 60 Fäden liegen bleibt. **(Keram. Rundsch. 20, 436.)**

Eine mehrfarbige Rasterplatte, ganz aus Glas zum Zwecke der Herstellung von Photographien in natürlichen Farben ist dadurch gekennzeichnet, daß staubförmig kleine Glaskügelchen von geeigneter Farbe auf einer Seite einer ungefärbten Glasplatte angeschmolzen werden, so daß eine glatte Fläche entsteht, die zur Aufnahme der lichtempfindlichen Substanz dient. Die Kügelchen bereitet man in der Weise, daß man die gefärbten Glaspulver in schwebendem Zustande in Kugelform umschmilzt. **(D. R. P. 283 551.)** Nach dem Zusatzpatent besitzen die Farbkügelchen für jede Farbe einen anderen Schmelzpunkt, so daß sie je nach ihrer Färbung nacheinander schmelzen, sich lückenlos aneinander schließen und keine farblosen Stellen zwischen sich entstehen lassen. **(D. R. P. 291 575.)**

622. Kolloid- (Gelatine-, Harz-, Casein-) Kornraster.

Ursprünglich verwandte man zur Rasterherstellung Stärkekörner als Farbstoffträger. Besser geeignet ist nach **D. R. P. 313 008** kohlensaure Magnesia, die sehr lichtdurchlässig, farbstoffaufnahmefähig und kleinkörnig ist.

Zur Herstellung von Mehrfarbenrastern aus farbigen mit Formaldehyd getränkten Gelatinekörnern trocknet man diese zuerst scharf und streut sie dann über die Schicht, damit sie bei gewöhnlicher Temperatur die Feuchtigkeit aufsaugen, aufquellen und so jeden noch verbliebenen, für weißes Licht passierbaren Zwischenraum ausfüllen. Man verfuhr sonst in der Weise, daß man Körner auf der klebrigen Oberfläche in feuchter Atmosphäre zum Quellen brachte, preßte und wieder trocknete, wodurch sich häufig feine lichtdurchlässige Risse und Zwischenräume bildeten. **(D. R. P. 233 140.)**

Nach einem anderen Verfahren zerstäubt man gefärbte an der Luft leicht erstarrende Harz- oder Kolloidlösungen in einem passend temperierten Raum derart, daß bei ausreichender Fallhöhe trockene feine Pulver entstehen, die auf einer klebenden Schicht aufgefangen und zu einem Raster vereinigt werden. Die Operation wird für Blau, Rot und Grün mit den entsprechend gefärbten Pulvern dreimal wiederholt. **(D. R. P. 233 167.)**

Zur Herstellung von Mehrfarbenkornrastern bringt man die durch Zerstäuben von Harz- oder Kolloidlösungen erzeugten kleinen Tropfen (z. B. Gelatinetröpfchen) in einer Tannin- oder Chromalaun- oder Alkohollösung, ebenso Harztröpfchen in Wasserbädern zum Erstarren, bringt ferner die filtrierten feinen Körnchen auf eine auf durchsichtiger Unterlage befindliche Klebeschicht, drückt mäßig auf und schwemmt den nicht angeklebten Überschuß der Körnchen von der Platte ab. Die kleinen Körner schließen sich eng aneinander an und bilden auch ohne Füllmasse oder Zusammenschmelzen den Raster. **(D. R. P. 250 036.)**

Ein Verfahren zur Herstellung von Mehrfarbenpunktrastern für die Farbenphotographie ist durch die Zerstäubung je einer, in den drei Grundfarben gefärbten Lösung einer Kolloidn substanz mittels eines Gasstromes gekennzeichnet, wobei die Punkttröpfchen in einer geeigneten Flüssigkeit suspendiert werden, ohne sie zum Erstarren zu bringen, worauf dann die zum neutralen Grau gemischten Emulsionen auf einen Rasterträger aufgebracht werden. **(D. R. P. 254 180.)** Vgl. **224 465** und **Ostwald** in **Z. f. Kolloide 1910, 105.**

Vgl.: Verfahren und Vorrichtung zur Erzeugung staubförmiger Körnchen aus gefärbten Harz- oder anderen kolloidalen Lösungen für die Buntphotographie durch Zerstäubung der Lösungen in der Axenrichtung eines senkrecht mit abnehmbarer Geschwindigkeit aufsteigenden Stromes eines gasförmigen Stoffes, wodurch die Teilchen ihrer Größe, bzw. ihrem Gewicht nach in verschiedenen hintereinanderliegenden Stufen des Stromweges abgeschieden werden. **(D. R. P. 261 161.)** Ferner: Herstellung eines Filmbandes zur Aufnahme und Wiedergabe von Bildern in natürlichen Farben durch Aufschleudern farbiger, emulgierter Tröpfchen auf den präparierten Schichtträger in besonderem Apparat. **(D. R. P. 261 341.)**

Oder es erfolgt die Herstellung von Mehrfarbenrastern durch Auftragen von, in den Grundfarben gefärbten, mit einer Flüssigkeit aufgeschlemmten, pulverförmigen oder tropfenförmigen Körpern, die zwecks Anhaftens auf einem Rasterträger mit einem mit der Substanz des Rasterträgers chemisch reagierenden Überzug versehen werden. Wenn die reagierende Substanz Gerbsäure ist, besteht der basische Überzug aus Casein oder Gelatine mit etwas Borax, der das Haften der Teilchen begünstigt. Basische Häutchen gewinnt man mittels einer kolloidalen Lösung von Bariumcarbonat, das man durch Einleiten von Kohlensäure durch eine methylalkoholische Lösung von Bariumhydroxyd erhält. Diese kolloidale Bariumcarbonatlösung ersetzt die ätherische Gerbsäurelösung; man verwendet dann als sauren Überzug des Rasterträgers Gelatine mit etwas Weinsäure oder Citronensäure und erhält so in jedem Falle bei basischen Überzügen des Rasterträgers eine saure, bei saurem Überzug eine basische Überzugssubstanz für die Rasterkörperchen. **(D. R. P. 278 043.)**

Zur Herstellung von Mehrfarbenrastern für die Farbenphotographie färbt man Pflanzenleim oder ein ähnliches Kolloid naß in den drei Grundfarben Rot, Blau und Grün an, trocknet und zerkleinert die Träger, siebt sie auf das feinste, mischt die gefärbten Teilchen im richtigen Verhältnis und stäubt sie auf Glas oder einen Film auf, der vorher durch Begießen einer Mischung von 2 ccm Glycerin mit 12 ccm Essigsäure und Verdunsten der Essigsäure mit einer hauchdünnen

Glycerinschicht überzogen wurde, die die Kohäsion der Rasterkörnchen aufhebt. Man verteilt nun die Teilchen mittels eines sehr weichen Pinsels auf dem Träger, entfernt den Überschuß durch Abstauben und bewirkt durch Überleiten von Wasserdampf die Verflüssigung und das lückenlose Zusammenfließen der Kolloidteilchen, die sich mittelst des Glycerins auf dem Träger befestigen und ein lückenloses Farbenmosaik liefern, das keinerlei Nachbehandlung mit Kohlenstaub bedarf. **(D. R. P. 293 004.)**

623. Gedruckte, Teerfarbstofflösungs- und Farbenwanderungsraster.

Zur Herstellung von aus gegerbten und ungegerbten Elementen bestehenden Flächenmustern in Kolloidschichten zwecks Herstellung von Mehrfarbenrastern führt man eine aus abwechselnd aneinandergereihten runden Scheiben aus indifferentem Stoff und einem entweder direkt oder indirekt gerbend wirkendem Stoff gebildete Walze über die Kolloidschicht hinweg, wobei durch chemische Einwirkung zwischen gerbendem Stoff und Kolloidschicht eine Grundfarbe des Mehrfarbenrasters erzeugt wird. Man vermag so ohne Zuhilfenahme des Lichtes die Gelatineschicht lokal zu gerben, wenn man die Kolloidschicht z. B. mit Ferrocyankalium präpariert, so daß unter Einwirkung der Kupferscheibe Ferrocyankupfer, eine gerbende Verbindung entsteht. **(D. R. P. 221 231.)**

Bei Herstellung von Dreifarbenrastern bedruckt man eine Gelatinefläche zuerst mit Fettfarbe als Reserve, dann mit der ersten Farbstofflösung, die nur die frei gelassenen Stellen färbt, beizt dann mit einem Mittel, das den Farbstoff fixiert und die Gelatine gerbt und immunisiert so die gefärbten Stellen gegen die zur Weiterbehandlung dienenden empirisch auszuwählenden Farbstoffe. **(D. R. P. 221 727.)**

Nach einem anderen Verfahren erhält man Mehrfarbenraster durch mehrmaliges Aufkopieren von Chromatkolloidfeldern und jedesmaliges Anfärben der kopierten und entwickelten vorgebeizten Rasterfelder mit basischen Farbstoffen, die mit der Vorbeize Niederschläge geben und dann mittels Tannins nachgebeizt, fixiert werden. Es erübrigt sich so das Lackieren zum Isolieren der schon gefärbten Teile und zum Schutz gegen die zur Färbung der weiteren Teile notwendigen Farbstoffe und überdies erhält man alle gefärbten Gelatinestreifen in gleicher Dicke und ihre Oberflächen daher in einer Ebene. **(D. R. P. 225 004.)**

Zur Herstellung von Mehrfarbenrastern mit ohne Unterbrechung und ohne Überdeckung aneinandergereihten Filterelementen, die sämtlich aus in der Masse gefärbten Teilen der sie tragenden Gelatineschicht bestehen, überzieht man die ganze Fläche nach dem Aufbringen des Musters aus Fett- und Wasserfarbe mit einer Lackschicht, die überall dort, wo sie auf der Fettfarbe ruht, mit ihr durch Lösungsmittel entfernt wird, worauf man ein zweites und dann ein drittes Muster aus Fett- und Wasserfarbe, aber gegen das erste bzw. zweite verschoben aufträgt und jeweils Lack und Fettfarbe wieder entfernt. Man erhält so unter Benutzung von Druckformen die durch Belichten einer Chromatgelatineschicht unter einem Raster, Imbibieren mit wässeriger Farblösung und gleichzeitiges Auftragen von Fettfarbe und Wasserfarbe hergestellt sind, ohne besonders genaue oder feine Arbeit die Elemente lückenlos aneinandergereiht. Da man schließlich die Lackschicht auch von den gefärbten Teilen weglöst, besteht der fertige Raster nur aus gefärbter Gelatine. **(D. R. P. 237 755.)**

Zur Herstellung von Druckformen nach solchen Mehrfarbenrasterbildern belichtet man eine mit Bichromat sensibilisierte Gelatineschicht, die Farbenfelder trägt, die bezüglich ihrer Form und Lage denen des Aufnahmerasters gleichen, aber in der Farbe komplementär sind, unter dem von einem Mehrfarbenrasternegativ gewonnenem Schwarzweißdiapositiv bei registerhaltender Deckung dieses Diapositivs und der Farbenrastergelatineschicht. **(D. R. P. 250 647.)**

Zur Herstellung von Mehrfarbenrastern auf Celluloidfolien unter Benutzung nur einer Schutzschicht und von Farbstofflösungen in Alkohol oder Aceton benützt man Farbstofflösungen, deren Lösungsmittel für die späteren Färbungen stufenweise verdünnter genommen wird. Man färbt z. B. die Folie erst mit 2 g Viktoriablau in 100 ccm absolutem Alkohol blau, dann mit 2 g Auramin und 1 g Äthylgrün in 150 ccm 80proz. Alkohol grün, schließlich mit 2 g Rubin und 1 g Auramin in 150 ccm 60proz. Alkohol rot und erhält so einen aus blauen Linien, grünen und roten Vierecken bestehenden Farbraster. **(D. R. P. 239 486.)**

Oder man färbt beliebige Unterlagen mittels pulverförmiger Farbstoffe, fügt also der Überzugsmasse z. B. Anilin, mehrwertige Alkohole oder für Lackschichten auch fette Öle zu, die alle die Eigenschaft haben, aufgestäubte Farbstoffe, besonders bei gelindem Erwärmen zu lösen. Etwa noch vorhandene Lücken können dann nachträglich durch Baden in einer Teerfarbstofflösung ausgefüllt werden. Man braucht nach diesem Verfahren keine Klebschichten zum Festhalten der Farbstoffe und braucht vor allen Dingen keine angefärbten Massen aufzutragen, aus denen die Farbstoffe dann erst in die Unterlage wandern sollen. **(D. R. P. 247 722.)**

Zur Herstellung von Farbrastern auf Filmen, aus deren Oberschichten Teile beseitigt werden können, färbt man beide Filmseiten mit verschiedenen Farben und entfernt die Farbe durch Wegkratzen auf der einen Seite zum Teil derartig, daß an diesen Stellen die Farbe der anderen Filmseite freigelegt wird. **(D. R. P. 329 272.)**

Besonders interessant ist das Farbrasterverfahren von **Szczepanik,** das sich auf das bisher nur in den Erscheinungen spiegelnde Gesetz der Farbenwanderung begründet. Es gibt z. B. eine mit Erythrosin gefärbte Kollodiumschicht beim Auflegen einer farblosen Gelatineschicht fast den gesamten Farbstoff an die Gelatine ab und zwar wurde festgestellt, daß diese Wanderung stets in der Weise erfolgt, daß basische Farbstoffe Zuneigung zum Kollodium und sauere Farbstoffe Vorliebe für Gelatine besitzen, wobei den genannten Trägern andere Stoffe, z. B. Gummi arabicum für Gelatine substituiert werden können. Färbt man nun Gelatine in drei Lösungen mit drei kollodiumfreundlichen Farbstoffen, dampft zur Trockne und pulverisiert die Massen, so erhält man drei verschiedenfarbige Pulver, die, auf eine etwas feuchte Kollodiumplatte gestäubt, sich mosaikartig auflegen und ihre Farbstoffe an die Unterlage abgeben. Wäscht man dann den Überschuß des Pulvers zugleich mit den seltsamerweise ihren Farbstoff nicht abgebenden überdeckenden Pulverkörnchen ab, so erhält man eine der Lumièreschen Platte ähnliche, jedoch wesentlich lichtempfindlichere Platte, deren farblose Zwischenräume die gelegentlich zwischen den gefärbten Pünktchen auftreten, dadurch unschädlich gemacht werden, daß man beim Einstauben von einem Farbpulver etwas weniger nimmt und die Platte dann in einem Bade desselben Farbstoffes behandelt. **(F. Limmer, Zeitschr. f. angew. Chem. 1909, 14.)** — Vgl. **[627]**.

Auf Grund der Eigenschaft verschiedener Farbstoffe sich den zu färbenden Stoffen gegenüber färberisch verschieden zu verhalten, kann man Dreifarbenraster für die Erzeugung von Photographien in natürlicher Farbe in der Weise herstellen, daß man zunächst provisorisch Farbstoffträger, zu denen die Farbstoffe eine geringere Affinität als zur Unterlage haben, mit ihnen färbt und diese Träger mit der Unterlage durch Bedrucken oder Bestauben in Berührung bringt, so daß die Farbstoffe aus den provisorischen Trägern in die Unterlage wandern können. Die gefärbten provisorischen Farbstoffträger können auch in Lösung durch Bespritzen aufgetragen oder auf mechanischem Wege zu einer festen Masse z. B. einer Walze oder einem Gewebe, verbunden werden, die dann als Druckstock zur Abgabe der Farben an die Unterlage dienen. **(D. R. P. 254 317.)**

Zur Herstellung von Mehrfarbenrastern löst man rote und grüne Säure- oder Azofarbstoffe in Alkali-, Mono-, Bi- oder Trichromatlösungen, druckt sie nebeneinander auf Gelatineplatten auf und färbt die bleibenden Zwischenräume mittels eines Blaus aus der Rosanilingruppe. Unter dem Einflusse der Chromatgelatine wird die Chromsäure mit oder ohne Lichteinwirkung zu Chromdioxyd reduziert, das mit den Farbstoffen unlösliche oder schwerlösliche Farblacke bildet. Dabei bildet sich nur an jenen Stellen Chromgelatine, wo Farbstoff vorhanden ist und es wird so der bisherige Mißstand vermieden, daß bei Erzeugung der Farbraster durch Reduktion und Farblackbildung auf dem Wege des Kopierens auf Chromatgelatineplatten, nicht nur die belichteten, sondern auch die unbelichteten Gelatinepartien Farbstoff annahmen. **(D. R. P. 279 932.)**

Zur Erzeugung einer Farbrasterplatte für farbenphotographische Aufsichtsbilder, bei der jedes Rasterelement mindestens zwei verschieden schwer entfernbare Farbstoffe enthält, werden drei Gelatinelösungen je mit zwei Farbstoffen von saurem und basischem Charakter angefärbt und dann nach dem Verfahren **D. R. P. 233 167** zerstäubt. Es läßt sich dann die saure Farbstoffpartikel aus dem Rasterelement durch Auswaschen aus der Gelatine nicht entfernen, während die basischen Farbstoffe leicht entfernbar sind, erstere werden daher allein in dem Kolloid fixiert. Diese Rasterschicht erhält dann die lichtempfindliche Emulsion. **(D. R. P. 288 598.)**

Zur Herstellung von Mehrfarbendoppelrastern überzieht man beide Seiten eines möglichst dünnen Trägers mit gefärbter oder nachträglich erst zu färbender lichtempfindlicher Substanz, z. B. Chromatgelatine und kopiert in üblicher Weise unter einem für jede Farbe zu verschiebenden Deckraster, nachdem auf jede Seite des Trägers eine neue Chromatgelatineschicht aufgebracht ist. Die letzte Farbe erhält man wie üblich durch Benutzung der bereits vorhandenen Rasterelemente als Negativ. **(D. R. P. 292 347.)**

Zur Herstellung von Ein- und Mehrfarbenrastern färbt man eine Kolloidschicht durch eine darüber befindliche photographisch gebildete Reserve hindurch mit bestimmten Farben oder entzieht jener durch die darüberliegende Reserve bestimmte Farbstoffe, wobei für die eigentliche Raster Kollodiumschichten verwandt werden, während die Reserveschichten wesentlich aus Albumin bestehen. Als lichtempfindliche Stoffe wählt man Eisen- und Uransalze und als Lösungsmittel alkoholische Flüssigkeiten. **(D. R. P. 326 711.)**

Farbenphotographie.

624. Literatur und Allgemeines über additive Verfahren. Heliochromie.

Valenta, E., Die Photographie in natürlichen Farben mit besonderer Berücksichtigung des Lippmannschen Verfahrens. Halle 1912. — König, E., Die Farbenphotographie. Eine gemeinverständliche Darstellung der verschiedenen Verfahren nebst Anleitung zu ihrer Ausführung. Berlin 1904. — Donath, B., Die Grundlage der Farbenphotographie. Braunschweig 1906. — Miethe, A., Dreifarbenphotographie nach der Natur. Halle 1908. — Wiener, O., Über Farbenphotographie. Leipzig 1910. — König, E., Die Autochromphotographie und die verwandten Dreirasterverfahren. Berlin 1908. — v. Hübl, A., Die Dreifarbenphotographie mit besonderer Berücksichtigung des Dreifarbendruckes und ähnlicher Verfahren. Halle 1912. — v. Hübl, A., Die Theorie und Praxis der Farbenphotographie mit Autochromplatten. Halle 1913.

Experimentaluntersuchungen über die **Lippmann**sche Farbenphotographie veröffentlicht **H. E. Ives** in **Zeitschr. f. wiss. Photogr. 1908, 373.**

Die ersten Angaben über das **Lumière**sche Verfahren der Farbenphotographie finden sich im **Phot. Wochenbl. Nr. 1904, Nr. 29.**

Über Farbenphotographie nach dem Lumièreschen Verfahren siehe **v. Hübl, Chem.-Ztg. 1908, 538.**

Von der auf Interferenz von Lichtstrahlen beruhenden rein optischen Methode Lippmanns abgesehen, kennt man zwei Verfahrengruppen der Farbenphotographie: 1. Die additiven, 2. die subtraktiven Methoden.

Maxwell war der erste, der darauf hinwies, daß man sämtliche Farbtöne durch richtige Auswahl und Kombination der drei Grundfarben wiedergeben kann, und er gab auch als Erster die Idee des additiven Dreifarbenverfahrens, bei dem durch drei Lichtfilter drei Teilbilder in den Grundfarben Gelbgrün, Rot und Blauviolett photographiert und die Positive mit drei Lampen mit denselben Filtern auf einen weißen Schirm projiziert werden.

Man verfährt nach dieser einen Art der auch als physiologische Farbenphotographie bezeichneten Methode (weil das Sehvermögen zwei auf eine Netzhautstelle wirkende Farbeindrücke als Mischton empfindet) in der Weise, daß man drei für alle Farben empfindliche Platten hinter blauem, bzw. rotem und grünem Filter belichtet, entwickelt, drei Diapositive herstellt und diese unter den in den Farben den Urtönen entsprechenden Filtern in der Durchsicht betrachtet oder sie auf eine Fläche projiziert. Weiß entsteht durch Mischung der drei Farben, schwarz auf Grund der Undurchlässigkeit der Diapositive an diesen Stellen, farbig durch das Überwiegen des betreffenden Farbtones an jener Stelle des Diapositives, die im Objekt an der betreffenden Stelle vorherrschte, Das von **Ives** und **Miethe** zu hoher Vollkommenheit ausgebaute Verfahren hat den Nachteil, daß die Weißen nicht rein, sondern graugetönt erscheinen. Das zweite physiologische, ebenfalls additive Verfahren, beruhend auf der Einführung der Farbenraster, wurde von **Jolly** und von **Lumière** soweit vervollkommnet, daß das Autochromverfahren entstehen konnte. Das Lumièresche Verfahren, für das nur eine Aufnahme nötig ist, hat den Nachteil, daß die Aufnahmen sich nicht oder nur mangelhaft auf Papier übertragen lassen, doch ist diese Methode zur Herstellung farbiger in der Durchsicht in natürlichen Farben erscheinender Bilder heute die am besten ausgearbeitete und zugleich in der Ausführung die Bequemste. Man macht eine einzige Aufnahme mit einer Platte, die zwischen Schicht und Glasfläche den aus farbigen Linien bestehenden Strich- oder aus Farbpunkten zusammengesetzten Kornraster trägt, stellt vom Negativ ebenfalls ein Diapositiv her und betrachtet es in der Durchsicht in Berührung mit dem farbigen Raster.

Jedenfalls war, was häufig übersehen wird, die Entwicklung der Farbenphotographie nur durch **Vogels** Entdeckung möglich, der 1873 fand, daß man Bromsilber durch Zusatz kleiner Mengen von Farbstoffen für langwelliges Licht empfindlich machen kann. **[569.]**

Photographien in natürlichen Farben waren ursprünglich unbeständige Bilder, die nach **Poitevin** auf einem mit belichtetem Chlorsilber bedeckten und mit Bichromat-, Kupfervitriol- und Kaliumchloridlösung imprägnierten Papier durch Belichtung hervorgerufen wurden und deren Farbenspiel man durch Behandlung in Metallsalzlösungen einigermaßen fixieren konnte. Mit der Photographie in natürlichen Farben hat das Verfahren ebensowenig zu tun wie die sog. Heliochromie.

Wird z. B. eine Silberplatte mit gesättigtem Chlorwasser und Chlorstrontium präpariert, auf die präparierte Platte eine kolorierte Zeichnung aufgelegt und das Ganze dem Sonnenlicht ausgesetzt, so entsteht nach 10—15 Minuten ein farbiges Bild auf der Platte, wobei die rote Farbe besonders deutlich hervortritt. Chlorcalcium erzeugt eine Orangefärbung, Chlornatrium eine gelbe, Kupferchlorid oder Borsäure eine grüne, Chlorkupfer-Ammoniak eine blaue und eine Mischung aus Chlorstrontium, Kupferchlorid und Kupfervitriol bewirkt eine violette Färbung der Platte. Die entstandenen Farben verschwinden jedoch sehr schnell und sind nicht fixierbar. **(Dingl. Journ. 121, 206.)**

Intensivere Farben erhielt **Nièpce** bei diesem Heliochromieverfahren durch Ersatz des Alkalihypochlorits gegen ein Gemisch von geschmolzenem Chlorblei und Dextrin. Wenn die Farben entstanden sind, wird die Platte vorsichtig erwärmt, jedoch ohne den Firnis zu verkohlen; hierbei treten die Farben noch intensiver hervor und halten sich am Lichte 10—12 Stunden, wogegen sie sonst schon nach wenigen Minuten verschwinden. **(Dingl. Journ. 163, 436.)**

Die Herstellung irisfarbiger Stiche nach einem von **Becquerel** angegebenen Verfahren wird in **Dingl. Journ. 114, 44** wie folgt beschrieben: Man legt eine silberplattierte polierte Kupferplatte als Anode eine Minute in salzsäurehaltiges Wasser, wobei ein Platinstab als Kathode dient. Die Platte überzieht sich mit einer violetten Schicht; noch deutlicher werden die Farben des Spektrums, wenn die Platte so lange erwärmt wird, bis sie eine rötliche Farbe angenommen hat; wird auf eine so präparierte Platte ein farbiger Kupferstich mit der bedruckten Seite aufgelegt und, mit einer Glasplatte bedeckt, dem Sonnenlicht ausgesetzt, so erscheint der Kupferstich mit seinen Farben auf der präparierten Platte.

625. Additive Verfahren.

Wie oben erwähnt bildet die Erzeugung dreier tonrichtiger Teilbilder die Grundlage der additiven Farbenphotographiemethoden. Es wäre am einfachsten die drei Bilder mittels des Pigmentdruckes zu erzeugen, doch bereitet das Abstimmen der einzelnen Farbstärken ebenso wie das genaue Zusammenlegen der drei Positive auf einer gemeinsamen Unterlage Schwierigkeiten. Einfacher ist jedenfalls die Anwendung der Pinatypie **[601]**, bei der das verschiedene Verhalten belichteter und unbelichteter Bichromatgelatine gegen wässerige Farblösungen als Grundlage des Prozesses insofern dient, als nur die nicht durch das Licht gehärteten Gelatinestellen durch Farblösungen angefärbt werden.

Man übergießt also z. B. ein Blatt Papier mit dem Blaukollodium, belichtet unter dem entsprechenden Teilnegativ, fixiert nach genügender Einwirkung mit einer 10 proz. Chloressigsäurelösung, wässert, überzieht mit einer dünnen, gehärteten, die erste Kollodiumschicht schützenden Gelatineschicht und trocknet. Man übergießt das trockene Blaubild dann mit Rotkollodium, schließlich nach Ausführung der genannten Arbeiten mit Gelbkollodium und erhält so sehr einheitliche Kopien, deren Lichtechtheit jene der Cyanotypien beträchtlich übersteigt. Das Verfahren ist unter dem Namen Pinachromie bekannt. **(E. König, Zeitschr. f. angew. Chem. 1904, 1683.)**

Zur Herstellung von Pinachromplatten behandelt man die Trockenplatten während drei Minuten in einer Lösung, die 200 ccm Wasser, 2 Tl. Ammoniak und 4 Tl. Pinachromlösung 1 : 1000 enthält, in sehr dunkler Rotbeleuchtung der Kammer, wäscht und trocknet. Die genannte Menge reicht für zwei Platten 12×18, dann sind wieder 2 ccm Farbstofflösung zuzusetzen. **(E. König, Phot. Korr. 1904, 116.)**

Durch geringfügige Änderung des Pigmentdruckverfahrens kann man farbige Mikrophotographien in der Weise herstellen, daß man Diapositivplatten mit Ammoniumbichromatlösung tränkt, trocknet, unter einem Negativ durch das Glas hindurch im Bogenlicht einige Minuten belichtet, mit heißem Wasser ein Relief entwickelt, das Silberhaloid herausfixiert und nunmehr färbt. Für zwei Farben stellt man ebenso eine zweite Platte her und bringt sie mit der ersten zur Deckung. Man sensibilisiert die Platten z. B. während fünf Minuten in einer Lösung, die im Liter 5 ccm starkes Ammoniak und 25 g Ammoniumbichromat enthält, spült dann 2—3 Sekunden in reinem Wasser und trocknet gleichmäßig im Dunkeln. Man belichtet dann unter dem Negativ durch das Glas mittels einer Bogenlampe, die bei 45 cm Abstand ungefähr drei Minuten einwirken soll, entwickelt dann die exponierten Platten durch Schaukeln in 50° warmem Wasser bis sich die lösliche Gelatine gelöst hat, fixiert nach dem Spülen mit Thiosulfat, wäscht und färbt die Platten mit der Färbung des Schnittes entsprechenden Farbstoffen in 1% Essigsäure enthaltenden Lösungen. Wenn die Schnitte in zwei Farben angefärbt sind, stellt man unter Benutzung von Lichtfiltern zwei Negative her, kopiert dann wie geschildert, färbt die beiden Abdrücke und legt sie aufeinander. **(C. Mees, Zentr.-Bl. 1920, II, 676;** vgl. **Zeitschr. f. angew. Chem. 1918, 101.)**

Zur Herstellung von Farbenphotographien und zwar zur Hervorrufung der Grundfarben durch farbige Entwicklung des belichteten Halogensilbers mittels solcher Körper, die durch belichtetes Halogensilber zu schwerlöslichen farbigen Körpern oxydiert werden, macht man von einem komplementärfarbigen Rasternegativ unter Benützung eines Blaufilters auf eine abziehbare panchromatische Halogensilberschicht eine Exposition, entwickelt das belichtete Bild mit Pyrogallol, fixiert und entfernt das Silber mit Farmerschem Abschwächer; dann überträgt man dieses gelbe Teilbild durch Abziehen auf eine geeignete Grundlage. Man macht ferner eine Exposition auf die gleiche Schicht unter einem Grünfilter und entwickelt das purpurrote Bild in einer Lösung von 0,5 g Thioindoxylcarbonsäure, 5 ccm Aceton und 5 g Pottasche in 100 ccm Wasser, dann fixiert man, entfernt das Silber und überträgt dieses rote Bild auf das gelbe. Schließlich entwickelt man eine unter Rotfilter auf panchromatischer Schicht gemachte Exposition in demselben Entwickler, der statt des roten Farbstoffes 0,5 g Indoxylcarbonsäure enthält, entfernt abermals Silber und Halogensilber und überträgt auch dieses Bild auf die beiden ersten. **(D. R. P. 257 160.)**

Über ein Verfahren zur Herstellung von naturfarbigen Kopien nach hinter einem Mehrfarbenraster erhaltenen positiven photographischen Silberbildern, wobei als Farbraster eine Gelatineschicht verwendet wird, auf die nach ihrer Lichtempfindlichmachung mittels Bichromates das vorher erhaltene Silberbild kopiert wird, siehe **D. R. P. 254 181.**

Ein Verfahren zum Kopieren solcher Mehrfarbenrasternegative, die mittels Dreifarbenraster mit einer ungebrochenen durchlaufenden Farblinie hergestellt sind, auf mit analogen Mehrfarbenrastern ausgestattete lichtempfindliche Schichten ist dadurch gekennzeichnet, daß die durchlaufende Linie des einen Rasters in der Farbe einer der beiden im anderen Raster gebrochenen Farbenlinie gewählt und das Kopieren unter Kreuzung der durchlaufenden Linien der beiden Raster ausgeführt wird. **(D. R. P. 221 916.)**

Zur Herstellung eines Filmbandes zur Aufnahme und Wiedergabe von Bildern in natürlicher Farbe bestäubt man den langsam bewegten, in geeigneter Weise präparierten Schichtträger mit den durch eine Schleudervorrichtung und unter Erzeugung eines Kreislaufes aufgebrachten farbigen, emulgierten Tröpfchens einer geeigneten Farbstoffölemulsion und überzieht das so gerasterte Filmband nach entsprechend weiterer Behandlung mit lichtempfindlicher Halogensilberemulsion. Auf diesen in besonderer Vorrichtung erzeugten Filmbändern macht man dann die Aufnahmen, kopiert das erhaltene komplementärfarbige Bild auf andere in gleicher Weise gerasterte Filmbänder und erhält so einen Positivfilm, der dann durch den Wiedergabeapparat geht. **(D. R. P. 261 341.)**

Die Herstellung farbiger Kinofilms, die auf jeder Seite photographische, in verschiedenen Farben eingefärbte sich deckende Bilder tragen, ist in **D. R. P. 305 751** beschrieben.

Zur Herstellung von Mehrfarbenbildern benützt man als Positivbilder übereinander hergestellte Eisenblaubilder, die man in der in Betracht kommenden Grundfarbe tuscht, worauf man das überflüssig gewordene Blau durch ein geeignetes Lösungsmittel entfernt, bis auf den letzten, den Blauwerten des Originales entsprechenden Blauabzug, der unverändert gelassen wird. Die so erzeugte Kopie weist dann gelbe, rote und blaue Farbe auf, die zusammen das Gesamtbild in annähernd natürlichen Farben ergeben. **(D. R. P. 293 487.)**

Ein vereinfachtes Verfahren zur Entwicklung von Autochromplatten bringen **A.** und **L. Lumière** und **A. Seyewetz** in **Brit. Journ. Phot. 1919, 37.**

Ein Verfahren lösliche Farben von photographischen Farbträgerkopien auf ein einziges mit einer Gelatineschicht versehenes Bildaufnehmerblatt registerartig aufzubringen, ist in **D. R. P. 308 030** beschrieben. Vgl.: Verfahren zur Herstellung von photographischen Mehrfarbenaufsichtsbildern nach Farbrasteraufnahmen durch registerhaltendes Aufbringen einer Kopie der Rasteraufnahme auf einen mit dem Aufnahmeraster kongruenten Farbaufsichtsraster, dessen Farben in ihrer optischen Mischung ein in den tiefsten Tönen des Bildes entsprechendes dunkles Grau ergeben in Verbindung mit einer weißen oder in Weiß umzuwandelnden Kopie. **(D. R. P. 251 653.)**

Verfahren und Vorrichtung zur Erzeugung von Bildern in natürlichen Farben auf photomechanischem Wege bei denen nur eine einzige Ausnahme und die Anfertigung einer einzigen Reliefkopie von dieser Aufnahme nötig ist, sind in **D. R. P. 309 784** beschrieben.

Über Bildumkehrung bei den Farbrasterverfahren berichtet **Lüppo-Cramer** in **Phot. Ind. 1913, Heft 39.** Bei der Herstellung von Farbrasterbildern wird das durch die erste Entwicklung entstandene Silbernegativ mit Hilfe oxydierender Mittel aufgelöst, worauf man das nach dieser Entsilberung übrigbleibende Bromsilber durch Belichten und Entwickeln schwärzt. Oder man verwandelt das Bromsilber durch Überführung in Schwefelsilber in einen stärker deckenden Körper, wobei jedoch leicht Gelb- oder Braunfärbung der Gelatineschicht eintritt, da die von der Gelatine doch stets zurückgehaltenen Silberreste durch die Schwefelalkalien braungefärbt werden. Bei der Behandlung der Farbrasterbilder verwendet man als oxydierende Mittel die Lösungen von Permanganat oder Chromsäure, von denen die erstere jedoch das Negativ viel stärker angreift als die Chromsäure.

Die Herstellung von photographischen Dreifarbenaufsichtsbildern durch Übereinanderkopieren der drei durch Farbfilteraufnahme erhaltenen Monochromnegative ist in **D. R. P. 335 088** beschrieben. — Vgl. **D. R. P. 305 752.**

626. Substraktive Verfahren, allgemein.

Die Verfahren dieser Reihe beruhen auf der Tatsache, daß Gelb, Blau und Rot in Pulverform gemischt oder als gefärbte Schichten aufeinandergelegt, je nach den vorwaltenden Mengen, alle Farbenmischtöne geben. Man fertigt unter Einschaltung von Farbenfiltern zwischen Objekt und panchromatischer Platte drei Teilnegative an, die dann alle dort klar sind, wo Objektschatten aufgenommen wurden und gedeckt erscheinen, wo helles Licht die Platten traf. Stellt man dann, am besten nach dem Pinatypieverfahren drei einzelne mit Teerfarbstoffen gefärbte Positive her, so ergeben jene klar gebliebenen den Schatten entsprechenden Stellen, da sie bei allen drei Positiven stark gefärbt sind, Schwarz, die gedeckten Stellen, die den hellen Objektstellen entsprachen, da sie in allen Positiven ungefärbt bleiben, Weiß, weil die weiße Papierunterlage durchscheint. Diese klaren bzw. gedeckten Stellen kommen durch die Filterfarben zustande, die zu jenen der Positive genau komplementär sein müssen so zwar, daß zur Herstellung des gelben Teilbildes ein blauvioletter Filter dient, wodurch die gelben Objektstellen im Negativ des gelben Teilbildes klar in den beiden anderen Negativen jedoch gedeckt erscheinen; für das pupurrote Teilbild wird ein grünes, für das blaue ein orangefarbiger Filter angewandt. Zur Herstellung eines farbigen Positives preßt man jene drei mit Teerfarbstoffen gefärbten Positive nacheinander mit einer Gelatineplatte zusammen, so daß ein Teil der Farben in die Gelatine eindiffundiert. Die wichtigste Anwendung findet diese Art der subtraktiven Farbenphotographie beim Dreifarben-Illustrationsdruck.

Im Prinzip ähneln sich die additive Methode von **Ives-Miethe** und das subtraktive von **E. Vogel** ausgebaute Verfahren des Dreifarbendruckes: In beiden Fällen werden durch drei Lichtfilter drei Negative hergestellt. Statt jedoch nunmehr drei Positive zu erzeugen, die durch farbige Filter betrachtet das naturbunte Bild zeigen, stellt man beim Dreifarbendruck nach den drei Negativen photographische Druckplatten her, walzt sie mit passenden Druckfarben ein und druckt sie aufeinander auf ein und dieselbe Papierunterlage Nach dem subtraktiven Verfahren der Farbenphotographie färbt man demnach die drei Teilpositive mit den Komplementärfarben der Aufnahmefilter und kann so farbige Bilder auf Papier in beliebiger Anzahl erhalten.

Die Herstellung von Farbraster-Aufsichtbildern auf Papier oder anderen im feuchten Zustande dehnbaren Unterlagen ist in **D. R. P. 326 712** beschrieben.

Ein Kontrollverfahren für die subtraktive Mehrfarbenphotographie ist dadurch gekennzeichnet, daß bei der Herstellung der Monochromnegative durch selektive Filteraufnahmen eine die drei Grundfarben und zwar jede einzelne in abgestuften Tönen enthaltene Farbenskala mit photographiert wird. **(D. R. P. 276 645.)**

Über Verbesserungen bei der Herstellung von Dreifarbendiapositiven, wobei als Kopiermaterial für die drei Teilbilder mit Fischleim sehr dünn überzogene und darum nach dem Sensibilisieren und Färben rasch trocknende Films benutzt werden, siehe **F. E. Ives, J. Soc. Chem. Ind. 29, 542.**

627. Einzelverfahren der subtraktiven Farbenphotographie.

Zur Herstellung von für Photozwecke geeigneten mehrfachen Farbstoffschichten, deren Farbstoffe nicht aus der einen in die andere Schichtlage übertreten, verwendet man ausschließlich saure und basische Farbstoffe und als Träger für Farbstoffe der benachbarten Lagen Stoffe, die in ihren Beziehungen zu den genannten Farbstoffen ein entgegengesetztes Verhalten zeigen, also z. B. als Träger für die lichtempfindliche Schicht Kollodium, als Rasterträger Gelatine, als Rasterfarben sauere Farbstoffe und basische Farben für die lichtempfindliche Schicht oder umgekehrt. Man braucht so nicht wie bisher wegen der Verwandtschaft der saueren Farbstoffe zur Gelatine und der basischen zur Nitrocellulose die Farben- und Emulsionsschichten durch Lack zu trennen, was den Nachteil hatte, daß die Schärfe der feinen Rasterelemente durch die räumliche Entfernung von Raster- und Emulsionsschicht litt. **(D. R. P. 223 767.) — Vgl. [623].**

Oder man entwickelt in Halogensilberschichten erhaltene latente Bilder mit Entwicklern, die neben der entwickelten Substanz einen Körper enthalten, der sich mit dem Oxydationsprodukdes Entwicklers zu einem schwer löslichen Körper kuppelt. Es werden also dadurch, daß man z. B. p-Aminophenole oder p-Phenylendiamine und Phenole, Thiophenole usw. als Entwickler bzw. Kupplungskörper anwendet, die betreffenden Farbstoffe, also Indophenole, Indamine, Azomethine usw. als Farbstoffe gebildet. **(D. R. P. 253 335.)**

Zur Herstellung subtraktiver Farbenphotographien kopiert man die einzelnen Monochromnegative auf einen, nach jedem Kopieren von neuem lichtempfindlich gemachten Bildträger und zwar in der Weise, daß die auf die erste Kopie folgenden Kopierungen von der Seite des Schichtträgers aus, also durch die früher erzeugten Kopien hindurch, vorgenommen werden. Man vermeidet so die sog. Überdeckungsfehler, also die Störung der Gesamtfarbenwirkung des Bildes durch die allzustark einwirkenden, oben aufliegenden Farben, da nach vorliegendem Verfahren die Stellen der oberhalb der anderen Monochrome liegenden Bildschichten umso transparenter sind, je stärker die Deckung in den darunter liegenden entsprechenden Stellen der anderen Bildschichten ist. **(D. R. P. 272 666.)**

Nach einem anderen Verfahren erzeugt man durch Übereinanderkopieren der Teilnegative auf Papier die Teilnegative zur Herstellung der Farbenauszüge aus den Autochromplatten ohne Benutzung von Rastern, kopiert zur Erzeugung der Teilbilder auf Fischleimschichten auf ein und derselben Papierunterlage und färbt die Kopien erst nach der Entwicklung, jede in der Teilfarbe an. **(D. R. P. 286 630.)**

Zur Herstellung von Farbenphotographien durch Übereinanderschichten farbiger Teilbilder kopiert man die zu einem photographischen Farbbilde erforderlichen Positive auf unbelichteten und ungefärbten Folien übereinander, die mit einer und derselben Halogensilberemulsion von gleicher Lichtempfindlichkeit hergestellt sind. **(D. R. P. 286 657.)**

Oder man bringt zur Herstellung farbiger Bilder besonders von Kopien nach einem farbigen Negativ eine Anzahl Träger, die abweichende Farbstoffe enthalten und mit einer durch Belichtung und Entwicklung für Lösungen durchlässig werdenden Emulsion überzogen sind, hintereinander mit einem und demselben den Farbstoff aufsaugenden Häutchen in Berührung. **(D. R. P. 289 629 und 290 537.)**

Zur Erzeugung farbiger Photographien durch Färben von Gelatinesilberbildern, deren Silbergehalt beseitigt wird, stellt man auf photographischem Wege mehrere z. B. zwei übereinstimmende Negativbilder mittels verschiedenfarbigen Lichtes auf Gelatinesilberemulsionenschichten her, wandelt das Silbersalz in reduziertes Silber um, gerbt die Gelatine, fixiert das Silbersalz, färbt die einzelnen Films und legt sie aufeinander. Man erhält so vom Schwarzweißnegativ, ohne es in ein Positiv umwandeln zu müssen, positive farbige Bilder , von denen weitere Positive kopiert werden können, doch ist es nötig, überexponierte Negative zu vermeiden und vor dem Färben gut zu trocknen. Das durchsichtige Zweifarbenbild eignet sich besonders zur Besichtigung im Glühlicht, das weniger blaue Strahlen enthält als Tageslicht und sich in der Zusammensetzung dem Licht nähert, das durch das Aufnahmefilter hindurchgeleitet ist. **(D. R. P. 297 802.)**

Zur Herstellung von farbigen Photographien mit zwei je unter Ausscheidung der Komplementärfarben gewonnenen Negativen, kopiert man das eine auf eine durchsichtige Unterlage, die man in dem Ton färbt, der bei der Herstellung des Negatives ausgeschaltet wurde, kopiert dann das zweite Negativ in Deckung mit dem ersten auf derselben Unterlage und beizt diese Kopie in einem Ton, der zusammen mit einem geeigneten basischen Farbstoff, die zur Farbe des ersten Bildes komplementäre Farbe gibt, ohne daß sie den nichtgebeizten Teil des Bildes gleichzeitig färbt. Man färbt z. B. das erste Silberbild blaugrün, beizt das zweite mit einer Lösung von Vanadiumchlorid in Oxalsäure mit Kaliumferricyanid gelb und ergänzt dieses Gelb mit einem entsprechenden basischen Farbstoff zu einer zum Blaugrün des ersten Bildes komplementären Farbe. Weitere Ausführungsformen und Angaben phototechnischer Art in der Schrift. **(D. R. P. 297 862.)**

Oder man überträgt auf die beiden lichtempfindlichen Seiten eines durchscheinenden Trägers auf photographischem Wege einander deckende Bilder, wobei mehrere dieser Bilder eines fortlaufenden Streifens gleichzeitig auf die beiden Seiten des durchscheinenden Trägers geworfen werden. **(D. R. P. 312 752.)**

Zur Erzeugung von photographischen Mehrfarbenbildern legt man ein mittels eines Filters einer ersten Farbe erhaltenes Negativ auf ein Positiv, das nach einem mittels eines Filters einer zweiten Farbe erzeugten Negativ hergestellt ist. Man kopiert dann ein Positiv dieser Kombination und färbt es in den dunklen Partien in einer Farbe und die hellen Stellen in der zu ihr komplementären Farbe. **(D. R. P. 329 509.)**

Ein Verfahren zur Herstellung von farbigen photographischen Aufnahmen für Bildwurf, Farbendruck und andere Zwecke, bei dem das rote Teilbild nicht unmittelbar aufgenommen, sondern nachträglich aus den übrigen Teilbildern hergestellt wird, ist in außerdem vier weiteren Ansprüchen in **D. R. P. 313 561** beschrieben. Zur Herstellung farbiger photographischer Aufnahmen kann man auch das rote Teilbild dadurch herstellen, daß man die vier Teilbilder Gelb- und Violettnegativ und Grün- und Blaudiapositiv auf dieselbe Stelle kopiert und das erhaltene Bild zusammen mit dem Gelb- und Violettdiapositiv vereinigt bzw. kopiert, um das Rotnegativ zu erhalten. Eine andere Ausführungsform in der Schrift. **(D. R. P. 315 220.)**

Zur Herstellung des gelben Teilbildes für substraktive Dreifarbenphotographie erzeugt man auf einem mit blauempfindlicher Emulsion versehenen Träger ohne Farbfilter ein Negativ, stellt dann eine Silberkopie von diesem her, bleicht die Kopie, so daß ein schwachgraues Bild zurückbleibt und tont dieses wie üblich mit Jodquecksilber. **(D. R. P. 329 273.)**

Verfahren und Vorrichtung zur Herstellung eines farbigen Bildes unter Verwendung eines mit lichtempfindlicher Substanz beiderseitig und eines einseitig begossenen Häutchens, die mit Glycerin verklebt das farbige Bild ergeben, sind in **D. R. P. 313 836** beschrieben.

Zur Herstellung von Farbenphotographien mittels Mehrfarbenrasters bringt man die das farbige Bild ergebenden, nach dem Prinzip der additiven Farbenmischung wirkenden Farbenrasterlemente durch Lösungsmittel, Wärme oder Druck zum Ineinanderlaufen und so zur Wirkung nach dem Prinzip der subtraktiven Farbenmischung. Man behandelt z. B. die den Raster überdeckende Kolloidschicht mit Eisen- und anderen Salzen, so daß sie erst nach der Belichtung für die Farbenlösungsmittel durchlässig wird. **(D. R. P. 326 710.)**

628. Literatur und Allgemeines über Ausbleichverfahren.

Limmer, F., Das Ausbleichverfahren. Halle 1911. — Limmer, F., Ausbleichverfahren und Utocolorpapier. Halle 1912.

Über die Farbenphotographie nach dem Ausbleichverfahren berichtet **F. Limmer** in **Umschau 1913, 1104.**

Das Ausbleichverfahren, eine Abart der subtraktiven Farbenphotographie, stützt sich auf die Tatsache, daß in einem in bestimmtem Verhältnis gemischten, Schwarz ergebenden Farbstoffgemenge von Rot, Gelb und Blau, farbige Strahlen, die z. B. durch Kopieren unter einem farbigen Diapositiv auf die Farbschicht auftreffen, diejenigen Farben zerstören, die die auftreffenden Strahlen absorbieren. Durch das Rot eines farbigen Diapositivs gehen also rote Lichtstrahlen hindurch, die die komplementären Farbstoffe Blau und Gelb zerstören, weil Absorption eintritt, während Rot erhalten bleibt. Ein blauer Farbstoff wird durch blaues Licht gar nicht, durch grünes und violettes wenig verändert und durch gelbes und rotes Licht zerstört. Ähnlich verhalten sich gelb gefärbte Platten und da man die Farben übereinander oder gemischt auf einer Unterlage vereinigen kann, so gelingt es direkt Positive in natürlichen Farben zu erhalten. In der Praxis entstehen allerdings verschiedene Schwierigkeiten, die dadurch gegeben sind, daß der Bleichvorgang trotz beschleunigender Zusätze bei den bisher bekannten Farben zu lang dauert und daß ferner diese empfindlichen Farbstoffe auch weiterhin ausbleichen und die Fixierung nur sehr mangelhaft ausführbar ist. Zur Erhöhung der Lichtempfindlichkeit solcher Farbstoffe setzt man den Schichten gewisse organische Stoffe zu, Sensibilisatoren, die die Ausbleichung der Farbstoffe unterstützen; man erhielt so, wenn auch zunächst noch unvollkommen, mit dem mit Anethol sensibilisierten Utopapier von **Smith** nach einer farbigen Vorlage durch Kopierung direkt eine farbige Kopie. Dieses Papier hatte den Nachteil, daß sich das Anethol nicht in genügender Weise entfernen ließ, wodurch die Lichtbeständigkeit der Farben litt, auch war die Ausbleichgeschwindigkeit der einzelnen Mischungsfarbstoffe noch nicht genügend abgestimmt. In wesentlich vollkommenerer Weise arbeitet das ebenfalls von **Smith** hergestellte Utocolorpapier. **(Limmer, Zeitschr. f. angew. Chem. 1910, 978.)**

Nach dem Farbenphotographie-Ausbleichverfahren von **S. Szczepanik** ordnet man die drei Farben, durch deren passendes Ausbleichen das farbige Bild entsteht, in drei durch Kollodiumhäute voneinander getrennten Schichten an, wobei man die lichtempfindlichste, am schnellsten bleichende Farbe zu unterst legt, um jede gegenseitige Beeinflussung der Farben zu vermeiden. Nach **Neuhaus** soll jedoch gerade in der gegenseitigen Umsetzung der Farbstoffe, wie man sie durch ihr ungetrenntes Mischen bewirkt, ein Vorteil für die Empfindlichkeit liegen. **(A. v. Hübl, Phot. Korr. 1904, 103.)**

Als Farben kommen vor allem leicht oxydierbare Leukobasen gut aufziehender Teerfarbstoffe in Betracht, die unter dem Einflusse des Lichtes und der Nitrogruppen des Kollodiumträgers verändert werden. Bei Herstellung farbiger Lichtbilder durch Ausbleichen verwendet man als gelbe, lichtempfindliche Farben die an und für sich sehr lichtechten, aber durch Anethol- oder Thiosinaminsensibilisatoren sehr empfindlich gemachten Chinoxalinfarbstoffe. **(D. R. P. 263 221.)**

Katalytisch günstig wirkt die Anwesenheit von Chinolin, das man der Kollodiumlösung der Leukobase eines blauen, dann eines roten und schließlich eines gelben Farbstoffes beigibt. Verzögernd wirkt Harnstoff, der wegen seiner leichten Reaktionsfähigkeit mit Salpetersäure bzw. mit Nitrogruppen zur Verzögerung des Vorganges beigegeben werden kann. Die Fixierung der dreimal belichteten Platte erfolgt durch Monochloressigsäure. **(König Angew. Chem. 17, 1513.)**

In **Phot. Korr. 57, 86** u. **120** empfiehlt **P. R. Kögel** die Verwendung der außerordentlich lichtempfindlichen Blütenfarbstoffe zur Verwendung für das Ausbleichverfahren. Die an sich lichtechten Antocyane können durch Sensibilisatoren (o-Anethol oder besser noch Thiosinamin) lichtempfindlich gemacht werden.

Die nach dem Ausbleichverfahren erzeugten Bilder dürfen keinesfalls grellem Tageslicht ausgesetzt werden. Aus dem erstgenannten Grunde des langsamen Ausbleichens der Farben dient das Verfahren vorläufig auch nur zum Kopieren von nach dem **Lumière**schen Verfahren erzeugten Farbenphotographien und ist nur für die Reproduktionstechnik von Bedeutung.

629. Ausbleich-Einzelverfahren der Farbenphotographie.

Ein Verfahren zur Herstellung von photographischen Mehrfarbenbildern durch Kopieren farbiger Originale auf ungleichmäßig bleichende Ausbleichschichten ist in **D. R. P. 221 069** beschrieben.

Ein Verfahren der Herstellung transparenter, auf Ausbleichpapier kopierbarer Bilder mit Benützung einer photographischen Platte, auf der drei Schichten hintereinander angeordnet sind, beschreibt **E. Lewy** in **Zeitschr. f. angew. Chem. 1911, 1956.**

Praktisch verfährt man zur Herstellung von Ausbleichphotographien in der Weise, daß man eine 10proz. wässerige Gelatinelösung mit einigen Kubikzentimetern Methylenblau-, Auramin- und Erythrosinlösung versetzt, die Flüssigkeit auf Milchglasplatten gießt, nach dem Trocknen durch Baden in ätherischer Wasserstoffsuperoxydlösung sensibilisiert und unter einem farbigen Transparentbild im direkten Sonnenlicht 10—15 Minuten belichtet. **(R. Neuhaus, V. Kongr. f. Angew. Chem. 1903.).** Oder man befestigt mit oder ohne Hilfe eines Bindemittels, das auch gefärbt und sensibiliert sein kann, ausbleichfähige, nicht blutende rote, gelbe und blaue Pulvermassen oder Emulsionen auf Papier, Film oder Glas mit oder ohne Unterguß. Die verschiedenen Ausführungsweisen sind im Original einzusehen. **(D. R. P. 264 207.)**

Bei Herstellung von dem Ausbleichverfahren dienenden, aus Nitrocellulose und Farbstoff bestehenden Emulsionen setzt man diesen flüssige Fette (Lein-, Nuß-, Hanf-, Mohn-, Oliven-, Knochenöl, Tran usw.) oder Harze (Kopal, Mastix, Schellack, Canadabalsam usw.) als Bindemittel für die Sensibilisatoren zu. Diese Zusatzstoffe bewirken bessere Löslichkeit der Farbstoffe in der Schicht, eine genauere Farbempfindlichkeitsabstufung, schnelleres Kopieren und bessere Fixierung der Farbstoffe durch leichteres Auswaschen der Sensibilisatoren bzw. deren leichtere Auswechslung mit Fixiermitteln. Schließlich sind diese Öle oder Harze nicht so flüchtig wie die ätherischen Öle, die man den Ausbleichschichten sonst zuzusetzen pflegt. **(D. R. P. 228 195.)**

Beim Ausbleichverfahren kommt es darauf an, eine aus drei oder mehreren organischen Farbstoffen z. B. Rot, Gelb und Blau bestehende dünne Schicht durch Zusatz von Sensibilatoren derartig lichtempfindlich zu machen, daß alle Farbstoffe in dem ihnen komplementären Licht ungefähr gleichzeitig ausbleichen. Solche Sensibilisatoren sind Oxydationsmittel von Art des Wasserstoffsuperoxyds oder gewisse ätherische Öle, deren geringer Ozongehalt ihre sensibilisierende Kraft bedingt. Daß tatsächlich auch hier eine oxydative Wirkung vorliegt, geht daraus hervor, daß man die Wirksamkeit der ätherischen Öle um ein Vielfaches zu steigern vermag, wenn man sie künstlich ozonisiert. Diese Ozonanreicherung geschieht auf übliche Weise durch Einleitung von ozonisierter Luft und man erhält dann Präparate, die beim Belichten die sensibilisatorische Wirkung der Öle, Terpene, Campher, Kohlenwasserstoffe, Ester u. dgl. verstärkt. **(D. R. P. 237 876.)**

Über die Beschleunigung des Ausbleichens von Farbstoffen (Cyanin, Methylenblau und Erythrosin) in Kollodiumschichten mittels Thiosinamins, das Methylenblau etwa 42mal, Erythrosin 60mal empfindlicher macht, während letzterer Farbstoff durch Ersatz des Tiosinamins durch Allylamin (-acetat) sogar 110mal empfindlicher wird, siehe **Kümmell, Zeitschr. f. wiss. Photogr. 11, 123.**

Zur Haltbarmachung von mit Thiosinamin sensibilisierten Ausbleichbildern badet man die Gelatineausbleichkopien zuerst in Wasser oder verdünntem Sprit und dann in angesäuerten verdünnten Spritlösungen von Natriumnitrit. Hierbei wird das Thiosinamin zersetzt und die Zersetzungsprodukte werden aus der Schicht durch den Alkohol herausgelöst. Schließlich entfernt man die überschüssige salpetrige Säure nach abermaligem Waschen durch ein Harnstoffbad und wäscht dann neutral. **(D. R. P. 262 492.)**

Zum Sensibilisieren von Ausbleichschichten tränkt man das Ausbleichpapier vor der Belichtung mit Lösungen von Hypohalogeniten (Hypochlorit) allein oder im Gemenge mit Alkali-, Erdalkali- oder Leichtmetallhalogeniden. Man exponiert das so behandelte Papier einige Minuten im Sonnenlichte noch feucht z. B. unter einem Autochrombilde, fixiert nach schnell erfolgtem Ausbleiben und zerstört zugleich den Sensibilisator durch Baden des Papieres in einer Ammoniak- oder Sulfit-, Hyposulfit- oder Bisulfitlösung oder durch den Einfluß von Ammoniakdämpfen. **(D. R. P. 258 241.)**

Zur Herstellung von Bildern nach dem Ausbleichverfahren dämpft man die blauvioletten Strahlen zuerst allein mittels eines Gelbfilters oder auch direkt in Kombination mit der Ausschaltung der untravioletten Strahlen, die durch ein farbloses z. B. mit Chininsulfat oder Äskulin hergestelltes Filter bewirkt wird. **(D. R. P. 252 994.)**

Zur Erhöhung der Löslichkeit von Farbstoffen in wasserlöslichen, kalterstarrenden Bindemitteln weicht man 10 kg Gelatine in einer Lösung von 5 kg Rohrzucker in 100 l Wasser, löst das Ganze in der Wärme auf und versetzt es mit den aufgelösten Teerfarbstoffen und den zum Sensibilisieren dieser Farbstoffe dienenden Sensibilisatoren. Die erhaltene Emulsion wird dann in dünner Schicht ausgebreitet und in üblicher Weise getrocknet. Nach einer anderen Ausführungsform kann man auch bei Ausübung des Ausbleichverfahrens der Farbenphotographie feste, die Ausbleichfarben enthaltende Gelatineschichten in konzentrierten Lösungen von Zucker und Gummiarabikum baden. **(D. R. P. 258 752.)**

Zur Erzielung eines gleichmäßigen Ausbleichens der Farbstoffe beim Ausbleichverfahren der Farbenphotographie setzt man den Schichten oder der Ausbleichemulsion oder den Bädern saures phosphorsaures und citronensaures Natrium oder die Alkalisalze anderer mehrbasischer Säuren zu. Das Ausbleichen der Farbstoffschichten erfolgt dann insoferne gleichmäßiger (ähnlich wie in der Färberei der Textilstoffe), als die einzelnen Farbstoffe der in den Schichten enthaltenen Gemenge unter dem Einfluß einer konstanten Lichtquelle in gleichen Zeiten. gleichviel von ihrer Intensität verlieren. **(D. R. P. 262 163.)**

Nach einem Ausbleichverfahren reduziert man ein aus Silber oder seinem Tonungsprodukt bestehendes eingefärbtes photographisches Bild und zerstört so den in der Nachbarschaft des Silbers befindlichen Farbstoff. Das Reduktionsmittel, z. B. eine Hydrosulfitverbindung, kann auch dazu dienen, die Entwicklung des Bildes und das Ausbleichen des Farbstoffes in einem Arbeitsgange vorzunehmen. Soll ein Bild in mehreren Farben erzeugt werden, so reduziert man eine Anzahl verschiedenfarbiger, auf demselben Träger angeordnete Häutchen gleichzeitig. **(D. R. P. 327 591.)**

REGISTER.

Die Zahlen geben die Kapitelnummern an. Legierungen sind nach dem Anfangsbuchstaben des vorwiegenden Metalles angeordnet.

Die Zahlen beziehen sich nicht auf die Seiten, sondern auf die Kapitelnummern.

Die Zahlen beziehen sich nicht auf die Seiten, sondern auf die Kapitelnummern.

Die Zahlen beziehen sich nicht auf die Seiten, sondern auf die Kapitelnummern.

Die Zahlen beziehen sich nicht auf die Seiten, sondern auf die Kapitelnummern.

Die Zahlen beziehen sich nicht auf die Seiten, sondern auf die Kapitelnummern.

D

Die Zahlen beziehen sich nicht auf die Seiten, sondern auf die Kapitelnummern.

E

Die Zahlen beziehen sich nicht auf die Seiten, sondern auf die Kapitelnummern.

F

Die Zahlen beziehen sich nicht auf die Seiten, sondern auf die Kapitelnummern.

Die Zahlen beziehen sich nicht auf die Seiten, sondern auf die Kapitelnummern.

Die Zahlen beziehen sich nicht auf die Seiten, sondern auf die Kapitelnummern.

Die Zahlen beziehen sich nicht auf die Seiten, sondern auf die Kapitelnummern.

H

Die Zahlen beziehen sich nicht auf die Seiten, sondern auf die Kapitelnummern.

Die Zahlen beziehen sich nicht auf die Seiten, sondern auf die Kapitelnummern.

I

Die Zahlen beziehen sich nicht auf die Seiten, sondern auf die Kapitelnummern.

Die Zahlen beziehen sich nicht auf die Seiten, sondern auf die Kapitelnummern.

Die Zahlen beziehen sich nicht auf die Seiten, sondern auf die Kapitelnummern.

Die Zahlen beziehen sich nicht auf die Seiten, sondern auf die Kapitelnummern.

L

Die Zahlen beziehen sich nicht auf die Seiten, sondern auf die Kapitelnummern.

M

Die Zahlen beziehen sich nicht auf die Seiten, sondern auf die Kapitelnummern.

Die Zahlen beziehen sich nicht auf die Seiten, sondern auf die Kapitelnummern.

N

Die Zahlen beziehen sich nicht auf die Seiten, sondern auf die Kapitelnummern.

O

P

Die Zahlen beziehen sich nicht auf die Seiten, sondern auf die Kapitelnummern.

Die Zahlen beziehen sich nicht auf die Seiten, sondern auf die Kapitelnummern.

Die Zahlen beziehen sich nicht auf die Seiten, sondern auf die Kapitelnummern.

Die Zahlen beziehen sich nicht auf die Seiten, sondern auf die Kapitelnummern.

Die Zahlen beziehen sich nicht auf die Seiten, sondern auf die Kapitelnummern.

S

Die Zahlen beziehen sich nicht auf die Seiten, sondern auf die Kapitelnummern.

Die Zahlen beziehen sich nicht auf die Seiten, sondern auf die Kapitelnummern.

Die Zahlen beziehen sich nicht auf die Seiten, sondern auf die Kapitelnummern.

Die Zahlen beziehen sich nicht auf die Seiten, sondern auf die Kapitelnummern.

Die Zahlen beziehen sich nicht auf die Seiten, sondern auf die Kapitelnummern.

Die Zahlen beziehen sich nicht auf die Seiten, sondern auf die Kapitelnummern.

U

V

W

Die Zahlen beziehen sich nicht auf die Seiten, sondern auf die Kapitelnummern.

X

Die Zahlen beziehen sich nicht auf die Seiten, sondern auf die Kapitelnummern.

Die Zahlen beziehen sich nicht auf die Seiten, sondern auf die Kapitelnummern.

VERLAG VON OTTO SPAMER IN LEIPZIG-REUDNITZ

Die Zwischenprodukte der Teerfarbenfabrikation

Ein Tabellenwerk für den praktischen Gebrauch

Nach der Patentliteratur bearbeitet von

Dr. Otto Lange

Rund 700 Seiten Lexikonformat mit über 3600 Verbindungen in systematischer Ordnung und 60 Seiten Sach- und Patentregister

Geheftet 12.50, gebunden 16.—

Das in diesem Werke angewandte neue System bietet nicht nur den Vorteil der raschen Auffindbarkeit jeder gewünschten Verbindung, sondern auch einen Überblick über die im Sinne der Zwischenproduktchemie zusammengehörigen Derivate irgendeines Ausgangsmateriales und gewährt damit vielfache Anregung zu neuen Arbeiten. Nicht zuletzt deshalb, weil es nunmehr zum ersten Male möglich ist, festzustellen, welche Stoffe, z. B. welche vierfach substituierten Benzole, bisher in der Patentliteratur erschienen sind, — es werden also die Lücken aufgedeckt, deren Ausfüllung vielleicht zu ähnlichen Erfolgen führen wird, wie seinerzeit die Einbeziehung des Thionaphthen in den Bereich des Arbeitsgebietes die bedeutungsvolle Auffindung des roten Indigos brachte.
Das in knappster Form tabellarisch zusammengezogene gesamte Patentmaterial bringt von jedem Körper Literatur, Formelbild, Molekulargewicht und kurze Herstellungsvorschrift und wird durch ein erschöpfendes Namen- und ein Patentnummerverzeichnis vervollständigt.

Zeitschrift für angewandte Chemie: Für alle Chemiker, die auf dem Gebiete der Teerfarbstoffe arbeiten, bildet das vorliegende Werk ein höchst nützliches Nachschlagebuch. Die Zwischenprodukte sind geordnet nach dem in Lehrbüchern der organischen Chemie üblichen System; in erster Linie ist regelmäßig Bezug genommen auf das Deutsche Reichspatent oder die Anmeldung. Wir finden jedoch auch die ausländische Patentliteratur sowie die wissenschaftlichen und technischen Zeitschriften eingehend berücksichtigt. Ein ausführliches Sachregister und ein nach den Nummern geordnetes Verzeichnis der deutschen Patente ermöglichen die schnelle Orientierung. Wir sind sicher, daß das Werk in allen Laboratorien unserer Farbenfabriken und technologischen Institute mit Freuden begrüßt und eifrig benutzt werden wird.

Journal of the Franklin Institute: „Admirable" is the adjective to be applied to this work, using the word in both its Shakesperian and modern sense, for examination arouses both wonder and praise . . . The enormous amount of information is made readily accessible by careful classification, largely based on an alphabetical arrangement and supplemented by an extensive index . . . It scarcely needs to be added that the book is a most important and valuable contribution to the field of coal-tar chemistry and will be an indispensable guide to all who are engaged in either the practical or theoretical work.

Chemische Industrie: Der durch sein Buch über Schwefelfarbstoffe und besonders durch die ganz vorzügliche Zusammenstellung der chemisch-technischen Vorschriften bekanntgewordene Autor hat es unternommen, die in der Patentliteratur beschriebenen Zwischenprodukte der Teerfarbenfabrikation systematisch zu ordnen und in Form eines stattlichen Bandes von über 600 Seiten der Allgemeinheit zugänglich zu machen. Anordnung, Formeln und Druck sind vorzüglich und übersichtlich.

Die hier angegebenen Grundzahlen, mit der jeweiligen Schlüsselzahl multipliziert, ergeben den Verkaufspreis. Für das Ausland Grundzahl = Schweizer Franken.

VERLAG VON OTTO SPAMER IN LEIPZIG-REUDNITZ

Chemische Technologie
in Einzeldarstellungen

Begründer: **Prof. Dr. Ferd. Fischer**

Herausgeber: **Prof. Dr. Arthur Binz**

Bisher erschienen folgende Bände:

Allgemeine chemische Technologie:

Kolloidchemie. Von Prof. Richard Zsigmondy, Göttingen. Vierte Auflage. Geheftet 10.—, gebunden 14.—.

Sicherheitseinrichtungen in chemischen Betrieben. Von Geh. Reg.-Rat Prof. Dr.-Ing. Konrad Hartmann, Berlin. Mit 254 Abbildungen. Gebunden 12.—.

Zerkleinerungsvorrichtungen und Mahlanlagen. Von Ing. Carl Naske, Berlin. Dritte Auflage. Mit 415 Abbildungen. Geheftet 10.—, gebunden 14.—.

Mischen, Rühren, Kneten. Von Prof. Dr.-Ing. H. Fischer, Hannover. Zweite Auflage. Durchgesehen von Prof. Dr.-Ing. Alwin Nachtweh, Hannover. Mit 125 Figuren im Text. Geheftet 4.—, gebunden 6.—.

Sulfurieren, Alkalischmelze der Sulfosäuren, Esterifizieren. Von Geh. Reg.-Rat Prof. Dr. Wichelhaus, Berlin. Mit 32 Abbildungen und 1 Tafel. Vergriffen.

Verdampfen und Verkochen. Mit besonderer Berücksichtigung der Zuckerfabrikation. Von Ing. W. Greiner, Braunschweig. Zweite Auflage. Mit 28 Figuren im Text. Geheftet 3.50, gebunden 5.50.

Filtern und Pressen zum Trennen von Flüssigkeiten und festen Stoffen. Von Ingenieur F. A. Bühler. Zweite Auflage. Bearbeitet von Prof. Dr. Ernst Jänecke. Mit 339 Figuren im Text. Geheftet 5.—, gebunden 7.50.

Die Materialbewegung in chemisch-technischen Betrieben. Von Dipl.-Ing. C. Michenfelder. Mit 261 Abbildungen. Gebunden 15.—.

Heizungs- und Lüftungsanlagen in Fabriken. Mit besonderer Berücksichtigung der Abwärmeverwertung bei Wärmekraftmaschinen. Von Obering. V. Hüttig, Professor an der Technischen Hochschule Dresden. Zweite, erweiterte Auflage. Mit 157 Figuren und 22 Zahlentafeln im Text und auf 6 Tafelbeilagen. Geheftet 15.—, gebunden 19.—.

Reduktion und Hydrierung organischer Verbindungen. Von Dr. Rudolf Bauer (†), München. Zum Druck fertiggestellt von Prof. Dr. H. Wieland. München. Mit 4 Abbildungen. Gebunden 12.—.

Messung großer Gasmengen. Von Ob.-Ing. L. Litinsky, Leipzig. Mit 138 Abbildungen, 37 Rechenbeispielen, 8 Tabellen im Text und auf 1 Tafel, sowie 13 Schaubildern und Rechentafeln. Geheftet 10.—, gebunden 14.—.

Die hier angegebenen Grundzahlen, mit der jeweiligen Schlüsselzahl multipliziert, ergeben den Verkaufspreis. Für das Ausland Grundzahl = Schweizer Franken.

VERLAG VON OTTO SPAMER IN LEIPZIG-REUDNITZ

Chemische Technologie
in Einzeldarstellungen

Begründer: **Prof. Dr. Ferd. Fischer**

Herausgeber: **Prof. Dr. Arthur Binz**

Bisher erschienen folgende Bände:

Spezielle chemische Technologie:

Kraftgas. Theorie und Praxis der Vergasung fester Brennstoffe. Von Prof. Dr. Ferd. Fischer. Neu bearbeitet und ergänzt von Reg.-Rat Dr.-Ing. J. Gwosdz. Zweite Auflage. Mit 245 Figuren im Text. Geheftet 10.—, gebunden 14.—.

Das Acetylen, seine Eigenschaften, seine Herstellung und Verwendung. Von Prof. Dr. J. H. Vogel, Berlin. Mit 137 Abbildungen. Gebunden 10.—.

Die Schwelteere, ihre Gewinnung und Verarbeitung. Von Direktor Dr. W. Scheithauer, Waldau. Mit 70 Abbildungen. Zweite Auflage. Geheftet 8.—, gebunden 12.—.

Die Schwefelfarbstoffe, ihre Herstellung und Verwendung. Von Dr. Otto Lange, München. Mit 26 Abbildungen. Gebunden 13.—.

Zink und Cadmium und ihre Gewinnung aus Erzen und Nebenprodukten. Von R. G. Max Liebig, Hüttendirektor a. D. Mit 205 Abbildungen. Gebunden 18.—.

Das Wasser, seine Gewinnung, Verwendung und Beseitigung. Von Prof. Dr. Ferd. Fischer, Göttingen-Homburg. Mit 111 Abbildungen. Gebunden 10.—.

Chemische Technologie des Leuchtgases. Von Dipl.-Ing. Dr. Karl Th. Volkmann. Mit 83 Abbildungen. Gebunden 8.—.

Die Industrie der Ammoniak- und Cyanverbindungen. Von Dr. F. Muhlert, Göttingen. Mit 54 Abbildungen. Gebunden 8.50.

Die physikalischen und chemischen Grundlagen des Eisenhüttenwesens. Von Prof. Walther Mathesius, Berlin. Mit 39 Abbildungen und 106 Diagrammen. Zweite Auflage im Druck.

Die Kalirohsalze, ihre Gewinnung und Verarbeitung. Von Dr. W. Michels und C. Przibylla, Vienenburg. Mit 149 Abbildungen und einer Übersichtskarte. Gebunden 15.—.

Die Mineralfarben und die durch Mineralstoffe erzeugten Färbungen. Von Prof. Dr. Friedr. Rose, Straßburg. Gebunden 13.—.

Die neueren synthetischen Verfahren der Fettindustrie. Von Privatdozent Dr. J. Klimont, Wien. Zweite Auflage. Mit 43 Abbildungen. Geheftet 4.50, gebunden 7.50.

Chemische Technologie der Legierungen. Von Dr. P. Reinglaß. Die Legierungen mit Ausnahme der Eisen-Kohlenstofflegierungen. Mit zahlr. Tabellen und 212 Figuren im Text und auf 24 Tafeln. Gebunden 15.—.

Der technisch-synthetische Campher. Von Prof. Dr. J. M. Klimont, Wien. Mit 4 Abbildungen. Geheftet 3.50, gebunden 5.50.

Die Luftstickstoffindustrie. Mit besonderer Berücksichtigung der Gewinnung von Ammoniak und Salpetersäure. Von Dr.-Ing. Bruno Waeser. Mit 72 Figuren im Text und auf 1 Tafel. Geheftet 16.—, gebunden 20.—.

Chemische Technologie des Steinkohlenteers. Mit Berücksichtigung der Koksbereitung. Von Dr. R. Weissgerber, Duisburg. Geheftet 5.20, gebunden 7.30.

Die hier angegebenen Grundzahlen, mit der jeweiligen Schlüsselzahl multipliziert, ergeben den Verkaufspreis. Für das Ausland Grundzahl = Schweizer Franken.

VERLAG VON OTTO SPAMER IN LEIPZIG-REUDNITZ

Filtern und Pressen

zum Trennen von Flüssigkeiten und festen Stoffen

Von F. A. Bühler

Zweite Auflage, bearbeitet von Prof. Dr. **Ernst Jänecke**

Mit 339 Figuren im Text. Geheftet M. 5.—, gebunden M. 7.50

Zeitschrift des Verbandes deutscher Diplom-Ingenieure: Dieses Werk gibt eine durch viele sehr klare Zeichnungen erläuterte übersichtliche und erschöpfende Beschreibung der wichtigsten in der chemischen Großindustrie erprobten und benutzten Filter und Pressen Näher an dieser Stelle auf das vorzügliche Werk einzugehen, dürfte sich erübrigen, es möge genügen, es allen Interessenten aufs wärmste zu empfehlen, zumal da es das erste zusammenhängende Werk auf dem Gebiete der Filter und Pressen ist, das sich auch als Nschschlagewerk ganz besonders eignet.

Mischen, Rühren, Kneten

und die dazu verwendeten Maschinen

Von Geh. Reg.-Rat Prof. Dr.-Ing. **Hermann Fischer**

Zweite Auflage, durchgesehen von Geh. Reg.-Rat Prof. Dr.-Ing. **Alwin Nachtweh**

Mit 125 Figuren im Text. Geheftet 4.—, gebunden 6.—

Tonindustrie-Zeitung: Das Buch wird von allen, die mit mechanischer Aufbereitung zu tun haben, mit Freuden begrüßt werden, um so mehr, als bisher dieses Thema recht stiefmütterlich behandelt wurde, trotz seiner außerordentlichen Wichtigkeit. Es bringt unter Beigabe von vorzüglichen und rasch verständlichen Bildern und Zeichnungen eine ausführliche Schilderung der verschiedensten Arten der Aufbereitung aller möglichen Rohstoffe und der hierzu benötigten Maschinen, unter besonderer Berücksichtigung der örtlichen und wirtschaftlichen Verhältnisse.

Technologie des Scheidens, Mischens und Zerkleinerns

Von Hugo Fischer

Geh. Hofrat u. o. Professor i. R. der Technischen Hochschule Dresden

Mit 376 Abbildungen im Text. Geheftet 8.—, gebunden 12.—

Aus den Besprechungen:

Zeitschrift für angewandte Chemie: Das Resultat einer viele Jahre umspannenden Lehrtätigkeit ist in dem vorliegenden Buche in glücklichster Weise zusammengefaßt, so zwar, daß einer großen Zahl von Industrien, vornehmlich aber der chemischen, ein Handbuch geschaffen wurde, welches nahezu erschöpfend über die so wichtigen Arbeiten des Scheidens, Mischens und Zerkleinerns Auskunft gibt. Zahlreiche Abbildungen bilden eine vortreffliche Ergänzung des Textes.

Stahl und Eisen: Das vorliegende Werk ist gewissermaßen eine Sammlung von Vorlesungen über die drei im Titel angeführten großen Arbeitsgebiete, jedoch nicht nur für Studierende, sondern auch in mindestens demselben Maße für berufstätige Techniker bestimmt und — wie hinzugefügt werden kann — vorzüglich geeignet. Macht der Verfasser einerseits den Neuling mit den großen Gesichtspunkten bekannt, von denen aus das Wesen und die Zweckmäßigkeit eines Arbeitsverfahrens zu beurteilen ist, so unterläßt er es auf der anderen Seite doch niemals, durch Mitteilung von Betriebsergebnissen, die er sich auf Grund eigener Erfahrung oder zuverlässiger Berichte zu eigen gemacht hat (Leistung, Kraftverbrauch, Erneuerungskosten), dem Betriebsmanne höchst nützliche Fingerzeige zukommen zu lassen. Diese Tatsache, verbunden mit einem gewissenhaften Literaturnachweis, der dem Leser die Vertiefung in jeder gewünschten Richtung ermöglicht, ist es, die dem Buch einen dauernden Wert verleiht.

Bei der, wie bereits erwähnt, sehr großen Ausdehnung der behandelten Gebiete mußte sich der Verfasser bei seinen Ausführungen auf das Allernotwendigste beschränken. Daß dabei die Verständlichkeit seiner Darlegungen nicht gelitten hat, ist neben der klaren Ausdrucksweise hauptsächlich den durchweg schematisch gehaltenen Zeichnungen zu verdanken, die dadurch — nach seinen eigenen Worten — „den Charakter einer ins Bild übertragenen logischen Definition erhalten haben, welche dem Gattungs- oder Artbegriff nur die notwendigen und daher wesentlichen Merkmale zuordnet“.

Die hier angegebenen Grundzahlen, mit der jeweiligen Schlüsselzahl multipliziert, ergeben den Verkaufspreis. Für das Ausland Grundzahl = Schweizer Franken.

VERLAG VON OTTO SPAMER IN LEIPZIG-REUDNITZ

Chemische Apparatur

Zeitschrift für die maschinellen
und apparativen Hilfsmittel der chemischen Technik
Schriftleitung: Ziv.-Ing. **Berthold Block**

Die „Chemische Apparatur“ bildet einen Sammelpunkt für alles Neue und Wichtige auf dem Gebiete der chemischen Großapparatur. Außer rein sachlichen Berichten und kritischen Beurteilungen bringt sie auch selbständige Anregungen und teilt Erfahrungen berufener Fachleute mit. Nach allen Seiten völlig unabhängig, will sie der gesamten chemischen Technik (im weitesten Sinne) dienen, so daß hier Abnehmer wie Lieferanten mit ihren Interessen auf wissenschaftlich-technisch neutralem Boden zusammentreffen und Belehrung und Anregung schöpfen.

Die Zeitschrift behandelt alle für die besonderen Bedürfnisse der chemischen Technik bestimmten Maschinen und Apparate, wie z. B. solche zum Zerkleinern, Mischen, Kneten, Probenehmen, Erhitzen, Kühlen, Trocknen, Schmelzen, Auslaugen, Lösen, Klären, Scheiden, Filtrieren, Kochen, Konzentrieren, Verdampfen, Destillieren, Rektifizieren, Kondensieren, Komprimieren, Absorbieren, Extrahieren, Sterilisieren, Konservieren, Imprägnieren, Messen usw. in **Originalaufsätzen** aus berufener Feder unter Wiedergabe zahlreicher Zeichnungen.

Die Zeitschriften- und Patentschau mit ihren vielen Hunderten von Referaten und Abbildungen sowie die **Umschau** und die **Berichte über Auslandspatente** gestalten die Zeitschrift zu einem

Zentralblatt für das Grenzgebiet von Chemie und Ingenieurwissenschaft

Mitteilungen aus der Industrie, Patentanmeldungslisten, Sprechsaal sowie Bücher- und Kataloge-Schau dienen ferner den Zwecken der Zeitschrift.

Alle chemischen und verwandten Fabrikbetriebe, insbesondere deren Betriebsleiter, ferner alle Fabriken und Konstrukteure der genannten Maschinen und Apparate und die Erbauer chemischer Fabrikanlagen, endlich aber auch alle, deren Tätigkeit — in Technik oder Wissenschaft — ein aufmerksames Verfolgen dieses so wichtigen Gebietes erfordert, werden die Zeitschrift mit Nutzen lesen.

Monographien zur chemischen Apparatur

Herausgegeben von **Dr. A. J. Kieser**

Bisher erschienen:

Heft 1: **Schröder, Hugo,** Die Schaumabscheider als Konstruktionsteile chemischer Apparate. Ihre Bauart, Arbeitsweise und Wirkung. Mit 86 Fig. im Text. Geh. 3.—.

Heft 2: **Jordan,** Dr.-Ing. **H.,** Die drehbare Trockentrommel für ununterbrochenen Betrieb. Mit 25 Figuren im Text. Geheftet 1.—.

Heft 3 **Schröder, Hugo,** Die chemischen Apparate in ihrer Beziehung zur Dampffaßverordnung, zur Reichsgewerbeordnung und den Unfallverhütungsvorschriften der Berufsgenossenschaft der chemischen Industrie. Eine gewerberechtliche Studie. Mit 1 Figur im Text. Geheftet 1.50.

Heft 4: **Block, Berthold,** Die sieblose Schleuder zur Abscheidung von Sink- und Schwebestoffen aus Säften Laugen, Milch, Blut, Serum, Lacken, Farben, Teer, Öl, Hefewürze, Papierstoff, Stärkemilch, Erzschlamm, Abwässern. Theoretische Grundlagen und praktische Ausführungen. Mit 131 Fig. im Text. Geh. 5.—, geb. 6.50.

Die hier angegebenen Grundzahlen, mit der jeweiligen Schlüsselzahl multipliziert, ergeben den Verkaufspreis. Für das Ausland Grundzahl = Schweizer Franken.

VERLAG VON OTTO SPAMER IN LEIPZIG-REUDNITZ

Das Wasser

seine Gewinnung, Verwendung und Beseitigung

Von Prof. Dr. Ferd. Fischer, Göttingen-Homburg

Mit 111 Abbildungen

Gebunden 10.—

Chemiker-Zeitung: Zusammenfassend läßt sich sagen, daß das Werk des seit langen Jahren auf diesen Gebieten tätigen und bekannten Verfassers eine wertvolle Bereicherung unserer Wasser- und Abwasserliteratur darstellt und warm empfohlen werden kann.

Die chemische Industrie: ... Der Verfasser hat wieder einmal mit gewohnter Gründlichkeit und der ihm eigenen großen Sachkunde ein Werk geliefert, dessen Erscheinen von ausnahmslos allen Interessentenkreisen, denen an einem ernsthaften Eindringen in die so schwierige Materie gelegen ist, begrüßt werden kann ...

Schnellfilter, ihr Bau und Betrieb

Von Baurat P. Ziegler, Clausthal

Mit 151 Figuren im Text und einer Tabellentafeln

Geheftet 5 —, gebunden 8.50

Zeitschrift des Vereins deutscher Ingenieure: Die Herausgabe des mit großer Sachkenntnis bearbeiteten Werkes ist gerade jetzt von erhöhtem Wert, wo die finanziell schwer belasteten Gemeinden gezwungen sind, jede Möglichkeit zu ergreifen, die in letzter Zeit zum Teil auf das Fünffache gestiegenen Wasserpreise allmählich wieder auf ein erträgliches Maß herabzumindern. Dazu bieten die bei uns bisher wenig beliebt gewesenen s genannten Schnellfilter eine *Handhabe*. Die Fachgenossen werden die Zieglersche Arbeit daher mit Freuden begrüßen. Die Darstellungsweise ist durchgehends klar und verständlich, auch die Figuren sind sämtlich mustergültig.

Chemisch-technologisches Rechnen

Von Professor Dr. Ferdinand Fischer

Dritte Auflage

Bearbeitet von Fr. Hartner

Fabrikdirektor

Geheftet 2.50, kartoniert 3.—

Chemische Industrie: In bescheidenem Gewande tritt uns hier ein kleines Buch entgegen, dessen weite Verbreitung sehr zu wünschen wäre ... Es wäre mit großer Freude zu begrüßen, wenn vorgerückte Studierende an Hand der zahlreichen und höchst mannigfaltigen, in diesem Buche gegebenen Beispiele sich im chemisch-technischen Rechnen üben wollten; derartige Tätigkeit würde ihnen später bei ihrer Lebensarbeit sehr zustatten kommen. — Aber nicht nur als Leitfaden beim akademischen Unterricht, sondern auch in den Betrieben der chemischen Fabriken könnte das angezeigte Werkchen eine nützliche Verwendung finden.

Die hier angegebenen Grundzahlen, mit der jeweiligen Schlüsselzahl multipliziert, ergeben den Verkaufspreis. Für das Ausland Grundzahl = Schweizer Franken.

Printed in the United States
By Bookmasters

Printed in the United States
By Bookmasters